Fortschritte in der anorganisch-chemischen Industrie

dargestellt an Hand der

Deutschen Reichs-Patente

Herausgegeben von

Adolf Bräuer und J. D'Ans

Vierter Band

1928–1932

Bearbeitet mit Unterstützung von

Josef Reitstötter

und unter Mitwirkung anderer Fachgenossen

Springer-Verlag Berlin Heidelberg GmbH
1935

Mitarbeiter dieses Bandes:

W. Bertelsmann, Berlin · J. Billiter, Wien
H. Pauling, Berlin · F. Pollitzer, München

ISBN 978-3-642-51196-7 ISBN 978-3-642-51315-2 (eBook)
DOI 10.1007/978-3-642-51315-2

Ursprünglich erschienen bei Julius Springer in Berlin 1935
Softcover reprint of the hardcover 1st edition 1935

Vorwort.

Dieser vierte Band der „Fortschritte“, der die deutschen Reichspatente auf dem Gebiete der anorganisch-chemischen Technologie der fünf Jahre 1928—1932 umfaßt, hat einen Umfang angenommen, der dem des zweiten und dritten Bandes zusammen, die über die zehn vorhergehenden Jahre 1918—1927 berichten, gleicht. Da sich der mittlere Umfang der Patente nicht wesentlich verändert hat, zeigt diese Tatsache eindringlich, wie sehr die Intensivierung der technischen Arbeit die Zahl der Patente hat emporschnellen lassen. Ob hier nicht in der ganzen Welt schon ein etwas Zuviel-des-Guten erreicht worden ist, wird die Entwicklung des Patentwesens in den nächsten Jahren erweisen.

Es ist diesmal versucht worden, in den Einleitungen zu den einzelnen Abschnitten eine etwas ausführlichere Übersicht über die wichtigsten wissenschaftlichen Arbeiten und auch über die in der Berichtszeit veröffentlichten ausländischen Patente zu geben. Die Bearbeitung dieses ganzen Schrifttums konnte nicht ganz gleichmäßig durchgeführt werden. Das größere Gewicht wurde naturgemäß auf die letzten Jahre der Berichtszeit gelegt. Die damit verbundene große zusätzliche Arbeit läßt sich nur verantworten, wenn die Absicht erreicht wird, den deutschen Benutzern des Werkes eine Erleichterung im Aufsuchen der einschlägigen Literatur und der ausländischen Patente zu bieten und einen Überblick über die technischen Probleme, die vorzugsweise im Auslande bearbeitet worden sind, zu geben, andererseits aber auch den ausländischen Freunden des Werkes einen Wegweiser für das Zuordnen des Schrifttums ihres Landes in das der wortgetreu wiedergegebenen deutschen Patente zu sein. Herausgeber und Verlag wären daher den Benutzern der „Fortschritte“ zu Dank verpflichtet, wenn sie ihnen mitteilen wollten, ob dieser erste Versuch einigermaßen die gehegte Absicht erfüllt und einem Bedürfnis entgegenkommt, ferner nach welcher Richtung hin noch Wünsche bestehen, um beiden noch besser gerecht zu werden.

Dann ist in diesem Bande die Charakterisierung des Inhaltes der einzelnen Patente in den Übersichten etwas ausführlicher als bisher erfolgt. Einerseits zwang dazu die große Zahl der zu behandelnden Patente, dann war aber auch der Wunsch maßgebend, dem Leser schon etwas mehr als eine Andeutung zu geben. Denn je größer die Zahl der Patente wird, eine desto größere Bedeutung kommt — vom Standpunkt der Arbeitsersparnis, um ein schnelles Zurechtfinden zu erreichen — der Abfassung der Übersichten zu.

Der den vierten Band abschließende dritte Teil kommt leider mit einer Verspätung von einigen Monaten heraus. Die Herausgeber bedauern diese Verspätung sehr. Sie ist darauf zurückzuführen, daß durch anderweitige, nicht vorhergesehene Inanspruchnahmen die Arbeit der Herausgabe und Abfassung des ganzen vierten Bandes nur von dem einen von uns (D'Ans) allein übernommen und bewältigt werden mußte. Die Vorarbeiten für die Bearbeitung der folgenden Jahre ist schon so weit fortgeschritten, daß mit einem Erscheinen der „Fortschritte“, welche die Patente der Jahre 1933, 1934 und 1935 umfassen werden, im Laufe des Jahres 1936 zu rechnen ist.

Zum vierten Bande haben Beiträge geliefert: Dr. Bertelsmann, Berlin zum Abschnitt Gasreinigung; Professor Dr. J. Billiter, Wien den Abschnitt Wasser-Elektrolyse; Dr. F. Pollitzer, Höllriegelskreuth den Abschnitt Zerlegung von Gasgemischen durch Tiefkühlung, und Dr. Dr. H. Pauling, Berlin den Abschnitt Salpetersäure und Nitrate. Ihnen sei zu ihrer wertvollen Mitarbeit nochmals bester Dank gesagt.

Dann sei noch Dank gesagt dem Verlage, der stets bemüht war, jegliche Arbeit zu erleichtern. Endlich wäre noch hervorzuheben, daß die Anwendung des Manul-Druckverfahrens wie auch die hervorragenden Leistungen der Druckerei im Satz das Erledigen der Korrekturen außerordentlich vereinfacht haben.

Berlin, im November 1935. **Die Herausgeber.**

Systematisches Inhaltsverzeichnis.

Metalloide und ihre Verbindungen.

Metallverbindungen.

Erdalkalien.

Salinenindustrie.

Literatur: Ullmann, *Enzyklopädie der techn. Chemie,* II. Aufl. Natriumchlorid von H. Friedrich. — L. H. Adams, Gleichgewicht in binären Systemen unter Druck NaCl—H_2O bei 25°. *Journ. Amer. chem. Soc.* **53,** 3769 (1931).

W. Schotten, Die Bildung der Steinsalz- und Kalilager und ihre Behandlung im chemischen Unterricht, *Z. physikal. chem. Unterr.* **45,** 213 (1932). — R. W. Müller, Salinenanlagen. *Chem. Fabrik* **5,** 57 (1932). — Anonym, Kochsalz- und Steinsalzbergbau (von Winsford, Cheshire), *Ind. Chemist chem. Manufacturer* **8,** 225, 247 (1932).

G. Frischenfeld, Zur Salzabscheidung aus Lösungen bei tiefen Temperaturen, *Berg-Journ. (russ.)* **14,** Nr. 10, 52 (1931). — G. S. Plachotnjuk, Beziehung zwischen der Verdampfung von Salzlösungen und ihre Reinigung nach dem Sulfatverfahren, *Journ. chem. Ind. (russ.)* **8,** 837 (1931). — T. B. Brighton und C. M. Dice, Erhöhung der Reinheit von Kochsalz *Ind. engin. Chem.* **23,** 336 (1931). — N. N. Woronin, A. M. Kolessnikow und E. E. Rosenberg, Reinigung der Sole von den Schwefelsäureanionen durch Behandlung mit Bariumcarbonat, *Journ. chem. Ind. (russ.)* **7,** 1522 (1930). — O. M. Smith, Salz als Nebenprodukt bei Kühlanlagen, *Ind. engin. Chem.* **24,** 547 (1932).

L. G. M. Baas Becking, Über Salzbereitung und Salzbiologie, *Chem. Weekbl.* **29,** 98 (1932). — M. Wolff, Nutzen und Schaden des Kochsalzes in der täglichen Nahrung, *Z. Volksernährung* **7,** 269 (1932). — A. Gronover und E. Wohnlich, Über die Jodbestimmung in jodiertem Speisesalz, *Z. Unters. Lebensmittel* **61,** 306 (1931).

Die Gewinnung von Kochsalz aus **Meeressalinen** spielt naturgemäß in der deutschen Patentliteratur nur eine ganz untergeordnete Rolle (D.R.P. 529134), denn diese Salzgewinnung ist aus wirtschaftlichen Gründen auf warme Länder beschränkt. Ebenso findet man nur in der ausländischen Literatur Patente zur Verarbeitung von Laugen von Salzseen[1]), deren verschiedenartige Zusammensetzung, die zum Teil recht kompliziert ist, besondere Aufarbeitungsverfahren erfordert.

Auffallend groß ist eigentlich noch die Zahl der D.R.P. die Verbesserungen der Vorrichtungen zum Eindampfen von **Solen** beschreiben. Die Ausgestaltung der Siedepfannen um ein Anbrennen der Salze zu verhindern und um die Verdampfung zu fördern bestimmen die neuen Vorschläge. Zwei D.R.P. 501306 und 507065 haben Vorwärmer zur Abscheidung des Gipses zum Gegenstand. Dann ist eine Gruppe von vier Patenten zusammengestellt, die Austragsvorrichtungen für das abgeschiedene Salz beschreiben.

Nur ein D.R.P. 472190, das ein chemisches Verfahren zur Reinigung von Steinsalz beschreibt, ist in der Berichtszeit erteilt worden. Dieses wird durch eine fraktionierte Kristallisation des geschmolzenen Kochsalzes von fremden Alkali oder Erdalkalisalzen befreit.

In den ausländischen Patenten findet man noch einige Vorschläge zur Vorreinigung von Solen[2]) und Verfahren zum Trocknen und Reinigen des Salzes[3]), sowie solche um sein Zusammenbacken zu verhüten.[4])

---

[1]) A. P. 1810181, American Potash & Chemical Corp., Kombination von Erhitzer und Verdampfer zum Eindampfen von Laugen aus Salzseen.

Russ. P. 13242 W. P. Iljinski und D. I. Sapirschtein, Natürliche Salzsolen werden durch Sonnenwärme eingedampft und mit $MgCl_2$ und $CaCl_2$-haltigen Laugen gereinigt.

F. P. 689425, Bozel-Maletra Soc. Ind. de Prod. Chim., Apparat zum Sammeln, Zerdrücken und Aufhäufen von Salz aus Salzseen.

[2]) A. P. 1687703, A. W. Allen, Filtrieren von gesättigten Solen durch Schichten von feinem NaCl.

A. P. 1697336, V. Yngve Salzsole wird von Mg und Ca mittelst NaOH gereinigt.

[3]) F. P. 690651, Adler & Hentzen Maschinenfabrik, Kochsalz wird auf einem endlosen Transportband mit heißer Luft getrocknet.

A. P. 1751740, A. S. Krystal, Feinsalz wird vergröbert durch Behandeln mit einer übersättigten Lösung des Salzes.

Russ. P. 11053, E. E. Tomasewitsch Entfernen von Mg- und Ca-Salzen aus Kochsalz indem man das feingepulverte Salz durch eine hohe heiße Schicht reiner, gesättigter NaCl-Lösung durchführt.

[4]) F. P. 695565, J. A. Allégre, Kochsalz, das $MgCl_2$-haltig ist, wird vor dem Zusammenbacken beim Lagern durch Zusatz von Na_2SO_4 oder $MgSO_4$ u. dgl. geschützt.

A. P. 1865733, Swann Research Inc., das Zusammenbacken von NaCl wird vermieden durch Zusatz von Al-phosphathaltigen Tricalciumphosphat.

Übersicht der Patentliteratur.

Salinenindustrie.

1. Apparatur-Patente. (S. 2476)

D. R. P.	Patentnehmer	Charakterisierung des Patentinhaltes
529 134	P. Knichalik	Eindampfen von Seewasser mit Ventilator und vorgewärmter Luft betriebenem Gradierwerk
501 306	F. Hornung	Vorwärmer zur Gips-Abscheidung aus Sole: nur die hohen Seitenwände sind direkt beheizt
507 065	Metallgesellschaft	vorgeschaltet einem Verdampfer mit Laugenzirkulation
519 123	P. H. Müller	In Pfanne, die Lauge wird in Kondensatoren einer Vakuumverdampfapparatur vorgewärmt
527 872	Adler & Hentzen	Siedepfanne mit dachförmigem am First offenem Zwischenboden
530 046		Desgl. Einfüllstutzen durch Kappen lose abgedeckt, um Umlauf der Sole zu erreichen
551 337	Preussag	Siedepfanne mit Zwischenboden aus Wellblech
555 807		Einspritzen erhitzter Sole im Kreislauf in abgedeckter Salzpfanne unter Durchsaugen heißer Gase
500 291	J. A. Maffei A.G.	Austragvorrichtungen: mit heraushebbaren Kratzern
468 729	Ver. Schweizerische Rheinsalinen	desgleichen gezogen durch laufkatzenartigen Wagen
464 009	Th. Lichtenberger	Siedepfanne mit siebartigem, runden sich drehenden Einsatztrog mit Salzausräumer
507 635		Anwendung auf andere feste Stoffe und Salze
538 013	Metallgesellschaft	Verdampfverfahren mit Kondensaten oder Dampf niederer Temperatur durch Einblasen von Gasen durch die feinverteilte, umlaufende Salzlösung
494 502	P. Bringhenti	Erhitzen durch unlöslichen Wärmeträger (Paraffin), Verdampfen im zweiten Raum in Abwesenheit des Wärmeträgers, Vorrichtung hierzu

Siehe auch unter Kaliumsalze S. 2501.

2. Chemische Verfahren. (S. 2499)

D. R. P.	Patentnehmer	Charakterisierung des Patentinhaltes
472 190	Salzwerk Heilbronn u. L. Kaiser	Fraktionierte Kristallisation der Schmelzen, die Alkali- oder Erdalkalisalze enthalten

---

Nr. 529 134. (K. 111 162.) Kl. 12 l, 1. Paul Knichalik in Magdeburg.

Vorrichtung zur Gewinnung von Salz aus Seewasser.

Vom 11. Sept. 1928. — Erteilt am 25. Juni 1931. — Ausgegeben am 9. Juli 1931. — Erloschen: 1932.

Es ist bereits bekannt, Salz aus Sole dadurch zu gewinnen, daß die Sole gezwungen wird, in zerstäubtem oder doch fein verteiltem Zustand einen geschlossenen Behälter zu durchfallen und dabei einen Teil ihres Wassergehaltes an im Gegenstrom befindliche, gegebenenfalls erwärmte Luft abzugeben.

Gemäß der Erfindung wird nun für die Salzgewinnung aus Seewasser eine Vorrichtung benutzt, die durch einen hochgelegenen

Hohlbehälter und durch einen aus Gradierwänden bestehenden Hohlzylinder gekennzeichnet ist, an dessen unterem Teil sich eine von einem Vorwärmer und einem Ventilator kommende Luftleitung anschließt. Ein geschlossener Behälter findet keine Anwendung.

Aus dem Hohlbehälter fällt das Seewasser aus immerhin beträchtlicher Höhe in fein verteilter Form frei durch die Luft in das Gradierwerk. Dabei wird schon ein wesentlicher Prozentsatz Wasser verdunstet. Das Gradierwerk mit seiner großen Oberfläche sorgt dann für eine Fortsetzung der Verdunstung, die übrigens durch einen dem herabfallenden Seewasserschleier entgegengeblasenen Luftstrom nicht unerheblich gefördert wird. Diesem Luftstrom bietet das ringförmig angeordnete Gradierwerk, das auch eine Entgipsung des Seewassers vornimmt, eine lange Führung, so daß die Luft während einer großen Zeitspanne auf das Seewasser zur Einwirkung gebracht wird und sich nicht schon frühzeitig zerstreut. Ferner ist noch zu erwähnen, daß das Gradierwerk einen Teil der in der vom Ventilator kommenden Luft enthaltenen Wärme, die sonst verlorengehen würde, speichert.

Der Vorteil der Vorrichtung gemäß der Erfindung den bekannten Vorrichtungen gegenüber besteht in ihrer erheblich größeren Leistungsfähigkeit.

Ein Ausführungsbeispiel der Vorrichtung gemäß der Erfindung ist auf der Zeichnung dargestellt.

Das Gestell 1 trägt auf dem Boden 2 das Gefäß 3, welches das Seewasser aufnimmt. Im oberen Teil des Gestelles ist das Zwischengefäß 4 angeordnet, das eine Reihe von Überlaufrohren 5 enthält, die am oberen Rande gezackt sind. Die überlaufende Flüssigkeit verteilt sich infolgedessen auf den ganzen Querschnitt 6, und das Seewasser fällt tropfenweise herab. Die Schale 7 dient zum Auffangen des Seewassers, das über den gezackten Rand 8 in die Tauchglocke 9 eintritt. Die Luftzuführung erfolgt von dem Lufterhitzer 10 aus, der beispielsweise mit Heizöl betrieben wird. Der Ventilator bläst die erwärmte Luft durch das Rohr 12 unter die Schale 7; die Luft tritt durch die Öffnungen 13 in den Ringraum zwischen der Schale 7 und der Tauchglocke 9 ein. Durch die Abdeckung 14 wird die Luft dann in die Mitte des fallenden Wasserstromes geleitet, steigt hier auf, sättigt sich mit Wasserdampf und strömt nach der vom Winde bestimmten Richtung ab.

Die Einrichtung wird noch durch ein Gradierwerk zum Ausscheiden der gipshaltigen Bestandteile des Seewassers vervollständigt. Das Gradierwerk 15 besitzt Ringform und endet in einer Auffangrinne 16, die den Außenmantel der fallenden Tropfen auffängt.

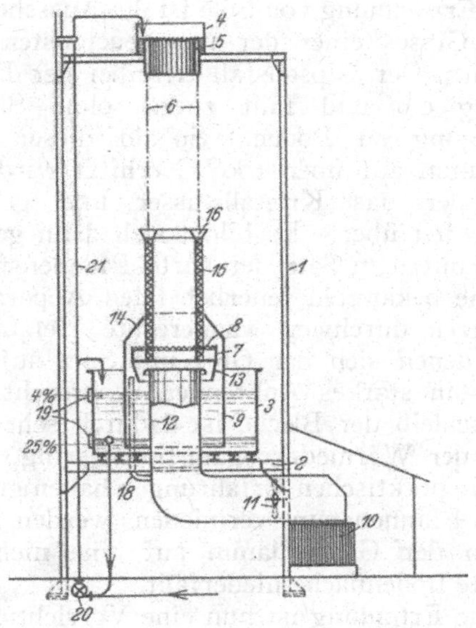

Diese Anordnung des Gradierwerkes hat den Vorteil, daß die Verdunstungsoberfläche vergrößert wird; das Material, aus dem das Gradierwerk hergestellt wird, erwärmt sich stark und bildet einen Wärmespeicher. Außerdem wird dem aufsteigenden Luftstrom eine möglichst lange Führung gegeben.

Patentansprüche:

1. Vorrichtung zur Gewinnung von Salz aus Seewasser, gekennzeichnet durch einen aus Gradierwänden bestehenden Hohlzylinder (15), an dessen unterem Teil sich eine von einem Vorwärmer (10) und einem Ventilator (11) kommende Luftleitung (12) anschließt, und einen über dem Gradierwerk angeordneten Hohlbehälter (4), aus dem das Seewasser aus wesentlicher Höhe in fein verteilter Form frei in das Gradierwerk fällt.

2. Vorrichtung nach Anspruch 1, gekennzeichnet durch eine unterhalb des Hohlzylinders (15) angeordnete Schale (7) mit gezacktem Rand (8) und Öffnungen (13), einen geschlossenen Sammelbehälter (3) und eine oberhalb der Schale (7) an die Gradierwände (15) sich anschließende, in den Sammelbehälter (3) eintauchende Glocke (9).

3. Vorrichtung nach Ansprüchen 1 und 2, gekennzeichnet durch auf den Gradierwänden (15) angeordnete Auffangrinnen (16).

Nr. 501 306. (H. 107 510.) Kl. 12 l, 1. FRITZ HORNUNG IN HANNOVER.

Vorwärmer für gipshaltige Solen.

Vom 4. Aug. 1926. — Erteilt am 12. Juni 1930. — Ausgegeben am 2. Juli 1930. — Erloschen: 1933.

Bei der Herstellung von Kochsalz bzw. bei der Erwärmung von Sole ist die Ausscheidung des Gipses einer der unangenehmsten Faktoren. Der Gipsausfall tritt bei der Erwärmung ein und fällt zuerst ohne Salzbeimengung zu Boden. Sobald dieser Gipsschlamm auf über 100° C erhitzt wird, verliert er das Kristallwasser und geht in Anhydrit über. Es bildet sich dann gemeinsam mit dem Salz der harte Pfannenstein.

Die bekannten feuerbeheizten Apparaturen besitzen durchweg waagerechte Heizflächen, auf denen sich der Gips mit Salz auflagert und ein starkes Anbrennen verursacht. Der Verschleiß der Bleche ist dadurch sehr stark und der Wärmedurchgang nur gering.

Die praktischen Erfahrungen haben gezeigt, daß Pfannenstein vermieden werden kann, wenn der Gipsschlamm auf eine nicht beheizte Bodenfläche niederfällt.

Die Erfindung ist nun eine Vorrichtung, in der der Gipsschlamm auf einen unbeheizten Boden fällt und die wärmeübertragenden Wände senkrecht angeordnet werden. Diese Vorrichtung besteht aus einzelnen, mit der Sole gefüllten Zellen, deren Wände außen von den Heizgasen bestrichen werden.

Die Zeichnung zeigt ein Ausführungsbeispiel des Erfindungsgegenstandes, und zwar in Fig. 1 einen Längsschnitt *A-B* durch eine Heizgaszelle, Fig. 2 einen Längsschnitt *C-D* durch eine Solezelle, Fig. 3 einen Querschnitt *E-F*, Fig. 4 einen Grundriß, und Fig. 5 zeigt eine Anordnung, wenn die Solezellen etwas tiefer in den Boden hineinragen.

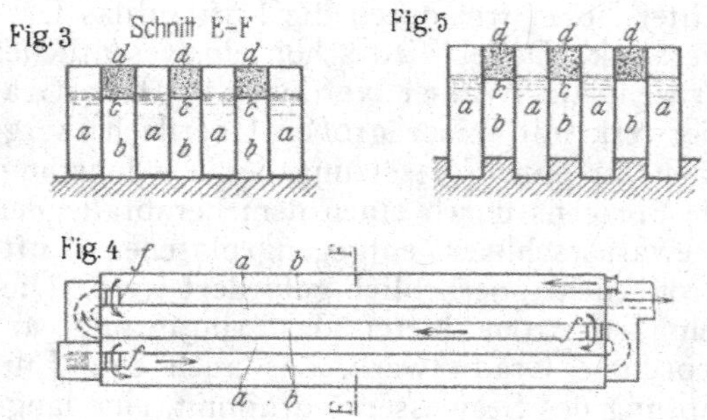

In dem dargestellten Ausführungsbeispiel besteht der Anwärmeapparat aus Laugenzellen *a*, Heizgaszellen *b*, Abdeckblech *c*, Isoliermasse *d*, Abflußstutzen *e* und Überführungsstutzen *f*.

PATENTANSPRUCH:

Vorwärmer für gipshaltige Solen, bestehend aus langgestreckten, hochwandigen, oben offenen, direkt befeuerten Behältern, dadurch gekennzeichnet, daß lediglich die senkrechten Längswände von den Heizgasen bestrichen werden, während die zweckmäßig in das Mauerwerk versenkten Böden unbeheizt bleiben.

Im Orig. 5 Fig.

Nr. 507 065. (M. 93 850.) Kl. 12 a, 2. METALLGESELLSCHAFT A. G. IN FRANKFURT A. M.

Verfahren zum Eindampfen von Flüssigkeiten, insbesondere Salzlösungen.

Vom 24. März 1926. — Erteilt am 28. Aug. 1930. — Ausgegeben am 12. Sept. 1930. — Erloschen: . . . .

Gegenstand der Erfindung ist ein Verfahren zum Eindampfen von Flüssigkeiten, insbesondere von Salzlösungen, das zur Abscheidung fester Stoffe, z. B. Gips, mit einem dem Verdampfer vorgeschalteten, oberhalb der Verdampfertemperatur beheizten Gefäß und mit Rückführung der Flüssigkeit aus dem gleichfalls durch ein Heizsystem beheizten Verdampfer durch das Abscheidungsgefäß arbeitet. Bei den bekannten Verfahren dieser Art wird die gesamte zu verdampfende Flüssigkeit in dem Abscheidungsgefäß auf eine solche Temperatur gebracht, daß die Abscheidungen ausfallen.

Das Verfahren nach der Erfindung geht ebenfalls von der Erkenntnis aus, daß die Abscheidungen, wie z. B. Gips, durch Temperaturerhöhung zum Ausfallen gebracht werden können, nur wird nicht die gesamte Flüssigkeit, sondern nur ein Teil derselben aus dem Verdampfer durch das Abscheidungsgefäß geführt.

Handelt es sich um eine Salzsole, die volle Gipssättigung aufweist (etwa 8 g/kg Lösung) und bei 80° C verdampft wird, so erzielt man bei einer einmaligen Erhitzung der Sole bis auf 130° eine Ausscheidung des Gipses um die Hälfte. Nach einmaligem Durchlaufen der Sole über das Erhitzungsgefäß müssen daher etwa 0,35 kg Wasser verdampft werden, bis die Sole wieder auf volle Gipssättigung kommt.

Wird die Verdampfung bei einer Temperatur von 80° C durchgeführt, so genügt eine

Kompression der Dämpfe auf 95°, um den Kochprozeß aufrechtzuerhalten. Diese werden einem Heizsystem im Verdampfer oder auch außerhalb desselben zugeführt; außerdem ist ein Heizsystem erforderlich, in dem nur die Entgipsung der Sole bei höherer Temperatur vorgenommen wird. Die Verdampfungswärme der Lösung beträgt $0{,}35 \cdot 551 = 179$ WE, die Erhitzungswärme zur Gipsabscheidung $1 \cdot 0{,}85 \cdot (130 - 80) = 42{,}5$ WE. Es ist daher zur Gipsabscheidung nur ein Bruchteil der Verdampfungswärme zuzuführen, und nur diese Wärmemenge muß bei erhöhter Temperatur zugeführt werden, während die übrigen Wärmemengen bei niederer Temperatur zugeführt werden können. So muß z. B. bei dem bekannten Verfahren, wenn druckerhöhende Fördervorrichtungen zur Verdampfung zu Hilfe genommen werden, aller Dampf von 80° auf beispielsweise 145° komprimiert werden, was gegenüber dem Verfahren nach der Erfindung den vierfachen Kraftaufwand bedeutet. Außerdem muß man die Sole etwa 40mal mehr über das Abscheidungsgefäß leiten wie beim Verfahren nach der Erfindung. Die Pumpenarbeit ist infolgedessen um diesen Faktor größer.

Weitere Merkmale und Vorteile der Erfindung ergeben sich aus der nachstehenden Beschreibung sowie aus der Zeichnung, auf der ein Schaltungsschema einer Eindampfanlage mit Gipsabscheidung dargestellt ist.

Auf der Zeichnung ist 1 die Zuführung der einzudampfenden Sole in die Apparatur. 2 ist der Gipsabscheider, 3 der Verdampfer, 7 eine Siedepfanne, 4, 10, 11 sind die Heizsysteme dieser drei Vorrichtungen. 6 und 12 sind die Leitungen, durch die ein Teil der einzudampfenden Sole in Umlauf zwischen Verdampfer und Gipsabscheider gehalten wird. Die Leitungen 13 und 14 dienen dem Kreislauf der Sole zwischen Siedepfanne 7 und Gipsabscheider. In den Zuführungsleitungen 6 und 13 oder den Abführungsleitungen 12 und 14 sind Fördereinrichtungen 5 und 8 vorgesehen. 9 ist ein Strahlapparat, der die im Verdampfer 3 entstehenden Brüden komprimiert und in das Heizsystem 10 dieses Verdampfers schickt. Die frische Sole gelangt durch die Leitung 1 in das geschlossene Abscheidungsgefäß 2. Dieses ist starkwandig gebaut, um den dort auftretenden Drucken, hervorgerufen durch die Soleerwärmung, standzuhalten. In diesem Gipsabscheidungsgefäß, in dem im wesentlichen keine Verdampfung erfolgt, wird die Sole etwa 20 bis 30° über die in der Vorrichtung 3 herrschende Verdampfungstemperatur erhitzt, die zweckmäßig ungefähr bei 110° liegt. Die Erhitzung kann in beliebiger Weise mit direkter Feuerung, Dampf, Abgasen u. dgl. erfolgen. Von dem Gipsabscheider 2 wird die Sole ständig oder teilweise durch die Leitung 6 dem Verdampfer zugeführt. Gleichzeitig wird ein Teil der im Verdampfer befindlichen Sole mittels der Leitungen 6 und 12 und der Fördervorrichtung 5 im Umlauf durch den Verdampfer und den Gipsabscheider gehalten, derart, daß dieser Teil der Flüssigkeit einer dauernden Entgipsung unterworfen wird. Die entgipste frische Sole und die gleichfalls entgipste Kreislaufflüssigkeit sind bei der niedrigeren Verdampfungstemperatur in bezug auf den Gipsgehalt bei weitem nicht gesättigt, da ja der Sättigungsgehalt der Sole an Gips bei 110° etwa doppelt so groß ist als bei einer 20 bis 30° höheren Temperatur. Durch Mischung der durch die Leitung 6 neu zugeführten Sole mit der im Verdampfer vorhandenen wird der Prozentgehalt an Gips im Gemisch dauernd vermindert, während der Verdampfungsvorgang im entgegengesetzten Sinne wirkt. Zwischen den beiden entgegengesetzten Wirkungen wird nun gemäß der Erfindung ein Gleichgewicht dadurch erzielt, daß ständig oder zeitweise so viel Sole in Umlauf zwischen dem Gipsabscheider und dem Verdampfer gehalten wird, daß die Sole im Verdampfer in bezug auf den Gipsgehalt niemals die Sättigungsgrenze überschreitet bzw. so weit unter der Sättigungsgrenze bleibt, daß das im Verdampfer ausgeschiedene Salz genügend gipsfrei ist.

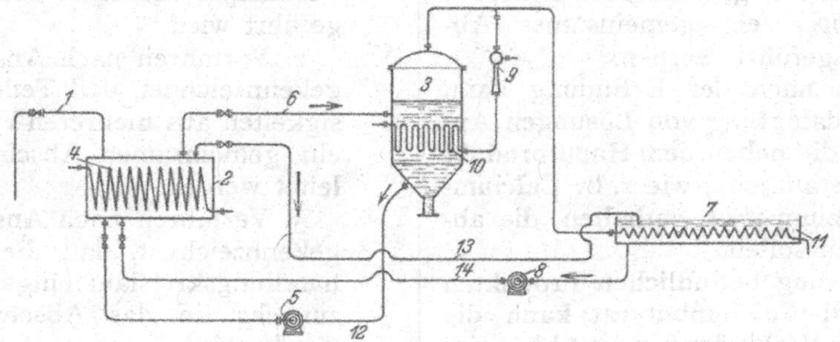

Wird im Mehrfacheffekt gearbeitet, d. h. der Abdampf des Apparates 3 in die Heizkammer eines zweiten Gefäßes 7 zur weiteren

Verdampfung geleitet, so kann auch die dort befindliche Flüssigkeit mittels Pumpe 8 und Leitungen 13 und 14 über das Entgipsungsgefäß 2 im Kreislauf gehalten werden.

Man erreicht also durch das Verfahren gemäß der Erfindung die Fernhaltung von Gips aus dem Koch-, Verdampf- oder Eindampfprozeß und kann im Apparat 2 die Temperatur des zu beheizenden Mittels so hoch halten, daß trotz Gipsabsätzen in den Heizrohren die Entgipsungsflächen klein gehalten werden können. Die dem Entgipsungsgefäß 2 zugeführte Wärme wird, wie ersichtlich, nicht verloren gegeben, sondern für die Verdampfung nutzbar gemacht, wodurch die für die Entgipsung erforderlichen Kosten ziemlich niedrig gehalten werden können.

In dem in der Zeichnung dargestellten Ausführungsbeispiel erfolgt die Beheizung des Verdampfers 3 dadurch, daß ein Teil der in diesem Verdampfer entwickelten Brüden durch den Strahlapparat 9 komprimiert und in das Heizsystem des Verdampfers geschickt werden. Natürlich können aber auch andere bekannte Beheizungsarten sowohl für den Verdampfer als auch für die Siedepfanne gewählt werden. Auch kann die Salzgewinnung statt in der im Ausführungsbeispiel angegebenen Weise im Doppel- oder Mehrfacheffektverdampfer oder durch stufenweise Verdampfung ausgeführt werden, wobei natürlich die Sole jedes Verdampferkörpers auch nach dem Verfahren gemäß der Erfindung entgipst werden kann. Ferner können Teilmengen von Flüssigkeiten aus mehreren Verdampfern durch ein gemeinsames Abscheidungsgefäß geführt werden.

Das Verfahren nach der Erfindung kann auch bei der Eindampfung von Lösungen Anwendung finden, die neben dem Hauptprodukt gewisse Nebenbestandteile, wie z. B. Calciumbutyrat oder Calciumzitrat, enthalten, die abgeschieden werden sollen.

Von den in Lösung befindlichen Produkten Calciumzitrat und Calciumbutyrat kann die Löslichkeit dieser Verbindungen in Abhängigkeit von der Temperatur wie folgt angegeben werden:

Calciumzitrat	30° C	2,2 g	in	100 g	Lösung
	95° C	1,8 g	-	100 g	-
Calciumbutyrat	0° C	20,3 g	-	100 g	-
	40° C	16,1 g	-	100 g	-
	100° C	15,1 g	-	100 g	-

Für eine 20%ige Kochsalzlösung ergibt sich die Gipssättigung wie folgt:

bei	20° C	0,82 g	in	100 g	Lösung
-	80° C	0,82 g	-	100 g	-
-	100° C	0,7 g	-	100 g	-
-	130° C	0,4 g	-	100 g	-

Die Eigenschaften von Lösungen, die neben dem Hauptprodukt Calciumbutyrat oder Calciumzitrat enthalten, sind somit, soweit sie für das Verfahren nach der Erfindung in Betracht kommen, im wesentlichen dieselben wie bei einer Kochsalzlösung, aus der Gips abgeschieden werden soll.

Patentansprüche:

1. Verfahren zum Eindampfen von Flüssigkeiten, insbesondere Salzlösungen, mit Abscheidung fester Stoffe, z. B. Gips, in einem dem Verdampfer vorgeschalteten beheizten Gefäß, in dem eine höhere Temperatur herrscht als in dem gleichfalls durch ein Heizsystem beheizten Verdampfer, und unter Rückführung der Flüssigkeit aus dem Verdampfer durch das Abscheidungsgefäß, dadurch gekennzeichnet, daß jeweils nur ein Teil der Flüssigkeit aus dem Verdampfer durch das Abscheidungsgefäß geführt wird.

2. Verfahren nach Anspruch 1, dadurch gekennzeichnet, daß Teilmengen von Flüssigkeiten aus mehreren Verdampfern durch ein gemeinsames Abscheidungsgefäß geleitet werden.

3. Verfahren nach Anspruch 1, dadurch gekennzeichnet, daß die neu in den Behandlungskreislauf eingeführte Flüssigkeit zunächst in das Abscheidungsgefäß gebracht wird.

Nr. 519123. (M. 90932.) Kl. 12l, 1. Dr.-Ing. Paul H. Müller in Hannover.

Verfahren zur Gewinnung von Salz, besonders Kochsalz, durch Eindampfen.

Vom 13. Aug. 1925. — Erteilt am 5. Febr. 1931. — Ausgegeben am 24. Febr. 1931. — Erloschen: . . . .

Bei der Gewinnung von Kochsalz wird die Sole in offenen Pfannen eingedampft, die durch Feuergase beheizt werden. Diese Art der Eindampfung mit ihren großen Wärmeverlusten ist beibehalten, um den Gipsgehalt der Sole so auszuscheiden, daß das ausgeschiedene Salz getrennt von dem ausgeschiedenen Gips gewonnen wird.

Gegenstand der vorliegenden Erfindung ist ein neues Verfahren zur Kochsalzgewinnung durch Eindampfen von Sole, bei dem ebenfalls die Salzausscheidung getrennt von der Gipsausscheidung vorgenommen wird, bei der aber die großen Wärmeverluste, die bei der Eindampfung in offenen Pfannen entstehen. vermieden werden. Die Erfindung besteht darin, daß die Sole zunächst in unmittelbar beheizten Pfannen so hoch erhitzt wird, daß der Gips ausfällt und daß die so erhitzte heiße Sole in Vakuumeindampfapparaten, denen die den Pfannen zufließende, zu erhitzende Sole als Kühlflüssigkeit dient, eingedampft wird, so daß sich aus der Sole in diesen Eindampfapparaten oder nach Verlassen derselben das Kochsalz ausscheidet.

Es sind einerseits die unmittelbar beheizten Pfannen, andererseits die Vakuumeindampfkörper für sich bekannt. Die Erfindung bezieht sich auf solche Verbindung der beiden an sich bekannten Einrichtungen bei der Gewinnung von Kochsalz aus Sole, daß in wirtschaftlicher Weise das Kochsalz getrennt von dem in der Sole enthaltenen Gips gewonnen wird. Da für Kochsalz die Lösungsfähigkeit von der Temperatur nahezu unabhängig ist, für Gips aber die Lösefähigkeit über 100° stark abnimmt, so wird auf diese Weise erreicht, daß auf den Boden der beheizten Pfannen der Gips ausfällt. Da aber kein Eindampfen stattfindet, fällt kein Kochsalz aus.

Um bei der Beheizung der Pfannen keine Wärme zu verlieren, sind die Pfannen oben geschlossen. Es wird aber kein Dampf abgeführt. Die der Sole zum Zwecke der Gipsausscheidung zugeführte Erhitzung wird außerhalb der direkt gefeuerten Pfannen dazu benutzt, um einen Teil der Sole zu verdampfen. Hierbei wird zugleich die der Sole zum Zwecke der Gipsausscheidung zugeführte Wärme weitgehend zur Vorwärmung der den Pfannen zufließenden Sole nutzbar, so daß durch die Befeuerung der Pfannen nur ein verbleibender Rest zu decken ist.

Die Erfindung ist in anliegender Zeichnung schematisch dargestellt.

Die Pfanne *a* wird durch Feuerung *b* beheizt. Die einzudampfende Sole fließt der Pfanne *a* durch Leitung *c* zu und fließt durch die Pfanne *a* im Gegenstrom zu den Heizgasen, was durch bekannte Führungseinrichtungen erzielt wird. An dem beheizten Boden der Pfanne scheidet sich zufolge der hier herrschenden hohen Temperatur der Gips aus, zumal hier die Sole eine örtliche Überhitzung über die Mitteltemperatur im Behälter *a* erfährt. Die vom Gips befreite, hoch erhitzte Sole verläßt die durch Feuergase beheizte Pfanne *a* durch Rohrleitung *d* und fließt zum Vakuumverdampfer *e*, in dem das Vakuum durch bekannte Mittel aufrechterhalten wird. Durch die Spannungserniedrigung verdampft ein Teil der Sole, der gebildete Dampf wird im Oberflächenkondensator *f* niedergeschlagen. Die Sole fließt durch Leitung *g* aus dem Vakuumverdampfer *e* in den Vakuumverdampfer *h*. In diesem herrscht ein geringerer absoluter Druck als in *e*, so daß die Sole wiederum durch teilweise Dampfbildung abgekühlt wird. Der gebildete Dampf wird im Oberflächenkondensator *i* niedergeschlagen. Die Sole fließt dann durch Leitung *k* in den Verdampfer *m*, in dem wiederum eine geringere absolute Spannung herrscht als in *h*, so daß wiederum unter Abkühlung Wasserdampf entsteht, der im Oberflächenkondensator *n* niedergeschlagen wird.

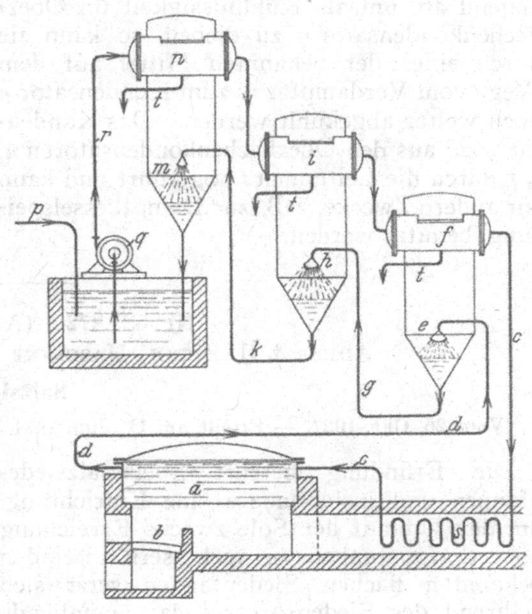

Da die Sole bereits mit Kochsalz gesättigt dem Verdampfer *e* zufließt, so fällt das Salz, das im verdampften Wasser enthalten war, aus. Es wird beim Durchfluß der Sole durch die Apparate mitgenommen, kommt aber im Behälter *o* zur Absetzung. Um das ausgeschiedene Salz von der Sole zu trennen, können die hierfür bekannten Einrichtungen eingeschaltet werden. Dem Behälter *o* wird durch Leitung *p* frische konzentrierte Lauge in dem Maße zugeführt, als durch Dampfbildung die Menge vermindert ist. Die Pumpe *q* entnimmt die Sole dem Behälter *o* und fördert sie als Kühlmittel durch Leitung *r* den Oberflächenkondensatoren *n*, *i*, *f* zu, die nacheinander und im Gegenstrom zu der einzudampfenden Sole durchflossen werden. Hierdurch wird der Sole die beim Eindampfen frei werdende Wärme wieder zugeführt. Vom Oberflächenkondensator *f* fließt die vorgewärmte Sole wieder in die beheizte Pfanne *a*, um von neuem erhitzt zu werden. Um die Vorwärmung noch weiter zu steigern, kann in die Leitung *c*, die vom Oberflächenkondensator *f* zur Pfanne *a* führt, noch der durch die von der Pfanne *a* abziehenden Heizgase beheizte Vorwärmer *s* eingebaut sein. In diesem darf die Beheizung aber nicht so stark sein, daß der Gips hier schon auszuscheiden beginnt. Es ist deshalb wertvoll, daß die Wärmerückgewinnung in den Oberflächenkondensatoren *n, i, f* so vollkommen ist, daß die Wärme der restlichen Beheizung in der Pfanne *a* so weitgehend ausgenutzt werden kann, daß ohne Wärmeverluste der Vorwärmer *s* fortfallen kann. Kühlt die neu zufließende Sole die Sole im Gefäß *o* nicht genügend ab, um als Kühlflüssigkeit im Oberflächenkondensator *n* zu dienen, so kann sie durch eines der bekannten Mittel auf dem Wege vom Verdampfer *m* zum Kondensator *n* noch weiter abgekühlt werden. Das Kondensat wird aus den Oberflächenkondensatoren *n, i, f* durch die Leitungen *t* abgeführt und kann für andere Zwecke, z. B. zur Dampfkesselspeisung, benutzt werden.

Da die Sole im Kreislauf geführt wird, in den die frische Sole nur im Maße der eintretenden Verdampfung eingeführt wird, ist es belanglos, daß bei einem Durchfluß durch die Apparate nur ein kleiner Teil der Sole verdampft wird.

Patentanspruch:

Verfahren zur Gewinnung von Salz, besonders Kochsalz, durch Eindampfen von Sole, die in unmittelbar beheizten Pfannen bis zur Ausscheidung des Gipses erhitzt wird, ohne dabei nennenswert verdampft zu werden, wobei den Pfannen stark vorgewärmte Sole zugeführt wird, dadurch gekennzeichnet, daß letztere dadurch erwärmt wurde, daß sie stufenweise die Dämpfe kondensierte, die aus der in der Pfanne erhitzten Flüssigkeit durch Selbstverdampfung in Vakuumkörpern sich bildeten.

Nr. 527 872. (A. 52 314.) Kl. 12 l, 1.

Adler & Hentzen, Maschinenfabrik in Coswig, Bez. Dresden.

Salzsiedepfanne.

Vom 26. Okt. 1927. — Erteilt am 11. Juni 1931 — Ausgegeben am 22. Juni 1931. — Erloschen: . . .

Die Erfindung betrifft Speisesalzsiedepfannen und insbesondere eine Einrichtung, um den Umlauf der Sole zwecks Erreichung höherer Leistungen zu verbessern. Bei den bekannten flachen Siedepfannen setzt sich während des Siedeprozesses das ausfallende Salz auf dem Boden der Pfanne ab und bildet dort mit den sonstigen Bestandteilen des Salzes eine isolierende Schicht, welche den Wärmedurchgang von den darunterliegenden Rauchgaszügen mindert, wodurch eine Verlangsamung des Siedeprozesses und eine schlechte Wärmeausnutzung verursacht wird.

Zur Vermeidung dieser Nachteile wird häufig ein Einsatz in die Pfannen eingebaut, welcher das ausfallende Salz auffangen soll. Infolge des Einbaues eines solchen Bodens stagniert jedoch die in der Pfanne befindliche Lösung, oder es findet höchstens nur eine ganz unbedeutende Bewegung der Flüssigkeit zwischen Ober- und Unterraum der Pfanne statt. Infolgedessen wird durch einen solchen Einsatz die Leistungsfähigkeit der Pfannen nicht wesentlich verändert.

Das Wesen der Erfindung besteht nun darin, daß die Siedepfannen mit einem Einsatz versehen werden, dessen Bodenbleche gegen die Waagerechte geneigt verlaufen oder dachförmig angeordnet sind, wobei durch Öffnungen an höchster Stelle des Einsatzes unter gleichzeitiger stärkerer Erhitzung unter diesen Öffnungen ein Aufsteigen der Sole an diesen Stellen und ein Abströmen der Sole entlang der schrägen Bleche erfolgt und so ein guter Umlauf der Sole gewährleistet wird. Die Öffnungen sind mit hochgezogenen Rändern versehen, und über diesen sind Kappen oder Abdeckungen angeordnet, welche das Durchtreten der Flüssigkeiten vom unteren zum oberen Pfannenraum gestatten, jedoch verhindern, daß ausfallendes Salz in den unteren Pfannenraum gelangt. Ebenso sind an den unteren Seiten der geneigten oder dachförmigen Bodenfläche siebartig durchlöcherte Ränder angesetzt, welche, ohne den Umlauf der Flüssigkeit zu hindern, Eindringen von Salz oder anderen festen Bestandteilen in den Raum unter dem Pfanneneinsatz unmöglich machen. Um beim Entleeren der Pfanne ebenfalls das Eindringen von Salz unter den Pfanneneinsatz zu verhindern, sind in geringem Abstand über dem Einsatz am Rand der Pfanne schräg nach oben gehende Führungsbleche angeordnet.

In der Zeichnung ist im Schnitt schematisch eine Siedepfanne mit Einsatz gemäß der Erfindung beispielsweise dargestellt.

Die Pfanne 1 befindet sich über Rauchgaszügen 2, 3 und 4, durch welche die Wärme zur Erhitzung des Pfanneninhalts zugeführt wird. Die Rauchgaszüge sind so angeordnet, daß die heißesten Gase durch die Züge 4 zugeführt werden. In der Pfanne befindet sich ein Einsatz 5 von dachförmiger Gestalt, dessen mittlere, über den heißesten Rauchgaszügen 4 liegende, an höchster Stelle angeordnete Öffnungen durch Kappen 6 abgedeckt sind, während den seitlichen Abschluß perforierte

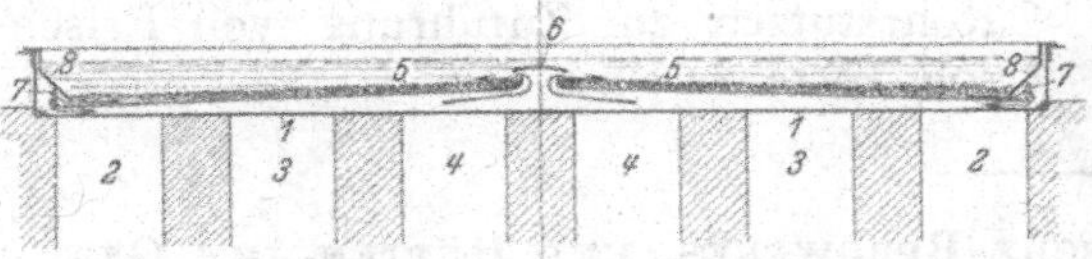

Bleche 7 darstellen. Durch Schrägflächen 8 wird das ausgefallene Salz beim Entleeren des Einsatzes nach außen geführt. Durch die starke Erhitzung der Flüssigkeit über den Rauchgaszügen 4 steigt diese in Pfeilrichtung unter Kappe 6 nach oben, um dann über die Schrägbleche 5 abzufließen. Die Flüssigkeit geht dann unter dem Schlitz zwischen der Schrägfläche 8 und dem Einsatzboden 5 hindurch, durchläuft die Siebbleche 7, und die abgekühlten Flüssigkeitsteilchen streichen dann in Pfeilrichtung wieder an dem Pfannenboden 1 entlang zur heißesten Stelle der Pfanne. Durch die Verdampfung über dem Einsatzboden 5 fällt das Salz mit seinen Nebenbestandteilen aus und lagert sich im Einsatz ab, während der Kreislauf der Lösung fortdauernd weitergeht. Der untere Pfannenboden wird von Ablagerungen frei gehalten, so daß dauernd ein guter Wärmedurchgang gesichert ist.

Patentansprüche:

1. Salzsiedepfanne mit Einsatz zum Auffangen des ausfallenden Salzes, dadurch gekennzeichnet, daß der Boden des Einsatzes gegen die Waagerechte geneigt verläuft oder dachförmig ausgebildet ist, wobei Öffnungen an höchster Stelle des Einsatzes zum Durchtritt der erhitzten Sole von unten nach oben und siebartige Abschlußbleche an tiefster Stelle des Einsatzes zum Abfluß der abgekühlten Sole vorgesehen sind.

2. Siedepfanne nach Anspruch 1, dadurch gekennzeichnet, daß die Durchtrittsöffnungen an höchster Stelle des Einsatzes mit hochgezogenen Rändern und einer kappenförmigen Abdeckung versehen sind.

3. Siedepfanne nach Anspruch 1, dadurch gekennzeichnet, daß an den Pfannenrändern schräge, mit geringem Abstand über dem Einsatzboden beginnende Führungsbleche angeordnet sind.

4. Anordnung der Siedepfanne nach Anspruch 1 bis 3, dadurch gekennzeichnet, daß die höchsten Stellen des Einsatzes über der heißesten Stelle der Beheizungsanlagen liegen.

Nr. 530046. (A. 21. 30.) Kl. 121, 1.

Adler & Hentzen, Maschinenfabrik in Coswig, Bez. Dresden.

Salzsiedepfanne.

Zusatz zum Patent 527872.

Vom 3. April 1930. — Erteilt am 9. Juli 1931. — Ausgegeben am 20. Juli 1931. — Erloschen: . . . .

Gegenstand der Erfindung ist eine weitere Vervollkommnung der Siedepfanne nach Patent 527872, welche einen Einsatz aufweist, dessen Bodenfläche schräg oder dachförmig verläuft und mit Siebblechen an den Rändern zum Durchtritt der gekühlten Sole versehen ist.

Das Wesen der vorliegenden Erfindung besteht darin, daß der Einsatz an tiefster Stelle mit Stutzen versehen ist, deren Öffnungen unterhalb des Solespiegels liegen und die mit Kappen derart abgedeckt sind, daß zwischen den Wandungen ein Durchfluß für die Sole frei bleibt. Die Kappen können glockenförmig mit einem zylindrischen Aufsatz ausgebildet werden, durch welchen die Frischsole zugeführt wird.

In der Abbildung ist eine Ausführungsform der Erfindung beispielsweise schematisch dargestellt. 1 ist die Siedepfanne, 5 der mit dachförmig verlaufendem Boden versehene Einsatz, dessen Mittelöffnungen an höchster Stelle durch Kappen 6 abgedeckt sind. An den Rändern befinden sich schornsteinartige Durchtrittsöffnungen für die Sole 9, welche durch Kappen 10, welche über

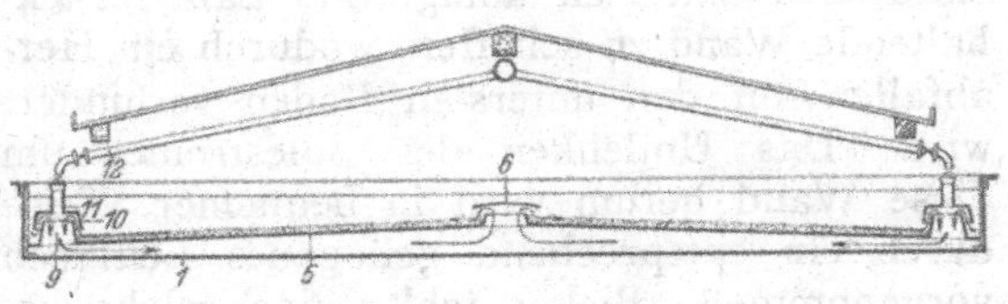

die Wandung der Öffnung hinweggreifen, abgedeckt sind, so daß Übertritt von Salz oder festen Bestandteilen verhindert wird. Die glockenartigen Kappen 10 sind mit zylinderförmigen Aufsätzen 11 versehen, durch welche von Leitungen 12 Frischsole zugeführt wird, die die Pfanne ausfüllt und durch Erhitzung in Pfeilrichtung zum Umlauf gebracht wird, worauf dann bei Verdunstung infolge Abkühlung die Sole sich auf dem Einsatzboden ablagert.

PATENTANSPRÜCHE:

1. Salzsiedepfanne nach Patent 527 872, dadurch gekennzeichnet, daß der Einsatz an tiefster Stelle mit Stutzen versehen ist, deren Öffnungen unterhalb des Solespiegels liegen und die mit Kappen derart abgedeckt sind, daß zwischen den Wandungen ein Durchfluß für die Sole frei bleibt.

2. Salzsiedepfanne nach Anspruch 1, dadurch gekennzeichnet, daß die Kappen mit über den Solespiegel hinwegragenden Rohrstutzen zur Zuführung von Frischsole versehen sind.

Nr. 551 337. (P. 24. 30.) Kl. 12 l, 1. PREUSSISCHE BERGWERKS- UND HÜTTEN-AKT.-GES., ZWEIGNIEDERLASSUNG SALZ- UND BRAUNKOHLENWERKE, ABT. SALINE SCHÖNEBECK IN SCHÖNEBECK, ELBE.

Siedepfanne zum Eindampfen von Sole.

Vom 27. April 1930. — Erteilt am 12. Mai 1932. — Ausgegeben am 30. Mai 1932. — Erloschen: . . . .

Beim Eindampfen der Sole kommt es darauf an, ein von schwefelsaurem Kalk, schwefelsaurer Magnesia u. dgl. möglichst freies, gleichmäßig gekörntes, weißes Salz zu gewinnen. Da sich der schwefelsaure Kalk (Gips) und zum Teil auch andere Nebensalze der Sole mit Vorliebe an Fremdkörpern, z. B. auch Eisen, festsetzen, so hat man in die Siedepfannen eiserne Zwischenböden eingesetzt, unter denen die Sole hinwegstreichen muß, bevor auf ihnen das im Solespiegel sich auskristallisierende Salz zur Ablagerung gelangt.

Um nun die wirksame Oberfläche des Zwischenbodens zu vergrößern, wird dieser gemäß der Erfindung aus Wellblech o. dgl. hergestellt, dessen Oberfläche im Vergleich zu der Oberfläche ebener Blechtafeln erheblich größer ist. Die aus dem Salz auszuscheidenden Bestandteile, in der Hauptsache schwefelsaurer Kalk, finden am Wellblech mit seiner vermehrten Oberfläche eine größere Ansatzmöglichkeit, so daß das Salz aus der Sole in erhöhter Reinheit auskristallisiert.

Das dem Einlauf der Sole entgegengesetzte Ende des Zwischenbodens wird — dem jeweiligen Betriebszweck entsprechend — zweckmäßig emporgezogen, um eine das auskristallisierte und sich ablagernde Salz zurückhaltende Wand zu schaffen, wodurch ein Herabfallen auf den untersten Boden verhindert wird. Das Umlenken des Solestromes um diese Wand herum wird in bequemer Weise durch ein entsprechend gebogenes Leitblech vorgenommen. Bisher fehlte eine solche bewegliche Wand, wodurch Verstopfungen der Durchflußöffnung für die Sole entstanden. Dieselben Maßnahmen können natürlich auch auf der entgegengesetzten Seite des Zwischenbodens, um den die Sole einen Kreislauf vollführen kann, getroffen werden.

Der Zwischenboden, der in bekannter Weise nach beiden Seiten wie bei einem Giebeldach abfällt, wird am besten aus einander dachziegelartig überdeckenden Blechbahnen hergestellt, die sich ohne jede lästige Verschraubung zwecks Säuberung leicht aufnehmen und nach erfolgter Reinigung wieder einlegen lassen.

Ein Ausführungsbeispiel der Erfindung ist auf der Zeichnung dargestellt.

Abb. 1 zeigt einen Längsschnitt und

Abb. 2 einen Querschnitt durch eine Siedepfanne nach der Linie A-B der Abb. 1.

Im Inneren der Pfanne 1 ist der aus gewelltem Blech hergestellte Zwischenboden 2 angeordnet. Die Länge dieses Bodens ist so bemessen, daß er die Bordwand 3 der Pfanne, in der der Einlauf 4 für die Sole liegt, und die entgegengesetzte Bordwand 5 der Pfanne

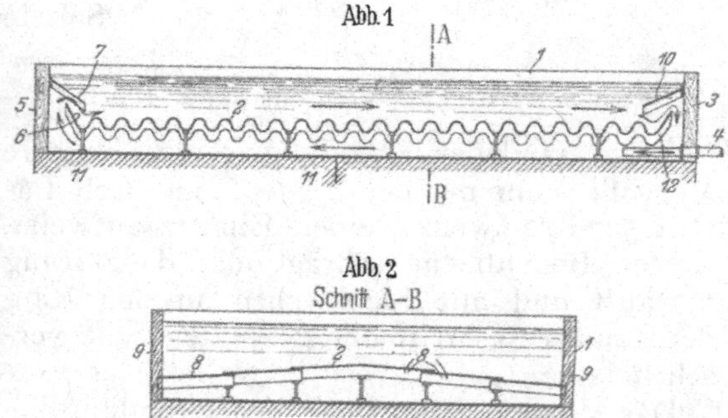

nicht berührt. Die Sole kann also innerhalb der Pfanne einen Kreislauf vollführen. Die vor den Bordwänden 3 und 5 liegenden Enden des Zwischenbodens sind, um zwei Abschlußwände 12 und 6 zu schaffen, emporgezogen. Diese Abschlußwände sind durch die nach oben schwenkbaren Bleche 10 und 7 überdacht.

Der Zwischenboden fällt nach beiden Seiten wie ein Giebeldach ab und besteht aus mehreren Blechwangen 8, die einander dachziegelartig überdecken. Die Wellen des Zwischenbodens stehen auf den von innen mit Holz bekleideten Seitenwänden 9 der Pfanne.

Die bei 4 einlaufende Sole streicht unter dem Zwischenboden 2 entlang. Dabei finden der in der Sole enthaltene schwefelsaure Kalk, die schwefelsaure Magnesia und ähnliche sich mit Vorliebe an Eisen festsetzende Beimengungen in verstärktem Maße Gelegenheit, sich an der Unterseite des Zwischenbodens festzusetzen. Diese Beimengungen werden nach einer gewissen Zeit von den herausgenommenen Blechtafeln 8 wieder entfernt. Bei dieser Gelegenheit kann auch der Pfannenboden von Gips u. dgl. gesäubert werden.

Die Sole, deren Strömungsrichtung durch die Pfeile angegeben ist, steigt, durch das Leitblech 7 umgelenkt, über die Abschlußwand 6 des Zwischenbodens hinweg. Auf dem Zwischenboden kommen sodann die Salzkristalle, da sich Gips und andere Nebensalze schon zum größten Teil sowohl an der Unterseite des Zwischenbodens sowie auf den untersten Boden festgesetzt haben, in erhöhter Reinheit zur Ablagerung. Hat sich genügend Salz auf dem Zwischenboden angesammelt, so wird es mittels sogenannter Krücken, deren Unterseite dem Profil des Zwischenbodens angepaßt ist und die längs der Wellen des Zwischenbodens geführt werden, nach den Seitenwänden der Pfanne gezogen und von hier mit Schaufeln aus der Pfanne genommen. Die Leitbleche 7 und 10 werden dabei zweckmäßig emporgeschwenkt, um das lagernde Salz möglichst restlos gewinnen zu können.

Die Sole wird bei 11, der Feuerzone, erwärmt. Dadurch wird ein Kreislauf der Sole hervorgerufen; denn die erwärmte Sole steigt in dieser Zone durch den Schlitz vor der Bordwand 5 empor, während die abgekühlte Sole durch den Schlitz vor der Bordwand 3 von der unter Druck unter die Bleche tretenden Frischsole 4 im Kreislauf mitbewegt wird.

Das Profil des Zwischenbodens kann selbstverständlich auch anders als gezeichnet sein; die Hauptsache ist, daß eine Oberflächenvergrößerung gegenüber geraden Blechen eintritt, und daß die Entfernung des gewonnenen Salzes und der unerwünschten Abscheidungsstoffe keine Schwierigkeiten mehr bereitet.

PATENTANSPRÜCHE:

1. Siedepfanne zum Eindampfen von Sole mit Zwischenboden, dadurch gekennzeichnet, daß der Zwischenboden nur an den Längsseiten die Pfannenwände berührt, dagegen an den Schmalseiten zwischen dem erhöhten Rand des Zwischenbodens und den Wandungen der Pfanne ein genügend großer Zwischenraum zum Durchtritt der Sole vorhanden ist, wobei der Zwischenboden aus Wellblech besteht, dessen Wellen in der Längsrichtung der Pfanne verlaufen.

2. Siedepfanne nach Anspruch 1, dadurch gekennzeichnet, daß der Zwischenboden, der nach den beiden Längsseiten wie ein Giebeldach abfällt, aus mehreren dachziegelartig sich überdeckenden Wellblechteilen (8) gebildet wird.

3. Siedepfanne nach Anspruch 1 und 2, dadurch gekennzeichnet, daß die die Enden des Zwischenbodens überdeckenden Führungsbleche (7, 10) für die Sole beweglich an der Wandung der Pfanne aufgehängt sind.

Nr. 555807. (P. 60119.) Kl. 121, 1. PREUSSISCHE BERGWERKS- UND HÜTTEN-AKT.-GES., ABTEILUNG SALZ- UND BRAUNKOHLENWERKE, MASCHINENAMT GOSLAR IN GOSLAR.

Einrichtung zur Erzeugung von Siedesalz.

Vom 18. April 1929. — Erteilt am 14. Juli 1932. — Ausgegeben am 1. Aug. 1932. — Erloschen: . . . .

Die Erfindung befaßt sich mit der Verwendung von Einrichtungen zur Erzeugung von Siedesalz, bei welchen von abgedeckten Planpfannen Gebrauch gemacht wird.

Es ist bei solchen Einrichtungen bekannt, zur Begünstigung der Verdunstung des Solewassers unter Ausnutzung des natürlichen Zuges des Brüdenschlotes erhitzte Luft über das Solebad streichen zu lassen. Es ist auch bekannt, die Sole der Pfanne in fein verteiltem Zustand durch Rieselvorrichtungen zuzuführen.

Die Erfinderin hat nun durch umfängliche Versuchsarbeit festgestellt, daß eine wesentliche Steigerung der stündlichen Pfannenleistung unter gleichzeitiger Begünstigung der Bildung eines Salzes von guter Kornbeschaffenheit durch die gleichzeitige Anwendung der an sich bekannten Mittel erreicht wird.

Die Erfindung besteht nämlich darin, daß in der abgedeckten Planpfanne oberhalb des Solespiegels eine Rieselvorrichtung angeordnet ist, deren einzelne Rieselsysteme wahlweise in Betrieb gesetzt werden können und durch die ständig oder in Zeitabständen regelbar erhitzte Sole ganz oder teilweise der Pfanne zugeführt wird, und daß gleichzeitig ein Luftförderer sowie eine Absaugevorrichtung für die Brüden von solcher Ausbildung an der Pfanne angeordnet sind, daß der über den Solespiegel hinwegstreichende, zweckmäßig vorerhitzte Luftstrom nach Menge oder nach Geschwindigkeit oder nach beidem entsprechend der jeweils gewünschten Pfannenleistung und Körnung des Salzes regelbar ist. Durch die gleichzeitige Anwendung der Rieselvorrichtung und des über den Solespiegel hinwegstreichenden Luftstroms wird die Angriffsfläche für die über das Bad streichende Luft vergrößert und gleichzeitig der Wärmeaustausch durch Erhöhung der Luftgeschwindigkeit begünstigt, so daß eine gesteigerte Verdunstung eintritt. Die Anordnung eines Luftförderers und einer Absaugevorrichtung gestattet ferner eine Regelung des Drucks über dem Solebad, wodurch ebenfalls eine Beeinflussung der Pfannenleistung, der Salzkörnung und daneben auch der Brüdentemperatur erreicht wird. Die Sole wird ungefähr bis zum Punkte des Salzausfalles durch die Berieselung verdunstet, so daß in der Pfanne selbst nur die hauptsächliche Auskristallisation stattfindet.

Während die Sole aus dem Rieselrohr auf das Solebad herabtropft, zerstört sie die auf dem Bad ständig neu sich bildende Salzhaut. Bei festliegenden Abständen ist die Zerstörung dieser Salzhaut eine gleichmäßige, so daß sich das Korn in der gewünschten Größe ausbilden kann.

Bei Siedepfannen mit stillstehender Sole erfolgt die Berieselung am besten periodisch in bestimmten Zeitabständen.

Die Erhitzung der Sole kann auch in einem außerhalb der Pfanne aufgestellten oder in geeigneter Weise mit der Pfanne verbundenen Vorwärmer geschehen; im ersten Fall wird zwischen Pfanne und Vorwärmer zweckmäßig eine Förderpumpe eingeschaltet, die eine Zirkulation der Sole in Pfanne und Vorwärmer aufrechterhält. Bei diesem Zirkulationsverfahren sollen die Abstände der Rieselrohre so groß gewählt werden, daß die sich von einem Rohr fortbewegende Sole Zeit hat, jeweils das gewünschte Korn zu bilden, bis sie unter das nächste Rieselrohr tritt. Dabei erfolgt die Berieselung zweckmäßig kontinuierlich. Um das Ausscheiden von Salz in Pumpen und Leitungen zu verhindern, wird die gesamte Sole vor Eintritt in die Pumpenleitung am besten durch eine am Pfannenende verlegte Heizvorrichtung vorgewärmt.

Beim Zirkulationsverfahren kann eine wesentliche Steigerung der Leistung gemäß der Erfindung dadurch erzielt werden, daß die Sole bei ihrem Durchgang durch den Vorwärmer unter erhöhten Druck gesetzt und nahezu auf die diesem höheren Druck zugeordnete Siedetemperatur erwärmt wird, z. B. bei einem Überdruck von 0,6 Atm. auf 120° C. Durch Druckentlastung wird die Differenz der Flüssigkeitswärmen vor und nach der Druckentlastung frei und dient zur Wasserverdampfung, also zur Anreicherung der Sole bis zur Sättigung oder darüber hinaus. Somit kann die ganze Pfannenoberfläche zur Salzbildung ausgenutzt werden unter erheblicher Steigerung der Pfannenleistung. Die Vergrößerung der nutzbaren Pfannenoberfläche hat einen günstigen Einfluß auf die Kornbildung.

Die Verfahrensbesonderheiten, der Ersatz des natürlichen Zuges durch mechanische Mittel, die Verwendung von Heißluft, die Berieselung der Pfanne, die Vorwärmung der Sole beim Zirkulationsverfahren, die Druckverdampfung, können auch einzeln zur Anwendung gelangen, um beispielsweise die Wirtschaftlichkeit bestehender Anlagen zu heben.

In den Abb. 1 und 2 ist eine Einrichtung für das Zirkulationsverfahren beispielsweise dargestellt, mit welcher die beschriebenen Verfahrenseinheiten zweckmäßig ausgeführt werden können.

Gemäß den Zeichnungen ist *a* eine Siedepfanne, die mit der Abdeckung *b* versehen ist; *c* ist ein Vorwärmer, dem die Sole von

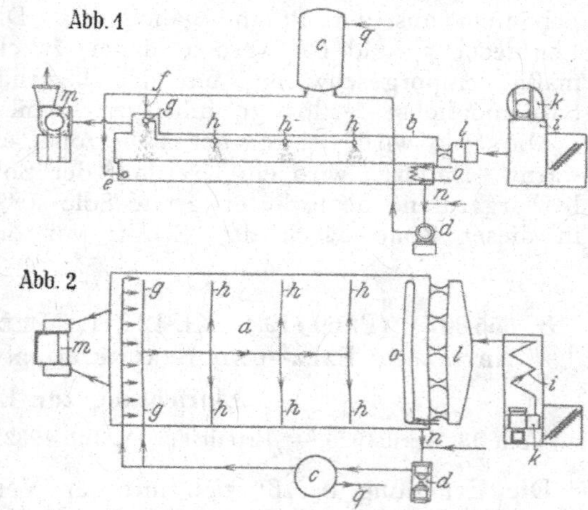

der Pumpe *d* unter Druck zugeführt wird, und von dem sie durch eine Leitung teils bei *e* in die Pfanne, teils durch die Abzweigung *f* den Rieselrohren *g* und *h* zugeführt wird. Vor *c* und *f* sind Regelorgane zur Einstellung der gewünschten Drücke einzubauen. *i* ist ein Lufterhitzer mit einem Ventilator *k*, der die erhitzte Luft durch den Luftverteilungskasten *l* über die Sole in der Pfanne und durch den herabrieselnden Soleschleier bläst. Die Brüden werden auf der entgegengesetzten Seite durch einen Ventilator *m* abgesaugt. Bei *n* läuft die Sole aus der

Pfanne ab und gelangt wieder zur Umwälzpumpe *d*. Über dem Soleablauf befindet sich eine Heizvorrichtung *o*, die die Sole vorwärmt. Die Leitung *p* mündet in den Ablauf zwischen *n* und *d* ein und führt Frischsole zu. Der Solevorwärmer *c* wird in üblicher Weise, z. B. durch Dampf, der durch die Leitung *q* zugeführt wird, beheizt.

Beim Zirkulationsverfahren wird die Sole fast ausschließlich durch das Hauptrieselrohr *g* zugeleitet, um die ganze Pfannenlänge zur Verdunstung ausnutzen zu können, während die Rieselrohre *h* nur der Freihaltung der Soleoberfläche dienen, indem sie die auf der Oberfläche der Sole sich bildende Salzhaut durch Niederschlagen der Kristalle zerstören. Beim gewöhnlichen Salzsiedeverfahren jedoch kann die Frischsole durch die sämtlichen Rieselrohre zugeleitet werden, wobei dann die Zuleitung in bestimmten Zeitabständen erfolgt, um eine gleichmäßige Kornbildung zu erreichen.

Beispiel 1

Fläche der Verdunstungspfanne .... 100 qm,
Salzerzeugung .... 25 t/Tag = 17,3 kg/min,
Salzgehalt der Frischsole .... 25 %,
Soletemperatur beim Austritt aus der Pfanne 102° (gesättigt),
Soletemperatur beim Eintritt in die Pfanne .. 108° (ungesättigt).

Umwälzmenge

Die spezifische Wärme der Lösung bei (im Mittel) 105° ist 0,4. Zur Verdunstung werden verbraucht bei 100 kg umlaufender Lösung $100 \cdot 0{,}4 \cdot 6 = 240$ kcal. Verdunstet werden $\frac{240}{553} = 0{,}434$ kg Wasser. Der dieser Verdunstung entsprechende Salzausfall ist bei 25%iger Frischsole $\frac{0{,}434}{3} = 0{,}145$ kg. Hieraus folgt die Umwälzmenge zu

$$\frac{17{,}3}{0{,}145} \cdot 100 = 11\,900 \text{ kg}$$

oder

$$\frac{11\,900}{1\,200} = \infty\ 10 \text{ cbm/min.}$$

Leistung des Luftverdichters und Lufterhitzers

Im Brüden sind abzuführen an Wasser

$$0{,}434 \cdot \frac{11\,900}{100} = 52 \text{ kg/min.}$$

Bei 90° Brüdentemperatur und 90% Sättigung trägt 1 kg trockener Luft an Wasserdampf 1,179 kg. Leistung des Luftverdichters und Lufterhitzers mithin

$$\frac{52}{1{,}179} = 49 \text{ kg oder } \frac{49}{1{,}29} = 34 \text{ cbm/min}$$

(0°, 760 mm, erwärmt auf 110° oder mehr).

Leistung der Absaugevorrichtung

Bei 90° Brüdentemperatur und 90% Sättigung enthält 1 cbm Brüden 385 g Dampf. Somit ist die Leistung der Absaugevorrichtung $\frac{52}{0{,}385} = 135$ cbm/min. Es ist zu empfehlen, die Leistungen des Luftverdichters, Lufterhitzers und der Absaugevorrichtung reichlicher zu bemessen, weil die Brüdentemperatur im Betrieb mitunter 90° unterschreitet.

Beispiel 2

Umwälzmenge ..... 11 900 kg/min,
Salzgehalt der Frischsole .... 25 %,
Soletemperatur beim Austritt aus der Pfanne .... 102° (gesättigt),
Soletemperatur beim Austritt aus dem Vorwärmer ..... 120° (ungesättigt),
Druck im Vorwärmer 0,6 atü,
Temperaturgefälle 120—102 ...... = 18°.

Die spezifische Wärme der Lösung bei (im Mittel) 111° C ist etwa 0,26. Zur Verdunstung stehen zur Verfügung bei 100 kg umlaufender Lösung $100 \cdot 0{,}26 \cdot 18 = 468$ kcal. Verdunstet werden $\frac{468}{550} = 0{,}85$ kg Wasser. Der dieser Verdunstung entsprechende Salzausfall ist bei 25%iger Frischsole

$$\frac{0{,}85}{3} = 0{,}283 \text{ kg.}$$

Salzerzeugung

$$0{,}283 \cdot \frac{11\,900}{100} = 33{,}7 \text{ kg Salz/min.}$$

Ohne Druckerhöhung werden 17,3 kg Salz bei 11 900 kg Umwälzmenge erzeugt. Die Leistungssteigerung beträgt also

$$\frac{(33{,}7 - 17{,}3) \cdot 100}{17{,}3} = 95\%.$$

Leistung des Luftverdichters und Lufterhitzers

Im Brüden sind an Wasser abzuführen

$$\frac{0{,}85 \cdot 11\,900}{100} = 101 \text{ kg/min.}$$

Bei 90° Brüdentemperatur und 90 % Sättigung trägt 1 kg trockener Luft an Wasserdampf 1,179 kg. Leistung des Lufterhitzers und Luftverdichters mithin

$$\frac{101}{1{,}179} = 86 \text{ kg oder } \frac{86}{1{,}29} = 67 \text{ cbm/min}$$

(0°, 760 mm, erwärmt auf 110° oder mehr)

Leistung der Absaugevorrichtung

Bei 90° Brüdentemperatur und 90 % Sättigung enthält 1 cbm Brüden 385 g Dampf. Somit ist die Leistung der Absaugevorrichtung $\frac{101}{0{,}385} = 262$ cbm/min.

PATENTANSPRÜCHE:

1. Einrichtung zur Erzeugung von Siedesalz, bestehend aus einer abgedeckten Planpfanne, bei welcher oberhalb des Solespiegels eine Rieselvorrichtung angeordnet ist, durch die ständig oder in Zeitabständen regelbar gegebenenfalls in einem Vorwärmer erhitzte Sole ganz oder teilweise der Pfanne zugeführt wird, und bei welcher ein Luftförderer sowie eine Absaugevorrichtung für die Brüden von solcher Ausbildung vorgesehen ist, daß der über den Solespiegel hinwegstreichende, zweckmäßig vorerhitzte Luftstrom nach Menge oder Geschwindigkeit oder nach beidem entsprechend der jeweils gewünschten Pfannenleistung und Körnung des Salzes regelbar ist.

2. Einrichtung nach Anspruch 1, gekennzeichnet durch Einschaltung einer Förderpumpe für die Sole zwischen Pfanne und Vorwärmer, wobei in der Pfanne selbst eine Heizvorrichtung für die zur Pumpe fließende Sole vorgesehen sein kann.

3. Einrichtung nach Anspruch 1, dadurch gekennzeichnet, daß die Rieselsperren aus je einem Rieselsystem bestehen, das wahlweise im ganzen oder in einzelnen Teilen in bestimmten räumlichen oder zeitlichen Abständen in Wirksamkeit treten kann.

4. Einrichtung zur Salzgewinnung nach Anspruch 1 und 2, dadurch gekennzeichnet, daß in dem in die Soleleitung eingeschalteten Vorwärmer die Erhitzung der Sole unter (durch die Zirkulationspumpe erzeugtem) Überdruck stattfindet und daß durch anschließende Druckentlastung in oder vor der Planpfanne eine Konzentration der Sole erfolgt.

Nr. 500 291. (M. 102 566.) Kl. 121, 1. J. A. MAFFEI A.-G. IN MÜNCHEN.

Hin und her bewegbare Austragevorrichtung für Salzpfannen mit heraushebbaren Kratzern.

Vom 16. Dez. 1927. — Erteilt am 28. Mai 1930. — Ausgegeben am 19. Juni 1930. — Erloschen: 1932.

Bei Salzsiedeanlagen mit Flachpfannenbetrieb ist es bekannt, das durch tarkes Eindampfen von Sole gewonnene Salz mit Hilfe einer besonderen Austragevorrichtung von der Siedepfanne zu entfernen. Für die Abräumarbeit verwendet man bekanntlich ein über der Siedepfanne in der Längsrichtung derselben durch Ketten bzw. durch Seilzug vor- und rückwärts bewegbares, laufkatzenartiges Gestell, dessen Querwelle mit einer Anzahl an Hebeln befestigten Kratzschaufeln ausgerüstet ist.

Die bisher bekannt gewordenen Austragevorrichtungen dieser Art sind aber hinsichtlich ihres Aufbaues mit verschiedenen Mängeln behaftet. Einerseits ist der Aufbau äußerst kompliziert, wodurch die Zuverlässigkeit des Betriebes wesentlich beeinträchtigt wird. Andererseits ergibt sich ein weiterer Übelstand daraus, daß bei der bekannten Einrichtung die auf die die Kratzer tragende Welle einwirkenden Getriebeteile frei liegen und somit den aufsteigenden Soledämpfen ausgesetzt sind.

In Erkenntnis aller dieser, den bekannten Einrichtungen anhaftenden Nachteile stellt und löst die folgende Erfindung die Aufgabe, eine hin und her bewegliche Austragevorrichtung zu schaffen, welche hinsichtlich Einfachheit im Aufbau und damit der Betriebssicherheit die bekannten Einrichtungen erheblich übertrifft. Erfindungsgemäß wird ferner auch eine Vorkehrung zur Schonung der auf die Kratzerwelle einwirkenden Getriebeteile gegen den Einfluß der Soledämpfe getroffen.

Die Erfindung besteht darin, daß die die Kratzer tragende Welle auf ihren Enden ein Zahnsegment aufweist, das mit einer in Grenzen beweglichen Zahnstange in Eingriff steht. Durch Bewegung der Zahnstange, und zwar unter Stillstand der eigentlichen Austragevorrichtung, wird vermittels des Zahnsegments die Kratzerwelle entsprechend mitgedreht und dabei die Kratzer gehoben bzw. gesenkt. Die die Kratzerwelle bewegenden Getriebeteile sind zum Schutz gegen die Einflüsse der Brüden eingekapselt. Durch die gehäuseartige Einkapselung der betreffenden Getriebeteile wird ferner erreicht, daß dieselben im Bedarfsfalle gut geölt werden können, ohne daß dabei Abtropföl in die Siedepfanne gelangen kann.

Auf der Zeichnung ist eine nach vorliegender Erfindung vorgeschlagene Austragevorrichtung in beispielsweiser Ausführungsform dargestellt, und zwar zeigt:

Abb. 1 die Austragevorrichtung in Vorderansicht,

Abb. 2 das erfindungsgemäße, im Gehäuse eingeschlossene Schwenkwerk für die Kratzerwelle in einer teilweisen, im Schnitt gehaltenen Seitenansicht,

Abb. 3 die hin und her bewegliche Austragevorrichtung mit gehobenen Kratzern in Seitenansicht.

Quer über der Salzpfanne *a* führt die Welle *d* hinweg, welche entsprechend der Breite der Salzpfanne *a* mehrere auf Stielen *e* angeordnete Kratzer *f* trägt. Um eine Durchbiegung der Kratzerwelle zu vermeiden und einen einwandfreien Lauf derselben zu gewährleisten, ist zur Unterstützung der Welle *d* ein besonderer Querträger *g* vorgesehen, an dem die betreffende Welle vermittels Hängelagern *h* aufgehängt ist. Auf den Enden der Welle *d* ist ein Zahnsegment *i* festgelagert, und so die Teildrehung der Kratzerwelle *d* begrenzen.

Damit zum Heben und Senken der Kratzer *f* die für die Längsverschiebung der Zahnstange *l* beim Stillstand der Austragevorrichtung aufzubringende Kraft nicht größer ausfällt als der Reibungswiderstand der Austragevorrichtung, was ungenügendes Heben bzw. Senken der Kratzer *f* zur Folge haben würde, wird zur etwaigen Erhöhung des Reibungsgewichtes der Austragevorrichtung eine besondere Bremseinrichtung, z. B. eine Backenbremse *r*, vorgesehen, deren Reibungswirkung bei Einschaltung einer Feder o. dgl. regelbar ist.

Durch die Anordnung der Reibungsbremse *r* ergibt sich der besondere Vorteil, daß die sonst üblichen Beschwerungsmittel zur Erhöhung des Reibungsgewichtes der Austragevorrichtung in Fortfall kommen.

Die Wirkung der erfindungsgemäßen Austragevorrichtung ist nun folgende:

Befindet sich die Austragevorrichtung im hinteren Bereich der Siedepfanne *a* und sollen

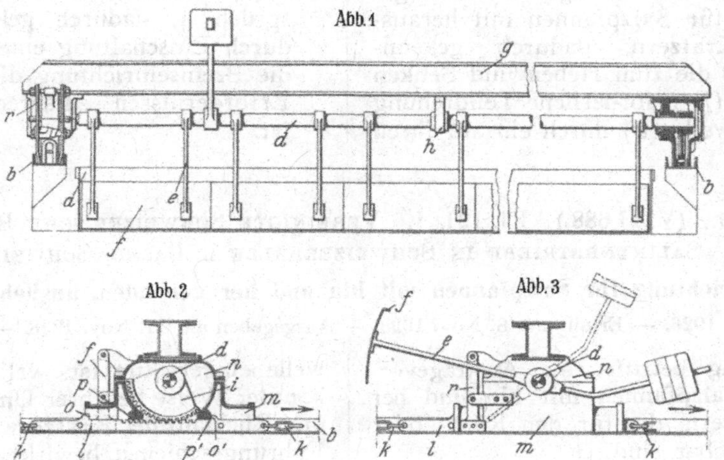

das mit einer in der Längsrichtung der Salzpfanne *a* beweglichen Zahnstange in Eingriff steht. Die beiden Getriebeteile *i* und *e* sind gehäuseartig eingekapselt. Der zum Heben und Senken der Kratzer *f* notwendige Winkelausschlag wird durch Längsverschiebung der Zahnstange *l* bei Stillstand der Austragevorrichtung bewirkt, die hierbei eine entsprechende Teildrehung des Zahnsegments *i* und damit der Kratzerwelle *d* sowie den mit der letzteren fest verbundenen Kratzern *f* verursacht. Entsprechend der zum Heben und Senken der Kratzer *f* erforderlichen Größe des Winkelausschlages ist die Zahnstange *l* mit Anschlägen *o*, *o'* versehen, die gegen Anschläge ***p***, ***p'*** des das Schwenktriebwerk ***l*** und ***l*** umschließenden Gehäuses ***m***, ***n*** auftreffen die Kratzer *f* in Tätigkeit treten, d. h. gesenkt werden, so ist der Kettenzug *k* in der gemäß Abb. 2 und 3 angedeuteten Pfeilrichtung wirksam. Unter dieser Zugwirkung wird zunächst, und zwar bei Stillstand der Austragevorrichtung, eine Längsverschiebung der Zahnstange *l* und damit eine Drehung des mit dieser in Eingriff stehenden Zahnsegments *e* und der Kratzerwelle *d* stattfinden, welcher Vorgang durch das Zusammentreffen der Anschläge *o* und *p* begrenzt wird, wobei die Kratzer *f* gleichzeitig in die Ausräumstellung geschwenkt werden. Bei anhaltender Zugkraftwirkung wird nach erfolgter Anschlagsberührung und damit Begrenzung der Teildrehung der Kratzerwelle alsdann die gesamte Austragevorrichtung in Längsrichtung auf den U-förmigen Schienen *b* der Pfanne *a* nach vorn gezogen, wobei das Abräumgut von den in Arbeitsstellung befindlichen Kratzern *f* mitgenommen wird.

Wird die Austragevorrichtung nach Beendigung dieses geschilderten Arbeitsganges, d. i. Ausräumen auf Rückgang, umgeschaltet, so erfolgt unter dem Einfluß der nunmehr entgegengesetzt wirkenden Zugkraft zunächst wieder eine Teildrehung der Kratzerwelle *d*, und zwar nach der anderen Richtung hin, bis daß die Anschläge *o'* und *p'* zusammentreffen. Bei dieser Teildrehung werden die Kratzer gleichzeitig aus ihrer Arbeitsstellung gehoben, und alsdann erfolgt die Rückbewegung der gesamten Austragevorrichtung.

Diese geschilderten Vorgänge wiederholen sich in gleicher Weise während des ganzen Betriebes. Je nach der Zugrichtung der Kette *k* werden also zuerst die Kratzer gehoben bzw. gesenkt, und alsdann erfolgt die Bewegung der gesamten Austragevorrichtung.

Patentansprüche:

1. Hin und her bewegbare Austragevorrichtung für Salzpfannen mit heraushebbaren Kratzern, dadurch gekennzeichnet, daß die zum Heben und Senken der Kratzer (*f*) erforderliche Teildrehung der Kratzerwelle (*d*) durch ein auf ihren beiden Enden angeordnetes, mit einer bei Stillstand der Austragevorrichtung in Grenzen längsbeweglichen Zahnstange (*l*) in Eingriff stehendes Zahnsegment (*i*) bewirkt wird.

2. Austragevorrichtung nach Anspruch 1, dadurch gekennzeichnet, daß die das Zahnsegment (*i*) in Drehung versetzende Zahnstange (*l*) mit Anschlägen (*o, o'*) versehen ist, derart, daß hierdurch der zum Heben und Senken der Kratzerschaufeln (*f*) erforderliche Winkelausschlag begrenzt wird.

3. Austragevorrichtung nach Anspruch 1 oder 2, dadurch gekennzeichnet, daß die die Teildrehung der Kratzerwelle (*d*) bewirkenden Getriebeteile (*i, l*) zum Schutz gegen den Einfluß der Soledämpfe gehäuseartig eingekapselt sind.

4. Austragevorrichtung nach Anspruch 1 bis 3, dadurch gekennzeichnet, daß der Reibungswiderstand der hin und her bewegbaren Austragevorrichtung durch Anordnung einer Bremseinrichtung (*r*) vergrößert wird.

5. Austragevorrichtung nach Anspruch 4, dadurch gekennzeichnet, daß durch Einschaltung einer Feder o. dgl. in die Bremseinrichtung die Bremskraft den Erfordernissen entsprechend regulierbar ist.

Nr. 468729. (V. 21688.) Kl. 12l, 1. Vereinigte Schweizerische Rheinsalinen, Salinenbetriebe in Schweizerhalle b. Basel, Schweiz.

Austragevorrichtung für Salzpfannen mit hin und her gehenden, aushebbaren Kratzern.

Vom 21. Sept. 1926. — Erteilt am 8. Nov. 1928. — Ausgegeben am 17. Nov. 1928. — Erloschen: . . . .

Die Erfindung betrifft eine Austragevorrichtung für Salzpfannen mit hin und her gehenden Kratzern, die für den Rück- oder Leergang aushebbar sind.

Bei den bekannten Vorrichtungen dieser Art erfolgt die Hinundherbewegung der Kratzer teils unmittelbar, teils mittels laufkatzenartiger Wagen durch Seil- oder Kettengetriebe, was die Verwendung verwickelter Umsteuermechanismen für den Vor- und Rückgang der Kratzer bedingt und auch die Zuverlässigkeit des Betriebes beeinträchtigt.

Beim Gegenstand der Erfindung wird nun zwar die Hinundherbewegung der Kratzer mittels laufkatzenartiger Wagen, aber zum Zwecke der Vereinfachung des Betriebes erfindungsgemäß in der Weise herbeigeführt, daß ein und dieselbe hohle Welle, welche die losen Kratzer und einen zu deren Ausheben für den Rückgang dienenden Ausheber trägt, gleichzeitig für die axiale Durchführung einer umlaufenden, elektrisch angetriebenen Triebwelle eingerichtet ist, welche in an sich bekannter Weise bei ihrer Umdrehung den Vor- und Rücklauf des Kratzerwagens an seitlichen Führungsschienen bewirkt.

Die Zeichnung veranschaulicht ein Ausführungsbeispiel des Erfindungsgegenstandes.

Abb. 1 ist ein senkrechter Teilschnitt, bei welchem einzelne Teile einer Salzpfanne und des Kratzerwagens ausgebrochen sind;

Abb. 2 stellt die Triebseite des Kratzerwagens dar;

Abb. 3 ist ein Einzelquerschnitt durch die hohle Welle mit den losen Kratzern und dem schematisch angedeuteten Ausheber.

Quer über der Salzpfanne *a* geht eine waagerechte hohle Welle *b* hinweg, welche an ihren Enden mittels der Lagerstücke *c, d* unter Zuhilfenahme von Rollen *e* längs parallelen seitlichen Führungsschienen *f* geführt ist und zusammen mit den Teilen *c, d* einen laufkatzenartig vor- und rückwärts beweglichen Wagen bildet. Auf der Welle *b* sind die Kratzer *g* lose drehbar aufgeschoben; es sind deren entsprechend der Breite der Salzpfanne *a* mehrere über diese Breite verteilt, derart, daß sich ihre Enden etwas übergreifen. Beim Arbeitshub kratzen in bekann-

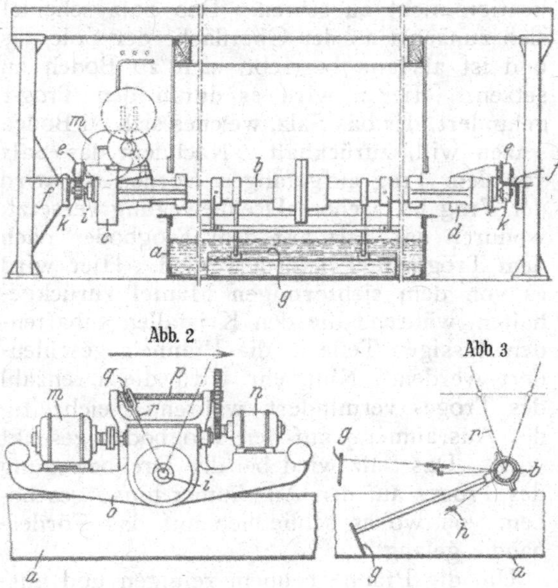

ter Weise die lose auf dem Gut in der Salzpfanne lastenden Kratzer *g* die Salzkristalle ab; für den Rückgang werden die Kratzer *g* in der aus Abb. 3 schematisch angedeuteten Weise durch einen Ausheber *h*, der auf der Welle *b* befestigt ist, ausgehoben, so daß sie im Leergang an die Ausgangsstelle des Arbeitshubes zurückgebracht werden können.

Die hohle Welle *b* dient gleichzeitig einer sie axial durchsetzenden drehbaren Triebwelle *i* zur Lagerung. Dieselbe ist an ihren Enden mit Zahntrieben *k* versehen, welche je in eine an der Unterseite der Führungsschienen *f* vorgesehene Verzahnung eingreifen. Durch Drehung der Triebwelle *i* wird der vorerwähnte Wagen mit den Kratzern an den Schienen *f* vor- und zurückgefahren.

Der Antrieb der Triebwelle *i* erfolgt durch einen Elektromotor *m* mittels eines Schneckengetriebes; diese Teile sind auf einer Seitenwange *o* (Abb. 2) des Wagens gelagert. Dieselbe Seitenwange trägt einen Elektromotor *n*, der mittels einer Schraubenspindel *p* eine Mitnehmermuffe *q* verschiebt und durch diese mittels des Hebelarmes *r* die hohle Welle *b* mit dem Ausheber *h* über einen zum Ausheben der Kratzer erforderlichen Winkelausschlag dreht. An den Enden des Wagenhubes findet in bekannter Weise mittels durch die Bewegung des Wagens gesteuerter Umschalter die Umschaltung des Laufes der Elektromotoren statt.

Patentanspruch:

Austragevorrichtung für Salzpfannen mit hin und her gehenden, aushebbaren Kratzern, welche mittels eines laufkatzenartigen Wagens durch die Pfanne gezogen werden, gekennzeichnet durch eine hohle Welle (*b*), welche die losen Kratzer (*g*) und den zu deren Ausheben für den Rückgang dienenden Ausheber (*h*) trägt und gleichzeitig für die axiale Durchführung einer umlaufenden, elektrisch angetriebenen Triebwelle (*i*) eingerichtet ist, welche in an sich bekannter Weise bei ihrer Umdrehung den Vor- und Rücklauf des Kratzerwagens an seitlichen Führungsschienen (*f*) bewirkt.

Nr. 464009. (L. 67879.) Kl. 12 l, 1. Theodor Lichtenberger in Heilbronn a. N.

Verfahren und Vorrichtung zum Austragen von Salz aus der Siedepfanne.

Vom 8. Febr. 1927. — Erteilt am 26. Juli 1928. — Ausgegeben am 8. Aug. 1928. — Erloschen: 1934.

Im Salinenbetrieb hat man schon lange versucht, die beschwerliche Handarbeit beim Austragen des Salzes aus den Siedepfannen durch Maschinenarbeit zu ersetzen. Man hat an Stelle der mit der Hand bewegten Krücken gleichartige hydraulisch bewegte Werkzeuge, ferner hin und her gehende oder umlaufende Schaber oder Kratzer, endlich auch Förderschnecken in Sammeltrögen angewendet. Alle diese Vorrichtungen hatten aber keine ausreichende Lebensdauer: der Boden der Pfanne blieb infolge der Erhitzung nicht eben, und die mechanischen Vorrichtungen klemmten sich infolgedessen häufig fest. Beschädigungen, Betriebsstörungen und rasche Abnutzung waren die Folge. Man ist daher überall wieder zu der zuverlässigeren, wenn auch beschwerlichen und kostspieligen Handarbeit zurückgekehrt.

Das den Gegenstand der vorliegenden Erfindung bildende Verfahren bietet den Vorteil, daß die Handarbeit durch mechanische Bewegung ersetzt werden kann, ohne daß, wie bisher, Nachteile hiermit verbunden sind. Das Wesen der Erfindung besteht darin, daß das ausfallende Salz in einem in die Siedepfanne eintauchenden Trog aufgefangen und durch Umlaufen des Troges an dem siebartigen Trogmantel angesammelt wird, von wo es durch einen Ausräumer während des Trogumlaufes über den Pfannenrand ausgetragen wird. Bei dem neuen Verfahren wird die

Eigenschaft des Siedesalzes ausgenutzt, beim Erhitzen der Sole sich an der Oberfläche in der Pfanne auszuscheiden und sich alsdann erst zu Boden zu setzen.

Auf der beiliegenden Zeichnung ist eine zur Durchführung des neuen Verfahrens geeignete Vorrichtung beispielsweise schematisch dargestellt.

Abb. 1 ist ein senkrechter Axialschnitt durch die Vorrichtung.

Abb. 2 ist ein Grundriß.

Oberhalb der Siedepfanne *a*, die zweckmäßig eine kreisrunde Form hat, ist eine senkrechte Welle *b* gelagert, die am Unterende einen flachen Trog *c* trägt. Dieser Trog befindet sich innerhalb der Siedepfanne *a* und

Abb. 1

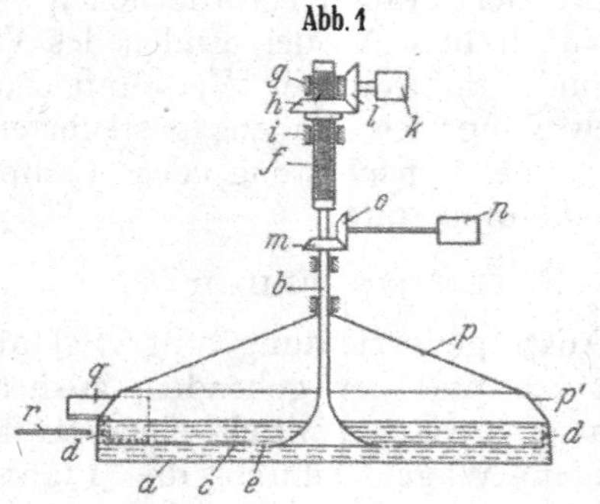

nimmt etwa die obere Hälfte derselben ein. Der Außendurchmesser des Troges *c* ist nur etwas kleiner als der Innendurchmesser der Pfanne *a*. Der Mantel *d* des Troges *c* ist siebartig ausgebildet. Ferner kann auch der Boden der Pfanne mit Sieböffnungen *e* versehen sein. Die Welle *b* wird von einer hohlen Schraubenspindel *f* getragen, welche in dem Lager *g* in der Längsrichtung verschiebbar, aber nicht drehbar angeordnet ist. Auf der Spindel *f* sitzt eine als Kegelrad ausgebildete Mutter *h*, welche drehbar, aber nicht verschiebbar zwischen dem Lager *g* und dem Lager *i* gehalten wird. Das Kegelrad *h* kann durch einen Elektromotor *k* mittels des Kegelrades *l* in Drehung versetzt werden. Auf der Welle *b* ist ein Kegelrad *m* befestigt, welches von einem zweiten Elektromotor *n* mittels des Kegelrades *o* gedreht werden kann.

Die Siedepfanne ist mit einem Pfannenmantel *p* versehen. Der zwischen der Unterkante des Mantels *p* und dem Trog verbleibende Spalt ist durch Deckladen *p'* abgeschlossen. In dem Trog *c* wird zum Zweck der Salzaustragung nach Entfernung einer Docklade ein Ausräumer *q* eingetaucht und an der Pfanne befestigt. Unterhalb des Außenendes des Ausräumers *q* ist ein Förderband *r* angeordnet.

Bei Pfannen von größerem Durchmesser kann der Trog auf dem Pfannenrand gelagert werden, um die Antriebswelle zu entlasten.

Das Verfahren wird mit Hilfe dieser Vorrichtung wie folgt durchgeführt:

Die Pfanne *a* wird mit der Sole gefüllt und erhitzt, während der Trog *c* eine langsame Drehbewegung ausführt, um die Kristallisation nicht zu stören. Das Salz scheidet sich zunächst an der Oberfläche der Sole aus und ist alsdann bestrebt, sich zu Boden zu setzen. Hieran wird es durch den Trog *c* gehindert, der das Salz, welches sich zu Boden setzen will, zurückhält. Nachdem das Salz von dem Trog aufgefangen worden ist, wird der Trog in raschere Drehbewegung versetzt, wodurch das Salz auf dem Trogboden nach dem Trogmantel befördert wird. Hier wird es von dem siebförmigen Mantel zurückgehalten, während die den Kristallen anhaftenden flüssigen Teile in die Pfanne *a* geschleudert werden. Nunmehr wird die Drehzahl des Troges vermindert, während gleichzeitig der Ausräumer *q* auf den Trogboden gesenkt wird. Das Salz wird bei der Drehbewegung des Troges auf den Ausräumer hinaufgeschoben, von wo es schließlich auf das Förderband *r* gelangt.

Um die Pfanne bequem reinigen und ausbessern zu können, wird mit Hilfe der Mutter *h* und der hohlen Spindel *f* die Welle *b* samt dem Trog *c* angehoben.

Patentansprüche:

1. Verfahren zum Austragen von Salz aus der Siedepfanne, dadurch gekennzeichnet, daß das ausfallende Salz in einem in die Pfanne eintauchenden Trog aufgefangen und durch Umlauf des Troges an dem siebartigen Trogmantel angesammelt wird, von wo es durch einen Ausräumer während des Trogumlaufes über den Pfannenrand ausgetragen wird.
2. Vorrichtung zur Durchführung des Verfahrens nach Anspruch 1, gekennzeichnet durch einen in den Oberteil der Siedepfanne eintauchenden drehbaren Trog mit siebartigem Mantel und teilweise siebartig ausgebildetem Boden.
3. Vorrichtung nach Anspruch 2, gekennzeichnet durch eine mit dem Trog verbundene, mittels Schraubenspindel heb- und senkbare Antriebswelle.
4. Vorrichtung nach Anspruch 2 und 3, gekennzeichnet durch einen auf dem Pfannenrande gelagerten Trog.

Im Orig. 2 Abb.

Weitere Anwendungen dieser Vorrichtung siehe ***D. R. P. 507635.***

Nr. 507 635. (L. 77 003.) Kl. 12 a, 2. Theodor Lichtenberger in Stuttgart.

Verfahren zum Austragen von Salz aus der Siedepfanne.

Zusatz zum Patent 464 009.

Vom 17. Dez. 1927. — Erteilt am 4. Sept. 1930. — Ausgegeben am 18. Sept. 1930. — Erloschen: . . . .

Gegenstand der vorliegenden Erfindung ist die weitere Ausbildung des Verfahrens zum Austragen von Salz aus der Siedepfanne nach Patent 464 009.

Es hat sich gezeigt, daß nicht nur Siedesalz, sondern auch andere Salze, welche in einer Flüssigkeit gelöst sind, sich an deren Oberfläche ausscheiden lassen, wie z. B. Chlorkalium, Alkalisulfate und Alkalikarbonate.

Diese Salze oder auch andere feste Körper können wie das Siedesalz in einem siebartigen Trog nach ihrer Ausscheidung an der Oberfläche der Lösung abgefangen werden, bevor sie zu Boden sinken.

Patentanspruch:

Verfahren zum Austragen von Salz aus der Siedepfanne nach Patent 464 009, dadurch gekennzeichnet, daß nicht nur Siedesalz, sondern alle festen Körper, welche in einer Flüssigkeit gelöst sind und sich daraus an der Oberfläche ausscheiden lassen, in einem siebartigen Trog aufgefangen werden.

Nr. 538 013. (M. 97 580.) Kl. 12 l, 1. Metallgesellschaft A. G. in Frankfurt a. M.

Erfinder: Max Gensecke in Leipzig.

Verfahren zum Verdunsten des Lösungsmittels von Salzlösungen.

Vom 19. Dez. 1926. — Erteilt am 29. Okt. 1931. — Ausgegeben am 11. Nov. 1931. — Erloschen: 1933.

Es ist bekannt, Salze aus Lösungen dadurch abzuscheiden, daß die fein zerstäubte Lösung durch wiederholtes Einwirken eines Luftstromes teilweise verdunstet wurde. Die Luft oder eine andere Gasart gelangte hierbei oft auch erhitzt zur Anwendung. Wurde die Lösung jeweils vor der Einführung in den Verdunstungsraum, z. B. Rieselturm, ebenfalls erhitzt, so geschah bisher diese Erwärmung in einer Heizpfanne oder durch den Abdampf von Dampfmaschinen. Neben Abdampf hat man aber auch heißes Wasser oder heiße Gase zum Erwärmen der zu konzentrierenden Flüssigkeit verwendet, so z. B. bei Kühlanlagen, bei denen Luft durch künstlich gekühlte Salzlösung auf die erforderliche niedrige Kühltemperatur gebracht wurde. Das Wasser, das die Salzlösung dabei durch Kondensation aus der Luft aufnahm, wurde nämlich der Salzlösung in der Weise wieder entzogen, daß ein Teil der Salzlösung aus der Kühlanlage entnommen und nach Vorwärmung in einem Gegenstromkühler mit den genannten Heizmitteln auf etwa 45° C erhitzt wurde. Die erhitzte Salzlösung wurde durch einen Kaminkühler geschickt, wobei ein Teil ihres Wassergehaltes verdunstete unter gleichzeitiger Abkühlung der Lösung. Diese wurde dann im Gegenstromkühler des weiteren gekühlt und der Kühlanlage wieder zugeführt. Die niedrige Erwärmungstemperatur vor der Verdunstung des Wassers wurde deshalb eingehalten, um der Kühlanlage mit der regenerierten Salzlösung nicht zu viel schädliche Wärme zuzuführen. An sich wäre mit den benutzten Heizmitteln die Konzentration der Salzlösung durch Eindampfen der durch Verdunsten aus wärmewirtschaftlichen Gründen vorzuziehen gewesen; denn bekanntlich können nach dem heutigen Stande der Technik Vakuumverdampfer noch anstandslos mit Abdampf von etwa 60° C Sattdampftemperatur beheizt werden. Derartige Eindampfeinrichtungen arbeiten mit hoher Leistung, und es können die im Vakuumverdampfer erzeugten Brüden noch ohne Schwierigkeiten selbst bei schlechten Kühlwasserverhältnissen niedergeschlagen werden. Auch für Vorwärmezwecke kann man natürlich derartigen Dampf noch verwenden.

Ganz anders gestalten sich die Verhältnisse indessen, wenn es sich um die Verwertung von Vakuumdampf noch niedrigerer Spannung handelt, d. h. also solchem, der eine Sattdampftemperatur hat, die nahe der Temperatur des aus den wassergekühlten Kondensatoren der Anlage abfließenden Kühlwassers liegt. Für derartigen Dampf hatte man bisher keine Verwendung; sein Wärmeinhalt wurde vielmehr restlos durch das Kühlwasser vernichtet. Es wurde nun gefunden, daß es möglich ist, auch den sonst im Kondensator niedergeschlagenen Wasserdampf aus dem letzten Verdampferkörper von Mehrfacheffektverdampfern oder Wasserdampf gleicher oder noch niedrigerer Spannung anderer Herkunft oder stark mit Luft vermischten Wasserdampf noch mit gutem wirtschaftlichen Erfolg auszunutzen, wenn man ihn zur Konzentration von Salzlösungen verwendet.

Es hat sich nämlich gezeigt, daß auch bei der verhältnismäßig geringen Erwärmung der Lösung, die mit derartigen Heizmitteln möglich ist, sich noch eine gute Verdunstung des Lösungsmittels erreichen läßt, dadurch, daß die fein zerteilte Lösung mit Luft oder ähnlichen Gasen von gewöhnlicher oder von erhöhter Temperatur in Berührung gebracht wird. Da das Heizmittel kostenlos zur Verfügung steht und auch die Zerstäubung der Flüssigkeit sowie das Verdunstungsmittel nur geringe Kosten verursachen, die nicht höher sind als die Kosten des sonst zur Niederschlagung der Heizmittel notwendigen Kühlwassers, arbeitet das Verfahren gemäß der Erfindung in der Regel sogar billiger als Eindampfanlagen.

Beispielsweise wird erfindungsgemäß die Salzlösung in dem Raum über einem an sich bekannten Heizsystem in dünne Schleier verteilt und Luft oder ähnliche gasförmige Mittel, die gegebenenfalls vorgewärmt werden können, durch die Flüssigkeitsschleier geleitet. Dadurch wird einerseits eine größere Verdunstungsoberfläche, anderseits ein größeres Temperaturgefälle zwischen aufzuheizender Flüssigkeit und dem zu verwertenden Heizmittel, z. B. Verdampferbrüden von der Sattdampfspannung, die der Kühlwasserabflußtemperatur entspricht, geschaffen. Denn es treten mit den Heizwandungen immer neue Flüssigkeitsmengen in Berührung, die kurz zuvor durch die beschleunigte Verdunstung weit genug abgekühlt worden sind. In derselben Weise lassen sich nach dem neuen Verfahren als Heizmittel auch Dampf-Luft-Gemische verwerten, wie sie z. B. bei der Siedesalzgewinnung in abgedeckten Siedepfannen entstehen. In diesem Falle werden vorteilhaft die Wandungen des Heizsystems, an denen die Brüden kondensieren, mit im Kreislauf geführter Flüssigkeit berieselt. Als Kreislaufflüssigkeit für die Berieselung der Heizflächen kann man zweckmäßig das im Heizsystem anfallende Kondensat benutzen.

Die Belüftung der im Verdampferraum über dem Heizsystem geschaffenen Flüssigkeitsschleier kann auf verschiedene Weise erfolgen. Gewöhnlich reicht der Essenzug für diesen Zweck aus. In manchen Fällen kann er jedoch durch die Wirkung eines Gebläses verstärkt werden, insbesondere dann, wenn vorgewärmte Luft oder z. B. Abgase von Feuerungen zur Verfügung stehen, die dann zweckmäßig durch das Gebläse in den Verdampfer gefördert werden.

An Hand der Zeichnungen soll die Erfindung des näheren erläutert werden.

In Abb. 1 ist eine Vorrichtung zur Ausführung des neuen Verfahrens beispielsweise dargestellt. Abb. 2 zeigt eine andere Ausführungsform, die sich von der ersten hauptsächlich durch die Erzeugung der Flüssigkeitsschleier unterscheidet.

1 ist die Verdunstungsvorrichtung mit dem Heizsystem 2, dem Brüdenraum 3, dem Schlot 4 und dem Entleerungsstutzen 5. Dem Heizsystem 2 werden die Brüden bei 6 zugeführt. Die nicht kondensierbaren Bestandteile strömen durch den Stutzen 7 ab. 8 ist

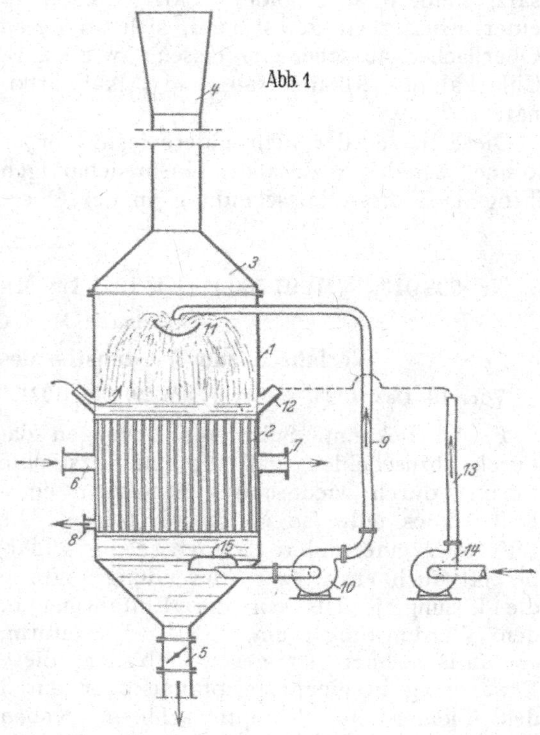

der Kondensatabfluß, 9 ist eine Umlaufleitung mit der Fördervorrichtung 10 und der Verteilervorrichtung 11. 12 sind Eintrittsöffnungen für Luft in den Verdunstungsraum 3. Diese Luft kann gegebenenfalls mittels Leitung 13 zugeführt werden, in die das Gebläse 14 fördert.

Sollen nach dem neuen Verfahren z. B. Salzlösungen konzentriert werden, so werden diese dem Apparat 1 an geeigneter Stelle zugeführt. Die Fördervorrichtung 10 hält einen Kreislauf der zu behandelnden Salzlösung aufrecht, derart, daß die Lösungen aus dem Teil unterhalb des Heizsystems abgezogen und durch die Leitung 9 der Verteilervorrichtung 11 zugeführt werden. Hier erfolgt die Auflösung in dünne Schichten, die dann auf das Heizsystem 2 niederfallen. Durch die Öffnungen 12 gelangt Luft oder ein anderes, aus einer besonderen Leitung 13 zugeführtes gasförmiges Mittel in den Verdunstungsraum. Durch die feine Verteilung der Lösungen und die starke Belüftung wird eine sehr intensive Verdunstung eingeleitet, so daß die Lösungen erheblich abgekühlt wieder auf die Heizflächen gelangen. Entweder werden diese ganz von Flüssigkeiten bedeckt gehalten, oder es wird die Flüssigkeit derart auf die Heizflächen von der Verteilervorrichtung 11 geleitet, daß diese gleichmäßig berieselt werden. Über der Abflußleitung, die zu der Fördervorrichtung 10 führt, wird zweckmäßig eine Haube 15 o. dgl. vorgesehen, so daß das ausgeschiedene Salz nicht wieder in den Flüssigkeitskreislauf gelangt, sondern in den unteren Teil der Vorrichtung sinkt, aus dem es durch den Stutzen 5 abgezogen werden kann. Die Brüden treten in das Heizsystem durch den Stutzen 6 ein, werden gleichmäßig verteilt, und es kann das Kondensat durch 8 abfließen, während durch den Stutzen 7 der nicht kondensierbare Teil der Brüden abgezogen wird.

Die Ausführungsform nach Abb. 2 ist hauptsächlich geeignet für die Ausnutzung stark lufthaltiger Brüden. Außerdem wird

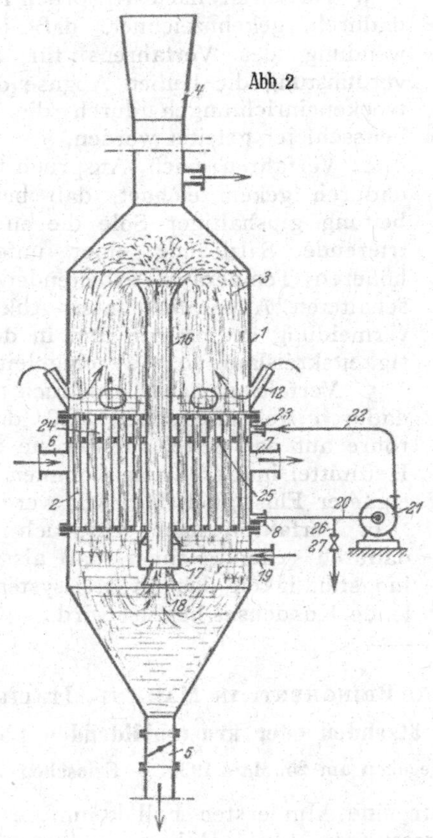

der Flüssigkeitskreislauf durch eine besondere Fördervorrichtung aufrechterhalten. Die mit den Bezugsziffern 1 bis 8 sowie 12 versehenen Teile sind dieselben wie in Abb. 1.

Als Fördervorrichtung für den Flüssigkeitskreislauf dient das Rohr 16, das unten in die Kammer 17 mündet, die ihrerseits mit dem Verdunstungsraum bei 18 in Verbindung steht. Durch die Leitung 19 wird der Kammer ein zweckmäßig gasförmiges strömendes Mittel zugeführt, das, mit Flüssigkeit vermischt, im Rohr 16 in die Höhe strömt und die Umwälzung in ähnlicher Weise wie in der zuerst beschriebenen Ausführungsform der Erfindung bewirkt.

Zur Beschleunigung der Kondensation der durch die Leitung 6 in das Heizsystem eintretenden Brüden und zur Beseitigung des schädlichen Einflusses, den der höhere Luftgehalt der Brüden auf den Wärmedurchgang durch die Heizflächen ausübt, werden die Heizflächen, an denen diese Brüden kondensieren, mit Flüssigkeit berieselt, die bei 8 aus dem Heizsystem abgezogen und durch die Leitung 20 der Pumpe 21 zugeführt wird. Diese drückt sie in der Leitung 22 in die Höhe und durch den Stutzen 23 in eine besondere Kammer 24 des Heizsystems. Zur gleichmäßigen Berieselung der Heizflächen ist ein zweiter Rohrboden 25 eingebaut. Die Bohrungen in dem Rohrboden sind so weit gemacht, daß bestimmte Mengen Flüssigkeit durch den Zwischenraum zwischen Rohrwandung und Wandung der Bohrung treten können, wodurch bei einem bestimmten Stand der Flüssigkeit über dem Rohrboden eine kräftige und gleichmäßige Berieselung der Außenflächen der Heizrohre erzielt wird. Denn würden Luft oder andere unkondensierbare Gase mit den Heizwandungen in Berührung treten, so würden sie sich bekanntlich an diesen gewissermaßen festsetzen und eine Schicht schaffen, die die weitere Kondensation des Dampfes an den so mit Luft überzogenen Stellen der Heizflächen verhindert. Dadurch, daß Wasser über die Heizflächen geführt wird, werden derartige Luftbläschenbildungen einwandfrei beseitigt. Das überschüssige Kondensat aus den Brüden wird aus dem Kreislauf durch Rohrleitung 26 abgezogen, in der ein Regulierorgan 27 vorgesehen ist.

Die Vorrichtung nach Abb. 2 arbeitet im übrigen in derselben Weise wie die zuerst beschriebene.

Die Förderung von Flüssigkeiten mit gasförmigen Mitteln in Steigröhren ist an sich bekannt (Prinzip der Mammutpumpe). Auch hat man dieses Prinzip schon bei der Erhitzung von Flüssigkeiten angewendet. Das geschah indessen in der Weise, daß die zu erhitzende Flüssigkeit durch das Steigrohr mittels hocherhitzter Gase gefördert wurde. Erfindungsgemäß erfolgt dagegen die Erhitzung getrennt von der Förderung der Flüssigkeit.

Ausführungsbeispiel

Bisher nicht mehr verwendbarer Abdampf von der Temperatur des aus der Kondensationsanlage abfließenden Kühlwassers, der sonst also in Wasserdampfkondensatoren niedergeschlagen werden müßte, mit z. B. 50 mm Quecksilbersäule Sattdampfspannung, wurde in einer Menge von 1000 cbm in der Minute in den Heizraum eines Röhrensystems geschickt. Durch die Röhren wurden in der Minute 5300 l Salzlösung geleitet. Die Salzlösung kreiste durch das Röhrensystem und eine Verdunstungsanlage, in der sie fein verteilt mit entsprechenden Luftmengen in Berührung trat. In dem Röhrensystem wurde die Salzlösung auf 35° erwärmt und in der Verdunstungsanlage auf 30° wieder abgekühlt. Durch Verdunstung wurden der Lösung bei einmaligem Kreislauf 25 kg Wasser entzogen, so daß also aus der gesättigten Salzlösung hierbei 0,6% ihres Salzgehaltes ausgeschieden wurden. Zur Verdampfung des gesamten Wassergehaltes von 5300 l gesättigter Salzlösung sind also 170 Umläufe erforderlich, was einer Verarbeitung von etwa 2000 l Salzlösung in der Stunde entspricht. Die Pumpenleistung für die Bewegung der Salzlösung ist dabei nicht größer, als für die Förderung des Kühlwassers einer entsprechenden Kondensationsanlage sonst erforderlich. Es ergibt sich also aus dem Verfahren der Erfindung eine große Kristallisationsleistung ohne Aufwand für andere Zwecke noch ausnutzbarer Wärme. Die Salzlösung wurde durch Zufuhr neuer gesättigter Lösung in einem der Verdunstung entsprechenden Maßstab fortlaufend ergänzt.

PATENTANSPRÜCHE:

1. Verfahren zum Verdunsten des Lösungsmittels von Salzlösungen durch wiederholtes Behandeln der jeweils vorher erwärmten fein verteilten Lösung mit Luft oder anderen Gasen, dadurch gekennzeichnet, daß zur mittelbaren Erwärmung der Lösung im Heizsystem (2) dieses mit sonst nur noch in Kondensatoren niederschlagbarem Wasserdampf aus dem letzten Verdampferkörper von Mehrfacheffektverdampfern oder Wasserdampf gleicher oder noch niedrigerer Spannung anderer Herkunft oder stark mit Luft gemischtem Wasserdampf betrieben wird und daß die unterhalb des Heizsystems (2) abgezogene erwärmte Lösung in einem zum Heizsystem (2) gehörigen und mit diesem durch Kreislaufleitungen zu einer wärmetechnischen Einheit verbundenen Verdunstungsraum (3), der zweckmäßig unmittelbar über dem Heizsystem liegt, durch unmittelbare, innige Berührung mit Luft konzentriert wird.

2. Verfahren nach Anspruch 1, dadurch gekennzeichnet, daß die Erzeugung der Flüssigkeitsschleier durch an sich bekannte Druckgasflüssigkeitshebung erfolgt.

3. Verfahren nach Anspruch 1 und 2, dadurch gekennzeichnet, daß bei Verwendung des Verfahrens für Salzsoleverdunstung die heißen Abgase der Salztrockeneinrichtungen durch die Flüssigkeitsschleier geleitet werden.

4. Verfahren nach Anspruch 1 bis 3, dadurch gekennzeichnet, daß bei Verarbeitung gipshaltiger Sole die zu konzentrierende Salzlösung einer unter einer höheren Temperatur arbeitenden, vorgeschalteten Apparatur unter Abkühlungsvermeidung entnommen und in den Flüssigkeitskreislauf (9, 3, 2) eingeleitet wird.

5. Verfahren nach Anspruch 1 bis 4, dadurch gekennzeichnet, daß die Heizrohre auf der Seite, auf der sie mit dem Heizmittel in Berührung kommen, mit geeigneter Flüssigkeit berieselt werden.

6. Verfahren nach Anspruch 1 bis 5, dadurch gekennzeichnet, daß als Berieselungsflüssigkeit das im Heizsystem anfallende Kondensat benutzt wird.

Nr. 494502. (B. 123487.) Kl. 12a, 2. PLINIO BRINGHENTI IN MAILAND, ITALIEN.

Verfahren und Vorrichtung zum Eindampfen von ätzenden oder krustenbildenden Lösungen.

Vom 8. Jan. 1926. — Erteilt am 6. März 1930. — Ausgegeben am 25. März 1930. — Erloschen ....

Die üblichen, zum Verdampfen von Lösungen verwendeten Vorrichtungen, bei denen die zur Verdampfung erforderliche Wärme durch ein Röhrenbündel geleitet wird, können bedeutende Übelstände verursachen, wenn die zu verdampfenden Lösungen ätzender oder krustenbildender Natur sind. Im ersten Fall kommt es zu Anfressungen der Röhrenwandungen durch diese Lösungen und zu einer mehr oder minder schnellen Zerstörung der Röhren selbst. Im zweiten Fall bilden die Ablagerungen solcher krustenbildender Lösungen auf den Röhrenwandungen ein Hindernis für die durch die Röhrenwandungen zu übertragende Wärme.

Es wurde bereits versucht, diesen Übelständen dadurch zu begegnen, daß man die Röhrenbündel fortläßt und der Lösung die nötige Wärme durch einen flüssigen Wärmeträger, z. B. Öl, zuführt, den man mit der Lösung in mehr oder minder innige Berührung bringt.

Es hat jedoch auch die Anwendung dieses Prinzips noch nicht zu praktisch zufriedenstellenden Ergebnissen geführt, da man bisher weder einen geeigneten Wärmeträger noch auch den zweckmäßigsten Erhitzungsgrad desselben zu finden wußte, und weil man ferner sowohl eine Verunreinigung des Wärmeträgers durch die Lösungen herbeiführt als auch der Wärmeträger durch letztere verunreinigt wird.

Durch das Verfahren und die Vorrichtung zum Eindampfen, welche den Gegenstand vorliegender Erfindung bilden, läßt sich nicht nur das Eindampfen auch sehr stark ätzender und krustenbildender Lösungen glatt durchführen, sondern es lassen sich damit auch Produkte erzielen, welche den handelsmäßig erforderlichen Reinheitsgrad aufweisen. Hierbei werden außerdem die durch die Verunreinigungen entstehenden Verluste bzw. die Auslagen für nachträgliche Reinigung vermieden, die bei den heutzutage gebräuchlichen Verfahren und Einrichtungen unerläßlich sind.

Um die genannten Ergebnisse zu erzielen, wird bei dem den Erfindungsgegenstand bildenden Verfahren die Erhitzung und Verdampfung der Lösung je in zwei nachfolgenden Zeiträumen und zwei getrennten Räumen durchgeführt, und zwar dergestalt, daß die Verdampfung der Lösung erst nach vollständiger Trennung derselben vom Wärmeträger vorgenommen wird, worauf letzterer durch Absitzen gereinigt wird. In dem ersten Raume wird die Lösung durch Vermischen derselben mit dem Wärmeträger erwärmt, wobei jede merkliche Verdampfung der Lösung durch Einhalten geeigneter Temperaturen des Wärmeträgers verhindert wird; hierauf werden der Wärmeträger und die erwärmte Lösung voneinander getrennt, und während ersterer geklärt und sodann neuer Wärmeaufnahme ausgesetzt wird, fließt letztere in einen zweiten Raum, um daselbst verdampft zu werden.

Ein weiteres Kennzeichen der Erfindung ist in der Verwendung von Paraffin an Stelle der verschiedenen Öle, wie sie bisher bei anderen Verfahren, bei welchen die Erwärmung durch Mischung erfolgte, verwendet wurden, zu sehen. Die Verwendung von flüssigem Paraffin hat dabei gegenüber der Verwendung von Öl folgende Vorteile:

Paraffin besitzt einen viel höheren Siedepunkt als die Öle und verhindert so die Gefahr, daß sich leicht entflammbare Dämpfe

Ferner besitzt es insbesondere bei dem Temperaturgrad, auf welchen es erhitzt wird, ein leichteres spezifisches Gewicht als die Öle und steigt infolgedessen vollkommener und schneller auf die Oberfläche der zu erhitzenden Lösung. Infolgedessen wird nicht nur mit größerer Sicherheit die Bildung der schwimmenden Decke erreicht, sondern insbesondere eine viel reinere Trennung zwischen den beiden Flüssigkeiten. Hierdurch wird aber ein viel reineres Endprodukt und ein größerer Verbrauch des Wärmeträgers erhalten. Außerdem ist die chemische Indifferenz des Paraffins absolut, während die Öle, insbesondere mit sauren Lösungen, welche bei dem Verfahren gemäß der Erfindung in der Hauptsache verwendet werden sollen, leicht chemische Verbindungen ergeben, welche der Qualität des Produktes schädlich sind. Außerdem erhärtet das Paraffin sehr leicht (55° C), wodurch die Wiedergewinnung desselben erleichtert und dadurch die Wirtschaftlichkeit erhöht wird, während die Öle nur bei entsprechend tiefen Temperaturen erstarren.

Erfindungsgemäß wird ferner der auf der Lösung schwimmenden Paraffinschicht eine ziemliche Dicke (etwa 15 bis 20 cm) erteilt, um die Reinigung des Paraffins durch Abklären zu ermöglichen. Die Stelle, an der das erkaltete Paraffin abgezogen wird, ist der höchste Teil der schwimmenden Schicht, während die Stelle, an der die erwärmte reine Lösung in den Verdampfungsraum abgelassen wird, möglichst weit unten in dem zur Erwärmung dienenden Behälter angeordnet ist, so daß sie in jedem Falle unterhalb der an sich niedrig gelegenen Stelle liegt, an welcher das heiße Paraffin in dünnen Strahlen in die Lösung eintritt.

Die Verdampfung der heißen Lösung im Verdampfungsraum erfolgt dadurch, daß sie dort als feiner Regen niederfällt und dadurch eine äußerst ausgedehnte Verdampfungsfläche darbietet.

Die nicht verdampfte Lösung wird in den ersten Vorwärmerraum zurückgeführt, während das ausgetragene kalte Paraffin in seinen ursprünglichen Erhitzungsraum und von dort in an sich bekannter Weise in den Kreislauf zurückkehrt.

Die Abb. 1 und 2 zeigen in zwei Ansichten eine Ausführungsform einer einfachen Verdampfungsvorrichtung.

Bei der Vorrichtung nach Abb. 1 wird der

Behälter C durch die Füllöffnung B mit flüssigem Paraffin gefüllt, welches je nach seiner Beschaffenheit bei 40° bis 70° C schmilzt. Dieses Paraffin wird entweder mittels durch die Röhre F geleitetem Dampf oder mittels heißer Gase von außen her erwärmt. Eine Kreiselpumpe P_1 pumpt das heiße Paraffin in den fast ganz mit der zu verdampfenden

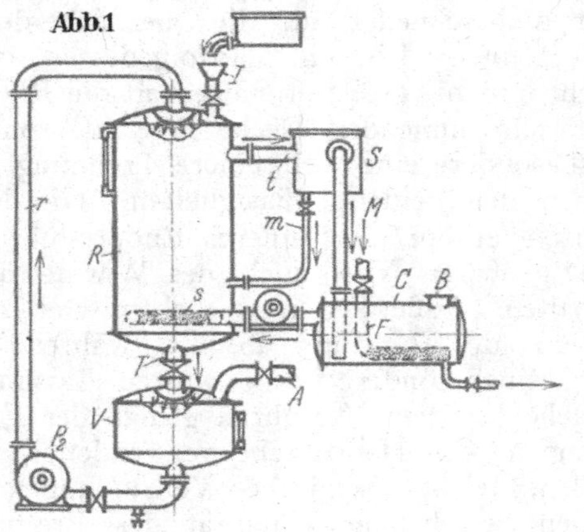

Lösung durch den Trichter J gefüllten Behälter R, in welchem das Paraffin durch das mit Löchern versehene Rohr s in feine Strahlen zerteilt wird. Das Paraffin steigt strahlenförmig durch die Lösung, erwärmt diese und tritt dann durch die Röhre t in den Abscheider s ein, in welchem sich etwa mitgerissene Lösung absetzen kann. Die in diesem Behälter abgesetzte Lösung gelangt

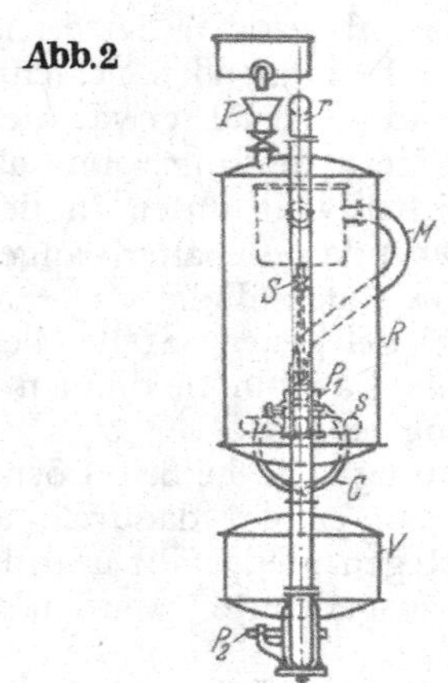

durch das Rohr m in den Behälter R zurück, während das Paraffin durch das Rohr M in den Behälter C zurücktritt, um dort von neuem erwärmt zu werden. Die erwärmte Lösung wird nach Öffnen des Schiebers T regenförmig in den Behälter V geleitet, in welchem dieselbe teilweise verdampft. Der hierbei erzeugte Dampf tritt durch Leitung A aus, während die rückständige, eingedampfte Lösung mittels der Kreiselpumpe P_2 durch die Leitung r wieder zum Behälter R zur weiteren Erwärmung und darauffolgender Verdampfung zurückgeführt wird. Die durch das Rohr A als Dampf entweichende Lösung kann durch den Einlaß J in den Behälter R nachgefüllt oder das Verfahren kann in beschriebener Weise so lange fortgesetzt werden, bis die Lösung genügend eingedampft ist. Für alle Behälter eignet sich am besten die zylindrische Form. Sie können aus jedem für die jeweilige Lösung geeignetstem Material hergestellt werden.

Mit dem vorliegenden Verfahren kann man neutrale oder wenig saure oder alkalische Lösungen, selbst krustenbildender Natur eindampfen, ohne Übelstände zu befürchten zu haben.

Die Produktion und der Nutzeffekt bleiben stets konstant, weil dabei die Übertragung der Wärme auf die Lösung stets gleichmäßig erfolgt.

Patentansprüche:

1. Verfahren zum Eindampfen von Lösungen selbst ätzender und krustenbildender Natur durch unmittelbare Berührung mit einer im Kreislauf als Wärmeträger dienenden, in die Lösung in Regenform eingebrachten unlöslichen Substanz, dadurch gekennzeichnet, daß die Erwärmung und die Verdampfung der Lösung in zwei aufeinanderfolgenden Zeiträumen und in zwei getrennten Räumen stattfindet und daß außerdem die teilweise Verdampfung der Lösung in vollkommener Abwesenheit des Wärmeträgers, und zwar in dem zweiten, dem Wärmeträger unzugänglichen Raum vor sich geht, während die Erwärmung der Lösung ausschließlich in dem ersten, davon getrennten Raum erfolgt, in welchem der die Flüssigkeit überlagernde Wärmeträger keinerlei Verdampfung der Lösung zuläßt.

2. Verfahren nach Anspruch 1, dadurch gekennzeichnet, daß als Wärmeträger flüssiges Paraffin zur Verwendung kommt, welches ein geringeres spezifisches Gewicht als beispielsweise dasjenige wäßriger Lösungen aufweist, und daß durch unmittelbare oder mittelbare Berührung mit Wasserdampf das Paraffin auf eine Temperatur erwärmt wird, die niedriger ist als der Siedepunkt der Lösung, und daß man auf der Lösung stets eine dicke, Schicht Paraffin schwimmen läßt, um das Verdampfen derselben zu verhindern und gleichzeitig das Paraffin zu reinigen und zu klären.

3. Verfahren nach Anspruch 1 und 2, dadurch gekennzeichnet, daß das abgekühlte und abgeklärte Paraffin von dem oberen Teile der schwimmenden Schicht entfernt wird, um aufs neue erwärmt und in den Kreislauf zurückgeführt zu werden, während die erwärmte Lösung zwecks Förderung in den zweiten Verdampfungsbehälter unterhalb der Stelle, an welcher das warme Paraffin in die Apparatur eintritt, abgezogen wird.

4. Vorrichtung zur Ausübung des Verfahrens nach Anspruch 1 bis 3, dadurch gekennzeichnet, daß das im Behälter (C) erwärmte Paraffin durch eine Pumpe in die im Behälter (R) erwärmte befindliche Lösung mit Hilfe eines gelochten Rohres (a) eingespritzt wird, welches Rohr das Paraffin in dünnen Strahlen verteilt, und daß das Paraffin von der Oberfläche der Lösung allein in das Gefäß (S) eintritt, indem es eine weitere Klärung erfährt und sodann in den Wärmeapparat (C) zurückkehrt, während die im Behälter (R) erwärmte Lösung in den Verdampfungsbehälter (V) gelangt, wo sie als feiner Regen niederfällt, worauf der nicht verdampfte Teil durch das Rohr (r) und die Pumpe (P_2) in den Behälter (R) zurückkehrt und der sich bildende Dampf durch das Rohr (A) entweicht.

5. Vorrichtung nach Anspruch 4, dadurch gekennzeichnet, daß der Verdampfer (V) oberhalb des zugehörigen Vorwärmers (R) oder seitlich an demselben angeordnet wird.

Nr. 472190. (S. 71914.) Kl. 12 l, 4.

SALZWERK HEILBRONN AKT.-GES. UND DR. LUDWIG KAISER IN HEILBRONN A. N.

Verfahren zur Trennung und Gewinnung einzelner Alkali- oder Erdalkalisalze aus Gemischen solcher Salze.

Vom 16. Okt. 1925. — Erteilt am 7. Febr. 1929. — Ausgegeben am 23. Febr. 1929. — **Erloschen: 1935.**

Die Trennung und Gewinnung einzelner Alkali- oder Erdalkalisalze aus Gemischen solcher Salze sowie die Anreicherung der in dem Gemisch verbleibenden und in manchen Fällen wertvollen Alkali- oder Erdalkalisalze geschah bisher praktisch nur auf nassem Wege. Will man gemäß diesem bekannten Verfahren in wäßriger Lösung befindliche Gemische von Alkali- oder Erdalkalisalzen trennen und die einzelnen Salze gewinnen, so muß das Lösungsmittel zunächst vollständig verdampft werden, um alle Salze in fester Form zu erhalten. Infolge der hydrolytischen Spaltung einzelner Alkali- und Erdalkalisalze gelingt es auch nicht, diese unzersetzt aus wässerigen Lösungen abzuscheiden. Andere Alkali- und Erdalkalisalze neigen beim Auskristallisieren aus wäßriger Lösung zur Aufnahme von Kristallwasser und müssen deshalb unter erheblichem Aufwand an Brennstoff noch wasserfrei gemacht werden.

Man hat auch bereits vorgeschlagen, Kochsalz in der Schmelze zu reinigen. Hierbei geht man aber nicht von einem Salzgemisch aus, sondern es handelt sich lediglich darum, Unreinigkeiten auszuscheiden. Ferner hat man auch vorgeschlagen, Kalirohsalz durch Schmelzen und Absetzen von seinen Verunreinigungen zu befreien, worauf das Rohsalz der Einwirkung reduzierender Mittel unterworfen wird, um die schwefelsaure Magnesia zu entfernen. Eine fraktionierte Kristallisation kommt hier nicht in Frage.

Gemäß der Erfindung werden die den älteren Verfahren anhaftenden Mängel dadurch beseitigt, daß man die Gemische von Alkali- und Erdalkalisalzen aus dem Schmelzfluß einer fraktionierten Kristallisation unterwirft. Dieses Verfahren läßt sich einfach und billig durchführen.

Beispielsweise gelingt es auf diese Weise, aus einer Alkali- und Erdalkalisulfate enthaltenden Chlornatriumschmelze ein praktisch vollkommen sulfat- und erdalkalisalzfreies Chlornatrium herzustellen von einer Reinheit, die auf nassem Wege nur mit Benutzung der teuren Vakuumverdampfer und Zentrifugen erreicht werden kann.

Dieses günstige Ergebnis ist dadurch zu erklären, daß nicht nur die Gemische von Alkali- oder Erdalkalisalzen unter sich Eutektika aufweisen, deren Schmelzpunkte unter denen der einzelnen Komponenten liegen, sondern daß auch Gemische von an und für sich schmelzbaren oder nichtschmelzenden Erdalkalisalzen mit Alkalisalzen dieselbe Erscheinung zeigen. So liegt z. B. der Schmelzpunkt eines Gemisches von 30% Calciumsulfat und 70% Natriumchlorid um nahezu 100° C tiefer als der des reinen Chlornatriums, während Calciumsulfat bekanntlich überhaupt nicht schmilzt.

Besonders geeignet ist das neue Verfahren auch da, wo es sich um die Anreicherung von wertvollen Alkali- oder Erdalkalisalzen handelt, die nach der Trennung des einen Salzes in dem Gemisch verbleiben. So kann man beispielsweise aus Kalirohsalzen, die viel Chlornatrium neben wenig Chlorkalium enthalten, durch Einschmelzen und fraktionierte Kristallisation, wobei sich erst die Hauptmenge von Chlornatrium ausscheidet, ein chlorkaliumreiches Konzentrat gewinnen, und zwar sogleich in fester Form, während das zuerst auskristallisierte Chlornatrium für viele technische Zwecke gut verwendbar ist. Das Eutektikum des Gemisches KCl—NaCl enthält etwas mehr Chlorkalium als Chlornatrium und hat einen etwa 120° C tiefer liegenden Schmelzpunkt als reines Chlornatrium, so daß die Anreicherung von Kaliumchlorid in diesem Fall sehr weit getrieben werden kann.

Zur Ausführung des Verfahrens empfiehlt es sich, die durch Absitzenlassen von der Gangart befreite, nötigenfalls noch durch Einblasen von Luft entfärbte Schmelze von Alkali- und Erdalkalisalzen in einer mit Wärmeschutzmasse bekleideten Wanne langsam erkalten zu lassen. Die sich zuerst ausscheidenden Salze läßt man an Stäben ankristallisieren, die beinahe bis an den Boden der Wanne in die Schmelze eintauchen, und die, wenn die Temperatur der Schmelze so weit gefallen ist, daß andere Salze mit zu kristallisieren beginnen, hochgezogen werden können. Man erreicht so eine gute Trennung der sich zuerst abscheidenden Salze von dem Konzentrat. Ist die Menge des Konzentrats klein, so läßt man es erst gar nicht zum Erstarren kommen, sondern gibt immer wieder neue Schmelze zu und entfernt durch periodisches Eintauchen, Hochziehen, Abklopfen und Wiedereintauchen der Kristallisationsstäbe die zuerst sich abscheidenden Salze so lange, bis die Wanne mit Konzentrat nahezu gefüllt ist. Dieses wird dann abgestochen und zweckmäßig durch Behandlung in rotierenden Pfannen in Gestalt körniger Kristalle gewonnen.

Patentansprüche:

1. Verfahren zur Trennung und Gewinnung einzelner Alkali- oder Erdalkalisalze aus Gemischen solcher Salze, dadurch gekennzeichnet, daß man die Gemische aus dem Schmelzfluß einer fraktionierten Kristallisation unterwirft.

2. Ausführungsform des Verfahrens nach Anspruch 1, dadurch gekennzeichnet, daß man die Salzschmelze in einer nötigenfalls schwach beheizten, wärmeisolierten Wanne langsam abkühlen läßt und durch hineinragende, hochzieh- und auswechselbare Kristallträger eine Trennung der sich zuerst abscheidenden Salze von der Mutterschmelze bewirkt.

Kaliumsalze.

Literatur:

Ullmann, *Enzyklopädie der technischen Chemie*, II. Aufl., Kaliumsalze. — J. F. T. Berliner, Kali-Bibliographie bis 1928. *U. S. Dept. Commerce Bureau of Mines Bull.* **327**, (1930). — Handbuch der Kali-Bergwerke, Salinen und Tiefbohrunternehmungen, *Berlin, Verl. der Kuxen-Ztg.* **1931.**

A. A. Iwanow, Kalisalze. Ihre Bildung, Verwendung und Geologie ihrer Lagerstätten, *(russ.)* 1930. — Anonym, Kalibergbau in Amerika, *Chem. metallurg. Engin.* **38**, 666 (1931). — J. W. Turrentine, Zunehmende Angebote einheimischen Kalis *Ind. engin. Chem.* **24**, 910 (1932). — T. Zamoyski, Die Kalisalze in Polen, *Chim. et Ind.* **25**, Sonder-Nr. 3 bis 848 (1931). — E. Kordes, Über das Kalivorkommen von Solikamsk in Rußland, *Kali* **25**, 349 (1931).

C. Luzzatti, Über die wirtschaftliche Gewinnung von Kali aus Meerwässern *Ind. Chim.* **5**, 1225, 1368 (1930). — E. Niccoli, Die wirtschaftliche Gewinnung von Kalisalzen aus dem Meerwasser, *Ind. Chim.* **5**, 867, 1227 (1930).

G. Wagner, Grundlagen und Erfolge der Bemühungen um die Erschließung neuer Kaliquellen *Kali* **22**, 175, 198, 223, 238, 253, 267, 287, 293 (1928). — G. Calcagni, Kaliumsalze aus unlöslichen Mineralien, *Ann. Chim. appl.* **20**, 522 (1930). — Hiroshi Koda und Yujiro Yamamoto, Die Kaligewinnung aus dem Gichtgasstaub der Kamaishi Eisen- und Stahlwerke, *Journ. Soc. chem. Ind. Japan (Suppl.)* **34**, 444B (1931). — D. L. Reed, E. J. Fox und J. W. Turrentine, Kali und Tonerde aus Wyomingit, *Ind. engin. Chem.* **24**, 910 (1932). — S. L. Madorsky, Verflüchtigung von Kali aus Wyomingit, *Ind. engin. Chem.* **23**, 78 (1931). — Kaliumsalze aus Leuciten u. dgl. siehe Abschnitt „Aluminiumverbindungen".

Behrendt, Der gegenwärtige Stand der Kali-Industrie, Vortrag Essen, *Chem. Ztg.* **55**, 249 (1931). — S. I. Wolfkowitsch, Chlorkalium-Fabrikation, *(russ.)* 1930. — E. Ritter, Wärmeverbrauch beim Lösen von Sylvinit und Hartsalz, *Mitt. Kali-Forschungs-Anstalt* **1930**, 131.

Kaliumchlorid: E. Cornec und H. Krombach, Physikalische Methode für die Bestimmung von Kaliumchlorid in Sylviniten, *Compt. rend.* **194**, 784 (1932). — E. Cornec und H. Krombach, Das Gleichgewicht zwischen Wasser, Kaliumchlorid und Natriumchlorid zwischen -23^0 und $+190^0$, *Compt. rend.* **194**, 714 (1932); *Ann. Chim.* [10] **18**, 5 (1932). — D. Längauer, Einfluß der Magnesiumsalze auf die Löslichkeit von Kaliumchlorid, *Roczniki Chemji* **12**, 258 (1932). — E. I. Achumow und B. B. Wassiljew, Technologische Berechnungen zum Gleichgewicht der Kalium-, Natrium- und Magnesiumchloride in Wasser bei hohen Temperaturen, *Journ. chem. Ind. (russ.)* **8**, Nr. 17, 17 (1931). — W. Althammer, Betrachtungen zur Heiß- und Kalt-Zersetzung von Carnallit. Beitrag zur Kenntnis der Wilson-Regel, *Mitt. Kali-Forschungs-Anstalt* **65**, 21 (1931).

Kaliumsulfat: A. W. Babajewa, Gleichgewicht im System $K_2SO_4-H_2SO_4-H_2O$, *U.S.S.R. Scient. techn. Dpt.* Nr. **420**, *Transact. Inst. Pure Chem. Reag.* Nr. 11, **114** (1931). — B. A. Starrs und H. H. Storch, Das Dreistoffsystem: Kaliumsulfat-Magnesiumsulfat-Wasser, *Journ. physikal. Chem.* **34**, 2367 (1930). — A. Benrath und A. Sichelschmidt, Das reziproke Salzpaar $MgSO_4+K_2(NO_3)_2 \rightleftharpoons Mg(NO_3)_2+K_2SO_4$, *Z. anorg. Chem.* **197**, 113 (1931). — M. Fury, Darstellung von Kaliumsulfat mit Gips und Dolomit als Ausgangsstoffe, *Chim. et Ind.* **26**, 1289 (1931).

Verarbeitung von Polyhalit: J. R. Hill und J. R. Adams, Die Ammoniumcarbonatbehandlung von Polyhalit, *Ind. engin. Chem.* **23**, 658 (1931). — H. H. Storch, Extraktion von Kali aus Polyhalit, *Ind. engin. Chem.* **22**, 934 (1930). — F. Fraas und E. P. Partridge, Kali aus Polyhalit durch Reduktionsverfahren, *Ind. engin. Chem.* **24**, 1028 (1932).

Kaliumcarbonat: E. Urbain, Über die Trennung der Bestandteile des Sylvinits als Carbonate, *Compt. rend.* **192**, 232 (1931). — G. A. Jakowkin, Darstellung von Pottasche aus Kaliumchlorid und Kohlensäure, *Chem. Journ. Ser. B., Journ. angew. Chem. (russ.)* **1 (4)**, 1 (1931). — B. Waeser, Vergessene Methoden zur Pottaschefabrikation und ihre Anwendung in der Stickstoff- oder Zinkindustrie, *Metallbörse* **20**, 2611 (1930). — G. I. Tschufarow und W. S. Knutarew, Herstellung von Pottasche nach dem Magnesiaverfahren, *Journ. chem. Ind. (russ.)* **8**, 232 (1931). — A. Stern, Über den Umsatz von Ammoniumcarbonat mit alkoholischen Kaliumchloridlösungen, *Z. angew. Chem.* **43**, 425 (1930). — S. P. Starkowa, Das System K_2CO_3-$KHCO_3$-H_2O bei 42^0, *Chem. Journ. Ser. A. Journ. allg. Chem. (russ.)* **1**, (63), 747 (1932).

Verschiedenes: F. Perciabosco, Über die Gewinnung der Kalisalze aus der bei der Verarbeitung von Kaliumbitartrat anfallenden Abwässern, *Atti III Congresso naz. Chim. pura applicata* **1929**, 513. — S. L. Madorsky, Verflüchtigung von Kali aus Kaliumaluminiumsilicaten, *Ind. engin. Chem.* **24**, 233 (1932). — E. Gruner, Alkali-Aluminium-Silicate. Synthetische Studien am Nephelin *Z. anorg. Chem.* **182**, 319 (1929).

In apparativer Hinsicht[1]) steht in der Kaliindustrie im Vordergrund des Interesses die Wärmewirtschaft. Die Mehrzahl der Apparaturpatente bezieht sich daher auf Vorrichtungen zum Eindampfen und Kühlen der Laugen. Die Vakuumkühlung ist heutigentags, da wo sie anwendbar ist, fast überall eingeführt worden.

Einen besonderen Hinweis verdient das D.R.P. 455223 von G. Jander und H. Banthien. Das dreiwertige Eisen, das in den Solen gelöst ist, verstärkt die Korrosion der Vorwärmer, da es als ein ziemlich starkes Oxydationsmittel wirkt. Die für den Schutz der Apparate notwendige Reduktion wird mittels Eisen oder Kupferspäne erreicht.

Kaliumchlorid.[2]) Bemerkenswert Neues ist in den drei D.R.P. nicht enthalten. Das D.R.P. 540473 beschäftigt sich mit der Gewinnung von KCl aus den Mutterlaugen der Meeressalinen. In den D.R.P. 490536 und 562004 wird für die bekannte Verarbeitung von Rohcarnallit eine neue Variante beschrieben. Die heißen Lösungen erreichen niemals eine so hohe $MgCl_2$-Konzentration, daß sie an Carnallit gesättigt sind. Beim Abkühlen scheidet sich daher zunächst KCl ab und erst beim weiteren Kühlen künstlicher Carnallit. Beide sollen getrennt gewonnen werden.

Kaliumsulfat.[3]) Das wichtigste Verfahren ist und bleibt die Umsetzung von $MgSO_4$ mit KCl zum K_2SO_4[4]). In den deutschen Kalisalzlagern kommt das hierfür erforderliche Magnesiumsulfat als Kieserit in großen Mengen vor. An dem scheinbar so einfachen Umsetzungsverfahren, dessen technische Durchführung aber gar nicht so glatt geht, werden immer noch neue Verbesserungsvorschläge gemacht. Einige davon gehen auch nach der Richtung hin, durch Einführen von Ammoniak in die Lösungen, die primäre Ausbeute an K_2SO_4 zu erhöhen.

In den ausländischen Patenten sind Verfahren beschrieben um aus KCl mittels $(NH_4)_2SO_4$ zum K_2SO_4 zu kommen.[5])

Weiter findet sich ein D.R.P. 504155 um mittels Na_2SO_4 aus KCl das K_2SO_4 darzustellen. Eine wirtschaftliche Aussicht kommt diesem und analogen früheren Verfahren kaum zu. Auch den verschiedenen übrigen Verfahren ist eine Lebensfähigkeit nicht zuzusprechen.[6])

Die Verarbeitung des **Polyhalites** ist in Amerika mit viel Eifer und Arbeitsaufwand theoretisch und praktisch durchgearbeitet worden, bevor die bedeutenden Sylvinitlager entdeckt waren[7]). Die Größe des Polyhalitvorkommens berechtigte durchaus die Frage

---

[1]) Apparaturen: F. P. 664120, Mines Domaniales de Potasse d'Alsace, Horizontaler Löseapparat mit Schrauben- oder Turbinenrührern.

[2]) Kaliumchlorid: F. P. 729994, Soc. des Mines de Kali St. Thérèse, Auslaugen von KCl aus den Löseschlämmen durch Aufschlämmen in Mutterlaugen.

E. P. 351845, Kali-Forschungs-Anstalt, zur Darstellung der K- und NH_4-Carnallite werden die $MgCl_2$-reichen Mutterlaugen mit festen $MgCl_2 \cdot 6\, H_2O$ angereichert.

A. P. 1834161, Pacific Coast Borax Co. zur Gewinnung von KCl aus alkalischen Laugen werden diese mit CO_2 behandelt und unter 0° abgekühlt.

A. P. 1693237, W. A. Kuhnert, aus Salzlaugen wird $NaHCO_3$ ausgefällt.

A. P. 1863751, 1878586, H. B. Kipper, fraktionierte Abscheidung von NaCl, KCl, $MgCl_2 \cdot 6\, H_2O$ aus den gemischten Lösungen.

[3]) Kaliumsulfat: E. P. 337415, A. Holz und T. van Duzen Berdell, K_2SO_4 aus KCl und H_2SO_4; ammoniakieren zu einem Neutraldünger.

[4]) A. P. 1812497 Humble Oil & Refining Co., Verarbeitung zu K_2SO_4 mit einer Menge CaO die dem $MgSO_4$-Gehalt entspricht.

[5]) F. P. 718635, Z. Rosen, K_2SO_4 aus KCl oder KCl-haltigen Salzen durch Erhitzen mit $(NH_4)_2SO_4$.

F. P. 699401, Soc. Ind. et Financière de Lens, Umwandlung von KCl in K_2SO_4 mittels $(NH_4)_2SO_4$.

F. P. 699927, Chemieverfahren G.m.b.H., aus Sylvinit wird mit $(NH_4)_2SO_4$ und NH_3 in einer Lösung von NH_4Cl Glaserit dargestellt und abgetrennt, Mutterlauge gibt NH_4Cl und NH_4HCO_3 mit CO_2. Der Glaserit wird mit $CaCO_3$ und HNO_3 zu den Nitraten verwandelt.

[6]) A. P. 1824361, H. W. Morse Herstellung von K_2SO_4 aus Salzseelaugen über den Glaserit.

A. P. 1714787, American Potash & Chemical Corp. Konzentrieren von Salzlaugen unter Abscheidung von Glaserit, Weiterverdampfen bei erhöhter Temperatur.

F. P. 729506, E. Urbain K_2SO_4 aus KCl und Na_2SO_4; Abscheidung durch Zusatz von NH_3.

[7]) Verarbeitung von Polyhalit: A. P. 1794552, 1794553, E. P. Schoch, Entwässern von Polyhalit und extrahieren von K_2SO_4 und $MgSO_4$ und systematische Aufarbeitung der Laugen.

der wirtschaftlichen Verarbeitbarkeit ernstlich zu prüfen. Der Polyhalit wird durch Erhitzen unter Verlust des Kristallwassers zersetzt, so daß beim raschen Auslaugen mit Wasser Anhydrit zurückbleibt und $MgSO_4$ und K_2SO_4 in Lösung gehen. Die Lösungen sind nicht sehr konzentriert. Ein Verstärken der Lösungen durch wiederholtes systematisches Auslaugen findet sehr schnell eine Grenze durch die Rückbildung von Syngenit. Die Preussag beschreibt in ihren D.R.P. 547351 und 555087 einen anderen Weg. Sie verwandelt mittelst $MgCO_3$, das in verschiedenen Formen eingeführt werden kann, das $CaSO_4$ des Polyhalits in $CaCO_3$ und $MgSO_4$, das mit dem K_2SO_4 zusammen in Lösung geht. In der Literaturzusammenstellung finden sich Arbeiten, die noch andersartige Aufarbeitungsverfahren beschreiben.

Dann sei noch auf die Anwendung von K-Pentaborat[1]) zur Abscheidung des Kaliums aus Kaliumsalzlösungen aufmerksam gemacht. Aus dem Pentaborat kann man dann mit Säuren beliebige Salze des Kaliums herstellen und gewinnt die Borsäure zurück.

Kaliumcarbonat. Das alte Engel-Precht'sche Verfahren zur Darstellung von K_2CO_3 aus KCl, über das Doppelsalz $KHMg(CO_3)_2 \cdot 4\,H_2O$, ist von der Kali-Chemie und von dem Außiger Verein einer eingehenden Nachprüfung unterzogen worden. Wenn auch Verfahrenstechnisch die Abänderungen gegen das bisher Bekannte nicht sehr bedeutend erscheinen, so haben sie doch das Verfahren wirtschaftlich und technisch so weit verbessert, daß es sich anderen Verfahren gegenüber behaupten kann. Wegen der Einzelheiten muß auf die Patente selbst verwiesen werden.[2])

Für die Herstellung von K_2Co_3 aus Kalilauge hat der Außiger Verein eine Verbesserung der primären Ausbeute durch die Feststellung erzielen können, daß im System $KOH—CO_2—H_2O$ das K_2CO_3 ein Löslichkeitsminimum besitzt (D.R.P. 482253, 485137).

Dann ist bemerkenswert ein Verfahren der Wintershall A.G. D.R.P. 552056. Aus KCl läßt sich direkt mit CO_2 in flüssigem NH_3 das Carbamat abscheiden, während NH_4Cl in Lösung geht. Es ist nicht ausgeschlossen, daß nach einer weiteren Ausgestaltung des Verfahrens, dieses einmal der Weg zur billigen Darstellung von Pottasche werden wird.

Auf die übrigen sehr verschiedenartigen Verfahren zur Darstellung von Pottasche kann hier näher nicht eingegangen werden. Zu verweisen ist hier noch auf den Abschnitt Soda, in dem weitere Verfahren zur Gewinnung von K_2CO_3, die sich auch zur Darstellung von Na_2CO_3 eignen und daher beide umfassen, beschrieben sind.

Kaliumhydroxyd. Das wichtigste, das elektrolytische Verfahren zur Darstellung von KOH ist zusammen mit dem für die Gewinnung von NaOH im Abschnitt der „Alkalichloridelektrolyse" zusammengefaßt. Hier sind daher nur einige ganz spezielle Verfahren zusammengestellt, von denen keinem eine sehr große Bedeutung zugesprochen werden kann.[3]) Eines geht über die sauren Oxalate (D.R.P. 487058), eines über das Kaliumfluorid (D.R.P. 341680), ein weiteres über das Pentaborat (D.R.P. 562005), A. Mentzel (D.R.P. 558236) cyanisiert das Engelsche Doppelcarbonat. Nach dem D. R. P. 477952 kann man das Natrium- von Kaliumhydroxyd durch eine fraktionierte Trennung der Hydrate scheiden.

Die Herstellung von **Kaliumnitrat** ist bei den Nitraten, die der **Phosphate** des Kaliums bei der Phosphorsäure beschrieben. Kombinationsverfahren, bei denen diese sowie auch KCl und K_2SO_4 anfallen, finden sich bei den Patenten über Mischdünger.

Die Verfahren zur Gewinnung von **Kaliumsalzen aus Leucit** und ähnlichen Silicaten[4]) sind im Abschnitt „Aluminiumverbindungen" besprochen worden. Je nach der Verwendung von HCl oder HNO_3 zum Aufschluß gewinnt man das KCl oder das KNO_3.

---

[1]) F. P. 711220, Soc. d'Etudes pour la Fabr. et l'Emploi des Engrais Chim. aus Rohsalzen stellt man K-Pentaborat her und zersetzt es mit der Säure deren K-Salz man gewinnen will.

[2]) Kaliumcarbonat: F. P. 688493, Soc. An. Alcalina, K_2CO_3 nach dem Engel-Prechtschen Verfahren mit CO_2 unter Druck. — F. P. 715007, Kali-Chemie, Spaltung von $KHMg(CO_3)_2 \cdot 4\,H_2O$ mit Wasser zu $MgCO_3 \cdot 3\,H_2O$.

[3]) F. P. 696386, Chemieverfahren Ges. m. b. H., Kreisprozeß zur Darstellung von K_2CO_3; $BaSO_4$ wird mit Na_2CO_3 behandelt, das gewonnene Na_2SO_4 gibt mit Sylvinit Glaserit, daraus erhält man K_2SO_4, das mit dem anfangs hergestelltem $BaCO_3$ umgesetzt K_2CO_3 gibt.

[4]) Schwz. P. 131811, Soc. d'Etudes Chim. pour l'Ind. Aufschluß von Kaliumsilicaten mit Kalkstickstoff und Kalk unter Druck.

Übersicht der Patentliteratur.

Kaliumsalze.

1. Apparatur-Patente. (S. 2506)

D. R. P.	Patentnehmer	Charakterisierung des Patentinhaltes
507 066	W. Schwarzenauer	Erwärmen von Ablaugen mit Gasen und Dämpfen, die Arbeitsstoffe für Hydrokompressoren oder Mammutpumpen dienen
547 079	Wintershall A.G. u. A. Siebers	Die Brüden der Voreindampfung der Laugen dienen zu ihrer Vorwärmung
496 214	E. Altenkirch u. K. Gress	Vakuumkühlung mit Kondensation an künstlich gekühlten, und, um Eisbildung zu vermeiden, durch Lauge bespülten Flächen
483 392	P. H. Müller	Stufenweise Kühlung und Konzentration regnender Laugen in einem wagrechten, unterteilten Kanal in Gegenstrom durch Luft
487 699	P. H. Müller	Desgl. mit nachgeschaltetem Kamin, in dem die warme Lauge fontäneartig versprüht wird
487 043	F. Wienert	Wände der Kühlapparate aus Pb, Sn oder deren Legierungen, an denen Salze nur wenig adhärieren
521 619	Maschinenfabr. Buckau R. Wolf A.G.	Schnecken-Trockner mit zwangsläufig verbundener Abstreichvorrichtung
455 223	G. Jander u. H. Banthien	Schutz der Vorwärmer durch Cu- oder Fe-Späne zur Reduktion des Fe^{III} der Solen

Siehe auch unter Salinenindustrie, S. 2476.

2. Herstellungsverfahren.

a. Kaliumchlorid (S. 2519).

D. R. P.	Patentnehmer	Charakterisierung des Patentinhaltes
540 473	Soc. Ind. Chim. delle Saline	Meeres-Salinen-Mutterlauge mit $CaCl_2$ desulfatisiert, wird auf Carnallit eingedampft, Restlauge gibt mit Kalk $Mg(OH)_2$ und Desulfatisierlauge
490 356	O. F. Kaselitz	Lösungen von Rohcarnallit gekühlt, so daß KCl abgeschieden wird, dann weiter gekühlt zur Gewinnung von künstlichem Carnallit
562 004	Kafa	Lösung von Rohcarnallit wird zur Kühlung mit künstlichem Carnallit verrührt

b. Kaliumsulfat (S. 2524).

D. R. P.	Patentnehmer	Charakterisierung des Patentinhaltes
486 176	Chem. Fabr. Friedrichshall u. O. Paul	Aus Lösungen sulfatischer Kalirohsalze wird erst durch Kühlen auf 30° NaCl, durch weiteres Kühlen Kalimagnesia abgeschieden
461 542	Burbach u. F. Wienert	Aus mit $MgSO_4$ übersättigt gemachten Lösungen von Hartsalz
551 928	Wintershall A.G. u. C. Beil	Aus KCl und Kieserit: KCl wird zur Sulfatherstellung eingeführt, Mutterlauge ist Umsetzungslauge der Kalimagnesia-Herstellung
550 911	Aschersleben	Aus KCl und Kieserit: Umsetzung in Gefäßen mit Mischgasflüssigkeitsheber
546 747	Kafa	Carnallitlösung wird mit wasserfreiem $MgSO_4$ über Langbeinit-Kalimagnesia auf Sulfat verarbeitet

D. R. P.	Patentnehmer	Charakterisierung des Patentinhaltes
567 068	Chemieverfahren G.m.b.H.	KCl und $MgSO_4$ werden mit einer NH_3-haltigen NH_4Cl-Lösung behandelt
522 784		K_2SO_4 neben Soda, aus Solvaymutterlaugen, Gips und Sylvinit. S. 2579
565 963	Kali-Chemie	Kalirohsalze mit NH_4Cl und NH_3 geben K_2SO_4, darauf ausfällen von $MgNH_4PO_4$, dann mit CO_2 gewinnen von $NaHCO_3$ und Rest $NH_4Cl + KCl$
565 964		Erst wird $MgNH_4PO_4$ gefällt, dann wie oben
504 155	F. Stein	KCl mit Na_2SO_4 oder Glaserit in der Wärme umgesetzt, Vorrichtung hierzu
526 717	Preussag	Aus Polyhalit mittelst $MgCO_3$ und CO_2 unter Druck erhitzt
547 351		Desgl. unter Anwendung von $Mg(OH)_2$ und CO_2
555 087	I. G. Farben	Aus KCl, H_3PO_4 und $CaSO_4$, siehe S. 1983

Siehe auch Salzsäure und Sulfat S. 389, ferner Mischdünger S. 1830.

c. Kaliumcarbonat (S. 2539)

D. R. P.	Patentnehmer	Charakterisierung des Patentinhaltes
501 178	Kali-Chemie	Darstellung des $MgKH(CO_3)_2 \cdot 4\,H_2O$ aus KCl und $MgCO_3 \cdot 3\,H_2O$[1]: mit CO_2 von einem Partialdruck von über 3 at.
504 344		desgl. bei 23—50° und Rühren, grobkristallin
523 188		verdünntere K-Salz-Lösungen geben bessere Ausbeuten
504 166		Desgl. direkt aus MgO: mit überschüssigem CO_2
523 435		und verdünnteren K-Salz-Lösungen
524 984		$MgKH(CO_3)_2 \cdot 4\,H_2O$ aus $Mg(NH_4)_2(CO_3)_2 \cdot 4\,H_2O$, $MgCO_3 \cdot 3\,H_2O$ und KCl mit CO_2
526 388	Aussiger Verein	Engel-Precht-Verfahren mit Ammonbicarbonat, Aufarbeiten der Mutterlaugen mit MgO
517 496		Grobkristallines $MgCO_3 \cdot 3\,H_2O$ aus Mg-Salz-Lösungen mit NH_3 und CO_2. (Siehe Magnesiumsalze.)
561 485		
556 949	A. Mentzel	Pottasche und NH_3 durch Cyanisieren von $MgKHCO_3 \cdot 4\,H_2O$, Kombinationsverfahren zur Gewinnung von NH_4Cl und $Mg(OH)_2$
482 253	Aussiger Verein	Aus KOH: Carbonisieren bis zum Löslichkeitsminimum
485 137		über das Löslichkeitsminimum hinaus
341 680	W. Siegel	KOH oder K_2CO_3 neben NaF mittels NaOH oder Na_2CO_3 aus KF, gewonnen aus Silicofluorid, S. 346
552 056	Wintershall A.G., K. T. Thorssell u. A. Kristensson	Aus KCl in flüssigem NH_3 mit CO_2 über das Carbamat
550 156	P. Askenasy u. Mitarbeiter	$KHCO_3$ aus K_2HPO_4 und NH_4HCO_3
551 605		Desgleichen mit NH_4HCO_3 im Überschuß
550 048	Chem. Fabrik Kalk u. H. Oehme	K_2CO_3 neben Ammonium- oder Na-Phosphaten aus K-Phosphaten und Soda oder CO_2 und NH_3, S. 1764
509 200	R. Friedrich u. R. Taussig	Trennung von Pottasche und Soda durch Zusatz von Säuren und Auskristallisieren von $NaHCO_3$
554 142	Kali-Chemie	Nichtklumpende Pottasche mit einem Gehalt von über 1 % Dicarbonat

[1] Siehe auch „Magnesiumverbindungen" und den Abschnitt Soda, S. 2569.

d. Kaliumhydroxyd (S. 2554)

D R P.	Patentnehmer	Charakterisierung des Patentinhaltes
487 058	M. Allinger	KOH und NaOH aus Kalirohsalzen, Fällung der sauren Oxalate, Trennung der neutralen und Umsetzen mit Kalk
341 680	W. Siegel	KOH oder K_2CO_3 neben NaF, mittels NaOH oder Na_2CO_3 aus KF, gewonnen aus Silicofluorid, S. 346
558 236	A. Mentzel	Cyanisieren von $MgKH(CO_3)_2 \cdot 4\,H_2O$
562 005	Soc. d'Etudes Fabr. et Emploi de Engrais Chim.	Aus Kalisalzen über das Pentaborat durch Umsetzen mit Kalk
477 952	Ges. für Chem. Ind. Basel	Trennen von KOH von NaOH, Abscheidung von KOH-Hydrat in der Hitze, von NaOH-Hydrat beim Abkühlen

Siehe den Abschnitt Soda, S. 2570

e. Verschiedenes (S. 2562)

D R P.	Patentnehmer	Charakterisierung des Patentinhaltes
557 725	Soc. d'Etudes Fabr. et Emploi des Engrais Chim.	Phosphat, Nitrat usw. aus KCl über das Pentaborat

Siehe auch die Abschnitte Nitrate S. 925, Phosphate S. 1600, Kali- und Voll-Dünger S. 1830.

Nr. 507 066. (Sch. 65 329.) Kl. 12 a, 2. WILHELM SCHWARZENAUER IN MÜNCHEN.

Verfahren zum Erhitzen von Flüssigkeiten.

Vom 30. Juni 1922. — Erteilt am 28. Aug. 1930. — Ausgegeben am 12. Sept. 1930. — Erloschen: . . . .

Das Verfahren ist bestimmt für das Erhitzen oder Warmhalten von fließbaren Stoffen aller Art, z. B. von Badewasser, Sole in der Salzsiederei, Wasser für Warmwasserheizungen, Laugen und sonstigen Flüssigkeiten in der chemischen Industrie, von breiigen und schlammigen Stoffen, von Suspensionen, Schmelzen u. dgl. zwecks deren Eindampfung oder irgendwelcher sonstiger thermischen Behandlung.

Gemäß der Erfindung wird ein guter Wärmeübergang auf diese Stoffe von dampf- oder gasförmigen Wärmezubringern selbst bei geringerem Temperaturgefälle dadurch erzielt, daß man die zu erhitzende Flüssigkeit und die Wärmezubringer in unmittelbarer Berührung in hydraulischen Kompressoren oder in Mammutpumpen arbeiten läßt.

Hydrokompressoren und Mammutpumpen sind an sich bekannt, jedoch zu vorliegendem Zweck, eine innige Mischung heißer Gase mit Flüssigkeiten zwecks deren Erhitzung zu erzielen, noch nicht benutzt.

In den Abbildungen sind verschiedene beispielsweise Ausführungsformen von Einrichtungen dargestellt, bei welchen der Erfindungsgedanke Anwendung findet.

Der in den Abb. 1 bis 3 dargestellte hydraulische Kompressor besteht aus dem Saugkopf *s*, der am oberen Ende des Fallrohres *f* in einem Behälter *r* angeordnet ist, und dem Abscheidebehälter *a* am unteren Ende des Fallrohres. In den Behälter *r* treten durch *w* die zu erhitzende Flüssigkeit und durch *g* die

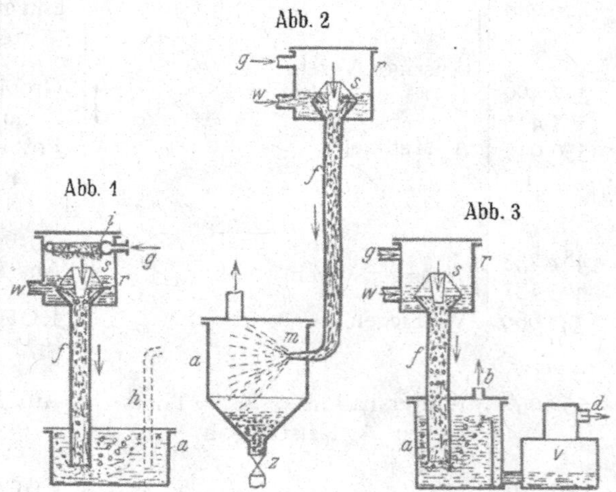

Wärme zubringenden heißen Dämpfe oder Gase. Beim Durchströmen des Saugkopfes *s* saugt die Flüssigkeit die Gase an. Das Gemisch durchsinkt das Fallrohr, und im Abscheidebehälter *a* trennen sich die Gase wieder von der Flüssigkeit. Letztere hat auf dem gemeinsam langsam durchsunkenen Wege im Fallrohre aus den fein verteilt eingemischten heißen Dampf- oder Gasteilchen die Wärme aufgenommen.

Zur Wärmelieferung können je nach dem Verwendungszweck irgendwelche Wärmequellen dienen, in Abb. 1 z. B. Gasflammen *i*, deren Verbrennungsgase durch das bei *w* zuströmende Wasser angesaugt werden. Diese Einrichtung dient vornehmlich zum Erwärmen von Badewasser.

Beim Ansaugen heißer Abgase von Explosions- oder Verbrennungsmotoren wird deren Arbeitsweise durch Verminderung des Auspuffgegendruckes verbessert. Läßt man durch *g* die Abgase von Feuerungen aller Art, Kalköfen, Trockenöfen o. dgl. ansaugen, so wirkt die Anlage zugleich als Saugzuganlage.

Diese Ausführungsweise des Erfindungsgedankens dient z. B. zur Beseitigung von Endlaugen der Kaliwerke durch Eindampfung. Man baut dann das Fallrohr *f* in den Bergwerksschacht ein. führt über Tage durch *w* (Abb. 2) die aus der Fabrikation heiß anfallende Endlauge zu und läßt durch *g* z. B. Feuergase der Dampfkessel, Salztrockner oder anderer Feuerstellen, gegebenenfalls auch Abgase von Motoren o. dgl. ansaugen. Unten im Schacht wird der Abscheidebehälter *a* angeordnet. Die Lauge kommt hier hoch erhitzt an, wozu auch noch die Kompressionswärme der infolge der großen Länge des Fallrohres (bei 500 m Schachtteufe) z. B. auf 50 Atm. verdichteten Gase beiträgt, und wird z. B. durch die Düse *m* versprüht. Die eingedickte Lauge kann bei *z* abgezogen werden.

Statt die Wasserentziehung durch Versprühen des Flüssigkeitsgasgemisches zu bewirken, kann man die Verdampfung auch unter Druck geschehen lassen, etwa in einer Einrichtung, wie sie schematisch in Abb. 3 dargestellt ist. Der Abscheidebehälter *a* ist dann geschlossen und mit einem Verdampfer *v* verbunden, in welchen die von dem Heizgas getrennte Flüssigkeit übertritt und hier verdampft. Der gespannte Dampf, dessen Spannung der Höhe der Flüssigkeitsgassäule in *f* entspricht, kann bei *d* zu irgendwelcher Nutzleistung entnommen werden, ebenso wie die ausgeschiedenen Heizgase bei *b*. Die Flüssigkeit im Abscheidebehälter *a* steht unter demselben Druck; auch ihre Energie kann zur Leistung mechanischer Arbeit ausgenutzt werden, indem sie z. B. Strahlturbinen beaufschlagt, die etwa Zerstäuberscheiben für das Zerstäuben der Flüssigkeit in den bekannten Zerstäuberverdampfern antreiben.

Eine andere Ausführungsweise des Erfindungsgedankens ergibt sich durch die Verwendung der Mammutpumpe, die ebenso wie der Hydrokompressor sich zur innigen Vermischung von Flüssigkeiten mit Gasen eignet. In Abb. 4 ist schematisch eine Mammutpumpe dargestellt. Die als Wärmezubringer dienenden heißen Gase werden durch *g* mit der erforderlichen Spannung der am Fuße des Förderrohres *o* in bekannter Weise angeordneten Mischeinrichtung *n* zugeführt, in die auch die Flüssigkeit z. B. aus dem Behälter *k* eintritt. Das Gemisch wird in bekannter

Abb. 4

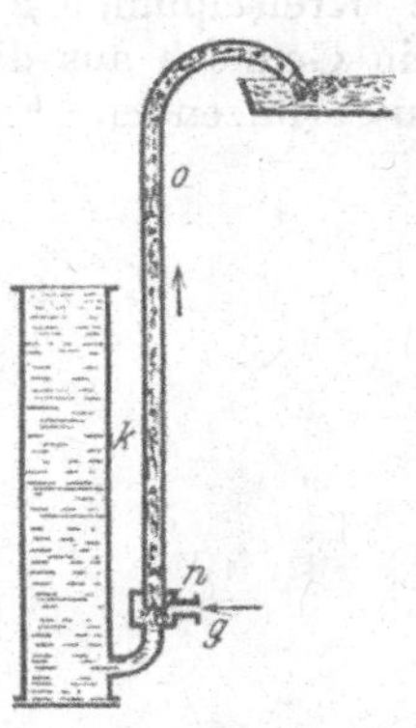

Weise durch die Steigleitung *o* gefördert. Auf dem Förderweg erwärmen die Gase dann die Flüssigkeit.

Man kann auch zwecks höherer Erhitzung der Flüssigkeit weitere Wärmemengen zufügen, indem man bei dem Hydrokompressor die aus *a* entnommene, unter Druck stehende Flüssigkeit einen Strahlapparat betreiben läßt, welcher neue Mengen heißer Gase ansaugt, wobei sich die Flüssigkeit mit diesen mischt und weiter erhitzt.

Genügt einmaliger Durchgang der Flüssigkeit durch den Hydrokompressor oder die Mammutpumpe nicht für eine genügende Erhitzung, so kann man z. B. bei der Anordnung nach Abb. 1 aus dem dann ganz zu schließenden Abscheidebehälter *a* die Flüssigkeit einem zweiten Hydrokompressor etwa durch ein Steigrohr *h* zuführen oder einer Mammutpumpe und durch diese einem folgenden Hydrokompressor oder wiederum einer Mammutpumpe.

Da die bei den Beispielen mit Hydrokompressor im Abscheidebehälter *a* unter Druck stehenden und die im Strahlapparat unter Druck gesetzten Gase noch die Temperatur der Flüssigkeit haben, können sie als Treibmittel für die Mammutpumpe dienen und so weiter nutzbar gemacht werden, z. B. zum Vorwärmen von Flüssigkeiten, aber auch, um die im Hydrokompressor erhitzte Flüssigkeit höher zu erhitzen. Zu letzterem Zweck müssen dann diese Abgase irgendwie weiter erhitzt werden.

Neben der Erhitzung können beim Durchgang der Flüssigkeiten und Gase durch die Hydrokompressoren oder Mammutpumpen auch andere Einwirkungen, z. B. chemischer Art, wie Absorptionen, Adsorptionen o. dgl., erfolgen.

Statt der Hydrokompressoren mit Betrieb von in Fallrohren niedersinkenden Flüssigkeiten können für vorliegenden Zweck auch mechanisch angetriebene Verdichter verwendet werden, welche das Gemisch von Gas und Flüssigkeit ansaugen und weiterfördern.

Ein Beispiel hierfür zeigt schematisch Abb. 5. Die Kreiselpumpe p saugt durch Saugkopf s ein Gemisch aus der durch w zufließenden zu erhitzenden Flüssigkeit und

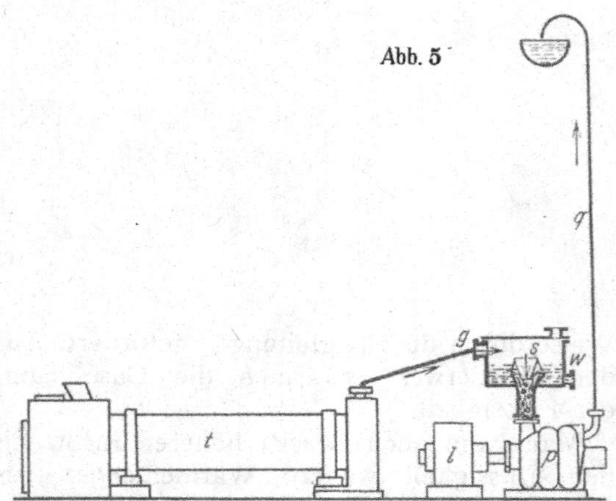

durch g zuströmenden heißen Abgasen etwa des Trommeltrockners t an und fördert dieses Gemisch einer höher liegenden Verwendungsstelle durch das Steigrohr q zu. Während der Förderung wird die Flüssigkeit erwärmt. Auch diese Einrichtungen können mit Mammutpumpen und Hydrokompressoren mit Fallrohren zusammengeschaltet werden zwecks weiterer Erhitzung der Flüssigkeiten.

Die Verwendung des Hydrokompressors oder der Mammutpumpe als Einrichtung zum Erhitzen bringt neben der ausgezeichneten thermischen Wirkung, welcher auch noch die Kompressionswärme zugute kommt, für chemische Fabriken und andere Betriebe noch folgende Vorteile: Durch Verwendung ein und derselben Einrichtung zugleich zu verschiedenen Zwecken werden die Anlagen vereinfacht. Der Erhitzungsapparat dient zugleich als Transportmittel für die Flüssigkeiten zwischen verschieden hochliegenden Arbeitsstellen, indem z. B. beim Fallrohrkompressor die Zuflußstelle w zu erhitzende Laugen, die in tieferen Fabrikteilen weiterverarbeitet werden sollen, an höheren Stellen aufnimmt. Der Kreiselkompressor oder die Mammutpumpe umgekehrt fördern während der Erhitzung die Flüssigkeiten zu höher liegenden Arbeitsstellen. Die potentielle Energie von nach tieferen Stellen abzulassenden Flüssigkeiten kann in dem Druck der Gase und Flüssigkeiten im Abscheidebehälter des Kompressors wieder nutzbar gemacht werden. Der Hydrokompressor kann mit seiner Ansaugefähigkeit andere Saugeinrichtungen entbehrlich machen.

Patentansprüche:

1. Verfahren zum Erhitzen von Flüssigkeiten mittels heißer Gase und Dämpfe, dadurch gekennzeichnet, daß die zu erhitzende Flüssigkeit und gas- oder dampfförmige Wärmezubringer als Arbeitsstoffe in Hydrokompressoren oder Mammutpumpen dienen.

2. Ausführungsweise des Verfahrens nach Anspruch 1, dadurch gekennzeichnet, daß als Wärmezubringer die Feuerungsgase von Feuerungen oder die Abgase von Wärmemotoren dienen.

3. Ausführungsweise des Verfahrens nach Anspruch 1, dadurch gekennzeichnet, daß die zu erhitzende Flüssigkeit durch mehrere hintereinandergeschaltete Hydrokompressoren hindurchgeführt wird.

4. Ausführungsweise des Verfahrens nach Anspruch 1, dadurch gekennzeichnet, daß die gespannten heißen Abgase oder Dämpfe des Hydrokompressors als Treibmittel für die Mammutpumpe dienen.

5. Einrichtung zur Ausführung des Verfahrens nach Anspruch 1, dadurch gekennzeichnet, daß der Hydrokompressor in einem Bergwerksschachte untergebracht wird, als Treibmittel die Ablaugen von Kaliwerken oder anderen chemischen Fabriken und als Wärmezubringer die Abgase von Feuerungen oder Wärmemotoren dienen.

Nr. 547079. (S. 85427.) Kl. 12l, 4.

Wintershall Akt.-Ges. in Berlin und Dr.-Ing. August Siebers in Kassel.

Vorwärmen von Löselauge für die Gewinnung von Chlorkalium aus Kalirohsalzen.

Vom 6. Mai 1928. — Erteilt am 3. März 1932. — Ausgegeben am 26. März 1932. — Erloschen: . . . .

Es ist bei vielen chemisch-technischen Verfahren, insbesondere bei dem Löseverfahren der Kaliindustrie, erwünscht, die umlaufenden Flüssigkeiten, wie Salzlösungen, mehr oder weniger stark einzudampfen, z. B. mit Rücksicht auf Salzverluste in den überschüssigen Endlaugen. In der Zuckerindustrie, bei der das Eindampfen des Zuckersaftes eine Notwendigkeit darstellt, versucht man, den hierfür benötigten Wärmebedarf durch Ausnutzung der bei der Verdampfung entstehenden Brüden für die Vorwärmung des zu verdampfenden Zuckersaftes herabzusetzen. Auch in der Kaliindustrie ermöglichen es die bekannten Vakuumkühlanlagen, die aus der abzukühlenden Lösung gewonnenen Brüden zur Vorwärmung der Löselauge heranzuziehen und bei Verwendung von Oberflächenkondensatoren der umlaufenden Flüssigkeit eine gewisse Wassermenge zu entziehen. Es lassen sich mit derartigen Apparaten aber nur Vorwärmungen von etwa 75° erreichen, während die Löselauge zur einwandfreien Durchführung des Löseprozesses möglichst nahe bis an ihren Siedepunkt, der bei etwa 108° liegt, vorgewärmt werden muß. Für die Vorwärmung von 75° bis 108° wird allgemein Heizdampf verwandt, und zwar in der Regel Abdampf aus den Kraftzentralen.

Durch die vorstehende Erfindung soll diese jetzt in der Kaliindustrie allgemein übliche Vorwärmung der Löselauge durch Heizdampf zur gleichzeitigen weiteren Wasserentziehung aus dem Laugenkreislauf verwandt werden, ohne daß hierdurch Mehrkosten bezüglich des Heizdampfbedarfes entstehen. Zu diesem Zweck wird die Löselauge nach der üblichen Vorwärmung in den Kondensatoren der Vakuumkühlanlage zunachst durch einen Vorwärmer *b* hindurchgeführt,

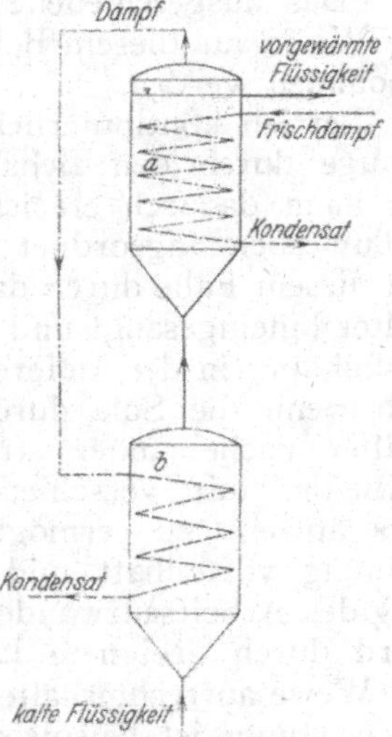

der durch den Brüden eines im Laugenkreislauf dahintergeschalteten weiteren Vorwärmers *a* beheizt wird. Dieser letztere Vorwärmer *a* wird seinerseits mit Frischdampf beheizt, worunter bei passendem Druck auch der Abdampf von Kraftmaschinen verstanden werden soll.

Der hierdurch bewirkte Wasserentzug der Löselauge vor dem Eintritt in den Löseprozeß erfolgt insofern an der günstigsten Stelle des Laugenkreislaufes, als sich das entzogene Wasser nicht mehr an der unerwünschten Steinsalzaufnahme beim Lösen des Rohsalzes beteiligen kann.

Ausführungsbeispiel

Für den Lösebetrieb einer Chlorkaliumfabrik sollen stündlich 100 cbm Löselauge (spez. Wärme = 1 kcal/Ltr.) von 60 auf 110° vorgewärmt werden, wobei dieser in den höheren Temperaturbereichen ungesättigten Salzlösung nach Möglichkeit Wasser ohne besonderen Wärmeaufwand entzogen werden soll. Die Löselauge tritt nacheinander durch die beiden in der Zeichnung dargestellten Vorwärmer *b* und *a* und erwärmt sich in dem zuerst durchströmten Vorwärmer *b* von 60° auf 98°, tritt mit dieser Temperatur in den Vorwärmer *a* und verläßt ihn mit 110°. Die Austrittsleitung wird so gedrosselt, daß im Laugenraum des Vorwärmers *a* ein Überdruck von 0,1 Atm. entsteht. Der sich im Vorwärmer *a* aus der Löselauge entwickelnde Dampf von 0,1 atü wird durch das Heizregister des Vorwärmers *b* geführt. Für die Anwärmung der Löselauge von 60 auf 98° benötigt dieser Vorwärmer bei einer Austrittstemperatur des Kondensates von 65° unter Vernachlässigung der Wärmeverluste 6,56 t/h Dampf von 0,1 atü und 110° Zur Erzeugung dieser Dampfmenge aus der Löselauge und zu ihrer weiteren Erwärmung von 98° auf 110° ist der Vorwärmer *a* mit 8,75 t/h Dampf zu beheizen von 2,5 atü und 180° C bei einer Austrittstemperatur des Kondensates von 100°. Bei einem derartigen Betrieb werden der durchlaufenden Löselaugenmenge von 100 cbm stündlich 6,56 *l* Wasser, entsprechend 6,56 Volumprozenten, entzogen, ohne daß zu dieser Verdampfungsleistung mehr Wärme aufzuwenden ist als zu der sowieso benötigten Vorwärmung der Löselauge von 60° auf 110°.

Patentanspruch:

Verfahren zum Vorwärmen von Löselauge für die Gewinnung von Chlorkalium aus Kalirohsalzen unter gleichzeitigem Eindampfen der Löseflüssigkeit und unter Verwertung der Brüden, gekennzeichnet durch die Anwendung zweier von der Lauge nacheinander durchflossenen Behälter (*b* und *a*) in der Weise, daß die Lauge im Behälter (*a*) nur so weit mittels Frischdampfes verdampft wird, als der hierbei entstehende Brüden zur Beheizung der Lauge im Behälter (*b*) bis in die Nähe ihres Siedepunktes ausreicht.

Nr. 496214. (A. 39746.) Kl. 12l, 1.

EDMUND ALTENKIRCH IN ALTLANDSBERG UND KARL GRESS IN BERLIN-TEGEL.

Verfahren und Vorrichtung zum Auskristallisieren von in Wasser gelösten Salzen.

Vom 8. April 1923. — Erteilt am 3. April 1930. — Ausgegeben am 16. April 1930. — Erloschen: 1931.

Es ist bekannt, Salze aus gesättigten Salzlösungen dadurch auszufällen, daß man die Lösung auf tiefere Temperatur abkühlt. Je nach der Neigung der Sättigungskurve wird dann eine größere oder geringere Menge des Salzes abgeschieden.

Diese Abkühlung erfolgt zweckmäßig von der Oberfläche aus, und es ist auch bereits bekannt, daß sie durch Verdampfung im Vakuum bewirkt wird. Es ist ferner bekannt, den erzeugten Wasserdampf durch ein Dampfstrahlgebläse auf eine so hohe Druck- und Temperaturstufe zu heben, daß er durch Kühlwasser niedergeschlagen werden kann. Dieses Verfahren hat jedoch den Nachteil eines hohen Dampfverbrauches.

Es ist auch bereits vorgeschlagen worden, den erzeugten Wasserdampf unter Verwendung eines Dampfstrahlapparates oder auch ohne diesen an kalten Flächen niederzuschlagen. Hierbei handelt es sich aber um Flächen, die im normalen Temperaturbereich durch Luft oder Kühlwasser gekühlt wären.

Bei Verwendung aller dieser bekannten Verfahren ist die Ausbeute der Lauge keine erschöpfende.

Es wurde nun erkannt, daß beim Auskristallisieren von in Wasser gelösten Salzen durch Kältewirkung, die durch Verdampfung des Wassers im Vakuum hervorgerufen wird, dadurch besonders günstige Resultate gezeitigt werden können, daß der entstehende Wasserdampf durch Niederschlag an künstlich gekühlten Flächen im Dampfraum beseitigt wird. Unter künstlich gekühlten Flächen sind hierbei solche zu verstehen, die beispielsweise mit künstlich gekühlter Sole auf Temperaturen gebracht werden, die unterhalb des normalen Temperaturbereiches des vorhandenen Kühlwassers bzw. der Kühlluft liegen.

Die Verdampferfläche bedeckt sich nun während des Betriebes mit Eis und muß öfter abgetaut werden. Dies kann dadurch vermieden werden, daß die Verdampferrohre im Vakuum mit Sole berieselt werden, die nach Bedarf umgepumpt wird. Vielfach wird hierzu die Restlauge Verwendung finden können, soweit sie nach entsprechender Verdünnung eine tiefere Abkühlung ohne weitere Abscheidung erlaubt. Die Verdünnung erfolgt von selbst durch die Kondensation des Wasserdampfes in der Sole. Die geeignete Konzentration wird durch fortlaufende Entnahme eines Teiles der verdünnten Sole und Zuführung einer entsprechenden Menge der Restlauge aufrechterhalten. Die Anordnung kann auch so getroffen werden, daß nur die gekühlte und verdünnte Sole durch die Rieselvorrichtung im Vakuum zirkuliert, die Kühlung dieser Sole aber außerhalb des eigentlichen Vakuumraumes durch den Verdampfer der Kältemaschine erfolgt.

Ist die verdünnte Restlauge wegen fortgesetzter Ausscheidungen nicht geeignet, so lassen sich natürlich auch andere Salzlösungen verwenden, wie Chlornatrium- oder Chlormagnesiumlösung.

In beiden Fällen kann die vom Verdampfer abfließende, mit Wasser angereicherte Salzlösung bzw. die Restlauge, auch wenn sie nicht durch den Verdampfer geht, zur Verringerung des Arbeitsbedarfes noch dadurch beitragen, daß sie zur Kühlung des Kondensators der Kältemaschine herangezogen wird.

Um das auf dem Boden abgelagerte Salz ohne Unterbrechung des Vakuums im kontinuierlichen Betrieb entnehmen zu können, wird der Vakuumbehälter zweckmäßigerweise in solcher Höhe ausgeführt, daß die Flüssigkeitssäule in ihm dem Luftdruck das Gleichgewicht hält. Dann kann der Behälter unten offen sein und in eine Salzlösung eintauchen, deren freie Oberfläche unter Atmosphärendruck steht. Das ausgeschiedene Salz kann in bekannter Weise aus diesem Behälter fortlaufend entnommen werden.

Wenn der Betrieb kontinuierlich sein soll, muß die Lauge durch den Behälter zirkulieren. Dies kann dadurch erreicht werden, daß der Zufluß oben angeordnet wird. Die Sole wird in diesem Falle durch das Vakuum in den Behälter hineingesaugt und sinkt dann nach der Abkühlung in den tieferen Behälter hinab. Auch wenn die Sole durch mehrere Vakuumbehälter nacheinander strömen soll, um das Arbeiten mit verschiedenen Verdampfertemperaturen zu ermöglichen, ist diese Anordnung vorteilhaft und trägt zur Verringerung des Arbeitsaufwandes bei. Das Vakuum wird durch geeignete Luftpumpen in bekannter Weise aufrechterhalten.

Auf der Zeichnung ist beispielsweise eine Einrichtung zur Durchführung des Verfahrens schematisch senkrecht geschnitten dargestellt.

Es bezeichnet hierbei a einen Vakuumbehälter, der mit seinem rohrförmigen Ansatz a^1 in einen mit Salzlösung gefüllten Behälter c taucht und der unmittelbar mit einem Kondensator e verbunden ist. In diesem

Kondensator liegt die Rohrschlange des Verdampfers einer Kompressions- oder Absorptionskältemaschine. Im nach oben offenen Behälter *c* ist eine Förderschnecke *d* angeordnet, die das ausgeschiedene Salz austrägt. Durch einen Überlauf steht der Behälter *c* mit einem zweiten Behälter c^1 in Verbindung.

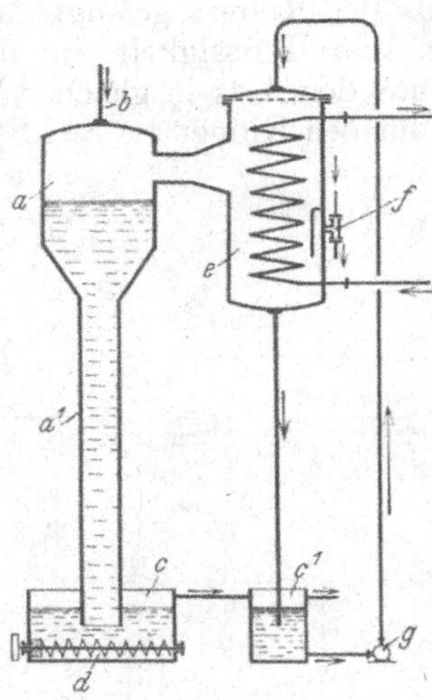

Aus diesem Behälter c^1 pumpt eine Pumpe *g* die Sole in den Kondensator *e*, aus dem sie wieder in den Behälter c^1 zurückläuft, nachdem sie im Kondensator die Verdampferrohre berieselt hat.

Ein am Kondensator *e* vorgesehener Strahlapparat *f* hält das notwendige Vakuum in der Apparatur aufrecht.

Die Wirkungsweise der Vorrichtung ist die folgende:

Die Sole, aus der die Salze auskristallisiert werden sollen, gelangt bei *b* in die Apparatur, in welcher vermittels des Strahlapparates *f* das notwendige Vakuum erhalten wird. Die sich entwickelnden Dämpfe treten in den Kondensator *e* und schlagen sich an der Rohrschlange des Verdampfers nieder, während das durch die Abkühlung sich ausscheidende Salz im Behälter *a* bzw. im Rohransatz a^1 herab in den Solebehälter *c* gelangt, aus dem es mit Hilfe der Schnecke *d* ausgetragen wird.

Die dargestellte und beschriebene Apparatur soll nur rein schematisch andeuten, auf welche Weise sich der Erfindungsgedanke durchführen läßt, während sie auf konstruktive Durchbildung keinen Anspruch erhebt. Infolgedessen können gerade in dieser Beziehung die verschiedensten Abänderungen getroffen werden, ohne dadurch außerhalb des Rahmens der Erfindung zu fallen, zumal auch beispielsweise die ohne weiteres im Rahmen der Erfindung liegende und erwähnte Verwendung mehrerer Vakuumbehälter gerade in konstruktiver Beziehung besondere Anforderungen stellt.

PATENTANSPRÜCHE:

1. Verfahren zum Auskristallisieren von in Wasser gelösten Salzen durch Kältewirkung, die durch Verdampfung des Wassers im Vakuum hervorgerufen wird, dadurch gekennzeichnet, daß der entstehende Wasserdampf durch Niederschlagen an künstlich gekühlten Flächen im Dampfraum beseitigt wird.
2. Verfahren nach Anspruch 1, dadurch gekennzeichnet, daß der entstehende Dampf an dem Verdampfer einer Kältemaschine niedergeschlagen wird.
3. Verfahren nach Anspruch 1, dadurch gekennzeichnet, daß der entstehende Dampf durch künstlich gekühlte Sole niedergeschlagen wird.
4. Verfahren nach Ansprüchen 1 bis 3, dadurch gekennzeichnet, daß der Kondensator der Kältemaschine durch die infolge der Aufnahme des Wasserdampfes verdünnte Sole gekühlt wird.
5. Verfahren nach Ansprüchen 1 bis 3, dadurch gekennzeichnet, daß der Kondensator der Kältemaschine durch die Restlauge gekühlt wird.
6. Vorrichtung zur Ausführung des Verfahrens nach Anspruch 2, dadurch gekennzeichnet, daß im Vakuumbehälter bzw. unmittelbar mit diesem verbunden der Verdampfer einer Kompressions- oder Absorptionskältemaschine angeordnet ist.

Nr. 483392. (M. 88100.) Kl. 12 l, 4. DR.-ING. PAUL H. MÜLLER IN HANNOVER.

Verfahren und Vorrichtung zum Kühlen von salzausscheidenden Laugen mittels Luft.

Vom 24. Jan. 1925. — Erteilt am 12. Sept. 1929. — Ausgegeben am 30. Sept. 1929. — **Erloschen: 1931.**

Die Erfindung bezieht sich auf eine Vorrichtung, um salzausscheidende Laugen durch einen Luftstrom, der durch natürlichen Zug oder durch einen Ventilator oder durch beides zusammen hervorgerufen wird, in der Weise zu kühlen, daß die zu kühlende Flüssigkeit mit ein und demselben Luftstrome mehrfach in Berührung gebracht wird, und zwar so, daß die heißeste Flüssigkeit mit der bereits am weitesten erwärmten Luft in Berührung kommt, daß die bereits etwas abgekühlte Flüssigkeit mit der etwas kühleren Luft und daß schließlich die am weitesten abgekühlte Flüssigkeit mit der Luft, die noch am kältesten ist, in Berührung gebracht wird.

Solche Kühlvorrichtungen sind für Wasser bereits bekannt. Bei diesen bekannten Vorrichtungen durchströmt die Luft einen wagerechten Kanal, in dem die einzelnen Kühlstufen in der Weise betrieben werden, daß das zu kühlende Wasser aus dem Auffangbehälter der einen Kühlstufe durch eine Kreiselpumpe in den Aufgebebehälter der folgenden Kühlstufe gefördert wird. Diese Ausführung ist für die Abkühlung salzausscheidender Laugen unbrauchbar, weil es unzulässig ist, die Salzausscheidungen in den Auffangbehältern der einzelnen Kühlstufen zurückzulassen, ebenso unzulässig aber auch, sie durch die Kreiselpumpen herauszufördern. Nach vorliegender Erfindung wird die zu kühlende salzabscheidende Lauge durch je einen Mischluftheber aus dem Auffangbehälter der einen Kühlstufe dem Aufgebebehälter der folgenden Kühlstufe zugeführt. Hierbei kann durch den Mischluftheber das in der einen Kühlstufe schon ausgeschiedene Salz mit in die folgende Kühlstufe gefördert werden, ohne daß Verstopfungen oder unzulässiger Verschleiß der Einrichtung zu befürchten ist. Da zwischen je zwei aufeinanderfolgenden Kühlstufen immer dieselbe Förderhöhe zu überwinden ist, kann bei Anwendung beliebig vieler Kühlstufen ein einziger Kompressor für die Versorgung aller Mischluftheber benutzt werden, ohne daß es nötig ist, den Mischluftheber an einzelnen Stellen zu drosseln. Wenn schon im allgemeinen die Förderung durch Mischluftheber mehr Energie erfordert wie die unmittelbare Förderung durch Pumpen, so bietet die Anwendung der Mischluftheber bei solcher Kühleinrichtung besondere Vorteile, die den Nachteil des höheren Energiebedarfes vermindern. Die eingeblasene Luft sättigt sich an der heißen Flüssigkeit mit Wasserdampf. Dadurch wird einerseits die Abkühlung der Flüssigkeit unterstützt, anderseits wird das Volumen der Mischluft wesentlich vergrößert, so daß im Kompressor nur ein Teil des in den Mischgashebern wirkenden Gases verdichtet werden braucht.

Die Zeichnung stellt die Vorrichtung in Abb. 1 im Längsschnitte, in Abb. 2 in der Draufsicht dar. Die zu kühlende Flüssigkeit wird durch die Rinne *a* zugeführt und verteilt sich von dieser in die Rinnen *b*, aus denen sie nach unten durch Röhrchen in an sich bekannter Weise austritt, um auf Spritzteller *c* zu treffen, auf denen sie fein zerstäubt. Die Flüssigkeitströpfchen fallen quer durch den Luftstrom, der durch den Ventilator *d* hervorgerufen wird, herunter, werden dabei gekühlt und sammeln sich gegebenenfalls zusammen mit dem Salz, welches sich bei der Abkühlung ausscheidet, im Behälter *e*, in welchem das Salz im untersten Teile sich sammelt. Dies Gemisch von Salz und Flüssigkeit wird durch den Mischluftheber *f*, dem die Druckluft aus dem Sammelrohr *g* durch das Zweigrohr *h* zugeführt wird, gehoben und der Rinne *i* zugeführt. Aus der Rinne *i* gelangt das Gemisch von Salz und Flüssigkeit in die Zweigrinnen *k*, aus denen es in gleicher Weise austritt wie aus den Rinnen *b*. Auf Spritztellern

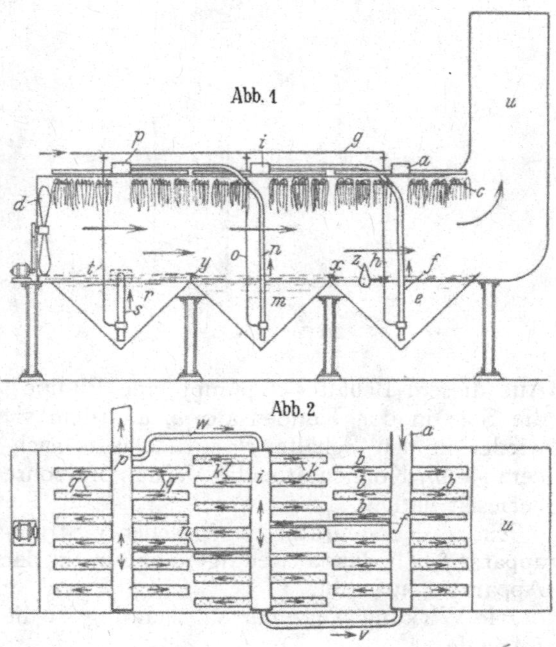

wird wieder eine Verteilung der Flüssigkeit erreicht, worauf die Flüssigkeit wiederum quer zum Luftstrome, der an dieser Stelle noch kälter ist als unterhalb der Rinnen *b*, herabfällt, um vom Behälter *m* gesammelt zu werden. Aus diesem Behälter fördert der Mischluftheber *n*, dem die Luft durch die Zweigleitung *o* zugeführt wird, das Gemisch von Salz und Flüssigkeit in die Rinne *p*. Von dieser Rinne aus verteilt sich die Flüssigkeit in die Querrinnen *q*, um wiederum über Spritzteller quer zum Luftstrome, der an dieser Stelle wiederum kälter ist als oberhalb des Flüssigkeitsfanges *m*, niederzufallen. Der Flüssigkeitsfang *r* fängt die Flüssigkeit auf. Aus ihm wird das Gemisch von Flüssigkeit und Salz durch den Mischluftheber *s*, dem die Druckluft durch die Zweigleitung *t* zugeführt wird, gehoben und abgeführt.

Die vom Ventilator *d* geförderte Kühlluft erwärmt sich oberhalb der Flüssigkeitsfänge *r*, *m* und *e* stufenweise immer höher und zieht schließlich durch den Schlot *u* nach oben ab.

Dabei bringt dieser Schlot *u* noch eine Saugwirkung hervor, welche die Wirkung des Ventilators unterstützt.

Bei der in der Zeichnung dargestellten Vorrichtung wird die zu kühlende Flüssigkeit in drei Stufen abgekühlt. Die Zahl dieser Stufen kann, wenn es erwünscht ist, beliebig erhöht werden. Je mehr Stufen man anwendet, um so vollkommener ist die Kühlung.

Man hat es ohne weiteres in der Hand, mittels des Mischlufthebers *f* eine größere Flüssigkeitsmenge zu fördern, als durch die Rinne *a* zufließt. Dadurch gelangt die zu viel geförderte Flüssigkeit durch die Überlaufrinne *v* aus der Rinne *i* zur Rinne *a* zurück und strömt infolgedessen nochmals durch die Verteilungsrinne *b* dem Flüssigkeitsfange *e* zu. Das entsprechende gilt für die Förderung des Mischlufthebers *n*. Wird durch ihn zu viel Flüssigkeit gefördert, so kann sie aus der Rinne *p* durch die Überlaufrinne *w* zur Rinne *i* zurückgelangen.

Durch das kleine Überfallwehr *x* und das etwas höhere Überfallwehr *y* ist die Möglichkeit vorgesehen, daß, falls in den Flüssigkeitsfang *m* zeitweilig mehr Flüssigkeit hineingelangt, als der Mischluftheber *n* fordert, ein Rückfluß von einem Teil der Flüssigkeit über das Überfallwehr *x* nach dem Flüssigkeitsfange *e* stattfinden kann. Ebenso kann aus dem Flüssigkeitsfange *r* nötigenfalls ein Teil der Flüssigkeit zum Flüssigkeitsfange *m* zurückgelangen.

Der Flüssigkeitsfang *r* kann mit einer Überlaufrinne versehen sein, so daß der Mischluftheber *s* nur einen Bruchteil der Flüssigkeit, soweit es nötig ist, um das abgeschiedene Salz hinauszuschaffen, zu fördern braucht, um dies Gemisch von Flüssigkeit und Salz der abfließenden Flüssigkeit beizumischen. Dadurch kann man leicht erreichen, daß alle Flüssigkeitsbehälter *r*, *m* und *e* stets mit Flüssigkeit gefüllt bleiben, was unter Umständen wichtig ist, um das Antrocknen von Salzablagerungen zu verhindern.

Schließlich kann man die Einrichtung leicht so treffen, daß der Luftzufluß durch die Leitungen *h*, *o* und *t* selbsttätig in Abhängigkeit vom Flüssigkeitsspiegel der Flüssigkeitsfänge geregelt wird, indem ein Schwimmer *z*, der in der Zeichnung nur für die Leitung *h* dargestellt ist, in gleicher Weise aber auch bei den Leitungen *o* und *t* vorgesehen sein kann, auf Regelorgane in den Luftleitungen einwirkt, damit nur so viel Luft zu den Mischlufthebern strömt, wie nötig ist, um gerade eine Flüssigkeitsmenge hinaufzuschaffen, die der frisch hinzukommenden Flüssigkeitsmenge entspricht Damit sich kein Salz auf den Schwimmern ablagert, kann man ihnen eine spitze Gestalt geben, wie die Zeichnung dies zeigt.

An Stelle der Verteilungsrinnen *a*, *i* und *p* mit ihren Zweigrinnen *b*, *k* und *q* kann man die ganze Decke des Luftkanales durch einen großen Flüssigkeitstrog bilden, der durch Trennwände derart unterteilt ist, daß sich die Flüssigkeitsmengen, die den einzelnen Flüssigkeitsfängen *e*, *m* und *r* zugeführt werden sollen, sich nicht ohne weiteres vermischen können. An Stelle der Überlaufrinnen *v* und *w* treten dann einfache Überfälle dieser Trennwände.

PATENTANSPRÜCHE:

1. Verfahren zum stufenweisen Kühlen von salzausscheidenden Laugen mittels Luft, die einen Kanal wagerecht durchströmt, in dem die Lauge hintereinander in mehreren Kühlstufen so herabregnet, daß die Luft mit der heißesten Flüssigkeit zuletzt und mit der in den vorangehenden Kühlstufen bereits abgekühlten Lauge zuerst in Berührung kommt, dadurch gekennzeichnet, daß die Lauge durch Mischluftheber aus dem Auffangbehälter der einen Kühlstufe in den Aufgebebehälter der folgenden Kühlstufe gehoben wird.

2. Verfahren nach Anspruch 1, dadurch gekennzeichnet, daß die von den Mischlufthebern zuviel geförderte Lauge durch einen Überlauf aus dem Aufgebebehälter der folgenden Kühlstufe in den Aufgebebehälter derselben Kühlstufe zurückfließt, aus deren Auffangbehälter der Mischluftheber sie entnommen hat.

3. Vorrichtung zur Ausführung des Verfahrens nach Anspruch 1 und 2, dadurch gekennzeichnet, daß die Flüssigkeitsfänge der einzelnen Kühlstufen so angeordnet sind, daß sie erforderlichenfalls zum Flüssigkeitsfang der vorhergehenden Stufe überfließen können.

4. Vorrichtung nach Anspruch 3, dadurch gekennzeichnet, daß der Flüssigkeitsfang der letzten Stufe mit einem Überlauf versehen ist, durch den der Hauptteil der Flüssigkeit abströmt, während ein kleiner Teil der Flüssigkeit zusammen mit dem sich an tiefster Stelle sammelnden Salz von einem Mischluftheber der Ablaufrinne der Flüssigkeit zugeführt wird.

5. Vorrichtung nach Anspruch 3, gekennzeichnet durch einen Schwimmer und ein Regelorgan, welche die Fördermenge der Mischluftheber in Abhängigkeit von der Lage des Flüssigkeitsspiegels des betreffenden Flüssigkeitsfanges regeln.

6. Vorrichtung nach Anspruch 3, da-

durch gekennzeichnet, daß die Decke des Luftkanales, den die zu kühlende Flüssigkeit fein verteilt durchfällt, durch einen in einzelne Abteilungen unterteilten Trog gebildet wird, aus dem die Flüssigkeit in an sich bekannter Weise durch eine große Zahl von Auslauföffnungen auf Spritzteller niederströmt.

Nr. 487 699. (M. 91 990.) Kl. 12 l, 4. DR.-ING. PAUL H. MÜLLER IN HANNOVER.

Verfahren und Vorrichtung zum unmittelbaren stufenweisen Kühlen von salzausscheidenden Laugen mittels Luft.

Vom 7. Nov. 1925. — Erteilt am 28. Nov. 1929. — Ausgegeben am 14. Dez. 1929. — Erloschen: 1931.

Es ist bekannt, Laugen, welche bei der Abkühlung und Verdunstung der Flüssigkeit Salz ausscheiden, dadurch zu kühlen, daß man sie in einem senkrechten Kamin verspritzt. Durch dies einmalige Verspritzen wird nur eine unvollkommene Abkühlung erreicht. Um sie vollkommener zu machen, hat man sehr weite Kamine vorgesehen, die eine sehr feine Zerstäubung gestatten. Dabei tritt dann aber wieder der Nachteil auf, daß sich auf der großen Grundfläche eines solchen Turmes in großen Mengen Salz ablagert, dessen Beseitigung auf Schwierigkeiten stößt, da es häufig mit der Spitzhacke herausgeschlagen werden muß. Die hohen, weiten Kühltürme sind außerdem sehr teuer.

Alle anderen bekannten Kühlverfahren (wie beispielsweise solche, in denen die Luft im Querstrom zu der stufenweise abgekühlten Salzlösung geführt wird), die sich bei der Abkühlung von Wasser sehr gut bewähren und die man auch für salzausscheidende Laugen, im besonderen Chlorkaliumlösung, versucht hat, haben sich noch erheblich schlechter bewährt als der bereits erwähnte Kühlturm. Der Grund hierfür ist, daß das Salz, welches sich zuerst noch bei hoher Temperatur der Lauge, also im oberen Temperaturgebiet der Kühlung, ausscheidet, außerordentlich harte, steinartige Krusten bildet, die das Kühlwerk meist in kürzester Zeit zum Erliegen bringen.

Aus diesem Grunde ist auch für die Abkühlung einer Lösung von Chlorkalium, die eine Temperatur von etwa 85 bis 100° hat, oder von Lösungen, die sich ähnlich verhalten, ein Kühlwerk unbrauchbar, welches für die Abkühlung von Wasser bekannt geworden ist und bei welchem die Kühlluft mit einem Ventilator durch einen horizontalen Kanal geblasen wird, in dem das zu kühlende Wasser mehrere Male hintereinander quer zum Luftstrom niederregnet, derart, daß das heißeste Wasser auf der Austrittsseite der Luft, während das bereits am weitesten abgekühlte auf der Eintrittsseite der Luft niederfällt. Bei dieser bekannt gewordenen Einrichtung soll das Wasser aus dem Auffangebecken eines Regenfeldes durch eine Pumpe auf das Aufgabebecken des folgenden Regenfeldes gehoben werden.

Wollte man diese Einrichtung für die Abkühlung einer heißen Chlorkaliumlösung von 85 bis 100° benutzen, so würde das Aufgabebecken, in welches die heiße Lösung zuerst geleitet wird, und die darunter befindliche Verteilungseinrichtung in kürzester Zeit mit so großen Mengen steinartiger, harter Krusten zugewachsen sein, daß das ganze Kühlwerk zum Stillstand kommt. Man hat daher bis jetzt die an sich vorteilhafte Einrichtung, bei welcher die abzukühlende Flüssigkeit mehrmals quer zum Luftstrom niederfällt, für die Abkühlung einer Chlorkaliumlösung, welche eine Temperatur von 85 bis 100° besitzt, nicht benutzen können

Die Erfindung beruht auf der Erkenntnis,

1. daß die harten, steinartigen Krusten sich aus der Chlorkaliumlösung nur im oberen Temperaturgebiet bilden, während das Salz, welches sich erst ausscheidet, nachdem die Chlorkaliumlösung bereits vorher bis auf etwa 50° abgekühlt ist, nur noch einen losen, nicht steinartigen Salzschlamm bildet;

2. daß das Ansetzen des Salzschlammes an den Wandungen des Kühlers im unteren Temperaturgebiet von z. B. 50 oder 60° abwärts durch bitumen- oder asphalthaltige Anstriche verhindert werden kann, während diese Anstriche Temperaturen von 85 bis 100° nicht gewachsen sind;

3. daß mit einem einmaligen Verspritzen, welches in verhältnismäßig engem Raum und mit geringer Kraft, also nicht sehr hoch, erfolgen kann, bereits eine Abkühlung der bis zu 100° heißen Lauge auf etwa 50° im aufsteigenden Luftstrom erreicht werden kann.

Auf Grund dieser Erkenntnis besteht die Erfindung in der Kombination des an sich für Laugen bekannten Spritzturmes mit dem für Wasser bekannt gewordenen mehrfachen Regenkühler, bei welchem die Luft in einem Kanal quer zum Regen strömt. Diese neue Kombination hat gegenüber den bekannten Einrichtungen für die Laugenkühlung den Vorteil, daß eine sehr weite Abkühlung der Laugen erreicht wird und damit eine sehr vollkommene Ausscheidung des Salzes, ohne daß sich steinartige Krusten in einer den Betrieb störenden Weise ausscheiden und ohne daß so riesige und teure Bauten nötig sind, wie es die Spritztürme für Laugen bisher waren.

Eine beispielsweise Ausführung eines Kühlwerks, das den Gegenstand der Erfindung zeigt, ist auf der Zeichnung dargestellt. Ventilator *a* treibt die Kühlluft durch einen waagerechten Kanal *b* und anschließend durch einen

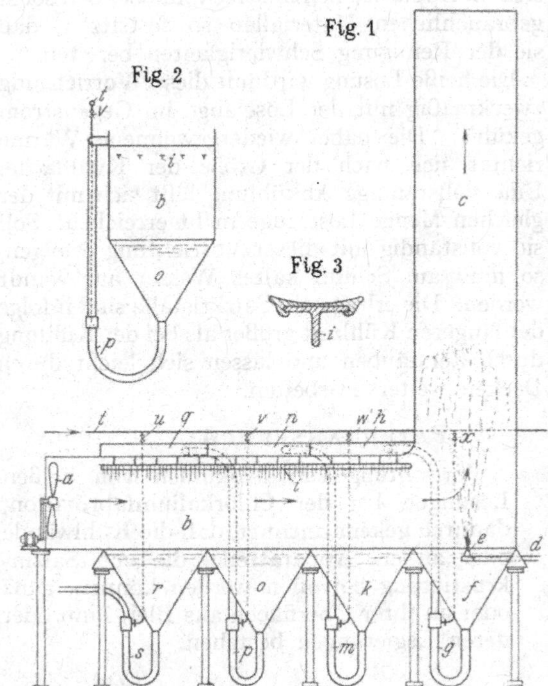

senkrechten Kamin *c*. Die heiße Salzlösung, die abgekühlt werden soll, wird durch die Leitung *d* zugeführt und tritt aus der Düse *e* fontänenartig aus, um in dem Kamin *c* hochzusteigen und wieder niederzufallen. Die auf etwa 50° abgekühlte Lauge sammelt sich in der Pyramide *f*, welche sich unterhalb des Kamins *c* befindet, und wird von hier mittels einer Pumpe, z. B. mittels der Mischluftpumpe *g*, in die Aufgabewanne *h* gefördert, aus der die Lauge mit dem in ihr enthaltenen feinen Salz zusammen durch Öffnungen niederfällt, um auf Spritztellern oder besser noch auf langen, in der Richtung des Luftstromes verlaufenden Schienen *i* zu verspritzen. Der hierdurch erzeugte Regen gelangt in die Pyramide *k*, aus der die Lauge beispielsweise wiederum durch eine Mischluftpumpe *m* in die Aufgabewanne *n* gefördert wird, aus der die Flüssigkeit über die Schiene *i* in Regenform in die Pyramide *o* niederfällt. Von hier wiederholt sich das Spiel durch die Mischluftpumpe *p* und Aufgabewanne *q* nochmals, so daß schließlich das Gemisch von Lauge und Salz weitgehend abgekühlt aus der Pyramide *r* mittels der Mischluftpumpe *s* abgeführt werden kann. Die Mischluftpumpen *g, m, p, s* können alle von einer gemeinsamen Druckluftleitung *t* versorgt werden. Es empfiehlt sich, diese Druckluftleitung *t* oberhalb der Aufgabewannen zu verlegen, um die Luftventile *u, v, w, x* unter Beobachtung der ausfließenden Flüssigkeit einstellen zu können.

Um das Ansetzen von Salz an den Wandungen der Kühlvorrichtung zu verhindern, empfiehlt es sich, die Wände des Innenraumes mit einem asphalthaltigen Anstrich zu versehen. Außerdem ist es vorteilhaft, die Ausflußöffnungen der Aufgabewannen mit Gummi auszufüttern und die Schienen *i*, auf denen die Flüssigkeit verspritzt, ebenfalls mit Gummi zu überziehen. Der von Lauge berieselte Gummi hat eine lange Lebensdauer.

Die in der Richtung des Luftstromes verlaufenden Schienen *i* sind vorteilhafter als einzelne Spritzteller, weil sie dem Luftstrom einen geringeren Widerstand bieten und weil die Flüssigkeitsstrahlen, welche aus den Ausflußlöchern der Aufgabewanne niederströmen, durch den Luftstrom abgelenkt werden, wodurch es leicht vorkommen kann, daß sie nicht auf die Spritzteller treffen, während die in Ablenkungsrichtung verlaufenden Schienen stets getroffen werden.

Als Ventilator empfiehlt sich für den gedachten Zweck ein Propellerventilator, weil er bei dem geringen Widerstand, den die Luft beim Durchströmen des Kühlwerks erfährt, den günstigsten Kraftbedarf aufweist.

Patentansprüche:

1. Verfahren zum unmittelbaren stufenweisen Kühlen von salzausscheidenden Laugen mittels Luft, dadurch gekennzeichnet, daß die Lauge zuerst in einem senkrechten Kamin fontänenartig verspritzt wird und dann mehrere Male hintereinander in einem waagerechten Kanal dem Luftstrom entgegen fortschreitend fein verteilt abwärts fällt.

2. Vorrichtung zur Ausführung des Verfahrens nach Anspruch 1, gekennzeichnet durch einen Kaminkühler mit an diesen angeschlossenem Kanalkühler, in dessen Längsrichtung an sich bekannte Schienen verlaufen, auf welche die aus den Ausströmeöffnungen der Aufgabebehälter niederfallende Lauge trifft.

3. Vorrichtung nach Anspruch 2, dadurch gekennzeichnet, daß die Ausströmlöcher der Aufgabewanne und die Schienen, auf denen die Flüssigkeit verspritzt wird, mit Gummi überzogen sind.

Nr. 487043. (G. 62533.) Kl. 12l, 4. Dr. Fritz Wienert in Magdeburg.

Vorrichtung zum Abkühlen von heißen Lösungen bei der Chlorkaliumfabrikation.

Vom 28. Okt. 1924. — Erteilt am 14. Nov. 1929. — Ausgegeben am 30. Nov. 1929. — **Erloschen: 1930.**

Die Abkühlung der heißen Lösung bei der Chlorkaliumfabrikation durch metallische Wände hindurch unter Wiedergewinnung der Wärme ist bis jetzt nicht mit technischem Erfolge gelungen, weil die an den Wänden festsitzenden Kristalle mit ihrer geringen Wärmeleitfähigkeit den weiteren Wärmeaustausch verhinderten. Man hat das Ansetzen der Kristalle durch mechanische Vorrichtungen wie Abkratzer, Bürsten u. dgl. zu verhindern versucht. Diese Vorrichtungen erfüllen aber entweder ihren Zweck nur unvollkommen oder beschädigen die Kühlwände, da bei den gebräuchlichen Metallen Kupfer, Eisen, Bronze der Salzbelag sehr festsitzt. Auch sehr schnelles Vorbeiführen der Lösung an der Kühlfläche verlangsamt nur das Zusetzen. Die Adhäsion der Kristalle ist bei den gebräuchlichen Metallen sehr groß. Bei Zink, Blei und Zinn ist sie wesentlich geringer, am geringsten bei Zinn-Blei-Legierungen. Andere geeignete, aber nicht metallische Überzüge sind wegen ihres geringen Wärmeleitvermögens nicht zu verwenden. Auch Zink ist in der Praxis ungeeignet, weil es von den Laugen stark angegriffen wird. Bei der günstigsten Legierung Zinn-Blei ist die Adhäsion der Kristalle so gering, daß eine mäßige Laugenbewegung sie von der Wand löst, das heißt im Betriebe, wo die Laugen zwecks besseren Wärmeaustausches zirkulieren, setzen sich keine Salze an der Kühlwand ab.

Es ist wegen des höheren Preises der Legierung, wegen ihres geringeren Wärmeleitvermögens als Kupfer und wegen ihrer für manche Zwecke ungeeigneten physikalischen Eigenschaften vorteilhaft, die bisher verwendeten Metalle nur mit einem Überzug zu versehen. Das Verfahren ist auch anwendbar, wo infolge anderer Ursachen als Abkühlung, z. B. Verdunstung, Salzkrusten sich an Apparatteilen ansetzen, die bei den sonst gebräuchlichen Materialien so festsitzen, daß sie der Reinigung Schwierigkeiten bereiten.

Die heiße Lösung wird mit dieser Vorrichtung zweckmäßig mit der Löselauge im Gegenstrom gekühlt. Die dabei wiedergewonnene Wärme richtet sich nach der Größe der Kühlfläche. Eine vollständige Abkühlung läßt sich mit der gleichen Menge Löselauge nicht erreichen. Soll sie vollständig mit dieser Vorrichtung erfolgen, so muß am Schluß kaltes Wasser angewandt werden. Die erhaltenen Salzkristalle sind infolge der längeren Kühlzeit größer als bei der Kühlung durch Zerstäuben und lassen sich leicht durch Decken weiterverarbeiten.

Patentanspruch:

Vorrichtung zum Abkühlen von heißen Lösungen bei der Chlorkaliumfabrikation, dadurch gekennzeichnet, daß die Kühlwände oder andere Apparatteile, die von Salzinkrustierung betroffen werden können, ganz oder an ihrer Oberfläche aus Blei, Zinn oder deren Legierungen bestehen.

Nr. 521619. (M. 111394.) Kl. 12l, 4.

Maschinenfabrik Buckau R. Wolf Akt.-Ges. in Magdeburg.

Vorrichtung zum Vortrocknen von Kalisalzen u. dgl.

Vom 9. Aug. 1929. — Erteilt am 12. März 1931. — Ausgegeben am 24. März 1931. — **Erloschen: 1934.**

Die Trocknung von Kalisalzen und vielen anderen Stoffen bereitet dadurch Schwierigkeiten, daß die Stoffe sich in den ersten Stufen der Trocknung an den Heizflächen und den Fördervorrichtungen festsetzen. Hierdurch wird der Trockenvorgang beeinträchtigt und Störungen im Betriebe der Trockner herbeigeführt.

Man hat bereits Trockner gebaut, die aus einem Heizrohrsystem bestehen, über welches das zu trocknende Gut mittels einer das Rohrsystem umgebenden drehbaren, innen mit Schaufeln versehenen Trommel hinweggeschüttet wird, und die mit einer Abkratzvorrichtung für die Rohre des Rohrsystems versehen sind. Diese Trockner sind im Aufbau sehr verwickelt und im Innern unzugänglich, so daß Störungen schwer zu beseitigen sind. Es sind auch bereits Trockner bekannt die aus einer beheizten Mulde mit darin angeordneter Förderschnecke bestehen. In die einzelnen Gänge der Schnecke sind geringelte Walzen eingebaut, die durch an der Schnekkenwelle befestigte Schaber rein gehalten werden sollen. Bei diesen Trocknern ist zu befürchten, daß die Walzen, die nicht zwangsläufig gedreht werden, bei Ansetzen von Trockengut zum Stehen kommen und dann die von ihnen verlangte Wirkung nicht mehr ausüben können. Außerdem werden derartige Trockner, wenn sie die gesamte Trocknung des Gutes übernehmen sollen, unwirtschaftlich. Man ist daher in den meisten Fällen, wo es sich um Trocknung von schwierigem Gut handelt, dazu übergegangen, das Gut zunächst einer Vortrocknung zu unterwerfen, in der es so weit vorbehandelt wird, daß es seine störenden Eigenschaften verliert, und es dann in Trocknern bekannter und bewährter Bauart fertigzutrocknen.

Gegenstand der Erfindung ist nun eine Vorrichtung zur Durchführung einer solchen Vortrocknung. Die Vorrichtung besteht im wesentlichen aus einem beheizten Behälter mit einer in diesem eingebauten, zur Weiterführung des Trockengutes dienenden Schnecke. Über diese an sich bekannte Bauart hinaus enthält sie als Neuheit eine in dem Behälter angeordnete, mit der Förderschnecke zwangsläufig verbundene Abstreichvorrichtung, durch welche die Schneckengänge ständig gesäubert werden. Durch diese neue Anordnung werden die erwähnten Nachteile vermieden.

Auf der Zeichnung sind zwei Ausführungsformen des Vortrockners beispielsweise dargestellt, welche je im Längs- und Querschnitt abgebildet sind.

Gemäß Abb. 1 und 2 ist mit 1 der hohlwandige Trog bezeichnet, in dessen Innern die Förderschnecke 2 mit Antriebswelle 15

Abb. 1

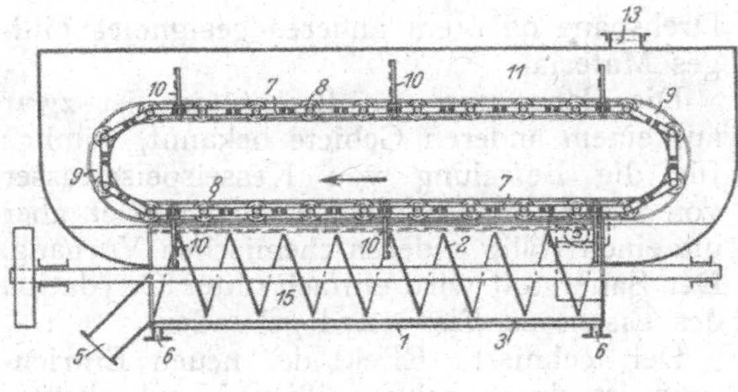

Abb. 2

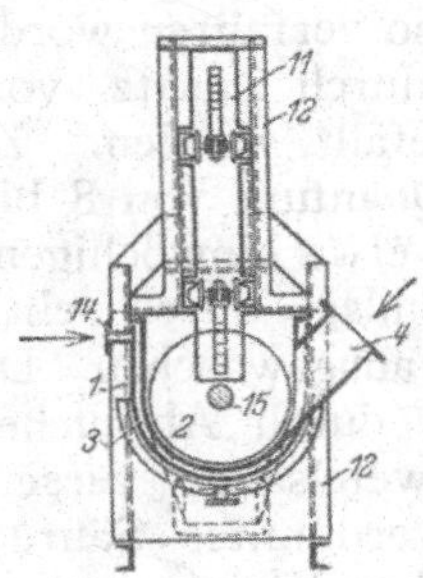

angeordnet ist. Der Troghohlraum 3 dient zur Beheizung. Der Dampfeintritt erfolgt durch den Stutzen 14 und die Ableitung des Kondenswassers durch die Stutzen 6.

An den beiden Enden des Troges befinden sich Materialzuführungsstutzen 4 und Materialabführungsstutzen 5. Der Schneckentrog ist abgedeckt.

Oberhalb des Troges ist die Umlaufgliederkette 7 mit Laufrollen 8 angeordnet. Letztere sind in U-Eisen 9 geführt. Auf dem ganzen Umfange der Gliederkette sind in gleichen Abständen eine Anzahl Abstreicher 10 nach Art von Armen befestigt, welche an den Schneckenwänden anliegen und von diesen bei Bewegung der Schnecke mitgenommen werden. Dabei erfolgt durch diese Abstreicher ein Glatthalten der Schneckengänge. Die Abstreicher sind gegeneinander versetzt, so daß der Angriff auf die Schneckenoberfläche nicht stets auf einen Punkt, sondern gegeneinander versetzt erfolgt. Die Abstreicher und Gliederkette sind von einem Gehäuse 11 umschlossen, das durch U-Eisen 12 gehalten wird.

Mit 13 ist ein Absaugestutzen des Gehäuses 11 bezeichnet, welcher zum Absaugen von Wrasen, Staub usw. dient.

Gemäß Abb. 3 und 4 befinden sich in dem geschlossenen Behälter 16 zwei übereinander angeordnete Schnecken 17 und 18, von denen

Abb. 3

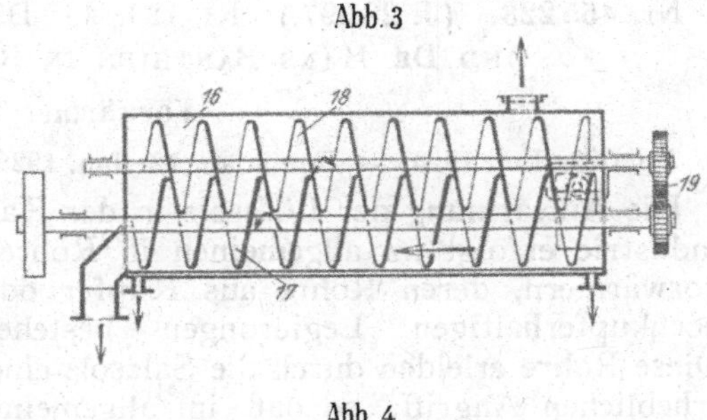

Abb. 4

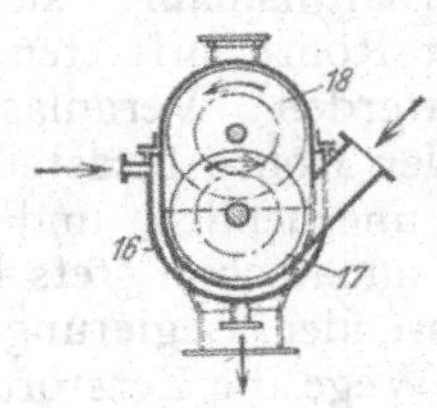

die erstere für die Förderung des Trockengutes dient, während die zweite Schnecke 18 zur Verhinderung des Ansetzens des Trockengutes an den Wänden der ersten Schnecke vorgesehen ist.

Die Schnecken sind durch Zahnräder 19 gekuppelt und mit gleicher Steigung und gleichem Durchmesser gegenläufig ausgebildet. Sie drehen sich in den aus Abb. 4 ersichtlichen Pfeilrichtungen. Durch das Ineinandergreifen und die Gegenläufigkeit beider Schnecken streichen die Gänge der Abstreichschnecke 18 an den Gängen der Förderschnecke 17 entlang, wodurch die Wandungen oder Gänge der letzteren stets sauber gehalten werden. Die Abstreichschnecke kann anstatt aus durchgehenden Schraubenwindungen auch aus einzelnen, in einer Schraubenlinie angeordneten Armen gebildet werden. Es können auch Arme vorgesehen sein, welche die

Rückseite der Förderschneckengänge abstreichen.

Statt der beiden als Beispiel angegebenen Einrichtungen zum Sauberhalten der beheizten Wandungen des Vortrockners kann jede beliebige andere Einrichtung verwendet werden, die den gleichen Zweck verfolgt.

Gegenüber den bekannten Bauarten weist die Vorrichtung nach der Erfindung einfachen Aufbau, gute Zugänglichkeit aller Teile und sichere Wirkung in bezug auf Vermeidung der aus den Eigenschaften des zu trocknenden Gutes sich ergebenden Störungen auf.

PATENTANSPRÜCHE:

1. Vorrichtung zum Vortrocknen von Kalisalzen u. dgl. unter Anwendung eines beheizten Behälters mit einer in diesem eingebauten, zur Weiterführung des Trockengutes dienenden Schnecke, gekennzeichnet durch eine in dem Behälter angeordnete, mit der Förderschnecke zwangsläufig verbundene Abstreichvorrichtung, durch welche die Schneckengänge ständig gesäubert werden.

2. Ausführungsform der Vorrichtung nach Anspruch 1, gekennzeichnet durch die Ausbildung der Abstreichvorrichtung als oberhalb der Förderschnecke (2) angeordnete Umlaufgliederkette (7) mit Laufrollen (8) und Abstreicharmen (10).

3. Weitere Ausführungsform der Vorrichtung nach Anspruch 1, gekennzeichnet durch die Ausbildung der Abstreichvorrichtung als oberhalb der Förderschnecke (17) angeordnete gegenläufige Schnecke (18).

Nr. 455223. (J. 28397.) Kl. 12 l, 4. DR. GERHARD JANDER IN WEENDE B. GÖTTINGEN UND DR. HANS BANTHIEN IN REYERSHAUSEN B. NORTEN, HANNOVER.

Vorwärmer für Salzsole u. dgl.

Vom 23. Juni 1926. — Erteilt am 12. Jan. 1928. — Ausgegeben am 26. Jan. 1928. — **Erloschen: 1932.**

Die Anwärmung der Lösesole in der Kaliindustrie erfolgt im allgemeinen in Röhrenvorwärmern, deren Rohre aus Kupfer oder hochkupferhaltigen Legierungen bestehen. Diese Rohre erleiden durch die Salzsole einen erheblichen Angriff, so daß im allgemeinen schon in verhältnismäßig kurzer Zeit Zerstörungen der Rohre auftreten, die zu ihrem Unbrauchbarwerden Veranlassung geben. Der Ersatz der Rohre belastet die Betriebskosten nicht unerheblich, und man hat sich infolgedessen auch schon stets bemüht, durch Auswahl passender Legierungen und auch auf anderem Wege die Zerstörung zu verhindern.

Es ist nun die Feststellung gelungen, daß an der Zerstörung der Rohre ein stets vorhandener Nebenbestandteil der Salzsole, nämlich das Eisen, in erheblichem Maße schuld ist. Das Eisen ist in der Sole teilweise zweiwertig, teilweise in dreiwertiger Form als die entsprechende Chlorverbindung vorhanden. Beim Durchgang durch den Vorwärmer wird die dreiwertige Chlorverbindung des Eisens zu der zweiwertigen reduziert, und dabei geht eine entsprechende Menge von Kupfer in Lösung. Diese Zerstörung soll gemäß der Erfindung dadurch vermieden werden, daß man vor den Vorwärmer ein Filter schaltet, das mit einem geeigneten Material zur Reduktion des dreiwertigen Eisens gefüllt ist. Als solches Material würde z. B. Kupferabfall in Frage kommen, dann aber auch Eisenabfall, z. B. Drehspäne oder ein anderes geeignetes billiges Material.

Die Benutzung von Eisenfiltern ist zwar auf einem anderen Gebiete bekannt, nämlich für die Befreiung von Kesselspeisewasser von Sauerstoff. Hierbei handelt es sich aber um einen völlig anderen chemischen Vorgang. Der Sauerstoff wird einfach unter Oxydation des Eisens zu Eisenoxyd gebunden.

Der technische Effekt der neuen Einrichtung ist durch zahlenmäßige Vergleichsversuche festgestellt worden.

Für die Bestimmung des Kupfers in der Salzsole ist so verfahren worden, daß Kupfer und Eisen durch Zusatz von Kaliumferrocyanid ausgefällt wurden. Zu der Fällung wurde ein Quantum von 8 bis 10 l Sole benutzt. Nach etwa einwöchigem Stehen wurde der Niederschlag durch ein Membranfilter filtriert und ausgewaschen. Dann wurde der Niederschlag durch Abrauchen mit konzentrierter Schwefelsäure zersetzt, der Rückstand mit verdünnter Säure aufgenommen und in üblicher Weise elektrolysiert.

Zur Bestimmung des zweiwertigen Eisens wurde die potentiometrische Titration mittels $^1/_{100}$ normaler Kaliumbromatlösung in salzsaurer Lösung bei Gegenwart von etwas Kaliumbromid benutzt.

Um festzustellen, ob eine Salzlösung, die nur zweiwertiges Eisen enthält, auf metallisches Kupfer ohne Einfluß ist, wurde so verfahren, daß eine künstlich hergestellte eisenhaltige Salzsole durch Kochen mit eingehängtem Blumendraht im Kölbchen mit Bunsenventil zwecks Reduktion des Eisens zu zweiwertigem behandelt wurde. Nach Entfernung des Blumendrahtes und unter dauerndem Weiterkochen, um Luftsauerstoff auszuschließen, wurde zunächst blankes Kupfer eingeführt und dann unter Luftabschluß weitergekocht. In der Lösung ließ sich nach dem Abgießen von den Kupferspänen mit keinem der bekannten Reagenzien Kupfer nachweisen.

Was nun die Ergebnisse der Untersuchungen betrifft, so sind hierzu folgende Angaben zu machen:

Eine Betriebssole, die im Juni untersucht wurde, enthielt im Liter 6 mg Kupfer, eine Betriebssole, die im Juli untersucht wurde, 4 mg Kupfer im Liter. Beide Male wurden die Proben am Austritt der Vorwärmer genommen, während die Sole am Eintritt damals nicht untersucht wurde, weil die kupferlösende Wirkung hinlänglich bekannt war, und es zunächst nur darauf ankam, überhaupt Vergleichszahlen zu gewinnen. Nach Einbau des Eisenfilters wurde die Sole wiederholt am Eintritt und am Austritt des Vorwärmers untersucht. Dabei fand sich z. B. im September d. J. ein Gehalt von 1,5 mg am Eintritt und von 2,5 mg am Austritt, im Oktober am Eintritt ein Gehalt von 1,2 mg und am Austritt von 1,5 mg Kupfer im Liter. Es wurde dann eine Verbesserung des Eisenspanfilters durch Vergrößerung der Eisenfläche vorgenommen, und die dann entnommenen Proben ergaben im November einen Gehalt von 0,7 mg Kupfer im Liter am Eintritt und von 0,8 mg Kupfer im Liter am Austritt, so daß also bewiesen ist, daß einmal der Kupfergehalt überhaupt auf unmerkliche Spuren zurückgegangen ist und daß eine Zunahme innerhalb des Vorwärmers nicht mehr stattgefunden hat.

Damit im Einklang stehen die Betriebsbeobachtungen. Während vor dem Einbau des Eisenspanfilters fast allwöchentlich einzelne Rohre wegen Zerstörung ausgewechselt werden mußten, haben diese Auswechslungen seit Inbetriebnahme des Eisenfilters völlig aufgehört.

Die Wirksamkeit des Eisenfilters zur Reduktion ergibt sich aus folgenden potentiometrischen Bestimmungen des zweiwertigen Eisens. Es wurden gleichzeitig drei Proben entnommen: am Eingang des Eisenfilters, zwischen Eisenfilter und Vorwärmer, und hinter dem Vorwärmer. Beim Eintritt in das Eisenfilter wurde 1,25 ccm $^1/_{100}$ normale Kaliumbromatlösung für 100 ccm der Betriebssole verbraucht, zwischen Eisenfilter und Vorwärmer 5,25 ccm und hinter dem Vorwärmer ebenfalls 5,25 ccm. Es ergibt sich daraus, daß beim Eintritt in das Eisenfilter nur wenig zweiwertiges Eisen vorhanden war, daß durch die Wirkung des Eisenfilters dessen Menge etwa vervierfacht worden ist und daß innerhalb des Vorwärmers die Menge des zweiwertigen Eisens sich nicht geändert hat, mit anderen Worten, daß innerhalb des Vorwärmers eine lösende Wirkung auf das Kupfer nicht stattgefunden haben kann.

Patentanspruch:

Vorwärmer für Salzsole u. dgl., gekennzeichnet durch ein vorgeschaltetes Filter, das ein Mittel zur Reduktion des in der Sole enthaltenen dreiwertigen Eisens enthält, z. B. Kupferabfall, Eisendrehspäne o. dgl.

Nr. 540473. (S. 88217.) Kl. 12 l, 4.

Società Industria Chimica delle Saline in Mailand.

Verarbeitung von Mutterlaugen der Meerwassersalinen.

Vom 1. Nov. 1928. — Erteilt am 3. Dez. 1931. — Ausgegeben am 16. Dez. 1931. — **Erloschen: 1932.**

Italienische Priorität vom 7. Nov. 1927 und 24. Mai 1928 beansprucht.

Die Erfindung betrifft ein einfaches und wirtschaftliches Verfahren zur Gewinnung von Kaliumchlorid und Magnesium- und Natriumsalzen aus den Mutterlaugen der Meerwassersalinen oder aus ähnlich zusammengesetzten Laugen, das insbesondere da anwendbar ist, wo natürliche Verdampfungsanlagen für das Meerwasser vorhanden sind. Es ist bekanntlich unmöglich, Kaliumsalze unmittelbar aus den Mutterlaugen durch einfache fraktionierte Kristallisation in wirtschaftlicher Weise zu gewinnen, weil durch die Kristallisation nur Salzgemische erhalten werden können, die aus Kochsalz, Magnesiumsulfat und aus den Doppelsulfaten von Magnesium und Natrium bzw. Magnesium und Kalium bestehen. Eine Trennung der einzelnen Bestandteile dieses Salzgemisches, derart, daß Salze von einer ihre unmittelbare Verwendung gestattenden Reinheit erhalten werden, ist wirtschaftlich nicht möglich. Infolgedessen geht ein erheblicher Teil der in dem Meerwasser vorhandenen Kaliumsalze verloren.

Die Erfindung besteht darin, daß die Mutterlauge zwecks Desulfatisierung mit Chlorcalcium versetzt und dann zur Abscheidung von Chlornatrium und Carnallit eingedampft wird, worauf die Restlauge mit gebranntem oder gelöschtem Kalk behandelt wird und nach der Trennung von Magnesiumhydroxyd zur Desulfatisierung neuer Mengen von Mutterlauge zurückgeführt wird.

Die bei der Kochsalzgewinnung aus Meerwasser erhaltenen Mutterlaugen, die eine Dichte von 29° Bé aufweisen, engt man beispielsweise zunächst in Salzgärten bis auf 35° Bé ein, wobei sich in geringen Mengen Kochsalz und Magnesiumsulfat ausscheiden. Den erhaltenen, von diesen ausgeschiedenen Salzen befreiten Mutterlaugen wird dann nach der Erfindung Calciumchlorid in einem dem vorhandenen Magnesiumsulfat äquivalenten Verhältnis zugesetzt. Hierbei spielt sich folgender chemischer Vorgang ab:

1. $MgSO_4 + CaCl_2 = MgCl_2 + CaSO_4$.

Die abgezogenen Laugen, deren Dichte nach der Desulfatisierung beispielsweise auf 30° Bé heruntergegangen ist, werden in den Salzgärten wieder bis auf 33,5° Bé eingedickt. Dabei scheidet sich die in ihnen noch enthaltene Gesamtmenge des Kochsalzes in sehr reiner Form fast vollständig aus. Die von dem Kochsalz getrennte Lösung wird abermals bis auf 35,5° Bé eingeengt, wobei die Gesamtmenge des gelösten Carnallits auskristallisiert. Die endlich zurückbleibenden Mutterlaugen, die im wesentlichen eine konzentrierte Magnesiumchloridlösung darstellen, werden mit Kalkhydrat in Pulverform, in Stücken oder in Form von Kalkmilch behandelt, wobei aus dem Magnesiumchlorid und dem gelöschten Kalk Magnesiumhydroxyd und Chlorcalcium nach folgender Gleichung entsteht:

2. $MgCl_2 + Ca(OH)_2 = Mg(OH)_2 + CaCl_2$.

Die nach der Trennung des Magnesiumhydrates zurückbleibende hochkonzentrierte Chlorcalciumlösung wird als Desulfatisierungsmittel für neue Salinenmutterlaugen verwendet.

Der aus den Mutterlaugen gewonnene Carnallit kann nach bekannten Verfahren in Chlorkalium und Magnesiumchlorid umgesetzt werden.

Nach dem neuen Verfahren ist es in wirtschaftlicher Weise möglich, praktisch die Gesamtmenge der in den Mutterlaugen enthaltenen Kaliumsalze als Chlorkalium mit einem Reinheitsgrade von 90% zu gewinnen.

Ausführungsbeispiel

Es seien täglich 300 cbm Mutterlauge der Saline von Caglieri (Tyrrhenisches Meer) von 35° Bé zu verarbeiten, die folgende Zusammensetzung hat: Magnesiumchlorid 21 bis 23%, Chlorkalium 4,2 bis 4,3%, Natriumchlorid 6 bis 7%, Magnesiumsulfat 9 bis 10%.

Zu Beginn des Betriebes wird Chlorcalcium in wässeriger Lösung von 30 bis 32° Bé Dichte in solcher Menge zugesetzt, daß der gesamte schwefelsaure Kalk ausgeschieden wird. Diese Reaktion wird in einer Sedimentationswanne vorgenommen und der schwefelsaure Kalk von der Lauge getrennt. Die zurückbleibende Lauge wird konzentriert, wobei sich zunächst Natriumchlorid und später reiner Carnallit abscheidet.

Der gewonnene Carnallit wird einem kalten Zersetzungsprozeß mit Wasser unterworfen. Dieses Verfahren besteht im Umrühren des Carnallits in einer Wassermenge, die genügt, um das gesamte Magnesiumchlorid (aber wenig Chlorkalium) aufzulösen, etwa $^4/_5$ des im Carnallit befindlichen Chlorkaliums bleiben am Boden des Auflösungsbehälters ungelöst zurück.

Das Chlorkalium wird mit kaltem Wasser und mit Lösungen, die mit Chlorkalium gesättigt sind, gewaschen, sodann geschleudert und endlich getrocknet.

Die Mutterlauge des Carnallits und seine Zersetzungswässer, die sehr reich an Magnesiumchlorid sind, werden unter Zuhilfenahme von gelöschtem Kalk in Calciumchlorid verwandelt, das wieder zur Desulfatisierung der ursprünglichen Mutterlaugen verwendet werden kann.

PATENTANSPRUCH:

Verfahren zur Verarbeitung von Mutterlaugen der Meerwassersalinen (Salzteiche) o. dgl., unter Gewinnung von Kochsalz, Calciumsulfat, Magnesiumhydroxyd und Chlorkalium, dadurch gekennzeichnet, daß die Mutterlauge zwecks Desulfatisierung mit Chlorcalcium versetzt und dann zur Abscheidung von Chlornatrium und Carnallit eingedampft wird, worauf die Restlauge mit gebranntem oder gelöschtem Kalk behandelt und nach der Trennung von Magnesiumhydroxyd zur Desulfatisierung neuer Mengen von Mutterlauge zurückgeführt wird.

F. P. 663054.

Nr. 490 356. (K. 96 607.) Kl. 12 l, 4. Dr. Oscar F. Kaselitz in Berlin.

Verfahren zur Gewinnung von Chlorkalium und künstlichem Carnallit aus Rohcarnallit.

Vom 11. Nov. 1925. — Erteilt am 9. Jan. 1930. — Ausgegeben am 28. Jan. 1930. — **Erloschen: 1934.**

Alle Löseverfahren für Carnallit verwenden mehr oder weniger konzentrierte Chlormagnesiumlösungen als Lösemittel. Von der Konzentration hängt die Zusammensetzung des Kristallisats ab. Für ein wirtschaftliches Löseverfahren ist wesentlich die Konzentration der bei der Kristallisation entstehenden Mutterlauge, da das in der Mutterlauge zurückbleibende Chlormagnesium des Carnallits abgestoßen werden muß; mit der Ableitung des Chlormagnesiums geht aber auch Chlorkálium verloren. Von der Konzentration dieser ersten Mutterlauge hängt es ab, ob ein teurer Verdampfprozeß eingeschoben werden muß oder ob man die erste Mutterlauge ohne einen Verdampfprozeß zur Ableitung bringen kann, ohne daß die Chlorkaliumverluste zu hoch werden.

Das in der Kaliindustrie allgemein ausgeübte Verfahren zur Gewinnung von Chlorkalium aus Rohcarnallit beruht im Lösen des Carnallits in der Siedehitze mit einer chlormagnesiumhaltigen Löselauge derartiger Konzentration, daß beim Abkühlen der Lösung Chlorkalium auskristallisiert, während das Chlormagnesium in Lösung bleibt. Aus der ursprünglichen Löselauge entsteht dabei eine Chlormagnesiumlösung, allgemein Mutterlauge genannt, die bei gewöhnlicher Temperatur gegen Carnallit nahezu im Gleichgewicht ist. Es schließt sich an ein Eindampfen der Mutterlauge in der Siedehitze zu einer Lösung, die beim Abkühlen künstlichen Carnallit ausscheidet, der durch Zersetzen oder Lösen weiteres Chlorkalium ergibt. Die vom künstlichen Carnallit ablaufende Chlormagnesiumlauge mit etwa 360 g Chlormagnesium im Liter wird als kaliarme, sogenannte Endlauge, abgestoßen. Hierbei entsteht ein Kaliverlust von 5 bis 6 %.

Aus Gründen der Wärmewirtschaft suchte man andere Verfahren anzuwenden, die vor allem das Verdampfen vermeiden.

Man ist an manchen Stellen dazu übergegangen, das Eindampfen der Mutterlauge überhaupt zu unterlassen. Beim Abstoßen der Mutterlauge ergibt sich jedoch bei etwa 280 g Chlormagnesium und 50 g Chlorkalium im Liter der hohe Verlust von etwa 23 %, der nur bei sehr niedrigen Gewinnungskosten für den Rohcarnallit erträglich ist.

Weiterhin hat man versucht, das in bezug auf Wärmebedarf und Ausbeute vorteilhafte Verfahren des heißen Zersetzens auf Endlauge zur Durchführung zu bringen. Die dabei erhaltene heiße Lösung scheidet beim Abkühlen künstlichen Carnallit aus, die davon ablaufende Mutterlauge ist der beim Verdampfen erhaltenen Endlauge gleichwertig und kann ohne wesentlich höhere Verluste zur Ableitung kommen. Ein Hindernis für die Durchführung dieses Verfahrens ist jedoch das beim heißen Zersetzen sich ausscheidende Chlorkalium, das einen großen Teil der Verunreinigungen des Rohcarnallits enthält und in dieser Form meistens nicht brauchbar ist. Man hat sich hier in der Weise geholfen, daß man dieses unreine Chlorkalium nochmals umgelöst hat; dadurch steigt jedoch der Wärmeaufwand wieder bedeutend.

Ferner hat man mit einer Löselauge mit etwa 300 g Chlormagnesium im Liter, entsprechend der eingangs erwähnten Mutterlauge den Carnallit des Rohsalzes in der Hitze vollständig in Lösung gebracht. Kühlt man eine derartige Lösung ab, so scheidet sich der aufgelöste Carnallit in reiner Form wieder ab, die Mutterlauge zeigt dieselbe Zusammensetzung wie die angewendete Löselauge. Diese Form des Arbeitens bedeutet also ein Umkristallisieren des Carnallits. Zersetzt man den so gewonnenen künstlichen Carnallit kalt mit Wasser oder dünnen Laugen, so erhält man wohl gutes Chlorkalium, aber die abzustoßende Endlauge hat dieselbe Zusammensetzung wie die Mutterlauge, bringt also einen hohen Verlust. Zersetzt man den künstlichen Carnallit heiß, so erhält man eine brauchbare Endlauge, muß aber insgesamt eine größere Menge Wärme aufwenden.

Das neue Verfahren geht nun von derselben heißen Lösung des Rohcarnallits in Carnallitmutterlauge aus. Wenn man die Abkühlung dieser Lösung nicht, wie bei dem letzten Verfahren, ununterbrochen vor sich gehen läßt, sondern wenn man nach Erreichung einer gewissen Temperatur die Abkühlung unterbricht, so erhält man zunächst eine Kristallisation von Chlorkalium. Dieses Chlorkalium muß durch Klärung oder Filtration von der Lösung bei Erhaltung der Temperatur abgetrennt werden. Erst nach Abtrennung des Chlorkaliums kühlt man bis auf gewöhnliche Temperatur herab, und dabei scheidet sich dann künstlicher Carnallit ab. Die dem zuerst abgeschiedenen Chlorkalium äquivalente Menge Chlormagnesium bleibt auf diese Weise in Lösung und erhöht den Gehalt der Mutterlauge unter entsprechender Erniedrigung des Chlorkaliumgehaltes. Die folgenden Versuchszahlen zeigen klar den Fortschritt:

	Temperatur	Lösung		Endlauge nach der Kühlung auf 20°	
		$MgCl_2$	KCl	$MgCl_2$	KCl
	°C	g/l	g/l	g/l	g/l
Ausgangslösung	105	343,5	108,0	314,8	38,5
Nach Vorkühlung auf	90	352,2	94,7	329,5	33,0
- - -	80	351,5	84,4	331,5	29,0
- - -	70	341,3	79,5	323,4	30,3
- - -	60	339,2	75,5	318,1	41,2
- - -	50	329,1	65,0	315,6	37,8
- - -	40	322,7	51,0	317,2	40,3

Bei einer Vorkühlung auf 80 bis 70° erhält man hiernach das beste Resultat. Vom Gesamtchlorkalium erhält man in der ersten Fraktion als Chlorkalium etwa 30 % und in der zweiten Fraktion als künstlichen Carnallit etwa 70 %. Die kalte Zersetzungslauge vom künstlichen Carnallit stellt die neue Löselauge dar, die Mutterlauge kann als Endlauge zur Ableitung kommen. Bei Ableitung einer derartigen Lauge mit 330 g Chlormagnesium und 30 g Chlorkalium ergibt sich ein Verlust von 11,5 %. Damit wird ein Fortschritt gegenüber Mutterlaugenableitung in der bisherigen Form von 11,5 = 50 % erzielt. Man kann das Verfahren noch variieren, indem man den künstlichen Carnallit heiß zersetzt, der Löselauge einen noch höheren Chlormagnesiumgehalt gibt, die Mutterlauge durch Eindampfen weiter konzentriert; ob mit diesen Variationen noch Vorteile erzielt werden, hängt von den speziellen Betriebsverhältnissen ab.

Unter den heute in der Industrie üblichen Bedingungen sind die folgenden technischen Fortschritte ersichtlich:

1. Die Ausführung des Verfahrens kann mit der bestehenden Apparatur geschehen, da die Technik gleichartig ist.
2. Die Kristallisationsprodukte sind kochsalzärmer als die jetzt erhaltenen.
3. Die Bildung von langbeinithaltigen kalireichen Schlämmen ist ausgeschaltet.
4. Es entsteht eine konzentriertere Mutterlauge, die ohne Verdampfung als Endlauge abgelassen werden kann.
5. Bei dem an erster Stelle erwähnten allgemeinen Verfahren erhält man aus 100 Teilen Carnallit 47 Teile Chlorkalium mit etwa 70 % Chlorkalium und eine Mutterlauge mit 4,1 % Chlorkalium und 20,5 % Chlormagnesium, die eingedampft werden muß, ehe sie mit geringen Verlusten als Endlauge zur Ableitung kommen kann. Bei dem neuen Verfahren erhält man aus 100 Teilen Carnallit 21 Teile Chlorkalium mit etwa 80 % Chlorkalium und 51 Teile künstlichen Carnallit mit 0,6 % Chlornatrium, der bei kalter Zersetzung gleichfalls Chlorkalium mit mindestens 80 % ergibt, und eine Mutterlauge mit 2,0 % Chlorkalium und 26,8 % Chlormagnesium, die ohne Verdampfung als Endlauge abgelassen werden kann.

Noch größere Vorteile erzielt man, wenn eine höhere Lösetemperatur gewählt wird. Bei der beträchtlichen Steigerung der Löslichkeit von Chlormagnesium und Chlorkalium mit steigender Temperatur braucht man weniger Löselauge und damit weniger Dampf; gleichzeitig steigt das Chlormagnesium und fällt das Chlorkalium in der Mutterlauge. Man kann schließlich beim Lösen bei einer über dem Siedepunkt der Lösung liegenden Temperatur, also im Druckgefäß, zu einer Mutterlauge gelangen, die die Zusammensetzung der durch weitgehende Eindampfung erzielbaren Endlauge hat.

Patentanspruch:

Verfahren zur Gewinnung von Chlorkalium und künstlichem Carnallit aus heißen Lösungen von Rohcarnallit in Carnallitmutterlauge, dadurch gekennzeichnet, daß man die heiße Lösung zunächst bis zur beginnenden Abscheidung von Carnallit abkühlt, das ausgeschiedene Chlorkalium abtrennt und dann durch weitere Kühlung der abgetrennten Lösung künstlichen Carnallit abscheidet.

Nr. 562004. (K. 122609.) Kl. 12l, 4. KALI-FORSCHUNGS-ANSTALT G. M. B. H. IN BERLIN.

Erfinder: Dr. Oscar F. Kaselitz in Berlin.

Verfahren zur Gewinnung von Chlorkalium und künstlichem Carnallit aus Rohcarnallit.

Zusatz zum Patent 490356.

Vom 22. Okt. 1931. — Erteilt am 29. Sept. 1932. — Ausgegeben am 20. Okt. 1932. — Erloschen: 1934.

Nach dem Patent 490356 soll Rohcarnallit unter solchen Konzentrationsverhältnissen gelöst werden, daß die bei Siedetemperatur und darüber hergestellte heiße Lösung beim Abkühlen auf 70 bis 80° Chlorkalium und nach Abtrennung des Chlorkaliums bei weiterer Kühlung noch Carnallit abscheidet, während die anfallenden Mutterlaugen als Endlaugen den Betrieb verlassen. Die Kühlung muß also unterbrochen werden bei einer bestimmten Temperatur, d. h. bei Erreichung des Carnallitpunktes. Man muß also die heiße Lösung mit dem ausgeschiedenen Chlorkalium nach Erreichung des Carnallitpunktes aus der Kühlapparatur herausnehmen, das ausgeschiedene Chlorkalium abtrennen und die verbleibende heiße Lösung wieder in die Kühlapparatur einführen; dabei ist es wichtig, die Temperatur der Lösung auf gleicher Höhe zu erhalten. Ein solcher Arbeitsgang bringt gewisse Schwierigkeiten mit sich. Diese technischen Schwierigkeiten werden beseitigt durch das neue verbesserte Verfahren, das gleichzeitig noch eine Verbesserung der Endlauge bringt.

Die neue Arbeitsweise besteht darin, daß die Vorkühlung der heißen Carnallitlösung durch Verrühren mit künstlichem Carnallit, der laufend im Betriebe anfällt, bewirkt wird. Trägt man in die heiße Lösung des Rohcarnallits eine gewisse beschränkte Menge künstlichen Carnallit ein, dann wird er zersetzt; das Chlorkalium scheidet sich aus, Chlormagnesium und Kristallwasser gehen in Lösung. Durch das eingetragene kalte Salz und die negative Zersetzungswärme kühlt sich die heiße Lösung ab, und man gibt so viel künstlichen Carnallit hinzu, als noch Zersetzung erfolgt, d. h. bis zur Erreichung des Carnallitpunktes. Nunmehr wird das ausgeschiedene Chlorkalium abgetrennt und die vorgekühlte heiße Lösung weiter bis auf Lufttemperatur abgekühlt, wobei sich künstlicher Carnallit abscheidet; die Mutterlauge geht als Endlauge aus dem Betrieb.

Neben der Abkühlung durch die Zersetzung tritt also eine Anreicherung der heißen Lösung an Chlormagnesium ein, der Carnallitpunkt wird schon bei höherer Temperatur erreicht als beim Arbeiten nach dem Hauptpatent, das Ergebnis ist eine bessere, d. h. kaliärmere Endlauge. Dabei wird für die erste Kühlstufe die Kühlapparatur ausgeschaltet, was eine betriebliche Vereinfachung bedeutet.

Ausführungsbeispiele

1. Nach dem Hauptpatent gibt 1 cbm Carnallitlösung von 105°

nallitlösung von 105°		1304,0 kg,
beim Abkühlen auf 65°	{ 43,0 kg KCl 9,5 kg NaCl	52,5 kg Salz
und		1251,5 kg Mutterlauge,
die bei weiterer Abkühlung auf 25°	{ 112,8 kg Carnallit 3,0 kg NaCl	115,8 kg Salz
und		1135,7 kg Endlauge

mit 3,0% KCl und 26,0% $MgCl_2$ liefert.

2. Nach der vorliegenden Erfindung gibt

dieselbe Mutterlauge von 105°		1304,0 kg,
auf Zugabe von		218,7 kg Carnallit
unter Abkühlung auf 84,5°		1522,7 kg Gemisch,
bestehend aus abgeschiedenem Salz	{ 77,3 kg KCl 16,8 kg NaCl	94,1 kg Salz
und		1428,6 kg Lauge.
Aus dieser werden bei Abkühlung auf 25° erhalten	{ 234,4 kg Carnallit 5,8 kg NaCl	240,2 kg Salz
und		1188,4 kg Endlauge

mit 1,9% KCl und 27,3% $MgCl_2$ erhalten.

Patentanspruch:

Verbesserung des Verfahrens zur Gewinnung von Chlorkalium und künstlichem Carnallit aus heißen Lösungen von Rohcarnallit in Carnallitmutterlauge gemäß Patent 490 356, dadurch gekennzeichnet, daß man ohne besondere Kühlmittel die erste Abkühlung der heißen Lösung bis zum Carnallitpunkt durch Verrühren mit künstlichem Carnallit bewirkt.

Nr. 486 176. (C. 36 127.) Kl. 12 l, 4. Chemische Fabrik Friedrichshall in Anhalt G. m. b. H. und Otto Paul in Stassfurt-Leopoldshall.

Verfahren zum Verarbeiten von kochsalzhaltigen, schwefelsauren Kalirohsalzen auf schwefelsaure Kaliverbindungen.

Vom 30. Jan. 1925. — Erteilt am 31. Okt. 1929. — Ausgegeben am 19. Nov. 1929. — Erloschen: ....

Bei der Verarbeitung von kochsalzhaltigen, schwefelsauren Kalirohsalzen in zerkleinertem Zustande kommt es darauf an, das Kochsalz auszuscheiden, weil sonst durch Wechselwirkung zwischen Chlornatrium und schwefelsauren Salzen schwefelsaures Natron oder Doppelverbindungen entstehen, die die Bildung von schwefelsauren Kaliverbindungen ungünstig beeinflussen.

Die hierfür bisher bekannten Verfahren wurden in der Praxis wieder aufgegeben, da sie ein Produkt mit zu hohem Chlornatriumgehalt ergaben, das nachträglich noch gedeckt werden mußte, wodurch zu große Laugenmengen entstanden, für die man im Betriebe keine Verwendung hatte.

Diese Nachteile schließt folgendes Verfahren aus.

Durch geeignete Zusammensetzung der Lösung der schwefelsauren Kalirohsalze und Herunterkühlen auf Temperaturen unter 30° C läßt sich das Chlornatrium so weit abscheiden, daß aus der Lösung bei weiterer Kühlung ein zur unmittelbaren Verarbeitung auf schwefelsaure Kaliverbindungen geeignetes Produkt ausgefällt wird.

Beispielsweise wurden 23 dz gemahlener Kainit von folgender Zusammensetzung: $KCl = 20\ \%$, $MgSO_4 = 28{,}70\ \%$, $NaCl = 31{,}50\ \%$, $MgCl_2 = 1{,}70\ \%$, $CaSO_4 = 2{,}20\ \%$, Unlösl. $= 0{,}60\ \%$, $H_2O = 15{,}10\ \%$ mit 11,5 cbm Löselauge vom spez. Gew. 1,275 und einem Gehalt an $K_2O = 43{,}5$ g/l, $MgO = 53{,}2$ g/l, $SO_3 = 59{,}2$ g/l, $Cl = 185$ g/l bei 80° C 20 Minuten lang unter Umrühren gelöst, die heiße Lösung in einen Kristallisierkasten abgelassen und zwecks Abscheidung des Kochsalzes bis auf Temperaturen unter 30° C im ruhigen Zustande heruntergekühlt. Das ausgeschiedene Kochsalz setzte sich zu Boden, und die überstehende Flüssigkeit ließ sich ohne Schwierigkeiten abhebern. Diese wurde dann weiter heruntergekühlt, wobei sich ein Produkt von etwa folgender Zusammensetzung ausschied: $K_2SO_4 = 35{,}2\ \%$, $MgSO_4 = 24{,}00\ \%$, $NaCl = 5{,}6\ \%$, $MgCl_2 = 0{,}6\ \%$, $H_2O = 34{,}4\ \%$. Dieses Produkt wurde von der Mutterlauge abgenutscht und, wie üblich, weiter auf K_2SO_4 verarbeitet. Die Mutterlauge hatte etwa folgende Zusammensetzung: spez. Gew. = 1,275, $K_2O = 44$ g/l, $MgO = 57{,}6$ g/l, $SO_3 = 56$ g/l, $Cl = 185$ g/l. Diese Mutterlauge ging in den Löseprozeß zurück.

Patentanspruch:

Verfahren zum Verarbeiten von kochsalzhaltigen, schwefelsauren Kalirohsalzen auf schwefelsaure Kaliverbindungen, dadurch gekennzeichnet, daß die heißen Lösungen der Kalirohsalze auf Temperaturen unter 30° C abgekühlt werden und die nach Abscheidung der kochsalzhaltigen Salze verbleibende Lösung weitergekühlt wird, um zur unmittelbaren Verarbeitung auf schwefelsaure Kaliverbindungen geeignete Salze zu gewinnen.

Nr. 461 542. (G. 62 881.) Kl. 12 l, 5.

Gewerkschaft Burbach und Dr. Fritz Wienert in Beendorf.

Verfahren zur Herstellung von Kaliumsulfat.

Vom 6. Dez. 1924. — Erteilt am 31. Mai 1928. — Ausgegeben am 22. Juni 1928. — Erloschen: 1928.

Kaliumsulfat wurde im Anfang der Kaliindustrie aus natürlichem Kainit gewonnen, indem, abgesehen vom Prechtschen Verfahren, aus ihm in der Wärme durch Wasser oder Laugen Chlorkalium und Magnesiumsulfat herausgelöst wurden, die sich beim Abkühlen zu Schönit umsetzten, der dann auf verschiedene Weise weiterverarbeitet wurde. Später, nachdem die Kainitlager erschöpft waren oder aus bergtechnischen Gründen nicht abgebaut werden konnten, ging man fast allgemein zur Herstellung aus Chlorkalium und Kieserit durch Umsetzung bei konstanter Temperatur über. Es hat nicht an Versuchen gefehlt, die Fabrikation durch Auskristallisieren wieder aufzunehmen oder zu verbessern, indem zuerst heiße gesättigte Lösungen von Chlorkalium und Bittersalzlösung vermischt wurden, wobei während des Erkaltens Schönit auskristallisierte. Statt der Chlorkaliumlösung wurde schließlich eine Carnallitrohsalzlösung angewandt; aber dabei mußte, um den schädlichen Chlormagnesiumgehalt, der die Umsetzung verhindert, zu verringern, eine verdünnte Bittersalzlösung zugesetzt werden, so daß die Ausbeute schlecht war. Auch ist vorgeschlagen, aus dem Hartsalz in langer Lösezeit neben dem Chlorkalium den Kieserit mit aufzulösen. Aber die dazu nötige hohe Temperatur und die lange Lösezeit haben Langbeinitbildung und damit große Kaliumverluste zur Folge.

Nach diesem neuen Verfahren werden die geschilderten Nachteile vermieden. Als Chlorkaliumrohstoff wird nicht ein veredeltes Chlorkaliumprodukt, sondern werden die heute fast allgemein geförderten Bergprodukte, Sylvinit oder Hartsalz, benutzt. Das zur Umsetzung nötige gelöste Magnesiumsulfat kann auf verschiedene Weise hergestellt werden:

a) durch Anwendung von verwittertem, sulfathaltigem Rückstand,

b) durch Umsetzung von Natriumsulfat oder Doppelsalzen von Natriumsulfat und Magnesiumsulfat (z. B. Vanthoffit, Astrakanit) mit dem Chlormagnesium der Chlorkaliumlösung

$$Na_2SO_4 + MgCl_2 \rightleftarrows MgSO_4 + 2\,NaCl,$$

c) durch Erhitzen von Hartsalz, wobei der schwer lösliche Kieserit in an sich bekannter Weise leicht löslich wird.

Die leicht löslichen Sulfate können zusammen mit dem Rohsalz gelöst werden. Es entsteht eine an Magnesiumsulfat übersättigte Lösung, die als stabilen Bodenkörper Langbeinit hat. Dieser scheidet sich jedoch infolge von Verzögerungserscheinungen nicht aus, wenn die Temperatur nicht über 85° steigt und die Lösezeit nicht übermäßig ausgedehnt wird. Weil das Chlorkalium jedoch bei 80 bis 85° schlecht aus dem Rohsalz ausgelöst wird, so daß hochprozentige Rückstände entstehen, so ist es zweckmäßiger, das Rohsalz normal auszulösen und erst dann die heiße Chlorkaliumlösung mit Magnesiumsulfat zu übersättigen. Die Temperatur der Lösung ist durch das Klären und Hinzufügen des sulfathaltigen Materials auf 80 bis 85° gesunken. Als heiße Lösung kann jede benutzt werden, die nicht unter etwa 70 g $MgCl_2$ i. l. enthält, weil sonst Glasiritbildung eintreten könnte, und anderseits nicht über 200 g $MgCl_2$ i. l., weil dann nur noch geringe oder gar keine Umsetzung zwischen Chlorkalium und Magnesiumsulfat erfolgt.

Die Verwendung verwitterter Rückstände ist von den angegebenen Methoden die billigste. Deshalb sei der Gang der Fabrikation an Hand dieses Falles näher beschrieben.

Die heiße Lösung von der Chlorkaliumfabrikation wird bei 80 bis 85° mit verwittertem, sulfathaltigem Rückstand im Rührwerk oder Löseapparat behandelt. Die Lösezeit ist nicht über 15 Minuten auszudehnen, da sonst Kaliumverluste durch Langbeinitschlamm eintreten können. Die an Magnesiumsulfat übersättigte Lösung wird wie die normale Chlorkaliumlösung geklärt und gekühlt. Kühlen durch Zerstäuben ist ungeeignet, weil bei kurzer Kühlzeit die Mutterlauge übersättigt bleibt und erst den Rest der Salze beim Aufbewahren im Bassin ausscheidet. Außerdem bildet sich beim schnellen Abkühlen nicht reine Kalimagnesia, sondern zum Teil ein Gemenge von Bittersalz und Chlorkalium. Die Kristallisation erfolgt also am einfachsten in den üblichen Kristallisierkästen. Das ausgeschiedene Salz besteht aus Kalimagnesia, Chlorkalium und Chlornatrium. Früher, bei der Kainitverarbeitung, drückte man den Chlorgehalt durch Decken bis auf den für Kalimagnesia üblichen herunter. Wegen der dabei eintretenden Verluste ist es jedoch besser, auf die Herstellung einer chlorarmen Kalimagnesia zu verzichten und nur das Chlornatrium so weit herauszudecken, als es die weitere Sulfatumsetzung erfordert. Das Gemisch von Kalimagnesia und Chlorkalium wird dazu mit Wasser in der üblichen Weise zu Kaliumsulfat umgesetzt. Die Sulfatmutterlauge ist eine vorzügliche Decklauge für die Kalimagnesia. Will man die Deckarbeit ganz vermeiden, so wird die heiße Kalimagnesialösung nur mit der Sulfatmutterlauge verdünnt; dann scheidet sich beim Abkühlen neben der Kalimagnesia ein hochprozentiges Chlorkalium aus. Die Mutterlauge ist wie die Chlorkaliummutterlauge zusammengesetzt und geht in den Betrieb zurück. Ihr Magnesiumsulfatgehalt ist bei geeignetem Arbeiten nur unbedeutend höher. Da für die weitere Sulfatumsetzung ein bestimmtes Verhältnis von Kalimagnesia und Chlorkalium am günstigsten ist, so muß die Kristallisation evtl. durch Hinzufügen von Chlorkalium nach diesem Verhältnis verbessert werden.

Einfacher ist es jedoch, die heiße Lösung nur so weit an Magnesiumsulfat zu übersättigen, daß das geeignete Verhältnis primär auskristallisiert. Das grobkörnige Gemisch beider Salze wird zweckmäßig zerkleinert, um die Sulfatumsetzung zu erleichtern.

Die wirtschaftlichen Vorteile des neuen Verfahrens gegenüber dem bisherigen aus Kieserit und Chlorkalium sind groß. Man spart bei Verwendung von Rückstand die Herstellung des Kieserits, die dabei entfallenden Abwässer (wichtig für die Konzession), die Weiterverarbeitung auf Bittersalzlösung oder Bittersalz, die Herstellung von hochprozentigem Chlorkalium und schränkt die entstehenden Umsetzungslaugen über die Hälfte ein, weil die Kalimagnesia-Ansatzlauge durch die Chlorkaliummutterlauge ersetzt wird. Damit sinken bei Hartsalz- und Sylvinitwerken die Kaliumverluste, die durch das Wegleiten von überflüssigen Laugenmengen entstehen.

PATENTANSPRÜCHE:

1. Verfahren zur Herstellung von Kaliumsulfat, dadurch gekennzeichnet, daß die heiße Rohlösung von der Sylvinit- oder Hartsalzverarbeitung mit verwitterten, sulfathaltigen Chlorkaliumlöserückständen oder mit Natriumsulfat oder mit Doppelsalzen von Natrium-Magnesium-Sulfat (z. B. Vanthoffit, Astrakanit) derartig behandelt wird, daß eine in der Wärme an Magnesiumsulfat übersättigte Lösung entsteht, aus der beim Erkalten ein Gemisch von Kalimagnesia und Chlorkalium auskristallisiert, das in an sich bekannter Weise weiterverarbeitet wird.

2. Verfahren nach Anspruch 1, dadurch gekennzeichnet, daß die Chlorkaliumrohsalze mit den leicht löslichen Sulfaten zusammen verlöst werden.

3. Verfahren nach Anspruch 1 und 2, dadurch gekennzeichnet, daß der im Hartsalz enthaltene, schwer lösliche Kieserit vor der Umsetzung in an sich bekannter Weise leichter löslich gemacht wird.

4. Ausführung des Verfahrens nach Anspruch 1 bis 3, dadurch gekennzeichnet, daß die an Magnesiumsulfat übersättigte Lösung mit der an Natriumchlorid ungesättigten, bei der Weiterverarbeitung entstehenden Sulfatmutterlauge verdünnt wird, damit sich neben der Kalimagnesia hochprozentiges Chlorkalium ausscheidet.

Nr. 551 928. (K. 107 040.) Kl. 12 l, 5.

WINTERSHALL AKT.-GES. IN BERLIN UND CURT BEIL IN KASSEL.

Herstellung von Kaliumsulfat aus Kieserit und Chlorkalium über Kalimagnesia.

Vom 9. Dez. 1927. — Erteilt am 19. Mai 1932. — Ausgegeben am 7. Juni 1932. — Erloschen: ....

Die Ausnutzung des Kaligehaltes der Sulfatmutterlauge durch Umsetzung mit Kieserit unter Abscheidung von Kalium-Magnesium-Doppelsulfaten ist bekannt.

Die Erfindung betrifft ein Verfahren, welches, von dieser Erkenntnis ausgehend, die Möglichkeit bietet, die gesamte anfallende Sulfatmutterlauge im Prozeß unterzubringen.

Das Verfahren spielt sich in folgender Weise ab: Kieserit wird nach Vorbehandlung oder in der ursprünglich gewonnenen Form in einem Umsetzungsgefäß mit Sulfatmutterlauge behandelt. Es entsteht das Zwischenprodukt Kalimagnesia. Dieses wird nach Trennung von der Kalimagnesia-Umsetzungslauge mit Wasser aufgenommen und in einem zweiten Umsetzungsgefäß mit Chlorkalium verrührt. Hier scheidet sich in bekannter Weise Kaliumsulfat aus. Es wurde nun gefunden, daß die dabei gebildete Sulfatmutterlauge restlos der ersten Umsetzungsstufe zugeführt werden kann, und daß sie andererseits zur Herstellung der für die Einheit Sulfat erforderlichen Menge des Zwischenproduktes Kalimagnesia gerade ausreicht.

Ausführungsbeispiel

Kalimagnesia-Umsetzung

456,1 dz	Sulfatlauge (36,92 cbm)
95,9 -	Kieserit
4,0 -	NaCl
556,0 dz	Sa. eingeführt zur Kalimagnesia-Umsetzung.
172,2 dz	Schönit mit 20% anhaftender Lauge
382,0 -	Kalimagnesialauge (30,5 cbm)
1,8 -	H_2O
556,0 dz	Sa. aus der Kalimagnesia-Umsetzung erhalten.

Sulfat-Umsetzung

172,2 dz	Schönit mit 20% anhaftender Lauge
100,0 -	KCl
7,8 -	NaCl
254,2 -	H_2O
534,2 dz	Sa. in die Sulfat-Umsetzung eingeführt.
90,9 dz	K_2SO_4
443,3 -	Sulfatlauge (35,9 cbm)
534,2 dz	Sa. aus der Sulfat-Umsetzung erhalten.

Die vorstehende Rechnung ergibt ein Ausbringen

für K von 77,8%
- SO_4 - 75,1%

Dabei haben die an der Umsetzung beteiligten Laugen folgende Zusammensetzung:

Kalimagnesialauge		Sulfatlauge	
80 g/l	KCl	210 g/l	KCl
165 -	$MgCl_2$	60 -	$MgCl_2$
70 -	$MgSO_4$	60 -	$MgSO_4$
40 -	NaCl	25 -	NaCl
900 -	H_2O	880 -	H_2O
1 255		1 235	

Zum Vergleich sei angeführt, daß die gewöhnliche Arbeitsweise der Herstellung von Kalimagnesia aus Bittersalzlösung und Chlorkalium für den Gesamtprozeß folgende Ausbeuten ergibt:

für K 47,1%
- SO_4... 63,4%

Die verbesserte Arbeitsweise nach Koelichen, bei der man an Stelle von Bittersalzlösung festes Bittersalz verwendet, ergibt die Ausbeute

für K 57,0%
- SO_4... 67,7%

PATENTANSPRUCH:

Verfahren zur Gewinnung von Kaliumsulfat aus Kieserit und Chlorkalium über Kalimagnesia, dadurch gekennzeichnet, daß das gesamte Chlorkalium in die zweite Umsetzungsstufe eingeführt wird und die verbleibende Sulfatmutterlauge bei der Umsetzung zur Kalimagnesia restlos Verwendung findet.

Nr. 550911. (K. 93966.) Kl. 12l, 5. KALIWERKE ASCHERSLEBEN IN ASCHERSLEBEN.

Verfahren zur Verarbeitung von kieseritreichen Rohsalzen bzw. Kieserit auf Kalimagnesia und Kaliumsulfat.

Vom 26. April 1925. — Erteilt am 4. Mai 1932. — Ausgegeben am 21. Mai 1932. — Erloschen: ...

Es wurde beobachtet, daß bei Verwendung von kieseritreichen Kalirohsalzen bzw. Kieserit für die Herstellung von Kaliumsulfat die Verwendung warmen Wassers vermieden werden kann und auf kaltem Wege die Umsetzung schnell und mit guten Ausbeuten durchgeführt werden kann, wenn für diesen Prozeß Mischgasflüssigkeitsheber benutzt werden, wie man sie anderweitig für die Aufbereitung von Erzen oder die Vermischung von Flüssigkeiten schon vorgeschlagen hat.

Da die Umsetzung des schwer zu hydratisierenden Kieserits sich nur mit genugender Schnelligkeit vollzieht, wenn auf ihn relativ stark mechanisch eingewirkt wird, so empfiehlt es sich, sehr hohe Mischgasflüssigkeitsheber zu verwenden, damit der Auftrieb der Luft, die von unten in den konisch verjüngten Bottich eintritt, recht stark ist, und am oberen Ende des Pumpenrohres einen Pralltellег anzubringen, gegen den die Salze bei der Durchmischung geschleudert werden, wobei sie eine stete Zerkleinerung und Zerreibung erfahren. Übrigens kann man die Gefäße auch benutzen, um die schwereren Teile von den leichteren zu trennen, wenn man die Druckluft in die Gefäße nur bei gelindem Strom eintreten läßt. Weiter kann man die Rückstände aus den Gefäßen mit Druckluft herausbefördern. Eine geeignete Apparatur ist auf der beiliegenden Zeichnung dargestellt.

Das Förderrohr des Flüssigkeitshebers 1 wird am oberen Teil von einer Öffnung 2 durchbrochen, die durch einen Schieber 3 zu verschließen ist. Der Schieber ist mit einem Pralltеller 4 verbunden. Wird der Schieber mit Hilfe der Zugvorrichtung 5 emporgezogen, so sprudelt die durch die Leitung 6 zugeführte Druckluft durch die Öffnungen 2

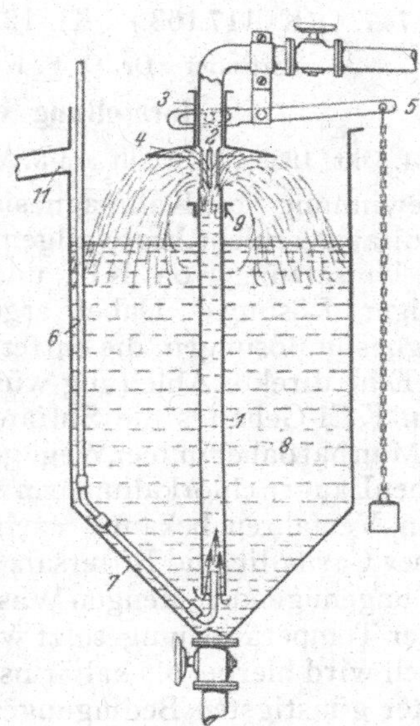

über dem Rohr 1 heraus und saugt dabei die in den Spitzbottich 7 eingebrachte Mischung von Lauge und Salz 8 mit. Wird der Schieber auf die am Rohr 1 befindlichen Vorsprünge 9 heruntergelassen, so kann das Salz zusammen mit der Lauge aus dem Spitzbottich durch das Rohr 1 herausbefördert werden. Für die Abführung der durch den Löseprozeß im

Bottich 7 entstandenen Suspension ist der Seitenstutzen 11 vorgesehen.

Die Verarbeitung von kieseritreichem Rohcarnallit vollzieht sich z. B. in einer Fabrik ohne sich drehende Apparaturen mit Druckluft als einzigem Kraftmittel in folgender Weise:

In Behälter, nach Art der auf der Zeichnung dargestellten, von etwa 6 m Höhe wird mit Hilfe von Löselauge der fein gemahlene Rohcarnallit hineingespült und das Gemisch mit Hilfe des Mischgasflüssigkeitshebers verrührt. Es bildet sich eine Suspension, die nach kurzer Klärung durch den Seitenstutzen auf eine Nutsche abgelassen und dort in Salz- und Mutterlauge getrennt wird, während der Rückstand im Lösegefäß mit einer neuen Menge Löselauge aufgerührt und behandelt wird. Ist der Rückstand erschöpft, wird der Schieber 3 herabgelassen und der Rückstand durch das Rohr 1 in einen Rückstandszylinder befördert. Das auf der Nutsche verbliebene Salz wird nach Reinigung mit Sulfatlauge ausgespritzt und nun in einem Mischgasflüssigkeitsheber im Laufe von einigen Stunden zu Kalimagnesia und Kalimagnesialauge umgesetzt.

Die ausgeschiedene Kalimagnesialauge wird nach Entfernung der Mutterlauge und anhaftender Verunreinigungen mit der erforderlichen Menge Wasser, dem kleine Mengen von Bittersalz oder Chlorkalium zugegeben sein können, im Mischgasflüssigkeitsheber versetzt und liefert bei der Durchrührung Kaliumsulfat und Sulfatlauge.

Es ist bei Anwendung des Mischgasflüssigkeitshebers möglich geworden, in größtem Maßstabe kieseritreiche Carnallite in der Kälte auf Kalimagnesia und weiter auf Kaliumsulfat zu verarbeiten und bei dem geringen Kraftbedarf der Mischgasflüssigkeitsheber in so rationeller Weise, daß das Verfahren weit billiger als das bis dahin praktisch allein im Großbetriebe durchführbare, der Warmlösung, arbeitet. Damit ist aber die Carnallitverarbeitung wieder konkurrenzfähig geworden gegenüber den Hartsalzwerken.

PATENTANSPRUCH:

Verfahren zur Verarbeitung von Kalirohsalzen auf kaltem Wege unter Rühren, dadurch gekennzeichnet, daß die Verarbeitung von kieseritreichen Rohsalzen bzw. Kieserit auf Kalimagnesia und Kaliumsulfat unter Anwendung der für andere Prozesse, wie Erzaufbereitung und Flüssigkeitsmischung, bekannten Mischgasflüssigkeitsheber erfolgt.

Nr. 546747. (K. 117163.) Kl. 12l, 5. KALI-FORSCHUNGS-ANSTALT G. M. B. H. IN BERLIN.

Erfinder: Dr. O. F. Kaselitz und Dr. Walther Schuppe in Berlin.

Herstellung von Kaliumsulfat über Kalimagnesia.

Vom 24. Okt. 1929. — Erteilt am 3. März 1932. — Ausgegeben am 14. März 1932. — **Erloschen: 1933.**

Die Gewinnung von Kalimagnesia und von Kaliumsulfat geschieht heute allgemein durch doppelte Umsetzung von KCl und $MgSO_4$ in wäßriger Lösung. Dabei ergeben sich Chlormagnesiumlösungen, die entfernt werden müssen. Eine direkte Ableitung würde wegen des hohen KCl-Gehaltes die Sulfate zu teuer machen. Man hat daher immer Wege gesucht, die sulfatischen Laugen chlorkaliumarm zu machen. So ist ein Verfahren bekannt, nach welchem künstlicher Carnallit und Bittersalz bzw. Kieserit mit ungenügenden Mengen Wasser bei gewöhnlicher Temperatur umgesetzt werden sollen. Jedoch wird hierbei als kaliärmste Schlußlauge unter günstigsten Bedingungen und mit Schönit als Bodenkörper eine solche mit 8,1 % KCl erhalten, welche zwecks Vermeidung von Kaliverlusten dem Verdampf unterworfen werden muß. Ein Weg, der zu Ablaugen führt, die ähnlich zusammengesetzt sind wie die Endlaugen bei der Carnallitverarbeitung auf Chlorkalium, ist durch das Patent 406363 gewiesen. Hier stellt man bei der Sulfatgewinnung als erstes Zwischenprodukt Langbeinit ($K_2SO_4 \cdot 2\,MgSO_4$) her, das dann durch systematische Behandlung mit Betriebslaugen und schließlich mit Wasser in reines Kaliumsulfat übergeht. Die bei der Langbeinitgewinnung erhaltene heiße letzte Umsetzungslösung ist nach der Abkühlung niedrig genug im Chlorkaliumgehalt, daß nunmehr eine Ableitung wirtschaftlich erträglich erscheint. Man hat das Kaliumsulfat gern in Verbindung mit der Carnallitverarbeitung dargestellt, weil der Carnallitlöseprozeß als wasserverbrauchender Betrieb geeignet ist, die aus der Umsetzung zwischen KCl und $MgSO_4$ entstehenden Laugen aufzunehmen, und man daher nicht so ängstlich auf niedrigen Chlorkaliumgehalt der sulfatischen Laugen zu sehen brauchte. Bei der bisher hier angewendeten Arbeitsweise, nämlich Gewinnung von Chlorkalium durch Lösen des Carnallits, Verdampfen der Chlorkaliummutterlauge auf Endlauge und künstlichen Carnallit, war das aus der Carnallitverarbeitung gewonnene Chlorkalium nur zum Teil rein genug für die Weiterverarbeitung auf Sulfat.

Wollte man das gesamte Chlorkalium auf Sulfat verarbeiten, dann bedurfte die Reinigung des Chlorkaliums durch Decken so viel Wasser, daß der Carnallitlösebetrieb schon zum Teil gesättigt war und nur noch geringe Mengen Sulfatlaugen aufnehmen konnte. Die Sulfatproduktion war in jedem Falle beschränkt.

Es ist bei sorgfältiger Wasserwirtschaft und Erzeugung von reinem Chlorkalium als Zwischenprodukt möglich, das gesamte Chlorkalium des Carnallits in Kaliumsulfat überzuführen und dabei das gesamte für den Sulfatprozeß notwendige Wasser dem Carnallitlöseprozeß zuzuführen, ohne daß die Endlauge verschlechtert und damit der Verlust vergrößert wird.

Das vorliegende neue Verfahren stellt eine praktische Durchführung dieser Erkenntnis dar.

Für die Durchführung muß man den Rohcarnallit einem Löseverfahren unterwerfen, das ein möglichst kochsalzfreies, reines Chlorkalium ergeben würde. Geeignet ist dafür die Lösung des Carnallits in sogenannte Carnallitmutterlauge, die auch bei der Chlorkaliumgewinnung nach Patent 490 356 als Ausgangslösung dient. In diese Lösung rührt man unter Erhaltung der Lösetemperatur wasserfreies Magnesiumsulfat ein. Das wasserfreie Magnesiumsulfat ist sehr reaktionsfähig, so daß es sich trotz der schon beträchtlichen Chlormagnesiumkonzentration der Lösung (330 g im Liter) mit der Chlorkaliumlösung noch zu Langbeinit umsetzt unter Bildung von $MgCl_2$. Kühlt man nun ab, dann scheidet sich noch künstlicher Carnallit ab, und man erhält einmal eine chlorkaliumarme Mutterlauge, die als Endlauge abgeführt werden kann, und ein Salzgemisch aus Carnallit, Langbeinit und Kieserit. Dieses Salzgemisch wird in Kaliumsulfat in an sich bekannter Weise übergeführt, derart, daß man es mit einer aus vorhergehenden Operationen stammenden, gegen Schönit oder Leonit im Gleichgewicht befindlichen Lauge (Schönitlauge) zuerst verrührt, dabei tritt Zersetzung des Carnallits zu Chlorkalium ein unter Bildung einer gegen Carnallit im Gleichgewicht befindlichen Lauge (Mutterlauge), die als Löselauge dient. Das Salzgemisch wird weiter mit einer gegen Sulfat im Gleichgewicht befindlichen Lauge (Sulfatlauge) verrührt, dann geht es in ein Gemisch von Chlorkalium und Schönit über, die Lauge (Schönitlauge) dient später zur Carnallitzersetzung. Schließlich läßt man Wasser einwirken, und es bildet sich Sulfat und Sulfatlauge.

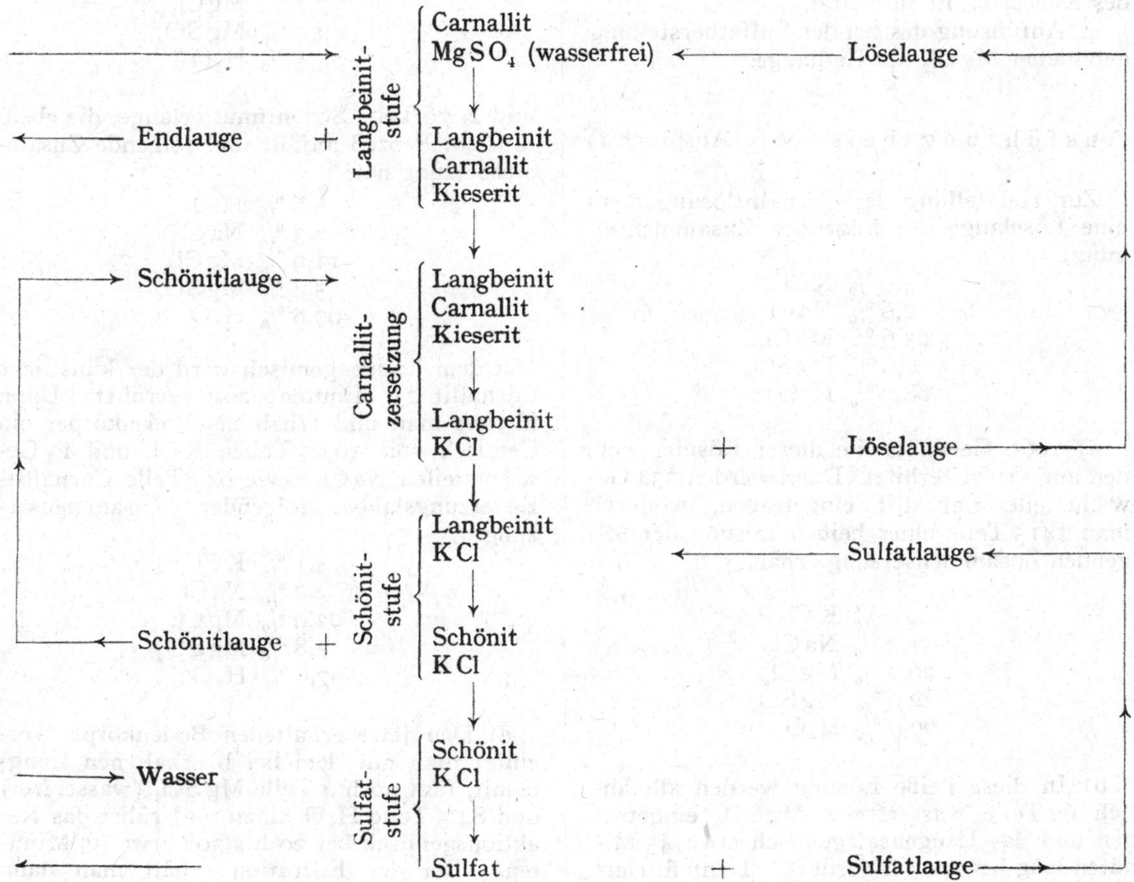

Eine Variante besteht darin, daß man die heiße Carnallitlösung zunächst etwas abkühlt, und zwar so weit, als sich nur Chlorkalium abscheidet, und die Kühlung kurz vor dem Auftreten von Carnallit als Kristallisat unterbricht. Das Chlorkalium findet bei der Sulfatfabrikation Verwendung, während die heiße Lösung mit dem wasserfreien $MgSO_4$ erst jetzt versetzt und im übrigen, wie oben angegeben, weiterverarbeitet wird. Bei dieser Arbeitsweise ergeben sich unter Umständen besser filtrierbare Produkte.

Der Prozeß kann auch so durchgeführt werden, daß unter Ausscheidung der letzten Phase statt Kaliumsulfat Kalimagnesia als Endprodukt erhalten wird.

Ein geeignetes wasserfreies Magnesiumsulfat erhält man aus dem aus den Kalirohsalzen gewonnenen natürlichen Kieserit durch Erhitzen, z. B. im Drehofen, auf 450 bis 500°; ein reineres Produkt erhält man bei Verwendung von Bittersalz.

Der Fortschritt des neuen Verfahrens beruht darauf:

1. keine Chlorkaliumisolierung aus der Carnallitlösung,
2. keine Sonderreinigung des Chlorkaliums für den Sulfatprozeß,
3. Überführung des gesamten Chlorkaliums des Rohcarnallits in Sulfat,
4. Abführung des bei der Sulfatherstellung gebildeten $MgCl_2$ als Endlauge.

Ausführungsbeispiel (Anspruch 1)

Zur Herstellung der Carnallitlösung dient eine Löselauge der folgenden Zusammensetzung:

3,0 % KCl
2,6 % NaCl
23,6 % $MgCl_2$
2,6 % $MgSO_4$
68,2 % H_2O

a) 1060 Gewichtsteile dieser Lösung werden auf 110° C erhitzt. Dann werden 354 Gewichtsteile Carnallit eingetragen, wodurch man 1415 Teile einer heißen Lösung der folgenden Zusammensetzung erhält:

9,0 % KCl
1,2 % NaCl
26,2 % $MgCl_2$
2,0 % $MgSO_4$
60,9 % H_2O

b) In diese heiße Lösung werden allmählich 69 Teile wasserfreies $MgSO_4$ eingetragen und das Laugensalzgemisch etwa 45 Minuten lang bei 110° C gerührt. Dann filtriert man und erhält 80 Teile Langbeinit und 1404 Teile Garlauge der folgenden Zusammensetzung:

7,0 % KCl
1,9 % NaCl
27,8 % $MgCl_2$
2,0 % $MgSO_4$
61,3 % H_2O

c) Diese Lösung kühlt man unter Rühren auf 20° C ab, wobei sich 330 Teile künstlicher Carnallit ausscheiden, die von der Mutterlauge abgetrennt werden. Diese Lauge ist die Endlauge des Verfahrens, sie hat folgende Zusammensetzung:

1,4 % KCl
1,1 % NaCl
26,5 % $MgCl_2$
2,0 % $MgSO_4$
69,0 % H_2O

d) Zur Zersetzung des bei c erhaltenen künstlichen Carnallits werden verwendet: 1. 355 Teile der im Prozeß anfallenden Sulfatmutterlauge folgender Zusammensetzung:

11,2 % KCl
2,6 % NaCl
7,7 % $MgCl_2$
4,0 % $MgSO_4$
74,5 % H_2O

und 2. 76 Teile Schönitmutterlauge, die ebenfalls im Prozeß anfällt und folgende Zusammensetzung hat:

8,6 % KCl
4,3 % NaCl
11,9 % $MgCl_2$
5,4 % $MgSO_4$
69,8 % H_2O

Mit dem Laugengemisch wird der künstliche Carnallit 25 Minuten lang verrührt. Dann filtriert man und erhält als Bodenkörper ein Gemisch von 103,5 Teilen KCl und 13 Gewichtsteilen NaCl sowie 644 Teile Carnallitzersetzungslauge folgender Zusammensetzung:

4,1 % KCl
2,2 % NaCl
22,0 % $MgCl_2$
3,8 % $MgSO_4$
67,9 % H_2O

e) Den jetzt erhaltenen Bodenkörper vereinigt man mit dem bei b erhaltenen Langbeinit, fügt noch 4 Teile $MgSO_4$ (wasserfrei) und 84,5 Teile H_2O hinzu und rührt das Reaktionsgemisch bei 20 bis 30° etwa 45 Minuten. Bei der Filtration erhält man dann

76 Gewichtsteile Schönitmutterlauge, die wiederum zur Carnallitzersetzung Verwendung findet, und 208 Teile eines aus Schönit, KCl und NaCl bestehenden Bodenkörpers.

f) Dieser Bodenkörper wird zur Verarbeitung auf K_2SO_4 mit 14 Teilen $MgSO_4$ und 233 Teilen H_2O bei 20° C 45 Minuten gerührt. Dann filtriert man und erhält 355 Teile Sulfatlauge, die wiederum zur Carnallitzersetzung des nächsten Betriebsabschnittes Verwendung findet. Der Bodenkörper — das Rohsulfat — wird zwecks Entfernung anhaftender Lauge und geringer Mengen NaCl mit H_2O oder einer geeigneten Lauge gedeckt, wobei man 100 Teile K_2SO_4 erhält. Die Decklauge vereinigt man mit der bei d im Prozeß erhaltenen Carnallitzersetzungslauge und benutzt das Laugengemisch als Löselauge für den neuen Betriebsabschnitt.

Patentansprüche:

1. Verfahren zur Darstellung von Kaliumsulfat über Kalimagnesia unter Gewinnung von Endlauge, gekennzeichnet durch die folgenden Maßnahmen:

a) aus Rohcarnallit und einer Löselauge, erhalten nach d, wird bei einer dem Siedepunkt naheliegenden Temperatur neben dem Löserückstand eine heiße Carnallitlösung erhalten;

b) diese Carnallitlösung wird noch heiß mit wasserfreiem $MgSO_4$ verrührt unter Gewinnung eines im wesentlichen aus Langbeinit bestehenden Salzes und einer Lauge;

c) nach Trennung dieses Salzes von der Lauge wird beim Abkühlen künstlicher Carnallit als Kristallisat und eine Endlauge der normalen Zusammensetzung erhalten;

d) der künstliche Carnallit wird mit einem Gemisch von Kalimagnesia und Sulfatlauge verrührt, wobei Zersetzungschlorkalium und eine Zersetzungslauge erhalten wird, welche als Löselauge nach a wieder Verwendung findet;

e) der unter b erhaltene Langbeinit und das bei d erhaltene Chlorkalium werden mit Sulfatlauge verrührt. Es wird noch KCl enthaltender Schönit und eine Schönitlauge erhalten, welche bei der Zersetzung des künstlichen Carnallits nach d Anwendung findet;

f) der Schönit wird mit Wasser zu Kaliumsulfat und einer Sulfatlauge umgesetzt, welche bei d und e Verwendung findet.

2. Verfahren nach Anspruch 1, dadurch gekennzeichnet, daß die gemäß dem Anspruch 1a erhaltene Lösung so weit gekühlt wird, daß sich Chlorkalium (doch kein Carnallit) abscheidet und dann von ersterem getrennt wird. Die Lösung wird hierauf gemäß Anspruch 1b weiterverarbeitet, während das Chlorkalium in geeigneter Weise bei dem Verfahren Verwendung findet.

D. R. P. 406363, B. III, 1085.

Nr. 567068. (C. 40678.) Kl. 12l, 5. Chemieverfahren G. m. b. H. in Bochum.

Verfahren zur Herstellung von Alkalisulfat aus Alkalichlorid und Magnesiumsulfat.

Vom 19. Nov. 1927. — Erteilt am 15. Dez. 1932. — Ausgegeben am 27. Dez. 1932. — Erloschen: 1934.

Die überwiegende Menge des im Handel befindlichen Kaliumsulfats wird durch Umsetzung von Chlorkalium mit Magnesiumsulfat in Wasserlösung gewonnen.

Magnesiumsulfat kommt mit 1 Mol. Kristallwasser als das Kineral Kieserit in den aus den Kaligruben gewonnenen Kalirohsalzen vor. Die Herstellung des Kaliumsulfats wird in zwei Stunden*) durchgeführt, wobei Ablaugen anfallen, die verhältnismäßig viel Kalisalz enthalten.

Es ist bereits bekannt, Alkalichlorid mit Magnesiumsulfat in wäßriger Ammoniaklösung umzusetzen. Hierbei fallen große Mengen Magnesiumhydroxyd aus, die abfiltriert werden müssen.

Nach dem vorliegenden Verfahren wird die Umsetzung nicht in Wasser mit oder ohne Ammoniakzusatz, sondern in einer ammoniakalischen Chlorammoniumlösung durchgeführt. Hierbei ist nur ein Arbeitsgang erforderlich, und in den entstehenden Endlaugen befindet sich verhältnismäßig wenig Kalisalz, d. h. die Ausbeute ist eine weit größere.

Der technische Fortschritt des Verfahrens beruht darauf, daß die Aufarbeitung in einem Arbeitsgang unmittelbar bis zum Kaliumsulfat durchgeführt wird. Hinzu kommt, daß jede Ausfällung von Magnesiumhydroxyd vermieden wird, was zur Folge hat, daß die bei den bekannten Methoden erforderlich werdenden hohen Kosten und großen technischen Schwierigkeiten für die Abtrennung des Magnesiumhydroxyds, das in schwer filtrierbarer Form anfällt, erspart werden.

Das Verfahren wird wie folgt ausgeführt:

*) Druckfehlerberichtigung: Stufen.

Äquivalente Mengen von KCl und $MgSO_4$ werden mit NH_4Cl in wäßrige NH_3-Lösung gerührt. Man kann entweder von NH_3-Lösung ausgehen und die Salze in fester Form einrühren oder in eine Lösung der Salze NH_3 einleiten.

Das Chlorammonium verhindert das Ausfällen von Magnesiumhydroxyd durch Ammoniak. Das Ammoniak seinerseits verhindert die Bildung von Kaliummagnesiumdoppelsalzen und setzt die Löslichkeit des gebildeten Kaliumsulfats herunter.

Fast das gesamte Chlorkalium setzt sich in Kaliumsulfat um, und beim Arbeiten in richtigen Konzentrationen erhält man nahezu alles gebildete Kaliumsulfat sofort als festes Salz, während Chlormagnesium und Chlorammonium in Lösung bleiben.

Die Konzentrationen müssen also so gewählt werden, daß genügend Chlorammonium vorhanden ist, um das Ausfällen von Magnesiumhydrat durch Ammoniak zu verhindern, und außerdem muß die Lösung so stark ammoniakalisch sein, daß die Bildung von Kalium-Magnesium-Doppelsalzen verhindert wird, und daß möglichst wenig Kalisalz in der Lösung bleibt.

Das Kaliumsulfat wird abfiltriert und gedeckt; die Decklauge wird als Lösungsmittel bei neuen Umsetzungen verwendet.

Nach demselben Verfahren kann Natriumsulfat hergestellt werden, wobei sich dieses als wasserfreies Salz ausscheidet.

Beispiel

100 kg KCl werden mit 100 kg NH_4Cl und 82 kg $MgSO_4 \cdot H_2O$ in 320 kg H_2O erwärmt, bis sich der Kieserit hydratisiert hat, und alsdann 220 kg NH_3 unter Kühlung zugefügt. Es scheiden sich 102 kg festes K_2SO_4 aus, während 12 kg KCl und 56 kg $MgCl_2$ in Lösung gehen. In derselben Lösung verbleiben auch die angewandten Mengen NH_4Cl und NH_3.

Patentanspruch:

Verfahren zur Herstellung von Alkalisulfat aus Alkalichlorid und Magnesiumsulfat in ammoniakalischer Lösung, dadurch gekennzeichnet, daß vor der Umsetzung Ammoniumchlorid in solcher Menge zugefügt wird, daß die Ausfällung von Magnesiumhydroxyd verhindert wird.

S. a. D. R. P. 565963, s. unten, und 565964, S. 2533.

Nr. 565963. (R. 75668.) Kl. 12l, 4. Kali-Chemie Akt.-Ges. in Berlin.

Verfahren zur Verarbeitung von Kalisalzen.

Vom 8. Sept. 1928. — Erteilt am 24. Nov. 1932. — Ausgegeben am 8. Dez. 1932. — Erloschen: . . . .

Es ist bekannt, bei der Verarbeitung von Kalirohsalzen, welche Alkalichloride und Magnesiumsulfat enthalten, durch Einleiten von Ammoniak in die Laugen der Kalirohsalze feste Alkalisulfate zu gewinnen. Es ist ferner bekannt, daß die Sulfate hierbei in einem von Magnesia freien Zustand erhalten werden, wenn die Abscheidung in Gegenwart von genügenden Mengen Chlorammon stattfindet.

Das vorliegende Verfahren geht ebenfalls bei der Verarbeitung von Kalirohsalzen davon aus, zunächst Alkalisulfate zu gewinnen, wobei dann die nach Abtrennung der Sulfate verbleibenden Laugen auf wertvolle technische Produkte verarbeitet werden.

Es wurde nun gefunden, daß es bei der Weiterverarbeitung der Laugen vorteilhaft ist, die Magnesiasalze nicht in Form ihrer Carbonate von den übrigen Bestandteilen abzutrennen, sondern als Magnesiumphosphat bzw. Magnesiumammoniumphosphat. Man gewinnt auf diese Weise nicht nur ein wertvolles Düngemittel, sondern hat auch noch den Vorteil, daß man die Laugen so weitgehend von Magnesiumverbindungen befreien kann, daß diese bei der späteren Ausfällung des Natriumbicarbonats mittels Ammoniak und Kohlensäure nicht mehr stören. Es hat sich nämlich gezeigt, daß das Natriumbicarbonat in schleimiger, schwer filtrierbarer Form anfällt, wenn die zu carbonisierende Lauge noch nennenswerte Mengen von Magnesiumsalzen enthält. Scheidet man dagegen die Magnesia als Magnesiumammoniumphosphat ab, so erhält man Laugen, die sich vorzüglich für die Bicarbonatfällung eignen.

Bei der Durchführung des Verfahrens kann man in folgender Weise verfahren: Die Lösung der Kalirohsalze wird mit chlorammonhaltiger Mutterlauge von einem vorhergehenden Arbeitsgang versetzt. Alsdann wird in die Lösung Ammoniak eingeleitet, wobei sich Kaliumsulfat infolge doppelter Umsetzung von Magnesiumsulfat und Chlorkalium in dem Verhältnis quantitativ abzuscheiden vermag, wie Magnesiumsulfat vorhanden ist. Aus der von dem Kaliumsulfat abgetrennten Lösung wird mittels Alkaliphosphaten, z. B. Ammoniumphosphat oder Phosphorsäure, die Magnesia praktisch vollständig als Magnesiumammoniumphosphat gefällt, welches von der Mutterlauge abgetrennt wird.

Man kann aber auch in der Weise vorgehen, daß man einen Teil der Magnesia als Magnesiumcarbonattrihydrat oder Magnesiumammoniumcarbonat abscheidet und den Rest alsdann als Magnesiumammoniumphosphat fällt.

Schließlich kann man auf die Ausfällung des Kaliumsulfats überhaupt verzichten und die Lösung des Kalirohsalzes direkt mittels Alkaliphosphat oder Phosphorsäure fällen, nachdem man für die Anwesenheit genügender Mengen Ammoniak und Chlorammon Sorge getragen hat. Zur Fällung des Magnesiumammoniumphosphats verwendet man zweckmäßig Ammoniumphosphat oder auch Phosphorsäure, wie sie bei dem synthetischen Verfahren zur Herstellung von Phosphorsäure anfällt oder wie man sie bei der Zersetzung von Kalkphosphaten mit Schwefelsäure erhält.

Die von dem Magnesiumammoniumphosphat abgetrennte Lösung wird dann nach Befreiung derselben von einem Teil ihres Ammoniakgehaltes nach einem der bekannten Verfahren auf Natriumbicarbonat und festes Chlorammon bzw. Mischungen von Chlorammon und Kaliumchlorid verarbeitet, wobei die nach ihrer teilweisen Eindampfung zum Schluß anfallenden Endlaugen wieder bei der Lösung der Kalirohsalze verwendet werden.

Ausführungsbeispiel

300 kg Hartsalz wurden in 0,7 cbm chlorammonhaltiger Mutterlauge von einem vorhergehenden Arbeitsgang unter Zusatz von 0,2 cbm Wasser bei erhöhter Temperatur gelöst. In die abgekühlte Lösung wurde Ammoniak bis zur Sättigung bei gewöhnlicher Temperatur eingeleitet, wobei sich 90 kg eines in der Hauptsache aus Kaliumsulfat bestehenden Salzes abschieden, die von der Mutterlauge getrennt wurden. Der Mutterlauge wurden 100 kg Diammonphosphat in kleinen Anteilen zugesetzt, bis alle Magnesia aus der Lösung ausgefällt war. Das erhaltene Magnesiumammoniumphosphat wurde von der Mutterlauge getrennt. Die Mutterlauge, deren Menge jetzt 0,72 cbm betrug und die 250 g $NaCl$ pro Liter enthielt, wurde so weit von Ammoniak befreit, daß sie noch 75 g NH_3 pro Liter enthielt. Alsdann wurde Kohlensäure eingeleitet, bis die Monocarbonatstufe erreicht war, und auf 0° C abgekühlt. Dabei schieden sich 40 kg Chlorammon ab. Die von Chlorammon befreite Lösung wurde mit Kohlensäure zwecks Abscheidung von Natriumbicarbonat weiterbehandelt. Es wurden 195 kg feuchtes Natriumbicarbonat mit einem Gehalt von 85 % $NaHCO_3$ erhalten. Die zum Teil eingedampfte Mutterlauge des Natriumbicarbonates wurde für den nächsten Ansatz zum Lösen des Hartsalzes verwendet.

Patentanspruch:

Verfahren zur Gewinnung von technisch wertvollen Produkten aus Kalirohsalzen, dadurch gekennzeichnet, daß man Lösungen von Kalirohsalzen in Gegenwart von Chlorammon oder anderen Ammoniumsalzen mit Ammoniak behandelt, wobei sich Kaliumsulfat in einer dem vorhandenen Magnesiumsulfat entsprechenden Menge abscheidet, hierauf nach Trennung der Sulfate von der Lauge derselben Alkaliphosphate, z. B. Ammoniumphosphat oder Phosphorsäure, zusetzt, so daß die Magnesia praktisch vollständig als Magnesiumammoniumphosphat abgeschieden wird, sodann die Laugen von einem Teil ihres Ammoniakgehaltes befreit und durch Einleiten von Kohlensäure nach einem der bekannten Verfahren auf Natriumbicarbonat einerseits und Chlorammon bzw. Chlorammon und Kaliumchlorid enthaltende Mischsalze andererseits verarbeitet und schließlich die nach ihrer teilweisen Eindampfung anfallenden Endlaugen wieder bei der Lösung der Kalirohsalze verwendet.

Nr. 565964. (R. 75719.) Kl. 12 l, 4. Kali-Chemie Akt.-Ges. in Berlin.

Verfahren zur Verarbeitung von Kalisalzen.

Vom 14. Sept. 1928. — Erteilt am 24. Nov. 1932. — Ausgegeben am 9. Dez. 1932. — Erloschen: . . .

Es sind Verfahren bekanntgeworden, nach denen man Kalirohsalze mit Hilfe von Ammoniak und Kohlensäure auf technisch wertvolle Produkte, wie Kaliumsulfat, Ammonsalze und Natriumbicarbonat bzw. Soda, verarbeitet. Bei diesen Verfahren werden die in den Kalirohsalzen vorhandenen Magnesium- und Alkalisalze je nach den zu verwendenden Mengen Ammoniak und Kohlensäure und den anzuwendenden Konzentrationen entweder gleichzeitig in Form von Magnesiumcarbonat und Alkalibicarbonaten oder Magnesiumbicarbonat und Alkalisulfaten abgeschieden, oder es werden zunächst die Magnesiasalze in Form von Magnesiumcarbonat gefällt und nach Abtrennung des Niederschlags von den Lösungen durch Einleiten von Ammoniak Alkalisulfate abgeschieden oder durch Einleiten von Ammoniak und Kohlensäure Alkalibicarbonate zur Abscheidung gebracht.

Nach der vorliegenden Erfindung werden aus den magnesiumsalzhaltigen Kalirohsalzen ebenfalls zunächst die Magnesiasalze zur Abscheidung gebracht, aber nicht in Form von Magnesiumcarbonat, sondern als Magnesiumphosphat bzw. Magnesiumammoniumphosphat. Die Abscheidung der Magnesiasalze in Form von Magnesiumphosphat gegenüber der Abscheidung von Magnesiumcarbonat bzw. Magnesiumammoniumcarbonat hat den großen Vorteil, daß man die Magnesia so vollständig aus den Laugen abzuscheiden vermag, daß die nachfolgende Abscheidung des Natriumbicarbonats aus den vom Niederschlag abgetrennten Laugen zu einem gut filtrierbaren Produkt führt. Bei der Abscheidung der Magnesiasalze in Form von Magnesiumcarbonat oder Magnesiumammoniumcarbonat bleiben nämlich nennenswerte Mengen von Magnesiumsalzen in Lösung, welche dazu Veranlassung geben, daß bei der nachfolgenden Abscheidung des Bicarbonats dieses in schleimiger, schwer filtrierbarer Form anfällt. Außerdem hat die Abscheidung der Magnesiasalze als Magnesiumammoniumphosphat noch den Vorteil, daß auf diese Weise ein wertvolles Düngemittel gewonnen wird.

Liegen die Magnesiumverbindungen in Form von Sulfaten vor, so wird die Schwefelsäure derselben bei der Abscheidung des Magnesiumammoniumphosphats an Ammoniak gebunden. Leitet man alsdann in die von Magnesiumphosphat befreite Lösung Ammoniak ein, so findet die bekannte doppelte Umsetzung zwischen Ammonsulfat und Chlorkalium statt, wobei Kaliumsulfat zur Abscheidung gelangt und Chlorammonium in Lösung bleibt. Die vom Kaliumsulfat getrennte Lösung wird dann, nachdem man sie von einem Teil des überschüssigen Ammoniaks befreit hat, durch Behandlung mit Kohlensäure auf Natriumbicarbonat verarbeitet.

Zur Durchführung des Verfahrens geht man zweckmäßig in der Weise vor, daß man das Kalirohsalz in die Phosphorsäurelösung oder in eine Lösung von Alkaliphosphat, z. B. Ammonphosphat, einträgt und die Suspension mit Ammoniak behandelt. Dabei wandelt sich das vorhandene Magnesium in dem Maße, wie Ammoniak zugeleitet wird, in Magnesiumphosphat um, welches, da es unlöslich ist, abgeschieden wird. Nachdem sämtliches Magnesium abgeschieden ist, trennt man von der Mutterlauge und behandelt diese zur Abscheidung von Kaliumsulfat mit Ammoniak. Die Abscheidung des Kaliumsulfats erfolgt in so weitgehendem Maße, daß die Lösungen praktisch frei von Kaliverbindungen sind. Die erhaltene Mutterlauge wird zunächst von einem Teil des zur Fällung zugeführten Ammoniaks befreit und alsdann carbonisiert. Dabei kann man in der Weise vorgehen, daß man zunächst bis zur normalen Carbonatstufe geht und nunmehr durch Abkühlung der Lösung nach dem bekannten Verfahren von Schreib einen Teil des Chlorammoniums abscheidet. Die von Chlorammonium getrennte Lösung wird dann weiter carbonisiert, wobei Natriumbicarbonat ausfällt. Aus der Mutterlauge des Natriumbicarbonats gewinnt man durch Eindampfen den größten Teil des Chlorammoniums, während die Restlaugen bei der Lösung der Kalirohsalze zugesetzt werden.

Ausführungsbeispiel

1200 kg Hartsalz mit 27 % KCl, 45 % NaCl und 25 % $MgSO_4 \cdot H_2O$ werden in 1,4 m³ Wasser in der Hitze gelöst und der unlösliche Rückstand abfiltriert. Zu dem Filtrat gibt man 720 kg einer 30 %igen Phosphorsäurelösung unter gleichzeitigem allmählichen Einleiten von Ammoniak zu. Dabei fallen etwa 600 kg Magnesiumammoniumphosphat aus, die durch Filtrieren von der Mutterlauge getrennt werden. In diese Mutterlauge leitet man unter Kühlung Ammoniak bis zu einem spezifischen Gewicht der Lösung von etwa 1,0 ein. Man gewinnt dadurch praktisch den gesamten Kaligehalt des Rohsalzes als Sulfatgemisch mit etwa 70 % K_2SO_4, 20 % Na_2SO_4 und 5 % $(NH_4)_2SO_4$. Das Filtrat dieser Sulfatfällung wird durch Erhitzen oder Evakuieren auf einen Ammoniakgehalt von etwa 75 g/Liter eingestellt und durch Einleiten von Kohlensäure das Ammoniak in neutrales Ammoncarbonat übergeführt. Aus der Lösung werden dann durch Abkühlen unter 0° etwa 150 kg Chlorammonium ausgeschieden. In die Mutterlauge der Chlorammoniumfällung wird nun Kohlensäure bis zur Sättigung eingeleitet, wobei etwa 780 kg feuchtes Natriumbicarbonat mit 85 % $NaHCO_3$ ausgefällt werden. Die Bicarbonatmutterlauge wird nach Austreibung der Kohlensäure an Stelle von Wasser zum Lösen neuen Hartsalzes verwendet.

PATENTANSPRUCH:

Verfahren zur Gewinnung von technisch wertvollen Produkten aus Kalirohsalzen, dadurch gekennzeichnet, daß man die Kalirohsalze zunächst von ihrem Magnesiumgehalt befreit, indem man der Lösung der Kalirohsalze Phosphorsäure oder phosphorsaure Salze zusetzt und durch Ammoniak die Abscheidung des Magnesiumammoniumphosphats bewirkt, worauf man die Mutterlaugen des Magnesiumammoniumphosphats durch weiteres Einleiten von Ammoniak von ihrem Kaligehalt befreit, sodann aus den von Kaliumsulfat befreiten Lösungen einen Teil des Ammoniaks austreibt, hierauf die Laugen carbonisiert und — gegebenenfalls nach vorheriger Abscheidung eines Teiles des Chlorammoniums durch Kühlung — Natriumbicarbonat abscheidet und schließlich die vom Natriumbicarbonat abgetrennte Lösung zur Gewinung weiterer Mengen von Chlorammon teilweise eindampft, während die Mutterlaugen wieder bei der Lösung der Kalirohsalze verwendet werden.

Nr. 504155. (St. 38539.) Kl. 12 l, 5. DIPL.-BERGING. FERDINAND STEIN IN HANNOVER.

Verfahren zur Herstellung von Kaliumsulfat aus Natriumsulfat oder Glaserit und Chlorkalium oder deren Lösungen.

Vom 16. Okt. 1924. — Erteilt am 17. Juli 1930. — Ausgegeben am 1. Aug. 1930. — **Erloschen: 1932.**

Als Ausgangsmaterial dient das Natriumsulfat des Handels, Lösungen desselben sowie das natürlich vorkommende Salz oder aus diesem oder anderen natürlichen Vorkommnissen erhaltene Lösungen. Das Chlorkalium wird zweckmäßig als steinsalzfreies Salz verwandt.

Die Verarbeitung kann bei beliebiger Temperatur stattfinden. Am besten wird bei höherer Temperatur gearbeitet, weil die Umsetzungen dann schon in viel kürzerer Zeit beendigt sind. Außerdem werden bei höherer Temperatur auch größere Ausbeuten erhalten. So bei 25° nur 67 % der Ausbeute, welche bei 90° erhalten wird. Diese Vorteile rechtfertigen den erforderlichen Wärmeaufwand. Die Ausführung des Verfahrens unter günstigsten Arbeitsbedingungen geschieht wie folgt:

Beispiel A

In einem Rührwerk werden 9 cbm Wasser mit 15 Dz wasserfreiem Natriumsulfat und 52 Dz Chlorkalium bei 90° eine Viertelstunde gerührt. Es werden erhalten 16 Dz Kaliumsulfat von 93 bis 95 % und eine Lauge der folgenden Zusammensetzung: 2,0 schwefelsaures Natron, 7,3 Chlornatrium, 27,5 Chlorkalium, 63,2 Wasser.

Beispiel B

In einem Rührwerk werden 9 cbm Wasser, 39 Dz wasserfreies Natriumsulfat und 60 Dz Chlorkalium etwa eine Viertelstunde bei 90° gerührt. Es werden erhalten 44 Dz Kaliumsulfat von etwa 75 % und eine Lauge der folgenden Zusammensetzung: 2,2 schwefelsaures Natron, 15,5 Chlornatrium, 20,9 Chlorkalium, 61,4 Wasser.

Beispiel C

In einem Rührwerk werden 9 cbm Wasser mit 60 Dz des nach Beispiel B erhaltenen 75prozentigen schwefelsauren Kalis und 52 Dz Chlorkalium bei 90° etwa eine Viertelstunde gerührt. Es werden erhalten 61 Dz 96- bis 97prozentigen Kaliumsulfats neben der unter Beispiel A erhaltenen Lauge.

Beispiel D

Die nach Beispiel A oder C erhaltene Lauge wird in ein Rührwerk desselben Fassungsraums gezogen und mit 20,5 Dz wasserfreien Natriumsulfats und 7,5 Dz Chlorkalium eine Viertelstunde gerührt. Es werden erhalten 24 Dz des nach Beispiel B erhaltenen 75prozentigen Kaliumsulfats und die nach Beispiel B erhaltene Lauge.

Die Vermehrung des zugegebenen Natriumsulfats führt in allen Fällen zu einer Verringerung des Gehalts an Kaliumsulfat im fertigen Produkt. Die besten Ausbeuten und höchstprozentigen Produkte werden erhalten, wenn, wie bei der Herstellung von Kaliumsulfat aus Magnesiumsulfat und Chlorkalium die Darstellung in zwei Stufen erfolgt, zuerst also das 75prozentige und aus diesem dann das hochprozentige Kaliumsulfat hergestellt wird.

Während die nach Beispiel B erhaltenen Laugen an Chlornatrium gesättigt sind und aus der weiteren Verwendung für die Darstellung von Kaliumsulfat ausscheiden müssen, werden die nach Beispiel A erhaltenen Laugen zweckmäßig nach B bis zur Sättigung an Chlornatrium für die Kaliumsulfatfabrikation verwertet. Diese Laugen liefern bei der Abkühlung ein NaClfreies Chlorkalium, welches manchmal kleine Mengen von Glaserit enthält, während die von diesem Salz abgezogenen Mutterlaugen zweckmäßig beim Hartsalz- oder Sylvinitlösen Verwendung finden.

Die Verfahren nach Beispiel C und D können kombiniert auch in kontinuierlicher Form im Gegenstrom derart durchgeführt werden, daß an der Austrittsstelle der Lauge Chlorkalium und Natriumsulfat eingeführt werden und an der Austrittsstelle des fertigen Kaliumsulfats Wasser zugeführt wird.

Die Umsetzung von Natriumsulfat bzw. Glaserit mit Chlorkalium ist nicht neu. So wird in dem Patent 282253 ein Verfahren beschrieben, bei dem aus Natriumbisulfat und Chlorkalium durch Rösten Glaserit und aus diesem auf nassem Wege mit weiterem Chlorkalium Kaliumsulfat erhalten wird, während

Natriumchlorid in die Lauge übergeht. Es fehlt bei diesem Verfahren aber die Erkenntnis derjenigen Konzentration, welche zwecks Steigerung der Ausbeute eingehalten werden muß. Diese beträgt gegenüber dem Verfahren dieses Patents bei 25 und 90° 40 bzw. 75% und ist durch die Einhaltung der angegebenen Sättigungsverhältnisse bedingt.

Es ist auch ein Verfahren bekannt, Kaliumsulfat aus Glaserit dadurch zu erhalten, daß dieser in eine gesättigte Chlorkaliumlösung gebracht wird. Es wird aber aus einer so erhaltenen Lösung durch weitere Zugabe von festem Chlorkalium noch mehr Kaliumsulfat erhalten und die Höchstausbeute an diesem Salz erzielt, wenn die Komponenten Glaserit und Chlorkalium mit Wasser oder geeigneten Lösungen in solchen Mengen zusammengebracht werden, daß in der neben dem gefällten Kaliumsulfat erhaltenen Lösung auch gerade oder annähernd Sättigung an Chlorkalium und Glaserit besteht.

Die Bedeutung der vorliegenden Verfahren liegt darin, daß auch diejenigen Kaliwerke, welche über Magnesiumsulfat als Ausgangsmaterial für die Herstellung von Kaliumsulfat nicht verfügen, zur Gewinnung desselben wie auch eines der Kaliummagnesia entsprechenden niedrigerprozentigen Kaliumsulfats, des Glaserits, in der Lage sind. Als Ausgangsmaterial kann Natriumsulfat der verschiedensten Provenienz verwandt werden. Insbesondere aber auch natürlich vorkommende Salze wie Thenardit und Glauberit, wie sie in den spanischen Kalisalzlagerstätten in beträchtlichen Mengen vorkommen.

Für die Herstellung des Kaliumsulfats auf diesem Wege in kontinuierlichem Betrieb kann jede für diese Verarbeitung geeignete Apparatur Verwendung finden. Die Durchführung soll an der zuerst für die kontinuierliche Herstellung von Kaliumsulfat durch Konversion in Vorschlag gebrachten Apparatur des Patents 14534 erläutert werden. Das Gemisch von Natriumsulfat und Chlorkalium wird bei 1

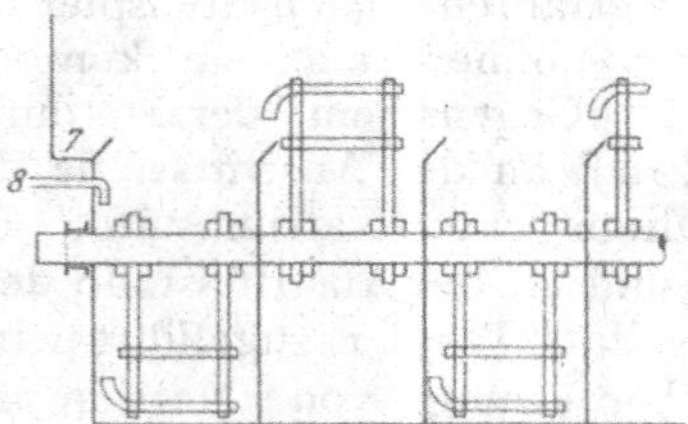

eingetragen, durchwandert die durch Scheidewände 2 gebildeten Abteilungen des Troges 3, indem es durch an der rotierenden Welle befindliche Löffel 5 ausgeschöpft und in die zur danebenliegenden Abteilung mündende Schurre 6 entleert wird. Nach dem Durchwandern aller Abteilungen wird das Sulfat aus der letzten derselben schließlich in den Trichter 7 entleert. Von dieser Seite aus fließt die nach der Zufuhr der Rohmaterialien

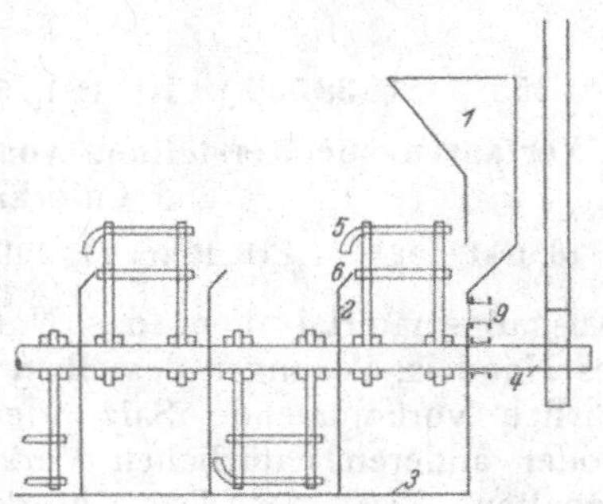

geregelte Wassermenge bei 8 zu und dem Wege des Salzes entgegen, wobei an dem oberen Rande der Scheidewände befindliche Öffnungen den Durchtritt gestatten. Die hierbei entstehende Salzlösung ändert auf ihrem Wege von Abteilung zu Abteilung kontinuierlich ihre Zusammensetzung und verläßt den Apparat als an NaCl, KCl und Glaserit gesättigte Lauge bei 9.

Patentansprüche:

1. Verfahren zur Herstellung von Kaliumsulfat aus Natriumsulfat oder Glaserit und Chlorkalium oder deren Lösungen, dadurch gekennzeichnet, daß zweckmäßig bei erhöhter Temperatur unter Zugabe festen Salzes die Komponenten in solchen Mengen zusammengebracht werden, daß in der neben dem gefällten Kaliumsulfat erhaltenen Lösung auch gerade oder annähernd Sättigung an Chlorkalium und Glaserit besteht.

2. Abänderung des Verfahrens nach Anspruch 1, dadurch gekennzeichnet, daß die Ausgangsmaterialien, am besten bei höherer Temperatur, in solchen Mengen zusammengebracht werden, daß in der neben dem gefällten Glaserit erhaltenen Lösung auch gerade oder annähernd Sättigung an Chlorkalium und Steinsalz besteht.

3. Verfahren nach Anspruch 1 und 2, dadurch gekennzeichnet, daß unter Verwendung der nach Anspruch 1 erhaltenen Laugen Natriumsulfat und Chlorkalium nach Anspruch 2 auf Glaserit verarbeitet werden, welcher nach Anspruch 1 in Kaliumsulfat übergeführt wird.

4. Verfahren nach Anspruch 3, dadurch gekennzeichnet, daß dasselbe in kontinuierlicher Arbeitsweise im Gegenstrom derart

durchgeführt wird, daß an der Zutrittsstelle der Ausgangsmaterialien, des Chlorkaliums und Natriumsulfats, die Lauge den Betrieb verläßt, während an der Austrittsstelle des fertigen Kaliumsulfats das Wasser zugeführt wird.

D. R. P. 14534, B. I, 2737 und 282253, B. 1, 2750.

Nr. 526717. (P. 59966.) Kl. 12 l, 5. PREUSSISCHE BERGWERKS- UND HÜTTEN-AKT.-GES., BERGINSPEKTION VIENENBURG IN VIENENBURG.

Erfinder: Dr. Karl Büchner in Vienenburg.

Verfahren zur Herstellung von Kaliumsulfat aus Polyhalit u. dgl. Mehrfachsalzen.

Vom 16. März 1929. — Erteilt am 21. Mai 1931. — Ausgegeben am 27. Juni 1932. — Erloschen: . . . .

Die Erfindung betrifft ein Verfahren zur Herstellung von Kaliumsulfat aus Polyhalit u. dgl. Mehrfachsalzen, die Calciumsulfat in Verbindung mit Kaliumsulfat oder Magnesiumsulfat bzw. mit Kaliumsulfat und Magnesiumsulfat enthalten.

Nach dem vorliegenden Verfahren werden Mehrfachsalze der erwähnten Art in feingemahlenem Zustand mit Magnesiumcarbonat oder dieses enthaltenden Mineralien, wie Magnesit oder Dolomit, in zweckmäßig ebenfalls feiner Verteilung mit Wasser verrührt und die entstandene Sulfatlösung z. B. mit Chlorkalium in bekannter Weise auf Kaliumsulfat verarbeitet. In Gegenwart von Kohlensäure, gegebenenfalls unter Druck, kann in an sich bekannter Weise der Ablauf des Prozesses begünstigt und beschleunigt werden.

Zur Herstellung von Magnesiumsulfat aus Calciumsulfat (Gips) ist die Verwendung von Magnesiumcarbonat in Gegenwart von Kohlensäure bekannt. Ein wirtschaftliches Verfahren aber zur Gewinnung von Kaliumsulfat aus Polyhalit o. dgl. Mehrfachsalzen fehlte bisher, weil die dafür vorgeschlagene Anwendung von Ätzkalk den Hauptteil der Schwefelsäure durch Gipsbildung entwertet. Demgegenüber ist die Herstellung von Kaliumsulfat aus Polyhalit u. dgl. Mehrfachsalzen mittels Magnesiumcarbonat oder dieses enthaltenden Mineralien ein sehr bedeutender technischer und wirtschaftlicher Fortschritt, weil dabei die gesamte Schwefelsäure in Lösung, also voll verwertbar erhalten wird.

Als Ausgangsmaterial zur Verarbeitung nach dem vorliegenden Verfahren kommt z. B. das im Vienenburger Kalivorkommen erschlossene Polyhalitlager von großer Mächtigkeit in Betracht. Dieses Lager liefert ein Material, das zu etwa 95 % aus Polyhalit ($2\,CaSO_4 \cdot MgSO_4 \cdot K_2SO_4 \cdot 2\,H_2O$) besteht und vollkommen frei von Tonschlamm ist. Da es bereits etwa 28 % K_2SO_4 enthält, wurde versucht, ein Verfahren zur Herstellung von Kaliumsulfat aus diesem wertvollen Material zu finden. Es gelang, durch Verrühren mit Magnesiumcarbonat oder dieses enthaltenden Mineralien, beispielsweise Magnesit oder Dolomit, mit Wasser den Polyhalit aufzuschließen. Sehr begünstigt wird diese Reaktion, wenn das Verrühren mittels Luft, die mehrere Prozente CO_2 enthält, gegebenenfalls unter Überdruck, vorgenommen wird.

Der weitaus größte Teil des Polyhalits wird aufgeschlossen, derart, daß die Umsetzung nach folgender Gleichung erfolgt:

$$2\,CaSO_4 \cdot K_2SO_4 \cdot MgSO_4 + 2\,MgCO_3 = 2\,CaCO_3 + 3\,MgSO_4 + K_2SO_4.$$

Nach beendeter Umsetzung lassen sich die gelösten Sulfate gut von dem aus Calciumcarbonat bestehenden Bodenkörper trennen und mit Chlorkalium in einer oder zwei Stufen in bekannter Weise leicht auf Kaliumsulfat verarbeiten. Durch Zusatz geringer Mengen von Chlormagnesium, am besten und billigsten unter Verwendung der im Prozeß anfallenden Sulfatmutterlauge, die etwa 8 % Chlormagnesium enthält, kann eine weitere Beschleunigung der Umsetzung erzielt werden. Vorteilhaft wird man dabei den Chlormagnesiumgehalt der Sulfatmutterlauge durch Wasserzugabe auf 2 bis 4 % herabsetzen.

Beispiel

69 kg Polygehalt in feiner Mahlung werden mit 18 kg feingemahlenem Magnesit und 200 l Wasser 24 Stunden lang, gegebenenfalls unter Druck, bei bis zur Sättigung durchgeführter Zuführung von Kohlensäure, z. B. aus den gereinigten Kesselgasen, gerührt. Vom entstehenden Calciumcarbonat wird abfiltriert und die so gewonnene Kalimagnesiumlauge in bekannter Weise auf Kaliumsulfat verarbeitet.

PATENTANSPRÜCHE:

1. Verfahren zur Herstellung von Kaliumsulfat aus Polyhalit u. dgl. Mehrfachsalzen, die Calciumsulfat in Verbindung mit Kaliumsulfat oder Magnesiumsulfat bzw. mit Kaliumsulfat und Magnesiumsulfat enthalten, dadurch gekennzeichnet, daß das Ausgangsmaterial zunächst, wie zur Herstellung von Magne-

siumsulfat aus Calciumsulfat (Gips) bekannt, mit Magnesiumcarbonat oder dieses enthaltenden Mineralien, wie feingemahlenen Magnesit, Dolomit o. dgl. mit Wasser verrührt und die hierbei entstandene Kaliummagnesiumsulfatlösung nach Abtrennung vom Calciumcarbonat in bekannter Weise alsdann weiter auf Kaliumsulfat verarbeitet wird.

2. Verfahren nach Anspruch 1, dadurch gekennzeichnet, daß mit Zusatz von Chlormagnesium gearbeitet wird.

3. Verfahren nach Anspruch 2, dadurch gekennzeichnet, daß für den Chlormagnesiumzusatz die beim Prozeß anfallende Sulfatmutterlauge mit Chlormagnesiumgehalt, gegebenenfalls in geeigneter Verdünnung, benutzt wird.

Nr. 547351. (P. 61698.) Kl. 12 l, 5. Preussische Bergwerks- und Hütten-Akt.-Ges., Berginspektion Vienenburg in Vienenburg.

Erfinder: Dr. Karl Büchner in Vienenburg.

Herstellung von Kaliumsulfat aus Polyhalit u. dgl. Mehrfachsalzen.

Zusatz zum Patent 526717.

Vom 17. Nov. 1929. — Erteilt am 10. März 1932. — Ausgegeben am 1. Sept. 1932. — Erloschen: . . . .

Die Erfindung betrifft eine Abänderung des Verfahrens zur Herstellung von Kaliumsulfat aus Polyhalit u. dgl. Mehrfachsalzen, die Calciumsulfat in Verbindung mit Kaliumsulfat oder Magnesiumsulfat bzw. mit Kaliumsulfat und Magnesiumsulfat enthalten, nach dem Hauptpatent, dahingehend, daß an Stelle von Magnesiumcarbonat oder dieses enthaltenden Mineralien aus Chlormagnesiumlauge mit gebranntem Kalk gefällte Magnesia in Gegenwart von Kohlensäure verwendet wird. Die Arbeitstemperatur wird dabei zweckmäßig unter 100° C gehalten.

Dieses Verfahren ergibt eine gute Ausbeute und läßt sich auch im Großbetrieb einwandfrei durchführen.

Im übrigen können auch bei diesem Verfahren die im Hauptpatent erwähnten Maßnahmen zur Anwendung kommen, wie z. B. die Aufschließung in Gegenwart von Kohlensäure unter Druck, das Hinzufügen von Chlormagnesium und die Benutzung der beim Prozeß anfallenden Sulfatmutterlauge.

Einem bekannten Verfahren gegenüber, bei welchem in Wasser suspendierter, gebrannter Dolomit in Gegenwart von Gips mit Kohlensäure behandelt wird, bietet das vorliegende Verfahren dieselben wirtschaftlichen Vorteile wie gegenüber dem Verfahren nach dem Hauptpatent, weil nach dem vorliegenden Verfahren, abgesehen von dem überall zu beschaffenden gewöhnlichen Kalk, mit im Prozeß selbst anfallender Chlormagnesiumlauge gearbeitet wird, während Dolomit nur an ein verhältnismäßig seltenes Vorkommen gebunden ist, so daß eine Verteuerung durch Frachtkosten u. dgl. entstehen würde. Im übrigen bezog sich dieses bekannte Verfahren nur auf die Verarbeitung von Gips auf Magnesiumsulfat, nicht aber auf die Verarbeitung von Mehrfachsulfaten.

Beispiel

200 l Chlormagnesiumlauge werden mit 52 kg gebranntem Kalk verrührt und der Magnesianiederschlag nach Beendigung der Reaktion gut ausgewaschen. Die gefällte Magnesia wird mit 65 kg Krugit ($4\,CaSO_4 \cdot MgSO_4 \cdot K_2SO_4 \cdot 2\,H_2O$) und 250 l Wasser bzw. aus der Umsetzung anfallende Waschlauge bei etwa 40 bis 50° C unter Durchleiten von Kohlensäure während 24 Stunden gerührt und die entstandene Lauge vom Kalkschlamm getrennt.

In die Lauge wird bis zur Sättigung an Chlor in bekannter Weise Chlorkalium eingetragen und das gebildete Kaliumsulfat von seiner Mutterlauge getrennt.

Patentansprüche:

1. Herstellung von Kaliumsulfat aus Polyhalit u. dgl. Mehrfachsalzen, die Calciumsulfat in Verbindung mit Kaliumsulfat oder Magnesiumsulfat bzw. mit Kaliumsulfat und Magnesiumsulfat enthalten, nach dem durch Patent 526717 geschützten Verfahren, dadurch gekennzeichnet, daß an Stelle von Magnesiumcarbonat oder dieses enthaltenden Mineralien aus Chlormagnesiumlauge mit gebranntem Kalk gefällte Magnesia in Gegenwart von Kohlensäure verwendet wird.

2. Verfahren nach Anspruch 1, dadurch gekennzeichnet, daß die Arbeitstemperaturen unter 100° C gehalten werden.

3. Verfahren nach Anspruch 1 und 2, dadurch gekennzeichnet, daß bei 40 bis 50° C gearbeitet wird.

Es ist nachgewiesen, daß „Krugit“ eine Mischung von Polyhalit und Anhydrit ist.

A. P. 1854687, Öst. P. 128332, K_2SO_4 aus Mg-Polysulfate, Kalk und Leichtmetalle enthaltender Lösung mittels Magnesia und CO_2.

Nr. 501178. (S. 73163.) Kl. 12l, 13. Kali-Chemie Akt.-Ges. in Berlin.

Verfahren zur Herstellung von Kaliummagnesiumkarbonat (Engelschem Salz) unter Druck.

Vom 5. Febr. 1926. — Erteilt am 12. Juni 1930. — Ausgegeben am 28. Juni 1930. — Erloschen: 1934.

Es ist bekannt, Pottasche aus Chlorkalium und Magnesiumkarbonattrihydrat derart herzustellen, daß man diese beiden Substanzen unter Zuführung von Kohlensäure zu dem sogenannten Engelschen Salz und Chlormagnesium umsetzt. Die Ausgangsmaterialien mußten dabei von größter Reinheit sein; die Kohlensäure wurde in Form von Kalkofengasen mit etwa 35 % Kohlendioxyd zugeführt. Der Arbeitsdruck, den man bei diesem Verfahren wählen sollte, beträgt nach dem Patent 159870 3 Atm.; in der Praxis ist man auch schon auf 5 Atm. heraufgegangen, was einem Partialdruck der Kohlensäure von 1,75 Atm. entspricht.

Es wurde nun gefunden, daß ganz wesentliche technische Fortschritte erzielt werden können, wenn man mit einem Partialdruck der Kohlensäure von mindestens 3 Atm. arbeitet. Es zeigte sich nämlich, daß sich dann das Engelsche Salz schneller und in reichlicheren Mengen bildet, so daß eine chlorkaliumärmere Mutterlauge erzielt wird als bei Verwendung geringerer Drucke. Steigert man den Überdruck ganz wesentlich, so kann man auch als Ausgangsmaterialien Lösungen verwenden, die erhebliche Mengen Chlornatrium enthalten, während die früheren Verfahren sich immer nur mit einem nahezu chlornatriumfreien Chlorkalium durchführen ließen.

Betriebstechnisch vorteilhaft ist es auch, daß man nicht ängstlich bemüht zu sein braucht, die Temperatur unter 20° zu halten. Es werden auch gute Ausbeuten an Engelschem Salz erzielt, wenn die Temperatur 25° und mehr erreicht.

Verwendet man bei dem Verfahren nach vorliegender Erfindung ein Gasgemisch, das nur sehr wenig Kohlensäure enthält, wie die Schornsteingase einer Kesselfeuerung, so muß man mit Drucken von 30 Atm. und mehr arbeiten. Verwendet man reine Kohlensäure, so kann man schon mit Drucken von 5 Atm. eine sehr bedeutende Ausbeuteverbesserung an Engelschem Salz erzielen, auch wenn die Reaktionstemperatur auf 25° steigt. Benutzt man stark chlornatriumhaltige Lösungen, so muß man allerdings mit einem Partialdruck der Kohlensäure von mindestens 10 Atm. arbeiten.

Die Überlegenheit des vorliegenden Verfahrens gegenüber dem des Patents 159870 bzw. den in der bisherigen Praxis ausgeübten zeigen folgende Vergleichsversuche:

Bei Verwendung eines Gases von 35 % Kohlensäure und einem Überdruck von 5 Atm., also einem Partialdruck von 1,75 Atm. der Kohlensäure, lassen sich in 10 bis 12 Stunden nur Konzentrationen von 100 g Chlormagnesium neben 150 g Chlorkalium im Liter in der Mutterlauge erzielen. Bei Verwendung reiner Kohlensäure und 5 Atm. Überdruck, also Partialdruck der Kohlensäure von 5 Atm., werden gemäß vorliegender Erfindung schon in 3 Stunden die Konzentrationen von 100 g Chlormagnesium im Liter Mutterlauge erreicht. Nach 8 Stunden betrug die Konzentration 147 g Chlormagnesium und 80 g Chlorkalium im Liter.

Die Brauchbarkeit des Verfahrens für chlornatriumhaltige Lösungen erläutert das folgende

Ausführungsbeispiel

975 l einer Silvinitlösung mit 132,5 g KCl und 241 g NaCl im Liter werden mit 600 kg Magnesiumkarbonattrihydrat und 71 kg Silvinit gemischt und bei einem Druck von 16 Atmosphären und 12° C mit reiner Kohlensäure behandelt. Nach einiger Zeit wird noch ein Gemisch von 200 kg Trihydrat und 15 kg Silvinit zugesetzt und die Behandlung mit Kohlendioxyd fortgesetzt. Nach 3 Stunden hat sich das Engelsche Salz abgeschieden und eine Mutterlauge gebildet, die neben 138 g $MgCl_2$ nur 79 g KCl im Liter enthält. Das Engelsche Salz ist frei von Chlornatrium.

Patentansprüche:

1. Verfahren zur Herstellung von Kaliummagnesiumkarbonat (Engelschem Salz) unter Druck, dadurch gekennzeichnet, daß mit einem Partialdruck der Kohlensäure von mindestens 3 Atm. Druck gearbeitet wird.
2. Ausbildung des Verfahrens nach Anspruch 1, dadurch gekennzeichnet, daß reine Kohlensäure Verwendung findet.
3. Ausbildung des Verfahrens nach Anspruch 1 und 2, dadurch gekennzeichnet, daß viel Chlornatrium enthaltende Chlorkaliumlösungen als Ausgangsmaterialien Benutzung finden.

D. R. P. 159870, B. I, 2761.

Nr. 504344. (S. 74281.) Kl. 12 l, 13. KALI-CHEMIE AKT.-GES. IN BERLIN.

Erfinder: Dr. Erich Dockhorn in Hecklingen b. Staßfurt.

Verfahren zur Herstellung von Kaliummagnesiumcarbonat (Engelschem Salz) unter Druck.

Zusatz zum Patent 501178.

Vom 28. April 1926. — Erteilt am 17. Juli 1930. — Ausgegeben am 2. Aug. 1930. — Erloschen: 1934.

In dem Patent 501 178 ist ein Verfahren zur Herstellung von Engelschem Salz beschrieben, nach dem der Partialdruck der Kohlensäure bei der Reaktion erheblich gegenüber dem, mit dem man bisher zu arbeiten pflegte, heraufgesetzt wird. Dadurch wird nicht nur erreicht, daß man statt mit reinen Kaliumsalzen mit Rohsalzen oder Chlornatrium enthaltenden Laugen arbeiten kann, sondern auch, daß man die bis dahin stets eingehaltene Temperaturgrenze von 20° überschreiten darf; bei Steigerung des Partialdruckes der Kohlensäure auf 5 Atmosphären kann nämlich die Temperatur ohne Schaden auf 25° und höher gesteigert werden, was den erheblichen Vorteil besitzt, daß die sonst zwecks Fortführung der bei der Reaktion gebildeten Wärme erforderliche Kühlung unterbleiben kann.

Es wurde nun die Beobachtung gemacht, das unter den in dem Hauptpatent angegebenen Bedingungen die Reaktion dadurch beschleunigt werden kann, daß man durch starkes Rühren eine intensive Untermischung der Kohlensäure bewirkt.

Der Erfinder des Engelschen Salzes hat in seinem deutschen Patent 15218 aus dem Jahre 1881 angegeben, daß man bei der Herstellung des Doppelsalzes rühren kann, wobei sich sehr kleine Kristalle bilden. Um die Ausscheidung des Engelschen Salzes in dieser feinen, für die Weiterverarbeitung ungeeigneten Form zu vermeiden, hat man bei der bisher üblichen Fabrikationsweise ein Rühren des Reaktionsgemisches gerade vermieden. Überraschenderweise scheidet sich aber bei hohen Partialdrucken der Kohlensäure und Temperaturen, die erheblich über 20° liegen, aber 50° nicht übersteigen sollen, das Engelsche Salz bei intensiver Rührung in grobkristalliner, zur Weiterverarbeitung geeigneter Form aus.

Damit wird insofern ein erheblicher Vorteil erreicht, als die Umsetzung und Abscheidung des Salzes, die nach dem bisherigen Verfahren etwa 12 Stunden in Anspruch nahm, in einer weit kürzeren Zeit, z. B. bei Temperaturen von 45° und einem Partialdruck der Kohlensäure von 18 Atmosphären unter Verwendung von Sylvinit als Kalisalz in zwei Stunden, zu Ende geführt werden kann. Für intensives Untermischen der Kohlensäure ist dabei durch geeignete Rührvorrichtungen zu sorgen. Arbeitet man bei niedrigeren Temperaturen, so kann der Partialdruck der Kohlensäure geringer sein.

PATENTANSPRUCH:

Ausbildung des Verfahrens zur Herstellung von Kaliummagnesiumcarbonat (Engelschem Salz) nach Patent 501 178 zwecks Erzielung grobkristalliner Abscheidungen, dadurch gekennzeichnet, daß man die Ausscheidung des Salzes bei Temperaturen zwischen 25 und 50° C durchführt, wobei in an sich bekannter Weise gerührt werden kann.

D. R. P. 15218, B. I, 2758.

Nr. 523188. (S. 74838.) Kl. 12 l, 13. KALI-CHEMIE AKT.-GES. IN BERLIN.

Erfinder: Dr. Hermann Crotogino in Neustaßfurt b. Staßfurt.

Herstellung von Kaliummagnesiumcarbonat (Engelschem Salz).

Vom 9. Juni 1926. — Erteilt am 2. April 1931. — Ausgegeben am 20. April 1931. — Erloschen: 1932.

Die Herstellung des sogenannten Engelschen Salzes als Zwischenstufe der Pottaschefabrikation leidet unter der Schwierigkeit, daß die Mutterlauge noch ungefähr die Hälfte des angewandten Chlorkaliums enthält, welches durch kostspielige Arbeiten zurückgewonnen werden muß.

Die vorliegende Erfindung weist nun einen Weg, diesen Übelstand zu umgehen. Es hat sich überraschenderweise gezeigt, daß man bei Verwendung ganz dünner Kalisalzlösungen zu so hohen Ausbeuten kommt, daß man die Aufarbeitung der Mutterlaugen unterlassen kann. Dazu ist aber erforderlich, mit einer bestimmten Ausgangskonzentration, die nur in ziemlich engen Grenzen abgeändert werden darf, zu arbeiten. Geht man über diese bestimmte Konzentration wesentlich hinaus, bleibt zu viel Kali gelöst, unterschreitet man sie zu sehr, erhält man keine genügende Umsetzung.

Bisweilen, besonders bei der Verwendung

von Kaliumsulfat, treten erhebliche Übersättigungen auf, die durch Zusatz von fertigem Doppelsalz beseitigt werden müssen. Den Zusatz nimmt man zweckmäßig erst dann vor, wenn die Sättigung mit Kohlensäure bereits erreicht ist.

Man kann für die Umsetzung von vornherein reine Kohlensäure benutzen, kann aber auch die Umsetzung zunächst unter Verwendung einer etwa 35%igen Kalkofenkohlensäure bei etwa 5 Atm. Druck durchführen, wobei ein Teil des Engelschen Salzes zur Ausscheidung gelangt, und das Produkt oder auch nur das Filtrat dann mit reiner Kohlensäure behandeln, wobei noch eine etwa gleich große Menge an Engelschem Salz zur Ausscheidung gelangt.

Beispiel

Man leitet in eine Lösung, die 110 kg Chlorkalium oder 128 kg Kaliumsulfat und 90 kg MgO in Form von Carbonattrihydrat in 1000 l enthält, Kohlensäure unter einem Druck von 6 Atm. ein und impft nötigenfalls mit Engelschem Salz. Nach erfolgter Umsetzung trennt man die erhaltenen 385 kg Doppelsalz von der nur noch 17 kg Kalisalz neben 72 kg Chlormagnesium im Kubikmeter enthaltenden Mutterlauge.

Bei den bisher üblichen Verfahren wurde mit einer Lösung gearbeitet, die statt 110 kg 260 kg Chlorkalium im Kubikmeter enthielt und eine gleiche Menge Magnesiumcarbonattrihydrat wie oben. Die Ausbeute an Doppelsalz war die gleiche; im Filtrat aber waren statt 17 kg Chlorkalium noch 160 kg Chlorkalium bei der gleichen Chlormagnesiummenge wie nach vorliegendem Verfahren enthalten. Die Konzentration an Magnesiumcarbonattrihydrat zu steigern, war nicht möglich, weil das Gemisch sonst nicht mehr gut gerührt werden konnte und dadurch die Umsetzungsgeschwindigkeit zu sehr herabgesetzt wurde.

Patentansprüche:

1. Verfahren zur Herstellung von Kaliummagnesiumcarbonat (Engelschem Salz) unter Anwendung von Magnesiumcarbonattrihydrat und von Kohlensäure mit einem Partialdruck von wesentlich über 3 Atm., dadurch gekennzeichnet, daß statt der sonst verwandten konzentrierten Lösung von Chlorkalium eine verdünnte, nur etwa 110 g Salz im Liter enthaltende Lösung zur Erzeugung des Engelschen Salzes benutzt wird.

2. Ausbildung des Verfahrens nach Anspruch 1, dadurch gekennzeichnet, daß statt der verdünnten Lösung von Chlorkalium eine verdünnte Lösung von Kaliumsulfat mit etwa 120 bis 140 g Salz im Liter verwendet wird, wobei die Abscheidung des Engelschen Salzes durch Impfung befördert werden kann.

3. Ausbildung des Verfahrens nach Anspruch 1 und 2, dadurch gekennzeichnet, daß die Umsetzung zunächst mit einer etwa 35%igen Kohlensäure, wie sie aus dem Kalkofen kommt, unter etwa 5 Atm. Druck vorgenommen wird und alsdann mit reiner Kohlensäure, wobei sich die Menge des mit der verdünnten Kohlensäure ausgeschiedenen Salzes verdoppelt.

Nr. 504166. (S. 74152.) Kl. 12l, 13. Kali-Chemie Akt.-Ges. in Berlin.

Erfinder: Dr. Hermann Crotogino in Neustaßfurt b. Staßfurt.

Verfahren zur Herstellung von Kaliummagnesiumcarbonat (Engelschem Salz).

Vom 18. April 1926. — Erteilt am 17. Juli 1930. — Ausgegeben am 1. Aug. 1930. — Erloschen: 1934.

Man hat das Engelsche Salz $MgCO_3KHCO_3$ $4\,H_2O$ bisher technisch in der Weise hergestellt, daß man auf Magnesiumcarbonattrihydrat ($MgCO_3 \cdot 3\,H_2O$) Kaliumchlorid oder -sulfat und Kohlensäure einwirken ließ. Die direkte Darstellung des Doppelsalzes aus MgO oder $Mg(OH)_2$ galt nicht für ausführbar.

Im Patentanspruch des Patents 15218 von Engel ist erwähnt, daß man, wie auf kohlensaure Magnesia und Kaliumchlorid bzw. Kaliumsulfat, auch auf die entsprechenden Magnesium und Kalium enthaltenden Doppelsalze Kohlensäure einwirken lassen könne, um das Engelsche Salz zu erhalten. Versuche haben aber gezeigt, daß man auf diesem Wege das Doppelsalz höchstens spurenweise gewinnen kann.

Es gelang nun, die Bedingungen für eine direkte Gewinnung des Doppelsalzes aus Magnesia zu ermitteln. Reine Produkte, die nicht von basischen Carbonaten verunreinigt und dadurch unbrauchbar sind, können nämlich aus der Magnesia bzw. dem Magnesiumhydroxyd und den Kalisalzen gewonnen werden, wenn man stets dafür sorgt, daß Kohlensäure in reichlicher Menge in der Lösung vorhanden ist.

Um einen solchen Kohlensäureüberschuß zu sichern, empfiehlt es sich, mit einem Partialdruck der Kohlensäure von mindestens 3 Atm. zu arbeiten. Je höher der Überdruck ist, desto schneller vollzieht sich die Umsetzung. Führt man nicht gleich die Gesamtmenge des umzusetzenden Magnesiumhydroxydes in das Reaktionsgemisch ein, sondern läßt sich immer erst die Umsetzung des eingetragenen Magnesiumhydroxydes vollziehen, bevor man eine neue Portion einträgt, so läßt sich der nötige Kohlensäureüberschuß auch bei geringeren Partialdrucken der Kohlensäure aufrechterhalten. Den gleichen Erfolg wie durch portionsweise Eintragung des Magnesiumhydroxydes kann man durch Benutzung einer gar nicht oder nur wenig hydratisierten Magnesia, die sich nur langsam umsetzt, erzielen.

Das für die Umsetzung benötigte Gemisch aus Magnesia und Kalisalz kann zweckmäßig nach vorliegender Erfindung in der Weise bereitet werden, daß Karnallit*) im Wasserdampfstrom bis zum Aufhören der Salzsäureentwicklung behandelt wird. Der erforderliche Wasserdampf kann z. B. in Form von Wasserdampf enthaltenden Flammgasen zugeführt werden.

An Stelle des Karnallites können Karnallit bzw. Magnesiumchlorid enthaltende Salzgemische Anwendung finden.

Die bei Zersetzung des Karnallites auftretende Salzsäure wird am einfachsten mit einem Wasserüberschuß kondensiert und die gewonnene, ziemlich verdünnte wäßrige Salzsäure mit reinem kohlensauren Kalk oder einem Calciumcarbonat enthaltenden Gestein zu Chlorcalcium und Kohlensäure umgesetzt. Natürlich kann man auch andere Carbonate irgendwelcher Art und Herkunft mit der Salzsäure zerlegen. Man erhält so die für die Bildung des Engelschen Salzes erforderliche Kohlensäure, die sonst durch Brennen von Kalk bereitet und dabei nur in verdünnter Form gewonnen wird, in konzentrierter Form.

Ein weiterer Vorteil des so kombinierten Verfahrens besteht darin, daß für die Zersetzung der Carbonate auch eine recht verdünnte Salzsäure genügt, man mithin keinen Wert auf die Gewinnung der Salzsäure in konzentrierter Form zu legen braucht und mit kleinen und einfachen Apparaten auskommen kann.

Um das unbequeme Dickflüssigwerden des schmelzenden Karnallites bei zunehmender Zersetzung des Magnesiumchlorides zu verhindern, kann dem Karnallit vor oder bei der Umsetzung Chlorkalium beigegeben werden.

Besonders günstig läßt sich die Schmelze in der Weise verarbeiten, daß man sie noch heiß in Wasser oder geeignete Salzlösungen einträgt. Sie zerspringt dann zu Pulver und die Magnesia hydratisiert sich schnell, ohne daß besondere Wärme aufgewandt zu werden brauchte. Man spart das Zerkleinern der sehr harten Schmelze und erhält ein besonders reaktionsfähiges Magnesiumhydroxyd, das nicht erst abzutrennen ist, was technische Schwierigkeiten machen würde, sondern mit dem zweiten Bestandteil der Schmelze direkt auf Engelsches Salz weiterverarbeitet werden kann.

Man kann auch die abgekühlte Schmelze mehr oder weniger fein zerbrechen und in diesem Zustande in die Gefäße zur Bereitung des Engelschen Salzes bringen. Die Auflösung erfolgt dann so langsam, daß die mit der Lösung in Berührung kommende Magnesia immer gleich durch die Reaktion verbraucht wird.

*) **Druckfehlerberichtigung: Carnallit.**

Beispiel I

2 cbm einer Lösung von 285 g KCl und 100 g MgO als Hydroxyd im Liter wurden in einem stehenden Zylinder mit einem flotten, den ganzen Inhalt in Bewegung haltenden Strom von reiner Kohlensäure bei 5 Atm. Überdruck behandelt. Nach $1^1/_2$ Stunden war die Magnesia völlig in reines Doppelsalz umgewandelt, wobei die Temperatur von 20° auf 30° C anstieg.

Beispiel II

Durch 1,5 cbm einer Lösung von 280 g KCl mit 44 g MgO als Hydroxyd im Liter wurde unter sonst gleichen Bedingungen, wie nach Beispiel 1, bei 3 Atm. Überdruck reine Kohlensäure geleitet. In 1 Stunde war die Magnesia verbraucht unter Abscheidung der entsprechenden Menge eines völlig reinen Engelschen Salzes.

Dann wurde noch $^1/_2$ cbm einer Aufschlämmung von 82 g MgO im Liter als Hydroxyd in einer gleich zusammengesetzten Chlorkaliumlösung zugefügt. Nach zweistündigem Durchleiten von Kohlensäure unter 3 Atm. Druck war auch diese Magnesia restlos in Engelsches Salz umgewandelt. Die Temperatur lag zwischen 20 und 24° C.

Patentansprüche:

1. Verfahren zur Herstellung von Kaliummagnesiumcarbonat, dadurch gekennzeichnet, daß man das Doppelsalz aus Magnesiumoxyd bzw. Magnesiumhydroxyd, Kalisalzen und Kohlensäure in einem Arbeitsgange herstellt, indem man die Umsetzung in Gegenwart überschüssiger Kohlensäure durchführt.

2. Ausführungsform des Verfahrens nach Anspruch 1, dadurch gekennzeichnet, daß zwecks Sicherung des Kohlensäureüberschusses mit einem Partialdruck der Kohlensäure von mindestens 3 Atm. gearbeitet wird.

3. Weitere Ausführungsform des Verfahrens nach Ansprüchen 1 und 2, dadurch gekennzeichnet, daß zwecks Sicherung des Kohlensäureüberschusses das Magnesiumhydroxyd allmählich in eine gesättigte Kalisalzlösung eingetragen wird oder daß die dem zu bildenden Doppelsalz entsprechende Gesamtmenge Magnesium in Form einer nicht oder nur wenig hydratisierten Magnesia der Kalisalzlösung beigegeben wird.

4. Verfahren nach Ansprüchen 1 bis 3, dadurch gekennzeichnet, daß ein zur Herstellung des Doppelsalzes geeignetes Salzgemisch aus Karnallit oder karnallithaltigen Roh- bzw. Zwischenprodukten in an sich bekannter Weise durch Erhitzen im Wasserdampfstrom hergestellt wird, wobei die gleichzeitig anfallende Salzsäure zweckmäßig zur Gewinnung der für die Darstellung des Doppelsalzes notwendigen Kohlensäure aus Carbonaten in an sich bekannter Weise benutzt werden kann.

5. Ausführungsform des Verfahrens nach Anspruch 4, dadurch gekennzeichnet, daß die Bildung zu dickflüssiger Schmelzen durch Zufügung von Kalisalzen verhindert und die Schmelze noch heiß in Wasser oder geeignete Lösungen geworfen wird.

D. R. P. 15218, B. I, 2758.

Nr. 523435. (K. 63. 30.) Kl. 12 l, 13. KALI-CHEMIE AKT.-GES. IN BERLIN.

Verfahren zur Herstellung von Kaliummagnesiumcarbonat (Engelschem Salz).

Zusatz zum Patent 504166.

Vom 9. Juni 1926. — Erteilt am 2. April 1931. — Ausgegeben am 23. April 1931. — Erloschen: 1934.

Im Patent 504 166 ist ein Verfahren beschrieben, aus Magnesiumoxyd bzw. Magnesiumhydroxyd und Kalisalzen in einem Arbeitsgange Engel'sches Salz (Kaliummagnesiumcarbonat) herzustellen.

Während man sonst im Großbetrieb bei der Herstellung von Engel'schem Salz Magnesiumcarbonattrihydrat verwandte, dient also nach diesem Verfahren das Magnesiumoxyd bzw. -hydroxyd als Ausgangsmaterial. Wesentlich ist bei dem Verfahren, daß während der Umsetzung stets ein Überschuß von Kohlensäure zugegen ist.

Nach dem Beispiel des Patents 504 166 wird bei dieser Umsetzung mit einer gesättigten Chlorkaliumlösung, d. h. einer Lösung, die 280 g Chlorkalium im Liter enthält, gearbeitet. Auch bei dem älteren Patent 143 595, bei dem zunächst Magnesiumcarbonattrihydrat und aus ihm dann in Gegenwart von Chlorkalium unter geeigneten Bedingungen das Engel'sche Salz gewonnen wird, wird als solche geeignete Bedingung die Anwendung sehr hoher Chlorkaliumkonzentrationen vorgeschrieben.

Es wurde nun gefunden, daß bei diesem direkten Verfahren der Herstellung des Engelschen Salzes aus Magnesiumoxyd bzw. Magnesiumhydroxyd in Gegenwart eines Kohlensäureüberschusses Engel'sches Salz in guter Ausbeute auch dann gewonnen werden kann, wenn das Chlorkalium nur in relativ geringer Konzentration, z. B. von 110 g im Liter, benutzt wird. Der große Vorteil dieses Arbeitens mit verdünnten Chlorkaliumlösungen besteht darin, daß bei gleich guter Ausbeute an Engel'schem Salz wie beim Arbeiten mit der konzentrierten Chlorkaliumlösung ein so chlorkaliumarmes Filtrat erhalten wird, z. B. mit nur 17 g Chlorkalium im Liter, daß die kostspielige Aufarbeitung des Filtrates durch Eindampfen zwecks teilweiser Rückgewinnung des Chlorkaliums als Reincarnallit nicht erforderlich wird.

PATENTANSPRUCH:

Ausbildung des Verfahrens zur Herstellung von Kaliummagnesiumcarbonat (Engel'schem Salz) nach Patent 504 166 aus Magnesiumoxyd bzw. Magnesiumhydroxyd, Kalisalzen und Kohlensäure in einem Arbeitsgange, wobei während der Umsetzung stets ein Überschuß von Kohlensäure vorhanden sein muß, dadurch gekennzeichnet, daß statt der nach dem Hauptpatent verwandten konzentrierten Chlorkaliumlösung eine solche benutzt wird, die weniger als halb konzentriert ist, also z. B. nur etwa 110 g Chlorkalium im Liter enthält.

D. R. P. 143595, B. I, 2760.

Nr. 524984. (S. 89262.) Kl. 12l, 13. Kali-Chemie Akt.-Ges. in Berlin.

Herstellung von Engelschem Salz (Kaliumbicarbonat-Magnesiumcarbonat).

Vom 11. Jan. 1929. — Erteilt am 30. April 1931 — Ausgegeben am 18. Mai 1931. — Erloschen: 1935.

Es ist bereits ein Verfahren vorgeschlagen worden, nach dem das Engelsche Salz $KHCO_3 \cdot MgCO_3 \cdot 4H_2O$ aus einer Mischung von Kaliumsalzen und Magnesiumverbindungen durch Behandlung mit Kohlensäure und Ammoniak in der Weise hergestellt wird, daß während der Umsetzung stets ein Kohlensäureüberschuß zugegen ist.

Vor den bekannten Verfahren der Herstellung des Engelschen Salzes aus Chlorkalium und Magnesiumcarbonattrihydrat hat dieses Verfahren den Vorzug, daß die Umsetzung schneller vor sich geht als jene, ohne daß Anwendung von Druck oder konzentrierter Kohlensäure erforderlich wäre und daß die umständliche Neuherstellung von Magnesiumcarbonattrihydrat nicht erforderlich ist, insofern ja das Kaliumbicarbonat des Engelschen Salzes sozusagen durch Umsetzung mit Ammoniumbicarbonat hergestellt wird unter Bildung von Ammoniumchlorid, während bei der alten Herstellung des Engelschen Salzes das Kaliumbicarbonat aus Magnesiumcarbonat, Kohlensäure und Chlorkalium erzeugt wird unter Bildung von Magnesiumchlorid.

Das neue Verfahren vollzieht sich etwa im Sinne folgender Gleichung:

$$MgCl_2 + KCl + 3\,NH_3 + 2\,CO_2 = KHCO_3 \cdot MgCO_3 \cdot 4\,H_2O + 3\,NH_4Cl.$$

Ein Nachteil des neuen Verfahrens besteht nun darin, daß beim gleichzeitigen Einleiten von Ammoniak und Kohlensäure in das Reaktionsgemisch eine starke Erwärmung eintritt, welche Kühlvorrichtungen notwendig macht.

Man könnte daran denken, zuerst außerhalb des Reaktionsgefäßes durch Zusammenleiten von Kohlensäure und Ammoniak eine Lösung von Ammoniumcarbonat herzustellen und diese dann unter weiterem Einleiten von Kohlensäure mit den übrigen Komponenten zu vereinen. Das hat aber den Nachteil, daß man das Reaktionsgemisch mehr verdünnen müßte als zweckmäßig.

Nach vorliegender Erfindung wird der Mißstand der zu starken Wärmetönung in der Weise umgangen, daß zuerst das bekannte Doppelsalz Ammoniummagnesiumcarbonat hergestellt wird und dieses dann zu Engelschem Salz und Ammoniumchlorid umgesetzt wird. Man hat bereits dieses Salz mit Chlorkalium und Kohlensäure nach der Formel:

$$(NH_4)_2CO_3 \cdot MgCO_3 \cdot 4\,H_2O + KCl + CO_2 = KHCO_3 \cdot MgCO_3 \cdot 4\,H_2O + NH_4HCO_3 + NH_4Cl$$

umzusetzen versucht, aber diese Umsetzung gelang nur sehr unvollkommen und langsam.

Nach vorliegender Erfindung wird eine schnelle und quantitative Umsetzung in der Weise erzielt, daß man das Ammondoppelsalz mit einem Äquivalent Magnesiumcarbonattrihydrat und 2 Mol. Kaliumchlorid nach folgender Gleichung umsetzt:

$$(NH_4)_2CO_3 \cdot MgCO_3 \cdot 4\,H_2O + MgCO_3 \cdot 3\,H_2O + 2\,KCl + CO_2 = 2\,KHCO_3 \cdot MgCO_3 \cdot 4\,H_2O + 2\,NH_4Cl.$$

Bei dieser Arbeitsweise hat man den großen Vorteil, die Wasserwirtschaft des Prozesses beliebig regulieren zu können, weil ja sowohl das Doppelsalz wie das Magnesiumcarbonattrihydrat in fester Form eingeführt werden können. Dadurch hat man die Möglichkeit, so konzentrierte Mutterlaugen zu erhalten, daß es nicht notwendig ist, sie wegen ihres Chlorkaliumgehaltes aufzuarbeiten.

Beispielsweise werden in 250 l einer Chlorkaliumlösung, die 300 g KCl im Liter enthält, 150 kg des sekundären Ammoniumcarbonat-Magnesiumcarbonat-Doppelsalzes mit 14 % MgO, 75 kg Magnesiumcarbonattrihydrat mit 18 % MgO und noch 16 kg festes Chlorkalium eingetragen und unter starkem Rühren bei Atmosphärendruck Kohlensäure eingeleitet. Nach 7 Stunden ist die Umsetzung beendet. Die Menge des Doppelsalzes betrug nach dem Decken 287 kg. Das Salz enthielt die 20,5 % Kaliumcarbonat entsprechende Kalimenge und daneben 1,2 % Ammoniak.

Im Filtrat waren pro Liter neben 141,5 g Ammoniumchlorid 3,4 g MgO als Magnesiumbicarbonat und 4,1 g Ammoniumbicarbonat enthalten, außerdem 168 g Chlorkalium.

Wurde der gleiche Ansatz gemäß dem Patent 37 060 gemacht, d. h. das Magnesiumcarbonattrihydrat fortgelassen, und unter Einleiten eines Kohlensäureüberschusses gerührt, so resultierten weit geringere Mengen eines an Ammoniumbicarbonat reicheren Doppelsalzes und ein Filtrat mit nur 62 g Chlorammonium im Liter neben 38,6 g Ammonbicarbonat, ein Beweis dafür, daß die Umsetzung nur zu einem Bruchteil durchgeführt ist, wie es auch nach den Angaben der Patentschrift zu vermuten war.

Das Magnesiumcarbonattrihydrat wird durch Zersetzung des Engelschen Salzes leicht zurückgewonnen und wieder für den Prozeß als solches bzw. zur Bildung des Ammoniummagnesiumcarbonates verwandt. Da eine Umsetzung unter Bildung von Magnesiumchlorid nicht eintritt wie bei dem alten Verfahren, so ist die umständliche Neugewinnung von Magnesiumcarbonattrihydrat bei dem vorliegenden Verfahren nicht erforderlich.

PATENTANSPRUCH:

Verfahren zur Herstellung von Engelschem Salz (Kaliumbicarbonat-Magnesiumcarbonat-Doppelsalz) aus Ammoniumcarbonat-Magnesiumcarbonat-Doppelsalz und Kalisalzen mit Hilfe eines Überschusses von Kohlensäure, dadurch gekennzeichnet, daß die Umsetzung unter Zusatz von Magnesiumcarbonattrihydrat vollzogen wird.

D. R. P. 37060, B. I, 2780.

Nr. 526388. (V. 24314.) Kl. 12 l, 13. VEREIN FÜR CHEMISCHE UND METALLURGISCHE PRODUKTION IN AUSSIG A. E., TSCHECHOSLOWAKISCHE REPUBLIK.

Verfahren zur Nutzbarmachung der Mutterlauge von der Fällung des Magnesiumkaliumcarbonats.

Vom 7. Sept. 1928. — Erteilt am 13. Mai 1931. — Ausgegeben am 5. Juni 1931. — Erloschen: 1933.

Bei einer bekannten Ausführungsform des Engel-Prechtschen Verfahrens zur Darstellung von Kaliumcarbonat wird Magnesiumcarbonat-Kaliumbicarbonat-Doppelsalz

$$KHCO_3 \cdot MgCO_3 \cdot 4H_2O$$

durch direkte Fällung von kaliumchlorid- und magnesiumchloridhaltigen Lösungen mittels Ammoniak und Kohlensäure bzw. Ammoncarbonat oder Ammonbicarbonat gewonnen. Auf diese Weise erhält man jedoch kein reines Doppelsalz der angegebenen Formel, sondern ammoniumhaltige Doppelsalze, deren Ammongehalt um so geringer ist, ein je größerer Überschuß an KCl bei der Fällung vorhanden ist. Die Mutterlauge von der Fällung des Doppelsalzes enthält daher, da der Ammoniumgehalt des Doppelsalzes verhältnismäßig gering gehalten wird, große Mengen an Kaliumchlorid neben Ammonchlorid. Die Trennung und Wiedergewinnung des Ammoniaks erfolgt aus diesen Mutterlaugen im allgemeinen durch Abtreiben mit Hilfe basischer Stoffe, insbesondere mit Kalk. Auf diese Weise erhält man eine Lösung, welche Calciumchlorid neben Kaliumchlorid enthält, die sich nur umständlich und unter großen Verlusten aufarbeiten läßt.

Es wurde gefunden, daß die Mutterlaugen von der Fällung des Magnesiumkaliumcarbonats in einfacher Weise für den Prozeß nutzbar gemacht werden können, wenn man das von der Zersetzung des Doppelsalzes stammende Magnesiumcarbonat nach Austreiben der Kohlensäure für die Redestillation des der Menge dieser Magnesia entsprechenden Anteils der Mutterlauge von der Doppelsalzefällung verwendet und die sich ergebende kaliumchlorid- und magnesiumchloridhaltige Lösung für die Fällung neuen Doppelsalzes mit verwendet. Die bei der Zersetzung des Doppelsalzes sich ergebende Magnesiamenge entspricht dem Ammoniakgehalt von mehr als $^2/_3$ der Mutterlauge, so daß nur weniger als $^1/_3$ dieser Mutterlauge nach den obenerwähnten umständlichen Verfahren aufzuarbeiten ist. Mit Rücksicht auf die in diesem Anteil enthaltene verhältnismäßig nur mehr geringe Menge Kaliumchlorid kann man sich aber auch damit begnügen, das Ammoniak mit Hilfe von Kalk auszutreiben und die entstehende, Calciumchlorid neben Kaliumchlorid enthaltende Lauge verloren zu geben.

Das neue Verfahren vereinfacht die Darstellung von Kaliumcarbonat nach dem Engel-Prechtschen Verfahren, indem es die für den Prozeß erforderliche Magnesia ständig im Kreislauf hält.

PATENTANSPRUCH:

Verfahren zur Nutzbarmachung der Mutterlauge von der Fällung des Magnesiumkaliumcarbonats

$$(KHCO_3 \cdot MgCO_3 \cdot 4H_2O)$$

aus Magnesiumchlorid und Kaliumchlorid enthaltenden Lösungen mit Ammoniak und Kohlensäure bzw. Ammoncarbonat oder Ammonbicarbonat für den Prozeß, dadurch gekennzeichnet, daß ein äquivalenter Anteil der Mutterlauge mit dem Magnesiumoxyd destilliert wird, das aus dem bei der Zersetzung des Doppelsalzes für die Pottaschegewinnung anfallenden Magnesiumcarbonat erhalten wird.

Nr. 556949. (M. 86. 30.) Kl. 12l, 13. ALFRED MENTZEL IN BERLIN-SCHÖNEBERG.

Herstellung von Pottasche unter Nebengewinnung von Ammoniak oder Ammonsalzen.

Vom 25. Okt. 1930. — Erteilt am 28. Juli 1932. — Ausgegeben am 17. Aug. 1932. — Erloschen: . . . .

Es ist bekannt, Alkali- und Magnesiumverbindungen auf Engelsches Salz zu verarbeiten und dieses in Pottasche zu überführen.

Die Erfindung besteht nun darin, daß das in Durchführung des Engelschen Magnesiaprozesses anfallende Doppelsalz $MgCO_3 \cdot KHCO_3 \cdot 4H_2O$ cyanisiert und das erhaltene Produkt in der für die Gewinnung von Carbonaten aus Alkalicyaniden bekannten Weise verseift wird, wobei das hier anfallende Ammoniak gegebenenfalls auf Ammoniaksalze verarbeitet werden kann.

Hierbei verläuft die Bildung von Pottasche aus Kaliumcyanid durch Verseifung nach der Gleichung

$$2KCN + 4H_2O = K_2CO_3 + CO + H_2 + 2NH_3.$$

Der besondere Vorteil des erfindungsgemäßen Verfahrens besteht in erster Linie darin, daß weit über die technische Wirkung des bekannten Magnesiaverfahrens hinausgehend nicht allein Pottasche, sondern außerdem als Nebenprodukt das höchst wertvolle Ammoniak gewonnen werden.

Bei Versuchen des Erfinders wurde die Erzeugung von Pottasche beispielsweise dadurch erreicht, daß die Reaktionsmasse, welche das Kaliumcyanid enthält, in dicker Schicht aufgehäuft mit Wasserdampf behandelt wurde. Der Wasserdampf wurde dabei vorteilhaft durch die hochgeschichtete Masse hindurchgeführt. Jedoch ist hiermit nicht gesagt, daß nicht auch bei andersartiger Führung des Teilprozesses der Verseifung die Bildung von K_2CO_3 bewirkt werden kann. Dies sind Fragen der praktischen Durchführung, die mit der Erfindung als solcher nichts zu tun haben.

Eine weitere Ausgestaltung des erfindungsgemäßen Verfahrens, welche noch besondere Vorteile in sich schließt, besteht darin, daß das bei der Verseifung gebildete Ammoniak mit dem aus dem Magnesiaprozeß bei der Bildung des erwähnten Doppelsalzes anfallenden Chlor bzw. der Salzsäure zu Chlorammon, NH_4Cl, vereinigt wird. Man erhält dann also neben der Pottasche ein äußerst wertvolles Düngemittel.

Die Gewinnung des Chlors bzw. der Salzsäure zur Darstellung des Chlorammons ergibt sich aus der Regenerierung des bei Fällung des Doppelsalzes verbleibenden Magnesiumchlorids. Das Magnesiumchlorid, $MgCl_2$ kann beispielsweise durch Erhitzen in Gegenwart von Wasser in Magnesiumoxyd und Salzsäure zersetzt werden. Die Vereinigung von Salzsäure und Ammoniak zu Chlorammonium läßt sich bekanntlich sehr leicht durchführen.

Die aufgezeigten vorteilhaften Weiterbildungen des erfindungsgemäßen Verfahrens, wie aber vor allem die Nebengewinnung von Ammoniak bei der Erzeugung von Pottasche, die, wie gezeigt, ohne Mehraufwand erzielt wird, veranschaulichen den sehr bedeutenden technischen Wert der Erfindung, der auf Grund überraschend einfacher Verfahrensmaßnahmen erzielt wird.

Das Ausgangsprodukt für die Herstellung von Pottasche, das Doppelsalz

$$MgCO_3 \cdot KHCO_3 \cdot 4H_2O,$$

bringt außerdem, wie durch Versuche festgestellt wurde, ganz hervorragende Eigenschaften für die Durchführung einer Cyanisierung mit sich. Es ist dies wahrscheinlich darauf zurückzuführen, daß die zwecks Cyanisierung brikettierten Kohle-Salz-Gemische in dem hocherhitzten Zustand ein äußerst poröses Gefüge zeigen. Dieses Gefüge bildet sich offenbar dadurch, daß während der Aufheizung eine Zersetzung des Kaliumbicarbonats und des Magnesiumcarbonats eintritt, daß also die gebundene Kohlensäure und das gebundene Wasser entweichen. Die frei werdenden Gase veranlassen die Bildung kleiner Hohlräume oder Kanäle innerhalb der Brikette. Es ist leicht einzusehen, daß ein derart gebildetes hochporöses Gefüge der Einwirkung des Stickstoffs ganz erheblich besser zugänglich ist als eine kompakte Masse. Von wesentlichem Wert ist es auch, daß die aus Kohle und dem Doppelsalz gebildeten Brikette eine ausgezeichnete Festigkeit zeigen, die eine Verwendung in industriellen Öfen gestattet. Zwecks Gewinnung der Pottasche aus den Briketten, sind diese im allgemeinen nach bekannten Methoden auszulaugen. Nach Trennung der festen Bestandteile von der Lösung durch Filtrieren o. dgl. ist das Pottaschesalz in üblicher Weise zu gewinnen.

Das Restprodukt, bestehend aus MgO und dem Rückstand der verwendeten Kohle, kann nach bekannten Verfahren in seine Bestandteile zerlegt werden, so daß das Magnesiumoxyd, wie dies auch bisher der Fall war, nach entsprechender Umbildung in die erforderlich kristallinische $MgCO_3 \cdot 3H_2O$-Form der neuerlichen Verwendung zur Darstellung des Ausgangsdoppelsalzes zugeführt werden kann.

Ausführungsbeispiel

1000 kg $MgCO_3 \cdot KHCO_3 \cdot 4H_2O$ werden zusammen mit 1000 kg Braunkohle fein vermahlen und gemischt. Die Masse wird ferner noch etwas angefeuchtet und schließlich zu kleinen Briketten gepreßt.

Die Brikette werden in einem außen beheizten Schachtofen eingeführt und auf eine Temperatur von etwa 900° C erhitzt. Die erhitzte Reaktionsmasse wird 3 Stunden lang der Einwirkung von Stickstoff unterworfen. Nach dieser Behandlung wird der Ofeninhalt durch Regelung der Beheizung bis auf etwa 500° C abgekühlt und sodann die Masse durch Wasserdampf verseift. Da bei der Verseifung Wärme frei wird, erhöht sich im Verlaufe dieser Behandlung die Temperatur in der Masse bis auf etwa 600° C. Durch die Verseifung werden 55 kg Ammoniak abgetrieben und in bekannter Weise aufgefangen.

Die Reaktionsmasse wird nach der Verseifung aus dem Ofen genommen und der Alkalibestandteil durch Wasser ausgelaugt. Die Lauge, die neben Pottasche auch einige Verunreinigungen aus der Kohle enthält, wird zwecks Verarbeitung auf höchste Reinheit mit Kohlensäure behandelt, wodurch das Kaliumcarbonat bekanntlich in Kaliumbicarbonat übergeführt und zur Ausfällung gebracht wird. Das gefällte Kaliumbicarbonat wird sodann calciniert, wodurch 250 kg Pottasche von über 98° Reinheit gewonnen werden.

Bezüglich der Gewinnung des festen Salzes aus der Reaktionsmasse gewonnenen Lauge ist zu bemerken, daß bei Verwendung anderer Kohlensorten als Braunkohle oder sofern die Verunreinigungen durch besondere, an sich bekannte Maßnahmen aus der rohen Lauge sogleich abgeschieden werden, natürlich auch die Pottasche in bekannter Weise unmittelbar, d. h. ohne Zwischenbildung von Bicarbonat, zu gewinnen ist.

Ferner ist darauf hinzuweisen, daß durch die Verseifung des hoch aufgeschichteten Gutes in einem Schachtofen bei den angegebenen Temperaturen eine starke Kohlensäureeinwirkung auf das Alkali und auf das Magnesiumoxyd bedingt ist. Jedenfalls sind bei der Versuchsdurchführung noch große Mengen von Kohlensäure in den abgehenden Verseifungsgasen festzustellen. Über die Herkunft dieser Kohlensäure ist zu sagen, daß sie offensichtlich durch Umsetzung überschüssigen Wasserdampfes mit restlichen Kohlenmengen (bekanntlich wird bei Alkalicyanisierungen stets Kohle im Überfluß verwendet) gebildet wird.

PATENTANSPRÜCHE:

1. Verfahren zur Herstellung von Pottasche unter Nebengewinnung von Ammoniak oder gegebenenfalls Ammoniumsalzen, dadurch gekennzeichnet, daß das in Durchführung des Engelschen Magnesiaprozeses anfallende Doppelsalz $MgCO_3 \cdot KHCO_3 \cdot 4H_2O$ cyanisiert und das erhaltene Produkt in der für die Gewinnung von Carbonaten aus Alkalicyaniden bekannten Weise verseift wird, wobei das hier anfallende Ammoniak gegebenenfalls auf Ammoniaksalze verarbeitet werden kann.

2. Verfahren nach Anspruch 1, dadurch gekennzeichnet, daß das bei der Verseifung gewonnene Ammoniak mit dem aus dem Ausgangsstoff Kaliumchlorid gewonnenen Chlor bzw. Chlorwasserstoff zu Chlorammonium vereinigt wird.

F. P. 724908.

Nr. 482253. (V. 17988.) Kl. 12 l, 15. VEREIN FÜR CHEMISCHE UND METALLURGISCHE PRODUKTION IN AUSSIG A. E., TSCHECHOSLOWAKISCHE REPUBLIK.

Verfahren zur Darstellung von reinem Kaliumcarbonat.

Vom 9. Dez. 1922. — Erteilt am 22. Aug. 1929. — Ausgegeben am 10. Sept. 1929. — Erloschen: 1932.

Die Gewinnung von reinem Kaliumcarbonat aus technisch reinem Ätzkali bereitete bisher große Schwierigkeiten und gelang nur nach umständlichen und kostspieligen Verfahren. Durch Einleiten von Kohlensäure in Kalilauge bis zur Sättigung erhält man zwar leicht völlige Umsetzung zu Kaliumcarbonat, doch enthält die entstehende Pottaschelauge sämtliche Verunreinigungen des Ausgangsmaterials. Die Abscheidung reinen Kaliumcarbonats aus dieser Lauge ist daher ohne weiteres nicht möglich.

Auf einfache Weise gelingt es dagegen, von konzentrierten Ätzkalilösungen ausgehend, reines, insbesondere chloridfreies Kaliumcarbonat abzuscheiden, wenn man in diese konzentrierte Ätzkalilösung nur so lange Kohlensäure einleitet, daß bloß ein gewisser Teil des Kaliumhydroxyds in Kaliumcarbonat umgesetzt wird.

Da nämlich Kaliumcarbonat in Kaliumhydroxyd schwer löslich ist, so scheidet sich aus solchen konzentrierten Lösungen beim Einleiten von Kohlensäure Kaliumcarbonat aus, bis die Konzentration des Kaliumhydroxyds in der flüssigen Phase auf einen bestimmten Wert zurückgegangen ist. Beim weiteren Einleiten von Kohlensäure nimmt die Löslichkeit des Kaliumcarbonats in der an Kaliumhydroxyd immer mehr verarmenden Lösung wieder zu, bis bei vollständiger Carbonisierung das sämtliche Kaliumcarbonat gelöst ist. Es existiert also ein Punkt, bei welchem das Maximum an fester Pottasche gewonnen wird.

Das ausgeschiedene Kaliumcarbonat ist rein; sämtliche Verunreinigungen, insbesondere Chlorkalium, bleiben gelöst, da die Lauge durch die Abnahme des Ätzkalititers ständig untersättigt an Chlorkalium ist.

Zur Ausführung des Verfahrens leitet man in eine konzentrierte Ätzkalilösung Kohlensäure zweckmäßig bis zur beginnenden Wiederauflösung des sich ausscheidenden Kaliumcarbonats ein, trennt dieses von der Mutterlauge und befreit es durch kurzes Waschen mit Wasser von anhaftenden Verunreinigungen. Zweckmäßig kann man, um die Ausbeute zu erhöhen, das Carbonisieren unter Kühlung vornehmen.

Die Mutterlauge wird durch Eindampfen oder durch Zusatz von Ätzkali wieder konzentriert und der Prozeß wiederholt. Haben sich die Fremdstoffe in der Lauge allmählich angereichert, so werden sie bei diesem Konzentrationsprozeß automatisch stets so weit abgeschieden, daß sie während der Kohlensäurefällung nicht störend wirken können.

Es war bereits bekannt, aus den bei der Leblanc-Sodafabrikation entstehenden vorgebildeten Pottaschelösungen durch eine Reihe von Kristallisations-, Löse- und Calcinationsprozessen die Hauptmenge der zahlreichen Verunreinigungen dieser Pottasche abzuscheiden, wobei die Trennung der Pottasche vom Chlorkalium aus Chlorkalium hältigen Pottaschelösungen, die infolge ihrer Herkunft auch Kaliumhydroxyd enthalten, dadurch erfolgte, daß man diese Lösungen bis zu einem bestimmten Volumengewichte eindampfte und dann durch Abkühlen zur Kristallisation brachte.

Im Gegensatz zu diesem bekannten Verfahren wird nach der vorliegenden Erfindung das Kaliumcarbonat erst aus der das Ausgangsmaterial bildenden Ätzkalilösung erzeugt, und es gelingt nach diesem Verfahren, aus solchen technischen Ätzkalilösungen unmittelbar reines Kaliumcarbonat durch Carbonisation der Laugen zu gewinnen. Während also das bereits bekannte Verfahren nur als ein Verfahren zur Reinigung von unreiner Pottasche angesprochen werden kann, betrifft vorliegende Erfindung ein Verfahren zur unmittelbaren Darstellung von reinem Kaliumcarbonat aus Ätzkalilösungen, und zwar, was einen besonderen Vorzug dieses Verfahrens bildet, in einem einzigen Arbeitsvorgange.

Patentansprüche:

1. Verfahren zur Darstellung von reinem Kaliumcarbonat aus Ätzkalilösungen geeigneter Konzentration, gekennzeichnet durch unvollständige Carbonisierung der Lauge und Trennung des abgeschiedenen Kaliumcarbonats von der Mutterlauge.
2. Verfahren nach Anspruch 1, dadurch gekennzeichnet, daß die Mutterlauge durch Eindampfen oder durch Zusatz von Ätzkali konzentriert und erneut mit Kohlensäure behandelt wird.

Nr. 485137. (V. 18540.) Kl. 12 l, 15. **Verein für chemische und metallurgische Produktion in Aussig a. E., Tschechoslowakische Republik.**

Verfahren zur Darstellung von Kaliumkarbonat aus Ätzkalilösungen.

Zusatz zum Patent 482253.

Vom 1. Aug. 1923. — Erteilt am 10. Okt. 1929. — Ausgegeben am 26. Okt. 1929. — Erloschen: 1932.

In dem Patent 482253 ist ein Verfahren beschrieben, nach welchem man reines Kaliumkarbonat aus Ätzkalilösungen dadurch gewinnt, daß man die konzentrierte Lauge nur unvollständig, zweckmäßig bis zum beginnenden Wiederauflösen des sich ausscheidenden Kaliumkarbonats, karbonisiert und das abgeschiedene Kaliumkarbonat von der Mutterlauge trennt. Die Mutterlauge wird durch Eindampfen auf die ursprüngliche Konzentration gebracht und der Prozeß wiederholt. Dieses Verfahren führt zu reinem Kaliumkarbonat, weil sämtliche Verunreinigungen der Ätzkalilauge, insbesonders Chlorkalium, in der durch die Abnahme des Ätzkalititers ständig an Chlorkalium untersättigten Lauge gelöst bleiben.

Es hat sich nun gezeigt, daß diese Arbeitsweise dann, wenn an die Reinheit des zu erzeugenden Kaliumkarbonats nicht so weitgehende Anforderungen gestellt werden, wesentlich vereinfacht werden kann.

Man kann in diesem Falle die unvollständige Karbonisierung auch von weniger konzentrierten Ätzkalilaugen ohne Rücksicht auf das Wiederauflösen etwa ausgeschiedenen Kaliumkarbonats so weit fortsetzen, daß je nach den Anforderungen, die an den Reinheitsgrad des Kaliumkarbonats gestellt werden, ein mehr oder weniger geringer Anteil an freiem Ätzkali in der Lauge enthalten bleibt. Dieser Anteil an freiem Ätzkali muß derart bemessen sein, daß bei der durch Eindampfen und Kühlung der Laugen erfolgenden Abscheidung des Kaliumkarbonats die in der ursprünglichen Lauge enthaltenen Verunreinigungen mehr oder weniger in Lösung gehalten werden.

PATENTANSPRUCH:

Verfahren zur Darstellung von Kaliumkarbonat aus Ätzkalilösungen durch unvollständige Karbonisierung nach Patent 482 253, dadurch gekennzeichnet, daß aus der mehr oder weniger freies Ätzkali enthaltenden karbonisierten Lauge das Kaliumkarbonat durch Eindampfen und Abkühlen abgeschieden wird.

Nr. 552056. (K. 106771.) Kl. 12l, 13. WINTERSHALL AKT.-GES. IN BERLIN, KARL THEODOR THORSSELL UND AUGUST KRISTENSSON IN KASSEL.

Verfahren zur Herstellung von Kaliumcarbonat.

Vom 19. Nov. 1927. — Erteilt am 19. Mai 1932. — Ausgegeben am 9. Juni 1932. — Erloschen: . . . .

Wie bekannt, ist es nicht möglich, Kaliumcarbonat nach dem Solvayprozeß, d. h. durch Einleiten von Ammoniak und Kohlensäure in eine Chlorkaliumlösung, fabrikatorisch herzustellen. Wegen der verhältnismäßig hohen Löslichkeit des gebildeten $KHCO_3$ im Vergleich zu NH_4HCO_3 tritt ein Gleichgewichtszustand schon bei einem geringen Gehalt der Lösung an NH_4Cl neben viel KCl ein. Eine Trennung dieser beiden Salze ist — wenn auch möglich — zu umständlich, um eine rentable Fabrikation zu gewährleisten.

Es ist bereits bekannt, das Solvayverfahren zur Herstellung von Kaliumcarbonat derart auszuführen, daß man die Reaktion nicht in Wasserlösung, sondern in Trimethylamin vor sich gehen läßt, wobei zuerst doppelkohlensaures Trimethylamin gebildet wird, das sich mit dem Alkalichlorid zu Alkalicarbonat und salzsaurem Trimethylamin umsetzt. Das gebildete salzsaure Trimethylamin wird nachher auf Trimethylamin nach bekannten Verfahren bearbeitet.

Die Erfindung betrifft die Gewinnung von Kaliumcarbonat über Kaliumcarbamat unter Anwendung von flüssigem Ammoniak. Die technischen Vorteile gegenüber dem erwähnten Verfahren bestehen darin, daß nicht das besonders herzustellende und immer wieder zu regenerierende und zu ergänzende Trimethylamin als Umsetzungsmittel gebraucht wird, sondern das jederzeit in jeder Menge zur Verfügung stehende billige Ammoniak, das in dem weiteren Verlauf des Prozesses wieder anfällt und in den Kreislauf des Prozesses wieder eingeführt wird.

Wenn CO_2 und NH_3 als Gase oder in Lösung zusammengeführt werden, so entsteht wie bekannt, eine Mischung von Ammoniumcarbamat und Ammoniumcarbonat. Die Gegenwart von viel Wasser in den Gasen bzw eine verdünnte Lösung begünstigt die Carbonatbildung, während umgekehrt Carbamat aus Carbonat durch ein wasserentziehendes Mittel, wie starke NH_3-Lösung, K_2CO_3 usw., erhalten wird.

Weiter ist Ammoniumcarbamat sowie Ammoniumchlorid in wasserfreiem oder wenig Wasser enthaltendem flüssigem Ammoniak ganz gut löslich, während Kaliumchlorid und noch mehr Kaliumcarbamat schwer löslich darin sind.

Der Erfindung gemäß setzt sich ein festes Kaliumsalz, z. B. KCl, mit einem aus NH_3 und CO_2 hergestellten Salz, in wasserfreiem oder wenig Wasser enthaltendem flüssigem NH_3 ausgerührt, um, so daß festes Kaliumcarbamat, KCO_2NH_2, ausgeschieden wird, während NH_4Cl, $NH_4CO_2NH_2$ neben sehr geringen Mengen KCO_2NH_2 in der Lösung bleiben.

$$\underset{\text{fest}}{NH_4CO_2NH_2} + \underset{\text{fest}}{KCl} = \underset{\text{fest}}{KCO_2NH_2} + \underset{\text{gelöst}}{NH_4Cl}$$

Wird KCO_2NH_2 mit etwas Wasser versetzt und erwärmt, so entweicht NH_3 oder NH_3 und CO_2, und es bleibt $KHCO_3$ oder K_2CO_3 oder eine Mischung dieser beiden Salze zurück. Diese Zersetzung geschieht schon bei verhältnismäßig niedriger Temperatur (unter 100°).

$$2\,KCO_2NH_2 + H_2O = K_2CO_3 + 2\,NH_3 + CO_2$$

Beim Ausführen des Verfahrens kann Ammoniumcarbamat so hergestellt werden, daß CO_2 in eine wäßrige NH_3-Lösung eingeleitet wird, wonach die Lösung abgekühlt und das ausgeschiedene Salz im Druckfilter abgetrennt wird. Die Lösung wird wieder mit NH_3 gesättigt und CO_2 von neuem eingeleitet.

Dieses Salz wird dann mit festem KCl in flüssiges NH_3 eingerührt.

Anstatt dieses so hergestellten Salzes können nach gewöhnlich benutzten Verfahren aus NH_3 und CO_2 hergestellte Salze, z. B. Hirschhornsalz, angewandt oder CO_2 direkt in das flüssige NH_3 eingeleitet werden.

Der nach vollendeter Umsetzung aus Kaliumcarbamat und etwa überschüssigem Ammoniumcarbamat bestehende Bodenkörper wird von der Flüssigkeit abgetrennt und mit flüssigem NH_3 nachgewaschen. Die Waschflüssigkeit wird für neue Ansätze benutzt, um das Verfahren im Kreislauf durchzuführen.

Das abgetrennte und gewaschene Kaliumcarbamat wird mit wenig Wasser ausgerührt und erwärmt, wobei NH_3 oder NH_3 und CO_2 je nach der Höhe der Temperatur entweichen und in die Fabrikation zurückgeleitet werden.

Das so erhaltene $KHCO_3$ oder K_2CO_3 stellt das Schlußprodukt dar.

Die abgetrennte Flüssigkeit ist eine Lösung von NH_4Cl und $NH_4CO_2NH_2$ neben geringen Mengen KCO_2NH_2 in flüssigem NH_3.

Aus der Lösung wird das NH_3 so abgetrennt, daß es wieder als flüssiges NH_3 gewonnen wird, was entweder durch eine gewöhnliche Destillation bei entsprechendem Druck geschehen kann oder durch Druckverminderung und Wiederkomprimierung in Verbindung mit Kühlung.

Der Rückstand wird erwärmt, wobei die darin vorhandene kleine Menge KCO_2NH_2 sich wieder mit NH_4Cl in KCl und $NH_4CO_2NH_2$ umsetzt. Bei weiterer Fortsetzung der Erwärmung zerfällt das $NH_4CO_2NH_2$ in CO_2 und NH_3, die in die Fabrikation zurückgehen.

$$NH_4CO_2NH_2 = 2\ NH_3 + CO_2$$

Der schließlich so erhaltene Rückstand besteht aus NH_4Cl und kleinen Mengen KCl. Er wird mit Wasser ausgerührt und nach bekanntem Verfahren im Abtreibeapparat mit Kalkmilch behandelt zwecks Wiedergewinnung des NH_3, das in die Fabrikation zurückgeht.

Das neue Verfahren gibt überraschende Ausbeuten; man kann auf das verwendete Kaliumsalz bis annähernd 100% Pottasche herstellen.

Beispiele

1. 10 kg fein gemahlenes KCl werden mit 12,6 kg $NH_4CO_2NH_2$ gut gemischt und mit 64,7 kg flüssigem NH_3 extrahiert.

Hierbei entsteht ein Bodenkörper, der abgetrennt wird und folgende Zusammensetzung hat:

12,6 kg KCO_2NH_2, 0,6 kg $NH_4CO_2NH_2$, 3,3 kg NH_3.

Durch Zusatz von 2,3 kg H_2O zu diesem Bodenkörper und Erwärmung entweichen 5,7 kg NH_3 und 0,4 kg CO_2 und werden 12,7 kg $KHCO_3$ erhalten. Durch weiteres Calcinieren entweichen 2,8 kg CO_2 und werden 8,8 kg K_2CO_3 erhalten.

Die vom Bodenkörper abgetrennte Flüssigkeit hat folgende Zusammensetzung:

0,4 kg KCl, 2,0 kg $NH_4CO_2NH_2$, 6,8 kg NH_4Cl, 61,4 kg NH_3.

Von dieser Flüssigkeit wird das NH_3 abdestilliert, und der Rückstand wird erwärmt, wobei 0,9 kg NH_3 und 1,1 kg CO_2 gewonnen werden. Der Rest besteht hauptsächlich aus NH_4Cl.

2. 10 kg KCl werden in 110 kg flüssiges NH_3 bei gewöhnlicher Temperatur unter Druck eingerührt und sodann 7 kg CO_2 eingeleitet. Nach erfolgter Umsetzung wird das KCO_2NH_2 von der Flüssigkeit abgetrennt und beide, so wie in Beispiel 1 beschrieben, behandelt.

Patentansprüche:

1. Verfahren zur Herstellung von Kaliumcarbonat, dadurch gekennzeichnet, daß ein Kaliumsalz, dessen Säureradikal mit Ammoniak in wasserfreiem Ammoniak lösliche Salze bildet, z. B. Kaliumchlorid, in fester Form in (wasserfreiem oder wenig Wasser enthaltendem) flüssigem Ammoniak mit Ammoniumcarbamat, Ammoniumcarbonat oder anderen Verbindungen aus Ammoniak und Kohlensäure behandelt wird, worauf das hierbei gewonnene Kaliumcarbamat in bekannter Weise in Kaliumbicarbonat oder Kaliumcarbonat übergeführt wird.

2. Verfahren zur Herstellung von Kaliumcarbonat, dadurch gekennzeichnet, daß ein Kaliumsalz nach Anspruch 1 vorzugsweise in fester Form in (wasserfreies oder wenig Wasser enthaltendes) flüssiges Ammoniak unter gleichzeitiger Einleitung von Kohlensäure eingerührt wird, worauf das hierbei gewonnene Kaliumcarbamat in bekannter Weise in Kaliumbicarbonat oder Kaliumcarbonat übergeführt wird.

A. P. 1794260; F. P. 661198, Zusatzpatent 38198. Aus KCl-Rohsalzen; die festen Carbamate des K und Na werden von der Lösung von NH_4Cl und NH_3 getrennt und in Bicarbonate übergeführt.

Nr. 550156. (A. 53017.) Kl. 12l, 13. DR. PAUL ASKENASY, DR. ALFRED STERN, DR. CURT MÜCKENBERGER, DIPL.-ING. FRIEDRICH NESSLER UND DIPL.-ING. ANDREAS VON KREISLER IN KARLSRUHE I. B.

Herstellung von Kaliumbicarbonat bzw. Kaliumcarbonat.

Vom 18. Jan. 1928. — Erteilt am 21. April 1932. — Ausgegeben am 6. Mai 1932. — **Erloschen: 1933.**

Bekanntlich stellt man Kaliumcarbonat hauptsächlich nach dem Magnesiumverfahren oder aus mit Hilfe der Elektrolyse gewonnenem Ätzkali dar. Im folgenden wird ein neues Verfahren zur Erzeugung von Kaliumbicarbonat bzw. Kaliumcarbonat beschrieben.

Läßt man Ammonbicarbonat oder Ammoncarbonat auf sekundäres Kaliumorthophosphat in wäßriger Lösung einwirken, so erhält man als Bodenkörper Kaliumbicarbonat und Kaliumcarbonat oder ein Gemisch dieser. Die miteinander reagierenden Substanzen können auch als Bodenkörper vorhanden sein. Nach dem Absondern des entstandenen Bodenkörpers enthält die Mutterlauge alles P_2O_5 neben etwas Ammoniak und Kohlensäure. Diese Lauge kann in den im Patent 540077 beschriebenen Prozeß eingeführt werden oder z. B. nach dem Eindampfen als Düngemittel Verwendung finden.

Beispiel

$^1/_{10}$ Mol sekundäres Kaliumorthophosphat wurde in 25 ccm Wasser von 18° C gelöst, $^1/_{10}$ Mol Ammoniumbicarbonat zugegeben und gerührt. Nach einiger Zeit wurde der Bodenkörper abfiltriert. Sein Gewicht betrug etwa 5 g. Er bestand zu 94 % aus Kaliumbicarbonat und zu 6 % aus Pottasche. Das Kaliumbicarbonat kann auf bekannte Weise in Pottasche verwandelt werden. Der Umsatz verläuft etwa nach

$$K_2HPO_4 + (NH_4)_2CO_3 + 2\,H_2O = \underline{KHCO_3} + KH_2PO_4 + 2\,NH_4OH\,,$$

wobei die Bildung von K_2CO_3 nicht berücksichtigt ist.

Man kann in geschlossenen oder offenen Gefäßen arbeiten und die etwa entweichenden, Ammoniak und Kohlensäure enthaltenden Gase und Dämpfe auffangen und verarbeiten. Auch kann man unter einem Überdruck von Kohlensäure oder Ammoniak arbeiten.

PATENTANSPRUCH:

Verfahren zur Herstellung von Kaliumbicarbonat bzw. Kaliumcarbonat, dadurch gekennzeichnet, daß man sekundäres Kaliumorthophosphat mit Ammonbicarbonat oder Ammoncarbonat in wäßriger Lösung umsetzt.

D. R. P. 540077, S. 1761.

Nr. 551605. (A. 39.30.) Kl. 12l, 13. DR. PAUL ASKENASY, DR. ALFRED STERN, DR. CURT MÜCKENBERGER, DIPL.-ING. FRIEDRICH NESSLER UND DIPL.-ING. ANDREAS VON KREISLER IN KARLSRUHE I. B.

Herstellung von Kaliumbicarbonat bzw. Kaliumcarbonat.

Zusatz zum Patent 550156.

Vom 27. Mai 1930. — Erteilt am 12. Mai 1932. — Ausgegeben am 4. Juni 1932. — **Erloschen: 1933.**

Im Patent 550156 wurde ein neues Verfahren beschrieben, nach dem es gelingt, durch doppelte Umsetzung von sekundärem Kaliumorthophosphat und Ammoncarbonat in wäßriger Phase Kaliumbicarbonat bzw. Pottasche herzustellen.

Es wurde nun weiter gefunden, daß man bei Anwendung eines Überschusses von Ammoniumbicarbonat bzw. Ammoniumcarbonat fast das gesamte Kalium, das in Form von sekundärem Kaliumorthophosphat eingeführt wird, zu Kaliumbicarbonat bzw. Kaliumcarbonat umsetzen kann. Auch kann man so arbeiten, daß man nur ein Atom Kalium des sekundären Kaliumorthophosphates in Kaliumbicarbonat umsetzt und die Mutterlauge, der man durch Erhitzen gegebenenfalls Ammoniak und Kohlendioxyd entziehen kann, in den Prozeß nach Patent 550156 zurückführt.

Beispiel

$^1/_{10}$ Mol sekundäres Kaliumorthophosphat in 20 ccm Wasser wurden mit $^1/_5$ Mol Ammoniumbicarbonat versetzt. Nach längerem Rühren wurden nach dem Abfiltrieren 95 g Salz erhalten, das praktisch vollkommen aus Kaliumbicarbonat bestand. Die Ausbeute an Kaliumoxyd betrug 95 % unter Zugrundelegung der Gleichgewichtsbeziehung

$$K_2HPO_4 + 2\,NH_4HCO_3 = KHCO_3 + KH_2PO_4 + (NH_4)_2CO_3.$$

PATENTANSPRUCH:

Verfahren zur Herstellung von Kaliumbicarbonat bzw. Kaliumcarbonat durch Umsetzung von sekundärem Kaliumorthophosphat mit Ammoniumbicarbonat bzw. Ammoniumcarbonat in wäßriger Lösung, dadurch gekennzeichnet, daß Ammoniumbicarbonat bzw. Ammoniumcarbonat im Überschuß angewandt werden.

Nr. 509260. (F. 62476.) Kl. 12l, 15.

DR. RICHARD FRIEDRICH IN CHEMNITZ UND DR. RUDOLF TAUSSIG IN WIEN.

Verfahren zur Trennung und Herstellung von Kalisalzen aus Gemischen von Soda und Pottasche.

Vom 16. Nov. 1926. — Erteilt am 25. Sept. 1930. — Ausgegeben am 7. Okt. 1930. — Erloschen: 1932.

Das vorliegende Verfahren ermöglicht eine einfache Trennung und Abscheidung des Sodagehaltes in Form von $NaHCO_3$, teilweise auch des K_2CO_3-Gehaltes in Form von $KHCO_3$, von der Hauptmenge des Kaligehaltes in Form von leicht löslichen Salzen desselben aus Gemischen von Natrium- und Kaliumcarbonat, wie solche z. B. in Wollschweißaschen, Schlempekohle und ähnlichen Produkten vorkommen.

Es beruht auf der neu aufgefundenen und überraschenden Tatsache, daß bei Einwirkung geringer Säuremengen auf solche Gemische zuerst der Pottaschegehalt zersetzt wird unter Bildung des der Säure entsprechenden Kalisalzes, die naszierende Kohlensäure aber nicht entweicht, sondern zunächst von der Soda unter Bildung des schwer löslichen $NaHCO_3$ aufgenommen wird, das sich ausscheidet. Erst nach Überführung des Sodagehaltes in das $NaHCO_3$ beginnt bei weiterem zweckmäßigen Säurezusatz die Bildung und Abscheidung des ebenfalls schwer löslichen $KHCO_3$, während in der Mutterlauge neben den geringen Mengen schon anfänglich vorhanden gewesener Kalisalze und den ihrer Löslichkeit entsprechenden von $KHCO_3$ (und $NaHCO_3$) das Kalisalz der angewendeten Säure sich befindet und daraus als neutrales, evtl. auch als saures Salz gewonnen werden kann.

Die anwendbare Säuremenge kann im Höchstfalle dem halben Äquivalent des Kohlensäuregehaltes im Carbonatgemisch entsprechen, wird aber praktisch begrenzt durch die Neutralisation des Soda- und Pottaschegehaltes.

Es ist zwar bekannt, daß man durch vorsichtige Zugabe von Schwefelsäure, Essigsäure, Weinsäure — vielleicht auch anderer Säuren — zu Sodalösungen $NaHCO_3$, zu Pottaschelösungen $KHCO_3$ abscheiden kann. Es ist auch bekannt geworden, daß man durch Einleiten von Kohlensäure bei 40 bis 50° C unter Druck in eine Lauge von mindestens 40° Bé, deren fixer Gehalt aus 90,00% K_2CO_3, 4,87% Na_2CO_3, 2,04% K_2SO_4, 3,07% KCl besteht, $KHCO_3$ in Mengen von 35 bis 40% des ursprünglichen Pottaschegehaltes abscheiden und auf fast chemisch reines K_2CO_3 verarbeiten kann.

Es ist dies Arbeitsverfahren in der Wärme und unter Druck umständlich; außerdem sind erfahrungsgemäß von den üblichen 18- bis 20-prozentigen Gasen nur 13 bis 15% zur Absorption zu bringen.

Es ist ferner ein Verfahren bekannt geworden, nach welchem eine Trennung von Soda und Pottasche aus deren Gemischen (speziell der bei der Verarbeitung jungvulkanischer Gesteine erhaltenen) bewerkstelligt wird durch Einleiten von CO_2 in die Lösung des Salzgemisches (evtl. nach vorhergegangener Abscheidung wesentlicher Sodamengen in Form von Kristallsoda), welche das Na_2CO_3 als schwer lösliches $NaHCO_3$ zur Abscheidung bringt, während die Pottasche als solche oder als Bicarbonat in der an Na_2CO_3 ärmeren Mutterlauge bleibt und nach dem Engel-Prechtschem Verfahren als K-Mg-Carbonat-Doppelsalz abgeschieden wird.

Zweck des an zweiter Stelle genannten Verfahrens ist nicht Trennung der Carbonatgemische, sondern die Gewinnung eines beträchtlichen Teils der Pottasche als reines $KHCO_3$; das letztgenannte Verfahren zielt auf eine Trennung der Carbonate.

Beiden Verfahren gemeinsam ist die Verwendung für diesen Zweck besonders hergestellter CO_2, bei dem ersteren sogar unter Druck und in der Wärme.

Der Kostenaufwand für diese Behandlung ist, besonders wegen der schlechten Ausnutzbarkeit der Gase, ein erheblicher. Dieser fällt bei vorliegendem Verfahren völlig weg.

Das vorliegende Verfahren führt nun zwar auch eine Trennung des Natrongehaltes vom Kaligehalt des Carbonatgemisches durch Abscheidung in Form von $NaHCO_3$ bzw. $KHCO_3$ herbei. Was das vorliegende Verfahren aber wesentlich von den zwei letztgenannten unterscheidet: es wird keine durch besondere Operation von außen eingeführte, sondern in dem Carbonatgemisch bereits vorhandene Kohlensäure angewendet.

Zweck des vorliegenden Verfahrens ist die

direkte Herstellung technischer Kalisalze aus dem Carbonatgemisch allein durch Zusatz der betreffenden Säure. Dadurch wirkt die CO_2 des Carbonatgemisches in statu nascendi und wird unter den sonst für gute Gasabsorption erforderlichen Bedingungen fast völlig — meist als $NaHCO_3$ — zurückgehalten. Es tritt also nur ein unbeachtlicher Verlust des Rohmaterialgewichtes ein, während bei der Verwendung von Pottasche zur Herstellung der Kalisalze das Gesamtgewicht ihres CO_2-Gehaltes verlorengeht.

So entsteht bei Einwirkung von 40 Gewichtigsten*) Essigsäure von 60% Gehalt auf 150 Gewichtsteile Lauge, die 18,7 Teile Na_2CO_3 und 37,3 Teile K_2CO_3 enthielt, durch Absaugen und Trocknen eine Abscheidung von 24,6 Teilen rohem $NaHCO_3$ mit einem Bicarbonatgehalt von 86%.

In ähnlicher Weise wirken Ameisensäure, Salzsäure, schweflige Säure, Milchsäure usw.

Nachfolgend sei noch die Einwirkung von SO_2-Gas beschrieben, zunächst auf eine Lauge, die in 100 Gewichtsteilen enthielt: 28,7 Gewichtsteile K_2CO_3, 14,4 Gewichtsteile Na_2CO_3, 1,6 Gewichtsteile KCl.

Durch die Einführung von 12 Gewichtsteilen SO_2 erfolgte eine Abscheidung von 8,2 Teilen $NaHCO_3$,
weitere 20 Gewichtsteile SO_2 schieden ab 6,6 Teile $NaHCO_3$,
14,8 Teile $NaHCO_3$,

das sind 65% der theoretischen Menge.

Die zurückgebliebene Lauge von 1,376 spez. Gewicht enthielt: 15,04 Volumprozent SO_2, 27,03 Volumprozent K_2O, 3,56 Volumprozent Na_2O, 37,15 Volumprozent K_2SO_3, 3,32 Volumprozent K_2CO_3, 6,03 Volumprozent Na_2CO_3, 2,10 Volumprozent KCl. Durch Übersättigen dieser Lauge mit SO_2, Abscheidung des $K_2S_2O_5$ durch Kristallisation und Konzentration resultierte schließlich eine Endlauge von 1,341 spez. Gewicht und einem Gehalte von 1,78 Gewichtsprozenten Na_2SO_4, 1,98 Gewichtsprozenten K_2SO_4, 14,75 Gewichtsprozenten KCl, 25,86 Gewichtsprozenten $Na_2S_2O_5$, 1,89 Gewichtsprozenten Na_2SO_3, die als solche technisch verwertbar ist.

Zweites Beispiel mit SO_2 Behandelt man 200 Gewichtsteile einer Lauge von 1,51 spez. Gewicht und folgender Zusammensetzung: 8,8 Volumprozent Na_2CO_3, 60,2 Volumprozent K_2CO_3, 2,6 Volumprozent KCl, 1,6 Volumprozent Verunreinigungen, nacheinander mit 35, 10, 13 Gewichtsteilen SO_2, so erhält man trockene Abscheidungen von 40,9, 20,6, 17,7 Gewichtsteilen, von denen die erste neben $NaHCO_3$ zum größten Teile aus $KHCO_3$ besteht, die anderen zwei, abgesehen von den Mutterlaugenresten, reines $KHCO_3$ sind.

Die noch neutrale Lauge von 1,4259 spez. Gewicht enthält 53,25 Volumprozent K_2SO_3, 5,13 Volumprozent K_2CO_3, 1,60 Volumprozent KCl. Durch Übersättigen mit SO_2, Kristallisation und Konzentration wurde der gesamte K_2SO_3- und K_2CO_3-Gehalt in $K_2S_2O_5$ übergeführt und abgetrennt. Als Endlauge resultierte eine Lauge ähnlicher Zusammensetzung, wie sie schon angegeben wurde, die technisch verwertbar ist.

Patentanspruch:

Verfahren zur Trennung und Herstellung von Kalisalzen aus Gemischen von Soda und Pottasche durch Abscheidung von Natriumbicarbonat, gegebenenfalls auch von Kaliumbicarbonat, mittels Kohlensäure, dadurch gekennzeichnet, daß die zur Abscheidung des Natriumbicarbonates und Kaliumbicarbonates erforderliche Kohlensäure durch Zusatz zunächst von Teilmengen der dem zu bildenden Kalisalze entsprechenden Säure in der Lösung des Salzgemisches erzeugt und nach Abtrennung des Natriumbicarbonates bzw. des Kaliumbicarbonates die Umsetzung der verbleibenden Kalisalze durch weiteren Säurezusatz zu Ende geführt wird.

*) Druckfehlerberichtigung: Gewichtsteilen.

Nr. 554142. (K. 116374.) Kl. 12l, 15. Kali-Chemie Akt.-Ges. in Berlin.

Erfinder: Hugo Zernechel in Neu-Staßfurt b. Staßfurt.

Herstellung einer beim Lagern nicht erhärtenden calcinierten Pottasche.

Vom 30. Aug. 1929. — Erteilt am 16. Juni 1932. — Ausgegeben am 5. Juli 1932. — Erloschen: 1934.

Pottasche als technisches Handelsprodukt wird gewonnen, indem man die in bekannter Weise, z. B. nach dem Engel-Prechtschen Verfahren, hergestellten Pottaschelaugen eindampft, das sich hierbei abscheidende Carbonat bzw. Carbonathydrat calciniert und das calcinierte Gut in Fässer o. dgl. einfüllt. Hierbei zeigt sich häufig der Übelstand, daß die Pottasche beim Lagern in den Fässern Klumpen bildet, welche oftmals steinhart werden, ein Umstand, der zu Klagen der Verbraucher Anlaß gibt.

Es gibt nun wohl ein Mittel, um diesem Übelstand entgegenzuwirken, indem man die aus dem Calcinierapparat austretende Ware zunächst bis zu einem gewissen Grade abkühlen läßt, bevor sie in die Fässer gelangt. Ein solches Verfahren ist indessen umständlich.

Es wurde nun die überraschende Tatsache festgestellt, daß es möglich ist, ein Zusammenbacken der calcinierten technischen Pottasche in den Fässern zu vermeiden, wenn man dafür Sorge trägt, daß die Calcinierung der durch Eindampfen erhaltenen Hydratpottasche in Gegenwart von Kaliumbicarbonat erfolgt. Man kann zu diesem Zwecke in der Weise verfahren, daß man das Kaliumbicarbonat aus den einzudampfenden Laugen nicht oder nicht vollständig entfernt oder denselben gegebenenfalls noch Kaliumbicarbonat zusetzt. Bisher bestand jedoch die Meinung, man müsse das in den Laugen vorhandene Kaliumbicarbonat weitgehendst entfernen, da man die besonderen, auf der Erkenntnis des vorliegenden Verfahrens beruhenden Vorteile nicht kannte. Ein Gehalt der Laugen von etwa 1 % $KHCO_3$, bezogen auf das in den Laugen vorhandene Kaliumcarbonat, genügt bereits, um den gewünschten Effekt hervorzurufen. Praktisch wird man jedoch Laugen mit einem Gehalt von 1 bis 2 % $KHCO_3$ anwenden, wobei ein höherer Gehalt der Laugen an Bicarbonat den Effekt nicht beeinträchtigt.

Anstatt die zur Eindampfung gelangenden Laugen so einzustellen, daß sie die erforderliche Menge Kaliumbicarbonat bereits enthalten, kann man auch so verfahren, daß man den einzudampfenden Laugen während der Konzentration Kaliumbicarbonat zusetzt. Schließlich kann man auch der beim Eindampfen sich abscheidenden Hydratpottasche vor dem Calcinieren etwas Bicarbonat in entsprechend feiner Verteilung zusetzen.

Patentanspruch:

Verfahren zur Herstellung einer beim Lagern nicht erhärtenden calcinierten Pottasche aus technisch reinen, insbesondere den nach dem elektrolytischen oder Engel-Prechtschen und ähnlichen Verfahren erhaltenen Pottaschelaugen durch Eindampfen derselben und Calcinieren der erhaltenen Hydratpottasche, dadurch gekennzeichnet, daß man den reinen Pottaschelaugen oder der sich beim Eindampfen derselben abscheidenden Hydratpottasche Kaliumbicarbonat in Mengen von etwa 1 % und mehr des Gehalts an Pottasche zusetzt oder gegebenenfalls den Bicarbonatgehalt der Pottaschelaugen ganz oder bis auf wenigstens 1 % in ihnen beläßt.

F. P. 699708.

Nr. 487058. (A. 43251.) Kl. 12 l, 13. Marcel Allinger in Nancy, Frankreich.

Verfahren zur Überführung von sulfatischen Kalirohsalzen, wie z. B. Kainit, oder den daraus gewonnenen alkalisulfathaltigen Salzgemischen in Kalium- bzw. Natriumhydroxyd.

Vom 16. Okt. 1924. — Erteilt am 14. Nov. 1929. — Ausgegeben am 29. Nov. 1929. — Erloschen: 1933.

Man kennt ein Verfahren, um Natronhydrat zu bereiten, welches darin besteht, daß man aus Kochsalzlösung mittels Oxalsäure Natriumoxalat fällt und dieses durch Kalk zerlegt. Aus dem hierbei neben Natronhydrat entstehenden Calciumoxalat wird dann mittels Schwefelsäure die Oxalsäure wiedergewonnen.

Dieses Verfahren findet jedoch keine praktische Anwendung, weil die zur Wiedergewinnung der Oxalsäure verwendete Schwefelsäure sehr kostspielig ist und schließlich als Gips von geringem Handelswert abfällt.

Es wurde nun gefunden, daß man das Verfahren zur Darstellung von Kalihydrat und Natronhydrat aus sulfatischen Kalirohsalzen, wie z. B. Kainit, oder den daraus gewonnenen alkalisulfathaltigen Salzgemischen, verwerten und auch auf einfache Weise die Trennung der beiden Alkalibasen bewirken kann. Zu dem Ende wird aus den genügend konzentrierten Lösungen der geeigneten Kalirohsalze oder der daraus gewonnenen Salzgemische saures Alkalioxalat gefällt, nötigenfalls nach vorheriger Reinigung dieser Lösungen. Die Trennung der beiden Alkalibasen voneinander kann entweder dadurch erreicht werden, daß nur die zur Fällung von vierfachsaurem Kaliumoxalat benötigte Menge Oxalsäure verwendet wird, oder dadurch, daß durch Anwendung einer größeren Menge Oxalsäure saures Kalium- und Natriumoxalat zusammen ausfällt und nach Überführung in neutrale Oxalate das schwerlösliche Natriumoxalat von dem leichter löslichen Kaliumoxalat abgeschieden wird. Man kann auch das Kalium in ein anderes leichtlösliches Salz, wie z. B. Carbonat oder Azetat, überführen und als solches von dem schwerlöslichen neutralen Natriumoxalat trennen.

Weiter wurde gefunden, daß man das Verfahren dadurch wirtschaftlicher gestalten kann, daß man die im Verlaufe des Prozesses durch den Kalk gebundene Schwefelsäure erneut verwendet, und zwar durch Überführen des Abfallgipses in Ammoniumsulfat, welches ein wertvolles Handelsprodukt darstellt. Zur technischen Durchführung dieses Prozesses eignet sich besonders das im folgenden beschriebene Verfahren. Dieses benutzt die an sich bekannte Tatsache, daß Gips in wäßriger Lösung durch kohlensaures Ammoniak zerlegt wird. Bei Durchführung der Reaktion in dieser bekannten Form würde man jedoch eine sehr verdünnte Lösung von Ammoniumsulfat erhalten, die sich nur unter erheblichen Kosten in die handelsübliche feste Ware überführen ließe. Selbst wenn man statt der Gipslösung einen Gipsbrei verwenden wollte, müßte man zur Bereitung eines genügend flüssigen Breies mehr Wasser anwenden, als zum Lösen des entstehenden Ammoniumsulfats nötig ist, und man würde auch in diesem Falle keine konzentrierte Lösung von Ammoniumsulfat erhalten. Nach dem vorliegenden Verfahren kann man diese konzentrierte Lösung direkt herstellen, indem man nur so viel Wasser zu dem Reaktionsgemisch verwendet, als zur Lösung des zu erwartenden Ammoniumsulfats nötig ist, den Gips aber nicht in einem Male mit diesem Wasser vermengt, sondern diesen — und nötigenfalls auch das Ammoniumcarbonat — nur allmählich und in dem Maße hinzufügt, als die Umsetzung in Calciumcarbonat weit genug fortgeschritten ist, um eine genügend flüssige Mischung zu ergeben. Es wurde nämlich gefunden, daß das gefällte Calciumcarbonat mit der hier in Betracht kommenden geringen Menge Wasser noch ein ziemlich leichtflüssiges Gemisch ergibt, während die äquivalente Menge gefällten oder gemahlenen Gipses mit derselben Menge Wasser einen zähen Teig geben würde, der sich nicht zur Verarbeitung eignete.

Im folgenden seien Beispiele für die vorliegenden Verfahren angeführt, mit der Maßgabe jedoch, daß diese Beispiele nicht als ausschließliche Ausführungsform gelten sollen.

1. Darstellung von Natron- und Kalilauge aus einem Gemisch von Natrium- und Kaliumsulfat und gleichzeitige Trennung des Kalis von Natron.

Zu einer warmen Lösung, die auf 750 Teile Wasser etwa 470 Teile schwefelsaures Natrium und 235 Teile schwefelsaures Kalium enthalten möge, werden 1200 Teile kristallisierter Oxalsäure gefügt, während man das Gemisch auf 90 bis 100° C erhitzt. Nachdem man wieder auf etwa 15° C abgekühlt hat, trennt man den aus saurem Kalium- und Natriumoxalat bestehenden Niederschlag von der sauren Mutterlauge und wäscht mit wenig kaltem Wasser.

Das noch feuchte Gemisch von saurem Natrium- und Kaliumoxalat wird dann in einem verschlossenen, mit den nötigen Zu- und Ableitungsröhren versehenen Gefäß mit ungefähr 1300 Teilen Wasser aufgerührt und mit feuchtem Natriumcarbonat, wie es in den Sodafabriken als Zwischenprodukt gewonnen wird, allmählich versetzt, bis eine filtrierte und aufgekochte Probe schwach alkalisch reagiert. Die entweichende Kohlensäure wird in die Sodafabrik zurückgeführt oder anderweitig verwertet. Nach Beendigung des Prozesses wird das Reaktionsgemisch filtriert, der Niederschlag von neutralem Natriumoxalat mit kaltem Wasser gewaschen, und dann während etwa einer halben Stunde mit etwas mehr als der theoretischen Menge Kalk und so viel Wasser unter Druck auf annähernd 140° C erhitzt, daß eine Natronlauge von etwa 14° Bé entsteht; diese wird von dem gebildeten Calciumoxalat abfiltriert und, wie üblich, weiterverarbeitet. Das Filtrat von neutralem Natriumoxalat, welches vorzüglich aus einer Lösung von neutralem Kaliumoxalat besteht, wird auf ähnliche Weise mit Kalk erhitzt, wobei neben Calciumoxalat Kalilauge entsteht.

Das bei der Darstellung der kaustischen Lauge gebildete Calciumoxalat wird alsdann mit so viel der eingangs beim Fällen der sauren Alkalioxalate erhaltenen sauren Mutterlaugen erwärmt, daß der überschüssig verwendete Kalk sowie das vorhandene kohlensaure Calcium zum größten Teil herausgelöst wird, unter Bildung einer schwach sauren Natriumsulfatlösung. Diese wird von dem darin unlöslichen Calciumoxalat getrennt und letzteres im feuchten Zustande in einem mit Rührwerk versehenen Behälter mit so viel Schwefelsäure von etwa 30° Bé erhitzt, daß eine Probe des Rückstandes keine nennenswerte Menge Calciumoxalat mehr enthält (auf 100 Gewichtsteile lufttrockenes Calciumoxalat nehme man etwa 250 Volumteile Schwefelsäure von 30° Bé). Nach Beendigung der Reaktion wird von dem gebildeten Gips abfiltriert, aus dem genügend eingedampften Filtrat kristallisiert Oxalsäure beim Erkalten aus und wird bei einer erneuten Fällung von sauren Alkalioxalaten, wie eingangs beschrieben, wieder verwendet. Die Mutterlauge der Oxalsäure wird durch Zusatz von Schwefelsäure wieder auf die erforderliche Stärke gebracht und dient zur Zerlegung neuer Mengen Calciumoxalat. Der gefällte Gips wird, nachdem er gehörig gewaschen worden, zur Darstellung von Ammoniumsulfat, wie im folgenden beschrieben, verwendet.

2. Verwendung von Gips zur Darstellung einer konzentrierten Lösung von Ammoniumsulfat.

Zu 4 Teilen Wasser, die sich in einem geschlossenen, mit Rührwerk versehenen Gefäß befinden, werden mittels einer entsprechenden Vorrichtung 5 Teile fein gemahlener Gips oder eine entsprechende Menge feuchter Gips, wie er im oben beschriebenen Verfahren erhalten wird, allmählich zugefügt. Gleichzeitig wird Kohlendioxyd und Ammoniak in das Gemisch eingeleitet, und der Zusatz dieser Reagenzien so geregelt, daß stets ein geringer Überschuß von kohlensaurem Ammonium in Lösung ist. Der Zusatz von Gips geschieht langsam genug, um zu vermeiden, daß das Gemisch zu dickflüssig werde, um das Einleiten der Gase zu ermöglichen. Die Temperatur des Gemisches wird vorteilhaft auf ungefähr 50° C gehalten. Sobald keine nennenswerten Mengen Gips mehr in dem Niederschlag nachweisbar sind, wird die entstandene konzentrierte Lösung von Ammoniumsulfat durch Filtration von dem gleichzeitig entstandenen Calciumcarbonat getrennt und letzteres gehörig gewaschen. Das erste Waschwasser wird an Stelle des eingangs erwähnten Wassers bei dem nächsten Versuche verwendet.

PATENTANSPRÜCHE:

1. Verfahren zur Überführung von sulfatischen Kalirohsalzen, wie z. B. Kainit, oder den daraus gewonnenen alkalisulfathaltigen Salzgemischen in Kalium- bzw. Natriumhydroxyd, dadurch gekennzeichnet, daß mittels Oxalsäure aus einer genügend konzentrierten Lösung der genannten Salzgemische saures Alkalioxalat gefällt, dieses entweder direkt oder nach Überführung in neutrales Oxalat mittels Kalk zerlegt und aus dem hierbei neben Alkalihydrat entstehenden Calciumoxalat mittels Schwefelsäure die Oxalsäure wiedergewonnen wird.

2. Verfahren nach Anspruch 1, dadurch gekennzeichnet, daß bei gleichzeitiger Anwesenheit von saurem Natrium- und Kaliumoxalat diese in die neutralen Oxalate übergeführt werden, aber vor der weiteren Verarbeitung das schwerlösliche Natriumoxalat von dem leichter löslichen Kaliumoxalat getrennt wird.

Nr. 558236. (M. 115347.) Kl. 12l, 13. ALFRED MENTZEL IN BERLIN-SCHÖNEBERG.

Herstellung von Kaliumhydroxyd unter Nebengewinnung von Ammoniak oder Ammonsalzen.

Vom 25. Okt. 1930. — Erteilt am 18. Aug. 1932. — Ausgegeben am 3. Sept. 1932. — Erloschen: ....

Bei den bekannten Verfahren, bei denen Alkali- und Magnesiumverbindungen zunächst auf Engelsches Salz verarbeitet werden und dieses dann in Kaliumhydroxyd überführt werden soll, ist es notwendig, das Engelsche Salz zunächst in Pottasche umzusetzen und dieses dann erst in Kaliumhydroxyd zu überführen.

Gemäß der Erfindung soll dieser Umweg vermieden und ein Weg gezeigt werden, auf dem das Engelsche Salz ohne weiteres in Kaliumhydroxyd überführt werden kann.

Zu diesem Zweck besteht die Erfindung nun darin, daß das in Durchführung des Engelschen Magnesiaprozesses anfallende Doppelsalz $MgCO_3 . KHCO_3 . 4\,H_2O$ cyanisiert und das erhaltene Produkt in der für die Gewinnung von Hydroxyden aus Alkalicyaniden bekannten Weise verseift wird, wobei das hier anfallende Ammoniak gegebenenfalls auf Ammoniumsalze verarbeitet werden kann.

Hierbei verläuft die Bildung von Ätzkali aus Kaliumcyanid durch Verseifung nach der Gleichung

$$KCN + 2\,H_2O = KOH + CO + NH_3.$$

Der besondere Vorteil des erfindungsgemäßen Verfahrens besteht in erster Linie darin, daß weit über die technische Wirkung des bekannten Magnesiaverfahrens hinausgehend nicht allein Ätzkali sondern außerdem als Nebenprodukt das höchst wertvolle Ammoniak gewonnen wird.

Bei Versuchen des Erfinders wurde zwecks Erzeugung von Ätzkali z. B so vorgegangen, daß die kaliumcyanidhaltige Masse in dünnen oder auch sehr dünnen Schichten ausgebreitet der Behandlung mit Wasserdampf unterworfen wird. Es genügte dann, den Wasserdampf über die ausgebreiteten dünnen Schichten hinwegstreichen zu lassen, um die gewünschte Umbildung von Kaliumcyanid zu Ätzkali zu bewirken. Es ist übrigens nicht ausgeschlossen, daß auch bei andersartiger Führung des Teilprozesses der Verseifung die Bildung von KOH bewirkt werden kann, d. h. die oben wiedergegebenen, sich vor allem auf die Schichtdicke des cyanidhaltigen Stoffes beziehenden Merkmale sollen lediglich als Beispiel für die Durchführung des Verfahrens zwecks Bildung des wertvollen Ätzkalis dienen.

Eine weitere Ausgestaltung des erfindungsgemäßen Verfahrens, welche noch besondere Vorteile in sich schließt, besteht darin, daß das bei der Verseifung gebildete Ammoniak mit dem aus dem Magnesiaprozeß bei der Bildung des erwähnten Doppelsalzes anfallenden Chlor bzw. der Salzsäure zu Chlorammon, NH_4Cl, vereinigt wird. Man erhält dann also neben dem Ätzkali ein äußerst wertvolles Düngemittel.

Die Gewinnung des Chlors bzw. der Salzsäure zur Darstellung des Chlorammons ergibt sich aus der Regenerierung des bei Fällung des Doppelsalzes verbleibenden Magnesiumchlorids. Das Magnesiumchlorid $MgCl_2$ kann beispielsweise durch Erhitzen in Gegenwart von Wasser in Magnesiumoxyd und Salzsäure zersetzt werden. Die Vereinigung von Salzsäure und Ammoniak zu Chlorammonium läßt sich bekanntlich sehr leicht durchführen.

Die aufgezeigten vorteilhaften Weiterbildungen des erfindungsgemäßen Verfahrens, wie aber vor allem die Nebengewinnung von Ammoniak bei der Erzeugung von Ätzkali, das, wie gezeigt, ohne Mehraufwand erzielt wird, veranschaulichen den sehr bedeutenden technischen Wert der Erfindung, der auf Grund überraschend einfacher Verfahrensmaßnahmen erzielt wird.

Das Ausgangsprodukt für die Herstellung von Ätzkali, das Doppelsalz $MgCO_3 . KHCO_3 . 4 H_2O$ bringt außerdem, wie durch Versuche festgestellt wurde, ganz hervorragende Eigenschaften für die Durchführung einer Cyanisierung mit sich. Es ist dies wahrscheinlich darauf zurückzuführen, daß die zwecks Cyanisierung brikettierten Kohle-Salz-Gemische in dem hocherhitzten Zustand ein äußerst poröses Gefüge zeigen. Dieses Gefüge bildet sich offenbar dadurch, daß während der Aufheizung eine Zersetzung des Kaliumbicarbonats und des Magnesiumcarbonats eintritt, daß also die gebundene Kohlensäure und das gebundene Wasser entweichen. Die frei werdenden Gase veranlassen die Bildung kleiner Hohlräume oder Kanäle innerhalb der Brikette. Es ist leicht einzusehen, daß ein derart gebildetes hochporöses Gefüge der Einwirkung des Stickstoffes ganz erheblich besser zugänglich ist als eine kompakte Masse. Von wesentlichem Wert ist es auch, daß die aus Kohle und dem Doppelsalz gebildeten Brikette eine ausgezeichnete Festigkeit zeigen, die eine Verwendung in industriellen Öfen gestattet. Zwecks Gewinnung des Ätzkalis aus den Briketten sind diese im allgemeinen nach bekannten Methoden auszulaugen. Nach Trennung der festen Bestandteile von der Lösung durch Filtrieren o. dgl. ist das Ätzkalisalz in üblicher Weise zu gewinnen.

Das Restprodukt, bestehend aus MgO und dem Rückstand der verwendeten Kohle, kann nach bekannten Verfahren in seine Bestandteile zerlegt werden, so daß das Magnesiumoxyd, wie dies auch bisher der Fall war, nach entsprechender Umbildung in die erforderlich kristallinische $MgCO_3 . 3 H_2O$-Form der neuerlichen Verwendung zur Darstellung des Ausgangsdoppelsalzes zugeführt werden kann.

Ausführungsbeispiel

1 000 kg $MgCO_3 . KHCO_3 . 4 H_2O$ werden zusammen mit 1 000 kg Braunkohle fein vermahlen und gemischt. Die Masse wird ferner noch etwas angefeuchtet und schließlich zu kleinen Briketten gepreßt.

Die Brikette werden in einem außen beheizten Schachtofen eingeführt und auf eine Temperatur von etwa 900° C erhitzt. Die erhitzte Reaktionsmasse wird 3 Stunden lang der Einwirkung von Stickstoff unterworfen. Nach dieser Behandlung wird die Reaktionsmasse aus dem Ofen genommen und in dünnen Schichten in einem Raum ausgebreitet, der durch Außenheizung auf etwa 350 bis 450° C erwärmt wird. Bei dieser Temperatur wird die Masse durch Wasserdampf verseift, wobei 53 kg Ammoniak gewonnen werden.

Die Reaktionsmasse wird nach der Verseifung aus dem Verseifungsbehälter genommen und der Alkalibestandteil durch Wasser ausgelaugt. Durch Eindampfung der Lauge werden 220 kg Ätzkali mit einem Gehalt von 92% KOH gewonnen.

Patentansprüche:

1. Verfahren zur Herstellung von Kaliumhydroxyd unter Nebengewinnung von Ammoniak oder gegebenenfalls Ammoniumsalzen, dadurch gekennzeichnet, daß das in Durchführung des Engelschen Magnesiaprozesses anfallende Doppelsalz $MgCO_3 . KHCO_3 . 4 H_2O$ cyanisiert und das erhaltene Produkt in der für die Gewinnung von Hydroxyden aus Alkalicyaniden bekannten Weise verseift wird, wobei das hier anfallende Ammoniak gegebenenfalls auf Ammoniumsalze verarbeitet werden kann.

2. Verfahren nach Anspruch 1, dadurch gekennzeichnet, daß das bei der Verseifung gewonnene Ammoniak mit dem aus dem Ausgangsstoff, Kaliumchlorid, gewonnenen Chlor bzw. Chlorwasserstoff zu Chlorammon vereinigt wird.

Nr. 562005. (S. 7. 30.) Kl. 12l, 13.

Société d'Etudes pour la Fabrication et l'Emploi des Engrais Chimiques in Paris.
Erfinder: Louis Hackspill und A. P. Rollet in Paris.

Herstellung von Ätzkali aus Kaliumchlorid unter Verwendung von einem Kaliumborat als Zwischenkörper.

Vom 13. Febr. 1930. — Erteilt am 29. Sept. 1932. — Ausgegeben am 20. Okt. 1932. — Erloschen: 1935.

Die Erfindung betrifft ein Verfahren zur Herstellung von Ätzkali aus Kaliumchlorid unter Verwendung von einem Kaliumborat als Zwischenkörper.

Man hat bereits vorgeschlagen, Alkalicarbonate bzw. Alkalihydroxyde in der Weise herzustellen, daß ein durch Behandlung von Borsäure mit dem entsprechenden Chlorid erhaltenes Borat mit Hilfe von Kalk kaustiziert wird. Bei diesem Verfahren wurde jedoch gewöhnliches Borat, also Mono- oder Diborat, verwendet. Die technische Bedeutung des Verfahrens hängt ausschließlich von der Leichtigkeit ab, mit der die Borate in genügend reiner Form gewonnen werden können.

Arbeitete man auf trockenem Wege, indem man z. B. Borsäure auf Kaliumchlorid einwirken ließ, so war die Reaktion unvollständig, und es verblieb in dem Endprodukte eine gewisse Menge nicht umgesetzten Kaliumchlorides. Dieses lösliche Chlorid kann bekanntlich nur schwer von der Kalilauge getrennt werden, die durch Behandlung des Borates mit Kalk gewonnen wird.

Man hat ferner ein Verfahren zur Herstellung von Boraten auf nassem Wege vorgeschlagen, nach dem man Borsäure auf ein Chlorid (z. B. Kaliumchlorid) in Gegenwart von Ammoniak einwirken läßt. In diesem Falle bildet sich neben Pottasche Ammoniumchlorid, das sich ebenfalls schwer von der Pottasche trennen läßt. Die Pottasche kann also nach diesem Verfahren nicht ohne weiteres in genügend reinem Zustande gewonnen werden.

Erfindungsgemäß wird im Gegensatz zu diesen älteren Verfahren die technische Ausbeute unter Vereinfachung des Prozesses dadurch wesentlich erhöht, daß als Zwischenkörper Kaliumpentaborat $5\,(B_2O_3)\cdot K_2O$ verwendet wird.

Die Vorteile, die sich hierbei im Gegensatz zu den vorbekannten Verfahren einstellen, sind von großer Bedeutung. Arbeitet man auf trockenem Wege, indem man zur Gewinnung von Pentaborat Chlorkalium und Borsäure in entsprechenden Mengen aufeinander einwirken läßt, so spielt sich folgende Reaktion ab:

$$10\,H_3BO_3 + 2\,KCl = 5\,(B_2O_3)\cdot K_2O + 2\,HCl + 14\,H_2O \qquad (1)$$

Die Reaktion ist praktisch vollständig, und in dem Endprodukt findet sich weder nicht umgesetzte Borsäure noch unzersetztes Kaliumchlorid.

Wenn man andererseits auf nassem Wege arbeitet, so bildet sich, wenn die Umsetzung der Borsäure und des Kaliumchlorides in Gegenwart von Ammoniak vorgenommen wird, quantitativ Chlorammonium und Kaliumpentaborat. Das letztere fällt infolge seiner geringen Löslichkeit aus und kann leicht durch Filtrieren in reinem Zustande gewonnen werden. Die Reaktion spielt sich gemäß folgender Gleichung ab:

$$10\,H_3BO_3 + 2\,KCl + 2\,NH_3 = 2\,NH_4Cl + 5\,(B_2O_3)\cdot K_2O + 14\,H_2O \qquad (2)$$

Bei der praktischen Ausführung der Erfindung behandelt man das aufgelöste oder in Wasser suspendierte Kaliumpentaborat mit Kalkmilch. Die Reaktion ist folgende:

$$5\,K_2O(B_2O_3) + 5\,Ca(OH)_2 = 5\,CaB_2O_4 + 2\,KOH + 4\,H_2O \qquad (3)$$

Das unlösliche Calciumborat CaB_2O_4 fällt aus, und man erhält reine Kalilauge. Sollte sich in dieser noch eine geringe Menge Kalk in Lösung befinden, so kann dieser leicht durch vorsichtige Behandlung mit Kohlensäure entfernt werden.

Die Reaktion, nach welcher sich die Kaustizierung abspielt (3), führt zu einem Gleichgewichte, das der Bildung des Kaliumhydroxydes um so günstiger ist, je verdünnter die Lösungen sind und je größer der Kalküberschuß ist.

Andererseits verläuft diese Kaustizierung um so schneller, je konzentrierter die Lösungen sind und je höher die Temperatur ist.

Es ergibt sich hieraus, daß die günstigsten Bedingungen für die Ausbeute und die Geschwindigkeit der Kaustizierung die folgenden sind:

1. Anwendung eines Kalküberschusses,

2. Anwendung einer genügend hohen Temperatur (zweckmäßig mehr als 60° C).

Man kann auoh durch Arbeiten im Autoklaven Temperaturen über 100° C zur Anwendung bringen.

Es ist, wie das bei anderen Kaustizierungsvorgängen bereits bekannt ist, auch hier besonders zweckmäßig, die Reaktion in verschiedenen Stufen (im allgemeinen in zwei) vorzunehmen. In einer ersten Stufe, in konzentrierter Lösung, erreicht man sehr schnell ein allerdings wenig günstiges Gleichgewicht (ungefähr 70 % Ausbeute). Darauf, zweckmäßig nach einer Filtration, verdünnt man die Lösung und beendet die Kaustizierung nach einer zweiten Zufügung von Kalk. Beim Arbeiten bei 100° sind nur einige Stunden erforderlich, um die Umsetzung praktisch vollständig zu machen.

Wenn das Pentaborat auf nassem Wege erhalten wurde, enthält es häufig etwas Ammoniak, das bei der Kaustizierung zurückgewonnen wird.

Das ausgefällte Calciumborat CaB_2O_4 wird abgetrennt und durch Behandlung mit Säure zerlegt, wobei die für den Prozeß notwendige Borsäure zurückgewonnen wird. Man verwendet z. B. Kohlensäure, Salzsäure (die nur wertlose Salze gibt) oder Salpetersäure, welche das in der Landwirtschaft viel gebrauchte Calciumnitrat liefert. Die sich abspielenden Reaktionen können z. B. lauten:

$$CaB_2O_4 + 2\,HCl + 2\,H_2O = 2\,H_3BO_3 + CaCl_2 \quad (4)$$

$$CaB_2O_4 + CO_2 + 3\,H_2O = 2\,H_3BO_3 + CaCO_3 \quad (5)$$

$$CaB_2O_4 + 2\,HNO_3 + 2\,H_2O = 2\,H_3BO_3 + Ca(NO_3)_2 \quad (6)$$

Man kann auch das Calciumborat mit dem Ammonsalz einer starken Säure behandeln; das Säureradikal des Ammonsalzes bindet dann das Calcium, und das Ammoniumborat zerfällt beim Erwärmen in Borsäure und Ammoniak.

Das Ammoniumchlorid eignet sich ganz besonders für eine solche Reaktion:

$$CaB_2O_4 + 2\,NH_4Cl + 2\,H_2O = 2\,H_3BO_3 + CaCl_2 + 2\,NH_3 \quad (7)$$

Diese Reaktion wird durch Erwärmen beschleunigt. Vorteilhaft arbeitet man im Autoklaven, um Temperaturen oberhalb 100° verwenden zu können. Die Anwendung eines Überschusses von Ammoniumchlorid ist ebenfalls zweckmäßig. Es empfiehlt sich, zu dieser Reaktion Ammoniumchlorid anzuwenden, welches nach Umsetzung (2) gewonnen wird. Borsäure und Ammoniak treten [vgl. Gleichung (7)] wieder vollständig in den Kreislauf zurück.

Beispiel

Man löst in 600 kg kochenden Wassers 295 kg Borsäure H_3BO_3 auf. Zu der so erhaltenen Lösung werden 16,1 kg Ammoniak und 70 kg Chlorkalium hinzugefügt. Es bildet sich nach Gleichung (2) ein im wesentlichen aus mit 8 Molen Wasser kristallisierendem Kaliumpentaborat bestehender Niederschlag folgender Zusammensetzung:

B_2O_3	60,9 %
K_2O	14,1 %
NH_3	0,86 %
H_2O	24,14 %

Dieser Niederschlag wiegt 250 kg und enthält 80 % des in dem behandelten Chlorkalium enthaltenden Kaliums sowie 92 % der eingesetzten Borsäure.

250 kg des auf diese Weise erhaltenen kristallisierten Kaliumpentaborates der Zusammensetzung $5(B_2O_3) \cdot K_2O \cdot 8\,H_2O$ werden in 800 kg Wasser aufgelsöt. Die Lösung enthält

B_2O_3	149 kg
K_2O	40 kg
H_2O	861 kg

Man fügt zu dieser Lösung 115 kg gelöschten Kalkes $Ca(OH_2)$ hinzu und erhält darauf nach 15stündiger Erhitzung bei 100° C oder 6stündiger Erhitzung bei 150° C im Autoklaven einen Niederschlag von kristallisiertem Calciumborat $CaB_2O_4 \cdot 6\,H_2O$.

Man gewinnt das Calciumborat durch Filtration und erhält auf diese Weise 68 % der verwendeten Borsäure, d. h. 102 kg. Man wäscht das Calciumborat, welches 340 kg wiegt, mit 1040 kg Wasser und fügt die Waschwässer zu dem Filtrat. Man erhält so eine Lösung folgender Zusammensetzung:

B_2O_3	47 kg
K_2O	40 kg
H_2O	1800 kg

Man fügt zu dieser Lösung 60 kg Kalk $Ca(OH)_2$ hinzu. Insgesamt sind also 175 kg Kalk statt der nach Gleichung (3) theoretisch erforderlichen 158 kg, also ein Überschuß von 11 % angewendet worden.

Die verdünnte Lösung wird 15 Stunden lang bei 100° oder 6 Stunden lang bei 150° C erhitzt. Es fällt von neuem Calciumborat $CaB_2O_4 \cdot 6H_2O$, und zwar etwa 145 kg aus sowie ferner 12 kg überschüssiger Kalk. Der mit dem Calciumborat ausgefällte Kalküberschuß beeinträchtigt die Wiedergewinnung der Borsäure nach den Gleichungen (4), (5), (6) oder (7) in keiner Weise.

Die Lösung enthält noch etwas Kalk (ungefähr 2 kg). Durch vorsichtige Carbonisation kann dieser Kalk als Calciumcarbonat ausgefällt werden. Er mischt sich mit dem Calciumborat und stört die Wiedergewinnung der Borsäure nicht.

Man wäscht den Niederschlag mit ungefähr 5 kg Wasser und mischt die Waschwässer mit dem Filtrat. Die erhaltene Lösung hat folgende Zusammensetzung:

B_2O_3	4 kg
K_2O	40 kg
H_2O	1780 kg

Diese Pottaschelösung ist so rein, daß sie unmittelbar durch Verdampfen konzentriert werden kann.

PATENTANSPRÜCHE:

1. Verfahren zur Herstellung von Ätzkali aus Kaliumchlorid unter Verwendung von einem Kaliumborat als Zwischenkörper, dadurch gekennzeichnet, daß als Zwischenkörper Kaliumpentaborat verwendet wird.

2. Verfahren nach Anspruch 1, dadurch gekennzeichnet, daß die Kaustizierung in mehreren aufeinanderfolgenden Stufen vorgenommen wird, wobei nach der Beendung der Reaktion in einer dieser Stufen zweckmäßig filtriert und darauf nach Verdünnung des Filtrates die Kaustizierung fortgesetzt wird.

3. Verfahren nach Anspruch 1 und 2, dadurch gekennzeichnet, daß das von der Ätzkalilösung abgetrennte Calciumborat zur Wiedergewinnung der Borsäure mit Chlorammonium zu Borsäure, Ammoniak und Calciumchlorid umgesetzt wird.

S. a. D. R. P. 557725, S. 2562.

Nr. 477952. (G. 64153.) Kl. 12 l, 15. GESELLSCHAFT FÜR CHEMISCHE INDUSTRIE IN BASEL IN BASEL, SCHWEIZ.

Verfahren zur Trennung von Kalium- und Natriumhydroxyd aus ihren Gemischen.

Vom 25. April 1925. — Erteilt am 30. Mai 1929. — Ausgegeben am 17. Juni 1929. — Erloschen: 1932.

Schweizerische Priorität vom 15. Mai 1924 beansprucht.

Ein Verfahren zur Trennung von Kalium- und Natriumhydroxyd ist bisher nicht bekannt geworden, obwohl Gemische dieser Alkalien bei verschiedenen technischen Prozessen in großen Mengen anfallen und ihre vollständige Trennung oder die Anreicherung an der einen oder anderen Komponente zur Herstellung einer gewünschten Zusammensetzung von großer technischer Bedeutung ist.

Werden wässerige Gemische der beiden Alkalien, die z. B. äquimolekulare Mengen Kali und Natron enthalten, so weit eingedampft, daß sie teilweise kristallisieren, so scheidet sich ein Kristallgemisch aus, das annähernd die Zusammensetzung des Ausgangsmaterials hat, wodurch die Annahme nahegelegt wird, daß die Hydroxyde bzw. die Hydroxydhydrate der Alkalien analog wie die Karbonate dieser Basen als Molekularverbindungen auskristallisieren.

Es wurde nun gefunden, daß man Kalium- und Natriumhydroxydgemische leicht voneinander trennen kann, indem man zwecks Abscheidung des Kalis das Gemisch derart konzentriert, daß die Kristallabscheidung bereits bei relativ hoher Temperatur stattfindet und man dann ebenfalls bei höherer Temperatur die Abtrennung der Kristalle von den Mutterlaugen vornimmt, und daß man zwecks Abscheidung des Natrons das Gemisch derart verdünnt, daß die Kristallabscheidung erst bei relativ niedriger Temperatur stattfindet und man dann ebenfalls bei niedriger Temperatur die Abtrennung der Kristalle von den Mutterlaugen vornimmt.

Es hat sich gezeigt, daß aus relativ kalireichen Gemischen bzw. Lösungen oberhalb gewisser Konzentrationen und Temperaturen, die je nach der Zusammensetzung der Gemische variieren, ein praktisch reines Kaliumhydroxydhydrat auskristallisiert werden kann, während die Natriumhydroxydhydrate noch in flüssigem Zustande verbleiben. Nach Abschleuderung der Kristalle bei der erhöhten Temperatur wird eine Mutterlauge erhalten, die bedeutend kaliärmer ist. Kühlt man dieselbe direkt weiter ab, so scheidet sie Kristalle ab, die bedeutend natronreicher sind als das ursprüngliche Gemisch, aber immer noch bedeutende Mengen Kali enthalten. Wird jedoch die Mutterlauge nach der Abtrennung des Kalis zuerst passend verdünnt und erst hierauf abgekühlt, so scheiden sich schon fast reine Kristalle von Natriumhydroxydhydrat ab. Die nun verbleibende Mutterlauge zeigt annähernd die Zusammensetzung des ersten Ausgangsmaterials; sie kann wieder auf die ursprüngliche Konzentration gebracht und der gleichen Behandlung wie das Ausgangsmaterial unterworfen werden.

In der Regel beginnt man zweckmäßig mit der Abscheidung desjenigen der beiden Alkalien, dessen Menge in dem Gemisch mehr oder weniger stark vorherrscht. Beträgt z. B. in dem Gemisch der Kaligehalt weniger als 35 %, so wird man zweckmäßig mit der Abscheidung des Natrons beginnen. Bei kalireicheren Gemischen wird zuerst möglichst viel Kali abgeschieden und hierauf die Mutterlauge auf Natron verarbeitet.

Um die Kristalle weiter zu reinigen, kann man sie durch wenig Wasser wieder in Lösung bringen und bei passender Temperatur und Konzentration das Trennungsverfahren wiederholen.

Es liegt auf der Hand, daß die sinngemäße Anwendung des Verfahrens außer zur vollständigen Trennung von Kali- und Natrongemischen auch dazu dienen kann, um solche Gemische von Kali und Natron von beliebiger Zusammensetzung auf jeden gewünschten Gehalt an Kali oder Natron einzustellen bzw. an dem einen oder andern Bestandteil anzureichern, wie es der jeweilige technische Zweck verlangt.

Es ist zwar bekannt, daß man aus wässerigen Gemischen, welche Kaliumhydroxyd neben Natriumcarbonat, Kaliumcarbonat, Chlorkalium, Schwefelkalium und anderen leicht löslichen Salzen enthalten, nach Abtrennung der Hauptmenge Carbonat das Kaliumhydroxyd bei 40 bis 60° C als Hydrat in ziemlich reiner Form abscheiden kann. Hieraus war jedoch in keiner Weise abzuleiten, daß auch aus einem Gemisch von Kalium- und Natriumhydroxyd sich eine Abtrennung des Kaliumhydroxyds in analoger Weise durchführen und daß sich aus den so erhaltenen Mutterlaugen nach der angegebenen Arbeitsweise ein reines Natronhydrat gewinnen lassen würde.

Beispiel 1

Eine gereinigte Lauge, welche gleiche Teile Kali und Natron enthält, wird auf 60° Bé eingedampft und bei etwa 60° C in einer Kristallisiertrommel mit Schabern gerührt, bis keine Vermehrung der Kristalle mehr eintritt. Man schleudert bei der genannten Temperatur in einer geheizten Zentrifuge gründlich aus. Die abgetrennten Kristalle bestehen aus praktisch reinem Kalihydroxydhydrat. Hierauf verdünnt man die Mutterlauge auf etwa 55° Bé und rührt unter Kühlung mit fließendem Wasser. Die hierbei ausgeschiedenen Kristalle enthalten nur noch 8 bis 10 % Kali, die Mutterlauge dagegen etwa 50 %. Sie kann wieder auf 60° Bé konzentriert und in gleicher Weise weiter zerlegt werden.

Beispiel 2

Eine Lauge, enthaltend auf 30 Teile Kali 70 Teile Natron, wird bei etwa 50° C auf etwa 56° Bé verdünnt und unter Rühren gekühlt. Es scheidet sich fast reines Natronhydroxydhydrat aus, das durch entsprechende Verdünnung und erneute Kristallisation vom Rest des anhaftenden Kalis befreit werden kann.

Beispiel 3

Eine Lauge, welche auf 60 Teile Kali 40 Teile Natron enthält, wird auf 61° Bé konzentriert und bei 70° C kristallisiert und abgeschleudert. Die Kristalle enthalten über 90 % Kali.

Beispiel 4

Eine Lauge, enthaltend auf 55 Teile Kali 45 Teile Natron, wird auf 59° Bé konzentriert und bei 40° C längere Zeit gerührt und abgeschleudert. Die erhaltenen Kristalle stellen fast reines Kalihydroxydhydrat dar. Die Mutterlauge wird analog wie in Beispiel 1 und 2 verarbeitet.

Beispiel 5

Eine Alkalilösung, die auf je 8 Teile KOH etwa 2 Teile NaOH enthält, wird bis zu einem Wassergehalt von 38 % eingedampft. Bei dieser hohen Konzentration beginnt die Kristallbildung schon nach Abkühlen auf rund 115°. Man hält etwa 1 Stunde bei 95 bis 100°. Es scheiden sich große Kristalle aus, die nach dem Absaugen bei etwa 92° C über 94 % Kalihydroxydhydrat enthalten.

Patentansprüche:

1. Verfahren zur Trennung von Kalium- und Natriumhydroxyd aus ihren Gemischen in Laugen, dadurch gekennzeichnet, daß das Gemisch zwecks Abscheidung des Kaliumhydroxyds zunächst konzentriert, bei einer Temperatur von 40 bis 100° C von den abgeschiedenen Kristallen getrennt und darauf zwecks Abscheidung des Natriumhydroxyds verdünnt und abgekühlt wird.

2. Verfahren nach Anspruch 1, dadurch gekennzeichnet, daß mit der Abtrennung desjenigen der beiden Alkalien begonnen wird, dessen Menge in dem Gemisch vorwiegt.

Nr. 557725. (S. 6. 30.) Kl. 12l, 13.

Société d'Etudes pour la Fabrication et l'Emploi des Engrais Chimiques in Paris.
Erfinder: Louis Hackspill und A. P. Rollet in Paris.

Herstellung von Kaliumsalzen durch Überführung von Kaliumchlorid in ein Kaliumborat und Zerlegung des Borates mittels einer Säure.

Vom 12. Febr. 1930. — Erteilt am 10. Aug. 1932. — Ausgegeben am 26. Aug. 1932. — Erloschen: 1935.

Die vorliegende Erfindung betrifft ein Verfahren zur Herstellung von Kaliumsalzen (Nitraten, Phosphaten usw.) aus Kaliumchlorid, vorzugsweise aus in der Natur vorkommendem Kaliumchlorid.

Die unmittelbare Herstellung eines Kaliumsalzes durch Einwirkung der entsprechenden Säure auf das natürliche Kaliumchlorid bietet ernste Schwierigkeiten und ist in manchen Fällen vollständig unmöglich.

Es ist bekannt, daß, wenn gewöhnliches Kaliumborat mit der Säure des gesuchten Kaliumsalzes behandelt wird, neben diesem Salz Borsäure entsteht, die in der Kälte ausfällt und gewonnen werden kann. Unglücklicherweise lassen sich jedoch aus Kaliumchlorid die gewöhnlichen Kaliumborate (Mono- und Diborat) nicht mit befriedigender Ausbeute gewinnen.

Wenn man z. B. auf trockenem Wege unmittelbar Borsäure auf Kaliumchlorid einwirken ließe, so würde man ein Gemisch von Mono- und Diborat mit nicht zersetztem Kaliumchlorid und einem Rückstand von nicht umgesetzter Borsäure erhalten.

Es ist offensichtlich, daß die Einwirkung einer Säure auf ein derartiges Gemisch für ein technisches Verfahren unüberwindliche Schwierigkeiten ergeben würde. Bei Einwirkung von Salpetersäure z. B. würden nitrose Gase untermischt mit Nitrosylchlorid und Salzsäure entstehen, während Borsäure nicht in genügend reinem Zustande wiedergewonnen werden könnte, um von neuem zur Gewinnung von Borat verwendet werden zu können.

Beim Arbeiten auf nassem Wege ist es bekanntlich erforderlich, Kaliumchlorid mit Borsäure in Gegenwart von Ammoniak zu behandeln. Man erhält jedoch neben Kaliumborat Ammoniumchlorid. Da beide Salze löslich sind, ist ihre Trennung schwierig, und man müßte bei unwirtschaftlichen Konzentrationen arbeiten, um das Kaliumborat zu erhalten.

Erfindungsgemäß wird als Zwischenprodukt Kaliumpentaborat ($5\,B_2O_3, K_2O$) verwendet. Das Kaliumpentaborat ist deshalb vorteilhaft, weil es sowohl auf trockenem wie auf nassem Wege aus Kaliumchlorid mit hoher Ausbeute technisch gewonnen werden kann. Es gelingt nämlich auf trockenem Wege leicht, eine vollständige Reaktion zu erzielen, und auf nassem Wege (in Gegenwart von Ammoniak) läßt sich das Kaliumpentaborat von dem Ammoniumchlorid leicht trennen, da das Pentaborat sehr wenig löslich ist.

Das als Zwischenprodukt gewählte Kaliumpentaborat wird anschließend leicht durch die dem gesuchten Kaliumsalz entsprechende Säure (Salpetersäure, Phosphorsäure, Fluorwasserstoffsäure, Schwefelsäure usw.) zerlegt.

Nach der Einwirkung der Säure auf das Pentaborat fällt der größte Teil der Borsäure aus. Die geringe, zusammen mit dem Kaliumsalz in Lösung bleibende Borsäuremenge kann durch irgendein bekanntes Mittel, z. B. durch Zufügung von Kalk und Ausfällung von Calciumborat, entfernt werden.

Beispiel 1

Um Kaliumnitrat aus Kaliumchlorid herzustellen, kann in folgender Weise verfahren werden:

248 kg Borsäure H_3BO_3 werden in 500 kg Wasser eingetragen und die Mischung zum Sieden erhitzt. Zu der Lösung werden 13,6 kg Ammoniak und 59,2 kg Kaliumchlorid hinzugefügt.

Es bildet sich sogleich ein im wesentlichen aus mit $8\,H_2O$ kristallisierendem Kaliumpentaborat $5\,B_2O_3K_2O$ bestehender Niederschlag folgender Zusammensetzung:

B_2O_3	60,90 %
K_2O	14,10 %
NH_3	0,86 %
H_2O	24,14 %.

Dieser 211 kg wiegende Niederschlag enthält 80 % des im behandelten Kaliumchlorid enthaltenen Kaliums (29,75 kg K_2O) und 92 % der gesamten Borsäure.

Die technische Ausbeute ist also sehr hoch. Die Ausfällung des Kaliumpentaborates kann viermal in denselben Mutterlaugen wiederholt werden. Man fällt darauf das angesammelte Ammoniumchlorid und einen Teil des verbleibenden Kaliumchlorids durch Abkühlen der Mutterlaugen unter 0° C aus und führt anschließend das Verfahren unter abwechselnder Fällung von Kaliumpentaborat und Ammoniumchlorid weiter.

Durch Behandeln der so erhaltenen kristallisierten 211 kg Kaliumpentaborat mit 80 kg

50 %iger Salpetersäure werden 64 kg Kaliumnitrat KNO_3 erhalten.

Die Reaktion ist die folgende:

$$5\,B_2O_3 \cdot K_2O + 2\,HNO_3 + 14\,H_2O = 10\,H_3BO_3 + 2\,KNO_3.$$

Die unlösliche Borsäure fällt aus und die verbleibende Lösung enthält alles Kaliumnitrat. Die ausgefällte Borsäure dient mit neuen Mengen von Kaliumchlorid zur Wiedergewinnung von Kaliumpentaborat.

Beispiel 2

Soll Kaliumphosphat hergestellt werden, so kann man in folgender Weise verfahren: 600 kg kristallisierten Pentaporates, die nach der im Beispiel 1 beschriebenen Weise erhalten wurden, werden in der Wärme mit einer verdünnten Phosphorsäurelösung, welche 68 kg P_2O_5 enthält, behandelt.

Es bildet sich eine Mischung von Dikaliumphosphat K_2HPO_4 und Trikaliumphosphat K_3PO_4. Beide Salze sind sehr löslich. Die Borsäure fällt aus.

Man filtriert und fügt dem Filtrate 74 kg P_2O_5 enthaltende konzentrierte Phosphorsäure zu.

Das sich bildende Monokaliumphosphat KH_2PO_4 fällt aus, da es sehr viel weniger löslich ist als Di- oder Trikaliumphosphat.

Die Mutterlaugen können bei abwechselnder Hinzufügung von Kaliumpentaborat und Phosphorsäure verschiedene Male verwendet werden.

PATENTANSPRUCH:

Herstellung von Kaliumsalzen durch Überführung von Kaliumchlorid in ein Kaliumborat und Zerlegung des Kaliumborates (unter Rückgewinnung von Borsäure) mittels einer Säure in das entsprechende Kaliumsalz, dadurch gekennzeichnet, daß als Zwischenverbindung Kaliumpentaborat verwendet wird.

S. a. D. R. P. 562005, S. 2558.

Sodaindustrie.

Literatur:

Ullmann, *Enzyklopädie der technischen Chemie*, II. Aufl., Natriumhydroxyd, Natriumcarbonat, Natriumbicarbonat von W. Siegel. — B. Waeser, Die Industrie der Alkalien und Erdalkalien Anfang 1932, *Chem. Ztg.* **56,** 841. 862 (1932). — W. Siegel, Ein neues Ätznatron- und Soda-Verfahren, *Chem. Ztg.* **53,** 145 (1929). — W. I. Ssokolow, Zur Theorie des Löwig-Prozesses, *Journ. chem. Ind. (russ.)* **8,** 248 (1931). — A. Goldberg und E. Röttger, Zur Beschaffung von Ätznatron bzw. Natronlauge im Handel und zur Dosierung der Natronlauge in der Kesselspeisewasserpflege, *Wärme* **54,** 421 (1931). — F. Dee Snell, Reinigungswirkung von Alkalisalzlösungen. *Ind. engin. Chem.* **24,** 76 (1932). — L. J. Catlin, Natronlauge in der Erdölindustrie, *Refiner and natural Gasoline Manufacturer* **11,** 446 (1932). — J. L. Everhart, Alkalibeständige Metalle, *Chem. Metallurg. Engin.* **39,** 88 (1932).

Soda, Allgemeines: G. Ross Robertson, Californische Wüstensoda. Die Anlagen der Natural Soda Products Comp. in Keeler Calif. am Owensee, *Ind. engin. Chem.* **23,** 467 (1931). — S. Z. Makarow, Über die Gewinnung von Soda, die nicht durch Glaubersalz mechanisch verunreinigt ist, aus Salzlösungen vom Typ des Tanatarsees, *Journ. angew. Chem. (russ.)* **3,** 1031 (1930). — N. A. Dimo, Soda in den Böden Mittelasiens, *Bull. Inst. Pedologie et Geobotanique Univ. de l'Asie Central, Taschkent* **1,** 79. — B. Andrejewitsch-Ssass-Tissowski, Sodafabrikation, *(russ.) Staatl. Wiss. techn. Verlag, Leningrad* **1932.** — J. Pospisil, Chemisch-technische Kontrolle der Kristallsoda-Erzeugung, *Chem. Ztg.* **55,** 902 (1931).

Ammoniaksoda-Verfahren: J. Kirchner. Die Sodafabrikation nach dem Solvay-Verfahren, *Leipzig* **1930.** — H. Rheinboldt, und L. Beumelburg, Der Solvay-Sodaprozeß im chemischen Unterricht, *Z. physikal. chem. Unterr.* **45,** 100 (1932). — N. F. Juschkewitsch und Mitarbeiter, Laboratoriumsmäßige Untersuchung der Einzelstadien des Ammoniak-Sodaprozesses, *Journ. chem. Ind. (russ.)* **7,** 1728, 1889; **8,** 478, 581, Nr. 15/16, 16; Nr. 17, 4 (1931). — B. Löpmann, Über die Durchführung des Sodaverfahrens der Gesellschaft für Kohlentechnik in geschlossener Apparatur, *Ber. Ges. Kohlentechn.* **4,** 73 (1931). — E. I. Orlow, Wirkung der Carbonisationskolonne im Ammoniak-Sodaprozeß in physikalisch-chemischer Beziehung, *Ukrain. chem. Journ., wiss. techn. Teil* **1,** 1 (1928). — G. A. Jakowkin, Über die Löslichkeit von Natriumcarbonat in wäßrigen Ammoniaklösungen, *U.S.S.R. Scient techn. Dpt.*, Nr. **333;** *Trans. Inst. Applied Chem.*, Nr. **14,** 3 (1930). — B. Neumann, R. Domke und E. Altmann, Dampfdrucke einiger für den Ammoniak-Sodaprozeß wichtiger Salzlösungen, *Z. angew. Chem.* **42,** 279 (1929).

N. N. Woronin und G. S. Plachotnjuk, Entfernung der Calcium- und Magnesiumsalze aus den Salzlösungen der Sodafabrikation, bei deren Reinigung mit Bariumcarbonat zwecks Entfernung der Sulfate, *Journ. chem. Ind. (russ.)* **7,** 1148 (1930). — J. I. Oelow, Über die Gewinnung von Soda und Ammoniumsulfat (nachgebildet dem Solvay-Verfahren). *Ukrain. Chem. Journ., wiss. techn. Teil* **6,** 135 (1931). — W. G. Gulinow und G. W. Petrow, Zum Problem: Karabugassoda und Ammoniumsulfat aus Glaubersalz nach dem Ammoniakverfahren, *ebend.* **6,** 137 (1931). — Siro Uemura, Suekiti Abe und Ryusaburo Hara, Umwandlung von Natriumchlorid in Natriumcarbamat und Darstellung von Natriumcarbonat aus Natriumcarbamat, *Journ. Soc. chem. Ind. Japan. (Suppl.)* **35,** 365 B (1932).

Dicarbonate: B. Löpmann. Notiz über die Gewinnung von „reinem" Natriumbicarbonat, *Ber. Ges. Kohlentechn.* **4,** 96 (1931). — A. W. Filossofow, Untersuchung des Zersetzungsprozesses von Natriumdicarbonat in wäßrigen Lösungen, *Chem. Journ. Ser. A., Journ. allg. Chem. (russ.)* **1,** (63) 743 (1931).

Ätzalkalien, verschiedene Verfahren: Picker, Neuzeitliche Kaustizierung, *Chem. Ztg.* **56,** 610 (1932). — Manger, Der Causticierprozeß und die Filtration des Causticierkalkes. *Chem. Ztg.* **55,** 361 (1931). — M. O. Charmardarjan und A. W. Petrow, Über die Beschleunigung der „Schlamm"-Abscheidung bei der Kaustifizierung in Sodalösungen mit Kreidekalk, *Chem. Journ. Ser. B., Journ. angew. Chem. (russ.)* **4,** 464 (1931). — W. S. Udinzewa und I. A. Popowitsch, Erhärten des Ferrits im Auslageprozeß (bei der Sodakaustizierung), *Chem. Journ. Ser. B., Journ. angew. Chem. (russ.)* **4,** 219 (1931). — Hirschberg. Das Blattnersche Verfahren zur Herstellung von Ätznatron aus Soda, *Chem. Ztg.* **51,** 765 (1927). — K. I. Lossew, N. I. Nikolskaja und I. G. Gussewa, Die pyrogene Zersetzung von Natriumsulfat (über das Aluminat), *Chem. Journ. Ser. B., Journ. angew. Chem. (russ.)* **4,** 743 (1931). — A. Wagner, Die Herstellung von Ätznatron nach dem Kifluverfahren, *Chem. Fabrik* **5,** 173 (1932).

Alkalichlorid-Elektrolyse: J. Billiter, Technische Elektrochemie, Halle 1932; Stand und Aussichten der technischen Elektrochemie, *Z. Elektrochem.* **37**, 712 (1931); Die neueren Fortschritte der technischen Elektrolyse, Halle 1931; Österreich und die elektrochemische Industrie *Österr. Chem. Ztg.* **34**, 90 (1931); Absolute Potentiale und die Fehlerquellen ihrer Bestimmungs-Methoden, *Z. Elektrochem.* **37**, 736 (1931).

V. Engelhardt, Handbuch der technischen Elektrochemie, Leipzig 1931. — V. Engelhardt und G. Scharowsky, Die elektrolytischen Industrien Deutschlands *Ber. Zweite Weltkraftkonferenz* **1**, Elektrizitätsverwendung 317 (1930). — P. Bunet, Der gegenwärtige Stand der technischen Chloralkali-Elktrolyse, *Moniteur Prod. chim.* **12**, Nr. 141, 4 (1931). — H. Paweck, Neues aus dem Gebiete der Alkali-Chlorelektrolyse. *Z. Elektrochem.* **37**, 724 (1931). — R. Taussig, Kochsalzelektrolyse, *Zellstoff und Papier* **11**, 692 (1931). — N. M. Ssolomatin, Kochsalzelektrolyse, (russ.), Staatl. Chem. Techn. Verlag, Leningrad 1932. — H. Ramstetter und O. Kahn. Energieausbeute und Zersetzungsspannung bei der Elektrolyse von Natrium- und Kaliumchloridlösungen, *Z. angew. Chem.* **44**, 610 (1931). — N. J. Rywlin und W. G. Gribanowski, Sulfatelektrolyse, *Journ. chem. Ind. (russ.)* **1932**, Nr. 2. 41.

B. Schulz, Chloralkali-Elektrolyse nach dem Quecksilber- oder Diaphragma-Verfahren? *Chem. Ztg.* **56**, 889 (1932). — K. S. Tesh und H. E. Woodward, Untersuchung über die Bildung von Natriumamalgam aus Natriumchloridlösungen, *Trans. electrochem. Soc.* **61**, (1932). — C. L. Mantell, Elektrolytische Zellen. *Chem. metallurg. Engin.* **38**, 88 (1931).

Reinigen, Eindampfen. Regenerieren: A. Krause und W. Kluka, Reinigung von kaustischer Soda nach der Kalkmethode, *Przemysl Chemiczny* **15**, 6 (1931). — W. L. Bagder, C. C. Monrad und H. W. Diamond. Verdampfung von Natronlauge auf hohe Konzentrationen mittels Diphenyldämpfen, *Ind. engin. Chem.* **22**, 700 (1930). — L. L. Lovett, Regeneration von Natronlauge durch Osmose, *Rayon synthet. Yarn. Journ.* **12**, Nr. 8. 23 (1931).

Auf dem Gebiete der „Sodaindustrie", das in dieser Patentsammlung die Verfahren und Patente zur Darstellung der Alkalicarbonate und der Alkalihydroxyde umfaßt, ergibt sich auf Grund des zusammengetragenen Schrifttums für die Berichtszeit das Bild: Von den Verfahren zur Herstellung von Soda ist wissenschaftlich der Ammoniaksodaprozeß eingehend untersucht worden, technisch die gleichzeitige Gewinnung von festen Ammoniumsalzen neben der Soda.

Bei den chemischen Verfahren zur Herstellung der Ätzalkalien beschäftigen sich eine größere Zahl von Patenten mit zwei neuartigen Verfahren um diese zu einer technischen Reife zu bringen, einmal das Verfahren von A. F. Meyerhofer und der „Ring"-Gesellschaft zur Herstellung der Alkalien über die Fluoride und dann das Verfahren von A. Mentzel, das über die Cyanide geht und neben den Alkalien als Beiprodukt Ammoniak oder Ammoniumsalze gewinnt.

Von den elektrolytischen Verfahren ist dem Quecksilberverfahren von verschiedenen Seiten ein stärkeres Interesse entgegengebracht worden.

Endlich wäre noch auf die Verfahren hinzuweisen, die sich zur Aufgabe machen, die mit der Steigerung der Produktion an Kunstseide in immer gewaltigeren Mengen anfallenden Merzerisierlaugen zu regenerieren.

Alles andere sind einzelne oder kleinere Vorschläge, die für den Charakter der Entwicklung und der Problemstellung auf diesem Felde der chemischen Großindustrie ohne nennenswerten Einfluß sind. Inwieweit sich die beiden oben kurz erwähnten Verfahren, das Fluorid und das Cyanidverfahren, zur chemischen Herstellung der Alkalien durchsetzen werden, muß erst die Zukunft lehren, sie sind zweifellos sehr beachtenswert, durch die vielen Einzelprozesse aber etwas verwickelt.

Wenn im Folgenden in ganz kurzen Zügen, die einzelnen wichtigen Vorschläge erwähnt werden, so geschieht dies aus dem Grunde um in Anlehnung an die Übersichten in systematischer Reihenfolge etwas aus den ausländischen Patentschriften anführen zu können.

Alkalioxyde. Die Deutsche Gold- und Silberscheideanstalt hat großtechnische Verfahren zur Darstellung der Alkalioxyde ausgearbeitet. Gemeinsam ist ihnen das Bestreben Maßnahmen anzuwenden um den Oxydationsvorgang weitgehendst zu mäßigen. Ein Zurverfügungstellen der Alkalioxyde zu tragbaren Preisen an die chemische Technik bedeutet sicher einen Fortschritt und die Ermöglichung der Durchführung interessanter Synthesen und technischer Prozesse.

Alkalicarbonate. Bei den Herstellungsverfahren für Alkalicarbonate finden sich zunächst einige, bei denen Ausgangsstoff die Sulfate sind. Es handelt sich teilweise um

Kombinationsverfahren um zu Mischdüngerprodukten zu kommen. Interessant ist der Vorschlag des D.R.P. 492884 die Reduktion des Sulfats in geschmolzenen Carbonaten durchzuführen. Eine zweite Gruppe, für die ebenfalls Mischdüngerprobleme bestimmend sind, bedient sich des Ammoniaksodaprozesses.[1]) So führen die D.R.P. 537190 und 559836 P_2O_5-haltige Gase in diesen Prozeß ein. Wichtiger sind die Patente der Gesellschaft für Kohlentechnik, die Verfahren zur Gewinnung der Ammoniumsalze in festem Zustand neben Soda zum Gegenstand haben. Das Verfahren ist inzwischen weiter ausgebildet worden. Es bleibt allerdings zu berücksichtigen, daß bei allen Verfahren, bei denen als Nebenprodukt der Ammoniaksodafabrikation das Chlorammonium gewonnen wird, stets die hierfür erforderlichen Mengen an NH_3 neu in den Prozeß eingeführt werden müssen. Es dürfte aber ausgeschlossen sein, die dann anfallenden gewaltigen Mengen an Ammoniumchlorid in der Landwirtschaft restlos unterzubringen. In ausländischen Patentschriften finden sich noch zwei Verfahren zur Darstellung von Soda beschrieben, die hier kurz hervorgehoben sein mögen. Einmal der Weg über Natrium-Magnesium-Doppelcarbonate,[2]) dann der Weg über die Carbamate.[3]) Letzterer wird auch zur Herstellung von Pottasche im D.R.P. 552056 S. 2549 begangen. Verfahren zur Gewinnung von Soda aus Salzseen finden sich naturgemäß nur in ausländischen Patentschriften.[4])

Die Patente die unter „Verschiedenes" untergebracht wurden, behandeln das **Trennen** der Soda von anderen Salzen[5]), das **Calcinieren und Trocknen**[6]), in ausländischen Patenten die Darstellung von **Kristallsoda**[7]) und des Natriumcarbonatsulfats[8]).

---

[1]) Russ. P. 21130, N. F. Juschkewitsch, Vorreinigung der Kochsalzlösung für den Solvay-Prozeß mit NH_3 und CO_2.

A. P. 1789235. H. B. Kipper, Solvay-Verfahren unter Kühlung, Schaber halten Wandungen kristallfrei.

F. P. 646228, Soc. Française de Sucrateries (Brev. et Proc. Deguide), Solvay-Prozeß, Regenerieren der Salmiaklösungen mit Baryt.

F. P. 706183 A. Mentzel, Solvay-Prozeß, wiederholtes Zerstäuben einer mit NH_3 gesättigten NaCl-Lösung in CO_2-Atmosphäre.

[2]) Belg. P. 359115, Soc. an. Alcalina, Soda aus $MgCO_3$ Na-Salz und CO_2 unter Druck.

F. P. 724519, E. Urbain, Na_2CO_3 aus $MgCO_3$, NaCl und CO_2 über das Doppelcarbonat.

Zusatzpatent 40563, Na_2CO_3 aus NaCl durch Umsetzung mit $NH_4H\ Mg(CO_3)_2 \cdot 4H_2O$.

[3]) F. P. 721307, I. G. Farbenindustrie, Alkalicarbonate aus den Chloriden mit CO_2 und NH_3 über die Carbamate.

[4]) A. P. 1791281, H. Wheeler Morse, Soda aus Rohsalze aus Salzseen.

[5]) E. P. 363971, I. G. Farbenindustrie, Abscheiden von Soda unter —15° aus K_2CO_3-Lösungen.

A. P. 1836426, American Potash & Chem. Corp., Trennen durch fraktionierte Kristallisation von Na_2SO_4 und Na_2CO_3. A. P. 1836427, durch Zusatz von NaCl oder von CO_2.

A. P. 1853275, A. C. Houghton und J. G. Miller, Trennung von Na_2CO_3 von Na_2SO_4 und anderen Salzen durch eine fraktionierte Kristallisation.

A. P. 1869621, Pacific Alkali Co., Trennen von Na_2SO_4 von Na_2CO_3 durch Auskristallisieren dieses als Heptahydrat.

[6]) Can. P. 280599, C. F. Hammond und W. Shackleton, Calcinieren von Soda auf durch Tauchbrenner erhitzten Massen.

Can. P. 285137, W. F. Seyer, Trocknen von Soda gemischt mit 8 Teilen vorgetrocknetem Produkt in Trockentrommel.

Russ. P. 1323, 16663, A. A. Jakowkin, Entwässern von Kristallsoda zu Monohydrat mit NH_3 und Wasserdampf.

[7]) E. P. 337401, W. Mann, feinpulvrige Kristallsoda aus Solvay-Soda und Wasser in einer Mühle.

Schweiz. P. 88556, 90833, Russ. P. 12028, A. Welter, Hydratisieren von Soda in feiner Verteilung unter Anwendung von Seifen-, Wasserglas-Lösungen.

F. P. 636560, Soc. An. des Usines Dior, Kristallsoda, Kristallmasse wird mit konzentrierten heißen Sodalösungen öfters behandelt.

[8]) A. P. 1689961, Burnham Chemical Co., Na-Carbonatsulfat aus den Komponenten um 30°.

A. P. 1824360, H. Wheeler Morse, Na-Carbonatsulfat aus natürlichen Salzlaugen durch Zusatz von NaCl, Na_2CO_3 und Na_2SO_4 bis zur Sättigung.

Über die Herstellung der **Dicarbonate** sind in der Berichtszeit keine D.R.P. zu verzeichnen[1]).

Alkalihydroxyde. Über das Kaustizieren von Soda liegt das D.R.P. 485136 vor, das zur Durchführung der Kaustizierung eine Langrohrmühle vorschlägt. In ausländischen Patenten finden sich dagegen Neuerungen sowohl zur Kaustizierung von Carbonaten[2]) wie auch von Sulfaten[3]) beschrieben, ferner die Darstellung von NaOH aus Nitrat über das Ferrit[4]).

Die Patente zur **Chloralkalielektrolyse** über die Reinigung[5]) der Sole für die Elektrolyse, über neue Ausbildung der Zellen, Diaphragmen, der Elektroden oder über Nebeneinrichtungen, wie z. B. die Flüssigkeitsstand-Regulierung enthalten keine Neuerungen, die für die weitere Entwicklung der Elektrolyse richtungsweisend sein könnten[6]). Mehr Beachtung verdienen dagegen die Versuche die Einrichtungen für das Quecksilberverfahren[7]) zu verbessern, da sie erkennen lassen, daß die Vorzüge dieses Verfahrens doch solche sind, daß sie einen Anreiz bieten die noch vorhandenen bekannten Unzulänglichkeiten und Schwierigkeiten zu überwinden.

Sowohl das Verfahren von A. F. Meyerhofer und der „Ring"-Gesellschaft, das über die Fluoride führt, wie auch die Verfahren von A. Mentzel, die als Zwischenprodukt die Cyanide verwenden, liefern je nach der Art der Kaustizierung der Fluoride oder der Verseifung der Cyanide die Alkalihydroxyde oder die Alkalicarbonate. Es rechtfertigt sich somit, jedes dieser Verfahren zusammenfassend zu betrachten, unabhängig davon, ob nun der letzte Schritt des Verfahrens zu dem einen oder anderen Endprodukt führt.

Das **Fluoridverfahren**[8]) geht von Kochsalz aus und stellt aus diesem mit CaF_2 und SiF_4 das Na_2SiF_6 in schwachsaurer Lösung dar. Das Silicofluorid wird von der $CaCl_2$-haltigen Lösung abfiltriert und bei etwa 700° in NaF und SiF_4 gespalten. Das so erhaltene

---

[1]) A. P. 1865832, American Potash & Chemical Corp., Herstellung von grobkristallinem $NaHCO_3$, s. a. A. P. 1865833 von H. H. Chesny.

F. P. 730997, H. Lawarrée, $NaHCO_3$ aus NaCl, NH_4HCO_3 und einem Amin-Dicarbonat.

A. P. 1689059, The Koppers Co., Verhütung von CO_2-Verlusten beim Erhitzen von Lösungen der Bicarbonate durch Bedecken mit einer nicht mischbaren Flüssigkeit (dickes Mineralöl).

[2]) A. P. 1754208, Bradley-McKeefe Corp.; A. P. 1815646, J. S. Bates; Kaustizierung in zwei Stufen.

F. P. 681130, R. Moritz, Kaustizieren von Soda mit gebranntem Dolomit. Darstellung von leichtem Mg- und Ca-Carbonat.

[3]) F. P. 688451, I. G. Farbenindustrie, NaOH aus Sulfat mit SrO, regenerieren des $SrSO_4$ mit NH_3 und CO_2 und Glühen des Carbonates.

Russ. P. 15284 G. S. Petrow, Ätzalkalien aus Sulfaten durch wiederholtes Filtrieren durch Kalk.

[4]) F. P. 725549, P. Krassa, NaOH über Ferrit hergestellt aus $NaNO_3$ und Fe_2O_3 um 650°.

[5]) Russ. P. 14855, Verw. der Slawischen Industriewerke „Krasny Chimik", Reinigung der Kochsalzsolen für die Elektrolyse mittels $BaCO_3$ und CO_2.

[6]) A. P. 1862245, Hooker Electro-Chemical Co. Zelle.

F. P. 721208, C. Pouyaud, filterpressenartige Zellen mit Schieferrahmen.

Öst. P. 122789, Siemens & Halske A.G., Diaphragma aus Asbesttuch mit pulvrigen indifferenten Stoffen.

Öst. P. 127596. H. Paweck, Diaphragmen aus Alkalichloriden.

Westinghouse Electric & Mfg. Co.:

A. P. 1815078, U-förmige Elektroden mit Diaphragmen.

A. P. 1815079, Hintereinanderschaltung von Zellen.

A. P. 1815080, Elektroden aus in den Boden bzw. Deckel eingelassene Metallstreifen.

A. P. 1862244, Hooker Electro-Chemical Co., durchlochte gekrümmte Kathode mit Faserauflage als Diaphragma.

A. P. 1740291, Bario Metal Corp., Elektrode aus Ag-Pb-Legierung.

[7]) Russ. P. 11908, J. M. Gribkow. Quecksilberverfahren mit mehreren Kammern.

Russ. P. 15842, M. A. Rabinowitsch, Entfernen des Fe aus dem Hg durch Fliessen über einem Magneten.

A. P. 1704909, F. P. 615869, I. G. Farbenindustrie. hochkonzentrierte Lauge durch Zersetzen von Amalgam in Gegenwart von H_2-aufnehmende Verbindungen (Nitrobenzol).

[8]) Russ. P. 23371, L. A. Iljinski, NaOH oder Na_2CO_3; CaF und Na_2SO_4 umgesetzt durch Schmelzen, Kaustizieren des NaF mit CaO oder $CaCO_3$.

Fluorid kann dann mit CaO in das Hydroxyd, mit $CaCO_3$ in das Carbonat verwandelt werden, wobei das für den ersten Prozeß benötigte Calciumfluorid wiedergewonnen wird. Wesentlich ist die elegante Durchführung der ersten Umsetzungen. Diese und die Kaustizierung machen keine erheblichen technischen Schwierigkeiten, dagegen verläuft die Zersetzung des Silicofluorides über Mischkristallphasen von Fluorid und Silicofluorid, die naturgemäß eine Erniedrigung des SiF_4-Dampfdruckes bedingen. Außerdem haben sie ein Schmelzpunktminimum bei 20 Mol% NaF von 717°. Man ist daher genötigt entweder unterhalb des Schmelzpunktes zu arbeiten und der Prozeß geht langsam, oder bei Rotglut zu zersetzen, wobei aber die Materialschwierigkeiten fast unüberwindlich sind. Näheres über das Verfahren ist z. B. in der Arbeit von W. Siegel (s. Literatur) einzusehen. Die „Ring"-Gesellschaft hat unterdessen ihre Arbeiten aufgegeben.

Das **Cyanidverfahren**[1]) ist eine geschickte Kombination von manchen bekannten Reaktionen. Wesentlich ist die Führung der Verseifung des Cyanids, die je nach Temperatur und den Arbeitsbedingungen zu Hydroxyd oder zu Carbonat führen kann. Hierüber siehe man die D.R.P. 510093, 530648 und 561624 nach. Die Menge an Ammoniak, die man gewinnen will, ist veränderlich, denn man kann ja das Cyanisieren derselben Alkalimenge öfters wiederholen (D.R.P. 543981). Das Grundverfahren ist dann weiter kombiniert mit dem Leblanc-Verfahren (D.R.P. 558750), mit dem Hargreaves-Verfahren (D.R.P. 557618) und hauptsächlich mit dem Ammoniaksodaverfahren, dem dann noch die Verschwelung von Kohle angehängt wird (D.R.P. 555167, 557620).

Die folgende Gruppe 4 der Patente enthält einmal Vorschläge zur **Reinigung**[2]) der Ätznatronlaugen, insbesondere die Trennung von NaCl, und Vorrichtungen zum **Eindampfen**[3]) und Schmelzen des Alkalis. Auf die Wichtigkeit zur **Regenerierung**[4]) der Laugen der Zellstoffmerzerisation ist schon hingewiesen worden. Die Verfahren bedienen sich entweder der Dialyse oder der Oxydation der organischen Substanz mit solchen Oxydationsmitteln, die die Lauge nicht verunreinigen oder deren Reduktionsprodukte leicht zu entfernen sind.

---

[1]) F. P. 721875. 721876, A. Mentzel, Herstellung von K_2CO_3 bzw. Na_2CO_3 aus den Sulfaten durch Reduktion und Cyanisieren und Verseifen der Cyanide.

[2]) S. a. Can. P. 290990, Canadian Salt Co., Zum Zweck der Reinigung werden verschiedene Sulfate zugesetzt.

A. P. 1806096, Solvay Prozess Co., Reinigen von Natronlauge durch heftiges Rühren und Absitzenlassen unter Kühlung.

A. P. 1733879, Hooker Electrochemical Co. Trennen von NaOH von NaCl durch Abscheiden von $NaOH \cdot 3^1/_2 H_2O$ durch Abkühlen.

F. P. 718046, I. G. Farbenindustrie, Trennen von NaCl von NaOH durch Eindampfen und dann Kühlen auf 10° zur Abscheidung von $NaOH \cdot 2H_2O$.

A. P. 1865281, Dow Chemical Co., Trennen von NaCl von NaOH dieses wird aus einer 69% NaOH enthaltenden Lösung bei 64° als $NaOH \cdot H_2O$ abgeschieden.

Poln. P. 11907, „Azot" Sp. Akc., Trennen von NaCl durch Auskristallisieren von $NaOH \cdot H_2O$ um 40°.

[3]) E. P. 339657, Imperial Chemical Ind. Verdampfen in dünner fließender Schicht durch Anstrahlen.

E. P. 332250, Imperial Chemical Ind. und R. M. Winter, Eindampfen von Alkalilösungen in Gefäßen mit Wandungen aus Ni-Cu- oder Ni-Cr-Legierungen.

F. P. 719289, I. G. Farbenindustrie, Herstellung von wasserfreiem NaOH geschmolzen durch Eindampfen im stufenweis verstärktem Vakuum.

F. P. 723031 Deutsche Gold- und Silberscheideanstalt, man bindet die letzten Wassermengen in Alkalihydroxyden mittels der Alkalioxyde.

[4]) E. P. 303482, R. Winterhitz, Merzerisierlaugen werden von der organischen Substanz durch Methyl- oder Äthyl-Alkohol befreit.

E. P. 368783, F. P. 707249, Asahi Kenshoku Kabushiki-Kaisha. Regenerieren von Abfallaugen durch eine Diffusion durch eine Membran.

E. P. 288699, J. Holmes, H. A. Kingcome und J. L. Jardine. Regenerieren von Ablaugen der Zellstoffreinigung mit Sodalösungen, man nutzt die Verbrennungswärme der organischen Stoffe zum Konzentrieren der Ablaugen.

A. P. 1702588, Bradley-Mc Keefe Corp.. Cellulose-Ablaugen des Aufschlusses mit Alkalisulfiten wird eingedampft und durch Erhitzen in O_2-haltigen Gasen Alkalicarbonate zurückgewonnen. A. P. 1702589, dgl., man glüht aber auf Alkalicarbid aus dem dann das Hydroxyd gewonnen wird.

Zum Trennen von NaOH von KOH schlägt das D.R.P. 477952 die fraktionierte Trennung der Hydrate vor.

Bei den ausländischen Patenten [1]) sind noch zwei Alkali enthaltende Präparate zu finden, eines zur Erzeugung von Hitze, das Andere von NH_3 und schließlich ein Verfahren um Filtertücher gegen Ätzalkalien widerstandsfähiger zu machen.

Übersicht der Patentliteratur.

D. R. P.	Patentnehmer	Charakterisierung des Patentinhaltes

I. Alkalioxyde.

Herstellungsverfahren. (S. 2572)

D. R. P.	Patentnehmer	Charakterisierung des Patentinhaltes
473 832	Degussa	Oxydation der Metalle verdünnt mit viel Oxyd
538 760	Degussa	Unterhalb des Schm.-P. der Metalle in einer Mühle
541 313	Degussa	Im Drehrohr aus geschmolzenem Metall bei eingeschränkter O_2-Zufuhr

II. Alkalicarbonate.

1. Herstellungsverfahren. (S. 2577)

D. R. P.	Patentnehmer	Charakterisierung des Patentinhaltes
492 884	Salzwerk Heilbronn, T. Lichtenberger und L. Kaiser	Alkalicarbonate aus Sulfaten in geschmolzenen Carbonaten, reduziert mit C und mit CO_2 und Dampf behandelt, siehe auch S. 528
522 784	Chemieverfahren G. m. b. H.	Soda und K_2SO_4, Solvaymutterlauge gibt mit Gips $(NH_4)_2SO_4$, dieses mit Sylvinit, Glaserit, KCl und NH_4Cl das NaCl nach Solvay $NaHCO_3$
540 070	Chemieverfahren G. m. b. H.	Desgl. K_2SO_4 wird mit HNO_3 zu KNO_3 verarbeitet
537 190	Soc. d'Etudes Scient. et d'Entreprises Ind.	Solvay-Verfahren, Anwendung von P_2O_5-haltigen Gasen. Nebengewinnung eines aus NH_4Cl und $(NH_4)_2HPO_4$ bestehenden N-Düngers, siehe S. 1950
559 836	L'Air Liquide	Einführung von KCl und P_2O_5-haltigen Gasen zwecks Nebengewinnung von Mischdünger, siehe S. 1985
536 046 553 925	L'Air Liquide	KCl-NH_4-Dünger aus Sylviniten durch Abscheidung von $NaHCO_3$ nach den Solvay-Verfahren, siehe S. 1966 — 1967
563 695	S. Chim. de la Grande Paroisse	K — NH_4 — NO_3 — PO_4 enthaltende Mischungen aus Na-Phosphaten mit KCl (und $NaNO_3$) durch Abscheidung von $NaHCO_3$, nach dem Solvay-Verfahren, siehe S. 1988
530 028	Kohlentechnik	Getrennte Gewinnung von $NaHCO_3$ und NH_4Cl nach dem Solvay-Soda-Prozeß*) unter Zusatz leichtlöslicher Na-Salze ($NaNO_3$, NaCNS usw.)
534 211	Kohlentechnik	Getrennte Gewinnung von $NaHCO_3$ und NH_4Cl nach dem Solvay-Soda-Prozeß*) Zusatz anderer Rhodansalze
534 212	Kohlentechnik	Getrennte Gewinnung von $NaHCO_3$ und NH_4Cl nach dem Solvay-Soda-Prozeß*) Zusatz von Mischungen mehrerer Salze

*) Siehe auch die diesbezüglichen Patente unter „Ammoniumchlorid", Seite 1224, Kaliumcarbonat S. 2505. Siehe auch III. 3.

---

[1]) A. P. 1679432, Hooker Electrochemical Co., mit Wasser Hitze erzeugendes Präparat aus Alkalihydroxyd und $AlCl_3$.

Ung. P. 88894, V. Andriska, Präparat aus NaOH und NH_4Cl in wasserfester Verpackung.

F. P. 684146, S. A. pour l'Industrie de l'Aluminium. Filtertücher gegen Alkalilösungen Widerstandsfähigermachen durch Schutzschicht von Mn-Oxyden.

D. R. P.	Patentnehmer	Charakterisierung des Patentinhaltes
		2. Verschiedenes. (S. 2589)
539 173	Maschinenfabrik Hartmann A.G.	Zerstäuben von geschmolzener Soda, zum direkten Lösen
509 260	R. Friedrich u. R. Taussig	Trennung von Soda und Pottasche durch Zusatz von Säure und Abscheiden von $NaHCO_3$, S. ....
476 074	W. Schwarzenauer	Druckinnenfeuerung zum Eindampfen und Carbonisieren der Alkalilaugen
521 869	Kali-Chemie	Schutz von eisernen Eindampfgefäßen für dicarbonathaltige Carbonatlösungen, durch Zusatz von Mg-Verbindungen
566 359	W. Schacht	Verarbeitung von Alkalikohlen und -Kokse, ruhend auf langen Wanderrosten

III. Alkalihydroxyde.

D. R. P.	Patentnehmer	Charakterisierung des Patentinhaltes
		1. Verschiedene Herstellungsverfahren. (S. 2594)
485 136	Büttner Werke u. Atma Studienges.	Kaustizieren von Soda in Langrohrmühle mit Filtereinrichtung
543 212	Bozel-Maletra	Glühen von Carbonaten mit Cr_2O_3, Wasserspaltung der Chromite
487 058	M. Allinger	NaOH und KOH aus Kalirohsalzen über die Oxalate, siehe S. 2554
557 660	L. Patrick Curtin	Aus Alkalisulfiden mittels PbO
		2. Elektrochemische Verfahren.
		a. Verschiedene Verfahren (S. 2598).
458 435	I. G. Farben	Reinigen der Sole von Ca, Mg mittels NaF
514 501	Soc. d'Etudes Fabr. et Emploi des Engrais Chim.	Zelle mit Scheidewand und porösen Nebenbehältern
517 994	A. P. H. Dupire	Anodenglocken mit abnehmbaren Kathodenwannen
531 275	E. Krebs	Gefaltete Kathode bildet mehrere Anodenräume
528 011	Koholyt	Graphitelektroden mit paraffinierten und verzinnten Köpfen und verzinnten Stromzuleitungen
534 983	A. Wacker G.m.b.H.	Aufkonzentrieren der Elektrolyten und Erzeugung eines Flüssigkeitsumlaufs durch Eindüsen von Lösung mit suspendierten Kristallen
462 351	I. G. Farben	Flüssigkeitsstand-Regulierung, Elektrolyt fließt in einem eingebautem Gasraum aus
		b. Quecksilberverfahren (S.2607).
455 734	F. Gerlach	Amalgambildungsraum aus geschliffenem Steinmaterial und stoßfreie Förderung des Hg erlauben den Elektrodenabstand bis auf 5 mm herabzusetzen
549 724	Siemens & Halske	Zersetzung des Amalgams im Bildungsraum mit Cd-Elektrode und Graphitzuleitung zum Hg
539 097	Siemens & Halske	Poröser Boden des Kathodenraumes aus Cr_2O_3
556 948	Siemens & Halske	Scheidewand unterhalb des Hg porös
551 944	Chem. Fabrik Buckau u. E. Müller	Amalgam katalysierendes Metall berührt Lauge und Hg, nicht aber Amalgam
		3. Alkali-Hydroxyde oder -Carbonate.
		a. Über Alkali-Fluoride (S. 2615).
521 430	A. F. Meyerhofer	Durch Umsetzung unter Druck mit Hydroxyden oder Carbonaten, die unlösliche Fluoride geben
561 622	Ring Ges.	Umsetzen mit trocken gelöschtem Kalk

D. R. P.	Patentnehmer	Charakterisierung des Patentinhaltes
557 661	Ring Ges.	Stufenweise Umsetzung überschüssiger Fluoride mit Kalk (unter Druck)
566 360	Ring Ges.	Desgleichen rasches Absaugen durch Drehnutschen
531 205	A. F. Meyerhofer	Über Spaltung von Silicofluoriden zu Fluoride, Kreislauf der Kieselflußsäure durch Rückgewinnung aus den Erdalkalifluoriden mit SiO_2 und H_2SO_4
545 474	Ring Ges.	Silicofluoride aus Alkalichloriden mit CaF_2 und SiF_4 dargestellt, thermisch zu Fluoriden und SiF_4 gespalten, Umsetzung dieser zu Hydroxyden oder Carbonaten mit betr. Ca-Verbindungen, Kreisprozeß
550 256	Ring Ges.	Desgl. mit anderen komplexen Fluoriden (B, Ti)
561 623	Ring Ges.	Spaltung der komplexen Fluoride im Vakuum unter Ausschluß von Wasser

b. Über Alkali-Cyanide.

α. Verschiedene Verfahren (S. 2628).

D. R. P.	Patentnehmer	Charakterisierung des Patentinhaltes
561 624	A. Mentzel	Verseifung zu NaOH in dünner Schicht um 400—500°
555 168	A. Mentzel	Cyanisieren von Carbonaten in Gegenwart von Erdalkali- und Mg.-Verb., die unlösliche Carbonate geben.
555 929	A. Mentzel	Desgl. in Gegenwart von $BaCO_3$, man erhält höhere NH_3-Ausbeuten, das entstehende BaO kann noch zusätzliches Na_2CO_3 kaustizieren
558 750	A. Mentzel	Le Blanc-Verfahren mit Zwischengew. von NaCN, aus dem durch Verseifung Soda neben NH_3 bezw. $(NH_4)_2SO_4$ dargestellt wird
557 618	Alterum Kredit A.G.	Hargreaves-Verfahren kombiniert mit Cyanisierung des Sulfats, Darstellung von Alkali-Hydroxyden oder -Carbonaten, NH_4Cl und H_2SO_4

Siehe auch D.R.P. 556 949 S. 2546.

β. Solvay-Soda-Prozeß kombiniert mit Cyanisierung des $NaHCO_3$, Nebengewinnung von NH_4Cl (S. 2636).

D. R. P.	Patentnehmer	Charakterisierung des Patentinhaltes
510 093	A. Mentzel	Verseifen des Cyanids zu NaOH
530 648	A. Mentzel	Verseifen zu Na_2CO_3
543 981	A. Mentzel	Wiederholtes Cyanisieren und Verseifen zu NaOH, um überschüssiges NH_3 zu gewinnen
545 498	A. Mentzel	Desgleichen aber Verseifen zu Soda
557 619	A. Mentzel	Verbrennen von einem Teil des NH_3 und Nebengewinnung von Nitrat neben HCl aus NaCl
555 167	A. Mentzel	Kombination mit der Verschwelung von Kohlen
557 620	A. Mentzel	Desgleichen unter Gewinnung von NH_4Cl

4. **Reinigen, Eindampfen.** (S. 2647)

D. R. P.	Patentnehmer	Charakterisierung des Patentinhaltes
522 676	I. G. Farben	Abscheiden beim Eindampfen des NaCl zusammen mit zugesetztem Na_2SO_4
536 888	I. G. Farben	Zur Abscheidung des Fe_2O_3 Zusatz von Oxyden oder Sulfaten des Mg oder Ca
537 993	L. Cerini	Reinigen von Laugen der Zellstoff-Merzerisierung: durch Gegenstromdialyse, Lauge außen, Wasser innen, Diaphragmen aus merzerisierten Geweben
513 755	I. G. Farben	Reinigen von Laugen der Zellstoff-Merzerisierung: mit O_2 unter Druck über 100°
537 845	I. G. Farben	Reinigen von Laugen der Zellstoff-Merzerisierung: desgl. bei gleichzeitiger Kaustizierung mit SrO oder BaO
540 841	I. G. Farben	Reinigen von Laugen der Zellstoff-Merzerisierung: mit Manganaten oder Permanganaten

D. R. P.	Patentnehmer	Charakterisierung des Patentinhaltes
458 372	H. Frischer	Kochkessel mit Boden aus Guß und Mantel aus Schmiedeeisen
476 074	W. Schwarzenauer	Druckinnenfeuerung zum Eindampfen und Carbonisieren und Dampf-Kraft-Erzeugung zur Elektrolyse, S. 2590
531 799	I. G. Farben	Kontinuierliches Schmelzen der Ätzalkalien im Drehrohr aus Silber

5. Trennen von NaOH von KOH.

D. R. P.	Patentnehmer	Charakterisierung des Patentinhaltes
477 952	Ges. für chem. Ind. Basel	Trennen von NaOH von KOH durch Fraktionieren der Hydrate, Seite 2560

Siehe auch Kaliumhydroxyd S. 2506.

Nr. 473 832. (D. 48 139). Kl. 12 l, 7.

Deutsche Gold- und Silber-Scheideanstalt vormals Roessler in Frankfurt a. M.

Verfahren zur Herstellung von Alkalioxyd.

Vom 9. Juni 1925. — Erteilt am 7. März 1929. — Ausgegeben am 27. März 1929. — Erloschen: . . . .

Es sind bereits verschiedene Verfahren zur Herstellung von Alkalioxyd bekannt, welche auf der Oxydation von Alkalimetall durch Sauerstoff oder durch sauerstoffhaltige Gasgemische beruhen. Die bekannten Verfahren sind aber zum Teil sehr umständlicher Natur, oder sie führen zu mehr oder weniger unbrauchbaren Mischprodukten. So haben z. B. Holt & Sims (Journ. Chem. Soc. 1894 Seite 440) ein Verfahren beschrieben, nach welchem Natriumoxyd durch Behandeln von Natriummetall mit beschränkten Mengen von Sauerstoff oder Luft bei Temperaturen bis zu 180° C hergestellt werden soll. Wie aus der deutschen Patentschrift 148 784 hervorgeht, wird bei dieser Arbeitsweise ein Produkt erhalten, welches zwar die für Na_2O theoretisch notwendige Menge Sauerstoff enthält, welches aber aus einem Gemenge von Natriumsuperoxyd und metallischem Natrium besteht.

Es wurde nun gefunden, daß Alkalioxyd, z. B. Natriumoxyd, in glatt verlaufender Reaktion und unter Erzielung eines Erzeugnisses von technisch einwandfreier Reinheit dadurch hergestellt werden kann, daß einem festen, zweckmäßig in erheblichem Überschuß vorhandenen Verdünnungsmittel Alkalimetall, z. B. Natrium, zugemischt und das Mischgut unter Bewegung mit den oxydierenden Gasen behandelt wird. Vorteilhaft wird als Verdünnungsmittel das Oxyd des zu verarbeitenden Alkalimetalls selbst gewählt.

In Ausübung der Erfindung kann man z. B. so verfahren, daß eine gewisse Menge Alkalioxyd, welche z. B. aus einem früheren Ansatz herstammen kann, unter Bedingungen, bei welchen das Gut in Bewegung gehalten wird, z. B. in einem mit Rührwerk ausgerüsteten Reaktionsgefäß, auf eine Temperatur von z. B. 120 bis 200° erhitzt wird. Sobald das Gut diese Temperatur erreicht hat, wird Alkalimetall, und zwar zweckmäßig in geringem Prozentsatz, z. B. auf 100 Gewichtsteile Alkalioxyd 1 bis 2 Gewichtsteile Alkalimetall. dem in Bewegung gehaltenen Verdünnungsmittel zugefügt. Hierauf wird ein vorteilhaft vorgetrockneter Luftstrom über das erhitzte Gemisch geleitet, und zwar wird die Luftzufuhr zweckmäßig so geregelt, daß immer nur beschränkte Mengen von Sauerstoff zur Einwirkung auf das Gut gelangen. Es hat sich als vorteilhaft erwiesen, den Oxydationsvorgang so durchzuführen, daß Zugabe von frischem Alkalimetall erfolgt, bevor das vorhandene Alkalimetall völlig in Alkalioxyd übergeführt ist.

Man kann z. B. so vorgehen, daß man, nachdem ein Teil, z. B. etwa die Hälfte oder auch mehr des eingebrachten Alkalimetalls oxydiert ist, den Zustrom der Luft unterbricht, neues Alkalimetall zusetzt, worauf der Oxydationsvorgang wieder weitergeführt wird. Auf diese Weise kann man durch allmähliche Zugaben von Alkalimetall, welche zweckmäßig unter Bedingungen erfolgt, daß immer ein starker Verdünnungsgrad aufrechterhalten wird, erhebliche Mengen von Alkalimetall zu Alkalioxyd oxydieren. Von Zeit zu Zeit wird dann die Charge fertig oxydiert, d. h. derart behandelt, daß das gesamte vorhandene Alkalimetall in Alkalioxyd übergeführt wird. Es kann dann ein Teil des nunmehr einheitlich aus Alkalioxyd bestehenden Produktes aus dem Reaktionsgefäß entfernt und die zurückbleibende Menge als Verdünnungsmittel für die Oxydation weiterer Mengen von Alkalimetall verwendet werden.

Bei dem eingangs erwähnten, in der

Einleitung der Patentschrift 148 784 erläuterten Verfahren von Holt & Sims wird bei fortschreitender Bildung von Oxydationsprodukten des Alkalimetalls, und zwar kurz vor Beendigung des Gesamtprozesses, ein Zustand erreicht, bei welchem erhebliche Mengen von Oxydationsprodukten neben verhältnismäßig geringen Mengen von Alkalimetall vorhanden sind. In der Hauptsache verläuft dieses Verfahren indessen in Abwesenheit von zur Erzielung von Erfolgen im Sinne vorliegender Erfindung ausreichenden Mengen von Verdünnungsmitteln. Demgegenüber wird bei vorliegender Erfindung zielbewußt und ständig in Anwesenheit erheblicher Mengen von Verdünnungsmitteln gearbeitet.

Die Verwendbarkeit von Alkalioxyd als Verdünnungsmittel mit dem Erfolg, daß eine störende Bildung von Alkalisuperoxyd vermieden wird, ist insofern überraschend, als die leichte Umwandlung von Alkalioxyd in Alkalisuperoxyd eine bekannte Tatsache ist.

An Stelle von Alkalioxyd kann man auch andere feste Verdünnungsmittel verwenden. Es kommen hierfür insbesondere solche Stoffe in Betracht, welche bei der Verwendung oder Weiterverarbeitung des erzeugten Alkalioxyds nicht stören oder gegebenenfalls für bestimmte Verwendungszwecke noch von Vorteil sind, oder welche auf verhältnismäßig einfachem Wege von dem gebildeten Alkalioxyd getrennt werden können. Als geeignetes Verdünnungsmittel sei z. B. Kochsalz genannt. Bei Verwendung derartiger Verdünnungsmittel wird man vorteilhaft den Prozeß unter Bedingungen durchführen, welche zu einem alkalioxydreichen Endprodukt führen.

Weitere Versuche haben ergeben, daß die Herstellung von Alkalioxyd aus Alkalimetall nach der Erfindung mit besonderem Vorteil in Drehrohröfen durchgeführt wird. Diese gestatten eine sehr glatte Durchführung des Prozesses und liefern Produkte von ausgezeichnetem Reinheitsgrad. Der Prozeß kann, insbesondere bei Verwendung von Drehrohröfen, auch zu einem kontinuierlichen ausgestaltet werden.

Die erhaltenen Erzeugnisse stellen feine weiße Pulver dar, die bei Verwendung von Alkalioxyd als Verdünnungsmittel aus technisch reinem Alkalioxyd bestehen und wesentliche Beimengungen von Alkalimetall oder von Alkalisuperoxyd nicht enthalten.

Patentansprüche:

1. Verfahren zur Herstellung von Alkalioxyd durch Oxydation von Alkalimetall mit Hilfe von gasförmigem Sauerstoff oder sauerstoffhaltigen Gasen, wie z. B. Luft, bei erhöhten Temperaturen, dadurch gekennzeichnet, daß das Alkalimetall festen, zweckmäßig in erheblichem Überschuß vorhandenen Verdünnungsmitteln zugemischt und das Mischgut unter Bewegung mit den oxydierenden Gasen behandelt wird.

2. Verfahren nach Patentanspruch 1, dadurch gekennzeichnet, daß als Verdünnungsmittel Alkalioxyd verwendet wird.

3. Verfahren nach Patentansprüchen 1 und 2, dadurch gekennzeichnet, daß im Verlaufe des Vorganges entstandenes Alkalioxyd als Verdünnungsmittel verwendet wird, derart, daß nach Bildung genügender Mengen desselben weitere Mengen von Alkalimetall, z. B. portionsweise, zugeführt und oxydiert werden.

4. Verfahren nach Patentansprüchen 1 bis 3, dadurch gekennzeichnet, daß in Drehrohröfen gearbeitet wird.

5. Verfahren nach Patentansprüchen 1 bis 4, dadurch gekennzeichnet, daß das Alkalimetall während des Prozesses nach und nach dem Verdünnungsmittel zugeführt wird, unter Aufrechterhaltung starker Verdünnungsgrade, und zwar zweckmäßig derart, daß der Zusatz neuer Mengen von Alkalimetall erfolgt, bevor die vorhandenen Mengen völlig oxydiert sind.

D. R. P. 148784, B. I, 2895.

Nr. 538 760. (D. 50 670.) Kl. 12 l, 7.

Deutsche Gold- und Silber-Scheideanstalt vormals Roessler in Frankfurt a. M.

Herstellung von Alkalioxyd.

Vom 13. Juni 1926. — Erteilt am 5. Nov. 1931. — Ausgegeben am 16. Nov. 1931. — Erloschen: . . .

Gegenstand der Erfindung ist ein Verfahren zur Herstellung von Alkalioxyd durch Oxydation von Alkalimetall mit Hilfe von gasförmigem Sauerstoff oder sauerstoffhaltigen Gasen bei erhöhten Temperaturen, welches darin besteht daß der Oxydationsvorgang unterhalb des Schmelzpunktes des Alkalimetalls mit der Maßgabe durchgeführt wird, daß das Gut gleichzeitig einem Mahlvorgang unterworfen wird, z. B. derart, daß das Alkalimetall in Stückform in eine Mahltrommel eingeführt und dortselbst während der Zerkleinerung der Einwirkung des oxydierenden Gases ausgesetzt wird.

Nach einem älteren Patent des Erfinders wird Alkalioxyd dadurch hergestellt, daß das Alkalimetall festen Verdünnungsmitteln zugemischt und das Mischgut unter Bewegung mit Sauerstoff oder sauerstoffhaltigen Gasen bei erhöhten Temperaturen, z. B. solchen von 120 bis 200°. behandelt wird.

Von dem Gegenstand dieses Patents unterscheidet sich die vorliegende Erfindung dadurch, daß eine Mitwirkung von Verdünnungsmitteln nicht erforderlich ist, und ferner dadurch, daß der Oxydationsvorgang bei sehr niedrigen, unterhalb des Schmelzpunkts des Alkalimetalls liegenden Temperaturen durchgeführt wird.

In Ausübung der Erfindung wird z. B. derart verfahren, daß das Alkalimetall, z. B. Natrium, in Stücken oder Kugeln in einer geeigneten Mühle. z. B. einer Trommelmühle, einem Mahlprozeß unterworfen wird, während gleichzeitig von Feuchtigkeit und Kohlensäure befreites, sauerstoffhaltiges Gas in die Mahltrommel eingeführt wird. Die Temperaturen sind hierbei unterhalb des Schmelzpunkts des Alkalimetalls zu halten. Die Regelung der Temperatur kann z. B. durch passende Einstellung des Sauerstoffgehaltes des Gasgemisches und der Strömungsgeschwindigkeit desselben erfolgen, z. B. derart, daß man ein sauerstoffarmes Gasgemisch mit großer Strömungsgeschwindigkeit durch die Trommel treibt. Weiterhin können auch andere Maßnahmen zur Erzielung der gewünschten Temperaturen, z. B. Kühlung auf indirektem Wege, angewendet werden. Durch Einwirkung des oxydierenden Mediums wird die Oberfläche der Alkalimetallstücke mit einer Oxydschicht bedeckt, welche infolge ihrer Sprödigkeit und Brüchigkeit während des Mahlvorganges zum Teil abspringt, zum anderen Teil abgeschabt wird, wodurch immer wieder neue Oberflächen des Metalls der Einwirkung des Sauerstoffes dargeboten werden.

Die Entfernung des gebildeten Oxyds kann z. B. derart erfolgen, daß die Wandung der Mahlvorrichtung siebartig durchbrochen ausgestaltet ist, so daß das pulverige Oxyd durch die Siebwand den Mahlraum verlassen kann. Vorteilhaft wird derart verfahren, daß das Metalloxydpulver alsbald nach seiner Bildung durch den Gasstrom selbst aus dem Mahlraum ausgeblasen wird, worauf es in geeigneter Weise z. B. in Filterkammern o. dgl. gesammelt werden kann.

Das z. B. aus Sauerstoff und Stickstoff bestehende Gasgemisch wird zweckmäßig im Kreislauf bewegt, derart, daß das aus der Mahlvorrichtung abgehende, von mitgenommenem Alkalioxyd befreite Gas, welches einen Teil seines Sauerstoffes verloren hat, in die Mühle zurückgeführt wird. Der verbrauchte Sauerstoff wird z. B. durch Zugabe geringer Mengen von getrockneter und gereinigter Frischluft ersetzt, zweckmäßig derart, daß der Sauerstoffgehalt des in die Trommel eintretenden Gasgemisches ständig etwa auf gleichbleibender, vorteilhafter Höhe gehalten wird. Diese Arbeitsweise bietet u. a. auch den Vorteil, daß nicht die Gesamtmengen der Gase der Trocknung unterworfen werden müssen, sondern immer nur die verhältnismäßig geringen Mengen von Frischluft.

Als Mahlvorrichtungen können z. B. Trommeln, welche Kugeln aus geeignetem Material, z. B. Steine, enthalten, verwendet werden. Man kann aber auch in Abwesenheit von Kugeln in gewöhnlichen Drehröhren arbeiten, woselbst durch Reibung der Alkalimetallstücke aneinander und an den Wandungen der Trommeln bei passender Wahl der Umdrehungsgeschwindigkeit genügend Mahlwirkung erzeugt werden kann.

Die Erfindung gestattet die Überführung von Alkalimetall in Alkalioxyd auf kontinuierlichem Wege mit Hilfe von Apparaturen, welche äußerst kompendiös sind und nur ein Minimum von Wartung erfordern. Die gebildeten Oxyde fallen direkt in feiner Form an, so daß sie ohne weitere Mahlung z. B. zur Durchführung chemischer Reaktionen, insbesondere auch zur Überführung in Superoxyde, Verwendung finden können. Da der Oxydationsvorgang bei niedrigen Temperaturen verläuft, bei welchen Einwirkungen der z. B. aus Eisen bestehenden Wandungen des Reaktionsraumes auf das Reaktionsgut nicht stattfinden, so zeichnen sich die erhaltenen Erzeugnisse durch besonderen Reinheitsgrad aus.

Es ist bereits bekannt, Alkalioxyde unter Anwendung von Mahlvorgängen herzustellen, nämlich derart, daß Alkalimetalle mit entsprechenden Mengen von Alkalisuperoxyden zusammen gemahlen und das erhaltene grauschwarze Pulver durch Entzündung zur Umsetzung gebracht wird, wobei unter heftigem Erglühen der Masse ein Schmelzen stattfindet. Von diesem Verfahren unterscheidet sich das vorliegende grundsätzlich dadurch, daß Alkalimetalle unterhalb ihres Schmelzpunkts mit oxydierenden Gasen behandelt und gleichzeitig einem Mahlvorgang unterworfen werden.

Patentansprüche:

1. Verfahren zur Herstellung von Alkalioxyd durch Oxydation von Alkali-

metall mit Hilfe von gasförmigem Sauerstoff oder sauerstoffhaltigen Gasen, wie z. B. Luft bei erhöhten Temperaturen, dadurch gekennzeichnet, daß der Oxydationsvorgang unterhalb des Schmelzpunkts des Alkalimetalls mit der Maßgabe durchgeführt wird, daß das Gut gleichzeitig einem Mahlvorgang unterworfen wird, z. B. derart, daß das Alkalimetall in Stückform in eine Mahltrommel eingeführt und dortselbst während der Zerkleinerung der Einwirkung des oxydierenden Gases ausgesetzt wird.

2. Verfahren nach Patentanspruch 1, dadurch gekennzeichnet, daß die Temperaturregelung durch passende Bemessung des Sauerstoffgehaltes des Gasgemisches und der Strömungsgeschwindigkeit desselben erfolgt, gegebenenfalls unter Mitwirkung anderer Kühlmittel.

3. Verfahren nach Patentansprüchen 1 und 2, dadurch gekennzeichnet, daß das gebildete Alkalioxyd ständig aus dem Reaktionsraum entfernt wird, vorteilhaft durch Ausblasen vermittels der Oxydationsgase.

4. Verfahren nach Patentansprüchen 1 bis 3, dadurch gekennzeichnet, daß das Oxydationsgas im Kreislauf bewegt wird, derart, daß das aus dem Reaktionsgefäß abgehende Gas nach Trennung von mitgenommenem Metalloxyd unter Verzicht auf Trocknung in den Vorgang zurückgeführt wird unter Ersatz des verbrauchten Sauerstoffes, z. B. in Form von getrockneter und gereinigter Frischluft.

Nr. 541 313. (D. 52 258.) Kl. 12 l, 7.

Deutsche Gold- und Silber-Scheideanstalt vormals Roessler in Frankfurt a. M.

Herstellung von Alkalioxyd.

Vom 2. Febr. 1927. — Erteilt am 17. Dez. 1931. — Ausgegeben am 11. Jan. 1932. — Erloschen: . . . .

Nach einem bekannten Vorschlag soll Alkalioxyd dadurch hergestellt werden, daß ein sauerstoffhaltiges Gas, z. B. Luft, in Gegenwart fester Verdünnungsmittel bei erhöhter Temperatur unter Bewegung des Gutes, z. B. in Drehrohröfen, über Alkalimetall geleitet wird, wobei als Verdünnungsmittel aus einer früheren Operation herrührendes Alkalioxyd verwendet werden kann. Dieses Verfahren wird praktisch z. B. derart ausgeübt, daß gewisse Mengen von Alkalioxyd, welche aus einem früheren Ansatz herstammten, in einem geeigneten Reaktionsgefäß unter Bewegung des Gutes auf Temperaturen von z. B. 150 bis 200° C erhitzt wurden, worauf Alkalimetall in geringem Prozentsatz, z. B. auf 100 Gewichtsteile Alkalioxyd 1 bis 2 Gewichtsteile Alkalimetall dem in Bewegung gehaltenen Verdünnungsmittel zugefügt und ein vorgetrockneter Luftstrom eingeleitet wurde. Bevor das zugesetzte Alkalimetall völlig in Alkalioxyd übergeführt war, wurde der Zustrom der Luft abgebrochen, neues Alkalimetall zugesetzt, dieses wiederum zum Teil oxydiert. Nachdem dieser Vorgang genügend oft wiederholt war, wurde schließlich fertigoxydiert, ein Teil der Charge abgezogen und das im Gefäß zurückgebliebene Alkalioxyd dann wieder als Verdünnungsmittel für neu zuzuführendes Alkalimetall verwendet.

Es wurde nun gefunden, daß die Herstellung von Alkalioxyd aus Alkalimetallen unter Erzielung guter Ausbeuten auch bei Verzicht auf die Zumischung des zu oxydierenden Alkalimetalls zu Verdünnungsmitteln möglich ist, wenn den Metallen oberhalb ihres Schmelzpunktes die oxydierenden Gase stets nur in solchen Mengen oder solchen Verdünnungen zugeführt werden, daß partielle Temperaturerhöhungen, die zur Bildung von Alkaliperoxyd Veranlassung geben können, nicht eintreten können.

In Ausübung der Erfindung wird z. B. derart verfahren, daß das Alkalimetall, z. B. Natrium, in einem Drehrohr, einer Drehtrommel oder einer ähnlichen Vorrichtung bei Temperaturen, bei welchen das Alkalimetall schmilzt, vorzugsweise solchen von 110 bis 160° unter Vermeidung von zur Weiteroxydation des gebildeten Alkalioxyds Veranlassung gebenden Überhitzungen unter ständiger Bewegung des Gutes der Einwirkung von Sauerstoff oder sauerstoffhaltigen Gasgemischen unterworfen wird.

Der Oxydationsvorgang wird unter Bedingungen durchgeführt, bei welchen Sintern oder Schmelzen des gebildeten Alkalioxyds vermieden wird. Zu diesem Zwecke empfiehlt es sich, den Sauerstoff in Mischung mit inerten Gasen, wie z. B. Stickstoff, anzuwenden oder bei Verwendung von reinem Sauerstoff oder sauerstoffreichen Gasgemischen unter vermindertem Druck zu arbeiten.

Man kann z. B. derart verfahren, daß man das mit Alkalimetall in Stückform beschickte Drehrohr mit Stickstoff füllt und allmählich unter Umlauf des Rohres Sauerstoff in dem Maße zutreten läßt, als derselbe unter Bildung von Alkalioxyd aufgenommen wird, wobei man dafür Sorge trägt, daß die Temperatur in den für die Bildung von Alkalioxyd günstigen Grenzen bleibt. Man kann z. B. auch Stickstoff im Kreislauf durch das Drehrohr bewegen und dem Stickstoffstrom jeweils vor Eintritt in das Drehrohr passende Mengen von Sauerstoff zumischen, oder z. B. derart, daß man einen Luftstrom in das Drehrohr ein- und über das geschmolzene Alkalimetall hinwegführt, dessen Strömungsgeschwindigkeit so geregelt wird, daß ein Ansteigen der Temperatur über die für die Umwandlung günstigen Grenzwerte vermieden wird.

Zwecks Regelung der Temperatur kann man z. B gekühlte Gase oder Außenkühlung des Drehrohres oder beide Maßnahmen verwenden.

Die zur Verwendung gelangenden Gase bzw. Gasgemische müssen frei sein von die Reaktion schädlich beeinflussenden Beimengungen, wie z. B. Wasserdampf, Kohlensäure u. dgl. Erforderlichenfalls müssen sie durch geeignete Vorbehandlung, z. B. mit Ätznatron, Trocknen u. dgl. von schädlichen Bestandteilen befreit werden.

Zur Durchführung des Verfahrens können Drehrohre o. dgl. z. B. aus Aluminium oder aus Eisen verwendet werden. Auch bei Verwendung eiserner Apparaturen ist das gebildete Alkalioxyd frei von eisenhaltigen Verunreinigungen.

Es hat sich als vorteilhaft erwiesen, die Einleitung der oxydierenden Gase in das Drehrohr so vorzunehmen, daß der Gasaustritt an mehreren Stellen des Drehrohres erfolgt, z. B. derart, daß die Gase durch eine Hohlwelle mit verschiedenen Austrittsöffnungen oder auch z. B. durch mehrere Einleitungsrohre oder auch z. B. mit Hilfe von Rohrschüssen in die Trommel eingeführt werden. Hierbei kann gegebenenfalls auch so gearbeitet werden, daß aus den verschiedenen Gasaustrittsöffnungen die Oxydationsgase in verschiedener Konzentration oder mit verschiedener Geschwindigkeit austreten.

Der Gesamtprozeß kann auch in mehreren hintereinandergeschalteten Drehrohren durchgeführt werden, was den Vorteil bietet, daß das Material in den einzelnen Drehrohren unter Bedingungen behandelt werden kann, welche für die betreffende Phase besonders günstig sind. Man kann also z. B. in die verschiedenen Drehrohre Gase von verschiedener Sauerstoffkonzentration oder verschiedener Strömungsgeschwindigkeit einleiten oder z. B. bei Trommeln, bei welchen Überhitzungen am meisten zu befürchten sind, kühlen und bei anderen auf Kühlung verzichten. Die kombinierte Anwendung mehrerer Trommeln bietet auch die Möglichkeit einer bequemen Durchführung des Prozesses in kontinuierlicher Weise, z. B. derart, daß die Trommel, in welcher das Fertigprodukt erzeugt wird, von Zeit zu Zeit ausgeschaltet und entleert wird, während gleichzeitig eine andere Trommel in das System eingeschaltet wird.

Das Verfahren liefert in einem einzigen einfachen Arbeitsgang hochwertige Alkalioxyde, welche überraschenderweise in gleichmäßig lockerer, feiner und reaktionsfähiger Form anfallen. Dieses Ergebnis ist deshalb besonders überraschend, weil zu erwarten war, daß das geschmolzene Metall mit gebildetem Alkalioxyd einen Brei bilden würde, welcher eine vollständige, durchgehende und gleichmäßige Oxydation nicht zulassen würde. Infolge seiner lockeren Beschaffenheit und der Abwesenheit von katalytisch wirkenden Beimengungen ist das erfindungsgemäß hergestellte Alkalioxyd besonders geeignet für die Herstellung von Superoxyden, z. B. Natriumsuperoxyd. Die Weiteroxydation von Natriumsuperoxyd kann z. B. derart vorgenommen werden, daß an die Alkalioxydherstellungsapparatur ein weiteres Drehrohr o. dgl. angeschlossen und in diesem durch Behandlung mit Sauerstoff oder sauerstoffhaltigen Gasgemischen bei passenden Temperaturer die Natriumsuperoxydherstellung bewirkt wird. Schließlich ist es auch möglich, Alkalioxydherstellung und Alkalisuperoxydherstellung in einem einzigen Drehrohr vorzunehmen, z. B. derart, daß im Oberteil des geneigt gelagerten Rohres die Natriumoxydherstellung und im Unterteil die Weiteroxydation unter Bildung von Natriumsuperoxyd erfolgt.

In der Veröffentlichung Journ. Chem. Soc. 1894, S. 440 und 441 ist ein Verfahren erwähnt, gemäß welchem durch Einwirkung von getrockneter Luft auf Natrium oder durch Verbrennen von Natrium in trockener Luft oder Sauerstoffgas Natriummonoxyd gebildet werden soll. Gleichzeitig haben die Verfasser aber erklärt, daß durch Arbeiten von Harcourt festgestellt worden sei, daß beim Verbrennen von Natriummetall in Sauerstoff Monoxyd und Peroxyd gleichzeitig gebildet wird, und daß es nicht möglich sei, die Reaktion auf der Stufe der Monoxydbildung festzuhalten.

S. 242 und S. 473 der genannten Veröffentlichung beschreiben Holt und Sims Verfahren, bei welchen etwas Natrium allmählich in einem Eisenschiffchen in einem langsamen Strom von mäßig getrocknetem Sauerstoff erhitzt wurde. Die Oxydation schritt nur langsam fort unter Bildung eines weißen Films. Durch Erhöhung der Temperatur wurde die Oxydation beschleunigt, die Verfasser konnten aber unterhalb des Verbrennungspunktes kein definiertes Oxyd erhalten. Bei Erhöhung der

Temperatur des geschmolzenen Natriums fing dieses Feuer und verbrannte zu einem grauen Oxyd, welches nach Angabe der englischen Forscher Natriummonoxyd darstellte. Nach diesen Angaben mußte es jedem Fachmann unmöglich erscheinen, auf dem Verfahren, welches bereits laboratoriumsmäßig im Schiffchen nur unter großen Schwierigkeiten erfolgreich durchgeführt werden konnte, ein Fabrikationsverfahren aufzubauen. Hinzu kommt, daß auch in einer neueren Veröffentlichung (vgl. Patent 148 784) unter Bezugnahme auf die Arbeiten von Holt und Sims über Beobachtungen, die bei Wiederholung dieser Versuche gemacht wurde, gesagt wird, daß beim Darüberleiten von Luft über auf unter 180° erhitztes Natrium die entweichende Luft nach einer gewissen Zeit keine Natrium- bzw. Natriumsuperoxydpartikelchen mehr mitreißt. Wurde nach dieser Zeit ein abgewogener Teil der grauweiß aussehenden Reaktionsmasse in Wasser gelöst und mit Säuren tiriert, so wurden oft auf Natriumoxyd mehr oder weniger gut stimmende Zahlen erhalten. In Wirklichkeit bestand aber das Oxydationsprodukt stets aus einer Mischung von Natriumsuperoxyd und metallischem Natrium. Angestellten Versuchen zufolge bildet sich beim Oxydieren von Natrium mit Luftsauerstoff bei nicht zu hoher Temperatur stets Natriumsuperoxyd.

Auf Grund derartiger Veröffentlichungen muß es als durchaus überraschend angesehen werden, daß es erfindungsgemäß gelungen ist, Alkalioxyd durch Behandlung von Alkalimetall mit Sauerstoff in glatt durchführbarem Prozeß herzustellen und sich das vorliegende Verfahren, insbesondere auch im Fabrikbetrieb, ausgezeichnet bewährt.

PATENTANSPRÜCHE:

1. Verfahren zur Herstellung von Alkalioxyd durch Behandlung von Alkalimetall mit Sauerstoff oder Gemischen von Sauerstoff mit inerten Gasen, dadurch gekennzeichnet, daß den Metallen oberhalb ihres Schmelzpunktes, vorzugsweise zwischen 110 und 160° C, unter Bewegung, vorzugsweise im Drehrohrofen, die oxydierenden Gase stets nur in solchen Mengen oder solchen Verdünnungen zugeführt werden, daß partielle Temperaturerhöhungen, die zur Bildung von Alkaliperoxyd Veranlassung geben können, nicht eintreten.

2. Ausführungsform des Verfahrens nach Anspruch 1, dadurch gekennzeichnet, daß das Reaktionsgefäß mit inerten Gasen, z. B. Stickstoff, beschickt und Sauerstoff in kleinen Mengen allmählich unter Vermeidung von Überhitzungen zugeführt wird, gegebenenfalls derart, daß der Stickstoff im Kreislauf durch das Reaktionsgefäß bewegt und dem Stickstoffstrom jeweils vor Eintritt in das Reaktionsgefäß passende Mengen von Sauerstoff zugefügt werden.

3. Ausführungsform des Verfahrens nach Ansprüchen 1 und 2, gekennzeichnet durch Anwendung von Unterdruck.

4. Verfahren nach Ansprüchen 1 bis 3, gekennzeichnet durch die Verwendung von Kühlung, vorzugsweise vermittels der in das Reaktionsgefäß eingeleiteten Gase.

D. R. P. 148784, B. I, 2895.

Nr. 492 884. (S. 72 129.) Kl. 12 l, 13. SALZWERK HEILBRONN AKT.-GES., THEODOR LICHTENBERGER UND LUDWIG KAISER IN HEILBRONN A. N.

Verfahren zur Herstellung von Alkalicarbonaten aus Alkalisulfaten im Schmelzfluß.

Vom 3. Nov. 1925. — Erteilt am 13. Febr. 1930. — Ausgegeben am 28. Febr. 1930. — Erloschen: . . . .

Das als Leblanc-Prozeß bekannte Verfahren zur Herstellung von Alkalicarbonaten aus Alkalisulfaten wird zwar im Schmelzfluß ausgeführt. Dieser Schmelzfluß stellt aber infolge des Kalkzusatzes keine klare, dünnflüssige Schmelze dar, die sich z. B. leicht mit irgendeinem Gas blasen läßt, sondern einen dicken, zähflüssigen Brei. Das gebildete Alkalicarbonat kann also nicht durch Absitzenlassen des Calciumsulfides unmittelbar gewonnen werden; es ist deshalb eine Naßaufbereitung der Schmelze erforderlich. Andererseits verhindert aber der Zusatz des Calciumcarbonates eine Zerstörung des Ofenfutters durch das bei der Reduktion der Alkalisulfate entstehende Alkalisulfid, indem sich dieses mit dem Kalk sofort zu Calciumsulfid und Alkalicarbonat umsetzt.

Man hat ferner Alkalisulfat im Schmelzfluß mit Kohle in Alkalisulfid übergeführt und hat auch Alkalisulfide in der Wärme zur Herstellung von Schwefelwasserstoff mit Kohlensäure behandelt. Es ist aber bis jetzt nicht gelungen, im Schmelzfluß in einem Arbeitsgang Alkalisulfat in Alkalicarbonat überzuführen.

Gemäß der Erfindung führt man die Reduktion der Alkalisulfate mittels Koks in einer Alkalicarbonatschmelze durch und zersetzt die sich bildenden Alkalisulfide durch Einleiten von Kohlensäure und Wasserdampf enthaltenden Gasen in Alkalicarbonate und Schwefelwasserstoff.

Das neue Verfahren liefert unmittelbar eine reine Alkalicarbonatschmelze, weil die Zersetzung des sich durch die Reduktion der Alkalisulfate mit Koks bildenden Alkalisulfide in Alkalicarbonat und Schwefelwasserstoff durch Einblasen von Kohlensäure und Wasserdampf im Schmelzfluß erfolgt. Ein Angriff des Ofenfutters durch das Alkalisulfid wird dadurch vermieden, daß die Reduktion der Alkalisulfate in einer Alkalicarbonatschmelze erfolgt. Ein weiterer Vorteil des neuen Verfahrens liegt noch darin, daß man den Schwefel des Alkalisulfates in Form von Schwefelwasserstoffgas erhält, während er bei dem Leblanc-Prozeß mit den Calciumsulfidrückständen verlorengeht oder nur auf umständliche Weise aus diesen gewonnen werden kann.

Zur Ausführung des Verfahrens wendet man vorteilhaft ein geschmolzenes Gemenge von Alkalisulfaten und Alkalicarbonaten im Gewichtsverhältnis 1 : 1 an. In dieses trägt man dann langsam unter Umrühren etwas mehr als die theoretisch erforderliche Menge Koks ein. Ist die Reduktion der Alkalisulfate beendet, fängt man an, einen Strom von Kohlensäure und Wasserdampf durch die Schmelze zu leiten.

Gleichzeitig mit der Reduktion der Alkalisulfate Kohlensäure und Wasserdampf einzublasen, hätte keinen Zweck, weil diese Gase durch den noch unverbrannten Koks in Kohlenoxyd und Wasserstoff verwandelt und deshalb keine Zersetzung des bereits gebildeten Alkalisulfides herbeiführen würden. Gegen die Zerstörung der Ofenwände durch das Alkalisulfid bildet das Alkalicarbonatschmelzbad einen vortrefflichen Schutz; ebenso verhindert es eine Rückbildung von Alkalisulfat aus Alkalisulfid, die durch Luftzutritt beim Beschicken oder durch die Einwirkung der Feuergase eintreten könnte.

Hat man keine luftfreie Kohlensäure zur Verfügung, so muß die Luft durch Beimischung der erforderlichen Menge eines brennbaren Gases unschädlich gemacht werden. Bei Anwendung von Wassergas oder Generatorgas erhält man auf diese Weise gleichzeitig mit der Kohlensäure den ebenfalls zur Zersetzung der Alkalisulfide notwendigen Wasserdampf, während die Verbrennungswärme der Schmelze zugute kommt.

Ist alles Alkalisulfat in Alkalicarbonat verwandelt, so liegt eine nur noch durch kleine Mengen von Kohlenstoff verunreinigte Alkalicarbonatschmelze vor, die man durch Absitzenlassen klären läßt und eventuell noch durch Einblasen von Luft entfärbt. Die klare Schmelze wird dann zweckmäßig in umlaufende Pfannen abgelassen und auf diese Weise in Form reiner, körniger und wasserfreier Kristalle gewonnen.

In einem mit Magnesitfutter versehenen Flammofen wird ein Gemenge von 30 Teilen kalzinierter Soda und 20 Teilen kalzinierten Glaubersalzes eingeschmolzen. Unter allmählicher Zugabe von 4 Teilen gemahlenen Kokses wird dann die Schmelze mit Hilfe eingetauchter Magnesitrohre mit einem Gemisch aus Kalkofenkohlensäure und überhitztem Wasserdampf geblasen, so daß das durch die Reduktion entstehende Schwefelnatrium sofort durch das Gemisch von Kohlensäure und Wasserdampf zersetzt wird. Das dadurch gebildete Natriumcarbonat befindet sich dann in einem Natriumcarbonatschmelzbad.

Bei vollständiger Umsetzung des Natriumsulfats und des Schwefelnatriums besteht die ganze Schmelze aus Natriumcarbonat. Um für eine weitere Aufgabe von Natriumsulfat Platz zu schaffen, kann ein Teil des Natriumcarbonates abgelassen werden, welches ein fertiges Handelsprodukt von kalziniertem Natriumcarbonat darstellt.

Patentanspruch:

Verfahren zur Herstellung von Alkalicarbonaten aus Alkalisulfaten im Schmelzfluß durch Behandlung mit Kohlensäure und Wasserdampf oder diese enthaltenden oder bei der Verbrennung ergebenden Gasen in Gegenwart von Reduktionsmitteln, dadurch gekennzeichnet, daß die Umsetzung in einem Arbeitsgang in einer Schmelze aus Alkalicarbonat und Alkalisulfat vorgenommen wird.

S. a. B. IV, 528.

Nr. 522784. (C. 42730.) Kl. 121, 13. CHEMIEVERFAHREN G. M. B. H. IN BOCHUM.

Herstellung von Soda und Kaliumsulfat unter gleichzeitiger Gewinnung von Chlorammonium.

Vom 6. März 1929. — Erteilt am 26. März 1931. — Ausgegeben am 23. April 1931. — **Erloschen: 1934.**

Kaliumsulfat wird, wie bekannt, durch Umsetzen von Chlorkalium mit Magnesiumsulfat hergestellt. Deswegen ist bis jetzt die Kaliumsulfatfabrikation größtenteils an kieserithaltige Rohsalze gebunden.

Die Erfindung stellt ein Verfahren dar, durch das es möglich wird, auch aus einem kieseritfreien Sylvinit Kaliumsulfat unter gleichzeitiger Gewinnung von Soda herzustellen.

Als Schwefelsäurequelle wird Erdalkalisulfat benutzt.

Es ist bekannt, daß sich Ammonsulfat mit Alkalichloriden unter gewissen Bedingungen zu Ammonchlorid und Alkalisulfaten umsetzt.

Wenn man Sylvinit, der hauptsächlich aus KCl und NaCl besteht, in einer Lauge von einer gewissen Zusammensetzung, die NH_4Cl, $(NH_4)_2SO_4$ und NH_3 enthält, ausrührt, so wird als Bodenkörper Glaserit und Chlorkalium erhalten.

Das Wesen der Erfindung besteht in einer derartigen Führung eines in sich geschlossenen Prozesses, durch den man als Produkte Kaliumsulfat und Soda erhält, daß eine Lauge von obengenannter Zusammensetzung immer wiedergewonnen wird, wobei die einzelnen Reaktionen an sich bekannt sind.

Die Lauge muß so viel $(NH_4)_2SO_4$ enthalten, daß dieses der Menge des in dem Rohsalz befindlichen KCl äquivalent ist. Sie wird aus der Mutterlauge eines Ammoniaksodaprozesses, der unten näher beschrieben wird, hergestellt. Die Zusammensetzung dieser Mutterlauge ergibt sich aus dem Solvayprozeß selbst. Eine solche Mutterlauge enthält außer nicht umgesetzten NaCl noch $NaHCO_3$, NH_4Cl und NH_4HCO_3 bzw. $(NH_4)_2CO_3$.

Die Erfindung basiert auf der Erkenntnis, daß die Mutterlauge aus dem Solvaysodaprozeß ganz besonders für diese Umsetzung geeignet ist, weil die Löslichkeit der Erdalkalisulfate in Gegenwart von anderen Salzen, z. B. Chloriden, erhöht und die Reaktionsgeschwindigkeit infolgedessen beschleunigt wird. Besonders Chlorammonium und Chlornatrium wirken in diesem Falle günstig (s. Abegg, Band II, Abt. 2, Seite 138 und 224).

Die Solvaymutterlauge wird mit so viel Erdalkalisulfat ausgerührt, daß das sich bildende Ammoniumsulfat dem in dem Rohsalz enthaltenen KCl äquivalent wird.

Die Solvaymutterlauge hat eine für diese Umsetzung passende Temperatur, etwa 30 bis 40° C, und enthält, wenn man von den allgemein vorkommenden sylvinitischen Rohsalzen ausgeht, einen bedeutenden Überschuß an Ammoncarbonat, was die Reaktion fördert.

Bei dieser Operation wird die als Bicarbonat gebundene Kohlensäure frei und kann aufgefangen und in den Prozeß wieder eingeführt werden.

Das gebildete Erdalkalicarbonat wird abgetrennt und ein sylvinitisches Rohsalz in die Lauge eingerührt.

Während dieser Einrührung wird Ammoniak unter gleichzeitiger Kühlung eingeleitet, wobei der obenerwähnte aus Glaserit und Chlorkalium bestehende Bodenkörper erhalten wird. Dieser Bodenkörper wird abgetrennt und durch Behandlung mit Wasser in festes Kaliumsulfat umgewandelt.

Aus der Mutterlauge von der Glaseritbildung soll nach dem Solvayprozeß Natriumbicarbonat ausgefällt werden.

Neben etwas Ammoncarbonat enthält die Mutterlauge hauptsächlich NaCl, NH_4Cl und NH_3.

Um diese Mutterlauge für den Solvayprozeß benutzen zu können, muß sie zuerst von etwas NH_4Cl befreit werden, was einfach durch Kühlung vor sich geht. Diese Kühlung kann ganz oder teilweise durch Absaugen des in der Lauge befindlichen freien Ammoniaks geschehen.

Die so vorbereitete Lauge wird in bekannter Weise nach dem Solvayprozeß mit NH_3 und CO_2 behandelt, wobei $NaHCO_3$ gewonnen wird.

Die aus diesem Prozeß erhaltene Mutterlauge stellt, wie oben gesagt, nach der Ausrührung mit Erdalkalisulfat die Ausgangslauge für den Sulfatprozeß dar.

PATENTANSPRUCH:

Herstellung von Soda und Kaliumsulfat unter gleichzeitiger Gewinnung von Chlorammonium aus sylvinitischen Kalirohsalzen und Erdalkalisulfat durch folgende Maßnahmen:

a) eine im Betriebe erhaltene Chlorammonium und Ammonbicarbonat enthaltende Lösung wird mit Erdalkalisulfat ausgerührt und das entstandene Erdalkalicarbonat abgetrennt;

b) in das Filtrat von a werden sylvinitische Kalirohsalze eingetragen und durch Behandlung mit Ammoniak ein Gemisch von Glaserit und Chlorkalium gefällt, welches abgetrennt und mit Wasser zu Kaliumsulfat zersetzt wird;

Operationen	H_2O kg	K kg	Na kg	NH_4 kg	Ca kg	H kg	Cl kg	SO_4 kg	CO_3 kg	OH kg
Ausgangslauge: 32 kg KCl, 20 kg K_2SO_4, 60 kg NaCl, 166 kg NH_4Cl, 23 kg NH_3, 59 kg CO_2, 650 kg H_2O	625,8	25,75	23,60	80,34	—	1,34	161,64	11,03	80,45	—
Es werden 40,4 kg $CaSO_4$ + 2 aq eingerührt	+ 8,4	—	—	—	+ 9,41	—	—	+ 22,55	—	—
	634,2	25,75	23,60	80,34	9,41	1,34	161,64	33,58	80,45	—
Die als Bicarbonat gebundenen 29,28 kg CO_2 entweichen	+ 12,0	—	—	—	—	— 1,34	—	—	— 39,93	—
Die ausgeschiedenen 23,49 kg $CaCO_3$ werden abgetrennt und mit 10 kg H_2O gewaschen	+ 10,0	—	—	—	— 9,41	—	—	—	— 14,08	—
	656,2	25,75	23,60	80,34	—	—	161,64	33,58	26,44	—
Die beim Umwandeln von Glaserit in K_2SO_4 erhaltene Lauge wird zugesetzt..........	+ 70,0	+ 9,29	+ 2,75	—	—	—	+ 11,86	+ 1,10	—	—
100 kg Rohzalz mit 35 % KCl und 65 % NaCl werden zugesetzt	—	+ 18,35	+ 25,57	—	—	—	+ 56,07	—	—	—
70 kg NH_3 werden eingeleitet	— 74,0	—	—	+ 74,14	—	—	—	—	—	+ 69,90
	652,2	53,39	51,92	154,48	—	—	229,57	34,68	26,44	69,90
Es werden 24,94 kg KCl, 32,45 kg K_2SO_4 und 8,52 kg Na_2SO_4 abgetrennt und mit 10 kg H_2O gewaschen	+ 10,0	— 27,64	— 2,75	—	—	—	— 11,86	— 23,65	—	—
	662,2	25,75	49,17	154,48	—	—	217,71	11,03	26,44	69,90
Durch Erwärmen der Lauge werden 43,0 kg NH_3 und 99,2 kg H_2O abgedampft..........	+ 45,6 — 99,2	— —	— —	— 45,61 —	— —	— —	— —	— —	— —	— 43,00 —
	608,6	25,75	49,17	108,87	—	—	217,71	11,03	26,44	26,90
Durch Kühlen werden 84,60 kg NH_4Cl (= Produkt) ausgeschieden und mit 10 kg H_2O gewaschen	+ 10,0	—	—	— 28,53	—	—	— 56,07	—	—	—
	618,6	25,75	49,17	80,34	—	—	161,64	11,03	26,44	26,90
In die Lauge werden 88,52 kg CO_2 eingeleitet......	— 7,8	—	—	—	—	+ 2,46	—	—	+ 120,71	— 26,90
	610,8	25,75	49,17	80,34	—	2,46	161,64	11,03	147,15	—
Die ausgeschiedenen 93,40 kg $NaHCO_3$ (= Produkt) werden abgetrennt und mit 15 kg H_2O gewaschen	+ 15,0	—	— 25,57	—	—	— 1,12	—	—	— 66,70	—
Die Lauge wird als Ausgangslauge benutzt	625,8	25,75	23,60	80,34	—	1,34	161,64	11,03	80,45	—
Ausgeschiedener Glaserit + KCl	—	27,64	2,75	—	—	—	11,86	23,65	—	—
Die Salze werden mit 70 kg H_2O ausgerührt.......	+ 70,0	—	—	—	—	—	—	—	—	—
Ausgeschieden 40,90 kg K_2SO_4 (= Produkt)........	—	— 18,35	—	—	—	—	—	— 22,55	—	—
Die Mutterlauge wird mit dem Rohsalz zugesetzt...	70,0	9,29	2,75	—	—	—	11,86	1,10	—	—

c) die in b erhaltenen Mutterlaugen werden vereinigt und nach Entfernung freien Ammoniaks zwecks Abtrennung eines Teiles des in ihnen enthaltenen Chlorammoniums gekühlt;

d) die verbleibende Mutterlauge wird nach dem Ammoniaksodaverfahren auf Natriumbicarbonat bzw. Soda verarbeitet, wobei die eingangs bezeichnete Chlorammonium und Ammonbicarbonat enthaltende Lösung anfällt.

F. P. 687905.

A. P. 1787497 von C. T. Thorssell.

Nr. 540070. (C. 43395.) Kl. 12 l, 13. CHEMIEVERFAHREN G. M. B. H. IN BOCHUM.

Herstellung von Soda und Kaliumnitrat unter gleichzeitiger Gewinnung von Chlorammonium.

Vom 14. Juli 1929. — Erteilt am 26. Nov. 1931. — Ausgegeben am 5. Dez. 1931. — Erloschen: 1934.

Ein bekannter Weg zur Herstellung von Kaliumnitrat ist die Umsetzung von Kaliumsulfat mit Calciumnitrat:

$$K_2SO_4 + Ca(NO_3)_2 = 2\,KNO_3 + CaSO_4.$$

Der gebildete Gips wird von der Kaliumnitratlösung durch Dekantieren oder Filtrieren abgetrennt, und die so erhaltene Kaliumnitratlösung wird eingedampft.

Diese Methode der Kaliumnitratherstellung scheint sehr einfach und aussichtsvoll, ihr stehen aber schwerwiegende Hindernisse im Wege.

Erstens verläuft die Reaktion nicht so einfach, wie nach obenstehender Gleichung anzunehmen ist, da sich nicht nur Gips, sondern auch Doppelverbindungen von Kalium und Calcium mit Schwefelsäure bilden, wie Syngenit ($K_2SO_4 \cdot CaSO_4 + H_2O$) und Kaliumpentacalciumsulfat ($K_2SO_4 \cdot 5\,CaSO_4 + H_2O$). Hierdurch entstehen Kaliverluste, die den Prozeß verteuern und weniger rentabel oder unrentabel machen.

Ein weiteres Hindernis ist, daß Kaliumsulfat an sich ein zu wertvolles Rohmaterial für die Fabrikation von Kaliumnitrat ist, insbesondere wenn das Kaliumnitrat als Düngemittel verwandt werden soll.

Die Erfindung stellt ein Verfahren dar, durch das die Benutzung obenstehender Reaktion für die Kalisalpeterherstellung ermöglicht wird, ohne daß die erwähnten Nachteile zur Geltung kommen.

In dem Patent 522784 ist ein Verfahren beschrieben, durch das man aus Sylvinit die Produkte Soda und Kaliumsulfat herstellt, indem man Erdalkalisulfat in eine im Betrieb erhaltene, Chlorammon und Ammonbicarbonat enthaltende Lösung einrührt, das gebildete Erdalkalicarbonat abtrennt und in die so erhaltene Lauge Sylvinit einrührt. Das als Bodenkörper erhaltene Gemisch von Glaserit und Chlorkalium wird mit Wasser zu Kaliumsulfat zersetzt. Aus den vereinigten Mutterlaugen wird freies Ammoniak entfernt und ein Teil des Chlorammoniums durch Kühlung abgetrennt, wonach die so erhaltene Lauge nach dem Ammoniak-Soda-Verfahren auf Soda verarbeitet wird, wobei die eingangs bezeichnete, Chlorammonium und Ammoniumbicarbonat enthaltende Lösung anfällt.

Die vorliegende Erfindung besteht nun in der Vereinigung des eingangs erwähnten Verfahrens zur Herstellung von Kaliumnitrat durch Umsetzung von Kaliumsulfat mit Calciumnitrat mit dem oben geschilderten Verfahren gemäß Patent 522784, indem das Calciumcarbonat, das in diesem Verfahren auf die Halde geworfen wird, unter Verwertung im Salpeterprozeß wieder in Gips übergeführt wird, der zwecks Herstellung neuer Mengen Kaliumsulfat zur weiteren Einrührung in die Chlorammonium und Ammoniumbicarbonat enthaltende Lauge dient.

Das Verfahren wird wie folgt ausgeführt:

In eine Chlorammonium und Ammonbicarbonat enthaltende Lauge wird Gips eingerührt, wobei er sich mit dem in der Lauge vorhandenen Ammoniumcarbonat und -bicarbonat zu Ammonsulfat und Calciumcarbonat umsetzt. Letzteres wird abgetrennt und die Lauge mit Sylvinit unter Einleiten von Ammoniak ausgerührt. Dabei entsteht Glaserit und Chlorkalium als Bodenkörper, und dieser wird nach Abtrennung von der Lauge mit Wasser behandelt, wobei Kaliumsulfat und eine Lösung von Chlornatrium entsteht. Letztere geht in den Prozeß zurück. Aus der von dem Glaserit abgetrennten Lauge, die hauptsächlich Chlornatrium und Chlorammonium enthält, wird das freie Ammoniak entfernt, die Lauge gekühlt, um etwas Chlorammonium auszuscheiden, und ist alsdann für das Ammoniak-Soda-Verfahren geeignet. Nachdem das durch das Ammoniak-Soda-Verfahren gebildete Natriumbicarbonat abgetrennt ist, wird die Mutterlauge wieder mit Gips ausgerührt usf.

Das bei der Ausrührung der Mutterlauge des Ammoniak-Soda-Prozesses mit Gips erhaltene Calciumcarbonat wird mit dem in der darauffolgenden Stufe des Prozesses erhaltenen Kaliumsulfat und Salpetersäure umgesetzt, wobei sich Kaliumnitrat und Gips bilden.

$$K_2SO_4 + 2\,HNO_3 + CaCO_3 = CaSO_4 + 2\,KNO_3 + CO_2 + H_2O.$$

Beispiel

Operationen	H_2O kg	K kg	Na kg	NH_4 kg	Ca kg	H kg	Cl kg	NO_3 kg	SO_4 kg	CO_3 kg	OH kg
Ausgangslauge = im Prozeß erhaltene Natriumbicarbonatmutterlauge	300	16,7	12,0	29,4	—	0,31	70,0	—	6,7	23,1	—
In die Lauge werden 33,0 kg NH_3 eingeleitet	— 35			+35,0							+33,0
Umrechnung $H + OH = H_2O$	+ 6					—0,31					— 5,2
Im Prozeß erhaltener Gips wird eingerührt	+ 20	+ 1,3			+ 8,1				+21,0		
Im Prozeß erhaltene eingedampfte Natriumbicarbonatmutterlauge wird zugesetzt	+ 171	+12,8	+ 9,3	+16,2			+54,0		+ 5,2		
Im Prozeß erhaltene Glaserit-Kreide-Decklauge wird zersetzt	+ 64	+10,6	+ 4,4	+ 2,8			+18,4		+ 1,4		+ 1,2
Es werden 100 kg Sylvinit mit 30% KCl und 70% NaCl eingerührt		+15,7	+27,5				+56,7				
	526	57,1	53,2	83,4	8,1	—	199,1	—	34,3	23,1	29,0
Ausgeschiedene 30,7 kg K_2SO_4, 8,1 kg Na_2SO_4, 20,1 kg $CaCO_3$, 26,5 kg KCl, 4,6 kg NaCl, 4,6 kg NH_4Cl, 1,2 kg NH_3 und 20 kg H_2O werden bei etwa 30° abfiltriert	— 19	—27,6	— 4,4	— 2,8	— 8,1		—18,4		—22,4	—12,1	— 1,2
Mutterlauge, enthaltend 21,6 kg K_2SO_4, 37,8 kg KCl, 124,2 kg NaCl, 131,8 kg NH_4Cl, 34,1 kg NH_3, 8,1 kg CO_2 und 540 kg H_2O	507	29,5	48,8	80,6	—	—	180,7	—	11,9	11,0	27,8
In die Lauge werden 36,0 kg CO_2 eingeleitet	— 15					+1,65				+49,1	
Umrechnung $H + OH = H_2O$	+ 30					—1,65					—27,8
	522	29,5	48,8	80,6	—	—	180,7	—	11,9	60,1	—
Es wird bis auf etwa 0° gekühlt. Ausgeschiedenes NH_4Cl wird abfiltriert und mit 20 kg H_2O gedeckt	+ 20										
Produkt: 85,6 kg NH_4Cl, 10 kg H_2O	— 10			—28,9			—56,7				
	532	29,5	48,8	51,7	—	—	124,0	—	11,9	60,1	—
In die Lauge werden 39,0 kg CO_2 eingeleitet	— 16					+1,79				+53,2	
Das ausgefällte $NaHCO_3$ wird mit 30 kg H_2O gedeckt	+ 30										
Es werden 100,6 kg $NaHCO_3$ und 15 kg H_2O abgetrennt	— 15		—27,5			—1,21				—71,8	
Natriumbicarbonatmutterlauge	531	29,5	21,3	51,7	—	0,58	124,0	—	11,9	41,5	—
Ein Teil der Natriumbicarbonatmutterlauge, enthaltend 12,2 kg K_2SO_4, 21,4 kg KCl, 30,6 kg NaCl, 62,3 kg NH_4Cl, 7,9 kg NH_3, 17,0 kg CO_2 und 307 kg H_2O, wird für die Gipsumsetzung verwandt	— 300	—16,7	—12,0	—29,4		—0,31	—70,0		— 6,7	—23,1	
	231	12,8	9,3	22,3	—	0,27	54,0	—	5,2	18,4	—

Operationen	H_2O kg	K kg	Na kg	NH_4 kg	Ca kg	H kg	Cl kg	NO_3 kg	SO_4 kg	CO_3 kg	OH kg
Übertrag	231	12,8	9,3	22,3	—	0,27	54,0	—	5,2	18,4	—
Der Rest der Lauge wird eingedampft, wobei 5,8 kg NH_3, 13,5 kg CO_2 und 65 kg H_2O entweichen	— 60			— 6,1		—0,27				—18,4	
Die eingedampfte Lauge, enthaltend 9,4 kg K_2SO_4, 16,4 kg KCl, 23,6 kg NaCl, 48,0 kg NH_4Cl und 171 kg H_2O, wird beim Rohsalzverlösen zugesetzt	171	12,8	9,3	16,2	—	—	54,0	—	5,2	—	—
Natriumbicarbonat	15	—	27,5	—	—	1,21	—	—	—	71,8	—
Beim Calcinieren des Salzes entweichen 26,3 kg CO_2 und 26 kg H_2O	— 15					—1,21				—35,9	
Produkt: 63,4 kg Na_2CO_3	—	—	27,5	—	—	—	—	—	—	35,9	—
Ungedeckter Glaserit + KCl + $CaCO_3$-Gemisch	19	27,6	4,4	2,8	8,1	—	18,4	—	22,4	12,1	1,2
Die Salze werden mit der Ausrührlauge gedeckt	+ 65	+ 9,5	+ 2,6				+11,9		+ 1,0		
	84	37,1	7,0	2,8	8,1	—	30,3	—	23,4	12,1	1,2
Die Decklauge, enthaltend 2,6 kg K_2SO_4, 17,9 kg KCl, 11,3 kg NaCl, 4,6 kg NH_4Cl, 1,2 kg NH_3 und 65 kg H_2O, geht zum Rohsalzverlösen	— 64	—10,6	— 4,4	— 2,8			—18,4		— 1,4		— 1,2
Das gedeckte Salzgemisch, enthaltend 29,9 kg K_2SO_4, 25,0 kg KCl, 8,1 kg Na_2SO_4, 20,1 kg $CaCO_3$ und 20 kg H_2O, wird im Gegenstrom mit Wasser verrührt und ausgewaschen	20	26,5	2,6	—	8,1	—	11,9	—	22,0	12,1	—
Es werden 65 kg H_2O zugesetzt	+ 65										
Die Ausrührlauge, enthaltend 1,8 kg K_2SO_4, 16,5 kg KCl, 6,7 kg NaCl und 65 kg H_2O, geht zum Decken des Glaserit-KCl-$CaCO_3$-Gemisches	— 65	— 9,5	— 2,6				—11,9		— 1,0		
Die erhaltenen 38,0 kg K_2SO_4, 20,1 kg $CaCO_3$ und 20 kg H_2O werden eingerührt in	20	17,0	—	—	8,1	—	—	—	21,0	12,1	—

Operationen	H_2O kg	K kg	Na kg	NH_4 kg	Ca kg	H kg	Cl kg	NO_3 kg	SO_4 kg	CO_3 kg	OH kg
Übertrag	20	17,0	—	—	8,1	—	—	—	21,0	12,1	—
Gipsdecklauge aus dem Prozeß	+ 60	+ 3,3						+ 5,2			
Salpetermutterlauge aus dem Prozeß	+ 24	+ 3,0						+ 4,4	+ 0,3		
Das beim Eindampfen der KNO_3-Lauge ausgeschiedene Salz wird zugesetzt		+ 1,1			+ 0,2				+ 1,8		
50,7 kg Salpetersäure von 50% werden zugegeben	+ 25					+ 0,41		+ 24,9			
	129	24,4	—	—	8,3	0,41	—	34,5	23,1	12,1	—
Es entweichen 8,9 kg CO_2	+ 4					— 0,41				— 12,1	
Der ausgefällte Gips wird abfiltriert und mit 60 kg H_2O gedeckt ...	+ 60										
Die Gipsdecklauge, enthaltend 8,5 kg KNO_3 und 60 kg H_2O, geht zum Ausrühren von $K_2SO_4 + CaCO_3$	— 60	— 3,3						— 5,2			
	133	21,1	—	—	8,3	—	—	29,3	23,1	—	—
Der gewaschene Gips, enthaltend 27,4 kg $CaSO_4$, 3,0 kg K_2SO_4 und 200 kg H_2O, wird mit Bicarbonatmutterlauge behandelt	— 20	— 1,3			— 8,1				— 21,0		
Gipsmutterlauge	113	19,8	—	—	0,2	—	—	29,3	2,1	—	—
Die Gipsmutterlauge, enthaltend 47,7 kg KNO_3, 3,0 kg K_2SO_4, 0,6 kg $CaSO_4$ und 113 kg H_2O, wird eingedampft. Es entweichen 85 kg H_2O	— 85										
Ausgeschiedenes Salz, 0,6 kg $CaSO_4$ und 2,5 kg Na_2SO_4, wird beim Nitratansatz zugegeben		— 1,1			— 0,2				— 1,8		
Durch Kühlen auf etwa + 20° werden auskristallisiert und abgetrennt: 40,7 kg KNO_3, 4 kg H_2O = Produkt	— 4	— 15,7						— 24,9			
Die Salpetermutterlauge, enthaltend 7,2 kg KNO_3, 0,5 kg K_2SO_4 und 24 kg H_2O, geht zum Anrühren des $K_2SO_4 + CaCO_3$-Gemisches	24	3,0	—	—	—	—	—	4,4	0,3	—	—

Kaliumnitrat geht in Lösung und wird nach Abtrennung des Gipses durch Eindampfen oder Kühlen gewonnen. Der abgetrennte Gips wird in die Mutterlauge des obenerwähnten Ammoniak-Soda-Verfahrens eingerührt. Hierbei hat es keine Bedeutung, daß der Gips Kalium-Calcium-Doppelsalze enthält, da diese bei der Ausrührung in Kaliumsulfat und Calciumcarbonat umgewandelt werden.

Da die während des Prozesses erhaltenen Zwischenprodukte — Kaliumsulfat und Calciumcarbonat — sowieso nachher zusammen mit Salpetersäure behandelt werden sollen, ist es nicht nötig, sie jedes für sich abzutrennen, sondern man kann so verfahren, daß die Chlorammonium und Ammoniumbicarbonat enthaltende Lauge gleichzeitig mit Gips und Kalirohsalz ausgerührt und mit Ammoniak behandelt wird. Der dabei erhaltene Bodenkörper, bestehend aus Glaserit, Chlorkalium und Calciumcarbonat, wird abgetrennt und mit Wasser zersetzt, wodurch eine Mischung von Kaliumsulfat und Calciumcarbonat anfällt, die dann mit Salpetersäure behandelt wird.

Hierdurch ist die eingangs erwähnte, für die Kaliumnitratherstellung vorteilhafte Reaktion — Umsetzung von Kaliumsulfat mit Calciumnitrat — praktisch verwertbar gemacht, indem die Hindernisse dafür, Kaliverluste in dem ausscheidenden Gips und Verbrauch des teuren Kaliumsulfats als Rohmaterial, wegfallen.

Als Rohmaterial dient Sylvinit, Salpetersäure, Kohlensäure und Ammoniak, und als Produkte werden Kaliumnitrat, Soda und Chlorammonium gewonnen. Das Ammoniak als Rohmaterial kann auch wegfallen, falls dies wünschenswert ist, indem es durch Austreiben aus dem Chlorammonium wiedergewonnen wird, genau wie in den Sodafabriken allgemein üblich, wobei also nur Kaliumnitrat und Soda gewonnen werden.

Patentanspruch:

Herstellung von Soda und Kaliumnitrat unter gleichzeitiger Gewinnung von Chlorammonium aus sylvinitschen Kalirohsalzen, Salpetersäure, Ammoniak und Kohlensäure unter Führung von Erdalkalisulfat im Kreislauf durch folgende Maßnahmen:

a) Eine im Betriebe erhaltene, Chlorammonium und Ammoniumbicarbonat enthaltende Lösung wird mit Erdalkalisulfat ausgerührt und das entstandene Erdalkalicarbonat abgetrennt.

b) In das Filtrat von a werden sylvinitsche Kalirohsalze eingetragen und durch Behandlung mit Ammoniak ein Gemisch von Glaserit und Chlorkalium gefällt, welches abgetrennt und mit Wasser zu Kaliumsulfat umgesetzt wird.

c) Die in a und b erhaltenen Produkte, Erdalkalicarbonat und Kaliumsulfat, werden in bekannter Weise durch Behandlung mit Salpetersäure zu Kaliumnitrat und Erdalkalisulfat umgesetzt.

d) Die in b erhaltenen Mutterlaugen werden vereinigt und nach Entfernung des freien Ammoniaks zwecks Abtrennung eines Teiles des in ihnen enthaltenen Chlorammoniums gekühlt.

e) Die verbleibende Mutterlauge wird nach dem Ammoniak-Soda-Verfahren auf Natriumbicarbonat bzw. Soda verarbeitet, wobei die eingangs bezeichnete, Chlorammonium und Ammoniumbicarbonat enthaltende Lösung anfällt.

Nr. 530028. (G. 60766.) Kl. 12 l, 8.

Gesellschaft für Kohlentechnik m. b. H. in Dortmund-Eving.

Erfinder: Dr. Wilhelm Gluud und Dr. Bernhard Löpmann in Dortmund-Eving.

Verfahren zur Gewinnung von Natriumbicarbonat und Salmiak gemäß dem Ammoniaksodaverfahren.

Vom 22. Febr. 1924. — Erteilt am 9. Juli 1931. — Ausgegeben am 20. Juli 1931. — Erloschen: . . . .

In der Patentschrift 388 396 ist ein Verfahren beschrieben, um beim Sodaprozeß direkt festen Salmiak neben Natriumbicarbonat zur Abscheidung zu bringen. Arbeitet man dabei so, wie es die Patentschrift angibt, so erhält man beide Produkte gleichzeitig und gemischt miteinander. Es ist dann eine besondere Trennungsoperation nötig, um die Einzelprodukte jedes für sich zu gewinnen. Setzt man der in der Patentschrift angegebenen Reaktionslösung Kochsalz und z. B. Ammonbicarbonat nicht gleichzeitig, sondern nacheinander zu, und zwar so, daß man nach Zusatz je eines dieser Salze das zur Abscheidung kommende Produkt für sich abtrennt, so gewinnt man Natriumbicarbonat und Salmiak nicht gemischt miteinander, sondern als getrennte Produkte; vorausgesetzt, daß man die zur Lösung zugesetzten Salzmengen so gering wählt, daß damit der Gleichgewichtspunkt in der Lösung, bei welchem der Sodaprozeß umkehrt, noch nicht erreicht wird. Diese Arbeitsweise, die ohne weiteres aus der Patentschrift 388 396 für den Fachmann abgeleitet werden kann, führt aber nicht zu vollbefriedigenden Produkten, sondern das ausfallende Natriumbicarbonat enthält beträchtliche Mengen Salmiak beigemischt. Es liegt dies daran, daß die Löslichkeit des Salmiaks nicht genau in demselben Maße zunimmt, wie das Kochsalz aus der Lösung verbraucht wird. Es wurde daher versucht, zu besseren Resultaten in der Weise zu kommen, daß die Lösungsverhältnisse der Einzelkomponenten durch Zusatz einer Zwischensubstanz verschoben wurden. Diese Versuche haben zu einem ganz überraschenden Erfolg und damit zu einem außerordentlich bedeutungsvollen Verfahren geführt. Wählt man als Zusatz das Salz einer Säure, welche ein leicht lösliches Natrium- und Ammoniumsalz gibt, so vermindert man dadurch die Löslichkeit der Chloride und Carbonate des Natriums und Ammoniums und hält doch noch eine solche Menge Natriumjonen in der Lösung aufrecht, daß sich der Sodaprozeß abspielen kann. Wie an den folgenden Ausführungsbeispielen gezeigt wird, stellt das Verfahren einen in der Ausführung gegenüber allen bisher bekannt gewordenen Sodaverfahren ganz überlegenen Prozeß dar, der mit praktisch nahezu theoretischer Ausbeute arbeitet und neben der Natriumbicarbonatgewinnung ebenfalls die direkte Gewinnung des nebenher entstehenden Salmiaks in fester Form gestattet. Es ist selbstverständlich, daß das Verfahren in mannigfacher Weise variiert werden kann; so kann z. B. das im Ausführungsbeispiel 1 angezogene Nitrat durch andere Salze, welche hinsichtlich der Löslichkeit grundsätzlich den gleichen Anforderungen genügen, ersetzt werden, wie dies z. B. beim Formiat und anderen der Fall ist. Weiter ist es selbstverständlich, daß die Wahl der Temperatur, bei welcher man die Reaktion verlaufen läßt, den jeweiligen günstigsten Löslichkeitsbedingungen angepaßt wird.

Beispiel 1

In 7 l Wasser werden 3 850 g Ammoniumnitrat gelöst, dann wird 1 l der Lösung abgetrennt, der Rest mit 3,6 kg Kochsalz 3 Stunden bei 0° gerührt, bis die Flüssigkeit an Kochsalz und infolge des in der Lösung sich vollziehenden Umsatzes auch gleichzeitig damit an Salmiak gesättigt ist. Man filtriert und rührt das Filtrat jetzt unter Zusatz von 560 g Ammonbicarbonat, filtriert wieder und versetzt jetzt mit einer der angewandten Menge Ammonbicarbonat entsprechenden Menge feingepulverten Kochsalzes, rührt wieder 3 Stunden und filtriert. Die Lösung ist jetzt für den Gebrauch fertig. Man versetzt sie mit 560 g Ammonbicarbonat, rührt einige Stunden, indem man hierbei ebenso wie bei allen vorhergehenden und nachfolgenden Operationen bei 0° hält, und filtriert das abgeschiedene Natriumbicarbonat ab und wäscht es mit wenig Wasser in kleinen Portionen gründlich aus. Die Waschwässer sollen der dem Salz anhaftenden Menge Feuchtigkeit möglichst entsprechen und werden mit der Reaktionslösung wieder vereint, eventuell auch noch durch etwas Wasser vermehrt; jedenfalls ist es zweckmäßig, das Volumen der Reaktionslösung dauernd zu erhalten. Die Reaktionslösung wird jetzt mit 410 g feingepulvertem Kochsalz versetzt und wieder einige Stunden gerührt und der abgeschiedene Salmiak abfiltriert und ausgewaschen, während die Waschwässer wieder unter denselben Bedingungen wie oben mit der Reaktionslösung vereinigt werden. Diese Operationen können mit derselben Reaktionslösung beliebig oft wiederholt werden.

Beispiel 2

In 2 500 ccm einer Lösung mit etwa 10% Rhodanammon, die bei etwa 25° mit Kochsalz und Salmiak gesättigt ist und die durch mehrfache Umsetzung mit Ammonbicarbonat und Kochsalz auf die für den Sodaprozeß günstigste Zusammensetzung gebracht ist, werden bei 34° 225 g Ammonbicarbonat eingetragen und etwa $1^1/_2$ Stunden bei der Temperatur gerührt. Das ausfallende Natriumbicarbonat wird mehrfach ausgewaschen. Die Ausbeute beträgt 217,5 g mit 0,2% Kochsalz. Das Filtrat von Natriumbicarbonat wird darauf nach Zusatz eines Teiles des angereicherten Waschwassers bei 25° mit 165 g Kochsalz gerührt. Es werden dabei nach Filtration 128,5 g Salmiak mit 0,88% Kochsalz erhalten.

Beispiel 3

In 4 cbm einer Lösung mit etwa 10% Natriumsulfat, die bei etwa 28° mit Kochsalz und Salmiak gesättigt ist und die durch mehrfache Umsetzung mit Ammonbicarbonat und Kochsalz auf die für den Sodaprozeß günstigste Zusammensetzung gebracht ist, werden bei 40° 400 kg Ammonbicarbonat und 50 kg Natriumchlorid eingetragen und etwa $1^1/_2$ Stunden bei der Temperatur gerührt. Das ausfallende Natriumbicarbonat wird mehrfach ausgewaschen. Die Ausbeute beträgt 378 kg mit 0,18% Kochsalz. Das Filtrat vom Natriumbicarbonat wird darauf nach Zusatz eines Teiles des angereicherten Waschwassers bei 28° mit 250 kg Kochsalz gerührt. Es werden dabei nach Filtration 246 kg Salmiak mit 3,8% Kochsalz erhalten.

Beispiel 4

In 2500 ccm einer Lösung mit etwa 12% Rhodanammon, die bei etwa 22° mit Kochsalz und Salmiak gesättigt ist und die durch mehrfache Umsetzung mit Ammonbicarbonat und Kochsalz auf die für den Sodaprozeß günstigste Zusammensetzung gebracht ist, werden bei 30° 225 g Ammonbicarbonat eingetragen und etwa $1^1/_2$ Stunden bei der Temperatur gerührt. Das ausfallende Natriumbicarbonat wird mehrfach ausgewaschen. Die Ausbeute beträgt 224 g mit 0,12% Kochsalz. Das Filtrat vom Natriumbicarbonat wird darauf nach Zusatz eines Teiles des angereicherten Waschwassers bei 22° mit 165 g Kochsalz gerührt. Es werden dabei nach Filtration 136,5 g Salmiak mit 1,76% Kochsalz erhalten.

Beispiel 5

In 4500 ccm einer Lösung mit etwa 15% Natriumrhodanid, die bei etwa 14° mit Kochsalz und Salmiak gesättigt ist und die durch mehrfache Umsetzung mit Ammonbicarbonat und Kochsalz auf die für den Sodaprozeß günstigste Zusamensetzung gebracht ist, werden bei 17° 480 g Ammonbicarbonat eingetragen und etwa $1^1/_2$ Stunden bei der Temperatur gerührt. Das ausfallende Natriumbicarbonat wird mehrfach ausgewaschen. Die Ausbeute beträgt 466 g mit 0,78% Kochsalz. Das Filtrat vom Natriumbicarbonat wird darauf nach Zusatz eines Teiles des angereicherten Waschwassers bei 14° mit 356 g Kochsalz gerührt. Es werden dabei nach Filtration 286 g Salmiak mit 3,2% Kochsalz erhalten.

Die in den Beispielen 2 bis 5 angegebenen, im Verlauf des Prozesses auftretenden Temperaturerniedrigungen sind zurückzuführen nicht auf die Anwendung von künstlicher Kühlung, sondern auf z. B. in den Leitungen auftretende Wärmeverluste.

Die in die Augen springenden überragenden Vorteile des Verfahrens sind folgende: nahezu theoretische Ausbeute an Bicarbonat und Salmiak und dementsprechend so gut wie keine Verluste an Kochsalz, wohingegen alle früheren Sodaprozesse nur bis zum Phasengleichgewicht verlaufen; direkte Gewinnung von festem Salmiak; Fortfall aller Mutterlauge und Endlauge; dauerndes Arbeiten mit nur einer Lösung; Fortfall von Eindampfen und Ausfrieren; Ammoniakabtreiben und Regenerieren usw., technische und apparative ganz überraschende Einfachheit. Bei der oben im Ausführungsbeispiel angegebenen Verwendung und Verwertung der Waschwässer ist kaum mit einem Verlust an Nitrat zu rechnen, da die leicht löslichen Nitrate bevorzugt der Auswaschung und damit der Rückführung in die Reaktionslösung unterliegen.

Patentanspruch:

Verfahren zur Gewinnung von Natriumbicarbonat und Salmiak nacheinander aus derselben Lösung durch Einwirken von Ammoniak und Kohlensäure oder deren Verbindungsprodukten auf eine an Kochsalz, Salmiak und Ammonium- bzw. Natriumbicarbonat gesättigte Lösung und Abscheidung des Salmiaks nach Abtrennung des ausgefallenen Bicarbonats mittels Kochsalz ohne Einengung und unter Vermeidung künstlicher Kühlung, dadurch gekennzeichnet, daß man der an Kochsalz, Bicarbonat und Salmiak gesättigten Reaktionslösung einen besonderen Zusatz eines leicht löslichen Natriumsalzes gibt.

E. P. 229640.
D. R. P. 388396, B. II, 1590.

Nr. 534211. (G. 62762.) Kl. 12l, 8.
Gesellschaft für Kohlentechnik m. b. H. in Dortmund-Eving.
Erfinder: Dr. Wilhelm Gluud und Dr. Bernhard Löpmann in Dortmund-Eving.

Verfahren zur Gewinnung von Natriumbicarbonat und Salmiak gemäß dem Ammoniaksodaverfahren.

1. Zusatz zum Patent 530028.

Vom 27. Nov. 1924. — Erteilt am 10. Sept. 1931. — Ausgegeben am 24. Sept. 1931. — **Erloschen:** ....

In dem Patent 530028 ist ein Verfahren zur Gewinnung von Natriumbicarbonat und Salmiak nacheinander aus derselben Lösung nach dem Ammoniaksodaverfahren beschrieben, welches darin besteht, daß man Ammoniak und Kohlensäure (oder deren Verbindungen, wie z. B. Ammonbicarbonat) auf eine Lösung, welche Salmiak, Kochsalz und Natriumbicarbonat und ein besonders leichtlösliches Natriumsalz enthält, einwirken läßt. Nach Entfernung des ausgefallenen Bicarbonats stellt man die ursprüngliche Lösung durch Aufsättigung mit Kochsalz wieder her, wobei Salmiak zur Abscheidung kommt. Es hat sich gezeigt, daß verschiedene Salze auch eine verschiedene Wirkung ergeben.

Das vorliegende Verfahren ist durch die Verwendung von anderen Rhodansalzen an Stelle des im Verfahren des Hauptpatents benutzten Rhodannatriums bzw. anderer leichtlöslicher Natronsalze gekennzeichnet. Die Rhodansalze bieten den Vorteil, daß das erhaltene Bicarbonat sehr rein ist, indem das ausgefallene Bicarbonat von dem Rhodanammonium leicht durch Auswaschen, nachdem vorteilhaft ein Teil der Mutterlauge durch Abnutschen, Zentrifugieren oder beides getrennt ist, befreit wird. Das verwendete Waschwasser wird vorteilhaft wiederholt benutzt. Außerdem bietet die Verwendung der Rhodansalze den Vorteil, daß sie auf den Zechen als Nebenprodukte der Gasreinigung gewonnen werden können. Ein weiterer Vorteil besteht darin, daß man die Rhodanlaugen, wie sie aus der Gasreinigung erhalten werden und die wechselnde Mengen von Thiosulfaten, Sulfat, Polythionaten, Polysulfiden und auch organische Verunreinigungen enthalten, im rohen Zustande verwenden kann. Es findet bei dem Prozesse eine Selbstreinigung statt, indem bei dem ersten Filtrieren die anorganischen und organischen Verunreinigungen, soweit sie unlöslich sind oder werden, entfernt werden und die Lösung nunmehr rein ist. Die etwa vorhandenen Phenole stören das Verfahren nicht. Das Bicarbonat fällt mit geringeren Mengen Salmiak aus, als unter Verwendung vieler anderer Salze. Die Abscheidung des Bicarbonats findet vorteilhaft bei einer anderen Temperatur als die Abscheidung des Salmiaks statt, indem man am besten die Abscheidung des Bicarbonats bei etwa 30° C und die Abscheidung des Salmiaks bei etwa 20° C vornimmt.

4 cbm einer Lösung, die etwa 20 bis 25 % Rhodanammonium gelöst enthält und außerdem mit Kochsalz und Salmiak gesättigt ist, werden mit 400 kg festem Ammoniumbicarbonat versetzt, etwa 3 Stunden bei 30° gerührt und filtriert. Das abgeschiedene Natriumbicarbonat wird abfiltriert oder sonst von der Flüssigkeit getrennt, die Flüssigkeit wird wiederum in die Stammlösung zurückgegeben, dieselbe eventuell noch mit Rhodanverbindungen der Rhodanlauge ergänzt. Dann wird die dem angewandten Ammoniumbicarbonat äquivalente Menge Kochsalz (etwa 290 kg) in feiner Verteilung zugegeben, wieder einige Stunden gerührt und dabei die Temperatur um etwa 10° erniedrigt, wobei der entstandene Salmiak zur Abscheidung kommt; derselbe wird in gleicher Art wie das Natriumbicarbonat unter tunlichster Rückgewinnung der anhaftenden Mutterlauge abgesondert.

Patentansprüche:

1. Ausführung des Verfahrens des Patents 530 028 zur Gewinnung von Natriumbicarbonat und Salmiak nacheinander aus derselben Lösung gemäß dem Ammoniaksodaverfahren, dadurch gekennzeichnet, daß man als leichtlösliche Salze in der Salmiak, Kochsalz und Natriumbicarbonat enthaltenden Lösung Rhodansalze (außer Natriumrhodanid) verwendet.

2. Ausführung des Verfahrens nach Anspruch 1, dadurch gekennzeichnet, daß man neben Rhodansalzen, einschließlich Natriumrhodanid, noch andere besonders leichtlösliche Salze verwendet.

3. Verfahren nach Anspruch 1 und 2, dadurch gekennzeichnet, daß man die bei dem Rhodangaswaschverfahren erhaltenen rohen Laugen mit Kochsalz und Salmiak sättigt und dann in dem Verfahren zur Bicarbonatherstellung benutzt.

4. Verfahren nach Anspruch 1 bis 3, dadurch gekennzeichnet, daß die Abscheidung des Natriumbicarbonats bei einer höheren Temperatur als die Abscheidung des Salmiaks stattfindet.

Nr. 534212. (G. 63004.) Kl. 12 l, 8.

Gesellschaft für Kohlentechnik m. b. H. in Dortmund-Eving.

Erfinder: Dr. Wilhelm Gluud und Dr. Bernhard Löpmann in Dortmund-Eving.

Verfahren zur Gewinnung von Natriumbicarbonat und Salmiak gemäß dem Ammoniaksodaverfahren.

2. Zusatz zum Patent 530028. — Früheres Zusatzpatent 534211.

Vom 24. Dez. 1924. — Erteilt am 10. Sept. 1931. — Ausgegeben am 24. Sept. 1931. — **Erloschen: ....**

In dem Patent 530 028 ist ein Verfahren zur Gewinnung von Natriumbicarbonat und Salmiak nacheinander aus derselben Lösung nach dem Ammoniaksodaverfahren beschrieben, welches darin besteht, daß man Ammoniak und Kohlensäure (oder deren Verbindungen, wie z. B. Ammonbicarbonat) auf eine Lösung, welche Salmiak, Kochsalz und Natriumbicarbonat und ein leichtlösliches Natriumsalz enthält, einwirken läßt. Nach Entfernung des ausgefallenen Bicarbonats stellt man die ursprüngliche Lösung durch Aufsättigung mit Kochsalz wieder her, wobei Salmiak zur Abscheidung kommt. Das vorliegende Verfahren besteht darin, daß man mehrere leichtlösliche Natrium- oder Ammoniumsalze an Stelle eines einzigen Salzes verwendet. Hierdurch hat man den Vorteil, technisch unreine Lösungen, wie sie bei verschiedenen Prozessen erhalten werden, unmittelbar benutzen zu können. Hierbei kann bei Vorhandensein anderer Metallverbindungen als Natrium- oder Ammoniumverbindungen eine Selbstreinigung der Lösungen im Laufe des Verfahrens eintreten. Auf Grund dieser Beobachtung ist das Verfahren auch für unreine Kochsalzlösungen, welche z. B. Magnesiumverbindungen, Kalkverbindungen u. dgl. enthalten, anwendbar. Man kann beispielsweise Lösungen verwenden, welche Nitrate neben Nitriten oder Nitrate neben Formiaten enthalten. Man kann auch mehr als zwei Salze verwenden, beispielsweise Formiat, Rhodanid, Nitrat. Man kann auch die Thiosulfatlösungen, wie sie bei der Gasreinigung erhalten werden, und die ein komplexes Gemisch verschiedener Salze bilden, benutzen.

Beispiel: 4 cbm einer Lösung, welche 20% NH_4CNS und 10% NH_4NO_3 enthält und mit Kochsalz vorher gesättigt worden ist, werden, nachdem der ausgeschiedene Salmiak abfiltriert worden ist, mit 400 kg Ammonbicarbonat versetzt und bei 30° drei Stunden kräftig gerührt. Das ausgeschiedene Natriumbicarbonat wird abfiltriert, ausgewaschen unter zweckmäßiger mehrmaliger Benutzung der Waschwasser und Wiedervereinigung derselben mit der Stammlösung, so daß deren Volumen möglichst konstant gehalten wird. Darauf wird sie mit 290 kg fein gemahlenem Kochsalz versetzt, drei Stunden bei 20° gerührt und der entstandene Salmiak abfiltriert.

Patentansprüche:

1. Ausführungsform des Verfahrens des Patents 530 028 zur Gewinnung von Natriumbicarbonat und Salmiak nacheinander aus derselben Lösung gemäß dem Ammoniaksodaverfahren, dadurch gekennzeichnet, daß man eine Mischung mehrerer leichtlöslicher Salze (ausgenommen die Rhodanide) in der Salmiak, Kochsalz und Natriumbicarbonat enthaltenden Lösung verwendet.

2. Ausführungsform des Verfahrens nach Anspruch 1, dadurch gekennzeichnet, daß man als leichtlösliche Salze Nitrate und Nitrite gemeinsam verwendet.

3. Ausführungsform des Verfahrens nach Anspruch 1, dadurch gekennzeichnet, daß man als leichtlösliche Salze Nitrate und Formiate gemeinsam verwendet.

4. Verfahren nach Anspruch 1, dadurch gekennzeichnet, daß man als leichtlösliche Salze Formiate, Rhodanide und Nitrate gemeinsam verwendet.

5. Verfahren nach Anspruch 1, dadurch gekennzeichnet, daß man die bei der Gasreinigung erhaltenen, mehrere Salze, und zwar vorwiegend Thiosulfate, enthaltenden Lösungen mit Kochsalz und Salmiak sättigt und dann in dem Verfahren zur Bicarbonatherstellung benutzt.

Nr. 539173. (M. 100401.) Kl. 121, 15.

Maschinenfabrik Hartmann Akt.-Ges. in Offenbach a. M.

Erfinder: K. Franz Krenn und Ernst Buchhaas in Graz.

Verfahren zum Verlösen von in schmelzflüssigem Zustand anfallenden Stoffen, insbesondere Soda.

Vom 10. Juli 1927. — Erteilt am 12. Nov. 1931. — Ausgegeben am 23. Nov. 1931. — Erloschen: 1932.

Bisher geschah die Gewinnung und der Abtransport von in schmelzflüssigem Zustand anfallenden Stoffen, insbesondere Soda, in der Weise, daß sie im flüssigen Zustand in ein vor dem Schmelzofen angeordnetes flaches Becken oder eine Pfanne eingelassen wurden, worin sie dann erstarrten. Alsdann wurden sie durch geeignete Werkzeuge aufgebrochen und unter Beigabe von Wasser in großen Gefäßen zur Auflösung gebracht. Dieses alte Verfahren erforderte viel Handarbeit und hatte viele andere Mißstände; insbesondere mußte das zur Lösung zu verwendende Wasser besonders erwärmt werden. Nun ist es wohl bekannt, geschmolzene Stoffe in feine nach ihrer Abkühlung auf gewöhnliche Temperatur feste Pulver überzuführen; ebenso ist auch der pneumatische Transport staubförmiger oder körniger Stoffe und die darauf erfolgende Abscheidung derselben aus dem Förderluftstrom durch geeignete Filter, z. B. Windsichter usw., bekannt. Diese an sich bekannten Maßnahmen werden bei der vorliegenden Erfindung für den besonderen Fall des Verlösens von geschmolzenen Stoffen, z. B. von schmelzflüssiger Soda, in der Weise benutzt, daß sowohl die Überführung des schmelzflüssigen Stoffes in die zur Verlösung günstigste Form als auch der unmittelbar darauf erfolgende Transport zu dem die

Löseflüssigkeit enthaltenden Behälter durch ein und dieselbe technische Maßnahme erreicht wird. Das neue Verfahren kennzeichnet sich somit dadurch, daß die Stoffe unmittelbar beim Austritt aus dem Schmelzofen zerstäubt und alsdann unter Benutzung eines Gasstromes als Träger unmittelbar in die Lösebehälter gefördert werden, in welchen letzteren dann Einrichtungen vorgesehen sind, welche die Trennung der Feststoffe von dem sie tragenden Gasstrom bewirken, wobei die Erwärmung der Lösungsflüssigkeit unmittelbar durch die noch sehr heißen, zerstäubten Stoffe selbst erfolgt.

Die Erfindung ist auf der beiliegenden Zeichnung schematisch dargestellt, und zwar zeigt:

Abb. 1 einen senkrechten,

Abb. 2 einen horizontalen Schnitt durch die Zerstäubungs- und Absaugevorrichtung,

Abb. 3 eine schematische Darstellung des ganzen Transportverfahrens.

Man erkennt aus der Zeichnung den meist fahrbaren Schmelzofen *a* mit dem Auslauf *b*, aus welchem die Sodaschmelze ausgelassen wird. Unmittelbar unter diesem Auslauf *b* ist

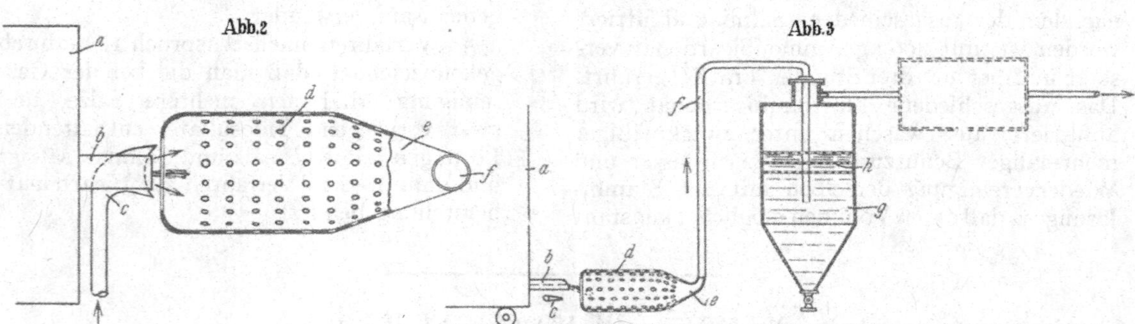

die Preßluftdüse *c* angeordnet, welche so eingerichtet ist, daß sie den austretenden Sodastrahl in seiner ganzen Breite erfaßt und zerstäubt. Die fein zerteilte Soda wird in einer Haube *d* aufgefangen, welche sie unmittelbar in den Saugtrichter *e* und die Saugleitung *f* überführt. Die Abmessungen von Haube und Trichter *d*, *e* sind so gehalten, daß die zerstäubte Soda usw. genügend Zeit findet, um so weit zu erkalten, daß sie eine vollkommen feste Form angenommen hat. Damit nun die fein zerteilte Soda usw. sich nicht an Haube und Trichter *d* bzw. *e* festsetzen kann, wird letztere vorteilhaft ganz oder teilweise als Sieb ausgebildet oder wenigstens mit einer ausreichenden Anzahl seitlicher Öffnungen versehen, durch welche die Luft eintreten und die fein zerteilte Soda usw. aufnehmen und weitertragen kann.

Durch die Saugluftleitung *f* wird die zerstäubte Soda unmittelbar zu den Auflösern *g* geleitet, wobei sie vorteilhaft eine Naßfilteranlage *h* passiert. Durch den Sauglufttransport erfolgt bereits je nach Länge der Saugluftförderleitung eine entsprechende Abkühlung des immer noch verhältnismäßig heißen Fördergutes. Im Naßfilter empfiehlt sich unter Umständen, eine auftretende zu starke Verdunstung des Wassers, die den Nutzeffekt herunterdrücken würde, durch geeignete Mittel zu verhindern oder zu mäßigen.

Patentanspruch:

Verfahren zum Verlösen von in schmelzflüssigem Zustand anfallenden Stoffen, insbesondere Soda, dadurch gekennzeichnet, daß die Stoffe unmittelbar beim Austritt aus dem Schmelzofen zerstäubt und unter Benutzung eines Gasstromes als Träger für die zerstäubten Stoffe unmittelbar in die Lösebehälter gefördert werden, die mit zur Trennung der Feststoffe von dem sie tragenden Gasstrom dienenden Einrichtungen ausgestattet sind.

Im Orig. 3 Abb.

Nr. 476074. (Sch. 76110.) Kl. 12l, 9. Wilhelm Schwarzenauer in Hannover.

Verfahren zur Darstellung von Alkali- und Erdalkalicarbonaten.

Vom 15. Nov. 1925. — Erteilt am 25. April 1929. — Ausgegeben am 4. Febr. 1931. — Erloschen: 1932.

Das den Gegenstand der Erfindung bildende Verfahren bezweckt die Darstellung von Pottasche, Soda oder anderen Alkali- oder Erdalkalikarbonaten mit geringerem Aufwand an Einrichtungen und Rohstoffen, als die bisherigen Verfahren beanspruchten.

Dies wird dadurch erreicht, daß die bisher in getrennten Einrichtungen bewirkte Erzeugung der Energie für den Strom zur elektrolytischen Gewinnung von Ätzkali- oder Ätznatronlaugen, für die Herstellung der für die Karbonisierung dieser Laugen benötigten Kohlensäure und die Eindampfung der Laugen in ein und demselben Apparat mit derselben Brennstoffmenge geschieht. Es ist erkannt worden, daß diese drei verschiedenen Aufgaben mittels der sogenannten Druckinnenfeuerungen gelöst werden können. Bei diesen brennen flüssige, gas- oder staubförmige Brennstoffe unter Zuführung der Verbrennungsluft als Preßluft unter Druck in geschlossenen Behältern als offene Flammen oder in der sogenannten flammenlosen Oberflächenverbrennung oder als Tauchflammen. Die zu verdampfenden Flüssigkeiten, hier also die elektrolytisch gewonnenen Laugen, werden in die Flammen oder Verbrennungsgase eingesprüht oder umhüllen unmittelbar die Tauchflamme.

Eine Einrichtung zur Ausführung des Verfahrens mittels der Tauchflamme ist schematisch in der Abbildung dargestellt. Die einzuengende und dabei gleichzeitig zu karbonisierende Lauge wird durch *a* in den Behäl-

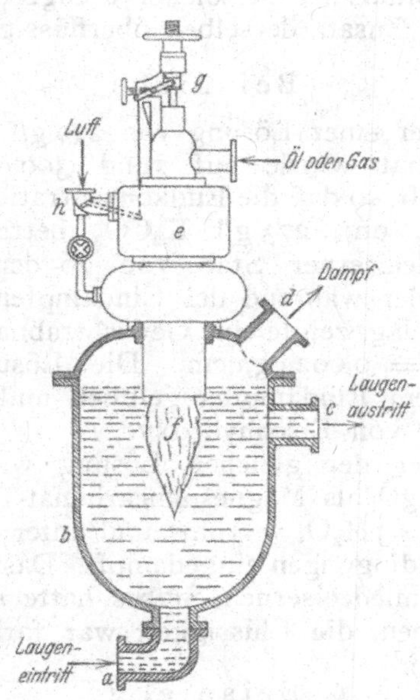

ter *b* eingeführt und fließt durch *c* nach der Behandlung ab. In der Lauge brennt unmittelbar die durch Öl oder Gas und Luft gespeiste Flamme *f*, sie verdampft einen Teil des Wassers aus der Lauge, und die Kohlensäure aus den Verbrennungsgasen wirkt nun chemisch auf die Lauge ein.

Der entwickelte Dampf und die überschüssigen Verbrennungsgase entweichen durch *d*. Die Regelung der Zufuhr des Brenngemisches zu dem Mischer *e* geschieht durch die Ventile *g* und *h*.

Bei der Verwendung des Verfahrens zur Darstellung von Erdalkalikarbonaten wird die Apparatur so gebaut, daß sich unten in einem längeren Behälter ein Abscheideraum für die ausfallenden Karbonate befindet, aus welchem sie, wie z. B. auch bei Salzsiedeapparaten üblich, abgezogen werden können. Der Laugenaustritt befindet sich dann nicht an der tiefsten Stelle des Eindampfbehälters, sondern höher, nämlich oberhalb des Absetzraumes für die ausfallenden Karbonate. Da, wo auf der Abbildung der Laugenaustritt bezeichnet ist, tritt dann die frische Lauge ein.

Das Wasser wird in Form von Dampf beliebig hoher Spannung ausgetrieben; es wird gemäß der Erfindung zum Betrieb des Generators für den Strom zur Elektrolyse mitverwandt. Die Kohlensäure der Verbrennungsgase führt Ätzkalilauge in Pottasche, Natronlauge in Soda über.

Die durch das Verfahren erzielbaren Vorteile zeigt folgendes Beispiel: Erfahrungsgemäß ist erforderlich zur Darstellung von 1 t Ätzkalilauge in konzentrierter Form (50° Bé):

an Energie für die Elektrolyse und sonstigen Bedarf 2400 kWh,

die Verdampfung von 7 t Wasser zur Einengung der Dünnlauge

und zur Überführung dieser 1 t Ätzkalilauge in 1,22 t Pottasche 0,4 t CO_2.

Bewirkt man nun gemäß der Erfindung die Austreibung dieser 7 t Wasser mittels der Tauchflamme in Form gespannten Dampfes z. B. von 12 at, so können damit rund 800 kWh erzeugt werden, also ein Drittel des Gesamtbedarfs. Die Tauchflamme benötigt dazu rund 500 kg Heizöl und liefert 1650 kg CO_2, also mehr als der Bedarf für die Karbonisierung beträgt.

Besondere Einrichtungen wie bisher zur Beschaffung der Kohlensäure, wie Kalköfen o. dgl., ferner besondere Eindampfvorrichtungen erübrigen sich, und die Kesselanlage für Krafterzeugung kann um ein Drittel kleiner werden. Ebenso wird ein Drittel an Brennstoff für den Kessel, der gesamte Brennstoff für die Eindampfung und die Kalköfen erspart.

Die Ersparnisse können noch weitergetrieben werden, indem auch der bei der Elektrolyse entstehende Wasserstoff mit als Brennstoff für die Tauchflamme oder andere Druckinnenfeuerungen verwandt wird und indem statt durch Kompressoren verdichteter gewöhnlicher Luft Sauerstoff für die Verbrennung benutzt wird, der in an sich bekannter Weise (z. B. nach Patent 295 422) aus dem bei der Elektrolyse anfallenden Chlor hergestellt wird.

PATENTANSPRÜCHE:

1. Verfahren zur Darstellung von Alkali- und Erdalkalikarbonaten, dadurch gekennzeichnet, daß elektrolytisch erzeugte Laugen mittels Druckinnenfeuerungen eingedampft werden, der dabei gewonnene gespannte Dampf zur Energieerzeugung für das elektrolytische Verfahren und die Kohlensäure der Verbrennungsgase zur Karbonisierung der Ätzlaugen verwendet wird.

2. Ausführungsform des Verfahrens nach Anspruch 1, dadurch gekennzeichnet, daß an Stelle von Preßluft Sauerstoff verwendet wird, der in an sich bekannter Weise aus dem bei der Elektrolyse anfallenden Chlor hergestellt wird.

Nr. 521869. (K. 117092.) Kl. 12l, 15. KALI-CHEMIE AKT.-GES. IN BERLIN.

Erfinder: Dr. Fritz Crotogino in Neu-Staßfurt b. Staßfurt.

Verfahren zur Herstellung von eisenfreien Alkalicarbonaten beim Eindampfen ihrer bicarbonathaltigen Lösungen in eisernen Gefäßen.

Vom 17. Okt. 1929. — Erteilt am 12. März 1931. — Ausgegeben am 28. März 1931. — **Erloschen: 1934.**

Es hat sich gezeigt, daß beim Eindampfen von Alkalicarbonat enthaltenden Laugen, z. B. Kaliumcarbonatlaugen, wie sie aus den auf elektrolytischem Wege erzeugten Ätzalkalilaugen durch Einleiten von Kohlensäure gewonnen werden, auch wenn diese Laugen nur geringe Mengen Bicarbonat enthalten, die eisernen Verdampfgefäße stark angegriffen werden. Dieser Umstand ist in doppelter Hinsicht nachteilig, indem einerseits Eisen in die einzudampfenden Lösungen gelangt und andererseits ein erhöhter Verbrauch an Eindampfgefäßen erforderlich wird.

Es wurde nun gefunden, daß man das Eisen der Verdampfgefäße in einfacher und weitgehendster Weise vor dem Angriff solcher Laugen schützen kann, wenn man denselben geringe Mengen von Magnesiaverbindungen zuführt. Als solche kommen beispielsweise in Betracht: Magnesia, Magnesiumcarbonate u. a. Magnesiumcarbonattrihydrat und Magnesiasalze. Da bereits eine günstige Einwirkung der Magnesiaverbindungen bei Verwendung außerordentlich geringer Mengen derselben wahrzunehmen ist und auch zur praktisch vollkommenen Verhütung eines Angriffes der Laugen auf das Eisen nur ganz geringe Mengen von Magnesiaverbindungen erforderlich sind, kann von einer Entwertung der Laugen durch einen solchen geringen Zusatz nicht die Rede sein. Es wurde z. B. u. a. festgestellt, daß ein Zusatz von 0,2 g MgO pro Liter bicarbonathaltiger Kaliumcarbonatlauge genügt, um den Angriff des Eisens auf einen Bruchteil dessen zu vermindern, wie er bei magnesiafreier bicarbonathaltiger Lauge beobachtet worden ist, während bei einem Gehalt von 0,4 g MgO im Liter bereits ein praktisch vollkommener Schutz des Eisens vor dem Angriff der Laugen erreicht werden konnte. Die Zusatzmenge an Magnesiumverbindungen kann natürlich in jedem Einzelfall nach dem Bedarf und der gewünschten Wirkung beliebig variiert werden. Dieselben Verhältnisse treffen für Kalium- wie auch für Natriumbicarbonat enthaltende Laugen zu.

Das vorliegende Verfahren bezieht sich auf solche bicarbonathaltige Alkalicarbonatlösungen, welche normalerweise nicht bereits auf Grund ihrer Herstellungsmethoden Magnesiumsalze in solcher Menge enthalten, daß ein Zusatz derselben überflüssig ist.

Beispiel 1

1 Liter einer Lösung von 220 g/l Kaliumbicarbonat wurde auf rund 300 ccm eingedampft, so daß die Endkonzentration 242 g/l $KHCO_3$ und 273 g/l K_2CO_3 betrug. Ein schmiedeeiserner Stab von 26 qcm Oberfläche, der während des Eindampfens in der Lösung lag, zeigte eine Gewichtsabnahme von 0,06 g = 0,0023 g/qcm. Die Lösung war nach dem Eindampfen gelblich und enthielt Flocken von Eisenhydroxyd.

1 Liter der gleichen Lösung wurde mit 0,5 g MgO als Magnesiumcarbonat-Trihydrat, $MgCO_3 \cdot 3\,H_2O$, verrührt und unter den gleichen Bedingungen eingedampft. Das Gewicht des schmiedeeisernen Stabes hatte nicht abgenommen, die Flüssigkeit war farblos und eisenfrei.

Beispiel 2

Die gleiche Lösung wurde mit 6,25 ccm einer zweifach normalen Magnesiumsulfatlösung = 0,5 g MgO versetzt und unter den gleichen Bedingungen eingedampft. Das Gewicht des schmiedeeisernen Stabes hatte nicht abgenommen Die Flüssigkeit war farblos und eisenfrei.

PATENTANSPRÜCHE:

1. Verfahren zur Herstellung von eisenfreien Alkalicarbonaten beim Eindampfen ihrer bicarbonathaltigen Lösun-

gen in eisernen Gefäßen, dadurch gekennzeichnet, daß man den Lösungen Magnesiumverbindungen in geringer Menge zusetzt.

2. Verfahren nach Anspruch 1, dadurch gekennzeichnet, daß man den Laugen Magnesiumoxyd oder Magnesiumcarbonate zusetzt.

Nr. 566 359. (Sch. 99. 30.) Kl. 12 l, 11. DR.-ING. E. H. WILLI SCHACHT IN WEIMAR.

Verfahren zur Verarbeitung von Alkalikohlen, Alkalikoken und ähnlich zusammengesetzten Materialien.

Vom 2. Dez. 1930. — Erteilt am 1. Dez. 1932. — Ausgegeben am 17. Dez. 1932. — Erloschen: . . . .

In der Zellstoffindustrie fallen organische Substanzen kohliger, kokiger und bzw. oder jedenfalls brennbarer Natur in Mischung mit anorganischen Salzen an. Als Beispiel für solche Materialien sei die Schwarzasche genannt, die man erhält, wenn eingedickte Natronzellstoffablauge im Drehofen verarbeitet wird Ähnlicher Natur sind die Rückstände, die man beim Verschwelen von Zellstoffablaugen aller Art erhält.

Bei der Verarbeitung solcher Alkalikohlen, Alkalikoke und ähnlicher Stoffe entsteht vielfach eine dreifache Aufgabe: Erstens sollen die anorganischen Salze wiedergewonnen werden, zweitens sollen irgendwie geartete chemische Reaktionen mit dem Material vorgenommen werden und drittens soll der Wärmeinhalt der verbrennbaren Stoffe nutzbar gemacht werden.

Da nun der Wärmeinhalt genannter Stoffe in weiten Grenzen schwankend ist und meist, wie z. B. bei Schwelrückständen, nur zwischen 1000 und 2000 WE pro kg beträgt, so können genannte Stoffe nicht als Brennmaterialien im eigentlichen Sinne des Wortes angesprochen werden. Bei der Ausbrennung der organischen kohligen Substanzen aus Alkalikohlen oder -koken ist die Verbrennungstemperatur gering. Sollen thermische Reaktionen bei dem Verbrennungsvorgang gleichzeitig stattfinden, so steht die niedrige Verbrennungstemperatur im Widerspruch zu den Erfordernissen der sonstigen Behandlung der genannten Materialien Auch benötigen solche Reaktionen meist langere Zeit.

Man hat sich in der Zellstoffindustrie z. B. dadurch geholfen, daß man mehrere getrennte Arbeitsvorgänge angewandt hat (Drehofen-, Calcinierofen-, Schmelzofen- bzw. Kaustizierpfannen). Bei der Verarbeitung von Zuckerschlempen (vgl. amerikanisches Patent 1 555 512) wird in ähnlicher Weise vorgegangen.

Es ist nicht möglich, die genannten Teilvorgänge bei der Verarbeitung von Alkalikohlen usw. etwa im Drehofen auszuführen, weil die Alkalien bei höheren Temperaturen schmelzen und den Drehrohrofen verkleben würden. Ein Schmelzofen wiederum arbeitet diskontinuierlich und macht deshalb eine wirtschaftliche Auswertung von heißen Abgasen recht unregelmäßig und schwer.

Es ist nun gefunden worden, daß sich Materialien, wie oben beschrieben, in jeder Beziehung erfolgreich verarbeiten lassen, wenn sie ruhend auf einer sich gleichmäßig vorwärts bewegenden Unterlage von besonders großer Länge und von Fall zu Fall richtig temperiert transportiert werden. Wenn die Alkalikohlen, Alkalikoke usw. auf der sich bewegenden Unterlage selbst stilliegen, so wird vermieden, daß die niedrig schmelzenden Salze das Material verkleben und die zu verbrennenden Bestandteile so einhüllen, daß sowohl ihre vollständige Verbrennung unmöglich wird als auch die gewünschten chemischen Reaktionen vollständig eintreten. Ferner ist gefunden worden, daß die zu verarbeitenden Materialien sofort nach ihrem Aufbringen auf die Unterlage auf Entzündungstemperaturen gebracht werden müssen, damit ausreichende Reaktionszeit gewonnen wird. Schließlich ist gefunden worden, daß die Zusatzwärme zur richtigen Temperierung der Reaktionsatmosphäre zweckmäßig auf der ganzen Länge der beweglichen Unterlage verteilt werden muß, und daß die notwendige Luft, erwärmt oder kalt, je nach der einzuregelnden Temperatur in gleicher Weise der Transportanlage zugeführt werden muß.

Von den Verfahren, bei denen auch in Einzelfällen zur Verbrennung minderwertiger Brennstoffe die allgemein bekannten Wanderroste verwendet werden (z. B. Müll nach der britischen Patentschrift 12 544 vom Jahre 1914), unterscheidet sich das vorliegende Verfahren grundsätzlich dadurch, daß hier Alkalikohlen oder -koke als Arbeitsgut benutzt werden und daß außerdem nicht ausschließlich eine Verbrennung der Alkalikohlen oder -koke Gegenstand der Erfindung ist, sondern allgemein die chemische und bzw. oder thermische Behandlung genannter Materialien, die sich aus meist mehreren Einzelvorgängen zusammensetzt. Es ist ferner für das neue Verfahren zur Verarbeitung von Alkalikohlen, Alkalikoken usw. kennzeichnend, daß Zusatzwärme zur Erreichung der richtigen Reaktionsatmosphäre gebraucht wird.

Patentansprüche:

1. Verfahren zur Verarbeitung der bei der Verwertung der Trockenrückstände von Ablaugen der Zellstoffabrikation aller Art anfallenden Alkalikohlen, Alkalikoke und bzw. oder ähnlich zusammengesetzter Materialien, dadurch gekennzeichnet, daß die Substanzen ruhend auf einer sich gleichmäßig vorwärts bewegenden Unterlage von großer Länge verarbeitet werden, und daß die Zuführung von Zusatzbrennstoff und bzw. oder heißer oder kalter Luft in solchen Mengen und solcher Verteilung erfolgt, daß die zur vollständigen Entfernung der organischen Substanz des Arbeitsgutes bzw. die zur Erzielung chemischer Reaktionen mit dem Arbeitsgut erforderliche Temperatur eben aufrechterhalten bleibt.

2. Verfahren nach Anspruch 1, dadurch gekennzeichnet, daß das Arbeitsgut auf Entzündungstemperatur bzw. Arbeitstemperatur erhitzt auf die Unterlage aufgebracht wird.

Nr. 485136. (K. 89370.) Kl. 12g, 1. Büttner-Werke Akt.-Ges. in Uerdingen und Atma Studiengesellschaft für Atommechanik G. m. b. H. in Düsseldorf.

Vorrichtung zur Ausführung von chemischen Umsetzungen und physikalischen Vorgängen ausschließlich der Aufschließung tonerdehaltiger Stoffe.

Zusatz zum Patent 439540.

Vom 14. Jan. 1923. — Erteilt am 10. Okt. 1929. — Ausgegeben am 26. Okt. 1929. — Erloschen: 1931.

Die Erfindung betrifft eine neuartige Vorrichtung, die zur Ausführung von chemischen Umsetzungen und physikalischen Vorgängen dienen soll.

Bisher wurde bei vielen derartigen Prozessen, bei denen in fester und flüssiger Phase befindliche Stoffe zur Einwirkung aufeinandergebracht wurden, derart gearbeitet, daß die festen Stoffe zweckmäßig zerkleinert wurden, ehe man sie mit den Flüssigkeiten behandelte. An die Behandlung mit der Flüssigkeit schloß sich dann vielfach noch eine besondere Trennung der erhaltenen flüssigen Bestandteile von den rückständigen, z. B. ein Filtrationsprozeß an. Die verschiedenen Maßnahmen wurden üblicherweise auch in verschiedenen getrennten Apparaten vorgenommen. Demgegenüber bietet diese neue Vorrichtung die Möglichkeit, derartige Prozesse in ihrer Gesamtheit, also einschließlich der Zerkleinerung, der Einwirkung der verschiedenen Stoffe aufeinander und der Trennung der erhaltenen Bestandteile in einem einzigen Arbeitsgang durchzuführen. Der neue Apparat besteht im wesentlichen aus einer Zerkleinerungsvorrichtung von zweckmäßig großer Weglänge, z. B. einer Langrohrkugelmühle an sich bekannter Art, in welcher die Reaktionskomponenten unter allmählicher Durchführung einer weitgehenden Zerkleinerung durch Zerquetschen, Zermalmen oder ähnliche, häufig wiederholte mechanische Beanspruchungen unterworfen werden, während gleichzeitig für beständige sofortige Entfernung der neugebildeten flüssigen Phase der Reaktionsprodukte vermittels Abführung durch mit der Zerkleinerungsvorrichtung in organischer Verbindung stehende Filterorgane, gegebenenfalls mit Hilfe von Druck oder Vakuum, Sorge getragen wird.

Im einzelnen kann die neue Vorrichtung sehr verschieden ausgestaltet werden und insbesondere, was z. B. die Ausbildung der Zerkleinerungsapparatur anbelangt, sich der verschiedensten Organe, z. B. Schneid-, Preß-, Quetsch- und Mahlorgane, bedienen.

Eine für viele Zwecke sehr geeignete Form der Vorrichtung ist z. B. die einer langgestreckten Mühle, z. B. einer Kugelmühle, an deren einem Ende die Zuführung des zu behandelnden Gutes erfolgt, worauf dasselbe unter beständiger Zermalmung und Einwirkung der flüssigen Mittel nach dem anderen Ende der Mühle wandert, wo es durch die dort angeordneten Filterorgane hindurchgeführt, z. B. hindurchgepreßt oder abgesaugt wird.

Die neue Arbeitsweise bietet den Vorteil, daß einerseits durch die beständige Zerkleinerung des behandelten Stoffes den Behandlungsmitteln ständig neue Oberflächen dargeboten werden, während andererseits durch die gleichzeitige Regelung der Abführung der flüssigen Phase es gelingt, den Verlauf des Prozesses ständig unter den nach dem Massenwirkungsgesetz günstigsten Bedingungen zu halten.

Um die Vorteile des neuen Verfahrens näher zu erläutern, sei z. B. auf die Kaustizierung hochkonzentrierter Sodalösungen hingewiesen. In der bisherigen Praxis ist man so vorgegangen, daß warme, 10- bis 12prozentige Sodalösung mit Kalk behandelt und dadurch etwa 80% der Sodalösung in Ätznatron umgesetzt wurden. Hierbei erhält man im allgemeinen nur etwa 80% an Natronlauge gegen 100% der Theorie, und zwar ist die erhaltene Lauge nur 10prozentig, so daß sie zwecks industrieller Verwertung entsprechend eingedampft werden muß. Arbeitet man dagegen bei der Kaustizierung entsprechend der Erfindung, indem man für ständiges Zerkleinern der Materialien in der Langrohrmühle und gleichzeitig für ständige Entfernung der gebildeten Natronlauge durch das mit der Mühle organisch verbundene Filter Sorge trägt, so gelangt man zu einer 20prozentigen Natronlauge bei über 90% Ausbeute.

Ähnliche Verbesserungen lassen sich bei zahlreichen andern chemischen Prozessen und physikalischen Vorgängen, z. B. bei der Herstellung von Alizarin aus anthrachinon-β-sulfosaurem Natrium mit wenig Alkali oder z. B. bei der Nitrierung von Anthracen bei niederer Temperatur, sowie bei zahlreichen Extraktions- und Aufschließungsprozessen erzielen.

Von dem Gegenstand vorliegender Erfindung wird die Verwendung der beschriebenen Vorrichtung zur Durchführung des Verfahrens zum Aufschließen tonerdehaltiger Stoffe nach Patent 439 540 ausdrücklich ausgenommen.

In der beiliegenden Zeichnung ist eine Ausführungsform einer solchen Langrohrkugelmühle beispielsweise dargestellt.

Abb. 1 zeigt den Endteil des Langrohres der Mühle im Querschnitt.

Abb. 2 und 3 zeigen ebenfalls einen Endteil mit anderer Anordnung der Filtriervorrichtung.

In Abb. 1 bezeichnet *a* das Langrohr, *b* den Endteil der Langrohrfläche, der mit Durch-

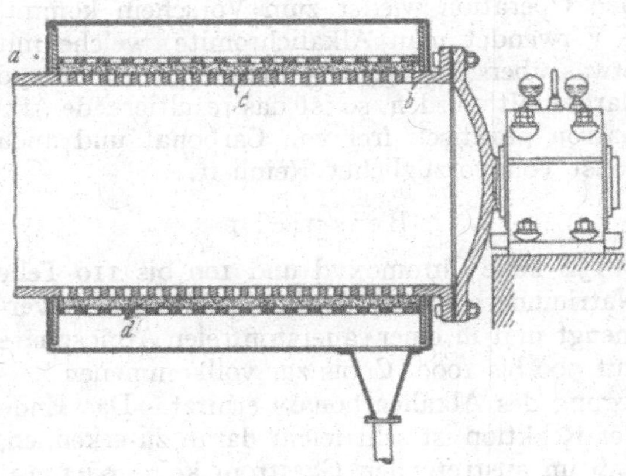

brüchen für den Durchtritt der das Extraktionsgut enthaltenden Flüssigkeit versehen ist. *c* bezeichnet eine filternde Schicht, *d* einen ebenfalls mit Durchbrüchen für den Durchtritt der filtrierten Flüssigkeit versehenen Außenmantel, der ebenso wie die filternde Schicht *c* sowohl so angeordnet sein kann, daß er sich gleichzeitig mit der Langrohrmühle dreht, als auch unabhängig von der Wandung derselben, so daß die gesamten Teile bei der Drehung der Langrohrmühle stehenbleiben. Im ersten Falle ist außer dem Außenmantel *d* noch ein besonderer, feststehender Innenmantel erforderlich, der zur Aufnahme und Ableitung der aus dem durchbrochenen Mantel *d* ausströmenden Flüssigkeit dient. Die Lagerung der Langrohrmühle kann beliebig sein. Das Fortschreiten des Gutes von der Einführungsstelle nach dem am Ende des Rohres angeordneten Filterorgan kann durch beliebige Mittel, z. B. durch leichte Neigung des Rohres, durch den Druck des sich nachschiebenden Gutes, durch Gasdruck, evtl. durch den Druck von sich bei der Extraktion oder bei der Reaktion entwickelnden Gasen usw., bewirkt werden.

In Abb. 2 ist die seitliche Abschlußwand der Mühle als Filterorgan ausgebildet. Es bezeichnet *e* die durchbrochene Endfläche

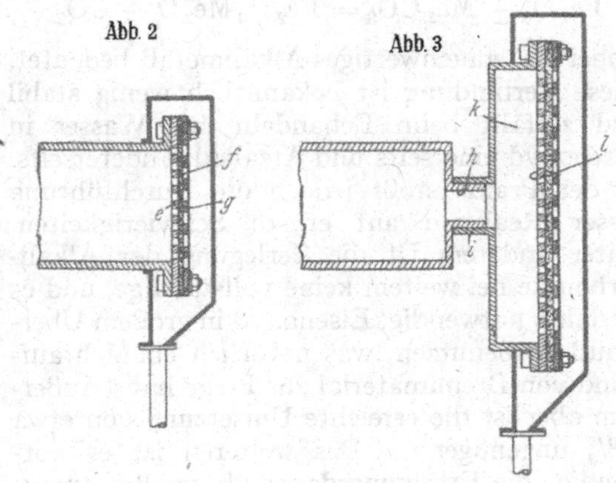

des Rohres, *f* das eigentliche Filtermaterial und *g* die siebartig durchbrochene Außenfläche. In Abb. 3 dient die hohl ausgebildete und in dem Hohlzapfen *i* gelagerte Welle *h* des Mühlenrohres zur Fortführung des Gutes, während für die Filtration eine besondere, von dem Mahlraum getrennte Kammer *k* angeordnet ist, deren Abschlußwand *l* als Filter ausgebildet ist.

In ähnlicher Weise kann auch die am Anfang der Mühle liegende Achse hohl ausgebildet sein und für die Zuführung des Gutes während des Betriebes verwandt werden.

Patentanspruch:

Vorrichtung zur Ausführung von chemischen Umsetzungen und physikalischen Vorgängen ausschließlich der Aufschließung tonerdehaltiger Stoffe nach Patent

439 540, bestehend aus einer Zerkleinerungsvorrichtung von verhältnismäßig großer Weglänge, z. B. einer Langrohrkugelmühle an sich bekannter Art, in welcher die Reaktionskomponenten unter allmählicher Durchführung einer weitgehenden Zerkleinerung durch Zerquetschen, Zermalmen u. dgl. unterworfen werden, während gleichzeitig für ständige, sofortige Entfernung der neugebildeten flüssigen Phase der Reaktionsprodukte vermittels Abführung durch mit der Zerkleinerungsvorrichtung in organischer Verbindung stehende Filterorgane, gegebenenfalls mit Hilfe von Druck oder Vakuum, Sorge getragen wird.

Das Hauptpatent 439540, B. III, 1247 im Abschnitt Aluminiumverbindungen.

Nr. 543212. (B. 142358.) Kl. 12l, 12.

Bozel-Maletra Société Industrielle de Produits Chimiques in Paris.

Herstellung von Ätzalkalien aus Alkalicarbonaten.

Vom 6. März 1929. — Erteilt am 14. Jan. 1932. — Ausgegeben am 3. Febr. 1932. — Erloschen: . . . .
Französische Priorität vom 26. Jan. 1929 beansprucht.

Das Eisenoxyd zerlegt bekanntlich bei hohen Temperaturen die kohlensauren Alkalien. Es spielt hierbei gewissermaßen die Rolle einer Säure, wobei eine Verbindung von Eisenoxyd und Alkalioxyd Alkaliferrit entsteht, entsprechend der Formel

$$Fe_2O_3 + Me'_2CO_3 = Fe_2O_3Me'_2O + CO_2,$$

wobei Me' ein einwertiges Alkalimetall bedeutet. Diese Verbindung ist bekanntlich wenig stabil und zerfällt beim Behandeln mit Wasser in Eisenoxyd einerseits und Ätzalkali andererseits. In der Praxis stößt jedoch die Durchführung dieser Reaktion auf ernste Schwierigkeiten. Unter anderem ist die Zerlegung der Alkalicarbonate bei weitem keine vollständige, und es ist daher notwendig, Eisenoxyd in großem Überschuß zu benutzen, was natürlich ein Mehraufwand von Brennmaterial zur Folge hat. Außerdem aber ist die erreichte Umsetzung von etwa 70% ungenügend. Des weiteren ist es notwendig, die Erhitzungsdauer übermäßig auszudehnen und bei sehr hohen Temperaturen zu arbeiten. Bei den mangelhaften Ergebnissen gestaltet sich daher das Verfahren äußerst unwirtschaftlich.

Entsprechend vorliegender Erfindung ist ermittelt worden, daß man in bequemer und vorteilhafter Weise Ätzalkalien darstellen kann, wenn man die aus Chromoxyd oder chromoxydhaltigen Stoffen beim Erhitzen mit Carbonatalkalien auf trockenem Wege erhältlichen Alkalichromite durch eine Behandlung mit Wasser aufspaltet, das gebildete Ätzalkali abtrennt und den Rückstand in den Kreislauf zurückführt.

Die Alkalichromite sind nur wenig stabile Körper, die sich unter der Einwirkung von Wasser sehr leicht in Chromoxyd und Ätzalkali spalten.

In dieser Hinsicht verhalten sie sich wie die Alkaliferrite; sie bilden sich indessen bedeutend leichter dank dem ausgeprägteren sauren Charakter des Chromoxyds, was natürlich bei der Durchführung des Verfahrens von erheblichem Vorteil ist.

Die Zerlegung der Chromitverbindungen, sei es jene aus Chromoxyd oder aus chromoxydhaltigen Materialien erhältlichen Alkalichromite, bietet keine Schwierigkeit, obschon der saure Charakter des Chromoxyds größer zu sein scheint als der des Eisenoxyds.

Die Spaltung kann mit kaltem, besser jedoch mit heißem Wasser bei gewöhnlichem Druck, bei Vakuum oder auch unter Druck erfolgen. Die Auslaugung erfolgt vorzugsweise methodisch, und man erzielt auf diese Weise eine praktisch vollständige Abtrennung des Alkalis, welches in bekannter Weise aufgearbeitet werden kann. Der Rückstand, Chromoxyd oder chromoxydhaltiges Material, kehrt nach dem Trocknen oder guten Abpressen in den Kreislauf zurück. Ein geringer Alkaligehalt im Rückstand wirkt in keiner Weise störend, da er bei der nachfolgenden Operation wieder zum Vorschein kommt.

Verwendet man Alkalichromite, welche mit etwas überschüssigem (5 bis 10%) Chromoxyd dargestellt wurden, so ist das resultierende Ätznatron praktisch frei von Carbonat und auch sonst von vorzüglicher Reinheit.

Beispiel 1

152 Teile Chromoxyd und 100 bis 110 Teile Natriumcarbonat werden innig miteinander vermengt und in einer sauerstofffreien Atmosphäre auf 500 bis 1000° C bis zur vollkommenen Zerlegung des Alkalicarbonats erhitzt. Das Ende der Reaktion ist sehr leicht daran zu erkennen, daß im austretenden Gasstrom keine oder nur noch unbedeutende Mengen Kohlensäure nachweisbar sind. Nach dem Erkalten wird das Reaktionsgut zerkleinert, mit heißem Wasser methodisch ausgelaugt und der Rückstand, der nur noch geringe Mengen Ätznatron enthält,

nach vorherigem Trocknen in den Prozeß zurückgeführt. Die erhaltene Ätzlauge ist praktisch frei von Carbonat, sie kann ohne weiteres verwendet oder auch in bekannter Weise weiterverarbeitet werden.

Beispiel 2

300 Teile eines chromoxydhaltigen Stoffes mit etwa 50% Cr_2O_3-Gehalt werden mit etwa 100 Teilen Soda innigst vermengt und bei etwa 800 bis 1000° C in neutraler Atmosphäre so lange erhitzt, bis der Kohlensäuregehalt im Gasstrom praktisch vernachlässigt werden kann. Nach dem Erkalten wird die zerkleinerte Masse mit heißem Wasser methodisch ausgelaugt und der Auslaugerückstand nach dem Trocknen in den Prozeß zurückgeführt. Die erhaltene Ätzlauge ist praktisch carbonatfrei, sie kann als solche verwendet oder in bekannter Weise weiterverarbeitet werden.

PATENTANSPRUCH:

Verfahren zur Herstellung von Ätzalkalien aus Alkalicarbonaten, dadurch gekennzeichnet, daß man die durch Erhitzen von Chromoxyd oder chromoxydhaltigen Stoffen mit Alkalicarbonaten erhältlichen Alkalichromite einer zersetzenden Behandlung mit Wasser unterwirft, die gebildete Ätzlauge in bekannter Weise vom Rückstande trennt und letzteren in den Kreisprozeß zurückführt.

Nr. 557 660. (C. 41 231.) Kl. 12 l, 13.

LEO PATRICK CURTIN IN FREEHOLD, NEW JERSEY, V. ST. A.

Herstellung von Alkalihydroxyden.

Vom 22. März 1928. — Erteilt am 10. Aug. 1932. — Ausgegeben am 26. Aug. 1932. — Erloschen: 1933.

Die Erfindung betrifft ein Verfahren zur Herstellung von Alkalimetallhydroxyden durch Umsetzung von Alkalisulfiden mit Schwermetalloxyden bzw. -hydroxyden in wäßriger Suspension. Man hat bereits aus allen möglichen Metalloxyden durch Umsetzung mit wäßrigen Lösungen von Alkalisulfiden Ätzalkalien herzustellen versucht. Hierbei wurde jedoch stets eine mit den betreffenden Schwermetallen verunreinigte Lauge erhalten. Dies trifft besonders bei der Verwendung von Kupfer und Zink zu, deren Sulfide in starken Alkalilaugen eine störende Löslichkeit aufweisen. Bei anderen Schwermetalloxyden bzw. -hydroxyden, z. B. beim Eisenoxyd, besteht der Nachteil einer extrem geringen Löslichkeit in Wasser bzw. verdünnten Alkalien, welche eine wirtschaftliche Umsetzung ausschließen. Eine Ausnahmestellung nimmt das Blei ein, dessen Oxyd eine bemerkenswerte Löslichkeit aufweist, während das Sulfid auch in konzentrierteren Ätzalkalilösungen praktisch unlöslich ist.

Erfindungsgemäß setzt man zu einer wäßrigen Suspension von Bleimonoxyd die wäßrige Lösung eines Alkalisulfides unter kräftigem Rühren allmählich zu, derart, daß das Auftreten von gelöstem Sulfid praktisch vermieden wird. Hierbei tritt eine im wesentlichen quantitative Umsetzung gemäß folgender Gleichung ein:

$$PbO + Na_2S + H_2O = PbS + 2\,NaOH.$$

Zur erfolgreichen Durchführung dieser Reaktion ist es wesentlich, daß das Bleioxyd fein verteilt, daß seine Suspension gründlich durch ein Rührwerk umgerührt und daß der Zusatz von Natriumsulfid mit Rücksicht auf die Reaktionsgeschwindigkeit so kontrolliert und geregelt wird, daß jede wesentliche Anhäufung von Sulfidion in Lösung vermieden wird. Wenn diese Bedingungen nicht erfüllt werden, bedecken sich die Bleiglättepartikel außen mit Sulfid, so daß sich eine Mischung von Oxyd und Sulfid niederschlägt, was die beabsichtigte Reaktion beeinträchtigt.

Das Verfahren wird in seiner bevorzugten Ausbildungsform als Kreisprozeß gemäß folgenden Gleichungen durchgeführt:

$$4\,NaCl + 2\,H_2SO_4 = 2\,Na_2SO_4 + 4\,HCl \quad (1)$$
$$Na_2SO_4 + 2\,PbS = Na_2S + 2\,SO_2 + 2\,Pb \quad (2)$$
$$2\,Pb + O_2 = 2\,PbO \quad (3)$$
$$2\,SO_2 + O_2 + 2\,H_2O = 2\,H_2SO_4 \quad (4)$$
$$2\,PbO + 2\,Na_2S + 2\,H_2O = 2\,PbS + 4\,NaOH \quad (5)$$

Hieraus ergibt sich, daß, abgesehen von dem gewöhnlichen Abfall, alle Stoffe außer Natriumchlorid und Koks zur Wiederverwendung in dem Kreisprozeß benutzt werden können.

Die regenerativen Reaktionen 2, 3 und 4 können beliebig geändert werden, ohne das Verfahren zu beeinträchtigen. Wenn Kaliumhydroxyd hergestellt werden soll, ist die Reaktion 1 unnötig, da Kaliumsulfat unmittelbar als Ausgangsstoff greifbar ist, wobei sich an Stelle von Salzsäure Schwefelsäure als eines der Nebenprodukte ergibt.

Die Reaktion 5 tritt sehr schnell ein und im wesentlichen quantitativ; es entsteht Bleisulfid in einem physikalischen Zustande, der zur Trennung durch Filtrieren o. dgl. von der Alkalilösung außerordentlich geeignet ist; letztere ergibt sich in hoher Reinheit. Die Konzentration der Ätzalkalilösung hängt natürlich von der Menge des bei der Reaktion 5 anwesenden Wassers ab. Dieses kann leicht so beschränkt werden, daß Ätznatronlösungen mit einem Gehalt von 150 g NaOH pro Liter gewonnen werden.

Ausführungsbeispiel

287 Gewichtsteile Bleioxyd werden in 500 Teilen warmem oder heißem Wasser suspendiert. 100 Gewichtsteile Natriumsulfid werden in 500 Gewichtsteilen warmem oder heißem Wasser gelöst und diese Lösung allmählich der Bleioxydsuspension unter kräftigem Rühren hinzugefügt, so daß praktisch keine nennenswerte Menge an gelöstem, d. h. nicht umgesetztem Sulfid in der Reaktionsmischung zugegen ist. Letztere bildet einen Schlamm aus unlöslichem Bleisulfid in einer Lösung von Natriumhydroxyd, deren Konzentration etwas über 10 % beträgt. Die Reaktionsmischung wird zu einem vorzugsweise kontinuierlichen Filter gepumpt, das Bleisulfid nach dem Waschen in Bleioxyd zurückverwandelt und die Lösung des Natriumhydroxyds durch Verdampfen konzentriert. Sie kann jedoch auch zur Herstellung eines neuen Ansatzes, nämlich einer Bleioxydsuspension, benutzt werden, die in gleicher Weise wie oben beschrieben behandelt wird, wodurch eine beträchtliche Steigerung der Konzentration an Ätznatronlösung in der Reaktionsmischung erzielt wird.

Patentanspruch:

Verfahren zur Herstellung von Alkalimetallhydroxyden durch Umsetzung von Alkalisulfiden mit Schwermetalloxyden bzw. -hydroxyden in wäßriger Suspension, dadurch gekennzeichnet, daß zu einer wäßrigen Suspension von Bleimonoxyd die wäßrige Lösung eines Alkalisulfides unter kräftigem Rühren derart allmählich zugesetzt wird, daß das Auftreten von gelöstem Sulfid praktisch vermieden wird.

A. P. 1678767.

Nr. 458435. (I. 29162.) Kl. 12 l, 9.

I. G. Farbenindustrie Akt.-Ges. in Frankfurt a. M.

Erfinder: Dipl.-Ing. Julius Drucker in Köln.

Verfahren zum Reinigen der Sole von Magnesium- und Calciumsalzen für den Betrieb von elektrolytischen Zellen.

Vom 30. Sept. 1926. — Erteilt am 22. März 1928. — Ausgegeben am 11. April 1928. — Erloschen: 1934.

Für den Betrieb von elektrolytischen Zellen ist zwecks Vermeidung von Betriebsstörungen eine Sole von hohem Reinheitsgrade erforderlich. Insbesondere wirkt die Gegenwart von Magnesium- und Calciumsalzen selbst in geringen Mengen bei der kontinuierlich arbeitenden Amalgamzelle überaus störend, indem durch die Zirkulation der Sole zwischen Zelle und Sättigungsvorrichtung im Quecksilber der ersteren Magnesium und Calcium als Amalgame sich anreichern und dadurch zur Wasserstoffentwicklung Veranlassung geben und durch Verunreinigung des Quecksilbers den Betrieb gefährden. Die üblichen Methoden zur Reinigung von Sole durch Fällen mit Natriumcarbonat, -oxalat oder -phosphat erfordern in diesem Falle einen erheblichen Aufwand an diesen Fällungsmitteln, denn die Betriebssole ist mit Chlor gesättigt und weist saure Reaktion auf. Es hat sich nun gezeigt, daß durch Sättigen der Sole mit Fluornatrium Magnesium- und Calciumsalze fast quantitativ ausgefällt werden, wobei saure Reaktion sowie Chlorgehalt der Sole ohne Einfluß auf die Vollständigkeit der Fällung sind. Die geringen dabei in Lösung gehenden Mengen, etwa 1 ‰, Fluornatrium beeinträchtigen den Gang der Zelle nicht.

Beispiel.

In 1000 kg chlorgesättigter Sole von 33 % NaCl-Gehalt mit 80 mg $MgCl_2$ und 180 mg $CaCl_2$ im Liter werden 1,5 kg Natriumfluorid verrührt; man läßt absitzen und filtriert. Im Filtrat ist der $MgCl_2$-Gehalt unter 10 mg $Mg(OH)_2$, der $CaCl_2$-Gehalt unter 12 mg $Ca(OH)_2$ im Liter gesunken.

Patentanspruch:

Verfahren zum Reinigen der Sole von Magnesium- und Calciumsalzen für den Betrieb von elektrolytischen Zellen, dadurch gekennzeichnet, daß die Sole mit Natriumfluorid gesättigt und von den hierbei ausfallenden Magnesium- und Calciumfluoriden getrennt wird.

F. P. 640237, Russ. P. 10517.

Nr. 514501. (S. 91647.) Kl. 12h, 1.

Société d'Etudes pour la Fabrication et l'Emploi des Engrais Chimiques in Paris.

Elektrolytische Zelle.

Vom 9. Mai 1929. — Erteilt am 4. Dez. 1930. — Ausgegeben am 13. Dez. 1930. — **Erloschen: 1933.**

Französische Priorität vom 25. Okt. 1928 beansprucht.

Vorliegende Erfindung betrifft eine elektrolytische Zelle, bei der beiderseits einer mittleren Scheidewand poröse Wände vorgesehen sind.

Es sind bereits derartige Zellen bekannt, bei denen der Elektrolyt nach und nach in die Zwischenräume zwischen die Scheidewand und die porösen Wände gegossen wird, welche sie derart umgeben, daß die bewegte Flüssigkeit die Diffusion des Elektrolyten von der einen Seite der Scheidewand auf die andere verhindern. Bei diesen bekannten Zellen ist der Elektrolyt gezwungen, die porösen Wände zu durchdringen, was zu verschiedenen Unzuträglichkeiten führt. In den porösen Wänden bilden sich Ablagerungen, welche sie allmählich verstopfen. Überdies durchdringt der Elektrolyt die Wände ungleichmäßig, derart, daß in manchen Teilen der Wände die Bewegung der Flüssigkeit sehr langsam ist und eine bestimmte Diffusion durch die mittlere Wand stattfindet.

Gemäß der Erfindung besitzen die beiderseits der mittleren Scheidewand angeordneten porösen Wände die Form vollständiger Behälter, die sich bis nahe an den Boden der Wanne erstrecken, so daß unterhalb des Behälters ein Durchfluß für den Elektrolyten gegen die Elektroden vorgesehen ist und dieser Elektrolyt nicht mehr gezwungen ist, die porösen Wände zu durchdringen. Der den Behälter ausfüllende Elektrolyt bildet einen ausgezeichneten Leiter für den elektrischen Strom, er verhindert aber eine Diffusion des Elektrolyten von einer Elektrode gegen die andere.

In beiliegender Zeichnung ist ein Ausführungsbeispiel des Erfindungsgegenstandes dargestellt.

In der Zeichnung sind 1 und 2 die Kammern einer Wanne 3. Die Kammern 1 und 2 sind durch eine poröse Scheidewand 4 voneinander getrennt und enthalten die eine die Anode 5 und die andere die Kathode 6. Anode und Kathode sind längs der Wannenwände angeordnet.

Erfindungsgemäß sind Gefäße 7 und 8, deren Wände mit haarfeinen Öffnungen versehen sind, in jeder Kammer angeordnet, und in den auf diese Weise beiderseits der Scheidewand 4 gebildeten Kanälen erfolgt eine ständige Elektrolytzuführung durch passende Behälter 12 oder in sonstiger ähnlicher Weise. Während der elektrische Strom durch die

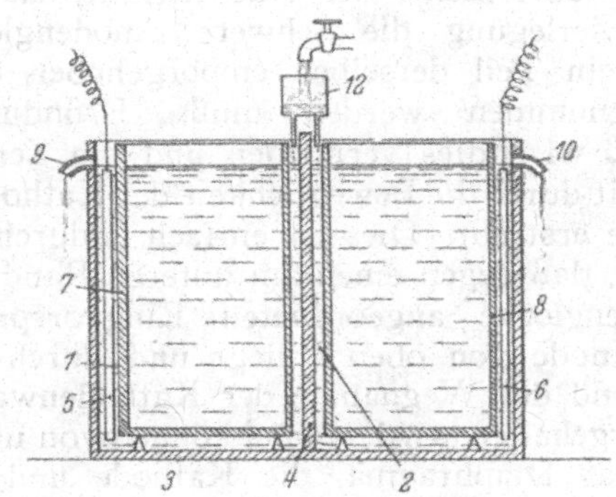

Wände der Gefäße 7 und 8 fließt, ist der beiderseits der Scheidewand zugeführte Elektrolyt gezwungen, längs der Wände zu fließen, um dann durch Überlauföffnungen 9 und 10 abgeführt zu werden. Die übliche Scheidewand der gewöhnlichen elektrolytischen Zellen wird hier durch eine poröse Trennwand 4 und durch zwei flüssige Massen ersetzt, die längs der beiden Seiten dieser Trennwand fließen. Durch diese wandernde Flüssigkeit werden die durch die Elektrolyse gebildeten Produkte mitgerissen und daran verhindert, bis zur Trennwand 4 heranzukommen. Die Trennwand kann daher ohne jeden Nachteil sehr dünn gewählt werden.

Die Gefäße 7 und 8 können in ihrer Ausbildung äußerst einfach gehalten sein und durch eine einfache, mit haarfeinen Öffnungen versehene Lamelle ersetzt werden.

Die oben beschriebene Erfindung eignet sich für mannigfaltige Anwendungen und insbesondere zur Elektrolyse der alkalischen Chlorverbindungen in Lösungen.

Es versteht sich übrigens von selbst, daß

die Erfindung sich nicht auf die dargestellte Ausführungsform beschränkt, die nur beispielsweise angegeben ist. So könnten z. B. die beiderseits der Scheidewand angeordneten porösen Trennwände eine durchaus beliebige Form erhalten.

PATENTANSPRUCH:

Elektrolytische Zelle mit einer mittleren Scheidewand und beiderseits dieser Scheidewand angeordneten Elektroden, dadurch gekennzeichnet, daß zwischen der mittleren Scheidewand (4) und jeder Elektrode (5, 6) oder nur einer derselben ein mit lotrechten porösen Wänden versehener, mit Elektrolyt gefüllter Nebenbehälter (7, 8) eingeschaltet ist, der bis in die Nähe des Bodens der Wanne reicht, so daß hierdurch ein schmaler Durchgang für den freien Ausfluß des Elektrolyten gebildet wird.

Nr. 517 994. (D. 50 234.) Kl. 12 l, 9.

ANDRÉ PAUL HENRI DUPIRE IN THIAIS, FRANKREICH.

Elektrolytischer Apparat, insbesondere für Kochsalzzerlegung.

Vom 10. April 1926. — Erteilt am 22. Jan. 1931. — Ausgegeben am 11. Febr. 1931. — Erloschen: 1932.

Elektrolytische Apparate, besonders für die Kochsalzzerlegung, sind bekannt, die aus einer Anodenglocke und darunter befindlicher Kathodenwanne bestehen. Solche Apparate weisen aber bisher den Nachteil auf, daß für ihre Zerlegung die schwere Anodenglocke oder ein Teil derselben emporgehoben oder weggenommen werden muß. Erfindungsgemäß wird dies vermieden und die Zerlegbarkeit durch die Beweglichkeit der Kathodenwanne erstrebt. Dies ist einfach dadurch erreicht, daß gegen einen am unteren Rand der Anodenglocke angeordneten Ringvorsprung die Anode von oben anliegt und durch ihn während der Wegnahme der Kathodenwanne emporgehalten wird. Dabei können von unten her das Diaphragma, die Kathode und die Kathodenwanne gegen den erwähnten Vorsprung absetzbar angepreßt werden.

Auf der Zeichnung ist ein Ausführungsbeispiel des Erfindungsgegenstandes dargestellt, und zwar zeigt:

Abb. 1 perspektivisch den Elektrolyser,
Abb. 2 einen Querschnitt,
Abb. 3 einen Längsschnitt.

Der Apparat besteht aus einer Glocke . ... Gestalt eines Parallelepipedons aus Beton oder aus anderem widerstandsfähigen Material, die unten an verschiedenen Stellen Ansätze trägt, mittels derer sie auf Pfeiler 2 unter Zwischenlage eines Isoliermittels 3 aufruht. Innerhalb der Glocke befindet sich ein umlaufender Vorsprung 4; auf diesem ruhen die Anoden auf in Gestalt von Graphitstangen 5, die flach und unter sich parallel gelegt sind. Unterhalb des umlaufenden Vorsprunges 4 befindet sich das poröse Diaphragma 6 und darunter die Kathode 7 aus durchlochtem Blech oder auf Metallgewebe. Diaphragma und Kathode ruhen auf den oberen Rändern einer parallelepipedonförmigen flachen Wanne 9 auf. Diese Wanne selbst wird durch Querbänder 10 getragen, durch welche Gewindestangen 11 hindurchgehen, welch letztere ihrerseits mit anderen Querstangen 12 befestigt sind, die auf der Oberseite der Glocke 1 aufliegen. Muttern 13 halten die unteren Querstangen 10 fest.

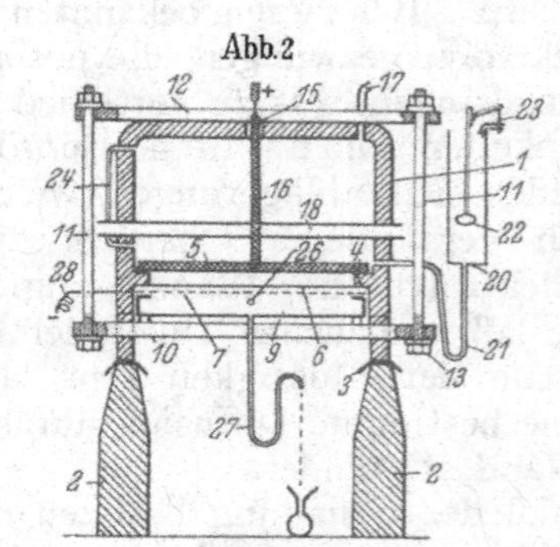

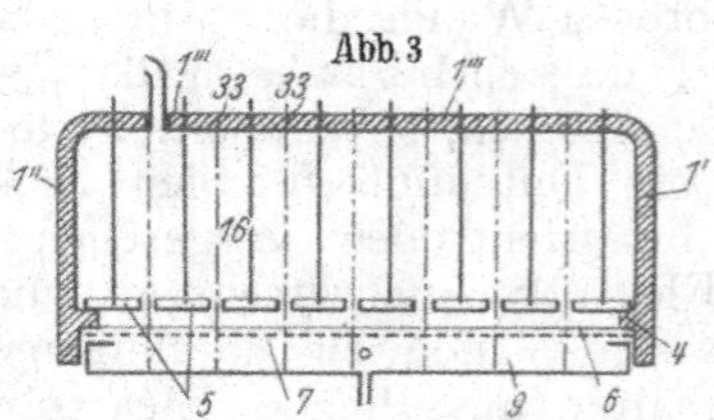

Die Glocke, welche den Anodenraum bildet, besitzt eine Reihe Öffnungen: Öffnungen 15, durch welche die Graphitstäbe 16 hindurchgesteckt sind, die auf die Anodenstangen 5 aufgeschraubt werden und zur Zuleitung des Stromes dienen, ferner eine Austrittsöffnung für das Chlor 17. Durch die Glocke geht in der Querrichtung eine Siliciumröhre 18, durch welche ein geeignetes Heizmittel hindurchgeht. Der Elektrolyt befindet sich in einem kleinen Reservoir 20, welches mit der Glocke durch ein umgebogenes Rohr 21 in Verbindung steht. Ein Zahnstangenschwimmer 22 des Reservoirs steuert einen Hahn 23. Durch Einstellung des Schwimmers regelt man den Flüssigkeitsstand in der Glocke, der durch ein Wasserstandsrohr 24 von außen kontrolliert werden kann. Der Kathodenabteil besitzt eine Öffnung 26 zum Austritt des Wasserstoffes. Die Soda fließt durch ein Siphonrohr 27 ab. Der Strom wird der Kathode durch eine gewöhnliche Drahtleitung 28 zugeführt.

Man ersieht hieraus, daß die Auseinandernahme des Apparates äußerst einfach ist. Zu diesem Zwecke löst man die Muttern 13, senkt die Kathodenwanne und mit dieser das Diaphragma, das man dann nach Belieben auswechseln kann. Wenn das Diaphragma entfernt ist, hat man ohne weiteres Zutritt zu den Anoden. Wenn man vorher von außen die Graphitstäbe 16 durch die Öffnungen 15 entfernt, kann man die Stangen 5 von unten herausnehmen, indem man dieselben leicht dreht, d. h. schräg stellt.

Der beschriebene Apparat eignet sich für die Darstellung im großen, ohne daß die Abmontierung irgendwelche Schwierigkeiten bietet; es genügen zwei Mann pro Apparat.

Der Apparat der Erfindung kann aus einem einheitlichen Teil bestehen. Um aber denselben leichter transportierbar zu machen und ihn bequemer handhaben zu können, ist es vorteilhaft, ihn aus einer bestimmten Anzahl Einzelteilen zusammenzusetzen. Die Anodenglocke (Abb. 1) kann dementsprechend aus zwei Endböden 1′ und 1″ bestehen, welche durch ein oder zwei normale Zwischenteile 1‴ voneinander getrennt sind. Die Verbindung dieser Teile erfolgt entsprechend den strichpunktierten Linien 33, 34 mittels eines widerstandsfähigen Kittes. Die Teile können außerdem durch Bänder, Gewindestangen und Querriegel 35 z. B. gegenseitig festgehalten werden, so daß ein Auseinanderweichen der Teile unmöglich wird. Zur Herstellung der Teile verwendet man mit Vorliebe geschmolzenen geformten Basalt. Der geschmolzene Basalt besitzt nämlich sehr wesentliche Vorteile, weil er äußerst widerstandsfähig gegenüber chemischen Einwirkungen ist und außerdem Reinprodukte zu gewinnen gestattet. Es ist leicht verständlich, daß, wenn man die Anzahl der Zwischenteile 1‴ vermehrt, man einen Apparat beliebiger Länge erhalten kann.

Wenn erwünscht, kann auch der Kathodenraum wie der Anodenraum aus mehreren Teilen hergestellt werden.

PATENTANSPRUCH:

Elektrolytischer Apparat, insbesondere für Kochsalzzerlegung, bestehend aus Anodenglocke und darunter befindlicher Kathodenwanne, gekennzeichnet durch einen an dem unteren Rand der Anodenglocke angeordneten Ringvorsprung, gegen welchen sich von oben die Anode anlegt und gegen den von unten das Diaphragma, die Kathode und die Kathodenwanne angepreßt werden.

Im Orig. 3 Abb.

Nr. 531 275. (K. 102 507.) Kl. 12 l, 9. EDOUARD KREBS IN OSLO.

Anordnung an Apparaten für Chloralkalielektrolyse.

Vom 18. Jan. 1927. — Erteilt am 23. Juli 1931. — Ausgegeben am 8. Aug. 1931. — Erloschen: . . . .
Norwegische Priorität vom 23. Jan. 1926 beansprucht.

Bei Apparaten für die Elektrolyse von Chloralkalien ist es bereits bekannt, eine Kathode aus durchlochtem Blech, Drahtnetz o. dgl. anzuwenden, an der das Diaphragma anliegt.

Nach den britischen Patentschriften 10 604/1915 und 10 605/1915 (Nelsonzelle) ist es bekannt, eine Kathode dieser Art als eine längs des oberen Randes des Elektrolysiergefäßes befestigte Rinne auszubilden, in der die Anode angeordnet ist. Ferner ist es aus der amerikanischen Patentschrift 1 349 597 bekannt, die Kathode als einen aus durchlochtem Blech bestehenden Kasten auszubilden, der am oberen Rand des Elektrolysiergefäßes befestigt ist und die Anode enthält.

In der deutschen Patentschrift 286 055 ist eine Zellenbauart angegeben, die eine senkrecht stehende gewellte Kathode anwendet, aber im übrigen von den vorgenannten Zellenbauarten abweicht.

Die Erfindung besteht in der Übertragung der gefalteten Kathodenform auf Nelsonzellen. Gegenüber den vorbekannten Zellen wird durch die Erfindung der Vorteil erreicht, daß die Zelle für ein und dieselbe Stromaufnahmefähigkeit wesentlich kleinere Abmessungen erhält bzw. daß bei gleichen Abmessungen der Zelle eine viel höhere Stromkapazität erreicht wird. Außerdem ist die Zelle nach der Erfindung bei gleicher Stromkapazität wesentlich billiger als die genannten früheren Bauarten herzustellen.

Die Kathodenform nach der Erfindung gestattet die Herstellung von Zellen von der mehrfachen Stromkapazität im Vergleich zu vorbekannten Zellen ähnlicher Bauart. Derartige Zellen haben außer den vorgenannten Vorzügen (Raumersparnis, billige Herstellung) noch den betrieblichen Vorteil, daß die Arbeit beim Auswechseln der Kathoden zum Reinigen, Erneuerung der Diaphragmen u. dgl. viel geringer wird als bei einer entsprechenden, aus kleineren Zellen bestehenden Anlage, da ja die Arbeit je Zelle in beiden Fällen etwa die gleiche ist.

Nach der Erfindung ist der als Kathode dienende Behälter durch aus dem Werkstoff der Kathode hergestellte und als Kathodenfläche wirkende Wände in mehrere Abteilungen unterteilt, in denen die Anoden untergebracht sind.

Der Gegenstand der Erfindung ist in mehreren Ausführungsformen beispielsweise auf der Zeichnung veranschaulicht; es zeigen:

Abb. 1 eine Ausführungsform der Kathode in schaubildlicher Ansicht,

Abb. 2 einen senkrechten Querschnitt durch die Zelle bei dieser Ausführung der Kathode,

Abb. 3 und 4 in ähnlicher Weise eine andere Ausführungsform der Kathode und einen Querschnitt durch die Zelle.

Die Kathode besteht aus einem Kasten oder Behälter aus durchlochtem Blech, Drahtnetz o. dgl. und wird längs des oberen Randes des Elektrolysiergefäßes befestigt, zweckmäßig durch geeignete Klemmen. Zu diesem Zweck besitzt die Kathode oben einen nach außen gebogenen Flansch.

Nach der Abb. 1 und 2 ist der Kathodenbehälter durch Faltung des Bodens in zwei

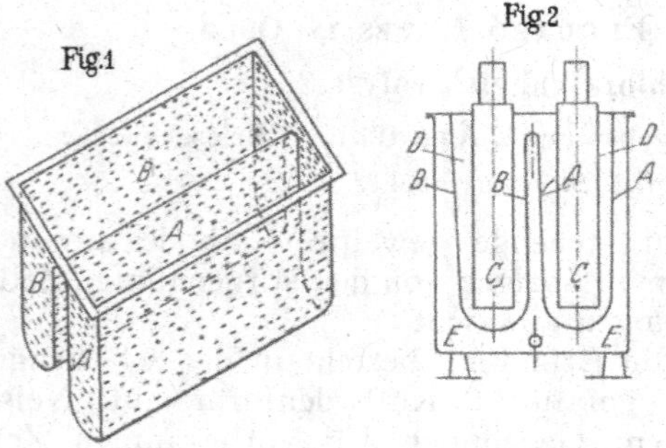

nebeneinanderliegende U-förmige Rinnen A und B unterteilt, die durch einen sehr schmalen Zwischenraum getrennt sind. In den Rinnen hängen die Anoden C bzw. jeweils eine Reihe solcher. Die Kathoden sind auf der Innenseite mit Diaphragmen bekleidet, so daß den Anoden zu beiden Seiten Kathodendiaphragmenflächen gegenüberstehen.

Die während der Elektrolyse aus den Anodenräumen D durch die Diaphragmakathode hindurchtretende Lösung sammelt sich in dem der ganzen Zelle gemeinsamen Sammelraum E, aus dem die Lauge in bekannter Weise abgelassen werden kann. Die U-förmigen Rinnen A und B sind zweckmäßig nach unten hin etwas verengt, so daß die Entfernung zwischen Anode und Kathode unten etwas kleiner als oben wird. Dadurch wird eine gleichmäßige Stromdichte über der ganzen Anoden- bzw. Kathodenfläche erreicht.

Die die Rinnen A und B abschließenden Wände können, wie in Abb. 1 gezeigt, gegebenenfalls gelocht sein und sind dann auf der Innenseite mit einem Diaphragma bekleidet, so daß auch diese Wände als Kathode wirken können.

Gemäß Abb. 3 und 4 bildet die Kathode eine breite Rinne L, die beinahe in ihrer

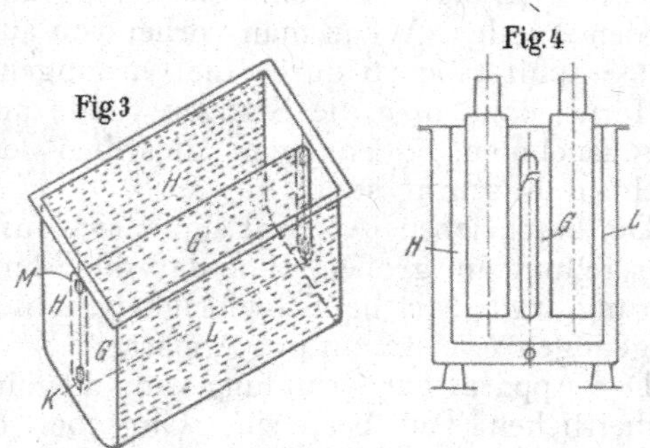

ganzen Tiefe durch eine hohle Wand F in zwei Abteilungen G und H, ähnlich den Rinnen A und B, geteilt ist. Die Abteilungen G und H können, wie die Abbildungen zeigen, unten kommunizieren. Die hohle Wand F ist als Kathodendiaphragma ausgebildet, besteht also in ähnlicher Weise wie die Rinne L aus durchlochtem Blech, Drahtnetz o. dgl. und ist außen mit einem Diaphragma überzogen. Die hohle Wand F besitzt zweckmäßig an ihrer schmalen Endfläche eine Öffnung K, durch welche die in das Innere der Hohlwand austretende Flüssigkeit in den gemeinsamen Sammelraum der Zelle abfließen kann. Außerdem kann an der Wand F oben eine Öffnung M vorgesehen sein, durch welche der im Innern der Wand sich ansammelnde Wasserstoff in den die Kathode umgebenden Raum des Elektrolysiergefäßes abströmen kann. Die hohle Wand F kann nach unten etwas weiter sein, um eine gleichmäßige Stromdichte über der ganzen Kathoden- bzw. Anodenfläche zu erzielen.

Anstatt, wie in den Zeichnungen gezeigt, zwei U-förmige Rinnen nebeneinander anzuordnen, kann man in ähnlicher Weise drei oder mehr Rinnen vorsehen. An Stelle der einen hohlen Wand F können mehrere derartige Wände parallel nebeneinander in solchem Abstand angeordnet werden, daß eine Anode bzw. eine Anodenreihe genügend Platz findet.

Patentansprüche:

1. Anordnung an Apparaten für Chloralkalielektrolyse mit durchlochter, mit Diaphragmabespannung versehener Metallkathode, bei welchen die Kathode aus einem in einen zur Aufnahme der Lauge und des Wasserstoffes dienenden Sammelbehälter eingehängten Kasten besteht, dadurch gekennzeichnet, daß dieser Kasten durch aus Baustoff für die Kathode dienendem Metall bestehende und als Kathodenfläche wirkende senkrechte Wände, die leitend mit dem Behälter verbunden sind, in zur Aufnahme der Anoden dienende Abteilungen unterteilt ist.

2. Ausführung der Kathode nach Anspruch 1, dadurch gekennzeichnet, daß die Wände durch Faltung des Trogbodens gebildet sind (Abb. 1 und 2).

3. Ausführung der Kathode nach Anspruch 1, dadurch gekennzeichnet, daß die Wände als abgeflachte Hohlkörper ausgebildet sind (Abb. 3 und 4).

D. R. P. 286055, B. I, 2974.

Nr. 528011. (K. 110056.) Kl. 12 l, 9.

Königsberger Zellstoff-Fabriken und Chemische Werke Koholyt Akt.-Ges. in Berlin.

Graphitelektrode für elektrolytische Chloralkalizellen.

Vom 30. Juni 1928. — Erteilt am 11. Juni 1931. — Ausgegeben am 24. Juni 1931. — Erloschen: . . . .

Die Erfindung betrifft eine Graphitelektrode insbesondere Anode, für elektrolytische Chloralkalizellen und bezweckt die Schaffung und Aufrechterhaltung eines während der ganzen Lebensdauer der Elektrode unveränderlichen und geringstmöglichen Übergangswiderstandes zwischen der metallischen Stromzuleitung und dem Graphit. Das Metall wird an der Kontaktstelle von zwei verschiedenen Seiten her chemisch angegriffen und gegebenenfalls unter bedeutender Erhöhung des Übergangswiderstandes zerstört. Einerseits kann der Elektrolyt in den Poren der Elektrode aufsteigen und so zur Kontaktstelle gelangen; es ist bekannt, diesen Angriff durch völliges Ausfüllen der Poren mit einem chemisch widerstandsfähigen Mittel zu verhindern, z. B. durch eine Tränkung der Elektrode mit Paraffin. Zweitens ist zu beachten, daß der Kontakt auch durch die hauptsächlich mit Zellengasen verunreinigte Atmosphäre erheblich nachteilig beeinflußt wird. Diese Störungsquelle macht sich allerdings erst nach einiger Betriebszeit bemerkbar, so daß sie weniger beachtet und oft als unvermeidbar in Kauf genommen wird.

Man hat zur Vermeidung des Nachteils bereits eine Reihe von Mitteln ohne durchgreifenden Erfolg versucht, z. B. Zwischenlagen aus nicht poröser Kohle, auch aus Edelmetallen. Die Mittel, die sich bei den Kontakten galvanischer Elemente bewährt haben, können auch nicht auf die Elektroden von Chloralkalizellen übertragen werden, da an den galvanischen Elementen weder die korrodierenden Gase noch auch nur im entferntesten so hohe Stromdichten auftreten. Man hat schließlich auch vorgeschlagen, Klötze aus nicht porösem Metallgraphitgemisch zwischen Elektrode und Stromleiter einzupassen.

Demgegenüber erreicht die vorliegende Erfindung eine volle Wirkung auf bedeutend einfachere Weise. Es wird auf die Kontaktfläche der paraffinierten Graphitelektrode ein dünner, aber festhaftender Überzug aus Zinn aufgebracht, der von der ihn dicht umschließenden, zweckmäßig ebenfalls verzinnten Metallfassung gegen den Angriff der Atmosphäre geschützt wird. Man erzielt so einen außerordentlich geringen Übergangswiderstand, der während der ganzen oft mehrjährigen Lebensdauer der Graphitelektrode unverändert bleibt, auch wenn die Atmosphäre im Zellenraum mehr oder weniger stark mit korrodierenden Gasen oder Nebeln verunreinigt ist.

Der Erfindung liegt die Erkenntnis zugrunde, daß für eine Metallschicht zwischen Elektrode und dem äußeren Stromleiter die Angreifbarkeit keine wesentliche Rolle spielt, daß die Hauptsache vielmehr eine gewisse Schmiegsamkeit des Metalls ist, wie sie dem Zinn eigentümlich ist. Verzinnte Flächen lassen sich so aufeinanderdrücken, daß in einer chlorhaltigen Atmosphäre nur die äußersten Ränder angegriffen werden, während die Hauptkontaktflächen überraschenderweise unbeeinflußt bleiben, möglicherweise nicht nur durch das gute Aufeinanderschmiegen, sondern weil der zunächst korrodierte Randstreifen eine Schutzschicht bildet.

Der technische Fortschritt der Erfindung besteht in der äußersten Einfachheit und Billigkeit des angewandten Mittels ebenso wie in der erheblichen Ersparnis an elektrischer Energie, in der Vermeidung einer nachteiligen Erwärmung der Kontaktstelle und in der Erhaltung des teueren Fassungsmaterials.

Bei mit Graphitanoden gemäß der Erfindung ausgestatteten Chloralkalizellen nach dem Siemens-Billiter-System wurde eine dauernde Verringerung der mittleren Zellenspannung (etwa 4 Volt) um etwa 100 Millivolt erzielt, was einer Herabsetzung der Stromkosten um 2,5% entspricht.

Die Aufbringung des Zinnüberzuges auf die Kontaktflächen der Graphitelektroden geschieht zweckmäßig in bekannter Weise durch das Spritzverfahren.

PATENTANSPRUCH:

Graphitelektrode für elektrolytische Chloralkalizellen, welche auf ihrem paraffinierten Oberteil einen metallischen Belag zwecks Erzielung eines guten Kontakts mit der Metallstromzuleitung aufweist, dadurch gekennzeichnet, daß der Belag aus einem dünnen Überzug aus Zinn besteht, der von der ihn dicht umschließenden und zweckmäßig ebenfalls verzinnten Metallfassung gegen den Angriff der Atmosphäre geschützt ist.

Nr. 534983. (W. 1. 30.) Kl. 12h, 1. DR. ALEXANDER WACKER GESELLSCHAFT FÜR ELEKTROCHEMISCHE INDUSTRIE G. M. B. H. IN MÜNCHEN.

Erfinder: Dr. Helmut Müller in Burghausen.

Verfahren zur Erzeugung eines Flüssigkeitsumlaufes in elektrolytischen Zellen.

Vom 6. Febr. 1930. — Erteilt am 17. Sept. 1931. — Ausgegeben am 3. Okt. 1931. — Erloschen: . . . .

Bei jeder Elektrolyse tritt an den Elektroden eine gewisse Verarmung an Elektrolyten ein. Es ist bekannt, daß dadurch z. B. bei der Chloralkalielektrolyse einerseits die Leitfähigkeit und damit die Stromaufnahme herabgesetzt, anderseits eine erhöhte Löslichkeit des Chlors im Anolyten herbeigeführt wird, so daß unerwünschte Nebenreaktionen mit dem Katholyten auftreten. Man kann die Konzentration des Anolyten durch Zusatz von festem Salz erhöhen, jedoch ist ein Ansammeln von Kristallen im Anodenraum oft störend. Es ist bekannt, daß man durch einen Umlauf den Elektrolyten, im vorliegenden Falle die Anolytlösung, durch eine Nachsättigungsvorrichtung möglichst in der Nähe des Sättigungspunktes halten kann. Jedoch erfordert dies eine aus beweglichen Teilen bestehende Einrichtung, welche in Anbetracht der chemischen Beschaffenheit und der Temperatur des Anolyten erhebliche konstruktive und Betriebsschwierigkeiten mit sich bringt und vor allem durch Anschaffung und Reparatur den Elektrolysierbetrieb verteuert.

Das Verfahren zum Flüssigkeitsumlauf in elektrolytischen Zellen besteht gemäß der Erfindung darin, daß der Überdruck der gesättigten, übersättigten oder aufgeschlämmte Festsubstanz enthaltenden, den Zellen zugeführten Elektrolytlösung die Umwälzung des Elektrolyten in den Zellen bewirkt. Besonders vorteilhaft hat sich gemäß der Erfindung hierzu die Verwendung einer Wasserstrahlpumpe erwiesen. Der Anolyt wird vermittels einer solchen durch die frische, unter Überdruck stehende Elektrolytlösung angesaugt, mit dieser vermischt und wieder dem Anodenraum zugeführt. Die Verwendung einer derartigen Umlaufpumpe ist besonders vorteilhaft, weil sie konstruktiv einfach gestaltet werden kann, leicht aus säurefestem Material, z. B. Glas, Steinzeug, Edelmetall usw., herstellbar ist und keine mechanisch bewegten Teile besitzt, die pfleglich behandelt werden müssen und der Abnutzung unterliegen. Selbstverständlich muß die Konstruktion der Wasserstrahlpumpe bezüglich Größe der Düse, Gestaltung des Ansaugeraumes usw. den jeweils vorliegenden Druckverhältnissen angepaßt sein. Es können die bekannten Ausführungsformen der gleichförmig wirkenden Wasserstrahlpumpe verwendet werden, ferner auch die der stoßweise wirkenden bzw. der auf diesem Prinzip aufgebauten Vorrichtungen.

Eine Ausführungsform des erfindungsgemäßen Verfahrens mittels einer Wasserstrahlpumpe ist in der Abbildung im Schnitt dargestellt.

Die elektrolytische Zelle steht durch das Saugrohr 1 mit der Wasserstrahlpumpe in Verbindung, deren Düse mit 5 bezeichnet ist.

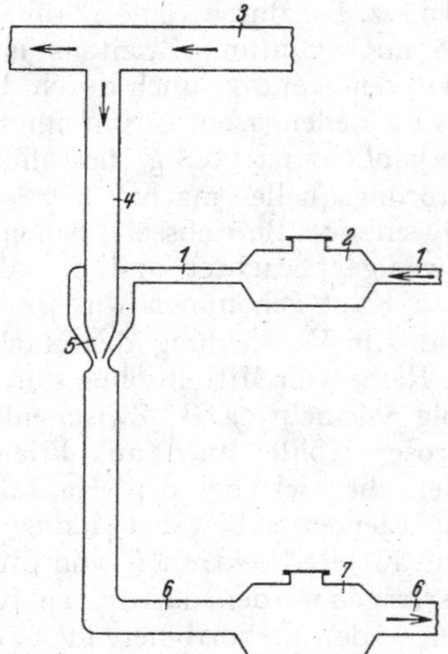

Dieselbe wird gespeist durch die Elektrolytlösung, welche in der Hauptleitung 3 unter Druck steht und durch das Abzweigrohr 4 mit der Wasserstrahlpumpe verbunden ist. An dieselbe ist die Rückleitung 6 angeschlossen, welche in der elektrolytischen Zelle mündet.

Die Gefäße 2 und 7 stellen gegebenenfalls eingeschaltete Nachsättigungsvorrichtungen dar.

Die Wirkungsweise der Vorrichtung ist folgende:

Der konzentrierte, übersättigte oder mit aufgeschlämmter Festsubstanz vermischte Elektrolyt strömt unter Überdruck von der Hauptleitung 3 durch das Zuführungsrohr 4 und Düse 5 der Wasserstrahlpumpe und saugt dabei durch das Rohr 1 den umzuwälzenden Elektrolyten aus der Zelle an. Bei der Düse 5 vermischt sich die saugende Flüssigkeit mit der angesaugten, und beide werden dann durch das Rohr 6 der elektrolytischen Zelle zugeführt.

Der Effekt der Aufkonzentrierung kann noch dadurch verbessert werden, daß in den Umlaufkreis, sei es in das Saug- oder in das Druckrohr (1 bzw. 6) oder in beide Gefäße, welche Festsubstanz zur Nachsättigung enthalten, eingeschaltet werden. Es ist auch möglich, die Rohre 1 und 6 mit bekannten Heiz- oder Kühlvorrichtungen zu kombinieren.

Mit der erfindungsgemäßen Vorrichtung gelingt es, auf einfache Weise dauernd den Elektrolyten in der Zelle auf höchster Konzentration zu erhalten, ohne etwa die Schichtung z. B. im Anodenraum zu stören. Selbstverständlich können mit einer oder mehreren Zellen jeweils eine oder mehrere Wasserstrahlpumpen verbunden werden, die, neben- oder hintereinandergeschaltet, den Flüssigkeitsumlauf nach dem erfindungsgemäßen Verfahren bewirken.

Patentanspruch:

Verfahren zur Erzeugung eines Flüssigkeitsumlaufes in elektrolytischen Zellen, dadurch gekennzeichnet, daß eine gesättigte, übersättigte oder aufgeschlämmte Festbestandteile enthaltende Elektrolytlösung einer in den Umlauf eingeschalteten Wasserstrahlpumpe mit Überdruck zugeführt und diese Lösung nach Vereinigung mit dem durch die Pumpe angesaugten, verbrauchten Elektrolyten in die Zelle zurückgeführt wird.

Nr. 462351. (B. 120595.) Kl. 12h, 1.

I. G. Farbenindustrie Akt.-Ges. in Frankfurt a. M.

Erfinder: Dipl.-Ing. Karl Roth in Ludwigshafen a. Rh.

Einrichtung zur Erhaltung und Regulierung des Flüssigkeitsstands in Zersetzungszellen.

Vom 2. Juli 1925. — Erteilt am 21. Juni 1928. — Ausgegeben am 9. Juli 1928. — Erloschen: 1933.

Vorliegende Erfindung betrifft eine Einrichtung zur Erhaltung und Regulierung des Flüssigkeitsstandes in Zersetzungszellen, wobei mehreren Zellen oder mehreren Zellenelementen einer Zelle durch eine Leitung die durch die Elektrolyse verbrauchte Elektrolytmenge zugeführt wird.

Einrichtungen, die die Elektrolytergänzung zum Zweck haben, sind zwar bekannt, sie haben jedoch den Nachteil, daß die Zuführungskanäle (Rohre) im Elektrolyten münden. Dadurch entstehen aber innere Strömungen und Änderungen der Konzentration der zugeführten Flüssigkeit. Vorliegende Erfindung vermeidet diesen Nachteil dadurch, daß der Zuleitungskanal nicht im Elektrolyten, sondern, wie beiliegende Zeichnung zeigt, in einem Gasraum *a* endet, dessen Druck von der Höhe des zu regulierenden Elektrolytspiegels *b* abhängt. Die zuzuführende Flüssigkeit wird einem außerhalb der Zelle befindlichen Gefäß mit konstantem Niveau entnommen.

Die Wirkungsweise ist folgende:

Es halten sich an der Mündung *e* des Zuführungskanals *d* im Gasraum *a* einerseits der von der Höhe des Elektrolytspiegels *b* abhängige Gasdruck, anderseits die Flüssigkeitshöhe des die Zusatzflüssigkeit enthaltenden Behälters *c* das Gleichgewicht. Wird z. B. bei gleichem Gasdruck oberhalb des Flüssigkeitsspiegels *b* und *c* durch Verbrauch des Elek-

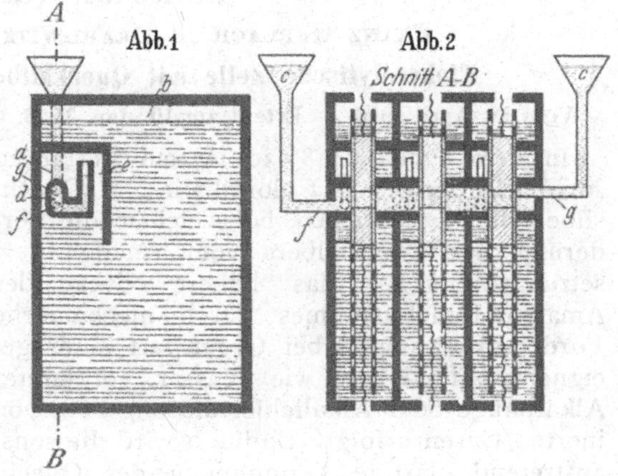

trolyten der Flüssigkeitsspiegel *b* gesenkt, so überwiegt die Flüssigkeitssäule des Zuleitungsgefäßes *c*, und es dringt so lange Flüssigkeit in den Gasraum *a*, bis sich das obenerwähnte Gleichgewicht wieder eingestellt hat.

Vielfach ist es von Vorteil, den Flüssigkeitszufuhrkanal so einzurichten, daß er an mehreren Stellen gespeist werden kann. Die Ergänzungsflüssigkeit kann entweder reines Wasser sein oder auch den Elektrolyten in beliebiger Konzentration oder auch etwa erforderliche andere Zusätze in flüssiger Form enthalten. Besteht die Zufuhrflüssigkeit nicht aus reinem Wasser, sondern enthält sie Elektrolyte gelöst, so kann in dem Verbindungskanal *d* Gasbildung infolge elektrolytischer Wirkung stattfinden. Damit dieses Gas die Strömung der Zusatzflüssigkeit nicht behindert, kann der Verbindungskanal *d* so ausgebildet sein, daß die Gasblasen nach einer bestimmten Seite hin entweichen können, beispielsweise durch den in Abb. 2 gezeichneten, höher als Eingang *f* gelegenen Abzugskanal *g*.

Wird dafür gesorgt, daß die Flüssigkeitsspiegelhöhe im Behälter *h* ebenso wie die im Behälter *c* dauernd konstant gehalten wird, so kann aus diesem Behälter eine Speisung der Zellen ebenfalls erfolgen, wenn aus irgendeinem Grunde die Flüssigkeitszufuhr aus dem Behälter *c* gestört sein sollte.

Es kann zweckmäßig sein, den Verbindungskanal nicht unmittelbar in das Gaskissen *a* münden zu lassen, sondern kleine Abzweigkanäle oder Rohrstücke zwischen Kanal *d* und Mündung anzubringen, die mit der Zusatzflüssigkeit gefüllt sind, so daß bei etwaigen kleineren Druckschwankungen, wie Überdruck in der Zelle, nicht sofort Gas aus dem Gasraum *a* in den Verbindungskanal *d* eintreten kann.

Es ist nicht notwendig, den Gasraum innerhalb der Zelle, wie in der Zeichnung ausgeführt, anzubringen, man kann die Vorrichtung auch außerhalb der Zelle oder des Zellenelementes unter Verwendung entsprechender Rohr- oder Kanalverbindungen anordnen.

Die vorstehend beschriebene Vorrichtung zur selbsttätigen Flüssigkeitsergänzung kann sowohl für Zersetzungszellen der sogenannten Topf- oder Trogtype wie auch für solche der Filterpressenbauart verwendet werden, und zwar in beiden Fällen für unipolare oder bipolare Schaltung der Elektroden.

Patentansprüche:

1. Einrichtung zur Erhaltung und Regulierung des Flüssigkeitsstands in Zersetzungszellen, dadurch gekennzeichnet, daß der die Ergänzungsflüssigkeit zuführende Kanal in einen innerhalb oder außerhalb der Zelle oder des Zellenelementes angebrachten Gasraum mündet, dessen Druck von der Höhe des zu regulierenden Elektrolytniveaus abhängt.

2. Einrichtung gemäß Anspruch 1, dadurch gekennzeichnet, daß durch Einschaltung von geeignet geformten Abzweigkanälen oder Rohrstücken im Zufuhrkanal der Eintritt von Gas bei Druckschwankungen in diesen vermieden wird.

3. Einrichtung gemäß Anspruch 1 und 2, dadurch gekennzeichnet, daß der Flüssigkeitszufuhrkanal an mehreren Stellen gespeist werden kann.

Nr. 455734. (G. 67044.) Kl. 12 l, 10.

Franz Gerlach in Drahowitz Tschechoslowakische Republik.

Elektrolytische Zelle mit Quecksilberkathode für die Chloralkalizersetzung.

Vom 18. April 1926. — Erteilt am 19. Jan. 1928. — Ausgegeben am 10. Febr. 1928. — Erloschen: 1932.

In dem Patent 448 530 ist ein Verfahren zur Elektrolyse von Chloralkalien in Quecksilberzellen beschrieben, bei welchem die Förderung des Quecksilbers vom Amalgamzersetzungsraum auf das höhere Niveau des Amalgambildungsraumes durch mechanische Fördereinrichtungen bei Gegenwart einer geeigneten Flüssigkeit, wie Wasser, verdünnter Alkalilauge oder Alkalichloridlösung bzw. von inerten Gasen erfolgt. Dadurch wird die sonst auftretende lästige Vermulmung des Quecksilbers, die bei Berührung des noch Amalgamreste enthaltenden Metalls mit Luft entsteht, mit Sicherheit vermieden.

Die nachstehend beschriebene Quecksilberzelle stellt eine besonders geeignete Ausführungsform dieses Verfahrens vor, welche hohe Produktion mit günstigem Wirkungsgrad und großer Betriebssicherheit vereinigt. Um in einer Quecksilberzelle von gegebener Grundfläche möglichst hohe Produktion zu erzielen, ist es nötig, die Stromdichte durch gesteigerte Belastung zu erhöhen; es ist bekannt, daß die Zellen mit hoher Belastung betrieben werden können, ohne daß die Betriebsspannung über ein wirtschaftlich unzulässiges Maß ansteigt, wenn man den Elektrodenabstand möglichst weitgehend verringert. Der Verringerung des Elektrodenabstandes ist jedoch dadurch eine Grenze gesetzt, daß ein Kurzschluß durch Berührung des zirkulierenden Quecksilbers mit dem Anodenmaterial vermieden werden muß. Diese Kurzschlußgefahr wird um so geringer, je gleichmäßiger die Förderung des Quecksilbers erfolgt. Bei den bisherigen mit mechanischen

Fördermitteln ausgestatteten Quecksilberzellen wird dieser Forderung nicht in vollem Maße entsprochen, weil einerseits Unebenheiten der Zellenauskleidung und anderseits Stoßwirkungen der mechanischen Fördereinrichtungen die Möglichkeit eines Kurzschlusses schon bei relativ größeren Elektrodenabständen ergeben. Diese Nachteile werden bei der den Gegenstand vorliegender Erfindung bildenden Zelle wirksam vermieden, so daß der Elektrodenabstand sehr gering, beispielsweise nur auf 5 mm gehalten werden kann. Der Vorteil dieser Zelle besteht also darin, daß

1. die Vermulmung des Quecksilbers mit Sicherheit ausgeschlossen wird und gleichzeitig

2. der Elektrodenabstand auf ein Mindestmaß herabgesetzt und dadurch die Produktion pro Quadratmeter Quecksilberfläche erheblich gesteigert werden kann.

Die neue Zelle besteht aus einem Amalgamzersetzungsraum und einem im Niveau höher gelegenen, getrennten Amalgambildungsraum, die gegebenenfalls in einen einzigen Trog vereinigt sein können. Charakteristisch für den Bildungsraum ist, daß die Auskleidung mit geschliffenem Steinmaterial erfolgt und die Bodenfläche, auf welcher die Quecksilberkathode fließt, mit größter Ebenheit ausgestaltet wird. Man kann hierfür beispielsweise eine Granitauskleidung wählen, die sorgfältig eben poliert wird. Der Amalgamzersetzungsraum, bei welchem das Erfordernis vollkommener Gleichmäßigkeit der Auskleidungsflächen nicht in gleichem Maße besteht, kann wie üblich ausgestattet sein; in manchen Fällen kann man jedoch auch zweckmäßig die ganze Zellenkonstruktion mit Auskleidungen von Granit oder anderen geeigneten Steinmaterialien ausführen.

halb des Förderelementes aufgesetzten, gegebenenfalls an der Rotation teilnehmenden, horizontalen, kurvenförmigen Teller, welcher das geförderte Metall unter der Oberfläche der Deckflüssigkeit verteilt.

Diese Fördervorrichtung gestattet es nunmehr im Verein mit der besonders gleichmäßigen Ausführung der Flächen des Amalgambildungsraumes, den Elektrodenabstand auf ein Mindestmaß herunterzusetzen. Man kann z. B. mit plattenförmigen Kohlenanoden auf einen Abstand zwischen 10 bis 5 mm herabgehen, ohne Störungen befürchten zu müssen. Die so erzielte Verringerung des Elektrodenabstandes gestattet, die bekannten Vorteile dieser Maßnahme voll auszunutzen. Man kann also, ohne daß die Spannung über das sonst übliche Maß erheblich hinausgeht, mit größeren Strombelastungen arbeiten und damit die Produktion der Zelle in der Zeiteinheit wesentlich vergrößern.

Die beigefügten Skizzen 1 bis 5 geben beispielsweise Ausführungsformen der Erfindung wieder, und zwar Abb. 1 und 4 den Querschnitt und die Aufsicht auf eine Zweitrogzelle, Abb. 2, 3 und 5 Querschnitt, Längsschnitt und Aufsicht einer Eintrogzelle. In Abb. 1 und 4 bedeutet *A* den aus einem eisernen Kasten angefertigten Amalgambildungsraum, *B* den Amalgamzersetzungsraum, die beide ein Betonfutter *C* besitzen. Der Amalgambildungsraum ist mit der geschliffenen Granitauskleidung *L* versehen. Die Konstruktion des Amalgambildungsraumes ist ohne weiteres aus der Zeichnung ersichtlich. Es bedeutet *E* die von oben durch Steinzeugdekkel eingeführte Anode aus Graphitplatten, *F* die von unten erfolgende Stromzuführung zur Kathode in Form eines kupfernen Tellers, *G* einen Rohrstutzen zur Ableitung des Chlors,

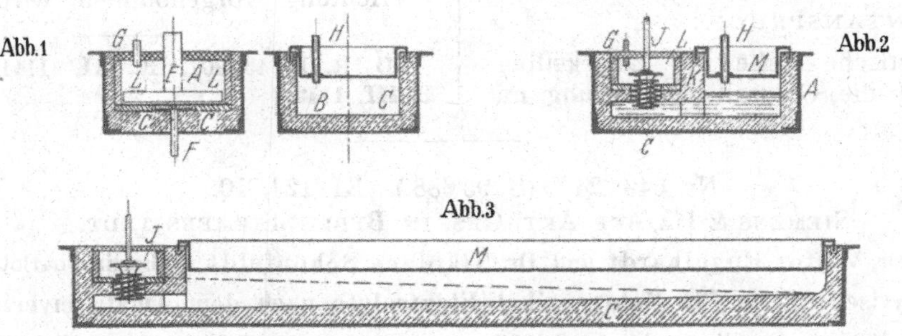

Die Förderung des Quecksilbers vom Amalgamzersetzungs- zum Amalgambildungsraum bei Gegenwart von Flüssigkeiten, wie Wasser usw., ist völlig stoßfrei auszuführen. Hierzu eignet sich insbesondere die in dem Patent 435901 beschriebene Vorrichtung. Diese Vorrichtung besteht aus einer senkrechten oder geneigten Voll- oder unterteilten Schnecke (Flügelschraube) mit einem ober-

I die zur Quecksilberförderung dienende Vorrichtung, *N'* und *N''* die Umlauftröge für das zirkulierende Quecksilber. Die Amalgamzersetzungszelle ist in üblicher Weise ausgestaltet. Zur Gewinnung des Wasserstoffes besitzt sie Abschlußglocken aus Blech *M*, welche einen umgelegten Rand besitzen, der in einen Flüssigkeitsverschluß eintaucht; die Ableitung des Wasserstoffs erfolgt durch den

Rohrstutzen *H*. Die Zersetzung des Amalgams kann auf bekannte Weise durch Eintauchen von Rosten aus Eisen, Graphit oder Legierungen von Vanadin, Molybdän usw. beschleunigt werden.

Die Eintrogzelle nach Abb. 2, 3 und 5 besteht aus einem länglichen, rechteckigen,

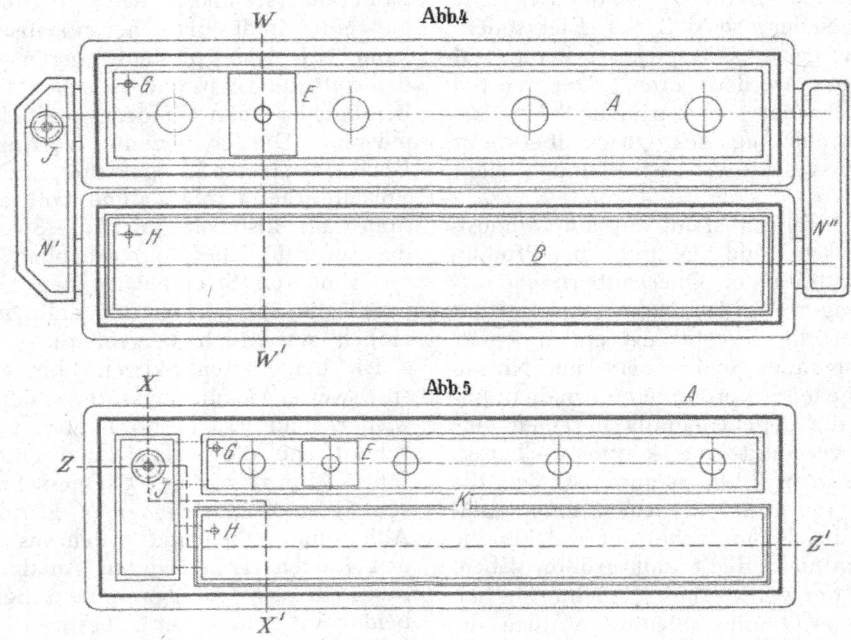

eisernen Kasten *A* mit einer Längstrennungswand *K*, welche die Zelle in einen Amalgambildungs- und Amalgamzersetzungsraum teilt. Beide besitzen das Betonfutter *C*, der Bildungsraum außerdem eine Auskleidung aus poliertem Granit. Die Zirkulation des Quecksilbers erfolgt mittels der Quecksilberfördereinrichtung *I*.

PATENTANSPRUCH:

Elektrolytische Zelle mit Quecksilberkathode für die Chloralkalizersetzung mit getrenntem Amalgambildungsraum und tiefer angeordnetem Amalgamzersetzungsraum, bei welcher der Elektrodenabstand in der Amalgambildungszelle ohne Kurzschlußgefahr sehr niedrig gehalten ist, dadurch gekennzeichnet, daß der Amalgambildungsraum mit schleiffähigem Steinmaterial, wie Granit usw., derart ausgekleidet ist, daß seine Bodenfläche äußerst gleichmäßig ebene Beschaffenheit aufweist und die Förderung des Quecksilbers von dem Amalgamzersetzungs- zum Amalgambildungsraum bei Gegenwart von Flüssigkeiten in stoßfreier Weise mittels der in dem Patent 435 901 beschriebenen Vorrichtung vorgenommen wird.

D. R. P. 435901, B. III, 1141 und 448530, B. III, 1142.

Nr. 549724. (S. 95688.) Kl. 12l, 10.

SIEMENS & HALSKE AKT.-GES. IN BERLIN-SIEMENSSTADT.

Erfinder: Dr. Victor Engelhardt und Dr. Nikolaus Schönfeldt in Berlin-Charlottenburg.

Elektrolytische Zelle für Halogenalkali-Elektrolyse nach dem Amalgamverfahren.

Vom 19. Dez. 1929. — Erteilt am 14. April 1932. — Ausgegeben am 2. Mai 1932. — **Erloschen: 1934.**

Es ist eine elektrolytische Zelle für Halogenalkali-Elektrolyse nach dem Amalgamverfahren bekannt geworden, bei welcher die Bildung und die Zersetzung des Amalgams in demselben Raum erfolgt. Bei dieser bekannten Zellenausführung ist eine Sekundärelektrode vorgesehen zur Beschleunigung der Amalgamzersetzung. Diese Sekundärelektrode ist ebenso wie das Quecksilber mittels gleichartiger Zuleitungen an den negativen Pol der Stromquelle gelegt.

Bei dieser bekannten Zellenausführung besteht insbesondere der Nachteil, daß es nur schwer möglich sein dürfte, die Bildungsgeschwindigkeit und die Zersetzungsgeschwindigkeit des Amalgams miteinander in eine

Beziehung zu bringen, die für ein betriebssicheres und wirtschaftliches Arbeiten der Zelle notwendig ist. Insbesondere kann leicht der Übelstand eintreten, daß die Zersetzungsgeschwindigkeit des Amalgams größer wird als seine Bildungsgeschwindigkeit, und daß dadurch eine den Betrieb wesentlich beeinträchtigende Oxydation des Quecksilbers eintreten kann.

Zur Vermeidung dieses Nachteiles wird im Sinne der Erfindung die Zersetzungsgeschwindigkeit des Amalgams gleich oder, noch besser, ein wenig geringer als seine Bildungsgeschwindigkeit gehalten, dadurch, daß gemäß der Erfindung das kathodisch geschaltete, die Zersetzung des Amalgams beschleunigende Metall unmittelbar, das Quecksilber dagegen über ein nicht metallisches festes, leitendes Material, z. B. Graphit, mit der Stromquelle verbunden wird. Man kann dadurch das am Quecksilber und das an der Zusatzelektrode liegende negative Potential in einfacher Weise so abstufen, daß die Zersetzungsgeschwindigkeit des Amalgams unter allen Umständen die Bildungsgeschwindigkeit nicht überschreitet. Es hat sich als zweckmäßig erwiesen, die Zusatzelektrode aus Kadmium herzustellen, das entweder kompakt oder in Form eines mit ihm überzogenen anderen Metallkörpers, vorzugsweise eines Drahtnetzes, verwendet werden kann. Durch die Anwendung von Kadmium wird insbesondere erreicht, daß man unter Anwendung besonders wirtschaftlicher Stromdichten eine ausreichende Zersetzungsgeschwindigkeit des Amalgams in einfacher und sicherer Weise erreichen kann.

Auf der Zeichnung ist ein Ausführungsbeispiel der Erfindung schematisch veranschaulicht. In einen Badbehälter *a* wird in der

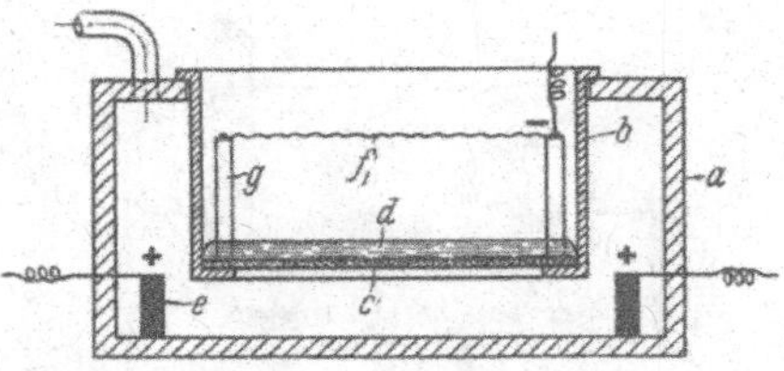

üblichen Weise die zu elektrolysierende Lösung einer Halogenverbindung der Alkalioder der Erdalkalimetalle eingebracht, z. B. Alkalichloridlösung. In den Behälter *a* ist ein kleiner Behälter *b* eingesetzt, dessen Boden durch ein geeignetes Diaphragma *c* gebildet wird. Es kann beispielsweise ein starres Diaphragma, das im wesentlichen aus Chromoxyd besteht, Anwendung finden. Auf dem Diaphragma *c* ist die Quecksilberkathode *d* angeordnet. Die senkrechten Anoden *e* sind seitlich des Behälters *b* so angeordnet, daß ihre oberen Enden mit dem Boden des Behälters *b* etwa abschneiden. Diese Anoden können beispielsweise aus Graphit bestehen.

Als die Zersetzung des Amalgams beschleunigende Elektrode gelangt in dem Ausführungsbeispiel ein mit Kadmium, insbesondere galvanisch, überzogenes Eisendrahtnetz *f* zur Anwendung, welches auf Graphitfüßen *g* befestigt ist. Die Graphitfüße sind auf den Boden des Behälters *b* aufgesetzt. Die Verbindung des negativen Poles der Stromquelle mit dem Drahtnetz *f* erfolgt gemäß der Erfindung unmittelbar, während die Stromzuführung zu dem Quecksilber mittels der Graphitfüße *g* vor sich geht. An Stelle der Graphitfüße *g* können auch andere, nicht metallische feste, leitende Materialien, beispielsweise schlecht leitende Legierungen, insbesondere Siliciumlegierungen, angewendet werden.

Durch passende Wahl des zwischen dem Quecksilber *d* und dem Drahtnetz *f* liegenden elektrischen Widerstandes *g* hat man es in der Hand, die Zersetzungsgeschwindigkeit des sich während der Elektrolyse bildenden Amalgams auf einen Wert zu bringen, der die Bildungsgeschwindigkeit des Amalgams nicht übersteigt. Dabei wird durch die Anwendung des Kadmiums als wirksamer Bestandteil der Zusatzelektrode *f* die Zersetzungsgeschwindigkeit des Amalgams gleichzeitig auf einem hinreichend hohen Wert gehalten, um die Anwendung günstiger Stromdichten zu ermöglichen.

Will man in dem Ausführungsbeispiel den elektrischen Widerstand *g* zur Erzielung günstiger Betriebsverhältnisse ändern, so kann man dies beispielsweise durch Tränkung der Graphitfüße mit einem flüssigen Isoliermittel oder durch Bestreichen mit einem geeigneten Lack bewirken.

Bei der neuen Zelle ist es also einerseits ausgeschlossen, daß die Zersetzungsgeschwindigkeit des Amalgams seine Bildungsgeschwindigkeit übersteigt. Andererseits hat man aber zugleich auch die Möglichkeit, in allen praktisch vorkommenden Fällen durch passende Dimensionierung des zwischen dem Quecksilber und der Zusatzelektrode liegenden elektrischen Widerstandes sowie durch die Anwendung von Kadmium als wesentlichen Baustoff der Zusatzelektrode den Betrieb der neuen Zelle wirtschaftlich zu gestalten.

Patentansprüche:

1. Elektrolytische Zelle für Halogenalkali-Elektrolyse nach dem Amalgamverfahren, bei welcher Bildung und Zersetzung des Amalgams in demselben Raum erfolgt und wobei die Zersetzung des Amalgams mittels eines kathodisch geschalteten Metalles beschleunigt wird, dadurch gekennzeichnet, daß dieses Metall unmittelbar, das Quecksilber dagegen

über ein nicht metallisches festes, leitendes Material, z. B. Graphit, mit der Stromquelle in Verbindung steht.

2. Elektrolytische Zelle nach Anspruch 1, dadurch gekennzeichnet, daß als die Zersetzung beschleunigendes Metall Kadmium (kompakt oder in Form eines mit ihm überzogenen anderen Metallkörpers, vorzugsweise eines Drahtnetzes) verwendet wird.

Nr. 539097. (S. 79331.) Kl. 12l, 10.

SIEMENS & HALSKE AKT.-GES. IN BERLIN-SIEMENSSTADT.

Erfinder: Dr. Victor Engelhardt in Berlin-Charlottenburg.

Elektrolytische Zelle mit Quecksilberkathode.

Vom 22. April 1927. — Erteilt am 5. Nov. 1931. — Ausgegeben am 23. Nov. 1931. — **Erloschen:** . . . .

Es ist eine elektrolytische Zelle bekannt geworden, bei welcher eine Quecksilberkathode auf dem porösen Boden eines in den Anodenraum hineingehängten Behälters angeordnet ist. Es ist dabei in dieser Veröffentlichung lediglich angegeben, daß der Boden aus porösem Material bestehen soll; jedoch ist nicht zu entnehmen, in welcher Form dieses poröse Material vorhanden sein soll. Die Anoden sind bei dieser bekannten Zelle in den verhältnismäßig engen Raum zwischen der Außenwandung des Kathodenbehälters und der Innenwandung des Anodenbehälters senkrecht eingehängt, so daß ihre unteren Enden nur wenig über den unteren Rand des Kathodenbehälters hinausragen.

Diese bekannte Zelle ist wenig zweckmäßig gebaut. Es tritt bei ihr eine unerwünschte starke Zusammendrängung der Stromlinien nahe dem unteren Ende des Kathodenbehälters ein. Die Anoden werden nur zu einem geringen Teil tatsächlich ausgenutzt, und außerdem wird der in dem engen Zwischenraum zwischen Kathodenbehälter einerseits und Anodenbehälter anderseits befindliche Elektrolyt erheblich stärker erwärmt als der Hauptteil des Elektrolyten, der sich im unteren Teil des Anodenbehälters befindet.

Zur Vermeidung der Nachteile der bekannten Einrichtung wird gemäß der Erfindung der Boden des Kathodenbehälters aus einer starren, alkalibeständigen, vorzugsweise aus Chromoxyd bestehenden Platte hergestellt. Die Anwendung eines Diaphragmas aus Chromoxyd, das bereits anderweitig an sich geschützt ist, hat bei der neuen Zelle insbesondere den neuen Vorteil, daß die Bruchfestigkeit eines solchen Diaphragmas verhältnismäßig hoch ist, so daß man eine verhältnismäßig dünne, große Chromoxydplatte als Boden des Kathodenbehälters benutzen kann und damit den Vorteil einer großen Quecksilberoberfläche hat. Zweckmäßig ist es, die starre, poröse Platte auf einen nach innen vorspringenden Ringansatz des Kathodenbehälters lose aufzusetzen, weil bei einer derartigen Ausbildung der neuen Zelle diese leicht zusammengesetzt und zwecks Reinigung auseinandergenommen werden kann. Dieser Ringansatz könnte freilich, da die Anoden notwendigerweise ganz oder teilweise unterhalb des Bodens des Kathodenbehälters angeordnet sein müssen, insofern nachteilig wirken, als an seiner Unterseite sich das anodisch entwickelnde Gas, insbesondere Chlor, unerwünschterweise ansammeln könnte. Um dies zu vermeiden, empfiehlt es sich, die Anoden vollständig unterhalb der starren, porösen Bodenplatte des Kathodenbehälters in senkrechter Stellung so anzuordnen, daß sie etwa unterhalb der Seitenwände des Kathodenbehälters zu stehen kommen. Durch diese Ausbildung der neuen Zelle steigen die anodisch entstehenden Gase, begünstigt durch die Erwärmung der Anodenflüssigkeit, nach oben an der Außenseite der Wandungen des Kathodenbehälters vorbei in den Zwischenraum zwischen Kathodenbehälter und Anodenbehälter und können von hier aus leicht entfernt, insbesondere abgesaugt werden.

Auf der Zeichnung ist ein Ausführungsbeispiel der neuen Zelle für Verwendung zur Chloralkalielektrolyse dargestellt. In ein Badgefäß *a* sind Anoden *b*, z. B. aus Graphit

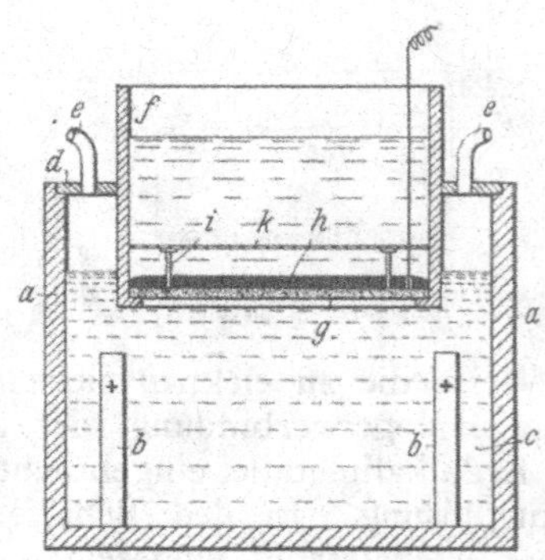

in senkrechter Stellung eingesetzt. Außerdem enthält das Badgefäß *a* die zu elektrolysierende Alkalichloridlösung *c*. Nach oben hin ist das Badgefäß *a* durch einen Deckel *d* abgeschlossen, der nahe seinem Rande mit Ablaßrohren *e* für das sich anodisch entwikkelnde Chlorgas versehen ist. An dem Deckel ist ein Behälter *f* befestigt, der in das Gefäß *a* hineinragt. Der Boden des Behälters *f* wird durch eine poröse Platte gebildet, die beispielsweise aus Chromoxyd, Zirkonoxyd oder einem anderen chemisch widerstandsfähigen Stoff besteht. Die poröse Platte *g*, welche zweckmäßig auf einen nach innen vorspringenden Ringansatz des Behälters *f* lose aufgelegt und abgedichtet ist, dient als Träger für die Quecksilbermenge *h*, in die eine Sekundärkathode *i* aus schwer amalgamierbarem Material, beispielsweise Eisen, eingesetzt ist. Über der Quecksilbermenge *h* befindet sich Wasser *k*.

Wie ersichtlich, sind die Anoden *b* in senkrechter Stellung so angeordnet, daß sie etwa unterhalb der Seitenwände des Kathodenbehälters *f* stehen. Infolgedessen kann sich das anodisch entwickelnde Chlor nicht an dem Ringansatz des Behälters *f* absetzen, sondern streicht, begünstigt durch die während des Betriebes eintretende Erwärmung der Alkalichloridlösung, an den Seitenwandungen des Behälters *f* vorbei nach oben und wird mittels der Rohre *e* abgesaugt. Die Elektrolyse wikkelt sich in an sich bekannter Weise derart ab, daß das Wasser *k* sich mehr und mehr mit Alkalihydroxyd anreichert.

Statt, wie dargestellt, den Kathodenbehälter *f* mit dem starren, porösen Boden *g* an dem Deckel zu befestigen, kann dieser auch beispielsweise in das Badgefäß hineingehängt oder an irgendwelchen ortsfesten Teilen, Wänden o. dgl. befestigt sein. Die neue Zelle ist außer für Alkalihalogenelektrolyse auch sinngemäß für andere Verfahren anwendbar, die mit Quecksilberkathode arbeiten.

Patentansprüche:

1. Elektrolytische Zelle, bei welcher die Quecksilberkathode auf dem porösen Boden eines in den Anodenraum hineingehängten Behälters angeordnet ist, dadurch gekennzeichnet, daß der Boden des Kathodenbehälters aus einer starren, chemisch widerstandsfähigen, vorzugsweise aus Chromoxyd bestehenden porösen Platte hergestellt ist.

2. Elektrolytische Zelle nach Anspruch 1, dadurch gekennzeichnet, daß die starre, poröse Platte auf einen nach innen vorspringenden Ringansatz des Kathodenbehälters lose aufgesetzt ist.

3. Elektrolytische Zelle nach Anspruch 2 mit senkrecht angeordneten Anoden, dadurch gekennzeichnet, daß die Anoden vollständig unterhalb der starren, porösen Bodenplatte des Kathodenbehälters so angeordnet sind, daß sie etwa unterhalb der Seitenwände dieses Behälters stehen.

Nr. 556 948. (S. 51. 30.) Kl. 12 l, 10.

Siemens & Halske Akt.-Ges. in Berlin-Siemensstadt.

Erfinder: Dr. Victor Engelhardt und Dr. Nikolaus Schönfeldt in Berlin-Charlottenburg.

Elektrolytische Zelle für Halogenalkali-Elektrolyse nach dem Amalgamverfahren.

Vom 9. Juli 1930. — Erteilt am 28. Juli 1932. — Ausgegeben am 17. Aug. 1932. — Erloschen: . . . .

Die bisher bekannten elektrolytischen Zellen für Halogenalkalielektrolyse nach dem Amalgamverfahren benötigen meist recht erhebliche Quecksilbermengen oder erfordern eine ständige Überwachung und Wartung.

Es sind Zellen bekannt geworden, bei denen die benötigte Quecksilbermenge dadurch verringert wird, daß man in einen Diaphragmenkasten als Stromzuleitung einen Metallklotz einführt und besondere Gefäße am oberen Ende der Apparatur vorsieht, in denen sich Wasser befindet, das das Amalgam zersetzen soll.

Durch das große Volumen des Metallklotzes wird tatsächlich eine Verringerung der Quecksilbermenge erreicht, aber es wird gleichzeitig die Berührungsfläche des Quecksilbers mit dem Wasser sehr stark verkleinert, wodurch der ohnehin träge Umsetzungsprozeß zwischen Amalgam und Wasser verzögert wird.

Dieser Mangel wird durch die erfindungsgemäße Sicherstellung einer großen Zersetzungsfläche behoben. Das erfolgt durch die Einrichtung gemäß der Erfindung, bei der die Scheidewand (-wände) etwa bis zur Höhe des Quecksilberspiegels porös ist (sind) und die Quecksilberspiegelfläche praktisch den ganzen Querschnitt des Kathodenraumes einnimmt. Die neue Zelle kommt ebenfalls mit einer minimalen Quecksilbermenge aus, erfordert keine ständige Überwachung und gewährleistet infolge der Begünstigung der Alkalibildung eine besonders hohe Wirtschaftlichkeit. Es empfiehlt sich, das Diaphragma, welches zugleich als Träger für den undurchlässigen Teil der Scheidewand dient, als geschlossenen, kreisförmigen Ring oder als Vieleck auszubilden und das Quecksilber auf der Innenseite des Ringes bzw. Vieleckes anzuordnen. Die am besten ebenfalls ringförmige bzw. vieleckige Anode befindet sich auf der Außenseite des Diaphragmas. Die Höhe des Quecksilbers wird etwas größer gewählt als die Höhe des Diaphragmas. Vorzugsweise ist auch die Anode etwas höher als das Diaphragma.

Auf der Zeichnung ist ein Ausführungsbeispiel der neuen elektrolytischen Zelle dargestellt. Abb. 1 zeigt eine perspektivische Ansicht, teilweise im Schnitt. Abb. 2 ist ein Querschnitt der Zelle nach Abb. 1.

In den langgestreckten, viereckigen Behälter *a* aus Beton, imprägniertem Holz o. dgl. ist ein kleineres, ebenfalls viereckiges Gefäß *b* eingesetzt. Das Gefäß *b* dient als Kathodenraum, während der restliche Raum im Elektrolyseur *a* als Anodenraum benutzt wird.

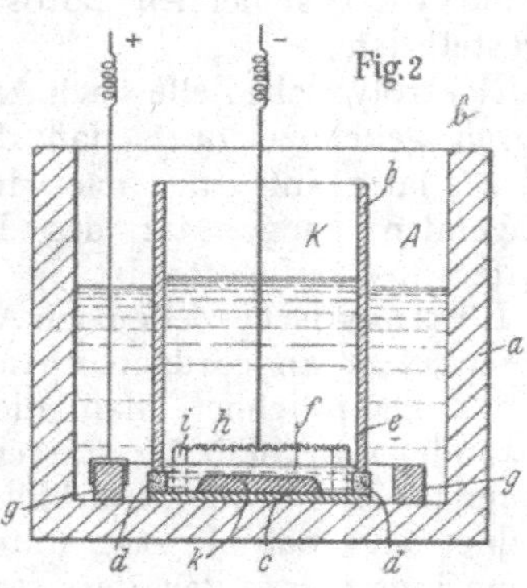

Im Gegensatz zu dem Behälter *a*, der vorzugsweise aus einem einzigen Baustoff besteht, ist das Gefäß *b* aus mehreren verschiedenen Teilen zusammengesetzt. Auf eine Bodenplatte *c* ist das nur einige Millimeter hohe Diaphragma *d* aufgesetzt, welches seinerseits die erheblich höhere, undurchlässige Scheidewand *e* trägt. Die drei genannten Teile *c*, *d* und *e* sind zweckmäßig zu einem gemeinsamen Ganzen miteinander baulich vereinigt. Auf der Innenseite des Diaphragmas *d* ist eine Quecksilbermenge *f* angeordnet, während auf der Außenseite des Diaphragmas sich die Anode *g* befindet. Die Höhen der Quecksilbermenge *f* und der Anode *g* sind etwas größer als diejenige des Diaphragmas *d*. Als Stromzuführung für die Quecksilberkathode dient in dem Beispiel ein Gestell *h*, dessen z. B. aus Graphit bestehende Füße *i* auf den Boden *c* des Behälters *b* aufgesetzt sind und somit in das Quecksilber *f* eintauchen. Gegebenenfalls kann man statt dessen auch das Quecksilber *f* bipolar schalten in der Weise, daß eine Kathode, welche lediglich durch Aufhängen befestigt ist, in einigem Abstand von dem Quecksilber sich befindet. In den Anodenraum *A* wird in der üblichen Weise die zu elektrolysierende Halogenalkalilösung und in den Kathodenraum *K* am besten reines Wasser eingebracht.

Die Füße *i* sind vorzugsweise an einem Drahtnetz befestigt, welches seinerseits mit dem negativen Pol der Stromquelle in Verbindung steht. Man kann aber auch statt mit dem Gestell *h* das Quecksilber direkt mit dem negativen Pol der Stromquelle verbinden. Als Diaphragma werden poröse, in chemischer Hinsicht genügend widerstandsfähige Platten benutzt, z. B. solche aus Chromoxyd, Aluminiumoxyd, Kieselgur, Hartgummi o. dgl. Auch ist es möglich, ins Quecksilber Verdrängungskörper *k* zu tun, wodurch eine weitere große Ersparnis an Quecksilber erzielt werden kann. Zu diesem Zweck kann z. B. der Boden des Behälters entsprechende Vorsprünge besitzen. Das Quecksilber kann dabei z. B. ringförmig angeordnet werden. Die neue Zelle arbeitet, wie Versuche gezeigt haben, mit guter Wirtschaftlichkeit in einwandfreier Weise, obwohl nur eine minimale Quecksilbermenge benötigt wird.

Patentansprüche:

1. Elektrolytische Zelle für Halogenalkalielektrolyse nach dem Amalgamverfahren, bei der die Bildung und Zersetzung des Amalgams in einem vom Anodenraum durch eine senkrechte Scheidewand (-wände) abgetrennten Kathodenraum erfolgt, dadurch gekennzeichnet, daß die Scheidewand (-wände) etwa bis zur Höhe des Quecksilberspiegels porös ist (sind), und daß die Quecksilberoberfläche praktisch den ganzen Querschnitt des Kathodenraumes einnimmt.

2. Elektrolytische Zelle nach Anspruch 1, dadurch gekennzeichnet, daß die Scheidewand (-wände) im Grundriß zu einem Ring oder Vieleck zusammengeschlossen ist (sind), wobei die Quecksilberfläche die entsprechende Form anzunehmen gezwungen ist.

3. Elektrolytische Zelle nach Anspruch 1 oder 2, dadurch gekennzeichnet, daß der poröse und der undurchlässige Teil der Scheidewand (-wände) getrennte Stücke bilden, die erst während der Montage baulich vereinigt werden.

4. Elektrolytische Zelle nach Anspruch 1 oder den Unteransprüchen, dadurch gekennzeichnet, daß innerhalb des Quecksilbers Verdrängungskörper aus nichtleitendem Material angeordnet sind.

Im Orig. 2 Abb.

Nr. 551944. (C. 35. 30.) Kl. 12 l, 12. Chemische Fabrik Buckau in Ammendorf, Saalkreis und Dr. Erich Müller in Dresden.

Zerlegung der bei der Elektrolyse der Chloride nach dem Quecksilberverfahren entstehenden Alkali- oder Erdalkaliamalgame.

Vom 21. Mai 1930. — Erteilt am 19. Mai 1932. — Ausgegeben am 8. Juni 1932. — Erloschen: . . . .

Bei der elektrolytischen Erzeugung von Chlor und Alkalien oder Erdalkalien nach dem Quecksilberverfahren muß das im Elektrolyseur erzeugte Amalgam durch Wasser in Lauge, Wasserstoff und Quecksilber zerlegt werden. Seit langem ist bekannt, daß diese Zerlegung, die an sich nur äußerst träge verläuft, dadurch beschleunigt werden kann, daß man in das unter Wasser oder Lauge befindliche Amalgam Eisen taucht. Es wurde dann später gefunden, daß besser noch als Eisen andere Metalle, wie Chrom, Vanadium, Molybdän u. a. bzw. deren Legierungen mit Eisen, diese Zerlegung herbeiführen (Zeitschr. f. Elektrochemie 26, 104, [1920]).

In dem Patent 427 236 werden bestimmte Legierungen als besonders wirksam beschrieben, die gegenüber Amalgam, Wasser und Lauge unangreifbar sind, wobei dafür Sorge zu tragen ist, daß diese Legierungen in ausreichende Berührung mit Amalgam und Wasser bzw. Lauge gleichzeitig oder nacheinander gebracht werden.

Wenn man aber in dieser Weise die Zersetzung durch Eintauchen irgendeines selbst unangreifbaren Metalls in das unter Lauge oder Wasser befindliche Amalgam vornimmt, so wird zwar für eine gewisse Zeit eine ausgezeichnete Wirkung erzielt, bei langer Arbeitsdauer geht aber das flüssige Amalgam oder Quecksilber in einen butterartigen Zustand über, in dem es seine Beweglichkeit verliert und in dem es das katalysierende Metall, selbst wenn es gegenüber Amalgam unangreifbar ist, allmählich völlig überzieht und unwirksam macht, besonders wenn man auf starke Laugen hinarbeitet.

Es wurde nun gefunden, daß man diese Verbutterung völlig vermeiden und dadurch die Zersetzung zu einer unbegrenzt andauernden machen kann, wenn man

1. entweder jedwede Berührung des katalysierenden Metalls mit dem Amalgam vermeidet oder

2. wenn man wenigstens die Dreiphasenberührung — Metall, Wasser oder Lauge, Amalgam — (*a* in Fig. 1) unterbindet, z. B. dadurch, daß man an dieser Stelle das Metall mit einem gegen Wasser oder Lauge und Amalgam widerstandsfähigen Überzug versieht (Fig. 2, schwarz ausgefüllt).

Prinzipiell kann man das erstere in folgender Weise erreichen: Man denke sich eine mit Quecksilber gefüllte Rinne aus Nichtmetall von entsprechender Länge, welche in einem Längsschnitt durch Fig. 3 dargestellt sei. Über dem Quecksilber *ii* befinde sich in der Rinne Wasser oder Lauge, und in dieser sei längs der Quecksilberoberfläche ein Metalldraht *ll* angebracht, der nur mit seinem rechten Ende *b* unter dieselbe taucht. Läßt man nun links bei *c* Amalgam einfließen, wobei rechts bei *d* eine entsprechende Menge Quecksilber austritt, so entsteht ein in sich geschlossenes galvanisches Element, dessen

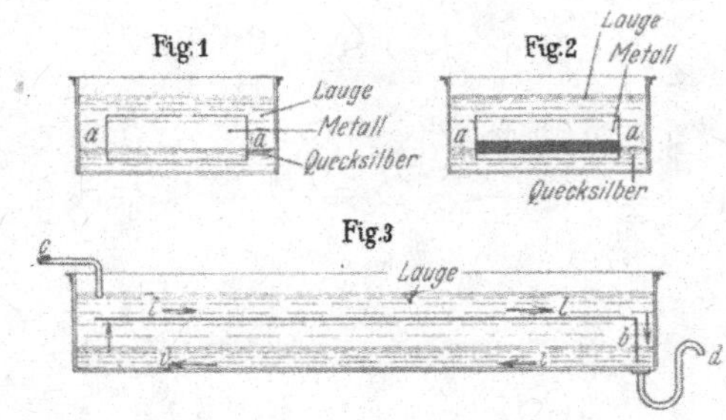

Strom im Kreise (Pfeile) *l, b, i,* Lauge *l* fließt, wobei am Amalgam Alkali- oder Erdalkalimetall als Ion in Lösung geht und Wasserstoff sich am Metalldraht entwickelt. Dieser Vorgang ist links, wo das Amalgam eintritt, am stärksten und nimmt nach rechts stetig ab, weil die Alkali- oder Erdalkalimetallkonzentration im Quecksilber stetig abnimmt. Richtet man die Zuflußgeschwindigkeit des Amalgams und die Länge der Rinne so ein, daß das am Ausfluß ankommende Quecksilber frei von Natrium ist, so kommt das hier eintauchende Drahtende nicht in Berührung mit Amalgam, sondern nur mit reinem Quecksilber, und die Butterbildung bleibt vollständig aus.

In Billiters »Technische Elektrochemie«, Bd. 2 (1924), Seite 223 ff., wird eine Anlage der Solvay Co. beschrieben, in der zwar auch in langgestreckten, leicht geneigten Kästen die Amalgamzersetzung vorgenommen wird, wobei das Quecksilber am Ende des Kastens natriumfrei ausgetragen wird. Dabei wird aber die gemeinsame Berührung der die Amalgamzersetzung katalytisch beschleunigenden Metalle des Amalgams und des Wassers bzw. der Lauge nicht, wie gemäß vorliegender Erfindung, vermieden, sondern absichtlich nach Möglichkeit begünstigt, denn, wie aus dem Text und aus den Abb. 149, 150 und 153 a. a. O. hervorgeht, werden die katalytisch wirkenden Eisenplatten so angeordnet, daß sie in großer Zahl auf der ganzen Länge des Kastens in die vom Eintritt des Amalgams bis zum Austritt des Quecksilbers reichende Oberfläche tauchen. Sie tauchen also zum größten Teil direkt in noch unzersetztes Amalgam und nicht, wie gemäß vorliegender Erfindung, nur eines von ihnen in vom Alkali bereits befreites Quecksilber. Die dadurch gegebene Berührung von Amalgam, katalysierendem Metall und Wasser bzw. Lauge führt aber, wie oben erwähnt, zur Verbutterung des Quecksilbers und zum Stillstand der Amalgamzersetzung nach verhältnismäßig kurzer Zeit.

In den Fig. 4, 5 und 6 sind einige Ausführungsformen der Erfindung schematisch dargestellt. Fig. 4 ist ein Längsschnitt durch die Apparatur, die aus einem Kasten *e* aus Eisen

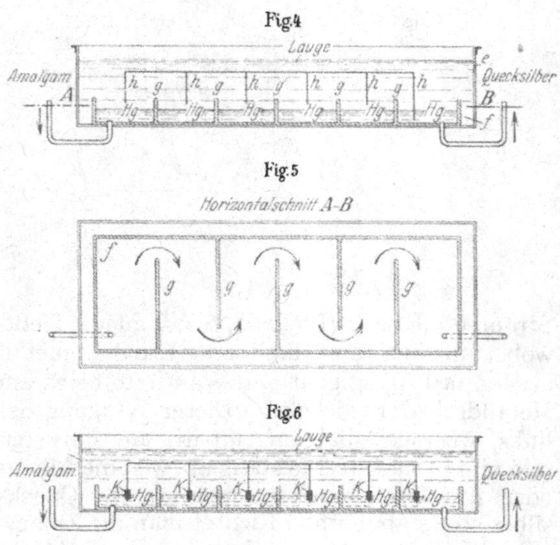

oder aus einem anderen gegen Lauge widerstandsfähigen Material gefertigt ist, auf dessen Boden ein niedriger Einsatzkasten *f* aus nichtmetallischem, gegen Lauge und Amalgam beständigem Material steht. Dieser Einsatzkasten *f* ist durch Querwände *g* derart abgeteilt, daß das durch ihn fließende Quecksilber bzw. Amalgam einen bestimmten Zickzackweg zu gehen gezwungen ist, wie aus Fig. 5 zu erkennen ist, die einen Horizontalschnitt nach *AB* der Fig. 4 darstellt. Das Amalgam tritt links in den Einsatzkasten ein, das von Alkalimetall befreite Quecksilber rechts aus. Über dem Amalgam hängen, metallisch untereinander verbunden, die Metallbleche *h*, von denen nur das letzte, am Quecksilberausfluß befindliche in das Quecksilber eintaucht. Der Kasten *e* ist bis über die Bleche mit Wasser gefüllt, das während der stattfindenden Zerlegung des Amalgams in immer stärker werdende Lauge übergeht. Im Gegenstrom zu Quecksilber tritt rechts Wasser ein und links die gebildete Lauge aus.

Die Querwände *g* im Einsatzkasten *f* können näher oder entfernter voneinander angebracht werden. Die Laufbahn des Quecksilbers kann durch Vergrößerung des Kastens verlängert und die Zahl der Bleche vergrößert werden. Das alles richtet sich nach der Stromstärke im Elektrolyseur und nach dem Zweck, mit möglichst wenig Quecksilber auszukommen, in einem möglichst kleinen Apparat zu arbeiten und eine vollständige Zersetzung des Amalgams zu erzielen. Statt der Bleche können Netze und andere Formen Verwendung finden; auch können oberhalb des Einsatzkastens im Kasten *e* noch Querwände eingebaut werden, welche die allseitige Vermischung der Lauge verhindern oder erschweren, so daß rechts das weniger konzentrierte Amalgam bzw. amalgamfreie Quecksilber mit stark verdünnter Lauge, das links befindliche konzentrierte Amalgam mit konzentrierter Lauge in Berührung kommt.

Benutzt man zur Herstellung des Einsatzkastens als nichtmetallisches Material Kohle oder Graphit, dann braucht man auf die Querwände *g* (Fig. 4) nur ein Metalldrahtnetz zu legen, das, um dem an ihm sich entwickelten Wasserstoff ein leichtes Entweichen zu ermöglichen, in entsprechende Form gebracht werden kann.

Will man bei der Ausführungsform gemäß Fig. 4 den Widerstand des Kurzschlußstromes durch das Quecksilber verringern, dann kann man entweder den Boden des Einsatzkastens, nicht die Querwände, aus Metall machen oder auch sämtliche Bleche in das Quecksilber eintauchen lassen, muß aber dann die Dreiphasenberührung, welche die Butterbildung herbeiführt, durch eine nichtmetallische Isolierschicht an der Eintauchstelle unterbinden, wie es in Fig. 6 bei *k* (schwarz ausgezeichnet) angedeutet ist.

Die Vorteile des neuen Verfahrens sind die folgenden:

1. Durch Vermeidung der Butterbildung ist eine unbegrenzt andauernde Zerlegung des Amalgams gewährleistet.

2. Es ist möglich, konzentrierteste Laugen herzustellen, die man nicht erst einzudampfen braucht.

3. Man kann jedes Metall mit kleiner Überspannung, insonderheit auch gewöhnliches Eisen, als Zersetzungsbeschleuniger benutzen, sofern es nur gegen Wasser bzw. Lauge beständig ist.

4. Eine Rührvorrichtung für das Quecksilber ist vollständig überflüssig.

Bei Vergleichsversuchen in größtem Maßstabe mit 1800 Amp. Stromstärke wurde das in einem Elektrolyseur erzeugte Amalgam kontinuierlich durch einen Zersetzerkasten und wieder in den Elektrolyseur zurückgeführt. Im Zersetzerkasten befand sich Wasser. In das Amalgam tauchten nach der früher geübten Weise Bleche aus verschiedenstem Material. Regelmäßig trat bereits nach ein bis zwei Tagen eine derartige Verbutterung des Amalgams auf, daß die Elektrolyse unterbrochen werden mußte, weil das Amalgam nicht mehr floß. Die Lauge im Zersetzerkasten hatte dabei nur eine Stärke von 8% erreicht.

Als dagegen gemäß vorliegender Erfindung gearbeitet wurde, konnte die Elektrolyse monatelang ungestört fortgesetzt und Laugen von 30 bis 40% dauernd hergestellt werden.

PATENTANSPRÜCHE:

1. Verfahren zur Zerlegung der bei der Elektrolyse von Chloriden nach dem Quecksilberverfahren entstehenden Alkali- oder Erdalkaliamalgame mit Hilfe die Zerlegung beschleunigender Metalle, dadurch gekennzeichnet, daß diese Metalle sich in elektrisch leitender Verbindung mit der Lauge (bzw. mit dem Wasser) und dem Quecksilber befinden, eine unmittelbare Berührung der von der Lauge (bzw. dem Wasser) bespülten Teile der Metalle mit dem Amalgam aber nicht stattfindet.

2. Verfahren nach Anspruch 1, dadurch gekennzeichnet, daß das Amalgam bzw. Quecksilber und die Lauge bzw. das Wasser im Gegenstrom durch einen langen kastenförmigen Behälter geführt werden, und daß innerhalb der Lauge bzw. des Wassers längs und oberhalb des Amalgams bzw. Quecksilbers ein Metallblech, -netz o. dgl. angeordnet wird, welches am Austragsende des Behälters in das amalgamfreie Quecksilber taucht.

3. Verfahren nach Anspruch 1 und 2, dadurch gekennzeichnet, daß von den innerhalb der Lauge bzw. des Wassers angeordneten metallischen Gegenständen an mehreren Stellen metallische Fortsätze in das Amalgam tauchen, diese Fortsätze aber durch isolierende Stoffe vor der gleichzeitigen Berührung mit dem Amalgam und der Lauge geschützt sind.

D. R. P. 427236, B. III, 1136.

Nr. 521430. (B. 114493.) Kl. 12l, 13. ALBERT FRITZ MEYERHOFER IN ZÜRICH.

Verfahren zur Herstellung von wasserlöslichen Hydroxyden und Carbonaten durch Umsetzung von Fluoriden.

Vom 15. Juni 1924. — Erteilt am 5. März 1931. — Ausgegeben am 20. März 1931. — Erloschen: 1931.

Die Erfindung bezieht sich auf ein Verfahren zur Herstellung von wasserlöslichen Hydroxyden und Carbonaten durch Umsetzung von Fluoriden mit Carbonaten oder Hydroxyden, die unlösliches Fluorid zu ergeben vermögen, wobei die Umsetzung in heißer, wäßriger Lösung erfolgt. Das neue Verfahren ist dadurch gekennzeichnet, daß derartige Umsetzungen unter Druck vorgenommen werden.

Vorteilhaft verwendet man dabei nur geringe Mengen Lösungsmittel. Entweder geht man von solchen Wassermengen aus, die gerade zu einer gesättigten Lösung führen, man kann aber auch mit noch geringeren, zum Lösen nicht ausreichenden Mengen Lösungsmittel arbeiten.

Dadurch, daß erfindungsgemäß unter Anwendung von Überdruck die Umsetzungen bewirkt werden, gelingt durchweg eine wesentliche Beschleunigung des Umsetzungsvorganges. In der halben Zeit und weniger kann man die gleichen Ausbeuten wie bisher erlangen. Außerdem gestattet das neue Verfahren das Arbeiten in konzentrierteren Lösungen, ohne daß dadurch die Ausbeute zurückgeht, wodurch beim nachfolgenden Eindampfen beträchtliche Ersparnisse erzielt werden.

Bei der Carbonatherstellung kann man unmittelbar mit so geringen Mengen Lösungsmittel arbeiten, daß sich ein Teil des gebildeten Carbonats sofort ausscheidet.

Bei der Hydroxydgewinnung wird die Ausbeute zu einer praktisch quantitativen gesteigert.

Für die Carbonatherstellung, die bisher bei verdünntem Arbeiten bereits mit 98prozentiger Ausbeute möglich war, ist außer der Beschleunigung der Reaktion und etwaiger Verringerung der Lösungsmittelmenge noch eine Ausbeutesteigerung dadurch möglich, daß die Umsetzung in Gegenwart von Kohlensäure ausgeführt wird. Diese Arbeitsweise gibt gleichzeitig eine besondere Möglichkeit zur Erzeugung des Überdruckes.

An Stelle der freien Kohlensäure können auch Stoffe, die Kohlensäure abspalten, beispielsweise Bicarbonat, eingeführt werden. Durch die Kohlensäure wird die Carbonatausscheidung noch beschleunigt.

Das Arbeiten in Gegenwart von Kohlensäure kann so ausgeführt werden, daß die Kohlensäuremenge zur Bildung von Bicarbonat, beispielsweise Natriumbicarbonat, ausreicht. Dadurch sind noch höhere Konzentrationen möglich. Bei Erniedrigung des Druckes wird dann Kohlensäure wieder abgespalten und abgeblasen und entsteht die Soda. Man arbeitet also in solchem Falle in zwei Phasen, indem man zunächst im heißen, wäßrigen Medium unter Anwendung von Überdruck Bicarbonat bildet und dann den Druck vermindert und noch höher erhitzt, so daß sich von dem Bicarbonat Kohlensäure wieder abspaltet.

In der Regel führt man die Umsetzungen nach dem neuen Verfahren in der Weise durch, daß man im Autoklaven auf etwa 110 oder 120° C erhitzt, wodurch ein Druck von etwa 2 Atm. erzielt wird.

Durch die Erfindung wird wesentlich an Zeit, Arbeit und Wärmeenergie gespart und daneben auch eine bessere Ausnutzung der Ausgangsstoffe ermöglicht.

PATENTANSPRÜCHE:

1. Verfahren zur Herstellung von wasserlöslichen Hydroxyden und Carbonaten durch Umsetzung von Fluoriden mit Carbonaten oder Hydroxyden, die unlösliches Fluorid zu ergeben vermögen, in heißer, wäßriger Lösung, dadurch gekennzeichnet, daß die Umsetzung unter Druck vorgenommen wird.

2. Ausführungsform des Verfahrens nach Anspruch 1, dadurch gekennzeichnet, daß mit einer zur Lösung ungenügenden Flüssigkeitsmenge oder höchstens gesättigter Lösung gearbeitet wird.

3. Ausführungsform des Verfahrens nach Anspruch 1 und 2 zur Herstellung von Carbonaten, dadurch gekennzeichnet, daß die Reaktion in Gegenwart von Kohlensäure oder Kohlensäure abspaltenden Verbindungen vorgenommen wird.

E. P. 235588, F. P. 632789, Schweiz. P. 119223, 122902, 134358, Öst. P. 112120.

Nr. 561622. (B. 125600.) Kl. 12 l, 13.

RING GESELLSCHAFT CHEMISCHER UNTERNEHMUNGEN M. B. H. IN SEELZE B. HANNOVER.

Herstellung von wasserlöslichen Hydroxyden, insbesondere der Alkalimetalle, durch Umsetzung von Fluoriden mit Hydroxyden.

Vom 20. Mai 1926. — Erteilt am 29. Sept. 1932. — Ausgegeben am 15. Okt. 1932. — Erloschen: 1933.

Zur Herstellung von Hydroxyden durch doppelte Umsetzung werden in der Technik als Ausgangsstoffe vor allem die Erdalkalihydroxyde und hier in erster Linie Calciumhydroxyd benutzt. Es wird praktisch so vorgegangen, daß zunächst aus dem Kalk eine Kalkmilch bereitet und in diese Kalkmilch der umzusetzende Stoff eingetragen wird. Die Masse wird durchgerührt oder anders durchgearbeitet, gegebenenfalls beheizt, um so die erstrebte Umsetzung zur Durchführung zu bringen.

Überraschenderweise hat sich gezeigt, daß es bei den an sich bekannten Umsetzungen von löslichen Fluoriden, z. B. Alkalifluoriden, mit Hydroxyden, z. B. Calciumhydroxyd, in Gegenwart von Wasser von Bedeutung ist, in welcher Form die als Ausgangsstoffe benutzten Hydroxyde mit den Fluoriden zusammentreffen. Es wurde nämlich gefunden, daß besonders Hydroxyde geeignet sind, die zunächst in feste Form solcher Zusammensetzung übergeführt wurden, die der chemischen Formel $Me^x(OH)_x$ ganz oder nahezu entspricht, d. h. die Hydroxyde sollen nur die unmittelbar der Wertigkeit der Base entsprechende Anzahl von Hydroxylgruppen enthalten, dagegen kein chemisch, z. B. als Kristall- bzw. Hydratwasser, gebundenes oder freies Wasser.

Überraschenderweise zeigen sich die Hydroxyde der genannten Art bei der wäßrigen Umsetzung mit Fluoriden reaktionsfähiger als Hydroxyde, die in der üblichen Weise durch Löschen der Oxyde mit einem Überschuß von Wasser und Verdünnen des entstandenen Breis zu der in Betracht kommenden Konzentration erhalten werden.

Als Beispiel für Hydroxyde, die zu den in Frage kommenden Verfahren bevorzugt sind, seien Calciumhydroxyd, Bariumhydroxyd, Strontiumhydroxyd, Magnesiumhydroxyd, sämtlich in formelmäßiger Zusammensetzung, einzeln oder zusammen erwähnt.

Die überraschenden Ergebnisse wurden zuerst mit dem Calciumhydroxyd erzielt; eine Nachprüfung ergab dann jedoch, daß das Verhalten der anderen, vorstehend aufgezählten Hydroxyde dem des Calciumhydroxydes in dieser Beziehung praktisch gleich ist.

Das bequemste und nächstliegendste Hydroxyd für die in Frage kommende Umsetzung, beispielsweise für die Bildung aus Natriumfluorid, ist selbstverständlich das Calciumhydroxyd. Dieser Stoff bietet auch den Vorteil, daß er bequem zugänglich ist und relativ leicht aus gebranntem Kalk hergestellt werden kann.

So kann vor allem nach dem neuen Verfahren mit trocken gelöschtem Kalk gearbeitet werden. Die Löschung des gebrannten Kalkes kann in an sich bekannter Weise unter Dampfdruck erfolgen, wozu der gebrannte Kalk in stückiger, körniger oder pulvriger Form angewandt werden kann; so kann z. B. zur Löschung ein Dampffaß, beispielsweise mit Dampfdruck von mehreren Atmosphären, oder auch eine sogenannte Löschtrommel benutzt werden. Zur weiteren Reinigung kann das erhaltene Trockengut gegebenenfalls über ein feines Sieb abgesiebt, z. B. das 900-Maschen-Sieb, oder Windsichtung unterworfen werden. Für andere Zwecke ist derart hergestellter gelöschter Kalk schon benutzt worden, z. B. für die Herstellung von Chlorkalk, um einen haltbaren und gut klärenden Chlorkalk zu erhalten.

Besonders vorteilhafte Arbeitsweisen zur Herstellung eines Calciumhydroxydes, das für die Durchführung der beanspruchten Umsetzung geeignet ist, also formelmäßige Zusammensetzung aufweist, sind die folgenden:

Gebrannter, bis zu einem gewissen Grade vorzerkleinerter Kalk wird mit Wasser gemischt, wobei er in der Regel noch nicht genügende Mengen Wasser zur äquivalenten Hydratisierung aufnimmt. Das so erzielte Trockengut wird dann weiter im strömenden Dampf gelagert, und anschließend erfolgt Sichtung.

Oder aber der zum Verfahren bestimmte Kalk wird zunächst zu Brei gelöscht, also mit überschüssigen Mengen Wasser versetzt. Der Kalkbrei wird durch feine Siebe, z. B. das 900-Maschen-Sieb, abgeschlämmt, eingedickt, zweckmäßig unter Zwischenschaltung von Absitzenlassen. Der eingedickte Kalkschlamm wird zunächst lufttrocken gemacht und dann bei höherer Temperatur getrocknet, worauf $Ca(OH)_2$ hinterbleibt.

Calciumhydroxyd, welches nach den letzten beiden Ausführungsformen hergestellt ist, eignet sich besonders deshalb für die Durchführung des neuartigen Verfahrens, weil die Herstellungsweise gleichzeitig eine gewisse Garantie dafür bietet, daß für die Umsetzung mit Fluorid störende Verunreinigungen ausgeschieden sind und somit die Erzeugung eines reinen Produktes, z. B. reinen Natriumhydroxyds, gewährleistet ist.

Die überraschende Wirkung des neuartigen Verfahrens zeigen nachstehende Versuchsergebnisse.

75 kg gelöschter Kalk von der formelmäßigen Zusammensetzung Ca(OH) und 90 kg Natriumfluorid wurden in 370 l Wasser verrührt. Die Mischung wurde auf 90° erhitzt, bei dieser Temperatur 5 bis 10 Minuten gehalten. Es bildeten sich 80 kg NaOH entsprechend einer Ausbeute von 99%, bezogen auf den eingeführten Kalk. Die Konzentration der Natronlauge betrug 200 g/l NaOH.

Arbeiten mit den gleichen Mengen CaO, NaF und Wasser und unter sonst gleichen Arbeitsbedingungen, jedoch bei Benutzung eines Löschkalkes mit nur 70% CaO, ergab 73,5 kg NaOH, was einer Ausbeute von 92% entspricht. Die Lauge hatte eine Konzentration von 185 g/l NaOH.

Patentansprüche:

1. Verfahren zur Herstellung von wasserlöslichen Hydroxyden, insbesondere der Alkalimetalle, durch Umsetzung von Fluoriden mit Hydroxyden, die ein unlösliches Fluorid zu ergeben vermögen, in Gegenwart von Wasser, dadurch gekennzeichnet, daß als Ausgangsstoffe feste Hydroxyde benutzt werden, deren Zusammensetzung der Formel $Me^x(OH)_x$ ganz oder nahezu entspricht.

2. Verfahren nach Anspruch 1, dadurch gekennzeichnet, daß Calciumhydroxyd, Strontiumhydroxyd, Bariumhydroxyd, Magnesiumhydroxyd in fester Form in der Zusammensetzung nach den Formeln $Ca(OH)_2$, $Sr(OH)_2$, $Ba(OH)_2$, $Mg(OH)_2$ benutzt werden.

3. Ausführungsform des Verfahrens nach Anspruch 1 und 2, dadurch gekennzeichnet, daß Calciumhydroxyd benutzt wird, das durch Benetzen von gebranntem Kalk mit Wasser, Lagern in strömendem Dampf und Absieben über ein feines Sieb oder Windsichtung erhalten worden ist.

4. Ausführungsform des Verfahrens nach Anspruch 1 und 2, dadurch gekennzeichnet, daß Calciumhydroxyd benutzt wird, das durch Löschen von gebranntem Kalk zu Brei, Durchschlämmen durch feine Siebe und Trocknung des gereinigten Schlammes bei höherer Temperatur erhalten worden ist.

E. P. 271440 von M. Buchner.

Nr. 557661. (M. 98262.) Kl. 12 l, 13.

Ring Gesellschaft chemischer Unternehmungen m. b. H. in Seelze b. Hannover.

Herstellung von Alkalihydroxyd durch Umsetzung von Alkalifluorid mit Ätzkalk oder dessen Äquivalenten.

Vom 10. Febr. 1927. — Erteilt am 10. Aug. 1932. — Ausgegeben am 26. Aug. 1932. — Erloschen: ....

In der Technik ist es gebräuchlich, bei der Durchführung chemischer Umsetzungen bei Auslaugungsprozessen u. dgl. gegebenenfalls in mehreren Stufen zu arbeiten. Besonders häufig wird das Gegenstromverfahren angewandt, bei welchem der eine Ausgangsstoff dem Lauf des anderen Ausgangsstoffes entgegengeführt wird.

Für die Herstellung von Ätznatron, das durch Umsetzung von Soda mit Ätzkalk gewonnen wird, ist unter anderem ebenfalls vorgeschlagen worden, in mehreren Stufen zu arbeiten. Nach dem einen Vorschlage sollte in der ersten Stufe mit einem Unterschuß an Ätzkalk gearbeitet werden, wobei als Reaktionsprodukt Calciumcarbonat anfiel, während in der zweiten Stufe durch Arbeiten mit überschüssigem Kalk auf vollständige Umsetzung der Soda hingearbeitet wurde. Der Rückstand von der 2. Stufe diente als Ausgangsstoff für die 1. Stufe, während die Lauge der 1. Stufe für die Durchführung der 2. Stufe benutzt wurde.

Nach einem anderen Vorschlage sollte ein Gemisch von Soda, Kalk und Wasser nacheinander mehrere Rührreaktionsbehälter durchlaufen, wobei mit einem Überschuß an Soda gearbeitet wurde und als Reaktionsprodukte dieser Umsetzungsstufe Ätznatronlauge und eine Verbindung $CaCO_3 Na_2 CO_3$ neben Ätzkalk anfiel. Das feste Reaktionsprodukt wurde dann unter erneutem Zusatz von Soda und Wasser in Reaktion gebracht, wobei eine dünne Ätznatronlauge anfiel, die für den Ansatz der 1. Stufe benutzt wurde.

Die Erfindung bezieht sich auf die an sich bekannte Umsetzung von Alkalifluorid mit Ätzkalk oder dessen Äquivalenten, eine Umsetzung, für welche besondere und eigenartige Gleichgewichtsbedingungen herrschen. Während es bei der bekannten Ätznatronherstellung durch Sodakaustizierung nur gelingt, eine etwa 10%ige Ätznatronlauge zu erzielen, ist es bei der Fluoridumsetzung gemäß der Erfindung möglich, hoch konzentrierte Ätzalkalilaugen zu erhalten.

Erfindungsgemäß wird in mehreren Stufen gearbeitet, und zwar derart, daß in jeder Stufe Trennung erfolgt, bevor die Reaktion völlig oder praktisch zum Stillstand gekommen ist.

Diese Stufenarbeit ermöglicht überraschenderweise ein sehr schnelles Arbeiten, führt in kürzester Zeit zu hochkonzentrierten Ätzalkalilaugen und ergibt vor allem ein sehr leicht filtrier- und auswaschbares festes Umsetzungsprodukt, das Calciumfluorid.

Erfindungsgemäß wird zweckmäßig in der Weise vorgegangen, daß solche Umsetzungsbedingungen gewählt werden, daß Laugenkonzentration von mehr als 200 g Alkalihydroxyd im Liter entstehen. Es empfiehlt sich, die Umsetzung bei Temperaturen oberhalb 80° vorzunehmen. Zweckmäßig wählt man Temperaturen um etwa 100° C herum. Zur Förderung des Umsatzes kann unter Anwendung von Überdruck gearbeitet werden, der sich dadurch erzeugen läßt, daß die Umsetzung in geschlossenen Gefäßen bei Anwendung höherer Temperaturen vorgenommen wird. Günstig ist die Anwendung von Alkalifluorid im Überschuß. Diese Arbeitsweise hat zur Folge, daß eine Schlammbildung, hervorgerufen durch nicht völlig umgesetzten Ätzkalk, unterdrückt wird. Schwierigkeiten durch das Arbeiten mit überschüssigem Alkalifluorid entstehen nicht, da die geringen in der Ätzalkalilauge verbleibenden Mengen Alkalifluorid beim Eindampfen der Ätzalkalilauge ausfallen und bequem abgetrennt werden können. Trotz Arbeitens mit überschüssigem Alkalifluorid ist daher die Herstellung reinen Ätzalkalis gewährleistet.

Erfindungsgemäß wird beispielsweise wie folgt vorgegangen:

In den ersten Behälter werden die Reaktionskomponenten Alkalisalz und Ätzkalk eingebracht und nach kurzer Zeit der Gefäßinhalt filtriert. Das feste Umsetzungsprodukt wird zusammen mit nicht umgesetzten festen Reaktionskomponenten in einen weiteren Behälter eingebracht und außerdem neue Mengen Lösungsmittel zugesetzt. Es vollzieht sich auch hier ebenso wie in dem ersten Behälter die Umsetzung mit hoher Geschwindigkeit, weil eben das die Reaktionsgeschwindigkeit herabsetzende lösliche Reaktionsprodukt beseitigt ist.

Die beim Waschen des festen Reaktionsproduktes anfallenden Laugen benutzt man zweckmäßig in der ersten Stufe als Reaktionsflüssigkeit und führt bei Durchführung der Umsetzung die Waschlaugen dem Lauf des Ätzkalkes oder dessen Äquivalenten entgegen.

Aus den fertigen Alkalihydroxydlösungen können etwaige Verunreinigungen dadurch ausgefällt werden, daß man den Ätzkalk mit den abgezogenen starken Alkalihydroxydlösungen zusammenbringt. Dann ist zu filtrieren und erst dieses abfiltrierte Calciumhydroxyd mit dem umzusetzenden Alkalisalz zusammenzubringen.

Wie das vorliegende Verfahren durchzuführen ist, veranschaulicht beispielsweise in Form eines Diagrammes die Zeichnung Fig. 1. In dem Diagramm sind vier Kurven gezeigt, welche das Ansteigen der Konzentration an NaOH in bestimmten Zeitabschnitten bei der Umsetzung zwischen Natriumfluorid und

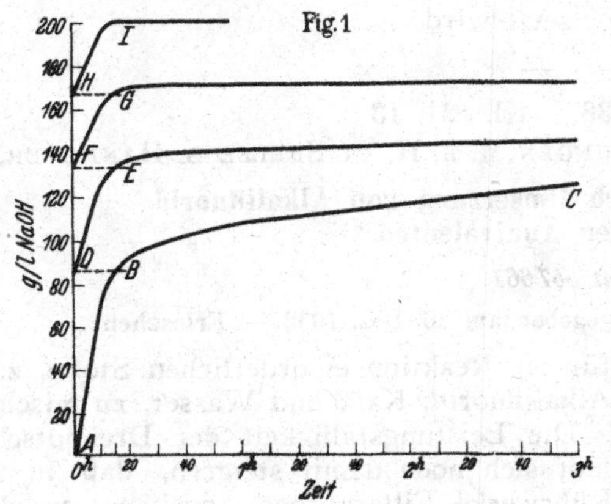

Ätzkalk veranschaulichen. Der völlige Umsatz zwischen den Reaktionskomponenten ist durch Kurven *A, B, C* dargestellt. Zum völligen Umsatz der Ausgangsstoffe würden etwa 3 Stunden benötigt. Die hierbei erreichte Konzentration an Ätznatron in der Lauge (beim Punkt *C*) ist etwa 120 g/l NaOH.

Wie die Kurve erkennen läßt, verläuft zunächst die Umsetzung mit außerordentlich hoher Geschwindigkeit, etwa bis zum Punkt B. Von da ab verlangsamt sich die Umsetzung sehr stark. Erfindungsgemäß wird nun die Umsetzung etwa nach Erreichen des Punktes *B* abgebrochen. Sie wird vor Vervollständigung der Umsetzung unterbrochen, Festes und Flüssiges getrennt und die Flüssigkeit zu neuem Umsatz benutzt. Unter Zusatz neuer Mengen Ausgangsstoffe wird gemäß der Kurve *D-E* der Prozeß weitergeführt, bei *E* wird abermals getrennt. Es folgt ein neuer Umsatz *F-G* und nach Trennung bei *G* ein letzter Umsatz *H-I*. Die so erreichte Endkonzentration der Lauge liegt bei etwa 200 g/l NaOH und zur Erreichung dieser Konzentration ist nur eine Gesamtumsetzungsdauer von etwas über 1 Stunde erforderlich.

Wie bereits betont, ist gerade bei der Umsetzung zwischen Alkalifluorid und Ätzkalk o. dgl. die bedeutende Abkürzung der Umsetzungsdauer, die durch das neue Verfahren erreicht wird, von so besonderer Bedeutung, weil das entstehende feste Fluorid, Calciumfluorid, hierbei in leicht filtrier- und auswaschbarer Form anfällt, was bei der üblichen Umsetzung in einer Stufe bis zum völligen oder praktischen Stillstand der Reaktion keineswegs der Fall ist. Hier fällt Calciumfluorid in schleimiger, schwer abzutrennender Form an.

Ausführungsbeispiel

Die gesamte Umsetzungsanlage (vgl. das Schema Fig. 2) besteht aus den Rührgefäßen R_1-R_4 und den Filtervorrichtungen (Drehnutschen üblicher Konstruktion) F_1-F_4. In der beiliegenden Skizze ist die Massenbewegung bzw. das Arbeiten mit diesen durch Pfeile dargestellt. In das Reaktionsgefäß 4 werden 564 kg Natriumfluorid (96%ig) und als Umsetzungsflüssigkeit die vom Filter 3 kommende Lauge (88 g/l NaOH enthaltend) eingeführt. Es wird zunächst in dieser Lauge das Alkalifluorid suspendiert, dann 403 kg Ätzkalk (92%ig) unter Umrühren eingetragen und unmittelbar nach dem Eintragen die Temperatur auf 106° C gesteigert. Nach Erreichen dieser Temperatur (in etwa 5 Minuten) wird unmittelbar auf dem Filter 4 Flüssig und Fest getrennt. Es werden erhalten 2540 l Lauge mit 208 g/l NaOH, während der Rückstand in das Rührgefäß 3 eingefüllt wird, in welchem 36 kg Natriumfluorid in der

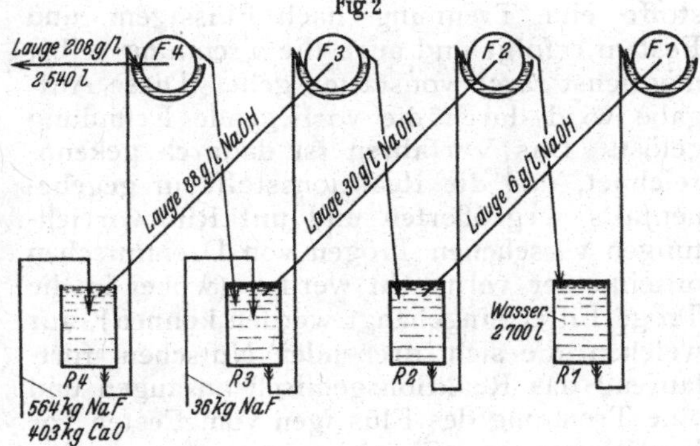

vom Filter 2 kommenden 30 g/l NaOH enthaltenden Lauge suspendiert sind. Auch hier wird unmittelbar nach dem Eintragen des Rückstandes die Temperatur auf 106° C gesteigert und nach Erreichen dieser Flüssig und Fest auf dem Filter 3 getrennt. Der Rückstand wird in das Rührwerk 2 eingebracht und in Gegenwart der vom Filter 1 kommenden Lauge (6 g/l NaOH enthaltend) umgesetzt. Hier vollzieht sich praktisch die restliche Umsetzung des Ätzkalkes. Auf Filter 2 wird wieder Flüssig und Fest getrennt, der Rückstand wird im Rührwerk 1 mit 2700 l Wasser nachgewaschen. Diese Waschlauge dient, wie erwähnt, als Ansatzflüssigkeit für die Umsetzung im Rührwerk 2.

Erhalten wurden also 2540 l NaOH-Lauge mit 208 g/l gleich 528 kg NaOH; theoretisch errechnen sich 530 kg, es wurde also eine Ausbeute von 99,6 % erzielt.

PATENTANSPRÜCHE:

1. Verfahren zur Herstellung von Alkalihydroxyd durch Umsetzung von Alkalifluorid mit Ätzkalk oder dessen Äquivalenten, dadurch gekennzeichnet, daß in Stufen gearbeitet wird und in jeder Stufe Trennung von Flüssigem und Festem erfolgt, bevor die Reaktion völlig oder praktisch zum Stillstand gekommen ist.

2. Verfahren nach Anspruch 1, dadurch gekennzeichnet, daß ein Überschuß an Alkalifluorid angewandt wird.

3. Verfahren nach Anspruch 1 und 2, dadurch gekennzeichnet, daß Ätzkalk oder dessen Äquivalente zunächst mit den starken Alkalilaugen zusammengebracht werden, um etwaige Verunreinigungen auszufällen, und nach Wiederabfiltrieren von den Laugen in Gegenwart einer Reaktionsflüssigkeit mit Alkalifluorid umgesetzt wird.

Nr. 566 360. (B. 132 538.) Kl. 12 l, 13.

RING GESELLSCHAFT CHEMISCHER UNTERNEHMUNGEN M. B. H. IN SEELZE B. HANNOVER.

Herstellung von Alkalihydroxyd durch Umsetzung von Alkalifluorid mit Ätzkalk oder dessen Äquivalenten.

Zusatz zum Patent 557 661.

Vom 19. Juli 1927. — Erteilt am 1. Dez. 1932. — Ausgegeben am 16. Dez. 1932. — Erloschen: . . . .

In dem Patent 557 661 ist ein Verfahren zur Umsetzung von Alkalifluorid mit Ätzkalk oder dessen Äquivalenten beschrieben, welches darin besteht, daß in Stufen gearbeitet wird und in jeder Stufe Trennung erfolgt, bevor die Reaktion völlig oder praktisch zum Stillstand gekommen ist.

Für die Durchführung der Umsetzung ist es wichtig und wesentlich, daß kurze Zeit nach dem Zusammenbringen der Reaktionsstoffe eine Trennung nach Flüssigem und Festem erfolgt und auch die Trennung selbst möglichst rasch vonstatten geht. Diese Aufgabe wird durch die vorliegende Erfindung gelöst. Das Verfahren ist dadurch gekennzeichnet, daß die Reaktionsstoffe in gegebenenfalls vergrößerten und mit Rührvorrichtungen versehenen Trögen von Drehnutschen miteinander vermischt werden (wobei in die Tröge Filter eingehängt werden können), aus welchen die sich drehenden Nutschen fortlaufend das Reaktionsgemisch ansaugen und eine Trennung des Flüssigen vom Festen vor Erreichung eines Gleichgewichtszustandes bewirken, worauf in an sich bekannter Weise das feste Reaktionsprodukt ausgelaugt und die Waschlauge zu neuem Ansatz diehen kann.

Erfindungsgemäß erfolgt also die Umsetzung unmittelbar in den Filtriergefäßen. Um nicht durch Beschickungsvorrichtungen die Zugänglichkeit des Filters, vorzugsweise des Drehfilters, welches als verhältnismäßig komplizierter Apparat leicht Störungen ausgesetzt ist, zu beeinträchtigen, ist es zweckmäßig, den Nutschentrog durch ein angebautes horizontales oder vertikales Rührwerk zu vergrößern und in diesem Rührwerk die drei für die Reaktion erforderlichen Stoffe, z. B. Alkalifluorid, Kalk und Wasser, zu mischen.

Die Leistungsfähigkeit der Drehnutschen läßt sich noch damit steigern, daß in die Rührwerke Filterkörper eingehängt werden, welche eine Voreindickung des Schlammes bewirken.

In kontinuierlichem Betriebe läßt man den von der Nutsche abgeschiedenen Schlamm sofort in ein zweites Rührwerk fallen, welches seinerseits wieder in einem Nutschentrog liegt. In diesem zweiten Rührwerk wird der Schlamm mit neuen Mengen Flüssigkeit zusammengebracht. Diese Anordnung kann beliebig wiederholt werden.

Die Umsetzung selbst kann bei erhöhter Temperatur, z. B. bei 80 oder 100°, durchgeführt werden. Auch die Anwendung von Überdruck kommt in Frage.

Die Waschlaugen werden zweckmäßig im Gegenstrom durch den Prozeß geführt und werden auch vorzugsweise als Reaktionsflüssigkeit benutzt.

Die beiliegende Zeichnung zeigt eine für die Durchführung des Prozesses besonders geeignete Anordnung. Bei dieser ist die zweimalige Waschung des Schlammes dargestellt.

Fig. 1 zeigt bei *A* das eigentliche Umsetzungsgefäß, welchem Alkalifluorid, Kalk und das schon zweimal benutzte Waschwasser zugeführt werden.

B ist die erste Drehnutsche, *C* ein Rezipient. *D* deutet die Laugenpumpe an, welche die erzeugte Lauge aus dem Rezipienten absaugt und ihrer weiteren Verwendung zuführt.

A_1 ist das Mischwerk, in welchem der Calciumfluoridschlamm zunächst erst mal mit schon einmal benutztem Waschwasser ausgelaugt wird. B_1 ist eine zweite Drehnutsche, C_1 ihr Rezipient, D_1 die Waschwasserpumpe, welche das Alkali enthaltende Waschwasser aus dem Rezipienten C_1 saugt und zur Umsetzung nach dem Rührwerk A befördert.

E ist ein Vorwärmer, in welchem die Flüssigkeit auf die zur Reaktion günstige Temperatur gebracht werden kann.

Fig.1

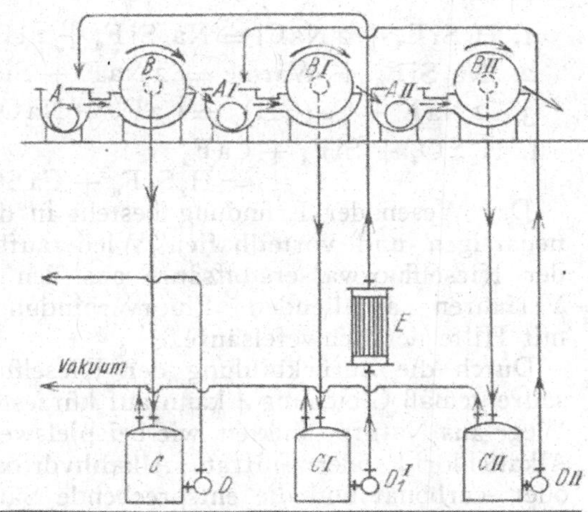

A_2, D_2 deuten die entsprechenden Anordnungen für die zweite Waschung an. Hier kann ein Vorwärmer fortfallen, da sich ein Anwärmen des Waschwassers erübrigt.

Die Rezipienten C, C_1 und C_2 werden in üblicher Weise durch eine Luftpumpe unter Vakuum gesetzt.

Zur Unterstützung der Drehnutschen können, wie bereits erwähnt, in die Rührwerke Filterkörper eingehängt werden, welche einen Teil der Flüssigkeit aus dem Schlamm entfernen.

Statt der bisher beschriebenen Rezipienten können selbstverständlich auch Nutschen mit barometrischen Fallrohren benutzt werden, dadurch wird der Vorteil erreicht, daß die die Flüssigkeit befördernden Pumpen nicht aus einem mehr oder weniger hohen Vakuum anzusaugen brauchen.

In Fig. 2 sind A, A_1, A_2 wiederum die Rührwerke, B, B_1, B_2 die Drehnutschen.

An Stelle des bisher erwähnten Calciumhydroxyds kann die Umsetzung der Alkalifluoride auch mit anderen Hydroxyden, deren Basen mit Fluor unlösliche bzw. schwer lösliche Fluoride zu bilden vermögen, z. B. des Bariums, Strontiums, Magnesium, geschehen.

Das neue Verfahren gestattet eine wesentliche Erhöhung der Leistungsfähigkeit der Apparaturen und gleichzeitig Zeit- und Energieersparnis. Jede Förderung des schwer zu handhabenden Schlammes wird vermieden. Die Pumpen haben nur klare Lauge zu befördern, wodurch ihr Verschleiß an bewegten Teilen und Stopfbuchsen auf ein Mindestmaß beschränkt wird. Durch den Vorwärmer fließt nur klare Lauge, so daß die Heizflächen ständig sauber bleiben. Ein Ansetzen von Schlamm in toten Ecken und ein Verkrusten der Heizfläche ist nicht möglich. Die

Fig.2

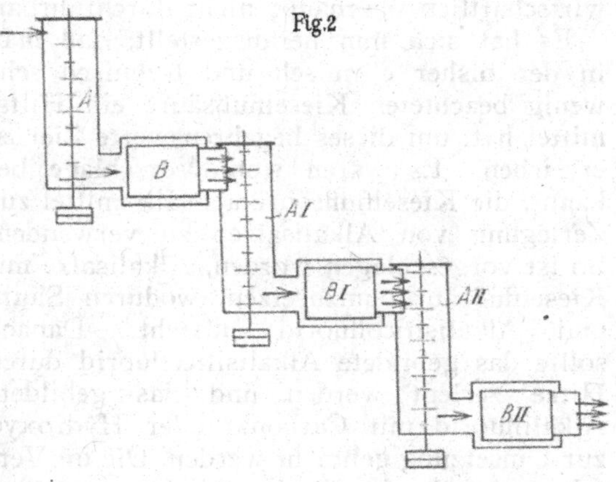

Gesamtanlage ist für den Betrieb sehr übersichtlich und leicht zu kontrollieren. Bis auf kleine Öffnungen, welche für das Beschicken der Rührwerke mit festen Stoffen erforderlich sind, und die Nutschentröge kann die gesamte Apparatur geschlossen gehalten werden, so daß jede Belästigung durch Brüden fortfällt.

Patentanspruch:

Verfahren zur Herstellung von Alkalihydroxyden durch Umsetzung von Alkalifluorid mit Ätzkalk oder dessen Äquivalenten gemäß Patent 557 661, dadurch gekennzeichnet, daß die Reaktionsstoffe in gegebenenfalls vergrößerten und mit Rührvorrichtungen versehenen Trögen von Drehnutschen miteinander vermischt werden (wobei in die Tröge Filter eingehängt werden können), aus welchen die sich drehenden Nutschen fortlaufend das Reaktionsgemisch ansaugen und eine Trennung des Flüssigen vom Festen vor Erreichung eines Gleichgewichtszustandes bewirken, worauf in an sich bekannter Weise das feste Reaktionsprodukt ausgelaugt und die Waschlauge zu neuem Ansatz dienen kann.

S. a. A. F. Meyerhofer, Schweiz. P. 134358.

Nr. 531 205. (H. 94 884.) Kl. 12 l, 13. ALBERT F. MEYERHOFER IN ZÜRICH.

Verfahren zur Zerlegung von Alkalisalzen in die betreffenden Hydroxyde oder Carbonate und Säuren.

Vom 2. Okt. 1923. — Erteilt am 23. Juli 1931. — Ausgegeben am 6. Aug. 1931. — Erloschen: 1932.

Es hat bis jetzt in der präparativen Chemie an einer allgemeinen Methode gefehlt, Alkalisalze in einfacher Weise in die betreffenden Säuren und Alkalien zu zerlegen. Alle darauf gerichteten Bestrebungen waren entweder zu umständlich oder technisch und wirtschaftlich überhaupt nicht durchführbar.

Es hat sich nun herausgestellt, daß man in der bisher chemisch und technisch sehr wenig beachteten Kieselflußsäure ein Hilfsmittel hat, um dieses begehrenswerte Ziel zu erreichen. Es waren wohl Vorschläge bekannt, die Kieselflußsäure als Hilfsmittel zur Zerlegung von Alkalisalzen zu verwenden. So ist vorgeschlagen worden, Alkalisalze mit Kieselflußsäure umzusetzen, wodurch Säure und Alkalisilicofluorid entsteht. Danach sollte das gebildete Alkalisilicofluorid durch Hitze zerlegt werden und das gebildete Alkalifluorid mit Carbonat oder Hydroxyd zur Umsetzung gebracht werden. Die im Verfahren anfallenden Fluorverbindungen sollten durch Rückgewinnung der Kieselflußsäure Verwendung finden. Sämtliche diesbezüglichen Vorschläge konnten aber keinen Eingang in die Praxis finden, weil man nicht imstande war, die Rückgewinnung der Kieselflußsäure einfach, billig und vollkommen durchzuführen. Benutzt man beispielsweise bei der Herstellung von Kieselflußsäure die Umsetzung zwischen Flußsäure und Kieselsäure, dann benötigt man 6 Mol. Flußsäure bzw. 3 Mol. Calciumfluorid und dementsprechend 3 Mol. Schwefelsäure und zieht dessenungeachtet auch noch all die bekannten Schwierigkeiten und Unannehmlichkeiten der Flußsäureherstellung und Behandlung in das Kreisverfahren.

Die Reaktion zwischen Calciumfluorid und Siliciumfluorid, welche Stoffe beide im Verfahren anfallen, war derart unvollkommen, daß sie praktisch nicht verwertbar ist. Bei der Erzeugung von Kieselflußsäure aus Siliciumfluorid durch dessen Zersetzung mit Wasser bereitet einerseits die sich dabei bildende Kieselsäure große betriebstechnische Schwierigkeiten, andererseits werden aus 3 Mol. SiF_4 nur 2 Mol. H_2SiF_6 gebildet.

Alle diese Schwierigkeiten werden restlos beseitigt, wenn bei dem erwähnten Verfahren zur Zerlegung von Alkalisalzen in die betreffenden Hydroxyde, Carbonate und Säuren mittels im Kreislauf geführter Kieselflußsäure erfindungsgemäß der Aufbau der Kieselflußsäure aus den im Verfahren abfallenden Erdalkalifluoriden unter Zugabe von Schwefelsäure mit Hilfe des bei der thermischen Zersetzung der Alkalisilicofluoride frei gewordenen Siliciumfluorides erfolgt.

Sonach vollzieht sich der Gesamtkreisprozeß beispielsweise nach folgenden Gleichungen:

1. $H_2SiF_6 + 2\,NaCl = Na_2SiF_6 + 2\,HCl$.
2. $Na_2SiF_6 + \text{Wärme} = 2\,NaF + SiF_4$.
3. $2\,NaF + Ca(CH)_2 = CaF_2 + NaOH$.
4. $H_2SO_4 + SiF_4 + CaF_2 = H_2SiF_6 + CaSO_4$.

Das Wesen der Erfindung besteht in dem neuartigen und vorteilhaften Wiederaufbau der Kieselfluorwasserstoffsäure aus den im Verfahren anfallenden Fluorverbindungen mit Hilfe der Schwefelsäure.

Durch die Zurückbildung der Kieselflußsäure gemäß Gleichung 4 kann auf kürzestem Wege aus Naturprodukten, wie beispielsweise Alkalichlorid oder -nitrat, Alkalihydroxyd oder -carbonat und die entsprechende Säure erhalten werden. Die Säure fällt dabei in technisch verwertbarem Zustande an. Die Kieselflußsäure wird, was bisher nie gelang, praktisch restlos zurückgewonnen, und zwar in reinem Zustande, was die Erzielung größerer Reinheit bei den Endprodukten Alkalihydroxyd bzw. -carbonat und Säure mit sich bringt. Wesentlich ist es ferner, daß die zur Durchführung der Reaktion gemäß Gleichung 4 erforderliche Schwefelsäure in verdünntem Zustande angewandt werden kann, so daß mit Hilfe verdünnter Schwefelsäure und überdies gemäß Gleichung 4 unter Verwendung nur eines Moles H_2SO_4 nach der Gleichung 1 2 Mol. einer einwertigen Säure erhalten werden. An Stelle der sonst bei der Säureherstellung, auch bei der Herstellung von Flußsäure, wenn nach den früheren Vorschlägen die Rückbildung der Kieselflußsäure über Flußsäure geschah, erforderlichen Anwendung hoher Temperaturen lassen sich mit Ausnahme der Spaltung nach Gleichung 2 sämtliche Umsetzungen ohne Wärmezufuhr durchführen bzw. wird nur ein mäßiges Erwärmen des Reaktionsgemisches vorgenommen.

Bisher hat man z. B. die Salpetersäure aus dem Chilesalpeter durch Einwirken von Schwefelsäure hergestellt. Die Reaktion war nur in der Wärme durchführbar und bedurfte umfangreicher Apparaturen. Man war gezwungen, die doppelte Menge Schwefelsäure, als sie das neue Verfahren benötigt, zu verwenden, denn man mußte auf die Bildung von Bisulfat hinarbeiten, da sonst die Anwendung weit höherer Temperaturen erforderlich ist, bei denen die zu gewinnende Salpetersäure sich bereits zersetzt. Als weiterer Grund kam hinzu, daß das Bisulfat leichter schmelzbar ist als neutrales Sulfat und sich daher aus der Retorte leichter entfernen läßt.

Demgegenüber bedarf es beim neuen Verfahren nicht der Kondensations- und Absorptionsgefäße und großer Ofenanlagen zur Säureherstellung, denn die Reaktionen nach Gleichung 1 und 4 sind Umsetzungen gewöhnlicher Art, die man in Wasser als Reaktionsmedium durchführt.

Geht man bei der Durchführung der Reaktion nach Gleichung 1 von festem Alkalisalz aus, so erhält man unmittelbar ein festes kieselflußsaures Alkalisalz.

Folgendes Zahlenbeispiel möge zur Erläuterung dienen:

Zu 170 kg Natriumnitrat läßt man nach und nach 432 kg 33 %ige Kieselflußsäure hinzufließen. Nach zwei- bis dreistündigem Erwärmen hat eine quantitative Umsetzung unter Ausscheidung von 188 kg Natriumsilicofluorid stattgefunden, das sich in leicht filtrier- und auswaschbarer Form ausscheidet. Die Mutterlauge besteht aus 414 kg 30 %iger Salpetersäure. Das erhaltene Natriumsilicofluorid wird erhitzt und spaltet sich hierbei in 104 kg Siliciumfluorid und 84 kg Natriumfluorid. Letzeres gibt mit 100 kg Calciumcarbonat 480 kg 22 %ige Sodalauge. Die gleichzeitig hierbei anfallenden 78 kg Calciumfluorid werden in 442 kg etwa 23 %iger Schwefelsäure suspendiert und in dieses Gemisch die bei der Spaltung von Natriumsilicofluorid frei gewordenen 104 kg Siliciumfluorid eingeleitet. Es erfolgt Umsetzung zu 172 kg Calciumsulfat, das sich abscheidet, während als Mutterlauge 432 kg 33 %ige Kieselflußsäure, d. h. die obengenannte, zum Aufschluß neuer Mengen Natriumnitrat benötigte Menge Kieselflußsäure, erhalten werden.

In gleicher Weise wie das im vorstehenden Beispiel erwähnte Natriumnitrat lassen sich Alkalichloride, -sulfate usw. behandeln. Das Arbeiten mit Sulfaten bietet den weiteren Vorteil, daß die frei werdende Schwefelsäure sich ebenfalls im Kreisprozeß in der Verfahrensstufe 4 wiederverwenden läßt.

Patentanspruch:

Verfahren zur Zerlegung von Alkalisalzen in die betreffenden Hydroxyde oder Carbonate und Säuren mittels Kieselflußsäure im Kreislauf, wobei die entstehenden Alkalisilicofluoride durch Hitze zerlegt und die gebildeten Alkalifluoride mit Carbonaten oder Hydroxyden zur Umsetzung gebracht werden, dadurch gekennzeichnet, daß die Kieselflußsäure aus den abfallenden Erdalkalifluoriden unter Zugabe von Schwefelsäure mit Hilfe des bei der thermischen Zersetzung der Alkalisilicofluoride frei gewordenen Siliciumfluorids zurückgebildet wird.

Nr. 545474. (H. 94376.) Kl. 12 l, 13.

Ring Gesellschaft chemischer Unternehmungen m. b. H. in Seelze b. Hannover.

Verfahren zur Herstellung von löslichen Carbonaten und Hydroxyden.

Vom 3. Aug. 1923. — Erteilt am 11. Febr. 1932. — Ausgegeben am 29. Febr. 1932. — Erloschen: 1934.

Man hat schon wiederholt versucht, durch Vermittlung der Kieselflußsäure Natriumcarbonat oder Natriumhydroxyd zu erzeugen. So ist z. B. vorgeschlagen worden, zunächst freie Kieselflußsäure entweder aus Flußsäure und Kieselsäure oder aus Siliciumfluorid unter Abfall von Kieselsäure zu erzeugen, die freie Kieselflußsäure dann in das kieselflußsaure Natron überzuführen, dieses durch Erhitzen in Natriumfluorid und Siliciumfluorid aufzuspalten und das Natriumfluorid mit Calciumcarbonat oder Calciumhydroxyd umzusetzen. Derartige Versuche mußten aber ergebnislos verlaufen, da die Herstellung der freien Kieselflußsäure nicht nur technisch sehr umständlich und unvollkommen war, sondern sich auch infolge erheblicher Unkosten unwirtschaftlich gestaltete.

Den Gegenstand der vorliegenden Erfindung bildet ein Verfahren, das die gerügten Übelstände vermeidet und gestattet, in einfacher Weise lösliche Carbonate und Hydroxyde durch Vermittlung des Siliciumfluorids zu erzeugen.

Es wurde nämlich die überraschende Feststellung gemacht, daß man durch Einwirkung von Siliciumfluorid auf das unlösliche Calciumfluorid und Alkalisalze in Gegenwart von Säuren glatt zu den Alkalisilicofluoriden gelangen kann. Die Reaktion ist exotherm und verläuft quantitativ sehr rasch und benötigt zu ihrer Durchführung nur geringer Mengen Säure, da diese lediglich als Kontaktsubstanzen wirken.

Diese Reaktion bildet nunmehr das Rückgrat für die Herstellung von löslichen Carbonaten und Hydroxyden. Wenn man nämlich die bei dem Verfahren zu verwendenden

Silicofluoride durch Erhitzen in Siliciumfluorid und das Fluorid des verwandten Metalls aufspaltet, letzteres im wäßrigen Medium beispielsweise mit Calciumcarbonat oder Calciumhydroxyd zum Carbonat oder Hydroxyd des verwandten Metalls umsetzt, wobei quantitativ Calciumfluorid gebildet wird, so kann man aus dem abfallenden Calciumfluorid und Siliciumfluorid mit einem Salz des ursprünglich verwandten Metalls in der oben erwähnten Weise das als Ausgangssubstanz verwandte Silicofluorid erzeugen. Beispielsweise gelingt es, durch Einwirken von Siliciumfluorid auf ein Gemisch des unlöslichen Calciumfluorids mit 2 Molekülen Natriumchlorid in wäßrigem Medium in Gegenwart von ein wenig Kontaktsäure quantitativ das kieselflußsaure Natron zu erzeugen, wobei das unlösliche Calciumfluorid quantitativ in das leicht lösliche Calciumchlorid umgewandelt wird, von dem das kieselflußsaure Natron durch einfaches Auswaschen mit Wasser leicht befreit werden kann.

Durch Erhitzen spaltet man das kieselflußsaure Natron in Siliciumfluorid und Natriumfluorid auf. Das durch die Spaltung erhaltene Siliciumfluorid kann immer wieder zur Darstellung des Natriumsilicofluorids verwendet werden. Das Natriumfluorid verwandelt man durch Calciumcarbonat im wäßrigen Medium am zweckmäßigsten in der Wärme in Natriumcarbonat und Calciumfluorid, das ebenfalls, wie bereits erwähnt, immer wieder in den Prozeß zurückgeführt werden kann.

Folgende Gleichungen geben in deutlicher Weise eine Übersicht über den Reaktionsverlauf:

$$CaF_2 + 2\,NaCl + SiF_4 + H_2O + 1/x\ \text{Säure} = Na_2SiF_6 + CaCl_2 + x\,H_2O + 1/x\ \text{Säure} \quad (1)$$

$$Na_2SiF_6 + \text{Wärme} = 2\,NaF + SiF_4 \quad (2)$$

$$2\,NaF + CaCO_3 + x\,H_2O = 2\,Na_2CO_3 + CaF_2 + x\,H_2O \quad (3)$$

An Stelle von Calciumfluorid lassen sich naturgemäß auch andere geeignete Fluoride verwenden, beispielsweise Magnesiumfluorid, Bariumfluorid usw.

Beispiel 1

80 kg Natriumfluorid und 100 kg kohlensaurer Kalk werden in 350 l Wasser zur Umsetzung gebracht. Nach beendeter Reaktion wird die Carbonatlösung abgetrennt und das unlösliche Calciumfluorid vollständig ausgewaschen. Filtrat und Waschwasser ergeben nach Eindampfen und Calcination 100 kg Natriumcarbonat.

Das Calciumfluorid wird mit 120 kg Kochsalz in schwach salzsaurer Lösung in der Wärme unter Benutzung des aus dem Kreislauf zurückkehrenden Siliciumfluorids, das direkt in die salzsaure Lösung eingeleitet wird, zu Kieselfluornatrium umgesetzt. Das Kieselfluornatrium wird durch Erhitzen in Natriumfluorid und Siliciumfluorid zerlegt, die beide in den Betrieb zurückgehen.

Beispiel 2

130 kg Kalkstein ergeben durch Brennen 75 kg Ätzkalk, die mit 115 kg Natriumfluorid und 475 kg Wasser zur Umsetzung gebracht werden. Weitere Ausführung wie in Beispiel 1. Es werden 100 kg Ätznatron erhalten.

Patentanspruch:

Verfahren zur Herstellung von löslichen Carbonaten und Hydroxyden unter Überführung der Ausgangssalze in kieselfluorwasserstoffsaure Salze, dadurch gekennzeichnet, daß man die kieselfluorwasserstoffsauren Salze in bekannter Weise durch Erhitzen in entsprechende Fluoride und Siliciumfluorid zerlegt, die Fluoride in an sich bekannter Weise mit unlöslichen Carbonaten oder Hydroxyden umsetzt, worauf mit Hilfe der schwer löslichen Fluoride und des abgespaltenen Siliciumfluorids aus dem Ausgangssalz wieder das betreffende kieselfluorwasserstoffsaure Salz gebildet wird, indem das Siliciumfluorid unmittelbar, ohne irgendwelche Veränderung, in die Suspension der Salze, die nur eine als Kontaktsubstanz wirkende geringe Menge Salzsäure enthält, eingeleitet wird.

M. Buchner, Russ. P. 21 902. Ausländische Patente, die den ganzen Kreisprozeß in verschiedenen Ausführungsformen zum Gegenstand haben: E. P. 222 838 (1924), E. de Haën; 226 491, 243 990, 245 719, 249 860, 253 149, 265 880, 269 491; F. P. 618 435, 631 228, 632 840 von **A. F. Meyerhofer**; Austr. P. 1355 (1926), **M. Buchner**.

Nr. 550256. (H. 95077.) Kl. 12l, 13.

RING GESELLSCHAFT CHEMISCHER UNTERNEHMUNGEN M. B. H. IN SEELZE B. HANNOVER.

Verfahren zur Herstellung von löslichen Carbonaten und Hydroxyden.

Zusatz zum Patent 545474.

Vom 28. Okt. 1923. — Erteilt am 21. April 1932. — Ausgegeben am 18. Mai 1932. — **Erloschen: 1935.**

In der Patentschrift 545 474 ist ein Verfahren wiedergegeben, bei welchem unter Verwendung von Kieselfluorwasserstoffsäure lösliche Carbonate oder Hydroxyde hergestellt werden können. Das geschieht in der Weise, daß Silicofluoride durch Erhitzen in Metallfluorid und Siliciumfluorid zerlegt werden, die Metallfluoride darauf mit unlöslichen Carbonaten oder Hydroxyden zu den löslichen entsprechenden Verbindungen und schwer löslichem Fluorid umgesetzt werden. Aus letzterem werden alsdann mit Hilfe des vorher frei gewordenen Siliciumfluorids die eingangs benötigten Silicofluoride zurückgebildet.

Gegenstand der Erfindung ist die Verwendung von komplexfluorwasserstoffsauren Salzen allgemein an Stelle der Silicofluoride im Hauptverfahren. Es werden also komplexflußsaure Salze in die entsprechenden Fluoride und das Fluorid des im Komplex sitzenden Metalls oder Metalloids zerlegt, die Metallfluoride darauf mit unlöslichen Carbonaten bzw. Hydroxyden oder Oxyden zu schwer löslichen Fluoriden und leicht löslichen Carbonaten bzw. Hydroxyden umgesetzt, worauf aus dem unlöslichen Fluorid und dem Fluorid des aus dem Komplex entnommenen Metalls oder Metalloids Komplexflußsäuren zurückgebildet werden.

Für die Herstellung von Pottasche kann man z. B. in folgender Weise verfahren. Kaliumborfluorid wird durch Erhitzen auf Rotglut zu Kaliumfluorid und Borfluorid gespalten. Das Kaliumfluorid wird darauf in der zur Auflösung des bei der Umsetzung sich bildenden Carbonats hinreichenden Menge Wasser mit unlöslichen Carbonaten, z. B. Calciumcarbonat, in unlösliches Calciumfluorid und Pottasche umgewandelt. Vom gebildeten Niederschlag wird abfiltriert, und der Niederschlag wird darauf mit Wasser nachgewaschen. Das bei der Zersetzung des Kaliumborfluorids entstandene Borfluorid wird durch Einleiten in Salzsäure, die gleichzeitig das bei der genannten Umsetzung entstandene Calciumfluorid und die hinreichende Menge Chlorkalium enthält, in Kaliumborfluorid zurückverwandelt.

Es ergibt sich somit die Wiederverwendung fast sämtlicher bei den einzelnen Umsetzungen entstandenen Produkte, weswegen das vorliegende Verfahren zur Gewinnung löslicher Carbonate, z. B. der Pottasche, als ein sehr wirtschaftliches angesprochen werden muß.

Nachstehende Ausführungsbeispiele, welche zur Herstellung von Soda dienen, mögen zu näherer Erläuterung des Verfahrens dienen.

1. 208 kg Natriumtitanfluorid werden durch Erhitzen gespalten, wodurch 84 kg Natriumfluorid und 124 kg Titanfluorid erhalten werden. Das Natriumfluorid wird mit 84 kg Magnesiumcarbonat in 530 kg Wasser zur Umsetzung gebracht. Es entstehen 636 kg einer 20%igen Sodalösung. Das gleichfalls gebildete Magnesiumfluorid (62 kg) wird mit 177 kg Natriumchlorid in 285 kg Wasser eingetragen, dem etwa 1/2 kg einer 33%igen Salzsäure zugegeben ist. In diese Lösung werden die vorher abgespaltenen Mengen Titanfluorid eingeleitet, und man erhält 208 kg Natriumtitanfluorid wieder, welches durch Erhitzen gespalten wird. Als Nebenprodukt fallen 380 kg einer 25%igen Magnesiumchloridlösung an.

2. 220 kg Natriumborfluorid werden erhitzt. Durch die Spaltung erhält man 84 kg Natriumfluorid und 136 kg Borfluorid. Das gebildete Natriumfluorid wird in der gleichen Weise wie vor mit der entsprechenden Menge Calciumcarbonat umgesetzt, wodurch 78 kg Calciumfluorid neben Soda gebildet und von der Sodalösung abgetrennt werden. Darauf werden die erhaltenen Mengen Calciumfluorid zusammen mit 117 kg Natriumchlorid in angesäuertes Wasser eingetragen und mit dem vorher frei gewordenen Borfluorid zur Umsetzung gebracht, wodurch die 220 kg Natriumborfluorid wiedergebildet werden und daneben eine Chlorcalciumlösung abfällt.

Zur Herstellung von Pottasche geht man etwa folgendermaßen vor:

252 kg Kaliumborfluorid werden durch Erhitzen gespalten, wodurch 116 kg Kaliumfluorid und 136 kg Borfluorid anfallen. Das erhaltene Kaliumfluorid wird unter Verwendung von 550 kg Wasser mit 100 kg Calciumcarbonat umgesetzt. Es fallen 78 kg Calciumfluorid aus, die durch Filtration abgetrennt werden. Das Filtrat stellt eine etwa 20%ige Pottaschelösung dar. Das Calciumfluorid wird mit 150 kg Kaliumchlorid in 335 kg Wasser eingebracht, und durch Einleiten der vorher erhaltenen 136 kg Borfluorid werden die eingangs benötigten 252 kg Kaliumborfluorid wiedergebildet. Als Nebenprodukt fällt eine etwa 25%ige Calciumchloridlösung an.

Es ist bereits bei der Herstellung von Carbonaten vorgeschlagen worden, dabei Borfluorwasserstoffsäure zu Hilfe zu nehmen. Bei dem bekannten Verfahren geht man in der Weise vor, daß man einer gesättigten Salzlösung Borfluorwasserstoffsäure zugibt. Das ausfallende Salz der Borfluorwasserstoffsäure wird mit Kieselsäure erhitzt, wodurch Borfluorid abgespalten wird. Letzteres wird durch Auffangen in Wasser wiederum in Borflußsäure umgewandelt.

Bei dem neuen Verfahren ist die Verwendung von Kieselsäure völlig überflüssig. Die Herstellung der freien komplexen Säure fällt gänzlich fort. Trotz der Zerlegung werden sämtliche Einzelteile der komplexen Säure in der denkbar einfachsten Weise wiedergewonnen und vereinigt. Sie bleiben restlos dem Prozeß erhalten. Die Bildung zweier verschiedener komplexer Fluorwasserstoffsäuren ist völlig ausgeschlossen.

PATENTANSPRÜCHE:

1. Verfahren zur Herstellung von löslichen Carbonaten unter Verwendung von komplexen Fluorwasserstoffsäuren gemäß Patent 545 474, dadurch gekennzeichnet, daß man komplexfluorwasserstoffsaure Salze in die entsprechenden Fluoride und das Fluorid des im Komplex sitzenden Metalls oder Metalloids zerlegt, die Fluoride darauf mit unlöslichen Carbonaten zu schwer löslichen Fluoriden und leicht löslichen Carbonaten umsetzt, worauf aus dem unlöslichen Fluorid und dem Fluorid des aus dem Komplex entnommenen Metalls oder Metalloids komplexfluorwasserstoffsaure Salze zurückgebildet werden.

2. Verfahren nach Anspruch 1, dadurch gekennzeichnet, daß zur Darstellung von löslichen Hydroxyden im Kreisprozeß lösliche Fluoride mit unlöslichen Oxyden oder Hydroxyden umgesetzt werden.

Nr. 561 623. (B. 132 288.) Kl. 12 l, 13.

RING GESELLSCHAFT CHEMISCHER UNTERNEHMUNGEN M. B. H. IN SEELZE B. HANNOVER.

Herstellung von Ätzalkalien aus Alkalisalzen über komplexe Alkalifluoride.

Vom 6. Juli 1927. — Erteilt am 29. Sept. 1932. — Ausgegeben am 15. Okt. 1932. — Erloschen: . . . .

Die Erfindung betrifft ein Verfahren zur Herstellung von Ätzalkali aus Alkalisalzen.

Zur Herstellung von Ätzalkali ist vorgeschlagen worden, dieses durch Umsetzung von durch thermische Zersetzung komplexen Alkalifluorides erhaltenem Alkalifluorid mit Calciumhydroxyd zu erzeugen, wobei das komplexe Alkalifluorid durch Umsetzung des im Verfahren anfallenden Calciumfluorides, des bei der thermischen Zersetzung des komplexen Alkalifluorides frei werdenden flüchtigen Fluorides und Alkalisalz in Gegenwart von Säure als Kontaktsubstanz gebildet wurde.

Es wurde gefunden, daß dieses Kreisverfahren bedeutend verbessert werden kann, wenn vor allem bezüglich der Zerlegungsstufe, daneben aber auch für die Umsetzungs- und Ausbaustufe besondere Bedingungen eingehalten werden. Das neuartige Verfahren, welches eine besondere Ausgestaltung des im vorstehenden geschilderten Verfahrens zur Herstellung von Ätzalkali bringt, erreicht das erstrebte Ziel dadurch, daß die thermische Zersetzung des komplexen Alkalifluorides unter völligem oder weitgehendem Ausschluß von Wasser bzw. Wasserdampf im Vakuum und unter Gewinnung von hochkonzentriertem oder reinem gasförmigem Fluorid eines ein komplexes Fluoranion bildenden Elementes geschieht und zweckmäßig für die in Gegenwart von Wasser stattfindende Umsetzung des entstandenen Alkalifluorids, das in mehr oder weniger großem Überschuß angewendet wird, gemahlener Branntkalk (CaO) oder trocken gelöschter Kalk ($Ca(OH)_2$) benutzt wird.

Das völlige oder weitgehende Ausschalten von Wasser bzw. Wasserdampf bei der Wärmespaltung komplexer Fluoride ist besonders wichtig, um die Zerlegung zu einer quantitativen zu gestalten, zum anderen aber auch, um störende Nebenreaktionen des Wassers mit den Zerfallprodukten zu verhindern.

Die Verwendung eines mehr oder weniger großen Überschusses an Alkalifluorid bei der Umsetzung mit Ätzkalk bedeutet glatten Verlauf der Umsetzungsstufe und Anfall eines leicht filtrierbaren Niederschlages, gleichzeitig Herabdrückung des Verbrauchs der Erdalkaliverbindungen auf das geringstmögliche Maß. Das im Überschuß vorhandene Alkalifluorid bedeutet keine Störung für die Weiterverarbeitung des Ätzalkalis, da es bei der zwangsläufig erfolgenden Eindampfung sich vollständig abscheidet und leicht abgetrennt werden kann.

Geeignete komplexe Fluoride sind die Silicofluoride, die Borfluoride oder auch andere bestehende, z. B. Titanfluoride.

Soll beispielsweise Ätznatron hergestellt werden, so verläuft der kreisförmig gestaltete Herstellungsvorgang folgendermaßen:

Natriumsilicofluorid wird unter völligem oder weitgehendem Ausschluß von Wasser bzw. Wasserdampf im Vakuum unter Erhitzen in Natriumfluorid und reines oder hochkonzentriertes, gasförmiges Siliciumfluorid zerlegt. Das auf diese Weise nahezu oder völlig kieselsäurefrei anfallende Natriumfluorid wird in mehr oder weniger großem Überschuß in Gegenwart von Wasser und gemahlenem Branntkalk (CaO) oder trocken gelöschtem Kalk ($Ca(OH)_2$) zu Natriumhydroxyd umgesetzt, wobei Calciumfluorid abfällt. Dieses Calciumfluorid dient zusammen mit dem Siliciumfluorid zur Rückbildung des Natriumsilicofluorids, indem erstere beide in wäßriger Suspension in Gegenwart von wenig Säure als Kontaktsubstanz und der erforderlichen Menge Kochsalz zur Einwirkung gebracht werden. Das nicht umgesetzte Natriumfluorid scheidet sich beim Eindampfen der gewonnenen Natronlauge quantitativ ab und wird einem späteren Umsatz mit Ätzkalk zugeführt.

Die völlige oder weitgehende Ausschaltung des Wassers bzw. Wasserdampfes bei der Wärmespaltung des Natriumsilicofluorids liefert ein völlig oder nahezu kieselsäurefreies Brenngut (NaF), das für einen quantitativen Umsatz mit dem Ätzkalk unbedingt erforderlich ist. Kieselsäurehaltiges Brenngut drückt die allgemeine sowohl als auch die Literausbeute (Gramme NaOH im Liter) wesentlich, ganz abgesehen davon, daß die Kieselsäure teilweise in die Natronlauge übergeht und diese verunreinigt.

Für das neue Verfahren ist es besonders bedeutsam, daß das gasförmige Fluorid bei der Spaltung durch Evakuieren entfernt wird. Dadurch verläuft die Spaltung bei verhältnismäßig niederer Temperatur und schnell. Der Vorschlag, zur Zerlegung von Alkalisilicofluorid Minderdruck anzuwenden, ist bereits früher gemacht worden, jedoch mit völligem Mißerfolge. Das hochkonzentrierte oder reine gasförmige Fluorid veranlaßt bei der Einwirkung auf die zur Rückbildung des ursprünglichen komplexen Fluorids notwendigen Stoffe von selbst starke Erwärmung, so daß besondere Wärmezufuhr nicht unbedingt erforderlich ist. Daß die Rückbildung glatt ohne Nebenreaktion verläuft, muß höchst überraschen.

In der Regel wird nach dem neuen Verfahren im Vakuum, also im gasverdünnten Raum, gearbeitet, es kann dabei aber auch gleichzeitig ein trockenes Gas zugeführt werden, in der Regel ein indifferentes Gas.

Es ist notwendig, das komplexe Fluorid vor der Spaltung zu trocknen. Die Spaltung kann durch Erhitzen bis zum Sintern oder Schmelzen oder im Schmelzfluß erfolgen; dabei erhitzt man die komplexen Fluoride vorteilhaft rasch auf hohe Temperaturen.

Ferner ist es zweckmäßig, daß bei den drei Einzelmaßnahmen, der Spaltung, der Umsetzung der Metallfluoride und drittens der Regeneration, starke mechanische Bewegung, Rühren oder Schlagen, erfolgt.

Das Metallfluorid, z. B. Natriumfluorid, kann zunächst trocken mit dem gebrannten Kalk zusammen gemahlen werden. Unter Umständen empfiehlt es sich, die Umsetzungen in Gegenwart nur geringer Mengen Wasser durchzuführen, also nur mit wenig Lösungsmittel zu arbeiten.

Den besonderen Erfolg des Arbeitens in der Zerlegungsstufe bei völligem oder weitgehendem Ausschluß von Wasser oder Wasserdampf im Vakuum zeigen die nachstehenden Versuche:

378 g Natriumsilicofluorid, welche in einem Rohr ausgebreitet waren, wurden mit Hilfe einer Gasflamme auf 600° erhitzt. Das mit Hilfe einer Saugpumpe abgezogene Siliciumfluorid wurde unmittelbar in ein Gefäß eingeleitet, in welchem sich gefälltes Calciumfluorid, suspendiert in einer mit Salzsäure angesäuerten Kochsalzlösung, befand. Gearbeitet wurde mit einem Unterdruck von 600 mm.

A. Arbeiten unter weitgehendem Ausschluß von Wasser

Die Zersetzung ging glatt vonstatten, desgleichen die Umsetzung zu Natriumsilicofluorid in der Vorlage. Nach Beendigung der Zersetzungsreaktion (3 Stunden 50 Minuten) wurde der Zersetzungsrückstand und der Inhalt der Vorlage untersucht. Der Zersetzungsrückstand war praktisch reines Natriumfluorid (99,5%), in der Vorlage wurden 370 g Natriumsilicofluorid wiedergefunden, was einer Ausbeute von 98% entspricht.

B. Arbeiten unter Überleiten wasserdampfhaltiger Gase

Die Zersetzung erfolgte unter den gleichen Bedingungen wie zu A. Die Zersetzungsoperation dauerte 3 Stunden 35 Minuten. Bei der Durchführung des Versuches zeigte es sich, daß sich in sämtlichen Rohren fein verteilte Kieselsäure ablagerte. Ferner bildete sich an der Einleitungsstelle in der Umsetzungsflüssigkeit von Zeit zu Zeit ein Pfropfen, welcher eine Unterbrechung der Reaktion zwecks Entfernung des Pfropfens notwendig machte (die Zeit der Unterbrechung ist abgerechnet).

Nach Beendigung der Reaktion wurde festgestellt, daß im Zersetzungsraum ein Natriumfluorid zurückgeblieben war, welches 6% Kieselsäure enthielt. In der Vorlage wurden 350 g Natriumsilicofluorid wiedergefunden, was einer Ausbeute von 87,9% entsprach.

Eine Wiederholung des Versuches zu B, Dauer der Zersetzung 4 Stunden 20 Minuten, ergab als festen Zersetzungsrückstand ein Natriumfluorid mit 9% SiO_2 und lieferte eine Ausbeute an Natriumsilicofluorid von 77,7%.

Für die Stufe der Umsetzung ist, wie oben erwähnt, das Arbeiten mit gewöhnlichem Branntkalk oder trocken gelöschtem Kalk zweckmäßig. Diese Art der Umsetzung bildet hier eine vorteilhafte Ausführungsform eines Teiles des neuartigen Kombinationsverfahrens. Für sich ist diese Art der Umsetzung früher schon vom Erfinder vorgeschlagen. Hier bietet sie aber zusammen mit der erwähnten besonderen Art der Zersetzung des komplexen Alkalifluorids den für die Technik wichtigen Vorteil, das im Kreise umlaufende Fluor dem Verfahren praktisch restlos zu erhalten und außerdem bei Durchführung des Kreisprozesses stets hochkonzentriert zu arbeiten; denn in der Stufe der Zersetzung von Alkalisilicofluorid wird eine Umsetzung von SiF_4 zu SiO_2 vermieden und hernach in der Stufe der Umsetzung des Alkalifluorides mit Branntkalk bzw. trocken gelöschtem Kalk ein quantitativer Umsatz auch beim Arbeiten mit hoher Konzentration ermöglicht, so daß auch aus dieser Stufe alles Fluor für die Stufe des Wiederaufbaus des Alkalisilicofluorids als Calciumfluorid, dem vorher abgespaltenen Siliciumfluorid und Alkalisalz zur Verfügung steht.

Patentansprüche:

1. Verfahren zur Herstellung von Ätzalkali aus Alkalisalzen durch Umsetzung von durch thermische Zersetzung komplexen Alkalifluorids erhaltenem Alkalifluorid mit Calciumhydroxyd, wobei das komplexe Alkalifluorid durch Umsetzung des im Verfahren anfallenden Calciumfluorids, des bei der thermischen Zersetzung des komplexen Alkalifluorids frei werdenden flüchtigen Fluorids und Alkalisalz in Gegenwart von Säure als Kontaktsubstanz erzeugt wird, dadurch gekennzeichnet, daß die thermische Zersetzung des komplexen Alkalifluorids unter völligem oder weitgehendem Ausschluß von Wasser bzw. Wasserdampf im Vakuum (unter Gewinnung von hochkonzentriertem oder reinem gasförmigem Fluorid eines ein komplexes Fluoranion bildenden Elementes) geschieht und zweckmäßig für die in Gegenwart von Wasser stattfindende Umsetzung des entstandenen Alkalifluorids, das in mehr oder weniger großem Überschuß angewandt wird, gemahlener Branntkalk (CaO) oder trocken gelöschter Kalk ($Ca(OH)_2$) benutzt wird.

2. Ausführungsform des Verfahrens nach Anspruch 1, dadurch gekennzeichnet, daß die Aufspaltung im Vakuum unter gleichzeitiger Zuführung eines trockenen Gases vorgenommen wird.

3. Ausführungsform des Verfahrens nach Anspruch 1 und 2, dadurch gekennzeichnet, daß das aufzuspaltende Komplexfluorid zunächst getrocknet wird.

4. Ausführungsform des Verfahrens nach Anspruch 1 bis 3, dadurch gekennzeichnet, daß für die Umsetzung Alkalifluorid und gebrannter Kalk zunächst zusammen trocken vermahlen werden.

5. Ausführungsform des Verfahrens nach Anspruch 1 bis 4, dadurch gekennzeichnet, daß sowohl bei der Aufspaltung als auch bei der Umsetzung und der Regeneration starke mechanische Bearbeitung, insbesondere Rühren, vorgenommen wird.

Nr. 561 624. (M. 113 618.) Kl. 12 l, 13. Alfred Mentzel in Berlin-Schöneberg.

Verfahren zur Herstellung von Alkalihydroxyd durch Wasserdampfbehandlung von aus einem Alkali-Kohle-Gemisch durch Stickstoffeinwirkung gewonnenem Alkalicyanid.

Vom 17. Jan. 1931. — Erteilt am 29. Sept. 1932. — Ausgegeben am 15. Okt. 1932. — Erloschen: . . . .

Der Erfinder hat ein besonderes zweckmäßiges Verfahren zur Herstellung von Ätznatron und Chlorammonium angegeben, bei dem das in Durchführung des Ammoniaksodaprozesses anfallende feste Natriumbicarbonat in Mischung mit Kohlenstoff durch Einwirkung von Stickstoff in Natriumcyanid übergeführt, letzteres durch Behandlung mit Wasserdampf unter Gewinnung von Ätznatron gespalten und das hierbei gleichzeitig anfallende Ammoniak in den Ammoniaksodaprozeß eingeführt und als Chlorammonium gewonnen wird (Patent 510 093).

Die gleiche Verfahrensweise soll auf die Gewinnung eines beliebigen Alkalihydroxyds mit oder ohne gleichzeitige Gewinnung von Chlorammonium angewendet werden.

Der Erfinder hat ferner festgestellt, daß mit dem gleichen Verfahren unter sehr ähnlichen Verfahrensbedingungen statt Alkalihydroxyd auch Alkalicarbonat erzeugt werden kann.

Gegenstand der Erfindung ist eine einfache Maßnahme, durch die die Sicherheit geboten wird, daß als Verfahrensprodukt einer Verseifung von Cyaniden im wesentlichen nur das wertvollere Alkalihydroxyd erzeugt wird. Diese Maßnahme besteht darin, daß nach der Durchführung der Stickstoffeinwirkung auf ein Alkali-Kohle-Gemisch das gewonnene Alkalicyanid in dünner Schicht ausgebreitet der Einwirkung von Wasserdampf unterworfen und die bei der Verseifung des Cyanisierungsprodukts entstehende Kohlensäure so schnell aus dem Bereich des Arbeitsguts entfernt wird, daß sie auf das gebildete Alkalihydroxyd nicht unter Carbonatbildung einwirken kann.

Diese Verfahrensregel beruht auf der Erfahrung des Erfinders, daß eine ausgezeichnete Umsetzung des Reaktionsprodukts der Cyanisierung zu Alkalihydrat erfolgt, wenn man die cyanisierte Masse in dünnen bzw. sehr dünnen (z. B. nur einige Millimeter starken) Schichten durch Überleiten von Wasserdampf über diese Schichten behandelte. Hierbei ergibt sich dann ohne weiteres die Möglichkeit, die durch Nebenreaktionen bei der Verseifung gebildete Kohlensäure zu entfernen, ehe sie Gelegenheit hat, auf das gebildete Alkalihydroxyd einzuwirken. In anderen Fällen dagegen wird dieses bekanntlich ganz oder teilweise in Alkalicarbonat umgewandelt.

So wurde durch Gegenversuche festgestellt, daß man die Erzeugung von Alkalicarbonat willkürlich dadurch herbeiführen kann, daß man die cyanisierte Masse in hohen Schichten angehäuft der Wasserdampfbehandlung aussetzt.

Wenn das Reaktionsgut der Stickstoffbehandlung in Form von Briketten unterworfen wird, wie dies vielfach üblich und sehr vorteilhaft ist, könnten die noch zusammenhaltenden Brikette nach Beendigung der Cyanisierungsstufe der Ausbreitung des Behandlungsguts in sehr dünner Schicht einen gewissen Widerstand insofern entgegensetzen, als die Dicke der Brikette eine noch weitergehende Verminderung der Schichtdicke verhindert. Diese Schwierigkeit kann sehr leicht dadurch behoben werden, daß die Brikette nach der Stickstoffeinwirkung und vor der Wasserdampfbehandlung zerkleinert werden.

Ausführungsbeispiele

Zur Veranschaulichung der Unterschiede, welche sich bei einer Behandlung von Alkalicyanid-Kohle-Gemischen mit Wasserdampf in dünner Gemischschicht und in dicker Gemischschicht ergeben, wurden zwei Vergleichsversuche durchgeführt. Bei dem ersten Versuch war das Reaktionsgut in dünner Schicht ausgebreitet, und es wurde Wasserdampf über die Gutschicht hinweggeleitet. Beim zweiten Versuch war das Reaktionsgut in dicker Schicht aufgehäuft, und der Wasserdampf durchströmte die Schicht in senkrechter Richtung.

Bei beiden Versuchen wurden im übrigen die gleichen Versuchsbedingungen eingehalten, und zwar insbesondere eine Temperatur zwischen 400 und 500°. Die Temperatur stieg im Verlaufe der Reaktion von einem Werte etwas über 400° auf einen Wert etwas unterhalb von 500° an, um im letzten Viertel der Reaktion wieder abzufallen.

1. Ausführungsbeispiel mit dünner Schicht

Ausgehend von einem pulverförmigen Gemisch von 1,2 kg $NaHCO_3$ mit 0,725 kg Kohle (enthaltend 79 % Kohlenstoff) wurden 0,5 kg Natriumcyanid durch Einwirkung von Stickstoff bei ungefähr 950° C gewonnen. Außer diesen 0,5 kg Natriumcyanid waren in der Masse 0,0455 kg Na_2CO_3, 0,096 kg Na_2O und 0,0045 kg Na_2S enthalten.

Die gesamte Reaktionsmasse wurde in kleinen flachen Pfannen in 2 mm dicken Schichten ausgebreitet. Diese Pfannen wurden sodann in ein Rohr eingeführt und bei einer Temperatur zwischen 400 und 500° C etwas überhitzter Wasserdampf über die Oberflächen der Schichten geleitet. Nach Durchführung der Verseifung in dieser Art waren an Alkaliverbindungen in der Reaktionsmasse:

0,351 kg	$NaOH$	= 61,5 %	des Alkaligehalts
0,277 -	Na_2CO_3	= 36,6 %	- -
0,004 -	Na_2SO_4	= 0,4 %	- -
0,0022 -	Na_2S	= 0,4 %	- -
0,0078 -	$NaHCO_2$	= 0,8 %	- -
0,0028 -	$Na_2C_2O_4$	= 0,3 %	- -

Bei der Verseifung wurden außerdem 0,172 kg NH_3 gewonnen (entsprechend 99,2 % des $NaCN$).

2. Ausführungsbeispiel mit dicker Schicht

Ausgehend von einem pulverförmigen, zu kleinen Briketten gepreßten Gemisch von 1,02 kg $NaHCO_3$ mit 0,98 kg Kohle (enthaltend 60 % Kohlenstoff) wurden 0,416 kg Natriumcyanid durch Einwirkung von Stickstoff bei ungefähr 950° C gewonnen. Außer diesen 0,416 kg Natriumcyanid waren in der Masse 0,0193 kg Na_2CO_3, 0,0998 kg Na_2O und 0,0024 kg Na_2S enthalten.

Die gesamte Reaktionsmasse, die in ein stehendes Rohr eingefüllt war, wurde nach der Stickstoffeinwirkung von oben nach unten mit etwas überhitztem Wasserdampf bei 400 bis 500° C durchsetzt. Nach Durchführung der Verseifung in dieser Art waren in der Reaktionsmasse:

0,0097 kg	$NaOH$	= 2,0 %	des Alkaligehalts
0,625 -	Na_2CO_3	= 97,0 %	- -
0,0026 -	Na_2SO_4	= 0,3 %	- -
0,001 -	Na_2S	= 0,2 %	- -
0,0025 -	$NaHCO_2$	= 0,3 %	- -
0,0016 -	$Na_2C_2O_4$	= 0,2 %	- -

Bei der Verseifung wurden außerdem 0,145 kg NH_3 gewonnen (entsprechend rund 100 % des $NaCN$).

Patentanspruch:

Verfahren zur Herstellung von Alkalihydroxyd durch Wasserdampfbehandlung von aus einem Alkali-Kohle-Gemisch durch Stickstoffeinwirkung gewonnenem Alkalicyanid, dadurch gekennzeichnet, daß die cyanisierte Reaktionsmasse in dünner Schicht ausgebreitet dei Einwirkung von Wasserdampf unterworfen und die bei der Verseifung des Cyanisierungsprodukts gleichzeitig entstehende Kohlensäure so schnell aus dem Bereich des Arbeitsguts entfernt wird, daß sie auf das gebildete Alkalihydroxyd nicht unter Carbonatbildung einwirken kann.

D. R. P. 510093, S. 2636.

Nr. 555168. (M. 97. 30.) Kl. 12l, 13. Alfred Mentzel in Berlin-Schöneberg.

Verfahren zur Erzeugung von Alkalihydroxyd aus Alkalibicarbonat oder -carbonat.

Vom 18. Dez. 1930. — Erteilt am 30. Juni 1932. — Ausgegeben am 19. Juli 1932. — **Erloschen: 1934.**

Es ist bekannt, zum Zweck der Gewinnung von Ammoniak die Cyanisierung von Alkali in Gegenwart von Magnesia vorzunehmen und hierauf das Cyanisierungsprodukt bei geringer Temperatur zu verseifen. Das hierbei anfallende Carbonat verbleibt bei diesem Verfahren als permanenter alkalischer oder erdalkalischer Reaktionskörper im Ofen.

Im Gegensatz hierzu soll nach der Erfindung Alkalihydroxyd aus einem Gemisch von Alkalibicarbonat oder -carbonat mit Kohle unter Zusatz einer Erdalkaliverbindung oder einer Magnesiumverbindung in der Weise erzeugt werden, daß das Gemisch bei hoher Temperatur mit Stickstoff behandelt, die Reaktionsmasse bei geringerer Temperatur verseift und sodann ausgelaugt wird, wobei der Erdalkali- oder Magnesiumzuschlag so bemessen werden soll, daß er die nicht in Hydroxyd übergegangenen Mengen des Alkalis kaustiziert.

Im Gegensatz zu dem bekannten Verfahren geht das Verfahren gemäß der Erfindung also darauf aus, außer Ammoniak ein möglichst hochwertiges Alkaliprodukt zu erhalten, und bekanntlich ist Alkalihydroxyd ein wertvolleres Verkaufsprodukt als Alkalicarbonat.

Demgemäß unterscheidet sich der Wirkung nach das erfindungsgemäße Verfahren vor dem Bekannten dadurch, daß die Zuschläge bei der Gewinnung des Alkalibestandteils die Herstellung eines hochwertigen alkalischen Endprodukts sichern. Während nämlich bei fehlenden Zuschlägen von Erdalkali oder Magnesiumverbindungen das verseifte und ausgelaugte Alkali im allgemeinen teils als Hydroxyd, teils als Carbonat gewonnen wird, wird in Gegenwart der Zuschläge das gesamte Alkali zu Hydroxyd umgewandelt.

In jedem Falle wird nämlich die erdalkalische Ausgangsverbindung (bzw. die Magnesiumverbindung) durch die hohe Ofentemperatur im Laufe des Cyanisierverfahrens zu Oxyd gebrannt und führt daher zur Kaustizierung des als Carbonat vorliegenden Alkalis.

Die in Durchführung des erfindungsgemäßen Verfahrens anfallende feste Masse wird ausgelaugt, gefiltert und sodann das in der restierenden Lösung vorhandene Alkalihydroxyd nach bekannten Methoden gewonnen.

Behandelt man die Masse bei der Verseifung in sehr dünner Schicht, so ist festzustellen, daß eine stärkere Umwandlung des alkalischen Ausgangsprodukts zu Hydroxyd erreicht werden kann. Die durch die Beigabe der Erdalkali- oder Magnesiumverbindungen zu der Ausgangsmasse gemäß der Erfindung geförderte Hydroxydbildung kann also noch dadurch beschleunigt werden, daß die Masse während der Reaktion in sehr dünner Schicht ausgebreitet wird.

Der feste ausgelaugte Rückstand der Reaktionsmasse enthält den zu Anfang des Prozesses beigegebenen Erdalkali- oder Magnesiumbestandteil, der mit größtem Vorteil wiederholt als Zuschlag für neue Rohstoffgemische zu verwenden ist.

Gewöhnlich wird die Erdalkali- oder Magnesiumverbindung in der Ausgangsmasse als Carbonat vorliegen, und es kann dann auch die entweichende Kohlensäure noch in vorteilhafter Weise weiter verwendet werden.

Vergleichsbeispiele

Es werden zwei Beispiele der Behandlung von Alkali-Kohle Gemischen angeführt, von denen das erste den Einfluß von Kalk zur Kaustizierung des Alkalis, das zweite die Erzeugung von Carbonat bei Abwesenheit von Kalk zeigt.

1. 10 kg fein vermahlene, zu kleinen Briketten verpreßte Masse von der Zusammensetzung: 26 % $NaHCO_3$ (etwa 98%ig), 18 % $CaCO_3$, 43 % Kohle, 13 % Feuchtigkeit werden in einen von außen beheizten Schachtofen eingeführt.

Nachdem die Masse eine Temperatur von etwa 1000° C angenommen hat, wird während einer Zeit von 3½ Stunden Stickstoff durch den Ofenraum geleitet. Sodann wird der Ofeninhalt durch Regelung der Beheizung auf etwa 500° C Temperatur gebracht und mit Wasserdampf behandelt. Dadurch werden 0,475 kg Ammoniak abgetrieben.

Nach der Verseifung wird der Ofen entleert und die Masse mit reichlich Wasser warm ausgelaugt, derart, daß der als Calciumoxyd vorliegende Kalkbestandteil nach den Regeln der bekannten Kaustizierung von Alkalicarbonat mit Kalk weitgehend die Umwandlung des Carbonats zu Ätznatron bewirkt.

Nach Filtration der Masse fällt man die Verunreinigung der Lauge durch Schwefel vermittels Kupferhammerschlag. Die sodann bei der in üblicher Weise vorgenommenen Eindampfung der Lauge ausfallenden Ausfischsalze werden bei fortlaufendem Betrieb in üblicher Weise wiederholt aufgearbeitet.

Nach vollzogener Eindampfung wurden aus dem Schmelzkessel 1,16 kg Ätznatron von etwa 98 % Reinheit gewonnen.

2. 10 kg fein vermahlene, zu kleinen Briketten verpreßte Masse von der Zusammensetzung: 45,5 % $NaHCO_3$ (etwa 98%ig), 44,0 % Kohle, 10,5 % Feuchtigkeit werden in einen von außen beheizten Schachtofen eingeführt.

Nachdem die Masse eine Temperatur von etwa 1000° C angenommen hat, wird während einer Zeit von 3½ Stunden Stickstoff durch den Ofenraum geleitet. Sodann wird der Ofeninhalt durch Regelung der Beheizung auf etwa 500° C Temperatur gebracht und mit Wasserdampf behandelt. Dadurch werden 0,75 kg Ammoniak abgetrieben.

Nach der Verseifung wird der Ofen entleer und die Masse ausgelaugt und filtriert.

Durch Kristallisation wird sodann Kristallsoda gewonnen, wobei die Lauge bei fortlaufendem Betrieb wiederholt verwendet und von Zeit zu Zeit aufgearbeitet wird. Die auskristallisierte Kristallsoda wird von der Lauge getrennt und eingedampft, wodurch 2,65 kg Natriumcarbonat von 98 % Reinheit gewonnen werden.

PATENTANSPRÜCHE:

1. Verfahren zur Erzeugung von Alkalihydroxyd aus einem Gemisch von Alkalibicarbonat oder -carbonat mit Kohle unter Zusatz einer Erdalkaliverbindung oder einer Magnesiumverbindung, dadurch gekennzeichnet, daß das Gemisch bei hoher Temperatur mit Stickstoff behandelt, die Reaktionsmasse bei geringerer Temperatur verseift und sodann ausgelaugt wird, und daß der Erdalkali- oder Magnesiumzuschlag so bemessen wird, daß er die nicht in Hydroxyd übergegangenen Mengen des Alkalis kaustiziert.

2. Verfahren nach Anspruch 1, dadurch gekennzeichnet, daß das Behandlungsgut während der Reaktion in sehr dünner Schicht ausgebreitet wird.

F. P. 726211.

Nr. 555929. (M. 114320.) Kl. 12 l, 13. ALFRED MENTZEL IN BERLIN-SCHÖNEBERG.

Verfahren zur Erzeugung von Alkalihydroxyd aus Alkalibicarbonat oder -carbonat.

Zusatz zum Patent 555168.

Vom 3. März 1931. — Erteilt am 14. Juli 1932. — Ausgegeben am 1. Aug. 1932. — Erloschen: 1934.

Das Hauptpatent 555168 schützt ein Verfahren zur Erzeugung von Alkalihydroxyd aus einem Gemisch von Alkalibicarbonat oder -carbonat mit Kohle unter Zusatz einer Erdalkaliverbindung oder einer Magnesiumverbindung, bei dem das Gemisch bei hoher Temperatur mit Stickstoff behandelt, die Reaktionsmasse bei geringerer Temperatur verseift und sodann ausgelaugt wird, wobei der Erdalkali- oder Magnesiazuschlag so bemessen wird, daß er die nicht in Hydroxyl übergegangenen Mengen des Alkalis kaustiziert.

Gegenstand der zusätzlichen Erfindung ist eine besondere Ausführungsform jenes Verfahrens, darin bestehend, daß als kaustizierender Erdalkalizuschlag Bariumcarbonat verwendet wird.

Der Vorteil, der durch Verwendung gerade

des Bariumcarbonats als Erdalkalizuschlag erzielt wird, beruht darauf, daß Barium im Gegensatz zu allen anderen Erdalkalien eine verhältnismäßig niedrige, sehr nahe bei der Cyanisierungstemperatur des Natriums bzw. Kaliums liegende Cyanisierungstemperatur hat. Es wird also der Bariumzuschlag, zum mindesten teilweise, neben dem Natrium mitcyanisiert, und zugleich wird bei der Verseifung, d. h. der Ammoniakabtreibung, das Bariumcyanid zu Bariumoxyd (im wesentlichen) umgewandelt, also zur Kaustizierung befähigt.

Der durch diese besondere Eigenschaft des Bariums erzielte Vorteil besteht also zunächst in der Eigencyanisierung des Bariums im Temperaturbereich der Natrium- (allgemein Alkali-)Cyanisierung, während alle anderen Erdalkalien elementaren Stickstoff bei wesentlich höheren Temperaturen binden.

Hierdurch kann einerseits die Nebengewinnung von Ammoniak bei Durchführung des Verfahrens nach dem Hauptpatent nicht unwesentlich erhöht werden, sondern es ergibt sich auch die Möglichkeit einer Kaustizierung zusätzlich eingeführter Mengen von Alkalicarbonat.

Dies kann bei einer Ausführungsform der Erfindung dadurch erreicht werden, daß der durch das Auslaugen der Reaktionsmasse gewonnenen Lösung frisches Alkalicarbonat in einer dem Bariumhydroxydbestandteil der Lösung entsprechenden Menge zugesetzt wird.

Es ist an sich bereits als vorteilhaft bekannt, bei der Cyanisierung und Verseifung von Alkalien Zuschläge von Bariumverbindungen zu benutzen.

Gegenüber jenen bekannten Verfahren aber besteht das Neue und Fortschrittliche der Erfindung darin, daß durch den Bariumzusatz gemäß der Erfindung nicht nur eine Cyanisierung mit vergrößerter Ammoniakausbeute durchgeführt, sondern auch die bei der Verseifung anfallende Bariumverbindung zugleich zur Herstellung größerer Mengen Alkalihydroxyd ausgenutzt werden kann. Da aber das Alkalihydroxyd wesentlich wertvoller ist als das Alkalicarbonat, ergibt sich eine außerordentliche technische Verbesserung in der Gewinnung des Hhydroxyds.

Die praktische Durchführung des erfindungsgemäßen Verfahrens zeigt folgendes

Ausführungsbeispiel

37,7 kg eines Gemisches von der Zusammensetzung: 12,6 % $NaHCO_3$ (98 % Reinheit), 19,2 % $BaCO_3$, 51,7 % Kohle, 16,5 % Feuchtigkeit wird fein vermahlen und zu kleinen Briketten verpreßt.

Die Brikette werden in einen von außen beheizten Schachtofen eingeführt, und der Ofeninhalt wird sodann auf etwa 1000° C aufgeheizt. Während einer Zeit von 6½ Stunden wird bei der hohen Temperatur des Gutes Stickstoff durch den Ofen geleitet.

Darauf wird durch Regelung der Heizung der Ofeninhalt bis auf etwa 500° C abgekühlt und der Einwirkung von Wasserdampf unterworfen, wodurch der an das Alkali und Barium gebundene Stickstoff als Ammoniak abgetrieben wird.

Bei der Verseifung werden 1,1 kg NH_3 gewonnen.

Der Schachtofen wird nach Abkühlung entleert und das Reaktionsgut mit Wasser ausgelaugt und gefiltert. In die warme Lauge werden sodann 0,5 kg Natriumcarbonat eingeführt, wodurch Bariumcarbonat ausgefällt wird. Die Kaustizierung des Natriumcarbonats und die Eindampfung des Natriumhydroxyds vollzieht sich in bekannter Weise, d. h. im fortlaufenden Betriebe werden die bei der Eindampfung ausfallenden Salze wiederholt aufgearbeitet.

Nach der Eindampfung der Lauge werden aus dem Schmelzkessel 2,46 kg Natriumhydroxyd mit einer Reinheit von 98 % abgezogen.

Aus dem vorstehenden Beispiel der praktischen Ausführung des erfindungsgemäßen Verfahrens geht der überraschende Vorteil, welcher in der Wahl der Bariumverbindung als Zuschlag für die Cyanisierungs- und Verseifungsmasse dient, anschaulich hervor. In keinem anderen ähnlich wohlfeilen Stoff, wie es das Bariumcarbonat ist, vereinigen sich die in dem obigen Beispiel hervorgehobenen Vorteile. Es ist jedenfalls äußerst überraschend, daß ohne Zwang zu besonderen Maßnahmen, also im Rahmen der ohnehin notwendigen Verfahrensstufen, ohne weiteres nicht nur eine Mehrgewinnung von Ammoniak, sondern auch eine wesentlich erhöhte Erzeugung eines so wertvollen Verkaufsprodukts, wie es das Alkalihydroxyd ist, durchgeführt werden kann.

Anstatt Alkalicarbonat als Ausgangsstoff für die Kaustizierung mit Bariumoxyd zu verwenden, ist es auch möglich, Alkalibicarbonat zu wählen. Bei einer Verwendung von Alkalibicarbonat wird die gewonnene Lauge zweckmäßig unter gelinder Erwärmung gehalten um die Umsetzung des Alkalibicarbonats in Alkalicarbonat zu unterstützen. Es setzt sodann sogleich eine Kaustizierung des Carbonats zu Hydroxyd ein. Da das Alkalibicarbonat ein billigeres Produkt darstellt als das Carbonat, so ist es in Weiterbildung des Verfahrens oft von Vorteil, das Bicarbonat als Ausgangsstoff für die Kaustizierung zu benutzen.

Patentansprüche:

1. Verfahren zur Erzeugung von Alkalihydroxyd nach Patent 555 168, dadurch

gekennzeichnet, daß als kaustizierender Erdalkalizuschlag Bariumcarbonat verwendet wird.

2. Verfahren nach Anspruch 1, dadurch gekennzeichnet, daß der durch das Auslaugen der Reaktionsmasse gewonnenen Lösung frisches Alkalicarbonat in einer dem Bariumhydroxydbestandteil der Lösung entsprechenden Menge zugesetzt wird.

Nr. 558750. (M. 109. 30.) Kl. 12l, 13. ALFRED MENTZEL IN BERLIN-SCHÖNEBERG.

Sodaverfahren mit Nebengewinnung von Ammoniak oder Ammonsulfat.

Vom 27. Aug. 1930. — Erteilt am 25. Aug. 1932. — Ausgegeben am 10. Sept. 1932. — Erloschen: ....

Es ist an sich bekannt, schwefelsaures Alkali in Gegenwart von kohlensaurem Kalk durch Einwirkung von Kohlenstoff und Stickstoff bei hoher Temperatur, z. B. 1000° C, zu Alkalicyanid, -cyanamid o. dgl. umzusetzen. Das Verfahren verläuft beispielsweise bei der Verarbeitung von Natriumsulfat zu Natriumcyanid gemäß folgender Formel:

$$Na_2SO_4 + 6\,C + CaCO_3 + N_2 = 2\,NaCN + CaS + 3\,CO + 2\,CO_2.$$

Der Erfindung liegt nun der Gedanke zugrunde, durch Einführung dieser bekannten Verfahrensstufe in den bekannten Leblancschen Sodaprozeß diesen insofern erheblich zu verbessern, als hierbei als Nebenprodukt durch Verseifung des Natriumcyanids Ammoniak oder Ammonsulfat anfällt. Hierdurch wird die bekanntlich bisher höchst fragwürdige Wirtschaftlichkeit dieses Prozesses ganz wesentlich gehoben.

Es ist allerdings schon früher vorgeschlagen worden, die bekannte Leblanc-Reaktion in Verbindung mit einem Cyanisierungs- und Verseifungsvorgang zu verwenden. Dies geschah aber ausschließlich zu dem Zweck der Erzeugung von Ammoniak, so daß eine Verbesserung des Sodaprozesses selbst nicht erzielt werden konnte.

Im Gegensatz hierzu soll gemäß der Erfindung ein abgeändertes Verfahren zur Herstellung von Soda nach L e b l a n c unter Nebengewinnung von Ammoniak oder Ammonsulfat darin bestehen, daß Natriumsulfat in Mischung mit Kohlenstoff und Kalk durch Einwirkung von Stickstoff bei hoher Temperatur in Natriumcyanid übergeführt und dieses zwecks Herstellung von calcinierter Soda unter Nebengewinnung von Ammoniak (das gegebenenfalls auf Ammonsulfat verarbeitet wird) verseift wird.

Außer dem grundlegenden Vorteil gegenüber dem alten Leblanc-Verfahren, der in der Nebengewinnung von Ammoniak zusätzlich zu der Soda besteht, werden noch weitere erhebliche Vorteile durch die neue Verfahrensweise erreicht. Diese Vorteile sind im wesentlichen durch die Zusammensetzung der Reaktionsmasse, ihre Struktur sowie ihre Verarbeitung begründet.

Die Zusammensetzung der Reaktionsmasse des Leblanc-Verfahrens ist bekanntlich im allgemeinen $^1/_3$ bis $^1/_2$ Kohle und $^2/_3$ bis $^6/_5$ Kalk auf 1 Teil Sulfat. Demgegenüber beträgt die Kohlenmenge bei dem erfindungsgemäßen Verfahren in der Regel wesentlich über 1 Teil bis zu 3 Teilen auf 1 Teil Sulfat, während die Kalkmenge in der Regel in gleicher Höhe wie bei dem Leblanc-Verfahren angewendet wird. Die größere Kohlenmenge ergibt sich zwanglos aus dem Kohlebedarf der Cyanisierung.

Die gegenüber dem Leblanc-Verfahren erheblich größere Kohlenmenge ergibt für die Reaktionsmasse des erfindungsgemäßen Verfahrens eine weit vorteilhaftere Struktur, weil die große Kohlenmenge im Zusammenhang mit der für eine Cyanisierung bekanntlich stets notwendigen Pulverfeinheit aller Stoffe ein Ausschmelzen des Alkalis verhindert. Es wird vielmehr das in sehr feiner Verteilung in der gesamten Masse verbreitete Alkali in der Glühhitze von den Feststoffen festgehalten, so daß die Struktur der gesamten Masse ein lockeres und poriges Gefüge aufweist im Gegensatz zu der Schmelze des Leblanc-Prozesses.

Ein derartiges Produkt ist aber naturgemäß wesentlich einfacher industriell zu verarbeiten als eine im Schmelzfluß befindliche Masse, wie sie bei dem Leblanc-Verfahren bekanntlich in rotierenden Öfen unter dauernder sorgfältiger Beobachtung der Masse und Zugabe richtig abgepaßter besonderer Zuschläge behandelt werden muß. Demgemäß hängt der Erfolg der Verarbeitung einer Leblanc-Schmelze auch in hohem Maße von der persönlichen Geschicklichkeit der Bedienungsmannschaft ab, während sich die Reaktionen bei dem erfindungsgemäßen Verfahren infolge der Pulverfeinheit aller Stoffe und der daraus folgenden engen Nachbarschaft aller Teilchen ohne besondere Schwierigkeiten vollziehen.

Infolge der Unterschiede in der Zusammensetzung und Struktur der Reaktionsmassen bei den beiden verglichenen Verfahren liegen aber nicht nur bezüglich der Durcharbeitung der Masse die größeren Schwierigkeiten auf seiten der Leblanc-Schmelze, sondern auch hinsichtlich der Aufbereitung der Masse bestehen für das Leblanc-Verfahren ungünstigere Verhältnisse als für die Reaktionsmasse des erfindungsgemäßen Verfahrens. Einmal ist es bekanntlich an sich schon sehr schwierig, den richtigen Zeitpunkt abzupassen, zu welchem die Leblanc-Schmelze abgelassen werden muß, damit ein für die Auslaugung einigermaßen brauchbares Gefüge der erkalteten Masse erhalten wird, sodann ist aber dieses aus dem Schmelzfluß gewonnene Material naturgemäß stets schwieriger auszulaugen als ein aus einem Glühprozeß in hochporöser Form anfallendes, feinpulveriges Gemenge. Es bestehen somit auch wesentliche Vorteile des erfindungsgemäßen Verfahrens gegenüber dem Leblanc-Prozeß bei der endgültigen Gewinnung der Soda aus der Reaktionsmasse.

Die Herstellung von calcinierter Soda unter Gewinnung von Ammoniak als Nebenprodukt durch Verseifung des Natriumcyanids bei etwa 400 bis 500° C verläuft gemäß folgender Formel:

$$2\,NaCN + 4\,H_2O$$
$$= Na_2CO_3 + CO + H_2 + 2\,NH_3.$$

Zur Erzeugung weiterer Ammoniakmengen ist es zweckmäßig, den durch Verseifung der Natrium - Stickstoff - Verbindung gebildeten Rückstand vor der Auslaugung des Carbonats durch nochmalige Cyanisierung in Natriumcyanid, -cyanamid o. dgl. umzusetzen und dieses wiederum zu verseifen und den Gesamtvorgang gegebenenfalls einige Male zu wiederholen.

Will man statt Ammoniak als Nebenprodukt der Sodagewinnung Ammonsulfat unmittelbar aus dem Verfahren gewinnen, so verfährt man zweckmäßig wie folgt:

Die gemäß der oben wiedergegebenen Formel bei der Darstellung von Cyanid entfallende Schwefelverbindung, z. B. Schwefelcalcium, CaS, kann ohne weiteres und mit Vorteil z. B. durch Behandlung mit Kohlensäure und Wasser bei entsprechenden Bedingungen in Carbonat, welches zweckmäßig wieder in den Cyanisierungsprozeß eingeführt werden kann, und Schwefelwasserstoff umgewandelt werden. Die Umsetzung von Schwefelwasserstoff mit Sauerstoff, zweckmäßig in Gegenwart von Katalysatoren, liefert in bekannter Weise mit H_2O Schwefelsäure. Durch Umsetzung dieser Schwefelsäure mit dem bei der Verseifung des erzeugten Cyanids, Cyanamids o. dgl. erzeugten Ammoniak kann also mit Vorteil nach an sich bekanntem Vorgang Ammonsulfat als wertvolles Düngemittel gewonnen werden. Andererseits ist es natürlich nicht notwendig, die beiden Erzeugnisse Ammoniak und Schwefelsäure auf Ammonsulfat zu verarbeiten, sie können selbstverständlich auch einzeln verwertet werden, da jedes für sich ein begehrtes Rohprodukt der chemischen Großindustrie darstellt.

Als kohlenstoffhaltiges Reagens bei der Cyanisierungsstufe kann mit Vorteil sowohl Koks wie auch Kohle verwendet werden. Koks ist deshalb besonders brauchbar, weil er den Kohlenstoff in besonders hochaktiver Form darbietet, während andererseits Kohle, zumal Rohkohle, sich durch Billigkeit auszeichnet und die Gewinnung ihrer nutzreichen und wertvollen Nebenprodukte sich leicht mit dem Hauptverfahren verbinden läßt. Ferner kann bei der Verwendung von Kohle oder Koks als Kohlenstoffträger mit dem erfindungsgemäßen Verfahren eine Ausnutzung des in der Kohle oft in ausnutzbaren Mengen enthaltenen Schwefels verbunden werden. Es erfolgt dann, wie ohne weiteres erkennbar ist, eine gewisse zusätzliche Erzeugung von Schwefelsäure, deren Gewinnung sich aus dem Gang des Verfahrens ohne nennenswert vermehrte Aufwendungen ergibt.

Ausführungsbeispiel

1 000 kg Natriumsulfat werden zusammen mit 1 220 kg Steinkohle und 930 kg Kalk vermischt und fein gemahlen.

Die Masse wird sodann einem beheizten Cyanisierapparat zugeführt und der Einwirkung von Stickstoff bei einer Temperatur von etwa 1 000° C unterworfen.

Nach der Cyanisierung wird die Masse ausgeschleust und einem Verseifungsapparat zugeleitet. In diesem Verseifungsapparat wird die Masse der Behandlung durch Wasserdampf bei ungefähr 450° C unterworfen. Dabei werden 145 kg Ammoniak abgetrieben.

Nach der Verseifung wird die abgekühlte Masse in einen Auslaugebehälter eingeführt und die Soda durch Wasser ausgelaugt. Der feste Rückstand und die Lauge sind in bekannter Weise zu trennen, und die Lauge ist gegebenenfalls von etwa vorhandenen Verunreinigungen zu befreien. Aus der Lauge werden dann 500 kg von einer Reinheit von 98% gewonnen.

Der feste, nach der Auslaugung verbleibende Rückstand wird nach dem Verfahren von Chance mit Wasser zu einem dünnen Brei angerührt und in mehreren hintereinandergeschalteten Zylindern mit Kalkofenkohlensäure geblasen. Die entweichenden schwefelwasserstoffhaltigen Endgase werden zwecks Bildung von Anhydrid verbrannt, und das Anhydrid wird sodann nach dem Kontaktverfahren in Schwefelsäure umgesetzt.

Auf diese Weise werden 520 kg Schwefelsäure erhalten.

Die Umsetzung von Schwefelsäure mit dem bei der Verseifung gewonnenen Ammoniak liefert 550 kg Ammoniumsulfat.

PATENTANSPRÜCHE:

1. Abgeändertes Verfahren zur Herstellung von Soda nach Leblanc unter Nebengewinnung von Ammoniak oder Ammonsulfat, dadurch gekennzeichnet, daß Natriumsulfat in Mischung mit Kohlenstoff und Kalk durch Einwirkung von Stickstoff bei hoher Temperatur in Natriumcyanid übergeführt und dieses zwecks Herstellung von calcinierter Soda unter Nebengewinnung von Ammoniak (das gegebenenfalls auf Ammonsulfat verarbeitet wird) verseift wird, worauf aus dem durch die Verseifung erhaltenen Produkt das Carbonat ausgelaugt wird.

2. Verfahren nach Anspruch 1, dadurch gekennzeichnet, daß der im Verfahren anfallende Schwefelwasserstoff in bekannter Weise auf Schwefelsäure verarbeitet und diese mit dem im gleichen Prozeß gewonnenen Ammoniak zu Ammonsulfat umgesetzt wird.

3. Abänderung des Verfahrens nach Anspruch 1, dadurch gekennzeichnet, daß zur Nebengewinnung weiterer Ammoniakmengen der durch Verseifung der Cyanisierungsprodukte gewonnene Rückstand vor der Auslaugung des Carbonats noch einige Male cyanisiert und verseift wird.

Nr. 557618. (A. 62023.) Kl. 12l, 13. ALTERUM KREDIT-AKT.-GES. IN BERLIN.

Herstellung von Alkalihydroxyd oder -carbonat, Chlorammon und Schwefelsäure aus Alkalichlorid und schwefliger Säure.

Vom 22. Mai 1931. — Erteilt am 10. Aug. 1932. — Ausgegeben am 25. Aug. 1932. — Erloschen: 1934.

Durch das Verfahren gemäß der Erfindung soll in einem technologisch einheitlichen Prozeß aus den beiden Rohstoffen Alkalichlorid und schweflige Säure eine Anzahl wertvoller Handelsprodukte der chemischen Großindustrie gewonnen werden. Diese Zusammenfassung von Einzelprozessen ergibt einerseits eine neuartige Gewinnung von Soda bzw. Pottasche (oder Alkalihydrat) und anderseits eine höchst wirtschaftliche Herstellung von Chlorammon und Schwefelsäure. Die als Ausgangsstoff dienende schweflige Säure kann vorzugsweise aus den Röstgasen sulfidischer Erze herrühren.

Demgemäß soll nach der Erfindung die Herstellung von Alkalihydroxyd oder -carbonat, Chlorammon und Schwefelsäure aus Alkalichlorid und schwefliger Säure durch folgende Maßnahmen erfolgen:

a) schweflige Säure und Alkalichlorid werden zu Alkalisulfat und Salzsäure umgesetzt;

b) das Alkalisulfat aus a wird im Gemisch mit Kohle und Kalk cyanisiert;

c) das Alkalicyanid aus b wird verseift zwecks Bildung von Alkalihydroxyd oder -carbonat und Ammoniak;

d) aus dem Calciumsulfid aus b wird Schwefelwasserstoff gewonnen und zu Schwefelsäure verarbeitet;

e) das Ammoniak aus c wird mit der Salzsäure aus a zu Chlorammonium umgesetzt.

Der Grundgedanke der Erfindung faßt, wie sich aus der oben gegebenen technischen Regel ergibt, das bekannte Hargreaves-Verfahren, wonach schweflige Säure auf Alkalichlorid zur Einwirkung gebracht wird, mit der Cyanisierung und Verseifung von Alkalien zu einem neuartigen Verfahren zusammen. Die fortschrittliche Wirkung dieser Zusammenfassung besteht nun darin, daß sich die sehr dünne Salzsäure des Hargreaves-Prozesses, die bei den bisher üblichen Anwendungen dieses Prozesses nicht ohne weiteres verwendbar war, sondern erst konzentriert werden mußte, mit dem bei der Verseifung des Alkalis anfallenden Ammoniak ohne diese bisher notwendige Konzentration zu Chlorammonium verarbeiten läßt. Hierdurch werden somit eine sonst notwendige Verfahrensstufe und die damit zusammenhängenden Aufwendungen an Wärme, Apparaturen u. dgl. erspart.

Das Ammoniak und die Salzsäure entstehen bei hoher Temperatur; es entfällt daher bei der Vereinigung bei entsprechend hoher Temperatur ein trockenes Chlorammoniumsalz, welches bekanntlich bei einer über dem Siedepunkt des Wassers liegenden Temperatur kondensiert.

PATENTANSPRUCH:

Herstellung von Alkalihydroxyd oder -carbonat, Chlorammon und Schwefelsäure aus Alkalichlorid und schwefliger Säure durch folgende Maßnahmen:

a) schweflige Säure und Alkalichlorid werden zu Alkalisulfat und Salzsäure umgesetzt;

b) das Alkalisulfat aus a wird im Gemisch mit Kohle und Kalk cyanisiert;

c) das Alkalicyanid aus b wird verseift zwecks Bildung von Alkalihydroxyd oder -carbonat und Ammoniak;

d) aus dem Calciumsulfid aus b wird Schwefelwasserstoff gewonnen und zu Schwefelsäure verarbeitet;

e) das Ammoniak aus c wird mit der Salzsäure aus a zu Chlorammonium umgesetzt.

Nr. 510093. (M. 109409.) Kl. 12l, 13. ALFRED MENTZEL IN BERLIN-SCHÖNEBERG.

Verfahren zur Herstellung von Ätznatron und Chlorammonium.

Vom 27. März 1929. — Erteilt am 2. Okt. 1930. — Ausgegeben am 20. Febr. 1931. — Erloschen: . . . .

Die Erfindung bezieht sich auf die Herstellung von Ätznatron und Chlorammonium. Ihr liegt der Gedanke zugrunde, den allgemein bekannten Ammoniaksodaprozeß mit den ebenfalls bekannten Methoden der Cyanisierung von Alkalicarbonaten bzw. Alkalibicarbonaten und der Verseifung der betreffenden Cyanide zu kombinieren.

Demgemäß stellt der Erfindungsgegenstand ein Verfahren zur Herstellung von Ätznatron und Chlorammonium dar, darin bestehend, daß das in Durchführung des Ammoniaksodaprozesses anfallende feste Natriumbicarbonat in Mischung mit Kohlenstoff durch Einwirkung von Stickstoff in Natriumcyanid übergeführt, letzteres durch Behandlung mit Wasserdampf unter Gewinnung von Ätznatron gespalten und das hierbei gleichzeitig anfallende Ammoniak in den Ammoniaksodaprozeß eingeführt und als Chlorammonium gewonnen wird.

Durch dieses Verfahren wird ermöglicht, unter Einsatz von Kochsalz, Kohlensäure bzw. Kohlenstoff und Stickstoff sowie Wasserdampf in einem technologisch einheitlichen Arbeitsgang zu den bezeichneten Endprodukten zu gelangen, während bei einem bekannten Verfahren das Ammoniak in einem angegliederten Nebenbetrieb gewonnen wird.

Ein weiterer wesentlicher Vorteil des neuen Verfahrens besteht darin, daß durch die von der bei dem Ammoniaksodaverfahren üblichen Verfahrensweise abweichende Durchführung der Kaustizierung der bekanntlich außerordentlich lästige Kalkschlamm als Abfallprodukt in Wegfall kommt.

Diese Vorteile unterscheiden das neue Verfahren auch von einem vorbekannten Verfahren von C a r o, bei dem die Durchführung des Ammoniaksodaprozesses unter Gewinnung von festem Salmiak aus im Nebenbetrieb durch Zersetzung von Kalkstickstoff gewonnenem Ammoniak bewirkt wird.

Im übrigen beruht der schutzfähige Gedanke der Erfindung lediglich in der Kombination als solcher, während die einzelnen Betriebsphasen in bekannter Weise verlaufen.

Die Durchführung des neuen Verfahrens ergibt sich im einzelnen aus folgendem Ausführungsbeispiel:

Nach dem bekannten Ammoniaksodaverfahren wird in ammoniakalische Kochsalzlösung Kohlensäure geleitet. Die Reaktion verläuft nach der Formel:

$$2\,NH_3 + 2\,NaCl + 2\,H_2O + 2\,CO_2 = 2\,NaHCO_3 + 2\,NH_4Cl.$$

Das entfallende Natriumbicarbonat wird von der restierenden Chlorammoniumlauge durch Filtrieren o. dgl. getrennt und aus der Chlorammoniumlauge festes Chlorammonium nach irgendeinem bekannten Verfahren gewonnen.

Das Natriumbicarbonat wird nun im Gemisch mit Kohle bei hoher Temperatur mit Stickstoff behandelt, wodurch Natriumcyanid gebildet wird. Diese Umsetzung vollzieht sich, da das Gemisch bei der Aufheizung auf die Cyanisierungstemperatur (z. B. 1000° C) die zur Calcinierung des Natriumbicarbonats erforderliche Temperatur von 300 bis 400° C durchläuft, nach den beiden Formeln

Calcinierung:

$$2\,NaHCO_3 = Na_2CO_3 + CO_2 + H_2O;$$

Cyanisierung:

$$Na_2CO_3 + 4\,C + N_2 = 2\,NaCN + 3\,CO.$$

Durch die Behandlung des Natriumcyanids mit Wasserdampf bei geringerer, etwa zwischen 400° und 500° C liegender Temperatur, wird das Natriumcyanid in Ätznatron und Ammoniak gespalten. Die Umsetzung geht nach der Gleichung:

$$2\,NaCN + 4\,H_2O = 2\,NaOH + 2\,CO + 2\,NH_3.$$

Das auf diese Weise gewonnene Ammoniak dient zusammen mit neuem Kochsalz zur Herstellung einer neuen ammoniakalischen Kochsalzlösung, aus welcher durch Wiederholung des beschriebenen Prozesses wiederum Ätznatron und Chlorammonium gewonnen werden.

Patentanspruch:

Verfahren zur Herstellung von Ätznatron und Chlorammonium, dadurch gekennzeichnet, daß das in Durchführung des Ammoniaksodaprozesses anfallende feste Natriumbicarbonat in Mischung mit Kohlenstoff durch Einwirkung von Stickstoff in Natriumcyanid übergeführt, letzteres durch Behandlung mit Wasserdampf unter Gewinnung von Ätznatron gespalten und das hierbei gleichzeitig anfallende Ammoniak in den Ammoniaksodaprozeß eingeführt und als Chlornatrium*) gewonnen wird.

F. P. 690680.

Weitere Auslandspatente bei D. R. P. 557619, S. 2641.

*) Druckfehlerberichtigung: Chlorammonium.

Nr. 530648. (M. 34. 30.) Kl. 12l, 13. Alfred Mentzel in Berlin-Schöneberg.

Herstellung von Natriumcarbonat und Chlorammonium.

Vom 21. Mai 1930. — Erteilt am 16. Juli 1931. — Ausgegeben am 14. Dez. 1931. — Erloschen: . . . .

Die Erfindung bezieht sich auf die Herstellung von Natriumcarbonat und Chlorammonium.

Ihr liegt der Gedanke zugrunde, den allgemein bekannten Ammoniaksodaprozeß mit den ebenfalls bekannten Methoden der Cyanisierung von Alkalibicarbonaten und der Verseifung der betreffenden Cyanide zu kombinieren.

Demgemäß stellt der Erfindungsgegenstand ein Verfahren zur Herstellung von Natriumcarbonat und Chlorammonium dar, darin bestehend, daß das in Durchführung des Ammoniaksodaprozesses anfallende feste Natriumbicarbonat in Mischung mit Kohlenstoff durch Einwirkung von Stickstoff in Natriumcyanid übergeführt, letzteres durch Behandlung mit Wasserdampf unter Gewinnung von Natriumcarbonat gespalten und das hierbei gleichzeitig anfallende Ammoniak in den Ammoniaksodaprozeß eingeführt und als Chlorammonium gewonnen wird.

Durch dieses Verfahren wird ermöglicht, unter Einsatz von Kochsalz, Kohlensäure bzw. Kohlenstoff und Stickstoff sowie Wasserdampf in einem technologisch einheitlichen Arbeitsgang zu den bezeichneten Endprodukten zu gelangen, während bei einem bekannten Verfahren das Ammoniak in einem angegliederten Nebenbetrieb gewonnen wird.

Diese Vorteile unterscheiden das neue Verfahren im besonderen von einem vorbekannten Verfahren von Caro, das ebenfalls zur Erzeugung von Natriumcarbonat (Ammoniaksoda) dient und bei dem die Durchführung des Ammoniaksodaprozesses unter Gewinnung von festem Salmiak aus im Nebenbetrieb durch Zersetzung von Kalkstickstoff gewonnenem Ammoniak bewirkt wird.

Im übrigen beruht der schutzfähige Gedanke der Erfindung lediglich in der Kombination als solcher, während die einzelnen Betriebsphasen in bekannter Weise verlaufen.

Die Durchführung des neuen Verfahrens ergibt sich im einzelnen aus folgendem Ausführungsbeispiel:

Nach dem bekannten Ammoniaksodaverfahren wird in ammoniakalische Kochsalzlösung Kohlensäure geleitet. Die Reaktion verläuft nach der Gleichung:

$$2\,NH_3 + 2\,NaCl + 2\,H_2O + 2\,CO_2 = 2\,NaHCO_3 + 2\,NH_4Cl.$$

Das entfallende Natriumbicarbonat wird von der restierenden Chlorammonlauge durch Filtrieren o. dgl. getrennt und aus der Chlorammonlauge festes Chlorammon nach irgendeinem bekannten Verfahren gewonnen.

Das Natriumbicarbonat wird nun im Gemisch mit Kohle bei hoher Temperatur mit Stickstoff behandelt, wodurch Natriumcyanid gebildet wird. Diese Umsetzung ist durch folgende Gleichung darzustellen:

$$2\,NaHCO_3 + 4\,C + N_2 = 2\,NaCN + CO_2 + 3\,CO + H_2O.$$

Durch die an sich bekannte, vorwiegend bei Temperaturen zwischen 380 bis 450° C verlaufende Behandlung des Natriumcyanids mit Wasserdampf wird das Natriumcyanid in Natriumcarbonat und Ammoniak gespalten gemäß der Gleichung:

$$2\,NaCN + 4\,H_2O = Na_2CO_3 + CO + H_2 + 2\,NH_3.$$

Das auf diese Weise gewonnene Ammoniak dient zusammen mit neuem Kochsalz zur Herstellung einer neuen ammoniakalischen Kochsalzlösung, aus welcher durch Wiederholung des beschriebenen Prozesses wiederum Natriumcarbonat und Chlorammonium gewonnen werden.

Patentanspruch:

Verfahren zur Herstellung von Natriumcarbonat und Chlorammonium, dadurch gekennzeichnet, daß das in Durchführung des Ammoniaksodaprozesses anfallende feste Natriumbicarbonat in Mischung mit Kohlenstoff durch Einwirkung von Stickstoff in Natriumcyanid übergeführt, letzteres durch Behandlung mit Wasserdampf unter Gewinnung von Natriumcarbonat gespalten und das hierbei gleichzeitig anfallende Ammoniak in den Ammoniaksodaprozeß eingeführt und als Chlorammonium gewonnen wird.

Nr. 543981. (M. 72. 30.) Kl. 12 l, 13. Alfred Mentzel in Berlin-Schöneberg.

Herstellung von Ätznatron und Chlorammonium unter gleichzeitiger Gewinnung von Ammoniak.

Vom 23. Aug. 1930. — Erteilt am 28. Jan. 1932. — Ausgegeben am 12. Febr. 1932. — Erloschen: 1934.

Das Verfahren gemäß der Erfindung dient der Weiterausbildung eines von dem Erfinder selbst vorgeschlagenen Verfahrens zur Herstellung von Ätznatron und Chlorammonium, bei dem das in Durchführung des Ammoniaksodaprozesses anfallende feste Natriumbicarbonat in Mischung mit Kohlenstoff durch Einwirkung von Stickstoff in Natriumcyanid übergeführt, letzteres durch Behandlung mit Wasserdampf unter Gewinnung von Ätznatron gespalten und das hierbei gleichzeitig anfallende Ammoniak in den Ammoniaksodaprozeß eingeführt und als Chlorammonium gewonnen wird mit dem Ziel, gleichzeitig die Gewinnung von überschüssigem Ammoniak zu ermöglichen. Es besteht darin, daß die Stickstoffeinwirkung mit darauffolgender Wasserdampfbehandlung mit der gleichen Reaktionsmasse mehrfach wiederholt wird.

Es ist allerdings an sich bekannt, Ammoniak durch Cyanisieren von Alkalihydroxyden oder -carbonaten und Verseifen der entstandenen Verbindungen herzustellen, wobei die als Ausgangsstoffe dienenden Hydroxyde oder -carbonate zurückgebildet werden.

Demgegenüber ist die neue technische Regel des Erfinders ausschließlich in der Verbindung dieser Verfahrensstufe mit dem oben aufgezeigten Verfahren zur Herstellung von Ätznatron und Chlorammonium in Anlehnung an den bekannten Ammoniaksodaprozeß zu erblicken. Daß hierdurch erhebliche Vorteile erreicht werden können, ergibt sich aus folgenden Erwägungen. Zunächst ist festzuhalten, daß das neue Verfahren sich keineswegs als ein Verfahren zur Herstellung von Ammoniak durch Cyanisierung von Alkalihydroxyden und Verseifen der entstandenen Verbindungen unter Zurückbildung der Ausgangsstoffe darstellt. Das Verfahren ist und bleibt vielmehr ein Verfahren zur Herstellung von Ätznatron und Chlorammonium nach der von dem Erfinder vorgeschlagenen Verfahrensweise. Der wesentliche Unterschied gegenüber dem erwähnten Cyanisierverfahren zur Herstellung von Ammoniak ist vielmehr darin zu sehen, daß beim neuen Verfahren die Cyanisierung und Verseifung der Reaktionsmasse in erster Linie den Zweck hat, Ätznatron und Chlorammonium zu gewinnen. Es würde also der vorgeschlagenen Verfahrensweise zuwiderlaufen und ihren Zweck vereiteln, wenn man die vorgeschlagene Wiederbenutzung der gleichen Stoffe zum Zwecke der Gewinnung von überschüssigem Ammoniak praktisch endlos wiederholen wollte. Damit das Ätznatron und Chlorammonium Hauptprodukte und das überschüssige Ammoniak Nebenprodukte bleiben, kann also nur eine etwa zwei- oder dreimal wiederholte Verwendung desselben Alkalibestandteils in Frage kommen, worauf dieser Alkalibestandteil aus dem Prozeß als Verkaufsprodukt abgeführt wird, um durch neue Stoffmengen ersetzt zu werden. Dies liegt im Wesen der Sache insofern, als der Hauptvorteil des neuen Verfahrens darin liegt, daß die Gewinnung des überschüssigen Ammoniaks mit überraschend geringen Kosten gelingt, was nicht der Fall wäre, wenn die Ammoniakgewinnung zum Hauptverfahren würde. Wird das Verfahren aber unter Verwendung nur sehr weniger Wiederholungen durchgeführt, so liegt das Eintreten der erwünschten Vorteile auf der Hand. Die Anlagen zur Bereitung der Ausgangsstoffe in der richtigen Form und Zusamensetzung sind nämlich für den Hauptprozeß ohnehin notwendig und vorhanden, ebenso die Anlagen zur Verarbeitung des Gutes in dem Cyanidofen sowie zur Verseifung der gebildeten cyanidhaltigen Massen. Es kommen also an Gestehungskosten für das zusätzlich gewonnene Ammoniak nur der geringe Mehraufwand an Kohle, Wasserdampf und Bedienungskosten in Betracht. Ein weiterer Vorteil ergibt sich aus der Tatsache, daß durch die Verwendung von Kohle eine gewisse Menge an Asche- und Schlackenbestandteilen in das Reaktionsgut gebracht wird. Da nun bei mehrmaliger Cyanisierung und Verseifung derselben Alkalimenge Kohlenstoff verbraucht wird, müssen neue Kohlenmengen zugeführt werden. Dadurch wird eine Anreicherung der gesamten Reaktionsmasse an Fremdstoffen herbeigeführt, die naturgemäß nicht zu groß werden darf. Somit war es bei der üblichen, bisher gepflogenen wiederholten Cyanisierung und Verseifung von Alkalien zum Zweck der Ammoniakgewinnung notwendig, die Reaktionsmasse von Zeit zu Zeit durch Auslaugen in den reinen Alkalibestand und die Fremdstoffe zu trennen. Sodann wurde das gereinigte Alkali wieder neu im Kreislauf verwendet, bis die Anreicherung mit Fremdstoffen wieder eine Reinigung erforderlich machte.

Dieser besondere Reinigungsprozeß fällt für die Ammoniakgewinnung bei dem erfindungsgemäßen Verfahren vollständig weg, weil die als Handelsprodukt abgeführten festen Produkte (Ätznatron und Chlorammonium) sowieso gereinigt werden müssen.

Die Durchführung des neuen Verfahrens ergibt sich im einzelnen aus folgendem Ausführungsbeispiel:

Nach dem bekannten Ammoniaksodaverfahren wird in ammoniakalische Kochsalzlösung Kohlensäure geleitet. Das entfallende Natriumbicarbonat wird von der restierenden Chlorammoniumlauge durch Filtrieren o. dgl. getrennt, und aus der Chlorammoniumlauge wird festes Chlorammon nach irgendeinem bekannten Verfahren gewonnen.

Das Natriumbicarbonat wird nun im Gemisch mit Kohle unter hoher Temperatur mit Stickstoff behandelt, wodurch Natriumcyanid gebildet wird.

Durch Behandlung des Natriumcyanids mit Wasserdampf bei geringerer, etwa zwischen 400 und 500° C liegender Temperatur wird das Natriumcyanid in Ätznatron und Ammoniak gespalten.

Nach der Erfindung werden nun die Verfahrensstufen der Stickstoffeinwirkungen und darauffolgenden Wasserdampfeinwirkung mit der gleichen Reaktionsmasse zunächst einige Male wiederholt. Die Zahl der Wiederholungen richtet sich nach der Größe des gewünschten Ammoniaküberschusses.

Von dem auf die oben aufgezeigte Weise gewonnenen Ammoniak dient der erforderliche Anteil zusammen mit neuem Kochsalz zur Herstellung einer neuen ammoniakalischen Kochsalzlösung, aus der durch Wiederholung des beschriebenen Gesamtprozesses wiederum Ätznatron und Chlorammon gewonnen werden.

Der überschießende Teil des angefallenen Ammoniaks steht zur beliebigen Weiterverwendung zur Verfügung; er kann, wie bereits oben erwähnt, beispielsweise zur Gewinnung weiterer stickstoffhaltiger Düngemittel und in Verbindung mit dem im Verfahren angefallenen Chlorammonium zur Erzeugung von Mischdünger verwendet werden.

Patentanspruch:

Verfahren zur Herstellung von Ätznatron und Chlorammonium, wobei das in Durchführung des Ammoniaksodaprozesses anfallende feste Natriumbicarbonat in Mischung mit Kohlenstoff durch Einwirkung von Stickstoff in Natriumcyanid übergeführt, letzteres durch Behandlung mit Wasserdampf unter Gewinnung von Ätznatron gespalten und das hierbei gleichzeitig anfallende Ammoniak in den Ammoniaksodaprozeß eingeführt und als Chlorammonium gewonnen wird, dadurch gekennzeichnet, daß zur gleichzeitigen Gewinnung von überschüssigem Ammoniak die Stickstoffeinwirkung mit darauffolgender Wasserdampfbehandlung mit der gleichen Reaktionsmasse mehrfach wiederholt wird.

Nr. 545498. (M. 116714.) Kl. 12 l, 13. Alfred Mentzel in Berlin-Schöneberg.

Herstellung von Natriumcarbonat und Chlorammonium unter gleichzeitiger Gewinnung von Ammoniak.

Vom 23. Aug. 1930. — Erteilt am 11. Febr. 1932. — Ausgegeben am 2. März 1932. — **Erloschen: 1934.**

Das Verfahren gemäß der Erfindung dient der Weiterausbildung eines von dem Erfinder selbst vorgeschlagenen Verfahrens zur Herstellung von Natriumcarbonat und Chlorammonium, bei dem das in Durchführung des Ammoniaksodaprozesses anfallende feste Natriumbicarbonat in Mischung mit Kohlenstoff durch Einwirkung von Stickstoff in Natriumcyanid übergeführt, letzteres durch Behandlung mit Wasserdampf unter Gewinnung von Natriumcarbonat gespalten und das hierbei gleichzeitig anfallende Ammoniak in den Ammoniaksodaprozeß eingeführt und als Chlorammonium gewonnen wird, mit dem Ziel, gleichzeitig die Gewinnung von überschüssigem Ammoniak zu ermöglichen. Es besteht darin, daß die Stickstoffeinwirkung mit darauffolgender Wasserdampfbehandlung mit der gleichen Reaktionsmasse mehrfach wiederholt wird.

Es ist allerdings an sich bekannt, Ammoniak durch Cyanisieren von Alkalihydroxyden oder -carbonaten und Verseifen der entstandenen Verbindungen herzustellen, wobei die als Ausgangsstoffe dienenden Hydroxyde oder Carbonate zurückgebildet werden.

Demgegenüber ist die neue technische Regel des Erfinders ausschließlich in der Verbindung dieser Verfahrensstufe mit dem oben aufgezeigten Verfahren zur Herstellung von Natriumcarbonat und Chlorammonium in Anlehnung an den bekannten Ammoniaksodaprozeß zu erblicken. Daß hierdurch erhebliche Vorteile erreicht werden können, ergibt sich aus folgenden Erwägungen. Zunächst ist festzuhalten, daß das neue Verfahren sich keineswegs als ein Verfahren zur Herstellung von Ammoniak durch Cyanisierung von Alkalihydroxyden und Verseifen der entstandenen Verbindungen unter Zurückbildung der Ausgangsstoffe darstellt. Das Verfahren ist und bleibt vielmehr ein Verfahren zur Herstellung von Natriumcarbonat und Chlorammonium nach der von dem Erfinder vorgeschlagenen Verfahrensweise. Der wesentliche Unterschied gegenüber dem erwähnten Cyanisierverfahren zur Herstellung von Ammoniak ist vielmehr darin zu sehen, daß beim neuen Verfahren die Cyanisierung und Verseifung der Reaktionsmasse in erster Linie den Zweck hat, Natriumcarbonat und Chlorammonium zu gewinnen. Es würde also der vorgeschlagenen Verfahrensweise zuwiderlaufen und ihren Zweck vereiteln, wenn man die vorgeschlagene Wiederbenutzung der gleichen Stoffe zum Zwecke der Gewinnung von überschüssigem Ammoniak praktisch endlos wiederholen wollte. Damit das Natriumcarbonat und Chlorammonium Hauptprodukte und das überschüssige Ammoniak Nebenprodukt bleiben, kann also nur eine etwa zwei- oder dreimal wiederholte Verwendung desselben Alkalibestandteils in Frage kommen, worauf dieser Alkalibestandteil aus dem Prozeß als Verkaufsprodukt abgeführt wird, um durch neue Stoffmengen ersetzt zu werden. Dies liegt im Wesen der Sache insofern, als der Hauptvorteil des neuen Verfahrens darin liegt, daß die Gewinnung des überschüssigen Ammoniaks mit überraschend geringen Kosten gelingt, was nicht der Fall wäre, wenn die Ammoniakgewinnung zum Hauptverfahren würde. Wird das Verfahren aber unter Verwendung nur sehr weniger Wiederholungen durchgeführt, so liegt das Eintreten der erwünschten Vorteile auf der Hand. Die Anlagen zur Bereitung der Ausgangsstoffe in der richtigen Form und Zusammensetzung sind nämlich für den Hauptprozeß ohnehin notwendig und vorhanden, ebenso die Anlagen zur Verarbeitung des Gutes in dem Cyanidofen sowie zur Verseifung der gebildeten cyanidhaltigen Massen. Es kommen also an Gestehungskosten für das zusätzlich gewonnene Ammoniak nur der geringe Mehraufwand an Kohle, Wasserdampf und Bedienungskosten in Betracht. Ein weiterer Vorteil ergibt sich aus der Tatsache, daß durch die Verwendung von Kohle eine gewisse Menge an Asche- und Schlackenbestandteilen in das Reaktionsgut gebracht wird. Da nun bei mehrmaliger Cyanisierung und Verseifung derselben Alkalimenge Kohlenstoff verbraucht wird, müssen neue Kohlenmengen zugeführt werden. Dadurch wird eine Anreicherung der gesamten Reaktionsmasse an Fremdstoffen herbeigeführt, die naturgemäß nicht zu groß werden darf. Somit war es bei der üblichen, bisher gepflogenen wiederholten Cyanisierung und Verseifung von Alkalien zum Zweck der Ammoniakgewinnung notwendig, die Reaktionsmasse von Zeit zu Zeit durch Auslaugen in den reinen Alkalibestandteil und die Fremdstoffe zu trennen. Sodann wurde das gereinigte Alkali wieder neu im Kreislauf verwendet, bis die Anreicherung mit Fremdstoffen wieder eine Reinigung erforderlich machte.

Dieser besondere Reinigungsprozeß fällt für die Ammoniakgewinnung bei dem erfindungsgemäßen Verfahren vollständig weg, weil die als Handelsprodukt abgeführten festen Produkte (Natriumcarbonat und Chlorammonium) sowieso gereinigt werden müssen.

Die Durchführung des neuen Verfahrens ergibt sich im einzelnen aus folgendem Ausführungsbeispiel:

Nach dem bekannten Ammoniaksodaverfahren wird in ammoniakalische Kochsalzlösung Kohlensäure geleitet. Das entfallende Natriumbicarbonat wird von der restierenden Chlorammonlauge durch Filtrieren o. dgl. getrennt und aus der Chlorammoniumlauge festes Chlorammon nach irgendeinem bekannten Verfahren gewonnen.

Das Natriumbicarbonat wird nun im Gemisch mit Kohle unter hoher Temperatur mit Stickstoff behandelt, wodurch Natriumcyanid gebildet wird.

Durch Behandlung des Natriumcyanids mit Wasserdampf bei geringerer, etwa zwischen 400 und 500° C liegender Temperatur wird das Natriumcyanid in Natriumcarbonat und Ammoniak gespalten.

Nach der Erfindung werden nun die Verfahrensstufen der Stickstoffeinwirkungen und darauffolgenden Wasserdampfeinwirkung mit der gleichen Reaktionsmasse zunächst einige Male wiederholt. Die Zahl der Wiederholungen richtet sich nach der Größe des gewünschten Ammoniaküberschusses.

Von dem auf die oben aufgezeigte Weise gewonnenen Ammoniak dient der erforderliche Anteil zusammen mit neuem Kochsalz zur Herstellung einer neuen ammoniakalischen Kochsalzlösung, aus der durch Wiederholung des beschriebenen Gesamtprozesses wiederum Natriumcarbonat und Chlorammon gewonnen werden.

Der überschießende Teil des angefallenen Ammoniaks steht zur beliebigen Weiterverwendung zur Verfügung; er kann, wie bereits oben erwähnt, beispielsweise zur Gewinnung weiterer stickstoffhaltiger Düngemittel und in Verbindung mit dem im Verfahren angefallenen Chlorammonium zur Erzeugung von Mischdünger verwendet werden.

PATENTANSPRUCH:

Verfahren zur Herstellung von Natriumcarbonat und Chlorammonium, bei dem das in Durchführung des Ammoniaksodaprozesses anfallende feste Natriumbicarbonat in Mischung mit Kohlenstoff durch Einwirkung von Stickstoff in Natriumcyanid übergeführt, letzteres durch Behandlung mit Wasserdampf unter Gewinnung von Natriumcarbonat gespalten und das hierbei gleichzeitig anfallende Ammoniak in den Ammoniaksodaprozeß eingeführt und als Chlorammonium gewonnen wird, dadurch gekennzeichnet, daß zur gleichzeitigen Gewinnung von überschüssigem Ammoniak die Stickstoffeinwirkung mit darauffolgender Wasserdampfbehandlung mit der gleichen Reaktionsmasse mehrfach wiederholt wird.

Nr. 557619. (M. 67. 30.) Kl. 12 l, 13. ALFRED MENTZEL IN BERLIN-SCHÖNEBERG.

Herstellung von Soda, Chlorammon, Natronsalpeter und Salzsäure aus Natriumchlorid.

Vom 16. Aug. 1930. — Erteilt am 10. Aug. 1932. — Ausgegeben am 25. Aug. 1932. — **Erloschen: 1934.**

Zweck der Erfindung ist die Herstellung von vier wertvollen Verkaufsprodukten aus einem einzigen wohlfeilen Rohstoff, Natriumchlorid. Diese Erzeugung soll nach der Erfindung durch eine neuartige Kombination bekannter Verfahrensstufen in besonders einfacher Weise erreicht werden. Bei der erfindungsgemäßen Herstellung der beiden Düngemittel Chlorammon und Natronsalpeter sowie Soda und Salzsäure braucht weder ein Abfallprodukt in Kauf genommen noch außer Natriumchlorid (neben Kohle u. dgl. Hilfsstoffen) ein weiterer Rohstoff zugeführt werden.

In Durchführung des neuen Verfahrens erfolgt die Herstellung von Soda, Chlorammon, Natronsalpeter und Salzsäure aus Natriumchlorid durch folgende Maßnahmen:

a) in Durchführung des Ammoniaksodaprozesses anfallendes festes Natriumbicarbonat wird in Mischung mit Kohlenstoff durch Einwirkung von Stickstoff bei hoher Temperatur in Natriumcyanid übergeführt,

b) das in a erhaltene Natriumcyanid wird durch Behandlung mit Wasserdampf bei geringerer Temperatur unter Gewinnung von Ammoniak sowie kaustischer oder calcinierter Soda gespalten,

c) der Stickstoffbindungsvorgang nach a und b wird zur gleichzeitigen Gewinnung großer Mengen Ammoniak wiederholt durchgeführt, worauf die kaustische oder calcinierte Soda abgeführt wird,

d) ein Teil des nach b und c gewonnenen Ammoniaks wird zur laufenden Herstellung von Chlorammon durch Einführung in den Sodaprozeß verwendet,

e) ein anderer Teil des nach b und c gewonnenen Ammoniaks wird zur Bildung nitroser Gase durch Oxydation verwendet, um durch ihre Reaktion mit neu zugeführtem Natriumchlorid die Herstellung von Natronsalpeter und Salzsäure durchzuführen.

Gegebenenfalls können auch die nach e gebildeten Stickoxyde vor der Einwirkung auf das Natriumchlorid zu Stickdioxyd oxydiert oder in Salpetersäure umgesetzt werden.

Während nun bei einem ähnlichen Verfahren des Erfinders, welches sich allein auf die Herstellung von Alkalinitrat und Salzsäure bezieht, durch den eingeschalteten Sodaprozeß immer nur so viel Natriumbicarbonat erzeugt wird, wie durch die im Verfahren auftretenden Verluste bedingt ist, besteht ein wesentliches Kennzeichen der vorliegenden Erfindung darin, daß man mehr, und zwar so viel Soda und Ammoniak erzeugt, daß aus dem Sodaprozeß Chlorammonium ausgeschieden werden kann, wobei gleichzeitig die entsprechende Sodamenge aus dem Prozeß abzuführen ist.

Der technische Wert des Gesamtverfahrens wird in der besonders zweckmäßigen Zusammenfassung einer Zahl an sich bekannter Einzelstufen gesehen, wobei unter Fortfall wertloser Nebenprodukte aus wohlfeilem Natriumchlorid vier äußerst wertvolle Handelsprodukte erzeugt werden. Die bisher bekannten Verfahren zur Darstellung von Soda oder Chlorammon oder Natronsalpeter oder Salzsäure erreichten die Erzeugung der einzelnen Produkte bei weitem nicht in einer technisch so einfachen und vorteilhaften Art, wie dies durch die erfindungsgemäße Kombination möglich ist.

So wurde z. B. bisher in der Sodaindustrie die Umwandlung des Natriumbicarbonats in -carbonat oder weiter in Natriumhydroxyd in besonders ausgebauten, zum Teil recht kostspieligen Verfahrensstufen durchgeführt, ohne daß zugleich wertvolle weitere Produkte anfielen, während erfindungsgemäß bei dieser Umwandlung Ammoniak gewonnen wird. Bei der Erzeugung von Natriumhydroxyd (kaustische Soda) mußte darüber hinaus bekanntlich noch der lästige kohlensaure Kalk als Abfallprodukt in Kauf genommen werden.

Die erfindungsgemäße Darstellung nitroser Gase aus einem Teil des bei der Umwandlung der Alkaliverbindung zu Soda gewonnenen Ammoniaks ist besonders kennzeichnend für die hervorragende Vereinfachung, die durch die neue Kombination erzielt ist. Die Erzeugung von Ammoniak, im allgemeinen der teuerste Teil einer Stickoxydgewinnungsanlage, ist hier im Zusammenhang mit der Soda- und Chlorammonerzeugung zu einer höchst einfachen Nebenproduktenerzeugung ausgestaltet. Das für die Bindung des Stickstoffes erforderliche Alkali liefert der Sodaprozeß, und die Verfahrensstufe der Ammoniakerzeugung ist an sich schon durch die Umwandlung von Bicarbonat in Carbonat bzw. Hydroxyd bedingt. Da außerdem der Vorgang der Stickstoffbindung schon deshalb wiederholt durchgeführt werden muß, um die notwendige Menge Ammoniak zur Neuerzeugung des im Chlorammon gebunden abgeführten Ammoniaks herzustellen (da die Reaktion nicht immer quantitativ verläuft), wird die vermehrte Erzeugung zwecks Herstellung nitroser Gase im Rahmen des Gesamtprozesses mit überraschend geringem Aufwand erreicht. Weiterhin ist in einfachster Weise der Ersatz des im praktischen Betrieb unvermeidlichen Verlustes an Alkali (bei der Cyanidisierung und Verseifung) durch das Bicarbonat des Sodaprozesses zu decken.

Es ist somit ohne weiteres zu erkennen, daß die erfindungsgemäße Kombination an sich bekannter Einzelprozesse insgesamt eine überraschende Vereinfachung sowie beste Ausnutzung des Rohguts und der Apparaturen ergibt.

Selbstverständlich ist es im Rahmen des erfindungsgemäßen Verfahrens möglich und in besonderen Fällen vorteilhaft, die gebildeten Stickoxyde vor der Einwirkung auf Alkalichlorid insgesamt zu Stickdioxyd zu oxydieren oder auch in Salpetersäure umzuwandeln.

Ausführungsbeispiel

Die Durchführung des Verfahrens wird durch folgendes Ausführungsbeispiel veranschaulicht:

a) aus einer in den bekannten Verhältnissen zusammengesetzten ammoniakalischen Kochsalzlösung werden 1000 kg Natriumbicarbonat gefällt. Dieses Natriumbicarbonat wird sodann mit 1700 kg Braunkohle (enthaltend etwa 33 % Kohlenstoff) gemischt und die gesamte Masse bei 1000° C der Einwirkung von Stickstoff ausgesetzt;

b) die Reaktionsmasse erfährt sodann eine Behandlung mit Wasserdampf, und zwar bei etwa 450° C, wodurch das bei a gebildete Natriumcyanid in Natriumcarbonat und Ammoniak gespalten wird;

c) darauf wird das Alkali zwecks weiterer Stickstoffbindung noch zweimal der Einwirkung von Kohlenstoff und Stickstoff nach a und der Einwirkung von Wasserdampf nach b unterworfen. Durch die dreimalige Behandlung zwecks Stickstoffbindung werden insgesamt 485 kg Ammoniak gewonnen. Darauf wird der Reaktionsrückstand ausgelaugt. Nach Trennung der festen Bestandteile von der Flüssigkeit werden durch Eindampfung der Lauge 599 kg Soda (Natriumcarbonat) gewonnen;

d) nach dem bekannten Fällverfahren werden darauf unter Benutzung eines Teiles des gewonnenen Ammoniaks aus der Stammlauge des unter a durchgeführten Ammoniaksodaprozesses 598 kg festes Chlorammon gewonnen;

e) die übrige unter b und c gewonnene Ammoniakmenge wird destilliert, mit Luft gemischt und oxydiert, worauf die gewonnenen nitrosen Gase in Mischung mit Sauerstoff auf verdünnte Natriumchloridlösung zur Einwirkung gebracht werden. Durch Einengung der Lösung werden daraufhin 1225 kg festes Natriumnitrat gewonnen, während 505 kg Salzsäure aufgefangen werden.

Patentanspruch:

Herstellung von Soda, Chlorammon, Natronsalpeter und Salzsäure aus Natriumchlorid durch folgende Maßnahmen:

a) in Durchführung des Ammoniaksodaprozesses anfallendes festes Natriumbicarbonat wird in Mischung mit Kohlenstoff durch Einwirkung von Stickstoff bei hoher Temperatur in Natriumcyanid übergeführt,

b) das in a erhaltene Natriumcyanid wird durch Behandlung mit Wasserdampf bei geringerer Temperatur unter Gewinnung von Ammoniak sowie kaustischer oder calcinierter Soda gespalten,

c) der Stickstoffbindungsvorgang nach a und b wird zwecks Gewinnung großer Mengen Ammoniak wiederholt durchgeführt, worauf die kaustische oder calcinierte Soda abgeführt wird,

d) ein Teil des nach b und c gewonnenen Ammoniaks wird zur laufenden Herstellung von Chlorammon durch Einführung in den Sodaprozeß verwendet,

e) ein anderer Teil des nach b und c gewonnenen Ammoniaks wird zur Bildung nitroser Gase durch Oxydation verwendet, um durch ihre Reaktion mit neu zugeführtem Natriumchlorid die Herstellung von Natronsalpeter und Salzsäure durchzuführen,

f) gegebenenfalls werden die nach e gebildeten Stickoxyde vor der Einwirkung auf das Natriumchlorid zu Stickdioxyd oxydiert oder in Salpetersäure umgesetzt.

S. a. E. P. 347426, 353733; F. P. 690680, 718701, Zusatzpatent 38940.

Nr. 555167. (M. 96. 30.) Kl. 12 l, 13. Alfred Mentzel in Berlin-Schöneberg.

Herstellung von calcinierter oder kaustischer Soda und Ammoniak oder Ammonbicarbonat aus Kochsalz und Kohle.

Vom 20. Mai 1930. — Erteilt am 30. Juni 1932. Ausgegeben am 20. Juli 1932. — Erloschen: 1934.

Die Erfindung betrifft ein Kombinationsverfahren, das sich auf die Verarbeitung von Kohle einerseits und Kochsalz anderseits als Ausgangsstoffe des gesamten Verfahrens bezieht.

Das Verfahren gemäß der Erfindung bezweckt, die Verarbeitung von Kohle zur Gewinnung von Teer oder Öl in technisch einfacher und vorteilhafter Weise mit der Verarbeitung von Kochsalz zu Ammoniak und calcinierter oder kaustischer Soda zu verbinden.

Die Grundlage der erfindungsgemäßen Kombination besteht in der Verwendung der bei einer Hydrierung oder Schwelung der Kohle, insbesondere Braunkohle, neben dem Öl oder Teer anfallenden Kohleprodukten und Kohlensäure zu an sich bekannten Umsetzungen mit Kochsalz zwecks Gewinnung von Ammoniak und calcinierter oder kaustischer Soda.

Es werden also durch das erfindungsgemäße Verfahren aus den beiden Rohprodukten Kohle und Kochsalz in hervorragender Ausnutzung dieser Stoffe und der bei ihren Umsetzungen entfallenden Nebenprodukte mindestens drei bzw. vier höchst wertvolle Produkte, nämlich flüssige Kohlenwasserstoffe (Teer oder Öl), Ammoniak, Soda oder auch Ätznatron, gewonnen.

Demgemäß soll nach der Erfindung die Herstellung von calcinierter oder kaustischer Soda und Ammoniak oder Ammonbicarbonat aus Kochsalz und Kohle durch folgende Maßnahmen erfolgen:

a) Kohle, insonderheit Braunkohle, wird unter Gewinnung von Teer- und Ölprodukten verschwelt oder teilweise hydriert;

b) Kochsalz wird mit dem CO_2 der Kohlengase aus a durch die Ammoniaksodareaktion zu Natriumbicarbonat umgesetzt;

c) $NaHCO_3$ aus b wird mittels Stickstoffs und des Kohlenstoffrestes aus a cyanisiert;

d) das Cyanid aus c wird mittels Wasserdampfs in Soda oder Ätznatron und Ammoniak gespalten;

e) gegebenenfalls wird Ammoniak aus d mit CO_2 aus a zu Ammonbicarbonat umgesetzt.

Der Erfinder hat bereits früher vorgeschlagen, Schwelgase als Quelle der zur Gewinnung von Natriumbicarbonat durch die Ammoniaksodareaktion benötigten Kohlensäure zu verwenden. Die oben aufgezeigte Erfindung geht einen Schritt weiter, indem sie das Natriumbicarbonat unmittelbar einer Cyanisierung unterwirft und hierbei den durch den Schwelvorgang gewonnenen Schwelkoks als kohlenstoffhaltigen Bestandteil der Reaktionsmasse verwendet. Hierbei wird aber gleichzeitig der wesentliche Vorteil erzielt, daß die porige Beschaffenheit dieses Stoffes die Erzeugung eines besonders lockeren Produktes ermöglicht.

Zur Durchführung des Gesamtverfahrens werden natürlich erhebliche Wärmemengen benötigt. Bekanntlich erfordert eine Schwelung oder Hydrierung sowie besonders eine Cyanisierung großen Wärmeaufwand, wie auch zum Eindampfen von Lösungen, zur Herstellung von Wasserdampf und schließlich zur Erzeugung der elektrischen Energie bei der Durchführung des erfindungsgemäßen Verfahrens erheblich Wärmemengen gebraucht werden. Die Deckung des Wärmebedarfes ergibt sich ohne weiteres und in äußerst vorteilhafter Weise durch die bei der Schwelung bzw. Hydrierung und bei dem Kochsalzverarbeitungsprozeß anfallenden brennbaren Gase und einen etwa überschießenden Teil der Koks- bzw. Kohlenrückstände der Schwelung oder Hydrierung.

Der besondere Vorteil der Verwendung von Braunkohle als Ausgangsstoff der Schwelung bzw. Hydrierung besteht darin, daß dieses Rohprodukt gewöhnlich weit größere Mengen an Bitumen enthält als Steinkohle und außerdem die meisten Sorten dieses Rohstoffes erheblich größere Mengen an Kohlensäure liefern als Steinkohle. Außerdem spricht noch der geringere Preis von Braunkohle für die vorzügliche Verwendbarkeit dieses Ausgangsstoffes.

Durch das neue Verfahren wird noch zusätzlich eine Anzahl weiterer, äußerst vorteilhafter Wirkungen erzielt.

Ein erheblicher technischer Fortschritt ist z. B. dadurch erreicht, daß Kohlensäure ohne die besondere Anlage oder den Betrieb eines Kohlensäureerzeugers gewonnen wird. Da ferner der Kohlensäuregehalt in den Schwel- bzw. Hydriergasen an sich als ein unerwünschter Ballaststoff angesehen wird, welcher den Heizwert der Gase erheblich herabdrückt, ist durch die erfindungsgemäße Verwendung der Schwelgase nicht allein eine vorteilhafte Verwertung der Kohlensäure, sondern zugleich eine Erhöhung des Heizwertes der Schwel- bzw. Hydriergase erreicht.

Die Verwendung des zweiten Nebenproduktes der Schwelung bzw. Hydrierung, nämlich des Kokses bzw. des Kohlerestproduktes, stellt auch einen ganz außerordentlichen wirtschaftlichen Fortschritt dar. Hier ist ein schwer verkaufsfähiges Produkt (dessen schlechte Absatzmöglichkeiten bekanntlich die so wünschenswerte Erzeugung von Teeren und Ölen aus Kohle immer noch stark eindämmen) durch Einführung in den Stickstoffbindungsprozeß in einfachster Weise dazu benutzt, um die äußerst erwünschte Erzeugung von Ammoniak durchzuführen. Dabei fällt der Kohlenstoff aus der Schwelung bzw. Hydrierung ohne weiteres in sehr reaktionsfähiger, im allgemeinen fast schwefelfreier Form an, so daß er zumeist unmittelbar für die Zwecke der Cyanisierung verwendbar ist.

Ausführungsbeispiel

a) 10 t Braunkohle liefern bei einer unter Einwirkung von Dampf durchgeführten thermischen Behandlung bei etwa 450° C folgende Produkte:

5	t	Koks,
1,12	t	Öl- bzw. Teerstoffe,
2,18	t	Gas,
1,7	t	H_2O.

Das Gas zeigt folgende Zusammensetzung:

41,4	Volumprozent	CO_2,
13,2	-	H_2S,
4,1	-	CmHn,
8,1	-	CO,
5,6	-	H_2,
25,3	-	CH_4,
2,3	-	N_2 und O_2.

Das spezifische Gewicht des Gases beträgt dabei rund 1,4 kg/m³.

Der Gehalt an CO_2 somit 1,28 t.

Das Gas wird vor der weiteren Verwendung von Staub gereinigt und mit Wasser ausgewaschen, um feste Fremdstoffe, Reste kondensierbarer Kohlenwasserstoffe und den Schwefelwasserstoff in dem erforderlichen Umfange zu entfernen.

b) Ein Teil der Kohlengase wird sodann in eine ammoniakalische Kochsalzlösung geleitet, die 2 t Kochsalz enthält. Durch die Kohlensäure der Kohlengase werden 1,62 t Natriumbicarbonat ausgefällt.

c) Das Natriumbicarbonat wird sodann mit 1,8 t des aus a gewonnenen Kokses gemahlen und die Masse brikettiert, in einen Cyanisierofen eingeführt und bei rund 1000° C der Einwirkung von Stickstoff unterworfen.

d) Die cyanisierte Masse wird dann aus dem Cyanisierofen in einen Behälter überführt, in welchem sie bei etwa 500° C mit Wasserdampf behandelt wird. Durch die Verseifung des Cyanids werden 0,97 t Na_2CO_3 oder, falls die Masse z. B. in sehr dünner Schicht ausgebreitet, mit Dampf behandelt und so auf kaustische Soda gearbeitet wird, 0,73 t NaOH erhalten. Die Soda oder das Ätznatron wird aus der Masse ausgelaugt, gereinigt, in bekannter Weise in fester Form gewonnen und als Verkaufsprodukt aus dem Prozeß abgeführt. Bei der Verseifung entfallen außerdem 0,261 t Ammoniak.

e) Die restlichen kohlensäurehaltigen Kohlengase werden zur Herstellung von Ammonbicarbonat in Ammoniaklösung, enthaltend 0,147 t von dem in d gewonnenen Ammoniak, geleitet. Dadurch werden 0,66 t Ammonbicarbonat gewonnen.

Patentanspruch:

Herstellung von calcinierter oder kaustischer Soda und Ammoniak oder Ammonbicarbonat aus Kochsalz und Kohle durch folgende Maßnahmen:

a) Kohle, insonderheit Braunkohle, wird unter Gewinnung von Teer- und Ölprodukten verschwelt oder teilweise hydriert;

b) Kochsalz wird mit dem CO_2 der Kohlengase aus a durch die Ammoniaksodareaktion zu Natriumbicarbonat umgesetzt;

c) $NaHCO_3$ aus b wird mittels Stickstoffs und des Kohlenstoffrestes aus a cyanisiert;

d) das Cyanid aus c wird mittels Wasserdampfs in Soda oder Ätznatron und Ammoniak gespalten;

e) gegebenenfalls wird Ammoniak aus d mit CO_2 aus a zu Ammonbicarbonat umgesetzt.

S. a. F. P. 700426.

Nr. 557620. (M. 118237.) Kl. 12l, 13. ALFRED MENTZEL IN BERLIN-SCHÖNEBERG.

Herstellung von calcinierter oder kaustischer Soda und Chlorammon aus Kochsalz und Kohle.

Vom 20. Mai 1930. — Erteilt am 10. Aug. 1932. — Ausgegeben am 25. Aug. 1932. — Erloschen: 1934.

Die Erfindung betrifft ein Kombinationsverfahren, das sich auf die Verarbeitung von Kohle einerseits und Kochsalz andererseits als Ausgangsstoffe des gesamten Verfahrens bezieht.

Das Verfahren gemäß der Erfindung bezweckt, die Verarbeitung von Kohle zur Gewinnung von Teer oder Öl in technisch einfacher und vorteilhafter Weise mit der Verarbeitung von Kochsalz zu calcinierter oder kaustischer Soda und Chlorammonium zu verbinden.

Die Grundlage der erfindungsgemäßen Kombination besteht in der Verwendung der bei einer Hydrierung oder Schwelung der Kohle, insbesondere Braunkohle, neben dem Öl oder Teer anfallenden Kohleprodukte und Kohlensäure zu an sich bekannten Umsetzungen mit Kochsalz zwecks Gewinnung von calcinierter oder kaustischer Soda und Chlorammon.

Es werden also durch das erfindungsgemäße Verfahren aus den beiden Rohprodukten Kohle und Kochsalz in hervorragender Ausnützung dieser Stoffe und der bei ihren Umsetzungen entfallenden Nebenprodukte mindestens drei bzw. vier höchst wertvolle Produkte, nämlich flüssige Kohlenwasserstoffe (Teer oder Öl), calcinierte Soda oder auch Ätznatron und Ammoniumchlorid, gewonnen.

Gemäß der Erfindung soll die Herstellung von calcinierter oder kaustischer Soda und Chlorammon aus Kochsalz und Kohle durch folgende Maßnahmen erfolgen.

a) Kohle, insonderheit Braunkohle, wird unter Gewinnung von Teer- und Ölprodukten geschwelt oder teilweise hydriert;

b) Kochsalz wird mit dem CO_2 aus a durch die Ammoniak-Soda-Reaktion zu Natriumbicarbonat umgesetzt;

c) aus der Stammlauge von b wird mittels Ammoniak aus e Ammoniumchlorid gewonnen;

d) das Natriumbicarbonat wird mittels Stickstoff und dem Kohlenstoffrest aus a cyanisiert;

e) das Cyanid aus d wird mittels Wasserdampf in Soda oder Ätznatron und Ammoniak gespalten.

Der Erfinder hat bereits früher vorgeschlagen, Schwelgase als Quelle der zur Gewinnung von Natriumbicarbonat durch die Ammoniak-Soda-Reaktion benötigten Kohlensäure zu verwenden. Die oben aufgezeigte Erfindung geht einen Schritt weiter, indem sie das Natriumbicarbonat unmittelbar einer Cyanisierung unterwirft und hierbei den durch den Schwelvorgang gewonnenen Schwelkoks als kohlenstoffhaltigen Bestandteil der Reaktionsmasse verwendet. Hierbei wird aber gleichzeitig der wesentliche Vorteil erzielt, daß die porige Beschaffenheit dieses Stoffes die Erzeugung eines besonders lockeren Produktes ermöglicht.

Die Stufe c des oben aufgezeigten Verfahrens wird zweckmäßig in folgender Weise durchgeführt.

Die nach der Fällung des Natriumbicarbonats vorhandene Lauge wird in bekannter Weise von dem Bicarbonatsalz getrennt. Diese Restlauge der Fällung erfährt sodann eine Sättigung mit Ammoniak, welches im Laufe des Verfahrens selbst gewonnen wird, und ferner auch eine Einführung von Natriumchlorid, Kohlensäure und Wasser. Durch diese Behandlung wird die Lauge vorbereitet für die anschließende Fällung des Chlorammoniums. Die Einführung des Ammoniaks, des Salzes, der Kohlensäure und des Wassers wird bei einer Temperatur von mindestens 30 bis 35° C durchgeführt, wobei das Chlorammonium in der Lauge gelöst bleibt. Durch Abkühlung der Lauge, etwa bis in die Nähe von 0°, erreicht man sodann die Ausfällung fast des gesamten Chlorammoniumgehaltes, da die Löslichkeit des Salzes mit fallender Temperatur stark abnimmt.

Zur Durchführung des Gesamtverfahrens werden natürlich erhebliche Wärmemengen benötigt. Bekanntlich erfordert eine Schwelung oder Hydrierung sowie besonders eine Cyanisierung großen Wärmeaufwand, wie auch zum Eindampfen von Lösungen, zur Herstellung von Wasserdampf und schließlich zur Erzeugung der elektrischen Energie bei der Durchführung des erfindungsgemäßen Verfahrens erhebliche Wärmemengen gebraucht werden. Die Deckung des Wärmebedarfes ergibt sich ohne weiteres und in äußerst vorteilhafter Weise durch die bei der Schwelung bzw. Hydrierung und bei dem Kochsalzverarbeitungsprozeß anfallenden brennbaren Gase und einen etwa überschießenden Teil der Koks- bzw. Kohlenrückstände der Schwelung oder Hydrierung.

Der besondere Vorteil der Verwendung von Braunkohle als Ausgangsstoff der Schwelung bzw. Hydrierung besteht darin, daß dieses Rohprodukt gewöhnlich weit größere Mengen an Bitumen enthält als Steinkohle und außerdem die meisten Sorten dieses Rohstoffs erheblich größere Mengen an Kohlensäure liefern als Steinkohle. Außerdem spricht noch der geringere Preis von Braunkohle für die vorzügliche Verwendbarkeit dieses Ausgangsstoffes.

Durch das neue Verfahren wird noch zusätzlich eine Anzahl weiterer äußerst vorteilhafter Wirkungen erzielt.

Ein erheblicher technischer Fortschritt ist z. B. dadurch erreicht, daß Kohlensäure ohne die besondere Anlage oder den Betrieb eines Kohlensäureerzeugers gewonnen wird. Da ferner der Kohlensäuregehalt in den Schwel- bzw. Hydriergasen an sich als ein unerwünschter Ballaststoff angesehen wird, welcher den Heizwert der Gase erheblich herabdrückt, ist durch die erfindungsgemäße Verwendung der Schwelgase nicht allein eine vorteilhafte Verwertung der Kohlensäure, sondern zugleich eine Erhöhung des Heizwertes der Schwel- bzw. Hydriergase erreicht.

Die Verwendung des zweiten Nebenproduktes der Schwelung bzw. Hydrierung, nämlich des Kokses bzw. des Kohlerestproduktes, stellt auch einen ganz außerordentlichen wirtschaftlichen Fortschritt dar. Hier ist ein schwer verkaufsfähiges Produkt (dessen schlechte Absatzmöglichkeiten bekanntlich die so wünschenswerte Erzeugung von Teeren und Ölen aus Kohle immer noch stark eindämmen) durch Einführung in den Stickstoffbindungsprozeß in einfachster Weise dazu benutzt, um die äußerst erwünschte Erzeugung von Ammoniumchlorid durchzuführen. Dabei fällt der Kohlenstoff aus der Schwelung bzw. Hydrierung ohne weiteres in sehr reaktionsfähiger, im allgemeinen fast schwefelfreier Form an, so daß er zumeist unmittelbar für die Zwecke der Cyanisierung verwendbar ist.

Ausführungsbeispiel

a) 10 t Braunkohle liefern bei einer unter Einwirkung von Dampf durchgeführten thermischen Behandlung bei etwa 450° C folgende Produkte: 5 t Koks, 1,12 t Öl- bzw. Teerstoffe, 2,18 t Gas, 1,7 t H_2O.

Das Gas zeigt folgende Zusammensetzung: 41,4 Vol.% CO_2, 13,2 Vol.% H_2S, 4,1 Vol.% C_mH_n, 8,1 Vol.% CO, 5,6 Vol.% H_2, 25,3 Vol.% CH_4, 2,3 Vol.% N_2 und O_2. Das spezifische Gewicht des Gases beträgt dabei rund 1,4 kg/m³, der Gehalt an CO_2 somit 1,28 t.

Das Gas wird vor der weiteren Verwendung von Staub gereinigt und mit Wasser ausgewaschen, um feste Fremdstoffe, Reste kondensierbarer Kohlenwasserstoffe und den Schwefelwasserstoff in dem erforderlichen Umfange zu entfernen.

b) Die Kohlengase werden sodann in eine für den normalen Fällbetrieb vorbereitete ammoniakalische Kochsalzlösung geleitet, die 2,8 t Kochsalz enthält. Durch die Kohlensäure der Kohlengase werden 2,3 t Natriumbicarbonat ausgefällt.

c) Von der nach der Fällung des Natriumbicarbonats verbleibenden Stammlauge wird sodann eine Menge, die dem nach d gewonnenen Ammoniak entspricht, mit diesem Ammoniak vereinigt. Außerdem wird eine entsprechende Menge Salz und Kohlensäure eingeleitet. Durch Kühlung werden daraufhin 1,14 t Ammoniumchlorid als festes Salz ausgeschieden.

d) Die 2,3 t Natriumbicarbonat aus b werden, mit 2,5 t Koks aus a gemischt, vermahlen, und die Masse wird zu kleinen Briketten gepreßt. Diese kommen in einen Cyanidofen und werden bei etwa 1000° C der Einwirkung von Stickstoff ausgesetzt.

e) Die cyanisierte Reaktionsmasse aus d wird nach der Stickstoffbehandlung und Abkühlung auf etwa 500° C mit Wasserdampf behandelt. Durch die Verseifung des Cyanids werden 1,38 t Na_2CO_3 oder, falls die Masse z. B. in sehr dünner Schicht ausgebreitet, mit Dampf behandelt und so auf kaustische Soda gearbeitet wird, 1,03 t NaOH erhalten. Die Soda oder das Ätznatron wird aus der Masse ausgelaugt, gereinigt, in bekannter Weise in fester Form gewonnen und als Verkaufsprodukt aus dem Prozeß abgeführt. Bei der Verseifung entfallen außerdem 0,37 t Ammoniak, die in der Stufe c auf Chlorammonium verarbeitet werden.

Patentanspruch:

Herstellung von calcinierter oder kaustischer Soda und Chlorammon aus Kochsalz und Kohle durch folgende Maßnahmen:

a) Kohle, insonderheit Braunkohle, wird unter Gewinnung von Teer- und Ölprodukten geschwelt oder teilweise hydriert;

b) Kochsalz wird mit dem CO_2 aus a durch die Ammoniak-Soda-Reaktion zu Natriumbicarbonat umgesetzt;

c) aus der Stammlauge von b wird mittels Ammoniak aus e Ammoniumchlorid gewonnen;

d) das Natriumbicarbonat wird mittels Stickstoff und dem Kohlenstoffrest aus a cyanisiert;

e) das Cyanid aus d wird mittels Wasserdampf in Soda oder Ätznatron und Ammoniak gespalten.

Nr. 522676. (I. 36089.) Kl. 12l, 15.

I. G. Farbenindustrie Akt.-Ges. in Frankfurt a. M.

Erfinder: Dr. Theodor Wallis in Dessau-Ziebigk und Dr. Oskar Falek in Wiederitzsch b. Leipzig.

Verfahren zur Reinigung konzentrierter Natronlauge von Natriumchlorid.

Vom 14. Nov. 1928. — Erteilt am 26. März 1931. — Ausgegeben am 13. April 1931. — Erloschen: ....

Durch Eindampfen von elektrolytisch gewonnener Ätznatronlauge auf 50° Bé wird der größte Teil des darin enthaltenen Natriumchlorids ausgeschieden, ein weiterer Teil fällt beim längeren Stehen in der Kälte aus, so daß nach Billiter (Die elektrolytische Alkalichloridzerlegung, II. Teil, Seite 180) eine nahezu salzfreie Lauge erhalten wird.

Der noch verbleibende Natriumchloridgehalt, der nach A. v. Antropoff (Z. f. Elektrochem. 30 [1924], Seite 460) bei Temperaturen zwischen 10 und 30° C in reinen Lösungen noch 0,8 bis 1,0 % (also 1,6 bis 2,0 g NaCl/100 NaOH) beträgt und in technischen Laugen, wie allgemein bekannt, noch etwas höher, nämlich unter den gleichen Bedingungen bei etwa 2,2 bis 2,4 g NaCl/100 NaOH liegt, ist für manche technischen Verwendungszwecke noch unerwünscht und schädlich. So stellt z. B. die Kunstseidenindustrie sehr hohe Anforderungen an die Reinheit der von ihr in großem Maßstab verbrauchten Natronlauge.

Erfindungsgemäß läßt sich der Gehalt der Ätznatronlauge an Natriumchlorid bis auf einen praktisch völlig bedeutungslosen Rest herabdrücken, wenn man in der heißen Lauge Natriumsulfat löst und alsbald wieder auskristallisieren läßt, wobei sich das Chlorid mit dem zugesetzten Sulfat abscheidet. Die Menge des Sulfats kann je nach den gewählten Bedingungen von Temperatur, Konzentration und Chloridgehalt der Lauge in gewissen Grenzen schwanken, es kann der Lauge in wasserfreiem, kristallisiertem oder gelöstem Zustand zugesetzt werden, und schließlich kann der Zusatz zur verdünnten Lauge vor oder während des Konzentrationsprozesses erfolgen.

Beispiel 1

Man versetzt 1000 Teile einer 50 %igen Natronlauge mit einem Gehalt von 1,1 % Natriumchlorid bei 90° mit 25 Teilen wasserfreiem Natriumsulfat und läßt nach erfolgter Auflösung auf gewöhnliche Raumtemperatur abkühlen. Der Bodensatz, der etwa $^1/_6$ bis $^1/_7$ des Gesamtvolumens ausmacht und aus dem wieder abgeschiedenen Natriumsulfat und dem größten Teil des Chlornatriums besteht, wird nach Abhebern der klaren Lauge zentrifugiert. Die so gereinigte Lauge enthält nur noch 0,2 % Natriumchlorid und 0,1 % Natriumsulfat.

Beispiel 2

Zur Verwendung gelangt eine Natronlauge von 50° Bé, hergestellt aus Natriumchlorid neben 15 % NaOH enthaltendem Kathodenablauf durch Vakuumverdampfung und Natriumchloridabscheidung, welche durch Abkühlen auf 20° und eintägiges Stehenlassen von kristallisierbarem Natriumchlorid befreit wurde und auf 100 Teile NaOH noch 2,0 Teile NaCl enthält.

1000 Teile dieser Lauge werden auf 50° angewärmt und mit einer ebenso warmen Lösung von 40 Teilen Natriumsulfat in 100 Teilen Wasser unter Rühren versetzt. Hierbei scheidet sich der größte Teil des Sulfats in fein verteilter Form wieder aus und reißt das aus der Lösung verdrängte Natriumchlorid mit sich nieder, so daß die geklärte Lauge von 47° Bé nur noch 0,5 Teile NaCl und 0,3 Teile Na_2SO_4 auf 100 Teile NaOH enthält.

Diese Lauge erfüllt alle Anforderungen, die von seiten gewisser Spezialindustrien an ihre Reinheit gestellt werden.

Patentansprüche:

1. Verfahren zur Reinigung konzentrierter Natronlauge von als Verunreinigung vorhandenem Natriumchlorid, dadurch gekennzeichnet, daß man zu der vorher durch Abkühlen und Klären vorgereinigten und wieder erwärmten Lauge Natriumsulfat zusetzt und nach dem Absetzen das Sulfatchloridgemisch von der Lauge trennt.

2. Verfahren nach Anspruch 1, dadurch gekennzeichnet, daß der Zusatz von Natriumsulfat zu der Lauge bereits vor dem Eindampfen oder zu der eingedampften Lauge vor dem Abkühlen erfolgt.

3. Verfahren nach Anspruch 1 und 2, dadurch gekennzeichnet, daß die mit Sulfat versetzte Lauge während des Absitzens abgekühlt wird.

Nr. 536 888. (I. 36 090.) Kl. 12 l, 15.

I. G. Farbenindustrie Akt.-Ges. in Frankfurt a. M.

Verfahren zur Reinigung konzentrierter Natronlauge von Natriumchlorid.

Zusatz zum Patent 522 676.

Vom 14. Nov. 1928. — Erteilt am 8. Okt. 1931. — Ausgegeben am 28. Okt. 1931. — Erloschen: . . . .

Durch das Patent 522 676 ist ein Verfahren zur Reinigung konzentrierter Natronlauge von als Verunreinigung vorhandenem Natriumchlorid geschützt, das darin besteht, daß man zu der Lauge vor oder nach dem Eindampfen, Absitzen und Abkühlen Natriumsulfat zusetzt und nach dem Absetzen das Sulfatchloridgemisch von der Lauge trennt.

Wie nun weiter gefunden wurde, kann man mit der Reinigung der Natronlauge von Natriumchlorid ihre Reinigung von Eisen verbinden, das, wenn auch in weit geringerer Menge vorhanden, doch für manche Verwendungszwecke der Laugen höchst unerwünscht ist. Man setzt zu diesem Zwecke gleichzeitig mit dem Natriumsulfat der heißen Lauge Oxyde, Hydroxyde oder Sulfate des Calciums oder Magnesiums zu, wobei die in Natronlauge unlöslichen Hydroxyde bei ihrer Abscheidung das Eisen mitreißen.

Beispielsweise läßt sich auf diese Weise der Eisengehalt einer etwa 50%igen Natronlauge von 10 bis 15 mg auf 1 bis 3 mg für 100 g NaOH herabsetzen. Die sich absetzenden Niederschläge werden zugleich mit dem sich ausscheidenden Sulfatchloridgemisch von der Lauge getrennt. Das für die Chloridentfernung nötige Natriumsulfat kann man auch in der Lösung durch alleinigen Zusatz der Sulfate des Calciums oder Magnesiums entstehen lassen.

Beispiel

Man versetzt 1000 Teile einer 50%igen Natronlauge mit einem Gehalt von 1,2% Natriumchlorid und 0,005% Eisen bei 60 bis 70° mit 24 Teilen wasserfreiem Magnesiumsulfat und rührt zur gleichmäßigen Verteilung des entstehenden Magnesiumhydroxydniederschlages. Beim Abkühlen scheidet sich das durch Umsetzen erhaltene Natriumsulfat mit dem Natriumchlorid und das Magnesiumoxyd mit dem Eisen ab. Die gesamten Abscheidungen werden durch Zentrifugieren oder Filtrieren von der Lauge getrennt. Die gereinigte Natronlauge enthält 0,5% Natriumchlorid und unter 0,001% Eisen.

Patentansprüche:

1. Verfahren zur Reinigung konzentrierter Natronlauge nach Patent 522 676, dadurch gekennzeichnet, daß man der heißen Lauge gleichzeitig mit dem Natriumsulfat Oxyde, Hydroxyde oder Sulfate des Magnesiums oder Calciums zusetzt.
2. Verfahren zur Reinigung konzentrierter Natronlauge nach Anspruch 1, dadurch gekennzeichnet, daß man das für die Chloridentfernung nötige Natriumsulfat in der Lauge entstehen läßt.

Nr. 537 993. (C. 37 817.) Kl. 12 l, 11. Dr. Leonardo Cerini in Castellanza, Mailand.

Verfahren zur Gewinnung von reinen Ätznatronlösungen aus kolloidale Stoffe enthaltenen Natronablaugen.

Vom 10. Febr. 1926. — Erteilt am 22. Okt. 1931. — Ausgegeben am 9. Nov. 1931. — Erloschen: . . . .

Zur Wiedergewinnung von reinen Natronhydratlösungen aus unreinen Natronablaugen, die von der Verarbeitung der Viskose stammen und kolloidal gelöste organische Verunreinigungen enthalten, hat man bereits verschiedene Verfahren vorgeschlagen, ohne daß es gelungen wäre, das Alkali in technisch und wirtschaftlich befriedigender Weise von den Verunreinigungen zu befreien. So ist z. B. auch vorgeschlagen worden, die Abfallaugen durch Dialyse gegen Wasser derart zu reinigen, daß man die Abfallauge in horizontaler Richtung durch einen von Dialysiermembranen umgebenen Raum leitet und die Membranen von Wasser bespülen läßt, das in der Vorrichtung nach dem Prinzip des Gegenstroms ebenfalls horizontal ein- bzw. abgeführt wird. Dieses Verfahren, bei dem als Dialysiermembranen in erster Linie Pergamentpapier oder an dessen Stelle die anderen bekannten Dialysiermembranen verwendet wurden, hat sich als praktisch unbrauchbar erwiesen, und zwar vor allem deshalb, weil die Membran zu leicht undicht wurde und jede Undichtigkeit den Erfolg der dialytischen Reinigung unsicher macht. Hierzu kommt noch, daß bei der Führung der unreinen Lauge im Innern der dialytischen Zellen die Verunreinigungen sich an den Wänden der Zellen absetzen, was zu einer Verstopfung der Membranen und zu einer baldigen Erschwerung und starken Verlangsamung des Reinigungsprozesses führt.

Es ist ferner bereits vorgeschlagen worden, Membranen für osmotische Zwecke durch Behandlung von Pergamentpapier mit Kali- oder Natronlauge herzustellen oder als Membran mit Schwefelsäure pergamentierte Gewebe zu verwenden. Schließlich ist auch bereits der Vorschlag gemacht worden, bei der elektro-osmotischen Reinigung von Zuckersäften Diaphragmen aus gewebtem Segeltuch zu verwenden.

Es ist nun gefunden worden, daß man die Reinigung der Alkaliabfallaugen durch Dialyse gegen Wasser in technisch und wirtschaftlich durchaus zufriedenstellender Weise durchführen kann, wenn man die unreine Lauge in einem geeigneten Behälter an dialytischen Zellen vorbeiführt, in denen nach dem Prinzip des Gegenstroms Wasser bzw. die aus diesem entstehende reine Natronlauge geführt wird, und hierbei zur Ausführung der Dialyse Diaphragmen verwendet, die aus Geweben aus Pflanzenfasern bestehen und mit Alkalien vorbehandelt sind.

Man verwendet z. B. Membranen, die aus Geweben aus Pflanzenfasern, z. B. Baumwolle, bestehen, und die mit Alkalien vorbehandelt sind. Bei der Dialyse wird dann erfindungsgemäß die Membran von der unreinen Lauge umspült, während im Innern des von den Membranen umgrenzten Raumes sich das Wasser bzw. die verdünnte reine Lösung befindet. Die aus der unreinen Lauge sich ausscheidenden kolloidalen Verunreinigungen setzen sich am Boden des Behälters ab und können keinerlei Störungen des Reinigungsprozesses herbeiführen. Die verwendeten Membranen übertreffen alle anderen bekannten dialytischen Membranen an Wirksamkeit und Haltbarkeit. Während z. B. die zu anderen dialytischen Prozessen zumeist verwendeten, aus mit Alkali behandeltem Pergamentpapier bestehenden Membranen bei der dialytischen Reinigung von Ätznatronablaugen in kurzer Zeit undicht werden und die Lösung im unreinen Zustande durchlassen, sind die mit Alkali vorbehandelten Membranen aus Geweben aus Pflanzenfasern außerordentlich haltbar. Sie können lange Zeit hindurch ohne nennenswertes Nachlassen der Wirksamkeit im Betriebe benutzt werden und gestatten die Gewinnung verhältnismäßig konzentrierter Lösungen unter Erreichung einer Ausbeute von etwa 90 bis 95 %.

PATENTANSPRUCH:

Verfahren zur Gewinnung von reinen Ätznatronlösungen aus kolloidale Stoffe enthaltenden Natronablaugen, insbesondere aus Ablaugen der Viskoseverarbeitung auf dialytischem Wege unter Führung des Wassers und der Natronablauge nach dem Prinzip des Gegenstroms, dadurch gekennzeichnet, daß man die Membranen durch die unreine Lauge von außen bespülen läßt, während das Wasser bzw. die reine Lösung sich innerhalb der dialytischen Zellen befinden, und hierbei zweckmäßig Membranen aus Geweben aus Pflanzenfasern verwendet, die mit Alkalien vorbehandelt sind.

Nr. 513755. (I. 30022.) Kl. 12 l, 11.

I. G. FARBENINDUSTRIE AKT.-GES. IN FRANKFURT A. M.

Erfinder: Dr. Friedrich August Henglein und Dr. Friedrich Wilhelm Stauf in Köln-Deutz.

Verfahren zur Wiedergewinnung von Ätzalkalien aus mit organischer Substanz verunreinigten Alkalilaugen.

Vom 15. Jan. 1927. — Erteilt am 20. Nov. 1930. — Ausgegeben am 14. Dez. 1931. — Erloschen: . . . .

Es ist bekannt, daß man aus mit organischen Substanzen verunreinigten Alkalilaugen das Ätzalkali dadurch wiedergewinnen kann, daß man die Laugen unter gleichzeitiger Oxydation so weit eindickt, daß die organische Substanz sich unter Verkohlung ausscheidet und in bekannter Weise durch Filtration oder Dekantation von der Lauge getrennt wird.

Es ist weiterhin bekannt, daß man mit organischen Substanzen verunreinigte Alkalilaugen mit Oxydationsmitteln bei Anwesenheit von Katalysatoren reinigen kann, wobei man durch die Oxydation Alkalicarbonat erhält und dieses in bekannter Weise entfernt. Die hierbei als Oxydationsmittel dienenden Substanzen sind feste Körper, die nach Abgabe ihres Sauerstoffs Rückstände hinterlassen (z. B. $NaClO_3$, welches in $NaCl$ übergeht, $NaNO_3$ usw.). Außerdem müssen bei diesem Verfahren zur Oxydation stets Katalysatoren (Metall oder Metallverbindungen, insbesondere Kupfer) verwendet werden.

Es wurde nun gefunden, daß man die Oxydation der organischen Substanzen zu Kohlensäure mit Sauerstoffgas bzw. sauerstoffhaltigen Gasen ohne Katalysatoren in höchst einfacher Weise ausführen kann, wenn man Temperaturen über 100° und zweckmäßig Sauerstoffdrucke von über 1 Atm. anwendet. Dieses Verfahren hat vor den bisher bekannten den weiteren Vorteil, daß nur ein Gas zur Oxydation dient, wodurch keine neuen

Verunreinigungen, wie die oben beschriebenen, in die Lauge hineinkommen. Das sich bei dem neuen Verfahren bildende Alkalicarbonat (z. B. Soda) kann durch Kalk in bekannter Weise leicht in das entsprechende Hydroxyd übergeführt werden. Die Laugen können dabei alle möglichen Konzentrationen haben; zweckmäßig geht man jedoch nicht unter 8- bis 10%ige Lauge.

Beispiel

Eine 15%ige Abfallauge enthielt pro Liter 11 g organischer Substanz (α- und β-Cellulose). In einem Autoklaven wurde sie bei 10 Atm. Sauerstoffdruck auf 180° erhitzt. Nach dem Versuch war die Lauge vollkommen frei von organischer Substanz.

PATENTANSPRUCH:

Verfahren zur Wiedergewinnung von Ätzalkalien aus mit organischer Substanz verunreinigten Alkalilaugen durch Behandlung der Laugen mit Sauerstoff oder sauerstoffhaltigen Gasen bei Temperaturen oberhalb 100°, dadurch gekennzeichnet, daß ein Sauerstoffdruck von mehr als 1 Atm. zur Anwendung kommt, worauf das entstandene Alkalicarbonat in bekannter Weise zweckmäßig mit Kalk in das Hydroxyd übergeführt wird.

Nr. 537 845. (I. 32 655.) Kl. 12 l, 11.

I. G. FARBENINDUSTRIE AKT.-GES. IN FRANKFURT A. M.

Erfinder: Dr. Friedrich August Henglein und Dr. Friedrich Wilhelm Stauf in Köln-Deutz.

Wiedergewinnung von Ätzalkalien aus mit organischer Substanz verunreinigten Alkalilaugen.

Zusatz zum Patent 513 755.

Vom 12. Nov. 1927. — Erteilt am 22. Okt. 1931. — Ausgegeben am 14. Dez. 1931. — Erloschen: ....

Durch das Patent 513 755 ist ein Verfahren geschützt zur Reinigung von mit organischen Substanzen verunreinigten Abfallalkalilaugen durch Anwendung von Sauerstoff von über 1 Atm. Druck bei Temperaturen von über 100°. Die entstehende Kohlensäure bildet sofort mit der Lauge das entsprechende kohlensaure Salz. Wird das Carbonat nicht abfiltriert, so ist eine Umwandlung desselben mit Calciumhydroxyd in kaustisches Alkali nur möglich bei Laugen, deren Konzentration einen bestimmten Wert, bei Natronlaugen etwa 120 g Natriumhydroxyd im Liter, nicht überschreitet, da oberhalb dieser Konzentration der Prozeß in umgekehrter Richtung verläuft, aus Natriumhydroxyd und Calciumcarbonat also eine Rückbildung von Soda und Ätzkalk stattfindet.

Es wurde nun gefunden, daß bei der Reinigung von über 12%igen Laugen das Abfiltrieren des durch die Oxydation gebildeten Carbonats nicht nötig ist, wenn man an Stelle des Calciumhydroxyds die leichter löslichen Hydroxyde des Strontiums oder Bariums verwendet. Es ist dadurch möglich, in einem Arbeitsgange durch Zugabe der erforderlichen Menge Strontium- oder Bariumhydroxyd bzw. -oxyd eine carbonatfreie und von organischen Stoffen gereinigte Alkalilauge zu erhalten. Bei Anwendung der genannten Stoffe bleibt also die ursprüngliche Konzentration der Lauge erhalten.

Beispiel

Eine Abfallnatronlauge, die 200 g Natriumhydroxyd und 19 g organische Substanz im Liter enthält, wird unter Zugabe von 70 g Strontiumoxyd pro Liter in einem Autoklaven bei 15 Atm. Sauerstoffdruck auf 180° erhitzt. Hierbei wird eine von Soda und organischer Substanz freie Natronlauge der ursprünglichen Konzentration erhalten.

PATENTANSPRUCH:

Verfahren zur Wiedergewinnung von Ätzalkalien aus mit organischer Substanz verunreinigten Alkalilaugen gemäß Patent 513 755, dadurch gekennzeichnet, daß die Oxydation in Gegenwart der als Kaustizierungsmittel an sich bekannten Oxyde des Bariums oder Strontiums vorgenommen wird.

Nr. 540841. (I. 34830.) Kl. 121, 15.

I. G. Farbenindustrie Akt.-Ges. in Frankfurt a. M.

Erfinder: Dr. Friedrich Wilhelm Stauf in Köln-Deutz.

Reinigung von durch organische Substanzen verunreinigten Abfallalkalilaugen.

Vom 3. Juli 1928. — Erteilt am 10. Dez. 1931. — Ausgegeben am 28. Dez. 1931. — Erloschen: 1934.

Bei manchen chemischen Prozessen, insbesondere bei der Kunstseidefabrikation, fallen Alkalilaugen ab, die durch Cellulose oder sonstige organische Stoffe verunreinigt sind. Zur Durchführung ihrer Reinigung sind verschiedene Verfahren vorgeschlagen worden. So benutzt man z. B. erfahrungsgemäß sauerstoffhaltige, feste Stoffe (Chlorate, Nitrate usw.) zu dieser Reinigung (vgl. britische Patentschrift 217685). Nachteilig ist hierbei jedoch der Umstand, daß nach der Reinigung der Lauge diese Verbindungen, welche den Sauerstoff abgeben, neue und für die Wiederverwendung der Laugen oft sehr unerwünschte Verunreinigungen zurücklassen, so geht z. B. $NaClO_3$ in $NaCl$ über.

Es wurde nun gefunden, daß als Oxydationsmittel, die diesen Übelstand nicht haben, sich die Alkalisalze der Mangan- bzw. Übermangansäure erweisen, die an sich schon zur Ausführung von Oxydationen in alkalischem Medium benutzt worden sind. Benutzt man z. B. Natriumpermanganat zum Reinigen von mit organischer Substanz verunreinigter Natronlauge, so wird die organische Substanz, z. B. Cellulose, vollständig zu Kohlensäure und Wasser oxydiert, während das Mangan des Natriumpermanganats zu Braunstein reduziert wird und aus dem Natrium desselben Natriumhydroxyd entsteht. Der hierbei erhältliche Braunstein läßt sich leicht filtrieren, und man erhält eine von organischen Substanzen und Manganverbindung freie Natronlauge. Die außerdem sich bildende Kohlensäure wird sofort mit der Natronlauge in Natriumcarbonat umgesetzt, das gegebenenfalls beim Erkalten der konzentrierten Lauge ausfällt. Den entstandenen Braunstein kann man mit Natriumhydroxyd oder Soda oder einem Gemisch derselben unter Luftzufuhr schmelzen und die so entstandene Manganschmelze ohne weiteres zur Reinigung neuer Alkalilauge verwenden. Benutzt man bei der Herstellung von der Manganatschmelze nur Soda, so entsteht bei dem Reinigungsprozeß Natriumhydroxyd; man verwandelt also hierbei in einem Kreisprozeß über das Manganat Soda in Alkali und kann den Braunstein beliebig oft zur Regeneration der Lauge verwenden.

Beispiel 1

In 1 l Natronabfallauge mit 17 g organischer Substanz im Liter werden 150 g Natriumpermanganat eingetragen und bis zum Sieden erwärmt. Nach kurzem Aufkochen filtriert man den entstandenen Braunstein ab und erhält als Filtrat eine völlig reine Natronlauge, in der weder organische Substanz noch Mangan analytisch nachweisbar ist. Die beim Erkalten ausgeschiedene Soda wird mit neuer Soda und dem Braunstein unter Luftzufuhr geschmolzen und die entstandene Manganatschmelze nach dem Zerkleinern wieder zur Reinigung neuer Lauge verwandt.

Beispiel 2

In 1 l Abfallnatronlauge, die 18 g organische Substanz im Liter enthält, werden 195 g Natriummanganat eingetragen und zum Sieden erhitzt. Nach beendigter Oxydation der organischen Substanz wird die Lauge von dem entstandenen Braunstein filtriert. Die gereinigte Lauge enthält noch 0,4 g organische Substanz im Liter, während Mangan nicht nachzuweisen ist. Der entstandene Braunstein wird wie oben (s. Beispiel 1) zu Natriummanganat regeneriert.

Patentanspruch:

Verfahren zur Entfernung von organischer Substanz aus Abfallätzalkalilaugen durch Behandlung mit Oxydationsmitteln, dadurch gekennzeichnet, daß als Oxydationsmittel Alkalimanganate oder Alkalipermanganate zur Anwendung kommen.

Nr. 458372. (F. 58911.) Kl. 121, 15. Hermann Frischer in Berlin-Zehlendorf.

Kochkessel für alkalische Flüssigkeiten.

Vom 17. Mai 1925. — Erteilt am 22. März 1928. — Ausgegeben am 5. April 1928. — Erloschen: 1931.

Bekanntlich werden für die Konzentration von alkalischen Laugen, z. B. zwecks Herstellung von Ätznatron und hochkonzentriertem Schwefelnatrium, gußeiserne Kessel verwendet, weil das Schmiedeeisen in zu kurzer Zeit von den konzentrierten Laugen zerstort wird.

Es wurde bei wiederholten Versuchen, Schmiedeeisen für diese Zwecke zu verwenden, die überraschende Beobachtung gemacht, daß von den konzentrierten Laugen hauptsächlich der Boden angegriffen wird, während der Mantel technisch kaum nennenswerte Angriffe aufweist. Wenn man nun in solchen Kesseln den Boden aus Gußeisen ausführt, so ist man in der Lage, schmiedeeiserne Kesselmäntel zu verwenden, wodurch man nicht nur eine bessere Wärmeübertragung erzielt, sondern auch für gleiche Leistung wesentlich kleinere und leichtere Kessel verwenden kann. Sinngemäß kann der gußeiserne Boden eine ebene oder gewölbte Form erhalten, mit einem entsprechenden Rand oder Flansch zwecks Verbindung mit dem Schmiedeeisenmantel versehen sein und schließlich auch mit oder ohne Ablaßstutzen ausgeführt werden.

PATENTANSPRUCH:

Kochkessel für alkalische Flüssigkeiten, gekennzeichnet durch einen aus Gußeisen bestehenden Bodenteil und einen aus Schmiedeeisen hergestellten Mantelteil.

Nr. 531 799. (I. 33 677.) Kl. 12 l, 15.

I. G. FARBENINDUSTRIE AKT.-GES. IN FRANKFURT A. M.

Verfahren zur fortlaufenden Herstellung von geschmolzenen Ätzalkalien.

Vom 1. März 1928. — Erteilt am 6. Aug. 1931. — Ausgegeben am 14. Aug. 1931. — Erloschen: 1933.

Die Herstellung von geschmolzenen Ätzalkalien geschieht heute bekanntlich vorwiegend in der Weise, daß in großen Kesseln aus Gußeisen besonders ausgewählter Zusammensetzung die Erhitzung der vorkonzentrierten Laugen so weit getrieben wird, daß eine Schmelze von der gewünschten Ätzalkalikonzentration entsteht, welche dann, nach einer gewissen Pause zur Klärung der Schmelze, ausgelöffelt wird, sei es in Blechtrommeln zur Herstellung von Blöcken, sei es in Schalen zur Herstellung von Platten oder Brocken u. dgl. Hierbei werden die Kessel, außen wegen der hohen Überhitzung, innen durch das Ätzalkali angegriffen, da zur Beseitigung von unerwünschten Verfärbungen und Verunreinigungen Temperaturen von Rotglut erforderlich sind. Man hat auch schon, wie z. B. in Patentschrift 281 792, vorgeschlagen, die zu entwässernden Ätzalkalien ein bis auf Rotglut erhitztes feststehendes Eisenrohr oder ein System von eisernen Retorten unter Einhaltung dünner Schichthöhen durchfließen zu lassen, wobei für die Schmelzen verschiedenen Wassergehaltes besondere Temperaturgebiete einzuhalten sind und die Befreiung der Schmelze vom letzten Prozent Wasser bei Rotglut vorgenommen wird. Diese Verfahren haben sich nicht einbürgern können, da auf die Dauer trotz Anwendung von umlaufenden inerten Gasen offenbar der Eisenverschleiß und die Verfärbung des Enderzeugnisses zu groß waren.

Bei dem Verfahren nach der Erfindung sieht man von der unterbrochenen Arbeitsweise wie von dem Retortenverfahren ab und setzt an deren Stelle die Erschmelzung auf dem Wege der fortlaufenden Verdampfung des Wassers auf einer in Bewegung gehaltenen Unterlage, indem die Eindampfung in einem beheizten Drehrohr aus Silber vorgenommen wird, das am einen Ende fortlaufend mit Lauge beschickt wird, zweckmäßig in dem Maße, daß eine Laugeschicht ständig und überall das Innere des Rohres bedeckt. Unter diesen Umständen findet dank der hohen Wärmeleitfähigkeit des Silbers eine viel vorteilhaftere Wärmeübertragung auf die in dünner Schicht zu verdampfende Lauge statt, so daß es in einem nicht vorauszusehenden Maße gelingt, die Verarbeitungszeit der Lauge zu verkürzen und eine wesentlich niedrigere Temperatur als bisher üblich einzuhalten, und hierdurch mit wesentlich geringerem Brennstoffaufwand die Schmelze zu erzeugen. Bei gegebener Führung der Heizgase hat man es in der Hand, durch Regelung der einlaufenden Laugenmenge gegebener Konzentration (zweckmäßig werden die Laugen auf die übliche Stärke von etwa 50 % eingestellt in das Drehrohr eingeführt) eine Ätzalkalischmelze der gewünschten Konzentration, völlig oder nahezu völlig entwässert, fortlaufend aus dem Drehrohr geschmolzen austreten zu lassen und unmittelbar in Trommeln oder auf Schalen zu fördern. Das Drehrohr kann auch gegebenenfalls durch elektrische Heizung auf die erforderliche Temperatur gebracht werden. Die Umlaufgeschwindigkeit des Drehrohres ergibt sich aus der obenerwähnten Forderung, daß die eingeführte Alkalilauge während des Durchfließens des Rohres sich auf dessen Wand in dünner und möglichst gleichmäßiger Schicht verteilt.

Verwendet man gemäß Erfindung für das Heizrohr oder mindestens für die Heizrohrauskleidung Silber als Werkstoff, das nach den Angaben der Literatur von dem Schmelzgut nicht angegriffen wird, so erzielt man aus vorgereinigter Lauge eine rein weiße Ware. Während der Verdampfung sorgt man, wie dies auch bei Anwendung anderer Werkstoffe bekannt ist, für Fernhaltung von Sauerstoff, was hier am einfachsten ohne Zuhilfenahme von verdünnenden Fremdgasen durch Arbeiten unter Überdruck des beim Verdampfen erzeugten Wasserdampfes erreichbar ist. Zweckmäßig werden die abziehenden Brüdendämpfe wegen ihres hohen Wärmegehaltes in irgendeiner an sich bekannten Weise wärmetechnisch verwertet, beispielsweise zur Vorwärmung der einlaufenden Lauge oder nach Kompression zur Arbeitsleistung.

Beispiel

Zur Entwässerung dient ein Silberrohr, welches als Drehrohr geneigt verlegt ist und unmittelbar von den Heizgasen bespült wird. Am kälteren Ende läßt man eine beispielsweise elektrolytisch gewonnene, gereinigte und vorkonzentrierte Ätznatronlauge von 480 bis 500 g NaOH pro Kilogramm einlaufen, während man am heißen Ende eine Temperatur aufrechterhält, welche die aus dem Drehrohr auslaufende Schmelze auf eine Temperatur von 320 bis 340° bringt. Stellt man bei einer auf 100° vorgewärmten Speiselauge von 500 g NaOH pro Kilogramm bei einem Rohr mit a qm Heizfläche die einlaufende Menge Lauge auf a mal 62,5 kg pro Stunde ein, so erhält man ein völlig entwässertes geschmolzenes Ätznatron. Der abziehende Wasserdampf wird dem Vorwärmer für die Speiselauge zugeführt.

Die beispielsweise genannte Leistung von 62,5 kg 50%iger Natronlauge pro Stunde und Quadratmeter Heizfläche bedeutet bereits das Fünffache der Normalleistung beim Einschmelzen in Gußeisenkesseln, wobei die genannte Leistung (62,5 kg) noch nicht die Höchstleistung bedeutet.

Das neue Eindampf- und Schmelzverfahren unter Anwendung eines Drehrohres aus Silber bietet insbesondere auch in bezug auf die betriebstechnische Seite eine Vereinfachung, da durch den Fortfall der von Hand oder durch Pumpen zu bewerkstelligenden Entleerung des Schmelzkessels weitestgehende Mechanisierung erreicht wird.

PATENTANSPRUCH:

Verfahren zur fortlaufenden Herstellung von geschmolzenen Ätzalkalien, wie Ätznatron, Ätzkali oder Gemengen derselben, aus konzentrierten Ätzalkalilaugen, gekennzeichnet durch Anwendung eines aus Silber bestehenden Drehrohres.

A. P. 1786516, F. P. 670335.

D. R. P. 281792, B. I, 2796.

Verbindungen der seltenen Alkalimetalle[1]).

Literatur:

G. Génin, Eigenschaften und Anwendung der seltenen Metalle, *Ind. chim.* **19,** 326 (1932). — M. E. Weeks, Die Entdeckung des Kalium. Natrium und Lithiums, *Journ. chem. Education* **9,** 1035 (1932). — C. F. Graham, Element 87, *Science* **74,** 665 (1931); *Chem. News* **144,** 51 (1932); s. a. F. H. Loring, *ebend.* **143,** 278 (1931). — H. W. Cremer und D. R. Duncan. Eine Untersuchung über die Polyhalide, *Journ. chem. Soc.* **1931,** 1857, 2243. — E. Barnes, Die Einwirkung von Stickoxyd auf Alkalihydroxyde. *Journ. chem. Soc.* 1931, 2605. — R. Bossuet, Nachweis von Alkalimetallen in Spuren, *Bull. Soc. chim.* [4] **51,** 681 (1932). — H. Yagoda, Ausdehnung der Isoamylalkoholtrennung der Alkalien und Erdalkalien auf die weniger häufigen Alkalien: Lithium, Rubidium und Caesium, *Journ. Amer. chem. Soc.* **54,** 984 (1932).

Lithium: von Girsewald, Das Lithium, *Moniteur Prod. chim.* **12,** Nr. 141, 3 (1930). — R. Mordaunt. Lithium: seine Gewinnung und Verwendung in Deutschland, *Metal Ind.* **40,** 537 (1932). — Imperial Institute. Mineral Industry of the British Empire and foreing countries: Lithium, *London: H. M. S. O. 1932.* — Anonym, Produktion und Verwendung von Lithium. *Chem. Trade Journ.* **91,** 297 (1932). — J. A. N. Friend und A. T. W. Colley, Die Löslichkeit von Lythiumchlorid in Wasser. *Journ. chem. Soc. London,* **1931,** 3148. — L. Malossi, Doppelsulfate des Wismuts und Lithiums, *Atti R. Accad. Lincei Rend.* [6] **13,** 775 (1931). — T. Caspar, Reagens für das Lithiumion, *Anales soc. Espanola Fisica Quim.* **30,** 406 (1932).

Rubidium. Caesium: J. D'Ans. Phasentheoretisch interessante wäßrige Salzsysteme. Die Gewinnung des Rubidiums aus Carnallit, *Angew. Chem.* **46,** 491 (1933). — G. Jander und F. Busch, Über die Gewinnung von Rubidium und Caesiumpräparaten aus dem Carnallit, *Z. anorg. Chem.* **194,** 38 (1930). — N. N. Jefremow und A. A. Wesselowski. Rubidium und Caesium in den Carnalliten von Ssolikamsk, *Chem. Journ., Ser. B., Journ. angew. Chem. (russ.)* **4,** 540 (1931). — S. Graves, Die Darstellung von Rubidium, *Journ. chem. Eduction* **9,** 1274 (1932). — C. James. H. C. Fogg und E. D. Coughlin, Gewinnung von Beryllium, Caesium und Rubidium aus Beryll. *Ind. engin. Chem.* **23,** 318 (1931). — L. Fresenius, Über die Bestimmung des Caesiums und Rubidiums. insbesondere in Mineralwässern, *Z. analyt. Chem.* **86,** 182 (1931). — N. A. Tananajew. Der Nachweis von Caesium. Rubidium und Thallium nach der Tüpflemethode, *Z. analyt. Chem.* **88,** 343 (1932). — N. A. Tananajew und E. P. Harmasch, Die Bestimmung des Caesiums in Gegenwart von Rubidium und anderen Alkalimetallen, *Z. analyt. Chem.* **89,** 256 (1932). — W. L. Miltschewskaja-Rutkowskaja, Versuche zur Bestimmung von Rubidium (und Caesium) in Mikroklinen verschiedener Lagerstätten. *Compt. rend. Acad. Sciences U.S.S.R. Ser. A.* **1931,** 258.

Lithium. Die Metallgesellschaft, die erfolgreich neue Wege zur Gewinnung von Lithium aus seinen Erzen gesucht hat, beschreibt in einem französischen Patent[2]) den Aufschluß mit $MgSO_4$ und in einem D.R.P. 562006 einen Aufschluß für P_2O_5-haltige Erze mit Si oder Ferrosilicium, also mit einem Verfahren das nachgebildet ist den analogen Verfahren zum Aufschluß von Phosphoriten. Ein weiteres Aufschlußverfahren mit Pottasche ist in einem russischen Patent beschrieben.[3])

In dem D.R.P. 513529 der I. G. Farbenindustrie zur Darstellung von wasserfreien Metallchloriden, aus den Oxyden mit Cl_2 über Koksschichten in der Hitze, wird auch die Herstellung von wasserfreiem LiCl erwähnt.

Rubidium, Caesium. Ausgangsstoff für die Gewinnung von Caesium ist der Pollucit geworden, der in ausreichenden Mengen und in verhältnismäßig hoher Reinheit in Sibirien

---

[1]) Die Herstellng der Metalle selbst, ihre Verwendung, insbesondere zu Legierungen, siehe im Abschnitt „Alkalimetalle".

[2]) F. P. 713446. Metallgesellschaft, Aufschluß von Li-Erzen, z. B. Lithiumglimmer mit $MgSO_4$ bei 800—850°, Auslaugen und Trennen von Mg und anderen Alkalien.

[3]) Russ. P. 24393, Ukrainski nautschno-issledowatelny chimiko-radiolgitscheski institut U.S.S.R., Aufarbeitung von Lepidolithen auf Li, Rb, Cs. Aufschluß mit Pottasche, Lösen mit H_2SO_4.

und in Nordamerika gefunden wird. Die für die Lithiumgewinnung hauptsächlich verwandten Lepidolithe enthalten kaum etwas der seltenen Alkalimetalle. So war der Vorrat an Rubidium ausgegangen. Man griff daher auf den Carnallit zurück und man findet aus diesem Grunde in der Berichtszeit eine ganze Reihe von Patenten, die verschiedene Verfahren für die Gewinnung des Rubidiums aus dem Carnallit beschreiben, sowie Verfahren zur bequemeren Trennung des Rubidiums von Caesium. Die Anwendung von Silicomolybdänsäure hierzu ist von G. Jander ausgearbeitet worden, die anderen Verfahren von der Kali-Forschungs-Anstalt. Diese beruhen auf der Schwerlöslichkeit der dem Magnesium-Ammonium-Phosphat analogen Rb- und Cs-Verbindungen.

In einer Veröffentlichung weist D'Ans (s. Literatur) auf ein besonders einfaches Verfahren zur Anreicherung des Rb in den Carnalliten hin, das sich einer neuartigen Kombination von fraktionierter Spaltung und Kristallisation der Carnallite selbst bedient.

Übersicht der Patentliteratur.

D. R. P.	Patentnehmer	Charakterisierung des Patentinhaltes
Verbindungen der seltenen Alkalimetalle.		
1. Lithium-Verbindungen. (S. 2655)		
502 006	Metallgesellschaft	Aufschluß von Li und P_2O_5 enthaltenden Mineralien mit Si, Ferrosilicium, gegebenenfalls unter Zusatz von Ferrophosphor
513 529	I. G. Farben	Wasserfreies LiCl durch Umsetzung von Oxyd in geschmolzenem LiCl mit Cl_2, HCl über Koksrieselschicht, (s. Erdalkalichloride)
2. Rubidium- und Caesium-Verbindungen. (S. 2657)		
531 890	Kafa	Anreichern der Carnallite durch wiederholtes kaltes Zersetzen der künstlichen Carnallite
515 851	Kafa	Fällen von Rb(Cs)-Mg-Phosphaten
525 086	Kafa	Spalten der Rb(Cs)-Mg-Phosphate mittels NH_4Cl, Kalk, Baryt
517 921	G. Jander	Fällen von Rb aus einem angereicherten Carnallit als Silicomolybdat, Spalten dieses im HCl-Strom
535 357	Kafa	Alkalisches Spalten des Silicomolybdats, Fällen von Kieselsäure und Molybdänsäure mit Erdalkalisalzen
540 696	G. Jander	Trennen von Rb- von Cs-Salzen durch fraktionierte Fällung der Silicomolybdate
539 946	G. Jander	Trennen von Rb- von Cs-Salzen durch Fraktionieren der Chloride mit Alkohol und Fällen von Cs-Sb-Chlorid

Siehe auch den Abschnitt „Alkalimetalle".

Nr. 562006. (M. 105. 30.) **Kl. 12 l, 16.** METALLGESELLSCHAFT A. G. IN FRANKFURT A. M.

Erfinder: Dr. Conway Freiherr von Girsewald und Dr. Hans Weidmann in Frankfurt a. M.

Verfahren zur Gewinnung von Lithiumverbindungen aus Lithium und Phosphorsäure enthaltenden Mineralien.

Vom 24. Dez. 1930. — Erteilt am 29. Sept. 1932. — Ausgegeben am 20. Okt. 1932. — Erloschen: . . .

Es ist bekannt, lithiumhaltige Mineralien zwecks Nutzbarmachung ihres Lithiuminhaltes durch Erhitzen mit Schwefelsäure aufzuschließen. Die Behandlung von phosphorsäurehaltigen Lithiummineralien, wie z. B. Amblygonit und Triphylin (deren Gehalt an P_2O_5 etwa 45 % beträgt), nach diesem bekannten Verfahren stößt indessen auf

Schwierigkeiten, die im wesentlichen auf der außerordentlich schweren Löslichkeit des Lithiumphosphats beruhen. Dies Verfahren hat ebenso wie das ebenfalls bekannte Verfahren des Aufschließens mit neutralem Kaliumsulfat im Drehrohr, gegebenenfalls unter Hinzufügung von Kalk, den weiteren Nachteil, daß beim Laugen des Aufschlußgutes die Phosphorsäure zum größten Teil in Form von Tricalciumphosphat zurückbleibt, also in einer Form, in der ihr Wert ein nur sehr geringer ist.

Es wurde gefunden, daß es möglich ist, Lithium neben Phosphorsäure enthaltende Mineralien, wie z. B. Amblygonit und Triphylin, in einfachster Weise unter völliger Nutzbarmachung des Lithiums und unter vorteilhaftester Verwertung des in den Ausgangsstoffen in Form von Phosphorsäure vorhandenen Phosphors in eine Form überzuführen, in der ihnen der Lithiumgehalt, z. B. nach bekannten Aufschlußverfahren, entzogen werden kann, wenn man die genannten Ausgangsstoffe bei höheren Temperaturen, vorzugsweise im Schmelzfluß, mit metallischem Silicium zur Umsetzung bringt. Hierbei wird die in den Ausgangsstoffen vorhandene Phosphorsäure zu elementarem Phosphor reduziert, während das zugeführte Silicium mit dem Sauerstoff der Phosphorsäure Kieselsäure bildet, die wieder mit den vorhandenen Basen, insbesondere dem vorhandenen Lithium, ganz oder teilweise zu den entsprechenden Silicaten bzw. Doppelsilicaten zusammentritt. Die so erhaltenen, praktisch phosphorsäurefreien Silicate können alsdann mit Leichtigkeit, z. B. nach den obengenannten bekannten Aufschlußverfahren, auf andere Lithiumverbindungen weiterverarbeitet werden.

Anstatt den bei der erwähnten Umsetzung in Freiheit gesetzten elementaren Phosphor als solchen entweichen zu lassen und ihn z. B. in Niederschlagsapparaten bekannter Art in elementarer Form aufzufangen oder ihn durch Verbrennung in ebenfalls bekannter Weise in Phosphorpentoxyd überzuführen, kann man auch durch Zugabe von Eisen als solchem oder in Form eines Gemisches von eisenhaltigen Stoffen, wie Eisenoxyd, mit kohlenstoffhaltigen Reduktionsmitteln zu der Aufschlußcharge dafür Sorge tragen, daß in dieser beim Aufschlußprozeß genügend freies Eisen vorhanden ist, um den in Freiheit gesetzten Phosphor ganz oder gegebenenfalls auch nur teilweise unter Bildung einer Eisen-Phosphor-Legierung zu binden.

Mit besonderem Vorteil führt man das hierfür benötigte Eisen zusammen mit dem Silicium in der Form einer siliciumhaltigen Eisenlegierung in die Charge ein, wie z. B. in Form von Ferrosilicium oder von siliciumhaltigem Ferrophosphor. Im letzteren Falle erhält man unter Austausch des in dem Ferrophosphor enthaltenen Siliciums gegen Phosphor den in dem phosphorsäurehaltigen Lithiummineral enthaltenen Phosphor in der besonders wertvollen Form eines entsprechend angereicherten Ferrophosphors.

Auch bei Verwendung des Siliciums in Form von siliciumhaltigem Ferrophosphor wird es sich im allgemeinen empfehlen, dem Reaktionsgemisch noch Eisen als solches, z. B. in Form von Eisenschrott, oder in Form eines Gemisches von eisenhaltigen Stoffen, wie z. B. Eisenoxyd, mit einer ausreichenden Menge eines Reduktionsmittels, wie z. B. Kohle, hinzuzufügen.

Auch bei Verwendung von Legierungen des Siliciums erhält man im Aufschlußprodukt das Silicium in Form von Silicaten bzw. Doppelsilicaten des Lithiums und der sonstigen vorhandenen Basen, wie z. B. Aluminium.

Das vorliegende Verfahren gestattet also im Gegensatz zu dem obenerwähnten bekannten Aufschlußverfahren nicht nur, das Lithium und Phosphorsäure enthaltende Material in sehr bequemer Weise unter Nutzbarmachung seines gesamten Lithium- und Phosphorgehaltes aufzuschließen, sondern auch siliciumhaltigen und wegen seines Siliciumgehaltes für viele Zwecke schlecht verwendbaren Ferrophosphor, wie er z. B. als Nebenprodukt der thermischen Phosphorgewinnung im elektrischen Ofen in großen Mengen anfällt, in ein von seinem Siliciumgehalt befreites, dafür aber in seinem Phosphorgehalt entsprechend angereichertes und somit im Wert ganz bedeutend erhöhtes Produkt überzuführen.

An Stelle von Ferrosilicium oder siliciumhaltigem Ferrophosphor können auch andere Siliciumlegierungen als Reduktionsmittel für die erfindungsgemäß in Betracht kommenden Ausgangsstoffe Verwendung finden.

Es ist bereits an sich bekannt, daß das metallische Silicium als solches oder in Form seiner Legierungen imstande ist, Phosphorsäure in Phosphaten zu elementarem Phosphor zu reduzieren. Es war aber nicht vorauszusehen, daß durch die Anwendung dieser an sich bekannten Umsetzung auf die hier in Frage kommenden besonderen Ausgangsstoffe die angegebenen Vorteile zu erzielen sein würden.

In Ausübung der Erfindung kann man z. B. so verfahren, daß man das Lithiumerz, wie z. B. Amblygonit, in gemahlenem Zustande in Mischung mit ebenfalls gemahlenem, hoch siliciumhaltigem Ferrophosphor in einem geeigneten Schmelzofen z. B. bei einer oberhalb 1300° gelegenen Temperatur, z. B. bei 1500°, einschmilzt. Die erhaltene Schmelze bildet zwei Schichten, von denen die untere Schicht aus praktisch siliciumfreiem und lithiumfreiem Ferrophosphor besteht und die obere aus einem Lithium-Aluminium-Silicat, das z. B. durch gesondertes Abstechen leicht von dem Ferrophosphor getrennt werden kann.

Dieses Doppelsilicat kann in an sich bekannter Weise durch Erhitzen mit Schwefelsäure oder noch besser in kontinuierlichem Verfahren durch Erhitzen mit Kaliumsulfat im Drehrohr, z. B. bei 900° C, mit Leichtigkeit in Lithiumsulfat umgewandelt werden, das dem Aufschlußrückstand durch Laugen mit Wasser oder einer geeigneten wässerigen Lösung leicht entzogen werden kann. Der hierbei erhaltene Laugungsrückstand hat sich als ein für die Herstellung von Alaun ausgezeichnet brauchbares Ausgangsmaterial erwiesen.

Beispiel

100 kg Amblygonit mit 4,1 % Li und 46 % P_2O_5 werden mit 125 kg eines Ferrophosphors mit 11,5 % P und 22,5 % Si und mit 20 kg Kiesabbrand fein vermahlen. Nach Zugabe von 30 kg Eisenschrott wird das Ganze in einem Kohletiegel im elektrischen Ofen bei 1500° C heruntergeschmolzen. Durch getrenntes Abstechen der gebildeten beiden Schmelzschichten erhält man 155 kg eines Ferrophosphors mit einem Gehalt von 21,2 % P und nur 0,9 % Si, der völlig frei von Lithium ist, und 110 kg einer Lithium-Aluminium-Silicatschlacke mit 3,5 % Li und nur 0,7 % P.

Ausbeute an Phosphor im erhaltenen Ferrophosphor: 95 % des mit dem Amblygonit und der Eisenphosphor-Silicium-Legierung eingebrachten Phosphors.

Ausbeute an Lithium: 94 % des im Amblygonit enthaltenen Lithiums.

Patentansprüche:

1. Verfahren zur Gewinnung von Lithiumverbindungen und von Phosphor bzw. Phosphorverbindungen aus Lithium und Phosphorsäure enthaltenden Mineralien, wie z. B. Amblygonit und Triphylin, dadurch gekennzeichnet, daß man als Reduktionsmittel für andere Phosphate bereits bekanntes Silicium als solches oder in Form einer Legierung bei höheren Temperaturen, vorzugsweise im Schmelzfluß, mit den genannten Ausgangsmaterialien zur Umsetzung bringt und das Aufschlußprodukt nach bekannten Methoden aufarbeitet.

2. Verfahren nach Anspruch 1, gekennzeichnet durch Verwendung des Siliciums in Form von siliciumhaltigem Ferrophosphor.

3. Verfahren nach Anspruch 2, gekennzeichnet durch Verwendung der Reaktionskomponenten in solchem Mengenverhältnis, daß bei genügend weitgehendem Aufschluß des Lithium und Phosphorsäure enthaltenden Minerals dem Ferrophosphor praktisch das ganze darin vorhandene Silicium entzogen und an Stelle dessen praktisch der ganze aus dem Mineral in Freiheit gesetzte Phosphor von dem Ferrophosphor aufgenommen wird.

4. Verfahren nach Ansprüchen 1 bis 3, dadurch gekennzeichnet, daß bei der Umsetzung für Vorhandensein von metallischem Eisen in einer zur Bindung des aus dem Phosphat in Freiheit gesetzten Phosphors mindestens teilweise ausreichender Menge durch Zugabe von Eisen als solchem oder in Form eines Gemisches eines eisenhaltigen Stoffes, wie z. B. Eisenoxyd, mit einem Reduktionsmittel, wie z. B. Kohle, zu der Aufschlußcharge Sorge getragen wird.

Nr. 531 890. (K. 40. 30.) Kl. 12 l, 16. Kali-Forschungs-Anstalt G. m. b. H. in Berlin.

Erfinder: Dr. Rudolf Hake in Bahnhof Teutschenthal, Bez. Halle a. d. S.

Verfahren zur Gewinnung von an Rubidium und Cäsium angereicherten Carnalliten.

Vom 28. Mai 1930. — Erteilt am 6. Aug. 1931. — Ausgegeben am 17. Aug. 1931. — Erloschen: 1932.

Es ist ein Verfahren bekannt zur Darstellung von Rubidiumsalzen, nach dem der aus den Endlaugen der Kaliindustrie kristallisierende künstliche Carnallit durch heißes Lösen und Verdampfen der Mutterlaugen unter Gewinnung neuen Carnallits bei der Kristallisation verarbeitet wird, wobei in dem an zweiter oder bei Wiederholung dieser Operationen auch an dritter, vierter Stelle erhaltenen Carnallit eine immer weitergehende Anreicherung an Rubidiumsalz stattfindet. Bei dieser Arbeitsweise geht man von einer gewissen Menge künstlichen Carnallits aus, der dann für sich der Anreicherung unterworfen wird.

Nach dem vorliegenden Verfahren soll der Carnallit durch Rühren mit kaltem Wasser zersetzt werden, wodurch ein unnötiger Wärmeaufwand vermieden wird. Das neue Verfahren soll weiterhin so ausgestaltet werden, daß es sich den Betriebsverhältnissen der Kaliindustrie gut eingliedert und die Massenverarbeitung in diesen Betrieben nicht stört. Der übliche künstliche Carnallit 1 wird mit kaltem Wasser verrührt und reines Chlorkalium als Handelsprodukt erhalten. Die bei dem Verrühren erhaltene Zersetzungslauge 1 wird verdampft und liefert bei der Kristallisation einen Carnallit 2 und eine Mutterlauge (Endlauge), welche verworfen wird. Der Carnallit 2 wird in gleicher Weise mit kaltem Wasser unter Gewinnung von Handels-Chlorkalium zersetzt, und die hierbei erhaltene Zersetzungslauge 2 verdampft, wobei als Kristallisat ein Carnallit 3 und wertlose Endlauge erhalten wird; diese Art der Verarbeitung wird mehrmals wiederholt. Unter Anreicherung an Rubidium werden dabei aber die Mengen der so erhaltenen Carnallite bzw. der bei der Zersetzung derselben anfallenden Laugen immer geringer. Um sie mit den großen Apparaturen des Fabrikbetriebes aufarbeiten zu können, werden die Zersetzungslaugen 1, 2, 3 usf. gesondert gespeichert und, besonders in den Fraktionen höheren Anreicherungsgrades, erst nach Ansammlung einer gewissen Menge gesondert verdampft.

Die Carnallite verschiedenen Anreicherungsgrades werden gleichfalls voneinander getrennt gehalten und die gleichen Konzentrationsgrades vereinigt. Auch sind die Kristallisierkästen, aus denen die Carnallite verschiedenen Anreicherungsgrades sich bei der Abkühlung der verdampften Laugen abscheiden, getrennt zu halten. So wird eine systematische Anreicherung des Rubidiums erreicht. Diese räumliche Trennung der Fraktionen bedingt aber keinen größeren Raumbedarf in den Chlorkaliumfabriken der Kaliindustrie, weil die verarbeiteten Mengen an Salz und Lauge dieselben bleiben und sich das Verfahren somit in den üblichen Gang der Carnallitverarbeitung gut eingliedert.

Bei der üblichen Verarbeitung der Kalirohsalze werden alle im Betriebe anfallenden Laugen hohen Chlormagnesiumgehalts, Mutterlaugen, Verrührlaugen usw., gemeinsam verdampft, und die an Rubidium angereicherten Laugen werden hierbei immer wieder durch fast rubidiumfreie verdünnt und verarmen an Rubidium. Darum läßt sich eine Rubidiumsalzherstellung nicht in den normalen Carnallitbetrieb eingliedern. Demgegenüber sollen nach dem vorliegenden Verfahren alle Laugen gleicher Anreicherungsstufe gemeinsam und getrennt von anderen Laugen verdampft und die hierbei erhaltenen angereicherten Carnallite gleicher Anreicherungsstufe gemeinsam kalt verrührt werden. Hierbei wird handelsfähiges Chlorkalium und um eine Stufe mehr angereicherte rubidiumhaltige Lauge erhalten, welche wieder mit Lauge gleicher Stufe verdampft wird. Auf diesem Wege gelingt eine Gewinnung des gesamten im Rohcarnallit enthaltenden Rubidiumsalzes durch systematische Anreicherung des Rubidiums im künstlichen Carnallit im Rahmen einer normalen Verarbeitung von Rohcarnallit in den Chlorkaliumfabriken der Kaliindustrie.

Patentanspruch:

Verfahren zur Gewinnung von an Rubidium und Cäsium angereicherten Carnalliten bei der Verarbeitung von Rohcarnallit, dadurch gekennzeichnet, daß man die bei der kalten Zersetzung der künstlichen Carnallite auf Chlorkalium erhaltenen Laugen immer wieder für sich eindampft und die auskristallisierenden künstlichen Carnallite immer wieder für sich kalt zersetzt.

Nr. 515851. (K. 17.30.) Kl. 12l, 16. **Kali-Forschungs-Anstalt G. m. b. H. in Berlin.**

Erfinder: Dr. O. F. Kaselitz und Dr. Hans Grasshoff in Berlin.

Verfahren zur vollständigen Abtrennung technisch reiner Rubidium- (und Cäsium-) Salze von denen der Alkalien.

Vom 22. März 1930. — Erteilt am 24. Dez. 1930. — Ausgegeben am 9. Febr. 1931. — **Erloschen: 1935.**

Zur Gewinnung von Rubidiumsalzen aus Carnallit wurden bislang diese Salze durch mehrfaches Umkristallisieren des Carnallits auf etwa 2 bis 4% RbCl angereichert. Der so angereicherte Carnallit wurde so gelöst, daß eine Lösung von etwa 19 g RbCl pro Liter erhalten wurde, und aus dieser wurde durch Zugabe von $Al_2(SO_4)_3$ das Rb als Alaun gefällt. Dieser Alaun mit etwa 25% Rb-Alaun wurde durch fraktionierte Kristallisation auf etwa 80%igen Rb-Alaun gebracht, der als Ausgangsmaterial für alle Rb-Präparate diente.

Die in den Salzen der Kalisalzlagerstätten enthaltenen Rubidiumsalze sind auch immer von kleinen Mengen der Cäsiumsalze (etwa 1% der Rubidiumsalze) begleitet und werden bei den Anreicherungs- und Gewinnungsverfahren auch immer mit diesen zusammen erhalten. Dies ist auch bei dem vorliegenden Verfahren der Fall. In der Beschreibung des Verfahrens wird auf die gleichzeitige Anwesenheit der Cäsiumsalze keine Rücksicht genommen, sondern nur von Rubidiumsalzen gesprochen werden.

Es wurde gefunden, daß Rb mit Magnesium ein unlösliches Doppelphosphat bildet, das eine vollständige Trennung von den übrigen Alkalien gestattet, da weder Kalium noch Natrium gefällt werden. Der Vorzug des vorliegenden Verfahrens liegt darin, daß das Rb direkt aus der Lösung eines genügend angereicherten Carnallits ausgefällt werden kann und daß dabei einfach zu verarbeitende, an Rb sehr reiche Verbindungen gewonnen werden. Das Verfahren eignet sich auch zur Gewinnung von Rb-Salzen aus anderen Lösungen, sofern für Anwesenheit der nötigen Mg-Salze Sorge getragen ist. Bei Überschuß von Mg werden PO_4-freie Filtrate erhalten.

Praktisch geht man so vor:

Das Rb wird durch mehrmaliges Zersetzen oder Umkristallisieren des Carnallits angereichert. Zu der Lösung eines solchen Carnallits fügt man Na_2HPO_4 in solcher Menge, daß Rb vollständig in Form von $RbMgPO_4 \cdot 6\,H_2O$ gefällt wird. Zur Vervollständigung der Fällung wird mit NaOH neutralisiert. Ein Überschuß an Phosphatlösung macht die Ausfällung noch vollständiger. Man kann aber auch so vorgehen, daß die Fällung fraktioniert vorgenommen wird, in welchem Falle die zuerst erhaltene Fällung Magnesiumphosphat ist, die späteren Gemische dieses mit Alkalidoppelsalzen sind. Das zuerst amorph fallende Salz kristallisiert rasch und kann bequem filtriert werden. Das Filtrat, das PO_4-frei ist, kann bei dem Anreicherungsprozeß des Carnallits wieder verwertet werden.

Ausführungsbeispiel 1

100 g Carnallit mit einem Gehalt von 4% Rubidiumchlorid werden in 250 g Wasser gelöst und mit 127 g Natriumphosphat ($Na_2HPO_4 \cdot 12\,H_2O$) in zwei Anteilen versetzt. Der größte Teil des Natriumphosphats wurde zuerst zugegeben. Der von der Flüssigkeit getrennte Niederschlag erwies sich als frei von Rubidiumsalz und bestand aus $MgHPO_4 \cdot 7\,H_2O$. Das Filtrat wurde hierauf mit dem Rest des Natriumphosphats versetzt und neutralisiert. Der jetzt erhaltene und ausgewaschene Niederschlag enthielt das ganze Rubidium als $MgRbPO_4 \cdot 6\,H_2O$ neben Magnesiumphosphat und war frei von Kalisalz. Beide Niederschläge wogen zusammen lufttrocken etwa 90 g.

Ausführungsbeispiel 2

20 g eines Gemisches von Chlorkalium und Rubidiumchlorid mit 20% des letzteren wurden in Wasser gelöst, mit 13,5 g kristallisiertem Chlormagnesium und hierauf mit 23,6 g Natriumphosphat versetzt und neutralisiert. Der von der Flüssigkeit getrennte und ausgewaschene Niederschlag wog lufttrocken 18,5 g und enthielt das ganze Rubidium, dagegen kein Kalium.

Patentanspruch:

Verfahren zur vollständigen Abtrennung technisch reiner Rubidium- (und Cäsium-) Salze von denen der Alkalien, dadurch gekennzeichnet, daß die Fällung des Rubidiums (und Cäsiums) in Form der Alkali-Magnesiumdoppelphosphate erfolgt.

Nr. 525086. (K. 41. 30.) Kl. 12 l, 16. Kali-Forschungs-Anstalt G. m. b. H. in Berlin.

Erfinder: Dr. O. F. Kaselitz und Dr. Hans Grasshoff in Berlin.

Herstellung reiner Rubidium- (und Cäsium-) Verbindungen.

Vom 29. Mai 1930. — Erteilt am 30. April 1931. — Ausgegeben am 18. Mai 1931. — Erloschen: 1934.

Es ist ein Verfahren bekannt geworden, Rubidium oder Cäsium oder beide gleichzeitig aus an diesen Elementen angereicherten Lösungen in Form von Magnesiumphosphaten zu gewinnen.

Nicht bekannt ist bisher die Reindarstellung der Rb- (und Cs-) Salze aus den so erhaltenen Rubidium- (Cäsium-) Magnesium-Phosphaten. Es wurde nun gefunden, daß die Abtrennung glatt gelingt, wenn man für das Rubidium (oder Cäsium) ein Kation einführt, das die Magnesiumphosphate noch schwerer löslich macht; dies ist der Fall bei NH_4, Ca, Ba. Der Ersatz des Rubidiums (oder Casiums) geht glatt vonstatten, wenn man die Rb (Cs) Mg-Phosphate in Salzsäure löst und mit NH_4, $Ca(OH)_2$ oder $Ba(OH)_2$ wieder schwach alkalisch macht, oder wenn man die Alkalimagnesiumphosphate mit den Salzen oder Hydroxyden von NH_3, Ca, Ba kocht; man erhält dann Lösungen der reinen Alkalien.

Erhitzt man z. B. die Doppelphosphate des Rubidiums (Cäsiums) und Magnesiums mit konzentrierter NH_4Cl-Lösung oder mit NH_3, so kann man nach kurzer Zeit von dem gut filtrierbaren $NH_4MgPO_4\,6\,H_2O$ trennen. Im Filtrat wird NH_3 durch NaOH verdrängt und das in der neutralisierten Lösung erhaltene Gemisch der Natrium-, Rubidium- und Cäsiumsalze durch fraktionierte Kristallisation getrennt.

Die Trennung von Natrium durch fraktionierte Kristallisation kann man vermeiden, wenn man die Doppelphosphate des Rubidiums (und Cäsiums) mit überschüssigem $Ca(OH)_2$ kocht und dadurch alle Phosphorsäure in Magnesium- und Calciumphosphat überführt. Der Überschuß an Calcium wird durch Einleiten von CO_2 ausgefällt, und im Filtrat können durch Eindampfen die reinen Carbonate des Rubidiums (und Cäsiums) gewonnen werden. Arbeitet man mit einer solchen Menge $Ca(OH)_2$, daß sie in den Grenzen der Gleichungen

$$12\,RbMgPO_4 + 12\,Ca(OH)_2 = 4\,Ca_3(PO_4)_2 + 2\,Mg_3(PO_4)_2 + 6\,Mg(OH)_2 + 12\,RbOH$$

$$12\,RbMgPO_4 + 6\,Ca(OH)_2 = 2\,Ca_3(PO_4)_2 + 4\,Mg_3(PO_4)_2 + 12\,RbOH$$

liegt, so erhält man calcium- und magnesiumfreie Lösungen der Alkalihydroxyde; anstatt des $Ca(OH)_2$ kann auch $Ba(OH)_2$ verwendet werden.

Ausführungsbeispiel 1

100 g Rubidiummagnesiumphosphat mit etwa 20 % Rb wurden mit einer Aufschlämmung von 20 g $Ca(OH)_2$ in 300 ccm H_2O gekocht, der Niederschlag, bestehend aus den schwerlöslichen Erdalkaliphosphaten, nach einiger Zeit von der Lösung getrennt und ausgewaschen. Filtrat und Waschwasser, welche das gesamte Rb als RbOH, aber keine Phosphorsäure enthielten, wurden zusammengetan und mit CO_2 behandelt, wobei ein geringer Niederschlag von Erdalkalicarbonat erhalten wurde. Nach dessen Abtrennung wurde die Lösung unter Gewinnung des gesamten Rb als Carbonat in reiner Form eingedampft.

Ausführungsbeispiel 2

100 g Rubidiummagnesiumphosphat obiger Zusammensetzung wurden in 150 ccm einer Salzsäure vom spez. Gewicht 1,055 gelöst und die erhaltene Lösung mit einer Aufschlämmung von 25 g $Ca(OH)_2$ in 150 ccm Wasser verrührt. Die nach einiger Zeit abfiltrierten Erdalkaliphosphate enthielten kein Rb. Die Lösung wurde wie oben mit Kohlensäure behandelt und nach Abtrennung vom Erdalkalicarbonat eingedampft unter Gewinnung des gesamten Rb als Chlorid, das jedoch geringe Mengen $CaCl_2$ enthielt.

Ausführungsbeispiel 3

100 g Rubidiumphosphat wurden mit einer Lösung von 40 g NH_4Cl in 300 ccm Wasser etwa 10 Minuten gekocht, der Ammoniummagnesiumphosphatniederschlag nach längerem Stehen abfiltriert und gewaschen. Lösung und Waschwasser wurden zusammengetan und unter Zusatz von etwa 18 g NaOH erhitzt zwecks Verdrängung des überschüssigen Ammoniums. Aus der Lösung wurde RbCl durch fraktionierte Kristallisation von NaCl getrennt.

Will man die fraktionierte Kristallisation, welche stets ein ammoniumchloridhaltiges Rubidiumsalz liefert, vermeiden, so verdampft man ohne Zusatz von NaOH und vertreibt das überschüssige NH_4Cl aus dem Verdampfrückstand durch schwaches Glühen.

Patentanspruch:

Verfahren zur Herstellung reiner Rubidium- (und Cäsium-) Verbindungen aus Rubidium- (Cäsium-) Magnesium-Phosphat, gekennzeichnet durch die Umsetzung mit Salzen oder Hydroxyden, deren Kationen Phosphate oder Magnesiumdoppelphosphate bilden, die schwerer löslich sind als Rubidium- (Cäsium-) Magnesium-Phosphat.

Nr. 517921. (J. 36854.) Kl. 12 l, 16. Dr. Gerhart Jander in Göttingen.

Verfahren zur Gewinnung von Rubidiumsalzen.

Vom 27. Jan. 1929. — Erteilt am 22. Jan. 1931. — Ausgegeben am 24. Febr. 1931. — Erloschen: 1934.

Feit und Kubierschky haben in der Chemiker-Zeitung 1892, S. 335, eine Methode zur Gewinnung von Rubidium- und Caesiumverbindungen aus Carnallit beschrieben, derzufolge seine Anreicherung des Rubidiums in den Mutterlaugen durch Lösen des Carnallits in so viel Wasser erfolgt, daß rubidiumfreies Chlorkalium kristallisiert und daß die so erhaltenen Mutterlaugen verdampft werden und aus diesen wieder rubidiumhaltiger Carnallit kristallisiert; diese Behandlung muß mehrfach wiederholt werden.

Demgegenüber wird gemäß der Erfindung der Carnallit nach dem Prinzip des unvollkommenen Lösens oder des Lösens auf Endlauge nur mit so viel Wasser heiß behandelt, daß durch Zersetzung des Carnallits ein großer Teil des in ihm enthaltenen Chlorkaliums als solches abgeschieden wird und heiße Lösungen hoher Chlormagnesiumkonzentration (beim Lösen auf Endlauge heiß an Carnallit gesättigt) erhalten werden. Diese liefern nach Abtrennung des Chlorkaliums bei der Abkühlung wieder künstlichen Carnallit, welcher einen wesentlich gesteigerten Gehalt an Rubidium zeigt. Dagegen sind sowohl das abgeschiedene Chlorkalium wie die Mutterlauge so gut wie frei von Rubidium und werden verworfen. Es findet demgemäß hierbei durch das einmalige Lösen ohne Verdampfung eine viel schärfere Konzentration des Rubidiums statt, als es nach dem älteren Verfahren der Fall ist. Natürlich kann dieses Verfahren wiederholt und so eine weitere Konzentration an Rubidium erzielt werden. Es ist aber ein Vorzug dieser Arbeitsweise, daß eine weitere Anreicherung auf diesem Wege, welcher immerhin Verluste bedingt, in den meisten Fällen nicht erforderlich ist und für die weitere Reinigung ein günstiges Verfahren gewählt werden kann.

Als bequemste Methode zur weiteren Abscheidung des Rubidiums wird der obigen Arbeit zufolge die Fällung als Alaun vorgeschlagen, welche mit bedeutenden Verlusten an Rubidium verknüpft ist. Der durch fraktionierte Fällung erhaltene Alaun wird 7- bis 8mal umkristallisiert, um zu reinem Rubidiumsalz zu gelangen.

Demgegenüber soll nach dem neuen Verfahren die Lösung des wie oben angereicherten Carnallits nach Zusatz von Salzsäure bei etwa 65° mit silicomolybdänsaurem Natrium ($Na_4H_4[Si(Mo_2O_7)_6]$) gefällt werden. Es scheidet sich das entsprechende Rubidiumsalz ($Rb_4H_4[Si(Mo_2O_7)_6]$ mit 15,7% Rb), dem etwas Kaliumsalz beigemengt ist, aus, und bei der wiederholten Behandlung mit wenig 2 N-Salzsäure geht ein großer Teil des letzteren in Lösung.

Um nun eine weitere Anreicherung des Rubidiumsalzes vorzunehmen, kann man so vorgehen, daß man das silicomolybdänsaure Rubidium in Ammoniak oder Natronlauge löst und unter Zugabe von silicomolybdänsaurem Natrium mit Salzsäure erneut fällt. Um das so erhaltene oder das ursprüngliche silicomolybdänsaure Rubidium im Rubidiumchlorid überzuführen, wird es im Salzsäurestrom erhitzt, wobei Molybdänoxychlorid entweicht. Die Salzsäure wird zweckmäßig mit den Dämpfen von Tetrachlorkohlenstoff beladen, der bei thermischer Dissoziation in C_2Cl_6 und 2 Cl zerfällt. Das freie Chlor oxydiert teilweise gebildete niedere, weniger flüchtige Oxydationsstufen des Molybdäns, ein Oxydationsvorgang, der gegen Ende der Operation auch durch Überleiten von etwas Chlor unterstützt werden kann. Der Rückstand besteht aus Kieselsäure und Rubidiumchlorid, die durch Auslaugen getrennt werden. Soll diese Lösung noch weiter gereinigt werden, so wird sie mit Salzsäure angesäuert, die Fällung mit silicomolybdänsaurem Natrium wiederholt und das entsprechende Rubidiumsalz erneut durch Glühen im Salzsäurestrom in Chlorid übergeführt.

Ausführungsbeispiel

6,5 kg künstlicher Carnallit eines Kaliwerkes wurden mit 2,3 l Wasser zum Sieden erhitzt, das abgeschiedene Chlorkalium wurde mit heißem Wasser ausgelaugt und mit kaltem Wasser nachgewaschen. Beide Flüssigkeiten wurden beiseitegestellt, um bei einem neuen Löseprozeß Verwendung zu finden. Die abgekühlte Löseflüssigkeit gab 2 270 g Carnallit, welcher einen beträchtlichen Gehalt an Rubidium aufwies, während sich sowohl das als Löserückstand erhaltene Chlorkalium wie die Carnallitmutterlauge als frei von Rubidium erwiesen. Dieser Carnallit wurde in 2,9 l Wasser gelöst und mit 900 ccm konzentrierter Salzsäure versetzt. Eine geringe Menge in der Kälte abgeschiedenes rubidiumfreies Chlorkalium wurde entfernt. Die auf etwa 65° erwärmte Lösung wurde allmählich bis zur bleibenden Gelbfärbung mit einem Überschuß (560 ccm einer 0,257 g MoO_3 im Kubikzentimeter enthaltenden) Natriumsilicomolybdatlösung versetzt. Aus dem von dem größten Teile der Mutterlauge befreiten Niederschlag wurde durch mehrfaches Behandeln mit verdünnter Salzsäure etwa die Hälfte des mitgefällten Kalisalzes ausgewaschen. Der Gehalt stieg durch dreimalige Behandlung mit HCl von 64 auf 82% Rubidiumsalz. Es wurden 69,2 g des getrockneten Doppelsalzes erhalten. Das so erhaltene Produkt wurde im Salzsäurestrom gespalten und lieferte bei der Auslaugung des Rückstandes ein Rubidiumchlorid mit 82% Rubidiumchlorid. Dasselbe wurde in verdünnter Salzsäure gelöst und mit silicomolybdänsaurem Natrium gefällt. Das hierauf erneut durch Erhitzen im Salzsäurestrom gespaltene Salz lieferte ein Rubidiumsalz mit 98,3% Rubidiumchlorid.

Das nach dem vorliegenden Verfahren erhaltene Rubidiumsalz enthält immer auch geringe Mengen Caesiumsalz (etwa 1%), das aber meist für die technische Verwendung des Rubidiumsalzes ohne Belang ist.

Es ist bekannt, Carnallit nach den Verfahren des Lösens auf Endlauge oder des unvollkommenen Lösens zu verarbeiten, welche darauf beruhen, daß ein großer Teil des Chlorkaliums abgeschieden und nur der Rest gelöst wird, der bei der Abkühlung vollständig oder neben etwas Kaliumchlorid als Cornallit*) abgeschieden wird. Diese Verfahren haben aber noch nicht zur Anreicherung von Rubidiumsalzen Anwendung gefunden, wobei ihre wiederholte Anwendung den Effekt erhöht.

Es ist ferner bekannt, daß das silicomolybdänsaure Rubidium und Caesium unlöslich, die entsprechenden Salze der übrigen Alkalimetalle aber löslich sind. Es war aber nicht vorauszusehen, ob diese Reaktion auch zur Trennung in so verdünnten Lösungen neben so großen Mengen Kaliumchlorid und vor allem Magnesiumchlorid zum Ziele führt, wie sie bei der Anreicherung im künstlichen Carnallit der Kaliindustrie vorliegen. Es hat sich aber gezeigt, daß Magnesium gar nicht gefällt wird und daß, entgegen dem Bekannten, das Kaliumsalz, wenn auch in geringer Menge, immer etwas mitgefällt wird, von dem es aber durch erneute Fällung oder die anderen Maßnahmen der vorliegenden Erfindung getrennt werden kann.

PATENTANSPRÜCHE:

I. Verfahren zur Gewinnung von Rubidiumsalzen, gekennzeichnet durch die folgenden Maßnahmen:

1. Carnallit wird nach den an sich bekannten Carnallitlöseverfahren des unvollkommenen Lösens oder des Lösens auf Endlauge gelöst und der bei der Kristallisation erhaltene, an Rubidiumcarnallit angereicherte Carnallit in der gleichen Weise wieder gelöst unter weiterer Anreicherung an Rubidiumcarnallit in dem Carnallitkristallisat, das gegebenenfalls in gleicher Weise erneut und wiederholt wieder verarbeitet wird.

2. Fällen einer salzsauren Lösung von an Rubidiumcarnallit angereichertem Carnallit mittels Silicomolybdänsäure unter Abscheidung von Rubidiumsilicomolybdat.

3. Zersetzung des Rubidiumsilicomolybdats durch Erhitzen im Salzsäurestrom unter Entweichen von Molybdänoxychlorid und Auslaugen des erhaltenen Gemisches von Rubidiumchlorid und Kieselsäure.

II. Ausführungsformen des Verfahrens nach Anspruch I

Das bei der Fällung mit Silicomolybdänsäure mitgefällte Kalisalz wird durch wiederholtes Behandeln mit Salzsäure entfernt.

Das silicomolybdänsaure Rubidium wird zwecks Reinigung von mitgefälltem Kalisalz in Ammoniak oder Natronlauge gelöst und durch Salzsäure unter Zugabe von Silicomolybdatlösung wieder gefällt.

Die nach der Zersetzung des silicomolybdänsauren Rubidiums und Auslaugen erhaltene Rubidiumchloridlösung wird von beigemengtem Kaliumchlorid durch erneute Fällung mit Silicomolybdänsäure getrennt.

Bei der thermischen Zersetzung des Silicomolybdats wird zwecks Vermeidung von Reduktionen eine geringe Menge Chlor oder einer Chlor abspaltenden Verbindung, wie Tetrachlorkohlenstoff, zugesetzt.

*) Druckfehlerberichtigung: Carnallit.

Nr. 535357. (K. 31. 30.) Kl. 12 l, 16. KALI-FORSCHUNGS-ANSTALT G. M. B. H. IN BERLIN.

Herstellung der Salze und Hydroxyde von Rubidium und Caesium aus den Silicomolybdaten.

Vom 17. Mai 1930. — Erteilt am 24. Sept. 1931. — Ausgegeben am 9. Okt. 1931. — Erloschen: 1932.

Es ist ein Verfahren bekannt, Rubidium und Caesium aus den an diesen Elementen angereicherten Carnallitlösungen durch Fällung mit Natriumsilikomolybdat abzutrennen. Um die Silicomolybdate des Rubidiums und Caesiums von dem bei hoher Kaliumkonzentration stets mitfallenden Kaliumsalz zu trennen, ist dabei vorgeschlagen worden, den gesamten Niederschlag in NH_3 oder $NaOH$ zu lösen und dann unter Zugabe von HCl und Natriumsilicomolybdat erneut zu fällen. Hierauf sollen die so erhaltenen Silicomolybdate durch Zersetzung im HCl-Gasstrom bei erhöhter Temperatur auf einfache, reine Rb- und Cs-Salze verarbeitet werden. Dieses Verfahren stößt in der Praxis auf zahlreiche Schwierigkeiten durch die Verwendung von HCl-Gas, die Wiedergewinnung der HCl und des Molybdänoxychlorids und die genaue Einhaltung der Temperatur.

Diese schwierigen Operationen werden nach dem vorliegenden Verfahren vermieden und durch einfache ersetzt. Die Silicomolybdate werden durch Kochen mit konzentrierter $NaOH$-Lösung oder Schmelzen mit $NaOH$ zersetzt. Aus der resultierenden Lösung fallen Molybdänsäure und Kieselsäure auf Zugabe von $BaCl_2$ in gut filtrierbarer Form aus, der Überschuß des Ba-Salzes in der Lösung wird mit H_2SO_4 oder CO_2 entfernt. In dem mit HCl neutralisierten Filtrat sind $RbCl$, $CsCl$ und $NaCl$ gelöst, die durch fraktionierte Kristallisation leicht getrennt werden können. Wendet man einen Überschuß von H_2SO_4 bei der Bariumausfällung an, dann erhält man ein Gemisch der Sulfate. Man kann auch so arbeiten, daß man die Silicomolybdate direkt durch Kochen mit konzentrierter $Ba(OH)_2$-Lösung oder mit Kalkmilch zersetzt, den Überschuß an Ba oder Ca mit etwas H_2SO_4 oder CO_2 fällt und aus dem Filtrat durch Eindampfen die Hydroxyde bzw. Carbonate von Rb und Cs gewinnt.

Ausführungsbeispiel

5000 g Rubidiumsilicomolybdat mit etwa 550 g Rb werden mit 10,5 kg Bariumhydroxyd (kristallisiert) und 50 kg Wasser unter kräftigem Umrühren zum Sieden erhitzt, die Lösung abgekühlt und der aus Bariummolybdat und Bariumsilikat bestehende Niederschlag von der Lösung getrennt. Diese wird mit CO_2 behandelt, um das überschüssige $Ba(OH)_2$ als Carbonat zu fällen und das Rubidium in Carbonat überzuführen. Die Lösung mit dem Niederschlag wird aufgekocht, um etwa gebildetes Bicarbonat zu zerstören, und heiß filtriert. Die klare Lösung gibt beim Eindampfen 725 g Rubidiumcarbonat, das nur Spuren von Molybdänsäure und Bariumsalz enthält. Die Ausbeute, bezogen auf Rubidium, beträgt 98%.

Patentanspruch:

Verfahren zur Gewinnung der Salze und Hydroxyde von Rb und Cs aus den Silicomolybdaten, dadurch gekennzeichnet, daß man die Silicomolybdate in alkalischer Lösung zersetzt und die Molybdän- und Kieselsäure als Erdalkalisalze ausfällt.

Nr. 540696. (J. 48. 30.) Kl. 12 l, 16. Dr. Gerhart Jander in Göttingen.

Verfahren zur Anreicherung bzw. Trennung von Rubidium- und Cäsiumsalzen

Zusatz zum Patent 517921. — Früheres Zusatzpatent 539946.

Vom 28. Juni 1930. — Erteilt am 10. Dez. 1931. — Ausgegeben am 24. Dez. 1931. — **Erloschen: 1934.**

Nach dem Hauptpatent 517921 soll aus dem künstlichen Carnallit der Kaliindustrie durch möglichst konzentriertes Lösen und Kristallisation ein an Rubidium angereicherter Carnallit erhalten und diese Maßnahme gegebenenfalls wiederholt werden. Die Lösung des so angereicherten Carnallits soll hierauf mit saurer Silicomolybdatlösung versetzt werden, wobei das Rubidiumsalz mit etwa 1% Cäsiumsalz gefällt wird.

Es hat sich nun gezeigt, daß bei der Fällung dieser seltenen Alkalimetalle mit Silicomolybdat das Cäsiumsalz zuerst gefällt wird und daß beim Ausfällen von nur etwa 10 bis 12% des in der Auflösung enthaltenen Alkalimetallgemisches praktisch alles in der Lösung enthaltene Cäsiumsalz mitgefällt wird. Man kann also so vorgehen, daß zuerst mit dieser Menge des Reagenzes gefällt und dann im Filtrat der Rest des nunmehr reinen Rubidiumsalzes abgeschieden wird. Das so zuerst gefällte Produkt enthält ungefähr 10% Cs-Salz.

Wird die erste Fällung mit geringeren Mengen des Reagenzes vorgenommen, so wird bei geringen Cs-Verlusten ein noch stärker an Cs angereichertes erstes Produkt erhalten. Das Cäsiumsalz der zuerst gewonnenen Fällung kann nach seiner Überführung in Chlorid mit Antimonchlorid oder in anderer geeigneter Weise von dem Rubidiumsalz getrennt werden.

Die Verarbeitung der Silicomolybdatfällungen auf die Chloride zwecks deren Reingewinnung bzw. weiterer Reinigung erfolgt in der aus dem Hauptpatent ersichtlichen Weise.

Ausführungsbeispiel

11,5 kg eines fünfmal umkristallisierten Naturcarnallits mit einem Gehalt von etwa 0,8% RbCl (+ CsCl) wurden in einer Mischung von 14,5 l Wasser und 4,5 l konzentrierter Salzsäure gelöst, die Lösung auf 65° erwärmt und 700 ccm Silicomolybdänsäure zugegeben. (Zur vollständigen Ausfällung der in den 11,5 kg künstlichem Carnallit enthaltenen 89 g RbCl + 1,2 CsCl würden von der 0,24 g MoO_3/ccm enthaltenden Silicomolybdänsäure etwa 4,0 l benötigt werden.) Aus dem Silicomolybdatniederschlag wurden nach der Destillation im Salzsäuregasstrom und anschließender Abtrennung von der Kieselsäure 16,25 g Chloridgemisch erhalten. In der salzsauren Auflösung dieses Gemisches wurde das Cäsiumchlorid direkt durch Antimontrichlorid als Cäsium-Antimonchlorid abgeschieden und vom Antimonchlorid durch Salzsäuredestillation getrennt. Es wurden 1,17 g Cäsiumchlorid erhalten.

Patentanspruch:

Verfahren zur Anreicherung bzw. Trennung von Rubidium- und Cäsiumsalzen gemäß dem Hauptpatent 517921, dadurch gekennzeichnet, daß die Fällung mit saurer Silicomolybdatlösung fraktioniert erfolgt.

Nr. 539946. (J. 11. 30.) Kl. 12 l, 16. DR. GERHART JANDER IN GÖTTINGEN.

Verfahren zur Trennung des Cäsiumchlorids von dem nach Patent 517921 erhaltenen Rubidiumchlorid.

Zusatz zum Patent 517921.

Vom 27. Febr. 1930. — Erteilt am 26. Nov. 1931. — Ausgegeben am 3. Dez. 1931. — Erloschen: . . . .

Um die Rubidiumsalze aus Carnallit zu gewinnen, wird nach dem Hauptpatent 517921 so verfahren, daß nach einer Anreicherung des als Rohmaterial dienenden künstlichen Carnallits der Kaliindustrie durch heißes Zersetzen desselben mit Mutterlaugen hohen Chlormagnesiumgehaltes und Kristallisation an Rb angereicherter Carnallit erhalten wird, welcher in salzsaurer Lösung mit Silicomolybdatlösung als Silicomolybdat gefällt wird. Das so gewonnene Salz wird durch Erhitzen im Salzsäurestrom unter Austreiben von Molybdänoxychlorid in Kieselsäure und Rubidiumchlorid mit etwas Kaliumchlorid gespalten. Durch Behandeln mit Wasser wird dies Salzgemisch von der Kieselsäure getrennt, und man erhält eine Lösung von Rubidiumchlorid mit wenig Kaliumchlorid. Wird die Fällung als Silicomolybdat und seine Zersetzung wiederholt, so erhält man eine kaliumchloridfreie Lösung von Rubidiumchlorid.

Bei den bisher angewandten Verfahren, um aus Carnallit das Rubidium zu gewinnen, zeigte es sich, daß das gleichzeitig in sehr geringer Menge (ungefähr 1% des Rubidiums) vorhandene Cäsium mit dem Rubidium abgeschieden wird. Das gleiche wurde auch bei der Trennungsmethode gemäß dem Hauptpatent beobachtet. Um nun das Rubidiumchlorid auch vom Cäsium zu befreien und gleichzeitig das Cäsium in möglichst reiner Form abzuscheiden, wird wie folgt verfahren.

Das nach irgendeinem Verfahren erhaltene, noch etwas Kaliumchlorid enthaltende Rubidiumchlorid, das auch das Cäsiumchlorid enthält, wird in wässerig-salzsaurer Lösung durch allmählichen Zusatz von Alkohol fraktioniert gefällt. Es werden nacheinander erhalten ein kaliumreiches Gemisch von Kalium- und Rubidiumchlorid und hierauf Gemische der beiden Chloride, in denen das Rubidiumchlorid in steigendem Maße überwiegt, während das Cäsiumchlorid neben einem geringen Rest des Rubidiumchlorids in Lösung bleibt. Nach dem Verdampfen des Alkohols wird der Rückstand in 2,5 n Salzsäure aufgenommen und aus der Lösung mit Antimontrichlorid das Cäsium ausgefällt. Beim Erhitzen des Niederschlages im Salzsäurestrom entweicht das Antimontrichlorid, während praktisch reines Cäsiumchlorid zurückbleibt. Die Mutterlauge wird bei der Fällung neuer Anteile von Cäsiumsalz wieder verwandt. Die bei Alkoholzusatz erhaltenen rubidiumreichen Fällungen werden mit Silicomolybdatlösung gemäß dem Hauptpatent gefällt, wobei alles Kalium dieser in Lösung bleibt und aus dem Niederschlag in bekannter Weise reines Rb Cl erhalten wird. Die durch Alkoholzusatz erhaltenen kaliumreichen Fällungen werden bei der Fällung des künstlichen Carnallits mit Silicomolybdänsäure gemeinsam verarbeitet.

Es ist zwar bekannt, Cäsium aus seinen Lösungen als Cäsiumantimondoppelchlorid zu fällen. Nach dem vorliegenden Verfahren soll aber diese Fällung des Cäsiumsalzes zur Durchführung gelangen in an Cäsiumsalz angereicherten Lösungen, welche aus viel Rubidiumchlorid neben wenig Cäsiumchlorid enthaltenen Lösungen durch Fällung des größten Teiles des Rubidiumchlorids mit Alkohol erhalten worden sind.

Ausführungsbeispiel

160 g eines Gemisches von Kalium-, Rubidium- und Cäsiumchlorid wurden in 400 ccm einer 2,5 n Salzsäure gelöst und die Lösung mit 500 ccm 96%igem Alkohol versetzt. Dabei fiel ein Salzgemisch aus, bestehend aus 17 g Rb Cl und 38 g K Cl. Zum Filtrat wurden weitere 3000 ccm Alkohol obiger Konzentration gegeben unter Abscheidung eines Salzgemisches, bestehend aus 39,6 g Rb Cl und 19,5 g K Cl. Eine dritte Fällung des Filtrates mit weiteren 500 ccm Alkohol ergab einen Niederschlag mit 20,8 g Rb Cl und 5 g K Cl. Alle drei Salzfällungen waren frei von Cäsiumchlorid. Das letzte Filtrat wurde zur Trockne verdampft, der Rückstand mit 200 ccm 2,5 normaler Salzsäure aufgenommen. Bei Zusatz von 50 ccm einer 20%igen $SbCl_3$-Lösung fielen 720 mg Cäsiumantimonchloriddoppelsalz aus, welches abfiltriert und im Salzsäurestrom abdestilliert wurde. Es blieben zurück 450 mg Cäsiumchlorid, welches spektroskopisch rein war. Das Rubidium wurde vom Kalium gemäß dem Verfahren des Hauptpatents getrennt.

PATENTANSPRÜCHE:

1. Verfahren zur Trennung des Cäsiumchlorids von dem nach Patent 517921 erhaltenen Rubidiumchlorid, dadurch gekennzeichnet, daß man aus einer wässerig-salzsauren Lösung des Salzgemisches mit Alkohol die Hauptmenge des Rubidiumchlorids ausfällt, das Filtrat eindampft

und aus der wässerig-salzsauren Lösung des Abdampfrückstandes mit Antimontrichlorid das Cäsium-Antimon-Doppelsalz fällt, das durch Erhitzen im Salzsäurestrom in Cäsiumchlorid und flüchtiges Antimontrichlorid zerlegt wird.

2. Verfahren nach Anspruch 1, dadurch gekennzeichnet, daß bei Verarbeitung von noch Kaliumchlorid enthaltenden Salzgemischen die Fällung mit Alkohol fraktioniert erfolgt, wobei die ersten Fällungen vorwiegend Kaliumchlorid, die folgenden steigenden Gehalt an Rubidiumchlorid aufweisen, bis schließlich nur Cäsiumchlorid neben wenig Rubidiumchlorid in Lösung bleibt.

Erdalkaliverbindungen.

Literatur:

Ullmann, *Enzyklopädie der technischen Chemie,* II. Aufl., Calcium-, Strontium-, Barium-Verbindungen von F. Ullmann. — M. E. Weeks, Die Entdeckung der Elemente, *Journ. chem. Education* **9,** 1046 (1932). — W. Tranton, Bariumverbindungen. Überblick über ihre Geschichte, Darstellung und Anwendung, *Chem. Markets* **30, 144** (1932). — Anonym, Die Industrie des Schwerspats und der Bariumverbindungen, *Moniteur Prod. chim.* **13,** Nr. 150, 3 (1931). — A. F. Ssossedko, Nue Daten über die Cölestinlagerstätten Turkmeniens, Leningrad X. 1932. — T. Somiya und S. Hirano, Über die Bestimmung von Calcium und Magnesium mit Hilfe der chemischen Waage für hohe Temperaturen und die Zersetzungskurve von Carbonaten und Nitraten in Kohlendioxydatmosphäre, *Journ. Soc. chem. Ind. Japan* [Suppl.] **34,** 381B (1931). — M. N. Ssobolew Aufarbeitung von Cölestin mit Salzlösungen, *Mineral. Rohstoffe (russ.)* **5,** 1107 (1930).

Oxyde, Hydroxyde u.s.w.: C. Nogareda, Ein neues Verfahren zur Darstellung von krystallisiertem $Ca(OH)_2$. *Anales Soc. Espanola Fisica Quim.* **29,** 556 (1931). — T. Aono, Geschwindigkeit der Adsorption von Feuchtigkeit durch gebrannten Kalk, *Bull. chem. Soc. Japan* **6, 294** (1931). — Building Research Ctte., Estimation of free calcium Oxyde and hydroxide London 1931. — G. Seeger, Praktische Wärmewirtschaft beim Kalkbrennen, Berlin 1931.

Chloride: Anonym, Calciumchlorid. Quantätserfordernisse für die technische Lufttrocknung, *Chem. Trade Journ.* **90,** 567 (1932). — C. F. Frutton und O. F. Tower, Das System Calciumchlorid Magnesiumchlorid-Wasser bei 0^0, -15^0, und -30^0, *Journ. Amer. chem. Soc.* **54,** 3040 (1932).

Nitrate: C. Matignon, Bemerkungen über den Kalksalpeter des Handels, *Chim. et Ind.* **25,** 799 (1931).—R. Lucas, Bestimmung des Wassers in Kalksalpeter, *Z. angew. Chem.* **41,** 1367 (1928).

Sulfate, Sulfite: F. G. Straub, Löslichkeit von Calciumsulfat und Calciumcarbonat bei Temperaturen zwischen 182^0 u. 316^0, *Ind. engin. Chem*-**24,** 914 (1932). — I. Trifonow, Über die pyrogene Zersetzung des Calciumsulfits, *Z. anorg. Chem.* **206,** 425 (1932).

Carbonate: K. Bito, K. Aoyama und M. Matsui, Die thermische Dissociation von Calciumcarbonat in einer Kohlensäureatmosphäre, *Journ. Soc. chem. Ind. Japan* [Suppl.] **35,** 191 B (1932). — S. Tamaru, K. Siomi und M. Adati, Neubestimmung thermischer Dissociationsgleichgewichte mittelst Hochtemperaturvakuumwaage ($CaCO_3$), *Z. physikal. Chem. Abt.* A. **157,** 447 (1931). — S. Tamaru und K. Siomi, Bestimmung der Dissociationsgleichgewichte von Strontiumcarbonat mittels der Hochtemperaturvakuumwaage, *Z. physikal. Chem.* Abt.A. **159,** 227 (1932).

R. Stumper, Die Zersetzung reiner Calcium- und Magnesiumbicarbonatlösungen in der Siedehitze, *Z. anorg. Chem.* **202,** 227 (1931). — Untersuchungen über Dynamik und Katalyse der thermischen Bicarbonatzersetzung, *Z. anorg. Chem.* **204,** 365, **206,** 217 (1932). — Der Bicarbonatzerfall im Gasstrom, *Z. anorg. Chem.* **208,** 33, 46 (1932).

W. Eitel und W. Skaliks, Doppelcarbonate der Alkalien und Erdalkalien, *Z. anorg. Chem.* **183,** 263 (1929).

Anonym, Bariumcarbonat in Emails, *Keram. Rdsch.* **40,** 125 (1932). — Anonym, Die Verwendung von Bariumcarbonat für Farb- und Schilderemails, *Glashütte* **62,** 127, 147, (1932).—Anonym, Bariumcarbonat in Email, *Ceramic Ind.* **18,** 230 (1932).

N. N. Woronin und G. S. Plachotnjuk, Regenerierung des Bariumcarbonats, *J. chem. Ind. (russ.)* **7.** 798 (1930).

Es sei hier einleitend daran erinnert, daß Bariumsulfat, Calciumsulfat, Barium- und Calciumcarbonat, Bariumchromat u. s. w., unter „Mineralfarben" abgehandelt werden, soweit es sich um Verfahren handelt diese Stoffe in einen für die Anwendung als Pigmente geeignete Form zu bringen oder sie, wie z. B. den natürlichen Baryt, durch besondere Prozesse von unerwünschten Beimengungen zu reinigen.

Aufarbeitung der Sulfate.[1]) Bemerkenswert ist das Verfahren zur Reduktion der Erdalkalisulfate[2]) des Salzwerkes Heilbronn, das in einer Schmelze von Erdalkalihalogeniden

---

[1]) A. P. 1585756, Can. P. 289078, New Jersey Zinc. Co., Anreicherung von Baryt enthaltenden Stoffen durch Flotation.

[2]) A. P. 1685772 E. I. du Pont de Nemours & Co., Reduzieren von mit feinem C-Brikettiertem $BaSO_4$.

A. P. 1845744, Imperial Chemical Ind., CaO aus $CaSO_4$ durch thermische Spaltung mit reduzierender Flamme um $1150—1250^0$ in Mischung mit $CaCO_3$

durchgeführt wird. Die verschiedenen Patente beschreiben verschiedene mögliche Ausführungsformen des Grundgedankens, der im D.R.P. 478310 niedergelegt ist. Hervorzuheben wäre das Verfahren des D.R.P. 486765 das neben der Reduktion gleichzeitig die Chlorierung zu den Chloriden durchführt.

Die anderen Patente enthalten nichts, das sich zu einer besonderen Hervorhebung eignen würde, sie beschreiben Einzelheiten, die in den Patentschriften selbst nachgesehen werden müssen. Ob das an sich chemisch interessante Verfahren des D.R.P. 520458, nach dem die Reduktion mit Aluminiummetall durchgeführt wird, wirtschaftlich tragbar ist erscheint zweifelhaft auch dann, wenn das Verfahren außerordentlich glatt verlaufen sollte.

Die **direkte Darstellung der Chloride aus Sulfaten**[1]) beruht auf dem altbekannten Prinzip der chlorierenden Reduktion. Auch hier sind die Verfahren der Patente nur besondere Ausführungsformen.

Ebenso enthalten auch die Patente über das **Aufarbeiten der Carbonate** durch Brennen zu den Oxyden[2]) keine grundsätzlich wichtigen Neuerungen; es sei daher auch hier auf die Patente selbst verwiesen.

Im nächsten Abschnitt, der die Herstellung der **Oxyde, Hydroxyde und Sulfide**[3]) der Erdalkalien umfaßt, ist nur auf zwei grundsätzlich verschiedene Verfahren zur Darstellung von Baryt hinzuweisen. Nach dem einen gewinnt man das $Ba(OH)_2$ durch Hydrolyse von BaS (D.R.P. 509261, 519891, 526796, 527033). Das Bestreben der Patente geht dahin, diese Hydrolyse zu beschleunigen. Dann folgt das Verfahren der Kali-Chemie, das Bariumsilicate aus Bariumsalzen macht und durch Hydrolyse dieser das $Ba(OH)_2$ gewinnt.

Über die allgemeineren Verfahren zur Darstellung der **Salze der Erdalkalien** wäre Zusammenfassendes kaum etwas zu sagen. Die Verfahren der D.R.P. der Berichtszeit beschreiben Einzelverfahren, die in der Übersicht gekennzeichnet sind und deren genauere Ausführungsformen nur aus den Patenten selbst entnommen werden können.

Entsprechend dem gesteigerten Interesse zur Gewinnung der wasserfreien Chloride des Magnesiums und des Aluminiums finden sich auch bei den Erdalkalien in den D.R.P. der I. G. Farbenindustrie analoge Verfahren zur Darstellung der wasserfreien Chloride

---

1) Russ. P. 10088, W. N. Ipatiew, $SrCl_2$ aus $SrSO_4$ mit C und Cl_2.

2) E. P. 259395, B. P. Hill und Blaydon Manure & Alkali Co., thermische Zersetzung von zerstäubtem $BaCO_3$.

F. P. 702393, I. G. Farbenindustrie, Erdalkalioxyde aus den Carbonaten im Drehrohr mit C und H_2.

A. P. 1688422, Dwight & Lloyd Metallurgical Co., Brennen der Erdalkalicarbonate auf Wanderrosten.

F. P. 715119, Metallgesellschaft, Anwendung des Dwight-Lloyd Apparates zu endothermen thermischen Zersetzungen zur Darstellung von z. B. CaO, MgO, $CaSO_4$ u.s.w.

A. P. 1729428, W. L. Lawson, Erdalkalioxyde aus den Carbonaten mit C unter 1535° in geschlossenem Gefäß.

A. P. 1709226, Boewer & Co., Calcinierofen für direkte Heizung und Anwendung von S-haltigen Brennstoffen.

E. P. 360503, C. H. Thompson, H. E. Alcock und G. T. Shine, BaO aus $BaCO_3$ mittels C in einem Tunnelofen.

Schwed. P. 67323, Stockholms Superfosfat Fabriks A.B., Brennen von Kalk mit Abgasen eines Carbidofens.

E. P. 363299, L. Rinman, thermische Spaltung von $BaCO_3$ gemischt mit $CaCO_3$ bei 1400—1500° s. F. P. 699605.

F. P. 713958, Int. Ind. & Chemical Co., aus $BaCO_3$ mit SiO_2 und C wird $BaSiO_3$ kontinuierlich hergestellt u. zu Bariumhydrat hydrolysiert.

A. P. 1710967, Dittlinger Crow Co., Calcinieren der Erdalkalicarbonate um 320° mit Wasserdampf unter Druck.

A. P. 1782830, Barium Reduction Corp., SrO aus künstlichem Carbonat bei 1200° mit aschefreier Kohle in einer Muffel.

3) A. P. 1812250, Rhenania Ver. chem. Fabriken, Ba- und Sr-Hydroxyd aus den Sulfiden mit NH_3 und Alkalihydroxyd.

A. P. 1776029, Grasselli Chemical Co., BaS-Lösung aus Ba-hydrosulfidlösung mit $Ba(OH)_2$.

A. P. 1685895, Chemical Co., Ca-polysulfid durch Mahlen von Kalk mit S in heißem Wasser.

der Erdalkalimetalle beschrieben. In den ausländischen Patenten finden sich dagegen allerhand Verfahren zur Darstellung von Calciumchlorid, zum Eindampfen der Lösungen und zur Darstellung von festen Präparaten.[1])

Das **Calciumnitrat**[2]) hat als Düngerkomponente eine große Beachtung gefunden, vielleicht weniger vom landwirtschaftlichen als vielmehr vom chemisch-technischen Standpunkt aus. Einmal entsteht es beim Aufschluß der Phosphate mit Salpetersäure. Darüber ist unter ,,Mischdünger'' schon ausführlich berichtet worden. Dann eignet sich das Calciumoxyd und Hydroxyd zur Absorption der Stickoxyde und dünner Salpetersäuredämpfe, wozu auch das Carbonat herangezogen werden kann. Diesbezügliche Patente finden sich schon in dem Abschnitt über die Stickstoffdünger, weitere, die die Darstellung von reinerem Calciumnitrat zum Gegenstand haben, sind hier untergebracht. Es sei besonders auf die zahlreichen diesbezüglichen ausländischen Patente hingewiesen. Man kann wohl aus der großen Zahl der verschiedenartigen Vorschläge zur Absorption der Stickoxyde mittelst Ätzkalk, die teils naß, teils trocken arbeiten, den Schluß ziehen, daß alle diese Verfahren noch nicht die Erwartungen restlos befriedigt haben.

Ein weiteres Verfahren, bei dem $Ca(NO_3)_2$ gewonnen wird, ist die Aufarbeitung von Dolomit mittels Salpetersäure Das Hauptprodukt ist das $Mg(OH)_2$. Die Patente sind dort eingeordnet (s. S. 2724 Anm.[2])).

Das was in den Patenten über Gips gesagt wird, zeigt, daß die verwickelten Gleichgewichtsverhältnisse zwischen den verschiedenen Hydraten und Formen des Calciumsulfates nicht ganz korrekt aufgefaßt werden. Inzwischen sind diese Gleichgewichte in dem Buche von D'Ans: Die Lösungsgleichgewichte der Systeme der Salze ozeanischer Salzablagerungen; Berlin 1933, S. 191—205, eingehend erläutert worden.

Über die Verfahren selbst zur Darstellung der **Erdalkalisulfate**[3]) sowie auch über die zur Darstellung der **Carbonate**[4]) oder der **Silicate**[5]) und anderer Verbindungen[6]) ist hier erläuternd nichts hinzuzufügen.

---

[1]) A. P. 1869906, 1875070, Texaco Salt Products Co., Gewinnung von $CaCl_2$ aus Ölquell-Laugen.

Can. P. 286144, Solvay Process Co., Eindampfen von $CaCl_2$-Lösungen unter Druck.

A. P. 1851303, Dow Chemical Co., Teilweise entwässertes $CaCl_2$ aus $CaCl_2 \cdot H_2O$ und seiner abgekühlten Mutterlauge. A. P. 1851308, in Schuppenform mittels Kühlwalzen.

F. P. 702688, I. G. Farbenindustrie, Lagerbeständiges $CaCl_2$ durch erhitzen in feinverteiltem Zustande in Luft auf 160—180°.

E. P. 367654, Lavender Brothers & Co. und A. E. Shermann, $CaCl_2$ geschmolzen läßt man von porösen Massen aufsaugen.

A. P. 1831251, Dow Chemical Co., Anreicherung von $SrCl_2$ aus $MgCl_2$ und viel $CaCl_2$-haltigen Lösungen.

[2]) F. P. 703833, K. Wolinski, $Ca(NO_3)_2$ aus CaO und HNO_3, nitrose Gase werden in ammoniakalischen $Ca(NO_3)_2$-Lösungen absorbiert.

F. P. 659489, F. P. 663457, T. Schloesing, Absorbtion der Stickoxyde, mit suspendiertem $CaCO_3$ oder mit suspendiertem Kalk.

F. P. 715348, L'Azote Français, $Ca(NO_3)_2$ bei 400—650° aus entwässertem $Ca(OH)_2$ und Stickoxyde bei 250—350°. F. P. 715357, Apparat hierzu.

F. P. 727698, L'Azote Français, $Ca(NO_3)_2$ aus $Ca(OH)_2$ und Stickoxyde durch systematische Erhöhung der Konzentration und Temperatur der Gase um Schmelzen zu vermeiden.

E. P. 371279, F. P. 722995, Kali-Forschungs-Anstalt, $Ca(NO_3)_2$ durch Einwirkung von Stickoxyde auf Gemische von $Ca(OH)_2$ und $Ca(NO_3)_2$.

N. P. 48173, I. G. Farbenindustrie, Erdalkalinitrate aus Oxyden mit Stickoxyden und überschüssigem O_2 unter Druck.

F. P. 704667, Odda Smeltewerk A/S und E. Johnson, man kühlt Lösungen durch Lösen von $Ca(NO_3)_2 \cdot 4H_2O$.

E. P. 292532, F. P. 636402, Soc. An. Appareils et Evaporateurs Kestner, Kristallisieren einer $Ca(NO_3)_2$-Schmelze im inneren einer Drehtrommel s. D.R.P. 528014, S. 1920.

A. P. 1849082, I. G. Farbenindustrie, $Ca(NO_3)_2$ durch Trocknen der Lösungen auf Trommeln die auf 200—250° geheizt sind.

F. P. 654353, R. P. P. M. Dellys, wasserfreies $Ca(NO_3)_2$, man stäubt auf entwässertes Nitrat bei 150° geschmolzenes Nitrat auf. ([3]) [4]) [5]) siehe nächste Seite.)

Übersicht der Patentliteratur.

D. R. P.	Patentnehmer	Charakterisierung des Patentinhaltes

Erdalkaliverbindungen.

A. Aufschlußverfahren.

1. Aufarbeitung der Sulfate. (S. 2671.)

D. R. P.	Patentnehmer	Charakterisierung des Patentinhaltes	
537 608	Kali-Chemie	$BaSO_4$-Reduktion im Drehrohr	Vorcalcinierung vor dem Mahlen, um es agglomerierfähig zu machen
541 469	Kali-Chemie	$BaSO_4$-Reduktion im Drehrohr	Zusatz von Stoffen, die agglomerierend wirken (H_2SO_4, $NaHSO_4$, $CaCl_2$, Na_2CO_3)
478 310	Salzwerk Heilbronn T. Lichtenberger und Mitarbeiter	Reduktion von Erdalkalisulfaten mit Koks und Gewinnung von S, SO_2 oder H_2S	in einer NaCl-Schmelze
479 347	Salzwerk Heilbronn T. Lichtenberger und Mitarbeiter	Reduktion von Erdalkalisulfaten mit Koks und Gewinnung von S, SO_2 oder H_2S	in Schmelzen von Alkali- und/oder Erdalkalihalogeniden
480 214	Salzwerk Heilbronn T. Lichtenberger und Mitarbeiter	Reduktion von Erdalkalisulfaten mit Koks und Gewinnung von S, SO_2 oder H_2S	desgl. mit Zusatz von Kieselsäure und/oder Aluminiumoxyd
479 346	Salzwerk Heilbronn T. Lichtenberger und Mitarbeiter	Reduktion von Erdalkalisulfaten mit Koks und Gewinnung von S, SO_2 oder H_2S	desgl. Zusatz von $MgCl_2$
486 765	Salzwerk Heilbronn T. Lichtenberger und Mitarbeiter	Reduktion von Erdalkalisulfaten mit Koks und Gewinnung von S, SO_2 oder H_2S	Chlorieren zum Chlorid, S. 2682
482 869	F. Meyer und T. Lichtenberger	Reduktion von Erdalkalisulfaten mit Koks und Gewinnung von S, SO_2 oder H_2S	Ofen
468 390	G. Polysius	Drehofen mit unausgekleideter Abkühlzone	
520 458	W. Rassbach	Reduktion durch Verbrennen mit Al.	

2. Direkte Darstellung von Chloriden aus Sulfaten. (S. 2679.)

D. R. P.	Patentnehmer	Charakterisierung des Patentinhaltes
536 649	Bayerische Stickstoffwerke	Reduktion mit Kohle und Cl_2 zu Chlorid und SO_2 bei 300 — 750°
460 572	I. G. Farben	Mittels CO und Cl_2 oder HCl um 800°
554 694	Bayerische Stickstoffwerke	Mittels Phosgen oder Cl_2 und CO bei 300 — 750°
486 765	Salzwerk Heilbronn, T. Lichtenberger und L. Kaiser	Reduktion wie auch Chlorierung in geschmolzenem Chlorid

3. Aufarbeiten der Carbonate. (S. 2684.)

D. R. P.	Patentnehmer	Charakterisierung des Patentinhaltes	
531 478	I. G. Farben	Brennen von feuchtem $SrCO_3$ im Drehrohr	
478 166	Chem. Fabrik Siesel	BaO aus $BaCO_3$	nach D.R.P. 431 617 in mäßigem Vakuum
505 111	P. Askenasy u. R. Rose	BaO aus $BaCO_3$	und C, Röhrenofen mit Gasaustritt in der Mitte der Ofenlänge

---

[3]) A. P. 1828846, J. B. Pierce jr., Blanc fixe aus Brei von $BaCO_3$ mit $NaHSO_4$.
A. P. 1863699, Grasselli Chemical Co., Blanc fixe aus einer sauren $BaCl_2$-Lösung und $CaSO_4$.
E. P. 319227, P. Spence & Sons Ltd. und S. F. W. Crundall, Feinverteilter Anhydrit aus Gips mit H_2SO_4 über 100°.
E. P. 363347, P. Spence & Sons, S. F. W. Crundall und I. P. Llewellyn, feinverteiltes wasserfreies $CaSO_4$ aus Ca-Salzen mit Sulfaten und H_2SO_4 im Überschuß.
[4]) F. P. 714684, J. J. P. Demeuran, $CaCO_3$ aus der Herstellung von NaOCl-Lösungen aus Chlorkalk u. Na_2CO_3.
F. P. 694507, L. Perin, Reines $CaCO_3$ aus Chlorid gefällt mit NH_3 und CO_2.
[5]) Russ. P. 14907, Kali Chemie, s. D.R.P. 449737, B. III, 1179, Ba-Ortho und -Trisilicate.
Russ. P. 8003, Kali-Chemie, Bariumgläser.
[6]) A. P. 1821208, H. W. Dahlberg, Herstellung von $4BaO \cdot Fe_2O_3 \cdot 2BaO \cdot SiO_2$ aus $BaCO_3$ und den anderen Oxyden bei 1100°, es soll zur Wasserreinigung dienen.

D. R. P.	Patentnehmer	Charakterisierung des Patentinhaltes
		B. Herstellung der Verbindungen.
		1. Oxyde, Hydroxyde, Sulfide, Sulfhydrate. (S. 2686.)
514 715	Consortium für elektrochem. Ind.	CaO aus $Ca(OH)_2$ um 550° zum Entwässern von Flüssigkeiten
525 272	A. G. für Stickstoffdünger	Geformtes CaO oder $Ca(OH)_2$ durch Pressen ohne Bindemittel
500 292	G. Schlick	Klares Kalkwasser in Zentripetalfilter
509 261	P. Kircheisen	$Ba(OH)_2$ aus BaS durch Hydrolyse unter Zusatz von S.
519 891	I. G. Farben	$Ba(OH)_2$ aus BaS durch Hydrolyse durch partielle Oxydation der Laugen über 50°
526 796	I. G. Farben	$Ba(OH)_2$ aus BaS durch Hydrolyse desgl. unter 50° in Gegenwart von Polysulfiden
527 033	H. Schraube	$Ba(OH)_2$ aus BaS durch Hydrolyse mit suspendiertem $Al(OH)_3$ und Austreiben des H_2S
503 496	Kali-Chemie	$Ba(OH)_2$ durch Hydrolyse feinst gemahlener Ba-Silicate
506 275	Kali-Chemie	Desgl. Hydrolyse unter Druck über 100°
560 461	I. G. Farben	BaS auslösen mit Dampf
234 391	V. Lunda	Polysulfid-Präparate aus Hydroxyden mit S eingedampft und Zusatz wasserbindender Substanzen
		2. Salze, allgemeine Verfahren. (S. 2697.)
497 806	Bamag-Meguin	Löseturm für Carbonate in Säuren, Beseitigung des Schaumes
488 246	C. Hinrichsen	Durch Umsetzung feuchter Salze mit Fällungsmittel (Darst. von Sulfaten, Carbonaten usw.) in Kugelmühlen, S. 2718
490 079	I. G. Farben	Aus Sulfiden mit NH_4-Salzen feucht vermahlen ($Ca(NO_3)_2$, $Ba(NO_3)_2$, $SrCl_2$)
513 462	Sachtleben	Ba-Salze aus festem $2\,BaS \cdot 11\,H_2O$ und festen NH_4-Salzen
483 514	Kali-Chemie	Auslösen von Ba- oder Sr-Salzen aus ausgelaugten Sulfid-Rückständen mittels Mg-, Ca-, Fe-, Salz-Laugen
534 969	Dessauer Zucker-Raffinerie	Reinigen von Ba- oder Sr-Salzen von Ca, durch Ausfällen von $Ca(OH)_2$ in der Hitze
		3. Chloride. (S. 2702.)
		Direkte Darstellung aus den Sulfaten siehe unter A. 2.
513 529	I. G. Farben	Wasserfrei, aus Oxyden in Chloridschmelze mit Cl_2 und CO oder HCl
523 800	I. G. Farben	Desgleichen Seite 2741
531 400	I. G. Farben	Anwendung von D.R.P. 450 979, Oxyde mit C und Cl_2 ohne äußere Wärmezufuhr
513 361	I. G. Farben	Regulierung der Reaktionstemp. exothermer Prozesse durch Zusatz von mechanisch leicht abtrennbarer indifferenter Zusatzstoffe, $CaCl_2$ aus CaO, C und Cl_2 mit Retortenkohle
561 712	I. G. Farben	Wasserfrei, aus Carbonaten mit NH_4Cl
561 079	I. G. Farben	Ausfällen von $CaCl_2$-Hydrat aus Phosphataufschlüssen mittels HCl. Seite 1711.
488 029	Aussiger Verein	$CaCl_2$ und MgO_4 aus $MgCl_2$ und Dolomit über 500°
490 357	B. Lincke	$CaCl_2$-Präparat geringer Hygroskopizität, überzogen mit wenig geschmolzenem Anitol oder Walrat

D. R. P.	Patentnehmer	Charakterisierung des Patentinhaltes
		4. Nitrate.
		a. Calciumnitrat. (S. 2709.)
558 150	L'Azote Francais	Aus CaO und mit in Wärmeaustauschapparaten getrockneten nitrosen Gasen
566 357	L'Azote Francais	Aus gebrannten $Ca(OH)_2$-Formlingen mit Nitrosen Gasen
514 589	Appareil et Evaporateurs Kestner	Aus Carbonat mit HNO_3 in Türmen
539 704	N. Caro u. A. R. Frank	Trocknen im NH_3-Gasstrom

Siehe auch Alkalinitrate III. 4. Seite 925, Phosphatdünger I. 3. b. c., Seite 1827, Stickstoffdünger II. a. Seite 1828, ferner „Magnesiumverbindungen", Seite 2724 Anm. 2.

b. Bariumnitrat. (S. 2714.)

D. R. P.	Patentnehmer	Charakterisierung des Patentinhaltes
498 976	I. G. Farben	**Aus $BaCl_2$-Bodenkörperlösung und HNO_3**

5. Sulfate. (S. 2714.)

D. R. P.	Patentnehmer	Charakterisierung des Patentinhaltes
528 864	F. Krauss u. G. Jörns	Entwässerung von Gips zu Halbhydrat um 60°, nachdem bei höherer Temp. die Hemmung der Entwässerung überwunden ist
559 252	P. Spence & Sons	$CaSO_4$ feinverteilt aus löslichem Anhydrit mit H_2SO_4
562 385	P. Spence & Sons	$CaSO_4$ feinverteilt aus Ca-Verbindungen mit überschüssiger H_2SO_4 (Oleum und Sulfaten)
488 246	C. Hinrichsen	$BaSO_4$ aus $BaCl_2 \cdot 2\,H_2O$ und Na_2SO_4 in Kugelmühlen

siehe auch im Abschnitt „Mineralfarben".

6. Carbonate. (S. 2719.)

D. R. P.	Patentnehmer	Charakterisierung des Patentinhaltes
565 232	B. Laporte, I. E. Weber und V. W. Slater	$BaCO_3$ aus BaS mit stets überschüssigem CO_2
493 267	Kali-Chemie, J. Marwedel und J. Looser	Entschwefeln von gefälltem $BaCO_3$ durch Kochen unter Druck mit Alkalicarbonaten
488 246	C. Hinrichsen	Aus feuchten Salzen mit Carbonaten in Kugelmühlen S. 2718

7. Verschiedene Verbindungen. (S. 2722.)

D. R. P.	Patentnehmer	Charakterisierung des Patentinhaltes
514 742	F. Pistor	Ca-Silicate und Massen aus CaO, Wasserglas und Stärke (und weitere Zusätze)

Nr. 537 608. (K. 47. 30.) Kl. 12 m, 2. KALI-CHEMIE AKT.-GES. IN BERLIN.

Erfinder: Dr. Friedrich Rüsberg in Berlin-Niederschöneweide und Dr. Paul Schmid in Berlin-Baumschulenweg.

Gewinnung von Schwefelbarium.

Vom 8. Aug. 1928. — Erteilt am 22. Okt. 1931. — Ausgegeben am 6. Nov. 1931. — **Erloschen:** . . . .

Es ist bekannt, daß sich manche Schwerspatsorten, obwohl sie an sich hochprozentig sind, für die technische Darstellung von Schwefelbarium nicht oder wenig eignen. Dies ist darauf zurückzuführen, daß jene Späte wenig Neigung zum Agglomerieren bei dem Reduktionsprozeß zeigen, so daß man als Endprodukt ein sehr lockeres, wenig durchreduziertes Material erhält. Dieser Übelstand macht sich insbesondere dann bemerkbar, wenn man den Reduktionsprozeß im Drehrohrofen durchführt, weil infolge der rotierenden Bewegung eines solchen Ofens besonders ungünstige Verhältnisse für die Reduktion solcher Schwerspäte vorhanden sind. Das feine Material klebt an der Ofenwandung und gibt Veranlassung zur Kranzbildung, wodurch der Reduktionsprozeß gestört, bei manchen Sorten sogar völlig unmöglich gemacht wird.

Es wurde nun gefunden, daß man den Schwerspat in einen agglomerierfähigen und für die Reduktion im Drehrohrofen geeigneten Zustand überführen kann, wenn man den Schwerspat zunächst vorcalciniert und dann erst mit Kohle vermischt zu Schwefelbarium reduziert. Man braucht dabei den Schwerspat vor der Calcinierung nicht fein zu mahlen, sondern es genügt, ihn in einen mehr oder weniger grob zerkleinerten Zustand zu bringen.

Ausführungsbeispiel

Ein Schwerspat mitteldeutscher Herkunft, welcher sich nach dem in der Technik üblichen Verfahren im Drehrohrofen nicht reduzieren ließ und dabei Anlaß zur Kranzbildung gab, wurde in grob zerkleinertem Zustande bei einer Temperatur von etwa 600 bis 700° C vorcalciniert. Das calcinierte Material wurde in üblicher Weise gemahlen, so daß das Mahlgut Anteile bis zu etwa 3 mm Korngröße enthielt, und mit der Reduzierkohle gemischt. Die Reduktion im Drehrohrofen erfolgte ohne jede Schwierigkeit. Man erhielt ein leicht agglomeriertes Schwefelbarium mit durchschnittlich 82% BaS.

PATENTANSPRUCH:

Verfahren zur Gewinnung von Schwefelbarium durch Reduktion von Schwerspat mit Kohle in einem Drehrohrofen, dadurch gekennzeichnet, daß man den Schwerspat durch Vorcalcinieren in einen für die Reduktion mit Kohle im Drehrohrofen geeigneten agglomerierfähigen Zustand überführt.

Nr. 541469. (K. 48. 30.) Kl. 12 m, 2. KALI-CHEMIE AKT.-GES. IN BERLIN.

Erfinder: Dr. Friedrich Rüsberg in Berlin-Niederschöneweide und Dr. Paul Schmid in Berlin-Baumschulenweg.

Herstellung von Schwefelbarium.

Vom 2. Mai 1930. — Erteilt am 17. Dez. 1931. — Ausgegeben am 15. Jan. 1932. — **Erloschen: 1933.**

Manche Schwerspatsorten zeigen die Eigentümlichkeit, daß sie, obwohl sie an sich hochprozentig sind, bei der Reduktion zu Schwefelbarium im Drehrohrofen an der Ofenwandung festkleben und zu einer Kranzbildung Veranlassung geben, wodurch der Reduktionsprozeß gestört, bei manchen Sorten sogar unmöglich gemacht wird. Die Ursache für diese Erscheinung ist in dem Umstand zu suchen, daß derartige Späte wenig Neigung zum Agglomerieren bei dem Reduktionsprozeß aufweisen und infolgedessen ein sehr lockeres, wenig durchreduziertes Material erhalten wird, welches sich bei der rotierenden Bewegung des Ofens an den Wandungen desselben kranzförmig ansetzt.

Es wurde nun gefunden, daß man derartige, für die Reduktion im Drehrohrofen ungeeignete Schwerspäte dadurch in einen agglomerierfähigen und auf diese Weise für die Reduktion im Drehrohrofen geeigneten Zustand überführen kann, daß man dem gemahlenen Schwerspat vor der Reduktion geringe Mengen von Säuren, Salzen, sauren Salzen oder Alkalikarbonaten oder Mischungen dieser zusetzt.

Ausführungsbeispiele

1. 100 kg eines in üblicher Weise gemahlenen Schwerspates mit Anteilen bis 3 mm Korngröße wurden mit 1 kg Schwefelsäure von 60° Bé gemischt. Um die Durchmischung gleichmäßig zu gestalten, wurden der Mischung noch 8 l Wasser zugesetzt. Alsdann wurde die Reduktionskohle zugesetzt und die Mischung im Drehrohrofen gebrannt. Das Reduktionsprodukt war gut agglomeriert, gab im Ofen keine Kranzbildung und enthielt 82% BaS. Derselbe Schwerspat ohne Zusatz der geringen Mengen Schwefelsäure agglomeriert bei dem Reduktionsprozeß nicht, und es war mit Schwierigkeiten verknüpft, ihn überhaupt aus dem Ofen herauszubringen.

2. An Stelle von Schwefelsäure wie bei Beispiel 1 wurden 100 kg des gemahlenen Spates mit 3 kg einer 30%igen Chlorcalciumlauge vermischt und nach Zusatz der Reduktionskohle im Drehrohrofen reduziert. Das Reduktionsprodukt war gut agglomeriert und enthielt 82% BaS.

PATENTANSPRUCH:

Verfahren zur Gewinnung von Schwefelbarium durch Reduktion von Schwerspat mit Kohle in einem Drehrohrofen, dadurch gekennzeichnet, daß man zerkleinerten Schwerspat durch einen Zusatz geringer Mengen von Säuren, sauren Salzen, Salzen oder Alkalikarbonaten oder Mischungen dieser in einen für die Reduktion mit Kohle im Drehrohrofen geeigneten agglomerierfähigen Zustand überführt.

Nr. 478310. (S. 69967.) Kl. 12i, 18. SALZWERK HEILBRONN A.G., THEODOR LICHTENBERGER UND DR. KONRAD FLOR IN HEILBRONN A. N.

Gewinnung des Schwefels aus Erdalkalisulfaten.

Vom 9. Mai 1925. — Erteilt am 6. Juni 1929. — Ausgegeben am 21. Juni 1929. — Erloschen: ....

Man hat bereits vorgeschlagen, Schwefel aus Erdalkalisulfaten durch Auflösen dieser in Alkalichlorid in schmelzflüssigem Zustand zu gewinnen. Bei diesem Verfahren wird zwecks Erzeugung von Erdalkalisulfid Kohlenstoff entweder in Form fester Kohle oder in Form reduzierender Gase verwendet.

Es hat sich nun gezeigt, daß feste Kohle sich mit der Schmelze nicht gut mischen läßt. Die Kohle erfährt durch die Entgasung einen Auftrieb und verbrennt sehr rasch an der Oberfläche, ohne daß sie für die Reduktion ausgenutzt wird. Die Reduktion ist daher nur unvollständig und erfordert einen erheblichen Aufwand an Kohle. Von dem bekannten Verfahren unterscheidet sich das den Gegenstand der vorliegenden Erfindung bildende Verfahren dadurch, daß der Kohlenstoff in Form von Koks verwendet wird, und daß nach der Reduktion eine Trennung des Alkalichlorids von dem Erdalkalisulfid durch Sedimentation erfolgt, worauf das Alkalichlorid oben abgelassen wird, während das Erdalkalisulfid durch Behandlung mit Dampf oder Säure in Erdalkalioxyd bzw. Erdalkalisalz und Schwefelwasserstoff übergeführt wird.

Der Koks läßt sich mit der Schmelze gut mischen und wirkt sehr rasch reduzierend.

Der Erfindung liegt ferner die Erkenntnis zugrunde, daß die Erdalkalisulfide im Schmelzfluß sich scharf von den Alkalichloriden durch Sedimentation trennen lassen. Es ist infolgedessen nach der Reduktion lediglich ein Klären der Schmelze nötig. Das Alkalichlorid kann oben abgelassen und erneut zum Auflösen von Erdalkalisulfaten verwendet werden. Das erhaltene Erdalkalisulfid dagegen wird zwecks Gewinnung des Schwefelwasserstoffes in der obenerwähnten Weise weiterbehandelt.

Zum Schluß soll noch darauf hingewiesen werden, daß man für die Herstellung von Schwefelnatrium und Schwefelkalium aus den betreffenden Sulfaten mittels Kohle und Kochsalz die Benutzung von Koks bereits vorgeschlagen hatte. Bei der Behandlung von Erdalkalisulfaten dagegen ist Koks bisher noch nicht zur Anwendung gekommen.

PATENTANSPRUCH:

Verfahren zur Gewinnung des Schwefels aus Erdalkalisulfaten, wobei das Sulfat in geschmolzenem Chlornatrium gelöst und durch Zugabe von Kohlenstoff das Erdalkalisulfid gewonnen wird, dadurch gekennzeichnet, daß der Kohlenstoff in Form von Koks verwendet wird und nach der Reduktion eine Trennung des Alkalichlorids von dem Erdalkalisulfid durch Sedimentation vorgenommen wird, worauf das Alkalichlorid oben abgelassen wird, während das Erdalkalisulfid durch Behandlung mit Dampf oder Säure in Erdalkalioxyd bzw. Erdalkalisalz und Schwefelwasserstoff übergeführt wird, der in bekannter Weise auf Schwefel oder Schwefelverbindungen verarbeitet werden kann.

Nr. 479347. (S. 72709.) Kl. 12i, 18. SALZWERK HEILBRONN A.G., THEODOR LICHTENBERGER UND DR. KONRAD FLOR IN HEILBRONN A. N.

Gewinnung des Schwefels aus Erdalkalisulfaten.

Zusatz zum Patent 478310.

Vom 22. Dez. 1925. — Erteilt am 20. Juni 1929. — Ausgegeben am 15. Juli 1929. — Erloschen: ....

Die vorliegende Erfindung betrifft eine weitere Ausbildung des in dem Patent 478 310 beschriebenen Verfahrens zur Gewinnung des Schwefels aus Erdalkalisulfaten, wobei der Rohstoff in geschmolzenem Chlornatrium gelöst und durch Zugabe von Koks das Erdalkalisulfid gewonnen wird.

Gemäß der Erfindung werden zum Einschmelzen der Erdalkalisulfate an Stelle von Chlornatrium andere Alkali- oder Erdalkalisalze oder Mischungen solcher Salze verwendet, soweit diese wasserfrei schmelzbar sind und in geschmolzenem Zustand auf Erdalkalisulfate keine zersetzende Wirkung ausüben.

Es hat sich nämlich gezeigt, daß sich die Erdalkalisulfate nicht nur in geschmolzenem Chlornatrium, sondern auch in anderen geschmolzenen Alkali- oder Erdalkalisalzen sowie in geschmolzenen Gemischen dieser leicht zu einer klaren dünnflüssigen Schmelze auflösen. Verwendbar sind diejenigen Alkali- oder Erdalkalisalze, die wasserfrei überhaupt schmelzbar sind und in geschmolzenem Zustande auf Erdalkalisulfate keine zersetzende Wirkung ausüben. Besonders geeignet sind die Sulfate der Alkalien sowie die Fluoride der Alkalien und Erdalkalien für sich allein oder in Mischung mit anderen Alkali- oder Erdalkalisalzen.

Verwendet man z. B. Flußspat als Schmelzbad, so mischt man ihm zweckmäßig zur Herabsetzung des Schmelzpunktes Alkalifluoride oder Erdalkalichloride bei. Den gleichen Vorteil erzielt man auch, wenn ein inniges Gemisch von Alkali- oder Erdalkalifluoriden oder Erdalkalichloriden mit Erdalkalisulfaten eingeschmolzen wird, da der Schmelzpunkt des Gemisches auch weit unterhalb des Schmelzpunktes der einzelnen Komponenten liegt.

Die so aus Erdalkalisulfaten mit Alkali- oder Erdalkalisalzen oder mit Gemischen dieser hergestellten Schmelzflüsse werden zur Gewinnung des Erdalkalisulfatschwefels in gleicher Weise wie bei dem Verfahren des Hauptpatents weiterbehandelt. Es wird Koks in die Schmelze eingerührt, dadurch das Erdalkalisulfat zu Erdalkalisulfid reduziert und dieses weiterhin durch Einblasen von Wasserdampf oder Säure in Erdalkalioxyd bzw. in das entsprechende Erdalkalisalz und Schwefelwasserstoff zerlegt, der dann in bekannter Weise auf Schwefel oder Schwefelverbindungen verarbeitet werden kann.

Verwendet man Alkali- oder Erdalkalisalze, die einzeln oder gemischt im Schmelzbad beim Einblasen von Wasserdampf Säure abspalten, so gelingt es, nach beendeter Reduktion der Erdalkalisulfate das entstandene Erdalkalisulfid durch Einblasen von Wasserdampf in Erdalkalisalz und Schwefelwasserstoff zu zerlegen, da die sich bei der Einwirkung von Wasserdampf auf das Schmelzbad bildende Säure in statu nascendi auf das Erdalkalisulfid einwirkt.

PATENTANSPRÜCHE:

1. Verfahren zur Gewinnung des Schwefels aus Erdalkalisulfaten nach dem Patent 478 310, dadurch gekennzeichnet, daß zum Einschmelzen der Erdalkalisulfate an Stelle von Chlornatrium andere Alkali- oder Erdalkalisalze oder Mischungen solcher Salze verwendet werden, soweit diese wasserfrei schmelzbar sind und in geschmolzenem Zustand auf Erdalkalisulfate keine zersetzende Wirkung ausüben.

2. Verfahren nach Anspruch 1, dadurch gekennzeichnet, daß als Lösungsschmelze für die Erdalkalisulfate solche Alkali- oder Erdalkalisalze einzeln oder in Mischung benutzt werden, deren Schmelzflüsse beim Einblasen von Wasserdampf Säuren abspalten.

Nr. 480 214. (S. 73 296.) Kl. 12i, 18. SALZWERK HEILBRONN A. G., THEODOR LICHTENBERGER UND DR. KONRAD FLOR IN HEILBRONN A. N.

Gewinnung des Schwefels aus Erdalkalisulfaten.

Zusatz zum Patent 478 310.

Vom 13. Febr. 1926. — Erteilt am 11. Juli 1929. — Ausgegeben am 29. Juli 1929. — Erloschen: . . . .

Vorliegende Erfindung betrifft eine weitere Ausbildung des Verfahrens gemäß Patent 478 310 zur Gewinnung des Schwefels aus Erdalkalisulfaten, wobei der Rohstoff in geschmolzenem Chlornatrium gelöst und durch Zugabe von Koks das Erdalkalisulfid gewonnen wird.

Gemäß vorliegender Erfindung werden dem geschmolzenen Gemenge von Chlornatrium und Erdalkalisulfaten vor oder nach der Zugabe des Koksmehls Kieselsäure oder Kieselsäure und Aluminiumoxyd vorteilhaft in fein verteilter, reaktionsfähiger Form zugesetzt. An Stelle reiner Kieselsäure und reinem Aluminiumoxyds können auch natürlich vorkommende Mineralien und Rohstoffe verwendet werden, die Kieselsäure und Aluminiumoxyd entweder in freier oder gebundener Form enthalten.

Es hat sich nämlich ergeben, daß durch diese Zusätze die Spaltung der Erdalkalisulfate unter Mitwirkung des Koksmehls in Erdalkalioxyd und schweflige Säure sehr wesentlich beschleunigt wird. Trägt man den Koks ganz allmählich in dem Maße ein, wie er von der Schmelze verbraucht wird, so ist die Wirkung des Kieselsäure-Aluminiumoxydzusatzes besonders auffällig, und es entsteht ein an schwefliger Säure besonders reiches Gas. Schon Zuschläge in Mengen von 5 bis 10 % des eingebrachten Schmelzgutes genügen, um die Zersetzungsgeschwindigkeit der Erdalkalisulfate wesentlich zu erhöhen; während des ganzen Verfahrens ist daher eine gut mischbare, feuerflüssige Schmelze vorhanden.

In Anbetracht der geringen, die Beschleunigung hervorrufenden Mengen von Kieselsäure und Aluminiumoxyd kann diese Beschleunigung nicht durch Bildung von Erdalkalisilikaten bzw. Aluminaten erklärt werden, zumal das Chlornatriumschmelzbad eine Temperatur aufweist, bei der gewöhnlich eine Erdalkalisilikat- bzw. Aluminatbildung nicht erfolgt.

Als Lösungschmelze für die Erdalkalisulfate können außer Chlornatrium auch die in dem Patent 479 347 aufgeführten Alkali- und Erdalkalisalze und deren Gemische verwendet werden.

Zur unmittelbaren Gewinnung von Schwefel ist es empfehlenswert, gleichzeitig mit dem

Eintragen des Koksmehls Wasserdampf durch die Schmelze zu blasen. Auf diese Weise erhält man ein Gasgemisch, das im wesentlichen schweflige Säure, Schwefelwasserstoff, Kohlenoxyd und Kohlensäure enthält, aus dem man durch einfaches Abkühlen oder Hindurchleiten durch aktive Kohle einen großen Teil seiner Schwefelverbindungen als elementaren Schwefel gewinnen kann.

Patentansprüche:

1. Verfahren zur Gewinnung des Schwefels aus Erdalkalisulfaten nach dem Patent 478 310, dadurch gekennzeichnet, daß dem Schmelzbade vor oder nach dem Eintragen des Kokses Kieselsäure oder Kieselsäure und Aluminiumoxyd oder diese Stoffe enthaltende, in der Natur vorkommende oder künstlich erzeugte Gemische oder Verbindungen zugesetzt werden.

2. Verfahren nach Anspruch 1, dadurch gekennzeichnet, daß an Stelle von Chlornatrium die in dem Patent 479 347 erwähnten Alkali- und Erdalkalisalze oder deren Gemische verwendet werden.

Nr. 479346. (S. 71634.) Kl. 12i, 18. Salzwerk Heilbronn A.G., Theodor Lichtenberger und Dr. Konrad Flor in Heilbronn a. N.

Gewinnung des Schwefels aus Erdalkalisulfaten.

Zusatz zum Patent 478310.

Vom 26. Sept. 1925. — Erteilt am 20. Juni 1929. — Ausgegeben am 15. Juli 1929. — **Erloschen** . . . . .

Die Erfindung betrifft eine weitere Ausbildung des in dem Patent 478 310 beschriebenen Verfahrens zur Gewinnung des Schwefels aus Erdalkalisulfaten, wobei der Rohstoff in geschmolzenem Chlornatrium gelöst und durch Zugabe von Koks das Erdalkalisulfid gewonnen wird. Gemäß der vorliegenden Erfindung wird der Alkalichlorid-Erdalkalisulfat-Schmelze vor oder nach der Reduktion mit Koks zwecks Beschleunigung der Umsetzung der Erdalkalisulfide in Erdalkalichloride Magnesiumchlorid beigeschmolzen.

Man hat zwar bereits Magnesiumchlorid bei der Gewinnung von Schwefelwasserstoff auf nassem Wege angewendet. Dieses Verfahren ist aber kostspielig und führt zur Verunreinigung der Abwässer.

Das Verfahren wird z. B. in der Weise durchgeführt, daß man nahezu entwässertes Magnesiumchlorid in die die reduzierten Erdalkalisulfate enthaltende Alkalichloridschmelze einträgt. Es entweichen alsdann große Mengen Schwefelwasserstoffgas unter Abscheidung von Magnesiumoxyd, während aus den in der Schmelze unlöslichen Erdalkalisulfiden Erdalkalichloride entstehen, die in den geschmolzenen Alkalichloriden leicht löslich sind.

Die Schwefelwasserstoffentwicklung kann erhöht und beschleunigt werden, wenn man Wasserdampf in die Schmelze einleitet.

Es entsteht auf die oben beschriebene Weise sehr schnell eine von Erdalkalisulfiden freie leicht flüssige Schmelze, die aus Alkali- und Erdalkalichloriden besteht. In dieser Schmelze setzt sich das Magnesiumoxyd rasch ab, so daß es leicht entfernt werden kann.

Wenn man die von Magnesia befreite, nur noch den überschüssigen Koks enthaltende Schmelze aus Alkalichloriden und Erdalkalichloriden erneut zum Lösen und Reduzieren von Erdalkalisulfaten benutzt, so kann man erstens den Arbeitsgang kontinuierlich gestalten und zweitens die dem nassen Verfahren anhaftenden Mängel in technisch einfacher Weise beseitigen, die in der kostspieligen Gewinnung der Erdalkalichloride durch Verdampfung oder in der Verunreinigung der Flüsse durch die Abwässer bestehen.

Dadurch, daß die Magnesia durch Sedimentation immer entfernt und das sich bildende Erdalkalichlorid in den Kreislauf zurückgeführt wird, erhält man schließlich eine reine, nur noch Alkalichloride enthaltende Erdalkalichloridschmelze, deren Aufbereitung sehr einfach ist und keine wertlosen, die Flüsse verunreinigenden Ablaugen entstehen läßt.

Patentansprüche:

1. Verfahren zur Gewinnung des Schwefels aus Erdalkalisulfaten nach dem Patent 478 310, dadurch gekennzeichnet, daß der Alkalichlorid-Erdalkalisulfat-Schmelze vor oder nach der Reduktion mit Koks Magnesiumchlorid beigeschmolzen wird, worauf das im weiteren Verlauf des Verfahrens gebildete Magnesiumoxyd durch Absitzenlassen von der nunmehr Erdalkalichloride enthaltenden Alkalichloridschmelze getrennt wird, während der entweichende Schwefelwasserstoff in bekannter Weise auf Schwefel oder Schwefelverbindungen verarbeitet werden kann.

2. Verfahren nach Anspruch 1, dadurch gekennzeichnet, daß in die Schmelze Wasserdampf eingeleitet wird.

3. Verfahren nach Anspruch 1 oder 2, dadurch gekennzeichnet, daß man die Schmelze von Alkalichloriden und Erdalkalichloriden zu einem weiteren Arbeitsgang benutzt.

Nr. 482869. (M. 101088.) Kl. 12g, 1.

Dr. Franz Meyer in Dresden-Blasewitz und Theodor Lichtenberger in Stuttgart.

Ofen für die Ausführung von Reaktionen zwischen festen Körpern einerseits und Gasen oder Flüssigkeiten andererseits in einem Bade geschmolzener fester Körper.

Vom 28. Aug. 1927. — Erteilt am 5. Sept. 1929. — Ausgegeben am 24. Sept. 1929. — Erloschen: 1931.

Der in der Patentschrift 98211 beschriebene Ofen für die Ausführung von Reaktionen in einem Bade geschmolzener fester Körper ist besonders gut geeignet für Reaktionen zwischen festen Körpern, die in dem Schmelzbade löslich sind, und Gasen, wie z. B. für die Gewinnung von Chlorbarium und Schwefelwasserstoff aus Schwerspat, Dampf und Salzsäure oder Chlor in einem Bade geschmolzenen Chlorbariums. Er eignet sich auch gut für Reaktionen von festen Körpern, die in dem Schmelzbade zwar unlöslich sind, die jedoch annähernd dasselbe spezifische Gewicht wie das Schmelzbad haben, mit Flüssigkeiten und Gasen. Kleinere Unterschiede in den spezifischen Gewichten kann man dadurch ausgleichen, daß man die in dem Reaktionsraum befindliche Schmelze rührt, um die festen Körper darin schwebend zu erhalten.

Der Ofen ist aber weniger gut geeignet für Reaktionen zwischen festen Körpern, die spezifisch erheblich leichter oder schwerer als das Schmelzbad sind und daher darauf schwimmen oder darin untersinken, und Gasen sowie Flüssigkeiten.

Dieser Übelstand läßt sich dadurch beseitigen, daß man den wannenförmigen Reaktionsraum durch einen Schacht ersetzt, in dem der oder die in Reaktion tretenden festen Körper durch Berieseln mit den geschmolzenen festen Körpern dauernd auf Reaktionstemperatur gehalten werden, während die mit ihnen reagierenden Gase oder Flüssigkeiten im Gegenstrom zu dem geschmolzenen Wärmeübertrager durch den Schacht nach oben steigen. Sind die reagierenden festen Körper spezifisch schwerer als das Schmelzbad, so ruhen sie in dem Schacht auf einem Rost. Dieser kann fortfallen, wenn sie spezifisch leichter als das Schmelzbad sind und daher auf ihm schwimmen.

Die schematischen Zeichnungen zeigen zwei Ausführungen des den Gegenstand der Erfindung bildenden Ofens.

Abb. 1 ist der Querschnitt eines Ofens, bei dem der als Flammofen ausgebildete Heiz- und Schmelzraum 1 und der rechteckige Reaktionsschacht 2 nebeneinander gebaut sind. Die Schmelzen in den Räumen 3 und 4 kommunizieren miteinander durch die Öffnungen 5, während die Verbrennungs- bzw. Reaktionsgase in den Gasräumen 6 und 7 keine Verbindung miteinander haben. In dem Reaktionsraum 8 befinden sich auf einem Rost lagernd oder auf der Schmelze schwimmend die reagierenden festen Stoffe. Sie werden mittels der Pumpe 9 mit der als Wärmeüberträger dienenden Schmelze berieselt, während die mit ihnen reagierenden Flüssigkeiten oder Gase durch das Rohr 10 in den Reaktionsraum

Abb. 1

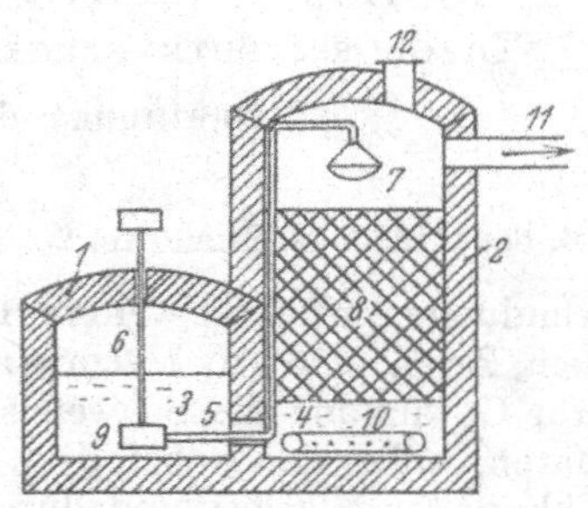

eintreten. Die Reaktionsgase werden durch Rohr 11 abgeleitet. Durch die Öffnung 12 im Schacht 2 können neue Mengen fester Körper in den Reaktionsraum 8 nachgefüllt werden.

Abb. 2 zeigt den Querschnitt eines Ofens, in dem ein zylindrischer Schacht 2 in den Flammofen 1 derartig eingebaut ist, daß er

Abb. 2

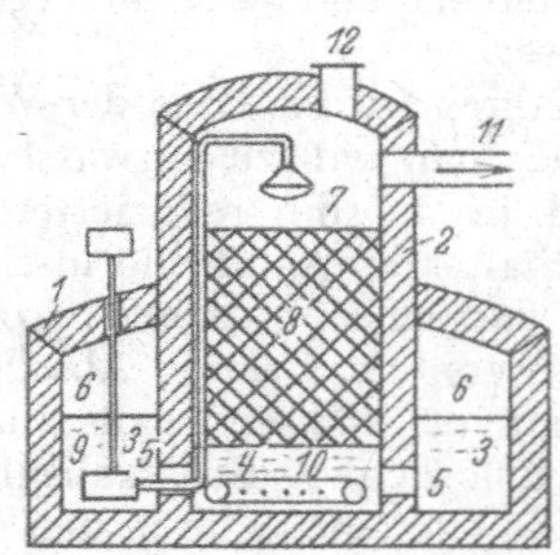

von außen durch die Heizgase des Flammofens geheizt wird. Die Ofenteile sind mit denselben Ziffern bezeichnet wie in Abb. 1, so daß sich die Beschreibung erübrigt. Der Schacht kann natürlich auch am Ende des Flammofens angebaut sein, oder er kann von ihm getrennt aufgestellt werden. In ersterem Falle ist er leicht durch die Abgase des Flammofens von außen zu heizen, während in letzterem Falle die sich am Boden des Schachts ansammelnde Schmelze in den Heizofen gefördert und nach dem Aufheizen von dort wieder auf den Schacht gepumpt wird.

Der Betrieb des Ofens wird durch die beiden folgenden Ausführungsbeispiele erläutert:

1. 100 Teile Chlornatrium werden in dem Heizschmelzraum eingeschmolzen. Durch die Öffnung 5 gelangt die Schmelze in den Reaktionsschacht. Darauf werden durch die Öffnung 12 dieses Schachtes 50 Teile Schwerspat aufgegeben und 5 Teile Koks eingebracht. Der Schwerspat sinkt in der Chlornatriumschmelze ein und löst sich auf, während der Koks auf der Oberfläche der Schmelze schwimmt. Durch Berieseln des Kokses mittels der Pumpe wird die als Wärmeübertrager und gleichzeitig als Lösungsmittel für den Schwerspat dienende Chlornatriumschmelze in innige Berührung mit dem Koks gebracht, wobei dieser mit dem gelösten Schwerspat unter Bildung von Schwefelbarium reagiert. Nach der Reduktion des Schwerspats wird durch das Rohr 10 Wasserdampf zur Gewinnung von Schwefelwasserstoff eingeleitet.

2. In eine Schmelze von 100 Teilen Bleimetall, welche in dem Heizschmelzraum hergestellt wird und durch die Öffnung 5 in den Reaktionsschacht gelangt, werden durch die Öffnung 12 dieses Schachtes 20 Teile Kohle aufgegeben und gleichzeitig durch das Rohr 10 Wasserdampf eingeblasen. Die auf dem Bleibad schwimmende Kohle wird mittels der Pumpe mit geschmolzenem Bleimetall ständig berieselt. Durch das Einblasen von Wasserdampf in die Schmelze wird aus der Kohle Gas erzeugt.

PATENTANSPRUCH:

Ofen für die Ausführung von Reaktionen zwischen festen Körpern einerseits und Gasen oder Flüssigkeiten andererseits in einem Bade geschmolzener fester Körper, dessen spezifisches Gewicht von demjenigen der reagierenden festen Körper erheblich abweicht, dadurch gekennzeichnet, daß der Reaktionsraum aus einem Schacht besteht, in dem die reagierenden festen Körper mit den als Wärmeübertrager dienenden geschmolzenen festen Körpern berieselt werden, während die für die Reaktionen erforderlichen Gase oder Flüssigkeiten in dem Schacht aufsteigen.

Nr. 468390. (K. 99094.) Kl. 12i, 18. FIRMA G. POLYSIUS IN DESSAU.

Verfahren zum Abkühlen von Rohschwefelbarium.

Vom 19. Mai 1926. — Erteilt am 1. Nov. 1928. — Ausgegeben am 12. Nov. 1928. — Erloschen: 1930.

Bei dem bisherigen Drehofenbetrieb verläßt das Rohschwefelbarium den Ofen mit einer Temperatur, die viel zu hoch ist, um einen Weitertransport durch Elevatoren, Schnecken, Transportbänder usw. zu ermöglichen. Es sind Einrichtungen zur Abkühlung erforderlich, wozu in der Regel Kühltrommeln dienen, die die Anlagekosten erheblich erhöhen und viel Raum einnehmen. Häufig genug kommen Reparaturen vor an der Übergangsstelle vom Drehofenauslauf bis zur Kühltrommel wegen der hohen Temperatur des Ofengutes. Das vorliegende Verfahren beseitigt alle diese Übelstände. Es hat noch den wirtschaftlichen Vorteil, daß die zur Verbrennung dienende Luft in viel höherem Maße vorgewärmt wird als bei den Kühltrommeln. Die Wärmeausnutzung ist viel größer, auch findet zwischen Ofenausgang und Kühltrommel nicht vorgewärmte Luft keinen Eintritt. Es ist auch unwirtschaftlich, das Rohschwefelbarium auf so niedrige Temperatur zu bringen, wie es mit der Kühltrommel geschieht, denn das Auslaugen des Produkts muß immer in der Hitze, fast bei Siedetemperatur des Wassers, erfolgen, so daß es wirtschaftlich vorteilhaft ist, das Schwefelbarium nur so weit zu kühlen, daß es eben transport- und verarbeitungsfähig wird und selbst die Laugerei in sehr erheblichem Maße zu beheizen hilft. Ist man mit Raum beschränkt, so genügt eine sehr kurze Verlängerung des Drehofenrohrs, wobei die Kühlung des Rohrs durch Wasser oder Luft begünstigt werden kann unter Verwertung angeheizten Wassers oder angewärmter Luft. Es ist selbstverständlich, daß die Beheizung des Ofens entsprechend der zu Kühlzwecken dienenden Verlängerung in den Ofen hineinverlegt werden muß.

PATENTANSPRUCH:

Verfahren zum Abkühlen von Rohschwefelbarium und ähnlichen Stoffen direkt im Drehofen, dadurch gekennzeichnet, daß man hierbei einen Ofen verwendet, dessen Rohr auf der Beheizungsseite im letzten Stück unausgefüttert und verlängert ist.

Nr. 520458. (R. 55. 30.) Kl. 12i, 18. Dr. Wilhelm Rassbach in Wiesbaden.

Verfahren zum Aufschließen schwer löslicher Sulfate.

Vom 14. Febr. 1930. — Erteilt am 19. Febr. 1931. — Ausgegeben am 11. März 1931. — Erloschen: 1933.

Es ist bekannt, daß die schwer löslichen Sulfate der Erdalkalien mit Hilfe von Eisenfeilicht zu den Sulfiden der Erdalkalien und Eisenoxyd umgesetzt werden können. (Gmelin-Kraut, Handbuch der anorg. Chemie, 7. Aufl. Band 2, Seite 42, sul. III, Zeile 16 bis 21.)

Das Verfahren erfordert bei den Sulfaten des Bariums, Strontiums und Calciums jeweils andere Reaktionstemperaturen. Seinem thermochemischen Charakter nach ist der Vorgang ein wesentlich endothermer Prozeß. Obwohl er brauchbare Ergebnisse liefert, ist er umständlicn, erfordert besondere Anlagen, Heizmaterial und vor allen Dingen Zeit.

Es ist ferner bekannt, daß das Thermitverfahren nach Goldschmidt gestattet, mit Hilfe von pulverisiertem Aluminium den Oxyden bekannter Schwermetalle (Eisen, Chrom, Mangan) den Sauerstoff zu entziehen und zu den Metallen zu reduzieren, die bei der hohen Reaktionstemperatur in flüssigem Zustand erhalten werden.

Das Thermitverfahren ist lediglich auf die Schwermetalle beschränkt.

Auf der Suche nach einem brauchbaren, schnelleren Verfahren zum Aufschließen der schwer löslichen Sulfate wurde gemäß der Erfindung das Thermitverfahren mit dem Eisenaufschließverfahren kombiniert.

Als Grundlage des Verfahrens wurden die folgenden Gleichungen festgesetzt:

$$3\,BaSO_4 + 8\,Al = 3\,BaS + 4\,Al_2O_3,$$
$$3\,SrSO_4 + 8\,Al = 3\,SrS + 4\,Al_2O_3,$$
$$3\,CaSO_4 + 8\,Al = 3\,CaS + 4\,Al_2O_3.$$

Die Versuche wurden zunächst mit dem Bariumsulfat als der voraussichtlich widerstandsfähigsten Verbindung begonnen, dann aber auch mit den anderen Sulfaten durchgeführt. Bei der ersten Versuchsreihe wurden die Sulfate in reiner Form als Fällungsprodukte verwendet, bei der zweiten dagegen in Form der pulverisierten natürlichen Mineralien, wie Schwerspat ($BaSO_4$) und Anhydrit ($CaSO_4$). Die Ausgangsprodukte wurden, den Gleichungen entsprechend, innig gemischt, in einen feuerfesten hessischen Tiegel gefüllt und als Zündmasse eine geringe Menge pulverisierten Magnesiums aufgeschüttet. Diese genügte, um durch ihre Verbrennungstemperatur das Gemisch zur Reaktion zu bringen. Der Tiegel war in einen größeren gleicher Art hineingesetzt, der Zwischenraum zwischen beiden Tiegeln wurde mit grobkörnigem Quarzsand ausgefüllt, da sich bald herausstellte, daß ein freistehender Tiegel der Reaktionstemperatur nicht zu widerstehen vermochte und dann infolge Zutritts der Luft sekundäre Prozesse eintreten konnten. Sobald die Reaktion in Gang kam, wurden beide Tiegel mit ihren Deckeln möglichst gut und schnell verschlossen, um den Luftzutritt zu verhindern.

Die Reaktionen gingen sämtlich mit einer großen Heftigkeit vor sich, so daß die Reaktionstemperatur nicht mehr gemessen, sondern nur geschätzt werden konnte. Sie dürfte weit oberhalb 2000° C liegen.

Wie die Analyse ergab, verliefen die Schmelzvorgänge gemäß den Gleichungen, also neben Aluminiumoxyd wurde das betreffende Erdalkalisulfid erhalten. Das ergab sich auch daraus, daß die Schmelzen des Bariums und Strontiums kristallinische Einschlüsse der Sulfide enthielten, die nach Belichtung mit Bogenlicht das bekannte Phosphoreszieren der Erdalkalisulfide zeigten.

Infolge der Einwirkung des Kohlendioxyds der Luft entwickeln die Schmelzen durch Zersetzung dauernd Schwefelwasserstoff.

Die außergewöhnlich hohe Reaktionstemperatur verursachte ein teilweises Verdampfen der Sulfide, die sich da, wo sie mit dem Luftsauerstoff in Berührung kamen, oxydierten unter Bildung des Erdalkalioxyds und der entsprechenden Menge Schwefeldioxyds. Die Flüchtigkeit der Sulfide nahm vom Barium über Strontium nach dem Calcium zu. Die Oxydation erfolgt z. B. bei dem Barium nach der Gleichung:

$$2\,BaS + 3\,O_2 = 2\,BaO + 2\,SO_2.$$

Die Sulfate der Erdalkalien, vornehmlich das bisher schwer zu bearbeitende Bariumsulfat, werden durch das Verfahren ohne Schwierigkeit und ohne besondere Apparatur im Verlaufe von einigen Sekunden aufgeschlossen und dadurch der weiteren Bearbeitung zugänglich gemacht. An die Stelle langwierigen Erhitzens nach den bekannten Verfahren ist die einfache Entzündung durch etwas Magnesium oder durch eine Zündkirsche getreten, das endotherme Verfahren ist durch das vorteilhaftere exotherme Verfahren ersetzt. Die Ersparnis an Zeit und Heizmaterial ist also beträchtlich, ebenso die Vereinfachung der Apparatur, was für die Industrie erheblich ins Gewicht fällt. Die Affinitätsverhältnisse des Aluminiums bei hohen Temperaturen liegen für diese Vorgänge weit anders und günstiger wie für das Eisen, das infolge seiner Billigkeit früher allein in Betracht kam. Auch auf die schnellste und bequemste Herstellung von Calciumsulfid bzw. Schwefeldioxyd und Schwefelsäure aus dem bisher wertlosen Anhydrit, ersteres als Ersatz für das bisher nur gebräuchliche synthetische Schwefeleisen zur Darstellung von Schwefelwasserstoff, soll hingewiesen werden.

PATENTANSPRUCH:

Verfahren zum Aufschließen schwer löslicher Sulfate, dadurch gekennzeichnet, daß ein Gemisch von schwer löslichen Sulfaten mit pulverisiertem Aluminium zur Entzündung gebracht wird.

Nr. 536 649. (B. 129 842.) Kl. 12 m, 2.

BAYERISCHE STICKSTOFFWERKE AKT.-GES. IN BERLIN.

Erfinder: Wladimir Spatieff in Berlin-Wilmersdorf.

Herstellung von Erdalkalichloriden und Schwefeldioxyd aus Erdalkalisulfaten.

Vom 20. Febr. 1927. — Erteilt am 8. Okt. 1931. — Ausgegeben am 24. Okt. 1931. — Erloschen: 1932.

Bekanntlich beruht die Gewinnung der Erdalkalichloride aus den Sulfaten derselben darauf, daß die schwefelsauren Salze durch glühende Kohle in Sulfide übergeführt werden, welche sich dann durch Behandlung mit Salzsäure leicht in Chloride umsetzen lassen.

Nach einem anderen Vorschlage wird Chlorbarium auf die Weise hergestellt, daß ein Gemisch von Schwerspat und Kohle auf 900° erhitzt und bei dieser Temperatur mit Chlor behandelt wird, wodurch man neben Chlorbarium ein chlorschwefelhaltiges Gasgemisch erhält, dessen Aufarbeitung unerwünschte Schwierigkeiten macht.

Erfindungsgemäß wurde festgestellt, daß die Umwandlung von Erdalkalisulfaten in Chloride in einfacher und sehr vorteilhafter Weise bei wesentlich tieferen Temperaturen erfolgt, wenn Chlor auf ein Gemisch des Erdalkalisulfats mit aktiver Kohle oder einem gleich wirksamen kohlenstoffhaltigen Reduktionsmittel zur Einwirkung gebracht wird. Die Reaktion ist dann im Temperaturgebiet von 300 bis 750° mit guten Ausbeuten durchführbar.

Überraschenderweise ergab sich, daß bei der vorerwähnten Arbeitsweise im Gegensatz zu bisher bekannten Verfahren nur sehr wenig oder kein Schwefelchlorür entsteht, so daß die Abgase außer evtl. vorhandenem überschüssigen Chlor nur Schwefeldioxyd, geringe Mengen Phosgen (2 bis 3 %), Kohlenoxyd und Kohlensäure enthalten und daher in sehr einfacher Weise aufgearbeitet werden können.

Der Unterschied des neuen gegenüber dem bekannten Verfahren geht aus folgenden Vergleichsversuchen hervor:

Ausgangsmaterial bei beiden Versuchen 10 g Bariumsulfat + 1 g Grudekoks.

Temperatur	Zu Sulfat umgesetztes Chlorid	Abgaszusammensetzung außer Cl_2
1. 700°	97,8 %	SO_2, Kohlensäure, Kohlenoxyd, wenig Phosgen, Spuren elementarer S, kein S_2Cl_2
2. 900°	49,7 %	2,24 g (S_2Cl_2 + SCl_4) Kohlenoxyd, wenig Kohlensäure

Die Reaktion 1 verläuft nach den Gleichungen

$$BaSO_4 + 2\,C + Cl_2 = BaCl_2 + SO_2 + 2\,CO \quad (1)$$

$$BaSO_4 + C + Cl_2 = BaCl_2 + SO_2 + CO_2 \quad (2)$$

Die Reaktion 2 verläuft nach der Gleichung

$$2\,BaSO_4 + 8\,C + 3\,Cl_2 = 2\,BaCl_2 + S_2Cl_2 + 8\,CO \quad (3)$$

Aus den Versuchen ergibt sich, daß bei Temperaturen bis zu 750° erstens kein Schwefelchlorür auftritt und zweitens viel weniger Kohlenstoff zur Reduktion erforderlich ist als beim Arbeiten mit hoher Temperatur, so daß nach dem Verfahren der Erfindung eine erhebliche Kohlenersparnis erzielt wird. Es genügt, wenn auf 1 Mol Sulfat 2 Mole Kohlenstoff oder wenig darüber zur Anwendung gebracht werden.

Als Reduktionsmittel eignen sich aktive Kohlen aller Art, Holzkohle, Torfkokse Tieftemperatur und Schwelkokse u. a., sowie Stoffe, die unter den Reaktionsbedingungen solche liefern, wie Holzkohle, Sägespäne, entsprechende Kohlearten u. dgl.

Durch die Anwendung aktiver Kohle bzw. gleich wirksamer Reduktionsmittel wird die Reaktionstemperatur außerordentlich gesenkt. Während eine 1stündige Behandlung eines Gemisches von 8 Gewichtsteilen Naturschwerspat und 2 Gewichtsteilen westfälischem Koks (gepulvert) bei 500° eine Umsetzung von nur 2,8% ergab, wurden bei Ersatz des Kohlepulvers durch Kiefernholzkohle unter den gleichen Bedingungen 36,8% zu Chlorid umgesetzt. Bei längerer Behandlung wurden höhere Umsetzungen erzielt. Beispielsweise ergaben 100 Teile Gips mit 6 Teilen Holzkohle vermischt nach 3- bis 4stündiger Behandlung mit Chlor bei 500 bis 550° 85% $CaCl_2$; oder 100 Teile Schwerspat ergaben mit 4 Teilen Kohle nach 5stündiger Behandlung mit Chlor bei Temperaturen von 500 bis 550° über 92% Chlorbarium, neben der äquivalenten Menge Schwefeldioxyd.

Die Reaktionsprodukte werden ausgelaugt und die Lösung auf $Me^{II}Cl_2$ verarbeitet. Der Rückstand kann auf die Ausgangsmischung ergänzt werden und reagiert dann bei erneuter Behandlung meist noch besser als eine ganz neue Mischung, da die Gegenwart von Chloriden starker Basen im Reduktionsmittel offenbar günstig ist. Da ferner die Reaktionsgeschwindigkeit zu Beginn wesentlich größer ist als später, ist es unter Umständen sehr vorteilhaft, in 1 bis 2 Stunden 60 bis 75% des Sulfats zu Chlorid umzusetzen, auszulaugen und den Rückstand nach Ergänzung auf die Ausgangszusammensetzung wieder zu behandeln.

Die Reaktion wird durch Katalysatoren, Schwermetallsalze, Verbindungen des Eisens, Aluminiums u. a. beschleunigt, desgleichen durch Bewegen des Reaktionsgutes während der Reaktion.

Patentansprüche:

1. Herstellung von Erdalkalichloriden und Schwefeldioxyd durch Behandlung von Erdalkalisulfaten in Gegenwart von Kohle mit Chlor bei Temperaturen von 300 bis 750° C.

2. Verfahren nach Anspruch 1, dadurch gekennzeichnet, daß auf 1 Mol Sulfat 2 Mole Kohlenstoff oder wenig darüber zur Anwendung gebracht werden.

Nr. 460572. (B. 117133.) Kl. 12m, 2.

I. G. Farbenindustrie Akt.-Ges. in Frankfurt a. M.

Erfinder: Dr. Felix Lindner in Ludwigshafen a. Rh.

Verfahren zur Herstellung von Erdalkalichloriden.

Vom 16. Dez. 1924. — Erteilt am 10. Mai 1928. — Ausgegeben am 31. Mai 1928. — Erloschen: 1929.

Die Chloride der Erdalkalien werden im allgemeinen aus den Carbonaten oder Sulfiden mittels Salzsäure hergestellt.

Es hat sich nun gezeigt, daß sich die Erdalkalichloride aus den Sulfaten in einfacher Weise unmittelbar in einem Arbeitsgang herstellen lassen, wenn man diese mit Kohlenoxyd oder kohlenoxydhaltigen Gasen unter Zusatz von Chlor oder Chlorwasserstoff behandelt. Dabei kann man schon bei vergleichsweise niederer Temperatur Erdalkalichlorid in guter Ausbeute erhalten.

Man hat bereits die Chloride der Erdalkalien aus ihren Sulfaten dadurch gewonnen, daß man durch ein Gemenge des zu reduzierenden Minerals mit Kohle und anderen Substanzen während des Glühens einen Strom von Salzsäuredämpfen leitet. Bei diesem Verfahren ist es erforderlich, das Material fein zu zermahlen, und das Endprodukt ist stark durch Kohle und Asche verunreinigt. Im vorliegenden Falle ist dagegen eine besonders feine Zerteilung des Ausgangsmaterials nicht erforderlich; man kann dieses beispielsweise in faustgroßen Stücken verwenden. Ferner wird hierbei unmittelbar ein Produkt von großer Reinheit erzielt.

Beispiel.

Schwerspat wird unter Überleiten von Wassergas, dem Chlor beigefügt ist, auf etwa 800° erhitzt; man erhält ein Produkt, das in Wasser zu etwa 95 Prozent löslich ist. Das aus der wäßrigen Lösung erhaltene Salz ist reines Chlorbarium.

Patentanspruch:

Verfahren zur Herstellung von Erdalkalichloriden aus Erdalkalisulfaten, dadurch gekennzeichnet, daß man diese mit Kohlenoxyd oder kohlenoxydhaltigen Gasen unter Zusatz von Chlor oder Chlorwasserstoff behandelt.

Nr. 554 694. (B. 51. 30.) Kl. 12 m, 2.

BAYERISCHE STICKSTOFFWERKE AKT.-GES. IN BERLIN.

Erfinder: Dr. Carl Freitag in Berlin-Neukölln.

Verfahren zur Herstellung von Erdalkalichloriden aus Erdalkalisulfaten.

Vom 7. Mai 1930. — Erteilt am 23. Juni 1932. — Ausgegeben am 14. Juli 1932. — **Erloschen: 1933.**

Es sind mehrere Verfahren bekannt, Erdalkalisulfate durch getrennte oder gleichzeitige Behandlung mit festen Reduktionsmitteln und Chlor in Chloride umzusetzen. Nach einem dieser Verfahren erfolgt der Umsatz schon bei Temperaturen von 300 bis 750° C, wenn ein Gemisch des Erdalkalisulfats mit aktiver Kohle oder einem gleich wirksamen kohlenstoffhaltigen Reduktionsmittel mit Chlor behandelt wird. Nach einem anderen Verfahren werden Erdalkalichloride aus den Erdalkalisulfaten dadurch gewonnen, daß man diese mit Kohlenoxyd oder kohlenoxydhaltigen Gasen unter Zusatz von Chlor oder Chlorwasserstoff beispielsweise bei 800° C behandelt; bei diesen hohen Temperaturen ist eine Bildung von Phosgen ausgeschlossen, ganz abgesehen davon, daß bei diesen bekannten Verfahren überhaupt keine besonderen Mittel vorgesehen sind, die eine Phosgenbildung ermöglichen könnten.

Erfindungsgemäß wurde festgestellt, daß Erdalkalisulfate in sehr einfacher und sauberer Weise in die Chloride übergeführt werden können, wenn man sie bei Temperaturen zwischen 250 und 750° C mit Phosgen oder phosgenhaltigen Gasen behandelt. Die Umsätze sind trotz der tieferen Reaktionstemperaturen erheblich höher als bei gleichartiger Behandlung mit einem Gemisch von Chlor und Kohlenoxyd. So erhält man z. B. durch 2stündige Behandlung von 8 Gewichtsteilen Naturschwerspat mit etwa 0,7 bis 1,0 Gewichtsteilen Phosgen bei 550° C 60,2 % des angewandten Bariumsulfates als Bariumchlorid, bei gleicher Behandlung aber unter Ersatz des Phosgens durch ein Cl_2-CO-Gemisch 1:1 nur 21,3 %. Eine weitere gleiche Behandlung des Produktes von Versuch 1 mit Phosgen ergab einen Gesamtumsatz von 92 %. Zu Beginn der Reaktion wird das Phosgen auch im einfachen Rohr quantitativ umgesetzt; später enthält das Abgas bei dieser Anordnung Phosgen. Es ist daher außerordentlich vorteilhaft, das Reaktionsgut während der Reaktion zu bewegen, z. B. durch Rührarme oder in einem Drehrohrofen o. dgl., und nach dem Gegenstromprinzip zu arbeiten.

In gleicher Weise wie Phosgen bzw. phosgenhaltige Gase lassen sich Phosgenbildungsgemische bzw. sie enthaltende Gase verwenden, wenn dem Erdalkalisulfat ein an sich bekannter Phosgenkontakt (z. B. aktive Kohle) zugemischt wird. Die Umsätze liegen dann etwa in gleicher Größe wie mit Phosgen. Die Produkte müssen ausgelaugt werden, der Kontakt und Rückstand sind wieder verwendbar.

Weiter wurde festgestellt, daß ausgezeichnete Umsätze erzielt werden, wenn Gemische eines Erdalkalisulfats mit festem kohlenstoffhaltigem Material mit Phosgenbildungsgemischen, insbesondere Chlor-Kohlenoxyd-Gemischen, behandelt werden. Die guten Ausbeuten sind wahrscheinlich darauf zurückzuführen, daß die kohlenstoffhaltigen Materialien unter dem Einfluß des Chlors die Eigenschaften eines Phosgenkontaktes gewinnen. Die Ausbeute beträgt dann unter diesen Umständen wesentlich mehr, als wenn das Erdalkalisulfat nur mit festem Kohlenstoff und Chlor bzw. nur mit Kohlenoxyd und Chlor vorbehandelt wird, wie folgende Beispiele zeigen.

8 Gewichtsteile Naturschwerspat, gepulvert, und 1 Gewichtsteil Holzkohle, in Chlorstrom 2 Stunden auf 550° C erhitzt, gaben einen Umsatz von 42,3 %; 8 Gewichtsteile desselben Naturschwerspats ergaben unter denselben Zeit- und Temperaturbedingungen mit der gleichen Chlormenge unter Zusatz desselben Volumens Kohlenoxyd einen Umsatz von 21,3 %. Das Ausgangsgemisch des ersten Versuches, bis 550° C 2 Stunden mit dem CO-Cl_2-Gemisch des zweiten Versuches behandelt, ergab einen Umsatz von 72,2 %, während die Summe der Umsätze der ersten beiden Versuche nur 63,6 % ist.

Als Zuschlag eignen sich Kohlen aller Art, insbesondere auch solche, die bei tiefen Temperaturen gewonnen sind, wie Holzkohle, Torfkoks, Tieftemperatur- und Schwelkoks u. a., sowie Stoffe, die unter den Reaktionsbedingungen solche liefern. Behandelt man danach ein Gemisch eines Erdalkalisulfats mit einem der genannten Zuschläge bei einer Temperatur zwischen 300 und 750° C, z. B. mit einem Gemisch von Chlor-Kohlenoxyd, so wird in schneller Reaktion das Erdalkalisulfat in Chlorid umgewandelt. Die anzuwendende Menge des Zuschlages hängt von seiner Art und Reinheit ab, ist bei aktiver Kohle geringer als etwa bei Koks und kann dann die äquivalente Menge unterschreiten. Das Reaktionsprodukt wird ausgelaugt, worauf aus der Lösung reines Bariumchlorid kristallisiert werden kann. Der Rückstand, nicht umgesetzte feste Zuschläge und Reste des Erdalkalisulfats, kann nach Ergänzung auf die Zusammensetzung der Ausgangsmischung wieder behandelt werden und verhält sich dabei noch vorteilhafter als eine Mischung mit frischem Zuschlag.

Eine weitere Ausführungsform des Verfahrens besteht darin, daß der Phosgenkontakt getrennt vom Erdalkalisulfat diesem vorgelegt wird, so daß das Reaktionsgas, ein Phosgenbildungsgemisch, vor der Reaktion darüber streichen muß. Es kann dann Kontakt und Charge im gleichen Heizraum liegen oder auch getrennt erhitzt werden, z. B. um den Kontakt auf einer von der Reaktionstemperatur abweichenden Temperatur zu halten. Derart können die günstigsten Bedingungen für die Phosgenbildung wie auch für die Chloridbildungsreaktion gleichzeitig angewandt werden. Als weiteren Vorteil hat diese Verfahrensweise die Vereinfachung der Aufarbeitung des Reaktionsproduktes, indem die Trennung von Kohle o. dgl. entfällt.

Die Reaktion kann durch Schwermetallverbindungen katalytisch beschleunigt werden. Weiterhin wurde gefunden, daß auch Verbindungen des Eisens und Aluminiums bzw. ihre Gemische u. dgl. wirksame Katalysatoren sind, z. B. Bauxit, ferner auch Chloride starker Basen, z. B. auch das herzustellende Chlorid selbst.

Patentansprüche:

1. Verfahren zur Herstellung von Erdalkalichloriden aus Erdalkalisulfaten, dadurch gekennzeichnet, daß man diese bei Temperaturen zwischen 300 und 750° C mit Phosgen oder phosgenhaltigen Gasen behandelt.

2. Abänderung des Verfahrens zur Herstellung von Erdalkalichloriden aus Erdalkalisulfaten gemäß Anspruch 1, dadurch gekennzeichnet, daß man Gemische dieser und an sich bekannter Phosgenkontakte bei Temperaturen zwischen 300 und 750° C mit Chlor und Kohlenoxyd behandelt bzw. mit Gasen, die Chlor und Kohlenoxyd enthalten.

3. Verfahren zur Herstellung von Erdalkalichloriden nach Anspruch 1 und 2, dadurch gekennzeichnet, daß Gemische eines Erdalkalisulfats mit festen kohlenstoffhaltigen Substanzen bei Temperaturen zwischen 300 und 750° C mit Phosgenbildungsgemischen, z. B. Chlor-Kohlenoxyd-Gemischen, behandelt werden.

4. Verfahren zur Herstellung von Erdalkalichloriden aus Erdalkalisulfaten gemäß Anspruch 1 und 2, dadurch gekennzeichnet, das Erdalkalisulfate bei Temperaturen zwischen 300 und 750° C mit einem Gemisch von Chlor und Kohlenoxyd behandelt werden, das vorher über einen getrennt von der Charge im gleichen oder vorgeschalteten Heizraum befindlichen Phosgenkontakt geleitet wurde.

5. Verfahren zur Herstellung von Erdalkalichloriden aus Erdalkalisulfaten gemäß Anspruch 4, dadurch gekennzeichnet, daß die Temperatur des Phosgenkontaktes unabhängig von der Reaktionstemperatur gehalten wird.

6. Verfahren zur Herstellung von Erdalkalichloriden aus Erdalkalisulfaten gemäß Anspruch 1 bis 5, dadurch gekennzeichnet, daß als Katalysatoren Verbindungen des Eisens, Aluminiums, deren Gemische oder Chloride starker Basen zugesetzt werden.

Nr. 486765. (S. 72010.) Kl. 12m, 2. Salzwerk Heilbronn Akt.-Ges., Theodor Lichtenberger und Ludwig Kaiser in Heilbronn a. N.

Verfahren zur Herstellung von Erdalkalichloriden aus Erdalkalisulfaten.

Vom 28. Okt. 1925. — Erteilt am 14. Nov. 1929. — Ausgegeben am 13. Mai 1931. — **Erloschen:** . . . .

Man hat bereits vorgeschlagen, Chloride der Erdalkalien, wie Barium oder Strontium, dadurch herzustellen, daß man ihre Sulfate mit Erdalkalichloriden, z. B. Calciumchlorid, in Gegenwart von Kohle o. dgl. schmilzt. Bei diesem bekannten Verfahren findet keine Behandlung der Schmelze mit chemischen Mitteln, wie Salzsäure oder Chlor, statt; es erfolgt vielmehr nur eine plötzliche Abkühlung der Schmelze. Ferner hat man auch eine Windröstung der Ausgangsstoffe bis zur Sinterung vorgenommen. Hierbei tritt aber kein Schmelzen der Gesamtmasse, sondern nur ein Aneinanderhaften der Einzelteilchen ein.

Das Wesen der vorliegenden Erfindung besteht nun darin, daß man die Sulfate der Erdalkalien, z. B. Bariumsulfat, in den ihnen entsprechenden geschmolzenen Erdalkalichloriden, z. B. Bariumchlorid, auflöst und zunächst in an sich bekannter Weise durch Kohle, deren Verkokungsprodukte, reduzierende Gase oder Kohlenwasserstoffe in Erdalkalisulfide bzw. Erdalkalioxyde überführt, worauf diese durch Einblasen von Salzsäure oder Chlor und gegebenenfalls von Wasserdampf in die dünnflüssige Schmelze in Erdalkalichloride umgewandelt werden.

Das zu Anfang des Verfahrens eingebrachte Erdalkalichlorid bleibt während des ganzen Verfahrens unverändert, im Gegensatz zu dem obenerwähnten bekannten Verfahren, wo das eingebrachte Chlorcalcium verbraucht wird, um das bei der Reduktion des Bariumsulfats entstehende Bariumsulfid in Chlorbarium überzuführen. Bei dem neuen Verfahren liegt von Anfang an eine dünnflüssige Schmelze vor, so daß mit Leichtigkeit Chlor und Salzsäuregase durch Einleiten in die Schmelze mit sämtlichen Teilen derselben in innige Berührung gebracht werden können.

Es soll noch darauf hingewiesen werden, daß zwar die Zersetzung von Erdalkalisulfiden durch Chlor oder Salzsäure an sich bekannt ist; diese Reaktion wurde aber bisher nicht im Schmelzfluß ausgeführt. Der Reaktionsverlauf ist bei der Durchführung der Reaktion im Schmelzfluß ein anderer, da bei der Behandlung der Erdalkalisulfide im Schmelzfluß beispielsweise mit Chlor die Bildung von Erdalkalipolysulfiden nicht bemerkbar ist.

Die Sulfate der Erdalkalimetalle lösen sich in den ihnen entsprechenden geschmolzenen Erdalkalichloriden zu einer leichtflüssigen Schmelze auf, die sich gut mit irgendeinem Gas blasen läßt. Da die Verdampfungsgeschwindigkeit der Erdalkalichloride erheblich geringer als die der Alkalichloride ist, so unterscheiden sich die Erdalkalichlorid-Erdalkalisulfatschmelzen in dieser Hinsicht vorteilhaft von den Alkalichlorid-Erdalkalisulfatschmelzen.

Die Reduktion der Erdalkalisulfate kann mit irgendeinem kohlenstoffhaltigen festen, flüssigen oder gasförmigen Stoffe erfolgen; zweckmäßig benutzt man aber Koks, weil mit diesem die Reduktion am schnellsten und quantitativ erfolgt. Während oder nach der Reduktion bläst man einen Strom von Salzsäure oder Chlor für sich allein oder in Verbindung mit Wasserdampf durch die Schmelze und hat es somit in der Hand, neben neugebildeten Erdalkalichloriden Schwefelwasserstoff oder Chlorschwefel als Nebenprodukt zu gewinnen.

Wenn das gesamte Erdalkalisulfat durch Koks und Einleiten der eben erwähnten Gase in Erdalkalichlorid übergeführt ist, liegt eine nur noch durch den überschüssigen Koks verunreinigte Erdalkalichloridschmelze vor. Man kann entweder diese zu einem neuen Arbeitsgang benutzen oder den Koks sich absetzen lassen und die nötigenfalls noch durch Lufteinblasen entfärbte Schmelze abstechen. Mit Hilfe von rotierenden Pfannen kann man aus der Schmelze unmittelbar ein reines, körniges und vollkommen wasserfreies Erdalkalichlorid herstellen.

Das Verfahren kann beispielsweise wie folgt durchgeführt werden:

In einem für Teeröl- und Generatorgasfeuerung eingerichteten Ofen werden zunächst etwa 230 kg kristallisiertes Chlorbarium mit Hilfe des Teerölbrenners eingeschmolzen, was etwa $1^1/_2$ Stunden in Anspruch nimmt. Dann werden in die Schmelze 50 kg Schwerspat eingetragen; nachdem sich dieser in etwa 10 Minuten gelöst hat, wird der Teerölbrenner abgestellt und mit Generatorgas weiter geheizt. Eine Probe der Schmelze zeigt folgende Zusammensetzung:

76,25 % Bariumchlorid,
0,29 % Bariumsulfid,
22,05 % Wasserunlösliches, davon sind
21,1 % $BaSO_4$.

Unter Umrühren werden nun 11 kg Kokspulver in die Schmelze eingetragen; hierbei wird gleichzeitig durch zwei Chamotterohre Chlorgas durch das Schmelzbad gepreßt. Nach etwa einer halben Stunde ist die Reaktion größtenteils beendet; nach weiteren 10 Minuten wird der Chlorstrom abgestellt. Der Chlorverbrauch beträgt etwa 15 kg. Zur Entfärbung der noch dunkel gefärbten Schmelze wird nun noch durch zwei Chamotterohre Luft in das Schmelzbad eingeleitet, und dann wird die Schmelze abgestochen. Eine Analyse ergibt folgende Werte:

92,01 % Bariumchlorid,
4,51 % Bariumoxyd,
2,10 % Wasserunlösliches, davon sind
0,83 % Bariumsulfat.

Die Bildung von Bariumoxyd kann vermieden werden, wenn man Salzsäuregas in die Schmelze einleitet. Man erhält dann leicht ein Chlorbarium von 98 %, dessen Gehalt durch Klärenlassen der Schmelze noch höher gesteigert werden kann.

Es entfällt somit jeder Naßaufbereitungsprozeß der Schmelze, wodurch nicht nur die Apparatur vereinfacht und verbilligt wird, sondern auch die Produktionskosten bedeutend ermäßigt werden.

PATENTANSPRUCH:

Verfahren zur Herstellung von Erdalkalichloriden aus Erdalkalisulfaten, wie Bariumsulfate, dadurch gekennzeichnet, daß man die Sulfate der Erdalkalien in den ihnen entsprechenden geschmolzenen Erdalkalichloriden, z. B. Bariumchlorid, auflöst und zunächst in an sich bekannter Weise durch Kohle, deren Verkokungsprodukte, reduzierende Gase oder Kohlenwasserstoffe in Erdalkalisulfide bzw. Erdalkalioxyde überführt, worauf diese durch Einblasen von Salzsäure oder Chlor und gegebenenfalls von Wasserdampf in die dünnflüssige Schmelze in Erdalkalichloride umgewandelt werden.

A. P. 1798091.

S. a. die D. R. P. unter A. 1, S. 2669.

Nr. 531478. (I. 36720.) Kl. 12m, 1.

I. G. Farbenindustrie Akt.-Ges. in Frankfurt a. M.

Erfinder: Dr. Friedrich Wilhelm Stauf in Köln-Deutz und Dr. Richard Apitz in Wiesdorf a. Rh.

Verfahren zur Herstellung von Strontiumoxyd.

Vom 16. Dez. 1928. — Erteilt am 30. Juli 1931. — Ausgegeben am 10. Aug. 1931. — Erloschen: ....

Die Darstellung von Strontiumoxyd aus Strontiumcarbonat ist, wie bekannt, schwierig und erfordert sehr hohe Temperaturen. Man hat die Herstellung von Strontiumoxyd aus Carbonat technisch derart durchzuführen versucht, daß man das Strontiumcarbonat mit Bindemitteln (Sägespäne u. dgl.) zu Formlingen preßte und diese in Glühöfen 15 bis 18 Stunden bei heller Weißglut (1400 bis 1500°) erhitzte. Es ist auch vorgeschlagen worden, durch Überleiten von Wasserdampf, Wasserstoff oder trockener Luft über Strontiumcarbonat eine Austreibung der Kohlensäure zu bewirken. Da hierbei jedoch nur das an der Oberfläche liegende Strontiumcarbonat gebrannt wird, und die sich dort bildende Schutzschicht von Strontiumoxyd ein Entweichen der Kohlensäure aus den tiefer liegenden Schichten erschwert und teilweise ganz verhindert, ließ sich ein technisches Verfahren hierauf nicht aufbauen.

Es wurde nun gefunden, daß die Austreibung der Kohlensäure aus Strontiumcarbonat beim Brennprozeß dadurch erheblich erleichtert wird, daß man das Strontiumcarbonat vor dem Brennen mit Wasser gleichmäßig anfeuchtet bzw. gleichmäßig feucht anfallendes Gut ohne weiteres zum Brennen verwendet. Es ist unwesentlich, ob man das feuchte Carbonat zu Stücken formt oder nicht. Die Verwendung von feuchtem Strontiumcarbonat zum Brennen bietet, wie gefunden wurde, den großen Vorteil, daß die Kohlensäure schon bei Temperaturen von etwa 1200° restlos entweicht, während man bisher wesentlich höhere Temperaturen, und zwar 1400 bis 1500° benötigte. Auch die zur vollständigen Austreibung der Kohlensäure notwendige Zeit beträgt bei Anwendung feuchten Carbonats nur einen Bruchteil der zum Brennen trockenen Materials erforderlichen Zeit.

Für die kontinuierliche Durchführung des Verfahrens hat es sich als besonders vorteilhaft erwiesen, das feuchte Material durch einen Drehofen zu schicken, wobei man nach einmaligem Durchgang ein völlig carbonatfreies Produkt gewinnt.

Ein weiterer Vorteil des Verfahrens ist, daß das Oxyd, im Gegensatz zu der üblichen technischen Glühmasse, in leichten porösen Stücken anfällt, was seine mechanische oder chemische Weiterverarbeitung erheblich erleichtert. Die Weiterverarbeitung des Strontiumoxyds in Strontiumhydroxyd geschieht in bekannter Weise durch Löschen mit Wasser.

Beispiel

150 Gewichtsteile Strontiumcarbonat werden mit etwa 20 Gewichtsteilen Wasser angefeuchtet und in einem durch Innenfeuerung auf 1200° geheizten Drehofen gegeben. Die zum Durchsatz erforderliche Zeit beträgt eine halbe bis eine Stunde. Erhalten werden 100 Gewichtsteile eines porösen, vollkommen carbonatfreien Strontiumoxyds.

Patentanspruch:

Verfahren zur Herstellung von Strontiumoxyd durch Brennen von Strontiumcarbonat in Gegenwart von Wasserdampf, dadurch gekennzeichnet, daß man feuchtes Strontiumcarbonat, zweckmäßig im Drehofen, brennt.

S. a. F. P. 702398.

Nr. 478166. (Sch. 73212.) Kl. 12m, 1.

Chemische Fabrik Siesel G. m. b. H. in Eiringhausen.

Verfahren zur Herstellung von sehr porösem, hochprozentigem Bariumoxyd aus einem Gemisch von Bariumcarbonat und Kohle.

Zusatz zum Patent 431617.

Vom 26. Febr. 1925. — Erteilt am 6. Juni 1929. — Ausgegeben am 19. Juni 1929. — **Erloschen: 1933.**

In der Patentschrift 431 617 ist ein Verfahren zur Herstellung von Bariumoxyd aus einem Gemisch von Bariumcarbonat und Kohle beschrieben, wonach das im dicht abgeschlossenen Ofen in vollkommener Ruhe befindliche Gemisch der strahlenden Hitze von elektrisch betätigten Heizquellen derart ausgesetzt wird, daß diese das Brenngut nicht berühren, wobei im Reaktionsraum dauernd gewöhnlicher Luftdruck oder eine Kleinigkeit darüber mittels Luftpumpe oder sonstwie aufrechterhalten wird.

Eine Abänderung des genannten Verfahrens besteht nun darin, daß in an sich bekannter Weise im Reaktionsraum ein nur wenig unterhalb des gewöhnlichen Luftdrucks befindlicher Unterdruck mittels Luftpumpe oder mit Hilfe anderer Mittel dauernd aufrechterhalten wird; hierdurch wird den Gasen Gelegenheit geboten, die einzelnen Reaktionsteilchen, aus welchen sie sich entwickeln, ungehindert zu verlassen.

Die neue und eigenartige technische Wirkung dieser Arbeitsweise besteht darin, daß die zur Umsetzung von Bariumcarbonat in Bariumoxyd erforderliche Brenndauer beträchtlich verkürzt und somit eine Ersparnis an elektrischer Energie erreicht wird.

Es ist zwar schon bekannt, bei der Umsetzung von Bariumcarbonat in Bariumoxyd im Ofen ein Vakuum aufrechtzuerhalten, um die Reaktionstemperatur von 1100° bis 1300° C auf etwa 900° C herabzumindern. Hierdurch wird jedoch eine Verkürzung der Reaktionsdauer wie im vorliegenden Falle nicht bewirkt.

Patentanspruch:

Abänderung des Verfahrens zur Herstellung von sehr porösem, hochprozentigem Bariumoxyd aus einem Gemisch von Bariumcarbonat und Kohle durch die strahlende Wärme von durch den elektrischen Strom betätigten Heizquellen gemäß Patent 431 617, dadurch gekennzeichnet, daß während der gleichzeitig von zwei oder von allen Seiten erfolgenden Einwirkung der strahlenden Hitze elektrischer Heizquellen auf das von diesen nicht berührte, ruhende Reaktionsgemisch in an sich bekannter Weise im Reaktionsraum dauernd ein nur wenig unterhalb des gewöhnlichen Luftdrucks befindlicher Unterdruck mittels Luftpumpe oder mit Hilfe anderer Mittel aufrechterhalten wird.

D. R. P. 431617, B. III, 1176.

Nr. 505111. (A. 44541.) Kl. 12m, 1.

Dr. Paul Askenasy und Rudolf Rose in Karlsruhe i. B.

Röhrenförmiger Ofen zur kontinuierlichen Gewinnung von Bariumoxyd.

Vom 24. März 1925. — Erteilt am 31. Juli 1930. — Ausgegeben am 14. Aug. 1930. — **Erloschen: 1931.**

In folgendem wird ein Ofen beschrieben, um Bariumcarbonat in Bariumoxyd in kontinuierlichem Betriebe überzuführen.

Der Ofen besteht, wie die Abbildung zeigt, aus zwei aneinanderliegenden Rohren bzw.

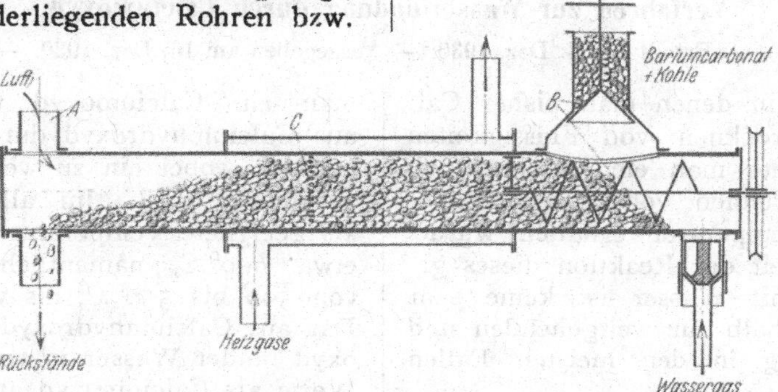

aus einem Rohr mit zwei Abteilungen, in deren innerem sich in der Pfeilrichtung ein bei B eingeführtes Bariumcarbonat-Kohlegemisch nach A bewegt. Der Teil B des Ofens ist so ausgebildet, daß von C her kein Gas eindringen kann, doch kann man von B her in der Richtung nach C Kohlenoxyd,

Wassergas u. dgl., auch kleine Mengen Wasserdampf einführen. Bei *C* hat die Ofenwand ein Loch oder einen Lochkranz. Bei *A* wird in den Ofen Luft, die vorgewärmt sein kann, Wasserdampf o. dgl. eingeleitet. Das Reaktionsgemenge im inneren Rohre wird durch das äußere hindurch mittels Gasfeuerung elektrisch oder sonstwie geheizt. Der Vorgang ist beispielsweise folgender: Das bei *B* eingeführte Reaktionsgemisch, Bariumcarbonat und überschüssige Kohle, verwandelt sich auf dem Wege nach *C* in Bariumoxyd mit Kohle. Das entstandene Kohlenoxyd rückt im Gleichstrom damit vor und tritt bei *C* durch den Lochkranz aus, indem es dort mit bei *A* eingeführter Luft verbrennt. Die bei *A* eingeführte Luft oder der Sauerstoff brennt aus dem Bariumoxyd die ihm beigemengte Kohle fort.

Wesentlich für das Gelingen der Arbeit in dem beschriebenen Ofen ist, daß man solche Gemenge von Bariumcarbonat und Kohle benutzt, wie sie im vorstehenden Beispiel erwähnt und in Patent 443 237 beschrieben sind, die also Kohle in großem Überschusse enthalten. Man kann auf dem hier beschriebenen Wege sehr einfach, sicher und billig ein reines für die Superoxydgewinnung geeignetes Bariumoxyd erzeugen.

Man hat schon oft versucht, Bariumoxyd dadurch herzustellen, daß man Gemenge von Bariumcarbonat und Kohle in Rohröfen, gegebenenfalls in ununterbrochenem Arbeitsgange, erhitzt. Es ist z. B. vorgeschlagen worden, das Gemenge in einem geheizten gewöhnlichen Rohr durch dessen Drehung umzulagern und währenddem ein indifferentes Gas hindurchzuleiten. Auf diese Weise ist es jedoch nicht möglich, sich die Vorteile nutzbar zu machen, die aus der Anwendung von Gemengen mit Kohleüberschuß erfolgen, vielmehr würde letzterer als solcher erhalten bleiben, und also kein für die Überführung in Superoxyd geeignetes Bariumoxyd liefern. Auch hat man schon das Gemenge unter Zusatz von Kontaktkörpern, wie Eisenoxyden, zwecks Erzeugung eines dann natürlich Verunreinigungen enthaltenden, für die Herstellung von Wasserstoffsuperoxyd ganz ungeeigneten Bariumoxydes in Drehrohröfen erhitzt. Überdies kann man sich dabei nicht eines Überschusses an Kohle bedienen, da dann die Metalloxyde unter Bildung von Metall mit dieser reagieren und ihre Wirkung als Reaktionsbeschleuniger größtenteils verlorengeht.

Im Gegensatz dazu ermöglicht der neue Ofen im Anschluß an die an sich bekannte Arbeitsweise nach Patent 443 237 nicht nur Bariumoxyd aus Carbonat überhaupt, sondern ein solches von großer Reinheit und gleichzeitig großer Porosität in ununterbrochenem Arbeitsgange zu erzeugen.

Patentanspruch:

Röhrenförmiger Ofen zur kontinuierlichen Gewinnung von Bariumoxyd durch Brennen von Bariumcarbonat und Kohle, gekennzeichnet durch zwei Ofenabteilungen, zwischen denen sich eine Öffnung bzw. ein Lochkranz in der Ofenwand befindet, wodurch eine Spülung des Austrittsteiles mit Luft im Gegenstrom ermöglicht wird, während der andere Teil von dem Luftzutritt abgeschlossen bleibt bzw. mit indifferenten Gasen vorwiegend im Gleichstrom gespült wird.

D. R. P. 443237, B. III, 1177.

Nr. 514715. (C. 40159.) Kl. 12g, 1.

Consortium für elektrochemische Industrie G. m. H. in München.

Verfahren zur Wasserbindung durch Calciumoxyd.

Vom 19. Juli 1927. — Erteilt am 4. Dez. 1930. — Ausgegeben am 16. Dez. 1930. — **Erloschen: 1934.**

In den Fällen, in denen man bisher Calciumoxyd zum Trocknen von Flüssigkeiten benutzte, verwendete man ein Calciumoxyd, welches durch Brennen von Calciumcarbonat bei hoher Temperatur erhalten wurde. Die Geschwindigkeit der Reaktion dieses gebrannten Kalks mit Wasser ist keine sehr große. Er ist deshalb zur weitgehenden und raschen Trocknung in den meisten Fällen ungeeignet.

Das vorliegende Verfahren zur Wasserbindung durch Calciumoxyd besteht darin, daß man ein Calciumoxyd verwendet, welches aus Calciumhydroxyd durch Erhitzen gewonnen ist, wobei ein zu weitgehendes Erhitzen vermieden wird. Im allgemeinen hat sich als geeignete Temperatur diejenige unterhalb etwa 600° C, namentlich eine Temperatur von 500 bis 550° C, als vorteilhaft erwiesen. Das aus Calciumhydroxyd erhaltene Calciumoxyd bindet Wasser in wesentlich schnellerer Weise als Calciumoxyd aus Calciumcarbonat. Infolgedessen ist die Wasserbindung in der gleichen Zeit weit vollständiger oder mit geringeren Mengen von Calciumoxyd bzw. bei niedrigerer Temperatur zu erreichen. Die Herstellung des Calciumoxyds für das vorliegende Verfahren kann z. B. derartig erfolgen, daß man in eine rotierende Trommel Calciumhydroxyd einträgt und diese Trommel, vorteilhaft unter ständigem Drehen, auf die geeignete Temperatur, z. B. auf 500 bis 550° C, erhitzt. Man läßt das Calciumhydroxyd von einem Ende der Trommel zum anderen fortschreiten und wählt die Abmessungen der Trommel derartig, daß das Calciumoxyd an dem der Eintrittsöffnung entgegengesetzten Ende wasserfrei abgenommen werden kann. Man kann auch Gase, welche nicht mit Calciumoxyd reagieren, wie von Kohlensäure befreite Luft, Stickstoff, Wasserstoff, gegebenenfalls im vorerhitzten Zustande durch die Trommel leiten, und zwar zweckmäßig von dem Ende her, an welchem man den trockenen Kalk abnimmt. Die Temperatur der Apparate braucht keine gleichmäßige zu sein. Man kann die Temperatur vielmehr allmählich von der Eintrittsstelle bis zur Ableitungsstelle steigern.

Die trocknende Wirkung des so hergestellten Calciumoxyds übertrifft die des gebrannten Kalks erheblich. Man trocknet die Flüssigkeiten, indem man sie, vorteilhaft unter Bewegung, mit dem Kalk in Berührung bringt. Wenn sich das Calciumhydroxyd abgesetzt hat, kann man die wasserfreie Flüssigkeit durch Abhebern o. dgl. trennen. Das Trocknungsverfahren kann angewandt werden für die verschiedenen Alkohole (Äthylalkohol, Methylalkohol, Propylalkohol, Amylalkohol), Äther (z. B. Äthyläther), Ester (z. B. Äthylacetat, Amylacetat, Äthylformiat, Äthylbutyrat, Methylbutyrat), ätherische Öle, z. B. Terpentinöl, Kohlenwasserstoffe, für Pyridin, Chinolin, Anilin u. a. Die Menge des zu verwendenden Calciumoxyds hängt von der Menge des in den Stoffen, die getrocknet werden sollen, vorhandenen Wassers ab.

Dieses Verfahren der Wasserbindung aus Flüssigkeiten kann auch in den Fällen angewendet werden, in denen bei chemischen Reaktionen, z. B. Kondensationen in Schmelzen, Wasser abgespalten wird, das man binden will, um die Reaktion zu fördern. Reaktionen, die bis zu einem durch Wasser begrenzten Gleichgewichte führen, lassen sich so rascher zu Ende führen. Mit Vorteil kann man das aus Calciumhydroxyd erhaltene Calciumoxyd bei der Indigoschmelze verwenden.

Der durch Erhitzen von Kalkhydrat gewonnene Kalk ist im folgenden als aktiver Kalk bezeichnet.

Beispiel 1

Alkohol von 95 % wurde durch Kochen mit 30 % seines Gewichts an aktivem Kalk am Rückflußkühler in weniger als 15 Minuten bis 99,6 % entwässert, während bei Anwendung von feinstgepulvertem Kalk die Entwässerung in der gleichen Zeit nur bis 99,0 % erfolgte.

Beispiel 2

Eine Lösung von Ätznatron in Alkohol wurde mit aktivem Kalk versetzt, am Rückflußkühler erhitzt, filtriert und im Vakuum eingedampft. Der Rückstand ist Natriumalkoholat. Die Abnahme des Ätznatrongehaltes in der Lösung wurde durch halbstündiges Kochen einer Probe mit gepulvertem Calciumcarbid und Messen des dabei entwickelten Wasserstoffs verfolgt. Die Bildung des Alkoholats war bei Benutzung von aktivem Kalk in 1 Stunde beendet, während bei Anwendung von gebranntem Kalk mehr als 3stündiges Kochen nötig war.

Beispiel 3

Eine Mischung von 225 Teilen Ätznatron und 225 Teilen Ätzkali wurde in einem Rührkessel bei 400° C mit 100 g aktivem Kalk behandelt und so zunächst entwässert. Danach wurde bei 250° C 65 g Phenylglycinkalium eingetragen und noch eine Zeitlang auf gleiche Temperatur erhitzt. Derselbe Versuch wird unter Ersatz des aktiven Kalks durch fein gemahlenen Marmorkalk wiederholt. Die durch Behandeln des filtrierten Wasserauszugs der Schmelze mit Luft erhaltene Indigomenge ist im ersteren Falle um mehr als 20 % größer als im zweiten.

Patentanspruch:

Verfahren zur Entfernung des Wassers aus Flüssigkeiten durch Calciumoxyd, dadurch gekennzeichnet, daß Calciumoxyd, welches aus Calciumhydroxyd durch Erhitzen unterhalb 800° C, vorteilhaft unterhalb 600° C, und unter Verwendung eines Gasstromes hergestellt ist, mit den zu entwässernden Flüssigkeiten bzw. Schmelzen zusammengebracht wird.

Nr. 525272. (A. 22. 30.) Kl. 80b, 2.

AKTIEN-GESELLSCHAFT FÜR STICKSTOFFDÜNGER IN KÖLN.

Verfahren zur Herstellung von geformtem Kalziumoxyd.

Vom 18. Jan. 1930. — Erteilt am 30. April 1931. — Ausgegeben am 21. Mai 1931. — Erloschen: . . . .

Es ist bekannt, aus Kalziumhydratschlamm, welcher gegebenenfalls vorher zum Teil entwässert wird, unter Druck Formlinge zu pressen und zu festem Kalziumoxyd zu brennen. Ein durch längeres Absitzen oder Zentrifugieren gut getrockneter Kalkschlamm, welcher dabei verwendet und gewöhnlich als Stichkalk bezeichnet wird, enthält noch über 50% freies Wasser, welches in dem kolloiden Kalk festgehalten wird. Da nun bei allen bisher bekannten Erhärtungsprozessen die Wasserabgabe von Gelmassen die entscheidende Rolle spielt (s. z. B. Zeitschr. f. angew. Chemie 42 S. 1087 [1929]), so hat man auch für mehr oder weniger entwässerten Kalkschlamm anzunehmen, daß die Formbeständigkeit der aus ihm hergestellten Preßlinge auf einer Verfestigung infolge Wasserabgabe der Gelmasse — beim Lagern und Brennen — beruht.

Es wurde nun gefunden, daß trockener Kalkstaub — also praktisch wasserfreies Kalziumhydrat und auch gebrannter Staubkalk — also Kalziumoxyd — sowie auch Mischungen dieser beiden staubförmigen Pulver ohne jeden Zusatz zu steinharten Formlingen gepreßt werden können.

Im Gegensatz zu dem obengenannten, bekannten Verfahren wird nach vorliegender Erfindung ein in jedem Fall staubtrockenes, praktisch wasserfreies Pulver gepreßt. Es war nicht vorauszusehen, daß ein derartiges Ausgangsmaterial ein solches Zusammenbacken und dabei sehr deutliche, über Wochen hinaus wirkende Nachhärtung zeigen würde. Die gepreßten Formlinge können, wenn sie aus Kalziumhydrat hergestellt sind, ohne Verminderung ihrer Festigkeit gebrannt werden.

Staubförmige Körper zu brikettieren ist allgemein üblich. Alle bekannten Verfahren zur Brikettierung beispielsweise von Feinerzen, Gichtstaub, Kiesabbränden, Staubkohle usw. arbeiten mit Zusatz von Bindemitteln, wie teerartigen Stoffen, Bitumen, Wasser, gelegentlich auch unter Zusatz von wäßrigem Kalkschlamm. Auch die Brikettierungsfähigkeit von Braunkohle beruht auf ihrem Bitumen- und Wassergehalt. Neu dagegen ist die Anwendung trockenen Kalkstaubs ohne jeden Zusatz zur Erzielung steinharter Formlinge.

Der Fortschritt des Verfahrens liegt z. B. in der Herstellung eines wertvollen Erzeugnisses aus den bisher technisch unverwertbaren Abfällen der großtechnischen Acetylenerzeugung. Die bisherigen Versuche mit Kalziumhydratschlamm haben zu keinem technischen Erfolg geführt, weil die Trocknung des wasserhaltigen Schlammes unwirtschaftlich war. Der trockene Kalkstaub ist an sich noch nicht an Stelle von Stückkalk, beispielsweise für den Carbidofen, verwendbar, doch wird er durch die Behandlung nach dem vorliegenden Verfahren auch für diese Zwecke nutzbar gemacht.

Beispiel 1

1 t wasserfreier Staubkalk wurde bei Temperaturen von 500 bis 1 000° kalziniert und die erhaltenen 750 kg Staubkalziumoxyd gepreßt. Das Pressen wurde mit Strang- oder hydraulischer Presse bei Drucken von 700 bis 1000 kg/cm² und Temperaturen von 20 bis 400° C vorgenommen. Das erhaltene Material hatte die Festigkeit gebrannten Stückkalks.

Beispiel 2

1 t Staubkalk wurde ohne vorherige Kalzinierung unter Anwendung von 700 bis 1200 kg/cm² Preßdruck gepreßt. Die erhaltenen Brikette wurden im Schachtofen gebrannt; es wurden 750 kg gebrannter Kalk gewonnen.

PATENTANSPRUCH:

Verfahren zur Herstellung von geformtem Kalziumoxyd, dadurch gekennzeichnet, daß praktisch trockener Kalziumoxyd- oder Kalziumhydroxydstaub ohne Zusatz gepreßt und gegebenenfalls gebrannt wird.

Nr. 500292. (Sch. 91391.) Kl. 12m, 1. GUSTAV SCHLICK IN LANGEBRUCK, SA.

Verfahren zur Herstellung von Kalkwasser.

Vom 28. Aug. 1929. — Erteilt am 28. Mai 1930. — Ausgegeben am 21. Juni 1930. — Erloschen: 1933.

Bisher wurde klares Kalkwasser durch Absitzenlassen einer etwa 18 bis 20° Bé dichten Kalkmilch erzielt, bei welchem das Calziumhydroxyd*) sich langsam als Schlamm absetzte, während das Kalkwasser klar, doch mit gründlichem**) Farbstich oberhalb der verdichteten Kalkmilch sich abschichtet und für manche Zwecke nur in diesem geklärten Zustande gebrauchsfertig ist. Dieses Absitzen-

*) Druckfehlerberichtigung: Calciumhydroxyd.

**) Druckfehlerberichtigung: grünlichem.

lassen erfordert große Behälter, die teuer und platzraubend sind.

Um nun diese teuren als Langsamsättiger zu bezeichnenden Anlagen, die stets viel Raum und meist noch besondere Baulichkeiten erforderten, zu ersparen und in denkbar kürzester Zeit niederschlagfreie Kalkmilchlösung, d. h. Kalkwasser zu erzielen, kommen gemäß dem vorliegender Erfindung zugrunde liegenden Verfahren Zentripetalfilter in Anwendung.

Diese Zentripetalfilter, bei denen die Vorgänge besser geregelt sind, können in kontinuierlicher Weise bei wesentlich kürzerer Kontaktzeit klares gesättigtes Kalkwasser erzeugen. Die für den bisherigen Verlauf der Langsamsättigung erforderlichen Baulichkeiten kommen in Wegfall, denn die Zentripetalfilter können in jedem bestehenden Gebäude bequem untergebracht werden, da sie ja geringere Größen aufweisen. Außerdem ist dies durch die raumsparende Konstruktion der neuen Einflußnahme gewährleistet, die darin besteht, daß das Langsamsättigen und Klären ersetzt wird durch die Regelung des Verfahrens, welche dazu beiträgt, den bisherigen großen Verbrauch an Raum und Zeit zu kürzen.

Das unwirksam sich absondernde Rohkalkmaterial wird durch Zentripetalsammlung verdichtet und Auswechslung periodisch entfernt.

Ein weiterer Vorteil ist dadurch zu erreichen, daß der beim Kalklöschen sich bildende schwerlösliche Kalkgrieß, dessen Anwesenheit das Absetzen des Kalkschlammes erschwert, durch die Wirbelung im Zentripetalfilter rasch vernichtet wird.

Eine beispielsweise Ausführungsform eines für vorliegendes Verfahren verwendbaren Zentripetalfilters zeigt beiliegende Zeichnung.

Durch den schlitzförmigen, tangential gerichteten Eintritt E und Austritt A der Flüssigkeit entstehen geregelte Wirbelströme parallel gerichteter Stromlinien um ihre reibungslose Achse, wodurch die auszuscheidende Masse der Wirbelachse zustrebt und durch Oberflächenattraktionen sich verdichtet. Die unlösbaren Sinkstoffe der Flüssigkeit werden

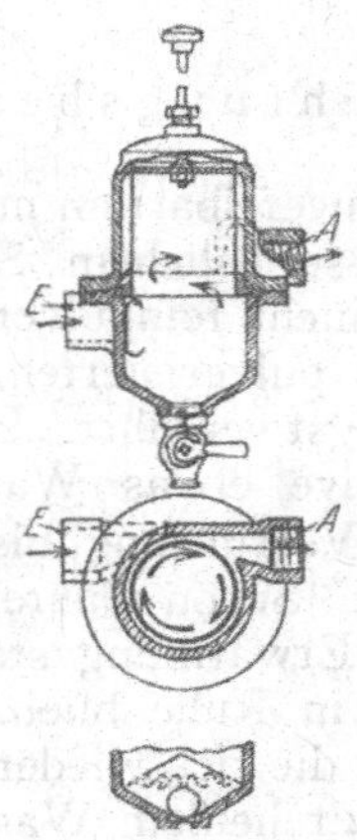

dabei von der im Oberteil angebrachten Filterfläche abgehalten und gelangen im Absatzraume zur Sammlung und Ruhe.

Bei der von Zeit zu Zeit nötigen Ausschleißung der Kalkschlammasse erfolgt nach Absperrung des Einlaufes die Reinigung der inneren Siebfläche selbsttätig.

Mit Kalkgrieß bezeichnet man kleine, etwa erbsengroße Stückchen aus gebrauchtem Kalk, die durch eine feuchte Hülle gelatinöser Art gewissermaßen eingehüllt sind und dann nur allmählich vom Wasser gelöst werden. Im Separator wird durch geregelte Bewegung ein rasches, ungestörtes Absetzen des Kalkschlammes ermöglicht.

Das Filtrieren von Kalkmilch ist an sich bekannt.

Patentanspruch:

Verfahren zur Herstellung von klarem Kalkwasser, dadurch gekennzeichnet, daß die Kalkmilch durch Zentripetalfilter hindurchgeführt wird.

Nr. 509261. (K. 109146.) Kl. 12m, 1. Dr. Paul Kircheisen in Wiesbaden.

Gewinnung von Bariumhydrat aus Bariumsulfid.

Vom 26. April 1928. — Erteilt am 25. Sept. 1930. — Ausgegeben am 6. Okt. 1930. — **Erloschen: 1932.**

Es ist ein altes, noch nicht völlig gelöstes Problem, die beim Lösen des Rohschwefelbariums in Wasser durch Hydrolyse entstehenden Verbindungen durch Kristallisation zu trennen.

Während beim Strontiumsulfid aus der wässerigen Lösung das Hydrat auskristallisiert und Sulfhydrat in Lösung bleibt, gelingt diese Trennung beim Schwefelbarium nur in sehr verdünnter Lösung. Doch wegen der schwachen Lösungen und der deshalb geringen Ausbeute ist dieses Verfahren wirtschaftlich kaum anwendbar.

Es ist bekannt, zur Herstellung von Barythydrat aus Bariumsulfid vor der Behandlung mit heißem Wasser lösliche Polysulfide oder alkalische Stoffe zuzusetzen. Ferner ist bekannt, aus Bariumsulfidlauge durch Zusatz von Schwefel eine bariumoxydfreie Lauge herzustellen.

Gemäß der Erfindung wird festes Bariumsulfid vor der Hydrolyse mit fein verteiltem Schwefel (als Pulver oder in Lösung, z. B. in Schwefelkohlenstoff) gemischt und mit wenig Wasser behandelt.

Ausführungsbeispiel

100 g Rohschwefelbarium mit einem Gehalt von 68 % wasserlöslichem Schwefelbarium, pulverig, aber nicht feinpulverig, wurden mit 5,2 g ganz fein pulverisiertem Schwefel vermischt und innigst verrührt. In kleinen Dosen wurde sukzessive etwas Wasser zugegeben unter weiterer Verrührung, bis die Masse sich feucht anfühlte. Schon während des Wasserzusatzes fand Erwärmung statt, die anhielt, als die Masse in Ruhe blieb. Nach einigen Stunden wurde die sich wieder trocken anfühlende Masse mit heißem Wasser ausgelaugt, filtriert und der verbleibende Rückstand mit heißem Wasser ausgewaschen. Aus dem Filtrat, das etwa 30° Bé hatte, schieden sich beim Abkühlen schnell Kristalle aus, die, im Saugfilter abgenutscht und mit etwas kaltem Wasser nachgewaschen, 98 % Barythydrat enthielten und sich durch weiteres Waschen leicht reinigen ließen.

Von dem im Schwefelbarium enthaltenen Baryt wurden nahezu 50 % als Barythydrat gewonnen. Die übrigen 50 % waren in der Mutterlauge und im Rückstand des Rohschwefelbariums nachzuweisen.

Die verbleibende Lösung, im wesentlichen Polysulfid enthaltend, kann in beliebiger Weise verwertet werden, z. B. zur Gewinnung von Natriumthiosulfat durch Einleiten von schwefliger Säure unter Verwendung von Natriumsulfat; auch durch bloße Oxydation mittels Luft bildet sich Thiosulfat.

PATENTANSPRUCH:

Verfahren zur Gewinnung von Barythydrat aus Bariumsulfid durch Hydrolyse, gekennzeichnet durch vorherige Behandlung des Sulfids in fester Form mit fein verteiltem Schwefel.

Nr. 519891. (I. 39616.) Kl. 12m, 1.
I. G. FARBENINDUSTRIE AKT.-GES. IN FRANKFURT A. M.
Erfinder: Dr. Oswin Nitzschke in Leverkusen.

Herstellung von Bariumhydroxyd.

Vom 22. Okt. 1929. — Erteilt am 12. Febr. 1931. — Ausgegeben am 5. März 1931. — Erloschen: 1934.

Zur Gewinnung von Bariumhydroxyd aus Schwefelbarium ist vorgeschlagen worden, durch Einleiten von Luft bei etwa 38° C in Schwefelbariumlaugen die Abscheidung des Bariumhydroxyds zu begünstigen, wobei es jedoch erforderlich ist, gewisse Manganoxyde, wie Braunstein, zuzusetzen, da sonst die Oxydation sehr lange Zeit dauert und eine Reihe von Nebenreaktionen eintreten.

Der Zusatz von Manganoxyden hat aber den Nachteil, daß Fremdstoffe eingeführt werden, deren Mengen im molekularen Verhältnis zum Bariumsulfid stehen sollen und die vor der Kristallisation des Bariumhydroxyds von der Lösung getrennt werden müssen. Da bei dieser Reaktion noch andere unlösliche Stoffe entstehen, z. B. Schwefel, Bariumthiosulfat, die mit in den Manganschlamm gehen, so muß dieser vor jeder Wiederverwendung regeneriert werden, was nur auf umständlichem Wege geschehen kann.

Es wurde nun die bemerkenswerte Beobachtung gemacht, daß man auch ohne Zusatz von Manganoxyden mit sehr guten Ausbeuten Bariumhydroxyd erhält, wobei als Nebenprodukte im wesentlichen nur Bariumpolysulfide entstehen, wenn man die Behandlung mit Luft bei mehr als 50° C durchführt. Die anzuwendende Temperatur richtet sich danach, ob und wieviel die Lauge an Polysulfiden enthält. Bei frischer, also polysulfidfreier Lauge ist es zweckmäßig, die Luftbehandlung in der Nähe des Siedepunktes der Lauge, z. B. 90 bis 95° C, auszuführen. Die Oxydation ist dann, wenn für feine Verteilung der Luft gesorgt war, in 1 bis 1½ Stunden beendet, und man erhält schon nach dem Abkühlen mit Leitungswasser mehr als 45 % des ursprünglich vorhanden gewesenen Bariumsulfides als $Ba(OH)_2 \cdot 8\,H_2O$. Enthält die Lauge Polysulfide, so genügt eine niedrigere Temperatur, z. B. 50 bis 60°, zum Oxydieren, ohne daß erhebliche Mengen unerwünschte Nebenprodukte, z. B. Bariumthiosulfat, entstehen.

Als eine vorteilhafte Ausführungsform hat sich erwiesen, die Mutterlauge teilweise oder ganz wieder in den Prozeß zurückzuführen. Man kann dabei so verfahren, daß Teile der Mutterlauge frischer Schwefelbariumlauge zugesetzt werden. Es ist aber auch möglich, die Mutterlauge zum Auslaugen von Rohschwefelbarium zu verwenden. Bei dieser Arbeitsweise vermag man eine über 50 %

hinausgehende Umsetzung des Sulfides zu Hydroxyd zu erzielen. Sodann lassen sich dabei, durch mehrfache Wiederholung dieses Prozesses, an Schwefel gesättigte Bariumpolysulfidlösungen herstellen, die den größten Teil des Schwefels vom Bariumsulfid enthalten und entweder als solche Verwendung finden oder auf Schwefel und Bariumverbindungen aufgearbeitet werden können

Beispiel 1

$1^1/_2$ l Schwefelbariumlauge mit 260 g BaS pro Liter werden auf 95° erhitzt. In feiner Verteilung wird dann $1^1/_2$ Stunden lang ein Luftstrom eingeleitet, während die Temperatur auf 95° gehalten wird. Die Lösung trübt sich infolge einer geringfügigen Ausscheidung unlöslicher Bariumverbindungen. Nach dem Absitzenlassen des Unlöslichen und Abgießen der klaren Lösung wird diese auf Leitungswassertemperatur, also etwa 12 bis 13° C herabgekühlt. Der Kristallbrei wird geschleudert. Man erhält 490 g feuchte Kristalle mit 326 g $Ba(OH)_2 \cdot 8\,H_2O$, d. h. 45,5 % des eingesetzten Bariumsulfides werden als Bariumhydroxyd gewonnen.

Beispiel 2

1 l Mutterlauge von Beispiel 1 wird mit Rohschwefelbarium erwärmt, bis die Lösung 90 g Bariumsulfid aufgenommen hat. Nach $^3/_4$stündiger Oxydation bei 60°, Abkühlen mit Leitungswasser und Schleudern werden 168 g feuchte Kristalle mit 128 g $Ba(OH)_2 \cdot 8\,H_2O$ erhalten, d. h. 75 % des in der Lösung enthaltenen Bariumsulfides sind als Hydroxyd abgeschieden.

Patentansprüche:

1. Verfahren zur Herstellung von Bariumhydroxyd unter gleichzeitiger Gewinnung von Bariumpolysulfiden durch partielle Oxydation von Bariumsulfid, dadurch gekennzeichnet, daß Schwefelbariumlaugen bei Temperaturen von mehr als 50° C der Oxydation unterworfen werden.
2. Verfahren nach Anspruch 1, dadurch gekennzeichnet, daß die bei dem Verfahren anfallenden Mutterlaugen teilweise oder ganz in den Prozeß zurückgeführt werden.

Nr. 526796. (I. 16. 30.) Kl. 12 m, 1.

I. G. Farbenindustrie Akt.-Ges. in Frankfurt a. M.

Erfinder: Dr. Oswin Nitzschke in Leverkusen.

Herstellung von Bariumhydroxyd.

Zusatz zum Patent 519891.

Vom 9. Febr. 1930. — Erteilt am 21. Mai 1931. — Ausgegeben am 10. Juni 1931. — **Erloschen: 1934.**

Durch das Patent 519891 ist ein Verfahren geschützt, nach dem Bariumhydroxyd aus Bariumsulfid in der Weise hergestellt wird, daß Bariumsulfidlösungen bei Temperaturen von mehr als 50° C mit Luft behandelt werden. Es ist auch angegeben, daß bei Anwesenheit von Polysulfidschwefel in der Lauge die Oxydation rascher und bei tieferen Temperaturen stattfindet, z. B. bei 50 bis 60°, als bei polysulfidfreien Laugen, die vorteilhafter bei höherer Temperatur oxydiert werden.

Es wurde nun weiter gefunden, daß bei Gegenwart von Polysulfiden in der Lauge die Oxydation auch noch bei Temperaturen unter 50° ausgeführt werden kann. Dieses Ergebnis ist überraschend, da beim Behandeln polysulfidfreier Laugen mit Luft bei niedrigen Temperaturen vorwiegend Bariumthiosulfat entsteht. Bei Anwesenheit von Polysulfid oder gelöstem Schwefel bildet sich dagegen kein Thiosulfat. Das Bariumsulfid wird zu weit mehr als 50% in Bariumhydroxyd übergeführt. Die Oxydationsdauer erhöht sich naturgemäß unter sonst gleichen Bedingungen mit sinkender Temperatur, doch gelingt es, sie durch Verwendung sauerstoffreicher Gase an Stelle von Luft oder durch Anwendung von erhöhtem Druck zu verkürzen

Beispiel 1

Eine Lauge, die außer 100 g BaS/Ltr. noch 123 g BaS_3/Ltr. enthält, wird bei 35 bis 40° $3^1/_2$ Stunde mit Luft behandelt. Nach dieser Zeit enthält sie 69 g $Ba(OH)_2$/Ltr. Es sind also 68,5% des Bariumsulfids zu Bariumhydroxyd oxydiert worden.

Beispiel 2

Von dem nach dem Abscheiden des Bariumhydroxyds zufolge Beispiel 1 erhaltenen Filtrat wird 1 Liter mit $^1/_2$ Liter frischer Schwefelbariumlauge von 300 g BaS/Ltr. versetzt. In diese Mischung wird bei 20 bis 25° Sauerstoff eingeleitet. Nach 20 Minuten sind 72% des zugesetzten Bariumsulfids in Bariumhydroxyd übergeführt.

Patentanspruch:

Verfahren zur Herstellung von Bariumhydroxyd unter gleichzeitiger Gewinnung von Bariumpolysulfiden durch partielle Oxydation von Bariumsulfid, dadurch gekennzeichnet, daß gelöstes Bariumsulfid in Gegenwart von Polysulfid oder gelöstem Schwefel bei Temperaturen unter 50° der Oxydation unterworfen wird.

Nr. 527033. (Sch. 112. 30.) Kl. 12m, 1. HANS SCHRAUBE IN DRESDEN.

Herstellung von Bariumhydrat aus Bariumsulfid.

Vom 23. Dez. 1930. — Erteilt am 28. Mai 1931. — Ausgegeben am 12. Juni 1931. — **Erloschen: 1932.**

Man hat bereits wiederholt versucht, Bariumhydrat aus Bariumsulfid zu gewinnen, doch haben die bisher vorgeschlagenen Verfahren gewisse Übelstände gezeigt, indem einesteils die Umwandlung ziemlich träge verlief und andererseits die Ausbeuten viel zu wünschen übrigließen. Dies ist beispielsweise der Fall, wenn man Bariumsulfid mit Ammoniak, mit Ätzalkalien, mit in Wasser suspendierter Magnesia oder mit Schwermetalloxyden kocht.

Zur Behebung dieser Mißstände und zur Erzielung einer fast quantitativen Ausbeute soll gemäß der Erfindung das Bariumsulfid mit Aluminiumhydrat in der Hitze, und zwar unter Durchleiten eines indifferenten Gases und bzw. oder eines Wasserdampfstromes behandelt werden. Die hierbei eintretende Reaktion läßt sich durch die nachstehenden Gleichungen ausdrücken:

$$3\,BaS + 2\,Al(OH)_3 = Al_2S_3 + 3\,Ba(OH)_2$$
$$Al_2S_3 + 6\,H_2O = 3\,H_2S + 2\,Al(OH)_3$$

Es bildet sich also gemäß der ersten Gleichung intermediär Schwefelaluminium, welches sich jedoch unter dem Einfluß des vorhandenen Wasserdampfes sofort in Schwefelwasserstoff und Aluminiumhydrat umsetzt. Das Schwefelwasserstoffgas wird durch den Gas- oder Dampfstrom ausgetrieben, gesammelt und in bekannter Weise in Schwefelsäure übergeführt, wogegen das sich neu ausscheidende Aluminiumhydrat wiederum in den Kreislauf des Prozesses eintritt; da sich auf diese Weise immer neues Aluminiumhydrat bildet, so braucht man von Anfang an erheblich weniger Aluminiumhydrat, als der Gleichung entspricht, hinzuzusetzen, da die sich bildende Menge Aluminiumhydrat die zur Umsetzung gebrauchte Menge immer wieder ersetzt. Die Trennung zwischen dem sich bildenden Bariumhydrat und dem Aluminiumhydrat kann natürlich durch einfache Filtration erfolgen.

Da die Reaktion in der Wärme vorgenommen wird, so kann man als indifferentes Gas auch einen Wasserdampfstrom verwenden, durch welchen das sich bildende Aluminiumsulfid sofort zersetzt wird. Man kann aber auch die Reaktion mittels anderer indifferenter Gase, z. B. Stickstoff, bewirken, weil auch hier der durch die Hitze sich bildende Wasserdampf die sofortige Zersetzung des Aluminiumsulfids in Aluminiumhydrat und Schwefelwasserstoff herbeiführt.

Weiter wurde gefunden, daß die Reaktion beschleunigt wird, wenn man dem Aluminiumhydrat eine geringe Menge Strontiumhydrat zusetzt, welches anscheinend katalytisch als Beschleuniger der Reaktion wirkt.

Beispiel

510 g Bariumsulfid von 80% BaS-Gehalt werden in 10 l Wasser gelöst. Man setzt 120 g Aluminiumhydrat hinzu und erhitzt unter Durchleiten von Wasserdampf und bzw. oder Stickstoff und gutem Umrühren etwa 24 Stunden. Die Ausbeute an Bariumhydrat ist fast quantitativ.

PATENTANSPRÜCHE:

1. Verfahren zur Herstellung von Bariumhydrat aus Bariumsulfid, dadurch gekennzeichnet, daß man Bariumsulfidlösung in der Hitze mit Aluminiumhydrat unter Durchleiten eines indifferenten Gases und bzw. oder eines Wasserdampfstromes behandelt.
2. Verfahren nach Anspruch 1, dadurch gekennzeichnet, daß man den Reaktionskomponenten etwas Strontiumhydrat hinzufügt.

Die gegebenen Gleichungen erklären nicht den Vorgang.

Nr. 503496. (R. 71565.) Kl. 12m, 1. KALI-CHEMIE AKT.-GES. IN BERLIN.

Erfinder: Dr. Friedrich Rüsberg in Berlin-Niederschöneweide und Dr. Gustav Clauß in Berlin-Baumschulenweg.

Verfahren zur Gewinnung von Bariumhydroxyd aus Bariumsilikaten.

Vom 23. Juni 1927. — Erteilt am 10. Juli 1930. — Ausgegeben am 23. Juli 1930. — **Erloschen: 1934.**

Es ist bekannt, daß man aus Bariumortho- bzw. Bariumtrisilikaten durch Hydrolyse mit Wasser Bariumhydroxyd gewinnen kann, wobei ein Teil des Bariums an die Kieselsäure als Bariummetasilikat gebunden bleibt.

Bei der technischen Durchführung dieses

Verfahrens zeigte sich nun, daß die Bariumsilikate sich häufig sehr unterschiedlich verhalten und trotz chemisch gleicher Zusammensetzung ganz verschiedene Ausbeuten an Ätzbaryt geben. Diese Erscheinung ist offenbar auf geringe Verunreinigungen, welche in den zur Herstellung der Bariumsilikate benutzten Ausgangsstoffe enthalten sind, zurückzuführen oder auf eine verschiedene physikalische Beschaffenheit derselben. Ob bei der Hydrolyse eines Bariumsilikates gute Ausbeuten zu erwarten sind oder nicht, läßt sich leicht feststellen, wenn man das zerkleinerte, auf eine Korngröße von etwa $^1/_{10}$ bis $^1/_2$ mm gebrachte Material mit Wasser zusammenbringt. Bei leicht hydrolysierbarem Material tritt sofort eine starke Temperaturerhöhung ein, welche im anderen Falle ganz ausbleibt. Im ersteren Falle läßt sich das Bariumsilikat beim Kochen mit Wasser praktisch vollkommen zu Bariummetasilikat und Ätzbaryt hydrolysieren, wobei starke, kristallisierfähige Laugen von Ätzbaryt erhalten werden, während man im letzteren Falle Laugen erhält, die kaum bei gewöhnlicher Temperatur gesättigt sind, so daß man zur völligen Hydrolyse erhebliche Wassermengen anwenden muß, deren Verdampfung unwirtschaftlich ist.

Es wurde nun gefunden, daß es auch im letzteren Falle gelingt, die Hydrolyse unter Anwendung geringer Wassermengen und gleichzeitiger Gewinnung starker, kristallisierfähiger Laugen durchzuführen, wenn man das Bariumsilikat in einem Zustande äußerst feiner Verteilung zur Anwendung bringt. Der Verteilungsgrad ist von der Beschaffenheit des Bariumsilikates abhängig, da dasselbe je nach seiner Herstellungsart bzw. der Art der in ihm enthaltenen Verunreinigungen mehr oder weniger leicht zu hydrolysieren ist.

Ähnliche Erscheinungen eines mehr oder weniger indifferenten Verhaltens gegen Wasser weisen bekanntlich auch manchmal andere durch Brennprozesse erhaltene Stoffe auf, z. B. gebrannter Gips und gebrannter Kalk. Man kann indessen diese Stoffe noch so fein mahlen, ohne dabei eine nennenswerte Steigerung der Reaktionsfähigkeit gegen Wasser feststellen zu können. Ein solches Material bezeichnet man dann in seinem Verhalten gegenüber Wasser als tot. Zum Unterschied von diesen Stoffen weist dagegen Bariumsilikat, wenn es sich gegenüber Wasser als wenig reaktionsfähig zeigt, eine überraschend hohe Reaktionsfähigkeit auf, wenn es auf einen besonders hohen Grad der Kornfeinheit gebracht worden ist.

Sehr günstige Ergebnisse werden erzielt, wenn man die Zerteilung in einem flüssigen Medium, als welches vorzugsweise Wasser in Frage kommt, vornimmt und die Zerteilung bis zu praktisch kolloidaler Feinheit, sei es durch Vermahlung in Kugel- oder anderen geeigneten Mühlen, durchführt. Man kann hierbei den Vermahlungs- und Hydrolysierungsprozeß vorteilhaft miteinander vereinigen, indem man den Vermahlungsprozeß bei erhöhter Temperatur durchführt.

Es ist wohl bekannt, daß man natürliche alkalihaltige Mineralien durch Naßmahlen derselben bis zur kolloidalen Feinheit in Gegenwart von chemischen Aufschlußmitteln oder durch nachträgliche Behandlung auf elektrochemischem Wege aufschließen kann. Es ist aber nicht ohne weiteres zu erwarten gewesen, daß sich schwer hydrolysierbare Bariumsilikate, die sich in ihrem Verhalten gegen Wasser oftmals in ähnlicher Weise indifferent verhalten, wie totgebrannter Gips oder Kalk, durch eine Naßmahlung bis zur praktisch kolloidalen Feinheit in einen gegenüber Wasser derart reaktionsfähigen Zustand überführen lassen, daß dieselben zur Herstellung unmittelbar kristallisationsfähiger Laugen geeignet sind.

Beispiel 1

1 kg eines nach dem Verfahren der Patentschrift 443 320 durch Erhitzen von Bariumsulfat mit Kieselsäure im Wasserdampfstrom hergestellten Bariumsilikates, welches 92% $Ba_2\,SiO_4$ enthielt, wurde unter Zusatz von 2 l Wasser in einer Kugelmühle während 8 Stunden naß vermahlen. Die erhaltene Suspension wurde während einer Dauer von 2 Stunden am Rückflußkühler gekocht. Alsdann wurde von dem verbleibenden Rückstand abfiltriert. Die erhaltene Ätzbarytlauge enthielt 32% $Ba\,(OH)_2 \cdot 8H_2O$ und lieferte beim Abkühlen reichliche Mengen von kristallisiertem Ätzbaryt. Wurde das Bariumsilikat in zerkleinertem Zustand in Form eines Pulvers angewandt, welches auf einem Sieb von 1000 Maschen pro Quadratzentimeter keinen Rückstand hinterließ, so erhielt man bei Einhaltung derselben Mengenverhältnisse und langer Kochdauer nur Laugen mit 5 bis 6% $Ba(OH)_2 \cdot 8H_2O$.

Beispiel 2

1 kg eines Bariumsilikates, welches aus Bariumkarbonat und Bariummetasilikat unter wiederholter Verwendung des letzteren hergestellt war und folgende Zusammensetzung

$$79{,}90\%\ Ba_2\,SiO_4,\ 15{,}5\%\ Ba_3\,SiO_5$$

aufwies, wurde mit 2 l Wasser wie bei Beispiel 1 in der Kugelmühle vermahlen. Alsdann wurde 2 Stunden am Rückflußkühler gekocht. Die abfiltrierte Ätzbarytlauge enthielt 34% $Ba(OH)_2 . 8H_2O$.

An Stelle von Wasser kann man auch bei gewöhnlicher Temperatur gesättigte Ätzbarytmutterlauge verwenden. Man erhält alsdann eine stärkere Ätzbarytlauge und dementsprechend eine erhöhte Ausbeute an kristallisiertem Ätzbaryt.

Patentansprüche:

1. Verfahren zur Gewinnung von Bariumhydroxyd durch Hydrolyse von schwer hydrolysierbarem Bariumsilikaten, dadurch gekennzeichnet, daß man die Bariumsilikate in einer Kornfeinheit anwendet, bei welcher die Korngröße im wesentlichen unterhalb $^1/_{10}$ mm bis zur praktisch kolloidalen Feinheit liegt.

2. Verfahren nach Anspruch 1, dadurch gekennzeichnet, daß man die zu hydrolysierenden Bariumsilikate einer Naßvermahlung in Gegenwart von Wasser unterwirft.

3. Verfahren nach Anspruch 1 und 2, dadurch gekennzeichnet, daß man den Zerkleinerungs- und Hydrolysierungsprozeß miteinander vereinigt, indem man die Naßvermahlung bei erhöhter Temperatur durchführt.

A. P. 1799989 der Rhenania-Kuhnheim Ver. chem. Fabriken. D. R. P. 443320, B. III, 1169.

Nr. 506275. (R. 68422.) Kl. 12 m, 1. Kali-Chemie Akt.-Ges. in Berlin.

Erfinder: Dr. Fritz Rothe in Berlin und Dr. Friedrich Rüsberg in Berlin-Niederschöneweide.

Verfahren zur unmittelbaren Gewinnung von kristallisiertem Ätzbaryt aus Bariumsilikaten.

Vom 10. Aug. 1926. — Erteilt am 21. Aug. 1930. — Ausgegeben am 1. Okt. 1930. — Erloschen: . . . .

Es ist bekannt, daß man aus Bariumsilikaten, z. B. Bariumorthosilikat, durch Hydrolyse Ätzbaryt abspalten kann. Von dieser Tatsache machen verschiedene technische Verfahren, die Bariumsilikat unter Verwendung von Bariumcarbonat oder Bariumsulfat als Ausgangsmaterial verwenden, Gebrauch, um Bariumhydroxyd zu gewinnen.

Die Zerlegung der Bariumsilikate durch Wasser verläuft nun aber, wie gefunden wurde, nur bei wiederholter Anwendung großer Wassermengen quantitativ, wobei naturgemäß sehr dünne Laugen erhalten werden, die unter Umständen, z. B. bei der Entzuckerung von Melasse, ohne weiteres Verwendung finden können.

Ganz anders liegen die Verhältnisse, wenn es sich um die Herstellung von kristallisiertem Ätzbaryt handelt. Die Gewinnung desselben durch Eindampfen der bei der Hydrolyse der Bariumsilikate erhaltenen dünnen Laugen ist wegen der großen Menge des zu verdampfenden Wassers unwirtschaftlich.

Es wurde nun gefunden, daß man aus Bariumsilikaten durch Hydrolyse mit Wasser unmittelbar kristallisierfähige Laugen in technisch befriedigender Ausbeute erhalten kann, wenn man die Hydrolyse bei oberhalb 100° C liegenden Temperaturen unter Druck ausführt. Bei leicht hydrolysierbaren Silikaten genügt die Anwendung geringer Drucke, während schwer hydrolysierbare Silikate Drucke z. B. oberhalb 5 Atm. erfordern, um befriedigende Ausbeuten zu erhalten.

Der Zweck des Verfahrens besteht also darin, Bariumsilikate beliebiger Herkunft, deren Hydrolysierfähigkeit unter normalen Verhältnissen selbst bei Anwendung von warmem Wasser eine mehr oder weniger beschränkte ist, derart weitgehend hydrolytisch zu spalten, daß Lösungen von Ätzbaryt erhalten werden, welche den größten Teil des ursprünglich an die Kieselsäure gebundenen Ätzbaryts in einer derartigen Konzentration enthalten, daß sich hieraus der überwiegende Teil unmittelbar in Form von Kristallen gewinnen läßt.

Beim Abkühlen der heißen Laugen scheiden sich dann die Ätzbarytkristalle in großen Mengen ab. Die Menge derselben läßt sich dabei noch erhöhen, wenn man nicht von Wasser, sondern von bei gewöhnlicher Temperatur gesättigter Ätzbarytlauge ausgeht.

Es wurde weiter gefunden, daß bei Durchführung der hydrolytischen Spaltung unter Druck eine besondere Feinmahlung des der Hydrolyse zu unterwerfenden Bariumsilikats nicht erforderlich ist. Es genügt vielmehr eine gröbliche Zerkleinerung. Unter Umständen kann die Zerkleinerung überhaupt unterbleiben.

Es ist zwar bekannt, daß man durch Behandlung von Bariumsilikat im zerkleinerten Zustand mit warmem Wasser dünne Lösungen von Ätzbaryt erhalten kann; durch die vorliegende Erfindung gelingt es aber, aus Bariumsilikaten im unzerkleinerten oder teilweise zerkleinerten Zustand derart konzentrierte Lösungen von Ätzbaryt herzustellen, daß sich aus solchen Lösungen eine unmittelbare Gewinnung von kristallisiertem Ätzbaryt in technisch befriedigender Weise ermöglichen läßt.

Ausführungsbeispiele

1. 500 kg gemahlenes Bariumsilikat von folgender Zusammensetzung: 79,9 % Ba_2SiO_4, 15,46 Ba_3SiO_5, Rest $BaSO_4$ und $Al_2O_3 + Fe_2O_3$, wie es nach dem Verfahren der Patentschrift 62 543 erhalten wurde, wurden in 1200 l einer bei gewöhnlicher Temperatur gesättigten Ätzbarytlauge suspendiert und die Suspension 2 Stunden unter Rühren im Autoklaven auf 175° C erhitzt. Nach dem Abkühlen auf etwa 90° C wurde von dem im wesentlichen aus Bariummetasilikat bestehenden Rückstand abfiltriert. Die konzentrierte Ätzbarytlauge von 19° Bé enthielt 290 g $Ba(OH)_2 \cdot 8H_2O$ im Liter. Insgesamt wurden 312 kg $Ba(OH)_2 \cdot 8\,H_2O$ erhalten, und zwar 250 kg als Kristallisat nach dem Abkühlen der Laugen, das sind 80 %. Die Ausbeute an abgespaltenem Ätzbaryt betrug 72,5 %, während ohne Anwendung von Druck nur eine solche von 25 % erzielt wurde.

2. 500 kg Bariumsilikat in Form von Stükken, wie sie beim Brennprozeß erhalten wurden, von der Zusammensetzung 59,7 % Ba_2SiO_4, 34 Ba_3SiO_5, Rest $BaSO_4$, Eisen und Tonerde, wurden wie bei Beispiel 1 mit 1200 l Ätzbarytlauge von 6° Bé 2 Stunden im Autoklaven auf 175° C erhitzt. Es wurden insgesamt 309 kg $Ba(OH)_2 \cdot 8\,H_2O$ erhalten, und zwar 265 kg in Form von Kristallen, das sind 85,6 %. Die Gesamtbeute an abgespaltenem Ätzbaryt betrug 68 %, während ohne Anwendung von Druck bei Anwendung der gleichen Menge von Ätzbarytlauge nur eine solche von 28 % erzielt wurde.

3. 500 kg gemahlenes Bariumsilikat von der Zusammensetzung wie im Beispiel 1 wurden in 1000 l Wasser suspendiert und die Suspension 2 Stunden unter Rühren im Autoklaven auf 175° C erhitzt. Nach dem Abkühlen auf etwa 90° C wurde von dem Rückstand abfiltriert und eine Ätzbarytlauge von 12° Bé erhalten, welche 160 g $Ba(OH)_2 \cdot 8\,H_2O$ im Liter enthielt. Insgesamt wurden 326 kg Ätzbaryt gewonnen, und zwar 140 kg als Kristallisat nach dem Abkühlen der Lauge, das sind 43 %. Die Ausbeute an abgespaltenem Ätzbaryt betrug 75 %.

Patentansprüche:

1. Verfahren zur unmittelbaren Gewinnung von kristallisiertem Ätzbaryt aus Bariumsilikaten durch Behandlung derselben mit Wasser, gekennzeichnet durch die Anwendung von Druck bei Temperaturen über 100° C.

2. Verfahren nach Anspruch 1, dadurch gekennzeichnet, daß an Stelle von Wasser ätzbarythaltige Laugen Verwendung finden.

3. Verfahren nach Anspruch 1 und 2, gekennzeichnet durch die Verwendung der Bariumsilikate in ungemahlenem Zustande.

Nr. 560461. (I. 37009.) Kl. 12i, 18.

I. G. Farbenindustrie Akt.-Ges. in Frankfurt a. M.

Erfinder: Dr. Ernst Jänecke in Heidelberg und Dr. Hermann Klippel in Ludwigshafen a. Rh.

Verarbeitung von Erdalkalisulfide enthaltenden Produkten.

Zusatz zum Patent 558466.

Vom 8. Febr. 1929. — Erteilt am 15. Sept. 1932. — Ausgegeben am 3. Okt. 1932. — Erloschen: 1935.

In der Patentschrift 535 648 ist ein Verfahren zur Verarbeitung von Salpetererden beschrieben, bei dem man auf das zu verarbeitende Material anstatt Wasser bzw. einer Auslaugeflüssigkeit Wasserdampf einwirken läßt. Nach dem Verfahren des zugehörigen Zusatzpatents 558 466 werden an Stelle von Salpetererden Alkalisulfide enthaltende Produkte, z. B. bei der Reduktion von Alkalisulfaten mittels Kohle erhaltene Rohschmelzen, gegebenenfalls nach Vorwärmung auf etwa 100° und/oder unter Anwendung der in den Zusatzpatenten 537 607 und 541 626 beschriebenen Vorrichtungen und Ausführungsformen mit Wasserdampf behandelt.

Es wurde gefunden, daß man in gleicher Weise auch lösliche Erdalkalisulfide enthaltende Massen verarbeiten kann. Auch hier ist es zweckmäßig, zur Erzielung einer möglichst hochkonzentrierten Lauge die auszulaugenden Produkte vor der Behandlung mit Wasserdampf auf Temperaturen über 100° zu erwärmen und zwecks vollständiger Auslaugung gleichzeitig auf das zu verarbeitende Material wenig heißes Wasser einwirken zu lassen.

Beispiel

Aus einer durch Reduktion von Bariumsulfat mit Kohle erhaltenen Rohschmelze mit einem Gehalt von etwa 70 % Bariumsulfid wird durch Auslaugen mit Wasserdampf und Wasser in der angegebenen Weise eine heiße konzentrierte Lösung mit einem Gehalt von etwa 35% Bariumsulfid gewonnen. Bei dieser Behandlung werden 95% des insgesamt vorhandenen Bariumsulfids ausgelaugt. Aus der erhaltenen Flüssigkeit scheiden sich beim Abkühlen auf gewöhnliche Temperatur etwa 85% des insgesamt vorhandenen Bariumsulfids in Form eines basischen Bariumsulfhydrates ab. Der Rest ist in der Mutterlauge enthalten. Wird der nach dem Auslaugen der Rohschmelze verbleibende Rückstand einer erneuten Dampf-Wasser-Behandlung unterworfen, so erhält man eine Lauge mit einem Gehalt von 3% Bariumsulfid. Bei einer Gesamtauslaugung von 98% Bariumsulfid verhält sich die Gesamtmenge der bei der ersten Behandlung erhaltenen konzentrierten Lauge zu der Menge der verdünnten Waschlauge wie 3,5:1.

PATENTANSPRUCH:

Weiterbildung des Verfahrens nach Patent 558466, dadurch gekennzeichnet, daß lösliche Erdalkalisulfide enthaltende Produkte mit Wasserdampf behandelt werden.

D. R. P. 535648, S. 1021; 537607, S. 1024; 541626, S. 1025: 558466, S. 858.

Nr. 234391. Kl. 45, 3. VITTORIO LUNDA IN ROM.

Verfahren zur Herstellung eines beständigen und festen, hauptsächlich aus Polysulfiden der Alkali- und Erdalkalimetalle bestehenden Körpers.

Vom 25. Dez. 1909. — Ausgegeben am 11. Mai 1911. — Erloschen: . . . .

Bekanntlich ist Schwefel in wäßrigen Lösungen von Hydroxyden der Alkali- und Erdalkalimetalle unter Erwärmung löslich; die so entstandenen, intensiv gefärbten Lösungen enthalten Schwefel in Form von Polysulfiden und Hyposulfiten der verwendeten Basen und finden schon seit einiger Zeit in der Landwirtschaft zur Vernichtung von Pflanzenschädlingen Verwendung. Unter dem Einflusse der Luft findet eine allmähliche Zersetzung der Polysulfide statt, in deren Folge neben anderen Produkten die Sulfhydrate der betreffenden Basen und freier Schwefel entstehen; dieser wirkt gerade im Entstehungszustande energisch auf die Schädlinge der Nutzpflanzen ein.

Die Herstellung dieser Gemische ist jedoch unbequem und erfordert besondere Einrichtungen; eine Zentralisierung der Herstellung ist bisher nicht tunlich gewesen, weil die Polysulfide in wäßriger Lösung nur wenige Stunden aufbewahrt werden können, ohne einer raschen Zersetzung unter Verlust von aktivem Schwefel zu unterliegen. Auch sind, um Produkte von genügendem Prozentsatz an Polysulfiden zu erhalten, besondere Maßnahmen nötig, die mit den Gewohnheiten der Landleute nicht gut vereinbar sind. Auch ist sehr zu beachten, daß während des Kochens der Gemische eine erhebliche Verflüchtigung von Schwefel in Form von Schwefelwasserstoff stattfindet, was einerseits einen wirtschaftlichen Nachteil darstellt und andererseits die Herstellung gesundheitsschädlich macht, weil dabei große Mengen dieses giftigen Gases in der Atmosphäre verbreitet werden.

Das nachstehend beschriebene Verfahren bezweckt die industrielle Herstellung eines festen und beständigen Produktes, das einen hohen Prozentsatz an Polysulfiden enthält und dessen einfache Auflösung in Wasser ohne weiteres eine rationelle Schwefelbrühe mit genau regulierbaren Prozentsätzen der nutzbaren Substanzen liefert. Die Verwendung dieses Produktes beseitigt alle Unzuträglichkeiten und ermöglicht eine leichte, praktische und zweckentsprechende Anwendung der Schwefelbrühen.

Die Reaktion zwischen Schwefel und Alkalihydrat kann durch folgende Formel ausgedrückt werden:

$$6\,MOH + 12\,S = 2\,M_2S_5 + M_2S_2O_3 + 3\,H_2O$$

bzw.

$$3\,M(OH)_2 + 12\,S = 2\,MS_5 + MS_2O_3 + 3\,H_2O,$$

je nachdem die verwendete Base ein einwertiges Alkalimetall oder ein zweiwertiges Erdalkalimetall ist.

Zur praktischen Ausführung des Verfahrens werden obigen Formeln entsprechende Mengen von Schwefel und Base unter Erwärmen in Gegenwart von Wasser aufeinander einwirken gelassen. Nach Bildung einer rotbraunen Lösung, die die Reaktionsprodukte enthält, wird die Flüssigkeit, und zwar zweckmäßig im Vakuum eingedampft. Vorteilhaft ist es, möglichst rasch einzudampfen, da die Polysulfide bekanntlich eine ausgesprochene Neigung haben, mit Wasser in folgender Weise zu reagieren:

$$M_2S_5 + 3\,H_2O = M_2S_2O_3 + 3\,H_2S$$

bzw.

$$MS_5 + 3\,H_2O = MS_2O_3 + 3\,H_2S,$$

so daß also das schon gebildete Polysulfid in Hyposulfit und Schwefelwasserstoff zersetzt wird. Diese Zersetzung findet gegen Ende des Eindampfens am stärksten statt, und gelangt man daher im Verlauf des Verfahrens zu einem Stadium, in dem ein Fortsetzen des Eindampfens nicht angezeigt ist, weil sonst zuviel der Polysulfide zerstört werden würden. Um dem vorzubeugen, wird eine hygroskopische Substanz, die — der halbtrockenen Masse beigemengt — das vorhandene Wasser aufnimmt und einen für die Polysulfide indifferenten — oder durch weitere Behandlung indifferent zu machenden — Körper bildet, verwendet. Eine derartige Substanz ist z. B. ungelöschter Kalk.

Durch aufeinanderfolgende oder gleichzeitige Anwendung der hier angeführten Grundsätze wird ein an Polysulfiden reiches Produkt erhalten, das in luftdichten Behältern gut aufbewahrt werden kann.

Die Notwendigkeit des luftdichten Verschlusses bildet aber eine Beschränkung der Handhabung der Produkte, die dadurch beseitigt werden kann, daß man das Material gegen atmosphärische Einflüsse widerstandsfähig macht, ohne damit dessen leichte Lösbarkeit in Wasser bei der praktischen Verwendung zu beeinträchtigen. Dies kann in erster Linie dadurch erreicht werden, daß man das nicht ganz ausgetrocknete noch warme Produkt unter Zugabe des oben erwähnten hygroskopischen Stoffes in Formen preßt, wodurch die so geformten Blöcke oder Ziegel eine feste Kruste erhalten, die deren Inneres gegen Luftzutritt schützt. Das Produkt kann auch im bereits erkalteten und pulverisierten Zustande rasch bis zu seinem Schmelzpunkte erhitzt werden, wodurch es nach Wiedererkalten genügend kompakt wird. Das so hergestellte Produkt wird dann noch weiter gegen Luftzutritt geschützt, indem man es in eine Lösung von Harz, Paraffin oder einer beliebigen anderen, ähnlich wirkenden Substanz oder in ein Bad eines solchen durch Erwärmen und Schmelzen erhaltenen Körpers eintaucht.

Auf diese Weise umhüllt man das Produkt mit einer dünnen, für atmosphärische Einflüsse undurchdringlichen Schicht, ohne daß damit die auflösende Wirkung des Wassers irgendwie gehindert wird, sobald das Material entsprechend zerkleinert wird.

PATENTANSPRUCH:

Verfahren zur Herstellung eines beständigen, festen, hauptsächlich aus Polysulfiden der Alkali- und Erdalkalimetalle bestehenden Körpers, dadurch gekennzeichnet, daß die auf bekanntem Wege durch Kochen der entsprechenden Basen mit Schwefel erhaltenen Lösungen durch Eindampfen unter Zusatz eines wasserentziehenden Stoffes in fast oder ganz trockenem Zustand übergeführt werden, worauf die so erhaltene Masse durch Pressen in Formen oder rasches Erhitzen bis zum Zusammensintern in feste Form gebracht und gegebenenfalls in bekannter Weise mit einer undurchlässigen, die zersetzende Wirkung der Luftfeuchtigkeit verhindernden Schutzschicht eines geeigneten Stoffes versehen wird.

Nr. 497 806. (B. 138 386.) Kl. 12 m, 2. BAMAG-MEGUIN AKT.-GES. IN BERLIN.

Verfahren zur Behandlung von Kalkstein, Carbonaten und anderen schaumbildenden säurelöslichen Substanzen.

Vom 11. Juli 1928. — Erteilt am 24. April 1930. — Ausgegeben am 17. Juni 1930. — Erloschen: 1934.

Bei der Lösung von säurelöslichen Substanzen, beispielsweise Kalkstein, in Lösetürmen mittels einer Säure, z. B. Salpetersäure, entstehen Gase, und zwar in der Hauptsache Kohlensäure und nitrose Gase, die abgesaugt werden müssen. Es ist bekannt, die Absaugung am unteren Teil des Löseturmes vorzunehmen.

Es hat sich gezeigt, daß die Maßnahme für gewisse Substanzen, insbesondere Kalksteinsorten, nicht allen Anforderungen genügt. Der Nachteil wird gemäß der Erfindung dadurch behoben, daß zur Beseitigung des bei dem Lösevorgang entstehenden Schaumes die Absaugung nicht am unteren, sondern am oberen Teil des Turmes vorgenommen wird, wobei gleichzeitig der Vorteil einer gründlichen Zerstörung des Schaumes erzielt wird, indem dieser entweder gegen ein Sieb oder durch die zur Berieselung benötigte, in einem über oder in dem Löseturm befindlichen Gefäß enthaltenen Säure, beispielsweise Salpetersäure, gesaugt wird.

Auf der Zeichnung ist eine zur Ausübung des Verfahrens dienende Einrichtung in schematischer Form dargestellt. Der Löseturm *a* ist etwa zur Hälfte mit Kalkstein *b* gefüllt. Darüber befindet sich der Schaumraum *c*. Aus diesem werden die bei der Lösung entstehenden Gase entweder nach Fig. 1 durch die in

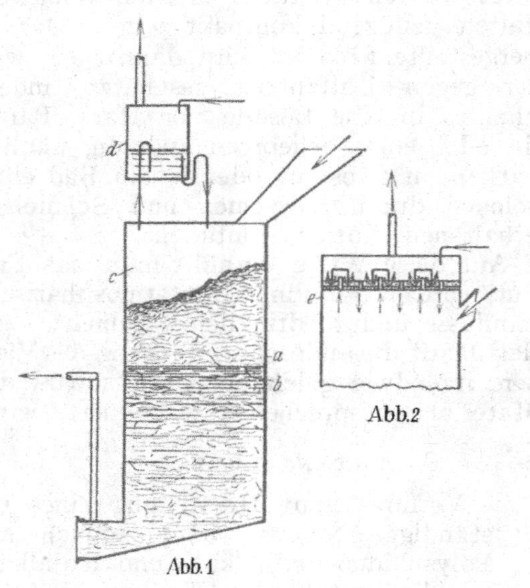

Abb. 1 Abb. 2

einem über dem Löseturm angebrachten Säuregefäß *d* gesaugt oder nach Fig. 2 durch die innerhalb des Löseturmes auf einer Verteilerplatte *e* befindlichen Säure hindurchgesaugt. Hierbei tritt, wie durch Versuche festgestellt wurde, eine intensive Schaumzerstörung ein.

Patentansprüche:

1. Verfahren zur Behandlung von Kalkstein, Carbonaten und anderen schaumbildenden säurelöslichen Substanzen in Lösetürmen, dadurch gekennzeichnet, daß mit den bei der Lösung entstehenden, am oberen Ende des Löseturmes abgesaugten Gasen der entstandene Schaum mit abgesaugt und durch eine außerhalb der Lösestelle befindlichen Flüssigkeit, welche aus Löseflüssigkeit bestehen kann, hindurchgesaugt wird.

2. Verfahren nach Anspruch 1, dadurch gekennzeichnet, daß die zur Zerstörung des Schaumes dienende Flüssigkeit sich in einem über dem Löseturm (*a*) angeordneten Gefäß (*d*) befindet.

3. Verfahren nach Anspruch 1, dadurch gekennzeichnet, daß die zur Zerstörung des Schaumes dienende Flüssigkeit sich innerhalb des Löseturmes (*a*) auf einer Verteilerplatte (*e*) befindet.

Nr. 490079. (I. 28266.) Kl. 12m, 2.

I. G. Farbenindustrie Akt.-Ges. in Frankfurt a. M.

Erfinder: Dr. Felix Lindner in Ludwigshafen a. Rh.

Verfahren zur Herstellung von Erdalkalimetallsalzen aus Erdalkalisulfiden.

Vom 9. Juni 1926. — Erteilt am 9. Jan. 1930. — Ausgegeben am 23. Jan. 1930. — Erloschen: 1931.

Die Umsetzung von Erdalkalisulfiden mit Ammoniumsalzen zur Gewinnung von Salzen der Erdalkalimetalle hat man bisher in wäßriger Suspension oder Lösung oder durch Behandlung des trockenen Gemisches mit Dampf zu bewirken gesucht. In den beiden ersten Fällen treten Schwierigkeiten dadurch auf, daß die Erdalkalisulfide entweder zum Teil nicht im Wasser gelöst sind oder beim Lösen in Wasser Verbindungen, wie $Ba(OH)_2 \cdot Ba(SH)_2$, bilden, die sich der Reaktion entziehen.

Es hat sich nun überraschenderweise gezeigt, daß man die Erdalkalisulfide leicht in Erdalkalimetallsalze umwandeln kann, wenn man sie mit Ammoniumsalzen vermahlt. Um die Reaktion zu beschleunigen, spritzt man zweckmäßig geringe Mengen Wasser während des Vermahlens auf die Mischung. Die Umsetzung verläuft nahezu quantitativ; im allgemeinen treten mehr als 98 % des als Sulfid gebundenen Schwefels in Reaktion. Durch Heizen des Kollerganges kann man die Reaktion noch weiter beschleunigen. Die entweichenden Schwefelammoniumverbindungen können z. B. unter Rückgewinnung des Ammoniaks in bekannter Weise aufgearbeitet werden.

Beispiel 1

100 kg techn. Schwefelbarium, das 88,7 % Bariumsulfid enthält, werden mit 81,2 kg Ammoniumnitrat vermahlen, wobei nach und nach 7 l Wasser aufgespritzt werden; das erhaltene rohe Bariumnitrat ist frei von Sulfidschwefel.

Beispiel 2

179 kg Strontiumsulfid mit einem Gehalt von 119,6 kg SrS werden mit 107 kg Chlorammonium auf dem Kollergang vermahlen; dabei wird Wasser aufgespritzt. Man erhält Strontiumchlorid in vorzüglicher Ausbeute.

Beispiel 3

103,6 kg Schwefelcalcium und 160 kg Ammoniumnitrat werden innig vermahlen; die Umsetzung kann ohne Zusatz von Wasser durchgeführt werden. Calciumnitrat wird in guter Ausbeute erhalten.

In entprechender Weise verfährt man bei der Herstellung wasserunlöslicher Erdalkalimetallsalze.

PATENTANSPRUCH:

Verfahren zur Herstellung von Erdalkalimetallsalzen aus Erdalkalisulfiden, dadurch gekennzeichnet, daß man die Sulfide mit Ammoniumsalzen, zweckmäßig unter Zusatz von geringen Mengen Wasser und gegebenenfalls unter Zuführung von Wärme, vermahlt.

Nr. 513462. (G. 68508.) Kl. 12m, 2.

SACHTLEBEN AKT.-GES. FÜR BERGBAU UND CHEMISCHE INDUSTRIE IN KÖLN A. RH.

Erfinder: Dr. Hans Volquartz in Homburg, Niederrhein.

Verfahren zur Herstellung löslicher Bariumsalze aus Schwefelbarium und Ammonsalzen.

Vom 26. Okt. 1926. — Erteilt am 13. Nov. 1930. — Ausgegeben am 27. Nov. 1930. — Erloschen: ....

Es ist bekannt, Schwefelbariumlösungen mit Natrium- und Kaliumsalzen, wie z. B. Chlornatrium, umzusetzen, wobei Chlorbarium und Natriumsulfhydrat, gleichzeitig aber auch andere komplizierte Schwefelbariumverbindungen entstehen, die sich mit den Natrium- oder Kaliumsalzen nicht weiter umsetzen. Die Reaktion verläuft also nicht quantitativ, und dementsprechend ist auch die Ausbeute an Bariumsalz sehr ungünstig. Ferner hat man bereits durch Umsetzen von Schwefelbariumlösungen mit Ammoniumchloridlösungen Bariumchlorid in Lösung erhalten.

Demgegenüber beruht das vorliegende Verfahren auf der neuen Feststellung, daß Schwefelbarium mit Ammoniumsalzen anorganischer oder organischer Zusammensetzung, deren Säureradikale mit Barium wasserlösliche Bariumsalze zu bild n vermögen, sich quantitativ unter mehr oder weniger starken endothermischen Wirkungen umsetzen. In dieser Weise gelingt es, das Bariumsalz der Säure des verwendeten Ammoniumsalzes und andererseits Ammoniumsulfid bzw. -hydrosulfid quantitativ zu erhalten.

Als Schwefelbarium verwendet man wasserfreies oder hydratisches Bariumsulfid. Man benutzt zweckmäßig die durch Auslaugen von Rohschwefelbariumschmelze erhaltene Lauge oder das aus dieser Lauge durch Kristallisation erhaltene hydratische Bariumsulfid. Als Ammonsalze können alle Salze anorganischer oder organischer Säuren, die mit Barium wasserlösliche Salze bilden können, angewandt werden, z. B. Ammoniumchlorid, -nitrat, -acetat und andere. Bei der Umsetzung der festen Ammonsalze mit kristallisiertem hydratischem Schwefelbarium fällt infolge des endothermischen Verlaufs der Reaktion die Temperatur bis auf — 20 °C, während gleichzeitig Kristallwasser frei wird. Das Bariumsalz scheidet sich infolge des Temperaturabfalls kristallinisch aus, während Ammoniumsulfid in Lösung bleibt. Das Bariumsalz kann beispielsweise durch Abnutschen leicht von dem Ammoniumsulfid getrennt werden.

Die Umsetzung der festen Stoffe miteinander kann unter Abkühlen ausgeführt werden, indem man die infolge der Reaktion eintretende Temperaturerniedrigung durch künstliche Kühlung, wie kalte Luft, Kältemischungen, Ammoniumkühlung usw., noch weiter erniedrigt.

Beispiel I

Festes, kristallisiertes hydratisches Schwefelbarium und kristallisiertes Ammoniumchlorid werden unter Ausschluß von Wasser und Wärme wechselseitig zusammengeschüttet oder schichtenweise übereinandergelagert. Alsbald beginnen die Kristalle zu schmelzen, das Ganze wird zu einem dünnflüssigen Brei, während die Temperatur auf —20° fällt. Gleichzeitig scheidet sich kristallisiertes Chlorbarium ab, und ein intensiver Geruch nach Schwefelammonium tritt auf. Das Chlorbarium wird durch Abnutschen entfernt, während das Ammoniumsulfid sich im Filtrat befindet. Beide Produkte sind von großer Reinheit. Die Umsetzung vollzieht sich quantitativ nach der Gleichung:

$$2\,[Ba(OH)_2 \cdot Ba\,(SH)_2 \cdot 10\,H_2O] + 8\,NH_4Cl = 4\,BaCl_2 + 4\,(NH_4)_2\,S + 24\,H_2O.$$

Erhalten werden aus 1000 Teilen Schwefelbarium und 386 Teilen Ammoniumchlorid 750 Teile Chlorbarium und 245 Teile Ammoniumsulfid. Ganz analog verläuft die Umsetzung mit Ammoniumnitrat.

Beispiel II

1000 Teile kristallisiertes hydratisches Schwefelbarium werden mit 576 Teilen Ammoniumnitrat zusammengegeben. Wie bei Beispiel 1 tritt alsbald starke Kälte unter Abscheidung von Bariumnitrat auf. Das abgenutschte Bariumnitrat beträgt 940 Teile, die Menge des erhaltenen Ammoniumsulfids 245 Teile.

Beispiel III

Die Umsetzung von hydratischem Schwefelbarium und z. B. Ammoniumoxalat geht langsamer vor sich als bei Ammoniumchlorid und Ammoniumnitrat. Infolgedessen reicht die Kälteentwicklung nicht aus, um das entstandene Bariumoxalat vollständig in kristallinische Form überzuführen. Das Bariumoxalat wird in diesem Fall nach Beendigung der Reaktion durch künstliche Kühlung auskristallisiert. Aus

100 Teilen hydratischem Schwefelbarium und 512 Teilen Ammoniumoxalat erhält man 790 Teile Bariumoxalat und 220 Teile Ammoniumsulfid.

Patentansprüche:

1. Verfahren zur Herstellung löslicher Bariumsalze aus Schwefelbarium und Ammonsalzen, dadurch gekennzeichnet, daß die kristallwasserhaltigen, trockenen Salze ohne Erwärmung miteinander zur Reaktion gebracht werden.

2. Verfahren nach Anspruch 1, dadurch gekennzeichnet, daß die auftretende Kälte, welche das Auskristallisieren der gebildeten Bariumsalze veranlaßt, noch durch künstliche Kühlung vermehrt wird.

Nr. 483514. (R. 56485.) Kl. 12m, 2. Kali-Chemie Akt.-Ges. in Berlin.

Erfinder: Dr. J. Marwedel, Dr. G. Feld, Dr. J. Looser und Dipl.-Ing. W. Scholz in Hönningen a. Rh.

Verfahren zur Gewinnung von wasserlöslichen Barium- und Strontiumsalzen aus den durch Auslaugen von Schwefelbarium und Schwefelstrontium befreiten Rückständen der Schwefelbarium- und Schwefelstrontiumfabrikation.

Vom 1. Aug. 1922. — Erteilt am 19. Sept. 1929. — Ausgegeben am 4. Okt. 1929. — Erloschen: 1930.

Die Verbindungen des Bariums und Strontiums werden vorwiegend aus den natürlich vorkommenden Sulfaten des Bariums und Strontiums hergestellt, z. B. derart, daß man Schwerspat ($BaSO_4$) oder Cölestin ($SrSO_4$) in der Hitze mit Kohle reduziert und aus der entstandenen Schmelze durch Auslaugen mit Wasser das Schwefelbarium bzw. Schwefelstrontium herauslöst. Hierbei bleiben in Wasser unlösliche, im wesentlichen aus Schlacken bestehende Rückstände zurück, die bisher als wertlos auf die Halde geworfen wurden.

Es wurde nun gefunden, daß man aus diesen unlöslichen Rückständen noch erhebliche Mengen von löslichen Barium- und Strontiumverbindungen gewinnen kann, wenn man den Rückstand mit wässerigen Salzlösungen des Magnesiums, des Calciums oder des Eisens behandelt. Erwärmt man z. B. die mit Wasser ausgelaugten Rückstände der Schwefelbarium- oder Schwefelstrontiumlaugerei mit einer wässerigen Lösung von Magnesiumchlorid, Calciumchlorid oder Eisenchlorür und filtriert, so erhält man in dem Filtrat das Chlorid des Bariums oder Strontiums. Behandelt man in gleicher Weise die Rückstände mit Calciumnitrat, so findet man in dem Filtrat Barium- oder Strontiumnitrat. Zur Durchführung des Verfahrens kann man mit Vorteil die leicht zugänglichen Verbindungen des Magnesiums, Calciums oder Eisens verwenden, wie sie z. B. in den Abfallaugen der Kaliindustrie (Magnesiumchlorid), des Solvay-Sodaprozesses (Calciumchlorid) oder der Eisenbeizereien als Beizspülwasser (Eisenchlorür) vorliegen. Auch Mischungen verschiedener der in Betracht kommenden Salze können angewendet werden. Das Verfahren kann bei gewöhnlicher oder erhöhter Temperatur durchgeführt werden. Durch Anwendung von Druck kann eine Beschleunigung und Erhöhung der Ausbeute erzielt werden. Vorteilhaft werden die Salze, insbesondere diejenigen des Magnesiums und des Calciums, im Überschuß zu den in den Rückständen vorhandenen Barium- oder Strontiumverbindungen angewendet. Die nunmehr in den Laugen enthaltenen Barium- bzw. Strontiumsalze können z. B. durch Konzentrieren der Lauge oder auf anderem Wege, z. B. durch Fällung, gewonnen werden. Nach Absonderung der Barium- bzw. Strontiumsalze werden die Laugen, nachdem sie gegebenenfalls mit frischem Magnesium-, Calcium- oder Eisensalz angereichert worden sind, vorteilhaft in den Betrieb zurückgeleitet und auf neue Rückstände zur Einwirkung gebracht.

Es ist bereits vorgeschlagen worden, Schwefelbariumlösungen mit Eisenchlorürlösungen bzw. Beizlaugen der Eisenwerke umzusetzen. Man hat ferner bereits vorgeschlagen, die durch Glühen von Bariumsulfat mit Kohle in üblicher Weise erhaltenen schwefelbariumhaltigen Produkte mit solchen Eisenlösungen umzusetzen. Es ist weiterhin ein Verfahren bekannt geworden, die Rückstände, welche nach Abtreibung des Zinks aus mit Kohle und Kalk versetzen, zink- und bariumhaltigen Kupferschlacken verbleiben und die neben Eisen- und Calciumsulfid hauptsächlich Schwefelbarium enthalten, mit Chlormagnesiumlösung zwecks Gewinnung von Bariumsalzen zu behandeln.

Alle diese Verfahren beziehen sich jedoch auf die Behandlung von löslichem Schwefelbarium. Das vorliegende Verfahren dagegen bezieht sich auf die Behandlung und Nutzbarmachung der unlöslichen Rückstände, welche bei der Auslaugung der Schwefelbarium- bzw. Schwefelstrontiumschmelzen mit Wasser nach Entfernung des Schwefelbariums bzw. Schwefelstrontiums hinterbleiben.

Beispiele

1. 100 kg erschöpfend mit Wasser ausgelaugter Schlamm der Schwefelbariumlaugerei werden mit 60 kg Chlormagnesium in wässerigei Lösung gekocht. Hierauf wird die Lauge heiß abgenutscht und ungefähr auf die Hälfte des ursprünglichen Volumens eingedampft. Nach dem Erkalten werden die ausfallenden Chlorbariumkristalle von der Mutterlauge getrennt. Die noch überschüssiges Chlormagnesium und etwas Chlorbarium enthaltende Lauge wird mit einer entsprechenden Menge frischen Chlormagnesiums versetzt und sodann zur Behandlung neuer Schlammengen verwendet.

2. 100 kg Schlamm, wie bei Beispiel 1, werden mit 60 kg Chlorcalcium in wässeriger Lösung gekocht und hierauf, wie unter 1 beschrieben, verfahren.

3. 100 kg Schlamm, wie bei Beispiel 1, werden mit 50 kg Calciumnitrat in wässeriger Lösung gekocht; sodann wird weiter wie bei 1 verfahren. Es wird Bariumnitrat gewonnen.

4. 100 kg erschöpfend mit Wasser ausgelaugter Schlamm der Schwefelstrontiumlaugerei werden mit 30 kg Chlormagnesium in wässeriger Lösung gekocht und filtriert; sodann wird weiter wie bei 1 verfahren.

5. 100 kg Rückstand aus der Schwefelstrontiumlaugerei werden mit 30 kg Chlorcalcium in wässeriger Lösung gekocht und wie unter 1 behandelt. Das Filtrat enthält 20 kg Strontiumchlorid.

6. 100 kg Rückstand aus der Schwefelbariumlaugerei werden mit 40 l einer neutralen Eisenchlorürlösung von 31° Bé unter Erwärmen angerührt. Hierauf wird abgenutscht und der unlösliche Rückstand zwei- bis dreimal mit Wasser ausgewaschen. Lauge und Waschwasser enthalten zusammen 19 kg Chlorbarium gelöst.

7. 100 kg Rückstand aus der Schwefelbariumlaugerei werden mit 32 l Beizspülwasser, die etwa 9 kg Eisenchlor*) gelöst enthalten, wie bei 6 behandelt. Die erhaltene Lauge und die Waschwasser enthalten zusammen ungefähr 18 kg Chlorbarium gelöst.

8. 100 kg Rückstand aus der Schwefelstrontiumlaugerei werden mit 65 l neutraler Eisenchlorürlauge in der Wärme umgesetzt und weiterhin wie unter 6 behandelt. Man erhält etwa 200 l einer Chlorstrontiumlauge.

9. 100 kg Rückstand aus der Schwefelstrontiumlaugerei mit 50 l eisenchlorürhaltigen Beizspülwassers von 32° Bé in derselben Weise wie unter 8 umgesetzt und sodann filtriert, ergeben ungefähr 20 kg Strontiumchlorid in dem Filtrate.

Patentansprüche:

1. Verfahren zur Gewinnung von wasserlöslichen Barium- und Strontiumsalzen aus den durch Auslaugen von Schwefelbarium und Schwefelstrontium befreiten Rückständen der Schwefelbarium- und Schwefelstrontiumfabrikation, dadurch gekennzeichnet, daß man die Rückstände mit einer wässerigen Lösung von Magnesium-, Calcium- oder Eisensalzen oder einem Gemisch von diesen bzw. mit Magnesium-, Calcium- oder Eisensalze enthaltenden Ablaugen gegebenenfalls bei höherer Temperatur und erhöhtem Druck behandelt.

2. Verfahren nach Anspruch 1, dadurch gekennzeichnet, daß man Salzlösungen anwendet, welche die Magnesium-, Calcium- oder Eisensalze bzw. deren Gemische im Überschuß zu den in den Rückständen vorhandenen Barium- oder Strontiumverbindungen enthalten.

3. Verfahren nach Anspruch 1 und 2, dadurch gekennzeichnet, daß die Laugen nach ihrer Einwirkung auf die Rückstände und darauf folgender Absonderung der entstandenen löslichen Barium- bzw. Strontiumsalze auf frische Rückstände zur Einwirkung gebracht werden, nachdem gegebenenfalls den Laugen neue Mengen von Magnesium-, Calcium- oder Eisensalzen zugesetzt worden sind.

*) Druckfehlerberichtigung: Eisenchlorür.

Nr. 534 969. (D. 53 086.) Kl. 12 m, 2.

Dessauer Zucker-Raffinerie G. m. b. H. in Dessau.

Entfernung von Kalkverbindungen aus Lösungen von Erdalkalisalzen.

Vom 22. Mai 1927. — Erteilt am 17. Sept. 1931. — Ausgegeben am 3. Okt. 1931. — Erloschen: . . . .

Es war bisher nicht möglich, bei der Verarbeitung von natürlichen Vorkommen oder Fabrikationsrückständen von fester oder flüssiger Form, die Gemische von Salzen der Erdalkalien sind, auf wirtschaftliche Weise kalkfreie Strontium- oder Bariumpräparate zu erzielen. Die vorliegende Erfindung gibt ein Verfahren in die Hand, das ermöglicht, die Calciumbeimengungen auf billige und einfache Art auszusondern.

Bekanntlich sind die Kalksalze in Wasser im allgemeinen leichter löslich als die entsprechenden Salze des Bariums und Strontiums. Reichert man durch Abdecken mit Wasser z. B. das Kalksalz in Mutterlaugen an oder geht man von vornherein von stark mit Calciumsalzen vermischten löslichen Barium- oder Strontiumsalzen aus, wobei es sich um natürliche Vorkommen oder um Fabrikationsrückstände handeln kann, so verfährt man erfindungsgemäß derartig, daß man durch Zugabe von Barium- bzw. Strontiumoxyd oder -hydroxyd in fester Form oder als Lauge zu dieser kalkhaltigen Barium- oder Strontiansalzlösung den Kalk bei Einhaltung bestimmter Bedingungen ganz oder teilweise in unlöslicher Oxydform zur Abscheidung bringt. Um das Calciumoxyd zu vollkommener Abscheidung zu bringen, ist es erforderlich, die Konzentration so weit zu treiben, daß eine Sättigung an Barium- bzw. Strontiansalz erreicht wird, ohne daß deren Kristallisation eintritt.

Da die Löslichkeit von Calciumoxyd mit steigender Temperatur abnimmt, während die von Barium- oder Strontiumsalz zunimmt, erfolgt die Abscheidung und Filtration des Kalkes am günstigsten bei Siedetemperatur in gesättigter Strontium- bzw. Bariumsalzlösung.

Ferner ist es zweckmäßig, an Barium- bzw. Strontiumoxyd etwa die eineinhalbfache molekulare Menge des vorhandenen Kalksalzes zur Anwendung zu bringen.

Beispiel: 5 kg $Sr(NO_3)_2$ mit 1 bis 2% $Ca(NO_3)_2$ zu einem Brei mit Wasser angerührt und trocken genutscht, werden zwei- oder dreimal kräftig mit Wasser abgedeckt; dadurch erreicht man ein kalkfreies Präparat. Die erhaltene Mutterlauge hat allen Kalk aufgenommen und wird ebenso behandelt wie ein aus anderen Fabrikationsrückständen herrührendes Erdalkaligemisch oder ein natürliches Gemisch der betreffenden Salze. Z. B. setzt man einer Lauge von 43° Bé mit 5 kg Strontiumnitrat und 0,25 kg Calciumnitrat 0,8 kg Strontiumhydrat als heiße Lauge zu. Dann wird wieder auf 43° Bé eingedampft und die heiße Lauge vom ausgefallenen Kalk getrennt. Man kann auch festes Strontium- bzw. Bariumoxyd oder -hydroxyd bis zur Sättigungsgrenze zugeben und vermeidet dann das Eindampfen. Dies gibt in beiden Fällen, wie der Versuch gezeigt hat, zur Trockene gedampft ein Strontiumnitrat, welches frei von Calcium ist.

PATENTANSPRUCH:

Entfernung von Kalkverbindungen aus Lösungen von Erdalkalisalzen, gekennzeichnet durch die Ausfällung des Kalkes mit Barium- oder Strontiumhydroxyd in der Hitze.

Nr. 513529. (I. 28212.) Kl. 12 l, 16.

I. G. FARBENINDUSTRIE AKT.-GES. IN FRANKFURT A. M.

Erfinder: Dr. Max Jaeger, Dr. Robert Suchy und Dr. Wilhelm Moschel in Bitterfeld.

Verfahren zur Herstellung der wasserfreien Chloride des Lithiums, Calciums, Zinks und Cers.

Zusatz zum Patent 502646.

Vom 30. Mai 1926. — Erteilt am 13. Nov. 1930. — Ausgegeben am 28. Nov. 1930. — Erloschen: . . . .

Durch Patent 502 646 ist ein Verfahren zur Herstellung von wasserfreiem Chlormagnesium oder chlormagnesiumhaltigen Salzgemischen aus Magnesit oder anderen MgOhaltigen oder MgO bildenden Stoffen einerseits und gasförmigen, chloridbildenden Mitteln andererseits geschützt, welches darin besteht, daß man die MgOhaltigen Stoffe in Form einer Aufschlämmung in geschmolzenem Magnesiumchlorid oder in geschmolzenen chlormagnesiumhaltigen Salzgemischen in einem beheizten Rieselturm einem aufsteigenden Strom des gasförmigen, chloridbildenden Mittels entgegen herabfließen läßt. Man verfährt zweckmäßig dabei derart, daß die z. B. aus Koks geeigneter Körnung bestehenden Füllkörper des Rieselturmes als Widerstand einer elektrischen Heizung dienen. Ferner kann man der Magnesia Kohlenstoff in einer reaktionsfähigen Form beimengen und als chloridbildendes Mittel Chlor verwenden.

In weiterer Ausarbeitung der Erfindung hat sich nun gezeigt, daß dieses Verfahren in genau der gleichen Weise allgemein anwendbar ist auf die Herstellung von wasserfreien Chloriden aus solchen Oxyden oder oxydhaltigen Mischungen oder oxydbildenden Stoffen, deren wasserhaltige Chloride beim Erhitzen auf höhere Temperaturen einer reversibeln Zersetzung in Oxyd und Salzsäure unterliegen. Hierzu gehören die Oxyde des Calciums, Zinks, Lithiums, Cers.

Die in den einzelnen Fällen anzuwendenden Schichthöhen des Rieselturmes und die einzuhaltenden Temperaturen ergeben sich leicht durch Ausprobieren auf Grund der Forderung, daß ein wasser- und oxydfreies geschmolzenes Enderzeugnis aus dem Rieselturm abtropfen soll.

Die Temperatur in der Rieselschicht hält man zweckmäßig 50 bis 100° über dem Schmelzpunkt des jeweils abfließenden reinen

Chlorids. Die Höhe der Heizschicht richtet sich nach der durch den Querschnitt durchgesetzten Menge Oxyds einerseits und nach der Korngröße der die Heizschicht bildenden Koksstücke andererseits; maßgebend ist dabei, daß das der Chloridschmelze zugesetzte Oxyd während der zu seiner vollständigen Umsetzung notwendigen Zeit bei großer Oberflächenentwicklung mit dem chloridbildenden Mittel in Berührung steht. Beispielsweise genügt für die Verarbeitung einer Mischung von 75 Teilen $CaCl_2$, technisch wasserfrei, und 25 Teilen CaO eine Koksschicht von etwa 50 cm Schichthöhe bei einer Korngröße der die Rieselschicht bildenden Koksteile von etwa 20 mm ⌀, um bei einem Schichtquerschnitt von 3 dm^2 stündlich 2 kg reines Chlorid abzuziehen, d. h. 0,5 kg CaO stündlich in der auf etwa 850° erhitzten Rieselschicht umzusetzen. Um bei einer Mischung von 50 Teilen $CaCl_2$ und 50 Teilen CaO die gleiche Leistung an reinem Chlorid zu erhalten, muß die Schichthöhe der im übrigen in gleicher Art aufgebauten Rieselschicht annähernd doppelt so hoch sein. Auf Grund dieser Angaben können auch für die Behandlung anderer Oxyde in Chloridschmelzen die Bedingungen leicht empirisch festgestellt werden.

Beispiele

1. $CaCl_2$, technisch wasserfrei (87 bis 90% $CaCl_2$), wird mit 25% CaO versetzt und diese Mischung nach dem Verfahren des Patents 502 646 im elektrisch beheizten Rieselturm mit einem Gemisch gleicher Teile Cl_2 und CO oder im HCl-Strom oder auch nach Zusatz von etwa der berechneten Menge Kohle zu der Mischung im Chlorstrom abgeschmolzen. Das zugesetzte CaO setzt sich leicht um, und man erhält ein wasserfreies, oxydfreies $CaCl_2$ von 95 bis 96% $CaCl_2$ (Rest Alkalichlorid).

2. Man versetzt ein Gemisch von NaCl, KCl mit CeO_2, so daß auf 70 Teile des Chloridgemisches 30 Teile CeO_2 treffen und schmilzt diese Mischung fortlaufend über eine auf 800 bis 850° C elektrisch beheizte Rieselschicht aus gekörntem Koks ab, wobei der abfließenden Schmelze entweder ein Gemisch gleicher Teile CO und Cl_2 oder ein Strom von trockener, gasförmiger Salzsäure entgegenströmt. Das CeO_2 wird auf diese Weise vollständig in wasserfreies $CeCl_3$ umgesetzt, und es gelingt, fortlaufend ein schmelzflüssiges, wasser- und oxydfreies Chloridgemisch abzuziehen, das etwa 37% $CeCl_3$ enthält.

Patentanspruch:

Verfahren zur Herstellung von wasserfreien Chloriden des Lithiums, Calciums, Zinks oder Cers, gegebenenfalls in Mischung mit anderen wasserfreien Metallchloriden, gemäß Patent 502 646, dadurch gekennzeichnet, daß als Ausgangsmaterial Gemische von Metallchloriden mit den Oxyden des Lithiums, Calciums, Zinks oder Cers verwendet werden.

Schweiz. P. 130315, 130316. D. R. P. 502646, S. 2739. S. a. D. R. P. 523800, S. 2741.

Nr. 531400. (I. 28808.) Kl. 12m, 3.

I. G. Farbenindustrie Akt.-Ges. in Frankfurt a. M.

Verfahren zur Gewinnung von wasserfreien Metallchloriden.

Zusatz zum Patent 450979.

Vom 14. Aug. 1926. — Erteilt am 30. Juli 1931. — Ausgegeben am 10. Aug. 1931. — Erloschen: . . . .

Durch Patent 450 979 ist ein Verfahren zur Gewinnung von wasserfreiem Chlormagnesium aus oxydischen Magnesiumverbindungen geschützt, welches im wesentlichen darin besteht, daß den oxydischen Magnesiumverbindungen bei ihrer Überführung in stückige Form Stoffe zugemischt werden, die im Verlauf der Erhitzung Poren erzeugen, derart, daß bei der durch die Mischung gegebenen Verteilung die oxydischen Verbindungen durch die Poren hinreichend freien Raum für die Volumenvergrößerung beim Übergang in das feste Chlormagnesium erhalten.

Es hat sich nun in weiterer Bearbeitung der Erfindung gezeigt, daß die hier geschilderte Arbeitsweise auch auf oxydische Verbindungen anderer Metalle übertragen werden kann, und zwar sowohl auf die Erzeugung der entsprechenden festen Chloride, wie $CaCl_2$, wie auch auf die Erzeugung von wasserfreien, bei der Bildungstemperatur flüchtigen Chloriden, wie $BeCl_2$, $AlCl_3$, $FeCl_3$, $TiCl_4$ usw., oder von Gemischen derselben.

Es ist bereits vorgeschlagen worden, wasserfreie Chloride, wie $TiCl_4$ und $AlCl_3$, aus ihren Oxyden durch Einwirkung von Chlor auf innige Gemenge der Oxyde mit Kohlenstoff in brikettierter und verkokter Form zu erhalten. Dabei wurde der Kohlenstoff jedoch in Form von Teer, Pech, Asphalt oder bituminöser Kohle verwendet, und wenn auch, wie in diesen Vorschlägen ausdrücklich erwähnt, die Porosität der durch Verkokung erhaltenen Produkte die Reaktion mit dem Chlor erleichtern sollte, so ist doch für die Chlorierung dabei stets die Zufuhr äußerer Wärme als notwendig festgestellt worden, obwohl bekanntlich diese Überführung der Oxyde in die entsprechenden Chloride in Anwesenheit von Kohle als Reduktionsmittel an sich exotherm verläuft. Der Mißerfolg zahlreicher Versuche, diese theoretisch exothermen Reaktionen auch im technischen Maßstabe ohne Zufuhr äußerer Wärme durchzuführen, hat, wie nunmehr erkannt wurde, den gleichen Grund, der im Patent 450 979 für die unvollständige Überführung von Magnesia in festes Magnesiumchlorid aufgeführt worden ist. Die Behinderung des raschen Fortschreitens der Reaktion vom Äußeren ins Innere der stückigen Reaktionsmasse liegt in den räumlichen Verhältnissen; die Oxyde benötigen für die Umwandlung in Chloride einen bedeutend größeren als den von ihnen eingenommenen Raum; so bedarf z. B. 1 Mol Al_2O_3 etwa das Vierfache seines eigenen Volumens, um in 2 Mol $AlCl_3$ übergehen zu können. Solange dieser Raum nicht zur Verfügung ist, steht der Umwandlung das Endprodukt selbst im Wege, und es kommt nur zu Teilumsetzungen.

Es hat sich nun gezeigt, daß man den gewünschten Erfolg erzielt, wenn man nach den Grundsätzen des Patents 450 979 aus den zu verarbeitenden Oxyden bzw. den sie enthaltenden Stoffen Formlinge, wie Kugeln, Stangen u. dgl., herstellt, indem man einen viel Raum beanspruchenden kohlenstoffhaltigen Stoff, wie Torf, Sägemehl o. dgl., als Reduktionsmittel wählt und den Formling bei einer entsprechenden Temperatur trocknet und verkokt. Werden derart hergestellte hochporöse Formlinge (deren Einzelgewicht nach Belieben eingestellt sein kann) auf etwa 100 bis 200° vorgewärmt und in einem Schacht einem Chlorstrom ausgesetzt, so ist dem Chlor die größte Angriffsfläche geboten, und es kann gleichzeitig außen und im Innern des Formlings die Reaktion einsetzen. Bei dieser Arbeitsweise ist dann auch die Wärmeentwicklung der exothermen Reaktion intensiv genug, um trotz der unvermeidlichen Abstrahlungsverluste die Temperatur der Formlinge zu erhöhen und damit die Reaktionsgeschwindigkeit weiter zu steigern; jedoch soll die Schmelztemperatur nicht erreicht werden. Die Reaktionsfähigkeit der so hergestellten Formlinge ist so groß, daß das Chlor begierig absorbiert wird. Die Chlorierung kann nun fortlaufend und schnell durchgeführt werden, und zwar im Gleich- oder Gegenstrom, ohne daß Chlor mit Abgasen verlorengeht.

Der technische Fortschritt dieses Verfahrens liegt darin, daß die Herstellung anorganischer, wasserfreier Chloride, und zwar sowohl derjenigen nichtflüchtigen Chloride, bei denen die Bildungstemperatur auf die Erzeugung fester Chloride eingestellt werden kann, wie derjenigen, die bei der Temperatur ihrer Bildung flüchtig sind, nun in großen Schachtöfen mit wärmeisolierender Ausmauerung ohne jede Außenheizung anstatt in den wenig leistungsfähigen kostspieligen Retorten bei großer Geschwindigkeit der Chlorzufuhr und unter restloser Ausnutzung der Ausgangsstoffe durchgeführt werden kann.

Entsteht bei der Chlorierung ein Gemisch von Chloriden, so kann das in Dampfform den Ofen verlassende Gemisch in an sich bekannter Weise auf Grund der verschiedenen Sublimations- bzw. Siedepunkte getrennt niedergeschlagen werden, gegebenenfalls unter Mitwirkung der bekannten Verfahren zur elektrischen Entstaubung. Das Verfahren kann zur Gewinnung aller wasserfreien anorganischen Metallchloride verwendet werden, insbesondere zur Herstellung der Chloride unmittelbar aus den mineralischen Vorkommen der entsprechenden Oxyde.

Die Verwendung von Stoffen, wie Torf und Lignit, die bei der Verkokung bei Rotglut weniger als 40 % des bei 100° getrockneten Ausgangsstoffes als Rückstand hinterlassen, ist im Zusammenhang mit der Herstellung von Zinkchlorid aus Zinkoxyd (Zinkasche) nach einem sonst grundsätzlich abweichenden Verfahren bereits vorgeschlagen worden. Dabei soll nämlich Chlor auf eine auf 120 bis 130° erwärmte innige Mischung von gemahlenen Zinkerzen mit Sägespänen zur Einwirkung gebracht werden, wobei zunächst der Wasserstoff der Holzsubstanz sich mit dem Chlor zu Salzsäure verbindet und erst diese die Überführung des Zinkoxyds in Zinkchlorid bewirkt. Selbst wenn man berücksichtigt, daß die Temperatur des Reaktionsgemisches infolge der durch die Reaktion entwickelten Wärme allmählich auf 230 bis 250° steigt, so dürfte dennoch feststehen, daß eine Verkokung der Reaktionsmasse unter Ausbildung eines hochporösen Gefüges dort nicht stattfindet. Infolge der niedrigen Reaktionstemperatur wird dort auch nicht unmittelbar wasserfreies Zinkchlorid erhalten; es verbleibt vielmehr ein Rückstand nicht näher beschriebener Zusammensetzung, der mit Wasser ausgelaugt werden muß, worauf dann die Lauge durch Eindampfen auf wasserfreies Zinkchlorid verarbeitet wird. Außer der umständlichen und kostspieligen Aufarbeitung des Reaktionsrückstandes hat das Verfahren den weiteren Nachteil, daß die Chlorverluste sehr erheblich sind, da der gesamte Wasserstoff der Holzsubstanz in Salzsäure verwandelt wird, die zum größten Teil ungenützt entweicht.

Gemäß dem vorliegenden Verfahren werden die aus einem Gemisch von Sägespänen und Zinkoxyd bereiteten Brikette erst nach vollendeter Verkokung mit Chlor zur Reaktion gebracht. Wesentliche Mengen Wasserstoff, die mit Chlor Salzsäure bilden könnten, sind in ihnen nicht mehr enthalten, die Chlorierung beruht vielmehr auf der unmittelbaren Einwirkung des Chlors auf das Zinkoxyd, dessen Sauerstoff direkt an das Reduktionsmittel geht. Infolgedessen wird ein Zinkchlorid erhalten, das im Gegensatz zu dem nach dem bekannten Verfahren dargestellten wasserfrei ausfällt und bei den in Frage kommenden Reaktionstemperaturen unmittelbar flüssig vom etwaigen Rückstand in reiner Form abgezogen werden kann.

Beispiele

1. 100 Teile Beryllerde ($3\,BeO \cdot Al_2O_3 \cdot 6\,SiO_2$) und 40 Teile zerkleinerter Torf werden innig vermischt, mit einem Bindemittel versehen, nach entsprechender Formgebung getrocknet und bei etwa 700° verkokt (z. B. in einem Drehofen) und angewärmt in einen Schachtofen gebracht. Die Reaktion setzt bei Chlorzufuhr alsbald ein und kann fortlaufend weitergeführt werden. Berylliumchlorid und Aluminiumchlorid sublimieren ab und werden fraktioniert niedergeschlagen, während der Rückstand der Formlinge die Gestalt eines porösen Kieselsäureskelettes annimmt.

2. 100 Teile Ton und 50 Teile Torfmull werden mit Wasser angefeuchtet, innig vermischt, getrocknet und verkokt und noch warm in einen Schachtofen eingebracht. Die Chlorierung setzt sofort ein. Aluminium-, Eisen- und Titanchlorid sublimieren und werden in getrennten Kammern niedergeschlagen. Die Chlorierung kann in Gleich- oder Gegenstrom fortlaufend erfolgen. Poröse Kieselsäure verbleibt als Rückstand der Formlinge, der aus dem Schachtofen von Zeit zu Zeit oder fortlaufend ausgetragen wird.

3. 1000 kg gelöschter Kalk werden mit 600 kg Sägemehl vermischt und mit 900 Liter Chlorcalciumlauge (30 bis 33° Bé) gut durchfeuchtet und in Formlinge übergeführt, die man unmittelbar oder nach Abbindenlassen trocknet und bis zur Verkokung erhitzt. Die Formlinge werden dann, zweckmäßig noch heiß, in einen Schachtofen oder Drehrohrofen eingebracht und der Behandlung mit Chlor unterworfen und nach Umwandlung in Chlorcalcium, das noch geringe Mengen CaO enthält, ausgetragen.

4. 100 Teile Chromeisenstein mit einem Gehalt von 50,8 % Chromoxyd und 23,5 % Eisenoxyd (Fe_2O_3) werden mit 70 Teilen Torf oder mulmiger Braunkohle gemischt, mit Teer als Bindemittel angeknetet und nach entsprechender Formgebung verkokt. Durch Chlorierung bei einer Temperatur von etwa 600° erhält man technisch eisenfreies, wasserfreies Chromchlorid als Rückstand im Ofen, der von Zeit zu Zeit oder kontinuierlich abgezogen werden kann, während das Eisenchlorid absublimiert und in geeigneten Kondensationsräumen aufgefangen wird. Das Chromchlorid und die damit zusammen im Rückstand verbleibende Kohle lassen sich auf mechanische oder chemische Weise leicht voneinander trennen.

Patentansprüche:

1. Anwendung des Verfahrens nach Patent 450 979 auf die Darstellung wasserfreier Chloride aus Oxyden und oxydischen Verbindungen, ausgenommen Magnesiumoxyd, durch Chlorierung eines geformten, verkokten Gemisches der Oxyde mit einem Reduktionsmittel, dadurch gekennzeichnet, daß als Reduktionsmittel Stoffe, wie Sägemehl u. dgl., verwendet werden, die bei der Verkokung bei Rotglut weniger als 40 % des bei 100° getrockneten Ausgangsstoffes als Rückstand hinterlassen, und daß die für die Chlorierung erforderliche Temperatur allein durch die Reaktionswärme aufrechterhalten wird.

2. Verfahren nach Anspruch 1, dadurch gekennzeichnet, daß als Ausgangsmaterial Silikate, bei der Herstellung von Aluminiumchlorid insbesondere also Tonerdesilikate, verwendet werden.

D. R. P. 450979, B. III, 1211.

Nr. 513361. (I. 28534.) Kl. 12g, 1.

I. G. Farbenindustrie Akt.-Ges. in Frankfurt a. M.

Erfinder: Dr. Karl Staib in Bitterfeld.

Verfahren zur Durchführung exothermer Reaktionen zwischen festen und gasförmigen Stoffen.

Vom 11. Juli 1926. — Erteilt am 13. Nov. 1930. — Ausgegeben am 26. Nov. 1930. — Erloschen: 1933.

Bei der Durchführung exothermer Reaktionen zwischen festen Stoffen und Gasen, die zur Bildung von festen Reaktionsprodukten führen sollen, wird in den seltensten Fällen die Reaktionswärme gerade so groß sein, daß das Reaktionsprodukt durch die Reaktion so hoch erhitzt wird, wie es für die Reaktion am günstigsten ist. Ist die Reaktionswärme nicht hoch genug, so kann man durch Außenheizung nachhelfen. Ist aber die Reaktionswärme zu hoch, so kann der Fall eintreten, daß die Temperatur des Reaktionsproduktes so gesteigert wird, daß es bereits zum Schmelzen oder Sintern kommt, ehe es vollständig umgesetzt ist, so daß es dann noch größere Mengen Ausgangsprodukt enthält, die durch das geschmolzene Produkt umhüllt und an weiterer Umsetzung gehindert werden.

Um nun beispielsweise in einem Schacht, in welchem ein fester Stoff exotherm mit von unten zuströmendem hochkonzentriertem Reaktionsgas reagiert, die Temperatur, die sich immer weiter steigern würde, eine bestimmte Höchstgrenze nicht überschreiten zu lassen, bei der eben das unerwünschte Schmelzen oder Sintern eintreten würde, wird nach bereits bekannten Vorschlägen das Prinzip angewendet, den reagierenden Stoff mit einem indifferenten Stoff in der entsprechenden Menge vermischt zur Reaktion zu bringen. Da aber der indifferente Stoff den Gehalt der hierbei erzeugten Mischung an Reaktionsprodukt in unerwünschter Weise herabsetzt, wird nun erfindungsgemäß der indifferente Stoff in so weit abweichender Korngröße zugesetzt, daß das Reaktionsprodukt und der Hilfsstoff durch Absieben voneinander getrennt werden können. Die Temperatur des Reaktionsproduktes kann sich nun nicht mehr über eine bestimmte Höchstgrenze steigern, da die in der Hauptreaktionszone sich entwickelnde Reaktionswärme nun auch von dem indifferenten Stoff aufgenommen wird und so im Ofen aufgespeichert bleibt in der unmittelbaren Umgebung des Reaktionsproduktes, das jetzt von dem von unten zuströmenden (konzentrierten) Gas nur in gemäßigtem Tempo abgekühlt werden kann, da ja auch der beigemischte indifferente Stoff Wärme abgibt und der Wärmeaustausch an das Gas schnell erreicht ist. Günstig für den Reaktionsverlauf wirkt weiter, daß das aus dem Reaktionsgebiet abgehende Gas wieder den oberhalb desselben aufgeschütteten Ausgangsstoff samt Verdünnungsmittel nicht sehr hoch vorwärmen kann, so daß die beiden verhältnismäßig wenig heiß in die Reaktionszone gelangen und dadurch imstande sind, mehr von der überschüssigen Wärme aufzunehmen.

Ein ganz besonderer Vorteil liegt darin, daß auch ein in der Hauptreaktionszone nur weitgehend, aber nicht vollständig umgesetztes Produkt noch längere Zeit bei höherer Temperatur zur Nachreaktion mit dem konzentrierten zuströmenden Gas Gelegenheit hat, wodurch schließlich ein sehr reines Reaktionsprodukt entsteht.

Dieses wird schließlich vom beigemengten indifferenten Stoff auf irgendeine an sich bekannte, auf die Verschiedenheit der Korngröße begründete Weise abgetrennt, am leichtesten durch Absieben, worauf der indifferente Stoff von neuem in gleicher Weise verwendet wird.

Beispielsweise kann die exotherm verlaufende Überführung von CaO in $CaCl_2$ durch Chlorierung eines Kalk-Kohle-Gemisches gemäß Erfindung durchgeführt werden, indem man in einen Schacht, in welchem kleine Formlinge aus Kalk, Kohle und etwas Chlorcalcium als Bindemittel in Mischung mit annähernd etwa der gleichen Menge von gröberen Stücken von Retortenkohle aufgeschichtet sind, nach entsprechender Vorwärmung Chlor einführt. Man kann hierbei eine lebhafte Chlorierung unterhalten, ohne daß Schmelzen des Chlorcalciums eintritt, da die hierfür zur Verfügung stehende Wärme von der Retortenkohle aufgenommen wird. Die aus dem Schacht entnommenen Formlinge von festem $CaCl_2$ können dann ohne weiteres durch ein Sieb entsprechender Maschenweite von den Kohlenstücken getrennt werden.

Bei der elektrolytischen Gewinnung von Zink muß beim Rösten der Zinkerze besonders sorgfältig die richtige Rösttemperatur eingehalten werden, da bei bestimmten, besonders eisenhaltigen Zinkerzen bei zu hoher Rösttemperatur ein Teil des Zinkoxyds zu Zinkferrit bzw. Zinkferrat sintert. Die Zinkferrite bzw. -ferrate sind aber in den schwach schwefelsauren Löselaugen nicht löslich und bedeuten hohe Zinkverluste. Um diese Verluste zu vermeiden, werden z. B. 500 kg gemahlenes Zinkerz mit etwa 200 kg eines keramischen Produktes (Porzellankugeln) von etwa 6 bis 8 mm Durchmesser vermischt und abgeröstet. Das gemahlene Zinkerz wird durch eine Siebtrommel von dem Verdünnungsmittel abgetrennt und ausgelaugt.

Der große technische Fortschritt dieses Verfahrens ist der, daß man Reaktionen der erwähnten Art nun nicht mehr in kleineren Vorrichtungen, die auf Abstrahlung der Reaktionswärme berechnet sind und in denen stets ein ungleichmäßiges Produkt entsteht, auszuführen gezwungen ist, sondern fortlaufend in großen Schachtöfen durchführen kann, wobei die Wärmeerzeugung im Sinne der Einstellung der für den chemischen Reaktionsverlauf günstigsten Temperatur ausgenutzt wird.

PATENTANSPRUCH:

Verfahren zur Durchführung exothermer Reaktionen zwischen festen und gasförmigen Stoffen, bei welchen die Reaktionstemperatur an eine bestimmte Höchstgrenze gebunden ist und daher zwecks Abführung der überschüssigen Wärme dem reagierenden festen Stoff ein indifferenter fester Stoff in entsprechenden Mengen zugesetzt wird, dadurch gekennzeichnet, daß ein indifferenter fester Stoff von so weit abweichender Korngröße zugesetzt wird, daß das Reaktionsprodukt und der Hilfsstoff durch Absieben voneinander getrennt werden können

---

Nr. 561712. (I. 86. 30.) Kl. 12m, 2.

I. G. FARBENINDUSTRIE AKT.-GES. IN FRANKFURT A. M.

Erfnder: Dr. Karl Otto Schmitt in Ludwigshafen a. Rh.

Gewinnung wasserfreier Erdalkalichloride.

Vom 12. Sept. 1930. — Erteilt am 29. Sept. 1932. — Ausgegeben am 17. Okt. 1932. — Erloschen: 1935.

Die Gewinnung wasserfreier Erdalkalichloride geschah bisher in der Regel in der Weise, daß man aus den wäßrigen Lösungen oder den Hydraten der betreffenden Erdalkalichloride durch Eindampfen bzw. Erhitzen das Wasser entfernte. Abgesehen von dem außerordentlichen hohen Wärmeverbrauch machen sich bei diesem Verfahren, insbesondere bei der Herstellung des Magnesiumchlorids, vielfach Schwierigkeiten dadurch geltend, daß beim Erhitzen leicht Zersetzungen des Chlorids unter Bildung von Chlorwasserstoff und dem betreffenden Oxyd eintreten.

Es wurde nun gefunden, daß man in vorteilhafter Weise wasserfreie Erdalkalichloride gewinnen kann, wenn über Erdalkalicarbonate bei erhöhter Temperatur dampfförmiges Ammoniumchlorid geleitet wird. Es kommen vor allem Temperaturen über 350° in Betracht. Da Chlorammonium ein bei verschiedenen technischen Prozessen anfallendes Nebenprodukt ist, aus dem häufig das Ammoniak wiedergewonnen werden soll, wird das vorliegende Verfahren zweckmäßig mit der Aufarbeitung von als Nebenprodukt anfallendem Chlorammonium verbunden.

Man arbeitet z. B. in der Weise, daß man dampfförmiges Chlorammonium durch mehrere hintereinander geschaltete, mit körnigem Calciumcarbonat beschickte Öfen leitet, wobei man zweckmäßig den ersten Ofen, sobald das darin eingeführte Carbonat vollständig umgesetzt ist, ausschaltet und einen mit neuem Carbonat beschickten Ofen hinter den bisherigen letzten Ofen anschließt. Auf diese Weise erzielt man eine vollständige Umwandlung des Carbonats in wasserfreies Chlorid, während die Abgase praktisch chlorfrei erhalten werden.

Das vorliegende Verfahren kann auch in kontinuierlichem Betriebe durchgeführt werden, wobei z. B. so gearbeitet werden kann, daß das umzusetzende Carbonat in einem vertikalen, schrägen oder horizontalen Ofen durch eine Schnecke oder eine andere Fördervorrichtung dem Gasstrom entgegenbewegt wird; auch kann die Reaktion in einem Drehrohrofen ausgeführt werden.

Beispiel

Über 200 Teile Kalkstein von etwa Erbsengröße, die sich in einem auf 500 bis 550° geheizten vertikalen Rohr befinden, werden von unten 150 Teile Chlorammonium in Dampfform geleitet. Nach 2stündiger Behandlung werden die untersten zwei Fünftel der Ofenfüllung abgezogen. Sie bestehen aus 95%igem Calciumchlorid. Die restlichen 5% bestehen in der Hauptsache aus Calciumoxyd und geringen, von dem Ausgangsmaterial herrührenden Verunreinigungen. Carbonat ist nicht mehr vorhanden. Die aus Kohlensäure, Ammoniak und Wasser bestehenden Abgase enthalten nur Spuren von Chlorwasserstoff. Der im Ofen verbleibende Rest der Füllung ist zum größten Teil in von unten nach oben abnehmendem Maße umgesetzt. Er kann nach Überschichtung mit frischem Calciumcarbonat und weiterer Behandlung mit dampfförmigem Chlorammonium vollständig in Calciumchlorid übergeführt werden.

PATENTANSPRUCH:

Verfahren zur Gewinnung wasserfreier Erdalkalichloride durch Umsetzung von Chlorammonium mit Erdalkalicarbonaten, dadurch gekenzeichnet, daß über die erhitzten Erdalkalicarbonate das Chlorammonium in dampfförmigem Zustande geleitet wird.

Nr. 488029. (V. 19568.) Kl. 12m, 2. Verein für chemische und metallurgische Produktion in Aussig a. E., Tschechoslowakische Republik.

Gewinnung von Chlorkalzium und Magnesia.

Zusatz zum Patent 422470.

Vom 21. Okt. 1924. — Erteilt am 5. Dez. 1929. — Ausgegeben am 18. Dez. 1929. — **Erloschen: 1931.**

Nach den derzeit gebräuchlichen Verfahren wird Chlorkalzium im großen durch Umsetzung von Kalziumverbindungen, wie Kalziumkarbonat, -oxyd, -sulfid usw., mittels Salzsäure gewonnen. Es ist jedoch nicht möglich, auf diesem Wege den in größten Mengen zur Verfügung stehenden Dolomit ($CaCO_3 + MgCO_3$) zu verarbeiten, da eine Trennung der beiden nebeneinander in Lösung gehenden Chloride des Kalziums und des Magnesiums nicht ohne weiteres praktisch durchführbar ist.

Auch der in der Patentschrift 11 456 für die Darstellung von Chlorkalziumlaugen aus Dolomit angegebene Weg ist zu umständlich, um praktische Bedeutung gewinnen zu können; nach diesem Verfahren sollte der Magnesit erst gebrannt und das erzeugte Oxydgemisch mit einer Chlorkalzium und Chlormagnesium enthaltenden Lösung behandelt werden, wobei sich Magnesiumoxyd neben Chlorkalzium bildet.

Es wurde nun gefunden, daß das dem Hauptpatent 422 470 zugrunde liegende Verfahren es auch gestattet, von Doppelverbindungen, wie Dolomit ausgehend, auf einfache Weise zu Kalziumchlorid zu gelangen, wenn man den Dolomit mit Magnesiumchlorid in der Hitze umsetzt. Es bildet sich dabei das lösliche Kalziumchlorid neben unlöslichem Magnesiumoxyd, das ein wertvolles Nebenprodukt des Prozesses bildet. Aus der Kalzinationsmasse wird das entstandene Chlorkalzium mit Wasser ausgelaugt und aus der Lösung auf bekannte Weise gewonnen.

So kann man beispielsweise in einem Gemisch von gepulvertem Dolomit mit so viel festem Magnesiumchloridhexahydrat, daß auf 1 Mol. CaO 1 bis 1,5 Mol. $MgCl_2$ entfällt, durch Erhitzen auf 500° zwischen 70 bis 90 % des $CaCO_3$ in Kalziumchlorid umwandeln, je nach den angewandten Mengen $MgCl_2$.

Zweckmäßig arbeitet man indessen bei etwas höheren Temperaturen, beispielsweise bei 700°; hier werden bereits unter Anwendung von nur 1 Mol. $MgCl_2$ auf 1 Mol. CaO Umsetzungen von über 90 % erzielt.

Statt des Hexahydrats kann vorteilhaft wasserärmeres Magnesiumchlorid angewandt werden, wodurch Zusammenschmelzen und Schäumen der Masse vermieden und ein rascheres Anheizen ermöglicht wird.

Die durch Laugen der Reaktionsmasse gewonnenen Chlorkalziumlaugen sind sehr rein und frei von Magnesiumchlorid. Aus dem Rückstand, der noch etwas unzersetzten Dolomit enthält, kann das Magnesiumoxyd durch Schlämmen o. dgl. leicht in einer für technische Zwecke genügenden Reinheit gewonnen werden.

Patentanspruch:

Gewinnung von Chlorkalzium und Magnesia gemäß Patent 422 470, dadurch gekennzeichnet, daß man Dolomit mit Magnesiumchlorid in der Hitze behandelt.

D. R. P. 11456, B. I, 3225; 422470, B. III, 1182.

Nr. 490357. (L. 69818.) Kl. 12m, 2. Bruno Lincke in Leipzig.

Verfahren zur Verringerung der hygroskopischen Eigenschaften von Calciumchlorid.

Vom 1. Okt. 1927. — Erteilt am 9. Jan. 1930. — Ausgegeben am 27. Jan. 1930. — **Erloschen: 1935.**

Die vorliegende Erfindung betrifft ein Verfahren, Calciumchlorid beim Versand und während der Aufbewahrung luftunempfindlich zu machen, ohne eine leichte Löslichkeit des Produktes im Wasser aufzuheben, auch ohne den Geschmack und Geruch schädlich zu beeinflussen, vielmehr ein haltbares, für den Versand geeignetes Produkt für Nahrungs- und Futtermittel herzustellen.

Bei den bisher bekannt gewordenen Verfahren werden Fette, Wachse, Paraffinzusätze bis zu 30 % benötigt; es werden dann noch Lockerungsmittel beigemischt oder das Produkt noch in Kugel- oder Blockform gepreßt und nochmals mit einem Schutzüberzug versehen.

Derartige Verfahren können aber für Nahrungs- und Futtermittel nicht in Frage kommen. Für Nahrungs- und Futtermittelzwecke muß das Calciumchlorid rein und geschmacklich unbeeinträchtigt bleiben. Es wird daher in dem vorliegenden Verfahren dem Calciumchlorid ein ganz geringer Prozentsatz von ein bis einigen Prozenten eines leicht gefrierbaren Öles zugesetzt, das sich im Wasser ablöst und von der Oberfläche abgenommen werden kann.

Fügt man z. B. in der Hitze dem Calciumchlorid einen ganz geringen Prozentsatz von Anitol oder Walrat bei, so wird beim Mischen jedes einzelne Körnchen des Calciumchlorid so luftdicht eingehüllt, daß eine mittlere Sommerwärme die Haltbarkeit des Produktes nicht schädlich beeinflussen kann, denn das leicht gefrierbare Öl verursacht in Verbindung mit dem Calciumchlorid eine Temperaturverminderung des Produktes und man erhält ein versandbares und haltbares Calciumchlorid.

PATENTANSPRUCH:

Verfahren zur Verringerung der hygroskopischen Eigenschaft von Calciumchlorid als Zusatz für Nahrungs- und Futtermittel durch Zusammenschmelzen mit Stoffen, die bei gewöhnlicher Temperatur erhärten, gekennzeichnet durch die Verwendung von Anitol oder Walrat.

Nr. 558150. (A. 62054.) Kl. 12i, 26. L'AZOTE FRANÇAIS, SOCIÉTÉ ANONYME IN PARIS.

Verfahren zur Absorption heißer nitroser Gase, insbesondere Ammoniakverbrennungsgase, mittels gebrannten Kalkes.

Vom 24. Mai 1931. — Erteilt am 18. Aug. 1932. — Ausgegeben am 2. Sept. 1932. — Erloschen: . . . .
Französische Priorität vom 28. Nov. 1930 beansprucht.

Es ist bekannt, daß für die Absorption der in Gasen enthaltenen nitrosen Dämpfe durch ungelöschten Kalk eine absolute Trocknung der Gase Vorbedingung ist. Auch müssen diese Gase auf den ungelöschten Kalk bei einer höheren Temperatur von ungefähr 300° auftreffen. Unter solchen Umständen hielt man eine Trocknung der Gase durch Kälte für undurchführbar, da die Kältetrocknung insbesondere folgende Nachteile und Unannehmlichkeiten aufweist:

1. Wenn es sich um Flammenbogengase handelt, darf nicht mehr als 1 g Wasserdampf in 1 cbm Gas belassen werden, was eine Senkung der Temperatur bis auf —18° bis —22° zur Trocknung notwendig machen würde. Das Verfahren würde hierdurch kostspielig und kompliziert werden, zumal sich das Wasser großenteils in Form von Eis ausscheidet.

2. Es ist unwirtschaftlich, ein Gas so tief herunterzukühlen, wenn es bei einer Temperatur von etwa 300° verwendet werden soll.

Die Erfindung beseitigt diese Schwierigkeiten und bringt eine besonders vorteilhafte Lösung da, wo es sich um die Behandlung von aus der Oxydation von Ammoniak entstandenen Gasen handelt.

Es wurde gefunden, daß sich die schädliche Wirkung der Feuchtigkeit in folgender Weise offenbart:

Das an der Oberfläche jedes Kalkstückchens gebildete Nitrat nimmt Wasser auf und wird infolgedessen schmelzbar. Die Kalkstückchen überziehen sich daher mit einer Art Glasur, welche das weitere Eindringen des Gases in ihr Inneres verhindert und demzufolge die Absorption nach einer gewissen Zeit zum Stillstand bringt. Die zur Erreichung eines normalen Nitratgehaltes noch zulässige Menge Wasser ändert sich jedoch mit der in dem Gas enthaltenen Menge nitroser Dmpfe, und zwar geschieht dies annähernd in einem proportionalen Verhältnis. Die bei der Oxydation von Ammoniak entstehenden Gase sind wenigstens 3- bis 5mal so konzentriert als Flammenbogengase. Man kann also entsprechend mehr, d. h. 3 bis 3,5 g Feuchtigkeit in 1 cbm Gas zulassen. Es genügt hierfür, die Temperatur bei der Kältetrocknung auf etwa nur —5° bis —6° zu senken, wenn die Kondensation in Form von Eis vor sich gehen soll.

Wenn man ferner die Gase durch entsprechende Führung lange genug in den Abkühlungsapparaten verbleiben läßt, bildet sich ein Kondensat in Form von Salpetersäure, das zwei Vorteile hat:

1. Der Gefrierpunkt des Kondensats wird auf —10° herabgesetzt, so daß dieses in flüssiger Form kontinuierlich entfernt werden kann, und die sonst von Zeit zu Zeit für die Auftauung notwendige Erwärmung vermieden wird.

2. Die Spannung des Dampfes selbst verdünnter Salpetersäure ist geringer als die des Wassers und, um denselben Grad der Trocknung des Gases zu erreichen, genügt es, die Temperatur nur auf —3° bis —4° anstatt auf —5° bis —6° zu senken.

Das Studium der nachteiligen Wirkung der Feuchtigkeit hat zu gleicher Zeit gezeigt, daß der Überzug aus feuchtem Calciumnitrat, welcher sich allmählich aus den in dem Gas zurückgebliebenen Spuren Feuchtigkeit bildet, die Absorption erst dann beschränkt, wenn er eine gewisse Dicke erreicht hat. Diese Überlegung hat zu einer Vergrößerung der Oberfläche der Kalkstückchen im Vergleich zu ihrer Masse geführt, indem die Abmessungen der Kalkstückchen verkleinert und Körnchen von nur einigen

Millimetern Größe gebraucht werden. Auf diese Weise braucht man mit der Temperatur, die zu einer die Absorption der Dämpfe nicht mehr hindernden Trocknung ausreicht, nur noch auf 0° bis —2° herabzugehen. In der Praxis genügt eine Trocknung bei einer Temperatur von —3° bis —5° in jedem Fall vollkommen.

Die Gase werden bei ungefähr 600° durch einen Wärmeaustauschapparat *A* geleitet, wo sie mittels eines Luftstromes gekühlt werden.

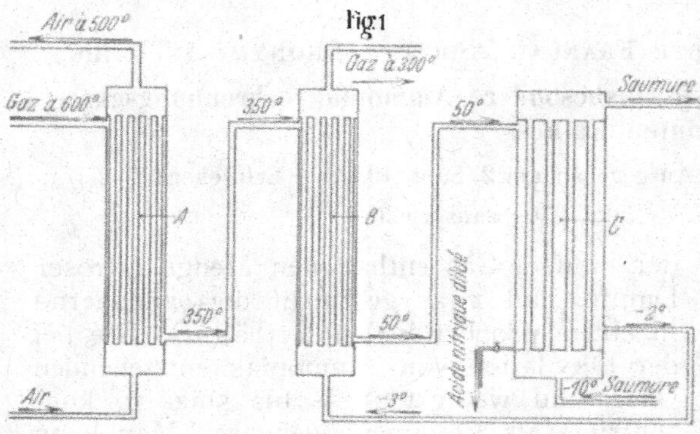

Diese Luft erhitzt sich hierbei auf eine Temperatur von 500° und dient dann zum Brennen der benutzten Kalkstückchen. Die bis auf 350° abgekühlten Gase gelangen zu einem weiteren Wärmeaustauschapparat *B*, durch den die bereits bis auf —3° abgekühlten und getrockneten Gase in entgegengesetzter Richtung hindurchströmen. In diesem Apparat werden die Gase bis auf +50° abgekühlt. Sie gelangen dann in ein Rohrbündel *C*, welches durch eine Salzlösung bis auf —10° abgekühlt wird.

In dieser Vorrichtung werden die Gase bis auf —2° abgekühlt und geben ihre Feuchtigkeit in Form von verdünnter Salpetersäure ab. Diese Säure wird periodisch oder kontinuierlich abgezogen. Der Kühler ist aus einem besonderen Metall hergestellt, welches nicht durch die Salpetersäure angegriffen wird. Die Gase werden gezwungen, in ihm einen langen Weg zurückzulegen, so daß genügend Zeit vorhanden ist, daß die Oxydation von NO zu NO_2 und die Bildung von Salpetersäure stattfinden kann.

Die bis auf —2° abgekühlten Gase kehren nach dem zweiten Wärmeaustauschapparat zurück und werden da bis auf 300° erhitzt; dann werden sie durch den gebrannten Kalk absorbiert. Wenn man die aus der Oxydation von Ammoniak entstehenden Gase verarbeitet und der als Ausgangsstoff dienende Ammoniak in flüssiger Form vorliegt, kann die erforderliche Kälte vorteilhaft durch Verdampfung dieses flüssigen Ammoniaks vor der Katalyse gewonnen werden.

Wenn es sich um sehr feuchte und sehr stark konzentrierte Gase handelt, wie es bei den eben besprochenen aus der Oxydation von Ammoniak entstehenden Gasen der Fall ist, entsteht bei der Oxydation von NO zu NO_2, der Kondensation des Wassers und der Bildung von Salpetersäure eine ziemlich große Wärmemenge. Um die von der Salzlösung abzugebende Kältemenge so klein wie möglich zu machen und die Wärme der feuchten Gase kontinuierlich zur Rückerhitzung der trockenen Gase gebrauchen zu können, ist es vorteilhaft, den Wärmeaustauschapparat *B* in zwei Teile zu teilen und zwischen den beiden Teilen einen Wasserkühler einzuschalten, welcher die Temperatur der Gase von ungefähr 50° auf ungefähr 25° bringt. Ein wesentlicher Teil des Wassers kondensiert sich dann bereits hier, während NO sich in NO_2 und in N_2O_4 umwandelt und sich ein wenig Salpetersäure bildet. Die auf diese Weise freiwerdenden Kalorien werden von dem Abkühlungswasser aufgenommen und brauchen daher nicht im Kühlapparat *C* vernichtet zu werden.

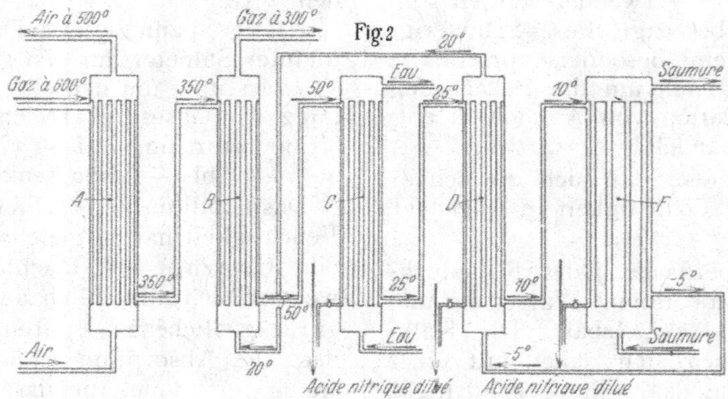

Fig. 2 zeigt eine Ausführungsform letzterer Vorrichtung. *A* dient zur Erzeugung der warmen Luft, mit der der Kalk gebrannt wird. *C* ist der Wasserkühler, *E* der Salzlösungskühler, *B* und *D* die Wärmeaustauschapparate, welche die warmen und feuchten Gase mittels der kalten und trockenen Gase abkühlen.

Es ist selbstverständlich, daß die Vorrichtung nicht auf die oben beschriebenen Ausführungsformen beschränkt ist und jede beliebige konstruktive Abänderung angewandt werden kann, ohne daß sie dadurch aus dem Rahmen der Erfindung heraustritt.

PATENTANSPRÜCHE:

1. Verfahren zur Absorption heißer nitroser Gase, insbesondere Ammoniak-Oxydationsgase, mittels gebrannten Kalkes, dadurch gekennzeichnet, daß die Trocknung nur unvollständig und bei solchen Temperaturen unter Abführung des Wassers in an sich bekannter Weise in Form eines Salpetersäurekondensats durchgeführt wird, daß der verbleibende Wassergehalt die Kernabsorption der Kalkstücke durch Verschmelzen der Oberfläche nicht verhindert.

2. Verfahren nach Anspruch 1, gekennzeichnet durch die Verwendung sehr kleiner Kalkstückchen, z. B. Formlingen von wenigen Millimetern Durchmesser.

3. Verfahren nach Anspruch 1 oder 2, dadurch gekennzeichnet, daß die Trocknung in zwei Wärmeaustauschapparaten und einem Kühler mit kalter Salzlösung derart vorgenommen wird, daß der erste Wärmeaustauschapparat z. B. warme Luft zum Brennen der Kalkkörnchen erzeugt und der zweite die aus der Kältetrocknung kommenden Gase auf ihre Gebrauchstemperatur zurückerhitzt.

4. Verfahren nach Anspruch 3, dadurch gekennzeichnet, daß der zweite Wärmeaustauschapparat in zwei Teile geteilt und zwischen diese Teile ein Wasserkühler eingeschaltet ist, der die Temperatur von ungefähr $+50°$ auf $+25°$ herabsetzt und zur Entfernung eines wesentlichen Teiles der durch die Oxydation von NO zu NO_2 und N_2O_4, die Kondensation des Wassers und die Bildung von Salpetersäure frei werdenden Kalorien dient.

5. Verfahren nach Anspruch 1 bis 4, dadurch gekennzeichnet, daß die Kälte, die durch die Verdampfung des der katalytischen Oxydation zugeführten Ammoniaks entsteht, für die Kältetrocknung ausgenutzt wird.

Nr. 566357. (A. 61794.) Kl. 12i, 26. L'AZOTE FRANÇAIS, SOCIÉTÉ ANONYME IN PARIS.

Herstellung von Calciumnitrat aus gebranntem Kalk durch Absorption nitroser Gase.

Vom 2. Mai 1931. — Erteilt am 1. Dez. 1932. — Ausgegeben am 15. Dez. 1932. — Erloschen: 1933.

Französische Priorität vom 7. Aug. 1930 beansprucht.

Bei der Herstellung von Calciumnitrat aus Kalk durch Absorption nitroser Gase in der Hitze ist es zur Erzielung eines gleichmäßigen Durchganges der Absorptionsgase von Wichtigkeit, daß der Kalk in gut erhaltener Stückform Verwendung findet. Darüber hinaus ist es zur Erzielung einer guten Absorption notwendig, daß die Kalkstückchen ausreichend porös sind. Man hat diese beiden Bedingungen dadurch zu erfüllen gesucht, daß man von gelöschtem Kalk ausging, aus diesem Briketts oder Stücke bestimmter Größe formte und diese dann brannte.

Die so erhaltenen Stücke sind jedoch außerordentlich brüchig und zerbrechlich. Wenn man sie in die Absorptionszellen mit Hilfe eines Elevators, eines Transportbandes oder einer anderen Vorrichtung lädt, zerbricht ein verhältnismäßig großer Anteil. Gleichzeitig lagert sich dadurch Staub und Pulver zwischen den Kalkstücken ab, die die Zirkulation der Absorptionsgase durch die Masse hindurch verschlechtern oder sogar vollständig ausschalten, so daß nur eine schlechte oder überhaupt keine Absorption der Stickoxyde stattfindet. Diese Übelstände hat man bisher nur dadurch vermieden, daß man die Beladung der Absorptionszellen von Hand und unter Beobachtung großer Vorsicht vornahm, was schwierig, zeitraubend und teuer ist.

Hier setzt die Erfindung ein, die die beschriebenen Nachteile dadurch vermeidet, daß jede Berührung, Umladung oder sonstige Handhabung des gebrannten Kalkes überhaupt überflüssig gemacht wird. Zu diesem Zweck wird der gelöschte Kalk in Breiform durch Formung in die gewünschte Stückengestalt gebracht und sofort in diesem Zustand in die Absorptionszelle verladen, wo erfindungsgemäß nacheinander erst das Brennen und dann die Absorption der nitrosen Gase stattfindet.

Das Brennen erfolgt durch heiße Luft oder heiße Gase bei 400 bis 650°. Sobald die Entwässerungsoperation beendet ist, werden die Brenngase abgesperrt und dafür die heißen, nitrosen Gase in an sich bekannter Weise bei 250 bis 350° eingeleitet.

Es genügt, die Einrichtung so zu treffen,

daß diesen einzelnen Absorptionszellen nacheinander die heißen Brenngase und dann die Absorptionsgase zugeleitet werden können. Zu diesem Zweck müssen die Zellen so gebaut werden, daß sie sowohl bei einer Temperatur von 250 bis 350° als auch bei 400 bis 650° widerstandsfähig sind.

Auf solche Weise findet eine Berührung und Bewegung des Kalkes nur in wasserhaltigem Zustand (vor dem Brennen) oder als fertiges Nitrat statt, und ein Zerfallen und Zerbrechen desselben vor der Absorption zu Pulver ist ausgeschlossen.

PATENTANSPRÜCHE:

1. Verfahren zur Herstellung von Calciumnitrat durch Absorption von durch Brikettierung bzw. Formung gelöschten Kalkes und Brennen der erhaltenen Formlinge erzeugtem Kalk mittels nitroser Gase in der Hitze, dadurch gekennzeichnet, daß die Formlinge vor dem Brennen in hitzebeständige Absorptionszellen verladen, in diesen gebrannt und sodann mit den Absorptionsgasen bei den erforderlichen Temperaturen behandelt werden.

2. Vorrichtung zur Ausführung des Verfahrens nach Anspruch 1, bestehend aus Absorptionszellen, die gleichzeitig als Entwässerungszellen dienen und so gebaut sind, daß sie sowohl bei den in Frage kommenden Brenntemperaturen als auch bei den erforderlichen Absorptionstemperaturen widerstandsfähig sind.

Nr. 514 589. (S. 84 686.) Kl. 12 m, 2.

APPAREILS ET EVAPORATEURS KESTNER IN LILLE, FRANKREICH.

Herstellung von Kalksalpeter.

Vom 21. März 1928. — Erteilt am 4. Dez. 1930. — Ausgegeben am 13. Dez. 1930. — Erloschen: 1934.

Die Erfindung betrifft eine Verbesserung bei der Herstellung von Kalksalpeter durch die Einwirkung von Salpetersäure auf kohlensauren Kalk in Absorptionstürmen.

Bei diesem Verfahren wird der freie Durchlaß zwischen den Kalksteinstücken allmählich in dem Maße verringert, als die Stücke angegriffen werden und ihr Volumen kleiner wird.

Es hat sich gezeigt, daß dieser Nachteil vermieden werden kann, wenn man dem Kalkstein Stücke oder Blöcke zumischt, die gegen die Einwirkung der Säure unempfindlich sind und deren Volumen konstant bleibt. Diese Blöcke können beliebige Form besitzen und sollen möglichst Kanäle für den Durchgang des Gases und der Flüssigkeit haben.

So z. B. kann man mit Kugeln aus geeignetem Material, z. B. aus Sandstein, in dem Verhältnis von 2% des Volumens unbegrenzt lange arbeiten, ohne daß der Widerstand des Turmes merkbar anwächst.

Bei diesen Arbeitsbedingungen befinden sich im unteren Teil des Turmes nur noch diese Kugeln, da der Kalksalpeter sozusagen vollständig gelöst ist. Diese inerten Stoffe muß man am Boden entfernen, um sie im oberen Teil des Trumes wieder zuzufügen.

In der Zeichnung ist eine Ausführungsform dargestellt.

Man führt im oberen Teil des Turmes 1 lurch den Trichter 3 Kugeln 11 gemischt mit dem Kalkstein ein. Die Kugeln sammeln sich im unteren Teil des Turmes auf dem Rost 2, der zur Achse des Turmes schräg geneigt ist. An der Wandung des Turmes dicht neben dem Roste und oberhalb desselben ist für die Herausnahme der Kugeln eine Öffnung 12 vorgesehen, die durch eine Tür oder einen Pfropfen 13 verschlossen werden kann.

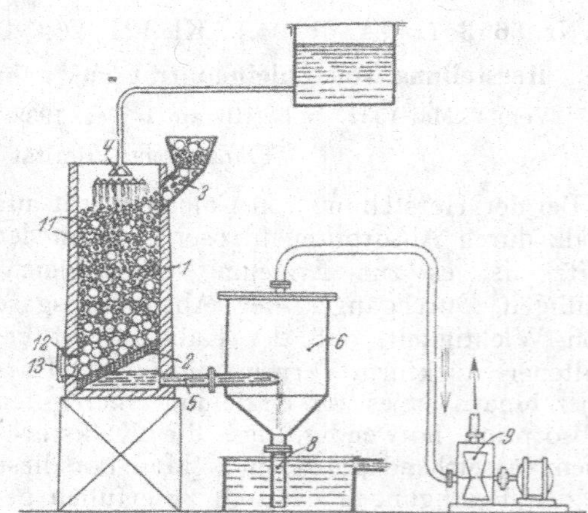

In der üblichen Weise wird die Säure auf dem oberen Teil der Ladung durch eine Verteilungsvorrichtung 4 verteilt. Am Boden ist der Turm durch ein Rohr 5 mit einem Abscheider 6 vereinigt, in welchem sich das kohlensaure Gas von der Lösung des Kalksalpeters trennt, die durch ein Rohr 8 nach unten abfließt, während das Gas durch ein Sauggebläse 9 angesaugt wird.

PATENTANSPRÜCHE:

1. Verfahren zur Herstellung von Kalksalpeter durch die Einwirkung von Salpetersäure auf kohlensauren Kalk in Ab-

sorptionstürmen, dadurch gekennzeichnet, daß dem Kalkstein bei der Einführung in dem oberen Teil des Turmes Stücke oder Körper (11) zugemischt werden, die von der Säure nicht angegriffen werden und zweckmäßig Kanäle für den Durchgang der Flüssigkeit und des Gases besitzen.

2. Vorrichtung nach Anspruch 1, dadurch gekennzeichnet, daß im unteren Teil des Turmes ein Rost (2) schräg zur Turmachse angeordnet ist, der die Körper zu einer Öffnung (12) leitet.

F. Zusatzpatent 33438.

Nr. 539704. (C. 268. 30.) Kl. 12i, 26.

DR.-NIKODEM CARO IN BERLIN-DAHLEM UND DR. ALBERT R. FRANK IN BERLIN-HALENSEE.

Erfinder: Dr. Paul Ferencz in Piesteritz, Bez. Halle.

Herstellung von trockenem Kalksalpeter.

Vom 11. Juli 1930. — Erteilt am 19. Nov. 1931. — Ausgegeben am 1. Dez. 1931. — Erloschen: . . . .

Bekanntlich ist die Herstellung von trockenem Kalksalpeter mit Schwierigkeiten verbunden, die darauf zurückzuführen sind, daß die eingedickten Kalksalpeterlösungen nur äußerst schwer zur Kristallisation zu bringen sind. Um diese Schwierigkeiten zu beseitigen, wurde bis jetzt die eingedickte Schmelze mit festen Kalksalpeterkristallen geimpft und die Schmelze ausgerührt. Auch wurde versucht, in einem Drehrohrofen, an dessen Wandung fester Kalksalpeter haftet, durch starkes Erhitzen die Schmelze in feste Form überzuführen. Diese und alle ähnlichen Verfahren sind jedoch mit einem hohen Wärme- und Kraftaufwand verbunden, und das erhaltene Produkt ist stets stark hygroskopisch, aus welchem Grunde eine weitere kostspielige Behandlung beim Ausräumen, Lagern und Versand des festen Salzes notwendig wird.

Gemäß vorliegender Erfindung können diese Schwierigkeiten beseitigt werden, falls die Eindampfung der Kalksalpeterlösungen in einer Atmosphäre von Ammoniakgas erfolgt. Es wurde festgestellt, daß in Anwesenheit von Ammoniakgas aus Kalksalpeterlösungen bereits bei Temperaturen von etwa 115 bis 125° fester Kalksalpeter in einwandfreier Beschaffenheit gewonnen werden kann, während bekanntlich bei dem bisherigen Verfahren die Kalksalpeterschmelze selbst bei 140 bis 150° noch vollkommen flüssig bleibt. Die im Ammoniakgasstrom eingedampfte Kalksalpeterschmelze liefert auch hinsichtlich hygroskopischer Eigenschaften ein sich viel günstiger verhaltendes Salz als das nach dem alten Verfahren hergestellte.

Es kann durch die Einwirkung des Ammoniaks bei Aufnahme von kleinen Mengen Ammoniak ein nicht hygroskopischer Kalksalpeter und bei Aufnahme von größeren Mengen Ammoniak ein Anlagerungsprodukt von Kalksalpeter und Ammoniak hergestellt werden. Die Einstellung der Mengen des aufgenommenen Ammoniaks erfolgt in einfacher Weise dadurch, daß die Abkühlung entweder im Ammoniak- oder im Luftstrom vorgenommen wird. Das überschüssige Ammoniak kann nach Durchstreichen eines Abtreibers, wo der Wassergehalt abgeschieden wird, wieder in den Prozeß zurückgeführt und anderweitig verwendet werden.

Ausführungsbeispiele

1. Eine Kalksalpeterlösung wird in bekannter Weise bis etwa 20% Wassergehalt eingedampft, dann wird gemäß vorliegender Erfindung über die Lauge ein Strom von Ammoniakgas durchgeleitet und weiter bei einer Temperatur von 115 bis 125° erhitzt. Infolge der Einwirkung des Ammoniaks setzt eine lebhafte Verdampfung ein, und die Schmelze erhärtet unter Ausscheidung von festem Kalksalpeter. Nach vollzogener Erhärtung wird die Ammoniakzufuhr abgestellt und das Salz im Luftstrom abgekühlt. Das so hergestellte Salz enthielt 3,2% Wasser und 0,3% Ammoniak.

2. Die Verdampfung und Entwässerung der Kalksalpeterschmelze wurde in derselben Weise ausgeführt, jedoch die Abkühlung nicht mit Luft, sondern weiter mit Ammoniakstrom vorgenommen. Das erzeugte Salz enthielt 4,6% Ammoniak und 0,2% Wasser. Der so hergestellte Kalksalpeter kann als solcher oder gemischt mit anderen Düngemitteln als vorzüglich wirkendes Düngesalz verwendet werden, da es neben dem schnell wirkenden Nitratstickstoff auch noch langsam wirkenden Ammoniakstickstoff enthält.

Patentansprüche:

1. Verfahren zur Herstellung von trockenem Kalksalpeter, dadurch gekennzeichnet, daß die Eindampfung bzw. das Calcinieren der Kalksalpeterlösungen oder -schmelzen in Anwesenheit von Ammoniakgas erfolgt.

2. Verfahren gemäß Anspruch 1, dadurch gekennzeichnet, daß man den erhaltenen festen Kalksalpeter im Luftstrom abkühlen läßt.

3. Verfahren gemäß Anspruch 1, dadurch gekennzeichnet, daß man den erhaltenen festen Kalksalpeter im Ammoniakstrom abkühlen läßt.

Nr. 498976. (I. 29029.) Kl. 12m, 2.

I. G. Farbenindustrie Akt.-Ges. in Frankfurt a. M.

Erfinder: Dr. Friedrich Wissing in Frankfurt a. M.-Griesheim.

Verfahren zur Herstellung von Bariumnitrat.

Vom 11. Sept. 1926. — Erteilt am 8. Mai 1930. — Ausgegeben am 30. Mai 1930. — Erloschen: 1931.

Es ist bekannt, daß man Bariumnitrat technisch aus Bariumchloridlösungen und Salpeter herstellen kann. Die Umsetzung geht vorteilhaft nur in der Wärme vor sich, und das anfallende Bariumnitrat bedarf einer Umkristallisation. Wirtschaftlicher ist die Herstellung von Bariumnitrat aus Bariumchlorid und Salpetersäure, da hierbei als Nebenprodukt Salzsäure entsteht und das Alkali des Salpeters gespart wird.

Es ist nun gefunden worden, daß man die Umsetzung von Bariumchlorid mit Salpeter säure, welcher normalerweise mit nur etwa 70% Nutschenausbeute arbeitet, bedeutend günstiger gestalten kann, wenn man von einer Bariumchloridlauge ausgeht, welche festes Chlorbarium zweckmäßig in feinkristallinischer Form als Bodenkörper enthält. Es ist überraschend, daß sich die Umsetzung der Salpetersäure mit dem Bodenkörper leicht, ohne Wärmezufuhr und nahezu quantitativ vollzieht. Das anfallende Bariumnitrat ist blütenweiß und leicht durch Waschen von der anhaftenden Salzsäure zu befreien. Man erhält auf diese Weise direkt 90 bis 95% der Theorie an chlorfreiem Bariumnitrat als festes, trockenes Salz auf der Nutsche und als Filtrat eine 16- bis 17%ige Salzsäure, welche wieder zur Herstellung von Chlorbarium verwendet werden kann.

Beispiel

In 310 l Lauge, enthaltend 125 kg $BaCl_2 \cdot 2H_2O$, werden 155 kg festes Chlorbarium zweckmäßig in feinkristallinischer Form eingetragen und unter Rühren 209 kg 69%ige Salpetersäure nach und nach zugesetzt. Das ausgeschiedene Bariumnitrat wird abgenutscht und chlorfrei gewaschen. Die Ausbeute an chlorfreiem, verkaufsfähigem Produkt beträgt 275 kg, das sind 93% der Theorie. Das Filtrat dient zur Herstellung von Chlorbarium.

Patentanspruch:

Verfahren zur Herstellung von Bariumnitrat aus Bariumchlorid und Salpetersäure, dadurch gekennzeichnet, daß man eine Bariumchloridlauge verwendet, welche festes Chlorbarium als Bodenkörper enthält.

Nr. 528864. (K. 117258.) Kl. 80b, 6. Dr Ferdinand Krauss in Braunschweig und Gerhard Jörns in Kalkberge, Mark.

Verfahren zur Herstellung von Kalziumsulfat-$^1/_2$-Hydrat.

Vom 31. Okt. 1929. — Erteilt am 25. Juni 1931. — Ausgegeben am 4. Juli 1931. — Erloschen: . . . .

Nach den Untersuchungen von van't Hoff und Mitarbeitern (Ozeanische Salzablagerungen, Leipzig, 1912) geht das 2-Hydrat des Kalziumsulfates bei 107° in das $^1/_2$-Hydrat über, während sich das unlösliche, wasserfreie Kalziumsulfat bei 63° und das lösliche bei etwa 93° bilden soll.

Andererseits verliert nach den Angaben von Linck und Jung (Zeitschrift für anorganische und allgemeine Chemie 137 [1924], 407) das 2-Hydrat beim isobaren Abbau bei 4 bzw. 8 mm Druck bei 99° C $1^1/_2$ Mole Wasser.

Versuche haben nun gezeigt, daß diese Anschauung den tatsächlichen Verhältnissen nicht entspricht. Es ergab sich nämlich, daß bei der Entwässerung des Gipses zuerst eine starke Verzögerung auftritt, die durch Kapillar- oder Kristallisationskräfte erklärt werden kann oder vielleicht auch auf eine große Haltbarkeit des Komplexes zurückzuführen ist, so daß die Einstellung des eigentlichen Wasserdruckes gar nicht erfolgt.

Erst bei höherer Temperatur, in den meisten Fällen bei etwa 74° C, tritt explosionsartige Zersetzung ein, wenn der Wasserdampfdruck die vorhandene Hemmung überwindet. Es erfolgt plötzlich die Einstellung eines hohen Druckes von etwa 20 mm.

Kühlt man nunmehr auf 0° ab und beginnt den Abbau von neuem, so findet die reguläre Entwässerung vom 2- zum $^1/_2$-Hydrat nunmehr bei etwa 59° statt, also bei einer Temperatur, die tiefer liegt, als für die Entstehung des 0-Hydrates angegeben ist.

Als Folgerung ergibt sich für die Herstellung des $^1/_2$-Hydrates, daß der Gips nur für kurze Zeit so hoch erhitzt zu werden braucht, daß der Wasserdampfdruck die Hemmungen überwindet, und dann bis zu der Temperatur wieder abgekühlt werden muß, bei der der Übergang des 2-Hydrates in das $^1/_2$-Hydrat stattfindet. An Stelle des Erhitzens können auch wasserentziehende Mittel Verwendung finden oder sonstige ebenso wirkende Einflüsse ausgeübt werden.

Die beim Brennen des Gipses anzuwendenden Temperaturen richten sich nach der zur Verfügung stehenden Apparatur. Die Verwendung von hohen Temperaturen, z. B. gemäß Patent 301932 Kl. 80b, erübrigt sich.

Patentanspruch:

Verfahren zur Herstellung von Kalziumsulfat-$^1/_2$-Hydrat, dadurch gekennzeichnet, daß das 2-Hydrat zunächst bis zu der Temperatur erhitzt wird, bei der die Verzögerungserscheinungen durch den Wasserdampfdruck aufgehoben werden und dann bis zu der Temperatur abgekühlt wird, bei der die reguläre Entwässerung des 2-Hydrates zum $^1/_2$-Hydrat stattfindet.

Die im Patent beschriebenen Erscheinungen stehen nicht in Widerspruch (s. Zeile 14) zu den theoretisch zu erwartendem Verhalten, s. D'Ans, „Die Lösungsgleichgewichte der Systeme der Salze ozeanischer Salzablagerungen", Berlin 1933, S. 192.

Nr. 559252. (S. 96967.) Kl. 12m, 2.

Peter Spence & Sons, Limited in Manchester, Lancaster, England.

Verfahren zur Herstellung eines äußerst fein verteilten und anscheinend amorphen Calciumsulfats.

Vom 25. Febr. 1931. — Erteilt am 1. Sept. 1932. — Ausgegeben am 17. Sept. 1932. — Erloschen: . . . .

Großbritannische Priorität vom 25. Febr. 1930 beansprucht.

In der britischen Patentschrift 319 228 sind bereits Verfahren zur Herstellung von wasserfreiem Calciumsulfat in einer äußerst fein verteilten und anscheinend amorphen Form beschrieben. Diese Verfahren bestehen darin, daß hydrierte Formen von Calciumsulfat, z. B. das Di-Hydrat $CaSO_4 2 H_2O$, mit wasserentziehenden Mitteln unter solchen Bedingungen behandelt werden, daß das Kristallwasser entfernt und die ursprüngliche Struktur aufgeschlossen wird.

Es wurde nun gefunden, daß wasserfreies Calciumsulfat in der Form, welche unter dem Namen lösliches Anhydrit bekannt ist, also Calciumsulfat, erzeugt durch vollkommene oder praktisch vollkommene Wasserentziehung von Gips bei verhältnismäßig niedrigen Temperaturen, in die gewünschte äußerst fein verteilte und anscheinend amorphe Form dadurch übergeführt werden kann, daß das Sulfat mit Schwefelsäure und in der gleichen Weise behandelt wird, wie in der genannten Patentschrift beschrieben.

Bei der praktischen Ausführung der Erfindung wird das gesamte oder nahezu das gesamte Kristallwasser aus dem Ausgangsmaterial, also hydriertem Calciumsulfat, beispielsweise dadurch entfernt, daß dasselbe etwa auf 200° C erhitzt wird, worauf die gewünschte Umwandlung dadurch erzielt wird, daß das wasserfreie Material mit Schwefelsäure geeigneter Konzentration gemischt, gegebenenfalls zur Beschleunigung der Umwandlung eine erneute Erhitzung vorgenommen und nötigenfalls die Säure konzentriert wird. Im Anschluß daran wird das Erzeugnis in bekannter Weise abgetrennt, gewaschen und getrocknet.

Die bei der Umwandlung verwendeten Temperaturen richten sich nach der Konzentration der Säure und der physikalischen Beschaffenheit des wasserfreien Calciumsulfats. Zweckmäßig wird aber das heiße wasserfreie Calciumsulfat unmittelbar mit der vorher erhitzten Säure gemischt, damit die Umwandlung in möglichst kurzer Zeit vor sich geht. Gleichzeitig wird dadurch verhindert, daß das wasserfrei gemachte Calciumsulfat aus der Umgebung wieder Wasser aufnimmt, so daß die vollkommene Umwandlung bei einem Mindestverbrauch von Schwefelsäure stattfindet.

Die Anfangskonzentration der Schwefelsäure beträgt zweckmäßig 1,2 spezifisches Gewicht bei 15° C. Die verwendete Menge ist so groß, daß sie genügt, um die Masse des wasserfrei gemachten Calciumsulfats vollkommen zu durchfeuchten. Es kann aber auch eine größere Menge verwendet werden. Jedoch muß in jedem Falle dafür gesorgt werden, daß die Stärke der Säure, die mit dem Calciumsulfat in Berührung kommt, in keinem Augenblick unter 1,3 spezifisches Gewicht sinkt (nach Berücksichtigung der zur Umwandlung von $Ca\,SO_4$ in $Ca\,SO_4\,2\,H_2O$ notwendigen Wassermenge) oder über 1,8 spezifisches Gewicht (bei 15° C) steigt. Bei höheren Konzentrationen als 1,8 spezifisches Gewicht und insbesondere bei Temperaturen über der Normaltemperatur werden beträchtliche Mengen von Calciumsulfat unter Bildung von Calciumbisulfat zersetzt.

Beispiel I

Heißes, wasserfreies Calciumsulfat, hergestellt durch Erhitzen von gepulvertem Gips bei annähernd 200° C bis zum vollständigen Austreiben des Kristallwassers, wird gemischt mit Schwefelsäure von 1,2 spezifischem Gewicht und bei einer Temperatur von 100° C in einer solchen Menge, daß etwa 4 bis 5 g SO_3 auf je 100 g des verwendeten Calciumsulfats kommen. Die Temperatur wird aufrechterhalten, so daß die Säure konzentriert wird, bis die gewünschte Umwandlung vollendet ist. Das entstehende äußerst fein verteilte und aufgeschlossene wasserfreie Calciumsulfat wird durch Waschen entsäuert und getrocknet oder getrocknet und calciniert.

Beispiel II

Wasserfrei gemachtes und gekühltes Calciumsulfat wird mit kalter Schwefelsäure von 1,4 bis 1,7 spezifischem Gewicht (bei 15° C) in solcher Menge gemischt, daß die ganze Masse durch und durch angefeuchtet ist. Sobald die Umwandlung beendet ist, erfolgt die Trennung durch Waschen und Trocknen oder Trocknen und Calcinieren.

Im allgemeinen empfiehlt es sich, unter den Bedingungen für die Temperatur und Lösung oder Konzentration der Schwefelsäure und für die Zeit zu arbeiten, wie in der britischen Patentschrift 319 228 beschrieben, da auf diese Weise der gewünschte Aufschluß der ursprünglichen physikalischen Form des wasserfreien Calciumsulfats am besten erreicht wird. In allen Fällen muß jedoch die Stärke, Konzentration und Menge der Schwefelsäure so gewählt werden, daß weder eine Lösung des Calciumsulfats noch die Bildung von löslichen sauren Calciumsulfaten in beträchtlichen Mengen bei den für die Reaktionsverwendeten Temperaturen eintritt.

PATENTANSPRUCH:

Verfahren zur Herstellung von wasserfreiem Calciumsulfat in äußerst fein verteiltem und anscheinend amorphem Zustand, dadurch gekennzeichnet, daß wasserfreies Calciumsulfat in der Form von löslichem Anhydrit, zweckmäßig bei erhöhter Temperatur, mit Schwefelsäure vom spezifischen Gewicht 1,2 bis 1,8 behandelt wird.

E. P. 355694.

Nr. 562 385. (S. 99 673.) Kl. 12 m, 2.

PETER SPENCE & SONS, LIMITED IN MANCHESTER, LANCASTER, ENGLAND.

Verfahren zur Herstellung von wasserfreiem, fein verteiltem Calciumsulfat.

Vom 9. Juli 1931. — Erteilt am 6. Okt. 1932. — Ausgegeben am 25. Okt. 1932. — Erloschen: . . . .

Englische Priorität vom 12. Juli 1930 beansprucht.

Die Erfindung betrifft die Herstellung von Calciumsulfat in fein verteilter Form. Es ist bekannt, wasserfreies Calciumsulfat in äußerst fein verteilter und scheinbar amorpher Form herzustellen durch Behandlung von Gips mit einem wasserentziehenden Mittel, wie z. B. Schwefelsäure, unter solchen Bedingungen, daß das Kristallwasser entzogen und die ursprüngliche Struktur zerstört wird.

Es wurde nun festgestellt, daß man wasserfreies Calciumsulfat in äußerst fein verteilter Form auch durch Einwirkung von anderen geeigneten Calciumverbindungen als Sulfat, nämlich z. B. von Calciumcarbonat in der Form von mineralischem Carbonat, ausgefälltem Carbonat oder Calciumoxyd oder -hydrat, mit Schwefelsäure und bzw. oder Mischungen von Schwefelsäure und geeigneten Sulfaten, wie z. B. Alkalisulfaten oder Bisulfaten, erhalten kann.

Führt man z. B. einer bestimmten Menge von gepulvertem wasserfreiem Calciumcarbonat so schnell wie möglich Schwefelsäure von 1,75 spez. Gew. in solcher Menge zu, daß nach der Umwandlung des gesamten Calciumcarbonats in Calciumsulfat ein Überschuß von freier Schwefelsäure von beispielsweise 35 bis 40 % über der zur Neutralisation erforderlichen Menge verbleibt, so entsteht das Calciumsulfat in wasserfreier, fein verteilter Form. Die Endkonzentration der überschüssigen freien Schwefelsäure beträgt bei einem

Überschuß von 35 % über die zur Neutralisation erforderliche Menge annähernd 1,32 spez. Gew. und etwa 1,35 spez. Gew. bei einem Überschuß von 40 %.

Die Zugabe von Schwefelsäure muß daher so erfolgen, daß der nach Beendigung der Reaktion zurückbleibende Säureüberschuß eine Stärke besitzt, die unter derjenigen liegt, welche notwendig ist, um eine nennenswerte Auflösung des gebildeten Calciumsulfats herbeizuführen, d. h. um Calciumbisulfat zu bilden. Die Stärke des Säureüberschusses muß anderseits so hoch sein, daß die Entstehung von wasserfreiem Calciumsulfat in der gewünschten, äußerst fein verteilten Form sichergestellt ist. Das durch diese Reaktion unter diesen Bedingungen, d. h. unter Anwesenheit eines Säureüberschusses der erforderlichen Stärke, hergestellte Calciumsulfat ist nur in der wasserfreien Form stabil. Jedes kristallinische wasserhaltige Calciumsulfat, welches sich örtlich bilden könnte, wird sofort entwässert.

Zweckmäßig wird die Säure schnell zugefügt, damit der erforderliche Säureüberschuß möglichst vom Anfang der Reaktion vorhanden ist. Allerdings ist dies nicht unbedingt notwendig, denn man kann auch gegebenenfalls die Temperatur so einstellen, daß die Reaktion in der gewünschten Weise verläuft. Nach Vollendung der Reaktion, die beispielsweise in irgendeiner geeigneten Mischmaschine vorgenommen werden kann, zweckmäßig in einer Maschine, in welcher die Bestandteile möglichst schnell und möglichst vollkommen in innige Berührung miteinander gebracht werden, kann das fein verteilte, wasserfreie Calciumsulfat von dem Säureüberschuß durch Auswaschen und bzw. oder Alkalisieren mit einer geeigneten alkalischen Lösung oder einer geeigneten Erdalkaliverbindung, z. B. Bariumhydrat befreit werden, welche sich mit der überschüssigen Schwefelsäure verbinden kann. Anschließend daran erfolgt die Trocknung nach bekannten Methoden.

Schließlich kann auch ein geringerer Säureüberschuß genügen, wenn Schwefelsäure von größerer Stärke, z. B. Oleum o. dgl., benutzt wird. Hierbei tritt deswegen keine nennenswerte Lösung des gebildeten Calciumsulfats ein, weil bei Behandlung wasserfreier Calciumverbindungen die zur Bildung des Sulfats führende Reaktion zwischen dem Calcium und der Schwefelsäure von selbst die Konzentration der Restsäure herabsetzt. Wenn also die Oleummenge richtig gewählt ist, so liegt die Endkonzentration des Säureüberschusses innerhalb der angegebenen Grenzen. Bei wasserhaltigen Calciumverbindungen, z. B. Calciumhydroxyd, verursacht das Kristallwasser eine zusätzliche Verdünnung der restlichen Säure.

Beispiele

1. 100 g wasserfreies Calciumcarbonat werden gemischt mit 112 g Oleum (20 % freies SO_3). Es entstehen 136 g wasserfreies Calciumsulfat in fein verteilter, scheinbar amorpher Form. Die Restsäure enthält nur 48,5 % SO_3 entsprechend einem spez. Gewicht von 1,495.

2. 25 g Calciumsilikat werden gemischt mit einer Lösung, bestehend aus 20 g geschmolzenem Natriumbisulfat in 100 ccm Schwefelsäure von 1,700 spez. Gew. bei einer Temperatur von 80° C. Es werden 25 ccm dieser Lösung verwendet. Das entstehende Calciumsulfat zeigt nach Auswaschen der Säure im Mikroskop keine Kristalle.

3. 25 g Calciumsilikat werden mit 20 ccm Lösung, bestehend aus Oleum (20 % freies SO_3), gesättigt mit Bariumsulfat, gemischt. Das entstehende Calciumsulfat hat das gleiche Aussehen wie das nach Beispiel 2 gebildete Sulfat.

Die bei den Ausführungsbeispielen 2 und 3 auftretenden Kieselsäuremengen lassen sich durch Auswaschen mit Flußsäure leicht entfernen.

4. 35 g geschmolzenes, handelsübliches Calciumchlorid werden mit 120 ccm Schwefelsäure vom spez. Gew. 1,77 bei einer Temperatur von 150° C gemischt. Die Mischung wird bei dieser Temperatur fortgesetzt, bis die Reaktion vollendet ist. Nach Verdünnung mit Wasser und Filtration in einem Buchnerfilter wird das entstandene, fein verteilte, wasserfreie Calciumsulfat mit Alkohol und Äther gewaschen und dann getrocknet.

5. 30 g geschmolzenes Calciumnitrat werden mit 120 ccm Schwefelsäure vom spez. Gew. 1,77 bei einer Temperatur von 150° C gemischt, und diese Mischung wird bei dieser Temperatur fortgesetzt, bis die Reaktion vollendet ist. Alsdann wird, wie im vorhergehenden Beispiel, mit Wasser verdünnt, filtriert und getrocknet.

Patentansprüche:

1. Verfahren zur Herstellung von wasserfreiem Calciumsulfat in äußerst fein verteilter und scheinbar amorpher Form aus anderen Calciumverbindungen als Calciumsulfat, dadurch gekennzeichnet, daß diese Verbindungen mit Schwefelsäure und bzw. oder Mischungen von Schwefelsäure und Sulfaten in solchen Mengen behandelt werden, daß ein Überschuß von freier Schwefelsäure nach Vollendung der Reaktion zurückbleibt und daß die Stärke dieser

Säure unter dem Betrage bleibt, welcher erforderlich ist, um eine nennenswerte Lösung des gebildeten Calciumsulfats zu bewirken, aber doch groß genug ist, um die Bildung des wasserfreien Calciumsulfats in der gewünschten Form zu sichern.

2. Ausführungsform des Verfahrens nach Anspruch 1, dadurch gekennzeichnet, daß an Stelle von Schwefelsäure Oleum verwendet wird.

3. Ausführungsform des Verfahrens nach Anspruch 1 oder 2, dadurch gekennzeichnet, daß Calciumcarbonat in geeigneter Form mit Schwefelsäure oder Oleum im Überschuß behandelt wird.

4. Ausführungsform des Verfahrens nach Anspruch 1 oder 2, dadurch gekennzeichnet, daß Calciumoxyd oder Calciumhydroxyd als Ausgangsmaterial verwendet wird.

Nr. 488246. (H. 97585.) Kl. 12g, 1. Carl Hinrichsen in Berlin-Hermsdorf.

Verfahren zur Erzielung von lockeren, leicht filtrier- und auswaschbaren Niederschlägen.

Vom 15. Juni 1924. — Erteilt am 5. Dez. 1929. — Ausgegeben am 23. Dez. 1929. — Erloschen: 1932.

Um lockere, leicht filtrier- und auswaschbare Niederschläge zu erhalten, verfuhr man bisher in der Weise, daß man die umzusetzenden Salze in stark verdünnten Lösungen aufeinander einwirken ließ. Die so erzeugten Niederschläge fallen aber hierbei in den meisten Fällen in schleimiger, schlecht filtrierbarer Form aus. Um diesen Übelstand zu beseitigen, hat man die Fällung in der Wärme vorgenommen; aber durch diese Arbeitsweise erhielt man gröberes, kristallinisches Korn, das für die meisten Verwendungszwecke unerwünscht ist.

Es wurde nun gefunden, daß man leicht zum Ziele kommt, wenn man die Salze nicht löst, sondern in fester Form in einer zerkleinernd wirkenden Vorrichtung, z. B. Mahlvorrichtung unter Zusatz einer zum Lösen ungenügenden Menge Wasser bzw. Flüssigkeit, vermahlt. Der Wasserzusatz ist nicht nötig bei Salzen, die einen so hohen Kristallwassergehalt aufweisen, daß bei der Umsetzung eine genügende Menge Wasser frei wird, um das Mahlgut schlüpfrig zu erhalten.

Es ist hierbei nicht nur an Kristallwasser, sondern auch an andere Kristallflüssigkeiten, überhaupt solche organischer Natur, zu denken. Als Arbeitsvorrichtungen kommen jegliche Misch- oder Mahlvorrichtungen in Frage. Beispielsweise sind Kugelmühlen, Stabmühlen, Walzenmühlen, Hammermühlen, Stiftmühlen zu nennen, insbesondere schnellaufende Maschinen dieser Arten. Der neue Erfolg beruht sowohl auf der zerreibenden als auch der drückenden Wirkung dieser Vorrichtungen.

So bringt man z. B. 240 kg Chlorbarium (krist.) und 350 kg kristallisiertes Natriumsulfat in eine Kugelmühle. Nach kurzer Laufzeit wird der Mühleninhalt unter starker Temperaturerniedrigung flüssig und nach zwei Stunden ist die Umsetzung beendet. Das entstandene Bariumsulfat läßt sich leicht und schnell filtrieren und auswaschen im Gegensatz zu einem durch Fällung aus Lösungen erhaltenen Bariumsulfat. Außerdem zeigt es noch den bemerkenswerten Unterschied, daß die trockenen Filterkuchen leicht zwischen den Fingern zu einem mehlartigen, zarten Pulver zerreiblich sind, während die Filterkuchen des aus Lösungen gefällten harte Scheiben sind, die einer nochmaligen Zerkleinerung durch eine besondere Mühle, z. B. Schlagkreuzmühle, unterworfen werden müssen.

Das Schüttgewicht (Liter) des ersteren ist 850 g, das des zweiten 1250 g.

Auch schwer lösliche Salze, wie z. B. Bleisulfat, kann man nach vorstehendem Verfahren glatt umsetzen.

130 kg Bleisulfat mit 150 kg Wasser zu einer Paste angerieben und mit 150 kg krist. Natriumkarbonat vermahlen, geben 105 kg neutrales in HNO_3 klar lösliches Bleikarbonat neben einer konzentrierten Natriumsulfatlösung.

Als weitere Beispiele für die allgemeine Anwendungsfähigkeit seien noch genannt die Herstellung von Calcium-, Barium-, Strontium- und Magnesiumcarbonat, Zinksulfat, Lithopone, Cadmiumsulfid, Bleichromat (aus Sulfat), Goldschwefel u. v. a.

Auch organische Stoffe lassen sich der Erfindung gemäß verarbeiten, wie folgende Beispiele lehren:

47 kg Wismutsubnitrat und 25 kg Gallsäure werden in einer Porzellankugelmühle mit 100 l Wasser und 5 l Eisessig 20 Stunden vermahlen. Der entstandene gelbe Niederschlag von Wismutsubgallat läßt sich verhältnismäßig leicht absaugen und säurefrei waschen.

Aus 135 kg Essigsäure (40%ig), 44 kg Calciumcarbonat und 100 kg Wasser wird eine Lösung von essigsaurem Kalk hergestellt und mit dieser Lösung 150 kg Tonerdesulfat (krist.) in einer Kugelmühle 4 Stunden vermahlen. Durch diesen Prozeß werden $^2/_3$ des Tonerdesulfates in neutrales Tonerdeacetat und Gips übergeführt. Um das letzte Drittel Tonerdesulfat in Tonerdehydrat überzuführen, wird das Mahlgut mit Kalkmilch, hergestellt aus 12,5 kg gebranntem Kalk und 300 kg Wasser, versetzt und das Ganze noch eine weitere Stunde vermahlen und dann mittels Nutsche filtriert. Die Filtration geht sehr leicht vor sich. Das Filtrat, durch Zugabe von Wasser auf das spez. Gewicht von 1,045 und damit auf das Gewicht von 800 kg gebracht, stellt eine Lösung von basischem Aluminiumacetat dar, die den Forderungen des Deutschen Arzneibuches entspricht.

332 kg Kupfersulfat (krist.), 92 kg Natriumacetat (krist.) und 260 kg Natriumarsenit werden unter Zusatz einer zum Lösen der Salze ungenügenden Menge Wasser (etwa 500 kg) versetzt und in einer Kugelmühle 20 Stunden vermahlen. Der entstandene grüne Niederschlag, eine Doppelverbindung von Cupriacetat und Cuprimetarsenit, stellt ein lockeres, leicht auswaschbares Pulver dar, das infolge seines geringen Schüttgewichtes besonders zur Schädlingsbekämpfung geeignet ist.

PATENTANSPRÜCHE:

1. Verfahren zur Erzielung von lockeren, leicht filtrier- und auswaschbaren Niederschlägen, dadurch gekennzeichnet, daß man die umzusetzenden Verbindungen in fester Form, gegebenenfalls unter Zugabe einer zum Lösen ungenügenden Flüssigkeitsmenge in zerkleinernd wirkenden Vorrichtungen, Misch- oder Mahlvorrichtungen, durcharbeiten läßt.

2. Eine Ausführungsform des Verfahrens nach Anspruch 1, dadurch gekennzeichnet, daß bei der Umsetzung ein oder mehrere Reaktionskomponenten in kristallwasserhaltiger bzw. in kristallflüssigkeitshaltiger Form zur Anwendung gelangen, gegebenenfalls unter Zugabe weiterer zur Lösung jedoch nicht ausreichender, aber die Schüpfrigkeit des Mahlgutes bedingender Flüssigkeitsmengen.

Nr. 565232. (L. 85. 30.) Kl. 12 m, 2.

B. LAPORTE LIMITED IN LUTON, ISAAC EPHRAIM WEBER IN LEAGRAVE UND VICTOR WALLACE SLATER IN LUTON, BEDFORDSHIRE, ENGLAND.

Herstellung von Bariumcarbonat.

Vom 30. Aug. 1930. — Erteilt am 10. Nov. 1932. — Ausgegeben am 28. Nov. 1932. — Erloschen: . . .

Großbritannische Priorität vom 5. Sept. 1929 beansprucht.

Bariumcarbonat, das durch Umsetzung von Bariumsulfid oder Bariumsulfhydrat oder anderen Barium- und Schwefelverbindungen mit Kohlendioxyd hergestellt ist, neigt dazu, daß es Schwefelverbindungen in solcher Menge enthält, daß diese eine Verunreinigung bilden, die für die Verwendungszwecke des Carbonates schädlich ist, so z. B. für den Zweck der Herstellung von Bariumperoxyd oder anderen Bariumverbindungen oder für die Verwendung als ein Mischungsbestandteil zur Glaserzeugung oder als Material bei der Einsatzhärtung von Metallen.

Um die Umsetzung von Bariumsulfid oder Bariumsulfhydrat mit Kohlendioxyd herbeizuführen, wird gewöhnlich so verfahren, daß man Kohlendioxyd, das im wesentlichen frei von Sauerstoff ist, in eine Bariumsulfidlösung einführt, die 10 bis 20 % Sulfid, als Bariumsulfid berechnet, enthält. Das so erzeugte Bariumcarbonat enthält etwa 0,3 bis 0,4 % Schwefel in Form von Schwefelverbindungen. Dies ist ein schädlicher Mengenanteil. Selbst wenn die Bariumsulfidlösung sehr verdünnt ist, ist der Schwefelgehalt des Carbonates hoch genug, um schädlich zu wirken.

Gemäß der Erfindung wird die Umsetzung zwischen Bariumschwefelverbindung und Kohlendioxyd dadurch bewirkt, daß man z. B. Bariumsulfid zu einer Lösung von Kohlendioxyd oder Bariumbicarbonat in Wasser zugibt. Auf diese Weise wird das Bariumsulfid in Bariumcarbonat umgewandelt, während Kohlendioxyd oder Bariumcarbonat im Überschuß anwesend ist und ein Verbleiben von Bariumsulfid oder einer anderen Bariumschwefelverbindung neben Bariumcarbonat im wesentlichen vermieden wird.

Wenn das zugefügte Bariumsulfid in Bariumcarbonat übergeführt worden ist, kann von neuem Wasser, das mit Kohlendioxyd gesättigt ist, zugefügt und der Vorgang wiederholt werden.

Das Verfahren läßt sich mehr oder weniger ununterbrochen ausführen, indem man Kohlendioxyd und Bariumsulfid zu dem Wasser gleichzeitig in solchem Mengenverhältnis zufügt, daß das Sulfid im wesentlichen im gleichen Verhältnis, wie es zugeführt wird, in Carbonat umgewandelt wird.

Gewünschtenfalls kann man das Verfahren unter Druck ausführen.

Offenbar ist die Anwesenheit von Schwefelverbindungen in dem Bariumcarbonat, wie sie gewöhnlich bei der in Frage stehenden Umsetzung auftritt, auf Adsorption von Bariumsulfid o. dgl. in dem Bariumcarbonat zurückzuführen.

Diese Adsorption wird bei Anwendung der Erfindung mehr oder weniger vermieden, so daß das Erzeugnis sehr wenig Schwefelverbindung enthält.

Ein weiterer Vorteil der Erfindung ist, daß man es nicht nötig hat, das Kohlendioxyd vollständig von Sauerstoff zu befreien.

Nachstehend sind Ausführungsbeispiele der Erfindung angegeben.

Beispiel 1

Diskontinuierliches Verfahren

4,54 kg Kohlendioxyd werden in 4543 l kalten Wassers gelöst. Dazu werden unter Umrühren 72,7 l einer 20%igen Bariumsulfidlösung gegeben. Nunmehr werden weitere 4,54 kg Kohlendioxyd in der Mischung gelöst und weitere 72,7 l 20%ige Bariumsulfidlösung zugesetzt. Dieses abwechselnde Zufügen von Kohlendioxyd und Bariumsulfid erfolgt, bis 4216 l der Bariumsulfidlösung zugesetzt sind. Es werden etwa 1186 kg Bariumcarbonat erzeugt. Letzteres kann durch Filtrieren oder auf irgendeine andere geeignete Weise von der Flüssigkeit getrennt werden. Während des Verfahrens wird der entwickelte Schwefelwasserstoff entfernt und in irgendeiner bekannten Weise verarbeitet; z. B. kann der Schwefelwasserstoff in einem Claus-Ofen zu Schwefel verbrannt werden oder man kann ihn zu Schwefeldioxyd verbrennen und dieses in Schwefelsäure umwandeln.

Beispiel 2

Kontinuierliches Verfahren

Etwa 4,54 kg Kohlendioxyd werden dadurch in 4543 l Wasser gelöst, daß man 11,35 kg eines Gases einführt, das 40 Gewichtsprozente Kohlendioxyd enthält. Darauf werden Kohlendioxyd und Bariumsulfid gleichzeitig in folgender Weise zugefügt: Man führt Kohlendioxyd mit einer Geschwindigkeit von 45,4 kg in der Stunde ein, d. h. 113,5 kg in der Stunde eines Gases mit 40 Gewichtsprozenten Kohlendioxyd, und ferner wird 20%ige Bariumsulfidlösung mit einer Geschwindigkeit von 727 l in der Stunde zugesetzt.

Wenn so viel Kohlendioxyd und Bariumsulfid zugeführt ist, daß die gesamte Menge von Flüssigkeit und Bariumcarbonat ungefähr 9086 l beträgt, dann wird die Menge auf diesem Stande erhalten. Es findet zwar weitere gleichzeitige Zuführung von Kohlendioxyd und Bariumsulfidflüssigkeit statt, gleichzeitig wird aber Bariumcarbonatschlamm mit einer Geschwindigkeit von etwa 727 l in der Stunde abgeführt. Oder es wird in der Stunde eine solche Menge Bariumcarbonat entfernt, wie der sonst in der Stunde zugefügten Bariumsulfidmenge entspricht. Der Bariumcarbonatschlamm kann in ein rotierendes Vakuumfilter gepumpt und so das Verfahren vollständig ununterbrochen gestaltet werden. Dies ermöglicht ein unbegrenztes Arbeiten mit ununterbrochener Gewinnung von Bariumcarbonat mit einem niedrigen Schwefelgehalt. Es ist ein wesentliches Merkmal der Erfindung, daß die in dem Absorber überstehende Flüssigkeit einen Überschuß an Kohlendioxyd enthalten muß, das als Bariumbicarbonat oder Kohlensäure vorhanden ist, und ferner, daß die Lösung im wesentlichen frei von Bariumsulfid oder Bariumsulfhydrat oder sonstigen Bariumschwefelverbindungen sein muß. Ein Kontrollhilfsmittel besteht darin, daß man den p_H-Wert der überstehenden Flüssigkeit feststellt. Ein Bariumcarbonat mit der gewünschten, im wesentlichen vollständigen Schwefelfreiheit wird erhalten, wenn man bei einem p_H-Wert unter 7, z. B. von 6,3, arbeitet. Der p_H-Wert läßt sich mittels des bekannten B. D. H.-Kapillators bestimmen. Die Reaktion kann in dem bekannten Solvay-Turm oder in dem Honigmann-Carbonator oder in abgeänderten Ausführungen der letzteren erfolgen. Natürlich kann man die Erfindung auch auf viele andere Arten ausführen. Wenn z. B. ein Gas mit einem Gehalt von etwa 35 oder weniger Volumprozenten Kohlendioxyd verwendet wird, kann der Schwefelwasserstoff, der aus dem Kohlendioxydabsorber erhalten wird, in eine Lösung von Bariumsulfid geleitet werden. Dadurch wird Bariumsulfhydrat gebildet, das als Bariumquelle zur Speisung des Absorbers dienen kann. Durch diese Maßnahme wird ein Gas von höherem Schwefelwasserstoffgehalt erhalten. Dies ist von Vorteil für die Umwandlung des Schwefelwasserstoffes in Schwefel oder Schwefeldioxyd.

Während es sich im Hinblick auf die Größenbemessung der Anlage empfiehlt, mit einem Gas zu arbeiten, das einen möglichst hohen Prozentgehalt an Kohlendioxyd enthält, so werden aber auch mit einem Feuerungsgas, das z. B. 10 Volumprozente Kohlendioxyd enthält, befriedigende Ergebnisse erhalten. Falls der Kohlendioxydgehalt niedrig ist, muß man der verringerten Löslichkeit des Kohlendioxyds infolge seines geringeren Partialdruckes Rechnung tragen und daher die Bariumsulfidlösung langsamer zusetzen oder eine größere Anlage benutzen.

Folgende Vergleichsbeispiele veranschaulichen, in wie starkem Maße der Reinheitsgrad des nach dem neuen Verfahren hergestellten Bariumcarbonats den Reinheitsgrad des Bariumcarbonats übertrifft, das durch Einführen von Kohlendioxyd in Bariumsulfid dargestellt ist.

a

Das bekannte Verfahren, Bariumcarbonat durch Einführen von Kohlendioxyd in Bariumsulfid herzustellen:

Stärke der Bariumsulfidlösung	Schwefelgehalt des Produkts
10 bis 20%	in der Größenordnung von 0,34 %
2,5%	in der Größenordnung von 0,26 %

b

Bei Anwendung der Erfindung gemäß den obigen Ausführungsbeispielen 1 und 2 wird ein Bariumcarbonat erhalten, das einen Schwefelgehalt in der Größenordnung von nur 0,05% aufweist.

Patentansprüche:

1. Verfahren zur Herstellung von Bariumcarbonat, dadurch gekennzeichnet, daß Bariumsulfid, Bariumsulfhydrat oder andere Bariumschwefelverbindung zu einer Lösung von Kohlendioxyd oder zu einer Lösung von Bariumcarbonat in solcher Menge zugesetzt wird, daß stets Kohlensäure oder Bariumbicarbonat anwesend ist.

2. Verfahren nach Anspruch 1, dadurch gekennzeichnet, daß man während der Zufügung der Bariumschwefelverbindung den p_H-Wert der Lösung nicht über 7 steigen läßt.

3. Verfahren nach Anspruch 1 oder 2, dadurch gekennzeichnet, daß der durch erstmalige Umsetzung erhaltenen wäßrigen Mischung weiteres Kohlendioxyd und dann weitere Bariumsulfidlösung zugesetzt wird und das abwechselnde Zufügen von Kohlendioxyd und Bariumsulfid nochmals erfolgt und schließlich das erzeugte Bariumcarbonat von der Flüssigkeit abgetrennt wird.

4. Verfahren nach Anspruch 1 oder 2, dadurch gekennzeichnet, daß man in kohlendioxydhaltiges Wasser gleichzeitig Kohlendioxyd und Bariumsulfid oder Bariumsulfhydrat einführt und von einer gewissen Zeit ab etwa ebensoviel Bariumcarbonatschlamm abführt, wie Bariumschwefelverbindungen zugeführt werden.

5. Verfahren nach einem der Ansprüche 1 bis 4, dadurch gekennzeichnet, daß der entwickelte Schwefelwasserstoff in eine Bariumsulfidlösung geleitet und das gebildete Bariumsulfhydrat als Bariumquelle verwendet wird.

E. P. 334709.

Nr. 493267. (R. 58232.) Kl. 12m, 2. Kali-Chemie Akt.-Ges. in Berlin, Dr. J. Marwedel und Dr. J. Looser in Hönningen a. Rh.

Verfahren zur Entschwefelung von technischem Bariumcarbonat.

Zusatz zum Patent 427223.

Vom 6. April 1923. — Erteilt am 20. Febr. 1930. — Ausgegeben am 6. März 1930. — Erloschen: 1935.

Durch das Hauptpatent 427223 ist ein Verfahren zur Entschwefelung von technischem Bariumcarbonat geschützt, welches darin besteht, daß die Ausfällung des Bariumcarbonats aus Schwefelbariumlösung durch Kohlensäure unter Zusatz von Alkalicarbonat vorgenommen wird.

Nach einer Ausführungsform des Hauptpatents wird derart gearbeitet, daß Bariumcarbonat, welches aus Schwefelbariumlösung durch Fällung mit Kohlensäure mit oder ohne Zusatz von Alkalicarbonat gewonnen worden ist, zwecks weitgehender Entschwefelung mit Alkalihydroxyd auf Temperaturen von über 100° erhitzt wird, wobei gegebenenfalls noch Alkalicarbonat zugesetzt werden kann. Das Erzeugnis wird alsdann zwecks Entfernung der löslich gewordenen schwefelhaltigen Verunreinigungen mit Wasser ausgewaschen.

Weitere Versuche haben nun ergeben, daß die Entschwefelung von aus Schwefelbariumlaugen durch Ausfällen mit Kohlensäure mit oder ohne Zusatz von Alkalicarbonat gewonnenem Bariumcarbonat mit ausgezeichnetem Erfolg auch derart durchgeführt werden kann, daß das schwefelhaltige Bariumcarbonat nur mit Alkalicarbonaten, z. B. Natriumcarbonat oder Natriumbicarbonat, in Gegenwart von Wasser erhitzt wird.

Das Verfahren kann bereits bei gewöhnlichem Druck ausgeübt werden, erfordert dann aber einen großen Überschuß von Alkaliverbindungen. Arbeitet man dagegen bei erhöhtem Druck, so kommt man mit verhältnismäßig sehr geringen Mengen von Alkalicarbonat oder Alkalibicarbonat zum Ziel.

Bei der Ausübung des Verfahrens kann man z. B. in der Weise arbeiten, daß man auf üblichem Wege durch Fällung mit Kohlensäure aus Schwefelbariumlösung erhaltenes Bariumcarbonat mit einer wässerigen Lösung von Alkalicarbonat oder Alkalibicarbonat erhitzt und das Reaktionsgemisch dann durch Auswaschen mit Wasser von seinen löslich gewordener schwefelhaltigen Verunreinigungen befreit.

Hat man die Ausfällung des Bariumcarbonats durch Kohlensäure unter Zusatz von Alkalicarbonat oder Alkalibicarbonat vorgenommen, so kann man derart verfahren, daß man das Fällungsprodukt, welches noch Alkalicarbonat oder Alkalibicarbonat enthält, erhitzt, wobei man gegebenenfalls noch Wasser oder eine Lösung von Alkalicarbonat oder Alkalibicarbonat zugibt. Im Anschluß an den Erhitzungsprozeß wird dann, wie vorher beschrieben, gut ausgewaschen.

Beispiele

1. 100 kg technisches Bariumcarbonat, welches aus Schwefelbariumlösung durch Fällung mit Kohlensäure in üblicher Weise erhalten worden ist, werden mit einer Lösung von 2 kg calc. Soda oder von 2 kg Natriumbicarbonat in 100 l Wasser versetzt. Hierauf wird in einem Autoklaven 1 Stunde lang bei 2 Atm. gekocht. Nach dem Auswaschen verbleibt ein Bariumcarbonat mit einem Schwefelgehalt von nur 0,05 %.

2. Auf 100 kg Schwefelbarium werden 30 kg Soda zugesetzt. Durch Fällung mittels Kohlensäure wird ein Bariumcarbonat erhalten, von dem eine ausgewaschene und getrocknete Probe einen Gehalt von 0,68 % Schwefelverbindungen aufwies. Das unausgewaschene, stark sodahaltige Bariumcarbonat wird sodann mit Wasser 1 Stunde lang bei 2 Atm. erhitzt und dann gut ausgewaschen. Man erhält ein Produkt von 0,03 % Schwefelverbindungen.

Patentansprüche:

1. Verfahren zur Entschwefelung von technischem Bariumcarbonat nach Patent 427 223, dadurch gekennzeichnet, daß man das in üblicher Weise aus Bariumsulfidlauge durch Kohlensäure gefällte Bariumcarbonat in Gegenwart von Wasser mit Alkalicarbonaten, z. B. Natriumcarbonat oder Natriumbicarbonat, vorteilhaft unter Druck erhitzt und das Reaktionsgemisch durch Auswaschen mit Wasser von den löslich gewordenen schwefelhaltigen Verunreinigungen befreit.

2. Abänderung des Verfahrens nach Anspruch 1, dadurch gekennzeichnet, daß das mit Kohlensäure unter Zusatz von Alkalicarbonaten aus Bariumsulfidlaugen ausgefällte, noch Alkalicarbonat enthaltende Bariumcarbonat in Gegenwart von Wasser unter Druck erhitzt wird, wobei dem zu erhitzenden Gemisch gegebenenfalls weitere Mengen von Alkalicarbonat zugegeben werden.

D. R. P. 427223, B. III, 1201.

Nr. 514742. (P. 55826.) Kl. 12m, 1. Friedrich Pistor in Wuppertal-Elberfeld.

Herstellung löslicher, trockner, kieselsaurer Calciumoxydverbindungen.

Vom 7. Aug. 1927. — Erteilt am 4. Dez. 1930. — Ausgegeben am 19. Dez. 1930. — Erloschen: 1933.

Gegenstand der vorliegenden Erfindung bildet die Herstellung neuer Verbindungen des Calciumoxydes (CaO) mit konzentrierten kieselsauren Lösungen allein und zusammen mit anderen flüssigen Stoffen.

Es ist bekannt, daß 1 Gewichtsteil Calciumoxyd (gebrannter Kalk) und 0,33 Gewichtsteile Wasser sich zu Calciumoxydhydrat oder Staubkalk verbinden. Bei Zusatz von mehr Wasser, bis zum dreifachen Gewicht des Kalkes, entsteht eine weiche, knetbare bis dünnbreiige Masse. Ferner ist die Überführung schlammförmiger Stoffe in trockene, streuförmige Form durch Entziehen des Wassers mittels gebranntem Kalk bekannt, wie auch das Löschen des Kalkes durch Säuren und Salzlösungen. Ebenso verwendet man in der Preßkohlenfabrikation den gebrannten Kalk in Verbindung mit Sulfitablauge zur Herstellung eines breiartigen, knetbaren Klebemittels.

Versuche haben nun ergeben, daß Calciumoxyd in hohem Maße, fast bis zum Dreifachen seines eigenen Gewichtes, kieselsaure Lösungen aufzunehmen vermag, ohne seine Trockenform zu verlieren, wenn diese Lösungen stark konzentriert, wenig Wasser enthaltend sind. Bei dieser Vereinigung entsteht eine aufquellende, trokkene, lockere, weich- bis hartkörnige bzw. feinbis grobkörnige Verbindung, die für die weitere Verwendung noch einer Feinmahlung unterworfen wird. Wird die kieselsaure Lösung über das Aufnahmevermögen des Calciumoxydes hinaus in größerer Menge zugesetzt, so entsteht die gleiche Verbindung mit einem Rückstand an flüssiger Lösung. Eine Auflösung des gebrannten Kalkes in eine dünne, breiige Masse findet hierbei nicht statt. Beispielsweise wird Wasserglas von 40 bis 45° Stärke von Calciumoxyd in der 2,5- bis 2,8fachen Menge des Kalkgewichtes ohne feuchten Rückstand aufgenommen, wobei die Güte des gebrannten Kalkes seine Aufnahmefähigkeit mit beeinflußt. Weitere Versuche ergaben die Möglichkeit, mit gebranntem Kalk außer der kieselsauren Lösung gleichzeitig noch einen ergänzenden flüssigen Stoff zu verbinden, ohne daß die Trockenform des Kalkes verlorengeht, beispielsweise konservierende oder gerbsaure Lösungen von Formaldehyd, Tannin, Chlorzink, Kaliumoxalat u. a. Auch diese Lösungen müssen konzentriert, wenig Wasser enthaltend zugesetzt werden, wenn der Kieselsäuregehalt der Verbindung hoch sein soll.

Das Verfahren zur Herstellung dieser neuen Verbindungen ist wie folgt: Der gebrannte Kalk wird stark zerkleinert in einem Gefäß so ausgebreitet, daß das Kalkmehl und die feineren Körner auf den Boden und die gröberen Körner darüber kommen. Diese Kalkschicht wird nun mit der kieselsauren Lösung so übergossen, daß sie davon überdeckt ist. Die Höhe der Kalkschicht und die davon abhängige Menge der Lösung wählt man zweckmäßig nach der Form des Gefäßes (ob flach oder hoch), wobei auf das Quellen und Hochgehen des Kalkes Rücksicht zu nehmen ist. Zur Vermeidung von Wärmeverlusten deckt man das Gefäß zu. Die Verbindung beider Stoffe beginnt mit fühlbarer Wärmeerscheinung und dauert bis zu mehreren Stunden wobei in der letzten Viertelstunde meist ein starkes Sieden der Lösung bemerkbar ist.

Werden zwei Lösungen mit Calciumoxyd verbunden, beispielsweise Natronwasserglas und Formaldehyd, so wird zuerst die ergänzende Lösung Formaldehyd in das Gefäß eingebracht, mit Calciumoxyd in oben beschriebener Weise zugedeckt und dann das Wasserglas darübergegossen.

Die kieselsaure Lösung kann während des Verbindungsvorganges mit an sich neutralen pulverförmigen Stoffen, wie Kaolin, Kieselgur, Talkum, Holzmehl u. a., zugedeckt werden.

Beispiele

Versuch 1: 100 g gebrannter Kalk wurden mit 200 ccm Natronwasserglas von 44 bis 45° Stärke verbunden. Gesamtgewicht vor der Verbindung = 375 g, nach der Verbindung = 360 g. Kein flüssiger Rückstand.

Versuch 2: 200 g gebrannter Kalk wurden mit 360 ccm Kaliwasserglas von 42° Stärke verbunden. Gewicht vor der Verbindung = 659 g, nach der Verbindung = 592 g. Kein flüssiger Rückstand.

Versuch 3: 100 g gebrannter Kalk wurden mit 200 ccm Natronwasserglas von 40 bis 42° Stärke und 10 ccm Formaldehyd von 40° Stärke verbunden. Gewicht vor der Verbindung = etwa 361 g, nach der Verbindung = 360 g. Kein flüssiger Rückstand.

Versuch 4: 100 g gebrannter Kalk wurden mit 190 ccm Natronwasserglas von 40 bis 42° Stärke und 10 ccm Chlorzinklösung 1:1 verbunden. Gewicht vor der Verbindung = 353 g, nach der Verbindung = 350 g. Kein flüssiger Rückstand.

Versuch 5: 100 g gebrannter Kalk wurden mit 150 ccm Natronwasserglas von 40 bis 42° Stärke und 20 g Tannin in 10 ccm Wasser aufgelöst verbunden. Gewicht vor der Verbindung = 318 g, nach der Verbindung = 306 g. Kein flüssiger Rückstand.

Die nach vorliegender Erfindung hergestellten neuen Stoffe sollen vorzugsweise Verwendung finden zur Herstellung von Kaltleimen, Farben und künstlichen Massen, wie auch zu anderen gewerblichen Zwecken.

Die Vorteile der in vorliegender Erfindung geschilderten Verfahren liegen darin, daß beispielsweise kieselsaure und mit ihr zusammen andere Lösungen, soweit sie mit Calciumoxyd verwendet werden, in die für den Handel günstigere und weniger Verluste bringende Form eines trockenen, in Wasser sofort auflösbaren Pulvers gebracht werden können, wodurch bei Verwendung dieser neuen Stoffe beispielsweise zur Herstellung von Kaltleimen und Farben durch Fortfall besonderer flüssiger Zusätze zur Erzielung der Wasserfestigkeit oder anderer bestimmter Eigenschaften die Anwendungsmöglichkeit dieser Leime und Farben wesentlich vereinfacht wird Durch das ergänzende Verfahren können zwei Stoffe, beispielsweise Wasserglas und Formaldehyd, für längere Zeit ohne gegenseitige Einwirkung aufeinander durch das Calciumoxyd vereinigt werden.

Die Aufnahmefähigkeit des Calciumoxydes für konzentrierte Lösungen richtet sich, wie die angestellten Versuche zeigten, nach dem Wassergehalt der Lösungen. Die besten Ergebnisse werden erzielt, wenn die Lösungen nicht über die Hälfte des Gewichtes des damit zu verbindenden Calciumoxydes an Wasser enthalten. Je konzentrierter also die Lösungen sind, um so gehaltreicher kann die neue Verbindung hergestellt werden. Das Mengenverhältnis zwischen Calciumoxyd und Lösung richtet sich sonst nach dem beabsichtigten Gehalt an Kieselsäure bzw. der ergänzenden Lösung.

Patentansprüche:

1. Verfahren zur Herstellung löslicher, trockner, kieselsaurer Calciumoxydverbindungen, insbesondere zur Herstellung von Kaltleimen, Farben und künstlichen Massen, gekennzeichnet durch Verbindung des Calciumoxydes mit konzentrierten Lösungen kieselsaurer Stoffe.

2. Verfahren nach Anspruch 1, gekennzeichnet durch die gleichzeitige getrennte Hinzufügung nicht kieselsaurer, flüssiger Stoffe.

Magnesiumverbindungen.

Literatur:

Ullmann, *Enzyklopädie der technischen Chemie,* II. Aufl., Magnesiumverbindungen von H. Friedrich. — P. Pascal, *Traité de chimie minérale.* Glucinium, magnesium, zinc, cadmium, Paris (1932). — M. Y. Eaton, Brom- und Magnesiumverbindungen vom westamerikanischen Buchten- und Hügelland, *Chem. metallurg. Engin.* **38**m, 638 (1931).

Magnesiumoxyd: R. Banco, Magnesit und seine Verarbeitung, Dresden und Leipzig 1932. — J. Schadler, Über einige Bosnische Magnesitvorkommen, *Berg- u. Hüttenmännisches Jahrb.* **79,** 109 (1931). — C. Büttner, Über die chemische Untersuchung von Magnesit, Sorelzement u. dergl., *Chem. Ztg.* **56,** 23 (1932). — Anonym, Die Magnesia, *Rev. gén. Matières plast.* **7,** 715, 717 (1931). — P. M. Tyler, Magnesit, *Dpt. Commerce Bureau Mines.Inf. Circ.* 6437 (1931).

L. Cambi, Untersuchungen über Extraktionsprozesse zur Gewinnung der Magnesia aus Dolomit, *Giorn. Chim. ind. appl.* **12,** 438 (1930). — E. Sauer und J. Huter, Über die Umsetzung von Magnesiumsalzen mit Calciumcarbonat bei erhöhtem Dampfdruck, *Z. anorg. Chem.* **195,** 241 (1931). — W. Büssem und F. Köberich, Die Entwässerung des Brucits, *Z. physikal. Chem. Abt.* B. **17,** 310 (1932). — B. G. Panteleimonow, Methoden zur Gewinnung basischer Magnesia, *Journ. prikl. Chim. (russ.)* **1929,** 199. — J. H. Chester und W. Weyl, Das Mauken totgebrannten Magnesits, *Trans. ceramis Soc.* **31,** 295 (1932).

E. Ryschkewitsch, Feuerfeste Materialien zum Arbeiten bei hohen Temperaturen, *Chem. Metallurg. Engin.* **39,** 85 (1932). — K. Endell, Gegen Temperaturänderungen unempfindliche Magnesitsteine, *Stahl u. Eisen* **52,** 759 (1932). — L. Jordan, Gestampftes Magnesitfutter für Stahlschmelzöfen ohne Verwendung von Eisenoxyd, *Metals & Alloys* **3,** 22 (1932).

Magnesiumchloride: B. G. Panteleimonow, Chlormagnesiumfabrikation in Deutschland, *Journ. chem. Ind.* (russ.) **7,** 1488 (1930). — S. S. Markow, Entwässerung des Magnesiumchloridhexahydrats, *Metallurg* (russ.) **6,** 69 (1931). — I. G. Schtscherbakow und A. K. Raspopina, Darstellung von wasserfreiem Magnesiumchlorid durch Einwirkung von Chlor auf Magnesiumoxyd in Gegenwart von Kohle, *Technik des Urals* **7,** Nr. 5/6, 16 (1931). — W. P. Iljinski, N. P. Lapin und T. W. Korobotschkina, Darstellung von wasserfreiem Magnesiumchlorid aus Magnesiumoxyd und Chlorwasserstoff, *Journ. chem. Ind.* (russ.) **8,** Nr. 20, 1 (1931).

C. R. Bury und E. H. R. Davies, Das System Magnesiumoxyd-Magnesiumchlorid-Wasser, *Journ. chem. Soc. London* **1932,** 2008. — H. S. Lukens, Die Zusammensetzung von Magnesiumoxychlorid, *Journ. Amer. chem. Soc.* **54,** 2372 (1932). — W. Dawihl, Die Zusammensetzung von Magnesiumoxychlorid, *Tonind. Ztg.* **56,** 781 (1932). — Anonym, Magnesia Zemente, *Rev. Matéviaux Constr., Travaux Publics* **1928,** 142.

Magnesiumsulfate: K. Czarnecki, Magnesiumsulfat in den polnischen Kalisalzlagerstätten, *Przemysl Chemiczny* **16,** 132 (1932). — B. Wandrowsky, Darstellung von Reinkieserit, *Mitt.Kali-Forschungs-Anstalt* **1931,** 1.

Verschiedenes: F. Reinhart, Magnesiumorthosilicat als feuerfester Baustoff, *Deutsche Ziegel Ztg.* **1932,** 119.

Oxyd und Hydroxyd. Zur Gewinnung des Magnesiumoxydes stehen in der Natur die Magnesite und Dolomite zur Verfügung. Man kann beide so brennen, daß das Calciumcarbonat undissoziert bleibt und man dieses vom entstandenen MgO trennen kann. Die D.R.P. 500602 und 519420 geben neue Wege zur Lösung dieser Aufgabe an.[1]) Für die chemische Trennung des MgO vom stärker basischen CaO finden sich in den ausländischen Patenten der Berichtszeit mehrere Beispiele.[2])

---

[1]) E. P. 320937, T. Hughes, harter Magnesit wird mit verd. H_2SO_4 behandelt und feines, suspendiertes $MgCO_3$ abgetrennt.

[2]) E. P. 317961, T. Twynam, Magnesia aus Lösungen von Dolomit in HNO_3 mittels gebranntem Dolomit.

E. P. 376683, Klöckner Werke A.-G., Darstellung von $Ca(NO_3)_2$ und $Mg(OH)_2$ aus Dolomit und HNO_3. (Fortsetzung siehe nächste Seite.)

Aber auch die künstliche Herstellung von Magnesia aus den Magnesiumsalzlösungen hat ein technisches Interesse. Das Verfahren des D.R.P. 487 114 will die meist sehr schlechte Filtrierbarkeit des gefällten $Mg(OH)_2$ erträglicher gestalten. Das Verfahren zur thermischen Dissociation des Magnesiumchlorides sei es mit Wasserdampf oder mit Luft, das so viel bearbeitet worden ist und so viel Hoffnungen enttäuscht hat, ist nur mit einem D.R.P. vertreten (D.R.P. 468 136). Legt man zu den Betrachtungen über das Verfahren die von W. Moldenhauer seiner Zeit ermittelten Gleichgewichtskonstanten und Reaktionsgeschwindigkeiten zu Grunde, so muß man auch heute, nach über 25 Jahren, sagen, daß das Verfahren die technische Reife immer noch nicht erlangt hat.

Das Hauptanwendungsgebiet des Magnesiumoxydes ist und bleibt das als feuerfeste Steine für die Stahlbereitung. Man kann auf diesem Gebiete noch manche Fortschritte erwarten, denn die Eigenschaften des reinen MgO als hochfeuerfester und chemisch widerstandsfähiger Stoff sind ganz ausgezeichnete.

Magnesiumchlorid. Die durch den Flugzeugbau gewaltig gestiegene Erzeugung an Magnesiummetall macht sich in dem erhöhten Interesse an der einfachen und billigen Erzeugung von wasserfreiem Magnesiumchlorid bemerkbar. Man kann hier zwei ganz verschiedene Gesichtspunkte erkennen, die in den Verfahren der D.R.P. niedergelegt sind. Einmal die Gruppe der Verfahren, die zum Gegenstand die Entwässerung des hydratischen Magnesiumchlorides haben, das entweder aus den großen Vorräten der Kalilager stammt oder billig aus Abfallsalzsäure und Magnesit erzeugt werden kann (s. die D.R.P. B. III. 1208, ferner hier die D.RP. 529 190, 545 194, 483 393 und weitere in der ausländischen Patentliteratur[1]), dann die anderen Verfahren die zum wasserfreien Magnesiumchlorid aus dem Oxyd mit Chlor (oder HCl) und Kohle gelangen.[2]) Die letzteren Verfahren haben den großen Vorzug, daß das Chlor, das bei der Elektrolyse entsteht, im Kreislauf gehalten werden kann und man keine Schwierigkeiten mit der Beseitigung dieses Produktes hat, das zudem in einer minderwertigen Form vorliegt. (Patente der I. G. Farben).

Die große Zahl der ausländischen Patente[3]), die zum Gegenstand, Verfahren zur Darstellung von wasserärmeren Formen des Magnesiumchlorides (Tetra-, Di- und Mono-Hydrat) haben, stehen nur zu einem geringen Teil in Zusammenhang mit der Darstellung des wasserfreien Chlorides. Das Magnesiumchlorid hat an sich in der hydratischen Form noch andere Verwendungsgebiete, die nicht unterschätzt werden dürfen, so in der Textilindustrie, in der Kälteindustrie, als Auftaumittel u. s. w. Die Vorzüge der wasserärmeren

---

F. P. 732368, Soc. D'Etudes et Réalisations dite „Ereal", $Ca(NO_3)_2$ aus Dolomit mittels HNO_3.

F. P. 700455, Soc. Prod. Chim. Terres Rares, Gebrannter Dolomit wird mit HCl- oder NH_4Cl-Lösung so behandelt, daß nur das Ca in Lösung geht.

F. P. 711291, L. G. Laurent und E. J. Baze, Kombinationsverfahren zur Verarbeitung von Dolomit kombiniert mit dem Tilghmanverf. zur Darstellung von HCl und Aluminat aus NaCl und Al_2O_3.

F. P. 715495, L. G. Laurent und E. J. Baze, Kombinationsverfahren zur Aufarbeitung von Dolomit mittels CaS und $CuSO_4$.

1) 1837353, Dow Chemical Co., Entwässern von wasserarmen $MgCl_2$ in HCl-Gas um 280°.

A. P. 1877733, Texas Chemical Products Co., Entwässerung von $MgCl_2$ oder $CaCl_2$ feinverteilt in heißem trocknen Gasstrom.

2) A. P. 1771628, D. Hirstel, $MgCl_2$ aus $Mg(OH)_2$ mit HCl.

A. P. 1865228, Dow Chemical Co., wasserfreies $MgCl_2$ aus $MgCl_2$-Lösungen die mit MgO versetzt sind, die getrocknete feste Masse wird um 280° mit HCl behandelt.

A. P. 1801661, Dow Chemical Co., $MgCl_2$ aus $Mg(OH)_2$ und Cl_2 s. a. E. P. 339504.

A. P. 1876084, Magnesium Development Corp., aus feinverteiltem MgO suspendiert in CO u. Cl_2 um 700°. A. P. 1876085, mit feinverteiltem C.

F. P. 725746, I. G. Farbenindustrie, $MgCl_2$ aus MgO, Cl_2 u. C, das entweichende HCl dient zur Darstellung von $MgCl_2$ in wäßriger Suspension von $Mg(OH)_2$.

3) A. P. 1871411, 1871428, 1871435, Dow Chemical Co., $MgCl_2 \cdot 4\,H_2O$ in Flockenform.

A. P. 1874735, Dow Chemical Co., Entwässern von $MgCl_2 \cdot 4\,H_2O$ zum Monohydrat um 300° mit heißen Gasen im Gegenstrom.

A. P. 1835818, Dow Chemical Co., stufenweise Entwässerung von $MgCl_2 \cdot 4\,H_2O$ zu $MgCl_2 \cdot H_2O$.

A. P. 1874373, Dow Chemical Co., Entwässern von $MgCl_2 \cdot 2\,H_2O$ zu $MgCl_2 \cdot 1\,H_2O$ um 230—300° oder im HCl Atmosphäre um 280°.

Formen sind die Ersparnisse an Fracht. die einfache Verpackung und Handhabung, dann, daß sie bei Aufnahme von etwas Feuchtigkeit nicht gleich zerfließen wie das Hexahydrat, sondern das Wasser unter Bildung der höheren Hydrate binden.

In der ausländischen Patentliteratur sind noch Verfahren zu finden für die Darstellung[1]) und Konzentration[2]) von $MgCl_2$-Lösungen und für die Trennung des $MgCl_2$ vom $CaCl_2$ aus gemischten Lösungen[3]) durch Kristallisation, wobei die Bildung und Spaltung des Tachhydrites $CaCl_2 \cdot 2\,MgCl_2 \cdot 12\,H_2O$, bei höheren Temperaturen eines Doppelsalzes $MgCl_2 \cdot 2\,CaCl_2 \cdot 6\,H_2O$ von wesentlichem Einfluß ist. Mischungen von $MgCl_2$ und $CaCl_2$ in Lösung werden als Kühlsolen benutzt[4]).

Magnesiumsulfat. Für das Magnesiumsulfat ist ein neues großes Anwendungsgebiet als Zusatz zu den Fällbädern der Viskosekunstseide gefunden worden. Das erklärt die Beschäftigung mit Verfahren zu seiner Darstellung in gereinigtem Zustande (D.R.P. 514590, 493932) und zu seiner Wiedergewinnung (D.R.P. 509602)[5]).

Magnesiumcarbonate.[6]) Die vielen Patente über die Darstellung der Magnesiumcarbonate und der Doppelcarbonate hängen mit einer verstärkten Beschäftigung mit dem Verfahren von Engel-Precht zur Darstellung von Pottasche zusammen, hierüber ist schon im Abschnitte Kaliumsalze S. 2503 berichtet worden. Die dort untergebrachten Patente

---

[1]) A. P. 1749211, Dow Chemical Co., das bei der $MgCl_2$-Elektrolyse entstehende Cl_2 wird mit SO_2 zu HCl reduziert und mit dieser Dolomit gelöst, die Lösung wird mit gebranntem Dolomit auf $MgCl_2$ verarbeitet.

F. P. 711725, I. G. Farbenindustrie, Verarbeiten von $CaCl_2$-$MgCl_2$-haltige Laugen mit gebranntem Dolomit.

A. P. 1808362, Dow Chemical Co., $MgCl_2$ aus Solvay-Soda-Ablaugen mit partiell kaustiziertem Dolomit.

[2]) A. P. 1789385, Dow Chemical Co., Konzentration von $MgCl_2$-Lösungen, Anwendung von Ni-Rohren und Korrosionschutz durch Aluminium.

A. P. 1593440, Dow Chemical Co., $MgCl_2 \cdot 6\,H_2O$ in Flocken.

[3]) A. P. 1738492, Dow Chemical Co., Mischungen mit mehreren Chloriden mit $MgCl_2$ oder $CaCl_2$ Aufarbeitung zu $CaCl_2 \cdot MgCl_2 \cdot 6\,H_2O$.

A. P. 1769885, 1769886, Dow Chemical Co., Darstellung von Tachhydrit aus konzentrierten, entsprechend zusammengesetzten Lösungen der Komponenten.

A. P. 1768797, Dow Chemical Co., man scheidet $CaCl_2$ von $MgCl_2$ ab als Tachhydrit indem man die gemischte Lösung bis 160° eindampft und bis 117° abkühlt.

A.P. 1780098, Dow Chemical Co., Trennen von Ca- und Mg-Chlorid durch Fraktionierung und Abscheidung von Tachhydrit.

A. P. 1829539, Dow Chemical Co., Trennung von $MgCl_2 \cdot 12\,H_2O$ von $CaCl_2$ bei Temperaturen unter -21°.

A. P. 1843760, 1843761, 1843867, Dow Chemical Co., fraktionierte Trennungen von $MgCl_2$ von $CaCl_2$.

A. P. 1796920, Dow Chemical Co., $CaCl_2$- und $MgCl_2$-haltige NaCl-Laugen werden unter Abscheidung von NaCl. dann von Tachhydrit eingedampft. Dieser wird zur Gewinnung von $MgCl_2 \cdot 6\,H_2O$ mit Wasser gespalten.

[4]) A. P. 1592971, Can. P. 277344, Dow Chemical Co., nicht zerfließende Mg- oder Ca-Chloride durch Zumischen der entwässerten Salze.

Oest. P. 126347, Stratmann und Werner, Chem. Fabrik, Kühlsole mit $MgCl_2$, $CaCl_2$, KCl u. NaCl.

A. P. 1823216, D. F. Smith, Kühlflüssigkeit für Kälteanlagen $MgCl_2$, Mg-Acetat, Mg-Chromat.

[5]) F. P. 722563, L. G. Laurent und E. J. Baze, $MgSO_4$ aus Dolomit mit SO_2, die Sulfite werden durch Luft oxydiert s.a. F. P. 711291, 715495.

A. P. 1865224, Dow Chemical Co., $MgSO_4$; aus $Mg(OH)_2$ und SO_2 werden Sulfite gewonnen, die mit Katalysatoren oxydiert werden.

A. P. 1815735, Dow Chemical Co., kristallisiertes $MgSO_4$ durch Vakuumkühlung einer heiß gesättigten Lösung.

F. P. 731144, Metallgesellschaft, Entwässern von $MgSO_4 \cdot 7\,H_2O$ im Vakuum unter Vermeidung des Schmelzens und Erhitzung durch den ausgetriebenen überhitzten Wasserdampf.

[6]) F. P. 699417, Comp. des Prod. Chim, de la Seine, Voluminöses bas. Mg-Carbonat, gebrannter Dolomit wird mit $MgCl_2$ Lösung behandelt, aus der Lösung wird $CaCO_3$ mit CO_2 unter Druck ausgefällt und die Bicarbonatlösung des Mg gespalten.

zur Gewinnung der Pottasche werden durch die hier verzeichneten, die zusammen das ganze Verfahren bestimmen, ergänzt.[1])

Schließlich wäre noch auf zwei D.R.P. 535244 u. 535446 hinzuweisen, die basische Magnesiumcarbonate mit Fasern gemischt als Isoliermassen vorschlagen.

Übersicht der Patentliteratur.

Magnesiumverbindungen.

1. Oxyd und Hydroxyd. (S. 2728.)

D. R. P.	Patentnehmer	Charakterisierung des Patentinhaltes
500 602	Steierische Magnesit-Ind.	Reines MgO aus unreinen Carbonaten durch partielle Dissociation, vorsichtiges Pulvern und Absieben
519 420	Rhein. Westfälische Kalkwerke	Partielles Brennen von Dolomit, vor Sichtung wird MgO in $Mg(OH)_2$ übergeführt
487 114	R. Monterumici	Schweres $Mg(OH)_2$ aus Mg-Salzen mit NH_3 unter Rühren
460 418	Dynamidon-Werk	Massen aus MgO, das feinst gemahlen, mit unter 2% Flußmittel unter 1700° gebrannt
468 136	J. Kersten	Ringofen zur Zersetzung von $MgCl_2$

2. Wasserfreie und wasserarme Chloride. (S. 2736.)

D. R. P.	Patentnehmer	Charakterisierung des Patentinhaltes
485 488	Stratmann & Werner chem. Fabrik	H_2O-armes $MgCl_2$, Wasser wird durch Mahlen im Vakuum entzogen
529 190	Preussag	Trocknen von $MgCl_2$-Hydrat im HCl-Strom nach vorherigem Entlüften
545 194	H. G. Lacell	Allmähliche Zugabe des Hydrats zu $MgCl_2$-Schmelze
480 079	I. G. Farben	Wasserfreies Chlorid aus zerstäubtem Oxyd mit $CO+Cl_2$ in Flammen
502 646	I. G. Farben	Aus MgO-haltigen $MgCl_2$-Schmelzen, die gegebenenfalls C enthalten mit Cl_2, HCl oder Phosgen in Rieseltürmen
509 601	I. G. Farben	Desgl. mit den Formlingen nach D.R.P. 450 979 B. III, 1211
523 800	I. G. Farben	Desgl. Anwendung auf andere Ausgangsstoffe und auf andere Chloride (LiCl, $ZnCl_2$, $CaCl_2$)
506 276	I. G. Farben	Reduzierende Chlorierung von stückigem Magnesit im Gegenstrom im Schachtofen über Koksschicht
483 393	Comp. Prod. Chim. Froges et Camargue	Aus wasserfreiem Carnallit durch Herauslösen mit Alkoholen

[1]) F. P. 701529, R. Moritz. Ca- und Mg-Carbonate aus gebranntem Dolomit mit CO_2 und Erdalkalichloriden unter Druck, aus der Mg-Dicarbonatlösung kann man auch K_2CO_3 darstellen.

F. P. 708712. Maison Camus-Duchemin, Soc. Gén. d'Evaporation u. A. Wiener, Magnesia; kaustisch gebranntes Mg-Mineral mit CO_2 zu Dicarbonat gelöst, $MgCO_3 \cdot H_2O$ abgeschieden und zu MgO gebrannt.

A. P. 1864063, Philip Carey Mfg. Co., Aufarbeiten von Abfallaugen der Herstellung von basischen Mg-Carbonat mittels $Ca(OH)_2$.

F. P. 725818, E. Urbain, $KHMg(CO_3)_2 \cdot 4\,H_2O$ aus $MgCO_3$, KCl und NH_4HCO_3.

Zus. P. 40612, aus Sylvinit $MgCl_2$ und $NaHCO_3$.

F. P. 728951, E. Urbain, Ammoniummagnesiumcarbonat aus NH_4Cl, CO_2 und MgO, oder gebrannten Dolomit.

D. R. P.	Patentnehmer	Charakterisierung des Patentinhaltes
		3. Verschiedenes. (S. 2746.)
510 094	Kafa	NH_4- und K-Carnallit aus Mutterlaugen mit NH_4Cl oder KCl und festem $MgCl_2 \cdot 6\,H_2O$
488 029	Aussiger Verein	$MgSO_4$ aus Dolomit, Seite 2708
514 590	Kali-Chemie	Konzentrierte $MgSO_4$-Lösungen durch Übersättigen von dünnen Kieserit-Lösungen mit entwässertem Kieserit
493 932	Kali-Werke Aschersleben und A. Witte	Trennen des Kieserit von $CaSO_4$ durch Überführen in Syngenit und mechanischer Abtrennung
509 602	E. Rodolfo	$MgSO_4$ aus gebrauchten Kunstseide-Fällbädern mittelst Kalk oder gebranntem Dolomit und CO_2
545 071	Kali-Chemie	Magnesit aus Mg-Carbonaten mit Alkalidicarbonaten unter Druck über 100°
552 738	Kali-Chemie	Desgleichen mit NH_4HCO_3
488 246	C. Hinrichsen	Mg-Carbonat aus feuchten Salzen mit Alkalicarbonaten in Kugelmühlen, S. 2718
517 496	Kali-Chemie	Umsetzung von Mg-Salzen mit $(NH_4)_2CO_3$ zu Doppelcarbonat, das zu $MgCO_3 \cdot 3\,H_2O$ mit Mg-Salzlösungen gespalten wird, Seite 1267
505 304	Aussiger Verein	Grobes $MgCO_3 \cdot 3\,H_2O$ aus $KHCO_3 \cdot MgCO_3 \cdot 4\,H_2O$ in $KHCO_3$-Lösung bei 80° mittels $Mg(OH)_2$
506 635	Aussiger Verein	Grobes $MgCO_3 \cdot 3\,H_2O$ desgl. teilweise Spaltung des Doppelcarbonats mit Wasser bei niederer Temperatur
561 485	Aussiger Verein	Grobes $MgCO_3 \cdot 3\,H_2O$ aus Mg-Salzl. mit NH_3 und CO_2
556 514	Lüneburger Isoliermittel u. chem. Fabrik	Basische Carbonate aus $Mg(OH)_2$ suspendiert in Wasser und Feuergasen
505 316	Kali-Chemie	Calcinieren von $KHCO_3 \cdot MgCO_3 \cdot 4\,H_2O$ unter Zusatz von calciniertem Gut (MgO)
500 235	Dr. Solt & Mr. pharm. Kronstein u. H. Rubinstein	Na-Mg-Carbonat in an $NaHCO_3$ gesättigter Lösung um 70°
535 244	Kali-Chemie	Mischt $MgCO_3 \cdot 3\,H_2O$ mit Fasern und wandelt es nach der Formgebung durch Erhitzen in bas. Carbonat um
535 448	Lüneburger Isoliermittel A.G.	Isoliermittel aus basischen Mg-Carbonaten mit Fasern, verbunden mit Kalkmilch, Formen und Trocknen der Massen
480 342	Rhein. Westfälische Kalkwerke	Reines CO_2 aus Mg-(di)-carbonatlösungen durch Verkochen, Seite 2256

siehe auch Kaliumsalze 2. c., Kaliumcarbonat S. 2505, ferner Magnesiumnitrate unter Stickstoffdünger II. a. S. 1828; Magnesiumverbindungen enthaltende Mischdünger unter II. b. S. 1829, III. b., c., d. S. 1830

Nr. 500 602. (St. 43 540.) Kl. 12 m, 3. STEIRISCHE MAGNESIT-INDUSTRIE A.G. IN WIEN.

Verfahren zur Gewinnung von kaustischer Magnesia für technische Zwecke aus unreinem Magnesit und magnesithaltigem Gestein.

Vom 4. Dez. 1927. — Erteilt am 5. Juni 1930. — Ausgegeben am 26. Juni 1930. — Erloschen: 1935.

Das vorliegende Verfahren bezweckt die Gewinnung von technisch verwertbarer kaustischer Magnesia aus natürlichen Rohprodukten, bei denen die neben dem Magnesiumcarbonat vorhandenen Bestandteile derart beschaffen sind, daß sie bei der zum Entsäuern des Magnesiumcarbonates notwendigen Temperatur in ihrer Härte nicht oder nur wenig verändert werden.

Es ist bekannt, aus Dolomit auf trockenem Wege Magnesia oder ein Erzeugnis mit erhöhtem Magnesiagehalte in der Weise zu gewinnen, daß man den Dolomit bei 500 bis 600° C brennt, wobei nur das Magnesiumcarbonat die Kohlensäure verliert, und das erhaltene Brenngut sodann pulvert, worauf die leichtere Magnesia von dem schwereren Calciumcarbonat durch Gebläsewind getrennt wird. Auch die vorliegende Erfindung geht davon aus, das magnesithaltige Gestein bei Temperaturen zu brennen, welche die zum Kaustischbrennen des Magnesits, das ist zum Entsäuern des Magnesiumcarbonates, erforderlichen Temperaturen nicht wesentlich überschreiten, so daß der beispielsweise vorhandene Kalk als Calciumcarbonat, Serpentin als Magnesiumsilikat in ihrer natürlichen Härte ganz erhalten oder doch nur wenig verändert werden. Der Erfindung gemäß werden aber alsdann die weicheren magnesiareicheren Anteile des gebrannten Gutes durch milde Zerkleinerung oder durch Abreiben (z. B. in Pochwerken oder Scheuertrommeln) auf kleines Korn gebracht, während die härteren Bestandteile oder nicht gargebrannten Teile größtenteils gröberes Korn behalten und dadurch leicht von einer handelsfähigen kaustisch gebrannten Magnesia geschieden werden können.

In einem durch Dolomit verunreinigten Magnesit ist z. B. Reindolomit $CaCO_3 \cdot MgCO_3$ und Kalk $CaCO_3$ ganz unregelmäßig verteilt. Wird nun ein solches Gut im Schachtofen entsprechend schonend gebrannt, so stellt dieses Gut ein Gemisch mürber und harter Stücke dar, wobei der Gehalt der einzelnen Anteile an CaO zwischen 1 und 25% schwankt. Die Härte des gebrannten Produktes nimmt mit steigendem Kalkgehalt und mit steigendem Kohlensäuregehalt zu. Wird nun das Gut z. B. in einer Scheuertrommel behandelt, so zerfallen nicht nur die aus gut ausgebranntem Magnesit mit dem normalen Kalkgehalt von 1 bis 2% bestehenden Anteile fast augenblicklich, sondern werden auch die immerhin verhältnismäßig weicheren Anteile mit mäßigem Kalkgehalt durch die Einwirkung der harten Partien zerkleinert und zerrieben. Wenn durch entsprechende Einstellung der Scheuerwirkung dafür gesorgt wird, daß nur solche Mengen der kalkhaltigen mürberen Anteile in das Fertigprodukt hineinkommen, daß sich der Kalkgehalt dieses letzteren der oberen zulässigen Grenze annähert, so wird in dieser Weise durch Ausnützung der Scheuerwirkung der harten Anteile auf die weicheren, die Erzielung der Höchstausbeute an handelsfähiger kaustisch gebrannter Magnesia mit sehr einfachen Mitteln ermöglicht.

Im Gegensatz zu dem eingangs erwähnten bekannten Verfahren beruht also das vorliegende Verfahren nicht auf dem Unterschied im spezifischen Gewicht zwischen der kaustischen Magnesia und den davon zu trennenden Bestandteilen, welcher Unterschied z. B. bei der Windsichtung ausgenützt wird, sondern darauf, daß im Zuge des Verfahrens kaustische Magnesia und schädliche Nebenbestandteile in Gruppen von verschiedener Korngröße verarbeitet werden, die durch einfaches Absieben leicht voneinander getrennt werden können, wodurch der Gehalt an fremden Bestandteilen im Endprodukt auf das technisch zulässige Maß verringert wird.

Das Verfahren wird beispielsweise wie folgt ausgeführt: Der Rohstein wird ohne besondere Vorzerkleinerung bei Temperaturen gebrannt, bei denen die Nebengesteinsteile chemisch soweit unverändert bleiben, daß ihre Härte nicht oder nur zum Teil vermindert wird. Zur Aufbereitung des so erzielten Brenngutes kann man sich beispielsweise der in der Zeichnung schematisch dargestellten Apparatur bedienen.

Das Ofengut wird nach erfolgter Handabscheidung der Krebse und groben Stücke sowie nach oberflächlicher Zerkleinerung mittels hölzerner Schlägel auf ein dem Elevator angepaßtes Maß ohne maschinelle Vorzerkleinerung mittels eines Elevators 1 und

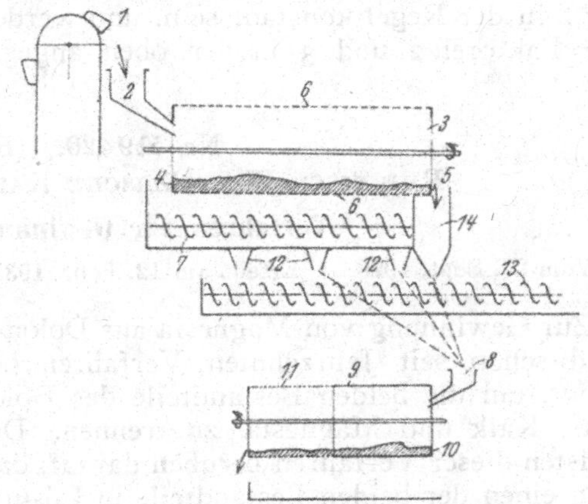

einer Schüttelaufgabe 2 in die Trommel 3 aufgegeben. Diese Trommel besitzt an ihren beiden Enden je einen Bordring 4 und 5, wobei der Bordring auf der Einlaufseite 4 höher ist als der auf der Gegenseite. Die Trommel 3 ist in ihrer ganzen Länge mit einem Sieb 6 bespannt. Das abgesiebte Gut wird von der Sammelschnecke 7 durch die Schuber 12 der Transportschnecke 13 zugeführt.

Normalerweise geht der Übergang durch den Trichter 14 und den Einlauf 8 in eine zweite kleinere Trommel 9, die an der Einlaufseite ebenfalls mit einem Bordring 10 versehen ist. Diese Trommel kann, um eine erhöhte Scheuerwirkung zu erzielen, beim Eintrag ungefähr zur Hälfte ihrer Länge mit Blech ausgekleidet und nur im letzten Teil mit einem Sieb 11 bespannt sein.

In der Scheuertrommel 3 nimmt naturgemäß der Kalkgehalt des Siebdurchfalls gegen den Austrag hin zu. Mit Hilfe der Schuber 12 kann das Siebgut in mehrere Qualitätsklassen geteilt und getrennt ausgetragen werden, so daß bei der Verarbeitung von kalkreicherem Gut auch schon die aus dem letzten Teil der Trommel 3 durchfallenden Mengen des Siebgutes in die zweite Trommel 9 geleitet werden können, wo infolge der engeren Maschenweite des Siebes auch aus diesem Gut der größte Teil des Kalkes entfernt werden kann.

Es stehen, um das Verfahren der wechselnden Beschaffenheit des aufgegebenen Gutes anpassen zu können, drei veränderliche Hilfsmittel zur Verfügung:

1. Die Umdrehungszahl der Trommel bzw. die Größe der Trommel, welche beiden Faktoren die Umfangsgeschwindigkeit des auf dem Siebe liegenden Scheuergutes bestimmen,
2. die Zeitdauer, während welcher das Material der Scheuerung ausgesetzt wird,
3. die Siebgröße.

Aus betrieblichen Gründen wird der Faktor 1 in der Regel konstant sein, und werden die Faktoren 2 und 3 in der oben angegebenen Art geregelt, wodurch es ermöglicht wird, das Höchstausmaß an technisch verwertbarer kaustisch gebrannter Magnesia auch aus verhältnismäßig kalkreichem Gut herauszubringen. Wesentlich ist, daß vor und nach dem Brennprozeß jede zu weit gehende Zerkleinerung, die auch die harten Teilchen allzusehr in Mitleidenschaft zieht, zu unterbleiben hat. Während es früher unmöglich war, stärker kalkhaltigen Rohstein auf handelsfähige Ware zu verarbeiten, liefert nach dem angemeldeten Verfahren behandelter Rohstein, z. B. bei einem Durchschnittsgehalt von 4% $CaCO_3$ im ungebrannten Rohstein, ein gebranntes Produkt, wovon 75% einen Gehalt von 4% CaO und 25% einen Gehalt bis zu 20% CaO aufweisen.

Patentanspruch:

Verfahren zur Gewinnung von kaustischer Magnesia für technische Zwecke aus unreinem Magnesit oder magnesithaltigen Gesteinen durch Brennen bei Temperaturen, bei denen die Nebengesteinsteile chemisch soweit unverändert bleiben, daß ihre Härte nicht oder nur zum Teil vermindert wird, dadurch gekennzeichnet, daß im gebrannten Gute die weicheren magnesiareicheren Anteile durch milde Zerkleinerung oder durch Abreiben (z. B. in Pochwerken oder Scheuertrommeln) auf kleines Korn gebracht werden, während die Nebenbestandteile größtenteils gröberes Korn behalten und durch Sieben abgetrennt werden.

Nr. 519420. (R. 75831.) Kl. 12m, 3.

Rheinisch Westfälische Kalkwerke in Dornap, Kr. Mettmann.

Verfahren zur Gewinnung von Magnesia aus Dolomit.

Vom 27. Sept. 1928. — Erteilt am 12. Febr. 1931. — Ausgegeben am 27. Febr. 1931. — Erloschen: 1934.

Zur Gewinnung von Magnesia aus Dolomit sind schon seit Jahrzehnten Verfahren bekannt, um die beiden Bestandteile des Dolomits, Kalk und Magnesia, zu trennen. Die meisten dieser Verfahren beruhen darauf, daß man einen der beiden Bestandteile in Lösung bringt.

So erhält man nach dem Pattinsonverfahren eine sehr reine Magnesia, indem man das Magnesiumoxyd in lösliches Magnesiumbicarbonat überführt und dieses durch Filtration von dem unlöslichen kohlensauren Kalk trennt. Bei anderen Verfahren dient die verschiedene Löslichkeit der Sulfate und Sacharate zur Trennung. Auch durch Zugabe von Chlormagnesiumlösung zu gebranntem Dolomit kann man eine Trennung erreichen, weil hierbei eine Umsetzung nach der Gleichung

$$MgCl_2 + CaO = MgO + CaCl_2$$

stattfindet. Es geht also Kalk als Chlorcalcium in Lösung, während sich gleichzeitig Magnesiumhydrat aus dem Chlormagnesium abscheidet. Schließlich ist auch vorgeschlagen worden, durch Auslaugen mit Wasser aus stark gebranntem Dolomit den Kalk zu entfernen oder aus halbgar gebranntem Dolomit die Magnesia zu gewinnen. Alle diese Verfahren erfordern jedoch umfangreiche Vorrichtungen und sind aus wirtschaftlichen Gründen wieder aufgegeben worden.

Im Gegensatz zu den eben genannten rein

chemischen Verfahren ist außerdem vorgeschlagen worden, den Dolomit bei einer Temperatur zu brennen, bei der nur das Magnesiumcarbonat seine Kohlensäure abgibt. Dieses halbgar gebrannte Produkt wird gemahlen und einer Windsichtung unterzogen. Hierbei wird also die Trennung des Magnesiumoxyds vom kohlensauren Kalk mit Hilfe der verschiedenen spezifischen Gewichte erzielt. Da der Unterschied der spezifischen Gewichte aber nicht groß genug ist, kann die Trennung jedoch nur sehr unvollständig sein.

Die vorliegende Erfindung bezieht sich auf eine wesentliche Verbesserung dieses Verfahrens. Nach der Erfindung wird der halbgar gebrannte und gemahlene Dolomit vor der Windsichtung mit so viel Wasser behandelt, daß das Magnesiumoxyd in Hydrat übergeht. Auch kann man gleichzeitig Kohlensäure darauf einwirken lassen, so daß basisches Magnesiumcarbonat entsteht. Auf diese Weise ist der Unterschied der spezifischen Gewichte der zu trennenden Teile so groß, daß die Trennung vollkommen gelingt, denn die so erhaltenen Magnesiumverbindungen haben gegenüber dem kohlensauren Kalk ein verhältnismäßig geringes spezifisches Gewicht.

Ausführungsbeispiele

1. Der Dolomit wird auf 750 bis 800° erhitzt, da bei dieser Temperatur zwar das Magnesiumcarbonat entsäuert, das Calciumcarbonat jedoch nicht angegriffen wird. Die genaue Einhaltung dieser Temperatur ist in einem Drehofen ohne weiteres möglich. Dann wird das Brennprodukt gemahlen, das Magnesiumoxyd durch Wasser in Magnesiumhydroxyd übergeführt und etwa überschüssiges Wasser durch Trocknen entfernt. Das vollkommen trockene Pulver wird den Windsichtern aufgegeben, in denen die Trennung des Magnesiumoxyds von dem kohlensauren Kalk erfolgt.

2. Das wie unter 1 gebrannte und gemahlene Produkt wird in einem geschlossenen Behälter mit so viel Wasser angefeuchtet und unter Druck bei etwa 50° mit Kohlensäure oder kohlensäurehaltigen Abgasen behandelt, daß das Magnesiumoxyd bzw. Hydroxyd in kristallisiertes neutrales Magnesiumcarbonat übergeht. Dieses wird beim Trocknen der feuchten Masse in basisches Carbonat übergeführt. Das getrocknete Produkt wird zur Trennung der Magnesia vom Kalk den Windsichtern aufgegeben.

3. Man kann dieses Verfahren schließlich in das bekannte Verfahren zur Herstellung von Magnesia carbonica aus Dolomit einflechten, indem man halbgar gebrannten Dolomit mit Kohlensäure behandelt, ihn hierbei aber in weniger Wasser aufschlämmt, als zur Auflösung der gesamten im Dolomit enthaltenen Magnesia erforderlich wäre, so daß ein Teil der Magnesia in dem Kalkrückstand verbleibt. Dieser Rückstand wird, nachdem die Magnesiabicarbonatlauge durch Filtration davon getrennt worden ist, getrocknet und der Windsichtung unterzogen.

Patentanspruch:

Verfahren zur Gewinnung von Magnesia aus Dolomit, bei welchem der Dolomit bei einer Temperatur gebrannt wird, bei der nur die Kohlensäure des Magnesiumcarbonates entweicht und das Magnesiumoxyd durch Windsichtung vom kohlensauren Kalk getrennt und danach calciniert wird, dadurch gekennzeichnet, daß das Magnesiumoxyd vor der Windsichtung in Magnesiumhydroxyd oder basisches Magnesiumcarbonat übergeführt wird.

E. P. 319690.

Nr. 487114. (M. 90449.) Kl. 12m, 3. Renato Monterumici in Mailand, Italien.

Verfahren zur Herstellung von schwerem Magnesiumhydroxyd.

Vom 9. Juli 1925. — Erteilt am 14. Nov. 1929. — Ausgegeben am 18. Dez. 1929. — Erloschen: 1930.

Italienische Priorität vom 19. Juli 1924 beansprucht.

Bei der üblichen Herstellungsweise von Magnesiumhydroxyd durch Ausfällen einer Magnesiumsalzlösung mittels Ammoniak erhält man ein gelatinöses, staubförmiges oder aus Mikrokristallen bestehendes Produkt, welches jedoch niemals eine so hohe Dichtigkeit (Schwere) besitzt wie das durch Hydratation des schweren Magnesiumoxyds gewonnene.

Eine solche Dichtigkeit des Magnesiumhydroxyds ist indessen für viele Verwendungszwecke, z. B. zur Herstellung von Isolier- und feuerfesten Stoffen in der Papier-, Lack- und Firnisindustrie, erwünscht. Es ist gefunden worden, daß man ein sehr schweres Magnesiumhydroxyd gewinnen kann, wenn man dem Magnesiumsalz oder dem Ammoniak einen beliebigen Stoff zusetzt, welcher imstande ist, die Abscheidung des Magnesiahydrats so zu erschweren, daß sie nur sehr langsam vor sich geht. Des weiteren hat sich gezeigt, daß dasselbe Resultat sich erreichen läßt durch Anwendung all jener Kunstgriffe, die geeignet sind, eine plötzliche Umsetzung der Produkte zu verhindern bzw. sie zu verlangsamen. So gewinnt man schweres Magnesiumhydroxyd, indem man auf neutrale, saure oder basische Magnesiumsalze oder auf Magnesium-Ammonium-Salze in fester oder gelöster Form überschüssiges Ammoniak unter Rühren bei möglichst niedriger, 20 bis 25° C nicht übersteigender Temperatur einwirken läßt oder solche Stoffe zusetzt, die geeignet sind, die Abscheidung des Magnesiumhydroxyds zu verlangsamen, wie namentlich Ammoniaksalze.

Setzt man der Ammoniaklösung in kaltem Zustand z. B. eine Magnesiumsalzlösung und als solche beispielsweise eine Magnesiumsulfatlösung zu, so ist das gewonnene Produkt schwerer, als wenn das Mischen in warmem Zustand erfolgt, weil die Reaktion langsamer vor sich geht und das sich schon beim Beginn der Reaktion bildende Ammoniumsulfat eher die Reaktion rückgängig zu machen als sie zu beschleunigen trachtet. Es hat sich außerdem herausgestellt, daß, wenn die Mischung erfolgt zwischen Lösungen mit höchstmöglicher Konzentration und bei möglichst niedriger, keinesfalls aber die der Außenluft überschreitender Temperatur, das Produkt schon eine ziemliche Dichte aufweist. Fügt man diesen Lösungen eine ausreichende Menge eines Stoffes zu, welcher geeignet ist, die Ausfällung hintanzuhalten, beispielsweise ein Ammoniumsalz (z. B. Ammoniumsulfat), so ist das sich bildende Produkt bei weitem dichter, ohne daß freilich die Menge des zugesetzten Ammoniumsulfats in direktem Verhältnis zu der gewünschten Schwere ist. Es hat sich jedoch gezeigt, daß eine Konzentration unter 5% keine vollkommenen Resultate gibt, und daß eine Konzentration von 15% und darüber zwar ein dichtes Produkt gibt, aber die Ausbeute zu stark herabsetzt.

Es ist gefunden worden, daß, wenn man in einer ersten Phase über ein basisches Magnesiumsalz geht, entweder durch einen graduellen Ammoniakzusatz oder auf beliebige andere in der Chemie und in der Technik bekannte Weise wieder eine sehr schwere Qualität erhalten wird, besonders unter Anwendung der oben angegebenen Grundsätze. Für die praktische Ausführung der Erfindung eignet sich das Chlormagnesium sehr gut, indem es leicht basische Salze bildet, doch ergibt auch das Magnesiumsulfat basische Salze, die sich zur Fabrikation schweren Magnesiahydrats vorzüglich eignen.

Die Bildung von Magnesiumhydroxyd über basische Salze geht auf folgende Weise vor sich: Behandelt man beispielsweise eine Chlormagnesiumlösung mit einer zur Bildung von Magnesiumhydroxyd unzureichenden Menge Ammoniak, und zwar in den durch folgende Gleichung ausgedrückten Verhältnissen:

$$6\,MgCl_2 + 10\,NH_3 + 5\,H_2O = MgCl_2 + 5\,MgO + 10\,NH_4Cl,$$

so erhält man ein basisches Salz der Formel $MgCl_2 \cdot 5\,MgO$, das bei weiterer Behandlung mit Ammoniak gemäß nachstehender Gleichung in $Mg(OH)_2$ übergeführt wird:

$$MgCl_2 \cdot 5\,MgO + 2\,NH_3 + 7\,H_2O = 6\,Mg(OH_2) + 2\,NH_4Cl.$$

Hierzu sei bemerkt, daß die Verbindungen MgCl*) 2 bis 5 MgO nicht die einzigen basischen Salze sind, welche sich bilden können; denn auf die gleiche Weise kann man bis zur Verbindung MgCl*) · 10 MgO gelangen. In der Praxis MgCl 2 bis 5 MgO nicht die einzigen basischen Salze sind, welche sich bilden können; denn auf die gleiche Weise kann man bis zur Verbindung MgCl · 10 MgO gelangen. In der Praxis empfiehlt es sich, bei der ersten Behandlung von Magnesiumchlorid mit Ammoniak die Menge des letzteren so zu wählen, daß eine Verbindung entsprechend der Formel $MgCl_2 \cdot 7MgO$ entsteht, worauf dann beim Hinzufügen weiteren Ammoniaks im Überschuß eine vollständige Umwandlung in Hydroxyd erfolgt.

Beispielsweise wird in 100 kg einer 22prozentigen Magnesiumsulfatlösung in einen geschlossenen Behälter, der mit einer energisch wirkenden mechanischen Rührvorrichtung versehen ist, unter starkem Rühren langsam eine etwa 20prozentige wäßrige NH_3-Lösung in der Gewichtsmenge von 25 bis 26 kg eingetragen. Die Masse wird noch eine Stunde lang scharf weitergerührt, worauf ein rascheres Zugeben von Ammoniak erfolgt, bis im ganzen wenigstens eine der theoretischen gegenüber doppelte Ammoniakmenge eingeführt ist. Die Mischung wird dann noch wenigstens zwei Stunden lang energisch weitergerührt und schließlich das ausgefällte Magnesiumhydroxyd abfiltriert.

Ein Produkt mit sehr hoher, derjenigen der mit anderen gebräuchlichen Verfahren erhaltenen Produkte gleicher und selbst höherer Dichtigkeit erhält man ferner durch Behandeln von Magnesium-Ammonium-Doppelsalzen mit überschüssigem Ammoniak, sofern diese Behandlung in der Kälte und unter starkem Rühren erfolgt.

Von diesen Doppelsalzen soll hier nur dasjenige beispielsweise betrachtet werden, welches sich als in wirtschaftlicher Hinsicht am praktischsten erwiesen hat und sich bildet, wenn man gesättigte Ammonium- und Magnesiumsulfatlösungen in äquimolekulärem Verhältnis zusammenmischt. Es ergibt sich alsdann eine

*) **Druckfehlerberichtigung: $MgCl_2$.**

ausgiebige Kristallisation eines Salzes, dessen Formel

$$Mg \cdot (SO_4) \cdot (NH_4)_2 \cdot SO_4 + 6\,H_2O$$

ist; dasselbe scheint zuweilen mit anderen Doppelsalzen ähnlicher Konstitution vermischt zu sein.

Behandelt man dieses Salz in Form einer gesättigten wäßrigen Lösung oder in trocknem vorzugsweise gemahlenem Zustand mit überschüssigem Ammoniak, so schlägt sich Magnesiahydrat nieder. Erfolgt die Behandlung in warmem Zustand, so weist das Produkt nur eine geringe Dichte auf, bei Behandlung in der Kälte ist die Dichtigkeit des erhaltenen Magnesiahydrats jedoch außerordentlich groß.

Auch die Behandlung von sauren Magnesiumsalzen, wie von Magnesiumbisulfat ($Mg[HSO_4]_2$) sowie von Magnesiumsupersulfat ($MgSO_4 \cdot 3\,H_2SO_4$) mit überschüssigem Ammoniak ergibt schwere Produkte, was offenbar darauf beruht, daß sich zuerst Ammoniumsalz bildet, weshalb dieser Fall also wieder unter den oben ausführlich besprochenen Fall fällt.

Die praktische Ausführung der den Erfindungsgegenstand bildenden Verbesserungen erfordert keine besondere Apparatur oder Vorrichtung, vielmehr genügt ein mit Rührwerk ausgerüstetes geschlossenes Gefäß. Nach Einfüllen der einzelnen Reagentien wird das Rührwerk in Betrieb gesetzt, bis die Reaktion vollendet ist, und das Produkt sodann filtriert. Die gebrauchten Lösungen werden wieder benutzt.

Es ist festgestellt worden, daß das Rühren nicht nur zu einem gründlicheren Mischen der Reagentien und zur Beschleunigung der Vollendung der Reaktion dient, sondern noch insofern eine sehr wichtige Rolle spielt, als das Rühren die Erzielung einer größeren Verdichtung des Magnesiahydrats sehr wirksam unterstützt. Es besteht sogar ein direkter Zusammenhang zwischen der Rührwerkgeschwindigkeit und der Verdichtung des Produkts, denn je größer die Geschwindigkeit ist, desto dichter wird das Magnesiahydrat. Natürlich gilt dies nur in einem beschränkten Maße; denn nach Erreichung einer gewissen Grenze genügt die Steigerung der Geschwindigkeit allein nicht mehr, um die Densität des Produktes erheblich zu steigern.

PATENTANSPRÜCHE:

1. Verfahren zur Herstellung von schwerem Magnesiumhydroxyd, dadurch gekennzeichnet, daß man auf neutrale, saure oder basische Magnesiumsalze oder auf Magnesium-Ammonium-Doppelsalze in fester oder gelöster Form überschüssiges Ammoniak unter beständigem starken Rühren bei möglichst niederer, 20 bis 25° C nicht übersteigender Temperatur einwirken läßt.
2. Verfahren nach Anspruch 1, dadurch gekennzeichnet, daß man bei der Einwirkung von überschüssigem Ammoniak auf ein in Lösung befindliches Magnesiumsalz entweder dem Ammoniak oder der Magnesiumsalzlösung solche Stoffe zusetzt, die geeignet sind, die Abscheidung des Magnesiumhydroxyds zu verlangsamen, insbesondere ein Ammoniumsalz.

Nr. 460418. (D. 44227.) Kl. 80b, 8.

DYNAMIDON-WERK ENGELHORN & CO. G. M. B. H. IN MANNHEIM-WALDHOF.

Verfahren zur Herstellung hochfeuerfester, gesinterter Magnesitmassen.

Vom 15. Sept. 1923. — Erteilt am 10. Mai 1928. — Ausgegeben am 29. Mai 1928. — Erloschen: 1935.

Zur Herstellung von Sintermagnesit verwendete man fast durchweg Magnesite, die infolge ihres Gehaltes an Flußmitteln, insbesondere an Eisenoxyd, bei den in technischen Öfen erreichbaren Temperaturen gesintert werden können. Flußmittelarme Magnesite reicherte man zu diesem Zweck mit Eisenoxyd an. Ein Nachteil der so erhältlichen Massen besteht darin, daß sie bei hohen Temperaturen nur geringe Standfestigkeit besitzen und unter Belastung erweichen. Ferner sind sie gegen Temperaturschwankungen sehr empfindlich. Man hat zwar auch versucht, euböischen Magnesit, also möglichst flußmittelfreien Magnesit, zur Verarbeitung auf feuerfeste Steine zu verwenden und hat zur Beseitigung der starken Schwindung vorgeschlagen, den Magnesit zunächst kaustisch zu brennen, dann zu pulvern und erneut und zweckmäßig wiederholt zu glühen. Aber auch auf diesem Wege war man nicht imstande, brauchbare feuerfeste Magnesitsteine zu erzeugen, denn das Halbfabrikat war in keiner Weise dicht, und infolgedessen bekamen die aus ihm hergestellten Steine ebenfalls leicht Risse, zersprangen und waren angreifbar.

Hier setzt nun die Erfindung ein, welche eine Vorschrift gibt, aus möglichst reinem Magnesit einen völlig dichten Sintermagnesit zu erzeugen. Dabei findet ebenfalls zunächst ein Kaustischbrennen, sodann Zerkleinern der Masse und erneutes Brennen statt. Gekennzeichnet ist das neue Verfahren dadurch, daß man gebrannte, höchstens 2% Flußmittel enthaltende Magnesia mindestens bis zu einer Feinheit des 4900-Maschen-Siebes mahlt, preßt und bei einer Temperatur unterhalb 1700^0 dicht sintert.

Die so erhaltenen Massen sind raumbeständig, bei hohen Temperaturen standfest und gegen Temperaturschwankungen unempfindlich.

Anstatt die Magnesia trocken zu mahlen, kann man sie auch auf nassem Wege aufbereiten. Es ist in diesem Falle zweckmäßig, flußmittelarmen Magnesit so kaustisch zu brennen, daß er nach dem Brennen ein Maximum der Wasseraufnahmefähigkeit aufweist. Der so gebrannte Magnesit wird mit etwas mehr Wasser, als zum Abbinden erforderlich ist, wie oben bis zur Feinheit des Maschensiebes 4900 gemahlen. Wenn man die Paste kurze Zeit erwärmt, tritt unter Wärmeentwicklung ein Versteifen der Masse ein. Das gebildete Magnesiumhydrat wird darauf brikettiert und bei beispielsweise 1500 bis 1600^0 dicht gesintert.

Eine Ausführungsform des Verfahrens ist also etwa folgende:

Flußmittelarmer Magnesit wird kaustisch gebrannt und nach dem Abkühlen so fein gemahlen, daß auf dem Maschensieb 4900 ein geringer Rückstand verbleibt. Eine übertriebene Feinmahlung ist unter Umständen ungünstig. Das so erhaltene Pulver wird brikettiert und bei etwa 1500 bis 1600^0 dicht gesintert. Die Preßstücke erhalten hierdurch ein völlig festes und dichtes Korn, das geschmolzenem Magnesit sehr ähnlich ist.

Das auf dem angegebenen Wege erhaltene Material wird in bekannter Weise zerkleinert, gekörnt, gemahlen und gesiebt und dann unter Zusatz von abgesiebtem, feinem Pulver (Maschensieb 4900) als Bindemittel geformt oder gepreßt und zu Steinen verarbeitet. Unverformt kann man die gesinterte und zerkleinerte Masse als Mörtel, Kitt, Anstrich- oder Stampfmaterial verwenden.

Bei der Verarbeitung der Sintermasse kann man 5 bis 10% kaustisch gebrannten oder hydratisierten Magnesit als Bindemittel zumischen. Ein Zusatz von wenigen Prozenten Ton oder anderen Bindemitteln erleichtert gegebenenfalls die Formgebung, ohne die Feuerfestigkeit wesentlich herabzusetzen. Bei der Verformung kann man unter Umständen auch verbrennbare Bindemittel, wie Stärke, Teer o. dgl., verwenden.

Die nach dem Verfahren erhältlichen Produkte zeichnen sich neben hoher Feuerfestigkeit durch Raumbeständigkeit und Standfestigkeit bei hohen Temperaturen sowie durch ihre Unempfindlichkeit gegen Temperaturschwankungen aus und besitzen auch eine bemerkenswerte chemische Widerstandsfähigkeit.

Patentansprüche:

1. Verfahren zur Herstellung hochfeuerfester, gesinterter Magnesitmassen für die Erzeugung feuerfester Körper aus flußmittelarmen Magnesit, wobei der Magnesit zunächst kaustisch gebrannt wird, dadurch gekennzeichnet, daß man gebrannte, höchstens 2% Flußmittel enthaltende Magnesia mindestens bis zur Feinheit des 4900-Maschen-Siebes mahlt, preßt und bei einer Temperatur unterhalb 1700^0 C dicht sintert.

2. Verfahren nach Anspruch 1, dadurch gekennzeichnet, daß die vorgebrannte flußmittelarme Magnesia zunächst völlig hydratisiert wird.

Nr. 468136. (K. 93617.) Kl. 12m, 3. Dr. Julius Kersten in Bensheim.

Ringförmiger Kanalofen, insbesondere zum Zersetzen von Chlormagnesium.

Vom 27. März 1925. — Erteilt am 25. Okt. 1928. — Ausgegeben am 7. Nov. 1928. — Erloschen: 1931.

Die Erfindung betrifft die Ausgestaltung eines ringförmigen Kanalofens zum Zersetzen von chemischen Verbindungen durch Einwirkung von heißen Gasen oder Dämpfen. Dieser Ofen ist insbesondere zum Zersetzen von Chlormagnesium durch Wasserdampf zwecks Gewinnung von Salzsäure und Magnesia bestimmt worden. Der Ofen ist in bekannter Weise mit einer drehbaren Ofensohle versehen, welche dazu benutzt wird, den Vorschub des Gutes durch den Ofen zu bewirken. Es wird also z. B. das Magnesiumoxychlorid an einer bestimmten Stelle des Ofens auf die drehbare Ofensohle aufgebracht und die entstandene Magnesia z. B. nach einmaligem Umgang auf der Sohle durch Abstreicher entfernt.

Da während dieses Durchganges des Gutes durch den Ofen die Zersetzung durch Wasserdämpfe herbeigeführt werden soll, ist es notwendig, die Ofensohle möglichst dicht unter der Ofendecke anzuordnen, weil die Gase und der Wasserdampf, die unterhalb der Decke durch den Ofen streichen, in einem Ofen, der nicht vollständig mit Gut ausgefüllt ist, mit dem zu zersetzenden Gut nicht in Berührung kommen.

Durch die neue Anordnung wird es aber möglich, den Wasserdampf oder die Gase mit dem zu zersetzenden Gut, also beispielsweise mit dem Magnesiumoxychlorid, in möglichst innige Berührung zu bringen.

Der Ofen erhält zweckmäßig die Ausbildung als Regenerativgasofen. Die Regeneratorkammern, durch welche Wasserdampf, Generatorgase und Verbrennungsluft geleitet werden, werden dabei gleichmäßig über den ganzen Ofenumfang verteilt. Der Ofen bietet gegenüber anderen Bauarten den Vorteil, daß die abziehenden Verbrennungsgase reicher an Chlorwasserstoff sind und der Wasserdampf, der in dem Generatorgas enthalten ist, durch das Hindurchströmen durch die Regeneratoren überhitzt wird, wodurch die Zersetzung des Chlormagnesiums erleichtert wird. Sollte diese Dampfmenge zum vollständigen Zersetzen des Chlormagnesiums nicht ausreichen, so kann Zusatzdampf in den Gaskanal zwischen Gaserzeuger und Regeneratoren eingeblasen werden.

In der Zeichnung ist der Ofen gemäß der Erfindung beispielsweise dargestellt, und zwar zeigt

Abb. 1 einen Querschnitt durch den gesamten ringförmigen Kanalofen, wobei die mit Schamotte ausgekleideten Teile in ihrer gesamten Ausdehnung schwarz gezeichnet sind.

Abb. 2 zeigt eine vergrößerte Ansicht des Antriebes der Ofensohle und

Abb. 3 einen Querschnitt durch den Ofen in der Höhe der seitlichen Kanäle.

Die Generatorgase und die Verbrennungsluft gelangen durch die Kanäle 5 in die Wärmespeicher, z. B. in die Regeneratorkammern 4, in welchen sie erhitzt werden, durchströmen die Kanäle 3, die durch Schamotteschieber 7 in ihrem Querschnitt regelbar sind,

Abb.1

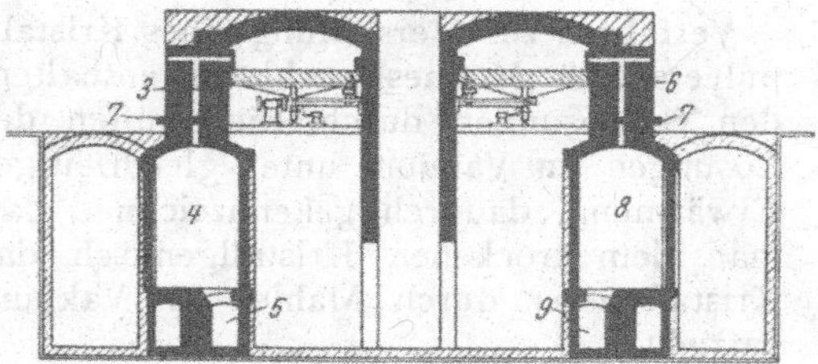

und kommen nach ihrer Vereinigung im Brenner zur Verbrennung. Die Verbrennungsgase ziehen durch die Kanäle 6, welche ebenfalls durch Schamotteschieber regelbar sind, in die Regeneratorkammern 8, wo sie ihre Wärme an die Wandungen und die Gittersteine dieser Kammern abgeben und durch die Kanäle 9 aus dem Ofen abziehen. Nach Umschaltung der Zugrichtung nehmen die Generatorgase, der Wasserdampf und die Verbrennungsluft ihren Weg durch die Kanäle 9 nach den Kammern 8, von hier durch den Ofen und geben ihre Wärme in den Kammern 4 ab, so daß also eine sehr gute Ausnutzung der Wärme der abziehenden Gase stattfindet.

Das Aufbringen des Magnesiumoxychlorides geschieht von oben, während das Abführen der fertigen Magnesia durch Abstreifer 11 seitlich durch die Öffnung 12 erfolgt. Die Ofensohle wird durch einen Zahnbetrieb 15 oder ähnliche geeignete Mittel in langsame Umdrehung versetzt. Die Abstützung der

Abb.2 / Abb.3

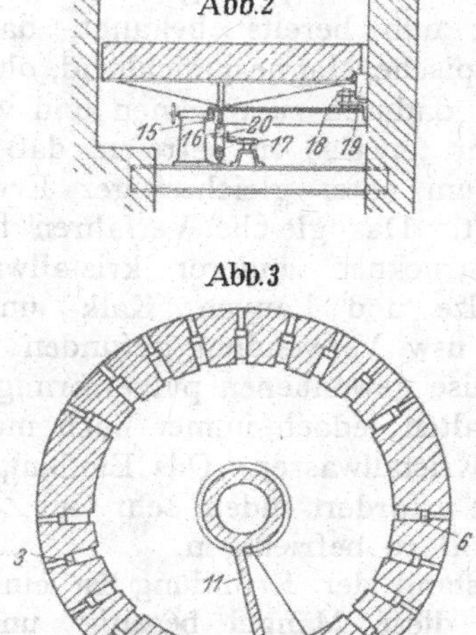

Ofensohle erfolgt durch Tragrollen 16, welche auf einer Schiene laufen. Zur Führung der Ofensohle dienen die Führungsrollen 17 und 18, die an den Führungsschienen 20 bzw. 19 laufen.

Patentansprüche:

1. Ringförmiger Kanalofen, insbesondere zum Zersetzen von Chlormagnesium, dadurch gekennzeichnet, daß der Ofen in an sich bekannter Weise mit einer drehbaren Ofensohle versehen ist, wobei der Ofenringraum mit Wärmespeichern, beispielsweise mit gleichmäßig über den Ofenumfang verteilten Regeneratorkammern (4), verbunden ist, durch welche Wasserdampf, Generatorgase und Verbrennungsluft geleitet werden.

2. Ringförmiger Kanalofen nach Anspruch 1, dadurch gekennzeichnet, daß unterhalb der nahe der Ofendecke befindlichen Ofensohle waagerechte Führungsrollen (17, 18) angeordnet sind.

Nr. 485488. (St. 42310.) Kl. 12a, 7.

STRATMANN & WERNER CHEMISCHE FABRIK IN LEIPZIG.

Verfahren zur Herstellung eines Kristallpulvers aus Magnesiumchlorid enthaltenden Salzlösungen.

Vom 27. Febr. 1927. — Erteilt am 17. Okt. 1929. — Ausgegeben am 31. Okt. 1929. — Erloschen: 1934.

Die Erfindung betrifft ein Verfahren zur Herstellung eines Kristallpulvers aus Magnesiumchlorid enthaltenden Salzlösungen, das insbesondere zur Zubereitung von Kühlsolen für industrielle Zwecke bestimmt ist und gegenüber den große Mengen des Lösungsmittels enthaltenden flüssigen Kühlsolen bedeutende Frachteinsparungen ermöglicht.

Es ist nun bereits bekannt, das stark hygroskopische Magnesiumchlorid, ohne es zu zersetzen, dadurch zu trocknen und vom Kristallwasser teiweise zu befreien, daß man es im Vakuum unter gleichzeitiger Erwärmung eindampft. Das gleiche Verfahren hat auch zum Eintrocknen anderer kristallwasserhaltiger Salze und Laugen, Kalk- und Gipslösungen usw. Verwendung gefunden. Die auf diese Weise gewonnenen pulverförmigen Massen enthalten jedoch immer noch mehr oder weniger Kristallwasser. Das Eindampfen bzw. Trocknen erfordert zudem sehr viel Zeit, ohne jedoch voll zu befriedigen.

Gegenstand der Erfindung ist ein Verfahren, das diese Mängel beseitigt und damit rasch und billig die Herstellung eines soviel als möglich kristallwasserfreien Kühlsolenpulvers gestattet.

Die Erfindung kennzeichnet sich dadurch, daß man dem trockenen Kristallgemisch das Kristallwasser durch Mahlen im Vakuum entzieht. Das Mahlen im Vakuum ist zwar an sich bereits auch bekannt, jedoch nur zum kolloidalen Zerkleinern von festen Stoffen auf trockenem Wege, z. B. von Erzen, nicht aber zum Entziehen des Kristallwassers anorganischer Stoffe oder Verbindungen.

Zur Ausführung des Verfahrens wird beispielsweise wie folgt gearbeitet:

Die flüssige Magnesiumchlorid oder dieses und ein oder mehrere andere Salze, z. B. Magnesiumchlorid und Calciumchlorid, enthaltende Kühlsole wird zunächst in bekannter Weise im Vakuum unter gleichzeitiger Erwärmung des Behälters eingedampft, um das Einfrieren zu vermeiden. Das damit gewonnene, aus Magnesiumchlorid, Calciumchlorid und Tachydrit bestehende Kristallgemisch enthält Kristallwasser, zerfällt an freier Luft rasch und kann nicht aufbewahrt werden. Es wird zweckmäßig im Eindampfbehälter mit trockener Luft versetzt, sodann diesem entnommen und erfindungsgemäß im extremen Hochvakuum (erzeugt durch Diffusionspumpen) mittels einer Kugelmühle, Schlagmühle, kreisenden Trommel u. dgl., die in einem luftdichten Behälter eingebaut sind, gemahlen, wodurch dem Kristallgemisch das Kristallwasser soviel als nur irgendwie möglich in kurzer Arbeitszeit entzogen wird.

Das fertige Kristallpulver ist luftbeständig und damit versandfähig. Soll es z. B. zur Zubereitung einer Kühlsole verwendet werden, so ist es einfach in gewöhnlichem Wasser bis zur vorgeschriebenen Dichte aufzulösen.

PATENTANSPRUCH:

Verfahren zur Herstellung eines Kristallpulvers aus Magnesiumchlorid enthaltenden Salzlösungen durch Eindampfen der Lösungen im Vakuum unter gleichzeitiger Erwärmung, dadurch gekennzeichnet, daß man dem trockenen Kristallgemisch das Kristallwasser durch Mahlen im Vakuum entzieht.

Nr. 529190. (P. 62012.) Kl. 12m, 3.

PREUSSISCHE BERGWERKS- U. HÜTTEN-AKT.-GES. ZWEIGNIEDERLASSUNG SALZ- UND BRAUNKOHLENWERKE ABTEILUNG KALIWERK BLEICHERODE IN BLEICHERODE.

Entwässerung von Magnesiumchloridhydrat.

Vom 1. Jan. 1930. — Erteilt am 25. Juni 1931. — Ausgegeben am 9. Juli 1931. — Erloschen: . . . .

Die Erfindung betrifft die Entwässerung von Magnesiumchloridhydrat im Chlorwasserstoffstrom und kennzeichnet sich dadurch, daß das Material vor der Einführung in den Trockenraum in einem geschlossenen Vorraum, der evakuiert oder mit indifferenten Gasen ausgespült wird, entlüftet wird. Die Entwässerung des Magnesiumchloridhydrats wird dabei vorzugsweise in einem kontinuierlich arbeitenden Schachtofen mit Beschickung von oben her und mit mechanischer Rostaustragung vorgenommen. Der Erfindung gemäß soll dabei das Eindringen von Luft oder anderen Gasen in den Drehrostschachtofen geregelt oder, z. B. beim Arbeiten im zirkulierenden Chlorwasserstoffstrom, verhindert werden, indem oben bzw. unten oder oben und unten am Schachtofen in den Förderweg des zuzuführenden bzw. abzuziehenden Gutes mit evakuierten oder indifferenten Gasen ausgespülte, geschlossene Vorräume eingeschaltet werden.

Dadurch ist es möglich, die im Arbeitsverfahren zweckhinderlichen Gase oder Gasgemische, z. B. atmosphärische Luft, praktisch vom Innern des Ofens fernzuhalten und dadurch eine unerwünschte Verdünnung, z. B. des zirkulierenden Chlorwasserstoffstromes, bei der Beschickung und Leerung des Schachtofens zu verhindern.

PATENTANSPRUCH:

Entwässerung von Magnesiumchloridhydrat im Chlorwasserstoffstrom, gekennzeichnet durch die Entlüftung des Materials vor der Einführung in den Trockenraum in einem geschlossenen Vorraum, der evakuiert oder mit indifferenten Gasen ausgespült wird.

Nr. 545194. (L. 74730.) Kl. 12m, 3. HAROLD GEORGE LACELL IN LONDON.

Entwässerung von Magnesium für die Elektrolyse.

Vom 6. April 1929. — Erteilt am 11. Febr. 1932. — Ausgegeben am 26. Febr. 1932. — Erloschen: . . . .

Es ist bekannt, bei der Elektrolyse von Chlormagnesium den gegebenenfalls chlorkaliumhaltigen Elektrolyten durch Eintragen von kristallwasserhaltigem Magnesiumchlorid in der Nähe der Anode zu ergänzen, wobei naturgemäß das Magnesiumchlorid während der Elektrolyse entwässert wird. Es hat sich gezeigt, daß bei diesem Verfahren die Ausbeuten an Magnesium nur sehr selten 55 % übersteigen und meistens sich unterhalb dieser Grenze bewegen, weil geringe Wassermengen an die Kathode gelangen.

Entsprechend der vorliegenden Erfindung wird die Entwässerung in einem besonderen Arbeitsgange vor der Elektrolyse durchgeführt. Man benutzt, wie bei dem bekannten Verfahren, den Wärmeinhalt einer verhältnismäßig sehr großen Menge von im wesentlichen wasserfreiem Chlormagnesium, um die Temperatur einer verhältnismäßig geringen Masse des zu entwässernden Chlormagnesiums rasch zu steigern und so eine jähe Verdampfung von Wasser zu erzielen, ohne eine nennenswerte Menge der Oxyde entstehen zu lassen. Im besonderen wird das Erhitzen der Masse des Chlormagnesiums durch Elektrizität bewirkt, welche die Wärme innerhalb der Masse selbst zu entwickeln gestattet, was z. B. mittels des Wechselstromes, des hochfrequenten Induktionsstromes usw. bewerkstelligt werden kann. Vorzugsweise wird dem Chlormagnesium Chlorkalium hinzugefügt, und namentlich gute Resultate sind erzielt worden mit einem Mol. Chlorakalium für 2 Mol. Chlormagnesium. Die Schmelztemperatur des Bades wird dadurch erniedrigt und die Entwässerung erleichtert.

Beispielsweise kann in folgender Weise verfahren werden:

Es wird ein Bad aus im wesentlichen wasserfreiem Chlormagnesium und Chlorkalium im Verhältnis von wenigstens 1 Mol. Chlorkalium für 2 Mol. Chlormagnesium hergestellt und durch dasselbe Wechselstrom hindurchgeführt. Auf diese Weise wird die Temperatur auf wenigstens 500° C gebracht. Angefangen mit dieser Temperatur wird nun von Zeit zu Zeit wasserhaltiges Chlormagnesium, welches von Haus aus einen gewissen Prozentgehalt von Chlorkalium aufweisen kann, in die heiße Masse eingeworfen, wobei ein sehr heftiges Aufkochen erfolgt, welches dadurch verursacht wird, daß das in dem Chlormagnesium enthaltene Wasser jäh verdampft. Die Menge des entstehenden Magnesiumoxydes ist außerordentlich gering, da der entwickelte Wasserdampf sofort aus dem Bad herausgeschleudert wird. Ist die Kufe, in welcher die Masse enthalten ist, von allen Seiten abgeschlossen, so wird ein leichter Unterdruck in dem oberen Raum erzeugt, um das Herausschleudern des Wasserdampfes zu erleichtern. Es scheint, daß das Wesen des Verfahrens in der Tatsache besteht, die Temperatur des wasserhaltigen Chlormagnesiums jäh zu steigern, so daß das Verdampfen des Wassers mit einem Male erfolgt. Es ist zu bemerken, daß die Gegenwart des hinzugefügten Chlorkaliums der späteren Verwendung des Chlormagnesium in elektrolytischen Kufen für die Herstellung von Magnesiummetall nicht stört.

Es ist ersichtlich, daß man das zu entwässernde Chlormagnesium auch in ununterbrochener Weise in das Bad einführen könnte, vorausgesetzt, daß die eingeworfene Menge ungenügend ist, um die Masse nennenswert abzukühleh. Die Menge des einzuwerfenden und zu entwässernden Chlormagnesiums kann um so größer sein, je größer die Wärmekapazität des Bades ist. Die Aufrechterhaltung dieser Wärmekapazität bzw. Vermeidung der Temperaturänderungen der Masse wird soweit wie möglich angestrebt, indem man entsprechende Zusätze macht und die Heizung regelt bzw. für Isolierung sorgt.

PATENTANSPRÜCHE:

1. Entwässerung von Chlormagnesium für die Elektrolyse durch Zugabe jeweils geringer Mengen von kristallwasserhaltigem, gegebenenfalls Chlorkalium enthaltendem Chlormagnesium zu einer wasserfreien, gegebenenfalls Chlorkalium enthaltenden Chlormagnesiumschmelze, dadurch gekennzeichnet, daß diese Entwässerung nicht in dem Elektrolysiergefäß erfolgt.

2. Verfahren nach Anspruch 1, dadurch gekennzeichnet, daß das Beheizen der Masse durch Elektrizität bewirkt wird, welche die Wärme innerhalb der Masse selbst entwickelt.

3. Verfahren nach Anspruch 1 und 2, dadurch gekennzeichnet, daß die Beheizung durch Wechselströme bewirkt wird.

4. Verfahren nach Anspruch 1 und 2, dadurch gekennzeichnet, daß die Beheizung durch hochfrequente Induktionsströme bewirkt wird.

5. Verfahren nach Anspruch 1 unter Verwendung von Vakuum, dadurch gekennzeichnet, daß die Entwässerung durch Anwendung des Vakuums oberhalb der Chlormagnesiumschmelze beschleunigt wird.

F. P. 693232.

S. a. F. P. 697285 der J. G. Farbenindustrie.

Nr. 480079. (I. 27617.) Kl. 12n, 1.

I. G. FARBENINDUSTRIE AKT.-GES. IN FRANKFURT A. M.

Erfinder: Dr. Karl Staib in Bitterfeld.

Verfahren zur Überführung von Oxyden in wasserfreie Chloride.

Vom 7. März 1926. — Erteilt am 4. Juli 1929. — Ausgegeben am 26. Juli 1929. — Erloschen: . . . .

Bei Reaktionen zwischen festen Stoffen und Gasen, besonders bei höheren Temperaturen, stößt man häufig auf die Schwierigkeit, den festen Stoffen eine hinreichend große Oberfläche zu erteilen, um die Reaktion mit der gewünschten Geschwindigkeit durchzuführen, ohne daß aber andererseits bei exotherm verlaufenden Reaktionen ein störendes Sintern oder Schmelzen eintritt. Entweder ist man gezwungen, durch Rühren der pulverförmigen Stoffe immer neue Oberflächen dem einwirkenden Gas darzubieten, oder man muß durch Vermischen der fein gepulverten festen Körper mit porenbildenden anderen Stoffen und Überführung der Mischung in feste Form für eine passende Verteilung sorgen.

Man hat diese Schwierigkeiten dadurch zu umgehen versucht, daß man die Grundsätze der Kohlenstaubfeuerung auf die exotherm verlaufende Oxydation von durch Luft leicht oxydierbaren Stoffen, wie z. B. Sulfiden, oder auf die Azotierung von Calciumcarbid anzuwenden vorgeschlagen hat.

Überraschenderweise läßt sich nun diese Arbeitsweise bei der wesentlich komplizierter verlaufenden Reaktion der Umwandlung mancher Oxyde in Chloride anwenden. Selbst bei theoretisch exothermem Verlauf ist diese direkt kaum durchführbar, sie kann aber durch Hilfsreaktionen in einen lebhaft und exotherm verlaufenden Gesamtvorgang umgewandelt und auf diese Weise der Behandlung nach Art der Kchlenstaubfeuerung zugänglich gemacht werden.

Zwecks Einleitung der Reaktion wird zweckmäßig der Reaktionsraum durch eine Zusatzfeuerung auf die Reaktionstemperatur vorerhitzt.

Beispiel 1

Fein gemahlenes Magnesiumoxyd wird durch eine Düse mittels eines aus etwa gleichen Raumteilen Chlor und Kohlenoxyd bestehenden Gasstromes in einen auf etwa 700° vorgewärmten Raum geblasen. Die Reaktionswärme, welche 76 Kalorien für das g-Molekül $MgCl_2$ beträgt, hält die Temperatur des Reaktionsraumes aufrecht. Die Tröpfchen des entstehenden wasserfreien $MgCl_2$ sammeln sich, so daß die Schmelze vom Boden des Reaktionsraumes abgezogen werden kann. An Stelle von Kohlenoxyd und Chlor kann man auch Chlor allein mit einem Gemisch von Magnesiumoxyd und Kohle zur Reaktion bringen.

Beispiel 2

Fein gemahlenes Aluminiumoxyd wird, wie bei Beispiel 1, mit Chlor und Kohlenoxyd in einem vorgewärmten Raum zerstäubt. Das hierbei sich bildende Aluminiumchlorid zieht mit den Abgasen dampfförmig ab und wird in geeigneten Kondensationsräumen niedergeschlagen.

PATENTANSPRÜCHE:

1. Verfahren zur Überführung von Oxyden in wasserfreie Chloride durch gleichzeitige Einwirkung von Chlor und einem Reduktionsmittel auf die Oxyde, dadurch gekennzeichnet, daß nach Art der

Kohlenstaubfeuerung die Oxyde in fein verteilter Form mit Hilfe von Chlor und Kohlenoxyd in geheizte Reaktionsräume eingeführt und dort zur Umsetzung gebracht werden.

2. Verfahren nach Anspruch 1, dahin abgeändert, daß an die Stelle der Beimischung von Kohlenoxyd zum Chlor eine Beimischung von Kohle zum Oxyd tritt.

Nr. 502 646. (I. 27 237.) Kl. 12 m, 3.

I. G. Farbenindustrie Akt.-Ges. in Frankfurt a. M.

Verfahren zur Herstellung von wasserfreiem Magnesiumchlorid oder aus wasserfreiem Magnesiumchlorid und anderen Salzen bestehenden Gemischen.

Vom 16. Jan. 1926. — Erteilt am 3. Juli 1930. — Ausgegeben am 5. Nov. 1930. — Erloschen: . . . .

Verschiedene bekannte Verfahren zur Herstellung von wasserfreiem Chlormagnesium gehen davon aus, daß man Magnesia der Einwirkung von HCl-Gas, oder daß man Gemische von Magnesia mit reduzierenden Stoffen, wie hauptsächlich Kohle, der Einwirkung von Chlor bei erhöhter Temperatur unterwirft. Bei diesen Verfahren bildet der Umstand eine Schwierigkeit, daß die Behandlung einer Magnesia enthaltenden, zusammenhängenden Schmelze, z. B. in einem Tiegel, mit HCl-Gas oder mit Chlor nicht mit dem gewünschten Grade der Umsetzung verläuft, weil die Schmelze während des Durchstreichens des Gasstromes zu wenig Gas löst und zur Umsetzung mit der Magnesia bringt. Man hat daher schon vorgeschlagen, die Umsetzung unter Temperaturbedingungen durchzuführen, bei denen die entstehenden MgO-$MgCl_2$-Mischungen bzw. MgO-Kohle-$MgCl_2$-Mischungen dauernd ungeschmolzen bleiben. Die Umsetzung kann auf diese Weise allerdings nahezu quantitativ durchgeführt werden; die Reaktionsdauer ist aber, da jedes Sintern oder Schmelzen mit Vorsicht vermieden werden muß, für die technischen Verhältnisse der Massenherstellung viel zu lang.

Es ist nun gefunden worden, daß man auf eine einfache Weise die erheblichen Vorteile der höheren Temperatur beim Arbeiten mit dem geschmolzenen MgO-$MgCl_2$-Gemisch sich zunutze machen kann, nämlich auf dem Wege der Oberflächenvergrößerung der Schmelze. Die in der Nähe des Schmelzpunktes ziemlich dickflüssigen Mischungen von wasserfreiem $MgCl_2$, Carnallit oder anderen $MgCl_2$-haltigen Schmelzen mit mäßigen MgO-Gehalten bilden, wie gefunden wurde, bei steigender Temperatur hinreichend dünnflüssige Aufschlämmungen, so daß sie zur Berieselung eines mit Füllkörpern ausgesetzten Rieselturmes mit Erfolg angewendet werden können. Sie bleiben es auch dann noch, wenn statt HCl-Gas, Phosgen oder dessen Bildungsgemisch zur Chloridbildung Chlor verwendet werden soll und infolgedessen der Magnesia noch die entsprechende Menge Kohle in gepulvertem Zustande, wie Kokspulver, Holzkohlepulver usw., beigemischt werden muß.

Gemäß der Erfindung läßt man die vorbereitete Schmelze über einen Rieselturm laufen, der z. B. mit gekörntem Koks ausgesetzt ist. Der Rieselturm kann durch Außenheizung Wärme zugeführt erhalten, soweit die Wärmeverluste durch die Wärmetönung der Chlorierung nicht gedeckt werden. Zweckmäßiger ist eine elektrische Innenheizung, bei welcher die aus gekörntem Koks bestehende Füllung selbst als Widerstand dient. Der berieselnden Schmelze, die durch die Verteilung im Turm eine sehr stark vergrößerte Oberfläche erhält, strömt das unten eingeführte, aufsteigende Reaktionsgas entgegen. Als Reaktionsgase kommen in gleicher Weise in Betracht: HCl-Gas, Chlor oder die Wirkung von Chlor und Kohle vereinigende Mittel, wie Phosgen oder dessen aus Chlor und Kohlenoxyd bestehendes Bildungsgemisch.

Beispiele

1. Aus natürlichem Doppelsalz erhaltener wasserfreier Carnallit wird mit kaustischem Magnesit versetzt. Versucht man, in diesem Gemisch die Magnesia in Magnesiumchlorid überzuführen, etwa durch Einleiten von Chlor und Kohlenoxyd in die in einem Tiegel befindliche Schmelze, so gelingt dies nicht in nennenswertem Umfang. Gemäß der Erfindung dagegen erhält man, infolge weitgehender Oberflächenentwicklung des Schmelzgemisches im Rieselturm, eine völlig wasserfreie und MgO-freie, chlormagnesiumhaltige Salzschmelze, deren $MgCl_2$-Gehalt genau dem aus der Menge der beigefügten Magnesia zu erwartenden entspricht. So wird aus einem Gemisch, welches neben KCl noch 9,3% MgO und 42,8% $MgCl_2$ enthält, eine MgO-freie Schmelze von 57,4% $MgCl_2$, Rest KCl, erhalten.

2. In den elektrisch beheizten Rieselturm wird fortlaufend ein Gemisch, enthaltend 68 Teile $MgCO_3$ (Rohmagnesit), 7 Teile MgO (kaustischer Magnesit), 8 Teile gepulverte Holzkohle und 8,5 Teile $MgCl_2$ als Hydrat auf die als Widerstand dienende Koksschicht aufgegeben.

Bei Einhaltung einer Temperatur von etwa 800° gelingt es leicht, bei Behandlung mit Chlor ein wasserfreies Chlormagnesium zu erzeugen, das praktisch frei von MgO ist und 96 bis 97% $MgCl_2$ enthält. Die Chlorbehandlung eines gleichen Gemisches bei derselben Temperatur ohne die Oberflächenentwicklung im Rieselturm, also z. B. im Tiegel, ergibt Umsätze, die günstigenfalls bei 20% MgO-Gehalt stehenbleiben.

Patentansprüche:

1. Verfahren zur Herstellung von wasserfreiem Magnesiumchlorid oder aus wasserfreiem Magnesiumchlorid und anderen Salzen bestehenden Gemischen durch Behandeln der das Magnesium in Form des Oxydes oder Carbonates enthaltenden Schmelzen von Magnesiumchlorid oder magnesiumchloridhaltigen Salzgemischen mit gasförmigem Chlorwasserstoff oder Phosgen oder Chlor und Kohlenoxyd, dadurch gekennzeichnet, daß man die Schmelze in dünnflüssigem Zustande über die Füllkörper eines beheizten Rieselturmes herabfließen läßt, während in diesem die auf die Schmelze zur Einwirkung gelangenden Gase aufwärts geführt werden.

2. Ausführungsform des Verfahrens nach Anspruch 1, dadurch gekennzeichnet, daß der gepulverte Kohle enthaltenden Schmelze während ihres Herabfließens im Rieselturm ein Chlorgasstrom entgegengeführt wird.

3. Verfahren nach Anspruch 1 und 2, gekennzeichnet durch die Anwendung eines elektrisch beheizten Rieselturmes, dessen aus Koks bestehende Füllkörper zugleich als Widerstandskörper für den elektrischen Strom dienen.

A. P. 1702301; Öst. P. 111549.

Nr. 509 601. (I. 34 219.) Kl. 12 m, 3.

I. G. Farbenindustrie Akt.-Ges. in Frankfurt a. M.

Erfinder: Dr. Robert Suchy, Dr. Karl Staib und Dr. Wilhelm Moschel in Bitterfeld.

Verfahren zur Herstellung von wasserfreien und oxydfreien Chloriden, insbesondere von Chlormagnesium.

Zusatz zum Patent 502646.

Vom 25. April 1928. — Erteilt am 25. Sept. 1930. — Ausgegeben am 5. Nov. 1930. — **Erloschen: . . . .**

Gegenstand des Patentes 502 646 bildet ein Verfahren, welches dadurch gekennzeichnet ist, daß man magnesiahaltige Stoffe in Form einer Aufschlämmung in geschmolzenem Chlormagnesium oder in geschmolzenen chlormagnesiumhaltigen Salzgemischen in einem beheizten Rieselturm, einem aufsteigenden Strom des gasförmigen, chloridbildenden Mittels entgegen, herabfließen läßt.

In weiterer Ausarbeitung der Erfindung hat sich gezeigt, daß man dieses Verfahren mit besonderem Vorteil mit den Verfahren nach Patent 450 979 verbinden kann. Dies geschieht in der Weise, daß man die nach diesen Verfahren hergestellten stark porösen, verkokten Formlinge in einem geeigneten Behälter, wie beispielsweise einem Schacht, auf eine elektrisch beheizte Rieselschicht — wie sie im Patent 502 646 beschrieben ist — aufbringt und mit dem am unteren Ende des Rieselturmes eintretenden, die ganze Rieselschicht durchstreichenden Chlor unmittelbar über der Rieselschicht zur Umsetzung bringt. Die stark exotherme Wirkung der Reaktion steigert die Temperatur des Reaktionsgutes und beschleunigt damit die Umsetzung wesentlich. Hierbei läßt man im Gegensatz zum Verfahren des Patentes 450 979 die Temperatur über den Schmelzpunkt des Chlormagnesiums steigen, so daß ein hochprozentiges, nur wenige Prozente Magnesia und etwas überschüssige Kohle (neben etwaigen anderen Chloriden) enthaltendes Chlormagnesium zum Schmelzen kommt. Dieses geschmolzene Magnesiumchlorid wird sofort von der darunterliegenden, etwa 800° heißen Rieselschicht aufgenommen und fließt über dieselbe, dem aufsteigenden Strom konzentrierten Chlorgases entgegen, in großer Oberflächenentwicklung herab. Auf diese Weise werden die letzten Mengen im Magnesiumchlorid noch suspendierter Magnesia leicht umgesetzt, und man erhält in einem Arbeitsgang aus Magnesia oder MgO bildenden Stoffen ein sehr reines Chlormagnesium in wasserfreier, geschmolzener Form.

Es ist nötig, die Temperatur bei der Chlorierung unterhalb der Schmelztemperatur des zu erzeugenden Chlorides zu halten. Im Gegensatz dazu kann man sich bei dem vorliegenden Verfahren die Vorteile der rascheren Chlorierung bei höherer Temperatur zunutze machen, weil die unterhalb der Chlorierungszone angeordnete, beheizte Rieselschicht das schmelzende Chlorid sofort abfließen läßt, bevor es mit unfertigem, stark oxydhaltigem Material zu einer reaktionsunfähigen Masse verbacken kann. Das in der Hauptreaktionszone nicht verbrauchte Chlor wird von den durch die Abgase erhitzten darüberliegenden Formlingen vollständig aufgenommen.

Patentanspruch:

Verfahren zur Herstellung von wasserfreien und oxydfreien Chloriden, insbesondere von Chlormagnesium, aus den entsprechenden Oxyden, aus Magnesia nach Patent 502 646, dadurch gekennzeichnet, daß man das für die Chlorierung nach Patent 450 979 hergestellte poröse, verkokte Ausgangsmaterial in einem Behälter, wie z. B. einem Schacht, unmittelbar über einer elektrisch beheizten Rieselschicht chloriert und das hier unter Mitwirkung der Reaktionswärme zum Schmelzen kommende oxydhaltige Chlorid nach Patent 502 646 im Chlorstrom vollständig umsetzt.

E. P. 369879.

D. R. P. 450979, B. III, 1211.

Nr. 523800. (I. 28238.) Kl. 12m, 3.

I. G. Farbenindustrie Akt.-Ges. in Frankfurt a. M.

Überführung von wasserhaltigen Chloriden in die wasserfreien geschmolzenen Salze.

Zusatz zum Patent 502646.

Vom 4. Juni 1926. — Erteilt am 9. April 1931. — Ausgegeben am 28. April 1931. — Erloschen: . . . .

Durch Patent 502 646 ist ein Verfahren zur Herstellung von wasserfreiem Magnesiumchlorid oder aus wasserfreiem Magnesiumchlorid und anderen Salzen bestehenden Gemischen durch Behandeln der das Magnesium in Form des Oxyds oder Carbonats enthaltenden Schmelzen von Magnesiumchlorid oder magnesiumchloridhaltigen Salzgemischen mit gasförmigem Chlorwasserstoff oder Phosgen oder Chlor und Kohlenoxyd geschützt, welches dadurch gekennzeichnet ist, daß man die Schmelze in dünnflüssigem Zustand über die Füllkörper eines beheizten Rieselturms herabfließen läßt, während in diesem die auf die Schmelze zur Einwirkung gelangenden Gase aufwärts geführt werden. Statt ein Gemisch von Chlor und Kohlenoxyd der über den Rieselturm herabfließenden Schmelze entgegenzuführen, kann in einer besonderen Ausführungsform der Schmelze gepulverte Kohle zugesetzt werden, wobei diese Schmelze im Rieselturm einem Strom von Chlorgas allein entgegengeführt wird. Dabei verfährt man in beiden Fällen zweckmäßig derart, daß die z. B. aus Koks geeigneter Körnung bestehenden Füllkörper des Rieselturmes zugleich als Widerstand einer elektrischen Heizung dienen.

Es wurde nun gefunden, daß dieses Verfahren sich auch dazu eignet, lediglich die Entwässerung von bei erhöhter Temperatur der Zersetzung unter Oxydbildung unterliegenden Chloriden vom Typus des $MgCl_2$ vorzunehmen, da allem Anschein nach etwa intermediär sich bildendes Oxyd unter den Bedingungen des Verfahrens in wasserfreies Chlorid übergeführt wird. Beispielsweise kann natürlicher oder künstlicher Carnallit so behandelt werden, wobei wasserfreier geschmolzener Carnallit erhalten wird, ebenso auch die Hydrate des Chlormagnesiums; ferner andere ähnlich zusammengesetzte, beim Erhitzen einer Zersetzung unterliegende Chloride, wie z. B. Chlorcalcium, Chlorzink, Chlorlithium usw. Zweckmäßig entfernt man bei Chloriden mit hohem Wassergehalt einen Teil des Wassers, der sich ohne Hydrolyse des Chlorids abspalten läßt, durch einfaches Erhitzen in bekannter Weise, worauf die so vorentwässerten Chloride nach dem vorliegenden Verfahren völlig entwässert werden. Die der herabfließenden Schmelze der Salze entgegenströmenden Gase, wie Chlor oder Salzsäure, können dabei im Kreislauf unter Einschaltung eines der Wasserentfernung dienenden Mittels geführt werden.

Beispiele

1. Darstellung von wasserfreiem Magnesiumchlorid aus Magnesiumchloridhydrat

$MgCl_2 \cdot 2H_2O$, wie es beispielsweise bei der Trocknung von $MgCl_2 \cdot 4H_2O$ im Drehrohrofen entfällt, wird mit etwa 3% grob gemahlener Holzkohle versetzt und fortlaufend auf eine aus Koksstücken von 60 bis 70 mm Durchmesser bestehende, mit Hilfe eines elektrischen Stromes auf etwa 800° C beheizte Rieselschicht aufgetragen, deren Querschnitt etwa 45 qdm und deren Höhe etwa 120 cm beträgt. In die Rieselschicht wird von unten Chlor eingeleitet. Am Boden der Rieselschicht können fortlaufend stündlich etwa 40 kg wasser- und oxydfreies Chlormagnesium in schmelzflüssiger Form abgezogen werden. Die normalerweise beim Erhitzen des $MgCl_2 \cdot 2H_2O$ auf Grund der Reaktion

$$MgCl_2 + H_2O = MgO + 2HCl$$

eintretende Zersetzung wird einerseits durch die auf Grund der Reaktionsgleichung

$$C + H_2O + Cl_2 = CO + 2HCl$$

sich gleichzeitig bildende Salzsäure zurückgedrängt, andererseits wird aber auch das sich intermediär bildende Magnesiumoxyd nach der Reaktionsgleichung

$$MgO + C + Cl_2 = MgCl_2 + CO$$

über und innerhalb der Rieselschicht restlos in wasserfreies Magnesiumchlorid umgesetzt.

2. Darstellung von wasserfreiem Carnallit $MgCl_2 \cdot KCl$ aus natürlichem Carnallit $MgCl_2 \cdot KCl \cdot 6H_2O$

Natürlicher, wasserhaltiger Carnallit, $MgCl_2 \cdot KCl \cdot 6H_2O$ wird fortlaufend auf eine auf 700° C beheizte Rieselschicht aufgetragen, in welche von unten trockene gasförmige Salzsäure eingeleitet wird. Bei einer Korngröße des Kokses von 50 mm Durchmesser, einer Höhe von 75 cm und einem Schichtquerschnitt von 20 qdm können am Boden der Rieselschicht stündlich 25 kg wasser- und oxydfreies Doppelsalz $MgCl_2 \cdot KCl$ in schmelzflüssiger Form abgezogen werden. Die entweichende nasse Salzsäure wird außerhalb der Vorrichtung getrocknet und im Verfahren wieder verwendet.

3. Darstellung von wasserfreiem Cerchlorid aus Cerchloridhydrat

$CeCl_3 \cdot 6H_2O$ wird im Drehrohrofen in bekannter Weise bis zur Bildung von $CeCl_3 \cdot H_2O$ vorentwässert. Dieses Produkt, das bei weiterem Erhitzen sich unter Abspaltung von Salzsäure in ein Oxychlorid zersetzen würde, wird fortlaufend auf eine 860 bis 880° C heiße Rieselschicht aufgetragen, in welche von unten ein Gemisch von gleichen Teilen CO und Cl_2 eingeleitet wird. Die zur Bildung von Oxychlorid führende Reaktion wird einerseits durch die nach der Gleichung

$$H_2O + CO + Cl_2 = 2HCl + CO_2$$

gebildete Salzsäure zurückgedrängt, andererseits aus etwa gebildetem Oxychlorid nach der Gleichung

$$2CeOCl_2 + 2CO + Cl_2 = 2CeCl_3 + 2CO_2$$

wasserfreies Cerchlorid gebildet. Auch die letzten, von dem schmelzenden Chlorid noch mitgeführten Mengen Oxyd werden dank der großen Oberflächenentwicklung der Schmelze in der Rieselschicht zu wasserfreiem Cerchlorid umgesetzt.

4. Darstellung von wasserfreiem Calciumchlorid aus Calciumchloridlauge

Für die Darstellung von wasserfreiem $CaCl_2$ liegt das Salz zunächst meist in Form einer $CaCl_2$-Lauge vor. Das beim Einengen dieser Lauge sich ausscheidende Hydrat $CaCl_2 \cdot 6H_2O$ wird durch Erhitzen ohne Zersetzung bis auf $CaCl_2 \cdot H_2O$ entwässert. Das so erhaltene Monohydrat wird nun auf eine elektrisch beheizte Rieselschicht aufgetragen, deren Temperatur auf etwa 800 bis 850° C gehalten und in welche von unten gasförmiges Chlor eingeleitet wird. Bei Verwendung einer Rieselschicht von den im Beispiel 1 gegebenen Abmessungen können stündlich vom Boden der Rieselschicht etwa 50 kg wasser- und oxydfreies Calciumchlorid abgezogen werden. Das intermediär sich bildende Calciumoxyd bzw. Calciumoxychlorid wird innerhalb der Rieselschicht restlos in wasserfreies Chlorid übergeführt.

5. Darstellung von wasserfreiem Zinkchlorid aus Zinkchloridlaugen

$ZnCl_2 \cdot 3H_2O$, wie es beim Auskristallisieren aus Wasser meist erhalten wird, läßt sich in gleicher Weise wie für $MgCl_2 \cdot 2H_2O$ in Beispiel 1 beschrieben, entwässern. Die Temperatur der Rieselschicht wird dabei zweckmäßig auf 400 bis 450° C gehalten, während von unten trockener, gasförmiger Chlorwasserstoff in die Rieselschicht eingeleitet wird.

Patentansprüche:

1. Verfahren zur Herstellung von wasserfreien Chloriden oder Chloridgemischen aus natürlichen oder künstlichen wasserhaltigen Chloriden oder Chloridgemischen, welche beim Entwässern durch Erhitzen einer Zersetzung unterliegen, dadurch gekennzeichnet, daß man unter Anwendung der Arbeitsweise nach Patent 502 646 die geschmolzenen, wasserhaltigen Chloride oder Chloridgemische über die Füllkörper eines beheizten Rieselturms herabfließen läßt, während in diesem die chloridbildenden Gase aufwärts geführt werden.

2. Verfahren nach Anspruch 1, gekennzeichnet durch die Anwendung eines elektrisch beheizten Rieselturms, dessen aus Koks bestehende Füllkörper zugleich als Widerstandskörper für den elektrischen Strom dienen.

3. Ausbildungsform des Verfahrens nach Anspruch 1 oder 2, dadurch gekennzeichnet, daß Chloride oder Chloridgemische dem Verfahren unterworfen werden, die aus den wasserhaltigen Chloriden bzw. chloridhaltigen Laugen durch Erhitzen in bekannter Weise so weit entwässert werden, als eine Zersetzung noch nicht stattfindet.

4. Verfahren nach einem der vorausgehenden Ansprüche, dadurch gekennzeichnet, daß die Abgase des Verfahrens nach Entfernung des aufgenommenen Wassers zur Entwässerung wieder verwendet werden.

S. a. D. R. P. 513529, S. 2702.

Nr. 506276. (I. 35693.) Kl. 12m, 3.

I. G. Farbenindustrie Akt.-Ges. in Frankfurt a. M.

Erfinder: Dr. Wilhelm Moschel in Bitterfeld.

Verfahren zur Gewinnung von wasser- und oxydfreiem Chlormagnesium aus Magnesit oder magnesithaltigen Gesteinen.

Vom 5. Okt. 1928. — Erteilt am 21. Aug. 1930. — Ausgegeben am 1. Sept. 1930. — Erloschen: . . . .

Es sind bereits zahlreiche Verfahren bekannt, wasserfreies Chlormagnesium aus Magnesit, Kohle und Chlor herzustellen. Der naheliegendste Weg jedoch, den Rohmagnesit in stückiger Form zu verwenden und ein Gemenge von Rohmagnesit und Kohlestücken bei höheren Temperaturen mit Chlor umzusetzen, hat sich bisher als nicht gangbar erwiesen. Führt man nämlich die Umsetzung bei Temperaturen unterhalb des Schmelzpunktes des Chlormagnesiums aus, so zeigt es sich, daß sich die Umsetzung lediglich auf die Oberfläche der Magnesitstücke beschränkt, während eine Umsetzung oberhalb des Schmelzpunktes stets ein stark mit Magnesiumoxyd verunreinigtes Chlormagnesium lieferte, das für die weitere Verwendung, z.B. für elektrolytische Zwecke, unbrauchbar war. Infolgedessen hat man sich genötigt gesehen, durchweg zunächst den Magnesit zu Pulver zu zermahlen, mit einer kohlenstoffhaltigen Substanz zu vermischen und das so erhaltene Produkt nach entsprechender Formgebung chlorierend zu behandeln.

Es wurde nun gefunden, daß der Mißerfolg bei einer Chlorierung von stückigem Magnesit oberhalb des Schmelzpunktes von Magnesiumchlorid darauf zurückzuführen ist, daß das sich bildende geschmolzene Magnesiumchlorid noch nicht chloriertes Magnesiumoxyd löst, wodurch alsbald eine erhebliche Erhöhung des Schmelzpunktes und gleichzeitig eine Verdickung des Chlormagnesiums eintritt. Dies hat zur Folge, daß das Produkt auch bei den in Frage kommenden Reaktionstemperaturen rasch erstarrt und in Form einer Kruste die noch oxydhaltigen Magnesitstücke umhüllt, so daß die weitere Reaktion zum Stillstand kommt.

Es wurde nun weiterhin gefunden, daß es durch eine diesen besonderen Verhältnissen bei der Umsetzung Rechnung tragende Anordnung der Durchführung der Reaktion gelingt, auch in technisch befriedigender Weise Rohmagnesit unmittelbar auf wasser- und oxydfreies Chlormagnesium zu verarbeiten. Dies wird gemäß vorliegender Erfindung dadurch erreicht, daß man in ein Gemenge von stückigem Magnesit und stückiger Kohle (zweckmäßig Holzkohle oder Torfkoks) bei Temperaturen oberhalb des Schmelzpunktes von Chlormagnesium Chlorgas in gleichmäßiger Verteilung einleitet und das gebildete geschmolzene Chlormagnesium unter möglichster Vermeidung einer Berührung mit unbehandeltem festen Gemenge in im wesentlichen dem Chlorstrom entgegengesetzter Richtung sofort entfernt. Hierdurch wird einerseits eine Verunreinigung des gebildeten Chlorides mit unbehandeltem Oxyd praktisch völlig vermieden; eine Erhöhung des Schmelzpunktes tritt infolgedessen nicht ein, das gebildete dünnflüssige Magnesiumchlorid kann vielmehr von dem unbehandelten Gemenge ohne Schwierigkeit abgetrennt werden. Andererseits wird durch dieses Verfahren erreicht, daß die Chlorierung bis zur völligen Erschöpfung der einzelnen Magnesitstücke durchgeführt werden kann, da infolge rascher Trennung des gebildeten flüssigen Chlormagnesiums von den Magnesitstücken diese letzteren der Chlorierung ständig frische Oberflächen darbieten.

In der Praxis hat sich die nachstehend beschriebene Ausführungsform des Verfahrens als zweckmäßig erwiesen:

Ein Gemenge von stückigem Magnesit und stückiger Holzkohle oder Torfkoks wird auf eine elektrisch beheizte, durchlässige Kohleschicht aufgebracht und dort bei einer Temperatur von 700 bis 900° C mit Chlor, das zwecks gleichmäßiger Verteilung am besten in diese Kohleschicht eingeleitet wird, zur Umsetzung gebracht. Das entstehende Magnesiumchlorid schmilzt sofort ab, läuft durch die beheizte Kohleschicht und sammelt sich in ihrem unteren Teil, wo es von Zeit zu Zeit in schmelzflüssiger Form wasser- und oxydfrei abgezogen werden kann. Die Umsetzung selbst liefert genügend Wärme, um die für das Verfahren notwendige Temperatur aufrechtzuerhalten, und es genügt daher, das Reaktionsgut einmal auf die nötige Temperatur vorzuwärmen. Dies kann entweder durch Einbringen vorgeheizten Gutes oder aber dadurch erfolgen, daß man in das Reaktionsgut geeignete Heizelemente einführt. Man verfährt dabei am zweckmäßigsten in der Weise, daß man den unteren Teil der von oben durch das Reaktionsgut eingeführten Stromzuführung für die elektrische Beheizung der Kohleschicht als Heizelement ausbildet, beispielsweise als Kohlestab oder Kohlerohr, wobei gegebenenfalls auch mehrere Stromzuführungen (Dreiphasenstromheizung) verwendet werden können.

Die unterhalb des Reaktionsgutes angeordnete durchlässige, beheizte Kohleschicht hat den Zweck, ein rasches Ablaufen des gebildeten flüssigen Chlormagnesiums zu ermöglichen. Sie wird daher zweckmäßigerweise von gröberen Stücken einer mechanisch widerstandsfähigen, elektrisch leitenden und chemisch reaktionsträgen Kohle, beispielsweise Hartkohlenelektrodenbruch, gebildet.

In der beigegebenen Abbildung ist eine beispielsweise Anordnung zur Durchführung des Verfahrens schematisch wiedergegeben.

In einem geschlossenen Schacht, der mit feuerfestem Mauerwerk *a, b, c* ausgemauert ist, wird das untere Drittel mit grobkörniger

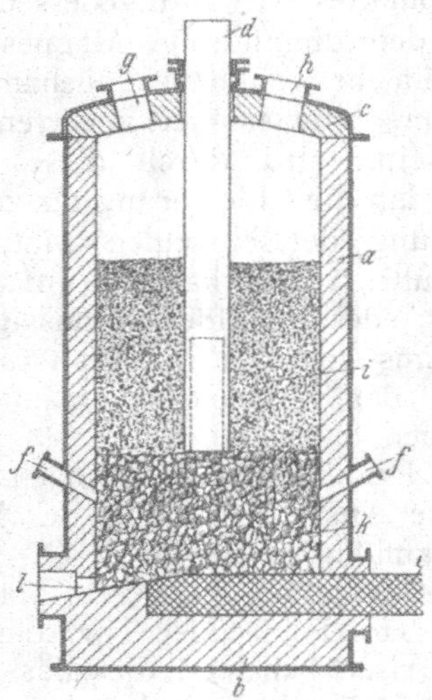

Kohle *k*, die die durchlässige Kohleschicht darstellt, gefüllt. Der elektrische Strom wird dieser Schicht bei *d* und *e* zugeführt. Die obere Stromzuführung *d* ist in ihrem unteren Teil als Rohr ausgebildet, um die Aufheizung des über der Schicht *k* liegenden Reaktionsgutes *i*, einem Gemenge von Magnesit und reaktionsfähigen Kohlestücken, zu bewirken. Das Chlor wird durch die Stutzen *f* in die Schicht *k* eingeleitet, das Reaktionsgut bei *g* nachgefüllt. Die Öffnung *h* dient zur Entfernung der Abgase. Das fertige Magnesiumchlorid sammelt sich im unteren Teil von *k* an und wird von Zeit zu Zeit bei *l* flüssig abgelassen.

Selbstverständlich kann auch eine andere Art der Beheizung der Kohleschicht, beispielsweise Dreiphasenstrom mit Kohlenboden als Nulleiter, Verwendung finden. An Stelle von Magnesit kann man auch $Mg(OH)_2$ oder MgO verwenden.

Der Vorteil des Verfahrens gegenüber allen bisher beschriebenen besteht darin, daß mit einfachen Mitteln natürlich anfallendes Rohmaterial ohne kostspielige Vorbereitung zu einem für alle Verwendungszwecke völlig brauchbaren, oxyd- und wasserfreien Chlormagnesium umgesetzt werden kann.

Patentansprüche:

1. Verfahren zur Gewinnung von wasser- und oxydfreiem Chlormagnesium aus Magnesit oder magnesithaltigen Gesteinen, Magnesiumoxyd oder Magnesiumhydroxyd, durch Behandlung mit Chlor in Gegenwart von Kohle bei Temperaturen oberhalb des Schmelzpunktes von Chlormagnesium, dadurch gekennzeichnet, daß man ein Gemenge von stückigem Magnesit und Kohlestücken auf einer flüssigkeitsdurchlässigen Unterlage anordnet, von unten Chlorgas in gleichmäßiger Verteilung einleitet und das sich bildende geschmolzene Chlormagnesium unmittelbar ablaufen läßt.

2. Ausführungsform des Verfahrens nach Anspruch 1, dadurch gekennzeichnet, daß man als reaktionsfähige Kohle Holzkohle oder Torfkoks in stückiger Form benutzt und das Reaktionsgemenge über einer elektrisch beheizten, durchlässigen Kohleschicht bei Temperaturen oberhalb des Schmelzpunktes des Chlormagnesiums mit Chlor zur Umsetzung bringt und das gebildete $MgCl_2$ in schmelzflüssiger Form unterhalb der durchlässigen Kohleschicht abzieht.

3. Verfahren nach Anspruch 1 und 2, dadurch gekennzeichnet, daß man den Beginn der Umsetzung durch Einführung geeigneter Heizelemente in das Reaktionsgut erleichtert.

4. Verfahren nach Anspruch 1 bis 3, dadurch gekennzeichnet, daß die von oben eingeführte Stromzuführung für die elektrisch beheizte, durchlässige Kohleschicht in ihrem unteren Teil als Heizelement ausgebildet ist.

5. Verfahren nach Anspruch 1 bis 4, dadurch gekennzeichnet, daß die elektrisch beheizte, durchlässige Kohleschicht aus grobkörnigem Elektrodenbruch besteht.

Nr. 483393. (C. 37052.) Kl. 12m, 3. COMPAGNIE DE PRODUITS CHIMIQUES ET ELECTROMÉTALLURGIQUES ALAIS, FROGES ET CAMARGUE IN PARIS.

Verfahren zur Herstellung von wasserfreiem Chlormagnesium.

Vom 5. Aug. 1925. — Erteilt am 12. Sept. 1929. — Ausgegeben am 1. Okt. 1929. — Erloschen: ....
Französische Priorität vom 8. Juli 1925 beansprucht.

Es sind zahlreiche Verfahren zur Herstellung von wasserfreiem Chlormagnesium vorgeschlagen worden, das hauptsächlich zur Herstellung von Magnesium gebraucht wird.

Die Erfindung betrifft ein neues Verfahren zur Herstellung von wasserfreiem Chlormagnesium, wonach man dieses Erzeugnis mit der größten Leichtigkeit in einer Reinheit und bei Gestehungskosten erhalten kann, die dem Verfahren gewisse Vorteile gegenüber den verschiedenen bisher angewendeten Verfahren geben.

Das Verfahren besteht im wesentlichen darin, daß man eine Verbindung, die Chlormagnesium in wasserfreiem Zustande enthält, mit einem wasserfreien Lösungsmittel behandelt, das imstande ist, das Chlormagnesium zu lösen, ohne die anderen Körper, die es in dieser Verbindung begleiten, aufzulösen oder merklich aufzulösen, worauf man das Chlormagnesium aus seiner Lösung durch Verdampfen des Lösungsmittels abscheidet.

Es ist bekannt, daß man durch einfache Erhitzung oder Entwässerung zahlreicher Verbindungen Chlormagnesium in wasserfreiem Zustande gewinnen kann, wobei jedoch das Chlormagnesium mit seinen Begleitstoffen verbunden oder vermischt bleibt.

So erhält man, wenn man Carnallit bis zum Schmelzpunkt erhitzt, ein wasserfreies Erzeugnis ohne erhebliche Zersetzung, falls die Erhitzung unter gewissen Vorsichtsmaßregeln ausgeführt wird.

Es ist, wie ebenfalls bekannt, vorteilhafter, den Carnallit zu entwässern, indem man über das fein kristallisierte oder zerkleinerte Material einen Strom von möglichst trockener Luft oder möglichst trockenen indifferenten Gasen bei allmählich wachsender Temperatur leite.

Gemäß der Erfindung wird nun das so entwässerte Erzeugnis, das wasserfreies Chlormagnesium enthält, mit absolutem Methylalkohol, absolutem Äthylalkohol oder einem Gemisch von beiden ausgelaugt. Das Chlormagnesium geht hierbei in Lösung, während das Chlorkalium und gewisse andere Verunreinigungen, wie NaCl, MgO, KBr, K_2SO_4, $MgSO_4$, $CaSO_4$ usw., so gut wie ungelöst bleiben. Es ist von Vorteil, die Auflösung in der Hitze vorzunehmen, da die Löslichkeit von $MgCl_2$ in absolutem Alkohol in der Wärme größer ist als in der Kälte.

Man scheidet die ungelösten Bestandteile aus der Lösung durch Filtrieren, Dekantieren o. dgl. ab und dampft sodann ein.

Die Alkoholdämpfe werden hierbei in einem Kühler verdichtet, nachdem sie nötigenfalls über ein Absorptionsmittel geleitet sind, das imstande ist, etwa in ihnen enthaltene Spuren von flüchtigen Verunreinigungen, wie Wasserdampf, Chlorwasserstoff usw. zurückzuhalten. Der gesammelte Alkohol, der wieder in Form von absolutem Alkohol gewonnen wird, dient zu einem neuen Auflösungsvorgang.

Es ist an sich bekannt, durch Glühen wasserfrei gemachte chlormagnesiumhaltige Verbindungen mit absolutem Methyl- oder Äthylalkohol auszulaugen.

Beispiel

In dem Kolben eines Extraktionsapparates mit Rückflußkühler, der vorher durch Einleiten eines trockenen Luftstromes getrocknet ist, bringt man 100 g absoluten Äthylalkohol und in den zur Aufnahme des Auslaugegutes dienenden Behälterteil, in den der Alkohol zurückfließt, 100 g geschmolzenen Carnallit von etwa folgender Zusammensetzung:

Wasserunlösliches	0,92 g
Chlormagnesium	52,13 g
Chlorkalium	46,95 g

Der Äthylalkohol wird zum Sieden gebracht, und die Auslaugung ungefähr vier Stunden lang fortgesetzt. Wenn die Auslaugung vollendet ist, so dampft man die in dem Kolben des Apparates angesammelte Chlormagnesiumlösung ein. Sobald das Erzeugnis vollkommen fest ist, verjagt man die letzten Alkoholdämpfe durch einen trockenen Luftstrom. Die mitgeführten Dämpfe werden bei —10° C verdichtet. Man gewinnt so im ganzen 60,56 g Alkohol und im Kolben bleiben 51,10 g des trocknen Erzeugnisses zurück, die 50,45 g wasserfreies Chlormagnesium und 0,65 g Wasserunlösliches enthalten, d. h. also ein Produkt, das 98,72 v. H. wasserfreies Chlormagnesium enthält. Den Alkohol, der von dem übrigbleibenden Chlorkalium zurückgehalten wird, destilliert man in derselben Weise ab. Man erhält so 29,23 g Alkohol. Das zurückbleibende Produkt besteht aus 46,95 g Chlorkalium, 0,12 g Chlormagnesium, 0,95 g Wasserunslöslichem und 0,15 g Alkohol. Zählt man alles zusammen, so sieht man, daß der Alkohol sich fast unvermindert vorfindet, und daß die Nebenreaktionen fast gleich Null sind.

PATENTANSPRUCH:

Verfahren zur Herstellung von wasserfreiem Chlormagnesium, dadurch gekennzeichnet, daß man entwässerte chlormagnesiumhaltige Verbindungen, wie Carnallit, mit absolutem Methyl- oder Äthylalkohol oder einem Gemisch von beiden auslaugt und sodann aus der gewonnenen Lösung das von den Begleitstoffen befreite Chlormagnesium durch Verdampfen des Lösungsmittels abscheidet.

Nr. 510094. (K. 117710.) Kl. 12m, 3. KALI-FORSCHUNGS-ANSTALT G. M. B. H. IN BERLIN.

Erfinder: Dr. O. F. Kaselitz und Dr. Hans Friedrich in Berlin.

Herstellung von Ammoniumcarnallit oder Kaliumcarnallit.

Vom 29. Nov. 1929. — Erteilt am 2. Okt. 1930. — Ausgegeben am 9. April 1932. — Erloschen: . . . .

Das Patent 391 362 betrifft die Herstellung von wasserfreiem Magnesiumchlorid aus Ammoniumcarnallit und die Gewinnung dieses Ausgangsmaterials dadurch, daß die beim Erhitzen des Doppelsalzes auftretenden Dämpfe in Chlormagnesiumlösung oder Endlauge aufgefangen werden, welche beim Abkühlen kristallisierten Ammoniumcarnallit liefern.

Das Patent 395 510 betrifft die Herstellung von wasserfreiem Magnesiumchlorid in für die Elektrolyse geeigneter Mischung mit KCl und des hierfür verwendeten Kaliumcarnallits bzw. Ammoniumcarnallits durch Umsetzung von Kaliumchlorid oder Ammoniumchlorid beim Rühren mit konzentrierten Chlormagnesiumlösungen, z. B. den Endlaugen der Kaliindustrie.

Die weitere Verwertung der bei beiden Verfahren nach Abscheidung des Ammoniumcarnallits erhaltenen Mutterlaugen ist unerörtert geblieben; sie ist jedoch bei dem teuren Preise der Ammoniumsalze zu berücksichtigen. Es besteht wohl die Möglichkeit, das Ammoniak mit Kalk in der Hitze auszutreiben und die so erhaltenen Laugen zu verwerfen oder die Mutterlaugen einzudampfen und unter Zugabe von Chlormagnesiumlösungen und Ammoniumchlorid wieder zu verwerten.

Das vorliegende Verfahren betrifft aber einen Weg, diese Mutterlaugen ohne Wärmeaufwand immer wieder zu verwerten. Sie werden entweder mit der Schmelze des Magnesiumchloridhexahydrats und Ammoniumchlorid verrührt und liefern bei der Abkühlung Ammoniumcarnallit durch Kristallisation, oder sie werden mit technischem kristallisiertem Chlormagnesium und Ammoniumchlorid zwecks Bildung von Ammoniumcarnallit umgesetzt.

Beide Produkte, sowohl die Schmelze des Hexahydrats wie das kristallisierte Salz, sind aus den Endlaugen der Kaliindustrie leicht gewinnbar und führen so auf wirtschaftlichstem Wege zu dem als Ausgangsmaterial für die Gewinnung wasserfreien Chlormagnesiums dienenden Ammoniumcarnallit.

In gleicher Weise kann auch zu Kaliumcarnallitmutterlaugen oder zu den Ammoniumcarnallitmutterlaugen Kaliumchlorid und Chlormagnesiumhexahydrat in geschmolzenem oder kristallisiertem Zustande zwecks Gewinnung von Kaliumcarnallit hinzugefügt werden. In analoger Weise kann ein Gemisch beider Salze erhalten werden.

Beispiele

1. Zu 1 kg der bei 25° nach Patent 391 362 erhaltenen Mutterlauge, welche 87 g Ammoniumchlorid und 210 g Magnesiumchlorid enthielt, wurden 200 g geschmolzenes Chlormagnesiumhexahydrat (125°) und 53 g Ammoniumchlorid unter Rühren hinzugefügt. Nach der Abkühlung auf 25° wurden nach vollständiger Abrechnung der anhaftenden Mutterlauge 255 g Ammoniumcarnallit erhalten.

2. Zu 1 kg der bei 25° nach Patent 391 362 erhaltenen Mutterlauge wurden 200 g kristallisiertes Magnesiumchloridhexahydrat und 53 g Ammoniumchlorid gegeben und 1 Stunde gerührt. Es wurden nach Abrechnung der Mutterlauge erhalten 248 g Ammoniumcarnallit.

PATENTANSPRUCH:

Verfahren zur Herstellung von Ammoniumcarnallit oder Kaliumcarnallit oder Gemischen beider, dadurch gekennzeichnet, daß ihre Mutterlaugen mit geschmolzenem oder kristallisiertem Chlormagnesiumhexahydrat und Ammoniumchlorid bzw. Kaliumchlorid verrührt werden und daß die hierbei erhaltenen Mutterlaugen ohne vorherige Verdampfung immer wieder der Verwendung finden.

D.R.P. 391362, B. III, 1208; 395510, B. III, 1209.

Nr. 514590. (K. 117729.) Kl. 12m, 3. Kali-Chemie Akt.-Ges. in Berlin.

Herstellung heißer hochkonzentrierter Magnesiumsulfatlösungen.

Vom 30. Nov. 1929. — Erteilt am 4. Dez. 1930. — Ausgegeben am 13. Dez. 1930. — Erloschen: . . . .

Bei der Herstellung von heißen konzentrierten Magnesiumsulfatlaugen aus Kieserit, wie sie z. B. für die Gewinnung von Bittersalz oder Kaliumsulfat gebraucht werden, besteht eine große Schwierigkeit in der außerordentlichen Langsamkeit, mit der sich der Kieserit löst, wenn bereits eine gewisse Konzentration der Lösung erreicht ist. Man geht deshalb in der Praxis im allgemeinen nicht wesentlich über Konzentrationen von 400 g $MgSO_4$ im Liter hinaus, da die Erzielung höherer Konzentrationen einen zu großen Aufwand an Zeit und Kosten verursachen würde. Aus solchen Lösungen vermögen sich beim Abkühlen etwa 30% $MgSO_4$ in fester Form abzuscheiden, während rund 70% $MgSO_4$ in der Mutterlauge zurückbleiben.

Es wurde nun gefunden, daß man in der gleichen Lösezeit zu Lösungen von wesentlich höherer Konzentration gelangen kann, wenn man die Auflösung des Kieserits ($MgSO_4 \cdot H_2O$) an geeigneter Stelle unterbricht und nunmehr mit calciniertem Kieserit ($MgSO_4$) fortsetzt oder im ununterbrochenen Arbeitsgang zum gegebenen Zeitpunkt calcinierten Kieserit während der Lösung des Kieserits hinzufügt. Da sich der calcinierte Kieserit auch in einer starken Bittersalzlösung noch schnell auflöst, gelingt es auf diese Weise in der gleichen Zeit, in welcher nach dem üblichen Verfahren nur erheblich schwächere Lösungen erzielt werden können, zu Laugen zu gelangen, die an Kieserit ($MgSO_4 \cdot H_2O$) schon erheblich übersättigt sind. Aus den Lösungen vermögen sich dann nach dem Abkühlen mehr als 70% des vorhandenen Magnesiumsulfats in fester Form abzuscheiden.

Es ist zwar bekannt, daß Kieserit ebenso leicht löslich wird wie gewöhnliches Magnesiumsulfat, wenn man ihn vor der Auflösung bei Temperaturen von über 160° calciniert. Verfahren, welche jedoch nach dieser Methode gearbeitet haben, konnten sich nicht halten, weil die für die Calcinierung aufzuwendenden Kosten zu hoch sind. Bei der vorliegenden Erfindung wird jedoch das übliche Lösungsverfahren für Kieserit mit dem Verfahren, nach welchem ausschließlich calcinierter Kieserit verwendet wird, in einer solchen Weise kombiniert, daß zur Erzielung hochkonzentrierter Lösungen nur ein verhältnismäßig kleiner Anteil an calciniertem Kieserit benötigt wird.

Zur Durchführung des Verfahrens kann man mit Vorteil auch von Laugen ausgehen, welche bereits Magnesiumsulfat enthalten, z. B. den Mutterlaugen.

Ausführungsbeispiel

Man löst in bekannter Weise Kieserit in heißem Wasser so lange auf, wie die Konzentration noch einigermaßen schnell ansteigt, z. B. bis zu einer Konzentration von 350 bis 400 g $MgSO_4$ im Liter. Dann trägt man calcinierten Kieserit ein, der sich in der starken Bittersalzlösung schnell auflöst.

Auf diese Weise erhält man eine Lauge, welche z. B. bei einer Temperatur von 90° C etwa 530 g $MgSO_4$ im Liter enthält und aus welcher sich beim Abkühlen 73,6% des vorhandenen Magnesiumsulfats in fester Form gewinnen lassen, während 26,4% $MgSO_4$ in Lösung bleiben.

Patentansprüche:

1. Verfahren zur Herstellung heißer hochkonzentrierter Magnesiumsulfatlösungen aus Kieserit, dadurch gekennzeichnet, daß man aus natürlichem Kieserit zunächst nur teilweise gesättigte Lösungen herstellt und die weitere Sättigung der Lösungen mit Hilfe von entwässertem Kieserit bewirkt.

2. Verfahren nach Anspruch 1, dadurch gekennzeichnet, daß man von magnesiumsulfathaltigen Laugen ausgeht.

Nr. 493932. (K. 93760.) Kl. 12m, 3.

Kali-Werke Aschersleben und Dr. Adolf Witte in Aschersleben.

Verfahren zur Abtrennung von Calciumsulfat aus Kieserit.

Vom 10. April 1925. — Erteilt am 27. Febr. 1930. — Ausgegeben am 17. März 1930. — Erloschen: . . .

In den Abraumsalzen kommt als fast regelmäßiger Begleiter der Kalisalze Calciumsulfat in Form des Anhydrites vor. Da nun dieser Anhydrit bezüglich seiner Schwere und Suspendierbarkeit ganz ähnliche Eigenschaften hat wie Kalimagnesia und manche Formen des Kieserits, so macht es häufig erhebliche Schwierigkeiten, anhydritfreie Reinprodukte zu erhalten.

Es ist beispielsweise sehr bedeutsam, einen

anhydritfreien Kieserit zu gewinnen, wenn der Kieserit für die Darstellung von Schwefelsäure und Magnesiumoxyd verwandt werden soll, um ein vollkommen kalkfreies Magnesiumoxyd zu gewinnen, das in der Technik viel begehrter ist als ein calciumoxydhaltiges Produkt. Ebenso verursacht ein calciumsulfathaltiger Kieserit Störungen bei der Herstellung von Kaliumsulfat auf kaltem Wege aus carnallitischem Rohsalz.

Nun wurde gefunden, daß die Abtrennung des Calciumsulfates vom Kieserit in der Weise gelingt, daß man den Anhydrit in Syngenit ($K_2SO_4CaSO_4H_2O$) überführt. Dies kann z. B. durch Zusatz von Kaliumsulfatlaugen zum Kieserit geschehen. Man kann auch den Kieserit mit Chlorkalium versetzen, wobei sich in allerdings längerer Zeit aus dem Kieserit etwas Bittersalz und aus diesem mit dem Chlorkalium Kaliumsulfat bzw. Kalimagnesia bildet und sich der Anhydrit zu Syngenit umsetzt.

Der Syngenit bildet sehr feine nadelartige Kriställchen und läßt sich, nachdem man das Gemisch von Syngenit mit den übrigen vorhandenen Salzen eine Zeitlang heftig durchgerührt hat, was am besten mit Hilfe einer Mammutpumpe geschieht, infolge seiner feinen Verteilung leichter in Schwebe halten als Kalimagnesia und Sulfat. Die Abtrennung des Syngenits aus dem Salzgemisch ist dann mechanisch, z. B. durch Dekantieren, zu bewirken. Auch vom grobkörnigen Kieserit oder noch nicht zersetzten Anhydrit kann der Syngenit durch Aufwirbeln abgetrennt und dann auf Nutschen aus der Suspension ausgeschieden und nötigenfalls zur weiteren Verwendung getrocknet werden.

Wie aus abgetrenntem Kieserit kann auch aus Roh- oder Zwischenprodukten der Kalifabrikation, die anhydrithaltigen Kieserit enthalten, das Calciumsulfat in der Weise abgetrennt werden, daß durch geeignete Zusätze, Temperatur und Einwirkungsdauer die Verhältnisse geschaffen werden, bei denen das schwer abzutrennende Calciumsulfat in den leicht zu suspendierenden Syngenit übergeht, der dann auf dem oben beschriebenen Wege abgetrennt wird.

Es sind Verfahren bekannt, Syngenit absichtlich in großen Mengen zu erzeugen, um ihn als Dünger zu benutzen. Das wird nach Patent 9108 dadurch erreicht, daß zum Carnallit Magnesiumsulfat und Calciumsulfat gefügt werden, nach dem Patent 270620 dadurch, daß zu Kalium- und Magnesiumsulfat enthaltenden Laugen Chlorcalcium gegeben wird.

Das Ziel vorliegenden Verfahrens, den lästigen Gips durch geeignete Zusätze in Syngenit überzuführen, um diesen dann mechanisch abzutrennen und calciumfreie Endprodukte zu erhalten, wird in jenen Patenten nicht erstrebt.

Patentanspruch:

Verfahren zur Abtrennung von Calciumsulfat aus Kieserit, dadurch gekennzeichnet, daß man das Calciumsulfat des Kieserits durch Zusatz von Kaliumsulfat oder Kaliumchlorid zu Kaliumcalciumsulfat (Syngenit) umsetzt, dieses vom Kieserit durch starkes Rühren in Form einer schleierartigen Suspension abtrennt, absaugt oder abpreßt und nötigenfalls trocknet.

Nr. 509602. (R. 76515.) Kl. 12m, 3. Emilio Rodolfo in Mailand, Italien.

Wiedergewinnung der in den Abwässern der Viskose-Kunstseidefabriken enthaltenen Sulfate.

Vom 8. Dez. 1928. — Erteilt am 25. Sept. 1930. — Ausgegeben am 10. Okt. 1930. — Erloschen: 1934.

Italienische Priorität vom 27. Nov. 1928 beansprucht.

Es sind Verfahren zur industriellen Herstellung von Magnesiumsalzen aus den entsprechenden Calciumsalzen bekannt, die auf der Zwischenwirkung von Kohlensäure beruhen. Nach diesen Verfahren wird ein Kohlensäurestrom in ein in Bewegung gehaltenes Bad geleitet, das eine geeignet dosierte Menge Magnesiumhydrat und das Calciumsalz in Suspension enthält, welches dem gewünschten Magnesiumsalz entspricht. Nach und nach wird der Niederschlag des gebildeten Calciumsalzes aus dem gesättigten Bade abgezogen, und immer wieder von neuem werden die genannten Substanzen bis zu dem Augenblick zugesetzt, in welchem der Gehalt des Magnesiumsalzes die gewünschte Konzentration erreicht hat. Nach diesem bekannten Verfahren kann natürliches*) Magnesit oder noch besser calciniertes**) Dolomit verwendet werden. Die notwendige Kohlensäure kann jeder natürlichen oder künstlichen Quelle entnommen werden, und es kann auch in anderen Gasen verdünnte Kohlensäure oder auch diejenige verwendet werden, die in den Abgasen der Feuerungen von Dampfkesseln vorhanden ist.

Dieses Verfahren kann für eine große Anzahl sehr wichtiger industrieller Verfahren verwendet werden.

Die Erfindung betrifft nun die Anwendung

*) Druckfehlerberichtigung: natürlicher.

**) Druckfehlerberichtigung: calcinierter.

dieses Verfahrens zur Wiedergewinnung der Salze, die in den Abwässern der Viskose-Kunstseidefabriken vorhanden sind, eine Wiedergewinnung, die in anderer Weise nicht gut möglich ist. Diese Abwässer enthalten beträchtliche Mengen verschiedener Sulfate, wie Magnesium, Natron und auch Zinksulfate, sowie Schwefelsäure, welche mangels eines ihre Wiedergewinnung ermöglichenden wirtschaftlichen Verfahrens verlorengehen. Durch Anwendung des Verfahrens nach der Erfindung jedoch lassen sich diese Stoffe leicht und wirtschaftlich wiedergewinnen.

Die in Betracht kommenden Wasch- und Abwässer werden vorher mit einem Überschuß von Kalkmilch bei gewöhnlicher Temperatur behandelt, wobei Calciumsulfat, Magnesiumhydrat und Zinkhydrat niedergeschlagen werden. Das so behandelte Wasser enthält noch Natriumsulfat in Lösung und nicht mehr als 0,002 Calciumsulfat. Nachdem durch Abklären oder Filtrieren die niedergeschlagene Masse dieser Lösung abgesondert worden ist, können beide Teile leicht in folgender Weise behandelt werden:

Der in reinem Wasser gewaschene Niederschlag wird mit Kohlensäure nach einem der beschriebenen Verfahren behandelt, welches die Wiedergewinnung von Magnesiumsulfat gestattet. Werden die Abwässer vor der Fällung mit dolomitischem Kalk behandelt, so wird nach dem beanspruchten Verfahren auch die in Magnesiumsulfat umgewandelte freie Schwefelsäure der Abwässer nutzbar gemacht.

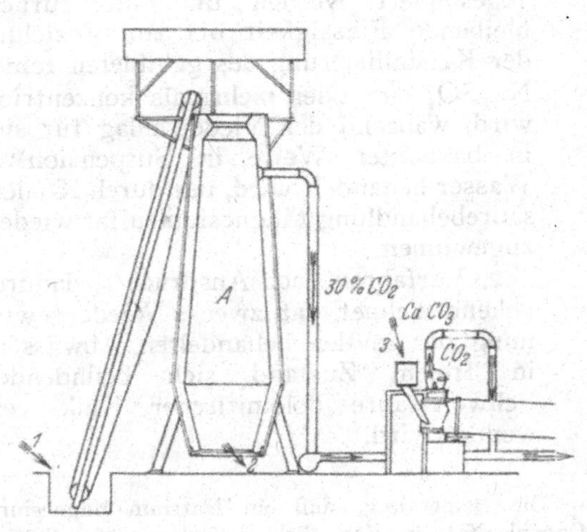

Der andere Teil, d. h. die übriggebliebene Lösung, die im wesentlichen Natronsulfat enthält und vollkommen von Magnesiumsulfat getrennt ist, kann auch einem mehrfachen Konzentrierungsverfahren in einer Vorrichtung bekannter Art unterworfen werden, bis die Kristallisierung von reinem Natriumsulfat erzielt wird. Dieser Vorgang kann hingegen nicht unmittelbar bei gewöhnlichen Abwässern angewendet werden, weil noch Magnesiumsulfat vorhanden ist, welches die Bildung eines in den Viskose-Kunstseidefabriken nicht brauchbaren Doppelsulfates verursachen würde.

Das neue Verfahren gestattet also nicht nur die Wiedergewinnung von Magnesiumsulfat und Schwefelsäure, sondern auch von Natriumsulfat, das unaufhörlich ohne weiteres wieder benutzt werden kann.

Das neue Verfahren kann mit Hilfe sehr einfacher Anlagen, z. B. der schematisch auf der Zeichnung dargestellten Anlage, durchgeführt werden.

Die aus den in den Viskose-Kunstseidefabriken benutzten Bädern abströmenden Wässer enthalten:

$$H_2SO_4 + MgSO_4 + Na_2SO_4$$
$$+ \text{(zuweilen } ZnSO_4\text{)}$$
$$+ \text{organische und andere Substanzen.}$$

Diese werden in dem Behälter *E* gesammelt und durch Pumpen o. dgl. in mit den erforderlichen Rührwerken und Rohrleitungen versehene Autoklaven gedrückt. In letztere wird

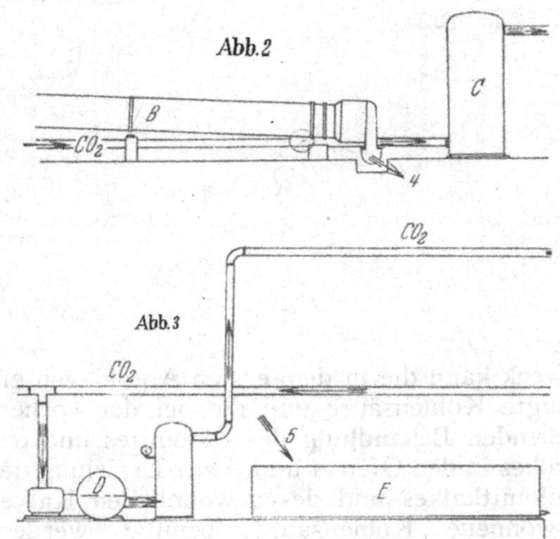

pulverisierter Dolomit bis zur vollständigen Neutralisierung der Schwefelsäure und der Bildung von Calciumsulfat und Magnesiumsulfat eingeführt. Die freiwerdende Kohlensäure wird gesammelt, um später benutzt werden zu können. Am Ende dieses Arbeitsganges enthält die Flüssigkeit

$$CaSO_4 - MgSO_4 - Na_2SO_4 - (ZnSO_4).$$

Es wird dann Kalkmilch in geeigneter Menge zugesetzt, um das ganze Magnesiumsulfat und gegebenenfalls auch das Zinksulfat zur Bildung von Magnesiumhydrat und gegebenenfalls von Zinkhydrat zu ersetzen. Hierauf enthält die Flüssigkeit:

$$CaSO_4 - Mg(OH)_2 - Na_2SO_4 - (Zn[OH]_2).$$

Der Inhalt der Autoklaven *F* wird in Vakuumfiltern geeigneter Bauart gefiltert und der Natriumsulfat enthaltende Teil der Flüssigkeit wird in einem Behälter *J* gesammelt und alsdann nach einem beliebigen Verfahren bis zur Kristallisierung des Salzes konzentriert. Der feste Bestandteil enthält im wesentlichen:

$$CaSO_4 - Mg(OH)_2 - (Zn[OH]_2).$$

Dieser Rückstand wird gewaschen, in Wasser zerstreut und einem anderen Autoklaven *H* zugeführt. Der der Wirkung der Rührwerke unterworfenen Flüssigkeit wird Kohlensäure zugesetzt, und die Temperatur wird auf 50 bis 60° C gesteigert. Zu diesem

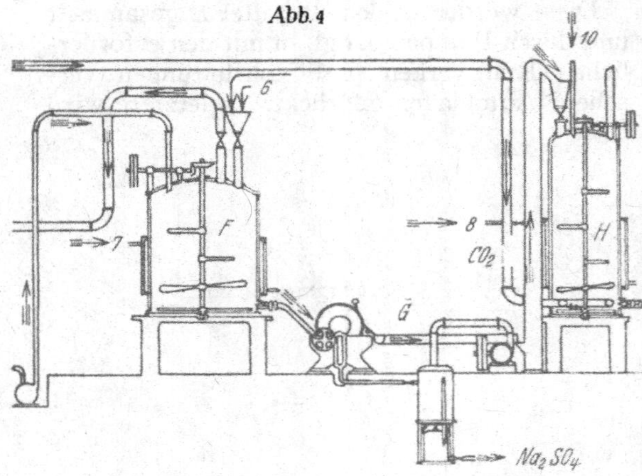

Zweck kann die in dem ersten Autoklaven erzeugte Kohlensäure und die bei der vorhergehenden Behandlung des Dolomites und des Kalkes in den Öfen *A* und *B* zur Erzielung des Dolomitkalkes und des gewöhnlichen Kalkes gewonnene Kohlensäure benutzt werden. Letztere wird in Schrubbern *C* gereinigt und in Verdichtern *D* komprimiert. Hierdurch wird Calciumcarbonat, welches ausfällt, und Magnesiumsulfat gebildet, das sich bis zur gewünschten Konzentration, für gewöhnlich bis 20° Bé, löst. In geeigneten Vorrichtungen *G* wird abermals gefiltert, um das in den Behältern *I* verbleibende Calciumcarbonat abzusondern, und die Magnesiumsulfatlösung wird in beliebige Konzentrations- und Kristallisierungsbehälter *I* geleitet.

Bei der dargestellten Anlage wird bei 1 Dolomit eingeführt und bei 2 ausgetragen. Der Kalk wird bei 3 zugesetzt und bei 4 aus-

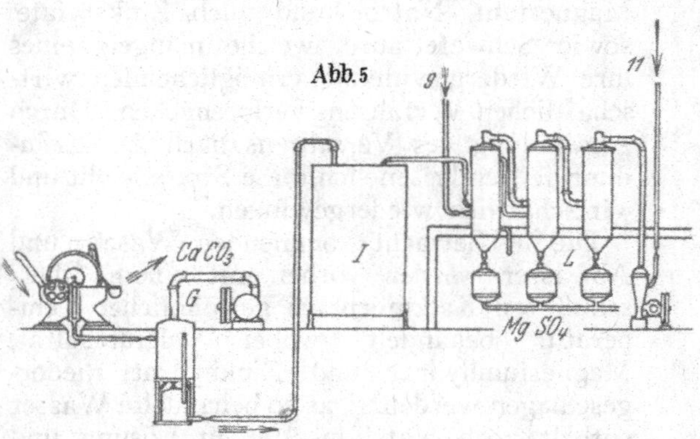

getragen. Die Abwässer werden bei 5 eingeleitet, während bei 6 Dolomit und Kalk in Pulverform zugesetzt werden. Bei 7, 8 und 9 wird Dampf und bei 10 und 11 Wasser zugeführt.

Patentansprüche:

1. Verfahren zur Wiedergewinnung der in den Abwässern der Viskose-Kunstseidefabriken enthaltenen Sulfate, dadurch gekennzeichnet, daß die Abwässer zwecks Ausfällens des Calciumsulfates, des Magnesiumhydroxydes und des Zinkhydroxydes mit Kalkmilch behandelt werden, die ausgefällten Salze in beliebiger Weise abgesondert werden und die zurückbleibende Flüssigkeit bis zur Erzielung der Kristallisierung des gebildeten reinen Na_2SO_4 ein- oder mehrmals konzentriert wird, während der Niederschlag für sich in bekannter Weise in Suspension in Wasser behandelt wird, um durch Kohlensäurebehandlung Magnesiumsulfat wiederzugewinnen.

2. Verfahren nach Anspruch 1, dadurch gekennzeichnet, daß zwecks Wiedergewinnung der in den behandelten Abwässern in freiem Zustand sich befindenden Schwefelsäure dolomitischer Kalk verwendet wird.

Die Bemerkung, daß ein Natrium-Magnesium-Doppelsulfat in der Viskose-Kunstseidefabrikation nicht anwendbar ist, ist sachlich nicht begründet.

Nr. 545071. (K. 114878.) Kl. 12m, 3. KALI-CHEMIE AKT.-GES. IN BERLIN.

Erfinder: Dr. Fritz Crotogino in Neu-Staßfurt b. Staßfurt.

Verfahren zur Herstellung von künstlichem Magnesit.

Vom 24. Mai 1929. — Erteilt am 11. Febr. 1932. — Ausgegeben am 25. Febr. 1932. — Erloschen: 1934.

Künstliche Magnesiumcarbonate werden bekanntlich in der Weise hergestellt, daß man Magnesiumsalze mit kohlensauren Alkalien behandelt oder Aufschlämmungen von Magnesiumhydroxyd der Einwirkung von Kohlensäure unterwirft. Die so erhaltenen Produkte bestehen entweder aus Magnesiumcarbonat-Trihydrat oder basischen Magnesiumcarbonaten, die sich bis jetzt auf keine Weise in neutrales wasserfreies Magnesiumcarbonat von der Formel $MgCO_3$ überführen ließen. Man hat bereits versucht, neutrales Magnesiumcarbonat aus Magnesiumoxyd durch Erhitzen mit geeigneten Mengen Natriumbicarbonat in Gegenwart von wenig Wasser herzustellen. Auch das bekannte Erhitzen von basischem Magnesiumcarbonat in Gegenwart gegebenenfalls trockener Kohlensäure führt nicht zu neutralem wasserfreiem Magnesiumcarbonat.

Das nachstehend beschriebene Verfahren gibt einen Weg an, der es gestattet, in technisch bequem durchzuführender Weise das neutrale wasserfreie Magnesiumcarbonat herzustellen. Es besteht darin, daß man die obenerwähnten Magnesiumcarbonate in Gegenwart von Alkalibicarbonaten bzw. deren Laugen unter Druck auf Temperaturen über 100° C erhitzt. Die gleichzeitige Anwesenheit von neutralen Alkalicarbonaten oder ein Entweichen von Bicarbonatkohlensäure während des Erhitzens beeinträchtigen den Umwandlungsprozeß nicht.

Ebenso wie von den genannten Magnesiumverbindungen kann man auch von komplizierter zusammengesetzten Körpern ausgehen, wie etwa dem Engelschen Salz $KHCO_3 \cdot MgCO_3 \cdot 4\,H_2O$, dem neutralen Kaliummagnesiumcarbonat $K_2CO_3 \cdot MgCO_3 \cdot 4\,H_2O$ u. a. Des weiteren kann man auch Mischungen von Salzen verwenden, aus denen sich im selben Prozeß Magnesiumcarbonate usw. abscheiden, z. B. Lösungen von Magnesiumsalzen, etwa von Magnesiumsulfat, die bei Zusatz von Natriumbicarbonat Magnesiumcarbonat-Trihydrat oder basische Magnesiumcarbonate abscheiden.

Der Erhitzungsprozeß muß bei erhöhter Temperatur und unter Druck ausgeführt werden, wobei sich gezeigt hat, daß die Geschwindigkeit der Reaktion mit der Erhöhung der Temperatur steigt und die Bildung von basischem Carbonat mit Sicherheit verhindert wird.

Die Bedeutung des neuen Verfahrens besteht darin, daß es die Gewinnung einer schweren kohlensauren Magnesia gestattet, welche für die Durchführung vieler technischer Prozesse geeignet ist.

Beispiel

360 kg feuchtes Magnesiumcarbonat-Trihydrat mit 21,8 % MgO werden in 1,8 cbm kochendes Wasser eingetragen, wobei das Salz unter lebhafter Kohlensäureentwicklung zerfällt. Dann fügt man 90 kg Natriumbicarbonat zu von der Zusammensetzung

90,8 % $NaHCO_3$
6,8 % Na_2CO_3

und erhitzt 2 Stunden lang auf 125° C bei 2 bis 4 Atm. Der so erhaltene Brei wird filtriert. Der ausgewaschene Niederschlag enthält dann auf 100 Äquivalente MgO 99,5 Äquivalente CO_2. Nach dem Trocknen weist er ein Schüttgewicht von 0,9 bis 1,0 auf.

PATENTANSPRÜCHE:

1. Verfahren zur Herstellung von neutralem wasserfreiem Magnesiumcarbonat, dadurch gekennzeichnet, daß man nach bekannten Verfahren erhaltenes Magnesiumcarbonat-Trihydrat oder basische Carbonate des Magnesiums in Gegenwart von Alkalibicarbonaten unter Druck auf Temperaturen über 100° C erhitzt.

2. Verfahren nach Anspruch 1, dadurch gekennzeichnet, daß man die Alkalibicarbonate teilweise durch Alkalicarbonate ersetzt.

Nr. 552738. (K. 115135.) Kl. 12m, 3. KALI-CHEMIE AKT.-GES. IN BERLIN.

Erfinder: Dr. Fritz Crotogino in Neu-Staßfurt b. Staßfurt.

Herstellung von künstlichem Magnesit.

Zusatz zum Patent 545071. Durch Verzicht auf das Hauptpatent selbständig geworden.

Vom 8. Juni 1929. — Erteilt am 2. Juni 1932. — Ausgegeben am 16. Juni 1932. — Erloschen: ....

Man hat bereits versucht, Magnesiumoxyd durch Erhitzen mit Alkalibikarbonat oder mit Kohlensäure unter Druck in neutrales Magnesiumkarbonat umzuwandeln.

In dem Hauptpatent 545071 ist ein Verfahren zur Herstellung von künstlichem Magnesit beschrieben, nach welchem auf künstlichem Wege hergestellte Magnesiumkarbonate, wie Magnesiumkarbonattrihydrat oder basische Magnesiumkarbonate, durch Erhitzen mit Natriumbikarbonat in neutrales wasserfreies Magnesiumkarbonat übergeführt werden.

Es wurde dabei festgestellt, daß es am vorteilhaftesten ist, den Erhitzungsprozeß bei erhöhter Temperatur und unter Druck auszuführen, da die Geschwindigkeit der Reaktion mit der Erhöhung der Temperatur steigt.

Es hat sich nun gezeigt, daß man ebenso wie mit den doppelkohlensauren Alkalien auch mit Ammonbikarbonat Magnesiumkarbonattrihydrat und andere Magnesiaverbindungen in ein dichtes, neutrales, wasserfreies Magnesiumkarbonat umwandeln kann. In diesem Fall ist es jedoch um so notwendiger, in geschlossenen Gefäßen unter Druck zu erhitzen, da das Ammoniumbikarbonat in der Hitze beinahe augenblicklich in seine gasförmigen Komponenten Ammoniak, Kohlensäure und Wasserdampf zerfällt und innerhalb kürzester Zeit aus der Lösung vollkommen verschwinden würde. Anderenfalls müßte man das zersetzte Ammoniumbikarbonat andauernd durch neue Mengen Bikarbonat ersetzen, eine Maßnahme, die sich jedoch aus wirtschaftlichen Gründen von selbst verbietet.

An Stelle des Ammonbikarbonats allein lassen sich auch Gemische von Ammonbikarbonat mit Natrium- bzw. Kaliumbikarbonat verwenden. Auch die gleichzeitige Anwesenheit von neutralen Karbonaten des Ammoniums, Natriums oder Kaliums beeinträchtigen den Umwandlungsprozeß nicht.

Ausführungsbeispiel

400 kg Magnesiumkarbonattrihydrat mit 18% MgO wurden mit etwa 2 cbm Wasser und 300 kg Ammonbikarbonat zusammen in einem Autoklaven bis zur Erreichung eines Druckes von 3 bis 5, durchschnittlich etwa 4 Atm. erhitzt. Die Mischung wurde dann drei Stunden lang bei diesem Druck und der entsprechenden Temperatur gerührt. Hierauf wurde der Autoklav abgekühlt, sodann geöffnet und der Niederschlag von der Lauge getrennt. Der mit Wasser gedeckte Bodenkörper enthielt ein wasserfreies Magnesiumkarbonat, in welchem auf 100 Mol MgO 97,5 Mol CO_2 enthalten waren. Nach dem Trocknen wies das Magnesiumkarbonat ein Schüttgewicht von 1,14 auf.

PATENTANSPRÜCHE:

1. Verfahren zur Herstellung von neutralem, wasserfreien Magnesiumkarbonat gemäß Patent 545071 aus Magnesiumkarbonattrihydrat oder basischen Karbonaten des Magnesiums, dadurch gekennzeichnet, daß man dieselben in Gegenwart von Ammoniumbikarbonat unter Druck erhitzt.

2. Verfahren nach Anspruch 1, dadurch gekennzeichnet, daß man das Ammonbikarbonat teilweise durch Natrium- bzw. Kaliumbikarbonat ersetzt.

3. Verfahren nach Anspruch 1 und 2, dadurch gekennzeichnet, daß Gemische von Ammonbikarbonat mit Ammonium- bzw. Natrium- bzw. Kaliumkarbonat verwendet werden.

Nr. 505304. (V. 20120.) Kl. 12m, 3. VEREIN FÜR CHEMISCHE UND METALLURGISCHE PRODUKTION IN AUSSIG A. E., TSCHECHOSLOWAKISCHE REPUBLIK.

Verfahren zur Gewinnung von grobkristallinischem Magnesiumcarbonattrihydrat aus Kaliummagnesiumcarbonat.

Vom 10. April 1925. — Erteilt am 31. Juli 1930. — Ausgegeben am 16. Aug. 1930. — Erloschen: 1932.

Die Zersetzung des im Verlaufe des Magnesia-Pottasche-Verfahrens gebildeten Doppelsalzes ($KHCO_3 \cdot MgCO_3 \cdot 4\,H_2O$) durch Behandlung mit Magnesiumhydrat führt bekanntlich zu kleinkristallinischem, schlecht filtrierendem Magnesiumcarbonattrihydrat $MgCO_3 \cdot 3\,H_2O$. Dagegen führt die Spaltung des Doppelsalzes durch Wasser in geschlossenen Gefäßen oder unter einem entsprechenden Kohlensäuredruck zu grobkristallinischem, gut filtrierendem Magnesiumcarbonattrihydrat. In diesem Falle muß jedoch jener Teil des ursprünglich angewandten $MgCO_3 \cdot 3 H_2O$, welcher durch Umsetzung mit dem in den Prozeß eingeführten Chlorkalium in Chlormagnesium übergeführt wurde, durch frisches $MgCO_3 \cdot 3 H_2O$ ersetzt werden, das meist durch Einleiten von Kohlensäure in Magnesiamilch unter bestimmten Bedingungen hergestellt wird. Zum Unterschied davon ist bei der Zersetzung des Doppelsalzes mit Magnesiamilch eine gesonderte Darstellung frischen $MgCO_3 \cdot 3 H_2O$ nur in geringem Ausmaße nötig, und zwar nur insoweit, um die im Verfahren eintretenden unvermeidlichen Verluste zu decken.

Es wurde nun gefunden, daß man in einer Operation zu grobkristallinischem, gut filtrierendem $MgCO_3 \cdot 3 H_2O$ unter gleichzeitiger Ergänzung der durch Umsetzung in Chlormagnesium ausgeschiedenen Menge gelangen kann, wenn man nach der Spaltung des Doppelsalzes mit Wasser und Abscheidung des $MgCO_3 \cdot 3 H_2O$ in die überstehende Kaliumcarbonatlösung so viel Magnesia oder Magnesiumhydrat einführt, um neutrales Kaliumcarbonat zu bilden.

Dieses Verfahren gestattet auch auf einfache Weise die Betriebsverluste an $MgCO_3 \cdot 3 H_2O$ zu ersetzen; hierzu muß nur ein gewisser Überschuß an Magnesia unter gleichzeitigem Einleiten von CO_2 zugefügt werden.

Es hat sich gezeigt, daß unter diesen Umständen die Umsetzung der Magnesia zu gut filtrierendem und gut verwendbarem Magnesiumcarbonattrihydrat erheblich leichter vor sich geht als beispielsweise durch Absättigung von Magnesiamilch mit CO_2.

Es ist bereits vorgeschlagen worden, Magnesiumcarbonattrihydrat mit Hilfe von Alkalicarbonat bzw. -bicarbonat darzustellen. Dieses Verfahren geht von kalkhaltigen Magnesiumcarbonaten und Magnesiumsilikaten aus und benutzt die Alkalicarbonatlösung zur Trennung des Magnesiums vom Kalk durch Überführung in lösliches Magnesiumalkalibicarbonatdoppelsalz, aus dessen Lösung dann das Magnesiumcarbonattrihydrat durch Erhitzen im Vakuum abgeschieden werden kann.

Demgegenüber wird gemäß der Erfindung nach der Spaltung des unlöslichen Magnesiumkaliumcarbonatdoppelsalzes mit Wasser unter Abscheidung von Magnesiumcarbonattrihydrat in die überstehende Kaliumbicarbonatlösung so viel Magnesia oder Magnesiahydrat eingeführt, um neutrales Kaliumcarbonat zu bilden. Die Abscheidung des Magnesiumcarbonattrihydrats erfolgt hier nicht über die Zwischenstufe gelösten Magnesiumbicarbonats bzw. löslicher saurer Alkalimagnesiadoppelsalze, deren Lösung erst im Vakuum erhitzt werden müßte, sondern nach der Formel:

$$2 KHCO_3 + Mg(OH)_2 + H_2O = K_2CO_3 + MgCO_3 \cdot 3 H_2O.$$

Dabei kann die Ergänzung von Betriebsverlusten dadurch geschehen, daß mehr als die zur Umsetzung in K_2CO_3 erforderliche Menge Magnesia oder Magnesiahydrat unter gleichzeitigem Einleiten von CO_2 angewandt wird. Diese Umsetzung, welche mengenmäßig eine verhältnismäßig untergeordnete Rolle spielt, vollzieht sich teils direkt nach der Gleichung:

$$Mg(OH)_2 + CO_2 + 2 H_2O = MgCO_3 \cdot 3 H_2O,$$

teils indirekt mittels des aus K_2CO_3 und CO_2 gebildeten Bicarbonats entsprechend der Gleichung:

$$Mg(OH)_2 + 2 KHCO_3 + H_2O = MgCO_3 \cdot 3 H_2O + K_2CO_3.$$

Der Vorzug des neuen Verfahrens liegt insbesondere in der Verknüpfung der Zersetzung von Kaliummagnesiumbicarbonatdoppelsalz durch Wasser mit der darauffolgenden Umsetzung der entstandenen Kaliumbicarbonatlösung durch Magnesia zu einem neuen Effekt. Während nämlich die direkte Zersetzung des Kaliummagnesiumbicarbonatdoppelsalzes mit Magnesia ein so feines Magnesiumcarbonattrihydrat liefert, daß dessen Waschung und Wiederverwendung erheblichen Schwierigkeiten begegnet, und während andererseits bei der Zersetzung des Kaliummagnesiumbicarbonatdoppelsalzes mit Wasser nur $^2/_3$ des ursprünglich angewandten Magnesiumcarbonattrihydrats zurückgewonnen werden und das restliche Drittel durch separat hergestelltes Magnesiumcarbonattrihydrat neu in den Prozeß eingeführt werden muß, gestattet es die Erfindung, die Vorteile der Wasserzersetzung mit den Vorteilen der Magnesiazersetzung zu verbinden, ohne die Nachteile dieser beiden Spaltmethoden aufzuweisen. Dies wird auf einfachste Weise dadurch erreicht, daß die Spaltung des Kaliummagnesiumbicarbonatdoppelsalzes in zwei Stufen zerlegt wird, deren erste die Zersetzung des Doppelsalzes mit Wasser ist und deren zweite in der Umsetzung der überstehenden Kaliumbicarbonatlösung mit Magnesia besteht.

Ausführungsbeispiele

1. 3200 kg Kaliummagnesiumbicarbonatdoppelsalz mit etwa 29% $KHCO_3$ werden nutschenfeucht in 7 m^3 erwärmtes Wasser

unter gutem Rühren eingetragen. Nach etwa 30 Minuten, während welcher die Temperatur auf etwa 60° gehalten wird, sind 90% des Salzes in unlösliches Magnesiumcarbonattrihydrat und gelöstes Kaliumbicarbonat gespalten. Hierauf werden 180 kg MgO in Form einer starken Magnesiamilch allmählich eingerührt und die gebildete Pottaschelauge nach vollständiger Umwandlung der Magnesia in Magnesiumcarbonattrihydrat von dem Rückstand durch Filtration getrennt.

2. Sind Betriebsverluste zu decken, so werden größere Mengen Magnesia, beispielsweise 195 kg MgO, in Form von Magnesiamilch eingerührt und gleichzeitig Kohlensäure in die Flüssigkeit eingeleitet. Nach vollkommener Überführung der Magnesia in Magnesiumcarbonattrihydrat wird die Pottaschelauge durch Filtration vom Rückstand getrennt.

PATENTANSPRUCH:

Verfahren zur Gewinnung von grobkristallinischem Magnesiumcarbonattrihydrat aus Kaliummagnesiumcarbonat, dadurch gekennzeichnet, daß man in die bei der Zersetzung von Kaliummagnesiumbicarbonat ($KHCO_3 \cdot MgCO_3 \cdot 4\,H_2O$) mittels Wassers erhaltene Kaliumbicarbonatlösung entweder gerade zur Bildung von neutralem Kaliumcarbonat ausreichende Mengen von Magnesia oder Magnesiumhydroxyd einführt oder aber diese im Überschuß der Kaliumbicarbonatlösung unter gleichzeitigem Einleiten von Kohlensäure zusetzt.

Nr. 506635. (V. 20655.) Kl. 12m, 3. Verein für chemische und metallurgische Produktion in Aussig a. E., Tschechoslowakische Republik.

Verfahren zur Zersetzung von Kaliummagnesiumkarbonatdoppelsalzen.

Zusatz zum Patent 505304.

Vom 24. Okt. 1925. — Erteilt am 28. Aug. 1930. — Ausgegeben am 6. Sept. 1930. — Erloschen: 1932.

In dem Hauptpatent 505304 ist ein Verfahren beschrieben, nach welchem man aus Kaliummagnesiumkarbonatdoppelsalz ($KHCO_3 \cdot MgCO_3 \cdot 4H_2O$) grobkristallinisches, gut filtrierendes $MgCO_3 \cdot 3H_2O$ dadurch erhält, daß man nach einer mit Wasser auf bekannte Weise erfolgenden Spaltung des Doppelsalzes in $MgCO_3 \cdot 3H_2O$ und Kaliumbikarbonat in die überstehende Kaliumbikarbonatlösung ungefähr so viel Magnesia oder Magnesiumhydrat einführt, als erforderlich ist, um neutrales Kaliumkarbonat zu bilden, oder auch gegebenenfalls einen Überschuß an Magnesia bzw. an Magnesiumhydrat unter gleichzeitigem Einleiten von CO_2 zufügt.

Es hat sich nun gezeigt, daß die Bildung geringer Mengen basischen Magnesiumkarbonats bei dieser Arbeitsweise nicht vermieden werden kann, wenn man die Spaltung des Kaliummagnesiumkarbonats mit Wasser bei den für die vollständige Zersetzung des Doppelsalzes nötigen höheren Temperaturen (bis 80° C) vornimmt. Dies gibt indessen bei der nachfolgenden Überführung des Magnesiumkarbonattrihydrats in Kaliummagnesiumkarbonatdoppelsalz Anlaß zu unerwünschter Schlammbildung.

Es hat sich aber auch weiterhin gezeigt, daß dieser Übelstand auf einfache Weise vermieden werden kann, wenn man die der Behandlung mit Magnesiahydrat vorangehende Spaltung des Doppelsalzes mit Wasser nicht vollständig, sondern bei verhältnismäßig niederen Temperaturen, beispielsweise bei 40° C durchführt. Bei dem nachfolgenden Zusatz von Magnesia oder Magnesiumhydrat werden dann auch die noch unzersetzt gebliebenen Reste des Doppelsalzes gespalten. Das erhaltene Produkt besitzt gute Filtrationsfähigkeit und läßt sich ohne Schlammbildung in Kaliummagnesiumkarbonatdoppelsalz überführen.

Ausführungsbeispiel

Eine Suspension von Doppelsalz, deren Gehalt an Wasser so eingestellt ist, daß bei vollständiger Spaltung des Doppelsalzes nach Beendigung der Reaktion mit Magnesiahydrat eine Lösung entsprechend 110 g K_2CO_3 pro 1 Liter entsteht, wird auf 40° C erwärmt. Hierbei wird das Doppelsalz entsprechend seiner Löslichkeit bei dieser Temperatur zu etwa 40% in Kaliumbikarbonat und Trihydrat aufgespalten, während die restlichen 60% unzersetzt in der Suspension bleiben. Durch Einbringen der dem $KHCO_3$-Gehalt des Doppelsalzes entsprechenden Menge $Mg(OH)_2$ in Form von Magnesiamilch o. dgl. wird die vollständige Spaltung des Doppelsalzes erzielt, so daß eine Lösung von 110 g K_2CO_3 in 1 Liter und eine dem MgO-Gehalt des Doppelsalzes sowie der eingebrachten Menge $Mg(OH)_2$ entsprechende Suspension von Trihydrat erzielt wird.

PATENTANSPRUCH:

Verfahren zur Zersetzung von Kaliummagnesiumkarbonatdoppelsalzen nach Patent 505 304, dadurch gekennzeichnet, daß die Magnesia oder das Magnesiumhydrat in die Kaliumbikarbonatlösung nach der mit Wasser bei relativ niederer Temperatur erfolgten nur teilweisen Spaltung des Doppelsalzes in $MgCO_3 \cdot 3H_2O$ und Kaliumbikarbonat eingeführt wird.

Nr. 561485. (V. 21223.) Kl. 12l, 13. VEREIN FÜR CHEMISCHE UND METALLURGISCHE PRODUKTION IN AUSSIG A. E., TSCHECHOSLOWAKISCHE REPUBLIK.

Verfahren zur Herstellung eines grobkristallinischen, zur Weiterverarbeitung auf Kaliummagnesiumcarbonat bzw. Kaliumcarbonat besonders geeigneten Magnesiumcarbonattrihydrats.

Vom 1. Mai 1926. — Erteilt am 29. Sept. 1932. — Ausgegeben am 14. Okt. 1932. — Erloschen: 1933.

Das bekannte Verfahren zur Darstellung von Kaliumcarbonat aus Chlorkalium und Magnesiumcarbonattrihydrat durch Bildung und Zersetzung des Doppelsalzes Kaliummagnesiumbicarbonat ($KHCO_3 \cdot 3MGCO_3 \cdot 4H_2O$) gemäß den Gleichungen:

1. $3MgCO_3 \cdot 3H_2O + 2KCl + CO_2 = 2KHCO_3 \cdot MgCO_3 \cdot 4H_2O + MgCl_2$,
2. $2KHCO_3 \cdot 3MgCO_3 \cdot 4H_2O = K_2CO_3 + CO_2 + 9H_2O + 2MgCO_3$

erfordert für seine wirtschaftliche Durchführung die Verwendung eines möglichst reinen Magnesiumcarbonattrihydrats für die Bildung des genannten Doppelsalzes. Solches Magnesiumcarbonattrihydrat wurde früher durch Carbonisieren von Magnesiumhydroxyd dargestellt, das aus Chlormagnesium durch Zerlegung mit Wasserdampf und Hydratisieren des entstandenen Magnesiumoxyds gewonnen wurde. Die bei der Magnesiumchloridzersetzung gleichzeitig gewonnene Salzsäure bildete damals ein wertvolles Nebenprodukt, welches die erheblichen Kosten dieser Herstellungsweise verminderte. Aus technischen und wirtschaftlichen Gründen mußte das Verfahren bereits vor längerer Zeit aufgegeben werden. Seither arbeitet man im allgemeinen derart, daß man den bei der Doppelsalzspaltung verbleibenden Magnesiumcarbonatrückstand entweder als solchen oder nach Calcinieren, Hydratisieren und neuerlichem Carbonisieren wieder in den Prozeß einführt und nur die eintretenden Abgänge (als Chlormagnesium nach Gleichung 1) sowie Betriebsverluste durch Einführung frischen Materials ersetzt. Dieses frisch in den Prozeß eingeführte Magnesiumcarbonattrihydrat wurde im allgemeinen durch Fällen von Chlormagnesiumlauge mittels Kalk oder mittels gebrannten Dolomits und Carbonisieren des so erhaltenen und gereinigten Magnesiumhydroxyds gewonnen. Das bei der Fällung abgeschiedene Magnesiumhydroxyd ist jedoch infolge seiner schleimigen Beschaffenheit weder durch Waschen noch durch Dekantieren frei von Kalk und anderen Verunreinigungen, wie Tonerde und Eisen, zu erhalten. Man gewinnt infolgedessen daraus nur ein verhältnismäßig unreines Magnesiumcarbonattrihydrat, das im weiteren Verlaufe des Prozesses ein schlammreiches Doppelsalz bildet, das sich nur schlecht filtrieren und von Schlamm reinigen läßt. Bleiben aber Teile des Schlammes im Doppelsalz zurück, so erhält man bei dessen Zersetzung ein stark verunreinigtes Magnesiumcarbonat bzw. Magnesiumoxyd, dessen Rückführung in den Prozeß nach kurzer Zeit nicht mehr möglich ist und das als auch für andere Zwecke unbrauchbare oder sehr minderwertige Magnesia aus dem Prozesse ausgeschieden werden muß.

Das nachstehend beschriebene neue Verfahren vermeidet die Nachteile, die durch die Einführung unreinen Magnesiumcarbonattrihydrats entstehen können, dadurch, daß es von Magnesiumcarbonattrihydrat ausgeht, welches aus Magnesiumsalzlösungen mit Ammoniak und Kohlensäure bzw. mit Ammoncarbonat unter solchen Bedingungen abgeschieden wird, daß es in grobkristallinischer, für den weiteren Prozeß besonders geeigneter Form entsteht.

Es ist zwar bereits vorgeschlagen worden, Magnesiumcarbonattrihydrat, welches zur Herstellung leichter, basisch kohlensaurer Magnesia dienen sollte, aus Magnesiumsalzlösungen mit Ammoncarbonat zu fällen. Bei diesen bekannten Verfahren werden sehr verdünnte Lösungen angewendet, bei denen eine Mutterlauge entsteht, die höchstens 20 g NH_3 pro Liter enthält. Das Magnesiumcarbonattrihydrat fällt dabei in feinkristallinischer Form an, die eine Voraussetzung für die günstige Umsetzung in basisch kohlensaure Magnesia bildet. Infolge der feinkristallinischen Beschaffenheit des aus so verdünnten Lösungen abgeschiedenen Magnesiumcarbonattrihydrats wird dagegen dessen Verwendbarkeit für den Magnesia-Potasche-Prozeß sehr beeinträchtigt.

Es wurde gefunden, daß überraschenderweise grobkristallinisches Magnesiumcarbonattrihydrat erhalten werden kann, das zwar für die Herstellung leichter, basisch kohlensaurer Magnesia wenig, dagegen aber für die Durchführung des Magnesia-Potasche-Prozesses hervorragend geeignet ist, wenn man Magnesiumsalzlösungen mit der ungefähr äquivalenten Menge Ammoncarbonat bzw. mit Ammoniak und Kohlensäure bei Temperaturen unter 50° langsam fällt, bis eine Endkonzentration der Ammoniaksalze von 30 bis 60 g NH_3 pro Liter in der Mutterlauge erzielt ist. Die verhältnismäßig hohe Konzentration der Ammonsalze gestattet nunmehr auch die vorteilhafte Darstellung dieser Salze aus den Mutterlaugen, also die Verknüpfung der Gewinnung des Magnesiumcarbonattrihydrats mit der Darstellung wertvoller Nebenprodukte.

Durch stufenweise Ausführung der Magnesiumcarbonattrihydratfällung unter jedesmaliger Trennung vom gesamten oder einem Teile des abgeschiedenen Niederschlages kann die Konzentration der Ammonchloridlösung bis auf 50 bis 70 g NH_3 pro Liter gesteigert werden.

Eine besonders vorteilhafte Ausführungsform des Verfahrens besteht darin, daß man in etwa 1000 kg einer Chlormagnesiumlösung mit 40 g $MgCl_2$ pro Liter unter dauerndem Rühren und bei einer Temperatur von 40 bis 50° gleiche Mengen Ammoncarbonatlösung mit etwa 360 g $(NH_4)_2CO_3$ pro Liter und Chlormagnesiumlösung von etwa 350 g $MgCl_2$ pro Liter einfließen läßt. Zweckmäßig wird ein geringer Überschuß an Ammoncarbonat während der Fällung eingehalten. Man erhält schließlich etwa 5 m^3 Chlorammonlösung, in welcher sich eine etwa 340 kg MgO entsprechende Menge Magnesiumcarbonattrihydrat abgeschieden hat. Der Niederschlag läßt sich infolge seiner kristallinischen Beschaffenheit mit wenig Wasser gut auswaschen.

Die im Filtrat gelösten Ammonsalze (Konzentration etwa 60 g NH_3 pro Liter) können auf bekannte Weise durch Eindampfen, zweckmäßig nach Beseitigung oder Neutralisierung des vorher überschüssigen Ammoncarbonats, gewonnen werden.

Statt diese noch relativ verdünnten Ammonsalzlösungen direkt einzudampfen, kann es jedoch auch vorteilhaft sein, sie dadurch anzureichern, daß man mit ihnen neuerlich Magnesiumchlorid- oder -sulfatlösungen unter weiterem Zusetzen von Ammoniak und Kohlensäure bzw. von Ammoncarbonat zwecks Fällung von Magnesiumcarbonaten auf bekannte Weise behandelt und die so beispielsweise bis auf etwa 400 g Ammonsalz pro Liter angereicherten Filtrate dann zur Eindampfung bringt. Das dabei gewonnene, für die Doppelsalzbildung nicht verwendbare Magnesiumcarbonat kann als solches oder für die Darstellung von gebrannter Magnesia verwendet werden.

Die Verarbeitung des durch Fällung mit Ammoncarbonat dargestellten Magnesiumcarbonattrihydrats erfolgt in bekannter Weise, indem mit Kaliumchlorid unter Einleiten von Kohlensäure das Kaliummagnesiumbicarbonatdoppelsalz erzeugt und hierauf gespalten wird. Die Spaltung kann selbstverständlich auch derart erfolgen, daß dabei Magnesiumcarbonattrihydrat gebildet wird, welches wieder in den Prozeß zurückkehrt, so daß, abgesehen von den eintretenden Verlusten jeweils nur $^1/_3$ der nötigen Menge in den Prozeß neu eingeführt werden muß. Es wird jedoch aus den vorher angeführten Gründen meist vorteilhaft sein, das ganze erforderliche Magnesiumcarbonattrihydrat in frischer Form in den Prozeß einzuführen, so daß bei der Spaltung auf die Gewinnung des Rückstandes in Form von Magnesiumcarbonattrihydrat keine Rücksicht genommen zu werden braucht. Der bei der Spaltung anfallende Rückstand wird dann vorteilhaft durch Glühen in Magnesia umgewandelt, die infolge ihrer verhältnismäßig hohen Reinheit sehr wertvoll ist.

PATENTANSPRÜCHE:

1. Verfahren zur Darstellung eines grobkristallinischen, zur Weiterverarbeitung auf Kaliummagnesiumcarbonat bzw. Kaliumcarbonat besonders geeigneten Magnesiumcarbonattrihydrats unter gleichzeitiger Gewinnung von Ammonsalzen durch Behandlung von Magnesiumsalzlösungen mit Ammoncarbonat, dadurch gekennzeichnet, daß die Magnesiumsalzlösungen mit der ungefähr äquivalenten Menge Ammoncarbonat bzw. Ammoniak und Kohlensäure bei Temperaturen unter 50° langsam gefällt werden, bis eine Endkonzentration der Ammoniaksalze von etwa 30 bis 70 g Ammoniak pro Liter erzielt ist.

2. Verfahren nach Anspruch 1, dadurch gekennzeichnet, daß man gleichzeitig Magnesiumsalzlösung und Ammoncarbonatlösung langsam in eine vorgelegte Magnesiumsalzlösung einfließen läßt.

3. Verfahren nach Anspruch 1, dadurch gekennzeichnet, daß man die von der Fällung des Magnesiumcarbonattrihydrats verbleibenden Ammonsalzlösungen unter Zusatz von Ammoniak und Kohlensäure bzw. von Ammoncarbonat nach bekannten Verfahren neuerlich auf Magnesiumsalzlösungen zum Zwecke der Ausfällung von Magnesiumcarbonaten einwirken läßt und die entstandenen, an Ammonsalz angereicherten Lösungen eindampft.

S. a. D. R. P. 538357, S. 1265.

Nr. 556514. (L. 473. 30.) Kl. 80b, 9.

Lüneburger Isoliermittel- und Chemische Fabrik Akt.-Ges. in Lüneburg.

Verfahren zur Herstellung von basischen Karbonaten des Magnesiums, insbesondere für Wärmeschutzzwecke.

Vom 28. Nov. 1930. — Erteilt am 21. Juli 1932. — Ausgegeben am 10. Aug. 1932. — Erloschen: . . . .

Für die Herstellung von Karbonaten sind eine große Anzahl von Verfahren bekannt, auch solche, bei denen Kohlensäure gelösten oder aufgeschlämmten Hydroxyden oder Oxyden unter Druck zugeführt wird, wodurch die Umsetzung zu Karbonaten stattfindet. Auch wird als bekannt unterstellt, zwecks Erzeugung von Karbonaten verdünnte Kohlensäure oder auch Feuerungsgase in derartige Lösungen oder Suspensionen einzuleiten; die gefüllten Karbonate wurden jedoch noch nicht zur Herstellung von Wärmeschutzmassen verwendet. Für die Herstellung von basischen Karbonaten zu Wärmeschutzzwecken hat man unter Benutzung von Gasen mit geringem Kohlendioxydgehalt, wie er beispielsweise in den Feuerungsabgasen enthalten ist, oder unter Benutzung der letzteren selbst bisher nicht gearbeitet, anscheinend, weil es bei diesen Produkten auf eine ganz bestimmte Beschaffenheit des Niederschlags ankommt und es nicht zu erwarten war, daß man bei dieser Arbeitsweise zu Produkten von äußerst geringer Wärmeleitfähigkeit gelangt.

Bisher hat man in der Regel so gearbeitet (nach dem Pattinson-Verfahren), daß zunächst aus einer Magnesiumoxydaufschlämmung durch Einleiten von Kohlendioxyd unter Druck Magnesiumbikarbonat hergestellt wurde. Hierzu gehören sehr große Wassermengen, beispielsweise auf 100 kg Magnesit 10 cbm Wasser, also die 100fache Gewichtsmenge. Das Bikarbonat mußte zwecks Reinigung meist filtriert (durch Filterpressen) und dann weiter noch thermisch (durch Kochen) zersetzt werden, worauf der hierbei entstehende Niederschlag durch Filterpressen entwässert wurde. Abgesehen von der Bewegung großer Wassermengen gehört zu diesem Verfahren ein zweimaliger Filtriervorgang.

Demgegenüber wird bei dem vorliegenden Verfahren Kohlendioxyd annähernd unter atmosphärischem Druck, zweckmäßig bei Drucken unterhalb 25 mm Hg mit einer wässerigen Aufschlämmung von Magnesiumoxyd oder Magnesiumhydroxyd zur Einwirkung gebracht; insbesondere werden im vorliegenden Falle Gase mit geringem Kohlensäuregehalt, wie Feuerungsabgase, die zur Entfernung von Sulfaten und schwefliger Säure in an sich bekannter Weise vorher mit Wasser gewaschen sein können, verwendet. Die anderen Bestandteile der Feuerungsgase zu entfernen ist nicht nötig, weil für den besonderen Zweck der Wärmeschutzmasse ein besonderer Reinheitsgrad für das basische Magnesiumkarbonat nicht erforderlich ist. Man kann hierbei mit sehr geringen Mengen Wasser auskommen, auf 100 kg Magnesiumoxyd etwa 0,6 cbm Wasser, also nur die sechsfache Menge, so daß man das Reaktionsprodukt nicht durch Filtrieren zu entwässern braucht, sondern den erhaltenen Brei unmittelbar in Formen füllen und in an sich bekannter Weise weiter verarbeiten kann.

Um den Gasen möglichst wenig Widerstand in der Aufschlämmung zu geben, andererseits die Berührungsfläche der Gase mit der Aufschlämmung möglichst groß zu machen, werden zweckmäßig Vorrichtungen benutzt, welche mit an einer Welle drehbar befestigten Scheibenverteilern versehen sind, die bei der Umdrehung von der Aufschlämmung benetzt werden und diese daher in innige Berührung mit den Gasen bringen. Man kann so in wenigen Stunden ohne Umpumpen und ohne Filtrieren ein Erzeugnis von derselben Wärme-Isolierfähigkeit herstellen wie nach dem bisher bekannten Verfahren, aber von größerer Leichtigkeit, wobei sich noch die beschriebenen Vorteile der bedeutend einfacheren Arbeitsweise bieten.

Patentanspruch:

Verfahren zur Herstellung von basischen Karbonaten des Magnesiums, insbesondere für Wärmeschutzzwecke, wobei Kohlendioxyd oder kohlendioxydhaltige Gase, wie Feuerungsabgase, annähernd unter Atmosphärendruck auf eine wässerige Aufschlämmung von Magnesiumoxyd oder Magnesiumhydroxyd zur Einwirkung gebracht werden.

Nr. 505316. (S. 74170.) Kl. 12m, 3. Kali-Chemie Akt.-Ges. in Berlin.

Erfinder: Dr. Fritz Crotogino in Neu-Staßfurt b. Staßfurt.

Verfahren zum Zerlegen von Magnesiumkaliumkarbonat.

Vom 20. April 1926. — Erteilt am 31. Juli 1930. — Ausgegeben am 16. Aug. 1930. — Erloschen: 1931.

Erhitzt man Magnesiumkarbonatkaliumbikarbonat (Engelsches Salz) zunächst auf Temperaturen bis 300°, um es von der Bikarbonatkohlensäure und dem Wasser zu befreien, und steigert dann die Temperatur weiter, um das Magnesiumkarbonat zu Magnesiumoxyd und Kohlensäure zu zerlegen, so macht sich der störende Umstand bemerkbar, daß die Masse oberhalb 300°, d. h. bei einer Temperatur, bei der weder reines Kaliumkarbonat noch reines Magnesiumoxyd schmilzt, erweicht. Dieses Erweichen erschwert das Arbeiten im Drehofen oder Thelen-Apparat sehr; denn die Masse klebt an den Wänden des Zylinders des Drehofens bzw. an der Mulde und den hin und her schwingenden Messern des Thelen-Apparates fest.

Es gelang, diesen Mißstand dadurch zu vermeiden, daß dem Ausgangsprodukt vor dem Erhitzen ein bereits calciniertes Gemisch oder auch die Komponenten dieses Gemisches, d. h. Magnesiumoxyd oder Kaliumkarbonat, allein zugesetzt wurden. Es trat dann die Erweichung der Masse und das Festkleben nicht mehr ein.

Dem zu calcinierenden Stoff Magerungsmittel, die gegebenenfalls auch aus dem bereits behandelten Gut bestehen, zwecks Verhinderung des Anbackens zuzusetzen, ist bei anderen Erhitzungsprozessen wohl schon vorgeschlagen; dafür, daß eine derartige Maßnahme die Zerlegung des Engelschen Salzes im mechanischen Ofen ermöglichen würde, fehlte aber jeder Hinweis.

Beispiel

300 kg feuchtes Engelsches Salz wurden mit 20 kg Magnesia gemischt und allmählich einem indirekt beheizten Drehofen zugeführt. Die Temperatur der Masse stieg beim Durchwandern des Ofens auf rund 500° C, wobei jeder Teil der Masse zum Durchwandern des Ofens etwa 20 Minuten brauchte. Das Endprodukt, das 200 kg wog, rieselte feinkörnig und ohne Anbacken aus dem Ofen heraus. Das abgekühlte Produkt, mit kaltem Wasser ausgelaugt, ergab 60 kg Magnesia mit einem Gehalt von 1 % Kohlensäure.

Patentanspruch:

Verfahren zur Zerlegung von Magnesiumkarbonatkaliumbikarbonat (Engelschem Salz) durch Erhitzen auf hohe Temperaturen, dadurch gekennzeichnet, daß dem Doppelsalz vor der Erhitzung bereits calciniertes Produkt oder auch die Komponenten desselben zugesetzt werden.

Nr. 500235. (S. 72128.) Kl. 12l, 13.

Dr. Solt & Mr. pharm. Kronstein und Dr. Hans Rubinstein in Wien.

Verfahren zur Herstellung von Natriummagnesiumcarbonat.

Vom 3. Nov. 1925. — Erteilt am 28. Mai 1930. — Ausgegeben am 24. Juni 1930. — Erloschen: 1935.

Österreichische Priorität vom 6. Nov. 1924 beansprucht.

Von den Doppelsalzen der Alkalicarbonate mit den Carbonaten des Magnesiums ist das Kaliummagnesiumcarbonat am bekanntesten, das auch industrielle Verwertung findet. Dieses Salz wird nach dem Verfahren von Engel in der Weise gewonnen, daß man Kohlensäure auf ein Gemisch von Magnesiumcarbonat mit Alkalisalzen starker Säuren (z. B. Kaliumchlorid, Kaliumsulfat, Carnallit u. dgl.) einwirken läßt. Wie aus der Literatur bereits bekannt ist, ist eine analoge Bildung des Natriummagnesiumcarbonats auf diesem Wege nicht möglich. Vielmehr bietet die Herstellung dieses Salzes unerwartete Schwierigkeiten, so daß eine technisch wirtschaftliche Gewinnung von Natriummagnesiumcarbonat bisher nicht möglich gewesen ist. Behandelt man, wie dies in der Literatur bereits vorgeschlagen ist, Magnesiumoxyd oder Magnesiumcarbonat mit einer konzentrierten Lösung von Natriumcarbonat, so tritt überhaupt keine Bildung von Doppelsalzen ein, vielmehr stimmt die Analyse des erhaltenen kristallinen Niederschlages einwandfrei auf ein hydratisches Magnesiumcarbonat. An diesem Ergebnis ändert sich auch nichts, wenn man die Reaktionstemperatur auf 60 bis 70° erhöht. Auch dann enthält der nach vielstündiger Reaktionsdauer untersuchte kristalline Niederschlag nur Spuren von Natrium.

Auch der bereits in der Literatur gemachte Vorschlag, statt des Natriumcarbonats Natriumsesquicarbonat zu verwenden und die Reaktionstemperatur hierbei auf 60 bis 70° zu halten, führt nicht zur Bildung des gewünschten Natriummagnesiumcarbonats. Der bei dieser Umsetzung gewonnene Niederschlag enthält zwar, wie die Analyse ergibt, eine gewisse Menge nicht auswaschbaren Natriums, das auf die teilweise Bildung der genannten Doppelverbindung hindeutet, aber dieses Ergebnis ist nur nach außerordentlich langer, etwa 26stündiger Herstellungsdauer zu erreichen, und auch dann wird noch lange kein reines Natriummagnesiumcarbonat, sondern nur ein Gemisch von Magnesiumcarbonat mit dem gewünschten Doppelsalz erhalten.

Es wurde nun gefunden, daß es gelingt, Natriummagnesiumcarbonat in technisch reiner Form in guter Ausbeute und vor allen Dingen in kurzer Reaktionszeit zu gewinnen, wenn man gefälltes Magnesiumcarbonat oder -oxyd mit einer an Bicarbonat gesättigten Lösung von Natriumcarbonat bei hoher Temperatur behandelt und die erforderliche Bicarbonat-Konzentration durch zeitweise Zugabe von festem Natriumbicarbonat oder durch zeitweises Einleiten von Kohlensäure unter Druck aufrechterhält.

Beispiel I. In eine konzentrierte Lösung von 2,5 Mol. Natriumcarbonat leitet man Kohlensäure bis zur beginnenden Abscheidung von Bicarbonat ein, schlämmt in diese Lösung 1 Mol. frisch gefälltes Magnesiumcarbonat ein und erhitzt das ganze während mehrerer Stunden auf 60 bis 70°. Die Erhitzung findet in geschlossenem Gefäß statt. Durch Anschließen einer Kohlensäurebombe sorgt man dafür, daß in dem Reaktionsgefäß ständig ein Kohlensäureüberdruck von etwa 1 Atm. herrscht. Nach 2 bis 3 Stunden ist der Niederschlag kristallin geworden. Nach 5 stündigem Erhitzen ergibt eine Analyse einer Niederschlagsprobe, daß sich die gesuchte Verbindung $MgCO_3 \cdot Na_2Co_3$*) vollständig gebildet hat.

Beispiel 2. Es wird wie nach Beispiel 1 verfahren. Indessen wird die Bicarbonatkonzentration dadurch aufrechterhalten, daß in Zwischenräumen von etwa 1 Stunde ständig von neuem festes Natriumbicarbonat der Lösung zugesetzt wird. Der Anschluß einer Kohlensäurebombe an das Reaktionsgefäß ist in diesem Falle nicht erforderlich. Allerdings muß dafür Sorge getragen werden, daß die Reaktion in geschlossenem Gefäß erfolgt. Der erforderliche Kohlensäureüberdruck wird in diesem Fall durch die bei der angegebenen Temperatur aus dem Bicarbonat entweichende Kohlensäure erzeugt. Das Ergebnis ist das gleiche wie nach Beispiel 1.

Beispiel 3. Es wird wie nach Beispiel 1 oder 2 gearbeitet. Statt des gefällten Magnesiumcarbonats wird aber als Ausgangsmaterial frisch gefällte Magnesia alba verwendet.

Das Wesen des neuen Verfahrens liegt also darin, daß während des Reaktionsvorganges die erforderliche Bicarbonatkonzentration ständig aufrechterhalten wird, da, wie gefunden wurde, die Bildung des gewünschten Doppelcarbonats nur über das Natriumbicarbonat gelingt. Bei den bisher bekannten Darstellungsmethoden ist das Bicarbonat unbeständig und verschwindet alsbald völlig aus dem Reaktionsgemisch. Bei dem vorliegenden Verfahren wird nicht nur der Vorteil der Gewinnung eines reinen wasserfreien Natriummagnesiumcarbonats erzielt, sondern die Herstellung gelingt auch in wesentlich kürzerer Zeit, als dies nach den bisher bekannten Versuchen möglich erschien.

Das nach dem neuen Verfahren erhaltene Produkt ist als säureabstumpfendes Mittel verwendbar. Es eignet sich besonders für therapeutische Zwecke, aber auch zur Imprägnierung von Stoffen, Geweben und anderen Gegenständen.

Patentanspruch:

Verfahren zur Herstellung von Natriummagnesiumcarbonat durch Behandeln von Magnesiumcarbonat oder -oxyd mit einer an Natriumbicarbonat gesättigten Lösung von Soda bei 70° C, dadurch gekennzeichnet, daß die erforderliche Bicarbonatkonzentration durch zeitweise Zugabe von festem Natriumbicarbonat oder durch zeitweises Einleiten von Kohlensäure unter Druck aufrechterhalten wird.

Nr. 535 244. (S. 80 006.) Kl. 80b, 9. Kali-Chemie Akt.-Ges. in Berlin.

Verfahren zur Herstellung von aus basischem Magnesiumkarbonat bestehenden Isolierkörpern.

Vom 28. Mai 1927. — Erteilt am 17. Sept. 1931. — Ausgegeben am 8. Okt. 1931. — Erloschen: . . . .

Es ist bekannt, daß dasjenige Wärmeschutzmittel das beste ist, dessen Wärmeleitzahl möglichst niedrig liegt und dessen Speicherwärmeverluste möglichst gering sind. Die letzteren sind abhängig von dem Raumgewicht der Masse, so daß dasjenige Isoliermittel die größte Isolierfähigkeit besitzt, welches neben der kleinsten Wärmeleitzahl das geringste Raumgewicht aufweist.

Diesen Anforderungen genügt in hohem Maße die basisch kohlensaure Magnesia.

Man hat Isolierkörper aus basischem Magnesiumkarbonat bereits verschiedentlich hergestellt, und zwar in der Weise, daß entweder fertiges basisches Magnesiumkarbonat unter Zusatz von Faserstoffen in geeignete Formen einfiltriert oder daß basisches Karbonat durch Ausfällung von magnesiahaltigen Laugen unter Zusatz von Faserstoffen direkt in den geeigneten Formen erzeugt wurde. Auch hat

*) Druckfehlerberichtigung: Na_2CO_3.

man gebrannten Magnesit in wäßriger Aufschlämmung unter Zusatz von Faserstoffen mit Kohlensäure behandelt, bis ein basisches Produkt, welches 5 Teile MgO auf 4 Teile CO_2 enthielt, gebildet war. Dieses Produkt brachte man kalt in die Formen und führte es durch Erwärmen in Isolierkörper von wasserfreiem basischem Magnesiumkarbonat über.

In allen genannten Fällen wurde also als Ausgangsmaterial das basische Magnesiumkarbonat selbst benutzt.

Es wurde nun gefunden, daß man im Gegensatz zu den erwähnten Verfahren vorteilhafter von dem neutralen normalen, kristallwasserhaltigen Magnesiumkarbonat ausgeht, um zu festen und doch sehr leichten und porösen Isolierkörpern zu gelangen, wenn man den Spaltungsvorgang dieses Karbonats innerhalb der zur Herstellung der Isolierkörper verwendeten Formen stattfinden läßt. Das rhombische Magnesiumkarbonat geht bei Erwärmen seiner wäßrigen Aufschlämmung unter Abspaltung von Kohlensäure und Kristallwasser nach der Gleichung

$$\underset{\text{Magnesiumkarbonat-Trihydrat}}{4\,(MgCO_3 \cdot 3\,H_2O)} = \underset{\text{Hydromagnesit}}{3\,MgCO_3 \cdot Mg(OH)_2 \cdot 3\,H_2O} + CO_2 + 8\,H_2O$$

in monoklinen Hydromagnesit über. Bei weiterer Erwärmung bildet dieser unter Abgabe der letzten drei Moleküle Kristallwasser das amorphe basische Karbonat

$$3\,MgCO_3 \cdot Mg(OH)_2,$$

welches das für Isolierkörper verwendete Endprodukt darstellt.

Bei diesem Spaltungsprozeß geht das Verhältnis von 5 Gewichtsteilen MgO : 5,5 Gewichtsteilen CO_2 im Ausgangsprodukt in das Verhältnis von 5 : 4,1 im Endprodukt über, und gleichzeitig vergrößert sich das ursprüngliche Volumen des Magnesiumkarbonat-Trihydrates trotz der Abspaltung von Kohlensäure und Kristallwasser um rund 100%.

Bringt man das Magnesiumkarbonat-Trihydrat als feuchte Masse kalt in die Formen und erhitzt diese, bis die Masse in basisches Magnesiumkarbonat übergegangen ist, so sind bei richtig geleiteter Trocknung die Formen am Ende des Trockenprozesses voll und straff gefüllt ohne jede Schrumpfung der Formlinge; die bei der Bildung des basischen Karbonats erfolgende Volumenvergrößerung gleicht der Schwund infolge Verdunstung der Feuchtigkeit völlig aus. Die Herausnahme der Körper aus der Form kann sogar schon geraume Zeit vor dem völligen Trocknen vorgenommen werden, ohne daß eine Gestaltsänderung der Formlinge eintritt.

Wichtig ist die richtige Wahl der Trockentemperatur. Wenngleich die Zersetzung des kristallwasserhaltigen Magnesiumkarbonats bei Gegenwart von Wasser schon bei etwa 75° C einsetzt, so werden bei zu niedrigen Temperaturen doch nur die Randteile der Formlinge in basisches Karbonat übergeführt, und die Körper schrumpfen zusammen. Zur völligen Umsetzung und Auflockerung der ganzen Masse sind nach den Versuchen 140 bis 160° C, je nach der Stärke der herzustellenden Körper, erforderlich. Bei diesen Temperaturen findet eine Weiterzersetzung des gebildeten basischen Karbonats noch nicht statt.

Das vorgeschilderte Verfahren besitzt gegenüber den bisher ausgeübten wesentliche Vorteile.

Zunächst ist die Herstellung des normalen Magnesiumkarbonat-Trihydrats an kein bestimmtes Verfahren gebunden; es ist einerlei, ob das Karbonat synthetisch erzeugt oder durch Zerlegung von Doppelsalzen gewonnen wird.

Ferner ist das gewonnene Endprodukt von stets gleichmäßiger Beschaffenheit, da das technisch leicht und betriebssicher herzustellende normale Magnesiumkarbonat-Trihydrat eine chemische Verbindung von stets gleicher Zusammensetzung ist, die bei der Spaltung durch Wärme auch wieder ein stets gleichartiges basisches Karbonat liefert. Dagegen sind die direkten Herstellungsverfahren des basischen Magnesiumkarbonats weit empfindlicher und können technisch viel schwieriger, auch bei genauer Innehaltung der Konzentration der Laugen, der Temperatur, der Gaszufuhr, des Gasdruckes usw., so sicher geleitet werden, daß stets ein gleiches Endprodukt entsteht.

Schließlich ergibt das vorliegende Verfahren die denkbar leichtesten Isolierkörper.

Wird feuchtes basisches Magnesiumkarbonat getrocknet, so findet Schrumpfung der Massen statt, so daß schließlich die Formen nur teilweise gefüllt sind, wenn nicht während des Trockenprozesses das Schwinden der Masse durch eine Auflockerung aufgehoben wird. Es wird aber dasjenige Verfahren die stärkste Auflockerung und dadurch die leichteste Masse geben, welchem die größten Mengen an Auflockerungsmitteln zur Verfügung stehen. Die amorphe Verbindung $3\,MgCO_3 \cdot Mg(OH)_2$ gibt keinerlei Auflockerungsmittel mehr ab; im kristallinischen Hydromagnesit, bei welchem wie beim basischen Magnesiumkarbonat das Verhältnis von $5\,MgO : 4\,CO_2$ schon hergestellt ist, stehen nur noch 3 Moleküle Kristallwasser für Auflockerung zur Verfügung. Bei der

Spaltung des normalen wasserhaltigen Magnesiumkarbonats können dagegen nach vorstehender Gleichung 1 Molekül Kohlensäure und 8 Moleküle, bis zur Bildung des amorphen basischen Endproduktes sogar 11 Moleküle Kristallwasser der Auflockerung des Produktes dienen. Hierdurch erklärt sich die vorstehend angeführte Volumenvergrößerung um 100%.

Irgendwelche Gemische von neutralem Karbonat mit basischem Karbonat oder mit Magnesiahydrat, welche übrigens niemals zu dem konstanten Endprodukt

$$3\,MgCO_3 \cdot Mg(OH)_2$$

führen, können nicht einen so hohen Grad der Auflockerung erreichen wie neutrales Karbonat.

Mithin ist das vorliegende Verfahren auch bezüglich der Leichtigkeit seines Endproduktes den bisherigen Verfahren überlegen, erlaubt also, den wirtschaftlich günstigsten Isolierkörper zu erzeugen.

PATENTANSPRÜCHE:

1. Verfahren zur Herstellung von aus basischem Magnesiumkarbonat bestehenden Isolierkörpern unter Verwendung von feuchtem, neutralem Magnesiumkarbonat-Trihydrat als Ausgangsmaterial, dadurch gekennzeichnet, daß man das normale kristallwasserhaltige Magnesiumkarbonat mit oder ohne Zusatz von Faserstoffen oder geeigneten Bindemitteln feucht in Formen bringt und durch Erhitzen vollständig in basisch kohlensaure Magnesia überführt.

2. Verfahren nach Anspruch 1, dadurch gekennzeichnet, daß man die Formen bis auf 140 bis 160° C erhitzt.

Nr. 535448. (L. 71761.) Kl. 80b, 9.

LÜNEBURGER ISOLIERMITTEL- UND CHEMISCHE FABRIK AKT.-GES. IN LÜNEBURG.

Verfahren zum Herstellen eines Wärmeschutzmittels, bestehend aus basischem Magnesiumkarbonat und Fasern.

Vom 29. April 1928. — Erteilt am 24. Sept. 1931. — Ausgegeben am 10. Okt. 1931. — Erloschen: . . . .

Bei der Herstellung von Wärmeschutzmitteln aus basischem Magnesiumkarbonat und Fasern hat sich ergeben, daß eine Verbesserung der Eigenschaften der Isolierformstücke erreicht wird, wenn man Ätzkalk zusetzt.

Dieser Zusatz von Ätzkalk hat zur Folge, daß die aus der neuen Masse erzeugten Isolierformstücke nach dem Trocknen ein geringeres spezifisches Gewicht und infolgedessen ein besseres Isoliervermögen als die allein aus basischem Magnesiumkarbonat und Fasern hergestellten aufweisen.

Der Kalk wird als Kalkmilch zu der breiigen Mischung von basischem Magnesiumkarbonat und Fasern in einem Prozentsatz, der sich zwischen 5 und 10%, berechnet auf die Trockensubstanz, bewegt, zugesetzt.

Es wird angenommen, daß durch den Zusatz von Kalkmilch eine chemische Umsetzung eintritt, die einerseits Bildung von Magnesiumhydroxyd, andererseits von Kalciumkarbonat herbeiführt. Die durch Erzeugung dieser zwei voluminösen und stark wasserhaltigen Körper entstehende Volumvergrößerung bedingt das geringe Raumgewicht des fertig getrockneten Körpers.

Ausführungsbeispiel

Zuerst wird eine Mischung von basischem Magnesiumkarbonat und Fasern in einem Rührwerk hergestellt; in diese Mischung wird alsdann die in einem besonderen Gefäß vorbereitete Kalkmilch zulaufen gelassen, die beispielsweise 7½% an gebranntem Kalk, bezogen auf die Menge Magnesiumkarbonat, enthält. Der Zulauf der Kalkmilch erfolgt allmählich unter lebhaftem Rühren der gesamten Masse, um eine gleichmäßige und homogene Verteilung zu erzielen. Die gründlich durchmischte Masse wird alsdann in an sich bekannter Weise in Formen gefüllt, die der notwendigen Trocknung unterworfen werden.

PATENTANSPRUCH:

Verfahren zum Herstellen eines Wärmeschutzmittels, bestehend aus basischem Magnesiumkarbonat und Fasern, dadurch gekennzeichnet, daß zu einer breiigen, wäßrigen Aufschlämmung von basischem Magnesiumkarbonat und Fasern 5 bis 10% Ätzkalk im Gemisch mit Wasser zugesetzt werden, worauf diese Masse, gegebenenfalls nach der Formgebung, in üblicher Weise getrocknet wird.

Berylliumverbindungen.

Literatur: Ullmann *Enzyklopädie der technischen Chemie*, II. Aufl., Beryllium.

M. Hosenfeld, Das Vorkommen von Beryllium, *Wissenschaftl. Veröffentl. Siemens Konzern* **8**, 21 (1929). — A. Tornquist, Alpine Berylliumlagerstätten, *Metall und Erz* **27**, 362 (1930). — J. S. de Lury, Beryll in Manitoba, *Canadian Mining Journ.* **51**, 1015 (1930). — Imperial Institute, Mineral industry of the British Empire and foreing countries: Beryllium London 1931.

A. Stock, Beryllium, *Trans. electrochem. Soc.* **61**, (1932). — A. Stock, Wozu kann Beryllium verwendet werden? *Chem. Markets* **31**, 37 (1932). — H. S. Booth und G. Torrey, Beitrag zur Chemie des Berylliums, *Journ. physical Chem.* **35**, 3111 (1931). — F. Kirnbauer, Beiträge zur Beryllfrage, *Analele Minelor din Romania* **15**, 9 (1932). — F. G. Frank, Beryllium, *Scient. American* **146**, 270 (1932).

W. Kroll, Über die Reduzierbarkeit des Berylliumoxydes, *Wiss. Veröffentl. Siemens Konzern* **11**, 88 (1932). — W. H. Madson und F. C. Krauskopf, Eine Untersuchung über die Herstellung und gewisse Eigenschaften von kolloidalen wäßrigen Berylliumoxydsolen, *Journ. physical Chem.* **35**, 3237 (1931).

A. Jilek und J. Kota, Über die Gewichtsanalytische Bestimmung des Berylliums und seine Trennung durch Guanidincarbonat, *Z. anal. Chem.* **89**, 345, 442 (1932). — *Collect Trav. chim. Tschechoslov.* **4**, 97 (1932). — H. Eckstein, Über die Bestimmung des Berylliums in hochlegierten Stählen und Ferroberyllium, *Z. analyt. Chem.* **87**, 268 (1932). — L. Fresenius und M. Frommes, Zur Bestimmung des Berylliums, *Z. analyt. Chem.* **87**, 273 (1932). — K. Illig, M. Hosenfeld und H. Fischer, Versuche zum Aufschluß des Rohberylls und zur Herstellung geeigneter Berylliumsalze für die Elektrolyse, *Wiss. Veröffentl. Siemens Konzern* 8, 30 (1929). — C. James, H. C. Fogg und E. D. Coughlin, Gewinnung von Beryllium, Caesium und Rubidium aus Beryll, *Ind. engin. Chem.* **23**, 318 (1931).

G. Heyne, Über die Darstellung und Eigenschaften einiger Berylliumfluoridgläser, *Angew. Chem.* **46**, 473 (1933).

Ein erhöhtes Interesse sowohl in wissenschaftlicher, wie auch in technischer Beziehung ist dem Beryllium zugewandt worden, nachdem A. Stock mit P. Praetorius einen Weg zur Darstellung des Metalles gezeigt haben und in der Folge die Forscher des Siemens-Konzerns die Wege zur technischen Gewinnung des Berylliummetalles ausbauten und seine besonderen vergütenden Eigenschaften auf Kupfer, Kupferlegierungen und andere Legierungen gefunden hatten.

So ist für das Beryllium ein größeres, vielseitigeres und zukunftsreicheres Anwendungsgebiet gefunden worden, als es bisher hatte. Denn seine Anwendung zur Herstellung der Thoroxydglühstrümpfe war eine äußerst bescheidene.

Wie fast immer ist es auch beim Beryllium so gewesen, daß, sobald eine technische Verwendung gefunden wird, auch Vorkommen entdeckt werden, die den Bedarf befriedigen können.

Die Verfahren und Patente über das Berylliummetall sind im Abschnitt „Metalle" eingeordnet. Hier findet sich nur das, was die Gewinnung und Darstellung von Berylliumverbindungen betrifft.

Wie aus der Übersicht der D.R.P. ersichtlich, werden mehrere und ganz verschiedenartige Wege zum Aufschluß des Beryllerzes vorgeschlagen, Aufschluß mit Säuren, mit Chlor mit Alkalien. Einige in der Fußnote angeführte ausländische Patente[1]) ergänzen die Angaben der D.R.P.

---

[1]) E. P. 345902, I. G. Farbenindustrie, Aufschluß von Be-Erzen mit HCl-Gas über 100°.

Russ. P. 15037, Wiss. Untersuchungsinstitut für Min. u. Metallurgie U.S.S.R., Be-Erze; Reinigen mit HCl bei 700—800° und Aufschließen bei 1000—1200° mit HCl und C.

A. P. 1777122, H. Löwenstein, Reduktion von Be-Mineralien mit S, Extraktion der Sublimate mit Ätzalkalien, Fällen des Be mit Säuren.

E. P. 374705, Beryllium Development Corp., Aufschluß von Beryllerzen mit einem Gemisch von Fluoriden und Silicofluoriden.

Das wichtigste Zwischenprodukt zur Darstellung des Metalls sind die Doppelfluoride. Mit diesen beschäftigt sich daher auch die Mehrzahl der D.R.P. zur Darstellung von Be-Verbindungen.

Übersicht der Patentliteratur.

D. R. P.	Patentnehmer	Charakterisierung des Patentinhaltes
Berylliumverbindungen.		
		1. Aufschluß von Erzen. (S. 2763.)
541 767	The Brush Laboratories	Beryll, Vorglühen und Abschrecken (Aufschluß mit H_2SO_4)
541 544	C. Adamoli	(Pegmatite) gebrannt, gepulvert und mit H_2O, CO_2 und NH_4HCO_3 ausgelaugt
564 125	W. Kangro u. A. Lindner	Über 1000° mit Cl_2 ohne Reduktionsmittel; thermische Spaltung des erhaltenen $BeCl_2$ mit O_2
529 624	I. G. Farben	Chlorieren von Be-Erzen, Herauslösen der fremden Chloride mit S-, P-, B-, C-Chloriden oder Oxychloriden
519 622	Siemens & Halske	HCl-Aufschluß, Herauslösen von Be durch $NaHCO_3$
557 228	Siemens & Halske	Desgleichen, Aufschluß durch Sintern mit wenig Alkalicarbonat um 700°
		2. Herstellung von Verbindungen. (S. 2775.)
564 125	W. Kangro u. A. Lindner	BeO durch thermische Spaltung von $BeCl_2$ mit O_2; Seite 2768
520 151	Siemens & Halske	$Be(OH)_2$ aus Alkalidoppelfluoriden: mit Erdalkalihydroxyden und Herauslösen mit Säuren
528 819	Siemens & Halske	$Be(OH)_2$ aus Alkalidoppelfluoriden: aus Doppelfluoriden mit Alkalihydroxyden
550 758	I. G. Farben	Umsetzung von Be-Fluoriden mit Erdalkaliacetaten, gleichzeitiges Ausfällen des Fe
531 400	I. G. Farben	$BeCl_2$ nach D.R.P. 450 979 aus Oxyd mit C und Cl_2 Seite 2703

Berylliummetall siehe „Metalle".

Nr. 541 767. (B. 129 473.) Kl. 12 m, 4.

THE BRUSH LABORATORIES COMPANY IN CLEVELAND, OHIO, V. ST. A.

Herstellung von Berylliumverbindungen.

Vom 1. Febr. 1927. — Erteilt am 24. Dez. 1931. — Ausgegeben am 15. Jan. 1932. — Erloschen: . . . .

Die Erfindung betrifft ein Verfahren zum Extrahieren von Beryllium und Aluminium aus sie enthaltenden Erzen, wie Beryll.

Bisher gab es kein zufriedenstellendes Verfahren der Gewinnung von Beryllium aus dem Beryllerz wegen des außerordentlich hohen Widerstandes des letzteren gegen die Einwirkung der meisten Reagenzien.

Ein Ziel der Erfindung ist, ein Verfahren zum Behandeln von Beryll zu schaffen, um ihn für die Einwirkung geeigneter Reagenzien empfänglicher zu machen.

Auch soll ein relativ einfaches und billiges Verfahren zum Umwandeln des natürlich in dem Erz vorkommenden Berylliums und Aluminiums in lösliche Beryllium- und Aluminiumsalze geschaffen werden, aus denen die entsprechenden Oxyde hergestellt werden können.

Die Erfindung beruht auf der Entdeckung, daß Beryll durch Wärmebehandlung modifiziert und dadurch für die Einwirkung ihn sonst nur sehr schwer angreifender Reagenzien empfänglicher gemacht werden kann, so daß das in dem Beryll vorhandene Beryllium und Aluminium in löslicher Form extrahiert werden können. Die Ausdrücke »modifizieren« und »Modifizierung« sollen hier im Zusammenhange mit der Behandlung des Berylls eine Veränderung in seinem physikalischen Zustande zum Unterschied von seinem chemischen Zustande bezeichnen.

Die Wärmebehandlung des Berylls kann bei verschiedenen Temperaturen durchgeführt werden. Die Modifizierung des Erzes beginnt bei Temperaturen unter 1000° und nimmt bei Erhöhung der Behandlungstemperatur zu. Die Zunahme der Behandlungswirkung mit Erhöhung der Behandlungstemperatur geschieht jedoch unter 1000° relativ langsam und wird bei Temperaturen über 1000° schneller. Die Höchstwirkung wird durch Erhitzen des Erzes bis zum Schmelzen bei Temperaturen von gewöhnlich 1500° bis 1600° erzielt, und diese Behandlung macht das Erz für Schwefelsäure leicht angreifbar. Wird aber der Beryll bei der mäßigeren Sintertemperatur, z. B. bei etwa 1350°, erhitzt, so wird er genug modifiziert, um von gewissen Reagenzien, z. B. Schwefelsäure, angegriffen zu werden, doch muß die Wärmebehandlung des Erzes, wenn sie unterhalb seines Schmelzpunktes vorgenommen wird, länger fortgesetzt werden, als wenn der Beryll ganz geschmolzen wird, und es kann auch nötig werden, das Erz bei einer höheren Temperatur mit dem Reaganz zu behandeln, wenn das Erz nicht bis zur vollständigen Schmelzung erhitzt wurde.

Die Modifizierung des Erzes durch Erhitzung ist nicht so ausgesprochen, wenn es sich sehr langsam abkühlen kann. Deshalb wird bequemlichkeitshalber und zur Erzielung der Höchstwirkung der Behandlung das erhitzte Erz vorzugsweise durch Abschrecken, z. B. in Wasser, rasch abgekühlt. So wird das Erz in seinem modifizierten Zustande festgehalten. Man kann das Erz recht rasch in Luft kühlen. Zwecks möglichst starker Kühlung benutzt man aber besser ein flüssiges Abschreckmittel. Die höchste Reaktivität des Erzes erzielt man durch Abschrecken in geschmolzenem Zustande. Die Wirkung des Abschreckens auf die Reaktivität ist geringer, wenn das Erz bei niedrigeren Temperaturen mit Wärme behandelt wird.

Es hat sich gezeigt, daß Beryll z. B. in einem Rekuperatorofen mit Ölfeuerung oder einem Elektroofen über den Schmelzpunkt hinaus erhitzbar ist, so daß er eine frei fließende geschmolzene Flüssigkeit bildet, und daher kann man die Erhitzung gegebenenfalls in einem Ofen von solcher Art durchführen, daß der geschmolzene Beryll stetig in ein Abschreckmittel, wie Wasser, ausfließt, oder aber man kann ihn periodisch in das Abschreckmittel abgießen.

Nach Umwandlung durch eines der obigen Verfahren kann man den Beryll mit einem geeigneten Reagenzmittel behandeln, um seinen Gehalt an Beryllium und Aluminium anzugreifen. Man kann zwar Salzsäure, Salpetersäure, eine wässerige Lösung von Ätznatron oder anderen Basen und andere Reagenzien benutzen, um das Aluminium und Beryllium des Berylls zu extrahieren, der durch das neue Verfahren modifiziert wurde, doch verwendet man vorzugsweise Mineralsäuren und besonders Schwefelsäure.

Um die Reaktion zwischen dem modifizierten Beryll und dem gewählten Reagenzmittel zu erleichtern, kann man ihn zerkleinern, z. B. mahlen. Das Reagenzmittel ist vorzugsweise ein Stoff, der den Gehalt des Berylls an Aluminium und Beryllium löslich macht, aber seinen Kieselsäuregehalt in unlöslichem Zustande zurückläßt. Man kann das Reagenzmittel mit dem Beryll mischen und genügend hoch und lange erhitzen, um das Aluminium und Beryllium z. B. durch Umwandlung in lösliche Salze löslich zu machen.

Je vollständiger die Modifizierung des Berylls ist, um so größer ist im allgemeinen seine Reaktivität. Somit schwankt die Stärke des Reagenzmittels und die für die Reaktion zwischen dem Beryll und dem Reagenzmittel erforderliche Zeit und Temperatur im wesentlichen mit dem Grade der Modifizierung des Berylls, wobei dieser Grad wieder innerhalb gewisser Grenzen wesentlich mit der Temperatur schwankt, auf welche der Beryll erhitzt wurde, mit der Länge der Erhitzung und mit der Raschheit der Abkühlung des Berylls, wenn eine besondere Kühlung des Berylls erwünscht ist. Hierzu sei bemerkt, daß die Dichte des Berylls einen Schluß auf den Grad seiner Modifizierung zuläßt. Je vollständiger diese ist, um so niedriger ist die Dichte. Eine Sorte rohen Berylls hat z. B. die Dichte 2,69 und Beryll, der geschmolzen, aber nicht abgeschreckt wurde, die Dichte 2,57. Beryll, der in einem Tiegel geschmolzen und in Wasser gegossen wurde, zeigte eine Dichte von 2,49, während Beryll, der aus einem Schmelzofen über einen heißen Überlauf stetig in Wasser geleitet wurde, nur die Dichte 2,46 hatte.

Es hat sich gezeigt, daß Schwefelsäure zum Löslichmachen des Gehaltes des Berylls an Aluminium und bzw. oder Beryllium sehr geeignet ist. Sie kann z. B. mit modifiziertem Beryll in etwas mehr als der für die Reaktion mit dem Aluminium und Beryllium theoretisch nötigen Menge gemischt werden, und die Mischung kann in einem Gefäß, z. B. einem offenen Bleitiegel oder sogar einem Eisentiegel, erhitzt werden. Es hat sich z. B. gezeigt, daß die Reaktion zwischen dem modifizierten Beryll und der Schwefelsäure durch Erhitzung während relativ kurzer Zeit, wie einer Stunde oder noch weniger, bei wesentlich atmosphärischem Druck wesentlich vollständig durchgeführt werden kann, was man aber auch durch längere oder kürzere Erhitzung erzielen kann, was teilweise von der Arbeitstemperatur abhängt.

Indem man die verschiedenen Reaktivitäten der Beryllium- und Aluminiumverbindungen in dem modifizierten Beryll und die verschiedenen Faktoren ausnutzt, welche die Aktivität der Schwefelsäure beim Umwandeln der Beryllium- und Aluminiumverbindungen des Berylls in lösliche Sulfate beeinflussen, kann man das Beryllium und Aluminium nacheinander oder gleichzeitig extrahieren. Wird z. B. ein geschmolzener Beryll wie solcher aus South Dakota mit Schwefelsäure von etwa der Konzentration von Kammersäure und bei etwa 200° behandelt, so erzielt man eine gute Extraktion des Berylliums. Hat die Säure eine höhere Temperatur, z. B. 250°, so wird auch das Aluminium angegriffen, und somit hat man durch Veränderung der Temperatur ein Verfahren zur getrennten Extraktion des Berylliums und Aluminiums aus dem Beryll. Bei Beryllen von anderen Lagerstätten kann sowohl ihr Gehalt an Beryllium wie der an Aluminium schon durch die erste dieser beiden Behandlungen löslich gemacht werden, und daher ist dann das Wirkungsmaß oder die Aktivität der Säure beim Angreifen der Beryllium- oder Aluminiumverbindungen des Berylls zu vermindern, wenn Beryllium und Aluminium nacheinander zu extrahieren sind, wie noch zu erläutern. Berylle von noch anderen Lagerstätten können eine Steigerung der Aktivität der Säure je nach Zusammensetzung des Berylls verlangen. Das Beryllium und Aluminium können nacheinander oder gleichzeitig nach Belieben extrahiert werden je nach dem Grade der Modifizierung des Berylls, der Konzentration der Säure und der Temperatur und Zeit der Reaktion zwischen der Säure und dem zerkleinerten Beryll.

Wenn der Gehalt des Berylls an Beryllium und Aluminium angegriffen wird, um lösliche Aluminium- und Berylliumsulfate zu bilden, so bleibt die Kieselsäure bei genügend hoher Behandlungstemperatur in völlig dehydrierter Form zurück.

Das Produkt der Reaktion zwischen dem Beryll und z. B. Schwefelsäure kann mit Wasser oder einer sonstigen Flüssigkeit behandelt werden, um die löslichen Aluminium- und Berylliumverbindungen herauszulösen, und die Lösung wird filtriert, um unlösliche Stoffe zu entfernen, worauf die Aluminium- und Berylliumverbindungen aus dem Filtrat z. B. durch auswählende Kristallisation gewonnen werden können, wie in einem anderen Patent beschrieben.

Die Zusammensetzung des natürlichen Berylls schwankt, doch sind alle die verschiedenen Varietäten des Erzes, die der obigen Wärmebehandlung unterzogen wurden, wirksam in der angegebenen Art modifiziert worden. Die Zusammensetzungen von zwei solchen Erzen waren z. B. folgende:

New Hampshire Beryll

BeO	= 12,82%
Al_2O_3	= 17,61%
Fe_2O_3	= 1,26%
K_2O, Na_2O	= 0,67%

South Dakota Beryll

BeO	= 12,00%
Al_2O_3	= 17,6%
Fe_2O_3	= 0,61%
K_2O, Na_2O, Li_2O	= 2,3%

Von diesen beiden Erzen zeigte das von South Dakota einen niedrigeren Schmelzpunkt, während das andere Erz nach dem Schmelzen und Abkühlen eine höhere Reaktivität für die Säurebehandlung zeigte, was wahrscheinlich auf seinem höheren Eisenoxydgehalt beruhte.

Zur Kennzeichnung des Verfahrens möge folgendes Beispiel mit Schwefelsäure als Reagenzmittel dienen:

45,4 kg Beryll, der, wie oben ausgeführt, geschmolzen, abgeschreckt und gemahlen wurde, so daß er durch ein Sieb von etwa 0,07 mm Maschenbreite geht, werden mit 54,5 kg Schwefelsäure von 63° Bé gemischt, was ungefähr 10% Säureüberschuß bedeutet. Die Mischung wird dann in einem Eisenbehälter erhitzt. Sobald die Säure etwas warm wird, beginnt die Reaktion, und die Temperatur steigt rasch. Dampf und Gase entweichen, und die Mischung scheint zu kochen. Nach ungefähr einer halben Stunde wird die Reaktion langsamer. Der Behälter wird dann zugedeckt und ungefähr 24 Stunden lang auf 250 bis 300° erhitzt, um die gebildete Kieselsäure zu dehydrieren. Nach dem Abkühlen wird das weiße sulfatisierte Material in Klumpen aufgebrochen und mit Wasser ausgelaugt. Der unlösliche Rückstand wird durch Filtrieren abgeschieden. Wird das Filtrat auf ein spezifisches Gewicht von ungefähr 1,32 bei 20° C und ein Volumen von ungefähr 117 Litern konzentriert, so enthält es ungefähr:

35 g	BeO	pro Liter
49 g	Al_2O_3	- -
3 g	Fe_2O_3	- -

in Form von Sulfaten.

Die Ausbeute an extrahiertem Berylliumoxyd ist ungefähr 90%.

In folgendem Beispiel wird Salzsäure als Reagenzmittel verwendet.

Eine angemessene Menge von Beryll, der, wie vorher ausgeführt, durch Schmelzen und Abschrecken modifiziert und so weit gemahlen wurde, daß er durch ein Sieb von etwa 0,07 mm Maschenbreite geht, wird mit konzentrierter Salzsäure in großem Überschuß über die zur Reaktion mit den Silikaten des Erzes theoretisch nötige Menge gemischt. Es hat sich gezeigt, daß ein Überschuß von 100% angemessen ist, was gleich einem Verhältnis von 4 ccm der konzentrierten Säure zu 1 g Beryll wie dem des ersten Beispiels ist.

Die Mischung von Säure und Beryll reagiert bei Erhitzung unter Bildung einer Lösung aus Beryllium-, Aluminium- und Eisenchlorid, und wenn die Erhitzung ungefähr 19 Stunden lang bei 84° C fortgeführt wird, ist die Ausbeute an Berylliumchlorid etwa 66% und an den kombinierten Aluminium- und Eisenchloriden ungefähr 67%.

Die Trennung der Chloride wird durch Behandlung der Lösung in bekannter Art bewirkt. Die Lösung kann z. B. mit Salzsäuregas bei tiefen Temperaturen behandelt werden, um eine Trennung der Chloride zu veranlassen, wie in dem Buch »Methods in Chemical Analysis« von Gooch, 1. Auflage, Seite 214 bis 216 beschrieben.

Es ist bekannt, Beryll mit Oxyden von Alkalien und alkalischen Erden und mit Magnesiumoxyd zu erhitzen, um ihn zu zersetzen und die gebildeten Stoffe in Schwefelsäure löslich zu machen. Es ist auch bekannt, alkalireiche Aluminiumsilikate, wie Feldspat, zu sintern oder zu schmelzen, um sie in Schwefelsäure löslich zu machen. Ferner ist es bekannt, Aluminiumerze, wie Ton auf Temperaturen unter 900° zu erhitzen, um sie reaktiver für Schwefelsäure zu machen. Das neue Verfahren aber unterscheidet sich von alledem dadurch, daß die Wärmebehandlung die Reaktivität des Berylls gegen Reagenzien, wie Schwefelsäure, durch Veränderung der physikalischen Struktur des Erzes ohne wesentliche Veränderung seiner chemischen Zusammensetzung steigert und daß diese Steigerung der Reaktivität bei einem Erze erzielt wird, das keine beachtlichen Alkalimengen enthält. Das Ergebnis des neuen Verfahrens ist, daß das Erz Beryll, das bisher als sehr schwierig galt, dem direkten Angriff durch Reagenzien, wie Schwefelsäure, zugänglich gemacht wird, die den natürlichen Beryll nicht angreifen würden.

Die Erfindung ist auf mannigfache Art und in mannigfachen verschiedenen Ausführungsformen durchführbar.

Patentansprüche:

1. Herstellung von Berylliumverbindungen aus Beryll durch Behandeln mit Lösungsmitteln, z. B. Schwefelsäure, nach einer Wärmebehandlung des Berylls, dadurch gekennzeichnet, daß letztere bei einer Temperatur über 1000° erfolgt, um eine Veränderung in der physikalischen Struktur des Berylls hervorzurufen und ihn ohne Zwang zum Zusatz von Reagenzien reaktiver zu machen.

2. Herstellung nach Anspruch 1, dadurch gekennzeichnet, daß der über 1000° erhitzte Beryll plötzlich abgekühlt oder abgeschreckt wird.

A. P. 1823864.

Nr. 541544. (A. 60320.) Kl. 12m, 4. Carlo Adamoli in Mailand.

Gewinnung von Berylliumverbindungen.

Vom 17. Jan. 1931. — Erteilt am 17. Dez. 1931. — Ausgegeben am 7. April 1932. — Erloschen: . . . .

Beryllium und seine technisch wichtigste Verbindung, das Berylliumoxyd, werden heute technisch fast ausschließlich aus Beryll gewonnen. Dies geschieht nicht etwa deshalb, weil sich gerade dieses Mineral im Überfluß in der Natur findet und die Darstellung der gesuchten technisch wertvollen Stoffe aus ihm sich besonders leicht durchführen läßt, sondern nur deshalb, weil es einen hohen Gehalt an Beryll (über 10% BeO) enthält und darum die Extraktionskosten relativ gering sind trotz der größeren Kosten für das Mineral selbst. Es ist daher ein Problem der Berylliumindustrie, Beryllium und seine Verbindungen auch aus solchen Mineralien zu gewinnen, welche arm an diesem Element sind. Solche Mineralien sind in der Natur weit verbreitet, ihre Aufarbeitung hat sich aber bis heute mangels hierfür geeigneter Methoden noch nicht technisch durchführen lassen. An solchen Beryllium enthaltenden Mineralien seien hier nur beispielsweise genannt: Pegmatit, Feldspat, Glimmer, Glimmerschiefer, Granite, Kaoline, Tone, Bromellit, Hambergit, Trimerit, Phenakit, Melinophan, Leukophan, Helvin, Danalith, Eudidymit, Euklas, Gadolinit, Chrysoberyll, Herderit, Hydroherderit und viele andere.

Die heute einzig technisch durchgeführte Aufarbeitung des Berylls $3\,BeO \cdot Al_2O_3 \cdot 6\,SiO_2$, der neben dem durch die Formel gegebenen Aluminiumgehalt meist noch Eisen enthält, erfolgt meist entweder mittels alkalischer Flußmittel nach dem Verfahren des amerikanischen Patents 1 656 660 oder mittels Fluoriden bzw. Silikofluoriden (vgl. z. B. K. Illig, M. Hosenfeld und H. Fischer, Wissenschaftliche Veröffentlichung, Siemens-Konzern, Bd. 8, Seite 34, 1929). Auch Kohle oder Carbid sind zum Aufschluß geeignet. Durch Einwirkung eines Alkali- oder Erdalkalihalogenids bilden sich ebenfalls auslaugbare Berylliumhalogenide (amerikanische Patente 1 392 045 und 1 392 046), die nun in gewünschter Weise weiterverarbeitet werden können.

Außer Beryll ist auch schon versucht worden, Gadolinit aufzuarbeiten. C. James und Mitarbeiter (Journ. Americ. Chem. Soc., Band 38, Seite 875, 1916) erhitzen fein pulverisierten Gadolinit in Eisengefäßen mit Schwefelsäure bis zum Entweichen von SO_3-Dämpfen. Das erhaltene Gemisch wird mit Wasser ausgelaugt und die Lösung durch Zusatz von Oxalsäure von den seltenen Erden (insbesondere Yttererden) befreit. Durch Erhitzen mit Kaliumcarbonat, mit Natronlauge und Ammoniak werden Beryllium und Eisen gefällt, der Niederschlag in Schwefelsäure gelöst, das Eisen oxydiert und neuerdings mit Natronlauge gefällt, wobei das Beryllium in Lösung bleibt und schließlich aus dem eisenfreien Filtrat als Carbonat gewonnen. Leukophan wird im Prinzip auf ähnliche Weise aufgeschlossen (z. B. O. Leonard, französisches Patent 611 457).

Zum Unterschied von diesen Methoden behandeln Hopkins und Mitarbeiter Gadolinit mit Königswasser.

Alle diese Verfahren laufen im Prinzip darauf hinaus, Aluminium und Eisen von Beryllium zu trennen. Hierfür gibt es eine ganze Reihe Methoden.

Berylliumcarbonat größter Reinheit läßt sich nach der neuen Erfindung nun aber auch aus an Berylliumoxyd armen Mineralien wie folgt gewinnen:

Diese berylliumhaltigen Vorkommen werden erfindungsgemäß gebrannt, pulverisiert und mit viel Wasser bei gewöhnlicher Temperatur unter Rühren mit Kohlendioxyd behandelt. Zweckmäßig können hierbei schwache Säuren oder Basen in geringen Mengen noch zugegen sein, wodurch der Prozeß bedeutend abgekürzt werden kann. Hierbei gehen durch diese Behandlung mit Kohlendioxyd die größten Mengen des vorhandenen Berylliumoxyds neben Calcium, Magnesium, Alkali und kleinen Anteilen Kieselsäure in Lösung. Die Lösung selbst wird nach genügend langer Einwirkung des Kohlendioxyds durch Dekantieren oder Zentrifugieren vom ungelöst gebliebenen Rückstand getrennt. Die Lösung selbst, welche die Berylliumverbindungen enthält, wird nun eingedampft, wobei ein Rückstand der verschiedensten Carbonate verbleibt, der sodann mit Natriumbicarbonat behandelt wird, wodurch freies Berylliumcarbonat in größter Reinheit erzielt wird. Naturgemäß kann dieser Extraktionsvorgang der berylliumhaltigen Vorkommen mit Kohlendioxyd mehrmals wiederholt werden. Auch kann das Kohlendioxyd unter Druck zur Einwirkung gebracht werden und die Temperatur bis auf 80 bis 100° erhöht werden. Schließlich ist es auch möglich, das Kohlendioxyd aus dem natürlichen Vorkommen selbst zu gewinnen. Als Beschleuniger des Prozesses kommen alle solche Stoffe in Betracht, die in wässeriger Lösung Hydroxyl- oder Wasserstoffionen zu bilden vermögen, also z. B. Ammoniak und Soda einerseits oder Salzsäure oder Schwefelsäure anderseits.

Beispiel

5 bis 6 kg Berylliumpegmatit aus dem Val-Musul bei Bozen werden 10 Stunden auf etwa 850 bis 900° erhitzt. Daraufhin wird dieses geröstete Produkt mit Wasser gemahlen, bis es durch ein feines Sieb geht, hierauf wird das Wasser durch Abklären oder Dekantieren entfernt und der gemahlene Pegmatit an der Luft getrocknet. Vom trockenen Pulver nimmt man 5 kg und gibt sie in einen Porzellanbehälter, der einen Holzquirl enthält, der mindestens 100 Umdrehungen in der Minute ausführt. Durch den Deckel des Behälters führt ein Rohr in die Flüssigkeit bis fast zur Höhe der Flügel. Unter Einwirken von Kohlensäure wird das Schlagen, das sehr gleichmäßig sein muß, mehrere Tage hindurch fortgesetzt. Das zu verwendende Wasser muß sehr rein sein und soll etwa auf 10 kg Eigengewicht 50 g Ammoniumcarbonat enthalten. Nachdem die Sättigung der Lösung beendet ist, wird diese unter fortdauerndem Rühren langsam und vorsichtig mit Salzsäure bis zur vollkommenen Neutralisation versetzt. Hierauf wird, vom verbleibenden Rückstand durch Zentrifugieren getrennt, die Lösung abgedampft, durch wiederholtes saures Abdampfen von der Kieselsäure getrennt, das schließliche Kieselsäurefiltrat mit Ammoniak neutralisiert und mit überschüssigem Natriumbicarbonat versetzt. Unter öfterem Rühren läßt man die Lösung etwa 2 Stunden digerieren und filtriert. Hierauf wird erneut das Filtrat mit Salzsäure angesäuert und durch Erhitzen das Kohlendioxyd ausgetrieben, worauf man das Be-

rylliumhydrat mit Ammoniak ausfällt, das nun abfiltriert, gewaschen, getrocknet und geglüht wird.

Mit mehreren Extraktionen aus demselben Mineral kann auf diesem Weg praktisch die gesamte Berylliummenge, die in ihm enthalten ist, gewonnen werden. Die erste Extraktion liefert ungefähr $^1/_5$ des im Mineral enthaltenen Berylliumoxyds. Die Ausbeute wird hier wesentlich von dem Grad der Feinheit des gemahlenen Minerals bedingt.

Gegenüber den bekannten von Vauquelin, Warren, Lebeau und anderen unterscheidet sich das neue Verfahren vor allem dadurch, daß es den bei diesen älteren Verfahren notwendigen schmelzflüssigen Aufschluß mit Ätzkali bzw. Natriumcarbonat oder Calciumfluorid vermeidet, indem nach dem neuen Verfahren das berylliumhaltige Mineral direkt in wässeriger Lösung in feinst gemahlenem Zustand mit Kohlendioxyd behandelt wird.

Patentanspruch:

Gewinnung von Berylliumverbindungen aus Erzen, dadurch gekennzeichnet, daß diese in feinst gemahlenem Zustand mit viel Wasser und Kohlendioxyd bei Gegenwart oder Abwesenheit saurer oder basischer Katalysatoren bei gewöhnlicher Temperatur oder in der Wärme unter normalem oder erhöhtem Druck behandelt werden und die erhaltene Lösung in an sich bekannter Weise auf Berylliumverbindungen weiterverarbeitet wird, wobei dieser Extraktionsprozeß mehrfach wiederholt werden kann.

Nr. 564125. (K. 115959.) Kl. 12m, 4.

Dr. Walther Kangro und Dr. Agnes Lindner in Braunschweig.

Aufschluß von berylliumhaltigen Erzen.

Vom 31. Juli 1929. — Erteilt am 27. Okt. 1932. — Ausgegeben am 14. Nov. 1932. — Erloschen: ....

Bei der Gewinnung von metallischem Beryllium durch Schmelzelektrolyse ist die Reinheit der zur Elektrolyse angewandten Berylliumverbindungen, vorzugsweise des Berylliumoxyfluorids oder des Berylliumnatriumchlorids, von ausschlaggebender Bedeutung. Diese Verbindungen können aus dem Rohmaterial bisher nur auf sehr umständliche und kostspielige Weise isoliert werden. Dasselbe gilt auch für die Darstellung aller übrigen Berylliumverbindungen, unabhängig von ihrem Verwendungszweck.

Das vorliegende Verfahren stellt eine wesentliche Vereinfachung der Darstellung von reinen Berylliumverbindungen aus Mineralien oder sonstigen Beryllium enthaltenden Stoffen dar. Es beruht auf der bisher noch unbekannten Einwirkung von Chlor auf Beryllium enthaltende Stoffe bei erhöhter Temperatur, wobei flüchtige Berylliumchlorverbindungen entstehen, und überdestillieren.

Es ist bekannt, aus Berylliumverbindungen dadurch Berylliumchlorid zu gewinnen, daß man die Berylliumverbindungen, vorzugsweise das Berylliumoxyd, bei höheren Temperaturen in Gegenwart von Kohle oder eines anderen Reduktionsmittels mit Chlorgas behandelt. Aber abgesehen davon, daß bei dieser Reaktion auch noch viele andere unerwünschte Bestandteile des Ausgangsmaterials in flüchtige Verbindungen übergeführt werden und mit dem Berylliumchlorid überdestillieren, wirkt Chlorgas in Gegenwart von Kohle bei erhöhten Temperaturen derart energisch auf alle möglichen Stoffe ein, daß es schwer, wenn nicht unmöglich sein dürfte, ein passendes Ofenmaterial für diese Chlorierung zu finden. Demgegenüber arbeitet das vorliegende Verfahren ohne Kohle oder sonstige Reduktionsmittel nur mit Chlor oder chlorhaltigen Gasen allein und gestattet insbesondere die Durchführung eines stationären Prozesses.

Die Erfindung gestattet, das Verfahren zur Abscheidung des Berylliums erheblich zu vereinfachen und auch das Verfahren so durchzuführen, daß das Material des Ofens nicht gefährdet wird, wobei das Verfahren auch so gestaltet werden kann, daß es sich stationär im Dauerbetrieb durchführen läßt.

Der Erfindung gemäß erfolgt der Aufschluß von berylliumhaltigen Erzen, Mineralien oder anderen Stoffen, wie z. B. Legierungen, durch Einwirkung von über das Material strömendem, auf Temperaturen von 1000° und darüber erhitztem Chlor oder chlorhaltigen Gasen in Abwesenheit von Reduktionsmitteln und unter Abscheidung der entstehenden flüchtigen Berylliumverbindungen. Insbesondere wird bei einer bevorzugten Ausführungsform der Erfindung der Chlorstrom so geregelt, daß sich im Reaktionsraum ein dem Gleichgewichtsgemisch zustrebender Zustand stationär oder annähernd stationär ausbildet und dauernd die Berylliumchlorverbindungen und der Sauerstoff oder die Sauerstoff enthaltenden Gase abgeführt werden.

Gemäß einer weiteren Ausgestaltung der Erfindung werden Chlor oder die chlorhaltigen Gase im Druckgefälle durch den Prozeß geleitet.

Die vorliegende Erfindung bezieht sich sowohl auf Chlor wie auf chlorhaltige Gase als auch auf Sauerstoff und sauerstoffhaltige Gase, die Chlor bzw. Sauerstoff in Mischung oder Verbindung enthalten.

Die chemischen Grundlagen des neuen Verfahrens ergeben sich aus folgenden neuen chemischen Umsetzungen:

Es hat sich gezeigt, daß reines Chlorgas bei hohen Temperaturen, vorzugsweise über 1000°, derart auf Berylliumverbindungen, besonders auf Berylliumoxyd, -silikate, -aluminate, -alumosilikate und andere, einwirkt, daß flüchtige Berylliumchlorverbindungen, vorzugsweise Berylliumchlorid, evtl. auch Oxychlorid und freier Sauerstoff entstehen. Es handelt sich hierbei um chemische Gleichgewichtszustände, die bei tieferen Temperaturen so gelegen sind, daß im Gleichgewichtsgemisch hauptsächlich Berylliumoxyd und Chlor neben sehr geringen Menge Berylliumchlorid und Sauerstoff vorhanden sind. Mit steigender Temperatur verschiebt sich das Verhältnis der Stoffe zueinander in dem Sinne, daß immer größere Mengen Berylliumchlorid und Sauerstoff und Chlor über festem Berylliumoxyd im Gleichgewichtsgemisch nebeneinander beständig sind. Werden zwei Bestandteile dieses Gemisches, nämlich Berylliumchlorid und Sauerstoff, fortlaufend aus dem Gleichgewichtsgemisch entfernt, so wird nach und nach das ganze feste Beryllumoxyd, auch wenn es an Aluminiumoxyd, Siliciumoxyd oder sonst gebunden ist, in flüchtige Chlorverbindungen übergeführt. Die Umsetzung zu Berylliumchlorverbindungen kann dadurch beschleunigt werden, daß man entweder bei vermindertem Gesamtdruck arbeitet oder aber mit einem Überdruck von Chlor. Umgekehrt bewirkt eine Zugabe von Sauerstoff zum Gleichgewichtsgemisch eine stoffliche Verschiebung in dem Sinne, daß sich aus dem Berylliumchlorid wiederum Berylliumoxyd und freies Chlor bilden.

Das vorliegende Verfahren gestaltet sich demgemäß folgendermaßen:

Das Berylliummineral oder die Beryllium enthaltenden Stoffe, wie Abfälle aus früheren Verarbeitungen oder sonstigen Prozessen oder Berylliumlegierungen, werden zweckmäßig im trockenen Zustande in einem Schachtofen aus Ton, Tonerde, Quarzsand oder einem sonstigen keramischen Material, das feuerfest und gegen Chlor beständig ist, auf höhere Temperaturen, zweckmäßig über 1000°, erhitzt und der Einwirkung von strömendem Chlorgas ausgesetzt. Die dabei entstehenden flüchtigen Berylliumverbindungen, hauptsächlich Berylliumchlorid, evtl. auch Oxychloride, werden von dem strömenden Chlor aus dem Ofen fortgeführt und gelangen in einen passend gekühlten Raum, in dem sie sich in fester Form und völlig rein absetzen. Das Chlor wird zweckmäßig stets im Überschuß gegenüber dem entstehenden Berylliumchlorid angewandt. Es kann auch unter erhöhtem Druck verwandt werden. Die Strömungsgeschwindigkeit des Chlors kann beliebig sein. Sie wird zweckmäßig nicht zu niedrig gehalten, da eine höhere Strömungsgeschwindigkeit es gestattet, die Arbeitstemperatur und die Arbeitsdauer herabzusetzen. Das Gleiche wird erreicht, wenn das Röstgut vor dem Rösten zerkleinert wird. Die entstandenen Berylliumchlorverbindungen werden, sofern sie nicht als solche Verwendung finden, in Wasser gelöst. Hierbei entwickelt sich eine sehr beträchtliche Wärmemenge, die zum Trocknen der Mineralien oder der entstandenen Verbindungen oder zu sonst notwendigen Erhitzungen ausgenutzt werden kann. Die wäßrige Lösung der Berylliumchloride kann einerseits mit Natriumchlorid zu dem zur Schmelzelektrolyse verwendbaren Berylliumnatriumchlorid verarbeitet werden. Andererseits kann aus derselben durch Fällen mit Lauge auch Berylliumhydroxyd bzw. Berylliumoxyd gewonnen werden. Das hierbei entstandene Chlorid wird zweckmäßig elektrolytisch zu Lauge und freiem Chlor regeneriert, die beide dem Prozeß wieder zugeführt werden.

Eine andere Ausführungsform des Verfahrens führt auf trockenem Wege direkt zu reinem Berylliumoxyd. Sie besteht darin, daß in die heiß aus dem Röstofen austretenden Gase, die aus Chlor, Berylliumchlorverbindungen und wenig Sauerstoff bestehen, durch eine seitlich angebrachte Düse aus keramischem Material Sauerstoff eingeblasen wird. Hierbei scheidet sich aus dem Gleichgewichtsgemisch, wie bereits dargelegt, festes Berylliumoxyd in reinster Form ab, wobei die an das Beryllium gebunden gewesene Clormenge wieder in Freiheit gesetzt wird. Aus dem übrig bleibenden Gemisch von Chlor und Sauerstoff wird das Chlor nach bekannten Methoden wiedergewonnen und erneut dem Röstprozeß zugeführt. Um eine möglichst vollständige Umsetzung zu Berylliumoxyd zu erreichen, ist es zweckmäßig, dem zugeführten Sauerstoff eine solche Temperatur zu erteilen, daß das gesamte Gasgemisch nicht zu plötzlich abgekühlt wird, sondern vielmehr bei Temperaturen nahe dem Siedepunkt des Berylliumchlorids, beispielsweise bei 400°

bis 600°, einige Zeit verweilt, d. h. bei solchen Temperaturen, bei denen nach dem bereits Dargelegten die Rückverwandlung der Berylliumchlorverbindnungen zu Berylliumoxyd vonstatten geht. Eine Verlangsamung der Abkühlung wird auch durch die bei der Umsetzung zu Berylliumoxyd frei werdende beträchtliche Wärmemenge bewirkt. Die zugeführte Sauerstoffmenge muß so bemessen werden, daß sie zum mindesten die Wirkung des anfangs im Überschuß vorhandenen Chlors aufhebt. Zweckmäßig wird jedoch mit einem Sauerstoffüberschuß gearbeitet, vorteilhaft mit Sauerstoff von erhöhtem Druck. Es erscheint außerdem vorteilhaft, dem Sauerstoffstrom eine dem Chlorstrom entgegengesetzte Richtung zu geben, so daß die aus dem Ofen mit relativ großer Geschwindigkeit austretenden Gasmassen gebremst werden. Es wird dadurch erreicht, daß die Gase einerseits länger in einem Raume von mittlerer Temperatur verweilen, andererseits daß das sehr feinkörnig ausfallende Berylliumoxyd nicht zu weit mitgerissen und verstäubt wird.

Statt Sauerstoff kann in der vorliegenden Ausführungsform des Verfahrens auch Luft oder ein beliebiges anderes Gasgemisch, das Sauerstoff enthält, verwandt werden.

Die Heizung des Reaktionsgutes kann auf beliebige Weise erfolgen, z. B. von einem passend im Innern des Reaktionsraumes, aber gasdicht gegen denselben abgeschlossenen Heizraume aus, oder in üblicher Weise von außen. Eine andere Art der Heizung besteht darin, daß die Wärme dem Reaktionsgute durch heiße Gase, die über das Reaktionsgut streichen, zugeführt wird, wobei entweder solche Gase Verwendung finden können, die indifferent gegen die Reaktionsprodukte sind, oder auch das Reaktionsgas, das Chlor selbst. Die für diese Zwecke notwendige Erhitzung des Chlors oder des Heizgases kann in verschiedener Weise erfolgen, entweder durch gewöhnliche Flammerhitzung, indem das Chlor durch von außen beheizte Rohre aus Ton oder feuerfestem Material streicht, oder auf elektrischem Wege, indem das Chlor in Widerstandsheizkörpern aus Kohle, wie Kohlerohren, Kohlerosten, Kohlegries usw. oder im elektrischen Flammbogen vorerhitzt wird.

Die durch chlorierende Röstung gewonnenen Berylliumverbindungen werden ohne weiteres vollkommen rein erhalten, wenn im Ausgangsmaterial keine Stoffe enthalten sind, die mit Chlor bei den angewandten Temperaturen flüchtige Verbindungen geben. Sind dagegen solche Fremdstoffe im Ausgangsmaterial vorhanden, so müssen sie vom Beryllium getrennt werden, falls ihre Anwesenheit für die weitere Verwendung der Berylliumverbindungen unerwünscht ist. Als häufigste Verunreinigung solcher Art ist im Mineral Eisenoxyd enthalten, seltener Magnesiumoxyd. Das Eisen läßt sich leicht vom Beryllium trennen auf Grund der Tatsache, daß das Eisenoxyd bereits bei viel niedrigeren Temperaturen, etwa bei 800° bis 900°, von Chlor quantitativ in das leicht flüchtige Eisenchlorid übergeführt und fortgeschafft wird. Es ist daher zweckmäßig, Eisen enthaltende Berylliummineralien oder -stoffe zunächst bei niedrigeren Temperaturen, beispielsweise bei 900°, chlorierend vorzurösten und das dabei gebildete Eisenchlorid getrennt aufzufangen. Hierbei geht Beryllium noch nicht über. Erst nachdem alles Eisen aus dem Ausgangsmaterial entfernt worden ist, wird die Temperatur bis zu der für die Berylliumchloridbildung erforderlichen Temperatur gesteigert. Eine analoge Trennung durch fraktionierte Verflüchtigung läßt sich bei allen denjenigen Beimengungen des Ausgangsmaterials durchführen, die sich mit Chlor bei anderen Temperaturen als das Beryllium zu Chlorverbindungen umsetzen. Hierdurch lassen sich diese Beimengungen ihrerseits in reiner Form gewinnen. Von Magnesium läßt sich das Beryllium auch dadurch trennen, daß das mit dem Berylliumchlorid mitverflüchtigte Magnesiumchlorid, das beim Lösen in Wasser in Lösung gelangt, beim Ausfällen des Berylliumhydroxyds quantitativ in der Lösung bleibt.

Das zur Verwendung gelangende Chlor braucht nicht völlig trocken zu sein. Es hat sich gezeigt, daß geringe Mengen Feuchtigkeit die Umsetzung zu Berylliumchloriden beschleunigen. Zu große Mengen Wasser, wie sie etwa bei feuchten Mineralien auftreten, verlangsamen aber die Umsetzung.

Als Ausgangsmaterial für das vorliegende Verfahren eignen sich alle Beryllium enthaltenden Mineralien oder Stoffe. Liegen Berylliumlegierungen vor, so kann es zweckmäßig sein, die Metalle dieser Legierungen zunächst in Oxyde überzuführen und das Gemisch der Oxyde dann nach dem vorliegenden Verfahren zu trennen.

Das Verfahren eignet sich auch zur Abtrennung von Beryllium aus solchen Stoffen, in denen die Anwesenheit des Berylliums nicht erwünscht ist.

Ausführungsbeispiele

Über böhmischen Rohberyll von der Zusammensetzung

SiO_2	67,10%,
Al_2O_3	18,28%,
BeO	12,68%

wurde

I. bei 0,5 Atm. Gesamtdruck und einer Temperatur von 1400° Chlor geleitet. Die Endanalyse ergab:

SiO_2	73,4 %,
Al_2O_3	19,05 %,
BeO	4,63 %.

Die Ausbeute an BeO betrug somit etwa 63 %, die Ausbeute an Cl etwa 67 %, Dauer 23 Stunden.

II. Bei 1 Atm. Gesamtdruck und einer Temperatur von 1400° ergaben sich:

SiO_2	73,56 %,
Al_2O_3	17,64 %,
BeO	4,79 %.

Die Ausbeute an BeO betrug etwa 50 %, an Cl etwa 67 %, Dauer etwa 16 bis 18 Stunden.

III. Bei 1,5 Atm. Gesamtdruck und einer Temperatur von 1400° ergaben sich:

SiO_2	73,75 %,
Al_2O_3	17,93 %,
BeO	4,84 %.

Ausbeute an BeO etwa 60 %, an Cl etwa 42 %, Dauer etwa 11 bis 12 Stunden.

Die Versuche zeigen, daß bei Unterdruck die Chlorausbeute, d. h. das Verhältnis des gebundenen Chlors zum gesamten aufzuwendenden Chlor, besser wird; außerdem wird bei Unterdruck das Aluminiumoxyd weniger angegriffen. Die selektive Wirkung ist daher eine bessere, die Versuchsdauer wächst jedoch mit abnehmendem Druck an. Dagegen sinkt mit höheren Drucken die Chlorausbeute, die Dauer verkürzt sich aber wesentlich, woraus sich eine Ersparnis an Heizkosten ergibt.

Man wird also je nach den vorliegenden wirtschaftlichen Gesichtspunkten Druck bzw. Arbeitsdauer einstellen und so entweder an Kosten für Chlor oder an Heizkosten sparen.

Patentansprüche:

1. Aufschluß von berylliumhaltigen Erzen, Mineralien oder anderen Stoffen, wie z. B. Legierungen, durch Einwirkung von über das Material strömendem, auf Temperaturen von 1000° C und darüber erhitztem Chlor oder chlorhaltigen Gasen in Abwesenheit von Reduktionsmitteln und Abscheidung der entstehenden flüchtigen Berylliumchlorverbindungen.

2. Verfahren nach Anspruch 1, dadurch gekennzeichnet, daß der Chlorstrom so geregelt wird, daß sich im Reaktionsraum ein dem Gleichgewichtsgemisch zustrebender Zustand stationär oder annähernd stationär ausbildet und dauernd die Berylliumchlorverbindungen und der Sauerstoff oder die Sauerstoff enthaltenden Gase abgeführt werden.

3. Verfahren nach Anspruch 1 oder 2, dadurch gekennzeichnet, daß das Chlor oder die Chlor enthaltenden Gase im Druckgefälle durch den Prozeß geleitet werden.

4. Verfahren nach Anspruch 1 oder Unteransprüchen, dadurch gekennzeichnet, daß das Chlor oder die Chlor enthaltenden Gase bei erhöhtem Druck durch den Prozeß geleitet werden.

5. Verfahren nach Anspruch 1 und 4, dadurch gekennzeichnet, daß im stationären oder annähernd stationären Zustand der Gesamtdruck der im Reaktionsraum vorhandenen Gase weniger als eine Atmosphäre beträgt.

6. Verfahren nach Anspruch 1 oder Unteransprüchen, dadurch gekennzeichnet, daß die entstehenden und aus dem Prozeß abgeführten Berylliumchlorverbindungen in Wasser gelöst und die Lösungswärme im Prozeß nutzbar gemacht wird.

7. Abänderung des Verfahrens nach Anspruch 1, dadurch gekennzeichnet, daß den aus dem Prozeß abgeführten Bestandteilen, nämlich Chlor, Berylliumchlorverbindungen und wenig Sauerstoff oder Sauerstoff enthaltenden Gasen, zusätzlicher Sauerstoff oder Sauerstoff enthaltende Gase zugeführt werden, derart, daß sich Berylliumsauerstoffverbindungen abscheiden.

8. Verfahren nach Anspruch 1 und 7, dadurch gekennzeichnet, daß der Sauerstoff oder die Sauerstoff enthaltenden Gase unter erhöhtem Druck zugeführt werden.

9. Verfahren nach Anspruch 1 und 7, dadurch gekennzeichnet, daß der Sauerstoff oder die Sauerstoff enthaltenden Gase im Gegenstrom zugeführt werden.

10. Verfahren nach Anspruch 1 und 7, dadurch gekennzeichnet, daß der Sauerstoff oder die Sauerstoff enthaltenden Gase bei einer Temperatur in der Nähe des Siedepunktes von Berylliumchlorid zugeführt werden.

11. Verfahren nach Anspruch 1 oder Unteransprüchen, dadurch gekennzeichnet, daß das Chlor oder die das Chlor enthaltenden Gase elektrisch vorerhitzt werden.

12. Verfahren nach Anspruch 1 oder Unteransprüchen, dadurch gekennzeichnet, daß zur Entfernung fremder Metallbestandteile in Form ihrer Chloride, z. B. Eisen oder Magnesium, eine chlorierende Vorbehandlung bei niederer Temperatur (für Eisen und Magnesium zwischen 800 und 1000° C) erfolgt.

13. Verfahren zur Abtrennung von

Beryllium von seinen Legierungen, dadurch gekennzeichnet, daß die Metalle der Legierung zunächst in die Oxyde umgewandelt werden und dann die Oxyde nach dem Verfahren der Ansprüche 1 bis 12 chloriert werden.

E. P. 356380.

Nr. 529624. (I. 39. 30.) Kl. 12m, 4.

I. G. Farbenindustrie Akt.-Ges. in Frankfurt a. M.

Erfinder: Dr. Carl Wurster in Ludwigshafen a. Rh.

Gewinnung von reinen Berylliumhalogeniden.

Vom 18. April 1930. — Erteilt am 2. Juli 1931. — Ausgegeben am 15. Juli 1931. — **Erloschen: 1934.**

Es ist bekannt, Berylliumchlorid aus Beryll in der Weise zu gewinnen, daß man das Mineral mit Kohle mischt und die Mischung bei erhöhter Temperatur mit Chlor behandelt, wobei die flüchtigen Chloride des Berylliums, Aluminiums und Siliciums gemeinsam absublimieren. Um nun das gebildete Berylliumchlorid für sich zu gewinnen, hat man bereits vorgeschlagen, die flüchtigen Chloride durch fraktionierte Kondensation zu trennen. Dies ist jedoch in technischem Maßstabe nur schwierig und in umfangreichen Apparaten durchzuführen, außerdem wird auf diese Weise stets nur eine unvollständige Trennung erreicht.

Es wurde nun gefunden, daß man aus Berylliumchlorid bzw. -bromid neben anderen Metallchloriden bzw. -bromiden enthaltenden Gemischen, wie sie z. B. beim chlorierenden oder bromierenden Aufschluß von Beryll erhalten werden, in einfacher Weise reines Berylliumchlorid bzw. -bromid dadurch gewinnen kann, daß man die Gemische, gegebenenfalls nach vorheriger Reduktion, mit flüssigen Chloriden oder Oxychloriden des Schwefels, Phosphors, Bors oder Kohlenstoffs oder den entsprechenden Bromiden oder mit Mischungen dieser extrahiert. Die erhaltenen Berylliumsalze sind, wie teilweise bekannt, in derartigen Lösungsmitteln im Gegensatz zu den übrigen in den Gemischen enthaltenen Chloriden bzw. Bromiden praktisch unlöslich.

Das Verfahren gestaltet sich in seinen Einzelheiten je nach dem Flüchtigkeitsgrad des Extraktionsmittels verschieden. So kann z. B. bei Anwendung von Sulfurylchlorid die Extraktion ohne weiteres in üblicher Weise unter möglichst weitgehendem Ausschluß von Feuchtigkeit durchgeführt werden. Das überflüssige Lösungsmittel kann durch Destillation von den gelösten Halogeniden getrennt werden und erneut zur Extraktion Verwendung finden. Das Berylliumchlorid kann durch leichtes Erhitzen im trockenen Luftstrom von anhaftendem Sulfurylchlorid befreit oder es kann dieses durch Nachwaschen mit Chlorkohlenstoff, Chloroform oder einem ähnlichen leicht flüchtigen Lösungsmittel entfernt werden.

Bei Anwendung eines bereits bei gewöhnlicher Temperatur siedenden Extraktionsmittels wird entweder unter Kühlung oder unter Druck gearbeitet. Flüssiges Phosgen löst z. B. Siliciumchlorid und Aluminiumchlorid zu einer klaren Flüssigkeit, die vom ungelösten Berylliumchlorid durch Filtrieren oder Schleudern leicht getrennt werden kann. Das Phosgen kann durch Erhitzen der Lösung von den aufgelösten Chloriden getrennt werden und nach Verflüssigung erneut für das Verfahren Anwendung finden.

Das beschriebene Verfahren ist nicht auf die Aufarbeitung der beim chlorierenden Aufschluß von Beryll anfallenden Chloridgemische beschränkt; es kann mit Vorteil auch für die Aufarbeitung anderer Chloridgemische, z. B. von Mischungen von Berylliumchlorid mit Aluminiumchlorid, Ferrichlorid, Titanchlorid, Siliciumchlorid usw., Verwendung finden. Das nach dem vorliegenden Verfahren gewonnene Berylliumhalogenid eignet sich besonders als Ausgangsmaterial zur Gewinnung von reinem metallischem Beryllium durch Schmelzelektrolyse.

Beispiel 1

4 kg Beryll mit einem Gehalt von 64,8% SiO_2, 10,85% BeO und 18,6% Al_2O_3 werden mit 1 kg Stärke und 2 kg Gasteer vermengt. Nach Verpressen der Masse zu Formlingen werden diese bei 700° unter Luftabschluß getrocknet, worauf bei 800° ein aus gleichen Teilen Kohlenoxyd und Chlor bestehendes Gasgemisch darüber geleitet wird. (Der chlorierende oder bromierende Aufschluß geht besonders glatt vor sich, wenn man das Beryll zuerst mit geschmolzenem Alkalicarbonat vorbehandelt und so das Mineral auflockert, wobei man einen Teil der darin enthaltenen Kieselsäure z. B. durch Auslaugen entfernen und so eine Anreicherung an Berylliumoxyd in dem Mineral bewirken kann.) Die abziehenden chloridhaltigen Dämpfe werden nun durch eine gekühlte Kon-

densationskammer geleitet und dort niedergeschlagen. Das so gewonnene Produkt (etwa 2 kg), das aus einem Gemisch von Beryllium-, Aluminium- und Siliciumchlorid besteht, wird bei — 10° einer Extraktion mit Phosgen unterworfen. Der bei dieser Behandlung verbleibende weiße Rückstand wird von der Lösung abgetrennt, aus der das Phosgen durch Erwärmen auf 70° wiedergewonnen werden kann. Es wurden 985 g 99,4%iges Berylliumchlorid erhalten.

Beispiel 2

Ein in der in Beispiel 1 beschriebenen Weise erzeugtes Gemisch von Berylliumchlorid, Aluminiumchlorid und Siliciumchlorid wird bei 30° mit Sulfurylchlorid behandelt. Das Aluminiumchlorid und Siliciumchlorid gehen in Lösung, während Berylliumchlorid zurückbleibt. Man filtriert ab, wäscht das sulfurylchloridhaltige Berylliumchlorid mit Chloroform aus und befreit es von diesem durch kurzes Erwärmen.

Beispiel 3

1 kg eines Gemisches von 50 Teilen wasserfreiem Berylliumchlorid und 50 Teilen wasserfreiem Aluminiumchlorid wird mit 2 kg Phosphoroxychlorid bei gewöhnlicher Temperatur extrahiert. Das Aluminiumchlorid löst sich vollständig auf, während das Berylliumchlorid praktisch ungelöst bleibt.

PATENTANSPRUCH:

Verfahren zur Gewinnung von reinen Berylliumhalogeniden aus Mischungen mit anderen Halogeniden, insbesondere aus den durch chlorierenden Aufschluß von Beryll erhaltenen Gemischen, dadurch gekennzeichnet, daß die Gemische einer Extraktion mit flüssigen Chloriden oder Oxychloriden des Schwefels, Phosphors, Bors oder Kohlenstoffs oder den entsprechenden Bromiden oder mehreren dieser Stoffe unterworfen werden.

Nr. 519 622. (S. 83 142.) Kl. 12 m, 4.

SIEMENS & HALSKE AKT.-GES. IN BERLIN-SIEMENSSTADT.

Erfinder: Dr. Hellmut Fischer in Berlin-Siemensstadt.

Verfahren zur Gewinnung von Berylliumsalzen aus berylliumhaltigen Mineralien.

Vom 16. Dez. 1927. — Erteilt am 12. Febr. 1931. — Ausgegeben am 3. März 1931. — Erloschen: 1933.

Die Gewinnung von Berylliumsalzen aus berylliumhaltigen Mineralien war bisher aus dem Grunde schwierig, weil diese Mineralien das Beryllium nur in verhältnismäßig sehr geringen Mengen enthalten. Beim Beryll beispielsweise beträgt die Gangart, die hauptsächlich aus Kieselsäure und Tonerde sowie Eisen besteht, etwa 90%. Man war bisher gezwungen, die einzelnen Fremdmetalle durch umständlich getrennte Verfahren von dem Beryllium zu trennen.

Gemäß der Erfindung gelingt eine gute Scheidung des Berylliums von der gesamten Gangart in einem einzigen Arbeitsgang. Zu diesem Zweck wird das nach irgendeiner bekannten Methode aufgeschlossene berylliumhaltige Mineral mit Salzsäure zu einem Brei eingedickt und dieses Gemenge in eine Natrium-Bicarbonat-Lösung eingetragen. Hierdurch gelingt eine praktisch vollständige Trennung des Berylliums von der gesamten Gangart, weil die Bicarbonat-Lösung das Beryllium allein löst, während die übrigen Bestandteile ungelöst bleiben.

Es ist bereits vorgeschlagen worden, das Beryllium von Aluminium und Eisen mit Hilfe einer Natrium-Bicarbonat-Lösung zu trennen. Hierbei wurden aber die sehr beträchtlichen Mengen von Kieselsäure vorher nach einem getrennten und umständlichen Verfahren entfernt. Neu ist also insbesondere die gleichzeitige Trennung des Berylliums von der Kieselsäure und den übrigen Fremdmetallverbindungen. Das aus der Bicarbonat-Lösung nach irgendeinem bekannten Verfahren gewonnene Berylliumsalz kann dann auf beliebige andere Berylliumsalze ohne besondere Schwierigkeiten weiterverarbeitet werden.

Zur Ausführung des neuen Verfahrens kann man beispielsweise wie folgt vorgehen. Zunächst wird das berylliumhaltige Mineral in irgendeiner bekannten Weise aufgeschlossen, zweckmäßig durch mehrstündige Erhitzung mit überschüssigem Alkalicarbonat bis zur Sinterung. Für Beryll beträgt die Sinterungstemperatur etwa 700° C. Die so erhaltene zusammengesinterte Masse wird dann zerkleinert und mit Salzsäure zu einem Brei eingedickt. Man kann beispielsweise 10 kg Beryll in dieser Weise behandeln und die Lösung in etwa 140 l fünfprozentige Natrium-Bicarbonat-Lösung eintragen. Diese Lösung wird auf etwa 50° C erhitzt. Die Hydroxyde des Aluminiums und des Eisens sowie die Kieselsäure bleiben dann praktisch vollständig ungelöst und können von dem in Lösung gegangenen Beryllium beispielsweise durch Abfiltrieren getrennt werden.

Patentanspruch:

Verfahren zur Gewinnung von Berylliumsalzen aus berylliumhaltigen Mineralien, dadurch gekennzeichnet, daß in an sich bekannter Weise aufgeschlossene und mit Salzsäure zu einem Brei eingedickte berylliumhaltige Mineralien in eine erwärmte Natrium-Bicarbonat-Lösung eingetragen werden und darauf die gesamte ungelöst zurückbleibende Gangart von der das Beryllium enthaltenden Lösung getrennt wird.

Nr. 557228. (S. 83233.) Kl. 12m, 4.

Siemens & Halske Akt.-Ges. in Berlin-Siemensstadt.

Erfinder: Dr. Hellmut Fischer in Berlin-Siemensstadt.

Gewinnung von Berylliumsalzen aus berylliumhaltigen Mineralien.

Zusatz zum Patent 519622.

Vom 18. Dez. 1927. — Erteilt am 28. Juli 1932. — Ausgegeben am 19. Aug. 1932. — Erloschen: 1933.

Das Hauptpatent betrifft ein Verfahren zur Gewinnung von Berylliumsalzen aus berylliumhaltigen Mineralien, bei welchem beliebig aufgeschlossene und mit Salzsäure zu einem Brei eingedickte berylliumhaltige Mineralien in eine zweckmäßig erwärmte Bicarbonatlösung eingetragen werden und darauf die gesamte ungelöst zurückbleibende Gangart von der das Beryllium enthaltenden Lösung getrennt wird.

Es ist bereits bekannt, berylliumhaltige Mineralien in der Weise aufzuschließen, daß sie gepulvert und mit Alkalicarbonat eingeschmolzen werden. Die einzelnen Bestandteile der Gangart, insbesondere die Kieselsäure, werden nach erfolgtem Einschmelzen einzeln entfernt. Dieses bekannte Verfahren ist indessen für die Praxis zu umständlich, weil einerseits die Herstellung einer geeigneten Schmelze nicht unerhebliche Heizungskosten und auch ziemlich erhebliche Zeit in Anspruch nimmt und weil andererseits die einzelne Entfernung der Bestandteile der Gangart recht mühselig ist.

Es ist weiter vorgeschlagen worden, berylliumhaltige Mineralien, insbesondere Beryll, in Form von feinem Pulver mit einer geringen Menge eines Erdalkalioxydes, insbesondere mit Kalk zu mischen und bei einer Temperatur von 1200 bis 1300° C zu sintern. Die Sinterungsmasse wird dann in der üblichen Weise mit Säure weiterbehandelt. Bei diesem bekannten Verfahren ist wiederum eine verhältnismäßig hohe Erhitzungstemperatur und damit ein erheblicher Aufwand an Heizungskosten notwendig. Ferner tritt eine starke Abnutzung des Sinterungsbehälters ein. Schließlich ist auch das Sinterungsprodukt nur verhältnismäßig schwer aus dem Behälter zu entfernen und zu zerkleinern.

Die Erfindung betrifft eine Weiterbildung des Verfahrens nach dem Hauptpatent, welche die Nachteile der bekannten Verfahren vermeidet. Gemäß der Erfindung erfolgt der Aufschluß vor dem Lösen in Salzsäure durch Sintern der Mineralien mit zweckmäßig überschüssigem Alkalicarbonat bei etwa 700° C. Das neue Verfahren kommt also mit erheblich geringeren Erhitzungstemperaturen aus wie die bekannten Verfahren. Ein weiterer wesentlicher technischer Vorteil gegenüber dem bekannten Verfahren besteht bei dem neuen Verfahren weiter darin, daß die gesamte Gangart praktisch in einem einzigen Arbeitsgang von dem Beryllium getrennt wird. Infolgedessen fallen insbesondere auch die nicht unerheblichen Kosten für die getrennte Entfernung der Kieselsäure. wie sie bei den bekannten Verfahren notwendig sind, infolge der großen Sorgfalt, die bei den bekannten Verfahren bei dieser getrennten Entfernung angewendet werden muß, bei dem neuen Verfahren weg. Der Aufschlußrückstand wird dann bei dem neuen Verfahren gemäß dem Hauptpatent nach erfolgter Zerkleinerung mit wenig Salzsäure zu einem Brei verrührt und dieser darauf ohne vorherige Trennung der Gangart oder eines Teiles derselben in eine zweckmäßig erwärmte Alkalicarbonatlösung eingetragen. Es gelingt in dieser Weise, wie Versuche ergeben haben, bis zu 90% und mehr des theoretisch vorhandenen Berylliums in einfacher Weise aus den Mineralien zu gewinnen.

Ausführungsbeispiel

Man mischt beispielsweise fein gepulverten Beryll und Natriumcarbonat im Gewichtsverhältnis von 1:2 in einem Schamottetiegel und erhitzt diesen während 2 bis 3 Stunden auf etwa 700° C. Man erhält dann eine zusammengesinterte Masse, die leicht zerkleinert und weiterverarbeitet werden kann. Man kann insbesondere daraus Berylliumsalze gewinnen, indem man den mit Salzsäure zu einem Brei eingedickten Aufschlußrückstand in zweckmäßig erwärmte Natriumbicarbonatlösung einträgt. Dadurch erzielt man eine vollständige Trennung des Berylliums von der Gangart, weil diese ungelöst bleibt.

PATENTANSPRUCH:

Gewinnung von Berylliumsalzen aus Mineralien entsprechend Patent 519622, dadurch gekennzeichnet, daß der Aufschluß vor dem Lösen in Salzsäure durch Sintern der Mineralien mit zweckmäßig überschüssigem Alkalicarbonat bei etwa 700° C erfolgt.

A. P. 1820655 der Metal & Thermit Corp.

Nr. 520151. (S. 88251.) Kl. 12m, 4.

SIEMENS & HALSKE AKT.-GES. IN BERLIN-SIEMENSSTADT.

Erfinder: Dr. Hellmut Fischer in Berlin-Siemensstadt.

Herstellung von Berylliumsalzen.

Vom 2. Nov. 1928. — Erteilt am 19. Febr. 1931. — Ausgegeben am 7. März 1931. — Erloschen: 1935.

Es ist aus der Literatur bekannt, daß man aus Berylliumsalzlösungen allgemeiner Art durch Zusatz von Alkalihydroxyden, Alkalicarbonaten oder auch Erdalkalihydroxyden Berylliumhydroxyd ausfällen kann, insonderheit dann, wenn Lösungen einfacher Berylliumsalze vorliegen. Weiter ist es auch an sich bekannt, aus frisch gefälltem Berylliumhydroxyd durch an sich bekanntes Auflösen in Säure Lösungen einfacher Salze des Berylliums herzustellen.

Die Erfindung bezweckt, aus Alkali-Beryllium-Halogen-Verbindungen, insbesondere aus Alkali-Beryllium-Fluoriden, einfache Berylliumsalze herzustellen. Dies wird gemäß der Erfindung dadurch erreicht, daß zu der Lösung eines Alkali-Beryllium-Halogenids festes oder gelöstes Erdalkalihydroxyd hinzugesetzt wird, das auf einfaches Berylliumsalz weiterverarbeitet wird. Durch diese zielbewußte Aneinanderreihung von an sich bekannten Maßnahmen wird durch das neue Verfahren der überraschende Vorteil erreicht, daß praktisch alles in der Alkali-Beryllium-Halogen-Verbindung enthaltene Beryllium als Berylliumhydroxyd ausgefällt wird. Hinzu kommt außerdem noch, daß durch das neue Verfahren reines Berylliumhydroxyd ausgefällt wird, während bei Anwendung von Alkalihydroxyd oder Alkalicarbonat, die nach der Literatur als dem Erdalkalihydroxyd gleichwertige Fällungsmittel für Berylliumhydroxyd anzusehen waren, stets nur eine teilweise Ausfällung des in der Lösung vorhandenen Berylliums als Berylliumhydroxyd erfolgt. Bei Anwendung von Alkalihydroxyd oder Alkalicarbonat ist in dem Niederschlag beispielsweise bei Berylliumfluoriden außer Berylliumhydroxyd im allgemeinen stets noch basisches Fluorid enthalten. Durch das neue Verfahren wird somit in überaus einfacher Weise die Möglichkeit geschaffen, aus Alkali-Beryllium-Halogen-Verbindungen, insbesondere Alkali-Beryllium-Fluoriden, mit bestmöglicher Ausbeute über das reine Berylliumhydroxyd einfache Berylliumsalze zu gewinnen. Um das Berylliumhydroxyd von dem sich bei der Reaktion bildenden Erdalkalifluorid zu trennen, setzt man in an sich bekannter Weise eine dem Berylliumhydroxyd äquivalente Menge Säure hinzu und erhält dadurch das Berylliumsalz dieser Säure, welches man durch Auslaugen mit kaltem Wasser von dem Erdalkalifluorid trennen kann. Fast sämtliche bekannten einfachen Berylliumsalze sind nämlich gut wasserlöslich, insbesondere die Halogenide, das Nitrat, das Sulfat und das normale Acetat. Das Erdalkalifluorid bleibt bei der angegebenen Säurebehandlung ungelöst zurück.

Der Versuch, das Erdalkalihydroxyd bei dem neuen Verfahren durch ein Erdalkalicarbonat zu ersetzen, führte nicht zum Ziel.

PATENTANSPRUCH:

Verfahren zur Herstellung von einfachen Berylliumsalzen aus Alkali-Beryllium-Halogen-Verbindungen, insbesondere aus Alkali-Beryllium-Fluoriden, dadurch gekennzeichnet, daß praktisch alles in der Lösung eines Alkali-Beryllium-Halogenids enthaltene Beryllium durch Zusatz von festem oder gelöstem Erdalkalihydroxyd als reines Berylliumhydroxyd ausgefällt und dieses auf einfaches Berylliumsalz weiterverarbeitet wird.

S. a. A. P. 1815056 der Metal & Thermit Corp.

Nr. 528819. (S. 62. 30.) Kl. 12m, 4.

SIEMENS & HALSKE AKT.-GES. IN BERLIN-SIEMENSSTADT.

Erfinder: Dr. Hellmut Fischer in Berlin-Siemensstadt.

Herstellung von Berylliumoxyd oder Berylliumhydroxyd aus technischen Alkali-Beryllium-Doppelhalogeniden.

Vom 5. Juni 1930. — Erteilt am 18. Juni 1931. — Ausgegeben am 4. Juli 1931. — **Erloschen: 1934.**

Die Erfindung betrifft ein Verfahren, welches die Herstellung von reinem Berylliumoxyd oder Berylliumhydroxyd mit verhältnismäßig einfachen Mitteln gestattet. Als Ausgangsstoffe werden dabei Alkali-Beryllium-Doppelhalogenide, insbesondere Fluoride, wie sie z. B. beim Aufschluß von Beryll mittels Alkalisilikofluorid entstehen, verwendet.

Infolge der stark komplexen Natur, insbesondere der Alkali-Beryllium-Doppelfluoride, ist es nicht möglich, das Beryllium auf bekannte Weise, z. B. durch Fällung mit Ammoniak, als Hydroxyd aus den wäßrigen Lösungen dieser Verbindungen vollständig abzuscheiden.

Besonders nachteilig für eine technische Verwendung des so erhaltenen Niederschlages ist außerdem die Tatsache, daß man hierbei selbst bei ständig fortgesetztem Auswaschen der Fällung mit Wasser niemals ein fluorfreies Hydroxyd, sondern stets nur ein mehr oder weniger stark basisches Fluorid gewinnen kann. Ein solches Produkt läßt sich aber weder zur Herstellung von reinem Berylliumoxyd noch von anderen technisch wichtigen Berylliumverbindungen verwenden. Hinzu kommt schließlich noch, daß der nach obigem Verfahren gewonnene Niederschlag infolge seiner schleimigen Beschaffenheit äußerst schwer filtrierbar und auszuwaschen ist.

Gemäß der Erfindung wird das Alkali-Berillium*)-Halogenid mit starker Alkalilauge, welche das gleiche Alkalimetall wie das Doppelhalogenid enthält, behandelt. Wenn man z. B. Kaliumberylliumfluorid als Ausgangsmaterial verwendet, so trägt man dies in möglichst starke Kalilauge unter guter Rührung, am besten in der Kälte, ein. Durch Einwirkung der starken Lauge wird das komplexe Fluorid vollständig zersetzt. Hierbei scheidet sich Kaliumfluorid quantitativ ab und kann von dem in Lösung bleibenden Kaliumberyllat durch bekannte Mittel, beispielsweise Filtrieren oder Zentrifugieren, getrennt werden. Die zurückbleibende Flüssigkeit wird stark verdünnt und erhitzt. Es bildet sich ein dicker, gut filtrierbarer Niederschlag von Berylliumhydroxyd, das vollkommen frei von Fluor ist und nach dem Auswaschen mit Wasser auch frei von Alkali. Das Berylliumhydroxyd läßt sich durch Glühen in an sich bekannter Weise in Berylliumoxyd überführen.

*) Druckfehlerberichtigung: Beryllium.

Man kann zweckmäßig etwa 30%ige Alkalilauge zur Spaltung des Alkali-Beryllium-Doppelfluorides verwenden. Als günstigste Erhitzungstemperatur für die Abtrennung des ausgefallenen Alkalifluorides in stark verdünnter Lösung hat sich eine Temperatur von 70 bis 80° C als günstig erwiesen.

Statt der Verdünnung und Erhitzung der berylliumhaltigen Lösung kann man gegebenenfalls auch eine Behandlung mit Säure anwenden, wodurch das überschüssige Alkali neutralisiert und das Alkaliberyllat in das Berylliumsalz der betreffenden Säure überführt wird, aus welchem sich dann das Hydroxyd durch Behandeln mit Alkali bilden läßt. Jedoch dürfte praktisch der oben angegebene Weg mehr zu empfehlen sein.

PATENTANSPRÜCHE:

1. Verfahren zur Herstellung von Berylliumoxyd oder Berylliumhydroxyd aus technischen Alkali-Beryllium-Doppelhalogeniden, insbesondere Fluoriden, dadurch gekennzeichnet, daß das Alkali-Beryllium-Doppelhalogenid, insbesondere Doppelfluorid, mit starker Alkalilauge, welche das gleiche Alkalimetall wie das Doppelfluorid enthält, behandelt und die Lösung nach Trennung von dem Alkalifluoridniederschlag auf Berylliumhydroxyd weiterverarbeitet wird.

2. Verfahren nach Anspruch 1, dadurch gekennzeichnet, daß die Lösung nach Trennung von dem Natriumfluoridniederschlag stark verdünnt und auf etwa 70 bis 80° erhitzt wird.

Nr. 550758. (I. 40386.) Kl. 12m, 4.

I. G. Farbenindustrie Akt.-Ges. in Frankfurt a. M.

Erfinder: Dr. Max Zimmermann in Leverkusen-Küppersteg.

Herstellung reiner Berylliumsalze.

Vom 11. Jan. 1931. — Erteilt am 28. April 1932. — Ausgegeben am 20. Mai 1932. — Erloschen: ....

Beryllfluorid, wie es beispielsweise durch Aufschluß von Beryllmineralien mit gasförmiger Flußsäure bei 100 bis 600° C erhalten wird, enthält meist noch geringe Mengen Eisen von denen das Beryllsalz, wenn an dasselbe die Anforderung großer Reinheit gestellt wird, getrennt werden muß. Aber gerade für das Fluorid sind die bekannten Trennungsmethoden mit Alkalilaugen und Alkalicarbonaten sehr ungeeignet, weil sich dabei Alkalifluoride bilden, die mit dem noch unzersetzten Beryllfluorid komplexe Fluoride geben, die sich dem weiteren Umsatz entziehen und daher Berylliumverluste zur Folge haben.

Es wurde nun gefunden, daß sich die Schwierigkeiten umgehen lassen, wenn man bei der Umsetzung das Fluor der ursprünglichen Fluoride an eine Base bindet, die mit Fluor eine schwer oder unlösliche Verbindung bildet. Dafür geeignet erweisen sich in erster Linie die löslichen Erdalkaliverbindungen, im besonderen die Erdalkaliacetate. Arbeitet man dabei in schwach saurer Lösung, deren H-Ionenkonzentration höchstens einer etwa 5%igen Essigsäurelösung entspricht, so ergibt sich der überraschende Vorteil, daß sich das gesamte Beryllfluorid bzw. Doppelfluorid quantitativ zu Beryllacetat und unlöslichem Erdalkalifluorid umsetzt. Hierzu kommt außerdem noch als weiterer Vorteil dieses neuen Verfahrens, daß bei Gegenwart von Verunreinigungen durch lösliche Eisen³- und Aluminiumsalze dieselben vollständig als unlösliche Hydroxyde bzw. basische Acetate ausgefällt werden, wobei Fe'' in Lösung zu Fe''' oxydiert wird. Das so erhaltene Beryllacetat kann durch Eindampfen der Lösung als solches bzw. basisches Acetat oder, wenn man beim Eindampfen eine andere Säure, z. B. Schwefelsäure, zusetzt, unter Abtreibung der Essigsäure als jedes andere Salz des Berylliums dieser Säure, im besagten Falle Beryllsulfat, gewonnen werden. Es ist also durch das neue Verfahren die Möglichkeit geschaffen, von Beryllfluoriden und Berylldoppelfluoriden auf einfache Weise mit fast quantitativer Ausbeute zu anderen Berylliumsalzen zu gelangen, wobei dieselben gleichzeitig einen Reinigungsprozeß durchlaufen. Die Herstellung reiner Salze durch Sublimation des Acetats wird durch dieses Verfahren ebenfalls vereinfacht dadurch, daß man das auf dem hier beschriebenen Wege erhaltene Beryllacetat direkt einer Sublimation unterwerfen kann.

Beispiel 1

100 l Beryllfluoridlauge, welche im Liter 200 g $Be(CH)_2$ enthält, wie sie z. B. beim Ausziehen von mit gasförmigem Fluorwasserstoff bei 100 bis 600° behandeltem Beryllmineral mit Wasser anfällt, wird in der Wärme, beispielsweise mit Chlor, oxydiert und mit einer Lösung von 67,2 kg Calciumacetat und 0,5 kg Essigsäure in 200 l Wasser versetzt und so lange erhitzt, bis das gesamte Calciumfluorid und das sich aus geringen Mengen nicht zersetzten Eisenfluorids bildende unlösliche basische Eisenacetat in gut filtrierbarer Form ausgefallen ist. Es wird filtriert und aus dem Filtrat das gesamte Beryll mit Ammoniak als reines Hydroxyd ausgefällt oder mit der errechneten Menge Schwefelsäure bis zur Kristallisation von reinem Beryllsulfat eingedampft.

Beispiel 2

Eine wässerige Lösung von Beryllsulfat und Eisensulfat, die im Liter 6,9 g BeO und 2,1 g Fe_2O_3 enthält und ein $p_H = 3{,}1$ besitzt, wird vorsichtig mit so viel Natronlauge versetzt, daß die Lösung ein $p_H = 4{,}0$ hat. Hierzu sind ungefähr 270 ccm $\frac{n}{1}$ Natronlauge je Liter Lösung erforderlich. Das Eisen fällt quantitativ aus, während das Beryllium in Lösung bleibt. Diese Lösung wird dann wie vorbeschrieben direkt nach Filtration weiterverarbeitet.

In analoger Weise läßt sich die Reinigung anderer mineralsaurer Beryllösungen, beispielsweise salzsaurer, durchführen.

Patentansprüche:

1. Verfahren zur Herstellung reiner Berylliumsalze aus Berylliumfluoriden bzw. Alkaliberylliumdoppelfluoriden, insbesondere aus dem Beryllfluorid bzw. basischen Fluorid, das durch Aufschluß von Beryllmineralien mit gasförmiger Flußsäure bei 100 bis 600° C erhalten ist, dadurch gekennzeichnet, daß man die Lösungen dieser Verbindungen mit löslichen Erdalkaliverbindungen in schwach saurer Lösung umsetzt, deren H-Ionenkonzentration höchstens einer etwa 5%igen Essigsäurelösung entspricht.

2. Verfahren zur Herstellung reiner Berylliumsalze nach Anspruch 1, dadurch gekennzeichnet, daß man die Lösungen dieser Verbindungen mit Erdalkaliacetaten umsetzt.

Aluminiumverbindungen.

Literatur:

Ullmann, *Enzyklopädie der technischen Chemie*, II. Aufl., Aluminium, Mörtelstoffe, Tonerdezemente von H. Kühl. — H. Harrasowitz, Deutsche Aluminiumrohstoffe, *Chem. Ztg.* **51,** 1009 (1927). — H. Jordt, Über Bauxite, *Chem. Ztg.* **55,** 211. 326 (1931). — J. D. Edwards und R. B. Mason, Herstellung von Aluminiumoxyd, *Chem. met. Engin.* (1929) *aus Chem. Ztg.* **54,** 251 (1930). — D. A. Gerassimow, Darstellung von Aluminiumoxyd nach Miller-Jakowkin, *Metallurg (russ.)* **5,** 804 (1930). — H. Kassler, Über ein neues Verfahren zur Herstellung von Tonerde aus natürlichen Silicaten, *Chem. Ztg.* **50,** 917 (1926). — E. Baur, Zu den Phasengrenzen in den Systemen aus Kieselsäure und Tonerde mit Kohle, *Z. Elektrochem.* **38,** 69 (1932). — N. I. Wlodawetzt, Gewinnung von Aluminiumoxyd und Alkalien aus Nephelin und Nepheliniten der Chibiner Tundren, *Compt. rend. Acad. Sciences U. R. S. S.* Ser. A. **1931,** 127. — G. A. Blanc, Über die Entfernung der Kieselsäure bei der Behandlung des Leucits mit Säuren, *Atti III Congresso naz. Chim. pura applicata* **1929,** 226 (1930). — P. P. Budnikoff, G. W. Kukolew und E. L. Mandelgrün, Ausnutzung der Rückstände bei der Gewinnung von Tonerde aus Kaolin, *Chem. Ztg.* **56,** 869 (1932). — S. C. Ogsburn jr. und H. B. Stere, Thermische Zersetzung von Alunit, *Ind. engin. Chem.* **24,** 288 (1932).

Anonym, Die Verwendung der Tonerde für hochfeuerfeste Zwecke, *Sprechsaal* **65,** 115 (1932). — H. v. Wartenberg und H. J. Reusch, Schmelzdiagramme hochfeuerfester Oxyde. Aluminiumoxyd, *Z. anorg. Chem.* **207,** 1 (1932). — Anonym, Sinterkorund, der neue keramische Werkstoff, *Umschau Wiss Techn.* **36,** 510 (1932). — A. W. Thomas und An Pang Tai, Die Natur der „Aluminiumoxyd"-Hydrosole, *Journ. Amer. chem. Soc.* **54,** 841 (1932).

J. A. Holmes, Anwendungsmöglichkeiten für Natriumaluminat, *Power* **75,** 241 (1932). — W. K. Carter und R. M. King, Natriumaluminat als Elektrolyt zur Einstellung von Gießschlicker, *Journ. Amer. ceram. Soc.* **15,** 407 (1932). — G. Assarsson, Untersuchungen über Calciumaluminate, *Z. anorg. Chem.* **200,** 385 (1931), **205,** 335 (1932). — Lafuma, Recherches sur les aluminates de Calcium et sur leurs combinaison avec le chlorure et le sulfate de calcium. Paris 1932. — R. Rieke und K. Blicke, Über Herstellung, Eigenschaften und technische Verwendung einiger Spinelle, *Ber. D. keram. Ges.* **12,** 163 (1931). — H. Rheinboldt, Konstitutionsformeln der Spinelle, *Rec. Trav. chim. Pays-Bas* **51,** 356 (1932). — F. Machatschi, Zur Spinellstruktur, *Z. Krystallog.* **80,** 416 (1931).

C. Simon, Wasserfreies Aluminiumchlorid, seine Verwendung und Darstellung, *Chim. et Ind.* **24,** 1317 (1930). — C. Wurster, Die technische Gewinnung von wasserfreiem Aluminiumchlorid, *Z. angew. Chem.* **43,** 877 (1930). — V. I. Spitzin und O. M. Gwosdewa, Die Gewinnung von wasserfreiem Aluminiumchlorid aus natürlichen Aluminiumhaltigen Rohstoffen, *Z. anorg. Chem.* **196,** 289 (1931). — A. M. McAfee, Die Herstellung von wasserfreiem Aluminiumchlorid, *Ind. Engin. Chem.* (1929) aus *Chem. Ztg.* **53,** 840 (1929). — P. P. Budnikow und M. J. Nekritsch, Gewinnung von Chloraluminium aus der Asche der Moskauer Kohlen, *Chem. Ztg.* **56,** 681 (1932) — W. W. Ipatjew jr. und M. N. Platonowa, Abscheidung von Eisenspuren in Aluminiumchlorid (durch Hydrolyse bei 300°), *Chem. Journ. Ser. B., Journ. angew. Chem. (russ.)* **4,** 701 (1931). — G. Kränzlein, Aluminiumchlorid in der organischen Chemie. Berlin.

J. Z. Zaleski, Technische Bedeutung der hydrolytischen Zersetzung von Aluminiumsalzen bei höheren Temperaturen, *Przemysl Chemiczny* **15,** 104 (1931). — W. K. Perschke und N. N. Laschin, Darstellung von Aluminiumsulfat aus dem Ton der Polewskaja Datscha, *Fenno-Chemica* **2,** 71 (1930). — F. Krauss, A. Fricke und H. Querengässer, Alaune des Aluminiums und Chroms, *Z. anorg. Chem.* **181,** 38 (1929).

Künstliche Edelsteine: Ullmann, *Enzyklopädie der technischen Chemie*, Kunstkorunde von H. Danneel. — F. B. Wade, Künstliche Edelsteine, *Journ. chem. Education* 8, 1015 (1931).

Die technische Bedeutung, die das Aluminium-Metall erlangt hat und die ihm für die Zukunft beigemessen wird, ist aus der Zahl der Patente ersichtlich, die in der Berichtszeit Zeugnis für die überaus intensive Beschäftigung mit der Aufgabe, die besten Aufschlußverfahren für die Abtrennung des Aluminiumoxydes aus seinen verschiedenen Rohstoffen aufzufinden, ablegen. Dabei kommt es vornehmlich darauf an ein möglichst reines Produkt zu erhalten, denn es läßt sich nicht vermeiden, daß wenigstens ein Teil der Verunreinigungen des Aluminiumoxydes bei der elektrolytischen Darstellung des Metalles in dieses hineingeht. Die Reinheit des Aluminiums ist aber maßgebend für seine Eigenschaften, insbesondere für seine Widerstandsfähigkeit gegen die Angriffe durch Feuchtigkeit, oder Wasser und Salzlösungen.

Wenn man den aus den veröffentlichten Patenten sich ergebenden Stand der Technik dieser Fünfjahresperiode mit dem der im dritten Band dieser Patentsammlung für die Jahre 1924—1927 gekennzeichnet worden ist, vergleicht, so wird die überragende Bedeutung, welche die thermischen Reduktionsverfahren der Verunreinigungen des Bauxites,[1]) insbesondere das von Haglund unter Zusatz von Schwefelverbindungen,[2]) erlangt haben, eindringlichst erkennbar. Von den anderen Aufschlußverfahren treten die mit Säuren bei den D.R.P. stark zurück, groß ist dagegen die Zahl der diesbezüglichen ausländischen Patente[3]). Bei den alkalischen Verfahren wird dagegen den Verfahren, die als Zwischenprodukte Erdalkalialuminate gewinnen, eine steigende Beachtung geschenkt.

---

1) E. P. 369244, A. S. Burmann, Bauxite werden bei hohen Temperaturen aber unterhalb des Schmelzpunktes reduzierend behandelt; die reduzierten Verunreinigungen mit Säuren entfernt, der Prozeß gegebenenfalls wiederholt.

Can. P. 289007, Aluminium Co. of America, man reduziert die geschmolzene Schlacke, die nicht mehr als 5% der Verunreinigungen enthalten soll, löst diese mit Säuren und schlämmt dann das Reinprodukt ab.

Schwz. P. 133470, Elektrizitätswerk Lonza, Elektrothermische Aufarbeitung; Reduktionsmittel wird allmählich, zum Schluß im Überschuß zusammen mit Schwermetall zugesetzt.

Schwz. P. 134933, Elektrizitätswerk Lonza, in die Charge zur Aufarbeitung auf elektrothermischem Wege bringt man gleichmäßig verteiltes magnetisches Schwermetall.

Schwz. P. 133189, dgl., arbeitet man in reduzierender Atmosphäre.

A. P. 1787124, H. Siegens, Thermische Verarbeitung mit steigenden Mengen C.

A. P. 1853097, Jap. P. 79401, Mitsui Mining Co., Al-Si-Verbb. werden mit Fe-haltigen Stoffen und Kohle elektrothermisch reduziert, das Al_2O_3 vom Ferrosilicium getrennt und gereinigt.

2) A. P. 1719131, R. R. Rigway und J. B. Glaze, Die sulfidhaltige Schmelze wird hydratisiert und gereinigt.

A. P. 1785464, Zaidan Hojin Rikagaku Kenkyujo, Thermische reduzierende Behandlung mit folgender Chlorierung mit Cl_2 und CO.

F. P. 624797, T. R. Haglund, Al- und Erdalkali-Sulfide enthaltende Massen werden unterhalb des Schmp. unvollständig unter S-Abscheidung oxydiert.

Schwz. P. 141867, Lautawerk, Die thermisch reduzierend verarbeiteten Rohprodukte werden mit Erdalkaliverbindung behandelt und die Erdalkalialuminate mit Ätzalkali ausgelaugt.

Schwed. P. 65215, J. A. Bonthron und T. R. Haglund, Schlämme der sulfidischen thermischen Verarbeitung werden mit Bauxit zu Ca-aluminaten umgesetzt.

3) F. P. 674386, E. Urbain, Al-K-Silicat wird mit Metall hoch erhitzt und K-Aluminat herausgelöst.

A. P. 1854409, Soda Aluminia Chemical Co., Aufschluß von Ton mit H_2O, SO_2 u. Stickoxyden zu Al-sulfat, dieses wird mit C und NaCl zunächst mit Wasserdampf unter HCl-Entwicklung umgesetzt, dann reduziert zu Aluminat und Na_2S, die auf Soda H_2SO_4 und Tonerde verarbeitet werden.

E. P. 312726, Imp. Chemical Industries, Aufschluß von Bauxit mit S-Oxyden im Drehofen.

E. P. 339028, F. Jourdan, Aufschluß von Leucit mit Säuren unter Druck.

A. P. 1873642, Electric Smelting & Aluminium Co., Verarbeitung von Kohleaschen mit Säuren auf Tonerde.

Russ. P. 16647, L. F. Fokin und I. A. Rossel, Asche von Kohlen wird mit H_2SO_4 aufgeschlossen.

A. P. 1804631, Tennessee Corp., Sericitartige Mineralien werden mit H_2SO_4 bei 100—115° aufgeschlossen, K-Alaun wird gewonnen und $Al_2(SO_4)_3$ von $FeSO_4$ durch starke H_2SO_4 getrennt.

F. P. 638760, J. G. Herbos, Sulfat oder Alaune aus feingepulvertem Bauxit und H_2SO_4.

F. P. 708674, A. Monestier, Aufschluß von Tonerdemineralien mit H_2SO_4; Verwendung des Produktes zum Leimen von Papier, zur Wasserreinigung u. s. w.

E. P. 340475, Alumina Co. Ltd. und M. B. Robinson, Aluminiumsulfat durch Aufschluß von feingemahlenem Feuerton mittels H_2SO_4.

A. P. 1742191, Electric Co. und C. E. Arnold, Aufschluß von Mineralien mit H_2SO_4 und thermische Spaltung der gemischten Sulfate von Fe, Al und K, sodaß nur das Fe-Sulfat zersetzt wird.

A. P. 1752599, 1752641, B. R. F. Kjellgren, Aufschluß von tonerdehaltigem Material mit H_2SO_4 oder Ammoniumsulfaten, Verarbeiten über den Ammoniakalaun, der durch Erhitzen in NH_4- und Al-Sulfat gespalten wird; s. a. A. P. 1675157, von C. Mc. Combie.

A. P. 1709166, C. Mc. Combie-Brown, Eisenhaltige Tonerde wird mit sauren $(NH_4)_2SO_4$ um 850° zu NH_4-Alaun aufgeschlossen; Fe-Sulfate sind bei dieser Temperatur zersetzt.

A. P. 1873348, Aluminium Co. of America, Basisches Al-Sulfat aus Bauxitrückständen und H_2SO_4 unter Druck. (Fortsetzung siehe nächste Seite.)

In der Übersicht sind die Patente nach den verschiedenen angewandten Aufschlußverfahren geordnet worden, da, soweit das Ausgangsmaterial die Anwendbarkeit nur bestimmter Verfahren zuläßt, die Anordnung auch von diesem Standpunkte aus eindeutig bleibt, eignet sich aber ein und dasselbe Verfahren für mehrere Rohstoffe, so ist eine Unterscheidung nach der Art der Rohstoffe unzweckmäßig. Aus diesen Gründen wurde davon abgesehen bei den einzelnen Verfahren oder Patenten zu vermerken, für welche besonderen Ausgangsstoffe es Anwendung finden kann. Wichtigster Rohstoff bleibt der Bauxit. Die Verfahren, die Ton als Rohstoff anwenden, sind großtechnisch vollkommen ausgebildet. Gegen Bauxit ist die Verarbeitung eigentlich nur durch den wesentlich höheren Kieselsäuregehalt erschwert, ein grundsätzlicher Unterschied besteht nicht, wenn man die alkalischen Aufschlußverfahren ausnimmt.

Dann wäre noch auf einen ganz wesentlichen Fortschritt bei der Darstellung des wasserfreien Aluminiumchlorides hinzuweisen.

Die Bildung von Aluminiumchlorid aus Aluminiumoxyd z. B. getrocknetem Bauxit mittels Chlor und Kohle oder Kohlenoxyd[1]) als Reduktionsmittel verläuft exotherm, sodaß

A. P. 1845224, G. A. Blanc, Aufschluß von Leucit mit HNO_3 Abscheiden des Al-Nitrates mit konz. HNO_3.

F. P. 714840, G. A. Blanc und A. C. Blanc, Aufschluß von Leucit mit HNO_3; aus Lösung kristallisiert man nur das Al-Nitrat aus, die Mutterlauge wird eingedampft und der Salzrückstand auf etwa 125° erhitzt, Fe und Al werden unlöslich, man laugt KNO_3 aus.

F. P. 688278, Soc. An. Appareils et Évaporateurs Kestner, Leucit wird mit HNO_3 aufgeschlossen und das Nitratgemisch mit NH_3 umgesetzt.

Schwz. P. 142147, F. L. Schmidt und A. Messerschmitt, Aufschließen mit HNO_3, Neutralisieren sodaß nur Fe- und SiO_2-Oxydhydrate ausfallen.

F. P. 700750, G. A. Blanc, Entfernen koloidaler SiO_2 aus Lösungen durch Adsorption an mit Säuren extrahierten Silicaten.

E. P. 318067, G. A. Blanc, Aus dem Aufschluß von Leucit mit HCl wird erst Al-chlorid auskristallisiert, dann beim Abkühlen Fe- und K-chlorid.

A. P. 1701510, S. E. Sieurin, Kreisprozeß zum Aufschließen mit HCl und Ausfällen des $AlCl_3$ mit HCl.

A. P. 1858165, International Silica Corp., Aufschluß von Schiefer mit HCl u. HF.

A. P. 1698238, C. G. Miner, $AlCl_3$ aus tonerdehaltigen Stoffen mit HCl über 1500°.

N. P. 45918, Trygve Greiff, Das Fe wird verflüchtigt, das Oxyd mit NH_4Cl in Chlorid übergeführt.

F. P. 633023, Urbain Bellony Voisin, Entfernen des Fe aus Bauxit mittels HCl bei 150—500°.

[1]) F. P. 688563, O. M. Henriques und T. A. Thomsen, Chlorieren von Bauxit u. dgl. mit C bei 1100—1300° mit H_2-haltigen, trocknen Gasen. Trocknen der Gase, F. P. 688564.

E. P. 343785, Imp. Chemical Ind., J. W. Pritchard und D. F. Douse, Aufschluß mit C und Cl_2, das gesondert durch Einwirkung auf Al vorerhitzt wurde.

A. P. 1619022, Texas Co., $AlCl_3$ aus Tonerde, C und Cl_2 im von außen mit Kohle geheizten Schachtofen.

Gulf Refining Co., A. P. 1690990, $AlCl_3$ aus Bauxit, Koks und Cl_2 im Schachtofen, in der Mitte gröberes Material.

A. P. 1833430, Wasserfreies $AlCl_3$ aus Bauxit, Koks im Gegenstrom gegen Cl_2- und O_2-haltige Gase.

A. P. 1867672, $AlCl_3$ aus Bauxit C und Cl_2, das soviel O_2 enthält, daß die erforderliche Temperatur aufrecht erhalten wird.

A. P. 1814397, $AlCl_3$ in Vertikalofen intermittierend aus Al_2O_3, C und Cl_2

A. P. 1851272, General Chemical Co., $AlCl_3$ aus Tonerde, C, HCl und S oder CS_2, SO_2 usw.

A. P. 1862298, Byron Ellsworth Carl, $AlCl_3$ aus Tonerde Kohle u. Cl in Drehofen aus geschmolzenem SiO_2, s. D.R.P. 502676 S. 2913.

A. P. 1875105, Niagara Smelting Corp., $AlCl_3$; die Ausgangstoffe werden zunächst mit CO u. Cl_2 in der Hitze behandelt, es gehen die Chloride von Fe u. Ti flüchtig, dann chloriert man unter Reduktion mit C.

A. P. 1875348, C. G. Miner, $AlCl_3$ und N-Verbb. aus Al_2O_3, C in einer HCl und N-haltigen Atmosphäre bei 1500—1800°

A. P. 1865008, Standard Oil Co. of California, $AlCl_3$, als Reduktionsmittel wird Asphalt-Material genommen.

A. P. 1713968, H. I. Lea und C. W. Humphrey, $AlCl_3$ aus Oxyd imprägniert mit Kohlenwasserstoffen und Chlorierung.

F. P. 688565, O. M. Henriques und T. A. Thomsen, man bringt $FeCl_3$-Dämpfe in Kontakt mit Fe, sie greifen dann Fe nicht mehr an

bei Anwendung genügend großer Einheiten der Apparatur der Prozeß mit großem Vorteil kontinuierlich durchgeführt werden kann. Das bedeutet eine sehr große Verbilligung der Produktionskosten, einmal durch die einfachere Bedienung und durch das Wegfallen einer Wärmezufuhr, vornehmlich aber durch die außerordentlich viel längere Haltbarkeit der Öfen im Vergleich zu den diskontinuierlichen arbeitenden. Über die Ausbildung und die Grundlagen dieses bei der I. G. Farbenindustrie ausgearbeiteten Verfahrens hat C. Wurster berichtet (s. Lit.) Der Prozeß der Reduktion mit CO ist immerhin noch so stark exotherm, daß bei Zugabe von Kohlenstoff in Mischung mit dem Bauxit oder Ton ein Teil des bei der Chlorierung gebildeten CO_2 wieder zu CO reduziert werden kann, es ist so möglich, die ganze benötigte Menge an CO wiederzugewinnen. Es ist ferner vorteilhaft aus dem CO und Cl_2 über geeignete Katalysatoren erst Phosgen zu erzeugen, die exotherme Reaktion erwärmt die Gase so, daß man sie mit 500^0 in den Chlorierungsofen eintreten lassen kann. Ein Gewinn an Calorien ist natürlich damit nicht verknüpft, der Vorteil besteht aber darin, daß man in den unteren Teil des Ofens, in dem die Reaktion träge verläuft, heiße Gase zur Verfügung hat. In der Arbeit von C. Wurster sind auch zahlreiche Auslandpatente genannt.

Über die einzelnen Tonerde-Verbindungen seien auch nur einige wichtigere Bemerkungen kurz gegeben.

Das reine Aluminiumoxyd dient neuerdings in steigendem Maße zur Darstellung von hochfeuerfesten keramischen Massen, nachdem durch grundsätzliche Fortschritte beim Sinterverfahren die Qualität der Erzeugnisse ganz ausgezeichnet geworden ist. Der **Sinterkorund** der Siemens & Halske A.-G., der bei etwa 1800^0 gebrannt wird zeichnet sich durch ein hohes Isoliervermögen bei hohen Temperaturen aus. Aus Sinterkorund werden Zündkerzen und hochwertige chemische Geräte hergestellt. Sinterkorund ist gegen alkalische Schmelzen und gegen Schlacken sehr beständig. Er wird auch seiner Härte wegen zu Schneidwerkzeugen, Abziehsteinen, Fadenführern u. s. w. verarbeitet.

Die **Aluminate**[1]) werden nur bei den alkalischen Aufschlüssen als Zwischenprodukte, meist nur in Lösung erhalten. Dann benutzt man ihre Bildung zur Reinigung und Trennung des Aluminiumoxydes vom Eisen und anderen Verunreinigungen. Nur ganz vereinzelt trifft man auf Vorschläge zur Verwendung der Aluminate selbst. Hingewiesen sei hier

---

[1]) A. P. 1747759, Dorr Co., Digerieren von Bauxit mit NaOH-Lösung und Dekantieren über 90^0.

E. P. 330661, F. P. 695586, W. J. Müller und H. Hiller, Aufschluß von Bauxit mit Aluminatlaugen unter Druck über 190^0.

F. P. 708027, Electric Smelting & Aluminium Co., Aufschluß mit Soda u. $CaCO_3$.

F. P. 714275, Soc. d'Électrochimie, d'Électromét. et des Aciéries Électr. d'Ugine, Filtrieren von Aluminatlaugen durch calciniertem Bauxit.

F. P. 725965, Electric Smelting & Aluminium Co., $Al(OH)_3$ aus Aluminatlösungen, die Lösung wird durch einen Flüssigkeitsstrom in Bewegung gehalten.

Russ. P. 23386, A. A. Chakin, $Al(OH)_3$ wird aus Aluminatlösungen entweder durch Abkühlen auf $3-5^0$ oder im Vakuum abgeschieden.

Russ. P. 3985, A. A. Jakowkin und I. S. Liljejew, Ausfällen von $Al(OH)_3$ aus Aluminatlösungen durch fraktionierten Zusatz von CO_2, SO_2 oder H_2S oder deren saure Salze.

E. P. 318976, C. D. Asseev. man fällt mit Mg-Dicarbonatlösung aus Al-Fe-Salzlösungen bas. Carbonate aus, erhitzt diese zur Überführung in Oxyde und löst Al zu Aluminat.

F. P. 693074, F. Jourdan, Leucit wird mit Kalk und Flußmittel geschmolzen, und zur Gewinnung einer reinen K-Aluminatlösung mit einer Pottaschelösung extrahiert.

Can. P. 287103, J. B. Barnitt, Ca-Aluminat aus Al-Erz, C u. Kalk; Entzünden des Gemenges.

A. P. 1688054, G. W. Morey, Tribariumaluminat aus einem Ra-Salz und Tonerde bei $1150-1400^0$.

A. P. 1871056, Aluminium Co. of America, Herstellung von löslichem Ba-Aluminat.

F. P. 694885, G. Gallo, Die schwefelsaure Lösung des Aufschlusses von Leucit wird elektrolysiert, man erhält im Kathodenraum eine Aluminatlösung im Anodenraum Schwefelsäure, die wiederverwertbar ist.

F. P. 730421, É. Dambly und É. Boursois, Tonerde durch Elektrolyse von Kryolith in HCl-Lösung.

Tschechosl. P. 30448, O. Lederer, W. Stanczak und H. Kassler, Thermische Spaltung von $Al_2(SO_4)_3$ mit Wasserdampf bei 900^0.

A. P. 1686112, G. S. Tilley, Thermische Spaltung von Alaun bei $800-1000^0$.

(Fortsetzung siehe nächste Seite.)

auf die **Schmelzzemente**, die im wesentlichen aus Calciumaluminaten bestehen. Die diesbezüglichen Patente gehören in die Klasse der Mörtelstoffe und können daher in unserer Patentsammlung keine Berücksichtigung finden.

Die Verarbeitung der **Leucite** mittelst Säuren, insbesondere Salpetersäure, hat sich trotz der gleichzeitigen Darstellung von reiner Tonerde und von Kaliumnitrat aus wirtschaftlichen Gründen nicht halten lassen. Daher ist auch das Interesse für das Aluminiumnitrat zurückgegangen. Über die Aluminiumsulfate ist Interessantes kaum zu berichten, obwohl die Zahl der ausländischen Patente[1]) in der Berichtszeit recht groß geblieben ist.

Auf die neuen Verfahren zur Darstellung des Aluminiumchlorides ist schon hingewiesen worden. Das wasserfreie Aluminiumchlorid[2]) wird z. B. für die organische Synthese in

---

E. P. 304289, G. A. Blanc, Thermische Zersetzung von hydratisiertem $AlCl_3$, Vorrichtung hierzu.

F. P. 709914, G. A. Blanc, Stufenweise Zersetzung des $Al(NO_3)_3$ um Bildung niederer Stickoxyde möglichst zu vermeiden.

E. P. 319356, G. A. Blanc, Aktive Tonerde durch thermische Zersetzung von Nitrat bei 140—180°.

F. P. 666122, G. A. Blanc, Aluminiumoxyd in Kornform durch Erhitzen von $AlCl_3$—$Al(NO_3)_3$-Gemische in Bewegung.

Russ.P. 12501, A. A. Jakowkin, J. S. Lileew, W. A. Masel und F. N. Strokow, Die fraktionierte Fällung wird mit Unterbrechungen durchgeführt.

Russ. P. 14842, L. F. Fokin und I. A. Rossel, Überführen von Alaun in $Al(OH)_3$ und $(NH_4)_2SO_4$ mit einer Lösung von NH_3 bei 50—90°.

Russ. P. 12185, D. L. Talmud, Das gefällte $Al(OH)_3$ wird flotiert.

Can. P. 285157, Aluminium Co. of America, Behandeln von Al-Oxydhydrat mit Alkalilösung um 170° zur Darstellung von feinkörnigem Al_2O_3 bis $Al_2O_3 \cdot 2H_2O$.

A. P. 1868869, Aluminium Co. of America, Adsorptionsmittel durch Calcinieren von $Al(OH)_3$ bei 300—800°.

Schwz. P. 125709, F. Froehlich, Geschmolzenes Al_2O_3 aus Aluminiumsulfat.

Schwz. P. 130145, Elektrizitätswerk Lonza, Zerkleinern von geschmolzener Tonerde durch Abschrecken der Schmelze.

F. P. 725360, Siemens-Schuckertwerke A.-G., Gegenstände aus gesintertem Al_2O_3 hergestellt über 1600°.

F. P. 692738, Norton Co., Schleifmittel, Korund der sulfidischen thermischen Behandlung wird nochmals geschmolzen.

A. P. 1829522, National Aluminate Corp., Zusatz von Na-Aluminat zu Waschmitteln.

[1]) Tschechosl. P. 29362, O. Lederer, W. Stanczak und H. Kassler, Thermische Spalten von Ammoniakalaun zu $Al_2(SO_4)_3$.

Pol. P. 10900, Zus. zu Pol. P. 6787, Chemiczny Instytut Badawczy, Basische Al-Verbindungen durch fraktionierte Neutralisation von unter Druck erhitzte Lösungen der Al-Salze.

A. P. 1742345, Grasselli Chem. Co., Basisches Al-Sulfat durch Lösen von überschüssigem, reinem $Al(OH)_3$ in H_2SO_4.

E. P. 336181, F. P. 687725, Fällen von $Al_2(SO_4)_3$ mittels Alkohol.

Russ. P. 21903, L. F. Fokin und I. A. Sossel, Reiner Ammoniumalaun.

A. P. 1732611, Electro Co., Ausfällung von Fe^{III} aus K-Alaunlösungen.

[2]) A. P. 1734200, A. M. Buley und H. Blumenberg jr., $AlCl_3$ aus geschmolzenem Al mit Cl_2 in Gegenwart von Kohle.

A. P. 1764501, 1764502, H. Blumenberg jr., $AlCl_3$ aus Al-Sulfat mit einem Alkali bzw. Erdalkalichlorid bei 200—300° bzw. 600—700°.

Russ. P. 16134, A. A. Chakin, W. L. Lukaschew, G. W. Blagoweschtschenski und A. W. Seikowski, Vorrichtung zur Herstellung von $AlCl_3$ aus Sulfat und $CaCl_2$.

A. P. 1818839, Metal Chlorides Corp., $AlCl_3$ durch Umsetzen einer NaCl—$CaCl_2$-Schmelze mit $Al_2(SO_4)_3$.

A. P. 1688504, C. G. Miner, $AlCl_3$ bei 900° nach der Gleichung $Al_2N_2 + 7\,HCl + 2\,C \rightarrow Al_2Cl_6 + HCN + CH_3NH_2 \cdot HCl$.

A. P. 1754797, C. G. Miner, $AlCl_3$, aus AlN mit HCl bei Rot- bis Weißglut; erst $NH_4Cl \cdot AlCl_3$ worauf man Phosphorpentasulfid einwirken läßt.

F. P. 688566, O. M. Henriques und T. A. Thomsen, Sublimieren von $AlCl_3$ aus einer Schmelze von $AlCl_3$ und NaCl.

Schwz. P. 147328, Zus. zu Schwz. P. 144571, Metallgesellschaft, $1{,}5NaCl \cdot AlCl_3$; aus geschmolzenem $PbCl_2$ mit Al und NaCl.

A. P. 1734196, H. Blumenberg jr., Al-Chlorsulfat aus Tonerde und Al-Sulfat mit HCl bei 55—85°.

A. P. 1835279, Aluminiumchloride Oil Refining Corp., Wiedergewinnung des $AlCl_3$ aus Rückständen der Ölreinigung.

A. P. 1865797, Standard Oil Co. of California, Rückstände der Verarbeitung von KW-Stoffen mit $AlCl_3$ werden mit H_2O-Dampf über 100° in HCl und C-haltiges Al_2O_3 gespalten.

großer Reinheit angefordert. Die wesentliche Vereinfachung und Verbilligung der Herstellung hat natürlich auch zu einer Aufnahme der Suche nach besseren und wirksameren Verfahren zur Trennung des Aluminiumchlorides vom Eisen und Titan, die es stets begleiten, zur Folge gehabt. Die Zahl der Vorschläge ist groß und sehr verschiedenartig. Einzelheiten müssen aus der Übersicht und aus den Patenten selbst entnommen werden.

Künstliche Edelsteine. Die D.R.P. über die künstlichen Edelsteine beschäftigen sich mit der Färbung von Korunden und Spinellen und mit Verfahren um die künstlichen Edelsteine zu vergüten, zu glätten oder sie aus mehreren Teilen zusammenzusetzen. Besonderes wäre nicht hervorzuheben. In der Fußnote sind einige hierher gehörige ausländische Patente vermerkt worden.[1])

Übersicht der Patentliteratur.

D. R. P.	Patentnehmer	Charakterisierung des Patentinhaltes

Aluminiumverbindungen.

A. Aufschluß der Rohstoffe.

1. Thermische und elektrothermische Reduktion der Verunreinigungen.

a. Mit Kohle. (S. 2788.)

D. R. P.	Patentnehmer	Charakterisierung des Patentinhaltes
525 067	I. G. Farben	Von aus einem HCl-Aufschluß gewonnene rohe Tonerde, Reduktion zu Fe
533 108	I. G. Farben	Desgleichen ausgehend von Bauxit
533 938	I. G. Farben	Thermische Reduktion von Al-Phosphaten, Gewinnung geschmolzener Tonerde, S. 1623
509 131	Metallgesellschaft	Vorreduktion mit dem erhaltenen Al-haltigen Ferrosilicium
528 462	Aluminium Ltd	Versprühen des geschmolzenen Gutes zwecks Reinigung
537 894	Aluminium Ltd	Desgleichen Nachreinigung mit Säuren
520 851	E. Herzog	Filtrieren der mit Fluoriden versetzten Schmelze

b. Unter Zusatz von Sulfiden. (S. 2798.)

D. R. P.	Patentnehmer	Charakterisierung des Patentinhaltes
512 564	Lautawerk	Herstellung von FeS aus FeS_2 und Fe für die Reduktion
523 270	Lautawerk	Vermeidung der Al-Carbidbildung durch Anwendung von grobstückigen Sulfiden
553 237	Odda Smelteverk	Zusammen mit Phosphoriten zu P und Ca-Aluminat
551 399	Lautawerk	Abschrecken der sulfidhaltigen Schmelze
541 627	Lautawerk	Raffinierung durch Wiederholen des Prozesses an teilweise kristallisierter Schmelze
548 065	Lautawerk	Raffinieren des Schlammes durch Brikettieren und nochmaliges Schmelzen
541 168	T. R. Haglund	Schmelze feucht oder naß oxydierend mit Luft oder SO_2 behandelt, Wiedergewinnung von S, $Al(OH)_3$ mit SO_2 gelöst
531 401	T. R. Haglund	Reinigung des Schlammes mit $HCl(AlCl_3)$ und Wasserdampf um 350°
521 339	T. R. Haglund	Aufarbeiten der Al_2S_3-Schmelzen durch wasserfreie Chlorierung in der Hitze
535 953	T. R. Haglund	Nasse Reinigung der Schlämme mit Cl_2
481 660	Metallgesellschaft	Umsetzen des Al_2S_3 mit CaO bei 800 — 900°

---

[1]) F. P. 716281, I. G. Farbenindustrie, Gelbe Spinelle gefärbt mit Fe-, Mn-Oxyde (und ZnO). Schwz. P. 125709, 128888, 128889, F. Froelich, Künstlicher Beryll bzw. Chrysoberyll und Mg-Spinelle ausgehend von den Sulfaten.

A. P. 1637291. L. H. Barnett, Diamantstaub und Korund werden in Eisen, das viel C, P, Si, B oder Al enthält eingeschmolzen.

D. R. P.	Patentnehmer	Charakterisierung des Patentinhaltes
	2. Verschiedene Aufschlußverfahren. (S. 2814.)	
547 107	Metallgesellschaft	Vorreinigung durch Glühen auf 600 — 800° und daraufolgendes Chlorieren
534 984	E. J. Kohlmeyer u. X. Siebers	Verflüchtigung des Si mit C und ZnS als ZnSiS um 1350°
550 619	E. Dixius	Aufschluß von Ton, Kohlenschlamm, Bauxit unter Druck mit neutralen Lösungen von mineralsauren Salzen der Alkalien und Erdalkalien
516 278	W. Guertler	Mit $CaCl_2$ und Wasserdampf bei 650 — 1000°, das gebildete HCl dient zur Zerlegung des erhaltenen Ca-Silicates unter 400°, Auslaugen des $CaCl_2$ mit H_2O, des Al_2O_3 mit HCl
506 626	L. Dörner	Mittels neutralen Fe^{III}-Salzlösungen (Eisenalaun), Schlamm gibt Mineralfarben
505 317	Clay Reduction Co.	Mit NH_4F, Abtrennen von SiF_4, Gewinnung von $AlCl_3$ und Regenerierung der Fluorverbindungen
562 819	N. J. Gareau	Aufschluß mit SO_2 und Stickoxyden im Schachtofen, Umsetzen von Sulfat mit C und NaCl, des Aluminates mit CO_2, Gewinnung von Tonerde, HCl u. Soda
	3. Aufschluß mit Säuren.	
	a. Allgemeines. (S. 2832.)	
538 615	I. G. Farben	Mit durchlaufenden Säuren erhitzt durch die Reaktionswärme der großen Massen auf 105 — 120°
	b. Mit verschiedenen Säuren. (S. 2833.)	
566 690	I. G. Farben	Mit HF (und H_2SO_4) unter Zusatz von Al-Salzlösungen, um Aufschluß von SiO_2 zu verhindern
505 517	Urbain Bellony Voisin	Mit H_2SO_4 und Fluoriden, Fällen mit CaO, Lösen des $Al(OH)_3$ mit Ätznatron
	c. Mit Schwefelsäure. (S. 2835.)	
493 479	R. Jacobsson	Im Autoklaven durch allmähliche Zufuhr der Reaktionsstoffe
488 600	E. L. Rinman	Fällen mit NaHS, Lösen des $Al(OH)_3$ in Na_2S-Lösung und Fällen mit H_2S
547 695 548 455	I. G. Farben	Mit folgender Umsetzung mit Alkalichloriden und thermischer Reduktion. Seite 2882 2884.
	Siehe auch D.R.P. 547 695, 548 455, 527 034 unter B. 1., siehe auch Aluminiumsulfate.	
	d. Mit Salpetersäure. (S. 2840.)	
541 361	M. Buchner	Unter Druck in Apparaten aus Fe-Ni-Cr-(W)-Legierungen
543 351	F. Gewecke	Nach längerem Liegen angeteigt mit der HNO_3
542 764	I. G. Farben	Aufschluß von Leucit und dergl. mit HNO_3 nicht über 60° und in Gegenwart von NH_4NO_3
	Siehe auch Aluminiumnitrate	
	e. Aufschluß mit HCl oder Cl_2. (S. 2843.)	
562 498	I. G. Farben	Von Ton mit HCl, thermische Spaltung des Al-Fe-Chloridgemisches, Verflüchtigen von $FeCl_2$ mittelst HCl, um 750° in Gegenwart von Alkali-Erdalkali-Chloriden

D. R. P.	Patentnehmer	Charakterisierung des Patentinhaltes
399 454	Weaver Co.	Ton mit C und Cl_2; $AlCl_3$ wird durch geschmolzenes Al gereinigt, $SiCl_4$ mit Al zu $AlCl_3$ umgesetzt. Durch Elektrolyse des $AlCl_3$ Kreislauf des Cl_2. Vorrichtung
547 107	Metallgesellschaft	Chlorierender Aufschluß von Bauxit, Seite 2814
455 266	Aussiger Verein	Mit C und überschüssigem Cl_2 und H_2 als Heizquelle; Darstellung von HCl
480 079		Wasserfreies Chlorid aus zerstäubtem Oxyd mit $CO+Cl_2$ in Flammen, Seite 2738
502 884		Mit CO und Cl_2 in wärmeisoliertem Reaktionsraum
525 560		Desgleichen, man leitet erst CO und Cl_2 über phosgenbildende Kontakte
525 186	I. G. Farben	Desgleichen Ersatz des CO durch Kohle
527 035		Desgleichen mit Überschuß an Kohle bei hohen Temperaturen, Abgase sollen CO enthalten; gute Isolierung des Ofens
502 332		Mittels C, Cl und $SiCl_4$
512 130		Von Al-Phosphaten mit HCl, $AlCl_3$ wird durch Einleiten von HCl ausgefällt, Seite 1710
455 472	Salzwerk Heilbronn, K. Schmidt u. K. Flor	Abtrennen von Al aus Krätzen und Fällen von $AlCl_3$ mittels HCl

Siehe auch D.R.P. 525 067, 533 108 unter A. 1., ferner Aluminiumchloride

4. Aufschluß mittels Alkalien. (S. 2861.)

D. R. P.	Patentnehmer	Charakterisierung des Patentinhaltes
496 729	Norsk Aluminium Comp.	Schlacken m. Alkalicarbonatlösungen plus 10 % Ätzalkali
556 925	I. G. Farben	Bauxit mit äquivalenter Kalk-Soda-Mischung über 200°
550 618	Aluminium Ltd.	Bauxit in feuchter Mischung mit Soda und Brennstoff auf einem Dwight-Lloyd-Apparat
518 204	M. Paschke	Alkalialuminathaltige Schlacken durch Zusatz von Soda in dem Hochofen
541 822	Kali-Chemie	Bauxit mit Alkalisulfaten in Gegenwart von Wasserdampf über 1100° mit CaO-Zusatz zur Bindung des SiO_2
492 244	Soc. An. Métallurgique de Corphalie	Ausfällen der Aluminatlösungen mittels SO_2 unter 30°
542 251	Aluminium-Industrie	Entfernen aus Aluminatlösungen des SiO_2 als Na-Al-Silicat durch Digerieren mit diesem
503 028	Kali-Chemie	Alkalialuminatlösungen durch Aufschluß von Tonerdephosphaten durch Glühen mit Erdalkalicarbonaten oder Oxyden und Alkalicarbonaten, S. 1851
506 277	Kali-Chemie	Alkalialuminatlösungen durch Aufschluß von Tonerdephosphaten durch Glühen mit Erdalkalicarbonaten oder Oxyden und Alkalichloriden oder -Sulfaten in Gegenwart von Wasserdampf, Seite 1852
505 318		
513 942	I. G. Farben	Zusammen mit Chromerzen, Seite 2943
525 157		

5. Aufschluß mittels Erdalkalien. (S. 2871.)

D. R. P.	Patentnehmer	Charakterisierung des Patentinhaltes
564 059	J. C. Séailles	Mit Erdalkalihydroxyden, Umsetzung der Aluminate mit Alkalicarbonaten oder -sulfaten
567 114		Zusatz von Ätzalkalien beim Aufschluß
514 891	Kali-Chemie	Ba-Aluminat aus Bauxit mit überschüssigem Baryt über 1000° mit Wasserdampf
535 067		Erdalkalialuminate durch Aufschluß von Bauxit mit CaO in geschmolz. Carbid, Abtrennen der Verunreinigungen
561 981	Lonza-Werke	Lösen der Erdalkalialuminate mit Al-Salzl. [$Al(NO_3)_3$]
563 831		Desgleichen Herstellung der Al-Salzlösung aus dem Aluminat mit Säuren

D. R. P.	Patentnehmer	Charakterisierung des Patentinhaltes
559 519	Lonza-Werke	Spalten der Erdalkalialuminate mit Säuren, Lösen des $Al(OH)_3$ mit Alkali

6. Aufschluß von Alunit usw. (S. 2881.)

D. R. P.	Patentnehmer	Charakterisierung des Patentinhaltes
540 533	Soc. it. Ind. Minerarie e Chimiche	Alunit mit Alkalicarbonatlösungen

B. Herstellung und Verarbeitung von Aluminiumverbindungen.

1. Tonerde und Verschiedenes. (S. 2882.)

D. R. P.	Patentnehmer	Charakterisierung des Patentinhaltes
528 795	M. Buchner	Al_2O_3 aus $Al(NO_3)_3$ S. 2909
556 140	M. Buchner	Al_2O_3 aus $Al(NO_3)_3$ S. 2910
556 882	F. Gewecke	Al_2O_3 aus $Al(NO_3)_3$ S. 2912
547 695	I. G. Farben	Aufschluß mit H_2SO_4, Umsetzen des Al-Sulfats mit Alkalichloriden um 700°, thermische Reduktion mit C um 1000° zu Aluminat und Sulfid, Ausführen der Tonerde
548 455	I. G. Farben	Desgl., Ausgangsgemisch $Al_2(SO_4)_3$ mit bis 2 $AlCl_3$
527 034	C. D'Asseev	Fällen aus Al-Sulfatlösungen von basischen Al-Fe-Carbonat mittels Mg-dicarbonat, Rösten des Gemisches und Herauslösen des Al mittels Ätzalkali
479 768	I. G. Farben	Thermische Zersetzung von $FeCl_2$-haltigem $AlCl_3$ mit reduzierenden Gasen, Auswaschen des $FeCl_2$ vom Al_2O_3
484 057	I. G. Farben	Desgl. Verflüchtigen des $FeCl_2$ aus dem Al_2O_3 durch Cl_2
505 210	H. Hackl	Al_2O_3 aus Bleicherde-Aktivierlaugen, Reinig. von $Fe(OH)_3$ durch Ausfällen mittelst im Kreislauf gehalt. $Al(OH)_3$
554 571	Alterra A.G.	Trennung von $Al(OH)_3$ von SiO_2-Hydrat mittels SO_2-Lösungen
557 004	Metallgesellschaft	Trennung des Al von freier Phosphorsäure durch Fällen als Kryolith
522 168	I. G. Farben	Trennung von Aluminaten von Phosphaten des K in Gegenwart von K_2CO_3 oder KOH durch doppelte Schichtbildung mit NH_3, Seite 1756
479 902	I. G. Farben	Filtrierbarmachen von $Al(OH)_3$ durch Trocknen des Gemisches mit Ammonsalzen
410 413	Norton Company	Kristalline Tonerde durch Schmelzen von Al_2O_3 mit einem kleinen Alkalizusatz
561 713	I. G. Farben	$Al_2O_3(ThO_2)$-Gele über schwachsaure mit NH_3 hergestellte Sole, die mit milden Mitteln (K-Acetat) zu Gallerten koaguliert werden
460 121	Rhenania-Kunheim	Adsorptionsmasse, Bauxit bei niederen Temperaturen entwässert
486 950	Kali-Chemie	Regenerieren v. Al-Oxydhydraten zu Adsorptionszwecken durch Erhitzen um 400° mit Luft und Wasserdampf
486 597	A. Mackert	Aluminiumoxydkatalysator; Al oder Al-Legierungen werden amalgamiert mit H_2O oberflächlich oxydiert und dann durch Erhitzen entwässert
529 219	G. u. J. Mackert	Desgl. Mischkatalysatoren durch Anwendung von Metallsalzlösungen zur Zersetzung des amalgamierten Al oder Al-Legierungen
521 124	St. Gobain	Schleifmittel aus Bauxit durch Erhitzen mit Fluoriden auf 1300—1350°

Siehe die verschiedenen Aufschlußverfahren, insbesondere A. 1. „Die thermische Reduktion" und A. 4 und A. 5. „Die alkalischen Aufschlußverfahren".

D. R. P.	Patentnehmer	Charakterisierung des Patentinhaltes

2. Aluminiumsulfate. (S. 2904.)

D. R. P.	Patentnehmer	Charakterisierung des Patentinhaltes
543 875	M. Buchner	Al-Sulfat aus dem Nitrat mit H_2SO_4
504 345	Silesia, Ver. Chem. Fabriken	Abtrennen des Eisens: Zusatz von Ti-Salz, Reduktion zu Fe^{II} und Ti^{III} u. Kristallisation des Fe-freien Alaun
483 876	Chem. Fabr. Oker & Braunschweig	Abtrennen des Eisens: Ausfällen des Al-Sulfates mit Ameisensäure, Essigsäure usw.
489 935	Chem. Fabr. Oker & Braunschweig	Abtrennen des Eisens: desgleichen, Ausfällen von basischen Sulfaten aus ihren Lösungen
562 499	I. G. Farben	Fällen basischer Sulfate aus unreinen $AlCl_3$-Mutterlaugen, Seite

Siehe auch Aufschluß mit H_2SO_4, ferner D.R.P. 547 695. 548 455 **unter** B. 1.

3. Aluminiumnitrate. (S. 2908.)

D. R. P.	Patentnehmer	Charakterisierung des Patentinhaltes
536 793	S. J. P. Soc. it. Potassa	Ausfällen des Al-Nitrates mittels HNO_3
528 795	M. Buchner	Zerlegung in HNO_3 u. Al_2O_3 m. Wasserdampf i. Vakuum
556 140	M. Buchner	Zersetzung von $Al(NO_3)_3$ durch Überleiten von indifferenten Gasen
556 882	F. Gewecke	Zersetzen durch Verdüsen der konz. Lösung und Erhitzen der Mischung mit bewegtem Al_2O_3
543 875	M. Buchner	Überführen von $Al(NO_3)_3$ in Sulfat mittels H_2SO_4 S. 2904

Siehe auch Aufschluß mit HNO_3.

4. Chloride. (S. 2913.)

D. R. P.	Patentnehmer	Charakterisierung des Patentinhaltes
502 676	The Anhydrous Metallic Chlorides Corp.	Rotierender Ofen aus geschmolzenem Quarzgut zur Darstellung wasserfreier Chloride aus Metall und Cl_2
523 800	I. G. Farben	Aus Oxyd, C oder CO, Phosgen mit Cl_2 oder HCl in Rieseltürmen, Seite 2741
520 152	I. G. Farben	Kondensieren von $AlCl_3$ in Eisentrommeln zu versandfertigen Blöcken
522 031	Metallgesellschaft	Al-Alkalichloride aus Al mit $PbCl_2$ und Alkalichlorid
512 130	I. G. Farben	Ausfällen von $AlCl_3$ aus Phosphataufschlüssen mittels HCl, Seite 1710
509 150	I. G. Farben	Abtrennen des Eisens aus wasserfreiem $AlCl_3$: Behandeln des $AlCl_3$-Dampfes mit geschmolzenem Blei zur Reduktion des $FeCl_3$
515 033	I. G. Farben	Abtrennen des Eisens aus wasserfreiem $AlCl_3$: Reduktion zu Fe mittels Al in der $AlCl_3$-Schmelze und elektromagnetische Entfernung des Fe
530 892	I. G. Farben	Abtrennen des Eisens aus wasserfreiem $AlCl_3$: Durchsaugen der Dämpfe durch eine Al-Metall enthaltende Schmelze von $AlCl_3$ und NaCl
526 880	I. G. Farben	Abtrennen des Eisens aus wasserfreiem $AlCl_3$: Lösen des $AlCl_3$ in flüssigem Phosgen, nach Reduzieren des $FeCl_3$ mit Al zu $FeCl_2$ und Wiederoxydieren mit Cl_2
565 539	I. G. Farben	$AlCl_3$-$FeCl_3$-Brei wird gemahlen, zentrifugiert und mit HCl-Lösung Fe extrahiert
430 882	I. G. Farben	Fällen aus sauren $AlCl_3$-Mutterlaugen des Fe mittels tonerdehaltiger Stoffe (geglühter Ton)
562 499	I. G. Farben	Ausfällen von basischen Fe-Al-Sulfaten aus unreinen $AlCl_3$-Mutterlaugen mittels stark basischer Al-Sulfatlösungen
520 938	I. G. Farben	Herauslösen von $FeCl_3$ aus Al-Salzlösungen mittels org. Lösungsmitteln (Methylcyclohexanon)
550 054	I. G. Farben	Desgl. wenn andere Fe-Salze in Gegenwart von HCl oder wasserlöslichen Chloriden; Regenerieren des org. Lösungsmittels durch Waschen mit Wasser

Siehe auch Aufschluß mit HCl oder Cl_2 unter A. 3e., ferner D.R.P. 479 768, 484 057 unter B. 1.
Aluminiumfluoride siehe den Abschnitt „Fluor", Seite 208.

D. R. P.	Patentnehmer	Charakterisierung des Patentinhaltes

C. Künstliche Edelsteine.

1. Korunde. (S. 2927.)

502 175	Swiss Jewel Co.	Smaragdgrüne, gefärbt mit Co, Ni, V

2. Spinelle. (S. 2928.)

501 721	Swiss Jewel Co.	Smaragdgrüne, gefärbt mit Co, V, Mn
536 547	Wiede's Carbidwerk Freyung	Smaragdgrüne, gefärbt mit Be, Mn, Co, Ni
536 548	Wiede's Carbidwerk Freyung	Gelbgrüne, gefärbt mit Be, Ni, Mn
523 269	I. G. Farben	Aquamarinfarbige, gefärbt mit Co, Ti, Cr, V
535 251	I. G. Farben	Violette, gefärbt mit Fe und wenig Co
511 945	Wiede's Carbidwerk Freyung	Morganitrosafarbige, gefärbt mit Fe, Ti, Be
535 066	I. G. Farben	Alexandritartiger, gefärbt mit Cr, Co, (Fe, V)
466 310	I. G. Farben	Mondsteinartige, mit 1 MgO zu 4 bis 5 Al_2O_3
506 146	I. G. Farben	1 MgO : 2 bis 3.5 Al_2O_3 haben kaum Dispersion

3. Verschiedenes. (S. 2933.)

556 926	O. Ruff u. Fr. Ebert	Aus ZrO_2 und ThO_2 mit Erdalkali oder Ceritoxyden
525 649	I. G. Farben	Vergüten durch Wärmebehandlung
508 460	I. G. Farben	Glänzende Oberflächen von Spinellen und Korunden durch kurze Behandlung mit geschmolzenem Borax
560 542	Synthetische Edelstein-Schleifereien H. Jung	Farbige Edelsteine durch Zusammenschweißen farbloser Teile mit farbigem, transparenten Email
529 318	W. Schumacher	Mehrschichtiger, verschieden angefärbter Achat
509 132	Siemens-Schuckert-Werke	Schmelzvorrichtung, Zerstäuben durch Aufblasen von Gas auf Pulverschüttung
524 985	Swiss Jewel Co.	Brenner mit mehreren O_2-Düsen

Nr. 525 067. (C. 37 402.) Kl. 12 m, 6.

I. G. Farbenindustrie Akt.-Ges. in Frankfurt a. M.

Erfinder: Dr. Heinrich Speketer in Frankfurt a. M.-Griesheim.

Herstellung von Tonerde.

Vom 5. Nov. 1925. — Erteilt am 30. April 1931. — Ausgegeben am 18. Mai 1931. — Erloschen: 1935.

Die Tonerde wurde bisher in der Hauptsache aus Bauxit nach dem Bayer-Verfahren hergestellt; in letzter Zeit hat man sich wieder mehr mit dem schon bekannten Problem befaßt, den Bauxit unmittelbar unter Zusatz von Kohle, vorzugsweise im elektrischen Ofen, zu schmelzen, wobei Eisen und Kieselsäure in Ferrosilicium übergehen, das von der geschmolzenen Tonerde infolge der verschiedenen Dichte sich leicht trennt. Es ist an sich bekannt, bei der Herstellung von Tonerde nach anderen Verfahren zunächst die Kieselsäure durch sauren Aufschluß als Rückstand abzutrennen und hierauf das Material von Eisen zu befreien.

Gegenstand der Erfindung ist die Abtrennung der Kieselsäure vor dem Ausschmelzen des Eisens im elektrischen Ofen unter Zusatz von Kohle.

Das vorliegende Verfahren bringt den Vorteil, daß man billige Rohstoffe verwenden kann, daß man die Kieselsäure in z. B. für die Zementindustrie wertvoller Form gewinnt und daß man dank der vorausgehenden Entfernung der Kieselsäure ein vielseitiger Verwendung fähiges, höher als Ferrosilicium zu bewertendes metallisches Eisen neben der Tonerde erhält.

Beispiel

1000 kg geglühter Ton mit 41 % Al_2O_3 und 3,5 % Fe_2O_3 werden mit heißer Salzsäure aufgeschlossen. Es entsteht eine salzsaure Lösung, die im cbm 122 kg Tonerde und 8,6 kg Eisenoxyd als Chlorid enthält. Die Lösung wird bis zur Trockne eingedampft, worauf die hierbei entstehenden basischen Salze durch Erhitzen auf etwa 900 bis 1000° in ein Gemisch von Tonerde mit etwa 7 bis 8 % Eisenoxyd übergeführt werden. Diese Mischung wird nun mit 5 bis 6 % Kohle versetzt und entweder im elektrischen Ofen geschmolzen, wobei sich das reduzierte Eisen von der Tonerde in bekannter Weise trennt, oder sie wird in Retorten oder anderen Öfen erhitzt bis zur Reduktion des Eisenoxyds zu Oxydul oder metallischem Eisen, welches durch Behandeln mit Säuren von der Tonerde leicht zu trennen ist. In letzterem Falle verwendet man zur Reduktion zweckmäßig aschenarme Kohle.

PATENTANSPRUCH:

Verfahren zur Herstellung von Tonerde aus Ton o. dgl. Rohstoffen, dadurch gekennzeichnet, daß man zunächst in an sich bekannter Weise den Ton in Säuren löst, die Lösung von der unlöslichen Kieselsäure abfiltriert, eindampft und die Salze so hoch erhitzt, daß sie in ihre Oxyde und Säuren zerfallen, worauf man dann die kieselsäurefreien Oxyde unter Verwendung von Kohle in geeigneten elektrischen Öfen so lange erhitzt, bis sich die Mischung in Tonerde und metallisches Eisen scheidet.

Nr. 533108. (I. 28891.) Kl. 12m, 6.

I. G. Farbenindustrie Akt.-Ges. in Frankfurt a. M.

Herstellung von Tonerde.

Zusatz zum Patent 525067.

Vom 25. Aug. 1926. — Erteilt am 27. Aug. 1931. — Ausgegeben am 9. Sept. 1931. — **Erloschen: 1935.**

In dem Hauptpatent 525067 ist ein Verfahren zur Herstellung von Tonerde aus Ton oder dergleichen Rohstoffen geschützt, welches dadurch gekennzeichnet ist, daß man zunächst in an sich bekannter Weise den Ton in Säuren löst, die Lösung von der unlöslichen Kieselsäure, gegebenenfalls auch von der diese begleitenden Titansäure abfiltriert, eindampft und die Salze so hoch erhitzt, daß sie in ihre Oxyde und Säuren zerfallen, worauf man dann die kieselsäurefreien Oxyde unter Verwendung von Kohle in geeigneten elektrischen Öfen so lange erhitzt, bis sich die Mischung in Tonerde und metallisches Eisen scheidet.

Es ist in weiterer Ausarbeitung der Erfindung gefunden worden, daß man auch andere, säurelösliche, tonerdehaltige Stoffe, wie Bauxit, Leucit, Phonolith, in der gleichen Weise auf diese Oxydgemische, frei von Kieselsäure und, wie sich gezeigt hat, gleichfalls auch frei von Titansäure, und weiterhin auf reine Tonerde und metallisches Eisen verarbeiten kann. Bei der Verarbeitung des Bauxits ist man allerdings in den meisten Fällen auf die Arbeitsweise mit Schwefelsäure beschränkt, da nur vereinzelte Vorkommnisse von Bauxit sich hinreichend auch mit Salzsäure aufschließen lassen; beim Aufschließen mit Schwefelsäure ist für die Erzielung einer glatten Trennung von der Titansäure wichtig, daß eine verdünnte Schwefelsäure zur Anwendung gelangt. Sind in den tonerdehaltigen Rohstoffen Alkalien enthalten, so werden diese nach der thermischen Zersetzung als Chloride oder Sulfate aus dem Oxydgemisch durch Auslaugen leicht entfernt.

Die aus den genannten Rohstoffen erhaltenen Oxydgemische lassen sich in der gleichen Weise wie dasjenige nach dem Hauptpatent verarbeiten.

PATENTANSPRUCH:

Verfahren zur Herstellung von Tonerde gemäß Hauptpatent 525067, dadurch gekennzeichnet, daß an Stelle von Ton oder dergleichen Rohstoffen Bauxit oder andere tonerdehaltige Rohstoffe verwendet werden, die durch Säuren aufschließbar sind und auf diesem Wege von Kieselsäure und Titansäure befreit werden können.

Nr. 509131. (M. 94814.) Kl. 12m, 6. Metallgesellschaft A.G. in Frankfurt a. M.

Erfinder: Dr.-Ing. Hans Siegens in Horem, Bez. Köln.

Verfahren zur Herstellung von Tonerde aus Bauxit.

Vom 2. Juni 1926. — Erteilt am 25. Sept. 1930. — Ausgegeben am 2. März 1931. — **Erloschen: 1934.**

Es ist bekannt, daß bei der Herstellung von Tonerde aus Bauxit oder anderen tonerdehaltigen Rohmaterialien durch elektrothermische Reduktion der Verunreinigungen stets ein Überschuß von Kohle verwendet werden muß. Dieser Umstand bedingt, daß ziemlich viel

Tonerde mit reduziert wird und daher Aluminium in das Ferrosilicium übergeht, wodurch die Ausbeute an Tonerde verschlechtert und der Energieverbrauch vermehrt wird. Nicht nur bei der Herstellung von reiner Tonerde, sondern auch bei der Erzeugung von weniger reinen Produkten, wie sie z. B. für Schleifmittel verwendet werden, gewinnt man etwas Aluminium enthaltendes Ferrosilicium, trotzdem dabei keine überschüssige Kohle verwendet wird.

Die vorliegende Erfindung bezweckt nun die Wiedergewinnung des in das Ferrosilicium übergegangenen Aluminiums unter Ausnutzung der in ihm enthaltenen Reduktionskraft und damit eine Verbesserung der Material- und Energieausbeute. Sie beruht auf der Ausnutzung der an und für sich bekannten Tatsache, daß die verunreinigenden Oxyde (SiO_2, TiO_2 und Fe_2O_3) durch Aluminium reduziert werden können, d. h. daß der Kohlenstoff im Reaktionsgemisch durch Aluminium ersetzt werden kann (Patent 135 553 und amerikanisches Patent 1 448 586). Es wurde gefunden, daß auch das Aluminium des im Herstellungsprozeß der Tonerde gewonnenen Ferrosiliciums zur Reduktion der Verunreinigungen herangezogen werden kann, wenn nur dafür gesorgt wird, daß die relativ geringe Konzentration des Aluminiums durch hohe Konzentration der Verunreinigungen (SiO_2, Fe_2O_3 und TiO_2) ausgeglichen und dadurch die Reaktionsgeschwindigkeit genügend groß gestaltet wird. Dies wird erfindungsgemäß dadurch erreicht, daß man das Aluminium enthaltende Ferrosilicium für eine Vorreduktion des Rohmaterials verwendet und letzteres erst nach Trennung von dem von Aluminium befreiten Ferrosilicium mit Kohle zu Ende reduziert, wobei wieder das zur Vorreduktion der nächsten Charge erforderliche, Aluminium enthaltende Ferrosilicium entsteht.

Das Verfahren gemäß vorliegender Erfindung läßt sich in verschiedenen Formen ausführen. Man kann z. B. das Aluminium enthaltende, feuerflüssige Ferrosilicium aus dem Ofen in zerkleinerten Bauxit abstechen, das so erhaltene granulierte Gemisch in einem zweiten Ofen niederschmelzen, sodann das von Aluminium befreite Ferrosilicium vom vorreduzierten Bauxit trennen und diesen in dem ersten Ofen mit Kohle zu Ende reduzieren.

Das Mischen des Aluminium enthaltenden Ferrosiliciums mit dem vorreduzierten Bauxit kann auch in fester Form erfolgen, zu welchem Zweck vorteilhaft beide Produkte möglichst weitgehend zerkleinert werden.

Besonders empfehlenswert ist folgende Arbeitsweise:

Man beläßt das Aluminium enthaltende Ferrosilicium im Ofen, dem man vorher die gereinigte Tonerde entnommen hat, und fügt dem Ferrosilicium sodann entweder die gesamte Menge Bauxit der nächsten Charge oder nur einen Teil von ihr mit nur wenig Kohle oder ohne Kohle hinzu. Nachdem der ganze Ofeninhalt gut durchgeschmolzen ist, sticht man das von Aluminium befreite Ferrosilicium ab und setzt nun dem vorreduzierten Bauxit entweder die Menge Kohle, die zur vollständigen Reduktion seiner Verunreinigungen noch nötig ist, oder den mit Kohle vermischten Restteil der Charge zu.

Beispiel 1

Ein calcinierter Bauxit, der zur vollständigen Reduktion der in ihm enthaltenen, das Aluminiumoxyd verunreinigenden Oxyde theoretisch 10 % seines Gewichts an Kohle benötigt, wird auf folgende Art auf reine Tonerde verarbeitet. 2000 kg dieses Bauxits werden mit 300 kg Kohle gemischt und in einem elektrischen Ofen niedergeschmolzen. Von den beiden sich bildenden Schmelzschichten wird die untere Schicht, welche aus etwa 15 % Al enthaltendem Ferrosilicium besteht, in eine Mulde abgelassen, in der sich 2000 kg zerkleinerter Bauxit befinden. Es entsteht darin ein leicht erstarrendes Gemisch, welches nach Zerkleinerung in einem zweiten elektrischen Ofen niedergeschmolzen wird. Die sich hier bildenden beiden Schichten, einerseits Ferrosilicium, das nun von Aluminium nahezu befreit ist, und anderseits vorreduzierter Bauxit, werden getrennt abgestochen. Der vorreduzierte Bauxit wird mit 250 kg Kohle und 75 kg Eisen vermischt und im ersten elektrischen Ofen wieder niedergeschmolzen, wobei Ferrosilicium entsteht, welches etwa 15 % Al enthält und in eine Mulde mit Bauxit abgestochen wird. Die obere Schicht, die aus reiner Tonerde besteht, wird als Endprodukt des Prozesses gewonnen.

Beispiel 2

500 kg Ferrosilicium mit etwa 15 % Aluminium, welche bei der Herstellung von reiner Tonerde aus 2000 kg Bauxit durch Reduktion mit überschüssiger Kohle entstanden sind, werden fein gemahlen und mit 2000 kg gemahlenem Bauxit gemischt, brikettiert und in einem elektrischen Ofen niedergeschmolzen. Es entstehen zwei Schichten, eine obere, aus vorreduziertem Bauxit bestehende, und eine untere aus Ferrosilicium, welches von Aluminium fast vollkommen befreit ist. Die obere Schicht wird in einen zweiten Ofen abgelassen und dort unter Zufügung von 250 kg Kohle und 75 kg Eisenspänen umgeschmol-

zen. Es werden hierbei etwa 550 kg Ferrosilicium mit etwa 13 % Aluminium als untere Schicht der Schmelze und etwa 1100 kg reine Tonerde als obere Schicht gebildet. Die beiden Schichten werden getrennt abgestochen und das Ferrosilicium für die Vorbehandlung von neuen 2000 kg Bauxit, wie oben beschrieben, verwendet.

Beispiel 3

2500 kg Bauxit werden mit 420 kg Kohle im elektrischen Ofen niedergeschmolzen, die obere Schicht, die aus reiner Tonerde besteht, aus dem Ofen abgelassen und zu dem im Ofen verbleibenden, etwa 15 % Al enthaltenden Ferrosilicium 800 kg Bauxit zuchargiert. Dann wird das von Aluminium befreite Ferrosilicium (etwa 550 kg) abgelassen, worauf zu der im Ofen verbleibenden vorreduzierten Bauxitschmelze 1700 kg Bauxit mit 350 kg Kohle gefügt und niedergeschmolzen werden. Die entstehende obere Tonerdeschicht (etwa 1300 kg) wird abgelassen, und zu dem im Ofen verbliebenen aluminiumhaltigen Ferrosilicium werden neue 800 kg Bauxit gegeben, worauf der geschilderte Vorgang sich wiederholt.

PATENTANSPRÜCHE:

1. Verfahren zur Herstellung von reiner Tonerde aus Bauxit durch elektrothermische Reduktion der in ihm enthaltenen, das Aluminiumoxyd verunreinigenden Oxyde, dadurch gekennzeichnet, daß man das bei der Reduktion anfallende, Aluminium enthaltende Ferrosilicium nach seiner Abtrennung von dem Aluminiumoxyd zur Vorreduktion einer neuen Menge von Bauxit verwendet und sodann diese mit Kohle zu Ende reduziert.

2. Ausführungsform des Verfahrens nach Anspruch 1, dadurch gekennzeichnet, daß man das Aluminium enthaltende Ferrosilicium aus dem Ofen in den der Vorreduktion zu unterwerfenden, zerkleinerten Bauxit absticht und das hierbei gewonnene granulierte Gemisch einschmilzt.

3. Ausführungsform des Verfahrens nach Anspruch 1, dadurch gekennzeichnet, daß man das Aluminium enthaltende Ferrosilicium in festem Zustande mit dem vorzureduzierenden Bauxit vermischt und einschmilzt.

4. Ausführungsform des Verfahrens nach Anspruch 1, dadurch gekennzeichnet, daß man das Aluminiumoxyd zwecks Abtrennung des Aluminium enthaltenden Ferrosiliciums aus dem Ofen absticht, während das Ferrosilicium im Ofen belassen wird, und sodann diesem den vorzureduzierenden Bauxit zuführt, worauf man das von Aluminium befreite Ferrosilicium absticht und dem nunmehr im Ofen verbliebenen vorreduzierten Bauxit die zur vollständigen Reduktion seiner Verunreinigungen nötige Menge Kohle zusetzt.

Schweiz. P. 129878 des Elektrizitätswerk Lonza D. R. P. 135553, B. I, 3301.

Nr. 528462. (A. 47017.) Kl. 12m, 6. ALUMINIUM LIMITED IN TORONTO, KANADA.

Verfahren zur Behandlung von Metalloxyden.

Vom 13. Febr. 1926. — Erteilt am 18. Juni 1931. — Ausgegeben am 29. Juni 1931. — **Erloschen: 1932.**
Amerikanische Priorität vom 2. März 1925 beansprucht.

Die Erfindung bezweckt die Behandlung und Reinigung von Metalloxyden und besonders von hochschmelzenden Oxyden und soll hauptsächlich die Erzielung solcher Oxyde in einem physikalisch vorteilhaften und ferner auch kohlenstofffreien und in sonstiger Beziehung wesentlich reinen Zustande ermöglichen. Ferner soll ein Verfahren zur Behandlung der unreinen Oxyde zwecks Erzielung des reinen Produktes geschaffen werden. Gegenwärtig ist eine der wichtigsten Anwendungen der Erfindung das Feld der Aluminiumherstellung, und demgemäß wird die Beschreibung sich hauptsächlich auf die Verwendung zur Herstellung reiner Tonerde richten, die für das bekannte Verfahren der elektrolytischen Reduktion geeignet ist. Ein ähnliches Verfahren kann zur Behandlung von anderen Oxyden, z. B. Magnesia, und Oxydmischungen befolgt werden, die z. B. Kalk, Magnesia und Tonerde enthalten.

Bei der Herstellung von Tonerde für obiges Verfahren durch elektrothermische Behandlung tonerdehaltiger Stoffe, wie Bauxit, mit einem Reduziermittel zur Reduktion der Verunreinigungen, die leichter als Tonerde reduzierbar sind, hat es sich als sehr schwierig erwiesen, die im Ausgangsgut vorhandenen Oxyde von Eisen und Titan zu beseitigen oder auf einen ausreichend geringen Prozentsatz herabzudrücken.

Es hat sich gezeigt, daß, wenn man den geschmolzenen Bauxit oder sonstiges tonerdehaltiges Gut mit genug Kohlenstoff behandelt, um den Gehalt an gelöstem Kohlenstoff auf etwa 1 % zu heben, es möglich ist, genug von dem Titan herauszubringen, um nur etwa 0,2 % oder weniger TiO_2 im Produkt zu belassen, daß aber dabei gewöhnlich eine relativ große Menge von Eisenoxyd, nämlich allgemein von etwa 0,6% bis etwa 0,9%, in der Masse verbleibt nebst einer kleinen Menge Kieselsäure, gewöhnlich weniger als 0,3 %.

Es wurde gefunden, daß, wenn geschmolzene wesentlich reine Tonerde, z. B. in obiger Weise erzeugte Tonerde, aus dem Ofen oder sonstigem Behälter abgezogen und in noch flüssigem Zustande einem kräftigen Strahl von Luft, Dampf oder sonstigem geeigneten Gase ausgesetzt wird, der Strom von geschmolzener Tonerde aufgelöst wird und in kleine Hohlkügelchen von mehr oder weniger genauer Kugelgestalt umgewandelt wird. Eine Prüfung dieser Kügelchen nach der Abkühlung zeigt, daß nicht bloß wesentlich aller Kohlenstoff herausgebrannt ist, so daß sie im allgemeinen so gut wie schneeweiß aussehen, sondern daß auch eine beträchtliche Menge des Eisenoxydes beseitigt ist, und zwar wahrscheinlich durch Verflüchtigung auf Grund der großen Oberfläche der Kügelchen, die der Luft oder dem Gas ausgesetzt wurde, die durch die Berührung mit dem Schmelzgut hoch erhitzt werden.

Die Zeichnung zeigt eine einfache Einrichtung zur Ausführung des Verfahrens in schematischer Darstellung.

Ein elektrischer Ofen 10, der in waagerechtem Schnitt dargestellt ist, hat ein

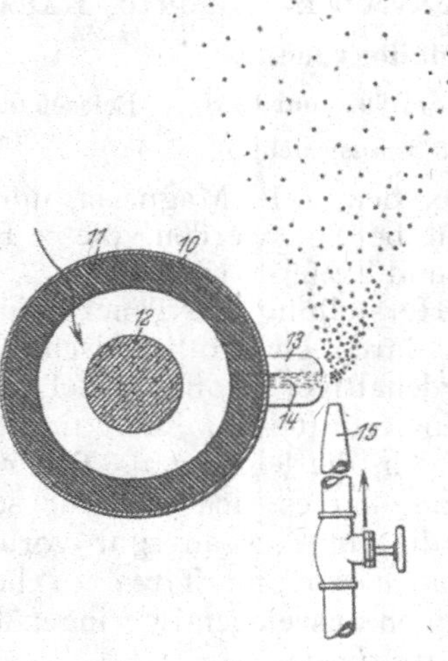

feuerfestes Futter 11, eine Kohlenstoffelektrode 12 und einen Abstich 13. Der rohe Bauxit, Ton oder sonstiges tonerdehaltiges Gut wird in dem Ofen gemischt, mit einem kohlenstoffhaltigen Reduziermittel vorzugsweise mit genug Kohlenstoff geschmolzen, um der gereinigten Tonerde einen gelösten Kohlenstoffgehalt von etwa 1 % zu geben. Das Eisen, Titan und Silicium, die durch die Reduktion der Oxyde entstehen, sammeln sich am Boden des Ofens hauptsächlich als Ferrosilicium, auf dem die unreduzierte Tonerde als geschmolzene Schlacke schwimmt.

Wenn der Tonerdestrom 14 aus dem Abstich austritt, so trifft er den Strahl von der Düse 15 und wird in Teilchen zerblasen, die sich als Hohlkügelchen in einer Größe von derjenigen feinen Sandes bis 3 bis 5 mm Durchmesser erweisen. Ihre Wände haben gewöhnlich nicht mehr als etwa $^1/_4$ mm Dicke und meist noch weniger. Im allgemeinen sind die Kügelchen um so feiner, je geschwinder der Strahl ist. Bei zu geringer Geschwindigkeit werden die größeren Kügelchen nicht so vollständig oxydiert und können größere Mengen Eisen enthalten. Solche größeren Körnchen sind schwarz und können 6 bis 12 mm Durchmesser haben; sie sind zwar, ähnlich wie die kleineren, hohl, neigen aber zu sehr unregelmäßiger Gestalt. Luft- und Dampfdrücke von 3,5 bis 10,5 at sind erfolgreich benutzt worden, doch sind die höheren Drücke vorzuziehen, da sie weniger leicht ungenügend oxydierte Körnchen ergeben, besonders wenn der Strom von geschmolzener Tonerde ungewöhnlich zäh ist. Auch wird vorzugsweise eine Temperatur der Tonerde erheblich über ihrem Schmelzpunkt benutzt, vornehmlich, um ausreichende Flüssigkeit des Stromes zu erzielen. Bei Herstellung eines kohlenstofffreien Produktes aus Tonerde, die überschüssigen Kohlenstoff enthält, ist diese Überhitzung erwünscht, weil sie die Oxydation des Kohlenstoffes erleichtert, und zwar sowohl für das für den Strahl benutzte Gas (wo dieses, wie bevorzugt, ein oxydierendes Gas wie Luft oder Dampf ist) wie auch für die Luft, in welche die Tonerde verblasen wird.

Es ist bekannt, daß beim Verblasen von Hochofenschlacke ein faseriger Stoff, nämlich Schlackenwolle, zusammen mit einer großen Menge kleiner glasiger Schuppen entsteht. Dies scheint auf der Eigenschaft von Silikatschlacken zu beruhen, dank deren sie beim Abkühlen vom flüssigen zum festen Zustande durch einen breiigen Zustand hindurchgehen, so daß sie bei Abkühlung im Luftstrom in die zur Schlackenwolle charakteristischen Fäden ausgesogen werden. Der Erfinder glaubt, daß dieser Zustand für die Silikate charakteristisch ist und nicht für reine hochschmelzende Oxyde, die wesentlich frei von Kieselsäure sind. Tatsächlich hat sich eine ähnliche Erscheinung mit geschmolzenem Aluminiumoxyd nach Zusatz von etwa 5 % Kieselsäure hervorrufen lassen. Wenn daher jede Erzeugung von fadenartigen Gebilden vermieden werden soll, so sollte das Ausgangsgut wesentlich frei von Kieselsäure sein und sollte nur Stoffe enthalten, welche direkt kristallisieren, wenn ihre Temperatur auf oder unter den Gefrierpunkt erniedrigt wird. Wenn es nötig oder erwünscht ist, Kieselsäure aus dem Oxyd zu entfernen, so kann hierfür jedes geeignete Verfahren benutzt werden; z. B. kann man den Bauxit oder das sonstige Tonerdegut mit einem kohlenstoffhaltigen Reduziermittel bei geeigneter Temperatur in Gegenwart von Eisen behandeln, um Kieselsäure zu reduzieren und das entstehende Silicium zur Legierung mit dem Eisen zu bringen.

Das neue Verfahren bietet einen einfachen, billigen und wirksamen Weg, um aus Tonerde den überschüssigen Kohlenstoff zu beseitigen, der, wie oben erwähnt, gewöhnlich bei der elektrothermischen Reinigung des Rohgutes benutzt werden muß, um den Gehalt an anderen Oxyden sehr niedrig zu bekommen. Dies wird als einer der wichtigsten Vorteile des Verfahrens betrachtet. Ein anderer wichtiger Vorteil liegt in den geringen Kosten der Zerkleinerung des Produktes auf einen Zustand so feiner Verteilung, daß bei Zusatz zum geschmolzenen Kryolithbade des Hallschen Aluminiumverfahrens die Teilchen sich auflösen, bevor sie zum Boden der elektrolytischen Zelle sinken. Diese Verringerung der Kosten beruht darauf, daß ein Vorquetschen und Vormahlen unnötig ist und die in Kugelform gebrachte Tonerde direkt in die Kugelmühle oder sonstige Feinmühle beschickt wird. Es hat sich aber gezeigt, daß die im Strahl gekörnte Tonerde sich beim Mahlen in einer Kugelmühle zäher und härter als in der gewöhnlichen Art erstarrte Tonerdeschlacke verhält. Aus diesem Grunde hat das neue Produkt Vorteile als Schleifmittel sowie auch wegen seiner gleichförmigen und feinen Korngröße. In der üblichen Art aus der Schmelze erstarrte Tonerde ist im allgemeinen weit gröber und ungleichförmiger im Gefüge. Wahrscheinlich beruht die Feinkörnigkeit des neuen Gutes auf seiner sehr raschen und praktisch augenblicklichen Erstarrung.

Bei der Herstellung von Schleifmitteln durch Schmelzen von Tonerde im elektrischen Ofen hat die Wichtigkeit des Freihaltens des Fertigproduktes von allem Kohlenstoff dazu gezwungen, zur geschmolzenen Tonerde eine erhebliche Menge eines leicht reduzierbaren Oxydes, wie Eisenoxyd, zuzusetzen oder dieses Oxyd unreduziert darin zu belassen. Dies bedeutet, daß die früheren Produkte eine erhebliche Menge von Kohlenstoff oder reduzierbarem Oxyd enthalten müssen, was beides für Schleifmittel schädlich ist. Das neue Verfahren aber gestattet die Herstellung von Tonerde, aus der andere Oxyde soweit als durch Kohlenstoffüberschuß möglich entfernt worden sind, die aber trotzdem wesentlich frei von Kohlenstoff ist.

Es ist bereits vorgeschlagen worden, Gas, z. B. Luft, in eine geschmolzene Masse von teilweise mit Kohlenstoff reduziertem Aluminiumoxyd zwecks Reinigung hineinzublasen oder das Oxyd durch die Luft niederregnen zu lassen oder es gegen Preßkörper zu zerspritzen, ohne daß dabei aber Hohlkügelchen gebildet wurden. Demgegenüber kommt es nach der Erfindung darauf an, das Gas mit so hoher Geschwindigkeit in einen Strom des geschmolzenen Oxydes zu spritzen, daß letzteres in Hohlkügelchen umgewandelt wird.

Patentansprüche:

1. Verfahren zum Behandeln von Oxyden des Aluminiums oder Magnesiums oder von Mischungen aus Oxyden von Magnesium, Aluminium und Calcium durch Verblasen, dadurch gekennzeichnet, daß ein Gas mit hoher Geschwindigkeit in einen nicht allseitig umschlossenen Strom des geschmolzenen Oxydes bzw. der geschmolzenen Oxyde gespritzt wird, daß etwa hohlkugelartige Teilchen entstehen.
2. Verfahren nach Anspruch 1, dadurch gekennzeichnet, daß vor dem Blasen das Oxyd auf Entfernung von Kieselsäure verarbeitet wird.

Nr. 537894. (A. 49286.) Kl. 12m, 6. Aluminium Limited in Toronto, Kanada.

Herstellung von reinem Aluminiumoxyd.

Zusatz zum Patent 528462.

Vom 19. Nov. 1926. — Erteilt am 22. Okt. 1931. — Ausgegeben am 7. Nov. 1931. — Erloschen: 1932.

Amerikanische Priorität vom 4. Dez. 1925 beansprucht.

Bei Herstellung von Tonerde durch Reduktion von Bauxit mit einem kohlenstoffhaltigen Reduziermittel im elektrischen Ofen ist es schwierig, den Gehalt an den Oxyden von Eisen, Silicium und Titan auf erheblich unter 0,5 % herabzudrücken, und die so hergestellte Tonerde enthält gewöhnlich Spuren von Karbid sowie zwischen 0,2 und 0,7 %

Calciumoxyd. Solche Mengen dieser Verunreinigungen machen die Tonerde ungeeignet für die Herstellung von Aluminium durch die üblichen Verfahren, z. B. nach Hall oder Heroult, nicht bloß weil gewisse dieser Verunreinigungen mit der Tonerde reduziert werden und das erzeugte Metall verunreinigen, sondern auch weil andere und namentlich das Calciumoxyd sich in dem geschmolzenen Fluoridbade ansammeln und es gegebenenfalls zu weiterer Verwendung ungeeignet machen.

Die Erfindung schafft ein einfaches, billiges und wirksames Verfahren der Herstellung wesentlich reinen Aluminiumoxydes aus tonerdehaltigem Gut durch den elektrischen Ofen mittels Reduktion und Entfernung von Verunreinigungen im geschmolzenen Zustande und besteht in einer Verbesserung bzw. weiteren Ausbildung des Verfahrens nach Patent 528 462 in der Weise, daß der größere Teil der in den verblasenen Hohlkügelchen aus Aluminiumoxyd noch vorhandenen Oxydverunreinigungen durch Auslaugung dieses fein zerteilten festen Körpers mit einer wässerigen Lösung eines sauren Stoffes und anschließende Auswaschung entfernt wird.

Es sind bereits Verfahren für die Behandlung von Aluminiumoxyd-Aluminiumsulfid- oder Aluminiumoxyd-Aluminiumkarbid-Schlacken mit Säuren bekannt; sie unterscheiden sich aber von dem neuen Verfahren dadurch, daß sie die Absonderung kristallinischer Tonerdekörner von einer großen Menge einer Sulfid oder Karbid enthaltenden Grundmasse durch Auflösung der Grundmasse bezwecken, während das neue Verfahren das Vorhandensein von Karbid und Sulfid vermeidet und die Entfernung der eingeschlossenen restlichen Oxydverunreinigungen aus relativ reiner Tonerde bewirkt. Ferner können bei den erwähnten älteren Verfahren relativ große Tonerdemengen aufgelöst werden, während bei dem neuen Verfahren gewöhnlich weniger als 2 % der Tonerde durch Lösung verlorengeht.

Es ist auch bekannt, die durch Zersetzung von Aluminiumsulfat erhaltene Tonerde mit Säuren zu behandeln, um Eisen, Eisenoxyd und Eisensulfid zu entfernen, und es ist auch bereits vorgeschlagen worden, Schmirgel mit Säuren zu behandeln und, wenn das Endprodukt zur Herstellung metallischen Aluminiums dienen soll, eine Behandlung mit Fluorwasserstoffsäure anzuschließen.

Bei dem neuen Verfahren wird Bauxit oder sonstiges geeignetes tonerdehaltiges Gut zuerst in bekannter Art im Elektroofen mit einem kohlenstoffhaltigen Reduziermittel geschmolzen, wodurch wesentlich alle Oxyde von Eisen, Silicium und Titan nebst etwas Tonerde zu Metallen reduziert werden und eine Ferrosilicium-Titan-Aluminium-Legierung unter einer Schicht von geschmolzener gereinigter Tonerde gebildet wird. Diese muß mehr als 95 % Tonerde enthalten, und es hat sich als praktisch richtig erwiesen, die Reinigung so weit zu führen, daß die gesamten Oxydverunreinigungen weniger als 2 % betragen. Die geschmolzene Tonerde wird mit oder ohne vorherige Entfernung des größeren Teiles der Legierung aus dem Ofen abgestochen und dadurch verblasen, daß man einen Strahl von Hochdruckluft oder sonstigem Gas auf den geschmolzenen Strahl prallen läßt, wie im Patent 528 462 beschrieben. Dadurch wird die Schlacke in Hohlkügelchen umgewandelt und ein wesentlicher Teil des restlichen Eisenoxydes nebst einem Teil der anderen Oxydverunreinigungen verflüchtigt, während vorhandener Kohlenstoff durch Oxydation entfernt wird. Die Kügelchen können vor dem Auslaugen zerquetscht und gemahlen oder nur zerquetscht oder auch unmittelbar ausgelaugt werden. Nachdem das gereinigte Aluminiumoxyd zu einem Körper genügenden Feinheitsgrades, wie oben beschrieben, zerkleinert worden ist, wird es erfindungsgemäß mit wässeriger Lösung eines sauren Stoffes, wie Schwefelsäure, Salzsäure, Flußsäure oder schwefliger Säure, oder einem sauren Sulfate, wie saurem Natriumsulfat, oder Kombinationen dieser oder anderer saurer Stoffe ausgelaugt oder behandelt, wodurch Kalk und Karbid nebst einem beträchtlichen Teil von Kieselsäure, Titanoxyd und Eisenoxyd entfernt werden.

Es hat sich gezeigt, daß durch einige der obigen sauren Stoffe, vielleicht mit Ausnahme der Flußsäure, etwas von der Kieselsäure und dem Titanoxyd nicht in Form einer eigentlichen Lösung entfernt, sondern anscheinend gefällt wird bzw. bei der Auslaugung unlöslich bleibt in Form einer äußerst fein verteilten und gewöhnlich mehr oder weniger gelatinösen Fällung, die Kieselsäure und basische Titanoxydverbindungen enthalten kann. Durch Waschen bzw. Schlemmen des ausgelaugten Gutes mit Wasser kann diese gelatinöse Masse entfernt werden. Sie enthält gewöhnlich etwas Tonerde, die in bekannter Art wiedergewonnen und zum Elektroofen zur Erzeugung von Tonerde zurückgeführt werden kann. Obgleich der ganze Kalk und der größte Teil der anderen Oxydverunreinigungen durch einfaches Waschen mit dem sauren Stoff entfernt werden kann, wird vorzugsweise Waschen und Schlemmen kombiniert, um Tonerde von höchster Reinheit zu erzeugen. Ein sehr wirksamer Weg für die

Behandlung ist, daß man die Tonerde und den sauren Stoff im Gegenstrom durch eine Reihe von Gefäßen führt, so daß die Säure, wenn sie schwächer wird, einer Tonerde mit größerem Verunreinigungsgehalt begegnet, die reinste Tonerde aber mit der stärksten Säure behandelt wird. Das Verfahren kann so zu einem stetigen gemacht werden. Die bekannten Klassierapparate von Dorr haben sich z. B. für das Verfahren sehr bewährt.

Der Dorr-Klassierer weist einen länglichen geneigten Behälter oder Trog auf, der am unteren Ende eine Zuführschurre und am oberen Ende eine Austrittsschurre hat. In dem Troge ist ein Rechen, der durch einen Lenker mit einer exzentrischen Kurbelscheibe verbunden ist, durch die er hin und her beweglich ist. Der Rechen hängt von zwei in Abstand angeordneten Kniehebeln herab und ist an seinen Enden mit einem Arm jedes Kniehebels verbunden. Die anderen Arme der Kniehebel sind durch einen Lenker verbunden. Dieses Kniehebelgebilde ist durch die Kurbelscheibe schwingbar, die dem Rechen im Troge Hinundhergang erteilt, d. h. die eine Kurbelscheibe dient dazu, den Rechen hin und her zu bewegen und auch die ihn tragenden Kniehebel zu schwingen. Die Einrichtung ahmt die Arbeit eines Handrechens nach, der Gut eine Schrägfläche hinauf gegen einen Flüssigkeitsstrom zu bewegen sucht. Flüssigkeit wird dem Troge durch eine Öffnung an einem Zwischenpunkt zugeführt. Wenn die Kurve den Rechen im Troge bewegt, so schwingt sie auch die ihn tragenden Kniehebel und hebt dadurch den Rechen aus dem Gut am Boden des Troges. Der Rechen wird dann vorbewegt, in die Tonerde gesenkt und wieder zurückgezogen. Dieses geeignet wiederholte Spiel fördert die Tonerde auf dem schrägen Trogboden aufwärts, während die Flüssigkeit in entgegengesetzter Richtung fließt und in einen Trog überfließt, der am unteren Ende des den Rechen enthaltenden Haupttroges sitzt. Der Rechen ist also derart im Troge angebracht, daß er darin hin und her bewegt und relativ zu ihm dabei gehoben und gesenkt wird.

Angenommen, daß sieben solcher Apparate in Reihe geschaltet sind, so wird die Tonerde in den ersten und Waschwasser in den siebenten eingeführt, und die Tonerde schreitet allmählich vom ersten zum siebenten Behälter fort, das Wasser aber entgegengesetzt. Die nötige Menge der starken Säure, z. B. Schwefelsäure, wäre stetig nahe der Mitte der Reihe, z. B. in den vierten Klassierer, einzuführen. Auf diese Weise würde ausgelaugte und gewaschene Tonerde einem Trockenofen vom Ende des siebenten Klassierers zugeführt und verbrauchte Säure vom ersten Klassierer abgeführt werden. Die obenerwähnten fein verteilten Verunreinigungen würden im Schwebezustand abgeführt werden.

Bei Verwendung einer solchen Einrichtung und Hindurchschickung der Tonerde im Verhältnis von 3,6 t je Stunde erzielt man gute Ergebnisse durch Zufuhr von 1300 bis 1500 l 10prozentiger Schwefelsäure. Das Waschwasser kann im Verhältnis von ungefähr 1900 l je Tonne Tonerde zugeführt werden. Auf diese Weise kann man etwa 85 t Tonerde je Tag verarbeiten und den Gesamtgehalt an Verunreinigungen von etwa 1,5 % auf etwa 0,3 % verringern.

Schwefelsäure wird wegen ihrer guten Wirkung und Billigkeit bevorzugt, es sind auch sehr viel andere Stoffe brauchbar, von denen einige wenige Beispiele nachstehend angegeben werden. Das Verfahren kann auch durch aufeinanderfolgende Behandlung mit stets demselben Stoff oder verschiedenen Stoffen durchgeführt werden.

Beispiel 1

454 kg gemahlener Tonerdeschlacke mit 98,87 % Al_2O_3 wird unter Umrühren mit 208 l 10prozentiger Schwefelsäure behandelt. Nach 20 Stunden ist der Tonerdegehalt 99,75 %. Die Oxydverunreinigungen sind in folgendem Ausmaß entfernt: 100 % des CaO, 64,8 % des SiO_2 und 64,3 % des TiO_2.

Beispiel 2

91 kg Tonerdeschlacke werden 4 Tage mit HCl-Lösung von 17,4 % ausgelaugt. Dadurch werden 90,5 % des Fe_2O_3, 64,3 % des TiO_2, 20 % des SiO_2 und 100 % des CaO entfernt.

Beispiel 3

45 kg Tonerdeschlacke und 1,87 kg Natriumchlorid werden 6 Stunden mit 45,5 l einer H_2SO_4-Lösung von 6,3 % behandelt. Die Säure wird erneuert. Nach 7 Stunden sind 57,1 % von SiO_2, 50 % von Fe_2O_3, 44,5 % von TiO_2 und alles CaO entfernt.

Beispiel 4

Tonerdeschlacke wird mit Flußsäure befeuchtet, 1 : 1 HCl wird zugesetzt und erwärmt. Die Lösung wird entfernt und 1 : 5 HCl zugesetzt und 20 Minuten reagieren gelassen. Die ganze Behandlungszeit beträgt 2 Stunden. Dadurch werden 93,8 % von SiO_2, 61,5 % von FeO, 50 % von TiO_2 und 100 % CaO entfernt.

Beispiel 5

1,86 t Schlacken mit 14 % Wasser wird 12 Stunden mit SO_2 behandelt. Das Produkt wird mit HCl-Lösung von 5 % gewaschen. Analyse zeigt, daß der Tonerdegehalt von 98,33 % der unbehandelten Schlacke auf 99,66 % gestiegen ist, daß von dem CaO 100 % entfernt sind, von SiO_2 71,5 %, von Fe_2O_3 83,6 % und von dem TiO_2 50 %.

Die Oxydverunreinigungen können als solche oder in gegenseitiger Kombination, z. B. als Calciumsilikat, vorhanden sein oder in Kombination mit Tonerde, wie bei Calciumaluminat. Der Einfachheit halber wird hier stets nur von Oxyden gesprochen. Andere säurelösliche Verunreinigungen, wie Magnesiumoxyd, die etwa vorhanden sind, werden durch das Verfahren auch entfernt. Etwa vorhandenes Karbid wird zu einem Sulfat, z. B. Aluminiumsulfat, und einem flüchtigen Kohlenwasserstoff umgewandelt.

Patentansprüche:

1. Herstellung von reinem Aluminiumoxyd aus tonerdehaltigem Gut durch Reduktion im elektrischen Ofen und Entfernen der Verunreinigungen in geschmolzenem Zustande nach Patent 528 462, dadurch gekennzeichnet, daß nach dem Verblasen des gereinigten, so erzeugten, geschmolzenen Aluminiumoxydes zu Hohlkügelchen der größere Teil der darin noch vorhandenen restlichen Oxyde von Silicium, Eisen und Titan durch Auslaugen mit schwefliger Säure, Schwefelsäure oder Salzsäure aufgelöst und entfernt wird.

2. Verfahren nach Anspruch 1, dadurch gekennzeichnet, daß aus geschmolzener Tonerde erblasene Hohlkügelchen ohne vorherige Feinmahlung ausgelaugt werden.

Nr. 520 851. (H. 113 598.) Kl. 12 m, 6. Eugen Herzog in Agram, Jugoslawien.

Gewinnung einer für die Elektrolyse geeigneten Tonerde.

Vom 25. Okt. 1927. — Erteilt am 26. Febr. 1931. — Ausgegeben am 14. März 1931. — Erloschen: 1931.

Es ist bereits vorgeschlagen worden, zur Gewinnung einer für die Elektrolyse geeigneten, gereinigten Tonerdemasse zwecks Herstellung von Aluminium oder Aluminiumlegierungen durch thermische oder elektrothermische Reduktion der verunreinigenden Oxyde bei Gegenwart eines das Aluminiumoxyd lösenden Flußmittels eine Tonerdeschmelze durch Schmelzen von Reduktionsmitteln, z. B. Kohle- und tonerdehaltigen Stoffen, insbesondere unter Verwendung eines elektrischen Ofens zu erzielen, wobei auch ein geringer Zuschlag von Fluoriden erfolgen kann. Es werden hierbei Temperaturen von 1600 bis 1800° C benötigt. Die etwa in geringer Menge zugesetzten Fluoride müssen bei diesen Temperaturen verdampfen. Die Trennung der flüssigen Tonerde von den flüssigen Fe-, Si-, Ti-Legierungen geht infolge des verschieden großen spezifischen Gewichts der einzelnen Bestandteile vor sich.

Als erheblicher Nachteil dieses Verfahrens hat sich ergeben, daß die Trennung der reduzierten Verunreinigungen aus der Schmelze durch Absinken infolge des höheren spezifischen Gewichts nicht in dem wünschenswerten Maße erfolgt.

Die Erfindung bezieht sich auf ein Verfahren, bei dem die genannten Nachteile dadurch behoben werden, daß aus der geschmolzenen Masse die Verunreinigungen herausfiltriert werden.

Zweckmäßigerweise werden die Filtervorrichtungen zur Trennung der Tonerdeschmelze von den Verunreinigungen aus schwer schmelzenden, von der Schmelze chemisch schwer angreifbaren porösen Stoffen, wie z. B. Koks, Graphit, Carbide, insbesondere Calciumcarbid, Kupferschwamm u. dgl., gebildet, die Verunreinigungen des Schmelzbades bei dem Filtrieren zurückhalten bzw. chemisch binden.

Die Verunreinigungen verbleiben am Filter, während die reine Tonerde mit dem Schmelzmittel als Filtrat gesammelt und der Elektrolyse unterworfen wird.

Um die Trennung zu erzielen, kann der tonerdehaltige Rohstoff vorerst einer reduzierenden Röstung unterzogen werden. Dadurch werden die verunreinigenden Oxyde des Eisens, Siliciums und Titans reduziert, während die Tonerde unverändert bleibt. Die reduzierte Masse wird darauf in einem Schmelzbad aufgeschlossen, in dem die Tonerde löslich ist, während die Verunreinigungen darin feste, unlösliche Stoffe bilden, wodurch eine Trennung und Filtration möglich werden.

Als Rohstoffe für die Aluminiumerzeugung können z. B. Bauxite, Tone usw. mit beliebigem Gehalt an Eisenoxyden, Kieselsäure, Titansäure usw. verwendet werden. Als Reduktionsmittel können alle festen, flüssigen oder gasförmigen kohlenstoffhaltigen natürlichen oder künstlichen Stoffe, wie Kohlen, Koks, Carbide (insbesondere Calciumcarbid), Gichtgase, Generatorgase usw., verwendet werden. Als Lösungsmittel werden Fluoride, Chloride, Sulfide der Alkalien und Erdalkalien, z. B. Kryolith, Flußspat, Kochsalz usw., verwendet.

Gegenüber den bekannten Verfahren zur Behandlung von tonerdehaltigen Rohstoffen ist gemäß der Erfindung eine wesentlich niedrigere Temperatur der Schmelze erforderlich, so daß die mechanische Abtrennung der Verunreinigungen durch Filter ermöglicht wird.

Die Ausführung des Verfahrens kann in folgender Weise erfolgen:

1. Tonerdereiche Rohstoffe, z. B. gemahlener Bauxit, werden mit Reduktionsmitteln thermisch behandelt und reduziert, bei niedrigerem Kieselsäuregehalt bei einer Temperatur von 900 bis 1400° C, bei höherem Kieselsäuregehalt erreicht man mit Zugabe von Calciumcarbid eine bei niedrigerer Temperatur stattfindende Reduktion der Kieselsäure, entsprechend der Gleichung

$$SiO_2 + CaC_2 = SiC + CaO + CO$$

Die erhaltene reduzierte, graue, pulverförmige oder gesinterte Masse wird nun in ein Schmelzbad, bestehend aus den üblichen Lösungsmitteln für Tonerde, wie Kryolith, Flußspat usw., bis zur völligen Auflösung eingerührt. Eine sich schnell bildende, stark kohlenstoffhaltige, spezifisch leichte Schlacke schützt das Schmelzbad vor Verdampfungsverlusten. Die spezifischen schweren Metalle bzw. Legierungen sinken langsam zu Boden. Die Lösungsschmelze enthält die im Rohstoff vorhandene Tonerde und ist gewöhnlich bei 850 bis 950° C dünnflüssig. Die in der Schmelze unlöslichen festen und fein verteilten Eisen, Silicium, Titan, Kohlenstoff enthaltenden Teilchen Metalle, Metalloide, Legierungen, Sulfide, Carbide, Silicide usw. werden dann mittels des besonders hergestellten Filters von der homogenen Schmelze abgesondert.

Die erhaltene Tonerdelösungsmittelschmelze ist ein zur Schmelzflußelektrolyse geeigneter Elektrolyt. Die am Filter verbliebenen Eisen, Silicium, Titan, Kohlenstoff usw. enthaltenden Stoffe können zur Erzeugung von Ferrosilicium, Ferrotitan usw. durch Umschmelzen verwendet werden. Die kohlenstoffhaltige Schlacke kann zur Reduktion des Rohstoffes wieder verwendet werden.

Zum Filtrieren der Schmelze werden als Filterschichten Kupferschwamm, kohlenstoffhaltige, poröse gesinterte Schichten, überhaupt poröse, für das Schmelzbad schwer angreifende, schwer schmelzende Stoffe (wie Carbide, besonders CaC^2,*) Koks usw.) verwendet. Mehrere Reihen übereinander geschichteter Filterplatten und Schichten sind zur Erzeugung eines sehr reinen Schmelzfiltrates empfehlenswert. Die am Filter befindlichen Verunreinigungen (Eisen, Silicium, Titan, Kohlenstoff) bilden selbst auch eine Filterschicht.

*) **Druckfehlerberichtigung: CaC_2.**

2. Tonerdereiche Rohstoffe, z. B. Bauxite, Tone usw., werden mit Flußspat, Kryolith vermischt und geschmolzen. Die Schmelze wird dann durch glühende und reduzierend wirkende Schichten, bestehend z. B. aus Koks, Calciumcarbid, Ferroaluminium usw., langsam durchsickern gelassen. Dadurch werden die im Rohstoffe vorhandenen Verunreinigungen, wie z. B. Eisen, Silicium, Titan, zurückgehalten und aus der Schmelze entfernt. Sollte die Schmelze nicht genügend rein sein, so wird ihr Calciumcarbid und aluminiumhaltiges Pulver zugegeben und nach erfolgter Umsetzung die Schmelze nochmals filtriert nach Beispiel 1.

Die Reduktion und der Aufschluß der tonerdehaltigen Rohstoffe kann in allen technischen Ofentypen, z. B. Drehofen, Schachtofen, elektrischer Flammofen usw., ausgeführt werden. An die Öfen schließt sich eine entsprechende Schmelzfiltrationseinrichtung, wie oben beschrieben, an, die es erlaubt, einen für technische Zwecke reinen Schmelzflußelektrolyten zu gewinnen.

Von den bisherigen Verfahren weicht dieses Verfahren beträchtlich ab. Die Tonerdegewinnung und Tonerdezerlegung werden zu einem Schmelzverfahren verbunden, demnach Aluminium unmittelbar aus dem Rohstoff erhalten; Rohstoffe, insbesondere Bauxite mit mehr als 6 bis 7 % Kieselsäure so der Verwendung zugeführt. Die Wärmewirtschaft des Verfahrens ist günstig, da keine Abkühlung der in Prozesse befindlichen Stoffe stattfindet, sondern alle Phasen in einer Hitze verlaufen.

Patentansprüche:

1. Verfahren zur Gewinnung einer für die Elektrolyse geeigneten gereinigten Tonerdemasse durch thermische oder elektrothermische Reduktion der verunreinigenden Oxyde bei Gegenwart eines das Aluminiumoxyd lösenden fluoridhaltigen Flußmittels, dadurch gekennzeichnet, daß die erhaltene Masse filtriert wird.

2. Ausführungsform nach Anspruch 1, dadurch gekennzeichnet, daß die Trennung der Tonerdeschmelze von den Verunreinigungen des Eisens, Siliciums und Titans mittels besonderer Filtervorrichtungen und Filterschichten aus schwer schmelzenden, von der Schmelze chemisch schwer angreifbaren, porösen Stoffen, wie z. B. Koks, Graphit, Carbide (besonders Calciumcarbid), Kupferschwamm u. dgl., die Verunreinigungen des Schmelzbades bei dem Filtrieren zurückhalten oder chemisch binden, ausgeführt wird.

Nr. 512564. (V. 21. 30.) Kl. 12m, 5.

VEREINIGTE ALUMINIUM-WERKE AKT.-GES. IN LAUTAWERK, LAUSITZ.

Vorbereitendes Verfahren für den Aufschluß von tonerdehaltigen Materialien, insbesondere Bauxiten, mit Reduktionsstoffen und Pyrit.

Vom 25. Dez. 1929. — Erteilt am 30. Okt. 1930. — Ausgegeben am 13. Nov. 1930. — Erloschen: 1933.

Die Abscheidung der Tonerde aus solche enthaltenden Materialien, insbesondere Bauxiten, erfolgt nach einem bekannten Verfahren in der Weise, daß der Bauxit mit Reduktionsstoff und schwefelhaltigen Zuschlägen geschmolzen wird. Die Unreinlichkeiten des Bauxits, insbesondere Kieselsäure, Titansäure, Eisenoxyd, werden reduziert und bilden eine Legierung. Die Tonerde setzt sich mit dem Schwefel der Charge zu Aluminumsulfid um, in dem sich weiteres Aluminiumoxyd löst. Die Leichtflüssigkeit dieser Aluminiumoxydsulfidschmelze ermöglicht die bequeme Trennung von der erwähnten Legierung. Aus der erstarrten Schmelze wird die Tonerde gewöhnlich durch Behandlung mit verdünnten Säuren in reiner Form gewonnen.

Verwendet man nun Schwefeleisenverbindungen als schwefelhaltigen Zusatz, so geht die Schwefelung der Tonerde bzw. ihre Umsetzung zu Aluminiumsulfid, wie durch eingehende Betriebsresultate bestätigt worden ist, ausschließlich im Umfange des vorhandenen Einfachschwefeleisens (FeS) vor sich. Da nun andererseits als Schwefeleisenverbindungen praktisch nur der Pyrit oder ähnlich geartete Schwefeleisenerze in Frage kommen, so ist das zweite Schwefelatom im Sinne des Verfahrens für die Umsetzung der Tonerde, also für die Durchführung des Prozesses verloren. Es wirkt sich zudem in der Praxis als dem Prozeß in unangenehmer Weise beeinflussender Faktor aus.

Diesen Mangel, der die Ökonomie des bekannten Verfahrens und seine Durchführbarkeit beeinträchtigt, beseitigt die Erfindung dadurch, daß fein verteiltes Eisen im Umfange des einen Schwefelatoms des Pyritzuschlages mit demselben brikettiert und die Charge aus dem Bauxit, dem Reduktionsmittel und diesen Briketts in den erforderlichen Mengenverhältnissen zusammengestellt wird.

Es ist wohl bei Verfahren der vorliegenden Art bekannt, die Charge dadurch vorzubereiten, daß das in dem Bauxit enthaltene Eisenoxyd in metallisches Eisen übergeführt wird und sodann aus dem so erhaltenen Erzeugnis, dem Reduktionsmittel sowie dem schwefelhaltigen Zuschlag. Briketts hergestellt werden.

Es ist ferner bekannt, bei dem Aufschließen von Bauxit mit Reduktionsstoff und schwefelhaltigen Zuschlägen, wie Pyriten, Zuschläge von Eisenspänen zu machen. Es wurde jedoch festgestellt, daß das Eisen hierbei mit dem Schwefel nicht die Schwefeleisenbildung eingeht und durch die im Bauxit enthaltene Feuchtigkeit die Schwefelverbindung teilweise zersetzt wird.

Diesen Erfahrungen verdankt die Erfindung ihre Entstehung, die darin besteht, daß aus dem Pyrit mit so viel fein verteiltem, insbesondere granuliertem und darauf gepulvertem Eisen, als zur Bindung des einen Schwefelatoms notwendig ist, Briketts hergestellt und diese für die Zusammenstellung der Charge benutzt werden.

Durch das Briketteinbinden des Eisens in fein verteiltem Zustande mit dem Schwefelkies bildet sich zunächst und im Gesamtumfange des vorhandenen Schwefels einfach Schwefeleisen, so daß der Gesamtgehalt des Kieses an Schwefel im Sinne und nach Maßgabe des vorliegenden Tonerdegewinnungsverfahrens zur Schwefelung der Tonerde ausgenutzt wird.

Das Verfahren ist natürlich auch mit anderen schwefelhaltigen Zuschlägen durchführbar, wo der Schwefelgehalt größer ist, als der Relation Fe zu S entspricht.

Nachstehend ist ein Ausführungsbeispiel des Verfahrens gegeben:

1000 kg Pyrit und 470 kg Eisen werden in fein verteiltem Zustande, z. B. durch Granulieren und Pulvern, zerkleinert und brikettiert; diese Briketts werden mit 2 000 kg Bauxit und 400 kg Koks eingeschmolzen. Es bildet sich zunächst im Gesamtumfange des vorliegenden Schwefels FeS, das sich mit der Tonerde des Bauxits zu Aluminiumsulfid umsetzt, indem sich weitere Tonerde zu einer leichtflüssigen Aluminiumoxydsulfidschmelze löst, die dann in bekannter Weise auf Tonerde verarbeitet wird.

PATENTANSPRUCH:

Vorbereitendes Verfahren für den Aufschluß von tonerdehaltigen Materialien, insbesondere Bauxiten, mit Reduktionsstoffen und Pyrit, dadurch gekennzeichnet, daß aus dem Pyrit mit praktisch so viel fein verteiltem, insbesondere granuliertem und darauf gepulvertem Eisen, als zur Bindung des einen Schwefelatoms notwendig ist, Briketts hergestellt und diese zur Zusammenstellung der Charge verwendet werden.

Nr. 523 270. (V. 25 836.) Kl. 12 m, 6.

Vereinigte Aluminium-Werke Akt.-Ges. in Lautawerk, Lausitz.

Verhinderung von Aluminiumkarbidbildung bei der Herstellung von Aluminiumoxyd-Metallsulfidschmelzen.

Vom 8. Okt. 1929. — Erteilt am 2. April 1931. — Ausgegeben am 6. Aug. 1931. — Erloschen: . . . .

Schwedische Priorität vom 2. Nov. 1928 beansprucht.

Die vorliegende Erfindung bezieht sich auf ein Verfahren zur Herstellung von sowohl Aluminiumoxyd als auch ein oder mehrere Sulfide, wie BaS, CaS, MgS, Al_2S_3, enthaltenden Stoffen durch reduzierendes Schmelzen im elektrischen Ofen, bei welchem aluminiumoxydhaltiges Material zusammen mit kohlenstoffhaltigem Material geschmolzen wird, und wobei wenigstens ein Teil des Sulfidgehaltes der erschmolzenen Produkte aus Schwermetallsulfiden entnommen ist, und ist dadurch gekennzeichnet, daß der Zuschlag der Schwermetallsulfide zu einem beträchtlichen Teil in solcher Form erfolgt, daß es bei der Schmelzung größere Tropfen oder Klumpen bildet und in dieser Form aus im übrigen noch ungeschmolzenem Beschickungsgut ausseigert.

Bei Verfahren, die mit Entschwefelung von Schwermetallsulfiden arbeiten, ist es bereits vorgeschlagen worden, dieses Sulfid in Mischung mit aluminiumoxydhaltigem Material und Kohle zuzuführen, um auf diese Weise eine direkte Reaktion zwischen Sulfid, Aluminiumoxyd und Kohlenstoff zu begünstigen. Dieses Ziel wurde zwar erreicht, aber es zeigte sich, daß die Bildung von Aluminiumkarbid bisweilen in einem Ausmaß erfolgte, daß unter anderem vor allem die Verarbeitung des Produktes auf reines Aluminiumoxyd erschwert wurde. Dieser Übelstand trat besonders bei der Herstellung von Produkten mit verhältnismäßig niedrigerem Schwefelgehalt, z. B. bei einem solchen unter 10 %, aber in manchen Fällen auch bei höherem Schwefelgehalt auf.

Es wurde festgestellt, daß diese Aluminiumkarbidbildung dadurch verursacht wird, daß bei dem Verfahren in der Regel etwas Aluminiummetall durch die Reduktion entsteht, welches mit dem aus dem Bauxit und den Zuschlägen gebildeten Eisen eine Eisenlegierung bildet. Da das Aluminiummetall größere Verwandtschaft zu dem Kohlenstoff hat als das Eisen, zersetzt das Aluminiummetall bereits gebildetes Eisenkarbid unter Bildung von Aluminiumkarbid, das in dem Eisen nicht löslich ist und deshalb in die Schmelze geht.

Durch die vorliegende Erfindung wird dieser Nachteil dadurch beseitigt, daß wenigstens ein Teil des Eisensulfids so zugeführt wird, daß es große Tropfen bildet und daher nicht genügend Zeit zur Schmelzung mit dem Kohlenstoff und dem Aluminiumoxyd findet, sondern in das Metallbad heruntersinkend in diesem aufgelöst wird, wo es mit in diesem befindlichem Aluminiummetall reagiert. Das dabei gebildete Aluminiumsulfid scheidet sich aus dem Eisen ab und geht in die Schlacke bzw. Schmelze über. Durch diese Art der Abscheidung von Aluminiummetall aus der Eisenlegierung wird die Bildung von Aluminiumkarbid in hohem Grade verringert.

Wird im vorliegenden Verfahren solches Schwermetallsulfid, beispielsweise FeS_2, ZnS, verwendet, das schon bei beträchtlich niedrigerer Temperatur als der in der eigentlichen Reaktionszone des Ofens herrschenden Temperatur seinen ganzen Schwefelgehalt bzw. einen Teil davon abgibt, wird gemäß der Erfindung Eisen oder ein anderes in dieser Hinsicht gleichwertiges Metall zwecks Bindung des bei der verhältnismäßig niedrigen Temperatur frei gewordenen Schwefels zugesetzt. Dieses Eisen wird mit dem Pyrit bzw. Zinksulfid innig gemischt, und aus der Mischung werden Brikette geformt. Das Eisen kann in der Form von Spänen, Granalien o. dgl. zugesetzt werden, d. h. in solcher Form, daß es leicht Schwefel aufnimmt. Bei der Brikettierung wird zweckmäßig ein Material, beispielsweise Bauxit, zugesetzt, das leicht Feuchtigkeit aufnimmt und einen Teil derselben dann für das Zusammenrosten des Briketts abgibt. Die Menge solchen Zusatzstoffes soll 30 % nicht übersteigen und wird geeigneterweise zwischen 10 und 20 % gehalten. Der Zusatz soll in jedem Falle nicht so groß sein, daß er die Ausseigerung des Eisensulfids verhindert. Das Eisen in den Briketten soll aus demselben Grunde nicht zu fein pulverisiert sein.

Die Brikette können selbstverständlich auch aus einer Mischung von Pyrit, Eisen und Zinksulfid bestehen. Mit Vorteil können auch Zinksulfiderze benutzt werden, die gleichzeitig ZnS und Pyrit oder Magnetkies enthalten. In die Brikette eventuell einzubindender Bauxit wird zweckmäßig in uncalciniertem Zustande verwendet. Der übrige in der Beschickung enthaltene Bauxit wird dagegen geeigneterweise in von Wasser durch Calcinierung oder Sinterung befreiter Form zugeführt.

Eine zur Durchführung des Verfahrens sich eignende Charge ist wie folgt zusammengesetzt: 100 kg Sinterbauxit, 25 kg Brikette, bestehend aus 20 % rohem Bauxit, 40 % Pyrit und 40 % Eisengranull, 15 kg Koks.

Die Charge wird in einem elektrischen Ofen eingeschmolzen. Es wird 65 kg Aluminiumoxyd-Aluminiumsulfidschmelze erhalten, mit einem Schwefelgehalt von 8 % und einem Karbidkohlenstoffgehalt von weniger als 0,5 %.

PATENTANSPRÜCHE:

1. Verfahren zur Verhinderung der Aluminiumkarbidbildung bei der Herstellung von Aluminiumoxyd-Metallsulfidschmelzen unter Ausgang von tonerdehaltigen Stoffen, Kohle und Schwermetallsulfiden, dadurch gekennzeichnet, daß letztere ganz oder teilweise und etwaigenfalls mit anderen Teilen der Beschickung gemengt, daß letzteres in Stückform chargiert wird, daher beim Schmelzen teilweise unzersetzt durch die Schmelze in das sich bildende Metallbad hindurchsinkt und dort den Umsatz des in demselben befindlichen Aluminiums zu Aluminiumsulfid bewirkt.

2. Verfahren nach Anspruch 1, dadurch gekennzeichnet, daß der stückige Teil der Beschickung ganz oder teilweise aus Gemischen von Schwermetallsulfid und Eisen besteht.

3. Verfahren nach Anspruch 1, dadurch gekennzeichnet, daß der stückige Teil der Beschickung aus Briketten von Eisen, vorzugsweise Eisengranalien und Pyrit und/oder Zinksulfid besteht.

4. Verfahren nach Anspruch 1 oder 2 oder 3, dadurch gekennzeichnet, daß die chargierten Stücke einen Zusatz von maximal 30 % Feuchtigkeit aufnehmenden oder abgebenden Stoffen, z. B. uncalciniertem Bauxit, erhalten.

5. Verfahren nach Anspruch 1 oder 2 oder 3, gekennzeichnet durch Anwendung von brikettierten, zinkhaltigen Kiesen oder eisenhaltigen Zinkerzen.

F. P. 683970, Öst. P. 126564, Schweiz. P. 149992. S. a. A. P. 1837543, T. R. Haglund.

Nr. 553237. (O. 56. 30.) Kl. 12m, 6. ODDA SMELTEVERK A/S IN ODDA, NORWEGEN.

Gleichzeitige Herstellung von Aluminiumoxyd und Phosphor bzw. Phosphorsäure.

Vom 18. Mai 1930. — Erteilt am 9. Juni 1932. — Ausgegeben am 23. Juni 1932. — Erloschen: 1934.

Es ist bekannt, Tonerde aus tonerdehaltigen Stoffen durch Reduktionsschmelze in Gegenwart von Metallsulfiden, insbesondere Eisensulfid, und Weiterverarbeitung der Schmelze zu gewinnen.

Phosphor bzw. Phosphorsäure kann bekanntlich durch thermische bzw. elektrothermische Erhitzung eines aus Rohphosphat und Quarz oder Bauxit bestehenden Gemisches unter geeigneten reduzierenden Bedingungen hergestellt werden. Der Phosphor verflüchtigt sich und wird entweder als solcher gewonnen oder in gewünschter Weise weiterverarbeitet. Man hat auch schon Tonerde aus Aluminiumphosphaten durch den bekannten Reduktionsschmelzaufschluß unter Abtreibung von Phosphor hergestellt.

Gemäß vorliegender Erfindung wird Calciumphosphat in Gegenwart von Aluminiumoxyd enthaltendem Material und unter Zusatz von Schwefelverbindungen, vorzugsweise Sulfide der Schwermetalle, geschmolzen. Dieses Verfahren liefert eine leichtflüssige Calciumaluminatschlacke von sehr niedrigem Schmelzpunkt, wodurch der Schmelzvorgang erleichtert wird, während gleichzeitig die erhaltene Schlacke sehr vorteilhaft auf reines Aluminiumoxyd verarbeitet werden kann. Die Bildung einer Schlacke von niedrigem Schmelzpunkt und geringer Viskosität im geschmolzenen Zustand, die durch die Einführung von Schwefel in das Phosphatschmelzverfahren erzielt wird, beruht darauf, daß sich der Schwefel unter diesen Bedingungen unter Bildung von Calciumsulfid oder Aluminiumsulfid umsetzt, welche Verbindungen der entstandenen Calciumaluminatschlacke die genannten günstigen Eigenschaften verteilen.

Die Schlacke ist sehr leicht abzustechen, was für einen regelmäßigen Ofenbetrieb sehr wichtig ist, nicht nur in einem rein elektrothermisch ausgeführten Verfahren, sondern auch und vielleicht in noch höherem Maße, wenn das Schmelzen und Reduzieren in mit Kohle oder Öl geheizten Öfen ausgeführt wird.

Geeignete Rohmaterialien für das neue Phosphatschmelzverfahren sind Bauxit, Schwefelkies und Anthrazit oder Koks. Das Calciumphosphat und ebenso das Tonerdemineral können Eisen enthalten. Anstatt Schwefelkies FeS_2 kann Schwefeleisen FeS o. dgl. angewandt werden, oder der Schwefel kann in anderer Weise in das Verfahren eingeführt werden, wie weiter unten erwähnt wird.

Die resultierende Schlacke enthält Calciumaluminat, Calciumsulfid und Aluminiumsulfid und außerdem einige Verunreinigungen, wie Silikate, Phosphide usw.

Ein Zusatz von schwefelhaltigem Material, der einen Gehalt von 5 bis 25% Sulfide der Erdalkalien oder des Aluminiums in der Schlacke bewirkt, ist bereits ausreichend, um die Schlacke sehr leichtflüssig und leicht schmelzbar zu machen; aber selbstverständlich ist das neue Verfahren nicht auf die genannten Mengen Schwefelverbindungen beschränkt.

Das aus dem Schwefeleisen entstehende Eisen wird auf dem Boden des Ofens ein Eisenbad bilden, das von Zeit zu Zeit abgestochen werden kann. Das Eisen ist ziemlich verunreinigt und kann am ehesten als ein unreines Phosphoreisen betrachtet werden. Es kann für sich verwertet werden.

Die Aufarbeitung der Schlacke auf reines Aluminiumoxyd kann in der üblichen Weise erfolgen, beispielsweise durch Auslaugen der Schlacke mit einer Sodalösung. Es hat sich herausgestellt, daß der anwesende Sulfidschwefel in keiner Weise der Gewinnung von reinem Aluminiumoxyd aus der Schlacke hinderlich ist.

Das folgende Beispiel mag eine Ausführungsform des Verfahrens erläutern. Die zu schmelzende Beschickung bestand aus:

600 Teilen Calciumphosphat mit 36% P_2O_5,
600 - Bauxit mit 51% Al_2O_3,
150 - Schwefelkies mit 82% FeS_2,
200 - Anthracit mit 81% fixem C.

Die Rohstoffe kamen als erbsen- bis nußgroße Stücke zur Anwendung. Durch Schmelzen in einem elektrischen Ofen lieferte diese Beschickung (nach Verflüchtigung des Phosphors) eine Schlacke, die einen Gehalt von etwa 40% Calciumoxyd und Calciumsulfid und etwa 50% Aluminiumoxyd und Aluminiumsulfid zeigte. Die Schlackemenge betrug etwa 700 Teile. Außer der Schlacke wurde etwas Eisen erhalten, das Phosphor und Silicium aufwies.

Die Schlacke enthielt 0,76% P_2O_5, was einer Ausbeute an herausreduziertem Phosphor von etwa 98% entspricht. Die Schlacke ist leicht abzustechen. Sie läßt sich auch leicht zerkleinern und zeigt die Neigung, unter dem Einfluß der Luftfeuchtigkeit in ein Pulver zu zerfallen. Ebenfalls ist die Schlacke durch Wasser leicht zu hydratisieren unter Bildung von Calciumhydroxyd und Aluminiumoxyd.

Durch Erhitzen der Schlacke mit Wasser zum Sieden wird etwas Schwefelwasserstoff entwickelt. Unter dem Einfluß des Sauerstoffs und der Feuchtigkeit der Luft wird auch etwas Schwefel abgeschieden.

Diese leichte Zersetzbarkeit der Schlacke erleichtert in hohem Maße die weitere Verarbeitung derselben auf reines Aluminiumoxyd.

Durch Auslaugen der Schlacke mit heißer Natriumkarbonatlösung wird Aluminiumoxyd in guter Ausbeute als Alkalialuminat gelöst, das in bekannter Weise mittels Kohlensäure gefällt werden kann unter Wiedergewinnung der Karbonatlösung. Durch einfaches Filtrieren und Glühen wird unmittelbar Aluminiumoxyd von sehr großer Reinheit erhalten. Es ist zweckmäßig, vor dem Auslaugen den Schwefel soweit als möglich als Schwefelwasserstoff aus der zerkleinerten Masse zu entfernen, was durch eine Behandlung derselben mit Wasser oder Dampf geschehen kann. Gleichzeitig wird etwas Phosphorwasserstoff ausgetrieben, der in an sich bekannter Weise unschädlich gemacht bzw. verwertet werden kann.

Bei der Behandlung der Aluminatlösung mit Kohlensäure wird auch etwas Schwefelwasserstoff aus dem durch Umsetzen von Soda mit Schwefelcalcium gebildeten Schwefelnatrium freigemacht. Die Gesamtmenge des entwickelten Schwefelwasserstoffs kann in bekannter Weise zur Darstellung von Schwefel bzw. zur Schwefelung des angewandten Bauxits, der in solchem Fall ziemlich viel Eisen enthalten sollte, dienen. Die Schwefelung wird in an sich bekannter Weise bei geeigneter Temperatur, z. B. in einem Drehofen, ausgeführt.

Gleichzeitig kann ein vollständiges oder teilweises Kalzinieren des Bauxits erzielt werden, was sowohl für diesen als für die übrigen benutzten Rohstoffe sehr vorteilhaft ist. Durch das erwähnte vorherige Schwefeln des Bauxits kann selbstverständlich an sonstigem zuzusetzendem Schwefelmaterial gespart werden.

Das neue Verfahren kann in verschiedener Weise abgeändert werden unter Beibehaltung der grundsätzlichen Merkmale.

So kann z. B. die Zusammensetzung der Beschickung innerhalb weiter Grenzen wechseln. Wenn eine Beschickung mit hohem Gehalt an Aluminiumoxyd benutzt wird, kann es vorteilhaft sein, das Aluminiumoxyd aus der Schlacke auch mittels Ätznatronlösung herauszuziehen, die dann zweckmäßig der Sodalösung zugesetzt wird, nachdem letztere sich soviel als möglich umgesetzt hat. Die Extraktion kann auch in zwei Stufen erfolgen, und zwar zunächst mittels Sodalösung, dann mittels Ätzlauge. Weiter kann auch die Extraktion ausschließlich mittels Lauge erfolgen, die dann durch Ausfällen des Aluminiumhydroxydes in an sich bekannter

Weise regeneriert wird. Der Schwefelgehalt der Schlacke bewirkt, daß diese leicht zersetzbar und leicht auszulaugen ist, selbst bei hohem Gehalt an Aluminiumoxyd.

Anstatt Bauxit können auch mehr oder weniger siliciumhaltige Rohstoffe, wie z. B. Tone, Verwendung finden. Derartiges Material ist aber nicht besonders vorteilhaft.

Der in dem Verfahren freigemachte Phosphor kann als solcher gewonnen und nachträglich durch außerhalb des Ofensystems bewerkstelligte Oxydation auf Phosphorsäure weiterverarbeitet werden, oder der Phosphor kann durch Einblasen von Luft an einer geeigneten Stelle des Ofensystems unmittelbar oxydiert und nachher als Phosphorsäure niedergeschlagen werden, zweckmäßig in einer elektrischen Anlage.

Bei der Einführung der Beschickung in den Ofen können zweckmäßig das Kohlenstoffmaterial und die Schwefelverbindungen als besonderes Gemisch in eine Zone eingeführt werden, wo reduzierende Bedingungen obwalten und die tiefer liegt als die Stelle, wo die zur Oxydation des Phosphors gegebenenfalls zugeführte Luft eingeblasen wird.

Die bei der Oxydation des Phosphors entwickelte Wärme kann in an sich bekannter Weise für die Vorwärmung der Beschickungsmaterialien ausgenutzt werden. Anstatt in Form von Schwefelkies oder Schwefeleisen kann der Schwefel in Form anderer Schwefelmetalle eingeführt werden. Wenn Kohlenstoffmaterial mit besonders hohem Schwefelgehalt als Reduktionsmittel benutzt wird, kann der darin vorhandene Schwefel in dem Schmelzverfahren nutzbar gemacht werden. Metallisches Eisen oder Eisenerze können zugefügt werden, wenn die sonstigen Beschickungsmaterialien arm an Eisen sind. Derartige Zusätze erleichtern den Betrieb des Ofens und die vollständige Austreibung des Phosphors. Der Schwefelkies bzw. das Schwefeleisen kann ganz oder teilweise, gegebenenfalls unter Zusatz von Eisen oder Eisenerz, durch Erdalkalisulfate ersetzt werden. Bei Gegenwart von genügenden Mengen Reduktionsmittel werden die Sulfate in die entsprechenden Sulfide verwandelt, die unmittelbar in die Schlacke übertreten und deren Schmelzpunkt herabsetzen.

Um den Ofenboden zu schützen, hat es sich als vorteilhaft herausgestellt, immer eine gewisse Menge metallischen Eisens im Ofen zu belassen, so daß das Schmelzen und die Reduktion der Beschickung auf einem Bad von geschmolzenem Eisen erfolgt.

Patentansprüche:

1. Gleichzeitige Herstellung von Aluminiumoxyd und Phosphor bzw. Phosphorsäure durch Schmelzen von Calcium-Rohphosphaten und tonerdehaltigen Rohmaterialien, wie Bauxit, unter reduzierenden Bedingungen, dadurch gekennzeichnet, daß das Schmelzen in Gegenwart von Eisen und Schwefel enthaltenden Materialien erfolgt, wodurch nach Verflüchtigung des Phosphors eine Aluminiumverbindungen und Sulfide enthaltende leicht schmelzbare und leichtflüssige Calciumaluminatschlacke gebildet wird, die auf reines Alumiumoxyd verarbeitet wird.

2. Verfahren nach Anspruch 1, dadurch gekennzeichnet, daß als schwefelhaltiges Material Schwefelkies, Schwefeleisen oder andere Schwermetallsulfide zugegeben werden, und zwar vorzugsweise in solcher Menge, daß die Schlacke 5 bis 35 % Aluminiumsulfid und Calciumsulfid enthalten wird.

3. Verfahren nach Anspruch 1, dadurch gekennzeichnet, daß als schwefelhaltiges Material Erdalkalisulfate verwendet bzw. mitverwendet werden, und daß gegebenenfalls metallisches Eisen oder Eisenerz zugesetzt wird unter Benutzung eines zur Reduktion der Sulfate und des Eisenerzes ausreichenden erhöhten Kohlezusatzes.

4. Verfahren nach Anspruch 1 bis 3, dadurch gekennzeichnet, daß der Schmelzvorgang auf einem dauernd aufrechterhaltenen Bad von geschmolzenem Eisen erfolgt.

5. Verfahren nach Anspruch 1 bis 4 unter Verbrennung der entwickelten Phosphordämpfe und der Ofengase mittels eingeführter Luft, dadurch gekennzeichnet, daß das Kohlematerial und das schwefelhaltige Material in den Ofen eingeführt werden in einer Zone unterhalb derjenigen, in der die vollständige Verbrennung der Phosphordämpfe und der Gase erfolgt, zum Zweck, die Oxydation des Kohle- und Schwefelmaterials möglichst zu vermeiden, während die bei der Verbrennung erzeugte Wärme zur Vorwärmung des übrigen Beschickungsgutes nutzbar gemacht wird.

6. Verfahren nach Anspruch 1 bis 5, dadurch gekennzeichnet, daß das aluminiumoxydhaltige Beschickungsmaterial im voraus einer Schwefelung mittels Schwefels oder schwefelwasserstoffhaltiger Gase unterzogen wird.

Nr. 551 399. (V. 24 009.) Kl. 12 m, 6.

VEREINIGTE ALUMINIUM-WERKE AKT.-GES. IN LAUTAWERK, LAUSITZ.

Behandlung von Aluminiumsulfidschmelzen.

Vom 10. Juni 1928. — Erteilt am 12. Mai 1932. — Ausgegeben am 3. Sept. 1932. — Erloschen: . . . .

Bisher hat man die durch Reduktion in Gegenwart von schwefelhaltigen Stoffen gewonnene Schmelze, bestehend aus Aluminiumoxyd und Aluminiumsulfid, die in folgendem kurz als Sulfidschmelze bezeichnet werden soll, nach dem Erstarren mit Wasser aufgeschlossen.

Es ist bekannt, Aluminiumoxydschmelzen mit Gasen oder Flüssigkeiten, insbesondere Wasser, schnell abzukühlen, um eine besonders für die Elektrolyse geeignete Tonerde von großer Feinheit zu erzielen.

Erfindungsgemäß wird dieses Verfahren zur Behandlung der nach dem Patent 451 523 hergestellten Sulfidschmelzen benutzt. Es hat sich gezeigt, daß das bekannte Verfahren hier mit viel größerer Intensität vor sich geht als bei den angegebenen bekannten Verfahren. Der Aluminiumsulfidgehalt reagiert mit dem Wasser, und es entwickeln sich derartige Energien, daß das Material, man kann beinahe sagen, bis zur molekularen Feinheit zerfällt. Man erhält eine Tonerde, wie sie sonst aus Aluminaten nur durch Ausrühren hergestellt werden konnte.

Zur Abschreckung können verschiedene Wege beschritten werden, z. B. kann man die Schmelze direkt in Wasser laufen lassen, für dessen Erneuerung man natürlich Sorge tragen muß.

Während sonst die Tonerde aus der Sulfidschmelze, wenn man sie auf einem 10 000-Maschensieb behandelt, etwa 70 % Rückstand auf diesem Sieb beläßt, bleiben von der Tonerde der abgeschreckten Schmelze nur noch etwa 17 % auf dem Sieb zurück. Eine Bayer-Tonerde, die auch auf dem 10 000-Maschensieb behandelt wurde, hinterließ im Durchschnitt 12 % Rückstand. Man kommt also mit Hilfe des Abschreckens tatsächlich auf Korngrößen der Tonerde, die denen der Bayer-Tonerde ungefähr gleichkommen.

PATENTANSPRUCH:

Verfahren zur Behandlung von nach Patent 451 523 hergestellten Sulfidschmelzen, dadurch gekennzeichnet, daß die heiße Schmelze durch direkte Behandlung mit Wasser, beispielsweise Einlaufenlassen in Wasser, abgeschreckt wird.

Öst. P. 126 562.

D. R. P. 451 523, B. III, 1257.

Nr. 541 627. (V. 67. 30.) Kl. 12 m, 6.

VEREINIGTE ALUMINIUM-WERKE AKT.-GES. IN LAUTAWERK, LAUSITZ.

Erfinder: Dr. Hans Ginsberg in Lautawerk, Lausitz.

Herstellung reiner Tonerde.

Vom 1. Juli 1930. — Erteilt am 24. Dez. 1931. — Ausgegeben am 22. Aug. 1932. — Erloschen: . . . .

Die Verarbeitung von tonerdehaltigen Rohstoffen auf Tonerde erfolgt in bekannter Weise dergestalt, daß dieselben unter Zusatz von Sulfiden und Reaktionsmitteln auf eine Zweistoffschlacke verarbeitet werden, von der die eine Komponente (beispielsweise Sulfid oder Karbid) ohne Schwierigkeit zersetzt werden kann. Auf diese Weise wird die andere Komponente, die kristalline Tonerde, freigelegt und durch ein Aufbereitungsverfahren von den Zersetzungsprodukten, die dann eine Art Schlamm bilden, getrennt.

In der Praxis hat sich nun gezeigt, daß diese kristallinen, korundartigen Tonerden bezüglich ihres Reinheitsgrades nicht den höchsten Anforderungen entsprechen. Vor allen Dingen sind es Titanverbindungen, die bis zu 0,3 % TiO_2 von den Korundkristallen vielfach in nicht herauslösbarer Form aufgenommen werden. Alles deutet darauf hin, daß sie in fester Lösung vorliegen.

Es wurde nun bereits vorgeschlagen, zur vollständigeren Reduktion den Kohlenstoff in feiner Form und mit den Rohstoffen innigst gemischt, z. B. in Brikettform, zuzugeben und in stets reduzierender Atmosphäre zu arbeiten. Ferner wurde empfohlen, zu diesem Zweck stark reduzierende Zuschläge, wie metallisches Aluminium, Erdalkaliverbindungen oder ähnliche Stoffe, anzuwenden. Die gemäß diesen Vorschlägen erzielten Ergebnisse befriedigten aber durchaus nicht. Diese Zuschläge verteuern auch das Verfahren erheblich oder führen unerwünschte Bestandteile ein, die beim Aufbereitungsprozeß der Schlacke neue Schwierigkeiten bereiten.

Diese Schwierigkeiten werden gemäß der vorliegenden Erfindung beseitigt, die sich auf folgender Erkenntnis aufbaut.

Der Kristallisationsprozeß, der beim beginnenden Erstarren der aus dem Reduktionsprozeß erhaltenen Schlacke einsetzt, ist ein wichtiger Reinigungsvorgang; die Verunreinigungen konzentrieren sich hierbei im Eutektikum, das hier gewissermaßen die Rolle einer Mutterlauge spielt. Das Eisen, das bei diesem Verfahren in hohem Maße Verunreinigungen des Rohstoffes, auch das Titan aufnimmt, wird in seiner Hauptmenge von der Schlacke getrennt in flüssigem Zustande abgestochen. Restliche Teile findet man aber nach der Erstarrung immer noch vorzugsweise zu kleinen Partikeln zusammengeballt in der Schlacke neben der kristallinen Tonerde. Heizt man nun die Schlacke unter Zusatz von Raffinationsmitteln, insbesondere schwefelhaltiger Zuschläge als Lösungsmittel wieder auf, so fließen die Unreinlichkeiten ineinander und sinken ab, wobei das Titan praktisch quantitativ mitgeht. Bei der nunmehr durch Abkühlung eintretenden zweiten Kristallisation scheidet sich dann eine sehr reine Tonerde ab. Es empfiehlt sich, die Schmelze vor und nach dem zweiten Zuschlagzusatz bei ruhigem Ofengang etwa 10 Minuten auf etwa 1900° C zu halten.

Natürlich wirken die Raffinationsmittel, die beim zweiten Umschmelzprozeß zugesetzt werden, bedeutend besser als bei der ersten Reduktionsschmelzung, da sie ja nun eine bereits vorgereinigte Tonerde und nicht den Bauxit zu verarbeiten haben. Wählt man Raffinationsmittel, die ein gutes Lösungsvermögen für die Verunreinigungen, insbesondere also das Titan, besitzen, so ist der Erfolg vollkommen. Für Titanverbindungen eignet sich in dieser Beziehung vor allem Schwefeleisen.

Nicht unwesentlich sind hierbei auch die Temperaturverhältnisse. Die besten Resultate werden erhalten, wenn das zweite Raffinationsmittel erst zugesetzt wird, nachdem die Schmelze gleichmäßig durchgeschmolzen ist und eine Temperatur von 1800 bis 1900° C erreicht ist. Bei tieferen Temperaturen nimmt die Schlacke leicht wieder titanhaltiges Eisen auf.

Es wird in möglichst reduzierender Atmosphäre gearbeitet und zu dem Zwecke beim Raffinieren auf die Schmelze von Zeit zu Zeit Kohlenstaub in dünner Schicht aufgetragen.

Das Verfahren stellt also gleichsam eine Reinigung durch fraktionierte Kristallisation, verbunden mit einem Auswaschen der Al_2O_3-Kristalle dar.

Bei sorgfältiger Berücksichtigung dieser Bedingungen werden Tonerden erhalten, deren Gehalt an TiO_2 unter 0,02 % beträgt.

Beispiel

Bauxit, Schwefeleisen und Koks werden reduzierend in bekannter Weise im Elektroofen verschmolzen. Die erhaltene unreine Al_2O_3 Al_2S_3-Schlacke wird von der dabei gebildeten Ferrolegierung abgezogen und in einen Raffinationsofen übergeführt. Hier läßt man sie zunächst bis zur Kristallbildung (bei einem Aluminiumsulfidgehalt von 14 % auf etwa 1400° C) abkühlen; hierbei scheiden sich die Al_2O_3-Kristalle aus, so daß sich allmählich eine obere Schicht von gereinigten Tonerdekristallen bildet, während die Unreinlichkeiten sich infolge ihres größeren spezifischen Gewichtes allmählich im unteren Teil der Schmelze anreichern.

Nunmehr beginnt das Wiederaufheizen auf etwa 1900° C und Stehenlassen während 10 Minuten. Dadurch sinken weitere Verunreinigungen in den unteren Teil der Schmelze, wobei naturgemäß der obere Teil eine weitere Reinigung erfährt.

Nach Ablauf der etwa 10 Minuten wird das Raffinationsmittel (Pyrit und Eisenspäne) und nachträglich noch Kohle zugegeben, worauf sich die Tonerde wieder vollständig in dem Bade löst. Nach etwa weiteren 20 Minuten sind praktisch sämtliche Verunreinigungen des oberen Teiles der Schmelze in den unteren Teil derselben heruntergesunken. Hierauf wird der raffinierte Teil der Schmelze abgestochen, zur Erstarrung gebracht und, falls erforderlich, einer Säurewaschung unterzogen.

Der mit den Unreinlichkeiten beladene Teil der Schmelze hat sich durch das zweimalige Verfahren im gleichen Ofen natürlich entsprechend vermehrt. Es wird nunmehr auch dieser Teil (gewissermaßen die Mutterlauge der Kristallisation) abgestochen und der Ursprungscharge, bestehend aus Bauxit, Schwefeleisen und Koks, zugeschlagen. Dieser Teil besteht aus Titansulfid, Eisensulfid und darin verstreut schwimmenden Al_2O_3-Kristallen.

Patentansprüche:

1. Herstellung reiner Tonerde aus Rohmaterialien durch doppelte Reduktionsschmelze mit geeigneten, gegebenenfalls schwefelhaltigen Zuschlägen und Weiterverarbeitung der erstarrten Schmelze in bekannter Weise, gekennzeichnet durch die Abkühlung der Masse zwischen den beiden Schmelzprozessen und daran angeschlossene Wiedererwärmung.

2. Verfahren nach Anspruch 1, dadurch gekennzeichnet, daß die Masse vor und nach dem zweiten Zusatz der Zuschläge ungefähr 10 Minuten auf etwa 1900° C ruhig gehalten wird.

F. P. 716748.

Nr. 548065. (V. 26634). Kl. 12m, 6.

VEREINIGTE ALUMINIUM-WERKE AKT.-GES. IN LAUTAWERK, LAUSITZ.

Erfinder: Dr.-Ing. Hans Ginsberg in Lautawerk, Lausitz.

Herstellung reiner Tonerde.

Zusatz zum Patent 541627.

Vom 5. April 1931. — Erteilt am 17. März 1932. — Ausgegeben am 22. Aug. 1932. — Erloschen: . . . .

Die vorliegende Erfindung betrifft eine weitere Ausgestaltung des Verfahrens des Patents 541 627.

Gemäß genanntem Patent erfolgt die Herstellung einer hochreinen Tonerde aus tonerdehaltigen unreinen Materialien auf Grund einer doppelten Kristallisation aus dem schmelzflüssigen Zustand, wobei zwischen den beiden Schmelzungen eine Abkühlung, und zwar wenigstens bis zum Kristallisationspunkt des Aluminiumoxyds stattfindet.

Die vorliegende Erfindung benutzt diese Raffinationsmethode für die Herstellung einer hochreinen Tonerde aus dem Korund- und Tonerdehydrat enthaltenden Schlamm, der in bekannter Weise aus bei der Verarbeitung tonerdehaltiger Materialien durch reduzierende Schmelzung mit Schwermetallsulfiden gewonnenen Schmelze erhalten wird; insbesondere kann man diese Schmelze mit Wasser zersetzen, einen großen Teil des Korunds durch Aufschlämmen mit Wasser vom Tonerdehydratschlamm befreien. Dieser Schlamm wird getrocknet, zu Briketts gepreßt und im Elektroofen mit einem sorgfältig bemessenen Zuschlag von Koks sowie den erforderlichen Schwefelverbindungen, beispielsweise Schwefeleisen, der zweiten Schmelzung und Raffinierung unterworfen.

Ein überraschendes Ergebnis des Verfahrens ist darin zu erblicken, daß dieser Schlamm, der bis 1,5 bis 2,5 % Titansäure enthalten kann, dabei eine weitgehende Befreiung von Titan erfährt, so daß eine Tonerde erhalten wird, die weniger als 0,03 % Titansäure aufweist.

Wohl ist bekannt, die für die Erzeugung der Aluminiumsulfidschmelze bestimmten Ausgangsmaterialien zu brikettieren. Hiervon aber unterscheidet sich die Erfindung dadurch, daß nicht diese, sondern der durch Zersetzung der Schmelze gewonnene Tonerdeschlamm brikettiert wird, um einer zweiten Schmelzung gemäß dem Hauptpatent unterworfen zu werden.

In gleicher Weise wie besagter Schlamm lassen sich auch die Schlackenrückstände, die bei der Verarbeitung der tonerdehaltigen Materialien als lästiger Abfall anfallen, auf eine hochreine Tonerde verarbeiten, und zwar auch dann, wenn sie viel Titan enthalten. Zweckmäßigerweise werden diese Schlacken den Schlammbriketts zugeschlagen, wobei festgestellt wurde, daß gerade die Mischung dieser beiden unreinen Ausgangsmaterialien eine bessere Ofenführung ermöglicht, als es bei der Verarbeitung des Einzelmaterials der Fall ist.

Bedingungen für die erfolgreiche Raffinierung sind, abgesehen von der doppelten Kristallisation, eine sorgfältige Dosierung des Kokszuschlages zur Vermeidung jeder Aluminiumcarbidbildung, sorgfältiges Einhalten der Raffinations- und Schmelzperiode und ein möglichst ruhiger Ofengang zur Klärung der Schlacke und zur Bildung scharf abgegrenzter Metallsulfid- und Schlackenschichten.

PATENTANSPRÜCHE:

1. Verfahren zur Herstellung hochreiner Tonerde (Zusatz zum Patent 541 627) aus dem durch Zersetzung von Aluminiumoxyd-Aluminiumsulfid-Schmelze erhaltenen tonerdehydrat- und korundhaltigen Schlamm, dadurch gekennzeichnet, daß derselbe zu Formlingen verpreßt und durch nochmaliges Niederschmelzen mit Koks und Schwefelverbindungen, insbesondere Schwefeleisen, der zweiten Umkristallisation und Raffinierung unterworfen wird.

2. Anwendung des Verfahrens nach Anspruch 1 auf die bei der Verarbeitung der unreinen tonerdehydrathaltigen Ausgangsmaterialien abfallenden Schlacken.

3. Verfahren nach Anspruch 1, dadurch gekennzeichnet, daß der tonerdehydrat- und korundhaltige Schlamm in Mischung mit diesen Abfallschlacken verarbeitet wird.

Nr. 541168. (H. 108848.) Kl. 12m, 6. TURE ROBERT HAGLUND IN STOCKHOLM.

Weiterverarbeitung von Aluminiumoxyd-Aluminiumsulfid-Schmelzen.

Vom 17. Nov. 1926. — Erteilt am 10. Dez. 1931. — Ausgegeben am 23. Nov. 1932. — Erloschen: ....
Schwedische Priorität vom 18. Nov. 1925 und 2. Juni 1926 beansprucht

Es ist bekannt, aluminiumhaltige Reduktionsschmelzen, wie sie aus Rohmaterialien (z. B. Bauxit) bei der Entfernung von Eisen und anderen Verunreinigungen erhalten werden, zwecks Weiterverarbeitung auf seine Tonerde zunächst mit gasförmigen oder anderen Mitteln zu oxydieren.

Die Erfindung betrifft ein Verfahren der Behandlung solcher Schmelzen, die nach Zuschlag schwefelhaltiger Stoffe entstanden sind und im folgenden kurz als Aluminiumoxyd-Aluminiumsulfid-Schmelzen bezeichnet werden.

Diese Schmelzen werden erfindungsgemäß einer oxydierenden Behandlung, z. B. mit Luft, sauerstoffhaltigen Gasen, SO_2 usw., derart unterworfen, daß der Schwefelgehalt der Schmelze als elementarer Schwefel nach ungefähr folgenden Gleichungen:

$$Al_2S_3 + 3O = Al_2O_3 + 3\,S \text{ und}$$
$$2\,Al_2S_3 + 3\,SO_2 = 2\,Al_2O_3 + 9\,S$$

bzw. als oxydierter Schwefel erhalten wird. Dabei wird bemerkt, daß Chlor als Oxydationsmittel für vorliegende Zwecke nicht in Frage kommt.

Die Oxydation des Aluminiumsulfids kann bei so niedriger Temperatur ausgeführt werden, daß der Schwefel nicht verdampft. Im allgemeinen ist es jedoch — hauptsächlich zur Erhöhung der Reaktionsgeschwindigkeit — empfehlenswert, die Oxydation unter solchen Temperaturverhältnissen vorzunehmen, daß der frei werdende Schwefel in dampfförmigem Zustand abgeführt und aus den Abgasen durch Kühlung abgeschieden wird.

Bei Behandlung von Schmelzen, die viel Aluminiumsulfid enthalten, ist die aus der Reaktion entwickelte Wärme gewöhnlich ausreichend, um eine zur Verdampfung des Schwefels genügende Temperatur zu erzeugen. Ist jedoch der Gehalt an Al_2S_3 niedrig, z. B. nur 10 bis 15%, so reicht die Reaktionswärme zur Verdampfung des Schwefels insbesondere dann nicht aus, wenn SO_2 als Oxydationsmittel benutzt wird. Durch Anwendung von Luft oder anderen Sauerstoff enthaltenden Gasen läßt sich dann die Reaktionswärme beträchtlich vermehren.

Unter solchen Umständen kann die Reaktion so weit getrieben werden, daß ein Teil des Sulfidschwefels durch den Sauerstoff zu SO_2 oxydiert und dieses mit einer neuen Menge Sulfid zur Reaktion gebracht wird. Eine weitere Steigerung der Reaktionswärme bei Benutzung von Luft oder anderen sauerstoffhaltigen Gasen kann erreicht werden, wenn die Luft o. dgl. in solcher Menge zugeführt wird, daß der Schwefel ganz oder teilweise zu SO_2 oxydiert und gasförmig abgeleitet wird. Durch Regelung der Sauerstoffzufuhr und damit der Oxydation des Schwefels, d. h. des Verhältnisses zwischen freiem Schwefel und Schwefeldioxyd, hat man die Möglichkeit, die Wärmeentwicklung und damit auch die Reaktionstemperatur in sehr weiten Grenzen auf einfache Weise abzustufen, so daß man in jedem Fall die geeignetste Temperatur halten kann.

Die zur Durchführung des Verfahrens nötige Wärme kann auch durch äußere oder innere Erhitzung zugeführt werden.

Besonders vorteilhaft ist eine Vorwärmung der Reaktionsgase.

Gegebenenfalls kann auch das sulfidhaltige Gut vor dem Zusammenbringen mit den Reaktionsgasen einer Vorwärmung unterworfen werden.

Die Erhitzung kann auch durch Verbrennung eines oder mehrerer Stoffe, wie Schwefel, Schwefelwasserstoff, Kohle, Kohlenoxyd, Generatorgas, Wasserstoff o. dgl., mit Luft oder einem anderen sauerstoffhaltigen Gas in einem besonderen Ofen oder in dem zur Oxydation benutzten Apparat selbst bewirkt werden. Bei einer solchen Verbrennung gebildete Gase, wie z. B. SO_2, können hinterher zur Oxydation des Sulfids dienen.

Gleichzeitig mit oxydierenden Gasen der schon genannten Art kann auch Wasser oder Wasserdampf zugeführt werden, um die Reaktion zu beschleunigen. Durch die Einwirkung dieses Wasserdampfes wird das Aluminiumsulfid mindestens teilweise unter Freiwerden von Schwefelwasserstoff zersetzt, z. B. nach der Gleichung:

$$Al_2S_3 + 3\,H_2O = Al_2O_3 + 3\,H_2S.$$

Enthält das oxydierende Gas SO_2, so wird der Schwefelwasserstoff nach der Gleichung oxydiert:

$$2\,H_2S + SO_2 = 2\,H_2O + 3\,S.$$

Enthält das oxydierende Gas Sauerstoff, so kann auch schweflige Säure entstehen, z. B. nach der Gleichung:

$$2\,H_2S + 2\,O_2 = 2\,H_2O + SO_2.$$

Das hierbei gebildete Wasser reagiert wieder mit einer neuen Menge Sulfid unter Bildung von Schwefelwasserstoff, der wiederum mittels SO_2 oder O oxydiert wird.

Beträgt die Temperatur bei der Oxydation des aluminiumsulfidhaltigen Gutes etwa 800° oder darüber, so verliert das bei der Oxydation gebildete Aluminiumoxyd ganz oder größtenteils die Fähigkeit, Wasser aufzunehmen. Dieses ist in manchen Fällen von Nachteil und es ist daher im allgemeinen vorzuziehen, die Temperatur nicht über 700° steigen zu lassen. Die untere Grenze für die Ausführung der Reaktion ist aus praktischen Gründen von der Reaktionsgeschwindigkeit abhängig, die sich naturgemäß für verschiedene Ausführungsformen des Verfahrens verschieden einstellt. Im allgemeinen ist zur Erzielung der notwendigen Reaktionsgeschwindigkeit eine Temperatur von mindestens 200 bis 300° erforderlich.

Durch Anwendung niedriger Oxydationstemperatur und eines Wasserdampf enthaltenden Oxydationsgases hat man die Möglichkeit, den Prozeß auch so durchzuführen. daß bei der Oxydation des Aluminiumsulfids Aluminiumhydrat entsteht.

Soll der Schwefel als freier Schwefel in Dampfform abgetrieben werden, so muß die Temperatur der abgehenden Gase den Siedepunkt des Schwefels übersteigen. Eine Temperatur von 500 bis 600° hat sich als besonders geeignet erwiesen.

Enthält die Schmelze kristallisiertes Aluminiumoxyd (Korund), so ist die Anwendung einer Temperatur unter 700° von besonderem Wert, weil bei der Behandlung mit Wasser das aus der Oxydation des Aluminiumsulfids stammende Aluminiumoxyd unter Wasseraufnahme in Hydrat übergeht und sich ausdehnt, so daß das Material unter Freimachung der Korundkristalle zerfällt und diese auf Grund ihres höheren spezifischen Gewichtes von dem Rest der Schmelze getrennt werden können, was z. B. zweckmäßig durch Stromsichterapparate geschieht.

Zur Beschleunigung des durch die Ausdehnung bewirkten Zerfalles wird die Wasserbehandlung vorteilhaft unter solchen Verhältnissen ausgeführt, daß die Teilchen durch Einwirkung von Reibung, z. B. leichtes Mahlen in einer Kugel oder Rohrmühle, gelockert werden.

Für die Behandlung mit gasförmigen Oxydationsmitteln der obenerwähnten Art können Apparate und Öfen beliebiger, für technische Gasreaktionen gebräuchlicher Art zur Anwendung kommen. Das Gut kann auf einmal, fortlaufend oder absatzweise zugeführt und ausgetragen werden. Enthält dasselbe Verunreinigungen von Schwefeleisen oder ähnlichen Sulfiden und wünscht man deren Oxydation zu vermeiden, so ist es vorteilhaft, das Gas, z. B. SO_2, in derselben Richtung wie das aluminiumsulfidhaltige Gut durch den Ofen zu führen.

Hat man dagegen keine Rücksicht auf die Oxydation von Schwefeleisen zu nehmen, so ist es vorteilhafter, im Gegenstrom zu arbeiten.

Um die Zersetzung so vollständig wie möglich zu machen, ist es vorteilhaft, die Charge nach der Behandlung mit dem oxydierenden Gas in warmem Zustande mit Luft oder Wasserdampf im Überschuß zu behandeln. Zu dem gleichen Zwecke kann das Produkt auch mit Wasser in solcher Menge behandelt werden, daß es unter 100° abgekühlt wird.

Das sulfidhaltige Material kann gemäß der Erfindung auch mit einer wäßrigen SO_2-Lösung behandelt werden. Dabei kann die Oxydation ganz oder teilweise unmittelbar mit SO_2 erfolgen nach der Gleichung:

$$2\,Al_2S_3 + 3\,SO_2 + 6\,H_2O = 4\,Al(OH)_3 + 9\,S.$$

Die Reaktion kann aber auch so verlaufen, daß das Sulfid zuerst durch das Wasser unter Entwicklung von Schwefelwasserstoff zersetzt wird, der dann mit SO_2 unter Rückbildung von Wasser und Abspaltung von Schwefel reagiert.

Selbstverständlich können auch Nebenreaktionen, wie die Bildung von Thiosulfaten u. dgl., durch Einwirkung von SO_2 auf ausgeschiedenen Schwefel eintreten.

Der Vorteil der Zersetzung von Aluminiumsulfid mit wasserhaltigem Schwefeldioxyd anstatt mit Wasser allein liegt darin, daß dabei keine oder doch nur sehr geringe Entwicklung von Schwefelwasserstoff auftritt und der Sulfidschwefel wenigstens teilweise infolge der Behandlung mit SO_2 als freier Schwefel ausfällt. Ist die zugeführte Menge SO_2 genügend, so werden die Sulfide bei der Behandlung in basische, neutrale oder saure Sulfite, Thiosulfate o. dgl. umgewandelt. Es ist oft vorteilhaft, die Charge allmählich zuzuführen und die schweflige Säure vorzugsweise von Anfang an oder während der Behandlung in solcher Menge einzubringen, daß möglichst ein Überschuß von schwefliger Säure gegenüber der zur Zersetzung des Sulfids erforderlichen Menge vorhanden ist. Vorteilhaft arbeitet man mit einer im Kreislauf geführten SO_2-Lösung und nimmt die Zersetzung des Sulfids und die Regeneration der Lösung mit SO_2 in getrennten Apparaten vor.

Enthalten die Zersetzungsprodukte kristallisiertes Aluminiumoxyd in Form von Korund, so ist es vorteilhaft, aber nicht notwendig, nach irgendeinem der bekannten nassen Aufbereitungsverfahren die Aluminiumoxydkristalle von den spezifisch leichteren Zersetzungsprodukten, wie Aluminiumoxydhydrat, vor der Reinigung abzuscheiden und die verschiedenen Produkte unabhängig voneinander weiterzubehandeln.

Zersetzungsprodukte der beschriebenen Art, die Aluminiumhydrat enthalten, werden zur Reinigung mit SO_2 in solcher Menge behandelt, daß das Aluminiumhydrat ganz oder doch zu einem beträchtlichen Teil als saures Aluminiumsulfit in Lösung gebracht wird. Die so erhaltene Lösung wird jedoch in der Regel nicht völlig frei von Verunreinigungen sein, da durch die Behandlung mit SO_2 auch ein Teil der in den Zersetzungsprodukten vorhandenen Verunreinigungen, z. B. Calciumhydroxyd, Calciumsulfid, Schwefeleisen u. dgl., in Lösung gebracht wird. Jedoch reagiert ein Teil dieser Verunreinigungen, z. B. Schwefeleisen, bedeutend langsamer, so daß die Behandlung mit SO_2 sehr wohl so ausgeführt werden kann, daß nur eine sehr geringe Menge Schwefeleisen zersetzt und als Sulfit in Lösung gebracht wird.

In den Zersetzungsprodukten etwa vorhandene Kieselsäure bleibt bei der Behandlung mit SO_2 ungelöst. Die Lösung wird abgegossen oder abfiltriert und kann in bekannter Weise zur Herstellung von Aluminiumoxyd oder anderen Aluminiumverbindungen benutzt werden.

Bei der Behandlung des aluminiumsulfid- oder hydrathaltigen Materials mit schwefliger Säure wird das Material am besten in Wasser aufgeschlämmt gehalten, z. B. in einem mit Rührwerk versehenen Behälter. Die Behandlung kann sowohl bei Atmosphärendruck wie bei erhöhtem Druck z. B. in einem Autoklaven stattfinden. Beim Arbeiten unter erhöhtem Druck hat man den Vorteil, daß das Wasser größere Mengen schwefliger Säuren aufnehmen kann.

Die schweflige Säure kann in beliebiger Form, z. B. als Gas, Lösung in Wasser oder einem anderen Lösungsmittel oder in druckverflüssigtem Zustand, zur Verwendung kommen. Da die Löslichkeit der schwefligen Säure in Wasser mit fallender Temperatur zunimmt, ist eine Kühlung während der Behandlung vorteilhaft, besonders wenn die Behandlung mit schwefliger Säure bis zur Bildung von Aluminiumsulfit getrieben wird; denn bei dieser Reaktion wird eine beträchtliche Wärmemenge entwickelt.

Die zur Zersetzung des Sulfids erforderliche schweflige Säure kann auch ganz oder teilweise in Form von schwefliger Säure abgebenden Stoffen zugeführt werden. Dies ist besonders vorteilhaft bei Behandlung von Material, das durch Wasser leicht zersetzbare Sulfide, wie eben Al_2S_3, enthält. Für den genannten Zweck können basische, neutrale und saure Sulfite, z. B. von Natrium, Kalium, Ammonium oder Aluminium, dienen. Die schon erwähnte Lösung von saurem Aluminiumsulfit eignet sich vorzüglich dazu.

Die Oxydation des sulfidhaltigen Gutes mit Luft nach der Erfindung kann auch durch Erhitzen des Gutes in Gegenwart saurer Salze geschehen, z. B. saurer Sulfate oder Karbonate des Kaliums oder Natriums.

Beispiel 1

1000 g einer durch bekanntes Verschmelzen von Bauxit mit Schwefel und Kohle erhaltenen Aluminiumsulfid-Aluminiumoxyd-Schmelze mit 25% Al_2S_3 und im übrigen bis auf geringe Mengen Verunreinigungen (Sulfide), bestehend aus kristallisiertem Aluminiumoxyd (Korund), werden bis auf eine Korngröße von maximal 1 cm zerkleinert und bei 500 bis 600° mit gasförmigem SO_2 während zweier Stunden durch Überleiten behandelt. Das Aluminiumsulfid oxydiert sich dabei unter Bildung von gasförmigem Schwefel, von dem rund 80% des Schwefelgehaltes des Aluminiumsulfids als Kondensat gewonnen werden. Der stückige Charakter der Charge ändert sich bei der Behandlung nicht. Bei der darauffolgenden Behandlung mit Wasser zerfiel dieselbe unter Bildung von Aluminiumoxydhydrat in ein feines Pulver. Die hierdurch freigelegten reinen Korundkristalle wurden mit einer Ausbeute von 95% durch einen Wasserstromapparat von dem Hydratschlamm getrennt und mit Säure nachgereinigt. Der Hydratschlamm wurde mit wäßriger SO_2-Lösung behandelt, wobei das Aluminiumoxydhydrat als saures Aluminiumsulfit in Lösung geht. Diese Lösung wurde in bekannter Weise auf amorphes Aluminiumoxyd verarbeitet, wobei rund 80% von der dem Aluminiumsulfidgehalt in der Schlacke entsprechenden Menge Oxyd gewonnen wurde.

Beispiel 2

1000 g einer Aluminiumsulfid-Aluminiumoxyd-Schmelze mit 10% Al_2S_3 wurden durch Bespritzen mit Wasser oberflächlich angefeuchtet; dann wurde bei etwa 300° Luft in Überschuß darübergeleitet.

Nach 2 Stunden war die Schlacke vollständig in Pulver zerfallen; der Aluminiumsulfidschwefel fand sich fast vollständig als SO_2 in den Abgasen.

Die zersetzte Schlacke wurde dann in derselben Weise wie in Beispiel 1 behandelt. Auch hier wurde eine Ausbeute von etwa 95% erzielt.

Beispiel 3

1000 g einer Aluminiumsulfid-Aluminiumoxyd-Schlacke mit 15% Al_2S_3 wurden auf eine Korngröße von maximal 3 mm zerkleinert und langsam unter Umrührung in eine verdünnte wäßrige Lösung von SO_2 eingeführt. Das Aluminiumsulfid zerfiel hierbei unter Bildung von in der Hauptsache Aluminiumoxydhydrat und feinem Schwefel. Da das SO_2 sich hierbei auch zersetzte, wurden neue Mengen SO_2 dauernd in geringen Mengen zugeführt. Insgesamt wurden 110 g SO_2 verwendet. Die Schmelze war nach einer Stunde vollständig in Pulver zerfallen. Durch Abheber wurden die Zersetzungsprodukte des Aluminiumsulfids von den Korundkristallen getrennt. Nach Säurereinigung betrug die Ausbeute an Korund fast 95%. Der abgeheberte Schlamm erhielt die Hauptmenge des Aluminiumsulfidschwefels in Form von fein verteilten Schwefelpartikeln.

PATENTANSPRÜCHE:

1. Verfahren der Behandlung von unter Ausgang von tonerdehaltigen Stoffen, Reduktionsmitteln und Metallsulfiden hergestellten Aluminiumoxyd-Aluminiumsulfid-Schmelzen, gekennzeichnet durch Anwendung einer an sich bekannten, den Sulfidschwefel oxydierenden Behandlung mit Luft, sauerstoffhaltigen Gasen, SO_2 usw., gegebenenfalls in Gegenwart von Wasser oder Wasserdampf, durch die derselbe als elementarer Schwefel oder als Schwefeloxyd erhalten wird.

2. Verfahren nach Anspruch 1, gekennzeichnet durch Steigerung der Temperatur bis zur Verdampfung des abgeschiedenen elementaren Schwefels bzw. Überführung desselben in SO_2.

3. Verfahren nach Anspruch 1, dadurch gekennzeichnet, daß die Charge und die Oxydationsmittel im Gleichstrom durch die Apparatur geführt werden.

4. Verfahren nach Anspruch 1 bis 3, dadurch gekennzeichnet, daß die Oxydationsmittel vorgewärmt werden.

5. Verfahren nach Anspruch 1, dadurch gekennzeichnet, daß das sulfidhaltige Gut während der Behandlung mit SO_2 in Wasser aufgeschlämmt oder durch Umrühren in Bewegung gehalten wird.

6. Verfahren nach Anspruch 1 und 5, dadurch gekennzeichnet, daß das sulfidhaltige Gut allmählich zugeführt wird, und zwar vorzugsweise derart, daß SO_2 von Anfang an oder während der Behandlung im Überschuß über die zur Zersetzung des jeweils vorhandenen Sulfids erforderliche Menge vorhanden ist.

7. Verfahren nach Anspruch 1, 5 und 6, dadurch gekennzeichnet, daß die Behandlung mit SO_2 unter Überdruck vorgenommen wird.

8. Verfahren nach Anspruch 1, dadurch gekennzeichnet, daß die Behandlung unter Kühlung vorgenommen wird.

9. Verfahren nach Anspruch 1, dadurch gekennzeichnet, daß das SO_2 ganz oder teilweise in Form von SO_2 abgebenden Stoffen zugeführt wird, wie z. B. basische, neutrale oder saure Sulfite von Natrium, Aluminium oder anderen Metallen.

10. Verfahren zur Gewinnung reiner Aluminiumverbindungen aus den in Anspruch 1 genannten Schmelzen, dadurch gekennzeichnet, daß die Zersetzungsprodukte derselben mit so viel SO_2 in Gegenwart von Wasser behandelt werden, daß die bei der Zersetzung des Aluminiumsulfids neu gebildeten Aluminiumverbindungen ganz oder teilweise in Lösung gehen, während die verunreinigenden Schwermetallsulfide zurückbleiben, worauf die Lösung in bekannter Weise auf Aluminiumverbindungen verarbeitet werden kann.

Can. P. 282065, F. P. 624796.

S. a. E. P. 295227, Schwed. P. 66747.

Nr. 531401. (H. 31. 30.) Kl. 12m, 7. TURE ROBERT HAGLUND IN STOCKHOLM.

Herstellung reiner Tonerde aus Aluminiumoxyd-Aluminiumsulfid-Schmelzen.

Vom 17. Nov. 1926. — Erteilt am 30. Juli 1931. — Ausgegeben am 10. Aug. 1931. — Erloschen: 1934.

Schwedische Priorität vom 18. Nov. 1925 beansprucht.

Zur Herstellung von Tonerde aus tonerdehaltigen Materialien, insbesondere Bauxit, wird bekanntlich in der Weise vorgegangen, daß man dieselben Materialien mit Reduktionsstoff, z. B. Kohle und Metallsulfiden, insbesondere Pyriten, zusammenschmilzt. Dabei bildet sich eine Aluminiumoxyd-Aluminiumsulfid-Schmelze, während ein Teil des Eisens, auch das gewöhnlich anwesende Titan und etwas Aluminium, in eine Legierung übergeht, die sich auf Grund ihres spezifischen Gewichtes von der Tonerdeschmelze trennt.

Diese Aluminiumoxyd-Aluminiumsulfid-Schmelze bildet das Ausgangsprodukt der Tonerdeherstellung, welche zu diesem Zweck in bekannter Weise, z. B. durch Luft, Wasser oder verdünnte Säuren, aufgeschlossen wird. Dabei wird die Tonerde im Aufschlußprodukt in zwei Modifikationen erhalten, nämlich der aus dem Schmelzfluß kristallisierten Tonerde (Korund) und der durch Umsetzung des Aluminiumsulfids gebildeten hydratischen Tonerde, welche ungefähr der Formel des Aluminium-Oxyd-Hydrates entspricht.

Naturgemäß enthält die Schmelze Verunreinigungen, insbesondere von Eisen, Titan, Colcium, die entfernt werden müssen, bevor die Tonerde ihrem Verwendungszweck, insbesondere also der Herstellung von Aluminium und Aluminiumlegierungen, zugeführt werden kann.

Zu dieser Reinigung benutzt die Erfindung die an sich bekannte Erkenntnis, daß Aluminiumoxyd von Chlorwasserstoff unter gewissen Bedingungen praktisch nicht angegriffen wird, nämlich, wenn man es mit Chlorwasserstoff in Gegenwart von Wasserdampf erhitzt, weil sich das intermediär gebildete Aluminiumchlorid sofort wieder unter Bildung von Tonerde zersetzt. Dagegen werden die den Tonerdeprodukten anhaftenden Unreinlichkeiten und Beimengungen in leicht lösliche Chloride umgewandelt, die durch eine einfache Laugung von der Tonerde trennbar sind.

Wohl ist es bekannt, Tonerdesilikate chlorierend zu behandeln zu dem Zwecke, sowohl das Eisen als auch das Aluminium in Chloride überzuführen und diese beiden Chloride auf Grund ihres verschiedenen Verdampfungspunktes voneinander zu trennen.

Es ist ferner bekannt, Tonerdesilikate mit Chlorwasserstoff zu behandeln, wobei derart gearbeitet wird, daß Eisen als Chlorid abdestilliert, das Tonerdesilikat aber unangegriffen bleibt.

Es ist schließlich bekannt, zwecks Herstellung von Aluminiumsulfat tonerdehaltige Materialien chlorierend zu behandeln, und zwar zu dem Zwecke, das Eisen als Eisenchlorid abzudestillieren, wobei aber mit solcher Temperatur gearbeitet wird, daß die Aluminiumverbindungen löslich bleiben.

Von diesen bekannten Verfahren unterscheidet sich die Erfindung dadurch prinzipiell, daß von einer in bekannter Weise aufgeschlossenen Aluminiumsulfit-Aluminiumoxyd-Schmelze ausgegangen wird, wobei die Aluminiumverbindung als Tonerde vorliegt und unangegriffen bleibt, weil mit Chlorwasserstoff bei Gegenwart von Wasserdampf gearbeitet wird, wobei sich das evtl. bildende Aluminiumchlorid immer wieder zersetzt.

Alle übrigen Verunreinigungen des Ausgangsmaterials, nicht nur das Eisen, werden in wasserlösliche Chloride umgewandelt, und die Reinigung des behandelten Produktes erfolgt durch Laugung mit Wasser bzw. angesäuertem Wasser. Es geht daher die Behandlung der aufgeschlossenen Schmelze in der Weise vor sich, daß man den Chlorwasserstoff in Gegenwart von Wasserdampf und bei Temperaturen von 300 bis 400° auf die aufgeschlossene Schmelze einwirken läßt. Um eine Oxydierung der Eisenverbindungen zu vermeiden, wird in einer indifferenten oder sogar reduzierenden Gasatmosphäre gearbeitet. Die Chlorierung geht schneller vor sich, wenn sie bei einer zur Verflüchtigung der gebildeten Chloride des Eisens und des Titans genügenden Temperatur ausgeführt wird.

Anstatt direkt mit Chlorwasserstoff in Gasform zu arbeiten, kann man Aluminiumchlorid zusetzen oder einen Teil des Aluminiumoxyds bzw. Hydrates durch Einwirkung von Salzsäure in Aluminiumchlorid überführen und dann in einer Wasserdampfatmosphäre erhitzen. Der Wassergehalt der Reaktionsgase kann hierbei entweder aus der in den Produkten vorhandenen Feuchtigkeit oder aus bei der Erhitzung abgegebenem Hydratwasser oder auch durch Zufuhr von Wasserdampf aufrechterhalten werden. Bei einer solchen Erhitzung, beispielsweise auf 300 bis 400° C, zersetzt sich das Aluminiumchlorid durch die Einwirkung des Wasserdampfes, und der hierbei frei gemachte Chlorwasserstoff zersetzt die Verunreinigungen aus dem Schwefeleisen und Calciumsulfid unter Bildung von wasserlöslichen Eisen- und Calciumverbindungen. Die Erhitzung kann während und nach der Behandlung so weit getrieben werden, daß das Aluminiumoxydhydrat in Aluminium übergeht, das in verdünnten Säuren schwerlöslich ist.

Die so hergestellten Chloride werden mit Wasser oder Säuren ausgelaugt und die gereinigten Tonerdeprodukte gegebenenfalls getrocknet, geglüht und in bekannter Weise weiterverarbeitet.

Es empfiehlt sich, gegebenenfalls zur Vereinfachung des Prozesses die vorhandene kristallisierte Tonerde (Korund) nach an sich bekannten Verfahren, z. B. durch Aufbereitung vor der Chlorwasserstoffbehandlung, abzutrennen.

Ausführungsbeispiel

Eine Aluminiumoxyd-Aluminiumsulfid-Schmelze mit ungefähr 40 % Aluminiumsulfid und ungefähr 45 % Korund und den üblichen Verunreinigungen der Sulfide, des Eisens, Calciums usw. wird mit Wasser aufgeschlossen. Das aufgeschlossene Produkt wird über einen Starkmagnetscheider geführt und dann in Stromapparaten geschieden. Hierdurch wird der Korund abgetrennt, der gegebenenfalls durch Säuren gereinigt werden kann. Das Aluminiumhydrat wird nunmehr gemäß der Erfindung einer Chlorwasserstoffbehandlung bei ungefähr 350° C in Gegenwart von Wasserdampf ausgesetzt. Dadurch werden die Sulfide des Eisens und Calciums in Chloride übergeführt. Nunmehr wird zwecks Entfernung der Chloride in bekannter Weise gelaugt und gewaschen.

Patentansprüche:

1. Herstellung reiner Tonerde aus in bekannter Weise aufgeschlossenen Aluminiumoxyd-Aluminiumsulfid-Schmelzen, die aus tonerdehaltigem Gut mit Reduktionsstoffen und Metallsulfiden hergestellt sind, dadurch gekennzeichnet, daß die Verunreinigungen des aufgeschlossenen Mate-

rials durch Behandlung mit Chlorwasserstoff bei erhöhter Temperatur und Gegenwart von Wasserdampf in leicht lösliche Chloride übergeführt und dann abgetrennt werden.

2. Verfahren nach Anspruch 1, gekennzeichnet durch Arbeiten bei indifferenter oder reduzierender Atmosphäre.

3. Verfahren nach Anspruch 1, dadurch gekennzeichnet, daß bei der Verflüchtigungstemperatur der aus den Verunreinigungen gebildeten Chloride gearbeitet wird.

4. Verfahren nach Anspruch 1, dadurch gekennzeichnet, daß anstatt des gasförmigen Chlorwasserstoffes Aluminiumchlorid bzw. Salzsäure zugesetzt und dann in einer Wasserdampfatmosphäre erhitzt wird.

5. Verfahren nach Anspruch 1, gekennzeichnet durch vorgängige Abscheidung des Korunds.

Nr. 521 339. (H. 101 316.) Kl. 12m, 6. Ture Robert Haglund in Stockholm.

Aufarbeitung von Aluminiumsulfidschmelzen.

Vom 1. April 1925. — Erteilt am 5. März 1931. — Ausgegeben am 20. März 1931. — Erloschen: . . . .

Schwedische Priorität vom 17. April 1924 beansprucht.

Zur Gewinnung von Tonerde wird nach einem bekannten Verfahren der tonerdeenthaltende Rohstoff, insbesondere also Bauxit, mit Reduktionsmitteln und schwefelhaltigen Zuschlägen verschmolzen, wobei eine Aluminiumsulfidschmelze entsteht, die auf ihren Tonerdegehalt weiterverarbeitet wird.

Die vorliegende Erfindung betrifft ein Verfahren zur Aufarbeitung solcher Aluminiumsulfidschmelzen, und zwar werden dieselben mit wasserfreien Chlorierungsmitteln in der Hitze behandelt. Die Temperatur wird dabei zweckmäßigerweise so gehalten, daß das gebildete Aluminiumchlorid abdestilliert.

Die Chlorierungsmittel, die vorzugsweise Verwendung finden, sind Chlorgas, Chlorwasserstoffgas, Sulfochloride, Phosphorchlorid.

Ausführungsbeispiel 1

Die z. B. aus 10% Aluminiumsulfid und 90% Tonerde bestehende Aluminiumsulfidschmelze wird zerkleinert, und dann wird bei etwa 500° C ungefähr 2 Stunden lang trockenes Chlorwasserstoffgas darübergeleitet. Durch die Behandlung wird das Aluminiumsulfid zersetzt, wobei 90% des Aluminiumsulfids als Aluminiumchlorid gewonnen wird, das bei der Behandlung abdestilliert und in bekannter Weise als Destillat aufgefangen wird.

Von dem durchgeleiteten Chlorwasserstoff werden ungefähr 80% absorbiert.

Ausführungsbeispiel 2

Eine Aluminiumsulfidschmelze mit etwa 70% Aluminiumsulfid und 30% Tonerde wird zerkleinert und bei ungefähr 95° C mit Chlorgas behandelt. Nach ungefähr 4 Stunden sind 70% des Aluminiumsulfidgehaltes in Aluminiumchlorid übergeführt.

Patentansprüche:

1. Aufarbeitung von Aluminiumsulfidschmelzen bei der Gewinnung von reiner Tonerde aus tonerdehaltigen Stoffen, gekennzeichnet durch die Behandlung mit wasserfreien Chlorierungsmitteln in der Hitze.

2. Verfahren nach Anspruch 1, gekennzeichnet durch Anwendung solcher Temperaturen bei der Chlorierung, daß das gebildete Aluminiumchlorid abdestilliert.

Schweiz. P. 120514.

Nr. 535 953. (H. 108 847.) Kl. 12m, 7. Ture Robert Haglund in Stockholm.

Herstellung von reiner Tonerde.

Vom 17. Nov. 1926. — Erteilt am 1. Okt. 1931. — Ausgegeben am 30. Mai 1932. — Erloschen: 1934.

Schwedische Priorität vom 18. Nov. 1925 beansprucht.

Zur Herstellung von Tonerde aus tonerdehaltigen Materialien, insbesondere Bauxit, wird bekanntlich in der Weise vorgegangen, daß man diese Materialien mit Reduktionsstoffen, z. B. Kohle und Metallsulfiden, insbesondere Pyriten, zusammenschmilzt. Dabei bildet sich eine Aluminiumoxyd-Aluminiumsulfid-Schmelze, während ein Teil des Eisens, auch das gewöhnlich anwesende Titan und etwas Aluminium in eine Legierung übergehen, die sich auf Grund ihres spezifischen Gewichtes von der Tonerdeschmelze trennt.

Diese Aluminiumoxyd-Aluminiumsulfid-Schmelze bildet das Ausgangsprodukt der

Tonerdeherstellung, welche zu diesem Zweck in bekannter Weise, z. B. durch Luft, Wasser oder verdünnte Säuren, aufgeschlossen wird. Dabei wird die Tonerde im Aufschlußprodukt in zwei Modifikationen erhalten, nämlich der aus dem Schmelzfluß kristallisierten Tonerde (Korund) und der durch Umsetzung des Aluminiumsulfids gebildeten hydratischen Tonerde, welche ungefähr der Formel des Aluminiumoxydhydrats entspricht.

Naturgemäß enthält die Schmelze Verunreinigungen, insbesondere von Eisen, Titan, Calcium, die entfernt werden müssen, bevor die Tonerde ihrem Verwendungszweck, insbesondere also der Herstellung von Aluminium und Aluminiumlegierungen, zugeführt werden kann.

Zu dieser Reinigung benutzt die Erfindung die an sich bekannte Erkenntnis, daß Aluminiumoxyd von Chlor und Sulfochloriden praktisch nicht angegriffen wird, während die den Tonerdeprodukten anhaftenden Unreinlichkeiten und Beimengungen in leicht lösliche Chloride umgewandelt werden, die durch eine einfache Laugung von der Tonerde trennbar sind.

Wohl ist es bekannt, Tonerdesilikate chlorierend zu behandeln, zu dem Zwecke, sowohl das Eisen als auch das Aluminium in Chloride überzuführen und diese beiden Chloride auf Grund ihres verschiedenen Verdampfungspunktes voneinander zu trennen.

Es ist ferner bekannt, Tonerdesilikate mit Chlorwasserstoff zu behandeln, wobei derart gearbeitet wird, daß das Eisen als Chlorid abdestilliert, das Tonerdesilikat aber unangegriffen bleibt.

Es ist schließlich bekannt, zwecks Herstellung von Aluminiumsulfat tonerdehaltige Materialien chlorierend zu behandeln, und zwar zu dem Zwecke, das Eisen als Eisenchlorid abzudestillieren, wobei aber mit solcher Temperatur gearbeitet wird, daß die Aluminiumverbindungen löslich bleiben.

Von diesen bekannten Verfahren unterscheidet sich die Erfindung dadurch prinzipiell, daß von einer in bekannter Weise aufgeschlossenen Aluminiumsulfid-Aluminiumoxyd-Schmelze ausgegangen wird, wobei die Aluminiumverbindung, als Tonerde vorliegend, unangegriffen bleibt, während die Verunreinigung einschließlich des Eisens in wasserlösliche Chloride umgewandelt werden und die Reinigung des so behandelten Produktes durch einfache Laugung erfolgt. Es geht daher die Behandlung der aufgeschlossenen Schmelze in der Weise vor sich, daß man Chlor bzw. Sulfochloride oder Mischungen dieser Stoffe bei Temperaturen von im wesentlichen 300 bis 400° auf die aufgeschlossene Schmelze einwirken läßt bzw. die genannten Agentien über die zersetzte Schmelze leitet, welche gegebenenfalls zur vorgängigen Austreibung von Hydratwasser entsprechend erhitzt worden ist.

Um eine Oxydierung der Eisenverbindungen zu vermeiden, wird in einer indifferenten oder evtl. sogar reduzierenden Gasatmosphäre gearbeitet. Die Chlorierung geht schneller vor sich, wenn sie bei einer zur Verflüchtigung der gebildeten Chloride des Eisens und des Titans genügenden Temperatur ausgeführt wird.

Verunreinigungen der Zersetzungsprodukte, bestehend in säurelöslichen Sulfiden, wie FeS, können gemäß der Erfindung auch dadurch unschädlich gemacht werden, daß das Gut mit wasserlöslichen Chloriden, Chlorüren, Sulfaten oder Nitraten solcher Metalle oder Metalloide, wie Kupfer, Blei, Arsen, Antimon, Zinn, die in saurer Lösung von Schwefelwasserstoff gefällt werden, nötigenfalls unter Kochen behandelt wird, wobei das Eisen als Salz einer der genannten Säuren in Lösung geht. Das die Zersetzungsprodukte verunreinigende Schwefeleisen wird hierbei durch ein in Säuren unlösliches Sulfid, beispielsweise CuS, ersetzt. Nach Abgießen oder Abfiltrieren der Lösung und Auswaschen wird das Aluminiumoxydhydrat aufgelöst, beispielsweise durch Behandlung mit Schwefelsäure, wobei eine von Eisenverunreinigungen freie oder verhältnismäßig freie aluminiumhaltige Lösung erhalten wird.

Falls die Zersetzungsprodukte kristallisiertes Aluminiumoxyd (Korund) enthalten, ist es zweckmäßig, den Korund durch Behandlung des Gutes in bekannter Weise in Wasserstromapparaten o. dgl. von dem bei der Zerlegung des Aluminiumsulfids gebildeten Aluminiumoxydhydrat zu trennen bzw. die Zersetzungsprodukte vor der Behandlung mit Chlor usw. einer Behandlung mit einem stark magnetischen Apparat zu unterwerfen.

Beispiel

Eine aluminiumsulfidhaltige Schlacke mit etwa 50% Al_2S_3, etwa 45% Korund und Verunreinigungen von Sulfiden des Eisens, Titans, Calciums usw. wird zuerst mit Wasser behandelt. Hierbei zerfällt die Schlacke unter Bildung von Aluminiumoxydhydrat und Schwefelwasserstoff. Die Zersetzungsprodukte werden über einen Magnetscheider geführt und dann in Wasserstromapparaten behandelt. Hierbei trennt sich das Gut in eine hauptsächlich aus Korundkristallen bestehende Masse, die gegebenenfalls zwecks Reinigung mit Chlor oder Säuren behandelt wird, und eine hauptsächlich aus Aluminiumoxydhydrat bestehende Masse. Diese letztere wird in Wasser suspensiert, mit Chlor behandelt und dabei die Verunreinigungen, Eisen-Calciumsulfid usw., als Chloride gelöst. Die Lösung wird abgegossen, die Masse ausgewaschen und in bekannter Weise auf Aluminiumoxyd, Aluminiumsulfat o. dgl. verarbeitet.

PATENTANSPRÜCHE:

1. Herstellung von reiner Tonerde aus durch Schmelzen von tonerdehaltigen Materialien mit Reduktionsstoffen und Metallsulfiden hergestellten und in bekannter Weise aufgeschlossenen Aluminiumoxyd-Aluminiumsulfid-Schmelzen, dadurch gekennzeichnet, daß im wesentlichen nur die in denselben enthaltenen Verunreinigungen, Eisen, Titan usw., durch Behandlung mit Chlor oder trockenen gasförmigen Sulfochloriden in leicht lösliche Verbindungen übergeführt und dann abgetrennt werden.

2. Verfahren nach Anspruch 1, gekennzeichnet durch Arbeiten in Gegenwart von Wasser oder Wasserdampf.

3. Verfahren nach Anspruch 1, gekennzeichnet durch Einleiten von Chlor in die wässerige Aufschlämmung der Schmelze.

4. Verfahren nach Anspruch 1, gekennzeichnet durch Arbeiten bei Überatmosphärendruck.

5. Verfahren nach Anspruch 1, gekennzeichnet durch Anwendung des Chlors in druckverflüssigtem Zustand.

6. Verfahren nach Anspruch 1, dadurch gekennzeichnet, daß bei erhöhter Temperatur bzw. der Verflüchtigungstemperatur der gebildeten Chloride gearbeitet wird.

7. Verfahren nach Anspruch 1, gekennzeichnet durch vorgängige Abscheidung des Korunds.

Nr. 481 660. (M. 93 587.) Kl. 12 m, 6. METALLGESELLSCHAFT A. G. IN FRANKFURT A. M.

Erfinder: Dr. C. Freiherr von Girsewald in Frankfurt a. M.

Verfahren zur Herstellung von Aluminiumoxyd aus Aluminiumsulfid.

Vom 5. März 1926. — Erteilt am 8. Aug. 1929. — Ausgegeben am 31. Aug. 1929. — Erloschen: 1932.

Aluminiumsulfid wurde bisher in der Weise auf Aluminiumoxyd verarbeitet, daß man das Sulfid mit Wasser behandelte und das entstehende Aluminiumhydroxyd nachträglich glühte, oder daß man das Sulfid in einer Wasserdampfatmosphäre thermisch zersetzte.

Es wurde nun gefunden, daß Calciumoxyd, mit Aluminiumsulfid gemischt und an einer Stelle durch schwaches Erhitzen zur Reaktion gebracht, unter starkem Erglühen der ganzen Masse eine Umsetzung zu Calciumsulfid und Aluminiumoxyd bewirkt. Die Reaktionswärme ist so groß, daß das entstandene Aluminiumoxyd praktisch säureunlöslich ist. Anstatt die festen Bestandteile zu mischen und durch eine Initialerhitzung die Masse zur Reaktion zu bringen, kann man selbstverständlich auch geschmolzenem Aluminiumsulfid Calciumoxyd zusetzen. Man erhält eine krümelige Masse, aus der das entstandene Calciumsulfid durch Wasser und verdünnte Säure leicht herauszulösen ist. Das auf diese Weise gewonnene Aluminiumoxyd bildet ein feines Pulver.

Eine besonders wichtige Anwendung vorliegender Erfindung kommt bei der elektrothermischen Gewinnung reiner Tonerde in Betracht. Man erhält nach verschiedenen Verfahren bei diesem Prozeß Gemische von Aluminiumsulfid und geschmolzener Tonerde. Bisher mußte das Aluminiumsulfid herausgelöst werden, wobei Tonerdehydrat entstand, das, von der Tonerde getrennt, noch einem besonderen Calcinierungsprozeß bei sehr hohen Temperaturen unterworfen werden mußte.

Setzt man jedoch jener Schmelze im elektrischen Ofen oder nach dem Abstechen Calciumoxyd zu, so entsteht sofort aus dem Aluminiumsulfid Tonerde und Calciumsulfid. Dieses läßt sich durch Auslaugen mit Wasser und Säure leicht entfernen, so daß man in einem Prozeß alles Aluminium, das in der Schmelze vorhanden ist, als reine Tonerde gewinnt.

Sollte bei hohem Gehalte an Aluminiumsulfid und besonders bei hohen Temperaturen die Reaktion zu heftig verlaufen, so kann man das Calciumoxyd teilweise oder ganz durch Calciumcarbonat ersetzen, dessen Dissoziationswärme die Reaktionswärme des Prozesses mildert.

Beispiel 1

Mischt man 16 Teile Aluminiumsulfid mit 18,5 Teilen Calciumoxyd innig miteinander, und zwar in möglichst fein verteilter Form, und erhitzt das Gemisch unter vorsichtigem Rühren auf etwa 800 bis 900° C, so erfolgt eine lebhafte Reaktion unter Aufglimmen der ganzen Masse.

Wird das gesinterte Pulver zunächst mit Wasser und dann mit Salzsäure gekocht, so erhält man als Rückstand 10,8 Teile kristallisierte, nicht hydratisierte Tonerde, entsprechend einer Ausbeute von 96% der Theorie; nur etwa 3 bis 4% Aluminiumoxyd sind bei dem Kochen mit Säure in Lösung gegangen.

Beispiel 2

Eine Tonerde Aluminiumsulfid-Schmelze mit etwa 20% Aluminiumsulfid wird aus dem elektrischen Ofen in einen Vorherd abgestochen, auf dessen Boden Kalkpulver, und zwar etwa 10% über die theoretisch erforderliche Menge, aufgestreut wird. Vorteilhaft rührt man die flüssige Masse einmal durch. Das gesamte als Sulfid vorhandene Aluminium wird in nicht hydratisierte, kristallinische Tonerde umgewandelt. Das entstandene Calciumsulfid läßt sich leicht mit verdünnten Säuren auswaschen. Die Tonerde wird nicht angegriffen.

Patentansprüche:

1. Verfahren zur Herstellung von Aluminiumoxyd aus Aluminiumsulfid, dadurch gekennzeichnet, daß man Calciumoxyd mit dem Aluminiumsulfid durch Erwärmen zur Reaktion bringt und sodann aus der Reaktionsmasse das entstandene Calciumsulfid durch Auslaugen entfernt.

2. Verfahren nach Anspruch 1, dadurch gekennzeichnet, daß man das Calciumoxyd auf im elektrischen Ofen gewonnene, aus Aluminiumsulfid und Aluminiumoxyd bestehende Gemische einwirken läßt.

3. Abänderung des Verfahrens nach Anspruch 1 und 2, dadurch gekennzeichnet, daß man das Calciumoxyd entweder ganz oder nur teilweise durch Calciumcarbonat ersetzt.

Nr. 547 107. (M. 112 252.) Kl. 12 m, 6. Metallgesellschaft A. G. in Frankfurt a. M.

Erfinder: Dr. Conway Freiherr von Girsewald in Frankfurt a. M. und Dr. Philipp Babel in Duisburg-Wanheim.

Reinigung tonerdehaltiger Rohstoffe.

Vom 15. Okt. 1929. — Erteilt am 10. März 1932. — Ausgegeben am 19. März 1932. — **Erloschen: 1934.**

Die für die Verarbeitung auf Aluminium oder Aluminiumlegierungen, beispielsweise Aluminium-Silizium-Legierungen, in Betracht kommenden Rohstoffe, wie Bauxit, Kaolin, Ton usw., enthalten fast stets gewisse Bestandteile, wie Eisenoxyd, Titansäure und Kieselsäure, in solchen Mengen, daß sie z. B. für die genannten oder einzelne der genannten Zwecke nicht ohne weiteres verwendbar sind. So sind z. B. schon sehr geringe Mengen von Eisenoxyd und Titansäure fast in allen Fällen störend, während ein Gehalt an Kieselsäure bei der Verarbeitung auf Aluminium-Silizium-Legierungen an sich nicht stören würde, jedoch aus Rohstoffen, die zur Herstellung von reinem Aluminium oder siliziumfreien Aluminiumlegierungen dienen sollen, unbedingt weitgehend entfernt werden muß.

Es ist bekannt, tonerdehaltige Rohstoffe vor dem nassen Aufschluß mit Säure zu kalzinieren. Als günstigste Temperatur hierfür ist das Gebiet von 700 bis 800° C bekannt. Es ist ferner bekannt, tonerdehaltige Rohstoffe durch Chlorieren, insbesondere mit chlorhaltigem Salzsäuregas oder mit Salzsäure in der Wärme zu reinigen. Außerdem ist bekannt, tonerdehaltige Rohstoffe vor dieser Reinigung bis zur Entfernung des etwa vorhandenen Wassers einem Glühprozeß zu unterwerfen. Es wurde festgestellt, daß es nur dann möglich ist, durch die Behandlung von Rohstoffen der oben gekennzeichneten Art mit Chlor zu befriedigenden Ergebnissen zu kommen, d. h. eine für alle Zwecke ausreichende Entfernung der in Frage stehenden Bestandteile, wie Eisen, Titan und Silizium, unter wirtschaftlich vorteilhaften Bedingungen zu erzielen, wenn man die rohen Ausgangsstoffe, wie z. B. natürliche Silikate oder auch aluminiumoxydhaltige Zwischenprodukte, vor der Behandlung mit Chlor einer Vorbehandlung durch Erhitzen auf innerhalb ganz bestimmter Grenzen, nämlich zwischen etwa 500 bis 900°, vorteilhaft etwa 600 bis 800°, liegende Temperaturen unterzieht. Hierbei ist es wichtig, daß zu niedrige Temperaturen, ebenso wie zu hohe, vermieden werden. Erhöht man die Reaktionstemperatur über die oben angegebene Grenze, z. B. über 1000° und mehr hinaus, z. B. bis auf 1200°, so werden die zu entfernenden Eisen- und Titanverbindungen tot gebrannt, so daß sie bei der späteren Chlorbehandlung nicht oder zu langsam von dem Chlor angegriffen werden. Die Zeitdauer der Vorbehandlung wird sich von Fall zu Fall nach der Art des zu verarbeitenden Rohmaterials, z. B. auch dem Wassergehalt desselben und der angewendeten Temperatur, zu richten haben.

Die in der beschriebenen Weise vorbehandelten Produkte werden alsdann, z. B. in einer Drehtrommel, der Behandlung mit Chlor oder chlorhaltigen Gasen ausgesetzt, wobei es sich im allgemeinen empfiehlt, insbesondere für die Entfernung auch des Titans für gleichzeitige Anwesenheit gasförmiger, flüssiger oder fester Reduktionsmittel, z. B. Kohle oder sonstige kohlenstoffhaltige Stoffe, Kohlenoxyd, kohlenoxydhaltige technische Gase u. dgl., in einer zur Reduktion der zu entfernenden Bestandteile, wie Eisen- oder Titanverbindungen, ausreichenden Menge Sorge zu tragen. Auch können z. B. gasförmige Reduktionsmittel in Verbindung mit flüssigen oder festen Reduktionsmitteln Verwendung finden. Mit Vorteil kann man z. B. derart arbeiten, daß man die Chlorbehandlung in einem von außen beheizten, z. B. mit keramischem Material ausgekleideten Drehrohr, vorteilhaft im Gegenstrom und die Vorbehandlung des Ausgangsmaterials in einem anderen, durch Hindurchleiten der Heizgase des ersterwähnten Drehrohres beheizten Drehrohr durchführt, und das so vorbehandelte Produkt unter Erhaltung seines Wärmeinhaltes kontinuierlich dem für die Chlorierung bestimmten Drehrohr zuführt.

Die Temperaturen können bei der Chlorbehandlung je nach Art des Ausgangsmaterials, bzw. der Art und Menge der vorhandenen Verunreinigungen, innerhalb weiter Grenzen schwanken. Im allgemeinen haben sich Temperaturen zwischen etwa 800 bis 1000° als geeignet erwiesen. Indessen können gegebenenfalls sowohl niedrigere als auch höhere Temperaturen zur Verwendung kommen.

Die erfindungsgemäß von Eisen oder Eisen und Titan weitgehend bis vollständig befreiten Produkte können vor der Weiterverwendung noch einer geeigneten Nachbehandlung, z. B. einem Auswaschen, z. B. mit verdünnter Säure, zur Entfernung der letzten Anteile der Verunreinigungen unter Überführung derselben in lösliche Form, unterzogen werden. In gegebenen Fällen wird es sich auch empfehlen, um ein Anziehen von Wasser durch die fertiggestellten, gegebenenfalls nochmals getrockneten Produkte während der Lagerung unmöglich zu machen, die Fertigprodukte noch einer Nacherhitzung auf genügend hohe Temperaturen, z. B. auf solche von etwa 1200°, in an sich bekannter Weise zu unterziehen.

Die Möglichkeit, nach der Erhitzung auf einfachste Weise und ohne nennenswerte Materialverluste auch aus kieselsäurereichen Rohstoffen ohne gleichzeitige Entfernung der Kieselsäure von Eisen und Titan praktisch freie Produkte herzustellen, ist von großer Bedeutung, insbesondere für die an Bedeutung stetig zunehmende Industrie der Aluminium-Silizium-Legierungen, weil es für diese bisher nötig war, von praktisch kieselsäurefreien Stoffen auszugehen, und diese, sei es über die Herstellung von reinem Aluminium, z. B. durch Schmelzflußelektrolyse, sei es auf direktem elektro-thermischem Wege mit zugesetztem, bzw. im Reaktionsgemisch gebildetem Silizium zu vereinen. Diese Notwendigkeit ergab sich daraus, daß das Titan sowie im allgemeinen auch das Eisen nach den bekannten Verfahren praktisch nur unter gleichzeitiger Abscheidung der Kieselsäure entfernt werden konnte. Es war also in solchen Fällen nötig, zwecks Ausscheidung des Titans und Eisens aus kieselsäurehaltigen Rohstoffen, die Kieselsäure zunächst unter Kostenaufwand ebenfalls zu entfernen, und sodann dem fertigen Aluminium in Form von Silizium wieder zuzuführen. Andererseits war aber auch der Kreis der so verwendbaren Rohstoffe hinsichtlich des zulässigen Kieselsäuregehaltes stark begrenzt, da z. B. schon ein Rohprodukt mit über 3% Kieselsäure nach dem Bayer-Verfahren in wirtschaftlicher Weise nicht mehr verarbeitet werden kann. Da nun die meisten der in der Natur zur Verfügung stehenden Rohstoffe bedeutend größere Mengen an Kieselsäure enthalten, so schieden diese Stoffe für die Verarbeitung auf Aluminium und Silizium enthaltende Legierungen bisher vollkommen aus.

Beispiele

1. Aus einem nicht vorbehandelten Bauxit von der Zusammensetzung: 17% Glühverlust (Hydratwasser), 56% Al_2O_3, 22% Fe_2O_3, 2,7% TiO_2, 1,63% SiO_2 konnte durch Chlorierung bei Temperaturen von 1200° das Eisen nur bis zu etwa 0,7 bis 1,0% Fe_2O_3 und das Titan nur bis zu etwa 0,6 bis 1,0% TiO_2 (bezogen auf das Endprodukt) entfernt werden. Wurde dagegen derselbe Bauxit vor der Chlorbehandlung gemäß der Erfindung einer Erhitzung auf 500 bis 900° unterzogen, so konnte durch die anschließende Chlorbehandlung das Eisen bis auf 0,1 bis 0,2% Fe_2O_3 und das Titan bis auf 0,1% TiO_2, gegebenenfalls bis zum vollständigen Verschwinden des Ti entfernt weden. Bei Steigerung der Vorbehandlungstemperatur auf über 1000°, z. B. auf 1200°, erfolgte ein Totbrennen der Eisen- und Titanverbindungen, so daß sich z. B. bei einer Vorbehandlungstemperatur von 1000° das Eisen nur bis auf 5,6% Fe_2O_3 und das Titan bis auf 0,5% TiO_2 und bei einer Vorbehandlungstemperatur von 1200° das Eisen nur bis zu 10,6% Fe_2O_3 und das Titan bis zu 2,4% TiO_2 beseitigen ließ.

2. Ein kieselsäurereicher Bauxit mit 23,05% SiO_2, 4,80% Fe_2O_3, 3,00% TiO_2 wurde bei 600 bis 800° vorgeglüht. Das vorgeglühte Produkt wurde mit 5% Kohle gemischt und

darauf die Mischung 4 Stunden im Chlorstrom in der Weise erhitzt, daß am Ende dieser Zeit eine Temperatur von 1000° C erreicht wurde. Die Hauptmenge des Eisens und Titans destillierte in Form von Chloriden ab. Das so behandelte Material enthielt nur noch 0,15% Fe_2O_3 und 0,16% TiO_2.

3. Ein kieselsäurearmer Bauxit mit 1,66% SiO_2, 22,00% Fe_2O_3, 2,70% TiO_2 wurde bei etwa 700° vorgeglüht. Das vorgeglühte Produkt wurde mit 10% Kohle gemischt und darauf die Mischung 4 Stunden im Chlorstrom erhitzt. Die Temperatur wurde in dieser Zeit bis auf 1000° C gesteigert. Außer dem Eisen und Titan wurde auch die Hauptmenge der Kieselsäure als Chlorid verflüchtigt. Das chlorierte Material enthielt nur noch 0,51 % SiO_2, 0,06% Fe_2O_3, Spur TiO_2.

PATENTANSPRÜCHE:

1. Beseitigung von Eisen, Titan und anderen als Chloride flüchtigen Verunreinigungen aus tonerdehaltigen Stoffen durch partielle Chlorierung der Ausgangsstoffe bei erhöhter Temperatur nach vorherigem Glühen, dadurch gekennzeichnet, daß das Ausglühen vor dem in an sich bekannter Weise, vorzugsweise bei gleichzeitiger Anwesenheit von Reduktionsmitteln, z. B. Kohle, durchgeführten Chlorieren bei zwischen etwa 500 und 900°, vorteilhaft zwischen etwa 600 und 800° liegenden Temperaturen erfolgt.

2. Verfahren nach Anspruch 1, dadurch gekennzeichnet, daß man die Vorbehandlung und die Chlorierung in getrennten Behältern, z. B. zwei Drehrohren, derart durchführt, daß die in dem einen Behälter vorbehandelte Masse unter möglichster Vermeidung von Wärmeverlusten dem anderen Behälter vorzugsweise fortlaufend zugeführt wird, wobei zweckmäßig die Beheizung des Chlorierungsbehälters von außen erfolgt und die Abgase dieser Heizung zur direkten oder indirekten Beheizung des Vorbehandlungsgutes verwendet werden.

Nr. 534984. (K. 91. 30.) Kl. 12m, 6. DR.-ING. ERNST JUSTUS KOHLMEYER UND DIPL.-ING. XAVER SIEBERS IN BERLIN-CHARLOTTENBURG.

Verflüchtigung von Silicium aus kieselsäurehaltigen Rohstoffen.

Vom 10. April 1930. — Erteilt am 17. Sept. 1931. — Ausgegeben am 13. Okt. 1931. — Erloschen: . . . .

Die Oxyde der Leichtmetalle und der hochschmelzbaren Schwermetalle (Aluminium, Beryllium, Magnesium, Zirkon, Chrom, Vanadium usw.) kommen zum größten Teile in der Natur in Form von Verbindungen mit Kieselsäure oder mit Kieselsäure als Gangart vor.

Die bisher bekannten Verfahren, durch Sintern oder Schmelzen mit Zuschlägen, durch Laugen usw. die Kieselsäure zu entfernen, geben noch nicht die Möglichkeit, sehr beträchtliche Mengen Kieselsäure von den genannten oxydischen Rohstoffen in ausreichendem Maße herauszuholen. Als Grundlage der folgenden Verfahrensbeschreibung soll die Gewinnung von Tonerde aus kieselsäurereichen Rohstoffen dienen. Die bisher bekannten Verfahren zur Tonerdegewinnung bedienten sich eines Sinterns mit Soda oder Alkalien in Drehrohröfen, um die Tonerde in wasserlösliche Verbindung überzuführen und die Begleitstoffe als unlösliche Produkte abzuscheiden. Da die Kieselsäure aber mit den Alkalien ebenfalls wasserlösliche Verbindungen ergibt, dürfen die Rohstoffe nur ganz wenige Prozente Kieselsäure enthalten, wodurch der Umfang der in Frage kommenden Rohstoffe sehr beschränkt wurde. Um diese Nachteile zu vermeiden, ist in neuer Zeit ein Verfahren bekannt geworden, gemäß welchem die Rohstoffe mit Metallsulfiden erhitzt werden, welche ihren Schwefel, z. B. im Falle der Tonerdeherstellung, an das Aluminium unter Bildung von Aluminiumsulfid abgeben, um selbst im flüssigen Zustande dann das reduzierte Silicium als Legierung aufzunehmen. Man schmilzt z. B. SiO_2-haltige Tonerde mit Schwefeleisen unter Zusatz von Kohle, um Aluminiumsulfid und Ferrosilicium zu erhalten. Da diese Reaktion nur im Schmelzfluß vor sich gehen kann, liegt es aber auf der Hand, daß sich ein Gleichgewicht einstellt, die Umsetzung nicht zu Ende erfolgt und in verschiedenen Schmelzprodukten, wie Al_2O_3-, Al_2S_3-Schmelze, Eisensulfidschmelze und endlich einer metallischen Schmelze, die beiden Elemente Fe und Si sich in den verschiedensten Formen vorfinden, so daß durch besondere Arbeitsverfahren eine Trennung und Aufbereitung der einzelnen Phasen erfolgen muß.

Auf einem ähnlichen Gebiet liegt ein anderes, neues Verfahren, welches dazu dienen soll, aus sulfidischen Schwermetallerzen Metall zu erzeugen, wobei schwerreduzierbare

Oxyde zugeschlagen werden, damit diese entweder den dissoziierten Sulfidschwefel aufnehmen oder z. T. in reduzierter Form entschwefelnd auf die Sulfiderze einwirken und mit dem Schwermetall, wie z. B. Fe mit Si, eine Legierung bilden. Dem der vorliegenden Erfindung zugrunde liegenden Ziel, eine völlige Entfernung der Kieselsäure aus den genannten Oxyden durch Verflüchtigung herbeizuführen, steht bei dem erwähnten neuerdings bekannt gewordenen Verfahren die Absicht gegenüber, einen Teil des Siliciums in eine Legierung überzuführen. Dieses ergibt sich auch schon aus der Arbeitsweise, welche keine völlig homogene Beschickung einer einzigen Mischung, sondern eine Beschickung aus Oxydbriketts plus Sulfiderz vorsieht. Die schwerreduzierbaren Oxyde sollen zuerst zu Metallen, Metalloiden oder Carbiden reduziert werden, welche dann entschwefelnd auf die bei der hohen Temperatur dissoziierten Sulfide einwirken sollen.

Weiter unten wird dagegen beschrieben werden, wie beim vorliegenden Verfahren durch inniges Mischen von kieselsäurehaltigen Rohstoffen mit der erforderlichen Menge Zinksulfid das gesamte Silicium schon bei niedrigeren Temperaturen, wie sie in nichtelektrischen Öfen vorliegen, verflüchtigt werden kann.

Im folgenden sollen zunächst die ganz neuen, bisher noch unveröffentlichten, dem Verfahren zugrunde liegenden Beobachtungen über das Verhalten von Oxydsulfidgemischen aus vorwiegend Tonerde und Kieselsäure einerseits und Aluminiumsulfid, Zinksulfid andererseits bei verschiedenen Temperaturen zwischen 1000 und 1500° wiedergegeben werden, woran sich dann eine Darstellung der Grundzüge des Verfahrens schließen wird.

Zinksulfid beginnt in neutraler Atmosphäre zu verdampfen ab 1100° und erreicht einen sehr starken Verdampfungsgrad bei etwa 1450°. In inniger Mischung mit Kohle werden die Verdampfungstemperaturen um 100 bis 150° herabgesetzt, was auf die Bildung einer stärker flüchtigen Zinkkohlenstoffschwefelverbindung zurückzuführen ist. Eine entsprechende Zinksiliciumschwefelverbindung ist noch weit bedeutend stärker flüchtig, was sich dadurch zeigte, daß ein Gemenge von Zinkblende, ZnS mit Silicium, im stöchiometrischen Verhältnis 1:1 schon ab 900° anfängt zu verdampfen und bei 1270° einen sehr hohen Verdampfungsgrad erreichte. Die Bildung dieser so besonders stark flüchtigen ZnSiS-Verbindung bildet den Grundgedanken der vorliegenden Erfindung. Es kann dabei als noch offen hingestellt werden, ob es sich hierbei um eine echte Verbindung von ZnSiS handelt oder um ein monomolekulares Gemenge von Zn und SiS. Wichtig ist jedoch, daß es sich um Siliciumsubsulfid, SiS, handelt und nicht um Siliciumdisulfid, SiS_2. Dieses schon aus dem Grunde, weil eine Verflüchtigung des Siliciums als SiS_2 die doppelte Menge Schwefel erfordern würde als eine Verflüchtigung in Form von SiS.

In den nach dem Verfahren zu verarbeitenden Rohstoffen liegt bekanntlich nun das Silicium in Form von SiO_2 vor, welches, damit es mit ZnS zusammen flüchtig gehen kann, erst zu Si reduziert werden muß. Eine Reduktion zu Si soll nach dem einen der erwähnten Verfahren durch Kohle herbeigeführt werden. Daß aber hierzu Temperaturen von über 1500°, also höher liegend, als bei dem vorliegenden Verfahren in Frage kommen, notwendig sind, ist bekannt. Daß die Verhältnisse bei dem vorliegenden Verfahren anders sind als bei den bisher bekannten Verfahren, ergibt sich ja auch daraus, daß der Teil des Si, welcher bei jenem Verfahren nicht in die Legierung eingeführt werden soll, als SiS_2 abdestilliert wird.

Bei den Versuchen zu dem vorliegenden Verfahren hat es sich nun gezeigt, daß die obengenannte ZnCS-Verbindung ein sehr starkes Reduktionsmittel für Kieselsäure ist. Das Quarzgefäß, in welchem die Verflüchtigung von ZnCS vorgenommen wurde, wurde stark angegriffen. Das Si, welches herausreduziert wurde, trat entweder an die Stelle des C in die ZnCS-Verbindung ein bzw. bildete es, wie oben erwähnt, Zn + SiS. Es mußte also erwartet werden, daß, wenn Kieselsäure, ZnS und C innig miteinander verrieben wurden, die Reduktion der SiO_2 durch ZnCS im status nascendi noch viel energischer vor sich gehen mußte, was durch den Versuch bestätigt wurde. Diese Zerlegung begann bereits bei der Temperatur von 1000° und erreichte bei 1400° in der gleichen Zeit eine Umsetzung zu 99%.

Es muß nun noch gezeigt werden, was mit dem Al_2O_3 geschieht, wenn es zusammen mit ZnS erhitzt wird. Tonerde allein wird in neutraler Atmosphäre nicht durch ZnS geschwefelt, wohl aber in Mischung mit Kohle. Es treten hier wieder zunächst ähnliche Verhältnisse ein wie bei der Umsetzung von SiO_2 mit ZnS und C, also eine Bildung von gasförmigem ZnCS, welches dann reduzierend auf Tonerde einwirkt. Ein wichtiger Punkt ist hierbei jedoch, daß einmal im Gegensatz zur Reaktion mit Kieselsäure dieselbe für Tonerde bei wesentlich höheren Temperaturen von ab über 1450° eintritt, und ferner, daß Aluminiumsulfid im Gegensatz zu Siliciumsulfid nicht flüchtig oder erst bei ebenso hohen Temperaturen, und auch dann nur in beschränktem Maße, flüchtig ist.

Weitere Versuche haben ergeben, daß Aluminiumsulfid, Al_2S_3, welches mit metallischem Si nicht reagiert, sich dagegen mit Kieselsäure umsetzt zu flüchtigem Siliciumdisulfid,

$$2\,Al_2S_3 + 3\,SiO_2 = 2\,Al_2O_3 + 3\,SiS_2.$$

Das Wesentliche hierbei aber ist, daß einesteils infolge der Bildung von Al_2S_3 erst bei höheren Temperaturen auch diese Umsetzung erst bei solchen stattfindet, und ferner das Wichtigste, daß bei diesen höheren Temperaturen mit Aluminiumsulfid sich, wie gesagt, Siliciumdisulfid, SiS_2, und nicht SiS bildet. Dieses würde bedeuten, wie bereits in der Einleitung erwähnt, daß für die Verflüchtigung in der Form von SiS_2 die doppelte Menge an zinkgebundenem Schwefel erforderlich ist als bei einer Verflüchtigung in Form von SiS. Umgekehrt würde natürlich bei gegebener Menge Zinksulfid nur die Hälfte der molekularäquivalenten Menge SiO_2 verflüchtigt werden. Von besonderer Wichtigkeit ist, daß, wie gesagt, diese letzterwähnten Umsetzungen erst bei erhöhter Temperatur verlaufen. Es wird sich also darum handeln, diese höheren Temperaturen, wie sie bei den in der Einleitung genannten Verfahren in elektrischen Öfen zur Anwendung kommen, zu vermeiden und die Temperaturen, also zwischen 1350 und 1400°, anzuwenden, welche bei maximaler Siliciumverflüchtigung eine maximale Verflüchtigung in der Form von SiS und nicht in der Form von SiS_2 gewährleisten.

Es hat sich ergeben, daß innerhalb dieser Temperaturgrenzen die Reaktion zwischen ZnS, Al_2O_3 und C in Richtung einer Al_2S_3-Bildung sehr langsam verläuft. Außer daß dadurch, wie erwähnt, die Bildung von SiS_2 als Folge der möglichen Umsetzung zwischen Al_2S_3 und SiO_2 vermieden wird, wird auch ein Schmelzen der Beschickung, welches nur durch den niedrigen Schmelzpunkt von Al_2S_3 hervorgerufen werden kann, nach Möglichkeit unterbunden.

Was einen etwaigen Eisengehalt neben der Hauptverunreinigung von Kieselsäure in den Rohstoffen anbetrifft, so ist zu bemerken, daß infolge der außerordentlichen Neigung des Si, flüchtiges SiS zu bilden, auch bei Gegenwart von Eisen keine FeSi-Legierung erhalten wird. Versuche haben ergeben, daß bei den in Frage kommenden Temperaturen von etwa 1350 bis 1400° mit der Möglichkeit der Bildung einer FeSi-Legierung aus Kieselsäure und etwa vorhandenem Eisenoxyd nicht zu rechnen ist.

Aus den zahlreichen Versuchen über diesen Gegenstand mögen drei Ergebnisse angeführt werden, welche unter gleichen Versuchsbedingungen ausgeführt worden sind. Es handelt sich um Gemische von Kaolin und kieselsäurereichen Bauxiten, welche bei 1350° 30 Minuten lang mit Zinkblende und Kohle erhitzt wurden. Die folgenden Zahlen ergeben, daß das Verhältnis von Tonerde zu Kieselsäure vollkommen in Richtung nach der Tonerde verschoben worden ist.

Einwaage $Al_2O_3 : SiO_2$	Im Rückstand $Al_2O_3 : SiO_2$
57,7 : 42,3	87,2 : 12,8
70 : 30	98,07 : 1,93
83 : 17	99,03 : 0,97

Das Verfahren wird also in folgender Weise auszuführen sein: Die von Kieselsäure zu befreienden Rohstoffe, Oxyde des Aluminiums, Berylliums, Magnesiums, Zirkons, Chroms, Vanadiums usw., werden mit Zinkblende und Kohle in möglichst feiner Form möglichst innig gemischt, und zwar in einem Verhältnis, daß auf etwa 60 Teile Kieselsäure etwa 100 Teile ZnS und etwa 25 Teile Kohlenstoff in der Mischung enthalten sind. Es ist hierbei freigestellt, ob diese Mischung in Pulverform, brikettiert oder sonst gepreßt oder gesintert zur Erhitzung kommt. Die Erhitzung hat derart zu erfolgen, daß das Material möglichst schnell in den für die günstigste Siliciumverflüchtigung in Form von SiS angegebenen Temperaturbereich von etwa 1350° bis 1400° gebracht wird. Vor allem muß der Temperaturbereich von 900 bis 1100° möglichst schnell übersprungen werden, um einen vorzeitigen Schwefelverlust in Form von Zn—C—S zu vermeiden. Wird die Erhitzung vorgenommen in Öfen, welche eine Berührung mit evtl. überschüssige Luft enthaltenden Feuergasen nicht vermeiden lassen, ist ein Kohleüberschuß zu geben, der die reduzierende bzw. neutrale Atmosphäre gewährleisten soll.

Die den Ofen verlassenden Gase besitzen infolge ihres Gehaltes an elementarem Zink, Silicium, Kohlenstoff und Schwefel eine sehr hohe Brennkraft. Sie werden verbrannt, um Zinkoxyd und Kieselsäure zu ergeben, von denen das erste durch Laugen mit Säuren oder Alkalien in einen Elektrolyten größter Reinheit übergeführt werden kann. Je nach dem Temperaturgrade, welchen man die Verbrennungskammern erreichen läßt, wird man als Nebenprodukt entweder eine unlösliche Kieselsäure erhalten oder eine kolloidale Kieselsäure, welch letztere auf Kieselsäuregel verarbeitet werden kann. Die Vorzüge dieses Verfahrens liegen darin, durch einen einzigen Prozeß eine glatte Zerlegung der genannten kieselsäurehaltigen Rohstoffe ohne komplexe Nebenprodukte herbeizuführen unter gleichzeitiger Vornahme eines Blendeoxydationsprozesses, welcher sonst ohnehin für die Zn-Gewinnung gesondert vorgenommen werden muß. Eine Zinkgrube ist also in der Lage, wenn ihre Aufbereitungsanlagen neben Zinkblende tonige Produkte als Abgänge liefern, aus diesen zusammen mit der Zinkblende in einer Operation reine Tonerde, Kieselsäuregel und Zinklauge herzustellen. Aber auch sehr kieselsäurereiche Bauxite werden vom Standpunkt der Tonerdeherstellung verarbeitet werden können, wobei der Schwefelzinkverbrauch in wirtschaftlichen Grenzen bleibt, zumal es gelungen ist, durch Flotation den Kieselsäuregehalt des Produktes bis auf 8 bis 12% SiO_2 herunterzudrücken. Wo diese Möglichkeit vorliegt, wird man also durch Flotation den Rohstoff bis auf die praktisch mögliche Grenze an Kieselsäure entarmen und diese Restmenge mit Hilfe von Zinksulfid verflüchtigen. Da auch die Blende heute zum großen Teil durch Flotation gewonnen wird, hat man beide zu mischende Substanzen in feinster Form vorliegen, welches ein höchstes Ausbringen gewährleistet. Es ist selbstverständlich, daß durch naßmechanische Aufbereitung gewonnene Zinkblende gröberer Körnung auf das feinste vermahlen werden müßte.

Um die vorstehenden Ausführungen möglichst klar erscheinen zu lassen, ist ausschließlich über die Verflüchtigung des Si mittels ZnS berichtet worden. Es ist aber auch möglich, mit anderen Metallsulfiden, mit Ausnahme des Al_2S_3, die Verflüchtigung des Si als SiS herbeizuführen und sogar FeS hierbei zu verwenden. Es ist aber im Gegensatz zu den bisher bekannten und beschriebenen Verfahren zu beachten, daß die Temperaturen niedrig gehalten werden, also bei 1350 bis 1400°, um die Bildung von Al_2S_3 und eine Verflüchtigung von SiS_2 nach Möglichkeit zu vermeiden.

Patentansprüche:

1. Verfahren zur Verflüchtigung von Silicium aus kieselsäurehaltigen Rohstoffen, dadurch gekennzeichnet, daß aus Rohstoffen von Oxyden der Leichtmetalle bzw. hochschmelzenden Schwermetalle die in ihnen enthaltene Kieselsäure durch Erhitzen mit Metallsulfid, vorzugsweise Zinksulfid und Kohle, auf eine solche Temperatur, welche vorwiegend der Bildung flüchtiger Siliciumverbindungen im Gegensatz zu nichtflüchtigen Siliciumverbindungen oder Legierungen günstig sind, ausgetrieben wird.

2. Verfahren nach Anspruch 1, dadurch gekennzeichnet, daß das Mischungsverhältnis etwa 100 kg ZnS + 25 kg C für jede in den Rohstoffen enthaltenen 60 kg Kieselsäure beträgt.

3. Verfahren nach Anspruch 1 und 2, dadurch gekennzeichnet, daß der Erhitzungsbereich zwischen 1350° und 1400° liegt.

4. Verfahren nach Anspruch 1 bis 3, dadurch gekennzeichnet, daß die genannten Mischungen durch Pressen oder Sintern vor dem Erhitzen in eine stückige Form übergeführt werden.

5. Verfahren nach Anspruch 1 bis 4, dadurch gekennzeichnet, daß die verflüchtigten Gase bei niederer Temperatur verbrannt werden, um durch eine Behandlung des Verbrennungsproduktes mit wässerigen Lösemitteln eine kolloidale Kieselsäure, welche für die Herstellung von Kieselsäuregel geeignet ist, zu ergeben.

6. Verfahren nach Anspruch 1 bis 5, dadurch gekennzeichnet, daß die Erhitzung von Zinkblende + Kohle derart getrennt vom SiO_2-haltigen Rohstoff vorgenommen wird, daß die ZnCS-Dämpfe durch den SiO_2-haltigen Rohstoff hindurchstreichen.

Nr. 550619. (B. 134594.). Kl. 12m, 6. Ernst Dixius in Walsdorf, Eifel.

Aufschließen tonerdehaltiger Rohstoffe.

Vom 19. Nov. 1927. — Erteilt am 28. April 1932. — Ausgegeben am 21. Juli 1932. — Erloschen: ....

Mineralien werden aufgeschlossen entweder durch Glühprozesse oder durch Behandeln mit wäßrigen Lösungen von Säuren oder Alkalien. So ist es z. B. bekannt, Tonerdeverbindungen, wie Bauxit oder Ton, durch Kochen mit Säuren oder Ätzalkalien bei gewöhnlichem oder erhöhtem Druck aufzuschließen und damit die Tonerde in eine lösliche Form überzuführen, so daß sie aus der wäßrigen Lösung in Form reinen Tonerdehydrates ausgefällt werden kann. Es ist auch bekannt, anstatt der Säuren saure schwefelsaure Salze, z. B. Natriumbisulfat oder Ammoniumbisulfat, zu verwenden, welche als eine Mischung neutraler Salze mit einem Äquivalent Schwefelsäure aufgefaßt werden können.

Es ist ferner bekannt, den Alunit $[Al_3K(SO_4)_2(OH)_6]$, in welchem Aluminium und Kalium an Schwefelsäure gebunden ist, durch Behandeln mit solchen Verbindungen der Erdalkalien aufzuschließen, welche unlösliche Sulfate bilden, wobei also die Schwefelsäure an das Erdalkali unter Bildung eines unlöslichen Erdalkalisulfates gebunden wird; da hierfür praktisch nur die Oxyde bzw. Hydroxyde des Bariums und Strontiums in Frage kommen, wird eine stark alkalische Lösung erhalten, in der sich das Aluminium als Aluminat befindet und aus welcher es durch Säuren in bekannter Weise ausgefällt werden kann.

Es wurde gefunden, daß Tonerdemineralien auch durch neutrale Salze, und zwar durch alle wasserlöslichen mineralsauren Salze der Metalle der Alkali- und Erdalkaligruppe und des Magnesiums in wäßriger Lösung aufgeschlossen werden können, wenn sie mit diesen Lösungen unter Druck einige Zeit gekocht werden. In dem Ton enthaltene Tonerde geht beim Kochen mit einer solchen wäßrigen Lösung unter Druck in Lösung und kann nach Filtrieren der Lösung in bekannter Weise mit geeigneten Reagenzien ausgefällt werden, wobei eine völlig reine, schneeweiße Tonerde als Aluminiumhydroxyd ausfällt. Die Menge der anzuwendenden mineralsauren Salze hängt einerseits von der Art des zu behandelnden Minerals ab, z. B. beim Aufschluß von Kaolin oder Kohlenasche usw. von der Menge der in dem Kaolin usw. enthaltenen Tonerde, andererseits von dem angewendeten Druck. Je höher Druck und Temperatur gewählt werden, um so geringer kann die Menge der mineralsauren Salze sein.

Die erfindungsgemäß verwendeten neutralen, also weder sauren noch alkalischen Salze fallen als Nebenprodukte ab und sind sehr billig. Daß der Aufschluß sich mit diesen Salzen würde durchführen lassen, war nicht vorauszusehen.

Ausführungsbeispiel I

5 g Kaolin von weißer Farbe mit einem Gehalt von 38 % Al_2O_3 in lufttrockenem Zustand wurden in einem Autoklaven mit einer Lösung von 140 g $Na_2SO_4 + 1\,H_2O$ (krist. Glaubersalz) in 500 g Wasser in 45 Minuten auf einen Druck von 35 Atm. entsprechend einer Temperatur von etwa 240° C erhitzt und noch weitere 2 Stunden bei diesem Druck gehalten. Nach Aufhören der Erhitzung und Zurückgehen des Druckes wurde die Flüssigkeit heiß filtriert und das Al_2O_3 durch vorsichtigen Zusatz von 20%iger Natronlaugelösung möglichst quantitativ ausgefällt, wozu 18 ccm dieser Natronlauge benötigt wurden. Die ausgefällte Tonerde wurde abfiltriert, gewaschen und getrocknet. Es wurden so 1,8500 g = 97,3 % (bezogen auf die im Ausgangsmaterial enthaltene Tonerdemenge) in Form eines lockeren, schneeweißen Pulvers von chemischer Reinheit erhalten.

Ausführungsbeispiel II

5 g Kohlenschlammasche mit 27,2 % Al_2O_3 wurden in lufttrockenem Zustand in einem Autoklaven mit einer Lösung von 200 g $CaCl_2$ in 450 g Wasser in 50 Minuten auf einen Druck von 30 Atm. (entsprechend einer Temperatur von 235° C) erhitzt und 3 Stunden auf diesem Druck erhalten. Nach Aufhören der Erhitzung und Zurückgehen des Druckes wurde die milchig getrübte Flüssigkeit heiß filtriert und das Al_2O_3 durch Verdünnen mit 180 g Wasser zur Ausscheidung gebracht. Nach 2stündigem Stehen bei Raumtemperatur, wobei sich die Tonerde absetzte, wurde diese abfiltriert, gewaschen und getrocknet. Es wurden 99,8% (bezogen auf die im Ausgangsmaterial enthaltene Tonerdemenge) eines lockeren, schneeweißen Pulvers mit 73,8 % Al_2O_3 erhalten.

Patentanspruch:

Verfahren zum Aufschließen von solchen Tonerdemineralien, bei welchen das Aluminium nicht an Schwefelsäure gebunden ist, wie z. B. von Bauxit, Ton, Kohlenschlämmen, Aschen u. dgl., dadurch gekennzeichnet, daß die Mineralien mit Lösungen der neutralen, mineralsauren Salze der Alkalien, Erdalkalien oder des Magnesiums oder mit Gemischen dieser Lösungen unter Druck bei 100° C übersteigender Temperatur behandelt werden.

Nr. 516278. (G. 76656.) Kl. 12m, 6. Dr. William Guertler in Berlin-Charlottenburg.

Gewinnung von Tonerde aus Silikaten.

Vom 11. Juni 1929. — Erteilt am 31. Dez. 1930. — Ausgegeben am 21. Jan. 1931. — Erloschen: 1935.

Bekanntlich dient im allgemeinen als Ausgangsstoff zur Gewinnung reiner Tonerde der Bauxit. Nach dem üblichsten Verfahren versetzt man denselben mit Natriumcarbonat und etwas Calciumcarbonat und erhitzt einige Stunden lang auf Temperaturen von etwa 1200° C, wodurch man erreicht, daß die Tonerde sich mit dem Natriumcarbonat zu Natriumaluminat verbindet, aus welchem dann weiter nach dem Bayer-Prozeß und ähnlichen Verfahren reine Tonerde gewonnen wird.

Aber auch die Gewinnung von Tonerde aus reinem Ton ist auf mannigfache Weise möglich und auch in gewissen Fällen praktisch durchgeführt worden. Keiner der verschiedenen Vorschläge ist bis jetzt technisch erfolgreich gewesen.

Dem reinen Ton kommt die Formel zu: $Al_2O_3 \cdot 2\,SiO_2$. Es ist bekannt, daß einfaches Erhitzen auf etwa 900 bis 1000° genügt, um die innere Konstitution des Tones so zu verändern, daß man aus der erkalteten Masse mit Mineralsäuren einen großen Teil der Tonerde auslaugen kann. Allerdings verläuft der Vorgang nicht quantitativ, sondern es gehen mindestens 15 % der Tonerde dabei verloren.

Vielleicht am aussichtsreichsten waren bislang folgende beiden vom Ton ausgehende Verfahren:

Das erste verwendet Zuschläge von kohlensaurem Kalk und Steinsalz zum Ton und führt da bei 1200° unter Zutritt von Wasserdampf folgende Reaktion herbei:

$$Al_2O_3 \cdot 2\,SiO_2 + 4\,CaCO_3 + 2\,NaCl + H_2O$$

gibt nach verschiedenen Teilreaktionen:

$$= 2\,AlO_2Na + 2\,SiO_4Ca_2 + 4\,CO_2 + 2\,HCl.$$

Daß die Mengenverhältnisse zweckmäßig ein wenig verschoben werden, ist für das Wesen des Verfahrens nicht wichtig. Die Salzsäure entweicht aus dem Reaktionsgemisch und bildet ein Nebenprodukt, das in Deutschland aber nicht verwertbar ist.

Das andere aussichtsreichste Verfahren verwendet Zuschläge von Calciumchlorid, welche dann wie folgt reagieren:

$$Al_2O_3 \cdot 2\,SiO_2 + 4\,CaCl_2 + 4\,H_2O$$
$$= Al_2O_3 + 2\,SiO_4Ca_2 + 8\,HCl.$$

Auch bei diesem Verfahren entsteht freie Salzsäure, und zwar in sehr großer Menge als Nebenprodukt.

Beiden Verfahren haften aber noch gewisse Mängel an, die ihre technische Durchführung bisher verhindert haben. Die Menge der zu behandelnden Substanzen ist sehr groß, die notwendige Temperatur sehr hoch und die Dauer des Glühprozesses recht lang. Praktisch werden dazu Drehrohröfen von außerordentlichen Dimensionen gebraucht, welche außerdem in ihrer ganzen Länge der entwickelten und entweichenden Salzsäure ausgesetzt sind. Die Menge Tonerde, die ein solcher Ofen in gegebener Zeit liefern kann, ist abhängig von der Substanzmenge, die dem Ton zugeschlagen werden muß, und von der Zeit, die das Material im Ofen verbringen muß. Da der Gehalt des Tones an Al_2O_3 erheblich geringer ist als der des Bauxits und da die Zuschläge 2 Moleküle $CaCO_3$ auf je 1 Molekül SiO_2 beträgt bzw. 2 Moleküle $CaCl_2$ auf je 1 Molekül SiO_2, so ist die Substanzmenge, die zur Erzeugung der gleichen Menge Al_2O_3 im Ofen zu behandeln ist, bei den letztgenannten beiden Verfahren erheblich größer als bei dem alten Bauxitverfahren. Eine Werksanlage von gegebener Kapazität und gegebenen Amortisationskosten liefert nach den neuen Verfahren nur einen Bruchteil derjenigen Tonerdemengen, die das alte Verfahren liefert.

Dieser Nachteil würde sich beheben lassen, wenn es gelänge, das Verfahren so zu modifizieren, daß der Aufschluß in viel kürzerer Zeit erfolgt, so daß dadurch die Menge der von einer Ofenanlage von bestimmten Anlagekosten in der Zeiteinheit gelieferten Tonerdemengen wieder gesteigert wird. In diesem Falle könnte auch der Vorteil der neuen Verfahren, welche statt des teuereren und nur aus dem Auslande zu beziehenden Bauxits den billigeren inländischen Ton und als Zuschläge statt der teuren Soda die billigeren Chloride verwendet, zum Ausdruck kommen.

Mehrjährige Laboratoriumsversuche haben nun zu dem Ergebnis geführt, daß es gelingt, die Umsetzung des Tones mit den Chloriden in der Weise reversibel durchzuführen, daß bei tieferen Temperaturen, und zwar unterhalb 400° rückwärts, der Chlorwasserstoff wieder mit der silikatischen Masse reagiert in der Weise, daß die Salzsäure sich an Calcium oder Natrium wieder bindet und Kieselsäure frei wird, die sich jedoch bei diesen niedrigeren Temperaturen nun nicht wieder an die Tonerde bindet, so daß die letztere in freiem Zustande in dem Gemisch enthalten bleibt.

Man kann nun hierbei mit verschiedenen Variationen arbeiten, jedoch immer so, daß die Hauptmenge des Chlorwasserstoffs aus der Reaktionsmasse nicht entweicht, sondern von derselben wieder rückwärts absorbiert wird. Man kann so arbeiten, daß die Salzsäure

1. bei geeigneter Anordnung zum Teil direkt in der Apparatur mit der Reaktionsmasse verbleibt;

2. einen kurzen Umweg antritt, der Reaktionsmasse, noch solange dieselbe schwach glüht, wieder zugeleitet wird;

3. die aus einer gegebenen Menge des Glühgutes entwickelte HCl einer anderen, aber gleich großen Menge des Glühgutes, welche bereits weiter abgekühlt ist, wieder zugeführt wird oder endlich

4. ein nebensächlicher Anteil des Chlorwasserstoffs entweicht, in Wasser aufgefangen und zur späteren Laugung verwendet wird.

Nach diesem Verfahren benötigt der Aufschluß nur eine Temperatur von 900° und nur die Zeitdauer einer Stunde. Statt des langen Drehrohrofens (in der Praxis 60 m Länge) lassen sich Apparate verwenden, wie sie im Hüttenbetrieb für chlorierende Röstung gebräuchlich sind.

Die erste Stufe des Verfahrens, der reversible Aufschluß, läßt sich mit verschiedenen Variationen durchführen.

Zunächst möge die Grundform des Vorgehens besprochen werden. Bei dieser verwendet man als Zuschlag lediglich Calciumchlorid und als mitwirkendes Reagens nur Wasserdampf. Man kann entweder je 2 oder je 1 Molekül Calciumchlorid auf je 1 Molekül Kieselsäure verwenden. Im ersteren Falle muß die Anfangstemperatur der Reaktion 800 bis 1000° betragen, im letzteren Falle nur 650 bis 700°. Die grundlegenden Reaktionsgleichungen sind, wenn wir Ton als Ausführungsbeispiel wählen, für die erste Reaktion:

$$Al_2O_3 \cdot 2\,SiO_2 + 2\,CaCl_2 + 2\,H_2O = Al_2O_3 + 2\,SiO_3Ca + 4\,HCl$$

oder

$$Al_2O_3 \cdot 2\,SiO_2 + 4\,CaCl_2 + 4\,H_2O = Al_2O_3 + 2\,SiO_4Ca_2 + 8\,HCl$$

und für die zweite, rücklaufende Reaktion:

$$4\,HCl + 2\,SiO_3Ca = 2\,CaCl_2 + 2\,SiO_2 + 2\,H_2O$$

oder

$$8\,HCl + 2\,SiO_4Ca_2 = 4\,CaCl_2 + 2\,SiO_2 + 4\,H_2O.$$

Die Mengenverhältnisse berechnen sich daraus z. B. für einen unreinen Ton wie folgt:

1000 kg von folgender Zusammensetzung

SiO_2	39,60	MgO	0,24
TiO_2	1,25	CaO	1,90
Al_2O_3	25,19	Na_2O	0,65
Fe_2O_3	14,73	K_2O	2,35
FeO	0,01	P_2O_5	0,67
H_2O	13,07		

würden benötigen 1456 kg $CaCl_2$. Diese, miteinander zur Reaktion gebracht, liefern nach einstündigem Erhitzen auf 800° ein Produkt, welches enthält

251,9 kg Al_2O_3
764,5 kg $CaSiO_3$
1132,0 kg $CaSiO_4$

nebst den verschiedenen Unreinheiten.

Will man die äußere Heizung durch innere Heizung ergänzen oder ersetzen, so mischt man dem Reaktionsgut Kohle bei. Da in den Großbetrieben eine ideale Durchmischung nicht durchführbar ist und da es sich auch nicht vermeiden läßt, daß an manchen Stellen mehr HCl, als der Formel entspricht, beim rückläufigen Vorgang anwesend ist und an anderen Stellen zu wenig, wird das Endprodukt nicht der einfachen Formel entsprechen, sondern lokal neben dem Aluminiumchlorid auch Calciumchlorid auftreten und an anderen Stellen neben dem Calciumsilikat auch Tonerde oder Calciumaluminat und Aluminiumsilikat.

Das Verfahren ist nicht auf die Verwendung von Calciumchlorid beschränkt. Es ist z. B. auch mit Steinsalz durchführbar.

Es ist ferner auch möglich, Baryumchlorid zu verwenden. Ein Nachteil besteht hier allerdings darin, daß in je 100 Teilen Wasser auch 0,17 Teile Baryumsilikat löslich sind, was für den später zu schildernden Laugeprozeß von Bedeutung ist.

Es ist ferner möglich, statt des Calciumchlorids Calciumcarbonat zuzusetzen und zugleich Chlorwasserstoff zuzuführen, der bei Einleitung des Prozesses von außen herangebracht wird, beim weiteren Fortgang aber im Kreisprozeß läuft.

Es kann ferner auch vorteilhaft sein, auch wenn man von den Chloriden ausgeht, trotzdem einen gewissen Überschuß von Chlorwasserstoff zu verwenden.

Verbleibt der Chlorwasserstoff im reversiblen Prozeß nicht restlos im Reaktionsgemisch, so kann er zu einer möglichst konzentrierten wässerigen Lösung aufgefangen werden und eine konzentrierte Chlorwasserstoff Wasserdampf-Mischung, welche 20prozentig bei 101° übergeht, statt des Wasserdampfes oder demselben beigemischt in das Reaktionsgut hineingeleitet werden.

Die Verwendbarkeit der verschiedenen Silikate hängt im wesentlichen von ihrem Gehalt an Tonerde und an Unreinheiten, wie Eisen usw., ab. Ebenso wie z. B. den Ton kann man natürlich auch einen bauxitischen Sialith verwenden, wie er beispielsweise in Böhmen zu finden ist, oder auch reinen Bauxit selbst oder etwa den unaufgeschlossenen Rückstand, den man erhält, wenn man durch rein thermische Zersetzung Ton zum größten Teile aufgeschlossen hat.

Der zweite Schritt des Verfahrens ist nunmehr ein Auslaugen des Produktes mit Wasser. Dieses hat den Zweck, das Calciumchlorid zu entfernen. Die Heizung der Lauge erfolgt durch die Hitze, die noch in dem Röstgut vorhanden ist. Man braucht für diesen Prozeß sehr wenig Wasser. Man muß darauf sehen, das Calciumchlorid konzentriert herauszulösen. Bei 100° nehmen 100 Teile Wasser 160 Teile Calciumchlorid auf. Das Produkt ist gut filtrierbar, auch kann man ein Dekantieren anwenden, wobei allerdings eine bestimmte Menge Calciumchlorid in dem Rückstand zunächst zurückbleibt, das aber unschädlich mit in die nächste Stufe des Prozesses hinübergeht und von dort aus immer noch in den Kreisprozeß zurückgeführt werden kann.

Für den Auslaugeprozeß ist nun besonders wichtig, wie sich durch umfangreiche Versuche hat feststellen lassen, daß auch, wenn die Reaktion der ersten Stufe nicht glatt verlaufen ist, sondern stellenweise neben dem Calciumchlorid auch Aluminiumchlorid und dafür anderseits neben der Tonerde noch Oxyde von Kieselsäure und Kalk vorhanden sind, trotzdem beim Durchmischen der ungleichen Partien mit Wasser eine vollständige Auslaugung des Calciumchlorids eintritt. Dies erklärt sich dadurch, daß sich etwa noch vorhandenes Aluminiumchlorid mit den Oxyden anderer Elemente, auch mit kieselsaurem Kalk unter Fällung von Tonerde und Bildung von Calciumchlorid umsetzt.

Bei der normalen Ausführungsform des Verfahrens wird man auf die Dauer in dem ausgelaugten Gemisch auch das ursprüngliche Atomverhältnis 4 Ca : 8 HCl haben. In diesem Falle wird auch lediglich reines Calciumchlorid ausgelaugt.

Hat man absichtlich oder unabsichtlich zu viel Salzsäure, so geht neben dem Calciumchlorid auch etwas Aluminiumchlorid in Lösung. Dieses ist dann zu gewinnen, um nicht verlorenzugehen. Der einfachste Weg zu diesem Zweck ist ein Zusatz einer entsprechenden Menge, etwa von gefälltem Calciumsilikat, wie es künstlich in diesem Prozeß entsteht, oder etwa von Calciumcarbonat, das am besten als natürlicher Kalkstein Verwendung findet.

Umgekehrt, den Salzsäuregehalt des Gemisches zu klein werden zu lassen, ist nicht empfehlenswert, da sonst Kalk im Überschuß zurückbleibt, welcher mit Tonerde zusammen Kalkaluminat bildet, welches unter Umständen bei der nachfolgenden Behandlung nicht völlig zerlegt wird.

Es kommt nunmehr zum dritten Schritt des Verfahrens. Dieser besteht im Auslaugen des Rückstandes von der Wasserlaugung nunmehr mit verdünnter Salzsäure. Es wird so viel Salzsäure zugesetzt, als notwendig ist, um das anwesende Aluminium vollständig in Aluminiumchlorid überzuführen. Dann kann das Aluminiumchlorid von der zurückbleibenden Kieselsäure fortgelöst werden.

Dieser Teil des Verfahrens kann unter Umständen schwierig sein, weil die Kieselsäure sehr leicht die Eigentümlichkeit hat, gallertartig zu werden und dann sich der Filtration außerordentliche technische Schwierigkeiten entgegenstellen. Unsere Versuche haben gezeigt, daß sich diese Schwierigkeit auf folgende Weise beheben läßt: Man führt die erste Behandlung bei 70 bis 100° durch und schreckt dann den wässerigen Brei durch plötzliches Verdünnen mit Wasser auf das zwei- bis dreifache Volumen ab. Dann ist die Kieselsäure körnig und glänzend filtrierbar.

Die zurückbleibende Kieselsäure bildet ein Abfallprodukt, das z. B. von Glashütten oder Zementfabriken aufgenommen werden kann.

Nunmehr erfolgt als letzte Stufe des Verfahrens die Zersetzung des Aluminiumchlorids unter Bildung von Aluminiumhydroxyd, falls man es nicht vorzieht, das Chlorid direkt der Elektrolyse zuzuführen.

Diese Zersetzung vollzieht sich am einfachsten auf bekannten Wegen durch Zersetzung mit überhitztem Wasserdampf bei 150°. Chlorwasserstoff geht über, wird aufgefangen und kehrt durch Verwendung in der voraufgegangenen dritten Stufe des Prozesses wieder in den Kreislauf zurück.

Es ist nun noch notwendig, von den Unreinheiten zu sprechen, die bei der Durchführung des Verfahrens in der Praxis auftreten.

Von diesen sind nur diejenigen von Bedeutung, die schwächer elektropositiv als das Aluminium bei der elektrolytischen Zersetzung des Aluminiumoxyds, -chlorids oder fluorids unweigerlich in die Aluminiumschmelze eintreten würden. Es sind dies die Elemente Silicium, Eisen, Titan und Chrom. Das letztere kann beiseite bleiben, da es in zu kleinen Mengen vorkommt, um schädlich zu werden.

Aus der ersten Stufe des Verfahrens, dem reversiblen Glühprozeß, kommt das Material noch völlig unzerlegt heraus. Alle ursprünglich vorhandenen Unreinheiten sind also noch darin.

Auch bei der zweiten Stufe wird nur Calciumchlorid fortgelaugt und die Unreinheiten wenigstens nicht wesentlich vermindert.

In der dritten Stufe dagegen beginnt die Abscheidung der Unreinheiten. Hier bleibt zusammen mit der Kieselsäure auch Titansäure zurück und wird quantitativ entfernt. In Lösung geht dagegen mit dem Aluminiumchlorid leider auch das Eisenchlorid, während evtl. Gehalte von Calciumchlorid oder freier Salzsäure, wie bereits dargelegt, unbedenklich sind.

Zur Entfernung des Eisens kann man nun verschiedene Verfahren verwenden, die zu diesem Zweck bereits vorgeschlagen sind.

Schließlich soll noch erwähnt werden, daß auch Elektroosmose mit Tonerdefiltern zur Entfernung des Eisens aus dem Produkt anwendbar ist.

Wird das ausgelaugte Aluminiumchlorid nun schließlich durch erhitzten Wasserdampf zersetzt, so enthält es als Unreinheiten nur noch Calcium und Baryum, letzteres in Form des löslichen Baryumaluminates, welches durch überhitzten Wasserdampf ebenfalls gespalten wird.

Nach dieser Erledigung der Frage der Unreinheiten sei noch auf einige vorteilhafte Kombinierungen des Verfahrens mit älteren hingewiesen:

Führt man in einem Teil eines Tonerdewerkes neben dem geschilderten neuen Verfahren gleichzeitig das alte Bauxitverfahren durch, so kann man die bei demselben gegen Ende entstehende Aluminatlauge mit einer äquivalenten Menge der bei dem neuen Verfahren gegen Ende entstehenden Aluminiumchloridlauge vermengen und erhält dann glatt Tonerde und Kochsalz. Das letzte kann nach dem bekannten Cowles-Verfahren verwendet werden, um es zusammen mit Kalk dem Ton zuzusetzen und dadurch eine Umsetzung zu Natriumaluminat, Calciumsilikat und Chlorwasserstoff zu erzielen, deren Produkte wieder dem allgemeinen Verfahren zugeführt werden können.

Patentansprüche:

1. Verfahren zum Aufschluß von Tonerde enthaltenen Silikaten durch Chloride, insbesondere Calciumchlorid bei Temperaturen von 650 bis 1000° C, dadurch gekennzeichnet, daß die entweichende Salzsäure bei Temperaturen unter 400° C zur Zerlegung der entstandenen Calciumsilikate und Zurückgewinnung des erforderlichen Calciumchlorids verwendet wird, worauf die Masse nach bekannten Verfahren weiterverarbeitet wird.

2. Verfahren nach Anspruch 1, dadurch gekennzeichnet, daß zwar eine vorübergehende Trennung des in der ersten Phase der Reaktion entstehenden Chlorwasserstoffs von dem übrigen Reaktionsgemisch eintritt, derselbe aber alsbald der letzteren wieder zugeführt wird, noch ehe sie abgekühlt ist.

3. Verfahren nach Anspruch 1, dadurch gekennzeichnet, daß der in der ersten Phase der Reaktion entstehende Chlorwasserstoff sich zwar von dem Teil der Reaktionsmasse, aus der er gebildet ist, trennt, aber sogleich einem anderen ebenso großen Teil der Reaktionsmasse wieder zugeführt wird, welche kurz zuvor ihren Chlorwasserstoff auf ganz die gleiche Weise verloren hatte.

4. Verfahren nach Anspruch 1 bis 3, dadurch gekennzeichnet, daß ein untergeordneter Teil des entstehenden Chlorwasserstoffs aus dem Reaktionsgemisch entweicht, in Wasser aufgefangen und die entstandene Lösung bei der Zerlegung des Silikates an Stelle des Wasserdampfes eingeblasen wird.

S. a. A. P. 1868499 Electric Smelting & Aluminium Co.

Nr. 506626. (D. 47486.) Kl. 12m, 7.

Leopoldine Dörner geb. Zollmann von Zollerndorf in Wien.

Verfahren zur Herstellung von eisenfreien Aluminiumsalzlösungen.

Vom 10. März 1925. — Erteilt am 28. Aug. 1930. — Ausgegeben am 6. Sept. 1930. — Erloschen: 1931.
Österreichische Priorität vom 17. März 1924 beansprucht.

Aus mehreren Vorpatenten ist es bekannt, daß man aluminiumhaltige Mineralien mit anorganischen Säuren aufschließen bzw. das darin enthaltene Aluminium in Lösung bringen kann. Es ist ferner bekannt, daß bei Einhaltung gewisser Bedingungen mit in Lösung gegangenem oder in Lösung befindlichem, dreiwertigem Eisen restlos niedergeschlagen bzw. die Aluminiumsalzlösung eisenfrei gemacht werden kann.

Es wurde gefunden, daß die Aufschließung aluminiumhaltiger Mineralien, wie Anorthit, Labradorit, Kaolin und andere, sehr überraschenderweise glatt mit vollständig neutralen Ferrisalzlösungen erfolgt, wobei gleichzeitig das in der Ferrisalzlösung enthaltene Eisen quantitativ ausgefällt wird, sofern ein Überschuß von aluminiumhaltigem Material zur Anwendung gelangt. Das ursprünglich im Mineral enthaltene Aluminium befindet sich in der eisenfreien Lösung. Diese Erfindung hat deswegen besondere Bedeutung, da das Aufschließungsverfahren bzw. das Gewinnungsverfahren für eisenfreie Aluminiumsalzlösungen durch Abwesenheit sauerer Substanzen äußerst einfach und leicht durchzuführen ist. Man kann sich offener Holzbottiche bedienen und den Prozeß durch Digerieren des gut zerkleinerten Minerals mit neutralen Ferrisalzlösungen in der Wärme durchführen. Die Wärmezufuhr erfolgt zweckmäßig durch Einblasen von Wasserdampf. Ein besonderer Vorteil dieser Arbeitsweise liegt ferner darin, daß das ursprünglich in Lösung befindliche Eisen in feinster Form als Hydroxyd oder basisches Salz gemeinsam mit der Kieselsäure und dem Kalk des Minerales niedergeschlagen wird. Die so erhaltenen Niederschläge eignen sich vorzüglich für die Herstellung von Mineralfarben und besitzen zunächst eine Ockerfarbe. Dadurch, daß Kieselsäure und Kalk mit niedergeschlagen werden, erfolgt gleichzeitig eine günstige Verwertung dieses sonst wertlosen Abfalles. Durch gelindes Glühen, evtl. unter Zusatz von Alkalichloriden, gelingt es, die ersterhaltenen ockerfarbigen Niederschläge in brillante rote Mineralfarben aller Nuancen umzuwandeln. Als weiterer Vorteil dieses Verfahrens ist zu erwähnen, daß die Aufschließung mit neutralen Ferrisalzlösungen rascher vor sich geht als mit Säuren verschiedenster Konzentration.

Besonders geeignet ist dieses Verfahren zur direkten Gewinnung von Alaunen aus aluminiumhaltigen Mineralien oder Materialien. In diesem Falle verwendet man zum Aufschließen Lösungen von Eisenalaun. Das Eisen wird aus der Lösung durch das Aluminium restlos verdrängt, und man gewinnt auf diese Weise direkt eisenfreie Aluminiumalaune.

Beispielsweise erhält man durch Behandlung von 100 kg Anorthit mit 548 kg neutraler Beizlauge, welche Ferrisulfat enthält, durch Behandlung bei erhöhter Temperatur 200 kg eisenfreies Aluminiumsulfat und 252 kg Eisenfarbe, enthaltend etwa 60 % Eisenoxyde bzw. Eisensalze, etwa 20 % Kieselsäure und 20 % Gips.

Aus 100 kg fein gemahlenem Kaolin erhält man durch Behandlung mit 720 kg Ammoniumeisenalaun in wässeriger Lösung 676 kg Ammoniumaluminiumalaun (eisenfrei) und 126 kg Eisenfarbe, die ungefähr 66 Teile Eisenverbindung, 32 Teile Kieselsäure und 2 Teile Gips enthält.

Patentansprüche:

1. Verfahren zur Herstellung von eisenfreien Aluminiumsalzlösungen unter gleichzeitiger Gewinnung von Mineralfarben, dadurch gekennzeichnet, daß man aluminiumhaltige Mineralien, wie Anorthit, Labradorit und Kaolin, mit neutralen Ferrisalzlösungen in der Wärme aufschließt und die hierbei entstehenden eisenhaltigen Niederschläge gegebenenfalls nach Zusatz von Alkalichloriden in an sich bekannter Weise trocknet und glüht.

2. Verfahren nach Anspruch 1, dadurch gekennzeichnet, daß zum Aufschließen der aluminiumhaltigen Mineralien Eisenalaunlösungen verwendet werden.

Nr. 505 317. (C. 40 579.) Kl. 12 m, 6. Clay Reduction Co. in Chicago.

Erfinder: Svend S. Svendsen in Chicago.

Aufschließen von tonerde- und kieselsäurereichen Rohstoffen.

Vom 22. Okt. 1927. — Erteilt am 31. Juli 1930. — Ausgegeben am 16. Aug. 1930. — Erloschen: 1933.

Norwegische Priorität vom 25. Okt. 1926 und amerikanische Priorität vom 13. Mai 1927 beansprucht.

Gegenstand der Erfindung ist ein Verfahren zum Aufschließen von tonerde- und kieselsäurehaltigen Rohstoffen mit Fluorverbindungen unter Abtreibung der Kieselsäure als Siliciumfluorid, welches darin besteht, die nach der Abtreibung des Siliciumfluorides verbleibenden Rückstände zu chlorieren, wobei wasserfreies Aluminiumchlorid entsteht, das in an sich bekannter Weise durch Sublimieren gewonnen wird.

Als Fluorverbindungen zum Aufschluß werden vorzugsweise Ammoniumfluorid oder Ammoniumbifluorid verwendet.

Wenn im Ausgangsmaterial auch Titanverbindungen oder Vanadiumverbindungen vorhanden sind, werden diese bei der Aufschließung ebenfalls in flüchtige Fluorverbindungen umgewandelt, die beim Erhitzen gemeinsam mit den flüchtigen Kieselsäureverbindungen abgetrieben werden. Die abgetriebenen Ammoniumsiliciumfluorverbindungen können mit Wasser und Ammoniak behandelt werden und ergeben Kieselsäuregel und Ammoniumfluorid, die ausgewaschen und gewonnen werden können. Die Metallfluoride werden in Chloride z. B. dadurch umgewandelt, daß sie mit trockenem Chlorwasserstoffgas und Ammoniak oder mit Ammoniumchlorid behandelt werden. Aluminiumchlorid und Ammoniumfluorid werden verflüchtigt und abgeschieden, und auf diese Weise wird das Ammoniumfluorid wiedergewonnen.

Das Aluminiumchlorid kann durch Einwirkung von Wasser, falls gewünscht, in Tonerde umgewandelt werden. Chlorwasserstoffgas wird dabei entwickelt und kann wiedergewonnen werden.

Das Ammoniak, das Ammoniumfluorid und der Chlorwasserstoff, die in verschiedenen Stufen des Verfahrens entstehen, können aufs neue benutzt werden, wobei gegebenenfalls Verluste zu ersetzen sind. Es ist notwendig, eine beträchtliche Menge Chlorwasserstoffgas in jedem Arbeitsgang zuzusetzen, weil Chlor im Verfahren zur Bildung der Metallchloride und auch des Aluminiumchlorides, falls dies nicht in Aluminiumoxyd umgewandelt wird, verbraucht wird.

Geeignete Rohstoffe für das neue Verfahren sind u. a. Bauxit, insbesondere weißer Bauxit und Ton mit geringem Gehalt von Eisen, Calcium und Natrium. Kaolin und feiner Ton sind dienlich. Ton, der nicht zersetzbaren oder teilweise zersetzbaren Orthoclasfeldspat enthält, kann benutzt werden. Diese Tone bedingen einen gesteigerten Säureverbrauch, was durch die Gewinnung von Kalidünger als Nebenprodukt ausgeglichen wird.

Bauxit, insbesondere roter Bauxit, wird vorzugsweise zunächst einer vorausgehenden Reduktionsbehandlung mit reduzierenden Gasen, wie z. B. Generatorgas oder Wassergas, unterworfen, um die Eisenoxydverbindungen in Eisenoxydulverbindungen umzuwandeln. Weißer Bauxit verlangt im allgemeinen keine solche Reduktionsbehandlung. Kieselsäurereicher, weißer Bauxit eignet sich besonders für dieses Verfahren, weil die Kieselsäure keine schädliche Wirkung hat und in das wertvolle Kieselsäuregel umgewandelt wird.

Beispiel 1

Feldspat enthaltender, getrockneter Ton wird in Holländern mit Ammoniumfluoridlösung gemischt, die genügend Fluor zur Umwandlung der Kieselsäure in Siliciumfluoridammoniak ($SiF_4(NH_3)_2$) und der Metalloxyde in Fluoride enthält. Die Mischung wird auf Temperaturen zwischen 24° und 100° C erhitzt. Das Ammoniumfluorid wird dadurch zu Ammoniak und Ammoniumbifluorid dissoziiert. Dieses letztere greift den Ton an, bildet aufs neue normales Fluorid, der dann wieder zersetzt wird. Ammoniakgas wird entwickelt und wiedergewonnen. Die Enderzeugnisse dieser Reaktion sind hauptsächlich Ammoniumsilikofluorid ($(NH_4)_2SiF_6$), Metallfluoride und Metalloxyde.

Die Mischung wird bis zur Trockne eingedampft. Ammoniumsilikofluorid gibt ein Drittel seines Fluors als Fluorwasserstoffsäure ab, die die Metalloxyde vollständig in Fluoride umwandelt. Das Ammoniumsilikofluorid wird hierbei in Siliciumfluoridammoniak ($SiF_4(NH_3)_2$) umgewandelt.

Die Mischung wird nun weiter auf ungefähr 300° C erhitzt, wodurch Verdampfung der flüchtigen Fluoride, hauptsächlich des Siliciumfluoridammoniaks, stattfindet. Fluoride von Titan und Vanadium, wenn diese Metalle vorhanden sind, werden auch verflüchtigt; die anderen Metallfluoride bleiben als Rückstand zurück. Die flüchtigen Fluoride werden gesammelt, abgekühlt und durch Zusatz von Wasser und Ammoniak bei einer Temperatur unter 34° C zersetzt, um Ammoniumfluorid und Kieselsäuregel zu erzeugen. Das Ammoniumfluorid wird mit Wasser entfernt und wiedergewonnen. Nach der Verflüchtigung der flüchtigen Fluoride wird die Temperatur zur Behandlung der Metallfluoride auf ungefähr 400 bis 500° C erhöht, und es wird ein reduzierendes Gas durch die Metallfluoride geleitet, um gegebenenfalls vorhandene flüchtige Fluoride auszutreiben und gegebenenfalls vorhandene Eisenoxydverbindungen zu reduzieren. Werden nämlich die Eisenoxydverbindungen nicht reduziert, so werden in der nächsten Stufe des Verfahrens Eisenoxydchloride gebildet, die das Aluminiumchlorid und das daraus erhaltene Aluminiumoxyd verunreinigen. Eine Mischung von Ammoniakgas und Chlorwasserstoffgas, frei von Feuchtigkeit, freiem Sauerstoff und Kohlendioxyd, wird nun in die Fluoride eingeführt. Diese Gase reagieren mit den Metallfluoriden unter Bildung von Metallchloriden und Ammoniumfluorid. Das Aluminiumchlorid und das Ammoniumfluorid destillieren ab und hinterlassen einen Rückstand von gemischten Chloriden, die Kaliumchlorid enthalten und infolgedessen zum Gebrauch als Düngestoff ohne weitere Behandlung geeignet sind.

Das Gemisch von dampfförmigem Ammoniumfluorid und Aluminiumchlorid wird auf Temperaturen zwischen 200 und 300° C abgekühlt, wobei das Ammoniumfluorid fest wird und ausfällt. Das Aluminiumchlorid wird unter seinen Siedepunkt (187°) abgekühlt, kondensiert und so gewonnen.

Das Aluminiumchlorid kann in Tonerde umgewandelt werden, falls dies gewünscht wird. Die Hydrolyse kann zweckmäßig mittels Wasserdampfs bewirkt werden, wodurch man Aluminiumoxyd mit zwei Molekülen Wasser und gasförmigen Chlorwasserstoff erhält, der wiedergewonnen wird. Die erhaltene Tonerde wird dann calciniert und verliert ein Molekül Wasser bei ungefähr 300° C und das andere Molekül bei ungefähr 1000°

Der Chlorwasserstoff wird durch Schwefelsäure getrocknet, und die erhaltene verdünnte Schwefelsäure wird zur Herstellung des Chlorwasserstoffes benutzt, der im Verfahren verbraucht wird.

Die Menge von Reagenzien und die Menge der hergestellten Produkte hängt von der Menge und der Zusammensetzung des als Ausgangsmaterial dienenden Tons ab. Werden z. B. 120 t Ton von der Zusammensetzung

Aluminiumoxyd	25 %
Kieselsäure	60 %
Eisenoxydul	3 %
Kalk	2 %
Natriumoxyd	4 %
Kaliumoxyd	6 %

behandelt, so wird eine Lösung, die 262 t Ammoniumfluorid enthält, erforderlich sein, um das Silicium in Siliciumfluoridammoniak und die Metalloxyde in Metallfluoride in der nächsten Stufe des Verfahrens umzuwandeln. In dieser Stufe des Verfahrens werden 79,2 t Ammoniak entwickelt und 165,6 t Siliciumfluoridammoniak verflüchtigt.

Das Siliciumfluoridammoniak wird mit 40,8 t Ammoniak und 172,8 t Wasser unter Bildung von 177,6 t Ammoniumfluorid und Kieselsäuregel zersetzt. Das Ammoniumfluorid wird aus dem Kieselsäuregel mit Wasser ausgewaschen und das Kieselsäuregel getrocknet. Erhalten werden 93,6 t Kieselsäuregel.

Zur Umwandlung der Metallfluoride in Chloride sind 82 t gasförmiger Chlorwasserstoff und 38,4 t Ammoniakgas erforderlich. Der Rückstand der gemischten Chloride is: 31,2 t, die 7,2 t oder 23 % Kali (als K_2O) enthalten.

Das Ammoniumfluorid, das hierbei wiedergewonnen wird, beträgt ungefähr 81,2 t und entspricht zusammen mit dem aus dem Kieselsäuregel gewonnenen Ammoniumfluorid ungefähr dem Ammoniumfluorid, das in der ersten Stufe des Verfahrens verwendet wird. Die Ausbeute an Aluminiumchlorid beträgt ungefähr 78 t.

Die Hydrolyse dieser Menge Aluminiumchlorid erfordert ungefähr 26,5 t Dampf und ergibt 64,4 t gasförmigen Chlorwasserstoff, der mit Schwefelsäure getrocknet und bei der Umwandlung einer anderen Beschickung von Metallfluoriden in Chloride benutzt wird, mit einem Zusatz von ungefähr 17,6 t Chlorwasserstoff, der der Menge entspricht, die zur Bildung der Metallchloride erforderlich war.

Die Ammoniakmenge, die zur Bildung von Kieselsäuregel und zur Umwandlung der Metallfluoride in Chloride erforderlich ist, ist ungefähr ebenso groß wie die Ammoniakmenge, die in der ersten Stufe des Verfahrens entwickelt wird, und es ist deshalb nur notwendig, die Arbeitsverluste zu ersetzen. Fluorverlust kann durch Zusatz von Flußspat zu der Mischung ersetzt werden.

Beispiel 2

Bauxit wird feingemahlen, falls notwendig, reduziert, und eine Lösung von Ammoniumfluorid zugesetzt. Die Mischung wird auf eine Temperatur über 34° C, z. B. zwischen 34° und 100° C erhitzt. Das Wasser wird verdampft und die Kieselsäure gleichzeitig in Ammoniumsilikofluorid umgewandelt; gegebenenfalls vorhandene Titansäure wird in Ammoniumtitanfluorid umgewandelt. Das Ammoniumfluorid wird zu Ammoniak und Ammoniumbifluorid bei Temperaturen über 34° C dissoziiert, und das Bifluorid greift die Metalloxyde und die Kieselsäure an. Die Mischung wird nun auf ungefähr 300° C erhitzt; die Reaktion ist dann vollendet, indem die Metalloxyde in Fluoride und das Ammoniumsilikofluorid in Siliciumfluoridammoniak ($Si_4(NH_3)_2$) umgewandelt sind. Das entwickelte Ammoniak wird aufgespeichert.

Bei der Durchführung dieser Reaktion wird die Temperatur auf ungefähr 300° C erhöht zwecks Verdampfung der flüchtigen Fluoride, hauptsächlich Siliciumfluoridammoniak, Titan- und Vanadiumfluorid u. dgl. Die flüchtigen Fluoride werden durch Durchleitung eines reduzierenden Gases durch den Rückstand vollständig ausgetrieben. Das reduzierte Gas kann zweckmäßig Generatorgas oder Wassergas sein, das sorgfältig von freiem Sauerstoff, Wasser und Kohlendioxyd befreit ist. Das Gas wird durchgeleitet, während die Masse auf beginnende Rotglut erhitzt ist, z. B. auf Temperaturen zwischen 400 und 500° C. Die Eisenoxydverbindungen werden hierdurch reduziert, so daß keine flüchtigen Eisenoxydchloride im letzten Teil des Verfahrens erzeugt werden, die das Aluminiumchlorid und das daraus erhaltene Aluminiumoxyd verunreinigen würden.

Die verdampften Fluoride, besonders das Siliciumfluoridammoniak, werden durch Abkühlung niedergeschlagen und mit wäßrigem Ammoniak bei Temperaturen unter etwa 34° C behandelt, wodurch sie zu Kieselsäuregel und Ammoniumfluorid umgesetzt werden. Das verwendete Ammoniak kann ein Teil des Ammoniaks sein, das in der ersten Stufe des Verfahrens entwickelt wird. Das Ammoniumfluorid wird mit Wasser ausgewaschen und in der ersten Stufe einer folgenden Beschickung benutzt. Das Kieselsäuregel wird getrocknet, um ein Handelsprodukt daraus zu machen.

Die nicht flüchtigen Fluoride, die hauptsächlich aus Aluminiumfluorid bestehen, werden bei Temperaturen zwischen 400 und 500° C mit einer äquimolekularen Mischung von gasförmigem Chlorwasserstoff und Ammoniakdampf behandelt, aus der die Feuchtigkeit, freier Sauerstoff und Kohlendioxyd, entfernt worden sind. Die Metallfluoride werden hierbei zu Chloriden umgesetzt, und Ammoniumfluorid wird gebildet. Das Ammoniumfluorid und das Aluminiumchlorid werden verdampft. Das erstere wird durch Abkühlung auf Temperaturen zwischen 200 und 300° C niedergeschlagen und das letztere durch Abkühlung unter den Siedepunkt kondensiert.

Ebenso wie im Beispiel 1 wird das verwendete Ammoniumfluorid theoretisch vollständig zurückgewonnen und das entwickelte Ammoniak im selben Arbeitsgang wieder benutzt. Gewöhnlich wird bei der Umwandlung der übrigbleibenden Metallverbindungen in Chloride etwas Chlorwasserstoff verloren.

Die Menge von Reagenzien, die benutzt werden, und die Menge von Erzeugnissen, die gewonnen werden, hängt von der Zusammensetzung des aluminiumhaltigen Rohstoffes ab.

Es wird vorgezogen, Ammoniumfluorid oder Bifluorid zur Herstellung von Fluoriden in der Reaktionsmasse zu gebrauchen, aber es ist verständlich, daß es nicht die Absicht ist, das Verfahren hierauf zu begrenzen; das Verfahren kann auch mit Fluorwasserstoffsäure o. dgl. durchgeführt werden. Das beschriebene Verfahren hat große Vorteile. Man vermeidet z. B. die Bildung der unangenehmen und giftigen Dämpfe der Fluorwasserstoffsäure und des Siliciumfluorids. Ferner hat Ammoniumfluorid nur eine ganz schwache ätzende Wirkung auf das Metall und greift die Haut nicht an. Ein bedeutender Vorteil beim Gebrauch von Ammoniumfluorid besteht außerdem darin, daß es während des Verfahrens vollständig wiedergewonnen werden kann, wenn von mechanischen Verlusten abgesehen wird.

Patentansprüche:

1. Verfahren zum Aufschließen von tonerde- und kieselsäurehaltigen Rohstoffen mit Fluorverbindungen unter Abtreibung der Kieselsäure als Siliciumfluorid, gekennzeichnet durch die folgende Chlorierung des Rückstandes, wobei wasserfreies Aluminiumchlorid entsteht, das in an sich bekannter Weise sublimiert.

2. Verfahren zur Herstellung von Aluminiumverbindungen nach Anspruch 1 unter Verwendung einer wäßrigen Lösung von Ammoniumfluorid zum Aufschluß, dadurch gekennzeichnet, daß das durch Einwirkung des Ammoniumfluorids erhaltene Reaktionsgemisch zur Trockne eingedampft und dann zur Abtreibung des gebildeten Ammoniumsilikofluorids und anderer leicht flüchtiger Fluorverbindungen vom Aluminiumfluorid erhitzt wird.

3. Verfahren nach Anspruch 1 und 2, dadurch gekennzeichnet, daß die gebildeten und vom Aluminiumfluorid abgetriebenen Siliciumfluorverbindungen mit Wasser und Ammoniak behandelt werden unter Bildung von freier Kieselsäure, die dann von der gleichzeitig gebildeten wäßrigen Lösung von Ammoniumfluorid getrennt wird.

4. Verfahren nach Anspruch 1 und 2, dadurch gekennzeichnet, daß die als Rückstand verbleibenden Metallfluoride in trocknem Zustande mit wasserfreien, reduzierenden Gasen, vorzugsweise Generatorgas oder Wassergas, zur Reduktion des vorhandenen Eisenoxydfluorids behandelt werden.

5. Verfahren nach Anspruch 1 und 2, dadurch gekennzeichnet, daß die Chlorierung der Fluoridmasse durch Behandlung mit Ammoniumchlorid oder mit Ammoniak und Chlorwasserstoff, beispielsweise Durchleitung durch das erhitzte Fluoridgemisch erfolgt.

6. Verfahren nach Anspruch 5, dadurch gekennzeichnet, daß durch die Fluoridmasse ein von Feuchtigkeit und Sauerstoff freies Gemisch von gleichen Volumenteilen Ammoniakgas und Chlorwasserstoffgas bei einer Temperatur geleitet wird, die bei oder über der Dissoziationstemperatur des Ammoniumchlorides liegt.

7. Verfahren nach Anspruch 1, dadurch gekennzeichnet, daß das bei der Chlorierung der Fluoridmasse erhaltene und von den schwerer flüchtigen Bestandteilen des Chlorierungsproduktes abgetriebene Aluminiumchlorid durch Behandlung mit Wasserdampf zersetzt und das hierdurch erhaltene Aluminiumhydroxyd calciniert wird.

8. Verfahren nach Anspruch 1, dadurch gekennzeichnet, daß der Fluorverbrauch durch Zufuhr von Calciumfluorid ersetzt wird, das sich mit Ammoniumchlorid unter Bildung von Ammoniumfluorid umsetzt.

Nr. 562819. (G. 73644.) Kl. 12m, 6. Noah Joseph Gareau in Ottawa, Kanada.

Herstellung von Tonerde, Natriumkarbonat und Chlorwasserstoff.

Vom 21. Juni 1928. — Erteilt am 13. Okt. 1932. — Ausgegeben am 1. Nov. 1932. — Erloschen: . . . .

Die Erfindung bezieht sich auf die Herstellung von Tonerde, Natriumkarbonat und Chlorwasserstoff aus tonerdehaltigen Rohstoffen und bezweckt, das Herstellungsverfahren dahingehend weiter auszubilden, daß seine Durchführung erleichtert, die Ausbeute erhöht und eine größere Reinheit der Erzeugnisse erzielt wird als bisher. Bei einem bekannten Verfahren werden vorher calcinierte tonerdehaltige Rohstoffe mittels schwefelhaltiger Gase im

Schachtofen zunächst in Aluminiumsulfat umgewandelt. Das erhaltene Aluminiumsulfat wird mittels Natriumchlorid und Kohle und durch Erhitzen in Gegenwart von Dampf unter Austreibung von Chlorwasserstoffsäure in Natriumsulfat übergeführt. Schließlich wird die durch Auslaugen erhaltene Aluminiumsulfatlösung mit Kohlendioxyd behandelt und dadurch in Aluminiumhydroxyd und Natriumkarbonat verwandelt.

Nach der Erfindung wird dieses bekannte Verfahren durch mehrere zusätzliche Maßnahmen vervollständigt, welche als Vorbereitung für die Gewinnung und Weiterverarbeitung des Aluminiumsulfats dienen, und den späteren Verlauf des Verfahrens, insbesondere hinsichtlich der Ausbeute und Reinheit der Erzeugnisse, günstig beeinflussen. Die Erfindung besteht darin, daß die calcinierten Ausgangsstoffe brikettiert und während der Einwirkung der Schwefeldioxydgase und anderer Verbrennungsprodukte, insbesondere Stickoxydgase, mit kaltem Wasser berieselt werden, das gebildete Aluminiumsulfat durch Auslaugen mit heißem Wasser und Schwefelsäure angereichert und diese Lösung vor der weiteren Verarbeitung durch thermische Zersetzung in poröses Aluminiumsulfit übergeführt wird.

Das Brikettieren der calcinierten Ausgangsstoffe hat den Vorteil, daß in dem Schachtofen ein ungehinderter Durchzug der Gase und Dämpfe durch die Rohstoffe gewährleistet wird, so daß die Rohstoffe überall gleichmäßig der Einwirkung dieser Gase ausgesetzt werden, während bei der bisher üblichen Verwendung nicht brikettierter Rohstoffe die Beschickung des Schachtofens praktisch für die Gase beinahe undurchlässig ist. Diese Maßnahme des Brikettierens der Rohstoffe hat im Zusammenhang mit der Berieselung mit kaltem Wasser eine wesentlich schnellere und stärkere Anreicherung der Rohstoffe mit Aluminiumsulfat und Kieselsäure zur Folge, als sie bei dem bekannten Verfahren erzielt werden kann. Soweit im unteren Teil des Schachtofens die Schwefeldioxyd- und Stickoxydgase noch nicht verbraucht sind, werden sie durch die Berieselung mit kaltem Wasser im oberen Teil des Schachtofens restlos absorbiert, so daß sich eine Säurelösung ergibt, welche dem Rohstoff in gleichmäßiger Verteilung zugeführt wird.

Das Auslaugen der aus dem Schachtofen entnommenen Brikette in heißem Wasser mit Schwefelsäure bewirkt die Auflösung der etwa vorhandenen deshydrierten oder basischen Aluminiumsulfate und hat außerdem zur Folge, daß ein höherer Prozentsatz von Aluminiumsulfat extrahiert wird, als wenn in der üblichen Weise die neutrale Lösung des Aluminiumsulfats den Rohstoffen entzogen wird.

Die thermische Zersetzung des Aluminiumsulfats wird in einem besonderen Ofen bei einer Temperatur von etwa 500° C vorgenommen. Das sich ergebende Aluminiumsulfit ($Al_2O_3 \cdot SO_3$) ist eine trockene, poröse, bröckelige und etwas hygroskopische Masse, welche leicht zerkleinert und für die weitere Verarbeitung brikettiert werden kann und auch bei erheblicher Hitzebeanspruchung ihre Brikettform beibehält. Ein weiterer Vorteil der thermischen Zersetzung besteht darin, daß hierbei Dampf und Schwefeltrioxyd erzeugt werden, welche in den Schachtofen eingeführt werden. Auf diese Weise werden zwei Drittel des in dem Schachtofen erforderlichen Schwefels ohne eine besondere Anlage im Kreislauf gewonnen. Zugleich hat die Maßnahme der thermischen Zersetzung den Erfolg, daß das erhaltene Aluminiumsulfit leichter in Natriumaluminat umgesetzt werden kann als das Aluminiumsulfat, und die Endprodukte in bedeutend reinerem Zustand erhalten werden als bisher.

Im nachfolgenden ist in einem praktischen Beispiel das Verfahren nach der Erfindung näher erläutert, und zwar an Hand der Zeichnung, welche die für die neuen Maßnahmen wesentlichen Bestandteile der Anlage wiedergibt.

Abb. 1 der Zeichnung zeigt den Schachtofen und den zur thermischen Zersetzung des Aluminiumsulfats dienenden Ofen teilweise in Ansicht, teilweise in senkrechtem Schnitt.

Abb. 2 ist ein Schnitt nach der Linie 2-2 der Abb. 1.

Als Rohstoff möge ein Ton von folgender Zusammensetzung verwendet werden:

53,14 Gewichtsteile SiO_2,
30,84 Gewichtsteile Al_2O_3,
3,00 Gewichtsteile unlösliche Bestandteile,
13,00 Gewichtsteile Wasser.

Dieser Rohstoff wird zunächst brikettiert und getrocknet, danach wird er in bekannter Weise allmählich bis zu beginnender Rotglut calciniert, um das darin enthaltene Wasser möglichst restlos zu entfernen. Hierbei muß jedoch darauf geachtet werden, daß die Brikette eine genügende Härte behalten, damit sie in dem Schachtofen unter der Last der Beschickung nicht zerdrückt werden. Die fertigen Brikette sind äußerst porös, so daß sie Wasser und Säure in großen Mengen aufnehmen können.

Die Brikette werden in den Schachtofen 10 gebracht. Dieser ist mit einer oberen Öffnung 11 versehen, durch welche er in regelmäßigen Zeitabständen beschickt werden kann. Die fertig behandelten Brikette werden aus dem unteren Teil des Schachtofens entnommen. In der Nähe des oberen Endes ist in dem Schachtofen eine Traufe 9 angeordnet, mittels welcher die Beschickung des Schachtofens mit kaltem

Wasser berieselt wird. Durch einen seitlichen Rost 12 im unteren Teil des Schachtofens werden ununterbrochen heißer Dampf, Luft, Schwefeltrioxyd, Schwefeldioxyd, Stickoxyd mit noch mehr oder weniger anderen Verbrennungsprodukten aus dem Ofen 13 im Gemisch zugeführt. Dieses Gasgemisch wird durch einen an den oberen Teil des Schachtofens angeschlossenen Exhaustor 14 durch die Beschickung des Schachtofens hindurchgesaugt. Die Gase müssen natürlich in einer zur Bildung

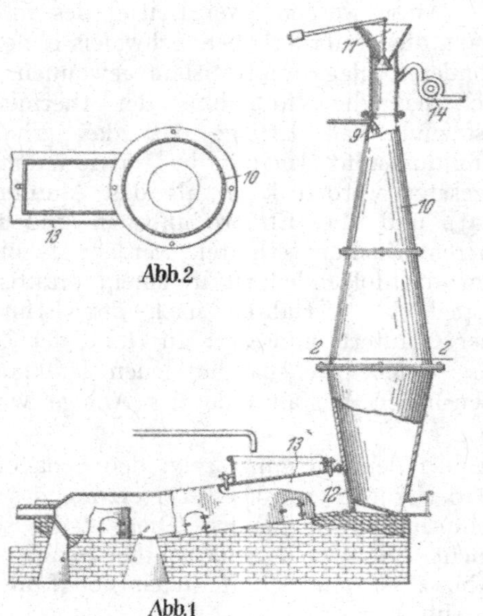

Abb.2

Abb.1

überschüssiger Schwefelsäure für die Sulfatisierung des Rohstoffes ausreichenden Mengen zugeführt werden. Die Schwefel- und Stickoxyde werden von den calcinierten Rohstoffen absorbiert, während der größte Teil des Kohlendioxyds und des Stickstoffes durch den Exhaustor abgeführt wird. Im oberen Teil des Schachtofens werden durch das aus der Traufe 9 kommende kalte Wasser praktisch alle von den calcinierten Rohstoffen nicht aufgenommenen Schwefel- und Stickoxyde absorbiert. Die sich so ergebende Säurelösung wird dann an die calcinierten Rohstoffe abgegeben und nach Maßgabe der Abwärtsbewegung der Beschickung zunehmend konzentriert und erhitzt. Die Schwefelsäure wirkt auf die tonerdehaltigen Rohstoffe, während die Stickoxyde für die weitere Behandlung freigegeben werden. Der aufwärts steigende Dampf wird im oberen Teil des Schachtofens kondensiert. Die zunehmende Erhitzung bewirkt, daß die stets im Überschuß zusammen mit Dampf vorhandene Schwefelsäure die tonerdehaltigen Rohstoffe in ausgedehntem Maße zersetzt. Im unteren Teil des Schachtofens wird durch die Hitze sowie durch das freie Schwefeltrioxyd und die überschüssige Schwefelsäure die Kieselerde abgeschieden. Die Erhitzung wird hierbei so geregelt, daß diese Wirkungen stattfinden, ohne daß das gebildete Aluminiumsulfat zersetzt wird. Schließlich werden die mit Sulfaten und Kieselsäure stark angereicherten Brikette aus dem Schachtofen entfernt. Der Verlauf der verschiedenen Reaktionen in dem Schachtofen kann durch Regelung der die Gase entwickelnden Feuerung, der Wasserberieselung, der Wirkung des Exhaustors und der Beschickung nach Belieben beeinflußt werden.

Die Behandlungsdauer der Brikette in dem Schachtofen beträgt etwa drei bis vier Tage. Nach dem Herausnehmen aus dem Schachtofen werden die Brikette mit heißem Wasser und Schwefelsäure ausgelaugt, wodurch die Auflösung der etwa vorhandenen deshydrierten oder basischen Aluminiumsulfate gewährleistet wird. Diese Lösung wird dann mittels einer Reihe von nicht dargestellten Auslaßtanks konzentriert, wobei in dem letzten Tank immer frische Brikette gehalten werden, während das freie säurehaltige heiße Wasser ständig in dem die ausgelaugten Rückstände enthaltenen Tank verwendet wird. Während dieser wiederholten Konzentration mittels der überschüssigen Wärme der verschiedenen Öfen wird aus der Lösung ein großer Teil des etwa entstandenen Calciumsulfats entfernt. Es wird somit eine hochkonzentrierte Lösung von Aluminiumsulfat dauernd erhalten, welche je nach dem verwendeten Rohstoff mehr oder weniger Sulfate von Eisen und Magnesia enthält.

Bezogen auf 100 kg des calcinierten Rohstoffes ergeben sich durch die oben beschriebenen Maßnahmen etwa 116 kg Aluminiumsulfat, wobei etwa 100 kg Schwefelsäure verbraucht wurden.

Aus diesen 116 kg Aluminiumsulfat werden in der folgenden Weise etwa 51 kg Aluminiumsulfit und 66,6 kg Schwefelsäure für die Wiederverwendung im Schachtofen gewonnen. Die hochkonzentrierte Lösung wird unmittelbar über dem Ofen 13 in einem Behälter gesammelt und aus diesem Behälter in ununterbrochenem feinem Strom in den Ofen geleitet, wo das Aluminiumsulfat nach der Formel

$$Al_2\,(SO_4)_3 = Al_2O_3 \cdot SO_3 + 2\,SO_3$$

in Aluminiumsulfit und Schwefeltrioxyd thermisch zersetzt wird. Hierbei entsteht als Nebenprodukt Wasserdampf, welcher zusammen mit dem Schwefeltrioxyd und den Verbrennungsprodukten des Ofens 13 in den Schachtofen 10 geleitet und so dauernd im Kreislauf gehalten wird. Auf diese Weise werden zwei Drittel des erforderlichen Schwefels ohne besondere Anlage bequem und einfach gewonnen. Die thermische Zersetzung des Aluminiumsulfats in dem Ofen 13 ist bei beginnender Rotglut, d. h. bei einer Temperatur von etwa 300 bis 500° C, beendet. Das gewonnene Aluminiumsulfit ist eine trokkene, poröse, bröckelige und etwas hygroskopische Masse, die leicht zermahlen und für die Weiterbehandlung brikettiert werden kann.

Die etwa vorhandenen Calcium- und Magnesiumsulfate bleiben während der thermischen Zersetzung des Aluminiumsulfats unverändert, jedoch wird das Eisensulfat der gleichen Umsetzung unterworfen wie das Aluminiumsulfat.

Das gewonnene Aluminiumsulfit wird in der gleichen Weise weiterverarbeitet wie bei dem bekannten Verfahren das Aluminiumsulfat. Bezogen auf 100 kg des calcinierten Ausgangsproduktes bzw. 51 kg Aluminiumsulfit ergeben sich zahlenmäßig bei der Durchführung der weiteren Verfahrensmaßnahmen folgende Verhältnisse:

Die gewonnenen 51 kg Aluminiumsulfit werden mit 38,5 kg Natriumchlorid und 8,05 kg Kohlenstoff und einer genügenden Menge Wasser brikettiert. Die Brikette werden in geschlossenen Behältern zunächst auf eine Temperatur von etwa 300° C erhitzt, wodurch nach der Formel

$$Al_2O_3\,SO_3 + 2\,NaCl + H_2O = Na_2SO_4 + 2\,HCl + Al_2O_3$$

34,5 kg Aluminiumoxyd, 48 kg Natriumsulfat und 24,5 kg Chlorwasserstoffsäure in Gasform gebildet werden. Letztere wird abgeleitet und kondensiert. Die verbleibenden Brikette enthalten außer den genannten Bestandteilen noch Kohle, ferner geringe Mengen Fe_2O_3 und andere Verunreinigungen. Die Brikette werden nunmehr in einen Drehofen gebracht und auf Rotglut, d. h. auf etwa 800° C, erhitzt. Hiernach ergeben sich 34,5 kg Aluminiumoxyd, 26,2 kg Natriumsulfid und 30 kg Kohlendioxyd nach der Le Blancschen Reaktion:

$$Na_2SO_4 + 2\,C = Na_2S + 2\,CO_2.$$

Das Fe_2O_3 wird zu $Fe + CO$ und das etwa vorhandene $CaSO_4$ zu CaS reduziert. Eine Reduktion des Magnesiumsulfats findet nicht in nennenswertem Umfange statt. Das Kohlendioxyd wird abgeführt und durch den Ofen 13 in den Schachtofen 10 geleitet. Hiernach werden die Brikette in dem Drehofen auf 1200° C erhitzt, wobei nach der Formel

$$Al_2O_3 + Na_2S + H_2O = Al_2O_3 \cdot Na_2O + H_2S$$

etwa 60,5 kg Natriumaluminat und 11,3 kg Schwefelwasserstoff gebildet werden. Die 11,3 kg Schwefelwasserstoff werden für die Verwendung im Schachtofen zu SO_2 und H_2O verbrannt.

Die erhaltenen 60,5 kg Natriumaluminat werden in Wasser aufgelöst und dann gefiltert. Hiernach werden 30 kg Kohlendioxyd von der vorhergehenden Reaktion zu der Natriumaluminatlösung hinzugefügt, wodurch gemäß der Reaktion

$$Al_2O_3 \cdot Na_2O + CO_2 + 3\,H_2O = 2\,Al\,(OH)_3 + Na_2CO_3$$

53 kg Aluminiumhydroxyd und 35,5 kg Natriumkarbonat in Lösung gewonnen werden. Die Tonerde wird durch Dekantieren gewaschen und ist dann fertig für die Reduktion zu Metall. Die Natriumkarbonatlösung wird in der üblichen Weise konzentriert und weiterverarbeitet.

PATENTANSPRUCH:

Herstellung von Tonerde, Natriumkarbonat und Chlorwasserstoff durch Umwandlung vorher calcinierter tonerdehaltiger Rohstoffe in Aluminiumsulfat mittels Schwefeldioxyd und Stickoxyden im Schachtofen, Überführen des erhaltenen Aluminiumsulfats in Natriumaluminat mittels Natriumchlorid und Kohle bei höherer Temperatur in Gegenwart von Wasserdampf und Behandlung der nach Auslaugen erhaltenen Aluminatlösung mit Kohlendioxyd, dadurch gekennzeichnet, daß die calcinierten Ausgangsstoffe brikettiert und während der Einwirkung der Schwefeldioxyd- und Stickoxydgase mit kaltem Wasser berieselt werden, dann das gebildete Aluminiumsulfat durch Auslaugen mit heißem Wasser und Schwefelsäure angereichert und diese Lösung vor der weiteren Verarbeitung durch thermische Zersetzung in poröses Aluminiumsulfit übergeführt wird.

Belg. P. 352224.

Nr. 538615. (I. 29161.) Kl. 12m, 6.

I. G. Farbenindustrie Akt.-Ges. in Frankfurt a. M.

Erfinder: Dr. Oskar Jonas, Dr. Kurt Weger in Bitterfeld und Dr. Gotthard Trebitz in Frankfurt a. M.-Schwanheim.

Aufschließen von Ton und anderen tonerdehaltigen Rohstoffen.

Vom 30. Sept. 1926. — Erteilt am 5. Nov. 1931. — Ausgegeben am 27. Nov. 1931. — Erloschen: . . . .

Nach den bisher bekannten Aufschlußverfahren wird über eine Schicht Ton oder andere tonerdehaltige Rohstoffe die berechnete Menge mehr oder weniger stark vorgeheizter Säure, gegebenenfalls unter zeitweiser Ergänzung der verbrauchten Säure, so lange umgepumpt, bis deren Reaktion mit der Tonerde beendet ist. Nach anderen Verfahren wird eine gewisse Menge Ton mit einer entsprechenden Menge Säure verrührt und mehr oder minder lange Zeit erhitzt. Bei beiden Verfahren ist es im praktischen Betrieb unmöglich, bei der wünschenswerten Höchsttemperatur, nämlich dem Siedepunkt der Aufschlußlösung, zu arbeiten, da hierbei leicht Aufschäumen und Überkochen, insbesondere aber beim Arbeiten mit flüchtigen Säuren, z. B. Salzsäure, Säureverluste eintreten. Aus diesem Grunde kann man bei den bisher bekannten Arbeitsweisen nicht die der Siedetemperatur entsprechende Umsetzungsgeschwindigkeit und Aufschlußausbeute erzielen. Will man die Ausbeute erhöhen, so ist man gezwungen, entweder so lange Zeit das Reaktionsgemisch in Bewegung zu halten, beispielsweise bei ruhendem Ton die Säure durch dauerndes Umpumpen so lange umlaufen zu lassen, bis das tonerdehaltige Material unter den herrschenden Aufschlußbedingungen erschöpft ist, oder mit meist weit besserem Ergebnis, das Aufschließen in einem geschlossenen Gefäß unter Druck vorzunehmen. Bei allen diesen Maßnahmen wird viel Energie verbraucht sowohl zum Aufheizen bzw. Warmhalten wie zum Rühren bzw. Umpumpen. Außerdem ist nach dem Aufschließen unter Rühren wegen der Bildung von Schlamm (Kieselsäure, Tonreste) eine kostspielige und langwierige Filtration erforderlich. Das Aufschließen unter Druck kommt aber technisch kaum in Frage, weil für die wirtschaftliche Verarbeitung nur große Ansätze in Arbeit zu nehmen sind, deren Bewältigung in druckfesten geschlossenen Gefäßen unverhältnismäßig hohe Anlagekosten verursacht.

Es wurde nun gefunden, daß man auch ohne Anwendung von geschlossenen Gefäßen das Aufschließen von Ton o. dgl. Rohstoffen in großen Ansätzen (z. B. 20 t oder mehr) unter Vermeidung aller der vorher erwähnten Nachteile durchführen und dabei eine dem Aufschluß unter Überdruck gleichkommende Aufschlußausbeute und Umsatzgeschwindigkeit erreichen kann, wenn man die Säure für den Aufschluß durch den ruhenden Rohstoff in der bestimmten Weise hindurchführt, daß sowohl dieser wie die Säure bzw. deren Gemisch mit der entstehenden Salzlösung durch die Reaktionswärme auf Temperaturen von wenigstens 105° gelangt. Es wird bei dergleichen Ansätzen durch Verminderung der Wärmeausstrahlung und durch den nur einmaligen Durchgang der Hauptmenge der Aufschlußsäuren bzw. Aufschlußlösung die Reaktionswärme in wesentlich höherem Grade als bisher gesammelt und zur Ausnutzung gebracht. Insbesondere kann durch Anwendung hoher Beschickungsschichten eine Temperatursteigerung in der Aufschlußlösung erreicht werden, die bis über den normalen Siedepunkt der angewandten Lösung hinausgeht. Voraussetzung für die günstige Gestaltung des Aufschlusses bzw. der maßgebenden Temperaturverhältnisse während des Aufschließens ist die geeignete Regelung des Durchlaufes der zulaufenden Säure, die mit der Maßgabe erfolgt, daß bei Einhaltung eines Flüssigkeitsstandes über dem aufzuschließenden Rohstoff der Ablauf der Salzlösung und der Zulauf der Säure in der Weise eingestellt wird, daß eine Reaktionstemperatur von wenigstens 105° sich ergibt. Selbst wenn die Reaktionstemperatur über den normalen Siedepunkt der Lösung hinausgeht, treten keinerlei Verluste bei Verwendung flüchtiger Säuren, z. B. Salzsäure, auf, da die aus heißeren Zonen entweichenden Dämpfe von den kälteren oberen Schichten wieder aufgenommen werden. Die fertigen Lösungen läßt man zweckmäßig mit einem geringen Restgehalt an freier Säure ablaufen; sie sind, da bei der vorliegenden Arbeitsweise der Kieselsäurerückstand die Lage und Form des Ausgangsstoffes behält, technisch kieselsäurefrei. Nach diesem Verfahren lassen sich auch bisher als unbrauchbar erachtete Tonarten gewinnbringend verarbeiten.

Beispiel

100 t geglühter Ton werden in mehreren Metern Schichthöhe in einen Behälter mit doppeltem Boden eingestürzt. Zur Einleitung der Reaktion läßt man zunächst einen geringen Teil der erforderlichen Gesamtsäuremenge, zugleich mit Waschsäure

eines vorhergehenden Aufschlusses, zweckmäßig in vorgewärmtem Zustand, auf den Ton auflaufen und beschickt dann, nachdem der Behälter gefüllt und der Ton mit Säure bedeckt ist, weiterhin den Behälter mit der Hauptmenge der zum Aufschließen erforderlichen starken Säure, wobei man in entsprechendem Maße die fertige Aufschlußlösung fortlaufend unten abzieht. Durch geeignete Regelung des Zu- und Abflusses wird unter Einhaltung eines Flüssigkeitsstandes über dem aufzuschließenden Material erreicht, daß die Zone der Höchsttemperatur in der Beschickung allmählich nach unten fortschreitet und an der jeweiligen Reaktionsstelle auf wenigstens 105°, vorteilhaft bis gegen 120° steigt. Dies hat zur Folge, daß der weitaus größte Teil der Gesamtsäuremenge, der ungeheizt zugeführt werden kann, schon in einmaligem Durchlauf verbraucht wird und den Behälter als fertige klare Lauge mit hohem Tonerdegehalt, entsprechend beispielsweise 120 bis 150 g Al_2O_3/l, verläßt. Der ausgelaugte Tonrückstand wird einmal gewaschen und hierauf aus dem Behälter ausgeräumt.

In ähnlicher Weise, wie hier für Ton beschrieben, lassen sich Kaolin, Bauxite u. a. verarbeiten.

Durch die oben beschriebene Arbeitsweise wird gegenüber den bisher bekannten Aufschlußverfahren ein erheblicher technischer Fortschritt erzielt, indem in einfachster Apparatur bei in jeder Beziehung geringem Energieaufwand die höchstmögliche Wirkung bezüglich Ausbeute und Laugekonzentration erreicht wird.

PATENTANSPRUCH:

Verfahren zum Aufschließen von Ton und anderen tonerdehaltigen Rohstoffen in ruhendem Zustand mit Säuren, dadurch gekennzeichnet, daß man bei Einhaltung eines Flüssigkeitsstandes über dem in mehreren Metern Schichthöhe in einem Behälter eingefüllten Rohstoff den Durchlauf der Säure durch Regelung von Ab- und Zulauf so einstellt, daß im Reaktionsgebiet eine über den normalen Siedepunkt hinausgehende Temperatur erreicht wird.

Nr. 566 690. (I. 42 928.) Kl. 12 m, 6.

I. G. FARBENINDUSTRIE AKT.-GES. IN FRANKFURT A. M.

Erfinder: Dr. Julius Söll in Leverkusen-I. G. Werk.

Verfahren zum Aufschließen tonerdehaltiger Materialien.

Vom 31. Okt. 1931. — Erteilt am 8. Dez. 1932. — Ausgegeben am 19. Dez. 1932. — Erloschen: 1933.

Beim Aufschließen von tonerdehaltigen Materialien, wie Ton, Bauxit, Phonolith, Leucit oder anderen Silikaten, mittels Flußsäure oder Gemischen von Flußsäure und anderen Mineralsäuren macht man die Erfahrung, daß zwar der Aufschluß selbst leicht vonstatten geht, daß man aber bei der Trennung der Lösung von dem Rückstand Schwierigkeiten hat, die hauptsächlich auf der Anwesenheit von schleimiger Kieselsäure beruhen. Diese entsteht dadurch, daß zunächst durch die Flußsäure auch Kieselsäure in Lösung übergeführt und dann später wieder in schleimiger und voluminöser Form ausgefällt wird.

Es sind verschiedene Verfahren bekannt, welche die Ausfällung der Kieselsäure nach dem Aufschluß des tonerdehaltigen Rohstoffes mit Flußsäure behandeln. Dort sind auch schon als hierzu geeignete Fällmittel Tonerde, Baryumaluminat und Kaolin angegeben. Diese Verfahren haben aber den Nachteil, daß sich während des Aufschlusses kolloidale Kieselsäure bildet, die schon bei dem ersten Filtrieren von dem ungelöst gebliebenen Rückstand Schwierigkeiten bereitet und, nachdem sie mit den angegebenen Hilfsmitteln abgeschieden ist, eine erneute Filtration erforderlich macht.

Es wurde nun gefunden, daß die Bildung dieser Kieselsäureform von vornherein vermieden und die Trennung leicht durchgeführt werden kann, wenn man der für das Aufschließen dienenden Flußsäure oder dem Flußsäure - Mineralsäure - Gemisch Tonerdesalze mit Ausnahme von Aluminiumfluorid von vornherein einverleibt, und zwar in solcher Menge, daß die Flußsäure schon vor dem Aufschluß komplex gebunden wird und Kieselsäure nicht mehr löst. Ausreichend ist hierzu z. B. schon eine solche Menge Tonerde, daß auf 2 g Atome Fluor neben der Schwefelsäure (oder der äquivalenten Menge einer anderen Mineralsäure) 1 g Atom Aluminium kommt. Man kann auch so vorgehen, daß man der frischen Aufschlußsäure einen Anteil der Lösung eines vorhergehenden Aufschlusses beimengt, wobei eine Lösung, die die Tonerde in einer nur an Fluor gebundenen Form enthält nicht in Frage kommt.

Beispiel

Über 500 kg gekörnten Glühton (mit 200 kg durch Säure aufschließbarer Tonerde), der sich in einem verbleiten, mit Ablauf versehenen Gefäß befindet, läßt man eine heiße Lösung umlaufen, die aus 2 cbm mit Wasser verdünnter Säure mit 120 kg HF und 300 kg H_2SO_4 und 2 cbm einer fertigen Tonaufschlußlösung mit 200 kg Al_2O_3 und 600 kg an Al_2O_3 gebundener H_2SO_4 besteht. Nimmt die Lösung aus dieser ersten Portion Ton keine Tonerde mehr auf, so läßt man sie noch über eine zweite Portion Ton und gegebenenfalls, besonders bei wenig reaktionsfähigem Ton, auch noch über eine dritte Portion Ton so lange umlaufen, bis die Säure unter Bildung von neutralem Tonerdesalz verbraucht ist. Die Rückstände werden im Gegenstromprinzip mit frischer Aufschlußlösung behandelt, bis die aufschließbare Tonerde gelöst ist und die erhaltenen Aufschlußlösungen durch Umlaufen über die anderen Aufschlußgefäße neutralisiert sind. Der Aufschluß des Tons vollzieht sich ohne jede Bildung von schleimiger Kieselsäure. Außerdem geht sämtliche Tonerde, soweit sie sich überhaupt durch Säuren aufschließen läßt, d. h. bei gut aufschließbaren Tonsorten, in Lösung (100 % der vorhandenen Tonerde). Die Zusammensetzung der erhaltenen Lösung richtet sich nach der angewandten Menge Flußsäure, die vollständig neben der anderen Mineralsäure in der Lösung vorhanden ist. Bei den meisten Tonsorten geht das vorhandene Eisen mit in Lösung. Läßt man dagegen das obige HF-H_2SO_4-Gemisch für sich ohne vorherige Zugabe von Tonaufschluß über den gekörnten Glühton laufen, so tritt nach kurzer Zeit infolge Ausscheidung von schleimiger Kieselsäure eine völlige Verstopfung der Tonaufschlußgefäße ein, so daß der Aufschluß nicht zu Ende geführt werden kann. Erfindungsgemäß kann man auch gemahlenen Ton mit der obigen Lösung im Rührgefäß aufschließen und den Tonrückstand abfiltrieren. Da dann gleichfalls keine schleimige Kieselsäure auftritt und nur der unlösliche Tonrückstand abzufiltrieren ist, wird auch hier ein Fortschritt erzielt, weil das Volum des abzufiltrierenden Rückstandes kleiner und auch die Filtriergeschwindigkeit größer ist. An Stelle von fertigem fluorfreiem Tonaufschluß kann auch fertige Aufschlußlösung eines vorhergehenden Ansatzes zu der Aufschlußlösung zugemischt werden. Die zugesetzte Menge von nicht an Fluor gebundenem Aluminium muß zur Bindung der freien Fluorionen jedoch ausreichend sein. Das Verfahren kann auch sinngemäß bei den Filtraten Anwendung finden, die nach den Verfahren der Patente 460 902 und 487 419 erhalten werden.

Patentansprüche:

1. Verfahren zum Aufschließen von tonerdehaltigen Materialien, wie Ton, Bauxit, Phonolith Leucit oder anderen Silikaten, mittels Flußsäure, in Gegenwart anderer Mineralsäuren, dadurch gekennzeichnet, daß man der Aufschlußsäure von vornherein so viel Tonerdesalze, ausgenommen Aluminiumfluorid allein, hinzufügt, daß die Flußsäure infolge Überführung in komplexe Bindung die Kieselsäure des unlöslichen Rückstandes nicht mehr löst.

2. Verfahren nach Anspruch 1, dadurch gekennzeichnet, daß die aufzuschließenden Stoffe in gekörnter Form in einem mit Ablauf versehenen Gefäß aufgeschlossen werden.

3. Verfahren nach Anspruch 1 und 2, dadurch gekennzeichnet, daß der Aufschluß des gekörnten Materials in mehreren mit Ablauf versehenen Gefäßen vorgenommen wird, wobei nach dem Gegenstromprinzip die frische Aufschlußlösung auf das am weitesten aufgeschlossene Material gegeben und nach Durchströmen auch der anderen Gefäße schließlich im letzten Gefäß mit frischem Material fertig neutralisiert wird.

Nr. 505 517. (V. 24 713.) Kl. 12 m, 6. Urbain Bellony Voisin in Cette, Frankreich.

Verfahren zur Gewinnung von Tonerde.

Vom 23. Dez. 1928. — Erteilt am 7. Aug. 1930. — Ausgegeben am 20. Aug. 1930. — Erloschen: 1933.

Die Erfindung bezieht sich auf das Verfahren zur Herstellung von Tonerde und Aluminiumsalzen aus Bauxiten und anderen tonerdereichen Produkten, bei welchem dem Bauxit die Kieselsäure, welche er enthält, durch eine Behandlung entzogen wird, welche darin besteht, daß man den Bauxit mit Flußspat mischt und hierauf mit Schwefelsäure erhitzt. Diese Behandlung bewirkt die Verflüchtigung der Kieselsäure in Gestalt von Siliciumfluorid und die Umwandlung der Tonerde und des Eisenoxyds in Sulfate.

Die Weiterverarbeitung erfolgt in bekannter Weise so, daß man zunächst die Sulfate mit Calciumchlorid umgewandelt, die Lösung mit Kalk gefällt und aus dem Niederschlag die Tonerde isoliert hat.

Gemäß der Erfindung sollen die Operationen, welche der Ausscheidung der Kieselsäure folgen, dadurch wesentlich vereinfacht werden, daß man unmittelbar die gelösten Sulfate durch Kalk niederschlägt.

Die Arbeitsweise ist folgende:

Nachdem man sich versichert hat, daß das gesamte Eisen in der Lösung der Sulfate sich im höchsten Oxydationszustande befindet, behandelt man die Lösung mit Kalkwasser in hinreichender Menge, um die vollständige Fällung zu sichern. Es bildet sich Tonerde, Eisenhydroxyd und schwefelsaurer Kalk. Der ausgepreßte Rückstand wird mit Natronlauge wiederaufgenommen, welche die Tonerde auflöst. Die Lösung von Natriumaluminat, welche von dem schwefelsauren Kalk und dem Eisenhydroxyd getrennt ist, wird mit einem Kohlensäurestrom behandelt zum Zwecke der Fällung der Tonerde. Diese letztere wird in bekannter Weise von der Lösung von kohlensaurem Natron getrennt, welche man mit Kalk ätzt, um das Natron zu regenerieren, welches alsdann wieder in den Arbeitsprozeß eintritt.

PATENTANSPRUCH:

Verfahren zur Gewinnung von Tonerde aus dem durch Behandeln von tonerdehaltigen Stoffen mit Schwefelsäure und Fluoriden erhaltenen kieselsäurefreien Aluminiumrohsulfat, dadurch gekennzeichnet, daß man die Lösung des Sulfatgemisches mit Kalkwasser versetzt, worauf die Tonerde dem Niederschlage in bekannter Weise durch Ätznatron entzogen und weiterverarbeitet wird.

S. a. F. P. 663022, Aufschluß mit H_2SO_4 u. CaF_2; ferner F. P. 701543.

Nr. 493479. (J. 30843.) Kl. 12m, 6. RUDOLF JACOBSSON IN KÄGERÖD, SCHWEDEN.

Verfahren zum Aufschließen aluminiumhaltiger Rohstoffe mittels Schwefelsäure oder saurer Sulfate.

Vom 5. April 1927. — Erteilt am 20. Febr. 1930. — Ausgegeben am 11. März 1930. — Erloschen: 1934.

Schwedische Priorität vom 6. April 1926 beansprucht.

Beim Aufschließen aluminiumhaltiger Stoffe, wie Bauxit, Tone und Tonerdesilikate, mittels Schwefelsäure wurde bisher im allgemeinen derart verfahren, daß das aluminiumhaltige Material allmählich einer gegebenen Menge Schwefelsäure zugeführt wurde, bis dieses im wesentlichen gesättigt war. Auch das entgegengesetzte Verfahren ist in Vorschlag gebracht worden, bei welchem die Schwefelsäure allmählich einer gegebenen Menge des aluminiumhaltigen Materials zugeführt wird. nachdem dieses mit Wasser angerührt worden ist. In beiden Fällen wurde in einer offenen Vorrichtung bei Atmosphärendruck gearbeitet, weshalb die Reaktionstemperatur höchstens 110 bis 120° C betrug. Die Reaktion geht dabei verhältnismäßig langsam vonstatten und ein großer Bruchteil des Aluminiumoxydes bleibt ungelöst; außerdem wird die Kieselsäure in schwer filtrierbarer Form abgeschieden, weshalb die Ausbeute an Aluminiumsulfat wenig zufriedenstellend wird. Bis jetzt gemachte Versuche, die Reaktion in einem geschlossenen Apparat auszuführen, sind an der Schwierigkeit, den Reaktionsverlauf zu beherrschen, und an der bei zu schneller Reaktion eintretenden großen Explosionsgefahr gescheitert.

Die Erfindung betrifft ein Verfahren, aluminiumhaltige Rohstoffe mittels Schwefelsäure oder saurer Sulfate in einem geschlossenen Apparat oder Autoklaven aufzuschließen. Das Verfahren ermöglicht die Erreichung einer praktisch vollständigen Aufschließung und eines vielfach vergrößerten Fassungsraumes der Apparatur durch eine vielfach vergrößerte Reaktionsgeschwindigkeit gegenüber den bisher ausgeübten Verfahren, ohne daß Explosionsgefahr eintritt. Das Verfahren gemäß der Erfindung wird entweder derart ausgeführt, daß sowohl das aluminiumhaltige Material in Schlammform als die Schwefelsäure oder eine Lösung des sauren Sulfates allmählich und unter Druck dem Autoklaven zugeführt werden, oder auch in der Weise, daß das aluminiumhaltige Material in Schlammform oder die Schwefelsäure oder die Lösung des sauren Sulfates allmählich dem unter Druck stehenden Autoklaven zugeführt wird, der im voraus mit Schwefelsäure (oder einer Lösung eines sauren Sulfates) oder mit dem aluminiumhaltigen Rohmaterial beschickt worden ist. Der Stoff oder die Stoffe, die dem Autoklaven allmählich zugeführt werden, können in diesen mit Hilfe einer Druckpumpe eingepreßt werden oder in ihn aus einem unter Druck stehenden Behälter unabhängig von dem im Autoklaven herrschenden Drucke hinabfließen. Durch die allmähliche Zuführung eines oder beider Reaktionsstoffe zum Autoklaven kann sowohl Druck als Temperatur leicht beherrscht und dadurch jede Explosionsgefahr ausgeschlossen werden. Um die Bildung größerer Mengen nicht kondensierbarer Gase im Autoklaven zu verhindern, wird zweckmäßig das aluminiumhaltige Material im voraus mit einer größeren oder kleineren Menge der Säure gemischt, wodurch Kohlensäure, Schwefelwasserstoff usw. ausgetrieben werden, ehe das Material dem Autoklaven zugeführt wird. In diesem wird zweckmäßig eine Reaktionstemperatur von etwa 185° C oder mehr aufrechterhalten, wodurch die Kieselsäure des Rohmaterials in einer harten grobkörnigen Form abgeschieden wird, so daß sie von der Lösung leicht getrennt werden kann. Das Aufschließen kann zweckmäßig derart angeordnet werden, daß ein Dauerbetrieb erreicht wird, indem die gebildeten Reaktionsprodukte, nachdem die Reaktion angelassen worden ist, allmählich oder in passenden Zwischenräumen abgezogen werden, während gleichzeitig die erforderlichen Mengen des aluminiumhaltigen Materials und der Schwefelsäure oder des sauren Sulfates zur Aufrechterhaltung eines ununterbrochenen Verlaufs des Prozesses dem Autoklaven zugeführt werden. Der gesamte Wassergehalt der in den Autoklaven eingeführten Materiale wird zweckmäßig derart bemessen, daß die erzeugte Sulfatlösung höchstens 18 Mol. Wasser auf 1 Mol. Sulfat enthält.

Beim Anlassen des Prozesses kann man je nach den Umständen verfahren. Beispielsweise kann man mit einer größeren oder kleineren Menge von Schwefelsäure im Autoklaven beginnen und allmählich in sie das aluminiumhaltige Rohmaterial, in Wasser oder Aluminiumsulfatlösung (Waschwasser von einer vorhergehenden Operation) aufgeschwemmt, einpumpen, oder man kann auch von Anfang an im Autoklaven eine geringe Menge Wasser oder Aluminiumsulfatlösung haben und allmählich in den Autoklaven Schwefelsäure und eine Aufschwemmung des aluminiumhaltigen Rohmaterials in Wasser oder in Aluminiumsulfatlösung einführen. Wenn sowohl die Schwefelsäure als das aluminiumhaltige Rohmaterial allmählich in den Autoklaven eingeführt werden, können sie gegebenenfalls miteinander außerhalb des Autoklaven gemischt werden, worauf das so hergestellte Gemisch dem Autoklaven zugeführt wird, ehe die Reaktion darin in einem höheren Grade begonnen hat. Es ist auch möglich, vom Anfang an eine Aufschwemmung des aluminiumhaltigen Materials in Wasser im Autoklaven zu haben und die erforderliche Schwefelsäure dem Autoklaven allmählich zuzuführen.

Die Reaktion wird entweder so angelassen, daß man die im Autoklaven befindliche Masse anfänglich erwärmt, während das allmählich zuzuführende Material vorgewärmt oder kalt sein kann, oder die anfänglich im Autoklaven befindliche Masse kann auch kalt sein und das von außen zuzuführende Material im voraus genügend vorgewärmt werden. Wenn man konzentrierte Schwefelsäure benutzt, kann schon ihre Verdünnung durch das im Autoklaven befindliche Wasser oder durch den Wassergehalt des zugeführten aluminiumhaltigen Rohmaterials eine Temperatursteigerung hervorbringen, die für ein schnelles Anlassen der Reaktion genügt. Arbeitet man mit verdünnter Schwefelsäure und einer Aluminiumverbindung, die schon bei niedriger Temperatur mit der Schwefelsäure kräftig reagiert, oder benutzt man statt der Schwefelsäure eine Lösung eines sauren Sulfates von Kalium, Natrium oder Ammonium, so ist keine Vorwärmung erforderlich.

Nachdem die Reaktion im Autoklaven begonnen hat, steigen Temperatur und Druck schnell im Autoklaven. Zweckmäßig läßt man die Temperatur bis auf 185° C oder mehr, entsprechend einem Druck von etwa 10 Atm. oder mehr, steigen, und diese Temperatur oder dieser Druck wird dann während des ganzen Verlaufs des Prozesses durch Regelung der in der Zeiteinheit eingeführten Menge des Reaktionsmaterials oder durch Abzapfen von Dampf oder Dampf und Gasen geregelt, in dem Maße, wie dies erforderlich ist, um zu verhindern, daß der Druck zu hoch steigt. Die Aufschwemmung des fein verteilten aluminiumhaltigen Rohmaterials in Wasser oder Aluminiumsulfatlösung oder in Schwefelsäure und die allmähliche Zuführung der Aufschwemmung bringen auch die Wirkung mit sich, daß die Klumpenbildung, welche die vollständige Durchführung der Reaktion verhindern oder verzögern würde, vermieden wird, wodurch erreicht wird, daß 90% oder mehr des Aluminiumoxydes im Rohmateriale in Sulfat übergeführt werden.

Die abgeschiedene Kieselsäure wird in einer grobkörnigen, leicht filtrierbaren Form gewonnen, wenn man den Inhalt des Autoklaven ständig neutral oder schwach sauer hält, d. h. die Schwefelsäure allmählich zuführt und sie etwa in äquivalenten Mengen gegenüber dem aufzuschließenden Material benutzt. Von großer Bedeutung für die Ausfällung der Kieselsäure in leicht filtrierbarer Form ist es auch, daß eine möglichst hohe Reaktionstemperatur (etwa 185° C oder mehr) innegehalten wird.

Nachdem der Autoklav durch das zugeführte Material gefüllt und die Reaktion abgeschlossen ist, wird der Inhalt abgezogen, während die Lösung noch eine Temperatur von mindestens 120° C besitzt, da die Sulfatlösung noch leichtflüssig ist und daher von der Kieselsäure und den übrigen ungelösten Resten durch Filtrieren oder in anderer Weise leicht getrennt werden kann. Die abfiltrierte warme Lösung wird dann dem Erkalten überlassen, wobei sie zu einer festen Masse erstarrt, oder sie wird auch zunächst auf eine Temperatur abgekühlt, die nur wenige Grade über der Erstarrungstemperatur liegt, wonach die Lösung tropfenförmig in einem Kühlraum verteilt wird, wobei die Tropfen sofort erstarren und als schrotähnliche Körner zu Boden fallen.

Das Aufschließen kann dadurch zu einem völlig dauernden Vorgang gemacht werden, daß man die Schwefelsäure oder das saure Sulfat und das aufgeschwemmte, aluminiumhaltige Rohmaterial dem Autoklaven ununterbrochen zuführt und gleichzeitig oder in passenden Zwischenräumen die gebildete Lösung nebst ungelösten Resten abzapft. Ein solches ununterbrochenes Verfahren ermöglicht es auch, die Sulfatlösung von dem größten Teil des ungelösten Materials ununterbrochen zu trennen. Zu diesem Zwecke werden die Reaktionsprodukte im wesentlichen unter verändertem Drucke durch einen geschlossenen Behälter von solcher Größe abgezapft, daß das ungelöste Material Gelegenheit hat, zu Boden zu sinken. Von diesem Behälter fließt das Sulfat oben ab, während ungelöste Produkte nebst einer geringen Menge des Sulfates unten abgezogen werden. Wenn die oben abfließende Lösung nicht genügend klar ist, kann sie unmittelbar durch ein Filter geführt werden. Die Temperatur wird bei dieser Abscheidung der Lösung von dem ungelösten Material so hoch gehalten, daß sich die Sulfatlösung leichtflüssig erhält.

Das Sulfat, das bei dem einen oder anderen Verfahren zum Abscheiden der Sulfatlösung in dem ungelösten Material zurückbleibt, wird in bekannter Weise durch Waschen ausgezogen, worauf das Waschwasser zweckmäßig im weiteren Verlauf des Prozesses benutzt wird.

Beispiel 1

Leicht gebrannter, fein verteilter Ton mit etwa 40 % Al_2O_3 wird mit Wasser in dem Verhältnis 190 kg Ton auf 100 kg Wasser angerührt, wodurch ein Tonschlamm mit einem spezifischen Gewicht von 1,8 gewonnen wird. Für das Aufschließen wird Schwefelsäure mit einem spezifischen Gewicht von 1,67 benutzt. Der Tonschlamm und die Schwefelsäure werden ununterbrochen einem mit innerem Bleimantel versehenen Autoklaven von etwa 1,5 cbm Inhalt mit einer Geschwindigkeit von 16 l in der Minute jeden Materials zugeführt, und die Temperatur im Autoklaven wird bei etwa 190 bis 200° C, entsprechend einem Dampfdruck von 10 bis 11 Atm., gehalten. Durch die Berührung mit der heißen Lösung im Autoklaven wird das zugeführte Material unmittelbar auf Reaktionstemperatur gebracht, und die Aufschließungsreaktion verläuft schnell und mit solcher Vollständigkeit, daß etwa 95 % des Aluminiumoxydes aufgelöst werden. Das aufgeschlossene Material wird ständig oder in Zwischenräumen abgezogen, und die Sulfatlösung wird von dem ungelösten Material durch Filtrieren getrennt, während die Temperatur noch so hoch ist, daß die Lösung leichtflüssig ist. Das filtrierte Sulfat erstarrt beim Abkühlen mit 15 bis 18 Mol. Kristallwasser.

Die Erzeugung solchen Sulfats beträgt etwa 2800 kg in der Stunde.

Beispiel 2

Ein Autoklav von etwa 1,5 cbm Inhalt wird mit 480 l Schwefelsäure vom spezifischen Gewicht 1,67 und mit einer Temperatur von etwa 100° C beschickt. 570 kg leicht gebrannter gepulverter Ton mit 40 % Al_2O_3 werden mit 300 kg Wasser angerührt, wodurch etwa 480 l Tonschlamm mit dem spezifischen Gewicht 1,8 erhalten werden. Dieser Tonschlamm wird dem Autoklaven mit einer Geschwindigkeit von 16 l in der Minute zugeführt. Die Reaktion zwischen der Schwefelsäure und dem Ton beginnt sofort und steigert schnell die Temperatur im Autoklaven auf 190 bis 200° C und den Druck auf etwa 10 bis 11 Atm. unter welchen Verhältnissen die Aufschließung im wesentlichen stattfindet. Würde Temperatur und Druck Neigung zeigen, über die genannten Werte zu steigen, so würde man die Zufuhr des Tonschlammes verringern oder Dampf in erforderlichem Grade aus dem Autoklaven abzapfen. Die Reaktion ist unmittelbar nach dem Abschluß der Zuführung des Tonschlammes beendet, worauf der Inhalt des Autoklaven abgezapft und die Aluminiumsulfatlösung von dem ungelösten Material durch Filtrieren getrennt wird, ehe die Lösung so weit abgekühlt ist, daß sie erstarrt.

Patentansprüche:

1. Verfahren zum Aufschließen aluminiumhaltiger Stoffe mittels Schwefelsäure oder saurer Sulfate im Autoklaven, dadurch gekennzeichnet, daß die Zufüh-

rung des Materials allmählich in geregelten Mengen nach Maßgabe der Reaktion in den unter Druck stehenden Autoklaven erfolgt.

2. Verfahren nach Anspruch 1, dadurch gekennzeichnet, daß einer der Reaktionsstoffe allmählich in geregelten Mengen dem im voraus mit dem anderen Reaktionsmaterial beschickten und unter Druck stehenden Autoklaven zugeführt wird.

3. Verfahren nach Anspruch 1 oder 2, dadurch gekennzeichnet, daß das aluminiumhaltige Material in fein verteiltem Zustand in Wasser (oder sulfathaltigem Waschwasser von einer vorhergehenden Operation) aufgeschwemmt und im aufgeschwemmten Zustand allmählich in geregelter Menge unter Druck in den im voraus mit Schwefelsäure bzw. einer Lösung des sauren Sulfates beschickten Autoklaven eingeführt wird.

4. Verfahren nach Anspruch 1, dadurch gekennzeichnet, daß das aluminiumhaltige Material in fein verteiltem Zustand mit der Schwefelsäure oder dem sauren Sulfate außerhalb des Autoklaven gemischt wird, worauf die so erhaltene Mischung, ehe die Reaktion darin in wesentlichem Grade begonnen hat, allmählich und mit geregelter Geschwindigkeit dem unter Druck stehenden Autoklaven zugeführt wird.

5. Verfahren nach Anspruch 1 bis 4, dadurch gekennzeichnet, daß die Reaktion im Autoklaven bei einer Temperatur von 185° C oder mehr durchgeführt wird.

6. Verfahren nach Anspruch 1 oder 3, dadurch gekennzeichnet, daß die im Autoklaven gebildeten Reaktionsprodukte ständig oder in Zwischenräumen abgezapft werden, während gleichzeitig die für den ununterbrochenen Verlauf des Prozesses erforderlichen Mengen des aluminiumhaltigen Rohmaterials und der Schwefelsäure oder des sauren Sulfates dem Autoklaven zugeführt werden.

Nr. 488600. (R. 63221.) Kl. 12m, 5.

Dr. Erik Ludvig Rinman in Djursholm, Schweden.

Verfahren zur Herstellung von Aluminiumhydroxyd, insbesondere aus kieselsäurereichen aluminiumhaltigen Rohstoffen.

Vom 27. Jan. 1925. — Erteilt am 12. Dez. 1929. — Ausgegeben am 31. Dez. 1929. — Erloschen: 1932.

Schwedische Priorität vom 22. Nov. 1924 beansprucht.

Vorliegende Erfindung betrifft ein Verfahren zur Herstellung von reinem Aluminiumhydroxyd aus aluminiumhaltigen Rohstoffen durch Behandlung mit Schwefelsäure. Das Verfahren ist besonders verwendbar zur Herstellung von solchem Hydroxyd aus solchen aluminiumreichen Rohstoffen, welche infolge ihres hohen Gehaltes an Kieselsäure nicht zweckmäßig nach der Natronlaugemethode von Bayer behandelt werden können, kann natürlich aber auch zur Behandlung von kieselsäurearmen Rohstoffen verwendet werden.

Das Verfahren besteht in der Hauptsache darin, daß aus der bei der Behandlung der Rohstoffe mit Schwefelsäure erhaltenen Aluminiumsulfatlösung mit gegebenenfalls Schwefelnatrium enthaltender Natriumsulfhydratlösung zunächst unreines Aluminiumhydroxyd unter Bildung von Natriumsulfat und Schwefelwasserstoff niedergeschlagen wird, worauf man das von der Lösung abgetrennte Aluminiumhydroxyd in Schwefelnatriumlösung löst und nach Abfiltrieren des ungelösten Rückstandes aus dem Filtrate zweckmäßig in der Wärme mit Schwefelwasserstoff reines Aluminiumhydroxyd unter Gewinnung von Natriumsulfhydratlösung ausfällt. Die Ausfällung des unreinen Aluminiumhydroxydes kann hierbei zweckmäßig so ausgeführt werden, daß warme Aluminiumsulfatlösung gegebenenfalls in Form von dünnen Strahlen in warme Natriumsulfhydratlösung eingeführt wird.

Theoretisch können bei diesem Verfahren die verwendeten Chemikalien vollständig wiedergewonnen werden, in der Praxis entstehen aber natürlich einige Verluste. Ist in der Aluminiumsulfatlösung Eisen vorhanden, so erhält man dieses in der Form von FeS, woraus der Schwefel aber durch Brennen in der Form von SO_2 wiedergewonnen werden kann. In der Praxis geht natürlich ein Teil der Schwefelsäure verloren, welcher zweckmäßig durch eingekaufte Säure oder durch Brennen von Schwefel oder Pyrit hergestelltes Schwefeldioxyd oder Schwefelsäure ersetzt wird. Verlorenes Natron wird zweckmäßig durch Natriumsulfat ersetzt.

Zur Klarstellung des Verfahrens soll nachstehend ein Ausführungsbeispiel beschrieben werden. Es wird dabei angenommen, daß als Rohmaterial gewöhnlicher kalkfreier Ton verwendet wird. Dagegen wird angenommen, daß der Ton eisenhaltig ist. Aus dem Ton wird zunächst eine Aluminiumsulfatlösung hergestellt durch Behandlung des Tones in bekannter Weise mit Schwefelsäure, so daß man eine etwa 100° C warme Aluminiumsulfatlösung erhält, deren Sättigung derjenigen entspricht, was bei etwa 90° C gelöst wird und deren Eisengehalt, auf Al_2O_3 bezogen, 5% Fe_2O_3 oder mehr betragen kann.

Eine abgemessene Menge der vorerwähnten, etwa 100° C warmen Aluminiumsulfatlösung wird durch ein oder mehrere Rohre in eine ebenfalls 100° C warme, abgemessene Lösung von Natriumsulfhydrat eingepumpt, welche so berechnet ist, daß auf 1 Mol. SO_4 in der Sulfatlösung 2 Mol. NaSH in der Natriumsulfhydratlösung kommen, am besten mit einem geringen Überschuß von NaSH, so daß alles Aluminium als Hydroxyd vollständig ausgefällt wird. Die Natriumsulfhydratlösung kann gegebenenfalls auch etwas Schwefelnatrium enthalten. Während dieser Operation wird die Natriumsulfhydratlösung am besten in lebhafter Bewegung gehalten, z. B. in einer gewöhnlichen geschlossenen Mischvorrichtung. Bei der Reaktion entweicht die der Schwefelsäuremenge äquivalente Menge H_2S in Gasform, und es bildet sich eine Fällung von $Al_2O_3H_3 + FeS + Na_2O \cdot Al_2O_3 \cdot SiO_2 + 9\ H_2O$ usw. und in der Lösung Na_2SO_4, und zwar alles in äquivalenten Mengen, wobei die Lösung außerdem auch den Überschuß von NaSH enthält. Der Schwefelwasserstoff wird abgeleitet, teils um zu dem hier unten angegebenen Zwecke verwendet und teils um in bekannter Weise durch Verbrennung in Schwefelsäure übergeführt zu werden, zwecks Deckung des größten Teiles der für die Fabrikation erforderlichen Schwefelsäuremenge. Die auf diese Weise erhaltene Aluminiumhydroxydfällung ist sehr leicht filtrierbar unter der Voraussetzung, daß die Aluminiumsulfatlösung in die Natriumsulfhydratlösung eingeführt worden ist und nicht umgekehrt, so daß man zur Ausscheidung der Fällung aus der Natriumsulfatlösung fast alle denkbaren Filtriervorrichtungen verwenden kann. Da es aber nicht besonders wichtig ist, alles Natriumsulfat aus der Fällung vollständig auszuwaschen, so kann das Filtrieren und Waschen zweckmäßig mittels ununterbrochen arbeitender, z. B. umlaufender Filter, ausgeführt werden. Die erhaltene Natriumsulfatlösung wird eingedampft, und das erhaltene Natriumsulfat wird gegebenenfalls mit einer weiteren Menge von Natriumsulfat zur Deckung der Fabrikationsverluste versetzt, reduziert, so daß man wieder Schwefelnatrium erhält, welches bei einer nachstehend beschriebenen Operation wiederum in den Prozeß eingeführt wird.

Die beim Filtrieren erhaltene schwefeleisenhaltige und gegebenenfalls auch natriumsulfathaltige Aluminiumhydroxydfällung wird hierauf z. B. in einer geschlossenen Mischvorrichtung gelöst, welche am besten mit einer Erhitzungsvorrichtung für direkten Dampf versehen sein soll und Schwefelnatriumlösung mit einer Temperatur von etwa 100° C enthält. Die Lösung wird etwa beim Siedepunkt oder etwas darüber gehalten, solange Aluminiumhydroxyd in Lösung geht. Theoretisch würde hierzu nur eine so große Menge Na_2S-Lösung erforderlich sein, daß auf 1 Mol. Al_2O_3 2 Mol. Na_2S kommen. Da aber die Na_2S-Lösung gewöhnlich etwas Karbonat und Sulfat usw. enthält und da nicht ausschließlich $NaAlO_2$, sondern in der Regel auch etwas Na_3O_3Al gebildet wird, so soll man etwas mehr Schwefelnatriumlösung, in der Regel 4 bis 5 Mol. Na_2S verwenden. Nachdem alles Aluminium, welches gelöst werden kann, gelöst worden ist, wird das ungelöste Schwefeleisen und andere Verunreinigungen abfiltriert, und das so erhaltene Filtrat wird bei einer Temperatur von etwa 100° C durch Einführen von Schwefelwasserstoffgas gefällt, und zwar zweckmäßig solches, welches von einer vorhergehenden Operation erhalten worden ist. Sobald alles Aluminium auf diese Weise als Hydroxyd ausgefällt worden ist, ist die Operation fertig. Das ausgefällte Aluminiumhydroxyd, welches besonders leicht filtrierbar ist, wird darauf durch Filtrieren und Waschen, z. B. in Nutschen oder Filterpressen, von der Natriumhydratlösung vollständig getrennt. Das Waschen, welches am besten mit warmen Waschflüssigkeiten und warmem Wasser ausgeführt werden soll, wird (gegebenenfalls ohne Aufbewahrung des dünnsten Filtrates) fortgesetzt, bis die Fällung von Schwefel chemisch frei wird. Das so erhaltene Aluminiumhydroxyd ist nun genügend rein, z. B. zur Herstellung von reinem Aluminiumoxyd. Eine Voraussetzung hierfür ist natürlich, daß die verwendete Schwefelnatriumlösung die erforderliche Reinheit besitzt. In der Schwefelnatriumlösung gegebenenfalls vorhandenes Karbonat kann natürlich durch Kaustizieren mit Kalk mit darauffolgendem Abfiltrieren des ausgefällten Karbonates zum größten Teil entfernt werden.

Die bei diesem Verfahren erhaltene Natriumsulfhydratlösung wird in der oben beschriebenen Weise zur Herstellung von Aluminiumhydroxyd aus der Aluminiumsulfatlösung usw. verwendet.

PATENTANSPRÜCHE:

1. Verfahren zur Herstellung von reinem Aluminiumhydroxyd, insbesondere aus kieselsäurereichen aluminiumhaltigen Rohstoffen durch Behandlung mit Schwefelsäure, dadurch gekennzeichnet, daß aus der Aluminiumsulfatlösung mit gegebenenfalls

Schwefelnatrium enthaltender Natriumsulfhydratlösung zunächst unreines Aluminiumhydroxyd unter Bildung von Natriumsulfat und Schwefelwasserstoff niedergeschlagen wird, worauf man das von der Lösung abgetrennte Aluminiumhydroxyd in Schwefelnatriumlösung löst und nach Abfiltrieren des ungelösten Rückstandes aus dem Filtrate zweckmäßig in der Wärme mit Schwefelwasserstoff reines Aluminiumhydroxyd unter Gewinnung von Natriumsulfhydratlösung ausfällt.

2. Verfahren nach Anspruch 1, dadurch gekennzeichnet, daß zwecks Ausfällung des unreinen Aluminiumhydroxydes warme Aluminiumsulfatlösung gegebenenfalls in Form von dünnen Strahlen in warme Natriumsulfhydratlösung eingeführt wird.

A. P. 1732772.

Nr. 541361. (B. 128937.) Kl. 12m, 6. Dr. Max Buchner in Hannover-Kleefeld.

Lösung und Reinigung tonerdehaltiger Stoffe.

Vom 25. Dez. 1926. — Erteilt am 17. Dez. 1931. — Ausgegeben am 11. Jan. 1932. — Erloschen: . . . .

Man hat schon wiederholt versucht, aus tonerdehaltigen Erzen die Tonerde mittels Salpetersäure bei höherer Temperatur unter Druck auszuziehen, um die so erhaltenen Aluminiumnitratlösungen auf reine Tonerde, wie sie zur Erzeugung von Aluminium erforderlich ist, zu verarbeiten. Trotz aller Bemühungen zahlreicher Forscher und Erfinder ist es aber bisher nicht geglückt, diese Verfahren fabrikatorisch durchzuführen. Die Ursache dieser Mißerfolge ist u. a. vornehmlich darin zu erblicken, daß es bisher mangels eines geeigneten Werkstoffes unmöglich war, ein solches Verfahren technisch zu verwirklichen. Die Salpetersäure, namentlich die heiße, ist eine chemisch außerordentlich aktive Säure. Die Aktivität wird noch erhöht, wenn man die Salpetersäure unter Druck bei höherer Temperatur verwendet. Arbeiten in Gefäßen aus Eisen oder Eisenlegierungen konnte für die Erreichung des erstrebten Zieles nicht in Frage kommen, weil jede dieser Legierungen von heißer Salpetersäure bei Druckanwendung in erheblichem Umfang angegriffen wird, wodurch gerade das für die Weiterverarbeitung der Tonerde überaus störende Eisen in die Aluminiumnitratlösung hineingetragen wird. Selbst die sogenannten säurefesten Legierungen bzw. Stähle werden in erheblichem Umfange von der Salpetersäure bei Hitze und Druck angegriffen, und es müßte erwartet werden, daß bei einem Aufschluß von Erzen, wobei das feste Mineralgut schleifend auf die Gefäßwandung wirkt, diese noch in erheblich höherem Grade korrodiert werden würde.

Es wurde nun die überraschende Beobachtung gemacht, daß Legierungen aus Eisen-Chrom-Nickel, ferner auch solche Legierungen mit anderen Stoffen, wie beispielsweise Wolfram, sich zum Aufschluß tonerdehaltiger Erze mittels Salpetersäure bei höherer Temperatur unter Druck benutzen lassen, wobei eigenartigerweise bei den Bedingungen, die bei diesem Aufschluß herrschen, im Gegensatz zu dem, was erwartet werden mußte, die Gefäßwandungen in praktisch kaum nennenswertem Grade angegriffen werden.

Das neue Verfahren gestattet also einen Aufschluß tonerdehaltiger Stoffe mit Salpetersäure unter Druck unter Lösung der Tonerde und gleichzeitiger Reinigung von Verunreinigungen, vornehmlich des Eisens, dadurch, daß Gefäße bzw. die apparative Ausrüstung (Rührer, Pumpen, Heizschlangen usw.) aus den bekannten gegen Salpetersäure allein in der Hitze nicht beständigen, sogenannten säurefesten Eisen-Chrom-Nickel-Legierungen, Wolfram enthaltenden Legierungen und ähnlichen Legierungen verwendet werden.

Nach dem neuen Verfahren kann aus tonerdehaltigen Erzen, wie Bauxit und Ton, die Tonerde herausgezogen werden, wobei beim Arbeiten unter einem Druck bis zu 8 atü ein Angriff auf das Gefäßmaterial und dadurch eine Verunreinigung der Lösung durch fremde Stoffe praktisch überhaupt nicht festzustellen ist. Vollends ist dies der Fall, wenn man zuerst bei Temperaturen bis zu 80, vielleicht auch 100°, den Aufschluß in Gang bringt und dann stufenweise auf die genannten höheren Drucke und Temperaturen hinaufgeht. Als höhere Temperaturen sind besonders 150 bis 160°, entsprechend 6 bis 8 Atm. Druck vorteilhaft.

Von hervorragendem Vorteil ist es ferner, mit neutralen oder noch besser mit basischen tonerdehaltigen Lösungen zu arbeiten, d. h. mit Lösungen, die mehr Tonerde enthalten, als der Salpetersäuremenge entspricht; solche basischen Lösungen werden durch Druckaufschluß unter gleichzeitiger Anwendung solcher Mengen tonerdehaltiger Materialien, daß Tonerde im Überschuß vorhanden ist, erhalten. Hierdurch wird einmal beim Arbeiten unter Anwendung von erhöhter Temperatur und erhöhtem Druck, die gegebenenfalls allmählich gesteigert werden, ganz allgemein eine außerordentliche Schonung der Aufschlußräume erzielt, dann aber tritt auch dadurch eine weitestgehende Reinigung des Aluminiumnitrates, insbesondere von Eisen, unmittelbar ein.

Es wurde schließlich die ebenfalls überraschende und wertvolle Beobachtung gemacht, daß man nunmehr in der Lage ist, nicht nur tonerdehaltige Erze durch dieses Verfahren auszuziehen, sondern auch den Aufschluß selbst beschleunigen zu können. Wirtschaftlich ist diese Beobachtung von bedeutender Tragweite, einmal, weil Zeit gewonnen wird, andererseits aber in den gleichen Aufschlußräumen größere Durchsatzmengen bewältigt werden können. Das aus der Lösung gewonnene Aluminiumnitrat kann durch Erhitzen zersetzt werden, und die bei der Spaltung freiwerdende Salpetersäure läßt sich erneut zum Aufschluß der tonerdehaltigen Verbindungen benutzen.

Die Verwendung von sogenannten säurefesten Metallegierungen zur Durchführung von chemischen Prozessen, bei welchen eine Säure beteiligt ist, ist selbstverständlich bekannt. Es ist aber andererseits auch bekannt, daß Salpetersäure eine sehr aggressive Säure darstellt und daß insbesondere für das Arbeiten mit Salpetersäure bei hohen Temperaturen und unter Druck kein Material als gegen diese Einwirkungen widerstandsfähig bekannt ist, vielmehr wird insbesondere auch das als säurefest bezeichnete Gerätematerial in ziemlich erheblichem Grade von der Salpetersäure angegriffen. Überhaupt bezieht sich ja der Begriff säurefest nur auf normale Beanspruchungen, also auf Arbeiten mit verhältnismäßig verdünnten Säuren in der Kälte.

Überraschenderweise wurde vom Anmelder erkannt, daß ein Arbeiten mit Salpetersäure auch bei hohen Temperaturen und Drucken in solchen Gefäßen möglich ist, wenn Tonerde oder ein tonerdehaltiges Material zugegen ist. Hier wirkt anscheinend die Tonerde passivierend, sei es katalytisch, sei es aktiv, jedenfalls ist die Wirkung der Tonerdegegenwart die, daß selbst bei hohen Temperaturen und Drucken von mehreren Atmosphären die Einwirkung der Salpetersäure auf das Gefäßmaterial stark vermindert wird bzw. praktisch gleich Null wird.

Die der Erfindung zugrunde liegende Erkenntnis stellt somit einen gewaltigen technischen Fortschritt dar, wird es doch erst durch die Erfindung möglich, den Aufschluß tonerdehaltigen Rohgutes mit Salpetersäure im technischen Großbetriebe durchzuführen; denn es ist natürlich technisch unmöglich, insbesondere Reaktionen unter Druck durchzuführen mit der Gefahr, daß das Gefäß selbst in kurzer Zeit zerstört ist. Andererseits ist aber auch zu berücksichtigen, daß ein Angriff des Gefäßmaterials zwangsläufig eine Verunreinigung der Erzeugnisse zur Folge haben würde, und auch dies wird beim Arbeiten gemäß der Erfindung vermieden bzw. die Verunreinigung selbst sehr gering gehalten.

Versuchsergebnisse

1. Bei einem Aufschluß dalmatinischen Bauxites mit einer Salpetersäure, welche 254,2 g HNO_3 im Liter enthielt, unter Anwendung von 5 Atm. Überdruck und einer Temperatur von etwa 140° C wurden in der Lösung, bezogen auf 8 Stunden Arbeitszeit und 1 qm Gefäßoberfläche, 0,176 g Cr gefunden. Auf die gleiche Oberfläche der Gefäßwand berechnet, war mit 4,5 kg dalmatinischen Bauxites und 15,615 l Säure der obigen Konzentration gearbeitet worden.

2. Erhitzen unter den gleichen Bedingungen wie bei Versuch 1 (Druck, Temperatur, Zeit) von Salpetersäure der aus Versuch 1 durch Proben festgestellten mittleren Konzentration freier Säure ergab eine Herauslösung von Cr von 0,868 g, bezogen auf 8 Stunden und 1 qm.

Die mittlere Säurekonzentration errechnete sich zu 43,5 g HNO_3 im Liter.

Die Korrosion des Gefäßmaterials ist also beim Aufschluß des tonerdehaltigen Materials auf weniger als $^1/_5$ gegenüber einem Erhitzen mit Salpetersäure zurückgegangen.

Patentansprüche:

1. Verfahren zur Lösung und Reinigung von tonerdehaltigen Stoffen durch Aufschluß mit Salpetersäure unter Druck, gekennzeichnet durch die Verwendung von Gefäßen aus den bekannten, gegen Salpetersäure allein in der Hitze nicht säurefesten Eisen-Chrom-Nickel-Legierungen, wolframhaltigen Legierungen und ähnlichen Legierungen.

2. Verfahren nach Anspruch 1, dadurch gekennzeichnet, daß tonerdehaltiges Material im Überschuß oder im Äquivalentverhältnis, bezogen auf den Tonerdegehalt, mit Salpetersäure unter Erhitzen und Druckeinwirkung behandelt wird.

3. Verfahren nach Anspruch 1 und 2, dadurch gekennzeichnet, daß mit einem Druck von 6 bis 8 Atm. gearbeitet wird.

4. Verfahren nach Anspruch 1 bis 3, dadurch gekennzeichnet, daß Lösung in

Salpetersäure unter allmählicher Steigerung der Temperatur und des Druckes erfolgt.

5. Verfahren nach Anspruch 1 bis 4, dadurch gekennzeichnet, daß zunächst auf 80 bis 100° C erhitzt und dann stufenweise Temperatur und Druck erhöht werden.

Nr. 543 351. (B. 133 460.) Kl. 12 m, 6. DR. FRITZ GEWECKE IN WUNSTORF B. HANNOVER.

Aufschließen von tonerdehaltigen Materialien.

Vom 16. Sept. 1927. — Erteilt am 14. Jan. 1932. — Ausgegeben am 4. Febr. 1932. — Erloschen: 1935.

Die vorliegende Erfindung bezieht sich auf ein Verfahren zur Verbesserung des Aufschlusses tonerdehaltiger Materialien aller Art, insbesondere Ton oder Bauxit, mit Hilfe von Salpetersäure.

Nach den bekannten Verfahren läßt sich beim Aufschluß tonerdehaltigen Rohgutes mit Salpetersäure nur eine befriedigende Ausbeute an gelöster Tonerde erzielen, wenn die Extraktion längere Zeit in der Wärme, d. h. unter großem Wärmeaufwand, vorgenommen wird. Auch die Natur des zu extrahierenden Materials spielt hierbei eine besondere Rolle.

Es wurde nun überraschenderweise festgestellt, daß der Aufschluß erheblich abgekürzt werden kann und gleichzeitig die Ausbeute an gelöster Tonerde erheblich zu steigern ist, wenn das Rohmaterial vor der Erhitzung mit Salpetersäure angefeuchtet längere Zeit gelagert wird, zweckmäßig unter Rühren des Aufschlußgutes.

Erfindungsgemäß geht man also so vor, daß man das aufzuschließende tonerdehaltige Rohgut mit Salpetersäure vermischt und einige Tage stehenläßt, zweckmäßig unter gelegentlichem Umrühren, d. h. also eine Art Sumpfen vornimmt. Nach beispielsweise drei Tagen wird das Gemisch mit oder ohne Zugabe weiterer Mengen Salpetersäure erhitzt und so die Aluminiumnitratlösung bereitet.

Beispielsweise wurden 100 kg calcinierten böhmischen Tones mit 20,3 % löslicher Tonerde mit 237 l Salpetersäure von etwa 300 g/l HNO_3 drei Tage lang unter gelegentlichem Umrühren gelagert, darauf das Gemisch 5 Stunden lang auf 90° erhitzt. In der filtrierten Aufschlußlösung fanden sich 19,3 kg Al_2O_3, d. h. etwa 95 % der im Rohstoff vorhandenen löslichen Tonerde. — 100 kg des gleichen Tones und der gleichen Salpetersäuremenge ohne vorheriges Lagern 6 Stunden lang auf 90° erhitzt, ergaben eine Aluminiumnitratlösung, welche nur 13,8 kg Al_2O_3 enthielt, d. h. nur etwa 68 % der löslichen Tonerde.

PATENTANSPRUCH:

Verfahren zum Aufschließen tonerdehaltigen Materials aller Art mit Salpetersäure in der Wärme, dadurch gekennzeichnet, daß das Rohmaterial vor der Erhitzung mit Salpetersäure angefeuchtet längere Zeit gelagert wird, zweckmäßig unter Rühren des Aufschlußgutes.

Nr. 542 764. (B. 122 567.) Kl. 12 l, 13.

I. G. FARBENINDUSTRIE AKT.-GES. IN FRANKFURT A. M.

Erfinder: Dr. Robert Grießbach in Wolfen b. Bitterfeld und Dr. Julius Eisele in Ludwigshafen a. Rh.

Verfahren zur Gewinnung von Alkalinitrat und Aluminiumnitrat enthaltenden Lösungen.

Vom 4. Nov. 1925. — Erteilt am 7. Jan. 1932. — Ausgegeben am 3. Febr. 1932. — Erloschen: 1932.

Es ist bekannt, daß Leucit u. dgl. mit Salpetersäure von z. B. 40 bis 50 Gewichtsprozent unter Abscheidung der Kieselsäure in Aluminiumnitrat und Alkalinitrate übergeführt werden können. Leucit wird z. B. dabei mit verdünnter Salpetersäure auf eine Temperatur von 100° und darüber längere Zeit erhitzt.

Es wurde nun die überraschende Beobachtung gemacht, daß gegenüber der bestehenden Arbeitsweise wesentliche Vorteile erzielt werden, wenn man Feldspatvertreter, wie z. B. Leucit, Analcim, Hauyn, Sodalith u. dgl., sowie derartige Feldspatvertreter enthaltende Gesteine, wie z. B. Phonolit u. dgl., unter Einhaltung einer Temperatur von nicht über 60° mit Salpetersäure behandelt, deren Konzentration sich zwischen etwa 40 bis 50 Gewichtsprozent bewegt. Der Aufschluß ist unter diesen Umständen praktisch quantitativ, und die Dauer der Behandlung kann gegenüber den bekannten Arbeitsweisen bedeutend verkürzt werden. Das Verfahren bietet ferner den Vorzug, daß die Kieselsäure in leicht filtrierbarer

Form abgeschieden wird, so daß praktisch kieselsäurefreie Filtrate erzielt werden. Ein weiterer Vorzug besteht darin, daß von vornherein wesentlich konzentriertere Lösungen gewonnen werden. Zweckmäßig kann als Aufschlußsäure der angegebenen Konzentration die bei der Absorption von Stickoxyden, z. B. Ammoniakverbrennungsgasen, unmittelbar erhaltene Salpetersäure verwendet werden. Der Aufschlußlösung können auch ammonnitrathaltige Restlaugen beigefügt werden, ohne daß ein bedeutendes Zurückgehen der Wirkung zu beobachten ist, wie es beispielsweise bei Verwendung noch konzentrierterer Säure bemerkt wurde.

Es ist bereits vorgeschlagen worden, zwecks Herstellung eines als Mischdünger geeigneten Materials Leucit und leucithaltige Gesteine mit Salpetersäure in solcher Menge und Konzentration zu behandeln, daß eine pulverisierbare Masse entsteht. Die Zufügung der Säure erfolgt dort in derart beschränkter Menge, daß alkali- und aluminiumnitrathaltige Lösungen hierbei nicht entstehen. Ferner ist bereits ein Verfahren bekannt, bei dem Gesteine aus der Klasse der Feldspate mit verdünnten Mineralsäuren aufgeschlossen werden. Demgegenüber bezieht sich das vorliegende Verfahren auf Feldspatvertreter und, während bei dem bekannten Verfahren in der Siedehitze gearbeitet wird, kommt für die Ausführung des vorliegenden Verfahrens eine Temperatur von über 60° nicht in Betracht. Hierdurch ergibt sich für das neue Verfahren der Vorteil, daß infolge der niedrigeren Arbeitstemperaturen nicht nur eine geringere Wärmemenge benötigt wird, sondern vor allem ein wesentlich geringerer Materialeingriff stattfindet.

Beispiel

1000 kg magnetisch aufbereiteter, fein gemahlener Leucit von Rocca Monfina werden in einem Rührapparat mit 3200 kg Salpetersäure von 40 Gewichtsprozent bei einer Temperatur nicht über 60° 2 Stunden behandelt. 98 % des im Leucit enthaltenen Kaliums und Aluminiums werden in Nitrate übergeführt, und die Kieselsäure bleibt in leicht filtrierbarer Form zurück.

Zum Vergleich werden 1000 kg desselben Materials mit 6400 kg Salpetersäure von 20 Gewichtsprozent im Rührapparat 8 Stunden bei 60° behandelt, hierbei werden jedoch nur 75 % des Aluminiums und Kaliums in Nitrate übergeführt.

Wird anderseits die Behandlung mit 20prozentiger Salpetersäure bei 100° vorgenommen, so wird innerhalb 8 Stunden zwar ebenfalls ein Aufschluß von etwa 98 % erzielt, jedoch eine wesentlich schlechter filtrierbare Kieselsäure erhalten. Steigert man schließlich die Konzentration der Aufschlußsäure auf 60 Gewichtsprozent und darüber, so fällt, wie ebenfalls festgestellt wurde, die Aufschlußwirkung sehr rasch ab.

Wird ferner das Material mit 40%iger Salpetersäure einmal bei etwa 60° und einmal unter sonst gleichen Bedingungen bei Siedehitze behandelt, so enthält die bei 100° gewonnene Lösung nach Filtration als äußerst störende Verunreinigung noch über 5 % Kieselsäure, die Aufschlußlösung bei 60° dagegen nur 0,01 % Kieselsäure.

PATENTANSPRÜCHE:

1. Verfahren zur Gewinnung von Alkalinitrat und Aluminiumnitrat enthaltenden Lösungen durch Aufschluß von Feldspatvertretern, wie Leucit u. dgl., oder solche enthaltenden Gesteinen mit Salpetersäure von 40 bis 50 Gewichtsprozent, dadurch gekennzeichnet, daß man den Aufschluß bei Temperaturen nicht über 60° vornimmt und die erhaltenen Lösungen von dem kieselsäurereichen Rückstand abtrennt.

2. Ausführungsform des Verfahrens gemäß Anspruch 1, dadurch gekennzeichnet daß man den Aufschluß in ammonnitrathaltiger Lösung vornimmt.

Nr. 562498. (I. 11. 30.) Kl. 12m, 6.

I. G. FARBENINDUSTRIE AKT.-GES. IN FRANKFURT A. M.

Herstellung von praktisch eisenfreier Tonerde aus Ton.

Vom 5. Febr. 1930. — Erteilt am 6. Okt. 1932. — Ausgegeben am 26. Okt. 1932. — **Erloschen: 1933.**

Unter den verschiedenen Verfahren, die Tonerde des einheimischen Tones der Aluminiumgewinnung zugänglich zu machen, sind bisher diejenigen am weitesten ausgebildet worden, welche darauf ausgehen, den Ton mit Salzsäure zu zersetzen, um die Kieselsäure, gegebenenfalls zusammen mit Titansäure, in den unlöslichen Rückstand zu bringen und die Tonerde zusammen mit dem Eisen in die Lösung überzuführen. Aus dieser Lösung kann entweder nach Herbeiführung einer hinreichenden Konzentration der Salze unter Einleiten von HCl-Gas oder durch weitgehendes Eindampfen das Aluminiumchlorid als kristallisiertes Hexahydrat ausgeschieden werden, während das Eisen zum größeren Teil in Lösung bleibt, so daß eine Mutterlauge anfällt, die noch erhebliche Mengen Aluminiumchlorid enthält. Das durch Auskristallisieren gewonnene Aluminiumchlorid kann durch einen sorgfältigen Waschprozeß so weit gereinigt werden, daß die daraus gewonnene Tonerde unter 0,1 % Fe_2O_3 enthält. Auf diese Weise entstehen jedoch durch die Mutterlauge, die ausgeschieden werden muß, Tonerdeverluste, die 20 % und mehr der gesamten Produktion betragen, wenn man nicht von besonders eisenarmen Tonen ausgeht. Jede Verringerung der Verluste durch Ausscheiden geringerer Mengen Mutterlauge führt aber zu einer Tonerde mit wesentlich höherem Eisengehalt. Eine solche wird aber heute nicht mehr als brauchbar angesehen, nachdem sich in der Aluminiumindustrie die Ansicht eingebürgert hat, daß die Entfernung des Eisens bis auf mindestens 0,05 % unbedingt erforderlich ist.

Man hat daher verschiedentlich vorgeschlagen, nach an sich bekannten Verfahren Tonerden mit geringem Eisengehalt einer Nachbehandlung im Salzsäure- oder Chromstrom zu unterwerfen, wobei das Eisenoxyd unter Umwandlung in Eisenchlorid verflüchtigt wird. Diese Überführung gelingt indessen mit technisch befriedigender Geschwindigkeit bei eisenoxydhaltiger Tonerde nicht ohne weiteres in ausreichendem Maße, bei der Behandlung mit Chlor nur in Gegenwart von Reduktionsmitteln bei höheren Temperaturen und ist dann ebenfalls mit Tonerdeverlusten verbunden.

Die Erfindung setzt an dieser Stelle ein. Es ist gefunden worden, daß es gelingt, durch Anwesenheit einer gewissen Menge von Chloriden oder anderen Verbindungen der Alkalien, des Calciums oder Magnesiums, die Einwirkung des mit der Tonerde in Berührung gebrachten Chlorwasserstoffes oder Chlors auf das Eisenoxyd in der Weise zu verstärken, daß eine praktisch restlose Verflüchtigung des Eisens, auch bei höheren Fe_2O_3-Gehalten, ohne Zuhilfenahme reduzierender Stoffe und daher auch ohne Tonerdeverluste durchführbar ist.

Wie umfangreiche Untersuchungen gezeigt haben, ist die Menge der zuzusetzenden Chloride abhängig vom Eisengehalt der Tonerde, und zwar etwa so, daß bei Gehalten bis 10 % auf 100 Teile Al_2O_3 und für je 3 % Fe_2O_3 etwa 1 % KCl oder NaCl oder $CaCl_2$ oder $MgCl_2$ mindestens anwesend sein müssen, während zwischen 10 und 12 % Fe_2O_3, nach Maßgabe der Zunahme des Eisengehaltes, zwischen 3 und 12 % KCl mindestens erforderlich sind. Man erhält unter diesen Bedingungen bei Temperaturen von 750° C und darüber bei der Behandlung der eisenhaltigen Tonerde im Salzsäurestrom als Enderzeugnis eine Tonerde, welche als praktisch eisenfrei zu bezeichnen ist, da sie weniger als 0,05 % Fe_2O_3 aufweist und hiermit allen Anforderungen der Aluminiumindustrie genügt.

Tone mit mehr als 12 Teilen Fe_2O_3 auf 100 Teile Al_2O_3, welche noch größerer Zusatzmengen von Chloriden bedürfen, werden zweckmäßig in Mischung mit eisenärmeren Tonen verarbeitet, um die Zusätze in praktisch brauchbaren Grenzen zu halten.

Der Zusatz der Chloride kann zu verschiedenen Zeitpunkten im Verlauf des Verfahrens erfolgen. Manche Tonsorten enthalten schon von Natur ausreichende Kalk- oder Kalimengen; soweit dies nicht der Fall ist, kann Kalk oder Alkali dem Ton zugesetzt werden, oder es können kalkarme mit kalkreichen Tonsorten vermischt werden, oder es können $CaCl_2$-haltige Salzsäuren zum Aufschluß benutzt werden, wie sie bei der Kondensation von Salzsäuregas mit kalkhaltigen Wässern erhalten werden. Die Alkalisalze können beispielsweise vor dem Eindampfen der Lauge in fester Form zugesetzt werden. Statt der genannten Chloride können gegebenenfalls auch die entsprechenden Sulfate oder Nitrate zugesetzt werden.

Zur Verarbeitung der mit den Zusätzen versehenen eisenhaltigen Tonerde verwendet man einen sauerstofffreien, möglichst hoch konzentrierten Chlorwasserstoffstrom, der auch einen Chlorgehalt aufweisen kann. Besonders zweckmäßig ist die Verwendung von synthetischem Chlorwasserstoff, bei dessen Erzeugung man vorteilhaft einen Chlorüberschuß anwendet, und wobei man die entstehende Reaktionswärme im Verfahren nutzbar machen kann.

Nach der Entfernung des Eisens wird das Enderzeugnis durch Waschen mit eisenfreiem Wasser von dem noch in der Tonerde verbliebenen Salzgehalt befreit; es bildet nach dem Trocknen eine rein weiße Tonerde. Das überschüssige Chlorwasserstoffgas wird durch Abkühlen von seinem Gehalt an absublimierten Chloriden befreit und einer Verdichtungsanlage zugeführt; die gewonnene Salzsäure dient zum Aufschluß neuer Tonmengen.

Beispiele

1. Ein geglühter Ton lieferte beim Aufschließen mit Salzsäure nach Filtration vom Unlöslichen eine Lösung von Chloriden, die, auf 100 g Al_2O_3 berechnet, enthielt: 8,8 g Fe_2O_3, 2,4 g $CaCl_2$, 1,65 g KCl, also ausreichende Mengen von KCl und $CaCl_2$. Diese

Lösung wurde direkt zur Trockne eingedampft, bei 800° C thermisch zersetzt und dann bei der gleichen Temperatur mit sauerstofffreiem HCl-Gas behandelt. Das abgehende Gas führte einen Teil des Alkalichlorides und das Eisenchlorid fort und konnte nach Abkühlung zur Abscheidung der Sublimate einer Verdichtungsanlage zugeführt werden zwecks Wiedergewinnung der Salzsäure für das Aufschließen weiterer Tonmengen. Nach dem Auswaschen mit Wasser und Trocknen enthielt die Tonerde weniger als 0,02 % Fe_2O_3.

2. Aluminiumeisenchloridlösungen ohne Gehalt an Hilfschloriden ergaben bei gleicher Behandlung bei 10 Teilen Fe_2O_3 auf 100 Teile Al_2O_3 Tonerden mit durchschnittlich 0,3 % Fe_2O_3. Fe_2O_3-Werte unter 0,1 % konnten selbst bei bedeutend niedrigerem Fe_2O_3-Gehalt der Ausgangslösungen nicht erreicht werden. Dieselben Lösungen, mit den durch die Versuche ermittelten Mengen an Alkali-, Calcium- oder Magnesiumchlorid versetzt, ergaben stets Tonerden mit unter 0,05 % Fe_2O_3.

Das neue Verfahren gestattet, den Weg der Tonerdegewinnung aus Ton vermittels Salzsäure als Aufschlußmittel erheblich zu vereinfachen, da die Verluste, die dadurch entstehen, daß man die noch aluminiumchloridhaltige Mutterlauge entweder verloren geben muß oder zwecks Gewinnung des darin enthaltenen Al_2O_3 und der HCl auf künstlichen, verhältnismäßig wertlosen Bauxit verarbeiten muß, vermieden werden können. Dazu kommt, daß die Kosten sowohl in der Anlage als im Arbeitsverfahren selbst stark vermindert werden können. Außerdem fällt der kostspielige Waschprozeß fort. Man kann nunmehr, da viele Tone weniger als 12 Teile Fe_2O_3 auf 100 Teile Al_2O_3 enthalten, die bei dem Aufschluß erhaltenen Lösungen, evtl. unter Zusatz der nötigen Alkali-, Calcium- oder Magnesiumverbindungen, restlos eindampfen, da es auf die Gewinnung eines eisenarmen Aluminiumchloridhexahydrates nicht mehr ankommt, die Chloride thermisch zersetzen und unmittelbar auf reine Tonerde verarbeiten.

Patentansprüche:

1. Verfahren zur Herstellung von praktisch eisenfreier Tonerde durch Aufschließen von Ton mit Salzsäure, dadurch gekennzeichnet, daß man die von dem Kieselsäurerückstand abgetrennte Lösung der Chloride vollständig zur Trockne oder nur zum Salzbrei eindampft (wobei die anfallende Mutterlauge in das Verfahren zurückgeführt wird), daß man das hierbei erhaltene Salzgemisch der thermischen Zersetzung unterwirft, daß man spätestens hiernach die entstandenen Gemische von Tonerde und Eisenoxyd, welche bereits Chloride enthalten können, mit einem Zusatz von Chloriden der Alkalien, des Calciums oder des Magnesiums oder Gemischen derselben versieht, der die Chloridmenge auf eine bestimmte, vom Eisengehalt des Oxydgemisches abhängige Mindestmenge bringt und das man mit einem Strom von sauerstofffreiem Salzsäuregas, welches auch Chlor enthalten kann, bei Temperaturen oberhalb 750° C behandelt, worauf man nach der Verflüchtigung des Eisens die gewonnene Tonerde auswäscht und trocknet.

2. Verfahren nach Anspruch 1, dadurch gekennzeichnet, daß man das Verhältnis der in den Aufschlußlösungen anwesenden Chloride, bei einem Eisengehalt unter 10 Teilen Fe_2O_3 auf 100 Teile Al_2O_3, auf wenigstens etwa 0,3 Teile Alkali- oder Calcium- oder Magnesiumchlorid für jeden Teil Eisenoxyd einstellt.

3. Verfahren nach Anspruch 1, dadurch gekennzeichnet, daß man das Verhältnis der in den Aufschlußlösungen anwesenden Chloride bei Eisengehalten zwischen 10 und 12 Teilen Fe_2O_3 auf 100 Teile Al_2O_3 von 3 bis 12 % Alkali-, Calcium- oder Magnesiumchlorid proportional dem Eisengehalt steigert.

4. Verfahren nach Ansprüchen 1 bis 3, dadurch gekennzeichnet, daß man Tone verschiedenen Kalk-, Alkali- und Eisengehaltes mit der Maßnahme auswählt und gattiert, daß einerseits das Verhältnis von Eisenoxyd zu Tonerde auf höchstens 12 : 100 zu stehen kommt, und daß andererseits der Zuschlag der stärker kalk- oder alkalihaltigen Tone, gegebenenfalls unter Zusatz von weiteren Mengen Kalk oder Alkalien oder von Chloriden derselben, so bemessen wird, daß die nach Ansprüchen 1 bis 3 erforderlichen Mindestmengen von Chloriden entstehen.

5. Verfahren nach Ansprüchen 1 bis 4, dadurch gekennzeichnet, daß man an Stelle der Chloride andere Halogenide, Sulfate oder Nitrate der Alkalien, des Calciums oder Magnesiums verwendet.

6. Verfahren nach Ansprüchen 1 bis 5, dadurch gekennzeichnet, daß man die Behandlung des Oxydgemisches mit unmittelbar aus den Elementen erzeugtem Chlorwasserstoffgas vornimmt und dabei die in der Chlorwasserstoffflamme erzeugte Reaktionswärme nutzbar macht.

Nr. 399454. (W. 47604.) Kl. 40a, 50.

WEAVER COMPANY IN MILWAUKEE, WISCONSIN, V. St. A.

Verfahren und Apparat zum Aufschließen von Ton.

Vom 7. März 1916. — Ausgegeben am 23. Juli 1924. — Erloschen . . . .

Die technische Verarbeitung von weitverbreiteten Rohstoffen, wie Ton, Kaolin mit Halogenen zum Zwecke der Gewinnung von metallischem Aluminium unter gleichzeitiger zielbewußter Darstellung von Silicium, ist bisher unbekannt. Nach dem Patent 267 867 ist zwar ein Verfahren bekannt, nach welchem natürliche Doppelsilikate, wie Orthoklas, Muscovit, Leucit, Sodalith und Gesteine der Feldspatgruppe, gegebenenfalls im Gemenge mit Reduktionsmitteln durch einen Strom von im Überschuß angewandtem Halogengas geröstet und dadurch aufgeschlossen werden, wobei die Chloride usw. der Alkalien, des Aluminiums, Siliciums, Titans und anderer Basen gewonnen werden. Dieses Verfahren hat aber hauptsächlich die Aufschließung von Doppelsilikaten mit Hinblick auf die Gewinnung des löslichen Alkalichlorids, insbesondere der löslichen Kaliverbindungen, zum Zwecke. Die zielbewußte Gewinnung von metallischem Aluminium und Silicium wird durch dieses Verfahren nicht angestrebt. Bei dem vorliegenden Verfahren handelt es sich aber um im wesentlichen alkalifreie Silikate. Dadurch wird die Gewinnung von Aluminium und Silicium zum Hauptzweck, ganz abgesehen davon, daß die technische Gesamtausführung von der des bekannten Verfahrens abweicht, wodurch mit einem erheblich geringeren Aufwand von Chlor der Aufschluß in einer von Feuchtigkeit freien Atmosphäre erfolgt.

Bei der Behandlung der siliciumhaltigen Rohstoffe, wie Ton, hatte man stets mit dem bisher unüberwindlichen Widerstand zu kämpfen gehabt, den das im Rohstoff vorhandene Silicium der Ausziehung des herzustellenden Metalles entgegensetzt, trotzdem es sachlich nicht unbekannt war, daß Siliciumtetrachlorid mit Aluminium bei langsamdauerndem Erhitzen in Silicium und Aluminiumchlorid übergeführt werden kann (vgl. Gmelin-Krauts Handbuch der anorganischen Chemie, 7. Aufl., Band III, Seite 196, wo gesagt wird, daß nach stunden- bzw. tagelangem Erhitzen von Siliciumtetrachlorid mit Magnesium, Aluminium, Beryllium und Zink sich Silicium und Metallchlorid bilden). Die Herstellung von Silicium aber innerhalb des zur Abspaltung von Aluminium ausgeführten Verfahrens im regelrechten Arbeitsgange in mehr oder weniger mechanischer Weise derart zu bewirken, daß die Ausbeute an Aluminium im Kreisprozesse immer wieder durch die bei Spaltung des Siliciumchlorides erhaltenen Aluminiumbestandteile unterstützt wird, ist bisher unbekannt.

Der Erfindung gemäß werden das sich bei Einwirkung von Chlor o. dgl. in Gegenwart eines Reduktionsmittels, wie Kohlenstoff, in einer von Feuchtigkeit freien Atmosphäre bildende Aluminiumchlorid und Siliciumtetrachlorid in an sich bekannter Weise auf Grund ihrer verschiedenen Verflüchtigungsgrade durch Kondensation bei entsprechend bemessenen Kühlungstemperaturen voneinander getrennt und hierauf wechselweise in eine Schmelze von metallischem Aluminium eingeführt, in welcher das Aluminiumchlorid wiederholt gereinigt und das Siliciumchlorid systematisch durch Austauschwirkung zerlegt wird, so daß sich Silicium bildet und neue Mengen von Aluminiumchlorid entstehen.

Man hat auch früher die größere Affinität des Chlors zum Aluminium als zum Eisen zu benutzen versucht, um das Aluminiumchlorid vom verunreinigenden Eisenchlorid zu trennen. So erreicht z. B. das Verfahren nach Castner (vgl. die amerikanische Patentschrift 409 668 bzw. die deutsche Patentschrift 52 770) die Abtrennung vom verunreinigenden Eisenchlorid aus Doppelchlorid von Aluminium aus Alkalien auf die Weise, daß es zum geschmolzenen Doppelchlorid so viel metallisches Aluminium hinzufügt, daß das an Eisen gebundene Chlor sich unter dem Aluminiummetall zu Aluminiumchlorid umsetzt. Die geschmolzenen Doppelchloride werden dann von dem entstandenen, mit Aluminium verunreinigten Eisenmetall abgelassen und sind dann im wesentlichen frei von Eisenchlorid.

Im vorliegenden Verfahren handelt es sich aber nicht um die Reinigung eines Doppelchlorides aus Natrium- bzw. Kalziumchlorid und Aluminiumchlorid, sondern um Aluminiumchlorid allein, das auf Grund des unterschiedlichen Verflüchtigungsgrades von Siliciumtetrachlorid getrennt wird und das in ganz neuer Weise dadurch gereinigt wird, daß es im gasförmigen Zustande geschmolzenes Aluminiummetall von unten nach oben durchstreicht und dabei die Verunreinigungen, insbesondere das Eisenchlorid als Metall an das geschmolzene Aluminium abgibt.

Die so gereinigten Aluminiumchloridmengen werden dann der Elektrolyse unterworfen.

Die zur Ausführung des vorliegenden neuen Verfahrens erfindungsgemäß eingerichtete Apparatanlage ist derart getroffen, daß die sich in erster Instanz bildenden Verbrennungsgase zur Heizung verschiedener, der Ofenfeuerung entfernt liegender Apparate ausgenutzt und das sich in letzter Instanz stets frisch bildende Chlorgas selbsttätig dem Chlorierofen zugeführt wird, was an sich ebenfalls nicht neu ist, während die Zuführung des gereinigten Aluminiumchlorids in das elektrolytische Bad selbst durch mechanisch gesteuerte Mittel derart geregelt wird, daß das Bad stets in gesättigtem Zustande verbleibt.

Bei dem Erfindungsgegenstand handelt es sich daher um eine zur technischen Ausübung bestimmte und geeignete Vereinigung bekannter und neuer Maßnahmen in Anwendung auf und in Anpassung an den bestimmten Ausgangsstoff Ton.

Die Erfindung soll nun an Hand der Zeichnung näher erläutert werden, in welcher Abb. 1 in mehr oder weniger schematischer Weise eine zur Ausführung dieses Verfahrens dienende Apparatanlage veranschaulicht. Abb. 2 stellt den Chlorierofen im senkrechten Schnitt, Abb. 3 im wagerechten Schnitt nach Linie 3-3 der Abb. 2 (gesehen in der durch Pfeile angedeuteten Richtung) dar. Abb. 4 zeigt den Elektrolysierbehälter im wagerechten Schnitt, Abb. 5 im senkrechten Schnitt nach Linie 5-5 der Abb. 4 und in der durch Pfeile angedeuteten Richtung gesehen; Abb. 6 zeigt den Elektrolysierbehälter in größerem Maßstab im Schnitt nach 6-6 der Abb. 4 und in der durch Pfeile angegebenen Richtung gesehen; Abb. 7 ist ein Horizontalschnitt des zweiten Ofens, und Abb. 8 zeigt denselben teilweise im Schnitt nach Linie 8-8 der Abb. 7 in der durch Pfeile angedeuteten Richtung gesehen.

Der in Abb. 1 mit 9 bezeichnete Chlorierungsofen ist, wie aus Abb. 2 und 3 erkennbar, ein Ofen der geschlossenen Art. Es ist für denselben eine Koksbettung 10 vorgesehen; hier hinein reichen eine Mehrzahl von Elektroden 11-11 durch das Gehäuse mit kreisförmigem Querschnitt, wie in Abb. 3 gezeigt. Jede dieser Kohlenelektroden 11 ist in einem Ton- oder Terrakottarohr angeordnet welches seinerseits in dem Gehäuse aus Chamotteziegel eingebaut ist. Für jede der Kohlenelektroden ist ein elektrischer Leiter 14 vorgesehen, der röhrenförmig und mit der Elektrode bei 15 verbunden ist; er wird durch ein bei 17 gedichtetes Verbindungsstück 16 gehalten. Der röhrenförmige Leiter wird durch einen, vermittels des Rücklaufrohres 19 eingeführten Wasserstrom gekühlt. Der gebräuchliche isolierte elektrische Leiter 20 kann, wie gezeigt, mit dem Ende des Rohres 14 verbunden sein, so daß bei dieser Entfernung von dem Ofengehäuse der Leiter und seine Isolierung durch die Hitze nicht schädlich beeinflußt werden. Eine Reinigungstür 21 und eine zweckmäßig mit

Abb. 1

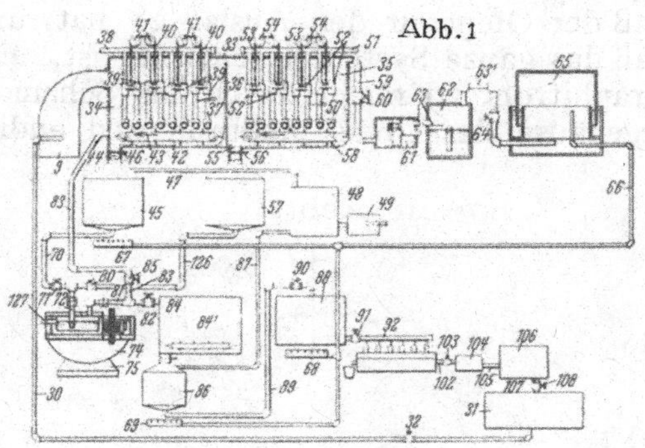

einem Rohr ausgefütterte Beobachtungsöffnung 22 sind vorteilhaft ebenfalls vorgesehen. Die Beschickung wird in den Chlorierofen mit Hilfe einer Förderschnecke oder -schraube 23, die an dem unteren Ende des Einfülltrichters 24 angeordnet ist, in

Abb. 2

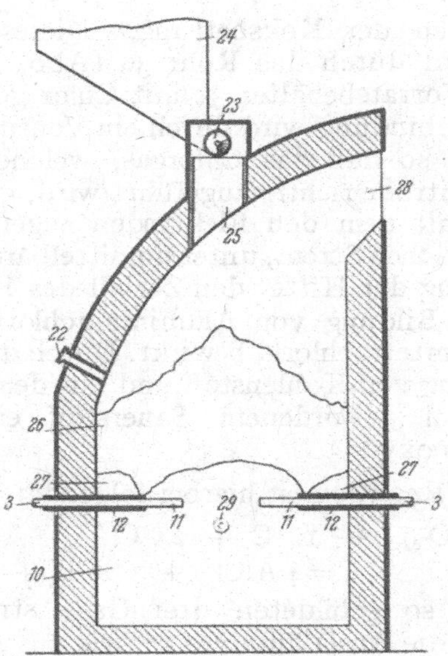

den Kanal 25 eingeführt, durch welchen sie auf die bereits erwähnte Koksbettung auffällt.

Das Koksbett, auf welchem die Beschickung 26 liegt, ist vorzugsweise so angeordnet, daß der in der Mitte befindliche Koks von herumgelagertem Ton umgeben ist, wie bei 27 gezeigt ist. Die Beschickung mag irgendwelcher Ton sein; jedoch hat es sich gezeigt, daß die höheren Tonsorten, wie Kaolin, von der Formel $Al_4(SiO_4)_3$, dessen Feuchtigkeit ausgetrieben ist, besonders wünschenswert sind. Es ist erwünscht, ein reduzierendes Material einzuführen, und dieses kann geschehen, indem man mit der Beschickung zunächst Kohle mischt. Es ist zu bemerken, daß der Ofen nur den Auslaß 28 hat, und daß das ganze System geschlossen ist. Ein Graphitrohr 29 reicht durch das Schamottegehäuse des Ofens hindurch und endigt

Abb. 3

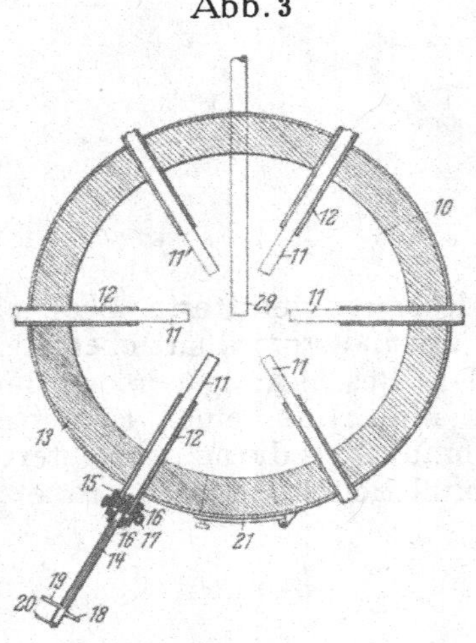

inmitten der Koksbettung. Dieses Rohr 29 wird durch das Rohr 30 (Abb. 1) aus dem Vorratsbehälter 31 mit Chlor gespeist; die Verbindung wird durch ein Ventil 32 geregelt, so daß das Chlorgas, welches dem Graphitrohr richtig zugeführt wird, gemeinsam mit dem den Elektroden zugeführten elektrischen Strom, unter unmittelbarer Einwirkung der Hitze, den Zerfall des Kaolins unter Bildung von Aluminiumchlorid und Siliciumtetrachlorid bewirkt. Durch die Verbindung von Kohlenstoff und aus dem Kaolin frei gewordenem Sauerstoff entsteht Kohlenoxyd.

Die Reaktion ist hierbei folgende:

$$Al_4(SiO_4)_3 + 12\,C + 24\,Cl = 4\,AlCl_3 + 3\,SiCl_4 + 12\,CO.$$

Die so gebildeten drei Gase streichen durch die Auslaßöffnung 28, wie aus Abb. 1 ersichtlich, nach dem Kondensator 33. Dieser Kondensator hat die Gestalt einer doppelten, geschlossenen Kammer, welche mit der Abteilung 34 und der Abteilung 35 versehen ist, die durch eine Scheidewand 36 voneinander getrennt sind. Für die betreffenden Abteilungen des Kondensators ist eine geeignete Kühlung vorgesehen. Beispielsweise ist die Abteilung 34 mit einem System von Kühlrohren 37 versehen, welche durch die Decke und von derselben aus abwärts reichen und welche über den ganzen Raum dieser besonderen Abteilung verteilt sind, um eine vollständige Temperaturregelung zu erzielen. Die Rohre 37 sind an ihrem oberen Ende, außerhalb der Kammer, mit Hilfe des Kopfrohres 38 verbunden, und die Zirkulation wird in der gewünschten Weise gesichert. Bei dieser besonderen Kondensationseinrichtung ist das Rohrsystem mit einer Kaltwasserzuleitung verbunden; das Ergebnis ist, da die erwähnten drei Gase in und durch die Abteilung 34 gehen, daß das Aluminiumchloridgas, das bei einer höheren Temperatur kondensiert als das Siliciumtetrachlorid, sich als weißes Pulver auf den Rohren 37, 37 absetzt. Es mag hier erwähnt werden, daß es möglich ist, daß bei der Tätigkeit in dem Chlorierungsofen sich zufälligerweise einige andere Siliciumchloride bilden mögen, wie etwa Hexachlorid (Si_2Cl_6). Es hat sich aber gezeigt, daß die Bedingungen derartig sind, daß nur das Siliciumtetrachlorid einen beträchtlichen Teil darstellt.

Da die Temperatur, welche durch die Zirkulation des reinen kalten Wassers in den Kühlrohren 37, 37 zur Kondensation von Siliciumtetrachlorid nicht genügend niedrig ist, geht dieses Gas mit dem Kohlenoxyd nach der nächsten Abteilung 35 des Kondensators. Es wird also die erste Kondensatorabteilung 34 die Kondensation des Aluminiumchlorids besorgen; das weiße, auf den Rohren abgesetzte Pulver, in welches dieses umgewandelt ist, wird von diesen Rohren mit Hilfe von Schabern 39, 39 entfernt, die durch auf der Außenseite des Kondensators über geeignete Rollen 41, 41 geführte Treibschnüre 40 auf und ab gezogen werden. Das Pulver fällt auf das Transportband 42, dessen oberer Teil in der Richtung des Pfeiles 43 bewegt wird, und gelangt auf diese Weise an das Ende der Kondensatorabteilung und durch den an dieser Stelle angeordneten, durch Schieber 46 geregelten Auslaß 44 nach dem Behälter 45. Dieser Behälter ist durch ein Rohr 47 mit einem Behälter 48 für Druckluft verbunden, der von dem Luftverdichter 49 gespeist wird. Es ist wichtig, wie vorhin angedeutet, daß das System geschlossen ist, und daß verschiedene Funktionen desselben unter Druck ausgeführt werden, was gerade für das Aluminiumchlorid von Wichtigkeit ist, da dieses äußerst zerfließlich ist und vor Feuchtigkeit bewahrt werden muß, um Zersetzung und die Bildung von Chlorwasserstoffsäure zu vermeiden. Ist das System geschlossen, so können diese Unzuträglichkeiten nicht eintreten; dieser Abschluß bewirkt, daß diese flüchtige Substanz in ihrem ursprünglichen Zustand erhalten bleibt.

Die Kondensatorkammer 35 ist mit einem System von Kühlrohren 50, ähnlich den Rohren 37, ausgestattet. Diese Rohre besitzen das gemeinsame obere Leitungsrohr 51 und sind mit den Schabern 52, 52 versehen, die an den über den Rollen 54, 54 bewegten Treibschnüren 53, 53 hängen. Die Kühlrohre 50 werden mit einer Gefriermischung von Eis, Wasser und Salz, anstatt mit reinem kalten Wasser gespeist; in der Kondensatorabteilung 35 ist daher die Temperatur bedeutend niedriger als die Temperatur in der Kondensatorabteilung 34. Die niedrigere Temperatur genügt zur Kondensation des Siliciumtetrachlorids, welches als eine farblose Flüssigkeit herabkommt, ausgenommen, wenn dieselbe durch Verunreinigungen mißfarbig geworden sein sollte. Dieses flüssige Siliciumtetrachlorid fließt auf dem schrägen Boden des Kondensatorbehälters 35 abwärts und gelangt durch den, durch Schieber 56 beeinflußten Auslaß 55 nach dem Behälter 57. Die Kammer 35 ist wie die Kammer 34 mit Schabern versehen, da es immerhin möglich ist, daß das Aluminiumchlorid auf dem Wege durch die Abteilung 34 nicht völlig kondensiert ist und so auf den Rohren 50 der Kammer 35 weiterkondensieren kann; es ist daher wünschenswert, zeitweise die Schaber 52 in Tätigkeit zu setzen, um diese Kondensate zu entfernen. Die Schaber 39 der anderen Abteilung sind während der ganzen Zeit, in welcher das System arbeitet, in Tätigkeit. Die Kammer 35 ist ebenfalls mit einem Transportband 58 versehen.

Das Kohlenoxyd entweicht aus der Kondensatorabteilung 35 durch Rohr 59 und Ventil 60 zu einer geschlossenen Gaspumpe 61, von wo es mit Hilfe eines Rohres 63 nach einem Wäscher oder Skrubber 62 gelangt; dieser Wäscher stellt einen Behälter mit Kalkwasser dar, der ein Auslaßrohr 63′ besitzt. Die Pumpe 61 kann an irgendeinem geeigneten Punkt in der Apparatenreihe angeordnet sein. Das Auslaßrohr 63′ ist mit einem Ventil 64 ausgestattet und führt nach einem ausziehbaren, z. B. glockenartig ausgebildeten Gasbehälter 65, so daß das Kohlenoxyd unter Druck gehalten werden kann, um durch ein Rohr 66 eine ganze Anzahl von Brennern 67, 68 und 69 zu speisen, die, wie später beschrieben, zu Heizungszwecken benutzt werden können.

Wenn in dem Chlorierungsofen noch Chloride gebildet werden, welche bei anderen Temperaturen kondensieren, wie es der Fall ist, wenn in dem Ton Eisen oder Titan vorhanden ist, oder wenn andere Materialien bzw. Erze benutzt werden, kann der Kondensator derart eingerichtet und angeordnet sein, daß diese Chloride von den Aluminium- und Siliciumchloriden und auch voneinander durch Vergrößerung der Zahl der Kondensationsräume getrennt werden, die auf den verschiedenen, zur getrennten Ablagerung der Stoffe erforderlichen Temperaturen gehalten werden.

Unter dem Behälter 45, in welchem das Aluminiumchloridpulver sich befindet, ist einer der Brenner 67 angeordnet, und der Behälter ist zweckmäßig mit einer geeigneten Feuerungswand umgeben, so daß er auf einen hohen Hitzegrad erhitzt werden kann. Bei geschlossenem Schieber 46 kann das in dem Behälter 45 befindliche Material von dem Behälter 48 aus unter hohen Druck gesetzt werden, und durch die gemeinschaftliche Wirkung dieses Druckes und der aus dem Kohlenoxydbrenner herrührenden Hitze schmilzt das Aluminiumchlorid, worauf es für die weiter zu beschreibende Behandlung viel haltbarer und viel leichter zu handhaben ist.

Von dem Behälter 45 führt ein Rohr 70 zu einem Ventil 71, welches durch ein Rohr 72 in einem Ofen, vorteilhaft des Rodenhauser Dreiphasentypus, mündet. Dieser Ofen ist in seinen Einzelheiten durch Abb. 7 und 8 veranschaulicht und besitzt ein schweres Außengehäuse 73, welches mit einem runden Boden 74 in einen entsprechend geformten Unterbau 75 eingebaut ist. Die Anordnung ist derart, daß der Ofen, sobald die Verbindungsrohre zeitweise gelöst sind, gekippt werden kann, um das geschmolzene Metall ablaufen zu lassen. Das Ofenfutter besitzt eine geschlossene Aushöhlung 76 für das geschmolzene Metall, welche zwischen röhrenförmigen Wänden 77, 77 liegt, in denen die magnetische Stromeinrichtung und die primären Spulen 78 und 79 angeordnet sind. Die Einzelheiten dieses Ofens, ausgenommen gewisse Neuerungen in Verbindung mit anderen Teilen des Systems, gehören nicht zum Gegenstand dieser Erfindung; es wird jedoch darauf Bezug genommen, weil es ein Ofentypus ist, der zum Gebrauch als ein Teil des Systems gut geeignet ist. Unter der Annahme, daß das später noch zu erwähnende Ventil 80 geschlossen sei, wird bei geöffnetem Ventil 71 das flüssige Aluminiumchlorid in den Arbeitsraum des Rodenhauser Ofens geleitet, und zwar aus folgenden Gründen:

Bei der ersten Kondensation des Aluminiumchlorides in der Kondensatorabteilung 34 sind leicht Unreinlichkeiten, vornehmlich Eisenchlorid, vorhanden, wenn nicht mehr als zwei Kondensatorabteilungen für angemessen verschiedene Temperaturen vorgesehen sind, und es ist der Zweck bei dem jetzt beschriebenen Teil des Verfahrens, dieses Eisen zu beseitigen und die Gewinnung von reinem Aluminiumchlorid zu sichern. Hierfür wird der Rodenhauser Ofen zunächst mit Aluminium beschickt, und das geschmolzene Aluminiumchlorid wird in dieses Bad von geschmolzenem Aluminium nahe am Boden desselben eingeführt; das Aluminiumchlorid wird infolge der Druckentlastung und der Hitze des Bades unmittelbar in ein Gas verwandelt und gelangt durch das geschmolzene Aluminium nach oben. Infolge der größeren Affinität des Chlors zum Aluminium als zum Eisen oder zur anderen Verunreinigung des Materials, verläßt das Chlor das Eisen und verbindet sich mit der entsprechenden Menge Aluminium. Das gereinigte Aluminiumchlorid verläßt dann das Aluminiumbad und durch das Rohr 81 den Ofen. Dieses Rohr 81 verzweigt sich in die Rohre 82 und 83, die mit den Ventilen 84 bzw. 85 versehen sind. Wenn das gereinigte Aluminiumchlorid weiter zu reinigen ist, wird Ventil 84 geschlossen und Ventil 85 geöffnet, so daß das Aluminiumchloridgas durch das Rohr 83 zurück nach der Kondensatorabteilung 34 zur weiteren Kondensation gelangt, um dann abermals in dem Rodenhauser Ofen. wie beschrieben, gereinigt zu werden, und dieser Prozeß kann wiederholt werden, bis der erforderliche Reinheitsgrad erreicht ist. Nun wird das Ventil 85 geschlossen und das Ventil 84 geöffnet, und das jetzt im wesentlichen reine Aluminiumchlorid wird in einen Endkondensator 84′ eingeführt. Dieser Kondensator ist von der gleichen Einrichtung wie die Kondensatorabteilung 34, und das kondensierte Aluminiumchlorid gelangt in Form eines weißen Pulvers in den Behälter 86. In diesem Behälter 86 wird das Aluminiumchlorid unter Anwendung des aus dem Druckbehälter 48 führenden Rohres 87 unter Druck gesetzt, umgeben mit Feuerwänden auch der durch den Brenner 69 entwickelten Hitze unterworfen. Das so abermals geschmolzene reine Aluminiumchlorid wird alsdann durch ein mit Ventil 90 ausgestattetes Rohr 89 nach dem Sammelbehälter 88 gedrückt und unter diesem von dem Behälter 86 übermittelten Druck gehalten, wobei es durch eine Kohlenoxydflamme vom Brenner 68 erhitzt gehalten wird.

Aus diesem Vorratsbehälter 88 wird das flüssige Aluminiumchlorid durch ein Ventil 91 und ein Verteilungsrohr 92 zu dem Elektrolysierbehälter geführt, der ebenfalls dicht ist, so daß das Aluminiumchlorid in seiner flüssigen Beschaffenheit erhalten werden kann. Der durch Abb. 4, 5 und 6 in seinen Einzelheiten veranschaulichte Elektrolysierbehälter besteht aus einem Graphitherd 93 mit umgebenden Chamottewänden 94, 94

Abb. 4

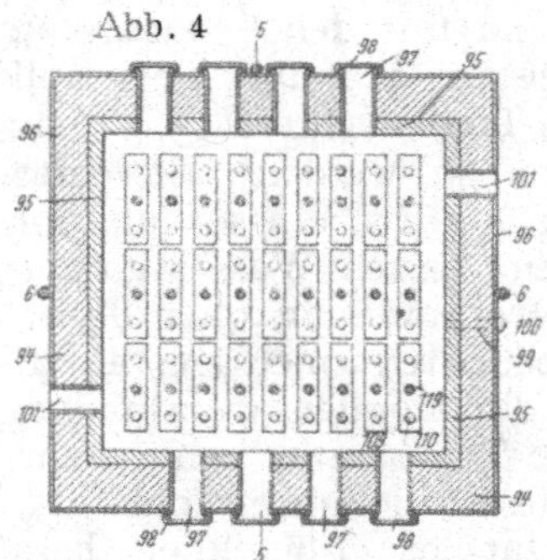

mit Magnesitfutter 95, 95; dieser ganze Behälter wird durch umgebende Platten 96 zusammengehalten. Auf entgegengesetzten Seiten des Behälters befinden sich Einlaßöffnungen 97, 97 welche mit Hilfe von Deckeln 98, 98 geschlossen werden; eine Ablaßöffnung 99 ist etwas über dem Boden des

Abb. 5

Abb. 6

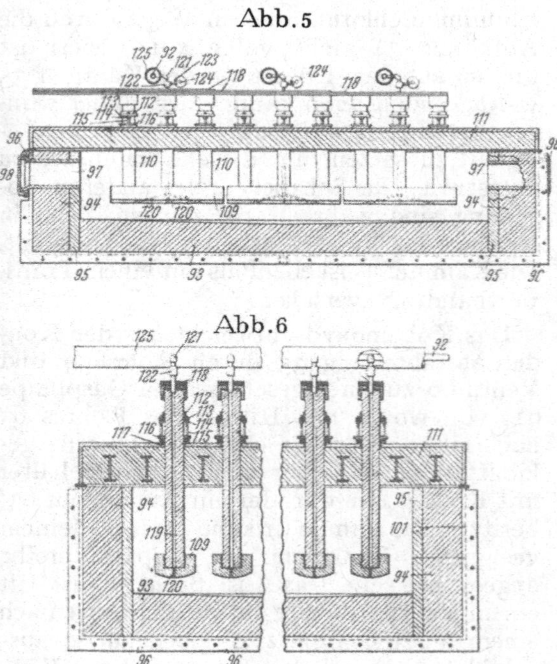

Behälters zu dem hier beschriebenen Zweck vorgesehen und kann durch Pflock 100 geschlossen werden. Ein Chlorablaß 101 ist angeordnet, und, wie aus Abb. 1 erkennbar, ist dieser Auslaß durch ein Rohr 102 mit Ventil 103 mit einem Chlorkompressor 104

verbunden, welcher weiter durch das Rohr 105 mit einem Chlorkühler 106 in Verbindung steht; diese beiden Teile sind nur schematisch gezeigt. Der Kühler 106 ist in geeigneter Weise durch ein Rohr 107 mit dem bereits erwähnten Behälter 31 für flüssiges Chlor verbunden, und das Verbindungsrohr 107 ist mit einem Ventil 108 versehen.

Die aus Abb. 5 und 6 ersichtlichen Anoden 109 bestehen aus Graphitblöcken, von welchen jeder durch drei Halter 110 gesichert ist, die in einem Chamotteverschlußdeckel 111 geführt sind. Jede Anode ist mit einer Fassung 112 ausgestattet, welche mit einem losen Kragen 113 in Verbindung steht, der mit Hilfe von Mutterschrauben 114 auf von

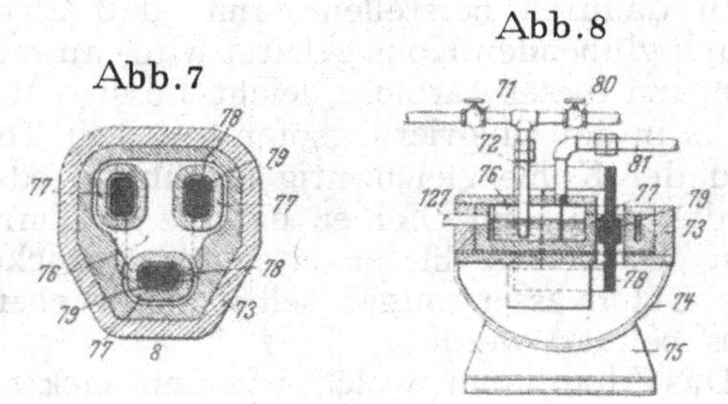

einem Stopfbüchsendeckel 116 nach aufwärts gerichteten Bolzenstäben 115 auf und ab bewegt werden kann. Durch diese Anordnung können die Anodenhalter senkrecht eingestellt werden. Kupferne Stabbündel 118, 118 verbinden die oberen Enden der Anodenhalter 110, und auf diese Weise wird der Strom nach dem Bade geführt, während der Graphitherd als Kathode wirkt. Der mittlere jeder drei einen Satz bildender Anodenhalter ist nach Art bekannter Hohlelektroden achsial durchgebohrt, wie bei 119 gezeigt, und diese Bohrung ist mit den Verteilungsdurchgängen 120, 120 in dem entsprechender Graphitblock verbunden. Jede dieser Bohrungen ist mit Hilfe eines Rohres 121 mit dem obenerwähnten Zuleitungsrohr 92 in Verbindung, und in jedem Rohr 121 ist ein Ventil 122 angeordnet, welches durch einen Daumen 123 betätigt wird, der auf einer rotierenden Welle 124 angeordnet ist. Bei Tätigkeit dieser Wellen 124 und bei geöffnetem Ventil 91 für den Durchgang von flüssigem Aluminiumchlorid wird eine pro Zeiteinheit ständig bleibende Zufuhr des letzteren durch die Durchgangswege 119 und in den Elektrolysierbehälter ermöglicht. Natürlich kann die Zufuhr des Aluminiumchlorides auch auf anderem Wege als durch die Bohrungen in den Anoden erreicht werden.

Das flüssige Aluminiumchlorid wird auf einer Temperatur von etwa 200° C und unter einem Druck von ungefähr $2^1/_2$ Atm. gehalten. Die Warmhaltung des so erhitzten Materials aus dem Vorratsbehälter 88 erfolgt durch heißes Öl, welches in einer das Zuführungsrohr 92 umgebenden Leitung 125 enthalten ist, oder mit Hilfe anderer, beispielsweise elektrischer Heizmittel, so daß das Aluminiumchlorid in das Elektrolysiergefäß bei der geeigneten Temperatur eintritt. Der Elektrolyt selbst besteht in bekannter Weise aus einem Bad von geschmolzenem Chlornatrium hoher Temperatur, die durch die Anwendung des Stromes aufrechterhalten wird, und das Aluminiumchlorid wird durch die oben beschriebene Einrichtung in seiner Zuführungsmenge derart geregelt, daß das Bad stets in gesättigtem Zustand bleibt. In dem Elektrolysierbehälter wird das Aluminium von dem Chlor getrennt, und Chlornatrium bleibt zurück. Infolge des Unterschiedes in dem spezifischen Gewicht zwischen dem so erhaltenen reinen Aluminium und dem geschmolzenen Natriumchlorid kann das geschmolzene Aluminium ganz einfach durch Entfernung des Stopfens 100 ab und zu abgelassen werden, und man erreicht so den ersten Zweck des Verfahrens, nämlich die Gewinnung des Aluminiums in seinem elementaren Zustande aus Ton. Wie vorhin bemerkt, befindet sich die Ablaßöffnung 99 etwas oberhalb des Gefäßbodens, so daß eine Schicht von geschmolzenem Aluminium auf der unteren Elektrode stets zurückgehalten wird. Da bei diesem Verfahren Natriumchlorid immer zurückbleibt, kann der Elektrolyt unbegrenzt weiterarbeiten. Das frei gemachte Chlor wird nach dem Chlorkompressor 104, dann nach dem Kühler und dann in den Vorratsbehälter geführt, von wo es wieder zur Speisung des Chlorierofens 9, wie bereits beschrieben ist, benutzt wird. Der Widerstand des Bades erzeugt die zur Aufrechterhaltung der geeigneten Temperatur während des ganzen Vorganges nötige Hitze eine äußere Heizquelle mag jedoch gewünschtenfalls vorgesehen sein, namentlich für den Beginn der Arbeit des Apparates.

Das nun während dieses Verfahrens abgespaltene Siliciumchlorid, welches in flüssigem Zustand in dem Behälter 57 gesammelt wurde, befindet sich im Rohr 126, welches durch das bereits erwähnte Ventil 80 beherrscht wird. Für die Zerlegung dieses Siliciumchlorids wird das Ventil 71 geschlossen und das Ventil 80 geöffnet, so daß das Siliciumchlorid in das bereits erwähnte Bad des geschmolzenen Aluminiums im Rodenhauser Ofen 74 eintreten kann, falls es nicht in einer besonderen Aluminiumschmelze behandelt werden soll. Sobald das Siliciumchlorid mit dem geschmolzenen Aluminium zusammenkommt, wird es gasförmig und steigt durch das geschmolzene Aluminium in die Höhe, und die chemische Wirkung beginnt auf Grund der größeren Affinität des Chlors zum Aluminium, anstatt zum Silicium, sofort. Das Aluminium ersetzt hierbei das Silicium des Chlorides, und freies Silicium und Aluminiumchloridgas werden gebildet. Das freie Silicium wird aus dem Rodenhauser Ofen durch den Ablaß 127 abgelassen, und das Aluminiumchloridgas wird entweder abermals zu dem Kondensatorbehälter 34, falls es weiter gereinigt werden soll, oder aber, falls es genügend rein ist, in Kondensator 84′ übergeführt und von da wieder nach dem Elektrolysierbehälter zur weiteren Zerlegung.

Der Rodenhauser Ofen hat also in diesem Verfahren die zweifache Funktion, nämlich erstens die Reinigung des Aluminiumchlorids vor seiner Zerlegung durch Beseitigung des Eisens oder anderer Unreinlichkeiten mit Hilfe von Aluminium, in welchem Fall die Unreinlichkeiten aus dem Ofen entfernt werden und eine neue Beschikkung von reinem Aluminium vorgesehen wird, und zweitens die Abspaltung des Siliciums aus dem Siliciumchlorid durch Aluminium und die sich daraus ergebende Gewinnung von Silicium einerseits und von neuen Mengen von Aluminiumchlorid für weitere Beabeitung des letzteren anderseits. Man sieht demnach, daß das Verfahren eine in jeder Hinsicht ununterbrochene Arbeitsweise gewährt, und daß das in dem Elektrolysierbehälter stetig sich bildende Chlor immer wieder dem Chlorierungsofen zugeführt, während als Kohlenoxyd das durch den aus dem Ton in Freiheit gesetzten Sauerstoff und den eingeführten Koks gebildet wird, für die Speisung aller Brenner benutzt wird. Es ist wichtig, daß das System, wie beschrieben, ein geschlossenes ist, um die Feuchtigkeit auszuschließen und die wirksamen Chloride, besonders das Aluminiumchlorid, zu schützen.

Bei der Ausführung des vorliegenden Verfahrens ist ferner die bereits erläuterte Maßnahme wichtig, die Speisung des Elektrolysierbehälters mit geschmolzenem Aluminiumchlorid derart zu bewirken, daß das elektrolytische Bad stets gesättigt erhalten wird und so ein Natriumaluminiumdoppelchlorid als Behandlungsmaterial dem elektrischen Strom darbietet.

Es wird dem Sachverständigen einleuchtend sein, daß sich dieses Verfahren keinesfalls auf die Benutzung der besonders angeführten Mittel beschränkt. Zum Beispiel kann man an Stelle von geschmolzenem Aluminium, zur Aufschließung des Siliciumchlorides geschmolzenes Zink verwenden und gewünschtenfalls auch einen abweichenden Elektrolyten benutzen.

Für die Beschickung des Chlorierungsofens ist es zweckmäßig, kalzinierten Ton und Kleinkoks in den richtigen Verhältnissen vor der Einbringung in den Ofen zu mischen, und die Mischung von oben her, durch die Decke, hineingelangen zu lassen. Man kann auch ein tiefes Feuer benutzen und den Betrieb bei Weißglut ausführen.

Es ist ferner auch möglich, den Ton mit Chlor in abweichender Weise zu behandeln, indem man ohne Schwierigkeit auch Chlorverbindungen benutzen kann. Zum Beispiel kann man Kohlenstofftetrachlorid (welches man dadurch herstellen kann, daß Chlor durch glühenden Koks geleitet wird) anwenden und dieses farblose, leicht flüssige Material in den Chlorierungsofen mit dem Ton und der Kohle gleichzeitig einführen, oder in die bereits im Ofen enthaltene Mischung von Ton und Kohle einleiten, oder trockenes Chlorwasserstoffgas selbst kann ebenfalls benutzt werden.

Das Aluminium, welches in dem elektrolytischen Bade schwerer ist, setzt sich am Boden desselben, und die Aluminiumteilchen, die sich über dem Boden bilden, vereinigen sich vielfach zu größeren Massen.

Patentansprüche:

1. Kreislaufverfahren zum Aufschließen von Ton, mit Hilfe von Halogenen unter gleichzeitiger Darstellung von Silicium, dadurch gekennzeichnet, daß sie bei der Einwirkung von Chlor o. dgl. auf den in Gegenwart eines Reduktionsmittels, wie Kohlenstoff, in von Feuchtigkeit freier Atmosphäre erhitzten trokkenen Ton sich bildenden gasförmigen Chloride, nämlich Aluminiumchlorid und Siliciumtetrachlorid, auf Grund ihrer verschiedenen Verflüchtigungsgrade durch fraktionierte Kondensation voneinander getrennt und hierauf wechselweise in eine Aluminiumschmelze eingeführt werden, welcher das Aluminiumchlorid, von Verunreinigungen gereinigt, wieder in gasförmigem Zustande entsteigt, worauf es, gegebenenfalls nach Wiederholung dieser Art der Reinigung, nach erneuter Kondensation in einem für die Vornahme der Elektrolyse geeigneten Behälter elektrolytisch in seine Bestandteile zerlegt wird, während das Siliciumchlorid durch Umsetzung mit dem metallischen Aluminium der Schmelze in Siliciummetall überführt wird, wobei das bei eben die-

ser Umsetzung sich bildende Aluminiumchlorid seinerseits wiederum abdestilliert und der Elektrolyse zugeführt wird.

2. Verfahren nach Anspruch 1, dadurch gekennzeichnet, daß die zur Reinigung des Aluminiumchlorids und zur Spaltung des Siliciumtetrachlorids dienende Aluminiumschmelze in der Ausführung des Verfahrens derart der elektrolytischen Behandlung vorgeschaltet ist, daß das ihr zugeführte Aluminiumchlorid durch die Hitze der Schmelze wiederholt in gasförmigen Zustand überführt werden kann und erst nach vollständiger Reinigung und abermaliger Kondensation der Elektrolyse unterworfen wird; während die Einführung des Siliciumtetrachlorids stets an einem Punkt nahe dem Boden der Schmelze erfolgt, so daß dieses Chlorid zwecks voller Erreichung der Austauschwirkung durch das Bad in die Höhe zu steigen gezwungen wird.

3. Zur Ausführung des nach Anspruch 1 und 2 gekennzeichneten Verfahrens die Verbindung eines zur Aufnahme des mit Kohlenstoff versetzten Rohstoffes dienenden Chlorierofens (9) mit einem zur örtlichen Trennung der aus dem letzteren streichenden Chloride in hintereinanderliegende, verschieden gekühlte Kammern (34, 35) geteilten Kondensator (33), der einerseits zwecks Entleerung des im Chlorierofen entwickelten Kohlenoxydgases oder anderer brennbarer Produkte mit einer Glasglocke (65), und anderseits durch regelbar an die Kammern (34, 35) angelegte Leitungen (44, 55) mit zur Aufnahme der in letzteren getrennten Chloride dienenden Sammelgefäßen (45, 57) in Verbindung steht.

4. Zur Ausführung des Verfahrens nach Anspruch 1 und 2 die weitere Ausbildung der nach Anspruch 3 gekennzeichneten Anlage, derart, daß das zur Aufnahme von Aluminiumchlorid benutzte Gefäß (45) einerseits mit einem Druckluftbehälter (48) und anderseits durch eine durch Ventil (71) beherrschte Leitung (70) mit einer z. B. in einem Rodenhauser Ofen (74) hergestellten Schmelze von metallischem Aluminium zwecks Reinigung des Aluminiumchlorids in Verbindung steht, während das Siliciumtetrachlorid enthaltende Gefäß (57) mit der gleichen Schmelze zwecks Abspaltung des Siliciums durch eine ebenfalls durch Ventil (80) regelbare Leitung (126) verbunden ist, wobei der Schmelzofen (74) durch eine Rückschlußleitung (83) regelbar an den Kondensator (33) und durch eine gleichfalls regelbare Abzweigung (82) an einem Kondensator (84') angeschlossen ist, aus dem das in der Schmelze erforderlichenfalls wiederholt gereinigte Aluminiumchlorid dem Elektrolysierbehälter zugeführt wird.

5. Zur Ausführung des Verfahrens nach Anspruch 1 und 2 die weitere Ausbildung der nach Anspruch 3 und 4 gekennzeichneten Anlage, derart, daß die zur Aufnahme des Aluminiumchlorids dienenden Gefäße (45, 86, 88) sowie sonstige im Verfahren zu heizende Apparatteile durch die beim Betriebe sich entwickelnden brennbaren Gase (Kohlenoxydgas) geheizt werden, indem zu diesem Zwecke eingerichtete Brenner (67, 69, 68) von der Gasglocke (65) aus durch eine Hauptleitung (66) gespeist werden.

6. Zur Ausführung des Verfahrens nach Anspruch 1 und 2 die weitere Ausbildung der nach Anspruch 3, 4 und 5 gekennzeichneten Anlage, derart, daß das in dem Endbehälter (88) verflüssigte Aluminiumchlorid dem zwischen Graphitanoden (109) und einer Graphitkathode (93) untergebrachten Elektrolyten dadurch nach Zeiteinheiten stetig zugeführt wird, daß die mit Achsialbohrungen (119) versehenen Anodenstäbe (110) von einer durch heißes Öl o. dgl. erhitzten Verteilungsleitung (92) mit Hilfe von die einzelnen Anschlüsse (121) regelnden mechanisch (123, 124) gesteuerten Ventilen (122) gespeist werden, wobei das sich bei der Elektrolyse entwickelte Chlorgas über einen mit dem Elektrolysiergefäß verbundenen Verdichter (104) und Kühler (106) dem den Chlorierofen (9) speisenden Vorratsbehälter (31) zugeführt wird.

D. R. P. 52770, B. I. 3314; 267867, B. I, 2325.

Nr. 455266. (V. 18997.) Kl. 12m, 7. Verein für chemische und metallurgische Produktion in Aussig a. E., Tschechoslowakische Republik.

Verfahren zur Herstellung wasserfreier Chloride des Aluminiums, des Eisens und anderer sublimierbarer Metallchloride.

Vom 9. März 1924. — Erteilt am 12. Jan. 1928. — Ausgegeben am 28. Jan. 1928. — **Erloschen: 1929.**

Es ist bekannt, wasserfreie Chloride des Aluminiums und des Eisens dadurch herzustellen, daß man die Oxyde dieser Metalle mit Kohle gemischt bei höherer Temperatur der Einwirkung von Salzsäure oder Chlor aussetzt. Die Durchführung dieses Verfahrens erfordert im allgemeinen Außenerhitzung, wodurch im Verein mit dem starken Angriff, welchen die Salzsäure bzw. das Chlor auf das Ofenmaterial ausübt, eine geringe Lebensdauer der Apparatur bedingt wird.

Es wurde nun gefunden, daß man auf einfache Weise wasserfreie, sublimierbare Metallchloride, wie z. B. Chloride des Aluminiums und des Eisens, herstellen kann, wenn man gleichzeitig Chlor und Wasserstoff auf ein aus Oxyden dieser Metalle und Kohle bestehendes Gemisch derart leitet, daß das Gemisch als katalytisches Material für die Vereinigung des Chlors und des Wasserstoffs zu Chlorwasserstoff wirkt.

Man kann beispielsweise so verfahren, daß man in einem Schachtofen die beiden Gase auf ein vorerhitztes Gemisch von Tonerde- bzw. Tonerde- und Eisenoxyd enthaltendes Material mit Kohle leitet. Die durch die Reaktionswärme der Salzsäurebildung hervorgerufene höhere Temperatur und die bei dieser Temperatur entstandene Salzsäure bewirkt die Bildung von Aluminium- bzw. Eisenchlorid, die mit der überschüssigen Salzsäure abdestilliert und kondensiert werden können. Die letzten Spuren von Aluminium- und Eisenchlorid können aus dem Salzsäuregas durch vorgelegte konzentrierte wässerige Salzsäure ausgewaschen werden.

Das vorliegende Verfahren gestattet es, die synthetische Salzsäuredarstellung mit der Gewinnung von sublimierbaren Metallchloriden unter Ausnutzung der hohen Reaktionswärme der Salzsäurebildung zu verknüpfen.

Die Ausbeute an Aluminium- und Eisenchlorid und ähnlichen sublimierbaren Chloriden kann wesentlich gesteigert werden, wenn man mit einem Überschuß von Chlor gegenüber dem Wasserstoff arbeitet und dadurch eine Einwirkung von freiem Chlor auf das Metalloxydkohlegemisch bei der hohen Temperatur der Salzsäurebildung veranlaßt.

Patentansprüche:

1. Verfahren zur Herstellung wasserfreier Chloride des Aluminiums, des Eisens und anderer sublimierbarer Metallchloride unter gleichzeitiger Gewinnung von synthetischer Salzsäure, dadurch gekennzeichnet, daß man die Vereinigung von Wasserstoff und Chlor zu Chlorwasserstoff innerhalb eines in an sich bekannter Weise mit Gemischen von Oxyden der Metalle und Kohle beschickten Reaktionsraumes bewirkt, wobei man die infolge der hohen Reaktionswärme der Salzsäurebildung sublimierenden Chloride aus dem entweichenden Salzsäurestrom abscheidet.

2. Verfahren nach Anspruch 1, dadurch gekennzeichnet, daß man mit einem Überschuß von Chlor gegenüber dem Wasserstoff arbeitet.

Nr. 502884. (B. 120384.) Kl. 12m, 7.
I. G. Farbenindustrie Akt.-Ges. in Frankfurt a. M.
Erfinder: Dr. Johannes Brode und Dr. Carl Wursten in Ludwigshafen a. Rh.

Verfahren zur Herstellung von wasserfreien Metallchloriden, z. B. Aluminiumchlorid.

Vom 17. Juni 1925. — Erteilt am 3. Juli 1930. — Ausgegeben am 18. Juli 1930. — **Erloschen: . . . .**

Es ist bekannt, daß wasserfreie Chloride, z. B. Aluminiumchlorid, durch Behandeln von oxydhaltigem Material, z. B. Ton mit Phosgen bzw. Kohlenoxyd und Chlor, in der Glühhitze gewonnen werden können, doch haben sich der Ausführung dieses Verfahrens in der Technik bisher stets große Schwierigkeiten in den Weg gestellt, weil man in umständlicher Weise heizte, sei es, daß man den Reaktionsraum, der ganz aus chlorbeständigem Material bestehen muß, von außen erhitzte oder die Gase schon mit hoher Temperatur in die Reaktionsräume einführte oder dadurch, daß man gleichzeitig eine einen großen Wärmeüberschuß liefernde Reaktion (z. B. die Verbrennung metallischen Aluminiums mit Chlor) veranlaßte.

Überraschenderweise zeigte es sich nun, daß überhaupt keine Wärmezufuhr für die technische Ausführung dieses Verfahrens erforderlich ist, wenn man nur dafür sorgt, daß die Reaktionskammer genügend gut isoliert ist. Ist die Reaktion einmal in Gang gebracht, so kann man ständig kaltes Gas in den Reaktionsraum einleiten, ebenso das Oxyd oder das oxydhaltige Material ständig oder in Zwischenräumen zuführen und in gleicher Weise dieRückstände abführen.

Als Reaktionsraum dient zweckmäßig ein Schachtofen. Die inneren Teile bestehen aus Chamotte, Quarz oder einem anderen gegen Kohlenoxyd und Chlor auch in der Hitze gut beständigen Material. Der äußere Mantel wird aus Metall hergestellt. Zwischen Metallmantel und inneren Teilen wird eine Masse von schlechter Wärmeleitfähigkeit, z. B. Kieselgur, gefüllt. Während im Innern ständig genügend hohe Temperaturen durch die Reaktion selbst aufrechterhalten werden, bleibt der äußere Metallmantel vollkommen kalt, so daß es keine Schwierigkeiten macht, den Ofen völlig gasdicht zu halten. Am oberen Teile des Ofens ist ein Stutzen zum Abzug des Chloriddampfes und der entstandenen Kohlensäure sowie eine Öffnung zum Einbringen des oxydhaltigen Materials angebracht, am unteren Teil befinden sich ein Stutzen zur Entfernung des Rückstandes sowie Stutzen zur Einführung der Reaktionsgase.

Zweckmäßig arbeitet man nicht mit Phosgen, sondern mit einer Mischung von gleichen Teilen Kohlenoxyd und Chlor, weil in diesem Falle die Wärmeentwicklung erheblich größer ist. Da sich hierbei sogar höhere Temperaturen als sie für die Reaktion zweckmäßig sind, einstellen können, kann ein Teil des Kohlenoxyds auch dadurch ersetzt werden, daß dem oxydhaltigen Material Kohle beigemischt wird. Die bei der Reaktion entstehende Kohlensäure reagiert dabei mit der Kohle unter Rückbildung von Kohlenoxyd.

Das oxydhaltige Material, z. B. reine oder rohe Tonerde, Aluminiumsilikat, wie Kaolin, Rutil, Chromeisenstein u. dgl., wird zweckmäßig in Stücken, nachdem es durch vorheriges Glühen entwässert ist, in den wärmeisolierten Schachtofen gebracht. In diesem wird die Masse, z. B. durch Verbrennung von Generatorgas, auf mindestens 450°, besser auf etwas höhereTemperaturen erhitzt. Ist diese Temperatur einmal erreicht, so kann man ohne weitere Nachheizung in kontinuierlichem Betrieb die Reaktionsgase kalt einblasen und, z. B. bei Kaolin, ständig Kieselsäure abziehen und den Ofen mit kaltem Kaolinton in entsprechender Menge frisch beschicken. Es hat sich gezeigt, daß bei Kaolin und ähnlichen Materialien die Stückform in genügender Festigkeit erhalten bleibt, auch nachdem durch die Reaktion fast alles Aluminium daraus entfernt ist. Die Rückstände bestehen bei Verwendung silikathaltiger Stoffe meist aus sehr reiner Kieselsäure, welche entweder in Stücken oder nach Pulverisierung zu verschiedenen Zwecken, z. B. als Isolationsmaterial, verwendet werden kann.

Verunreinigungen in den Rohmaterialien, z. B. bei Verwendung von Bauxit, Eisen- und Titanoxyde, reagieren rascher mit Kohlenoxyd und Chlor, als das Aluminiumoxyd, es ist daher zweckmäßig, das Material zunächst durch einen Schachtofen so rasch durchzuführen, daß dabei im wesentlichen nur die Verunreinigungen entweichen. Das so vorbehandelte, nunmehr reine Material kommt von neuem in einen Schachtofen, welcher nunmehr reines Aluminiumchlorid liefert.

Bei der Herstellung von Aluminiumchlorid ist eine Reinigung des den Reaktionsraum verlassenden Aluminiumchlorids auch dadurch möglich, daß es vor der Kondensation über Metallspäne, wie Eisen- oder zweckmäßig Aluminiumspäne, geleitet wird. Ferrichlorid wird dabei entweder in Eisen oder schwer flüchtiges, von Aluminiumchlorid leicht trennbares Eisenchlorür umgesetzt.

PATENTANSPRÜCHE:

1. Verfahren zur Herstellung von wasserfreien Metallchloriden, z. B. Aluminiumchlorid, durch Behandeln von das Metall als Oxyd enthaltenden Rohstoffen, wie Ton o. dgl., mit Kohlenoxyd und Chlor oder mit Phosgen, dadurch gekennzeichnet, daß die Behandlung in einem wärmeisolierten Reaktionsraum vorgenommen und nach Einleiten der Reaktion nur die Reaktionswärme selbst zur Aufrechterhaltung der Temperatur benutzt wird.

2. Verfahren nach Anspruch 1, dadurch gekennzeichnet, daß die Reaktion in einem Raume mit einem nach innen wärmeisolierten Metallmantel ausgeführt wird.

3. Verfahren nach Anspruch 1, dadurch gekennzeichnet, daß man in an sich bekannter Weise zunächst das oxydhaltige Material nur so lange mit Gas behandelt, bis die leichter flüchtigen Verunreinigungen entwichen sind und darauf das gereinigte Material zur Herstellung des reinen Chlorids benutzt.

4. Ausführungsform des Verfahrens nach Anspruch 1 und 2 zur ununterbrochenen Herstellung wasserfreier Metallchloride, gekennzeichnet durch die Benutzung eines wärmeisolierten Schachtofens.

F. P. 645335, Schweiz. P. 134359.

S. a. F. P. 706784.

Nr. 525560. (I. 29940.) Kl. 12m, 7.

I. G. Farbenindustrie Akt.-Ges. in Frankfurt a. M.

Erfinder: Dr. Johannes Brode † und Dr. Carl Wurster in Ludwigshafen a. Rh.

Herstellung von wasserfreien Metallchloriden.

Zusatz zum Patent 502884.

Vom 6. Jan. 1927. — Erteilt am 7. Mai 1931. — Ausgegeben am 26. Mai 1931. — Erloschen: . . . .

In der Patentschrift 502884 ist ein Verfahren zur Herstellung von wasserfreien Metallchloriden aus den betreffenden Metalloxyden beschrieben, bei dem die Oxyde in einem wärmeisolierten Raum mit Kohlenoxyd und Chlor oder mit Phosgen unter Ausnutzung der Reaktionswärme behandelt werden.

Arbeitet man hierbei im Gegenstrom, so daß verhältnismäßig stark erschöpftes Material mit den frischen, kalten Gasen in Berührung kommt, so kann es geschehen, daß die zur Reaktion erforderliche Temperatur an der Eintrittsstelle der kalten Gase so weit sinkt, daß die Reaktion nur langsam einsetzt und das in der Masse enthaltene oxydhaltige Material nur unvollständig ausgenutzt wird. Diesem Übelstande kann man zwar teilweise dadurch begegnen, daß man zusammen mit dem festen Oxydmaterial feste indifferente Körper den Gasen entgegenschickt, welche in der Hauptreaktionszone verhältnismäßig hohe Temperaturen annehmen und beim Zusammentreffen mit kalten Gasen ihre Wärme an diese übertragen.

Es zeigte sich jedoch, daß es von größerem Vorteil ist, in der Weise zu arbeiten, daß man das aus Kohlenoxyd und Chlor bestehende Gasgemisch zuvor in an sich bekannter Weise über einen die Bildung von Phosgen beschleunigenden Kontakt leitet und die hierbei gewonnenen heißen Gase auf die oyxdhaltigen Massen einwirken läßt. Die gewonnenen heißen Gase bestehen in der Hauptsache aus Phosgen, das eine Temperatur von etwa 500° besitzt. Ein Abkühlen des oxydhaltigen Materials unter 500° im eigentlichen Reaktionsraum ist alsdann ausgeschlossen, und auch bei einem Material, das nur noch wenig Oxyd enthält, wird daher ein größerer Teil des Oxyds in das Metallchlorid übergeführt. Man kann entweder so arbeiten, daß zusammen mit dem oxydhaltigen Material katalytisch wirkende Substanzen dem Kohlenoxyd-Chlor-Gemisch entgegengeschickt werden oder daß man die kohlenoxyd- und chlorhaltigen Gase vor Berührung mit dem oxydhaltigen Material über einen besonderen Kontakt, z. B. Tierkohle, leitet. Dieser Kontakt kann sich in einem besonderen Raum befinden, der ebenso wie seine Verbindung mit dem Raume, in dem sich die Chlorbildung vollzieht, zweckmäßig gegen Wärmeverluste geschützt ist.

Der wesentliche Vorteil des Verfahrens besteht darin, daß eine weitergehende Umsetzung des in der Masse enthaltenen Oxyds in das entsprechende Metallchlorid stattfindet. So enthalten z. B. bei Anwendung dieses Verfahrens die bei der Herstellung von Aluminiumchlorid aus Kaolin entstandenen und im wesentlichen aus Kieselsäure bestehenden Rückstände nur noch verhältnismäßig ganz geringe Mengen Aluminiumoxyd.

Beispiel

80 cbm eines aus gleichen Volumteilen Kohlenoxyd und Chlor bestehenden kalten Gasgemisches werden in der Stunde über eine in einer Reaktionskammer befindliche und aus Tierkohle bestehende Kontaktmasse geleitet. Es bildet sich hierbei Phosgen, und das Gasgemisch erhitzt sich infolge der bei der Reaktion auftretenden Wärme auf etwa 550°. Das Gasgemisch wird alsdann mit dieser Temperatur unten in einen Schachtofen eingeleitet, der für eine tägliche Produktion von 3100 kg wasserfreiem Aluminiumchlorid berechnet und mit 41 % Al_2O_3 enthaltendem Kaolin gefüllt ist. Die abgezogene kieselsäurehaltige Schlacke enthält nur noch 2,5 % Al_2O_3.

Betreibt man den Schachtofen ohne den Vorkontakt, so sinkt die Temperatur der weitgehend chlorierten Kaolinstücke auf 300°, bei welcher Temperatur das Kohlenoxyd-Chlor-Gemisch nicht mehr mit der darin enthaltenen Tonerde reagiert. Die Schlacke muß dann mit 11 % Al_2O_3 abgezogen werden, die für die Aluminiumchloridgewinnung verloren sind.

Patentanspruch:

Weiterbildung des Verfahrens gemäß Patent 502884, dadurch gekennzeichnet, daß man das aus Kohlenoxyd und Chlor bestehende Gasgemisch über einen die Bildung von Phosgen beschleunigenden Kontakt leitet und die hierbei gewonnenen heißen Gase auf die oxydhaltigen Massen einwirken läßt.

Nr. 525186. (I. 30024.) Kl. 12m, 7.

I. G. Farbenindustrie Akt.-Ges. in Frankfurt a. M.

Herstellung von wasserfreien Metallchloriden.

Zusatz zum Patent 502884.

Vom 15. Jan. 1927. — Erteilt am 30. April 1931. — Ausgegeben am 20. Mai 1931. — Erloschen: . . . .

In der Patentschrift 502 884 ist ein Verfahren zur Herstellung von wasserfreien Chloriden, z. B. Aluminiumchlorid, aus Metalloxyden, z. B. Ton, durch Behandlung der Oxyde mit Kohlenoxyd und Chlor oder mit Phosgen in einem isolierten Reaktionsraum unter Ausnutzung der Reaktionswärme beschrieben. Es wurde daselbst bereits erwähnt, daß sich dabei sogar höhere Temperaturen, als sie für die Reaktion zweckmäßig sind, einstellen können, so daß ein Teil des Kohlenoxyds durch Zumischen von Kohle zu dem Material ersetzt werden kann.

Es hat sich nun in der weiteren Bearbeitung dieses Verfahrens gezeigt, daß bei der Arbeitsweise in größerem Maßstabe die Reaktionswärme zur Durchführung der Reaktion völlig ausreichend ist, um auch das ganze Kohlenoxyd durch Kohle ersetzen zu können. Die Kohle wird dabei vorteilhafterweise vorher mit dem Oxyd gemischt.

Beispiel

Ein Schachtofen von 1 m innerem Durchmesser und 12 m Höhe, der außen mit einem eisernen Mantel versehen und innen mit säure- und chlorbeständigen Isoliersteinen ausgekleidet ist, wird in seinem unteren Teil mit entwässerten Formlingen aus 100 Teilen Kaolinton und 50 Teilen Braunkohle gefüllt und auf 600° aufgeheizt. Es werden sodann etwa 92 kg kaltes Chlor pro Stunde in den Ofen eingeblasen, wobei sich die Temperatur auf etwa 800° steigert und eine nahezu quantitative Umsetzung zu Aluminiumchlorid gemäß folgenden Gleichungen stattfindet:

$$Al_2O_3 + 3\,C + 3\,Cl_2 = 2\,AlCl_3 + 3\,CO$$

bzw.

$$2\,Al_2O_3 + 3\,C + 6\,Cl_2 = 4\,AlCl_3 + 3\,CO_2.$$

Die bei diesen exothermen Reaktionen auftretende Wärme ist so groß, daß dem Schachtofen nunmehr dauernd frisches, festes Ausgangsmaterial und Chlor kalt zugeführt werden können, ohne daß es noch einer besonderen Wärmezufuhr für die Aufrechterhaltung der Temperatur bedarf. Die chlorierten Formlinge, die nach der Reaktion größtenteils aus Kieselsäure und überschüssiger Kohle bestehen, können am unteren Teil des Schachtofens ebenfalls kontinuierlich ausgetragen und die Aluminiumchloriddämpfe in Kondensationskammern in fester Form niedergeschlagen werden.

Ein in der beschriebenen Weise betriebener Ofen kann ohne Unterbrechung monatelang in Betrieb behalten werden und liefert täglich etwa 2 400 kg wasserfreies Aluminiumchlorid.

Patentanspruch:

Abänderung des Verfahrens gemäß Patent 502 884, dadurch gekennzeichnet, daß man an Stelle von Kohlenoxyd Kohle verwendet.

Nr. 527035. (I. 33806.) Kl. 12m, 7.

I. G. Farbenindustrie Akt.-Ges. in Frankfurt a. M.

Erfinder: Dr. Johannes Brode † und Dr. Carl Wurster in Ludwigshafen a. Rh.

Herstellung von wasserfreien Metallchloriden.

Zusatz zum Patent 502884.

Vom 14. März 1928. — Erteilt am 28. Mai 1931. — Ausgegeben am 13. Juni 1931. — Erloschen: . . . .

In dem Patent 502 884 ist ein Verfahren zur Herstellung von wasserfreien Metallchloriden, z. B. Aluminiumchlorid, durch Behandeln von das Metall als Oxyd enthaltenden Rohstoffen, wie Ton o. dgl., mit Kohlenoxyd und Chlor oder mit Phosgen beschrieben, bei dem die Behandlung in einem wärmeisolierten Reaktionsraum vorgenommen und nach Einleiten der Reaktion nur die Reaktionswärme selbst zur Aufrechterhaltung der Temperatur benutzt wird. Das Kohlenoxyd kann dabei teilweise oder ganz, wie in dem Patent 525 186 gezeigt ist, durch Kohle ersetzt werden.

Es wurde nun gefunden, daß man das Verfahren so ausführen kann, daß in den den Reaktionsraum verlassenden Gasen erhebliche Mengen Kohlenoxyd vorhanden sind, die zur Erzeugung des zur Ausführung der Reaktion erforderlichen Kohlenoxyd-Chlor-Gemisches mit Vorteil verwendet werden können, wenn man einen Überschuß an Kohle anwendet und eine für die Umsetzung von Kohlensäure mit Kohlenstoff zu Kohlenoxyd genügend hohe Temperatur im Innern des Ofens erzeugt, was zweckmäßig dadurch geschehen kann, daß man durch gute Wärmeisolierung dafür sorgt, daß von der Reaktionswärme nur wenig verlorengeht. Die Reaktionswärme genügt dann, die endotherm verlaufende Reaktion $CO_2 + C = 2\ CO$ zwischen der bei der Metallchloridbildung entstehenden Kohlensäure und der angewandten überschüssigen Kohle zu bewirken.

Es ist bei der beschriebenen Arbeitsweise nicht erforderlich, daß man die für die Reaktion benutzte Kohle mit dem metalloxydhaltigen Material besonders innig mischt oder beide Stoffe miteinander brikettiert, sondern es können die festen Ausgangsstoffe auch in stückiger Form gemischt oder in verschiedenen Schichten in den Ofen gebracht werden. Nachdem durch kohlenoxydhaltiges Chlor die Metallchloridbildung erst einmal eingeleitet ist, wird auch bei Anwendung der Ausgangsstoffe in Schichten die in der einen Schicht gebildete Kohlensäure durch die in der nächsten Schicht im Überschuß vorhandene glühende Kohle ohne weiteres zu Kohlenoxyd reduziert.

Beispiel

Ein hoher, gut isolierter Schachtofen wird mit einer Mischung von 100 Teilen haselnußgroßen Bauxitstücken und 50 Teilen etwa ebenso großen Koksstücken gefüllt und auf 500° erhitzt. Alsdann wird eine aus 100 Teilen Chlor und 50 Teilen Kohlenoxyd bestehende Gasmischung, die zweckmäßig vorher über einen daraus Phosgen bildenden Katalysator gemäß Patent 525 560 geleitet worden ist, in den Ofen geschickt. Dort stellt sich infolge der stark exothermen Metallchloridbildungsreaktion eine hohe Temperatur ein, die genügt, um die Reduktion der bei der Metallchloridbildung entstehende Kohlensäure durch die im Ofen vorhandene Kohle zu Kohlenoxyd zu bewirken. In dem den Ofen verlassenden Gas sind erhebliche Mengen Kohlenoxyd vorhanden, die um so größer sind, je höher man durch gute Wärmeisolation die Temperatur im Innern des Ofens treibt. Auf die beschriebene Weise ist es möglich, mehr Kohlenoxyd zu gewinnen, als in den Ofen zusammen mit dem Chlor geblasen werden muß. Nach Kondensation des Aluminiumchlorids und zweckmäßig auch Absorption der Kohlensäure wird das Kohlenoxyd ganz oder teilweise dazu verwendet, das zum Betrieb des Ofens erforderliche Gemisch von Kohlenoxyd und Chlor zu erzeugen.

Patentanspruch:

Weiterbildung des Verfahrens des Patents 502 884, dadurch gekennzeichnet, daß Kohle im Überschuß angewandt und die Temperatur im Ofen zweckmäßig durch gute Wärmeisolation so hoch gehalten wird, daß in den den Ofen verlassenden Gasen erhebliche Mengen Kohlenoxyd vorhanden sind.

Schweiz. P. 143564.

Nr. 502 332. (I. 33449.) Kl. 12m, 7.

I. G. Farbenindustrie Akt.-Ges. in Frankfurt a. M.

Erfinder: Dr. Karl Staib in Bitterfeld.

Verfahren zur Herstellung von wasserfreiem Aluminiumchlorid.

Vom 8. Febr. 1928. — Erteilt am 26. Juni 1930. — Ausgegeben am 15. Juli 1930. — Erloschen: 1935.

Es ist bekannt, daß bei der Einwirkung von Chlor auf gleichzeitig Tonerde und Kieselsäure enthaltende Rohstoffe, wie Ton, Kaolin, Bauxit u. a., bei Gegenwart eines Reduktionsmittels nicht nur die Tonerde, sondern gleichzeitig auch (abgesehen von anderen Bestandteilen, wie Eisenoxyd, Titanoxyd usf.) ganz besonders die Kieselsäure in Chlorid übergeführt wird. So verfolgt das Verfahren nach Patentschrift 399 454 das Ziel, neben dem Aluminiumchlorid auch Siliciumtetrachlorid zu gewinnen. Hat man aber keine Verwertung für das anfallende Siliciumtetrachlorid, so bedeutet dessen Bildung, die oft nahezu den Umfang von Aluminiumchlorid erreicht, nichts anderes als entsprechende Chlorverluste. Soll aber Aluminiumchlorid in technischem Ausmaß, wie es besonders seine Verwendung in der Petroleumindustrie erfordert, hergestellt werden, so muß es ohne Abhängigkeit von der unsicheren Absatzmöglichkeit des Siliciumtetrachlorids als Nebenprodukt und ohne nennenswerte Chlorverluste hergestellt werden können.

Nachdem eingehende Versuche über den Verlauf der Chlorierung Kieselsäure und Tonerde enthaltender Rohstoffe zunächst keine Regelmäßigkeit im Verhältnis zwischen Aluminiumchlorid- und Siliciumchloridbildung hatten erkennen lassen, ergab sich schließlich aus einem Versuch, bei welchem dem Chlor Siliciumchlorid von vornherein beigemischt war, daß letzteres eine maßgebende Rolle spielt, indem nach der an sich bereits bekannten Gleichung

$$2\,Al_2O_3 + 3\,SiCl_4 = 3\,SiO_2 + 4\,AlCl_3,$$

auch Siliciumchlorid gegenüber Tonerde bei Temperaturen oberhalb 500° als Chlorierungsmittel wirkt, also die Aluminiumchloridbildung begünstigt, und zwar sogar auch dann, wenn die Tonerde an Kieselsäure gebunden ist. Ferner ergab sich, was noch wichtiger ist, daß die Kieselsäure unter diesen Umständen von Chlor nicht angegriffen wird.

Die hier einsetzende Erfindung geht also von der Erkenntnis aus, daß die Chlorierung ganz auf die Tonerde beschränkt werden kann, wenn für Anwesenheit von genügend Siliciumchlorid im Chlorgas gesorgt wird. Das als Zusatz zum Chlor erforderliche Siliciumchlorid braucht hierbei lediglich im Kreislauf geführt zu werden: es wird dem Chlor zugesetzt, nach der Umsetzung von dem Aluminiumchlorid getrennt, kondensiert und dann wieder verdampft, um dem Chlor aufs neue zugesetzt zu werden. Siliciumchlorid, dessen Siedepunkt bei 56° C liegt, besitzt bei gewöhnlicher Temperatur bereits einen starken Dampfdruck, und es genügt daher für die Durchführung des Verfahrens schon, das Chlor durch Siliciumchlorid durchzuleiten, um es mit diesem hinreichend zu beladen. Die Einstellung der $SiCl_4$-Konzentration im Chlor kann leicht durch die Wahl der Temperatur des flüssigen $SiCl_4$ erreicht werden. Je nach der Menge Siliciumchlorid, die dem Chlor beigegeben wird, kann man erreichen, daß entweder genau so viel Siliciumchlorid nach der Abscheidung des Aluminiumchlorids wieder niedergeschlagen wird, als dem Chlor zugegeben wurde (die technisch richtige Menge $SiCl_4$), oder daß ein Teil des $SiCl_4$ sich mit der Tonerde zu Aluminiumchlorid umsetzt (zuviel $SiCl_4$), oder aber daß sich ein Teil $SiCl_4$ neu bildet (zuwenig $SiCl_4$). Je nach der Verwertungsgelegenheit des $SiCl_4$ kann man daher auf einen der ersten beiden Fälle oder auf den letzten Fall sich betriebsmäßig einstellen.

Um zu erreichen, daß sich beispielsweise bei einer Reaktionstemperatur von etwa 750° bei Abkühlung des Reaktionsproduktes gerade so viel $SiCl_4$ wieder niederschlagen läßt, als dem Chlor zugefügt worden war, also Neubildung unterbleibt, ist ein Gemisch von ungefähr denselben Gewichtsmengen $SiCl_4$ und Chlor mit den Ausgangsstoffen in Reaktion zu bringen.

Beispiel 1 (ohne $SiCl_4$-Zusatz)

100 kg einer beispielsweise nach Patent 450 979 aus Ton und Braunkohle geformten und verkokten Mischung, enthaltend etwa 30% Al_2O_3, 55% SiO_2 und 15% Kohlenstoff, werden bei etwa 700 bis 800° mit 102 kg Chlor behandelt. Es bilden sich 71 kg $AlCl_3$ und 54 kg $SiCl_4$, und es hinterbleibt ein Rückstand von etwa 36 kg.

Beispiel 2

100 kg des Ausgangsmaterials nach Beispiel 1 werden mit etwa 57 kg Chlor, dem etwa 60 kg $SiCl_4$ zugefügt werden, bei 750° behandelt. Es bilden sich etwa 71 kg $AlCl_3$, und etwa 60 kg $SiCl_4$ werden kondensiert. Es bleibt ein Rückstand von 65 kg. Da gerade so viel $SiCl_4$ wieder kondensiert wurde, wie dem Chlor beigegeben wurde, ergibt sich, wie auch das Gewicht des Rückstandes bestätigt, daß nur Aluminiumchlorid sich neu gebildet haben kann.

Beispiel 3

100 kg des Ausgangsmaterials nach Beispiel 1 werden bei etwa 750° mit 45 kg Chlor behandelt, dem 75 kg $SiCl_4$ zugefügt sind. Es bilden sich 70 kg $AlCl_3$, und etwa 61,5 kg $SiCl_4$ werden kondensiert. Es bleibt ein Rückstand von etwa 70,5 kg. Es hatten sich demnach 13,5 kg $SiCl_4$ mit Al_2O_3 zu $AlCl_3$ umgesetzt, d. h. etwas mehr als 20% des Siliciumchlorids haben nach der obenerwähnten Gleichung an Stelle des Chlors auf die Tonerde eingewirkt. Es ergibt sich hieraus, daß die gelegentliche Zumischung eines Überschusses von $SiCl_4$ zum Chlor nicht von Schaden ist, da der Überschuß zugunsten der Aluminiumchloridbildung ausgenutzt wird.

PATENTANSPRÜCHE:

1. Verfahren zur Herstellung von wasserfreiem Aluminiumchlorid aus Tonerde und Kieselsäure zugleich enthaltenden Rohstoffen durch Einwirken von Chlor bei Anwesenheit eines Reduktionsmittels wie Kohle oder Kohlenoxyd, dadurch gekennzeichnet, daß man mit Siliciumtetrachloriddämpfen beladenes Chlor zur Einwirkung bringt und durch Vergrößerung der $SiCl_4$-Menge im Chlor den Umfang der gleichzeitigen Siliciumchloridbildung aus Kieselsäure herabsetzt.

2. Verfahren nach Anspruch 1, dadurch gekennzeichnet, daß man zur Verhinderung des Angriffs der Kieselsäure für die Chlorierung eine Mischung von Chlor und Siliciumchlorid in etwa gleichen Mengenverhältnissen anwendet.

3. Verfahren nach Anspruch 1 und 2, dadurch gekennzeichnet, daß man das dem Chlor beigemengte Siliciumchlorid nach der Abtrennung von Aluminiumchlorid durch Kondensation wiedergewinnt und im Kreislauf wieder verwendet.

D. R. P. 450979, B. III, 1211.

Nr. 455472. (S. 68979.) Kl. 12m, 6. SALZWERK HEILBRONN A.G. IN HEILBRONN A. N., KARL SCHMIDT G. M. B. H. IN NECKARSULM UND DR. KONRAD FLOR IN HEILBRONN A. N.

Verfahren zur Gewinnung reiner Tonerde.

Vom 27. Febr. 1925. — Erteilt am 19. Jan. 1928. — Ausgegeben am 3. Febr. 1928. — **Erloschen: 1933.**

In der Technik fällt beim Verschmelzen aluminiumhaltiger Rückstände sogenannte Krätze an, die nach Entfernung des darin enthaltenen metallischen Aluminiums mit Hilfe eines besonderen Siebverfahrens noch etwa 50 Prozent säurelösliches Aluminium, und zwar zum größten Teil als Oxyd enthält; den Rest zu 100 Prozent bilden andere Metalle, wie Zinn, Blei, Kupfer, Zink, Eisen, Magnesium u. dgl. Diese Rückstände wurden bislang als wertlos aus dem Betrieb entfernt und bildeten somit eine Verlustquelle.

Durch das Verfahren gemäß vorliegender Erfindung gelingt es, auf technisch einfache und billige Weise das säurelösliche Aluminium in Form von reiner Tonerde nahezu restlos zu gewinnen, und zwar unter Regenerierung der zum Lösen verwendeten Säure.

Gemäß der Erfindung behandelt man die beim Verschmelzen aluminiumhaltiger Rückstände anfallende, Zinn, Blei, Kupfer, Zink, Eisen, Magnesium u. dgl. enthaltende Krätze nach dem Absieben des metallischen Aluminiums mit Salzsäure, worauf aus der Lösung der Metallsalze in an sich bekannter Weise durch Einleiten von Salzsäuregas Aluminiumchlorid ausgefällt. und dieses sodann geglüht wird.

Man hat bereits Verfahren zur Gewinnung von Tonerde vorgeschlagen, bei denen die Ausscheidung des Aluminiumchlorids mit Salzsäuregas aus verhältnismäßig reinen Lösungen erfolgt. Als Verunreinigung enthalten diese Lösungen im wesentlichen nur Eisensalze. Bei dem vorliegenden Verfahren dagegen handelt es sich darum, ein sehr unreines Rohmaterial zur Herstellung von Tonerde zu verwenden. Die starken Verunreinigungen ließen es bisher unmöglich erscheinen, aus Krätze noch Tonerde zu gewinnen. Es hat sich nun gezeigt, daß es mit Hilfe von Salzsäuregas gelingt, auch aus stark verunreinigten Aluminiumchloridlösungen ein für die Herstellung von Aluminiumoxyd genügend reines Aluminiumchlorid zu gewinnen.

Das Verfahren bietet den Vorteil, daß man Abfallstoffe noch mit großem Nutzen verwenden kann, die bisher unverwendbar erschienen. Das Verfahren hat eine erhebliche volkswirtschaftliche Bedeutung, da es auf eine Verminderung der Einfuhr ausländischer Rohstoffe (Bauxid)*) hinwirkt.

Das Verfahren wird in der Weise durchgeführt, daß die Krätze in handelsüblicher Salzsäure gelöst und der Rückstand durch Nutschen von der Lösung getrennt wird. In die Lösung von bestimmter Konzentration wird Salzsäuregas eingeleitet unter Anwendung des Gegenstromverfahrens und Tiefkühlung; das ausgeschiedene Aluminiumchlorid wird mittels einer Zentrifuge von der Mutterlauge getrennt. Das Aluminiumchlorid wird hierauf einem Glühprozeß bei Temperaturen bis 700° C unterworfen, wobei Tonerde und Salzsäure entstehen. Die Tonerde hat einen Eisengehalt von 0,1 Prozent und ist daher für die Aluminiumherstellung sehr geeignet. Das beim Glühen entweichende Salzsäuregas wird zum Ausfällen von weiteren Mengen Aluminiumchlorid benutzt. Die von dem Ausfällverfahren herrührende. salzsaure Mutterlauge wird der Auflösestation für Krätze zugeführt und bleibt so lange in Umlauf, bis durch die Anhäufung der verschiedenen Metalle eine Verunreinigung des ausgefällten Aluminiumchlorids eintreten würde. So kann z. B. eine Mutterlauge von der Zusammensetzung 82,4 g Al_2O_3, 1,8 g PbO, 2,0 g CuO, 9,1 g Fe_2O_3, 9,4 g ZnO im Liter noch dreimal verwendet werden, bevor eine Verunreinigung des Aluminiumchlorids beispielsweise durch Zink nachzuweisen wäre. Die Mutterlauge wird sodann eingedampft, wobei die im ersten Teile der Eindampfung frei werdenden Salzsäuredämpfe ebenfalls zur Ausfällung benutzt werden. Die weiter anfallenden Mengen dünner Salzsäure mit einem Gehalt von etwa 20 Prozent HCl werden durch Einleiten von konzentriertem Salzsäuregas auf handelsübliche Salzsäure verarbeitet und dienen zum Auflösen neuer Krätze.

PATENTANSPRUCH:

Verfahren zur Gewinnung reiner Tonerde, dadurch gekennzeichnet, daß man

*) **Druckfehlerberichtigung: Bauxit.**

die beim Verschmelzen aluminiumhaltiger Rückstände anfallende, Zinn, Blei, Kupfer, Zink, Eisen, Magnesium u. dgl. enthaltende Krätze nach dem Absieben des metallischen Aluminiums mit Salzsäure behandelt, worauf aus der Lösung der Metallsalze in an sich bekannter Weise durch Einleiten von Salzsäuregas Aluminiumchlorid ausgefällt und dieses sodann geglüht wird.

Nr. 496729. (A. 47831.) Kl. 12m, 5.

Aktieselskapet Norsk Aluminium Company in Oslo.

Verfahren zur Herstellung von kieselsäurearmem Aluminiumhydroxyd aus kieselsäurehaltigen Schlacken oder ähnlichen Stoffen.

Vom 19. Mai 1926. — Erteilt am 10. April 1930. — Ausgegeben am 25. April 1930. — Erloschen: ....

Norwegische Priorität vom 23. Mai 1925 beansprucht.

Bei der Herstellung von Aluminiumoxyd aus Schlacken oder ähnlichen kieselsäurehaltigen Stoffen ist es bekannt, das Ausgangsmaterial mit Alkalikarbonat oder Alkalihydroxyd zu extrahieren und nach der Ausfällung der Tonerde gegebenenfalls das Lösungsmittel wieder zu verwenden. Es wurde gefunden, daß eine Lösung aus Alkalikarbonat mit einem geringen besonderen Zusatz an freiem Ätzalkali bei der bekannten hohen Lösefähigkeit besondere Wirkungen bezüglich des schädlichen Gehalts an gelöster Kieselsäure hat. Verwendet man eine 3prozentige Lösung von Natriumkarbonat allein, so beträgt die Menge der gelösten Kieselsäure 0,8 % der Tonerde.

Wird aber eine gleiche Lösung mit einem besonderen Zusatz von 3 % Natriumhydroxyd verwendet, so beträgt die Menge der gelösten Kieselsäure nur 0,08 % der Tonerde.

Patentansprüche:

1. Verfahren zur Herstellung von kieselsäurearmem Aluminiumhydroxyd aus kieselsäurehaltigen Schlacken oder ähnlichen Stoffen durch Auslaugen mit Alkalikarbonat und nachfolgender Ausfällung der Tonerde, gekennzeichnet durch einen besonderen Zusatz an Ätzalkali zu der Alkalikarbonatlösung.

2. Verfahren gemäß Anspruch 1, dadurch gekennzeichnet, daß die Menge des freien Ätzalkalis ungefähr 10 % der ganzen Alkalimenge, berechnet als Karbonat, beträgt.

Nr. 556925. (I. 71. 30.) Kl. 12m, 5.

I. G. Farbenindustrie Akt.-Ges. in Frankfurt a. M.

Erfinder: Dr. Friedrich Wissing in Frankfurt a. M.-Griesheim.

Herstellung reiner Tonerde.

Vom 28. Mai 1930. — Erteilt am 28. Juli 1932. — Ausgegeben am 16. Aug. 1932. — Erloschen: ....

Es ist bekannt, Bauxit statt mit Ätznatron auch mit dessen Bildungsgemisch aus Soda und Kalk im nassen Verfahren aufzuschließen. Die zugesetzte Kalkmenge soll dabei die Kalkmenge übersteigen, welche der Soda äquivalent ist, indem auch ein Kalkzusatz für die Bindung der Kieselsäure vorgesehen ist, und es wird beispielsweise Dampf unter einem Druck in das Reaktionsgemisch eingeführt, der 10 Atm. entsprechen soll, was einer Arbeitstemperatur von etwa 180° C entspricht.

Nachprüfungen bezüglich der Ausbeute haben nun ergeben, daß hierbei Ausbeuten von mehr als 60 % der im Bauxit enthaltenen Tonerde nicht erreicht werden können, und daß die Anwendung überschüssigen Kalks nicht für die Kieselsäurefreiheit der Aluminatlauge maßgebend ist. Es ist weiter gefunden worden, daß man aus Bauxit der für Tonerdegewinnung üblichen Sorten die Tonerde in viel besserer Ausbeute (90 % und mehr) und zugleich in hoher. Reinheit gewinnen kann, wenn man zwar, wie bisher, die Natronlauge im Entstehungszustand, d. h. das Bildungsgemisch derselben aus Soda und Kalk in Wasser, anwendet, hierbei aber von äquivalenten Mengen ausgeht und dabei die Mischung im Rührautoklaven auf Temperaturen von mindestens 200° erhitzt. Dieses Ergebnis kann als überraschend bezeichnet werden, weil man einen so erheblichen Einfluß einer verhältnismäßig unbedeutenden Temperatursteigerung nicht erwarten konnte, und weil auch das Verhalten der Tonerde und der Kieselsäure des Bauxits bei Anwendung von der Soda äquivalenten (statt überschüssigen) Mengen Kalk nicht vorauszusehen war. Entgegen dem Bekannten wirkt nämlich nach dem Befund jeder Überschuß von Kalk nachteilig auf die Tonerdeausbeute, und es ist auch gar nicht von Wichtigkeit, durch Anwendung von Kalküberschuß darauf auszugehen, eine sodafreie Aluminatlauge zu erzielen. Man erhitzt erfindungsgemäß Bauxit mit einer Sodalauge im Rührautoklaven auf mindestens 200° C nach Zusatz einer der Soda äquivalenten Menge Kalk in dem Verhältnis, daß auf 1 Mol. Al_2O_3 etwa 1,7 bis 2 Mol. Na_2O kommen und in einer Konzentration, bei welcher die Kaustizierung noch mit guter Ausbeute verläuft. Die dabei entstandene Aluminatlauge wird von Rotschlamm und Carbonat getrennt und durch Einleiten von Kohlensäure in Tonerdehydrat und Soda zerlegt. Hierbei fällt ein Tonerdehydrat an, welches auch in bezug auf den Kieselsäuregehalt von höchster Reinheit ist. Die erhaltene Sodalösung kehrt in den Autoklavenbetrieb zurück.

Beispiel

60 Teile Bauxit (57% Al_2A_3 und 3,4% SiO_2) werden mit 60 Teilen wasserfreier Soda (99%), 33 Teilen Kalk (95% CaO) und 300 Teilen Wasser im Rührautoklaven während 2 Stunden auf 230° C erhitzt. Das Reaktionsprodukt wird filtriert, worauf man das Tonerdehydrat aus dem Filtrat durch Einleiten von Kohlensäure in bekannter Weise fällt und auswäscht. Das sodahaltige Filtrat samt Waschwasser kehren nach Konzentrierung in den Betrieb zurück. Es werden 31,9 Teile Al_2O_3 in Form von Tonerdehydrat erhalten, was einem Ausbringen von 93,3% der angewandten Tonerde entspricht. Die Tonerde hat einen SiO_2-Gehalt von 0,003 g auf 100 g Al_2O_3 und ist eisenfrei.

Die Vorteile des neuen Verfahrens gegenüber dem eingangs erwähnten Verfahren bestehen darin, daß

1. die Erzeugung an Tonerde in der Zeit- und Volumeneinheit der Betriebsanlage bedeutend höher ist, da das Aufschließen des Bauxits bei der höheren Temperatur quantitativer verläuft,
2. die gesamte aufgeschlossene und durch Carbonisieren ausgeschiedene Tonerde unmittelbar kieselsäurefrei und eisenfrei erhalten werden kann,
3. Ersparnisse an Kalk erzielt werden.

Das Verfahren gemäß Erfindung bedeutet hiernach gegenüber dem bereits Bekannten einen technischen und wirtschaftlichen Fortschritt, der sich auf Ergebnisse stützt, die nur durch experimentelle Unterlagen zu erlangen waren.

Patentanspruch:

Verfahren zur Herstellung von reiner Tonerde aus Bauxit durch nasses Aufschließen mit einer Kalk-Soda-Mischung, dadurch gekennzeichnet, daß man Bauxit mit einer Sodalösung, welcher nicht mehr als die äquivalente Menge Kalk zugesetzt wird, im Rührautoklaven auf Temperaturen von mindestens 200° C erhitzt.

Nr. 550618. (A. 49434.) Kl. 12m, 5. Aluminium Limited in Toronto, Kanada.

Verfahren zur Herstellung von Natriumaluminat.

Vom 7. Dez. 1926. — Erteilt am 28. April 1932. — Ausgegeben am 24. Mai 1932. — **Erloschen: 1935.**
Amerikanische Priorität vom 21. Jan. 1926 beansprucht.

Die Erfindung betrifft die trockene Herstellung von Natriumaluminat aus einer Mischung von Natriumcarbonat (calcinierte Soda), einem tonerdehaltigen Stoff, wie Bauxit, und einem Brennstoff, wie Kohle.

Hierbei ist es bekannt, die Mischung zu befeuchten und zu briquettieren. Das Material wird vor dem Calcinieren wieder getrocknet.

Die Erfindung betrifft eine besondere Ausführungsform des Aufschlußverfahrens. Erfindungsgemäß wird der erforderliche Brennstoff innig mit den richtigen Mengen von gemahlenem Tonerdegut und Natriumcarbonat gemischt und befeuchtet, die feuchte Mischung dann in einer Schicht von gleichförmiger Dicke ausgebreitet, worauf der Brennstoff an der Oberfläche der Mischung angezündet und rasch durch die ganze Masse hindurch verbrannt wird, die selbst während der Verbrennung in relativer Ruhe bleibt.

Im praktischen Betrieb wird ein tonerdehaltiges Gut, wie Bauxit, erst auf eine Größe entsprechend etwa 30 Siebmaschen auf den linearen Zentimeter gemahlen und dann innig mit calcinierter Soda und Brennstoff gemischt, wobei die Soda in einer zur Erzielung des Höchstmaßes der gewünschten Reaktion nötigen Menge und der Brennstoff in der zur Erzielung der nötigen Wärme für die Reaktion erforderlichen Menge verwendet wird. Vorzugsweise wird als Brennstoff fein zerquetschte Kohle oder Koks oder beides verwendet, doch sind auch viele andere Brennstoffe brauchbar, z. B. können auch Sägespäne oder Holzspäne für sich oder im Gemisch mit fein zerquetschter Kohle oder Koks verwendet werden. Die Mischung wird mit Wasser bis etwa zur Konsistenz von Formsand befeuchtet, wodurch Staubverluste vermieden werden und die Mischung genügend porös für rasche Zündung des Brennstoffes und für den Durchzug von Luft und Verbrennungsprodukten gemacht wird. Die feuchte, innige Mischung wird vorzugsweise auf einem Rost in einer Schicht von z. B. 100 bis 200 mm Dicke ausgebreitet, und der Brennstoff wird an der Oberseite der Mischung angezündet und zum raschen Verbrennen durch die Schicht der Mischung gebracht.

Die Mengenverhältnisse der Mischung hängen sehr von der Art des Tonerdegutes und des Brennstoffes ab; z. B. hat sich eine Mischung von 1000 kg Bauxit mit etwa 60% Aluminiumoxyd, 760 kg Natriumcarbonat und 340 kg fein zerquetschter Kohle bewährt, doch ist das Verfahren auf diese besondere Mischung nicht beschränkt. Wird der Brennstoff der Mischung in der beschriebenen Art verbrannt, so ist die Reaktion zwischen dem Bauxit und der calcinierten Soda in 10 Minuten beendet, wenn die Mischung 125 mm dick liegt. Das durch Verbrennung der fein zerquetschten Kohle der Mischung erzeugte Natriumaluminat kann einen Gehalt von mehr als 50% wasserlöslicher Tonerde haben und ist sehr porös und körnig.

Das Verfahren kann mit mannigfachen Apparaten durchgeführt werden, vorzugsweise werden aber die bekannten Erzsinterapparate nach Dwight und Lloyd benutzt, deren einer in der Zeichnung schematisch dargestellt ist.

leise für mehrere Wagen oder Tröge 5 bildet, die an den Seiten mit Rollen 6 auf dem Geleise laufen. An der rechten Seite befindet sich oberhalb des Geleises ein Trichter 7 zum Ablagern der Mischung auf die Rostböden 9 der Wagen, während diese unter dem unteren Ende des Trichters vorbeilaufen. In der Nähe des Trichters sind Brenner 8 für flüssigen oder gasförmigen Brennstoff vorgesehen, welche den Brennstoff an der Oberseite der Schicht der Mischung entzünden, während die Wagen mit der Mischung unter den Brennern vorbeilaufen. Die Wagen werden unter dem Trichter und von der rechten Seite des Obergeleises 1 nach links durch ein Kettenrad 10 bewegt, das die Rollen 6 der Wagen erfaßt und sie vom unteren rechten Ende des geneigten Geleises 2 aufwärts auf den waagerechten Geleisteil 1 befördert. Links von den Brennern 8 befindet sich dicht unter dem Geleisteil 1 ein oben offener Saugkasten 11, der durch ein Rohr 12 mit einem Lüfter 13 verbunden ist, um eine Saugwirkung bzw. künstlichen Zug abwärts durch die Schichten der Mischung in den Wagen 5 zu erzeugen.

Das Kettenrad 10, der Lüfter 13 und die Brenner 8 arbeiten ununterbrochen, und die Mischung wird an die Wagen abgegeben, wenn sie unter dem Trichter 7 vorbeilaufen. Die Drehung des Rades 10 ist so bemessen, daß während der Zeit des Laufes eines Wagens vom rechten zum linken Ende des Saugkastens 11 der Brennstoff der Mischung ganz ausbrennt und die Reaktion des Bauxites und der calcinierten Soda beendet wird. Das gebildete Natriumaluminat kühlt dann aus, während der Wagen sich auf dem Geleise 1 jenseits des linken Endes des Saugkastens bewegt. Erreicht ein Wagen den Geleisteil 3,

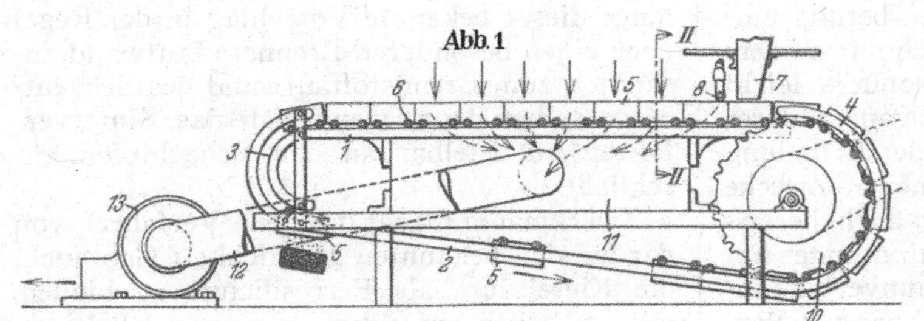

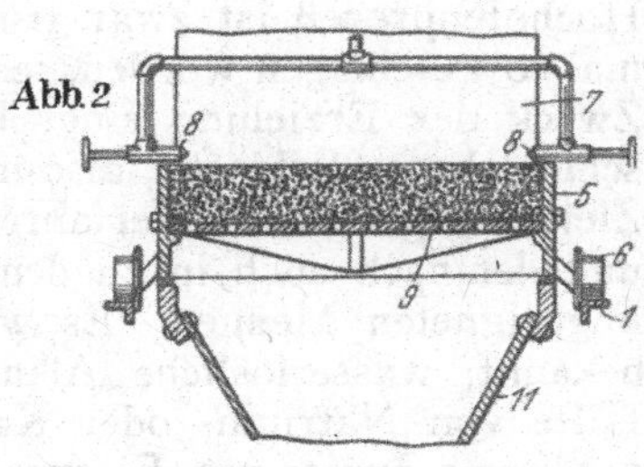

Abb. 1 ist eine Seitenansicht, zum Teil im Schnitt,

Abb. 2 ein Querschnitt nach Linie II—II der Abb. 1.

Die Maschine hat eine Führung, die aus einem oberen, waagerechten Teil 1, einem unteren, abwärts geneigten Teil 2 und Verbindungsbogen 3 und 4 besteht sowie ein Ge-

so bewegt er sich rasch abwärts und kippt die abgekühlte körnige Masse in der angedeuteten Art aus.

Bei diesem Verfahren bleibt die innige Mischung des tonerdehaltigen Gutes und des Natriumcarbonates unverändert. Es findet weder eine schichtenweise Scheidung der Mischungsbestandteile noch ein Verlust durch

Staub statt. Dadurch erzielt man ein Natriumaluminat mit sehr hohem Gehalt an wasserlöslicher Tonerde. Man braucht bei diesem Verfahren nur etwa den fünften Teil des zur Herstellung von Natriumaluminat im Drehofen oder Strahlofen nötigen Brennstoffes, was eine sehr große Ersparnis bedeutet. Außer der Verbesserung der Qualität des Natriumaluminates und der Verbilligung der Herstellungskosten ist das Natriumaluminat, da es gleichförmig erhitzt wurde, ferner von sehr poröser, körniger Beschaffenheit, so daß es nicht erst gemahlen werden braucht, um es für die verschiedenen handelsmäßigen Verwendungen oder für die anschließende Raffination zwecks Herstellung der Tonerde für die Herstellung von Aluminium herzurichten.

Das Produkt kann natürlich noch andere Bestandteile enthalten, wenn roher Bauxit benutzt wird, oder aber es kann vorwiegend aus Natriumaluminat bestehen, wenn gereinigte Tonerde verwendet wird.

PATENTANSPRUCH:

Verfahren zur Herstellung von Natriumaluminat mit hohem Gehalt an wasserlöslicher Tonerde durch Zusammenfritten oder Zusammensintern einer befeuchteten Mischung von tonerdehaltigem Gut, Natriumcarbonat und Brennstoff, dadurch gekennzeichnet, daß die ungetrocknete Mischung in gleichförmig dicker, loser Schicht, an der Oberfläche entzündet, durch einen Luftzug von oben nach unten abgebrannt wird.

Nr. 518204. (P. 54632.) Kl. 12m, 5. DIPL.-ING. MAX PASCHKE IN CLAUSTHAL-ZELLERFELD.

Gewinnung von wasserlöslichen Aluminaten.

Vom 15. Febr. 1927. — Erteilt am 29. Jan. 1931. — Ausgegeben am 21. Febr. 1931. — **Erloschen: 1932.**

Gegenstand der Erfindung ist ein Verfahren zur Gewinnung von wasserlöslichen Aluminaten. Das Neue der Erfindung besteht darin, daß bei der Roheisenherstellung im Schachtofen in letzteren Natriumverbindungen, z. B. Soda, eingeführt werden. Es wird hierdurch erreicht, daß diese Natriumverbindungen im Schachtofeninnern (Hochofeninnern) schon während der Bildung der Schlacke und vom Augenblick der Schlackenbildung an auch noch weiterhin in wirkungsvollster Weise auf die Schlacke einwirken. Als Ausgangsstoffe kommen hierbei solche Stoffe in Betracht, bei denen Kieselsäure an Tonerde gebunden ist, beispielsweise kieselsäurereiche Bauxite und Aluminiumsilikate.

Die Zugabe einer Natriumverbindung beim Hochofenprozeß ist zwar früher bereits einmal vorgeschlagen worden, jedoch nur zu dem Zweck der Erzielung einer besonders leicht schmelzbaren Schlacke, also mit ganz anderer Zielsetzung als beim Verfahren der Erfindung und demnach auch in zu dem neuen Zwecke ungeeigneten Mengen. Es war auch bereits bekannt, wasserlösliche Alkalialuminate mit Hilfe von Natrium- oder Kaliumverbindungen unter Zusatz von Eisenoxyd herzustellen, jedoch nur in einem nur diesem einen Zwecke dienenden Sinterverfahren, das entweder im offenen Flammofen oder in geschlossenen Muffeln bei nahezu Rotglut und ohne ein zur restlosen Umsetzung erforderliches Schmelzen erfolgen sollte. Ein solches Verfahren ist aus den genannten Gründen in der Regel von vornherein unwirtschaftlich und hat sich auch nicht einbürgern können.

Schließlich ist es auch schon vorgeschlagen worden, in einem besonderen, an den Hochofenprozeß sich anschließenden Verfahren, wobei günstigstenfalls ein Teil der Eigenwärme der anfallenden Schlacke ausgenutzt werden konnte, Hüttenschlacken mit Zuschlägen von Kalk und Alkalien zusammenzufritten oder in einem besonderen Sinterverfahren Hüttenschlacke als Aufschlußmittel für natürlich vorkommende tonerdereiche Stoffe zu benutzen. Diesen Vorschlägen, die ebenfalls keine praktische Bedeutung erlangt haben, haftet der Nachteil an, daß keine gründliche Durchschmelzung und Durchmischung der zusammengebrachten Stoffe zustande kommt, ohne die das Verfahren nur unvollkommen und unwirtschaftlich bleibt. Außerdem verlangt dieser bekannte Vorschlag in der Regel noch einen besonderen Brennstoffaufwand zusätzlich zum Brennstoffaufwand des Schachtofens selbst dann, wenn sich das Sinterverfahren unmittelbar an den Schachtofen anschließt.

Zweckmäßig macht das neue Verfahren von der an sich bekannten Möglichkeit Gebrauch, die Kieselsäure als Ferrosilicium zu binden, wie es beim Aufschluß von tonerdehaltigen Stoffen im Rahmen eines Verfahrens zur Herstellung von Azotierprodukten schon vorgeschlagen worden ist, die auf Tonerde und Ammoniak verarbeitet werden sollen.

Allen bekannten Vorschlägen gegenüber erbringt das neue Verfahren den Fortschritt, daß es ohne besonderen Brennstoffaufwand arbeitet und trotzdem gleichzeitig bei höheren Temperaturen durchgeführt wird, bei denen

Möller für 1000 kg Ferrosilicium

	Analyse im Feuchten: %									
	Fe	Mn	P	S	SiO_2	Al_2O_3	CaO	MgO	H_2O	Glüh-verlust
Rubio silicium	44,89	0,75	0,030	0,050	24,10	2,30	0,50	0,30	5,80	1,60
Schweißschlacke	50,00	—	0,100	0,050	29,00	1,50	—	—	—	—
Abandonada	50,75	0,62	0,051	0,040	7,88	1,33	0,25		5,42	10,7
Walzensinter	65,00	—	0,100	0,030	3,00	—	—	—	6,00	—
Waschberge	4,90	0,80	0,060	0,060	48,00	30,00	—	—	8,00	3,0
Kalkstein	0,70	—	—	—	1,00	2,00	52,00	2,00	0,50	41,00
Na_2CO_3	—	—	—	—	—	—	—	—	—	41,50
Koks	1,70	—	0,030	1,000	2,00	3,00	3,50	1,00	7,00	2,00

	Einsatz			Analyse	
	Wirklicher Einsatz %	Verstaubung %	Nutzbarer Einsatz %	des Ferrosiliciums %	der Schlacke %
Rubio silicium	29,3	12,5	31,5	84,835 Fe	4,26 FeO
Schweißschlacke	11,7	7,5	13,3	0,88 Mn	0,46 MnO
Abandonada	5,8	10,0	6,5	12,60 Si	30,20 SiO_2
Walzensinter	2,9	12,0	3,2	0,139 P	18,50 Al_2O_3
Waschberge	11,7	10,0	13,0	0,026 S	30,40 CaO
Kalkstein	17,6	10,0	19,5	1,60 C	3,12 Cas
Na_2CO_3	21,0	50,0	13,0	—	2,76 MgO
	100,0		100,0		
Koks	—	—	—	—	10,35 Na_2O

Ausbringen aus den Erzen .... 50,70 %
Ausbringen aus dem Möller .... 25,50 %
Koksverbrauch für 1000 kg Ferrosilicium .. 1650 kg.

Rubio silic. ist ein spanischer Brauneisenstein, der sehr viel Kieselsäure enthält. Man kann natürlich auch jedes andere Erz nehmen, das hoch kieselsäurehaltig ist. Die Kieselsäure ist deswegen nötig, um daraus genügend Si reduzieren zu können.

Abandonada ist ebenfalls ein spanischer Brauneisenstein besserer Qualität, und zwar ist der Kieselsäuregehalt verhältnismäßig niedrig, auch hierfür kann man ein anderes Erz einsetzen.

Unter Waschbergen versteht man allgemein die Abgänge bei der Kohleaufbereitung. Hier ist insbesondere darunter zu verstehen, daß möglichst viel schieferhaltige Bestandteile im angegebenen Möller enthalten sein sollen.

unter ständiger bester Durchmischung in dünnflüssigem Zustande die günstigsten Bedingungen zu den beabsichtigten Umsetzungen gegeben sind. Das neue Verfahren ist somit aus doppeltem Grunde wegen des Fehlens besonderen Brennstoffaufwands und wegen höheren Ausbringens den bekannten Vorschlägen überlegen.

Zur Erläuterung des neuen Verfahrens ist ein praktisch erprobtes Beispiel beigefügt, dessen Angaben zwecks besserer Übersichtlichkeit tafelmäßig zusammengestellt sind.

Beim Ausführen des neuen Verfahrens hat man dafür zu sorgen, daß die dem Möller z. B. zugegebenen kieselsäurereichen Bauxite oder die Aluminiumsilikate geeignete Natriumverbindungen, vorteilhaft Soda, in solchen Mengenverhältnissen vorfinden, daß die entstehende Schlacke aus wasserlöslicher oder in schwach alkalischer Flüssigkeit löslicher Tonerde in Form von $NaAlO_2$ sowie im übrigen in der Hauptsache aus Natriumkalziumsilikat besteht. Etwaige Verluste an Natriumverbindungen, die durch Verdampfen entstehen könnten, sind hierbei von vornherein durch geringe Sicherheitszusätze an Natriumverbindungen zu berücksichtigen.

Die natriumhaltigen Verbindungen können unmittelbar mit dem Möller aufgegeben werden. Sie lassen sich aber auch der Hochofenbeschickung ganz oder teilweise erst in einem tiefer gelegenen Teil des Ofenschachtes oder im Gestell zuführen, wobei gleichzeitig auch die Miteinführung etwaiger sonstiger Zuschläge erfolgen kann.

Als Beispiele für das neue Verfahren können Möllerzusammensetzungen folgender Art genannt werden: Tonerdesilikate, Toneisensteine, Plagioklasgesteine (isomorphe Mischung von $NaAlSi_3O_8$ und $CaAl_2Si_2O_8$). Schrott oder beliebige Eisenerze sowie so viel Soda oder/und andere Natriumverbindungen (unter Berücksichtigung etwaiger Verdampfungsmengen), wie zur Bildung von Natriumaluminat nötig ist. Ein in der Regel erforderlicher Kalksteinzuschlag ist dabei so zu regeln, daß gerade ein Kalziumsilikat entsteht.

Das Verfahren kann in entsprechender Form statt im eisenerzeugenden Hochofen auch im umschmelzenden Kuppelofen sinngemäß angewandt werden.

Zweckmäßig wird der dem Verfahren dienende Schachtofen mindestens an den einem Alkaliangriff ausgesetzten Teilen mit Kohlenstoffsteinen zugestellt, weil bei Verwendung feuerfester Steine die sie auflösende Wirkung der Alkalien befürchtet werden muß.

Die erfindungsgemäß anfallende Hochofenschlacke bildet aus dem Grunde von vornherein ein besonders wertvolles Erzeugnis, weil sie, ohne daß es irgendeiner hüttenmännischen oder umständlichen chemischen Weiterverarbeitung bedürfte, Tonerde in löslicher Form enthält. Diese kann leicht durch Auflösen der gemahlenen Schlacke in heißem Wasser oder in Natronlauge gewonnen werden, wobei sich eines der hierzu bekannten Verfahren anwenden läßt. Empfehlenswert ist es auch, zur Erleichterung dieses Zieles die aus dem Ofen fließende Schlacke zu granulieren, wobei statt Wasser auch natronlaugehaltiges Wasser verwandt werden kann. Dabei kann auch die Granulierung einer etwa erforderlichen Vermahlung vorangehen. Bei der Auslaugung der Schlacke kann zur Anreicherung der Lösung in weitgehendem Maße das Gegenstromprinzip angewandt werden.

Bei richtiger, unter Berücksichtigung der gegebenen Gangarten erfolgender Wahl der Zuschläge läßt es sich erreichen, daß die restlichen, unlöslichen Schlackenanteile einen wertvollen Ausgangsstoff für die Glasherstellung bilden, der in der Regel nur geringe Mengen von Eisenoxydul und Manganoxydul enthält.

Patentanspruch:

Verfahren zur Gewinnung von wasserlöslichen Aluminaten, gekennzeichnet durch den Zusatz von Natriumverbindungen, beispielsweise Soda, bei der Roheisenherstellung im Schachtofen (Hochofen).

Nr. 541 822. (R. 62 276.) Kl. 12m, 5. Kali-Chemie Akt.-Ges. in Berlin.

Erfinder: Dr. Fritz Rothe und Dr. Hans Brenek in Berlin.

Verfahren zur Gewinnung von Alkalialuminaten.

Vom 14. Okt. 1924. — Erteilt am 24. Dez. 1931. — Ausgegeben am 16. Jan. 1932. — Erloschen: 1934.

Nach Muspratts Enzyklopädischem Handbuch der technischen Chemie (Braunschweig 1888) I. Bd., Seite 820, und dem »Bericht über die Entwicklung der chemischen Industrie« von A. W. Hofman 1875, Bd. III, Seite 640 bis 642, ist es bekannt, daß durch Glühen von Bauxit mit Alkalisulfat bei Weißglut noch keine Reaktion stattfindet, während hierbei in Gegenwart von Wasserdämpfen wohl eine Zersetzung vor sich geht, aber mit großer Leichtigkeit auch nur dann, wenn gleichzeitig Kohle vorhanden ist, welche auf das

Alkalisulfat reduzierend einwirkt. Die Verwendung von Kohle bringt aber den Nachteil mit sich, daß störende Verbindungen von Schwefelalkalien und Schwefeleisen entstehen.

Des weiteren ist bekannt, daß es bei der Bildung von Alkalialuminat durch Aufschluß von Bauxit mittels Soda von Vorteil ist, die im Bauxit vorhandene Kieselsäure durch Zuschlag von Kalk als Calciumorthosilikat zu binden.

Es wurde nun gefunden, daß es gelingt, auch ohne Zusatz von Kohle oder Verwendung von Sulfiden die Tonerde in tonerdehaltigen Materialien, wie Bauxit, mit Alkalisulfaten durch Glühen nahezu quantitativ in Aluminat überzuführen, wenn man die Erhitzung der die genannten Ausgangsstoffe enthaltenden Mischung in einem Strom nicht reduzierend wirkender Feuergase in Gegenwart von Wasserdampf vornimmt. Durch die gleichzeitige Verwendung nicht reduzierender Feuergase neben Wasserdampf wird die günstige Wirkung desselben auf den Aufschluß derart gesteigert, daß es gelingt, den Aufschluß in technisch brauchbarer Weise bei Temperaturen von etwa 1100° C oder darüber durchzuführen. Zur Überführung der in den tonerdehaltigen Mineralien enthaltenen Kieselsäure in Calciumorthosilikat wird der Mischung die entsprechende Menge Kalk in Form von gebranntem Kalk, Kalkhydrat oder Kalksalzen zugesetzt.

Das erhaltene Brennprodukt stellt eine poröse, lockere Masse dar, die keine Sulfide enthält, sich leicht zerkleinern und mit Wasser auslaugen läßt. Aus der erhaltenen Aluminatlauge kann man die Tonerde entweder in bekannter Weise durch Abscheidung mit Kohlensäure oder durch Ausrühren nach dem Bayerschen Verfahren gewinnen, wobei je nach dem Verfahren, welches man anwendet, Natriumcarbonat oder Ätznatron als Nebenprodukt erhalten wird.

Die bei dem Aufschluß entstehenden, schweflige Säure enthaltenden Gase werden in bekannter Weise nutzbar gemacht.

Als besonders vorteilhaft für die Durchführung des Aufschlußprozesses hat sich die Anwendung des Drehrohrofens erwiesen, der mit dem pulverförmigen Rohstoffgemisch beschickt und mit Generatorgas, Öl oder Kohlenstaub in Gegenwart hinreichender Mengen Luft beheizt wird, wobei gleichzeitig die zum Aufschluß notwendige Menge Wasserdampf den Feuergasen zugeführt wird. Man kann aber auch das Rohstoffgemisch in Form von Briketten in Ringöfen der Einwirkung der Feuergase bei Gegenwart von Wasserdampf aussetzen. In jedem Falle ist es zur Vermeidung reduzierender Wirkungen zweckmäßig, die Feuerung oxydierend zu führen, da die Aufrechterhaltung nur neutraler, nicht reduzierend wirkender Heizgase technisch schwer durchzuführen ist.

Ausführungsbeispiel

100 Teile eines französichen Bauxits mit einem Gehalte von 55% Al_2O_3 und 3% SiO_2 wurden mit 82 Teilen Natriumsulfat und 5,5 Teilen kohlensaurem Kalk (zur Bindung der Kieselsäure) innig gemischt und bei 1180° C im Drehrohrofen mit Gasfeuerung unter gleichzeitiger Einleitung von Wasserdampf oxydierend geglüht. Das erhaltene lockere Sinterprodukt ergab bei einem Gesamtgehalt von 40,96% Al_2O_3 40,02% wasserlösliches Al_2O_3, was einem Aufschluß von rund 98% der angewandten Tonerde entspricht.

Patentanspruch:

Verfahren zur Gewinnung von Alkalialuminaten durch Glühen einer Mischung von tonerdehaltigen Mineralien, wie Bauxit o. dgl., und Alkalisulfaten, dadurch gekennzeichnet, daß man die Mischung ohne Zusatz von Kohle oder Sulfiden in einem aus nicht reduzierend wirkenden Feuergasen bestehenden Gasstrom in Gegenwart von Wasserdampf auf eine Temperatur von etwa 1100° C oder darüber erhitzt, wobei dem zu calcinierenden Gemisch solche Mengen Kalk zugesetzt werden, daß die in den tonerdehaltigen Mineralien enthaltene Kieselsäure zu Calciumorthosilikat gebunden wird.

Nr. 492244. (S. 73613.) Kl. 12m, 5.

Société Anonyme Métallurgique de Corphalie in Corphalie-lez-Huy, Belgien.

Verfahren zur Herstellung reiner Tonerde durch Sättigung einer Alkalialuminatlösung mit Schwefligsäuregas.

Vom 9. März 1926. — Erteilt am 6. Febr. 1930. — Ausgegeben am 22. Febr. 1930. — Erloschen: . . . .
Belgische Priorität vom 25. April 1925 beansprucht.

Die Erfindung betrifft ein Verfahren zur gleichzeitigen Herstellung von reiner Tonerde und Alkalisulfiten aus Alkali, Aluminaten und Schwefligsäuregas.

Es ist bekannt, daß Schwefligsäuregas (SO_2), das in eine Lösung von Alkalialuminat eingeführt ist, gelatinöse Tonerde abscheidet. Die auf diese Reaktion gegründeten Verfahren konnten bis jetzt aber weder reine Tonerde noch von Sulfit freies Sulfat liefern. Man erhielt einerseits einen gelatinösen Niederschlag von Tonerde, der durch Einschluß wechselnde, aber beträchtliche Mengen von schwefliger Säure und Alkalisulfit und andererseits eine unreine unverwertbare Lösung von Alkalisulfit, die Alkalisulfat aus der Oxydation des gelösten Sulfites infolge des Sauerstoffes der Luft oder des in dem Schwefligsäuregas (Ofengase) für das Verfahren verwendeten Sauerstoffes enthielt.

Es wurde festgestellt, daß, abgesehen davon, daß man die Oxydation des in Lösung gebildeten Alkalisulfites begünstigt, die Exothermie der Reaktion allein die Ursache der Bildung des unreinen gelatinösen Niederschlages ist, weil die sich hierbei ergebende Erhöhung der Temperatur eine unmittelbare Hydrolyse der Alkalialuminatlösung veranlaßt.

Durch das Verfahren der vorliegenden Erfindung, bei dem eine Lösung von Alkalialuminat mit Schwefligsäuregas gesättigt wird, erhält man reine Tonerde in körniger Form, die in der bei der Reaktion gebildeten sulfatfreien Alkalisulfitlösung suspendiert ist.

Dieses neue Ergebnis wird im wesentlichen dadurch erhalten, daß die Sättigung der Alkalialuminatlösung mit schwefligsaurem Gas so ausgeführt wird, daß die Reaktionstemperatur unterhalb derjenigen gehalten wird, bei welcher die Aluminatlösung schon durch Hydrolyse gelatinöse Tonerde abscheidet.

Diese niedrige erforderliche Temperatur, welche von der Konzentration, d. h. dem Ionisierungsgrade des behandelten Alkalialuminates abhängt, ist bei der praktisch verwendbaren Konzentration immer unterhalb 30° C. Bei der Benutzung einer Aluminatlösung, beispielsweise Natriumaluminat von passender Konzentration, kann die vollständige Reaktion durch die folgende Gleichung ausgedrückt werden: $2\ AlO\ (ONa) + SO_2 = Na_2SO_3 + Al_2O_3$. Die erzeugte Tonerde ist ein feines, körniges Pulver, das leicht von der Alkalisulfitlösung getrennt werden kann. Diese letztere Lösung ist frei von Sulfaten, wenn nur das Schwefligsäuregas, das für die Sättigung benutzt wird, frei von Schwefelsäureanhydrid ist.

Die Aufrechterhaltung der erforderlichen niedrigeren Temperatur kann in verschiedener Weise erfolgen, beispielsweise, indem man Sättigungsgefäße mit Kühlvorrichtungen benutzt.

Unter Benutzung der Eigenschaft des feinen, körnigen Niederschlages von Tonerde, leicht in Suspension in der gleichzeitig bei der Reaktion gebildeten Lösung von Alkalisulfit fortgeführt zu werden, kann man eine fortschreitende Sättigung der auf einer großen Kühlfläche verteilten Lösung des Aluminates herbeiführen. Diese fortschreitende Sättigung kann durch Umlauf der die schon gefällte Tonerde führenden Reaktionslösung vorgenommen werden, und zwar in einem Sättigungskreislauf, der weiter unten unter Beziehung auf die schematische Zeichnung einer zur Ausführung geeigneten Anlage beschrieben wird.

Bei der erwähnten Ausführungsform umfaßt der Kreislauf der fortschreitenden Sättigung einen Turm *a*, in dessen oberen Teil die durch eine Leitung *b* eingeführte Alkalialuminatlösung eintritt und dann als Regen herunterfällt, um auf einer großen Oberfläche, beispielsweise durch nicht poröse Körper *C* (beispielsweise Raschigringe), verteilt zu werden. Die Reaktionslösung gelangt dann in

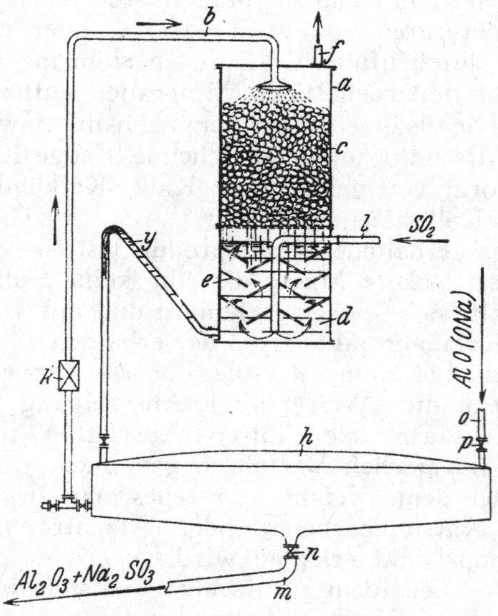

den unteren Teil des Turmes oder die Kammer *d* und füllt sie fast vollständig an. Durch eine Leitung *l* tritt zu dem Boden mit Luft verdünntes Schwefligsäuregas (Ofengas) oder auch mit einem inerten Gase verdünnte schweflige Säure. Das Schwefligsäuregas muß vorher, wenn es aus Öfen kommt, abgekühlt sein und muß weiter gereinigt und frei von Schwefelsäureanhydrid sein, um die Bildung von Sulfat zu vermeiden.

In der Kammer *d* geht das Schwefligsäuregas durch die schon teilweise gesättigte Reaktionslösung, indem gegeneinander geneigte und schachbrettartig angeordnete Hindernisse durchlaufen werden. In dieser Weise wird die von *c* kommende Reaktionslösung unter der von dem Gasstrom selbst erzeugten Umrührung gesättigt, während das Schwefligsäuregas ärmer und infolgedessen verdünnter wird. Es tritt eine teilweise vorherige Sättigung im oberen Teile *c* ein, wo das von SO_2 freie Gas durch die obere Leitung *f* austritt.

Aus der Kammer *d* des Turmes *a* fließt die vollständig gesättigte Reaktionslösung durch die Heberleitung g in einen Behälter *h* mit großer Kühlfläche. Von hier kann die Reaktionslösung von neuem durch die Leitung *b* zu dem oberen Teile des Turmes mittels der Pumpe *k* geleitet werden. In dieser Weise kann der Umlauf im Kreise fortgesetzt werden, bis eine im Behälter *h* entnommene Probe eine deutlich saure Reaktion zeigt, welche der vollständigen Umwandlung der Aluminatlösung in Tonerde und Alkalisulfit entspricht.

In dem Sättigungskreislauf wird die schon in Form feiner Körner gebildete Tonerde mit der Reaktionslösung beständig fortgeführt. Wenn die Reaktion vollständig ist, so wird die Tonerde in feinen Körnern suspendiert enthaltende Alkalisulfitlösung aus dem Behälter *h* durch die untere mit Ventil *n* versehene Leitung *m* abgeführt, um in eine Filtrationsanlage zu kommen. Der Vorgang kann dann von neuem begonnen werden, indem man eine kalte Aluminatlösung durch die mit Ventil *p* versehene Leitung *o* führt.

Der Vorteil der beschriebenen Ausführungsform besteht darin, daß die Anordnung zweier Behälter, wie *h* mit großer Oberfläche, einen fortlaufenden Arbeitsgang gestattet, indem die Entleerung eines der Behälter *h* und seine Füllung mit frischer Aluminatlösung stattfindet, während in dem Sättigungsturm *a* die Sättigung der Aluminatlösung aus dem anderen Behälter *h* erfolgt.

Bei dem Verfahren erzeugt man gleichzeitig reine Tonerde und Alkalisulfit aus einer Lösung von Alkalialuminat, weil die Sättigung der Alkalialuminatlösung unter derartigen Bedingungen ausgeführt wird, daß die Reaktionstemperatur unterhalb derjenigen gehalten wird, bei welcher die Aluminatlösung infolge der Hydrolyse gelatinöse Tonerde ausscheidet.

Wenn die angeführten Bedingungen nicht innegehalten und während des Verfahrens aufrechterhalten werden, so tritt eine Reaktion ein, die durch folgende Gleichung veranschaulicht werden kann:

$$2\,AlO(ONa) + 2\,SO_2 = (\underset{\text{gelatinös}}{Al_2O_3} + \underset{\text{occludiert}}{SO_2}) + Na_2SO_3 \quad (1)$$

Die gelatinöse Verbindung hält durch Occlusion SO_2 zurück. Die Verbindung wird von Würtz als Aluminiumsulfit bezeichnet.

Dagegen verläuft das vorliegende Verfahren anders. Es kann durch die folgende Gleichung veranschaulicht werden:

$$2\,AlO(ONa) + SO_2 = Al_2O_3 + Na_2SO_3 \quad (2)$$

Um das vorliegende Verfahren auszuführen, soll nach den praktischen Erfahrungen die Temperatur während der Reaktion bei einer höchsten Konzentration von 8% Al_2O_3 pro Liter der Lösung von Alkalialuminat nicht 20° C überschreiten.

Bei der angeführten Konzentration der Aluminatlösung würde eine erhebliche Steigerung der Temperatur oberhalb 20° C sofort eine Fällung von gelatinöser Tonerde oder Occlusion von SO_2 veranlassen. Dasselbe ist der Fall, wenn man für eine Arbeitstemperatur von 20° C die Konzentration von 8% Al_2O_3 pro Liter der Alkalialuminatlösung steigern würde. Für eine Arbeitstemperatur von 30° C darf die höchste Konzentration der Alkalialuminatlösung nicht über 6% Al_2O_3 pro Liter Lösung sein.

In der Praxis ist es hinsichtlich der Ausbeute in der Zeiteinteilung vorteilhaft, mit möglichst hoher Konzentration zu arbeiten. Andererseits ist es sparsam, bei gewöhnlicher Temperatur zu arbeiten, indem man große Kühlflächen anwendet, ohne besondere Mittel zur Kühlung zu benutzen. Aus diesen Verhältnissen ergibt sich, daß die beste Konzentration zur Ausführung des Verfahrens diejenige von 8% Al_2O_3 pro Liter der Lösung von Alkalialuminat ist.

Die Konzentration des Schwefligsäuregases ist einflußlos; das Gas soll nur rein sein. Man verwendet am besten Schwefligsäuregas aus der Röstung von Schwefelmineralien. Dieses Gas hat nach der Reinigung eine Konzentration von 5 bis 6 Volumprozent an SO_2. Bei der niederen Temperatur für die Ausführung des Verfahrens hat etwa vorhandener freier Sauerstoff in dem Gase keinen oxydierenden Einfluß.

Patentansprüche:

1. Verfahren zur Herstellung reiner Tonerde durch Sättigung einer Alkalialuminatlösung mit Schwefligsäuregas, dadurch gekennzeichnet, daß die Sättigung bei einer Temperatur unterhalb 30° C erfolgt.

2. Verfahren nach Anspruch 1, dadurch

gekennzeichnet, daß eine fortschreitende Sättigung der auf einer großen Kühlfläche verteilten Aluminatlösung stattfindet.

3. Ausführungsform des Verfahrens nach Anspruch 2, dadurch gekennzeichnet, daß die fortschreitende Sättigung und ihre Vollendung durch Umlauf der Reaktionslösung in einem Sättigungskreislauf stattfindet, der aus einer Phase besteht, in welcher das auf einer großen Oberfläche verteilte Aluminat sehr verdünnte schweflige Säure trifft, während in einer folgenden Phase die Reaktionslösung vollständiger durch schwefligsaures Gas, das unter Rührung hindurchgeht, gesättigt wird.

Nr. 542 251. (A. 36. 30.) Kl. 12m, 6.

ALUMINIUM-INDUSTRIE-AKT.-GES. IN NEUHAUSEN, SCHWEIZ.

Ausscheiden von Kieselsäure aus Natriumaluminatlaugen.

Vom 4. April 1930. — Erteilt am 31. Dez. 1931. — Ausgegeben am 22. Jan. 1932. — **Erloschen: 1934.**

Beim Aufschluß von kieselsäurehaltigen Tonerdemineralien, wie z. B. Bauxit, mit Natronlauge bei erhöhter Temperatur oder durch Glühen mit Natriumcarbonat und darauffolgendem Auflösen der Schmelze erhält man Aluminatlösungen, die immer mehr oder weniger Kieselsäure enthalten. Dieser Gehalt an Kieselsäure kann störend wirken sowohl bei der Ausscheidung des Tonerdehydrates, indem das ausfallende Tonerdehydrat kieselsäurehaltig wird, als auch beim Eindampfen der ganz oder teilweise von Tonerdehydrat befreiten Aluminatlaugen durch Krustenbildung in den Eindampfern.

Es ist deshalb zweckmäßig, die Kieselsäure möglichst weitgehend aus den Aluminatlaugen zu entfernen, sei es vor oder nach der Tonerdehydratausscheidung. Dies wurde bisher teilweise dadurch erzielt, daß die beim Bauxitaufschluß entstehenden Aluminatlaugen im Autoklaven auf Temperaturen erhitzt wurden, die wesentlich über 100° C lagen. Hierbei wird die Kieselsäure zu einem erheblichen Teil in Form eines unlöslichen Doppelsilikates, insbesondere eines Natriumaluminiumdoppelsilikates, abgeschieden.

Für gewisse Fälle ist es möglich, die Kieselsäure aus den Laugen auf einfachere Weise zu entfernen. Es ist nämlich schon vorgeschlagen, Aluminatlauge zusammen mit den Bauxitrückständen, dem sogenannten Rotschlamm, längere Zeit auf etwa 100° C gegebenenfalls unter Rühren zu erhitzen, bevor dieser Schlamm abfiltriert wird. Hierbei wird erreicht, daß die Lauge entkieselt wird.

Wenn auch diese Maßnahmen gegenüber der Behandlung der Lauge im Autoklaven gewisse Vorzüge aufweisen, so bestehen doch andererseits erhebliche Nachteile. Wird nämlich die Lauge, um sie zu entkieseln, mit Rotschlamm ausgerührt, so geht das dabei ausgefällte Natriumaluminiumsilikat in den Rotschlamm und wird mit diesem zusammen auf die Halde gebracht. Sowohl das teure Natron als auch die wertvolle Tonerde im Doppelsilikat gehen also verloren.

Die Erfinderin hat nun gefunden, daß die entkieselnde Wirkung des Rotschlammes den in geringen Mengen in ihm enthaltenen Doppelsilikaten zuzuschreiben ist. Es hat sich herausgestellt, daß nach Abtrennung des Rotschlammes durch Zusatz von Doppelsilikaten zur Lauge eine wesentlich bessere Wirkung erzielt wird als beim Ausrühren mit Rotschlamm. Neben dieser Verbesserung der Entkieselung hat das Entkieseln mit Doppelsilikaten den großen Vorteil, daß weder Natron noch Tonerde verlorengehen, weil diese beiden Bestandteile in bekannter Weise aus dem Doppelsilikat regeneriert werden können, und daß auch beim Behandeln der zersetzten Lauge keine Schwierigkeiten entstehen. Bei der Anwendung von Doppelsilikaten soll die Konzentration der Lauge nicht zu hoch sein. Sie soll 30° Bé nicht überschreiten. Nach dem Ausrühren wird die entkieselte Lauge durch Dekantieren von Silikatschlamm getrennt; dieser kann gegebenenfalls nach Eindicken ohne weiteres zum Entkieseln weiterer Aluminatlauge benutzt werden.

Ob das Ausrühren der Kieselsäure vor oder nach der Zersetzung der Aluminatlauge zu erfolgen hat, hängt ab vom Kieselsäuregehalt und von der Art der Durchführung der Tonerdeausscheidung. Übersteigt der Kieselsäuregehalt bei Laugen, die durch das Verfahren von Bayer zersetzt werden sollen, 0,5 bis 0,6 g pro Liter, so erfolgt die Ausscheidung zweckmäßigerweise vor der Zersetzung, da sonst Gefahr besteht, daß die Kieselsäure mit dem Tonerdehydrat ausscheidet. Liegt aber der Kieselsäuregehalt unter dieser Grenze, so ist letzteres nicht zu befürchten. In diesem Falle erfolgt die Kieselsäureausscheidung am besten erst vor dem Eindampfen. Soll andererseits die Tonerde mit Kohlensäure ausgefällt werden statt durch Ausrühren nach Bayer, so empfiehlt es sich, die Entkieselung selbst bei einem Gehalt von weniger als 0,5 g SiO_2/Liter schon vor der Tonerdefällung durchzuführen.

Beispiele

1. 500 l kieselsäurehaltige Aluminatlauge von 20° Bé werden mit 50 bis 100 kg Natriumaluminiumsilikat versetzt und dann bei 50 bis 100° C während 2 bis 3 Stunden gut durchgerührt. Der Kieselsäuregehalt der Lauge, der vorher 3,2 g pro Liter betrug, geht hierbei auf 0,2 g pro Liter herunter.

2. 500 l kieselsäurehaltige Aluminatlauge von der Dichte 20 bis 25° Bé, aus der das Tonerdehydrat bereits größtenteils abgeschieden wurde (Bayer-Prozeß), werden mit 100 kg Natriumaluminiumsilikat versetzt und während 1 bis 3 Stunden bei 50 bis 100° C gerührt. Hierbei geht der Kieselsäuregehalt von 0,35 auf 0,05 g pro Liter herunter.

Das Ausrühren der Kieselsäure kann im gleichen Arbeitsgang natürlich vor und nach der Zesetzung der Lauge erfolgen. Beispielsweise kann man in dem unter Beispiel 1 angeführten Falle eine Stunde rühren, also bis zu einem Kieselsäuregehalt von 0,5 g pro Liter, abfiltrieren, hierauf die Zersetzung der Aluminatlauge vornehmen und endlich nach Filtration des Tonerdehydrates die Lauge erneut mit Natriumaluminiumsilikat versetzen und durch Ausrühren den Kieselsäuregehalt noch weiter wesentlich vermindern.

Patentansprüche:

1. Abscheiden von Kieselsäure aus Natriumaluminatlaugen, dadurch gekennzeichnet, daß die Kieselsäure in der Wärme ohne Anwendung von Druck nach einem Zusatz von Natriumaluminiumsilikat ausgerührt wird.

2. Verfahren nach Anspruch 1, dadurch gekennzeichnet, daß der Aluminatlauge ein aus einem früheren Ausscheidungsprozeß erhaltenes schwer lösliches Natriumaluminiumsilikat zugesetzt wird.

3. Verfahren nach Anspruch 1 oder 2, dadurch gekennzeichnet, daß das Ausrühren bei etwas erhöhter Temperatur erfolgt, die jedoch 100° C nicht übersteigen soll.

Nr. 564059. (S. 78555.) Kl. 12m, 5. Jean Charles Séailles in Paris.

Herstellung von Tonerde.

Vom 26. Febr. 1927. — Erteilt am 27. Okt. 1932. — Ausgegeben am 12. Nov. 1932. — **Erloschen:** ....
Französische Priorität vom 18. Sept. 1926 und 11. Jan. 1927 beansprucht.

Es ist bekannt, tonerdehaltige Rohstoffe, die bekanntlich immer Eisen und Kieselsäure als Verunreinigung enthalten, auf nassem Wege mit Ätzalkalien bei hoher Temperatur und erhöhtem Druck aufzuschließen und die erhaltene und gegebenenfalls noch gereinigte Alkali-Aluminat-Lösung auf Tonerde weiterzuverarbeiten.

Es ist auch bekannt, bei diesem Verfahren entsprechend dem Kieselsäuregehalt geringe Mengen Kalk neben dem Alkalicarbonat oder Hydroxyd anzuwenden. Es wurde auch schon vorgeschlagen, tonerdehaltige Stoffe mit Alkali- oder Erdalkalibasen allein aufzuschließen. Man erhält auf diese Weise lösliche Alkali- oder Erdalkalisilikate und freie Tonerde, welch letztere dann durch Ätznatron oder Ätzkali löslich gemacht werden soll. Die hierüber in der Literatur gemachten unklaren Angaben haben jedoch bisher zu keiner praktischen Verwendung geführt.

Erfindungsgemäß erhält man sehr reine Tonerde, wenn man die halogenfreien Ausgangsstoffe (z. B. Bauxit oder Ton) zunächst feucht im Autoklaven mit einer so großen Menge Erdalkalibase, z. B. Kalk und Wasser, behandelt, daß das gesamte Aluminium als bestimmtes kristallwasserhaltiges Erdalkalialuminat, z. B. unlösliches Calciumaluminat, und die Kieselsäure als unlösliches Erdalkalisilikat, z. B. Calciumsilikat, gebunden wird, dann das gebildete Erdalkalialuminat mit Alkalicarbonat oder Alkali-Sulfat-Lösung in der Wärme umsetzt und aus der so erhaltenen und abgetrennten Alkali-Aluminat-Lösung die Tonerde in bekannter Weise fällt.

Die Reaktionen werden dadurch erleichtert, daß das Material vor oder während der Behandlung im Autoklaven sehr fein zermahlen wird.

Die Erdalkalibase und das Mineral werden zusammen zermahlen, und man fügt dann die erforderliche Menge Wasser hinzu; man kann auch mit Vorteil in der Weise verfahren, daß man die Base und das Mineral in Gegenwart von Wasser zerkleinert, beispielsweise in einer Kolloidmühle. Das Verfahren kann noch dadurch verbessert werden, daß die Kolloidmühle im Innern des Autoklaven selbst angeordnet wird, so daß die innige Vermischung und die Erwärmung gleichzeitig vorgenommen werden können, wodurch die

Dauer der Behandlung im Autoklaven und der Brennstoffverbrauch verringert werden.

Wenn das Mineral außer freier Tonerde noch Tonerdeverbindungen enthält, so werden diese zweckmäßig im voraus durch Rösten zerlegt. Handelt es sich beispielsweise um die Verarbeitung von Ton, so wird durch eine Erhitzung auf etwa 650 bis 750° das Aluminiumsilikat zerstört und damit die Tonerde viel leichter angreifbar gemacht. Bei einem Bauxit führt man die Röstung bei etwa 500 oder 600° C durch, jedoch geben manche Bauxite bessere Tonerdeausbeuten, wenn man sie ungeglüht verwendet. Wenn die zum Aufschluß des Minerals benutzte Erdalkalibase ein lösliches Erdalkalialuminat ergibt (bei Verwendung von Baryt), so kann man dieses lösliche Aluminat in unlösliches Erdalkalialuminat umsetzen, indem man es beispielsweise mit Kalk behandelt. Man erhält so einen Niederschlag aus unlöslichem Calciumaluminat, der dann mit einem Alkalisalz behandelt wird und wodurch ein Alkalialuminat und eine Lösung von Baryumoxydhydrat erhalten werden, welche zum Aufschluß einer neuen Menge Tonerdemineral benutzt werden kann.

Wie bereits angegeben, ist es wichtig, daß der Aufschluß des Tonerdeminerals in Gegenwart einer genügenden Menge Wasser durchgeführt wird, damit ein bestimmtes kristallwasserhaltiges Erdalkalialuminat erhalten wird.

Bei Verwendung von Kalk haben die kristallwasserhaltigen Aluminate die eine oder andere der folgenden Formeln:

$$Al_2O_3 \cdot 2\,CaO \cdot 7\,H_2O;$$
$$Al_2O_3 \cdot 3\,CaO \cdot 21\,H_2O;$$
$$Al_2O_3 \cdot 4\,CaO \cdot 12\,H_2O.$$

Es geht daraus hervor, daß, wenn Kalk als Base für den Aufschluß benutzt wird, eine Menge Wasser angewendet werden muß, die wenigstens 50% des Gewichtes der in Reaktion tretenden Tonerde und des Kalkes beträgt.

Beispiel 1

Behandlung eines Bauxits der folgenden Zusammensetzung mit Kalk:

Al_2O_3	56,95	TiO_2	3,06
SiO_2	2,56	H_2O	12,20
Fe_2O_3	25,23		

Dieser Bauxit wird mit Kalk im Verhältnis von 180 kg gelöschtem Kalk je 100 kg Bauxit (oder der äquivalenten Menge ungelöschtem Kalk) vermahlen und dann mit 150 l Wasser auf je 300 kg Bauxit und Kalk versetzt.

Man könnte übrigens auch sehr vorteilhaft den Bauxit und den Kalk zusammen in Gegenwart des Wassers vermahlen.

Das so angesetzte Gemisch wird dann in den Autoklaven gebracht und etwa 3 Stunden bei 10 Atmosphären zwecks Bildung von Calciumaluminat gekocht.

Dabei werden zur Bildung eines Calciumaluminates vom Typus $Al_2O_3 \cdot 4\,CaO\ 12\,H_2O$ für 100 kg des vorliegenden Bauxits obiger Zusammensetzung 170 kg des angewandten gelöschten Kalks verbraucht, während der Rest sich mit der vorhandenen Kieselsäure usw. umsetzt.

Das erhaltene Produkt läßt man absitzen, worauf es von der Flüssigkeit getrennt und mit 10%iger Natrium-Karbonat-Lösung bei 80° C unter Rühren ausgelaugt wird.

Das erhaltene Natriumaluminat wird dann abgezogen und der Rückstand mit einer 5%igen Lauge bei der genannten Temperatur gewaschen.

Aus den so erhaltenen Laugen wird dann die Tonerde in bekannter Weise durch Kohlensäure ausgefällt.

Man erhält auf diese Weise eine Ausbeute von 90% des in dem Mineral enthaltenen Al_2O_3 bei einem Gehalt an Kieselsäure von 0,05 je 100 kg Al_2O_3, d.h. die erhaltene Tonerde hat die Zusammensetzung:

Al_2O_3	99,85
SiO_2	0,05

Beispiel 2

Man kann dasselbe Rohmaterial auch mit Baryt aufschließen, indem man für den Aufschluß 400 kg Bariumhydroxyd, je 100 kg Bauxit und 8000 l Wasser benutzt.

Diese Mengen entsprechen analog wie bei Bildung des $CaO\ Al_2O_3$ den Substanzmengen, die zur Bildung von Verbindungen vom Typus $Al_2O_3 \cdot 4\,BaO$ notwendig sind. Das überschüssige, für die Aluminatbildung nicht mehr benötigte $Ba(OH)_2$ wird zur Bildung von Bariumsilikaten usw. verbraucht.

Nachdem die Masse etwa 3 Stunden bei 8 Atmosphären im Autoklaven gekocht worden ist, wird sie von der Flüssigkeit getrennt, wobei Bariumaluminat in Lösung erhalten wird; der Rückstand wird dann ausgewaschen.

Das abgezogene Filtrat und die Auslaugwässer werden für sich mit Kalk behandelt, wodurch Calciumaluminat ausfällt, das dann wie nach Beispiel 1 weiterbehandelt wird. Die Filtrate, welche das Bariumhydroxyd enthalten, kehren unmittelbar in den Betrieb zurück. die Auslaugwässer kehren nach dort erst zurück, nachdem sie auf den Anfangsgehalt konzentriert worden sind.

Das gewonnene Calciumaluminat wird, wie vorstehend, mit Natriumcarbonat behandelt.

Man erhält eine Ausbeute von 87%, d. h. eine etwas kleinere als bei Verwendung von Kalk.

Nach dem beschriebenen Verfahren können Natriumaluminatlaugen mit sehr geringen Mengen Verunreinigungen hergestellt werden. Der Brennstoffverbrauch ist auf das äußerste beschränkt, da die angewandten Temperaturen niedrig sind und die üblichen Verdünnungen und Konzentrationen vermieden werden können.

Endlich ist die Verwendung der Erdalkalibasen viel wirtschaftlicher als die der Alkalibasen, und die Verluste durch Silikoaluminatbildung sind bei den niedrigen angewendeten Temperaturen und dem geringen Wert der von der Kieselsäure gebundenen Base unbedeutend, so daß auch kieselsäurereiche Mineralien, wie Bauxite geringer Qualität oder Tone, nach dem beanspruchten Verfahren verarbeitet werden können.

PATENTANSPRUCH:

Verfahren zur Herstellung von Tonerde durch nassen Aufschluß der Rohmaterialien, z. B. Bauxit u. dgl., vorzugsweise im Autoklaven, mit einer Erdalkalibase, z. B. Kalk, dadurch gekennzeichnet, daß der Aufschluß mit mindestens 1 Mol. Erdalkalibase, z. B. Kalk, je 1 Mol. Tonerde und etwa 2 bis 3 Mol. Erdalkalibase je 1 Mol. Kieselsäure unter Bildung eines kristallwasserhaltigen Erdalkalialuminates durchgeführt wird und die gebildeten Erdalkalialuminate vor der bekannten Weiterverarbeitung mit einer Lösung von Alkalicarbonat oder Alkalisulfat zu Alkalialuminat umgesetzt werden.

F. P. 634430.

Nr. 567114. (S. 86372.) Kl. 12m, 5. JEAN CHARLES SÉAILLES IN PARIS.

Herstellung von Tonerde.

Zusatz zum Patent 564059.

Vom 6. Juli 1928. — Erteilt am 15. Dez. 1932. — Ausgegeben am 28. Dez. 1932. — **Erloschen:** ....
Französische Priorität vom 5. Juli, 20., 29. Aug. und 6. Sept. 1927 beansprucht.

Die Erfindung betrifft eine Verbesserung für das im Patent 564059 beschriebene Verfahren zur Herstellung von Tonerde.

Es wurde weiter gefunden, daß man beim Aufschließen halogenfreier Tonerdemineralien mit Vorteil gleichzeitig zwei oder mehrere Erdalkali- oder Alkalibasen benutzen kann, von denen die einen lösliche Aluminate und die anderen unlösliche Erdalkalialuminate ergeben. Die Anwesenheit löslicher Aluminate als Zwischenprodukte erleichtert in überraschender Weise die Reaktion, und die Ausbeute wird vergrößert. Gleichzeitig läßt sich eine große Reinheit des Endproduktes erzielen, indem die Löslichkeit der Kieselsäure vermindert wird.

Als lösliches Aluminat bildende Base kann Bariumoxyd oder Ätznatron oder Ätzkali und als unlösliches Aluminat bildende Base Kalk benutzt werden, und zwar bildet der Kalk die Hauptaufschlußbase, während die das lösliche Aluminat ergebende Base durch Bildung löslicher Zwischenprodukte als Katalysator wirkt.

Man kann beispielsweise im Autoklaven ein Gemisch aus Kalk, Baryt, Bauxit und Wasser behandeln; ebenso könnte auch ein Gemisch aus Kalk, Ätznatron oder sein Bildungsgemisch, Bauxit und Wasser, benutzt werden.

Der Kalk soll an Menge wenigstens derjenigen gleich sein, die notwendig ist, um die ganze mit dem Baryt oder dem Ätznatron verbindungsfähige Tonerde als Calciumaluminat auszufällen. Unter diesen Bedingungen gewinnt man den Baryt oder das Ätznatron, die im Wasser gelöst bleiben, beim Abziehen aus dem Autoklaven zurück, und sie können unbegrenzt, nahezu ohne Verlust, wieder benutzt werden; das Calciumaluminat erhält man als Schlamm in Mischung mit den sonstigen Rückständen. Dieses Calciumaluminat kann nach bekannten Verfahren weiterbehandelt werden und ergibt Tonerde; beispielsweise kann man es mit Soda behandeln, wodurch lösliches Natriumaluminat und unlösliches Calciumcarbonat gebildet werden. Dieses Aluminat wird dann durch CO_2 gefällt oder nach bekannten Verfahren anderweitig verarbeitet.

Beispiel

Behandlung eines Bauxits der folgenden Zusammensetzung:

Al_2O_3	56,50 %
SiO_2	3,10 -
Fe_2O_3	24,80 -
FeO	3,00 -
H_2O	12,50 -
	99,90.

Es werden gemischt:
100 Gewichtsteile dieses Bauxits, 150 Gewichtsteile gelöschter Kalk, 200 Gewichtsteile Wasser, 20 Gewichtsteile NaOH.

Das fein zermahlene Gemisch wird im Autoklaven etwa $1^1/_2$ Stunde unter 5 kg Dampfdruck gekocht.

Das Produkt läßt man dann absitzen und zieht dann die Flüssigkeit ab. Darauf wird es mit Natriumcarbonat in 10%iger Lösung bei etwa 80° unter Rühren ausgelaugt und erschöpft. Nach dem Abziehen der Flüssigkeit wäscht man den Rückstand mit einer 5%igen Lauge bei der gleichen Temperatur aus. In den erhaltenen Laugen fällt man dann das Al_2O_3 in bekannter Weise durch CO_2.

Die Ausbeute ist hoch, und sie erreicht 94 bis 95 % der Tonerde; das erhaltene Produkt ist sehr rein, und zwar ergibt die Analyse:

99,74 % Al_2O_3
0,26 % SiO_2.

PATENTANSPRUCH:

Verfahren zur Herstellung von Tonerde nach Patent 564059, dadurch gekennzeichnet, daß beim Aufschluß zu einer ein unlösliches Erdalkalialuminat bildenden Erdalkalibase eine geringe Menge einer ein lösliches Aluminat bildenden Alkali- oder Erdalkalibase bzw. eines Gemisches solcher Basen zugesetzt wird.

F. Zusatzpatent 36971 zu F. P. 634430.

Nr. 514891. (R. 68331.) Kl. 12m, 6. KALI-CHEMIE AKT.-GES. IN BERLIN.

Erfinder: Dr. Fritz Rothe und Dr. Hans Brenek in Berlin.

Verfahren zur Gewinnung von Baryumaluminat.

Vom 31. Juli 1926. — Erteilt am 11. Dez. 1930. — Ausgegeben am 24. Dez. 1930. — **Erloschen: 1934.**

Man hat bereits vorgeschlagen, Bariumaluminat in der Weise zu gewinnen, daß man ein Gemisch von tonerdehaltigen Stoffen, Bariumsulfat und Kohle einem Glühprozeß unterwirft. Nach einem anderen bekannten Verfahren wird das Gemisch eines tonerdehaltigen Stoffes mit Schwerspat unter Überleiten von feuchtem Salzsäuregas, an dessen Stellen auch Chlorcalcium und Wasserdampf treten kann, geglüht.

Es wurde nun gefunden, daß man durch Erhitzen einer Mischung von tonerdehaltigen Stoffen und Schwerspat ohne jeden Zusatz von Kohle oder anderen Reduktionsmitteln und ohne Einwirkung von feuchten Salzsäuregasen unter Austreibung der Schwefelsäure des Schwerspates Bariumaluminat erhält, wenn man den Glühprozeß lediglich in Gegenwart von Wasserdampf durchführt und dabei für die Aufrechterhaltung einer neutralen oder schwach oxydierenden Atmosphäre Sorge trägt.

Es ist zwar ein Verfahren bekannt geworden, nach welchem tonerdehaltige Stoffe mit Bariumsulfat ohne Anwendung von Reduktionsmitteln erhitzt werden. Dieses Verfahren arbeitet aber ohne Anwendung von Wasserdampf und bei Temperaturen unterhalb 1000° C und bezweckt lediglich die Erzeugung eines Produktes, welches durch Säure zersetzbar ist. Das Wesen der vorliegenden Erfindung besteht indessen darin, bei Temperaturen, die über 1000° C liegen, durch die Anwendung von Wasserdampf in einer indifferenten oder oxydierenden Atmosphäre ein durch Wasser weitgehend zerlegbares Produkt zu erzielen.

Ferner hat man bereits nach einem anderen Verfahren Calciumaluminat durch Erhitzen von Bauxit und Kalk in oxydierender oder neutraler Atmosphäre hergestellt. Aber auch dieses Verfahren verwendet keinen Wasserdampf, jedoch weist es den erheblichen Nachteil auf, daß die Mischung zuerst in einem Ofen gesintert und dann in einem anderen Ofen geschmolzen werden muß.

Es ist weiterhin bereits bekannt geworden, daß sich beim Glühen von Bauxit mit schwefelsaurem Natron bei Zuleitung von Wasserdampf Natriumaluminat bilden kann, mit größter Leichtigkeit aber nur dann, wenn gleichzeitig Kohle zugesetzt wird. Die Bildung von Natriumaluminat mittels Natriumsulfat erfolgt indessen unter ganz anderen physikalischen Bedingungen wie diejenige von Bariumaluminat aus Bariumsulfat, da das Natriumsulfat, dessen Schmelzpunkt bei 884° liegt, sich bei den Reaktionstemperaturen in geschmolzenem Zustande mit dem Bauxit umsetzt.

Ferner wurde gefunden, daß man bei der Bemessung der Schwerspatmenge auf die in den tonerdehaltigen Stoffen meist vorhandenen Verunreinigungen, wie Kieselsäure und Titansäure, Rücksicht nehmen muß, indem man für diese noch solche Mengen Schwerspat zuschlägt, daß Bariummeta- oder Bariumorthosilikat oder die entsprechenden Titanverbindungen entstehen. Unterwirft man eine derartige Mischung einem Glühprozeß in

Gegenwart von Wasserdampf, so erfolgt vollständige Zersetzung des Schwerspates unter Austreibung der Schwefelsäure, während gleichzeitig Bariumaluminat entsteht neben Bariumsilikat bzw. Titanat.

Es hat sich ferner gezeigt, daß die vorbeschriebenen Zersetzungen bzw. Umsetzungen zu Bariumsilikaten bzw. entsprechenden Titanverbindungen einerseits und Bariumaluminat andererseits dann am schnellsten und vollständigsten erfolgt, wenn man den Wasserdampf im Moment der Sinterung auf die Mischung einwirken läßt. Dies erreicht man am besten dadurch, daß man den benötigten Wasserdampf direkt in die zur Erhitzung verwendete Flamme, Gasflamme oder Kohlenstaubflamme usw., einbläst, oder daß wasserstoffreiche Brennstoffe, wie Generatorgas, Wassergas o. dgl., als Heizmaterial Verwendung finden.

Das entstandene Bariumaluminat läßt sich in bekannter Weise aus der Schmelze auslaugen und auf Tonerde- bzw. Bariumverbindungen verarbeiten, während der verbleibende Rückstand, der in der Hauptsache aus Eisenoxyd und Bariummetasilikat besteht, zur Herstellung von Bariumsalzen Verwendung finden kann.

Ausführungsbeispiele

1. 100 Teile eines Schwerspates mit 92,63% $BaSO_4$ und 3,72% SiO_2 wurden mit 56 Teilen Bauxit von der Zusammensetzung $Al_2O_3 =$ 52,86%, $SiO_2 =$ 2,71% und $TiO_2 =$ 2,84% gemischt.

Diese Mischung entspricht einer Bildung von Bariummetasilikat neben Bariumaluminat. Die Mischung wurde einem Glühprozeß bei 1200° C bei Gegenwart von Wasserdampf unterworfen.

Aus dem Glühprodukt konnten 28,15% — auf das Glühprodukt bezogen — ausgelaugt werden, während im Rückstand nur noch 2,6% Al_2O_3 verblieben. Dies entspricht einer Ausbeute von 91%.

2. 100 Teile des gleichen Schwerspates und 40,2 Teile des gleichen Bauxits (Bildung von Bariumorthosilikat neben Bariumaluminat) wurden in der gleichen Weise einem Glühprozeß in Gegenwart von Wasserdampf unterworfen. Das aus der Rohmischung erbrannte Produkt ergab eine Auslauge mit Wasser, welche, auf das Glühprodukt bezogen, $Al_2O_3 =$ 20,81%, $BaO =$ 38,72% enthielt. Dies bedeutet bei einem Gesamtgehalt des Glühproduktes von 20,9% Al_2O_3 eine Ausbeute von 99,5%.

Patentansprüche:

1. Verfahren zum Aufschluß von tonerdehaltigen Stoffen mit Bariumsulfat durch Erhitzen auf Temperaturen von mindestens 1000°C, gekennzeichnet durch die Anwendung von Wasserdampf in indifferenter oder oxydierender Atmosphäre.

2. Verfahren nach Anspruch 1, dadurch gekennzeichnet, daß solche Mengen Schwerspat zur Anwendung kommen, daß diese neben Bariumaluminat mit der Kieselsäure bzw. Titansäure des tonerdehaltigen Materials Silikate vom Typus $MeSiO_3$ bis etwa Me_3SiO_5 bzw. die entsprechenden Titanverbindungen bilden.

3. Verfahren nach Anspruch 1 und 2, dadurch gekennzeichnet, daß der für die Reaktion notwendige Wasserdampf in die für die Erhitzung dienende Flamme eingeführt wird und so bei der Sinterung des Brenngutes unmittelbar auf dasselbe einwirkt.

4. Verfahren nach Anspruch 1 bis 3, dadurch gekennzeichnet, daß man den für die Reaktion notwendigen Wasserdampf dadurch erzeugt, daß wasserstoffreiche Brennstoffe, wie Generatorgas, Wassergas o. dgl., als Heizmaterial Verwendung finden.

F. P. 642291.

Nr. 535067. (L. 108. 30.) Kl. 12m, 6.

Lonza-Werke Elektrochemische Fabriken G. m. b. H. in Waldshut.

Herstellung von Erdalkalialuminat.

Vom 7. Dez. 1930. — Erteilt am 17. Sept. 1931. — Ausgegeben am 9. Okt. 1931. — **Erloschen: . . . .**

Bei der Herstellung von Tonerde aus Erdalkalialuminaten ist es wichtig, ein Erdalkalialuminat zu verwenden, welches möglichst frei von fremden Bestandteilen, wie SiO_2, TiO_2, Fe_2O_3 u. a., ist, da durch solche Verunreinigungen je nach der Weiterverarbeitung des Erdalkalialuminats mehr oder weniger weitgehende Verunreinigungen der Tonerde bzw. der sonstigen Endprodukte erfolgen.

Die Herstellung von Erdalkalialuminat erfolgte bisher entweder durch Sinterung von tonerde- und erdalkalihaltigen Ausgangsmaterialien mit oder ohne Reduktionskohle in hierzu geeigneten Öfen, z. B. Drehöfen, oder durch Zusammenschmelzen derselben Ausgangsmaterialien mit oder ohne Reduktionskohle, z. B. in elektrischen Lichtbogenöfen. Hierbei sollen die Verunreinigungen der Ausgangsmaterialien

zu Metallen reduziert und als Legierung, z. B. Ferrosilicium, ausgeschieden werden.

Bei Durchführung derartiger Verfahren steigt die Temperatur der Schmelze nicht über den Schmelzpunkt des herzustellenden Aluminats. Beschickt man z. B. einen elektrischen Lichtbogenofen mit einem Gemisch von tonerdehaltigem Ausgangsmaterial, z. B. Bauxit, mit gebranntem Kalk und Kohle, so bildet sich sofort Erdalkalialuminat, z. B. Calciumaluminat, das zum Teil in fester Form an der Ofenwandung, zum Teil geschmolzen vorhanden ist und das Ansteigen der Temperatur über den Schmelzpunkt des Aluminats hinaus verhindert.

Diese Temperaturen sind jedoch für die Reduktion der Verunreinigungen der Ausgangsmaterialien, wie SiO_2, TiO_2, Fe_2O_3, nicht aus reichend. Man erhält infolgedessen unreine und deshalb minderwertige Erdalkalialuminate.

Es ist auch bereits vorgeschlagen worden, diese Nachteile dadurch zu beheben, daß man die tonerdehaltigen Rohmaterialien zunächst mit einem Reduktionsmittel in einem Elektroofen niederschmilzt und das Produkt dieses reduzierenden Schmelzprozesses in einer beso deren Verfahrensstufe durch Zusammenschmelzen mit den Alkaliverbindungen, wie Kalk, Baryt, in alkalilösliches Erdalkalialuminat überführt. Diese Arbeitsweise hat den Nachteil, daß an Stelle einheitlicher Schmelzprozesse ein zweistufiges Verfahren gesetzt wird. Im übrigen hat sich gezeigt, daß bei der Durchführung des Verfahrens in ein und demselben Ofen ebenfalls die obenerwähnten Nachteile der einstufigen Schmelzverfahren in Erscheinung treten.

Nach vorliegender Erfindung werden alle diese Schwierigkeiten dadurch behoben, daß als Reduktionsmittel für die Tonerde eine reduzierende, hochschmelzende Erdalkaliverbindung, z. B. Calciumcarbid, verwendet und die Zusammensetzung und Menge des Carbids bzw. carbidhaltigen Gemisches so bemessen wird, daß das darin vorhandene Erdalkali ausreicht für die Bildung des Erdalkalialuminats.

Das Verfahren wird vorteilhaft so ausgeführt, daß in die geschmolzene reduzierende Erdalkaliverbindung, z. B. Calciumcarbid, das tonerdehaltige Rohmaterial, z. B. Bauxit, eingetragen wird, wobei zunächst die Verunreinigungen reduziert werden und darauf das dabei entstehende Erdalkalioxyd sich mit der Tonerde zu Erdalkalialuminat verbindet.

Die reduzierende Erdalkaliverbindung, z. B. Calciumcarbid, kann in einer ersten Arbeitsphase im Ofen selbst erzeugt werden. Je nach dem Verwendungszweck des Erdalkalialuminats kann die Beschickung erdalkalireicher oder tonerdereicher gewählt werden. Nach Beendigung des Prozesses wird zuerst die gebildete Legierung und alsdann das gebildete Erdalkalialuminat abgestochen. Das Erdalkalialuminat kann beim Abstich nach üblichen Methoden zerstäubt werden.

Ausführungsbeispiel

Aus 300 kg gebranntem Kalk und 125 kg Anthrazit wird zunächst ein Calciumcarbid mit etwa 30% CaC_2-Gehalt erzeugt. Die Schmelze enthält etwa 100 kg CaC_2 und 230 kg CaO (Schmelzpunkt etwa 2200°). In diese Schmelze werden 900 kg getrockneter Bauxit folgender Zusammensetzung eingetragen:

SiO_2	10,7%
TiO_2	3,6%
Fe_2O_3	11,3%
Al_2O_3	74,0%

Nach vollständigem Durchschmelzen der Charge wird zuerst die gebildete Fe-Si-Ti-Legierung und anschließend das Calciumaluminat abgestochen. Es wurden erhalten etwa 900 kg Aluminat und 80 kg Metall. Die Zusammensetzung der Produkte war die folgende:

Calciumaluminat	SiO_2	1,88%
	TiO_2	0,24%
	Fe_2O_3	0,40%
	Al_2O_3	66,56%
	CaO	30,92%
Fe-Si-Ti-Legierung	Si	21,56%
	Ti	3,14%
	Fe	75,30%

Patentanspruch:

Verfahren zur Herstellung von Erdalkalialuminaten durch Zusammenschmelzen von tonerdehaltigen Rohstoffen, wie z. B. Bauxit, mit Erdalkali enthaltenden Stoffen unter Verwendung von Erdalkalicarbiden als Reduktionsmittel, dadurch gekennzeichnet, daß in eine reduzierende, z. B. aus Calciumcarbid bestehende und gegebenenfalls Calciumoxyd enthaltende Schmelze, welche zweckmäßig im Ofen selbst hergestellt worden ist, das tonerdehaltige Rohmaterial eingetragen und nach Durchschmelzung Legierung und Aluminat nacheinander abgestochen werden, wobei das Erdalkalialuminat gegebenenfalls nach üblichen Methoden zerstäubt werden kann.

Nr. 561 981. (L. 26. 30.) Kl. 12 m, 5.

LONZA-WERKE ELEKTROCHEMISCHE FABRIKEN G. M. B. H. IN WALDSHUT, BADEN.

Herstellung von Tonerde.

Vom 8. März 1930. – Erteilt am 29. Sept. 1932. – Ausgegeben am 20. Okt. 1932. **Erloschen: 1934.**

Gegenstand der Erfindung ist ein Verfahren, welches die Herstellung von reiner, insbesondere zur Weiterverarbeitung auf Aluminium und Aluminiumsalze geeigneter Tonerde aus Erdalkalialuminat gestattet.

Die bekannten Verfahren zur Herstellung von Tonerde aus Erdalkalialuminaten beruhen darauf, daß das Erdalkalialuminat zunächst mit Alkalihydroxyd oder Alkalicarbonat zu Alkalialuminat umgesetzt wird, welch letzteres alsdann, z. B. nach dem sogenannten Bayer-Verfahren, weiterverarbeitet werden kann.

Die nach bekannten Verfahren aus Erdalkalialuminat gewonnene Tonerde enthält stets störende Verunreinigungen, wie Eisenoxyd, Kieselsäure, Titansäure.

Nach vorliegender Erfindung wird rohes Erdalkalialuminat, z. B. durch Zusammenschmelzen von Elektrokorund mit Kalk entstandenes Calciumaluminat, mit Lösungen von Aluminiumsalzen oder von Aluminium- und Erdalkalisalzen behandelt und hierauf aus der so erhaltenen Lösung die Tonerde ausgefällt. Es wurde nämlich gefunden, daß sich in wässeriger Lösung Aluminiumsalze und Erdalkalialuminate zu den entsprechenden Erdalkalisalzen und basischen Aluminiumsalzen umsetzen, indem das Erdalkali den Aluminiumsalzen einen mehr oder weniger großen Anteil der darin gebundenen Säure entzieht. Wird z. B. Calciumaluminat verwendet, so genügt bereits die sehr geringe Löslichkeit desselben (0,15 %), um im Verlauf von 1 bis 1½ Stunden bei Verwendung von z. B. $Al(NO_3)_3$-Lösung die Bildung von $Al(OH)_2NO_3$ und $Ca(NO_3)_2$ zu erreichen, wobei sich nacheinander folgende Reaktionen abspielen:

$$\text{I.}\quad CaO \cdot Al_2O_3 + 6\,Al(NO_3)_3 + H_2O = Ca(NO_3)_2 + 8\,Al(OH)(NO_3)_2$$

$$\text{II.}\quad CaO \cdot Al_2O_3 \cdot 4\,Al(OH)(NO_3)_2 + 4\,H_2O = Ca(NO_3)_2 + 6\,Al(OH)_2NO_3$$

oder als Summenformel:

$$CaO \cdot Al_2O_3 + 2\,Al(NO_3)_3 + 4\,H_2O = Ca(NO_3)_2 + 4\,Al(OH)_2NO_3$$

Die Einwirkung bleibt jedoch nicht bei dieser Stufe stehen, sondern kann noch weiter gehen, z. B. bis zu folgender Summenformel:

$$17\,(CaO \cdot Al_2O_3) + 14\,Al(NO_3)_3 + 44\,H_2O = 8\,(Al_6O_{14}H_{10} \cdot HNO_3) + 17\,Ca(NO_3)_2$$

Das dabei entstehende basische Aluminiumsalz ist ein Salz des sog. Trialuminiumhydroxyds von Schlumberger (vgl. Gmelin-Kraut, VII. Aufl., Bd. II, 2, S. 597, 604, 622).

Das Molverhältnis von Aluminium zu dem in der Lösung befindlichen Aluminiumsalz kann innerhalb gewisser Grenzen schwanken. Durch bestimmte Bemessung des Molverhältnisses kann man Vorteile z. B. mit Bezug auf die gute Filtrierbarkeit der Lösung erzielen. Beim Arbeiten nach der vorstehend erwähnten Gleichung, bei welcher das Molverhältnis etwa 6 : 5 beträgt, erhält man Lösungen, die nur bei ziemlich beträchtlicher Verdünnung gut filtrierbar sind. Wird das Molverhältnis z. B. so bemessen, daß auf 1 Aluminat 2 oder mehr Mole Aluminiumsalz vorhanden sind, so erhält man für die Weiterverarbeitung besser geeignete Lösungen. Durch Anwendung von Lösungen, welche auf 3 Mol Aluminat etwa 10 Mol Aluminiumsalz enthalten, gelangt man z. B. zu 17 %igen Lösungen, welche nach Verdünnung auf etwa 8 %ige Lösungen gut filtrierbar sind.

Die Anwesenheit von Erdalkalisalzen und Ammonsalzen (z. B. $Ca(NO_3)_2$) stört die Umsetzung zwischen Calciumaluminat und Aluminiumsalz nicht.

Die Ausfällung der Tonerde aus den auf vorgenannte Weise erhaltenen Lösungen, die also basische Aluminiumsalze neben Erdalkalisalzen enthalten, ist nach allen Methoden möglich, die eine Trennung von Aluminium und Calcium gestatten, z. B. mit Ammoniak, mit Calciumhydroxyd oder auf sonstige geeignete Weise.

Da die Anwesenheit von Erdalkali- und Ammoniumsalzen in der Lösungsflüssigkeit den Lösevorgang nicht stört, kann die nach Ausfällung der Tonerde erhaltene Erdalkalisalzlösung nach Ergänzung des normalen Aluminiumsalzes erneut zur Auflösung bzw. Zersetzung von Erdalkalialuminat verwendet werden, um eine höhere Konzentration an Erdalkalisalz zu erhalten. Nachdem die Konzentration der Lösung an Erdalkalisalz genügend groß geworden ist, kann deren Aufarbeitung auf festes Erdalkalisalz erfolgen.

Die für die Durchführung des Extraktionsvorganges erforderliche Aluminiumsalzlösung kann in einfachster Weise dadurch erhalten werden, daß die gefällte Tonerde zwecks Entfernung der letzten Reste von Erdalkali mit Säure gewaschen wird, wobei auch ein Teil der Tonerde wieder in Lösung geht.

Beispiele

1. 100 g Calciumaluminat, enthaltend 63 g Al_2O_3 und 33,4 g CaO, werden mit 1000 ccm Lösung, enthaltend 233,5 g $Al(NO_3)_3$, ausgelaugt. Der Rückstand enthielt noch 5,15 g = 8,2 % der Aluminattonerde und 4,29 g CaO. In Lösung gegangen waren demnach 29,11 g CaO in Form von 85 g $Ca(NO_3)_2$ unter Bindung von 65,3 g HNO_3. Ferner enthielt die Lösung im ganzen 113,85 g Al_2O_3, gebunden an 141,7 g HNO_3, was etwa einem Molverhältnis $Al_2O_3 : HNO_3 = 1 : 2$ entspricht; d. h. die Lösung enthielt hauptsächlich das basische Aluminiumnitrat $Al(OH)_2NO_3$.

Zur Fällung der Tonerde wurden 29 g Ammoniak als etwa 10 %iges Ammoniakwasser verwendet. Nach der Filtration wird aus dem Filtrat durch Kalkzugabe Ammoniak zurückgewonnen und hierauf das Filtrat auf Calciumnitrat verarbeitet. Die Tonerde wird leicht getrocknet und dann mit HNO_3 gewaschen. Dabei geht etwa die Hälfte der Tonerde wieder als $Al(NO_3)_3$ in Lösung, das erneut zur Auflösung von Calciumaluminat verwendet wird.

2. 100 g Calciumaluminat, enthaltend 54,56 g Al_2O_3 und 44,30 g CaO, wurden im Rührwerk mit 1875 g einer Lösung, enthaltend 311 g $Al(NO_3)_3$ und 100 g $Ca(NO_3)_2$, ausgelaugt. Der unlösliche Rückstand von 8,61 g enthielt noch 4,55 g Al_2O_3 und 2,87 g CaO, so daß in Lösung gegangen waren 50,01 g Al_2O_3 (= 91,8 %), 41,43 g CaO (= 93,5 %). Die Lösung enthielt 221 g $Ca(NO_3)_2$, die 170 g HNO_3 binden, und 124,53 g Al_2O_3, gebunden an 183 g HNO_3, entsprechend einem Molverhältnis $Al_2O_3 : HNO_3 = 1 : 2,4$. Die Tonerde war also zu etwa $^4/_5$ als $Al(OH)_2NO_3$ und zu $^1/_5$ als $Al(OH)(NO_3)_2$ vorhanden. Die Ausfällung der Tonerde geschah in derselben Weise wie in Beispiel 1.

3. Stückiges Calciumaluminat mit 54,56 % Al_2O_3 und 44,30 % CaO wurde in einem Turm mit 1100 ccm Lösung, enthaltend 382 g $Al(NO_3)_3$ (entsprechend 91,43 g Al_2O_3 und 338 g HNO_3), unter Zirkulation der Lösung ausgelaugt. Die erhaltene Lösung enthielt im ganzen 56,46 g CaO, gebunden an 127 g HNO_3, und 174,97 g Al_2O_3, gebunden an 211 g HNO_3, entsprechend einem Molekularverhältnis $Al_2O_3 : HNO_3 = 1 : 2$. Es war demnach in der Hauptsache das basische Aluminiumnitrat $Al(OH)_2NO_3$ gebildet worden. Die Ausfällung der Tonerde geschah in derselben Weise wie in Beispiel 1.

PATENTANSPRÜCHE:

1. Verfahren zur Herstellung von insbesondere für die Weiterverarbeitung auf Aluminium und Aluminiumsalze geeigneter Tonerde aus Erdalkalialuminat durch Lösen desselben und Ausfällung der Tonerde aus der erhaltenen Lösung, dadurch gekennzeichnet, daß als Lösungsmittel eine Lösung von Aluminiumsalzen oder von Aluminium- und Erdalkalisalzen verwendet wird.

2. Verfahren nach Anspruch 1, dadurch gekennzeichnet, daß die anfallende Lösung von Erdalkalisalz auf festes Erdalkalisalz verarbeitet wird.

3. Verfahren nach Anspruch 1, dadurch gekennzeichnet, daß die zur Auflösung des Erdalkalialuminates erforderlichen Aluminiumsalze durch Auswaschen gefällter Tonerde mit Säuren gewonnen werden.

S. a. E. P. 363612, 371112 und F. P. 715271.

Nr. 563831. (L. 111. 30). Kl. 12m, 6.

LONZA-WERKE ELEKTROCHEMISCHE FABRIKEN G. M. B. H. IN WALDSHUT, BADEN.

Herstellung von Tonerde aus Erdalkalialuminat.

Zusatz zum Patent 561981.

Vom 23. Dez. 1930. — Erteilt am 27. Okt. 1932. — Ausgegeben am 10. Nov. 1932. — Erloschen: 1934.

Schweizerische Priorität vom 21. Aug. 1930 beansprucht.

Gegenstand des Patents 561 981 bildet ein Verfahren zur Herstellung von Tonerde aus Erdalkalialuminat. Nach diesem Verfahren wird Erdalkalialuminat zunächst mit Hilfe einer Lösung von Aluminiumsalzen oder von Aluminium- und Erdalkalisalzen in Lösung gebracht. Die erhaltene Lösung kann hierauf auf reine Tonerde und Erdalkalisalz weiterverarbeitet werden. Bei Verwendung derartiger Aluminiumsalzlösungen geht die Tonerde als basisches Aluminiumsalz und das Erdalkali als Erdalkalisalz in Lösung, z. B. nach der folgenden Gleichung:

$$CaO \cdot Al_2O_3 + 2\,Al(NO_3)_3 + 4\,H_2O = Ca(NO_3)_2 + 4\,Al(OH)_2NO_3.$$

Es wurde nun gefunden, daß sich das vorgenannte Verfahren besonders vorteilhaft durchführen und wesentlich vereinfachen läßt, wenn man zur Umsetzung des Erdalkalialuminats nicht fertiges Aluminiumsalz bzw. eine entsprechende Lösung desselben verwendet, sondern statt dessen dieses Aluminiumsalz in einer ersten Phase des Prozesses aus dem Erdalkalialuminat selbst mittels Säure erzeugt, z. B. nach der Gleichung:

$$CaO\,Al_2O_3 + 8\,HNO_3 = Ca(NO_3)_2 + 2\,Al(NO_3)_3 + 4\,H_2O.$$

Das auf diese Weise gebildete Aluminiumsalz wirkt dann wie bei dem eingangs erwähnten Verfahren des Hauptpatents auf das Erdalkalialuminat unter Bildung von basischem Aluminiumsalz und Erdalkalisalz weiter ein, z. B. nach der folgenden Summenformel:

$$CaO\,Al_2O_3 + 4\,HNO_3 = Ca(NO_3)_2 + 2\,Al(OH)_2NO_3.$$

Beispiel

59,4 kg gemahlenes Calciumaluminat mit einem Gehalt von 25,5 kg CaO und 32 kg Al_2O_3 wurden in einem Rührwerk mit 262 l Salpetersäure vom spez. Gewicht 1,15 (entsprechend 75 kg HNO_3) bei etwa 80° zersetzt. Nach etwa 30 Minuten war bei p_H 4,1 der Endpunkt der ersten Phase erreicht, d. h. die gesamte Säure zur Bildung des neutralen $Al(NO_3)_3$ neben $Ca(NO_3)_2$ verbraucht, worauf dann die zweite Phase der Bildung von basischem Alnitrat folgte. Nach Filtration von den ungelösten Verunreinigungen wurden 248 l Lösung (spez. Gewicht 1,33) = 330 kg erhalten, die 22,2 kg CaO gebunden an 50 kg HNO_3 [= 65 kg $Ca(NO_3)_2$] und 29,6 kg Al_2O_3 gebunden an 25 kg HNO_3 als basisches Aluminiumnitrat enthielten, entsprechend einem Molekularverhältnis $Al_2O_3 : HNO_3 = 3 : 4$. Gegenüber der Formel $Al(NO_3)_3$ stellt dies einen Al_2O_3-Überschuß von 350 % dar, oder aber der NO_3-Gehalt des basischen Alnitrates betrug nur 22,8 % der Salpetersäure des neutralen $Al(NO_3)_3$, so daß der Säureunterschuß 77,2 % war. Der Fe_2O_3-Gehalt der Lösung, bezogen auf deren Gehalt an Al_2O_3, war unter 0,1 %. Die Ausfällung der Tonerde aus der erhaltenen Lösung kann ebenso wie bei dem Verfahren des Hauptpatents nach jedem geeigneten Verfahren erfolgen, welches die Trennung von Calcium und Aluminium gestattet.

Patentanspruch:

Herstellung von Tonerde aus Erdalkalialuminat durch Umsetzen und Inlösungbringen desselben mittels Aluminiumsalzlösung oder einer Lösung von Aluminium- und Erdalkalisalz und Verarbeiten der erhaltenen Lösung auf reine Tonerde und Erdalkalisalz nach Patent 561 981, dadurch gekennzeichnet, daß das zur Umsetzung des Erdalkalialuminats dienende Aluminiumsalz in einer ersten Phase des Prozesses aus dem Erdalkalialuminat selbst durch Zugabe einer beschränkten, einen Teil des Erdalkalialuminats zu Aluminium- und Erdalkalisalz umsetzenden Menge Säure erzeugt wird.

E. P. 363612, 371259, F. P. 715271, Schweiz. P. 154164.

Nr. 559519. (L. 110. 30.) Kl. 12 m, 6.

Lonza-Werke Elektrochemische Fabriken G. m. b. H. in Waldshut, Baden.

Herstellung von Tonerde aus Erdalkalialuminat.

Vom 23. Dez. 1930. — Erteilt am 8. Sept. 1932. — Ausgegeben am 21. Sept. 1932. — **Erloschen: 1933.**

Schweizerische Priorität vom 21. Aug. 1930 beansprucht.

Nach bekannten Verfahren zur Herstellung von Tonerde aus tonerdehaltigen Ausgangsmaterialien auf nassem Wege wird entweder in saurer, z. B. salpetersaurer Lösung, oder in alkalischer Lösung gearbeitet. Diese bekannten Verfahren haben u. a. den Nachteil, daß bei den Arbeitsweisen der ersteren Art die Gefahr der Verunreinigung der Tonerde durch Fe_2O_3 oder andere Metalloxyde besteht, während bei den Arbeitsweisen der letzteren Art leicht Verunreinigungen der Tonerde durch SiO_2 oder andere Säuren auftreten und die Tonerde oder auch die Kieselsäure in schwer filtrierbarer, schleimiger Form ausfallen kann.

Es wurde nun gefunden, daß man auf einfache Weise zu einer leicht filtrierbaren und in kaustischem oder kohlensaurem Alkali leicht löslichen Form von Aluminiumhydroxyd gelangen kann, das frei von Verunreinigungen irgendwelcher Art ist. Dies geschieht erfindungsgemäß dadurch, daß man Roherdalkalialuminat zunächst mit einer solchen Menge einer ein lösliches oder unlösliches Erdalkalisalz bildenden Säure behandelt bzw. zersetzt, daß nur das an das Al_2O_3 gebundene

Erdalkali in Erdalkalisalz übergeführt wird. Hierauf wird das in gut filtrierbarer Form ausgeschiedene Aluminiumhydroxyd, nach vorheriger Abtrennung von den flüssigen Anteilen, durch eine zweckmäßig nur kurz andauernde Behandlung mit Alkali in Alkalialuminat übergeführt. Dieses kann vorteilhafterweise auch schon ohne Anwendung von Druck erfolgen. Von der im Ausgangsmaterial vorhanden gewesenen Kieselsäure gehen dabei höchstens nur ganz geringe, die Reinheit des Produktes nicht störende Mengen mit in Lösung.

Aus der auf solche Weise erhaltenen Lösung wird dann die Tonerde, nach vorheriger Abtrennung von vorhandenen festen Anteilen, auf geeignete Weise nach einem der bekannten Verfahren, z. B. durch Ausrühren, durch Einleiten von Kohlensäure, durch kombinierte Anwendung beider Maßnahmen o. dgl., in reinster Form ausgefällt.

Je nach Art der verwendeten Säure bzw. je nachdem, ob diese ein lösliches oder unlösliches Erdalkalisalz bildet, kann das vorliegende Verfahren in seinen Einzelmaßnahmen auf jeweils verschiedene Weise durchgeführt werden. Werden Säuren verwendet, die ein lösliches Erdalkalisalz bilden, so empfiehlt es sich, die erhaltene Lösung desselben von der unreinen Tonerde durch Filtration o. dgl. abzutrennen. Die abgetrennte Lösung kann danach vorteilhafterweise auf festes Erdalkalisalz verarbeitet werden, während der abgetrennte feste Anteil dann, wie oben bereits beschrieben, in Alkalialuminat überzuführen ist.

Dabei ist es besonders vorteilhaft, die Tonerde aus diesem festen Anteil durch eine Lösung von Alkalihydroxyd und/oder Alkalicarbonat herauszulösen, zweckmäßig mit solchen Mengen derselben, die einen geringen Überschuß gegenüber der zur Bildung der Verbindung $Me(AlO_2)$ (Me = Alkalimetall), also z. B. $NaAlO_2$, notwendigen Menge darstellt. Hierdurch wird eine Alkalialuminatlösung erhalten, die von allen irgendwie in Betracht kommenden Verunreinigungen, wie z. B. SiO_2, TiO_2, Fe_2O_3, CaO u. dgl., praktisch völlig frei ist. Aus einer solchen Lösung wird die Tonerde dann nach bekannten Methoden in reinster Form ausgefällt.

Werden Säuren verwendet, die ein unlösliches Erdalkalisalz bilden, so wird die mitausgeschiedene Tonerde durch Überführung in Alkalialuminat herausgelöst und die Lösung von dem unlöslichen Erdalkalisalz und den vorhanden gewesenen Verunreinigungen durch Filtration o. dgl. abgetrennt. Die abgetrennte Aluminatlösung kann dann, wie oben bereits beschrieben, weiterverarbeitet werden, während der von ihr abgetrennte feste Anteil vorteilhafterweise mit einer Lösung von Alkalihydroxyd und/oder Alkalicarbonat ausgelaugt wird.

Ausführungsbeispiele

1. 300 g Calciumaluminat, enthaltend 154 g Al_2C_3 und 104 g CaO sowie 32 g Verunreinigungen (SiO_2, TiO_2, Fe_2O_3), werden im Rührwerk mit 810 ccm Salpetersäure (spez. Gew. 1,15) entsprechend 230 g HNO_3 unter Erhitzen auf 80 bis 90° C umgesetzt. Dabei werden unter Ausscheidung von 235 g $Al(OH)_3$ 293 g $Ca(NO_3)_2$ gebildet, die durch Filtration und Auswaschen von den ungelösten Bestandteilen ($Al(OH)_3$ + Verunreinigungen) abgetrennt werden. Das Filtrat wird durch Eindampfen auf festes Calciumnitrat verarbeitet. Der Filterrückstand wird mit 105 g Ätznatron (12% Überschuß) als 20%ige wäßrige Lösung (525 g wäßrige Natronlauge) in einem Rührwerk 15 Minuten auf etwa 50 bis 60° C erwärmt, wobei das $Al(OH)_3$ als Natriumaluminat in Lösung geht und durch Filtration von den unlöslichen Verunreinigungen abgetrennt wird. Aus der filtrierten Lösung wird in bekannter Weise durch Einleiten von Kohlensäure die Tonerde ausgefällt, welche nach Filtration, Waschung und Calcinierung folgende Verunreinigungen enthielt:

SiO_2		0,03 % ,
TiO_2	unter	0,01 % ,
Fe_2O_3		0,036 % .

2. 50 g Calciumaluminat, enthaltend 27 g Al_2O_3, 21,5 g CaO und 1,5 g Verunreinigungen (SiO_2, TiO_2, Fe_2O_3), werden mit 128 ccm verdünnter Schwefelsäure (spez. Gew. 1,18, 37,3 g H_2SO_4) im Rührwerk 2½ Stunden auf 85° C erhitzt. Nach Filtration wird der Rückstand, bestehend aus $Al(OH)_3$, $CaSO_4$ und den Verunreinigungen, mit 71 g 30%iger wäßriger Natronlauge (21 g NaOH) im Rührwerk behandelt, wobei die Tonerde als Natriumaluminat in Lösung geht und durch Filtration von $CaSO_4$ und Verunreinigungen abgetrennt wird. Die Ausfällung der Tonerde aus der reinen Natriumaluminatlösung geschieht wie bei Beispiel 1 durch Einleiten von CO_2; sie kann aber auch nach anderen bekannten Methoden erfolgen.

Patentansprüche:

1. Herstellung von reiner Tonerde aus Roherdalkalialuminat, dadurch gekennzeichnet, daß das Erdalkalialuminat zunächst mit einer solchen Menge einer ein lösliches oder unlösliches Erdalkalisalz bildenden Säure zersetzt wird, daß nur das an das Al_2O_3 gebundene Erdalkali in Erdalkalisalz übergeführt wird, hierauf

das ausgeschiedene Aluminiumhydroxyd, nach vorheriger Abtrennung von den flüssigen Anteilen, durch eine zweckmäßig nur kurz andauernde Behandlung mit Alkalilösung in Alkalialuminat übergeführt und aus der erhaltenen Lösung die Tonerde, gegebenenfalls nach vorheriger Abtrennung von vorhandenen festen Anteilen, nach an sich bekannten Verfahren in reinster Form ausgefällt wird.

2. Verfahren nach Anspruch 1, dadurch gekennzeichnet, daß bei Verwendung einer ein lösliches Erdalkalisalz bildenden Säure dessen Lösung durch Filtration o. dgl. von der unreinen Tonerde getrennt und auf festes Erdalkalisalz verarbeitet wird.

3. Verfahren nach Anspruch 1, dadurch gekennzeichnet, daß zur Herauslösung der Tonerde aus dem festen, von der Erdalkalisalzlösung abgetrennten Anteil zweckmäßig ein geringer Überschuß an zur Bildung des Alkalialuminats erforderlicher Lösung von Alkalihydroxyd und/oder Alkalicarbonat angewendet wird.

Nr. 540533. (S. 87. 30.) Kl. 12m, 6.

SOCIETÁ ITALIANA PER LE INDUSTRIE MINERARIE E CHIMICHE IN GENUA.

Aufschluß von natürlichem Alumit.

Vom 7. Aug. 1930. — Erteilt am 3. Dez. 1931. — Ausgegeben am 21. Dez. 1931. — **Erloschen:** . . . .

Italienische Priorität vom 21. Juni 1930 beansprucht.

Es ist bekannt, calcinierten Alumit mit Wasser auszulaugen. Hierbei wird ein Rückstand, welcher aus Tonerde und Gangart besteht, erhalten, während die Alkalisalze mit einem Teil des Aluminiums als Aluminiumsalz (Aluminat bzw. Sulfat) in Lösung gingen. Diese Laugung bedeutete einen Verlust an Aluminium und hat außerdem den Nachteil, daß die Aufarbeitung der im wesentlichen aus Alkali- und Aluminiumsalzen bestehenden Lauge schwierig ist.

Erfindungsgemäß wird eine reinliche Scheidung der beiden Hauptbestandteile des Alumits dadurch erreicht, daß der calcinierte Alumit mit Alkalicarbonatlösungen behandelt wird. Hierdurch wird eine sofortige Zersetzung des als Aluminiumsulfat in Lösung gegangenen Aluminiums bewirkt, so daß der gesamte Aluminiumanteil als Aluminiumhydroxyd im Rückstand verbleibt, während alle Alkalisalze in Lösung gehen. Durch die Anwendung von Alkalicarbonat wird außerdem noch eine Lockerung des Gefüges des calcinierten Rohmaterials erreicht, wodurch die Umsetzung gegenüber der bekannten Behandlung mit Wasser noch beschleunigt wird.

Das Verfahren wird zweckmäßigerweise derart ausgeführt, daß der calcinierte Alumit sich bei der Laugung in wäßriger feiner Suspension befindet.

Es entsteht so unter Entweichen von Kohlensäure eine Alkalisulfatlösung, während das Aluminiumhydrat ausfällt.

Sobald die Zersetzung des Minerals beendet ist, wird die Gesamtheit der vorher vorhandenen Alkalisulfate und der durch die Reaktion gebildeten löslichen Sulfate durch Filtrieren und Auswaschen von dem Rückstand abgetrennt. Es hinterbleibt ein unlösliches Gemisch von Aluminiumhydrat, kaolinhaltiger, quarzhaltiger und trachythaltiger Gangart des ursprünglichen Alumits.

Aus diesem Rückstand wird sodann mit Alkalihydroxyd das Aluminiumhydroxyd in Lösung gebracht; man filtriert von dem unlöslichen Teil ab, fällt das Aluminiumhydroxyd aus der erhaltenen Alkalialuminatlösung nach den bekannten Methoden aus und gewinnt dann durch Filtration das Alkalihydroxyd für den nächsten Aufschluß. Im Falle man die Ausfällung des Aluminiumhydroxydes durch Carbonaterzeugung erhalten hat, wird man die Natriumcarbonatlösung kaustifizieren müssen, um das Alkali als Hydroxyd in den Kreislauf zurückzuführen.

Für die Durchführung dieses Verfahrens läßt sich vorzugsweise die rohe Pottasche, die als Fabrikationsrückstand bei der Herstellung von Alkohol aus Rübenmelasse abfällt, verwenden. Diese Rohpottasche besteht bekanntlich hauptsächlich aus einem Gemisch von Kalisalzen, wie Sulfat, Chlorid, Phosphat usw., mit beträchtlichen Mengen von Kaliumcarbonat und Natriumcarbonat. Dieses Salzgemisch wird gewöhnlich als Düngemittel verkauft. In dem hier beschriebenen Verfahren kann diese Rohpottasche die oben beschriebenen Substanzen gerade durch ihren hohen Gehalt an Alkalicarbonaten ersetzen.

Der letzte Rückstand, welcher von ungreifbaren Gangarten des Alumits herrührt (wie gesagt, bestehend aus Kaolin, Quarz, Feldspat usw.), kann für die Herstellung von feuerfesten Materialien dienen, oder er kann auch mit Säure behandelt werden, um die Tonerde des Kaolins in Lösung zu bringen und so lösliche Aluminiumsalze (Sulfat oder Chlorid) herzustellen.

Beispiel

Der verwendete Alumit habe beispielsweise folgende Zusammensetzung:

75% $Al_2(SO_4)_3$, 20% Kaolin, 4% Kieselsäure, 1% Feuchtigkeit.

Bei einer sorgfältig ausgeführten Calcinierung tritt ein Gewichtsverlust von 32% ein.

Die verwendete Rohpottasche enthalte z. B. 35,70% Kaliumoxyd und 16,65% CO_2 mit Bezug auf die Kalium- und Natriumcarbonate.

Um 1000 kg natürlichen calcinierten Alumit, wie beschrieben, zu bearbeiten, müssen dann 111 kg Rohpottasche verwendet werden.

Der Alumit wird nach der Calcinierung sehr fein gemahlen, in Wasser suspendiert und mit einer Lösung, die durch Auslaugen der Rohpottasche gewonnen wird, behandelt. Man kocht bis zur Vollendung der Reaktion, filtriert und wäscht den Rückstand aus, bis die Waschwasser keine Sulfatreaktion mehr zeigen.

Die Laugen werden konzentriert und zur Kristallisation gebracht. Es werden so 233 kg Kaliumsalze mit einem Gehalt von 49 bis 50% Kaliumoxyd (K_2O) erhalten.

Der Rückstand wird 4 Stunden lang im Autoklaven bei 4 at Druck mit 407 kg 96%igem Ätznatron in einer wäßrigen Lösung vom spezifischen Gewicht 1,53 behandelt.

Nach dem Verdünnen wird die Flüssigkeit filtriert und der Rückstand erschöpfend ausgewaschen. Die Waschwasser werden zum Verdünnen bei der nächsten Operation verwendet. Es wird so eine Natriumaluminatlösung von einem spezifischen Gewicht von etwa 1,21 erhalten, die sodann der Fällung nach Bayer solange wie notwendig unterworfen wird.

Der filtrierte Rückstand besteht aus 339 kg Aluminiumhydrat.

Die während der Filtration abgetrennte Ätznatronlösung wird wieder auf 50% NaOH-Gehalt konzentriert und in den Kreislauf zurückgebracht.

Patentansprüche:

1. Auslaugen von calciniertem Alumit, dadurch gekennzeichnet, daß man hierzu Alkalicarbonatlösungen verwendet.
2. Verfahren nach Anspruch 1, dadurch gekennzeichnet, daß der Alumit vorher in Wasser suspendiert wird.
3. Verfahren nach Ansprüchen 1 und 2, dadurch gekennzeichnet, daß die Flüssigkeit bis zur Beendigung der Reaktion erwärmt wird.
4. Verfahren nach Ansprüchen 1 bis 3, dadurch gekennzeichnet, daß man als Alkalicarbonat Rohpottasche verwendet.

Nr. 547695. (I. 28890.) Kl. 12m, 6.

I. G. Farbenindustrie Akt.-Ges. in Frankfurt a. M.

Erfinder: Dr. Heinrich Specketer, Dr. Fritz Roßteutscher und Dr. Conrad Rosenberger in Frankfurt a. M.-Griesheim.

Herstellung von Tonerde unter gleichzeitiger Gewinnung von Salzsäure und Alkaliverbindungen.

Vom 22. Aug. 1926. — Erteilt am 17. März 1932. — Ausgegeben am 5. April 1932. — Erloschen: 1933.

Es ist bekannt, Aluminiumsulfat mit Alkalichlorid in Tonerde und Alkalisulfat umzusetzen. Bei der Verarbeitung von Alkalisulfataluminiumerzreduktionsschmelzen ist die Gewinnung von Alkalisulfid oder Soda als Nebenprodukte an sich bekannt.

Die vorliegende Erfindung umfaßt ein Gesamtverfahren zur Herstellung von Tonerde aus Ton, Phonolith, Leucit oder ähnlichen Ausgangsmaterialien unter gleichzeitiger Gewinnung von Salzsäure und Alkaliverbindungen.

Das Verfahren wird bei Verwendung von Ton in folgender Weise ausgeübt. Ton wird in Schwefelsäure gelöst, die Lösung vom Rückstand, der in der Hauptsache aus Kieselsäure und unaufgeschlossenem Ton besteht, getrennt. In die so erhaltene Lösung wird eine etwa der Schwefelsäure entsprechende Menge Chlornatrium eingetragen, worauf man diese Mischung eindampft und zwecks Umsetzung nach der Gleichung

$$Al_2(Fe_2)(SO_4)_3 + 3H_2O + 6NaCl = Al_2O_3(Fe_2O_3) + 3Na_2SO_4 + 6HCl$$

auf etwa 700° erhitzt. Hierbei hat sich herausgestellt, daß man die besten Umsetzungen erzielt, wenn man die Erhitzung und Zerlegung im Gleichstrom der Heizgase und des zu behandelnden Materials z. B. im Drehrohrofen vornimmt.

Man setzt dann dem Sinterprodukt eine entsprechende Menge Reduktionskohle zu und erhitzt, zweckmäßig im Drehrohrofen, auf etwa 1000°. Die Tonerde bildet mit dem einen Teil des Sulfats Aluminat, während der Rest in Schwefelnatrium mit mehr oder weniger Soda verwandelt wird. Die Schmelze wird gelaugt und von der überschüssigen Kohle und sonstigen Rückständen getrennt.

Einen Teil des Schwefelnatriums kann man vorteilhaft vor der Zersetzung des Aluminats durch Kristallisation entfernen und alsdann die Tonerde mit Schwefelwasserstoff oder Kohlensäure ausfällen bzw. ausrühren. Das Ausrühren der Tonerde wird beschleunigt und quantitativer gestaltet, wenn man in die Aluminatlösung Schwefelwasserstoff, Kohlensäure oder beide Gase zusammen so lange einleitet, bis eine Abscheidung der Tonerde beginnt, die als Impfstoff wirkt.

Die mit Hilfe von Schwefelwasserstoff weitgehend von Tonerde befreite Lauge wird eingedampft, wodurch weitere Mengen Schwefelnatrium gewonnen werden können. Im ganzen erhält man so 80 bis 85 % des gesamten Schwefelnatriums in gut kristallisierter Beschaffenheit. Die Mutterlauge kann zum Laugen neuer Schmelzen benutzt werden, oder man verarbeitet sie mit Kohlensäure über Bicarbonat auf Soda.

An Stelle von Schwefelnatrium läßt sich das Verfahren auch direkt auf Gewinnung von Soda einstellen, wenn man die Aluminatschwefelnatriumlösung von vornherein mit Kohlensäure behandelt.

Man kann auch in der Weise verfahren, daß man durch Einhaltung höherer Konzentrationen beim Lösen der Schmelzen die Hauptmenge des Schwefelnatriums durch Kristallisation auf einmal zur Ausscheidung bringt und dann erst die Abscheidung der Tonerde vornimmt. Will man das Schwefelnatrium in reiner Form erhalten, so kristallisiert man es um, und zwar zweckmäßig in der Endlauge, die nach dem Ausfällen bzw. Ausrühren der Tonerde verbleibt.

Das Verfahren hat den technischen und wirtschaftlichen Vorteil, daß man aus billigen Ausgangsmaterialien in einer einfachen Apparatur und mit geringem Aufwand an Löhnen und Brennstoff neben Tonerde Salzsäure und hochwertige Alkaliverbindungen gewinnen kann.

Beispiel

308 l schwefelsaurer Tonaufschluß (im Liter z. B. 81,57 g Al_2O_3, 5,08 g Fe_2O_3, 244 g H_2SO_4, davon 7,1 g freie H_2SO_4) werden mit 90 kg Steinsalz gemischt und im Drehofen im Gleichstrom bei etwa 700° C umgesetzt. Man erhält bei annähernd quantitativer Al_2O_3-Umsetzung ein Produkt, welches z. B. 19,378 g Al_2O_3, davon 19,026 g wasserunlöslich, 1,444 g Fe_2O_3, etwa 4,9 g NaCl und 76,975 g Na_2SO_4 enthält, also annähernd auf 1 Mol Al_2O_3 : 3 Mol Na_2SO_4. Dieses Produkt wurde mit Kohle gemischt und bei etwa 1000° in reduzierender Atmosphäre behandelt. Hierbei setzt es sich in $Al_2O_3 \cdot Na_2O$ und 2 Na_2S um. Das Ofenprodukt wird mit Wasser bzw. Waschlauge ausgelaugt und vom unlöslichen Rückstand getrennt und nach evtl. erforderlicher Eindampfung zur Kristallisation gebracht. Hierbei kristallisiert 70 bis 80 % des vorhandenen Na_2S aus, und es wird eine Mutterlauge gewonnen, welche beispielsweise 273 g Al_2O_3 und 86 g Na_2S im Liter enthält. Diese Mutterlauge wird hierauf mit H_2S so weit aufgesättigt, daß ihr H_2S-Gesamttiter sich um etwa 50 % erhöht und ein Teil der Tonerde in kristallinischer Form ausfällt. Alsdann verdünnt man die Mischung und bringt fast die gesamte Tonerde durch Ausrühren in bekannter Weise zur Ausscheidung. Die von der Tonerde getrennte Ausrührmutterlauge wird zweckmäßigerweise dazu benutzt, um die noch tonerdehaltigen Na_2S-Kristalle umzukristallisieren, wodurch man das Produkt in großer Reinheit gewinnen kann. Die hierbei erhaltene Endmutterlauge wird beim Lösen von neuem Ofenprodukt vorgelegt.

Patentansprüche:

1. Verfahren zur Herstellung von Tonerde aus Ton oder anderen tonerdehaltigen Rohstoffen unter Gewinnung von Salzsäure und hochwertigen Alkaliverbindungen durch Lösen des tonerdehaltigen Materials in Schwefelsäure, Umsetzen der vom Unlöslichen getrennten Tonerdesulfatlösung mit der dem eingeführten SO_3 etwa äquivalenten Menge Alkalichlorid bei etwa 700°, dadurch gekennzeichnet, daß man ohne Zufuhr von Wasserdampf die Erhitzung zur Abspaltung der Salzsäure im Gleichstrom vornimmt, das erhaltene Sinterprodukt mit Kohle vermischt, bei etwa 1000° reduziert zwecks Bildung von Aluminat, Sulfid und Soda und aus der Lösung dieser Schmelze durch Fällung oder Ausrühren die Tonerde von den Alkaliverbindungen trennt.

2. Verfahren nach Anspruch 1, dadurch gekennzeichnet, daß man vor dem Ausrühren der Tonerde die Lauge mit Schwefelwasserstoff oder Kohlensäure oder beiden Gasen zusammen bis zur beginnenden Ausscheidung der Tonerde behandelt.

3. Verfahren nach Anspruch 1 und 2, dadurch gekennzeichnet, daß man aus der Lösung des Reduktionsprodukts fast das gesamte Schwefelnatrium zur Kristallisation bringt und dann erst die Abscheidung der Tonerde vornimmt.

4. Verfahren nach Anspruch 1 bis 3,

dadurch gekennzeichnet, daß man gegebenenfalls das Schwefelnatrium in der Endlauge umkristallisiert.

5. Verfahren nach Anspruch 1 und 2, dadurch gekennzeichnet, daß man die Tonerde mit Kohlensäure fällt, die Soda als Bicarbonat abscheidet und die Endlauge neuerdings zum Lösen von Reduktionsprodukten verwendet.

F. P. 639177.

S. a. Dän. P. 40118. 40454, E. P. 300184, ferner A. P. 1854409 der Aluminia Chem. Co.

Nr. 548455. (I. 30398.) Kl. 12m, 6.

I. G. Farbenindustrie Akt.-Ges. in Frankfurt a. M.

Erfinder: Dr. Heinrich Specketer in Frankfurt a. M.-Griesheim.

Herstellung von Tonerde.

Zusatz zum Patent 547695.

Vom 20. Febr. 1927. — Erteilt am 24. März 1932. — Ausgegeben am 20. April 1932. — Erloschen: 1933.

In dem Patent 547695 ist ein Verfahren zur Herstellung von Tonerde aus Ton oder anderen tonerdehaltigen Rohstoffen unter Gewinnung von Salzsäure und hochwertigen Alkaliverbindungen beschrieben, welches im wesentlichen dadurch gekennzeichnet ist, daß man das tonerdehaltige Ausgangsmaterial in Schwefelsäure löst, die Lösung nach Trennung vom Ungelösten mit Alkalichlorid versetzt, auf etwa 700° zur Abtreibung der Salzsäure erhitzt, das Sinterprodukt mit Kohle vermischt und bei etwa 1000° reduziert zwecks Bildung von Aluminat, Sulfid und Soda und aus der Lösung dieser Schmelze durch Fällung oder Ausrühren die Tonerde von den Alkaliverbindungen trennt.

In weiterer Ausbildung dieses Verfahrens wurde gefunden, daß man, bezogen auf das angewandte Alkali, die dreifache Menge Tonerde gegenüber dem Verfahren des Hauptpatents gewinnen kann, wenn man wie folgt verfährt: Man löst zunächst Tonerde oder tonerdehaltige Materialien nebeneinander in Salzsäure und Schwefelsäure oder in einem Gemisch beider Zweckmäßig wählt man das Verhältnis der Säuren so, daß ein Teil Tonerde mit Schwefelsäure und zwei Teile mit Salzsäure gelöst werden. Die Reaktion verläuft, wenn man von z. B. Ton ausgeht und eine Mischung von Schwefelsäure und Salzsäure verarbeiten will, nach folgender Gleichung:

$$3\,[Al(Fe)_2O_3\cdot 2\,SiO_2\cdot 2\,H_2O] + 3\,H_2SO_4 + 12\,HCl = Al(Fe)_2(SO_4)_3 + 2\,Al(Fe)_2Cl_6 + 9\,H_2O + 6\,SiO_2\cdot H_2O. \quad (1)$$

Die Lösung wird zwecks Trennung von der Kieselsäure filtriert, mit einer der Schwefelsäure entsprechenden Menge NaCl versetzt und eingedampft. Alsdann erhitzt man auf etwa 600 bis 800° zweckmäßig im Gleichstrom, wobei die Reaktion nach folgender Gleichung verläuft:

$$Al(Fe)_2(SO_4)_3 + 2\,Al(Fe)_2Cl_6 + 6\,NaCl + 9\,H_2O = 3\,Al(Fe)_2O_3 + 3\,Na_2SO_4 + 18\,HCl. \quad (2)$$

Das Gemisch von Tonerde (Eisenoxyd) und Sulfat wird dann zweckmäßig in an sich bekannter Weise unter Zugabe von Kohle zur Bildung von Aluminat auf 900 bis 1100° erhitzt. Die Schmelze wird gelöst, vom unlöslichen Eisenoxyd abfiltriert und die Tonerde hierauf ausgerührt oder mit Kohlensäure bzw. Schwefelwasserstoff gefällt. Die Sodalösung kann auf Soda oder nach der Kaustizierung mit Kalk auf Ätznatron verarbeitet werden.

Das Verfahren ist nicht streng an die oben ausgeführten Verhältnisse gebunden. So kann man beispielsweise die Aufschließung des Tons so leiten, daß die Aufschlußlösung basisch wird. Man erzielt hierbei den Vorteil, daß man mehr Tonerde in Lösung bringt, als der aufgewandten Säuremenge entspricht. Auch kann man die Mengenverhältnisse von Salzsäure, Schwefelsäure und Alkalichlorid variieren und das letztere, falls man weniger Schwefelsäure verwendet, durch entsprechende Mengen Alkalisulfat ersetzen. Man kann ferner die Tonerde, die bei der Zersetzung des Aluminiumchlorids (s. Gleichung 2) entsteht und durch Umsetzung mit Sulfat und Kohle in Aluminat übergeführt werden soll, teilweise oder ganz in Form von Bauxit o. dgl. Verbindungen einführen.

Das Verfahren hat den Vorteil, daß man als Ausgangsprodukt billigen Ton verwenden kann und in einem technisch einfachen Arbeitsgang neben Tonerde wichtige Alkaliverbindungen und Salzsäure gewinnt.

Das Verfahren hat weiter den Vorteil, daß man die bei bekannten Verfahren anfallende dünne Salzsäure durch die gleichzeitig angewandte Schwefelsäure nahezu quantitativ zur Reaktion bringen kann, was allein mit dünner Salzsäure nicht möglich wäre. Erfindungsgemäß stellt man also gewissermaßen eine verdünnte Salzsäure mit Schwefelsäure in bezug auf Säurewirkung her. Gleichzeitig erzielt man den Vorteil, daß man ohne Anwendung einer mechanischen Mischvorrichtung eine für den Endzustand verlangte Mischung, nämlich auf 1 Mol. Al_2O_3 1 Mol. Na_2SO_4 erhält. Eine derartige Mischung reagiert auch leichter bei dem nachfolgenden Reduktionsprozeß als eine etwa z.B. durch Behandeln von Bauxit mit Sulfat hergestellte Mischung. Nach einem bekannten Verfahren wird in Gegenwart größerer Mengen Wasserdampf gearbeitet. Hierdurch wird etwa gebildetes Natriumsulfid zerstört und in Ätznatron bzw. Natriumaluminat übergeführt. Der durch die Gegenwart von Wasserdampf abgespaltene Schwefelwasserstoff andererseits muß auf kostspielige Weise zu Schwefel bzw. schwefliger Säure verbrannt werden. Im Gegensatz zu diesem bekannten Verfahren wird erfindungsgemäß ohne Gegenwart von Wasserdampf gearbeitet.

Beispiel

308 l Lösung, welche durch Aufschluß von Ton mit Schwefelsäure erhalten wird (im Liter z.B. 81,57 g Al_2O_3, 5,08 g Fe_2O_3, 2,44 g H_2SO_4, davon 7,1 g freie H_2SO_4) werden mit 90 kg Steinsalz und 456 l einer Lösung, welche durch Aufschließen von Ton mit Salzsäure erhalten worden ist (im Liter 110 g Al_2O_3) gemischt und im Drehofen bei etwa 700° im Gleichstrom erhitzt. Hierbei wird die gesamte Salzsäure abgetrieben und in einer geeigneten Kondensationseinrichtung niedergeschlagen. Man erhält etwa 530 kg Salzsäure, auf 20° Bé gerechnet, und ein Sinterprodukt, welches z.B. in 100 g 35,4 g Al_2O_3 und 50 g Na_2SO_4 enthält. Dieses Produkt wird mit Kohle gemischt und in bekannter Weise in Aluminatschmelze übergeführt. Aus dieser Schmelze wird nach dem Laugen die Tonerde durch Ausrühren oder durch Behandlung mit Kohlensäure gewonnen.

PATENTANSPRÜCHE:

1. Herstellung von Tonerde durch Säureaufschluß von tonerdehaltigen Rohstoffen, Calcinieren der gelösten Teile mit Alkalichlorid und Weiterverarbeitung auf Tonerde und Alkalisalze nach Patent 547 695, dadurch gekennzeichnet, daß zum Aufschluß ein Gemisch von Schwefelsäure und Salzsäure verwendet oder der Behandlung mit Alkalichlorid ein Gemisch getrennter Aufschlüsse mit Schwefelsäure und Salzsäure unterworfen wird.

2. Verfahren nach Anspruch 1, dadurch gekennzeichnet, daß man die Aufschließung des Tones bzw. des tonerdehaltigen Materials so leitet, daß die Aufschlußlösung basisch wird.

3. Verfahren nach Anspruch 1 und 2, dadurch gekennzeichnet, daß man die Schwefelsäure und das Alkalichlorid ganz oder teilweise durch Alkalisulfat ersetzt.

4. Verfahren nach Anspruch 1 bis 3, dadurch gekennzeichnet, daß man die salzsaure Tonaufschlußlösung ganz oder teilweise durch Bauxit o. dgl. Verbindungen ersetzt.

5. Verfahren nach Anspruch 1 bis 4, dadurch gekennzeichnet, daß man die Abspaltung der Salzsäure im Gleichstrom vornimmt.

E. P. 300184.

Nr. 527034. **(A. 59029.)** **Kl. 12m, 7.** CONSTANTIN D'ASSEEV IN AMPSIN, BELGIEN.

Herstellung von reinem Aluminiumoxyd und reiner Kohlensäure.

Vom 12. Sept. 1929. — Erteilt am 28. Mai 1931. — Ausgegeben am 12. Juni 1931. — Erloschen: 1934.

Belgische Priorität vom 13. Sept. 1928 beansprucht.

Gegenstand der Erfindung ist ein Gesamtverfahren zur Herstellung reiner Tonerde aus eisenhaltigen Tonerderohsulfatlösungen.

Entsprechend der Erfindung wird die Sulfatlösung zunächst mit einer Lösung von Magnesiumbicarbonat zur Reaktion gebracht, wobei sich Kohlensäure entwickelt und sowohl Aluminium wie auch Eisen in Form basischer Carbonate von verschiedener Zusammensetzung niedergeschlagen werden.

Für 1 Teil Al_2O_3 ergaben die Niederschläge bei der Analyse: 0,5151, 0,6311, 0,5015, 0,4541 Teile CO_2, d. h. im Mittel ungefähr 50% CO_2.

Die Reaktion geht kalt vor sich und ist quantitativ.

Die Niederschläge basischer Eisen- und Aluminiumcarbonate werden filtriert und mit kaltem Wasser gewaschen, um die während der Reaktion entstandene $MgSO_4$-Lösung zu eliminieren.

Die im allgemeinen schwache Lösung kann gegebenenfalls zur Herstellung gefällten Baryumsulfats dienen.

Nach dem Waschen werden die feuchten Niederschläge basischer Carbonate auf 90 bis 100° erhitzt. Unter dem Einfluß der Wärme verlieren sie in bekannter Weise ihre Kohlensäure und wandeln sich in Eisen- und Aluminiumhydroxyde um.

Diese Operation liefert Kohlensäure von sehr großer Reinheit, die man in ein Gasometer leitet.

Die erhaltenen wasserhaltigen Hydroxyde werden mit einer warmen Lösung von Natriumhydroxyd unter gewöhnlichem Druck behandelt. Aluminiumhydroxyd löst sich bekanntlich sehr leicht in schwacher, selbst in 1%iger Ätzalkalilösung.

Die so erhaltene schwache Natronaluminatlösung wird von Eisenhydroxyd abfiltriert.

Das erhaltene Eisenhydroxyd kann zur Reinigung von Leuchtgas dienen.

Die Natronaluminatlösung wird dann in an sich bekannter Weise durch den während der Reaktion zwischen dem Aluminiumsulfat und Magnesiumbicarbonat erhaltenen CO_2-Strom heiß behandelt (70 bis 90°). Diese Kohlensäure ist weniger rein als die durch die thermische Zersetzung der basischen Eisen- und Aluminiumcarbonate erhaltene.

Das gewonnene Aluminiumhydroxyd wird gewaschen, getrocknet und calciniert.

Die Sodalösung kann in bekannter Weise mit Kalk kaustifiziert und so zur Wiederverwendung regeneriert werden.

PATENTANSPRUCH:

Herstellung reiner Tonerde aus eisenhaltigen Tonerdesulfatlösungen unter gleichzeitiger Gewinnung reiner Kohlensäure durch Fällen der Tonerde mit Magnesiumbicarbonatlösung, thermische Zerlegung der gebildeten und abgetrennten basischen Carbonate von Eisen und Aluminium, Lösen der Tonerde in schwacher Ätzalkalilösung und Wiederausscheiden derselben aus der filtrierten Lösung in bekannter Weise.

Nr. 479768. (C. 35528.) Kl. 12m, 6.

I. G. FARBENINDUSTRIE AKT.-GES. IN FRANKFURT A. M.

Erfinder: Dr. Heinrich Specketer in Frankfurt a. M.-Griesheim.

Verfahren zur Herstellung nahezu eisenfreier Tonerde.

Vom 14. Okt. 1924. — Erteilt am 27. Juni 1929. — Ausgegeben am 25. Juli 1929. — **Erloschen: 1933.**

Durch Patent 357900 ist ein Verfahren zur Herstellung fast eisenfreier Tonerde bekannt geworden, welches darauf beruht, daß man in eisenhaltigen Tonerdesalzlösungen, die durch Aufschließen von Ton oder tonerdehaltigen Mineralien in Säuren, besonders Salzsäure, erhalten worden sind, die Eisenoxydsalze zu Eisenoxydulsalzen reduziert, worauf man die Lösung eindampft und schließlich unter Luftabschluß thermisch zersetzt. Es kann dann das verbliebene Ferrosalz durch Auslaugen mit Wasser von der unlöslicnen, fast eisenfreien Tonerde getrennt werden.

Dieses Verfahren bietet für die Durchführung in der Technik Nachteile insofern, als es schwierig ist, die thermische Zersetzung unter dem erforderlichen Luftabschluß zu bewerkstelligen, da man für salzsaure Lösungen kein Metall kennt, das als von außen beheizbares Behältermaterial (z. B. Muffel) verwendbar ist und nicht angegriffen wird.

Eingehende Versuche haben nun ergeben, daß das Verfahren nach obengenanntem Patent in technisch und wirtschaftlich einfacherer Weise durchgeführt werden kann, wenn es dahin abgeändert wird, daß man die thermische Zersetzung des Aluminiumchlorids in ständiger, unmittelbarer Berührung des Zersetzungsgutes mit heißen Gasen durchführt, welche nicht nur keine oxydierenden, sondern tatsächlich reduzierende Eigenschaften gegen Eisenoxyd besitzen. In Frage kommen daher in erster Linie wasserfreie Heizgase, damit eine Einwirkung des Wasserdampfes im Sinne der Oxydbildung vermieden wird. Diese Abänderung ist durch die neue Erkenntnis möglich geworden, daß ohne Gefahr für die Güte des Enderzeugnisses die Temperatur wesentlich über 300° gesteigert werden kann, da in wasserfreien reduzierenden Gasen Eisenchlorür selbst bis über Rotglut hinaus beständig ist. Es kommt daher auf Einhaltung enger Temperaturgrenzen nicht an, und man kann nach Bedarf die Temperatur so einstellen, daß ein etwa noch vorhandener Eisenoxydgehalt wieder beseitigt wird: bei höherer Temperatur als 300° wird außerdem die Zersetzung des Aluminiumchlorids vollständig, so daß Tonerdeverluste vermieden werden.

Die Ausführung des vorliegenden Verfahrens geschieht beispielsweise in der Art, daß man die Lösung eines mit Salzsäure ausgeführten Tonaufschlusses mit Schwefelwasserstoff oder einem anderen Reduktionsmittel reduziert. Die Lösung wird vorzugsweise unter Vermeidung von Luftzutritt eingedampft und unter entsprechender Verteilung in einem säurefest ausgekleideten Spritzturm, etwa ähnlich dem Gaillard-Turm, oder aber in einem Drehrohrofen thermisch zersetzt, wobei in jedem Falle die Erzeugung der für die Zersetzung benötigten Heizgase so geleitet wird, daß sich in ihnen ein, wenn auch nur geringer Überschuß von Kohlenoxyd, Wasserstoff oder einem anderen beigemengten, reduzierenden Gas befindet. Die Leitung der Verbrennung des Heizmittels in der gewünschten Richtung kann man leicht, z. B. mit Hilfe der bekannten Vorrichtungen für flammenlose Verbrennung, vornehmen, welche für die Beseitigung von unverbrauchten Sauerstoffresten die größte Gewähr bietet. Auf diese Weise erzielt man die Zersetzung unter günstigster Wärmeausnützung mit Hilfe einfacher und haltbarer Vorrichtungen. Man erhält nach Auslaugung des Reaktionsproduktes mit Wasser unter Zusatz von wenig Salzsäure eine Lösung, in der nahezu das gesamte Eisen enthalten ist, und eine Tonerde mit einem Eisengehalt entsprechend etwa 0,2 bis 0,4 % Fe_2O_3. Gegebenenfalls kann man dieses Produkt durch Erhitzen im Chlorstrom oder mit salzsäurehaltiger Luft noch weiter von Eisenoxyd reinigen. Das entfallende Eisenchlorür kann man verwerten oder durch thermische Zersetzung in Eisenoxyd und Salzsäure zerlegen.

Es ist bereits vorgeschlagen worden, im Vakuum vorsichtig auf 150° getrocknetes Aluminiumsulfat bei Temperaturen von 800 bis 1000° reduzierenden Gasen, die Luft, andere sauerstoffhaltige Gase oder Kohlendioxyd enthalten können, auszusetzen. Hierbei entstehen als Reaktionsprodukte neben Tonerde Eisenoxyd, Schwefel, Schwefelwasserstoff usw. Demgegenüber wird bei der vorliegenden Erfindung die Reduktion des vorhandenen Eisenchlorids bereits in der Aluminiumchloridlösung vor dem Erhitzen vorgenommen. Die rein thermische Zersetzung des Aluminiumchlorids erfolgt dann, um jede Spur von Sauerstoff auszuschließen, in Gegenwart von reduzierenden Gasen bei relativ niederer Temperatur. Die Erzeugung von Reduktionsprodukten, wie Schwefel usw., durch reduzierende Gase kommt hierbei natürlich nicht in Frage. Die benutzten reduzierend wirkenden Gase haben nur den Zweck, jeden Zutritt von Sauerstoff auszuschließen und die Oxydation der vorher im Laufe des Verfahrens erzeugten Ferroform der Eisensalze zu verhindern. Selbst kleinste Mengen von Sauerstoff würden eine Oxydation des Ferrosalzes zu Ferrisalz bewirken und damit eine Zersetzung des Eisensalzes herbeiführen, die gerade vermieden werden soll.

Patentanspruch:

Verfahren zur Herstellung nahezu eisenfreier Tonerde durch Aufschließen von Ton oder ähnlichen tonerdehaltigen Stoffen mit Salzsäure, Reduzieren des Eisenchlorids zu Eisenchlorür, Eindampfen der eisenhaltigen Lösung von Aluminiumchlorid, thermische Zersetzung desselben und nachfolgende Trennung der Tonerde von dem löslichen Eisenchlorür, dadurch gekennzeichnet, daß die thermische Zersetzung des Aluminiumchlorids unter unmittelbarer Berührung mit heißen, reduzierend wirkenden Gasen durchgeführt wird.

D. R. P. 357900, B. II, 1781.

Nr. 484057. (C. 36073.) Kl. 12m, 6.

I. G. Farbenindustrie Akt.-Ges. in Frankfurt a. M.

Erfinder: Dr. Heinrich Speeketer und Dr. Fritz Roßteutscher in Frankfurt a. M.-Griesheim.

Verfahren zur Herstellung nahezu eisenfreier Tonerde.

Zusatz zum Patent 479768.

Vom 22. Jan. 1925. — Erteilt am 26. Sept. 1929. — Ausgegeben am 14. Okt. 1929. — Erloschen: 1933.

In dem Hauptpatent 479768 ist ein Verfahren zur Herstellung nahezu eisenfreier Tonerde beschrieben, welches darin besteht, daß man Ton oder tonerdehaltige Stoffe mit Salzsäure aufschließt, mit Schwefelwasserstoff oder anderen Reduktionsmitteln das Ferrisalz zu Ferrosalz reduziert, die eisenhaltige Aluminiumsalzlösung eindampft und hierauf thermisch zersetzt, wobei man die thermische Zersetzung unter unmittelbarer Berührung mit heißen, reduzierend wirkenden Gasen durchführt. Wie in diesem Patent ausgeführt ist, kann man das erhaltene Produkt durch Erhitzen im Chlorstrom oder mit salzsäurehaltiger Luft weiter reinigen, nachdem das Ferrosalz durch Auswaschen entfernt worden ist.

Es wurde in weiterer Ausbildung des Verfahrens gefunden, daß man vorteilhafterweise auch so verfahren kann, daß man das Tonerde, Eisenchlorür und etwas Eisenoxyd enthaltende Gemisch, ohne das Eisenchlorür auszuwaschen, mit Chlor in der Hitze behandelt, wobei das Eisen als Eisenchlorid verflüchtigt wird. Die zurückbleibende Tonerde wird darauf bei etwa 1 200 bis 1 300 kalziniert.

Weiter wurde gefunden, daß man auch auf die Reduktion des Eisenchlorids durch reduzierende Mittel verzichten kann, ebenso auf das Eindampfen unter Luftabschluß oder in unmittelbarer Berührung mit heißen reduzierenden Gasen, indem man die filtrierte salzsaure Tonaufschlußlösung unmittelbar thermisch zersetzt und die Mischung von Tonerde und Eisenoxyd in der Hitze mit Chlor behandelt.

PATENTANSPRUCH:

Weitere Ausbildung des Verfahrens zur Herstellung nahezu eisenfreier Tonerde gemäß Patent 479 768, dadurch gekennzeichnet, daß man die durch die thermische Zersetzung erhaltene Mischung von Eisenchlorür und Tonerde ohne Auswaschung des Eisenchlorürs unmittelbar in der Hitze mit Chlor behandelt.

Nr. 505210. (H. 122252.) Kl. 12m, 6. HEINRICH HACKL IN HEUFELD, OBERBAYERN.

Abscheidung von Eisen aus den Ablaugen der Bleicherdeerzeugung.

Vom 28. Juni 1929. — Erteilt am 31. Juli 1930. — Ausgegeben am 15. Aug. 1930. — Erloschen: . . . .

Die chloridischen Ablaugen von der Bleicherdeerzeugung gestatten die wirtschaftliche Verarbeitung nur, wenn das Aluminiumchlorid, das als wesentlicher Bestandteil darin enthalten ist, auf thermischem Wege in seine Komponenten gespaltet wird, und zwar so, daß neben Salzsäure die Tonerde in reinem Zustande gewonnen wird.

Die Verunreinigungen dieser Laugen bestehen im wesentlichen aus den Chloriden des Eisens, des Calciums und des Magnesiums, von denen das erstere überwiegend ist. Die thermische Zersetzung kann so geführt werden, daß Kalk und Magnesia nicht störend sind.

Das Eisenchlorid macht jedoch die unmittelbare Verarbeitung unmöglich, da es sich in der Hitze zum Teil ebenso in seine Komponenten zerlegt wie das Aluminiumchlorid und daher die Tonerde verunreinigt, zum Teil überdestilliert und daher auch die Salzsäure eisenhaltig macht.

Es ist bekannt, daß Tonerde auf Eisen als Oxydsalz in Laugen fällend wirkt, und zwar je nach ihrer Art besser oder schlechter. Diese Reaktion braucht jedoch im allgemeinen lange Zeit Tonerde in größerem Überschuß und ist trotzdem sehr unvollständig, oder es ist höhere Temperatur, das ist Druck, beim Kochen schwefelsaurer Laugen notwendig, ohne daß auch dann die Reaktion wegen des Gleichgewichtszustandes bei höherer Temperatur weit genug verläuft. Was jedoch diese Reaktion für den technischen Gebrauch bei chloridischen Laugen unmöglich macht, ist der Umstand, daß das Eisen sich dabei so schleimig ausscheidet, daß Lauge und Niederschlag nicht zu trennen sind.

Demgegenüber wurde gefunden, daß man vor allem eine höchst reaktionsfähige Tonerde bekommt, wenn die beim Calcinierprozeß anfallende Tonerde hydratisiert wird. Es ist nicht wesentlich für den Verlauf, daß man die Tonerde, wie sie beim Calcinieren anfällt, zuerst auswäscht, um die Fremdsalze zu entfernen, ebenso nicht, daß sie vorher mit Wasser behandelt wird, da die Hydratisierung auch in der Lauge selbst vor sich geht. Eine so im Kreislauf des Prozesses verbleibende Tonerde fällt bereits zwischen 40 und 50° C aus den Rohlaugen in kürzester Zeit das Eisen, und zwar bis unter 0,1 % Fe.

Die weitere Reinigung der Lauge von Eisen ist dann in bekannter Weise, z. B. mit Blutlaugensalz, leicht zu bewerkstelligen.

Das wesentlichste Merkmal der vorliegenden Erfindung besteht jedoch in der Erkenntnis, daß mit Tonerde und selbst bei den erwähnten niedrigen Temperaturen keine schleimigen, unfiltrierbaren Eisenniederschläge entstehen, sondern solche, welche sich auf jede Art gut von der Lauge trennen lassen, wenn nicht rein chloridische Laugen behandelt werden, sondern solche, welche einen gewissen Schwefelsäuregehalt haben. Denn dann fällt das Eisen in der Hauptsache als basischschwefelsaures Eisen aus, das die Eigenschaft des guten Filtrierens hat. Es muß nur wenigstens so viel Schwefelsäure vorhanden sein, wie sie im wesentlichen der Verbindung $Fe_2O_3 \cdot 1\ SO_3$ entspricht. Es ist gleichgültig, ob der Schwefelsäuregehalt bereits in der Salzsäure vorhanden war, ob die Schwefelsäure zum Kochen der Bleicherde oder nach dem Kochen zugesetzt wurde und ob dies in Form von Schwefelsäure, schwefelsaurer

Tonerde, als schwefelsaure Ablauge oder in irgendeiner anderen passenden Verbindung der Schwefelsäure geschieht.

Beispielsweise werden $2^1/_2$ m^3 einer Ablauge, die im Liter 29 g Al_2O_3, 12 g Fe_2O_3 und die üblichen Mengen Kalk und Magnesia als Chloride mit nur 2 g H_2SO_4 gebunden enthält, mit 300 l einer schwefelsauren Ablauge versetzt, die im Liter etwa 100 g H_2SO_4 gebunden enthält. Geringe Mengen von Eisenoxydul werden in passender Weise oxydiert, z. B. mit Wasserstoffsuperoxyd, und diese Lauge wird nun bei 50° durch mehrere Stunden mit der entsprechenden Menge Tonerde in kleinem Überschusse gerührt, wobei das Eisen allmählich in der Lauge unter 0,1 % sinkt und sich nun als gelber Niederschlag findet, der vorzüglich filtriert. Die Tonerde entstammt dem Calcinierrückstande aus dieser Lauge und wird vor Anwendung vorteilhaft naß gemahlen und ausgewaschen. Man wendet vorteilhaft etwas mehr Tonerde an, als Eisenoxyd auszufällen ist, da geringe Mengen von freier Säure in der Lauge zu neutralisieren sind und sich von dem nach der Fällung verbleibenden Überschuß wegen der hohen Reaktionsfähigkeit dieser Tonerde noch ein Teil in der Lauge auflöst. Im vorliegenden Falle nimmt man daher etwa 15 g Tonerde für je 1 l Lauge.

Von bisher bekannten Vorschlägen über Rückverwertung eines Teiles des Calcinierrückstandes, der aus den Laugen selbst gewonnen ist, unterscheidet sich das vorliegende Verfahren dadurch, daß es nicht darauf abzielt, die Lauge neutral zu machen, um eine vorzeitige Destillation der freien Salzsäure beim Eindampfen der Lauge zu verhindern. Es ist an sich bekannt, Eisen aus schwefelsauren Tonerdelösungen mit Aluminiumhydroxyd zu fällen.

PATENTANSPRÜCHE:

1. Verfahren zur Abscheidung des Eisens aus den Chloridablaugen der Bleicherde, dadurch gekennzeichnet, daß die Fällung in Laugen vorgenommen wird, die wenigstens einen solchen Schwefelsäuregehalt aufweisen, daß das Eisen im Wesen als basisch-schwefelsaures Eisen ausfällt.

2. Verfahren gemäß Anspruch 1, dadurch gekennzeichnet, daß die bei der thermischen Zersetzung der Ablauge erhaltene Tonerde zur Fällung verwendet wird.

Nr. 554571. (S. 97066.) Kl. 12m, 6. ALTERRA A.-G. IN LUXEMBURG.

Entfernen der Kieselsäure aus Gemischen von Kieselsäurehydrat und Aluminiumhydroxyd.

Vom 10. Aug. 1930. — Erteilt am 23. Juni 1932. — Ausgegeben am 13. Juli 1932. — Erloschen: . . . .
Österreichische Priorität vom 26. Juli 1930 beansprucht.

Gegenstand der Erfindung ist ein Verfahren zur Trennung des Aluminiumhydroxyds von der Kieselsäure, das einfacher und vollkommener als die bekannten Methoden zum Ziele führt und daher zur technischen Gewinnung von für die Aluminiumelektrolyse hinreichend reiner Tonerde aus kieselsäurehaltigen Lösungen von Aluminiumhydroxyd geeignet ist. Insbesondere ist das Verfahren zur abschließenden Reinigung von Lösungen bestimmt, wie sie sich beim Aufschluß von tonsubstanzhaltigen Gesteinsarten von der Art der Kaoline und Tone ergeben, und zwar vorzugsweise unter Verwendung von schwefliger Säure als Aufschlußmittel.

Die Kieselsäure ist ein sehr hartnäckiger Begleiter des Aluminiumhydroxyds. Sie geht beim Auflösen dieser Verbindung bzw. von basischem Aluminiumsulfit mit in Lösung und fällt bei der Wiederausfällung des Aluminiumhydroxyds mit diesem aus. Zur Beseitigung dieser Schwierigkeit wurde in der amerikanischen Patentschrift 1 090 479 vorgeschlagen, das Gemisch von Aluminiumhydroxyd und Kieselsäurehydrat auf eine Temperatur von ungefähr 120° C zu erhitzen, um die beiden Hydrate zum Teil zu entwässern; aus dem so vorbehandelten Gemisch soll dann durch schweflige Säure nur der Aluminiumanteil herausgelöst werden. Abgesehen davon, daß bei diesem bekannten Verfahren recht beträchtliche Wassermengen, die in den Hydraten enthalten sind, verdampft werden müssen, scheitert seine Ausführung in der Praxis an der Unmöglichkeit, zwei einander widerstreitende Bedingungen, nämlich die möglichst vollständige Entwässerung des Kieselsäurehydrates unter Belassung eines erheblichen Wassergehaltes in der Tonerde, gleichzeitig zu erfüllen. Wird nämlich so lange erhitzt, bis die Kieselsäure unlöslich geworden ist, so ist auch die mitentwässerte Tonerde in schwefliger Säure nicht mehr löslich. Werden hingegen die Versuchsbedingungen so gewählt, daß in der Tonerde noch ein ansehnlicher Wassergehalt verbleibt, so geht auch die Kieselsäure wieder in Lösung und ist daher auch im Endprodukt als störende Verunreinigung vorhanden. Gänzlich wertlos ist die oftmalige Wiederholung dieser Behandlung, da weder eine systematische Anreicherung an Kieselsäure noch an Tonerde durch diesen Arbeitsgang irgendwie erreichbar ist.

Die neue Methode gemäß der vorliegenden Erfindung macht von der Entwässerung der Hydroxyde keinen Gebrauch. Vielmehr wird das durch Erhitzen der Lösung gefällte Gemisch von Aluminiumhydroxyd und Kieselsäurehydrat zwecks Trennung des Aluminiums von der Kieselsäure mit seinem ganzen Wassergehalt, und zwar vorzugsweise in möglichst frischem Zustand, d. h. ohne Alterung, in wäßriger schwefliger Säure neuerdings gelöst, wobei zweckmäßig nur ein geringer Überschuß an Säure verwendet wird. Hierbei geht auch ein großer Teil der Kieselsäure wieder in Lösung. Die vom Ungelösten abgetrennte Lösung wird nun unter Bedingungen, die ein Entweichen von SO_2 praktisch ausschließen, nämlich unter Druck, bei allmählich steigender Temperatur erhitzt, bis sie sich trübt und schließlich durch Koagulation ein Niederschlag ausgeschieden wird. Bei richtiger Wahl des Verhältnisses der SO_2-Konzentration zum Aluminiumanteil besteht dieser Niederschlag zum weitaus größten Teil aus Kieselsäure und nur zu einem kleinen Teil aus Aluminiumhydroxyd, das aber beim Erkalten wieder gelöst wird, wogegen die Kieselsäure ungelöst bleibt. Man beläßt also die Lösung zweckmäßig bis zur Abkühlung in Berührung mit dem Niederschlag, um sie erst hernach von demselben abzusondern.

Bei diesem Trennungsgang hängt viel davon ab, daß der Überschuß an schwefliger Säure zur Auflösung des frisch gefällten Gemisches von Aluminiumhydroxyd und Kieselsäurehydrat richtig gewählt wird. Ist der Überschuß zu reichlich, so beginnt die Kieselsäureausscheidung erst bei zu hoher Temperatur, ist zu wenig schweflige Säure zugegen, so beginnt sie zu früh. In beiden Fällen ist die Ausscheidung nicht vollständig.

Man kann diesen Koagulationsprozeß besonders vorteilhaft auch so ausführen, daß das Entweichen von SO_2 beim Erhitzen der auf den gehörigen SO_2-Überschuß eingestellten Lösung nicht vollkommen vermieden, sondern der Lösung beim Erhitzen ein beschränkter Anteil der schwefligen Säure entzogen und während des Erkaltens wieder zugeführt wird. Unter diesen Umständen fällt zunächst eine größere Menge des Aluminiumhydroxyds mit aus, die sich aber bei der Nachsättigung der erkaltenden Lösung wieder auflöst. Diese Austreibung und Wiederauflösung eines Anteiles der schwefligen Säure, die den Vorteil hat, daß die Koagulation der Kieselsäure durch Erhitzen leichter zu regeln ist, wird am einfachsten derart bewerkstelligt, daß man die Erhitzung in einem geschlossenen Gefäß vor sich gehen läßt, dessen Gasraum im Verhältnis zum Flüssigkeitsraum entsprechend groß bemessen ist. Das beim Erhitzen entweichende Schwefeldioxyd sammelt sich im Gasraum an und wird hernach von der erkaltenden Lösung wieder aufgenommen.

Der Wärmebedarf des Koagulationsprozesses wird vorteilhaft durch Wärmeaustausch vermindert, indem man die zuströmende Lösung durch den Wärmeinhalt der abströmenden Flüssigkeit vorwärmt.

Wenn man die Kieselsäureabscheidung in der beschriebenen Weise wiederholt, so kann man zu einer Tonerde von höchster Reinheit, die für alle chemischen Zwecke geeignet ist, gelangen. Das Aluminiumhydroxyd wird in bekannter Weise entweder auf calcinierte Tonerde oder auf Aluminiumsalze verarbeitet.

Das Verfahren wird an dem Beispiel der Reinigung einer ungeglühten Rohtonerde, die Kieselsäure, Eisenoxyd und Titandioxyd enthält, näher erläutert. Es ist für die Durchführung des Verfahrens belanglos, ob diese Rohtonerde aus einem sauren, alkalischen oder andersartigen Aufschlußprozeß eines tonerdehaltigen Rohmaterials herstammt.

100 kg einer Rohtonerde, die einen Wassergehalt von ungefähr 120 % hatte und deren wasserfreier Anteil die Zusammensetzung 91,7 % Al_2O_3, 7,8 % SiO_2, 0,09 % Fe_2O_3, 0,02 % TiO_2, 0,3 % S zeigte, wurden in nicht ganz 7 m^3 einer 1%igen wäßrigen, schwefligen Säure gelöst und von der ungelösten Kieselsäure abfiltriert. Die verbleibende Lösung enthielt 6,1 g Al_2O_3 und 9,2 g SO_2 im Liter, kann aber bei Anwendung von stärkerer schwefliger Säure, von erhöhter Temperatur und gegebenenfalls auch von erhöhtem Druck bedeutend mehr Aluminiumoxyd enthalten. Die sorgfältige Einstellung des Verhältnisses von Aluminiumoxyd zu schwefliger Säure, die für den Erfolg des Verfahrens sehr wichtig ist, wird entweder in der Weise vorgenommen, daß man die Rohtonerde in einer auf den zu lösenden Tonerdeanteil bezogenen genau bemessenen Menge von schwefliger Säure auflöst oder daß man einen Überschuß von schwefliger Säure verwendet und diesen hernach durch Austreiben in bekannter Weise entfernt. Am

zweckmäßigsten verfährt man derart, daß die Lösung auf ungefähr 80° C erhitzt und vollständig entgast wird. Aus Lösungen, in welchen das Verhältnis von Al_2O_3 zu SO_2 richtig eingestellt wurde, fällt auch bei Anwendung eines gelinden Vakuums keine Tonerde aus.

Die Lösung wird nun in einen Gegenstromwärmeaustauscher hineingepumpt, in welchem sie durch die vom erhitzten Druckkessel abströmende Flüssigkeit allmählich vorgewärmt wird. Bei langsamer Steigerung der Temperatur beginnt die Lösung unter ihrem Dampfdruck sich bei 120 bis 130° unter Abscheidung von Kieselsäureflocken zu trüben. Diese Trübung nimmt mit steigender Temperatur allmählich zu und erreicht schließlich bei 140 bis 175° C (je nach ihrem SO_2-Gehalt in bezug auf den Aluminiumoxydgehalt) ihr Maximum. Bei zu großem Überschuß an schwefliger Säure beginnt die thermische Zersetzung des SO_2, bevor noch die Kieselsäure sich vollständig ausscheiden konnte. Bei zu geringem SO_2-Gehalt scheidet sich auch Aluminiumhydroxyd infolge Hydrolyse ab, in welchem Falle die Kieselsäureabscheidung ebenfalls unvollständig bleibt.

Aus dem Wärmeaustauscher wird die Flüssigkeit mit 80° C abgezogen, von der ausgeschiedenen Kieselsäure durch Filtration befreit und schließlich die schweflige Säure in einer Kolonne möglichst vollständig abgetrieben und zurückgewonnen.

Nach dem Waschen und Glühen hatte die Tonerde die folgende Zusammensetzung: 99,91 % Al_2O_3, 0,015 % Fe_2O_3 und 0,07 % SiO_2. Die Ausbeute an Reintonerde betrug 93 % der theoretischen.

PATENTANSPRÜCHE:

1. Entfernung der Kieselsäure aus Gemischen von Kieselsäurehydrat und Aluminiumhydroxyd durch Auflösen in schwefliger Säure, Abtrennung vom Ungelösten und nachfolgendes Erhitzen der Lösung, dadurch gekennzeichnet, daß das Gemisch ohne vorherige künstliche Trocknung, vorzugsweise in frisch gefälltem Zustand, in wäßriger schwefliger Säure gelöst und die Lösung unter Druck in einem geschlossenen Behälter bei allmählich über 100° C steigender Temperatur bis zur beginnenden Trübung und schließlichen Koagulation der Kieselsäure erhitzt wird, worauf man zweckmäßig die Lösung in Berührung mit dem entstandenen Niederschlag gänzlich oder teilweise abkühlen läßt und dann erst filtriert.

2. Ausführungsform des Verfahrens nach Anspruch 1, dadurch gekennzeichnet, daß der Lösung während des Erhitzens ein Anteil des SO_2 entzogen und während des Abkühlens wieder zugeführt wird, beispielsweise durch Erhitzen der Lösung in einem solchen geschlossenen Gefäß, dessen Gasraum im Verhältnis zum Flüssigkeitsraum groß bemessen ist.

3. Ausführungsform des Verfahrens nach den Ansprüchen 1 und 2, dadurch gekennzeichnet, daß die zur Koagulation der Kieselsäure notwendige allmähliche Temperatursteigerung in der Weise hervorgerufen wird, daß man die zuströmende Lösung vorerst durch den Wärmeinhalt der abströmenden Flüssigkeit vorwärmt.

F. P. 720522.

Nr. 557004. (M. 107539.) Kl. 12m, 6. METALLGESELLSCHAFT A. G. IN FRANKFURT A. M.

Erfinder: Dr. Hans Lehrecke in Frankfurt a. M.

Trennung von Aluminium und Phosphorsäure.

Vom 20. Nov. 1928. — Erteilt am 28. Juli 1932. — Ausgegeben am 17. Aug. 1932. — Erloschen: . . .

Gegenstand der Erfindung ist ein Verfahren zur getrennten Gewinnung von Aluminium und Phosphorsäure aus diese Bestandteile enthaltenden Stoffen, welches dadurch gekennzeichnet ist, daß die Trennung des Aluminiums von der Phosphorsäure aus Lösungen, die Aluminium in Form eines beliebigen Salzes und freie Phosphorsäure oder ein lösliches Phosphat enthalten, durch Ausfällen des Aluminiums in Form eines Doppelfluorides mit Hilfe von Fluoralkaliverbindungen erfolgt.

Es ist schon vorgeschlagen worden, aus durch Aufschluß von tonerdehaltigen Rohstoffen mit Mineralsäure erhaltenen Lösungen von Aluminium- und Eisensalzen in Gegenwart freier Mineralsäure (nicht Phosphorsäure) durch Zugabe von Fluorverbindungen und Natrium- oder Kaliumsalzen Aluminium in Form eines eisenfreien Aluminiumnatrium- oder Aluminiumkalium-Doppelfluorides auszufällen.

Auch ist schon vorgeschlagen worden, zur Trennung des Aluminiums von vorhandener Phosphorsäure das Aluminium aus den phosphorsäurehaltigen Lösungen. z. B. vermittels

Ammoniak, auszufällen. Indessen hat es sich gezeigt, daß hierbei nicht nur Aluminiumhydroxyd und eine Lösung von Ammoniumphosphat, sondern stets auch ein größerer Anteil von unlöslichem Aluminiumphosphat entsteht, wodurch die Trennung unmöglich gemacht wird.

Nach der Erfindung erfolgt die Trennung des Aluminiums von der Phosphorsäure aus Aluminiumsalz und Phosphorsäure oder Phosphate enthaltenden Lösungen ohne jede Schwierigkeit durch Ausfällung des Aluminiums in Form eines Doppelfluorides, z. B. als Aluminiumnatriumfluorid (nach Art des Kryoliths), wobei die Ausfällung des Aluminiums eine vollständige ist, ohne daß Phosphorsäure mit in den Niederschlag geht.

Erfindungsgemäß wird folgendermaßen gearbeitet:

1. Zu einer Lösung von Aluminiumsalz, z. B. -sulfat, und Phosphorsäure wird, z. B. bei normaler Temperatur oder in der Wärme, so viel Natriumfluorid in fester Form oder z. B. in gesättigter Lösung gegeben, daß 6 Mol. oder mehr NaF auf 1 Atom Aluminium kommen. Das ausfallende Aluminiumnatriumfluorid kann leicht abfiltriert werden. Im Filtrat verbleibt die gesamte Menge der Phosphorsäure und das Natriumsalz derjenigen Säure, an die das Aluminium gebunden war.

Die Reaktion verläuft hierbei z. B. bei Verwendung einer Lösung von Aluminiumsulfat und Phosphorsäure wie folgt:

$$Al_2(SO_4)_3 + x\,H_3PO_4 + 12\,NaF = 2\,(AlF_3 \cdot 3\,NaF) + 3\,(Na_2SO_4) + x\,H_3PO_4.$$

2. Oder die Lösung wird mit so viel Chlornatrium versetzt, daß auf 1 Atom vorhandenes Aluminium 3 Mole oder mehr Chlornatrium kommen. Hierauf wird zu der zweckmäßig erhitzten Lösung Fluorwasserstoffsäure gegeben, und zwar mindestens so viel, wie zur Bildung von $AlF_3 \cdot 3\,NaF$ aus dem vorhandenen Aluminiumsalz und Chlornatrium notwendig ist. Die Reaktion verläuft dabei nach der Gleichung:

$$Al_2(SO_4)_3 + 6\,NaCl + 12\,HF = 2\,(AlF_3 \cdot 3\,NaF) + 3\,H_2SO_4 + 6\,HCl$$

oder nach der Gleichung:

$$Al_2(SO_4)_3 + 12\,NaCl + 12\,HF = 2\,(AlF_3 \cdot 3\,NaF) + 12\,HCl + 3\,Na_2SO_4$$

oder auch, je nach der Menge des vorhandenen NaCl, nach einer beliebigen Zwischengleichung.

3. Wenn das Aluminium von Anfang an als Fluorid in der Lösung vorliegt, empfiehlt es sich, der Lösung nur diejenige Menge Fluornatrium in fester Form oder in Lösung hinzuzufügen, die einem Molekularverhältnis von 3 Mol. NaF auf 1 Mol. AlF_3 entspricht. Ein Überschuß an Fluornatrium beschleunigt die Ausfällung des Aluminiumnatriumfluorids.

Die Möglichkeit, nach dem beschriebenen Verfahren Aluminium aus Phosphorsäure bzw. phosphathaltigen Lösungen in Form einer unlöslichen Verbindung vollkommen abzuscheiden, gewinnt ihre besondere technische Bedeutung dadurch, daß auf diesem Wege die reichlich vorkommenden, natürlichen tonerdehaltigen Phosphate auf ihre wertvollen Bestandteile, Tonerde und Phosphorsäure, verarbeitet werden können, was bisher nicht möglich war. Auch konnten solche Phosphate nicht auf Düngemittel verarbeitet werden, weil die nachträgliche Bildung von unlöslichen Verbindungen des Aluminiums mit der Phosphorsäure die Aufschlußwirkung wieder zurückgehen läßt.

Die entstehende aluminiumfreie Phosphorsäure- bzw. Phosphatlösung kann nach bekannten Vertahren z. B. auf konzentrierte Phosphorsäure oder auf Phosphate oder auf Doppelsuperphosphat verarbeitet werden.

Das abgeschiedene Aluminiumnatriumfluorid kann als solches verwendet werden, z. B. als Flußmittel bei der Aluminiumelektrolyse oder zur Herstellung von Milch- oder Emailleglas. Auch können daraus die Bestandteile in verwertbarer Form wiedergewonnen werden, z. B. nach bekannten Verfahren durch Umsetzung mit Calciumcarbonat oder -oxyd in der Hitze zu Natriumaluminat und Calciumfluorid.

Aus der hierbei erhaltenen Lösung des Aluminats wird durch Einleiten von Kohlensäure Tonerde und Soda gebildet. Das erhaltene Calciumfluorid wird mit Siliciumtetrafluorid und Chlornatrium zu Natriumsilicofluorid umgesetzt und dies durch Erhitzen aufgespalten einerseits in Natriumfluorid, welches wieder zur Ausfällung von Aluminiumnatriumfluorid benutzt werden kann, und anderseits in Siliciumtetrafluorid, welches mit neuem Calciumfluorid und Chlornatrium wiederum zu Kieselfluornatrium umgesetzt werden kann.

Das durch Wärmespaltung des Kieselfluornatriums entstandene Siliciumtetrafluorid kann auch zum Teil zum Aufschluß des Rohmaterials verwendet werden, während das gleichzeitig gebildete Fluornatrium zur späteren Ausfällung von Aluminiumnatriumfluorid benutzt werden kann. Das überschüssig verbliebene Siliciumtetrafluorid kann von neuem mit Calciumfluorid aus der Kryolithaufspaltung und Chlornatrium zu Kieselfluornatrium umgewandelt werden.

Beim Arbeiten nach dem oben beschriebenen Verfahren stellt man zweckmäßig aus dem beim Aufschluß des Kryoliths anfallenden Calciumfluorid mit der Schwefelsäure die für den Aufschluß z. B. von Aluminiumphosphat benötigte Flußsäure dar.

Beispiel

1000 kg eines Rohmaterials, das 250 kg Al_2O_3 (als Phosphat und Silikat) und 300 kg P_2O_5 (als Aluminium- und Calciumphosphat) sowie 100 kg CaO (als Phosphat oder Carbonat) enthält, werden mit 890 kg H_2SO_4, z. B. in Form einer Säure, spez. Gew. 1,530, aufgeschlossen. Nach dem Auswaschen erhält man 3,5 bis 4 cbm einer Lösung, die 230 kg Al_2O_3 als Sulfat und 285 kg P_2O_5 als Phosphorsäure (H_3PO_4) enthält. Die unlöslichen Rückstände (Kieselsäure und Calciumsulfat) werden nach bekannten Verfahren, z. B. durch Filtration oder Dekantation von der Lösung abgetrennt.

Der Lösung setzt man nun 1200 kg Natriumfluorid in fester Form oder in Form einer z. B. konzentrierten Lösung zu. Es entstehen 940 kg Kryolith, die sich sehr leicht von der übrigen Lösung abtrennen lassen. In dieser bleiben 1025 kg Natriumsulfat und 285 kg P_2O_5 als Phosphorsäure gelöst.

Der Kryolith wird als solcher, gegebenenfalls nach vorheriger Raffination, weiterverwandt oder aber nach bekannten Methoden, z. B. mittels Calciumcarbonat, auf Tonerde, Flußspat und Soda verarbeitet. Es entstehen hierbei 220 kg Al_2O_3, 1035 kg Calciumfluorid und 715 kg Soda.

Das Calciumfluorid wird z. B. nach bekannten Verfahren auf Kieselfluornatrium und Natriumfluorid verarbeitet. So wird die gesamte, als Fluornatrium in das Verfahren eingebrachte Fluormenge wiedergewonnen.

Die Phosphorsäurelösung kann z. B. zur Herstellung phosphorsaurer Salze oder zur Herstellung von Doppelsuperphosphat verwendet werden. Im ersten Fall wird z. B. die gesamte vorhandene Phosphorsäure bereits in der Lösung in primäres Natriumphosphat umgewandelt, indem langsam etwa so viel Calciumcarbonat zugesetzt wird, wie einem Drittel der vorhandenen Phosphorsäure äquivalent ist. Es entsteht primär eine Lösung von Monocalciumphosphat, aus der das Calcium sofort durch Umsetzung mit dem vorhandenen Natriumsulfat als Calciumsulfat ausgefällt wird. In der Lösung verbleibt die Phosphorsäure als primäres Natriumphosphat.

Durch Zusatz von 200 kg Calciumcarbonat zu obiger Lösung kann so die vorhandene Phosphorsäure in 555 kg Mononatriumphosphat ($NaH_4PO_4 \cdot H_2O$) verwandelt werden. Der entstandene Gips wird von der Lösung abgetrennt, letztere dann eingedampft und das Natriumphosphat durch Kristallisation gewonnen.

Patentansprüche:

1. Verfahren zur Aufarbeitung von Lösungen, welche Aluminiumverbindungen und freie Phosphorsäure enthalten, insbesondere solcher, welche durch Aufschließen von aluminiumhaltigen Rohphosphaten mit Mineralsäure oder Siliciumtetrafluorid entstanden sind, dadurch gekennzeichnet, daß das Aluminium aus der freie Phosphorsäure und gegebenenfalls noch Phosphate enthaltenden Lösung nach an sich bekannten Umsatzreaktionen als Doppelfluorid, z. B. Aluminiumnatriumfluorid, ausgefällt wird.

2. Ausführungsform des Verfahrens nach Patentanspruch 1, dadurch gekennzeichnet, daß zur Aufarbeitung von Lösungen, welche das Aluminium als Fluorid enthalten, auf 1 Atom Al als Aluminiumfluorid, 3 Mole oder mehr Fluornatrium oder die entsprechenden Mengen von Kochsalz und Flußsäure angewendet werden.

3. Ausführungsform des Verfahrens nach Patentansprüchen 1 und 2, dadurch gekennzeichnet, daß zur Aufarbeitung von Lösungen, welche das Aluminium als Salz anderer Säuren als Fluorwasserstoffsäure enthalten, auf 1 Atom Al etwa 6 Mole oder mehr Fluornatrium oder 3 Mole oder mehr Chlornatrium und etwa 6 Mole oder mehr Fluorwasserstoffsäure angewendet werden.

4. Weitere Ausbildung des Verfahrens nach Patentansprüchen 1 bis 3, dadurch gekennzeichnet, daß bei der Aufarbeitung der Lösungen anfallendes Aluminiumdoppelfluorid in an sich bekannter Weise zu Aluminiumoxyd und Fluorverbindungen, wie z. B. Natriumfluorid, umgesetzt und die letzteren in den Prozeß zurückgeführt werden, z. B. derart, daß Natriumfluorid zur Ausfällung weiterer Mengen von Aluminiumdoppelfluorid aus den zu verarbeitenden Lösungen verwendet wird.

A. P. 1850017.

Nr. 479902. (C. 35707.) Kl. 12m, 6.

I. G. Farbenindustrie Akt.-Ges. in Frankfurt a. M.

Erfinder: Dr. Friedrich Hörner in Frankfurt a. M.-Griesheim.

Verfahren zur Verarbeitung technischer Aluminiumsalzlösungen auf reiner Tonerde.

Vom 16. Nov. 1924. — Erteilt am 4. Juli 1929. — Ausgegeben am 24. Juli 1929. — Erloschen: 1933.

Die durch Ammoniak aus technischen Aluminiumsalzlösungen erhaltene Fällung von Tonerde bereitet bekanntlich der Filtration und Auswaschung große Schwierigkeiten. Man hat vorgeschlagen, diesen Übelstand dadurch zu beheben, daß man die Aluminiumsalze in hochkonzentrierten Lösungen oder in fester Form mit Ammoniak in großem Überschuß und hoher Konzentration zur Reaktion bringt. Die für diese Arbeitsweise erforderlichen höchstkonzentrierten Aluminiumsalzlösungen verlangen Konzentrierungsanlagen für saure Lösungen und besondere Maßnahmen zur Wiedergewinnung des überschüssigen Ammoniaks.

Nach vorliegender Erfindung vermeidet man diese Übelstände, indem man so verfährt, daß Aluminiumsalzlösungen gewöhnlicher Konzentration, wie man sie z. B. durch Aufschluß tonerdehaltiger Mineralien mit Säuren unmittelbar erhält, durch Ammoniak oder Ammoniumcarbonat in geringem Überschuß ohne Wärmezufuhr gefällt werden, und daß der erhaltene Niederschlag in technisch filtrierbare Form gebracht wird. Dieser Fortschritt wird dadurch erreicht, daß man das Fällungsgemisch (Aluminiumsalzlösung + Ammoniak) zunächst in an sich bekannter Weise unmittelbar, d. h. ohne Filtration, zur Trockne bringt und sodann durch höhere Temperatur den Gelzustand der Hydroxyde aufhebt. Das Auswaschen der beigemengten Ammoniumsalze gelingt dann äußerst leicht, weil die Hydroxyde nunmehr eine sehr leicht filtrierbare, pulverförmige Substanz darstellen. Für den Erfolg ist es wesentlich, zu verhindern, daß die getrockneten Hydroxyde bei Berührung mit den Auswaschflüssigkeiten teilweise wieder in den Gelzustand übergehen. Dies wird erfindungsgemäß dadurch erreicht, daß die mit den Hydroxyden zunächst in Berührung kommenden Waschflüssigkeiten kleine Mengen Ammoniak oder Ammoniumcarbonat enthalten, während sie im weiteren Verlauf aus reinem Wasser bestehen können.

Eine weitere günstige Veränderung der physikalischen Beschaffenheit des Fällungsproduktes erreicht man durch Zumischung eines Teiles der im Verlauf des Verfahrens gewonnenen, von der Gelform befreiten Hydroxyde zum Fällungsgemisch. Hierdurch wird die Trocknung wesentlich erleichtert, und gleichzeitig wird das Produkt in einer Form erhalten, die bei Berührung mit schwach ammoniakalischen wäßrigen Lösungen auffallend rasch zu einer feinpulverigen Masse zerfällt.

Die günstige Veränderung des Fällungsproduktes durch Zumischung eines Teiles der getrockneten Hydroxyde einer vorausgehenden Operation gestattet ferner, die Flüssigkeit aus dem Reaktionsprodukt durch Filtration weitgehend zu entfernen. Für die beabsichtigte Wirkung ist es gleichgültig, ob die getrockneten Hydroxyde zugleich mit der Ammoniakflüssigkeit oder nachträglich zugeführt werden. Die gegebenenfalls von der Flüssigkeit durch Filtration getrennten Hydroxyde werden ebenfalls durch Trocknen bei höherer Temperatur vom Gelzustand befreit und dann durch Auswaschen, wie oben angegeben, von den Ammoniumsalzen getrennt.

Ist man bei der Durchführung des Verfahrens von eisenhaltigen Aluminiumsalzlösungen ausgegangen, so geht das Eisen in den Tonerdeniederschlag über, ohne seine günstige Ausscheidungsform nachteilig zu beeinflussen. Man kann dann nach bekannten Verfahren auf dem Wege über das Aluminat die Trennung von Tonerde und Eisenoxyd herbeiführen und zu reiner Tonerde gelangen.

Patentansprüche:

1. Verfahren zur Verarbeitung technischer Aluminiumsalzlösungen auf reine Tonerde durch Fällung mit Ammoniak oder Ammoniumcarbonat, dadurch gekennzeichnet, daß man das Fällungsgemisch in an sich bekannter Weise zur Trockne eindampft und sodann bis zur Beseitigung des Gelzustandes erwärmt, worauf es zunächst mit Ammoniak oder Ammoniumcarbonat enthaltendem Wasser und schließlich mit reinem Wasser ausgewaschen wird.

2. Verfahren nach Anspruch 1, dadurch gekennzeichnet, daß dem Fällungsgemisch vor, während oder nach der Fällung ein Teil der in einem vorausgehenden Arbeitsgang gewonnenen und von der Gelform befreiten Hydroxyde zugemengt wird, worauf das Gemisch, gegebenenfalls nach Entfernung eines Teiles der Flüssigkeit durch Filtration, eingedampft und weiterbehandelt wird.

3. Anwendung des Verfahrens nach Anspruch 1 und 2 auf die Verarbeitung von eisenhaltigen Aluminiumsalzlösungen, darin bestehend, daß aus den gewonnenen Hydroxyden in an sich bekannter Weise auf dem Wege über das Aluminat reine Tonerde hergestellt wird.

Nr. 410413. (N. 18950.) Kl. 80b, 12.

Norton Company in Worcester, Mass., V. St. A.

Kristallinisches Tonerdeprodukt.

Vom 22. Juni 1920. — Ausgegeben am 6. März 1925. — Erloschen: . . . .
Amerikanische Priorität vom 23. April 1918 beansprucht.

Die Erfindung betrifft ein im elektrischen Ofen hergestelltes Tonerdeprodukt, das als Schleifmittel, feuerfestes Material und zu anderen Zwecken verwendet werden kann und in der Hauptsache Tonerde in der mit β-Tonerde bezeichneten kristallinischen Modifikation enthält, sowie ein Verfahren zu seiner Herstellung. Wie in der Patentschrift 371677 ausgeführt, ist β-Tonerde in verhältnismäßig kleinen Mengen in Verbindung mit einem bedeutenden Überschuß an α-Tonerde bei gewissen Erzeugnissen des elektrischen Ofens beobachtet worden.

So kommt β-Tonerde oder ein kristallinisches Erzeugnis, das bedeutende Mengen von β-Tonerde enthielt, zuweilen in Form von plattigen Kristallmassen in den inneren Teilen des Barrens oder Ingots aus im wesentlichen reiner Tonerde vor, die gemäß der amerikanischen Patentschrift 954808 hergestellt wurden. Die so ausgeschiedenen Massen oder Körper, die reich an β-Tonerde sind, unterscheiden sich von dem Hauptkörper des Barrens dadurch, daß sie eine äußerst charakteristische plattige Struktur aufweisen. Bei der Herstellunng von Schleifmitteln aus solchen Stoffen im Großbetriebe wurde bisher der ganze Barren oder Ingot nach Entfernung der nicht umgesetzten Kruste gemahlen und sortiert ohne Berücksichtigung des kleinen Gehaltes an plattigem Material im Inneren, das im hochsten Falle einige Prozent (wahrscheinlich nicht mehr als 5 Prozent) der Schleifkörner der Handelsware enthielt.

Es ist nun möglich, in dem elektrischen Ofen durch Schmelzen einer geeignet zusammengesetzten Beschickung ein Erzeugnis als Barren oder Ingot herzustellen, das praktisch jeden gewünschten Gehalt an β-Tonerde enthält, und sogar solche Erzeugnisse herzustellen, die im wesentlichen oder praktisch ausschließlich aus β-Tonerde bestehen.

Der beste Weg, um Tonerde, z. B. eine Beschickung von amorphem Aluminiumoxyd (Al_2O_3), frei von namhaften Mengen der Oxyde von Silizium und Titan in kristallinische Tonerde der β-Modifikation umzuwandeln, ist der, daß der Beschickung, vorzugsweise in inniger Mischung mit ihr, eine verhältnismäßig kleine Menge des Salzes eines Alkalimetalls, wie Natrium oder Kalium, hinzugesetzt wird.

Die folgende Tabelle zeigt die beobachteten Beziehungen zwischen dem Gehalt an Na_2O in dem Produkt und dem Gehalt an β-Modifikation (annähernd).

Prozent Na_2O in dem Produkt	Annähernde Prozente β-Tonerde im Produkt
0,32	5 bis 10
1,28	40
2,57	50
5,14	70 bis 85

In dem letzten Beispiel wurde festgestellt, daß die dichten Teile des Barrens ungefähr 80 Prozent β-Tonerde enthielten, die porösen oder zellenförmigen Teile ungefähr 70 Prozent und die ausgeschiedenen plattigen Teile ungefähr 80 bis 85 Prozent.

Beim Zusammensetzen der Beschickung wird etwas mehr Alkali hinzugesetzt, als in dem Produkt erscheint, weil ein Verlust durch Verflüchtigung oder sonstige Ursachen zu erwarten ist; die Größe dieses Verlustes hängt ab von der Zeit, Schmelztemperatur, von dem Gehalt an ursprünglich vorhandenem Alkali und vielleicht noch von anderen Faktoren. Das obenerwähnte Produkt, z. B. das 2,57 Prozent Na_2O enthielt, entstand aus der Schmelzung einer Beschickung von folgender Zusammensetzung: Amorphe Tonerde (Al_2O_3) 96,0 Prozent, Na_2O 3,7 Prozent.

Soweit beobachtet wurde, ist die Bildung der β-Tonerde abhängig von der basischen Komponente des Umsetzungsmittels (Na oder Na_2O); die CO_2 bleibt, soweit bekannt, ohne Wirkung. Deshalb kann Natriumaluminat als Äquivalent für Natriumkarbonat angesehen werden, ebenso wie andere Natriumsalze oder Verbindungen einschließlich Ätznatron, Natriumsulfat usw.

Alle Natriumverbindungen jedoch sind nicht in gleicher Weise als Umsetzungsmittel wirksam, d. h. um die Bildung der β-Modifikation herbeizuführen. Z. B. ist die Verwendung von Natriumchlorid von kräftiger Verflüchtigung begleitet, wodurch der größere Teil der Natriumverbindung entfernt wird, und es werden verhältnismäßig kleine Mengen von β-Tonerde in dem Produkt gebildet. Kaliumsalze und -verbindungen sind im allgemeinen in ihrer Wirkung sehr ähnlich den entsprechenden Natriumsalzen. Lithiumverbindungen aber bewirken die Umsetzung anscheinend in geringerem Maße als die entsprechenden Natrium- oder Kaliumsalze.

Die Wirkung der Natriumverbindungen, vermöge welcher die Tonerde in die β-Modifikation umgewandelt wird, wird ganz oder zum Teil durch gewisse Oxyde aufgehoben, die einen sauren Charakter haben, wie SiO_2 und TiO_2. In diesem Fall werden wesentliche Mengen von β-Tonerde nur gebildet, wenn das Natron in solchen Mengen vorhanden ist, daß die hemmende Tendenz der sauren Oxyde beseitigt wird.

Das Produkt, welches einen wesentlichen Gehalt an β-Tonerde besitzt oder ganz aus dieser besteht, wird gemahlen, sortiert und in üblicher Weise mit einem keramischen oder anderen Bindemittel, wie Vulkanit, vereinigt.

Patent-Ansprüche:

1. Kristallinisches Tonerdeprodukt, dadurch gekennzeichnet, daß es in der Hauptsache β-Tonerde enthält.

2. Verfahren zur Herstellung kristallinischer Tonerde nach Anspruch 1, dadurch gekennzeichnet, daß Tonerde, die frei von störenden Verunreinigungen ist, aber einen für die Umsetzungsstufe erforderlichen Gehalt an Alkali besitzt, geschmolzen und die geschmolzene Masse dann abgekühlt wird.

Nr. 561713. (I. 34192.) Kl. 12m, 6.

I. G. Farbenindustrie Akt.-Ges. in Frankfurt a. M.

Erfinder: Dr. Fritz Stöwener und Dr. Josef König in Ludwigshafen a. Rh.

Herstellung von Gelen der Tonerde.

Vom 22. April 1928. — Erteilt am 29. Sept. 1932. — Ausgegeben am 17. Okt. 1932. — Erloschen: . . . .

Gele der Tonerde pflegt man in der Weise herzustellen, daß man Aluminiumsalzlösungen Alkalien oder Ammoniak zusetzt und den je nach der Konzentration der benutzten Lösungen mehr oder minder in sandiger, schleimiger oder gallertiger Form erhaltenen Niederschlag durch Waschen auf der Nutsche oder durch Dekantieren reinigt und gegebenenfalls trocknet. Der Waschprozeß läßt sich technisch aber nur sehr schwer durchführen, da die gallertigen Fällungsprodukte oft in der Mutterlauge suspendiert sind und sich dann meist nur schwer absetzen. Harte, grobstückige Hydrogele bzw. harte, grobkörnige Trockenprodukte solcher, die für viele Zwecke erwünscht sind, lassen sich aus Niederschlägen nur schwierig, meist nur unter Zuhilfenahme mechanischer Operationen, z. B. durch Pressen der gegebenenfalls vorgetrockneten Niederschläge und Erhitzen der Preßlinge auf Rotglut oder, wie ebenfalls schon vorgeschlagen wurde, durch Überführen der gewaschenen Niederschläge mittels mechanischer Behandlung in Gegenwart von Peptisationsmitteln in ein Sol, herstellen, das beim Eintrocknen glasige Massen hinterläßt. Man hat auch ferner schon versucht, durch Dialyse von Aluminiumsalzlösungen oder Gemischen solcher mit Ammoniak Sole und daraus Gele zu erhalten. Die auf dem Weg der umständlichen und praktisch im großen kaum durchführbaren Dialyse erhältlichen Sole waren aber so verdünnt, daß ein Erstarren des Sols durch die ganze Masse zu einer festen, zusammenhängenden Gallerte nicht erfolgen konnte.

Es wurde nun gefunden, daß man Hydrogele der Tonerde oder tonerdehaltige Metalloxydrogele bzw. deren Verarbeitungsprodukte, wie Trockenprodukte, Peptisationsprodukte usw., in bequemer Weise erhalten kann, wenn man ein aus Metallsalzlösungen durch Vermischen mit Ammoniak erzeugtes, leicht saures, praktisch homogenes Sol, dessen Gehalt an Aluminiumoxyd oder Aluminiumoxyd und Metalloxyd mindestes 30 g im Liter beträgt, zweckmäßig unter Zugabe kleiner Mengen Koagulatoren, als Ganzes zu einer Gallerte erstarren läßt oder es durch Erwärmen weitgehend eintrocknet. Am besten verfährt man dabei in der Weise, daß man unter gutem Rühren bei einer Mischungstemperatur von 50 bis 80°, zweckmäßig 60 bis 70°, gasförmiges, gegebenenfalls mit Stickstoff oder anderen Gasen verdünntes oder gelöstes Ammoniak einer Lösung von Aluminiumnitrat oder auch anderen Tonerdesalzen, z. B. Chloriden, Sulfaten, Alaunen, gegebenenfalls in Mischung mit Salzen anderer Metalle, zweckmäßig Nitraten, in solchen Mengenverhältnissen zuführt. daß ein leicht saures Sol mit mindestens 30, evtl. 40 oder mehr, z. B. 60 bis 80 g Aluminiumoxyd im Liter entsteht, das man, gegebenenfalls nach dem Erkalten, durch Zugabe kleiner Mengen einer konzentrierten Lösung eines Puffers, insbesondere Kaliumacetat, bei Temperaturen von zweckmäßig unterhalb 40° zum Erstarren bringt. Oftmals ist es auch zweckmäßig, umgekehrt zu der Lösung von Ammoniak die Metallsalzlösung zuzusetzen.

Als Koagulatoren sind beispielsweise Alkaliformiate, Alkaliacetate, Alkalicarbonate u. dgl. oder Sensibilisatoren geeignet; sofern alkalisch wirkende Koagulatoren zur Anwendung gelangen, kann sich aus dem ursprünglich vorhandenen, leicht sauren Sol eine homogene, alkalisch reagierende Gallerte bilden. Es lassen sich so homogene, harte Gallerten herstellen, die im Liter bis zu 120 g und mehr Al_2O_3 enthalten und die sich bei etwaigem Stehen an der Luft unter Wasserabgabe und Schrumpfung noch stärker verfestigen. Eine solche gelinde Vortrocknung, die die Durchführung eines Waschprozesses wesentlich erleichtert, soll möglichst schonend bei Temperaturen unterhalb 40° erfolgen, da oberhalb dieser Grenze leicht eine Verflüssigung der Masse eintreten kann. Die Vortrocknung kann aber auch im Vakuum oder im Luft- oder Gasstrom vorgenommen oder durch ein Pressen ersetzt werden.

Da die Eigenschaften einer Gallerte von der in ihr vorhandenen Wasserstoffionenkonzentration abhängen und diese durch den Waschprozeß, der übrigens in mehreren Stufen durchgeführt werden kann, weitgehend beeinflußt werden kann, ist es von Vorteil, wenigstens zu Beginn des Waschprozesses, alkalische, insbesondere ammoniakalische Waschwasser zu benutzen, so daß Verluste durch Peptisations- oder Lösungsvorgänge weitgehend vermieden werden. Setzt man ungewaschene, sauer reagierende Gallertstücke der Einwirkung von gasförmigem Ammoniak oder einer konzentrierten, besser aber einer etwa 2 n-Ammoniaklösung aus, so findet innerhalb der Gallerte eine nachträgliche Umsetzung des restlichen Aluminium- bzw. Metallsalzes zum Hydroxyd statt, worauf man unbedenklich auch mit schwach saurem, z.B. destilliertem Wasser weiterwaschen kann.

Die erhaltenen stückigen, gegebenenfalls auch nachträglich fein zerteilten Hydrogele sowie die aus dem gewaschenen Hydrogel durch Peptisation oder Verflüssigung erhaltenen Sole sind zu mannigfaltigen Zwecken geeignet, z. B. zur Erzeugung von eindampffähigem Dicksaft aus Zuckerrübenschnitzeln, zur Fällung von in Lösungen vorhandenen Schwimmstoffen, wie Fetten, Stärke, Hefe, Eiweiß- und Leimsubstanzen sowie Kautschukrohstoffen, ferner zur Klärung von Wasser, als Adsorbens für Farbstoffe, zur Anreicherung von Enzymen, als Beizmittel für Gewebe u. dgl., zur Verwendung in der Textil-, Papier-, Lackindustrie, bei der Hefe-, Wein- und Bierbereitung, als Ersatzschmiermittel und zu medizinischen oder kosmetischen Zwecken. Vor allem können sie zur Herstellung von Katalysatoren oder Trägersubstanzen benutzt werden und zu diesem Zweck mit katalytisch wirkenden, insbesondere festen oder gelösten Stoffen, auch Solen und Gallerten, z. B. in der Kugelmühle, gemischt und dann in bekannter Weise weiterverarbeitet werden. Sie können ferner als Bindemittel bei der Formung fester Stoffe, z. B. bei der Überführung pulvriger oder kleinkörniger Adsorbentien und Kontaktmassen in grobstückige Form u. dgl., Verwendung finden. In analoger Weise wie bei Kieselgallerten kann man das Wasser der zweckmäßig gewaschenen und gegebenenfalls durch Pressen teilweise entwässerten Hydrogele durch andere, insbesondere organische Flüssigkeiten, wie Alkohol, Benzol, Öle, Fette u. dgl., ganz oder teilweise ersetzen und so die entsprechenden, u. a. als Heilmittel, Schmiermittel u. dgl. geeigneten Organogele bzw. Organosole erhalten, die sich mitunter durch Trocknen in poröse adsorptionsfähige Produkte überführen lassen.

Eine Trocknung der Hydrogele, die in mehreren Stufen erfolgen kann, führt zu hochporösen, ebenfalls als Katalysatoren geeigneten engporigen oder weitporigen Gelen, je nachdem das p_H in der gewaschenen und zu trocknenden Gallerte entweder unterhalb 7, zweckmäßig zwischen 4 und 6, oder oberhalb 7 liegt. Die Trocknung der Gele kann auch in bekannter Weise unter Verwendung von flüssigem Ammoniak, Aceton und anderen Flüssigkeiten durchgeführt werden.

Innerhalb der Poren, insbesondere der weitporigen Trockenprodukte, deren Aufsaugevermögen für Flüssigkeiten sehr groß ist, können in an sich bekannter Weise Metallverbindungen, z. B. durch Tränken mit Lösungen oder Schmelzen von Salzen mit insbesondere einer in der Hitze flüchtigen Komponente, z. B. Lösungen von Nitraten oder Carbonaten der Schwermetalle oder von Ammoniumverbindungen solcher, Trocknen und Calcinieren, niedergeschlagen werden, so daß, gegebenenfalls nach einer Reduktion, hochwirksame Kontaktstoffe bzw. Reinigungsmassen, u. a. auch Basenaustauscher, entstehen. Auch läßt sich in einfacher Weise Kohlenstoff, z. B. in Form von Glanzkohle, an der Oberfläche und innerhalb der Poren des Gels abscheiden, wenn man flüchtige Kohlenstoffverbindungen, z. B. Äthylen, bei hohen Temperaturen in Gegenwart des Gels zersetzt.

Das aus Aluminiumnitrat und Ammoniak, gegebenenfalls unter Zusatz von Alkaliacetat, erhaltene unreine Sol bzw. die unreine Gallerte kann auch in ungereinigtem Zustand bei erhöhter Temperatur weitgehend eingedickt bzw. getrocknet werden, wobei vorübergehend völlige oder teilweise Verflüssigung eintreten kann; dann kann gegebenenfalls gewaschen und calciniert werden. Der ersten Trocknung oder dem etwaigen Waschprozeß kann man dabei mit Vorteil eine Behandlung mit Ammoniak zwecks weiterer Umsetzung etwaiger Aluminiumsalzreste vorausgehen lassen bzw. eine solche auf eine Vortrocknung der Gallerte folgen lassen. Das gewaschene Produkt kann dabei in feuchtem Zustand in der Kugelmühle, gegebenenfalls unter Zusatz geringer Mengen Peptisationsmittel, homogenisiert, dann auf Bleche gestrichen und getrocknet werden.

Beispiel 1

Zu einer 65° warmen Lösung von 10 Gewichtsteilen kristallisiertem Aluminiumnitrat in 6 Gewichtsteilen Wasser werden 6,280 Raumteile einer 16,66volumprozentigen Ammoniaklösung unter gutem Rühren erst rasch, gegen Schluß langsamer hinzugegeben, wobei unter nachträglichem Inlösunggehen eines anfänglich gebildeten Niederschlages ein Sol erhalten wird, in das nach dem Erkalten bzw. nach einer Abkühlung auf 15° etwa 0,720 Raumteile einer 50%igen Kaliumacetatlösung eingerührt werden. Das p_H des nunmehr klaren oder gegebenenfalls durch Filtration geklärten Sols steigt hierbei von etwa 3,7 bis 4,2 auf 4,5. Das in 2 bis 4 cm dicker Schicht in Bleche gegossene Sol erstarrt beim Stehen an der Luft zu einer homogenen, durchsichtigen, harten Gallerte, die man längere Zeit stehen läßt und dann zerstückelt, oder die man erst in Stücke schneidet und entweder unter Zutritt trockener Außenluft oder in Gegenwart von Wasserdampf auf Hürden lagert, bis sie auf etwa $^4/_5$ ihres Volumens geschrumpft ist.

a) Um weitporige Trockenprodukte zu erhalten, legt man die Gallertstücke einige Stunden in 2 n-Ammoniaklösung und wäscht sie hierauf mit destilliertem, besser aber mit einem ganz schwach alkalischen bzw. ammoniakalischen Wasser aus, so daß das p_H der weitgehend gereinigten Gallerte oberhalb 7 liegt und zweckmäßig zwischen 7 und 8 beträgt. Die groben Gallertstücke werden abgesiebt und in einem Luftstrom von 100 bis 150° oder höherer Temperatur getrocknet. Die harten, glasigen, grobkörnigen Gelstücke werden zweckmäßig noch auf etwa 400° erhitzt und sind dann zur Adsorption von Dämpfen, insbesondere aus mit Dampf weitgehend gesättigten Gasen, geeignet. Der kleinstückige Gallertabfall wird durch längeres Mahlen in feuchtem Zustand homogenisiert, auf Bleche gestrichen, dann schonend getrocknet und zuletzt ebenfalls auf 400° erhitzt.

b) Will man engporige Produkte von kleinerem Gesamthohlraumvolumen, aber meist höherem Schüttgewicht und besserem Adsorptionsvermögen für Gase und Dämpfe aus an Dampf weitgehend ungesättigten Gas-Dampf-Gemischen erhalten, so wäscht man die unreine, vorgetrocknete Gallerte mit leicht saurem, z. B. kaltem destilliertem oder schwach angesäuertem Wasser, beispielsweise mit einer $\frac{n}{1000}$ bis $\frac{n}{10000}$ wäßrigen Säurelösung, weitgehend aus und trocknet wie oben. Zwecks Verwertung des kleinstückigen bzw. pulvrigen Trockenabfalls wird dieser gemahlen und unter geringem Zusatz von Wasser in an sich bekannter Weise durch Pressen unter hohem Druck geformt und gegebenenfalls auf höhere Temperatur erhitzt.

Beispiel 2

Ein nach Beispiel 1 hergestelltes Sol wird nach erfolgtem Zusatz von Kaliumacetat, gegebenenfalls nach dem Erstarren zur harten, klaren Gallerte, in ungereinigtem Zustand bei bis zu 200° ansteigenden Temperaturen getrocknet, wobei, falls eine Gallerte vorliegt, diese völlig oder teilweise verflüssigt werden kann. Es hinterbleibt eine harte, weiße Masse, die nach dem Zerkleinern einige Zeit in eine $\frac{n}{1}$-Ammoniaklösung gelegt und dann auf der Nutsche mit heißem Wasser gewaschen wird. Das derart vorbehandelte, hochaktive, aber kleinkörnige Gel kann zwecks Überführung in grobe Stücke noch einer Homogenisierung, z. B. durch Mahlen des feuchten Gels in der Kugelmühle, unterworfen werden, worauf die Paste in Bleche gestrichen und schonend getrocknet wird. Man erhält dann, insbesondere nach einem aktivierenden Erhitzen auf 400°, ein grobstückiges Gel von beliebiger Korngröße und hoher Adsorptionskraft, z. B. für Wasser- oder Benzoldämpfe u. dgl.

Der oben angegebene Zusatz von Kaliumacetat zu dem Sol kann eventuell auch unterbleiben.

Beispiel 3

10 Gewichtsteile Aluminiumnitrat werden in 5,8 Gewichtsteilen Wasser gelöst, dann bei 65° unter Rühren langsam mit 5,4 Raumteilen 19,5volumprozentiger wäßriger Ammoniaklösung versetzt. Nach Abkühlen auf Zimmertemperatur werden 0,67 Raumteile 50%iger Kaliumacetatlösung zugegeben. Nach einiger Zeit erstarrt das in Bleche ausgegossene Sol zu einer harten, homogenen Gallerte, die nach fünftägigem Lagern zerstückelt und erst mit $\frac{n}{1000}$-Schwefelsäure oder je nach dem Verwendungszweck mit einer anderen verdünnten Säure, z. B. Essigsäure, dann mit Wasser gewaschen wird. Die gereinigte und gegebenenfalls durch Abpressen von Flüssigkeit konzentrierte Gallerte wird in einem geschlossenen Gefäß mit Rückflußkühler einige Stunden auf 100 bis 110° erwärmt, wobei sie peptisiert wird und in ein dünnflüssiges, ziemlich

reines, beständiges Sol übergeht, das im Liter etwa 100 g Al_2O_3 enthält, welchen Gehalt man durch Zugabe von Wasser oder durch Eindampfen erniedrigen bzw. erhöhen kann und dessen p_H man, falls dies erwünscht erscheint, durch geeignete Zusätze verändern kann. Auch kann man eine nach Beispiel 1a erhaltene ammoniakalische Gallerte durch einfaches Erhitzen am Rückflußkühler, gegebenenfalls bei vermindertem Druck und gegebenenfalls ohne Zusatz von Säuren, in ein schwach saures, beständiges Sol überführen.

Die erhaltenen Sole sind beispielsweise in hervorragender Weise zur Herstellung lückenloser, fest haftender, durchsichtiger Überzüge auf Gegenständen geeignet. Glasplatten, die mit einem Tonerdegelfilm überzogen sind, vertragen noch Temperaturen von 400° und höher, ohne daß die Filme zerstört werden.

Beispiel 4

200 g Thoriumnitrat werden in 150 g Wasser gelöst und bei 75° unter Rühren mit 135 ccm einer 16,6volumprozentigen Ammoniaklösung versetzt. Das erhaltene Sol wird nach Abkühlung auf Zimmertemperatur mit einem aus 500 g Aluminiumnitrat nach Beispiel 1 hergestellten Sol gemischt, worauf es in kurzer Zeit zu einer homogenen, weißlichen Gallerte erstarrt, welche nach dreistündigem Waschen mit 2 n-Ammoniaklösung und dreißigstündigem Waschen mit Wasser getrocknet wird. Es entsteht ein hochaktives weitporiges Thoriumoxyd-Aluminiumoxyd-Gel.

Die Thorium- und Aluminiumoxyd enthaltende Gallerte kann auch aus einer Thoriumnitrat neben Aluminiumnitrat enthaltenden Lösung durch Zugabe von Ammoniak und Hinzufügung von Kaliumacetatlösung erhalten werden.

Patentansprüche:

1. Verfahren zur Herstellung von Hydrogelen der Tonerde oder tonerdehaltiger Metalloxydgelen bzw. deren Verarbeitungsprodukten, dadurch gekennzeichnet, daß man ein aus Metallsalzlösungen durch Vermischen mit Ammoniak erzeugtes, leicht saures, praktisch homogenes Sol, beispielsweise von der p_H-Ionenkonzentration 3,7 bis 4,5, dessen Gehalt an Aluminiumoxyd oder Aluminiumoxyd und Metalloxyd mindestens 30 g im Liter beträgt, zweckmäßig durch Zugabe kleiner Mengen Koagulatoren, als Ganzes zu einer Gallerte erstarren läßt oder es durch Erwärmen weitgehend eintrocknet und es gegebenenfalls noch einer Weiterverarbeitung unterwirft.

2. Verfahren nach Anspruch 1, dadurch gekennzeichnet, daß man die durch Erstarren erhaltene Gallerte, zweckmäßig nicht oberhalb 40°, vortrocknet, dann wäscht und erneut trocknet, wobei man den Waschprozeß so leitet, daß in der Gallerte, je nachdem entweder eng- oder weitporige Trockenprodukte erhalten werden sollen, ein p_H entweder unterhalb 7, zweckmäßig zwischen 4 und 6, oder oberhalb 7 erzielt wird.

Nr. 460 121. (R. 60 381.) Kl. 12 g, 2.

Rhenania-Kunheim Verein Chemischer Fabriken A.-G. in Berlin.

Erfinder: Dr. B. C. Stuer in Berlin,
Dr. Walter Grob und Dr. Hermann Fritzweiler in Stolberg, Rhld.

Verfahren zur Herstellung großoberflächiger Stoffe.

Vom 21. Febr. 1924. — Erteilt am 3. Mai 1928. — Ausgegeben am 23. Mai 1928. — Erloschen: 1931.

Bekanntlich stellt man großoberflächige Stoffe, wie aktive Kohle oder Kieselsäuregel, nach besonderen Verfahren her, die nicht nur umständlich, sondern auch sehr kostspielig sind.

Es wurde nun die überraschende Beobachtung gemacht, daß man gewissen, in der Natur vorkommenden Stoffen, die vorwiegend Aluminiumoxydhydrat enthalten, wie z. B. Bauxit oder ähnliche, die gleichen Eigenschaften, wie sie die vorerwähnten großoberflächigen Stoffe besitzen, verleihen kann, wenn man diesen Stoffen durch gelindes Erhitzen das gebundene Wasser teilweise oder ganz entzieht. Man hat zwar bereits vorgeschlagen, Raseneisenerz oder auf künstlichem Wege hergestelltes Eisenhydroxyd durch gelindes Erhitzen in einen Zustand überzuführen, in dem diese Stoffe befähigt sind, Schwefelwasserstoff aus Gasen unter Bildung von Schwefeleisen zu binden.

Aber aus diesem bekannten Verfahren war nicht zu entnehmen, daß man vorwiegend aluminiumhydrathaltigen Stoffen durch eine ähnliche Behandlung große Oberflächenaktivität verleihen kann, so daß man diese Stoffe mit Vorteil als Ersatz für aktive Kohle oder Kieselsäuregel verwenden kann.

Unterwirft man diese Stoffe der Entwässerung, zweckmäßig unter Anwendung eines Vakuums bei möglichst niederer Temperatur, so erlangen sie die Fähigkeit, organische Gase und Dämpfe aus Gasgemischen zu adsorbieren desgleichen Gase, wie schweflige Säure, Ammoniak usw., auf ihrer Oberfläche zu verdichten. Ferner eignen sich genannte Stoffe, ähnlich wie aktive Kohle und Kieselsäuregel, für die Durchführung katalytischer Reaktionen.

Bei der technischen Herstellung genannter Adsorptionsstoffe kann es unter Umständen von Vorteil sein, der Entwässerung eine mechanische und chemische Vorbehandlung vorangehen zu lassen, indem man das Ausgangsmaterial zunächst zerkleinert, auf die gewünschte Korngröße bringt, darauf mit Wasser zur Entfernung des Staubes wäscht und alsdann mit einer Säure, z. B. Salzsäure, behandelt. Das von der anhaftenden Säure durch Waschen mit Wasser befreite Material wird nunmehr der Entwässerung unterworfen.

Ausführungsbeispiel.

Hessischer Bauxit wird zerkleinert und auf eine Korngröße von etwa 2 bis 5 mm gebracht. Alsdann wird er im Vakuum bei einer Temperatur von etwa 300° entwässert. Das so vorbehandelte Material vermag z. B. aus einem mit Äther beladenen Luftstrom mindestens die gleiche Menge Äther zu adsorbieren wie das gleiche Volumen aktiver Kohle.

PATENTANSPRUCH:

Verfahren zur Herstellung großoberflächiger Stoffe aus hydratwasserhaltigen Stoffen, dadurch gekennzeichnet, daß man in der Natur vorkommende, vorwiegend Aluminiumhydrat enthaltende Stoffe, wie z. B. Bauxit und ähnliche, nachdem man sie gegebenenfalls einer vorhergehenden mechanischen und chemischen Aufbereitung unterworfen hat, bei möglichst niederer Temperatur, zweckmäßig unter Anwendung von Vakuum, entwässert.

Nr. 486950. (R. 64134.) Kl. 12e, 3. KALI-CHEMIE AKT.-GES. IN BERLIN.

Erfinder: Dr. Hermann Fritzweiler in Stolberg, Rhld., Dr. B. C. Stuer in Berlin und Dr. Walter Grob in Stolberg, Rhld.

Verfahren zur Wiederbelebung großoberflächiger, adsorbierender anorganischer Stoffe.

Vom 26. April 1925. — Erteilt am 14. Nov. 1929. — Ausgegeben am 28. Nov. 1929. — Erloschen: . . . .

Bei der Anreicherung und Reingewinnung von Gasen und Dämpfen mittels großoberflächiger Stoffe, welche man aus hydratischen Eisen- oder Aluminiumverbindungen oder ähnlichen Stoffen nach einer entsprechenden Vorbehandlung erhält, tritt bei fortgesetzter Verwendung derselben schließlich eine Schwächung der Adsorptionskraft ein, welche auf die Ablagerung teeriger Bestandteile oder Polymerisation wenig oder nicht flüchtiger Stoffe zurückzuführen ist.

Die Vorbehandlung besteht in einer Entwässerung, die bei einer möglichst niedrig, jedenfalls unterhalb Rotglut liegenden Temperatur von etwa 300 bis 400° C vorgenommen wird.

Die Wiederbelebung der verunreinigten Massen kann man in einfacher Weise derart ausführen, daß man sie bei erhöhter Temperatur mit Luft oder anderen sauerstoffhaltigen Gasen behandelt. Dabei kann aber, namentlich wenn die Menge der nicht durch einfache Erhitzung oder durch die bekannte Behandlung mit überhitztem Wasserdampf zu entfernenden organischen Verunreinigungen groß ist, durch Verbrennung derselben eine so starke Erhitzung der Adsorptionsmasse verursacht werden, daß diese ihre Adsorptionsfähigkeit ganz oder teilweise einbüßt.

Es wurde nun gefunden, daß man diesen Übelstand vermeiden kann, wenn man der Luft Wasserdampf zumischt. Auf diese Weise gelingt es, die Temperatur bei der Regenerierung zu mäßigen und zu regulieren und jede schädliche Überhitzung zu vermeiden. Zur Durchführung des Verfahrens geht man vorteilhaft in der Weise vor, daß man die unwirksam gewordenen Massen unter gleichzeitigem Überleiten von Luft erhitzt und durch Zuführung von Wasserdampf die Temperatur auf etwa 400° C hält und jede zu weitgehende Steigerung derselben namentlich bis auf Rotglut vermeidet.

PATENTANSPRÜCHE:

1. Verfahren zur Wiederbelebung großoberflächiger, adsorbierender anorganischer Stoffe, dadurch gekennzeichnet, daß man sie nach Abtreiben der adsorbierten Stoffe durch Erhitzen unter Überleiten von Luft regeneriert, der zwecks Regelung der Temperatur Wasserdampf zugemischt ist.

2. Verfahren nach Anspruch 1, dadurch gekennzeichnet, daß man die Wasserdampfmengen so bemißt, daß die Temperatur der Rotglut nicht erreicht wird.

Nr. 486597. (M. 97513.) Kl. 12g, 4. Dr. Anton Mackert in Frankfurt a. M.

Verfahren zur Darstellung eines Aluminiumoxydkatalysators.

Vom 22. Dez. 1926. — Erteilt am 7. Nov. 1929. — Ausgegeben am 19. Nov. 1929. — Erloschen: . . . .

Bekanntlich gibt es verschiedene Arten von Aluminiumoxyd, die sich u. a. dadurch unterscheiden, daß sie ganz verschiedene katalytische Wirkungen haben. Zum Beispiel ist gefälltes und unterhalb Rotglut entwässertes Aluminiumoxyd schon lange als wasserabspaltend wirkender Katalysator von hoher Aktivität bekannt, während z. B. geglühtes oder durch thermische Zersetzung von Aluminiumverbindungen hergestelltes Oxyd diese Eigenschaft nicht oder nur in ganz untergeordnetem Maße besitzt. Die Verwendung der in diesem Sinne aktiven Arten von Aluminiumoxyd geschah bisher in der Weise, daß man das Oxyd auf geeignete indifferente Träger, z. B. Bimsstein, brachte oder in Form von Stücken verwendete.

Die Nachteile dieser Art der Herstellung und Verwendung der Katalysatoren sind hauptsächlich: Schlechte Wärmeleitfähigkeit der in Stücken zur Verwendung kommenden Katalysatoren oder der als Träger verwendeten porösen Massen und schlechte Ausnutzung des Kontaktraumes. Vor allem bei der Durchführung von Reaktionen in größerem Maßstab bereiten diese Nachteile Schwierigkeiten, deren Überwindung erhebliche Kosten verursacht.

Wenn auch Metalle, im besonderen auch Aluminiummetall, als Träger für viele Katalysatoren verwendet werden, so war doch kein Verfahren bekannt, nach dem man auf einfache Weise Aluminiumoxyd der für Wasserabspaltungen besonders geeigneten Form auf einem Metallträger erzeugen kann. Dies gelingt gemäß der vorliegenden Erfindung in sehr vollkommener Weise auf folgendem Wege:

Aluminium oder Aluminiumlegierungen werden nach gründlicher Reinigung oberflächlich amalgamiert, indem man sie kurz in metallisches Quecksilber taucht oder mit Quecksilbersalzlösungen kurz behandelt; es bildet sich eine dünne Amalgamschicht auf der Oberfläche des Metalls, die man, gegebenenfalls nach Befeuchten mit Wasser, mit dem anhaftenden Wasser reagieren läßt. Die gesamte Metalloberfläche überzieht sich hierbei mit einer Schicht von Aluminiumhydroxyd. Durch mehr oder weniger starkes Abschleudern des anhaftenden Wassers kann die Menge und Schichtdicke des zu erzeugenden Hydroxyds variiert werden. Nach dem Entwässern durch Erhitzen auf höhere Temperaturen, z. B. auf 400° C, oder durch Überleiten von Gasen oder Dämpfen bei oberhalb 200° C liegenden Temperaturen, ist das Metall gegen Wasser beständig, und das so hergestellte Aluminiumoxyd zeigt analoge katalytische Eigenschaften wie das aus Salzlösungen gefällte und entwässerte.

Die Wirksamkeit des Katalysators kann noch gesteigert werden, wenn man ihn nach der stürmisch verlaufenden Reaktion mit dem anhaftenden Wasser und vor dem Erhitzen einer Nachbehandlung unterwirft, indem man längere Zeit bei gewöhnlicher oder nur wenig erhöhter Temperatur, die möglichst unterhalb 100° C liegen soll, Wasserdampf in geringer Konzentration einwirken läßt. Man erreicht dies z. B. dadurch, daß man ihn einige Tage offen liegen läßt oder einige Stunden in einen feuchten warmen Raum bringt oder einen mit Wasserdampf gesättigten warmen Luftstrom überleitet, bis sich eine größere Menge Hydroxyd nachgebildet hat.

Durch dieses Verfahren erhält man ein Aluminiumoxyd von vorzüglicher katalytischer Wirksamkeit auf einem sehr gut leitenden metallischen Träger. Da dieser in beliebiger Form, z. B. als engmaschiges Drahtgewebe, verwendet werden kann, ist außerdem auch die denkbar günstigste Raumausnutzung gewährleistet. Die vorzügliche Wärmeleitfähigkeit des Aluminiummetallträgers gestattet ferner bei der Durchführung der Reaktionen in größerem Maßstab die Verwendung von Kontaktröhren mit sehr viel größerem Durchmesser, was eine wesentliche Vereinfachung der benötigten Apparatur zur Folge hat.

Vergleichsversuche haben gezeigt, daß der neue Katalysator unter völlig gleichen Verhältnissen beispielsweise bei der Herstellung von Dimethyläther aus Alkohol und bei der Methylierung von Anilin durch Überleiten von Anilin zusammen mit Methylalkohol die mehrfache Wirkung gegenüber gefälltem und entwässertem Aluminiumoxyd hatte, das auf etwa erbsengroßen Bimssteinstücken aufgetragen war.

Es ist bekannt, daß amalgamiertes Aluminiummetall in Berührung mit Wasser zu Aluminiumhydroxyd zerfällt und daß diese Umsetzung bei genügend langer Einwirkungsdauer vollständig ist. Es war jedoch nicht bekannt, daß das so erhaltene Hydroxyd nach dem Entwässern einen Katalysator von derartig guter katalytischer Wirkung darstellt. Ferner ist es durch die Eigenart des beschriebenen Herstellungsverfahrens ermöglicht, ein Aluminiumoxyd von sehr guter katalytischer Wirksamkeit auf einem metallischen Träger zu erhalten, indem unter Entfernung des Quecksilbers durch Erhitzen allein oder durch Überleiten indifferenter Gase oder von Wasserdampf in der Hitze die Zersetzung des Metalls durch Wasser in jedem beliebigen Stadium unterbrochen werden kann. Auf diese Weise bleibt das Metall als Träger erhalten.

Beispiele

1. Eine in einen geeigneten Röhrenofen passende Rolle aus Aluminiumdrahtgewebe wird nach gründlicher Reinigung einige Minuten in eine verdünnte wässerige Sublimatlösung getaucht, kurz mit Wasser abgespült und dann sich selbst überlassen. Nach kurzer Zeit überzieht sich das Metall, unter kräftiger Reaktion mit dem anhaftenden Wasser, mit einer Schicht von Aluminiumhydroxyd. Die Rolle wird nun in den Ofen eingeschoben und einige Stunden ein bei etwa 50° C mit Wasserdampf gesättigter Luftstrom so langsam übergeleitet, daß eine stärkere Erwärmung der Netzrolle vermieden wird. Die Katalysatormasse wird hierauf bei einer unterhalb Rotglut liegenden Temperatur entwässert. Bei 250° C wird Methylalkoholdampf übergeleitet. Dem sich einstellenden chemischen Gleichgewicht entsprechend wird der Alkohol zum größten Teil in Dimethyläther und Wasser gespalten. Die Ausbeute des Dimethyläthers, bezogen auf den umgewandelten Teil des Alkohols, ist quantitativ.

2. Über den nach Beispiel 1 hergestellten Katalysator wird bei 260 bis 280° C ein Gemenge von Anilin und der doppelten theoretisch erforderlichen Menge Methylalkohol geleitet. Es wird ein dem chemischen Gleichgewicht entsprechendes Gemisch von Mono- und Dimethylanilin erhalten, das noch geringe Mengen Anilin enthält. Nebenreaktionen, die zu Verlusten führen, finden nicht statt.

Der auf die hier beschriebene Weise hergestellte Katalysator eignet sich z. B. für die Herstellung von Äthern, Estern, Nitrilen und Ketonen.

Patentansprüche:

1. Verfahren zur Darstellung eines Aluminiumoxydkatalysators, dadurch gekennzeichnet, daß das Oxyd auf einem aus Aluminium oder Aluminiumlegierungen bestehenden Träger derart erzeugt wird, daß der Träger amalgamiert, das Amalgam mittels Wasser zersetzt und das gebildete Aluminiumhydroxyd durch Erhitzen oder durch Überleiten von Gasen oder Dämpfen in der Hitze entwässert wird.

2. Verfahren nach Anspruch 1, dadurch gekennzeichnet, daß der Katalysator gegebenenfalls vor dem Erhitzen einer Nachbehandlung unterworfen wird, indem man Wasserdampf von geringer Konzentration längere Zeit bei gewöhnlicher oder nur wenig erhöhter unterhalb 100° C liegender Temperatur auf ihn einwirken läßt.

Nr. 529219. (M. 106762.) Kl. 12g, 4.

Gustav Mackert und Josef Mackert in Tauberbischofsheim.

Verfahren zur Darstellung von Aluminiumoxyd enthaltenden Mischkatalysatoren.

Zusatz zum Patent 486597.

Vom 4. Okt. 1928. — Erteilt am 25. Juni 1931. — Ausgegeben am 9. Juli 1931. — Erloschen: . . . .

Es ist ein Verfahren zur Herstellung eines Aluminiumkatalysators vorgeschlagen worden, nach dem man amalgamiertes Aluminiummetall oder Aluminiummetallegierungen mit mehr oder weniger großen Mengen Wassers unter Bildung von Aluminiumhydroxyd reagieren läßt und gegebenenfalls durch Überleiten von Wasserdampf in geringer Konzentration bei unterhalb 100° C liegenden Temperaturen eine weitere Vermehrung der gebildeten Hydroxydmenge bewirkt. Nach Erhitzen oder Überleiten von Gasen oder Dämpfen bei erhöhter Temperatur ist das Metall gegen weitere Einwirkung von Wasser beständig. Man erhält so einen guten Aluminiumoxydkatalysator auf einem Metallträger.

Es wurde nun gefunden, daß man auf ganz analoger Weise auch Aluminiumoxydmischkatalysatoren herstellen kann, wenn man nämlich das amalgamierte Metall nicht mit Wasser, sondern mit Salzlösungen reagieren läßt, z. B. mit Nitraten, Acetaten u. dgl. Das in der Lösung enthaltene Metallsalz lagert sich hierbei in fein verteilter Form in das gebildete Aluminiumhydroxyd ein; gegebenenfalls wird es, z. B. bei der Verwendung von Lösungen der Nitrate, gleichzeitig zu Metall oder Metalloxyd reduziert. Man kann naturgemäß auch nachträglich Reduktionen und Oxydationen an dem eingelagerten Metall in bekannter Weise ausführen.

Die Zusammensetzung des Mischkatalysators kann durch Veränderung der Konzentration der Salzlösung, mit der das amalgamierte Aluminiummetall in Reaktion tritt, in weiten Grenzen variiert werden.

Durch Verwendung von Gemischen von Lösungen verschiedener Salze können mehrere katalytisch wirkende Substanzen gleichzeitig in das Aluminiumoxyd eingelagert werden.

Es hat sich als zweckmäßig erwiesen, das Aluminium oder die Aluminiumlegierung, besonders wenn das Metall eine sehr glatte Oberfläche besitzt, mit Lauge oder Säure kräftig anzuätzen, gegebenenfalls unter Zugabe einer geringen Menge Quecksilberchlorid, damit der gebildete Katalysator besser auf der Metalloberfläche haftet.

Durch das Verfahren gemäß der vorliegenden Erfindung gelingt es auf einfache Weise, Aluminiumoxydmischkatalysatoren auf einem Metallträger von guter Wärmeleitfähigkeit herzustellen.

Es ist zwar bereits ein Verfahren zur katalytischen Hydrierung und Dehydrierung organischer Verbindungen bekannt, welches darin besteht, daß man Katalysatoren verwendet, die aus solchen Legierungen entstehen, die bei der Darstellung des Kontakts oder seiner Verwendung zerfallen. Demgegenüber entstehen die nach dem vorliegenden Verfahren dargestellten Mischkatalysatoren nicht aus Legierungen der betreffenden Metalle. Die Amalgamierung des Aluminiums ist gemäß vorliegendem Verfahren nur eine rein oberflächliche und bezweckt die Aktivierung des Aluminiums.

Die gemäß vorliegendem Verfahren erhaltenen Mischkatalysatoren zeichnen sich gegenüber den bekannten Aluminiumoxydkatalysatoren ohne Zusatz durch große Steigerung der Wirkung aus. So gelingt es beispielsweise bei Verwendung eines Mischkatalysators gemäß vorliegender Erfindung Essigsäure in Aceton fast quantitiv überzuführen. Ferner läßt sich diese Umwandlung mit einem Katalysator, der neben Aluminiumoxyd noch Calciumoxyd enthält, bei bis zu 50° tieferen Reaktionstemperaturen durchführen, also bei 460° statt bei 510 bis 520°. Man erreicht dadurch eine wesentliche Ersparnis an Wärmeaufwand und gleichzeitig eine Verminderung der sekundären Reaktionen.

Zur Erreichung der obenerwähnten praktisch quantitativen Ausbeute ist man bei der Verwendung des Mischkatalysators nicht an die Einhaltung besonders eng begrenzter Versuchsbedingungen gebunden. Temperatur und Überleitungsgeschwindigkeit können in beträchtlichen Grenzen verändert werden, ohne daß eine Verminderung der Ausbeute eintritt. Auch die Anordnung und Verteilung des Katalysators im Kontaktraum bedarf keiner besonderen Sorgfalt, ein Umstand, der für die technische Durchführung von besonderer Bedeutung ist.

Es ist bekannt, daß Mischkatalysatoren, auch solche, die aus Amalgamen hergestellt sind, in vielen Fällen durch ganz besonders wertvolle Eigenschaften sich auszeichnen. Das vorliegende neue Verfahren bedeutet insofern einen wesentlichen technischen Fortschritt als es hiernach auf einfache Weise gelingt, Aluminiumoxydmischkatalysatoren auf einem Metallträger von ausgezeichneter Wärmeleitfähigkeit herzustellen, wodurch die technische Anwendbarkeit dieser Katalysatoren beträchtlich erleichtert wird.

Beispiel

Aluminiumdrehspäne werden mit heißer 5prozentiger Natronlauge 15 bis 30 Minuten behandelt, mit Wasser abgespült und etwa 20 Minuten in eine wäßrige Sublimatlösung, die etwa 2 g Sublimat im Liter enthält, getaucht. Sobald die Wasserstoffentwicklung gleichmäßig kräftig eingesetzt hat, werden die amalgamierten Späne aus der Lösung herausgenommen, 1 bis 3 Minuten in eine 300 g Calciumnitrat im Liter enthaltende Lösung getaucht und nach Ablaufenlassen der überschüssigen Lösung sich selbst überlassen. Nachdem die Reaktion des Metalls mit der anhaftenden Lösung beendet ist, werden die so präparierten Späne in einen geeigneten Kontaktofen gebracht und unter Überleiten von Luft bis auf etwa 400° C erhitzt. Sodann wird Wasserdampf und hierauf verdünnte Essigsäure übergeleitet unter Steigerung der Temperatur auf 440 bis 480° C. Zu Beginn des Überleitens tritt sekundäre Zersetzung des gebildeten Acetons auf, diese Zersetzung läßt jedoch rasch nach. Hierauf kann Essigsäure von beliebiger Konzentration übergeleitet werden. Die Umwandlung der Säure ist vollständig, die Ausbeute über 98%.

Patentanspruch:

Verfahren zur Darstellung von Aluminiumoxyd enthaltenden Mischkatalysatoren, dadurch gekennzeichnet, daß man amalgamiertes Aluminiummetall oder Aluminiummetallegierungen mit Salzlösungen reagieren läßt und die dabei in fein verteilter Form entstandenen Überzüge aus Metalloxydhydraten durch Überleiten von inerten Gasen oder Dämpfen über die erhitzten Netze entwässert, wobei die Hydrate in Oxyde übergehen.

Nr. 521124. (S. 86062.) Kl. 12m, 6. SOC. ANONYME DES MANUFACTURES DES GLACES & PRODUITS CHIMIQUES DE ST. GOBAIN, CHAUNY & CIREY IN PARIS.

Herstellung künstlicher Schleifmittel.

Vom 17. Juni 1928. — Erteilt am 5. März 1931. — Ausgegeben am 18. März 1931. — Erloschen: 1932.

Französische Priorität vom 23. Juli 1927 beansprucht.

Die Mehrzahl der bisher üblichen künstlichen Schleifmittel großer Härte, die unter anderem zum Grob- und Feinschleifen von Glas verwendet werden, wird in der Regel aus tonerdehaltigen Stoffen hergestellt, beispielsweise Bauxiten, die allein oder mit Flußmitteln erhitzt werden. Ein wesentlicher Nachteil dieser bekannten Herstellungsverfahren besteht in der Notwendigkeit der Anwendung sehr hoher, über 1 800° liegender Temperaturen, um die Kristallisation der Tonerde und der dazugehörigen Verbindungen, wie Tonerdesilikat, zu erzielen.

Die vorliegende Erfindung bezweckt die Beseitigung dieses Nachteiles. Die Erfindung besteht in einer neuen Anwendung von Fluoriden und Silikofluoriden, die bisher bereits als Flußmittel sowie auch zur Absenkung der Temperatur zur vollständigen Dehydrierung des Bauxits auf 1 200° angewendet wurden.

Gemäß dem Verfahren nach der Erfindung werden auf hundert Teile gemahlenen Bauxits bis zu höchstens zwei Teile Fluoride oder Silikofluoride, insbesondere alkalische oder erdalkalische, wie beispielsweise Calciumfluorid oder Natriumsilikofluorid, beigemengt; alsdann wird diese Mischung bis auf eine verhältnismäßig niedrige Temperatur von etwa 1 300 bis 1 350° erhitzt, so daß eine Kristallisation der Tonerde und der Tonerdeverbindungen, z. B. des Tonerdesilikates, eintritt.

Wie Versuche ergeben haben, wird durch dieses Verfahren ein fest zusammengebackener Stoff erzielt, der in gemahlenem Zustande ein Pulver ergibt, dessen Schleifvermögen dem des besten natürlichen Schmirgels gleich ist.

PATENTANSPRUCH:

Verfahren zur Herstellung von künstlichen Schleifmitteln aus tonerdehaltigen Stoffen durch Erhitzung, dadurch gekennzeichnet, daß unter an sich bekannter, durch Zusatz von Fluoriden herbeigeführter Herabsetzung der Reaktionstemperatur auf hundert Teile gemahlenen Bauxits bis zu zwei Teile Fluoride oder Silikofluoride, insbesondere alkalische oder erdalkalische, wie beispielsweise Calciumfluorid (CaF_2) oder Natriumsilikofluorid (Na_2SiF_6), beigemengt werden und alsdann die Mischung bis auf eine verhältnismäßig niedrige Temperatur von etwa 1 300 bis 1 350° erhitzt wird, so daß eine Kristallisation der Tonerde und der Tonerdeverbindungen, z. B. des Tonerdesilikates, eintritt.

Nr. 543875. (B. 140596.) Kl. 12m, 6. DR. MAX BUCHNER IN HANNOVER-KLEEFELD.

Erfinder: Dr.-Ing. Fritz Gewecke in Wunstorf b. Hannover.

Herstellung von Aluminiumsulfat.

Vom 25. Nov. 1928. — Erteilt am 28. Jan. 1932. — Ausgegeben am 11. Febr. 1932. — Erloschen: . . . .

Die vorliegende Erfindung betrifft ein Verfahren zur Herstellung von Aluminiumsulfat aus Aluminiumnitrat. Es ist zwar allgemein bekannt, daß es gelingt, z. B. aus Natron-Salpeter den Säurebestandteil mittels Schwefelsäure auszutreiben, jedoch ist es nötig, mit einem großen Überschuß an Schwefelsäure zu arbeiten, da auf die Bildung des Natriumbisulfats hingearbeitet werden muß. Bei Verwendung geringerer Mengen Schwefelsäure erfolgt ein weitgehender Abbau der Salpetersäure zu Nitrose, wodurch die Gewinnung der Salpetersäure zu einer überaus komplizierten und unwirtschaftlichen wird.

Die Schwefelsäure hat auch bereits Anwendung gefunden, um aus Aluminiumchlorid Salzsäure auszutreiben, so daß Aluminiumsulfat hinterbleibt. Die Salpetersäure besitzt aber ein grundsätzlich anderes Verhalten als Salzsäure, und zwar wegen ihrer leichten Zersetzlichkeit bei hohen Temperaturen, was bei der Salzsäure gar nicht in Betracht kommt. Überraschenderweise wurde gefunden, daß man durch Erhitzen von Aluminiumnitrat mit Schwefelsäure Aluminiumsulfat erhalten kann, ohne daß dabei ein Abbau der Salpetersäure zu Nitrose erfolgt, wobei bemerkenswert ist, daß die Reaktion schon mit der äquivalenten Menge Schwefelsäure durchführbar ist. Bei diesem Verfahren wird die der angewandten Schwefelsäure äquivalente Menge Salpetersäure wiedergewonnen. Gleichzeitig wird ein Aluminiumsulfat erhalten, welches sich durch besonders hohes Raumgewicht, Wasserarmut und besondere Reinheit auszeichnet. Besonders elegant läßt sich der Prozeß im Vakuum durchführen. Ein Teil der Salpetersäure beginnt bei 105° fortzugehen, ein weiterer Teil darüber. Die letzten Reste der Salpetersäure sind bei einer Temperatur bis zu 300° völlig zu entfernen.

Das Verfahren kann unter Verwendung von konzentrierter Schwefelsäure, beispielsweise 98%iger, oder auch Kammersäure durchgeführt werden. Bei dieser Art des Arbeitens kann man die bei dem Umsatz zwischen Aluminiumnitrat und Schwefelsäure frei werdende Wärme zum Abtreiben der Salpetersäure verwenden, so daß also der Wärmebedarf entsprechend herabgesetzt werden kann. Zweckmäßig ist es natürlich, daß man bei dem Umsatz das Reaktionsgemisch bewegt. Die Reaktion läßt sich sowohl bei Benutzung einer Lösung von Aluminiumnitrat als auch mit festem Aluminiumnitrat bewerkstelligen. Überraschenderweise hat sich ferner gezeigt, daß man den Prozeß in Gefäßen aus Eisen-Chrom-Nickel-Stahl durchführen kann, ohne daß ein Angriff erfolgt; Schwefel- und Salpetersäure zusammen greifen weniger bzw. nicht an, im Gegensatz zu der Verwendung der Säuren für sich allein.

Zur Durchführung des Verfahrens läßt sich mit besonderen Vorteilen ein Aluminiumnitrat benutzen, welches durch Einwirkung von Salpetersäure im Unterschuß, bezogen auf den Tonerdegehalt des Rohgutes, erhalten worden ist. Diese Arbeitsweise ermöglicht die Erzeugung eines besonders reinen Aluminiumnitrates. Dadurch ist es möglich, aus stark eisenhaltigen Tonerderohstoffen, wie z. B. rotem Bauxit, reines, praktisch eisenfreies Aluminiumsulfat zu erzeugen. Die erhältlichen basischen Aluminiumnitrate lassen sich vorteilhaft in Aluminiumsulfat umwandeln, und bei Anwendung einer solchen Schwefelsäuremenge, die der in dem Nitrat enthaltenen Salpetersäuremenge äquivalent ist, kommt man zu den entsprechenden basischen Aluminiumsulfaten.

Auf das hohe Raumgewicht des erfindungsgemäß erzeugten Aluminiumsulfates war bereits oben hingewiesen. Erwähnt sei noch, daß das neue Erzeugnis etwa 50% wirksame Substanz, bezogen auf die Gewichtseinheit, mehr enthält als das nach anderen Verfahren erzeugte Produkt und daß es sich trotzdem leicht in Wasser löst, somit also für sämtliche Zwecke benutzt werden kann, für die auch das bisher allein bekannte, stark wasserhaltige Sulfat in Frage kam.

Ausführungsbeispiele

1. In ein Gefäß aus Eisen-Chrom-Nickel-Stahl wurden 250 kg Aluminiumnitrat ($Al[NO_3]_3 \, 9 \, H_2O$) eingefüllt und durch elektrische Beheizung zum Schmelzen gebracht. Sodann wurden 113 l Schwefelsäure von spezifischem Gewicht 1,84 hinzugegeben und die Salpetersäure unter Rühren des Reaktionsgemisches bei einem Unterdruck von 350 mm unter Steigerung der Erhitzung abgetrieben. Die ausgetriebenen Gase wurden in einer Vorlage nach Verdichtung aufgefangen. 99,4% der Salpetersäure wurden als solche in der ersten Vorlage wiedergefunden, 0,45% in der zweiten. Schwefelsäure war in den Vorlagen nicht nachweisbar. Das erhaltene Sulfat war schneeweiß, neutral und hatte einen Wassergehalt von etwa 6%.

Die Ausbeute betrug 120,8 kg, das spezifische Gewicht 2,5.

(Das gewöhnliche, handelsübliche Sulfat zeigt das spezifische Gewicht 1,7).

2. 340 l einer Aluminiumnitratlösung, welche 250 kg Aluminiumnitrat und 1,5 kg überschüssige Tonerde gelöst enthielt, wurden in ein Gefäß aus Eisen-Chrom-Nickel-Stahl eingebracht und mit 113 l Schwefelsäure vom spezifischen Gewicht 1,84 versetzt. Nach Abtrennung der Salpetersäure durch Erhitzen hinterblieb ein basisches Aluminiumsulfat. Die Ausbeute betrug 122,3 kg. In der Vorlage wurden 99,6% der Salpetersäure wiedergefunden.

Patentansprüche:

1. Verfahren zur Herstellung von Aluminiumsulfat, dadurch gekennzeichnet, daß man auf Aluminiumnitrat beliebiger Art, in fester oder gelöster Form, Schwefelsäure in der Wärme einwirken läßt, wobei die frei werdende Salpetersäure nach üblichen Methoden gewonnen wird.
2. Eine Ausführungsform des Verfahrens nach Anspruch 1, dadurch gekennzeichnet, daß man eine dem Salpetersäuregehalt des Aluminiumnitrates äquivalente Menge Schwefelsäure verwendet.
3. Eine Ausführungsform des Verfahrens nach Anspruch 1 und 2, dadurch gekennzeichnet, daß man die Salpetersäure bei einer Temperatur bis zu 300° abtreibt.
4. Eine Ausführungsform des Verfahrens nach Anspruch 1 bis 3, dadurch gekennzeichnet, daß man den Umsatz in Apparaturen aus chromeisen- oder chromeisennickelhaltigen Legierungen vornimmt.
5. Eine Ausführungsform des Verfahrens nach Anspruch 1 bis 4, dadurch gekennzeichnet, daß man die betreffende Reaktion im Vakuum, gegebenenfalls unter gleichzeitigem Darüberleiten von Gasen, vornimmt.
6. Eine Ausführungsform des Verfahrens nach Anspruch 1 bis 5, dadurch gekennzeichnet, daß man konzentrierte Schwefelsäure anwendet.

Nr. 504345. (S. 84249.) Kl. 12m, 7.

Silesia, Verein chemischer Fabriken in Ida- und Marienhütte b. Saarau.

Erfinder: Dr. Georg Alaschewski in Saarau, Schles.

Verfahren zur Herstellung von eisenfreiem Alaun.

Vom 22. Febr. 1928. — Erteilt am 17. Juli 1930. — Ausgegeben am 2. Aug. 1930. — Erloschen: 1931.

Das Aufschließen von Ton und tonerdehaltigen Materialien, z. B. Kaolin mit Schwefelsäure, Sulfaten oder Bisulfaten, ist bekannt. Dabei entstehen Lösungen, welche neben der gelösten Tonerde mehr oder weniger große Mengen Eisen enthalten und welche nach Zusatz der erforderlichen Menge Kaliumsulfat zu Kalialaun verarbeitet werden. Das Eisen liegt in den Lösungen meist in dreiwertiger Form vor, und es läßt sich nicht vermeiden, daß bei dem Eindampfen und Kristallisieren der Lösung beträchtliche Mengen von Eisen in den Alaun mit hineingehen. Liegt dagegen das Eisen in zweiwertiger Form vor, so ist die Gefahr der Verunreinigung der Alaunkristalle durch Eisen gering, wenn es gelingt, die während des Kristallisationsprozesses schwer zu vermeidende Oxydation des zweiwertigen Eisens zu verhindern.

Es hat sich nun gezeigt, daß man die Oxydation des reduzierten Eisens während des Kristallisiervorganges vollkommen ausschalten kann, wenn man die Kristallisation in Gegenwart von dreiwertigem Titan vor sich gehen läßt. Man verfährt z. B. in der Weise, daß man der Alaunlösung, die man zweckmäßig sauer hält, vor der Reduktion ein Titansalz, z. B. Titanylsulfat, zufügt. Dann reduziert man die Lösung in an sich bekannter Weise z. B. mit naszierendem Wasserstoff, wobei zunächst das Eisen in Ferrosalz übergeführt wird. Ist alles Eisen in die zweiwertige Stufe übergeführt, dann reagiert der naszierende Wasserstoff mit dem Titansalz zu dreiwertigem Titan, was man an der violetten Färbung der Lösung erkennt. Die Lösung wird nun filtriert und zum Kristallisieren abgelassen. Es besteht jetzt keine Gefahr, daß das Eisen sich oxydiert und den auskristallisierten Alaun färbt, da das in der Lösung vorhandene stark reduzierend wirkende dreiwertige Titansalz die Oxydation des zweiwertigen Eisens mit Sicherheit verhütet. Spuren Titan können während des Kristallisierens in den Alaun hineingehen, sie beeinträchtigten aber weder die Farbe noch sonst die Eigenschaften oder den Handelswert des Alauns. Die Reduktion der eisen- und titanhaltigen Alaunlösung kann in jeder geeigneten Weise erfolgen, z. B. durch Einwirkung von metallischem Eisen, metallischem Aluminium, durch Elektrolyse usw. Das Titansalz kann in bekannter Weise regeneriert und bei Ausführung des Verfahrens wiederholt verwendet werden.

Beispiel 1

Durch Aufschließen von Ton mit Schwefelsäure wurde eine Tonerdesulfatlösung, welche im Liter 500 g Aluminiumsulfat und im Liter 7 g Eisen enthielt, mit der erforderlichen Menge Kaliumsulfatlösung versetzt und zur Kristallisation gebracht. Die nach vollständigem Kristallisieren erhaltenen Kristalle enthielten 0,159% Eisen.

Beispiel 2

In einer gleichen Ausgangslösung wurde zunächst das Eisen vor der Behandlung mit Kaliumsulfat reduziert und dann weiter verfahren wie vorher. Nach dem Auskristallisieren enthielt der Kaliumalaun 0,029% Eisen.

Beispiel 3

Es wurde im Sinne des vorliegenden Verfahrens zu einer Lösung wie unter Beispiel 1 0,2 g $Ti \cdot O_2$ als Sulfat hinzugefügt und mit dem Eisen gemeinschaftlich reduziert. Nach beendigter Kristallisation enthielt der Alaun 0,012% Fe. Der Eisengehalt ging also gegenüber dem Beispiel 2 um mehr als die Hälfte zurück.

Es ist bereits vorgeschlagen worden, Tonerdelösungen, welche Eisen enthalten, vor dem Fällen zu reduzieren, um eisenarme Fällungen zu bekommen. Es ist ferner bekannt, zur Ausfällung praktisch eisenfreier Titansäure aus eisenhaltigen Titanlösungen die Fällungen in Gegenwart dreiwertiger Titanverbindungen vorzunehmen. Im Gegensatz zu diesen bekannten Verfahren bezieht sich die vorliegende Erfindung auf die Herstellung von Alaun durch Kristallisation und gestattet die Gewinnung von eisenfreiem Alaun aus eisenhaltigen Lösungen, ohne den Kristallisationsvorgang störend zu beeinflussen.

Patentanspruch:

Verfahren zur Herstellung von eisenfreiem Alaun aus eisenhaltigen Lösungen durch Reduktion vor der Kristallisation, gekennzeichnet durch einen Zusatz an löslichem Titansalz.

Nr. 483876. (C. 35586.) Kl. 12m, 7.

CHEMISCHE FABRIKEN OKER & BRAUNSCHWEIG A.G. IN OKER, HARZ.

Erfinder: Albert Cobenzl in Nusslach b. Heidelberg.

Verfahren zur Gewinnung von eisenfreiem, kristallinischem Tonerdesulfat aus eisenhaltigen Lösungen.

Vom 26. Okt. 1924. — Erteilt am 19. Sept. 1929. — Ausgegeben am 7. Okt. 1929. — Erloschen: 1933.

Es wurde gefunden, daß Tonerdesalze aus ihren zweckmäßig kalt gesättigten Lösungen durch Zusatz von Essigsäure, Ameisensäure, Milchsäure oder ähnlichen flüchtigen organischen Säuren in reinem kristallinischem Zustand ausgefällt werden, während die Verunreinigungen, insbesondere Eisensalze, vollständig in der Mutterlauge verbleiben.

Wird z. B. eine kalt gesättigte schwefelsaure Tonerdelösung mit beliebigem Eisengehalt, die etwa durch saures Aufschließen von 55% Tonerde und 25% Eisenoxyd enthaltendem Bauxit gewonnen wurde, mit dem gleichen Volumen Ameisen- oder Essigsäure versetzt, so erstarrt die Lösung zu einem Kristallkuchen.

Dieser, von der Mutterlauge getrennt und bis zu ihrer Verdrängung mit einem der obengenannten, gegebenenfalls in Wasser gelösten Fällungsmittel nachgewaschen, hinterläßt ein chemisch reines und blendend weißes Sulfat in lockeren Kristallblättchen, indem das gesamte Eisen mit den sonstigen Verunreinigungen in der Mutterlauge verblieben bzw. in das Waschmittel übergegangen ist.

Die erhaltenen Kristalle werden sodann bei gleicher Wärme im Vakuum getrocknet. Hierbei bleibt die lockere kristallinische Beschaffenheit der Tonerdesalze bewahrt, während die ihnen beigemengten organischen Säuren restlos wiedergewonnen werden.

PATENTANSPRUCH:

Verfahren zur Gewinnung von eisenfreiem, kristallinischem Tonerdesulfat aus eisenfreien*) Lösungen, dadurch gekennzeichnet, daß die Tonerdesalze aus der zweckmäßig kalt gesättigten Lösung mit Essigsäure, Ameisensäure, Milchsäure oder ähnlichen organischen Säuren ausgefällt, sodann nach Abtrennung von der Mutterlauge mit dem gegebenenfalls in Wasser gelösten Fällungsmittel ausgewaschen und schließlich von diesem durch Trocknen im Vakuum wieder befreit werden.

Nr. 489935. (C. 38313.) Kl. 12m, 7.

CHEMISCHE FABRIKEN OKER & BRAUNSCHWEIG A.G. IN OKER, HARZ.

Erfinder: Albert Cobenzl in Nussloch b. Heidelberg.

Verfahren zur Abscheidung von Tonerdesalz aus Lösungen durch organische Säuren.

Zusatz zum Patent 483876.

Vom 23. Mai 1926. — Erteilt am 2. Jan. 1930. — Ausgegeben am 22. Jan. 1930. — Erloschen: 1933.

In dem Patent 483876 wird ein Verfahren beschrieben, das die Gewinnung von kristallinischen Tonerdesalzen aus ihren eisenhaltigen Lösungen durch Fällen mit Essigsäure, Ameisensäure und Milchsäure oder ähnlichen organischen Säuren zum Gegenstand hat.

Nicht zu erwarten stand, daß die ursprüngliche Basizität der gelösten Tonerdesalze, welche für die Verwendung eine große Rolle spielt, nicht beeinflußt wird.

Es wurde nun gefunden, daß Lösungen von Tonerdesalzen mit nur 80% der Theorie an Säure oder darunter, beim Versetzen mit Lösungen obiger organischer Säuren, kristallinische Tonerdesalze mit gleichfalls nur 80% der Theorie an Säure oder darunter, fallen lassen.

Das Verfahren wird im folgenden durch ein Ausführungsbeispiel ausführlich erläutert:

Der aus Bauxit oder Ton mittels Schwefelsäure erhaltene Aufschlußkuchen wird ausgelaugt. Das erste Filtrat ist so stark konzentriert, daß bei Abkühlung und Animpfen bereits schuppenförmige Ausscheidungen stattfinden. Durch systematische Einreihung von späteren, weniger konzentrierten Waschwässern in dem Auslaugeprozeß lassen sich in fortgesetzter Fabrikation solche starken Laugen gewinnen, die auf etwa 4/5 ihres Volumens eingeengt werden bei einer Endtemperatur von etwa 100 bis 105°. Sie sind etwa 40° Bé stark und enthalten, je nach verwendeten Ausgangsmaterialien, mehr oder minder starke Verunreinigungen. Das Verhältnis von $Al_2(SO_4)_3$ zu H_2O ist etwa 1:1, entsprechend 12 bis 15% Al_2O_3 und schwankende Eisensulfatmengen, etwa 1 bis 3% Fe_2O_3.

---

*) Druckfehlerberichtigung: eisenhaltigen.

400 ccm dieser Lösung werden z. B. 90 g Ameisensäure 85% heiß versetzt und kalt gerührt. Es resultiert ein steifer Brei feiner Kristallblättchen, die durch genügende Dekantation oder durch Waschen in der Zentrifuge, auf der Nutsche oder einer ähnlichen Vorrichtung vollständig von der Mutterlauge und dem darin restlos enthaltenen Eisen befreit werden. Die Menge der Ameisensäure zum Waschen ist abhängig von der Menge der Verunreinigungen und beträgt z. B. bei Tonaufschlüssen $^2/_3$ der Fällungsmenge, sonst darüber. Diese zum Waschen angewandte Ameisensäure wird in der zweiten Charge zum Fällen neuer Aufschlußlaugen gebraucht. Die Ausbeute beträgt, je nach der Menge der Verunreinigungen, 85 bis 90%, im allgemeinen rund 90% der in der Lösung vorhanden gewesenen Tonerdesulfatmenge. Durch Vakuumtrocknung wird die anhaftende Ameisensäure wiedergewonnen. Die Regeneration der Ameisensäure gelingt in bester Weise durch Destillation, wobei von 90 g angewandter Säure 86,5 g wiedergewonnen wurden. Der Destillationsrückstand ist Tonerdesulfat-Sekundaware, wie sie für minderwertige Papiersorten verwendet werden kann.

In ähnlicher Weise wirken andere organische Säuren, doch ist wegen des Preises, der Beschaffung und Wiedergewinnung sowie wegen der eisenbindenden Fähigkeit Ameisensäure am vorteilhaftesten.

PATENTANSPRUCH:

Verfahren zur Abscheidung von Tonerdesalz aus Lösungen durch organische Säuren gemäß Patent 483 876, gekennzeichnet durch die Abscheidung von basischem Tonerdesulfat aus seinen Lösungen.

Nr. 536793. (S. 71111.) Kl. 12m, 7. S. J. P. SOCIETÀ ITALIANA POTASSA IN ROM.

Verfahren zur Ausscheidung des Aluminiumnitrates aus Lösungen von Nitratgemischen.

Vom 12. Aug. 1925. — Erteilt am 8. Okt. 1931. — Ausgegeben am 26. Okt. 1931. — Erloschen: . . . .

Italienische Priorität vom 28. Jan. 1925 beansprucht.

In den Patentschriften 361 959 und 379 511 hat Dr. G. A. Blanc ein Verfahren zur Abscheidung des Chloraluminiums und Chlorkaliums usw. aus Lösungsgemischen beschrieben, wie sie zum Beispiel bei der Behandlung des Leuzits mit Salzsäure erhalten werden.

Das Verfahren gründet sich darauf, daß das Chloraluminium in einer genügend konzentrierten salzsauren Lösung praktisch unlöslich ist, während die salzsauren Salze des Kaliums und Eisens sowie überhaupt die aller anderen Elemente, die das Aluminium in der Natur begleiten, so z. B. die des Calciums, Magnesiums, Natriums usw., im Gegenteil in einer solchen Lösung löslich sind.

Die vorliegende Erfindung benutzt eine analoge Eigenschaft des Aluminiumnitrats einerseits und der Nitrate des Kaliums, Natriums, Calciums, Magnesiums und Eisens anderseits, die diese in einer hochkonzentrierten Salpetersäure (zwischen 40 bis 50° Bé) aufweisen, um die Abscheidung des Aluminiumnitrats aus Gemischen, die gleichzeitig die genannten anderen Nitrate enthalten, auf leichte Weise zu erreichen.

Solche Mischungen von Nitraten werden aus der Einwirkung von Salpetersäure auf Mineralien erhalten, die neben Tonerde noch Kali, Kalk, Natron, Magnesia und im allgemeinen auch Eisen als Verunreinigung erhalten. Es genügt, das erhaltene Lösungsgemisch von Aluminiumnitrat und einem oder mehreren anderen Nitraten mit Salpetersäure anzusäuern, um hierdurch ein je nach dem erhaltenen Säuregrade mehr oder weniger vollständiges Auskristallisieren des Aluminiumnitrats zu erreichen, während die anderen Nitrate in Lösung bleiben. Insbesondere erzielt man bei Anwendung von Leuzit*) (Aluminium-Kalium-Silikat mit Eisen als Verunreinigung) auf diesem Wege die Abscheidung von kristallinischem Aluminiumnitrat, während Kalium- und Eisennitrat in Lösung verbleiben.

Wenn man mit genügend begrenzten Flüssigkeitsmengen arbeitet, so erhält man, nachdem man das Mineral in der Wärme zersetzt hat, ein Lösungsgemisch der Nitrate, das nach dem Abkühlen ein kristallinisches Gemisch von Aluminiumnitrat mit einem oder mehreren der angeführten anderen Nitrate darstellt. Es genügt dann zur Gewinnung des reinen Aluminiumnitrats, das Lösungsgemisch von neuem mit hochkonzentrierter Salpetersäure von 40 bis 50° Bé zu behandeln, wobei alle anderen Nitrate (insbesondere im Falle des Leuzits das Kalium- und Eisennitrat) in Lösung gehen, während das Aluminiumnitrat praktisch ungelöst bleibt und durch Filtrieren abgetrennt werden kann.

Man kann das Lösungsgemisch noch auswaschen, so z. B. in einer Zentrifuge mit Hilfe einer Vernebelungs- oder Zerstäubungsvor-

*) Richtiger „Leucit".

richtung, die mit hochkonzentrierter Salpetersäure gespeist wird, die Kaliumnitrat (oder Natrium-, Calcium-, Magnesiumnitrat usw.) und das Eisennitrat auflöst und mitnimmt, während das Aluminiumnitrat als unlöslich zurückbleibt.

Ein sehr geeigneter Kunstgriff zur Herbeiführung dieser Abtrennung des Aluminiumnitrats von den übrigen Nitraten unter Anwendung allergeringster Salpetersäuremengen besteht in der angeführten Auswaschung des Salzgemisches mit konzentrierter Salpetersäure in der Wärme. Dabei kann allerdings auch eine gewisse Menge Aluminiumnitrat in Lösung gehen, aber diese Menge ist insofern leicht wiederzugewinnen, als sie nach erfolgter starker Abkühlung der Flüssigkeit hieraus fast vollständig wieder ausfällt, während die anderen Nitrate in Lösung bleiben.

Beispiel

Wenn das behandelte Leuziterz 18 % K_2O und 22 % Al_2O_3 enthält, so verfährt man in folgender Weise: 1 kg Leuzit wird mit 1800 ccm HNO_3 von 35° Bé behandelt. Die Reaktion dauert ungefähr zwei Stunden. Nach vollendeter Reaktion beträgt der Säuregehalt der Flüssigkeit 12 g auf 100 ccm.

Wird zur Ausscheidung des Aluminiumnitrats die erhaltene Flüssigkeit mit 40 g HNO_3 (auf jede 100 ccm) von 49° Bé angesäuert, so erhält man bei weiterer Destillation der Flüssigkeit Säure von 42° Bé.

Wenn dagegen 70 g HNO_3 (auf jede 100 ccm) von 42° Bé zugesetzt werden, dann liefert die weitere Destillation durch Verdampfung der Flüssigkeit Salpetersäure von 30° Bé.

In beiden Fällen ist die Ausscheidung bzw. Auskristallisation des Aluminiumnitrats praktisch vollständig.

Patentansprüche:

1. Verfahren zur Ausscheidung des Aluminiumnitrats aus Lösungen von Nitratgemischen, wie sie beispielsweise bei der Behandlung von Mineralien, die Tonerde sowie Verbindungen anderer Erdmetalle oder Alkalimetalle sowie Eisen enthalten, gewonnen werden, dadurch gekennzeichnet, daß man zu der Lösung der Nitratgemische weitere Mengen Salpetersäure zusetzt, bis das Aluminiumnitrat in Form von normalem Nitrat beinahe vollständig auskristallisiert und dieses von den anderen in Lösung bleibenden Nitraten abtrennt.

2. Verfahren nach Anspruch 1, dadurch gekennzeichnet, daß man aus dem stark konzentrierten Lösungsgemisch eine kristallinische, aus dem Gemisch aller darin befindlichen Salze bestehende Masse ausscheidet und diese erneut mit solchen Mengen konzentrierter Salpetersäure aufnimmt, daß alle Nitrate außer dem normalen Aluminiumnitrat in Lösung gehen und dieses Nitrat als Rückstand verbleibt.

3. Verfahren nach Anspruch 1 und 2, dadurch gekennzeichnet, daß man aus der kristallinischen, aus einem konzentrierten Nitratgemisch bestehenden Masse die löslichen Nitrate mit Salpetersäure, gegebenenfalls unter Zentrifugieren, auswäscht, um als Rückstand reines Aluminiumnitrat zu erhalten.

4. Verfahren nach Anspruch 2 und 3, dadurch gekennzeichnet, daß man das Herauslösen der löslichen Nitrate in der Wärme vornimmt und die hierbei etwa in Lösung gehenden Mengen Aluminiumnitrat durch Abkühlenlassen der Auswaschsäure zurückgewinnt.

D. R. P. 361959, B. II, 1772; 379511, B. II, 1773.

Nr. 528795. (B. 129047.) Kl. 12m, 6. Dr. Max Buchner in Hannover-Kleefeld.

Verfahren zur Zerlegung von Aluminiumnitrat.

Vom 4. Jan. 1927. — Erteilt am 18. Juni 1931. — Ausgegeben am 11. Dez. 1931. — Erloschen: . . . .

Es ist bekannt, daß man Aluminiumnitrat durch Erhitzen in Salpetersäure und Aluminiumoxyd aufspalten kann. Die vollständige Zersetzung des Aluminiumnitrats findet aber nicht bei einem bestimmten, scharf ausgeprägten Temperaturgrad statt, sondern erstreckt sich über ein großes Temperaturintervall. Nach Angabe in der Literatur soll die Zersetzung bei etwa 140° beginnen und bei 300° beendigt sein. Die letzten Reste Salpetersäure werden jedoch ziemlich hartnäckig festgehalten, so daß sie nur bei erheblich höherer Temperatur in für fabrikatorische Betriebe zulässiger Zeit zu entfernen sind.

Die Austreibung der Salpetersäure findet nur zum Teil als solche statt, etwa 40 % davon fallen in Form von Nitrose an. Das bedeutet einen beträchtlichen Nachteil, denn die Nitrose muß erst wieder in Salpetersäure verwandelt werden, wozu umfangreiche und kostspielige Apparaturen erforderlich sind. Zudem bildet die Umwandlung der Nitrose in Salpetersäure eine Verlustquelle. Die Zersetzung des Aluminiumnitrats in Salpetersäure und Aluminiumoxyd ist aber wegen des hohen Preises der Salpetersäure nur dann fabrikatorisch möglich, wenn die gesamten Salpetersäureverluste auf ein Minimum reduzierbar sind.

Die Nitrosebildung bei der thermischen Aufspaltung der Aluminiumnitrate ist in der Hauptsache darin begründet, daß die vollständige Zersetzung dieser Verbindungen erst bei Temperaturen stattfindet, bei denen schon der Zerfall der Salpetersäure beginnt.

Gegenstand der vorliegenden Erfindung ist die Zersetzung von Aluminiumnitraten aller Art im gasverdünnten Raum oder im Vakuum, wobei Wasser bzw. Wasserdampf gegenwärtig ist oder übergeleitet wird.

Es hat sich in überraschender Weise ergeben, daß bei dieser Arbeitsweise im Gegensatz zum Arbeiten unter Atmosphärendruck die Abspaltung von Salpetersäure nahezu vollständig als solche stattfindet und somit die Bildung von Nitrose fast völlig unterbunden wird. So wurden beispielsweise bei einem absoluten Druck von etwa 200 mm und Überleiten von Wasserdampf 97 % der Salpetersäure als Säure von hoher Konzentration erhalten.

Die Anwesenheit von Wasser bzw. Wasserdampf verhütet nämlich infolge kühlender Wirkung den Zerfall von Salpetersäure durch Überhitzung und beugt damit der Bildung von Nitrose vor.

Endlich wird durch die Zuführung des Wassers bzw. Überleitung von Wasserdampf jenes Wasser ersetzt, das während der einzelnen Stadien des Destillations- bzw. Zersetzungsprozesses, wie sich gezeigt hat, bereits in Form von mehr oder weniger verdünnter Salpetersäure fortgeht.

Dennoch werden bei der neuen Arbeitsweise sehr hohe Konzentrationen von Salpetersäure erzielt. Man erhält Durchschnittskonzentrationen von 500 bis 550 g/l. Durch entsprechende Dosierung der Wassermenge und Fraktionierung des Destillates kann aber auch die Konzentration noch gesteigert werden.

Nach dem vorliegenden Verfahren lassen sich Aluminiumnitrate sowohl in kristallisiertem als auch in gelöstem Zustande vollständig zersetzen.

Es ist bekannt, Aluminiumnitrate durch Erhitzen in Gegenwart von Wasserdampf in basisches Aluminiumnitrat und Salpetersäure zu zerlegen. Auch ist im Zusammenhang mit der Aluminiumnitratzersetzung die Anwendung verminderten Druckes für sich schon erwähnt.

PATENTANSPRUCH:

Verfahren zur Zerlegung von Aluminiumnitraten in reines Al_2O_3 und HNO_3, dadurch gekennzeichnet, daß diese in gasverdünntem Raum unter Überleiten bzw. in Gegenwart von Wasserdampf oder Wasser erhitzt werden.

Nr. 556140. (B. 123483.) Kl. 12m, 6.

DR.-ING. E. H. DR. MAX BUCHNER IN HANNOVER-KLEEFELD.

Thermische Zerlegung von Aluminiumnitrat.

Vom 8. Jan. 1926. — Erteilt am 14. Juli 1932. — Ausgegeben am 4. Aug. 1932. — Erloschen: . . . .

Die vorliegende Erfindung betrifft die thermische Zerlegung von Aluminiumnitrat, wodurch Tonerde hergestellt wird.

Die Herstellung von Tonerde aus Aluminiumsalzen durch thermische Zerlegung an sich ist bekannt. Man hat vorgeschlagen, Aluminiumsulfat oder auch Aluminiumchlorid zu verwenden. Beide Verfahren haben sich technischer Schwierigkeiten wegen nicht durchführen lassen. Auch der Vorschlag, Aluminiumsulfat unter Überleiten überhitzten Wasserdampfes thermisch zu zerlegen, führte zu keinem befriedigenden Ergebnis. Geringere Schwierigkeiten bereitet die thermische Zerlegung von Aluminiumnitrat, allerdings ist hier der Übelstand festzustellen, daß ein erheblicher Teil der Salpetersäure zu Nitrose abgebaut wird und somit immer gewisse Salpetersäuremengen verlorengehen.

Die bekannten Verfahren, nach welchen, ausgehend vom Aluminiumnitrat, Tonerde hergestellt wird, liefern also bei der Aluminiumnitratzersetzung erhebliche Mengen nitroser Gase, die auch auftreten, wenn, ausgehend von einer Aluminiumnitratlösung, in zwei Stufen gearbeitet wird, d. h. zunächst Eindampfen der Lösung unter teilweiser Abtreibung der Salpetersäure und anschließend thermische Zerlegung des Aluminiumnitrates. Auch die Benutzung des gasverdünnten Raumes in der ersten Stufe liefert kein erheblich besseres Ergebnis.

Es wurde nun überraschenderweise gefunden, daß die thermische Zerlegung von Aluminiumnitrat dadurch erheblich verbessert werden kann, wenn während des Erhitzens indifferente Gase über das Zersetzungsgut geleitet werden. Auf diese Weise wird überraschenderweise die Nitrosebildung weitgehend zurückgedrängt, die überdestillierenden Gase stellen zu einem ganz erheblichen Teil — wesentlich größer als ohne Benutzung dieser Maßnahmen — Salpetersäure dar, welche nur kondensiert zu werden braucht, um wieder nutzbar gemacht zu werden.

Das Verfahren wird beispielsweise derart geleitet, daß Aluminiumnitrat bzw. Aluminiumnitratlösung auf Temperaturen bis zu 500° erhitzt wird, wobei während des Erhitzens indifferente Gase (Stickstoff, Kohlensäure, Luft) übergeleitet werden.

Es ist wichtig, daß die während der Erhitzung des Aluminiumnitrates überzuleitenden Gase nicht als Wärmeüberträger dienen. In einem solchen Falle müssen nämlich sehr große Gasmengen, die auf sehr hohe Temperaturen erhitzt werden müssen, befördert werden, wodurch hohe Anforderungen an die Pumpe sowie auch an die Absorptionsapparatur gestellt werden, vor allem aber in weit größerem Umfange nitrose Gase zwangsläufig entstehen. Dies war auch der Hauptnachteil eines bereits gemachten Vorschlages, nach welchem geschmolzenes oder pulverförmiges Aluminiumnitrat in einem heißen Gasstrom zersetzt werden sollte, wozu, wie von dem betreffenden Erfinder selbst angegeben, ein auf 1000° und höher erhitzter Gasstrom erforderlich ist.

Eine weitere Verbesserung der thermischen Zerlegung ist gegeben durch Arbeiten im gasverdünnten Raum. Hierbei ist es möglich, die Erhitzungstemperatur erheblich niedriger zu halten und auch in kürzerer Zeit die thermische Zerlegung zu Ende zu führen. Gleichzeitig ergibt sich aber der weitere Vorteil, daß die Menge der entstehenden nitrosen Gase weiter ganz erheblich vermindert wird.

Vorteilhaft ist die Durchführung der thermischen Zerlegung, ausgehend von Aluminiumnitratlösungen, welche beispielsweise durch Einwirkung von Salpetersäure auf Ton oder tonerdehaltige Stoffe erhalten worden ist, in zwei Stufen, daß man in der ersten die beim Aufschluß erhaltenen und vom Rückstand getrennten Nitratlösungen weitgehend eindampft, bis nur noch eine in ihrem Kristallwasser geschmolzene Masse von Aluminiumnitratkristallen vorliegt und die so erhaltene Schmelze unter Überleiten indifferenter Gase höher erhitzt. Bei dieser Arbeitsweise können unmittelbar die abdestillierenden Stickstoff-Sauerstoff-Verbindungen in hochkonzentrierter Form gewonnen werden, es fällt also unmittelbar eine starke Salpetersäure an. Auch bei der Durchführung der thermischen Zerlegung in zwei Stufen wird man vorteilhaft unter Anwendung des gasverdünnten Raumes arbeiten, d. h. also das Eindampfen der Nitratlösungen in Vakuumapparaten vornehmen.

Gegebenenfalls kann im Laufe des Verfahrens eine Befreiung des Aluminiumnitrates von Verunreinigungen, insbesondere vom Eisen, mit vorgenommen werden. Man kann beispielsweise den beim Eindampfen erhaltenen Rückstand von Nitraten mit konzentrierter Salpetersäure waschen, wodurch Eisen und andere verunreinigende Basen, wie Calcium, herausgeschafft werden.

Anderseits ist es auch möglich, das Zersetzungsprodukt einer Sonderbehandlung zwecks Eisenentfernung zu unterwerfen, beispielsweise durch Behandlung der Tonerde mit Natronlauge, gegebenenfalls unter Erhitzen im Druckgefäß und Selbstfällung der Tonerde aus der erhaltenen, vom Ungelösten abgetrennten Natriumaluminatlauge.

Ausführungsbeispiele

1. 5 kg Aluminiumnitrat der Zusammensetzung $Al(NO_3)_3 9 H_2O$ werden 3 Stunden lang auf 500° erhitzt, wobei gleichzeitig etwa 40 l Luft übergeleitet werden. Es werden 0,75 kg Tonerde erhalten, die abdestillierenden Gase, die in einer Vorlage kondensiert werden, bestanden zu 84% aus Salpetersäure.

2. Unter den gleichen Arbeitsbedingungen wie nach Beispiel 1 wurden 5 kg Aluminiumnitrat aufgespalten, wobei unter Anwendung eines Vakuums von etwa 200 mm Wassersäule gearbeitet wurde und ebenfalls etwa 40 l Luft über das Zersetzungsgut geleitet wurden. Erhalten wurden 0,75 kg Tonerde; im Destillat wurden 91,5% Salpetersäure wiedergefunden.

Die üblichen Arbeitsweisen — ohne Anwendung der Sondermaßnahmen gemäß der Erfindung — ergaben bei gleichen Arbeitsbedingungen einen Abbau von etwa 29% der Salpetersäure zu Nitrose.

Patentansprüche:

1. Thermische Zerlegung von Aluminiumnitrat, dadurch gekennzeichnet, daß hierbei indifferente Gase über die erhitzte Masse geleitet werden.

2. Verfahren nach Anspruch 1, gekennzeichnet durch die Zerlegung im gasverdünnten Raum.

3. Verfahren nach Anspruch 1 und 2, dadurch gekennzeichnet, daß als Ausgangsstoff Aluminiumnitrat verwendet wird, welches vorher durch Verdampfung einer Lösung bei niederer Temperatur im Vakuum erhalten worden ist.

Nr. 556882. (B. 133461.) Kl. 12m, 6. DR. FRITZ GEWECKE IN SEELZE B. HANNOVER.

Verfahren zur thermischen Zersetzung von Aluminiumnitrat.

Vom 16. Sept. 1927. — Erteilt am 28. Juli 1932. — Ausgegeben am 15. Aug. 1932. — Erloschen: . . . .

Die Erfindung betrifft ein Verfahren zur thermischen Zersetzung von Aluminiumnitrat, d. h. zur Zerlegung dieses Salzes durch Anwendung von Wärme in Tonerde und Salpetersäure.

Bei der Durchführung dieser an sich bekannten Reaktion entstehen infolge der Abspaltung der Salpetersäure immer stärker basische Aluminiumnitrate. Diese Produkte sind technisch sehr schwierig zu behandeln, da sie sich bei der Zersetzung in der Wärme aufblähen, Häute bilden und klebrige Schmieren, die dem Wärmedurchgang erheblichen Widerstand entgegensetzen. Um eine möglichst vollkommene thermische Zerlegung zu erreichen, war es notwendig, sehr hohe Temperaturen anzuwenden, also mit großen Wärmeverlusten zu arbeiten und überdies in Kauf zu nehmen, daß erhebliche Mengen der Salpetersäure in Form von nitrosen Gasen anfielen, wodurch zwangsläufig ein Verlust an Salpetersäure eintrat.

Zur Überbrückung der Schwierigkeiten hat man vorgeschlagen, möglichst in der flüssigen Phase zu arbeiten, d. h. durch Zuführung von Wasser bei der Erhitzung die aufzuspaltende Masse in flüssigem Zustande zu erhalten und so bis zu 70 % der Salpetersäure abzudestillieren. Nach diesem Verfahren mußte aber ebenfalls wieder zur Austreibung der restlichen 30 % Salpetersäure auf hohe Temperaturen erhitzt werden, wodurch diese zu Nitrose abgebaut wurde.

Erfindungsgemäß wird die thermische Zersetzung von Aluminiumnitrat in der Weise durchgeführt, daß Aluminiumnitratlösung durch Verdüsen mit bewegter Tonerde vermischt und das Gemisch vorzugsweise im Vakuum und/oder Überleiten von Dampf bzw. Gasen erhitzt wird.

Bei diesem Verfahren wird also das Auftreten von Häuten und klebrigen Schmieren dadurch vermieden, daß vor der Zerlegung ein festes Produkt geschaffen wird, welches während des gesamten Erhitzungsvorganges eine feste Beschaffenheit beibehält. Besonders wichtig ist hierbei das Verdüsen der Aluminiumnitratlösung und das Vermischen mit der bewegten Tonerde in diesem Zustande, denn dadurch wird es möglich, die Zersetzung in technisch bequemer Weise kontinuierlich durchzuführen.

Zur Durchführung des Verfahrens dampft man beispielsweise Aluminiumnitratlösung so weit ein, daß noch kein basisches Aluminiumnitrat sich ausscheidet, was etwa bei einer Temperatur von 35° erreicht wird. Diese Lösung verdüst man in noch heißem Zustande und vermischt sie mit hochprozentiger Tonerde, beispielsweise 60 %iger Tonerde oder wasserfreier Tonerde, zweckmäßig in einem Verhältnis 1 : 2.

Die Zersetzung kann und wird vorzugsweise im Vakuum und/oder unter Einleiten von Sattdampf oder überhitztem Dampf vorgenommen, weil es dadurch möglich wird, mit besonders niederen Temperaturen zu arbeiten und praktisch die Gesamtmenge der im Aluminiumnitrat enthaltenen Salpetersäure als solche unmittelbar wiederzugewinnen.

An Stelle des Dampfes können auch Gase über bzw. durch das Gemisch geleitet werden.

Es ist bereits vorgeschlagen worden, bei der Durchführung von Calcinationsprozessen calciniertes Gut dem zu calcinierenden vor der Hitzebehandlung zuzumischen. Erreicht wird durch dieses Verfahren, auf die thermische Zerlegung von Aluminiumnitrat angewandt, wohl eine Verbesserung des Spaltungsvorganges. In Kauf genommen werden muß aber eine Komplizierung des Betriebes, verbunden mit der Notwendigkeit des periodischen Arbeitens.

Im Gegensatz dazu wird durch das Verfahren der Erfindung eine leichte und bequeme kontinuierliche Zersetzung sichergestellt, bei welcher auch die im zu zerlegenden Gut enthaltene Salpetersäure nahezu vollständig als solche wiedergewonnen wird.

PATENTANSPRUCH:

Verfahren zur thermischen Zersetzung von Aluminiumnitrat, dadurch gekennzeichnet, daß Aluminiumnitratlösung durch Verdüsen mit bewegter Tonerde vermischt und das Gemisch vorzugsweise im Vakuum und/oder Überleiten von Dampf bzw. Gasen erhitzt wird.

Nr. 502676. (A. 46430.) Kl. 12m, 7.

THE ANHYDROUS METALLIC CHLORIDES CORPORATION IN NEW YORK.

Apparat mit rotierender Reaktionstrommel zur Herstellung von wasserfreien Metallchloriden.

Vom 25. Nov. 1925. — Erteilt am 3. Juli 1930. — Ausgegeben am 16. Juli 1930. — Erloschen: 1933.

Die Erfindung betrifft einen Apparat zur Herstellung von wasserfreien Metallchloriden.

Bisher war es nicht möglich, wasserfreie Metallchloride fortlaufend herzustellen, da las Material der Reaktionskammer zu stark angegriffen wurde. Auch bereitete die gleichmäßige Erhitzung und gleichmäßige Zuführung des Materials und das Verhindern einer Krustenbildung des festen Materials an der Zuführungsstelle Schwierigkeiten, die durch den vorliegenden Apparat behoben werden.

Gemäß der Erfindung ist eine zweckmäßig schräg geneigte, von außen erhitzte, rotierende Trommel aus geschmolzener Kieselerde, welche Trommel als Reaktionskammer dient, mit dem einen Ende mit einem Chlorbehälter und mit dem zweckmäßig höher gelegenen Ende mit einem anderen Behälter verbunden, durch welchen das feste Metall oder Metall enthaltende Gemisch zugeführt wird und welcher mit einem Kondensator verbunden ist, in dem das in Dampfform erhaltene Metallchlorid kondensiert wird. Die Trommel ist von einer Widerstandsspirale eingeschlossen, die mit einer Stromquelle verbunden und in hitzebeständigem Zement und einer Lage Ziegelsteine eingebettet ist, welche von einem Metallzylinder umgeben sind, der mit Laufringen auf Rollen ruht und einen Zahnkranz aufweist, der in Eingriff mit einem Antriebsrad steht. Der Chlorbehälter und Kondensator sind mit Abfallbehältern ausgestattet, die durch Schieber

Die obige Anordnung ermöglicht eine gleichmäßige Erhitzung und einen gleichmäßigen Durchgang der Materialien und des Chlors durch die Reaktionskammer, so daß ungebundenes Chlor nicht entweichen kann. Der Apparat ist in den Abbildungen dargestellt:

Abb. 1 ist eine schaubildliche Ansicht des Apparates, teilweise abgebrochen, um die Konstruktion besser zu zeigen.

Abb. 2 ist ein senkrechter Schnitt nach 2-2 der Abb. 1.

Abb. 3 ist eine Draufsicht auf eine Kontaktplatte.

Abb. 4 ist ein senkrechter Schnitt durch den Behälter für die Zuführung des festen Materials oder Metallgemisches.

Abb. 5 zeigt eine etwas andere Verbindung der Reaktionskammer mit dem Chlorbehälter.

Abb. 6 ist eine teilweise Ansicht der Reaktionstrommel.

Abb. 7 zeigt die auf die Reaktionstrommel aufgewundene Spule.

Die Reaktionskammer 8 ist zylindrisch und aus geschmolzener Kieselerde hergestellt, welche mit Bezug auf die Gase bei der erforderlichen hohen Temperatur derselben unempfindlich und undurchdringlich ist und durch sie nicht angegriffen wird. Die Kammer ist von beträchtlicher Länge und von verhältnismäßig kleinem Durchmesser. Eine an sich bekannte Widerstandsspule 9 (Abb. 7) ist um die Reaktionskammer 8 gewunden und

Abb. 1

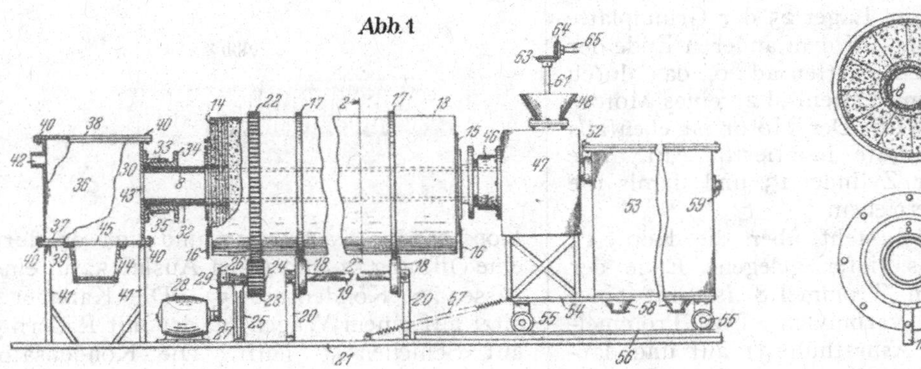

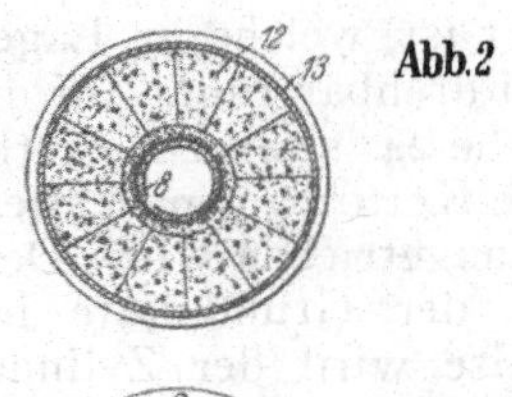

Abb. 2

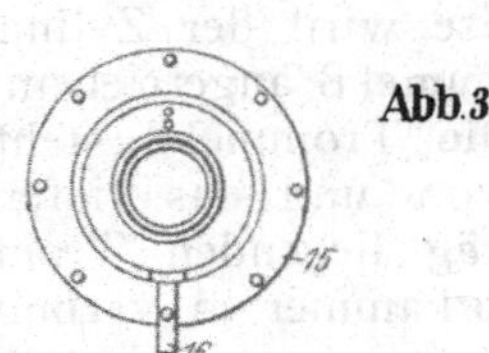

Abb. 3

nach oben und durch Deckel nach unten abschließbar sind.

Das Entweichen von Gasen wird durch die Verbindung der Reaktionskammer mittels Stopfbuchsen mit der Chlorkammer und der Zuführungskammer des festen Materials vermieden.

ist in feuerbeständigem Zement 10 eingebettet, so daß die Spule sicher in ihrer Lage gehalten wird. Nachdem der Zement fest geworden, wird eine weitere Lage 11 von feuerfestem Zement darübergelegt, und diese Lage wird von segmentartigen, feuerfesten Ziegeln 12 eingeschlossen, welche von einem Metallzylinder 13 umgeben werden, wodurch die Ziegel 12 in Stellung gehalten werden. Dadurch wird eine gute Wärmeisolation nach außen für die Widerstandsspule hergestellt. Beide Enden des Metallrohres 13 sind mit einer Anzahl Asbestplatten 14 versehen, welche in den Zylinder 13 hineinpassen und sich um die Reaktionskammer 8 lagern. An jedem Ende des Zylinders 13 sind an den Platten 14 Messingknöpfe 15 befestigt, welche auf der Trommel 8 sitzen und mit der Widerstandsspule 9 verbunden sind. Bürsten 16

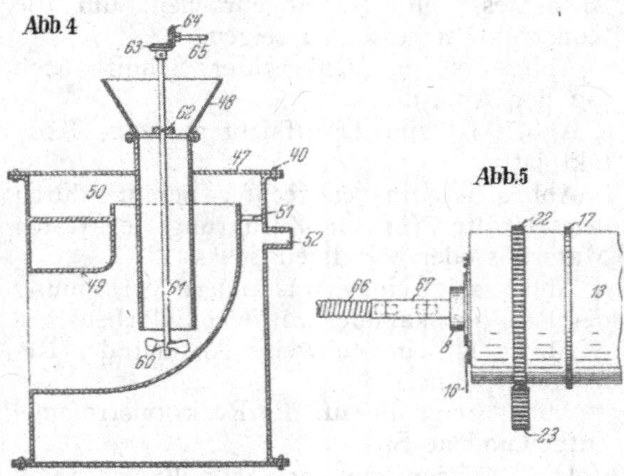

stehen in Berührung mit den Köpfen 15, um den Strom für die Widerstandsspule zu liefern. Der Zylinder 13 weist am Umfang Laufreifen 17 auf, die auf Rädern 18 ruhen, welche auf Wellen 19 befestigt sind, die drehbar in Lagern 20 der Grundplatte 21 sitzen. Ein Radkranz 22 sitzt ebenfalls fest auf dem Zylinder 13 und steht in Eingriff mit einem Antriebsrad 23, das auf einer Welle 24 montiert ist, welche im Lager 25 der Grundplatte frei drehbar ruht. Auf dem anderen Ende der Welle 24 sitzt ein Kettenrad 26, das durch eine Kette 29 vom Kettenrad 27 eines Motors 28 angetrieben wird. Der Motor ist ebenfalls auf der Grundplatte montiert. Auf diese Weise wird der Zylinder 13 und damit die Trommel 8 angetrieben.

Die Trommel 8 steht über die Köpfe 15 hervor, und das tiefer gelegene Ende der schräg liegenden Trommel 8 ist mit einer Chlorkammer 30 verbunden. Das Trommelende weist eine Asbesthülle 31 auf und darüber einen Metallzylinder 32. Die Hülle 31 und der Zylinder 32 reichen in den Zylinder 13 hinein durch die Asbestplatten 14, und zwar bis zur innersten Platte. Die Trommel 8 ist mit der Chlorkammer 30 durch eine Stopfbuchse 33 üblicher Konstruktion verbunden. Die Stopfbuchse ist an der Chlorkammer befestigt und weist einen Buchsenteil 34 auf, der in die Stopfbuchse gegen die Packung 35 eingeschraubt wird. Diese Verbindung der Trommel 8 mit der Chlorkammer 30 läßt leichte Ungenauigkeiten bei der Drehung der Trommel zu, welche Ungenauigkeiten durch die Hülle 31 um den Zylinder 32 sowie durch die Asbestplatten 14 und die Packung 35 aufgenommen werden und die Möglichkeit eines Bruches der Trommel 8 ausschließen.

Die luftdichte Kammer 30 weist einen zylindrischen Körper 36 auf, der Erdflanschen 37 besitzt, auf welchen der Deckel 38 und der Boden 39 durch Bolzen 40 befestigt werden. Die Chlorkammer sitzt auf Unterstützungen 41 der Grundplatte 21. Die Chlorkammer hat eine Einlaßöffnung 42, durch die das Chlor zugeführt wird, und einen Auslaß 43, der die Kammer mit der Reaktionskammer 8 verbindet. Sie besitzt weiterhin einen Behälter 44, der am Boden 39 befestigt ist und eine Öffnung 45 aufweist, durch welche Abfallmaterial in den Behälter 44 tritt. Diese Öffnung 45 kann durch einen Schieber abgeschlossen werden, und der Boden des Behälters 44 kann geöffnet werden, um ihn während des Arbeitsganges leeren zu können.

Das andere hervorstehende Ende der Reaktionskammer oder Trommel 8 ist durch eine Stopfbuchse 46 mit dem Behälter 47 verbunden. Letzterer hat einen Trichter 48, welcher nach unten in ein großes knieförmiges Rohr 49 ragt, das einen Teil des Behälters bildet. Die gasförmigen Produkte der Reaktionskammer gehen durch das Knie 49 in den

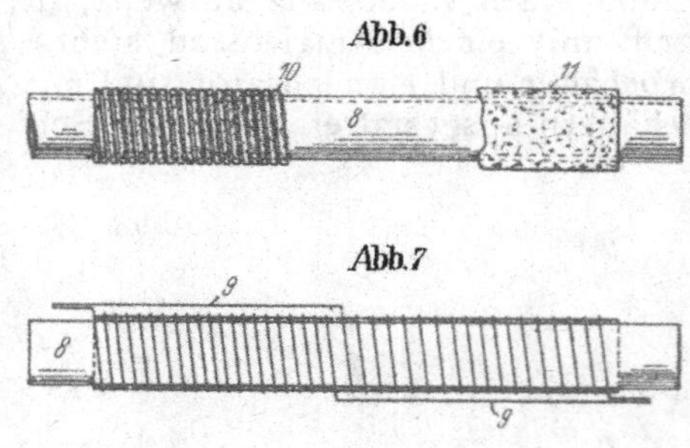

Kopf 50 der Kammer 57 und von da durch eine Öffnung 51 und einen Auslaß 52 in einen passenden Kondensator 53. Die Kammer 47 sitzt auf einem Wagen 54, der mit Rädern 55 auf Schienen 56 läuft. Die Kondensatorkammer 53 ist ebenfalls fest auf dem Wagen 54 gelagert, welcher durch eine Feder 57, die am Wagen und der Grundplatte 21 eingehakt ist, gegen die Reaktionskammer gedrückt wird.

Die Kondensatorkammer 53 weist ebenfalls am Boden Behälter 58 zur Ansammlung von Abfallmaterial auf, die in ähnlicher Weise wie der Abfallbehälter 44 nach oben abgeschlossen und nach unten geöffnet werden können, um Abfallprodukte während des Arbeitsganges zu entfernen. Weiterhin hat die Kondensatorkammer 53 einen Auslaß 59, durch welchen das wasserfreie Metallchlorid abgezogen wird.

Ein Rührflügel 60 ist auf einer Welle 61 montiert, die durch den Trichter 48 hindurchgeht und bei 62 gelagert ist. Am oberen Ende der Welle sitzt ein Kegelrad 63, das in Eingriff mit einem Kegelrad 64 einer Antriebswelle 65 steht.

Der Arbeitsgang der Vorrichtung ist wie folgt: Passende, in der Zeichnung nicht dargestellte Mittel werden für die Zufuhr der festen Materialien zum Trichter 48 benutzt, so daß der Trichter stets bis zu einer bestimmten Höhe gefüllt ist. Das feste Material sitzt auf dem gebogenen Teil des Knies 49 auf. Nachdem die Trommel 8 durch den Motor 28, die Kettenräder 27, 26, die Kette 29, die Welle 24 und die Stirnräder 23, 22 in Drehung versetzt worden ist, bewegt sich das feste Material infolge Neigung der Trommel von der Zuführungsstelle nach der Chlorkammer. Beim Durchgang durch die Reaktionskammer 8 wird das Material erhitzt. Vor Drehung der Trommel ist dieselbe durch Einschalten der Widerstandsspule bereits auf die richtige Temperatur gebracht worden. Das Chlor tritt am anderen Ende der Trommel 8 in bestimmtem Betrag in dieselbe ein. Durch Drehung der Trommel 8 wird das feste Material in innige Berührung mit dem Chlor gebracht, und zugleich werden beide Elemente auf die in der Trommel herrschende Temperatur gebracht. Infolge der Bewegung des Materials und der Länge der Trommel findet eine vollkommene Reaktion zwischen den Metallen und dem Chlor statt. Die Dämpfe von der Reaktionskammer gehen durch das Knie 49 in den Kopf 50 der Kammer 47 und von da durch die Öffnungen 51, 52 in die Kondensatorkammer 53, in der irgendwelches Abfallmaterial, das mit Dämpfen mitgeführt wurde, abgeschieden wird und in den Behältern 58 angesammelt wird. Das erzielte Produkt wird durch den Auslaß 59 in bekannter Weise abgeführt. Die schwereren Abfälle in der Reaktionskammer 8, welche mit den Dämpfen nicht mitgeführt werden, gelangen infolge Drehung der schräg geneigten Trommel in die Chlorkammer 30, wo sie in dem Behälter 44 angesammelt werden. Während des Arbeitsganges ist es notwendig, daß die Temperatur auf ungefähr gleicher Höhe gehalten wird, wie sie für die Reaktion der Elemente notwendig ist. Die Zufuhr des Chlors muß ebenfalls geregelt werden, so daß kein Überschuß an Chlor zugeführt wird.

Während des oben beschriebenen Arbeitsganges wird der Rührflügel 60 durch die Welle 65 und durch Kegelräder 64, 63 gedreht, so daß irgendein Überzug, der sich auf der festen Masse durch Berührung mit dem Chlor bildet, fortwährend zerbrochen wird, so daß das feste Material stets fortlaufend und gleichmäßig zugeführt wird.

Patentansprüche:

1. Apparat mit rotierender Reaktionstrommel zur Herstellung von wasserfreien Metallchloriden, wobei das Metall dem einen Ende der Trommel und das Chlor dem andern Ende der Trommel zugeführt wird, dadurch gekennzeichnet, daß die gleichmäßig erhitzte Reaktionstrommel (8) aus geschmolzener Kieselerde besteht und daß die Enden der Trommel durch an sich bekannte Stopfbüchsen mit dem Chlorbehälter (30) und einer luftdichten Vorrichtung für die Zuführung des Metalles verbunden sind.

2. Apparat nach Anspruch 1, dadurch gekennzeichnet, daß die über die Heizzone hervorragenden Enden der Trommel von Asbestlagen (31) und Metallzylindern (32) eingeschlossen sind, die innerhalb der Stopfbüchsen liegen und Bruch der zerbrechlichen Enden der Trommel verhindern.

3. Apparat nach Anspruch 1, dadurch gekennzeichnet, daß der Behälter (47) für die Abfuhr der gasförmigen Metallchloride ein Knie (49) aufweist, in welches von oben ein stets gefülltes Zuführungsrohr (48) für das Metall ragt, und daß zwischen dem unteren Ende dieses Rohres und der Biegung des Knies ein rotierender Schlagflügel (60) für die Zuführung des Metalls vorgesehen ist, wobei Krustenbildung vermieden und ein dichter Abschluß an der Zuführungsstelle des Metalls bewirkt wird.

4. Apparat nach Anspruch 2 und 3, dadurch gekennzeichnet, daß der Behälter (47) mit dem üblichen Kondensator (53) auf einem Wagen montiert ist, der durch eine Feder (57) gegen die Trommel gezogen wird.

Siehe A. P. 1862298, Anmerkung 1, S. 2780.

Nr. 520152. (I. 33049.) Kl. 12m, 7.

I. G. Farbenindustrie Akt.-Ges. in Frankfurt a. M.

Erfinder: Dr. Johannes Brode und Dr. Carl Wurster in Ludwigshafen a. Rh.

Darstellung von stückigem, wasserfreiem Aluminiumchlorid.

Vom 28. Dez. 1927. — Erteilt am 19. Febr. 1931. — Ausgegeben am 7. März 1931. — Erloschen: 1934.

Wasserfreies Aluminiumchlorid wurde bisher in der Weise gewonnen, daß die Dämpfe in verhältnismäßig weiten Gefäßen, z. B. in Kammern, niedergeschlagen wurden. Infolge der geringen Konzentration der Dämpfe fiel das Aluminiumchlorid in Form von Kristallen oder als Pulver an. In dieser Form, insbesondere als feines Pulver, eignet es sich schlecht zum Versand, weil es, besonders wenn es noch geringe Mengen Eisenchlorid als Verunreinigung enthält, außerordentlich leicht mit der Feuchtigkeit der Luft reagiert und daher schon während des Verpackens sich weitgehend zersetzt. Ferner ist es in der erwähnten Form sehr voluminös, so daß zu seiner Verpackung viel Packmaterial benötigt wird. Man hat bisher durch Destillieren oder Schmelzen von Aluminiumchlorid unter Druck dieses in kompakte Form gebracht.

Es wurde nun gefunden, daß man auch ohne Anwendung von Druck ein stückiges, wasserfreies Aluminiumchlorid erhalten kann, das die obenerwähnten Nachteile nicht aufweist, wenn man Aluminiumchloriddämpfe in Gefäßen, z. B. Eisenbehältern, abkühlt und hierbei so lange Aluminiumchloriddämpfe nachströmen läßt, bis das Aluminiumchlorid in Form eines einheitlichen Blockes erstarrt ist.

Man arbeitet bei diesem Verfahren vorteilhaft in der Weise, daß man eine Reihe von Kondensationsgefäßen an eine von Aluminiumchloriddämpfen durchströmte Leitung so anschaltet, daß sich zunächst das vorderste Gefäß mit Aluminiumchloriddämpfen füllt, worauf der in diesem Raum nicht verdichtete Anteil zu dem nächsten Kondensationsgefäß strömt usw. Hierbei ist es im allgemeinen von Vorteil, die Leitung selbst warm zu halten. Die Kondensationsgefäße kann man z. B. unterhalb der mit strömendem Chloriddampf beschickten Leitung so anordnen, daß die schweren Aluminiumchloriddämpfe in das Gefäß hinabsinken und dort aus den Abgasen der Aluminiumchloridherstellung nach der Kondensation noch vorhandenes Restgas, z. B. Kohlensäure, verdrängen. Durch eine größere Reihe solcher Kondensationsgefäße kann man entweder den sämtlichen Aluminiumchloriddampf in Blockform kondensieren, oder man kann auch nur einen Teil in dieser Weise, den Rest durch Anwendung von Kondensationsräumen üblicher Art als lockere Kristalle oder in Pulverform gewinnen.

Es ist vielfach vorteilhaft, den Kondensationsgefäßen konische Form zu geben, um den entstandenen Aluminiumchloridblock leichter herausnehmen zu können. Auch empfiehlt es sich, die Wände vorher mit einer Schicht eines Körpers zu versehen, der ein Festhaften des Aluminiumchlorids an der Wand verhindert, z. B. mit einer Schicht von Graphit, Ruß, Talk oder Speckstein. In vielen Fällen verwendet man vorteilhaft die Versandemballage selbst als Kondensationsgefäß, indem man diese an die Aluminiumchloriddampfleitung in geeigneter Weise anschließt.

Mit der beschriebenen Gewinnung des wasserfreien Aluminiumchlorids in stückiger Form läßt sich gleichzeitig eine Reinigung verbinden, indem man die Dämpfe des unreinen Aluminiumchlorids mit einem Reduktionsmittel behandelt, sie z. B. über Eisen- oder Aluminiumspäne leitet, wobei z. B. das in ihnen vorhandene Eisen- oder Titanchlorid zu dem entsprechenden niedrigerwertigen Chlorid bzw. zu Metall reduziert wird. Man arbeitet in diesem Falle vorteilhaft so, daß das Rohr, in dem die Eisen- oder Aluminiumspäne sich befinden, von den Aluminiumchloriddämpfen selbst auf gleichmäßiger Temperatur gehalten wird.

Das so erhaltene stückige Aluminiumchlorid nimmt nur etwa den dritten Teil des Raumes von pulveriger Ware ein. Beim Liegenlassen an der Luft mit geringem Wassergehalt zeigt z. B. pulverförmiges Aluminiumchlorid infolge Aufnahme von Feuchtigkeit nach zwei Wochen eine Gewichtszunahme von 75 %, während es in der nach dem vorliegenden Verfahren erzeugten kompakten Form in der gleichen Zeit nur 14,7 % seines Gewichtes an Feuchtigkeit aufnimmt. Beim Aufbewahren in mit Feuchtigkeit gesättigter Luft nimmt pulveriges Aluminiumchlorid in derselben Zeit um 102 %, dagegen das nach dem vorliegenden Verfahren erhältliche stückige Aluminiumchlorid um 23 % an Gewicht zu. Die in Blockform hergestellte Ware ist spröde und kann z. B. durch einen Brecher leicht zerkleinert werden.

Beispiel

Aus einem mit Feuerungsgasen geheizten Destillierkessel, der in der Mitte einen nach unten offenen, in den Kessel hineinragenden Stutzen zum Entweichen von Aluminiumchloriddämpfen hat, werden 500 kg pulverförmiges eisenhaltiges Aluminiumchlorid, das aus Bauxit hergestellt ist und einen Raum von 700 l einnimmt, langsam in ein Rohr abdestilliert, durch das die Aluminiumchloriddämpfe in eine Anzahl von Versandtrommeln nacheinander geführt werden. Nach Beendigung der Destillation enthält die erste Trommel mit 150 l Inhalt 350 kg Aluminiumchlorid in Form eines dichten Blockes, die zweite am Boden etwa 130 kg, ebenfalls als festen Block, während 4 kg Aluminiumchlorid sich in Form kleiner Kristalle in der dritten Trommel niedergeschlagen haben. Das kompakte Produkt der ersten und zweiten Trommel zeigt die obenerwähnten physikalischen Eigenschaften. Zur kontinuierlichen Durchführung des Verfahrens schaltet man nach Sulfonierung der ersten Trommel die nur teilweise gefüllte zweite Trommel an die Stelle der ersten, bis auch die zweite gefüllt ist usf.

PATENTANSPRÜCHE:

1. Gewinnung von wasserfreiem Aluminiumchlorid in haltbarer und versandfähiger Form, dadurch gekennzeichnet, daß man Aluminiumchloriddämpfe in gekühlte Gefäße von gegebenenfalls konischer Form, zweckmäßig in die Versandgefäße selbst, von oben entsprechend der jeweils kondensierten Menge einströmen läßt, so lange, bis das Aluminiumchlorid in Form eines Blockes erstarrt.

2. Ausführungsform nach Anspruch 1, dadurch gekennzeichnet, daß die Aluminiumchloriddämpfe in Gefäßen gekühlt werden, die mit der Schicht eines indifferenten Mittels versehen sind, um das Festkleben des Aluminiumchlorids an den Wandungen zu verhindern, z. B. mit einer Schicht von Graphit, Ruß, Talk oder Speckstein.

Nr. 522031. (M. 105534.) Kl. 12 m, 7. METALLGESELLSCHAFT A. G. IN FRANKFURT A. M.

Erfinder: Dr. Freiherr Conway von Girsewald in Frankfurt a. M.

Herstellung von Aluminium-Alkalichlorid.

Vom 5. Juli 1928. — Erteilt am 19. März 1931. — Ausgegeben am 30. März 1931. — Erloschen: 1933.

Aluminium-Alkalichloride, wie z. B. das Natriumsalz $Al\,Na\,Cl_4$, wurden bisher entweder aus wasserfreiem Aluminiumchlorid und Kochsalz oder durch Sublimation eines Gemisches von Tonerde, Kohle und Kochsalz mit Chlor im elektrothermischen Ofen gewonnen. Die Aluminium-Alkalichloride haben in neuerer Zeit als Elektrolyte für die Reindarstellung von metallischem Aluminium und auch für andere Zwecke technische Bedeutung erhalten. Eine einfachere und besonders wirtschaftlichere Gewinnung des Doppelsalzes als nach den bisher bekannten Verfahren, war daher wünschenswert.

Es wurde nun gefunden, daß sich die Aluminium-Alkalichloride in sehr einfacher Weise aus Bleichlorid, Alkalichlorid und metallischem Aluminium gewinnen lassen. Es ist bekannt, daß sich Schwermetallchloride mit Aluminium in der Wärme zu Aluminiumchlorid und Metall, z. B. Zink oder Blei, umsetzen, wobei das wasserfreie Aluminiumchlorid durch Sublimieren im Augenblick seiner Entstehung dem Reaktionsgleichgewicht entzogen wird und die Reaktion selbst somit quantitativ verläuft. Anders liegen die Verhältnisse, wenn man dem Schwermetallchlorid, z. B. Bleichlorid, ein Alkalichlorid, z. B. Natriumchlorid, zufügt. Läßt man auf das geschmolzene Gemenge der beiden Salze metallisches Aluminium einwirken, so entsteht ebenfalls Aluminiumchlorid, das aber nicht wegsublimiert, sondern mit dem Alkalichlorid das gewünschte Doppelsalz in sehr reiner Form bildet. Trotzdem das Aluminiumchlorid der Reaktion nicht entzogen wird, verläuft der Prozeß quantitativ, entsprechend folgender Gleichung:

$$3\,Pb\,Cl_2 + 2\,Na\,Cl + 2\,Al = 2\,Al\,Na\,Cl_4 + 3\,Pb.$$

Als Nebenprodukt entsteht metallisches Blei. Das Verfahren bietet eine sehr willkommene Verwendungsmöglichkeit für Bleichlorid, das in letzter Zeit in großen Mengen bei hüttenmännischen Prozessen, wie z. B. bei der Entbleiung der Purple ores nach der chlorierenden Röstung und Laugung, anfällt. Da hierbei das Bleichlorid in sehr reinem, kristallisiertem Zustande gewonnen wird, so ist auch das abgeschiedene Blei von einem hohen Reinheitsgrade.

Beispiel

Man schmilzt 1000 g Bleichlorid mit 140 g Kochsalz und setzt allmählich 65 bis 70 g Aluminium hinzu. Unter prachtvoller, dunkelroter Lumineszenz reagiert das Aluminium unter Abscheidung von metallischem Blei. Es bilden sich zunächst drei Schichten; die unterste besteht aus dem metallischen Blei, die mittlere aus Bleichlorid und Kochsalz, während die oberste aus Aluminiumnatriumchlorid besteht. Die mittlere Schicht verschwindet allmählich in dem Maße, wie das auf ihr schwimmende metallische Aluminium durch die Reaktion aufgezehrt wird. Die Ausbeute ist technisch quantitativ, man erhält etwa 460 g Aluminium-Natriumchlorid und 740 g Blei.

PATENTANSPRUCH:

Verfahren zur Herstellung von Aluminium-Alkalichloriden unter Verwendung von metallischem Aluminium und von Schwermetallchloriden, dadurch gekennzeichnet, daß man das metallische Aluminium auf die geschmolzenen Schwermetallchloride, wie z. B. Bleichlorid, in Gegenwart von Alkalichloriden, wie z. B. Natriumchlorid, einwirken läßt.

Schweiz. P. 144571.

S. a. A. P. 1673495 von N. C. Christensen, der ebenso aber ohne Alkalichlorid $AlCl_3$ herstellt.

Nr. 509150. (I. 35290.) Kl. 12m, 7.

I. G. FARBENINDUSTRIE AKT.-GES. IN FRANKFURT A. M.

Verfahren zur Herstellung von eisenfreiem Aluminiumchlorid.

Vom 18. Aug. 1928. — Erteilt am 25. Sept. 1930. — Ausgegeben am 4. Okt. 1930. — Erloschen: 1933.

Bei der Gewinnung von wasserfreiem Aluminiumchlorid aus Ton, Bauxit oder anderen Rohmaterialien nach bekannten Verfahren wird infolge des natürlichen Eisengehalts der Ausgangsprodukte ein mit Eisenchlorid verunreinigtes Aluminiumchlorid erhalten, das durch fraktionierte Kondensation bei verschiedenen Temperaturen nicht rein erhalten werden kann, da sich die Chloride teilweise ineinander lösen.

Man hat vorgeschlagen die Reinigung des Aluminiumchlorids von seinem Eisengehalt in der Weise durchzuführen, daß man das Chloridgemisch in Dampfform über metallisches Aluminium oder Eisen oder über unedlere Metalle, wie Natrium, Magnesium u. a., leitet. Diese Verfahren haben jedoch den Nachteil, daß man das zu reinigende Chloridgemisch unter völligem Ausschluß oxydierend wirkender Gase über das betreffende Metall oder durch die Schmelze des betreffenden Metalls leiten muß. Bei der Gewinnung von Aluminiumchlorid aus oxydhaltigen Rohmaterialien mit Hilfe von Chlor und Reduktionsmitteln enthalten aber die aus dem Reaktionsofen entweichenden Dämpfe stets Kohlenoxyd. Versucht man nun solche kohlensäurehaltigen Aluminiumchloriddämpfe zwecks Reinigung direkt über Eisen- oder Aluminiumspäne oder durch geschmolzenes Aluminium zu leiten, so tritt bei den für die Reaktion ($FeCl_3 + Al = AlCl_3 + Fe$ bzw. $2\,FeCl_3 + Fe = 3\,FeCl_2$) erforderlichen Temperaturen Oxydation des metallischen Aluminiums bzw. Eisens durch das Kohlendioxyd ein und die oberflächlich oxydierten Metalle sind nicht mehr imstande, die Reduktionsarbeit durchzuführen.

Man kann also diese Reinigungsverfahren nur verwenden, wenn man die Aluminiumchloriddämpfe, die beim Austritt aus dem Reaktionsofen schon die für die Enteisenungsreaktion erforderliche Temperatur haben, abkühlt, kondensiert und das kondensierte eisenhaltige Aluminiumchlorid erneut verdampft.

Es wurde nun gefunden, daß diese Schwierigkeiten in Wegfall kommen und das Rohchlorid in einem Arbeitsgang rein erhalten werden kann, wenn man die eisenhaltigen Aluminiumchloriddämpfe mit geschmolzenem Blei in Berührung bringt. Blei setzt sich bei Temperaturen oberhalb seines Schmelzpunktes mit dem im Aluminiumchlorid enthaltenen Eisen-(3)-chlorid ($FeCl_3$) unter Bildung von schwerflüchtigem Eisen-(2)-chlorid ($FeCl_2$) um, und man erhält ein reines Aluminiumchlorid. Infolge des edlen Charakters des Bleis können für die Reinigung ohne weiteres auch kohlendioxydhaltige Aluminiumchloriddämpfe verwendet werden, ohne daß dadurch die Wirksamkeit des Bleis beeinträchtigt wird.

Man arbeitet vorteilhaft in der Weise, daß man die zu reinigenden Aluminiumchloriddämpfe mit Hilfe einer Tauchung in geschmolzenes Blei einleitet und nach dem Durchperlen durch das Bleibad zur Kondensation bringt. Die bei der Reaktion gebildeten Chloride (Eisen-[2]-chlorid und Bleichlorid) schwimmen auf der Oberfläche des geschmolzenen Bleis und können von Zeit zu Zeit abgeschöpft oder mit Wasser herausgelöst werden.

Beispiel 1

In einem eisernen Kessel von 200 l Inhalt werden 135 kg wasserfreies Aluminiumchlorid mit einem Gehalt von 6,54 % $FeCl_3$ in einem langsamen Stickstoffstrom verdampft, worauf das Gas-Dampf-Gemisch mit Hilfe eines eisernen Tauchrohres durch ein Bad von 400 kg geschmolzenem Blei, das sich in einem zweiten Kessel mit einem Rührer befindet, bei etwa 400° C durchgedrückt wird. Die aus dem Bleibad austretenden Aluminiumchloriddämpfe werden in einem verbleiten Kondensationssystem kondensiert. Es wird ein Produkt gewonnen, das nur noch 0,16 % $FeCl_3$ enthält.

Beispiel 2

Aus einem Ofensystem zur Gewinnung von wasserfreiem Aluminiumchlorid aus Kaolin, Kohlenoxyd und Chlor entweichen stündlich 12 kg Aluminiumchlorid in Form von Dampf mit einem Gehalt von 2,4 % $FeCl_3$ zusammen mit der bei der Reaktion entstehenden Kohlensäure und geringen Mengen nicht umgesetzten Chlors und Kohlenoxyds. Dieses Gas-Dampf-Gemisch wird durch ein elektrisch beheiztes Bad mit geschmolzenem Blei bei etwa 400° C geleitet. Auf diese Weise findet eine Reinigung unter Bildung von Eisenchlorür und geringen Mengen Chlorblei statt. Das Bleibad ist zweckmäßig während des Durchleitens des Gas-Dampf-Gemisches zu rühren, da sonst das entstehende Chlorblei und Eisenchlorür eine Kruste auf der Oberfläche des Bleies bilden, die dem Durchtritt der Aluminiumchloriddämpfe Schwierigkeiten bereitet. Die entweichenden Aluminiumchloriddämpfe werden durch Abkühlen kondensiert. Das erhaltene Aluminiumchlorid ist praktisch eisenfrei.

Patentanspruch:

Verfahren zur Enteisenung von eisenchloridhaltigem Aluminiumchlorid, z. B. von kohlendioxydhaltigen Aluminiumchloriddämpfen, wie sie den Herstellungsofen verlassen, dadurch gekennzeichnet, daß das Rohchlorid mit geschmolzenem metallischem Blei in Berührung gebracht wird.

Nr. 515033. (I. 38245.) Kl. 12m, 7.

I. G. Farbenindustrie Akt.-Ges. in Frankfurt a. M.

Erfinder: Dr. Johannes Brode und Dr. Carl Wurster in Ludwigshafen a. Rh.

Verfahren zur Herstellung von eisen- und wasserfreiem Aluminiumchlorid.

Vom 2. Juni 1929. — Erteilt am 11. Dez. 1930. — Ausgegeben am 20. Dez. 1930. — Erloschen: 1934.

Bei der Verwendung von Aluminiumchlorid oder aluminiumchloridhaltigen Produkten, wie Natriumaluminiumchlorid oder Kaliumaluminiumchlorid, in der chemischen Technik, z. B. zur Durchführung organischer Synthesen oder zur Herstellung von Aluminium mit Hilfe des elektrischen Stromes, ist es sehr wichtig, daß die genannten Stoffe frei von Eisen sind.

Das nach dem gebräuchlichen technischen Verfahren hergestellte Aluminiumchlorid bzw. Aluminiumalkalichlorid ist wegen des erheblichen Eisengehalts der Ausgangsmaterialien, wie Bauxit, Tonerde usw., stets so stark mit Ferro- und Ferrichlorid verunreinigt, daß man bei direkter Verwendung dieses Produkts zu organischen Synthesen usw. häufig schlechtere Ausbeuten und bei seiner Verwendung zur elektrolytischen Darstellung von Aluminium ein durch Eisen verunreinigtes, minderwertiges Aluminium erhält. Man hat deshalb vorgeschlagen, das unreine, eisenchloridhaltige Chlorid dadurch zu reinigen, daß man metallisches Aluminium oder Kalium oder Natrium in solchen Mengenverhältnissen der Schmelze des Rohchlorids zusetzt, daß die Chloride des Eisens zu metallischem Eisen reduziert werden. Die Trennung der Schmelze von dem ausgeschiedenen, sich absetzenden Eisen muß dann dadurch bewirkt werden, daß man die Schmelze entweder abgießt oder filtriert oder destilliert. Diese Arbeitsweisen sind aber technisch sehr schwer durchführbar. Bei der Herstellung von Tonerde hat man auch bereits im Rohmaterial vorhandenes schädliches Eisen reduziert und hierauf mittels eines Magneten das Eisen entfernt.

Es wurde nun gefunden, daß diese Schwierigkeiten in Wegfall kommen, wenn man die in den Aufschlußmassen vorhandenen Eisenverbindungen reduziert und hierauf das Eisen auf elektromagnetischem Wege entfernt. Man kann dabei vorteilhaft in der Weise arbeiten, daß man einen Elektromagneten geeigneter Stärke in die Schmelze einhängt oder die Schmelze über einen Magneten oder an einem solchen vorbeifließen läßt. Es findet dabei eine quantitative Entfernung des Eisens statt, auch wenn dieses sich in sehr feiner Verteilung in der Schmelze befindet.

Beispiel

In einem eisernen Kessel von 100 l Inhalt werden 80 kg Natriumaluminiumchlorid mit einem Gehalt von 6,2 % Eisenchlorid geschmolzen, worauf man der Schmelze 840 g metallisches Aluminium zusetzt. Es scheidet sich nach kurzer Zeit das gesamte Eisen in feiner metallischer Form aus. Man taucht nun in die Schmelze einen an einem Elektromagneten hängenden schmiedeeisernen Stab von 80 cm Länge und 2,5 cm Durchmesser. Nach Einschalten des Stromes hat sich nach etwa 10 Minuten das gesamte Eisen so fest an den Eisenstab angesetzt, daß dieser herausgezogen werden kann.

PATENTANSPRUCH:

Verfahren zur Herstellung von eisen- und wasserfreiem Aluminiumchlorid oder solches enthaltenden Produkten, in denen man das im Rohprodukt vorhandene Eisen reduziert, dadurch gekennzeichnet, daß das Eisen aus der Schmelze auf elektromagnetischem Wege entfernt wird.

F. P. 695124.

Nr. 530892. (I. 18. 30.) Kl. 12m, 7.

I. G. FARBENINDUSTRIE AKT.-GES. IN FRANKFURT A. M.

Erfinder: Dr. Carl Wurster in Ludwigshafen a. Rh. und Dr. Max Gruber in Mannheim.

Herstellung von reinem, wasserfreiem Aluminiumchlorid.

Vom 15. Febr. 1930. — Erteilt am 23. Juli 1931. — Ausgegeben am 1. Aug. 1931. — Erloschen: . . . .

Es ist bekannt, eisenchloridhaltige Aluminiumchloriddämpfe dadurch von ihrem Eisengehalt zu befreien, daß man sie über in erhitzten Röhren befindliches Eisen oder Aluminium leitet. Dieses Verfahren hat den Nachteil, daß die Oberflächen der als Reduktionsmittel verwendeten Metalle durch Festsetzen von Eisen oder Eisenchlorür rasch verkrusten und dadurch unwirksam werden.

Es ist außerdem bekannt, Doppelchloride des Aluminiums mit Alkalichloriden, die auf 1 Mol. Aluminiumchlorid 1 Mol. Alkalichlorid enthalten, dadurch von ihrem Eisengehalt zu befreien, daß man sie mit metallischem Aluminium im Schmelzfluß behandelt oder daß man das Eisen aus der Schmelze durch den elektrischen Strom abscheidet. Hierbei werden aber nur eisenfreie, gleichzeitig Alkalichloride enthaltende Aluminiumchloridschmelzen gewonnen.

Es hat sich nun gezeigt, daß man reines, eisenfreies Aluminiumchlorid gewinnt, wenn man rohes, eisenchloridhaltiges Aluminiumchlorid mit einer Schmelze, die Aluminiumchlorid und Alkali- oder Erdalkalichlorid oder mehrere solcher Chloride enthält, in Gegenwart von Reduktionsmitteln in Berührung bringt und das hierdurch gereinigte Aluminiumchlorid absublimiert. Man verwendet hierbei zweckmäßig solche Schmelzen, die auf 1 Mol. Aluminiumchlorid weniger als 1 Mol. Alkali- oder Erdalkalichlorid enthalten.

Die Reinigung des Rohchlorids wird beispielsweise in der Weise durchgeführt, daß in die Schmelze, in der sich z. B. Aluminiumspäne befinden, kontinuierlich Rohchlorid hineinsublimiert oder eingefüllt und das gereinigte Chlorid wieder absublimiert wird. Statt Aluminiumspänen kann man andere feste Reduktionsmittel, z. B. Eisenspäne, zusetzen, auch kann man statt dieser reduzierende Gase in die Schmelze einleiten. Das ausgeschiedene Eisen oder Eisenchlorür kann man auf mechanische (Filtration, Dekantierung) oder magnetische Weise entfernen. Man kann auch die Aluminiumchloriddämpfe in Gegenwart eines festen oder gasförmigen Reduktionsmittels durch die Schmelze hindurchleiten. Es läßt sich so z. B. aus einem Aluminiumchlorid mit einem Gehalt von mehreren Prozent Eisenchlorid ohne Schwierigkeit ein Produkt mit 0,04 % und weniger Eisen erhalten.

Überraschenderweise lassen sich nach diesem Verfahren auch aluminiumchloridhaltige Dämpfe, wie sie durch Chlorierung von tonerdehaltigen Materialien erhalten werden, direkt enteisenen. Solche Dämpfe enthalten neben Aluminium- und Eisenchlorid Kohlendioxyd. Versucht man sie zwecks Enteisenung bei etwa 400° über eine Schicht von Aluminiumspänen zu leiten, so werden diese durch die Kohlensäure oxydiert und verlieren ihre Wirksamkeit dadurch nach kurzer Zeit. Läßt man diese Dämpfe aber ungefähr bei der gleichen Temperatur durch eine Aluminiumspäne enthaltende Schmelze strömen, die z. B. auf 1 Mol. Aluminiumchlorid 0,5 bis 0,65 Mol. Natriumchlorid enthält, so löst diese Schmelze das in den Aluminiumchloriddämpfen enthaltene Eisenchlorid unter gleichzeitiger Reduktion zu Eisenchlorür oder Eisen; die Aluminiumspäne werden von der Kohlensäure nicht angegriffen. Die Schmelze stellt sich dabei in ihrer Zusammensetzung dauernd so ein, daß ebensoviel Aluminiumchlorid absublimiert wie zugeführt wird, d. h. man arbeitet praktisch mit Schmelzen, deren Dampfdruck an Aluminiumchlorid dem Partialdruck an Aluminiumchlorid in der Reaktionsmischung nahezu entspricht. Das im Eisenchlorid vorhandene Chlor wird dabei an Aluminium unter gleichzeitiger Bildung von Aluminiumchlorid gebunden und so direkt wieder verwertet.

Beispiel

An einen Ofen zur Darstellung von Aluminiumchlorid aus Bauxit, Chlor und Kohlenoxyd wird ein Kessel von etwa 0,7 cbm Inhalt, der elektrisch erhitzt werden kann, angeschlossen. Der Kessel ist etwa zur Hälfte mit etwa 500 bis 700 kg einer Schmelze gefüllt, die aus etwa vier Gewichtsteilen Aluminiumchlorid und einem Gewichtsteil Natriumchlorid besteht. In der Schmelze befinden sich Aluminiumspäne, und zwar mengenmäßig etwa 20 bis 40 % der angewandten Schmelzmenge. Nach längerem Betrieb empfiehlt es sich, durch gelegentliches Rühren die Späne umzuschichten. Die Temperatur der Schmelze wird auf etwa 350° gehalten.

Der Anschluß des Kessels an den Aluminiumchloridofen erfolgt durch ein Rohr, das im Kessel tief in die Schmelze eintaucht. Mit Hilfe einer geeigneten Vorrichtung, z. B. eines Körtings, wird nun ein Teilstrom der den Ofen verlassenden Dämpfe durch den Kessel gesaugt, so daß die Dämpfe durch die Schmelze hindurchperlen. An den Kessel sind mehrere Zyklone und Abscheider angeschlossen, in denen das Aluminiumchlorid abgeschieden wird. Das hauptsächlich aus Kohlensäure bestehende Restgas wird abgesaugt und entfernt. Der Durchsatz durch den Kessel wird durch den Unterdruck auf der Zyklonseite des Kessels geregelt, und zwar derart gewählt, daß stündlich etwa 10 kg Aluminiumchlorid abgeschieden werden. Es wird ein technisch eisenfreies Aluminiumchlorid erhalten, das etwa 0,07 % Eisen enthält. Wenn ein Ansteigen des Eisengehaltes im Endprodukt zeigt, daß die Aluminiumspäne verbraucht sind, füllt man neue Späne nach.

Man kann auf ähnliche Weise Chlorid auch aus Gasen gewinnen, welche unreines Aluminiumchlorid beliebiger Herkunft enthalten, beispielsweise solchen, wie sie durch Chlorierung von unreinen, eisenhaltigen Aluminiumabfällen erhalten werden.

PATENTANSPRÜCHE:

1. Verfahren zur Darstellung von reinem Aluminiumchlorid aus eisenchloridhaltigem Aluminiumchlorid, dadurch gekennzeichnet, daß man das Aluminiumchlorid mit einer Schmelze, die Aluminiumchlorid und Alkali- oder Erdalkalichlorid oder mehrere solcher Chloride enthält, bei Gegenwart eines Reduktionsmittels in Berührung bringt und das gereinigte Aluminiumchlorid absublimiert.

2. Ausführungsform des Verfahrens nach Anspruch 1, dadurch gekennzeichnet, daß aluminiumchloridhaltige Reaktionsgemische, wie sie beim Aufschluß von aluminiumhaltigen Ausgangsmaterialien nach bekannten Verfahren anfallen, unmittelbar verwendet werden.

3. Ausführungsform des Verfahrens nach Anspruch 1 und 2, dadurch gekennzeichnet, daß Schmelzen einer derartigen Zusammensetzung benutzt werden, daß der Dampfdruck der Schmelze an Aluminiumchlorid dem Partialdruck an Aluminiumchlorid in dem dampfförmigen Aluminiumchlorid-Eisenchlorid-Gemisch nahezu entspricht.

S. a. E. P. 342208, F. P. 695124.

Nr. 526880. (I. 40. 30.) Kl. 12m, 6.

I. G. FARBENINDUSTRIE AKT.-GES. IN FRANKFURT A. M.

Erfinder: Dr. Carl Winter und Dr. Nikolaus Roh in Ludwigshafen a. Rh.

Reinigung von wasserfreiem, eisenhaltigem Aluminiumchlorid.

Vom 20. April 1930. — Erteilt am 21. Mai 1931. — Ausgegeben am 11. Juni 1931. — Erloschen: 1934.

Es ist bekannt, aus wasserfreiem eisenhaltigem Aluminiumchlorid das Eisen in der Weise zu entfernen, daß man das Aluminiumchlorid mittels Phosgens in eine flüssige Aluminiumchloridphosgenverbindung überführt, von dem ungelösten Ferrichlorid abtrennt und alsdann durch Abdampfen des Phosgens das eisenfreie Aluminiumchlorid gewinnt.

Es wurde gefunden, daß in vielen Fällen eine vollständige Befreiung des Aluminiumchlorids vom Eisen erst dadurch erzielt wird, daß man während oder nach der Phosgenbehandlung das zu reinigende Material einer Behandlung mit Oxydationsmitteln, zweckmäßig durch Einleiten von Chlor, zwecks Überführung des Eisens in die dreiwertige Form unterwirft. Vorteilhaft ist es im Falle der Anwesenheit von Ferrichlorid, dieses zuerst zu Ferrochlorid zu reduzieren; es wird dann bei der Oxydation das vorhandene Eisen restlos zur Abscheidung gebracht, außerdem aber auch eine völlige Auflösung des Aluminiumchlorids im Phosgen erzielt. Wie sich nämlich gezeigt hat, ist das z. B. aus Bauxit gewonnene eisenhaltige Aluminiumchlorid durch Behandlung mit Phosgen nur unvollständig in Lösung zu bringen. Es hinterbleibt ein beträchtlicher Rückstand (bis zu 25 %), der neben Ferrichlorid in der Hauptsache Aluminiumchlorid enthält und offenbar aus einem in Phosgen unlöslichen Aluminiumeisenchloridkomplexsalz besteht. Wenn man das vorhandene Ferrichlorid, z. B. durch Zusatz von Metallen, wie Eisen, Aluminium usw., zuerst zu Ferrochlorid reduziert und alsdann das genannte Eisen oxydiert, gelingt es, das Aluminiumchlorid vollständig in Lösung zu bringen und dieses durch Zerlegung der gereinigten, flüssigen Doppelverbindung ohne Verlust in reiner Form zu gewinnen. Für die Oxydation genügt unter Umständen die Anwendung von so viel Oxydationsmitteln, als der für die Überführung von vorhandenem zweiwertigen Eisen in die Ferriform berechneten Menge entspricht.

Beispiel 1

In einem emaillierten Druckgefäß werden 4000 Teile Rohaluminiumchlorid mit einem Gehalt von 1 % Ferrochlorid und 5 bis 6 % Ferrichlorid mit 6000 Teilen flüssigem Phosgen und 15 Teilen Chlor bei 60° und einem Druck von 3 bis 4 at während 15 Stunden verrührt, worauf das Ganze nach Abkühlen auf gewöhnliche Temperatur in ein Klärgefäß gedrückt wird. Durch Abhebern erhält man eine klare, praktisch eisenfreie Aluminiumchloridphosgendoppelverbindung, die in üblicher Weise in ihre Komponenten zerlegt wird. Statt flüssigen Phosgens unter Druck kann auch Phosgengas verwendet werden. In diesem Falle leitet man das Gas von unten in Türme, die mit dem Rohaluminiumchlorid gefüllt sind. Aus der abfließenden Aluminiumchloridphosgenverbindung wird dann durch Einleiten von Chlor das Eisen ausgefällt und abgetrennt. Durch Erwärmen der Flüssigkeit erhält man als Rückstand das reine Aluminiumchlorid.

Beispiel 2

4000 Teile Rohaluminiumchlorid mit einem Eisengehalt von 5 bis 6 % Ferrichlorid und 20 Teile Aluminiumgrieß werden in einem emaillierten Druckgefäß in 6000 Teilen flüssigen Phosgens unter Rühren bei 60° und 3 bis 4 at in etwa 15 Stunden gelöst. Das Ferrichlorid wird hierbei zum Ferrochlorid reduziert und das Aluminiumchlorid dadurch restlos in Lösung gebracht. Zur Fällung des Eisens werden 100 Teile Chlor (etwa 25 % Überschuß) eingeleitet und alsdann noch kurze Zeit nachgerührt; nach Abkühlen auf 15° läßt man das abgeschiedene Eisenchlorid absitzen. Nach dessen Abtrennung erhält man 9 800 Teile einer praktisch eisenfreien Aluminiumchloridphosgendoppelverbindung. Das durch Abdestillieren des Phosgens gewonnene Aluminiumchlorid enthält nur noch 0,062 % Ferrichlorid.

Wurde obigem Ansatz kein Aluminiumgrieß zwecks Reduktion zugesetzt, so erhielt man nach Absitzenlassen und Abhebern nur 6 200 Teile klare, eisenfreie Phosgendoppelverbindung. In dem verbleibenden Schlamm wurden noch 720 Teile Aluminiumchlorid und 180 Teile Ferrichlorid festgestellt.

Patentanspruch:

Verfahren zur Reinigung von wasserfreiem eisenhaltigem Aluminiumchlorid durch Behandlung mit Phosgen, Abtrennen des Ungelösten und Zerlegen der Aluminiumchloridphosgenverbindung in ihre Komponenten, dadurch gekennzeichnet, daß man während oder nach der Phosgenbehandlung das zu reinigende Material, gegebenenfalls nach vorheriger Reduktion, einer Behandlung mit Oxydationsmitteln unterwirft.

Nr. 565539. (I. 42493.) Kl. 12m, 7.

I. G. Farbenindustrie Akt.-Ges. in Frankfurt a. M.

Erfinder: Dr.-Ing. Frederic van Taack-Trakranen in Mannheim.

Gewinnung von eisenfreiem Aluminiumchlorid.

Vom 5. Sept. 1931. — Erteilt am 17. Nov. 1932. — Ausgegeben am 2. Dez. 1932. — Erloschen: . . . .

Es ist bekannt, Aluminiumchlorid aus Lösungen, wie sie durch Aufschließen von tonerdehaltigen Materialien, z. B. Ton, mit Salzsäure erhalten werden, in der Weise zu gewinnen, daß man es mit Salzsäure aussalzt oder die Lösung nach entsprechender Konzentrierung zur Kristallisation bringt. Diese Verfahren haben jedoch den Nachteil, daß das Aluminiumchlorid entweder in zu geringer Ausbeute erhalten wird, oder daß man ein zu stark mit Eisenchlorid verunreinigtes Produkt erhält.

Es wurde nun gefunden, daß man aus Lösungen, die Aluminium- und Eisenchlorid enthalten, das Aluminiumchlorid in praktisch eisenfreiem Zustande und in nahezu vollständiger Ausbeute erhalten kann, wenn man die Lösung bis zu einem sirupösen Kristallbrei eindampft und diesen vor dem Abtrennen der festen Anteile und Auswaschen einer Mahlung unterzieht. Das Vermahlen der ausgeschiedenen Kristalle kann unter Umständen schon während des Eindampfens der Lösung erfolgen, wobei man zweckmäßig das Eindampfen von vornherein in einer geeigneten Mühle, wie Kollermühle, vornimmt. Nach beendetem Eindampfen und Mahlen wird die Masse filtriert oder zentrifugiert und der Rückstand dann mit Aluminiumchlorid nicht lösenden Flüssigkeiten, z. B. gesättigter Aluminiumchloridlösung oder konzentrierter Salzsäure, ausgewaschen.

Beispiel 1

3000 Gewichtsteile einer Lösung, die durch Aufschluß von Ton mit Salzsäure erhalten worden ist und die aus 1000 Teilen $AlCl_3 \cdot 6$ aq, 100 Teilen $FeCl_3 \cdot 6$ aq, 1000 Teilen H_2O besteht, werden bis auf einen Gehalt von 193 Gewichtsteilen Wasser eingedampft. Der entstandene dicke Kristallbrei wird zusammen mit der Mutterlauge in einem Kollergang vermahlen. Durch gleichzeitiges Darüberleiten eines warmen Luftstromes werden weitere 113 Teile Wasser verdampft. Die breiige Masse wird alsdann zentrifugiert, worauf das ausgeschiedene Aluminiumchlorid mit gesättigter Aluminiumchloridlösung ausgewaschen und getrocknet wird. Es werden 91% des in der Lösung enthaltenen $AlCl_3 \cdot 6$aq in fester Form mit einem Eisengehalt von 0,004% Fe erhalten.

Beispiel 2

Eine Lösung von 800 Teilen $AlCl_3 \cdot 6$aq, 400 Teilen $FeCl_3 \cdot 6$aq und 500 Teilen H_2O wird bis auf 170 Gewichtsteile Wasser eingedampft, worauf der ausgeschiedene Kristallbrei zusammen mit der Mutterlauge vermahlen wird. Gleichzeitig wird das in dem Brei noch enthaltene Wasser bis zu 80 Gewichtsteilen verdampft. Nach dem Filtrieren und Auswaschen in der in Beispiel 1 beschriebenen Weise werden 788 Teile $AlCl_3 \cdot 6$aq, entsprechend einer Ausbeute von 98,5%, mit einem Eisengehalt von 0,01% Fe erhalten.

Bei der Aufarbeitung eisenärmerer Lösungen ist es unter Umständen vorteilhaft, das anfallende Filtrat zwecks Gewinnung der darin enthaltenen restlichen Menge Aluminiumchlorid nochmals nach vorliegendem Verfahren zu verarbeiten.

PATENTANSPRUCH:

Gewinnung von eisenfreiem Aluminiumchlorid aus eisenchloridhaltigen Aluminiumchloridlösungen, dadurch gekennzeichnet, daß diese Lösungen durch Eindampfen in einen Kristallbrei verwandelt werden, die entstehende breiige Masse zusammen mit der Mutterlauge vermahlen, hierauf zentrifugiert oder filtriert und der feste Rückstand mit nur das Eisenchlorid lösenden Flüssigkeiten ausgewaschen wird.

S. a. A. P. 1778083, E. P. 240834.

Nr. 430882. (C. 35474.) Kl. 12m, 6.

I. G. FARBENINDUSTRIE AKT.-GES. IN FRANKFURT A. M.

Erfinder: Dr. Eduard C. Marburg in Griesheim a. M.

Verfahren zur Herstellung von Tonerde.

Zusatz zum Patent 414128.

Vom 3. Okt. 1924. — Erteilt am 19. Aug. 1926. — Ausgegeben am 28. Febr. 1931. — Erloschen: 1935.

Nach Patent 414128 wird Tonerde auf dem Wege über Aluminiumchlorid hergestellt, wobei ein Teil der beim Aufschließen von Ton mit Salzsäure entstehenden, eisenhaltigen Aluminiumchloridlösungen zu einem Kristallbrei eingedampft und in nahezu eisenfreies kristallisiertes Aluminiumchlorid und eine stärker eisenhaltige Mutterlauge getrennt wird, während ein anderer Teil der Aufschlußlösung an Salzsäure aus der thermischen Zersetzung des Aluminiumchlorids angereichert wird, welcher als Waschlösung zur Reinigung des kristallisierten Aluminiumchlorids verwandt wird.

Diese Mutterlaugen bzw. Waschlaugen enthalten naturgemäß im Verhältnis zum Aluminiumchlorid sehr große Mengen Eisenchlorid; betreffs der weiteren Behandlung solcher Mutterlaugen ist in der Patentschrift 414128 angegeben, daß man die Laugen zwecks Wiedergewinnung der Salzsäure der thermischen Zersetzung unterwerfen kann. Man erhält dabei eine stark eisenhaltige Tonerde, die beispielsweise nach Art des Bauxits aufgearbeitet werden kann.

Weitere Versuche haben nun gezeigt, daß man viel vorteilhafter so verfahren kann, daß man diese Ablaugen unter Einhaltung geeigneter Konzentrationsgrenzen auf tonerdehaltige Stoffe wirken läßt, wobei die an sich bekannte Umsetzung stattfindet:

$$Al(OH)_3 + Fe^{\cdots} \longrightarrow Al^{\cdots} + Fe(OH)_3 .$$

Hierbei kann Tonerde selbst, Bauxit, Kaolin oder ein anderer Al_2O_3 enthaltender Stoff verwendet werden; am zweckmäßigsten ist aber die Verwendung des geglühten Tones, der auch für den Aufschluß nach dem Gesamtverfahren dient.

Man schafft auf diese Weise nicht nur den lästigen Ballast an Eisensalz weg, sondern gewinnt gleichzeitig das Äquivalent an Tonerde in gelöster Form. Man ist hierbei nicht daran gebunden, das tonerdehaltige Material in fein verteilter Form anzuwenden. Verwendet man beispielsweise ein körniges Produkt in großem Überschuß, durch welches man beispielsweise die heiße, eisenhaltige Lösung hindurchfiltriert, so kann nach der Umsetzung das ausgeschiedene Eisenhydroxyd durch einen Waschwasserstrom von der körnigen Unterlage abgespült werden, worauf der Rückstand mit unwesentlich vermehrtem Eisengehalt dem aufzuschließenden Ton beigemischt werden kann. Hierbei ist noch von besonderer Bedeutung, daß der Austausch keineswegs quantitativ zu sein braucht, da die nicht vollständig von Eisen befreite, regenerierte Aluminiumchloridlösung sich nicht anders verhält als seine Aufschlußlauge.

Durch dieses Reinigungsverfahren wird in der Gewinnung reiner Tonerde aus Ton auf ausschließlich saurem Wege insofern die höchste Stufe erreicht, als nunmehr für die quantitative Gewinnung der Tonerde unter quantitativer Entfernung des Eisens (als Eisenoxyd) der Weg gewiesen ist.

Beispiel

Je 1 cbm einer Mutterlauge mit 55 g Fe_2O_3 und 135 g Al_2O_3 im Liter (als Chloride gelöst) wird auf das Vierfache verdünnt und mit 250 kg gemahlenem, geglühtem Ton versetzt und unter Rühren erhitzt. Nach dem Abtrennen des Eisenoxyds enthält die gereinigte Lauge noch etwa 2 Teile Fe_2O_3 auf 100 Teile Tonerde. Diese Lauge kann nunmehr ebenso wie frische Aufschlußlösung oder mit dieser zusammen der Eindampfung zugeführt werden.

Patentanspruch:

Verfahren zur Herstellung von Tonerde aus reinem, kristallisiertem Aluminiumchlorid nach Patent 414128, dadurch gekennzeichnet, daß die Mutterlaugen, welche bei der Abtrennung und gegebenenfalls auch bei der Waschung des durch Eindampfen gewonnenen Kristallbreies von Aluminiumchlorid anfallen, nach entsprechender Verdünnung mit tonerdehaltigen Stoffen, insbesondere mit geglühtem Ton, behandelt und sodann in gleicher Weise wie frische Aufschlußlösung oder mit dieser zusammen der Eindampfung unterworfen werden.

Russ. P. 15619.
D. R. P. 414128, B. III, 1234.

Nr. 562499. (I. 70.30.) Kl. 12m, 6.

I. G. Farbenindustrie Akt.-Ges. in Frankfurt a. M.

Erfinder: Dr. Fritz Roßteutscher in Frankfurt a. M.-Griesheim.

Herstellung von Tonerde.

Zusatz zum Patent 414128.

Vom 9. Juli 1930. — Erteilt am 6. Okt. 1932. — Ausgegeben am 26. Okt. 1932. — Erloschen: 1935.

Gegenstand des Patentes 414128 ist ein Verfahren zur Herstellung von Tonerde aus kristallisiertem Aluminiumchlorid, welches aus Ton oder anderen Tonerde enthaltenden Materialien durch Lösen des Ausgangsmaterials in Salzsäure erhalten worden ist. Dieses Verfahren ist dadurch gekennzeichnet, daß man einen Teil der Aufschlußlösung bis zur Ausscheidung von Aluminiumchlorid-Kristallbrei eindampft und den anderen Teil der Aufschlußlösung zum Auffangen der bei der thermischen Zersetzung des Aluminiumchlorids entweichenden Salzsäure benutzt, mit welchem Teil man den abgesaugten Kristallbrei zwecks Trennung der Eisen- und Aluminiumchloride systematisch auswäscht, wobei zweckmäßig zum Schluß reine eisenfreie Salzsäure verwendet wird, und daß man das erhaltene gereinigte kristallisierte Aluminiumchlorid der thermischen Zersetzung unterwirft. Die anfallenden, Aluminium- und Eisenchlorid enthaltenden sauren Wasch- und Mutterlaugen werden nach diesem Verfahren je nach ihrem Eisengehalt entweder der Aufschlußsäure zugefügt oder als Waschlaugen benutzt. Der Eisengehalt dieser Wasch- oder Mutterlauge steigt aber schließlich so hoch an, daß sie aus dem Prozeß ausgeschieden werden muß. Um hierbei möglichst wenig Verluste zu erfahren, kann man zu diesem Zweck in der Weise vorgehen, daß man entweder diese Ablaugen zwecks Wiedergewinnung der Salzsäure der thermischen Zersetzung unterwirft, wobei eine stark eisenhaltige

Tonerde hinterbleibt, oder man behandelt gemäß den Angaben der Patentschrift 430 882 die Laugen, nach vorausgegangener erheblicher Verdünnung, mit Ton oder anderen tonerdehaltigen Rohstoffen, wobei sich durch Basenaustausch das Eisen als $Fe(OH)_3$ ausscheidet und eine eisenarme Aluminiumchloridlösung entsteht, die man schließlich in das Verfahren gemäß dem Hauptpatent zurücknehmen kann.

In weiterer Ausbildung des Verfahrens wurde nun gefunden, daß man die Entfernung des Eisens aus den Ablaugen auch ohne die bei der Aufarbeitung unwirtschaftliche Verdünnung derselben vornehmen kann, indem man vorteilhafter wie folgt verfährt: Man fügt der Wasch- oder Mutterlauge basisch gemachte eingedampfte Mutterlauge oder festes basisches Mutterlaugensalz und SO_4-Ionen, z. B. in Form von schwefelsaurer Tonaufschlußlösung, hinzu unter möglichster Einhaltung der Al_2O_3-Konzentration der ursprünglichen salzsauren Tonaufschlußlösung, wobei ein basisches Aluminium-Eisensulfat ausfällt, welches etwa auf 1 Mol Oxyde ($Al_2O_3 + Fe_2O_3$) etwa 1,5 Mol SO_3 enthält. Durch Zusammenmischen der erforderlichen Reaktionsbestandteile unter geeigneten Bedingungen (d. h. einer dem basischen Sulfat entsprechenden Basizität, die durch Eindampfen oder durch Zufügen von teilweise zersetzter Mutterlauge erreicht werden kann) ergibt sich die gewünschte Wirkung. Durch Einhalten erhöhter Temperatur bei der Fällung, Veränderung in der Konzentration u. dgl., kann die ausfallende Aluminium-Eisenverbindung in einer Zusammensetzung erhalten werden, in der das Verhältnis der Oxyde sich stark zugunsten des Eisens verschiebt. Die Zufuhr der Sulfate erfolgt am einfachsten in Gestalt einer aus Schwefelsäure und Ton hergestellten Aufschlußlösung, von der man zweckmäßig weniger anwendet, als zur Bindung der Oxyde erforderlich ist, damit die erhaltenen Lösungen nicht wesentlich durch gelöste Sulfate verunreinigt werden. Die in ihrem Eisengehalt verminderte Aluminiumchloridlösung, die bei der Abtrennung vom Niederschlag entsteht, nimmt man in das Verfahren zurück, indem man sie z. B. der aus Ton durch Aufschließen mit Salzsäure hergestellten Lösung zusetzt.

Beispiel

100 l einer salzsauren Mutterlauge (in 100 ccm 14,1 g Al_2O_3, 3,9 g Fe_2O_3, 0,953 g freie HCl, d. h. auf 100 g Al_2O_3 : 27,6 g Fe_2O_3) werden mit 23 l einer schwefelsauren Tonaufschlußlösung versetzt, welche in 100 ccm : 8,95 g Al_2O_3, 0,40 g Fe_2O_3, 26,51 g gebundene Schwefelsäure enthält. Dann fügt man noch 80 l Wasser und 10 kg basisches Aluminiumchlorid, z. B. in Form von thermisch zersetzter Mutterlauge, enthaltend 27% freie Tonerde, zu und erhitzt unter Rühren etwa 2 bis 3 Stunden auf 100 bis 110°. Zeit- und Temperaturverhältnisse können in weiten Grenzen geändert werden, das Rühren kann auch unterbleiben. Man erhält ein basisches Eisen-Aluminiumsulfat in gut filtrierbarer Form von etwa folgender Zusammensetzung:

30,6% Fe_2O_3, 9,9% Al_2O_3, 35,4% SO_3.

Das erhaltene Filtrat enthält in 100 ccm:

9,31 g Al_2O_3, 0,77 g Fe_2O_3, 0,81 g SO_3

oder auf 100 g Al_2O_3 8,2 g Fe_2O_3.

Hierdurch wird somit eine Lösung zurückgewonnen, die infolge ihres normalen Al_2O_3-Fe_2O_3-Verhältnisses ohne weiteres wieder der aus frischem Ton durch Aufschließen mit Salzsäure hergestellten Aufschlußlösung zugefügt werden kann, während nur unwesentliche Mengen Tonerde neben erheblichen Mengen Eisen aus dem Kreislauf entfernt werden.

PATENTANSPRUCH:

Weitere Ausbildung des Verfahrens nach Patent 414 128 zur Herstellung von Tonerde, dadurch gekennzeichnet, daß man aus den erhaltenen eisenreichen Mutterlaugen durch Zufügen von basisch gemachter eingedampfter Mutterlauge oder festen basischen Mutterlaugensalzes und von SO_4-Ionen, z. B. in Form von schwefelsaurer Tonaufschlußlösung, unter annähernder Einhaltung der Al_2O_3-Konzentration der ursprünglichen salzsauren Tonaufschlußlösung ein eisenreiches basisches Aluminium-Eisensulfat ausfällt und darauf die von dem Niederschlag getrennte Lösung mit normalem Verhältnis von Tonerde zu Eisen wieder in das Verfahren zurücknimmt.

D. R. P. 414128, B. III, 1234.

Nr. 520938. (I. 40197.) Kl. 12m, 6.

I. G. Farbenindustrie Akt.-Ges. in Frankfurt a. M.

Reinigung von eisenhaltigen Aluminiumsalzlaugen.

Vom 20. Dez. 1929. — Erteilt am 26. Febr. 1931. — Ausgegeben am 14. März 1931. — Erloschen: 1934.

Gegenstand der Erfindung ist ein Verfahren zur Reinigung von eisenhaltigen Aluminiumsalzlösungen, welches darauf beruht, daß gewissen organischen Lösungsmitteln die Fähigkeit zukommt, das Eisen als Ferrichlorid aufzunehmen, so daß bei deren Vermischung mit der Salzlösung eine praktisch eisenfreie Aluminiumsalzlauge entsteht. Weitere Voraussetzung für die Brauchbarkeit dieser organischen Lösungsmittel ist, daß sie in Wasser wenig oder gar nicht löslich sind und wenig flüchtig sind, vorteilhaft einen Siedepunkt oberhalb 100° aufweisen. Zu diesen Lösungsmitteln gehören beispielsweise Cyclohexanon, Methylcyclohexanon, Benzylalkohol, Isoamylalkohol, Isobutylacetat und andere.

Beispiel

1 l einer Aluminiumchloridlauge entsprechend etwa 90 g Al_2O_3 und etwa 2 g Fe_2O_3 im Liter wird bis auf 650 bis 700 g eingedampft und nach dem Erkalten mit dreimal je 200 ccm Methylcyclohexanon ausgeschüttelt.

Die extrahierte Lösung enthält auf 100 Teile Al_2O_3 nur mehr 0,025 Teile Fe_2O_3.

Das abgetrennte eisenchloridhaltige Methylcyclohexanon läßt sich durch einfaches Ausschütteln mit Wasser wieder vom Eisen befreien und in das Verfahren zurückführen.

Das Arbeiten mit den genannten Lösungsmitteln bietet praktisch gegenüber demjenigen mit Äther, der schon als Lösungsmittel für Eisenchlorid vorgeschlagen worden ist, den Vorteil, daß wegen der höheren Siedepunkte der vorgeschlagenen Mittel und wegen ihrer niedrigen Löslichkeit in Wasser geringere Verluste an denselben eintreten, sowie den weiteren Vorteil, daß die Lösungsmittel, wie oben erwähnt, unmittelbar nach dem Ausschütteln mit Wasser wieder verwendungsfähig sind.

Patentanspruch:

Reinigung von eisenhaltigen Aluminiumsalzlaugen, dadurch gekennzeichnet, daß man den Lösungen das Eisen entzieht durch Behandlung derselben mit organischen Lösungsmitteln für Ferrichlorid, die sich in Wasser wenig oder gar nicht lösen und einen Siedepunkt oberhalb etwa 100° aufweisen.

Nr. 550054. (I. 40410.) Kl. 12m, 6.

I. G. Farbenindustrie Akt.-Ges. in Frankfurt a. M.

Erfinder: Dr. Fritz Teller in Ludwigshafen a. Rh.

Reinigung von eisenhaltigen Aluminiumsalzlaugen.

Zusatz zum Patent 520938.

Vom 14. Jan. 1931. — Erteilt am 21. April 1932. — Ausgegeben am 12. Mai 1932. — Erloschen: 1934.

In dem Hauptpatent 520938 ist ein Verfahren zur Entfernung des Eisens aus eisenhaltigen Aluminiumsalzlaugen beschrieben, das darin besteht, daß man die das Eisen als Ferrichlorid enthaltenden Laugen mit organischen Lösungsmitteln, die in Wasser schwer oder unlöslich sind, behandelt. Bei diesem Verfahren ist es also erforderlich, daß das Eisen in Form von Ferrichlorid vorliegt.

Es wurde nun gefunden, daß man auch bei Aluminiumsalzlaugen, die das Eisen nicht als Chlorid enthalten, z. B. bei Laugen, die durch Aufschließen von Bauxit entstehen, eine nahezu vollständige Entfernung des Eisens erreichen kann, wenn man die Behandlung mit den organischen Lösungsmitteln bei Gegenwart von Salzsäure oder deren wasserlöslichen Chloriden vornimmt. Im allgemeinen empfiehlt es sich, unter Verwendung von Salzsäure zu arbeiten, da hierdurch nicht nur eine praktisch vollständige Enteisenung erzielt wird, sondern auf diese Weise auch eine Verunreinigung der Lauge und der daraus durch Eindampfen zu gewinnenden festen Aluminiumsalze mit fremden Salzen vermieden wird. In manchen Fällen, besonders bei eisenarmen Aluminiumsalzlösungen, dürfte indessen auch das Arbeiten mit wasserlöslichen Chloriden, beispielsweise Kochsalz, genügen.

Das vorliegende Verfahren kann sowohl bei gewöhnlicher als auch erhöhter Temperatur durchgeführt werden. Die Aluminiumsalzlaugen kommen vorteilhaft in Konzentrationen von mehr als 30 g Aluminiumoxyd pro Kilogramm Lösung zur Verwendung, wobei die Konzentration auch so hoch sein kann, daß bereits Aluminiumsalz auskristallisiert.

Das Verfahren kann bei Verwendung von wenigstens zwei miteinander verbundenen Extraktionsvorrichtungen insoweit kontinuierlich gestaltet werden, als in der ersten Vorrichtung die eisenhaltige Aluminiumsalzlösung durch das organische Lösungsmittel extrahiert und dieses dann im zweiten Apparat mittels Wasser vom Eisen befreit und darauf wieder in die erste Extraktionsvorrichtung geleitet wird. Man kann auch eine kaskadenförmige Vorrichtung verwenden, wobei die Aluminiumsalzlösung, die bereits ein oder mehrere Male extrahiert ist, mit frischem oder eisenchloridarmem Lösungsmittel in Berührung gebracht und das Lösungsmittel am Schluß der Operation mit Wasser vom Eisen befreit und kontinuierlich wieder in den Prozeß zurückgeführt wird. In diesem Falle ist nur eine beschränkte Menge Lösungsmittel nötig.

Beispiele

1. 200 Gewichtsteile einer ferrisulfathaltigen Aluminiumsulfatlauge, die pro Kilogramm etwa 77 g Al_2O_3 und 2,2 g Fe_2O_3 (= 2,86 Gewichtsteile Fe_2O_3 auf 100 Gewichtsteile Al_2O_3) enthält, werden bei etwa 50 bis 70° mit einer Lösung von 6 Gewichtsteilen Kochsalz in 10 Gewichtsteilen Wasser versetzt und bei dieser Temperatur mit insgesamt 250 Gewichtsteilen Cyclohexanon in vier Portionen ausgeschüttelt. Hierbei werden 32% des ursprünglichen Eisengehaltes entfernt, so daß die Lösung nur noch 1,95 Gewichtsteile Fe_2O_3 auf 100 Gewichtsteile Al_2O_3 enthält.

2. 200 Gewichtsteile der in Beispiel 1 genannten Aluminiumsulfatlauge werden nach Zusatz von 10 Gewichtsteilen konz. Salzsäure bei 50 bis 70° mit insgesamt 300 Gewichtsteilen Cyclohexanon in fünf Portionen ausgeschüttelt. Die extrahierte Lösung enthält nur noch 0,013 Gewichtsteile Fe_2O_3 auf 100 Gewichtsteile Al_2O_3.

3. 200 Gewichtsteile einer ferrisulfathaltigen Aluminiumsulfatlauge, die etwa 38 g Al_2O_3 und 1,1 g Fe_2O_3 pro Kilogramm Lösung enthält, werden nach Zusatz von 15 Gewichtsteilen konz. Salzsäure mit insgesamt 500 Gewichtsteilen Cyclohexanon in acht Portionen bei gewöhnlicher Temperatur ausgeschüttelt. Die ausgeschüttelte Lösung enthält nur noch 0,36 Gewichtsteile Fe_2O_3 auf 100 Gewichtsteile Al_2O_3.

Patentanspruch:

Weitere Ausbildung des Verfahrens des Patentes 520 938, dadurch gekennzeichnet, daß man Aluminiumsalzlaugen, die das Eisen nicht als Chlorid enthalten, bei Gegenwart von Salzsäure oder deren wasserlöslichen Salzen mit in Wasser schwer- oder unlöslichen organischen Lösungsmitteln behandelt.

S. a. E. P. 356523, das Fe z. B. aus Bauxit wird mit HCl und Äther extrahiert.

Nr. 502175. (S. 83704.) Kl. 12m, 6. Swiss Jewel Co. A.G. in Locarno, Schweiz.

Verfahren zur Herstellung eines synthetischen smaragdgrünen Saphirs.

Vom 24. Jan. 1928. — Erteilt am 26. Juni 1930. — Ausgegeben am 9. Juli 1930. — **Erloschen: . . . .**

Es ist schon vorgeschlagen worden, zur Herstellung »smaragdähnlicher« grüner Korunde Kobalt, Magnesium, Zink und Vanadin als Hauptfarbträger zu verwenden. Die gleichen Erfinder wollen diese smaragdähnlichen grünen Korunde mit verschiedenen Elementen wie Eisen, Titan oder Calcium usw., nüancieren.

Wenn auch bei einer solchen Zusammenstellung ein grünlicher Stein unter Umständen zu erzeugen ist, geht doch dem so erhaltenen Stein in jedem Falle die typische grüne Farbe des natürlichen Smaragdes ab, da sich gezeigt hat, daß auch nur Spuren von Magnesium bei der vorgeschlagenen Zusammensetzung der grünen Farbe einen olivengrünen Unterton verleihen, so daß der so erzeugte Stein eher das Grün von Flaschenglas zeigt als dasjenige des natürlichen Smaragden und damit jeden Wert in bezug auf Verwendung als Schmuckgegenstand entbehrt.

Es ist nun gefunden worden, daß, wenn man unter Beibehaltung von Kobalt und Vanadin Magnesium und Zink wegläßt, sie dagegen mit Nickel ersetzt, es möglich ist, synthetische Steine herzustellen, die nicht nur als smaragdähnliche grüne Korunde bezeichnet werden können, sondern in bezug auf Farbe und Glanz unbedingt den grünen orientalischen Smaragden ebenbürtig sind.

Die Salze dieser Metalle können in die Mischung verschieden eingeführt werden. Als Beispiel seien angegeben:

Man mengt 100 g Tonerde mit 1 g Kobaltoxyd (CO_3O_4) und 0,12 g Vanadinoxyd, gibt dem Ganzen 0,3 g Nickelsalz zu, und nach gehöriger Mischung schmilzt man das Gemisch in dem Sauerstoffwasserbrenner nach dem Verfahren von Verneuil.

PATENTANSPRUCH:

Verfahren zur Herstellung von synthetischen smaragdgrünen Saphiren (orientalischen Smaragden), dadurch gekennzeichnet, daß man die Hauptfarbträger Kobalt, Vanadin und Nickel mit Tonerde nach dem bekannten Verneuilschen Verfahren schmilzt.

Schweiz. P. 134881.

Nr. 501721. (S. 83703.) Kl. 12m, 6. SWISS JEWEL CO. A. G. IN LOCARNO, SCHWEIZ.

Verfahren zur Herstellung eines synthetischen Spinells in der Farbe der brasilianischen Smaragde.

Vom 24. Jan. 1928. — Erteilt am 19. Juni 1930. — Ausgegeben am 4. Juli 1930. — Erloschen: . . . .

Es sind synthetische Korunde bekannt, in denen Magnesium als Hauptfarbträger auftritt. In dem Gegenstand der vorliegenden Erfindung ist aber Magnesium kein färbender Konstituent des erzeugten Steines.

Setzt man einer gewissen Menge Tonerde verhältnismäßig viel Magnesium zu, so entsteht beim Schmelzen der Mischung im Verneuilschen Knallgasbrenner ein Spinell. Mit einem Zusatze von Kobalt, Vanadin und Mangan als Hauptfarbträger läßt sich dieser Spinell, der ein Stein kristallinischer Struktur ist, in der Farbe des brasilianischen Smaragdes, d. h. in dem diesem Stein eigenen lichtgrünen Farbton, erzeugen.

Das Mengeverhältnis der drei Hauptfarbträger unter sich und zu den Grundstoffen Tonerde und Magnesia kann zur Erzeugung von verschiedenen Abtönungen der lichtgrünen Farbe geändert werden. Ein stärkerer Gehalt an Kobalt gibt z. B. dem Stein einen stärkeren bläulicheren Ton.

An Stelle der reinen Metalle können auch geeignete Verdingungen verwendet werden.

Als Beispiele seien angeführt:

1. Zu 100 g Tonerde werden 15 g Magnesia zugesetzt, die man mit 0,010 g Kobaltoxydul, 0,080 g Vanadinpentoxyd und 6 g Manganoxyd vermengt und in bekannter Weise schmilzt.

2. Es werden 100 g Tonerde, 15 g Magnesia, 0,020 g Kobaltoxydul, 0,060 g Vanadinpentoxyd und 8 g Manganoxyd gemischt und nach dem bekannten Verfahren im Brenner geschmolzen.

3. Wie in den zwei ersten Beispielen erwähnt, mischt man 100 g Tonerde, 15 g Magnesia, 0,010 g Kobaltoxyd, 0,100 g Vanadinpentoxyd und 8 g Manganoxyd und schmilzt das Ganze wie oben erwähnt.

PATENTANSPRUCH:

Verfahren zur Erzeugung eines synthetischen grünen Edelsteines von der Klasse der Spinelle in der Farbe der brasilianischen Smaragde, dadurch gekennzeichnet, daß man als Hauptfarbträger Kobalt, Vanadin und Mangan verwendet.

Nach Schweiz. P. 135424 mit Ti und Cr gefärbt.

Nr. 536547. (W. 80249.) Kl. 12m, 6.

WIEDE'S CARBIDWERK FREYUNG M. B. H. IN FREYUNG V. W.

Herstellung von smaragdähnlichen grünen Spinellen.

Vom 29. Aug. 1928. — Erteilt am 8. Okt. 1931. — Ausgegeben am 24. Okt. 1931. — Erloschen: . . . .

Die Herstellung synthetischer Korunde (Kristallisation von reiner Tonerde) nach dem Verfahren von Verneuil ist bekannt (Verneuil, Comptes rendus 1902, Bd. 135 S. 791 u. f.).

Nach dem gleichen Verfahren werden auch schon Spinelle hergestellt, die aus Tonerde und Magnesia bestehen, und zwar rote, blaue, blaugrüne, dunkelgrüne und alexandritartige.

Nicht bekannt ist dagegen die Herstellung smaragdähnlicher grüner Spinelle. Das vorliegende Verfahren stellt nun die Herstellungsweise solcher Spinelle von smaragdähnlicher grüner Färbung dar. Es besteht darin, daß man im geeigneten Verhältnis Aluminiumverbindungen so viel Magnesiumverbindungen zusetzt, daß eine Spinellgrundmischung entsteht und hierauf dieser Grundmischung die geeignete Menge von Mangan sowie kleine Mengen von Beryllium, Kobalt und Nickel als Metalle oder in Form der Oxyde oder anderen Verbindungen zugibt und nach dem bekannten Verneuil-Verfahren Schmelztropfen erzeugt. Durch die Beimischung von Beryllium, Kobalt und Nickel oder inrer Verbindungen wird der Farbton nuanciert.

Ausführungsbeispiel

Man stellt eine Spinellgrundmischung aus 1000 g Aluminiumammoniumsulfat und 150 g Magnesiumammoniumsulfat her, setzt dieser Grundmischung 6 g Mangansulfat, 1,5 g Nickeloxyd, 0,5 g Berylliumoxyd und 0,03 g Kobaltnitrat zu und erzeugt dann Schmelztropfen. Der gebildete Stein zeigt eine grünblaue smaragdähnliche Farbe und hat lebhaften Glanz.

PATENTANSPRUCH:

Verfahren zur Herstellung von smaragdähnlichen grünen Spinellen, dadurch gekennzeichnet, daß man der aus Aluminium- und Magnesiumverbindungen bestehenden Spinellgrundmischung Mangan bzw. dessen Verbindungen zusetzt und zur Nuancierung Beryllium, Nickel und Kobalt bzw. deren Verbindungen hinzugibt und nach dem Verneuil-Verfahren zum Kristallisieren bringt.

Nr. 536548. (W. 81804.) Kl. 12m, 6.

WIEDE'S CARBIDWERK FREYUNG M. B. H. IN FREYUNG V. W.

Herstellung gelbgrüner Spinelle.

Vom 19. Febr. 1929. — Erteilt am 8. Okt. 1931. — Ausgegeben am 24. Okt. 1931. — Erloschen: 1935.

Die Herstellung synthetischer Korunde (Kristallisation von reiner Tonerde) nach dem Verfahren von Verneuil ist bekannt (Verneuil, Comptes rendus 1902, Bad. 135, S. 791 u. ff.).

Nach dem gleichen Verfahren werden auch schon Spinelle hergestellt, die aus Tonerde und Magnesia bestehen, und zwar rote, blaue, blaugrüne, dunkelgrüne und alexandritartige.

Das vorliegende Verfahren stellt nun die bisher nicht bekannte Herstellungsweise eines Spinelles von gelbgrüner Färbung dar. Das Verfahren besteht darin, daß man im geeigneten Verhältnis zu Tonerde so viel Magnesiumverbindung zusetzt, daß eine Spinellgrundmischung entsteht und hierauf dieser Grundmischung die geeignete Menge von Mangan als Metall oder in Form von Oxyden oder anderen Verbindungen zugibt und nach dem bekannten Verneuilverfahren Schmelztropfen erzeugt, wobei durch Beimischung von Beryllium und/oder Nickel bzw. ihrer Verbindung eine Nuancierung des Farbtons bewirkt wird.

Ausführungsbeispiele

1. Man stellt eine Spinellgrundmischung aus 500 g Tonerde und 150 g Magnesiapulver her. setzt dieser Grundmischung 10 g Manganoxyd sowie kleine Mengen von Beryllium- und Nickelverbindungen zu und erzeugt aus dem Gemisch Schmelztropfen. Der gebildete Stein zeigt eine schöne gelbgrüne Farbe, hohe Lichtbrechung, klare Durchsichtigkeit und lebhaften Glanz.

2. Die Schmelzmischung besteht aus 100 g Aluminiumoxyd, 15 g Magnesiumoxyd, 10 g Mangan-Ammonium-Sulfat und 4 g Berylliumalaun.

3. Die Zusammensetzung der Schmelzmischung ist: 120 g Aluminiumoxyd, 18 g Magnesiumoxyd, 6 g Mangan-Sulfat und 1 g Nickel-Ammonium-Sulfat.

Die weitere Behandlung und die Eigenschaften der Produkte sind wie bei Beispiel 1.

PATENTANSPRUCH:

Verfahren zur Herstellung von gelbgrünen Spinellen, dadurch gekennzeichnet, daß man der aus Tonerde und Magnesiumverbindungen bestehenden Spinellgrundmischung Mangan oder dessen Verbindungen zusetzt und zur Nuancierung Beryllium oder Nickel oder beide bzw. deren Verbindungen hinzugibt und das Gemisch in bekannter Weise zum Kristallisieren bringt.

Nr. 523269. (I. 37067.) Kl. 12m, 6.

I. G. FARBENINDUSTRIE AKT.-GES. IN FRANKFURT A. M.

Herstellung von synthetischem, aquamarinfarbenem Spinell.

Vom 12. Febr. 1929. — Erteilt am 2. April 1931. — Ausgegeben am 22. April 1931. — Erloschen: 1933.

Der synthetische Spinell aus Tonerde und Magnesia läßt sich nach bekannten Verfahren in grünlichblauen Farbtönen herstellen, die im Aussehen dem Aquamarin und dem blauen Zirkon entsprechen. Bisher haftete jedoch sämtlichen auf diese Weise hergestellten Spinellen der Nachteil an, daß sie bei künstlichem Licht ihr Aussehen in unvorteilhafter Weise änderten, indem die schöne Aquamarinfarbe ins Graugrüne umschlug und hellere Steine fast farblos wurden. Dagegen haben die natürlichen Aquamarine und Zirkone bei künstlicher Beleuchtung eine noch schönere Farbe als bei Tageslicht.

Durch vorliegende Erfindung ist es gelungen, diesen Nachteil zu beseitigen. Es geschieht dies durch einen Zusatz von Titansäure in der Größenordnung von etwa 0,3% zu der zu schmelzenden Ausgangsmischung von Tonerde und Magnesia, die in üblicher Weise mit den die Aquamarinfarbe hervorrufenden Oxyden des Chroms, Kobalts, Vanadins oder mehrerer dieser Oxyde versehen ist. Geeignete Mischungen sind beispielsweise:

100 Teile Spinellrohstoff (90 — 83 % Al_2O_3, 10 — 17% MgO) mit

a) 0,12 Teilen Chromoxyd und 0,025 Teilen Kobaltoxyd, 0,3 Teilen Titanoxyd oder

b) 0,10 Teilen Chromoxyd und 0,10 Teilen Vanadinpentoxyd, 0,02 Teilen Kobaltoxyd, 0,25 Teilen Titanoxyd.

Bei Tageslicht wird die aquamarin- bzw. zirkonartige Farbe des Steins aus gefärbter Ausgangsmischung durch den TiO_2-Gehalt des Steins nicht merklich geändert, während bei künstlicher Beleuchtung die sonst auftretende unschöne Verfärbung unterbleibt und einem lebhaften Grünlichblau Platz macht. Das Titanoxyd gibt zwar bereits dem Spinell aus ungefärbter Ausgangsmischung eine blaue aquamarinähnliche Farbe, die aber bei künstlichem Licht in Blaugrün übergeht.

PATENTANSPRUCH:

Verfahren zur Herstellung eines gefärbten Spinells unter Verwendung von Kobaltoxyd als Farbträger und Titanoxyd zur Verbesserung der Färbung, dadurch gekennzeichnet, daß zur Erzeugung einer Aquamarinfarbe noch ein Zusatz der Oxyde des Chroms oder Vanadins oder beider gewählt und der Titanoxydzusatz so bemessen wird, daß der Stein bei künstlichem Licht seine blaugrüne Farbe behält.

F. P. 687661.

Nr. 535251. (I. 42. 30.) Kl. 12m, 6.

I. G. FARBENINDUSTRIE AKT.-GES. IN FRANKFURT A. M.

Herstellung synthetischer violetter Spinelle.

Vom 30. April 1930. — Erteilt am 17. Sept. 1931. — Ausgegeben am 8. Okt. 1931. — Erloschen: 1932.

Es ist gefunden worden, daß man synthetische violette Spinelle erhalten kann, indem man auf 100 Teile Spinellrohstoff, bestehend aus etwa 84% Al_2O_3 und 16% MgO, 1,5 Teile Eisen und 0,005 Teile Kobalt als Metall oder in entsprechenden Verbindungen, wie Oxyden, zusetzt und das Gemisch im Knallgasbrenner nach Verneuil verschmilzt. Durch Abänderung der absoluten und relativen Menge der beiden Farbträger kann die Färbung des Spinells abgetönt werden.

PATENTANSPRUCH:

Verfahren zur Herstellung eines synthetischen violetten Spinells, dadurch gekennzeichnet, daß man dem aus Tonerde und Magnesia bestehenden Ausgangsgemisch Eisen und Kobalt zusetzt, wobei der Kobaltgehalt in der Größenordnung zwischen einigen Tausendsteln bis einigen Hundertsteln des Eisengehaltes liegt, und das Gemisch in an sich bekannter Weise verschmilzt.

Nr. 511945. (W. 80143.) Kl. 12m, 6.

WIEDE'S CARBIDWERK FREYUNG M. B. H. IN FREYUNG V. W.

Verfahren zur Herstellung von morganitähnlichen rosafarbigen Spinellen.

Vom 15. Aug. 1928. — Erteilt am 23. Okt. 1930. — Ausgegeben am 4. Nov. 1930. — Erloschen: ....

Die Herstellung synthetischer Korunde (Kristallisation von reiner Tonerde) nach dem Verfahren von Verneuil ist bekannt (Verneuil, Comptes rendue 1902, Bd. 135, S. 791 u. ff.).

Nach dem gleichen Verfahren werden auch schon Spinelle hergestellt, die aus Tonerde und Magnesia bestehen, und zwar rote, blaue, blaugrüne, dunkelgrüne und alexandritartige.

Das vorliegende Verfahren stellt nun die bisher nicht bekannte Herstellungsweise eines Spinelles von morganitähnlicher rosa Färbung dar, wobei unter Morganit die amerikanische Bezeichnung für rosa Beryll zu verstehen ist. Das Verfahren besteht darin, daß man im geeigneten Verhältnis der Tonerde so viel Magnesium zusetzt, daß eine Spinellgrundmischung entsteht und hierauf dieser Grundmischung die geeignete Menge von Eisen sowie kleine Mengen von Titan und Beryllium als Metalle oder in Form der Oxyde oder anderer Verbindungen zugibt und nach dem bekannten Verneuilverfahren Schmelztropfen erzeugt. Durch die Beimischung von Titan und Beryllium oder ihrer Verbindungen wird der Farbton nuanciert.

Es ist bei Verfahren zur Herstellung spinellähnlicher künstlicher Edelsteine durch Glühen der Grundmischung in Gegenwart von Kohle im Kohlensäurestrom vorgeschlagen worden, Oxyde oder andere Verbindungen des Chroms, Eisens oder Kobalts und anderer Metalle in sehr kleinen Mengen zuzusetzen, um eine Färbung der Kristalle zu erhalten. Bei der Erfindung handelt es sich dagegen um eine Herstellung synthetischer Spinelle nach dem Verneuilverfahren, und zwar unter Beimischung von erheblichen, der Zusammensetzung des natürlichen Steins entsprechender Mengen von Eisen, und die zur Nuancierung des Farbtons beigemischten Stoffe bestehen aus Titan und Beryllium oder deren Verbindungen. Nach dem bekannten Verfahren können morganitähnliche rosafarbige Spinelle, die den natürlichen Steinen in allen wesentlichen Eigenschaften gleichen, nicht gewonnen werden.

Beispiel

Man stellt eine Spinellgrundmischung aus 500 g Tonerde und 100 g Magnesiumpulver her, setzt dieser Grundmischung 10 g Eisenoxyd, 0,5 g Berylliumoxyd, 0,2 g Titanfluorid zu und erzeugt dann Schmelztropfen. Der gebildete Stein zeigt eine schöne rosa Farbe, hohe Lichtbrechung, klare Durchsichtigkeit und lebhaften Glanz.

Patentanspruch:

Verfahren zur Herstellung von morganitähnlichen rosafarbigen Spinellen durch Kristallisation im Schmelzofen, dadurch gekennzeichnet, daß man der aus Tonerde und Magnesium bestehenden Spinellgrundmischung sowohl Eisen bzw. seine Verbindungen zusetzt als auch zur Nuancierung Beryllium und Titan bzw. ihre Verbindungen hinzugibt.

F. P. 667 195.

Nr. 535 066. (I. 46. 30.) Kl. 12 m, 6.

I. G. Farbenindustrie Akt.-Ges. in Frankfurt a. M.

Herstellung synthetischer, alexandritartiger Spinelle.

Vom 1. Mai 1930. — Erteilt am 17. Sept. 1931. — Ausgegeben am 5. Okt. 1931. — **Erloschen: 1932.**

Es ist bekannt, daß man die synthetischen Spinelle aus Tonerde-Magnesia-Gemischen mit Chromoxyd unter Zuschlag von wenig Eisen und Vanadin grün färben kann, und daß dieser Spinell beim Übergang von Tageslicht zu künstlicher Beleuchtung den für den Alexandrit kennzeichnenden Farbwechsel von Grün in Rotviolett erfährt. Dieser Spinell besitzt jedoch bei Tageslicht einen unerwünschten Stich ins Olivgrüne.

Es wurde gefunden, daß durch Zusatz von Kobalt eine schöne rein grüne Farbe erhalten werden kann, ohne daß der Charakter des Alexandrits verlorengeht.

Beispiel

100 Teile Tonerde-Magnesia-Mischung mit etwa 85 % Tonerde werden mit 1 Teil Chromoxyd und mit 0,06 Teilen metallischem Kobalt vermischt und nach Verneuil auf Birnen verschmolzen.

Durch Zusatz von wenig Eisen und Vanadin kann die Farbe nuanciert werden, beispielsweise genügen hierfür 0,04 Teile Eisen und 0,04 Teile Vanadin (als Metall zugesetzt) als Zuschläge zu einem nach vorstehendem Beispiel zusammengesetzten Gemisch.

Patentansprüche:

1. Verfahren zur Herstellung eines synthetischen, alexandritartigen Spinells, dadurch gekennzeichnet, daß man einem auf Spinellbildung eingestellten Gemisch von Tonerde und Magnesia Chrom und Kobalt zusetzt und das Gemisch nach dem Verneuil-Verfahren verschmilzt.

2. Verfahren nach Anspruch 1, dadurch gekennzeichnet, daß dem Gemisch zur Nuancierung noch Eisen und Vanadin einzeln oder zusammen zugesetzt wird.

Nr. 466310. (J. 27426.) Kl. 12m, 6.

I. G. Farbenindustrie Akt.-Ges. in Frankfurt a. M.

Verfahren zur Herstellung von synthetischen Edelsteinen der Spinellgruppe vom Aussehen des Mondsteins.

Vom 11. Febr. 1926. — Erteilt am 20. Sept. 1928. — Ausgegeben am 5. Okt. 1928. — Erloschen: . . . .

Bei dem bekannten Schmelzverfahren zur Herstellung von synthetischen Edelsteinen aus Tonerde, das zu den bekannten gefärbten oder ungefärbten Korunden führt, hat man bisher mit Sorgfalt darauf geachtet, eine Tonerde zu verwenden, die keine Magnesia enthält, da erfahrungsgemäß schon sehr geringe Mengen Magnesia dazu führen, daß die Ausbeute an großen und haltbaren Steinen sehr zurückgeht.

Andererseits hat man Edelsteine der Spinellgruppe durch Zusatz entsprechender Mengen von Magnesiumoxyd herstellen können, die ebenso wie die synthetischen Korunde in großen, klar durchsichtigen Schmelzbirnen erhalten werden.

Dagegen war es bisher nicht möglich, synthetische Edelsteine herzustellen, die ähnlich wie Mondstein einen Lichtschimmer besitzen, der durch bestimmt orientierte Einschlüsse hervorgerufen wird. Die Erzeugung solcher Edelsteine bildet nun den Gegenstand vorliegender Erfindung.

Es wurde gefunden, daß es ein kleines Intervall der Mischkristallreihen $Al_2O_3 \cdot MgO$ gibt, in welchem zwar noch regelmäßige Kristalle entstehen, jedoch mit blättchenartigen, mikroskopisch kleinen Einschlüssen, jedenfalls von Al_2O_3, die ungefähr parallel orientiert sind und in ihrer Gesamtheit einen zarten bläulichen Lichtschimmer hervorrufen. Diese synthetischen Steine besitzen ein Aussehen ähnlich wie die als Mondsteine bekannten Orthoklase. Die geeignetste Zusammensetzung der Ausgangsmischung, die dieses Ergebnis liefert, entspricht einem Molekularverhältnis zwischen $4\,Al_2O_3 : 1\,MgO$ und $5\,Al_2O_3 : 1\,MgO$. Die Trübung nimmt zu, je größer der Tonerdeüberschuß wird. Die Erzeugung solcher Trübungen bedeutet eine unerwartete Neuerung auf dem Gebiet der synthetischen Edelsteine zu Schmuckzwecken. Die regelmäßige Orientierung der kristallisierten Einschlüsse konnte nicht vorausgesehen werden.

Beispiel

Zur Gewinnung von Steinen auf Grundlage des Verhältnisses $1\,MgO : 4{,}2\,Al_2O_3$ werden 40,3 Gewichtsteile reinster Magnesia (wasserfrei) und 429,2 Teile reinster Tonerde (geglüht) auf das sorgfältigste miteinander bis zur Gleichförmigkeit vermischt und den bekannten Edelsteinschmelzvorrichtungen zugeführt.

Patentanspruch:

Verfahren zur Herstellung von synthetischen Edelsteinen der Spinellgruppe vom Aussehen des Mondsteins, dadurch gekennzeichnet, daß zur Erschmelzung Mischungen von Magnesia und Tonerde im Molekularverhältnis von $1\,MgO$ zu 4 bis $5\,Al_2O_3$ verwendet werden.

Nr. 506146. (I. 32065.) Kl. 12m, 6.

I. G. Farbenindustrie Akt.-Ges. in Frankfurt a. M.

Verfahren zur Herstellung von künstlichen Edelsteinen.

Vom 27. Aug. 1927. — Erteilt am 21. Aug. 1930. — Ausgegeben am 1. Okt. 1930. — Erloschen: 1934.

Bei den bekannten Schmelzverfahren zur Herstellung von synthetischen Edelsteinen aus Tonerde, das zu den bekannten gefärbten oder ungefärbten Korunden führt, hat man bisher mit Sorgfalt darauf geachtet, eine Tonerde zu verwenden, die keine Magnesia enthält, da erfahrungsgemäß schon sehr geringe Mengen Magnesia dazu führen, daß die Ausbeute an großen und haltbaren Steinen sehr zurückgeht.

Andererseits hat man Edelsteine, die kristallographisch und optisch zur Spinellgruppe zu rechnen sind, durch Zusatz von Magnesiumoxyd zu Tonerde, im Verhältnis von mindestens 4 Mol. Al_2O_3 auf 1 Mol. MgO, herstellen können, die, ebenso wie die synthetischen Korunde, in großen, klar durchsichtigen Schmelzbirnen erhalten werden.

Zweckmäßigerweise verwendet man nun, wie gefunden wurde, Mischungen, die höchstens 3,5 Mol. Al_2O_3 auf 1 MgO enthalten, da bei höher tonerdehaltigen Mischungen der Tonerdeüberschuß bereits innere Spannungen bewirkt, die auf das optische Verhalten infolge Spannungsdoppelbrechung ungünstig wirken. Andererseits darf die Tonerdemenge auch nicht unter $2\,Al_2O_3$ auf 1 MgO herabsinken, da der Schmelzpunkt solcher Gemenge über dem Schmelzpunkt der Tonerde, d. h. für die praktischen Verhältnisse zu hoch, liegt. Durch besondere Behandlung bei der Herstellung gelingt es nun, diese auch für Schmuckzwecke sehr gut verwendbaren Steine insbesondere für optische Zwecke brauchbar zu machen, wozu sie an sich infolge bestimmter optischer Konstanten sehr geeignet sind. Sie besitzen nämlich die seltene Eigenschaft, bei hohem Brechungsindex eine kleine Dispersion aufzuweisen bzw. einen großen Wert für die relative Dispersion $r = \frac{nD - 1}{nF - nC}$. Z. B. wurde festgestellt:

$$nC = 1{,}7231$$
$$nD = 1{,}7269$$
$$nF = 1{,}7345$$
$$r = 63{,}7.$$

Da für optische Zwecke außerdem größte Homogenität des Materials erforderlich ist, so dürfen die hierzu bestimmten Steine nicht in der sonst üblichen und für die Erzielung großer Birnen notwendigen Weise unter häufigem Nachregulieren der Flamme und der Stellung des Steines in der Flamme hergestellt werden. Es muß vielmehr, nachdem der kegelförmige untere Teil sich auf die gewünschte Breite entwickelt hat, der Stein sich vollkommen selbst überlassen werden, ohne jede weitere Veränderung an Flamme, Pulverzufuhr und Höhenstellung, da jede Änderung eine Zone mit anderem Brechungsindex ergibt. Im Gegensatz zu den üblichen Verfahren verzichtet man also von einer gewissen Größe des Steines an auf die Beeinflussung seiner Form und Größe durch Nachregulierung, erreicht aber dadurch ein gleichmäßiges, nicht durch sprunghafte Eingriffe gestörtes Wachstum.

Beispiele

1. Eine Mischung von 204 Teilen Al_2O_3 mit 40 Teilen MgO, beide Substanzen chemisch rein und feinst gesiebt, wird in der bekannten Edelsteinschmelzapparatur verarbeitet, so daß zunächst ein kegelförmiger Ansatz zur Erzeugung einer Birne erzielt wird; nach einer Stunde wird das Nachregulieren der Flamme eingestellt, und der Stein bleibt noch 2 bis 3 Stunden in seinem Wachstum sich selbst überlassen.

2. Eine Mischung von 306 Teilen Al_2O_3 und 40 Teilen MgO, beide Substanzen chemisch rein und feinst gesiebt, wird in der bekannten Edelsteinschmelzapparatur verarbeitet, so daß zunächst ein kegelförmiger Ansatz erzielt wird, worauf nach einer Stunde das Regulieren eingestellt wird und der Stein noch 2 bis 3 Stunden in seinem Wachstum sich selbst überlassen bleibt.

Patentansprüche:

1. Verfahren zur Herstellung von künstlichen Edelsteinen mit optisch wertvollen Eigenschaften, dadurch gekennzeichnet, daß eine Mischung von Tonerde und Magnesia, die mindestens 2 und höchstens 3,5 Mol. Al_2O_3 auf 1 Mol. MgO enthält, in den bekannten Edelsteinschmelzapparaten zur Verarbeitung kommt.

2. Verfahren nach Anspruch 1, dadurch gekennzeichnet, daß die Mischung in der besonderen Weise behandelt wird, daß jede Nachregulierung der Schmelzeinrichtung nach Erzielung eines Anfangsstückes gewünschter Breite unterbleibt.

Nr. 556 926. (R. 80 976.) Kl. 12 m, 6.

Dr. Dr.-Ing. e. h. Otto Ruff und Dr. Fritz Ebert in Breslau.

Herstellung von natürliche Edelsteine ersetzenden Steinen.

Vom 10. März 1931. — Erteilt am 28. Juli 1932. — Ausgegeben am 16. Aug. 1932. — Erloschen: 1933.

Es ist bekannt, daß von den oberhalb 2000° C schmelzenden und klar schmelzbaren Oxyden oder Oxydgemischen nur das Zirkondioxyd und einige Titanate einen Brechungsexponenten größer als 2,0 besitzen, und ferner, daß geschmolzenes Zirkondioxyd für gewöhnlich leicht gelb verfärbt erhalten wird.

Es hat sich nun gezeigt, daß Zirkondioxyd in Verbindung mit Thoriumdioxyd nicht nur farblose klare Schmelzen, sondern auch solche mit einem höheren Brechungsexponenten (oberhalb 2,2) als dem des reinen Zirkondioxyds liefert.

Mit zunehmendem Thoriumdioxydgehalt steigt der Schmelzpunkt des Zirkondioxyd-Thoriumdioxyd-Gemisches bis zum Schmelzpunkt des reinen Thoriumdioxyds (— 3050° C) stetig an, so daß selbst beim Verwenden von Acetylensauerstoffgebläsen die Grenze der Leistungsfähigkeit der Brenner bald erreicht ist. Setzt man aber diesem Gemisch mindestens ein weiteres hochschmelzendes Oxyd in geringen Mengen zu, so wird der Schmelzpunkt auf etwa 2500° C herabgesetzt, so daß die technische Durchführbarkeit des Schmelzvorganges ohne weiteres gegeben ist. Als solche den Schmelzpunkt der Mischung erniedrigende Substanzen eignen sich besonders solche Oxyde, die beim Schmelzen keine Reduktion zu niederem Oxyd oder Metall erleiden, wie z. B. die Oxyde der Erdalkalien, der Cerit- und Yttererden.

Beispiel

77,5 % ZrO_2, 17,5 % ThO_2 und 5 % CaO (an Stelle des CaO kann im gleichen Gesamtmolverhältnis mindestens ein Oxyd der Erdalkalien, Cerit- und Yttererden treten) werden innigst vermischt und vermahlen und unter Anwendung eines hohen Druckes bei Zimmertemperatur geformt. Dieser Preßkörper wird zunächst nach bekannten Verfahren auf 2000° C vorgebrannt. Mit Hilfe geeigneter Schmelzeinrichtungen (z. B. elektrische Lichtbogen, Acetylensauerstoffgebläse, Sonnenspiegel) wird dann dieser vorgebrannte Preßkörper durchgeschmolzen.

Das erkaltete Schmelzprodukt ist farblos und klar durchsichtig und zeigt einen Brechungsexponenten oberhalb 2,2.

Das Mischungsverhältnis der Ausgangsmischungen kann in gewissen Grenzen schwanken.

PATENTANSPRUCH:

Herstellung von natürliche Edelsteine ersetzenden Steinen mit einem dem Diamanten nahekommenden Brechungsexponenten, dadurch gekennzeichnet, daß Zirkondioxyd und Thoriumdioxyd in Verbindung mit mindestens einem Oxyd der Erdalkalien, Cerit- und Yttererden geschmolzen werden.

Nr. 525649. (I. 28111.) Kl. 12m, 6.

I. G. Farbenindustrie Akt.-Ges. in Frankfurt a. M.

Verfahren zur Vergütung von künstlichen Edelsteinen.

Vom 18. Mai 1926. — Erteilt am 7. Mai 1931. — Ausgegeben am 19. Nov. 1931. — Erloschen: . . . .

Die synthetisch hergestellten Edelsteine besitzen zufolge ihrer Entstehungsweise in einem Temperaturgefälle innere Spannungen, die sich bei der Verarbeitung dadurch bemerkbar zu machen pflegen, daß die Steine in unerwünschter Richtung zerspringen, oder daß beim Sägen von Platten oder Herausschleifen von Steinen Risse entstehen, die die Steine unbrauchbar machen.

Glüht man nun gemäß der vorliegenden Erfindung die Rohsteine (zweckmäßig im halbierten Zustand) oder die Halb- oder Endfabrikate in einem geeigneten Einbettungsmittel, wie Tonerdepulver, Sand, Holzkohle o. dgl., oder auch in einer Gasatmosphäre, z. B. in einem Tiegel, indem man sie nach schonendem Erhitzen schließlich mehrere Stunden einer Temperatur von mindestens Rotglut aussetzt, und läßt man dann langsam abkühlen, so ist die Neigung zum nachträglichen Reißen beseitigt, und es treten, beispielsweise beim Zersägen in dünne Platten, wie es für die Lagersteinfabrikation ausgeübt wird, keine Sprünge mehr auf. Ein besonders spröder, leicht springender Stein ist beispielsweise der synthetische Spinell, dessen hexaedrische Spaltbarkeit sich oft noch an beinahe fertiggeschliffenen Steinen plötzlich in unerwünschter Weise geltend macht. Durch die Wärmenachbehandlung erzielt man auch hier eine starke Verminderung der Neigung zur Spaltung.

Die Vergütung durch Wärmenachbehandlung bietet aber überraschenderweise noch Vorteile in anderer Hinsicht. Gewisse Steinsorten, vor allem z. B. der orangegelbe Padparadschah, erhalten durch das Ausglühen eine enorme Vertiefung ihres Farbtons. Dieser wird in einem Maße gesteigert, wie er sich durch Vermehrung des Farbstoffzusatzes zu dem einzuschmelzenden Ausgangsstoff überhaupt nicht erzielen läßt, da die Steine dann fast alle springen würden. Man braucht also, wenn eine Vergütung nachfolgt, dem Rohstoff weit weniger Farbstoff zuzusetzen und erhält infolgedessen in besserer Ausbeute und in kürzerer Zeit größere Steine. Diese Farbvertiefung ist außerdem begleitet von einer besseren Farbverteilung, indem nach der Vergütung die Randzonen nicht mehr stärker gefärbt erscheinen.

Bezüglich des Einbettungsmittels ist naturgemäß darauf zu achten, ob der färbende Stoff der Steine durch eine oxydierende oder reduzierende Atmosphäre oder Umgebung verändert wird; gegen Oxydation empfindliche Steine werden daher zweckmäßig in reduzierende Mittel, wie z. B. gepulverte Holzkohle, eingebettet.

Eine weitere Wirkung des Vergütungsverfahrens, insbesondere wenn es sehr lange ausgedehnt wird, kann in einzelnen Fällen auch darin bestehen, Übersättigungserscheinungen aufzuheben und den überschüssigen Anteil in mikroskopisch kleinen Kristallen derart in der Grundmasse des Steines zur Ausscheidung zu bringen, daß Trübungen entstehen. Beispielsweise kann Spinellen, die an Tonerde leicht übersättigt sind, auf diese Weise ein mondsteinartiges Aussehen erteilt werden.

Beispiele

1. Eine wesentliche Verminderung der Sprödigkeit erreicht man bei Rubinen oder weißen

Saphiren dadurch, daß man diese, in ein indifferentes Mittel, wie feinen Sand oder Pulver von Tonerde, eingebettet, etwa 8 bis 12 Stunden lang auf heller Rotglut, d. h. auf etwa 800 bis 1000° hält. Hierbei dient das Einbettungsmittel gleichzeitig zur gleichmäßigen Wärmeübertragung sowie zum Schutze der Steine gegen Beschädigung. Für die Abkühlung auf eine Zimmertemperatur wird eine Zeit von wenigstens 8 Stunden vorgesehen.

Behandelt man Padparadschah in derselben Weise, so wird eine starke Vertiefung der Farbe erzielt.

2. Blauer Saphir, der einen gegen Oxydation empfindlichen Farbstoff enthält, wird in Holzkohlepulver als reduzierendem Mittel während etwa 8 bis 12 Stunden bei heller Rotglut unter zuverlässigem Luftabschluß geglüht; hierauf läßt man langsam abkühlen.

3. Eine Vergütung des blauen Saphirs wird erreicht, wenn man diesen in der reduzierenden Gasatmosphäre eines Stromes von Wasserstoff während einiger Stunden auf helle Rotglut erhitzt und in der Wasserstoffatmosphäre langsam sich abkühlen läßt.

4. Eine Vergütung von hellrotem Rubin wird erreicht, wenn man diesen in der neutralen Gasatmosphäre eines Stromes von Stickstoff während 10 bis 20 Stunden auf die Temperatur von 700 bis 900° erhitzt und darauf für langsame Abkühlung sorgt.

Das Verfahren der Vergütung durch Wärmenachbehandlung gemäß Erfindung bedeutet somit für die Herstellung wie für die Verarbeitung der synthetischen Edelsteine einen erheblichen Fortschritt.

Mit dem Verfahren gemäß der Erfindung hat die aus den ersten Zeiten der Herstellung synthetischer Edelsteine bekannte Vergrößerung kleiner Rubine durch Anschmelzen von Rubinsplittern zu »rubis reconstitués« nichts gemein, da es sich bei der Erfindung lediglich um ein Vergütungsverfahren ohne äußere Formänderung der Kristalle handelt.

Wärmevergütungsverfahren zur Behebung innerer Spannungen sind auch aus der Technik des Glases bekannt; aus dem Verhalten des Glases als amorphem Stoff ließ sich indessen nicht auf das oben beschriebene, den Gläsern fremde Verhalten der Kristalle bezüglich Farbe oder Spaltbarkeit schließen. Für die Herbeiführung der Wirkung der Vergütung kann auch das Abkühlungsverfahren, wie es in Patentschrift 395 419 vorgeschlagen wird, nicht ausreichen, da hierbei die synthetische Kristallmasse sowohl während ihrer Bildung wie in der Nachbehandlung stets in einem Temperaturgefälle steht, welches verhindert, daß die Temperatur in der Kristallmasse sich ausgleicht und während der erforderlichen längeren Zeit konstant bleibt.

Patentansprüche:

1. Verfahren zur Vergütung von synthetischen Edelsteinen ohne Veränderung ihrer äußeren Form, dadurch gekennzeichnet, daß man die Edelsteine in einem gegebenenfalls reduzierend wirkenden Einbettungsmittel, wie Holzkohlepulver, oder in einer reduzierenden, oxydierenden oder neutralen Gasatmosphäre glüht.

2. Verfahren nach Anspruch 1, dadurch gekennzeichnet, daß man dem Glühen solche synthetischen Edelsteine unterwirft, welche bei ihrer Herstellung eine entsprechend verminderte Beimengung von färbenden Zusätzen erhalten haben.

3. Verfahren nach Anspruch 1, dadurch gekennzeichnet, daß man die Edelsteine so lange glüht, bis durch mikrokristalline Ausscheidungen Trübungen hervorgerufen werden.

Schweiz. P. 140037.

Nr. 508460. (I. 37068.) Kl. 80b, 8.

I. G. Farbenindustrie Akt.-Ges in Frankfurt a. M.

Erfinder: Dr. Hermann Espig und Dr. Wolfgang Teubner in Bitterfeld.

Verfahren zur Oberflächenbehandlung von synthetischen Edelsteinen der Korund- und Spinellklasse.

Vom 12. Febr. 1929. — Erteilt am 11. Sept. 1930. — Ausgegeben am 3. Sept. 1931. — Erloschen: . . . .

Für die technische Verwendung synthetischer Edelsteine ist es bisher erforderlich gewesen, die Steine zu schleifen und zu polieren, um eine spiegelglatte Oberfläche zu erhalten.

Es wurde nun gefunden, daß die Herstellung derartiger Oberflächen bei synthetischen Edelsteinen der Korund- und Spinellklasse, die ganz oder im wesentlichen aus Tonerde bestehen, auf erheblich einfacherem und kürzerem Wege, nämlich dadurch erfolgen kann, daß die zu glättenden Steine während einiger Minuten mit geschmolzenem Borax behandelt werden, wodurch sie eine spiegelglatte und gleichzeitig durchsichtige Oberfläche erhalten. Unter Borax ist hierbei auch das dem natürlichen Borax entsprechende Kalisalz zu verstehen; der anzuwendende Borax kann auch noch freie Borsäure enthalten.

Durch die beschriebene Behandlungsweise soll lediglich eine Oberflächenätzung zur Beseitigung der Oberflächenrauheit erzielt werden. Im Gegensatz hierzu bewirkt das bekannte Ätzverfahren mit Kaliumbisulfat oder mit den aus der britischen Patentschrift 193 081 bekannten Ätzmitteln eine Tiefätzung, d. h. also eine Verstärkung der Rauheit durch Herausarbeiten der elementaren Kristallflächen. Die bekannten Verfahren weisen überdies den Nachteil auf, daß infolge der verschiedenen Stärke, mit der die einzelnen Kristallflächen, z. B. vom Bisulfat, angegriffen werden, regelmäßig eine Mattierung gewisser Flächen erzeugt wird, die bei dem vorliegenden Verfahren gerade vermieden werden soll.

Das neue Verfahren eignet sich insbesondere zur Glattätzung von Lager- und Uhrensteinen aus synthetischen Steinen der erwähnten Zusammensetzung, kann aber auch auf Rohbirnen sowie gesägte oder geschliffene Gegenstände aller Art Anwendung finden.

PATENTANSPRUCH:

Verfahren zur Erzeugung glänzender Oberflächen auf synthetischen Edelsteinen der Korund- und Spinellklasse, dadurch gekennzeichnet, daß die Edelsteine kurze Zeit mit geschmolzenem Borax behandelt werden.

A. P. 1806588, F. P. 689679, Öst. P. 122021.

Nr. 560542. (S. 95. 30). Kl. 12m, 6.

SYNTHETISCHE EDELSTEIN-SCHLEIFEREIEN HUGO JUNG IN OBERSTEIN, NAHE.

Herstellung farbiger Edelsteine.

Vom 9. Sept. 1930. — Erteilt am 15. Sept. 1932. — Ausgegeben am 4. Okt. 1932. — Erloschen: 1933.

Das vorliegende Verfahren zur Herstellung farbiger Edelsteine kennzeichnet sich im wesentlichen dadurch, daß farblose oder nahezu farblose Steinteile, insbesondere Steinhälften, aus synthetischem Edelsteinmaterial zur Imitation echter, farbiger Steine mittels einer farbigen Emailleschicht auf heißem Wege zu einem transparent wirkenden, farbigen Stein miteinander verlötet bzw. verschweißt werden.

Nach dem vorliegenden Verfahren hergestellte, insbesondere synthetische Edelsteine ergeben prächtige farbige Steine, die je nach der Art der farbigen Emaille wie echte Smaragde, Rubine, Onyxe u. dgl. wirken.

Die Zeichnung zeigt beispielsweise in Seitenansicht einen Stein, der aus zwei synthetischen Halbsteinen *a* und *b* durch Ver-

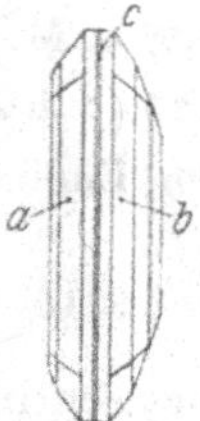

schmelzen mit der farbigen Emaillezwischenschicht *c* hergestellt ist.

Es ist bereits vorgeschlagen worden, Glas und Aventurin mittels eines zu einem dickflüssigen Brei angeriebenen, pulverisierten Flußmittels in einem Muffelofen bei Rotgluthitze miteinander zu verbinden. Die Anwendung farbiger Emailleschichten zur Herstellung transparent wirkender, farbiger Steine aus synthetischem Edelsteinmaterial unter Verschmelzungsverbindung zweier farbloser Steinteile bedeutet einen wesentlichen Fortschritt in der Verarbeitung farbloser, synthetischer Edelsteine zu Farbsteinen, besonders auch wegen der überraschend echten Wirkung der auf diese Weise herstellbaren Imitation hochwertiger Edelsteine, wie Smaragde, Saphire u. dgl.

PATENTANSPRÜCHE:

1. Verfahren zur Herstellung farbiger Edelsteine, dadurch gekennzeichnet, daß farblose oder nahezu farblose Steinteile, insbesondere Steinhälften, aus synthetischem Edelsteinmaterial zur Imitation echter, farbiger Steine mittels einer farbigen Emailleschicht auf heißem Wege zu einem transparent wirkenden, farbigen Stein miteinander verlötet bzw. verschweißt werden.

2. Farbiger Edelstein bzw. Edelsteinimitation, dadurch gekennzeichnet, daß der Stein mindestens aus zwei Teilen aus synthetischem Edelsteinmaterial mit einer Verschmelzungszwischenschicht aus farbiger Emaille besteht.

Nr. 529318. (Sch. 99. 30.) Kl. 12m, 6.

Wilhelm Schuhmacher in Sonnenberg, Post Kronweiler a. d. Nahe.

Herstellung mehrfarbiger Schmucksteine.

Vom 16. Okt. 1930. — Erteilt am 2. Juli 1931. — Ausgegeben am 11. Juli 1931. — Erloschen: 1933.

Es ist bekannt, zur Herstellung von Kameen und ähnlichen Reliefdarstellungen an Stelle des echten, gestreiften Onyx geschichteten Achat, Chalcedon oder ähnliche Natursteine zu verwenden. Durch Färben der porösen Schichten dieser Steine erhält man ein Erzeugnis, das gleich dem echten Onyx in zwei oder mehr Höhenlagen verschiedenartig gestreift ist und in der Bildwirkung diesem gleichkommt.

Vorliegende Erfindung benutzt diese Erkenntnis zur Herstellung eines Schmucksteines, der, abweichend vom bisherigen, in der gleichen Zone verschieden gefärbte Teile aufweist, also auf einer gemeinsamen Grundschicht nebeneinander verschieden gefärbte Teile trägt, während die bisher bekannten Kameen o. dgl. nur mehrere übereinanderliegende Farbschichten besitzen.

Das neue Verfahren kennzeichnet sich dadurch, daß der oder die porösen Teile vor dem Färben durch bis auf die dichte, keine Farbe aufnehmenden Schicht durchgeführte Schnitte in mehrere Schichten zerlegt werden, von denen jede mit einer anderen Farbe gefärbt werden kann.

Zwei nach dem neuen Verfahren hergestellte Schmucksteine sind in der Zeichnung je in Draufsicht und Seitenansicht in mehrfacher Vergrößerung dargestellt.

Fig. 1 und 2 zeigen einen zweischichtigen Stein, der aus einem dichten Teil 1 und dem

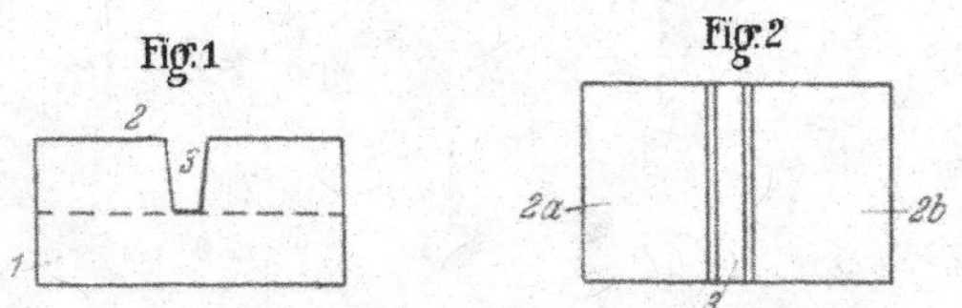

porösen Teil 2 besteht. Dieser ist durch einen Sägeschnitt 3 in zwei Teile 2^a, 2^b zerlegt, von denen jeder mit einer anderen Farbe gefärbt wird. Durch die Unterteilung der porösen Schicht kann die auf einen Teil derselben aufgebrachte Farbe sich nicht auf die übrigen Teile übertragen. Vorteilhaft werden die Zwischenräume zwischen den einzelnen Teilen während des Färbens mit einer farbundurchlässigen Masse, beispielsweise Paraffin, ausgegossen.

In Fig. 3 und 4 ist ein dreischichtiger Stein dargestellt, bei welchem die beiderseits der dichten Mittellage 1′ liegenden porösen Schichten 2′, 4′ durch je zwei Sägenschnitte in drei

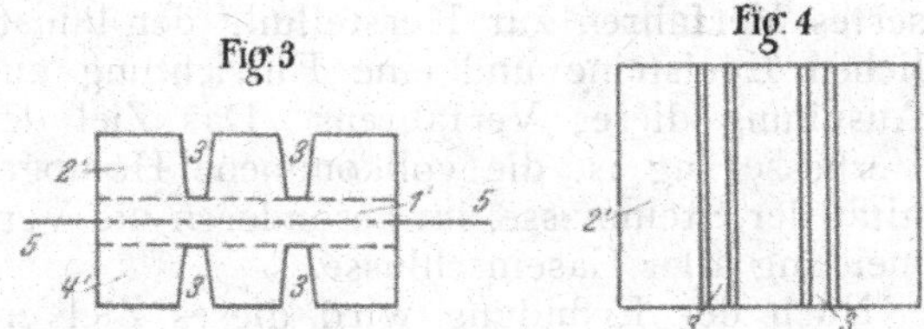

Teile zerlegt ist, die verschieden gefärbt werden können. Die dichte Mittellage kann durch einen Schnitt nach Linie 5-5 gespalten werden.

Man erhält nach diesem neuen Verfahren einen Stein, der auf einer Grundschicht eine in verschiedenen Farben gefärbte Zone trägt und nun weiteren Behandlungen, wie dem Schnitzen und Polieren, zugänglich ist. Der fertige Schmuckstein ergibt durch die Verteilung der verschiedenen Farben eine eigenartige Schmuckwirkung.

Patentanspruch:

Verfahren zur Herstellung von Schmucksteinen aus teilweise einfärbbaren Natursteinen, beispielsweise geschichtetem Achat, dadurch gekennzeichnet, daß die zu färbenden Schichten in mehrere nebeneinanderliegende Teile zerlegt und jeder Teil für sich gefärbt wird.

Nr. 509132. (S. 66517.) Kl. 12m, 6.

Siemens-Schuckertwerke Akt.-Ges. in Berlin-Siemensstadt.

Erfinder: Ludwig Schmidt in Schwaig bei Nürnberg.

Verfahren zur Herstellung künstlicher Edelsteine.

Vom 13. Juli 1924. — Erteilt am 25. Sept. 1930. — Ausgegeben am 4. Okt. 1930. — Erloschen: 1931.

Künstliche Edelsteine (Korunde) werden bekanntlich in der Weise hergestellt, daß man das pulvrige Ausgangsmaterial, Aluminiumoxyd, mit oder ohne Zusatz färbender Oxyde, in einem Schmelzraum auf das von einer Schmelzflamme umspülte Ende eines Tragstiftes streut, auf dem sich dann eine Perle geschmolzener Steinmasse bildet. Diese

Schmelzperlen werden nach ihrer Abkühlung zerteilt und auf Schmucksteine sowie Lagersteine für Uhren, Elektrizitätszähler und andere Meßgeräte weiterverarbeitet.

Die so erzeugten Steine enthalten häufig Einschlüsse von feinen Gasbläschen, die unter Umständen in feinster Form in großen Scharen auftreten und dann als Trübung der sonst klaren Steinmasse erscheinen. Diese Poren beeinträchtigen nicht nur die Schönheit der Steine, sondern auch ihre technische Verwertbarkeit, weil sie, durch den Schliff freigelegt, rauhe Laufflächen für die Stahlzapfen bilden und dadurch eine rasche Zerstörung der Zapfen herbeiführen.

Die nach dem bekannten Verfahren erzeugten Lagersteine h ben außerdem die nachteilige Eigenschaft, leicht zu zerspringen.

Gegenstand der Erfindung ist ein verbessertes Verfahren zur Herstellung der künstlichen Edelsteine und eine Einrichtung zur Ausübung dieses Verfahrens. Das Ziel der Verbesserung ist die vollkommene Homogenität der Steinmasse, im besonderen die Vermeidung aller Gaseinschlüsse.

Nach der Erfindung wird dieses Ziel erreicht durch eine besonders weitgehende Auflockerung des pulvrigen Ausgangsmaterials vor seiner Überführung in den Schmelzraum.

Es ist möglich, völlig homogene, kugelige oder linsenförmige Schmelzperlen von einigen Millimeter Durchmesser mit einem verschwindend kleinen Halsteil herzustellen, die durch Einschleifen einer oder zweier Laufflächen ohne sonstige Bearbeitung in Spurpfannen für Elektrizitätszähler umgewandelt werden können.

Die weitgehende Auflockerung des Ausgangsmaterials, das in an sich bekannter Weise einem Gasstrom überliefert und durch ihn dem Schmelzraum zugeführt wird, wird nach der Erfindung dadurch erreicht, daß das Material durch einen gegen die Oberfläche einer Schüttung des Materials gerichteten Gasstrahl zerstäubt wird.

Das verbesserte Verfahren soll mit Hilfe der Zeichnung näher erläutert werden, auf der die Einrichtung zur Ausübung des Verfahrens und Erzeugnisse des Verfahrens dargestellt sind.

Fig. 1 ist das Schema einer Einrichtung zur Ausübung des Verfahrens.

Fig. 2 zeigt den Zerstäuber dieser Einrichtung im Querschnitt in vergrößertem Maßstab,

Fig. 3 einen Teil des Zerstäubers in perspektivischer Darstellung.

Patentansprüche:

1. Verfahren zur Herstellung künstlicher Edelsteine, bei dem das pulvrige Ausgangsmaterial in zerstäubter Form durch einen Gasstrom dem Schmelzraum zugeführt und hier auf das von der Schmelzflamme umspülte Ende eines Tragstiftes für die entstehende Schmelzperle gestreut wird, dadurch gekennzeichnet, daß die Zerstäubung des Materials durch

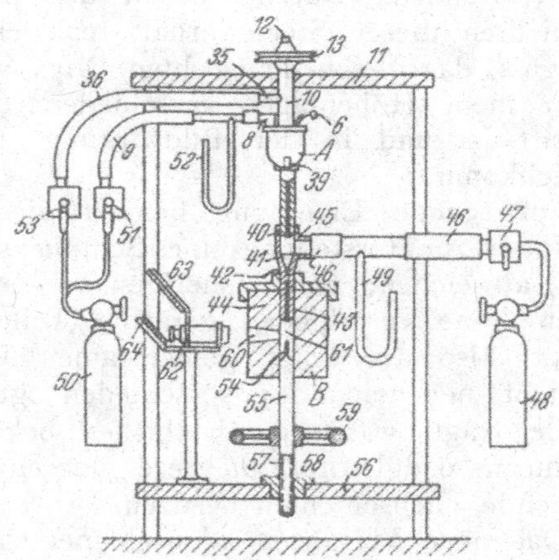

einen gegen die Oberfläche einer Schüttung des Materials gerichteten Gasstrahl bewirkt wird.

2. Einrichtung zur Ausübung des Verfahrens nach Anspruch 1, dadurch gekennzeichnet, daß eine zum Schmelzbrenner (43) führende Gasleitung als Behäl-

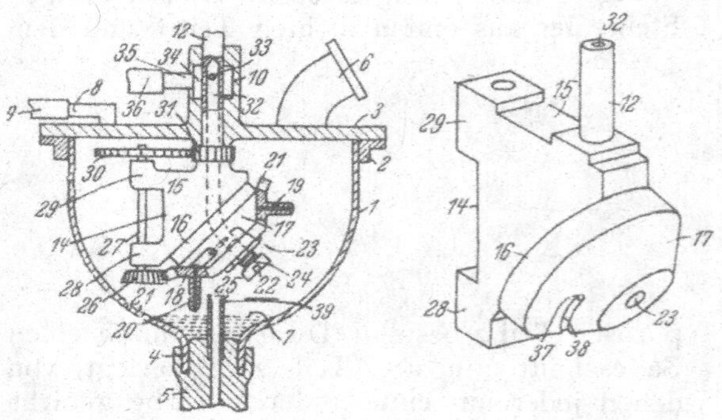

ter (1, 2, 3) erweitert ist, der eine gewisse Menge des pulvrigen Ausgangsmaterials (7) enthält und zur Zerstäubung dieses Materials mit einem beweglichen Zerstäuber (14 bis 30, 37, 38) ausgerüstet ist.

3. Einrichtung nach Anspruch 2, gekennzeichnet durch eine verstellbare Düse (19, 20) im Innern des Zerstäubungsbehälters (1, 2, 3), die während des Betriebs selbsttätig so verstellt wird, daß nachein-

ander verschiedene Stellen der Oberfläche des aufgeschütteten Materials (7) von dem Gasstrahl angegriffen werden.

4. Einrichtung nach Anspruch 3, dadurch gekennzeichnet, daß mit einer durch den Deckel (3) des Zerstäubungsbehälters eingeführten umlaufenden hohlen Achse (12) das um 45° gegen diese Achse geneigte Lager (Kegel 17) für ein Düsenrad (18) mit zwei gegenständigen, gegen die Achse des Düsenrades je um 45° geneigten Düsen (19, 20) verbunden ist, daß das Düsenrad zur Drehung gegen sein Lager bei der Drehung der Achse (12) über Zahnradgetriebe (21, 26, 27, 30, 31) mit der Wand des Zerstäubungsbehälters gekuppelt ist und das Lager (17) des Düsenrades eine halbkreisförmige, an die Höhlung der Achse angeschlossene Rille (38) hat, die in der Bahn der inneren Enden der Düsenbohrungen liegt.

5. Einrichtung nach Anspruch 3, dadurch gekennzeichnet, daß dem Zerstäubungsbehälter Sauerstoffgas außer durch die Zerstäubungsdüse (19, 20) noch durch eine besonders regelbare, mit Manometer (52) versehene Leitung (9) direkt zugeführt wird.

Nr. 524985. (S. 83023.) Kl. 12m, 6.

Swiss Jewel Co. Societe Anonyme in Locarno, Schweiz.

Vorrichtung zur Herstellung von synthetischen Edelsteinen.

Vom 7. Dez. 1927. — Erteilt am 30. April 1931. — Ausgegeben am 18. Mai 1931. — Erloschen: . . .

Bei der Herstellung von synthetischen Edelsteinen nach der Verneuilschen Methode wird in der vorerst verhältnismäßig kalten Knallgasflamme das ihr zugeführte Gut geschmolzen. Es bildet auf dem Tonstab, auf den es auffällt, ein kegelförmiges Gebilde, das aus zusammengebackenen, amorphen, noch nicht kristallisierten Teilchen besteht. Die Spitze dieses Kegels schmilzt und kristallisiert bei einer leichten Erhöhung der Flammentemperatur und bildet den sogenannten Fuß des Steines. Dieser Fuß muß so dünn als möglich gehalten sein, damit in dem sich darauf bildenden Steine so wenig als möglich ihm schädliche Spannungen entstehen, zwischen dem unteren Teil des Steines, der sich verhältnismäßig rasch abkühlt, und seinem oberen Ende, das dem heißesten Teil der Flamme ausgesetzt bleibt.

Es ist manchmal erwünscht, große Steine zu erzeugen, und zu diesem Zweck muß man die zugeführte Gasmenge im hohen Maße steigern können. Große Brenneröffnungen lassen aber die Bildung eines dünnen Steinfußes nicht zu. Der zur Bildung dieses Fußes notwendige Sauerstoffstrahl ist nur mit einer ganz feinen Düse erhältlich, so daß, wenn der eigentliche Stein aufgebaut werden soll, mit erhöhtem Druck gearbeitet werden muß. Dies führt nun leicht zu einer unruhig brennenden Flamme, und der Aufschlag des Strahles auf den sich bildenden Stein gibt zu allerlei Mißbildungen des Endproduktes Anlaß. Man war deshalb bis jetzt an eine gewisse Steingröße gebunden, denn die bekannten Versuche mit mehreren auf einen einzigen Punkt konzentrierten Brennern sind an den aus den verschiedenen Strömen sich bildenden Wirbeln gescheitert.

Es ist nun gefunden worden, daß bedeutend größere Steine erzeugt werden können, wenn nach der Steinfußbildung die Sauerstoffzufuhr im vermehrten Maße, aber ohne Erhöhung des Druckes geschieht.

Gegenstand der Erfindung ist eine Vorrichtung zur Herstellung von synthetischen Edelsteinen nach der Verneuilschen Methode, die sich dadurch auszeichnet, daß ins Innere einer einzigen Wasserstoffdüse mehrere voneinander gesonderte speisbare Sauerstoffdüsen angeordnet sind, zum Zweck, nach der Bildung des Steinfußes ohne Druckerhöhung die Temperatur der Flamme steigern zu können.

Um den angegebenen Zweck zu erreichen, können verschiedene Vorrichtungen angewendet werden. Es kann beispielsweise dem ursprünglichen und klein gehaltenen Sauerstoffstrahl mindestens ein zusätzlicher Sauerstoffstrahl nach Beendigung des Steinflusses beigegeben werden. Dieser zusätzliche Strahl kann rings um den ursprünglichen angeordnet werden, oder es können eine Anzahl symmetrisch um den kleinen mittleren Strahl angeordnete Strahle nach der Bildung des Steinflusses in Tätigkeit kommen.

Auf beiliegender Zeichnung ist beispielsweise eine Anzahl von Vorrichtungen dargestellt, die zur Ausübung des Verfahrens nach der Erfindung dienen können. Alle diese Vorrichtungen sind schematisch dargestellt.

In Fig. 1 weist der schematisch dargestellte Brenner eine dünne Sauerstoffleitung *a* auf, welche mit dem Sauerstoffbehälter in Verbindung steht. Die Zufuhr des Gutes aus dessen Behälter *c* geschieht durch eine Schüttelvorrichtung *d*. Der aus der Düse der Leitung *a* ausströmende Sauerstoffstrahl dient also als

Träger des Schmelzgutes und führt letzteres auf den innerhalb des Schamottezylinders *f* angeordneten Tonstab *e*.

Ist der Steinfuß gebildet, d. h. steht oberhalb des Stabes *e*, wie es in Fig. 2 dargestellt ist, ein dünnes Stäbchen aus geschmolzenem und kristallisiertem Gut, so wird, ohne den Druck in der Leitung *a* zu erhöhen, vermittels des Hahnes *g* ein zusätzlicher Strom aus

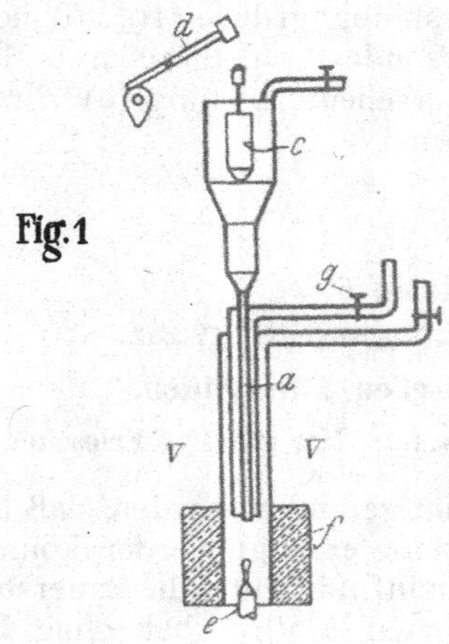

dem Sauerstoffbehälter rings um die Düse *a* geführt und je nach den gewünschten Reaktionen gleichzeitig Wasserstoff der Flamme zugeführt. Dann erhöht sich die Flammentemperatur, und ein flacher Teller, wie in Fig. 3 angedeutet, bildet sich. Ist einmal der gewünschte Durchmesser erreicht, der hier

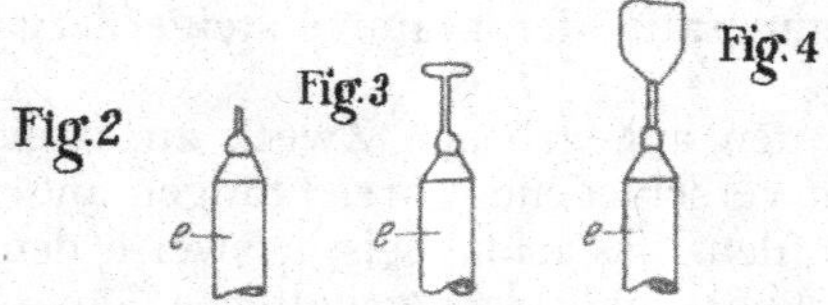

ein mehrfacher der bis jetzt üblichen sein kann, so wird der Brenner auf einer konstanten Temperatur gehalten, und der Stein erhält allmählich die in Fig. 4 angedeutete Gestalt.

Die Beibehaltung des mittleren Strahles hat den Vorzug, eine runde, gegen unten ruhig brennende Flamme zu erzeugen, die wirbelfrei ist und zur regelmäßigen Bildung der einzelnen Schichten von geschmolzenem Gute sich vorzüglich eignet.

In der Fig. 5 ist ein Schnitt des Brenners nach der Linie V-V der Fig. 1 angedeutet.

In der Fig. 7 ist eine zweite Brenneranordnung dargestellt. Rings um die mittlere Leitung *a* sind vier zusätzliche Düsen *h* angeordnet, welche paarweise unter Vermittlung von entsprechenden Hähnen mit dem Sauerstoffbehälter in Verbindung stehen. Ein Schnitt des Brenners nach der Linie VII-VII der Fig. 7 ist in Fig. 6 angegeben. Es besteht so die Möglichkeit, zwei gegenüberstehende Düsen abzustellen oder unabhängig voneinander zu betreiben. Eine solche Anordnung kann beispielsweise zur Korrektur von Steinmißbildungen angewendet werden. Auch hier wird nach der Fertigstellung des Steinflusses ohne Erhöhung des Druckes in der mittleren Leitung ein vermehrtes Brennstoffquantum der Flamme zugeführt, welches ebenfalls unter Vermehrung der Gutzufuhr allmählich zur

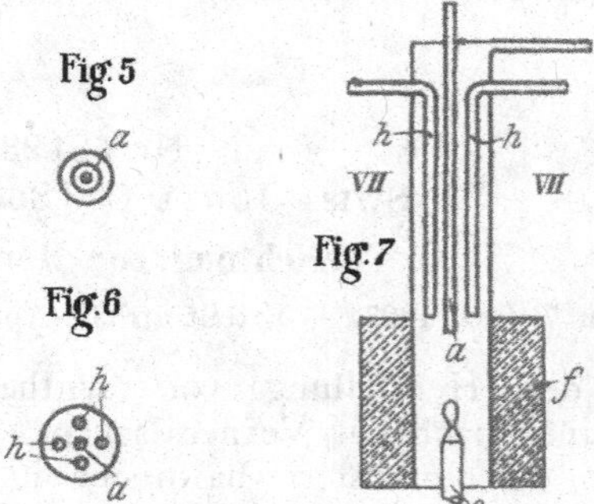

Bildung einer Platte und des darauf aufgebauten Steines führt.

Eine andere Methode würde darin bestehen, das Düsenrohr weit genug für die größtmögliche Sauerstoffzufuhr zu gestalten und während des Prozesses verschiedene mit allmählich größer werdender Mündung versehene Düsenköpfe an diese Leitung anzuschließen. Dies könnte beispielsweise durch Anbringen einer Anzahl Düsenköpfe auf einer sich drehenden Scheibe, welche sich zur gewünschten Zeit periodisch auf das Röhrenende einstellen würde, geschehen.

Patentansprüche:

1. Vorrichtung zur Herstellung von synthetischen Edelsteinen nach der Verneuilschen Methode, dadurch gekennzeichnet, daß ins Innere einer einzigen Wasserstoffdüse mehrere voneinander gesonderte speisbare Sauerstoffdüsen angeordnet sind, zum Zweck, nach der Bildung des Steinfußes ohne Druckerhöhung die Temperatur der Flamme steigern zu können.

2. Vorrichtung nach Patentanspruch 1, dadurch gekennzeichnet, daß zwei Sauerstoffdüsen konzentrisch zueinander angeordnet sind.

3. Vorrichtung nach Patentanspruch 1, dadurch gekennzeichnet, daß sie eine Anzahl von Düsen aufweist, welche symmetrisch um eine mittlere, das Schmelzgut führende Düse angeordnet sind.

Chromverbindungen.

Literatur: Ullmann, *Enzyklopädie der technischen Chemie,* II. Aufl., Chrom. — M. E. Weeks, Die Entdeckung der Elemente, *Journ. chem. Education,* **9**, 459 (1932). — F. F. Wolf und E. N. Pinajewskaja, Untersuchung der Bedingungen der chemischen Aufarbeitung armer Chromite, *Journ. chem. Ind. (russ.)* **8**, 949 (1931). — M. A. Gordienko, Brikettierung von Chromerzkonzentrat, *Journ. chem. Ind. (russ.)* **8**, Nr. 18, 32 (1931). — W. W. Ipatjew jr. und M. N. Platonowa, Oxydation von Chromoxydhydrat und Chromeisenerz durch Luftsauerstoff in alkalischem Medium, *Chem. Journ. Ser. B., Journ. angew. Chem. (russ.)* **4**, 633 (1931). — A. S. Sofianopoulou, Industrielles Verfahren der Umwandlung des Chromeisensteins in Chromsalze, *Praktika* **3**, 385 (1928). — Yogoro Kato und Ryokoto Ikeno, Ein Verfahren zum Aufschluß von Chromit. Verbindungen von Chromisulfat mit Schwefelsäure. Solche mit Schwefelsäure und Sulfaten von zweiwertigen Metallen, *Journ. Soc. chem. Ind. Japan (Suppl.)* **34**, 311 B (1931). — K. I. Lossewa und T. M. Solotych, Gewinnung von Chromoxydsalzen durch unmittelbares Lösen von Chromeisenerzen in Säure, *Journ. chem. Ind. (russ.)* **7**, 1795 (1930). — H. H. Meyer, Beitrag zur Reduktion des Chromoxydes und zur Darstellung kohlenstoffreier Chrom-Eisenlegierungen, *Mitt. Kaiser-Wilhelm-Inst. Eisenforschung Düsseldorf* **13**, 199 (1931). — Anonym, Direkte Verchromung (nach dem Nast Verf.), *Metal Ind.* **36**, 175 (1930). — R. Justh und F. Markhoff, Die Verchromung in der Patentliteratur, *Korrosion u. Metallschutz* **7**, 73 (1931). — Yohei Yamaguchi und Haruo Nakazawa, Untersuchungen über die geschmolzenen Produkte des Cr_2O_3—SiO_2-Systems, *Bull. chem. Soc. Japan* **6**, 285 (1931).

A. Heinemann, Überblick über die Darstellung der Alkalichromate, *Farbe u. Lack* **1931**, 26. — E. Geay, Die Herstellung und die Anwendung von Bichromaten, *Rev. Chim. ind.* **39**, 2, 39, 104, 230 (1930). — E. A. Nikitina, Reinigung von technischen Natriumdichromat und Darstellung von reinem Chromtrioyd. *U. S. S. R. Scient techn. Dpt.* Nr. **334**, *Transact. Inst. Pure Chem. Reagents* Nr. 9, 161 (1930). — F. F. Wolf und L. J. Popowa, Überführung von Natriumchromat in Bichromat mittels Kohlensäure und Ammoniak unter Atmosphärendruck, *Journ. chim. Prom.* **1929**, 12. — B. Neumann und C. Exssner, Die Einwirkung von Kohlensäure unter Druck auf Natriummonochromat zur Überführung desselben in Bichromat, *Zeitschr. angew. Chem.* **43**, 440 (1930). — A. W. Rakowski und A. W. Babajewa, Gleichgewicht im System $K_2Cr_2O_7$—K_2SO_4—H_2O, *U. S. S. R. Scient. Dpt.* Nr. 420, *Transact. Inst. Pure Chem. Reagents* Nr. 11, 15 (1931). — A. W. Rakowski und E. A. Nikitina, Gleichgewicht in aus Natriumdichromat und Natriumsulfat bestehenden Systemen, *ebend.* Nr. 11, 5 (1931). — J. I. Gerassimow, Gleichgewicht im System $Na_2Cr_2O_7$—NH_4Cl—H_2O, *U. S. S. R. Scient. techn. Dpt.* Nr. **420**, *Transact. Inst. pure chem. Reagents* Nr. 11, 34 (1931). — N. D. Birjukow und S. J. Solotarewskaja, Chromsäureanhydrid. Seine Gewinnung aus technischem Kaliumbichromat, *Chem. Journ. Ser. B., Journ. angew. Chem. (russ.)* **4**, 255 (1931).

H. B. Dunnicliff und G. S. Kotwani, Die Einwirkung von Schwefelwasserstoff auf Chromate, *Journ. physical. Chem.* **35**, 3214 (1931). — J. Lisiecki, Chromhydrat, *Roczniki Chemji* **10**, 736 (1930). — K. Klanfer und F. Pavelka, Experimenteller Beitrag zur Kenntnis der Alterungserscheinungen beim Chromhydroxydgel, *Kolloid-Ztschr.* **57**, 324 (1931). — Fr. Hein und H. Bär, Über eine neue Methode zur Darstellung von Chromoxydhydratgallerten, *Kolloid-Ztschr.* **57**, 47 (1931). — W. A. Lazier und J. V. Vaughen, Die katalytischen Eigenschaften von Chromoxyd. Nichtmetallische Katalysatoren für die Hydrierung und Dehydrierung, *Journ. Amer. chem. Soc.* **54**, 3080 (1932). — G. Jander und W. Scheele, Über Hydrolyseprodukte und Aggregationsvorgänge in den Salzlösungen dreiwertiger Metalle, insbesondere in wäßrigen Chromisalzlösungen, *Z. anorg. Chem.* **206**, 241 (1932). — Fr. Hein und L. Wintner-Hölder, Studien an den Chromhaloiden, *Z. anorg. Chem.* **201**, 314; **202**, 81 (1931). — S. I. Orlowa, N. N. Petin und A. L. Schnejersson, Gewinnung von Chromalaunen durch Einwirkung von Stickoxyden auf Salze der Chromsäure, *Chem. Journ. Ser. A., Journ. allg. Chem. (russ.)* **1 (63)**, 31 (1931). — S. I. Orlowa und N. N. Petin, Die Krystallisationsgeschwindigkeit von Chromalaunen beeinflussende Faktoren, *ebend.* **1 (63)**, 65 (1931).

An dem alkalischen Aufschluß von Chromerzen ist wieder viel gearbeitet worden, denn die Zahl der D.R.P. ist verhältnismäßig recht stattlich und auch die Zahl der

Patentnehmer bleibt, wenn man die ausländischen mit berücksichtigt[1]), immerhin bemerkenswert. Auf Einzelheiten soll nicht eingegangen werden. Nur auf die Verfahren der I. G. Farbenindustrie, nach denen man Chromerze mit Bauxit gleichzeitig aufschließt (D.R.P. 505318 u. ff.) sei hier hingewiesen, da es sich um ein interessantes Kombinationsverfahren handelt.

Der Aufschluß von Chromerzen durch Säuren[2]) ist nur durch zwei D.R.P. vertreten.

Aus der Zahl der Patente geht nicht ganz die Bedeutung, die die Aufarbeitung von Ferrochrom auf Chromverbindungen erlangt hat, hervor.[3]) Es scheint, daß die Herstellung von Ferrochrom preislich durchaus mit dem alkalischen Aufschluß wettbewerbsfähig ist, wenn man die einfache Weiterverarbeitung des Ferrochroms auf Chromverbindungen berücksichtigt.

Daher finden sich auch im zweiten Abschnitt, in dem die Verfahren zur Darstellung von Chromverbindungen zusammengestellt sind, bei den Chromaten und Dichromaten Verfahren beschrieben, nach denen es in einfacher Weise möglich ist, aus dem Ferrochrom oder aus den zuerst erhaltenen Chromilösungen jene direkt darzustellen. Sehr elegant wird die Oxydation mit Sauerstoff unter Druck bewerkstelligt (D.R.P. 522785, 543785). Bei den ausländischen Patenten sind Verfahren beschrieben um diese Oxydation elektrolytisch durchzuführen.[4])

Ebenso findet man auch beim Chromchlorid Verfahren angewandt, die vom Ferrochrom ausgehen (D.R.P. 514571 u. ff.), die naturgemäß sehr bequem und sauber zum gewünschten Produkt führen.[5])

Die anderen Patente, die sich mit der Darstellung von Chromsäureanhydrid und anderer Chromverbindungen[6]) befassen, sind in den Übersichten genügend ausführlich gekennzeichnet um ungefähr den angewandten Darstellungsprozeß ersehen zu können.

---

[1]) A. P. 1832069, Louisville Cement Co., Aufschließen von Chromerze mit Alkalien in Drehrohren, das erste dient zum Anheizen im Gegenstrom, das zweite zum Aufschluß unter Druck im Gleichstrom.

A. P. 1613170, F. P. 614572, I. G. Farben, Aufschluß von Chromerzen, die 15% Rückstand auf 4900-Maschinensieb hinterlassen, mit Soda und Alkali.

A. P. 1752863, E. P. 338469, F. P. 692614, Mutual Chemical Co. of America, Aufschluß von Chromerzen mit CaO und stufenweisen Zusatz von Soda.

Russ. P. 5356, A. W. Winogradow, Aufschließen von Chromerz mit Pflanzenpottasche.

[2]) Schwz. P. 141035, Wydler & L'Eplattenier, Aufschluß von Chromeisenstein mit H_2SO_4, die gewonnene Lösung dient, nach Abtrennung der fremden Sulfate, direkt in der Gerberei.

F. P. 692786, G. Panebianco und V. A. de Libera, Aufschluß mit C,Cl_2 u. O_2 die Gase werden mit H_2O behandelt.

[3]) F. P. 37747, Zus. zu F. P. 685193, E. Wydler, Cr_2O_3 aus Lösungen von Ferrochrom in H_2SO_4.

E. P. 353152, J. E. Demant, Cr_2O_3 aus Ferrochrom mit O_2-haltigen Gasen bei 1000—1200°.

A. P. 1814392, 1814393, F. S. Low. und A. W. Berresford, Chlorieren von Ferrochrom in einer Schmelze von $FeCl_2$ u. $CrCl_2$ s. a. A. P. 1814360 ($CrCl_3$).

[4]) A. P. 1878918, Electro Metallurgical Co., Elektrolytische Herstellung von CrO_3 aus einer Ferrochromanode in H_2SO_4 bei 85° und hoher Stromdichte s. a. A. P. 1784950.

A. P. 1749107, A. J. Üdy, CrO_3 durch Elektrolyse einer Chromisalzlösung.

A. P. 1784950, Electro Metallurg. Co., CrO_3 durch Umsetzen von Chromaten mit $PbSO_4$ und des erhaltenen $PbCrO_4$ mit H_2SO_4.

[5]) A. P. 1814360, F. S. Low und A. W. Berresford, $CrCl_3$ aus einer Schmelze von $FeCl_2$ u. $CrCl_2$ mit Cl_2; das $FeCl_3$ destilliert ab. Siehe auch unter [3]).

[6]) A. P. 1728510, H. C. Roth, Reduktion von Dichromaten mit S in großer Menge auf einmal.

F. P. 715396, Bozel-Maletra, Chromoxyd-Hydrate aus Chromaten mit CO_2 unter Druck und Reduktionsmitteln.

Russ. P. 17210, E. I. Schpitalski, Chromoxydverbb. aus Chromaten mittels Nitrosylschwefelsäure.

E. P. 301853, B. Lambert und National Processes Ltd., Katalysatoren aus Chromoxydhydrogel das schwer oder unlösliche Basen (Ca, Mg, Ni, Co, Mn, Zn) aus den Acetaten absorbiert hat.

A. P. 1735842, Parker Rust Proof Co., Chromphosphat als Rostschutz, die überzogenen Gegenstände werden um das Phosphat in Pyrophosphat überzuführen erhitzt.

F. P. 661182, Soc. Nouvelle de l'Orfèvrerie d' Ercuis, Chromierungsbäder die Chromfluorborate enthalten.

Übersicht der Patentliteratur.

D. R. P.	Patentnehmer	Charakterisierung des Patentinhaltes

Chrom-Verbindungen

A. Aufschluß der Rohstoffe.

1. Alkalischer Aufschluß von Chromerzen. (S. 2944.)

D. R. P.	Patentnehmer	Charakterisierung des Patentinhaltes
548 433	Bozel-Malétra Soc. Ind.	In Etagenröstöfen
557 229	Zahn & Co.	Im Drehrohr, Magerungsmittel Kalk und kalkhaltige Aufschlußrückstände
467 212	I. G. Farben	Anreichern von Cr-Erzen; Aufschließen der Gangart mit Alkalien bei Abwesenheit von O_2
539 098	Bozel-Malétra Soc. Ind.	Aktivieren des Cr_2O_3 in Erzen durch Erhitzen mit 2 Mol. Alkali zu 1 Mol. Cr_2O_3
563 553	Bozel-Malétra Soc. Ind.	Desgl. in reduzierender Atmosphäre, es bildet sich Fe
509 133	Zahn & Co.	Aufschluß unter Zusatz von $Ca(NO_3)_2$
544 618	I. G. Farben	Mit Gemischen von Alkali-Sulfaten und Carbonaten in Gegenwart von Erdalkalien
481 852	Aussiger Verein	Mittels K-Mg-Carbonate
469 910	I. G. Farben	Magerungsmittel: Fe_2O_3 und MgO, Gewinnung aus Aufschlußrückständen mittels H_2SO_4
518 780	Zahn & Co.	Magerungsmittel: CaO und MgO in der 2—3-fachen Menge des Fe_2O_3-Gehaltes des Erzes
516 992	Zahn & Co.	Magerungsmittel: desgl. bei Aufschluß des Aufschlußrückstandes
528 146	I. G. Farben	Magerungsmittel: nur beim letzten Aufschluß einer Serie
544 086	I. G. Farben	Ohne Magerungsmittel, Vermeiden des Schmelzens durch Calcinieren in O_2-armen Gasen, worauf oxydiert wird
505 318	I. G. Farben	Gemeinsamer Aufschluß mit Bauxit
513 942	I. G. Farben	Desgl., Lösen im Autoklaven um 200°, Abfiltrieren von Rückstand und SiO_2
525 157	I. G. Farben	Desgleichen, Aufarbeiten der Lösung auf Na-Al-Silicat, $Al(OH)_3$, Soda und Na_2CrO_4
501 391	I. G. Farben	Chromerz aus Aufschlußrückständen mittels etwa bis 30 %igen Säuren

2. Aufschluß mit Säuren. (S. 2963.)

D. R. P.	Patentnehmer	Charakterisierung des Patentinhaltes
514 743	I. G. Farben	Abgeschreckte oder nach D.R.P. 467 212 vorbehandelte Erze mittels HCl oder Cl_2
476 397	K. Helmholz	Mittels entwässerter H_3PO_4; S. 1791

3. Auflösung von Chrom und Ferrochrom. (S. 2963.)

D. R. P.	Patentnehmer	Charakterisierung des Patentinhaltes
547 422	Bozel-Malétra Soc. Ind.	Mit O_2 unter Druck in alkalischen Lösungen
514 571	I. G. Farben	Mit Cl_2, S. 2983 und 2984
529 806	I. G. Farben	Mit Cl_2, S. 2983 und 2984

B. Chromverbindungen. (S. 2966.)

D. R. P.	Patentnehmer	Charakterisierung des Patentinhaltes
522 785	Bozel-Malétra Soc. Ind.	Dichromate aus Chromaten: Zusatz von Cr oder $Cr(OH)_3$ und unter Druck um 300° mit O_2 behandelt
525 087	Bozel-Malétra Soc. Ind.	Dichromate aus Chromaten: mit CO_2 von über 8 At unter 25° und Abscheidung der Dicarbonate
543 785	Bozel-Malétra Soc. Ind.	Dichromate aus Cr_2O_3-haltigen Stoffen in Alkalilösungen mit O_2 unter Druck über 100°

D. R. P.	Patentnehmer	Charakterisierung des Patentinhaltes
523 801	E. Hene	Trennung von Na_2CrO_4 von NaOH durch fraktioniertes Eindampfen
565 156	Harshaw Chem. Co.	CrO_3 aus Alkalichromat mit H_2SO_4 von mehr als 98 % und Trennen der beiden geschmolzenen Schichten
533 912	Silesia Ver. chem. Fabriken	CrO_3 aus $Na_2Cr_2O_7$ mittels HNO_3, Abscheiden von $NaNO_3$ durch Eindampfen und Abkühlen und Aussaugen von CrO_3
536 811	Silesia Ver. chem. Fabriken	CrO_3 aus festem $Na_2Cr_2O_7$ und HNO_3, Aufarbeiten der Mutterlaugen mit H_2SiF_6
507 918	Silesia Ver. chem. Fabriken	Reduktion von Chromaten mit H_2S, Darstellung von H_2SO_4, Seite 826
525 112	I. G. Farben	Cr_2O_3; Reduktion von Chromaten mit Phosphor
492 684	I. G. Farben	Grüne Chromoxydhydrate aus Chromaten mittels anorg. und org. Reduktionsmittel unter 150 at
521 965	I. G. Farben	$Cr(OH)_3$ aus Alkali- oder Erdalkali-Chromaten mit CO unter Druck, Nebengew. von Formiaten
554 695	Guano-Werke A.G.	$Cr(OH)_3$, Reduktion von Chromatlösungen mit soviel Sulfiden und S und Behandlung mit SO_2 zu einer reinen Thiosulfatlösung
524 559	Permutit A.G	CrO_2Cl_2 aus Chromaten mit anorg. Säurechloriden in H_2SO_4, H_3PO_4, CCl_4
523 800	I. G. Farben	$CrCl_2$ aus Oxyd C und Cl_2, S. 2741
514 571	I. G. Farben	$CrCl_3$ aus Ferrochrom und Cl_2 bei 300—600° zur alleinigen Verflüchtigung des $FeCl_3$
529 806	I. G. Farben	$CrCl_3$ desgl. bei 600—850° (kontinuierlich im Drehrohr)
489 072	I. G. Farben	$CrCl_3$ Beschleunigung der Auflösung durch kathodische Behandlung einer Suspension
525 743	I. G. Farben	$CrCl_3 \cdot 6\,H_2O$ aus $CrCl_2$ mit wenig H_2O (und Zn, Al usw. als Beschleuniger)
488 930	I. G. Farben	Chromalaun, rasche Kristallisation aus starker H_2SO_4-Lösung, die länger bei 30—45° digeriert wird, und Zusatz von K_2SO_4 vor der Abkühlung
499 731	I. G. Farben	Komplexe Mg-Cr-Salze für Gerbereizwecke durch Reduktion von Mg-Chromaten
467 789	I. G. Farben	Basische Chromisalze, Trocknen durch Versprühen in warmen Gasen
557 722	I. G. Farben	Alkalichromate zur Darstellung von Al-Alkali-Fluoriden, Seite 359

Chromoxydgrün, Bleichromat (Chromgelb), bei „Mineralfarben".

Nr. 548433. (B. 130948.) Kl. 12m, 8.

Bozel-Malétra Société Industrielle de Produits Chimiques in Paris.

Aufschließen von Chromerzen.

Vom 20. April 1927. — Erteilt am 24. März 1932. — Ausgegeben am 12. April 1932. — Erloschen: . . .

Zum Aufschließen bzw. zum Zersetzen von Chromerzen oder anderen chromhaltigen Materialien mittels Alkalien oder alkalischen Erden oder Mischungen der beiden, gegebenenfalls in Gegenwart von Verdünnungsmitteln in der Hitze, verwendete man bisher rotierende Öfen, Handöfen oder Öfen mit drehbarem Herde.

Es sind auch Verfahren bekannt, gemäß welchen Chromeisenstein mit Ätzalkalien bzw. Ätznatron, gegebenenfalls in Gegenwart von Sauerstoffüberträgern bzw. Braunstein, unter Umrühren des Gutes in der Hitze aufgeschlossen wird.

Diesen Verfahren haftet eine Reihe von Übelständen an. In den rotierenden Öfen z. B. erfolgt eine Trennung des Produktes im Laufe seiner Zersetzung. In den Handöfen und Öfen mit drehbarem Herd sowie nach den oben angegebenen Verfahren ist nur ein diskontinuierlicher Betrieb möglich, womit ein erheblicher Aufwand von Brennstoff verbunden ist. Desgleichen erhöhen sich auch die Betriebskosten, während man gezwungen ist, bei einer verhältnismäßig hohen Temperatur zu arbeiten, da die Mischung in ziemlich dicker Schicht ausgebreitet ist.

Nach vorliegender Erfindung ist es nun möglich, diese genannten Übelstände zu vermeiden und die Gewinnung von Chromaten wirtschaftlich und technisch rentabel zu gestalten. Zu diesem Zweck wird das Aufschließen bzw. das Zersetzen der chromhaltigen Materialien in kontinuierlich arbeitenden Öfen vorgenommen, die z. B. den mechanischen Röstöfen für Pyrite entsprechen. In diesen ununterbrochen arbeitenden ein- oder mehretagigen Öfen wird das zu behandelnde Material auf eine große Fläche ausgebreitet und kontinuierlich während der Behandlung mittels geeigneter Rührvorrichtungen umgerührt. Infolge dieses kontinuierlichen Umrührens unter ständiger Fortbewegung des Produktes im Laufe der Zersetzung, was bei diesen Öfen einen wesentlichen Vorteil darstellt, kann man das Gemisch in verhältnismäßig dünner Schicht ausbreiten. Auch ist auf Grund der ständigen Fortbewegung und des kontinuierlichen Umrührens ein Entmischen der Mischungsbestandteile nicht zu befürchten.

Gleichzeitig wird auch eine erhebliche Ersparnis an Brennstoff erzielt.

Infolge des Umrührens innerhalb des Ofens braucht man die Mischung der Materialien (Erze, Alkali, alkalische Erden, gegebenenfalls Verdünnungssubstanzen) nicht im voraus vorzunehmen, vielmehr können die Substanzen getrennt in den Ofen aufgegeben werden, in welchem sie selbsttätig und kontinuierlich vermischt werden, im Gegensatz zu dem, was in den bisher bekannten Öfen der Fall ist.

Versuche haben ergeben, daß die für die Röstung von Pyriten verwendeten mechanischen Röstofen, bei denen das oben eingeführte Gut durch die Drehbewegung von um eine zentrale Achse angeordneten Rührflügeln unter stetem Umwenden über die einzelnen direkt oder indirekt beheizten Etagen mit fortschreitender Röstung nach unten zur Ausfüllöffnung bewegt wird, für die Zersetzung vom Chromerzen in Gegenwart von Alkalien oder alkalischen Erden oder Mischungen beider mit oder ohne Zusätze von Verdünnungssubstanzen eine wesentliche Verbesserung des Verfahrens gestatten.

Die Zersetzungsdauer wird nicht nur wesentlich herabgesetzt, sondern auch die für diese Operationen nötigen Temperaturen können um 200 bis 300° gemindert werden.

Hieraus ergeben sich, wie ohne weiteres verständlich ist, sehr erhebliche wirtschaftliche und technische Vorteile gegenüber den bisherigen Verfahren unter Verwendung von rotierenden oder diskontinuierlich arbeitenden Öfen. Weiterhin haben sich aus diesen Versuchen Vorteile ergeben, die auf die Behandlung bei nach diesen Verfahren möglichen weniger hohen Temperaturen zurückzuführen sind.

Die nach Aufschluß der Chromerze bzw. chromhaltigen Materialien in diesen Öfen erhaltene Fritte ist gleichmäßig und feinkörnig und fühlt sich wie Sand an und schließt im Gegensatz zu der, wie man sie aus bisher üblichen Öfen erhielt, keine oder jedenfalls nur sehr verschwindende Mengen von geschmolzenen Alkalicarbonaten und Erdalkalicarbonaten u. dgl. ein. Es ist infolgedessen möglich, ohne Schwierigkeit die chromsauren Salze, z. B. chromsaures Natrium, mittels geeigneter Lösungsmittel aus der Fritte herauszuziehen.

Als solche Öfen beschriebener Art können sowohl ein- oder mehretagige Öfen verwendet werden. Die Erwärmung der Rohmaterialien bzw. des Gemisches kann sowohl direkt erfolgen, indem der Brennstoff unmittelbar in jede Etage gleichzeitig mit dem Gemisch aufgegeben wird, oder kann auch durch direkte Erhitzung vorgenommen werden. In diesem Falle wählt man zweckmäßig für die einzelnen Etagen die Gestalt von Muffeln, in welche die Mischung aufgegeben wird und die von außen erhitzt werden.

Eine Ausführungsform eines derartigen Ofens für die Aufschließungsarbeit von Chromerzen oder anderen chromhaltigen Materialien in der oben beschriebenen Weise wird durch die beiliegende Zeichnung veranschaulicht. Dieselbe stellt einen zweietagigen Ofen für indirekte Heizung, der als Muffelofen ausgeführt ist, dar.

Das durch den Einfülltrichter *a* aufgegebene Gut aus chromhaltigem Material und dem zusätzlichen Alkali oder alkalischen Erden und gegebenenfalls weiteren Verdünnungsmitteln wird durch eine in *b* geführte Transportvorrichtung, z. B. eine Transportschnecke, nach dem Zuführungsstutzen *c* geleitet. Von diesem Stutzen fällt das Gut in die muffelartige, durch umgebende Heizkanäle *k* beheizte Etage *g* und wird durch die um die Achse *d* bewegten Rührer *h* innig gemischt und über die gesamte Oberfläche *i* der Etage gleichmäßig verteilt.

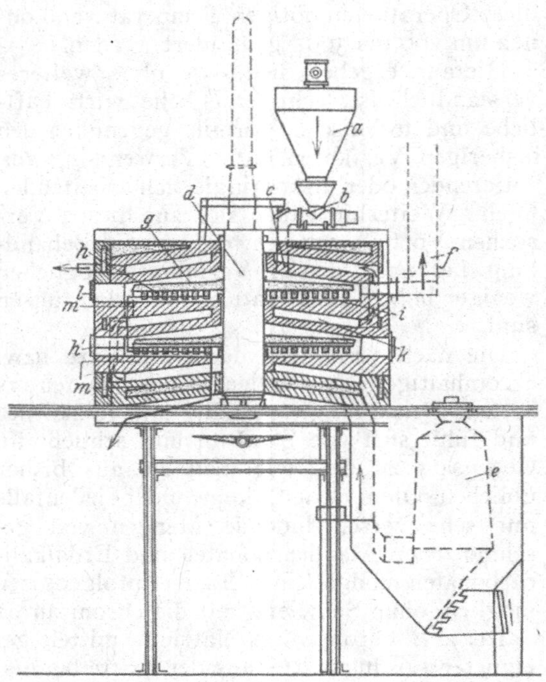

Durch eine Ausfüllöffnung auf der Bodenfläche *i* wird sodann gleichfalls durch die Rührarbeit das Gut in die folgende Etage *g'* befördert und hier ebenfalls durcheinandergemischt, ausgebreitet und schließlich durch die gegen die in der ersten Etage befindliche, versetzt angeordnete Ausfüllöffnung *l* aus dem Ofen befördert. Durch die starke Linienführung soll der Weg des Gutes im Ofen veranschaulicht werden. Es ist ersichtlich, daß durch die Arbeit der Rührkratzen *h* und *h'* das Röstgut nicht geknetet werden kann, sondern lediglich stetig gewendet und gleichzeitig um einen geringen Betrag beiseitegeschoben wird. Die Beheizung des Ofens erfolgt durch den Generator *e*, aus dem die Heizgase in Pfeilrichtung von unten her durch die Kammern *k* nach oben hin den Ofen durchströmen und durch den Abzug *f* verlassen. Gegebenenfalls können die einzelnen Etagen vermittels einer Abzweigung der Heizgasleitung auch mit Zusatzwärme gespeist werden, was in der Zeichnung nicht besonders dargestellt ist. Die Luftzuführung kann durch Scheibe *l* besonders geregelt werden.

PATENTANSPRÜCHE:

1. Verfahren zum Aufschließen von Chromerzen oder anderen chromhaltigen Materialien mittels Alkalien oder alkalischen Erden oder Mischungen der beiden, gegebenenfalls in Gegenwart von Verdünnungssubstanzen unter Bewegung des Gutes in der Hitze, dadurch gekennzeichnet, daß der Aufschluß in ein- oder mehretagigen, ununterbrochen arbeitenden Öfen mit mechanischer Rührvorrichtung, z. B. solche, die den Etagenröstöfen mit mechanischer Rührvorrichtung für Pyritröstung entsprechen, durchgeführt wird, wobei die in dünner Schicht aufgegebene Mischung kontinuierlich umgerührt wird.

2. Verfahren nach Anspruch 1, dadurch gekennzeichnet, daß die Erhitzung des chromhaltigen Gutes direkt, z. B. durch gleichzeitige Zugabe des Brennstoffes mit dem Gemisch in die Öfen bzw. in die einzelnen Etagen der Öfen, erfolgt.

3. Verfahren nach Anspruch 1, dadurch gekennzeichnet, daß die Erhitzung des chromhaltigen Gutes indirekt erfolgt, wobei zweckmäßig den einzelnen Etagen die Form von außen heizbaren Muffeln gegeben wird.

Nr. 557 229. (Z. 17 306.) Kl. 12m, 8.

ZAHN & CO. BAU CHEMISCHER FABRIKEN G. M. B. H. IN BERLIN.

Aufschluß von Chromerz.

Vom 1. Febr. 1928. — Erteilt am 28. Juli 1932. — Ausgegeben am 20. Aug. 1932. — Erloschen: . . .

Bei dem Aufschluß von Chromerz benutzt man Chromerzrückstände, wie man sie beim Aufschluß des Chromerzes mittels Soda erhält, als Auflockerungsmittel. Diese Rückstände bestehen hauptsächlich aus Eisenoxyd, Aluminiumoxyd, Magnesiumoxyd und etwas Kieselsäure. Ein Gemisch aus 1000 Teilen Chromerz mit 56% Cr_2O_3, 1150 Teilen Soda und 1000 bis 1100 Teilen Rückständen der obengenannten Zusammensetzung backt unter Innehaltung der üblichen Oxydationsbedingungen bei Temperaturen oberhalb 900° an Schamottewänden mehr oder weniger stark an und ist wegen dieser Neigung zur Kranzbildung zum Aufschluß in Drehrohröfen nicht geeignet.

Auch wenn man, wie empfohlen worden ist, dem Erz mit den ausgelaugten Rückständen so viel Kalk zugibt, um alle Kieselsäure und Tonerde zu binden, wofür in maximo 12 Teile Kalk auf 100 Teile Erz genügen, so läßt sich das Anbacken der Aufschlußmasse im Drehofen nicht verhindern.

Man hat auch schon vorgeschlagen, ein Gemisch aus 100 Teilen normalem Chromerz mit 70 Teilen Soda und 100 Teilen gebranntem Kalk zum Aufschluß im Drehofen zu verwenden. Wurde diese Mischung in üblicher Weise im Drehofen durchgesetzt, so traten Schmelzungen ein, und die Mischung backte an den Wänden, so daß dieses Verfahren nirgends Eingang in die Chromatfabrikation fand.

Es wurde nun gefunden, daß man das Anbacken vermeiden kann, wenn man den Aufschluß mit dem Zusatz geringerer Mengen Kalk als nach dem letzterwähnten Verfahren durchführt, daneben aber Rückstände aus früheren Aufschlüssen benutzt, die ihrerseits Kalk enthalten.

Verwandte man z. B. auf 100 Teile Chromerz 80 Teile Soda und etwa 200 Teile Rückstände von früheren Aufschlüssen, die etwa 100 Teile Kalk enthielten, sowie 50 bis 55 Teile frischen, gebrannten Kalks, so konnte in Drehöfen von geeigneter Konstruktion ein lockeres Röstprodukt erhalten werden, das sich leicht auslaugen ließ und in störungsfreiem Dauerbetrieb eine nahezu theoretische Ausbeute des angewandten Chromoxydes an Chromat ergab. Die Rückstände, welche, je nach der Zusammensetzung des Erzes, 35 bis 60% CaO enthalten und daneben Eisenoxyd, Aluminiumoxyd, Magnesiumoxyd und etwas Kieselsäure, können feucht oder besser getrocknet und zu Grieß vermahlen verwendet werden.

Statt frischen Kalk kann man auch, jedenfalls zum Teil, getrocknete kalkreiche Rückstände verwenden. Der Kalkzusatz verhindert offenbar die Bildung des sich bei 900° verflüssigenden und an den Ofenwänden klebenden Natriumferrites bzw. zerlegt gebildetes Natriumferrit wieder sehr schnell, wobei das frei werdende Ätznatron auf das Chromoxyd zur Einwirkung gelangt.

Umgekehrt verhindert der Zusatz der eisenoxydhaltigen Chromerzauslaugungsrückstände das Anbacken eines aus Erz, Soda und Kalk bestehenden Aufschlußgemisches, anscheinend weil die Soda sich mit dem Erz und den eisenoxydhaltigen Rückständen umsetzt, bevor sie noch im Zustande des Schmelzflusses zur Klumpenbildung Anlaß geben kann. Das gebildete Natriumferrit aber wird wieder durch den Kalk zerlegt.

Die vorliegende Erfindung beruht auf der ganz klaren Erkenntnis, daß Zuschläge von Rückständen, die kalkfrei sind oder nur ganz wenig Kalk enthalten, für den Erzaufschluß im Drehofen ebensowenig geeignet sind, wie Zuschläge von Kalk allein nach dem klassischen Verfahren, weil in beiden Fällen die Massen an den Schamottewänden des Drehofens anbacken und zur Kranzbildung und Verkrustung führen.

Wendet man dagegen kalkreiche Rückstände aus früheren Aufschlüssen zusammen mit weiteren nicht zu großen Zusätzen von frischem Kalk an, und zwar unter Innehaltung der oben angegebenen Mengenverhältnisse, so wird ein störungsfreier Betrieb im Drehofen möglich.

Patentanspruch:

Verfahren zum Aufschluß von Chromerz durch Glühen von Chromerz mit Soda und aus eisenoxydhaltigen Rückständen und gebranntem Kalk bestehenden Magerungsmitteln im Drehofen, dadurch gekennzeichnet, daß als Magerungsmittel auf 1 Teil Chromerz etwa ½ Teil Kalk zusammen mit 2 Teilen Rückständen, die aus einem entsprechenden früheren erschöpfenden Aufschluß von Chromerz stammen, verwendet werden.

Nr. 467 212. (I. 30 955.) Kl. 40a, 46.

I. G. Farbenindustrie Akt.-Ges. in Frankfurt a. M.

Erfinder: Dr. Paul Weise in Wiesdorf und Dr. Franz Specht in Köln.

Anreicherung von Chromerzen.

Vom 17. April 1927. — Erteilt am 4. Okt. 1928. — Ausgegeben am 20. Okt. 1928. — Erloschen: . . . .

Bei der Darstellung von Chromverbindungen aus Chromerzen verursachen die durch die Gangart gegebenen Beimengungen, wie Kieselsäure, Tonerde, Magnesia usw., oft große Schwierigkeiten, da sie nicht allein eine äquivalente Menge Aufschlußmittel verbrauchen, sondern auch zur Verunreinigung des Endproduktes und zu betriebstechnischen Störungen infolge schlechter Filtrierbarkeit Anlaß geben.

Es zeigte sich nun die überraschende Tatsache, daß bei Behandlung des Erzes mit Alkalien, bei Abwesenheit von Sauerstoff, nur die Gangart angegriffen wird, so daß es leicht möglich ist, das Erz praktisch vollständig von der Gangart zu befreien, ohne daß Verluste an Chromoxyd eintreten.

Durch dieses einfache Verfahren können minderwertige Erze ohne große Kosten in hochwertige umgewandelt werden, was nicht allein wertvoll bei der Fabrikation von Chromverbindungen ist, sondern auch erheblich zur Verringerung der Transportkosten beiträgt. Hinzu kommt noch, daß das so vorbereitete Erz sich sehr leicht aufschließen läßt, wodurch höhere Ausbeuten erzielt werden.

Als partielle Aufschlußmittel eignen sich Alkalihydroxyde und -carbonate, welche entweder für sich allein oder in Vermischung miteinander oder mit solchen Stoffen angewandt werden können, die den Schmelzpunkt herabsetzen. Der Aufschluß kann sowohl in wässeriger Phase bei Temperaturen über 100° mit oder ohne Druckerhöhung als auch pyrogen, beim Schmelzpunkte des Aufschlußmittels, erfolgen. Die so behandelten Erze werden zweckmäßig in Wasser oder verdünnter Lauge abgeschreckt und nach dem Filtrieren getrocknet. Aus dem Filtrate kann in bekannter Weise sowohl das Aufschlußmittel als auch die Tonerde, Kieselsäure usw. zurückgewonnen werden. Ebenso ist es möglich, durch Behandlung des feuchten, filtrierten Erzschlammes mit verdünnten Säuren, das Erz weiter an Chromoxyd anzureichern.

Beispiel 1

Fein gemahlenes Chromerz mit beispielsweise 30 % Cr_2O_3 wird mit der nötigen Menge Natronlauge vermischt und in einem Druckgefäße unter Stickstoffatmosphäre unter Rühren auf 200° erhitzt. Nach Beendigung des Aufschlusses wird das Erz von der Lauge getrennt, ausgewaschen, mit verdünnter Säure nachgewaschen und getrocknet. Je nach der Erzsorte erhält man ein Erz mit 55 bis 70 % Cr_2O_3.

Beispiel 2

Fein gemahlenes Chromerz wird mit einem Gemisch aus Soda und Natronlauge in eben ausreichender Menge vermischt und im Drehofen, bei Abwesenheit von Sauerstoff, auf 400 bis 500° erhitzt. Die heiße Schmelze wird in Wasser abgeschreckt, das Erz von der Lauge getrennt und getrocknet. Die Lauge wird auf Soda, Tonerde und Kieselsäure weiterverarbeitet, während das nun hochwertige Chromerz nach einem der üblichen Verfahren weiter aufgeschlossen wird.

PATENTANSPRÜCHE:

1. Verfahren zur Veredlung von Chromerzen, dadurch gekennzeichnet, daß die Erze bei Temperaturen über 100° mit Alkalihydroxyden oder -carbonaten bei Abwesenheit von Sauerstoff behandelt werden.
2. Verfahren nach Anspruch 1, dadurch gekennzeichnet, daß die Behandlung unter Druck stattfindet.
3. Verfahren nach Anspruch 1 und 2, dadurch gekennzeichnet, daß die behandelten und von der Lauge getrennten Erze mit verdünnter Säure nachbehandelt werden.

Nr. 539098. (B. 142233.) Kl. 12m, 8.

Bozel-Malétra Société Industrielle de Produits Chimiques in Paris.

Herstellung von Alkalichromiten.

Vom 3. März 1929. — Erteilt am 5. Nov. 1931. — Ausgegeben am 20. Nov. 1931. — Erloschen: . . .
Französische Priorität vom 24. Jan. 1929 beansprucht.

Vorliegende Erfindung betrifft ein Verfahren zur Überführung von Chromoxyd, beispielsweise in Erzen, in eine reaktionsfähige Form durch Erhitzen mit kaustischen, kohlensauren oder doppeltkohlensauren Alkalien oder Erdalkalien in sauerstofffreier Atmosphäre.

Wie eingehende Versuche gezeigt haben, gelingt es, unter gewissen Bedingungen beim Behandeln von Chromoxyd, chromoxydhaltigen Stoffen oder Erzen das Chromoxyd chemisch an Alkali zu binden unter Bildung eines Alkalichromites.

Diese Chromite enthalten das Chrom in einer gelockerten, sehr reaktionsfähigen Form, in welcher sie sich, da sie bereits Alkali enthalten, beim Erhitzen in Gegenwart von Sauerstoff oder Luft äußerst leicht in Chromat umwandeln lassen.

Nun ist zwar bekannt (Patentschrift 467212), daß man Chromerze bei Abwesenheit von Sauerstoff mit Alkalien bei Temperaturen über 100° C behandeln kann. Es handelt sich jedoch in diesem Falle um ein Verfahren zur Veredlung von Chromerzen in der Weise, daß man die Erze mit einer Menge Alkali behandelt, die hinreichend ist, das Erz aufzuspalten und die Fremdkörper in alkali- bzw. säurelösliche Form überzuführen.

Das Aufschlußgut wird sodann mit Wasser ausgelaugt, um Kieselsäure und Tonerde zu entfernen und sodann, mit Säuren nachbehandelt, zum Zwecke, die basischen Begleiter, wie Magnesia, Kalk, Eisenoxyd, herauszulösen. Dieses Verfahren soll namentlich auf arme Erze angewendet werden, um den Chromoxydgehalt möglichst zu steigern.

Nun gelingt nachweislich ein solch durchgreifender Aufschluß nur unter Verwendung einer größeren Alkalimenge, welche, auf Chromoxyd bezogen, weit mehr als 2 Mol. Na_2O beträgt.

Im Gegensatz zu diesem Verfahren und gemäß vorliegender Erfindung wird eine solche Zertrümmerung des Erzes nicht angestrebt; vielmehr wird eine solche praktisch vollständig vermieden.

Das Alkali dient zur Auflockerung des Chromoxyds und Überführung in eine reaktionsfähige Form durch eine chemische Bindung des Chromoxyds an Alkali. Hierzu bedarf es relativ geringer Mengen an Alkali, die sich in der Praxis zwischen 1 und 2 Mol. Na_2O auf 1 Mol. Cr_2O_3 bewegen.

Als vorteilhafte Maßnahme hat sich erwiesen, die zur Aktivierung des Chromoxyds notwendige Menge Alkali nicht auf einmal dem Erz zuzusetzen, sondern in mehreren Portionen unter jeweiligem guten Vermengen der Stoffe.

Es wird hierdurch eine vorzeitige Zersetzung der Begleitstoffe sowie ein Anschmelzen der Reaktionsmasse verhütet. Bei manchen Erzen kann sich aus diesem Grunde auch die Mitverwendung von Magerungsmitteln, wie Eisenoxyd, Kalk usw., empfehlen, obobgleich dies in der Regel nicht notwendig ist.

Die Reaktionstemperatur richtet sich nach der Natur des zu behandelnden Ausgangsmaterials und des zur Verwendung gelangenden Alkalis, wobei Ätzalkali leichter reagiert als Carbonatalkali und Chromoxyd natürlich ebenfalls leichter als Chromerz. Während bei Chromoxyd Chromitbildung bereits bei 300° C eintritt, empfiehlt es sich, bei Verwendung von Erz und Carbonat bei Temperaturen von etwa 700 bis 900° C zu arbeiten, womit jedoch nicht gesagt sein soll, daß die Temperatur nach oben auf 900° C beschränkt werden muß. In manchen Fällen empfiehlt es sich sogar, kurze Zeit auf 1000° C und mehr zu treiben.

Bei der Verwendung von Carbonatalkalien geht die Chromitbildung unter Abspaltung von Kohlensäure vor sich. An der auftretenden Kohlensäure im Gasstrom hat man also einen Maßstab für das Fortschreiten der Reaktion.

Die Reaktionsprodukte, die man mit Erz erhält, sind graue bis graugrüne Pulver, die bei 1000° C noch nicht schmelzen. Bis 800° C sind sie beständig; bei 900° C verlieren sie, insbesondere im Gasstrom, Alkali. Erhitzt man sie in Gegenwart von Sauerstoff oder Luft, so werden sie spielend leicht in Chromat umgewandelt. Mit Wasser werden sie unter Bildung von Chromoxyd und Ätzalkali zersetzt.

Beispiel 1

152 Teile Chromoxyd und 110 Teile kohlensaures Natron werden innig vermengt und in einer sauerstofffreien Atmosphäre auf 600 bis 900° C erhitzt, bis der Gehalt an Kohlensäure im abgehenden Gasstrom praktisch vernachlässigt werden kann. Man erhält eine Chromitverbindung in Gestalt eines graugrünen, oberhalb 1000° C schmelzbaren Pulvers.

Beispiel 2

152 Teile Chromerz (50% Cr_2O_3) und 110 Teile Soda werden innig vermischt und in einer sauerstofffreien Atmosphäre auf 700 bis 900° C erhitzt, bis der Kohlensäuregehalt im Gasstrom vernachlässigt werden kann. Es empfiehlt sich, zuerst die Hälfte des Alkalis zuzusetzen und später die andere Hälfte in mehreren Portionen. Man erzielt hierdurch eine gleichmäßigere Zersetzung, verhindert ein Hartwerden des Produkts und einen vorzeitigen Aufschluß der Gangart.

PATENTANSPRÜCHE:

1. Überführung von Chromoxyd, beispielsweise in Erzen, in eine reaktionsfähige Form durch Erhitzen mit kaustischen, kohlensauren oder doppeltkohlensauren Alkalien oder Erdalkalien in sauerstofffreier Atmosphäre, dadurch gekennzeichnet, daß die Menge dieser Zuschläge auf etwa 2 Mol. des in den Ausgangsmaterialien enthaltenen Chromoxydes beschränkt bleibt.

2. Verfahren nach Anspruch 1, gekennzeichnet durch Anwendung eines inerten Gasstromes.

3. Verfahren nach Anspruch 1 und 2, gekennzeichnet durch allmähliche Zugabe der erforderlichen Zuschläge während des Erhitzens.

F. P. 683179.

D. R. P. 467212, **s. S. 2947.**

Nr. 563 553. (B. 142 304.) Kl. 12 m, 8.

BOZEL-MALÉTRA SOCIÉTÉ INDUSTRIELLE DE PRODUITS CHIMIQUES IN PARIS.

Überführung von Chromoxyd in Alkalichromite.

Zusatz zum Patent 539 098.

Vom 6. März 1929. — Erteilt am 20. Okt. 1932. — Ausgegeben am 7. Nov. 1932. — Erloschen: . . . .

Französische Priorität vom 25. Jan. 1929 beansprucht.

Gegenstand des Hauptpatents 539 098 bildet ein Verfahren der Überführung von Chromoxyd, beispielsweise in Erzen, in eine reaktionsfähige Form durch Erhitzen mit kaustischem, kohlensaurem oder doppeltkohlensaurem Alkali oder Erdalkali in sauerstofffreier Atmosphäre, das dadurch gekennzeichnet ist, daß die Menge dieser Zuschläge auf etwa 2 Mol. des in den Ausgangsmaterialien enthaltenden Chromoxydes beschränkt bleibt.

Nach der vorliegenden Erfindung kann nun dieses Verfahren dadurch verbessert werden, daß man die Behandlung in reduzierender Atmosphäre mit oder ohne Überdruck vornimmt.

Man erhält so sehr reaktionsfähige Alkalichromite, bei denen etwa vorhandenes Eisenoxyd zu metallischem Eisen reduziert ist.

Es ist bereits bekannt, Chromeisenstein in reduzierender Atmosphäre zu calcinieren und das gebildete Eisen mit Säuren zu lösen; indessen gelingt hierbei die Reduktion des Eisens nur teilweise. Die Bildung der sehr reaktionsfähigen Alkalichromite nach der vorliegenden Erfindung wird durch die gleichzeitige Einwirkung des Alkalis und des Reduktionsmittels sehr erleichtert. Die Einwirkung ist außerdem eine viel durchgreifendere und der Alkaliverlust ein sehr geringer.

Es ist notwendig, den Zusatz des Alkalis auf höchstens 2 Mol., auf Chromoxyd berechnet, zu bemessen, wodurch die Gangart praktisch unangegriffen bleibt.

Die Alkalichromite sind salzartige Verbindungen von Chromoxyd und Alkali. Sie enthalten das Chromoxyd in äußerst reaktionsfähiger Form und werden von Wasser in Chromoxyd und Alkalihydroxyd aufgespalten. Sie eignen sich durch ihre Reaktionsfähigkeit ganz hervorragend zur Überführung in Chromate oder Bichromate. Werden die gemäß vorliegender Erfindung erhaltenen Reaktionsprodukte mit schwachen Säuren behandelt, so gelingt es ohne Schwierigkeit, den größten Teil des Eisens, welches im elementaren Zustand vorliegt, abzutrennen, und man erhält wertvolle chromoxydhaltige Ausgangsstoffe für die Chromsalzindustrie.

Die zur Herstellung der Alkalichromite vorteilhaften Bedingungen hängen selbstverständlich in erster Linie von der Natur des zu behandelnden Stoffes, dann auch von der Art der Alkalien ab.

Als reduzierendes Mittel kann Wasserstoff, Wassergas, Kohlenoxyd, Kohle usw. verwendet werden.

Ausführungsbeispiele

1. 152 Teile Chromerz (49,6 % Cr_2O_3, 13,2 % FeO) und 110 Teile kohlensaures Natron werden feinst pulverisiert, innig vermischt und in einer Wasserstoffatmosphäre auf 800° C so lange erhitzt, bis die Kohlensäureentwicklung praktisch aufgehört hat und hierauf im Wasserstoffstrom erkalten gelassen.

2. 280 Teile Chromerz (54,3 % Cr_2O_3) und 160 Teile Soda werden feinst pulverisiert und innig vermischt und in einer Wasserstoffatmosphäre, je nach der Natur des Erzes, 2 bis 6 Stunden auf 900 bis 1000° C erhitzt und im Wasserstoffstrom erkalten gelassen.

PATENTANSPRUCH:

Ausführungsform des Verfahrens des Hauptpatents 539 098 der Überführung von Chromoxyd, beispielsweise in Erzen, in eine reaktionsfähige Form durch Erhitzen mit kaustischem, kohlensaurem oder doppeltkohlensaurem Alkali oder Erdalkali, wobei die Menge der Zuschläge auf 2 Mol. des in den Ausgangsmaterialien enthaltenden Chromoxydes beschränkt bleibt, dadurch gekennzeichnet, daß man die Behandlung in einer reduzierenden Atmosphäre mit oder ohne Überdruck vornimmt.

F. P. 37 256, Zusatz zu F. P. 683 179. Siehe D. R. P. 539 098.

Nr. 509 133. (Z. 17 121.) Kl. 12 m, 8.

Zahn & Co., Bau chemischer Fabriken G. m. b. H. in Berlin und Ludwig Wickop in Berlin-Halensee.

Verfahren zur Gewinnung von Alkalichromaten.

Vom 1. Nov. 1927. — Erteilt am 25. Sept. 1930. — Ausgegeben am 4. Okt. 1930. — Erloschen: 1933.

Es wurde gefunden, daß Chromeisenstein bei vergleichsweise niedrigen Temperaturen zu Chromat oxydiert werden kann, wenn man dem gepulverten, in bekannter Weise mit Soda und das Sintern verhindernden Zusätzen gemischten Erz von vornherein Kalksalpeter, z. B. den als Düngemittel bekannten Norgesalpeter, beigibt. Die Röstmasse im Ofen bleibt locker und erlaubt somit den Zutritt von Luftsauerstoff, der stets in den Feuergasen enthalten ist. Man kommt mit geringeren als den theoretisch berechneten Mengen aus, da der teilweise reduzierte Salpeter bei den in Betracht kommenden Temperaturen als Überträger für den Sauerstoff wirkt.

Die stark exotherme Reaktion setzt schon bei Temperaturen um 500° ein und kommt bei etwa 700° in 1 bis 2 Stunden zu Ende. Es genügt ein Anheizen der Röstmasse auf die Reaktionstemperatur.

Da bei dem Oxydieren des Sauerstoffs mit der Luft der Aufschluß 7 bis 9 Stunden dauert und Temperaturen bis 1200° benötigt, also ein weit größerer Brennstoffverbrauch und ein hochwertiges Ofenmaterial erforderlich ist, diese Ausgaben aber nach dem Verfahren vorliegender Erfindung ganz außerordentlich reduziert werden, so werden die Kosten für das Oxydationsmittel mehr als gedeckt, zumal man in hoher Schicht arbeiten kann und ein Mann zu der sehr einfachen Bedienung genügt.

Die Oxydationszeit kann noch weiter abgekürzt werden, wenn man das Chromerz schon vor dem Reaktionsprozeß glüht, wodurch die einzelnen Bestandteile, also Eisenoxyd, Magnesiumoxyd, Aluminiumoxyd und Chromoxyd, gegeneinander gelockert werden.

Die Zuschläge, die man dem Gemisch des Chromerzes mit dem Kalksalpeter beigibt, richten sich nach der Art der Chromate, die man gewinnen will. Man verwendet also zur Herstellung von Natriumchromat Natriumsalze, von Kaliumchromat Verbindungen des Kaliums.

Es ist bereits früher vorgeschlagen worden, für den in Rede stehenden Chromatprozeß Kalium- oder Natriumnitrat zu verwenden (s. L. Wickop, »Die Herstellung der Alkalibichromate«, 1911, Halle, Verlag Knapp, Seite 6, 10, 31). Diese Verfahren haben sich nicht bewährt, da die Alkalinitrate schon bei 336 bzw. 310° C schmelzen, dadurch den Zutritt von Oxydationsluft beim Rösten verhindern und ein schwierig auszulaugendes Ofenprodukt ergeben. Außerdem sind Kalium- und Natriumnitrat, bezogen auf die Stickstoffeinheit, erheblich teurer als Kalksalpeter, so daß ihre Anwendung schon deswegen weniger in Betracht kommt.

Beispiel

Chromerz mit 50% Cr_2O_3 wird zunächst $^1/_2$ bis 1 Stunde lang geröstet und dann so fein gemahlen, daß auf einem Sieb von 2500 Maschen/qcm nur 5% Rückstand bleiben. 100 Teile des so erhaltenen Produktes werden mit 30 Teilen Kalksalpeter ($Ca(NO_3)_2$), 80 Teilen gemahlenem, gebranntem Kalk und 70 Teilen Soda innig vermischt und in einem Oxydationsofen $1^1/_2$ bis 2 Stunden lang auf 500 bis 700° C erhitzt. Hierdurch entsteht eine Fritte, in der 90 bis 95% des im Erz enthaltenen Chromoxydes in Natriumchromat verwandelt sind.

Patentansprüche:

1. Verfahren zur Gewinnung von Alkalichromaten durch Röstung von Chromeisenerz mit Soda und das Sintern verhindernden Zuschlägen, dadurch gekennzeichnet, daß das Gemisch unter Zusatz von Kalksalpeter der Röstung unterworfen wird.

2. Verfahren nach Anspruch 1, dadurch gekennzeichnet, daß das Chromeisenerz vor der Röstung mit dem Kalksalpeter erst allein geglüht wird.

Nr. 544618. (I. 69. 30.) Kl. 12m, 6.

I. G. Farbenindustrie Akt.-Ges. in Frankfurt a. M.

Erfinder: Dr. Ludwig Teichmann in Leverkusen und Dr. Friedrch Wilhelm Stauf in Köln-Deutz.

Herstellung von Alkalichromaten.

Vom 5. Juli 1930. — Erteilt am 4. Febr. 1932. — Ausgegeben am 19. Febr. 1932. — **Erloschen: 1934.**

Es ist bekannt, daß man Alkalichromate durch Schmelzen von Chromerz mit Alkalicarbonat bei Temperaturen von 1 000 bis 1 200° in oxydierender Flamme herstellt. Es ist weiterhin bekannt, daß sich der Aufschluß des Chromerzes besser durchführen läßt, wenn man ein basisches Magerungsmittel, wie Kalk, Magnesia, Dolomit usw., verwendet. Ein vollkommener Ersatz des Alkalicarbonats durch Alkalisulfat ergibt nur eine unvollkommene Bildung von Alkalichromat, da hierbei nur etwa 60 % des Chromerzes aufgeschlossen werden.

Es wurde nun gefunden, daß man einen fast vollständigen Aufschluß erzielen kann, wenn man dem Alkalicarbonat Alkalisulfat beimischt. Auf diesem Wege ist es möglich, etwa 95 % des in dem Erz enthaltenen Chroms in Alkalichromat überzuführen. Es gelingt hierdurch, das Alkalicarbonat durch das billigere und leichter zugängliche Alkalisulfat zu ersetzen, wobei der Aufschluß dem besten technisch mit reinem Alkalicarbonat erzielbaren gleichkommt. Insbesondere ist es möglich, das bei der Herstellung von Alkalibichromat aus den Chromatlaugen anfallende Alkalisulfat zu verwerten und das darin als Verunreinigung enthaltene und verlorengehende Chromat wiederzugewinnen. Selbstredend ist es möglich, auch anderwärts anfallendes Alkalisulfat zu benutzen.

Beispiel 1

Eine Mischung von 35 Gewichtsteilen Chromeisenstein (mit 43 % Cr_2O_3), 16 Gewichtsteilen Natriumcarbonat, 16 Gewichtsteilen Natriumsulfat und 60 Gewichtsteilen Dolomit wird bei 1 050° durch einen Drehofen gegeben. Hierbei werden 93 % des Cr_2O_3 des Erzes in Natriumchromat umgewandelt.

Beispiel 2

Eine Mischung von 34 Gewichtsteilen Chromerz (45 % Cr_2O_3), 9,6 Gewichtsteilen Soda, 19,3 Gewichtsteilen Sulfat und 67 Gewichtsteilen Dolomit wird in einem Muffelofen drei Stunden auf 1 100 ° C erhitzt. Der Aufschluß des Erzes beträgt 96 %.

Beispiel 3

Eine Mischung von 31 Gewichtsteilen Chromerz (49 % Cr_2O_3), 6 Gewichtsteilen Soda, 24 Gewichtsteilen Sulfat und 65 Gewichtsteilen Dolomit wird in einem elektrischen Ofen drei Stunden auf 1 150° C erhitzt. Hierbei werden 88 % des in dem Erz enthaltenden Cr_2O_3 in Chromat verwandelt.

Patentanspruch:

Verwendung von Gemischen von Alkalicarbonat und Alkalisulfat bei der bekannten Oxydationsschmelze chromhaltiger Erze in Gegenwart von Erdalkalicarbonaten oder Erdalkalioxyden.

E. P. 363423.

Nr. 481852. (V. 18250.) Kl. 12m, 8. Verein für chemische und metallurgische Produktion in Aussig a. E., Tschechoslowakische Republik.

Verfahren zur Darstellung von Kaliumchromaten.

Vom 1. April 1923. — Erteilt am 15. Aug. 1929. — Ausgegeben am 30. Aug. 1929. — **Erloschen: 1931.**

Nach den gebräuchlichen Verfahren werden Kaliumchromate aus Natriumchromat durch Umsetzung mit Kaliumchlorid hergestellt. Der direkte Weg der Herstellung von Kaliumchromaten durch Schmelzen von Chromeisenstein mit Kaliumcarbonat bzw. Ätzkali erfordert eine so hohe Temperatur, daß große Mengen des angewandten Kaliumsalzes verlorengehen und das Ofenmaterial einer sehr großen Abnutzung unterworfen ist. Man ist daher gezwungen, den umständlichen Weg zu wählen, zuerst durch Schmelzen des Chromeisensteines mit Soda Natriumchromat herzustellen, das dann mit Kaliumchlorid umgesetzt wird. Es wurde auch bereits vorgeschlagen, Chromeisenstein mit Calciumoxyd und Magnesiumcarbonat auf Weißglut zu erhitzen und das Reaktionsprodukt dann mit Pottasche weiterzubehandeln.

Es hat sich nun gezeigt, daß man gegenüber diesen zusammengesetzten Verfahren in einem einzigen Arbeitsgange auf technisch und wirtschaftlich befriedigende Weise direkt zu Kaliumchromaten gelangen kann, wenn man den Aufschluß des Chromeisensteines mit Kalium- und Magnesiumcarbonat enthaltenden

Gemischen oder Doppelverbindungen, zweckmäßig mit Kaliummagnesiumcarbonaten, z. B. $KHCO_3 \cdot MgCO_3 \cdot 4H_2O$, vornimmt.

Ausführungsbeispiel

100 Teile fein pulverisierter Chromeisenstein (mit einem Cr_2O_3-Gehalt von etwa 50%) werden innig mit der etwa 6,5 fachen Menge fein zerriebenem Kaliummagnesiumcarbonat gemengt und etwa 3 Stunden unter Luftzutritt auf 850° oder höher erhitzt. Das Reaktionsprodukt wird mit Wasser ausgelaugt und das in die Lösung übergegangene Chromat in der üblichen Weise gewonnen.

Patentanspruch:

Verfahren zur Darstellung von Kaliumchromaten, dadurch gekennzeichnet, daß Chromeisenstein mit Kalium- und Magnesiumcarbonat enthaltenden Gemischen oder Doppelverbindungen, zweckmäßig mit Kaliummagnesiumcarbonaten, z B. $KHCO_3 \cdot MgCO_3 \cdot 4H_2O$, erhitzt wird.

Nr. 469910. (F. 59649.) Kl. 12m, 8.

I. G. Farbenindustrie Akt.-Ges. in Frankfurt a. M.

Erfinder: Dr. Paul Weise in Wiesdorf.

Verfahren zum Aufschließen von Chromerz.

Vom 25. Aug. 1925. — Erteilt am 13. Dez. 1928. — Ausgegeben am 28. Dez. 1928. — Erloschen: 1932.

Nach einem bekannten Verfahren soll Chromerz unter Zusatz von Eisenoxyd und Alkalien bei höheren Temperaturen aufgeschlossen werden. Da aber hierbei nur ein unvollständiger Aufschluß des Erzes erzielt wird, ist dieses Verfahren in der Technik nicht zur Anwendung gekommen.

Es war ferner bekannt, daß beim Aufschließen von Chromerz als Magerungsmittel der Rückstand von einer vorhergehenden Aufschließung verwendet werden kann. Dieser Rückstand besteht aus Verbindungen von Eisenoxyd und Magnesia mit Tonerde und Kieselsäure. Ein Aluminium-Magnesia-Silikat verhält sich im Ofen als Magerungsmittel ganz anders als ein aus Eisenoxyd und Magnesia bestehendes Gemisch, welches gemäß vorliegender Erfindung benutzt wird. Mit dem Gemisch von Eisenoxyd und Magnesia erzielt man bedeutend höhere Aufschlüsse bei geringem Gehalt an Magerungsmittel. Aus der Zusammensetzung des hier verwendeten Magerungsmittels folgern eine Reihe von technischen und wirtschaftlichen Vorteilen, die die praktische Durchführung des neuen Verfahrens ermöglichen.

Nach dem neuen Verfahren kann jedes beliebige Chromerz verwendet werden, da freies Magnesiumoxyd in Verbindung mit Eisenoxyd besser magert als Eisenoxyd allein oder chemische Verbindungen aus Magnesia, Tonerde und Kieselsäure.

Weiterhin ist es durch geeignete Mittel möglich, ein Gemisch aus Eisenoxyd und Magnesia zurückzugewinnen, ohne Tonerde- oder Kieselsäureverbindungen. Wird nämlich die Schmelze sofort in heißem Wasser abgeschreckt, so geht die Kieselsäure und Tonerde in Lösung. Sollte ein Teil der Tonerde infolge zu hoher Ofentemperatur ungelöst bleiben, so kann sie leicht durch Zugabe von etwas Säure in Lösung gebracht werden. Das zurückgewonnene Magerungsmittel besteht wiederum aus Eisenoxyd und Magnesia.

Es wurde ferner gefunden, daß noch weitaus bessere Aufschlüsse erhalten werden, wenn man dem Eisenoxyd in solcher Menge Magnesia zusetzt, daß ihr Gewicht bis etwa ein Drittel von dem des Eisenoxyds beträgt. Da der Laugenrückstand, der aus unaufgeschlossenem Chromerz, Magnesia und Eisenoxyd besteht, immer wieder der neuen Mischung zugefügt werden kann, so tritt hierdurch eine erhebliche Verbilligung gegenüber anderen Verfahren ein.

Beispiel

Mehr oder weniger fein gemahlenes Chromerz wird mit Eisen- und Magnesiumoxyd in solcher Menge versetzt, daß der gewünschte Lockerungszustand erreicht wird, sodann nach Zusatz von Alkalien wie üblich erhitzt und die Schmelze mit heißem Wasser ausgelaugt. Der so erhaltene Rückstand ist frei von Tonerde und Kieselsäure und besteht aus Eisenoxyd, Magnesia und mehr oder weniger großen Mengen unaufgeschlossenem Chromerz. Ist bei zu kaltem Wasser Aluminiumhydroxyd in den Niederschlag gelangt, so kann dieses durch geringe Mengen Schwefelsäure ohne große Kosten leicht in Lösung gebracht werden. Der Laugenrückstand wird wieder in den Prozeß zurückgegeben.

Patentansprüche:

1. Verfahren zum Aufschließen von Chromerz, dadurch gekennzeichnet, daß der Mischung von gemahlenem Chromerz

und Aufschlußmittel, z. B. Alkalien, ein Gemisch aus Eisenoxyd und Magnesia zugesetzt wird.

2. Verfahren nach Anspruch 1, dadurch gekennzeichnet, daß das aus Eisenoxyd und Magnesia bestehende Gemisch durch Behandlung des Auslaugerückstandes mit geringen Mengen Schwefelsäure wieder zurückgewonnen und von neuem zum Aufschließen verwendet wird.

Nr. 518780. (Z. 16890.) Kl. 12m, 8.

ZAHN & CO., BAU CHEMISCHER FABRIKEN G. M. B. H. IN BERLIN UND LUDWIG WICKOP IN BERLIN-HALENSEE.

Aufschließen von Chrom- und ähnlichen Erzen.

Vom 10. Juli 1927. — Erteilt am 5. Febr. 1931. — Ausgegeben am 20. Febr. 1931. — Erloschen: 1934.

Es ist bekannt, beim Aufschließen von Chromeisenstein das Erz von vornherein mit einer zum Aufschluß ausreichenden Menge Soda und 14 bis 16 Teilen Kalk auf 10 Teile Erz zu versetzen. An Stelle des Kalks hat man mit Erfolg Dolomit verwandt, neuerdings auch in gebrannter Form.

Um Alkali zu sparen, hat man die Erze zunächst mit einer zum Aufschluß unzureichenden Menge Alkalikarbonat versetzt und dann die ausgelaugte Fritte mit weiteren Mengen Alkali unter Zusatz geeigneter Zuschläge, insbesondere Kalk, weiter behandelt. Hierbei wurde schon festgestellt, daß die Kalkmenge sich gegenüber der beim direkten vollständigen Aufschluß verwandten bedeutend herabsetzen ließ.

Nach vorliegender Erfindung wird bei dem Aufschluß mit unzureichenden Mengen Alkali zum Zwecke der Vereinfachung und Verbilligung des Verfahrens die Menge und Art der schmelzungsverhindernden Zusätze, mag man sie nun beim ersten oder zweiten Aufschluß oder bei beiden zusetzen, modifiziert.

Das geschieht einmal in der Weise, daß man gleich von vornherein gebrannten oder ungebrannten Kalk allein oder auch Magnesiumkarbonat oder Magnesiumoxyd allein, oder auch eine Mischung dieser Komponenten dem Gemisch von Chromerz und Alkali zufügt, wobei aber die zugefügte Menge Calciumoxyd nicht größer sein soll als der halben Gewichtsmenge des verwandten Chromerzes entspricht. Vom Magnesiumoxyd usw. sind die dem Calciumoxyd äquivalenten Mengen zu verwenden.

Es hat sich ergeben, daß die störende Bildung von Natriumferrit und Natriumaluminat unterbleibt, wenn man z. B. 2 bis 3 Teile gebrannten Kalk auf 1 Teil des im Erz vorhandenen Eisenoxyds verwendet.

Man kann auch diesen Zusatz auf die beiden Phasen des Verfahrens verteilen, indem man z. B. in der ersten Phase ein bis zwei Drittel und in der zweiten zwei bis ein Drittel der Zuschlagmenge verwendet.

Eine weitere Modifizierung des schmelzungsverhindernden Zusatzes bei Aufschluß von Chromerz mit unzureichenden Mengen Alkali besteht darin, daß, nachdem der erste Aufschluß ohne Zuschläge vorgenommen ist, bei dem zweiten Aufschluß als Zuschlag geringe Mengen von Magnesia allein oder im Gemisch mit Kalk. etwa in dem Verhältnis wie es im Dolomit vorliegt, Verwendung finden.

Das Verfahren soll besonders bei Aufschluß der Chromerze im Drehofen Verwendung finden. Dabei ist es erforderlich, das Schmelzen der Masse selbst zu einem zähen Fluß völlig oder doch fast völlig zu verhindern, was nur bei Verwendung von Zuschlägen gelingt.

Man hat bereits vorgeschlagen, aus Chromerz unter Verwendung geringerer Kalkmengen eine Schmelze herzustellen, welche Natrium- und Calciumchromat enthält, und das ausgelaugte Gemisch der beiden Chromate dann mit Ammonkarbonat zu zersetzen. Auch bei diesem Verfahren hat man, da man die teilweise Bildung von Calciumchromat in der Schmelze anstrebte, für die Überführung des gesamten Chroms in Natriumchromat unzureichende Mengen Soda verwandt. Aber die verwandte Kalkmenge war mit 90 Teilen gebrannten Kalks für 100 Teile Chromerz nahezu doppelt so groß als bei vorliegendem Verfahren.

Denn nach ihm sollen, entsprechend einem Gehalt der Chromerze an ungefähr 20 % Eisenoxyd, durchschnittlich 50 Teile gebrannten Kalks zugeschlagen werden; gerade mit dieser Menge erreicht man die gewünschte Bildung einer lockeren und deshalb leicht zu Ende aufschließbaren Fritte, so daß man bei der zweiten Behandlung mit Soda im Drehofen nicht bis zur Schmelzung zu erhitzen braucht, und noch keine Verluste an Chrom durch Bildung des bei dem üblichen Auslaugungsverfahren störenden Calciumchromats hat.

Beispiel 1

Beim Rösten eines Chromerzes oxydiert sich das FeO zu Fe_2O_3; hat also ein Erz 22,5 % FeO, so muß man nach dem Aufschluß in der Hitze mit 25 % Fe_2O_3 rechnen.

Es werden 100 Teile Chromerz mit 50 % Cr_2O_3 und 22,5 % FeO mit 35 Teilen Soda und 50 Teilen gebranntem Kalk der oxydierenden Röstung bei 700 bis 1100° C 3 bis 4 Stunden lang unterworfen. Hierbei entsteht eine Fritte, in der die Hälfte des angewandten Chromes in Form von wasserlöslichem Natriumchromat vorliegt, das in üblicher Weise herausgelaugt wird. Die Rückstände werden etwas getrocknet und unter Zugabe von weiteren 40 Teilen Soda nochmals 3 bis 4 Stunden lang bei 700 bis 1100° C der oxydierenden Flamme ausgesetzt. Durch den Aufschluß werden 95 % des ursprünglichen Chromoxydes in lösliches Chromat übergeführt.

Die 50 Teile gebrannter Kalk können ersetzt werden durch 36 Teile Magnesiumoxyd; 25 Teile gebrannten Magnesiumoxyds + 25 Teile gebrannten Kalks, oder 109 Teile Calciumcarbonat oder äquivalente Gemenge der vorstehenden Stoffe.

Beispiel 2

100 Teile Erz der oben angegebenen Zusammensetzung werden mit 40 Teilen Soda vermischt und 3 bis 4 Stunden lang bei 700 bis 1100° C geröstet. Hierdurch wird etwa die Hälfte des Chromoxyds in lösliches Chromat verwandelt. Den Auslaugerückstand des ersten Arbeitsganges versetzt man mit 35 Teilen Soda und 54 Teilen Magnesia oder den in Beispiel 1 angegebenen äquivalenten Stoffen bzw. Stoffmischungen.

Beispiel 3

Statt wie unter Beispiel 1 angegeben schon zu Anfang außer Soda 50 Teile Kalk zuzusetzen, verwendet man nur 20 bis 30 Teile Kalk, glüht, laugt das Chromat mit Wasser aus und vermischt den entstehenden Rückstand außer mit Soda mit den restlichen 20 bis 30 Teilen Kalk. An Stelle von Kalk können die in Beispiel 1 angegebenen äquivalenten Stoffe angewandt werden.

PATENTANSPRUCH:

Herstellung von erdalkalifreiem Alkalichromat durch alkalischen Aufschluß von Chromerzen in mehreren Stufen unter Verwendung von gebranntem oder ungebranntem Kalk oder Magnesiumoxyd als Zuschlägen, dadurch gekennzeichnet, daß die Menge der gegebenenfalls auf die einzelnen Stufen zu verteilenden Zuschläge auf die zwei- bis dreifache Gewichtsmenge des im Erze vorhandenen Eisens (d. h. weniger als die halbe Gewichtsmenge des Erzes) beschränkt bleibt.

Nr. 516992. (Z. 16179.) Kl 12m, 8.

ZAHN & CO., BAU CHEMISCHER FABRIKEN G. M. B. H. IN BERLIN UND LUDWIG WICKOP IN BERLIN-HALENSEE.

Verfahren zum Aufschließen von Chromerzen.

Vom 14. Juli 1926. — Erteilt am 15. Jan. 1931. — Ausgegeben am 29. Jan. 1931. — Erloschen: 1934.

Nach einem bekannten Verfahren wird Chromeisenstein zunächst mit einer zum Aufschluß unzureichenden Menge Alkalicarbonat dem Röstprozeß unterworfen und die entstandene Fritte ausgelaugt, worauf der Auslaugerückstand, der noch viel unaufgeschlossenes Chromerz enthält, von neuem mit Alkalicarbonat versetzt und zwecks Aufschließung der restlichen Erzmengen geröstet wird.

Man erzielt nach diesem Verfahren trotz eines bedeutenden Überschusses an Soda nur 80 bis 85 % Umwandlung des im Erz enthaltenen Chromoxyds in Chromat. Bei dem Röstprozeß wirkt das im Rückstand enthaltene Eisenoxyd als saurer Bestandteil, der große Sodamengen zum Natriumferrit bindet; das Alkali des Natriumferrits wird aber nur teilweise für die Chromatbildung nutzbar. Bei Temperaturen oberhalb 1050° verdampft das Natriumoxyd aus dem Natriumferrit und geht für den Chromerzaufschluß verloren. Deshalb werden auch nach einem bekannten Verfahren, bei dem Eisenoxyd in großer Menge als Auflockerungsmittel Verwendung findet, bei Zugabe der theoretisch notwendigen Menge Soda höchstens 30 % des Chromerzes zu Chromat umgesetzt. Infolge der großen Verluste an Erz und Soda sind die Verfahren der beiden Patente verlassen worden.

Es hat sich nun in überraschender Weise gezeigt, daß der ungünstige Einfluß des Eisenoxyds in Rückständen, wie sie im Verlauf des bekannten Arbeitsverfahrens erhalten werden, durch Zusatz verhältnismäßig geringer Mengen von Erdalkalien ausgeschaltet werden kann. Verwendet man z. B. auf einen Teil

Eisenoxyd im Rückstand 2 bis 3 Teile gebrannten Kalk oder die äquivalente Menge Erdalkalicarbonat, so setzen diese Bestandteile während des Röstprozesses offenbar stets genügende Mengen Soda zu Natriumoxyd um, so daß die Chromatbildung bei den allgemein angewandten Temperaturen gut vor sich geht. Eine Natriumferritbildung tritt nicht ein.

Berücksichtigt man, daß für den im allgemeinen üblichen Aufschluß von Chromeisenstein mit Soda und Kalk gleich von vornherein auf 10 Teile Erz etwa 14 bis 16 Teile Kalk bzw. 22 bis 23 Teile Kalkstein als Zuschlag verbraucht werden, so ergibt sich, daß bei dem hier beschriebenen Verfahren die Mengen an zu verwendenden Erdalkalien um 75 bis 80% herabgesetzt sind, was eine beträchtliche Ersparnis in Beschaffungs- und Mahlkosten bedeutet.

Es ist bekannt, daß Mischungen aus natürlichem Chromerz, Soda und gebranntem Kalk in dem zuerst angegebenen Mischungsverhältnis sich im Drehofen nicht verarbeiten lassen, da sie zu den sehr gefürchteten Kranzbildungen führen. Das gleiche gilt von Mischungen aus Chromerz, Soda und Kalkstein, weil sie im Drehofen ebenfalls schmieren.

Überraschenderweise können die aus dem durch Aufschluß von Chromerz mit ungenügender Sodamenge erhaltenen Rückstände, die man mit der zum Aufschluß nötigen Soda und geringeren Mengen Kalk vermischt, ohne Schwierigkeiten dem Röstprozeß im Drehofen unterworfen werden. Das gleiche gilt, wenn hierbei an Stelle von Kalk Kalkstein benutzt wird. Die nach diesem Mischungsverhältnis gewonnenen Fritten bleiben während des ganzen Röstprozesses locker und pulverig.

Beispiel

100 Teile Chromerz mit 50% Cr_2O_3 werden nach Zusatz von 35 bis 45 Teilen Soda dem Röstprozeß unterworfen. Der Auslaugerückstand enthält rund 60% unaufgeschlossenes Chromerz und 15 bis 20% Fe_2O_3. Zu 70 Teilen dieses Rückstandes werden 25 bis 40 Teile gebrannter Kalk oder die äquivalente Menge Kalkstein zugegeben und zusammen mit der notwendigen Sodamenge der oxydierenden Flamme im Ofen ausgesetzt. Man erhält eine Ausbeute von 95 bis 97% des aufzuschließenden Chromerzes.

PATENTANSPRÜCHE:

1. Verfahren zum Aufschließen von Chromerzen durch Erhitzen mit einer zum Aufschluß unzureichenden Menge Alkalicarbonat und Auslaugung der Fritten, dadurch gekennzeichnet, daß das ausgelaugte, noch große Mengen unaufgeschlossenes Erz enthaltende Reaktionsgemisch mit etwa 2 bis 3 Teilen gebranntem Kalk oder einer äquivalenten Menge von Kalkstein auf einen Teil Eisenoxyd vermischt und zusammen mit der notwendigen Menge Alkalicarbonat dem Röstprozeß unterworfen wird.

2. Ausbildung des Verfahrens nach Anspruch 1, dadurch gekennzeichnet, daß man das Gemisch aus Soda, geringen Mengen Kalk und Rückständen, die durch Aufschluß von Chromerz mit ungenügender Sodamenge erhalten werden, im Drehofen röstet.

E. P. 270143.

Nr. 528146. (I. 30047.) Kl. 12m, 8.

I. G. FARBENINDUSTRIE AKT.-GES. IN FRANKFURT A. M.

Erfinder: Dr. Paul Weise in Wiesdorf und Dipl.-Ing. Hans Tiedge in Leverkusen.

Darstellung von Chromverbindungen.

Vom 16. Jan. 1927. — Erteilt am 11. Juni 1931. — Ausgegeben am 25. Juni 1931. — Erloschen: 1934.

Beim Aufschluß von Chromerzen verwendet man im allgemeinen artfremde Magerungsmittel oder Chromerzrückstände als Zuschläge. Es ist auch bekannt, grobkörniges Erz als Magerungsmittel zu verwenden. Der bei diesem Verfahren anfallende Rückstand beim Auslaugen wird dann zweckmäßig vor der Verwendung als Zusatz beim Aufschluß neuer Mengen fein gemahlenen Chromerzes mit verdünnten, zweckmäßig erwärmten Säuren, insbesondere Schwefelsäure, behandelt.

Man hat auch das Erz ohne Zusatz von Magerungsmitteln in einer ersten Stufe unvollständig und dann in einer zweiten Stufe ebenfalls ohne Zusatz vollständig aufgeschlossen. Angesichts der besonderen Schwierigkeiten des Chromerzaufschlusses hat es sich bewährt, das Erz zunächst in mehreren Stufen ohne Zusatz artfremder Magerungsmittel unvollständig und dann folgend unter Zusatz von Magerungsmitteln vollständig aufzuschließen.

In Ausführung des Verfahrens wird zunächst das Chromerz unter Zusatz von Alkalien und grobem Erz im mechanischen Ofen behandelt, die Schmelze mit Wasser ausgelaugt und filtriert. Der Rückstand wird nun getrocknet und kann — je nach der Erzsorte — nochmals ein- oder mehreremal wie vorher behandelt werden. Wie oft das Erz diesem Prozeß unterworfen werden kann, richtet sich nach der Menge der vorhandenen Verunreinigungen, die einen Höchstwert von zweckmäßig 70% nicht übersteigen sollen, da sonst die Ausbeuten an Chromat sich verschlechtern. Das zuletzt anfallende Produkt enthält außer Chromerz noch besonders Eisenoxyd, Magnesia und Tonerde. Es wird mit einem bekannten Magerungsmittel, Kalk, Dolomit, Magnesia usw. vermischt und in üblicher Weise im Drehofen weiterverarbeitet. Bei diesem letzten, restlosen Aufschluß kann die Menge des Magerungsmittels bedeutend niedriger gehalten werden als ohne vorherigen Aufschluß, da die Verunreinigungen des Rückstandes, wie an sich bekannt, zum größten Teil ebenfalls magernd wirken. Das restierende Erz läßt sich nach der vorhergehenden Behandlung sehr viel leichter und schneller aufschließen als frisches Erz. Der letzte Aufschluß kann sowohl in einem besonderen mechanischen Ofen erfolgen oder in ein und demselben durchgeführt werden. Bei ersterer Anordnung ist das Verfahren kontinuierlich.

Beispiel

Feines Chromerz wird mit grobem Erz und Soda vermischt und im Drehofen erhitzt, die anfallende Schmelze mit Wasser ausgelaugt und filtriert. Der Rückstand besteht beispielsweise aus 70% unaufgeschlossenem Erz, 10% Fe_2O_3, 8% MgO, 7% Al_2O_3, und 3% SiO_2. Nach einer zweiten und dritten Behandlung in derselben Art restiert ein Gemisch aus 40% unaufgeschlossenem Erz, 19% Fe_2O_3, 17% MgO, 16% Al_2O_3 und 6% SiO_2. Dieses wird mit Dolomit und Soda vermischt und in einem zweiten Drehofen restlos aufgeschlossen. Während aber beispielsweise ohne die Verunreinigungen zu 10 Gewichtsteilen Erz, 17,5 Gewichtsteilen Dolomit zugesetzt werden müssen, genügen 9,5 Gewichtsteile Dolomit auf 10 Gewichtsteile Erz. Der nach dieser letzten Behandlung verbleibende Rückstand enthält keine oder nur sehr geringe Mengen unaufgeschlossenen Chromerzes.

Patentansprüche:

1. Verfahren zur Darstellung von Chromverbindungen, dadurch gekennzeichnet, daß Chromerz mittels Alkalien unter Zusatz von grobem Chromerz in einer Reihe von Operationen so weit aufgeschlossen wird, bis die Verunreinigungen einen Höchstwert von zweckmäßig 70% erreicht haben und dann der Rückstand nach Zusatz eines bekannten Magerungsmittels restlos aufgeschlossen wird.

2. Verfahren nach Anspruch 1, dadurch gekennzeichnet, daß dem Rückstand ein bekanntes Magerungsmittel in der Menge zugesetzt wird, daß dieses mit den Verunreinigungen zusammen eine genügende Magerung ergibt.

Nr. 544086. (I. 34998.) Kl. 12m, 8.

I. G. Farbenindustrie Akt.-Ges. in Frankfurt a. M.

Erfinder: Dr. Ernst Hackhofer in Krefeld und Dr. Bernhard Wurzschmitt in Mannheim.

Aufschließen von Chromerz.

Vom 15. Juli 1928. — Erteilt am 28. Jan. 1932. — Ausgegeben am 13. Febr. 1932. — **Erloschen: 1932.**

Es ist bekannt, Chromerz mit Alkalicarbonaten und Magerungsmitteln, wie Kalk, Dolomit, Erzrückstände, Eisenoxyd usw., bei Temperaturen von 900 bis 1200° zur Gewinnung von Alkalichromaten zu oxydieren. Der Zusatz von Magerungsmitteln erfolgt zu dem Zweck, die Aufschlußmasse porös zu halten und ein Zusammenschmelzen zu verhindern. Ferner ist bekannt, Chromerz mit Alkalicarbonaten ohne Zusatz von Magerungsmitteln aufzuschließen; doch findet bei diesen Verfahren nur unvollständige Oxydation statt, so daß nach dem Auslaugen des gebildeten Chromats der erhebliche Erzrest neuerdings aufgeschlossen werden muß. Es wurde nun gefunden, daß man Chromerz in einem Arbeitsgang, auch ohne Zusatz von Magerungsmitteln, vollständig zu Chromat oxydieren kann, wenn man den Erhitzungsprozeß so leitet, daß die Oxydation des Chromerzes erst dann in stärkerem Maße einsetzt, wenn die Calcination, d. h. die Austreibung des Kohlendioxyds aus dem Alkalicarbonat, so weit vorgeschritten ist, daß ein Schmelzen bzw. stärkeres Sintern der Mischung durch Bildung niedrig schmelzender Gemische aus Soda bzw. Pottasche und gebildetem Chromat, welche das nicht aufgeschlossene Erz einhüllen und die weitere Oxydation erschweren oder verhindern, ausgeschlossen ist.

Man kann den Prozeß so ausführen, daß die Phasen der Calcination und der Oxydation getrennt verlaufen, d. h. daß die Calcination beendet oder nahezu beendet ist, bevor die Oxydation eintritt, wobei man vorzugsweise die Gasführung des Ofens so einstellt, daß während des Calcinationsvorganges ein geringer Sauerstoffgehalt in den Feuerungsgasen vorherrscht. Doch ist es bei richtiger Wahl der Temperatur und der Gasführung des Ofens möglich, die beiden Stufen des Erhitzungsprozesses so zu überlagern, daß die Oxydation während des Fortschreitens der Calcination langsam einsetzt. Die Oxydation kann während der Calcination so weit gehen, daß das gesamte im Chromerz vorhandene Eisenoxydul zu Eisenoxyd oxydiert wird und selbst ein Teil des Chromoxyds bereits Sauerstoff aufnimmt, wenn die Menge des gebildeten Chromats nur geringer bleibt, als zur Bildung leicht schmelzender Gemische mit Alkalicarbonat erforderlich ist. Wenn man in der Weise arbeitet, daß die Austreibung des Kohlendioxyds aus dem Erz-Alkalicarbonatgemisch (Calcination) bei möglichst niedriger Temperatur, gegebenenfalls bei geringerem Sauerstoffgehalt der Ofengase erfolgt, ist die Aufschlußmasse von solcher Beschaffenheit, daß ein nunmehr anschließendes, in der Hauptsache Oxydation bewirkendes Erhitzen auf höhere Temperaturen und gegebenenfalls bei höherem Sauerstoffgehalt der Gase einen vollständigen Aufschluß des Erzes ergibt, ohne daß schädliche Sinterungen eintreten.

Beispiel

Eine Mischung von 40prozentigem Chromerz und Soda im Gewichtsverhältnis 1,2 : 1 wird, zweckmäßig, wie an sich bekannt, in einem Drehringherdofen, der durch geeignete Einbauten in getrennt heizbare Abschnitte aufgeteilt ist, erst 25 Minuten lang in sauerstoffarmer Atmosphäre auf 800 bis 900°, dann weitere 45 Minuten in möglichst sauerstoffreicher Atmosphäre auf 900 bis 1 100° erhitzt. Die Mischung sintert nicht und man erreicht einen Aufschlußgrad von 98 %.

Wird die oben angegebene Mischung in von Anfang an oxydierender Atmosphäre, im übrigen aber in gleicher Weise behandelt, so werden in gleicher Zeit nur 75 bis 80 % des eingesetzten Chromoxyds aufgeschlossen. Auch eine Verlängerung der Erhitzungszeit ändert an diesem Ergebnis nichts.

Patentansprüche:

1. Verfahren zum oxydierenden Aufschließen von Chromerz mittels Alkalicarbonat in einem Arbeitsgange, dadurch gekennzeichnet, daß die Bedingungen im ersten Stadium des Erhitzens, in dem die Kohlensäure des Carbonats ausgetrieben wird (Calcination), durch Beschränkung des Sauerstoffgehaltes der Feuergase so gewählt werden, daß eine Oxydation nicht oder nur so weit stattfindet, daß ein den Fortgang des Prozesses hinderndes Zusammenschmelzen bzw. -sintern des Gutes nicht eintritt.

2. Verfahren nach Anspruch 1, dadurch gekennzeichnet, daß in zwei Stufen gearbeitet wird, wobei in der ersten die Austreibung der Kohlensäure aus dem Carbonat erfolgt, gegebenenfalls bei möglichst niederer Temperatur und geringem Sauerstoffgehalt der Ofengase, und, wenn diese beendet oder nahezu beendet ist, in zweiter Stufe Oxydation, gegebenenfalls bei höherer Temperatur und höherem Sauerstoffgehalt der Ofengase, stattfindet.

3. Verfahren nach Anspruch 1 oder 1 und 2, dadurch gekennzeichnet, daß Magerungsmittel nicht zugesetzt werden.

Nr. 505318. (I. 28482.) Kl. 12m, 8.

I. G. Farbenindustrie Akt.-Ges. in Frankfurt a. M.

Erfinder: Dr. Heinrich Specketer und Dr. Georg Henschel in Frankfurt a. M.-Griesheim.

Verfahren zur Herstellung von Chromat unter gleichzeitiger Gewinnung von Tonerde.

Vom 2. Juli 1926. — Erteilt am 31. Juli 1930. — Ausgegeben am 16. Aug. 1930. — Erloschen: . . . .

Bisher wurde Natriumchromat in der Regel in der Weise hergestellt, daß man ein Gemisch von Chromerz mit Soda unter Zusatz von Kalk, Dolomit, Magnesit, Chromerzrückständen o. dgl. als Auflockerungsmittel längere Zeit in oxydierender Atmosphäre auf 1 000 bis 1 200° erhitzte. Dabei diente das Auflockerungsmittel rein physikalisch dem Zweck, das entstehende Natriumchromat, welches schon wesentlich unterhalb der angewandten Reaktionstemperatur schmilzt, aufzunehmen und auf diese Weise zu bewirken, daß die Beschickung des Ofens ständig pulverig verbleibt; unter diesen Umständen kann das noch unverbrauchte Chromerz sich nicht mit einer geschmolzenen Schicht von Chromat überziehen und damit der weiteren Einwirkung von Sauerstoff entzogen werden. Nach Beendigung des Chromerzaufschlusses wurde das Ofengut ausgelaugt und die Lösung auf Chromat oder Bichromat als Handelsprodukt weiter verarbeitet, während das angewandte Auflockerungsmittel, vermehrt um die Rückstände aus dem Chromerz, teils auf die Halde gebracht, teils zu einem neuen Ansatz wieder verwendet wurde.

Vorliegende Erfindung betrifft nun ein Verfahren, als Auflockerungsmittel an Stelle von Stoffen, die nach ihrem Gebrauch keinerlei Wert mehr haben, vielmehr nur Unkosten zu ihrer Beseitigung verursachen, einen Stoff zu wählen, der gleichzeitig mit dem Chromerz sich auf ein wertvolles Enderzeugnis verarbeiten läßt. Gemäß Erfindung wird hierfür Bauxit (oder ähnliche tonerdereiche Stoffe, die im folgenden unter dem Namen Bauxit mit einbegriffen sind) verwendet, und zwar in der Weise, daß ein dem Bauxit entsprechender weiterer Zusatz von Soda dem Reaktionsgemisch beigefügt wird, wodurch in einem Arbeitsgang gleichzeitig das Chromerz und der Bauxit aufgeschlossen werden. Dieses Verfahren wird dank dem Umstand durchführbar, daß das Einwirkungsprodukt von Soda auf Tonerde, das Natriumaluminat, sich während des ganzen Aufschlußvorganges bei der Arbeitstemperatur von etwa 900 bis 1 000° in der gleichen Weise als Auflockerungsmittel verhält wie der Ausgangsstoff Bauxit. Dieses Verhalten des Aluminats war von vornherein nicht zu erwarten; durch den Umstand aber, daß Natriumaluminat auf den Schmelzpunkt des Chromats keinerlei Einwirkung ausübt, etwa durch Bildung niedriger schmelzender Eutektika, wird der Prozeß durchführbar.

Nach beendigter Umsetzung, die verhältnismäßig sehr rasch verläuft und daher auch in fortlaufendem Betrieb in Drehrohr- oder Telleröfen durchgeführt werden kann, wird das Ofengut mit Wasser oder Waschlaugen ausgelaugt. Hierbei zeigt sich der erste Vorteil des Verfahrens gegenüber der bisherigen Anwendung indifferenter Auflockerungsmittel, darin bestehend, daß zusammen mit dem Chromat auch das Aluminat in Lösung geht, so daß als Rückstand nur die unlöslichen Anteile aus dem Chromerz und dem Bauxit zurückbleiben, deren Mengen zusammen nur einen Bruchteil der bisherigen Rückstandsmenge ausmachen.

Bezüglich des Verhältnisses zwischen Chromerz und Bauxit im Aufschlußgemenge herrscht eine breite Basis für willkürliche Veränderung, die zuweilen erwünscht sein kann. Die untere Grenze ist natürlich an die Erzielung des Auflockerungseffektes gebunden. Diese Grenze liegt für normale Chromerze mit z. B. 49,5 % Cr_2O_3 bei einem Zusatz von rund 120 Teilen eines vorgetrockneten Bauxits mit etwa 60 % Al_2O_3 auf 100 Teile Chromerz. Eine obere Grenze liegt praktisch bei dem Verhältnis von etwa 190 Teilen des genannten Bauxits auf 100 Teile des genannten Erzes. Diese Grenze kann aber noch weiter hinausgeschoben werden, wenn etwa wegen Absatzfragen die Chromatproduktion zugunsten der Tonerdeproduktion vermindert werden soll.

Zwischen den genannten Grenzen kann man nun, und hier liegt der zweite Vorteil des Verfahrens, beobachten, daß die Ausbeute an Tonerde, bezogen auf den Tonerdegehalt des Bauxits, meistens über 100 % beträgt, wenn man die häufig vorkommenden Chromerze mit Tonerdegehalten zwischen 10 und 20 % verwendet und wenn man andererseits Erze verbraucht, die im SiO_2-Gehalt sich in mäßigen Grenzen halten. Bei dem normalen Bauxitaufschluß mit Soda rechnet man in der Regel mit einer Höchstausbeute von 90 % Tonerde. Dieser Vorteil der mehr als 100prozentigen Tonerdeausbeute ist darauf zurückzuführen, daß die Kieselsäure der Rohstoffe nicht mehr Al_2O_3 als im Verhältnis von 1 Mol. Al_2O_3 auf 2 Mol. SiO_2 zu binden vermag, welcher Verlust aber durch den unbewerteten Al_2O_3-Gehalt des Chromerzes mehr als gedeckt wird. Es handelt sich also bei dem vorliegenden Verfahren nicht nur um den einfachen Austausch irgendeines indifferenten Auflockerungsmittels gegen ein anderes oder um die Verquickung zweier Aufschlußverfahren, die miteinander nichts zu tun haben, sondern um die bestimmte Ausnutzung der Vorteile, die das Chromatverfahren durch den gleichzeitigen Bauxitaufschluß erfährt. Diese Vorteile bestehen:

1. in der Benutzung eines Auflockerungsmittels, das bei der Auslaugung zum größten Teil verschwindet,

2. in der Gewinnung eines wertvollen Produktes (Tonerde) statt eines Abfalls,

3. in einer Mehrausbeute an Tonerde gegenüber dem gewöhnlichen Bauxitaufschluß.

Dem nachfolgenden Beispiel sei als allgemeine Bemerkung vorausgeschickt, daß bei der Berechnung der erforderlichen Sodamenge stets zu berücksichtigen ist, welche Mengen Soda außer für die Chromat- und Aluminatbildung für die Nebenreaktionen verbraucht werden, ohne deren Berücksichtigung die Ausbeuten nicht das Maximum erreichen können. Bei manchen Chromerzen wird man auch außer Bauxit noch etwas Kalk zusetzen können, welcher in Bindung an Kieselsäure und Tonerde in den Rückstand übergeht.

Beispiel 1

1 000 Teile Chromerz der Zusammensetzung: 49,4 % Cr_2O_3, 13,04 % Al_2O_3

6,7 % SiO_2, 16,88 % FeO, 13,33 % MgO (bei 100° getrocknet), ferner 1 200 Teile Bauxit der Zusammensetzung: 57,45 % Al_2O_3, 22,85 % Fe_2O_3, 2 % SiO_2, 2,7 % TiO_2, 2 % Mn_2O_3, 13,4 % H_2O (bei 105° getrocknet) und endlich 2 200 Teile Soda (98,5 % Na_2CO_3) werden gemischt und in einen entsprechenden Ofen, z. B. einem Tellerofen mit rotierendem Herd, eingetragen, der mit einer geeigneten Gasheizung unter Einhaltung stark oxydierender Atmosphäre auf Temperaturen zwischen 900 bis 1 000° gehalten wird. Nach einer Zeit von etwa vier Stunden ist die Umsetzung beendigt, und der Ofeninhalt wird der Laugerei zugeführt.

Beispiel 2

Beispiel für die gesteigerte Darstellung von Tonerde im Verhältnis zum Chromat

1 000 Teile des genannten Chromerzes, 3 060 Teile des genannten Bauxits und 4 210 Teile Soda werden gemischt und, wie im vorstehenden Beispiel ausgeführt, verarbeitet. Während im Dauerbetrieb bei der Arbeitsweise nach Beispiel 1 auf 100 Teile Bichromat 60 bis 65 Teile Tonerde gewonnen werden, entfallen im Falle des Beispiels 2 auf 100 Teile Natriumbichromat 150 bis 160 Teile verkaufsfertiger Tornerde.

PATENTANSPRUCH:

Verfahren zur Herstellung von Natriumchromat unter gleichzeitiger Gewinnung von Tonerde, dadurch gekennzeichnet, daß eine Mischung von Chromerz und Bauxit mit den der Chromat-, Aluminat- und Ferratbildung entsprechenden Mengen Soda in oxydierender Atmosphäre einer Erhitzung auf Temperaturen, bei denen Chromerz und Bauxit aufgeschlossen werden, unterworfen wird, worauf der lösliche Teil des Umsetzungsproduktes auf Tonerde, Soda und Chromat bzw. Bichromat verarbeitet wird.

F. P. 273666.

Nr. 513942. (J. 10. 30.) Kl. 12m, 8.

I. G. FARBENINDUSTRIE AKT.-GES. IN FRANKFURT A. M.

Erfinder: Dr. F. Wissing in Frankfurt a. M.-Griesheim.

Verfahren zur Herstellung von Chromat unter gleichzeitiger Gewinnung von Tonerde.

Zusatz zum Patent 505318.

Vom 5. Febr. 1930. — Erteilt am 27. Nov. 1930. — Ausgegeben am 5. Dez. 1930. — Erloschen: . . . .

Gegenstand des Patents 505 318 ist ein Verfahren zur Herstellung von Natriumchromat unter gleichzeitiger Gewinnung von Tonerde, welches darin besteht, daß eine Mischung von Chromerz und Bauxit mit den der Chromat-, Aluminat- und Ferratbildung entsprechenden Mengen Soda in oxydierender Atmosphäre einer Erhitzung auf Temperaturen, bei denen Chromerz und Bauxit aufgeschlossen werden, unterworfen wird, worauf der lösliche Teil des Umsetzungsproduktes auf Tonerde, Soda und Chromat bzw. Bichromat verarbeitet wird.

Es wurde nun gefunden, daß die Aufarbeitung des Umsetzungsproduktes vorteilhaft derart vorgenommen wird, daß das Auslaugen des Reaktionsproduktes im Autoklaven geschieht und die Lösung einschließlich des unlöslichen Rückstandes auf Temperaturen über ihren Siedepunkt erhitzt wird, wobei der gewünschte Grad der Entkieselung erreicht wird. Diesem Verfahren liegt die überraschende Beobachtung zugrunde, daß die Abscheidung der Kieselsäure in Gegenwart des unlöslichen Schmelzrückstandes (Rotschlamm) bedeutend günstiger verläuft als ohne Gegenwart dieses Rotschlamms. Wohl tritt auch in Abwesenheit des Rotschlamms beim Erhitzen unter Druck eine Abnahme des Kieselsäuregehaltes der Chromat-Aluminat-Laugen ein, aber die Abscheidung der Kieselsäure geht bei ein und derselben Temperatur in Gegenwart des Rotschlamms weit vollständiger vor sich. Es wurden aus der gleichen SiO_2-haltigen Chromat-Aluminat-Lauge, von welcher der eine Teil in Abwesenheit, der andere Teil in Anwesenheit von Aufschlußrückstand auf 150° erhitzt worden war, Endlaugen erhalten, welche im ersten Fall auf 100 Teile Al_2O_3 noch 0,44 Teile SiO_2, im zweiten Fall aber nur 0,12 Teile SiO_2 enthielten. In gleicher Weise wurde bei 230° C ein SiO_2-Gehalt von 0,16 Teilen auf 100 Teile Al_2O_3 ohne Zusatz von Rückstand erreicht, dagegen ein SiO_2-Gehalt von 0,02 Teilen auf 100 Teile Al_2O_3, wenn unter sonst gleichen Umständen in Anwesenheit von Rückstand erhitzt wurde. Der Kieselsäuregehalt der Lauge wird in dem Maße verringert, in welchem man die Temperatur erhöht.

Das hier beschriebene Verfahren bietet demnach den Vorteil, daß durch die Wahl der Behandlungstemperatur die Gewinnung einer

Aluminatlauge von beliebig niedrigem SiO_2-Gehalt ermöglicht wird.

Das Verfahren bietet ferner den technischen Vorteil, daß das Auslaugen der Schmelzen und das Entkieseln der anfallenden Lauge in einem Arbeitsgang vereinigt werden kann, so daß nur eine Filtration erforderlich ist, während bisher neben der Filtration von Rotschlamm eine weitere Filtration von kieselsäurehaltigem Rückstand nötig war.

Selbstverständlich kann man auch derart verfahren, daß man das Umsetzungsprodukt, wie üblich, auslaugt und dann im Autoklaven in Gegenwart des unlöslichen Anteils erhitzt.

Beispiel

25 g der beim Aufschließen eines Gemisches von Chromerz und Bauxit mit Soda erhaltenen Masse werden mit 62 l Wasser im Rührautoklaven 1 Stunde lang auf 230° C erhitzt. Die hierauf vom Rotschlamm getrennte Reaktionslauge enthält im Liter 116,9 g Na_2CrO_4, 89,6 g Al_2O_3 als Aluminat und 0,0071 g SiO_2. Hiernach kommen in der Lauge auf 100 Teile Al_2O_3 0,0078 Teile SiO_2.

PATENTANSPRUCH:

Weitere Ausbildung des Verfahrens nach Patent 505 318, dadurch gekennzeichnet, daß man die Laugen des Umsetzungsproduktes in Gegenwart des unlöslichen Anteils aus der Laugerei im Autoklaven auf Temperaturen über ihren Siedepunkt erhitzt und durch Filtration die von der Kieselsäure befreite Chromat-Aluminat-Lösung vom unlöslichen Rückstand trennt.

Nr. 525157. (I. 39225.) Kl. 12m, 8.

I. G. FARBENINDUSTRIE AKT.-GES. IN FRANKFURT A. M.

Erfinder: Dr. Heinrich Speceketer und Dr. Georg Henschel in Frankfurt a. M.-Griesheim.

Verfahren zur Herstellung von Chromat unter gleichzeitiger Gewinnung von Tonerde.

Zusatz zum Patent 505318.

Vom 12. Juni 1927. — Erteilt am 30. April 1931. — Ausgegeben am 21. Mai 1931. — Erloschen: . . . .

Gegenstand des Patents 505 318 ist ein Verfahren zur Herstellung von Natriumchromat unter gleichzeitiger Gewinnung von Tonerde, welches darin besteht, daß eine Mischung von Chromerz und Bauxit mit den der Chromat-, Aluminat- und Ferratbildung entsprechenden Mengen Soda in oxydierender Atmosphäre einer Erhitzung auf Temperaturen, bei denen Chromerz und Bauxit aufgeschlossen werden, unterworfen wird, worauf der lösliche Teil des Umsetzungsproduktes auf Tonerde, Soda und Chromat bzw. Bichromat verarbeitet wird.

Es wurde nun gefunden, daß man bei der Auslaugung des Umsetzungsproduktes, welche zu einer Lösung führt, die Natriumchromat, Natriumaluminat, daneben kleinere Mengen Natriumsilikat und Ätznatron sowie gegebenenfalls Reste von evtl. angewandtem überschüssigem Natriumkarbonat enthält, zweckmäßig auf die Erzeugung von Laugen ausgeht, deren Dichte (heiß gemessen) etwa in dem Gebiet um 30° Bé sich bewegt. Dann wird zunächst so vorgegangen, daß man die Lösung eine Zeitlang auf einer Temperatur von mindestens 100° hält; hierbei kann man aber auch bei Erhitzung der Lösung in geschlossenen Gefäßen wesentlich über den Siedepunkt der Lösung gehen. Während dieser Zeit erfolgt eine Umsetzung des Natriumsilikats mit einer gewissen Menge Tonerde, welche zur nahezu quantitativen Ausscheidung der Kieselsäure als Natriumaluminiumsilikat führt. Nach Abtrennung dieser Ausscheidung kann man die Tonerde ausrühren und die Ausfällung derselben durch Behandlung mit Kohlensäure beendigen; schneller und einfacher kann man aber auch die Lauge von vornherein mit Kohlensäure (Rauchgasen) behandeln. Die Tonerde wird abfiltriert und ausgewaschen; sie ist in höherem Grade eisenfrei, als beispielsweise für die Aluminiumherstellung verlangt wird, und enthält auch Kieselsäure nur noch in Mengen unterhalb der zulässigen Grenzen. Hierauf wird die Lösung von Soda und Chromat eingedampft, wobei die Soda zum größten Teil ausfällt; diese kann, ohne einer anderen Nachbehandlung als gegebenenfalls einer Trocknung zu bedürfen, sofort zum nächsten Aufschluß wieder verwendet werden. Die schwach sodahaltige Chromatlauge kann man durch Kristallisierenlassen auf Chromat verarbeiten oder noch zweckmäßiger sie sofort in der bisherigen Weise durch Einführung in die entsprechende Säuremenge in Bichromat überführen, wobei das bei Verwendung von Schwefelsäure anfallende Sulfat in an sich bekannter Weise ausgesoggt und weiteren Verwendungszwecken zugefünrt werden kann.

Beispiel

Aus einer nach dem Hauptpatent 505 318 hergestellten Schmelze wird durch Auslaugen mit Wasser bzw. dünnen Waschlaugen und Abtrennen des Rotschlammes eine Lauge von beispielsweise folgender Zusammensetzung gewonnen:

120g/l Natriummonochromat gerechnet als Bichromat,

85g/l Al_2O_3,

160g/l Na_2O (vorhanden als $NaOH$ und Na_2CO_3),

1,0g/l SiO_2.

Diese Lauge wird im Autoklaven durch direkten Dampf etwa 1 Stunde lang auf etwa 130° C erhitzt. Dabei scheidet sich der größte Teil der Kieselsäure als Natriumaluminiumsilikat aus, welches durch Filtration abgetrennt wird.

Die zurückbleibende SiO_2-arme Chromattonerdelauge hat folgende Zusammensetzung:

110g/l Natriummonochromat gerechnet als Bichromat,

77 g/l Al_2O_3,

146 g/l Na_2O (vorhanden als $NaOH$ und Na_2CO_3),

0,08 g/l SiO_2.

Während in der Ausgangslösung also auf 100 g Al_2O_3 1,18 g SiO_2 enthalten waren, ging nach der erwähnten Behandlung dieser Gehalt auf 0,14 g SiO_2 zurück. Die anfallende Lauge wird zur Ausfällung der Tonerde mit kohlensäurehaltigen Gasen behandelt, das Tonerdehydrat abfiltriert, chromatfrei gewaschen und in der üblichen Weise weiterverarbeitet.

Die tonerdefreie Lauge, die nur noch Monochromat und Soda enthält, wird eingedampft. Hierbei scheiden sich bis zu einer Chromatkonzentration von entsprechend 500 g Monochromat, gerechnet als Bichromat/l, etwa 85% der Soda aus, die nach dem Abfiltrieren, Auswaschen und Trocknen zum Aufschlußprozeß zurückgeführt werden.

Aus der sodaarmen Monochromatlauge von etwa 500 g Monochromat, gerechnet als Bichromat/l, und etwa 500 g Soda/l werden dann nach bekannten Verfahren Mono- bzw. Bichromat gewonnen.

Verluste an Chromat entstehen bei dem Verfahren nicht; die Verluste an Tonerde beschränken sich auf die Menge, welche durch die erwähnte Bildung des Natriumaluminiumsilikates bei der Abscheidung der Kieselsäure zwangsläufig bedingt ist.

Patentansprüche:

1. Weitere Ausbildung des Verfahrens nach Patent 505 318, dadurch gekennzeichnet, daß man die Verarbeitung des Umsetzungsproduktes auf die Gewinnung einer Lösung von etwa 30° Bé (heiß) einstellt, diese Lösung während einiger Zeit auf Temperaturen von mindestens etwa 100° hält, bis die Ausscheidung der Kieselsäure als Natriumaluminiumsilikat beendigt ist, in dem Filtrat von der Ausscheidung durch Ausrühren und Kohlensäurezufuhr oder durch letztere allein die Tonerde ausfällt, nach Abtrennung der letzteren die Sodachromatlösung zur Ausscheidung der Hauptmenge der Soda eindampft und die von der Soda getrennte Chromatlauge durch Kristallisation auf Chromat oder unmittelbar durch Einführung in die berechnete Säuremenge in Bichromatlauge überführt, die in an sich bekannter Weise auf festes Bichromat verarbeitet wird.

2. Verfahren nach Anspruch 1, dadurch gekennzeichnet, daß man die Ausscheidung des Natriumaluminiumsilikates durch Erhöhung der Temperatur der Lösung über den Siedepunkt bei Atmosphärendruck beschleunigt und vervollständigt.

Nr. 501 391. (F. 59 650.) Kl. 12 m, 8.

I. G. Farbenindustrie Akt.-Ges. in Frankfurt a. M.

Erfinder: Dr.-Ing. Paul Weise in Wiesdorf.

Aufschließen von Chromerzen.

Vom 25. Aug. 1925. — Erteilt am 12. Juni 1930. — Ausgegeben am 2. Juli 1930. — Erloschen: 1933.

Beim Aufschluß von Chromerz mit Soda wird ein Laugenrückstand erhalten, der aus unaufgeschlossenem Chromerz, Tonerde, Magnesium und Eisenoxyd besteht. Um nun das unaufgeschlossene Chromerz von den Beimengungen zu trennen, können zunächst mechanische Wege eingeschlagen werden, wie Schlämm- oder Sortierverfahren. Es zeigte sich jedoch, daß der vorteilhafteste Weg nicht der mechanische, sondern der chemische ist. Dabei gelingt es, durch Behandeln der Rückstände mit verdünnter Säure, ein von den Beimengungen fast vollständig befreites Chromerz zu erhalten. Wesentlich hierfür aber ist es, die Konzentration der Säure nicht zu hoch zu nehmen. Besonders günstig sind Säuren bis zu etwa 30%. Eine mäßige Erwärmung der Säure ist votreilhaft, doch empfiehlt es sich, nicht wesentlich über 60° hinauszugehen. Unter den angegebenen Bedingungen wird ein gut filtrierbarer Rückstand erhalten.

Beispiel

Die beim Chromerzaufschluß mit Soda erhaltene Schmelze wird mit Wasser ausgelaugt, filtriert, gewaschen und der Rückstand mit so viel 15%iger Schwefelsäure von 50° C versetzt, bis alle Verunreinigungen gelöst sind. Nach dem Filtrieren und Waschen des zurückgewonnenen Erzes kann dieses wieder in den Prozeß zurückkehren.

Patentanspruch:

Verfahren zur Rückgewinnung des Chromerzes aus dem beim Aufschluß von Chromerz mit Soda nach dem Laugen verbleibenden Rückstande, dadurch gekennzeichnet, daß man diesen Rückstand mit verdünnten, zweckmäßig erwärmten Säuren, insbesondere Schwefelsäure behandelt.

Nr. 514743. (I. 30954.) Kl. 12m, 8.

I. G. Farbenindustrie Akt.-Ges. in Frankfurt a. M.

Erfinder: Dr. Paul Weise und Dipl.-Ing. Julius Drücker in Wiesdorf.

Verfahren zum Aufschließen von Chromerz mittels salzsäurehaltiger Gase.

Vom 17. April 1927. — Erteilt am 4. Dez. 1930. — Ausgegeben am 18. Dez. 1930. — **Erloschen: 1932.**

Es wurde gefunden, daß der Aufschluß von Chromerzen mit salzsäurehaltigen Gasen stets gleichmäßig gut und genügend schnell verläuft, wenn das Erz entsprechend dem Verfahren des Patents 467212 mit Alkalihydroxyden oder -carbonaten oder auch durch Erwärmen und Abschrecken in Wasser vorbehandelt wird. Aus so vorbehandelten Erzen lassen sich in hervorragend glatter Weise durch Aufschluß mit salzsäurehaltigen Gasen, evtl. in Gemisch mit Chlor und in Gegenwart oder Abwesenheit von Reduktionsmitteln, ja nach den Arbeitsbedingungen reines Chromoxyd bzw. Chromchlorid erhalten.

Beispiel 1

Gemäß dem Patent 467212 vorbehandeltes Chromerz wird nach dem Behandeln mit einem Gemisch von Chlorwasserstoff und Chlor bei 600 bis 650° in verdünnter Salzsäure ausgelaugt. Man erhält reines Chromchlorid.

Beispiel 2

Chromerz, das auf beispielsweise 800° erwärmt und in Wasser abgeschreckt wurde, wird mit salzsäurehaltigen Gasen bei Abwesenheit von Reduktionsmitteln bei 550 bis 600° behandelt. Es hinterbleibt ein reines Chromchlorid.

Beispiel 3

Gemäß dem Patent 467212 vorbehandeltes Chromerz wird mit Kohle vermischt und nach dem Behandeln mit Chlor bei 600 bis 650° in verdünnter Salzsäure ausgelaugt. Man erhält ein Chromoxyd, das leicht weiterverarbeitet werden kann.

Beispiel 4

Chromerz, das auf beispielsweise 800° erwärmt und in Wasser abgeschreckt wurde, wird mit einem Gemisch aus Chlor und salzsäurehaltigen Gasen bei Gegenwart von Reduktionsmitteln bei 550 bis 600° behandelt. Es hinterbleibt größtenteils Chromoxyd.

Patentanspruch:

Verfahren zum Aufschließen von Chromerzen, darin bestehend, daß das aufzuschließende Erz entweder nach dem Verfahren des Patents 467212 oder durch Erwärmen und nachfolgendes Abschrecken vorbehandelt und das so vorbehandelte Erz einem Aufschluß mit salzsäurehaltigen Gasen, evtl. im Gemisch mit Chlor und in Gegenwart oder Abwesenheit von Reduktionsmitteln, unterwirft.

Nr. 547422. (B. 61.30.) Kl. 12m, 8.

Bozel-Malétra Société Industrielle de Produits Chimiques in Paris.

Herstellung von Chromaten und Bichromaten.

Vom 29. Mai 1930. — Erteilt am 10. März 1932. — Ausgegeben am 23. März 1932. — **Erloschen: . . . .**

Französische Priorität vom 9. Mai 1930 beansprucht.

Chromate werden im allgemeinen in der Weise dargestellt, daß man Chromerze im Ofen bei hoher Temperatur alkalisch röstet. Man verfährt hierbei meist in der Weise, daß feinst gemahlenes Chromerz im Gemisch mit Soda und Kalk im Luftstrom auf etwa

1000° C erhitzt und das ausgelaugte Monochromat mit Schwefelsäure in Bichromat übergeführt wird.

Ein anderer Weg ist der, das Erz mit einer größeren Menge Kalk bei 1200 bis 1300° C im Zementofen zu rösten und das Calciumchromatkalkgemenge mit Natriumbisulfat zu zersetzen.

Der große Übelstand des erstgenannten Verfahrens ist der, daß Alkaliverluste durch Verflüchtigung nicht zu vermeiden sind. Außerdem aber geht beim nachträglichen Zersetzen des Monochromats mit Schwefelsäure ein Äquivalent Alkali in Gestalt von wertlosem Natriumsulfat verloren.

Das Verfahren über Calciumchromat ist insofern unwirtschaftlich, daß zur Zersetzung des an Kalk reichen Chromatröstproduktes unverhältnismäßig große Mengen Natriumbisulfat beansprucht werden. Nun ist aber Natriumbisulfat seit der synthetischen Herstellung der Salpetersäure ein immer selteneres Produkt geworden, welches in genügender Menge und zu billigem Preise nicht mehr erhältlich ist. Hierdurch aber scheint die Existenz selbst dieses Verfahrens in Frage gestellt. Beiden Verfahren gemeinsam ist der große Nachteil der Ofenarbeit und der hohen Kosten, die für die Unterhaltung der Ofenanlagen notwendig sind. Beide Verfahren verbrauchen große Mengen Kalk, die im Fertigprodukt nicht mehr zum Vorschein kommen. Es hat daher auch nicht an Vorschlägen gefehlt, Chromate aus metallischem Chrom bzw. aus der technisch in großem Maßstabe hergestellten Eisenchromlegierung herzustellen.

So ist bekannt geworden, daß man zu Alkalichromat gelangen kann, wenn man Ferrochrom mit geschmolzenem Ätzkali behandelt. Andere Vorschläge gehen dahin, Ferrochrom in Gegenwart von Alkalien oder Alkalisalzen elektrolytisch zu Mono- oder Bichromat zu oxydieren. Die allzu hohen Stromkosten gestalten jedoch das Verfahren unwirtschaftlich.

Man hat daher versucht, fein gepulverte, stark gekohlte Chromeisenlegierungen im Beisein von Carbonatalkali und Salpeter als Oxydationsmittel zu Chromat zu oxydieren. Die Reaktion dieses thermisch sehr aktiven Gemisches wird vermittels einer Zündkirsche eingeleitet, wonach die Oxydation sich ohne äußere Wärmezufuhr vollzieht. Zum Schluß wird es jedoch notwendig, Luft in die geschmolzene Masse einzuleiten bzw. das weitere Fortschreiten der Oxydation vermittels elektrischer Energie zu unterstützen.

Nach einem anderen Vorschlage wird Ferrochrom im Beisein von Alkalicarbonat durch Erhitzen über 1000° C in Chromat übergeführt.

Alle diese Verfahren, von Ferrochrom ausgehend, sind jedoch unwirtschaftlich, und zwar dadurch, daß die Oxydation auf elektrolytischem Wege oder in Gegenwart von oxydierenden Stoffen, wie Salpeter, zu kostspielig ist. Beim zuletzt genannten Verfahren treten infolge der nicht unerheblichen Dampftension des Natriumcarbonats Alkaliverluste ein, die nicht mehr vernachlässigt werden können. Außerdem haben obige Verfahren, die von Ferrochrom ausgehen, mit Ausnahme des elektrolytischen, den gemeinsamen großen Nachteil, daß sie nur zur Bildung von Monochromat führen und daß also bei der nachträglichen Umwandlung in Bichromat vermittels Schwefelsäure gleichfalls ein Äquivalent Alkali als wertloses Sulfat verlorengeht.

Wie nun gefunden wurde, gelingt die Oxydation des metallischen Chroms, seiner Legierungen oder Chrom enthaltender Gemenge in sehr einfacher und wirtschaftlicher Weise, wenn man diese Stoffe dem nassen alkalischen Aufschluß mit oxydierenden Mitteln, insbesondere oxydierenden Gasen, unter Druck unterwirft, wobei man je nach der eingesetzten Alkalimenge entweder Monochromat oder Bichromat oder ein Gemenge von Mono- und Bichromat nach Belieben erhalten kann. Da nun bei der Oxydation zu Bichromat zuerst Monochromat gebildet wird, ist es klar, daß man an Stelle von Alkalien auch Monochromat verwenden kann.

Die Oxydation des zweckmäßig fein gepulverten Ausgangsmaterials, ob reines Chrommetall oder solches enthaltender Stoffe, vollzieht sich mit größter Leichtigkeit und quantitativ; es genügt, die zur Reaktion zu bringenden Stoffe in stöchiometrischem Verhältnis einzusetzen, wobei es allerdings von Vorteil ist, einen geringen Alkali- oder Chromüberschuß zu verwenden, wenn Wert darauf gelegt wird, entweder das eingesetzte Chrom oder das Alkali quantitativ auszunutzen.

Arbeitet man beispielsweise auf Bichromat, so hat man alles Interesse, das vorhandene Alkali bzw. Monochromat erschöpfend auszunutzen, um monochromatfreie Bichromatlösungen zu erhalten. Es empfiehlt sich daher, Chrom in geringem Überschuß zu verwenden. Die etwas Chrom enthaltenden Rückstände geben bei einer alkalisch oxydierenden Nachbehandlung ihren Chromgehalt spielend leicht und quantitativ ab. Die alkalischen chromathaltigen Laugen werden zu neuem Aufschluß wieder verwertet.

Es sei bemerkt, daß sich hinsichtlich der Oxydierbarkeit Chrommetall oder dessen Legierungen oder Gemenge anscheinend gleichwertig verhalten, vorausgesetzt, daß man sie in passend zerkleinertem Zustande, wie dies ja auch beim Chromerz notwendig ist, zur Verwendung bringt. Nun sind gerade die billigsten, kohlenstoffreichen Eisenchromlegierungen am leichtesten pulverisierbar. Der Kohlenstoff, vorzugsweise der chemisch gebundene, wird beim Oxydationsprozeß ebenfalls in Mitleidenschaft gezogen und tritt in Form von Kohlensäure wieder zum Vorschein; es kann daher empfehlenswert sein, diese während des Prozesses zu entfernen oder chemisch zu binden, um nicht unnützerweise den Druck in der Apparatur zu erhöhen.

Als alkalisches Mittel können sowohl kaustische, Carbonatalkalien, Bicarbonate, Monochromate als auch Erdalkalien oder Gemische verwendet werden, wobei zu bemerken ist, daß die Erdalkalien zur Bildung von Bichromat weniger geeignet sind. Zweckmäßig verwendet man sie in wäßriger Lösung oder Suspension.

Die Bildung von Monochromat geht im allgemeinen sehr leicht und rasch vonstatten, und zwar bei verhältnismäßig niedrigen Temperaturen, während für die Bichromatbildung es zweckmäßig ist, die Temperatur auf über 200° C zu steigern, wenn man mit Luft oxydiert, und bei etwa 250 bis 300° C ist die Reaktionsgeschwindigkeit eine derart rasche, daß die Oxydation innerhalb weniger Stunden zur quantitativen Bichromatbildung führt.

Als Oxydationsmittel kommen vorzugsweise Sauerstoff, sauerstoffhaltige oder oxydierende Gase in Anwendung.

Zur Durchführung des Verfahrens genügt es, die wäßrig alkalische Chromsuspension auf passende Temperatur und Druck zu erhitzen und das oxydierende Gas vor oder während des Arbeitsganges einzupressen. Je höher die Temperatur gehalten wird, um so rascher erfolgt die Oxydation. Der herrschende Partialdruck des Oxydationsmittels scheint bei der Oxdation eine geringere Rolle zu spielen als der Faktor Temperatur. Zweckmäßig ist es, die entstehende Kohlensäure abzuführen oder chemisch zu binden, beispielsweise durch Zugabe von etwas Kalk (beim Arbeiten in stehender Atmosphäre), um den Partialdruck der Kohlensäure auszuschalten.

Beispiele

1. 82,5 Teile Ferrochrom mit 63 % Cr und 2 bis 4 % C werden in gut gepulvertem Zustande, um den Aufschluß zu erleichtern, mit 210 bis 220 Teilen Natronlauge (40 %) vermischt und im Rührautoklaven einige Stunden bei 150 bis 250° C in Gegenwart von Sauerstoff oder Luft erhitzt. Nach dem Abkühlen wird die Chromatlauge von dem unlöslichen Teil, der Hauptsache nach Eisenoxyd, durch Filtrieren getrennt und in bekannter Weise auf Chromat oder Bichromat aufgearbeitet.

2. 80 kg Ferrochrom, 68,2 % Cr, 8 bis 10 % C werden gut pulverisiert und in Gegenwart von 100 kg Natronlauge (40 %) und 900 kg Wasser im Rührautoklaven, etwa 6 Stunden, auf 250 bis 300° C erhitzt und Sauerstoff oder Luft durchgeleitet. Nach dem Abkühlen wird die Bichromatlauge durch Filtrieren vom Rückstande getrennt und in bekannter Weise aufgearbeitet.

Die Ausbeute auf Alkali bezogen ist praktisch quantitativ. Die etwas Chrom enthaltenden Rückstände gehen in den Betrieb zurück.

3. 54,5 Teile Chrompulver, 95 bis 96 % Cr-Gehalt, werden mit 210 bis 220 Teilen Natronlauge (40 %) und etwa 200 Teilen Wasser im Rührautoklaven mit Sauerstoff oder Luft während 4 bis 6 Stunden unter Druck auf 150 bis 250° C erhitzt. Man filtriert nach dem Erkalten die Chromatlauge von dem aus Graphit oder sonstigen Unreinigkeiten bestehenden Rückstand ab und arbeitet in bekannter Weise auf. Das Ausbringen ist praktisch quantitativ.

4. 7,170 kg Ferrochrom, 72,5 % Cr, 6 bis 8 % C werden gut pulverisiert und mit 100 l Normalnatronlauge im Rührautoklaven 4 bis 6 Stunden auf 200 bis 280° C unter Druck mit Sauerstoff oder Luft erhitzt. Nach dem Abkühlen wird die verdünnte Bichromatlauge vom Rückstande getrennt und aufgearbeitet.

Statt Ätzlauge kann auch eine Lösung von Monochromat in äquivalenter Menge verwendet werden. Das Ausbringen beträgt etwa 95 %.

5. 152,5 Teile Ferrochrom, 68,2 % Cr, 8 bis 10 % C, gut pulverisiert, werden mit 125 Teilen Calciumoxyd (95 bis 98 %) oder besser mit einer äquivalenten Menge Kalkhydrat und etwa 400 Teilen Wasser etwa 5 bis 6 Stunden in Gegenwart von Sauerstoff auf 150 bis 250° C erhitzt. Nach dem Abkühlen findet man neben etwas Chromat in Lösung den Hauptanteil im Rückstand neben Eisenoxyd und etwas Graphit.

Die in obigen Beispielen angeführten Bedingungen können natürlich in weiten Grenzen schwanken, je nach der Natur des zu verarbeitenden Rohmaterials; wesentlich ist, daß der Aufschluß in wäßriger Phase erfolgt und die Temperatur und Druck zweckmäßig derart gewählt werden, daß die Reaktionsgeschwindigkeit eine praktisch verwendbare wird.

Wenn auch eine höhere Alkalikonzentration der Reaktion förderlich ist, so erfolgt die Oxydation auch in sehr verdünnten Lösungen in sehr zufriedenstellender Weise, wie dies aus Beispiel 4 hervorgeht.

Die sich bei der Oxydation bildende Kohlensäure kann man in geeigneter Weise entfernen. Diese Maßnahme empfiehlt sich insbesondere, wenn man mit Carbonatalkalien arbeitet.

Oxydiert man vermittels eines Luftstromes, so wird auch die Kohlensäure automatisch entfernt.

Zur Oxydation in wäßriger Phase können natürlich auch andere passende Oxydationsmittel, die in Gegenwart von Alkalien einwirken, verwendet werden, wie beispielsweise Wasserstoffsuperoxyd, ozonisierter Sauerstoff oder Luft, Halogene u. dgl. Ferricyanure, wenngleich Sauerstoff oder Luft am wirtschaftlichsten sind.

PATENTANSPRUCH:

Herstellung von Chromaten und Bichromaten durch alkalische Oxydation von metallischem Chrom oder metallisches Chrom enthaltenden Stoffen, gekennzeichnet durch nassen Aufschluß, gegebenenfalls in der Wärme und unter Druck.

F. P. 710771.

Nr. 522785. (B. 93. 30.) Kl. 12m, 8.

BOZEL-MALÉTRA SOCIÉTÉ INDUSTRIELLE DE PRODUITS CHIMIQUES IN PARIS.

Herstellung von Bichromaten.

Vom 21. Sept. 1930. — Erteilt am 26. März 1931. — Ausgegeben am 15. April 1931. — Erloschen: . . .

Bichromate, insbesondere Natriumbichromat, werden technisch in der Weise hergestellt, daß man die durch oxydierenden Aufschluß von Chromerz in Gegenwart von Alkalien oder Carbonatalkalien erhaltenen Alkalichromate mit Schwefelsäure bzw. auch Bisulfat behandelt, wodurch ein Äquivalent Alkali dem neutralen Chromat entnommen und in Form von Alkalisulfat abgetrennt wird. Stellt man Natriumbichromat her, so bedeutet dies ein ganz erheblicher Alkaliverlust, da das Natriumsulfat nicht mehr in den Prozeß zurückgeführt werden kann. Da es auch stets noch geringe Mengen Chromat enthält, die das Sulfat unansehnlich machen, so wird es meist als lästiges, wertloses Nebenprodukt auf die Halden gefahren.

Der bisweilen auch vorgeschlagene Weg, die Umsetzung des neutralen Chromats in Bichromat mit Hilfe von Kohlensäure vorzunehmen, zum Zwecke, die Hälfte des Alkalis in Gestalt von Natriumbicarbonat abzutrennen, ist bisher an den Schwierigkeiten gescheitert, diese Umsetzung mit einigermaßen zufriedenstellender Ausbeute durchzuführen. Es bedarf sehr hoher Kohlensäuredrucke, um das Gleichgewicht zugunsten der Bicarbonatbildung zu verschieben, und hierdurch wird die Wirtschaftlichkeit dieses Verfahrens schwer gefährdet.

Ein anderer Weg ist auch der über Calciumchromat, welches durch oxydierenden Aufschluß von Chromerz mit Kalk bei sehr hoher Temperatur erhalten wird. In diesem Falle muß der überschüssige Kalk neutralisiert und das Calciumchromat mit Natriumbisulfat umgesetzt werden; es sind also ganz erhebliche Mengen Bisulfat notwendig. Nun ist aber, seit der Herstellung der Salpetersäure aus Ammoniak, das Bisulfat ein immer selteneres Abfallprodukt geworden, so daß das Calciumchromatverfahren ernstlich gefährdet ist.

Wollte man in Ermangelung von Bisulfat Schwefelsäure verwenden, so wäre, infolge der hohen Säurekosten, das Verfahren nicht mehr wirtschaftlich.

Wie wir gefunden haben, kann man diesen Schwierigkeiten in der Weise aus dem Wege gehen, daß man auf bekannte Weise erhältliches Alkalichromat mit einer äquivalenten Menge Chromhydroxyd, Chromhydroxyhydrat, Chromoxyd oder auch metallischem Chrom oder Legierungen bzw. Chrom enthaltenden Gemengen bei Temperaturen über 100° C in wäßriger Phase mit sauerstoffhaltigen Gasen unter Druck behandelt.

Es ist jedoch keineswegs notwendig, daß das Chromat in reinem Zustande vorliegt, sondern — und darin besteht der große Vorteil der Erfindung — es genügt, daß eine auf bekannte Weise hergestellte Chromerzfritte zur Verwendung gelangt, wodurch man sich die Extraktionskosten ersparen kann.

Vor der Weiterverarbeitung der Chromatfritte auf Bichromat wird der Gehalt an Chromat, gegebenenfalls auch der Gehalt an freiem Alkali bestimmt und der Zusatz an dreiwertigem, sauerstoffhaltigem Chrom entsprechend bemessen. An Stelle von dreiwertigem, sauerstoffhaltigem Chrom kann man auch Chrommetall oder dessen Legierungen, wie Ferrochrom, zusetzen.

Die Mischung wird nun in wäßriger Phase

mit sauerstoffhaltigen Gasen unter Druck auf Temperaturen über 100° C zweckmäßig auf 250 bis 300° erhitzt, wodurch sämtliches eingesetzte Chrom in Bichromat übergeführt wird. Das Alkali wird dadurch vollständig ausgenutzt, und die Kosten für Schwefelsäure oder Bisulfat bleiben erspart.

Das sauerstoffhaltige, dreiwertige Chrom in Gestalt von Chromhydroxyd, Chromhydratoxyd bzw. Chromoxyd kann man nach an und für sich bekannten Verfahren darstellen, und es ist auch in diesem Falle ganz unnötig, daß man dasselbe vor dem Weiterverarbeiten in reinem Zustande isoliert. Wird es beispielsweise durch Reduktion einer Chromatfritte erhalten, so entzieht man dieser nach der Reduktion vermittels Wassers den Alkaligehalt und führt den Rückstand dem Oxydationsprozesse zu. Wenn es nun auch möglich ist, eine reduzierte Fritte im Beisein einer äquivalenten Menge Alkali durch Druckoxydation direkt in Bichromat überzuführen, so ist es doch weit wirtschaftlicher, die Oxydation im Beisein von Chromat oder Chromatfritte vorzunehmen, da hierdurch an Reduktionskosten erspart wird. Wie bereits bemerkt, kann man auch an Stelle des dreiwertigen, sauerstoffhaltigen Chromes Chrommetall, Legierungen oder Gemenge, so beispielsweise Ferrochrom, im Beisein von Chromat oder einer Chromatfritte der Druckoxydation in wäßriger Phase unterwerfen.

Dieses Verfahren gestaltet sich dadurch sehr einfach und wirtschaftlich, daß der Chromerzaufschluß auch ohne Nachteil mit erheblichem Alkaliüberschuß durchgeführt werden kann, da letzterer dem Ferrochrom bei der Druckoxydation wieder zugeführt wird.

Weiter sei bemerkt, daß die Durchführung des Verfahrens keinesfalls an die Abwesenweit von Kalk gebunden ist; es ist also ohne weiteres möglich, das Röstprodukt, wie es nach dem Kalk-Soda-Verfahren erhalten wird, zu verwenden. Auch bei der Reduktion und der nachträglichen Verwendung des Reduktionsproduktes ist ein Kalkgehalt nicht hinderlich.

In solchem Falle ist es zweckmäßig, den Kalk in geeigneter Weise in Calciumcarbonat überzuführen und seine alkalische Wirkung gegenüber Bichromat auszuschalten.

Sehr vorteilhaft läßt sich beispielsweise das Verfahren auch in der Weise durchführen, daß man erstmals nur zur Hälfte oxydierend aufschließt, dem Röstgute das Chromat durch Auslaugen entzieht und den Rückstand einer nochmaligen erschöpfenden Oxydation unterwirft. Das zuletzt erhaltene Röstgut wird in bekannter Weise reduziert, vom Alkali befreit und gemeinsam mit dem ausgelaugten Chromat der Druckoxydation unterworfen. Auf diese Weise wird es auch möglich, die erschöpfende Oxydation ohne Alkaliverluste mit einem Überschuß an Alkali, welches zurückgewonnen wird, vorzunehmen.

Aus obiger Beschreibung geht hervor, daß man es bei vorliegender Erfindung mit einer ungeahnt elastischen Darstellungsmethode zu tun hat, die es ermöglicht, je nach den Verhältnissen den vorteilhaftesten Weg einzuschlagen.

Wirtschaftlich ist das vorliegende Verfahren dadurch gekennzeichnet, daß Alkaliverluste und hohe Kosten für Säure vermieden werden, wodurch natürlich eine erhebliche Verbilligung der Herstellungskosten erzielt wird.

Zur Durchführung des Verfahrens ist es gleichgültig, auf welche Weise das Chromat hergestellt wird, ob überschüssiges Ätzalkali, Alkalicarbonat bzw. Alkalicarbonat in Gegenwart von Erdalkalien zur Verwendung gelangt. Ebenfalls gleichgültig ist die Art und Weise, mit welcher die Reduktion des anderen Teils Chromat vorgenommen wird. Wesentlich ist, daß das Verhältnis Chromat : dreiwertiges Chrom bzw. freies Alkali : dreiwertiges Chrom richtig eingestellt wird, wobei es auch freigestellt bleibt, an Stelle des dreiwertigen Chroms metallisches Chrom bzw. dessen Legierungen oder Gemenge zu verwenden.

Gemäß vorliegender Erfindung gelingt es somit, die Frage der Umwandlung von neutralem Chromat in saures Chromat in der Weise zu lösen, daß man ein Äquivalent Alkali, statt es mit Kosten als wertloses Produkt abzuscheiden, einem weiteren Äquivalent Chrom nutzbringend zuführt.

Ausführungsbeispiele

1. a) 300 Teile Chromerz 50 % Cr_2O_3 Gehalt, 320 Teile Ätznatron geschmolzen, 100 bis 200 Teile Eisenoxyd oder Röstrückstände werden innigst vermengt und während etwa 6 bis 8 Stunden bei 450 bis 500° oxydierend geröstet. Man erzielt einen 90 bis 95 %igen Aufschluß.

b) 3 Gewichtsteile des erhaltenen Röstgutes werden im Autoklaven mit etwa 8 bis 10 Teilen Wasser etwa 12 Stunden auf 300° C erhitzt und der Druck durch Zugeben von Wasserstoff auf etwa 100 kg gehalten.

Nach beendeter Reduktion wird das chromoxydhydrathaltige Material durch Filtrieren und Auswaschen von der Ätzlauge getrennt, die nach geeigneter Konzentrierung wieder in den Betrieb zurückgeht.

c) Das Reduktionsprodukt wird nun mit 1 Teil der nach a) erhaltenen Chromatfritte mit etwa 15 Teilen Wasser in einem Autoklaven während 4 bis 6 Stunden auf 280 bis 300° erhitzt und der Druck durch Einpressen von Sauerstoff oder auch Luft auf etwa 100 kg eingestellt. Nach beendigter Oxydation wird das Natriumbichromat durch Abfiltrieren von dem Rückstande getrennt und in bekannter Weise aufgearbeitet. Das erhaltene Bichromat ist rein und frei von Tonerde.

2. 300 Teile Chromerz 50 % Cr_2O_3 Gehalt, 220 Teile Soda, 120 Teile Kalkhydrat, 150 Teile Eisenoxyd werden in fein gepulvertem Zustande innigst vermischt und bei 900 bis 950° oxydierend geröstet, wobei man einen Aufschluß von über 95 % erzielt.

Die resultierende Fritte wird zusammen mit 175 Teilen Ferrochrom 60 % Cr Gehalt, 10,5 % C Gehalt, 1000 Teilen Wasser im Autoklaven etwa 6 bis 8 Stunden auf 280 bis 300° erhitzt und der Druck mit Sauerstoff auf etwa 100 kg eingestellt.

Nach beendigter Oxydation wird die Bichromatlösung durch Filtrieren von dem Rückstande getrennt und in bekannter Weise aufgearbeitet.

In vorliegendem Falle wird die durch Oxydation des Kohlenstoffgehaltes entstandene Kohlensäure von dem gleichzeitig anwesenden Kalk gebunden.

Die Druckoxydation kann auch mit gleichem Erfolge durch Einpressen von Luft erfolgen. In diesem Falle wird die Kohlensäure kontinuierlich mit der abziehenden stickstoffreicheren Luft entfernt, und es empfiehlt sich, am Ende der Operation, den Kalk durch Einpressen von Kohlensäure in Carbonat umzuwandeln und gebildetes Calciumchromat zu zersetzen.

3. 300 Teile Chromerz 50 % Cr_2O_3, 220 Teile Soda, 200 bis 300 Teile Kalkhydrat werden bei 900 bis 950° oxydierend aufgeschlossen. Die eine Hälfte des Röstgutes wird mit Wasser erschöpfend ausgelaugt und die Chromatlauge auf etwa 10 bis 15 % Cr Gehalt eingestellt.

Die andere Hälfte wird bei 400 bis 600° C im Ofen in einer reduzierenden Atmosphäre behandelt, wodurch das Alkalichromat zu Chromit reduziert wird. Ist nun im reduzierenden Gase ebenfalls genügend Kohlensäure vorhanden. so wird sämtliches Alkali sowie auch der Kalk im Carbonat verwandelt. Das Reduktionsgut wird nach dem Erkalten mit Wasser ausgelaugt, abfiltriert und im Beisein der oben erhaltenen Chromatlauge im Autoklaven 6 bis 8 Stunden auf 280 bis 300° erhitzt und der Druck mit Sauerstoff bzw. Luft auf etwa 100 Atm. eingestellt.

Nach beendeter Oxydation wird das Natriumbichromat durch Filtrieren vom Rückstande getrennt und in bekannter Weise aufgearbeitet. Das beim Auslaugen des Reduktionsgutes anfallende Alkali geht in den Aufschlußbetrieb zurück.

Wird die Reduktion ausschließlich mit Wasserstoff vorgenommen, so wird freies Ätznatron gewonnen.

In diesem Falle empfiehlt es sich, das Gut vor oder nach der Oxydation mit Kohlensäure zu behandeln, zum Zwecke, den Ätzkalk in Carbonat umzuwandeln.

Patentansprüche:

1. Verfahren zur Darstellung von Bichromaten, dadurch gekennzeichnet, daß man Monochromate bzw. auch die durch alkalisch oxydierende Behandlung von Chromerz oder chromhaltigen Stoffen ganz oder teilweise aufgeschlossenen Reaktionsprodukte vorzugsweise in wäßriger Phase und in der Wärme mit sauerstoffhaltigen Gasen oder oxydierenden Mitteln, gegebenenfalls unter Druck, im Beisein der durch reduzierende Behandlung des Aufschlußgutes erhältlichen Reduktionsprodukte bzw. auch im Beisein von metallischem Chrom oder solches enthaltenden Stoffen behandelt, mit der Maßnahme, daß das zur Bichromatbildung erforderliche stöchiometrische Verhältnis, gegebenenfalls durch geeignete Vorbehandlung der durch Reduktion erhaltenen Produkte, eingestellt wird.

2. Verfahren nach Anspruch 1, dadurch gekennzeichnet, daß man bei Verwendung von erdalkalihaltigen Aufschlußprodukten das Erdalkali vor, während oder nach der oxydierenden Behandlung auf chemischem oder physikalischem Wege in geeigneter Weise neutralisiert bzw. entfernt.

F. P. 715379; 683604, Zusatzpatent 37257.

Nr. 525087. (B. 142303.) Kl. 12 m, 8.

Bozel-Malétra Société Industrielle de Produits Chimiques in Paris.

Verfahren zur Umwandlung von Chromaten in Bichromate.

Vom 5. März 1929. — Erteilt am 30. April 1931. — Ausgegeben am 18. Mai 1931. — Erloschen: ....

Französische Priorität vom 25. Jan. 1929 beansprucht.

Die Zerlegung von alkalischen Chromaten in Bichromate mittels Kohlensäure ist eine an sich bekannte Reaktion, die bereits Gegenstand einer Reihe von Versuchen gebildet hat. Es bildet sich bekanntlich einerseits Bichromat und anderseits Bicarbonat, da Kohlensäure in Überschuß verwendet wird.

Die Umwandlung ist aber keine vollständige, weil die Neutralität der Reaktionsprodukte keine vollkommene ist. Mit anderen Worten, es entsteht eine umkehrbare Reaktion, deren Gleichgewicht von verschiedenen Faktoren abhängt, wie Konzentration, Temperatur und Druck. Die Ausbeute vermehrt sich beispielsweise mit dem Druck und der Konzentration, nimmt dagegen bei steigender Temperatur ab. Bei einer Konzentration von 14,3 % Chrom und einer Temperatur von 25° beträgt die Umwandlung 65 % bei einem Kohlensäuredruck von 8 Atm. Diese Ausbeute konnte bisher nicht überschritten werden, und man war gezwungen, das der Umwandlung sich entziehende Chromat durch Konzentration bei 145° der Bichromatlösungen, in welchen das neutrale Chromat unter diesen Bedingungen unlöslich ist, abzutrennen (Versuche von Juschkewitsch, Chemisches Zentralblatt 1926, II, 810).

Entsprechend vorliegender Erfindung wurde festgestellt, daß bei weiterer Erhöhung des Druckes die Ausbeute wesentlich verbessert werden und praktisch quantitativ eine vollständige sein kann, wenn man die flüssige Phase von der festen Phase trennt, dabei aber stets die Gleichgewichtsbedingungen konstant erhält, was bisher nicht geschehen ist.

Man hat hierbei ferner einen neuen Faktor ermittelt, der überaus günstig und wesentlich ist, wenn man den Druck der Kohlensäure erhöht. Dieser Faktor besteht in der Verminderung der Löslichkeit des Bicarbonats, welches in der mit Kohlensäuregas gesättigten Reaktionsflüssigkeit immer mehr und mehr unlöslich wird. Wenn man den Druck auf 20 bis 25 Atm. und darüber erhöht und das Präzipitat bei diesem Druck ausscheidet, erhält man praktisch eine vollkommene Ausbeute. Aus diesem Grunde wird es überflüssig, die an sich beschwerliche und teuere Ausscheidung des Chromats durch Konzentration der Lösungen vorzunehmen, wie dies bisher durch Juschkewitsch geschehen ist.

Das Verfahren wird beispielsweise in folgender Weise ausgeführt:

Eine neutrale oder alkalische Natriumchromatlösung von 12 bis 14 % Cr wird mittels Kohlensäure unter einem Druck von 25 bis 50 Atm. gesättigt, bis das Gleichgewicht zustande kommt. Die Temperatur von 20 bis 25° soll zweckmäßig nicht überschritten werden. Nach beendeter Reaktion filtriert man das Bicarbonat unter Aufrechterhaltung des Kohlensäuredruckes ab, und damit ist die Umwandlung praktisch eine vollkommene. Das hierbei gewonnene Bicarbonat wird dann mit etwas Wasser gewaschen oder besser mit einer gesättigten Lösung von Bicarbonat, wobei die Laugen wieder in den Arbeitsprozeß übernommen werden.

Patentansprüche:

1. Verfahren zur Umwandlung von Alkalichromaten in Bichromate, dadurch gekennzeichnet, daß die Chromatlösungen bei einer 20 bis 25° nicht überschreitenden Temperatur mit Kohlensäuregas bei einem Druck von über 8 Atm. behandelt werden, worauf man das Bicarbonat unter Beibehaltung dieser Bedingungen ausfiltriert.
2. Verfahren nach Anspruch 1, dadurch gekennzeichnet, daß die Behandlung unter einem Kohlensäuredruck von 20 bis 25 Atm. und darüber erfolgt.

S. a. Russ. P. 12227 von N. F. Jüschkewitsch, dieser arbeitet ohne Druck und muß daher beim Eindampfen Chromat mit abscheiden.

Nr. 543785. (B. 142361). Kl. 12m, 8.

BOZEL-MALÉTRA SOCIÉTÉ INDUSTRIELLE DE PRODUITS CHIMIQUES IN PARIS.

Herstellung von Bichromaten.

Vom 9. März 1929. — Erteilt am 21. Jan. 1932. — Ausgegeben am 10. Febr. 1932. — Erloschen: ....
Französische Priorität vom 28. Jan. 1929 beansprucht.

Bichromate, insbesondere Natriumbichromate, werden technisch bekanntlich durch Zersetzen der Monochromate mit Mineralsäuren, vorzugsweise Schwefelsäure oder Natriumbisulfat, hergestellt, wobei jedoch ein Äquivalent des als Monochromat eingesetzten Alkalis als wertloses mineralsaures Alkali, insbesondere Natriumsulfat, verlorengeht.

Es hat sich nun herausgestellt, daß man direkt und unter Ausschaltung obengenannter Übelstände zu Bichromaten gelangen kann, wenn man gemäß vorliegender Erfindung Chromhydroxyd, Chromoxydhydrate, Chromoxyd oder solches enthaltende Stoffe oder Derivate mit der auf das nötige Äquivalent zur Bildung von Bichromat beschränkten Menge wäßrigen Alkalis bei Temperaturen oberhalb 100° C in Gegenwart von Sauerstoff oder sauerstoffhaltigen Gasen, vorzugsweise von höherem Sauerstoffpartialdruck als atmosphären Druck, behandelt.

Man kann z. B. das Alkali entsprechend dem Mengenverhältnis $\frac{Cr_2O_3}{M_2O} = \frac{1}{1}$ (worin M ein einwertiges Metall bedeutet) benutzen oder zwecks weitgehendster Ausnutzung des eingesetzten Alkalis vorteilhaft das dreiwertige sauerstoffhaltige Chrom in geringem Überschuß verwenden. Letzterer wird sodann nach dem Abfiltrieren wieder in den Aufschließungsprozeß zurückgeleitet.

Als Alkali können Ätzalkalien, Alkalicarbonate oder Bicarbonate, Monochromate oder auch Erdalkalien zur Verwendung gelangen. Letztere reagieren jedoch infolge ihrer Schwerlöslichkeit weit träger.

Kommen Alkalicarbonate oder Bicarbonate zur Verwendung, so empfiehlt es sich, die bei der Reaktion sich bildende Kohlensäure ab und zu oder auch kontinuierlich mit dem Gasstrom abzuführen oder auch chemisch zu binden. Unter Beobachtung dieser Maßnahme schreitet der Oxydationsprozeß in zufriedenstellender Weise vonstatten.

Die Reaktionsgeschwindigkeit nimmt mit steigender Temperatur und Steigerung des Sauerstoffpartialdrucks zu. Sie hängt aber auch von dem aufzuschließenden Material ab.

Während sich Chromhydroxyd, Chromoxydhydrat und Chromoxyd relativ leicht in Bichromat überführen lassen, gelingt dies mit Chromerz nicht oder nur mangelhaft.

Die Umwandlung geht jedoch in befriedigender Weise vor sich, wenn man Chromerz verwendet, welches zuvor einer Behandlung bei höherer Temperatur in neutraler oder reduzierender Atmosphäre im Beisein von Alkalien oder Alkalicarbonaten unterworfen wurde.

Nun ist zwar bekannt, daß man dreiwertiges sauerstoffhaltiges Chrom in Beisein von wäßrigen Ätzalkalien durch Erhitzen mit Sauerstoff oder sauerstoffhaltigen Gasen unter Druck behandeln kann.

Es entstehen jedoch in diesem Falle nur Monochromate, während gemäß vorliegender Erfindung die weit wertvolleren Bichromate erhalten werden, somit gangbare Handelsprodukte, während die Monochromate lediglich Zwischenprodukte sind.

Bis heute konnten Bichromate nur auf dem Wege der Zersetzung der Monochromate unter Verlust der Hälfte des Alkalis und Verbrauch einer äquivalenten Menge Mineralsäure hergestellt werden.

Bedenkt man, daß es gemäß vorliegender Erfindung gelingt, unter Ausschaltung obengenannter Nachteile direkt zu Bichromaten zu gelangen, so erkennt man hieraus den großen Wert des vorliegenden Verfahrens.

Beispiel 1

1520 Teile Rückstandslaugen von 10% Cr_2O_3 Gehalt werden zunächst bis zum vollkommenen Ausfällen des Chromhydroxyds neutralisiert, dann mit 200 Teilen kaustischer Soda von 40% versetzt und während einiger Stunden unter Luft- oder Sauerstoffdruck auf 200 bis 300° im Autoklaven mit Rührwerk erhitzt. Die sich bildende Kohlensäure wird zweckmäßig während des Ganges abgeblasen. Nach beendeter Oxydation wird die Flüssigkeit abgezogen und das Bichromat in bekannter Weise aufgearbeitet.

Beispiel 2

152 Teile Chromoxyd, 325 Teile wasserfreies chromsaures Natron, 300 bis 400 Teile Wasser werden während einiger Stunden auf 200 bis 300° unter Luft- oder Sauerstoffdruck im Autoklaven mit Rührwerk erhitzt. Nach beendeter Reaktion wird aus dem Apparat eine konzentrierte Bichromatlösung abgezogen und das Bichromat in reinem Zustand mit bekannten Mitteln abgeschieden.

Beispiel 3

153,5 Teile Chromerz, 49,3% Cr_2O_3 und 116,6 Teile kohlensaures Natron werden innig gemischt und auf 700 bis 800° in einer reduzierenden Atmosphäre erhitzt, bis die Entwicklung von Kohlensäure vollkommen aufgehört hat. Nach dem Abkühlen wird die Masse mit heißem Wasser zerrieben, um das Alkali als kaustische Soda, als wertvolles Nebenprodukt, abzutrennen. Der Rückstand wird sodann mit der nötigen Menge (ungefähr $^1/_2$ Molekül) kohlensauren Natrons vermischt und unter Luft- oder Sauerstoffdruck, wie in dem obenerwähnten Beispiel, oxydiert. Die hierbei frei werdende Kohlensäure wird zweckmäßig während des Reaktionsganges abgeblasen.

Das Oxydationsprodukt wird mit Wasser verdünnt, von den unlöslichen Stoffen (Eisenoxyd und Verunreinigungen) abfiltriert und gewaschen, worauf das Bichromat in bekannter Weise abgetrennt wird.

Statt Natriumcarbonat kann die entsprechende Menge neutrales Chromat verwendet werden, welches als Bichromat wiedergewonnen wird.

PATENTANSPRÜCHE:

1. Verfahren zur Herstellung von Bichromaten, dadurch gekennzeichnet, daß man Chromhydroxyd, Chromoxydhydrate, Chromoxyd oder dessen Derivate im Beisein von wäßrigen, auf das nötige Äquivalent zur Bildung von Bichromat beschränkten Menge kaustischen, kohlensauren oder doppelkohlensauren Alkalien, Erdalkalien oder Monochromaten bei Temperaturen über 100° C mit Sauerstoff oder sauerstoffhaltigen Gasen, vorzugsweise von höherem Sauerstoffpartialdruck als 1 Atm., behandelt.

2. Verfahren nach Anspruch 1, dadurch gekennzeichnet, daß man Chromerz verwendet, welches zuvor einer Behandlung bei höherer Temperatur in neutraler oder reduzierender Atmosphäre im Beisein von Alkalien oder Alkalicarbonaten unterworfen wurde.

E. P. 376 661, F. P. 715 397, 729 526, 37 257, Zusatz zu F. P. 683 604.

Nr. 523 801. (H. 118 877.) Kl. 12 m, 8. DR.-ING. EMIL HENE IN BERLIN-GRUNEWALD.

Erzeugung von Chromaten aus ätznatronhaltigen Chromatlaugen.

Vom 4. Nov. 1928. — Erteilt am 9. April 1931. — Ausgegeben am 28. April 1931. — Erloschen: 1932.

Man hat bereits vorgeschlagen, Natriumchromat durch fraktionierte Kristallisation zu reinigen, d. h. ein an sich bereits technisch reines Produkt weiterzureinigen.

Gemäß der Erfindung soll die Aufgabe gelöst werden, Lösungen von Natriumchromat, die beträchtliche Mengen von Natronlauge enthalten, durch Auskristallisierung in ihre Bestandteile zu zerlegen. Da die Löslichkeiten beider Stoffe bekanntlich sehr groß sind, war nicht zu erwarten, daß man durch fraktionierte Kristallisation eine praktisch völlige Trennung beider würde erzielen können. Es hat sich nun aber überraschenderweise gezeigt, daß sich unter geeigneten Konzentrationsverhältnissen der fraktioniert zu kristallisierenden Laugen zunächst ein reines Natriumchromat und durch nachfolgende Erhöhung der Konzentration ein natronlaugehaltiges Natriumchromat neben praktisch chromfreier Natronlauge erzielen läßt, wobei dann das letztere beispielsweise durch Auflösen in der Ausgangslösung seinerseits in Natriumchromat und Natronlauge getrennt wird.

Enthält eine Lauge beispielsweise gleiche Mengen Chromoxyd in Form von Natriumchromat, wie freie Natronlauge, so scheidet sich aus Lösungen, die auf etwa 15% freie Natronlauge eingestellt sind, beim Abkühlen auf 0° C oder noch weiter auf etwa — 10° C ein Natriumchromat ab, das nur etwa 1 bis 2% freie NaOH enthält.

Die abfiltrierte Lauge enthält aber noch erhebliche Mengen an Chromat.

Wird diese Lauge derart weiterkonzentriert, daß sie etwa 35 bis 45% NaOH enthält, so scheidet sich beim Abkühlen wie oben ein Salz aus, das 11 bis 14% Chromoxyd und 20 bis 22% NaOH enthält, während die abfiltrierte Lauge neben 35 bis 45% NaOH nur noch etwa 1,3% Chromoxyd enthält; diese Lauge kann entweder auf chemischem Wege weitergereinigt oder zweckmäßig in dieser Zusammensetzung für neue Aufschlüsse verwandt werden.

Da das vorhin erwähnte stark natronlaugehaltige Salz in der Ausgangslösung gelöst werden kann, ergibt sich eine einfache Möglichkeit, um eine außerordentlich weitgehende Trennung von Natriumchromat und Natronlauge zu erzielen.

Selbstverständlich kann die Erzielung von Lösungen der jeweils geeigneten Konzentration sowohl durch Eindampfen wie durch entsprechende Führung des Lösebetriebes erfolgen.

Das Verfahren ist selbstverständlich auch

zur Aufarbeitung solcher Laugen geeignet, die nicht aus Erzaufschließung stammen.

PATENTANSPRUCH:

Verfahren zur Erzeugung von Chromaten aus natronhaltigen Laugen, gekennzeichnet dadurch, daß die Laugen zunächst auf 15 bis 25 Gewichtsprozent NaOH konzentriert und nach dem Auskristallisieren des zuerst ausfallenden Chromates auf 35 bis 45 Gewichtsprozent NaOH weiterkonzentriert werden, worauf ein natronlaugehaltiges Chromat kristallisiert, das gegebenenfalls den Ausgangslösungen wieder zugeführt wird.

Nr. 565156. (H. 122750.) Kl. 12m, 8.

THE HARSHAW CHEMICAL COMPANY IN CLEVELAND, OHIO, V. ST. A.

Herstellung von Chromtrioxyd.

Vom 2. Aug. 1929. — Erteilt am 10. Nov. 1932. — Ausgegeben am 26. Nov. 1932. — Erloschen: ....

Die Erfindung bezieht sich auf ein Verfahren und die für dieses Verfahren zweckmäßigen Vorrichtungen zur Herstellung von Chromtrioxyd aus Alkalichromat und Schwefelsäure oder Oleum unter Bildung geschmolzener Produkte.

Es ist ein Verfahren bekannt, nach dem Chromtrioxyd aus Alkalichromaten und Schwefelsäure von 65,5° Bé so gewonnen wird, daß sich aus den Ausgangsstoffen zunächst zwei flüssige, nicht miteinander mischbare Schichten von Bisulfat und Chromsäure bilden, worauf man die Chromsäure erstarren läßt und sie dann mechanisch von dem noch anhaftenden Bisulfat reinigt. Dieses Verfahren weist jedoch erhebliche Mängel auf. Zunächst verbleibt bei der Trennung des Bisulfates von erstarrter oder kristallisierter Chromsäure stets ein beträchtlicher Betrag von Bisulfat auf den Oberflächen der Chromsäure, wodurch eine Verunreinigung der Chromsäure stattfindet, die eine weitere besondere Reinigung erforderlich macht. Ferner ist bei diesem Verfahren eine ununterbrochene Arbeitsweise nicht möglich und schließlich erfordert der Wassergehalt der Säure (etwa 7,5%) äußere Wärmezufuhr, wobei das Chromtrioxyd durch Überhitzungszersetzung verunreinigt wird.

In Vermeidung dieser Mängel geht nach der Erfindung das Verfahren so vor sich, daß Schwefelsäure mit einem Gehalt von nicht weniger als 98% H_2SO_4 oder Oleum in einem isolierten, innen beheizten Reaktionsbehälter mit der entsprechenden Menge Alkalichromat zur Umsetzung gebracht, die entstehenden Reaktionsprodukte bis zum Schmelzen erhitzt und die zwei Schichten bildende Schmelze anschließend durch Fliehkraft oder durch getrenntes Abfließenlassen aus einem Absetzbehälter in Chromtrioxyd und Alkalibisulfat getrennt wird.

Die Zeichnung stellt eine Ausführungsform einer dem Verfahren dienenden Vorrichtung beispielsweise dar, und zwar zeigt Abb. 1 die Vorrichtung in Seitenansicht, teilweise im Schnitt. Abb. 2 zeigt eine besondere Ausführungsform der Vorrichtung.

2 ist ein Reaktionsgefäß, welches mit Rührvorrichtungen, z. B. einer mit Rührarmen versehenen Welle 3, ausgerüstet ist. Zweckmäßig werden auch auf der Innenwandung des Gefäßes Arme vorgesehen. Die Rührwelle kann auf irgendeine geeignete Weise angetrieben werden. Als Heizvorrichtung für das Gefäß kommen vorteilhaft elektrische Heizelemente,

Abb. 1

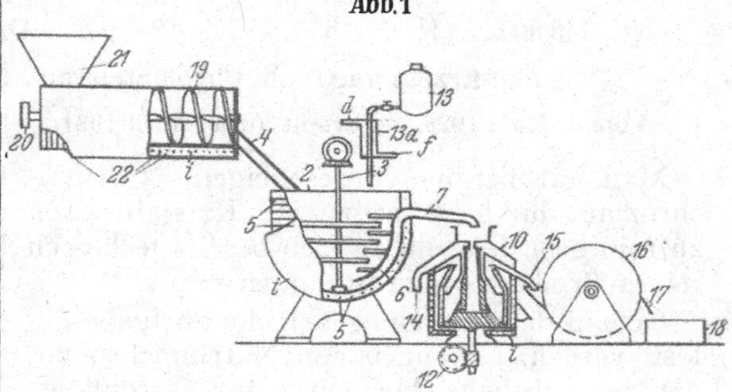

z. B. Widerstandselemente 5, zur Verwendung, und das Gefäß 2 wird mit einer Isolierung oder Verkleidung *i* umgeben, um einen Wärmeverlust zu vermeiden. In das Gefäß wird die Säure aus einem geeigneten Behälter 13 zugeführt. Das Alkalichromat gibt man in den Trichter 21, von wo es durch die Förderschnecke 19 über die Rutsche 4 in das Gefäß 2 geführt wird. In manchen Fällen ist es wünschenswert, das Alkalichromat vorher zu trocknen oder bis zu einem gewissen Grade zu erwärmen. In diesem Falle kann es beim Hindurchgehen durch die Fördereinrichtung einer Wärmewirkung beispielsweise durch bequem kontrollierbare elektrische Widerstandselemente 22 unterworfen werden. Andererseits kann es sehr vorteilhaft sein, die Säure zu erwärmen, und zwar gleichzeitig mit der Erwärmung des anderen Bestandteiles oder an Stelle der Erwärmung dieses Bestandteiles. Erwärmte Säure erleichtert die Anwendung von wasserhaltigem Alkalichromat. Eine geeignete Methode zum Erwärmen der Säure ist die Erwärmung durch elektrische Heizelemente oder durch einen Mantel 13ᵃ für Dampf oder ein anderes Heizmedium. Einlaß- und Auslaßverbindungen *f* und *d* können mit irgendeinem nicht veranschaulichten System verbunden werden.

Aus dem Gefäß 2 führt ein Ausflußrohr 7 zu einem Separator, der so angeordnet ist, daß in ihm die geschmolzenen Produkte durch die Unterschiede in der Schwere getrennt werden. Dieser Separator ist in Abb. 1 als Fliehkraftmaschine 10 dargestellt, die mit einem Kessel versehen ist, der irgendwie, bei- an Stelle der Erwärmung dieses Bestandteiles versetzt wird. Um den Kessel herum ist ein Wärmeisolationsmantel *i* angeordnet, außerdem vorteilhaft Wärmezuführungseinrichtungen, z. B. elektrische Widerstandselemente 11. Das leichtere der geschmolzenen Produkte wird aus dem Kessel durch das Auslaßrohr 14, das schwerere durch das Auslaßrohr 15 ausgeschieden. Statt den Separator als Fliehkraftmaschine auszubilden, kann man auch einen Setzbehälter 10′ (Abb. 2) anwenden. Dieser Behälter, der ebenfalls mit einem Isoliermantel *i* und gegebenenfalls mit Heizvorrichtungen versehen ist, muß so groß sein, daß eine ruhige Trennung der aus dem Gefäß 2 durch das Rohr 7 zugeführten geschmolzenen Produkte stattfinden kann. Die Schichtenbildung muß so erfolgen, daß das leichtere Produkt durch die Leitung 14′, das schwerere Produkt durch die Leitung 15′ abfließt.

Eins oder beide der aus dem Separator erhaltenen Produkte kann, während es sich noch in geschmolzenem Zustand befindet, zerteilt oder in Flocken verwandelt werden. Nach der in Abb. 1 veranschaulichten Methode geschieht dies dadurch, daß das geschmolzene Material einer umlaufenden Trommel 16 zugeführt wird, wonach die auf der Trommel erhärtete Schicht als feine Flocken entfernt und in einem Behälter 18 gesammelt wird. Die in Abb. 2 veranschaulichte Ausführungsform sieht ein endloses Förderband 16′ vor, auf das das geschmolzene Produkt durch die Leitung 15′ aufgebracht wird und von dem es erhärtet durch einen Schaber 17′ abgekratzt wird, worauf es in Flockenform in den Behälter 18′ fällt. Durch die Verteilung ist es möglich, insbesondere die Chromsäure ohne nochmaliges Schmelzen und ohne kraftverbrauchende Mahlvorgänge in fein verteiltem Zustand zu erhalten.

Nach der Erfindung wird durch die Ausgangsstoffe wenig oder kein Wasser zugeführt. Verwendet man Schwefelsäure von nicht weniger als 98% oder besser noch rauchende Schwefelsäure oder Oleum, so kann der Betrag des eingeführten Wassers auf einem Mindestmaß gehalten werden. Vorteilhaft verwendet man auch ein wasserfreies Alkalichromat. In diesem Falle wird dem Alkalichromat nur so viel Wärme in der Fördereinrichtung zugeführt werden müssen, um etwa vorhandene Feuchtigkeit zu trocknen. Ebenso wird nach Eintreten der Reaktion im Reaktionsbehälter die Masse infolge der exothermen Umsetzung für ihren eigenen Wärmebedarf sorgen, und die Temperatur

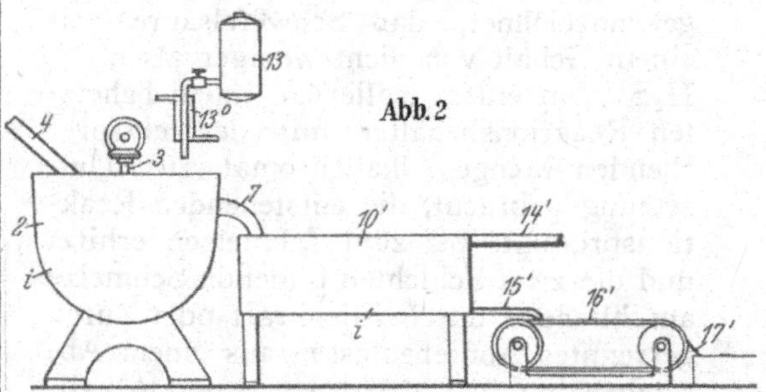

kann durch die Art der Zuführung der Reaktionsstoffe, insbesondere die Säurezuführung, geregelt werden. Wird hingegen wasserhaltiges Alkalichromat verwendet, so wird bereits bei der Zuführung eine Erwärmung erforderlich sein, und der Ausgleich kann durch Heizen des Reaktionsbehälters oder durch Erwärmen oder Erhöhung der Stärke der Säure erfolgen. Es kann natürlich auch wasserfreies Alkalichromat vorher auf höhere Temperatur gebracht werden, um die Reaktion zu verstärken.

Die Beheizung des Reaktionsbehälters richtet sich also, wie oben ausgeführt, nach dem Wassergehalt der beiden Ausgangsstoffe und nach der voraufgegangenen Beheizung dieser Stoffe. Der Separator wird nur dann beheizt, wenn dies zur Aufrechterhaltung des geschmolzenen Zustandes im Separator erforderlich ist.

Das Verfahren kann ununterbrochen durchgeführt werden.

Beispiele

1. 192 Gewichtsteile 10° rauchende Schwefelsäure werden mit 262 Gewichtsteilen Natriumdichromat in Reaktion gebracht, wobei die Säure vorteilhaft auf 150° C vorgewärmt wird. Die Reaktion setzt stürmisch ein, und die geschmolzenen Produkte zeigen eine Temperatur von 196° C.

2. 182 Gewichtsteile 30° rauchende Schwefelsäure werden mit 262 Gewichtsteilen Natriumdichromat in Reaktion gebracht. Die geschmolzenen Produkte zeigen eine Temperatur von etwa 196° C.

3. 200 Gewichtsteile 98%ige Schwefelsäure werden mit 262 Gewichtsteilen Natrium-

dichromat in Reaktion gebracht. wobei die Säure vorteilhaft auf etwa 200° C und das Natriumdichromat auf etwa 100° C vorgewärmt worden ist. Die Temperatur der Reaktionsprodukte ist etwa 197° C.

Die Ausbeute an Chromsäure beträgt 91 bis 94 %, ihr Reinheitsgrad ~ 99,9 %.

PATENTANSPRÜCHE:

1. Herstellung von Chromtrioxyd aus Alkalichromat und Schwefelsäure unter Bildung geschmolzener Produkte, dadurch gekennzeichnet, daß Schwefelsäure mit einem Gehalt von nicht weniger als 98 % H_2SO_4 in einem isolierten, innen beheizten Reaktionsbehälter mit der entsprechenden Menge Alkalichromat zur Umsetzung gebracht, die entstehenden Reaktionsprodukte bis zum Schmelzen erhitzt und die zwei Schichten bildende Schmelze anschließend durch Fliehkraft oder durch getrenntes Abfließenlassen aus einem Absetzbehälter in Chromtrioxyd und Alkalibisulfat getrennt wird.

2. Verfahren nach Anspruch 1, dadurch gekennzeichnet, daß man als Säure Oleum verwendet.

3. Verfahren nach Anspruch 1, dadurch gekennzeichnet, daß die zugeführte Schwefelsäure vorgewärmt wird.

4. Verfahren nach Anspruch 1, dadurch gekennzeichnet, daß die abgetrennte Chromsäure fein verteilt wird.

5. Eine dem Verfahren nach Anspruch 1 dienende Vorrichtung, gekennzeichnet durch einen isolierten, im Innern mit elektrischen Heizelementen versehenen Reaktionsbehälter (2) mit einer Rührvorrichtung (3) und einer vom Einlaß entfernt angeordneten Auswerfvorrichtung, eine Fliehkraftscheidevorrichtung mit äußerer Isolierung und Heizelementen sowie anschließend eine Vorrichtung zum feinen Zerteilen der getrennten Schmelzprodukte.

6. Zerteilungsvorrichtung nach Anspruch 5, gekennzeichnet durch eine umlaufende Trommel oder ein endloses Förderband.

7. Vorrichtung nach Anspruch 5, gekennzeichnet durch eine heizbare Beschikkungsvorrichtung.

E. P. 338938.

Nr. 533912. (S. 94932.) Kl. 12m, 8.

SILESIA, VEREIN CHEMISCHER FABRIKEN IN IDA- UND MARIENHÜTTE B. SAARAU.

Erfinder: Dr. Peter Schlösser in Breslau,
Dr. Georg Alaschewski und Dr. Herbert Volkmer in Saarau, Schles.

Herstellung von Chromsäureanhydrid.

Vom 15. Nov. 1929. — Erteilt am 3. Sept. 1931. — Ausgegeben am 23. Sept. 1931. — Erloschen: 1933.

Es ist bekannt, aus Alkalichromaten oder Bichromaten durch geeignete Behandlung mit Schwefelsäure Chromtrioxyd abzuscheiden. Man hat auch versucht, Chromtrioxyd aus Bleichromat, Bariumchromat oder Calciumchromat durch Zersetzung mit Schwefelsäure zu gewinnen. Nach einem anderen Verfahren schmilzt man Alkalichromat oder Bichromat im bestimmten Verhältnis mit Schwefelsäure und erhält. zwei nicht miteinander mischbare Schichten von Bisulfat und Chromsäureanhydrid die sich voneinander trennen lassen. Alle diese Verfahren, in denen mit Schwefelsäure gearbeitet wird, haben den Nachteil, daß sie zu Produkten führen, die hinsichtlich ihrer Schwefelsäurefreiheit nicht immer ganz befriedigen, während manche technischen Betriebe, z. B. die Verchromungsindustrie, auf die Schwefelsäurefreiheit der Chromsäure sehr großen Wert legen.

Deshalb hat es auch nicht an Versuchen gefehlt, Bariumchromat mit Salpetersäure zu versetzen und aus der entstandenen Lösung das Bariumnitrat nach dem Erkalten auskristallisieren zu lassen. Der Nachteil dieses Verfahrens liegt darin, daß hier mit überschüssiger Salpetersäure gearbeitet werden muß. Ferner ist das Verfahren insofern unwirtschaftlicher, als man genötigt ist, die Alkalichromate vorher in Bariumchromat überzuführen. Eine weitere Schwierigkeit liegt im Absatz des nach diesem Verfahren abfallenden Bariumnitrats, da auf 100 Gewichtsteile Chromsäure etwa 260 Gewichtsteile Bariumnitrat entstehen.

Es ist nun gelungen, in wirtschaftlicher Weise zu einem Chromsäureanhydrid von nahezu chemischer Reinheit, das vor allem schwefelsäurefrei ist, zu gelangen, wenn man folgenden Weg einschlägt.

Man dampft eine Lösung von Natriumbichromat, welche man am besten aus fein kristallisiertem Natriumbichromat herstellt, da sich dieses in großer Reinheit gewinnen läßt, mit der berechneten Menge Salpetersäure oder mit einem kleinen Überschuß von z. B. 2 bis 5%, zweckmäßig unter Rühren auf etwa 66° Bé, heiß gemessen, ein. Bereits während des Eindampfens scheidet sich die Hauptmenge des entstehenden Natronsalpeters ab. Man dosiert die Salpetersäure nach folgender Reaktionsgleichung:

$$Na_2Cr_2O_7 + 2HNO_3 = 2CrO_3 + 2NaNO_3 + H_2O.$$

Die Lösung läßt man nun durch Abkühlen auskristallisieren. In der auf etwa 20° C abgekühlten Lösung sind auf 100 Gewichtsteile Chromsäure nur noch 4 bis 6 Gewichtsteile Natriumnitrat enthalten. Von diesem Salpeter scheidet man nun das Chromsäureanhydrid dadurch ab, daß man durch weiteres Eindampfen, zweckmäßig unter Rühren, nur einen Teil der Chromsäure, z. B. 65 bis 75%, aussoggt. Es wurde gefunden, daß bei dieser Arbeitsweise die geringen Mengen Natronsalpeter aus der Lösung sich nicht mit abscheiden, sondern in Lösung bleiben. Es wird nun heiß abfiltriert. Die Lösung, in der der Rest Salpeter zurückgeblieben ist, kehrt in den Prozeß für den nächsten Ansatz zurück, ebenso wie die beim Waschen des rohen Salpeters entstandenen chromsäurehaltigen Waschwässer.

Die ausgesoggte Chromsäure wird nun mit wenig Wasser nach dem Gegenstromprinzip gewaschen, indem die ablaufenden Waschlösungen bei den nächsten Ansätzen nacheinander noch zwei- bis dreimal zum Decken der abgeschiedenen Chromsäure benutzt werden, worauf sie dann ebenfalls an den Anfang des Prozesses bei den weiteren Ansätzen zurückkehren.

Die Chromsäure wird nun abgeschleudert und getrocknet und enthält über 99,5% CrO_3; sie ist schwefelsäurefrei und enthält Spuren Salpeter. Dieses kann man gegebenenfalls durch nochmaliges Lösen in destilliertem Wasser und abermaliges Aussoggen bei sinngemäßer Anwendung des Vorstehenden völlig entfernen.

Durch systematisches Auswaschen mit Wasser läßt sich auch der abgeschiedene Rohsalpeter gut reinigen und enthält dann etwa 0,2% CrO_3; er kann durch weitere Reinigung leicht völlig chromfrei gemacht werden.

Beispiel

100 kg Natriumbichromat krist. (mit etwa 65 kg CrO_3) werden in 50 l Wasser gelöst und mit 50 l Salpetersäure von 40° Bé versetzt. Außerdem werden noch verschiedene im Laufe des vorangegangenen Prozesses abgefallene Laugen mit zusammen etwa 130 kg CrO_3 hinzugefügt. Das Gemisch wird im Sinne der Beschreibung eingedampft und zur Kristallisation gebracht. Es kristallisiert ein mit Chromsäure verunreinigter Salpeter aus. Durch zwei- bis dreimaliges Decken läßt sich indes die Chromsäure fast vollständig entfernen. Man erhält etwa 95% des dem Einsatz entsprechenden Salpeters mit 0,2% CrO_3. Die erste an Chromsäure reichste Waschlauge kehrt in den Anfang des nächsten Prozesses zurück, während die anderen Laugen mit zum systematischen Waschen des Salpeters benutzt werden.

Die vom Abkristallisieren des Rohsalpeters zurückbleibende Mutterlauge wird so weit eingedampft, bis sich etwa 2/3 bis 3/4 der gelösten Chromsäure ausgeschieden haben. Dieselbe wird noch heiß filtriert, das Filtrat zum nächsten Ansatz an den Anfang gegeben. Die rohe Chromsäure wird einem ähnlichen Waschprozeß unterworfen wie der Salpeter. Man gewinnt schließlich etwa 95% der eingesetzten Chromsäure. 2/3 der in einem Arbeitsgang umgesetzten Chromsäure zirkuliert also in Form verschiedener Laugen im Prozeß, während etwa 1/3 bei jedem Ansatz neu zugesetzt und auch gewonnen wird.

Patentansprüche:

1. Verfahren zur Herstellung von Chromsäureanhydrid aus Natriumchromat oder -bichromat und Salpetersäure, dadurch gekennzeichnet, daß man eine wässerige Lösung des Chromats mit der äquivalenten Menge Salpetersäure oder mit einem kleinen Überschuß versetzt, aus der Lösung die Hauptmenge des Natronsalpeters durch Eindampfen und Auskristallisierenlassen abscheidet, aus der von dem Natronsalpeter getrennten Lösung einen Teil der Chromsäure durch weiteres Eindampfen aussoggt und die ausgeschiedene Chromsäure von der Lösung durch Filtrieren in der Wärme trennt.

2. Verfahren nach Anspruch 1, dadurch gekennzeichnet, daß man die von der Chromsäure getrennte Lösung in den Prozeß zurückführt.

Nr. 536811. (S. 50. 30.) Kl. 12m, 8.

Silesia, Verein chemischer Fabriken in Ida- und Marienhütte b. Saarau.

Erfinder: Dr. Peter Schlösser in Breslau,
Dr. Georg Alaschewski und Dr. Herbert Volkmer in Saarau.

Herstellung von Chromsäureanhydrid.

Zusatz zum Patent 533912.

Vom 7. Mai 1930. — Erteilt am 8. Okt. 1931. — Ausgegeben am 28. Okt. 1931. — Erloschen: 1933.

In dem Hauptpatent 533 912 ist ein Verfahren zur Herstellung von Chromsäureanhydrid aus Natriumchromat oder -bichromat beschrieben. Das Verfahren besteht darin, daß man eine wässerige Lösung der Chromate mit der äquivalenten Menge Salpetersäure oder einem kleinen Überschuß versetzt, aus der Lösung die Hauptmenge des Natronsalpeters durch Eindampfen und Auskristallisieren abscheidet, aus der von dem Natronsalpeter getrennten Lösung einen Teil der Chromsäure durch weiteres Eindampfen aussockt und die ausgeschiedene Chromsäure von der Lösung trennt.

Es wurde nun gefunden, daß man das Verfahren vereinfachen kann, wenn man in der nachstehend beschriebenen Weise vorgeht. Anstatt der Lösung des Natriumbichromats die Salpetersäure hinzuzufügen und den Salpeter durch Eindampfen abzuscheiden, kann man die Salpetersäure direkt auf festes Natriumbichromat einwirken lassen. Man verwendet hierzu vorzugsweise fein kristallisiertes Natriumbichromat und läßt die Einwirkung zweckmäßig in der Kälte erfolgen. Die Umsetzung geht innerhalb weniger Minuten quantitativ vor sich, wobei ein sehr fein kristallisierter Salpeter ausfällt, der ausgezeichnet filtriert und reiner ist, als der durch Eindampfen gewonnene. Wendet man Salpetersäure von 40 bis 42° Bé zur Zersetzung des Natriumbichromats an, so erhält man nach Filtration eine Lösung, die 50% CrO_3 und 6 bis 10% $NaNO_3$ enthält. Die günstigste Konzentration der Salpetersäure liegt bei 40 bis 42° Bé. Das in der Salpetersäure vorhandene Wasser, ferner das Kristallwasser im Natriumbichromat und das bei der Reaktion entstehende Wasser reicht dann gerade noch aus, um die Chromsäure in Lösung zu halten. Bei Anwendung stärkerer Salpetersäure scheidet sich zugleich mit dem Salpeter ein Teil der Chromsäure ab. Bei schwächerer Salpetersäure nimmt der Salpetergehalt der Mutterlauge zu.

Es wurde weiter gefunden, daß man den in der Chromsäurelösung noch vorhandenen Salpeter auf einfache Weise durch Behandlung mit Kieselflußsäure entfernen kann. Es findet dabei folgende, an sich bekannte Reaktion statt:

$$2\,NaNO_3 + H_2SiF_6 = Na_2SiF_6 + 2\,HNO_3.$$

Für die Kristallisationsfähigkeit und Qualität der Chromsäure ist es natürlich sehr wichtig, daß alles vermieden wird, was eine Reaktion der Chromsäure zu dreiwertigem Chrom veranlassen kann. Wir haben überraschenderweise gefunden, daß die in Lösung befindliche Chromsäure gegen Zerfall bzw. Reduktion bedeutend stabiler wird, wenn man bei allen Eindampfoperationen Temperaturen anwendet, die unterhalb 70 bis 80° C liegen, wobei man zugleich zweckmäßig Vakuum anwendet.

Ausführungsbeispiel

100 kg Natriumbichromat krist. werden mit 65 kg Salpetersäure von 42° Bé einige Zeit gerührt. Der ausgefallene Salpeter wird abgesaugt und durch zweimaliges Decken mit Wasser gereinigt. Es wurden gewonnen 48 kg Salpeter mit 0,3% CrO_3 und 115 kg einer Lauge von 60° Bé mit 50,2% CrO_3. Die Mutterlauge enthält demnach 90% der eingesetzten Chromsäure. Der Rest der Chromsäure befindet sich in den Waschlaugen des Salpeters. Diese werden benutzt, um höherprozentige Salpetersäure auf die gewünschte Konzentration herunterzustellen.

Die Mutterlauge wird nun kalt mit so viel Kieselflußsäure von z. B. 15° Bé verrührt, bis eine herausgenommene Probe des Filtrats weder mit weiterer Kieselflußsäure noch bei Zusatz von Salpeter einen Niederschlag gibt. Nach 12stündigem Stehen wird das Kieselfluornatrium abgesaugt und das Filtrat im Vakuum eingeengt. Es kristallisiert eine fast chemisch reine Chromsäure aus. Die Ausbeute beträgt hierbei 80 bis 85%. Die Waschlauge des Kieselfluornatriums und die Mutterlauge von der Kristallisation werden beim folgenden Ansatz an der Stelle wieder zugesetzt, wo die Fällung mit frischer Kieselflußsäure stattfindet.

Patentansprüche:

1. Herstellung von Chromsäureanhydrid (Chromsäure) durch Einwirkung von Salpetersäure auf Natriumbichromat, dadurch gekennzeichnet, daß man auf festes, vor-

zugsweise kristallisiertes Natriumbichromat Salpetersäure in äquivalenter Menge oder in geringem Überschuß, vorteilhaft ohne Erwärmung, einwirken läßt.

2. Verfahren nach Anspruch 1, dadurch gekennzeichnet, daß man das in der Mutterlauge noch vorhandene Natrium mit Kieselflußsäure abscheidet.

3. Verfahren nach Anspruch 1 und 2, dadurch gekennzeichnet, daß man alle Eindampfoperationen bei Temperaturen vornimmt, die unterhalb 80° C liegen.

Nr. 525112. (I. 32931.) Kl. 22f, 7.

I. G. Farbenindustrie Akt.-Ges. in Frankfurt a. M.

Erfinder: Dr. Bernhard Wurzschmitt in Mannheim.

Herstellung von Chromoxyd.

Vom 11. Dez. 1927. — Erteilt am 30. April 1931. — Ausgegeben am 19. Mai 1931. — Erloschen: 1932.

Es ist bekannt, Bichromate mit Schwefel zu mischen, alsdann das Gemisch zu entzünden und abbrennen zu lassen, wobei ein für keramische Zwecke geeignetes hellgrünes Chromoxyd erhalten wird. Auch ist nicht mehr neu, zur Gewinnung von Chromoxyd Natriumchromat mit zweckentsprechenden Mengen eines Reduktionsmittels, z. B. Kohle oder Koks und Schwefel, zu behandeln.

Es wurde gefunden, daß man ein sehr reines, zur Verwendung als Farbpigment und zur Herstellung von Chrommetall vorzüglich geeignetes Chromoxyd erhalten kann, wenn man Chromate oder Bichromate mit solchen Mengen Phosphor zur Umsetzung bringt, daß die Bildung von Chromphosphaten im wesentlichen ausgeschlossen wird. Im Falle des Kaliumbichromats spielt sich dabei hauptsächlich folgende Reaktion ab:

$$3\,K_2Cr_2O_7 + 2\,P = 2\,K_3PO_4 + 3\,Cr_2O_3 + 4\,O.$$

Man erhält in fast theoretischer Ausbeute einerseits farbstarkes Chromoxyd in sehr feiner Verteilung und von hoher Brillianz, andererseits Kaliumphosphat.

Das Verfahren läßt sich beispielsweise in der Weise ausführen, daß man ein inniges Gemisch von rotem Phosphor vorzugsweise mit Alkalibichromat entzündet und abbrennen läßt und das entstandene Reaktionsprodukt durch Auslaugen trennt. Man kann auch das Gemisch von Phosphor und Kaliumbichromat auf eine bestimmte Temperatur, z. B. 300°, vorerhitzen und dann erst entzünden oder während des Vorgangs des Abbrennens für Kühlung des Reaktionsgutes sorgen. Besonders günstige Wirkungen werden erzielt, wenn das Phosphor-Kaliumbichromat-Gemisch mit etwas Wasser angeteigt und hierauf zur Reaktion gebracht wird. Ferner kann man zwecks Bindung des frei werdenden Sauerstoffs andere Reduktionsmittel, wie z. B. Kohle oder Schwefel, zusetzen.

Der gewerbliche Fortschritt, der durch die Anwendung des Phosphors als Reduktionsmittel erreicht wird, liegt einerseits in dem höheren Werte der als Nebenprodukte erhältlichen phosphorsauren Salze, andererseits darin, daß man im Gegensatz zu allen anderen bisher bekannten Reduktionsmethoden, die mit berechneten oder meist überschüssigen Mengen von Reduktionsmitteln arbeiten, eine zur Aufnahme des Sauerstoffes ungenügende Menge Phosphor verwendet und dennoch eine restlose Umwandlung des chromsauren Salzes in Chromoxyd erzielt.

Beispiel 1

156,4 Teile Kaliumbichromat werden mit 12,4 Teilen rotem Phosphor gut vermischt und das Gemisch in einem eisernen Gefäß von oben entzündet. Nach dem Abbrennen wird das Reaktionsgut mit Wasser aufgenommen, das entstandene Chromoxyd durch Filtration von der Kaliumphosphatlauge getrennt, aus der man in bekannter Weise festes Kaliphosphat gewinnt. Das erhaltene Chromoxyd ist ein blaugrünes Pigment und ohne weitere Nachbehandlung für Anstrichfarbe verwendbar.

Beispiel 2

156,4 Teile Kaliumbichromat und 12,4 Teile roter Phosphor werden mit 30 Teilen Wasser angeteigt und wie in Beispiel 1 weiterbehandelt. Das gewonnene Chromoxyd stellt ein helles Grün besonders hoher Farbkraft dar.

Patentanspruch:

Verfahren zur Herstellung von Chromoxyd, dadurch gekennzeichnet, daß man Chromate oder Bichromate mit einer zur Bildung wesentlicher Mengen von Chromphosphaten nicht ausreichenden Menge Phosphor, gegebenenfalls unter Hinzufügung anderer Reduktionsmittel, umsetzt.

Nr. 492684. (I. 30636.) Kl. 22f, 7.

I. G. Farbenindustrie Akt.-Ges. in Frankfurt a. M.

Erfinder: Dr. Kurt H. Meyer und Dr. Hans Krzikalla in Mannheim.

Verfahren zur Herstellung von grünen Chromoxydhydraten.

Vom 16. März 1927. — Erteilt am 13. Febr. 1930. — Ausgegeben am 25. Febr. 1930. — Erloschen: . . . .

Um leuchtend grüne Chromoxydhydrate herzustellen, kommen in der Technik hauptsächlich Schmelzprodukte zur Anwendung, bei denen Salze des sechswertigen Chroms mit einem großen Überschuß von Borsäure erhitzt werden. Die Herstellung dieser Chromoxyde, die unter verschiedenen Namen, besonders als Guignets-Grün, im Handel sind, ist insofern umständlich, als die schwer lösliche Borsäure aus dem Schmelzgut entfernt und wiedergewonnen werden muß.

Man hat auch bereits in der Weise gearbeitet, daß man wässerige Lösungen der Chromsäure und Kaliumchromat unter einem Druck von 200 Atm. mit Wasserstoff bei höherer Temperatur behandelte. Hierbei ist aber die Anwendung des sehr hohen Druckes, insbesondere bei größeren Autoklaven, wegen der hierfür nötigen Wandstärke von großem Nachteil.

Es wurde nun gefunden, daß man zu ähnlich leuchtenden Chromoxydhydraten in einfacher Weise ohne Borsäure gelangt, wenn man auf Chromsäure oder deren Salze Reduktionsmittel, die primär zu dem gewünschten Endprodukt führen, bei Drucken unterhalb 150 Atm. in Gegenwart von Wasser einwirken läßt.

Diese Methode gestattet, je nach den angewendeten Bedingungen Chromoxydhydrate von verschiedenem Wassergehalt und daher auch von verschiedener Nuance leicht herzustellen. Die Chromoxydhydrate mit höherem Wassergehalt, die auch bei tieferen Temperaturen hergestellt werden können, sind gewöhnlich dunkler grün als die mit geringerem Wassergehalt. Als Reduktionsmittel können die verschiedensten reduzierend wirkenden organischen oder anorganischen Stoffe verschiedener Art, wie z. B. Wasserstoff, Kohlenwasserstoffe, Kohlenoxyd, Formiate, Glycerin, Natriumthiosulfat usw., verwendet werden.

Das Produkt kann vorzugsweise als Farbpigment, z. B. zur Herstellung von Öllacken, Leimfarben, graphischen Druckfarben oder in Verbindung mit Substraten als Anstrichfarbe, Verwendung finden.

Beispiel 1

342 Gewichtsteile kristallisiertes Natriumchromat werden mit 600 Teilen Wasser und 140 Teilen Natriumformiat in einem Autoklaven unter Rühren etwa 10 Stunden auf 270 bis 280° C erhitzt. Nach dem Abkühlen auf etwa 90° C wird das schön grüne Chromoxydhydrat abgesaugt, neutral gewaschen und getrocknet. Es enthält etwa 16% Wasser und ist ebenso leuchtend wie Guignets-Grün. Wird die Reduktion bei 200 bis 210° C vorgenommen, so erhält man ein schöner dunkleres Chromoxydgrün mit etwa 22 bis 24% Wassergehalt.

Die Reduktion verläuft nach der Gleichung

$$2\,Na_2CrO_4 + 3\,HCOONa = Cr_2O_3 + 3\,Na_2CO_3 + NaOH + H_2O.$$

Man erhält danach als Nebenprodukt das gesamte Natrium, das in den Ausgangsmaterialien enthalten ist, in Form von unmittelbar verwertbarem Alkali zurück. An Stelle von Natriumformiat als Reduktionsmittel kann auch Kohlenoxyd auf die Chromatlösung aufgepreßt werden, oder es können andere organische Reduktionsmittel, wie z. B. Glycerin usw., verwendet werden.

Beispiel 2

Man erhitzt 342 Gewichtsteile kristallisiertes Natriumchromat und 600 Teile Wasser mit 25 Gewichtsteilen Schwefelblumen als Reduktionsmittel in einem Rührautoklaven 10 Stunden lang so hoch, daß das Manometer 40 Atm. anzeigt. Nach dem Abkühlen wird, wie im Beispiel 1 angegeben, aufgearbeitet. Man erhält ein schönes grünes Chromoxyd.

An Stelle von Schwefel können auch andere Reduktionsmittel, wie z. B. Kohlenstoff in Form von Ruß oder gepulverter Holzkohle, verwendet werden. Während die Reduktion mit Schwefelblumen nach obigem Beispiel Glaubersalz als Nebenprodukt liefert, ergibt die Reduktion mit Kohlenstoff Soda und Bicarbonat.

Es können auch Gemische von Reduktionsmitteln Verwendung finden.

Beispiel 3

Eine etwa 30- bis 40prozentige Kaliumchromatlösung wird in einem Rührautoklaven auf 270° C angeheizt und Wasserstoff aufgepreßt, bis das Manometer etwa 110 Atm. anzeigt. In dem Maße, wie Druckabnahme erfolgt, wird Wasserstoff dauernd bis auf etwa 110 Atm. nachgepreßt, so lange, bis keine Druckabnahme mehr erfolgt. Nach Erkalten wird das unlösliche, schön grüne Chromoxydhydrat von der gebildeten Kalilauge durch

Absaugen getrennt und ausgewaschen. An Stelle von Wasserstoff können auch ein Gemisch von Wasserstoff und Kohlenoxyd, wie es im Wassergas vorliegt, oder andere oxydierbare Gase, wie Methan, Acetylen usw., verwendet werden.

PATENTANSPRUCH:

Verfahren zur Herstellung von grünen Chromoxydhydraten in der Hitze und unter Druck und unter Verwendung solcher Reduktionsmittel, die primär zu dem gewünschten Endprodukt führen, dadurch gekennzeichnet, daß man die Reduktionsmittel auf Chromsäure und ihre Salze bei Drucken unterhalb 150 Atm. in Gegenwart von Wasser einwirken läßt.

S. a. F. P. 650572, Russ. P. 12745.

Nr. 521965. (I. 33453.) Kl. 12o, 11.

I. G. FARBENINDUSTRIE AKT.-GES. IN FRANKFURT A. M.

Erfinder: Dr. Ludwig Teichmann und Dr. Hans Tiedke in Leverkusen.

Verfahren zur Herstellung von Erdalkali- bzw. Alkaliformiaten unter gleichzeitiger Gewinnung von Chromoxydhydratgrün.

Vom 8. Febr. 1928. — Erteilt am 12. März 1931. — Ausgegeben am 28. März 1931. — Erloschen: . . . .

Es ist bekannt, Formiate herzustellen durch Einleiten von Kohlenoxyd unter Druck in geeignete Lösungen alkalischer Reaktion, insbesondere Natronlauge, Soda u. dgl. Es wurde gefunden, daß bei der Reduktion von Erdalkali- und Alkalichromaten durch CO in Lösung, zweckmäßig bei Temperaturen von 150 bis 350° C, unter erhöhtem Druck das gesamte Erdalkali und Alkali praktisch vollständig in Formiat übergeführt wird unter Entstehung von Chromoxydhydratgrün in den verschiedensten Nuancen.

Es können nach diesem Verfahren z. B. die Laugen, welche aus technischen Chromerzaufschlüssen gewonnen werden, ohne weiteres auf Chromoxydhydratgrün verarbeitet werden. Überschüssige Soda oder Kalk, welche in diesen Lösungen enthalten sind, werden im gleichen Arbeitsgang in Formiat übergeführt.

Beispiel 1

Eine Lauge, die 60 g Na_2CrO_4 im Liter enthält, wird 2 Stunden im Rührautoklaven bei 250° C mit CO unter einem Totaldruck von 40 bis 50 Atm. erhitzt. Die Reduktion des sechswertigen Chroms zu dreiwertigem ist vollständig. Es werden also pro Liter Lösung 28,2 g Cr_2O_3 in Form von Guignets Grün mit 20 bis 25% H_2O gewonnen. Gleichzeitig fallen pro Liter 50,3 g Na-Formiat an.

Beispiel 2

Eine Lauge, welche im Liter 60 g $K_2Cr_2O_7$ enthält, wird unter Kohlenoxyd von 60 Atm. 4 Stunden lang im Rührautoklaven auf 220° erhitzt. Alles Chrom wird dabei in Chromoxydhydratgrün übergeführt und gleichzeitig Kaliumformiat gebildet. Es fallen pro Liter Ausgangslösung an:

34,2 g Kaliumformiat und 31 g Cr_2O_3 in Form von Guignets Grün von 20 bis 25% H_2O, je nach dem Trocknungsgrade. Der Umsatz entspricht ziemlich genau dem theoretischen. Die Verluste an Formiat und Chromoxydhydratgrün machen weniger als 0,1% der berechneten Menge aus.

Beispiel 3

Eine Magnesiumchromatlösung, welche im Liter 75 g Magnesiumchromat enthält, wird mit Kohlenoxyd von 100 Atm. Druck bei 220° 3 Stunden behandelt. Das sechswertige Chrom wird dabei zu Chromoxydhydratgrün (Guignets Grün) reduziert. Das Magnesium fällt als Formiat an. Es werden pro Liter Ausgangslösung gewonnen:

40,7 g Cr_2O_3 in Form eines 76%igen Chromoxydhydratgrüns (Guignets Grün) (der Rest an 100% ist Wasser) sowie 61 g $Mg(HCO_2)_2$.

PATENTANSPRUCH:

Verfahren zur Herstellung von Alkali- bzw. Erdalkaliformiaten durch Behandlung alkalischer Lösungen von Alkali- bzw. Erdalkalisalzen mit Kohlenoxyd in der Hitze unter Druck, dadurch gekennzeichnet, daß zwecks gleichzeitiger Gewinnung von Chromoxydhydratgrün Lösungen von Alkali- bzw. Erdalkalichromaten mit Kohlenoxyd bei Temperaturen von 150 bis 350° unter Druck behandelt werden.

Nr. 554695. (G. 78726.) Kl. 12m, 8. GUANO-WERKE AKT.-GES. (VORM. OHLENDORFF'SCHE U. MERCK'SCHE WERKE) IN HAMBURG.

Erfinder: Dr. Walter Hene in Lübeck.

Herstellung von Chromoxydhydraten aus Chromaten.

Vom 6. Febr. 1931. — Erteilt am 23. Juni 1932. — Ausgegeben am 15. Juli 1932. — **Erloschen: 1933.**

Es ist bekannt, aus alkalischen Chromatlösungen durch Zusatz von Schwefel oder Salzen des Schwefelwasserstoffs oder durch gleichzeitige Anwendung von Sulfiden und Schwefel durch Reduktion Chromhydroxyd zu gewinnen.

Nach Angaben im Handbuch der anorganischen Chemie von Gmelin-Kraut, Ausgabe 1912, Band 3, I, Seite 346, sollen alkalische Chromatlösungen mit Schwefel reduziert werden; dabei entsteht eine Lösung von Natriumthiosulfat und Natronlauge, die bei Anwendung eines Überschusses an Schwefel auch Natriumsulfid enthalten kann. In gleicher Weise entsteht bei der Reduktion von alkalischen Natriumchromatlösungen mit Natriumsulfid nach den Angaben in Muspratts Chemie, Ergänzungsband 2, I, Seite 223 ff., ebenfalls eine Lösung von Natriumthiosulfat und Natronlauge, in der ebenfalls bei Anwendung eines Überschusses von Schwefel Natriumsulfid oder Polysulfide enthalten sein können. Es ist auch bereits vorgeschlagen worden, nach der alkalischen Reduktion das Umsetzungsgemisch mit schwefliger Säure zu behandeln, wobei eine Lösung von Natriumthiosulfat mit Natriumsulfid entsteht. In allen Fällen wird also nach der Filtration des Chromoxydhydrats eine Lösung erhalten, die nicht von einheitlicher Beschaffenheit ist, sondern entsprechend den Umsetzungsbedingungen neben Natriumthiosulfat Natronlauge, Natriumsulfid, Polysulfide oder Natriumsulfit enthält. Um aus diesen Lösungen Natriumthiosulfat zu erhalten, müssen sie weiteren Verarbeitungsmaßnahmen unterworfen werden.

Das Chromoxydhydrat, das von diesen Lösungen abfiltriert werden kann, zeigt nun den Nachteil, beim Auswaschen Natriumverbindungen hartnäckig zurückzuhalten, so daß bei der Weiterverarbeitung des Chromoxydhydrats Schwierigkeiten auftreten können. Außerdem greifen die alkalischen Lösungen die Filtertücher der Pressen so stark an, daß durch die Filtration der Lösungen hohe Unkosten entstehen.

Alle diese Schwierigkeiten können nun nach dem folgenden Verfahren überwunden werden, bei dem ein Chromoxydhydrat entsteht, das nur sehr geringe Mengen Natriumverbindungen adsorbiert zurückhält. Nach dem Verfahren kann die Reduktion der alkalischen Lösungen sowohl mit Schwefel als auch mit Schwefelnatrium oder mit Gemischen beider Stoffe vorgenommen werden. Es wird jedoch nicht die theoretische Menge Schwefel angewandt, die erforderlich ist, um eine restlose Reduktion herbeizuführen, sondern es wird ein Überschuß an Schwefel angewandt. Durch diesen Überschuß an Schwefel wird einerseits die Reduktionsdauer verkürzt und gleichzeitig so viel Schwefel in Lösung gebracht, daß nach Beendigung der Reduktion durch Behandlung der Lösung mit schwefliger Säure eine Lösung erhalten wird, die reines Natriumthiosulfat enthält.

Der Vorteil des Verfahrens liegt also darin, daß aus alkalischen Lösungen von Chromaten nach beliebigen Reduktionsmethoden durch Umsetzungen in einem Behälter einerseits Chromoxydhydrat und andererseits eine reine Antichlorlösung erhalten werden können. Der besondere Vorteil dieser Arbeitsweise ergibt sich dadurch, daß durch Anwendung des Schwefelüberschusses ein besonders leicht filtrierbares, körniges Chromoxydhydrat erhalten wird und die Antichlorlösungen nach der Filtration ohne jede weitere Behandlung zu Natriumthiosulfat verarbeitet werden können.

Beispiel

1,75 cbm Natriumchromatlösung mit einem Gehalt von 106,4 kg Chromoxyd im Kubikmeter werden in einem eisernen Rührwerk auf 75° erhitzt. In die Lösung läßt man 425 l Schwefelnatriumlösung mit einem Gehalt von 10,4 % Natriumsulfid einlaufen und setzt gleichzeitig 136 kg Schwefel zu. Es findet sofortige Reduktion statt. Darauf werden weitere 264 kg Schwefel in die Lösung eingetragen und nach Lösung des Schwefels weitere 3,25 cbm Natriumchromatlösung der gleichen Zusammensetzung wie oben angegeben zugesetzt. Nach 45 Minuten ist die gesamte Umsetzung beendet. Die Lösung wird darauf mit schwefliger Säure behandelt, wobei eine Lösung von Antichlor entsteht, die durch Filtration vom Chromoxydhydrat getrennt wird.

Die bei dem Versuch erhaltene Chromoxydhydratpaste enthielt 42,1 % Chromoxyd.

PATENTANSPRUCH:

Herstellung von Chromoxydhydraten unter gleichzeitiger Gewinnung reiner

Antichlorlauge durch Reduktion alkalischer Chromatlösungen durch Schwefel, Natriumsulfid oder Gemische beider Stoffe, dadurch gekennzeichnet, daß die bei der Reduktion angewandte Menge Schwefel so bemessen wird, daß nach der Reduktion durch Behandlung des Reduktionsgemisches mit schwefliger Säure neben dem Chromoxydhydrat eine reine Thiosulfatlösung erhalten wird.

Nr. 524559. (P. 52831.) Kl. 12m, 8. PERMUTIT AKT.-GES. IN BERLIN.

Erfinder: Dr. Otto Liebknecht in Neubabelsberg.

Herstellung von Chromylchlorid.

Vom 6. Mai 1926. — Erteilt am 23. April 1931. — Ausgegeben am 7. Mai 1931. — Erloschen: 1931.

Bei der Herstellung von Chromylchlorid durch Einwirken von Schwefelsäure und Chlornatrium auf Chromsäure bzw. Chromate erhält man schlechte Ausbeuten, weil die Reaktion umkehrbar ist, da die bei dem Verfahren gebildete Salzsäure auf Chromsäure reduzierend wirkt. Ferner hat man vorgeschlagen, Chromylchlorid durch Reaktion anorganischer Säurechloride, z. B. Phosphorpentachlorid, Chlorsulfonsäure u. dgl., mit Chromsäuren oder deren Salzen herzustellen; die Ausbeute an Chromylchlorid ist jedoch auch bei diesem Verfahren schlecht, da beispielsweise bei der Einwirkung von Chlorsulfonsäure auf Chromsäure, Kaliumbichromat und Kaliumchromat ein bedeutender Teil des Chroms in Form einer grünlichen Masse in der Retorte zurückbleibt und weiter insbesondere die Chlorsulfonsäure, mit Chromylchlorid zusammengebracht, Zersetzungen hervorruft und eine in Wasser unlösliche Chromverbindung liefert.

Es wurde nun gefunden, daß bei der Einwirkung von Chlorsulfonsäure oder anderen anorganischen Säurechloriden, wie Phosphorpentachlorid, Phosphoroxylchlorid, Antimonchlorid, Zinnchlorid o. dgl., auf Chromsäure oder Chromate glatte, nahezu theoretische Ausbeuten an Chromylchlorid erhalten werden, wenn das anorganische Säurechlorid, insbesondere die Chlorsulfonsäure, in der berechneten Menge oder diese nur um ein kleines überschreitende Menge in Gegenwart eines Chromyschlorid*) nicht zersetzenden Verdünnungsmittels auf die Chromsäure oder ein Chromat zur Einwirkung gebracht wird. Solche Verdünnungsmittel können sowohl anorganischer Natur, wie z. B. konzentrierte Schwefelsäure oder konzentrierte Phosphorsäure, oder auch organischer Natur sein, wie z. B. Tetrachlorkohlenstoff, Acetylentrichlorid, Äthylentetrachlorid u. dgl. Es empfiehlt sich, das Chromylchlorid aus dem Reaktionsgemisch durch Destillation zu entfernen, wodurch man entweder reines Chromylchlorid oder eine Lösung von Chromylchlorid im Verdünnungsmittel, beispielsweise in Tetrachlorkohlenstoff, erhält.

Im Falle der Verwendung der Chlorsulfonsäure als anorganisches Säurechlorid benutzt man als Verdünnungsmittel vorteilhaft eine derart verdünnte Schwefelsäure, daß das sich bei der Umsetzung bildende Schwefelsäureanhydrid, das sich mit dem Chromylchlorid verflüchtigen und dieses verunreinigen kann, zu Schwefelsäure umgesetzt wird. Man kann von vornherein eine entsprechend verdünnte Schwefelsäure als Verdünnungsmittel verwenden oder während der Umsetzung allmählich Wasser zusetzen. Man kann aber auch während der Umsetzung Chlorwasserstoff in das Reaktionsgemisch einleiten und hierdurch das Schwefelsäureanhydrid in Chlorsulfonsäure überführen, die dann wieder an der Reaktion teilnimmt. Im letzteren Falle wird die Reaktion also mit einem Säurechloridbildungsgemisch ausgeführt.

Man kann das Verfahren auch derart durchführen, daß man auf Chromsäure Schwefelsäureanhydrid bzw. rauchende Schwefelsäure und Chlorwasserstoff einwirken läßt, wobei man die Chlorwasserstoffsäure während der Reaktion selbst aus Chloriden, z. B. Kochsalz, entwickeln kann. An Stelle von Chromsäure kann man auch Chromate verwenden, wie Alkalichromate, Alkalibichromate, Erdalkali- oder andere Chromate. Man kann auch Mischungen der sauren Chromate mit überschüssiger Chromsäure als Ausgangsmaterial benutzen.

Bei der Herstellung von Chromylchlorid aus Acetylchlorid, einem organischen Säurechlorid und Chromsäure oder Chromaten in Gegenwart eines Katalysators, beispielsweise Essigsäure, hat man schon die Anwesenheit von Tetrachlorkohlenstoff als Verdünnungsmittel vorgeschlagen. Bei diesem Verfahren sind die Ausbeuten nicht besonders gut. Sie liegen etwa bei 83% der Theorie, wenn man einen großen Überschuß von Acetylchlorid verwendet. Hinzu kommt, daß nicht nur das Chromylchlorid, sondern auch das Acetylchlorid im Tetrachlorkohlenstoff löslich ist, so daß man als Reaktionsprodukt eine Lö-

*) Druckfehlerberichtigung: Chromylchlorid.

sung von Acetylchlorid und Chromylchlorid in Tetrachlorkohlenstoff erhält, die sich durch Destillation nicht aufarbeiten läßt, so daß es unmöglich ist, durch Destillation reines Chromylchlorid oder eine Lösung von Chromylchlorid allein in Tetrachlorkohlenstoff zu erhalten. Beim Verfahren gemäß der Erfindung ist ein Katalysator nicht erforderlich; es braucht nicht mit überschüssigem Säurechlorid gearbeitet zu werden, und es gelingt, reines Chromylchlorid oder eine Lösung von Chromylchlorid allein im Verdünnungsmittel zu erhalten.

Beispiel 1

Zu einer Lösung von 100 Gewichtsteilen Chromtrioxyd und 150 Gewichtsteilen konzentrierter Schwefelsäure läßt man zweckmäßig unter Rühren und Kühlen 233 Gewichtsteile Chlorsulfonsäure langsam zufließen und gibt darauf 18 Gewichtsteile Wasser nach. Unter Rühren erwärmt man das Reaktionsgefäß, um schließlich das Chromylchlorid abzudestillieren. Es werden so etwa 146 Gewichtsteile Chromylchlorid erhalten, was einer Ausbeute von etwa 95% entspricht.

In ähnlicher Weise verläuft die Reaktion, wenn man, anstatt Wasser zuzusetzen, Salzsäure in das Reaktionsgemisch einleitet. Die Ausbeute erreicht hierbei allerdings nicht ganz 95%.

Beispiel 2

25 Gewichtsteile Chromtrioxyd werden in 50 Gewichtsteilen konzentrierter Schwefelsäure suspendiert, und in dünnem Strahl werden 25,6 Gewichtsteile Phosphoroxychlorid unter Rühren hinzugegeben. Das Reaktionsprodukt wird unter Rühren der Destillation unterworfen. Bei 117° geht das Chromylchlorid über. Ausbeute 30 bis 35 g, entsprechend 80 bis 93% der Theorie. Es ist nötig, das Chromtrioxyd mit Schwefelsäure zu verdünnen bzw. darin zu suspendieren, da sonst die Einwirkung des Phosphoroxychlorids auf das Chromtrioxyd zu heftig ist.

Beispiel 3

60 Gewichtsteile Chromsäure, 30 Gewichtsteile Schwefelsäure und 100 Gewichtsteile Tetrachlorkohlenstoff werden verrührt und unter Kühlen 140 Gewichtsteile Chlorsulfonsäure langsam zugegeben. Nach Beendigung der Reaktion erhält man Chromylchlorid, gelöst in Tetrachlorkohlenstoff, bei einer Ausbeute von über 90%. Diese Lösung kann man ohne weiteres weiter verwenden oder auf reines Chromylchlorid aufarbeiten.

Beispiel 4

Zu 200 Gewichtsteilen Schwefelsäure, denen 100 Gewichtsteile SO_3 zugefügt sind, werden 63 Gewichtsteile Chromtrioxyd gegeben. Nunmehr werden 75 Teile trockenes, gepulvertes Chlornatrium allmählich oder auf einmal eingetragen. Die Reaktion wird dann in der im Beispiel 1 beschriebenen Weise zu Ende geführt. Es werden erhalten 79 g Chromylchlorid = 81% der auf Chromtrioxyd berechneten Menge.

Bei diesem Beispiel kann das Kochsalz zu der SO_3haltigen Schwefelsäure vor oder zusammen mit dem Chromtrioxyd zugegeben werden, ferner kann an Stelle von Chlornatrium die äquivalente Menge Salzsäure in Gasform zugegeben werden.

PATENTANSPRÜCHE:

1. Verfahren zur Herstellung von Chromylchlorid durch Einwirkung von anorganischen Säurechloriden, insbesondere Chlorsulfonsäure, auf Chromsäure und deren Salze, dadurch gekennzeichnet, daß man die Einwirkung in Gegenwart von konzentrierter Schwefelsäure oder anderen Chromylchlorid nicht zersetzenden Verdünnungsmitteln, wie z. B. Tetrachlorkohlenstoff, vornimmt und zweckmäßig das gebildete Chromylchlorid gegebenenfalls gemeinsam mit dem Verdünnungsmittel durch Destillation aus dem Reaktionsgemisch entfernt.

2. Verfahren nach Anspruch 1, dadurch gekennzeichnet, daß durch Anwesenheit genügender Mengen von Wasser während der Reaktion das sich bildende flüchtige Schwefeltrioxyd in Schwefelsäure übergeführt wird.

3. Ausführungsform des Verfahrens nach Anspruch 1, dadurch gekennzeichnet, daß die während der Umsetzung gebildeten Säureanhydride, z. B. Schwefeltrioxyd, durch Einwirken von Salzsäure auf das Reaktionsgemisch in Säurechloride umgewandelt werden, die zur Umsetzung benutzt werden können.

4. Verfahren nach Anspruch 1, dadurch gekennzeichnet, daß man auf Chromsäure oder deren Salze die Bildungsgemische für anorganische Säurechloride einwirken läßt.

Nr. 514571. (B. 121724.) Kl. 12m, 8.

I. G. Farbenindustrie Akt.-Ges. in Frankfurt a. M.

Erfinder: Dr. Johannes Brode und Dr. Carl Wurster in Ludwigshafen a. Rh.

Verfahren zur Darstellung von eisenfreiem Chromchlorid aus Ferrochrom.

Vom 11. Sept. 1925. — Erteilt am 4. Dez. 1930. — Ausgegeben am 13. Dez. 1930. — Erloschen: ....

Zur Darstellung reiner Chromisalze kommt technisch als Ausgangsmaterial nur Chromeisenstein in Frage. Man erhält daraus Chromisalze durch oxydierendes Schmelzen und darauffolgende Reduktion der so gewonnenen Chromate oder durch Lösen des Chromeisensteins in Säuren unter Druck. Man kann auch zunächst durch reduzierendes Einschmelzen des Erzes im elektrischen Ofen Ferrochrom gewinnen und eine Trennung des Chroms vom Eisen dadurch erzielen, daß man das Ferrochrom in Schwefelsäure löst und aus dieser Lösung Chromalaun zur Kristallisation bringt, oder daß man das Ferrochrom mit Schwefel verschmilzt und das entstandene Schwefeleisen mit Säure löst und so vom Chrom trennt.

Bei beiden Verfahren der Aufarbeitung des Ferrochroms ist eine weitgehende Zerkleinerung der Legierung und ein zeitraubendes und kostspieliges Lösungs- und Trennungsverfahren notwendig.

Es wurde nun gefunden, daß sich aus Ferrochrom eisenfreie Chromisalze in technisch einfacher Weise dadurch herstellen lassen, daß man das Ferrochrom zweckmäßig in Stücken innerhalb eines gegebenenfalls wärmeisolierten Behälters bei Temperaturen von 300 bis 600° mit Chlor oder chlorhaltigen Gasen in der Weise behandelt, daß nach dem Einleiten der Reaktion die zur Bildung der Chloride erforderliche Temperatur durch die Reaktionswärme aufrechterhalten und durch die Chlorzufuhr derart geregelt wird, daß Eisenchlorid absublimiert, während das Chrom als Chlorid zurückbleibt.

Es ist zwar bekannt, daß man zur analytischen Untersuchung von Chromeisenlegierungen Eisen und Chrom durch Chlorierung bei Rotglut trennen kann, doch ist bei dieser Laboratoriumsmethode staubfeine Pulverung und äußere Erhitzung erforderlich. Weitgehende Zerkleinerung und äußere Erhitzung ist aber bei dem vorliegenden technischen Verfahren nicht notwendig. Man hat auch schon Chromsalze aus oxydischen Chromerzen durch Behandlung mit Chlor oder chlorhaltigen Gasen bei Gegenwart eines Reduktionsmittels hergestellt und dabei bei solchen Temperaturen gearbeitet, daß das Eisen als Eisenchlorid absublimiert, während das Chrom als Chromchlorid zurückbleibt. Von dieser Methode unterscheidet sich das vorliegende Verfahren dadurch, daß hier nicht oxydisches Material chloriert wird. Überraschend und technisch wertvoll ist hierbei, daß das Ferrochrom in Stückform verwendet werden kann und die erforderlichen Temperaturen durch die Reaktionswärme selbst aufrechterhalten werden.

Als Reaktionsraum dient zweckmäßig ein Ofen, dessen innere Teile aus Schamotte, Quarz oder einem anderen, auch in der Hitze gegen Chlor gut beständigen Material bestehen, während der äußere Mantel aus Metall gefertigt ist. Zwischen Metallmantel und dem inneren Teil des Ofens wird eine wärmeisolierende Masse, z. B. Kieselgur, gebracht. Auf diese Weise erhält man im Innern durch die bei der Chlorierung entstehende Reaktionswärme genügend hohe Temperaturen, während der Metallmantel kalt bleibt und so der Ofen leicht gasdicht gehalten werden kann. Das Chlorgas wird in dem Ofen dem in Stücken eingefüllten Ferrochrom entgegengeführt, wobei die Temperaturen so gehalten werden, daß durch einen Stutzen am oberen Teile des Ofens das gebildete Eisenchlorid absublimieren kann, während das erhaltene Chromchlorid durch einen Stutzen am unteren Teil des Ofens kontinuierlich abgezogen wird. Sowohl die Trennung von Eisen und Chrom wie die Ausnutzung des Chlors läßt sich bei dieser Arbeitsweise in technisch befriedigender Weise durchführen.

Es hat sich ferner gezeigt, daß durch geringe Beimengungen eines Reduktionsmittels die Reaktion sich beschleunigen läßt. Dieses kann sowohl dem Chlor, z. B. als Kohlenoxyd, oder der Legierung, z. B. als Kohle, zugemischt werden. Zum Aufschluß eignen sich besonders auch die minderwertigen Eisenchromlegierungen mit hohem Kohlenstoffgehalt; der im Chromchlorid zurückbleibende Kohlenstoff läßt sich von jenem auf mechanische oder chemische Weise leicht trennen.

Das erhaltene Chromchlorid kann direkt als solches verwendet oder in bekannter Weise in andere Chromisalze übergeführt werden, während als Nebenprodukt wasserfreies Eisenchlorid gewonnen wird.

Beispiel

In einen auf etwa 500° aufgeheizten, innen ausgemauerten und gut isolierten Drehrohrofen werden stündlich durch eine Schnecke 6 kg feinstückiges Ferrochrom, das 61 % Cr und 8,4 % C enthält, eingefüllt, während am anderen Ende des Ofens stündlich ein Gemisch von 6 cbm Chlor und 40 l Kohlenoxyd eingeblasen wird. Am unteren Ende des Ofens werden in kontinuierlichem Betrieb stündlich etwa 12 kg kohlenstoffhaltiges Chromchlorid mit 0,34 % Fe_2O_3 ausgetragen, während durch einen Stutzen am oberen Teil des Ofens die Eisenchloriddämpfe entweichen, die in geeigneten Kondensationsräumen aufgefangen werden. In der Stunde werden dabei etwa 5 kg Eisenchlorid erhalten, die durch etwa 0,2 % Cr_2O_3 verunreinigt sind.

PATENTANSPRÜCHE:

1. Verfahren zur Darstellung von eisenfreiem Chromchlorid aus Ferrochrom, dadurch gekennzeichnet, daß man dieses zweckmäßig in Stücken innerhalb eines gegebenenfalls wärmeisolierten Behälters bei Temperaturen von 300 bis 600° mit Chlor oder chlorhaltigen Gasen in der Weise behandelt, daß nach dem Einleiten der Reaktion die zur Bildung der Chloride erforderliche Temperatur durch die Reaktionswärme aufrechterhalten und durch die Chlorzufuhr derart geregelt wird, daß Eisenchlorid absublimiert, während das Chrom als Chlorid zurückbleibt.

2. Verfahren nach Anspruch 1, dadurch gekennzeichnet, daß dem Ferrochrom oder dem Chlor geringe Mengen eines Reduktionsmittels zugemischt werden.

F. P. 619066.

Nr. 529806. (I. 29919.) Kl. 12m, 8.

I. G. FARBENINDUSTRIE AKT.-GES. IN FRANKFURT A. M.

Erfinder: Dr. Johannes Brode † und Dr. Carl Wurster in Ludwigshafen a. Rh.

Herstellung von eisenfreiem Chromchlorid.

Zusatz zum Patent 514571.

Vom 1. Jan. 1927. — Erteilt am 2. Juli 1931. — Ausgegeben am 17. Juli 1931. — Erloschen: ....

Gegenstand des Patents 514571 ist ein Verfahren zur Darstellung von eisenfreiem Chromchlorid aus Ferrochrom durch Einwirken von Chlor bei Temperaturen von 300 bis 600° unter Ausnutzung der Reaktionswärme und gegebenenfalls unter Zusatz von Reduktionsmitteln.

Es wurde nun in weiterer Bearbeitung dieses Verfahrens gefunden, daß man auch bei Temperaturen über 600° arbeiten kann.

Die bei dem Prozeß auftretende Wärme ist so groß, daß Temperaturen von über 600° ohne jede äußere Wärmezufuhr erreicht werden. Man kann die Temperatur bis nahe an den Sublimationspunkt des Chromchlorids (850°) ansteigen lassen, ohne daß nennenswerte Mengen Chromchlorid mit dem Eisenchlorid absublimieren. Sollte die Temperatur bei der Reaktion höher ansteigen, so ist durch eine Kondensation mit entsprechender Kühlung eine Trennung des übersublimierten Chromchlorids vom Eisenchlorid leicht möglich.

Beispiel

In einem eisernen, innen mit Silikasteinen ausgemauerten und zwischen Ausmauerung und Eisenmantel isolierten Drehrohrofen, der auf 400° aufgeheizt ist, werden pro Stunde durch eine Schnecke 50 kg feinstückiges Ferrochrom, das 60% Cr und 8% C enthält, eingefüllt, während am anderen Ende des Ofens stündlich ein Gemisch von 140 kg Chlor (in Form eines Abgases mit 92% Cl und 8% CO_2) und 200 l Kohlenoxyd eingeblasen werden. Die Temperatur in dem Ofen steigt im Verlaufe der Reaktion infolge der von dieser gelieferten Wärme auf etwa 750° an und hält sich ohne jede Nachheizung auf dieser Höhe. Am unteren Ende des Ofens werden in kontinuierlichem Betrieb stündlich etwa 70 kg kohlenstoffhaltiges Chromchlorid ausgetragen, das im Durchschnitt 0,29% Fe_2O_3 enthält. Eine Zersetzung oder Verflüchtigung des gebildeten Chromchlorids tritt bei der genannten Temperatur nicht ein.

Durch einen Stutzen am oberen Teil des Ofens entweichen die Eisenchloriddämpfe, die in einer Sublimationskammer aufgefangen werden. Es werden dabei pro Stunde etwa 30 kg wasserfreies Eisenchlorid erhalten, die durch 0,46% Cr_2O_3 in Form von $CrCl_3$ verunreinigt sind.

PATENTANSPRUCH:

Herstellung von eisenfreiem Chromchlorid aus Ferrochrom nach Patent 514571, dadurch gekennzeichnet, daß man bei Temperaturen über 600° arbeitet.

Nr. 489072. (I. 27639.) Kl. 12m, 8.

I. G. Farbenindustrie Akt.-Ges. in Frankfurt a. M.

Erfinder: Dr. Johannes Brode und Dr. Carl Wurster in Ludwigshafen a. Rh.

Verfahren zur Herstellung von Chromichlorid in gelöster oder leicht löslicher, fester Form aus in Wasser schwer löslichem, wasserfreiem Chromichlorid.

Vom 12. März 1926. — Erteilt am 19. Dez. 1929. — Ausgegeben am 13. Jan. 1930. — Erloschen: 1932.

Wasserfreies Chromichlorid, das z. B. durch Chlorierung von Ferrochrom erhalten werden kann, ist in Wasser nicht ohne weiteres löslich. Es ist bekannt, daß man es dadurch in wässerige Lösung bringen kann, daß man es in Berührung mit reduzierenden Substanzen treten läßt. Will man die Chromichloridlösung nicht durch andere Stoffe verunreinigen, so kommt nur der Zusatz von Chromochlorid bei der Auflösung in Frage. Bei Anwendung des Chromochlorids in geringen Mengen ist jedoch mit dessen Hilfe die Auflösung nur unter völligem Luftabschluß möglich; außerdem muß das zu verwendende Chromochlorid in einem besonderen Prozeß hergestellt werden.

Es wurde nun gefunden, daß man wasserfreies Chromichlorid in überraschend einfacher Weise lösen kann, wenn man die wässerige Aufschlämmung des wasserfreien Chlorids mit einem kathodisch polarisierten Leiter in Berührung bringt. Dabei kann man als Anode z. B. eine Graphitelektrode, als Kathode ein Metall, z. B. Blei, verwenden. Um zu verhindern, daß an der Anode gebildete Oxydationsprodukte die Lösung verunreinigen, kann man die Anode mit einem Diaphragma umgeben oder auch besonders vorteilhaft mit einer Anode aus Chrom arbeiten.

Das Verfahren wird zweckmäßig in der Weise ausgeführt, daß man das wasserfreie Chromichlorid in einem als Kathode geschalteten Bleigefäß auflöst. Die erforderliche Stromstärke ist sehr gering, z. B. weniger als 0,02 Amp. auf 1 qdm Elektrodenoberfläche. Selbst große Mengen Chromichlorid können so innerhalb weniger Minuten gelöst werden. Durch die exotherme Reaktion der Wasseraufnahme steigt die Temperatur der Lösung bis zum Siedepunkt an, so daß man auf diese Weise sofort zu sehr konzentrierten Chromichloridlösungen kommen kann, die beim Erkalten teilweise oder vollständig zu hydratischem Chromichlorid erstarren. Infolge der kathodischen Polarisation des Bleigefäßes tritt dabei keine Verunreinigung des Chromichlorids durch in Lösung gehendes Blei ein.

Beispielsweise läßt sich das Verfahren vorteilhaft anwenden, wenn kohlenstoffhaltiges Chromichlorid verarbeitet und gereinigt werden soll, wie es z. B. bei der Chlorierung von Ferrochrom anfällt. In diesem Falle filtriert man in der Hitze die in der oben beschriebenen Weise erhaltene Chromichloridlösung, ehe man sie erstarren läßt.

Beispiel

2 kg wasserfreies, kohlenstoffhaltiges Chromichlorid, das aus Ferrochrom hergestellt wurde, werden in einem verbleiten Eisenkessel von etwa $2^1/_2$ l Inhalt mit 1850 ccm Wasser aufgeschlämmt. In der Mitte des verbleiten Gefäßes hängt ein mit 100 ccm verdünnter Salzsäure gefülltes Tondiaphragma. Der Kessel ist in einem durch einen Bleisammler erzeugten Stromkreis als Kathode, eine in dem Tondiaphragma befindliche Graphitelektrode als Anode geschaltet. Unmittelbar nach Einschalten des Stromes beginnt die Auflösung des Chromichlorids unter starker Wärmeentwicklung, wobei die Temperatur bis gegen 110° ansteigt. Nach 3 bis 5 Minuten wird die entstandene Lösung heiß durch ein säurebeständiges Filter vom ausgeschiedenen Kohlenstoff abfiltriert. Man läßt die klare Lösung erkalten. Durch Abnutschen der in der Kälte größtenteils erstarrten Chromchloridlösung werden 2750 g $CrCl_3 \cdot 6\,H_2O$ in kristallisierter Form erhalten. Die noch etwa 200 g Cr_2O_3 im Liter enthaltende Mutterlauge kann für den nächsten Auflösungsprozeß wieder verwendet werden. Die Auflösung kann durch Zugabe von weniger Wasser (beispielsweise etwa 1300 ccm auf 2 kg des wasserfreien Chromichlorids) auch so geleitet werden, daß die ganze Lösung nach der Heißfiltration zu einem harten Kuchen von hydratischem Chromichlorid erstarrt, der dann zu Stücken beliebiger Größe zerkleinert werden kann.

Patentanspruch:

Verfahren zur Herstellung von Chromichlorid in gelöster oder leicht löslicher, fester Form aus in Wasser schwer löslichem, wasserfreiem Chromichlorid. dadurch gekennzeichnet, daß man eine wässerige Aufschlämmung des wasserfreien Chromichlorids mit dem als Kathode dienenden Pol eines elektrischen Stromkreises in Berührung bringt, indem man beispielsweise als Kathode die Wandung des mit der Aufschlämmung beschickten Behälters benutzt, und gegebenenfalls hierauf aus der gewonnenen heißen, vorteilhaft filtrierten Lösung das Chromichlorid durch Abkühlung ausscheidet.

Nr. 525743. (I. 32711.) Kl. 12m, 8.

I. G. Farbenindustrie Akt.-Ges. in Frankfurt a. M.

Erfinder: Dr. Johannes Brode † und Dr. Carl Wurster in Ludwigshafen a. Rh.

Herstellung von reinem Chromichloridhydrat.

Vom 18. Nov. 1927. — Erteilt am 7. Mai 1931. — Ausgegeben am 28. Mai 1931. — Erloschen: ....

Es ist bekannt, wasserfreies Chromichlorid in Gegenwart von katalytisch wirkenden Stoffen, wie Metallen und deren Salzen, in Wasser zu lösen und daraus durch Eindampfen Chromichloridhexahydrat herzustellen.

Es wurde nun gefunden, daß man unmittelbar zu reinem, wasserlöslichem Chromichloridhydrat gelangen kann, wenn man das Chromichlorid in der oben angegebenen Weise in so wenig, zweckmäßig heißem Wasser löst, als zur Bildung einer heißen konzentrierten Lösung notwendig ist, die dann beim Abkühlen ganz oder teilweise zu Chromichloridhexahydrat erstarrt. Als katalytisch wirkende Substanzen kommen die bekannten Zusätze, wie Aluminium, Zink, Zinksulfat usw., in Betracht; von besonderem Vorteil ist jedoch die Verwendung von Chromichlorid, da dieses wegen seiner großen Neigung, in die höhere Oxydationsstufe überzugehen, in der fertigen Lösung ebenfalls als Chromichlorid vorliegt und daher im Gegensatz zu anderen Zusätzen, wie Metallen, keine weitere Verunreinigung der Lösung bedeutet.

Der wesentliche Vorteil des Verfahrens liegt darin, daß es keinen oder keinen nennenswerten Energieaufwand erfordert, denn der sonst erhebliche Wärmeverbrauch beim Eindampfen verdünnter Lösungen fällt hier fort.

Beispiel 1

100 kg aus Ferrochrom dargestelltes kohlenstoffhaltiges wasserfreies Chromichlorid werden in einem emaillierten Kessel von etwa 125 l Inhalt mit 92,5 l Wasser unter Zusatz von 100 g Chromochlorid aufgeschlämmt. Das Chromichlorid löst sich sofort unter starker Wärmeentwicklung, so daß nach kurzer Zeit durch ein säurebeständiges Filter von dem ungelöst gebliebenen Kohlenstoff abfiltriert werden kann. Durch Absaugen der nach dem Erkalten größtenteils erstarrten Lauge werden 137 kg Chromichloridhydrat von der Zusammensetzung $CrCl_3 \cdot 6\,H_2O$ und eine Mutterlauge mit etwa 200 g Cr_2O_3 im Liter erhalten, die man beim nächsten Auflösungsprozeß wieder verwenden kann.

Wendet man bei der Auflösung von 100 kg wasserfreiem Chromichlorid nur etwa 75 l Wasser an, so erstarrt die Lauge nach der Heißfiltration vollständig zu einem harten Kuchen von hydratischem Chromichlorid, der zu Stücken beliebiger Größe zerkleinert werden kann.

Beispiel 2

100 kg des in Beispiel 1 beschriebenen kohlenstoffhaltigen wasserfreien Chromichlorids werden in einem Steinzeugbehälter von 100 l Inhalt mit 75 l Wasser unter Zusatz von 50 g Aluminiumstaub und 300 g konzentriertem HCl aufgeschlämmt. Das Chromichlorid löst sich sofort unter Steigerung der Temperatur auf etwa 110° auf. Man filtriert alsdann durch ein Steinfilter heiß von dem ungelöst gebliebenen Kohlenstoff und evtl. ungelöstem Aluminium ab und läßt die Lauge erstarren. Der erhaltene Kuchen läßt sich leicht mechanisch zerkleinern, und man erhält ein vorzügliches Chromichloridhydrat, das z. B. mit Vorteil für Gerbereizwecke verwendet werden kann.

Beispiel 3

Man arbeitet in der in Beispiel 1 beschriebenen Weise und setzt statt 100 g Chromochlorid zu der Aufschlämmung von Chromichlorid in Wasser 40 g Zink und eine Lösung von 20 g Zinksulfat ($ZnSO_4 \cdot 7\,H_2O$) in 100 cm³ Wasser zu.

Patentanspruch:

Verfahren zur Herstellung von reinem Chromichloridhexahydrat durch Lösen von Chromichlorid in Gegenwart von katalytisch wirkenden Stoffen in Wasser, dadurch gekennzeichnet, daß nur so wenig Wasser hierbei angewendet wird, als zur Bildung einer heißen konzentrierten Lösung notwendig ist, die beim Abkühlen ganz oder teilweise zu Chromichloridhexahydrat erstarrt.

Nr. 488930. (F. 59911.) Kl. 12m, 8.

I. G. FARBENINDUSTRIE AKT.-GES. IN FRANKFURT A. M.

Erfinder: Dr. Walter Seidel in Leverkusen.

Verfahren zur Herstellung von Chromsulfatlösungen, aus denen in kurzer Zeit große Mengen an Chromalaun in kristallisierter Form abgeschieden werden können.

Vom 30. Sept. 1925. — Erteilt am 19. Dez. 1929. — Ausgegeben am 9. Jan. 1930. — Erloschen: 1933.

Bei den gebräuchlichen Verfahren zur Herstellung von Chromalaun aus Chromhydroxyd oder Chromsulfatablaugen dauert eine Kristallisation 4 bis 6 Wochen. Es ist schon vielfach versucht worden, die Kristallisation durch Zusätze der verschiedensten Stoffe zu beschleunigen, z. B. durch Zusatz von schwefliger Säure, ohne daß jedoch der Erfolg restlos erzielt wurde.

Es wurde nun gefunden, daß man in Zeit von wenigen Stunden eine Sulfatlösung erhalten kann, aus der bei raschem Abkühlen eine technisch ausreichende Menge Chromalaun sofort auskristallisiert. Dies wird dadurch erreicht, daß man die Lösung stark ansäuert und vor dem Zusatz des Kaliumsulfates einige Stunden auf etwa 30 bis 45° erwärmt.

Mit Hilfe dieses Verfahrens ist es jetzt möglich, die an sich bekannte Kristallisation in Bewegung für den Kaliumchromalaun wirtschaftlich durchzuführen, was bisher nicht möglich war, weil ohne diese neue Behandlung aus den grünen Laugen in kurzer Zeit viel zuwenig Alaun abgeschieden wird und bei längerer Berührungszeit die Apparatur unerträglich groß wird.

Beispiel

Eine Chromsulfatlauge, die etwa 130 g Cr_2O_3 im Liter enthält und an Schwefelsäure 8·9 normal ist, wird auf 45° erwärmt; innerhalb weniger Stunden läßt man die Temperatur in zweckentsprechender Weise bis auf etwa 38° heruntergehen, gibt die erforderliche Menge K_2SO_4 zu, kühlt ab und läßt durch Ausrühren oder durch Kristallisation in Bewegung in kurzer Zeit kristallisieren. Die verbleibende stark saure Mutterlauge wird im Kreislauf wieder benutzt.

PATENTANSPRÜCHE:

1. Verfahren zur Herstellung von Chromsulfatlösungen, aus denen in kurzer Zeit große Mengen an Chromalaun in kristallisierter Form abgeschieden werden können, dadurch gekennzeichnet, daß man die stark angesäuerten Lösungen vor dem Zusatz des Kaliumsulfates einige Stunden auf Temperaturen von etwa 30 bis 45° erwärmt.

2. Verfahren nach Anspruch 1, dadurch gekennzeichnet, daß die mit Kaliumsulfat versetzten Chromsulfatlösungen der Kristallisation in Bewegung unterworfen werden.

Nr. 499731. (F. 59332.) Kl. 12m, 8.

I. G. FARBENINDUSTRIE AKT.-GES. IN FRANKFURT A. M.

Erfinder: Dr. Georg Kränzlein,
Dr. Arthur Voß und Dr. Franz Brunnträger in Frankfurt a. M.-Höchst.

Verfahren zur Darstellung von Magnesiumchromdoppelsalzen.

Vom 11. Juli 1925. — Erteilt am 22. Mai 1930. — Ausgegeben am 12. Juni 1930. — Erloschen: 1932.

In dem Patent 443076 ist die Darstellung von bisher in der Technik noch nicht verwandten chromsauren Magnesiumsalzen beansprucht.

Es ist nun gefunden worden, daß sich diese in höchst einfacher Weise in gemischte Magnesiumchromsalze verwandeln lassen, wenn man sie mit reduzierenden Mitteln behandelt. Es entstehen hierbei komplexe Verbindungen, die das Chrom in solcher Form enthalten, daß es bei der Verwendung als Gerbmittel Leder von besonders wertvollen Eigenschaften erzeugt.

Es ist bereits bekannt, Kaliumbichromat mittels schwefliger Säure zu Kaliumchromalaun zu reduzieren (Ullmann, Enzyklopädie der technischen Chemie, Band III, Seite 545). Jedoch entstehen hierbei Doppelsalze bekannter Zusammensetzung, keine Komplexsalze wie nach dem Verfahren unserer Erfindung. Wahrscheinlich ist die besonders günstige Gerbwirkung des Chroms in diesem Falle auf seine Bindung in komplexer Form zurückzuführen. Die Verbindungen stellen Gerbstoffe in großer Ausgiebigkeit und Qualität dar, wie sie von den bisher bekannten Chromgerbstoffen nicht erreicht werden.

Auch zeigt der Reaktionsverlauf des vorliegenden Verfahrens durchaus überraschende und technisch wertvolle Merkmale gegenüber den bekannten Verfahren der Reduktion von Alkalichromaten. Die Reduktion der Magnesiumchromate verläuft wesentlich rascher als die der Alkalichromate. Auch kann man in viel konzentrierter Lösung arbeiten. Alle diese Faktoren bedeuten wesentliche technische Vorteile gegenüber dem bisher Bekannten.

Beispiele

1. In eine hochkonzentrierte Lösung von Magnesiumbichromat wird gemäß der Gleichung:

$$MgCr_2O_7 + 3\,SO_2 + H_2O = MgSO_4 \cdot Cr_2(OH)_2(SO_4)_2$$

schweflige Säure eingeleitet.

Das so dargestellte Produkt kann, gegebenenfalls nach Zugabe von für die besonderen Gerbzwecke erforderlichen Mengen Soda, Magnesia oder Magnesiumcarbonat eingedampft werden. Das basische Magnesiumchromsulfat ist äußerst leicht wasserlöslich, besitzt den sehr hohen Prozentgehalt von etwa 33 % Chromoxyd und gibt bei geringem Verbrauch an Chromoxyd sehr zarte weiche Leder von großer Ausgiebigkeit.

An Stelle von Schwefeldioxyd können auch andere Reduktionsmittel, z. B. Methylalkohol, Acetaldehyd usw., Verwendung finden. Nur ist es dabei nötig, die für die gewünschte Basizität entsprechenden Mengen anorganischer oder organischer Säuren zuzusetzen.

2. In das Gemisch einer hochkonzentrierten (50 %) Lösung von 240 Gewichtsteilen Magnesiumbichromat und 500 Gewichtsteilen Anthracen, die in 600 Gewichtsteilen Chlorbenzol aufgeschlemmt sind, werden bei 80 bis 90° unter gutem Durchrühren langsam 200 Gewichtsteile Schwefelsäure (60° Bé) zulaufen gelassen. Die anfangs besonders lebhafte Reaktion wird, nachdem alle Schwefelsäure eingetragen, durch achtstündiges Imsiedenhalten der Masse zu Ende geführt. Man läßt sie dann absetzen, saugt die Chromlauge ab und wäscht gut aus. Die erhaltene Chromlauge ist vollkommen reduziert und stellt die konzentrierte Lösung eines basischen Magnesiumchromsulfats dar. Der Rückstand besteht aus hochprozentigem Anthrachinon.

3. In eine 25prozentige Lösung von 60 Gewichtsteilen Magnesiumbichromat und 120 Gewichtsteilen konzentrierter Salzsäure (22° Bé) läßt man bei 90 bis 100° unter Rückflußkühlung und unter Rühren 15 Gewichtsteile Methylalkohol einlaufen. Nach zwei- bis dreistündigem Kochen ist die gesamte Chromsäure reduziert, und die anfallende grüne Chromlauge ergibt bei der Einbadchromgerbung zarte volle Leder.

4. In eine 25prozentige wäßrige Lösung von 250 Gewichtsteilen Magnesiumbichromat werden 80 Gewichtsteile Fluorwasserstoffsäure eingeleitet. Dann wird in die Lösung bei 90 bis 100° unter gutem Rühren so viel Dextrin eingetragen, bis keine Chromsäureionen mehr nachweisbar sind, d. h. bis alle Chromsäure zum Chromsalz reduziert worden ist. Es ist in der Lösung als basisches Magnesiumchromfluorid enthalten, das sich sehr gut zum Gerben eignet.

Patentanspruch:

Verfahren zur Darstellung von Magnesiumchromdoppelsalzen, dadurch gekennzeichnet, daß man chromsaure Magnesiumsalze in Gegenwart oder Abwesenheit von Säuren mit reduzierenden Mitteln behandelt.

D. R. P. 443076, B. III, 1292.

Nr. 467789. (F. 57289.) Kl. 12m, 8.

I. G. Farbenindustrie Akt.-Ges. in Frankfurt a. M.

Verfahren zur Gewinnung von leicht löslichen, insbesondere basischen Chromsalzen.

Vom 9. Nov. 1924. — Erteilt am 11. Okt. 1928. — Ausgegeben am 31. Okt. 1928. — Erloschen: 1932.

Die Herstellung von trocknen, mehr oder minder basischen Sulfaten, Chloriden, Chloridsulfaten, Formiaten, Acetaten und anderen Salzen des Chroms macht in der Technik gewisse Schwierigkeiten. Man hat die Trocknung in verschiedenster Weise versucht, so beispielsweise auf dem Walzenapparat, Vakuumwalzenapparat usw. Benutzt man die übliche, aus Eisen bestehende Apparatur, so werden die Walzen angegriffen, was einen doppelten Nachteil bewirkt. Denn einerseits leidet die Apparatur, und andererseits wird das Chromprodukt eisenhaltig und ist für Gerbezwecke, insbesondere kombinierte Gerbezwecke, weniger gut verwendbar. Außerdem sind die erhaltenen Salze, z. B. die halbbasischen Sulfate, ziemlich schwer wieder in Wasser löslich. Dieser Nachteil tritt auch dann ein, wenn man an Stelle von eisernen Walzen säurebeständige Apparaturen benutzt.

Es ist nun gefunden worden, daß sich trockne Chromsalze ohne diese Nachteile leicht herstellen lassen, wenn man die Lösungen oder Suspensionen in fein verteiltem, insbesondere zerstäubtem Zustande einem warmen Gas-, insbesondere Luftstrom aussetzt Man erhält hierbei die Chromsalze frei von Eisen und in sehr lockerer, fein verteilter Form, so daß ein Vermahlen derselben unnötig ist, und die Chromsalze lösen sich auch bei den stark basischen Präparaten leicht wieder in Wasser auf. So ergibt z. B. eine halbbasische Chromchloridsulfatlösung, die auf 5 Äquivalente Schwefelsäure 1 Äquivalent Salzsäure enthält, bei 60 bis 70° nach dem vorliegenden Verfahren getrocknet, ein Präparat, das sich leicht in kaltem Wasser löst, während ein Präparat, bei derselben Temperatur im Vakuum getrocknet, nur sehr langsam im Wasser quillt. Die Temperatur beim Trocknen kann in weiten Grenzen schwanken, und die Ausgangslösungen können selbstverständlich außer Chrom auch noch andere Salze, z. B. Natriumsulfat, enthalten.

Lösungen von Salzen nach dem beanspruchten Verfahren zu trocknen, ist an und für sich bekannt. Es ist aber unbekannt, Chromsalzlösungen auf diese Weise zu trocknen, und insbesondere war der angegebene gewerbliche Fortschritt aus der Literatur über die Trocknung von Salzen nicht zu entnehmen und auch nach ihr nicht vorauszusehen.

Patentanspruch:

Verfahren zur Gewinnung von leicht löslichen, insbesondere basischen Chromsalzen durch Eindampfen oder Trocknen ihrer Lösungen oder Suspensionen, dadurch gekennzeichnet, daß man die Lösungen oder Suspensionen in an sich bekannter Weise in fein verteiltem Zustand einem warmen Gasstrom aussetzt.

Seltene Erden.

Literatur: Gmelin, *Handbuch der anorg. Chem.*, 7. Aufl., Seltene Erdelemente, Heidelberg 1932. — M. E. Weeks, Die Entdeckung der seltenen Erden, *Journ. chem. Education* **9**, 1231, 1386, 1413, 1593, 1605. 1751 (1932). — W. Noddack, Fortschritte in der Darstellung und Anwendung einiger seltener Elemente, *Metallbörse* **21**, 603, 651 (1931). — J. Allen Harris, Studien über seltene Erden, *Journ. Amer. chem. Soc.* **53**, 2475 (1931). — J. Ant.-Wuorinen, Die Trennung der seltenen Erden durch Hydrolyse ihrer Azide, *Suamen Kemistilehti* **4**, 89 (1931). — M. Billy und F. Trombe, Darstellung von reinem Cerium, *Compt. rend.* **193**, 421 (1931). — R. Llord y Gamboa, Darstellung von Lanthan aus einem schwedischen Cerit. Trennung des Lanthan-Ammonium-Doppelnitrats. Spektralanalyse des gewonnenen Lanthanoxyds. *Anales Soc. Espanola Fisica Quim.* **28**, 1145 (1930). — E. Chauvenet und Souteyrand-Franck, Über das Thorylnitrat, *Bull. Soc. chim.* [4] **47**, 1128 (1930). — H. Evert, Über die Emission des Praseodyms in Erdalkaliphosphoren, *Ann. Physik* [5] **12**, 107, 137 (1931). — H. Copaux, Der Einfluß von Ceriumoxyd auf die katalytischen Eigenschaften von Thoriumoxyd, *Bull. Soc. chim.* [4] **49**, 1397 (1931). — C. J. Engelder und L. E. Miller, Katalysatoren für die Oxydation von Kohlenmonoxyd, *Journ. physical. Chem.* **36**, 1345 (1932). — Martineau, Über die Oxydation von Äthylalkohol durch Luft in Gegenwart einiger binärer oder ternärer Katalysatoren, *Compt. rend.* **194**, 1350 (1932).

Zirkonium, Hafnium: H. Trapp, Das Zirkonoxyd und seine Verwendung in der Technik, *Chem. Ztg.* **56**, 306 (1932). — H. Trapp, Über das Zirkonoxyd, seine Herstellung und Verwendung, *Metallbörse* **21**, 1516, 1565 (1931). — E. Geay, Einige neue Elemente (Hf, Re, In) und ihre Verwendungsmöglichkeiten, *Rev. Chim. ind.* **40**, 98 (1931). — P. Schmid, Gewinnung von Zirkonoxyd und Konstitution einiger Zirkonsalze, *Z. anorg. Chem.* **167**, 369 (1927). — P. Clausing, Über die Schmelzpunkte des Zirkonoxydes und des Hafniunoxyds, *Z. anorg. Chem.* **204**, 33 (1932). — R. C. Young, Die wasserfreien niederen Bromide von Zirkon, *Journ. Amer. chem. Soc.* **53**, 2148 (1931). — G. v. Hevesy und E. Cremer, Über die Sulfate des Zirkoniums und Hafniums, *Z. anorg. Chem.* **195**, 399 (1931). — H. B. Barlett, Röntgenographische und mikroskopische Untersuchungen von ZrO_2-haltigen Silicatschmelzen, *Journ. Amer. ceram. Soc.* **14**, 837 (1931). — L. R. Kirk, Aufgabe und Wirkung von Trübungsmitteln, *Journ. Amer. ceram. Soc.* **15**, 226 (1932).

Hochfeuerfeste Massen: O. Ruff, F. Ebert und W. Loerpabel, Beiträge zur Keramik hochfeuerfester Stoffe, *Z. anorg. Chem.* **207**, 308 (1932). — F. Gambey und G. Chaudron, Beitrag zur Kenntnis der feuerfesten Oxyde, *Chim. et Ind.* **27**, Sond. Nr. 3 bis., 397 (1932). — H. E. White, Die Entwicklung einiger hochfeuerfester Stoffe, *Fuels and Furnaces* **9**, 1155 (1931). — Wm. H. Swanger und F. R. Caldwell, Sonderfeuerfeste Stoffe zur Verwendung bei hohen Temperaturen, *Metal Ind.* **40**, 149, 199 (1932). — J. B. Austin, Die Wärmeausdehnung einiger feuerfester Oxyde, *Journ. Amer. ceram. Soc.* **14**, 795 (1931). — H. M. Kraner, Elektrischer Widerstand feuerfester Stoffe bei hohen Temperaturen, *Ind. engin. Chem.* **23**, 1098 (1931).

Niob, Tantal: M. E. Weeks, Die Entdeckung der Elemente Niob, Tantal u. Vanadium, *Journ. chem. Education* **9**, 863 (1932). — L. Trau, Tantal und seine Anwendungen, *Aciers spéciaux, Métaux, Alliages* **7**, 15 (1932). — Anonym, Das Tantal, seine Eigenschaften und seine Anwendungen, *Ind. chimique* **18**, 390, 785 (1931). — W. R. Schoeller und H. W. Webb, Analytische Untersuchungen über Tantal, Niob und ihrer mineralischen Begleiter, *Analyst* **56**, 795 (1931). **57**, 72 (1932). — P. Falciola, Organische Produkte und spezifische Reaktionen in der analytischen Chemie, *Ind. chimica* **6**, 1111, 1251, 1356 (1931). — H. T. S. Britton und R. A. Robinson, Physikalisch chemische Untersuchungen von komplexen Säuren. Niobiumsäure, *Journ. chem. Soc.* **1932**, 2265. — F. C. Kelley, Zementierte Tantalcarbidwerkzeuge, *Trans. Amer. Soc. Steel Treating* **19**, 233 (1932).

Über die seltenen Erden ist ausführlicher im III. B. S. 1302 berichtet worden, sodaß diesmal die allgemeine Übersicht besonders kurz gefaßt werden kann. Die Verwendung des **Thriumoxydes** für Beleuchtungszwecke hat in der Berichtszeit mengenmäßig weiter abgenommen, teils wegen des allgemeinen Rückganges der Gasbeleuchtung, teils wegen des Überganges der Straßenbeleuchtung auf die kleinen, sehr haltbaren und mehr Licht spendenden hängenden Glühstrümpfe.

Neue Anwendungsgebiete für das Thorium sind nicht gefunden worden und auch beim Cer ist Hauptverwendungszweck die Herstellung des Cereisens geblieben. Neu ist die steigende Anwendung des Cers in der Glasindustrie zum Entfärben des Glases, und mit TiO_2 zusammen um Glas schön bräunlichgelb zu färben.

Von den übrigen seltenen Erden wird Neodym bzw. das Didym-gemisch in Gläsern für Spezialbrillen verwendet. Diese erhöhen den Kontrast rot-blau.

Zirkonium. Das Interesse an Zirkonoxyd zur Herstellung von hochfeuerfesten Massen hat nicht nachgelassen. Ein Beweis hierfür sind die verhältnismäßig zahlreichen D.R.P. zum Aufschluß von Zirkonerze[1]) mit dem hauptsächlichsten Zweck reines ZrO_2[2]) zu gewinnen, das auch als Trübungsmittel Verwendung findet[3]). Über die in den D.R.P. beschriebenen Verfahren wäre Allgemeineres nichts zu sagen.

Ein weiteres Anwendungsgebiet wird für das Zirkon in der Metallfadenlampen-Industrie, und in der Metallurgie, teils als Bestandteil hochwertiger Legierungen, teils zum Vergüten von Metallen gesucht. (s. Abschnitt „Metalle"). Über die Anwendung des Carbides s. S. 2335.[4])

Hafnium. Die Eigenschaften des Hafniums und seiner Verbindungen sind so nahe denen des Zirkoniums gleich, daß eine selbständige Verwendung für das Hafnium, die den wesentlich höheren Preis rechtfertigen könnte, noch nicht ermittelt worden ist.

Die in der Berichtszeit veröffentlichten D.R.P. ebenso wie die ausländischen Patente[5]) befassen sich daher nur mit neuen Trennungsverfahren des Zr vom Hf.

Niob. Tantal. Nur ein D.R.P. über den Aufschluß von Tantal-Erzen mittels H_2SO_4 und $KHSO_4$ ist in der Berichtszeit zu verzeichnen. Das Hauptinteresse wendet sich dem Tantal-Metall zu, das für verschiedene Zwecke so z. B. durch seine Härte, oder für Elektroden wertvoll ist, (s. Abschnitt „Metalle"). Ferner findet es Interesse als Legierungsbestandteil und schließlich das Carbid, wie auch das Niobcarbid, als Komponente von Hartmetallen, (s. S. 2335). Sonstige Verbindungen der beiden Elemente haben in der chemischen Technik keine Bedeutung erlangt.

---

[1]) F. P. 714285, Bozel Maletra, Entfernen von Fe mittels HCl aus zuvor bei 400° calciniertem ZrO_2.

F. P. 719823, Fichet (Bournisien, Beau & Cie.), Zirkonerze, Reinigung mit HCl, Aufschluß mit HF oder HF u. H_2SO_4; Darstellung von reinem ZrO_2.

F. P. 677621, A. Karl, Aufschluß von Zr-Mineralien mit Soda, Lösen des Zirkonates mit H_2SO_4 Fällen der reduzierten Lösung mit $NaHCO_3$.

[2]) F. P. 714284, Bozel Maletra, Hochprozentiges ZrO_2 aus Zirkonatlösungen durch Hydrolyse unter Druck.

Belg. P. 358837, J. Blumenfeld, ZrO_2, TiO_2 aus den Halogeniden durch Hydrolyse mit Wasserdampf in geschmolzenen Alkalisalzen.

F. P. 702077, Comp. Française Exploit. Proc. Thomson-Houston, Massen aus ZrO_2, ThO_2 u. s. w. gebunden mit Stärkekleister.

[3]) A. P. 1789311, Titanium Alloy Mfg. Co., Emailtrübungsmittel durch Fritten von $ZrSiO_4$ mit Na_2CO_3.

[4]) F. P. 714283, Bozel Maletra, Zr-Carbid aus Erzen mit C im elektrischen Ofen.

[5]) N. V. Philips Gloeilampenfabrieken.

E. P. 235217, A. P. 1636493, Schwed. P. 61432, fraktionierte Kristallisation der Phosphate, Arsenate, Antimoniate.

E. P. 258343, Russ. P. 9893, Schwed. P. 65217, fraktionierte Fällung der Phosphate mit H_2O.

E. P. 266800, F P. 623869, Russ. P. 9361, Schwed. P. 65218, fraktionierte Zersetzung der Phosphate mit HF.

F. P. 598606, Russ. P. 3947, saure Lösungen der Phosphate u. s. w. werden mit HCl als Oxychloride fraktioniert gefällt.

E. P. 238543, A. P. 1624162, Lösen der Phosphate mit Alkali und Komplexe bildenden org. Stoffen.

A. P. 1771557, J. H. de Boer, Hf-Zr-Salze, Trennen von den Elementen der 5. Gruppe als Doppelfluoride.

A. P. 1865264, Westinghouse Lamp Co., Trennung von Ti, Zr von Hf über Sulfate und Doppelsulfate.

Übersicht der Patentliteratur.

A. Seltene Erden. (S. 2993.)

D. R. P.	Patentnehmer	Charakterisierung des Patentinhaltes
431 308	Degea	Elektrolytische Aufoxydation von an Ceritsulfat übersättigten Lösungen
561 716	I. G. Farben	ThO_2-Gele über schwachsaure mit NH_3 hergestellte Sole, die mit milden Mitteln (K-acetat) zu Gallerten koaguliert werden, Seite 1914
556 926	O. Ruff u. Fr. Ebert	Edelsteine aus ZrO_2 und ThO_2 mit Erdalkali oder Ceritoxyden, Seite 2933
485 052	Ring-Ges.	Kolloidale Fluoride, Seite 372
505 964	Kemet Laboratories Co.	Th-W(Mo)-Legierungen, s. „Metalle"

B. Zirkonium. (S. 2993.)

D. R. P.	Patentnehmer	Charakterisierung des Patentinhaltes
536 549	C. Lorenz A.G.	Spalten des $ZrSiO_4$ durch Erhitzen über 1000° und Abschlämmen des ZrO_2 vom SiO_2
543 675	C. Lorenz A.G.	Desgl. Spalten zu ZrC und SiO_2 und Oxydieren zu ZrO_2
522 702	Degea	Aufschließen mit etwa 1 Mol. Alkalioxyd auf ZrO_2 gerechnet
524 986	Titanium Alloy Co.	Lösen alkalischer Zr-Erz-Aufschlüsse mit verd. Säuren bei 40—70°, so daß SiO_2 in Lösung bleibt
509 514	Kali-Chemie	Aufschluß von Zr-Erzen durch Sintern mit Erdalkalien und deren Halogeniden
509 515	Kali-Chemie	Verarbeitung von Zirkon-Kalk-Schmelzen mit H_2O und SO_2, Lösen mit HCl und Fällen mit der Ca-disulfitlösung
510 574	Kali-Chemie	Verarbeitung von Zirkon-Kalk-Schmelzen mit $CaCl_2$-HCl-Lösungen zu $ZrOCl_2$
512 402	Kali-Chemie	Verarbeitung von Zirkon-Kalk-Schmelzen: Lösen mit weniger HCl als zur $ZrOCl_2$-Bildung erforderlich ist
509 151	P. Schmid	Metazirkonsäure aus festen Zr-Salzen mit NH_3
488 507	Degea	ZrO_2, feinverteiltes aus hochbasischen Oxalaten
531 578	Degussa	Hochdisperses ZrO_2 aus $Zr(OH)_2$, $ZrOCl_2$ durch nasses Behandeln mit flüchtigen Fluoriden (NH_4F) und folgendes Glühen bei 500°
519 796	Degussa	Plastischmachen von ZrO_2: Mischen mit hydrolysierbaren Verbindungen und dann naß Formen
542 320	Degussa	Plastischmachen von ZrO_2: desgl. mit HCl oder flüchtigen Halogenverbindungen
488 356	Degea	Feuerfeste Stoffe aus ZrO_2, durch Zusatz von Zr-Erz oder -Silicat
501 189	Stettiner Chamotte-Fabrik Didier	Feuerfeste Stoffe aus ZrO_2, Einbinden von ZrO_2 mittels Erdalkalisalzen oder Säuren und Cr_2O_3, Graphit usw.
556 926	O. Ruff u. Fr. Ebert	Edelsteine aus ZrO_2 und ThO_2 mit Erdalkali oder Ceritoxyden, Seite 2933
453 502	Philips' Gloeilampenfabr.	Fluor aus Zr- und Hf-Fluoriden, Seite 301

C. Hafnium. (S. 3008.)

D. R. P.	Patentnehmer	Charakterisierung des Patentinhaltes
461 137	Philips' Gloeilampenfabr.	Trennung von Hf vom Zr durch Fraktionierung der Doppelfluoride
492 754	Degea	Trennung von Hf vom Zr durch Fraktionierung der Halogenide
546 215	W. Prandtl	Trennung von Hf vom Zr durch Fraktionierung mittels Ferrocyanidion

D. Niob, Tantal. (S. 3013.)

D. R. P.	Patentnehmer	Charakterisierung des Patentinhaltes
538 082	I. G. Farben	Aufschluß von Ta-Erzen mit $KHSO_4$-H_2SO_4, Behandeln mit H_2O. Lösen der Erdsäuren in KOH, Filtrieren, Umsetzen mit HF

Nr. 431 308. (D. 44 787.) Kl. 12 m, 9.

DEUTSCHE GASGLÜHLICHT-AUER-GESELLSCHAFT M. B. H. IN BERLIN.

Verfahren zur elektrolytischen Aufoxydation von Cersalzlösungen, insbesondere von Ceritsulfatlösungen.

Vom 19. Jan. 1924. — Erteilt am 24. Juni 1926. — Ausgegeben am 1. März 1928. — Erloschen: 1931.

Die üblichen Arten der elektrolytischen Aufoxydation von Cersalzlösungen, insbesondere von Ceritsulfatlösungen, bieten gewisse Unzuträglichkeiten. Solche machen sich z. B. bemerkbar, wenn man mit normal gesättigten, angesäuerten Lösungen arbeitet. Es scheidet sich dann während der Elektrolyse basisches Ceritsulfat in öligen Massen ab, die in der Kälte allmählich erstarren. Das so sich ausscheidende basische Cerisulfat verschmiert die Anode, so daß die Elektrolyse unterbrochen werden muß.

Es hat sich herausgestellt, daß sich diese Unzuträglichkeiten vermeiden lassen, wenn man die elektrolytische Aufoxydation in hochkonzentrierten, z. B. an Ceritsulfat stark übersättigten Lösungen vornimmt. Unter diesen Bedingungen bleibt alles Cerisalz in Lösung. Am zweckmäßigsten arbeitet man so, daß man die Elektrolyse in ununterbrochenem Arbeitsgange durchführt und hierbei zweckmäßig im Verlauf der Elektrolyse, wenn die Lösung etwa zur Hälfte aufoxydiert ist, noch Schwefelsäure hinzufließen läßt.

Aus den bereits aufoxydierten Lösungen kann man das Cerisalz durch Einfließenlassen der Lösung in Wasser zur Abscheidung bringen. Nötigenfalls kann man die Fällung durch Abstumpfen der überschüssigen Säure mit Basen oder Carbonaten unterstützen.

Die zur Aufoxydation nach dem oben angegebenen Verfahren bestimmten übersättigten Lösungen werden so hergestellt, daß man in kalten, mit Ceritsulfat gesättigten Lösungen entwässertes Ceritsulfat vorsichtig einträgt.

Beispiel.

Man elektrolysiert in der Weise, daß man eine durch Auflösen von etwa 400 Teilen entwässerten Ceritsulfats in etwa 1000 Teilen gekühlten Wassers hergestellte übersättigte Lösung als Anodenflüssigkeit verwendet. Als Kathodenflüssigkeit benutzt man etwa 5prozentige Schwefelsäure. Die Elektroden bestehen zweckmäßig aus Blei. Man arbeitet mit Diaphragma und hält die Elektrolyse etwa 6 Stunden lang bei einer Stromdichte von 1 Amp. auf 100 qcm Anodenfläche in Gang. Wenn die Aufoxydation etwa bis zur Hälfte fortgeschritten ist, läßt man etwas 5prozentige Schwefelsäure nachfließen. Nach Verlauf von 6 Stunden ist das vorhandene Cer zu ungefähr 99 Prozent aufoxydiert. Die mittlere Stromausbeute ist sehr befriedigend.

PATENTANSPRUCH:

Verfahren zur elektrolytischen Aufoxydation von Cersalzlösungen, insbesondere von Ceritsulfatlösungen, dadurch gekennzeichnet, daß der Elektrolyse hochkonzentrierte, z. B. an Ceritsulfat übersättigte Lösungen unterworfen werden, wobei man zweckmäßig nach etwa bis zur Hälfte fortgeschrittener Aufoxydation der Lösung noch Schwefelsäure zufließen läßt.

Nr. 536 549. (L. 73 897.) Kl. 12 m, 9. C. LORENZ AKT.-GES. IN BERLIN-TEMPELHOF.

Herstellung von reinem Zirkonoxyd aus Zirkonsilikat.

Vom 10. Jan. 1929. — Erteilt am 8. Okt. 1931. — Ausgegeben am 24. Okt. 1931. — Erloschen: 1933.

Die hervorragenden Eigenschaften, die das Zirkonoxyd schon lange als technisch wertvoll erscheinen lassen, wie seine außerordentlich hohe Feuerfestigkeit, seine Temperaturwechselbeständigkeit und sein Wärmeisolationsvermögen, vermochten dem Oxyd bis jetzt noch nicht in dem Maße Eingang in die Technik zu verschaffen, wie man erwarten sollte. Diese Tatsache ist begründet in dem hohen Preis des Zirkonoxydes. Ein alkalischer Aufschluß des Zirkonsilikates, der versucht wurde, führt bekanntlich betriebsmäßig zu keinem keramisch verwendbaren Zirkonoxyd. Als Ausgangsmaterial werden für die Herstellung von reinem Zirkonoxyd Erze verwendet, die neben Zirkonoxyd, Zirkonsilikat bis zu 5 % und mehr Eisenoxyd und Titanoxyd enthalten und deren Reinigung erfahrungsgemäß nur sehr unvollkommen gelingt. Soweit es überhaupt möglich ist, diese Erze (Favas, Baddeleyit usw.) sauer aufzuschließen und das in Lösung gegangene Zirkonoxyd auf eine der bekannten Arten zu gewinnen, hat dieses Verfahren gegenüber dem erfindungsgemäßen Verfahren Nachteile. Es läßt sich nämlich nur freies Zirkonoxyd aufschließen und nicht das mit Kieselsäure in Form von $ZrSiO_4$ vorhandene, dessen Anteil je nach der Art des Erzes bis zu 50 % und mehr betragen kann. Dieser bis jetzt nur auf unwirtschaftliche Art, z. B. Schmelzen, zu reinem Zirkonoxyd verarbeitbare Rückstand, der teilweise identisch ist mit dem in der Natur (Norwegen) in höchster Reinheit vorkommenden Zirkonsilikat, konnte bis jetzt nur geringe Verwertung in der Praxis finden.

Nach der vorliegenden Erfindung ist es möglich, auch aus Zirkonsilikat auf einfachste Weise ein reines Zirkonoxyd herzustellen, das den höchsten Anforderungen entspricht. Erhitzt man Zirkonsilikat auf Temperaturen über 1000°, so wird dasselbe gespalten. Bei Luftzutritt nimmt der Prozeß folgenden Verlauf:

$$ZrO_2 \cdot SiO_2 = ZrO_2 + SiO_2.$$

Die Trennung der Kieselsäure vom Zirkonoxyd kann auf Grund des großen Unterschiedes in den spezifischen Gewichten ZrO_2 (5,5) SiO_2 (2,5) durch Schlämmen bewerkstelligt werden.

Theoretisch lassen sich aus $ZrO_2 \cdot SiO_2$ 33 % SiO_2 abscheiden. Das man diesem Wert mit dem erfindungsgemäßen Verfahren sehr nahe kommt, zeigt das folgende Ergebnis eines Versuchs.

Reines Zirkonsilikat wurde zunächst durch Behandlung mit Flußsäure von der säurelöslichen Kieselsäure befreit, welche 3,8 % des Ausgangsmaterials ausmachte. Darauf wurde das von der freien Kieselsäure befreite Zirkonsilikat 2 Stunden bei 1 500 bis 1 600° geglüht und nach dem Zerkleinern durch Schlämmen in seine Bestandteile ZrO_2 und SiO_2 getrennt. Der Kieselsäuregehalt betrug 27,1 % des Ausgangsmaterials, so daß im ganzen 30,9 % Kieselsäure ausgeschieden wurden. Von dem im Zirkonsilikat theoretisch vorhandenen 33 % SiO_2 wurde also fast alles, bis auf einen kleinen Rest, ausgeschieden, so daß das erhaltene Zirkonoxyd als sehr rein zu bezeichnen ist.

Das erfindungsgemäß hergestellte Zirkonoxyd hat im Gegensatz zu dem auf die bekannte technisch-chemische Weise hergestellte ZrO_2 den Vorteil, daß es direkt zu keramischem Material verwendet werden kann und daher nicht mehr vorgebrannt zu werden braucht.

Das alkalisch gewonnene besitzt den Nachteil, daß es beim Sintern bis zu 50 % schwindet. Um dies zu vermeiden, muß alkalisch gewonnenes Oxyd zunächst erhitzt werden und nach der Abkühlung verarbeitet, d. h. geformt werden, um dann erst dem eigentlichen Brennprozeß zugeführt zu werden. Das erfindungsgemäß gewonnene Zirkonoxyd weist jedoch diesen Nachteil nicht auf, sondern kann direkt geformt und weiterverarbeitet werden. Außerdem besitzt es noch den großen Vorzug, daß es wesentlich billiger hergestellt werden kann als bei dem bisherigen Verfahren.

Selbstverständlich lassen sich nach diesem Verfahren auch sämtliche bekannten Gemische von Zirkonoxyd und Zirkonsilikat vor oder nach den bekannten Reinigungen auf diese Weise aufschließen, und der Vorteil der vorliegenden Erfindung läßt sich hiermit auch auf diese Erze ausdehnen. Bei der Durchführung des erfindungsgemäßen Verfahrens hat es sich noch als vorteilhaft herausgestellt, das Glühgut nach der Erhitzung möglichst rasch abzukühlen, indem man es beispielsweise in Wasser wirft. Hierdurch wird die Aufspaltung in Zirkon und Kieselsäure in äußerst rascher und reiner Weise bewirkt.

Patentansprüche:

1. Verfahren zur Herstellung von reinem Zirkonoxyd aus Zirkonsilikat, dadurch gekennzeichnet, daß das Zirkonsilikat durch Erhitzen über 1000° und nachfolgendes Schlämmen in Zirkonoxyd und Kieselsäure gespalten wird.
2. Verfahren nach Anspruch 1, dadurch gekennzeichnet, daß nach der Erhitzung schnell abgekühlt wird.

Nr. 543 675. (L. 77 754.) Kl. 12 m, 9. C. Lorenz Akt.-Ges. in Berlin-Tempelhof.

Herstellung von reinem Zirkonoxyd aus Zirkonsilikat.

Vom 10. Jan. 1929. — Erteilt am 21. Jan. 1932. — Ausgegeben am 8. Febr. 1932. — Erloschen: 1932.

Als Ausgangsmaterial für die Herstellung von reinem Zirkonoxyd werden Erze verwendet, die neben Zirkonoxyd Zirkonsilikat bis zu 5 % und mehr, Eisenoxyd und Titanoxyd enthalten und deren Reinigung erfahrungsgemäß nur sehr unvollkommen gelingt. Man schließt bekanntlich die Erze entweder alkalisch oder sauer auf. Vor dem sauren Aufschluß hat man bereits die Erze mit Kohle geglüht.

Erfindungsgemäß wird das geglühte Produkt folgend in oxydierender Atmosphäre geglüht und dann geschlämmt.

Erhitzt man Zirkonsilikat auf Temperaturen über 1000° erst in kohlender Atmosphäre und dann in oxydierender Atmosphäre, so wird dasselbe gespalten. In der kohlenden Atmosphäre findet zunächst eine Carbidbildung des Zirkons nach folgender Formel statt:

$$ZrO_2 \cdot SiO_2 + 2\,C = ZrC + CO_2 + SiO_2.$$

Das Zirkoncarbid verbrennt dann in der oxydierenden Atmosphäre (Luft oder höher prozentiges sauerstoffhaltiges Gas).

Die Trennung der Kieselsäure vom Zirkonoxyd kann auf Grund des großen Unterschiedes in den spezifischen Gewichten ZrO_2 (5,5) und SiO_2 (2,5) durch Schlämmen bewerkstelligt werden. Von $ZrO_2 \cdot SiO_2$ lassen sich theoretisch 33 % SiO_2 abscheiden. Daß man diesem Wert mit dem erfindungsgemäßen Verfahren sehr nahe kommt, zeigt das folgende Ergebnis eines Versuches:

Reines Zirkonsilikat wurde zunächst durch Behandlung mit Flußsäure von der säurelöslichen Kieselsäure befreit, welche 3,8 % des Ausgangsmaterials ausmachte. Darauf wurde das von der freien Kieselsäure befreite Zirkonsilikat bei 1500 bis 1600° erst etwa 1 Stunde in kohlender Atmosphäre und dann noch etwa 1 Stunde in oxydierender Atmosphäre geglüht. Das geglühte Material ließ sich nach dem Zerkleinern durch Schlämmen in seine Bestandteile ZrO_2 und SiO_2 trennen. Der Kieselsäuregehalt betrug 26,5 % des Ausgangsmaterials, so daß im ganzen 30,3 % Kieselsäure ausgeschieden wurden. Von dem im Zirkonsilikat vorhandenen 33 % SiO_2 wurde also fast alles bis auf einen kleinen Rest ausgeschieden, so daß das erhaltene Zirkonoxyd als sehr rein zu bezeichnen ist.

Das erfindungsgemäß hergestellte Zirkonoxyd hat im Gegensatz zu dem auf die bekannte technisch-chemische Weise hergestellten ZrO_2 den Vorteil, daß es direkt zu keramischem Material verwendet werden kann und daher nicht mehr vorgebrannt zu werden braucht.

Das alkalisch gewonnene besitzt den Nachteil, daß es beim Sintern bis zu 50 % schwindet. Um dies zu vermeiden, muß alkalisch gewonnenes Oxyd zunächst erhitzt werden und nach der Abkühlung verarbeitet, d. h. geformt, werden, um dann erst dem eigentlichen Brennprozeß zugeführt zu werden.

Selbstverständlich lassen sich nach diesem Verfahren auch sämtliche bekannten Gemische von Zirkonoxyd und Zirkonsilikat vor oder nach den bekannten Reinigungen auf diese Weise aufschließen, und der Vorteil der vorliegenden Erfindung läßt sich hiermit auch auf diese Erze ausdehnen. Bei der Durchführung des erfindungsgemäßen Verfahrens hat es sich noch als vorteilhaft herausgestellt, das Glühgut nach der Erhitzung rasch abzukühlen, indem man es beispielsweise in Wasser wirft. Hierdurch wird die Aufspaltung in Zirkon und Kieselsäure in äußerst rascher und reiner Weise bewirkt.

Patentansprüche:

1. Verfahren zur Herstellung von reinem Zirkonoxyd aus Zirkonsilikat, dadurch gekennzeichnet, daß Zirkonsilikat durch Erhitzen über 1000° erst in kohlender und dann in oxydierender Atmosphäre und nachfolgendes Schlämmen in Zirkonoxyd und Kieselsäure gespalten wird.

2. Verfahren nach Anspruch 1, dadurch gekennzeichnet, daß nach der Erhitzung schnell abgekühlt wird.

Nr. 522702. (D. 58718.) Kl. 40a, 51.

Deutsche Gasglühlicht-Auer-Gesellschaft m. b. H. in Berlin.

Aufschließen von Zirkonerzen.

Vom 30. Juni 1929. — Erteilt am 26. März 1931. — Ausgegeben am 13. April 1931. — Erloschen: . . . .

Zum Aufschluß von Zirkonoxyd und Kieselsäure enthaltenden Zirkonerzen sind bisher verhältnismäßig große Mengen an Alkali benutzt worden. Es ist nun gefunden worden, daß man diese Erze mit viel kleineren Mengen an Alkali aufschließen kann. Es genügt, nur so viel Alkali zu nehmen, daß auf 1 Mol. Zirkonoxyd gerechnet nur etwa 1 Mol. Alkalioxyd kommt. Es bilden sich hierbei direkt in quantitativer Reaktion die in der Literatur schon beschriebenen Alkalizirkoniate bzw. Alkalizirkonsilikate. Jeder Überschuß an Alkali ist entbehrlich. Falls weniger Kieselsäure vorhanden ist, als dem molaren Verhältnis im Zirkonsilikat entspricht, gilt die Gleichung:

$$x\,ZrO_2 + y\,SiO_2 + x\,NaO = (x - y)\,Na_2ZrO + y\,Na_2ZrSiO_5.$$

Übersteigt der Gehalt an Kieselsäure die obengenannte Grenze, so bildet diese freie Kieselsäure für die angegebene Aufschlußmethode kein Hindernis; es entsteht außer der obengenannten Verbindung noch eine Verbindung $Na_4Zr_2Si_3O_{12}$. Das oben angegebene Verhältnis zwischen Alkali und Zirkonoxyd stellt daher einen Wert dar, der auf Grund des oben Erwähnten nicht unterschritten werden soll.

Der Aufschluß erfolgt bei Verwendung der Alkalihydrate bei etwa 500° und darüber. Wirtschaftlich vorteilhafter ist es, die Alkalicarbonate, insbesondere Soda, zu verwenden, bei der die Reaktion bei etwas höherer Temperatur, etwa 900° und darüber, durchgeführt werden muß. Da die Massen nicht schmelzen, ist ein Angriff auf die Öfen nicht zu befürchten.

Die so hergestellte Alkali-Zirkon-Kieselsäure-Verbindung löst sich, wie bekannt, in starker Mineralsäure glatt auf. Zur Trennung des Zirkonoxyds und der Kieselsäure kann man etwa so verfahren, daß man durch Eindampfen mit Säuren die Kieselsäure unlöslich macht und die entsprechenden Zirkonsalze mit Wasser extrahiert. oder man verfährt so, daß man mit Säure das Zirkonoxyd und die Kieselsäure in Lösung bringt und aus dieser sauren Lösung nach bekannten Verfahren das Zirkonoxyd in Form von schwer löslichen Verbindungen ausscheidet, z. B. als Zirkonkaliumsulfat oder besser als basisches Zirkonsulfat $3\,ZrO_2 \cdot 2\,SO_3$. Zur Fällung der letzten Verbindung ist es vorteilhaft, die Auflösung des Aufschlusses mit Salzsäure durchzuführen und die Verbindungen aus der salzsauren Lösung unter Zusatz von Schwefelsäure oder eines Sulfates auszufällen. Durch diese Methode erreicht man auch eine gute Trennung des Zirkons vom Titan, Eisen und anderen gelösten Oxyden. die im Erz zugegen waren.

PATENTANSPRÜCHE:

1. Verfahren zum Aufschließen von Zirkonerzen, die Zirkonoxyd und Kieselsäure enthalten, mit Alkali, dadurch gekennzeichnet, daß man, auf den Zirkonoxydgehalt des Erzes gerechnet, etwa 1 Mol. Alkalioxyd verwendet.

2. Verfahren nach Anspruch 1, dadurch gekennzeichnet, daß man zum Aufschluß Alkalicarbonate benutzt.

F. P. 698 193.

Nr. 524 986. (T. 33 553.) Kl. 12 m, 9.

THE TITANIUM ALLOY MANUFACTURING COMPANY IN NEW YORK, V. ST. A.

Verfahren zur Gewinnung von Zirkoniumsalzen aus siliziumhaltigen Zirkonerzen.

Vom 26. Mai 1927. — Erteilt am 30. April 1931. — Ausgegeben am 18. Mai 1931. — Erloschen: . . . .

Amerikanische Priorität vom 27. Mai 1926 beansprucht.

Die Gewinnung reiner Zirkoniumsalze aus siliziumhaltigen Zirkonerzen bietet in der Praxis besonders bezüglich der Trennung von Zirkonium und Silizium gewisse Schwierigkeiten. Bei der bis dahin üblichen Arbeitsweise verfuhr man in der Weise, daß man das Zirkonerz zuerst mit Alkali in Überschuß abröstete und das Röstgut dann zur Entfernung der Kieselsäure mit Wasser behandelte, wobei das Zirkon als Zirkonsäure ausfällt. Zur Erzielung einer vollkommenen Trennung des Zirkoniums vom Silizium mußte das Zirkonerz hierbei mindestens zweimal mit überschüssigem Alkali behandelt werden. Dieses Verfahren erfordert infolgedessen große Mengen von Alkali, um eine vollständige Entfernung der Kieselsäure als Silikat zu erreichen, außerdem bleiben hierbei Titan und Eisen mit der Zirkonsäure zusammen und müssen in weiteren Reinigungsprozessen vom Zirkonium getrennt werden.

Es wurde nun gefunden, daß man eine weitgehende Trennung des Zirkoniums von Titan, Eisen und Silizium in einem einzigen Arbeitsgang unter Verwendung erheblich geringerer Mengen von Alkali dadurch erzielen kann, daß man die siliziumhaltigen Zirkonerze zuerst mit zweckmäßig nur so viel Alkali abröstet, als für das Zirkon nötig ist, die sich hierbei bildende Masse bis zur Bildung eines Schlammes mit Wasser anrührt, hierauf das Alkali mit einer stark verdünnten Säure derart neutralisiert, daß das Zirkonium in Form eines Salzes abgeschieden wird, die Kieselsäure und die anderen Verunreinigungen jedoch in Lösung bleiben. Dies wird einerseits durch Verwendung einer sehr verdünnten Säure, andererseits dadurch erreicht, daß man die Temperatur dabei unter 70° hält, da sonst die Kieselsäure ebenfalls ausgefällt wird. Beim Abkühlen der Lösung fällt dann bei Verwendung von Schwefelsäure das Doppelsalz Alkalizirkoniumsulfat aus, während die Kieselsäure zusammen mit dem Eisen, Titan usw. in Lösung bleibt.

Das neue Verfahren kann zweckmäßig in folgender Weise ausgeführt werden.

Das als Ausgangsmaterial verwendete siliziumhaltige Zirkonerz, wie z. B. Zirkon (Zirkoniumsilikat), wird zuerst zweckmäßig so fein gemahlen, daß es ein Sieb von etwa 50 Maschen pro Quadratzentimeter passiert und dann auf je 1 Gewichtsteil mit je 1,10 Gewichtsteilen Kaliumhydroxyd vermischt. Das Gemisch wird hierauf etwa 3 Stunden lang auf etwa 950° C erhitzt. Hierdurch wird das

Zirkon für alle praktischen Zwecke vollständig aufgeschlossen, ohne daß dabei ein Zusammensintern der Masse stattfindet und ohne daß sich nennenswerte Mengen von Zirkonoxyd bilden; sowohl das Zirkonium wie auch das Silizium bleiben vielmehr in einer in verdünnten Säuren leicht löslichen Form zurück. Beispielsweise sind verdünnte Schwefelsäure oder Oxalsäure ausgezeichnete Lösungsmittel dafür.

Wünscht man ein Kaliumzirkoniumsulfat zu erhalten, so verfährt man wie folgt: Das erhitzte Gemisch wird zweckmäßig mit ungefähr der gleichen Gewichtsmenge (entsprechend etwa 4 Volumteilen) Wasser vermahlen, um alle etwaigen Klümpchen zu beseitigen, wobei man einen feinen Schlamm erhält, in welchem das Zirkonium und auch der größte Teil des Siliziums in fester Form enthalten sind. Diesen Schlamm versetzt man dann mit so viel verdünnter Schwefelsäure, als zur Bindung des Kaliumhydroxyds und des Zirkondioxyds (ZrO_2) nötig ist, wobei man in jedem Falle die Säuremenge derart bemißt, daß sich ein normales Sulfat bilden kann. Diese Säure wird so weit verdünnt, daß sie 0,90 g H_2SO_4 pro Kubikzentimeter enthält, wobei aber ein reichlicher Spielraum beim Zusammenmischen von Schlamm und Säure zulässig ist. So kann man bei genügend verdünntem Schlamm selbst konzentrierte Schwefelsäure (spec. Gew. 1,83) zu diesem hinzuzusetzen. Die Hauptsache ist, daß man darauf achtet, eine zu große Konzentration von Zirkonium und Silizium in der Lösung zu vermeiden und ebenso eine zu hohe Temperatur während längerer Zeit, da sowohl hohe Konzentration als auch hohe Temperaturen zur Abscheidung des Siliziums führen, was nach der Erfindung vermieden werden soll.

Folgende Zusammensetzung des Zr-Si-Schlammes hat sich als besonders zweckmäßig erwiesen:

ZrO_2	per Liter	80 g,
SiO_2	- -	40 g,
KOH	- -	132 g.

Diese Zahlen stellen natürlich nur Äquivalenzwerte dar, da die angegebenen Verbindungen nicht als solche in dem Schlamm enthalten sind. Erhitzt man diesen Schlamm auf etwa 50° C und läßt man die Temperatur nach Zusatz der Schwefelsäure nicht viel über 70° C steigen und haben sich die Zirkonium-, Silizium- und Alkaliverbindungen hierbei gelöst, so scheidet sich beim Abkühlen ein Doppelsalz von Kaliumsulfat und Zirkonsulfat aus, das leicht von den in Lösung bleibenden Siliziumverbindungen abgetrennt werden kann. Des Weiteren wurde gefunden, daß die Eisen-, Titan- und sonstigen Verunreinigungen großenteils mit den Siliziumverbindungen zusammen in die Lösung gehen. Infolgedessen ist es nach diesem Verfahren möglich, das Zirkonium in einem einzigen Arbeitsgang sowohl von färbenden Verunreinigungen zu reinigen wie auch von den Siliziumverbindungen zu trennen. Die oben angegebene Menge von Kaliumhydroxyd ist für das Ausfällen des Zirkoniums aus der sauren Lösung kein unbedingtes Erfordernis.

Verwendet man zum Aufschließen des Zirkons als Alkali ungefähr gleiche Teile von Na_2CO_3 und KOH, so erhält man bei der weiteren Verarbeitung der Masse in der vorbeschriebenen Weise dieselbe Ausfällung der Zirkonverbindungen und Trennung von den Siliziumverbindungen wie bei alleiniger Verwendung von KOH.

Das KOH kann sogar als Aufschließungsmittel für Zirkon auch vollständig durch Natriumkarbonat ersetzt werden. Bei dem Lösen der Masse in Schwefelsäure kann das Kali auch in Form des relativ billigen Kaliumchlorids (KCl) zugesetzt werden, wobei es wenig oder gar keinen Unterschied macht, ob man das Kaliumchlorid zu dem Zirkonsiliziumschlamm vor, während oder nach dem Versetzen desselben mit Säure zugibt. Es genügt, auf jeden Gewichtsteil ZrO_2 (bzw. der äquivalenten Menge der betreffenden Zirkonverbindung) 1 Gewichtsteil KCl zuzusetzen. Die übrigen Konzentrations- und Temperaturverhältnisse können im wesentlichen die gleichen sein wie oben beschrieben.

Läßt man diese Lösung abkühlen, so erfolgt die Abscheidung des Zirkoniums bei geeigneter Verdünnung usw. vorzugsweise bei etwa 47° C. Setzt man beispielsweise KCl zu der etwa 55° C warmen schwefelsauren Lösung von Zirkonium und Silizium, so findet beim Abkühlen der zweckmäßig gerührten Lösung auf etwa 47° C eine plötzliche Abscheidung des Zirkoniums statt, die abfiltriert oder sonstwie entfernt werden kann, ehe die Temperatur auf unter 40° C fällt.

Nach jeder der drei vorbeschriebenen Arbeitsweisen werden Produkte erhalten, die 75 bis 95% des gesamten Zirkoniums enthalten, während 80 bis 95% des ursprünglich vorhandenen Siliziums daraus entfernt sind und der Gehalt an Eisen und Titan so weit verringert ist, daß nur etwa 20% davon in dem behandelten Zirkon verbleiben.

Beispielsweise wurde aus einem Zirkonerz mit einem Gehalt von 1,50% TiO_2 und 0,20% Fe_2O_3 auf dem Wege über ein Kaliumzirkonsulfat ein Zirkonoxyd erhalten, das nur 0,30% TiO_2 und 0,06% Fe_2O_3 enthielt, während der SiO_2-Gehalt darin zwischen 3 und 18 % schwankte.

Durch Neutralisieren der Säure mit Na_2CO_3 kann in manchen Fällen eine höhere Ausbeute an Zirkonium erzielt werden, doch ist dabei zu beachten, daß durch einen zu großen Zusatz von Na_2CO_3 die Ausbeute sich wieder verschlechtert und sogar geringer ausfallen kann, als wenn man gar keine Soda hinzusetzt. Beispielsweise erhält man in einem Falle, wo man durch Ausfällen in der beschriebenen Weise 75 % des Zirkoniums gewinnen kann, durch Neutralisation von 15 bis 25 % der gesamten zugesetzten Schwefelsäuremenge, darauffolgendes Kühlen usw. eine Steigerung der Ausbeute an Zirkonium auf 90 % und darüber, während dieselbe auf weniger als 75 % sinkt, wenn man 35 bis 40 % der zugesetzten Schwefelsäure neutralisiert.

Nachstehend die Analyse des bei 110° getrockneten Kaliumzirkoniumsulfats:

Kieselsäure (SiO_2)	4,56 %,
Zirkondioxyd (ZrO_2) ...	36,64 %,
Kali (K_2O)	15,62 %,
Sulfate (SO_3)	36,78 %,
Wasser (H_2O)	6,40 %.

Aus diesem Doppelsalz erhält man das Zirkonoxyd durch Kalzinieren, wobei sich unter Verflüchtigung von SO_3 ZrO_2, K_2SO_4 bildet, das zur Entfernung des K_2SO_4 usw. mit Wasser extrahiert und gewaschen wird.

Dieses bei 110° C getrocknete Kaliumzirkoniumdoppelsalz kann gewünschtenfalls dadurch weitergereinigt werden, daß man es in warmem Wasser löst, kleine Mengen von Kieselsäureverbindungen durch Filtrieren der Lösung entfernt und aus dem Filtrat die Zirkonverbindung ausfällt.

Geht man von einem hochgrädigen Zirkon aus, so genügt die beschriebene Trennung, um ein rein weißes Zirkonoxyd zu erzielen. Abgesehen von einigen Ausnahmefällen erfordert das getrocknete Salz keine andere Behandlung als ein Kalzinieren und ein Extrahieren des K_2SO_4 usw. Stört jedoch die Kieselsäure, so kann sie leicht entfernt werden, indem man das Salz in warmem Wasser löst, dann die Kieselsäure durch Filtration entfernt und schließlich das Zirkonium aus der Lösung ausfällt.

Die durch Lösen des getrockneten Salzes und Abfiltrieren der Kieselsäure erhaltene Lösung kann auch mit Natriumkarbonat bis zur leichten Alkalinität versetzt und darauf erhitzt werden, um etwa gebildetes Zirkonkarbonat zu zersetzen. In diesem Falle gehen die Sulfate in die Lösung, und es wird nach erfolgtem Filtrieren und Waschen ein Rückstand erhalten, der zur Herstellung verschiedener reiner Zirkonsalze dienen kann, indem man ihn in Säuren löst und dann die gewünschten Verbindungen aus der Lösung abscheidet.

Verwendet man an Stelle von hochgrädigem oder chemisch raffiniertem Zirkon ein solches als Ausgangsmaterial, das mehrere Prozente TiO_2, Fe_2O_3, seltene Erden usw. enthält, so empfiehlt sich eine Wiederholung des Verfahrens durch mehrmalige Behandlung des bei der ersten Ausfällung erhaltenen Salzes.

Patentansprüche:

1. Verfahren zur Gewinnung von Zirkoniumsalzen aus siliziumhaltigen Zirkonerzen durch Rösten derselben mit Alkalien und Behandeln des Röstgutes mit Wasser bis zur Bildung eines Schlammes, dadurch gekennzeichnet, daß man diesen Schlamm mit verdünnter Säure bei einer Temperatur von nicht über 70° C und zweckmäßig zwischen 40 und 70° C behandelt, wobei die Kieselsäure in Lösung bleibt und beim darauffolgenden Abkühlen der Lösung das Zirkon als Salz abgeschieden wird.

2. Verfahren nach Anspruch 1, dadurch gekennzeichnet, daß man die verdünnte Säure vor dem Abkühlen der Lösung teilweise neutralisiert.

3. Verfahren nach Anspruch 1 oder 2, dadurch gekennzeichnet, daß man die geröstete Masse mit etwa 4 Volumteilen Wasser und nur so viel verdünnter Säure versetzt, als nötig ist, um normale Zirkonium- und Alkalisalze zu bilden.

4. Verfahren nach Anspruch 1 bis 3, dadurch gekennzeichnet, daß man das siliziumhaltige Zirkonerz mit nur so viel Alkali röstet, als zum Aufschließen des Zirkons erforderlich ist.

Nr. 509 514. (R. 69 631.) Kl. 12 m, 9. KALI-CHEMIE AKT.-GES. IN BERLIN.

Erfinder: Dr. Friedrich Rüsberg in Berlin-Niederschöneweide
und Dr.-Ing. Paul Schmid in Berlin-Baumschulenweg.

Aufschluß von Zirkonerzen.

Vom 14. Dez. 1926. — Erteilt am 25. Sept. 1930. — Ausgegeben am 9. Okt. 1930. — Erloschen: . . . .

Nach einem bekannten Verfahren schließt man Zirkonerze in der Weise auf, daß man dieselben in Mischung mit Ätzkalk und Kohle oder Carbiden auf Temperaturen von etwa 1400 bis 1600° erhitzt.

Nach einem anderen Verfahren erhitzt man Zirkonerze ohne Zusatz von Kohlen oder Carbiden mit so großen Mengen von Oxyden, Hydroxyden oder Carbonaten und Chloriden der Erdalkali- oder Alkalimetalle, daß bei Temperaturen zwischen 1000 und 1200° C ein vollkommenes Schmelzen der Mischung eintritt.

Es wurde nun gefunden, daß man den Aufschluß von Zirkonerzen bei Temperaturen von etwa 1200° durch Verwendung von Oxyden, Hydroxyden oder Carbonaten und Halogeniden der Erdalkali- oder Alkalimetalle unter Ausschluß eines Zusatzes von Kohlen oder Carbiden in weitaus vorteilhafterer Weise vollziehen kann, wenn man die Menge der Aufschlußmittel derart beschränkt, daß das Reaktionsgut hierbei nur in den Zustand des Sinterns, aber nicht in den des Schmelzens gelangt. Weiter wurde festgestellt, daß man die Aufschlußtemperatur auch unter 1200° C herunterdrücken und dabei den Aufschlußprozeß bequem in Flammöfen, insbesondere Drehöfen, durchführen kann, wenn man denselben in Gegenwart von Wasserdampf sich vollziehen läßt. Das vorliegende Verfahren gestattet also den Aufschluß von Zirkonerzen in großindustriellem Maßstabe nicht nur bei verhältnismäßig niederen Temperaturen, sondern vor allem unter Verwendung von nur geringen Mengen an Aufschlußmitteln und unter Vermeidung des schmelzflüssigen Zustandes des Reaktionsgutes.

Bei der Durchführung des Glühprozesses in Flammöfen verwendet man zweckmäßig solche Brennstoffe, welche sich durch einen hohen Gehalt an Wasserstoff auszeichnen, so daß sie bei der Verbrennung den für den Aufschlußprozeß nötigen Wasserdampf liefern. Wendet man feste Brennstoffe an, so bedient man sich zweckmäßig einer mit Vorkammer versehenen Feuerung, in welcher die Aschenbestandteile des Brennstoffes abgeschieden werden. Auf diese Weise verhindert man eine Verunreinigung des Aufschlußgutes durch die Asche des Brennstoffes.

Ausführungsbeispiele

1. 100 Teile eines Zirkonerzes mit 75 % ZrO_2 und 15 % SiO_2 wurden mit 10 Teilen Flußspat und 140 Teilen kohlensaurem Kalk gemischt. Die Mischung wurde fein gemahlen und in einem Röhrenofen auf etwa 1200° C erhitzt. In dem gesinterten Glühprodukt waren auf 100 Teile 40 Teile ZrO_2 vorhanden, von denen 38,2 Teile, d. s. 95,5 %, in Säure löslich waren.

2. 100 Teile Zirkonerz derselben Beschaffenheit wurden mit 140 Teilen kohlensaurem Kalk gemischt und die Mischung nach dem Mahlen mit 36,5 Teilen einer Chlorcalciumlauge von 36° Bé innig vermengt. Das feuchte Gemenge wurde in einem Drehofen bei einer Temperatur von etwa 1250° C gebrannt. Das Brennprodukt enthielt 38,96 % ZrO_2, von denen 37,2 % in Säure löslich waren, d. s. 95,6 % Aufschluß.

Wurde während des Brennens etwas Wasserdampf den Feuergasen zugeführt, so ließ sich die Brenntemperatur auf unter 1200° C erniedrigen.

Patentansprüche:

1. Verfahren zum Aufschließen von Zirkonerz durch Glühen von Kalk und Erdalkalihalogeniden, dadurch gekennzeichnet, daß man nur solche Mengen der Erdalkalioxyde (Carbonate, Hydroxyde) und der Erdalkalihalogenide zur Anwendung bringt, daß bei dem Glühprozeß ein Schmelzen der Mischung vermieden wird.

2. Verfahren nach Anspruch 1, dadurch gekennzeichnet, daß der Aufschluß in Flammöfen, vorzugsweise Drehöfen, durchgeführt wird.

3. Verfahren nach Anspruch 1 und 2, dadurch gekennzeichnet, daß der Aufschluß in Gegenwart von Wasserdampf durchgeführt wird.

4. Verfahren nach Anspruch 3, gekennzeichnet durch die Verwendung wasserstoffreicher fester, flüssiger oder gasförmiger Brennstoffe.

Nr. 509515. (R. 72800.) Kl. 12m, 9. KALI-CHEMIE AKT.-GES. IN BERLIN.

Erfinder: Dr. Friedrich Rüsberg in Berlin-Niederschöneweide
und Dr.-Ing. Paul Schmid in Berlin-Baumschulenweg.

Verfahren zur Verarbeitung von Zirkonkalkglühprodukten.

Vom 12. Nov. 1927. — Erteilt am 25. Sept. 1930. — Ausgegeben am 9. Okt. 1930. — Erloschen: . . . .

Nach einem bekannten Verfahren werden Zirkonkalkglühprodukte, welche man durch Erhitzen von Zirkonerzen mit Ätzkalk und Kohle erhält, zwecks Gewinnung von reinen Zirkonverbindungen mit Salzsäure behandelt, wobei sowohl das Zirkon wie auch Kalk in Lösung geht. Aus der erhaltenen salzsauren Lösung wird alsdann durch Abkühlung Zirkonoxychlorid gewonnen, welches man auf andere Zirkonverbindungen weiterverarbeitet.

Diesem Verfahren haften verschiedene Übelstände an. Sie bestehen insbesondere darin, daß das Zirkonoxychlorid außerordentlich leicht zur Kristallisation neigt, so daß man gezwungen ist, mit verhältnismäßig verdünnten Lösungen zu arbeiten, aus welchen eine quantitative Ausbeute an Zirkonoxychlorid nicht zu erzielen ist. Man kann die Ausbeute zwar erhöhen, wenn man mit hochkonzentrierten Lösungen arbeitet. Diese Lösungen neigen aber bereits in der Wärme zur Kristallabscheidung, so daß sich bei der Abtrennung derselben von den unlöslichen Bestandteilen Schwierigkeiten ergeben.

Es wurde nun ein Verfahren gefunden, bei welchem diese Nachteile vermieden werden können. Zu diesem Zwecke werden Zirkonkalkglühprodukte, in welchen das Zirkonoxyd in Form von Calciumzirkonaten vorliegt, mit wässeriger schwefliger Säure behandelt. Hierbei geht kein Zirkon in Lösung, sondern lediglich ein Teil des Kalkes in Form von Calciumbisulfit. Der von der Bisulfitlauge abgetrennte Extraktionsrückstand, welcher außer Kalk und Kieselsäure noch das gesamte Zirkon enthält, wird alsdann mit Salzsäure in Lösung gebracht. Aus dieser salzsauren Lösung läßt sich das Zirkon mit derselben Calciumbisulfitlauge, die bei der Behandlung des Zirkonkalkglühproduktes mit wässeriger schwefliger Säure gewonnen wurde, ausfällen. Man leitet daher am besten die Behandlung des Glühproduktes mit schwefliger Säure so, daß gerade die für die Fällung des Zirkons nötige Bisulfitmenge erhalten wird.

Es ist zwar bekannt, daß man aus Zirkonchloridlösungen durch schweflige Säure beim Kochen die Zirkonerde ausfällen kann. Hieraus ergibt sich aber noch kein Verfahren der oben bezeichneten Art.

Der durch die Einwirkung der Calciumbisulfitlauge gefällte Zirkonniederschlag besteht aus basischem Zirkonsulfit wechselnder Zusammensetzung, welches man durch Erhitzen auf Rotglut leicht in Zirkonoxyd überführen kann. Die hierbei entwickelte schweflige Säure kann aufgefangen und in den Prozeß zurückgeführt werden.

Es hat sich ferner gezeigt, daß es zweckmäßig ist, die Behandlung der Zirkonlösung mit der Calciumsulfitlösung bei Zimmertemperatur durchzuführen und erst allmählich zu erhitzen, da man sonst leicht schleimige, schwer filtrierbare Produkte erhält.

Ausführungsbeispiel

1 kg Zirkonkalkglühprodukt von folgender Zusammensetzung:

CaO	44 %
ZrO_2	38 %
SiO_2	10 %
$Al_2O_3 + Fe_2O_3$	7 %

wurde im gemahlenen Zustand in 5 Liter Wasser suspendiert. In die Suspension wurde unter Rühren gasförmige schweflige Säure so lange eingeleitet, bis eine Calciumbisulfitlauge von 13° Bé erhalten war. Von dem ungelösten Rückstande wurde abfiltriert und dieser durch Behandlung mit 2,6 kg einer Salzsäure von 12° Bé unter Erwärmen in Lösung gebracht. Die salzsaure Lösung wurde von dem unlöslichen Rückstand getrennt und nach dem Erkalten mit der oben erhaltenen Calciumbisulfitlauge versetzt. Nach einigem Stehen wurde allmählich erhitzt, wobei unter Entweichen von schwefliger Säure basisches Zirkonsulfit ausfiel. Das Zirkonsulfit wurde von der Lösung getrennt, ausgewaschen und bei 700 bis 800° C calciniert. Das so erhaltene Zirkonoxyd war praktisch frei von Verunreinigungen.

Patentansprüche:

1. Verfahren zur Verarbeitung von Zirkonkalkglühprodukten, dadurch gekennzeichnet, daß man die Zirkonkalkglühprodukte durch Behandlung mit wässeriger schwefliger Säure zunächst von einem Teil des Kalkes befreit, worauf man den verbleibenden Rückstand durch Behandlung mit Salzsäure in Lösung bringt und die salzsaure Lösung mit der bei der Be-

handlung des Glühproduktes mit schwefliger Säure erhaltenen Calciumbisulfitlauge versetzt.

2. Verfahren nach Anspruch 1, dadurch gekennzeichnet, daß man die Behandlung der salzsauren Lösungen mit schwefliger Säure bzw. Sulfiten oder Bisulfiten zunächst in der Kälte vornimmt und durch allmähliches Erhitzen basisches Zirkonsulfit zur Abscheidung bringt.

Nr. 510574. (R. 69104.) Kl. 12m, 9. KALI-CHEMIE AKT.-GES. IN BERLIN.

Erfinder: Dr. Friedrich Rüsberg in Berlin-Niederschöneweide und Dr.-Ing. Paul Schmid in Berlin-Baumschulenweg.

Gewinnung von Zirkonoxychlorid.

Vom 28. Okt. 1926. — Erteilt am 9. Okt. 1930. — Ausgegeben am 20. Okt. 1930. — Erloschen: . . . .

Bei der Gewinnung von Zirkonoxychlorid aus Zirkonkalkschmelzen bzw. Zirkonkalkglühprodukten ist es bekannt, die Schmelze mit Salzsäure aufzunehmen und Zirkonoxychlorid durch Kristallisieren und Umkristallisieren zu gewinnen. Zirkonoxychlorid ist in starken Chlorcalciumlösungen ebenso schwer oder noch schwerer löslich wie in starker Salzsäure, und die Schwerlöslichkeit nimmt mit zunehmender Konzentration der Chlorcalciumlösung beträchtlich zu, was auf Grund des Massenwirkungsgesetzes leicht erklärlich ist. Diese Tatsache wird entsprechend der Erfindung zunutze gemacht, indem man beim Lösen der Schmelze bzw. des Glühproduktes in Salzsäure die Menge und Konzentration der Salzsäure so bemißt, daß die entstehende Lösung nahezu neutral und an Calciumchlorid gesättigt ist.

Es wurde ferner die Beobachtung gemacht, daß man, nachdem man die Schmelze unter Kühlung in die Salzsäure eingetragen hat, ein Erhitzen auf Kochtemperatur vermeiden muß, weil sonst die abgeschiedene Kieselsäure in einen schwer filtrierbaren Zustand übergeht.

Ausführungsbeispiel

1 kg einer Zirkonkalkschmelze von folgender Zusammensetzung:

CaO	48 %
ZrO_2	31 %
SiO_2	14 %
$Fe_2 + Al_2O_3$	7 %

wurde in gepulvertem Zustande mit 600 ccm einer Chlorcalciumlauge, wie sie durch Auslaugen des Rückstandes eines früheren Ansatzes erhalten wird, angerührt. Alsdann wurden 3 kg technische Salzsäure von 19° Bé allmählich unter Kühlung zugegeben. Nach dem Zusatz der Salzsäure wurde längere Zeit auf eine Temperatur von etwa 100 bis 105° erhitzt. Nach dem Filtrieren wurde die Lauge abgekühlt, wobei sich das Zirkonoxychlorid in schönen Kristallnadeln abschied. Der Filtrationsrückstand wurde mit etwa 600 ccm Wasser ausgelaugt. Die erhaltene Lauge ist nicht mehr kristallisationsfähig und dient als Ausgangslauge zum Anrühren der Schmelze. Das auskristallisierte Zirkonoxychlorid wurde von der Mutterlauge getrennt, welche eine starke Chlorcalciumlauge von etwa 36° Bé darstellt. Sie enthält außer geringen Mengen Zirkonoxychlorid noch Eisen und Tonerde aus dem Ausgangsmaterial.

PATENTANSPRÜCHE:

1. Verfahren zur Gewinnung von Zirkonoxychlorid aus Zirkonkalkschmelzen bzw. Zirkonkalkglühprodukten durch Behandlung derselben mit Salzsäure, dadurch gekennzeichnet, daß man die Schmelze mit Salzsäure und Calciumchlorid in solchen Mengen und Konzentrationen behandelt, daß eine nahezu neutrale Lösung entsteht, die bei der folgenden Auskristallisation des Oxychlorids an Calciumchlorid gesättigt und an Zirkonoxychlorid übersättigt ist.

2. Verfahren nach Anspruch 1, dadurch gekennzeichnet, daß man beim Erhitzen der Lösung der Zirkonkalkschmelze bzw. des Glühproduktes in Salzsäure Kochtemperatur vermeidet.

3. Verfahren nach Anspruch 1, dadurch gekennzeichnet, daß man das beim Aufschluß der Zirkonkalkschmelze bzw. des Glühproduktes mit Salzsäure erhaltene Zirkonoxychlorid aus starker Chlorcalciumlösung umkristallisiert.

Nr. 512402. (R. 69821.) Kl. 12m, 9. KALI-CHEMIE AKT.-GES. IN BERLIN.

Erfinder: Dr. Friedrich Rüsberg in Berlin-Niederschöneweide und Dr.-Ing. Paul Schmid in Berlin-Baumschulenweg.

Gewinnung von Zirkonoxychlorid.

Zusatz zum Patent 510574.

Vom 4. Jan. 1927. — Erteilt am 30. Okt. 1930. — Ausgegeben am 18. Nov. 1930. — Erloschen: . . . .

In dem Patent 510 574 ist ein Verfahren zur Gewinnung von Zirkonoxychlorid beschrieben, welches darin besteht, daß man Zirkonkalkschmelzen bzw. Zirkonkalkglühprodukte mit Salzsäure und Calciumchlorid in solchen Mengen und in solcher Konzentration behandelt, daß eine gesättigte, nahezu neutrale Chlorcalciumlösung entsteht, aus welcher beim Abkühlen das Zirkonoxychlorid nahezu quantitativ auskristallisiert.

Beim Arbeiten nach diesem Verfahren ergab sich nun der Übelstand, daß bei der Filtration zur Abtrennung der Lösung von den ungelösten Bestandteilen infolge zu starker Sättigung der Lösung bei der während der Filtration eintretenden Abkühlung Kristallisation eintrat, wodurch die Nutsche bzw. Filterpresse verstopft wurde, so daß der Filtrationsvorgang unterbrochen wurde. Durch Anwendung geheizter Nutschen oder Filterpressen konnte der Übelstand nur teilweise beseitigt werden.

Es wurde nun gefunden, daß man die Kristallisationsfähigkeit der Aufschlußlösung erheblich vermindern kann, wenn man zum Auflösen des Zirkonkalkglühproduktes weniger Salzsäure anwendet, als zur Neutralisation der vorhandenen Basen erforderlich ist. Überraschenderweise zeigte sich, daß die Ausbeute an Zirkonoxychlorid dadurch nicht beeinträchtigt wird. Offenbar wirkt das Zirkonoxychlorid, da es hydrolytisch gespalten wird, auf andere basische Bestandteile des Zirkonkalkglühproduktes lösend ein, wobei Zirkonoxyd teilweise kolloidal in Lösung bleibt.

Die so erhaltenen Aufschlußlösungen lassen sich ohne Schwierigkeit filtrieren. Die filtrierten Laugen scheiden selbst beim Abkühlen auf Zimmertemperatur keine oder nur geringe Mengen von Kristallen ab.

Weiter wurde gefunden, daß man die Kristallisation dann bewirken kann, wenn man den filtrierten Lösungen nachträglich Salzsäure zusetzt, wobei man die Menge derselben so bemißt, daß sie die gegenüber der theoretischen Menge weniger zugesetzte Säuremenge nicht übersteigt.

Die Abscheidung von Zirkonoxychlorid aus Lösung durch Salzsäure ist an sich bekannt.

Ausführungsbeispiel

1 kg eines Zirkonkalkglühproduktes mit

CaO	43 %
ZrO_2	37,2 %
SiO_2	10 %
$Fe_2O_3 + Al_2O_3$	7 %

erfordert zur Lösung der basischen Bestandteile 2,95 kg technische Salzsäure von 19° Bé. Bei Anwendung dieser Salzsäuremenge erhält man eine Lauge, die bereits bei der Abkühlung auf etwa 70° C Zirkonoxychloridkristalle abscheidet. Wendet man nur etwa 85 % der obigen Säuremenge, also 2,4 kg an, so erhält man eine ohne Schwierigkeit zu filtrierende Lauge, die man bis auf etwa 20° C abkühlen kann, ohne daß Kristallisation eintritt. Nach der Filtration setzt man der Lauge 0,55 kg Salzsäure von 19° Bé zu worauf die Abscheidung des Zirkonoxychlorids erfolgt.

PATENTANSPRUCH:

Verfahren zur Gewinnung von Zirkonoxychlorid gemäß Patent 510 574, dadurch gekennzeichnet, daß zum Lösen weniger Salzsäure verwendet wird, als zur Bildung einer Lösung an Zirkonoxychlorid und neutralem Calciumchlorid erforderlich ist, und daß nach dem Abtrennen der unlöslichen Bestandteile die Lösung vor dem Auskristallisieren des Zirkonoxychlorids mit weiteren Mengen Salzsäure versetzt wird.

E. P. 287424.

Nr. 509151. (Sch. 76035.) Kl. 12m, 9. DIPL.-ING. PAUL SCHMID IN MANNHEIM.

Darstellung von Metazirkonsäure.

Vom 11. Nov. 1925. — Erteilt am 25. Sept. 1930. — Ausgegeben am 4. Okt. 1930. — Erloschen: 1935.

Es wurde gefunden, daß man den Säurerest bzw. die Säure aus Zirkonylsalzen so entfernen kann, daß man auf die in fester Form angewandten Salze Ammoniak in der Weise einwirken läßt, daß eine Lösung des Zirkonsalzes nicht oder nur in ganz untergeordnetem Maße eintreten kann. Dieses läßt sich erreichen durch Überleiten von gasförmigem Ammoniak oder indem man das feste Zirkonsalz in konzentriertes Ammoniakwasser, gegebenenfalls solches einträgt, das durch Sättigen unter Druck zubereitet ist, wobei die entsprechenden Ammoniumsalze und kristalline, in Wasser völlig unlösliche, in verdünnten Säuren und Alkalien sehr schwer lösliche wasserhaltige Zirkonoxyde entstehen. Wegen der Schwerlöslichkeit des Produktes läßt sich auf diesem Wege eine auffällige Trennung von den die Ausgangsstoffe etwa begleitenden Verunreinigungen herbeiführen, indem man es z. B. mit Salzsäure oder Schwefelsäure oder Gemischen beider oder sauren Zirkonlösungen behandelt, die die Verunreinigungen aufnehmen, ohne Zirkon in Lösung zu bringen.

Ausführungsbeispiele

1. Über 100 g kristallisiertes Zirkonoxychlorid wurde gasförmiges Ammoniak unter Kühlung geleitet und die Gewichtszunahme laufend kontrolliert. Nachdem Gewichtskonstanz eingetreten war, wurde die Substanz mit Wasser aufgenommen und der unlösliche Rückstand von der Lösung abfiltriert, ausgewaschen und an der Luft getrocknet. Es wurden 43,5 g Rückstand erhalten. Der Rückstand hatte folgende Zusammensetzung:

87,89 % ZrO_2,
12,00 % H_2O

und enthielt kein Ammoniak und nur Spuren von Chlor. Seiner Zusammensetzung nach entsprach er dem basischen Oxyd von der Formel ZrO_2H_2O (Metazirkonsäure).

Der erhaltene Rückstand zeigte im Gegensatz zu dem nach anderen Verfahren aus Zirkonoxychlorid hergestellten gelatinösen Zirkonhydroxyd eine kristalline Struktur.

2. In 100 g konzentriertes Ammoniakwasser mit 24 % NH_3 wurden 100 g kristallisiertes Zirkonoxychlorid unter Rühren eingetragen, wobei Erwärmung der Lösung eintrat. Man erhielt einen weißen kristallinen Rückstand, der auf einer Nutsche abfiltriert, gewaschen und nach dem Trocknen an der Luft 43 g eines weißen kristallinen Produktes folgender Zusammensetzung ergab:

87,70 % ZrO_2,
12,10 % H_2O,

das kein Ammoniak und nur Spuren von Chlor enthielt.

Dasselbe läßt sich mit Zirkonsulfaten ausführen. Es ist nicht erforderlich, daß die angewandten Salze bezüglich des Wassergehaltes völlig stöchiometrisch bestimmt sind. Man kann sie gegebenenfalls auch feucht verwenden.

Patentansprüche:

1. Verfahren zur Darstellung von Metazirkonsäure, dadurch gekennzeichnet, daß Zirkonsalze in fester Form so mit Ammoniak behandelt werden, daß eine Lösung nicht eintreten kann.

2. Verfahren nach Anspruch 1, dadurch gekennzeichnet, daß das entstehende Gemenge von Metazirkonsäure, Salzen und gegebenenfalls Verunreinigungen gewaschen und mit Säuren zwecks Entfernung der Verunreinigungen behandelt wird.

Nr. 488 507. (D. 46 955.) Kl. 48c, 1.

Deutsche Gasglühlicht-Auer-Gesellschaft m. b. H. in Berlin.

Erfinder: Dr. Hans Trapp in Berlin.

Verfahren zur Herstellung von Trübungsmitteln für Email und Gläser.

Vom 7. Jan. 1925. — Erteilt am 12. Dez. 1929. — Ausgegeben am 30. Dez. 1929. — Erloschen: . . . .

Es ist bekannt, daß Zirkonoxyd ein gutes Weißtrübungsmittel für Email ist. Der Grad der Fähigkeit, den klaren Emailfluß zu trüben, ist außerordentlich verschieden. Das im folgenden angeführte Verfahren ergibt ein Produkt, dessen trübende Wirkung viel stärker ist als die der seitherigen Zirkontrübungsmittel.

Das Verfahren beruht darauf, daß man hochbasische Zirkonoxalate oder andere basische Salze organischer Säuren bei etwa 500 bis 600° vollständig zu Oxyd verglüht. Man erhält bei dieser Arbeitsweise ein feinverteiltes Zirkonoxyd, das eine überraschend starke trübende Wirkung im Verhältnis zu allen bisher bekannten Zirkonoxyden aufweist. Es gelingt z. B., bereits mit 0,4 % Zirkonoxyd eine einwandfreie Trübung gewöhnlicher Emailsätze zu erzielen. Zweckmäßigerweise wird dies stark trübende Zirkonoxyd gemäß den Vorschriften des Patents 421 955 und des Patents 392 213 angewandt. Das hochbasische Zirkonoxalat läßt sich nach verschiedenen Methoden sehr leicht herstellen. Der Oxalsäuregehalt des basischen Oxalats kann sehr klein gehalten werden. Von den vielen bekannten Verbindungen eignet sich hier z. B. ein basisches Oxalat $ZrO_2 \cdot 0{,}4\ C_2O_3$ sehr gut.

Es war bereits bekannt, zirkonoxydhaltige Trübungsmittel herzustellen, die aber hochbasische Zirkonverbindungen organischer Säure sind. Sie werden durch teilweise Zersetzung durch Glühen aus organischen Zirkonverbindungen hergestellt. Hiergegen wurde nun gefunden, daß aus stark basischen Salzen organischer Säuren beim Glühen bis auf reines Zirkonoxyd dieses in einer außerordentlich feinverteilten Form entsteht, die sich ganz besonders gut zur Herstellung von Trübungsmitteln eignet.

Patentanspruch:

Verfahren zur Herstellung von Trübungsmitteln für Email und Gläser durch Glühen von stark basischen Zirkonsalzen organischer Säuren, dadurch gekennzeichnet, daß diese bis zur völligen Entfernung der Säure unter Bildung von reinem Zirkonoxyd geglüht werden.

Tschech. P. 33869.

Nr. 531578. (D. 54791.) Kl. 12m, 9.

Deutsche Gold- und Silber-Scheideanstalt vormals Roessler in Frankfurt a. M.

Erfinder: Dr. Eugen Ryschkewitsch in Frankfurt a. M.

Herstellung von hochdispersem Zirkonoxyd.

Vom 19. Jan. 1928. — Erteilt am 30. Juli 1931. — Ausgegeben am 13. Aug. 1931. — Erloschen: ....

Gegenstand der Erfindung ist ein Verfahren zur Herstellung von hochdispersem Zirkonoxyd.

Zur Herstellung von hochdispersem Zirkonoxyd, wie es für verschiedene technische und andere Zwecke Verwendung findet, ist man bisher derart verfahren, daß man gewöhnliches Zirkonoxyd einem Mahlprozeß unterwarf, welcher großen Zeitaufwand und erheblichen Kraftbedarf erforderte und die Apparatur stark in Anspruch nahm. Dabei ist dieses Verfahren noch mit dem Nachteil verbunden, daß das Zirkonoxyd durch aus dem Mahlvorgang stammende Stoffe, z. B. Eisen aus den Stahlkugelmühlen, Silikate aus den Porzellanmühlen, verunreinigt wird.

Nach vorliegender Erfindung gelangt man dadurch zu hochdispersem Zirkonoxyd, daß man in Zirkonoxyd überführbare Zirkonverbindungen, wie Zirkonhydrat, Zirkonoxychlorid u. dgl. in Gegenwart von Wasser mit flüchtigen Fluoriden, z. B. Ammonfluorid, Ammonbifluorid u. dgl., in der Wärmebehandlung und alsdann nach erfolgter Trocknung einem Glühprozeß unterwirft.

In Ausübung der Erfindung kann man z. B. derart vorgehen, daß man frisch gefälltem Zirkonhydrat eine passende Menge von z. B. Ammonfluorid einverleibt, eindampft bzw. trocknet und alsdann bei geeigneten Temperaturen, vorzugsweise solcher oberhalb 500° C, glüht.

Die Mengenverhältnisse können innerhalb gewisser Grenzen schwanken. Im allgemeinen sind aber nur Bruchteile der zu behandelnden Zirkonverbindungen an Fluorid erforderlich. Man kann z. B. die flüchtigen Fluoride, beginnend mit ganz geringen Mengen, z. B. bis zu 20% und mehr zusetzen. Wenn man den Fluoridzusatz etwas höher als unbedingt erforderlich bemißt, so wirkt sich dieses im Sinne der Erhöhung des Dispersitätsgrades des Endproduktes aus.

Die Glühtemperatur richtet sich nach dem Verwendungszweck. Niedrigere Temperaturen, z. B. solche unterhalb 1000° C, wirken im allgemeinen im Sinne der Erhöhung des Dispersitätsgrades. Für die Herstellung von hochdispersem Zirkonoxyd, welches als Farbpigment dienen soll, kann man z. B. Glühtemperaturen zwischen 500 und 1000°, gegebenenfalls auch etwas niedrigere Temperaturen, anwenden. Soll das Zirkonoxyd für Emaillierzwecke z. B. als Trübungsmittel verwendet werden, so empfiehlt es sich, den Glühprozeß bei höher gewählten Temperaturen, z. B. solchen oberhalb 1000°, vorzugsweise 1 200 bis 1 400° und mehr, durchzuführen. In gegebenen Fällen kann man bei Temperaturen bis etwa 2000° C, und gegebenenfalls noch höher, glühen.

Beispiele

1. Frisch gefälltes Zirkonoxydhydrat, welches nach Möglichkeit von den bei der Fällung entstehenden Salzen getrennt ist, wird mit Wasser aufgeschwemmt, dem etwa 5% Ammonfluorid, berechnet auf das trockene Zirkonhydrat, zugesetzt ist.

Das breiförmige Produkt wird zur Trokkene eingedampft. Das erhaltene Trockenprodukt wird geglüht. Bei Herstellung von Farbpigmenten kann die Glühtemperatur z. B. etwa 750°, bei Herstellung von Trübungsmitteln etwa 1 300° C betragen.

2. Zirkonoxychlorid wird mit wenig Wasser aufgeschwemmt, dem etwa 10% Ammonfluorid zugesetzt worden sind. Das Gemisch

wird längere Zeit auf Siedetemperatur erhitzt. Die feste Substanz wird alsdann von der Flüssigkeit getrennt und unter Verzicht auf Auswaschen im Sinne des Beispiels 1 weiterbehandelt.

Das Verfahren liefert hochdisperses Zirkonoxyd, welches unter Verzicht auf zeitraubende und teure Mahlprozesse ohne weiteres dem betreffenden Verwendungszweck zugeführt werden kann. Das hochdisperse Zirkonoxyd eignet sich für verschiedene Zwecke neben der bereits erwähnten Verwendung. Als Farbpigment, Trübungsmittel u. dgl. kann das hochdisperse Zirkonoxyd als Grundlage für die Herstellung verformbarer Massen Verwendung finden. Weiterhin kann dasselbe als säureabsorbierendes Material verwendet werden.

Es ist bereits bekannt, Zirkonoxyd enthaltende Rohstoffe, wie z. B. Zirkonerze, von Eisenoxyd, Titandioxyd, Zinnoxyd, Siliciumdioxyd, Bortrioxyd u. dgl. Beimengungen dadurch zu befreien, daß die zirkonhaltigen Ausgangsmaterialien mit Zirkonhalogeniden oder mit Stoffen, welche diese Halogenide bilden, erhitzt werden. Hierbei sollen die Beimengungen als flüchtige Halogenide abgetrieben werden. Dieses Verfahren erfordert einen Überschuß an flüchtigen Halogenverbindungen.

Von diesem Verfahren ist das vorliegende grundsätzlich dadurch verschieden, daß es entsprechend dem völlig verschiedenen Erfindungsziel, nämlich Herstellung von hochdispersem Zirkonoxyd, ausgeht von Stoffen, welche, wie z. B. Zirkonhydrat, Zirkonoxychlorid u. dgl., bereits eine Vorreinigung erfahren haben und leicht in Zirkonoxyd überführbar sind. Die Überführung wird dabei in Gegenwart von Feuchtigkeit unter Anwendung beschränkter Mengen von flüchtigen Fluoriden vorgenommen.

Patentansprüche:

1. Verfahren zur Herstellung von hochdispersem Zirkonoxyd, dadurch gekennzeichnet, daß Ausgangsmaterialien, wie z. B. Zirkonhydrat, Zirkonoxychlorid u. dgl., in Gegenwart von Feuchtigkeit mit flüchtigen Fluoriden, z. B. Ammonfluorid, in der Wärme behandelt und alsdann nach Entfernung der Flüssigkeit einem Glühprozeß bei Temperaturen von vorzugsweise mehr als 500° unterworfen werden.

2. Verfahren nach Anspruch 1, dadurch gekennzeichnet, daß der Glühprozeß zwecks Herstellung von Farbpigmenten bei Temperaturen von etwa 500 bis etwa 1000° durchgeführt wird.

3. Verfahren nach Anspruch 1, dadurch gekennzeichnet, daß der Glühprozeß zwecks Herstellung von Trübungsmitteln bei Temperaturen oberhalb 1000° durchgeführt wird.

4. Verfahren nach Ansprüchen 1 bis 3, dadurch gekennzeichnet, daß mit geringen, nur einen Bruchteil des angewendeten Zirkonoxyds betragenden Mengen von Fluoriden gearbeitet wird, wobei durch Zugabe etwas größerer Mengen flüchtiger Fluoride der Dispersitätsgrad gesteigert werden kann.

S. a. E. P. 327142.

Nr. 519796. (D. 52010.) Kl. 80b, 8.

Deutsche Gold- und Silber-Scheideanstalt vormals Roessler in Frankfurt a. M.

Erfinder: Dr. Eugen Ryschkewitsch in Frankfurt a. M.

Verfahren zur Überführung von Zirkonoxyd in plastischen Zustand.

Vom 28. Dez. 1926. — Erteilt am 12. Febr. 1931. — Ausgegeben am 4. März 1931. — Erloschen: . . . .

Die Widerstandsfähigkeit des Zirkonoxyds gegenüber chemischen und thermischen Einflüssen ist seit langem bekannt. Die Herstellung von aus Zirkonoxyd bestehenden Gegenständen ist jedoch bisher im technischen Maßstabe nicht geglückt. Der Grund hierfür ist vor allem darin zu suchen, daß Zirkonoxyd völlig unplastisch ist und sich infolgedessen, mit Wasser angerührt, nicht verformen läßt. Setzt man aber zur Steigerung der Formbarkeit dem Zirkonoxyd andere plastische Stoffe, wie z. B. Ton, zu, so sind größere Mengen dieser Stoffe notwendig, um leicht zu verformende plastische Massen zu erhalten. Dadurch wird die chemische und thermische Widerstandsfähigkeit der aus diesem Gemisch hergestellten und gebrannten Gegenstände weitgehend herabgesetzt.

Es wurde nun gefunden, daß Zirkonoxyd ohne Schwierigkeiten in eine plastische Masse übergeführt werden kann, wenn man ihm leicht hydrolisierbare Verbindungen des Zirkons oder anderer geeigneter Elemente, deren Salze leicht hydrolysiert werden, wie z. B. des Aluminiums oder des Magnesiums, in bestimmter Form zusetzt. Als hydrolysierbare Verbindungen im Sinne der Erfindung kommen z. B. Halogenide, wie Zirkontetrachlorid,

Aluminiumchlorid, Magnesiumchlorid u. dgl., in Betracht.

Der Zusatz der hydrolisierbaren Salze zu dem Zirkonoxyd geschieht erfindungsgemäß derart, daß man das Zirkonoxyd in trockenem Zustand mit den hydrolysierbaren Salzen mischt und nach gründlicher Durchmischung die zur Verformung notwendige Menge Flüssigkeit, z. B. Wasser, zusetzt. Dies geschieht zweckmäßig derart, daß man z. B. Zirkonoxyd und Zirkontetrachlorid trocken in einer Mühle miteinander mahlt. Durch nachherigen Zusatz von Wasser oder einer sonstigen geeigneten Flüssigkeit, z. B. verdünnten Lösungen von Salzen oder Säuren, erhält man so eine Masse von höchster Bildsamkeit und Plastizität. Als Zusatz kommen Mengen von z. B. 1 bis 10 % des hydrolysierbaren Salzes in Betracht. In einzelnen Fällen ist es sogar gelungen, mit weniger als 1 % auszukommen. Die Verarbeitung des Gemisches kann nach Zugabe der Flüssigkeit in bekannter Weise z. B. durch Gießen, Drehen, Pressen, Stampfen usw. geschehen.

Da bei dem Brennen der nach der Erfindung hergestellten Gemische Hydrolyse und Verflüchtigung der Halogenwasserstoffsäure stattfindet, so bleibt bei der Verwendung von z. B. Zirkonchlorid eine einheitliche Masse von Zirkonoxyd zurück, welche außerordentlich feuerbeständig und sehr widerstandsfähig ist. Werden Halogenide anderer Elemente, z. B. des Aluminiums oder des Magnesiums, benutzt, so ist, da der Zusatz nur ein sehr geringer zu sein braucht und z. B. bereits 1 % des Chlorides zum Plastischmachen der Masse genügt, das durch Brennen erhaltene Zirkonoxyd nur mit überaus geringen Mengen fremdartigen Oxyds versetzt. Die Beständigkeit der daraus hergestellten Gegenstände wird infolgedessen nur ganz unwesentlich herabgesetzt werden. Der aus Zirkonoxyd und hydrolysierbaren Salzen hergestellten Masse können noch andere Stoffe, wie z. B. Thoroxyd, einverleibt werden.

Durch Verformen und Brennen der erfindungsgemäß hergestellten plastischen Massen kann man beliebige, hochfeuerfeste und gegen chemische Agenzien außerordentlich widerstandsfähige Gegenstände, wie Tiegel, Muffeln, Platten usw., herstellen.

PATENTANSPRÜCHE:

1. Verfahren zur Überführung von Zirkonoxyd in plastischen Zustand unter Verwendung hydrolysierbarer Verbindungen, dadurch gekennzeichnet, daß das Zirkonoxyd mit den plastisch machenden Zusatzstoffen, wie z. B. hydrolysierbaren Verbindungen des Zirkons, Aluminiums oder Magnesiums, gegebenenfalls in Gegenwart von weiteren Zusatzstoffen, wie z. B. Thoroxyd, auf trockenem Wege, d. h. ohne Zusatz von Flüssigkeiten, innig vermischt und dann erst mit Hilfe von Flüssigkeiten geformt wird, worauf die so erhaltenen Formstücke nach üblichen Methoden, z. B. durch Brennen, weiterverarbeitet werden können.

2. Verfahren nach Anspruch 1, dadurch gekennzeichnet, daß als plastisch machende Zusatzstoffe Halogenide, wie Zirkontetrachlorid, Aluminiumchlorid, Magnesiumchlorid, zur Verwendung kommen.

Nr. 542 320. (D. 53 353.) Kl. 80 b, 8.

DEUTSCHE GOLD- UND SILBER-SCHEIDEANSTALT, VORMALS ROESSLER IN FRANKFURT A. M.

Erfinder: Eugen Ryschkewitsch in Frankfurt a. M.

Verfahren zur Überführung von Zirkonoxyd in den plastischen Zustand.

Zusatz zum Patent 519 796.

Vom 30. Juni 1927. — Erteilt am 31. Dez. 1931. — Ausgegeben am 22. Jan. 1932. — Erloschen: . . . .

Durch das Hauptpatent ist ein Verfahren zur Überführung von Zirkonoxyd in plastischen Zustand unter Verwendung hydrolysierbarer Verbindungen geschützt, welches dadurch gekennzeichnet ist, daß das Zirkonoxyd mit den plastisch machenden Zusatzstoffen, wie z. B. hydrolysierbaren Verbindungen des Zirkons, Aluminiums oder Magnesiums, gegebenenfalls in Gegenwart von weiteren Zusatzstoffen auf trockenem Wege, d. h. ohne Zusatz von Flüssigkeiten, innig vermischt und dann erst mit Hilfe von Flüssigkeiten geformt wird. Hierauf können die so erhaltenen Formstücke nach üblichen Methoden, z.B. durch Brennen, weiterverarbeitet werden. Nach einer Ausführungsform dieser Erfindung kommen als plastisch machende Zusatzstoffe Halogenide, wie z. B. Zirkontetrachlorid, Aluminiumchlorid, Magnesiumchlorid, zur Verwendung.

Nach vorliegender Erfindung erfolgt die Überführung von Zirkonoxyd in plastische Form unter Verwendung von flüchtigen Halogenverbindungen. Als solche kommen z. B. Halogenwasserstoffe, ferner nicht salzartige Halogenverbindungen, wie z. B. Sulfurylchlorid, Acetylchlorid, Benzoylchlorid, Acethylbromid u. dgl., ferner z.B. salzartige organische Basen, wie z. B. salzsaures Anilin u. dgl in Betracht. Die Mengenverhältnisse, in welchen die Zusätze anzuwenden sind, können innerhalb beträchtlicher Grenzen schwanken, sie können z. B. in den Grenzen von etwa 1 bis etwa 10 % liegen.

Die Anwendung der flüchtigen Halogenverbindungen geschieht zweckmäßig in der Form, daß z.B. lufttrockenes, gegebenenfalls vorgetrocknetes Zirkonoxyd der Einwirkung von trockenem Halogenwasserstoff, z. B. Chlorwasserstoff, zweckmäßig unter Durchmischung des Gutes, z. B. auch in Verbindung mit einem Mahlvorgang unterworfen wird, oder z. B. derart, daß Halogenverbindungen der obengenannten Art mit Zirkonoxyd innig durchmischt, gegebenenfalls zusammen gemahlen werden. Man kann hierbei auch flüchtige Halogenverbindungen verschiedener Art zur Anwendung bringen. Bei der Mischung des Zirkonoxyds mit den Halogenverbindungen wird die Zugabe wäßriger Flüssigkeiten vermieden; diese, z. B. Wasser oder andere geeignete Flüssigkeiten, wie z. B. verdünnte Lösungen von Salzen oder Säuren, werden erst nach der Durchmischung in zur Verformung nötigen Mengen zugesetzt.

Durch Behandlung des Zirkonoxyds mit Halogenverbindungen im Sinne der Erfindung wird dem Zirkonoxyd die Eigenschaft verliehen, bei der darauffolgenden Behandlung mit Wasser oder anderen geeigneten Flüssigkeiten Massen von hoher Plastizität und Bildsamkeit zu liefern, welche Eigenschaft unbehandeltes Zirkonoxyd bekanntlich nicht besitzt. Wahrscheinlich beruht die Wirkung der angewendeten Verbindungen, wie Sulfurylchlorid, salzsaures Anilin u. dgl. Stoffen, darauf, daß dieselben unter den gegebenen Bedingungen, gegebenenfalls unter Mitwirkung ganz geringer Wassermengen, wie solche auch bei trockener Verarbeitung der Produkte vorhanden sein können, Halogenwasserstoff liefern, welcher auf Zirkonoxyd günstig einwirkt.

Das erfindungsgemäß präparierte Zirkonoxyd besitzt, wie bereits erwähnt, die Eigenschaft, mit geeigneten Flüssigkeiten, z. B. Wasser, Massen von großer Plastizität und Bildsamkeit zu liefern, welche dann durch Weiterverarbeitung nach üblichen Methoden, wie Formen und Brennen, auf Gebrauchsgegenstände verschiedenster Art verarbeitet werden können. Infolge der Flüchtigkeit der angewendeten Halogenverbindungen wird Verunreinigung des Zirkonoxyds mit Fremdstoffen, wie Aluminium, Magnesium u. dgl., vermieden. Die aus Zirkonoxyd bestehenden Endprodukte zeichnen sich infolgedessen durch besondere hohe Feuerfestigkeit und Widerstandsfähigkeit gegen chemische Agentien aus.

Es ist bereits ein Verfahren zur Gewinnung plastischer Massen aus nichtplastischen Oxyden bekannt, bei welchem die Oxyde, die zwecks feiner Verteilung durch Erhitzen geeigneter Salze aufbereitet werden, in Wasser verteilt werden müssen und darauf durch Beladung mit Elektrolyten plastisch gemacht werden.

Im Gegensatz hierzu wird bei dem vorliegenden Verfahren trockenes Zirkonoxyd der Einwirkung von trockenem Halogenwasserstoff bzw. trockenen hydrolysierbaren Verbindungen unterworfen, ohne daß wäßrige Flüssigkeiten zugegeben werden. Dadurch wird dem Zirkonoxyd die Eigenschaft verliehen, bei anschließender Behandlung mit wäßrigen Flüssigkeiten Massen von so großer Plastizität und Bildsamkeit zu bilden, wie sie nach dem erwähnten bekannten Verfahren nicht zu erzielen sind.

Patentanspruch:

Verfahren zur Überführung von Zirkonoxyd in den plastischen Zustand nach Patent 519 796, dadurch gekennzeichnet, daß lufttrockenes Zirkonoxyd unter Vermeidung der Zugabe wäßeriger Flüssigkeiten mit flüchtigen Halogenverbindungen, wie Halogenwasserstoff, Sulfurylchlorid, salzsaurem Anilin o. dgl, vermischt und dann erst durch Zusatz der Flüssigkeiten in plastische Form übergeführt wird.

Nr. 488 356. (D. 48 864). Kl. 80 b, 8.

Deutsche Gasglühlicht-Auer-Gesellschaft m. b. H. in Berlin.

Verfahren zur Herstellung sinterbarer feuerfester Stoffe.

Vom 2. Okt. 1925. — Erteilt am 12. Dez. 1929. — Ausgegeben am 24. Dez. 1929. — Erloschen: . . .

Zur Herstellung von Gegenständen aus reinem Zirkonoxyd, die auch Temperaturen von über 2400° standhalten, ist es notwendig, das Zirkonoxyd bei feiner Verteilung in eine stark zusammengesinterte Form überzuführen, so daß daraus hergestellte Gegenstände beim Fertigbrennen nicht mehr stark sintern. Diese Sinterung tritt beim Zirkonoxyd nur bei sehr hohen Temperaturen ein. Es ist gefunden worden, daß gewisse Zusätze diese Sinterung schon bei tieferen Temperaturen durchzuführen erlauben, wobei die Art und die Menge dieser Zusätze so gewählt werden muß, daß sie die Feuer- und die chemische Widerstandsfähigkeit der erhaltenen Zirkonoxydmassen nicht beeinträchtigen. Als solche Zusätze sind Magnesiumoxyd, Calciumoxyd und ähnliche hochschmelzende Oxyde, die schwer reduzierbar sind, bekannt.

Erfindungsgemäß hat sich ergeben, daß man die natürliche Zirkonerde bzw. das reine Zirkonsilikat mit Vorteil zu dem gleichen Zweck benutzen kann. Je reiner die natürliche Zirkonerde ist, um so größere Zusätze können von ihr zum reinen Zirkonoxyd genommen werden. Man erreicht auch schon bei Temperaturen von 1800° eine genügende Sinterung des Gemisches, ohne daß die Feuerbeständigkeit des reinen Zirkonoxydes durch die Zusätze wesentlich beeinträchtigt wird.

PATENTANSPRUCH:

Verfahren zur Herstellung sinterbarer feuerfester Stoffe aus reinem Zirkonoxyd, dadurch gekennzeichnet, daß reinem Zirkonoxyd ein Zusatz von natürlicher Zirkonerde oder Zirkonsilikat gegeben wird und diese Masse bei hohen Temperaturen vorgesintert wird.

Nr. 501189. (St. 42140.) Kl. 80b, 8.

STETTINER CHAMOTTE-FABRIK ACT.-GES. VORMALS DIDIER IN BERLIN-WILMERSDORF.

Verfahren zum Einbinden hochfeuerfester Stoffe.

Zusatz zum Patent 445722.

Vom 21. Jan. 1927. — Erteilt am 12. Juni 1930. — Ausgegeben am 28. Juni 1930. — Erloschen ....

Bei Benutzung eines aus einer Säure und dem korrespondierenden Salze bestehenden Bindemittels zum Einbinden reiner hochfeuerfester Massen, wie z. B. von reinem Zirkonoxyd oder -dioxyd, reinem Aluminiumoxyd, Siliciumcarbid u. dgl. nach dem Hauptpatent, wurde die Beobachtung gemacht, daß die Festigkeit dieser Massen schon in ungebranntem Zustande wesentlich gesteigert werden kann, wenn den gepulverten Massen geringe Mengen von anderen hochfeuerfesten Stoffen zugesetzt werden, welche zu dem Bindemittel eine größere Affinität haben als zu den verwendeten eigentlichen feuerfesten Mineralien. Reines Zirkonoxyd oder -dioxyd ist z. B. sehr reaktionsträge und ergibt mit dem Bindemittel vor dem Glühen nicht so feste Massen wie z. B. durch Eisenoxyd verunreinigte Zirkonerde.

Natürlich wird man nur solche Stoffe verwenden und auch in einer derart geringen Menge, daß der Schmelzpunkt dadurch nicht wesentlich herabgesetzt wird. Es wurde gefunden, daß z. B. reines Chromoxyd mit dem Bindemittel gut abbindet, ebenfalls Graphit, Kohlenstoff u. dgl. Es genügt, den zu formenden hochfeuerfesten reinen Mineralien einen Zusatz von 0,5 bis 1 % Chromoxyd, Graphit o. dgl. zu geben, wodurch auch sehr reaktionsträge Stoffe schon in der Kälte zu ganz festen Massen erstarren. Der große Vorteil besteht darin, daß die geformten Massen gegen mechanische Einwirkungen sehr widerstandsfähig sind und daher leicht transportiert werden können, abgesehen davon, daß sie nicht bis zur Sinterung gebrannt zu werden brauchen.

PATENTANSPRUCH:

Verfahren zum Einbinden hochfeuerfester Stoffe mit einem aus einer Säure und einem entsprechenden Salze der Erdalkalien oder anderer Erden bestehenden Bindemittel nach Patent 445722, dadurch gekennzeichnet, daß den Grundstoffen (wie Zirkonoxyd, Zirkonerde u. dgl.) geringe Mengen anderer hochfeuerfester Stoffe (wie Chromoxyd, Graphit o. dgl.) zugesetzt werden.

Nr. 461137. (N. 22198.) Kl. 12m, 9.

NAAMLOOZE VENNOOTSCHAP PHILIPS' GLOEILAMPENFABRIEKEN IN EINDHOVEN, HOLLAND

Verfahren zur Trennung von Hafnium und Zirkonium.

Vom 13. Juni 1923. — Erteilt am 24. Mai 1928. — Ausgegeben am 14. Juni 1928. — Erloschen: 1930.

Niederländische Priorität vom 26. April 1923 beansprucht.

Die Erfindung bezieht sich auf die Trennung des als Hafnium bezeichneten Elements mit der Atomzahl 72 (vgl. Coster und Hevesy »Nature«, 1923, Seite 79, 252 und 462) vom Zirkonium.

Gemäß der Erfindung wird die Trennung

dieser Elemente dadurch bewirkt, daß man eine Lösung der Doppelfluoride des Hafniums und Zirkoniums oder eine Lösung von Zirkon- und Hafniumfluorwasserstoffsäure gegebenenfalls nach Zusatz von freier Fluorwasserstoffsäure und u. U. auch von einem Überschuß des Kations der Doppelfluoride einer fraktionierten Kristallisation unterwirft. Hierauf kann das Hafniumdoppelfluorid in metallisches Hafnium übergeführt werden.

Unter Doppelfluoriden sollen im nachfolgenden die Verbindungen von der Formel nXFl, $ZrFl_4$ und nXFl, $HfFl_4$, z. B. X_2ZrFl_6 und X_2HfFl_6, verstanden werden, worin X ein Metall, wie Kalium, bedeutet. Unter den entsprechenden Säuren sollen die Säuren H_2ZrFl_6 und H_2HfFl_6 oder überhaupt nHFl, $ZrFl_4$ und nHFl, $HfFl_4$ verstanden werden, sowie auch die sich in Gegenwart von Wasser daraus bildenden Verbindungen der Zusammensetzung nHFl, $mZrOFl_2$, pH_2O und nHFl, $mHfOFl_2$, pH_2O. Die Abscheidung aus der Lösung der Doppelfluoride oder der entsprechenden Säuren kann durch fraktionierte Kristallisation in Gegenwart von Fluorwasserstoffsäure und vorzugsweise auch in Gegenwart eines Überschusses des Kations erfolgen, wobei letzteres durch Zusatz einer geeigneten Menge eines löslichen Salzes erhalten wird, in dem das Metall (X) das gleiche wie in den Doppelfluoriden des Hafniums und Zirkoniums ist.

Es werden gute Ergebnisse erhalten, wenn man von einer Lösung der Alkalidoppelfluoride ausgeht, z. B. einer solchen der Kaliumdoppelfluoride. Es empfiehlt sich, aus der Lösung der Doppelfluoride alle etwa darin anwesenden anderen Metalle zu entfernen, ehe man die fraktionierte Kristallisation vornimmt.

Zur Herstellung der Lösung der Doppelfluoride oder der entsprechenden Säuren aus den hafniumhaltigen Zirkonmineralien können verschiedene Verfahren angewendet werden.

Zu einem Mineral, wie z. B. dem im Handel erhältlichen Zirkonoxyd, kann eine geeignete Menge Kaliumbifluorid zugesetzt und dann das Gemisch der beiden Stoffe geschmolzen werden. Man erhält so die Kaliumdoppelfluoride des Hafniums und Zirkoniums K_2ZrFl_6 und K_2HfFl_6.

Ein anderes Verfahren besteht darin, daß man zunächst das Mineral in Fluorwasserstoffsäure löst und dann die erforderliche Menge Kaliumbifluorid zusetzt.

Nach einem dritten Verfahren kann der Ausgangsstoff mit einem geeigneten Mittel geschmolzen werden, und die Verbindungen können dann durch Zusatz eines Fluorids, eines Bifluorids oder von Fluorwasserstoffsäure in die gewünschten Doppelfluoride oder Säuren umgewandelt werden.

Ein Beispiel der Anwendung des Verfahrens gemäß der Erfindung soll noch näher beschrieben werden.

Das Mineral, z. B. Alvit, wird mit der dreifachen Menge Kaliumbifluorid geschmolzen, so daß die Kaliumdoppelfluoride des Hafniums und Zirkoniums gebildet werden. Das so erhaltene Produkt wird in einer siedenden Lösung von 10 Prozent Fluorwasserstoffsäure und 5 Prozent Kaliumfluorid gelöst. Auf diese Weise werden nur Verbindungen von Zirkonium und Hafnium und von etwa vorhandenem Titan, Niob, Tantal u. dgl. in Lösung gebracht, andere Verunreinigungen bleiben aber zurück. Die erhaltene Lösung wird filtriert und abgekühlt, wodurch die Hauptmenge auskristallisiert.

Da das Doppelfluorid des Hafniums leichter löslich ist als das Doppelfluorid des Zirkoniums, so enthält die kristallisierte Masse eine erheblich geringere Menge Hafnium als die ursprüngliche Lösung. Die Mutterlauge enthält dagegen eine erheblich größere Menge Hafnium als die ursprüngliche Lösung, und das Zirkonium kann daraus durch wiederholte Kristallisation in gleicher Weise vollständig entfernt werden, so daß praktisch nur das Doppelfluorid des Hafniums zurückbleibt.

Die Beimischungen von Titan, Niob, Tantal u. dgl. können in irgendeiner bekannten Weise aus der erhaltenen Lösung entfernt werden, so daß schließlich eine im wesentlichen reine Lösung von Kalium-Hafnium-Fluorid zurückbleibt. Vorzugsweise findet jedoch diese Entfernung statt, ehe man zur Kristallisation übergeht.

Die erwähnte Lösung wird zur Trockne eingedampft, worauf man das Hafniumdoppelfluorid in irgendeine andere Hafniumverbindung und in das Metall überführen kann, beispielsweise in der für Zirkon bekannten Weise.

Wenn man die den Doppelfluoriden entsprechenden freien Säuren verwenden will, so kann man von einem Gemisch von Zirkonhydroxyd und Hafniumhydroxyd ausgehen. Dieses wird mit wässeriger Fluorwasserstoffsäure versetzt, wobei sich Verbindungen der Zusammensetzungen nHFl, $mZrOFl_2$, pH_2O bzw. nHFl, $mHfOFl_2$, pH_2O bilden. Der sich gleich oder beim Eindampfen bildende Niederschlag enthält im wesentlichen die Zirkonverbindung, während die Hafniumverbindung in der Mutterlauge bleibt. Der Niederschlag bzw. das Eindampfungsprodukt der Mutterlauge kann wieder in Fluorwasserstoffsäure gelöst und die Trennung der beiden Bestandteile wiederholt werden, bis der gewünschte Reinheitsgrad erzielt wird.

Metallisches Hafnium kann folgendermaßen erhalten werden: Zu einer Lösung des erhaltenen Doppelfluorids des Hafniums wird ein Überschuß einer Base zugesetzt, wodurch das Hydroxyd des Hafniums gefällt wird. Das Hydroxyd wird durch Erhitzen in das Oxyd übergeführt und dieses in einer geeigneten, für die Reduktion von Zirkonoxyd bekannten Weise reduziert.

Das Hafnium kann in ähnlicher Weise vollständig aus der Kristallmasse entfernt werden, indem man die erhaltenen Kristalle in einer frischen Lösung von Fluorwasserstoffsäure löst, diese wieder zur Kristallisation bringt usw. Es ist daher möglich, auch im wesentlichen reines Zirkon herzustellen.

Patentanspruch:

Verfahren zur Trennung von Hafnium und Zirkonium, dadurch gekennzeichnet, daß man eine Lösung der Doppelfluoride des Hafniums und Zirkoniums zweckmäßig in Form ihrer Alkalidoppelfluoride oder eine Lösung von Zirkonium- und Hafniumfluorwasserstoffsäure gegebenenfalls nach Zusatz von freier Fluorwasserstoffsäure und u. U. auch von einem Überschuß des Kations des Doppelfluorids einer fraktionierten Kristallisation unterwirft.

Nr. 492 754. (C. 33 817.) Kl. 12 m, 9.

Deutsche Gasglühlicht-Auer-Gesellschaft m. b. H. in Berlin.

Verfahren zur Herstellung von Hafnium bzw. Hafniumverbindungen aus Mischungen von Hafnium- und Zirkonverbindungen.

Vom 27. Juli 1923. — Erteilt am 13. Febr. 1930. — Ausgegeben am 27. Febr. 1930. — Erloschen: 1931.

Die vorliegende Erfindung betrifft ein Verfahren zur Herstellung des Elements der Atomnummer 72, des sogenannten Hafniums bzw. dessen Verbindungen aus Mischungen von Hafnium- und Zirkonverbindungen, und das Verfahren ist namentlich dadurch gekennzeichnet, daß man zur Trennung von Hafnium und Zirkon eine Halogensäure bzw. ein Halogen oder einen Halogenwasserstoff anwendet, in dem man sich der verschiedenen Löslichkeit der Oxyhalogenide von Hafnium und Zirkon und des verschiedenen Dampfdruckes der Hafnium- und Zirkontetrahalogenide bedient.

Die Reingewinnung von Zirkon aus Zirkonerz, das stets Verunreinigungen von Eisen, Aluminium, Alkalien u. dgl. enthält, geschieht meistens durch Kristallisation von Zirkonoxychlorid aus salzsaurer Lösung, bei welcher Kristallisation die Verunreinigungen in der Mutterlauge verbleiben, während das reine Zirkonoxychlorid auskristallisiert. Untersuchungen in Verbindung mit der Entdeckung des neuen Elements Hafnium haben gezeigt, daß das auf diese Art hergestellte Zirkonoxychlorid nicht, wie früher angenommen, rein ist, sondern in den Fällen, in welchen das Ausgangsmaterial hafniumhaltig war — was sozusagen immer der Fall ist —, $^1/_2$ bis 30% Hafnium enthält.

Es ist daher von großer technischer Bedeutung, daß man gemäß der vorliegenden Erfindung Hafnium und Zirkon durch Anwendung einer Halogensäure, z. B. Salzsäure. trennen kann, da man hierdurch imstande ist, Hafnium als Nebenprodukt bei dem Prozeß zu gewinnen, durch welchen man das Zirkon von den bereits erwähnten Unreinheiten (Eisen, Aluminium usw.) reinigt.

Zur Trennung des Hafniums von Zirkon geht man folgendermaßen vor: Das Zirkonerz wird in eine lösliche Form übergeführt, z. B. durch Behandeln mit Schwefelsäure in das Sulfat, dann wird mit Ammoniak gefällt und das entstandene Hydroxyd in Salzsäure gelöst. Beim Einengen oder Abkühlung der letzteren kristallisieren die Hafniumoxychloride fast vollständig aus, das Zirkonoxychlorid zum großen Teil, die Verunreinigungen, wie das stets vorhandene Eisenchlorid, nur in ganz geringem Maße. Wiederholt man die Kristallisation, so reichert sich in den Kristallen das Hafnium immer mehr an; gleichzeitig werden sie in immer höherem Maße von Eisen und ähnlichen Verunreinigungen befreit. Dies ist auch der Fall mit den anderen Oxyhalogeniden und Mischungen hieraus, und die vorliegende Erfindung betrifft daher auch die Anwendung anderer Halogensäuren als Salzsäure, evtl. Mischungen von Halogensäuren.

Zur Herstellung der Oxyhalogenide kann man auch in der Weise vorgehen, daß man das hafniumhaltige Zirkonerz oder hafniumhaltige Zirkonverbindungen, wie Zirkonoxyd, Zirkonphosphat, Zirkoncarbonat o. dgl., mit einem Strom von Halogen behandelt, wodurch die Tetrahalogenide gebildet werden. Diese können dann durch Behandlung mit Wasser, Halogensäure, Alkohol usw. in die Oxyhalogenide übergeführt werden.

Als Beispiel der Anwendung der Kristallisation zur Trennung von Hafnium und Zirkon kann genannt werden, daß man 1 Gewichtsteil hafniumhaltiges Zirkonoxychlorid in der Wärme in 3 Gewichtsteilen konzentrierte Salzsäure und 3 Gewichtsteilen Wasser auflöst, worauf die Lösung der Abkühlung überlassen wird. Hierdurch kristallisieren Oxychloride aus, die reicher an Hafnium sind als die Lösung. Die ausgefällten Oxychloride werden wieder in warmer Salzsäure aufgelöst, worauf die Lösung der Abkühlung überlassen wird, wodurch sie wieder Oxychloride auskristallisiert, die verhältnismäßig mehr Hafnium enthalten, als die ursprünglich ausgefällten Oxychloride.

Durch Fortsetzung dieser Arbeitsmethode kann man den gewünschten Trennungsgrad für Hafnium und Zirkon bzw. reines Hafnium- und Zirkonoxychlorid erreichen. In derselben Art und Weise läßt sich eine fraktionierte Kristallisation der Oxyfluoride, Oxybromide und Oxyjodide durchführen. Nach sechs Fraktionierungsreihen steigt der Hafniumgehalt, ausgehend von einem Material mit 2% Hafniumoxyd im Gesamtoxyd (also Zirkonplus Hafniumoxyd), bei der Anwendung der Oxyfluoride auf etwa 11,1%, Oxychlorid auf 8,6%, Oxybromid auf 7,9% und Oxyjodid auf 6,3%.

Anstatt die Oxyhalogenide aus der Lösung durch Abkühlung auszuscheiden, kann man sie auch zur Ausscheidung aus der wässerigen oder schwach sauren Lösung durch Zusatz der entsprechenden konzentrierten Halogensäure, eines entsprechenden löslichen Halogenids, z. B. Calciumhalogenids, oder durch Zusatz von Alkohol oder eines anderen geeigneten Fällungsmittels bringen. Der ausgefällte Stoff ist hafniumreicher als die Lösung, und durch Fortsetzung der Arbeitsmethode kann der gewünschte Trennungsgrad für Hafnium und Zirkon erreicht werden. So kann man z. B. durch Zufügen der Halogenwasserstoffsäure zu den Lösungen der betreffenden Salze die Salze selbst fraktioniert ausfällen, und man erhält eine praktisch ebenso gute Anreicherung, als dies durch die fraktionierte Kristallisation bei derselben Anzahl von Fraktionierungsreihen erreicht werden kann.

Da die Löslichkeit der Oxyhalogenide in Abhängigkeit von der Halogensäurekonzentration ein Minimum aufweist, kann man die Ausfällung auch durch Zusatz von Wasser zu einer Lösung von Oxyhalogeniden in der entsprechenden, sehr konzentrierten Halogensäure hervorbringen.

Anstatt die Oxyhalogenide aus Hafnium und Zirkon durch fraktionierte Kristallisation bzw. Fällung auszuscheiden, kann man auch die Oxyhalogenide in fester Form einem Strom des entsprechenden Halogens aussetzen, wodurch die Tetrahalogenide gebildet werden. Die Mischung der Tetrahalogenide (oder Mischungen der Tetrahalogenide, hergestellt durch Behandlung des hafniumhaltigen Zirkonerzes oder der hafniumhaltigen Zirkonverbindungen, wie schon genannt) wird darauf einer teilweisen Sublimation unterworfen, durch welche der zurückgebliebene (nicht verdampfte) Stoff verhältnismäßig reicher an Hafnium wird, indem die Hafniumtetrahalogenide einen geringeren Dampfdruck als die Zirkontetrahalogenide haben. Bei der fraktionierten Sublimation des Fluorids erhält man nach sechs Fraktionierungsreihen eine Anreicherung des Hafniums auf etwa 4,6%, beim Bromid auf etwa 5,7%, beim Jodid auf fast 4%. Wenn gewünscht, können die Tetrahalogenide wieder leicht in Oxyhalogenide durch Auflösung in Wasser, der entsprechenden Halogensäure, Alkohol usw. übergeführt werden, und die Lösung kann dann auf eine der bereits geschilderten Arbeitsmethoden weiterverarbeitet werden.

Man kann ferner die Oxyhalogenide einem Strom von Halogenwasserstoff aussetzen, wobei zum Teil Oxyde und zum Teil die leichtflüchtigen Tetrahalogenverbindungen entstehen, die dann durch Sublimation vom Oxyd getrennt und weiterverarbeitet werden können.

Schließlich können die geschilderten Verfahren mit anderen Ausscheidungsverfahren für Hafnium und Zirkon kombiniert werden, z. B. denjenigen, die sich der verschiedenen Löslichkeit der Doppelfluoride, der verschiedenen Löslichkeit der Schwefelsäureverbindungen, der Fällung mit Phosphaten, Ammoniak, Oxalsäure usw. bedienen.

PATENTANSPRÜCHE:

1. Trennung von Hafnium und Zirkon durch fraktionierte Kristallisation, Sublimation oder Fällung, gekennzeichnet durch die Fraktionierung der Halogenverbindungen selbst mit Ausnahme der Doppelfluoride oder entsprechenden Fluorwasserstoffsäuren.

2. Verfahren nach Anspruch 1, gekennzeichnet durch die Anwendung der verschiedenen Löslichkeit der Oxyhalogenide von Hafnium und Zirkon.

3. Verfahren nach Anspruch 1 und 2,

dadurch gekennzeichnet, daß hafniumhaltiges Zirkonoxychlorid in Salzsäure in der Wärme aufgelöst wird, wonach die Lösung der Abkühlung überlassen wird, wodurch Oxychloride ausgeschieden werden, die verhältnismäßig reicher an Hafnium sind als die Lösung, worauf die ausgefällten Oxychloride wieder in warmer Salzsäure aufgelöst und der Abkühlung überlassen werden, wodurch wieder Oxychloride ausgeschieden werden, die verhältnismäßig mehr Hafnium enthalten als die ursprünglich ausgefällten Oxychloride, worauf die Arbeitsmethode fortgesetzt wird, bis der gewünschte Trennungsgrad für Hafnium und Zirkon erreicht ist.

4. Verfahren nach Anspruch 3, gekennzeichnet durch die Anwendung anderer hafniumhaltiger Zirkonoxyhalogenide als es die Zirkonoxychloride sind bzw. einer anderen Halogensäure als Salzsäure, evtl. von Mischungen verschiedener Zirkonoxyhalogenide und Mischungen von Halogensäuren.

5. Verfahren nach Anspruch 3 und 4, dadurch gekennzeichnet, daß das Oxyhalogenid durch Zusatz von konzentrierter Halogensäure, eines löslichen Halogensalzes, Alkohol o. dgl. zur wässerigen oder schwach sauren Lösung der Oxyhalogenide oder durch Zusatz von Wasser zu einer stark sauren Lösung der Oxyhalogenide zum Ausfällen gebracht wird.

6. Verfahren nach Anspruch 1, dadurch gekennzeichnet, daß hafniumhaltiges Zirkonoxyhalogenid, Zirkonerz, Zirkonoxyd, Zirkonphosphat, Zirkoncarbonat o. dgl. einem Halogenstrom ausgesetzt werden, wodurch Tetrahalogenide des Hafniums und Zirkons gebildet werden, welche Stoffe einer teilweisen Sublimation unterworfen werden, wodurch der zurückgebliebene feste Stoff verhältnismäßig reicher an Hafnium wird als das Ausgangsprodukt, worauf evtl. die Tetrahalogenide in Oxyhalogenide durch Auflösung in Wasser, Halogensäure, Alkohol usw. umgewandelt und nach einer der in Anspruch 2 bis 5 angegebenen Arbeitsweisen weiterbehandelt werden.

7. Verfahren nach Anspruch 1, dadurch gekennzeichnet, daß die Oxyhalogenide einem Strom von Halogenwasserstoff ausgesetzt werden, wobei zum Teil Oxyde und zum Teil Tetrahalogenverbindungen entstehen, welche letzteren von den Oxyden durch Sublimation getrennt und weiter nach Anspruch 6 verarbeitet werden.

8. Verfahren nach Anspruch 1 bis 7, gekennzeichnet durch die Kombination mit anderen Trennungsverfahren für Hafnium und Zirkon.

Nr. 546215. (P. 63218.) Kl. 12m, 9. Dr. Wilhelm Prandtl in München.

Trennung von Hafnium und Zirkonium.

Vom 7. Juni 1931. Erteilt am 25. Febr. 1932. — Ausgegeben am 10. März 1932. — Erloschen: . . . .

Die bisher bekannten Verfahren zur Trennung von Hafnium und Zirkonium leiden an dem Nachteil, daß sie nur einen geringen Wirkungsgrad besitzen und deshalb sehr oft wiederholt werden müssen, bis man zu reinen Produkten gelangt, und machen überdies meist die Verwendung konzentrierter starker Säuren oder von Flußsäure als Lösungsmittel notwendig. Es wurde gefunden, daß man die Trennung von Hafnium und Zirkonium in sauren, neutralen oder alkalischen Lösungen mit sehr gutem Erfolg ausführen kann, wenn man die Lösungen der beiden Elemente mit Ferrocyanion fraktioniert fällt. Hafniumferrocyanid ist erheblich schwerer löslich als Zirkoniumferrocyanid; es reichert sich deshalb das Hafnium in den ersten Ferrocyanidniederschlägen fast vollständig an. Zweckmäßig ist es, die Fällung bei Gegenwart solcher Stoffe vorzunehmen, welche mit Hafnium und Zirkonium komplexe Verbindungen bilden, wie z. B. Oxalsäure, Weinsäure, Zitronensäure u. dgl. Da die Ferrocyanidfällung eine rasche Anreicherung des Hafniums ermöglicht, kann man zur Darstellung hochprozentiger Hafniumpräparate von hafniumarmen, aber billigen Ausgangsmaterialien (Zirkonsand) ausgehen.

Die Trennung von Hafnium und Zirkonium durch Ferrocyanion ist möglich unter den verschiedensten Bedingungen in bezug auf die Natur der Säure, welche zur Lösung des Hafniumzirkoniumoxydes diente (Mineralsäuren oder organische Säuren) und in bezug auf das p_H der Lösungen.

Um die Wirksamkeit der Ferrocyanidfällung für die Trennung von Hafnium und Zirkonium an einigen Beispielen zu zeigen, seien folgende Befunde angeführt: Aus der oxalsäurehaltigen schwefelsauren Lösung von 1 kg Zirkonoxyd aus Zirkonsand mit etwa 1 % HfO_2 wurden durch eine Fällung mit 500 g Natriumferrocyanid 40 g $(ZrHf)O_2$ mit etwa 15 % HfO_2 erhalten, d. h. es wurden etwa 60 % des vorhandenen Hafniums in einem kleinen Oxydgemisch angereichert. 400 g Zirkoniumhafniumoxyd mit etwa 20 % HfO_2 wurde durch Ferrocyanidfällung aus oxalsäurehaltiger schwefelsaurer Lösung in drei Fraktionen zerlegt: Die erste Ferrocyanidfällung lieferte ein Oxyd mit etwa 50 % HfO_2 (Dichte 7,63), die zweite Fraktion ein Oxyd mit etwa 5 % HfO_2 (Dichte 5,94), und in Lösung blieb ein Oxyd mit etwa 0,4 % HfO_2 (Dichte 5,74). Die erste Fraktion (mit etwa 50 % HfO_2) lieferte beim Behandeln mit ziemlich konzentrierter Natronlauge, Abtrennen von dem flüssigen Anteil, Digerieren des hauptsächlich aus den Hydroxyden des Hafniums und Zirkoniums bestehenden Niederschlages mit verdünnter Schwefelsäure und Oxalsäure und nach erneuter Fällung der so erhaltenen Lösung mit Natriumferrocyanid 42 g eines Oxydes mit etwa 70 % HfO_2, und dieses letztere wurde durch eine neue Ferrocyanidfällung in 27 g Oxyd mit 85 % HfO_2 (Dichte 9,0) und 15 g Oxyd mit etwa 15 % HfO_2 (Dichte 6,3) zerlegt.

Patentansprüche:

1. Trennung von Hafnium und Zirkonium, dadurch gekennzeichnet, daß die sauren, neutralen oder alkalischen Lösungen der Verbindungen dieser Metalle mit löslichen Ferrocyaniden fraktioniert gefällt und das so angereicherte Hafniumferrocyanid abgetrennt wird.
2. Verfahren nach Anspruch 1, gekennzeichnet durch die Zugabe organischer Säuren, z. B. Oxalsäure, Weinsäure, Zitronensäure, vor der Fällung.

Nr. 538082. (I. 35914.) Kl. 12m, 9.

I. G. Farbenindustrie Akt.-Ges. in Frankfurt a. M.

Erfinder: Dr. Emil Laage in Uerdingen, Niederrhein.

Darstellung von Kaliumtantalfluorid.

Vom 27. Okt. 1928. — Erteilt am 29. Okt. 1931. — Ausgegeben am 11. Nov. 1931. — Erloschen: 1935.

Kaliumtantalfluorid wurde bisher in der Weise dargestellt, daß Tantalit durch Schmelzen mit Bisulfat aufgeschlossen, daß so erhaltene Erdsäuregemisch in Flußsäure gelöst und darauf Kaliumcarbonat oder Hydroxyd zugegeben wurde, worauf rohes Kaliumtantalfluorid anfiel, das man dann durch mehrmaliges Umkristallisieren reinigte. Das durch Bisulfat erhaltene Erdsäuregemisch ist noch mit erheblichen Mengen Eisen und Mangan verunreinigt, die auch durch wiederholtes Auswaschen mit Säure nicht völlig beseitigt werden können. Werden titan- oder zinnhaltige Tantalite verwandt, so finden sich auch diese Elemente in Form ihrer Oxyde im Erdsäuregemisch. Beim Behandeln mit Flußsäure gehen Eisen, Mangan, Zinn und Titan völlig in Lösung und verunreinigen dann das durch Kaliumcarbonat bzw. Hydroxyd ausfallende Kaliumtantalfluorid.

Geht man dagegen von einem durch Kochen von Tantal enthaltenden Erzen mit Kaliumbisulfat und Schwefelsäure, Verdampfen des Wassers und nachfolgendes Behandeln der Masse am Rückflußkühler erhältlichen, in Kalilauge leicht löslichen Erdsäuregemisch aus und versetzt dieses zunächst mit einer zur Lösung der Erdsäuren eben ausreichenden Menge Kalilauge, so gehen nur Tantal und Niob in Lösung, während Eisen, Mangan, Zinn und Titan im Rückstand verbleiben. Die filtrierte Lösung ergibt dann bei Zusatz der entsprechenden Menge Flußsäure ein im wesentlichen nur noch Niob enthaltendes Kaliumtantalfluorid. Durch Umkehrung der Aufeinanderfolge des Kalilauge- und Flußsäurezusatzes wird also erreicht, daß aus dem Erdsäuregemisch ein für praktische Zwecke meist genügend reines Kaliumtantalfluorid unmittelbar gewonnen wird, das, wenn erforderlich, durch ein einmaliges Umkristallisieren von dem es begleitenden Niobsalz befreit werden kann.

Es ist zwar bekannt, Kaliumtantalatlösungen, die durch Auflösung von Ätzkali- oder Kaliumcarbonattantalschmelzen in Wasser gewonnen werden, mit Flußsäure zu behandeln. Gegenstand dieser Erfindung ist aber die Kombination zweier Verfahren, von denen das eine darin besteht, tantalhaltige Erze in der oben dargelegten Weise mit Kaliumbisulfat und Schwefelsäure aufzuschließen, während nach dem zweiten Verfahren dieser Kombination das so erhaltene Erdsäuregemisch in Kalilauge gelöst und die gegebenenfalls gereinigte Lösung mit Flußsäure gefällt wird.

Beispiel

1 kg Tantalit wird in einem mit Rückflußkühler versehenen gußeisernen Gefäß mit 1 kg Kaliumsulfat und 2,2 kg konzentrierter

Schwefelsäure 3 Stunden lang unter Rühren erhitzt. Man trägt Sorge, daß das im Verlauf der ersten Stunden reichlich entstehende Wasser abdestillieren kann, setzt aber dann den Rückflußkühler in Tätigkeit, wobei man die Temperatur so einreguliert, daß die Schwefelsäure langsam zurücktropft. Die aufgeschlossene Masse hat alsdann eine salbenartige Konsistenz und kann ohne weiteres mit Wasser aufgenommen werden. Die Erdsäureaufschlämmung wird abgenutscht und das Erdsäuregemisch auf der Nutsche mit Wasser gewaschen. Das so erhaltene Erdsäuregemisch wird nun mit 1,6 l 33prozentiger Kalilauge verrührt, die Lösung nach einigem Stehen filtriert und der in der Hauptsache aus etwas Ferri- und Manganhydroxyd bestehende Rückstand mit Wasser gewaschen. Das Waschwasser wird mit der Hauptmenge des Filtrats vereinigt.

Eine so dargestellte Kalium-Niobat-Tantalat-Lösung enthält im Liter z. B. 120 g Ta_2O_5 und 80 g Nb_2O_5. Ein Liter dieser Lösung wird mit 1,5 l Wasser und darauf unter gutem Rühren mit 450 g 40prozentiger Flußsäure versetzt. Nach vierstündigem Stehen sind 160 g annähernd reines Kaliumtantalfluorid ausgefallen. Durch Einengen der Lösung können nochmals 40 g eines nicht ganz so reinen Kaliumtantalfluorids gewonnen werden, das neben $K_2NbO \cdot F_5$ hauptsächlich K_2TaOF_5 enthält. Durch Umlösen aus verdünnter Flußsäure kann man es ebenfalls rein erhalten.

Patentanspruch:

Herstellung von Kaliumtantalfluorid aus Tantal enthaltenden Erzen, gekennzeichnet durch den Aufschluß der Erze mit Kaliumbisulfat und Schwefelsäure, Verdampfen des Wassers, Behandeln der Masse am Rückflußkühler, Lösen des Erdsäuregemisches in Kalilauge und Fällen der gegebenenfalls gereinigten Lösung mit Flußsäure.

Radioaktive Stoffe.

Literatur: Union minière du Haut Katanga, Le Radium, 1931. — J. Stoklasa, Biologie des Radiums und der radioaktiven Elemente. Berlin 1932. — A. Weissenborn, Die Herstellung hochprozentiger Radium- resp. Mesothorium-Präparate, *Metallbörse* **22**, 689, 721 (1932). — S. Meyer, Verwendungsweise radioaktiver Präparate, *Med. Welt.* **5**, 1027 (1931).

B. Nikitin und O. Erbacher, Bestimmung der Löslichkeit von Radiumsulfat in Wasser bei 20°, *Z. Physikal. Chem. Abt. A.* **158**, 216 (1932). — Die Löslichkeit in Schwefelsäure und Natriumsulfatlösungen, *Ebend.* **158**, 321 (1932). — G. M. Dyson, Mesothorium, *Ind. Chemist chem. Manuf.* **7**, 231 (1931). — A. Karl, Zur Herstellung von Polonium aus radioaktiven Bleisalzen, *Sitzungsber. Akad. Wiss. Wien Abt.* IIa **140**, 199 (1931). — F. Strassmann, Über hochemanierdende Ba-Ra-Salze, *Z. Elektrochem.* **38**, 544 (1932).

J. P. Leake, Radiumvergiftung, *Journ. Amer. med. Assoc.* **98**, 1077 (1932).

Obwohl jährlich nur wenige Gramm der radioaktiven Elemente gewonnen werden, so geschieht deren Herstellung in technischem Maßstabe, gilt es doch diese aus Erzen zu gewinnen die höchstens 300 mg Ra in der Tonne enthalten. Der Gehalt des Monazitsandes an Mesothorium ist ein noch viel kleinerer, man kann ihn mit etwa 8 mg Ra-Gleichwert je Tonne annehmen.

Technisch werden von den radioaktiven Elementen gewonnen und für medizinische in untergeordnetem aber doch bemerkenswerten Maßstabe für technische Zwecke verwendet: aus der Uranreihe das Radium und sein Tochterelement das Radon, die Radiumemanation; aus der Thoriumreihe das Mesothorium, das Radiothorium und das Thorium X.

Neben dem Verfahren zur Gewinnung und Anreicherung der radioaktiven Stoffe[1]) selbst, haben ein Interesse die Verfahren, die ihre Weiterverarbeitung und Anwendung betreffen. Es sei hingewiesen auf die hochemanierenden Präparate,[2]) die nach einem von O. Hahn gefundenen Verfahren hergestellt werden, indem das Radium in kolloiden Hydroxydgelen verteilt wird, auf die Darstellung der Leuchtfarben, insbesondere mittels Zinksulfid oder Zinksilicat (Willemit), (s. Zinkfarben) auf die Anwendung der γ-Strahlen radioaktiver Stoffe zur Werkstoffprüfung, zur Feststellung von Fehl- und Lunkerstellen in Metallen und Legierungen, und auf die vielen Verfahren zur medizinischen Anwendung, sei es in Form von Präparaten, in Röhrchen, Nadeln, Fäden u.s.w. als Kompressen, Kissen[3]) Binden u.a.m. oder in Form von bestrahlten Heil- und Nahrungsmitteln, wie Milch,[4]) für die aus der ausländischen Literatur einige typische Beispiele angeführt worden sind.

---

[1]) Russ. P. 5046, I. J. Baschilow, fraktionierte Kristallisation von Ra- von Ba-Chlorid in konzentriert $CaCl_2$-haltigen Lösungen.

Belg. P. 356160, P. E. Frederiksson und A. R. Blomberg, Mischung von Ra-haltigen Substanzen mit Th-Verbindungen.

[2]) Schwz. P. 148266, Deutsche Gasglühlicht Auer Ges., gut emanierende Präparate, ausgewaschen wird mit einer Lösung in der das radioaktive Salz schwerlöslich ist, z. B. $RaCO_3$ mit $(NH_4)_2CO_3$-Lösung.

[3]) Belg. P. 356160, Schwed. P. 68914, P. E. Fredriksson und A. R. Blomberg, Radioaktive Kompressen.

E. P. 372487, E. Flechtner, Radioaktive Kissen gefüllt mit Monazitsand.

[4]) F. P. 726479, M. J. Campagne, Radioaktive Behandlung von Nahrungs- und Arzneimittel.
Schwz. P. 154349, G. A. Janzon, Herstellung radioaktiver Milch mittels Ra-Emanation.

Übersicht der Patentliteratur.

D. R. P.	Patentnehmer	Charakterisierung des Patentinhaltes
Radioaktive Stoffe. (S. 3016.)		
515 681	I. Baschiloff	Fraktionierte Kristallisation von Ra-Ba-Chlorid in Gegenwart von $CaCl_2$
518 205	K. Weil u. K. Peters	Trennung von Ra-Ba-Carbonaten durch fraktionierte thermische Spaltung
532 392	Chem. Werk Dr. Klopfer	Ra-D-haltige Lösungen aus Radon in einer negativ aufgeladenen sauren $Pb(NO_3)_2$-Lösung
540 983	Chem. Werk Dr. Klopfer	Gewinnung der Isotopen des Wismuts
544 913	F. Gentil	Capillaren aus Mg. zum Einschließen von Emanation
544 995	E. Rosenberg u. H. Hellwig	Radioaktive Fäden, Gewebe usw. werden oberflächlich metalisiert

Nr. 515681. (B. 120936) Kl. 12m, 9. Iwan Baschiloff in Moskau.

Trennung von Radium und Bariumsalzen.

Vom 24. Juli 1925. — Erteilt am 18. Dez. 1930. — Ausgegeben am 10. Jan. 1931. — Erloschen: 1931.

Es ist bekannt, Radiumsalze aus den Lösungen radiumaktiver Stoffe dadurch abzuscheiden, daß man die Lösung, gegebenenfalls nach Überführung der Salze in einen schwer löslichen Zustand, der fraktionierten Kristallisation unterwirft.

Das Wesen der neuen Erfindung besteht darin, daß die fraktionierte Kristallisation mit Hilfe von Calciumchlorid vorgenommen wird.

Soweit man die Trennung von Radium- und Bariumsalzen durch mehrfaches Eindampfen der sauren oder neutralen Lösung vornahm, entstanden Nachteile, welche in der Langsamkeit des Prozesses unter verschiedenen Erwärmungen und Abkühlungen des ausgeführten Verfahrens lagen. Das von W. G. Chlopin veröffentlichte Verfahren zum fraktionierten Ausfällen von Radium-Bariumsalzen mittels kalter konzentrierter Salzsäure läßt zwar ein schnelleres Arbeiten zu, bedarf aber großer Apparaturen und erfordert große Mengen von den Ionen SO_4 gereinigter Salzsäure.

Es ist nun gefunden worden, daß bei der fraktionierten Kristallisation die Anreicherungszahl des Radium-Bariumsalzes in der Praxis von der Art und dem Verfahren, durch welches das Salz aus der Lösung in fester Form ausgeschieden wird, unabhängig ist und nur die chemische Konstitution des kristallisierten Salzes eine Rolle spielt. So ist z. B. die Anreicherungszahl bei der Kristallisation von Radium- und Bariumchloriden praktisch dieselbe wie bei dem Verdampfen der Lösung.

Das Verfahren wird nach dem gewöhnlichen Schema der fraktionierten Kristallisation ausgeführt, indem man einer kalten, sauren oder neutralen Lösung Chlorcalcium hinzufügt. Bei neutraler Lösung kann man das Verfahren nicht nur sehr schnell, sondern auch in ganz einfacher Apparatur, sogar in hölzernen Bottichen ausführen. Der Verbrauch von Chlorcalcium ist gering, weil bei dem Verdampfen der Endlösung außer dem schwach radioaktiven Bariumchlorid das Calciumchlorid zurückgewonnen wird und wieder zum Gebrauch fertig ist. Besonderen Erfolg hatte dieses Verfahren zur Verarbeitung von radiumarmen Bariumsalzen.

Aus der Zeichnung ist das Schema der technischen Ausführung des Verfahrens ersichtlich. Außer der bei den bekannten Verdampf- und Kristallisationsmethoden bekannten Apparatur sind noch Apparate zur Regeneration des Ausfüllungsmittels vorgesehen.

Mit den Zahlen 1, 2, 3, 4, 5, 6 und 7 sind für fraktionierte Kristallisation bestimmte Gefäße bezeichnet. 8 ist ein Behälter für Chlorcalciumlösung; 9, 10 ist eine Rohrleitung für die Zufuhr von Chlorcalcium, 11 ein Kontrollgefäß, 12 ein Verdampfungsapparat, 13 ein Kühler für die in 12 eingedampfte Lösung, 14 ein Vakuumfilter und 15 ein Behälter für aus 14 filtrierte Chlorcalciumlösung. Nach diesem Schema wird das Verfahren folgendermaßen ausgeführt: Die zur Kristallisation bestimmten Radium-Bariumchloride werden in festem Zustande in das Gefäß 1 hineingetan und in kaltem Wasser gelöst, worauf zu der so erlangten möglichst konzentrierten Lösung Chlorcalciumlösung zugegossen wird. Die Menge der letzteren wird so berechnet, daß nach ihrer Zugabe ein Drittel des gelösten Ba Cl_2 sich in kristallinischer Form ausscheidet. Wenn man die Aktivität der in die Operation eingeführten Chloride mit 1 bezeichnet, so wird jetzt die Aktivität der Kristalle gegen 2 sein und die der Lösung gegen $^1/_2$. Die Kristalle werden abfiltriert und in das Gefäß 2, das Filtrat in das Gefäß 5 gebracht. Die Kristalle im Gefäß 2 werden wieder gelöst, und es wird wieder mittels Zugabe von Ca Cl_2 ein Drittel des Chlorides nach Gewicht ausgefällt. Die

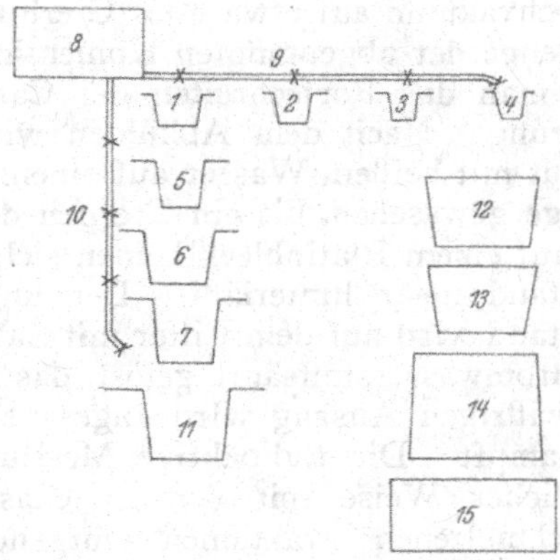

Aktivität dieser Fraktion wird also $2 \times 2 = 4$ sein und die der Lösung 1. Nach der gleichen Operation im Gefäß 5 ist dort die Aktivität der Kristalle 1 und der Lösung $^1/_4$. Es liegt jetzt aus dem Gefäß 2 eine Lösung mit der Aktivität 1, und aus dem Gefäß 5 liegen Kristalle derselben Aktivität vor. Man kann diese Teile also im Gefäß 1 wieder vereinigen. Die Menge von Ba Cl_2 im Gefäß 1 wird jetzt aber geringer sein als bei der ersten Charge, weil ein Teil der Chloride in die folgenden Gefäße übergegangen ist. Die fehlende Menge kann mit frischem Chlorid, das zur Kristallisation bestimmt ist, kompensieren, worauf man alle die beschriebenen Operationen wiederholt.

Aus dem Gefäß 4 erhält man so Kristalle hoher Aktivität vor und aus dem Gefäß 7 eine entsprechende schwach aktive Lösung. Die letztere wird in das Kontrollgefäß übergeführt, wobei ihr eine Probe entnommen wird, deren Aktivität geprüft wird. Wenn sie nicht höher als die berechnete ist, so wird die Lösung in das Gefäß 12 gebracht, wo sie bis zu einem bestimmten Grade eingedampft wird. Dabei scheidet sich das von der Kristallisation zurückgebliebene schwach aktive Chlorid in fester Form ab. Um ein vollständiges Ausscheiden des Chlorids zu erzielen, wird die heiße Lösung in das Gefäß 13 abgelassen, wo sie gekühlt und dann auf dem Filter 14 abfiltriert wird. Das erhaltene Chlorid kann als Nebenprodukt abgelassen werden, die Lösung gelangt durch den Behälter 15 wieder in den Arbeitsprozeß.

Ein Ausführungsbeispiel ist folgendes:

3 kg Bariumchlorid mit einem Gehalt von 500 mg Radium werden in 14 l Wasser aufgelöst. Der erhaltenen Lösung werden 3 l von Calciumchloridlösung mit einem spezifischen Gewicht von 38° nach Bé im kalten Zustand bei Zimmertemperatur zugesetzt. Dabei scheidet aus der Lösung 1 kg Bariumchlorid in Form von kleinen Kristallen aus. Der Gehalt von Radium in diesem Chlorid ist 1000 mg pro Tonne des Materials. Mit anderen Worten: Wenn das Barium in Kristallen in einer Menge von ein Drittel ausscheidet, so scheidet Radium in der Menge von zwei Drittel aus.

Der Lösung werden nachträglich 3,4 l derselben Lösung des Calciumchlorids zugesetzt, es scheiden noch 0,600 kg Bariumchlorid mit einem Gehalt radiumaktiver Stoffe von 500 mg pro Tonne Materials aus. Bei weiterer Wiederholung dieser Operationen in demselben Verhältnis der Komponente zueinander werden Radium und Barium bis zu einem beliebigen Reinheitsgrade auskristallisiert. Die Radiumausbeuten hängen von der Zahl der Kristallisationen ab. Bei dreimaliger Bearbeitung der Endlösung mittels Calciumchlorids nach obigem Verfahren ergibt die Radiumausbeute in Hauptkristallen 94% des ursprünglichen Radiums.

Fabrikmäßige Versuche zeigten, daß man nach dem beschriebenen Verfahren eine fraktionierte Kristallisation sehr leicht und schnell durchführen kann und die Zusammensetzung des Ausgangschlorids nicht auf den Gang des Prozesses wirkt. So wurde z. B. bei Kristallisation von einem Chlorid, das 25% H_2O, 6% Ca Cl_2, 15% Na Cl, kleine Mengen von Eisen- und Bleichlorid und 64% Ba Cl_2 enthielt und die Aktivität von 3 Uraneinheiten besaß, ein Chlorid mit einer Aktivität von 40 bis 45 Uraneinheiten und eine Endlösung mit nur 0,23 Aktivität erhalten. Die Ausbeute von Radium in Form von hoch aktivem Präparat war 94 bis 95%.

Patentanspruch:

Verfahren zur Trennung von Radium- und Bariumsalzen aus ihren Lösungen durch fraktionierte Kristallisation, dadurch gekennzeichnet, daß diese mit Hilfe von Calciumchlorid vorgenommen wird.

E. P. 255078.

Nr. 518205. (W. 84557.) Kl. 12m. 9.

Dr. Kurt Weil in Bonn a. Rh. und Dr. Kurt Peters in Mülheim, Ruhr.

Anreicherung radioaktiver Substanzen.

Vom 21. Dez. 1929. — Erteilt am 29. Jan. 1931. — Ausgegeben am 13. Febr. 1931. — Erloschen: 1935.

Das vorliegende Verfahren, mit dem eine quantitative Trennung des Radiums von den anderen Metallen der zweiten Vertikalreihe des periodischen Systems der Elemente in einer Operation erreicht werden kann, beruht auf der an sich bekannten Tatsache, daß die Zersetzungstemperaturen der Carbonate der Metalle der zweiten Vertikalreihe des periodischen Systems mit zunehmendem Atomgewicht, also in der Reihenfolge Mg, Ca, Sr, Ba, Ra, ansteigen. Die Möglichkeit der Überführung des einen Carbonates in Oxyd bei relativ tiefen Temperaturen, wobei das Carbonat des in der Reihe folgenden Elementes noch unzersetzt bleibt, ergibt sich aus dem Verlauf der Kohlensäuretensionskurven, die wie jede Dampfdruckkurve mit der Temperatur einen exponentiellen Anstieg des Druckes zeigen. Die Temperaturen, bei denen die einzelnen Carbonate einen merklichen Kohlendioxyddruck haben, liegen weit auseinander, infolgedessen besitzt z. B. das Bariumcarbonat schon eine meßbare Kohlensäuretension bei einer Temperatur, bei der das Radiumcarbonat noch völlig undissoziiert ist. Sehr wesentlich für das vorliegende Verfahren ist das Arbeiten bei sehr stark vermindertem Druck, bei dem die freigemachte Kohlensäure dauernd abgepumpt wird; denn nur unter diesen Bedingungen ist es möglich, die Zersetzung des einen Carbonates bei einer tieferen Temperatur vorzunehmen, bei der das andere Carbonat, in diesem Fall das Radiumcarbonat, praktisch noch keine Kohlensäuretension aufweist. Das Verhältnis der Kohlensäuretensionen ist, wie aus den bekannten Kurven hervorgeht, bei hohen Temperaturen und entsprechend hohen Partialdrucken der Kohlensäure, ein für die Trennung viel ungünstigeres als bei tieferen Temperaturen. Auf diese Weise gewinnt man also z. B. aus einem Gemisch von Bariumcarbonat und Radiumcarbonat ein Gemisch von Bariumoxyd und Radiumcarbonat. Das Bariumoxyd kann durch Überführen in Bariumhydroxyd mit Wasser, in dem das Radiumcarbonat unlöslich ist, von diesem getrennt werden. Bei sehr großem Bariumüberschuß ist dieses Verfahren mit besonderem Vorteil als Anreicherungsverfahren für Radium und seine Isotopen anwendbar. Es lassen sich damit in einer Operation sehr große Mengen völlig inaktiver Bariumsalze als Hydroxyd von kleinsten Mengen Radiumcarbonat trennen. Bei allen bekannten Anreicherungsverfahren werden neben Konzentraten immer auch radiumärmere Fraktionen erhalten, die eine weitere fraktionierte Aufarbeitung erfordern.

Ausführungsbeispiel 1

100 Milligramm Radium-Barium-Carbonat mit 8,3 Milligramm Radiumcarbonat wurden im Hochvakuum auf etwa 400° C erhitzt. An der Menge der abgepumpten Kohlensäure erkennt man das Fortschreiten der Carbonatzersetzung. Nach dem Abkühlen wird das Glühgut mit heißem Wasser auf einem Filter so lange gewaschen, bis ein Tropfen des Filtrats auf einem Platinblech keinen sichtbaren Rückstand mehr hinterläßt. Der ungelöste Rückstand wird auf dem Filter mit Salzsäure oder Bromwasserstoffsäure gelöst, das Filtrat vom wäßrigen Auszug wird angesäuert und eingedampft. Die radioaktive Messung, die in üblicher Weise mit den in Glasröhren eingeschmolzenen Fraktionen vorgenommen wird, ergibt eine Anreicherung der Aktivität im wasserunlöslichen Rückstand, wie sie nach den bisher bekannten Verfahren erst nach vielfachem Umkristallisieren zu erzielen ist.

Ausführungsbeispiel 2

5 Gramm Radium-Barium-Carbonat mit 18 Milligramm Radiumelement wurden im Hochvakuum bis 800° mehrere Stunden erhitzt. Es wurde nach Abpumpen der berechneten Kohlensäuremenge, die durch thermische Zersetzung des Bariumcarbonates entstanden ist, ein wäßriger Auszug des Glührückstandes gemacht. Durch Gammastrahlmessung, die im Laufe der folgenden vier Wochen vorgenommen wurde, wurde festgestellt, daß der wäßrige Auszug vollkommen frei von radioaktiver Substanz war, während der ungelöste Rückstand die gesamte Aktivität enthielt.

Ausführungsbeispiel 3

1 Kilogramm radioaktive Rückstände von der Thoriumfabrikation, bestehend aus Bariumsulfat, das neben den üblichen Verunreinigungen (Calciumsulfat, Kieselsäure usw.) eine geringe Menge Mesothorium (und etwas Radium) enthält, wird nach Überführen der Sulfate in Carbonate, z. B. durch Sodaschmelze, unter dauerndem Abpumpen der frei werdenden Kohlensäure beim Vakuum einer Ölkapselpumpe oder einer Quecksilber-

dampfstrahlpumpe einige Stunden auf helle Rotglut erhitzt. Nach dem Erkalten wird das Glühgut mit einer zur Lösung des gebildeten Bariumoxyds ausreichenden Menge heißen Wassers angerührt und heiß filtriert. Der größte Teil des Bariums und das Calcium werden so als Hydroxyde vom Ungelösten entfernt, das sämtliches Mesothorium (und Radium) enthält. Die übrigen Verunreinigungen werden danach in bekannter Weise vom Mesothorium abgetrennt. Nach erneuter Umwandlung in Carbonat in an sich bekannter Weise, z. B. durch Fällung mit Soda aus einer Lösung oder durch Sodaschmelze, kann der Glühprozeß erforderlichenfalls wiederholt werden.

Das Verfahren ist auf alle radioaktiven Substanzen anwendbar, welche thermisch zersetzbare Carbonate bilden, vor allem auf die Isotopen des Radiums: Actinium X, Thorium X, Mesothorium 1 und auf die Nachbarelemente bzw. ihre Abtrennung von diesen.

PATENTANSPRÜCHE:

1. Anreicherung radioaktiver Substanzen in Carbonatgemischen, gekennzeichnet durch teilweise thermische Zersetzung und folgende Trennung durch Auswaschen der leichter zersetzbaren Teile.

2. Verfahren gemäß Anspruch 1, gekennzeichnet durch thermische Zersetzung unter vermindertem Druck.

Nr. 532 392. (C. 107. 30.) Kl. 12 m, 9.

CHEMISCHES WERK DR. KLOPFER G. M. B. H. IN DRESDEN.

Herstellung von Radium-D-haltigen Bleinitratlösungen.

Vom 7. Aug. 1930. — Erteilt am 13. Aug. 1931. — Ausgegeben am 27. Aug. 1931. — Erloschen: . . . .

Bekanntlich zerfällt die gasförmige Radiumemanation unter Abscheidung von Helium nacheinander schnell in die festen Stoffe Radium A, Radium B, Radium C, bis schließlich das verhältnismäßig langlebige Radium D entsteht. Diese Stoffe schlagen sich an der Gefäßwandung nieder und können von dort auf mechanischem oder chemischem Wege abgelöst werden.

Es ist bekannt, Radiumemanation mit Adsorptionsmitteln, insbesondere Gelen oder Kohle, aus Gasgemischen zu isolieren und so in Anbetracht des unaufhaltsam erfolgenden Zerfalls Präparate zu gewinnen, die vorwiegend Radium D enthalten.

Man hat auch die festen Zerfallsprodukte bereits auf negativ aufgeladenen Blechen, vorwiegend Platinblechen, niedergeschlagen und dann auf mechanischem oder chemischem Wege die radioaktiven Substanzen abgetrennt.

Es ist ferner auch bekannt, aus Radiumemanation enthaltenden Lösungen die aus der Radiumemanation entstandenen aktiven Stoffe auf negativ aufgeladene Bleiplatten niederzuschlagen und mit Salpetersäure abzulösen.

Erfindungsgemäß werden diese Verfahren nutzbar gemacht zur technischen Gewinnung des langlebigen Radiums D aus Radiumemanation enthaltenden Gasen, insbesondere Luft. Aus diesen Gasen wird die Emanation mit salpetersaurer Bleinitratlösung, gegebenenfalls an Bleiplatten oder Drähten, die mit Salpetersäure befeuchtet werden, adsorbiert und so ein Radium-D-haltiges Präparat erhalten, welches zur Weiterverarbeitung auf Radium E bestimmt ist.

Ausführungsbeispiel I

Die beim Verarbeiten von Radiumbaryumsalzlösungen auftretenden radiumemanationhaltigen Gase werden abgesaugt, durch Rohrsysteme geleitet, die mit Bleidrahtspiralen gefüllt sind, welche ein negatives Potential von mehreren Tausend Volt aufweisen und von Zeit zu Zeit mit schwacher Salpetersäure abgespült werden, welche dann neben Bleinitrat das Radium-D-Nitrat enthält.

Ausführungsbeispiel II

In den Absorptionsraum wird aus einer Verstäuberdüse bleinitrathaltige, verdünnte HNO_3 vernebelt und das Gas in elektrischen Staubkammern entstäubt. Der Bleinitratstaub enthält das Radium D und geht immer wieder in den Prozeß zurück, bis genügend Radium D angereichert ist. Da 1 mg Radium erst nach 18 Jahren 0,02 mg Radium D geben kann, ist bei schwachen Aktivitäten eine billige und zeitbeständige Apparatur möglich, die nicht beaufsichtigt zu werden braucht. Mengen von 1 g Radium geben schon nach Wochen größere Mengen von Radium D ($^1/_{200}$ mg).

Ausführungsbeispiel III

Einleiten von Emanation in saure $Pb(NO_3)_2$-Lösung im Kreislauf (ununterbrochen).

Patentanspruch:

Herstellung von Radium-D-haltigen Bleinitratlösungen aus Radiumemanation enthaltenden Gasen mit Hilfe einer negativ aufgeladenen salpetersauren Bleinitratlösung.

Nr. 540983. (C. 22. 30.) Kl. 12n, 1.

Chemisches Werk Dr. Klopfer G. m. b. H. in Dresden.

Verfahren zur Gewinnung der radioaktiven Isotopen des Wismuts.

Vom 16. Jan. 1930. — Erteilt am 10. Dez. 1931. — Ausgegeben am 31. Dez. 1931. — Erloschen: ....

Es gibt bereits eine Reihe von Verfahren, die die Gewinnung der radioaktiven Wismutisotopen, insbesondere des RaE, beabsichtigen und erreichen. Diese Methoden haben aber den Nachteil, nur in kleinem Maßstabe brauchbar zu sein. Die elektrochemischen Herstellungsverfahren von RaE aus technischen Radiobleilösungen haben den Nachteil, daß sehr große Bleimengen, welche die radioaktiven Wismutisotopen begleiten, störend wirken und vorher zum größten Teil als Bleichlorid abgeschieden werden müssen; auch das Erhitzen und Rühren birgt Nachteile in sich.

Die chemischen Verfahren, die eine Trennung des Wismuts und seines Isotopes RaE vom Radioblei durch Abscheiden des Wismuts + RaE als basisches Salz bezwecken, sind zu kostspielig und zeitraubend wegen der Verdampfapparaturen.

Die vorliegende Erfindung ermöglicht das Umgehen dieser Nachteile; man kommt also ohne Elektrolyse und Verdampfen aus. Das neue Verfahren besteht darin, daß man die Radiobleipräparate, die als Ausgangsstoffe dienen, zuerst in eine Radiobleinitratlösung verwandelt. Diese Ausgangslösung enthält neben etwas freier Salpetersäure Bleinitrat, RaD-Nitrat, Wismutnitrat, RaE-Nitrat, Polonium-Nitrat und Eisen-Nitrat. Durch Ausfällen eines der Gesamtacidität mindestens äquivalenten Teiles dieser Lösung mit verdünntem Ammoniak erhält man einen in der Hauptsache aus Bleihydroxyd bestehenden Niederschlag, den man durch Dekantieren mit Wasser auswäscht. Diesen Bleihydroxydniederschlag suspendiert man sehr fein in einer Wassermenge, die dem Volumen der entnommenen Bleinitratlösung entspricht, und setzt diese Suspension unter Rühren langsam der noch sauren Radiobleinitratlösung zu. Während sich das Bleihydroxyd zu neutralem oder schwach basischem Bleinitrat wieder auflöst, entsteht eine quantitative Fällung des Eisens als Hydroxyd und des Wismuts und der radioaktiven Isotopen als basische Nitrate. Dieser Niederschlag wird abfiltriert und ausgewaschen. Er enthält alles Eisen, Wismut, RaE und Polonium und wird in bekannter Weise durch Schwefelwasserstoff vom Eisen getrennt und auf Wismut-RaE- oder Wismut-Polonium-Präparate verarbeitet.

Das klare Radiobleifiltrat aber wird erneut mit Salpetersäure, Eisennitrat und Wismutnitrat versetzt und genau nach 1 Woche erneut in beschriebener Weise mit Bleihydroxydsuspension gefällt, worauf das Verfahren wöchentlich wiederholt wird.

So ist es möglich, das aus dem RaD sich wöchentlich neu bildende Wismutisotop RaE regelmäßig zu gewinnen, und zwar in Form seines Gemisches mit dem inaktiven Wismutisotop. Natürlich bildet sich nach kurzer Zeit aus dem RaE-Wismutgemisch durch radioaktiven Zerfall ein solches von Wismut und Polonium.

Beide radioaktiven Wismutpräparate, also das RaE-Wismutgemisch und das Polonium-Wismutgemisch können vielseitig verwendet werden. In erster Linie eignen sie sich zur Herstellung solcher Präparate, die zur Erzeugung intensiver Beta- oder starker Alphastrahlen dienen sollen. Ferner eignen sie sich an Stelle des gewöhnlichen Wismuts in der Leuchtfarbenindustrie, z. B. bei der Herstellung von sogenannten Calciumsulfidphosphoren. Endlich können diese Präparate an Stelle des inaktiven Wismuts in der pharmazeutischen Industrie Verwendung finden.

Beispiel

100 l einer 15 kg Bleinitrat enthaltenden RaD-haltigen Lösung (Radiobleinitratlösung), die außerdem RaE, Polonium, 15 mg Wismutsubnitrat und 15 g Eisennitrat (krist.) enthält, und deren Acidität einer $^1/_5$ n-Salpetersäure entspricht, wird auf folgende Weise vom Eisen und Wismut nebst RaE und Po getrennt:

Da 100 l der Lösung 100 l $^1/_5$ n-Salpetersäure oder 100 l einer Lösung von $^1/_{10}$ Mol. Bleinitrat/l äquivalent sind, werden also 10 G.-Mol. Pb $(NO_3)_2$ oder 22,08 l der Lösung entnommen.

Diese werden mit Ammoniak nach starkem Verdünnen quantitativ gefällt, das Bleihydroxyd mit ammoniakalischem Wasser ausgewaschen, dann fein in destilliertem Wasser suspendiert, so daß wieder 22 l Suspension entstehen, und letztere wieder den restlichen

77,92 l Bleinitratlösung zugerührt. Aus der neutralen Lösung fallen Eisen, Wismut, RaE und Po quantitativ aus.

Der klaren, abfiltrierten Bleinitratlösung, die nach 1 Woche wieder im radioaktiven Gleichgewicht mit dem Wismutisotop RaE steht, setzt man wieder Salpetersäure, Wismutnitrat und Eisennitrat zu, um 1 Woche darauf erneut zu fällen und zu filtrieren, worauf man immer so weiter verfährt. Man gewinnt dann jede Woche den Wismut-Eisen-RaE-Niederschlag, den man nur vom Eisen zu trennen braucht.

Patentanspruch:

Verfahren zur Gewinnung der radioaktiven Isotopen des Wismuts, dadurch gekennzeichnet, daß man eine neben den zu gewinnenden Isotopen Eisen und Wismut enthaltende, salpetersaure Bleinitratlösung mit einer feindispersen Bleihydroxydsuspension abstumpft, den wismuthaltigen Eisenhydroxydniederschlag abfiltriert, auswäscht und aus ihm das Wismut samt seinen Isotopen in üblicher Weise abtrennt.

Schwermetallverbindungen.

Literatur:

Ullmann, *Enzyklopädie der technischen Chemie*, II. Aufl., s. unter den verschiedenen Schwermetallen. — J. U. Ferran, Neues Verfahren zur Herstellung von Metallchloriden, *Quimica e Industria* **7,** 141 (1930). — S. D. Nicholas, Darstellung wasserfreier Chloride und metallischer Kondensationsmittel ($AlCl_3$, $ZnCl_2$, $SnCl_4$ und Pb, Cu, Ag), *Nature* **129,** 581 (1932).

Eisenverbindungen: O. Baudisch und W. H. Albrecht, γ-Ferrioxydhydrat, *Journ. Amer. chem. Soc.* **54,** 943 (1932).

Manganverbindungen: M. Blumenthal, Dissoziation des Mangandioxydes, *Roczniki Chemji* **11,** 855 (1931). — Yogoro Kato und Taro Matuhashi, Untersuchungen über ein neues Verfahren zur Herstellung von Mangandioxyd, *Journ. Soc. chem. Ind. Japan* (Suppl.) **34,** 212 B (1931). — W. M. Peschkowa, Darstellung von reinem Manganonitrat aus Ferromangan, *U.S.S.R. Scient.-techn. Dpt. Supreme Council Nat. Economy Nr.* **334,** *Trans. Inst. Pure Chem. Reagents Nr.* **9,** 87 (1930).

Rheniumverbindungen: W. Feit, Die technische Gewinnung von Rhenium und Gallium, *Österr. Chem. Ztg.* **35** 137 (1932). — F. Krauss und H. Steinfeld, Die Herstellung von reinen Rheniumverbindungen, *Z, anorg. Chem.* **193,** 385 (1930). — F. Krauss und H. Steinfeld, Zur Kenntnis der Verbindungen des 3- und 4-wertigen Rheniums, *Ber. D. chem. Ges.* **64,** 2552 (1931). — W. Biltz und G. A. Lehrer, Rheniumtrioxyd, *Nachr. Ges. Wiss. Göttingen* **1931** 191. — *Z. anorg. Chem.* **207,** 113 (1932). K. Meisel, Z. *ebend.* **207,** 121 (1932). — W. A. Roth und G. Becker, Rheniumpentoxyd, *Ber. D. chem. Ges.* **65,** 373 (1932). — W. Manchot, H. Schmid und J. Düsing, Über 3-wertiges Rhenium und sein Verhalten bei der Oxydation, *Journ. Franklin Inst.* **212,** 800 (1931). — F. Krauss und H. Dählmann, Über die Halogenverbindungen des Rheniums, *Ber. D. chem. Ges.* **65,** 877 (1932). — A. Bruckl und K. Ziegler, Rheniumoxychloride, *Ber. D. chem. Ges.* **65,** 916 (1932). — H. V. A. Briscoe, P. L. Robinson und A. J. Rudge, Rheniumpentoxyd, *Journ. chem. Soc.* **1931,** 3087, Die vermuteten Thallothioperrenate, *ebend.* **1931,** 2976.

Kobalt- und Nickelverbindungen: J. A. Hedvall und T. Nilsson, Die Bildungsweise der Kobaltmodifikation des Rinmangrüns, *Z. anorg. Chem.* **205,** 425 (1932). — W. M. Peschkowa, Darstellung von Kobaltnitrat aus manganhaltigem Rohmaterial, *U.S.S.R. Scient-techn. Dpt. Supreme Council Nat. Economy,* Nr. 334, *Transact. Inst. Pure Chem. Reagents,* Nr. 9, 87 (1930). — M. Prasad und M. G. Tendulkar, Darstellung und Eigenschaften von Nickeloxydul, *Journ. chem. Soc.* **1931,** 1403.

Kupferverbindungen: E. Abel und O. Redlich, Elektrolytische Herstellung von Kupferoxydul, *Z. Elektrochem.* **34,** 323 (1928). — L. Garcia, Herstellung des Kupferoxyduls, *Quimica e Industria* **8,** 60 (1931). — I. Wouk, Versuche zur Darstellung von rotem, technischem Kupferoxydul, *Chem. Journ. Ser. B., Journ. angew. Chem. (russ.)* **1, (4)** 55 (1931). — I. G. Schtscherbakow und M. M. Narkewitsch, Darstellung von Kupfervitriol aus Uralschen Erzen und Abfällen, *Nichteisenmetalle (russ.)* **1930,** 1159 mit A. K. Raspopina, *ebend.* **1930,** 1342. M. M. Narkewitsch, *ebend.* **1930,** 1486.

Zinkverbindungen: E. Klumpp, Patente über Zinkoxyd, *Farben Ztg.* **1931,** 1883. — H. Wenzl, Elektrolytische Zinkausbringung aus Kiesabbränden, *Z. angew. Chem.* **40,** 1106 (1927). — E. Dörzbach, Feinverteiltes Zinkoxyd für Salben, *Pharmaz. Ztg.* **73,** 93 (1928). — G. Agde und F. Schimmel, Das System Zinkvitriol-Schwefelsäure-Wasser, *Z. angew. Chem.* **41,** 340 (1928). — H. G. Denham und D. A. Dick, Das ternäre System Zinkoxyd-Salpetersäure-Wasser, *Journ. Chem. Soc.* **1931,** 1753.

Bleiverbindungen: M. Le Blanc und E. Eberius, Untersuchungen über Bleioxyde und deren Systeme mit Sauerstoff, *Z. physikal. Chem. Abt. A.* **160,** 69 (1932). — Untersuchungen über die Existenz des Bleisuboxydes Pb_2O *ebend.* **160,** 129 (1932). — R. Fricke und P. Ackermann, Zur Existenz des Bleisuboxydes Pb_2O, *Z. physikal. Chem. Abt. A.* **161,** 227 (1932). — P. Pascal und P. Minne, Über die Existenz und die Darstellung des Bleisuboxydes, *Comt. rend.* **193,** 1303 (1931). — M. P. Applebey und H. M. Powell, Der Polymorphismus von Bleimonoxyd, *Journ. chem. Soc.* **1931,** 2821. — Anonym, Darstellung von orangefarbener Mennige, *Chem. Age* **26,** 424 (1932). — F. Quitter, J. Sapgir und N. Rassudowa, Die rhombische Modifikation des Bleichromats, *Z. anorg. Chem.* **204,** 315 (1932). — H. Wagner, R. Haug und M. Zipfel, Die Modifikation des Bleichromats, *Z. anorg. Chem.* **208,** 249 (1932). — H. G. Denham und J. O. Kidson, Das ternäre System Bleioxyd-Stickstoffpentoxyd-Wasser, *Journ. chem. Soc.* **1931,** 1757.

Quecksilberverbindungen: V. Casaburi, Quecksilbersalze zur Saatdesinfektion, *Industria chimica* **5,** 1251 (1930). — M. Dreifuss und A. Staab, Über eine Methode zur exakten Bestimmung der Eindringungstiefe von Quecksilberchlorid bei der Kyanisierung von Rundhölzern, *Chem. Ztg.* **55,** 497 (1931).

Edelmetallverbindungen: M. Raman Nayar und P. S. MacMahon, Bemerkungen über eine elektrolytische Methode zur Darstellung von Silberoxyd, *Journ. Indian chem. Soc.* **7,** 589 (1930).

Zinnverbindungen: A. Simon und P. Rath, Das System Zinndioxyd-Wasser, *Z. anorg. Chem* **202,** 200 (1931). — P. Pfeiffer und O. Angern, Konstitution der zinnsauren Salze, *Z. anorg. Chem.* **183,** 189 (1929). — S. Tamaru und N. Andô, Reaktionsmechanismus der katalytischen Stannatbildung, *Z. anorg. Chem.* **195,** 309 (1931). — H. Stephen, Darstellung von wasserfreiem Stannochlorid, *Journ. chem. Soc.* **1930,** 2786. — L. Meunier, P. Sisley und F. Génin, Alterung und Flockung der Lösungen von Zinnchlorid und Titanchlorid. *Chim. et Ind.* **27,** 1017 (1932).

Wismutverbindungen: Anonym. Das Wismut, seine Gewinnung und Verwendung, *Metallbörse* **21,** 2057, 2089, 2138 (1931).

Molybdän- und Wolframverbindungen: W. Hertel, Versuche zur Verarbeitung von Bleiglanz-Gelbblei-Konzentraten, *Metall u Erz* **26,** 115 (1929). — Ichiro Iitaka und Yasuzo Aoki, Die quantitative Trennung von WC, W_2C und Wolfram sowie die Bildungsbedingungen der beiden Carbide, *Bull. chem. Soc. Japan* **7,** 108 (1932). — J. A. M. van Liempt, Herstellung und Struktur niederer Wolframoxyde, *Rec. Trav. chim. Pays-Bas* **50,** 343 (1931). — A. Rosenheim und A. Wolff, Über Parawolframate, *Z. anorg. Chem.* **193,** 47 (1930). Über einige Heteropolywolframate, *ebend.* **193,** 64 (1930). — H. Paulssen — v. Beck, Die Darstellung komplexer Bromderivate des 5-wertigen Wolframs, *Z. anorg. Chem.* **196,** 85 (1931). — W. B. Gero und C. V. Iredell, Die Herstellung von reinem Wolframoxyd enthält viele schwierige Probleme, *Chem. metallurg. Engin.* **30,** 412 (1928). — Ch. R. Zinzadzé, Molybdänblau, *Bull. Soc. chim. France* (4) **49,** 872 (1931).

Metallcarbonyle: A. Mittasch, Über Eisencarbonyl und Carbonyleisen, *Z. angew. Chem.* **41,** 827 (1928). — H. Pincass, Das Eisencarbonyl, *Chem. Ztg.* **53,** 525 (1929). — W. Hieber und H. Vetter, Zur Kenntnis der Reaktionen des Eisentetracarbonyls, *Ber. D. chem. Ges.* **64,** 2340 (1931). — W. Hieber, Über Metallcarbonyle, *Z. anorg Chem.* **201,** 329 (1931). — W. Hieber und F. Leutert, Äthylendiaminsubstituierte Eisencarbonyle und eine neue Bildungsweise von Eisencarbonylwasserstoff, *Ber. D. chem. Ges.* **64,** 2832 (1931). — Die Basenreaktion des Eisenpentacarbonyls und die Bildung des Eisencarbonylwasserstoffs, *Z. anorg. Chem.* **204,** 145 (1932). — W. Hieber, Der Mechanismus der Zersetzungsreaktionen des Eisencarbonylwasserstoffs. Darstellung von Eisentetracarbonyl, *Z. anorg.* **204,** 165 (1932). — H. Hock und H. Stuhlmann, Über das Verhalten von Eisenpentacarbonyl gegen Alkalien, *Chem Ztg.* **55,** 874 (1931). — W. Manchot und H. Gall. Bildungsweisen des Nickelcarbonyls, *Ber. D. chem. Ges.* **62,** 678 (1929). — J. Stuart Anderson, Der Dampfdruck von Nickelcarbonyl, *Journ. chem. Soc.* **1930,** 1653. — W. Hieber, F. Mühlbauer und E. A. Ehmenn, Derivate des Kobalt- und Nickel-carbonyls, *Ber. D. chem. Ges.* **65,** 1090 (1932). — W. Hieber und H. Kaufmann, Zur Kenntnis des chemischen Verhaltens des Nickelcarbonyls im Vergleich zum Eisenpentacarbonyl, *Z. anorg. Chem.* **204,** 174 (1932). — W. Normann, Nickelcarbonyl bei der Fetthärtung, *Chem. Umschau Fette, Öle usw.* **39,** 126 (1932). — O. H. Wagner, Über die wasserfreien Kupferhalogencarbonyle, *Z. anorg. Chem.* **196,** 364 (1931), **200,** 428 (1931). — A. J. Amor, Die Giftigkeit der Carbonyle, *Journ. ind. Hygiene* **14,** 216 (1932). — L. Schlecht, W. Schubert und F. Duftschmid. Über die Verfestigung von pulverförmigen Carbonyleisen durch Wärme- und Druckbehandlung, *Z. Elektrochem.* **37,** 485 (1931).

Kolloide: G. Lindau und K. Söllner, Fortschritte der Capillar und Kolloidchemie seit 1923, *Z. angew Chem.* **44,** 391 (1931). — K. Kellermann, Flotation, *Kolloid-Z.* **47,** 268 (1929). — H. Grohn, Schnellaufende Dispergiermaschinen, *Chem. Fabrik* **4,** 1, 13, 27 (1931). — J. Milbauer, Technologie anorg. Kolloide, *Chemicky Obzor* **6,** 53 (1931). — J. B. Nichols, E. O. Kraemer und E. D. Bailey, Teilchengröße und Konstitution von kolloidem Eisenoxyd. Dialyse und Alterung, *Journ. physical Chem.* **36,** 505 (1932). — O. Baudisch und W. H. Albrecht, Kolloidales, ferromagnetisches Eisen-3-oxyd als biologischer Indikator, *Naturwiss.* **20,** 639 (1932). — A. F. Gerassimow und G. P. Matwejew, Herstellung von kolloidalem wasserlöslichen Kupfer, *Journ. Russ. phys. chem. Ges.* **62,** 839 (1930). — S. K. Basu und G. Narasinha-Murty, Über die Schutzwirkung von Salzen organischer Oxysäuren auf Kupferoxydsol, *Kolloid-Z.* **56,** 51 (1931). — A. F. Gerassimow und B. M. Koyrew, Herstellung von kolloidalem wasserlöslichen Quecksilber, *Journ Russ. phys.-chem. Ges.* **62,** 833 (1930). — R. P. Prasad Mathur und N. R. Dhar, Herstellung und Eigenschaften von Silbersolen nach dem Verfahren von Kohlschütter, *Z. anorg. Chem.* **199,** 392 (1931). — D. Nider, Neue Methode zur Herstellung von kolloiden Goldlösungen, *Kolloid-Z.* **44,** 139 (1928). — O. Baudisch, Die Bedeutung von Austausch- oder Verdrängungsreaktionen bei katalytischen Vorgängen. Wirkung des Lichtes auf Ferrocyankaliumlösung, *Ber. D. chem. Ges.* **62,** 2699, 2706 (1929). — I. E. Adadurow, G. K. Boreskow und S. M. Lissjanskaja, Fixierung des Vandiums bei der Herstellung komplexer Vanadin-Zeolithkatalysatoren und deren Eigenschaften, *Journ. chem. Ind. (russ.)* **8,** 606 (1931).

In den Einleitungen dieses Abschnittes in den früheren Bänden ist darauf hingewiesen worden, daß die Übersicht des Fortschrittes aus der hier zusammengefaßten Patentliteratur allein nicht so vollständig und einheitlich hervorgeht, wie dies in anderen Abschnitten der Fall ist. Das liegt hauptsächlich daran, daß bei den Schwermetallen das Hauptgewicht bei der Aufarbeitung der Erze und anderer Rohstoffe liegt, die hier nicht behandelt werden kann, und daß ein großer Teil der Betätigung sich mit der Weiterverarbeitung der Metalle und mit der Anwendung der Schwermetallverbindungen für Zwecke, die wieder außerhalb des Rahmens dieser Fortschritte liegen, befaßt.

Hinzuweisen ist hier auf den Abschnitt „Mineralfarben", der bei vielen Schwermetallverbindungen erst zusammen mit den hier zu behandelnden Verfahren ein vollständiges Bild über den chemisch-technischen Fortschritt, so z. B. den Eisenoxyden, den Oxyden des Zinks und Bleis, den Sulfiden von Zink, Cadmium und Quecksilber, usw. ergibt.

Bei der diesmaligen Bearbeitung des Abschnittes der Schwermetallverbindungen sind in einer besonderen Untergruppe, die Patente, die sich auf die Herstellung und auf die Weiterverarbeitung der Metallcarbonyle beziehen, besprochen worden. Früher waren diese beim Kohlenoxyd untergebracht. Es schien aber zweckmäßiger sie nunmehr hierher zu verlegen, um eine Einheit mit den zahlreichen Verfahren zur Herstellung der Metalle und der Oxyde aus den Carbonylen bilden zu können, was u. E. die Übersichtlichkeit verbessert hat.

Dann sind auch hier die diesmal sehr kleine Gruppe der Patente über kolloidale Metalle und Metallverbindungen in einer Untergruppe mitbehandelt worden, denen früher ein selbständiger Abschnitt gewidmet werden mußte.

Zu den in den Patenten behandelten Arbeitsverfahren ist kaum etwas Allgemeineres zu sagen. Wenn dennoch in dieser Einleitung auf diese kurz hingewiesen wird, so geschieht dies hauptsächlich aus dem Grunde, um für die anzuführenden, sehr zahlreichen ausländischen Patente eine ordnende Übersicht zu gewinnen.

In einer ersten Gruppe sind die **allgemeineren Arbeitsverfahren** zusammengestellt mit den Patenten, die Verfahren beschreiben, die auf eine Mehrzahl von Metallen anwendbar sind. Man konnte so viele Rückzitate ersparen. Die Patente sind in diesem Falle geordnet nach dem elektronegativen Teil der darzustellenden Verbindungen[1]).

Eisenverbindungen. Die Verfahren zur Darstellung von Eisenoxyden sind zum allergrößten Teil im Abschnitt „Mineralfarben" zu finden. Dem magnetischen γ-Eisenoxyd wird aus physiologischen Gründen ein größeres Interesse entgegengebracht, es erwies sich als wirksamer als andere Formen des Eisenoxydes. Hinzuweisen ist ferner auf die Herstellung von Eisenoxyd aus dem Carbonyl (s. d.).

---

1) Oxyde und Hydroxyde.

Herstellung durch Elektrolyse:
von Nitraten: F. P. 703195, H. Dreyfus (ZnO, Cr_2O_3),
oder von Chloraten und Perchloraten: F. P. 711781, A. Pujoulet (CuO),
Alkalichlorate + CO_2 als Elektrolyt: E. P. 338178, R. S. Carreras, [$Zn(OH)_2$, $Pb(OH)_2$, $Bi(OH)_3$, $Sb(OH)_3$, $Cu(OH)_2$].

Sulfide:

A. P. 1793906, N. C. Christensen, Fällen mit H_2S und $CaCO_3$.

Chloride:

F. P. 713618, P. J. F. Souviron, aus den Metallen über die niederen Chloride (Cu, Fe).

Belg. P. 353967, R. B. Goldschmidt, Cl_2 auf Mineralien in wäßriger Suspension.

A. P. 1699229, W. F. Downs, Oxyde mit Lösungen organischer Stoffe geglüht mit Cl_2 im Drehrohr.

A. P. 1698324, Texas Co., metallhaltige, trockne Stoffe im Ofen im Gegenstrom mit Phosgen.

Sulfate:

F. P. 694918, J. Alas, elektrolytische Herstellung mit doppelwandigem Diaphragma.

Nitrate:

A. P. 1783647, E. P. 306998, I. G. Farbenindustrie, aus Nitriten mit O_2.

Orthophosphate:

Schwed. P. 68495, Schwz. P. 145438, Soc. Continentale Parker Co., durch Lösen der Metalle Fe, Mn, Zn, Cd in Phosphorsäure.

Eisenchloride und Eisensulfate[1]) sind Abfallprodukte, diesbezügliche Patente befassen sich daher meist nur mit Anweisungen um sie bequemer oder reiner bei den gegebenen Verfahren zu erhalten, oder um sie zu anderen Verbindungen weiterzuverarbeiten.

Eisencyanide sind bei den „Cyanverbindungen" (S. 1335, 1336) zu suchen, die Phosphate beim Abschnitt „Phosphorsäure" (S. 1601, 1603)[2]).

Manganverbindungen. Zur Ergänzung der deutschen, sei auf die untenstehend angeführten ausländischen Patente verwiesen, die sich mit der Gewinnung von Mangandioxyd[3]), Manganaten[4]), Permanganaten[5]) und von **Manganosulfat**[6]) befassen.

Rheniumverbindungen. Zum ersten Male sind Patente über das von Wa. Noddack, J. Tacke u. O. Berg neuentdeckte Rhenium aufzunehmen gewesen. W. Feit hat in den Ofensauen der Verarbeitung des Mansfelder Kupferschiefers das Ausgangsmaterial gefunden, in dem das Rhenium sich so angereichert vorfindet, daß seine Gewinnung in Mengen von einigen kg möglich ist. Diese erstmalige Erwähnung war auch Veranlassung in der Literaturzusammenstellung einige der neueren Arbeiten der Berichtszeit zu nennen. Das Rhenium hat noch keine angemessene technische Verwendung gefunden. Es ist bisher nur die Verwendung als Legierungsbestandteil für die Herstellung von Thermoelementen bekannt geworden[7]).

Kobalt- und Nickelverbindungen[8]). Zur Scheidung von Kobalt vom Nickel fällt man das Kaliumkobaltinitrit. Dessen Aufarbeitung unter Rückgewinnung des Kaliumnitrits ist Gegenstand einiger Patente. Das Kobalt wird zur Herstellung von blauen und grünen Mineralfarben verwendet, das Nickel als Metall und, was chemisch interessanter ist, vielfach als Katalysator für die verschiedensten Zwecke, insbesondere zur Fetthärtung. Erinnert sei hier auf die Verwendung der komplexen Sulfito-Ammoniak-Kobalt-Verbindungen durch D. Vorländer und A. Lainau zur synthetischen Herstellung von Ammoniumsulfat aus NH_3, SO_2 und Luftsauerstoff (S. 1241).

Kupferverbindungen. Die Zahl der Patente über Kupferverbindungen ist recht stattlich. Neben den alten Verwendungszwecken sind neue gekommen, so in der Kunstseideindustrie das Kupferoxyd bzw. Oxydhydrat[9]), in der Schädlingsbekämpfung verschiedene der Kupfer-

---

[1]) Russ. P. 17212, A. J. Ssokolow, $FeSO_4 \cdot 7\,H_2O$ durch Kühlen von Beizlaugen auf — 3°.
E. P. 342140, S. J. Lovy und G. W. Gray, Umsetzen von $FeSO_4$ mit Cl_2 usw. in der Hitze.

[2]) Eisenoxyduldicarbonat: Russ. P. 9946, G. L. Stadnikow, aus Fe durch Rosten und Behandeln mit CO_2.

[3]) A. P. 1874827, Burgess Battery Co., MnO_2 durch Elektrolyse einer $MnSO_4$-Lösung die $MgSO_4$ enthält.
F. P. 670242, E. P. 330257, Y. Kato, K. Yamamoto und Yuasa Storage Battery Co., aus niederen Oxyden durch Erhitzen mit Alkali- oder Erdalkaliverbindungen und O_2.
A. P. 1770791, G. N. Libby und G. D. Knight, durch Behandeln von Erzen mit SO_2, das $MnSO_4$ wird mit $Mg(NO_3)_2$ in MnO_2 verwandelt.

[4]) F. P. 648968, Soc. chim. Usines du Rhône, Oxydation mit O_2 einer Suspension von MnO_2 in Kalilauge.
Russ. P. 16198, J. W. Chludow, dsgl. Vorrichtung hierzu.
Russ. P. 20078, M. J. Belotzerkowski, Oxydation mit O_2 einer Mischung mit Alkali und CaO bei 300—400°.

[5]) F. P. 675477, G. Rapin, elektrolytisch mit Anoden aus Mangansilicid.

[6]) Aust. P. 1230/1931, E. S. Simpson, aus Manganoxyde enthaltenden Stoffen mit SO_2.
A. P. 1878244, J. C. Wiarda & Co., elektrolytisch aus Manganerzen.

[7]) Schwz. P. 146845, Siemens & Halske A.-G., Rheniumoxyd als Katalysator für Oxydationsreaktionen.

[8]) Russ. P. 10394, M. J. Schubin, Abtrennung von Fe aus $NiSO_4$ durch Fällen mit $Ca(OH)_2$ unter Oxydation mit Alkalichromat.

[9]) A. P. 1800828, Cellocilk Co., in ammoniakalischer Lösung von $CuSO_4$ wird mit NaOH das $Cu(OH)_2$ gefällt, s. a. A. P. 1867357, der Furness Corp.
F. P. 731347, J. E. M. Amigues, Cuprihydroxyd durch Elektrolyse einer $NaNO_3$ enthaltenden Lösung. (s. a. Anm. [1]) S. 3024).
F. P. 667691, G. M. J. Cloppet, schwarzes CuO durch Oxydation von elektrolytisch dargestelltem Cu_2O.

verbindungen. Die Patente über Kupferhalogenide[1]) behandeln meist Verfahren, bei denen diese Zwischenprodukte sind, um vom metallischen Kupfer zu der wichtigsten Kupferverbindung dem Sulfat[2]) vielfach über interessante Kreisprozesse zu gelangen[3]).

Zinkverbindungen. Zinkoxyd und Zinksulfid sind die wichtigsten technisch im größten Maßstabe hergestellten Zinkverbindungen, die als weiße Pigmente Verwendung finden. Hier sind daher nur die Patente zu finden, die die Reinigung von Zinksalzlösungen[4]), das Herstellen von Zinkoxydhydrat[5]) oder von Zinksalzen wie Zinkchlorid[6]), Zinksulfat[7]) oder andere Verbindungen[8]) behandeln. Hingewiesen sei auf die Verfahren um Zinksalzlösungen von gelösten Celluloseartcn zu befreien. Ein analoges Verfahren findet sich auch für Kupferverbindungen ausgearbeitet. (D. R. P. 500813).

---

1) A. P. 1763781, Dow Chemical Co., aus Cuprisalzen in Lösung von Ammoniumsalzen mit Halogenen und Cu.

2) Russ. P. 7003, 9833, A. A. Switschin, $CuSO_4$ und $ZnCl_2$ aus Messingabfällen, diese werden nur soweit oxydiert, das ZnO entsteht.

Belg. P. 351876, H. Lawarree, aus Cu mit beschränkten Mengen HNO_3, Apparat.

A. P. 1715871, F. P. 627457, Hüttenwerk Tempelhof A. Meyer, aus Cu-Legierungen durch Behandeln mit S und H_2SO_4.

F. P. 709169, Vitriolfabrik Johannisthal A.-G., Legierungen werden erst gekörnt und oxydiert und dann mit H_2SO_4 behandelt.

E. P. 287207, F. Dietzsch, Aufarbeiten gerösteter Mischerze mit Lösungen von Thiosulfat.

F. P. 727654, Tuscania I. R., $CuSO_4$-Lösungen durch Oxydation von Cu zu CuO, Benutzung dieses als Katalysator zur SO_3 Darstellung.

F. P. 713679, E. Platone, $CuSO_4$-Lösungen durch abwechselndes Oxydieren des Cu an Luft und Lösen des CuO mit H_2SO_4.

A. P. 1869521, P. J. F. Souviron, $CuSO_4$; über Cu-CuCl-Oxychlorid, dieses wird mit H_2SO_4 zu Sulfat verarbeitet, die Mutterlaugen gehen in den Prozeß zur Gewinnung des CuCl zurück.

F. P. 694663, G. Litsche, Unkrautvertilgungsmittel $CuSO_4$ mit H_2SO_4.

3) Verschiedene Verbindungen:

Kupfercarbonat, A. P. 1855141, R. Sanz, elektrolytische Darstellung. Grünspan, Russ. P. 14637, W. W. Erin, aus neutralem Acetat mit Kalk. Russ. P. 10420, A. W. Agte, S. M. Raskin und P. S. Neumann, aus $Cu(OH)_2$ und Essigs.

4) Can. P. 285390, Sullivan Mining Co., von Zinksulfatlösungen durch Neutralisieren und Behandeln mit Oxydationsmittel.

A. P. 1733676, Rhodesia Broken Hill Co., Neutralisieren und Behandeln mit Zinkstaub in Gegenwart löslicher Cu- und As-Verbindungen.

A. P. 1778987, E. P. 278851, mittels löslicher Xanthate.

A. P. 1761782, O. A. Fischer, mittels SO_2 und einem Oxydationsmittel.

A. P. 1832329, Krebs Pigment & Color Corp., mittels Zementkupfer.

A. P. 1856731, von Ni mittels Zn und $SbCl_3$.

E. P. 337822, I. G. Farbenindustrie, mittels Fe, dann mit $Ca(ClO_3)_2$ und $Ca(OH)_2$.

5) E. P. 309228, L. F. W. Leese, Fällung mittels MgO.

A. P. 1863700, Grasselli Chemical Co., aus $ZnCl_2$ und Kalk, s. a. Belg. P. 355843, von L. Grange.

6) E. P. 309268, S. J. Levy und G. W. Gray, Aufarbeiten von Lösungen mittels HCl unter Abscheidung von $ZnCl_2$ und $FeCl_2$.

A. P. 1744981, National Vulcanized Fibre Co., mittels Nitrit.

A. P. 1747751, American Smelting and Refining Co., geschmolzen mit Salpeter behandelt.

A. P. 1789299, mit Zn geschmolzen zur Entfernung von Pb.

E. P. 342775, I. G. Farbenindustrie, Entfernen von Ca mittels $ZnSO_4$.

7) Russ. P. 9178, W. P. Ilijnski und A. F. Ssagaidatschni, sulfatisierende Röstung wird unter Zusatz von SO_2 wiederholt.

F. P. 704338, Nichols Copper Co., Entfernen von Cl aus Lösungen mittels feinverteiltem Cu.

A. P. 1787806, E. P. 278747, H. Weidemann, Trennen von Zn- von Na-Sulfat.

8) Zinkcarbonat;

E. P. 347849, I. G. Farbenindustrie, aus Rückständen der Hyposulfitfabrikation.

F. P. 708164, Reinigen mittels oxydierender Stoffe H_2O_2, NaOCl usw.

Zinkarsenit:

A. P. 1836963, Latimer-Goodwin Chemical Co.

Bleiverbindungen. Über die Existenz eines Bleisuboxydes sind in der Literatur zahlreiche Arbeiten zu finden. Es geht um die Frage ob es eine Verbindung sei oder nur ein Gemisch von Bleioxyd mit feinverteiltem metallischen Blei. Dieser Auffassung dürfte der Vorzug zu geben sein. Das Bleisuboxyd ist als wertvolles, rostschützendes Pigment angepriesen worden. Bei den Verfahren zur Herstellung von Bleioxyd sind mehrere ausländische Patente zu verzeichnen[1]). Die Patente zur Gewinnung von Mennige sind dagegen alle im Abschnitt Mineralfarben zu suchen. Hier sind noch die Patente über das Bleisuperoxyd[2]) und die Bleihydroxyde[3]) eingeordnet.

Die übrigen Bleisalze, außer dem Chlorid und Acetat[4]) werden vorzugsweise als Pigmente verwendet, so die feinverteilten Sulfate, das Chromat usw.[5]).

Quecksilberverbindungen. Es ist hier nur auf die in der Anmerkung angeführten ausländischen Patente zur Herstellung von Quecksilbersalzen und Sublimat[6]) hinzuweisen.

Edelmetallverbindungen. Auch über diese ist nur in ausländischen Patenten etwas Neues zu finden, so ein veraltetes Patent über die Gewinnung von Gold aus Seewasser[7]), ein Verfahren zur Herstellung von Gold- oder Silberlösungen mittels Jod gelöst in verschiedenen Salzlösungen[8]) und ein Verfahren zur anodischen Herstellung konzentrierter Lösungen von $AgNO_3$[9]).

Zinnverbindungen. Die Zahl der Zinnverbindungen, die eine chemisch-technische Verwendung finden ist sehr klein. So findet man in Patenten der Berichtszeit nur Einiges über die Herstellung der Natriumstannate[10]) und über die der Zinnchloride[11]), die teils bei der Aufarbeitung der Weißblechabfälle, teils bei der von zinnhaltigen Legierungen mit

---

1) A. P. 1728388, 1734285, C. H. Braselton, durch zerkleinertes oder geschmolzenes Blei wird ein Luft-Ozon-Gemisch durchgeleitet.

A. P. 1770777, Linde Air Products Co., mittels an O_2 angereicherter Luft.

A. P. 1779003, Niagara Sprayer Co., das auf dem geschmolzenen Pb gebildete rohe Oxyd wird in einem Ofen oxydiert.

F. P. 701660, 701662, Empun Toryo Kabushiki Kaisha, durch Oxydation von suspendiertem Bleisuboxyd.

Russ. P. 15036, E. I. Schpitalski und S. A. Ioffa, Kristallines PbO aus $Pb(OH)_2$.

2) A. P. 1800206, E. P. 299306, Siemens & Halske A.-G., elektrolytisch in Gegenwart organischer Stoffe.

3) F. P. 636163, R. Daloze, aus Bleiacetat mittels $Ca(OH)_2$.

F. P. 712554, P. Gamichon, Blei-Oxydhydrate und -basische Carbonate über die Oxychloride, die mit Alkalien behandelt werden.

4) A. P. 1745945, U. St. Smelting, Refining & Mining Co., aus sulfatischen Rohprodukten mittels $CaCl_2$.

E. P. 305827, H. W. Robinson, Behandlung von $PbCl_2$ mit Alkaliacetatlösungen.

5) E. P. 289105, S. C. Smith, Chromat, Arsenat, Antimoniat, Molybdat, Wolframat, Uranat aus Lösungen der Säuren mittels „aktivem" $PbCl_2$.

6) A. P. 1721188, 1808253, Canadian Electro Products Co., Hg-Salze aus Hg mit Säuren in Gegenwart von HNO_3.

Russ. P. 15278, J. P. Bergman, $HgCl_2$ aus $HgSO_4$ mittels HCl- und NaCl-Lösung.

Russ. P. 17213, Entfernen des Fe aus den Mutterlaugen mittels Alkalien.

Russ. P. 16197, „Gosmedtorgprom" aus Hg, Cl_2 in H_2O mit J_2 und HNO_3 als Katalysatoren.

7) E. P. 289638, B. Cernik und B. Stoces, mittels Pyrite oder aktiver Kohle.

8) E. P. 338383, A. Mozer.

9) F. P. 712441, Compt. Général des Métaux Précieux und J. Voisin.

10) A. P. 1811142, W. T. Little, Ausziehen der Rohstoffe mit Aetzalkalien unter Zusatz von Alkalinitrit und -nitrat.

A. P. 1681497, American Smelting and Refining Co., Reinigen der Stannatlösungen mit Na_2S und folgender Oxydation.

A. P. 1708392, Vulcan Detinning Co., Eindampfen und Krystallisieren.

11) A. P. 1777132, 1825212, W. S. Smith, $SnCl_2$ aus Sn und Cl_2.

A. P. 1826800, W. S. Lienhardt, aus geschmolzenem zerstäubtem Sn.

F. P. 667579, G. A. Favre, F. P. 701549, P. E. L. Ponzini, A. P. 1832386, A. Hanak, aus Legierungen. (Fortsetzung siehe nächste Seite.)

Chlor entstehen. Zudem hat das Tetrachlorid ein bemerkenswertes Absatzgebiet für die Beschwerung der Seide. Unbedeutend ist die Rolle welche die Zinnsulfide[1]) in der Technik spielen.

Wismutverbindungen. Das Wismut hat einmal als Metall und zweitens in der Medizin seine charakteristischen Verwendungsgebiete. Es ist daher nicht besonders auffallend, daß für die Herstellung rein anorganischer Verbindungen[2]) des Wismuts kaum ein Interesse besteht.

Molybdän- und Wolframverbindungen[3]). Wolfram ist das Metall der elektrischen Glühlampen, Molybdän das Hilfsmetall zu diesen. Die Metalle werden durch Reduktion der sehr reinen Säuren hergestellt. Dann haben jüngst die Carbide als Bestandteile von Hartmetallegierungen (s. S. 2335) an Bedeutung gewonnen. Nur die Molybdänsäure hat als Reagens, insbesondere zur Bestimmung der Phosphorsäure, eine rein chemische Bedeutung. Die Verwendung von Wolframsäure zum Imprägnieren von Stoffen zum Schutz gegen Feuer, oder die des Calciumwolframates zur Herstellung von Röntgenschirmen ist mengenmäßig sehr klein. So beschränken sich auch die patentierten Verfahren auf diese Interessengebiete[4]).

Uranverbindungen. Eine Verwertung für das Uran ist immer noch nicht gefunden worden, denn das, was in der Glas- und keramischen Industrie als Farbe verbraucht wird, ist sehr unbedeutend[5]). Die Verarbeitung der Uranerze gilt nur der Gewinnung des Radiums.

Metallcarbonyle. Die Herstellung und Weiterverarbeitung der Metallcarbonyle ist ein Sondergebiet, das noch fast ausschließlich von der I. G. Farbenindustrie beherrscht wird. Weil auch die wissenschaftliche Bearbeitung der Carbonyle, die erst durch die ausgebildeten Darstellungsverfahren und der dabei gewonnenen Erkenntnisse leicht zugänglich geworden sind, sehr angewachsen ist, erschien es nützlich etwas ausführlicher, als wie es sonst geschehen ist, die Literatur zu berücksichtigen, um auf ihre vielen interessanten Ergebnisse aufmerksam zu machen.

In der Übersicht sind in einer ersten Untergruppe die Patente zusammengefaßt worden, die sich mit Verfahren beschäftigen um die Metalle so vorzubehandeln, wie es für die Erzeugung der Carbonyle günstig ist. Reinheit der Metalle und eine Auflockerung des Gefüges sind die hauptsächlichsten Merkmale dieser Verfahren[6]).

Russ. P. 10450, W. A. Masel, Verarbeiten von Weißblechabfällen mit Cl_2, Lösen in KW-stoffen.

Russ. P. 13078, M. B. Sapadinski, Überführen von $SnCl_2$ in $SnCl_4$ mittels Luft in Gegenwart von Birkenholzkohle.

[1]) E. P. 316177, Mitsubishi Kogyo Kabushiki, Kaisha, Rohstoffe werden mit S-haltigen Stoffen im Drehrohr reduzierend auf 1000—1100° erhitzt.

[2]) A. P. 1855140, R. Sanz, Elektrolytische Herstellung von Wismutcarbonat.

[3]) A. P. 1833125, Electro Metallurgical Co., Entphosphorung von Wolfram-, Molybdän-, Vanadium-Erzen mittelst Si oder Ferrosilicium und basischen Schlacken.

[4]) E. P. 350135, F. P. 701426, I. G. Farbenindustrie, Gewinnung von Mo aus Gemischen durch Erhitzen auf 600° mit O_2.
Zus. P. P. 40133, Aufarbeiten Mo-haltiger Katalysatoren mittels Sulfide.
A. P. 1838767, Westinghouse Lamp Co., Herstellung von saurem Ammoniummolybdat.
A. P. 1763712, A. Kissock, $CaMoO_4$ aus den Komponenten.
E. P. 33472, F. P. 685410, I. G. Farbenindustrie, Erdalkalimolybdate aus MoO_3 mit den Hydroxyden.
F. P. 724764, Standard Oil Development Co., Mo-Druckhydrierungskatalysator aus NH_4-molybdatlösung durch Ausfällen mit HCl und Erhitzen auf 415—450°.
A. P. 1800758, Öst. P. 116561, P. Schwarzkopf, reines WO_3, Reduktion der Erze mit C, Verflüchtigen der Verunreinigungen, Oxydieren zu WO_3.
Russ. P. 9691, W. S. Sikomorski, Behandeln der Erze mit Alkalicarbonatlösung und CO_2.
A. P. 1790905, E. I. du Pont de Nemours & Co., E. P. 347074, Imperial Chem. Industries, Aufarbeiten von Phosphorwolframaten mittels aromatischer Amine.
A. P. 1796026, Westinghouse Lamp Co., Calciumwolframate aus Alkaliwolframaten und $CaCl_2$.

[5]) A. P. 1835024, Westinghouse Lamp Co., Herstellung von Uran-hydrid.

[6]) E. P. 259407, s. D. R. P. 428042, B. III., 938, Badische Anilin- und Soda-Fabrik.

Das wichtigste der Carbonyle ist das Eisencarbonyl, die Mehrzahl der Patente befaßt sich mit diesem[1]). Sie schützen Arbeitsweisen bei denen bestimmte Druck- und Temperaturbedingungen einzuhalten sind, die Anwendung von „Sumpf-phasen"[2]) und die verschiedener Ausgangsstoffe, dann Arbeitsverfahren[3]), die Wärmeabführung usw. und die für diese Prozesse entwickelten Apparaturen, wie z. B. Vorrichtungen zum Ein- und Ausschleusen der festen Stoffe.

Es folgen in der Übersicht die Verfahren zur Herstellung besonderer Carbonyle, so die des Kobalts, Nickels[4]), Molybdäns, Wolframs[5]), und von Derivaten des Eisencarbonyls[6]) weiterhin Patente zur Reinigung der Carbonyle und zur Erhöhung ihrer Haltbarkeit[7]).

Die Carbonyle als solche haben nach den vorhandenen Patenten Anwendung gefunden: als Katalysatoren zur Herstellung von Ruß durch Spaltung von Kohlenoxyd oder Kohlenwasserstoffen, zur Darstellung der Kohlenwasserstoffe durch Hydrierung und als Zusätze zu Brennstoffen und Treibmittel um sie klopffest zu machen.

Recht zahlreich sind die Patente über Verfahren zur Herstellung der Metalle[8]) oder der Metalloxyde aus den Carbonylen, der Weg geht über die thermische Spaltung, bei letzterer gekuppelt mit einer Oxydation. Die Metalle zeichnen sich durch einen außerordentlichen Grad von chemischer Reinheit aus. So hat das so gewonnene reine Eisen wegen seiner Eigenschaften, z. B. den magnetischen, eine technische Bedeutung gewonnen[9]). Es dient auch als Rohstoff zur Darstellung besonderer Eisenlegierungen.

Die durch die thermische Spaltung gewonnenen Rohprodukte lassen sich weiteren Reinigungsprozessen unterwerfen, oder solchen Behandlungen, die das Schüttgewicht erhöhen.

Die ausländischen Patente sind bei den gleichinhaltlichen D. R. P. vermerkt worden oder sind hier in Fußnoten angeführt worden.

Die beschriebenen Verfahren selbst können hier nicht eingehender gewürdigt werden, das würde viel zu weit führen. Die Einzelheiten müssen aus der Übersicht oder aus den Patenten selbst entnommen werden.

Kolloide. Über die Herstellung kolloidaler anorganischer Verbindungen ist im III. Bd. dieser „Fortschritte" (S. 1382) ein eingehender Bericht gegeben worden. Das erlaubt uns diesmal, die Einleitung kurz zu halten. Zudem kommt noch, wie anderwärts schon erwähnt wurde, daß die Zahl der Patente, die sich mit der Gewinnung kolloidaler Elemente oder deren Verbindungen befassen, merklich kleiner geworden ist.

Das Gebiet der kolloidalen Verbindungen ist in der Patentliteratur recht verstreut und daher unübersichtlich. Eine einigermaßen geschlossene Übersicht ist daher recht schwer zu erzielen. Von der Herstellung fein verteilter Stoffe für allerhand tehnische Zwecke, z. B. für Anstrichfarben zu den reaktionsfähigen kolloiden Suspensionen, von Produkten und

---

1) A. P. 1828376, E. P. 244895, I. G. Farbenindustrie, aus porigem Eisen mit CO bei 50—250° unter erhöhtem Druck.

2) E. P. 367819, F. P. 674216, Zus. P. 37284, 713873, I. G. Farbenindustrie, Suspendieren der Metalle in einem Gemisch zweier nicht mischbarer Flüssigkeiten z. B. Wasser, Glycerin oder Gasolin und Eisencarbonyl.

3) F. P. 690091, I. G. Farbenindustrie, Kombination der Herstellung von Carbonylen mit der Synthese von NH_3, Methanol usw.

4) E. P. 347208, Mond Nickel Co., Sulfide erhöhen die Ausbeute.

5) E. P. 367481, I. G. Farbenindustrie, mit CO unter Druck auf die in Gegenwart von Cu reduzierend behandelten Metalle.

6) A. P. 1780643, P. S. Danner, J. E. Muth und Standard Oil Co. of California., Metallaminocarbonyle durch Erwärmen der Carbonyle mit Aminen.

7) Holl. P. 27198, I. G. Farbenindustrie, Stabilisieren von Eisencarbonyl mit aromatischen Aminen als Antiklopfmittel.

8) F. P. 723174, I. G. Farbenindustrie, Metalle aus den Carbonylen durch Oxydation mit ungenügenden Mengen O_2.

I. G. Farbenindustrie, E. P. 296558, Can. P. 294151, Trennung von Fe, CO, Ni usw. durch Fraktionierung der Carbonyle.

9) F. P. 711392, I. G. Farbenindustrie, Eiserne Gegenstände aus Carbonyleisen.

Präparaten für die Medizin und Pharmazie gehören hierher die Emulsionen für photographische Emulsionen und viele der Verfahren zur Herstellung von Katalysatoren, von Adsorptionsmittel wie aktive Kohlen, Silicagel und verwandte Stoffe.

Zur Ergänzung der hier gebrachten Patente sind daher auch noch besonders die folgenden Abschnitte dieser Patentsammlung zum Studium der anorganischen Kolloide heranzuziehen:

Schwefelsäure Kontaktverfahren, Katalysatoren S. 761. Ammoniaksynthese, Katalysatoren S. 1089. Aktive Kohlen S. 2065. Kieselsäure -sole und -gele S. 2367. Gele der Tonerde S. 2786, der seltenen Erden und des Zirkoniums S. 2992.

Einige Beispiele aus der ausländischen Patentliteratur sind unten angeführt[1]).

Übersicht der Patentliteratur.

Herstellung von Schwermetallverbindungen.

I. Allgemeine Verfahren. (S. 3037)

D. R. P.	Patentnehmer	Charakterisierung des Patentinhaltes
484021	Siemens & Halske	Abscheidung vom kolloidalen SiO_2 aus den 80° warmen Lösungen der gerösteten Erze in H_2SO_4 durch rasches Abkühlen
461556	I. G. Farben	Oxyde bzw. Hydroxyde durch Abtreiben von NH_3 aus Lösungen basischer Verbindungen
535649	I. G. Farben	Desgleichen Fällen mittels Säuren
531672	Accumulatoren-Fabrik	Hydroxyde der Schwermetalle durch Elektrolyse mit hoher Kathodenstromdichte

---

1) Metalle:

A. P. 1792262, W. C. Wilson, aus Metallsalzlösungen ausgefällt durch unedlere Metalle.

A. P. 1805199, Sun Oil Co., durch thermische Zersetzung organischer Verbb. z. B. Amylderivaten.

Gele. Silica Gel Corp.

Zinnoxyd, E. P. 364663, Wolfram-, Aluminium-, Zinn-, Titan-oxyd, A. P. 1682239, 1682242. Wolframoxyd, A. P. 1683695, aus Wolframatlösungen mit Säuren. A. P. 1848266.

Kolloidale Verbindungen:

Silberjodid, A. P. 1783334, E. R. Squibb & Sons.

Katalysatoren:

E. P. 309743, Howards & Sons, J. W. Blagden und G. C. H. Clark, Legierungen von Mg, Ca, oder Zn werden mit Cu, Fe, Co, Ni oder Al oxydierend erhitzt.

F. P. 660450, Soc. Alsacienne Prod. Chimique, aus Kupferoxydhydrat durch Digerieren.

A. P. 1694620, The Selden Research & Engineering Corp., Mischkatalysatoren.

Aktivieren von Katalysatoren:

F. P. 678955, Soc. d'Études et d'Exploit. des Matières Organiques, Behandeln erst mit Cl_2- dann mit NH_3-Gas.

Katalysatorträger:

E. P. 337761, Imperial Chem. Industries, F. A. Ferrier und W. A. P. Challenor, Kieselsäuregel auf Kieselgur ausgefällt.

F. P. 688561, Ver. für Chem. und Metallurg. Produktion, Silicate, Kieselgur wird mit Silicate bildenden Metalloxyden erhitzt.

D. R. P.	Patentnehmer	Charakterisierung des Patentinhaltes
530564	P. Beyersdorfer	Metall-S-Se-oder Te-Verbb. durch Umsetzung pulverförmiger Metalle oder Oxyde in einem indifferenten Trägergas in der Hitze
540000	R. Nacken u. M. E. Grünewald	Feinverteilte unlösliche Verbb. durch Zersetzen mit Wasser von aus dem Schmelzfluß dargestellten Doppelverbb. mit $CaCl_2$
552326	I. G. Farben	Oxydation der Salze niederer Oxydationsstufen mit O_2 unter Druck über 100°
485638	G. Agde	Chloride, Aussalzen mit HCl unter Kühlung
458191	G. Agde	Vitriole, Erhöhung der Krystallisationsausbeute durch starkes Kühlen der H_2SO_4 enthaltenden Lösung
524353	I. G. Farben	Sulfate aus aufgeschlämmten Sulfid-Gemischen mit O_2 unter Druck
514149	A. F. Meyerhofer	Salze aus den Silico- oder anderen komplexen Fluoriden durch Umsetzung mit Salzen der einzuführenden Säure; Ausbildung zu Kreisprozessen
558751	I. G. Farben	Poröse Metalle oder Oxyde durch Behandeln mit Schaummitteln und Trocknen der Schäume

II. Eisenverbindungen. (S. 3053)

D. R. P.	Patentnehmer		Charakterisierung des Patentinhaltes
554633	Comstock & Wescott Inc.		Fe_2O_3 durch Verbrennen bei 800° von $FeCl_3$, dargestellt aus Fe u. Cl_2, Kreislauf des Cl_2; Vorrichtung
561515	R. Stotz u. R. Gerisch		Beizlaugen aufgesaugt auf Eisenerzen, trocknen und Glühen; Abreiben des reinen Fe_2O_3
490952	Vormbusch & Co.		Fe_2O_3 poröse Formkörper durch Glühen der mit verbrennlichen oder flüchtigen Bindemittel geformten, niederen Oxyde
483998	Siemens-Planiawerke A.-G.		Formkörper aus Fe gewonnen aus Eisenoxyden
489550	M. Tennenbaum u. C. van Eweyk	Physiologisch aktive Eisenverbindungen	durch Kochen von $FeCO_3$ unter Durchleiten indifferenter Gase
507887	M. Tennenbaum u. C. van Eweyk	Physiologisch aktive Eisenverbindungen	magnetisches Fe_2O_3 aus obigem Carbonat über Magnetit durch Erhitzen mit O_2
531082	O. Baudisch	Physiologisch aktive Eisenverbindungen	Ferri-γ-Hydroxyd aus $FeCl_2$-Lösung mit Pyridin u. Luft
538083	O. Baudisch	Physiologisch aktive Eisenverbindungen	desgleichen aus Ferrosalzlösungen mit Alkaliazid bei 80—100°
565965	S. I. Levy u. G. W. Gray		Zwei wasserfreie Ferrisalze aus Ferrosalz durch Oxydationsmittel
535252	F. Sierp u. F. Fränsemeier	Wasserarmes $FeSO_4$	Einlaufenlassen von HCl-Beizlaugen in konzentrierte H_2SO_4
561514	F. Sierp u. F. Fränsemeier	Wasserarmes $FeSO_4$	desgleichen Aufarbeiten von H_2SO_4-Beizlaugen
546825	O. S. Neill	Wasserarmes $FeSO_4$	aus mit Drehscheibe versprühten Lösungen und trocknen mit heißen Gasen
529384	I. G. Farben	$FeSO_4 \cdot 7\,H_2O$ Entwässern und Zersetzen	Beimischen von Zersetzungsprodukten
542846	I. G. Farben	$FeSO_4 \cdot 7\,H_2O$ Entwässern und Zersetzen	desgl. von Entwässerungsprodukten
537509	Refiners Ltd.	Ferrisulfat zum Reinigen von Ölen, KW-Stoffen	aus niederen Fe-Oxyden mit H_2SO_4 und Oxydationsmitteln
555308	Refiners Ltd.	Ferrisulfat zum Reinigen von Ölen, KW-Stoffen	man oxydiert nach der Behandlung mit H_2SO_4

s. a. Eisenoxyde, unter „Metallcarbonyle" III und im Abschnitt „Mineralfarben".

D. R. P.	Patentnehmer	Charakterisierung des Patentinhaltes

III. Manganverbindungen. (S. 3075.)

D. R. P.	Patentnehmer		Charakterisierung des Patentinhaltes
498896	I. G. Farben	MnO_2	aus $MnCO_3$ mittels O_2 bei 250—600°
561516	Y. Kato, K. Yamamoto u. The Yuasa Storage Battery Co.	MnO_2	aus niederen Mn-oxyden mittels O_2 bei 200—500° in Gegenw. von Alkalien oder Erdalkalien
542784	Drägerwerk	MnO_2	hochaktives Hydrat aus Permanganat u. H_2O_2 mit berechneter Menge Säure
538645	Dr. R. & Dr. O. Weil, Chem.-Pharm. Fabrik	MnO_2	kolloidales durch Oxydation von Mn-Salzlösungen in Gegenw. mehrwertiger org. Oxysäuren
556141	Soc. chim. des Usines du Rhône		Manganate aus MnO_2 in Aetzalkalischmelzen mit O_2 um 160—220°

IV. Rheniumverbindungen. (S. 3083.)

D. R. P.	Patentnehmer	Charakterisierung des Patentinhaltes
549431	Siemens & Halske A.-G.	Anreicherung des Re in saurer Lösung durch Auskristallisieren der Salze der anderen Elemente

V. Kobalt- und Nickel-Verbindungen. S. 3084.)

D. R. P.	Patentnehmer		Charakterisierung des Patentinhaltes
461898	Sachtleben A.-G. u. H. Nitze		Fällung von $K_3Co(NO_2)_6$ durch Ansäuern mit festem Alkalibisulfat
472605	Gewerkschaft Sachtleben u. H. Pützer	Aufarbeiten von $K_3Co(NO_2)_6$	durch Schmelzen mit Aetzalkali
484241	Gewerkschaft Sachtleben u. H. Pützer	Aufarbeiten von $K_3Co(NO_2)_6$	desgl. mit Oxyden, Hydroxyden der Erdalkalien oder mit Alkalicarbonaten
551865	Degussa	Aufarbeiten von $K_3Co(NO_2)_6$	Rückgewinnung des Nitrits S. 1080
525924	I. G. Farben	Aufarbeiten von $K_3Co(NO_2)_6$	mit Alkalisulfiden
462350	I. G. Farben		Umwandlung der Co- oder Ni-Carbonate in Oxydhydrate mit Hypochloritlaugen oder Alkali u. Cl_2

VI. Kupferverbindungen. (S. 3089.)

D. R. P.	Patentnehmer		Charakterisierung des Patentinhaltes
481391	Hüttenwerke Tempelhof A. Meyer		Abfallegierungen führt man mit S in Sulfide über, röstet ab und laugt mit H_2SO_4 das Cu aus
555309	Vitriolfabrik Johannisthal A.-G.		Abrösten der unedle Metalle enthaltenden Legierungen, Lösen des CuO mit Säuren (H_2SO_4) die Fremdmetalloxyde nicht lösen
500813	I. G. Farben		Entfernen von Cellulose aus Lösungen durch Oxydation mit O_2 über 130°
563184	Vitriolfabrik Johannisthal A.-G.		Pulverförmiges Metall oder Oxyd durch Reduktion von Salzlösungen mit Polysacchariden und Glühen
566152	Ges. für Kohlentechnik		Cu_2Cl_2 aus $CuCl_2+Cu+CO$ und Spalten des $CuClCO \cdot 2\,H_2O$
549966	I. G. Farben	Wenig hygroskopisches $Cu(NO_3)_2 \cdot 3\,H_2O$	durch Umschmelzen
561517	I. G. Farben	Wenig hygroskopisches $Cu(NO_3)_2 \cdot 3\,H_2O$	aus Cu und HNO_3 erst verdünnte, dann hochkonzentrierte, so daß nicht mehr als das Krystall-H_2O zugegen ist
488601	I. P. Bemberg A.-G.		Enteisenen von $CuSO_4$-Lösungen mit $NaNO_2$ und Alkali
536650	P. E. Bigourdan u. P. Bebin		$CuSO_4$ aus Cu über Cu_2Cl_2 mit O_2 zu Oxychlorid, das mit H_2SO_4 Sulfat gibt, Mutterlauge geht im Kreislauf
462341	I. G. Farben	Cl-freies $CuSO_4$	Auskristallisieren aus Lösungen von basischen Cu-chloriden in H_2SO_4
463237	I. G. Farben	Cl-freies $CuSO_4$	desgleichen bei Gegenwart von nicht über 15% Zn
544776	Duisburger Kupferhütte		Überführen von Cu-oxychloriden in $CuSO_4$ durch Kochen mit Sulfaten unter Druck

D.R.P.	Patentnehmer	Charakterisierung des Patentinhaltes
543107	„Hungaria"	Blaue Briketts von $CuSO_4 \cdot 5\,H_2O$ durch Pressen von feinkristallinen feuchten Massen
552757	A. Wacker Ges.	Cu-Carbonate; löst Cu und Legierungen in Lösungen von Alkali- und Erdalkalihalogeniden und behandelt mit $O_2 + CO_2$
466514	Gebr. Siemens & Co.	Körper aus Cu und Kohle: fällen von Cu nach DRP. 454804 mischen mit C und reduzieren
466515	Gebr. Siemens & Co.	Körper aus Cu und Kohle: desgleichen erst Oxyd ausfällen
467790	Gebr. Siemens & Co.	Körper aus Cu und Kohle: Reduktion mit C um 900°

VII. Zinkverbindungen. (S. 3105.)

D.R.P.	Patentnehmer	Charakterisierung des Patentinhaltes
526022	The Rio Tinto Co.	Abbrandlaugen fällen mit MgO oder $MgCO_3$
552585	Metallgesellschaft	Reines ZnO; reduziert Oxyd zu Metall unter Zusatz alter Schlacken und oxydiert die Metalldämpfe
528987	The American Metal Co.	ZnO aus ammoniakalischen Laugen durch Behandlung der in dünner Schicht rieselnden Laugen mit Dampf
535630	Sachtleben A.-G.	ZnO frei von Cl_2 durch Zusammenfließenlassen äquivalenter Lösungsmengen von $ZnCl_2$ und $Ca(OH)_2$
500813	I. G. Farben	Entfernen von Cellulose aus Zn-Salz-Lösungen: durch Oxydation mit O_2 über 130° s. S. 3091
451532	A. Vohl & Co.	Entfernen von Cellulose aus Zn-Salz-Lösungen: Ausfälle von Fe nach Oxydation, Eindampfen unter Zusatz von $Zn(ClO_3)_2$ Reduzieren des überschüssigen Chlorats mit Zn u. HCl
505473	I. G. Farben	$ZnSO_4$ aus ZnS in H_2O mit O_2 über 120° unter Druck Kreisprozeß zur Darstellung von $(NH_4)_2SO_4$ aus H_2S und NH_3
554572	C. Padberg	$ZnSO_4$ aus ZnO-haltigen Stoffen mit $FeSO_4$ bei 650—750°
540984	Metallgesellschaft	Trennen von $ZnSO_4$ vom Na_2SO_4: Auskristallisieren von Glaubersalz, Eindampfen, dann durch Kühlen kristallisiert $ZnSO_4 \cdot 7\,H_2O$
556321	Metallgesellschaft	Trennen von $ZnSO_4$ vom Na_2SO_4: Zusatz von soviel H_2SO_4, daß beim Eindampfen $ZnSO_4 \cdot H_2O$ ausfällt
526628	S. C. Smith	$ZnCO_3$ in körniger Form aus überschüssiges NH_3 enthaltenden Lösungen mittels CO_2
564676	Chemische Fabrik Kalk u. H. Oehme	Hydroxycarbonat aus Oxychlorid mit Alkalidicarbonat, für Kautschukindustrie

s. a. Zinkoxyd, Zinksulfid, Lithopone, Leuchtfarben im Abschnitt „Mineralfarben".

VIII. Cadmiumverbindungen. (S. 3121.)

D.R.P.	Patentnehmer	Charakterisierung des Patentinhaltes
510750	Otavi Minen	Aufschluß von Cd-As-Materialien mit Alkalilösungen um 200°, Herauslösen des As.
531673	L. Jungfer	$Cd(OH)_2$ durch Elektrolyse in Gegenw. organischer Katalysatoren (Aethylenglykol) S. 3151

s. a. CdS und Cd(S,Se) im Abschnitt „Mineralfarben".

IX. Bleiverbindungen. (S. 3123.)

D.R.P.	Patentnehmer	Charakterisierung des Patentinhaltes
552585	Metallgesellschaft	Reines PbO, reduziert Oxyd zu Metall unter Zusatz alter Schlacken und oxydiert Metalldämpfe S. . . .
463271	Th. Goldschmidt A.-G.	Suboxyd-gemische durch Erzeugen und Niederschlagen von Pb-PbO-Dämpfen
487700	Genzo Shimadzu	Abführen des Suboxydstaubes durch Einblasen von Luft beim Mahlen von Pb.
538830	Genzo Shimadzu	Mahltrommel mit Axialer Luftzuleitung

D. R. P.	Patentnehmer	Charakterisierung des Patentinhaltes
455539	National Lead Co.	Bleioxydkessel, Abdichtung der Rührwelle durch ein Lagergehäuse, durch das Luft in den Kessel gedrückt wird
468298	Soc. Gamichon, Carette & Cie.	PbO in Drehofen mit Längsschaufeln
496557	The Commonwealth White Lead and Paints Proprietary Ltd.	PbO, Pb_3O_4, $PbSO_4$ aus naß brikettiertem, aus Öfen übergetriebenem Gemisch von Pb u. PbO
551027	A. Finkelstein	PbO aus gereinigten Plumbitlösungen durch Abkühlen und Impfen
463238	W. Witter u. P. Nehring	$PbCl_2$ aus $PbSO_4$ gelöst mit Chloriden (NaCl) bei 140—150°, filtrieren, kühlen
525561	H. W. Robinson u. D. W. Parkes	Erhöhen der Löslichkeit von $PbCl_2$ in Alkaliacetatlösungen durch schwaches Ansäuern (mit HNO_3)
463071	The Chem. and Met. Corp., S. C. Smith u. F. E. Elmore	Reines $PbSO_4$ aus $PbCl_2$ mit $ZnSO_4$, so daß über 20%-ig. $ZnCl_2$-Lösungen entstehen
475284	A. Nathanson, Otavi Minen u. andere Gess.	Aus chloridischen Bleilaugen mittels Alkalien (Ca(OH($_2$) fällen von Bleioxychlorid, das mit CO_2 und viel H_2O in Cl-freies Carbonat übergeführt wird
483757		Vorreinigen der chloridischen Laugen mit Alkali und mit H_2S
483877	The Chem. and Met. Corp., u. S. C. Smith	$PbCO_3$ aus $PbCl_2$ mit NH_3 u. CO_2
502677		Desgleichen mit beschränkter CO_2-Geschwindigkeit
495786	S. C. Smith	$PbCO_3$ aus $PbSO_4$ mit NH_2 u. CO_2 unter Druck
509262		Desgleichen mit beschränkter CO_2-Geschwindigkeit
475475	R. Daloze	Löst unreines $PbSO_4$ in Erdalkaliacetatlösungen, behandelt mit Erdalkalihydroxyden und leitet in die gereinigte Lösung CO_2 ein
531673	L. Jungfer	Bleiweiß durch Elektrolyse in Gegenw. organischer Katalysatoren z. B. Aethylenglykol

s. a. Mennige, Bleiweiß, Bleisulfat und Bleichromat im Abschnitt „Mineralfarben".

X. Quecksilberverbindungen. (S. 3152)

490561	A. Wacker G. m. b. H.	Mercourosalze aus Hg mit Ferrosalzlösung und Luft um 70°
544387	I. G. Farben	$HgSO_4$-Lösung aus Hg elektrolytisch in bewegter H_2SO_4
519320	C. E. J. Lohmann	Hg-sulfohalogenide aus Hg-Salzen mit kolloidalem HgS
475533	I. G. Farben	Kolloidal lösliche Hg-rhodanide durch Fällung in Gegenwart von Schutzkolloiden

XI. Zinnverbindungen. (S. 3157)

554232	A. Dupré G. m. b. H.	Ofen zur ununterbrochenen Erzeugung von SnO_2
561518		Desgleichen mit einer ringförmigen, drehbaren Wanne
532069	H. Harris	Trennung von Alkalistannaten von Arsenaten durch Auskristallisieren aus hochkonzentrierter, alkalischer Lösung, die Arsenate dann aus der verdünnten Lösung

XII. Wismutverbindungen. (S. 3166)

538286	R. Sanz Carreras	$Bi(OH)_3$ durch Elektrolyse mit Bi-Anoden in $NaClO_3$-Elektrolyt und CO_2
567116	F. Leti	$Bi(NO_3)_3$ in NaOH eingeschmolzen; Reagens zum Nachweis von Zucker im Harn
550429	F. Hofmann, M. Dunkel, M. Otto und M. Heyn	Wismuthalogenide zum Reinigen von K. W.-Stoffen

D. R. P.	Patentnehmer	Charakterisierung des Patentinhaltes
		XIII. Molybdän- und Wolframverbindungen. (S. 3169)
480287	Metallwerk Plansee	MoO_3 und WO_3 direkt aus Erzen: Schmelzen der S-freien Erze und Abdestillieren der reinen Säuren mit O_2
521570	Metallwerk Plansee	MoO_3 und WO_3 direkt aus Erzen: Verarbeiten anderer W-haltigen Produkte
566948	Metallwerk Plansee u. P. Schwarzkopf	MoO_3 und WO_3 direkt aus Erzen: unter Zusatz von Holzkohle, Koks
539174	I. G. Farben	Phosphor-Wolfram-Molybdänverbindungen durch Reduktion der gemischten Heteropolysäuren
498154	I. G. Farben	Heteropolysäuren als Komponenten von Farblacken
504017	I. G. Farben	Heteropolysäuren als Komponenten von Farblacken
		XIV. Metallcarbonyle.
		1. Vorbehandlung der Ausgangsstoffe (S. 3185)
454861	von Heyden A.-G.	Aktivieren der Metalle durch Oxydieren mit Gasen und reduzieren mit H_2
490415	I. G. Farben	Abwechselnde Oxydation und Reduktion
498977	I. G. Farben	Zumischen von Stoffen, die das Sintern bei der Reduktion verhindern
515464	I. G. Farben	Reduktion über 500° und rasche Abkühlung, Vermeiden einer Kohlung
517831	I. G. Farben	Aschereiche feste oder flüssige Reduktionsmittel
520852	I. G. Farben	Entfernen leichtschmelzende Schlacken bildender Stoffe
553820	I. G. Farben	Reduktion der Oxyde mit C-haltigen Stoffen, das gebildete CO dient zur Darstellung der Carbonyle
		2. Herstellungsverfahren.
		a. Allgemeine Verfahren. (S. 3192)
460328	I. G. Farben	Eisencarbonyl: mit H_2-haltigem CO bei 100—200° und hohen Drucken mit Fe aus Fe_2O_3
499296	I. G. Farben	Eisencarbonyl: aus Eisenschwamm des Handels bei 100—250° unter Druck unter Ausschluß jeglicher Oxydation.
518387	I. G. Farben	Eisencarbonyl: desgleichen aus beliebigem Eisen
524963	I. G. Farben	Eisencarbonyl: desgl. bei schwachen Drucken und unter 100°
485886	I. G. Farben	Eisencarbonyl: niedere Drucke bei 15—100° und hohen Strömungsgeschwindigkeiten
518781	I. G. Farben	Behandlung in Flüssigkeiten oder Schmelzen (Carbonyle selbst)
520221	I. G. Farben	Flüssigkeiten werden kalt mit CO unter Druck gesättigt
520220	I. G. Farben	Flüssigkeit soll bei CO-Behandlung verdampft sein, s. D.R.P. 545711, S. 3215
535437	I. G. Farben	Direkt aus reduzierbaren Verbb.: Oxyden, Sulfiden, Chloriden (u. Basen)
562179	I. G. Farben	Mit festem Gut gefüllte Reaktionsräume
547024	I. G. Farben	Mehrere Ein- und Austrittstellen für das CO
532534	I. G. Farben	Hintereinander geschaltete Reaktionsräume
550257	I. G. Farben	Führt beide Reaktionsteilnehmer durch mehrere Reaktionsgefäße
551945	I. G. Farben	Wärme-Abführung durch eingeführte Gase
553911	I. G. Farben	Wärme-Abführung durch umfließende Flüssigkeiten (Carbonyle)
531479	I. G. Farben	Entspannung der CO-haltigen Carbonyle in Stufen
545711	I. G. Farben	Schleußen zum Ein- und Ausführen der festen Stoffe unter Druck, die Gase werden aus den Schleußen unter Druck durch die flüssigen Carbonyle verdrängt s. D.R.P. 520220, S. 3200

D. R. P.	Patentnehmer	Charakterisierung des Patentinhaltes

b. Besondere Verfahren. (S. 3217)

D. R. P.	Patentnehmer	Charakterisierung des Patentinhaltes
505211	I. G. Farben	Co-Carbonyl, Abscheiden durch Abkühlen der Gase vor Entspannung
531402	I. G. Farben	Mo-Carbonyl über 200^0 unter Druck
547025	I. G. Farben	Wo-Carbonyl wie oben
561513	W. Hieber	Festes Fe-Tetra- aus Penta-Carbonyl mittels basischer Stoffe und Oxydationsmittel
512223	I. G. Farben	Einführung von Halogene, Cyan, Rhodan in Eisencarbonyle
566448	I. G. Farben	Kobaltnitrosocarbonyl aus Co, CO und Stickoxyde

c. Verschiedenes. (S. 3224)

D. R. P.	Patentnehmer	Charakterisierung des Patentinhaltes
491855	Chem. Fabrik von Heyden	Reinigung von Eisencarbonyl durch Destillation mittels nieder siedender Stoffe (H_2O, KW-Stoffe, Alkohole, Ketone) gegebenenfalls bei Unterdruck
523601	I. G. Farben	Erhöhung der Haltbarkeit der Lösungen in KW-Stoffen durch Zusatz von Aldehyden, Ketonen, org. Säuren u. s. w.

d. Anwendungen.

D. R. P.	Patentnehmer	Charakterisierung des Patentinhaltes
481736	I. G. Farben	Spalten von CO zu: Kohlenstoff S. 2075; Ruß S. 3435 und 3436
542804	I. G. Farben	Spalten von CO zu: Kohlenstoff S. 2075; Ruß S. 3435 und 3436
565053	T. W. Pfirrmann u. G. Gross	Spalten von CO zu: Kohlenstoff S. 2075; Ruß S. 3435 und 3436
549348	I. G. Farben	Spalten von KW Stoffen zu Ruß S. 3454
540864	I. G. Farben	Desgleichen mittels Metallen aus Carbonylen S. 3447
487379	I. G. Farben	Katalysatoren zur Darstellung von flüssigen KW-Stoffen
448620	I. G. Farben	Carbonyle als Zusatz zu Brennstoffen und Treibmittel
491431	I. G. Farben	Carbonyle als Zusatz zu Brennstoffen und Treibmittel
489864	I. G. Farben	Carbonyle als Zusatz zu Brennstoffen und Treibmittel

e. Befreien der Gase von Eisencarbonylen. (S. 3225)

D. R. P.	Patentnehmer	Charakterisierung des Patentinhaltes
475269	I. G. Farben	Mittels Zusatz von reagierenden Gasen O_2, Cl_2, HCl u. s. w. über aktive Stoffe
499652	I. G. Farben	Durch Überleiten über heiße Oxyde z. B. CaO, Al_2O_3, MgO, SiO_2

3. Metalle aus Metallcarbonylen.

a. Thermische Spaltung. (S. 3228)

D. R. P.	Patentnehmer	Charakterisierung des Patentinhaltes
485639	I. G. Farben	Eisencarbonyl: verdünnte Dämpfe mittels heißer fester Stoffe oder Flüssigkeiten und Schmelzen
493874	I. G. Farben	Eisencarbonyl: desgleichen unverdünnt auch flüssig
500692	I. G. Farben	Eisencarbonyl: in heißem, freiem Raum unter 400^0 oder über 900^0
511564	I. G. Farben	Desgleichen für andere Metallcarbonyle
546353	I. G. Farben	Durchwirbeln der Gase
547023	I. G. Farben	Außen und Innenheizung, diese durch rückgeführte erhitzte Abgase
563125	I. G. Farben	Spaltungsöfen mit vergrößerten Wandflächen
542783	General Electric Co.	Hohlraum erhitzt durch inerte Gase, Wände gekühlt
545710	I. G. Farben	Aus festen Carbonylen, fallen feinverteilt durch erhitzten Raum
466463	I. G. Farben	Mit Anlauffarben S. 3418

D. R. P.	Patentnehmer	Charakterisierung des Patentinhaltes
		b. Reinigung und Weiterverarbeitung. (S. 3239)
493778	I. G. Farben	Eisen O- und C-haltig Reinigen: durch Einschmelzen oder Sintern unter Luftabschluß
513362	I. G. Farben	Eisen O- und C-haltig Reinigen: desgl. wobei durch passende Mischung unter Zusatz von Fe_2O_3 restlose Entfernung von O und C erreicht wird
528463	I. G. Farben	Eisen O- und C-haltig Reinigen: mittels H_2 unter 500° und Sintern in H_2 über 500°
544283	I. G. Farben	Erhöhung des Schüttgewichtes durch Mahlen
555169	Vereinigte Stahlwerke	Eisenflitter durch mechanisches Abreiben des Niederschlages von den kleinen Zersetzungskörpern
532409	I. G. Farben	Eisenlegierungen aus Carbonyl-Eisen oder -Eisenoxyd
		4. Metalloxyde aus Metallcarbonylen. (S. 3247)
474416	I. G. Farben	Feinverteilte F_2O_3 enthaltende Gemische durch Verbrennung von Eisencarbonyl mit anderen flüchtigen oder zerstäubten Verbb. (Ni-carbonyl, $SiCl_4$, Bi_2O_3, Al_2O_3)
		XV. Kolloide. (S. 3248)
555307	A. H. Erdenbrecher	Metallsole- und Gele durch Reduktion von Metallsalzen mit Alkalisalzen der hydrothermalen Zersetzungsprodukte der Zucker
529625	S. Berkman	Metallsole, Reduktion in Gegenwart lyophiler Kolloidelektrolyte
456188	R. Lorenz u. H. Heinz	Metallverbb. aus kolloidalen Komponente und einer gelösten
485051	I. G. Farben	Leicht filtrierbare Gele der Hydroxyde aus Salzen u. Alkalien in Gegenw. von Teerölen
478994	R. Lorenz u. H. Heinz	Kolloidlösliche Metallhydroxyde aus unlöslichen Metallverbb. ungesetzt mit Alkalien in Gegenw. von Schutzkolloiden
538645	Dr. R. und Dr. O. Weil Chem. Pharm. Fabrik	MnO_2 in Gegenw. mehrwertiger org. Oxysäuren, S. 3079
475533	I. G. Farben	Hg-rhodanide S. 3157

Nr. 484021. (S. 76706.) Kl. 12n, 1.

Siemens & Halske Akt.-Ges. in Berlin-Siemensstadt.

Erfinder: Dr.-Ing. Günther Hänsel in Berlin-Charlottenburg.

Verfahren zur Verarbeitung silikat- bzw. kieselsäurehaltiger Erze.

Vom 28. Okt. 1926. — Erteilt am 26. Sept. 1929. — Ausgegeben am 9. Okt. 1929. — **Erloschen: 1932.**

Bei der Verarbeitung silikat- bzw. kieselsäurehaltiger Erze geht im allgemeinen bei der Laugung mit Säure die Kieselsäure ganz oder teilweise in kolloidaler Form in Lösung. Hierdurch entstehen häufig beim Weiterverarbeiten der Laugen, besonders beim Filtrieren, erhebliche Schwierigkeiten.

Man hat bereits Verfahren zur Überführung von kolloidal gelöster Kieselsäure in filtrierbare Form vorgeschlagen. Beispielsweise ist es bekannt, bei der Verarbeitung von Zinkerzen für diesen Zweck einen Zusatz von Kalkstein anzuwenden und geringe etwa noch in kolloidaler Form zurückgebliebene Mengen Kieselsäure durch Zusatz einer geringen Menge Zinkstaub filtrierbar zu machen. Auch ist bei Zinkerzen für den gleichen Zweck das Verrühren der Laugen mit gewissen unlöslichen Stoffen, insbesondere Bariumsulfat, vorgeschlagen worden.

Diese bekannten Verfahren sind indessen nur für bestimmte Erze mit vollem Erfolg anwendbar und erfordern außerdem im allgemeinen eine verhältnismäßig lange Behandlungszeit, bevor die angestrebte Wirkung eintritt.

Gemäß der Erfindung werden diese Nachteile dadurch vermieden, daß die kolloidal gelöste Kieselsäure enthaltende Lauge von einer erhöhten Temperatur von etwa 80° C mindestens auf etwa Zimmertemperatur möglichst schnell abgekühlt und nach erfolgter Bildung einer stark mit Kieselsäure angereicherten Oberflächenschicht diese mit der restlichen Lauge und dem Laugungsrückstand sorgfältig durchgerührt wird. Hierdurch wird bereits im allgemeinen alle kolloidal gelöst gewesene Kieselsäure schnell und sicher in filtrierbare Form überführt. Sollte bei Zinkerzen aber doch noch ein Rest von Kieselsäure in kolloidaler Form verblieben sein, so kann man diesen dadurch filtrierbar machen, daß man nach erfolgter Abkühlung und Durchrührung den Prozeß nochmals unter an sich bekanntem Zusatz von Zinkstaub oder Zinkoxydpulver wiederholt. Bei anderen Erzen ist sinngemäß zu verfahren.

Als Beispiele für die Anwendung der Erfindung seien die folgenden Erze und nach dem Wälzverfahren hergestellten Zinkoxyde genannt, wobei lediglich die wesentlichen Bestandteile angegeben sind:

1. Ein Zinkerzkonzentrat, das als wesentliche Stoffe enthielt:

45,74% Zink, 8,65% Eisen, 2,32% Blei und 0,62 % Siliciumdioxyd.

2. Ein Kupfererz mit 1,98% Kupfer, 36,0% Eisen, 20% Schwefel und 28% Siliciumdioxyd.

3. und 4. Zwei nach dem Wälzverfahren hergestellte Zinkoxyde, von denen das eine 75,0% Zinkoxyd, 1,0% Eisenoxyd, 9,7% Bleioxyd und 0,8% Siliciumoxyd enthielt und das zweite 65,8% Zinkoxyd, 3,1% Eisenoxyd, 10,5 % Bleioxyd und 2,4 % Siliciumdioxyd.

Diese Erze und Oxyde werden in geeigneten Rührwerken in der Wärme zweckmäßig bei etwa 80° C mit verdünnter Schwefelsäure gelaugt. Darauf wird das Rührwerk abgestellt und die Lauge möglichst rasch etwa auf Zimmertemperatur oder darunter gekühlt, gegebenenfalls unter Anwendung künstlicher Kühlung. Infolge dieser intensiven Abkühlung scheidet sich die Kieselsäure verhältnismäßig rasch als mehr oder weniger gelatinöse Masse an der Oberfläche des Rührwerkinhaltes ab; darauf läßt man das Rührwerk wieder laufen, so daß die darin befindliche Lauge und der am Boden des Rührwerkes befindliche Laugerückstand mit der an der Oberfläche abgeschiedenen Kieselsäureschicht gut durchgearbeitet wird. Läßt man dann das Rührwerk stillstehen, so setzt sich sein Inhalt ab und in dem erhaltenen Bodensatz ist mindestens die Hauptmenge der beim Laugen erhaltenen Kieselsäure in filtrierbarer Form enthalten. Zweckmäßig wird dann die Lösung vom Niederschlag getrennt, z. B. durch Dekantieren, und wird der Niederschlag bzw. Laugerückstand während einer Reihe von Laugeoperationen im Rührwerk belassen und mit der Lauge immer wieder aufs neue durchgerührt. Der bisher beschriebene Prozeß läßt sich also gewünschtenfalls in dem gleichen Apparat (Rührwerk) ausführen, in dem auch das Ausgangsmaterial gelaugt wird. Dabei kann zweckmäßig eine zum Erwärmen des Rührwerkinhaltes bei Beginn des Arbeitens dienende Heizschlange nach Umschaltung als Kühlschlange benutzt werden.

Ist in dem erwähnten Arbeitsprozeß beim Laugen noch nicht alle Kieselsäure ausgefällt worden, so genügt es, zum Abscheiden der restlichen Menge in filtrierbarer Form bei der sich anschließenden Reinigung der Lauge unter Zusatz von Zinkstaub oder pulverförmigem Zinkoxyd, das Verfahren sinngemäß zu wiederholen. Man verfährt hierbei zweckmäßig in der Weise, daß man die Lauge zunächst mit einer für die Fällung der fremden Schwermetalle der Lauge zum mindesten ausreichende Menge Zinkoxyd oder Zinkstaub bei hoher Temperatur rührt und dann wiederum möglichst rasch abkühlen läßt.

PATENTANSPRÜCHE:

1. Verfahren zur Verarbeitung silikat- bzw. kieselsäurehaltiger Erze und daraus hergestellter Oxyde, insbesondere nach dem Wälzverfahren gewonnener Zinkoxyde, die mit Säure gelaugt sind, dadurch gekennzeichnet, daß die die kolloidal gelöste Kieselsäure enthaltende Lauge von einer erhöhten Temperatur von etwa 80° C mindestens auf etwa Zimmertemperatur möglichst schnell abgekühlt und nach erfolgter Bildung einer stark mit Kieselsäuregel angereicherten Oberflächenschicht diese mit der restlichen Lauge und dem Laugungsrückstand sorgfältig durchgerührt wird, wodurch die kolloidal gelöst gewesene Kieselsäure in filtrierbare Form übergeführt wird.

2. Verfahren nach Anspruch 1 für Zinkerze, dadurch gekennzeichnet, daß nach erfolgter Abkühlung und Durchrührung der Prozeß nochmals unter an sich bei Zinklaugenreinigung bekanntem Zusatz von Zinkstaub oder Zinkoxydpulver wiederholt wird, wodurch ein etwaiger Rest der kolloidal gelösten Kieselsäure filtrierbar gemacht wird.

Nr. 461 556. (I. 28 920.) Kl. 12 n, 1.

I. G. Farbenindustrie Akt.-Ges. in Frankfurt a. M.

Erfinder: Dr. Robert Grießbach in Ludwigshafen a. Rh., Dr.-Ing. Otto Schliephake in Mannheim, Dr. Karl Mattenklodt in Duisburg-Hochfeld.

Verfahren zur Erzeugung reiner Metalloxyde bzw. Metallhydroxyde aus basische Metallverbindungen enthaltenden Niederschlägen.

Vom 31. Aug. 1926. — Erteilt am 31. Mai 1928. — Ausgegeben am 23. Juni 1928. — Erloschen: 1932.

Beim Fällen von Metallen aus metallurgischen Laugen, wie sie beispielsweise in Verbindung mit der chlorierenden Röstung erhalten werden, entstehen mit basischen Fällungsmitteln, wie Kalkmilch, kohlensaurem Kalk u. dgl., Niederschläge, deren Aufarbeitung infolge ihres Gehaltes an basischen Salzen oder Verunreinigungen, wie Gips u. dgl., erhebliche Schwierigkeiten bereitet.

Es ist zwar bekannt, derartige Niederschläge durch nachträgliches Behandeln mittels Kalkhydrats mit und ohne Druck oder durch Erhitzen mit nachfolgendem Auswaschen in die Hydrate bzw. Oxyde überzuführen. Diese Verfahren haben jedoch den Nachteil, daß einerseits das erhaltene Metalloxyd durch Kalksalze stark verunreinigt ist, andererseits zur Überführung in die Hydrate bzw. Oxyde sehr kostspielige Apparaturen benötigt werden.

Es wurde nun gefunden, daß man die Metalloxyde solcher Metalle, die in Ammoniak komplex löslich sind (wie z. B. Kupfer, Zink, Cadmium), praktisch frei von basischen Salzen erhalten kann, wenn man die mit Basen erhaltenen Niederschläge mit in an sich bekannter Weise Ammoniakwasser auslaugt, wobei die betreffenden Metalle in Lösung gehen und aus der so erhaltenen Lösung durch Abtreiben des Ammoniaks das Metalloxyd ausfällt. Die im ursprünglichen Niederschlag in den vorhandenen basischen Salzen, wie Chloriden und Sulfaten, enthaltenen Säurereste gehen bei der Behandlung mit Ammoniak in die entsprechenden Ammonsalze über und werden ebenfalls gelöst. Wie sich nun gezeigt hat, bleiben diese Salze, ohne daß eine nachteilige Rückbildung schwer löslicher Oxychloride eintritt, in Lösung. Die ausfallenden Metallhydroxyde bzw. Oxyde werden daher überraschenderweise in reiner und zu gleicher Zeit wesentlich angereicherter Form erhalten. Andere Verunreinigungen, wie Gips, Eisenoxyd u. dgl., gehen von vornherein nicht in Lösung.

Das Austreiben des Ammoniaks erfolgt z. B. durch Erhitzen, durch Vakuum, durch Lüften usw. in einer beliebigen dafür geeigneten Apparatur, am besten in kontinuierlichem Betriebe in einer Kolonne, evtl. unter Druck.

Das nach dem Abfiltrieren des Niederschlags in Gestalt von Ammonsalzen in der Lauge enthaltene Ammoniak kann mittels Kalks in der üblichen Weise wiedergewonnen und zusammen mit dem beim Erhitzen abgetriebenen Ammoniak zum Auslaugen weiterer Mengen des Rohmaterials verwendet werden. Ein Ammoniakverlust tritt demnach, abgesehen von unvermeidlichen Verflüchtigungen u. dgl., nicht ein.

Das Verfahren läßt sich beispielsweise verwenden zur Gewinnung von Kupferoxyd und Zinkoxyd aus den Laugen der chlorierenden Röstung. Durch Fällen mit Zinkhydrat wurde ein basischer Niederschlag erhalten, der 20,4% Cu, 5,9% Zn und 7,1% Cl enthielt. Bei der Behandlung dieses Niederschlags mit Ammoniak in der beschriebenen Weise wurde ein chlorfreies Produkt mit 40% Cu und 12,5% Zn gewonnen. Bei geeigneter Arbeitsweise, z. B. fraktioniertem Ausfällen beim Abtreiben des Ammoniaks, läßt sich auch eine Trennung der beiden Metalle erzielen.

Patentanspruch:

Verfahren zur Erzeugung reiner Metalloxyde bzw. Hydroxyde aus basische Metallverbindungen enthaltenden Niederschlägen, wie solche aus metallurgischen Laugen durch Fällung mittels basischer Stoffe, wie Kalkmilch oder kohlensaurer Kalk u. dgl., erhalten werden, dadurch gekennzeichnet, daß aus diesen Niederschlägen die in Ammoniak löslichen Metallverbindungen, wie vorzugsweise solche des Kupfers und Zinks, mittels Ammoniakwassers in an sich bekannter Weise gelöst und durch Abtreiben des Ammoniaks wieder gefällt werden.

Nr. 535 649. (I. 34 579.) Kl. 12n, 1.

I. G. FARBENINDUSTRIE AKT.-GES. IN FRANKFURT A. M.

Erfinder: Dr. Werner Busch in Köln-Deutz.

Gewinnung von Schwermetallhydroxyden durch Zerlegung der komplexen Ammoniakverbindungen.

Vom 6. Juni 1928. — Erteilt am 24. Sept. 1931. — Ausgegeben am 14. Okt. 1931. — Erloschen: 1934.

Es ist bekannt, Schwermetalle, die mit Ammoniak lösliche Verbindungen bilden, wie z. B. Kupfer, aus ihren ammoniakalischen Lösungen als Hydroxyde dadurch abzuscheiden, daß man alkalische Fällmittel, wie z. B. Natronlauge, zusetzt. Diese Verfahren haben aber den Nachteil, daß die Metallhydroxyde meist in kolloidaler Form ausfallen und daher nur äußerst schlecht von der Lösung getrennt werden können. Um die Hydroxyde in leicht filtrierbarer Form zu erhalten, ist es entweder erforderlich, die Fällung in der Hitze vorzunehmen oder die Lösung nach Zugabe der Fällungsmittel aufzukochen. Aber selbst bei Anwendung dieser kostspieligen Vorsichtsmaßregeln sind Verluste an Metallhydroxyd nicht zu vermeiden, da die Ausflockung der kolloidal gelösten Hydroxyde nicht quantitativ erfolgt.

Ferner ist es bekannt, durch Zusatz von Schwefelsäure zu Kupferoxydammoniaklösungen basisches Kupfersulfat bestimmter Zusammensetzung zu gewinnen.

Auch aus Lösungen von Ammoniumsalzen, die ein Schwermetall im Anion enthalten, z. B. Ammoniumwolframat, hat man durch Behandlung mit der erforderlichen Menge einer Säure das Hydroxyd des betreffenden Schwermetalls hergestellt.

Die Erfindung besteht nun in der Übertragung des letztgenannten Verfahrens auf die Gewinnung von Schwermetallhydroxyden aus ihren komplexen Ammoniakverbindungen, indem man zu deren Lösungen eine beliebige Säure in solcher Menge zufügt, daß die Komplexverteilung eben zerlegt wird, d. h. Salze des Schwermetalls mit der zugesetzten Säure nicht bzw. nur in geringer Menge gebildet werden. Fügt man z. B. einer ammoniakalischen Lösung von $Cu(NH_3)_4(OH)_2$ so viel Säure, z. B. Schwefelsäure, zu, wie zur Bindung des Kupfertetraminammoniaks erforderlich ist, so flockt das Kupferhydroxyd aus und setzt sich in wenigen Minuten auf dem Boden des Gefäßes ab. Begünstigt wird diese Ausflockung noch durch das gleichzeitige Auftreten geringer Mengen eines basischen Salzes, wie z. B. basischen Kupfersulfats, das durch seine körnige Beschaffenheit das flokkige Hydroxyd aus der Lösung herausreißt. Dabei ist ein offensichtlicher Vorzug des Verfahrens, daß die Fällung ohne Kolloidbildung des Metallhydroxyds in der Kälte erfolgen kann. Die Trennung von der überstehenden Lösung kann dann entweder in der Form erfolgen, daß man diese ablaufen läßt oder den Niederschlag durch ein einfaches Filter filtriert. Auch bei rascher Filtration ist die Lösung absolut klar und enthält nur noch ganz geringe Mengen Metallsalz.

Selbstverständlich lassen sich auch andere Metalle in derselben Form quantitativ aus ihren ammoniakalischen Lösungen abscheiden, wie z. B. Zink, Kobalt, Kadmium und Nickel.

Beispiel

1 l einer schwach ammoniakalischen Kupfersalzlösung, die 0,01 g komplex gebundenes Kupfer enthält, wird mit etwa 6 bis 8 ccm Normalsalzsäure unter kräftigem Umrühren versetzt. Nach wenigen Minuten setzt sich das geringe Mengen basischen Chlorids enthaltende Kupferhydroxyd auf dem Boden des Gefäßes ab und kann in bekannter Weise weiterverarbeitet werden.

PATENTANSPRUCH:

Verfahren zur Gewinnung von Schwermetallhydroxyden durch Zerlegung der komplexen Ammoniakverbindungen, dadurch gekennzeichnet, daß man den wäßrigen Lösungen eine beliebige Säure in der zur Beseitigung des komplex gebundenen Ammoniaks eben ausreichenden Menge zusetzt.

Nr. 531 672. (A. 53 119.) Kl. 12n, 1. ACCUMULATOREN-FABRIK AKT.-GES. IN BERLIN.

Erfinder: Dr.-Ing. Hans Burkhardt in Hagen i. W.

Verfahren zur Gewinnung reiner Hydroxyde der Schwermetalle.

Vom 31. Jan. 1928. — Erteilt am 6. Aug. 1931. — Ausgegeben am 5. April 1932. — Erloschen: 1932.

Es ist bekannt, Hydroxyde der Schwermetalle durch Elektrolyse eines Alkali- oder Erdalkalisalzes einer das betreffende Schwermetall lösenden Säure zwischen einer Anode aus dem Schwermetall und einer etwa gleich großen Kathode zu gewinnen. Das sich hierbei meist in kolloidaler Form aus dem Elektrolyt abscheidende Hydroxyd läßt sich außerordentlich schwer von den absorbierenden Alkali- oder Erdalkalisalzen befreien, so daß ein Auswaschen zeitraubend und kostspielig ist. Es ist ferner bekannt, Nickelhydroxyd durch Elektrolyse einer alkali- und erdalkalifreien Lösung von Nickelsalzen, die einen oxydierenden Bestandteil enthalten, zwischen einer Nickelanode und einer Kathode von annähernd gleicher Größe zu erzeugen, wodurch das Hydroxyd auf der Kathode festhaftend abgeschieden wird, von welcher es nur schwierig abgelöst werden kann, weshalb dieses Verfahren nur zur Erzeugung elektroaktiver Oberflächen, nicht aber zur fabrikationsmäßigen Gewinnung von Hydroxyd Anwendung findet. Als Störungseffekt war es ferner bekannt, daß bei der elektrolytischen Abscheidung der Eisenmetalle die Kathodenpotentiale sehr leicht in das die Wasserstoffentladung aus dem Wasser zulassende Gebiet fallen und dadurch die Metallabscheidung durch gleichzeitiges Ausfallen von Hydroxyd beeinträchtigt wird.

Nach der Erfindung gelingt es nunmehr, jegliche Metallabscheidung an der Kathode zu verhindern und allein die Fällung des metallfreien Hydroxyds zu bewirken, wenn man bei der Elektrolyse einer von fremden Kationen freien Lösung des Schwermetalls das Verhältnis der Konzentration zur kathodischen Stromdichte so klein wählt, daß der Quotient $\frac{\text{Normalität der Lösung}}{\text{Amp./qcm Kathodenfläche}}$ nicht größer als 0,5 wird. Das in diesem Fall entstehende metallfreie Hydroxyd sinkt zu Boden, wo es fortlaufend abgezogen werden kann. Um die erforderliche hohe Stromdichte nur an der Kathode auftreten zu lassen, elektrolysiert man zweckmäßig mit Elektroden verschieden großer Oberfläche und arbeitet mit einer Anode von erheblich größerer Oberfläche als der Kathode. Das Verfahren ist mit beliebigen Salzen der Schwermetalle ausführbar, wenn nur deren Anion imstande ist, die Anode elektrolytisch zu lösen und durch den Stromdurchgang weder an der Anode, noch an der Kathode eine Veränderung erfährt. Die Anode kann auch, statt aus dem betreffenden Metall selbst zu bestehen, aus unangreifbarem Stoff hergestellt und mit solchen Verbindungen dieses Metalls umgeben sein, welche durch das Anion gelöst werden.

Zur Erreichung einer 100%igen Stromausbeute müssen die Größenverhältnisse von Anode und Kathode, die Konzentration des Elektrolyten und die Stromstärke so gewählt werden, daß der allein stromverbrauchende Vorgang an der Anode die Aussendung von Metallionen und an der Kathode die Entwicklung von Wasserstoff ist, also die Vorgänge sich für das 1-wertige Metall Me folgendermaßen formulieren lassen:

$$\text{Anodenvorgang:}\quad 2\,\text{Me} + 2\oplus \longrightarrow 2\,\text{Me}^{\oplus}$$

$$\text{Kathodenvorgang:}\quad 2\left[\text{H}^{\oplus}\,\text{OH}^{\ominus}\right] + 2\ominus \longrightarrow \text{H}_2 + 2\,\text{OH}^{\ominus}$$

$$\text{und}\quad 2\,\text{Me}^{\oplus} + 2\,\text{OH}^{\ominus} \longrightarrow 2\,\text{MeOH}$$

Es kommt also darauf an, daß sich an der Anode keine freie Säure bildet, daß also der von Anfang an neutrale Elektrolyt nicht sauer wird. Ein Sauerwerden würde das Verfahren jedoch nur in seinem Wirkungsgrade, d. h. in der Stromausbeute, beeinflussen.

Als Beispiele für die Darstellung von Hydroxyden seien folgende beschrieben:

Beispiel 1

In einer Nickelsulfatlösung von 0,007 n-$NiSO_4$ stehen zwei 50 mm breite Nickelanoden einander im Abstande von 9 mm gegenüber, und mitten zwischen diesen hängt ein Nickeldraht von 2 mm Durchmesser als Kathode.

Bei dieser Anordnung läßt sich Nickelhydroxyd mit einer kathodischen Stromdichte von beispielsweise 0,1 A/qcm zu deren Erzeugung bei einer Badtemperatur von ungefähr 95° ungefähr 11 Volt Spannung nötig sind, an der Kathode ausfällen. Eine kathodische Abscheidung von Nickel findet dabei nicht statt.

Beispiel 2

Anode ist ein Platinblech, daß in einem mit Nickelcarbonat gefüllten Leinwandsäckchen steckt; Kathode ein Nickeldraht. Als Elektrolyt dient eine Nickelsulfatlösung von 0,0175 n-$NiSO_4$. Elektrolysiert man mit 0,17 A/qcm kathodischer Stromdichte, so wird anodisch Nickelcarbonat gelöst und kathodisch Nickelhydroxyd abgeschieden. Das so gewonnene Nickelhydroxyd ist frei von metallischem Nickel.

Beispiel 3

In einer Kobaltsulfatlösung von 0,025 n-$CoSO_4$ hängt gegenüber einer Platte aus Kobalt als Anode ein Nickeldraht als Kathode.

Bei einer kathodischen Stromdichte von beispielsweise 0,2 A/qcm wird an der Kathode Wasserstoff entwickelt, und es entsteht Kobalthydroxyd. Dieses entwickelt beim Auflösen in Salzsäure keinen Wasserstoff, ist also frei von beigemengtem metallischem Kobalt. Auch am Kathodendraht ließ sich kein metallischer Kobalt nachweisen. Somit würde bei der Elektrolyse nur Wasserstoff und Hydroxyd gebildet.

Beispiel 4

In einer Eisenlösung von 0,006 n-($FeSO_4$ + $FeCl_2$) hängt gegenüber einer Eisenplatte als Anode ein Nickeldraht als Kathode. Bei einer kathodischen Stromdichte von 0,14 A/qcm wird an der Kathode Wasserstoff entwickelt, und es entsteht Eisenhydroxyd. Dieses entwickelt beim Auflösen in Salzsäure keinen Wasserstoff, ist also frei von beigemengtem metallischem Eisen. Auch an dem Kathodendraht ließ sich kein metallisches Eisen nachweisen. Somit wurde bei der Elektrolyse nur Wasserstoff und Hydroxyd gebildet.

Beispiel 5

In einer Kupfersulfatlösung von 0,0002 n-$CuSO_4$ hängt gegenüber einer in Leinwand eingenähten Platte aus Kupfer als Anode ein Platindraht als Kathode. Bei einer kathodischen Stromdichte von 0,035 A/qcm Zimmertemperatur wird an der Kathode Wasserstoff entwickelt, und es entsteht himmelblaues Kupferhydroxyd. Dieses entwickelt beim Auflösen in Salzsäure keinen Wasserstoff, ist also frei von beigemengtem metallischem Kupfer. Auch am Kathodendraht ließ sich kein metallisches Kupfer nachweisen. Es wurde somit durch die Elektrolyse nur Wasserstoff und Hydroxyd gebildet.

Erwähnt sei noch, daß die vorliegende Methode es in bequemer Weise ermöglicht, durch Variieren von Stromdichte Konzentration und Temperatur des Elektrolyten dem Metallhydroxyd die für den jeweiligen Verwendungszweck günstigste Beschaffenheit zu verleihen.

PATENTANSPRÜCHE:

1. Verfahren zur Gewinnung reiner Hydroxyde der Schwermetalle durch Elektrolyse einer von fremden Kationen freien Lösung der Schwermetallsalze, dadurch gekennzeichnet, daß der Quotient $\frac{\text{Normalität der Lösung}}{\text{Amp./qcm Kathodenfläche}}$ nicht größer als 0,5 gewählt wird und daß die Anode eine erheblich größere Oberfläche als die Kathode besitzt.

2. Ausführungsform des Verfahrens nach Anspruch 1, dadurch gekennzeichnet, daß die Anode aus dem Metall des zu gewinnenden Hydroxyds besteht.

3. Weitere Ausführungsform des Verfahrens nach Anspruch 1, dadurch gekennzeichnet, daß die Anode aus einem unlöslichen Leiter besteht, der mit einer von den frei werdenden Anionen lösbaren Verbindung des Metalls des zu gewinnenden Hydroxyds umgeben ist.

Nr. 530564. (B. 137007.) Kl. 12n, 1.

DR. PAUL BEYERSDORFER IN REICHENBACH, OBERLAUSITZ.

Herstellung der Verbindungen von Metallen mit den Elementen Schwefel, Selen und Tellur.

Vom 18. April 1928. — Erteilt am 16. Juli 1931. — Ausgegeben am 30. Juli 1931. — Erloschen: 1933.

Die Erfindung betrifft ein Verfahren zur Herstellung der Verbindungen von Metallen mit den Elementen Schwefel, Selen oder Tellur.

Es ist bereits vorgeschlagen worden, Metalle mit gasförmigem Sauerstoff bzw. Chlor u. dgl. in Verbindung zu bringen, um die entsprechenden Metalloxyde, Chloride u. dgl. zu erzeugen.

Zur Durchführung dieser Verfahren wurde das Metall verflüssigt bzw. in Form feinen Pulvers in einen Reaktionsraum geblasen und dort mit dem entsprechenden Gas in Verbindung gebracht.

Dagegen ist es bis heute noch nicht bekannt geworden, feste Stoffe miteinander in Verbindung zu bringen.

Erfindungsgemäß wird nun vorgeschlagen, keine festen Stoffe mit Gasen, sondern feste Stoffe in fein verteiltem Zustande untereinander reagieren zu lassen.

Dieses Verfahren wird beispielsweise in der Weise durchgeführt, daß die staubfeinen Metalle mit staubfeinem Schwefel, Selen oder Tellur, im Umsetzungsverhältnis vermischt, eingeführt bzw. durch einen Träger in den Reaktionsraum geblasen werden.

Träger kann ein praktisches inertes Gas, d. h. ein Gas mit unwesentlichem Sauerstoffgehalt, sein. Wenn als Trägergas beispielsweise Schwefeldioxyd benutzt wird, so kann das Trägergas bei Verwendung eines Schwefelüberschusses im Reaktionsraum selbst erzeugt werden.

Es ist auch möglich, von staubfeinen Metalloxyden bzw. -carbonaten auszugehen, die mit den erforderlichen Mengen an staubfeinem Schwefel, Selen oder Tellur in den Reaktionsraum eingeführt bzw. durch ein inertes Gas eingeblasen werden.

Das Verfahren gemäß der Erfindung hat gegenüber den bisher bekannt gewordenen Verfahren den Vorteil, daß es infolge der feinen Verteilung der zur Reaktion kommenden Stoffe bei verhältnismäßig niedriger Temperatur durchgeführt werden kann.

Zur Durchführung des Verfahrens sind daher auch keine neuen und teuren Apparaturen erforderlich; vielmehr können bekannte und bereits erprobte sowie einfache Apparaturen zur Verwendung kommen. Hieraus ergeben sich eine Reihe von wirtschaftlichen Vorteilen, die das Verfahren für den Großbetrieb besonders geeignet machen.

Darüber hinaus besitzt das Verfahren aber noch den Vorteil, daß reinere Verbindungen erzeugt werden können und daß die Durchführung des Verfahrens kontinuierlich erfolgt.

Die Kontinuität des Verfahrens ermöglicht ein ganz gleichmäßiges Arbeiten, eine gleichmäßige Beschäftigung des Wartungspersonals und eine gleichmäßige Bedienung der Apparaturen.

Fernerhin wird das Überschußgas, beispielsweise Schwefeldioxyd, auch kontinuierlich anfallen, was besonders dann von Vorteil ist, wenn das Überschußgas anderen Betrieben zur Verwendung zugeführt wird.

Als Beispiele für das Verfahren gemäß der Erfindung mögen die folgenden dienen:

1. Zur Herstellung von Zinksulfid bläst man, zweckmäßig mit einem inerten Gase, eine Mischung von Zink und Schwefelpulver in den Reaktionsraum.

2. Zur Herstellung von Cadmiumsulfid-Selenid bläst man (alles in feinem Zerteilungsgrad) Cadmiumcarbonat, mit Schwefel und Selen im stöchiometrischen Verhältnis gemischt, gegebenenfalls mit einem Überschuß an Schwefel zur Schaffung einer inerten Sphäre, in den Reaktionsraum.

3. Zur Herstellung der im Beispiel 2 genannten Verbindung kann man auch Cadmiumsulfid mit Selen, wie dort beschrieben, in den Reaktionsraum einblasen.

4. Herstellung von Zinkselenid. Der muffelartige Reaktionsraum wird auf etwa 600° erhitzt. Durch Verbrennen von Schwefel wird dann in der Muffel eine inerte Gassphäre von SO_2 geschaffen. Nunmehr wird die Mischung von Zinkpulver und Selenpulver im Verhältnis 13:17 (Überschuß von Selen) mittels SO_2- oder CO_2-Gas in den Reaktionsraum hineingeblasen. Es bildet sich sofort zitronengelbes Zinkselenid. Wegen der großen Bildungswärme des Zinkselenids von 14 400 cal ist alsbald nach Beginn der Reaktion mit der Beheizung der Muffel aufzuhören. Ausbeute etwa 29 Teile $ZnSe$ aus 30 Teilen Gemisch.

5. Herstellung von Cadmiumsulfid. 70 Teile Cadmiumcarbonat, gemischt mit 20 Teilen Schwefel — beide Stoffe pulverförmig —, werden wie bei dem Beispiel 1 in die Muffel, die auf etwa 500° C erhitzt ist, mittels SO_2- oder CO_2-Gas eingeblasen. Es entsteht sofort gelbes Schwefelcadmium. Ausbeute etwa 28 Teile aus 90 Teilen Gemisch.

Nimmt man statt der inerten Gase Luft zum Einbringen des Reaktionsgemisches in den Reaktionsraum, so ist der Schwefelüberschuß entsprechend zu erhöhen.

Patentansprüche:

1. Verfahren zur Herstellung der Verbindungen von Metallen mit den Elementen Schwefel, Selen und Tellur, dadurch gekennzeichnet, daß die staubfeinen Metalle, etwa im Umsetzungsverhältnis gemischt mit staubfeinem Schwefel, Selen oder Tellur, gegebenenfalls mit einem inerten Gas als Trägerstoff, in den Reaktionsraum geblasen werden, wobei das inerte Gas, wie z. B. SO_2, durch einen Überschuß an Schwefel bei der Reaktion erzeugt werden kann.

2. Verfahren nach Anspruch 1, dadurch gekennzeichnet, daß zur Herstellung der Schwefel-, Selen- oder Tellurverbindungen staubfeine Metalloxyde oder -carbonate mit dem staubfeinen Schwefel, Selen oder Tellur, gegebenenfalls mit einem inerten Gas in den Reaktionsraum geblasen werden.

Nr. 540 000. (N. 26 369.) Kl. 12 g, 1.

Dr. Richard Nacken und Dr. Max Eugen Grünewald in Frankfurt a. M.

Verfahren zur Herstellung wasserunlöslicher feinverteilter Verbindungen.

Vom 15. Sept. 1926. — Erteilt am 26. Nov. 1931. — Ausgegeben am 5. Dez. 1931. — Erloschen: ....

Bei Farbstoffen, Poliermitteln, Katalysatoren und zur Beförderung von chemischen Reaktionen, bei denen ein oder mehrere Stoffe in fester Form mitwirken, ist der Verteilungsgrad von ausschlaggebender Bedeutung, da von ihm die spezifische Oberfläche abhängt. Man ist deswegen bestrebt gewesen, durch geeignete Mahlweisen, Kolloidmühlen oder auch durch chemische Reaktionen eine möglichst hohe Dispersität zu erzielen. So ist es z. B. bekannt, aus Quecksilberamalgamen durch partielle Sublimation feinverteilte Metalle, wie Blei, herzustellen oder feinverteilten Schwefel zu gewinnen, indem man ihn in Naphthalin auflöst und dieses durch ein indifferentes Lösungsmittel entfernt. Schließlich sei auch auf die Methode hingewiesen, bei der durch Reduktionsvorgänge aus Oxyden, z. B. Eisenoxyden, feinverteiltes Metall dargestellt wird.

Es wurde nun gefunden, daß eine Dispergierung auf physikochemischem Weg erzielt werden kann, die wesentlich gleichförmiger und feiner ist als die durch Mahlen erzielte. Ein Stoff *A*, der dispergiert erhalten werden soll, wird mit einem Stoff *B* zu einer Verbindung von stöchiometrischem Verhältnis vereinigt, derart, daß trotz chemischer Bindung durch ein geeignetes Lösungsmittel die Komponente *B* herausgelöst wird. Der Anteil *A* bleibt so als Lösungsrückstand in fast molekular verteilter Form zurück.

Als Stoff *B*, der mit vielen wasserunlöslichen anderen Verbindungen Doppelsalze einzugehen vermag, wurde wasserfreies Calciumchlorid gefunden, das durch einfaches Zusammenschmelzen mit vielen Körpern derartige in Wasser aufzuspaltende komplexe Doppelverbindungen bildet.

Einige Beispiele mögen dies erläutern.

1. Um Calciumfluorid in feinster Form zu erhalten, geht man von der Verbindung $CaF_2 \cdot CaCl_2$ aus. Digeriert man diese Verbindung mit Wasser, so bleibt alles CaF_2 als feinstes Pulver zurück. Zur Herstellung der Verbindung vermengt man 78,2 g Flußspat mit 111,0 g Calciumchlorid und erhitzt das Gemisch bis zum völligen Schmelzen auf 800°. Läßt man nun unter beständigem Rühren die Abkühlung vor sich gehen, so besteht der dann entstandene kristallisierte Schmelzkuchen, wie das Mikroskop zeigt, aus der Verbindung $CaF_2 \cdot CaCl_2$. Beim Auflösen mit Wasser gewinnt man das unlösliche CaF_2 zu 100 % zurück.

2. Mischt man 32 Teile Eisenoxyd oder 30 Teile Chromoxyd mit je 11 Teilen Chlorcalcium und erhitzt die Mischungen auf etwa 1000° bis zum völligen Verflüssigen, so entsteht bei der langsamen Abkühlung unter Rühren eine Verbindung, die der Formel $2\,CaCl_2 \cdot Fe_2O_3$ bzw. $2\,CaCl_2 \cdot Cr_2O_3$ entspricht. In der so erstarrten Schmelze sind unter dem Mikroskop im Schliffpräparat die einfachen Oxyde nicht zu beobachten. Auch hier ist die Ausbeute nach dem Auflösen in Wasser 100prozentig. In analoger Weise läßt sich das Verfahren generell unter Verwendung von Calciumchlorid mit anderen Oxyden, wie Magnetit, Tonerde, auch mit schwerlöslichen Sulfaten, wie Bariumsulfat, oder mit Phosphaten und ähnlichen Stoffen ausführen.

Patentansprüche:

1. Verfahren zur Herstellung wasserunlöslicher feinverteilter Verbindungen, dadurch gekennzeichnet, daß man mit ihnen Doppelverbindungen mit Calciumchlorid herstellt und diese mit Wasser zersetzt.

2. Verfahren nach Anspruch 1, dadurch gekennzeichnet, daß die Oxyde von Eisen, Chrom und Aluminium mit Calciumchlorid im molekularen Verhältnis 2 : 1 behandelt werden.

3. Verfahren nach Anspruch 1, dadurch gekennzeichnet, daß Calciumfluorid mit Calciumchlorid im molekularen Verhältnis 1 : 1 behandelt wird.

F. P. 655818.

Nr. 552326. (I. 31185.) Kl. 12n, 1.

I. G. Farbenindustrie Akt.-Ges. in Frankfurt a. M.

Erfinder: Dr. Ludwig Teichmann in Leverkusen.

Verfahren zur Gewinnung von Metallsalzen.

Vom 14. Mai 1927. — Erteilt am 26. Mai 1932. — Ausgegeben am 11. Juni 1932. — Erloschen: . . . .

Um Metallsalze in höhere Oxydationsstufen überzuführen, gibt es verschiedene Mittel, wie Elektrolyse, Oxydation mit Stickoxyden, Chlor usw. Auch sind Verfahren bekannt, Metallsalze in Gegenwart eines Sauerstoffüberträgers in Metallsalze höherer Oxydationsstufe überzuführen.

Es wurde nun gefunden, daß man mit Sauerstoff bzw. sauerstoffhaltigen Gasen von Drucken über etwa 1 Atm. bei Temperaturen über etwa 100° Metallsalzkationen zweckmäßig in wäßriger Lösung technisch vollständig in höhere Oxydationsstufen überführen kann.

Es ist zwar bekannt, daß viele Verbindungen durch z. B. Luftsauerstoff mehr oder weniger weitgehend oxydiert werden. Technisch wertvolle Oxydationsprodukte erhält man jedoch nur wenn man den gewünschten Oxydationsgrad quantitativ im voraus bestimmen kann und denselben auch in hinreichend kurzer Zeit erreicht. Die erhöhte Temperatur bewirkt einen raschen Umsatz, zumal wenn die Lösung gerührt wird oder in sonstiger Weise für innige Berührung zwischen Gas und Lösung Sorge getragen wird. Gegenüber den bekannten Oxydationsverfahren mit Hilfe von Überträgern bietet unsere Arbeitsweise den Vorteil der größeren Reinheit der Reaktionsprodukte.

Beispiel 1

25 g $FeSO_4$ (zweiwertiges Eisen) und $2^1/_2$ ccm konz. H_2SO_4 in 300 ccm Wasser werden bei 120° der Einwirkung von Sauerstoff von 10 Atm. Überdruck unter Rühren ausgesetzt. Die Oxydation zu dreiwertigem Eisen ist vollständig.

Beispiel 2

10 g Ferroacetat werden in Eisessig aufgelöst, 2 Stunden lang auf 110° erhitzt unter Sauerstoffdruck von ungefähr 10 Atm. Ferriacetat wird hierbei in guter Ausbeute gewonnen und kann auf die gewöhnliche Weise abgeschieden werden.

Beispiel 3

Eine 15%ige $Ti_2(SO_4)_3$-Lösung wird bei 110° der Einwirkung von Sauerstoff von 25 Atm. ausgesetzt. Diese Lösung wird innerhalb weniger Minuten restlos oxydiert.

Beispiel 4

Eine Lösung, welche im Liter 100 g $(Ce)_2(SO_4)_3$ enthält, wird mit Schwefelsäure versetzt und unter Sauerstoff von 50 Atm. auf 120° erhitzt. Das dreiwertige Ce wird quantitativ zu vierwertigem oxydiert.

PATENTANSPRUCH:

Verfahren zur Gewinnung von Metallsalzen durch Überführung des Kations von Metallsalzen in eine höhere Wertigkeitsstufe mittels Sauerstoffs oder solchen enthaltenden Gasen, dadurch gekennzeichnet, daß die Oxydation unter Anwendung von Druck und bei Temperaturen oberhalb 100° vorgenommen wird.

Nr. 485638. (A. 50514.) Kl. 12n, 1. DR. GEORG AGDE IN DARMSTADT.

Verfahren zur Herstellung von Chloriden des Eisens, Kupfers, Nickels und anderer Chloride gemäß Patent 431581.

Zusatz zum Patent 431581. — Früheres Zusatzpatent 458191.

Vom 2. April 1927. — Erteilt am 17. Okt. 1929. — Ausgegeben am 2. Nov. 1929. — Erloschen: . . . .

In dem Patent 431 581 und dem Zusatzpatent 458 191 sind Verfahren zur Gewinnung von Sulfaten des Eisens, Kupfers, Nickels und Zinks beschrieben, die dadurch gekennzeichnet sind, daß die Kristallisation aus stark saurer Lösung unter Anwendung bestimmter Temperaturen und Konzentrationen erfolgt.

Es wurde nun gefunden, daß man dieses Verfahren auch zur Herstellung von Chloriden anwenden und auf diese Weise nicht nur die Chloride der angegebenen Metalle, sondern auch alle übrigen Chloride erhalten kann.

Beispiel:

Eine neutrale Lösung von Eisenchlorür hinterläßt beim Abkühlen auf — 5° eine Mutterlauge, die noch 275 g/l Eisenchlorür ($FeCl_2 + 4\,H_2O$) enthält.

Wird vor der Kristallisation Chlorwasserstoffgas eingeleitet, so erhält man bei 230 g/l HCl eine Mutterlauge, die bei — 5° nur 180 g/l ($FeCl_2 + 4\,H_2O$) enthält.

PATENTANSPRUCH:

Verfahren zur Herstellung von Chloriden des Eisens, Kupfers, Nickels und anderer Chloride gemäß Patent 431 581 und Zusatzpatent 458 191, dadurch gekennzeichnet, daß statt der Schwefelsäure Salzsäure oder Chlorwasserstoffgas verwendet wird.

D. R. P. 431581, B. III, 1335.

Nr. 458191. (A. 49573.) Kl. 12n, 1. DR. GEORG AGDE IN DARMSTADT.

Verfahren zur Gewinnung von kristallisierten Sulfaten des Eisens, Kupfers, Zinks und Nickels.

Zusatz zum Patent 431581.

Vom 23. Dez. 1926. — Erteilt am 15. März 1928. — Ausgegeben am 2. April 1928. — Erloschen: . . . .

In der deutschen Patentschrift 431 581 ist ein Verfahren beschrieben zur Gewinnung von kristallisierten Sulfaten des Eisens, Kupfers, Zinks und Nickels, darin bestehend, daß man bereits vor dem Abscheiden der Sulfatkristalle durch Abkühlen der gesättigten Lösung die für den nächsten Auflösungsprozeß notwendige Schwefelsäure hinzufügt, dabei aber entsprechend dem Prozentgehalt der Lösung an Sulfat bestimmte Temperaturen und bestimmte Konzentrationen in bezug sowohl auf Schwefelsäure als auch auf Sulfate innehält.

Es wurde nun gefunden, daß man dieselbe Wirkung einer Ausbeuteerhöhung an kristallisierten Sulfaten durch die Gegenwart von vorher zugegebener Auffrischungsschwefelsäure erzielt, wenn man Lösungen, die noch mehrere Prozente freier Säure enthalten und nicht besonders aufgefrischt sind, auf Temperaturen abkühlt, die wesentlich unter der Durchschnittsaußentemperatur liegen. Infolge der Entnahme der Kristallwassermengen durch die Sulfate wird dann in der Mutterlauge der Gehalt an freier Säure, die ja doch quantitativ in Lösung bleibt, prozentual so hoch und der Gehalt an Sulfat so niedrig, daß die Mutterlauge bei stark verkürzter Lösezeit mit wirtschaftlichem Erfolg wieder zum Lösen von Metallen benutzt werden kann.

Beispiel.

10 cbm = 13 500 kg einer nicht mehr brauchbaren Abfallbeize mit einem Gehalt von 50 Prozent Eisenvitriol und 5 Prozent Schwefelsäure werden auf 1° abgekühlt, dann scheiden sich an den vorhandenen 6850 kg Eisenvitriol 5150 kg ab, es verbleiben in Lösung 1700 kg, d. h. nur $^1/_4$ der vorher vorhandenen Menge, das ist ein Prozentgehalt in der Mutterlauge von nur 13,3 Prozent, der Prozentgehalt an Schwefelsäure steigt gleichzeitig von 5 Prozent auf 7,5 Prozent und die Beizzeit geht bei gleicher Beiztemperatur auf $^1/_3$ herunter. Wird die Lösung auf das Ausgangsvolumen der Beize gebracht, so erhält man 11 250 kg Beize mit 15,1 Prozent Eisenvitriol.

PATENTANSPRUCH:

Verfahren zur Gewinnung von kristallisierten Sulfaten des Eisens, Kupfers, Zinks und Nickels gemäß Hauptpatent 431 581, darin bestehend, daß man die heißen gesättigten Lösungen statt auf Zimmertemperaturen abzukühlen, auf Temperaturen abkühlt, die wesentlich unter den Durchschnittsaußentemperaturen liegen.

D. R. P. 431581, B. III, 1335.

Nr. 524 353. (I. 32 057.) Kl. 12n. 1.

I. G. FARBENINDUSTRIE AKT.-GES. IN FRANKFURT A. M.

Erfinder: Dr. Werner Busch in Köln-Deutz.

Verfahren zur Erzeugung von Metallsulfaten aus Metallsulfiden.

Vom 30. Aug. 1927. — Erteilt am 16. April 1931. — Ausgegeben am 13. Mai 1931. — Erloschen: . . . .

Es ist bekannt, Metallsulfide dadurch in Metallsulfate überzuführen, daß man sie in Wasser aufgeschlämmt mit Sauerstoffgas unter Drucken von zweckmäßig über 1 Atm. und Temperaturen über etwa 120° C behandelt. Dieser für manches chemische Verfahren, wie z. B. die Entfernung von Schwefelwasserstoff aus Leuchtgas im Kreisprozeß, wichtige Vorgang verlangt zur glatten Durchführung, daß einerseits die Oxydation der Sulfide zu Sulfaten schnell und quantitativ verläuft, andererseits aber auch, daß die Oxydation nicht über das Sulfat hinaus, beispielsweise bis zum Oxyd, führt. Während für die Sulfide edlerer Metalle, wie Nickel und Kobalt, der eine oder andere der angeführten Nachteile weniger besteht, treten diese ganz offensichtlich in Erscheinung bei den Sulfiden der billigeren und aus diesem Grunde für die Praxis in erster Linie in Frage kommenden Metalle, wie z. B. Zink oder Mangan. So gelingt eine quantitative Oxydation des Zinksulfids zu Zinksulfat im allgemeinen überhaupt nur bei Temperaturen von 200° C an aufwärts und bei Drucken über 30 Atm. Ferner ist die erforderliche Reaktionszeit so lang, daß von einer rentablen Durchführung des Prozesses keine Rede sein kann. Auf der anderen Seite verläuft die Oxydation mancher Sulfide, wie z. B. die des angeführten Mangansulfids, so schnell, daß eine Oxyd- bzw. Peroxydbildung nicht zu vermeiden ist.

Es hat sich nun gezeigt, daß man die beschriebenen Fehler vermeiden kann, wenn man nicht wie bisher die Sulfide als solche anwendet, sondern ihre Gemische in geeigneten Mischungsverhältnissen. Das an sich schwer oxydierbare Zinksulfid mischt man zweckmäßigerweise mit einem leicht oxydierbaren Metallsulfid, wie Mangan- oder Nickelsulfid. Dadurch wird einerseits eine leichte und quantitative Oxydation des Zinksulfids herbeigeführt, anderseits die Oxyd- bzw. Peroxydbildung des Mangansulfids vermieden. Außerdem verläuft die Reaktion ganz erheblich schneller, wie es bei der Verwendung von Metallsulfiden der Fall ist.

Es wurde weiterhin gefunden, daß man

die Oxydation auch mit einem sauerstoffhaltigen Gas an Stelle von reinem Sauerstoff mit demselben Erfolg durchführen kann.

Beispiel 1

Eine Aufschlämmung von 2 Mol. Zinksulfid und 2 Mol. Nickelsulfid in 10 l Wasser wird mit Sauerstoff von 15 bis 20 Atm. Druck bei 200° C in einem Autoklaven unter kräftiger Rührung oxydiert. Nach etwa 5 bis 7 Stunden sind die Sulfide in die entsprechenden Sulfate umgewandelt, ohne daß die bei der Oxydation von reinem NiS fast stets zu beobachtende Bildung von Nickeloxyden auftritt.

Beispiel 2

Eine Aufschlämmung von 3 Mol. Zinksulfid und 1 Mol. Mangansulfid in 10 l Wasser wird mit einem etwa 70 % Sauerstoff enthaltenden Gas bei 25 bis 30 Atm. Druck bei 200° C in einem Autoklaven unter kräftiger Rührung oxydiert. Nach etwa 6 bis 8 Stunden sind die Sulfide bis auf etwa 1 % in die entsprechenden Sulfate umgewandelt.

PATENTANSPRÜCHE:

1. Verfahren zur Erzeugung von Metallsulfaten aus Metallsulfiden durch Behandlung der in Wasser aufgeschlämmten Sulfide mit Sauerstoffgas unter Druck, dadurch gekennzeichnet, daß man nicht die reinen Sulfide, sondern Gemische derselben benutzt.

2. Ausführungsform gemäß Anspruch 1, dadurch gekennzeichnet, daß man die Oxydation statt mit freiem Sauerstoff mit sauerstoffhaltigen Gasen durchführt.

Nr. 514149. (H. 95570.) Kl. 12n, 1. ALBERT F. MEYERHOFER IN ZÜRICH.

Verfahren zur Herstellung von an sich nicht leicht zugänglichen Metallverbindungen bzw. zur Trennung von Metallen oder deren Verbindungen.

Vom 21. Dez. 1923. — Erteilt am 27. Nov. 1930. — Ausgegeben am 8. Dez. 1930. — Erloschen: 1933.

Gegenstand der Erfindung ist ein Verfahren zur Herstellung von an sich nicht leicht zugänglichen Metallverbindungen bzw. zur Trennung von Metallen oder deren Verbindungen. Es handelt sich dabei um einen Kreisprozeß, bei welchem Kieselflußsäure umläuft. Vorschläge, zur Herstellung von Metallverbindungen Kieselflußsäure zu benutzen und diese aus den abfallenden Silikofluoriden zurückzubilden, sind schon wiederholt gemacht worden. Diese sind aber für die Praxis bedeutungslos geblieben, weil sie nicht die restlose Wiedererfassung der Kieselflußsäure ermöglichten, außerdem nur eine verunreinigte zurückgewonnene Kieselflußsäure lieferten.

Durch die Erfindung ist es infolge der Eigenart der Aneinanderreihung von Einzelreaktionen sowie durch die besondere Vorschrift bezüglich der Rückbildung der Kieselflußsäure gelungen, diese praktisch verlustlos durch das gesamte Verfahren hindurchzuführen und insbesondere eine reine Kieselflußsäure im Verfahren zu gewinnen.

Das neue Kreisverfahren besteht darin, daß man Metalle oder Metalloxyde, Carbonate usw. mit Kieselfluorwasserstoffsäure behandelt, das entstehende Metallsilikofluorid mit einem Salz der einzuführenden Säure umsetzt und nach Abtrennung der entstandenen Metallverbindung von dem abfallenden Silikofluorid aus letzterem die Kieselfluorwasserstoffsäure wiedergewinnt. Zwecks Rückbildung der Kieselflußsäure wird das abfallende Silikofluorid durch Erhitzen in Metallfluorid und Siliciumfluorid gespalten. Man setzt dann das entstandene Metallfluorid mit einem Carbonat, Oxyd oder äquivalenten Stoff um und erzeugt aus dem dabei gebildeten Metallfluorid durch Umsetzung mit Siliciumfluorid und Säure die Kieselfluorwasserstoffsäure.

Wichtig für das neue Verfahren ist, daß die Kieselflußsäure nicht in den gasförmigen Zustand übergeführt zu werden braucht, sondern auf dem Wege der Umsetzung einfacher Fluorverbindungen deren Rückbildung geschieht. Dadurch wird die Kieselflußsäure praktisch ohne Verlust und in reinem Zustande zurückgehalten. Die bekannte Bildung der Kieselflußsäure durch Zersetzen von Siliciumfluorid mit Wasser ist, abgesehen von dabei auftretenden Verunreinigungen schon deshalb für einen Kreisprozeß unbrauchbar, da hierbei Kieselsäure als Abfallprodukt entsteht und die zurückgewonnenen Kieselflußsäuremengen nur $^2/_3$ der ursprünglich angewandten und in der ersten Verfahrensstufe benötigten Kieselflußsäure ausmachen.

Erfindungsgemäß wird also zunächst in an sich bekannter Weise durch Umsetzung von Metall, Metalloxyd, Carbonat o. dgl. mit Kieselfluorwasserstoffsäure Metallsilikofluorid erzeugt. Die Lösung des Metallsilikofluorides wird mit einem Salz der einzuführenden Säure umgesetzt.

Der weitere Gang des neuen Verfahrens besteht darin, daß man zunächst in bekannter Weise das abfallende Silikofluorid durch Erhitzen spaltet und das dabei entstandene Metallfluorid mit Carbonat, Oxyd oder äquivalentem Stoff umsetzt. So kann man beispielsweise, wenn das Verfahren über die Bildung von Natriumsilikofluorid geleitet wird, durch Umsetzung des nach der Spaltung des Natriumsilikofluorides vorliegenden Natriumfluorids mit Calciumsulfid, Calciumsulfit, Calciumnitrat die schwer zugänglichen Schwefel-, Schwefligsäure- und Salpetersäureverbindungen des Natriums gewinnen. In gleicher Weise lassen sich die entsprechenden Kaliumsalze herstellen.

Als Reststücke stehen bei diesem Verfahrensgang Metallfluorid, gewöhnlich unlösliches Metallfluorid, z. B. Calciumfluorid und Siliciumfluorid zur Verfügung, die man mit Säure, beispielsweise Schwefelsäure, miteinander umsetzt, wodurch ohne Bildung von Kieselsäure nach der Gleichung

$$SiF_4 + CaF_2 + H_2SO_4 = CaSO_4 + H_2SiF_6$$

reine Kieselfluorwasserstoffsäure anfällt, die von dem entstandenen Sulfat abgezogen und der ersten Verfahrensstufe zugeleitet wird.

Im einzelnen gestaltet sich diese Art der Durchführung z. B. wie folgt.

81 kg Zinkoxyd werden mit 432 kg 33prozentiger Kieselfluorwasserstoffsäure versetzt. Zu der gebildeten Zinksilikofluoridlösung werden dann 117 kg Kochsalz gegeben. Es entstehen 188 kg Natriumsilikofluorid, welche durch Filtrieren von der entstandenen Zinkchloridlösung abgetrennt werden.

Die 188 kg Natriumsilikofluorid ergeben durch Spaltung in der Wärme 84 kg Natriumfluorid, welches mit 100 kg kohlensaurem Kalk und 350 l Wasser umgesetzt 78 kg Flußspat und eine etwa 25prozentige Sodalauge liefert. Man filtriert das Calciumfluorid von der Sodalauge, aus welcher man durch Eindampfen und Kristallisieren die Soda gewinnen kann.

Die 78 kg Calciumfluorid werden in 422 kg etwa 23prozentiger Schwefelsäure suspendiert und in dieses Gemisch das bei der Spaltung des Natriumsilikofluorides freigewordene Siliciumfluorid eingeleitet. Man erhält als Mutterlauge 432 kg 33prozentiger Kieselfluorwasserstoffsäure, die nach Filtration von dem entstandenen Calciumsulfat in die erste Verfahrensstufe zurückkehrt.

An Stelle der Kieselfluorwasserstoffsäure können auch andere komplexe Fluorwasserstoffsäuren benutzt werden, z. B. Borfluorwasserstoffsäure.

PATENTANSPRÜCHE:

1. Verfahren zur Herstellung von an sich nicht leicht zugänglichen Metallverbindungen bzw. zur Trennung von Metallen oder deren Verbindungen mit Hilfe von Kieselflußsäure, die im Verfahren zurückgewonnen wird, dadurch gekennzeichnet, daß man Metalle oder Metalloxyde, Carbonate usw. mit Kieselfluorwasserstoffsäure behandelt, das entstehende Metallsilikofluorid mit einem Salz der einzuführenden Säure umsetzt, die Metallverbindung von dem abfallenden Silikofluorid abtrennt und nach Spaltung des zuletzt anfallenden Silikofluorids durch Erhitzen und Umsetzung des dabei entstehenden Fluorids mit einem Carbonat, Oxyd oder äquivalenten Stoff das gebildete Fluorid mit dem Siliciumfluorid und Säure zur Kieselfluorwasserstoffsäure umsetzt.

2. Verfahren nach Anspruch 1, dadurch gekennzeichnet, daß an Stelle von Kieselfluorwasserstoffsäure andere komplexe Fluorwasserstoffsäuren benutzt werden.

Schweiz. P. 121 560.

Nr. 558 751. (I. 38 337.) Kl. 12 n, 1.

I. G. FARBENINDUSTRIE AKT.-GES. IN FRANKFURT A. M.

Erfinder: Dr. Josef König in Uerdingen, Niederrhein, und Dr. Fritz Stöwener in Ludwigshafen a. Rh.

Herstellung poröser Metalle oder Metalloxyde.

Vom 12. Juni 1929. — Erteilt am 25. Aug. 1932. — Ausgegeben am 14. Sept. 1932. — Erloschen: . . . .

Poröse, vorzugsweise als Katalysatoren geeignete Metalle pflegt man beispielsweise durch Ausschmelzen oder Herauslösen unerwünschter Komponenten aus Legierungen herzustellen. Es ist jedoch schwierig, auf diesem Wege zu reinen Produkten zu gelangen, und auch die Porosität so erhaltener Metalle läßt zu wünschen übrig.

Es wurde nun gefunden, daß man in einfacher Weise poröse Metalle oder Metalloxyde mit nahezu jedem gewünschten Porositätsgrad herstellen kann, wenn man fein verteilte, gegebenenfalls kolloide Metalle oder Metallverbindungen, vorzugsweise Oxyde bzw. Gemische solcher, in Gegenwart von Flüssigkeiten und schaumerzeugenden Mitteln zu Schaum verarbeitet, diesen vorzugsweise durch Erhitzen trocknet und gegebenenfalls einer weiteren Behandlung, z. B. Oxydation oder bzw. und Reduktion, unterwirft.

Will man poröse Metalle herstellen, so geht

man entweder von Metallen aus, mischt diese mit Lösungen von schaumerzeugenden Mitteln und entfernt das Lösungsmittel durch vorsichtiges Trocknen des Schaumes bei mäßiger Temperatur, z. B. bei 100°. Gegebenenfalls wird die Masse gepreßt oder durch Erhitzen gesintert, oder es werden beide Maßnahmen durchgeführt. Dabei kann die Masse auch oxydiert und hinterher reduziert werden. Oder man geht von Oxyden oder sonstigen reduzierbaren Metallverbindungen aus, reduziert den Schaum nach dem Trocknen und sintert gegebenenfalls die Masse, wobei ebenfalls oxydiert und sodann reduziert werden kann, was die Festigkeit des Materials günstig beeinflußt.

Will man poröse Oxyde erhalten, so arbeitet man in gleicher Weise, nur mit dem Unterschied, daß man, sofern man von Oxyden ausgeht, eine Reduktion ganz wegläßt oder auf eine Reduktion stets in einem letzten Arbeitsgang noch eine Oxydation folgen läßt.

Als Ausgangsmaterial kommen in erster Linie pulverförmige Oxyde von Metallen, die in beliebiger Weise hergestellt sein können, z. B. Eisen-, Chrom-, Mangan-, Nickel-, Kobaltoxyde, ferner Oxyde des Kupfers, Zinks, Molybdäns, Bleis usw. in Frage, die beim Erhitzen mit reduzierenden Stoffen, z. B. Gasen und Dämpfen, wie Wasserstoff, Ammoniak, Methan, Kohlenoxyd, Leuchtgas, Wassergas, Generatorgas, Formaldehyd, Methylformiat u. dgl., oder Flüssigkeiten, wie Hydroxylamin, Hydrazinhydratlösungen usw., zu Metall reduzierbar sind. Es können aber auch feste Stoffe, wie fein verteilte Kohle, Magnesium, Aluminium usw., für sich allein oder zusammen mit flüssigen oder gasförmigen Reduktionsmitteln benutzt werden, indem man beispielsweise die festen, reduzierend wirkenden Stoffe gleichzeitig mit dem Metalloxyd zu einem Schaum verarbeitet und dann, wie angegeben, fertigstellt. Oxyde, die in kolloider Form vorliegen, wie z. B. Gele des Eisenoxyds und ähnliche, haben noch den Vorteil, daß sie nach der Reduktion außer den groben Poren des Schaumes auch noch ultramikroskopische Poren besitzen und sich somit, sei es als Träger für Katalysatormassen, sei es als Kontaktstoffe, ganz besonders zur Ausführung katalytischer Reaktionen eignen. Auch können leicht reduzierbare Oxyde in Gemischen mit solchen Stoffen, die unter den gegebenen Bedingungen nicht oder nur schwer reduziert werden, wie z. B. Aluminiumoxyd, Titansäure usw., zu Schäumen, z. B. bei Herstellung von mit Aktivatoren durchsetzten Katalysatoren, verarbeitet werden. Ferner können feinpulverige Metalle selbst, wie sie z. B. bei der vorzugsweise thermischen Zersetzung von Carbonylen, z. B. des Eisens, Nickels, Kobalts u. dgl., erhalten werden, evtl. in Mischung mit Oxyden anderer Metalle oder Oxyde von Carbonylmetallen oder unmittelbar durch Zersetzung von Carbonylen erhaltene Metalloxyde als Ausgangsstoff dienen. Auch Metallverbindungen, wie Nitrate, Carbonate, Chloride, Ammoniumverbindungen, z. B. Ammoniumvanadat, ferner Cyanide, Formiate, Acetate u. dgl., können, besonders dann, wenn sie thermisch zersetzbar sind, verwendet werden, da es leicht gelingt, nach dem Trocknen des Schaumes durch Erhitzen Kohlensäure bzw. nitrose Gase u. dgl. zu verjagen oder kohlige Bestandteile durch Glühen in oxydierender Atmosphäre weitgehend zu entfernen.

Als Suspensionsflüssigkeit für die angegebenen Metalle oder Metallverbindungen ist in den meisten Fällen Wasser verwendbar, doch können auch andere Flüssigkeiten, insbesondere organische Medien, Verwendung bzw. Mitverwendung finden, z. B. Alkohol, wenn ein schnelles Trocknen des Schaumes erreicht oder Wasser bei der Herstellung eines Katalysators ganz oder teilweise vermieden werden soll.

Zweckmäßig verfährt man in der Weise, daß man das zu verwendende Metall bzw. Oxyd oder ein gegebenenfalls auf dem Schmelzweg erhaltenes Gemisch mehrerer Oxyde bzw. Metalle oder Legierungen solcher oder auch gegebenenfalls auf dem Schmelzwege erhaltene Gemische von Metallen und Oxyden bzw. anderer Metallverbindungen in feinpulveriger Form durch Rühren in der Flüssigkeit suspendiert und dann unter dauerndem Rühren die nötige Menge Schaummittel zufügt. Man kann aber auch erst in an sich bekannter Weise aus Flüssigkeit und Schaummittel unter kräftigem Schlagen einen Schaum erzeugen und diesen dann nachträglich mit den Metallen, Oxyden oder sonstigen Metallverbindungen vermischen.

Als schaumerzeugende Mittel haben sich insbesondere im Kern alkylierte Sulfosäuren aromatischer Kohlenwasserstoffe bzw. deren Salze als geeignet erwiesen, die bereits in sehr geringer Menge, z. B. 1 Gewichtsprozent des Metalloxyds, haltbare und homogene Schäume liefern. Doch können auch alle anderen Schaumbildner, wie Saponine, Seifen u. dgl., Verwendung finden. Durch Variation der Menge und Art der Suspensionsflüssigkeit sowie durch kleinere oder größere Zusätze des Schaummittels ist es möglich, zu Schäumen von sehr verschiedener Festigkeit und Porengröße zu gelangen. Auch durch Einblasen von Luft oder anderen Gasen läßt sich die Porosität des Schaumes und damit des Endprodukts in an sich bekannter Weise nach Belieben abändern.

Unter Umständen kann es auch zweckmäßig sein, noch Zusätze von Bindemitteln zu machen, z. B. von Kieselsäurelösungen oder plastische Bindetone, Zement, ferner Wasserglas, leichtschmelzbare Metalle und Legierungen, z. B.

Natrium, Calcium, Blei, Zinn, Woodsches Metall oder Stoffe, die wie Säuren oder Laugen durch Anätzen Bindemittel erzeugen, ferner organische Stoffe, wie Leim, Zucker, Stärke, Eiweiß, Bitumen, Harze usw., die beim nachträglichen Erhitzen eine mechanische Verfestigung der porösen Masse begünstigen, oder hydraulische Bindemittel dem Schaum einzuverleiben bzw. den Komponenten desselben vor der Schaumerzeugung zuzusetzen. Auch ein Metallgerüst, das z. B. durch Einlagerung von Metallwatte, Metallwolle oder von Metallgeflecht in den Oxydschaum oder durch Einstreichen desselben in Metallgitter, z. B. Preßlinge aus Metallwolle, hergestellt ist, kann die Festigkeit der porösen Masse erhöhen.

Der fertige Schaum wird in geeignete Formen gestrichen oder gegossen, z. B. in flache Bleche oder Röhrenformen, und bei mäßig erhöhter Temperatur getrocknet. Dann kann ein Erhitzen, gegebenenfalls im Sauerstoffstrom, erfolgen, wenn flüchtige oder verbrennbare Komponenten entfernt werden sollen. Das Verfahren ist außer zur Herstellung von Katalysatoren oder Trägermassen für Katalysatoren, Reinigungsmassen usw. zur Erzeugung poröser Lagermetalle, z. B. aus geeigneten Legierungen, ferner von Platten für Akkumulatoren, von Filterkörpern, Füllstoffen u. dgl., ferner zur Herstellung von Diaphragmen, Gußformen, Sicherheitspatronen zur Verhütung des Rückschlagens von Flammen bei Brennern oder Gebläseflammen usw. geeignet. Die Filter sind je nach ihrer Porosität zu den verschiedensten Zwecken, z. B. zur Entstaubung von Gasen, zur Klärung von Schlämmen, zur Trennung von Kohle-Öl-Gemischen, wie sie beispielsweise bei der Druckhydrierung von Kohlen, Teeren, Mineralölen u. dgl., vorzugsweise Braunkohlen oder bei der Raffination von Speiseölen mittels aktiver Kohle anfallen, benutzbar. Da die erhaltenen Massen bei geeigneter Herstellung zähe, unter Druck plastische und daher formbare Massen darstellen, kann man, von Edelmetallen oder Verbindungen solcher ausgehend, zu Massen gelangen, die als Zahnfüllmittel geeignet sind.

Zur Herstellung von Katalysatoren kann es unter Umständen von Vorteil sein, die Metall- bzw. Metalloxydschaummassen noch einer weiteren chemischen Behandlung zu unterwerfen. So kann man beispielsweise bei der Herstellung von Katalysatoren zum Kracken von Mineralölen usw., zur Druckhydrierung usw. trockene Aluminiummetallschäume durch oberflächliches Anätzen mit Säuren oder Halogenen, z. B. Chlor, Chlorwasserstoff oder alkoholischer Salzsäure, oder anderen Stoffen, z. B. Uranylnitrat, aktivieren, wobei man auch in der Weise verfahren kann, daß man Schäume aus Aluminiumpulver und einem leicht reduzierbaren Oxyd oder Carbonat, z. B. des Kupfers u. dgl., erzeugt und nach der Reduktion die Aktivierung ausführt. Die Metalle oder Oxyde können übrigens bei einer etwaigen chemischen Behandlung auch durch die ganze Masse in andere Verbindungen, z. B. Chloride, Sulfate, Sulfide, Nitride, Carbide u. dgl., übergeführt werden.

Die erhaltenen Massen lassen sich leicht z. B. durch Sägen, Drehen, Hämmern, Feilen, Stanzen u. dgl. verarbeiten. Auch können Platten aus gleichen oder verschiedenen Metallen bzw. Metalloxyden schon durch geringe Drucke miteinander verbunden werden. Zylinder aus porösem Metall, z. B. Kupfer, lassen sich leicht in durch Erwärmen erweiterte Rohre aus massivem Metall, z. B. Kupfer, einpassen und dann in den Rohren beim Abkühlen dieser festklemmen. Derartige Rohre eignen sich als Wärmeaustauscher.

Zur Herstellung von Metallmassen mit besonderen physikalischen Eigenschaften, z. B. von Elektromagnetkernen, kann man in den Poren nachträglich Isoliermassen, z. B. Schellack, Kautschuk, Polymerisationsprodukte oder Halbpolymerisate von Butadien u. dgl., vorzugsweise aus der flüssigen Phase, einbringen und gegebenenfalls den erhaltenen Körper durch Druck verfestigen.

Pulverförmige Stoffe, z. B. Adsorbentien, wie Kieselsäuregel, aktive Kohle, aktive Tonerde oder Basenaustauscher, ferner katalytisch wirkende Stoffe usw. lassen sich mitunter in die porösen Massen einbetten, indem die lockeren Metallstücke mit dem Pulver, z. B. unter Schütteln und Mahlen, bestäubt werden oder indem das Pulver, gegebenenfalls in Form einer Suspension, in die Metallplatten eingesaugt oder eingeblasen wird. Dieser Maßnahme kann sich dann eine Verfestigung der Masse durch Pressen anschließen. Auch können Schichten von pulverigen oder körnigen Adsorbentien zwischen zwei Metallschichten eingelegt und das Ganze durch Druck zu einer einheitlichen Masse verfilzt werden. Im allgemeinen wird man aber die katalytisch wirkenden Stoffe meist in üblicher Weise innerhalb der Poren abscheiden, indem man die porösen Körper mit Lösungen vorzüglich solcher Stoffe tränkt, die wie Nitrate, Acetate, Ammoniumverbindungen, gewisse Chloride und Komplexesalze einen in der Hitze flüchtigen Bestandteil aufweisen und sodann durch thermische Behandlung, gegebenenfalls nach vorheriger Umsetzung mit weiteren Stoffen und etwaigem Waschprozeß, ferner durch etwaige Reduktion fertigstellen. Man kann die Porenwände z. B. der porösen Metalle aber auch in der Weise mit einem Metallbelag aus dem gleichen oder einem weiteren Metall oder mit mehreren Metallschichten bzw. Schichten aus Metallgemischen versehen, daß man Metalle mittels Elektrolyse, im Falle kolloider Metalle mittels Elektrodispersion, ferner gemäß dem Metallspritzverfahren, z. B. nach Patent 477 975, in den Poren abscheidet, oder indem man Metalldämpfe durch die porösen Massen leitet oder diese in die Schmelze eintaucht. Auch Metalloide, z. B. Kohle, Ruß u. dgl., die mitunter hohe katalytische Wirksamkeit besitzen, kann man in den Poren, z. B. in der Weise abscheiden, daß man feste, flüssige oder gasförmige, verkohlbare Stoffe innerhalb der Poren verkohlt, z. B. durch partielle Verbrennung oder durch thermische Zersetzung, zweckmäßig bei hohen Temperaturen. Im letzteren Fall kann man sogenannte Glanzkohle auf z. B. porösem Kupfer abscheiden oder auf porösem Eisen, das man zuvor mit einem Belag von Magnesia oder Tonerde überzogen hat, den man z. B. durch Tränken des porösen Eisens mit einem Tonerdesol und Trocknen erhalten kann. Die porösen Massen können in an sich bereits bekannter Weise zur Erzeugung von Essigsäure aus Lösungen von Acetaldehyd benutzt werden.

Es ist bekannt, poröse Baustoffe in der Weise herzustellen, daß man Mineralstoffe, die wie Gips oder Zement zur Errichtung von Mauerwerk geeignet sind, zusammen mit Wasser und Schaummittel auf mechanischem Weg zu einem Schaum verarbeitet. Dabei erfolgt in Gegenwart des Wassers schon nach kurzer Zeit eine Verfestigung durch Abbinden. Daraus war aber nicht ersichtlich, daß auch Metalle oder Metalloxyde, die kein solches Abbindevermögen wie Zement oder Gips besitzen, schon durch einfaches Trocknen ohne Zusatz von Bindemitteln in poröse Körper überführbar sind, die eine gewisse Festigkeit aufweisen, vielmehr war anzunehmen, daß der Schaum schon beim Trocknen zerfallen würde. Zwar können auch beim vorliegenden Verfahren mitunter Bindemittel in an sich bekannter Weise bei der Schaumherstellung mitbenutzt werden. Es werden dann aber so geringe Mengen Bindemittel benutzt, daß trotzdem poröse Körper mit offenen Poren hinterbleiben, denn nur solche sind zur Behandlung strömender Flüssigkeiten und Gase geeignet, während poröse, in bekannter Weise aus Zement und Gips hergestellte Baustoffe in der Hauptsache geschlossene Poren enthalten und somit für die genannten Zwecke nicht in Frage kommen.

Beispiel 1

200 Gewichtsteile Kupferbronze werden mit 2 Gewichtsteilen isopropylnaphthalinsulfosaurem Natrium vermischt und unter starkem Rühren mit 60 Gewichtsteilen Wasser zu einem Schaum verarbeitet, der in geeignete Formen gestrichen wird. Durch Trocknen bei 100° wird der Schaum verfestigt und kann dann z. B. als Katalysator für Gasreaktionen dienen.

Beispiel 2

200 Gewichtsteile technisches Eisenpulver unter 1 mm Korngröße werden mit 40 Gewichtsteilen Caput mortuum und 4 Gewichtsteilen isopropylnaphthalinsulfosaurem Natrium gut gemischt und mit 35 Gewichtsteilen Wasser bis zur schaumigen Konsistenz verrührt. Der Schaum wird in Plattenform gestrichen und bei 100° getrocknet. Dabei werden harte, hochporöse Platten erhalten, die für katalytische Zwecke als Reinigungsmasse für Gase usw. verwendet werden können.

Beispiel 3

Bei der Herstellung von Akkumulatorenplatten gebräuchliche Oxyde des Bleis, wie Mennige, Bleisuperoxyd, Bleiglätte, Bleisuboxyd, werden mit schaumerzeugenden Mitteln und Flüssigkeiten, wie Wasser, Schwefelsäure, Glykol, Glycerin oder Gemische solcher, zu einem Schaum verarbeitet, der zu Platten geformt oder in Bleigitter eingestrichen, durch Lagern an der Luft, Erwärmen oder im Vakuum getrocknet und sodann in bekannter Weise elektrolytisch formiert wird. Zweckmäßig wird der Schaum aus einem Gemisch von 100 Gewichtsteilen Bleioxyd, 5 Gewichtsteilen isopropylnaphthalinsulfosaurem Natrium und 10 Gewichtsteilen eines Gemisches aus 33% Glykol und 67% Wasser hergestellt. An Stelle eines Schaumes aus Bleioxyd kann auch ein solcher aus Blei oder einem Gemisch aus Blei und Bleioxyd verwendet werden.

Beispiel 4

570 Gewichtsteile frisch gefälltes, ausgewaschenes und gut abgesaugtes Silberoxyd werden mit 4 Gewichtsteilen isopropylnaphthalinsulfosaurem Natrium und 150 Gewichtsteilen Wasser unter starkem Rühren zu einem Schaum verarbeitet. Dieser wird dann in Formen gebracht und nach vorsichtigem Trocknen allmählich auf 400° erhitzt, wobei er sich in poröses, metallisches Silber umwandelt. Diese Umwandlung kann mitunter auch schon dadurch erreicht werden, daß das poröse Silberoxyd an irgendeiner Stelle angezündet wird. Das poröse Silber ist hochaktiv, u. a. zur Zersetzung von Ozon, Wasserstoffsuperoxyd und zur Entkeimung von Wasser geeignet.

Beispiel 5

Aus 120 Gewichtsteilen feinpulverigem Kupferoxyd oder einem Gemisch von 60 Gewichtsteilen Kupferoxyd und 60 Gewichtsteilen Kupferpulver, 100 Gewichtsteilen Wasser und 2 Gewichtsteilen isopropylnaphthalinsulfosaurem Natrium wird durch kräftiges Rühren oder Schlagen ein fester Schaum erzeugt, der in Stabformen gestrichen und bei 100° vorsichtig getrocknet wird. Dann wird der trockene Schaum in einer Wasserstoffatmosphäre allmählich auf 900 bis 1000° erhitzt. Dabei entsteht ein teilweise gesinterter, sehr poröser Stab von metallischem Kupfer, dessen Porenvolumen nachträglich unter Erhöhung der Festigkeit durch Pressen beliebig vermindert werden kann.

Beispiel 6

100 Gewichtsteile Eisenoxyduloxyd werden mit 25 Gewichtsteilen Wasser und 2 Gewichtsteilen Saponin unter heftigem Rühren zu einem Schaum verarbeitet, und dieser wird in der im Beispiel 1 angegebenen Weise weiterbehandelt. Die Reduktion erfolgt mit Wasserstoff bei 1150°. Das erhaltene Produkt ist ein zäher, widerstandsfähiger, schwammartiger, poröser Körper, der z. B. als Katalysator oder Träger für katalytisch aktive Substanzen dienen und dessen Festigkeit durch längeres Sintern oder Sintern bei noch höheren Temperaturen erhöht werden kann. Durch nachträgliche Oxydation erhält man ein hochporöses Metalloxyd.

Beispiel 7

200 Gewichtsteile Eisenoxyd (caput mortuum) werden zusammen mit 400 Gewichtsteilen Eisenpulver und 15 Gewichtsteilen isopropylnaphthalinsulfosaurem Natrium gemischt; das Gemisch wird mit 200 Teilen Wasser zu einem Schaum verarbeitet. Zwecks Herstellung kreisförmiger Platten wird der Schaum in zylindrische Eisenrohre eingefüllt, deren Wandungen allseitig mit feinen Löchern versehen sind, und bei 400° vorsichtig getrocknet. Die erhaltenen zylindrischen Massen werden gegebenenfalls der Form entnommen, sodann bei allmählich bis auf 1000° ansteigenden Temperaturen mit Wasserstoff reduziert und nach dem Erkalten in Scheiben zerschnitten.

Beispiel 8

100 Gewichtsteile Aluminiumpulver werden mit 1 Gewichtsteil Saponin und 100 Volumteilen Alkohol, die etwas Salzsäure enthalten, zu einem Schaum verarbeitet, dieser in üblicher Weise in Formen gegossen, getrocknet und in Gegenwart reduzierender Gase erhitzt, um eine Verfestigung des Schaumes durch Sintern zu erreichen. Durch das schwache Anätzen mit Salzsäure wird eine Oxydation des Metalls verhindert bzw. eine schon vorhandene Oxydhaut durch eine Chloridschicht ersetzt, so daß nach Absublimieren derselben ein Zusammenfritten der Metallteilchen erfolgen kann. In ähnlicher Weise lassen sich auch andere leicht oxydable Metalle, wie Magnesium, Calcium, Elektrometall u. dgl., auf Metallschäume verarbeiten, die sich durch nachträgliche Behandlung oberflächlich oder durch die ganze Masse oxydieren lassen. Auch Zirkonium oder Zirkonerde können in analoger Weise verarbeitet werden.

Beispiel 9

300 Gewichtsteile frisch gefälltes und getrocknetes Silberoxyd werden mit 2 Gewichtsteilen isopropylnaphthalinsulfosaurem Natrium und 2 Gewichtsteilen Saponin vermischt und dann mit 80 Gewichtsteilen Wasser, die 1 Gewichtsteil Leim enthalten, zu einem Schaum verarbeitet. Dieser wird zwecks Herstellung einer Platte oder eines Stabes in einer geeigneten Form aus porösem Material, wie Gips, Ton, Porzellan usw., getrocknet und durch langsames Erhitzen auf 400° in das Metall übergeführt. Man erhält so Formkörper aus porösem Silber mit einem Hohlraumvolumen von z. B. 80%, die sich durch Pressen u. dgl. nach Belieben weiter verfestigen lassen.

Beispiel 10

50 Gewichtsteile Nickeloxydpulver werden mit 300 Gewichtsteilen Nickelpulver und 7 Gewichtsteilen Saponin gut vermischt, dann mit 100 Gewichtsteilen Wasser, worin 6 Gewichtsteile Leim gelöst sind, zu einem Schaum verarbeitet, der in Plattenformen aus porösem Eisen gestrichen und darin getrocknet wird. Hierauf werden die geformten Platten in Gegenwart reduzierender Gase, z. B. Wasserstoff, auf 1100° erhitzt. Nach dem Abkühlen sind sie hart und haben ein Porenvolumen von etwa 80%.

Beispiel 11

Ein Gemisch von Molybdänpulver und Chrompulver, evtl. unter Zusatz von Verbindungen dieser Metalle, z. B. der Oxyde, wird zusammen mit Wasser, Schaummitteln und gegebenenfalls Bindemitteln, z. B. Wasserglas, Kaolin u. dgl., zu einem Schaum verarbeitet und in der bereits erwähnten Weise auf Formkörper, die sich z. B. als Katalysatoren für Behandlung von Kohlenwasserstoffen, z. B. die Druckhydrierung von Kohle, Teeren, Mineralölen u. dgl. verwenden lassen, weiterverarbeitet.

Beispiel 12

Ein Gemisch von 97 Gewichtsteilen Eisenpulver, 2 Gewichtsteilen Aluminiumpulver und 1 Gewichtsteil Kaliumnitrat wird mit 2 Gewichtsteilen Saponin und 20 Gewichtsteilen Wasser zu einem Schaum verarbeitet, der zu beliebigen Körpern, z. B. Platten, Stäben, Zylindern, Raschigringen, Würfeln u. dgl., geformt, sodann getrocknet und in Gegenwart reduzierender Gase, z. B. von Wasserstoff, auf hohe Temperaturen, z. B. 1000 bis 1200°, erhitzt wird. Man kann auch zuerst ein Gemisch aus Eisen-, Aluminiumpulver und Kaliumnitrat herstellen, dieses in einer Sauerstoffatmosphäre schmelzen und sodann 70 Gewichtsteile des nach dem Erkalten gepulverten Schmelzproduktes mit 30 Gewichtsteilen Eisenpulver zusammen mit Saponin und Wasser in der oben beschriebenen Weise weiterverarbeiten. Auch kann man in der Weise verfahren, daß das gepulverte Schmelzprodukt erst mit Saponin oder einem anderen schwefelfreien Schaummittel und Wasser zu einem Schaum verarbeitet und dieser erst durch Erhitzen auf hohe Temperaturen in Gegenwart nicht reduzierender Gase, z. B. an der Luft, verfestigt wird, worauf eine Reduktion unter milden Bedingungen, vorzugsweise unter den Arbeitsbedingungen der als Katalysator dienenden Masse, folgt. Als reduzierendes Gas kann im Falle der Verwendung der Masse als Ammoniakkontakt auch ein Stickstoff-Wasserstoff-Gemisch verwendet werden. Da die hohe Porosität der erhaltenen Massen, insbesondere unter Druck durchgeleiteten Gasen, nur verhältnismäßig geringen Widerstand entgegensetzt, kann man sie in solcher Größe verwenden, daß sie als einheitliche, poröse Masse den gesamten Querschnitt des Kontaktraumes ausfüllen.

Beispiel 13

100 Teile Luxmasse werden in etwa 60 Teilen Wasser suspendiert, alsdann mit 25 Teilen Zement und 0,5 Teilen diisopropylnaphthalinsulfosaurem Natrium versetzt, worauf das Ganze kräftig gerührt wird. Nach kurzem Stehenlassen wird die schaumige Masse in flache Formen gegossen und dann während des Abbindens in Würfel u. dgl. geschnitten. Man erhält eine vorzügliche Gasreinigungsmasse. Zu einer ähnlichen Masse gelangt man, wenn man an Stelle der obenerwähnten Zusatzstoffe 20 Teile Magnesiumoxyd, 2 Teile Magnesiumchlorid und 0,5 Teile Saponin verwendet.

Patentansprüche:

1. Verfahren zur Herstellung von porösen Metallen oder Metalloxyden, dadurch gekennzeichnet, daß die genannten Stoffe mit Hilfe schaumbildender Mittel zu Schaum verarbeitet werden und dieser getrocknet wird.

2. Ausführungsform des Verfahrens nach Anspruch 1, dadurch gekennzeichnet, daß zur Herstellung poröser Metalle ein aus zu Metallen reduzierbaren Verbindungen hergestellter Schaum einer Reduktion unterworfen wird.

3. Ausführungsform des Verfahrens nach Anspruch 1, dadurch gekennzeichnet, daß zur Herstellung poröser Metalloxyde ein aus bei der Oxydation Metalloxyde liefernden Metallen oder Verbindungen bestehender Schaum einer Oxydation unterworfen wird.

4. Ausführungsform des Verfahrens nach Anspruch 1, dadurch gekennzeichnet, daß zur Herstellung poröser Metalloxyde ein aus beim Erhitzen in Metalloxyde übergehenden Verbindungen bestehender Schaum einer entsprechenden Erhitzung unterworfen wird.

5. Verfahren nach Anspruch 1 bis 4, gekennzeichnet durch den Zusatz von eine mechanische Verfestigung der porösen Masse fördernden Bindemitteln.

E. P. 339645; F. P. 710829.

Nr. 554633. (K. 95116.) Kl. 12n, 2. Comstock & Wescott Inc. in Boston, V. St. A.

Verfahren zur Gewinnung von Eisenoxyd.

Vom 26. Juli 1925. — Erteilt am 23. Juni 1932. — Ausgegeben am 14. Juli 1932. — Erloschen: 1932.

Die Erfindung betrifft ein Verfahren zur Gewinnung von Eisenoxyd durch gegebenenfalls bei Anwesenheit von Reduktionsmitteln stattfindende Chlorierung von Eisen enthaltenden Rohstoffen und durch Verbrennung des abgetriebenen Eisenchlorids mit Luft unter Wiedergewinnung von Chlor, das im Kreislauf verwendet wird, und besteht darin, daß das abgetriebene und kondensierte Eisenchlorid verdampft, der Eisenchloriddampf mit so stark erhitzter Heißluft verbrannt wird, daß eine Verbrennungstemperatur von ungefähr 800° C erhalten wird, worauf das entstandene Chlor-Stickstoff-Gemisch wieder zur Chlorierung von frischen Rohstoffen verwendet wird. Auf diese Weise erhält man ein leicht zu sinterndes und dann zur Weiterverarbeitung im Hochofen geeignetes Eisenoxyd, dessen Struktur noch verbessert werden kann, wenn man die bei der Verbrennung des Eisenchloriddampfes entstehenden Verbrennungsprodukte vor einer raschen Abkühlung schützt.

Die Befreiung eisenhaltiger Produkte von Eisen durch Behandeln mit Chlor in Gegenwart reduzierend wirkender Stoffe unter Bildung von Eisenchlorid ist bekannt. Auch die Überführung von Eisenchlorid in Eisenoxyd durch Erhitzen bei Gegenwart von Sauerstoff ist bereits vorbeschrieben. Schließlich hat man bei der Enteisenung von Tonerde durch Chlorierung bei Gegenwart von Aluminiumchlorid schon das gebildete Eisenchlorid kondensiert und dann mit Luft oder Sauerstoff verbrannt unter Bildung von Eisenoxyd und Chlor, das wieder zur Chlorierung im Kreislauf verwendet werden kann. Von dem Bekannten unterscheidet sich die vorliegende Erfindung grundlegend dadurch, daß ihr Zweck die Gewinnung eines leicht zu sinternden und dann zur Verhüttung geeigneten körnigen Eisenoxyds ist, das man dadurch erhält, daß mit einer so hoch erhitzten Heißluft zur Verbrennung des Eisenchlorids gearbeitet wird, daß eine Verbrennungstemperatur von etwa 800° C erzielt wird, worauf das neben dem körnigen Eisenoxyd erhaltene Chlor-Stickstoff-Gemisch direkt ohne Aufarbeitung und ohne Zusatz besonderer Stoffe, wie Aluminiumchlorid, wieder zur Chlorierung frischer Rohstoffe verwendet wird.

Das Verfahren kann insbesondere bei der Gewinnung von Eisenoxyd aus mageren Eisenerzen verwendet werden. Bei der Ausführung des Verfahrens wird das Erz oder das Material mit Chlor in Gegenwart von Reduktionsmitteln behandelt, wie z. B. Kohle oder Generatorgas, bei einer Temperatur, die genügt, um das gebildete Eisenchlorid zu verdampfen.

Die Reduktion kann auch vor der Einwirkung des Chlors ganz oder teilweise vorgenommen werden.

Das Vorhandensein von Feuchtigkeit in den Materialien ist schädlich, da es leicht zur Bildung von HCl führt. Deshalb muß das Material vorher, beispielsweise durch Erhitzen, getrocknet werden. Die Temperatur während der Chlorierung beträgt ungefähr 400 bis 450° C. Wenn eine vorherige Reduktion des Materials erfolgt ist, so daß Eisen als solches vorhanden ist, ist die Reaktion exothermisch. Gewöhnlich wird mit einem fein gepulverten Material gearbeitet, zweckmäßig in einem Drehröstofen oder in einer Trommel. Falls das aus dem späteren Verlauf des Verfahrens frei gewordene Chlor-Stickstoff-Gemisch, das eine Temperatur von 700 bis 800° C hat, verwendet wird, ist es zweckmäßig, die Temperatur am anderen Ende der rotierenden Trommel, wo in Gegenstrom die festen Bestandteile eintreten und die Dämpfe austreten, auf ungefähr 450° zu halten. Bei richtigem Betrieb und mit getrocknetem Material geht sehr wenig Chlor mit den ausströmenden Gasen und Dämpfen über, weder als solches noch als HCl.

Die Eisenchloriddämpfe werden dann kondensiert, wodurch sie von den sie begleitenden Abgasen, die hauptsächlich aus Stickstoff und Kohlenoxyd und nichtmetallischen Chloriden, wie Schwefel oder Phosphorchlorverbindungen, bestehen, getrennt werden, welch letztere durch geeignetes Auswaschen gewonnen werden können. Mit dem Eisenchlorid werden die Dämpfe anderer Metallchloride kondensiert, ebenso wird Erzstaub, der aus dem Reaktionsgefäß mitgerissen ist, mit kondensiert, soweit er nicht schon vorher beim Durchleiten der nach dem Kondensator strömenden Dämpfe in einem geeigneten Füllraum ausgeschieden worden ist.

Das kondensierte Eisenchlorid wird durch Erhitzen wieder verflüchtigt, wobei der Erzstaub und die anderen metallischen Chloride zurückbleiben. Es ist dabei vorteilhaft, einen kleinen Luft- oder Chlorstrom durch die Verdampfungskammer zu senden, um einerseits die Verflüchtigung des Eisenchlorids zu fördern und es fortzuführen und andererseits eine Oxydationsatmosphäre aufrechtzuerhalten und so die Bildung von Eisenchlorür zu verhindern.

Der Verdampfungsapparat kann aus Eisen hergestellt sein und bei einer Außentemperatur von 400 bis 425° C betrieben werden, wobei das Eisen durch Bildung einer anhaftenden dichten Schicht von Eisenchlorür geschützt ist. An Stelle von Eisen können andere Legierungen verwendet werden. Im allgemeinen erhöht bei Eisenlegierungen die Gegenwart eines anderen Metalles, wie z. B. Chrom, Nickel, Kobalt, das ein weniger leicht verflüchtigendes Chlorid als Eisenchlorid ergibt, die Widerstandsfähigkeit des Eisens. Die Eisenchloriddämpfe werden in einer Oxydationskammer mit Luft bei einer Temperatur von ungefähr 700 bis 800° verbrannt. Dabei wird so vorgegangen, daß die Eisenchloriddämpfe auf eine Temperatur von 350° erhitzt werden, beispielsweise indem man die von dem Verdampfer kommenden Dämpfe vor Eintritt in den eigentlichen Verbrennungsraum durch einen Überhitzer leitet. Die Erhitzung der Eisenchloriddämpfe auf noch höhere Temperaturen hat den Nachteil, daß die Tendenz des Eisenchlorids zur Dissoziation bei höheren Temperaturen sehr stark ist. Die gewünschte Temperatur von ungefähr 800° im Oxydationsraum wird dadurch erzielt, daß die Luft stärker erhitzt ist, beispielsweise auf 1050°, wenn die Eisenchloriddämpfe 350° betragen. Dabei wird die zur Verbrennung theoretische Menge Luft verwendet. Man erhält neben Eisenoxyd ein Gas, das ungefähr 30 Volumenprozent Chlor enthält, während der Rest Stickstoff ist. Es ist wesentlich, bei der Oxydation darauf zu achten, daß die Temperatur von 800° im Oxydationsraum eingehalten wird, da sonst das Eisenoxyd nicht körnig ausfällt. Aus demselben Grunde ist es auch vorteilhaft, die Verbrennungsprodukte gegen rasche Abkühlung zu schützen. Unter diesen Bedingungen erhält man ein körniges Eisenoxyd, das nach dem Sintern im Hochofen verarbeitet werden kann.

In der beiliegenden Zeichnung ist eine Ausführungsform einer Einrichtung zur Ausführung der Erfindung dargestellt.

Durch einen Trichter 1 wird Eisenerz o. dgl. auf eine Fördervorrichtung 2 gebracht, das vorher durch nicht gezeichnete Einrichtungen erhitzt oder teilweise reduziert worden ist.

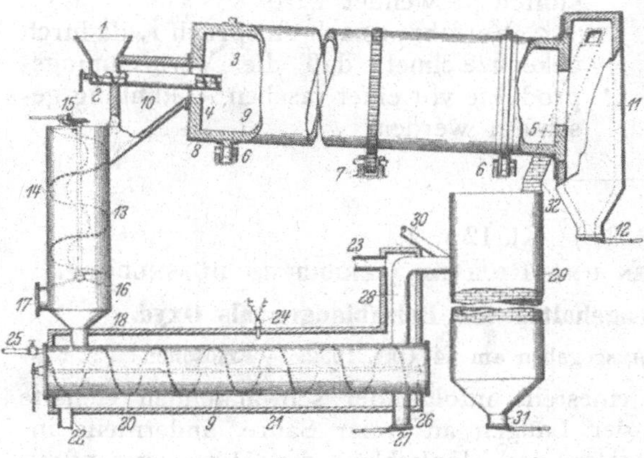

Das Erz wird durch die Fördervorrichtung in einen rotierenden, geneigten, röstofenartigen Bau 3 geschafft, der an seinen Enden mit Absätzen 4 und 5 versehen ist. Dieser Ofen läuft auf Rollen 6 und wird durch eine geeignete Vorrichtung 7 angetrieben. Wie veranschaulicht, besitzt er ein Metallgehäuse 8, welches mit Ziegeln oder einer keramischen Masse 9 ausgefüttert ist.

Am oberen oder Einlaßende ist das Rohr 3 mit einer mit Flanschen versehenen Leitung 10 in Verbindung, die wärmeisoliert ist. Am unteren Ende ist es in ähnlicher Weise mit dem Gangartbehälter 11 in Verbindung. In diesem Behälter befindet sich eine Öffnung 12, durch welche die festen Bestandteile von Zeit zu Zeit entfernt werden können. Die Eisenchloriddämpfe strömen durch die Leitung 10 in den Kondensator 13. Dieser ist senkrecht angeordnet und mit einer inneren Fördervorrichtung oder einer Vorrichtung 14 zum Abkratzen der Wände ausgerüstet, die bei 15 von einer Kraftquelle betätigt wird. Am Bodenende sitzt diese Vorrichtung in einem Dreifuß 16.

Die nicht kondensierten Dämpfe und Gase strömen durch eine Leitung 17 nach einem nicht gezeichneten Aufbewahrungsort. Wie bereits erwähnt, kann ihre Leitung mit einer Kondensations- und Wascheinrichtung zur Entfernung des Phosphor-, Schwefelchlorids usw. gewünschtenfalls in Verbindung stehen. Das kondensierte Eisenchlorid fällt durch die Leitung 18 und einen Dampfabschluß, der nicht gezeigt ist, in einen Verdampfer.

Dieser Verdampfer besteht aus einer rohrförmigen Metalleitung 19, die eine Fördervorrichtung 20 enthält. Die Leitung und die Fördereinrichtung können aus Eisen oder einer widerstandsfähigeren Legierung, wie z. B. einer Chromeisenlegierung, gefertigt sein. Die äußere Beheizung wird durch das beheizte Gehäuse 21 bewirkt, dem bei 22 Feuergase o. dgl. zugeführt werden, wobei das Heizmittel nach dem Auslaß 23 strömt. Das Gehäuse ist mit einem Pyrometer 24 ausgerüstet, das zum Anzeigen der Temperaturen dient.

Ein mit Ventil versehener Einlaß 25 dient zur Einführung von ein wenig Luft oder Luft und Chlor, um beim Verdampfen des Chlorids mitzuwirken und die Reduktion zu verhindern. Zeitweise strömt mehr oder weniger Koksstaub mit dem Eisenchlorid über, und er kann hierdurch eine reduzierende Wirkung ausüben. Der Erzstaub sowie die festen Chloride, die von Eisenchlorid befreit worden sind, werden durch den Auslaß 26, der mit einer Tür 27 versehen ist, nach einem geeigneten Aufbewahrungsort geschafft.

Die Eisenchloriddämpfe steigen aufwärts durch die isolierte Leitung 28 nach einem Verbrennungs- oder Oxydationsraum 29, wo das Eisen wieder oxydiert und das Chlor mittels geregelter Luftmengen, die durch den Lufteinlaß 30 zugeführt werden, wieder freigesetzt wird. Der Lufteinlaß steht mit nicht gezeigten Einrichtungen, wie z. B. Regeneratoren oder Rekuperatoren, in Verbindung, um die Luft auf hohe Temperaturen zu erhitzen. Der Oxydationsraum muß so gut als möglich wärmeisoliert werden und kann aus besonderen nicht leitenden Ziegeln gebaut sein. Innerhalb des Oxydationsraumes setzt sich das erzeugte Eisenoxyd am Boden ab und wird von Zeit zu Zeit oder fortlaufend am Auslaß 31 entfernt.

Bei der besonderen gezeigten Art des Raumes hängt die Feinheit des sich absetzenden Oxyds unter gleichen Bedingungen in gewissem Maße von den Abmessungen und der inneren Form des Raumes ab, indem diese die dem Eisenoxyd zur Kristallisation gewährte Zeit beeinflussen. Wo gut kristallisiertes Material erlangt wird, sind die Teilchen gewöhnlich mehr oder weniger glimmerartig und haben die Neigung, dünne flache Plättchen zu bilden. Bei richtiger Regelung des Verhältnisses der bei 28 eintretenden Eisenchloriddämpfe und der bei 30 eintretenden Luft und bei richtiger Kontrolle der

Temperaturen usw. geht die Reaktion zwischen dem Sauerstoff der Luft und dem $FeCl_3$ glatt vor sich. Gewöhnlich regelt man die Verhältnisse so, daß eine Mischung von Chlor und Stickstoff usw. erzielt wird und daß diese ungefähr 30 Volumenprozent Chlor bei einer Temperatur von 700 bis 800° C aufweist. Das heiße Gemisch von Chlor und Stickstoff strömt durch die Leitung 32 in das erwähnte Gangartgefäß 11 und den Reaktionsraum 3 zur Chlorierung von frischem Ausgangsmaterial.

PATENTANSPRÜCHE:

1. Verfahren zur Gewinnung von Eisenoxyd durch gegebenenfalls bei Anwesenheit von Reduktionsmitteln stattfindende Chlorierung von Eisen enthaltenden Rohstoffen und durch Verbrennung des abgetriebenen und kondensierten Eisenchlorids mit Luft unter Wiedergewinnung von Chlor, das im Kreislauf verwendet wird, dadurch gekennzeichnet, daß das abgetriebene und kondensierte Eisenchlorid verdampft, der Eisenchloriddampf mit so stark erhitzter Heißluft verbrannt wird, daß eine Verbrennungstemperatur von ungefähr 800° C erhalten wird, worauf das entstandene Chlor-Stickstoff-Gemisch wieder zur Chlorierung von frischen Rohstoffen verwendet wird.

2. Verfahren nach Anspruch 1, dadurch gekennzeichnet, daß die Verbrennungsprodukte vor einer raschen Abkühlung geschützt werden.

Nr. 561 515. (St. 33. 30.) Kl. 12n, 2.

DR. RUDOLF STOTZ IN DÜSSELDORF-LOHAUSEN UND RICHARD GERISCH IN DÜSSELDORF.

Verfahren zur Rückgewinnung des Eisengehaltes von Beizablaugen als Oxyd.

Vom 6. Juli 1930. — Erteilt am 29. Sept. 1932. — Ausgegeben am 14. Okt. 1932. — Erloschen: . . . .

Die schwer verwendbaren, nicht eingedickten Beizablaugen werden auch heute noch meist in Bäche und Flüsse abgelassen und zerstören dann in diesen alles Tier- und Pflanzenleben. Es entsteht also ein doppelter Schaden: Einesteils gehen Tausende von Tonnen Eisen und Säure verloren und anderseits wird das Wasser verdorben und die Fischzucht vernichtet.

Das Verfahren vorliegender Erfindung gestattet die Aufarbeitung derartiger Eisensalzlösungen. Die Beizablaugen enthalten das Eisen als Ferrosalz, also z. B. Eisenchlorür oder Ferrosulfat. Es ist nun bereits bekannt, festes kristallisiertes Ferrosulfat in großen Haufen jahrelang der Einwirkung von Luft und Regen auszusetzen, um es zu oxydieren, aber einesteils muß dann die Ablauge mit der freien Säure zuerst eingedampft werden, was wegen der freien Säure und des vielen Wassers nur bei Großanlagen ausgeführt wird und dann noch Verluste bringt, andernteils muß dann das Material lange Zeit liegen, bis es oxydiert ist.

Eisenchlorür enthaltende Beizablaugen kann man auf diese Weise überhaupt nicht aufarbeiten. Es war bekannt geworden, auch die letztgenannten Beizablaugen zu verarbeiten, indem man die Laugen zuerst eindampft, versprüht, dann oxydiert und glüht. Die Nachteile derartiger Verfahren und Vorrichtungen sind:

1. Es ist eine Reihe von teuren Vorrichtungen notwendig, die sehr viel Anlagekapital verschlingen.

2. Die Möglichkeit zu Störungen ist groß, einesteils infolge der schwankenden Gehalte der Laugen an freier Säure, andernteils infolge der Möglichkeit der Düsenverstopfung durch Kristalle u. dgl., ferner infolge des engen Temperaturbereichs, der in den Reaktionsräumen eingehalten werden muß, um das Schmelzen und Zusammenbacken des Oxysalzes zu verhüten und Säurekondensation zu vermeiden.

3. Oxydation und Umsetzung erfolgt nicht quantitativ, das erhaltene Oxyd ist deshalb nicht ganz säurefrei und farbrein. Die gewonnene Säure ist eisenhaltig.

4. Das gewonnene Oxyd ist zusammengebacken und deshalb chemisch nicht wirksam.

Durch das im folgenden beschriebene neue Verfahren ist es möglich, auch schwache Beizablaugen ohne vorheriges Eindampfen zu verarbeiten. Erfindungsgemäß werden die Beizablaugen beliebiger Konzentration über aufsaugende Körper, wie Eisenerz, gebrauchtes Tempererz, Biskuitporzellanstücke, Bimsstein, Holzkohle o. dgl., verteilt, und die so erhaltene luftdurchlässige Masse wird der Einwirkung eines Luftstromes ausgesetzt, wodurch dank der Verteilung der Lauge auf großer Oberfläche die Verwandlung des restlichen Ferrosalzes in Oxysalz in kürzester Zeit erfolgt.

Die weitere Verarbeitung, das Laugeneindampfen und Glühen, geschieht z. B. entweder in einem kontinuierlich arbeitenden Trommelofen oder im Schachtofen mit unmittelbarer Gegenstromheizung oder in einer Muffel u. dgl.

Als Beispiel sei die Aufarbeitung einer Salzsäurebeizablauge beschrieben: Diese wird über einen der vorgenannten Aufsaugekörper, z. B. Eisenerz in der Körnung 3 bis 10 mm, unter Umrühren oder Umschaufeln mit Hilfe einer Brause o. dgl. derart fein verteilt, daß eine krümelig feuchte Masse entsteht, die keine Lauge mehr aufnimmt. Das Eisenerz stumpft gleichzeitig freie Säure ab. Die so erhaltene poröse Masse wird nun stark belüftet, entweder durch Bewegung mit Hilfe eines offenen Rührwerks oder im Gegenstromverfahren in einem Schacht. Durch die Einwirkung der Luft bildet sich schnell das Oxysalz: $2\,FeCl_2 + O + H_2O = Fe_2Cl_4(OH)_2$.

Die Aufsaugekörper haben also die Aufgabe, die Lauge festzuhalten und auf großer Oberfläche der Luft auszusetzen. Durch Erwärmen mit Hilfe eines Dampfstrahls o. dgl. wird erfindungsgemäß die Sauerstoffaufnahme beschleunigt. Nach beendigter Oxydation wird erfindungsgemäß die feuchte Masse in einem Arbeitsvorgang getrocknet, also die überschüssige Lauge eingedampft und das Salz durch Glühen zerlegt.

Die Verteilung der Lauge auf den Tragkörpern verhütet das Zusammensintern auch beim schnellen Erhitzen und bewirkt eine außerordentlich feine Verteilung des Eisenoxyds. Gerade diese feine Verteilung ist die Ursache der besonders großen Reaktionsfähigkeit des so gewonnenen Eisenoxyds, welches entweder von den Tragkörpern in Rollfässern abgerieben und unmittelbar weiterverarbeitet oder mit den Tragkörpern zusammen als chemischer Reaktionsträger verwendet werden kann. Das durch Abreiben gewonnene Eisenoxyd dient infolge seiner Reinheit als Farbkörper und als Stahlzusatz. Für das neue auf den Tragkörpern feinst verteilte Eisenoxyd gibt es viele Anwendungsgebiete, z. B.

1. als wirksamen Kontaktkörper für chemische Reaktionen an Stelle von Kiesabbränden und anderem Eisenoxyd,
2. als Reaktionsträger für die Wasserstofferzeugung nach dem Eisenoxydverfahren,
3. als Gasreinigungskörper und Ersatz für spanisches Rasenerz,
4. als Ausgangsstoff für die Herstellung von reinem Eisen nach dem Karbonylverfahren,
5. als oxydierender Zusatz bei der Stahlherstellung,
6. als Sauerstoff abgebendes Glühmittel beim Tempern.

In vielen Fällen braucht das Eisenoxyd nicht von den Trägern entfernt zu werden, sondern dient weiter als das Zusammenbacken der Masse verhütender Träger. Durch mehrmalige Behandlung der Tragkörper kann die Eisenoxydschicht verstärkt werden. Ferner erleichtern die Tragkörper die Regenerierung dieser Massen durch erneute Behandlung.

Diese Eisenoxydmasse kann z. B. als Glühfrischmittel beim Tempern verwendet und altes Tempererz mit einer Schicht Eisenoxyd überzogen und wieder voll gebrauchsfähig gemacht werden. Der Vorgang des Glühens des nach dem neuen Verfahren vorbehandelten Alterzes kann unter Umständen mit dem Tempern in einem Arbeitsgang erfolgen, indem man die getrocknete und belüftete Masse schichtweise zwischen Temperware packt und mit dieser zusammen glüht. Die Verwendung des regenerierten Alterzes ist vorteilhaft, denn es werden 25 bis 30% vom Gewicht der Temperware an Neuerz gespart, und die Sauerstoffabgabe ist sehr gleichmäßig, wodurch Fehler, wie Verbrennen der Gußhaut und Fleckenbildung, vermieden werden.

Durch das neue Verfahren der Beizablaugeaufarbeitung werden also folgende Vorteile erreicht:

1. Verdünnte Beizablaugen können ohne vorheriges Eindampfen verarbeitet werden.
2. Die Vorrichtung für die Aufarbeitung und die diesbezügliche Arbeit wird vereinfacht.
3. Die Verunreinigung der Bäche durch Beizablaugen fällt fort.
4. Der deutschen Wirtschaft werden jährlich Tausende von Tonnen Eisen und Säure wiedergewonnen.
5. Es wird ein außerordentlich fein verteiltes Eisenoxyd mit wertvollen chemischen Eigenschaften erhalten, das mit oder ohne Tragkörper Verwendung finden kann.
6. Diese Oxydmassen können leicht durch erneute Behandlung mit Lauge regeneriert werden.

Patentansprüche:

1. Verfahren zur Verwertung von Beizablaugen, dadurch gekennzeichnet, daß die Ablaugen durch poröse Träger aufgenommen und die so erhaltenen luftdurchlässigen Massen künstlich belüftet, dann getrocknet und geglüht werden.

2. Verfahren nach Anspruch 1, weiter dadurch gekennzeichnet, daß die oxydierende Luft direkt durch Dampf erwärmt wird.

3. Verfahren nach Anspruch 1 und 2, weiter dadurch gekennzeichnet, daß als poröser Träger ausgebrauchtes Tempererz benutzt wird.

Nr. 490952. (V. 20740.) Kl. 12g, 1. VORMBUSCH & CO. G. M. B. H. IN DORTMUND.

Verfahren zur Herstellung von festen, porösen Formkörpern aus reinem Eisenoxyd.

Vom 28. Nov. 1925. — Erteilt am 16. Jan. 1930. — Ausgegeben am 7. Febr. 1930. — Erloschen 1933.

Die chemische Technik bedient sich bei der Durchführung mancher Prozesse Katalysator- bzw. Kontaktmassen. Diese Körper sollen zweckmäßig eine große Reaktionsoberfläche haben; sie müssen widerstandsfähig gegen chemische Einflüsse sein; sie sollen sich möglichst, selbst bei höheren Temperaturen, nicht verändern, ferner sollen sie lange gebrauchsfähig bleiben oder durch einfache Verfahren, wie Ausglühen, Auslaugen u. dgl., beim Nachlassen der Kontaktwirkung leicht regeneriert werden können. In vielen Fällen sollen sie auch so beschaffen sein, daß sie selbst bei hoher Schüttung Gasen das Hindurchtreten gestatten; sodann ist es wünschenswert, wenn sie nach dem Gebrauch noch verwertbar sind.

Es sind Verfahren bekannt geworden, die bezwecken, unreine, oxydische, fein zerteilte Eisenabfälle, wie beispielsweise Feinerze, mit Gangarten, Gichtstaub u. a. durch Brikettieren oder Agglomerieren stückig zu machen. Die Brikettierungsverfahren bewirken durch Beimischen organischer, klebriger Stoffe, wie Zellpechlauge, Teer usw., und Pressen der Masse zu Formlingen unter hohem Druck eine rein mechanische Verkittung der Feinteilchen. Bei den Agglomerierverfahren werden dem unreinen, oxydischen, eisenhaltigen Feingut Kieselsäure und Tonerde oder andere Flußmittel beigemischt, worauf die Masse, durch Sinterung, d. h. Glühen bei hoher Temperatur, oberflächlich verschlackt, in Stückform gebracht wird. Sowohl die durch Brikettieren erhaltenen Formlinge als auch die durch Agglomerieren entstandenen mit verstopfter Oberfläche eignen sich auch wegen der beigemischten Verunreinigungen nicht für Kontaktverfahren; sie dienen lediglich zur Verhüttung auf Metall im Hochofen. Es ist ferner versucht worden, zur Erzeugung von Wasserstoff reine Kontaktkörper herzustellen, indem durch Fällen aus Metallsalzlösungen oder durch Erhitzen geeigneter Metallsalze (Oxalate, Nitrate o. dgl.) unter Vermeidung hoher Temperaturen Oxyde, Hydroxyde oder Carbonate erzeugt, dieselben mit Bindemitteln geformt und die Formkörper nicht über Rotglut bis max. 600° C erhitzt werden. Die bei dem Verfahren zur Anwendung gelangenden niedrigen Temperaturen erbringen jedoch den Formlingen nicht die nötige Festigkeit, auch erlangen und besitzen dieselben nicht die vorstehend gekennzeichneten Eigenschaften, wie sie die Kontaktverfahren erfordern.

Nach der Erfindung werden solche Massekörper mit hervorragenden Eigenschaften für Kontaktverfahren wie folgt hergestellt:

Das Metall Eisen selbst sowie seine unterhalb der beim Glühen an der Luft entstehenden höchsten Oxydationsstufe, dem Fe_2O_3, liegenden Oxyde FeO und Fe_3O_4 in fein zerteiltem Zustande, mit Wasser oder einem anderen in der Hitze flüchtigen oder verdampfenden Bindemittel, z. B. organischen, klebenden Stoffen, plastisch gemacht, in beliebig gestaltete Formen übergeführt, bei Temperaturen von 600 bis 1300° C, die unterhalb der Schmelzpunkte der niederen Eisenoxyde liegen, genügend lange erhitzt, verwandeln sich in feste, haltbare, poröse Körper aus bindemittelfreiem Eisenoxyd. Die flüchtigen Bindemittel werden beim Glühen vollkommen ausgebrannt, wodurch die Körper, dem Bindemittelgehalt der Rohmasse entsprechend, porös werden. Die Verfestigung erklärt sich als eine physikalische Zustandsänderung im Gefüge der Oxydmasse. Nachdem die Feinteilchen vor dem Glühen durch Beimischung des Bindemittels und Formen miteinander in innige Berührung gebracht sind, nehmen sie beim Glühen an der Luft bei den angewendeten Temperaturen Sauerstoff auf und gehen in die höchst gesättigte Oxydstufe über; die vor dem Glühen amorphen Feinteilchen werden bei diesem Vorgang in den kristallinischen Zustand übergeführt, wobei die Kriställchen sich miteinander verfilzen, d. h. die entstehenden Körper werden fest. Während der Verfestigung entweicht gleichzeitig das flüchtige Bindemittel restlos, es bleibt eine Porosität im Gefüge der Körper zurück, die regelbar ist. Durch das Verfahren der Erfindung entstehen feste, poröse Körper aus reinem Eisenoxyd, die bei Wechselreaktionen oder wiederholten Glühungen haltbar sind.

Den vorbenannten nicht bis zur Stufe Fe_2O_3 mit Sauerstoff gesättigten Eisenoxydpulvern können vor der Verfestigung durch Glühen alle möglichen chemischen Reagenzien beigemischt und den durch den Glühprozeß entstehenden Oxydkörpern nach dem Verfahren der Erfindung eingebunden werden. Nach dem Glühen saugen solche Körper auch vermöge ihrer Porosität chemische Reagentien, beispielsweise Aktivkörper, in flüssiger Form begierig auf, die durch Verdampfen der Flüssigkeit oder Trocknen auf den Kontaktträger niedergeschlagen werden. Die nach der Erfindung hergestellten Körper können in der chemischen Industrie mit Vorteil als Katalysator- bzw. Kontakt- oder Absorptionsmassen verschiedenartig Verwendung finden; dieselben können auch als stückige Oxyde mit Vorteil auf Eisen verhüttet werden.

Beispiel 1. Anilinschlamm, wie er bei der

Anilinfabrikation als Fe_3O_4-Schlamm entfällt, von chemisch gebundenem Wasser befreit, wird mit Wasser bildsam gemacht und in einer Presse zu Formlingen gepreßt; dieselben werden getrocknet und an der Luft 2 Stunden wie folgt geglüht:

Probe 1 bei 900° C, Probe 2 bei 1100° C, Probe 3 bei 1000° C mit 10% Eisenpulver und ein zweites Mal bei 1200° C nachgeglüht.

Es ergeben sich außerordentlich feste, poröse, bindemittelfreie Eisenoxydkörper, die bei Temperaturschwankungen ihre Form behalten. Ein gleiches Ergebnis wurde mit fein gemahlenem Walzsinter erreicht.

Beispiel 2. Walzsinter, wie er bei der Warmverformung des Eisens entfällt, mit 5% Teer von der Kohlendestillation gemischt, unter gelindem Druck zu Formlingen gepreßt, an der Luft 2 Stunden bei 1500° C geglüht, ergibt harte, poröse Eisenoxydkörper. Das organische Bindemittel wird restlos ausgebrannt, wodurch die Körper entsprechend porös werden.

Beispiel 3. Walzsinter mit 5% kumaronharzhaltigen Rückständen angemacht, die mit Wasser verdünnt wurden, in Form gepreßt und nach dem Trocknen 2 Stunden an der Luft bei 1150° C geglüht, wobei das Bindemittel vollkommen verbrannt wird. Die Probe ergibt feste, poröse Oxydkörper aus Fe_2O_3.

Beispiel 4. Feineisenerze aus mit Sauerstoff nicht gesättigtem Oxyd, z. B. Magnetiterz aus Fe_3O_4 mit 7% Pech, welches bei der Teerdestillation zurückbleibt, oder Zellpechlauge an der Luft 2 Stunden bei 1200° C geglüht, ergeben feste, poröse, leicht reduzierbare Körper aus Eisenoxyd, das frei von Bindemittel ist.

PATENTANSPRUCH:

Verfahren zur Herstellung von festen, porösen Formkörpern aus reinem Eisenoxyd (Fe_2O_3), dadurch gekennzeichnet, daß Eisen oder seine unterhalb der Oxydationsstufe Fe_2O_3 liegenden Oxyde FeO und Fe_3O_4 in fein verteiltem Zustand mit einem in der Hitze flüchtigen oder verdampfenden Bindemittel, beispielsweise Wasser, Pech, Teer, Dextrin, Zellpechlauge, Ölen oder anderen organischen Stoffen, durch Mischen plastisch gemacht, geformt und bei Temperaturen von 600 bis 1300° C bei Luftzutritt eine bestimmte Zeit geglüht werden, so daß reines, von Bindemittel freies Eisenoxyd (Fe_2O_3) entsteht.

Nr. 483 998. (S. 60 536.) Kl. 12 n, 2.

SIEMENS-PLANIAWERKE A.-G. FÜR KOHLEFABRIKATE IN BERLIN-LICHTENBERG.

Erfinder: Dr. Erich Birnbräuer in Neuenhagen, Ostbahn.

Verfahren zur Herstellung von Formkörpern aus Eisen.

Vom 6. Aug. 1922. — Erteilt am 26. Sept. 1929. — Ausgegeben am 8. Okt. 1929. — Erloschen: 1930.

Es ist bekannt, Formkörper aus Eisen dadurch herzustellen, daß das Eisen aus Lösungen oxydisch ausgefällt, der Niederschlag ausgewaschen, reduziert und dann in Formen gepreßt wird. Besonders einfach und billig gestaltet sich das Verfahren, wenn man von Eisen irgendwelcher Herkunft, z. B. von Schrott, ausgeht, den man in beliebiger Form als Anode in einen Elektrolyten bringt und auflöst. Am besten wird dabei so verfahren, daß das gelöste Eisen kontinuierlich aus dem Elektrolyten wieder ausgefällt wird. Dazu genügt es, wenn man den Elektrolyten geeignet wählt. Nimmt man z. B. ein Alkalisalz, etwa Kochsalz oder Natriumsulfat, in ungefähr halbgesättigter Lösung, dann scheidet sich beispielsweise bei einer Stromdichte von ungefähr 2 bis 5 Amp. pro qcm unmittelbar oxydisches Eisen ab. Der Niederschlag ist verschieden, je nach dem angewandten Elektrolyten und nach der Temperatur. Bei kalter Kochsalzlösung entsteht der Hauptsache nach Eisenoxydulhydrat; bei kalter Sulfatlösung entsteht der Hauptsache nach Eisenoxydhydrat. Aus heißen Lösungen fällt hauptsächlich das Oxydul bzw. das Oxyd aus. Der Niederschlag wird gut ausgewaschen, beispielsweise so lange, bis keine Chlor- oder Schwefelsäurereaktion mehr eintritt, dann getrocknet und reduziert.

Am geeignetsten ist die Reduktion im Wasserstoffstrom. Es muß aber dafür gesorgt werden, daß die Temperatur nicht zu niedrig ist, weil sonst das Eisen sich an der Luft wieder oxydiert. Arbeitet man oberhalb von 700°, am besten bei etwa 850°, so bekommt man ein sehr brauchbares, äußerst widerstandsfähiges und sehr plastisches Eisen, das sich leicht in Formen pressen läßt. Man kann, statt mit Wasserstoff zu reduzieren, auch andere Reduktionsmittel anwenden, z. B. Wasserstoff enthaltende Gase oder Gasgemische. Je nach der Wahl solcher Reduktionsmittel bekommt man aber mehr oder weniger verunreinigtes Eisen. Das mit Wasserstoff erhaltene Produkt ist von außerordentlicher Reinheit und Widerstandsfähigkeit.

Das Verfahren kann daher auch verwendet

werden, um weniger reines Eisen, z. B. Gußeisen oder Roheisen anderer Art oder Schrott, auf reines Eisen zu verarbeiten.

PATENTANSPRÜCHE:

1. Verfahren zur Herstellung von Formkörpern aus Eisen, dadurch gekennzeichnet, daß Eisen als Anode in einem Elektrolyten aufgelöst und aus dem Elektrolyten ausgefällt wird, und daß die ausgefällte oxydische Eisenverbindung bei erhöhter Temperatur reduziert und alsdann durch Pressen geformt wird.

2. Verfahren nach Anspruch 1, dadurch gekennzeichnet, daß eine Lösung von Alkalisalz (Kochsalz, Natriumsulfat) als Elektrolyt verwendet wird.

3. Verfahren nach Anspruch 1, dadurch gekennzeichnet, daß die Reduktion mittels Wasserstoff bei Temperaturen von über 700°, vorteilhaft bei etwa 850°, geschieht.

Nr. 489550. (T. 31937.) Kl. 12n, 2. MICHAEL TENNENBAUM IN BERLIN-WILMERSDORF UND DR. CARL VAN EWEYK IN BERLIN-CHARLOTTENBURG.

Verfahren zur Herstellung von besonders reaktionsfähigen (aktiven) Eisenverbindungen.

Vom 11. Juni 1926. — Erteilt am 24. Dez. 1929. — Ausgegeben am 27. Jan. 1930. — Erloschen: ....

Es ist z. B. aus den Veröffentlichungen von Baudisch & Welo (Die Naturwissenschaften, Verlag Jul. Springer, Berlin, 13. Jahrgang 1925, S. 749 ff.) bekannt, daß unter bestimmten Bedingungen hergestellte Eisenfällungen und Eisenlösungen besondere Wirkungen und Eigenschaften aufweisen, die man als aktiv bezeichnet. Derartige aktive Substanzen weisen z. B. die Eigentümlichkeit auf, besonders wasserlöslich zu sein, Sauerstoff zu assimilieren und ihn leicht wieder abzugeben; sie weisen katalytische Wirkungen auf geben die Benzidinreaktion u. dgl. m.

Baudisch hat u. a. ein Monoaquopentacyanoferroat sowie ein sehr labiles Hexabicarbonatoferroat und ein Fe_2O_3 beschrieben, Verbindungen, die sämtlich die Benzidinreaktion geben, also aktiv sind. Die von Baudisch beschriebenen Verbindungen sind außerdem noch ferromagnetisch im Gegensatz zu den nichtaktiven Verbindungen, die ganz schwach paramagnetisch sind.

Diese von Baudisch beschriebenen Verbindungen sind nur unter großen Schwierigkeiten herzustellen, zum Teil auch nur beschränkt haltbar, was eine Herstellung und Verwendung im technischen Maßstabe erschwert.

Die vorliegende Erfindung betrifft nun ein Verfahren zur einfachen Herstellung haltbar aktiver Eisenverbindungen. Sie beruht auf der neuen Erkenntnis, daß aus den niedrigen Oxydationsstufen von Eisen ausgefällte Carbonate sehr aktive Verbindungen ergeben, wenn man diese Carbonate einem langsamen Zerfall durch Einleiten geringer Mengen von Sauerstoff enthaltenden indifferenten Gasen, z. B. Kohlensäure, möglichst unter Luftabschluß unterwirft. Die durch Benzidin festzustellende Aktivität der nach vorliegender Erfindung gewonnenen Verbindungen übersteigt die des von Baudisch dargestellten aktiven Fe_2O_3 um ein Mehrfaches.

Im nachfolgenden sei beispielsweise die Herstellung eines aktiven Ferro-Ferri-Bicarbonates beschrieben.

Beispiel

Eine Ferrosalzlösung wird mit einer aquimolekularen Mischung von Natriumcarbonat und Bicarbonat unter gleichzeitiger Einleitung von Kohlensäure in der Siedehitze gefällt. Das anfangs ausfallende Carbonat ist inaktiv, ganz im Einklang mit den Angaben von Baudisch. Wenn man nun die Mischung unter lebhaftem Durchleiten von indifferenten Gasen kocht, so tritt eine Zersetzung ein; das Sediment wird allmählich aktiv und stellt nach dem Absaugen und Trocknen ein hochaktives Pulver dar.

Die Produkte gemäß vorliegender Erfindung können mannigfaltige Verwendung finden. Sie können z. B. Mineralwässern zugesetzt werden, die nach dem Abfüllen aus der Quelle in ihrer medizinischen Wirkung schwächer geworden sind oder sie ganz verloren haben. Es gelingt mit Hilfe der aktiven Substanzen die Wirkung solcher Mineralwässer zu reaktivieren bzw. ihnen ihre Aktivität zu erhalten.

Die aktiven Produkte gemäß der Erfindung können auch mit Erfolg als Medikamente Anwendung finden, beispielsweise bei Blutkrankheiten, bei Schwächezuständen, kurz bei allen Krankheiten, die durch Dauer- oder Begleitumstände einen starken Kraftverbrauch verursachen, dessen Ersatz nicht allein durch Nährmittel bewirkt werden kann.

Es sei noch bemerkt, daß die nach dem Verfahren der Erfindung hergestellten aktiven Produkte im Gegensatz zu den von Baudisch beschriebenen Komplexsalzen gut haltbar sind.

PATENTANSPRUCH:

Verfahren zur Herstellung von besonders reaktionsfähigen (aktiven) Eisenverbindungen, dadurch gekennzeichnet, daß aus der wäßrigen Lösung von Eisensalzen in niedriger Oxydationsstufe ein Carbonat oxydisch durch kohlensaure Salze bei gleichzeitiger Einleitung von CO_2 in der Wärme ausgefällt und unter möglichstem Abschluß von Luftsauerstoff teilweise zersetzt wird.

Nr. 507887. (T. 32809.) Kl. 12n, 2. Michael Tennenbaum in Berlin-Wilmersdorf und Dr. Carl van Eweyk in Berlin-Charlottenburg.

Verfahren zur Herstellung von besonders reaktionsfähigen (aktiven) Eisenverbindungen.

Zusatz zum Patent 489550.

Vom 22. Dez. 1926. — Erteilt am 11. Sept. 1930. — Ausgegeben am 4. Okt. 1930. — Erloschen: . . . .

Die Erfindung betrifft ein Verfahren zur Herstellung von sogenannten aktiven Eisenverbindungen. Sie bildet eine weitere Ausbildung des Patentes 489550, gemäß welchem aktive Eisenverbindungen in der Weise hergestellt werden, daß aus wäßrigen Lösungen von Eisensalzen in niedriger Oxydationsstufe ein Carbonat oxydisch durch kohlensaure Salze bei gleichzeitiger Einleitung von CO_2 in der Wärme ausgefällt und unter möglichstem Abschluß von Luftsauerstoff teilweise zersetzt wird.

Die vorliegende Erfindung beruht auf der neuen Erkenntnis, daß die so gewonnenen aktiven Carbonate unter gewissen Umständen und bei bestimmter Behandlung in andere stabile aktive Verbindungen übergeführt werden können. U. a. gelingt es, aktives Oxyd, vom aktiven Carbonat ausgehend, auf verhältnismäßig einfachem Wege herzustellen, im Gegensatz zu dem bekannten Verfahren von Baudisch & Welo, die aktive Oxyde auf dem umständlichen Wege über den nur schwer zu reinigenden Lefortschen Magnetit durch langes Erhitzen im Sauerstoffstrom bei hohen Temperaturen herstellen. (Die Naturwissenschaften, Verlag Jul. Springer, Berlin, 13. Jahrgang, 1926 S. 749 ff.)

Erfindungsgemäß kann das gemäß Patent 489550 gewonnene aktive Carbonat (wie übrigens auch andere aktive Eisenverbindungen, z. B. der Lefortsche Magnetit, auf mehreren verschiedenen Wegen weiterverarbeitet werden, um die hier in Betracht kommenden aktiven Eisenverbindungen zu erzielen (vgl. das beiliegende Schema).

1. Man kann beispielsweise das Ausgangsmaterial (aktives Carbonat gemäß Patent 489550) unter Luftabschluß erhitzen. Man erhält dann einen aktiven sogenannten künstlichen Magnetit, d. h. eine Eisen-Oxydul-Oxydverbindung von wechselnder Zusammensetzung.

a) Durch schwaches Erhitzen dieses Magnetits an der Luft erhält man ein stark magnetisches, aktives Eisenoxyd.

b) Behandelt man den Magnetit (oder auch Lefortschen Magnetit) oder aktives Carbonat gemäß Patent 489550 mit konzentrierten organischen Säuren, beispielsweise mit konzentrierter Essigsäure oder mit Oxalsäure in gesättigter, wäßriger oder alkoholischer Lösung o. dgl., so erhält man aktive Salze der betreffenden Säuren. Kocht man diese mit schwachen Basen, wie Natriumacetat, so erhält man aktive Hydroxyde.

2. Zu demselben Ergebnis gelangt man, wenn man das aktive Carbonat, ebenso wie den Magnetit, der gemäß Schema 1 gewonnen war, mit konzentrierten organischen Säuren in der gleichen Weise behandelt, wie unter 1b beschrieben. Erhitzt man die erhaltenen aktiven Salze, z. B. der Essigsäure, unter Luftabschluß, so kommt man wieder zum Magnetit (siehe oben Schema, Reihe 1).

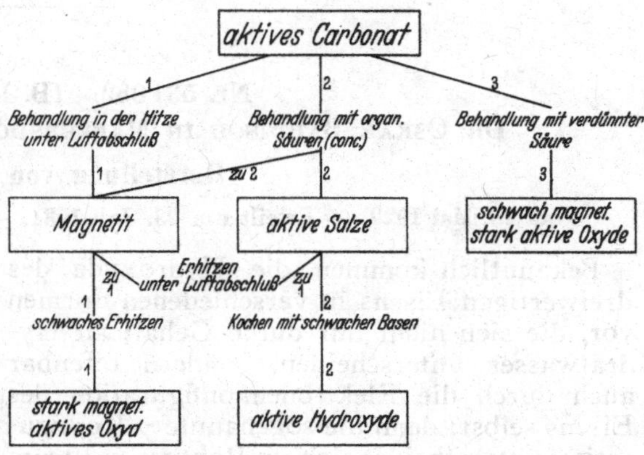

3. Behandelt man schließlich das aktive Carbonat, wie es gemäß Patent 489550 gewonnen ist, mit verdünnten Mineralsäuren, z. B. einer $\frac{n}{10}$ — $\frac{n}{100}$ Salzsäure, so erhält man infolge der starken Verdünnung keine Salze, sondern man kommt direkt zu aktiven Oxyden bzw. Hydroxyden, die im Gegensatz zu den nach Reihe 1 gewonnenen schwach magnetisch, aber wesentlich aktiver sind.

Beispiele

1. 20 g aktives Carbonat werden zwecks Luftabschluß mit reichlich flüssigem Paraffin vermischt und unter Rühren kurz auf eine Tem-

peratur zwischen 100 bis 300° erhitzt. Dabei entweicht Kohlensäure, und es entsteht eine tiefschwarze Fällung, die so magnetisch ist, daß sie aus dem heißen Paraffin mittels eines Elektromagneten entfernt werden kann. Sie wird dann mit Äther gewaschen, wobei der Äther vom Niederschlag ebenfalls zweckmäßig mittels des Magneten abgetrennt und der Magnetit im Exsikkator getrocknet und unter Luftabschluß aufbewahrt wird.

2. 20 g Carbonat werden mit etwa 20 ccm Eisessig übergossen und bei Wasserbadtemperatur 24 Stunden belassen. Es bildet sich eine rote Lösung von Eisenacetat über einem dunkel gefärbten Niederschlag von basischen Acetaten, der von der überstehenden Lösung befreit, mit Alkoholäther gewaschen und getrocknet wird. Der Niederschlag ist fast ohne Rückstand mit roter Farbe in Wasser löslich. Die Lösung sowohl wie die feste Substanz sind stark aktiv.

3. 10 g aktives Carbonat werden mit $^1/_{10}$ bis $^1/_{100}$ normaler Mineralsäure reichlich bedeckt und unter häufigem Schütteln auf dem Wasserbad erwärmt bis zum Aufhören der Entwicklung von Kohlendioxyd. Es entsteht ein roter, äußerst feinpulvriger Niederschlag von Oxyd bzw. Hydroxyd, der deutlich magnetisch und stark aktiv ist. Er wird gewaschen und mit Alkohol getrocknet.

PATENTANSPRÜCHE:

1. Verfahren zur Herstellung von besonders reaktionsfähigen (aktiven) Eisenverbindungen, dadurch gekennzeichnet, daß die gemäß Patent 489 550 gewonnenen aktiven Carbonate trocken unter Luftabschluß bei Temperaturen von 100 bis 300° erhitzt werden, wobei zunächst künstlicher Magnetit und nach weiterem schwachen Erhitzen unter Luftzutritt ein aktives, stark magnetisches Eisenoxyd entsteht.

2. Verfahren nach Anspruch 1, dadurch gekennzeichnet, daß die aktiven Carbonate, die nach dem Verfahren gemäß Patent 489 550 erzielt sind, oder künstliche, vorzugsweise nach Anspruch 1 erhaltene Magnetite mit konzentrierten organischen Säuren behandelt werden zum Zwecke der Erzielung sogenannter aktiver organischer Eisenverbindungen, die durch Kochen mit schwachen Basen in aktive Hydroxyde verwandelt werden können.

3. Verfahren nach Anspruch 1, dadurch gekennzeichnet, daß die aktiven, gemäß Patent 489 550 erhaltenen Carbonate mit verdünnten Mineralsäuren behandelt werden, wodurch stark aktive, schwach magnetische Oxyde erhalten werden.

Nr. 531 082. (B. 143 696.) Kl. 12 n, 2.

DR. OSKAR BAUDISCH IN MAFFERSDORF, TSCHECHOSLOWAKISCHE REPUBLIK.

Herstellung von Ferri-γ-hydroxyd.

Vom 18. Mai 1929. — Erteilt am 23. Juli 1931. — Ausgegeben am 4. Aug. 1931. — Erloschen: 1933.

Bekanntlich kommen die Hydroxyde des dreiwertigen Eisens in verschiedenen Formen vor, die sich nicht nur durch Gehalt an Hydratwasser unterscheiden, sondern offenbar auch durch die Elektronenkonfiguration des Eisens selbst; denn die sogenannte γ-Konfiguration unterscheidet sich im Röntgenspektrum deutlich von der α-Konfiguration. Die erstere geht beim Entwässern bei etwa 200° C in eine besonders lockere Form des γ-Oxyds über, das ferromagnetische Eigenschaften besitzt und die Fähigkeit hat, biologisch im Sinne der Katalase zu wirken.

Es wurde gefunden, daß man das Ferri-γ-hydroxyd dadurch gewinnen kann, daß man Lösungen von möglichst reinem Ferrochlorid bei Gegenwart von Luft oder Sauerstoff mit Pyridin, Piperidin, Anilin oder anderen organischen Basen ausfällt. Eisenchloridlösungen, die einen für die Gewinnung des γ-Hydrats hinreichenden Reinheitsgrad besitzen, erhält man z. B. durch Auflösen von aus Eisenpentacarbonyl gewonnenem Eisen in Salzsäure. Interessanterweise ergibt das mit anderen Säuren, z. B. Schwefelsäure, aufgelöste Eisen keine reine γ-Form, sondern ein Gemisch mit der α-Form.

Beispiel

50 g reinstes Eisenpulver werden mit 250 ccm arsenfreier Salzsäure vom spezifischen Gewicht 1,2 bis 1,3 übergossen. Wenn die überstehende Lösung gegen Congopapier neutral reagiert, wird durch ein gehärtetes Filter vom überschüssigen Eisen filtriert.

100 ccm dieser Ferrochlorid-Lösung werden mit 2 ccm Pyridin versetzt und durch die Lösung bei einer Temperatur von 60° C 2 bis 3 Stunden Luft durchgeleitet. Der ausgeschiedene Niederschlag wird filtriert und bis zum Verschwinden der Chlorreaktion gewaschen. Das Filtrat wird nochmals mit 2 ccm Pyridin versetzt, und wiederum wird 2 Stunden lang Luft durchgeleitet; der sich abscheidende Niederschlag wird abfiltriert und gewaschen.

PATENTANSPRUCH:

Verfahren zur Darstellung von Ferri-γ-hydroxyd, gekennzeichnet durch die Oxydation von Ferrochloridlösungen durch Hindurchleiten von Luft oder Sauerstoff in Gegenwart organischer Basen, z. B. Pyridin.

Nr. 538083. (B. 144369.) Kl. 12n, 2.

DR. OSKAR BAUDISCH IN MAFFERSDORF, TSCHECHOSLOWAKISCHE REPUBLIK.

Herstellung von Ferri-γ-hydroxyd.

Zusatz zum Patent 531082.

Vom 28. Juni 1929. — Erteilt am 29. Okt. 1931. — Ausgegeben am 11. Nov. 1931. — Erloschen: 1933.

Das Patent 531 082 betrifft ein Verfahren, nach dem es gelingt, das Ferri-γ-hydroxyd in der Weise herzustellen, daß man Ferrochloridlösungen bei Gegenwart von Luft mit organischen Basen fällt.

Im weiteren Verlauf der Untersuchungen ergab sich nun, daß man zur Ausfällung der γ-Form aus den Lösungen von Ferrochlorid bei Gegenwart von sauerstoffhaltigen Gasen nicht nur organische Basen, wie Pyridin u. dgl., verwenden kann, sondern daß man auch mit Aziden, vorzugsweise Alkaliaziden, zum gewünschten Ziele kommt.

Beispiel 1

Reinstes Eisen wird in konzentrierter Salzsäure gelöst, bis die Lösung auf Kongo neutral reagiert. Man erhitzt bei 80° unter Durchleiten von Luft und tropft hierbei eine konzentrierte Lösung von Natriumazid ein. Der sich ausscheidende rotgelbe paramagnetische Niederschlag von Ferri-γ-hydroxyd wird abfiltriert und gewaschen. Beim Trocknen zwischen 150 und 250° wird er entwässert und liefert das braunrot gefärbte Eisenoxyd Fe_2O_3, welches sehr stark ferromagnetisch und somit ein γ-Oxyd ist.

Beispiel 2

Reinstes Eisen wird in konzentrierter Salzsäure gelöst, bis die Lösung gegen Kongo neutral reagiert. Man gibt zu der grün gefärbten Lösung Natriumazid im Überschuß und leitet Sauerstoff ein. Es fällt ein leuchtend orangegelber Niederschlag von reinem paramagnetischem α-Hydrat aus, das beim Entwässern bei 250° in rotes paramagnetisches α-Oxyd übergeht. Die tiefrot gefärbte Mutterlauge wird zum Kochen erhitzt, und es scheidet sich reichlich ein intensiv gelb gefärbter Niederschlag von Ferri-γ-hydroxyd aus, welcher nach gründlichem Waschen mit Wasser an der Luft getrocknet wird. Es ist paramagnetisch und geht beim Entwässern bei 150 bis 250° in ein rotes γ-Oxyd über, welches stark ferromagnetisch ist.

PATENTANSPRÜCHE:

1. Abänderung des durch Patent 531082 geschützten Verfahrens zur Darstellung von Ferri-γ-hydroxyd, dadurch gekennzeichnet, daß man an Stelle von organischen Basen nier Azide, vorzugsweise Alkaliazide, bei Temperaturen von etwa 80 bis 100° einwirken läßt.

2. Abänderung des Verfahrens nach Anspruch 1, dadurch gekennzeichnet, daß man die Azide zunächst bei gewöhnlicher Temperatur zugibt, wobei das Ferri-α-hydrat ausfällt, und nach dessen Abscheiden die Mutterlauge erhitzt.

Nr. 565965. (L. 64. 30.) Kl. 12n, 2.

STANLEY ISAAC LEVY IN OTTERSHAW UND GEORGE WYNTER GRAY IN LONDON.

Verfahren zur gleichzeitigen Herstellung von zwei Ferrisalzen aus Ferrosalzen.

Vom 14. Dez. 1930. — Erteilt am 24. Nov. 1932. — Ausgegeben am 12. Dez. 1932. — Erloschen: 1934.

Großbritannische Priorität vom 31. Jan. und 31. Okt. 1930 beansprucht.

Es ist bekannt, daß Chlor aus geeigneten Ferrisalzen erhalten werden kann, wenn diese mit einem Chlorid eines Alkali- oder Erdalkalimetalls, wie des Natriums, Calciums oder Magnesiums oder mit einem anderen Chlorid gemischt werden und das Gemisch dann in einem Luft- oder Sauerstoffstrom erhitzt wird.

Es ist dabei erforderlich, daß das Ferrisalz bei der für die Reaktion erforderlichen Temperatur von etwa 300 bis 600° C weder schmelzbar noch flüchtig ist. Das Ferri-

sulfat ist die geeignetste und am leichtesten herzustellende Verbindung, welche diesen Bedingungen genügt. Die Reaktion verläuft nach der Gleichung:

$$2\,Fe_2(SO_4)_3 + 12\,NaCl + 3O_2 = 2\,Fe_2O_3 + 6\,Na_2SO_4 + 6\,Cl_2\,. \qquad (A)$$

Bisher ist es jedoch nicht möglich gewesen, daß unter technischen Bedingungen reines Ferrisulfat gewonnen werden kann. Das handelsmäßige Ferrisulfat ist keineswegs rein; gewöhnlich enthält es Feuchtigkeit und entweder freie Schwefelsäure oder etwas basisches Ferrisulfat. Ferner machen die Herstellungskosten des Ferrisulfats nach den bisherigen Verfahren dessen Verwendung für die Herstellung von Chlor unwirtschaftlich.

Nach der vorliegenden Erfindung werden nun geeignete Ferrisalze hoher Reinheit und völlig frei von Feuchtigkeit und Säure erhalten, indem ein geeignetes Ferrosalz auf trockenem Wege und bei erhöhten Temperaturen unter gleichzeitiger Bildung einer zweiten, bei der angewandten Temperatur flüchtigen Ferriverbindung oxydiert wird. Als Ferrosalz kann Ferrophosphat, Ferrosulfat, Ferrochlorid oder eine andere Ferroverbindung benutzt werden, die leicht wasserfrei und technisch rein erhalten werden kann. Als Oxydationsmittel wird bei Verwendung von Ferrophosphat oder -sulfat Chlor oder Brom benutzt, bei Verwendung von Ferrochlorid wird ein Gemisch aus gleichen Volumen von Schwefeldioxyd und Sauerstoff oder ein Gemisch aus zwei Volumen Schwefeltrioxyd und einem Volumen Sauerstoff benutzt. Als Quelle für den Sauerstoff kommt vorzugsweise Luft zur Verwendung.

Die Bildung von Ferrisalzen nach diesen Verfahren kann durch die folgenden Gleichungen ausgedrückt werden, in welchen die Wärmetönungen in Kilogrammkalorien (K) ausgedrückt sind:

$$6\,FeSO_4 + 3\,Cl_2 = 2\,Fe_2(SO_4)_3 + Fe_2Cl_6 + 146\,K. \qquad (B)$$

$$6\,FeSO_4 + 3\,Br_2 = 2\,Fe_2(SO_4)_3 + Fe_2Br_6 + 134\,K. \qquad (C)$$

$$2\,Fe_3(PO_4)_2 + 3\,Cl_2 = 4\,FePO_4 + Fe_2Cl_6\,. \qquad (D)$$

$$6\,FeCl_2 + 3\,SO_2 + 3\,O_2 = Fe_2(SO_4)_3 + 2\,Fe_2Cl_6 + 325\,K. \qquad (E)$$

$$6\,FeCl_2 + 3\,SO_3 + 3/2\,O_2 = Fe_2(SO_4)_3 + 2\,Fe_2Cl_6 + 256\,K. \qquad (F)$$

Es ist ersichtlich, daß das ganze in den Gleichungen (B), (C) und (D) benutzte freie Halogen als flüchtiges Ferrihaloid erhalten wird. Da Ferrichlorid und -bromid leicht und vollständig durch Luft oder Sauerstoff bei 600 bis 1000° C unter Bildung von Ferrioxyd und unter Freiwerden von Halogen oxydiert werden, so kann letzteres wieder benutzt und ohne Verlust wiedergewonnen werden, so daß durch die Herstellung des nichtflüchtigen Ferrisalzes in Wirklichkeit kein Halogen verbraucht wird. Lediglich die Menge, die zur Einleitung des Prozesses und für andere gelegentlich eintretende Verluste erforderlich ist, wird tatsächlich verbraucht. In gleicher Weise wird das als Ferrochlorid nach den Gleichungen (E) und (F) benutzte Chlor in Ferrichlorid umgewandelt und kann durch Rösten des letzteren in Luft oder Sauerstoff als freies Chlor wiedergewonnen werden. In den Gleichungen (E) und (F) kann auch das Bromid an Stelle des Chlorids benutzt werden.

Die bevorzugten Ausführungsformen der Erfindung sind die, welche durch die Gleichungen (B) und (E) ausgedrückt sind. Da Brom teuer ist, ist die Reaktion (C) weniger vorteilhaft, da zufällige Verluste an Halogen unverhältnismäßig hohe Unkosten mit sich bringen. Die durch die Gleichung (F) ausgedrückte Reaktion verläuft nicht ganz glatt, und die erzielten Resultate sind nicht quantitativ. Die Reaktionen (B) und (E) verlaufen dagegen sehr glatt und ergeben sehr hohe Ausbeuten an ungewöhnlich reinen Produkten; die erforderlichen Materialien sind billig und leicht herzustellen.

Die Reaktion (B) verläuft am besten bei einer Temperatur von 350 bis 400°; es ist dabei erforderlich, daß die dem Gas ausgesetzten Oberflächen des festen Materials beständig erneuert werden. Aus diesem Grunde wird zweckmäßig ein mechanisch betätigter Ofen benutzt, in welchem das Material beständig durchgeschürt oder umgeschichtet wird. Ein rotierender Zylinder, der mit Kugeln oder abgerundeten Stücken eines inerten Materials angefüllt ist, kann auch benutzt werden. Mit einem feststehenden Ofen wurden ausgezeichnete Ergebnisse erhalten, und zwar wird das feste Material, wenn die Reaktion nachläßt, entladen, zerdrückt und wieder den Gasen ausgesetzt. Da die Reaktionswärme nicht sehr groß ist, so ist es zweckmäßig, wenn mit vorgewärmten Materialien das Verfahren eingeleitet wird.

Wenn das Ferrosulfat durch Austreiben des Wassers aus der üblichen kristallinen Form hergestellt wird, so kann leicht das wasserfreie und von der Trockenvorrichtung kommende schon heiße Produkt benutzt werden.

Die Reaktion (E) verläuft glatt und quantitativ bei 350° C; bei Temperaturen über 400° beginnen Teile der Charge zu schmelzen und machen die Reaktion unvollständig. Bei 350° C verläuft die Reaktion quantitativ, selbst in einem feststehenden Ofen. Bei dieser Ausführungsform der Erfindung ist es zweckmäßig, wenn die heißen Gase unmittelbar aus den Pyrit- oder Schwefelabröstungsöfen benutzt werden, deren Zusammensetzung durch Regelung der Luftzufuhr zu dem Ofen bequem geregelt werden kann. Für die Durchführung des Verfahrens können gewöhnliche eiserne Vorrichtungen und Öfen benutzt werden, ohne Korrosion befürchten zu müssen.

Es ist zwar bekannt, daß aus Ferrosalzen von Sauerstoffsäuren Ferrichlorid erhalten werden kann, wenn die genannten Ferrosalze der Einwirkung von Chlor bei hohen Temperaturen unterworfen werden. Zur Durchführung dieser Reaktion sind Temperaturen von etwa 900° C erforderlich, und unter diesen Bedingungen wird praktisch das ganze Eisen in Ferrichlorid umgesetzt. Die vorliegende Erfindung unterscheidet sich von diesem bekannten Verfahren sehr wesentlich, indem nämlich unter den hier angewendeten Bedingungen zwei Ferrisalze gebildet werden, von denen das eine bei der angewendeten Temperatur flüchtig und das andere nichtflüchtig ist.

Beispiel 1

In ein Quarzrohr von etwa 1 m Länge und 2,5 cm Durchmesser werden etwa 560 g kristallwasserhaltiges Ferrosulfat ($FeSO_4 \cdot 7 H_2O$) gegeben und zur Entfernung des Wassers auf etwa 250° C erhitzt. Nachdem der größte Teil der Feuchtigkeit abgetrieben worden ist, wird Stickstoff oder ein anderes inertes Gas durch das Rohr hindurchgeschickt, um die Entwässerung zu vervollständigen. Darauf wird die Temperatur auf etwa 350° C gesteigert und ein Chlorstrom mit einer Geschwindigkeit von etwa 6 l je Stunde durch das Rohr hindurchgeschickt, wodurch fortlaufend Ferrichloriddampf in Freiheit gesetzt wird. Nach 2 bis $2^1/_2$ Stunden beginnt freies Chlor durch das Rohr hindurchzugehen. Das Verfahren wird dann abgebrochen und das feste Material im Rohr zerkleinert und umgeschichtet. Darauf wird der Chlorstrom von neuem bei etwa 400° C durch das Rohr hindurchgeschickt, bis kein Ferrichlorid mehr entwickelt wird.

Das Chlor wird vollständig und quantitativ verbraucht. In dem Rohr verbleiben etwa 270 g praktisch reines wasserfreies Ferrisulfat. Das entwickelte Ferrichlorid, welches etwa 100 g beträgt, kann kondensiert oder unmittelbar als Dampf in ein anderes Rohr geschickt werden, in welchem es durch trokkene Luft oder Sauerstoff bei etwa 800 bis 1000° zwecks Rückgewinnung von Chlor oxydiert werden kann.

Beispiel 2

In ein Quarzrohr von etwa 1 m Länge und 2,5 cm Durchmesser werden etwa 254 g wasserfreies Ferrochlorid gegeben und auf eine Temperatur von etwa 340 bis 350° C erhitzt. In das genannte Rohr wird dann ein Gemisch aus gleichen Volumina trockenen Schwefeldioxyds und Sauerstoffes mit einer Geschwindigkeit von etwa 10 l je Stunde eingeleitet, bis kein Ferrichlorid mehr gebildet wird. Gegen Ende der Reaktion kann die Temperatur auf 400° C gesteigert werden.

Die Reaktion verläuft ebenfalls quantitativ, und es werden in dem Rohr etwa 135 g wasserfreies Ferrisulfat erhalten. Das entwickelte Ferrichlorid beträgt etwa 210 g, das wie nach Beispiel 1 kondensiert oder oxydiert werden kann.

Patentanspruch:

Verfahren zur gleichzeitigen Herstellung von zwei Ferrisalzen, dadurch gekennzeichnet, daß auf ein wasserfreies Ferrosalz ein trocknes gasförmiges Oxydationsmittel, das ein von dem Säureradikal des benutzten Ferrosalzes verschiedenes Säureradikal zu bilden vermag, bei unterhalb 600° C liegenden Temperaturen in solcher Menge zur Einwirkung gebracht wird, daß unter Überführung des Eisens des Ferrosalzes in die höhere Wertigkeitsstufe ein weiteres Ferrisalz aus dem bei der Oxydation des Ferrosalzes verfügbar werdenden Teile des Eisens und aus dem Säureradikal des Oxydationsmittels gebildet wird, und daß die reagierenden Stoffe so ausgewählt werden, daß von den gebildeten Ferrisalzen bei der Arbeitstemperatur das eine flüchtig und das andere nichtflüchtig ist.

Nr. 535252. (S. 89113.) Kl. 12n, 2.

Dr. Friedrich Sierp in Essen und Ferdinand Fränsemeier in Essen-Rellinghausen.

Verfahren zur Aufarbeitung von salzsauren Eisenbeizablaugen auf Ferrosulfat und Salzsäure.

Vom 25. Dez. 1928. — Erteilt am 17. Sept. 1931. — Ausgegeben am 8. Okt. 1931. — Erloschen: 1932.

In sehr vielen Drahtziehereien, Blechwalzwerken, Verzinkereien usw. wird die Hauptmenge der zu beizenden Drähte, Bleche usw. mit Schwefelsäure gebeizt. Sehr oft kommt es aber vor, daß neben der Schwefelsäurebeize für einen kleinen Teil der Produkte Salzsäurebeize angewandt wird. Die Beseitigung der schwefelsäurehaltigen Beizereiabwässer bereitet neuerdings keine Schwierigkeiten mehr. Schwieriger ist jedoch die Beseitigung salzsäurehaltiger Beizereiabwässer, für die man bisher kein geeignetes Verfahren besaß. Die Anwendung der sehr teuren Eindampfung zwecks Herstellung von Eisenchlorid ist sehr unwirtschaftlich, zumal die in der Lösung vorhandenen Säurereste verlorengehen. Das im nachfolgenden beschriebene Verfahren sieht eine restlose Beseitigung der Salzsäurebeize vor, bei dem die gesamte angewandte Salzsäure wiedergewonnen wird, und zwar nicht nur die als Eisenchlorid vorliegende, sondern auch die freie, d. h. bei dem Beizprozeß nicht ausgenutzte Säure.

Man hat bereits früher versucht, die Behandlung der salzsäurehaltigen Abwässer mit Schwefelsäure durchzuführen, indem man in die verbrauchte Beizflüssigkeit so viel Schwefelsäure hineingab, daß das gebildete Eisenchlorür bzw. Kupferchlorid unter Bildung von freier Salzsäure und Eisen- bzw. Kupfersulfat zersetzt wurde. Die gebildete freie Salzsäure blieb in dem Bad selbst, und das Bad wurde wieder erneut zum Beizen benutzt. Diese Umsetzung des gebildeten Eisenchlorürs mit Schwefelsäure wurde so lange durchgeführt, bis Eisensulfat auskristallisierte. Dieses Verfahren hat aber den großen Nachteil, daß die Wirkung der langsamen Salzsäurebeize durch Sulfationen unerwünscht verstärkt werden kann, so daß das Wesen der eigentlichen Salzsäurebeizung verlorengeht. Die Ausscheidung des Eisensulfates geht bei den bisher angewandten Verfahren nur sehr langsam vor sich und erfolgt meistens in der Form des wasserhaltigen Eisensulfates ($FeSO_4 \cdot 7 H_2O$).

Die vorliegende Erfindung geht nun ganz andere Wege, indem sie die verbrauchte salzsäurehaltige Beize im langsamen Strome in einen Überschuß hochgrädiger Schwefelsäure einlaufen läßt. Hierbei wird durch die Wasseraufnahme und Salzsäureabspaltung eine derartig hohe Reaktionswärme erzeugt, daß die Salzsäure sofort verdampft. Die verdampfte Salzsäure wird in reinem Wasser aufgefangen oder in das zur Zeit in Gebrauch befindliche Salzsäurebad zum weiteren Anschärfen gegeben. Auf diese Weise wird im ersten Falle eine hochprozentige reine Salzsäure gewonnen, während man im zweiten Falle die bisher unmögliche Anschärfung eines im Gebrauch befindlichen Salzsäurebades durchführen kann. Diese Anschärfung mit gasförmiger Salzsäure hat den großen Vorteil, daß der Eisengehalt im Salzsäurebad stark angereichert werden kann und so das Bad längere Zeit in Gebrauch sein kann. Man hat es bei diesem neuen Verfahren in der Hand, die Anschärfung des im Gebrauch befindlichen Salzsäurebades nach Bedarf zeitlich getrennt durchzuführen, indem man von der verbrauchten Beize aus einem Vorratsgefäß nur dann zu der Schwefelsäure zugibt, wenn man die in Betrieb befindliche Salzsäurebeize anschärfen will.

Durch dieses Eintragen der verbrauchten salzsäurehaltigen Beize in konzentrierte Schwefelsäure unterscheidet sich das neue Verfahren grundsätzlich von dem vorhergenannten Verfahren der Zugabe von Schwefelsäure, da auf diese Weise eine restlose Entfernung der Salzsäure aus dem Abwasser durchgeführt wird und die wiedergewonnene Salzsäure in reinem Zustande für Beizzwecke zur Verfügung steht, was bisher nicht möglich war. Das Eintragen von eisenchlorürhaltiger Abfallbeize in Schwefelsäure hat ferner den Vorteil, daß sich das gebildete Eisensulfat sofort in Form eines weißen Pulvers als wasserarmes Eisensulfat ausscheidet, während bei der bisherigen Gewinnungsmethode das Eisensulfat durch einen langen Kristallisationsprozeß als wasserhaltiges Eisensulfat ausgeschieden werden mußte. Diese Gewinnung des Eisensulfates als wasserarmes Salz hat den Vorteil, daß es sich sofort quantitativ abscheidet und leichter aufarbeiten läßt. Infolge seines geringen Wassergehaltes verträgt es den Transport auf weite Strecken.

Die nach dem Eintragen in die Schwefelsäure noch in der Flüssigkeit verbleibende Salzsäure wird durch schwaches Erwärmen ausgetrieben, so daß die Salzsäure zu 100% wiedergewonnen wird. Durch diesen Prozeß wird nicht nur die in Form von Eisenchlorür vorliegende Salzsäure, sondern auch die in der Beizflüssigkeit noch vorhandene freie Salzsäure ausgetrieben. Der wirtschaftliche Vorteil des neuen Verfahrens wird auch noch dadurch erhöht, daß die bisher verlorengegangene freie Salzsäure ebenfalls stets wieder in den Prozeß zurückwandert. Die geringen Mengen von eisensulfathaltiger Schwefelsäure, die als Restprodukt bei dem Verfahren entstehen, werden dann zum Beizen in der Schwefelsäurebeizerei verwandt.

Enthält die Beize neben Salzsäure auch Salpetersäure, so kann man durch Zugabe von Metallstückchen, am besten Schrot, eine Reduktion der Salpetersäure herbeiführen. Man gibt so lange Schrotstücke hinzu, als die Lösung noch rotbraun gefärbt ist. Erst wenn die Lösung wasserhell geworden ist, ein Zeichen, daß alle Stickoxydferrochloridlösung zersetzt ist, führt man die Ausscheidung der Salzsäure aus.

Beispiel

Temperatur der Beize 60°. 250 l Rohbeize mit 32,5 kg Fe, 42,3 kg gebundener Salzsäure und 9,4 kg freier Salzsäure werden in 200 l konzentrierter Schwefelsäure eingetragen und ergeben ohne künstliche Wärmezufuhr 30,44 kg wirksame HCl = 68,7 l konzentrierte Salzsäure (spez. Gewicht 1,19). Nach 1 Stunde künstlicher Wärmezufuhr ist die Salzsäure praktisch ausgetrieben bis zu 100%. Das Eisen ist bis zu der Zeit bis zu rund 90% als wasserarmes Eisensulfat ausgefallen. Theoretisch sollten rund 99 kg $FeSO_4 \cdot H_2O$ ausfallen.

a) nach Dekantieren fallen 182 kg Salz an,
b) nach Absaugen fallen 124 kg Salz an;

nach

a) enthält das Salz 45% Mutterlauge,
b) enthält das Salz 20% Mutterlauge als Verunreinigung.

Die Mutterlauge beträgt ausschließlich der eingeschlossenen Lauge nach

b) etwa 383 l mit 293 kg H_2SO_4 = 76,3 grammprozentige H_2SO_4.

Wenn neben der Salzsäure auch Salpetersäure vorliegt, muß diese vor der Behandlung mit Schwefelsäure durch Metall in saurer Lösung reduziert werden, da Ferrisulfat bedeutend löslicher als Ferrosulfat ist.

PATENTANSPRUCH:

Verfahren zur Aufarbeitung von salzsauren Eisenbeizablaugen durch Behandlung mit konzentrierter Schwefelsäure auf Ferrosulfat und Salzsäure, dadurch gekennzeichnet, daß man zwecks Gewinnung des Ferrosulfats in wasserarmer Form die Beizlauge in überschüssige Schwefelsäure einträgt.

Nr. 561514. (S. 94474.) Kl. 12n, 2. Dr. Friedrich Sierp in Essen-Stadtwald und Ferdinand Fränsemeier in Essen-Rellinghausen.

Verfahren zur Behandlung schwefelsaurer Eisenbeizablaugen mit Gewinnung von wasserarmem Eisensulfat.

Vom 22. Okt. 1929. — Erteilt am 29. Sept. 1932. — Ausgegeben am 14. Okt. 1932. — Erloschen: 1933.

Die Aufarbeitung der in den Eisenbeizereien, Blechwalzwerken, Drahtziehereien usw. anfallenden schwefelsauren Eisenbeizen geschah bisher in der Weise, daß man die saure Lösung mit Schrot neutralisierte, wodurch der in der Lösung verbleibende Rest von freier Schwefelsäure ebenfalls in Eisensulfat umgewandelt wurde. Diese Lösung wurde eingedampft und aus ihr durch Auskristallisieren Eisensulfat in Form von wasserhaltigem Eisensulfat ($FeSO_4 \cdot 7H_2O$) gewonnen.

Nach einem anderen Verfahren wird die Beize auch mit Schrot neutralisiert, weitestgehend eingedampft und durch Zugabe von Schwefelsäure eine Ausscheidung des Eisensulfats bewirkt. Beide Verfahren haben den großen Nachteil, daß die Restsäure verlorengeht, und daß sie sehr hohe Dampfkosten verursachen. Hinzu kommt noch, daß bei diesen Verfahren große Mengen von oft sehr wertvollem Schrot verarbeitet werden müssen.

In vielen Werken wurde daher früher so gearbeitet, daß die Beizflüssigkeit nach Anreicherung mit den entsprechenden Sulfaten zum Zwecke des Ausscheidens der Kristalle aus der Lösung auf 10 bis 15° abgekühlt wurde. Die sich bei der Abkühlung ausscheidenden Kristalle wurden entweder sofort oder später abfiltriert, nachdem die erhaltene Mutterlauge mit der neuen Auffrischungssäure versetzt und nochmals abgekühlt war. Die neu zugesetzte Säure schied durch die Änderung des Löslichkeitsproduktes noch weitere Kristalle aus, die dann entweder mit den zuerst abgeschiedenen Kristallen entfernt oder für sich ausgeschieden wurden. Um die bei dieser Art der Behandlung auftretenden Mängel, wie zweimaliges Entfernen der Kristalle und nochmaliges Abkühlen, zu vermeiden und um die Bildung eines einheitlichen Salzes zu erzielen, sieht ein neues Verfahren vor, die zum Anschärfen der Lösung dienende Schwefelsäure vor dem Abkühlen und vor der ersten Kristallisation zuzusetzen. Bei diesem Verfahren wird wie bei den vorher beschriebenen Verfahren das Löslichkeitsprodukt des Eisensulfats ($FeSO_4 \cdot 7H_2O$) so stark verändert, daß eine sehr weitgehende

Kristallisation erreicht wird. Dieses Verfahren besitzt gegenüber den alten Verfahren der doppelten Kristallisation bereits sehr große Vorteile. Der Nachteil des Verfahrens besteht darin, daß es an die genaue Innehaltung bestimmter Salz- und Säurekonzentrationen und an bestimmte Temperaturen gebunden ist, weil sonst wasserärmere Kristalle mit ausfallen würden. Nach den bisherigen Verfahren wurde das Eisensulfat in Form des wasserhaltigen Eisensulfats ($FeSO_4 \cdot 7H_2O$) gewonnen. Da dieses Salz zu etwa 40% aus Wasser besteht, so verträgt es keinen Transport auf große Entfernungen, zumal der Markt für derartiges wasserhaltiges Eisensulfat, das hauptsächlich in der Schädlingsbekämpfung angewandt wird, sehr beschränkt ist. Auch bei der Weiterverarbeitung auf Eisenoxyd und Schwefelsäure macht dieses Salz dadurch Schwierigkeiten, daß der hohe Wassergehalt zunächst beseitigt werden muß. Es hat sich nun gezeigt, daß die Aufarbeitung von wasserfreiem bzw. wasserarmem Salz ($FeSO_4 \cdot 1H_2O$) viel leichter geht als die Aufarbeitung von wasserhaltigem Salz.

Das im nachfolgenden beschriebene Verfahren sieht daher von vornherein die Bildung wasserfreien bzw. wasserarmen Eisensulfats vor, das eine leichte Aufarbeitung in Schwefelsäure und Eisenoxyd ermöglicht. Bei dem im nachfolgenden beschriebenen Verfahren wird im Gegensatz zu den bisher bekannten Verfahren die Schwefelsäure nicht in die verbrauchte Beizflüssigkeit in einer bestimmten Menge zugegeben, sondern es wird umgekehrt die Beizflüssigkeit in einen Überschuß konzentrierter Schwefelsäure unter ständigem Umrühren eingetragen. Bei diesem Vorgang erhitzt sich das Gemisch sehr stark, und die im Reaktionsgefäß befindliche Schwefelsäure setzt zunächst das Löslichkeitsprodukt der wasserarmen Eisensulfate stark herab, so daß diese sofort ausgeschieden werden. Das auf diese Weise gewonnene Salz setzt sich in Form eines körnigen Pulvers sofort zu Boden und kann leicht von der Reaktionsflüssigkeit getrennt werden. Die Menge des ausgeschiedenen wasserarmen Sulfats richtet sich nach der Menge des in der Lösung enthaltenen Sulfats. Je höher der Gehalt der ursprünglichen Lösung an Sulfaten ist, desto höher ist natürlich die Ausscheidung des Eisensulfats. Beim Abkühlen der Lösung scheidet sich dann noch der Rest des in der Lösung befindlichen Eisensulfats in Form von wasserhaltigem Eisensulfat aus, das dann für sich gewonnen werden kann. Durch Zugabe weiterer Mengen Beize kann man diese ausscheidende Wirkung erhöhen. Will man auch den letzten Rest von Sulfaten vor der Wiederverwendung aus der Beizflüssigkeit gewinnen, so muß man die Beizflüssigkeit stark abkühlen, wobei ein weiterer Teil des restlichen Eisensulfats abgeschieden wird.

Beispiel 1

1,5 Teile einer verbrauchten Beize mit einem Gehalt von 360 g Eisensulfat ($FeSO_4 \cdot 7H_2O$) pro Liter und 1% freier Säure scheiden beim Eintragen in 1 Teil 60°-Schwefelsäure 83% des gesamten Eisensulfatgehaltes als wasserarmes Eisensulfat aus, das nach der Trennung von der Flüssigkeit folgende Zusammensetzung hat:

$$\begin{aligned} &FeSO_4 &&= 85\%, \\ &\text{freie } H_2SO_4 &&= 8{,}3\%, \\ &\text{Wasser} &&= 6{,}7\%. \end{aligned}$$

Es kann nun vorkommen, daß die bei diesem Verfahren gewonnene Beizflüssigkeit einen verhältnismäßig hohen Säuregrad besitzt. Um diesen herabzudrücken, kann man folgende Wege einschlagen:

Die von dem wasserarmen Eisensulfat abgeschiedene heiße Beizflüssigkeit wird mit einer weiteren Menge von verbrauchter Beizflüssigkeit gemischt, wodurch sich weiterhin wasserhaltiges Sulfat abscheidet. Diese Mischung wird dann stark abgekühlt. Hierdurch wird erreicht, daß fast das ganze restliche Sulfat in Form von teils wasserarmem, teils wasserhaltigem Salz ausgeschieden wird. Die dann resultierende Beizflüssigkeit enthält nur so viel Säure, daß sie sofort in den Betrieb zurückwandern und zum Beizen verwandt werden kann. Diese Weiterbehandlung der Beizflüssigkeit hat den Vorteil, daß die Menge der Beizflüssigkeit stets dieselbe bleibt. Das bei diesem Prozeß anfallende wasserhaltige Eisensulfat wird dann mit der Schwefelsäure, die zur Ausscheidung der nächsten Menge gesättigter Beizflüssigkeit benutzt wird, behandelt und aus ihm das Wasser ausgeschieden, daß das bei dieser Anwendung anfallende wasserhaltige Eisensulfat als wasserarmes Eisensulfat anfällt. Auf diese Weise erreicht man, daß man im Gegensatz zu den bisher bekannten Verfahren fast das ganze Eisensulfat als wasserarmes Salz ausscheidet.

Beispiel 2

Werden 3 Teile einer verbrauchten Beize mit einem Gehalt von 360 g Eisensulfat ($FeSO_4 \cdot 7H_2O$) pro Liter und 1% freier Säure in 1 Teil 60°-Schwefelsäure eingetragen, so scheiden sich sofort 50% des vorhandenen Eisens als wasserarmes Eisensulfat aus. Läßt man das Säurebeizegemisch abkühlen, so scheiden sich von dem noch vorhandenen Eisensulfat rund weitere 40% als wasserhaltiges Eisensulfat ($FeSO_4 \cdot 7H_2O$) aus, so daß insgesamt durch diese Behandlungsmethode 90% des vorhandenen Eisens ausgeschieden werden.

Das als wasserhaltiges Eisensulfat gewonnene Salz wird mit der Schwefelsäure für die nächste Ausscheidung übergossen und ebenfalls in wasserarmes Eisensulfat übergeführt. Die zu diesem Zweck gebrauchte Schwefelsäure wird dann für die nächste Charge gebraucht. Die erhaltene Mutterlauge hat etwa 18% freie Schwefelsäure und kann sofort wieder im Betrieb benutzt werden.

Man hat es noch auf andere Art und Weise in der Hand, die durch die erste Reaktion bewirkte Ausscheidung des Sulfats zu erhöhen und gleichzeitig die Menge der entstehenden neuen Beize zu verringern. Durch das Eintragen der Beizen in Schwefelsäure wird eine sehr starke Erwärmung der Mischflüssigkeit hervorgerufen. Nimmt man diese Mischung in einer Vakuumapparatur vor, so ist die Erwärmung so stark, daß sie über den Siedepunkt der Flüssigkeit gesteigert wird. Auf diese Weise ist die Möglichkeit gegeben, den größten Teil des in der Flüssigkeit vorhandenen Wassers zu verdampfen. Je nach dem Grade der Verdampfung wird sich also der Sulfatgehalt in der Lösung anreichern und gleichzeitig als wasserfreies Eisensulfat abgeschieden, so daß nur noch ein verschwindend kleiner Teil beim Abkühlen der Lösung als wasserhaltiges Eisensulfat auskristallisiert. Die auf diese Weise erhaltene Mutterlauge muß dann zwecks Verwendung im Beizbetrieb erneut verdünnt werden.

Die im vorstehenden beschriebenen Verfahren haben infolge Bildung wasserarmen Salzes den großen Vorteil, daß das gewonnene Salz sofort auf Schwefelsäure verarbeitet werden kann, was in bekannter Weise durch Glühen der Salze oder auf jede andere der bekannten Arten geschehen kann.

PATENTANSPRUCH:

Verfahren zur Aufarbeitung von schwefelsauren Eisenbeizablaugen durch Behandlung mit konzentrierter Schwefelsäure auf Ferrosulfat, dadurch gekennzeichnet, daß man die beim Beizen anfallende Lauge unmittelbar in Schwefelsäure einlaufen läßt, und zwar so lange, als wasserarmes Sulfat sich ausscheidet, worauf dieses abgetrennt wird.

Nr. 546825. (N. 29166.) Kl. 12n, 2. OSWALD STUART NEILL IN KENLEY, ENGLAND.

Herstellung wasserarmer Ferrosulfate aus Eisenvitriollösung.

Vom 9. Aug. 1928. — Erteilt am 3. März 1932. — Ausgegeben am 17. März 1932. — **Erloschen:** ...

Großbritannische Priorität vom 9. August 1927 beansprucht.

Die Erfindung betrifft ein Verfahren zur Herstellung wasserarmer Ferrosulfate aus Eisenvitriol, beispielsweise aus den beim Beizen von Eisen anfallenden Abfallaugen. Um ein an Kristallwasser möglichst armes Ferrosulfat zu erhalten, hat man bereits Ferrosulfat durch Erhitzen entwässert. Hierbei entsteht nach dem Abkühlen ein zementartiger, harter Kuchen, der zerkleinert werden muß und noch 2 bis 3 Mol. Kristallwasser enthält. Bei weiterer Erhitzung bildet sich ein Gemisch von Ferrosulfat, Ferrisulfat und basischem Ferrisulfat, das in Wasser schwer löslich ist. Zur Herstellung von wasserarmem Ferrosulfat hat man die Ausgangslösung auch schon in zerstäubter Form in eine Atmosphäre heißer Trocknungsgase eingeführt. Man erhält dann ein Ferrosulfat, das zwar nur 2 Mol. Wasser, aber infolge der Anwesenheit von Luft während der Entwässerung einen hohen Gehalt an Ferrisulfat aufweist und daher in Wasser schwer löslich ist. Man ist daher bei der Erzeugung von entwässertem, von Ferrisulfat freiem und in Wasser leicht löslichem Ferrosulfat darauf angewiesen, die Calcinierung bei Abwesenheit von Sauerstoff oder anderen oxydierenden Gasen, also auch von Luft, durchzuführen, was sehr kostspielig und umständlich ist.

Erfindungsgemäß gelingt es nun, wasserarmes, an Ferrisulfat sehr armes Ferrosulfat herzustellen, ohne daß man unter Luftabschluß zu arbeiten braucht, wenn man durch Anwendung bekannter Maßnahmen aus der Eisenvitriollösung erhaltene kleine Tröpfchen vor Behandlung mit Trocknungsgasen durch Berührung mit einer schnellaufenden Scheibe oder einer ähnlich wirkenden Vorrichtung in Hohlkörperchen überführt. Man erhält dann ein Erzeugnis, das weniger als 2 Mol., gewöhnlich 1 Mol., oder noch weniger Wasser und nur ganz geringe Mengen von Ferrisulfat und basisches Ferrisulfat enthält und infolgedessen leicht in Wasser löslich ist und sich schnell durch Calcinieren in Ferrioxyd umwandelt. Es kann beispielsweise folgende Zusammensetzung besitzen:

$Fe\,SO^4$	82,39 %
$Fe_2\,(SO^4)_3$	2,76 %
$Zn\,SO^4$	0,40 %
C	0,40 %
Unlösliches	0,27 %
Wasser (durch Differenz)	13,78 %

Ein gemäß der Erfindung hergestelltes Erzeugnis dieser Zusammensetzung kann in weniger als einer halben Stunde in Eisenoxyd umgewandelt werden, dessen Farbtönung von der Calcinierungsdauer und Temperatur abhängt.

Die Aufteilung der Flüssigkeit in Tröpfchen kann dadurch erfolgen, daß man sie durch Zentrifugalkraft in dünner Schicht auf eine schnellaufende Scheibe, die zweckmäßig eine konkave oder napfförmige Oberfläche besitzt, derart aufspritzt, daß die Tröpfchenbildung erfolgt, ehe die Tropfen durch die sich drehende Scheibe nach außen in das trocknende Medium geschleudert werden. Man erzielt z. B. besonders günstige Ergebnisse bei Verwendung einer Scheibe von 35 cm Durchmesser und einer Umlaufzahl von 4 875 Umdrehungen in der Minute, wenn man 7,5 l der Eisenlösung von 40° und 1,25 Dichte in der Minute zuführt. Der Zerstäuber befindet sich in einer Kammer, in der die von der Scheibe abgeschleuderten Tröpfchen derart einem trocknenden Medium ausgesetzt werden, daß sie sich als Hohlkörperchen verfestigen.

Die als Rohstoff verwendete, Eisenverbindungen enthaltende Lösung kann durch eine Düse zerstäubt werden. Die hierbei erhaltenen Tröpfchen werden gegen die Oberfläche des sich drehenden Elements geschleudert, durch die sie die zur Bildung der Hohlkörperchen erforderliche Dreh-, Kreisel- oder Wirbelbewegung erhalten. Man kann z. B. die Rohstofflösung durch eine oder mehrere Spritzdüsen oder durch eine ringförmige Brause der Oberfläche einer Flachscheibe zuführen, die am unteren Ende einer senkrechten Welle angeordnet ist und mit geeigneter Geschwindigkeit rotiert; die Zerstäubungseinrichtung ist zweckmäßig in der Nähe der Mittelachse der Scheibe, und zwar derart angeordnet, daß die Lösung im wesentlichen radial aufgespritzt wird, so daß sie in einem Winkel auf die Oberfläche der Scheibe auftrifft. Man kann auch eine napfförmige Scheibe verwenden, die an dem oberen Ende einer senkrechten Antriebswelle mit der konkaven Oberfläche nach oben befestigt ist; auf den Mittelpunkt dieser Scheibe oder um ihn herum wird die Rohstofflösung durch eine am unteren Ende einer nach unten gerichteten Zuleitung befindlichen Brause oder ähnliche Einrichtung aufgespritzt. Die Zuführungsleitung für die Rohstofflösung kann durch ein zylindrisches Rohr hindurchgehen, das am unteren Ende trichterförmig ausgebildet sein kann, wobei der Trichter ungefähr denselben Durchmesser wie die rotierende Scheibe besitzen und in geringem Abstand von dieser angeordnet sein kann. Dem oberen Ende der Zufuhrleitung kann ein kühlendes Medium, z. B. kalte Luft, zweckmäßig unter Wirbelbewegung zugeführt werden. Diese Luft, die durch die ringförmige Auslaßöffnung zwischen dem Trichter und der rotierenden Scheibe austritt, verhindert, daß die zerstäubte Rohstofflösung entwässert wird, bevor die einzelnen Tröpfchen der Lösung sich ausgedehnt haben und von der Scheibe abgeschleudert worden sind. Die Antriebswelle, auf der die Scheibe sitzt, kann sich durch die Trockenkammer hindurch erstrecken und mit einem wassergekühlten Mantel versehen sein.

Gemäß einer anderen Ausführungsform der Erfindung kann eine umgekehrt angeordnete, napfförmige Scheibe verwendet werden, die am unteren Ende einer Antriebswelle sitzt, und die Rohstofflösung kann durch eine senkrechte, durch den Boden der Trockenkammer hindurchgehende Rohrleitung zugeführt werden, die an ihrem oberen Ende eine Spritzdüse, Brause o. dgl. trägt, durch die die Rohstofflösung direkt in der Nähe des Mittelpunktes der unteren Fläche der Scheibe gegen dieselbe gespritzt wird.

Die Scheibe ist zweckmäßig zentral im oberen Teil einer zylindrischen, unten konisch zulaufenden Trockenkammer angeordnet, die oben Eintrittsöffnungen für das Trockenmedium besitzt. Durch den unteren Konus der Kammer gelangt das Erzeugnis in einen oder mehrere zentral angeordnete, mit Ventilen ausgerüstete Auslässe, die eine Entfernung des Erzeugnisses ohne Beeinflussung der Verhältnisse in der Trockenkammer ermöglichen. Ein nach innen und unten gerichteter, kegelstumpfförmiger Stutzen kann ungefähr in der Mitte der Trockenkammer angeordnet sein. In der Kammerwandung sind Austrittsöffnungen für das mit Feuchtigkeit beladene Medium derart vorgesehen, daß das Trockenmedium zunächst nach unten und dann um die untere Kante des Kegelstumpfes herumfließen kann, um sodann nach oben zu wandern und schließlich aus der Kammer auszutreten. Hierdurch wird verhindert, daß das Trockenmedium das getrocknete Erzeugnis aus der Kammer mit fortführt.

Als Trockenmedium können erhitzte Luft, Gas oder Gase, z. B. die Abgase von mit Koks oder Gas beheizten Öfen, oder ein Gemisch von erhitzter Luft Gas oder Gasen verwendet werden, wobei sie eine Eintrittstemperatur von 235° C und eine Austrittstemperatur von 90° C erhalten. Um das Trockenmedium wirbelnd durch die Trockenkammer hindurchzuführen, kann es in die Kammer durch tangential angeordnete Düsen oder Löcher eingeführt werden, die mit geeignetem Abstand voneinander um den ganzen Umfang der Trockenkammer herum, zweckmäßig in einer Höhe mit dem Zerstäuber angeordnet sind. Durch einen direkt über dem Rotationselement angeordneten, ringförmigen Einlaß, der die Form eines perforierten Konus haben kann, kann eine zusätzliche Luftzufuhr erfolgen, so daß ein großes Volumen von Trockenmedium in dem Augenblick des Abschleuderns auf die ausgedehnten Tröpfchen einwirken kann, wodurch eine sofortige Verfestigung der einzelnen Tröpfchen erzielt wird. Auch diesem zusätzlichen Trockenmedium kann man eine Wirbelbewegung erteilen.

Die Größe der einzelnen Hohlkörperchen des Enderzeugnisses kann durch Regelung der Zufuhr der Rohstofflösung oder der Geschwindigkeit des Rotationselementes bestimmt werden. Wenn diese Geschwindigkeit zu niedrig ist, erhält man Vollkörper anstatt der Hohlkörper; ist sie zu hoch, so werden die festen Körperchen zerstört. Auch durch Regelung der Konzentration der Rohstofflösung kann man die Größe der Hohlkörper einstellen.

Das Enderzeugnis bildet eine feste weiße Masse, die, wenn Ofengase als Trockenmedium verwendet wurden, Kohlepartikelchen als Verunreinigungen enthalten kann, und deren einzelne Hohlkörperchen sich leicht zwischen den Fingern zerdrücken lassen.

Das gemäß der Erfindung erhaltene Erzeugnis eignet sich besonders als Insektenpulver und Unkrautbekämpfungsmittel sowie als Entwässerungsmittel.

PATENTANSPRUCH:

Herstellung wasserarmer Ferrosulfate aus Eisenvitriollösung, dadurch gekennzeichnet, daß durch Anwendung bekannter Maßnahmen aus der Lösung erhaltene kleine Tröpfchen vor der Behandlung mit Trocknungsgasen durch Berührung mit einer schnellaufenden Scheibe oder einer ähnlich wirkenden Vorrichtung in Hohlkörperchen übergeführt werden.

E. P. 300233.

Nr. 529384. (I. 33158.) Kl. 12n, 2.

I. G. Farbenindustrie Akt.-Ges. in Frankfurt a. M.

Erfinder: Dr. Paul Weise in Wiesdorf.

Verfahren zur Entwässerung und Zersetzung von Eisenvitriol ($FeSO_4 \cdot 7 H_2O$).

Vom 10. Jan. 1928. — Erteilt am 2. Juli 1931. — Ausgegeben am 11. Juli 1931. — Erloschen: ....

Alle bisherigen Verfahren zur Darstellung von Eisenoxyd aus Eisensulfat durch thermische Zersetzung leiden daran, daß das Eisensulfat sowohl beim Trocknen als auch bei der nachherigen Oxydation stark zum Sintern neigt, wodurch ein Teil der Masse der Oxydationswirkung des Sauerstoffs entzogen wird und die vollständige Zersetzung erst bei höherer Temperatur stattfindet; außerdem tritt bei sämtlichen Verfahren infolge der notwendigen hohen Temperaturen eine nachträgliche Zersetzung des gebildeten SO_3 ein, so daß bisher die Ausbeuten recht unbefriedigend waren.

Es wurde nun ein Verfahren gefunden, das diese Mängel dadurch beseitigt, daß 1. ein Magerungsmittel zugesetzt wird, wodurch die gesamte Masse locker und porös bleibt und die Durchführung der Entwässerung, Oxydation und Zersetzung in einem Arbeitsgange möglich wird, ohne daß z. B. bei Drehöfen ein Anbacken an der Drehofenwandung zu befürchten wäre; 2. durch die Zugabe von Eisenoxyd, das bei den angewandten Temperaturen als Katalysator wirkt, die Rückbildung des SO_3 aus O_2 und SO_2 befördert wird.

So wird z. B. bei Zusatz von Eisenoxyd zum Eisensulfat eine Mischung erhalten, die nicht im Drehofen schmiert oder läuft, jeden beliebigen Oxydationsverlauf gestattet und die fast restlose Rückgewinnung der Schwefelsäure in Form von SO_3 ermöglicht.

Unter gewissen Umständen, beispielsweise bei anhaftender Schwefelsäure, ist es vorteilhaft, der Mischung kleine Mengen Alkali- oder Erdalkalioxyde, -hydroxyde oder -carbonate zuzufügen, wodurch einerseits ein Verdampfen der Säure beim Trocknen verhindert und andererseits die Zersetzungstemperatur selbst herabgesetzt wird.

Beispiel 1

Eisensulfat mit 7 aq wird mit 20 bis 30 % Eisenoxyd, das bei der Zersetzung erhalten wurde, vermischt und zunächst in einem Drehofen bei Temperaturen von 200 bis 300° entwässert. Zweckmäßig wird hierbei für oxydierende Atmosphäre Sorge getragen. Von hieraus gelangt die Mischung in einen zweiten Drehofen, wo sie in oxydierender Atmosphäre auf 400 bis 500° erhitzt wird. Nach Beendigung des Oxydationsprozesses passiert das Material einen dritten Ofen, der beispielsweise auf 750 bis 850° erhitzt werden muß. Natürlich können auch die einzelnen Stufen derart zusammengelegt werden, daß z. B. die Oxydation und Entwässerung in einem Ofen oder die Oxydation in einem anderen Ofen stattfindet, bzw. daß der gesamte Prozeß in einem einzigen Ofen vor sich geht.

Beispiel 2

Ferrosulfat mit 7aq (evtl. unter Zusatz von $FeSO_4$ oder $FeSO_4$ 1 aq) wird mit 1 % Soda und je nach der Menge $FeSO_4$ bzw. $FeSO_4$ 1 aq mit 10 bis 30 % Eisenoxyd vermischt und wie in Beispiel 1 weiterbehandelt.

PATENTANSPRÜCHE:

1. Verfahren zur Entwässerung und Zersetzung von Eisenvitriol ($FeSO_4 \cdot 7H_2O$), dadurch gekennzeichnet, daß die Entwässerung und Zersetzung bei Gegenwart von durch thermische Zersetzung von Eisensalzen erhaltenen Eisenverbindungen vorgenommen wird.

2. Verfahren nach Anspruch 1, dadurch gekennzeichnet, daß außer dem Zersetzungsprodukt von Eisensalzen noch geringe Mengen Alkali- oder Erdalkalioxyde, -hydroxyde oder -carbonate zugesetzt werden.

3. Verfahren nach Ansprüchen 1 und 2, dadurch gekennzeichnet, daß die Entwässerung und Zersetzung stets in Gegenwart von Eisenoxyd vorgenommen wird.

4. Verfahren nach Ansprüchen 1 bis 3, dadurch gekennzeichnet, daß die Trocknung und Zersetzung unter gleichzeitiger Oxydation vorgenommen wird bzw. daß der Zersetzung ein Oxydationsvorgang vorausgeht.

A. P. 1813649.

Nr. 542846. (I. 33583.) Kl. 12n, 2.

I. G. FARBENINDUSTRIE AKT.-GES. IN FRANKFURT A. M.

Erfinder: Dr. Paul Weise in Wiesdorf.

Verfahren zur Entwässerung und Zersetzung von Eisenvitriol.

Zusatz zum Patent 529384.

Vom 18. Febr. 1928. — Erteilt am 14. Jan. 1932. — Ausgegeben am 29. Jan. 1932. — Erloschen: ....

Durch das Hauptpatent 529384 ist ein Verfahren zur Entwässerung und zur Zersetzung von Eisenvitriol geschützt, gemäß dem die Entwässerung und Zersetzung in Gegenwart von Zersetzungsprodukten eines Eisensalzes vorgenommen wird.

Es wurde gefunden, daß die Menge der zuzusetzenden Zersetzungsprodukte dadurch verringert werden kann, daß man einen Teil derselben durch ganz oder teilweise entwässerten Eisenvitriol ersetzt.

Beispiel

Ferrosulfat mit 7 aq wird mit 5 bis 10 % Eisenoxyd (das bei der Zersetzung erhalten wurde) und mit 10 bis 30 % wasserfreiem Ferrosulfat (das bei der Entwässerung erhalten wurde) vermischt und nach dem Verfahren des Patents 529384 einem Entwässerungs- und Zersetzungsprozeß unterworfen.

PATENTANSPRUCH:

Abänderung des durch das Hauptpatent 529384 geschützten Verfahrens zur Entwässerung und Zersetzung von Eisenvitriol, dadurch gekennzeichnet, daß hier ein Teil der Zersetzungsprodukte durch ganz oder teilweise entwässerten Eisenvitriol ersetzt wird.

Nr. 537509. (H. 108368.) Kl. 12n, 2. REFINERS LTD. IN MANCHESTER.

Herstellung von Ferrisulfat.

Vom 13. Okt. 1926. — Erteilt am 15. Okt. 1931. — Ausgegeben am 4. Nov. 1931. — Erloschen: ....

Großbritannische Priorität vom 12. Juni 1926 beansprucht.

Die vorliegende Erfindung betrifft die Herstellung von Ferrisulfat als Reinigungsmittel für Benzol, Petrolöl und ähnliche Öle und Benzinarten, ebenso für natürliche tierische und pflanzliche Öle und Fette durch Entfernung ihrer schwefelhaltigen, harzigen, riechenden oder sonstigen unerwünschten Bestandteile.

Der Zweck der Erfindung besteht darin, Ferrisulfat in einer für die genannten Verwendungszwecke geeigneten Form billig und gewünschtenfalls aus Abfallstoffen herzustellen, wie z. B. aus oxydierten Eisenfeilspänen, wie sie bei der Herstellung von Anilin entstehen. Diese besitzen einen hohen Prozentgehalt an Eisen in Form von Mischungen aus Eisenoxydul und Eisenoxyden und Hydraten.

Gemäß vorliegender Erfindung werden Eisenoxydul oder Eisenoxyde oder die entsprechenden Hydroxyde oder Mischungen dieser Stoffe zuerst mit einer genügenden

Menge konzentrierter Schwefelsäure, deren Stärke dem Feuchtigkeitsgehalt der Oxyde angepaßt ist, behandelt, um die in den Erzen oder Oxyden vorhandenen zweiwertigen Eisenverbindungen in Ferrosulfat und etwa anwesende Ferriverbindungen in basische Ferrisulfate überzuführen. Wenn Eisenoxydul und Eisenoxyde und Hydroxyde aus der Anilinfabrikation vorliegen, so beträgt die erforderliche Menge von Schwefelsäure etwa ein Drittel der Menge, die notwendig ist, um die Gesamtmenge des Eisens in Ferrisulfat überzuführen, plus einer hinreichenden Schwefelsäuremenge, um neutralisierbare Stoffe, wie Kalk, die im Abfall vorhanden sein können, zu neutralisieren.

Es ist bereits bekannt, die bei der Anilinfabrikation anfallenden eisenoxydhaltigen Schlämme durch Behandlung mit Schwefelsäure unter gleichzeitiger oder nachträglicher Vornahme einer Oxydation in Ferrisulfat überzuführen. Jedoch wurde bei diesem Verfahren die Schwefelsäure auf einmal zugegeben im Gegensatz zu dem vorliegenden Verfahren, bei dem die Schwefelsäure in zwei Portionen zu dem eisenoxydhaltigen Material zugegeben wird.

Wenn der erste Teil der Schwefelsäure in der angegebenen Weise zugefügt wird, so tritt eine energische und schnelle Reaktion ein, und die Masse nimmt eine sirupöse Form an. Der Rest der Schwefelsäure, der erforderlich ist, um das Eisen in Ferrisulfat umzuwandeln, wird dann gemeinsam mit einem Oxydationsmittel oder mit Oxydationsmitteln, wie Mangandioxyd, hinzugegeben. Falls Natriumnitrat oder andere Nitrate und Mangandioxyd verwendet werden, gibt man einen Überschuß an Schwefelsäure über die zur Bildung von Ferrisulfat erforderliche Menge zu, der zur vollständigen Reaktion mit den Oxydationsmitteln hinreicht.

Während der beiden Stadien der Behandlung wird die Masse beständig gerührt.

Während des zweiten Stadiums der Behandlung bildet sich nicht nur das Ferrisulfat, sondern es fällt auch aus seiner Lösung in einem Zustande feiner Verteilung aus. Das Material kann dann getrocknet und zu jedem gewünschten Feinheitsgrad zermahlen werden.

Beispiel 1

Unter Benutzung von Eisenfeilspänen aus der Anilinfabrikation

Die Zusammensetzung dieses Materials schwankt, doch kann die folgende Analyse als ungefähres Beispiel gelten:

Eisenoxydul	28
Eisenoxyd	43
Wasser	16
Unlösliche Rückstände usw.	13
	100

Es hat sich als empfehlenswert erwiesen, den Wassergehalt der bei der Anilinfabrikation abfallenden Oxyde auf etwa 16% zu reduzieren, da bei diesem Wassergehalt die Oxyde in mechanischen Rührwerken beim Vermischen mit der für das erste Stadium notwendigen Menge Schwefelsäure leicht zerrieben werden können. Außerdem geht die Reaktion leichter und unter vollständiger Regulierbarkeit vor sich. Es wird wie folgt gearbeitet: 100 Teile der Oxyde werden in die Mischmaschine gebracht und 76 Teile etwa 72%iger Schwefelsäure unter dauerndem Rühren dazugegeben. Die Reaktion tritt sofort ein, indem sich ein sirupartiges Gemisch bildet, das Ferrosulfat und basisches Ferrisulfat enthält. Dann werden sofort 152 Teile 72%iger Schwefelsäure zugesetzt, die mit 14 Teilen 17%iger Salpetersäure vermischt worden ist. Beim Rühren nimmt das Produkt körnige Beschaffenheit an. Das schließliche Trocknen soll, um dem Produkt einen hohen Wirkungsgrad zu erhalten, bei Temperaturen nicht über 100 bis 110° ausgeführt werden. Anstatt der 14 Teile 70%iger Salpetersäure können als Oxydationsmittel z. B. 14 Teile von Natriumnitrat oder 25 Teile von 80%igem Mangandioxyd Verwendung finden.

In manchen Anilinfabriken werden die abfallenden Oxyde mit überhitztem Dampf behandelt, wobei das gesamte Eisen in die Ferriform übergeführt wird. In diesem Falle erübrigt sich die Anwendung eines Oxydationsmittels, und die Schwefelsäure kann in einer Konzentration von etwa 83 bis 85% benutzt werden.

Beispiel 2

Ein anderes Ausgangsmaterial für das vorliegende Verfahren besteht aus den nach Verbrennung des Schwefels erhaltenen Gasreinigungsoxyden. Das Material hat nach dem Verbrennen ungefähr folgende Zusammensetzung:

Ferrioxyd	65%
Freier Schwefel und Schwefeleisen	2%
Unlösliche Kieselsäure $CaSO_4$	33%

100 Teile des trockenen Oxydes werden mit 75 Teilen 83- bis 85%iger Schwefelsäure vermischt und vorsichtig auf 35° erhitzt.

Infolge der Abwesenheit von Wasser in

diesem Oxyd wird beim Zugeben der Schwefelsäure keine Hitze erzeugt, so daß anfängliche Erhitzung notwendig ist, um die Reaktion in Gang zu bringen.

Es ist notwendig, das Ganze gründlich zu mischen und ein Zusammenbacken des Materials zu verhindern, damit jedes Oxydteilchen mit der Schwefelsäure in Berührung kommt. Die Temperatur steigt auf ungefähr 130°. Bei diesem Punkt wird der Rest der Säure, nämlich 150 Teile, zusammen mit $1^1/_2$ bis 2 Teilen 70%iger Salpetersäure unter beständigem Rühren zugefügt. Die Mischung bleibt während der gesamten Dauer der Reaktion in feinkörnigem Zustand, der gut reguliert werden kann.

Das nach den üblichen Verfahren, nach denen das Ausgangsmaterial von vornherein in der Gesamtmenge der erforderlichen Schwefelsäure unter gleichzeitiger Zuführung der zur Umwandlung in die höhere Oxydationsstufe notwendigen Oxydationsmittel behandelt wird, erhaltene Ferrisulfat unterscheidet sich wesentlich von dem nach dem hier beschriebenen Verfahren erhaltenen Produkt. Dieses scheidet sich bei der Herstellung in feinverteiltem pulverförmigem Zustande aus und kann nach dem Trocknen sehr leicht zu einem unfühlbar feinen Staub vermahlen werden. Infolge dieses feinen Verteilungsgrades weist das Produkt eine bedeutend höhere Aktivität auf als das nach den üblichen Methoden erhaltene Ferrisulfat, das in Form dichter, harter zusammenhängender Stücke vorliegt, deren feine Mahlung mit Schwierigkeiten und Unkosten verbunden ist und für die Reinigung von Fetten, Ölen, Benzinen u. dgl. verhältnismäßig unwirksam ist.

Patentanspruch:

Verfahren zur Herstellung von Ferrisulfat aus niederen Eisenoxyden durch Behandlung mit Schwefelsäure unter Mitwirkung eines Oxydationsmittels, dadurch gekennzeichnet, daß zunächst mittels eines Teiles der Schwefelsäure die Oxyde in eine sirupöse Lösung übergeführt werden und hierauf durch Behandlung der Lösung mit einer weiteren Menge Schwefelsäure festes Ferrisulfat ausgefällt wird.

Nr. 555308. (H. 122442.) Kl. 12n, 2. Refiners Ltd. in Manchester.

Herstellung von Ferrisulfat.

Zusatz zum Patent 537509.

Vom 12. Juli 1929. — Erteilt am 7. Juli 1932. — Ausgegeben am 20. Juli 1932. — Erloschen: ....

In dem Hauptpatent 537509 ist ein Verfahren beschrieben, um Ferrisulfat in einer zur Reinigung von Ölen, Benzinen und Fetten geeigneten Beschaffenheit herzustellen. Nach diesem Verfahren werden Eisenoxydul oder Eisenoxyde oder die entsprechenden Hydrate oder Mischungen dieser Stoffe zuerst mit so viel Schwefelsäure behandelt, daß die zweiwertigen Eisenverbindungen in Ferrosulfat und anwesenden Ferriverbindungen in basische Ferrisulfate übergeführt werden. Dann wird der Rest der Schwefelsäure zusammen mit einem Oxydationsmittel zugegeben, um das Eisen in Ferrisulfat umzuwandeln.

Es wurde nun gefunden, daß bei Verwendung insbesondere von Salpetersäure, Natriumnitrat u. dgl. als Oxydationsmittel diese vorteilhaft erst zugefügt werden, nachdem die Behandlung mit der zweiten Portion Schwefelsäure vollendet ist. Beim gleichzeitigen Zugaben der restlichen Schwefelsäure gemeinsam mit den Oxydationsmitteln tritt nämlich infolge der Heftigkeit der Reaktion und der damit verbundenen Erhöhung der Temperatur leicht eine Verdampfung und damit ein Verlust an Oxydationsmittel ein. Dadurch, daß das Oxydationsmittel aber erst nachträglich, nach der zweimaligen Behandlung mit Schwefelsäure, zugegeben wird, wird dieser Verlust vermieden.

Aus dem untenstehenden Ausführungsbeispiel ergibt sich der Gang des abgeänderten Verfahrens:

Beispiel

Unter Verwendung von bei der Herstellung von Anilin o. dgl. als Nebenprodukt gewonnenen Eisenoxydhydraten, die etwa 50% zwei- und dreiwertiges Eisen gemischt enthalten und ungefähr 17% Wassergehalt aufweisen — dieses Verhältnis ist ungefähr das günstigste —, gestaltet sich der Arbeitsgang folgendermaßen. Es werden ungefähr 270 kg der Eisenoxydhydrate in einen mit Dampf geheizten Mischkessel gebracht, dessen Rührer während und nach den folgenden Operationen dauernd in Bewegung gehalten werden. Dann werden 200 kg Schwefelsäure vom spezifischen Gewicht 1,7 (75% H_2SO_4) auf einmal hinzugegeben. Die Reaktion setzt unmittelbar ein, und in etwa 2 Minuten wird ein basisches Sulfat gebildet. Eine zweite

Menge von ungefähr 430 kg Schwefelsäure derselben Konzentration wird nun auf einmal hinzugegeben und gleichmäßig verteilt. Es beginnt eine kräftige Reaktion, und die Temperatur steigt auf 140 bis 145° C. In 10 bis 15 Minuten wird die Masse körnig und frei von größeren Klumpen, wenn die Rührung wirksam ausgeführt wurde. Das körnige Produkt wird nun schließlich mit Salpetersäure oxydiert; die hierzu nötige Menge hängt von dem Verhältnis des zwei- zu dem dreiwertigen Eisen in dem Ausgangsmaterial ab. Im vorliegenden Fall sind ungefähr 90 kg 40 %iger Salpetersäure nötig; diese Menge wird unter dauernder Rührung gleichmäßig durch die Masse verteilt. Hierbei erwärmt man gerade so weit, daß die Masse nicht feucht wird. Die entwickelten nitrosen Gase werden zu Absorptionstürmen geleitet, um in üblicher Weise zurückgewonnen zu werden. Nachdem die Oxydation vollendet ist, was etwa zwei bis drei Stunden in Anspruch nimmt, werden die nötigen Verdünnungsmittel, wie z. B. Fullererde, zusammen mit einer Schwefelsäuremenge hinzugefügt, die nötig ist, um in dem Verdünnungsmittel vorhandene alkalische Erden zu neutralisieren und dem Produkt eine saure Reaktion zu belassen, da es unerwünscht ist, daß sich während der Lagerung möglicherweise ein basisches Eisensulfat bildet. Das Endprodukt wird bei einer vorzugsweise 220° C nicht übersteigenden Temperatur getrocknet, gemahlen und in geeignete Behälter verpackt.

PATENTANSPRUCH:

Verfahren zur Herstellung von Ferrisulfat in einer zur Reinigung von Ölen, Benzin und Fetten geeigneten Beschaffenheit nach Patent 537 509, dadurch gekennzeichnet, daß das Oxydationsmittel erst nach der vollständigen Behandlung mit Schwefelsäure zugegeben wird.

Nr. 498 896. (I. 34 355.) Kl. 12 n, 3.

I. G. FARBENINDUSTRIE AKT.-GES. IN FRANKFURT A. M.

Erfinder: Dr. Philipp Balz in Bitterfeld und Wilhelm Hickmann in Frankfurt a. M.

Verfahren zur Herstellung von hochwertigem Mangandioxyd.

Vom 9. Mai 1928. — Erteilt am 8. Mai 1930. — Ausgegeben am 31. Mai 1930. — Erloschen: . . . .

Gegenstand der vorliegenden Erfindung bildet ein Verfahren zur Erzeugung von hochprozentigem Mangandioxyd aus Mangancarbonat, Manganbicarbonat und Gemischen von beiden. Das Rösten von Mangancarbonat an der Luft führt bekanntlich bei geeigneter Temperatur zu einer Sauerstoffaufnahme des Oxyduls, die aber nur zu einem Dioxyd führt (etwa 75 % MnO_2), das wegen seines beträchtlichen Gehaltes an nicht oxydiertem MnO technisch kaum brauchbar ist. Man hat daher vorgeschlagen, durch nachträgliches Aufoxydieren des Luftröstgutes mit einem starken Oxydationsmittel in wäßriger Lösung zu einem hochwertigen Dioxyd zu gelangen. Auch das Herauslösen des MnO mit Säuren ist erwähnt worden.

Zu einem sehr hochwertigen Produkte, nämlich einem praktisch nicht hydratischen Dioxyd mit über 90 % bis nahezu 100 % MnO_2, kommt man nun aber gemäß Erfindung in einem Arbeitsgang, wenn man das Rösten der Mangancarbonate (unter welcher Bezeichnung im folgenden sowohl das Mangancarbonat wie das Bicarbonat oder Gemische beider verstanden sind) unter höherem Partialdruck des Sauerstoffes ausführt, als dem Sauerstoff in der Luft bei gewöhnlichem Druck zukommt. Man kann die Zersetzung sowohl durch Erhitzen bei normalem Druck in sogenannter Lindeluft oder in technisch reinem Sauerstoff durchführen als auch unter erhöhtem Druck in Luft oder in an Sauerstoff in beliebigem Grade angereicherter Luft. Wesentlich ist, daß man das Carbonat in Anwesenheit von für die Bildung von MnO_2 mehr als ausreichenden Mengen Sauerstoff durch Erhitzen auf Temperaturen zwischen 250 und 600° zersetzt.

Am zweckmäßigsten führt man die Überführung der Mangancarbonate in Dioxyd in der Weise aus, daß die Zersetzung in einem auf die genannte Reaktionstemperatur erhitzten Rohr stattfindet, das von dem gegebenenfalls unter Druck stehenden sauerstoffreichen Gas im Gegenstrom zum Ausgangsstoff ständig durchströmt wird. Das Abgas ist von neuem wieder verwendungsfähig, nachdem Kohlensäure und Wasserdampf, soweit sie stören, weggeschafft sind und gegebenenfalls der Sauerstoffvorrat wieder ergänzt worden ist. Indessen ist das Verfahren auch absatzweise im Druckgefäß durchführbar.

Da die gefällten Mangancarbonate sich nur schwer ganz frei von Fremdsalzen, wie Soda, Natriumsulfat, Natriumchlorid, Mangansulfat, Manganchlorid usw., herstellen lassen, diese geringen Verunreinigungen bei der Oxydation aber sich als nicht hinderlich erwiesen haben, und weiterhin das erhaltene Dioxyd sich auch leicht auswaschen läßt, genügt es, technisch ausgewaschene Carbonate zur Zersetzung zu bringen.

An Stelle dieser Mangancarbonate kann man auch bereits Mangandioxyd oder Manganoxycarbonate enthaltende Carbonate (an der Luft bei etwa 250 bis 450° vorgeröstete Produkte) der Druckoxydation unterwerfen.

Die Sauerstoffaufnahme wird um so mehr beschleunigt, bei je höherer Temperatur, innerhalb der erwähnten Grenzen, sie vor sich geht; bei der Arbeitsweise bei Atmosphärendruck geht man indessen zweckmäßig nicht über 500° hinaus.

Beispiele

Das in den Beispielen erwähnte Mangancarbonat wurde mit den jeweils angegebenen Mitteln gefällt, etwas gewaschen und getrocknet; vom unmittelbar erzeugten Braunstein ist der MnO_2-Gehalt angegeben in ( ), hierauf der nach dem Auswaschen der löslichen Anteile sich ergebende MnO_2-Gehalt, der MnO-Gehalt und die Alkalität, berechnet als NaOH. Der Restbetrag entfällt auf Wasser und Verunreinigungen.

1. Fällung mit Soda; Oxydation: Temperatur 270° C, O_2-Druck: 40 Atm., Dauer 24 Stunden (86,3 %), 90,2 % MnO_2, 6,3 % MnO, 1,7 % NaOH.

2. Fällung mit Soda; Oxydation: Temperatur 380° C, O_2-Druck: 1 Atm., Dauer 48 Stunden (87,0 %), 90,8 %, MnO_2, 6,7 % MnO, 1,3 % NaOH.

3. Fällung mit Soda; Oxydation: Temperatur 380° C, O_2-Druck: 25 Atm., Dauer 6 Stunden (89,7 %), 91,2 % MnO_2, 6,2 % MnO, 1,5 % NaOH.

4. Fällung mit Ammonbicarbonat; Oxydation: Temperatur 450° C, O_2-Druck: 25 Atm., Dauer 4 Stunden (92,9 %), 93,9 % MnO_2, 3,7 % MnO, 0,5 % $CaCO_3$.

5. Fällung mit Soda; Oxydation: Temperatur 450° C, O_2-Druck: 25 Atm., Dauer 4 Stunden (87,8 %), 90,6 % MnO_2, 6,8 % MnO, 1,6 % NaOH.

6. Fällung mit Ammoncarbonat; Oxydation: Temperatur 500° C, O_2-Druck: 25 Atm., Dauer 3 Stunden (92,0 %), 93,1 % MnO_2, 4,3 % MnO, 0,5 % $CaCO_3$.

7. Manganbicarbonat + Carbonat, Fällung mit Ammonsesquicarbonat; Oxydation: Temperatur 500 bis 550° C, O_2-Druck: 25 Atm., Dauer 2 Stunden (93,4 %), 95,1 % MnO_2, 3 % MnO, 0,4 % $CaCO_3$.

8. Fällung mit Soda; Oxydation: Temperatur 500 bis 550° C, O_2-Druck: 25 Atm., Dauer 2 Stunden (90,1 %), 93,4 % MnO_2, 3,8 % MnO, 1,5 % NaOH.

9. Fällung mit Ammonbicarbonat; Oxydation: Temperatur 550 bis 590° C, O_2-Druck: 20 Atm., Dauer 2 Stunden (93,5 %), 94,6 % MnO_2, 3,5 % MnO, 0,6 % $CaCO_3$.

10. Manganbicarbonat + Mangancarbonat, Fällung mit Ammonbicarbonat; Oxydation: Temperatur 400° C, O_2-Druck: 100 Atm., Dauer 5 Stunden (96,1 %), 97,2 % MnO_2, 1,3 % MnO, 0,5 % $CaCO_3$.

11. Luftröstprodukt mit 57,3 % MnO_2; Oxydation: Temperatur 500° C, O_2-Druck: 25 Atm., Dauer 3 Stunden (87,4 %), 90,1 % MnO_2, 7,0 % MnO, 1,5 % NaOH.

In einem 3 cbm fassenden, liegenden Rohrautoklaven mit langsam laufendem Rührer werden 500 kg mit Soda gefälltes, aus nutschenfeuchtem Material vorgetrocknetes Mangancarbonat von etwa 96 % Reingehalt in Sauerstoff oder Lindeluft von etwa 25 Atm. Druck auf etwa 400 bis 450° C erhitzt. Der sich mit Kohlensäure anreichernde Sauerstoff wird in stetigem Strom dem Druckgefäß entnommen, bevor die Kohlensäurekonzentration etwa 10 % erreicht hat, von Kohlensäure durch gebrannten Kalk als Absorptionsmittel befreit und an Sauerstoff ergänzt dem Reaktionsgefäß wieder zugeführt. Vorteilhaft wird der Druck auf dem ganzen System gleichbleibend gehalten. Das Entfernen der Kohlensäure kann auch absatzweise geschehen; bei Anwendung von mit Sauerstoff angereicherter Luft kann auch auf Wiederverwendung der abziehenden Luft in dem gleichen Verfahren verzichtet werden. Wenn die von Zeit zu Zeit gezogenen Proben eine weitere Steigerung des MnO_2-Gehaltes nicht mehr erkennen lassen, wird das Verfahren abgebrochen. Man erhält etwa 340 kg Braunstein mit durchschnittlich 90 bis 91 % MnO_2 und 6 bis 8 % MnO.

Patentansprüche:

1. Verfahren zur Herstellung von hochwertigem Mangandioxyd aus Mangancarbonat, Manganbicarbonat oder Gemischen beider, dadurch gekennzeichnet, daß man das Carbonat in Anwesenheit von überschüssigem Sauerstoff unter höherem Partialdruck als in Luft von Atmosphärendruck durch Erhitzen auf Temperaturen zwischen 250 und 600° zersetzt.

2. Verfahren nach Anspruch 1, dadurch gekennzeichnet, daß man die Zersetzung in einer Atmosphäre von an Sauerstoff angereicherter Luft oder in technisch reinem Sauerstoff bei Atmosphärendruck

durchführt und dabei die Arbeitstemperatur von 250 bis 500° zweckmäßig um so höher hält, je größer die Sauerstoffkonzentration des Arbeitsgases ist.

3. Verfahren nach Anspruch 1, dadurch gekennzeichnet, daß die Zersetzung in gewöhnlicher oder in an Sauerstoff angereicherter Luft bei erhöhtem Druck und bei Temperaturen zwischen 250 und 600° vorgenommen wird.

4. Verfahren nach Anspruch 1 bis 3, dadurch gekennzeichnet, daß man an Stelle von Mangancarbonat, Bicarbonat oder Gemischen beider an der Luft bei 250 bis 450° schon vorgeröstete Carbonate der Oxydation unterwirft.

5. Verfahren nach Anspruch 1 bis 4, dadurch gekennzeichnet, daß man den Sauerstoff oder die sauerstoffreichen Gase im Kreislauf führt und vor der Wiederverwendung von aufgenommenen störenden Fremdgasen befreit.

Nr. 561516. (K. 113570.) Kl. 12n, 3. Yogoro Kato, Koshiro Yamamoto in Tokio und The Yuasa Storage Batterie Co., Ltd. in Osaka.

Herstellung von Mangandioxyd.

Vom 23. Febr. 1929. — Erteilt am 29. Sept. 1932. — Ausgegeben am 14. Okt. 1932. — Erloschen: . . . .

Die Erfindung betrifft ein Verfahren zur Herstellung höherer Oxydationsstufen des Mangans, insbesondere des Mangandioxyds (MnO_2).

Die höheren Oxyde des Mangans, insbesondere das Mangandioxyd, werden bekanntlich in hohem Maße bei der Fabrikation von Trockenbatterien benutzt, und die Nachfrage für solche ist groß. Ein Verfahren zur Herstellung von Mangandioxyd dadurch, daß niedere Oxyde des Mangans der Einwirkung von Sauerstoff in einfacher Weise unterliegen, hat sich bisher als praktisch undurchführbar erwiesen. Demgegenüber ist auf Grund der vorliegenden Erfindung die Feststellung gemacht worden, daß niedere Oxyde des Mangans, sei es in natürlichem Zustande, sei es durch ein künstliches Verfahren hergestellt, wenn sie zu mäßigen Temperaturen in Gegenwart von Alkali erhitzt und dabei der Einwirkung von Sauerstoff oder Sauerstoff enthaltenden Gasen unterworfen werden, praktisch quantitativ in Mangandioxyd übergehen. Es werden daher gemäß der Erfindung derartige niedere Oxyde des Mangans bzw. Manganverbindungen bei Anwesenheit von Alkali zu Temperaturen oberhalb 200° C erhitzt, und es wird daraus durch den Einfluß von freiem Sauerstoff oder solchen enthaltenden Gases Mangandioxyd erzeugt, welches als Depolarisator oder für andere Oxydationszwecke benutzbar ist.

Wenn im vorliegenden Falle von Alkali die Rede ist, so sind darunter Hydroxyde und Carbonate von Alkalien oder Erdalkalien zu verstehen oder andere Produkte, welche in letztgenannte Produkte durch Erhitzung verwandelt werden können.

Unter niedrigeren Oxydationsstufen des Mangans sind solche Manganverbindungen zu verstehen, welche weniger als zwei Atome Sauerstoff pro Manganatom besitzen. Als Ausgangsstoffe können Carbonate oder Hydroxyde des Mangans verwendet werden, welche in Manganoxyd durch Erhitzung umwandelbar sind, oder auch andere natürliche oder künstliche Manganverbindungen in Form von Carbonat oder Oxyd enthaltenden Stoffen. Die natürlichen oxydischen Manganerze enthalten wechselnde Mengen von Sauerstoff, wobei das Verhältnis der Sauerstoffatome zu den Manganatomen zwischen 1:1 bis 2:1 variiert. Gemäß der vorliegenden Erfindung werden alle diese Oxydationszwischenstufen mit einem sehr hohen Ausbringen in Mangandioxyd umgewandelt, so daß das Verfahren gemäß der Erfindung ohne weiteres industriell verwertet werden kann.

Die für das Verfahren verwendeten manganhaltigen Ausgangsstoffe brauchen nicht etwa rein zu sein. Die Gegenwart von gewöhnlichen Unreinigkeiten, Kieselsäure, Eisenoxyd usw. beeinträchtigen den Verlauf des Prozesses nicht.

Das Verfahren kann durch die Zufuhr von Dampf beschleunigt werden. Ein weiterer Vorzug des Verfahrens ist sein exothermer Verlauf, so daß die Wärmezufuhr von außen außerordentlich gering zu sein braucht.

Ausführungsbeispiel

Als Ausgangsstoffe für das Verfahren kann man alle natürlichen Manganerze verwenden, die das Mangan in einer niedrigeren Oxydationsstufe als der vierwertigen enthalten, wie z. B. den Braunit, Mn_2O_3, den Hausmannit, Mn_3O_4, den Manganit, $MnOOH$, usw. Besonders vorteilhaft haben sich auch die Mangancarbonate nach der Art des $MnCO_3$ erwiesen, wie z. B. der Manganspat oder Rosenspat, der in Japan in großen Mengen gefunden wird. Diese Verbindungen werden aber vor dem Verfahren durch Erhitzen umgewandelt in Mn_3O_4, welches verhältnismäßig reaktionsfähig ist. Bei Verwendung von reinem japanischem Manganspat enthält dann das Mn_3O_4 etwa 72 % Mangan.

Zu 1 kg fein gemahlenem, derartig hergestelltem Manganoxyd werden 30 g Natriumhydroxyd oder 50 g Natriumcarbonat zugefügt und gemischt. Die Mischung wird in einen zylindrischen Behälter gebracht und dann von außen elektrisch oder in anderer bekannter Weise erhitzt. Gleichzeitig wird der Behälter dabei zweckmäßig gedreht und Sauerstoff oder Luft zugeführt. Die notwendige Zeit für die Oxydation hängt im wesentlichen von der Höhe der aufgewandten Temperatur ab. Bei einer Erhitzung auf 350° muß man die Charge 24 Stunden im Ofen belassen und erhält dann eine Ausbeute von 62,7 % Mangandioxyd. Die zweckmäßigste Temperatur liegt jedoch bei 450 bis 500° C, und dann erhält man während einer Erhitzung von 2 Stunden eine Ausbeute von 75,8 %.

Nach beendeter Oxydation wird die Charge aus dem Ofen genommen und mit Wasser oder, falls die Verunreinigungen des Ausgangsmaterials dies nötig machen, mit verdünnter Säure ausgelaugt.

Anstatt einen von außen beheizten Drehrohrofen zu verwenden, kann man die Charge auch in einem Herdofen behandeln, in den man eine oxydierende Flamme einblasen läßt. Dabei kann man zweckmäßig gleichzeitig die Charge rühren.

Die Ausbeute an Mangandioxyd hängt im wesentlichen von der Feinheit und Güte der Ausgangsstoffe ab.

Wenn Erdalkaliverbindungen anstatt von Alkalihydroxyden zur Verwendung gelangen, dann empfiehlt sich eine Waschung mit verdünnter Säure.

Das Alkali kann zunächst zu einem Teil der Mangan-Oxyd-Charge zugesetzt und in Gegenwart von Sauerstoff erhitzt werden, wodurch Manganate entstehen. Zu diesen Manganaten wird dann die Restcharge zugefügt. Natürlich können auch das Alkali und die Mangancharge abwechselnd zugeführt werden.

Patentanspruch:

Verfahren zur Herstellung von Mangandioxyd aus natürlichen oder künstlichen niederen Manganoxyden bzw. solche im wesentlichen enthaltenden Produkten, dadurch gekennzeichnet, daß dieselben in Gegenwart geringer Mengen von Alkali- oder Erdalkaliverbindungen (beispielsweise 3 bis 5 %) auf Temperaturen zwischen 200 bis 500° unter Zutritt von Sauerstoff oder solchen enthaltenden Gasen erhitzt werden.

Nr. 542784. (D. 58602.) Kl. 12n, 3.

Drägerwerk Heinr. & Bernh. Dräger in Lübeck.

Herstellung eines hydratisierten Mangandioxyds von hoher katalytischer Wirkung.

Vom 13. Juni 1929. — Erteilt am 7. Jan. 1932. — Ausgegeben am 28. Jan. 1932. — Erloschen: . . . .

Die Verwendung von Hydraten des Mangansuperoxyds für viele katalytische Oxydationszwecke ist bekannt. Ebenso ist es bekannt, daß die katalytische Wirksamkeit dieser Stufe weniger von ihrer analytischen Zusammensetzung als von ihrer Feinstruktur abhängt. Besonders hochdisperse Präparate sind im allgemeinen die wirksamsten. Außerdem hat sich herausgestellt, daß möglichst vollständige Alkalifreiheit für die Aktivität des Produktes wesentlich ist. Beide Eigenschaften sind naturgemäß von dem Herstellungsweg des Präparates, im besonderen von der Fällung des Mangansuperoxyds selbst abhängig.

Hochaktive Braunsteinpräparate werden besonders in Mischung mit anderen Schwermetalloxyden, besonders Kupferoxyd oder Kobaltoxyd, zur Erleichterung der Oxydation von Kohlenoxyd bei Zimmertemperatur benutzt. Die wünschenswerte Alkalifreiheit hat man z. B. dadurch zu erreichen versucht, daß man wasserfreie Permanganate mit konzentrierter Schwefelsäure zum Mangandioxyd zersetzte, ein Prozeß, der bekanntlich leicht Anlaß zu heftigen Explosionen geben kann. Man hat auch Mangansulfat oxydiert; hierbei werden jedoch große Mengen Schwefelsäure verbraucht.

Schließlich ist schon vorgeschlagen worden, die Fällung aus stark sauren Lösungen vorzunehmen, weil gerade freies Alkali außerordentlich fest adsorbiert wird und deshalb alle alkalischen Fällmethoden ein besonders umständliches Auswaschen des gefällten Braunsteins bedingen. Die Umsetzung in saurer Lösung führt jedoch zu Manganosalzen oder zu Mangandioxydsolen, die beide nicht brauchbar sind.

Wesentlich günstiger schien daher die Reduktion von Permanganat mit Wasserstoffperoxyd zu sein. Sie führt aber nur bei genauer Einhaltung bestimmter Bedingungen zu brauchbaren Produkten. So wurde z. B. Kaliumpermanganat mit überschüssigem Ammoniak versetzt und dann mit Wasserstoffperoxyd gefällt. Aus so hergestelltem Braunstein gefertigte CO-Katalysatoren wirkten aber nur wenige Minuten vollständig oxydierend; schon nach 10 Minuten wurde $^1/_{40}$ und nach 20 Minuten $^1/_6$ des hineingebrachten Kohlenoxyds nicht mehr oxydiert.

Nach der Erfindung wird demgegenüber so vorgegangen, daß einmal die Entstehung größerer Mengen freien Alkalis durch Fällung mittels strikt neutraler Reagenzien überhaupt vermieden, dann aber das bei der Umsetzung entstehende Alkali sofort durch Salzbildung unschädlich gemacht wird. Erfahrungsgemäß werden Alkalisalze besonders der starken Säuren viel weniger adsorbiert als die entsprechenden Hydroxyde.

Die Fällung selbst soll erfindungsgemäß aus einer neutralen Permanganatlösung mittels Wasserstoffperoxyds vorgenommen werden. Dieser Vorgang verläuft z. B. nach der Formel:

$$2\ KMNO_4 + 3\ H_2O_2 + aq$$
$$= 2\ MnO_2 \cdot aq + 2\ KOH + 3\ O_2 + 2\ H_2O.$$

Dabei entstehen also auf je 3 Mole umgesetztes Wasserstoffperoxyd 2 Mole Alkalihydroxyd. Die Entstehung dieses durch das in der Fällung begriffene Manganperoxyd leicht und fest adsorbierbaren Hydroxyds läßt sich zweckentsprechend dadurch verhindern, daß man der zur Fällung benutzten Wasserstoffperoxydlösung im stöchiometrischen Verhältnis die zur Bindung des Hydroxyds nötige Menge freier Säuren, z. B. Salpetersäure, zusetzt. Das gebildete Nitrat ist ein recht schlecht adsorbierbares Salz und also leicht auszuwaschen.

Das Fällungsprodukt wird weiter dadurch günstig beeinflußt, daß man es aus weitgehend verdünnten Lösungen entstehen läßt. Man muß die Konzentrationen nur so hoch halten, daß die Bildung einer haltbaren Manganperoxydsole gerade vermieden wird. Weiter ist es wünschenswert, die Wasserstoffperoxydlösung ganz langsam zu der Permanganatlösung fließen zu lassen. Die oben gekennzeichnete Reaktion verläuft unter Wärmeentwicklung. Wenn sie zu schnell erfolgt, wird die Reaktionslösung erwärmt. Dieser Vorgang ist aber unbedingt zu vermeiden, denn er würde die Fällung eines Manganperoxydpräparates mit nur sehr wenig Wasser zur Folge haben. Ein hoher Wassergehalt ist zwar nicht seiner selbst wegen nötig, aber das im weiteren Verlauf der Herstellung verdampfende Wasser läßt einen katalytisch besonders hochaktiven, weil sehr porösen Braunstein zurück.

Das gefällte Produkt wird dann in bekannter Weise filtriert, gewaschen und getrocknet.

Präparate, die nach dem Verfahren der Erfindung hergestellt wurden, oxydierten, wie durch Versuche festgestellt wurde, noch nach 50 Minuten alles Kohlenoxyd vollständig. Das liegt daran, weil der erfindungsgemäß gewonnene Braunstein völlig alkalifrei und von außerordentlich feiner Verteilung ist. Dieser Verteilungszustand wird dadurch erreicht und in seiner katalytischen Wirkung noch unterstützt, daß das zuerst gefällte Material noch stark wasserhaltig ist und dieses Wasser erst bei der Trocknung verliert unter Hinterlassung molekularer Hohlräume und somit aktiver Oberflächenbildungen.

Beispiel

8 kg $KMnO_4$ werden in 200 l kaltem Wasser gelöst. In dieser Lösung wird unter ständigem Umrühren innerhalb von 10 Stunden eine Mischung von 5,8 kg 45%igem Wasserstoffperoxyd, 6,5 kg Salpetersäure (d = 1,305) und 250 l Wasser einfließen gelassen. Die dadurch gebildete feine Braunsteinfällung wird, wie üblich, gereinigt und getrocknet.

Patentansprüche:

1. Verfahren zur Herstellung eines hydratisierten Mangandioxyds von hoher katalytischer Wirkung durch Fällung einer Permanganatlösung mit einer Wasserstoffperoxydlösung, dadurch gekennzeichnet, daß die Wasserstoffperoxydlösung gerade so viel Säure enthält, als zur Bindung des bei der Umsetzung entstehenden freien Alkalis notwendig ist.

2. Verfahren nach Anspruch 1, dadurch gekennzeichnet, daß die den Säurezusatz enthaltende Wasserstoffperoxydlösung in sehr verdünntem Zustande (z. B. als 1%ige Lösung) in die sehr verdünnte kalte Permanganatlösung (z. B. 3- bis 4%ig) langsam eingeführt wird.

Nr. 538645. (W. 37. 30.) Kl. 12n, 3.

Dr. R. & Dr. O. Weil Chemisch-Pharmazeutische Fabrik in Frankfurt a. M.

Herstellung von kolloiden Mangandioxydlösungen.

Vom 18. Juli 1930. — Erteilt am 5. Nov. 1931. — Ausgegeben am 16. Nov. 1931. — Erloschen: . . . .

Es ist bekannt, daß man kolloides Mangandioxyd in wässeriger Lösung aus wasserlöslichen Mangansalzen in Gegenwart eines Schutzkolloides durch Oxydation gewinnen kann (vgl. Patent 248526); doch sind solche Lösungen sehr wenig stabil. Werden sie ohne Gegenwart von Schutzkolloid hergestellt, so flocken sie sofort aus. Aber auch bei Gegenwart kleinerer Mengen Schutzkolloide trüben sie sich rasch und setzen ab. Nun haben Versuche ergeben, daß man stabile Lösungen von kolloidem Mangandioxyd erhält, wenn die Oxydation von Mangansalzen in Gegenwart von Salzen mehrwertiger organischer Oxysäuren erfolgt.

Löst man z. B. 0,4 g kristallisiertes Manganosulfat in 40 ccm Wasser, fügt 0,8 g Natriumperborat gelöst in 160 ccm Wasser zu und verdünnt das Ganze auf 400 ccm mit Wasser, so bildet sich beim Erwärmen kolloides Mangandioxyd, das jedoch sofort ausflockt. Hat man jedoch vorher 0,4 g Seignettesalz beigefügt, so bleibt die Lösung für mehrere Stunden klar.

Macht man den beschriebenen Versuch in Gegenwart von 3,2 g Dextrin ohne Seignettesalz, so erfolgt trotz der Gegenwart von Dextrin Trübung und Flockung, und das Mangandioxyd ist nach 16 Stunden zum Teil abgesetzt. Wird jedoch der Versuch bei Gegenwart von Seignettesalz oder dem Salz einer anderen mehrwertigen organischen Oxysäure durchgeführt, so bleibt die Lösung vollkommen klar.

Beispiel 1

400 ccm einer 1%igen Mangansulfatlösung werden unter gutem Rühren einer Mischung von 800 ccm einer 0,5%igen Lösung von Seignettesalz und 1600 ccm einer 0,5%igen Natriumperboratlösung zufließen gelassen. Um das Endprodukt eintrocknen und wieder lösen zu können, wird dem Ganzen so viel Dextrin zugegeben, daß es 1 % Dextrin enthält. Alsdann wird gekocht, bis der Sauerstoff entwichen ist. Zur Entfernung der Elektrolyte kann alsdann dialysiert und die Lösung, soweit erwünscht, konzentriert werden.

Beispiel 2

400 ccm einer 1%igen Manganchlorürlösung werden unter ständigem Umrühren zu einer Mischung von 400 ccm 0,5%iger Natriumperboratlösung und 400 ccm einer 0,5%igen Natriumborocitratlösung gesetzt. Dann wird so viel lysalbinsaures Natron beigefügt, daß auf 1 g MnO_2 5 g lysalbinsaures Natron kommen. Das Ganze wird erwärmt, bis der Sauerstoff entwichen ist. Zwecks Entfernung von Elektrolyten kann die Lösung wiederholt ultrafiltriert und die entfernte Flüssigkeit durch Wasser oder eine andere zweckentsprechende Lösung ersetzt werden.

Als Mangansalz eignet sich jede wasserlösliche zweiwertige Manganverbindung. Zur Oxydation kann jedes wasserlösliche, in schwach alkalischer Lösung wirksame Oxydationsmittel in geeigneter Konzentration verwendet werden. Statt der in den Beispielen angegebenen weinsauren oder zitronensauren Salze können andere wasserlösliche Salze mehrwertiger Oxysäuren zur Verwendung kommen. Statt des in den Beispielen angegebenen Dextrins oder des lysalbinsauren Natrons können auch beliebige andere Schutzkolloide, wie z. B. lösliche Stärke, Gummiarabicum, Proteine oder sonstige, benutzt werden.

Es ist nicht notwendig, sich streng an die vorgeschriebenen Konzentrationen oder die Reihenfolge der Mischung zu halten.

Für die Reaktion wird man das jeweils Geeignetste wählen.

Die Erwärmung zwecks Durchführung der Oxydation kann in beliebiger geeigneter Höhe der Temperatur vorgenommen werden.

Das Schutzkolloid kann trocken oder gelöst bei niederer oder höherer Temperatur den Lösungen beigefügt werden.

Die Menge des Zusatzes erfolgt je nach Zweckmäßigkeit. Je nach Verwendungszweck steht es frei, die Elektrolyte bzw. Kristalloide in der Lösung zu belassen oder sie in beliebiger geeigneter Weise, auch z. B. durch Elektroultrafiltration oder Elektrodialyse oder durch Fällung der Kolloide aus der Mischung zu entfernen.

Die mit dem Schutzkolloid versetzte Mangandioxydlösung kann bei geeigneter niederer oder höherer Temperatur an der Luft, im Vakuum oder in einer beliebigen anderen geeigneten Atmosphäre in zweckmäßiger Weise konzentriert oder eingedampft werden.

Patentanspruch:

Herstellung von kolloiden Mangandioxydlösungen durch Oxydation von Mangansalzen in wässeriger Lösung, gegebenenfalls mit Hilfe eines Schutzkolloides, gekennzeichnet durch die Durchführung der Oxydation in Gegenwart von Salzen mehrwertiger organischer Oxysäuren.

D. R. P. 248526, B. I, 3599.

Nr. 556141. (S. 81506.) Kl. 12n, 3. Société Chimique des usines du Rhône in Paris.

Herstellung von Kaliummanganat.

Vom 6. Sept. 1927. — Erteilt am 14. Juli 1932. — Ausgegeben am 8. Aug. 1932. — Erloschen: ....

Französische Priorität vom 29. Juni und 26. Aug. 1927 beansprucht.

Die Erfindung betrifft ein Verfahren zur Herstellung von Kaliummanganat durch Erhitzen von Mangandioxyd mit wasserhaltigem Ätzkali und bei verhältnismäßig niedriger Temperatur.

Es war bekannt, Manganoxyde mit der theoretisch erforderlichen Alkalimenge unter Anwendung von Druck in Gegenwart von Luft oder einem andern sauerstoffhaltigen Gase zu schmelzen. Es wurde bei 350 bis 400° so lange Druckluft durch die Schmelze geleitet, bis kein Wasserdampf mehr entwich; man erhielt so eine vollständig entwässerte Schmelze.

Eine derartige Arbeitsweise erfordert eine erhebliche mechanische Kraft.

Das vorliegende Verfahren gründet sich auf die Verwendung eines Überschusses an Ätzkali und besteht im wesentlichen darin, daß man durch wäßriges heißes Ätzkali, das Mangandioxyd (Mangansuperoxyd oder Braunstein) aufgeschlämmt enthält, Sauerstoff hindurchbläst, indem man für möglichst innige Berührung zwischen Gas und Flüssigkeit Sorge trägt. Die zu verwendende Temperatur kann in ziemlich weiten Grenzen schwanken; sie muß genügend sein, um die Masse flüssig zu erhalten, ist aber auf alle Fälle viel niedriger als die bei dem älteren Verfahren erforderliche.

In der Praxis ist es zweckmäßig, Ätzkali von 70 bis 85 % zu verwenden; eine Temperatur zwischen 160 und 220° genügt im allgemeinen, um rasch eine vollständige oder fast vollständige Umwandlung des Dioxyds zu erreichen. Die Erfindung ist aber weder auf diese Konzentration, noch auf die genannten Temperaturen beschränkt. Konzentrationen von 60 % und weniger zeitigen z. B. ebenfalls gute Ergebnisse unter der Bedingung, daß Temperatur, Gaszufuhr und Dauer entsprechend gewählt werden, so daß eine teilweise Entfernung des Wassers gesichert bleibt. Konzentrationen über 85 % sind verwendbar, bieten aber gewerblich weniger Interesse.

Eine innige Mischung von Gas und Flüssigkeit ist für eine rasche Umwandlung wesentlich; es ist diese Bedingung leicht zu erfüllen, da die Masse bis zum Ende der Reaktion erhebliche Wassermengen enthält; sie bleibt also selbst bei den verhältnismäßig niedrigen Temperaturen, die benutzt werden, bis zu Ende flüssig, was die Verwendung intensiv wirkender Mischvorrichtungen gestattet.

Damit die Reaktionsmasse bis zum Ende flüssig bleibt, muß natürlich ein Überschuß von Ätzkali verwendet werden. Das nicht in Reaktion getretene Ätzkali kann leicht zurückgewonnen werden, z. B. durch Auslaugen der Reaktionsmasse mit kleinen Mengen von Wasser oder von verdünnter Kalilauge oder durch einfaches Dekantieren der geschmolzenen Masse; in diesem letzteren Falle erhält man eine sehr konzentrierte Kalilauge, die man unmittelbar wieder verwenden kann. Das Manganat und gegebenenfalls die Verunreinigungen des Mangandioxyds sammeln sich fast vollständig in der unteren Schicht an.

Der Sauerstoff kann andere Gase, die den in Reaktion tretenden Stoffen gegenüber sich neutral verhalten, enthalten; so kann man gewöhnliche Luft verwenden, was besonders billig ist, da kein erhöhter Druck nötig ist.

In erster Linie benutzt man natürliches und künstliches Mangandioxyd; man kann aber auch andere Oxyde des Mangans oder Verbindungen, die solche Oxyde ergeben, nach diesem Verfahren in Manganat umwandeln; auch die Verbindungen der Manganoxyde mit Basen können verwendet werden.

Man erzielt eine schnellere Umwandlung in Manganat, wenn man das Mangandioxyd (Braunstein) zunächst einige Zeit lang mit dem geschmolzenen Ätzkali behandelt und dann erst den Sauerstoff oder die genannten Gasmischungen einbläst.

Das Mangandioxyd kann sowohl in der Kalilösung als auch in dem geschmolzenen konzentrierten Alkali aufgeschlämmt werden. Wird ein geschmolzenes konzentriertes Alkali verwendet, so geht die Reaktion sehr rasch vor sich; verwendet man eine flüssige Lauge, so wird diese sich vorerst infolge des Durchblasens von Luft konzentrieren, die Bildung des Manganats erfolgt dann, wie vorstehend angegeben.

Beispiel 1

In einem mit kräftigem Ruhrwerk versehenen Kessel schmilzt man 6 kg 76 %iges Ätzkali, erhitzt auf 180° und gibt 1 kg natürliches Mangandioxyd von ungefähr 90 % zu.

In die geschmolzene, auf 180° gehaltene Masse leitet man dann unter kräftigem Rühren einen Strom von kohlensäurefreier Luft mit einer Geschwindigkeit von ungefähr 300 l in der Stunde ein. Nach 18 Stunden ist das Dioxyd fast quantitativ in Manganat umgewandelt; man trennt die noch flüssige Masse ohne Schwierigkeit von dem überschüssigen Ätzkali, so z. B. durch Dekantieren bei 180°.

Das benutzte Dioxyl enthielt 90 % MnO_2 und 1 bis 2 % Wasser; der Rest bestand aus Kieselsäure, Kalk, Magnesia und Eisenoxyd. Nach diesem Beispiel werden 96 % des verarbeiteten MnO_2 in Manganat umgewandelt. Das Rohprodukt der Oxydation enthält das Manganat, das unveränderte Dioxyd, die Verunreinigungen und das überschüssige wässerige Ätzkali; es bildet bei 180° eine obere (flüssige), aus einer 78 %igen Kalilauge bestehende Schicht, die man ohne weiteres von neuem verwenden kann; die untere Schicht enthält 20 bis 25 % an 78 %iger Kalilauge, ferner das gebildete Manganat, das unveränderte Dioxyd und die Verunreinigungen.

Beispiel 2

In die gleiche Vorrichtung gibt man 1250 g Mangandioxyd zu 4 l Kalilauge von 50 %. Man führt unter kräftigem Umrühren einen Luftstrom von 1000 l die Stunde ein und erhitzt gleichzeitig, um das Wasser zu verdampfen. Die Temperatur stellt sich zunächst auf den Siedepunkt der 50 %igen Kalilauge, d. h. etwa 145°, ein und steigt dann nach und nach in dem Maße, wie sich die Masse konzentriert. Man gießt gleichzeitig nach und nach den Rest der erforderlichen Kalilauge, das sind 2 l 50 %ige Kalilauge, hinzu. (Diese 2 l Kalilauge können übrigens auch gleich zu Beginn des Verfahrens zugefügt werden.) Die Temperatur steigt bis 210° und wird bis zum Ende der Reaktion, die 12 Stunden dauert, beibehalten; das Dioxyd ist dann fast vollständig in Manganat übergeführt. Die Konzentration der Kalilauge beträgt alsdann ungefähr 74 %. Um das Manganat abzutrennen, fügt man der Reaktionsmasse so viel 25 %ige Kalilauge zu, daß das Gemenge eine Kalilauge von 40 % enthält, läßt absetzen und dekantiert bei 25°. Die untere schmutzige Schicht enthält in Form von festen Teilchen fast alles gebildete Manganat. In der darüberstehenden Lauge verbleiben nur sehr geringe Mengen aufgelösten Manganats, die zu einer folgenden Behandlung wieder verwendet werden können. Man wandelt so 96 % des Mangandioxyds um.

Bei diesem Beispiel kann man die Temperatur auch bis auf etwa 225 bis 235° erhöhen, bei welcher Temperatur allerdings der Luftstrom eine beträchtliche Menge Wasser mit sich fortreißt. Um zu vermeiden, daß das Kali der Reaktionsmasse eine zu hohe Konzentration erreicht, die die Flüssigkeit der Masse schädlich beeinflussen würde, führt man nach und nach während der Oxydation Wasser oder Wasserdampf in die Reaktionsmasse ein, so daß das Kali der Reaktionsmasse konstant auf einer Konzentration von 70 bis 80° gehalten wird. Man gelangt auf diese Weise zu einer praktisch vollständigen Umwandlung nach weniger als 10 Stunden Oxydationsdauer.

Beispiel 3

In derselben Vorrichtung schmilzt man 5500 g Ätzkali von 81 %, gibt 1 kg Braunstein zu und hält die Temperatur bei 180°. Man verbindet mit einem Sauerstoffgasometer, wobei die Absorption des Sauerstoffes sehr rasch vor sich geht, so daß nach 8 Stunden die Umwandlung vollendet ist. Unter diesen Temperaturbedingungen können keine Wassermengen verdampfen; die Lauge wird im Gegenteil durch die Zufuhr des bei der Reaktion erzeugten Wassers verdünnt, und die Konzentration ist zu diesem Zeitpunkte 72 %. Man trennt, wie vorstehend angegeben. Die Ausbeute ist, wie oben angegeben.

Beispiel 4

Man ersetzt im Beispiel 2 die 1250 g natürlichen Braunstein durch 1200 g eines regenerierten Braunsteins von der ungefähren Zusammensetzung $4\,MnO_2, MnO, 3\,H_2O$. Nach 12 Stunden sind mehr als 95 % des Mangans in Manganat umgewandelt.

Beispiel 5

Man ersetzt im Beispiel 1 jedes Kilo natürlichen Braunsteins durch 1800 g eines Manganoxyds von der ungefähren Zusammensetzung $3\,MnO_2, 2\,KOH, 8\,H_2O$. Man wandelt innerhalb von 15 Stunden 99 % des Mangans in Manganat um.

Es ist bereits vorgeschlagen worden, die Umsetzung von Braunstein mit wäßrigem Alkali dadurch vorzunehmen, daß man Braunstein mit etwa 40 %iger Kalilauge in geschlossenen druckfesten Gefäßen nach Einpressen von Sauerstoff bis zu etwa 100 Atm. Druck einige Stunden auf 150 bis 160° erhitzt. Hierbei wurde jedoch trotz Anwendung eines enorm hohen Druckes keine restlose Überführung des Braunsteins in Manganat erzielt. Bei dem vorliegenden Verfahren braucht man dagegen nicht unter Druck zu arbeiten, wodurch sich das neue Verfahren naturgemäß technisch wesentlich einfacher gestaltet; auch wird eine fast quantitative Ausbeute an Manganat erzielt.

Patentansprüche:

1. Verfahren zur Darstellung von Kaliummanganat durch Einleiten bzw. Hindurchleiten von Sauerstoff in Mangansauerstoffverbindungen enthaltendes wäß-

riges heißes Ätzkali im Überschuß, dadurch gekennzeichnet, daß man ohne Anwendung eines geschlossenen Gefäßes durch Regelung der Temperatur und (bzw. oder) Ergänzung des verdampfenden Wassers bis zur Beendigung der Reaktion in wasserhaltigem flüssigem Medium arbeitet.

2. Ausführungsform des Verfahrens nach Anspruch 1, dadurch gekennzeichnet, daß man von einer Kalilauge von etwa 70 bis 85 % Gehalt an Ätzkali ausgeht und dafür Sorge trägt, daß die Konzentration der Kalilauge in der Reaktionsmasse 80 % KOH nicht überschreitet.

3. Verfahren nach Anspruch 1, dadurch gekennzeichnet, daß man bei Durchführung des Verfahrens bei Temperaturen, bei denen eine Verdampfung von Wasser eintritt, zur Vermeidung einer zu starken Konzentration der Flüssigkeit nach und nach während der Oxydation geeignete Mengen Wasser oder Wasserdampf in die Reaktionsmasse einführt.

4. Verfahren nach Anspruch 1 bis 3, dadurch gekennzeichnet, daß man ein wäßriges Ätzkali von etwa 70 bis 85 % Gehalt an Ätzkali verwendet und die Reaktion bei einer Temperatur von etwa 160 bis 220° vor sich gehen läßt.

E. P. 292991, 296074.

Nr. 549431. (S. 93946.) Kl. 12n, 3.

Siemens & Halske Akt.-Ges. in Berlin-Siemensstadt.

Erfinder: Dr. Walter Noddack in Berlin-Grunewald.

Verfahren zur Gewinnung von an Rheniumverbindungen angereicherten Lösungen.

Vom 17. Sept. 1929. — Erteilt am 14. April 1932. — Ausgegeben am 4. Mai 1932. — Erloschen: 1934.

Die Erfindung betrifft ein Verfahren, um Rheniumverbindungen von den Verbindungen anderer Elemente ganz oder teilweise zu trennen. Es besteht darin, daß man eine saure Lösung des Gemenges herstellt und aus dieser die Salze der anderen Elemente auskristallisieren läßt. Als Ausgangsmaterial können beliebige rheniumhaltige Materialien verwendet werden. Es kann sich entweder um rheniumhaltige Erze handeln oder um irgendwelche auf andere Art gewonnene Gemenge. In jedem Fall wird das Gemenge in Lösung gebracht, nötigenfalls angesäuert und allmählich eingedampft. Dann scheiden sich zunächst die Salze aller anderen Elemente ab, so daß man eine angereicherte Lösung bekommt. Die ausgeschiedenen Salze werden durch Filtration entfernt. Die Anreicherung kann so lange fortgesetzt werden, daß sie zuletzt nur noch Rhenium rein oder mit geringen Verunreinigungen enthält.

Das Rhenium liegt in saurer Lösung fast stets als Anion ReO_4 der einbasischen Säure $HReO_4$ vor. Diese Säure ist besonders leicht wasserlöslich und bildet mit allen Metallen wasserlösliche Salze. Sowohl die Säure wie ihre Salze sind mit den Salzen der meisten anderen Säuren nicht isomorph. Sie treten daher nicht in das Kristallgitter ein, sondern verbleiben in Lösung.

Rhenium ist in kleiner Menge in vielen Eisen-, Nickel-, Kupfer- und Molybdänerzen enthalten. Da die Menge meist weniger als 1 mg in der Tonne beträgt, ist die direkte Abscheidung des Elementes, etwa als Sulfid, aus saurer Lösung mit Schwierigkeiten verknüpft. Nach vorliegendem Verfahren aber wird das Rhenium leicht gewonnen. Man kann beispielsweise folgendermaßen vorgehen:

1. Magnetkies als Ausgangsmaterial

500 kg des Erzes werden mit 1000 kg Salpetersäure (d = 1,4) behandelt, die Lösung wird von der Gangart befreit und eingedampft. Nachdem die Lösung auf 200 l eingeengt ist, wird abgekühlt, und die Nitrate von Eisen und Nickel werden abfiltriert. Die Lösung wird weiter eingedampft und die Filtration der auskristallisierten Salze bei Mengen von 30 l, 5 l, 500 ccm, 100 ccm, 20 ccm, 5 ccm wiederholt. Die genannte Restlösung von 5 ccm enthält nahezu das gesamte Rhenium des Erzes. Das Rhenium kann aus dieser Lösung durch weiteres Eindampfen oder durch andere Fällungsmethoden abgeschieden werden.

2. Molybdänglanz als Ausgangsmaterial

100 kg des Erzes werden mit konzentrierter Salpetersäure aufgeschlossen und die abgekühlte Lösung von der ausgeschiedenen Molybdänsäure abfiltriert. Die Lösung wird fraktioniert eingeengt unter Filtration der ausgeschiedenen Molybdänsäure und der Nitrate von Eisen, Aluminium und Kupfer. Zuletzt verbleibt eine Lösung von 10 ccm, die neben etwas Molybdän 0,1 g Rhenium, fast die gesamte Menge aus den 100 kg Erz, enthält. Bei Neutralisation der Lösung mit Kalilauge fällt das Rhenium als Kaliumperrhenat aus.

Patentanspruch:

Verfahren zur Gewinnung von an Rheniumverbindungen angereicherten Lösungen, dadurch gekennzeichnet, daß man saure rheniumhaltige Metallsalzlösungen einengt und den hierbei anfallenden, aus den Fremdmetallsalzen bestehenden Bodenkörper vorzugsweise fraktioniert von der Lösung abtrennt.

Nr. 461898. (S. 79504.) Kl. 12n, 4. „Sachtleben" Akt.-Ges. für Bergbau und chemische Industrie und Dr. Hans Nitze in Homberg.

Erfinder: Dr. Hans Nitze in Homberg, Niederrhein.

Verfahren zur Fällung von Kalium-Kobaltinitrit.

Vom 5. Mai 1927. — Erteilt am 7. Juni 1928. — Ausgegeben am 7. Juli 1928. — Erloschen: ....

Um Kobaltsalze zu reinigen und namentlich von Nickel zu trennen, benutzt man die Fällung des Kobalts als Kalium-Kobaltinitrit (Fischersches Salz) ($K_3Co(NO_2)_6$) und wäscht das gefällte Kobaltsalz aus. Die Fällung erfolgt derartig, daß man das Kobaltsalz in Lösung mit Alkalinitrit versetzt und Essigsäure hinzugibt, um salpetrige Säure frei zu machen und durch diese das Kobaltonitrit zu Kobaltinitrit zu oxydieren, welches dann mit weiterem Kaliumnitrit sich zu Kobaltikaliumnitrit umsetzt.

Das vorliegende Verfahren zur Fällung von Kalium-Kobaltinitrit besteht darin, daß man die Essigsäure vollständig oder teilweise durch Alkalibisulfat ersetzt. Am besten verwendet man das Alkalibisulfat in festem Zustande und setzt es langsam der vorteilhaft konzentrierten Kobaltsalznatriumnitritlösung hinzu.

Die Verwendung des Alkalibisulfates gibt den Vorteil der größeren Billigkeit im Vergleich zur Essigsäure und erreicht eine besonders vorteilhafte Ausnutzung des Nitrites, weil dieses langsam salpetrige Säure unter der Einwirkung des Bisulfates in Freiheit setzt und so eine wirksame Oxydation des Kobalts gestattet. Wenn man das Salz in fester Form zusetzt, so wird eine für die Ausfällung des Kaliumkobaltinitrites nachteilige Konzentrationsverminderung vermieden. Man kann sowohl Kaliumbisulfat wie Natriumbisulfat oder Gemische beider für sich allein oder in Vermischung mit Kaliumchlorid verwenden. Das Kaliumchlorid kann auch getrennt von dem Bisulfat, aber gleichzeitig mit diesem oder nach Zusatz von Bisulfat zugesetzt werden.

Beispiel.

1 l einer Kobaltsulfatlösung, die 100 g Kobaltsulfat gelöst enthält, versetzt man mit 340 g Natriumnitrit und gibt, nachdem das Nitrit gelöst ist, etwa 195 g festes Natriumbisulfat (H_2O), so daß die Lösung schwach sauer reagiert, langsam hinzu. Unter Entweichen nitroser Gase bildet sich das Natriumkobaltinitrit, das durch überschüssiges Kaliumsalz in Kalium-Kobaltinitrit übergeführt wird.

In dem Beispiel kann man statt 195 g festes Natriumbisulfat auch eine konzentrierte Lösung desselben oder eine Mischung von 100 g festem Natriumbisulfat und 95 g Essigsäure benutzen.

Patentanspruch:

Verfahren zur Fällung von Kalium-Kobaltinitrit aus Kobaltsalzen und Kaliumnitrit, dadurch gekennzeichnet, daß die Fällung in Gegenwart von Alkalibisulfat, vorteilhaft festem, gegebenenfalls in Gegenwart von Essigsäure stattfindet.

Nr. 472605. (G. 68183.) Kl. 12n, 4.

Gewerkschaft Sachtleben und Hermann Pützer in Homberg, Niederrhein.

Verfahren zur Regeneration von Kaliumnitrit aus sogenanntem Fischerschen Salz zur Trennung von Kobalt und Nickel aus deren Lösungen.

Vom 12. Sept. 1926. — Erteilt am 14. Febr. 1929. — Ausgegeben am 2. März 1929. — Erloschen: ....

Die Trennung von Kobalt und Nickel, namentlich wenn es sich um Herstellung völlig nickelfreier Kobaltsalze handelt, erfolgt am besten durch Überführung des Kobalts in Kobaltikaliumnitrit (sogenanntes Fischersches Salz) und darauf folgendes Lösen des ausgewaschenen Niederschlages in Säuren. Diese Methode weist bisher erhebliche Mängel auf, welche darin bestehen, daß das Fischersche Salz, zu dessen Aufbau man für ein einziges Molekül Kobalt 6 Mol. Kaliumnitrit, daneben noch ein Molekül zur Überführung des zweiwertigen in dreiwertiges Kobalt, im ganzen demnach 7 Mol. Nitrit braucht, bisher nur schwer und nur unter Preisgabe sämtlicher Nitritgruppen weiter verarbeitet werden konnte. Die vorliegende Erfindung zeigt nun einen einfachen Weg, das Kaliumnitrit, welches zur Bildung des Kobaltsalzes verwendet ist, wieder in gebrauchsfähigem Zustande zu regenerieren. Hierdurch wird das Verfahren wesentlich verbilligt.

Das Verfahren besteht darin, daß man aus den zu reinigenden Kobalt-Nickel-Lösungen zunächst das Kobaltikaliumnitrit in an sich bekannter Weise fällt. Das gefällte Kaliumkobaltinitrit wird nach dem Waschen in noch feuchtem Zustande mit zerriebenem, trockenem Ätzalkali vermischt und erhitzt, bis alles Wasser verdampft ist, und ein Verschmelzen stattgefunden hat. Es entsteht hierbei Kobaltoxyd, welches nach dem Auswaschen durch Lösen in Säuren das betreffende Kobaltsalz ergibt, und ferner ein Gemisch von Kaliumnitrit und Natriumnitrit, welches bei nur geringem Überschuß an Ätzalkali etwa 86 %, also mehr als 5 Mol. der im angewendeten Fischerschen Salz enthaltenen 6 Mol. Nitritgruppen enthält.

Zur Fällung des Kobalts kann man auch in an sich bekannter Weise Natriumnitrit verwenden und zu diesem vor oder nach dem Zusatz zur Nickel-Kobalt-Lösung ein lösliches Kaliumsalz hinzugeben. Man kann auch zuerst Natriumnitrit zu der Mischung von Kobalt- und Nickelsalzen hinzugeben und zu der rotbraunen Lösung von Kobaltinatriumnitrit die entsprechende Menge von Kaliumsalzen vorteilhaft in einem Überschuß von etwa 10 % hinzufügen. Es fällt dann das Kobaltikaliumnitrit aus.

Eine besonders vorteilhafte Ausführungsform des Verfahrens besteht nun darin, daß man zur Fällung des Kobalts das Gemisch von Kaliumnitrit und Natriumnitrit, wie es bei der Aufarbeitung des Kaliumkobaltinitrits bei dem vorliegenden Verfahren erhalten wird, unter gleichzeitiger oder späterer Zugabe eines Kaliumsalzes benutzt. Man trennt den Niederschlag von der alles Nickel enthaltenden Flüssigkeit, und das Kaliumkobaltinitrit wird dann entsprechend dem oben angeführten Verfahren behandelt.

Beispiel 1

100 l einer Lösung von Kobaltsulfat und Nickelsulfat (Kobaltchlorid, Nickelchlorid, Acetate o. dgl.), die 10 kg Kobaltsulfat und 1 kg Nickelsulfat enthält, werden mit 45 kg Kaliumnitrit, vorteilhaft unter Rühren, behandelt. Das gefällte Kaliumkobaltinitrit wird von der Lösung getrennt, was durch Dekantation oder Filtration erfolgen kann. Sodann wird das gefällte Kaliumkobaltinitrit in noch feuchtem Zustande mit 16 kg pulverisiertem Ätzalkali vermischt und erhitzt, bis alles Wasser verdampft ist und ein Verschmelzen stattgefunden hat. Man behandelt nun die Schmelze mit Wasser, trennt das entstandene Kobaltoxyd von der Lauge ab und verarbeitet es auf Kobaltsalze, während die Lauge, die noch etwa 36 kg Kaliumnitrit enthält, wieder zu neuen Fällungen von Kaliumkobaltinitrit benutzt wird, evtl. nach vorheriger Filtration.

Beispiel 2

100 l einer Lösung von Kobaltsulfat und Nickelsulfat (Kobaltchlorid und Nickelchlorid, Acetate o. dgl.), die 10 kg Kobaltsalz und 1 kg Nickelsalz enthält, werden mit 35 kg Natriumnitrit vorteilhaft unter Rühren vermischt. Nachdem die Lösung rotbraun geworden ist, gibt man 42 kg Kaliumchlorid oder die entsprechende Menge eines anderen Kaliumsalzes, z. B. 45 kg Kaliumsulfat, hinzu. Die weitere Verarbeitung erfolgt wie im Beispiel 1. Man kann aber auch zuerst die 35 kg Natriumnitrit mit der angegebenen Menge eines Kaliumsalzes versetzen und die erhaltene Salzmischung zur Fällung des Kaliumkobaltinitrits benutzen. Der Niederschlag wird nach dem oben angegebenen Verfahren weiterbehandelt.

Patentanspruch:

Verfahren zur Regeneration von Kaliumnitrit aus sogenanntem Fischerschen Salz zur Trennung von Kobalt und Nickel aus deren Lösungen, dadurch gekennzeichnet, daß der entstandene Niederschlag mit Ätzalkali geschmolzen und das in der Schmelze vorhandene Kobalt-Oxyd von den gelösten Bestandteilen abgetrennt wird.

Nr. 484241. (G. 70165.) Kl. 12n, 4.

GEWERKSCHAFT SACHTLEBEN UND HERMANN PÜTZER IN HOMBERG, NIEDERRHEIN.

Ausbildung des Verfahrens nach Patent 472605 zur Trennung von Kobalt und Nickel aus deren Lösungen.

Zusatz zum Patent 472605.

Vom 5. Mai 1927. — Erteilt am 26. Sept. 1929. — Ausgegeben am 5. Nov. 1929. — Erloschen: ....

In dem Hauptpatent 472 605 ist ein Verfahren zur Trennung von Kobalt und Nickel unter Benutzung von Alkalinitrit und Bildung des sogenannten Fischerschen Salzes beschrieben, wobei eine Regenerierung des Nitrites durch Schmelzen des gefällten Fischerschen Salzes mit Ätzalkali stattfindet, so daß sich wiederum Alkalinitrit bildet, daß dann von neuem zur Fällung des Fischerschen Salzes benutzt werden kann.

Es hat sich gezeigt, daß man das Ätzkali durch Erdalkalioxyd, Erdalkalihydroxyd oder Erdalkalikarbonat ersetzen kann, wobei eine Mischung der Oxyde, Hydroxyde oder Karbonate benutzt werden kann. Man kann auch Alkalikarbonat verwenden.

Beispiel

100 Liter einer Lösung von Kobaltsulfat und Nickelsulfat (Kobaltchlorid, Nickelchlorid, Acetate o. dgl.), die 10 kg Kobaltsulfat und 1 kg Nickelsulfat enthält, werden mit 45 kg Kaliumnitrit, vorteilhaft unter Rühren, behandelt. Das gefällte Kaliumkobaltinitrit wird von der Lösung getrennt, was durch Dekantation oder Filtration erfolgen kann. Sodann wird das Kaliumkobaltinitrit noch feucht mit 11,5 kg Soda (oder 13 kg Kalziumoxyd oder 15 kg Kalziumhydroxyd) gut vermengt, das Wasser bei einer Temperatur von wenig über 100° vertrieben und schließlich geschmolzen. Hierauf wird die Schmelze mit heißem Wasser behandelt und ausgelaugt. Man trennt das entstandene Kobaltoxyd von der Lauge und verarbeitet es auf Kobaltsalze, während die Lauge ein Gemisch von äquivalenten Teilen Kalium- und Natriumnitrit (oder Kalzium nitrit usw.), im ganzen 24,1 kg auf Natriumnitrit umgerechnet, also 91% des im Fischerschen Salz bei theoretischer Ausbeute enthaltenen Nitrits, enthält.

Im Falle der Verwendung von Erdalkaliverbindungen kann man die erhaltene Schmelze vor ihrer Verwendung zur Fällung des Fischerschen Salzes aus den Kobalt- und Nickellösungen mit Kalium- oder Natriumsalzen umsetzen oder Kalium- oder Natriumverbindungen gleichzeitig mit den Erdalkaliverbindungen zu der Kobalt und Nickel enthaltenden Lösung, aus der das Fischersche Salz ausgefällt werden soll, zusetzen.

Die Fällung des Fischerschen Salzes kann mit Kaliumnitrit allein oder auch mit Kaliumnitrit und Natriumnitrit gemeinsam entsprechend dem Hauptpatent erfolgen.

PATENTANSPRUCH:

Ausbildung des Verfahrens nach Patent 472 605 zur Trennung von Kobalt und Nickel aus deren Lösungen, dadurch gekennzeichnet, daß man beim Schmelzen des Niederschlages von Kobaltikaliumnitrit die Alkalihydroxyde durch deren Karbonate, Erdalkalioxyde, Erdalkalihydroxyde oder Erdalkalikarbonate und deren Mischungen ersetzt.

Nr. 525924. (I. 36467.) Kl. 12n, 4.

I. G. FARBENINDUSTRIE AKT.-GES. IN FRANKFURT A. M.

Erfinder: Dr. Ulrich Drever in Wolfen und Dr. Adolf Richter in Dessau.

Verfahren zur Gewinnung von Kobaltsulfid.

Vom 15. Dez. 1928. — Erteilt am 7. Mai 1931. — Ausgegeben am 30. Mai 1931. — Erloschen: 1932.

Die Gewinnung reiner Kobaltverbindungen aus Lösungen, die noch andere Schwermetalle, insbesondere Nickel, Zink, Mangan enthalten, ist mit großen Schwierigkeiten verbunden. Nach den üblichen Methoden wird ein unreines Kobalt erhalten, dessen endgültige Reinigung nur unter erheblichen Kobaltverlusten möglich ist.

Bekannt ist die in der analytischen Chemie angewandte Methode der Fällung des Kobalts mittels Kaliumnitrits und Essigsäure als Kaliumkobaltinitrit, die eine quantitative Trennung des Kobalts von den üblichen Begleitmetallen gestattet, wobei an Stelle des Kaliumnitrits auch Natriumnitrit in Verbindung mit einem Kaliumsalz treten kann. Es ist der Vorschlag gemacht worden, diese Abscheidungsmethode für Kobalt technisch nutzbar zu machen. Ihrer allgemeinen Anwendungsmöglichkeit steht jedoch der mit ihr verbundene hohe Verbrauch wertvoller Chemikalien entgegen, solange es nicht gelingt, die obenerwähnte Komplexverbindung unter Wiedergewinnung eines hohen Prozentsatzes des

Nitrits und Kaliums auf einfache Kobaltverbindungen weiterzuverarbeiten.

Die aus der Literatur bekannten Methoden der Umwandlung des Kaliumkobaltinitrits erfüllen diese Forderung nicht, denn sie verlaufen entweder nur unvollständig, wie z. B. die Behandlung mittels Ätzalkalien, oder haben den Verlust des gesamten Nitrits zur Folge, wie z. B. die Zersetzung des Kaliumkobaltinitrits mittels Säuren oder durch Glühen. Eine Umsetzung mittels Schwefelverbindungen zu Kobaltsulfid wurde bereits versucht. Hierbei zeigte es sich aber, daß Schwefelwasserstoff nur von sehr geringer Wirksamkeit ist, während Ammoniumsulfid zwar rasch reagiert, dabei aber eine Wiedergewinnung des gesamten Nitrits infolge der leichten Zersetzlichkeit des entstehenden Ammoniumnitrits unmöglich ist. Dieses ist außerdem in dem vorliegenden Falle für eine Rückführung in den Arbeitskreislauf ungeeignet.

Das nachstehend geschilderte Verfahren beruht demgegenüber auf der Verwendung der Sulfide der Alkalimetalle für die Umsetzung des Kaliumkobaltinitrits zu Kobaltsulfid. Es gestattet zum ersten Male die wirtschaftliche Trennung des Kobalts von anderen Schwermetallen über Kaliumkobaltinitrit als Zwischenprodukt bei quantitativer Ausbeute an Kobalt und unter vollständiger Wiedergewinnung des im Kaliumkobaltinitrit enthaltenen Nitrits.

Die möglichst konzentrierte, das Kobalt neben anderen Schwermetallen enthaltende Lösung wird in der üblichen Weise zwecks Fällung des Kaliumkobaltinitrits mit Natriumnitrit, Kaliumchlorid und Essigsäure versetzt, doch kann mit gleichem Erfolge statt Essigsäure auch Salz- oder Schwefelsäure Verwendung finden. Die Fällung verläuft quantitativ, der Niederschlag fällt in grobkristalliner, gut filtrier- und auswaschbarer Form an.

Das in Wasser aufgeschlämmte Kaliumkobaltinitrit wird nun mit Alkalisulfid zu Kobaltsulfid umgesetzt. Die Reaktion zwischen der komplexen Kobaltverbindung und Alkalisulfid verläuft ganz im Gegensatz zu der mit Ätzalkalien augenblicklich und quantitativ. Dabei geht das gesamte im Kaliumkobaltinitrit enthaltene Kalium und Nitrit in Lösung. Bei Verwendung von Schwefelnatrium geht das Nitrit in ein Gemenge von Kalium- und Natriumnitrit über, bei Verwendung von Kaliumsulfid erhält man eine reine Kaliumnitritlösung. In beiden Fällen wird das gesamte Kalium und Nitrit in Form einer wäßrigen Lösung wiedergewonnen, die nach einer etwaigen Konzentration bei einem neuen Ansatz wiederverwendet werden kann.

Das ausgeschiedene Kobaltsulfid läßt sich nach den üblichen Methoden leicht auf andere reine Kobaltverbindungen aufarbeiten, indem man es z. B. abröstet oder mittels Chlors in Kobaltchlorid überführt.

Beispiel

Eine Lösung, welche in 1000 Teilen 40 Teile Co, 28 Teile Zn, 20 Teile Mn als Sulfate enthält, wird in der Kälte mit Natriumnitrit, Kaliumchlorid und Schwefelsäure, und zwar auf 1 Gewichtsteil Co mit 9 Gewichtsteilen $NaNO_2$, 5,7 Gewichtsteilen KCl, 1,8 Gewichtsteilen H_2SO_4 versetzt. Nach mehreren Stunden wird der entstandene Niederschlag abfiltriert und mit kaltem Wasser gewaschen. Gefällt sind 98 % des Kobalts der Ausgangslösung. Das erhaltene Kaliumkobaltinitrit, enthaltend 39,2 Teile Kobalt und 177,5 Teile NO_2, wird in 590 Teilen Wasser von 60° C angerührt. Zu der Aufschlämmung wird unter Rühren so viel konzentrierte Schwefelnatriumlösung mit einem Gehalt von 151 g Na_2S im Liter zugegeben, bis eben ein geringer Überschuß nachweisbar ist. Verbraucht werden 528 Volumteile Na_2S-Lösung, entsprechend 102 % der nach der Gleichung

$$2\,K_3Co(NO_2)_6 + 3\,Na_2S = 2\,CoS + S + 6\,KNO_2 + 6\,NaNO_2$$

theoretisch nötigen Menge. Das gesamte Kaliumkobaltinitrit ist in Kobaltsulfid umgewandelt, welches nach dem Abfiltrieren und Auswaschen auf beliebige andere reine Kobaltverbindungen weiterverarbeitet werden kann.

Im Filtrat (= 1470 Volumteile) befinden sich 175,3 Gewichtsteile NO_2 = 98,8 % der Nitritmenge des Kaliumkobaltinitrits. Zwecks Verwendung des Nitrits für eine neue Kobaltfällung wird das Filtrat auf ein Viertel des Volumens eingedampft. Ein Nitritverlust findet hierbei nicht statt, denn in dem Konzentrat werden 175,3 Gewichtsteile NO_2 wiedergefunden.

Patentanspruch:

Verfahren zur Gewinnung von Kobaltsulfid durch Fällung des Kobalts als Kaliumkobaltinitrit und Umsetzung dieser Verbindung mit Sulfiden in wäßriger Lösung, dadurch gekennzeichnet, daß die Sulfide der Alkalimetalle angewendet werden.

Nr. 462350. (I. 31001.) Kl. 12 n, 4.

I. G. Farbenindustrie Akt.-Ges. in Frankfurt a. M.

Erfinder: Dr. Friedrich Meidert in Frankfurt a. M.-Griesheim.

Verfahren zur Umwandlung von Cobaltcarbonat oder Nickelcarbonat in deren Oxydhydrate.

Vom 22. April 1927. — Erteilt am 21. Juni 1928. — Ausgegeben am 9. Juli 1928. — Erloschen: . . . .

In der Regel bildet Rohcobaltcarbonat den Ausgangsstoff für die Herstellung des Cobaltoxydhydrates. Zu diesem Zweck wird gegenwärtig das Cobaltcarbonat erst in Salz- oder Schwefelsäure gelöst und dann zur Gewinnung von Cobaltoxydhydrat mit Natronlauge und Hypochloritlauge oder Natronlauge und Chlor gefällt, entsprechend den Gleichungen:

$$CoCO_3 + H_2SO_4 = CoSO_4 + CO_2 + H_2O$$

$$2\,CoSO_4 + 4\,NaOH + NaOCl + H_2O = 2\,Co(OH)_3 + 2\,Na_2SO_4 + NaCl.$$

Es wurde nun gefunden, daß diese doppelte Umsetzung vermieden werden kann und daß sich in einfacher Weise eine unmittelbare Überführung des Cobaltcarbonats in Cobaltoxydhydrat erreichen läßt, wenn man ersteres in fein pulverigem Zustand in Wasser suspendiert und unter kräftigem Rühren Hypochloritlauge in der Kälte in die Suspension einfließen läßt. Die Umsetzung erfolgt nun unter Entwicklung von Kohlendioxyd und Sauerstoff. Daß die Umsetzung in so glatter Weise erfolgen würde, war nicht ohne weiteres vorauszusehen, vielmehr lag die Wahrscheinlichkeit nahe, daß das Hypochlorit durch die Kohlensäure zersetzt würde nach der bekannten Gleichung:

$$NaOCl + H_2CO_3 = HOCl + NaHCO_3,$$

worauf dann das Hypochlorit zum Teil in Chlorat umgewandelt wird. Wider Erwarten findet jedoch hier ein noch nicht beobachteter Vorgang statt.

Die Kohlensäure wird durch Hypochlorit restlos ausgetrieben und entweicht außergewöhnlich stürmisch und rasch.

Für den quantitativen Verlauf der Umsetzung ist die Zusammensetzung der verwendeten Hypochloritlauge maßgebend. Diese soll möglichst wenig freies Alkali und bis zu etwa 150 g wirksames Chlor im Liter enthalten. Enthält die Bleichlauge mehr Chlor, z. B. 200 g im Liter, so findet gleichzeitig eine unerwünschte Bildung von Cobaltchlorid statt, und das Filtrat zeigt starke Rosafärbung, lange bevor alles Cobaltcarbonat verbraucht ist.

Enthält die Hypochloritlauge freies Alkali in merklichen Mengen, so treten unter Bildung von Soda Hemmungen in der Umsetzung ein, die schließlich zu einem Gleichgewichtszustand zwischen Carbonat und Oxydhydrat führen, die Ausbeute an letzterem also schädigen.

Die Überführung des Cobaltcarbonats in Cobaltoxydhydrat findet somit nicht auf dem Wege über Cobaltoxydulhydrat statt, etwa in Analogie zu der oben für Cobaltsulfat gegebenen Gleichung, nach welcher ein Reaktionsverlauf nach der Formel

$$2\,CoCO_3 + 4\,NaOH + NaOCl + H_2O = 2\,CO(OH)_3 + 2\,Na_2CO_3 + NaCl$$

zu erwarten wäre, sondern es bildet sich hier, vermutlich über unstabile Zwischenstufen, sofort das beständige unlösliche Oxydhydrat. Den Gesamtverlauf der Reaktion dürfte die Gleichung veranschaulichen:

$$4\,CoCO_3 + 4\,NaOCl + 6\,H_2O = 4\,Co(OH)_3 + 4\,NaCl + 4\,CO_2 + O_2.$$

Die vorstehenden Ausführungen, betreffend Cobaltcarbonat, treffen in gleicher Weise für Nickelcarbonat zu, welches bei dieser Umsetzung in Nickelioxydhydrat übergeführt wird.

Beispiel.

250 Gewichtsteile Cobaltcarbonat mit etwa 45 % Cobaltgehalt werden fein pulverisiert und unter kräftigem Rühren in der vierfachen Gewichtsmenge Wasser aufgeschlämmt; durch Verteilungsvorrichtungen wird hierauf Hypochloritlauge mit möglichst wenig freiem Alkali und etwa 150 g wirksamem Chlor im Liter langsam in die gut gerührte kalte Aufschlämmung eingeleitet. Das Ende der Reaktion ist am Nachlassen der Gasentwicklung leicht erkenntlich. Der Verbrauch an Hypochloritlauge entspricht etwa 70 Gewichtsteilen wirksamen Chlors. An Ausbeute erhält man in Übereinstimmung mit der Theorie 190 Gewichtsteile Cobaltoxydhydrat mit 57 % Cobaltgehalt, frei von Carbonat. Das Filtrat ist farblos und zeigt neutrale Reaktion.

Die neue Arbeitsweise bedeutet durch den Wegfall des Auflösens der Carbonate in Säuren und der weiteren Verfahrensstufen einen erheblichen technischen Fortschritt.

Patentansprüche:

1. Verfahren zur Umwandlung von Cobaltcarbonat oder Nickelcarbonat in deren Oxydhydrate, dadurch gekennzeichnet, daß das in Wasser aufgeschlämmte Carbonat unter Rühren mit möglichst alkalifreien

Hypochloritlaugen mit einem Gehalt bis etwa 150g wirksamem Chlor im Liter behandelt wird.

2. Verfahren nach Anspruch 1, dadurch gekennzeichnet, daß man das Hypochlorit in der Carbonataufschlämmung durch gleichzeitige Zufuhr von Natronlauge und Chlor erzeugt.

Nr. 481391. (H. 104999.) Kl. 12n, 5.

Hüttenwerke Tempelhof A. Meyer in Berlin-Tempelhof.

Verfahren zur Gewinnung von Kupfersulfat.

Vom 14. Jan. 1926. — Erteilt am 1. Aug. 1929. — Ausgegeben am 20. Aug. 1929. — Erloschen: 1931.

Gegenstand der Erfindung ist ein Verfahren zur Gewinnung von Kupfersulfat aus Abfällen von Legierungen des Kupfers mit Zinn, Blei und Antimon oder aus den bei der Verarbeitung solcher Legierungen oder von Gemischen von Kupfer mit den genannten Metallen abfallenden Rückständen, wie Aschen und Krätzen.

Bisher hat man Kupfer aus Legierungen der bezeichneten Art nur durch Seigerungs- und Verblaseverfahren zu gewinnen versucht, es ist indessen auf diesem Wege nicht möglich, eine vollständige Trennung des Kupfers von den anderen Metallen herbeizuführen, da man bestenfalls eine Legierung von Kupfer und Zinn zu etwa gleichen Teilen erhält, in der das Zinn gegenüber dem reinen Metall entwertet und das Kupfer vollkommen wertlos ist, weil die Trennung der Bestandteile außerordentlich schwierig ist.

Für die Rückstände gibt es bisher keine wirtschaftlichen Methoden zur Gewinnung des Kupfers.

Gemäß der Erfindung gelingt es nun, das Kupfer aus derartigen Legierungen oder Gemischen vollständig und in wertvoller Form zu gewinnen, indem man diese Ausgangsmaterialien durch geeignete Behandlung, z. B. durch Zusammenschmelzen mit Schwefel, in ein Gemisch der Sulfide der anwesenden Metalle überführt, dieses Gemisch abröstet und aus dem Röstprodukt das gebildete Kupferoxydul, -oxyd und -sulfat mittels Schwefelsäure auslaugt. Die Lauge enthält alles im Rohstoff anwesende Kupfer in Form von Kupfersulfat, das in beliebiger bekannter Weise isoliert oder weiterverarbeitet wird.

In gleicher Weise werden die bei der Verarbeitung von Legierungen oder Gemischen des Kupfers mit den genannten Metallen abfallenden Rückstände, wie Aschen und Krätzen, verarbeitet und daraus Kupfer gewonnen.

Etwa im Ausgangsmaterial vorhandene geringe Mengen von Zink gelangen in das Kupfer, sind aber nicht störend.

Aus dem erhaltenen Kupfersulfat kann man gewünschtenfalls metallisches Kupfer auf bekannte Weise gewinnen. Ebenso kann der beim Auslaugen verbleibende Rückstand in beliebiger bekannter Weise zur Gewinnung des Zinns, Bleis und Antimons aufgearbeitet werden.

Die einzelnen Operationen des Verfahrens sind an sich bekannt. Sie sind aber bisher noch nicht in der angegebenen Weise zusammen und vor allem nicht auf die erwähnten Ausgangsstoffe angewendet worden, obwohl diese ein höchst lästiges Nebenprodukt des Hüttenbetriebes bildeten, das für sich keinen Wert hatte und, wie erwähnt, nur nach sehr umständlichen und kostspieligen und auch nur zu geringwertigen Produkten führenden Verfahren verarbeitet werden konnte. Demgegenüber ermöglicht das vorliegende Verfahren in bisher nicht bekannter Weise die Verarbeitung der erwähnten Abfallprodukte auf zwei wertvolle Produkte, nämlich einerseits auf Kupfersulfat und andererseits auf Zinn, Blei und Antimon oder deren Legierungen.

Beispiele

1. Ein Metall mit 40% Zinn, 12% Antimon, 10% Blei, 38% Kupfer wird mit der äquivalenten Menge Schwefel zusammengeschmolzen und das gebildete Sulfid geröstet, wobei Oxydule, Oxyde und Sulfate entstehen. Das Röstprodukt wird mit einer dem Kupfer- und Bleigehalt entsprechenden Menge verdünnter Schwefelsäure gelaugt, wobei das gesamte Kupfer in Sulfat umgewandelt wird. Der zurückbleibende Schlamm enthält die gesamte Menge von Zinn, Antimon und Blei und wird auf bekannte Weise in die Metalle umgewandelt.

2. Metallrückstände mit 30% Zinn, 5% Antimon, 20% Blei, 15% Kupfer und 30% gebundenem Sauerstoff und Verunreinigungen werden mit einer äquivalenten Menge Schwefel zusammengeschmolzen, diese Masse geröstet und in der vorher beschriebenen Weise mit Schwefelsäure behandelt. Das Kupfersulfat läßt sich als Lauge vollkommen vom Schlamm trennen, und der verbleibende Schlamm enthält die gesamte Menge des Zinns, Bleis und Antimons.

PATENTANSPRUCH:

Verfahren zur Gewinnung von Kupfersulfat, dadurch gekennzeichnet, daß man Abfälle von Legierungen des Kupfers mit Zinn, Blei und Antimon oder die bei der Verarbeitung solcher Legierungen oder von Gemischen von Kupfer mit den genannten Metallen abfallenden Rückstände, wie Aschen und Krätzen, in an sich bekannter Weise in ein Gemisch der Sulfide der genannten Metalle überführt, dieses Gemisch abröstet und aus dem Röstprodukt das gebildete Kupferoxydul, -oxyd und -sulfat mittels Schwefelsäure auslaugt.

Nr. 555309. (V. 68. 30.) Kl. 12n, 5.

VITRIOLFABRIK JOHANNISTHAL AKT.-GES. IN BERLIN-RUDOW.

Herstellung von Kupfersalzlaugen, insbesondere Kupfersulfatlaugen.

Vom 24. Dez. 1930. — Erteilt am 7. Juli 1932. — Ausgegeben am 22. Juli 1932. — Erloschen: . . . .

Es ist bekannt, daß man nur mit großen Kosten und technischen Schwierigkeiten Kupfersulfatlaugen und Laugen anderer Kupfersalze bereiten kann, wenn man von Legierungen oder Mischungen von Kupfer mit anderen Metallen, wie Blei, Zinn, Antimon, Eisen, ausgeht. Man hat für die Herstellung von Kupfersulfatlaugen aus erwähnten Legierungen und Mischungen sich der sulfatisierenden Röstung vergebens bedient. Legierungen und Mischungen, die in Frage kommen, sind u. a. Glanzmetall mit z. B. 40% Cu, 30% Sn und 15% Sb (eine Analyse einer Sorte Glanzmetall ergab 37,88% Cu, 30,86% Sn, 14,45% Sb, 0,25% Zn, 0,59% Fe und 0,15% S), Schwarzkupfer mit 80 bis 85% Cu und 3 bis 8% Sn (eine Analyse von Schwarzkupfer ergab 83,64% Cu, 3,84% Sn, 0,45% Sb, 5,64% Zn, 1,26% Fe und 0,86% S), Rotgußspäne mit 83% Cu und 6% Sn, Kupferbleistein mit 40,50% Cu und 20,30% Pb, Abfälle von Bronzelegierungen, Messing u. dgl.

Es hat sich nun gezeigt, daß man leicht Kupferlaugen aus diesen Legierungen und Mischungen bereiten kann, wenn man bei den Hütten oder Öfen, wo dieselben als Haupt- oder Nebenprodukt gewonnen werden, die genannten Legierungen oder Mischungen durch Luft oder Wasser granuliert, so daß dieselben eine körnige oder sandige Struktur erhalten, oder wenn man durch Vorzerkleinerung und Mahlung denselben eine gewisse Pulverform gibt und wenn man nach erwähnter Vorbehandlung die Granulierungs- und Mahlprodukte einer oxydierenden Röstung bei einer Temperatur über 600° unterwirft und nach dieser Röstung mit Hilfe von Säure, Luft und Wasserdampf in der Wärme die löslichen Oxydationsprodukte auslaugt. Die löslichen Oxydationsprodukte bestehen hauptsächlich oder beinahe ausschließlich aus Kupferoxyd, da die anderen Oxydationsprodukte unlöslich gemacht sind.

Es hat sich gezeigt, daß in den Granulierungs- und Mischungsprodukten infolge vorerwähnter Behandlung leicht lösliche Kupferoxyde sich bilden und daß der Kupferanteil der Legierung oder Mischung beinahe vollständig in Lösung geht, während die übrigen Metalle eben infolge der oxydierenden Röstung in keinem nennenswerten Maße sich lösen. Die übrigen Legierungs- und Mischungsteile bilden einen Schlamm, der hauptsächlich Pb, Sn, Sb, Fe, SiO_2 nebst Edelmetallen enthält.

Die Kupfersulfatlauge kann vorteilhaft für die Herstellung von hochwertigen Kupferprodukten verwandt werden. Je nach der Anreicherung der Laugen mit anderen Metallen als Kupfer werden die Mutterlaugen gesondert von der Kupfervitriolherstellung behandelt, oder es können die Laugen direkt für die Verarbeitung auf Kupferpulver, Kupfervitriol und Kupferoxydul verwendet werden.

Es ist zwar nicht mehr neu, metallisches Kupfer oder dessen Legierungen mit edlen Metallen vor der Behandlung mit der Schwefelsäure zu oxydieren. Die edlen Metalle werden aber hierbei nicht oxydiert und gehen auch nicht ohne weiteres in Lösung. Es lag also nicht nahe und war auch nicht ohne weiteres möglich, die Legierungen und Mischungen von Kupfer mit unedlen Metallen vor der Behandlung mit Schwefelsäure gleichfalls zu oxydieren. Man hat sich vielmehr der sulfatisierenden Röstung oder der sehr umständlichen Extraktion oder auch der Verdampfung der Metalle bedient. Demgegenüber bietet das Oxydieren nach vorgenommener Pulverisierung, insbesondere bei Temperaturen von über 600° C, den Vorteil der Einfachheit und Vollkommenheit der Scheidung des Kupfers von den anderen Metallen seiner Lösung.

Ausführungsbeispiel

Ein Glanzmetall wird zerkleinert, durch ein 900-Maschen-Sieb gebracht und bei einer Temperatur über 600° geröstet. Das geröstete Material enthält:

Sn	21,26 %
Pb	6,75 %
Sb	9,82 %
Cu	37,84 %
Fe	0,42 %

Dies geröstete Material wird längere Zeit mit verdünnter Schwefelsäure gelaugt. Man erhält dann

einen Rückstand von	und	eine Lauge von
15,19 % Sb		9,78 % Cu
35,75 % Sn		— Pb
11,50 % Pb		— Sn
3,54 % Cu		0,17 % Fe
0,73 % Fe		Spuren Sb
		0,34 % fr. H_2SO_4
		0,13 % Zn

PATENTANSPRUCH:

Verfahren zur Herstellung von Kupfersalzlaugen, insbesondere Kupfersulfatlaugen, aus Legierungen oder Mischungen von Kupfer mit unedlen Metallen, dadurch gekennzeichnet, daß die Legierungen oder Mischungen erst pulverisiert werden und das pulverisierte Material oxydierend abgeröstet und nachher in der Wärme mit einer Säure behandelt wird, die das Kupferoxyd löst, die Oxyde der Fremdmetalle dagegen ungelöst läßt.

F. P. 709 169.

Nr. 500 813. (I. 31 745.) Kl. 12n, 1.

I. G. Farbenindustrie Akt.-Ges. in Frankfurt a. M.

Erfinder: Dr. Friedrich August Henglein und Dr. Friedrich Wilhelm Stauf in Köln-Deutz.

Verfahren zur Reinigung von durch organische Stoffe verunreinigten Metallsalzlösungen.

Vom 22. Juli 1927. — Erteilt am 5. Juni 1930. — Ausgegeben am 25. Juni 1930. — Erloschen: . . . .

Metallsalzlösungen, die organische Stoffe gelöst oder in mehr oder weniger feiner Verteilung enthalten, fallen bei verschiedenen technischen Vorgängen an, wie z. B. Zinkchloridlösungen bei der Herstellung von Vulkanfiber oder Pergamentpapier, Kupfersalzlösungen bei der Herstellung von Kunstseide. Die Reinigung solcher Lösungen, die durch organische Verbindungen vom Charakter der Kohlehydrate, insbesondere der Cellulose und ihrer Inkrusten, sowie beider Abbauprodukte und Begleitstoffe, die bei der Behandlung cellulosehaltiger Stoffe mit chemischen Reagentien entstehen, gefärbt sind, wurde bereits in verschiedener Weise ausgeübt, z. B. mit Chlor, mit Wasserstoffsuperoxyd oder Chlorsäureverbindungen.

Es wurde nun gefunden, daß die genannten Metallsalzlösungen durch Behandlung mit Sauerstoff oder sauerstoffhaltigen Gasen unter Drucken über 1 Atü sich leicht reinigen lassen, wenn man die Oxydation der organischen Verbindungen bis zur Kohlensäure bei Temperaturen über 130° vornimmt. Das Verfahren hat den großen Vorteil, daß an Stelle wertvoller Chemikalien sich Sauerstoff oder sauerstoffhaltige Gase (z. B. Luft) verwenden lassen und daß keine neuen chemischen Stoffe in die Lösung gebracht werden, vielmehr die obenerwähnten organischen Stoffe bis zu Kohlensäure oxydiert werden, die erforderlichenfalls aus der Lösung leicht ausgetrieben werden kann.

Beispiel 1

In einem Autoklaven wird 1 l einer Zinkchloridlösung mit 190 g Zinkchlorid und 20 g organischer Substanz berechnet als Glucose unter Rühren mit Sauerstoffgas von 20 Atü Druck bei 200° behandelt. Nach 4 Stunden ist die Lösung wasserhell und enthält keine organische Substanz.

Beispiel 2

Eine trübe, graugrüne Lösung, die im Liter 18 g Kupfer, 50 g Schwefelsäure und 12 g organische Substanz, berechnet als Glucose, enthält, wird in einem Autoklaven mit Sauerstoffgas von 18 Atü Druck bei 180° unter gutem Rühren behandelt. Nach 6 Stunden ist eine klare blaue Kupferlösung entstanden, die vollkommen frei von organischer Substanz ist.

PATENTANSPRUCH:

Verfahren zur Reinigung von durch organische Stoffe vom Charakter der Kohlehydrate, insbesondere der Cellulose und ihrer Inkrusten, sowie beider Abbauprodukte und Begleitstoffe, verunreinigten Metallsalzlösungen, dadurch gekennzeichnet, daß dieselben bei Temperaturen über 130° mit Sauerstoff oder sauerstoffhaltigen Gasen bei Drucken über 1 Atü behandelt werden.

Nr. 563184. (V. 67. 30.) Kl. 12n, 1.

VITRIOLFABRIK JOHANNISTHAL AKT.-GES. IN BERLIN-RUDOW.

Verfahren zur Herstellung eines pulverförmigen Metalls oder Metalloxyds.

Vom 24. Dez. 1930. — Erteilt am 13. Okt. 1932. — Ausgegeben am 2. Nov. 1932. — Erloschen: ...

Vorliegende Erfindung hat eine weitere Entwicklung des in der Patenschrift 352 783 beschriebenen Verfahrens zur Abscheidung eines Kupferpulvers aus Salzlösungen zum Gegenstande. Sie bezweckt, dem abgeschiedenen Kupferpulver auf eine einfache Weise eine derartige Porosität und Auflockerung zu geben, daß es ein sehr geringes Gewicht auf die Raumeinheit erhält. Diese Eigenschaft ist für verschiedene Zwecke sehr wertvoll, so z. B. bei der Herstellung von Kupferfarben. Nach dem genannten Patent werden die Metallsalzlösungen mit polysaccharidhaltigen Stoffen, insbesondere mit Sägemehl, unter Druck bei erhöhter Temperatur im Autoklaven behandelt, wobei sich das Kupfer als Metall ausscheidet. Das Kupfer scheidet sich zu einem großen Teil auf dem Sägemehl aus und wird von der überstehenden Flüssigkeit abfiltriert und dann getrocknet.

Gemäß der Erfindung wird das so gewonnene Kupferpulver nicht zusammengeschmolzen, sondern nach dem Trocknen oxydiert, derart, daß zuerst die organischen Stoffe verbrannt werden und das Kupferpulver dann oxydiert wird.

Die Oxydation erfolgt in der Wärme beispielsweise in einem mit Abstreichern o. dgl. versehenen rotierenden Ofen oder auf einem Boden oder auf mehreren Böden in einem Muffel- oder Oxydationsofen, der für das Durchführen eines nachfolgenden Reduktionsvorgangs geschlossen werden kann, um die Reduktionsgase durchzuleiten und den Ofen mit diesen Gasen zu füllen.

Das oxydierte Kupferpulver CuO kann ohne weiteres für die Porzellanindustrie und Feuerwerksindustrie Verwendung finden.

Aus dem Kupferoxyd kann in demselben Ofen durch Einleitung von Reduktionsgasen bei einer Temperatur von etwa 300° C ein metallisches Kupferpulver hergestellt werden. Dieses gewonnene Kupferpulver findet Verwertung in der Kohlebürstenindustrie und wird zur Herstellung von Kupferbronzen gebraucht.

Wenn nur die Oxydation durchgeführt wird, erhält man in dieser einfachen und billigen Weise ein technisches Kupferoxyd von hoher Qualität. Wird die Oxydation nur zu einem Teil durchgeführt und der Ofen luftdicht abgeschlossen, erhält man, wenn der Arbeitsgang nach stöchiometrischen Berechnungen durchgeführt wird, durch einfaches Glühen bei 600° C ein rubinrotes Kupferoxydul.

Gegenüber dem älteren Verfahren nach dem eingangs genannten Patent bringt die Erfindung eine Vereinfachung der Arbeitsgänge und Verbesserung des Produktes. Das auf den Holzspänen sich ausscheidende Kupfer konnte seither nur schwer und unvollkommen durch Separation mit Wasser getrennt werden. Nunmehr braucht die Temperatur im Autoklaven nur für kurze Zeit so weit gesteigert zu werden, daß die organischen Bestandteile verkohlen. Noch einfacher erscheint das neue Verfahren gegenüber der vorgeschlagenen Oxydation von Kupfer durch Zerstäuben des Metallpulvers in einer Flamme und Oxydieren durch Verdampfen.

Ausführungsbeispiel

Zu einer etwas sauren 6½- bis 7%haltigen Kupfervitriollösung wird pro Kilogramm Kupfergehalt etwa 1 kg Sägespäne zugesetzt. Die Mischung wird 4 Stunden auf etwa 130° im Autoklaven erhitzt, wobei das metallische Kupfer sich abscheidet. Hernach wird die Temperatur für kurze Zeit auf etwa 170 bis 180° gesteigert, wodurch die Verkohlung der Sägespäne bewirkt wird. Das Gemisch von Kupfer und Kohle wird mittels Zentrifuge abfiltriert. Dies Gemisch wird dann zwecks Verbrennens der Kohle in einem Ofen nochmals erhitzt. Das zurückbleibende Kupfer kann schließlich in verschiedener Weise zu Kupferoxydul, Kupferoxyd oder metallischem Kupfer verarbeitet werden.

PATENTANSPRUCH:

Verfahren zur Herstellung eines pulverförmigen Metalls oder Metalloxyds, insbesondere von Kupfer oder Kupferlegierungen, dadurch gekennzeichnet, daß deren Salzlösungen in bekannter Weise mit polysaccharidhaltigen Stoffen, insbesondere mit Sägemehl, behandelt und das abgeschiedene Metallpulver nebst den organischen Stoffen zunächst getrocknet und bei Zutritt von Luft so weit erhitzt wird, daß die organischen Stoffe verbrannt werden und das Metallpulver in ein Oxyd oder ein Oxydul verwandelt wird und das Oxydationsprodukt dann gegebenenfalls in demselben Ofen oder in einem geschlossenen Raum durch ein eingeleitetes Reduktionsmittel reduziert wird.

Nr. 566152. (G. 79088.) Kl. 12n, 5.

GESELLSCHAFT FÜR KOHLENTECHNIK M. B. H. IN DORTMUND-EVING.
Erfinder: Dr. Wilhelm Gluud und Dr. Walter Klempt in Dortmund-Eving.

Herstellung von Kupferchlorür.

Vom 12. März 1931. — Erteilt am 1. Dez. 1932. — Ausgegeben am 15. Dez. 1932. — Erloschen: ....

Die bekannten Verfahren zur Herstellung von Cuprosalzen, insbesondere von Kupferchlorür, bedienen sich im allgemeinen eines gasförmigen Reduktionsmittels, wie SO_2, oder der Elektrolyse. Es ist bekannt, daß auch metallisches Kupfer in saurer Lösung das Cupri-Ion zum Cupro-Ion zu reduzieren vermag. Die Reaktion verläuft jedoch beim Kupferchlorid zu langsam, um auf diesem Wege eine wirtschaftliche Herstellung von Kupferchlorür zu ermöglichen.

Die Kosten der Herstellung von Kupferchlorür lassen sich aber unter Verwendung von Kupfer allein als Reduktionsmittel leicht senken, wenn man gemäß der Erfindung dafür sorgt, daß jedes nach der Formel:

$$CuCl_2 + Cu \rightarrow Cu_2Cl_2$$

entstehende Molekül Kupferchlorür sofort an Kohlenoxyd gebunden und dadurch die Cupro-Ionenkonzentration in der Lösung dauernd sehr klein gehalten wird. Es ist lediglich in das Reduktionsgefäß, das eine Lösung von Kupferchlorid enthält, in der sich Kupferdrehspäne befinden, Kohlenoxyd einzuleiten. Das sich bildende Kupferchlorür wird dann von dem Kohlenoxyd gebunden und nach Sättigung als Kupferchlorür-Kohlenoxydsalz ($CuCl \cdot CO \cdot 2H_2O$) abgeschieden. Die Beendigung der Reduktion ist daran zu erkennen, daß die zuerst grüne, dann braune Lösung farblos geworden ist. Arbeitet man daher auf eine salzsaure Lösung von Kupferchlorür, so muß eine verdünnte Lösung von $CuCl_2$ in HCl verwendet werden, in welcher das Einleiten von Kohlenoxyd bis zur Entfärbung der Lösung fortgesetzt wird. Durch Absaugen des CO im Vakuum oder durch Erwärmen unter Luftabschluß erhält man dann eine salzsaure Lösung von Kupferchlorür; will man jedoch das feste Salz zur Ausscheidung bringen, was durch Einhaltung geeigneter Konzentration ohne weiteres möglich ist, so ist die vollständige Reduktion des gelösten Kupferchlorids naturgemäß nicht nötig, und man kann den Reduktionsprozeß dann unterbrechen, sobald sich ein genügendes Quantum Kupferchlorür-Kohlenoxyd abgeschieden hat. Die Lösung sowohl als das feste Salz geben beim Erwärmen auf 45 bis 50° das gebundene Kohlenoxyd unter Zurücklassung von reinem Kupferchlorür wieder ab.

Die Reduktion läßt sich sowohl in salzsauer als auch in neutraler Lösung durchführen, doch verläuft sie bei höherem Gehalt an freier Säure schneller. Von der Anwendung neutraler Lösung wird man vorteilhaft Gebrauch machen, wenn es sich um die Gewinnung von HCl-freiem $CuCl$ handelt. Zur Herstellung von festem Kupferchlorür empfiehlt es sich, falls die Reduktion in Gegenwart freier Salzsäure ausgeführt wird, von möglichst hochkonzentrierten Cuprichloridlösungen auszugehen, weil das bei der Reduktion entstehende Kupferchlorür-Kohlenoxyd in Salzsäure löslich ist.

Für das während der Reduktion einzuleitende Kohlenoxyd eignen sich alle kohlenoxydreichen Gase, sofern sie nicht Bestandteile wie z. B. Acethylen enthalten, die mit Kupfersalzlösungen reagieren. Gasgemische mit weniger als 43% Kohlenoxyd müssen vorher komprimiert werden, wenn festes Kupferchlorür gewonnen werden soll, weil das Zwischenprodukt $CuCl \cdot CO \cdot 2H_2O$ für das Kohlenoxyd einen Zersetzungsdruck von etwa 325 mm bei 20° hat. Vorteilhaft wird das bei der Zersetzung des Endproduktes erhaltene reine Kohlenoxyd immer wieder in den Prozeß zurückgeführt. Das bei dem Verfahren gewonnene Kupferchlorür ist rein weiß. Das Verfahren wird beispielsweise wie folgt ausgeführt:

Beispiel 1

340 g Kupferchlorid werden mit 500 ccm 5 bis 10%iger Salzsäure versetzt und in Gegenwart von etwa 150 g metallischem Kupfer, welches zweckmäßig mit möglichst großer Oberfläche in Form dünner Platten o. dgl. in das Reaktionsgefäß eingehängt wird, mit Kohlenoxyd behandelt. Hierbei scheidet sich schon nach kurzer Zeit das feste $CuCl \cdot CO \cdot 2\,aq$ ab. Die Lösung entfärbt sich allmählich und ist dann frei von Cupri-Ionen. Öfteres Schütteln oder Rühren beschleunigt die Bildung des $CuCl \cdot CO \cdot 2\,aq$. Nach beendeter Reaktion wird das in der Lösung und im festen Salz gebundene CO durch Anlegen von Vakuum abgesaugt und im Gasometer gesammelt, so daß es für die nächste Kupferchlorürerzeugung wieder zur Verfügung steht. Das Absaugen des CO wird zweckmäßig durch Zufuhr von Wärme unterstützt; es kann auch allein durch Erwärmen auf 50 bis 60° ausgetrieben werden.

Das nach dem Abtreiben des CO in der Salzsäure verbleibende $CuCl$ ist rein weiß und wird unter Luftabschluß in bekannter Weise abgetrennt, ausgewaschen und getrocknet. Die Salzsäure wird nach Zusatz von $CuCl_2$ und metallischem Kupfer von neuem für die Erzeugung von CuCl verwendet.

Beispiel 2

340 g $CuCl_2 \cdot 2$ aq werden mit 500 ccm Wasser versetzt und in Gegenwart von metallischem Kupfer mit CO behandelt. Die Aufnahme des CO geht verhältnismäßig langsam vor sich. Die Entfernung des CO nach beendeter Reaktion wird, wie in Beispiel 1, durch Erwärmen, Evakuieren oder beides vorgenommen. Das gewonnene Kupferchlorür ist frei von Verunreinigungen und kann nach der Filtration, ohne ausgewaschen werden zu müssen, direkt unter Luftabschluß getrocknet werden.

Beispiel 3

250 g $CuSO_4 \cdot 5$ aq und 120 g NaCl werden mit 400 ccm verdünnter Salzsäure versetzt und in Gegenwart von metallischem Kupfer mit CO behandelt. In dem Maße, wie das $CuCl \cdot CO \cdot 2$ aq zur Abscheidung kommt, löst sich das Kupfersulfat auf und wird unter Vermittlung des anwesenden Natriumchlorids und des Kupfers in $CuCl \cdot CO \cdot 2$ aq übergeführt. Die Verarbeitung auf CuCl unter Rückgewinnung des CO geschieht wie in Beispiel 1 und 2.

PATENTANSPRÜCHE:

1. Herstellung von Kupferchlorür in fester Form oder in Lösung durch Reduktion von Kupferchloridlösung mittels metallischen Kupfers, dadurch gekennzeichnet, daß diese Reduktion in Gegenwart von zur Umwandlung des entstehenden Kupferchlorürs in Kupferchlorür-Kohlenoxyd führenden Mengen Kohlenoxyd durchgeführt wird, worauf das entstandene Kupferchlorür-Kohlenoxyd, gegebenenfalls nach Abtrennung von der Mutterlauge, durch Erwärmen oder im Vakuum in Kupferchlorür und Kohlenoxyd zersetzt wird.

2. Verfahren nach Anspruch 1, dadurch gekennzeichnet, daß man das Kohlenoxyd in eine Kupfersulfat, Natriumchlorid und metallisches Kupfer enthaltende Lösung einleitet.

3. Verfahren nach Anspruch 1 und 2, dadurch gekennzeichnet, daß man zwecks Abscheidung des festen Zwischensalzes ($CuCl \cdot CO \cdot 2H_2O$) in einer an Cuprisalz hochkonzentrierten Lösung arbeitet.

4. Verfahren nach Anspruch 1 und 3, dadurch gekennzeichnet, daß man zur Gewinnung von HCl-freiem Kupferchlorür in neutraler Lösung arbeitet.

Nr. 549966. (I. 12. 30.) Kl. 12n, 5.

I. G. FARBENINDUSTRIE AKT.-GES. IN FRANKFURT A. M.

Erfinder: Dr. Albrecht Schmidt in Frankfurt a. M., Dr. Adolf Steindorff und Dr. Georg Dahmer in Frankfurt a. M.-Höchst.

Überführung von Kupfernitrat-Trihydrat in eine weniger hygroskopische Form.

Vom 2. März 1930. — Erteilt am 21. April 1932. — Ausgegeben am 3. Mai 1932. — Erloschen: 1935.

Bekanntlich ist Kupfernitrat in der Kristallform mit 6 Mol. Kristallwasser äußerst hygroskopisch. Wesentlich weniger hygroskopisch ist dagegen die Form Kupfernitrat + 3 Mol. Kristallwasser. Aber selbst Kristalle der letzteren Art zeigen den Nachteil, beim Lagern in größeren Mengen, also in Packungen, wie sie für den Handel zweckmäßig sind, z. B. solche von 5 bis 25 kg oder mehr, zusammenzubacken, so daß die leichte Herausnahme der Kristalle nicht immer möglich ist, vielmehr sogar unter Umständen ein Zerschlagen des Gefäßes erforderlich wird oder ein Herauslösen des Kupfernitrats aus dem Gefäß.

Es wurde nun gefunden, daß man die Kristalle des Kupfernitrats mit 3 Mol. Kristallwasser in vorteilhafter Weise durch Umschmelzen in eine besondere Form überführen kann, die die Nachteile des Ausgangsmaterials, beispielsweise des Zusammenbackens beim Lagern größerer Quantitäten, nicht mehr zeigt. Das Schmelzen des Kupfernitrats erfolgt zweckmäßig bei der bekannten Schmelztemperatur (114,5°) oder nur wenig höher, damit Zersetzungen vermieden bleiben. Die so erhaltenen umgeschmolzenen Kupfernitratbrocken haben sehr gute Löslichkeitseigenschaften, so daß sie für Zwecke, für welche die Bereitung einer Lösung erforderlich ist, z. B. in der Landwirtschaft, ohne weiteres verwendbar sind. Um die Haltbarkeit der Brocken noch zu erhöhen, kann man sie gegebenenfalls mit einem leichten Überzug von Öl oder Paraffin oder sonstigen gegen Feuchtigkeit schützenden Mitteln versehen oder durch Einstäuben mit inerten Pulvern vor dem Einfluß der Feuchtigkeit schützen und der Gefahr des Zusammenbackens völlig entziehen.

Beispiel

In einem emaillierten bzw. verkupferten Kessel mit Auslauf werden 300 kg des nach bekannten Verfahren hergestellten Kupfernitrat-Trihydrates eingetragen und durch indirekte Heizung auf Schmelztemperatur (etwa 115°) erhitzt. Sobald eine homogene blaue Schmelze entstanden ist, läßt man sie in Kühlpfannen ablaufen, erkalten und zerschlägt den Kuchen nach dem Erstarren zu nuß- bis eigroßen Brocken. In einem geeigneten Röhrenofen läßt sich das Verfahren auch kontinuierlich durchführen, wobei man von Kupfernitratlösungen ausgehen kann. Die Kupfernitratlösung wird hierbei beim Durchlauf des Röhrenofens zunächst zu Kupfernitrat-Trihydrat eingedampft, das im letzten Teil des Röhrenofens zum Schmelzen gebracht wird und als Schmelze in die Kühlpfannen abläuft.

Die nach dem geschilderten Verfahren hergestellten Kupfernitratbrocken sind von tiefblauer Farbe und lösen sich leicht in Wasser auf, backen in den handelsüblichen Packungen nicht zusammen und sind auch in offenem Gefäß unter Beibehaltung ihrer Form längere Zeit lagerbeständig, ohne daß sie wie pulverförmiges oder kristallisiertes Kupfernitrat durch Wasseraufnahme zu einem feuchten Klotz zusammenbacken.

Patentanspruch:

Überführung von Kupfernitrat-Trihydrat in eine weniger hygroskopische Form, dadurch gekennzeichnet, daß man das kristallisierte Salz bei wenig über dem Schmelzpunkt liegenden Temperaturen zu einer homogenen Masse schmelzen und die Schmelze wieder erstarren läßt, worauf der erhaltene Kuchen zu Brocken zerschlagen werden kann.

Nr. 561 517. (I. 49. 30.) Kl. 12n, 5.

I. G. Farbenindustrie Akt.-Ges. in Frankfurt a. M.

Herstellung von Kupfernitrat-Trihydrat in wenig hygroskopischer Form.

Zusatz zum Patent 549966.

Vom 16. Okt. 1930. — Erteilt am 29. Sept. 1932. — Ausgegeben am 14. Okt. 1932. — Erloschen: 1935.

In dem Patent 549 966 ist ein Verfahren zur Darstellung von Kupfernitrat in besonderer Form beschrieben, das dadurch gekennzeichnet ist, daß man Kupfernitrat, das 3 Mol. Kristallwasser enthält, einem Schmelzprozeß unterwirft. Das so erzeugte Produkt zeichnet sich durch eine hohe Luftbeständigkeit aus und backt im Gegensatz zum Ausgangsmaterial beim Lagern nicht zusammen.

Es wurde nun gefunden, daß man Kupfernitrat mit 3 Mol. Kristallwasser in derselben luftbeständigen Form durch Behandeln von Kupfer mit Salpetersäure in einfacher Weise unmittelbar erhalten kann, wenn man zu der Umsetzung konzentrierte Salpetersäure verwendet, die nur so viel Wasser enthält, wie den 3 Mol. Kristallwasser des herzustellenden Kupfernitrates entspricht, also eine etwa 90%ige Salpetersäure. Da Kupfer mit starker Salpetersäure in der Kälte nicht reagiert, leitet man die Umsetzung durch anfängliches Erwärmen oder dadurch ein, daß man zu Beginn der Reaktion verdünnte Salpetersäure verwendet und alsdann unter Ausnutzung der hierbei entstehenden Reaktionswärme die Umsetzung mit konzentrierter Salpetersäure weiterführt, so daß der Gesamtwassergehalt der verwandten Salpetersäure die den 3 Mol. Kristallwasser des Endproduktes entsprechende Menge nicht übersteigt.

Es ist bereits bekannt, Kupfer durch Behandeln mit verdünnter Salpetersäure in Kupfernitrat überzuführen. Jedoch ist bei dieser Umsetzung die ständige Zuführung von Wärme erforderlich, um die Reaktion zwischen Kupfer und Salpetersäure in einer für die Praxis hinreichend kurzen Zeit zu Ende zu führen. Ferner muß das Nitrat aus der erhaltenen, verdünnten, wäßrigen Lösung durch Eindampfen und Kristallisieren abgeschieden werden, wobei je nach der bei der Kristallisation herrschenden Temperatur oberhalb 26° das Trihydrat $Cu(NO_3)_2 \cdot 3\,H_2O$ oder unterhalb 26° das stark zerfließliche Hexahydrat $Cu(NO_3)_2 \cdot 6\,H_2O$, bzw. Gemische beider Formen entstehen. Außerdem tritt beim Eindampfen leicht eine Zersetzung des Nitrates ein, so daß ein mit basischen Salzen verunreinigtes, unscheinbar grün gefärbtes Endprodukt hinterbleibt, das sich nicht klar in Wasser auflösen läßt.

Gegenüber dieser bisherigen Darstellungsweise des Kupfernitrat-Trihydrates weist das neue Verfahren eine Reihe von Vorzügen auf. Wenn man die Reaktion, wie es zweckmäßig geschieht, mit verdünnter Salpetersäure einleitet, ist eine Zuführung von Wärme während der Umsetzung überhaupt nicht erforderlich, weil die Reaktionswärme sich bis zur Schmelztemperatur 114,5° des Kupfernitrates mit 3 Mol. Kristallwasser steigert. Das Produkt kann in geschmolzener Form aus dem Reaktionsgefäß abgelassen werden und erstarrt zu einer festen, trocknen, kein Hexahydrat oder basische Salze enthaltenden Masse. Auch das Eindampfen der Lösung und die besonderen Vorkehrungen, die erforderlich sind, um die Kristallisationstemperatur für das vom Handel bevorzugte Trihydrat oberhalb 26° zu erhalten, fallen bei dem neuen Verfahren weg, da das Trihydrat unmittelbar in der luftbeständigen Form erhalten wird, so daß ein nachträgliches, gesondertes Schmelzen nicht mehr erforderlich ist. Das nach unserem Verfahren erzeugte Produkt hat eine rein tiefblaue Farbe und löst sich klar in Wasser auf.

Das Verfahren kann sowohl periodisch wie kontinuierlich betrieben werden.

Beispiel 1

In einem Behälter, der auf der Innenseite beispielsweise mit säurefestem Mauerwerk ausgekleidet, auf der Außenseite gegen Wärmeabgabe gut isoliert ist, werden 55 kg Kupfer, zweckmäßig Altkupfer, von beliebiger Form und Feinheit eingetragen. Zunächst läßt man jetzt etwa 21 kg 50%ige Salpetersäure zufließen. Die Reaktion setzt mit starker Gasentwicklung ein, die Temperatur steigt über 100°. Nunmehr werden im langsamen Strom 193 kg 98%ige Salpetersäure zugeführt. Nach etwa 2 Stunden ist die Säure aufgebraucht. Es bleibt ein Rückstand an ungelöstem Kupfer, der im darauffolgenden Ansatz verwertet wird. Man läßt die heiße Schmelze von Kupfernitrat-Trihydrat auslaufen und in gekühlten Formen erstarren. Man erhält 192 kg einer festen, rein blauen und in Wasser klar löslichen Masse.

Beispiel 2

55 kg Kupfer werden in den oben beschriebenen Behälter eingetragen und mit direktem Dampf angeheizt. Das ausgeschiedene Kondenswasser wird abgelassen. Dann läßt man im Verlaufe von etwa 2 Stunden 214 kg 93%ige Salpetersäure zulaufen. Die nitrosen Gase entweichen zu einer Absorptionsanlage. Das Produkt wird wie oben weiterverarbeitet.

PATENTANSPRUCH:

Verfahren zur Darstellung von löslichem Kupfernitrat mit 3 Mol. Kristallwasser nach Patent 549 966 aus Kupfer und Salpetersäure, dadurch gekennzeichnet, daß man zur Umsetzung konzentrierte Salpetersäure verwendet, die nur so viel Wasser enthält, wie den 3 Mol. Kristallwasser des Endproduktes entspricht, wobei man die Umsetzung entweder durch anfängliches Erwärmen oder durch anfängliche Verwendung von verdünnter Salpetersäure einleitet.

F. P. 714449.

Nr. 488601. (B. 132804.) Kl. 12n, 5.

J. P. BEMBERG AKT.-GES. IN BARMEN-RITTERSHAUSEN.

Verfahren zur Enteisenung von Kupfersalz-, insbesondere Kupfersulfatlösungen für die Kunstseideherstellung.

Vom 9. Aug. 1927. — Erteilt am 12. Dez. 1929. — Ausgegeben am 8. Jan. 1930. — Erloschen: ....

Die wichtige Frage der Enteisenung von Kupfersalz-, insbesondere Kupfersulfatlösungen, die z. B. bei der Erzeugung von Kunstseide nach dem Kupferoxydammoniakstreckspinnverfahren eine Rolle spielt, sucht man in der Technik meist dadurch zu lösen, daß man in die mit Kalkmilch, Marmor, Kupferoxyd oder sonstigen säurebindenden Stoffen versetzten Lösungen Preßluft von etwa 1 Atm. einbläst. Zur besseren Verteilung der Luft und der säurebindenden Stoffe bedient man sich hierbei eines Rührwerkes.

Die Nachteile dieses Verfahrens liegen

1. in dem großen Luftverbrauch,
2. in der langen Zeitdauer, denn nach Angabe der Literatur muß die Enteisenung in zwei Phasen zu je 50 Stunden durchgeführt werden,
3. in der unvollkommenen Enteisenung, da nach 100 Stunden etwa nur 95% Eisen entfernt werden.

Es gelang nun, ein neues Verfahren der Enteisenung aufzufinden, welches diese Nachteile nicht aufweist. Es beruht auf der Anwendung eines Nitrits, z. B. Natriumnitrit, das zusammen mit einem beliebigen säurebindenden Stoff, z. B. Soda, Natronlauge, in die neutralisierte Kupfersulfatlösung gegeben wird. Beim Erwärmen der Mischung auf Siedetemperatur fällt das Eisen in Form eines gut absitzbaren, basischen Ferrisulfates nieder.

Es ist bekannt, mittels Nitrite aus Eisenoxydulsalzen Eisenoxyd auszufällen. Die Anwendung von Nitriten in Gemeinschaft mit Alkalien oder sonstigen säurebindenden Stoffen zur raschen und vollständigen Abscheidung von Eisen aus neutraler Kupfersulfatlösung ist jedoch neu.

Auch wurde schon vorgeschlagen, das in Oxydulform in eisenhaltigen Lösungen vorhandene Eisen durch Oxydationsmittel, wie Chlor, Salpetersäure, unterchlorigsaure Salze, chlorsaure Salze, Superoxyde, Persalze, in dreiwertiges Eisen zu überführen und erst das Eisen in dreiwertiger Form auszuscheiden.

Der besondere Vorteil des Verfahrens nach der

Erfindung liegt neben der kurzen Zeitdauer der Enteisenung und der Erzeugung eines gut absitzenden Niederschlages darin, daß die erforderlichen Mengen an Nitrit und Soda jederzeit genau berechnet werden können. Auf 1 Teil Fe kommen 1,25 Teile Natriumnitrit und 0,76 Teile Natriumhydroxyd oder eine entsprechende Sodamenge. Infolge dieser gewichtsmäßigen Abgrenzung der Zusatzstoffe wird nur wenig Kupfer mit dem Eisenniederschlage mitgerissen.

Beispiel

1000 l einer 16prozentigen, kalten neutralen Kupfersulfatlauge, die 0,4 Prozent Eisen enthält, werden mit einer Lösung von 5 kg Natriumnitrit und 4,028 kg Soda versetzt. Nach Durchmischung des Ganzen erhitzt man zum Sieden und läßt etwa 15 Minuten kochen. Das Eisen scheidet sich rasch aus und setzt sich gut ab. Die Lösung wird von dem am Boden festsitzenden Niederschlage abgehebert oder abfiltriert. Die gereinigte Lösung enthält 0,003 bis 0,002 Prozent Eisen. Es sind somit 99,2 bis 99,6 Prozent des Eisens entfernt worden.

Patentanspruch:

Verfahren zur Enteisenung von Kupfersalz-, insbesondere Kupfersulfatlösungen für die Kunstseideherstellung, dadurch gekennzeichnet, daß man die neutralisierte Lösung mit einem Nitrit, z. B. Natriumnitrit, und einem säurebindenden Stoff erhitzt.

Nr. 536 650. (K. 141 386.) Kl. 12n, 5.

Pierre Ernest Bigourdan und Paul Bebin in Paris.

Herstellung von Kupfersulfat aus Kupfer und Schwefelsäure.

Vom 12. Jan. 1929. — Erteilt am 8. Okt. 1931. — Ausgegeben am 24. Okt. 1931. — Erloschen: ....

Französische Priorität vom 15. Dez. 1928 beansprucht.

Zur industriellen Herstellung von Kupfersulfat läßt man bekanntlich auf metallurgisch gereinigtes Kupfer in Rieseltürmen Schwefelsäure, Wasserdampf und Luft gleichzeitig einwirken. Das Reaktionsprodukt wird durch Umkristallisieren gereinigt.

Dieses Verfahren hat eine Reihe von Nachteilen. Die Überführung von Kupfer in Kupfersulfat erfolgt nur sehr langsam und zwingt zur dauernden Festlegung erheblicher Kupfermengen in den Reaktionstürmen, wobei täglich nicht mehr als etwa 1 % des Gesamtkupfers in Sulfat umgewandelt wird. Zur Erzielung eines befriedigenden Erfolges ist es außerdem nötig, reines, d. h. metallurgisch vorbehandeltes Kupfer anzuwenden, wodurch das Verfahren wesentlich verteuert wird. Eine weitere Verteuerung tritt ein durch den recht erheblichen Aufwand an Kohle, die zur Herstellung des benötigten Wasserdampfes erforderlich ist. Nach beendeter Reaktion muß das Reaktionsprodukt aus dem Turm in die Löse- bzw. Kristallisationsgefäße geschafft werden, wodurch bedeutende Unkosten entstehen. Zur Lösung des umgewandelten Gutes ist die Zufuhr von besonders erzeugter Wärme nötig, während die Hydrations- bzw. Reaktionswärme der zur Umwandlung des Kupfers in Kupfersulfat angewendeten Schwefelsäure ungenutzt bleibt. In den zur Durchführung des bisherigen Verfahrens erforderlichen Reaktionstürmen sind ständig erhebliche Mengen von Säure vorhanden, was dazu zwingt, Reaktionstürme aus Blei auszuführen.

Alle diese Nachteile werden beim Arbeiten gemäß der Erfindung vermieden, die ein Verfahren zur Herstellung von Kupfersulfat betrifft, das im wesentlichen darin besteht, Kupfer unter Anwendung einer im Kreislauf geführten, außer Cuprichlorid noch Kupfersulfat enthaltenden Mutterlauge als Cuprochlorid in Lösung zu bringen, die erhaltene Lösung von Cuprochlorid und Kupfersulfat unter Bildung von Kupferoxychlorid zu oxydieren und dieses Kupferoxychlorid durch Behandlung mit Schwefelsäure zu Kupfersulfat und Cuprichlorid umzusetzen, worauf man das aus dem in Lösung gegangenen Kupfer gebildete Kupfersulfat abscheidet und dabei die zur Führung im Kreislauf geeignete Mutterlauge, die Kupfersulfat und Cuprichlorid enthält, wiedererhält. Das neue Verfahren stellt eine zu einem Kreislauf gekuppelte Folge von drei einzelnen, an sich bekannten Reaktionen dar, die nach folgenden Gleichungen verläuft:

$$(1)\ 3\,Cu + 3\,CuCl_2 = 6\,CuCl,$$
$$(2)\ 6\,CuCl + 3\,O = 2\,CuCl_2 + 3\,CuO \cdot CuCl_2,$$
$$(3)\ 3\,CuO \cdot CuCl_2 + 3\,H_2SO_4 = 3\,CuSO_4 + 2\,CuCl_2 + 3\,H_2O.$$

Es wird also, wenn man berücksichtigt, daß die im Kreislauf geführte Lösung stets an Kupfersulfat gesättigt ist, ohne daß eine besondere Wärmezufuhr erforderlich ist, das in der ersten Stufe in Lösung gebrachte Kupfer in der dritten Stufe als kristallisiertes Kupfersulfat aus dem Kreislauf ausgeschieden.

Das für das Verfahren erforderliche Kupfer braucht nicht metallurgisch gereinigt zu sein; es kann in Form von Verbindungen, Legierungen, Kupferniederschlägen, Abfällen u. dgl. verwendet werden.

Die zur Ausführung des neuen Verfahrens erforderliche Anlage zeichnet sich vor den Anlagen für die bisher üblichen Verfahren zur Herstellung von Kupfersulfat durch große Einfachheit und durch niedrigere Herstellungskosten aus. Der Raumbedarf der Anlage ist erheblich geringer. Die Abwesenheit von freier Säure ermöglicht die Verwendung billiger Zementwannen an Stelle der teuren Bleitürme.

Beispiel 1

Eine Kupferabfall, Kupferdraht, Kupferklein, Kupferdrehspäne, Kupferbarren u. dgl. enthaltende Zementwanne wird mit der im Kreislauf geführten, 150 kg Cuprichlorid und 145 kg Kupfersulfat auf den Kubikmeter enthaltenden Lauge gefüllt. Die ursprünglich blaue Lauge wird infolge der Bildung von Cuprochlorid bei der Einwirkung der Lauge auf Kupfer grün. Nach einer von dem Zerkleinerungsgrad des Kupfers abhängigen Zeitdauer, die im allgemeinen 2 bis 3 Stunden nicht überschreitet, ist die Lösung an Cuprochlorid gesättigt. Diese an Cuprochlorid gesättigte Lösung wird in einen zweiten Zementbehälter gebracht und dort mit Luft behandelt. Dabei wird unter Trübung der Flüssigkeit aus dem Cuprochlorid Kupferoxychlorid und Cuprichlorid gebildet, und zwar in etwa 4 bis 5 Stunden. Das Kupferoxychlorid wird zum Absetzen gebracht und von der überstehenden Lauge abgetrennt. Das abgesetzte, noch pumpbare Kupferoxychlorid wird in einen mit Blei ausgekleideten Behälter gebracht und dort mit der zur Bildung von Kupfersulfat erforderlichen Menge Schwefelsäure von 66° Bé versetzt. Man erhält dann eine Lösung von Kupfersulfat und Cuprichlorid, aus der das Kupfersulfat durch Kristallisation abgeschieden wird, während die Mutterlauge gemeinsam mit der vom Kupferoxychlorid durch Dekantieren getrennten Mutterlauge wieder zur Lösung von neuem Kupfer verwendet wird.

Beispiel 2

Man kann die drei Stufen des Verfahrens, nämlich die Lösung des Kupfers, die Oxydation zwecks Bildung von Kupferoxychlorid und das Dekantieren der Lauge vom Kupferoxychlorid auch in einem einzigen Behälter durchführen. Die Kupferoxychloridpaste wird dann abgepumpt und getrennt in einem mit Blei ausgekleideten Behälter mit Schwefelsäure behandelt, um Kupfersulfat zu erhalten, das nach Abscheidung eine Mutterlauge liefert, die mit der vom Kupferoxychlorid durch Dekantieren abgetrennten Mutterlauge wieder zum Lösen von neuen Kupfermengen verwendet wird.

Patentansprüche:

1. Verfahren zur Herstellung von Kupfersulfat aus Kupfer und Schwefelsäure, dadurch gekennzeichnet, daß Kupfer unter Anwendung einer im Kreislauf geführten, außer Cuprichlorid noch Kupfersulfat enthaltenden Mutterlauge als Cuprochlorid in Lösung gebracht, aus dieser Lösung durch Oxydation Kupferoxychlorid hergestellt und dieses durch Behandlung mit Schwefelsäure in Kupfersulfat und Cuprichlorid umgewandelt wird, wobei nach Abtrennung des Kupfersulfates die im Kreislauf geführte Mutterlauge wiedererhalten wird.

2. Verfahren nach Anspruch 1, dadurch gekennzeichnet, daß mit Schwefelsäure solcher Konzentration gearbeitet wird, daß unmittelbar Kupfersulfat auskristallisierende Lösungen erhalten werden.

Nr. 462341. (B. 121973.) Kl. 12n, 5.

I. G. Farbenindustrie Akt.-Ges. in Frankfurt a. M.

Erfinder: Dr. Robert Grießbach in Ludwigshafen a. Rh. und Dr. Friedrich Korn in Oppau.

Verfahren zur Gewinnung von chlorfreiem Kupfersulfat aus chlorhaltigen basischen Kupferniederschlägen.

Vom 29. Sept. 1925. — Erteilt am 21. Juni 1928. — Ausgegeben am 9. Juli 1928. — Erloschen: 1932.

Bei der Abscheidung des Kupfers aus chlorhaltigen Lösungen mit basischen Fällungsmitteln erhält man einen basischen Kupferchloridniederschlag von nahezu konstanter Zusammensetzung, nämlich

$$Cu(OH)_2 \cdot Cu(OH)Cl.$$

Der Niederschlag enthält durchschnittlich etwa 15% Chlor. Bei der Weiterverarbeitung dieser Niederschläge auf metallisches Kupfer durch Auflösen in Schwefelsäure und anschließende Elektrolyse macht sich das vorhandene Chlor störend bemerkbar, da die Kupfermetallniederschläge bei Anwesenheit von Chlor mit basischem Kupferchlorid verunreinigt werden und die Stromausbeute ungünstig beeinflußt wird. Man hat schon verschiedene Verfahren zur Entchlorung derartiger chlorhaltiger Niederschläge bzw. Lösungen in Vorschlag gebracht, wie z. B. das Erhitzen der Niederschläge mit Kalk oder die Zementation der Chloridsulfatlauge mit Kupfermetall, um das Chlor in Form von Kupferchlorür zur Abscheidung zu bringen. Die bekannt gewordenen Verfahren sind indessen alle mehr oder weniger umständlich und zeitraubend.

Es wurde nun gefunden, daß aus einer durch Auflösen der chlorhaltigen Niederschläge in Schwefelsäure erhaltenen Lösung, die Kupfersulfat und Kupferchlorid etwa im Verhältnis 3 : 1 enthält, das Kupfersulfat bei Einhalten geeigneter Kristallisationsbedingungen praktisch chlorfrei und in vorzüglicher Ausbeute gewonnen werden kann. Man verfährt in der Weise, daß man die Lösung soweit eindampft, daß der Chlorgehalt der Lösung etwa 20 bis 25% beträgt, wobei ein Teil des Kupfersulfates bereits in der Hitze abgeschieden wird. Wird die so gewonnene konzentrierte Lösung auf etwa 20° oder darunter abgekühlt, so scheiden sich noch erhebliche Mengen Kupfersulfat ab, die durch leichtes Decken von anhaftender Mutterlauge befreit werden und praktisch vollkommen chlorfrei sind. Es zeigte sich dabei, daß die Abscheidung des Kupfersulfates in chlorfreiem Zustande ganz unerwartet weit getrieben werden kann; es können z. B. leicht und ohne besondere Schwierigkeiten bis zu 98% des Kupfersulfates in reinem Zustand gewonnen werden. Weiter wurde gefunden, daß es zuweilen Vorteile bietet, die Abscheidung des Kupfersulfates in saurer Lösung vorzunehmen, wobei es gleichgültig ist, ob man den basischen Kupferchloridniederschlag von vornherein in überschüssiger Säure löst, oder ob man erst gegen Ende des Kristallisationsprozesses noch freie Säure zusetzt. Die an Kupferchlorid nahezu gesättigte Endlauge wird wieder mit basischen Fällungsmitteln, wie z. B. Kalkstein, gefällt; der erhaltene basische Kupferchloridniederschlag wird, gegebenenfalls zusammen mit neuen Niederschlagsmengen, in der beschriebenen Weise in Schwefelsäure gelöst und auf Kupfersulfat verarbeitet. Das so gewonnene Kupfersulfat kann dann ohne Schwierigkeit elektrolytisch auf metallisches Kupfer verarbeitet oder als solches verwertet werden.

Beispiel

1000 kg basisches Kupferchlorid, das etwa 55% Kupfer und 15 bis 16% Chlor enthält, werden in etwa 2 cbm 40%iger Schwefelsäure bzw. einer entsprechenden Menge erschöpften Elektrolytes gelöst. Diese Lösung wird eingedampft, bis der Chlorgehalt der Lauge etwa 20 bis 25% beträgt, und darauf bis auf etwa 20° gekühlt; das ausgefallene Kupfersulfat wird abgesaugt und kurz gedeckt. Man erhält so 1500 bis 1600 kg $CuSO_4 \cdot 5H_2O$ in praktisch chlorfreier Form. Die Endlauge wird mit 200 kg gemahlenem Kalkstein gefällt und das ausgefällte basische Kupferchlorid wie oben angegeben auf Sulfat verarbeitet.

Patentansprüche:

1. Verfahren zur Gewinnung von chlorfreiem Kupfersulfat aus chlorhaltigen basischen Kupferniederschlägen, dadurch gekennzeichnet, daß man die Niederschläge in Schwefelsäure löst, die Lösung bis zu einem Chlorgehalt von etwa 20 bis 25% konzentriert und darauf durch Kühlung die Abscheidung von reinem Kupfersulfat vervollständigt.

2. Verfahren nach Anspruch 1, dadurch gekennzeichnet, daß man die Kristallisation des Kupfersulfats in saurer Lösung vornimmt.

Nr. 463237. (B. 122737.) Kl. 12n, 5.

I. G. Farbenindustrie Akt.-Ges. in Frankfurt a. M.

Erfinder: Dr. Robert Grießbach in Ludwigshafen a. Rh. und Dr. Friedrich Korn in Oppau.

Verfahren zur Gewinnung von chlorfreiem Kupfersulfat.

Zusatz zum Patent 462341.

Vom 14. Nov. 1925. — Erteilt am 5. Juli 1928. — Ausgegeben am 24. Juli 1928. — **Erloschen: 1932.**

In dem Hauptpatent 462341 ist ein Verfahren zur Gewinnung von chlorfreiem Kupfersulfat aus chlorhaltigen basischen Kupferniederschlägen beschrieben, bei dem man die Niederschläge in Schwefelsäure löst, die Lösungen gegebenenfalls bis zu einem Chlorgehalt von höchstens etwa 20 bis 25% konzentriert und darauf durch Kühlung die Abscheidung von reinem Kupfersulfat vervollständigt.

Es wurde nun gefunden, daß man bei diesem Verfahren ebenfalls reines Kupfersulfat erhält, wenn man von chlorhaltigen basischen Kupferniederschlägen, die Zink enthalten, ausgeht und dafür Sorge trägt, daß der Zinkgehalt der Lösung, aus der das Kupfersulfat auskristallisiert, etwa 10 bis 15% nicht übersteigt. Obwohl bekanntlich Kupfersulfat und Zinksulfat Mischkristalle bilden, erhält man auf diese Weise aus Zink und Chlor enthaltenden Laugen praktisch zink- und chlorfreies Kupfersulfat. Es kann sogar von Vorteil sein, sofern eine zinkfreie bzw. zinkarme chloridhaltige Lösung vorliegt, dieser Zinksulfat oder ein basisches Zinksalz mit der entsprechenden Menge Schwefelsäure zuzusetzen, da sich aus dem Kupferchlorid und dem Zinksulfat Zinkchlorid und weitere Mengen Kupfersulfat bilden, wodurch die Kupfersulfatausbeute noch erhöht wird; das Zinkchlorid verbleibt in der Mutterlauge. Man setzt im allgemeinen höchstens eine dem Kupferchlorid äquivalente Menge Zinksalz zu, die zweckmäßig 10 bis 15% des Gesamtkupfers nicht überschreitet.

Beispiel 1.

1 000 kg basisches Kupferchlorid mit etwa 50 bis 55% Kupfer, 16 bis 18% Chlor und etwa 5 bis 8% Zink werden in etwa 2 cbm 40prozentiger H_2SO_4 bzw. einer entsprechenden Menge erschöpfter Lauge von der elektrolytischen Kupfergewinnung gelöst, worauf man die Lösung bis zu einem Chlorgehalt von etwa 20% eindampft und danach abkühlt. Es werden etwa 1 700 kg praktisch chlor- und zinkfreies Kupfersulfat erhalten.

Beispiel 2.

1 000 kg basisches Kupferchlorid mit etwa 50 bis 55% Kupfer und 15 bis 16% Chlor werden wie oben in H_2SO_4 gelöst; zu der neutralen oder schwach sauren Lösung werden etwa 65 bis 70 kg Zinkhydroxyd und eine dem Zinkhydroxyd äquivalente Menge Schwefelsäure zugesetzt, worauf man, wie oben beschrieben, das Kupfersulfat zur Abscheidung bringt.

Patentansprüche:

1. Weiterbildung des Verfahrens zur Gewinnung von reinem Kupfersulfat gemäß Patent 462 341, dadurch gekennzeichnet, daß man von chlorhaltigen basischen Kupferniederschlägen, die Zink enthalten, ausgeht und dafür Sorge trägt, daß der Zinkgehalt der Lösung, aus der das Kupfersulfat auskristallisiert, etwa 10 bis 15% nicht übersteigt.

2. Ausführungsform des Verfahrens gemäß Anspruch 1, dadurch gekennzeichnet, daß man von zinkarmen oder zinkfreien chlorhaltigen Kupferniederschlägen ausgeht und der Kristallisationslösung eine dem vorhandenen Kupferchlorid höchstens äquivalente Menge Zinksulfat oder basisches Zinksalz mit entsprechender Menge Schwefelsäure zusetzt, wobei zweckmäßig die Gesamtmenge des Zinks 10 bis 15% des Gesamtkupfergehaltes nicht überschreitet.

Nr. 544 776. (D. 49 779.) Kl. 12n, 5. Duisburger Kupferhütte in Duisburg.

Erfinder: Dr. Karl Mattenklodt und Dipl.-Ing. H. Schramm in Duisburg.

Verfahren zur Entchlorung von Kupferoxychloriden.

Vom 5. Febr. 1926. — Erteilt am 4. Febr. 1932. — Ausgegeben am 22. Febr. 1932. — Erloschen: 1933.

Bei der Fällung eines Kupfersalzes aus seinen Lösungen mit basischen Stoffen fällt das Kupfer nicht als reines Hydroxyd, sondern z. B. aus chloridhaltigen Lösungen als Oxychlorid aus, dessen Verarbeitung besonders wegen seines Chlorgehaltes auf Schwierigkeiten stößt. So bilden sich z. B. bei dem reduzierenden Verschmelzen Metallchloride, welche Metallverluste verursachen. Anderseits entsteht beim Auflösen in Schwefelsäure eine stark chloridhaltige Lösung, die vor der Verwendung als Elektrolyt erst entchlort werden muß. Vorstehendes Verfahren gestattet es nun, das Kupferoxychlorid auf einfachem Wege nahezu restlos von seinem Chlorgehalt zu befreien. Dies geschieht dadurch, daß das Kupferoxychlorid unter Druck mit Wasser unter Zusatz von löslichen Sulfaten, wie Natriumsulfat, Kaliumsulfat, Magnesiumsulfat, Kupfersulfat, Zinksulfat usw., erhitzt wird. Schon nach ziemlich kurzer Erhitzung ist die Umsetzung der Oxychloride vollständig. Das Erhitzungsgefäß bzw. der Autoklave wird dann entleert und der Niederschlag von Flüssigkeiten getrennt. Der ausgewaschene Niederschlag ist praktisch chlorfrei und kann nach bekanntem Verfahren weiterverarbeitet, z. B. in Schwefelsäure gelöst und die so erhaltene Lösung mit unlöslichen Anoden elektrolysiert werden.

Ausführungsbeispiel 1

Ein Kupferoxychlorid, das bei der Behandlung einer chloridhaltigen Kupferlauge mit basischen Stoffen und nach weitgehender Entfernung der anhaftenden Lauge durch Filtration erhalten wurde und so 34,9% Cu und 13,4% Cl enthielt, wurde im Autoklaven mit Wasser unter Zusatz von Natriumsulfat im Mischungsverhältnis von

1 kg Kupferoxychlorid,
5 l Wasser,
1 kg Natriumsulfat

erhitzt. Nachdem der Inhalt etwa 180° C erreicht hatte, wurde die Wärmezufuhr abgesperrt, der Autoklav nach dem Erkalten entleert, der Niederschlag abfiltriert und gewaschen. Er hatte durch obige Behandlung neben der chemischen eine physikalische Änderung erfahren, so daß er sich sehr leicht auswaschen ließ. Seine Farbe war von hellgrün in dunkelgrün bis braun übergegangen. Sein Chlorgehalt betrug nur noch unter 0,1% Cl.

Ausführungsbeispiel 2

Ein wie vorstehend erhaltenes Kupferoxychlorid mit 45,4% Cu und 11,6% Cl wurde analog Beispiel 1 behandelt, nur mit dem Unterschied, daß als lösliches Sulfat Kupfersulfat verwandt wurde im Mischungsverhältnis von

1 kg Kupferoxychlorid,
5 l einer 10%igen Kupfersulfatlösung.

Der Chlorgehalt des Kupferniederschlages betrug nach der Behandlung nur noch 0,45%.

Ausführungsbeispiel 3

Ein Kupferoxychlorid gemäß Beispiel 2 mit 45,4% Cu und 11,6% Cl wurde analog Beispiel 1 behandelt, indem als lösliches Sulfat Zinksulfat verwandt wurde im Mischungsverhältnis von

1 kg Kupferoxychlorid,
12 l einer 5%igen Zinksulfatlösung.

Der Chlorgehalt des Kupferniederschlages betrug nach der Behandlung unter 0,1%.

PATENTANSPRUCH:

Verfahren zur Entchlorung von Kupferoxychloriden, dadurch gekennzeichnet, daß die Kupferoxychloride mit Wasser unter Zusatz eines löslichen Sulfates unter Druck erhitzt werden.

Nr. 543107. (H. 59. 30.) Kl. 12n, 5.

„HUNGARIA" MÜTRAGYA-, KÉNSAV- ÉS VEGYIIPAR RÉSZVÉNYTÁRSASÁG IN BUDAPEST

Herstellung von Kupfervitriolbriketts.

Vom 23. Febr. 1928. — Erteilt am 14. Jan. 1932. — Ausgegeben am 1. Febr. 1932. — Erloschen: . . . .

Der handelsübliche Kupfervitriol gelangte bisher in großen, z. B. 1 bis 10 cm langen, Kristallen in Verkehr. Die technischen Mängel der Herstellung dieser großen Kristalle bestehen darin, daß die Kristallisation bei kühlem Wetter 7 bis 10, bei warmem Wetter sogar 10 bis 15 Tage dauert, infolgedessen so viele Kristallisationskästen aufgestellt werden müssen, daß z. B. eine Tagesleistung von 10 Tonnen ungefähr 300 m³ Raumbedarf erfordert; da die künstliche Regelung der Temperatur einer solch großen Menge von Kupfervitriolmutterlauge wirtschaftlich nicht durchgeführt werden kann, ist die Konzentration der Mutterlauge nach oben sehr beschränkt; überdies verursacht die Verwertung der auskristallisierten, nicht entsprechenden Kleinware bedeutende Betriebskosten. Die großen Kristalle weisen den kommerziellen Nachteil auf, daß selbst beim vorsichtigsten Transport Bruch und Zerstäuben nicht vermieden werden können; die hierbei entstehenden Abfälle können im Handel überhaupt nicht oder nur unter großen Verlusten verwertet werden.

Zweck der vorliegenden Erfindung ist nun die Schaffung eines Produktes, dessen Herstellung wenig Raum und Zeit erfordert, das von der Tagestemperatur unabhängig gemacht und ohne Zerstäuben transportiert werden kann und einen kleinen Lagerungsraum beansprucht, wobei es in seiner ganzen Menge sowohl homogene Struktur als auch charakteristische, einfarbige azurblaue Kristalle aufweist.

Demgemäß besteht das Produkt nach der Erfindung aus Briketts, die aus gleich großen Kupfervitriolkristallen unter niedrigem Druck naß gepreßt werden, wobei die Grenzen der Kristallgröße zwischen $^1/_4$ und 5 mm liegen können. Die Briketts werden derart hergestellt, daß der Kristallisationsvorgang in der Lauge beständig so lange gestört wird, bis sich in der ganzen Menge gleich große Kristalle gebildet haben, deren Kristallgröße zwischen $^1/_4$ bis 5 mm liegt. Die Kristalle werden von der Mutterlauge getrennt und unter niedrigem Druck in Formen gepreßt. Die Briketts werden entweder ohne fremde Bindemittel gepreßt, oder aber es wird der zu pressenden Menge irgendein geeignetes Bindemittel, z. B. Natriumsulfat, einverleibt. In Verbindung mit dem Preßvorgang tritt eine

Nachkristallisation ein, so daß die Kristalle sich verfilzen, wodurch die Briketts die gewünschte Festigkeit erhalten.

In dem nachfolgenden Beispiel ist eine Ausführungsart dieses Verfahrens beschrieben. Konzentrierte Kupfervitriollauge wird in einem mit einem Rührwerk versehenen Kasten einem gestörten Kristallisationsvorgang unterworfen, wobei sowohl Rührwerk als auch der Kasten selbst mit Wasser oder mit einem anderen Mittel gekühlt bzw. geheizt werden kann. Bei Beendigung der gewünschten Kristallisation werden die Mutterlauge und die Kristalle in einer Vakuumfiltriereinrichtung voneinander getrennt, die Kristalle naß zu Briketts gepreßt und diese dann getrocknet.

Im Sinne der Erfindung besteht der wirtschaftliche Fortschritt der Erfindung darin, daß aus minderwertiger Ware eine hochwertige Ware hergestellt wird. Es ist allgemein bekannt, daß der Landwirt in der ganzen Welt einen höheren Preis für fehlerlose, große Kupfervitriolkristalle von schöner azurblauer Farbe zahlt als für Kleinkristalle. In einigen Ländern, z. B. Ungarn und Italien, können Kleinkristalle nur stark unter dem Tageskurs verkauft werden.

Erfindungsgemäß werden nun aus gleich großen Kupfervitriolkristallen Briketts hergestellt, was an und für sich neu ist. Die in Betracht kommenden Grenzen der Kristallgröße, aus denen die Briketts hergestellt werden, setzt man auf $^1/_4$ bis 5 mm fest. Diese Grenzwerte werden dadurch begründet, daß Kristalle unter $^1/_4$ mm Größe infolge Lichtbrechung eine bläulichweiße Farbe aufweisen; Briketts aus solchen Kristallen haben erfindungsgemäß keine Bedeutung, da aus wirtschaftlichen Gründen nur schöne blaue Kristalle verwendet werden können. Bei einer Größe über 5 mm zerbröckeln dagegen die Kristalle während des Brikettierens auch unter niedrigem Druck sehr leicht, wobei die Bruchfläche die für die Kupfervitriolkristalle kennzeichnende weiße Farbe zeigt; diese Bruchkristalle sind also erfindungsgemäß wieder unbrauchbar.

Abgesehen davon, daß aus minderwertigen Kleinkristallen eine hochwertige Ware hergestellt wird, weist die Erfindung noch folgende Vorteile auf: Die vielen Kristallisationskästen fallen fort; die Kristallisation dauert statt 7 bis 10 oder sogar statt 10 bis 15 Tage nur ungefähr 24 Stunden; der Raumbedarf der Anlage im Verhältnis zu dem Raumbedarf der Kristallisationskästen ist ganz unverhältnismäßig klein; bei der Beförderung werden Bruch und Zerstäubung vermieden, während Großkristalle bei der Handhabung stark leiden (zerbrechen); beim Brikett tritt praktisch genommen kein Verlust im Zwischenhandel auf und auch kein Verlust bei dem Verbraucher; die Briketts nach der Erfindung lösen sich zehnmal so schnell als die Großkristalle; während ferner die in der Einleitung beschriebenen großen Kristalle schon bei gewöhnlicher Sommertemperatur leicht Schaden erleiden und verblassen, weisen die Briketts nach der Erfindung eine große Widerstandsfähigkeit auf.

Innerhalb ihrer Material- und Wirkungsgrenzen können auch die Merkmale der Erfindung frei geändert werden, ohne daß dadurch die Erfindung selbst eine Änderung erleiden würde.

So kann z. B. das zu pressende Material nach Bedarf noch mit konzentrierter Kupfervitriollauge angefeuchtet werden. Zum Brikettieren können eventuell auch die im Verlaufe des Verfahrens zur Herstellung der großen Kupfervitriolkristalle entstehenden kleinen Abfallkristalle verwendet werden.

Die zu verwendenden Maschinen und Vorrichtungen werden natürlich den jeweiligen Verhältnissen entsprechend gewählt; das Trennen der Kristalle von der Mutterlauge kann auch in einer Zentrifuge erfolgen.

Gestalt und Größe der Briketts werden den Betriebsverhältnissen und den Erfordernissen des Marktes entsprechend gewählt.

Patentanspruch:

Herstellung von Kupfervitriolbriketts, dadurch gekennzeichnet, daß durch die auch für Kupfervitriol bekannte Methode der gestörten Kristallisation $^1/_4$ bis 5 mm große Kristalle hergestellt werden und diese naß (vorzugsweise mit der anhaftenden Mutterlauge oder nach Befeuchtung mit konzentrierter Kupfervitriollauge, gegebenenfalls unter Zusatz von Bindemitteln) unter Erhaltung der für große Kupfervitriolkristalle typischen blauen Farbe zu Briketts gepreßt und letztere getrocknet werden.

E. P. 304052; F. P. 668874; Ung. P. 101213.

Nr. 552757. (W. 85184.) Kl. 12n, 5. Dr. Alexander Wacker Gesellschaft für elektrochemische Industrie G. m. b. H. in München.

Erfinder: Dr. Felix Kaufler und Dr. Franz Xaxer Schwaebel in München.

Verfahren zur Herstellung von kohlensauren Verbindungen des Kupfers.

Vom 26. Febr. 1931. — Erteilt am 2. Juni 1932. — Ausgegeben am 16. Juni 1932. — Erloschen: ....

Die Herstellung von Kupfercarbonaten erfolgt gewöhnlich durch Umsetzung von löslichen Kupfersalzen mit löslichen Carbonaten z. B. in der Weise, daß man zu einer Kupfersalzlösung so viel Ätzlauge zusetzt, daß gleichzeitig ein Gemisch von Kupferhydroxyd und z. B. basischem Kupfersulfat und durch Zusatz von Bicarbonat Kupfercarbonat entsteht. Dieses wird auch erhalten durch Elektrolyse von Alkali- oder Erdalkalihalogensalzlösungen unter Verwendung von Kupferanoden und Einleiten von Kohlensäure in den Elektrolyten.

Versucht man Kupfercarbonate unmittelbar aus den Komponenten herzustellen, etwa auf die Weise, daß man z. B. metallisches Kupfer mit Kohlendioxyd und Sauerstoff in Gegenwart von Wasser behandelt, so bildet sich auf der Kupferoberfläche ein Beschlag von kohlensaurem Kupfer, der die weitere Einwirkung auf das Metall verhindert und die Reaktion zum Stehen bringt.

Es wurde gefunden, daß bei Anwendung von Salzlösungen an Stelle von Wasser ein völlig anderes Verhalten zu beobachten ist. Behandelt man Kupfer oder Kupferlegierungen in Gegenwart von Lösungen von Halogensalzen der Metalle der ersten und zweiten Gruppe des periodischen Systems mit Gasen, welche gleichzeitig Kohlensäure und Sauerstoff enthalten, so findet eine rasche Einwirkung statt, und die Lösung erfüllt sich mit einem Niederschlag, der aus Kohlensäureverbindungen des Kupfers besteht und je nach den Versuchsbedingungen auch Bestandteile der genannten Hilfssalze enthalten kann. Als brauchbare Hilfssalze seien z. B. Natriumchlorid, Calciumchlorid und Magnesiumchlorid genannt. Die Wirkung der Hilfssalze wird durch einen vorher zugesetzten oder sich nachträglich einstellenden Gehalt der Lösung an Carbonaten bzw. Bicarbonaten verstärkt. Die gegenseitige Einwirkung zwischen Metall, Lösung und Gas kann durch Rühren, Durchblasen, Verspritzen der Lösung und in ähnlicher bekannter Weise, gegebenenfalls unter Einwirkung von Druck, durchgeführt werden.

Die erhaltenen Kupfercarbonate zeichnen sich durch große Kornfeinheit und Gleichmäßigkeit aus und lassen sich daher vorteilhaft für Zwecke verwenden, bei welchen diese Eigenschaften besonders wertvoll sind, z. B. für Anstrichmittel, Katalysatoren, Schädlingsbekämpfungsmittel usw.

Beispiel 1

In einer Flasche werden 700 g Kupferdraht und 1 000 ccm einer gesättigten Kochsalzlösung unter Eindrücken von Sauerstoff und Kohlensäure bei Zimmertemperatur und 2-Atmosphären-Druck geschüttelt. Man erhält einen Niederschlag von basischem Kupfercarbonat, der einige Prozent Kupferoxychlorid enthält.

Beispiel 2

In einem 2 m langen, etwa 8 cm weiten Rohr befinden sich 700 g Kupfer in Form von Spänen sowie etwa 1 000 ccm einer 10%igen Kochsalzlösung, die zugleich etwa 4% Natriumbicarbonat enthält. Durch das System wird bei einer Temperatur von 60° ein Gasgemisch, bestehend aus Luft und Kohlensäure, in starkem Strom (im Kreislauf) unter geringem Überdruck (z. B. 2 bis 3 Atm.) und unter Ersatz der verbrauchten Anteile geblasen. Es entsteht rasch ein hellgrüner Niederschlag, der aus reinem basischem Kupfercarbonat besteht.

Beispiel 3

In einer Flasche von 2 l Inhalt befinden sich 700 g Kupferdraht und 700 g einer 20%igen Chlorcalciumlösung. Unter Einleiten von Sauerstoff und Kohlensäure schüttelt man bei Zimmertemperatur und normalem Druck. Nach einigen Stunden hat sich ein sehr feiner Niederschlag gebildet, der im wesentlichen aus Kupfercarbonat besteht neben etwas Kupferoxychlorid und Calciumcarbonat.

Patentansprüche:

1. Verfahren zur Darstellung von kohlensauren Verbindungen des Kupfers aus Kupfer bzw. Kupferlegierungen, Kohlensäure und Sauerstoff, dadurch gekennzeichnet, daß Kupfer in einer wässerigen Lösung von Halogensalzen der ersten oder zweiten Gruppe des periodischen Systems mit Gasen behandelt wird, die Kohlensäure und Sauerstoff enthalten.

2. Verfahren nach Anspruch 1, dadurch gekennzeichnet, daß die Lösung außer den Halogensalzen auch noch kohlensaure oder doppelkohlensaure Salze der ersten oder zweiten Gruppe des periodischen Systems enthält.

Nr. 466514. (S. 58052.) Kl. 12n, 5. GEBR. SIEMENS & CO. IN BERLIN-LICHTENBERG.

Erfinder: Dr. Erich Birnbräuer in Neuenhagen.

Verfahren zur Herstellung von Körpern aus Kupfer und Kohle.

Zusatz zum Patent 454804.

Vom 9. Nov. 1921. — Erteilt am 20. Sept. 1928. — Ausgegeben am 8. Okt. 1928. — Erloschen: 1932.

In dem Patent 454804 ist ein Verfahren beschrieben, wonach Kupfer mittels Zinks, Eisens o. dgl. aus Kupferlösungen gefällt und dann einem Reduktionsprozeß unterworfen wird. Das so erhaltene Kupfer ist sehr plastisch und kann beispielsweise als Bindemittel für andere Stoffe verwendet werden, insbesondere zur Herstellung von Dynamobürsten, die aus Kohle und Kupfer mit oder ohne Zusatz anderer Metalle bestehen. Das plastische Kupfer wird in möglichst pulverigem Zustand innig mit Graphit oder anderer Kohle gemischt und in Formen gepreßt.

Das Kupfer ist nun sehr schwer mit der Kohle innig mischbar, wenn es seinen höchsten Grad von Plastizität hat. Es wird deshalb erfindungsgemäß so verfahren, daß die Mischung schon vor der Reduktion des Fällungsproduktes vorgenommen wird. Vor der Reduktion hat das Pulver nur geringe Plastizität und ist leicht in jedem Verhältnis mit Kohle oder anderen pulverförmigen Stoffen (Metallen o. dgl.) innig mischbar. Die gemischte Masse kann dann z. B. mit Wasserstoff reduziert werden; es ist aber selbstverständlich auch möglich, den Kohlenstoff selbst zur Reduktion mitheranzuziehen, wenngleich dabei die Gefahr besteht, daß bei weniger sorgfältiger Durchführung die reduzierte Masse an Plastizität einbüßt.

Beispiel 1

30 kg Kupfer der Art, wie es durch eine Fällung nach dem Hauptpatent erhalten wird, werden gesiebt und dann mit 10 kg Graphit innig gemengt. Das Gemisch wird im Wasserstoffstrom bei Temperaturen von 700 bis 800° erhitzt und hat dann einen hohen Grad von Plastizität.

Beispiel 2

Um ein Produkt zu erhalten, das auf 30 Teile Kupfer möglichst genau 10 Teile Graphit enthält, bestimmt man zunächst den Sauerstoffgehalt des Kupferpulvers und gibt einen dem Sauerstoffgehalt entsprechenden Zuschlag von Kohlenstoff hinzu, so daß Kohlenoxyd gebildet wird. Angenommen, der entsprechend berechnete Kohlenstoff betrage 0,5 kg, so mischt man 30 kg des durch Fällung erhaltenen gesiebten Kupferpulvers mit 10,5 kg Graphit. Das Gemisch wird bei 800 bis 900° erhitzt und kann nach der Reduktion leicht durch Pressen in beliebige Formen gebracht werden.

PATENTANSPRÜCHE:

1. Verfahren zur Herstellung von Körpern aus Kupfer und Kohle nach Patent 454804, dadurch gekennzeichnet, daß das Kohlepulver vor der Reduktion mit dem Fällungsprodukt innig gemengt wird.
2. Verfahren nach Anspruch 1, dadurch gekennzeichnet, daß zur Reduktion ein Teil des dem Fällungsprodukt beigemischten Kohlenstoffes verwendet wird.

D. R. P. 454804, B. III, 1340.

Nr. 466515. (S. 60541.) Kl. 12n, 5. GEBR. SIEMENS & CO. IN BERLIN-LICHTENBERG.

Erfinder: Dr. Erich Birnbräuer in Neuenhagen.

Verfahren zur Herstellung von fein verteiltem Kupfer von hoher Plastizität.

Zusatz zum Patent 454804.

Vom 3. Aug. 1922. — Erteilt am 20. Sept. 1928. — Ausgegeben am 8. Okt. 1928. — Erloschen: 1932.

In dem Patent 454804 ist ein Verfahren beschrieben, um Formkörper aus Kupfer in der Weise herzustellen, daß das zu formende Kupfer aus der wäßrigen Lösung eines oder mehrerer Kupfersalze mittels Eisen, Zink oder anderer Metalle in feiner Verteilung ausgefällt, dann mit Wasser ausgewaschen, nochmals im Wasserstoffstrom bei einer Temperatur ausgeglüht wird, die dunkle Rotglut nicht übersteigt, worauf dann die so gewonnene Masse geformt wird. Es hat sich dabei als vorteilhaft erwiesen, das Kupfer gleich bei seiner Entstehung nochmals zu oxydieren. Anscheinend beruht das darauf, daß bei der nachfolgenden Erhitzung des oxydierten Kupferstaubs im Wasserstoff eine noch feinere molekulare Verteilung erzielt wird. Statt dessen kann man nun auch so vorgehen, daß man aus der Lösung zunächst einen oxydischen Niederschlag ausfällt, diesen auswäscht und alsdann reduziert. Es kommt dabei darauf an, daß der Niederschlag in möglichst feiner Verteilung gewonnen wird. Man kann beispielsweise aus einer Kupfersulfatlösung mittels Alkalien einen hydratischen Niederschlag erzeugen und diesen dann der Reduktion im Wasserstoffstrom bei einer dunkle Rotglut nicht übersteigenden Temperatur, beispielsweise bei etwa 570°, unterwerfen. Man kann den oxydischen Niederschlag auch aus einer mit Kochsalz versetzten Kupfersulfatlösung durch Elektrolyse bekommen. Es scheidet sich dann an der Anode flockiges Oxydulhydrat aus.

Der Vorteil gegenüber dem in dem Hauptpatent erwähnten Verfahren, wonach der Kupferniederschlag zunächst noch einmal oxydiert wird, liegt darin, daß das Verfahren einfacher ist, insofern man ohne die zwischengefügte Oxydation ein Ausgangsmaterial bekommt, das Kupferpulver von hervorragender Plastizität ergibt. Außerdem sind auch die hydratischen Niederschläge im allgemeinen leichter und sicherer in der erforderlichen Reinheit und Gleichmäßigkeit zu gewinnen als die metallischen Niederschläge.

PATENTANSPRUCH:

Verfahren zur Herstellung von fein verteiltem Kupfer von hoher Plastizität nach Patent 454 804, dadurch gekennzeichnet, daß das Kupfer aus einer Kupferlösung als oxydischer Niederschlag gefällt wird, der nach dem Auswaschen mit Wasser bei einer dunkle Rotglut nicht übersteigenden Temperatur mit Wasserstoff reduziert wird.

D. R. P. 454804, B. III, 1340.

Nr. 467790. (S. 58102.) Kl. 12n, 5. GEBR. SIEMENS & CO. IN BERLIN-LICHTENBERG.

Erfinder: Dr. Erich Birnbräuer in Neuenhagen.

Verfahren zur Herstellung von Körpern aus Kupfer und Kohle.

Zusatz zum Patent 454804.

Vom 16. Nov. 1921. — Erteilt am 11. Okt. 1928. — Ausgegeben am 31. Okt. 1928. — **Erloschen: 1932.**

Nach dem Hauptpatent 454 804 und insbesondere nach dem Zusatzpatent 466 514 werden Körper aus Kupfer und Kohle dadurch hergestellt, daß das Kohlepulver vor der Reduktion mit dem Fällungsprodukt innig gemengt wird. Insbesondere soll dabei gegebenenfalls die Kohle mit zur Reduktion herangezogen werden. Als besonders günstig hat es sich für letzteren Fall erwiesen, für die Reduktion Temperaturen zu wählen, die bei heller Rotglut liegen. Man erhält dann Massen von sehr hoher Plastizität. Die Menge der Kohle ist dabei so zu wählen, daß ein für die Reduktion notwendiger Überschuß an Kohle vorhanden ist.

Beispiel

Es werden 30 Teile Kupfer, wie es durch Fällung nach dem Hauptpatent erhalten wird, mit 10 Teilen Graphit innig gemengt und hierauf unter Luftabschluß auf etwa 900° erhitzt.

PATENTANSPRUCH:

Verfahren zur Herstellung von Körpern aus Kupfer und Kohle nach Patent 454804, dadurch gekennzeichnet, daß nach dem Mischen des Fällungsproduktes mit Kohlepulver die Mischung auf helle Rotglut erhitzt wird.

D. R. P. 454804, B. III, 1340.

Nr. 526022. (R. 74229.) Kl. 12n, 6. THE RIO TINTO COMPANY LD. IN LONDON.

Verfahren zur Gewinnung von Zink aus Lösungen.

Vom 5. April 1928. — Erteilt am 7. Mai 1931. — Ausgegeben am 1. Juni 1931. — **Erloschen: 1932.**

Die Erfindung betrifft ein Verfahren zur Gewinnung von Zink aus Lösungen, die durch Auslaugen von Pyriten oder anderen Zink enthaltenden Erzen oder der beim Rösten solcher Erze sich ergebenden Rohschlacken gewonnen werden.

Das Verfahren gründet sich auf die Tatsache, daß die Oxyde oder Carbonate des Magnesiums, die selbst praktisch unlöslich sind, fähig sind, ihre Basen mit Zinksulfat in Lösung auszutauschen, so daß Zinkoxyd (Hydroxyd) oder Zinkcarbonat ausgefällt wird und das Magnesium als Sulfat in Lösung geht.

Es ist bereits bekannt, daß zur Gewinnung von Zinkoxyd die durch Auslaugen von zinkhaltigen Rückständen o. dgl. erhaltene und gegebenenfalls gereinigte Zinkchloridlösung durch Zusatz von Magnesia oder kohlensaurer Magnesia zur Ausfällung von Zinkhydroxyd bzw. Zinkcarbonat gebracht werden kann.

Dieses Verfahren hat jedoch den Nachteil, daß der auf diese Weise gewonnene und abgesetzte Niederschlag von der entstandenen Magnesiumchloridlösung durch Filtrieren unter Verwendung von Pressen abgetrennt werden muß. Ein weiterer Nachteil dieses Verfahrens besteht darin, daß sich durch eine derartige Behandlung der Zinklösungen kein kontinuierliches Verfahren einrichten läßt.

Nach der vorliegenden Erfindung werden diese Nachteile vermieden, und zwar dadurch, daß man die durch Auslaugen von Pyriten, Zinkschlacken o. dgl. gewonnene Lösung, aus der gegebenenfalls alles anwesende Kupfer und Eisen entfernt worden sind, mit oder ohne Rühren durch fein verteilten kalzinierten Magnesit hindurchsickern läßt.

Die Vorrichtung zur Ausführung des Verfahrens kann aus einem oder mehreren Gefäßen bestehen, in welchen die von Eisen u. dgl. befreite Lösung auf dichte Lagen von Magnesia oder Magnesiumcarbonat zur Einwirkung gebracht wird. Infolge der langsamen Durchsickerung der Zinklösung von unten nach oben durch die Reaktionsgefäße, wobei sich die Lösung mit dem Magnesiumoxyd oder -carbonat umsetzt, wird das Zink als Hydroxyd oder Carbonat ausgefällt, das sich in zusammenhängender Form als Kuchen absetzt, der leicht aus dem Reaktionsgefäß entfernt und ohne Filtration weiterbehandelt werden kann. Nachdem die Reaktion in einem Gefäß beendet ist, braucht nur das Zinkhydroxyd bzw. -carbonat daraus entfernt und durch neues Magnesiumoxyd oder -carbonat ersetzt werden, so daß ein kontinuierliches Arbeiten nach dem neuen Verfahren möglich ist, wobei dieses Verfahren noch den besonderen Vorteil hat, daß die Zinkgewinnung ohne die gewöhnlich notwendigen Filterpressen durchgeführt werden kann.

Nachdem aus der behandelten Lösung das enthaltene Zink völlig abgeschieden ist, kann sie gegebenenfalls durch ein Filtertuch abgelassen oder auf andere Weise abgezogen werden.

Obgleich das Magnesiumcarbonat gewöhnlich weniger wirksam als Magnesiumoxyd ist, so kann es dennoch unter gewissen Bedingungen auch als Fällungsmittel benutzt werden.

Eine Anordnung einer geeigneten Vorrichtung zur Ausführung des Verfahrens ist schematisch in der beiliegenden Zeichnung dargestellt, die eine Serie von drei Reaktionsgefäßen zeigt.

In jedem Gefäß *A* ist eine dichte Lage *B* kalzinierten Magnesits eingebracht. In das erste dieser Gefäße wird am Boden mittels eines Rohres *C* die Zinksulfatlösung aus dem Auslaugverfahren eingeleitet, nachdem zuvor gegebenenfalls der Lösung Kalkstein zugegeben worden ist, um alles Eisen auszufällen und etwaige Schwefelsäure zu neutralisieren.

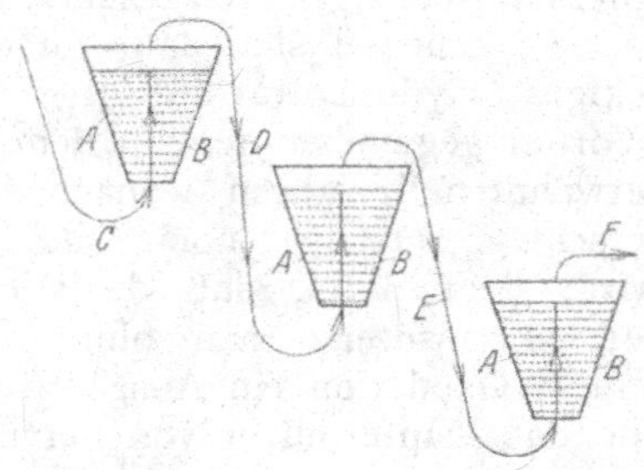

Die Zinksulfatlösung sickert durch das Gefäß *A* durch. Das Zinksulfat wird teilweise in lösliches Magnesiumsulfat umgesetzt, das mit dem nicht umgesetzten Zinksulfat oben aus dem Gefäß *A* durch das Rohr *D* nach dem Boden des nächsten Gefäßes geleitet wird. Die Lösung durchsickert dieses Gefäß, wobei sich dieselbe Reaktion abspielt, und gelangt von oben durch das Rohr *E* nach dem Boden des letzten Gefäßes der Serie, in welchem die etwa übriggebliebenen Teile des Zinksulfats umgesetzt werden, und woraus das in Lösung befindliche Magnesiumsulfat als unbrauchbar mittels des Rohres *F* abgeleitet wird.

Die kalzinierte Magnesia wird auf diese Weise in Zinkhydroxyd umgesetzt, das in Zwischenzeiten entfernt und durch weitere Mengen kalzinierten Magnesits ersetzt werden kann.

Patentanspruch:

Verfahren zur Gewinnung von Zink aus Lösungen, die durch Auslaugen von Pyriten oder anderen Zink enthaltenden Erzen oder der Röstschlacken solcher Erze erhalten werden, dadurch gekennzeichnet, daß man die Zinksulfat enthaltenden Lösungen durch Lagen kalzinierten Magnesits oder Magnesiumcarbonats durchsickern läßt, wobei das Zink in bekannter Weise als Hydroxyd oder Carbonat abgeschieden und in Form eines zusammenhängenden Niederschlages gewonnen wird und das Magnesium durch Umsatz in Lösung geht.

Nr. 552585. (M. 94079.) Kl. 12n, 1. METALLGESELLSCHAFT A. G. IN FRANKFURT A. M.

Metallurgisches Verfahren zur Gewinnung hochwertiger reiner Oxyde aus unreinen Oxyden flüchtiger Metalle, insbesondere Zink- und Bleioxyden und deren Gemischen.

Vom 2. April 1926. — Erteilt am 26. Mai 1932. — Ausgegeben am 15. Juni 1932. — **Erloschen: 1932.**

Bei vielen trocknen und nassen Prozessen entfallen mehr oder minder reiche oxydische Zink- bzw. Bleiverbindungen oder Gemische beider, die wegen ihrer Unreinheiten für metallurgische oder auch Farbzwecke wenig geeignet sind und daher nur einen relativ geringen Wert haben.

Am einfachsten und vorteilhaftesten verarbeitet man dieselben durch Reduktion und Verdampfen der Metalle sowie Verbrennen der gebildeten Metalldämpfe, wodurch bei geeigneten Vorkehrungen hochwertige Oxyde entstehen. Bei dieser Verarbeitung der reichen Oxyde fallen jedoch reiche Schlacken, wodurch das ökonomische Resultat stark beeinträchtigt wird. Denn je höher der Gehalt der Rohmaterialien an Zn und Pb ist und je mehr das Durchsatzquantum in einem Ofen gesteigert wird, um so reicher werden die erzeugten Schlacken und um so größer die Metallverluste sein.

Diese letzteren lassen sich aber dadurch auf ein Minimum reduzieren, daß man immer wieder die einmal erzeugten Schlacken repetiert. Hierdurch wird erreicht, daß man sozusagen nur einmal den Verlust an Metallen durch Verschlacken erleidet, da deren Aufnahmefähigkeit für ZnO bzw. PbO eine beschränkte ist.

Diese Methode hat noch den weiteren Vorteil, daß man nicht unbedingt auf die Erzeugung armer Schlacken hinarbeiten muß und deshalb ruhig den Ofengang forcieren kann, wodurch die Verhüttungskosten herabgedrückt werden.

Bei Umarbeitung der Oxyde im Schachtofen verfährt man am besten derart, daß man die Oxyde unter Zufügung von Reduktionsmaterial brikettiert und die Briketts mit der stückigen Repetitionsschlacke zusammen im Ofen niederschmilzt. Diese Schlacke wird bei jeder Schmelzung um das Gewicht der Brennmaterialschlacke und der nicht flüchtigen Beimengungen der rohen Oxyde zunehmen. Diese Gewichtszunahme dürfte 10% im allgemeinen nicht übersteigen. Hierzu kommt ferner noch das Bindemittel für die Brikettierung, das, je nach dessen Natur, weitere Schlackenbildner liefert, so daß die Gesamtschlackenzunahme sich auf etwa 18% stellt. Es sei z. B. angenommen, daß man ein Oxyd mit 70% Zn + Pb umarbeitet, daß hierbei der Schlackenentfall 80% vom Gewicht des Rohmaterials beträgt und daß die Schlacke 12% Zn + Pb enthält. Man müßte dann fortlaufend je Tonne Rohoxyd 18% von 800 kg Schlacke = 144 kg Schlacke mit 12% Zn + Pb auf die Halde stürzen, während der Rest von 656 kg repetieren würde. Von den vorgelaufenen 700 kg Pb + Zn würden demnach rund 18 kg auf die Halde gehen, was einem Verlust des vorgelaufenen Pb + Zn von nur etwa 2,5% entspricht.

Hierbei sind die ganz unbedeutenden Verluste bei der Auffangung der erzeugten reinen Oxyde durch elektrische Gasreinigung oder Filtrierung sinngemäß nicht berücksichtigt.

Dieses oben geschilderte Verfahren ist ferner mit großem Erfolge bei der Verarbeitung von Legierungen (Messing usw.), Altmaterial, Gekrätz u. dgl. zu verwenden. Hierbei kann z. B. eine stückige Legierung und stückiger Brennstoff verwandt werden, falls man sich zur Ausführung des Verfahrens eines Schachtofens bedient.

Natürlich können auf dieselbe Weise mit gleichem Erfolg auch Materialien behandelt werden, die noch andere relativ leicht verflüchtbare Metalle enthalten, wie z. B. Zinn.

Das Verfahren ist außer in Schachtöfen beliebiger Art auch in solchen Öfen ausführbar, wo durch das auf einem Rost oder einem luftdurchlässigen Boden liegende Material Luft gedrückt oder gesaugt wird.

Die auf obige Weise erhaltenen Oxyde sind gegebenenfalls auch als hochwertige Farben zu verwenden.

PATENTANSPRUCH:

Verfahren zur Gewinnung hochwertiger reiner Oxyde aus unreinen Oxyden flüchtiger Metalle durch Reduktion der Oxyde und darauf folgende Verdampfung und Verbrennung der reinen Metalle, insbesondere zur Gewinnung von Zink- und Bleioxyden und deren Gemischen, dadurch gekennzeichnet, daß man das Ausgangsmaterial in einem Schachtofen oder dergleichen mit einer mit den gleichen Metallen in einem vorangehenden gleichen Prozeß bereits gesättigten Schlacke verhüttet, um Metallverluste durch Verschlackung auf ein Mindestmaß zu verringern.

Nr. 528987. (A. 57775.) Kl. 12n, 6.

THE AMERICAN METAL COMPANY (LIMITED) IN NEW YORK.

Verfahren zur Gewinnung körniger Zinkniederschläge aus komplexen ammoniakalischen Zinksalzlösungen durch Behandeln mit Dampf.

Vom 11. Mai 1929. — Erteilt am 25. Juni 1931. — Ausgegeben am 10. Juli 1931. — Erloschen: 1932.

Amerikanische Priorität vom 27. Juli 1928 beansprucht.

Gegenstand vorliegender Erfindung bildet ein Verfahren zur Gewinnung körniger Zinkniederschläge aus komplexen ammoniakalischen Zinksalzlösungen durch Behandlung mit Dampf. Es ist bereits bekannt, aus derartigen Lösungen Zink in Form von Zinkoxyd durch überhitzten Dampf auszuscheiden. Das ausgeschiedene Zinkoxyd wird aber nur am Anfang in kristalliner Form erhalten, denn da beim Einleiten von überhitztem Dampf in eine ammoniakalische Zinksalzlösung nur an den Stellen der Einleitung des Dampfes dieser überhitzt ist, so wird auch nur dort das Zinkoxyd in kristalliner Form ausgeschieden. Die übrigen Teile des Behälters mit Zinksalzlösung, die entfernter sind von der Einleitungsstelle des überhitzten Dampfes, werden aber durch das Einleiten dieses Dampfes gleichfalls erhitzt, und das dadurch ausgefällte Zinkoxyd hat nun nicht mehr die kristalline Form.

Nach vorliegender Erfindung wird nun ein Ausscheiden des Zinkniederschlages in körniger Form durch Behandeln mit Dampf dadurch erreicht, daß man die Lösungen in für die Behandlung anderer Ammoniaksalzlösungen an sich bekannter Weise in dünne Schichten aufteilt. Durch Einleiten von Dampf, der dabei nicht überhitzt sein braucht und der vorteilhaft unter Anwendung des Gegenstromprinzips eingeleitet wird, werden jetzt die Zinkniederschläge ausgefällt, und zwar in körniger Form.

Zur Ausführung des Verfahrens benutzt man am besten einen der an sich bekannten Abtreibeapparate, bei denen die Lösung in dünner Schicht im Gegenstrom zu dem eingeleiteten Dampf fließt. Wider Erwarten lassen sich solche Apparate verwenden, man mußte annehmen, daß bei dem hohen spezifischen Gewicht der Zinklösung sich Verstopfungen bilden würden, die den Betrieb mit diesen Apparaten unmöglich machten. Wider Erwarten ist das nicht der Fall.

Die Analyse des Niederschlages ergibt ein basisches Zinkcarbonat.

In der beiliegenden Zeichnung ist ein geeigneter Apparat zur Ausführung des Verfahrens dargestellt.

Abb. 1 ist ein senkrechter Schnitt durch den Apparat, und

Abb. 2 ist ein Querschnitt nach 2-2 der Abb. 1.

In den Zeichnungen stellt 5 die Kolonne dar, die in eine Mehrzahl von Behältern durch Tröge 6 getrennt ist, die Öffnungen 7 mit nach oben gerichteten Flanschen 8 besitzen. Kappen 9 sind über den Öffnungen mit nach unten gerichteten Flanschen 10 angeordnet.

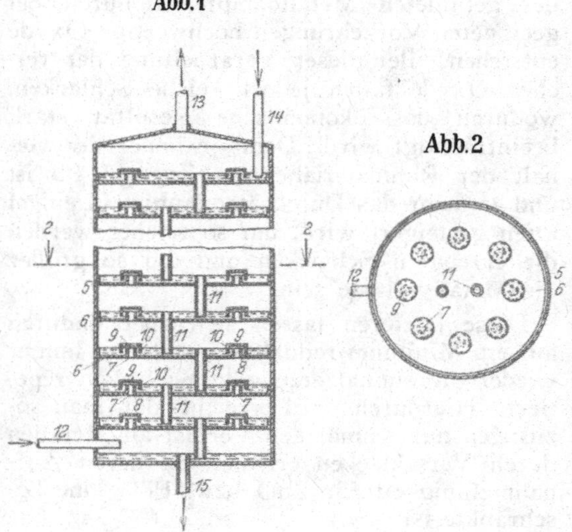

Auf diese Weise wird ein gegen Flüssigkeit gesicherter Durchgang für Gase erreicht. Überflußröhren 11 erstrecken sich durch jeden Trog und erlauben den Durchgang der Flüssigkeit nach unten und sichern eine Lage von Flüssigkeit in jedem Trog. Die Tiefe dieser Lage ist bestimmt durch aufwärts gerichtete Enden der Röhren 11, deren untere Enden in die Lagen der Flüssigkeit der nachfolgenden Tröge reichen und so diese Röhren verschließen. Heizdampf oder ein anderes Heizmittel wird durch eine Röhre 12 am unteren Ende der Kolonne eingeführt und die Dämpfe, die in der Hauptsache aus Ammoniak bestehen, werden durch eine Röhre 13 an der Spitze der Kolonne abgezogen und zu einem geeigneten Kondensapparat geleitet (nicht dargestellt). Ein Rohr 14 ermöglicht die Einführung der Flüssigkeit, die durch ein Rohr 15 abläuft. Die dargestellte Einrichtung ist eine typische, doch sind Abänderungen denkbar.

In solch einem Apparat wird die ammoniakalische Zinklösung mit oder ohne Zugabe von Natriumcarbonatlösung durch das Rohr 14 eingeführt in geregelter Menge, und sie fließt nach unten über die Tröge in Reihen, wobei sie von Trog zu Trog durch die Röhren 11 hindurchgeht. Heizdampf oder ein anderes Heizmittel wird durch die Röhre 12 eingeführt und zirkuliert nach oben durch die Kolonne in innigem Kontakt mit einer Flüssigkeit, die auf diese Weise wirkungsvoll erhitzt wird. Das Ammoniak wird destilliert, und das Zink wird getrennt als basisches Zinkcarbonat in granulierter Form. Der Niederschlag wird durch die Flüssigkeit von Trog zu Trog geführt und schließlich zum Boden der Kolonne, von dem die Flüssigkeit mit dem Niederschlag durch das Rohr 15 abgezogen werden kann.

Die Änderungen, die in der Art des Niederschlages durch Erhitzen der Lösung in der beschriebenen Art bewirkt werden, können nicht mit Sicherheit auseinandergesetzt werden. Es ist indessen sicher, daß kein gelatinierter Niederschlag, so wie er normalerweise durch Erhitzen einer ammoniakalischen Zinklösung erhalten wird, durch Erhitzen der Lösung in Lagen erzeugt wird. Der granulierte Niederschlag ist ein bestimmtes Produkt, das Eigenschaften hat, die ein genügendes Auswachsen und eine leichte Trennung von Flüssigkeit und Waschwasser ermöglichen. Solch ein Niederschlag erleichtert die Wiedergewinnung und Erzeugung von Zinkverbindungen und stellt dar ein wirtschaftliches Verfahren zur Herstellung von handelsüblichen Zinkprodukten.

Patentanspruch:

Verfahren zur Gewinnung körniger Zinkniederschläge aus komplexen ammoniakalischen Zinksalzlösungen durch Behandeln mit Dampf, darin bestehend, daß die Lösungen in für die Behandlung anderer Ammoniaksalzlösungen an sich bekannten Weisen in dünne Schichten aufgeteilt werden, zweckmäßig unter Anwendung des Gegenstromprinzips.

Nr. 535 630. (S. 81 335.) Kl. 12 n, 6. „Sachtleben" Akt.-Ges. für Bergbau und chemische Industrie in Homberg, Niederrhein.

Erfinder: Dr. Hermann Pützer in Homberg, Niederrhein.

Verfahren zur Herstellung von ganz oder nahezu chlorfreiem Zinkoxyd durch Umsetzung von Chlorzinklaugen mit Erdalkalihydroxyden.

Vom 27. Aug. 1927. — Erteilt am 24. Sept. 1931. — Ausgegeben am 13. Okt. 1931. — Erloschen: . . . .

Bekanntlich erhält man aus Chlorzinklösungen durch Fällung mit Kalkmilch Zinkhydroxyd. Die so gewonnenen Zinkhydroxydniederschläge lassen sich aber äußerst schwer abfiltrieren und enthalten außerdem große Mengen von Chlor in Form von Zinkoxychlorid, was für die weitere Verarbeitung der Niederschläge vielfach sehr erwünscht ist. Es sind daher schon verschiedene Vorschläge gemacht worden, das ausgefällte Zinkhydroxyd durch nachträgliche Behandlung mit bestimmten chemischen Stoffen in ein chlorfreies Produkt überzuführen, indem man beispielsweise Kohlensäure zur Einwirkung auf das chlorhaltige Zinkhydroxyd gebracht oder das gefällte Zink mit Gips weiterbehandelt hat.

Gegenüber diesen und anderen bekannten Verfahren gelingt es nun nach der Erfindung, in wesentlich einfacherer Weise ein ganz oder nahezu chlorfreies Zinkoxyd durch Umsetzung von Chlorzinklaugen mit Erdalkalihydroxyden in wässeriger Suspension dadurch zu erhalten, daß man die Komponenten in kleinsten, einander äquivalenten Mengen zusammenbringt und den entstandenen Niederschlag unmittelbar darauf abtrennt und dann auswäscht. Bei diesem Verfahren wird das jeweils sich bildende Reaktionsprodukt durch sofortige Abführung der Einwirkung weiterer Zink- und Kalkmengen entzogen. Die Kalkmilch wird in eine dem Anwendungszweck entsprechenden Konzentration, zweckmäßig von etwa 15 bis 20° Bé, verwendet und vorteilhafterweise in höchst disperser, feinst aufgeschlämmter oder naß vermahlener Form zur Einwirkung auf die Zinklauge gebracht. Auch empfiehlt es sich, die Fällung in der Wärme bei einer Temperatur von etwa 60° C vor sich gehen zu lassen.

Es ist an sich bereits bekannt, chemische Reaktionen in der Weise durchzuführen, daß man die Komponenten in äquivalenten kleinsten Mengen aufeinander reagieren läßt. Die Anwendung dieser Maßnahme für die Herstellung von Zinkoxyd in der Art der Erfindung ergibt in Verbindung mit dem schnellen Abführen der Reaktionsprodukte aus dem Reaktionsgemisch den überraschenden Vorteil, daß die Bildung von Zinkoxychlorid weitgehend verhindert wird und die Gewinnung von praktisch chlorfreiem Zinkoxyd in einfachem Verfahren möglich ist. Außerdem zeichnet sich das erhaltene Zinkoxyd durch große Zartheit und Feinkörnigkeit sowie leichte Filtrierbarkeit aus.

Der nach dem Verfahren der Erfindung gewonnene Niederschlag kann durch Abfiltrieren oder Dekantieren und Auswaschen mit Wasser leicht und weitgehend von dem Chlorcalcium getrennt werden. Kommt es darauf an, vollkommen chlorfreies Zinkhydroxyd zu erzeugen, so wird der ausgewaschene Niederschlag erfindungsgemäß in Suspensionsform mit einer geeigneten Menge von Schwefelsäure oder sauren Sulfaten so lange behandelt, bis alles Chlor in Lösung gegangen ist. Zweckmäßig arbeitet man auch hier bei erhöhter Temperatur, vorzugsweise von etwa 80° C, um den Trennungsvorgang zu erleichtern und zu beschleunigen.

Wie sich gezeigt hat, bringt diese Nachbehandlung mit verdünnter Schwefelsäure oder Bisulfaten das Chlor überraschend schnell in Lösung, ohne daß dafür Zink in Lösung geht. Der Niederschlag, der nunmehr an Stelle des Zinkoxychlorids basisches Zinksulfat enthält, wird dann ausgewaschen und kann in üblicher Weise weiterverarbeitet werden. Der Gehalt an SO_4-Ionen macht das gewonnene Zinkoxyd besonders geeignet für manche Anwendungsfälle, beispielsweise für die Zinkelektrolyse, wo die SO_4-Ionen bei der Auflösung der Oxyde in Schwefelsäure säuresparend wirken.

Die praktische Ausführung des Verfahrens nach der Erfindung kann etwa in der Weise erfolgen, daß man die Zinklauge und das Erdalkalihydroxyd in Form zweier entsprechend feiner Strahlen, deren Dicke oder Ausflußgeschwindigkeit die erforderlichen chemisch äquivalenten Mengen bestimmt, zur Einwirkung aufeinander in einer gemeinsamen Einspritzstelle, z. B. einem Behälter, bringt und von da das entstehende Reaktionsprodukt sofort, z. B. über eine Schrägrinne, abführt und der Waschvorrichtung zuleitet. Es können auf diese Art beispielsweise 5 cbm Zinkchloridlauge, entsprechend 250 kg Zn, mit 1,5 cbm Kalkmilch, entsprechend 215 kg CaO, bei 60° C gefällt werden, worauf der erzielte Niederschlag vom entstandenen Chlorcalcium durch Dekantieren und Auswaschen in Filterpressen befreit wird. Die feuchten Preßkuchen werden wieder in Suspension gebracht und mit etwa 10 kg H_2SO_4 in Form von 10gradiger Säure bei 80° C unter Umrühren so lange behandelt, bis alles Chlor in Lösung gegangen ist. Dann wäscht man in der Presse aus und trocknet bei 150° C. Will man das Zinkoxyd vollständig entwässern, so kann man es bei 400° C glühen und erhält dann 300 kg Zinkoxyd.

An Stelle von Kalkmilch kann auch ein anderes Erdalkalihydroxyd, z. B. Magnesiumhydroxyd, als fällendes Mittel mit der Chlorzinklauge zur Umsetzung gebracht werden. Ferner können für die Nachbehandlung des Zinkhydroxydniederschlages außer Schwefelsäure und sauren Sulfaten auch andere Säuren oder saure Salze, z. B. Kohlensäure oder Bicarbonate, verwendet werden.

Patentansprüche:

1. Verfahren zur Herstellung von ganz oder nahezu chlorfreiem Zinkoxyd durch Umsetzung von Chlorzinklaugen mit Erdalkalihydroxyden in wässeriger Suspension, dadurch gekennzeichnet, daß man die Komponenten in kleinsten, einander äquivalenten Mengen zusammenbringt und den entstandenen Niederschlag unmittelbar darauf abtrennt und auswäscht.

2. Verfahren nach Anspruch 1, dadurch gekennzeichnet, daß das Erdalkalihydroxyd, z. B. Kalkmilch, in höchst disperser, feinstaufgeschlämmter oder naß vermahlener Form zur Umsetzung mit der Zinklauge gebracht wird.

3. Verfahren nach Anspruch 1 und 2, dadurch gekennzeichnet, daß der gewonnene Niederschlag nach Abtrennung des Chlorcalciums in Suspensionsform mit Säuren oder sauren Salzen nachbehandelt wird, bis alles Chlor in Lösung gegangen ist, worauf er ausgewaschen und in üblicher Weise weiterverarbeitet werden kann.

4. Verfahren nach Anspruch 1 bis 3, dadurch gekennzeichnet, daß die Umsetzung von Zinklauge und Erdalkalihydroxyd und die Nachbehandlung des Niederschlages mit Säuren oder sauren Salzen bei erhöhter Temperatur, vorzugsweise von etwa 60° C, vorgenommen wird.

Nr. 451 532. (V. 20 839.) Kl. 12 n, 6. Albert Vohl & Co. A.-G. in Göttingen.

Verfahren zur Reinigung von Metallsalzlösungen, insbesondere Chlorzink-Lösungen, die Cellulose-Verbindungen oder deren Abbauprodukte und Eisen enthalten.

Vom 25. Dez. 1925. — Erteilt am 6. Okt. 1927. — Ausgegeben am 23. Okt. 1929. — Erloschen: . . . .

Die bei der Herstellung von Vulkanfiber, von Pergamentpapier nach dem Chlorzink-Verfahren von Kunstseide usw. abfallenden verdünnten Metallsalzlösungen, wie Zinkchlorid usw., enthalten meist Celluloseschleim, Faserteile und Abbauprodukte der Cellulose sowie gelöste Eisenverbindungen.

Das vorliegende Verfahren ermöglicht eine einwandfreie Reinigung dieser Metallsalzlösungen, so daß eine vollwertige, z. B. weiße, unverfärbte Ware mit den zurückgewonnenen konzentrierten Lösungen erzielt werden kann. Der Erfindung gemäß wird das Reinigungsverfahren derart durchgeführt, daß die Metallionen der dabei benutzten Fällungschemikalien mit dem Metall der zu reinigenden Metallsalzlösung identisch sind bzw. die Anreicherung mit etwa abweichenden Metallsalzverbindungen durch deren Ausfällung aus der verdünnten Lösung verhindert wird. Zur Enteisenung werden die zu reinigenden Lösungen, z. B. Chlorzink-Lösung, vor dem Filtrieren mit an sich bekannten oxydierenden und eisenfällenden Mitteln behandelt. Man leitet z. B. Chlor in die Lösung, in der man Zinkoxyd oder Bariumcarbonat usw. aufgeschlemmt hat, oder man versetzt mit Wasserstoffsuperoxyd, oder nach dem Ansäuern mit Zinkoxyd, Bariumsuperoxyd usw., hierauf mit Zinkoxyd, Bariumcarbonat usw. Um die Lösungen von fremden Verbindungen freizuhalten, wählt man als Fällungschemikalien die den Metallionen der zu reinigenden Lösung entsprechenden Metallverbindungen, bei Chlorzink-Lösung also Zinkverbindungen oder aber solche, wie z. B. Bariumverbindungen, deren dabei gebildete Salze leicht durch Zusatz von z. B. Zinkvitriol als Bariumsulfat wieder abgeschieden werden können.

Die von groben Verunreinigungen und Eisen gereinigten Lösungen werden in gußeisernen, säurebeständig emaillierten, flachen stufenförmig angeordneten Schalen eingedampft.

Die in den Lösungen enthaltene organische Substanz ruft beim Konzentrieren Schwärzung und Abscheidung von Kohleteilchen hervor. Man behandelt daher die Lösungen vor oder während des Konzentrierens mit Oxydationsmitteln, um die organischen Stoffe zu zerstören. Man versetzt z. B. mit Chlorsäure oder Chloraten, mit Salpetersäure oder Permanganaten usw. Es werden dabei wiederum solche Oxydationsmittel gewählt, deren Rückstände der Lösung keine fremden Metallionen zuführen oder aber leicht wieder abzutrennen sind. Für den ersten Fall z. B. Zinkchlorate, für den zweiten Fall z. B. Bariumchlorat.

Beim Oxydationsprozeß wird das etwa noch in geringen Mengen vorhandene Eisen in gefärbte, gelbe Verbindungen übergeführt. Durch geringen Zusatz von Zink, am besten in Pulverform und Säure, kann das Eisen leicht wieder reduziert werden, so daß die so gereinigte Lösung vollständig weiß der Fabrikation wieder zugeführt werden kann.

Beispiel 1

Die bei der Herstellung von Vulkanfiber aus den Auslaugebädern abfallende Zinkchlorid lösung von 35° Bé wird ohne Erwärmung mit Wasserstoffsuperoxyd versetzt, bis keine Ferroionen mehr nachzuweisen sind. Hierauf wird unter Rühren in Wasser aufgeschwemmtes Zinkcarbonat eingetragen, bis bei der Prüfung des Filtrates kein Ferrichlorid mehr festzustellen ist. Nach der Filtration unter Zusatz von 3 % Kieselgur führt man die Lösung der Eindämpfanlage zu. In dem Maße, wie beim Konzentrieren die Lösung dunkler wird, gibt man gesättigte Zinkchloratlösung in kleinen Portionen zu, um die gelösten Abbauprodukte der Cellulose zu oxydieren. Bei 65° Bé ist der Prozeß beendet, und die Lösung bleibt hell. Man kocht noch kurze Zeit, um gelöste Chlorverbindungen zu vertreiben, und gibt dann 1 % Salzsäure und die entsprechende Menge Zinkstaub in kleinen Portionen hinzu, wobei man nur vorsichtig kocht. Nachdem auf diese Weise das noch in Spuren vorhandene, zum Teil aus den Rohrleitungen usw. stammende Eisen völlig reduziert ist, wird die Lösung weiter erhitzt, bis sie 70° Bé stark und der Salzsäuregehalt auf 0,1 % gesunken ist. Nunmehr kann die Lösung der Fabrikation zugeführt werden, um dann später aus den Auslaugebädern zurückkehrend obigem Verfahren erneut unterworfen zu werden.

Beispiel 2

Die aus dem Pergamentierungsprozeß abfallenden, mit Cellulosefasern, Amyloidschleim, Celluloseabbauprodukten und Eisen verunreinigte Zinkchloridlösung von 30° Bé mit etwa 0,3 % Salzsäuregehalt wird nach Feststellung des Eisengehaltes unter kräftigem Rühren ohne Erwärmung mit in Wasser aufgeschwemmten 85 % Bariumsuperoxyd im Überschuß versetzt, bis keine Ferroionen mehr nachzuweisen sind. Die Ausfällung des entstandenen Ferrichlorides erfolgt durch Zugabe einer entsprechenden Menge Bariumcarbonat. Man gibt hierauf so lange gesättigte Zinksulfatlösung hinzu, bis alle Bariumionen in Form von Bariumsulfat ausgefüllt sind. Durch Filtration werden nunmehr die groben Cellulosebestandteile und die ausgefällten Eisen- und Bariumverbindungen abgetrennt. Die abfließende wasserklare Zinkchloridlösung wird in flachen Schalen konzentriert. Sobald die Lösung 55° Bé stark ist, beginnt man, zum Zerstören der organischen Verunreinigungen pulverisiertes Bariumchlorat in erforderlicher Menge hinzuzusetzen. Das hierbei entstehende Bariumchlorid wird im Laufe des Verarbeitungsprozesses aus der verdünnten Lösung mit Zinksulfat wie oben umgesetzt, wobei sich Zinkchlorid und unlösliches, leicht abzutrennendes Bariumsulfat bildet.

Beispiel 3

Es wird nach Beispiel 2 verfahren mit dem Unterschied, daß man die abfallende verdünnte Lösung mit der $1^1/_2$fachen Menge des aus dem Ferrogehalt berechneten Broms, in Wasser gelöst, unter kräftigem Rühren versetzt. Die Ausfällung des Eisens erfolgt durch Hinzugabe einer entsprechenden Menge gesättigten Barytwassers.

Beispiel 4

Das Regenerationsverfahren wird nach Beispiel 2 vorgenommen, mit dem Unterschied, daß man die Oxydation der Eisenverbindungen mittels 70prozentigem Zinksuperoxyd vornimmt, und die Oxydation der gelösten organischen Substanz beim Eindampfen durch Zugabe von 20prozentiger Chlorsäure erfolgt.

PATENTANSPRUCH:

Verfahren zur Reinigung von Metallsalz-Lösungen, insbesondere von Chlorzink-Lösungen, die Cellulose-Verbindungen oder deren Abbauprodukte und Eisen enthalten, dadurch gekennzeichnet, daß vor dem Filtrieren der Lösung die etwa erforderliche Enteisenung durch Behandeln mit an sich bekannten oxydierenden und basischen Verbindungen, wie Halogenen, Superoxyden usw. einerseits und basischen Metallverbindungen andererseits, durchgeführt wird, alsdann die Zerstörung der organischen Bestandteile vor oder während des Eindampfens durch Zusatz von Oxydationsmitteln und Reduzierung etwa gebildeter farbiger Eisenverbindungen mittels Säure und Metall in der Weise bewirkt wird, daß die Metallionen der Fällungs-Chemikalien mit dem Metall der zu reinigenden Metallsalz-Lösung identisch sind bzw. die Anreicherung mit etwa abweichenden Metallsalz-Verbindungen durch deren Ausfällung aus der verdünnten Lösung verhindert wird.

A. P. 1706196 von A. Vohl u. W. Wachtendorf.

Nr. 505473. (I. 30950.) Kl. 12n, 6.

I. G. FARBENINDUSTRIE AKT.-GES. IN FRANKFURT A. M.

Erfinder: Dr. Friedrich August Henglein in Köln-Deutz und Dr. Walter Niemann in Leverkusen a. Rh.

Verfahren zur Erzeugung von Zinksulfat aus Zinksulfid.

Vom 17. April 1927. — Erteilt am 7. Aug. 1930. — Ausgegeben am 18. Aug. 1930. — Erloschen: . . . .

Bei der Verarbeitung des Schwefels in Zinksulfid durch Abrösten entstehen Zinkoxyd und Schwefeloxyd. Es ist auch möglich, einen Teil des Ausgangsmaterials in Zinksulfat überzuführen. Eine völlige Umwandlung in Zinksulfat gelingt jedoch bei diesem Prozeß nicht, da sich das gebildete Zinksulfat bei den zur Abröstung nötigen Temperaturen bereits wieder zersetzt. Für die Herstellung von Zinksulfat aus Zinksulfid sind daher Umwege eingeschlagen worden.

Um Zinksulfat aus Zinksulfid unmittelbar herzustellen, ist bereits vorgeschlagen worden, die Oxydation unter erhöhtem Druck in einem geschlossenen Ofen vorzunehmen, insbesondere eine Ausführungsform gewählt worden, wobei in eine dem Dieselmotor ähnliche Maschine an Stelle des Öls Zinksulfid eingespritzt wurde. Diese Umwandlung ist sehr stark von der Korngröße des eingesetzten Zinksulfids abhängig und verzögert sich bei Verwendung von gröberem Material, um schließlich zum Stillstand zu kommen, weil das Zinksulfid von einer reaktionshindernden Schicht von frisch gebildetem Zinksulfat umgeben wird.

Der Gegenstand der vorliegenden Anmeldung beruht auf der Beobachtung, daß es gelingt, die Umwandlung des Zinksulfids in das Sulfat quantitativ und mit genügender Geschwindigkeit durchzuführen, wenn man eine wäßrige Aufschlämmung des Zinksulfids bei Temperaturen von über 120° Sauerstoffdrucken von über 1 Atm. aussetzt. Das entstandene Zinksulfat wird augenblicklich durch das Wasser von dem Zinksulfidteilchen abgelöst, dessen Oberfläche stets dem Angriff des Sauerstoffes ausgesetzt bleibt. Die Oxydation wird auf diese Weise schnell zum Ende geführt.

Z. B.: Werden in einem Autoklaven mit Rührvorrichtung 100 g Zinksulfid in Wasser aufgeschlämmt und bei 180° mit Sauerstoff unter einem Druck von 20 Atm. behandelt, so wird die gesamte Menge Zinksulfid innerhalb von 6 Stunden in Sulfat übergeführt.

Diese Reaktion gestattet somit in einfacher Weise, von Zinksulfid direkt zu Zinksulfat zu gelangen. Sie bietet eine Möglichkeit zur Verwertung von Schwefelwasserstoff, mittels dessen man Zinksulfid in alkalischer bzw. saurer Lösung fällt und letzteres dann nach der beschriebenen Methode in das Sulfat überführt.

Führt man andererseits das Zinksulfat wieder in das Sulfid über, und zwar mittels H_2S in ammoniakalischer Lösung, so ergibt sich ein Kreisprozeß:

1. H_2S fällt in ammoniakalischer $ZnSO_4$-Lösung: ZnS.
2. Abfiltrieren ergibt im Filtrat $(NH_4)_2SO_4$, im Filter: ZnS,
3. ZnS ergibt durch Oxydation in Wasser: $ZnSO_4$,

4. $ZnSO_4$ in Lösung mit NH_3 und H_2S ergibt wieder ZnS.

Es gelingt somit, Schwefelwasserstoff in einfachster Weise mit Ammoniak in Ammonsulfat, ein wichtiges Düngemittel, überzuführen.

Nun sind es aber gerade die technisch wichtigen Gase, wie Kokereigas, Leuchtrohgas usw., die Schwefelwasserstoff und Ammoniak enthalten und davon befreit werden müssen. Für die Reinigung solcher Gase von Schwefelwasserstoff und Ammoniak ist somit das Verfahren von größter technischer Bedeutung.

PATENTANSPRUCH:

Verfahren zur Erzeugung von Zinksulfat durch Behandlung von Zinksulfid mit Sauerstoffgas unter Drucken von über einer Atmosphäre und Temperaturen über 120°, dadurch gekennzeichnet, daß das Zinksulfid in Wasser aufgeschlämmt wird.

Nr. 554 572. (P. 64 080.) Kl. 12 n, 6. DR. CARL PADBERG IN WUPPERTAL-BARMEN.

Verfahren zur Aufbereitung von zinkoxydhaltigen Materialien durch Überführung des Zinks in Zinksulfat und Auslaugen des letzteren.

Vom 13. Sept. 1930. — Erteilt am 23. Juni 1932. — Ausgegeben am 11. Juli 1932. — Erloschen: . . . .

Die vorliegende Erfindung betrifft die Aufbereitung von zinkoxydhaltigen Materialien, wie sie z. B. beim Rösten von Blenden anfallen oder z. B. von Zinkstaub, gegebenenfalls auch von fein verteiltem Zink, durch Überführung des Zinks in Zinksulfat und Auslaugen des letzteren.

Ihre Durchführung gestaltet sich derart, daß die zinkoxydhaltigen Ausgangsmaterialien mit Eisensulfaten, insbesondere Eisenvitriol, vermischt, gegebenenfalls zerkleinert, sowie getrocknet und auf höhere Temperaturen erhitzt werden. Durch diesen Erhitzungsprozeß sollen die Eisensulfate und ferner Metallsulfate, welche sich aus den neben dem Zink in den Röstblenden u. dgl. enthaltenenen Metallen oder Metallverbindungen gebildet haben, wie z. B. Mangansulfat, zersetzt werden und die betreffenden Metalle oxydiert werden. Die Temperatursteigerung darf natürlich nicht bis zu einer erheblichen Zersetzung des gebildeten Zinksulfats getrieben werden. Als Arbeitstemperaturen kommen demgemäß starker Rotglut entsprechende Temperaturen, z. B. solche von 650 bis 750° C, in Betracht. Doch richtet sich der jeweils einzuhaltende Erhitzungsgrad nach einer Reihe von Umständen, wie z. B. der jeweiligen Zusammensetzung des Gutes, der Länge der Behandlungszeit u. dgl.

Die Umsetzung der zinkoxydhaltigen Materialien wird zweckmäßig mit dem anwesenden Zink äquivalenten Mengen von Sulfat ausgeführt. Wie gefunden wurde, kann man aber auch durch Regelung der Mengenverhältnisse auf bestimmte Eisenfarben hinarbeiten und so die Farbnuance des als Nebenprodukt anfallenden Eisenoxyds in günstiger Weise beeinflussen.

In Ausübung der Erfindung werden die zinkoxydhaltigen Ausgangsstoffe zunächst fein vermahlen, hierauf z. B. mit Eisenvitriol vermischt und getrocknet, was leicht und schnell bei niederen Temperaturen vor sich geht. Das zugeschlagene Ferrosulfat gibt bei geeignetem Vorgehen seinen Kristallwassergehalt ohne zu schmelzen ab. Das Material bleibt porös und backt höchstens leicht zusammen. Es wird vor der eigentlichen Umsetzung gegebenenfalls noch einmal zerkleinert.

Die Umsetzung des Gemisches zu Zinksulfat und Eisenoxyd findet bei dem darauffolgenden Erhitzungsprozeß statt und verläuft nahezu quantitativ. Es werden dabei die bereits oben näher gekennzeichneten Temperaturen eingehalten. Die Umsetzung vollzieht sich in verhältnismäßig kurzer Zeit und bei vergleichsweise niedrigen Temperaturen. Möglicherweise ist die leichte Umwandlung katalytischen Einflüssen zuzuschreiben. Es ist hervorzuheben, daß man bei der Reaktion kaum ein Entweichen von schwefelsauren Dämpfen bemerkt, die wahrscheinlich infolge der feinen Vermahlung und Vermischung des Gutes sofort von dem Zinkoxyd gebunden werden.

Nach dem Erhitzungsprozeß enthält das Reaktionsgemisch neben Zinksulfat und Eisenoxyd die Verunreinigungen der zinkoxydhaltigen Ausgangsmaterialien in schwer oder unlöslicher Form. So liegen z. B. Mangan, Kupfer, Kobalt, Nickel und Silber als Oxyde vor. Etwa anwesendes Chlor hat sich verflüchtigt. Das gebildete Zinksulfat wird durch Auslaugen der Masse z. B. mit Wasser in Lösung gebracht und durch Eindampfen der Laugen und Auskristallisation gewonnen. Man kann, wie gefunden wurde, das Auslaugen gegebenenfalls mit Hilfe von mit Schwefelsäure versetztem Wasser vornehmen. Dadurch wird etwa zersetztes Zinksulfat zurückgebildet.

Es wird sehr reines Zinksulfat erhalten, das direkt industrieller Verwertung zugeführt werden kann. Als Rückstand verbleibt ein eisensulfatfreies Eisenoxyd, das eine hellrote, orangestichige, sehr kräftige Farbe zeigt. Diese Eigenschaften machen das Produkt als Eisenfarbe besonders wertvoll.

Der eben beschriebene Prozeß ist insofern bemerkenswert, als dabei bei geeignetem Trocknungsverfahren ein Schmelzen des Eisenvitriols im eigenen Kristallwasser nicht stattfindet. Bei der meist gebräuchlichen Darstellung von Eisenfarben aus Eisenvitriol sintert nämlich das Material zusammen, was umständliche und kostspielige Trocknungsprozesse nötig macht. Derartige Erscheinungen waren auch bei dem erfindungsgemäßen Vorgehen zu befürchten. Weiterhin erfordert die Überführung von entwässertem Eisensulfat in Eisenoxyd bei der Herstellung von Eisenfarben bekanntlich hohe Temperaturen und lange Behandlungszeiten. So kommt es, daß das Endprodukt meist einen unerwünschten, braun- bzw. blaustichigen Farbton aufweist, der seine Verwendungsmöglichkeit stark beschränkt. Nach der Erfindung gelingt es überraschenderweise, den Erhitzungsprozeß bei niedrigen Temperaturen in kurzer Zeit durchzuführen und trotzdem eine nahezu vollständige Umsetzung zu Zinksulfat einerseits und Eisenoxyd andererseits zu erreichen. Infolgedessen ist das als Nebenprodukt des vorliegenden Verfahrens anfallende Eisenoxyd im Gegensatz zu dem bei der gewöhnlichen Zersetzung von Eisensulfat erhaltenen von hellem Farbton.

Die Erfindung ermöglicht auf einfache Weise die Herstellung von reinem Zinksulfat, das z. B. ohne weiteres zur Elektrolyse verwendet werden kann. Bei den bisher üblichen Herstellungsverfahren mußten die im Ausgangsmaterial enthaltenen zahlreichen Verunreinigungen zwecks Erzeugung eines reinen Zinkvitriols auf umständlichem und kostspieligem Wege durch Fällen, Filtrieren usw. beseitigt werden. Diese Maßnahmen sind nach dem vorliegenden Verfahren unnötig. Die gleichzeitige Gewinnung eines wertvollen Nebenproduktes steigert in erheblichem Maße die Wirtschaftlichkeit des Prozesses, der daher eine Verarbeitung vieler Zinkerze und zinkoxydhaltiger Abfälle gestattet, deren Aufbereitung bisher nicht lohnend war.

Derartige zinkoxydhaltige Materialien befinden sich, wie übrigens auch Eisensulfat, häufig in großen Mengen auf dem Markt, ohne daß sie zu günstigen Preisen abgesetzt werden konnten. Durch die Erfindung wird nun ein Weg gewiesen, diese Stoffe auf billige Weise zu wertvollen Produkten umzusetzen.

Beispiel

Eine Röstblende von 65 % Zn (= 81 % ZnO) wird mit Eisenvitriol verarbeitet, z. B. derart, daß auf 100 kg Röstblende etwa 278 kg Eisenvitriol, kristallisiert, zugesetzt werden. Der Vitriol wird zunächst zerkleinert, mit der Röstblende gut gemischt und das Gemisch zur Entfernung der Hauptmenge des im Eisenvitriol enthaltenen Kristallwassers in einem Drehofen erhitzt.

Die Mischung, die beim Trocknen leicht zusammenfrittet, wird zerkleinert und bei einer Temperatur von 650 bis 750° so lange erhitzt, bis das Zink in Sulfat und der Eisenvitriol in Eisenoxyd überführt ist. Das Reaktionsgemisch wird mit Wasser ausgelaugt, das Eisenoxyd abfiltriert, ausgewaschen, getrocknet und zerkleinert. Es kann sodann als Farbe verwandt werden. Die Sulfatlauge läßt man entweder auskristallisieren oder sie wird eingedampft und das getrocknete Sulfat calciniert.

Patentansprüche:

1. Verfahren zur Aufbereitung von zinkoxydhaltigen Materialien durch Überführung des Zinks in Zinksulfat und Auslaugen des letzteren, dadurch gekennzeichnet, daß die zinkoxydhaltigen Ausgangsmaterialien mit Eisensulfaten, insbesondere Eisenvitriol, vermischt und auf Temperaturen, bei welchen die Eisensulfate zersetzt und das Eisen zu Ferrioxyd oxydiert wird, welche aber unter der Zersetzungstemperatur des Zinksulfats liegen, z. B. auf Temperaturen von 650 bis 750° erhitzt werden.

2. Verfahren nach Anspruch 1, dadurch gekennzeichnet, daß die Umsetzung der zinkoxydhaltigen Ausgangsmaterialien mit dem anwesenden Zink äquivalenten Mengen von Eisensulfat durchgeführt wird.

Nr. 540984. (M. 96575.) Kl. 12n, 6. Metallgesellschaft A. G. in Frankfurt a. M.

Erfinder: Dr. Hans Weidmann in Frankfurt a. M.

Verfahren zur Gewinnung von reinem Zinksulfat aus Zinksulfat und Natriumsulfat enthaltenden Laugen.

Vom 8. Okt. 1926. – Erteilt am 10. Dez. 1931. – Ausgegeben am 8. Jan. 1932. – Erloschen: 1933.

Die Erfindung bezieht sich auf die Gewinnung von reinem Zinksulfat aus Laugen, welche Zinksulfat und Natriumsulfat enthalten, wie solche z. B. aus chlorierend gerösteten Abbränden zinkhaltiger Kiese, insbesondere Pyrite, erhalten werden.

Die Erfindung beruht auf der Erkenntnis, daß es möglich ist, aus in bezug auf Zinksulfat konzentrierten, neben Zinksulfat noch Natriumsulfat enthaltenden Lösungen durch Abkühlen auf Temperaturen unter + 20°, vorteilhaft bis auf etwa + 10°, reines Zinksulfat abzuscheiden, wenn der Gehalt der Lösung an Natriumsulfat $^1/_2$ Grammol Na_2SO_4 auf 1 l Lauge nicht übersteigt, da bei dieser Temperatur, wie gefunden wurde, ein Maximum der Löslichkeit von Natriumsulfat in Gegenwart von Zinksulfat besteht.

Geringere Mengen von Natriumsulfat, jedoch genügend Zinksulfat enthaltende Laugen können im Sinne der Erfindung z. B. so verarbeitet werden, daß man sie bis zur Erreichung der angegebenen Natriumsulfatkonzentration konzentriert und aus den Konzentraten dann das Zinksulfat durch Abkühlung auf etwa 10° ausscheidet.

Umgekehrt kann man von vornherein mehr als die angegebene Grenzmenge Natriumsulfat enthaltenden, an Zinksulfat noch nicht gesättigten Lösungen das überschüssige Natriumsulfat zunächst in Form von Glaubersalz durch Ausfrieren, z. B. bei etwa 0 bis + 5°, entziehen und sodann aus der Mutterlauge durch Eindampfen und Abkühlen auf etwa 10° das überschüssige Zinksulfat ausscheiden. Oder man kann auch, falls der Zinksulfatgehalt der ursprünglich vorhandenen Lösung hierfür nicht ausreicht, nach dem Ausfrieren des Glaubersalzes den Zinksulfatgehalt der verbleibenden Lösung durch Zuführung von neuem Zinksulfat, z. B. durch gegebenenfalls wiederholtes Auslaugen von frischem, Zinksulfat neben Natriumsulfat enthaltendem Gut, unter jedesmaligem vorherigem Ausfrieren des überschüssigen Glaubersalzes so lange erhöhen, bis in der Lösung das für die Ausscheidung von Zinksulfat durch Eindampfen und Abkühlen auf 10° benötigte Verhältnis zwischen Natriumsulfat und Zinksulfat erreicht ist.

Geht man beim Eindampfen mit der Konzentration der Laugen in bezug auf Natriumsulfat weiter, als einem Gehalt von $^1/_2$ Mol Na_2SO_4 in 1 l Lauge entspricht, so fällt bei mäßigem Abkühlen zunächst ein Doppelsalz von Zinksulfat-Natriumsulfat: $Na_2SO_4 \cdot ZnSO_4 \cdot H_2O$ aus, bis die erwünschte Natriumsulfatkonzentration erreicht ist. Die Ausscheidung des Doppelsalzes vollzieht sich, wie gefunden wurde, in optimaler Weise in Temperaturgrenzen von etwa 60° bis etwa 40°, insbesondere bei etwa 50° C. Nach Abtrennung des Doppelsalzes kann die Hauptmenge des Zinksulfats in natriumsulfatfreier Form durch weiteres Abkühlen auf etwa 10° gewonnen werden.

Die Mutterlaugen und das ausgeschiedene Doppelsalz können in allen Fällen in geeigneter Weise wieder in den Prozeß zurückgeführt werden.

In Ausübung der Erfindung verfährt man z. B. zwecks Gewinnung des Zinksulfats aus Zinksulfat neben Natriumsulfat enthaltenden chlorierend gerösteten Abbränden zinkhaltiger Kiese, insbesondere Pyrite, wie folgt:

Die in üblicher Weise chlorierend gerösteten Abbrände werden gelaugt, und die erhaltene, Kupferchlorid, Zinksulfat und Natriumsulfat enthaltende Lauge wird vom Kupfer und gegebenenfalls noch weiteren Begleitstoffen, wie z. B. Eisen, zweckmäßig unter Vermeidung der Einführung sonstiger Fremdstoffe, z. B. durch Behandlung mit Zementkupfer unter Überführung des Kupferchlorids in unlösliches Kupferchlorür, befreit.

Da hierbei die Konzentration der durch Auslaugen der chlorierend gerösteten Abbrände zunächst erhaltenen, von Kupfer befreiten Laugen praktisch ihrer Aufnahmefähigkeit für Glaubersalz entspricht, während der Gehalt an Zinksulfat verhältnismäßig gering ist, verfährt man zweckmäßig derart, daß man durch bei tiefen Temperaturen, z. B. bei etwa 0 bis +5° erfolgendes Ausfrierenlassen die Hauptmenge des Glaubersalzes entfernt und die Lösung alsdann zum Laugen weiterer Abbrändechargen verwendet. Nach abermaligem Ausfällen des Kupfers und Ausfrieren des Glaubersalzes kann die Lösung dann wiederum zum Laugen einer frischen Abbrandcharge benutzt werden. Diese Bewegung der Lauge im Kreislauf wird vorteilhaft so lange fortgeführt, bis schließlich die Lauge an Zinksulfat fast gesättigt ist; ein Punkt, der meist nach drei- bis viermaliger Wiederholung des Vorganges erreicht wird. Diese Arbeitsweise ist insofern von großem Vorteil, als hierdurch ein Konzentrieren der verdünnten Zinksulfatlösung ohne Eindampfen, also unter Ersparung von Brennstoffkosten, ermöglicht wird.

Die im Kreislauf an Zinksulfat angereicherte Lauge wird nun zweckmäßig zunächst von den noch vorhandenen Verunreinigungen befreit, z. B. derart, daß die noch anwesenden Spuren von Kupfer mit Zink auszementiert und Verunreinigungen, wie Eisen und Kobalt, mit üblichen Mitteln, z. B. Kalk und Chlorkalk, entfernt werden. Die erhaltene Lösung von Zinksulfat und Natriumsulfat wird alsdann durch Einstellen auf passende Natriumsulfatkonzentration und Abkühlen im Sinne der vorstehend gegebenen Darlegungen auf reines Zinksulfat verarbeitet. Das Verfahren liefert (bei Verzicht auf Verarbeitung der Waschwässer) Ausbeuten von 90% und mehr des in den angewendeten Kiesabbränden enthaltenen Zinks, während die Ausbeuten an Kupfer 96 bis 98% und an Glaubersalz etwa 95% betragen.

Beispiele

1. Eine Tonne chlorierend gerösteter Kiesabbrände (mit 2,5% Cu und 2,5% Zn) wird mit 1 cbm Wasser und verdünnter Schwefelsäure ausgelaugt (der Rückstand ist frei von Zink und enthält noch etwa 0,06% Cu), worauf die Lauge mit 100 bis 150 kg Zementkupfer zwecks Ausfällung des Kupfers als Kupferchlorür digeriert wird.

Durch Abkühlen der von den festen Anteilen geschiedenen entkupferten Lauge auf etwa $+5°$ erhält man etwa 200 kg Glaubersalz und 1 cbm einer Lauge, die noch 85 kg Na_2SO_4 und 62 kg $ZnSO_4$ enthält. Diese Lauge wird zur Laugung einer zweiten Röstgutcharge verwendet. Man erhält dabei nach Entkupferung und erneuter Ausscheidung des Glaubersalzes bei etwa $+5°$ 0,85 cbm einer Lauge mit 72 kg Na_2SO_4 und 120 kg $ZnSO_4$. Bei weiterer Wiederholung dieser Operationen erhält man bei der dritten Extraktion nach Entkupferung und Ausscheidung des Glaubersalzes 0,73 cbm einer Lauge mit 62 kg Na_2SO_4 und 170 kg $ZnSO_4$ und bei der vierten Extraktion (diesmal nach Ausscheidung des Glaubersalzes bei 0°) 0,6 cbm einer Lauge mit 42 kg Na_2SO_4 und 240 kg $ZnSO_4$, also mit 70 kg Na_2SO_4 und 400 kg $ZnSO_4$ im Kubikmeter.

1,15 cbm dieser Lösung werden auf 1 cbm eingedampft und auf $+10°$ abgekühlt. Dabei kristallisieren 160 kg Zinkvitriol = 90 kg $ZnSO_4$ aus, und es verbleiben 0,9 cbm Mutterlauge mit 81 kg Na_2SO_4 und 375 kg $ZnSO_4$ = 90 kg Na_2SO_4 und 415 kg $ZnSO_4$ im Kubikmeter. Diese Lösung wird mit von der letzten Extraktion kommender Lösung vereinigt und das Gemisch zur Entfernung des überschüssigen Natriumsulfats auf 0° abgekühlt, wobei nach Abtrennung des ausgeschiedenen Glaubersalzes wieder eine Lösung mit 70 kg Na_2SO_4 und 400 kg $ZnSO_4$ erhalten wird usw.

2. 1,55 cbm der gemäß Beispiel 1 nach der vierten Extraktion gewonnenen Lösung mit 70 kg Na_2SO_4 und 400 kg $ZnSO_4$ im Kubikmeter = 108 kg Na_2SO_4 und 260 kg $ZnSO_4$ werden auf 1,0 cbm eingedampft. Das Konzentrat wird auf 40° abgekühlt. Es kristallisieren aus: 44 kg Na_2SO_4 und 50 kg $ZnSO_4$ in Form von 115 kg eines Doppelsalzes $Na_2SO_4 \cdot ZnSO_4 \cdot H_2O$.

Nach Abtrennen der Kristalle erhält man 0,93 cbm Mutterlauge mit 64 kg Na_2SO_4 und 570 kg $ZnSO_4$. Diese Mutterlauge wird sodann auf $+10°$ abgekühlt, wobei nunmehr reines Zinksulfat in Menge von 230 kg ausfällt. Die Mutterlauge hiervon enthält in 0,8 cbm 64 kg Na_2SO_4 und 340 kg $ZnSO_4$, also im Kubikmeter 80 kg Na_2SO_4 und 420 kg $ZnSO_4$.

Diese Lauge wird nun wieder derselben Behandlung, wie eingangs beschrieben, durch Eindampfen im Verhältnis 1,55 : 1, Abkühlen auf 40°, Ausscheiden des Doppelsalzes usw. unterworfen.

Der Zinksulfatgehalt des aus den Konzentraten bei 40° ausgeschiedenen Doppelsalzes wird dem Kreislauf in der Weise wieder zugeführt, daß man das Salz in einer entsprechenden Menge von noch die ganze Glaubersalzmenge enthaltender roher Lauge von der Röstgutextraktion löst und aus dem Gemisch sodann das Glaubersalz durch Abkühlung auf 0 bis $+5°$ ausscheidet, worauf das Filtrat wieder der weiteren beschriebenen Behandlung unterworfen wird.

Patentansprüche:

1. Verfahren zur Gewinnung von reinem Zinksulfat aus Zinksulfat und Natriumsulfat enthaltenden Laugen, wie solche beispielsweise aus chlorierend gerösteten Abbränden zinkhaltiger Kiese gewonnen werden können, dadurch gekennzeichnet, daß die Laugen auf solche Natriumsulfatkonzentrationen eingestellt werden, daß der Gehalt an Natriumsulfat in 1 l Lauge $^1/_2$ Mol nicht überschreitet, worauf das Zinksulfat durch Ausfrieren abgeschieden wird.

2. Verfahren nach Anspruch 1, dadurch gekennzeichnet, daß das Ausfrieren des Zinksulfats bei Temperaturen von etwa 10° C durchgeführt wird.

3. Verfahren nach Ansprüchen 1 und 2, dadurch gekennzeichnet, daß man Laugen mit höheren Natriumsulfatkonzentrationen zunächst durch mäßige Abkühlung, z. B. auf 60 bis 40° C, unter Ausscheidung von Natriumzinksulfatdoppelsalz auf den angegebenen Gehalt an Natriumsulfat einstellt und sodann durch Abkühlen auf Ausfriertemperatur, vorzugsweise auf etwa 10°, Zinksulfat in reiner Form abscheidet.

4. Verfahren nach Ansprüchen 1 bis 3, dadurch gekennzeichnet, daß die Laugen, z. B. durch Extraktion der chlorierend gerösteten Abbrände erhaltene, überwiegend Natriumsulfat enthaltende Laugen, vor der weiteren Verarbeitung nach den vorgenannten Ansprüchen durch wiederholte Wiederverwendung für die Extraktion zinksulfathaltigen Gutes an Zinksulfat angereichert bzw. gesättigt werden.

Nr. 556321. (M. 114770.) Kl. 12n, 6. METALLGESELLSCHAFT A. G. IN FRANKFURT A. M.

Erfinder: Dr. Conway Frhr. von Girsewald und Dr. Hans Weidmann in Frankfurt a. M.

Verfahren zur Gewinnung von reinem Zinksulfat aus Zinksulfat und Natriumsulfat enthaltenden Laugen.

Vom 8. Okt. 1926. — Erteilt am 14. Juli 1932. — Ausgegeben am 6. Aug. 1932. — **Erloschen: 1933.**

Gegenstand der Erfindung ist ein Verfahren zur Gewinnung des Zinksulfats aus Zinksulfat neben Natriumsulfat enthaltenden Lösungen, wie solche z. B. aus chlorierend gerösteten Abbränden zinkhaltiger Kiese, insbesondere Pyrite, erhalten werden.

Es wurde gefunden, daß es möglich ist, aus solchen Lösungen das darin enthaltene Zinksulfat praktisch frei von Natriumsulfat dadurch zu gewinnen, daß man der Lösung eine ausreichende Menge von Schwefelsäure zufügt und die Lösung alsdann eindampft. Man setzt zweckmäßig z. B. etwa soviel Schwefelsäure zu, wie nötig ist, um das ganze vorhandene Natriumsulfat in Bisulfat überzuführen und vorteilhaft darüber hinaus noch einen Überschuß von mindestens 10% z. B. von etwa 20%, wobei aber dafür Sorge zu tragen ist, daß die zugesetzte Schwefelsäuremenge nicht so groß ist, daß während des nachfolgenden Eindampfens die Ausscheidung von Natriumbisulfat aus der Lösung erfolgen kann. An Stelle von oder neben Schwefelsäure kann man ganz oder teilweise mit Vorteil auch schwefelsäurehaltige Ablaugen in entsprechender Menge verwenden, z. B. stark saure Endlaugen der Elektrolyse von z. B. nach dem vorliegenden Verfahren hergestelltem Zinksulfat.

Bei Verarbeitung einer Lauge, welche im Liter z. B. etwa 300 g Zinksulfat und etwa 120 g Natriumsulfat enthält, gelingt es, durch Zugabe der entsprechenden Menge von Schwefelsäure und Eindampfen der schwefelsauren Lauge auf etwa 60% des Anfangsvolumens etwa die Hälfte des vorhandenen Zinks in reiner Form auszuscheiden, und zwar erhält man dasselbe bei dieser Arbeitsweise in Form des Monohydrats. Ein zu weitgehendes Eindampfen ist zu vermeiden, da bei Überschreitung einer gewissen Grenze Natriumsulfat mit abgeschieden wird.

Dies Verfahren läßt sich mit besonderem Vorteil z. B. verwenden zur Gewinnung des Zinksulfats aus chlorierend gerösteten, Zink und Kupfer enthaltenden Kiesabbränden durch Laugung, und zwar verfährt man dabei zweckmäßig derart, daß man zunächst in der Lauge durch wiederholte Einwirkung derselben auf frisches Röstgut nach jedesmaliger vorheriger Ausscheidung des Kupfers und gegebenenfalls sonstiger Begleitstoffe sowie des Glaubersalzes das Zinksulfat anreichert und schließlich aus der an Zinksulfat angereicherten Lösung nach Zusatz von Schwefelsäure in beliebiger Form das Zinksulfat als Monohydrat zur Ausscheidung bringt. Diese Arbeitsweise bietet den Vorteil, daß dabei ein Konzentrieren der bei nur einmaliger Laugung der chlorierend gerösteten Abbrände erhaltenen verdünnten Zinksulfatlösung vermieden wird.

Die nach Ausscheidung des Zinksulfats verbleibende Mutterlauge kann nach Ausscheidung des größten Teiles des darin enthaltenen sauren Natriumsulfats in den Prozeß zurückgeführt werden, indem man sie zu frischer Lauge vor dem Kristallisierprozeß, gleichzeitig mit der zur Überführung des Natriumsulfats in Bisulfat nötigen Schwefelsäure, hinzufügt, wobei infolge des Gehalts der Mutterlauge an überschüssiger Schwefelsäure eine entsprechende Ersparnis an neu zuzuführender Schwefelsäure erzielt wird.

Beispiel

Eine Tonne chlorierend gerösteter Kiesabbrände (mit 2,5% Cu und 2,5% Zn) wird mit 1 cbm Wasser und verdünnter Schwefelsäure ausgelaugt (der Rückstand ist frei von Zink und enthält noch etwa 0,06% Cu), worauf die Lauge mit 100 bis 150 kg Zementkupfer zwecks Ausfällung des Kupfers als Kupferchlorür digeriert wird. Die möglichst weitgehend entkupferte Lösung wird zur Laugung einer neuen Abbrandcharge verwendet und die Lauge dann wiederum entkupfert. Nach der zweiten Entkupferung ist die Lösung an Natriumsulfat so weit angereichert, daß beim Abkühlen auf etwa $+5°$ aus 1 cbm etwa 200 kg Glaubersalz auskristallisieren. Der Vorgang des Abbrandlaugens, Entkupferns und Ausfrierens des Glaubersalzes wird nun so lange fortgesetzt, bis der Gehalt der Lösung etwa 300 g Zinksulfat und 120 g Natriumsulfat im Liter beträgt. Auf 1 cbm dieser Lauge werden etwa 130 kg Schwefelsäure 60° Bé zugegeben. Alsdann wird auf etwa 600 l eingedampft. Während des Eindampfens scheiden sich rund 165 kg Zinksulfatmonohydrat ab. Die schwefelsaure Mutterlauge wird bei der Reduktion des Kupferchlorids durch Zementkupfer nutzbar gemacht.

PATENTANSPRÜCHE:

1. Verfahren zur Gewinnung von reinem Zinksulfat aus Zinksulfat und Natriumsulfat enthaltenden Laugen, wie solche beispielsweise aus chlorierend ge-

rösteten Abbränden zinkhaltiger Kiese gewonnen werden können, dadurch gekennzeichnet, daß man der Lösung zunächst Schwefelsäure, zweckmäßig in größerer Menge, als zur Überführung des vorhandenen Natriumsulfats in saures Sulfat nötig ist, indessen unter Vermeidung solcher Mengen, bei denen beim nachfolgenden Eindampfen der Lösung die Ausscheidung von Natriumbisulfat erfolgen würde, zusetzt und sodann durch Eindampfen der Lösung das Zinksulfat als Monohydrat zur Ausscheidung bringt.

2. Verfahren nach Patentanspruch 1, dadurch gekennzeichnet, daß z. B. durch Extraktion der chlorierend gerösteten Abbrände erhaltene, überwiegend Natriumsulfat enthaltende Laugen vor der Verarbeitung nach Anspruch 1 durch wiederholte Wiederverwendung für die Extraktion zinksulfathaltigen Gutes an Zinksulfat angereichert bzw. gesättigt werden.

Nr. 526628. (S. 81680.) Kl. 12n, 6. Stanley Cochran Smith in London Wall.

Verfahren zur Gewinnung von Zink in Form eines körnigen, im wesentlichen aus Zinkcarbonat bestehenden Niederschlages.

Vom 17. Sept. 1927. — Erteilt am 21. Mai 1931. — Ausgegeben am 8. Juni 1931. — **Erloschen: 1931.**

Großbritannische Priorität vom 18. Sept. 1926 beansprucht.

Der bei Behandlung einer Zinklösung, wie etwa Zinksulfat- oder Zinkchloridlösung, mit der äquivalenten Menge oder einem leichten Überschuß von Ammoniumcarbonat fallende Niederschlag hat teigige Beschaffenheit und läßt sich sehr schwer filtrieren und waschen. Ferner enthält er nur sehr wenige Prozente Zink, ist mit Salzen, wie Sulfaten oder Chloriden, verunreinigt, und die Fällung des Zinks aus der Lösung ist unvollständig.

Dasselbe gilt für einen Niederschlag, der mittels Durchleitens von Kohlendioxyd durch eine konzentrierte Lösung von Zinkchlorid oder Zinksulfat erzeugt wird, wenn der Ammoniakgehalt derselben nur dem Zinkgehalt äquivalent ist und die Durchleitung fortgesetzt wird, bis alles Zink in Carbonat verwandelt ist.

Gegenstand der Erfindung ist die Verbesserung der Verfahren, bei denen Zink aus Lösungen als Carbonat oder basisches Carbonat gewonnen wird, durch Fällung einer Masse, die Ammoniak, Zink und Kohlendioxyd enthält. Diese Masse enthält nach dem Ablaufen des Wassers viel weniger Wasser als die vorerwähnten bekannten Niederschläge, ist körniger Natur, setzt sich gut ab und ist nach dem Filtrieren und Auswaschen frei von Chlorid oder Sulfat oder anderen etwa vorhandenen Salzen. Das Zink wird in dieser vorteilhaften Form niedergeschlagen, wenn die Fällung mittels Ammoniumcarbonats in Gegenwart einer wesentlichen Menge freien Ammoniaks ausgeführt wird. Z. B. kann die ganze Menge Ammoniak, einschließlich der als Ammoniumcarbonat vorliegenden, bis zu 50 % und mehr in Überschuß über die äquivalente chemische Menge des in der Lösung vorhandenen Zinks angewandt werden.

Die Fällung wird am besten durch Zugabe freien Ammoniaks im erforderlichen Überschuß über die dem Zink äquivalente Menge zu der Zinklösung ausgeführt, unter Durchleiten von Kohlendioxyd durch die Flüssigkeit, vorzugsweise unter einem Druck, der über den Atmosphärendruck hinausgeht.

Die Durchleitung des Kohlendioxyds wird eingestellt, wenn eine Analyse zeigt, daß kein Zink oder nur kleine Mengen noch in der Lösung geblieben sind. Die Fortsetzung der Durchleitung könnte die Bildung von Ammoniumbicarbonat und dessen Einwirkung zur Bildung eines dichten amorphen Niederschlags in bekannter Weise herbeiführen.

Da die Fällung, wenn die Temperatur zu hoch ist, leicht unvollständig ist, kann die infolge der Reaktion entwickelte Wärme durch Abkühlen abgeführt werden. Enthalten die zu behandelnden Zinklösungen andere Metalle, z. B. Eisen, die durch Ammoniak und Kohlendioxyd ausgefällt würden, so kann man, um einen reinen Zinkniederschlag zu erhalten, diese anderen Metalle aus der Lösung erst in bekannter Weise entfernen. Bei Vorhandensein von Eisen beispielsweise würde die Fällung mit Zinkoxyd nach Oxydation des vorhandenen Eisens geeignet sein.

Liegt das Zink selbst als Zinksulfat vor, so kann jene kleine Menge Zink, die in der von dem Niederschlag getrennten Flüssigkeit in Lösung bleibt, durch Einengen der Flüssigkeit gewonnen werden, wobei das Ammonium-Zink-Doppelsulfat zuerst auskristallisiert. Jedoch kann auch wahlweise das in Lösung übrigbleibende Zink als Sulfid gefällt werden. Mit Rücksicht auf leichtere Trennung des Zinkammoniumsulfats ist es vorteilhaft, in einer schon Ammoniumsulfat enthaltenden Flüssigkeit zu fällen.

Ist das gebildete Salz Ammoniumchlorid, so kann es als solches als Handelsware auskristallisiert werden. Natürlich kann die Zinkchloridlösung ohne irgendwelchen Nachteil ursprünglich Ammoniumchlorid enthalten und so dieses Verfahren ein wirksames Mittel zur Trennung der gemischten Chloride sein. In jedem Falle kann das durch die Reaktion gebildete Ammoniumsalz zur Gewinnung von Ammoniak und dessen Wiederverwendung oder anderweite Verwendung in bekannter Weise gewonnen werden. Ist das Salz Ammoniumsulfat, so kann es zwecks Gewinnung sauren Ammoniumsulfats und freien Ammoniaks erhitzt werden, das letztere zur Wiederverwendung oder sonstigen Verfügung. Das saure Sulfat kann als Lösungs- oder Laugungsmittel zur Darstellung von Zinksulfat aus zinkhaltigen Stoffen dienen, z. B. zur Gewinnung von Zinksulfat aus geröstetem, zinkhaltigem Erz. In diesem Falle ist es manchmal gut, die gewonnene Flüssigkeit, die Zinksulfat und Ammoniumsulfat enthält, einzuengen, um so Zinkammoniumsulfat auszukristallisieren. Dieses wird hierauf gelöst und mit ammoniakalischem Ammoniumcarbonat oder Ammoniak oder Kohlendioxyd, wie bereits beschrieben, behandelt. Der nach dem Ablauf des Wassers und Waschen erhaltene, das Zink enthaltende Niederschlag kann entweder direkt oder in Wasser oder in Dampf zwecks Austreibung des zurückgehaltenen Ammoniaks erhitzt werden.

Die freies Ammoniak enthaltende Flüssigkeit, von der der Zinkniederschlag getrennt worden ist, kann zur Gewinnung des freien Ammoniaks destilliert oder mittels Schwefelsäure oder Salzsäure neutralisiert werden, um sie an Ammoniumsulfat bzw. Chlorid anzureichern.

Unter den Verwendungsmöglichkeiten der vorliegenden Erfindung ist zu erwähnen die Anwendung des Verfahrens als eine Vorstufe zur Gewinnung von Zinkverbindungen oder metallischem Zink aus Erzen oder anderen zinkhaltigen Stoffen. Beispielsweise kann das mittels sulfatisierenden Röstens sulfidischer Erze und Konzentrate erhaltene Zinksulfat oder das Zinksulfat, das unter der Einwirkung von Schwefelsäure auf geröstete und ungeröstete Erze entsteht, so behandelt werden. Ebenso kann dies Verfahren verwendet werden zur Behandlung der Zinkchloridlösung, welche unter der Einwirkung chlorierender Stoffe auf Zinkerze entsteht, oder bei allen anderen bekannten Verfahren, die entweder Zinksulfat oder Zinkchlorid aus zinkhaltigen Stoffen liefern. Endlich ist das Verfahren auch anwendbar zur Gewinnung von Ammoniak aus Gasen, wie etwa aus rohem Kohlegas oder Gasen der synthetischen Ammoniakverfahren, entweder zwecks Herstellung von Ammoniumsalzen oder in Verbindung mit der Gewinnung von Zink aus Erzen und zinkhaltigen Stoffen.

Die folgenden Beispiele zeigen verschiedene Anwendungsmöglichkeiten des Verfahrens gemäß der Erfindung.

Beispiel 1

100 l Zinksulfatlösung mit einem Gehalt von 7,56 kg Zink werden mit 100 l Ammoniaklösung, die 8,6 kg Ammoniak enthält, gemischt und in das Gemisch Kohlendioxyd eingeleitet, wobei die Lösung während des Durchstreichens des Gases mechanisch gerührt wird. Die Flüssigkeit wird von Zeit zu Zeit untersucht, und nachdem der Kohlensäurestrom etwa 2 Stunden hindurchgeleitet worden ist, findet man, daß sie nahezu frei von Zink war. Der Niederschlag enthielt nach Entfernung der Flüssigkeit und Nachwaschen mit kaltem Wasser nach dem Ablassen desselben 3,47 % Ammoniak und 48,7 % Zink. Nur eine unbedeutende Spur Sulfat war darin vorhanden. Der Niederschlag wurde dann mit Wasser eine Stunde lang gekocht, bis der Ammoniakgehalt nach Abfiltrieren der Flüssigkeit und Nachwaschen mit kaltem Wasser nur noch 0,1 % betrug. Das Glühprodukt bei 400° C ergab ein Zinkoxyd mit mehr als 99,9 % ZnO.

Die Zusammensetzung des feuchten Niederschlages ist: 3,47 % NH_3, SO_4 Spuren, 48,70 % Zn, 18,40 % CO_2, 29,43 % ($H_2O + O$). Die Mutterlauge, versetzt mit den Auswaschprodukten, hat die Zusammensetzung: 0,44 % NH_3 frei, 0,82 % NH_3 gebunden, Spuren Zn, 1,10 % CO_2, 2,06 % SO_4, 95,58 % H_2O.

Beispiel 2

100 l Zinkchloridlösung mit 7,49 kg Zink wurden mit 22 l Ammoniakflüssigkeit, die 7 kg Ammoniak enthielt, gemischt und mit Kohlensäure, wie in Beispiel 1 beschrieben, behandelt. Der feuchte Zinkniederschlag enthielt nach dem Waschen mit kaltem Wasser 9,7 % Ammoniak, 39,3 % Zink und eine ganz kleine Spur Chlorid. Die Ammoniumchloridflüssigkeit enthielt 0,25 % ungefälltes Zink, das mittels Ammoniumsulfid gefällt wurde, worauf die nunmehr reine Ammoniumchloridlösung eingeengt und auskristallisiert wurde.

Beispiel 3

Eine Probe von komplexem Burma-Blei-Zink-Erz, aus dem der größte Teil des Bleies und Silbers durch die in der englischen

Patentschrift 264 569 beschriebene Behandlungsweise entfernt worden war, wurde geröstet und mit 13 %iger Schwefelsäure gelaugt. Nach Reinigung der Flüssigkeit von den metallischen Verunreinigungen durch Behandlung mit Zinkstaub erhielt man 1000 l Zinksulfatlösung mit 110,06 kg Zink. Diese Lösung wurde mit 365 l Ammoniaklösung, die 101,9 kg Ammoniak enthielt, gemischt. Die Flüssigkeit wurde auf mechanischem Wege in Bewegung gehalten und Kohlensäure eingeleitet, bis die Analyse nur noch 0,15 % Zink als in der Lösung zurückbleibend ergab. Der Zinkniederschlag wurde abfiltriert, mit kaltem Wasser gewaschen, bei niedriger Temperatur zur Verflüchtigung des Ammoniaks erhitzt und schließlich bei 500° geglüht. 127,9 kg ZnO von praktisch 100 %iger Reinheit wurden ausgebracht.

Die Zusammensetzung des feuchten Niederschlages ist: 9,77 % NH_3, Cl Spuren, 39,30 % Zn, 24,60 % CO_2, 26,33 % ($H_2O + O$). Die Mutterlauge, wie oben, enthält: 0,43 % NH_3 frei, 1,54 % NH_3 gebunden, 0,08 % Zn, 0,70 % CO_2, 3,22 % Cl, 94,03 % H_2O.

PATENTANSPRUCH:

Verfahren zur Gewinnung von Zink in Form eines körnigen, im wesentlichen aus Zinkcarbonat bestehenden Niederschlages aus Zinksalzlösungen, insbesondere aus Sulfat- oder Chloridlösungen, durch Fällung mit Ammoncarbonat oder Ammoniak und Kohlensäure, dadurch gekennzeichnet, daß die Fällung in Gegenwart von überschüssigem, freiem Ammoniak durchgeführt wird.

Nr. 564 676. (C. 39 362.) Kl. 12n, 6. CHEMISCHE FABRIK KALK G. m. b. H. UND DR. HERMANN OEHME IN KÖLN-KALK.

Verfahren zur Herstellung von voluminösem Zinkhydrocarbonat*) aus basischem Chlorzink.

Vom 15. Febr. 1927. — Erteilt am 3. Nov. 1932. — Ausgegeben am 21. Nov. 1932. — Erloschen: . . . .

Es ist bekannt, daß durch Fällung von beispielsweise Chlorzinklaugen mit Ätzkalk Zinkhydroxychlorid ausfällt, welches je nach den Fällungsbedingungen mehr oder weniger große Mengen Chlor in wasserunlöslicher Form gebunden hält. Man hat auch bereits vorgeschlagen, als Fällungsmittel Calciumcarbonat oder Alkalicarbonat zu verwenden, wobei meistens aber ebenfalls chlorhaltiges Zinkcarbonat entsteht. Die Verwendung von Soda ist selbstverständlich viel teurer als die Verwendung von Ätzkalk als Fällungsmittel. Außerdem muß man bei Anwendung von Soda als Fällungsmittel des Zinks aus der Lauge auch mindestens die äquivalente Menge verwenden und erhält dann ein Produkt, in welchem das Zink außer einem Rest, der beispielsweise an Chlor gebunden ist, vollständig als Carbonat vorliegt.

Aus diesem Grunde ist auch die Verwendung von Zinksulfatlaugen als Ausgangsstoff zur Erzeugung der beabsichtigten Produkte nicht geeignet, weil die Zinksulfatlaugen ebenfalls nur mit löslichen Alkalien oder Alkalicarbonaten, welche kein schwer lösliches Sulfat ergeben, gefällt werden können.

Für bestimmte Verwendungszwecke, nämlich zur Erzeugung eines hochvoluminösen Zinkhydrocarbonats oder eines voluminösen Zinkoxyds, welches durch Erhitzen des Zinkhydrocarbonats erhalten werden kann, beides Produkte, die mit besonderem Vorteil bei der Gummivulkanisation verwendet werden können, ist es vorteilhaft, nicht von reinem Zinkcarbonat auszugehen, sondern ein Zinkhydrocarbonat zu verwenden, in welchem ein großer Teil des Zinks als Hydroxyd und nur der andere Teil als Zinkcarbonat vorliegt in der Form einer Verbindung:

$$x\,Zn\,(OH)_2 \;\; y\,Zn\,CO_3.$$

Es wurde bereits beschrieben, ein solches chlorfreies Zinkhydrocarbonat aus Zinkoxychlorid, welches durch Fällen von Chlorzinklaugen mittels Kalk gewonnen wurde, dadurch herzustellen, daß man das Zinkoxychlorid in wässeriger Suspension mit kohlensäurehaltigen Gasen behandelt. Die Nacharbeitung dieses Verfahrens zeigte, daß an und für sich auf diese Weise ein chlorfreies Zinkhydrocarbonat von den in der Patentschrift beschriebenen Eigenschaften erhalten wird. Die technische Durchführung des Verfahrens macht aber große Schwierigkeiten, weil die Absorption der Kohlensäure, insbesondere wenn dieselbe, wie meistens in der Praxis, in verdünnter Form vorliegt, durch das in Wasser sehr schwer lösliche Zinkoxychlorid nur schwierig vonstatten geht. Infolgedessen muß man für eine außerordentlich gute Durchmischung der Zinkoxychloridsuspension mit kohlensäurehaltigem Gas Sorge tragen, wozu erhebliche Kraftleistun-

*) **Druckfehlerberichtigung:** Die Bezeichnung ist falsch, es müßte Zinkhydroxycarbonat heißen. Denn die Bezeichnung Hydrosalze ist für die sauren Salze anzuwenden.

gen notwendig sind, und erreicht trotzdem nur eine sehr schlechte Ausnutzung der Kohlensäure, wenn man dieselbe nicht sehr langsam einleitet.

Es wurde nun gefunden, daß man die technischen Schwierigkeiten des vorstehenden Verfahrens beseitigen und ein salzsäurefreies Zinkhydrocarbonat von tadelloser Beschaffenheit erhalten kann, wenn man Zinkoxychlorid in wässeriger Suspension mit Lösungen oder Suspensionen von Alkalicarbonat oder -bicarbonat behandelt. Dieses Verfahren ist praktisch viel einfacher durchzuführen, weil es sich lediglich um ein Verrühren des Zinkoxychlorids mit einer Salzlösung handelt. Die in Lösung befindliche Kohlensäure reagiert viel besser als die gasförmig eingeleitete Kohlensäure.

Im Gmelin-Kraut IV. I. S. 47 wird beschrieben, daß Zinkoxychlorid von der Zusammensetzung $9\,ZnO \cdot 1\,ZnCl_2\ 3\,H_2O$ durch Kochen mit Pottaschelösung nicht völlig chlorfrei gemacht werden kann. Da nicht angegeben ist, in welchem äquivalenten Verhältnis die Pottasche zum Zinkoxychlorid angewandt wurde, muß man annehmen, daß ein großer Pottascheüberschuß bezüglich des Chlorgehaltes im Zinkoxychlorid vorhanden war, und man konnte aus dieser Angabe nicht entnehmen, daß bei Anwendung auch nur einer kleinen Menge gegenüber dem Chlor überschüssigen Natriumbicarbonats und bei einer Temperatur, die unter dem Siedepunkt des Wassers liegt, praktisch die vollkommene Abspaltung des Chlors eintritt. Es ist wichtig, die Temperatur während der Umsetzung des Zinkoxychlorids mit dem leicht zersetzlichen Natriumbicarbonat entweder überhaupt nicht oder nur am Schlusse der Reaktion bis zur Kochtemperatur zu steigern, damit die im Bicarbonat enthaltene Kohlensäuremenge sich vollständig an das Zinkoxychlorid anlagern kann. Würde man dagegen das Reaktionsgemisch sofort bis zum Kochen erhitzen, so würde ein großer Teil der Bicarbonatkohlensäure vorzeitig entweichen und das entstehende Zinkhydrocarbonat und besonders auch das aus diesem herzustellende Zinkoxyd weniger voluminös werden.

Beispiele

Zur Umsetzung mit Natriumbicarbonat und Soda wurde ein feuchtes Zinkoxychlorid verwandt, in welchem auf 100 Teile Zn 11,2 Teile gebundenes Chlor enthalten waren. Das Schüttgewicht des getrockneten Zinkoxychlorids war 0,71.

a) 100 g feuchtes Zinkoxychlorid, enthaltend 26,3 g Zn (2,95 g gebundenes Chlor), werden in 500 ccm Wasser suspendiert und mit 7,5 g Natriumbicarbonat (= 106 % der Theorie) versetzt. Das Zinkoxychlorid wird mit der entstehenden Bicarbonatlösung 2 Stunden verrührt, wobei die Temperatur allmählich auf 90° ansteigt. Danach wird das Zinkhydrocarbonat von der entstandenen Chlornatriumlösung abfiltriert, gewaschen und getrocknet. Es wird ein Zinkhydrocarbonat erhalten mit 8,98 % CO_2 und 0,28 % Cl, Schüttgewicht 0,30. Diese an Zinkhydrocarbonat gebundene Kohlensäure entspricht 90 % der im Bicarbonat angewandten Menge.

b) 100 g desselben feuchten Zinkoxychlorids werden wieder in 500 ccm Wasser suspendiert und 4,7 g Na_2CO_3 hinzugefügt. Die Lösung wird wieder während 2 Stunden ansteigend auf 90° erhitzt, dann filtriert, gewaschen und das Zinkhydrocarbonat getrocknet. Dasselbe enthält 4,4 % CO_2, 0,35 % Cl, Schüttgewicht 0,59. Die gebundene CO_2-Menge entspricht wiederum etwa 90 % der in der Soda angewandten.

Bemerkenswert ist, daß durch die Verdoppelung der gebundenen Kohlensäure im Beispiel a auch eine Verringerung des Schüttgewichtes auf die Hälfte von Beispiel b stattgefunden hat.

Patentanspruch:

Verfahren zur Herstellung eines insbesondere beim Vulkanisieren von Kautschuk verwendbaren, voluminösen Zinkhydrocarbonats aus basischem Chlorzink, dadurch gekennzeichnet, daß man feste, basische Zinkchloride in wässeriger Suspension mit Lösungen oder Suspensionen von Alkalibicarbonat oder Alkalicarbonat behandelt.

Nr. 510750. (O. 18338.) Kl. 40a, 45.

Otavi Minen- und Eisenbahngesellschaft in Berlin.

Erfinder: Dr. Karl Kubel in Tsumeb, Südwestafrika.

Verarbeitung arsenhaltiger Materialien, insbesondere solcher, die Arsen und Kadmium enthalten.

Vom 11. Juli 1929. — Erteilt am 9. Okt. 1930. — Ausgegeben am 23. Okt. 1930. — Erloschen: . . .

Eine außerordentlich lästige Begleiterscheinung der bei der Verarbeitung arsenhaltiger Ausgangsmaterialien fallenden Produkte ist ihr Arsengehalt, dessen Entfernung nach den bisher bekannten Methoden, u. a. durch Röstung, in den meisten Fällen nur so unvollkommen gelingt, daß auch die behandelten Produkte einen für die Weiterverwendung und Verwertung zu hohen Arsengehalt aufweisen. Insbesondere unangenehm macht sich dieser Übelstand dann bemerkbar, wenn die Arsen enthaltenden Produkte leicht bzw. verhältnismäßig leicht flüchtige Metalle bzw. Metallverbindungen, so z. B. auch Kadmium, enthalten. Diese Metalle finden sich dann teilweise im Rückstand und teilweise in dem Röstprodukt, so daß man bei diesem wieder vor dem gleichen Problem der Arsenentfernung steht. Des ferneren verursachen die bekannten Verfahren der Arsenbefreiung Metallverluste.

Die vorliegende Erfindung ist bestimmt, diese Übelstände zu beseitigen. Sie betrifft ein Arsenentfernungsverfahren von insbesondere hüttenmännischen Produkten, wobei es gleichgültig ist, in welcher Form das Arsen vorliegt, z. B. als As_2O_5, als As_2O_3, als Gemisch, in freier oder gebundener Form.

Sie bedient sich dabei des an sich zur Behandlung von arsenhaltigen Materialien bekannten Verfahrens, der Behandlung mit Alkalilaugen, wobei erfindungsgemäß derartig vorgegangen wird, daß die Hitzebehandlung bei einer Temperatur von etwa 200° C und unter entsprechendem Druck erfolgt.

Das überraschende Ergebnis dieses Aufschlußverfahrens ist darin zu erblicken, daß nur das Arsen in Lösung geht und daher von dem Rückstand geschieden werden kann bzw. daß in den Fällen, wo die in den Ausgangsprodukten vorhandenen Metalloxyde an sich durch Alkalilaugen löslich sind, diese mit den Arsenoxyden so in Lösung gehen, daß ein von dem Arsen und diesem Metall freier Rückstand bleibt. In der durch Filtrieren vom Rückstand erhaltenen Lösung liegt das Arsen in einer solchen Form vor, daß die Trennung von dem mitgelösten Metall ohne Schwierigkeiten vorgenommen werden kann.

Selbstverständlich müssen die Betriebsbedingungen, d. h. also Druck und Temperatur bzw. die Konzentration der Aufschlußlösung, der besonderen Zusammensetzung der zu behandelnden Produkte angepaßt werden.

Ein weiterer wesentlicher Vorzug des Verfahrens ist darin zu erblicken, daß der Aufschlußrückstand locker und körnig ist, sich daher leicht filtrieren und waschen läßt.

Schließlich findet eine ständige Regenerierung der Lauge statt, so daß praktisch Alkaliverluste nicht auftreten

Falls beim Aufschluß nur Arsen in Lösung geht, so kann die Regeneration dieser Lösung durch Kalkmilch vorgenommen werden, wobei das Arsen als Kalksalz erhalten wird. Die von der Fällung resultierende Lösung ist also praktisch ohne Alkaliverlust wieder im Betrieb verwendbar.

Wenn das Filtrat des Aufschlusses neben Arsen ein oder mehrere Metalle gelöst enthält, was z. B. bei Blei der Fall sein wird, so kann man auf verschiedene Weise zur Trennung des mitgelösten Metalls bzw. der mitgelösten Metalle vorgehen.

1. Das Metall wird durch Alkalisulfid gefällt; die filtrierte und gleichzeitig regenerierte Lauge ist wieder verwendbar.

2. Man leitet vor beginnender Kristallisation, d. h. in die heiße filtrierte Lösung, Kohlensäure; das Metall fällt als Carbonat. Die filtrierte Lösung, die Alkaliarsenat und Alkalicarbonat enthält, wird mit Kalkmilch regeneriert.

3. Man läßt in der filtrierten Aufschlußlauge das Alkaliarsenat auskristallisieren, wobei sich auch der größte Teil des Alkalimetalloxyds mit ausscheidet, filtriert und fällt die Lösung gemäß der einen der vorangegangenen Methoden.

Der Kristallisationsrückstand wird in Wasser gelöst, das gelöste Metall in diesem durch Hydrolyse in bekannter Weise gefällt; aus der abfiltrierten Lösung wird das Arsen durch Kalkmilch gefällt und die Lösung gleichzeitig auf Betriebslauge regeneriert.

Das vorliegende Verfahren ist nachstehend an einigen praktischen Ausführungsbeispielen erläutert.

Als Ausgangsprodukt diente ein im Kupferhüttenbetrieb fallender Flugstaub, welcher einer Vorröstung unterworfen wurde. Derselbe enthielt neben Verunreinigungen insbesondere Eisenoxyd, Kieselsäure, Kalk, 19,50 % Arsen, 26,98 % Blei, 31,64 % Kadmium in oxydischer Form.

Dieses Material wurde in Autoklaven mit 60,3 %, 60,2 % und 60,1 % Natronlauge unter Rühren erhitzt. Das Volumen der Natronlauge betrug 250, 239 und 220,5 ccm.

Die Arbeitsdauer betrug ungefähr 4 Stunden, die Temperatur ungefähr 200°.

Nach beendetem Aufschluß wurde aus dem Autoklaven herausgespült, heiß filtriert und gewaschen.

Arsen und Blei gingen in Lösung, und zwar betrugen die Ausbeuten an gelöstem Arsen 94,22 %, 97,31 % und 98,53 %.

Von dem am Ausgangspunkt erhaltenen Blei gingen in Lösung 90,30 %, 91,85 %, 94,81 %.

Das gesamte Kadmium verblieb im Rückstande, welcher an metallischem Kadmium enthielt 76,23%, 80,01%, 82,07%, d. h. also aus einem Kadmiumoxyd von hohem Reinheitsgrade bestand.

Der Arsengehalt des Kadmiumoxyds ist

so gering, daß er für die praktische Weiterverwendung des Kadmiumprodukts keine Rolle spielte, welches z. B. in bekannter Weise reduzierend auf Kadmium verschmolzen wird.

Aus dem Filtrat wurde durch Einleiten von Kohlensäure das Blei, und zwar praktisch arsenfrei als Carbonat, gewonnen.

In der vom Bleicarbonat abfiltrierten Lösung wurde das Arsen durch Kalk unter gleichzeitiger Regeneration der Anlage als Kalkarsenat evtl. auch Arsenit gefällt.

So gewährt das Verfahren die Möglichkeit, aus diesem Blei, Kadmium, Arsen enthaltenden Produkte durch eine verhältnismäßig einfache Behandlungsweise das Arsen zu entfernen und praktisch arsenfreie Metalle zu gewinnen, wobei gleichzeitig eine Regeneration der Betriebslauge stattfindet.

Patentansprüche:

1. Verfahren zur Behandlung von arsenhaltigen Materialien, insbesondere solchen, die Kadmium enthalten, durch Erhitzen der Ausgangsstoffe mit Alkalilaugen und Auslaugen des Arsengehalts, dadurch gekennzeichnet, daß die Hitzebehandlung bei einer Temperatur von etwa 200° C unter entsprechendem Druck erfolgt.

2. Ausführung des Verfahrens nach Anspruch 1, in Anwendung auf Kadmium und Blei enthaltende Oxyde, dadurch gekennzeichnet, daß man die Blei und Arsen enthaltende Lösung von dem das Kadmium enthaltenden Aufschlußrückstand abtrennt und aus der heißen, blei- und arsenhaltigen Lösung das Blei mit Kohlensäure ausfällt, von der Lösung trennt und aus dieser das Arsen unter gleichzeitiger Regeneration der Lauge mit Kalk zur Abscheidung bringt.

3. Ausführung des Verfahrens nach Anspruch 1, dadurch gekennzeichnet, daß man das Arsen aus der alkalischen Lauge mit einem Teil des Alkalihydroxyds durch Auskristallisation abscheidet, den Niederschlag von der Lösung trennt und aus diesem das Arsen von dem Alkalihydroxyd durch Hydrolyse trennt.

Nr. 463271. (G. 63619.) Kl. 12n, 7. Th. Goldschmidt A.-G. in Essen, Ruhr.

Abänderung des Verfahrens nach Patent 439795 zur Herstellung beliebiger Reduktionsprodukte des Bleioxyds für den Gebrauch als Farbkörper, als Füllmittel für Kautschuk und für andere Zwecke.

Zusatz zum Patent 439795. — Früheres Zusatzpatent 440151.

Vom 3. März 1925. — Erteilt am 5. Juli 1928. — Ausgegeben am 25. Juli 1928. — Erloschen: 1932.

Das Patent 439795 stellt ein Verfahren unter Schutz, nach dem fein zerteilte Bleiglätte gewonnen werden soll, indem ein in gröberer Form vorliegendes Bleioxyd metallisches Blei, oder eine geeignete Bleiverbindung vollständig durch den Dampfzustand hindurchgeführt, der gebildete Dampf unter inniger Vermischung mit einem Gasmedium zu Rauch kondensiert und dieser dann durch Niederschlagsmittel gewonnen wird. Dadurch, daß man den gesamten Rohstoff durch den Dampfzustand hindurchführt, wird erreicht, daß jeder Gehalt an oxydierbarem Metall im Endprodukt ausgeschlossen ist. Ferner bewirkt die Kondensation aus dem Dampfzustand einen außerordentlich hohen Grad der Dispersität des Endproduktes.

Vorliegende Erfindung betrifft eine weitere Ausbildung des geschilderten Verfahrens, und zwar soll gemäß der Erfindung nicht mehr Bleiglätte PbO hergestellt werden, sondern ein beliebiges Reduktionsprodukt des Bleioxydes, beispielsweise Bleisuboxyd Pb_2O oder metallisches Blei oder auch Gemische dieser Stoffe mit Bleioxyd. Das geschieht in der Weise, daß man den Rohstoff, der auch, wie beim Hauptpatent, metallisches Blei, Bleioxyd oder eine Bleiverbindung sein kann, zunächst auch wieder durch den Dampfzustand hindurchführt, dann aber den Dampf je nach der Natur des herzustellenden Stoffes mit einem passenden Gas vermischt, kondensiert und niederschlägt. Die Wahl des Gasmediums, in dem man den Dampf auflöst, hängt von der chemischen Zusammensetzung des verdampften Rohstoffes ab. Ist dieser z. B. als metallisches Blei verflüchtigt worden, so kann man bei Zumischung reduzierender Gase hochdisperses metallisches Bleipulver erhalten. Durch Zumischung ungenügender Mengen oxydierender Gase kann man zu allen Zwischenstufen zwischen metallischem Blei und Bleioxyd gelangen, während ein Überschuß an oxydierenden Gasen das im Hauptpatent erwähnte Bleioxyd liefern würde. Wird aber der Rohstoff als Bleioxyd verflüchtigt, so kann man zu derselben Abstufung der Endprodukte gelangen, wenn man das reduzierende Gasmedium in entsprechender Menge zusetzt.

Wenn man beispielsweise die in dem Hauptpatent geschilderte Ausführungsart der Erfindung so abändert, daß man das in dem elektrischen Lichtbogen verdampfte Metall nicht durch einen Luftstrom, sondern durch ein reduzierendes Gas fortnehmen läßt, so erhält man je nach Einwirkungsdauer und Konzentration des reduzierenden Gases metallisches Bleipulver oder Bleisuboxyd oder auch eine Mischung dieser beiden Stoffe mit Bleioxyd, und zwar alle diese Stoffe in denkbar feinster Verteilung.

Benutzt man zur Überführung des Rohstoffes in den Dampfzustand die oxydative Verflüchtigung, z. B. eine Gasfeuerung, so muß man dem gebildeten Bleioxyddampf reduzierende Gase je nach der Natur des gewünschten Endproduktes zumischen.

Wie bei dem Verfahren nach dem Hauptpatent, so liegt auch bei dem vorliegenden Verfahren der mit dem Gas in Berührung kommende Stoff in Dampfform vor. Da es sich um eine Reaktion im Schwebezustande handelt, so wird eine möglichst innige Berührung des Gases mit dem zur Reaktion kommenden Dampf bzw. Rauch bewirkt, und das zur Anwendung gebrachte Gas wird möglichst schnell und vollständig ausgenutzt.

Patentanspruch:

Abänderung des Verfahrens nach Patent 439795 zur Herstellung beliebiger Reduktionsprodukte des Bleioxyds für den Gebrauch als Farbkörper, als Füllmittel für Kautschuk oder für andere Zwecke, dadurch gekennzeichnet, daß der Dampf des Blei enthaltenden Rohstoffes unter dem Einfluß des denselben aufnehmenden Gases nicht als fein verteilte Bleiglätte, sondern als fein verteiltes Blei oder als ein in einem niedrigeren Oxydationszustande als Bleioxyd befindliches Oxydationsprodukt des Bleis oder als ein Gemisch dieser Stoffe niedergeschlagen wird.

D. R. P. 437795, B. III, 1360.

Nr. 487700. (S. 59630.) Kl. 12n, 7. Genzo Shimadzu in Kioto, Japan.

Verfahren zur Herstellung von Bleistaub*).

Vom 2. Mai 1922. — Erteilt am 28. Nov. 1929. — Ausgegeben am 11. Dez. 1929. — Erloschen: ....

Es ist bekannt, sogenannten Bleistaub durch Behandeln von Bleistücken in Mahltrommeln in Gegenwart von Luft herzustellen. Das Verfahren wurde bisher in üblichen, in einem Gehäuse umlaufenden Mahltrommeln ausgeführt, wobei das Gehäuse mit den Zutritt von Luft gestattenden Öffnungen und einem schornsteinartigen Abzug versehen war. Durch die z. B. in die untere Austrageöffnung des Gehäuses eintretende, am Oberteil des Gehäuses, z. B. durch Schornsteinabzug, abgesaugte Luft, welche auf ihrem Gang durch das Gehäuse im wesentlichen die Mahltrommel nur von außen umspült, wird zwar eine gewisse Außenkühlung der Mahltrommel erzielt, wogegen nur verhältnismäßig geringe Mengen von Luft in das Innere der Trommel eingeführt werden. Diese Arbeitsweise ist mit beträchtlichen Nachteilen verbunden. Einerseits geht der Oxydationsvorgang im Innern der Mahltrommel infolge ungenügender Luftzufuhr zu langsam vor sich, wodurch nur verhältnismäßig niedrige Ausbeuten an Bleistaub erzielbar sind. Andererseits ist die Außenkühlung der Trommel durch die das Gehäuse mit natürlichem Zug durchziehende Luft nicht ausreichend, um gelegentliche Überhitzung (Verbrennung) des Bleistaubes zu verhindern. Infolgedessen muß bei Benutzung der bekannten, mit offenen, in einem Gehäuse umlaufenden Mahltrommeln arbeitenden Verfahren der Betrieb insbesondere an heißen Sommertagen mitunter stillgelegt werden.

Nach vorliegender Erfindung erfolgt die Herstellung von Bleistaub so, daß gleichzeitig mit der Durchführung des Mahlvorganges Luft derart in die Mahltrommel eingeblasen wird, daß der durch Oxydations- und Mahlwirkung von den Bleistücken sich abreibende Bleistaub durch den Luftstrom erfaßt und aus der Trommel abtransportiert wird. Bei dieser Arbeitsweise wird die als Oxydationsmittel dienende Luft in großem Überschuß zugeführt, wodurch ein sehr rasch verlaufender Oxydationsvorgang unter Erzielung sehr großer Ausbeuten an Bleistaub gewährleistet wird. Andererseits übt die in großem Überschuß in die Mahltrommel eingeblasene Luft eine beträchtliche Kühlwirkung aus, so daß schädliche Überhitzungen, wie sie bei den bekannten Verfahren mitunter nicht zu vermeiden waren, nicht mehr vorkommen. Durch den sofortigen Abtransport des gebildeten Bleistaubs aus der Oxydationszone durch den Luftstrom wird der Bleistaub einer unerwünschten, zu weit gehenden Einwirkung des Oxydationsmittels in Verbindung mit Reibungs- und Oxydationswärme entzogen.

*) **Druckfehlerberichtigung: Genauer wäre Bleisuboxydstaub.**

In Ausübung der Erfindung kann man z. B. derart verfahren, daß man die Bleistücke in einer geschlossenen Mahltrommel behandelt, welche an einem Ende Eingänge für die Zufuhr der Frischluft und am anderen Ende Austrittsöffnungen für die mit Bleistaub beladene Luft besitzt. Das Einblasen der Frischluft kann z. B. mit Hilfe eines Gebläses erfolgen, welches mit kleinen, im Innern der Mahltrommel vorgesehenen Austrittsöffnungen versehen ist.

Beispiel

Eine zylindrische, z. B. aus Eisen bestehende, um eine horizontale Achse drehbare Trommel von z. B. 150 cm Länge und 150 cm Durchmesser, welche eine Einfüllöffnung für die Bleistücke sowie Austrittsöffnungen für die Frischluft und Austrittsöffnungen für den Abtransport des gebildeten Bleistaubs enthält, wird mit 1000 kg Blei in Form von Stücken, welche z. B. einen Durchmesser von etwa 2,4 bis 4 cm besitzen können, beschickt und in Umdrehung versetzt, z. B. derart, daß die Trommel etwa 25 Umdrehungen in der Minute (entsprechend einer Umfangsgeschwindigkeit von etwa 100 bis 120 m pro Minute) macht. Gleichzeitig wird ein kräftiger Luftstrom derart in die Trommel eingeblasen, daß der durch Oxydationswirkung und Mahlwirkung gebildete Bleistaub erfaßt und mit fortgerissen wird. Die Spannung der eingeblasenen Luft kann z. B. 2,5 Pfund pro Quadratzoll (dies entspricht einem Druck von 2 m Wassersäule) betragen. Der durch die Luft aus der Mahltrommel abtransportierte Bleistaub kann in einer an den Zylinder angeschlossenen, gegebenenfalls gekühlten Kammer gesammelt werden. Durch das direkte Einblasen des Oxydationsmittels in den Oxydations- und Mahlraum und die dadurch bewirkte innige Bespülung des Gutes mit den sauerstoffhaltigen Gasen wird einerseits eine sehr lebhafte Oxydation der Oberfläche der Bleistücke und damit eine sehr rasche Überführung derselben in den gewünschten Bleistaub bewirkt, während andererseits durch die Kühlwirkung der großen Gasmengen und die sofortige Entfernung des Bleistaubs aus der Reaktionszone schädliche Überhitzung und damit verbundene unerwünschte Weiteroxydation des Bleistaubs mit Sicherheit vermieden wird.

Das neue Verfahren ermöglicht infolgedessen die Gewinnung von Bleistaub in störungsfreiem Dauerbetrieb bei sehr hohen Ausbeuten unter Erzielung besonders hochwertiger Erzeugnisse von gleichmäßig guter Beschaffenheit. Der erhaltene Bleistaub, welcher ein Schüttgewicht von z. B. $^1/_{10}$ des Gewichts der gleichen Raumeinheit kompakten metallischen Bleis besitzen kann, zeichnet sich durch außerordentliche Reaktionsfähigkeit aus. Man kann ihn z. B. mit Hilfe eines Streichholzes oder durch Aufbringen eines Tropfens Wasser zur Entzündung bringen, worauf ohne weitere Wärmezufuhr sofortige Oxydation durch die ganze Masse hindurch unter Bildung höherer Oxydationsstufen des Bleis, insbesondere von Bleiglätte, stattfindet. Die Erfindung gestattet die Herstellung von Bleistaub unter Erzielung von Ausbeuten, welche die nach den eingangs erwähnten bekannten Verfahren in gleichen Zeiträumen erzielbaren Ausbeuten um ein Mehrfaches übertreffen. Was die Qualität des Bleistaubs anbelangt, so mag es zwar möglich sein, mit Hilfe der bekannten Verfahren Produkte von gleicher oder ähnlicher Beschaffenheit gelegentlich zu erzielen. Das vorliegende Verfahren ermöglicht aber die Herstellung von Produkten besonders hochwertiger Beschaffenheit in störungsfreiem Dauerbetrieb.

Patentanspruch:

Verfahren zur Herstellung von Bleistaub durch Behandeln von Bleistücken in einer Mahltrommel in Gegenwart sauerstoffhaltiger Gase (Luft), dadurch gekennzeichnet, daß gleichzeitig mit der Durchführung des Mahlvorgangs Luft derart in die Mahltrommel eingeblasen wird, daß der von den Bleistücken sich abreibende Bleistaub durch den Luftstrom aus der Trommel abtransportiert wird.

Nr. 538 830. (S. 73 035.) Kl. 12 n, 7 Genzo Shimadzu in Kioto, Japan.

Mahltrommel zur Herstellung von Bleistaub*).

Zusatz zum Patent 487 700.

Vom 23. Jan. 1926. — Erteilt am 5. Nov. 1931. — Ausgegeben am 17. Nov. 1931. — Erloschen: ....

Durch Patent 487 700 ist ein Verfahren zur Herstellung von Bleistaub durch Behandeln von Bleistücken in einer Mahltrommel in Gegenwart sauerstoffhaltiger Gase (Luft) geschützt, welches darin besteht, daß gleichzeitig mit der Durchführung des Mahlvorganges Luft derart in die Mahltrommel eingebla-

*) Druckfehlerberichtigung: Genauer wäre Bleisuboxydstaub.

sen wird, daß der von den Bleistücken sich abreibende Bleistaub durch den Luftstrom aus der Trommel abtransportiert wird.

Gegenstand vorliegender Erfindung ist nun eine Mahltrommel zur Durchführung des durch Patent 487 700 geschützten Verfahrens, welche dadurch gekennzeichnet ist, daß ein in an sich bekannter Weise in der Trommel axial angeordnetes und durch die hohle Antriebswelle geführtes Luftzuleitungsrohr nach unten gerichtete Auslässe besitzt und daß das Rohr in die für die Abführung des Bleistaubes in der Stirnwand der Trommel zentral vorgesehene Öffnung, gegebenenfalls mit einer Düse versehen, mündet.

Dadurch, daß die Austrittsöffnungen für die in die Mahltrommel einzuführenden oxydierenden Gase gegen die Unterseite der Trommel gerichtet sind, trifft das ausströmende Gas auf das in dem Unterteil der Mahltrommel sich bewegende Gut und wirbelt das gebildete Bleisuboxydpulver auf. Das Rohr, das in die für die Abführung des Bleistaubs vorgesehene Öffnung mündet und gegebenenfalls mit einer Düse versehen ist, bildet eine Art Ejektor zur Abführung des in der Trommel dargestellten Suboxydpulvers und befördert letzteres aus der Trommel. Die erfindungsgemäß vorgesehenen Vorrichtungen eignen sich vortrefflich zur Durchführung des im Hauptpatent geschützten Verfahrens.

Eine beispielsweise Ausführungsform einer Vorrichtung nach der Erfindung ist in der Zeichnung im Längsschnitt dargestellt.

stücke von einer selbsttätigen Zuführungsvorrichtung e aus zu der Abwurfstelle f^1 führt, von der aus sie in die Trommel a fallen. Axial in dem hohlen Lagerzapfen b befindet sich ein feststehendes Rohr g, welches bis in die Trommel a reicht und in dieser mit abwärts gerichteten Zweigrohren g versehen ist, die je eine Düse g^2 tragen. Das Rohr g dient zum Einleiten der Luft, welche unter Druck von irgendwo zugeführt wird und in das Trommelinnere übergeht, während die Trommel sich in Drehung befindet. Die Luft oder das Gas tritt aus den Düsen g^2 aus und trifft gegen die Bleistücke, wobei auf diesen zunächst ein Oxydüberzug entsteht. Wie bereits gesagt, ist auch der Trommelzapfen b^1 hohl, und gegenüber diesem Zapfen befindet sich an dem freien Ende des Rohres g eine Düse g^3, die axial in den Trommelzapfen b^1 bläst und somit einen Ejektor für die Trommel bildet.

Durch die Blaswirkung der Luft- oder Gasstrahlen aus den Düsen g^2 wird das Oxydpulver aufgewirbelt und dann mittels der Düse g^3 aus der Trommel herausgerissen. Hierbei kann die der Düse g^3 entströmende Luft oder das Gas noch beim Oxydieren mithelfen, sofern nämlich irgendwelche Teilchen unvollkommen oder vielleicht gar nicht oxydiert sind, sondern sich noch im metallischen Zustand befinden.

An den Trommellagerzapfen b^1 schließt sich eine Sammelkammer h an, in der entweder das ganze gebildete Oxyd A oder nur

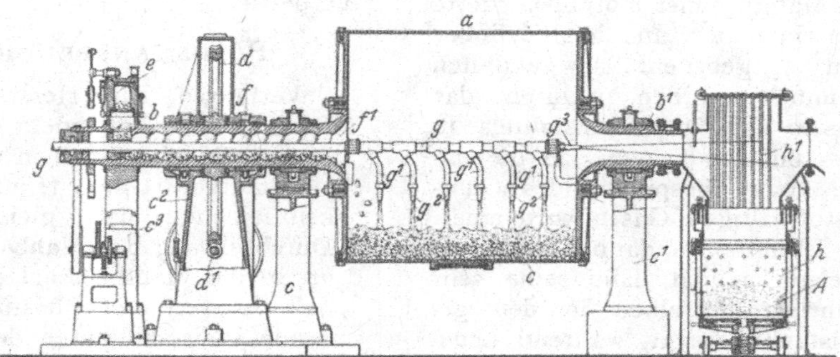

Es ist a die Trommel, welche mit hohlen Lagerzapfen b^1 versehen ist, die in Lagern c, c^1 ruhen. Der längere Lagerzapfen b ruht außerdem noch in einem Lager c^2, welches gleichzeitig ein Umschlußgehäuse für ein Schneckenrad d bildet, das auf dem Lagerzapfen b befestigt ist und in welches eine Schnecke d^1 greift, die von irgendeiner Kraftquelle aus gedreht wird. Das Innere des Trommellagerzapfens b ist gewindeartig so ausgebildet, daß eine hohle Förderschnecke f entstanden ist, welche die Blei-

ein Teil davon gesammelt wird. Der andere Teil B wird in solchem Fall in einem zweiten Sammler aufgefangen. Das Abfangen des Oxydpulvers und das Trennen von der Luft oder dem Gas kann mittels einer größeren Anzahl von Stangen h^1 bewirkt werden, die sich oberhalb des Sammelraumes h gerade im Zuge des Trommelzapfens b^1 befinden und gewissermaßen wie ein Sieb wirken. Die Oxydteilchen werden hier abgefangen, wohingegen die Luft und das Gas weiterströmen. Das Bleioxyd A kann aus der Sammelkammer h

entweder gleich als solches entnommen werden, oder es wird erst noch in Bleiglätte verwandelt, indem Wärme in irgendeiner Weise herangebracht wird.

Das Filter h^1 kann als ein Grobfilter betrachtet werden, an das sich bei der in der

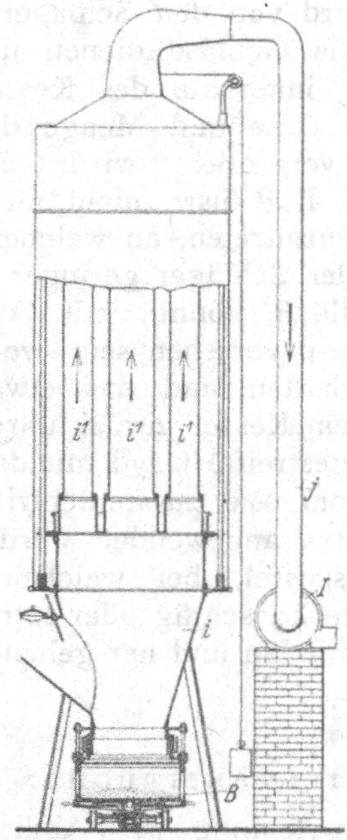

Zeichnung dargestellten beispielsweisen Ausführungsform ein Feinfilter anschließt. Dieses bildet unten die Kammer, wo das Oxyd *B* gesammelt wird. Im oberen Teil des Feinfilters befindet sich eine Anzahl senkrecht hängender Filtersäcke i^1, die an ihren Außenflächen unter Saugwirkung stehen. Das diese Filtersäcke umschließende Gehäuse ist nämlich mittels einer Rohrleitung *j* an einen Exhaustor *J* angeschlossen. Der mittels der Luft oder des Gases in das Feinfilter mitgerissene allerfeinste Staub wird nun in den Säcken i^1 zurückgehalten und gelangt schließlich auch nach *b* hinab. Auch hier kann das Bleioxyd entweder als solches entnommen oder erst noch in Bleiglätte umgewandelt werden.

Es ist klar, daß an Stelle nur eines derartigen Filterturms deren zwei oder noch mehr verwendet werden können, um auch die etwa noch mitgerissenen äußerst feinen Teilchen abzufangen und zu sammeln. Dieses wiederholte Filtrieren der Luft und des Gases, überhaupt das Vorsehen eines Grobfilters und eines oder mehrerer Feinfilter wird hier jedoch nicht als besonders wesentlich für das Endergebnis angesehen. Die Trennung des Bleisuboxyds von der Luft oder dem oydierenden Gas ist übrigens nicht auf das in der Zeichnung veranschaulichte Beispiel beschränkt.

Patentanspruch:

Mahltrommel zur Durchführung des durch Patent 487 700 geschützten Verfahrens zur Herstellung von Bleistaub, dadurch gekennzeichnet, daß ein in an sich bekannter Weise in der Trommel axial angeordnetes und durch die hohle Antriebswelle geführtes Luftzuleitungsrohr nach unten gerichtete Auslässe besitzt und daß das Rohr in die für die Abführung des Bleistaubes in der Stirnwand der Trommel zentral vorgesehene Öffnung, gegebenenfalls mit einer Düse versehen, mündet.

Nr. 455 539. (N. 26 032.) Kl. 12 n, 7.

National Lead Company Limited in Liverpool, England.

Vorrichtung zur Abdichtung einer Rührwelle in zur Oxydation chemischer Stoffe dienenden Behältern, insbesondere Bleioxydkesseln.

Vom 25. Juni 1926. — Erteilt am 19. Jan. 1928. — Ausgegeben am 3. Febr. 1928. — Erloschen: 1928.

Die Erfindung betrifft eine Vorrichtung zur Abdichtung in zur Oxydation chemischer Stoffe dienenden Behältern, insbesondere Bleioxydkesseln. In solchen Kesseln wird geschmolzenes Blei in Bleioxyd durch einen Strom von Dampf oder Luft oder beiden verwandelt, welcher in den Kessel eingeführt wird, während das geschmolzene Blei durch Rührer umgerührt wird. Solche Oxydkessel besitzen die Rührer oder Schläger auf einer Welle, die in Lagern gelagert sind und mit beträchtlicher Geschwindigkeit rotieren. Die Wellen gehen durch Öffnungen und Stopfbüchsen in den Behälterseiten durch und werden entsprechend angetrieben. Der Kessel wird nach und nach mit einer dichten Masse von Oxydstaub gefüllt, welche allmählich in die Stopfbüchsen eindringt, so daß diese letzteren unwirksam werden und das feinpulverförmige Oxyd durch die rotierende Welle durch die Stopfbüchsen hindurch in die Außenluft gelangt und die Gesundheit der Arbeiter schädigt. Das öftere Erneuern der Stopfbüchsen ist ferner sehr kostspielig. Erfindungsgemäß werden Stopfbüchsen und ähnliches überflüssig, wobei die Öffnungen, durch welche die Rührwelle hindurchgeht, von einem Gehäuse eingeschlossen sind, in welches eine Strömung von Luft oder Dampf oder beiden von außen eingeführt wird, während zwischen Gehäuse und Kessel eine Öffnung, durch welche die Welle hindurchgeht, vorgesehen ist, durch welche Öffnung der Luft- oder Gasstrom in das Innere des Kessels eintritt und etwaigen Austritt des Oxyds in den Kessel zurückdrängt. Dadurch wird andererseits auch die erforderliche Antriebskraft vermindert, weil Reibung in den Lagerungen nicht mehr vorhanden ist.

Die Erfindung ist beispielsweise in der Zeichnung dargestellt.

Abb. 1 ist ein lotrechter Schnitt durch die Vorrichtung.

Abb. 2 ist ein wagerechter Schnitt.

Abb. 3 ist die Ansicht.

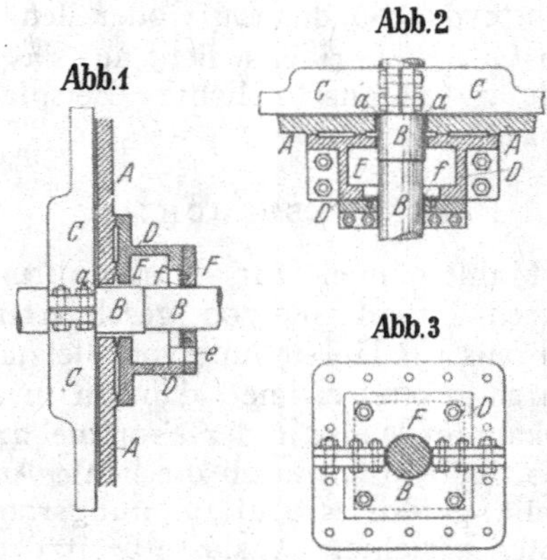

Der Oxydkessel besitzt die übliche Ausbildung, z. B. wie sie im kanadischen Patent 153 060 beschrieben ist. Die Seitenwandungen *A* des Kessels besitzen eine Öffnung *a* an jeder Seite, durch welche die Welle *B* der Rührflügel *C* hindurchgeht. An der Außenwandung einer jeden Öffnung *a* ist ein Gehäuse *D* dicht angebracht, und in diesem Gehäuse ist eine Gaskammer *E* mit einer Eintrittsöffnung *e* vorgesehen, die zum Anschrauben einer Luft-, Gas- oder Dampfleitung oder Gemisch derselben dient. Die Vorderseite des Gehäuses ist durch eine Platte *F* abgeschlossen, an deren Innenseite eine biegsame Scheibe *f* aus Leder oder Gummi befestigt ist, die sich an die Welle anlegt und sie luftdicht abschließt.

Gas, Luft oder Dampf oder Gemisch derselben wird in die Kammer *E* durch die Öffnung *e* unter Druck eingeführt, und die Luft usw. gelangt dann durch die Öffnung *a* in das Innere des Kessels. Das Bleioxyd, welches etwa aus dem Kessel entweichen sollte und in die Öffnung *a* gelangt, wird durch den Luftstrom usw. zurück in den Kessel getrieben und kann nicht nach außen gelangen. Die Luft nebst etwa zurückgetriebenem Bleioxyd wird von den Schlägern aufgenommen, die als Gebläse dienen und die Luft gleichmäßig innerhalb des Kessels verteilen, so daß die Güte und Menge des erzeugten Bleioxyds vergrößert wird. Infolgedessen braucht die Luft usw. nicht an einer anderen Stelle einzutreten, an welcher die Zentrifugalkraft der Schläger geringer ist.

Die Welle *B* könnte mit Abstreifplatten oder Schabern versehen sein, welche die Öffnung frei halten und das etwa abgesetzte Oxyd in den Kessel zurückführen, dadurch, daß das abgestreifte Oxyd mit dem eintretenden Luftstrom usw. zusammentrifft. Die Erfindung kann angewendet werden auf alle Oxydierungskessel, bei welchen die Rührwelle wagerecht, schräg oder lotrecht verläuft oder auch mit hin und her gehenden Rührern versehen ist.

Patentansprüche:

1. Vorrichtung zur Abdichtung einer Rührwelle in zur Oxydation chemischer Stoffe dienenden Behältern, insbesondere Bleioxydkesseln, bei welcher in eine von dem Behälter getrennte Kammer ein Fluidum, wie Luft, von außen unter Überdruck eintritt, dadurch gekennzeichnet, daß aus dieser Kammer (*E*) die unter Überdruck stehende Luft, Gas oder Dampf durch die zum Durchtritt der Welle (*B*) dienende stopfbüchsenlose Öffnung (*a*) in den Behälter (*A*) hineingepreßt wird.

2. Vorrichtung nach Anspruch 1, dadurch gekennzeichnet, daß in die Kammer (*E*) Druckluft usw. aus einer Außenquelle eingepreßt wird.

3. Vorrichtung nach Anspruch 1, gekennzeichnet durch eine biegsame Scheibe (*f*) an der Lageröffnung der Rührwelle durch das Gehäuse (*D*).

4. Vorrichtung nach Anspruch 1, dadurch gekennzeichnet, daß die Welle (*B*) an der Durchgangsöffnung (*a*) Schaber aufweist, welche die Öffnung ständig frei halten.

Nr. 468298. (S. 75167.) Kl. 12n, 7. Société Gamichon, Carette & Cie in Paris.

Drehofen zur technischen Herstellung von Bleioxyden.

Vom 3. Juli 1926. — Erteilt am 25. Okt. 1928. — Ausgegeben am 13. Nov. 1928. — Erloschen: 1934.

Die Erfindung betrifft einen Drehofen zur technischen Herstellung von Bleioxyden, der auf seiner Innenwandung mit längsgerichteten Ansätzen zur Mitnahme des Röstgutes versehen ist, um zu verhindern, daß das Röstgut während des Röstprozesses zusammenbackt und sich an der Innenwandung des Drehofens festsetzt. Derartige Drehöfen erfüllen im allgemeinen ihren Zweck, solange es sich beispielsweise darum handelt, Mennige durch Rösten von Bleioxyd oder -carbonat herzustellen. Sie versagen aber vollkommen, wenn beispielsweise die Herstellung der Mennige unmittelbar aus Blei im festen Zustande erfolgen soll. In diesem Falle wird vielmehr in einem mit derartigen Längsrippen o. dgl. versehenen Drehofen die Röstmasse sich nur sehr träge und schwerfällig auf der Ofenwandung fortwälzen, allmählich zusammenbacken und sich schließlich auf der Innenwandung des Ofens festsetzen, so daß alsdann die Einwirkung des den Ofen durchströmenden Oxydationsgases genau so wie bei einem nicht drehbaren Ofen lediglich auf die Oberfläche der Ofenfüllung beschränkt bleiben wird.

Durch die Erfindung soll die Möglichkeit geschaffen werden, Mennige und andere Bleioxyde in einem einzigen und ununterbrochenen Arbeitsgang unmittelbar aus Blei in festem oder flüssigem Zustande zu erzeugen. Dieser Zweck wird erfindungsgemäß dadurch erreicht, daß die auf der Innenwandung des Ofens vorgesehenen längsgerichteten Ansätze die Form breiter Schaufeln besitzen, die das dem Ofen zugeführte Röstgut bei der Drehung des Ofens in Teilmengen zerlegen und diese ständig vom tiefsten Teil des Ofens in die Nähe seines höchsten Teiles mitnehmen, um sie alsdann von hier aus im freien Fall als Regen dem unteren Teil des Ofens wieder zuzuführen. Hierbei ist dem das Ofeninnere durchströmenden Oxydationsgas die Möglichkeit gegeben, das im ständigen Kreislauf regenartig herniederfallende Röstgut innig zu durchdringen und in verhältnismäßig kurzer Zeit zu oxydieren.

Die Zeichnung veranschaulicht ein Ausführungsbeispiel der Erfindung, und zwar zeigt

Abb. 1 den Längsschnitt und

Abb. 2 den Querschnitt des Ofens.

Der Drehofen *a* ist an seinem einen Ende mit einem Einlaßstutzen *b* und an seinem anderen Ende mit einem Austrittsstutzen *c* versehen. Im Innern des Drehofens *a* ist eine Anzahl von ringförmigen Scheidewänden *d* befestigt, die den Hohlraum des Ofens in eine Anzahl von Abteilungen unterteilen und den Zweck haben, die Bewegung des Röstgutes von der Eintrittsseite des Ofens nach der Austrittsseite hin zu verzögern. Diese Verzögerung der Röstgutbewegung ist bei für Dauerbetrieb eingerichteten Öfen unerläßlich. An der Innenwand des Drehofens *a* sind weiterhin eine Anzahl gleichlaufender, in der Richtung der Längsachse geführter Schaufeln *e* befestigt, die zweckmäßig aus Stahl bestehen und verhältnismäßig große Breite haben, die beispielsweise $^1/_4$ des Ofendurchmessers beträgt. Diese Schaufeln *e* sind zweckmäßig in der Richtung der Ofendrehung schräg gestellt und an ihrem inneren freien Rande aufgebogen, wie dies aus Abb. 2 zu ersehen ist.

Abb. 1

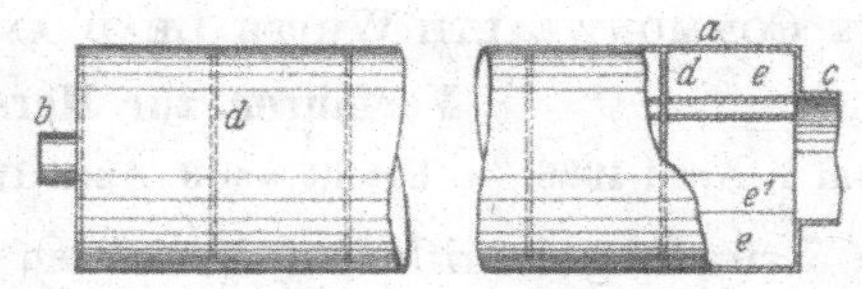

Abb. 2

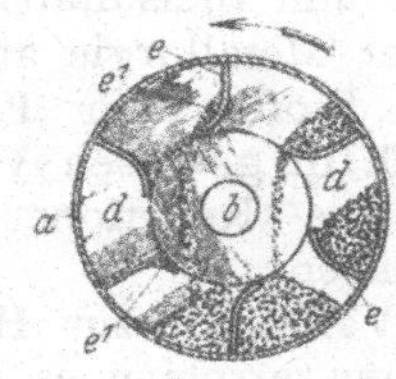

Die Schaufeln *e* wirken in der Weise, daß sie bei der Beschickung des Ofens das zugeführte Röstgut in eine entsprechende Anzahl kleinerer Teilmengen unterteilen, die alsdann bei der Drehung des Ofens von dessen tiefstem Teil ununterbrochen bis in die Nähe seines höchsten Teiles mitgeführt werden. Die Schrägstellung und die Aufbiegung der Schaufeln *e* verhindert hierbei, daß die von den Schaufeln mitgenommenen Teilmengen von diesen herabgleiten können, ehe sie im oberen Teil des Drehofens angelangt sind. Erst wenn dies der Fall ist, fließt die betreffende Teilmenge in Form eines regenförmigen Vorhanges von der aufgebogenen Vorderkante e^1 der Schaufel *e* ab und wird hierdurch dem unteren Teil des Ofens wieder zugeführt, worauf der eben beschriebene Vorgang sich von neuem wiederholt. Die zu röstende Masse bleibt also in ständiger rascher Bewegung und wird in kurzen Zeitabschnitten derart fein unterteilt, daß sie mit dem Oxydationsgas nicht nur oberflächlich, sondern in denkbar innigster Weise in Berührung kommt. Der Oxydationsprozeß vollzieht sich infolgedessen nicht nur sehr schnell, sondern auch in derart wirksamer Weise, daß der Ofen aus Blei im festen Zustande handelsfertige Mennige bester Art zu liefern vermag.

Soll der Ofen für unterbrochenen Betrieb benutzt werden, d. h. in der Weise, daß eine bestimmte Röstgutmenge in einem abgeschlossenen Arbeitsgang behandelt wird, ohne daß während des Röstprozesses eine Zuführung frischen und eine gleichzeitige Abführung fertigen Röstgutes stattfindet, so genügt die Weglassung der Zwischenwände *d* und eine entsprechende Abänderung der Beschickungs- und der Abziehvorrichtungen.

Patentansprüche:

1. Drehofen zur technischen Herstellung von Bleioxyden, der auf seiner Innenwandung mit längsgerichteten Ansätzen zur Mitnahme des Röstgutes versehen ist, dadurch gekennzeichnet, daß die Ansätze die Form breiter Schaufeln besitzen, die das Röstgut bei der Drehung des Ofens in Teilmengen ständig vom tiefsten Teil des Ofens in die Nähe seines höchsten Teiles mitnehmen und von hier aus in freiem Fall als Regen dem unteren Teil des Ofens wieder zuführen.

2. Drehofen nach Anspruch 1, dadurch gekennzeichnet, daß die Schaufeln des Drehofens in der Richtung der Ofendrehung schräg gestellt sind.

3. Drehofen nach Anspruch 1 und 2, dadurch gekennzeichnet, daß die Schaufeln an ihrem inneren, freien Rande in der Richtung der Ofendrehung aufgebogen sind.

Nr. 496557. (C. 38041.) Kl. 12n, 7.

The Commonwealth White Lead and Paints Proprietary Limited in Melbourne

Verfahren zur Herstellung von Bleiverbindungen.

Vom 1. April 1926. — Erteilt am 3. April 1930. — Ausgegeben am 7. Mai 1930. — Erloschen: 1932.

Die Erfindung betrifft ein Verfahren zur Herstellung von Bleiverbindungen zwecks Verwendung als solche oder zur Darstellung von Bleisalzen o. dgl., insbesondere zur Herstellung von Bleioxyden (Bleiglätte, Mennige), Bleicarbonaten und Bleisulfaten.

Es ist in der Metallurgie an sich bekannt, pulverförmige Stoffe oder Erze zu brikettieren, um sich in gewissen Verfahrensstufen gegen chemische Reaktionen, Oxydationen o. dgl. zu schützen.

Bei einem Verfahren zur Herstellung von Bleiverbindungen erschien es bisher unerläßlich, das Material in Pulverform der Reaktion zu unterwerfen. Mit den bekannten Verfahren sind wesentliche Nachteile verknüpft, welche in einer gesundheitlichen Schädigung der Arbeiter und in einer geringen Güte des erhaltenen Produkts begründet sind. Das pulverförmige, fein verteilte Bleioxyd hat ferner unter Umständen die Neigung, mit den die Heizkammer bildenden Materialien in Reaktion zu treten, wodurch das Produkt stark verunreinigt wird. Ferner sind bei dem bekannten Verfahren Rührvorrichtungen und sonstige mechanische Einrichtungen zur Behandlung des Materials nicht zu vermeiden, wodurch das Produkt infolge chemischer Reaktionen zwischen dem Bleistaub und dem Konstruktionsmaterial der Rührvorrichtungen ebenfalls erheblich beschädigt wird.

Bei den bekannten Brikettierungsverfahren erfolgt die Herstellung von Briketten zu dem Zwecke die in den Briketten eingeschlossenen Teilchen vor einer chemischen Einwirkung von Reagenzien zu schützen.

Bei der Herstellung von Bleiverbindungen liegt die entgegengesetzte Aufgabe vor, es sollen sämtliche Teilchen der Einwirkung der Reagenzstoffe unterworfen werden. Es hat sich nun überraschenderweise gezeigt, daß trotzdem günstige Ergebnisse mit Briketten erzielt werden, welche erfindungsgemäß aus Bleioxydstaub in vollkommen poröser Beschaffenheit hergestellt werden, dabei hat sich trotz der Verwendung des Materials in Brikettform ergeben, daß die chemische Reaktion sämtliche Teilchen des Briketts, auch die innenliegenden, vollkommen erfaßt. Es hat sich ferner herausgestellt, daß durch die Verwendung des Verfahrens gemäß der Erfindung alle bei der Herstellung von Bleiverbindungen nach bekannten Verfahren auftretenden Nachteile und Schwierigkeiten vollständig beseitigt werden.

Durch das Verfahren gemäß der Erfindung wird eine gesundheitliche Schädigung der mit der Durchführung beschäftigten Arbeiter vollkommen vermieden, zumal wenn das Verfahren in bekannter Weise bei einem Unterdruck durchgeführt wird. Ferner werden durch das neue Verfahren Produkte von großer Reinheit unter Vermeidung von Materialverlusten erhalten.

Die nach dem Verfahren hergestellten Brikette erhärten sehr schnell und können ohne eine gesundheitliche Schädigung von den Arbeitern gehandhabt werden.

Es ist auch bereits bekannt, in einem Ofen bewegtes flüssiges Blei durch Einblasen von Luft in Bleioxyd überzuführen sowie dieses Bleioxyd in Sammelgefäßen zu sammeln.

Die Erfindung besteht nun in der Kombination der genannten an sich bekannten Maßnahmen mit der Brikettierung, die bisher zur Weiterverarbeitung der Bleioxyde nicht für zweckmäßig erachtet wurde. Im einzelnen besteht das Verfahren nach der Erfindung darin, daß in einem Ofen bewegtes flüssiges oder bereits mit Bleioxyd zu einer bröckeligen, pastenförmigen Masse vermengtes Blei durch Einblasen von Luft in Bleioxyd übergeführt, das Bleioxyd in Sammelgefäßen gesammelt und von den Sammlern aus an ein Mischwerk abgegeben wird, in dem es mit Wasser zu einer zusammenhängenden Masse gemischt wird, worauf es schließlich in eine Presse gelangt, wo es zu Briketten verformt wird, die einer weiteren Behandlung zur Herstellung anderer Bleiverbindungen unterworfen werden.

Die Brikette gemäß der Erfindung werden aus staubförmigen Teilchen von teilweise oxydiertem Blei hergestellt, wobei die kleinsten Teilchen durch kleine mit Luft, Wasser angefüllte Zwischenräume voneinander getrennt sind, so daß die Brikette eine große Porösität aufweisen. Um die Einwirkung der Reangenzstoffe möglichst intensiv zu gestalten und die Anwendung von Misch- oder Rührvorrichtungen beim Reaktionsprozeß zu vermeiden, können die Brikette so geformt und ausgebildet sein, daß der Abstand irgendeines beliebigen Briketteilchens von einer freien, der Einwirkung zugänglichen Oberfläche nicht mehr als ungefähr 13 mm beträgt. Das genügt, um eine Umwandlung sämtlicher Briketteilchen herbeizuführen. Die Temperatur, bei welcher das Blei, um es in Pulverform überzuführen, erhitzt wird, wird so niedrig gehalten und die Umwandlung des Bleis in Staub geht so schnell vor sich, daß das Blei durch das für die Herstellung der Apparate benutzte Material nicht verunreinigt wird. Zweckmäßig können vor der Weiterverarbeitung die Brikette einer mit »Reifung« und »Alterung« bezeichneten Behandlung unterworfen werden. Die Brikette werden zu diesem Zwecke nach der Wärmetrocknung warmer feuchter Luft ausgesetzt, welche aus den Trockenkammern entnommen werden kann. Die Alterung erfolgt indessen vollständiger und gleichmäßiger unter der Wirkung der gewöhnlichen atmosphärischen Luft. Während die Zusammensetzung des Bleioxydstaubes, der die Erzeugungstrommel verläßt, folgende ist:

Blei (Metall) 53 %, Bleioxyd 40 %, Bleihydrat 7%, Bleicarbonat Spuren, ergibt eine Analyse der Brikette in der Regel folgende typische Zusammensetzung:

Blei (Metall) 12 %, Bleioxyd 75 %, Bleihydrat 13 %, Bleicarbonat Spuren.

Merkmal der Erfindung ist ferner, daß die in der genannten Weise erhaltenen Brikette zur Herstellung von Bleiglätte oder Bleimonoxyd (PbO) verwendet werden. Dabei unterwirft man in an sich bekannter Weise die Brikette nach der Alterung bei nicht weniger als 550° C in einem Muffelofen der Einwirkung eines Luftstromes. Ebenso werden die Brikette zur Herstellung von Mennige (Pb_3O_4) verwendet; dazu läßt man sie vorher altern und behandelt sie bei einer etwas unter Rotglut gelegenen, 550° C nicht übersteigenden Temperatur in an sich bekannter Weise.

Bleisulfate werden in der Weise hergestellt, daß man die Brikette altern läßt und mit einem geeigneten Reagenzmittel, wie Schwefelsäure, behandelt.

An einer auf der Zeichnung teilweise schematisch dargestellten Anlage ist das Verfahren nach der Erfindung noch einmal im einzelnen veranschaulicht.

Abb. 1 zeigt eine Ansicht zur Ausführung des Verfahrens nach der Erfindung geeigneten Anlage teilweise im Schnitt;

Abb. 2 einen Querschnitt durch eine drehbare Trommel, in welcher das Blei in Staubform und teilweise in Bleioxyd übergeführt wird;

Abb. 3 zeigt eine Ansicht einer Presse;

Abb. 4 zeigt ein Brikett in Ansicht;

Abb. 5 zeigt ein Brikett in einem senkrechten Schnitt;

Abb. 6 stellt einen Schnitt durch einen Muffelofen und

Abb. 7 ein Schema für die Ausführung des Verfahrens gemäß der Erfindung dar.

Gemäß dem Schema der Abb. 7 wird metallisches Blei *A* bei Einwirkung von Hitze unter teilweiser Umwandlung in Bleioxyd in Pulverform verwandelt, wobei ein Luftstrom die Teilchen des Staubes schwebend mit sich führt. Der Staub wird aus der Luft bei *B* ausgeschieden und bei *C* mit Wasser gemischt, so daß er eine selbstbindende Masse bildet. Letztere wird bei *D* in Brikette gepreßt, welche in *E* erhärten. In *F* werden die Brikette vor ihrer Weiterverarbeitung einer mit »Reifung« und »Alterung« bezeichneten Behandlung unterworfen. Indessen ist eine Alterung nicht in allen Fällen erforderlich.

Gealterte Brikette können beispielsweise, wie in *G*, *H* angedeutet, in Gegenwart von Luft einer Wärmebehandlung unterworfen werden, um sie in Bleimonoxyd (Bleiglätte) und Mennige überzuführen. Um Bleisulfate herzustellen, werden die Brikette einer Alterung unterworfen und dann mit Säure behandelt. Bleicarbonate und gewisse andere Bleiverbindungen werden indessen aus ungealterten Briketten hergestellt. Diese werden bei *K* bzw. *L*, *M* der Einwirkung geeigneter Reaktionsstoffe ausgesetzt.

und die Staubsammler ist durch Pfeile angedeutet. Aus der Trommel 2 gelangen die Staubteilchen nach einer Leitung 17, wobei die schwereren Teile in einen darunter befindlichen Vorsammler 18 fallen können. Die leichteren Teilchen werden durch einen Luftstrom mitgenommen, welcher durch eine Öffnung im Behälter 18 angesaugt wird. Hierdurch wird gleichzeitig vermieden, daß Staub aus dem Vorsammler ins Freie entweichen kann.

Die leichteren Teilchen werden aus der Leitung 17 durch eine Leitung 20 in einen zweiten Staubsammler 21 und gegebenenfalls

Abb. 1

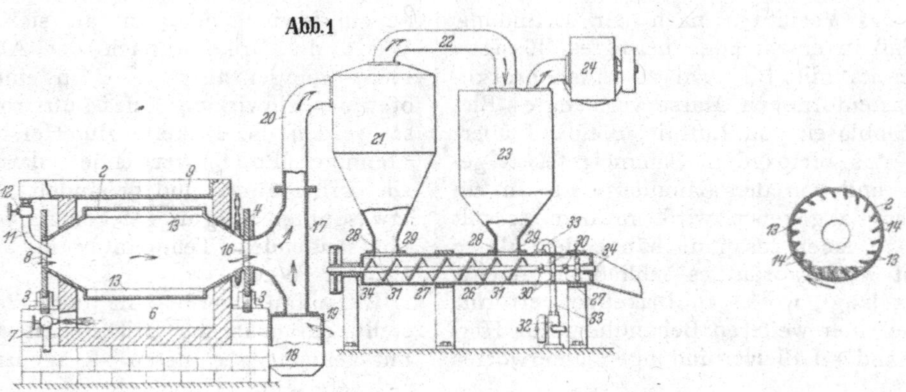

Die Vorrichtung gemäß Abb. 1 besteht aus einer drehbaren, auf Rollen 3 ruhenden Trommel 2, welche mittels eines Zahnrades 4 in Drehung versetzt wird. Die Trommel ist innerhalb eines Ofens 6 angeordnet und wird bei 7 beispielsweise mit Öl geheizt. Das Blei wird aus einem Behälter 9 durch ein Ventil 12, ein Rohr 11 an der Zuführungsöffnung 8 an einem Ende in geschmolzenem Zustande eingeführt. Der über der Trommel liegende Behälter kann durch letztere oder durch eine besondere Heizvorrichtung erwärmt werden. In der Trommel sind in ihrer Längsrichtung auf ihrem inneren Umfang schräg geneigte Rippen 13 angeordnet, welche Taschen 14 bilden.

Die Drehtrommel wird durch die Ölfeuerung über den Schmelzpunkt des Bleies hinaus erhitzt, indessen nicht so weit, daß sich Bleiglätte in größerer Menge bilden kann. Die Bleimasse fließt infolge der Drehung der Trommel aus den Taschen 14 in dünnen Strahlen aus. Durch die Öffnung 8 wird Luft in die Trommel eingeführt, welche das aus den Taschen abfließende fein verteilte Blei schwebend mit sich führt, so daß es als feiner Staub von Blei und Bleioxyd in den sich an die Trommel anschließenden Staubsammlern niedergeschlagen wird. Die Richtung des Luftstroms durch die Trommel 2

durch eine Leitung 22 nach einem dritten Staubsammler 23 unter der Saugwirkung eines am Ende der Leitung angeordneten Exhaustors 24 gesaugt.

Der durch die Staubsammler ausgeschiedene Staub gelangt im wesentlichen in den Behälter 26, welcher aus einer Förder- und einer Mischkammer besteht. Der Staub tritt durch Öffnungen 28, 29 aus den Staubsammlern 21, 23 in den Behälter 26 ein, wird hier durch mittels Pumpe 32 und Rohrleitung 33 zugeführtes Wasser in der Kammer 27 angefeuchtet, durch eine Schnecke 31 gefördert und durch Schaufeln 30 gemischt. Die Schnecke sowie die Schaufeln 30 werden durch die Welle 34 in Drehung versetzt. Aus der Mischkammer 27 gelangt der angefeuchtete Bleistaub zu einer Presse 35 (Abb. 3), in der die Masse zu Briketten 36 gepreßt wird. Letztere werden gemäß Abb. 4 und 5 mit Kanälen 37 und Nuten 38 versehen und zweckmäßig in den Abmessungen von etwa 12,5 × 10 × 6,5 cm hergestellt.

Die Brikette werden hierauf in der Wärme getrocknet und, soweit erforderlich, einem Alterungsverfahren unterworfen. Dies kann durch die Einwirkung von warmer, feuchter Luft geschehen, welche aus den Trockenkammern entnommen werden kann. Die Alterung erfolgt indessen vollständiger und gleichmäßiger unter der Wirkung der gewöhnlichen atmosphärischen Luft. Zur Herstellung von Mennige werden die Brikette gegebenenfalls zunächst gealtert und dann in einem Muffelofen 41 gemäß Abb. 6 bei einer 550° C nicht übersteigenden Temperatur behandelt. Die Luft tritt bei 42 ein, durch 43 aus, wobei sie die auf Platten 44 mit ihren Kanälen in geeigneter Weise ausgerichteten Brikette 36

Abb.6

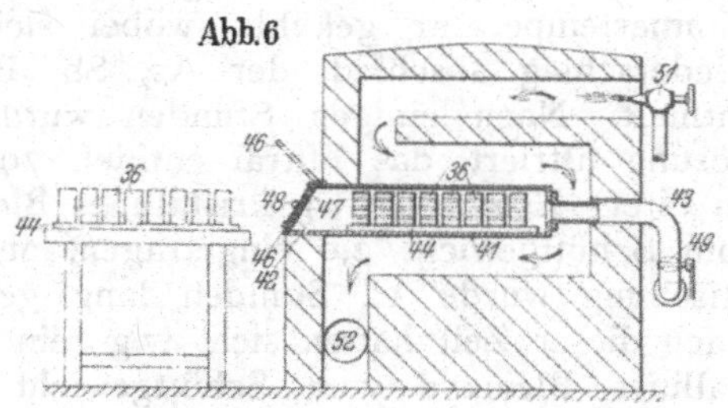

durchstreicht. Der Einlaß trägt einen mit Öffnungen 47 versehenen Verschluß 46, gegebenenfalls mit einer geeigneten Regelvorrichtung 48. In dem Luftauslaßrohr 43 ist eine Drosselklappe 49 angeordnet. Der Muffelofen wird durch eine Vorrichtung 51 etwa mit Öl geheizt, wobei die Verbrennungsgase auf dem durch Pfeile angedeuteten gewundenen Wege 52 in einen Schornstein austreten.

Die vorbeschriebene Vorrichtung soll nur als Beispiel für die Ausübung des Verfahrens gemäß der Erfindung dienen und kann selbstverständlich in mannigfacher Weise abgeändert werden.

Patentansprüche:

1. Verfahren zur Herstellung von Bleiverbindungen zwecks Verwendung als solche oder zur Darstellung von Bleisalzen o. dgl., dadurch gekennzeichnet, daß in einem Ofen bewegtes flüssiges oder bereits mit Bleioxyd zu einer bröckeligen, pastenförmigen Masse vermengtes Blei durch Einblasen von Luft in Bleioxyd übergeführt, das Bleioxyd in Sammelgefäßen gesammelt und von den Sammlern aus an ein Mischwerk abgegeben wird, in dem es mit Wasser zu einer zusammenhängenden Masse gemischt wird, worauf es schließlich in eine Presse gelangt, wo es zu Briketten verformt wird, die einer weiteren Behandlung zur Herstellung anderer Bleiverbindungen unterworfen werden.

2. Verfahren nach Anspruch 1, dadurch gekennzeichnet, daß die Brikette so geformt und ausgebildet sind, daß der Abstand irgendeines beliebigen Briketteilchens von einer freien, der Einwirkung zugänglichen Oberfläche nicht mehr als ungefähr 13 mm beträgt.

3. Verfahren nach Anspruch 1 und 2, dadurch gekennzeichnet, daß die Brikette vor ihrer weiteren Behandlung durch eine Behandlung mit kalter oder warmer Luft, gegebenenfalls in Gegenwart von Feuchtigkeit, einem Alterungsvorgang unterworfen werden.

4. Verwendung der nach Anspruch 1 bis 3 erhaltenen Brikette zur Herstellung von Bleiglätte oder Bleimonoxyd (PbO).

5. Verwendung der nach Anspruch 1 bis 3 erhaltenen Brikette zur Herstellung von Mennige (Pb_3O_4).

6. Verfahren nach Anspruch 1 bis 3 zur Herstellung von Sulfaten, dadurch gekennzeichnet, daß man die Brikette nach der Alterung mit Schwefelsäure beispielsweise behandelt.

Im Orig. 7 Abb.

Nr. 551 027. (F. 26. 30.) Kl. 12n, 7. Dr. Alexis Finkelstein in Bernburg.

Trennung und Gewinnung von Blei in Form von Bleioxyd aus Gemischen mit Metallen, die in Ätzalkalien lösliche Oxyde bilden.

Vom 13. Mai 1930. — Erteilt am 4. Mai 1932. — Ausgegeben am 26. Mai 1932. — Erloschen: 1934.

Die Erfindung betrifft die Trennung und Gewinnung von Bleioxyd aus Gemischen mit Metallen, welche in Ätzalkalien lösliche Oxyde bilden, und besteht darin, daß die Ätzalkalilösung des Metallgemisches auf oder unter die Kristallisationstemperatur des Bleioxyds abgekühlt wird. Dabei fallen zunächst die Oxyde der Metalle außer Blei aus; nach ihrer Abtrennung von der Lösung wird die Kristallisation des Bleioxyds, zweckmäßig bei konstanter Temperatur, bewirkt.

Die Ausscheidung von Bleioxyd aus ätzalkalischer Lösung durch Temperaturerniedrigung ist an sich bekannt; diese Maßnahme ist aber noch nicht für die Trennung des Bleis von anderen Metallen und die Gewinnung reinen Bleioxyds verwendet worden.

Es wurde bereits vorgeschlagen, Bleioxyde aus Bleirauch und anderen das Blei als Sulfat oder Sulfid enthaltenden Materialien durch Röstung mit Soda und Ätznatron zu gewinnen. Das gewonnene Bleicarbonat wurde nach diesem Verfahren von Arsenik und Antimon getrennt, war aber mit allen im Rohzustande vorhandenen Stoffen, insbesondere Eisen und Mangan, verunreinigt, welche bei alkalischer Laugung nicht in Lösung gehen.

Es ist ferner vorgeschlagen worden, Bleiglanz und andere geschwefelte Bleierze in durch Alkali zersetzbare Bleisalze überzuführen, mit heißer Natronlauge zu lösen und das Bleioxyd durch Kristallisation aus dieser auszuscheiden. Nach diesem Verfahren erfolgte eine Trennung von Eisen und Mangan, jedoch blieben Arsen und Antimon im Blei zurück.

Die Kristallisation nach dem Verfahren der Erfindung erfolgt zweckmäßig aus Laugen, die von Carbonaten und Sulfaten ganz oder nahezu frei sind. Wenn das zu verarbeitende Rohmaterial Bleisulfat oder andere unlösliche Metallsulfate enthält, so muß dem Lösungsprozeß eine Vorbehandlung vorausgehen, durch welche die Sulfate in bekannter Weise in Hydroxyde oder Carbonate verwandelt werden. Die Verwandlung in Carbonat kann beispielsweise durch Verrühren mit Sodalösung, die Verwandlung in Hydroxyd durch Verrühren mit Ammoniak erfolgen. Aus dem so erhaltenen Zwischenprodukt wird durch Erhitzen mit ätzalkalischer Lauge eine Lösung gewonnen, welche das Blei in Form von Natrium(Alkali)-plumbit und daneben, je nach Art des Zwischenprodukts oder des Ausgangsmaterials und der Laugen, mehr oder weniger Alkalicarbonat in Lösung enthält. Es hat sich gezeigt, daß das Alkalicarbonat ohne Bleiverlust mit Ätzkalk aus der Lösung entfernt werden kann. Der Vorgang verläuft ganz ähnlich wie bei der Kaustizierung bleifreier Laugen. Der Lauge wird entweder bei der Lösung oder in einem besonderen Arbeitsgang eine der zu entfernenden Kohlensäure äquivalente Menge Kalk zweckmäßig mit einem kleinen Überschuß zugesetzt.

Die Kristallisation des Bleioxyds kann erfindungsgemäß durch Impfung mit Bleioxydkristallen erfolgen, zweckmäßig unter Rühren. Es können dabei Kristalle der gewünschten Körnung und Tracht verwendet werden, wobei Kristalle ungefähr in der Größe und Tracht entstehen, wie sie zur Impfung verwendet worden sind, wenn darauf geachtet wird, daß die Temperatur konstant bleibt. Statt Bleioxyd kann auch kristallines Bleioxydhydrat für die Impfung verwendet werden. Es ist zweckmäßig, zur Impfung eine größere Menge Keim, entsprechend etwa 10 % des Bleigehalts der Lösung, zu verwenden.

Auf diese Weise läßt sich ein Bleioxyd gewinnen, das zum Pasten von Akkumulatorplatten gut geeignet ist.

Beispiel 1

Das Ausgangsmaterial war Akkumulatorenasche, die 76,5 % Pb, 14 % SO_4 und kleinere Mengen As, Sb, Bi, Cu, Fe, Zn und Unlösliches enthielt. Das Material wurde zunächst in bekannter Weise mit Sodalösung behandelt, um das Sulfat in Carbonat zu verwandeln. 70 g des so vorbehandelten Materials wurden unter Zusatz von 15 g vorher abgelöschten Ätzkalks in 1 l Mutterlauge eingetragen, die 200 g NaOH und 28 g Pb enthielt, und 2 Stunden gekocht. Die Lösung, welche 80 g Pb im Liter enthielt, wurde ohne Trennung vom Lösungsrückstand auf Zimmertemperatur gekühlt, wobei sich ein Niederschlag abschied, der As, Sb, Bi, Fe enthielt. Nach einigen Stunden wurde die Lösung filtriert, das Filtrat enthielt 79 g Pb im Liter. Es wurden 8 g kristallines Bleioxyd vom Schüttgewicht 2,0 eingetragen, und die Mischung wurde 12 Stunden lang gerührt. Nach dieser Zeit hatten sich 47 g reines kristallines Bleioxyd vom Schüttgewicht 2 abgeschieden. Die Mutterlauge, die noch 32 g Pb im Liter enthielt, wurde zur Auflösung einer neuen Menge des Ausgangsmaterials verwendet.

Beispiel 2

Akkumulatorenasche wie in Beispiel 1 wurde bei gewöhnlicher Temperatur mit einer wässerigen Lösung von Ammoniak verrührt. Auf 100 Gewichtsteile des Rohmaterials wurden 300 Teile Ammoniakflüssigkeit mit einem Gehalt von 17 g NH_3 im Liter verwendet. Hierdurch wird das Bleisulfat in eine unlösliche Verbindung entsprechend etwa der Formel $7\,Pb(OH)_2\,PbSO_4$ verwandelt. Die gebildete Lösung von Ammoniumsulfat wurde abgehebert; der Bodenkörper wurde mit 300 Teilen einer Natronlauge von 15 g NaOH im Liter verrührt, die ihm den Rest der Schwefelsäure entzog. Das so vorbehandelte Material wurde wie in Beispiel 1 in Natronlauge gelöst und weiterbehandelt, mit dem Unterschiede, daß der Kalkzusatz auf den vierten Teil vermindert wurde.

Patentansprüche:

1. Trennung und Gewinnung von Blei in Form von Bleioxyd aus Gemischen mit Metallen, welche in Ätzalkalien lösliche Oxyde bilden, dadurch gekennzeichnet, daß die bei der Abkühlung der Ätzalkalilösung auf oder unter die Kristallisationstemperatur des Bleioxyds ausgefallenen Oxyde der übrigen Metalle abgetrennt und dann die Kristallisation des Bleis, zweckmäßig bei konstanter Temperatur, bewirkt wird.

2. Verfahren nach Anspruch 1, dadurch gekennzeichnet, daß die Kristallisation aus ganz oder nahezu carbonat- und sulfatfreier Lauge erfolgt.

3. Verfahren nach Anspruch 1 und 2, dadurch gekennzeichnet, daß die Kristallisation des Bleioxyds durch Impfung, zweckmäßig unter Rühren herbeigeführt wird.

4. Verfahren nach Anspruch 1 bis 3, dadurch gekennzeichnet, daß die Kristallisation des Bleioxyds mit Impfkristallen gewünschter Körnung und Tracht herbeigeführt wird.

Nr. 463238. (W. 68415.) Kl. 12n, 7.

WILHELM WITTER IN HALLE A. S. UND DR. PAUL NEHRING IN BRAUNSCHWEIG.

Verfahren zur Gewinnung von Bleichlorid durch Behandeln von Bleisulfat enthaltenden Rohmaterialien mit Chloridlösungen.

Vom 6. Febr. 1925. — Erteilt am 5. Juli 1928. — Ausgegeben am 24. Juli 1928. — Erloschen: 1933.

Gegenstand der Erfindung ist ein Verfahren, um technisches Bleisulfat oder solches enthaltende Stoffe in hochwertige Bleiverbindungen überzuführen.

Bei der Verarbeitung der Aufbereitungsprodukte von sulfidischen Blei-Zink-Erzen hat man bereits vorgeschlagen, die Sulfide durch Schwefelsäure o. dgl. in Sulfat umzuwandeln und das Gemisch mit gesättigter Kochsalzlösung eine halbe Stunde auf 100° C zu erhitzen; die heiße Lösung wurde dann in ein Kühlgefäß geleitet und sonderte dort eine Mischung von Bleisulfat und Bleichlorid ab, die hüttenmännisch weiterbehandelt wurde.

Gegenüber diesem bekannten Verfahren hat die vorliegende Erfindung mehrere wesentliche Vorteile, vor allem den, daß man etwa die zwei- bis dreifache Menge Blei in kürzerer Zeit aus dem behandelten Bleisulfat in Lösung erhält, und zwar in Form reiner Bleiverbindung (Chlorid). Dies wird dadurch erreicht, daß man auf das bleisulfathaltige Gut eine konzentrierte Lösung von Kochsalz oder anderen Chloriden unter Druck und bei erhöhter Temperatur einwirken läßt.

Während aus einem Bleischlamm durch zweistündiges Behandeln mit konzentrierter Kochsalzlösung unter gewöhnlichem Druck bei 100° im günstigsten Falle nur etwa 2,6 % Blei in Lösung gebracht werden konnten, gelang es, beim Arbeiten nach dem vorliegenden Verfahren erheblich größere Ausbeuten an Blei in Lösung zu erhalten:

unter etwa	1,2	Atm. Druck	(etwa 106° C)	5,8 % Blei
- -	1,5	- -	(- 110° C)	6,3 % -
- -	2,0	- -	(- 120° C)	8,4 % -
- -	2,9 bis 3	- -	(- 130° C)	9,7 % -
- -	4	- -	(- 140° C)	11,2 % -

Unter gewöhnlichem Druck bei Temperaturen von etwa 100° wurde schon bei Anwesenheit von 1,8 % Natriumsulfat Rückbildung von Bleisulfat festgestellt, was beim Arbeiten im Druckgefäß nicht eintrat, trotzdem z. B. bei den letzten obengenannten Versuchen (mit etwa 4 Atm. Druck) etwa 6 % Natriumsulfat in der Chloridlösung vorhanden waren.

Das Verfahren wird beispielsweise folgendermaßen ausgeführt: Technisches Bleisulfat o. dgl. wird zunächst durch Waschen mit Wasser von den anhaftenden löslichen Stoffen (Salzen, freier Säure usw.) befreit und darauf mit der äquivalenten Menge einer (etwa 25prozentigen) Kochsalzlösung unter Rühren einem Druck von etwa 4 bis 5 Atm. bei einer Temperatur von etwa 140 bis 150° C unterworfen. Nach Beendigung der Umsetzung (etwa 10 bis 15 Minuten) läßt man kurze Zeit klären und die bleihaltige Flüssigkeit weiter unter Druck durch eine geheizte Filterpresse laufen.

Durch Abkühlen der klaren Filterflüssigkeit erhält man reine Bleichloridkristalle; jedoch kann man vor Abscheidung der Kristalle in irgendeiner bekannten Weise auch das Blei als Metall oder als sonstige Verbindung ausfällen.

Wie erwähnt, läßt sich dieses Verfahren auch auf Stoffe anwenden, die das Blei nicht als Sulfat enthalten, wie z. B. Sulfiderze und ihre Aufbereitungsprodukte, indem zuerst das Sulfid in Sulfat umgewandelt wird.

PATENTANSPRÜCHE:

1. Verfahren zur Gewinnung von Bleichlorid durch Behandeln von Bleisulfat enthaltenden Rohmaterialien mit Chloridlösungen, dadurch gekennzeichnet, daß man die Reaktion im Druckgefäß bei erhöhter Temperatur durchführt.

2. Verfahren nach Anspruch 1, dadurch gekennzeichnet, daß man eine Kochsalzlösung von etwa 25 % unter etwa 4 bis 5 Atm. bei einer Temperatur von etwa 140 bis 150° auf das Bleisulfat einwirken läßt.

Nr. 525561. (R. 76087.) Kl. 12n, 7.

HERBERT WILLIAM ROBINSON IN BIRMINGHAM
UND DERIC WILLIAM PARKES IN RYDERS GREEN, WEST BROMWICH, ENGLAND.

Verfahren zur Erhöhung der Löslichkeit von Bleichlorid in wäßrigen Lösungen von Alkaliacetat.

Vom 26. Okt. 1928. — Erteilt am 7. Mai 1931. — Ausgegeben am 28. Mai 1931. — Erloschen: 1932.

Englische Priorität vom 17. Febr. 1928 beansprucht.

Es ist bekannt, daß Bleichlorid sich in wäßriger Natriumacetatlösung löst. Diese Lösungen enthalten jedoch nicht mehr als 5 % Bleichlorid.

Der Zweck der vorliegenden Erfindung ist, eine Lösung herzustellen, welche eine weit größere Menge von Bleichlorid enthält, als es bisher möglich war, und dies durch ein äußerst einfaches Verfahren zu erreichen. Dies gelingt, wenn gemäß der Erfindung Alkaliacetatlösungen geringe Mengen von Säuren zugesetzt werden, die lösliche Bleisalze bilden. Die Säure wird am besten zugesetzt, nachdem die Mischung von Bleichlorid und Alkaliacetat auf etwa 80° C erhitzt worden ist. Dann wird stets eine klare Lösung erhalten.

In der folgenden Übersicht sind Versuchsergebnisse mit verschiedenen Säuren dargestellt:

Zusammensetzung des Lösungsmittels in Gewichtsteilen		Gewichtsteile des Bleichlorids auf 100 Teile des Lösungsmittels, die bei 80° gelöst werden in Gegenwart von					
Natrium-acetat	Wasser	keiner Säure	konzentrierter HNO_3 1 ccm	verdünnter HNO_3 (2 Vol. HNO_3, 3 Vol. H_2O) 1 ccm	konzentrierter Salzsäure	verdünnter Schwefelsäure (1 Vol. H_2SO_4, 5 Vol. H_2O) 1 ccm	Oxalsäure, kristall. 0,5 g
30%	70%	3	17	13	13	9	10
40%	60%	4	24	16	20	13	15
50%	50%	5	46	22	29	17	20
60%	40%	8	77	28	54	22	35
70%	30%	9	85	41	64	33	62
80%	20%	11	109	49	78	32	60
90%	20%	12	unbestimmt	31	unbestimmt	22	unbestimmt

Es ergibt sich also, daß durch den geringen Säurezusatz zum Lösungsmittel die Lösungsfähigkeit des Bleichlorids stark ansteigt. Besonders günstig liegt die Wirkung bei Salpetersäure.

Die Lösung kann in allen solchen Fällen verwendet werden, wo Bleichlorid als Reagens Verwendung finden soll, besonders aber bei der Behandlung von Ammoniaklaugen zur Wiedergewinnung von Katechinen.

PATENTANSPRÜCHE:

1. Verfahren zur Erhöhung der Löslichkeit von Bleichlorid in wäßrigen Lösungen von Alkaliacetat, dadurch gekennzeichnet, daß man den Alkaliacetatlösungen geringe Mengen von Säuren zusetzt, die lösliche Bleisalze bilden.

2. Verfahren nach Anspruch 1, dadurch gekennzeichnet, daß Salpetersäure verwendet wird.

3. Verfahren nach Anspruch 1 und 2, dadurch gekennzeichnet, daß die Menge der zugesetzten Säure etwa 1 % der Gesamtmischung beträgt und daß die Mischung vor dem Zusetzen der Säure bis auf etwa 80° C erwärmt wird.

Nr. 463071. (C. 37300.) Kl. 12n, 7.

THE CHEMICAL AND METALLURGICAL CORPORATION LIMIDED, STANLEY COCHRAN SMITH IN LONDON WALL UND FRANK EDWARD ELMORE IN THREE FIELDS, ENGLAND.

Verfahren zur Darstellung von praktisch chlorfreiem Bleisulfat durch Umsetzung von Bleichlorid und Zinksulfat.

Vom 8. Okt. 1925. — Erteilt am 5. Juli 1928. — Ausgegeben am 21. Juli 1928. — Erloschen: 1932.

Da Bleisulfat in Lösungen von Alkalichloriden, Erdalkalichloriden, Ammoniumchlorid und Chloriden von Eisen, Aluminium und verschiedenen anderen Metallen löslich ist, so ist die Umwandlung von Bleichloriden in Bleisulfat durch doppelte Umsetzung zwischen Bleichlorid und dem Sulfat eines dieser Metalle unausführbar. Es ist vorgeschlagen worden, Kristalle von Bleichlorid oder eine Lösung von Bleichlorid mit Zinksulfat zu behandeln, um das Blei als Sulfat niederzuschlagen, wobei das Zink als Chlorid in Lösung bleibt. Diese Reaktion ist jedoch insofern eine unvollkommene, als viel Blei in der Zinkchloridlösung zurückbleibt und das Bleisulfat Chlorid enthält, sofern nicht ganz bestimmte Bedingungen eingehalten werden.

Es ist gefunden worden, daß Bleisulfat praktisch unlöslich in Lösungen von Zinkchlorid ist, die mehr als etwa 20% Zinkchlorid enthalten, und weiterhin, daß Bleichlorid in einem geeigneten Zustande der Suspension einer doppelten Umsetzung mit Zinksulfat in solcher Weise fähig ist, daß ein reines oder praktisch reines neutrales Bleisulfat und eine Lösung von Zinkchlorid, welche frei von Blei ist, erhalten wird.

Wenn so Bleichlorid in fein zerteiltem Zustande (wie es z. B. erhalten wird, wenn man eine heiße Lösung von Bleichlorid in Salzlauge durch Eingießen in einen großen Überschuß von kaltem Wasser zur Fällung bringt, oder wenn man gewisse Bleidoppelsalze, z. B. das Doppelsalz von Blei und Ammoniumchlorid oder von Blei und Magnesiumchlorid, mittels Wasser zersetzt) in einer Lösung suspendiert wird, die Zinksulfat in chemisch äquivalentem Verhältnis zu dem Bleichlorid und Wasser in solchem Verhältnis enthält, daß die Konzentration der Lösung des sich bildenden Zinkchlorids 20% übersteigt, so bleibt praktisch das ganze Blei in Form von Bleisulfat ungelöst; die Umsetzung kann durch Erwärmen oder Umrühren oder beides beschleunigt werden oder dadurch, daß man das Bleichlorid mit der Zinksulfatlösung zerreibt.

Die Erfindung ist nicht auf die Anwendung von Bleichlorid und Zinksulfat in chemisch äquivalenten Verhältnissen beschränkt.

Mitunter ist es wünschenswert, eine vorhandene Zinkchloridlösung zu konzentrieren; das kann dadurch geschehen, daß man Bleichlorid in geeigneter Form in der Flüssigkeit suspendiert und die erforderliche Menge von Zinksulfat, unter Umständen unter Erhitzen, hinzufügt.

Die nachstehenden Beispiele dienen zur Erläuterung der Erfindung; die Angaben beziehen sich auf Gewichtsteile.

Beispiel 1.

278 Teile Bleichlorid, welches durch Fällung aus einer Salzlauge, wie oben beschrieben, gewonnen ist, werden in einer Lösung von 161 Teilen Zinksulfat ($ZnSO_4$) in 500 Teilen Wasser suspendiert; die Temperatur der Lösung beträgt 90 bis 100° C. Die Suspension wird vier Stunden lang kräftig in Bewegung gehalten. Das hierbei gebildete Bleisulfat und die Zinkchloridlösung werden in einer beliebigen Weise voneinander getrennt.

Die Zinkchloridlösung kann mit Schwefelsäure erhitzt werden, um eine Lösung von Zinksulfat zu erhalten, die bei der Umwandlung einer weiteren Menge von Bleichlorid in Sulfat Verwendung finden kann, während die gleichfalls als Destillat entstehende Salzsäure einem geeigneten Verwendungszweck zugeführt werden kann.

Bei der praktischen Ausführung des Verfahrens kann die vom Bleisulfat getrennte Flüssigkeit wiederholt bei der Umsetzung neuer Bleichloridmengen Verwendung finden, in der Weise, daß man von Zeit zu Zeit eine gewisse Menge der Flüssigkeit zwecks Gewinnung ihrer Bestandteile entnimmt und sie durch zinksulfathaltiges Wasser ersetzt. Diese Ausführungsform wird durch das folgende Beispiel veranschaulicht.

Beispiel 2.

Bleichlorid und Zinksulfat werden in äquivalenten Mengenverhältnissen bei geeigneter Temperatur mit einer Menge Wasser verrührt, die nicht ausreicht, um die beiden festen Komponenten vollständig in Lösung zu bringen; die Temperatur der Mischung wird in der Nähe des Siedepunktes gehalten. Sobald durch eine Analyse der Lösung festgestellt wird, daß ihr Gehalt an Chlorionen konstant bleibt, wird die Flüssigkeit von den festen Bestandteilen getrennt und in zwei Teile, jeder von bekanntem Gewicht, geteilt. Ein Teil, die Stammflüssigkeit, wird zur Behandlung einer weiteren Menge von Bleichlorid benutzt, während der andere Teil, die Restflüssigkeit, weggenommen wird, um die darin enthaltenen Bestandteile zu gewinnen, beispielsweise durch Behandlung mit Schwefelsäure, wie oben erwähnt. Zu der Stammflüssigkeit wird hinzugefügt:

1. eine Menge Wasser, die gleich derjenigen ist, welche in der Restflüssigkeit enthalten ist;
2. eine Menge Bleichlorid, die äquivalent ist dem Zinkchlorid, welches in der Restflüssigkeit enthalten ist;
3. eine Menge Zinksulfat, die äquivalent ist dem in der Restflüssigkeit enthaltenen Zinkchlorid.

Die Mischung wird nun unter den gleichen Bedingungen wie vorher umgerührt; die festen Bestandteile, welche nunmehr aus praktisch reinem Bleisulfat bestehen, werden von der Flüssigkeit getrennt, letztere wird in Stammflüssigkeit und Restflüssigkeit geteilt, und die Reihenfolge der Operationen wird beliebig oft wiederholt.

Die Erfindung ist anwendbar auf Verfahren zur Gewinnung von Blei aus Erzen, Aufbereitungsprodukten, Rückständen u. dgl., bei welchen Blei in Form von Bleichlorid erhalten wird; im besonderen kommen solche Verfahren in Betracht, bei welchen Zinkchlorid zur Chlorierung von Bleizinksulfiderzen Verwendung findet.

Beispiel 3.

Ein Bleizinksulfiderz wird nach einem bekannten Verfahren mit Zinkchlorid erhitzt, um das Blei in Chlorid und das zugefügte Zink in Zinksulfid überzuführen. Die Schmelze wird mit heißer Salzlauge ausgelaugt, welche etwas Säure enthält, wobei das Bleichlorid in Lösung geht, während ein Rest zurückbleibt, der ungelöstes Zinksulfid enthält. Die Lösung von Bleichlorid wird in viel kaltes Wasser gegossen, um das Bleichlorid auszufällen. Der Rückstand wird einem sulfatisierenden Röstprozeß unterworfen, wobei Zinksulfat entsteht, welches mit Wasser oder einer schwachen Schwefelsäurelösung ausgelaugt wird. Die Lösung von Zinksulfat wird von der ungelösten Gangart getrennt und wie vorher beschrieben zur Gewinnung von Bleisulfat und Zinkchlorid benutzt, letzteres in Form einer konzentrierten Lösung, welche zur Verarbeitung einer weiteren Menge Erz Verwendung finden kann.

Es ist nicht unbedingt erforderlich, daß das Zinksulfat bei der Anwendung der Erfindung in gelöstem Zustande sich befindet.

Beispiel 4.

Bleichlorid wird mit einer äquivalenten Menge von kristallisiertem Zinksulfat gemischt, oder mit einem schwachen Überschuß, und die Mischung wird auf eine Temperatur von etwa 300 bis 400° C 30 Minuten lang erhitzt. Die Masse wird, solange sie noch heiß ist, nach dem Gegenstromprinzip mit einer Menge von Wasser behandelt, die ausreicht, um das Zinkchlorid zu lösen, und zwar in Gestalt einer Lösung, die mehr als 20% Zinkchlorid enthält, wobei Bleisulfat und eine Lösung von Zinkchlorid erhalten wird. Man kann aber auch die Masse abkühlen lassen, sie aufbrechen und dann wie beschrieben mit Wasser behandeln.

Die Zinkchloridlösung, die nach einer der vorher beschriebenen Methoden erhalten wird, kann Spuren von Blei enthalten; dieses wird gegebenenfalls entfernt durch Behandeln der Lösung mit metallischem Zink, wobei metallisches Blei ausgefällt wird.

Nachstehende Versuchsergebnisse dienen zur Erläuterung der Erfindung.

Wenn man eine $ZnCl_2$-Lösung von etwa 50% Gehalt mit Bleisulfat erhitzt und die bei einer Temperatur von 100° C ungelöst gebliebenen Bestandteile von der Flüssigkeit trennt, so ergibt eine Analyse der Flüssigkeit einen Gehalt an $ZnSO_4$ von 0,08%, während Blei überhaupt nicht nachzuweisen ist.

Das Ergebnis ist im wesentlichen das gleiche, wenn die Trennung bei 17° C vorgenommen wird. Bei Anwendung einer etwa 20prozentigen $ZnCl_2$-Lösung sind die Zahlen für $ZnSO_4$ 0,101% bei 100° C und 0,08% bei 19° C. Blei kann auch hierbei nicht nachgewiesen werden.

Fügt man zu einer 20prozentigen Zinkchloridlösung äquivalente Mengen von Zinksulfat und Bleichlorid hinzu und kocht vier Stunden unter Rückfluß, so ergibt die klare Flüssigkeit

	bei 100° C	bei 20° C
$PbCl_2$	0,11%	0,08%
$ZnCl_2$	21,93%	22,13%
SO_4	0,27%	0,24%

während der feste Rückstand 0,7% Cl enthielt.

Ferner wurde eine Mischung von Bleichlorid und Zinksulfat mit 20% Überschuß an $ZnSO_4$ drei Stunden unter Rückfluß mit einer zur Bildung einer etwas mehr als 20% starken Zinkchloridlösung ausreichenden Wassermenge gekocht. Nach dem Filtrieren enthielt der Rückstand 0,13% Cl und die Flüssigkeit

$ZnCl_2$	22,07%
$ZnSO_4$	5,95%

dagegen kein Blei.

Patentansprüche:

1. Verfahren zur Darstellung von praktisch chlorfreiem Bleisulfat durch Umsetzung von Bleichlorid und Zinksulfat, dadurch gekennzeichnet, daß die Konzentrationsverhältnisse des ausreagierten Gemisches in der Weise geregelt werden, daß so viel Wasser vorhanden ist, daß eine Zinkchloridlösung von mindestens 20% $ZnCl_2$ vorliegt, aus der das feste Bleisulfat in an sich bekannter Weise abgetrennt wird.

2. Ausführungsform des Verfahrens nach Anspruch 1, dadurch gekennzeichnet, daß festes Bleichlorid und festes Zinksulfat in etwa chemisch äquivalenten Mengen gemischt und dann auf 300 bis 400° erhitzt werden und das Reaktionsprodukt mit einer solchen Wassermenge behandelt

wird, daß die entstehende Lösung mindestens 20% Zinkchlorid enthält.

3. Ausführungsform des Verfahrens nach Anspruch 1, dadurch gekennzeichnet, daß das Bleichlorid in fein zerteiltem Zustande in einer Lösung suspendiert wird, die Zinksulfat in chemisch äquivalentem Verhältnis zum Bleichlorid enthält.

Nr. 475284. (C. 35424.) Kl. 12n, 7.

Dr. Alexander Nathansohn in Berlin-Wilmersdorf,
Otavi Minen- und Eisenbahngesellschaft, Aron Hirsch & Sohn in Berlin,
Metall- und Farbwerke Akt.-Ges. in Oker, Harz,
Zinkhütte Hamburg in Hamburg-Billbrook
und Compagnie Metallurgique Franco-Belge de Montagne in Brüssel.

Verfahren zur Herstellung von Bleiverbindungen aus Erzen, Hüttenprodukten, Abfällen der chemischen Industrie u. dgl.

Vom 24. Sept. 1924. — Erteilt am 11. April 1929. — Ausgegeben am 23. April 1929. — Erloschen: 1930.

An die Reinheit von Bleipräparaten werden besonders hohe Anforderungen gestellt, beispielsweise schließt die Anwesenheit kleiner Mengen von Wismuth, Kupfer, Eisen und anderen Metalloxyden ihre Anwendbarkeit für große Gebiete, wie beispielsweise die Glas- und keramische Industrie, vollkommen aus. Bisher konnte man praktisch diese Reinheit nur erreichen, indem man die unreinen, bleihaltigen Rohstoffe zu Blei verschmolz und dieses Blei raffinierte. Das auf diese Weise erzeugte Blei von höchstem Reinheitsgrad dient als Ausgangsmaterial für die Darstellung von Bleipräparaten. Durch Einwirkung von Sauerstoff, Säuren oder Kombinationen beider, wurden aus metallischem Blei die betreffenden Salze erzeugt. Der größte Teil der so gewonnenen Salze diente nicht als Endprodukt, sondern wurde, wie z. B. das Acetat oder Nitrat, hauptsächlich benutzt, um andere Bleiverbindungen, z. B. die als Farben benutzten Salze, herzustellen.

Das vorliegende Verfahren geht unmittelbar von Erzen, Hüttenprodukten sowie z. B. Bleischlacken oder von Abfällen der chemischen Industrie, wie Bleikammerschlamm (wesentlich Bleisulfat), aus. Die Erze, Schlacken, Bleikammerschlamm u. dgl. werden mit Chloriden der Alkalimetalle oder Erdalkalimetalle, nötigenfalls nach Neutralisation der im Rohstoff enthaltenen Basen, wobei auch ein Überschuß von Säure vorhanden sein kann, ausgelaugt. Die Konzentration spielt keine Rolle. Am besten arbeitet man zuerst mit einem kleinen Überschuß von Salzsäure, den man daran erkennt, daß die Trübe eine Kongorotlösung gerade bläut, und neutralisiert hierauf mit Calciumcarbonat, so daß die Kongobläuung verschwindet und die Trübe gegen Lakmus schwach sauer reagiert. Man kann dabei eine Oxydation z. B. mit Luft, Chlor, Brom oder Chloraten benutzen, um in Lösung gehendes Eisen in Form von Eisenhydroxyd auszufällen. Um fremde Metalle auszuschließen, reduziert man die Trübe oder deren Filtrat mit metallischem Blei, z. B. Kornblei oder Bleischwamm, wobei z. B. vorhandenes Silber, das in starken Chloridlaugen in Lösung geht, niedergeschlagen wird. Die Trübe wird filtriert oder in anderer Weise geklärt und enthält das Blei in Form von Komplexsalzen aus Bleichlorid und dem betreffenden Alkali- oder Erdalkalichlorid. Die Bleikonzentration dieser Komplexsalze kann ziemlich hoch sein, z. B. 9%. Die Lösung wird mit gegen Lakmus alkalischen Verbindungen versetzt, z. B. Alkalihydroxyden, Erdalkalioxyden, Hydroxyden und Alkalicarbonat. Verbindungen, welche nicht gegen Lakmus alkalisch reagieren, wie z. B. Calciumcarbonat, sind nicht anwendbar. Es bildet sich ein Niederschlag, der auch nach Entfernung der anhaftenden Lauge, z. B. durch Auswaschen, einen erheblichen Chlorgehalt, beispielsweise 5 bis 9%, enthält, den man durch Auswaschen mit Wasser nicht entfernen kann.

Die Ausfällung des Bleis aus den Lösungen geschieht am besten derartig, daß nicht das gesamte Blei ausgefällt wird, sondern nur so viel, daß noch etwa 0,4 bis 1% Blei in der Lösung bleiben. Beispielsweise fällt man 90% des Bleis aus. Die noch bleihaltigen Lösungen können nach Abtrennung von dem Niederschlage in das Verfahren zurückgeführt werden. Man filtriert den Niederschlag ab, wäscht ihn aus, sofern man das Auswaschen nicht an das Ende des Verfahrens verlegen will, schwemmt ihn in Wasser auf und leitet nunmehr Kohlensäure ein. Man kann auch, namentlich wenn man einen Überschuß an Base hat, Kohlensäure unmittelbar nach der Fällung in die Trübe einleiten.

Man gewinnt also auf diese Weise aus Erzen, Hüttenprodukten, z. B. Bleischlacken, oder Abfällen der chemischen Industrie, wie Bleikammerschlamm (wesentlich Bleisulfat), Bleicarbonat. Erfindungsgemäß wird ein besonders reines Produkt dadurch erhalten, daß man zunächst so lange in die Aufschwemmung des Niederschlages in Wasser oder in die unmittelbar gefällte Trübe Kohlensäure einleitet, bis der Chlorgehalt der Lösung (festgestellt z. B. an einer filtrierten Probe) nicht mehr steigt, die Kohlensäure also nicht mehr einwirkt. Man trennt dann den Niederschlag ganz oder teilweise von der Lösung, gibt zu dem abgetrennten Niederschlage Wasser hinzu und behandelt von neuem mit Kohlensäure, wodurch weitere Chlormengen aus dem Niederschlage gelöst werden. Man kann die Trennung des Niederschlages von der Lösung, Verdünnung mit Wasser und darauf folgendes Einleiten von Kohlensäure wiederholen, bis die Chlorkonzentration des Filtrats etwa 0,5 % erreicht hat. Dann hat gewöhnlich weiteres Verdünnen und darauffolgendes Einleiten von Kohlensäure keinen Einfluß mehr, doch ist diese Grenze nicht ganz konstant und beispielsweise etwas von der Temperatur abhängig. Ist diese Grenze erreicht, bei der weitere Verdünnung unwirksam ist, so kann man noch eine kleine Menge einer alkalisch reagierenden Verbindung, wie Kalk u. dgl., hinzusetzen, ordentlich verrühren, nochmals Kohlensäure einleiten und prüfen, ob durch diesen Zusatz eine weitere Verminderung des Chlorgehaltes im Niederschlag, kenntlich an der Menge des in Lösung gegangenen Chlors, eintritt. Sobald weder Zusatz von Basen noch eine vorgenommene Verdünnung durch Zugabe von Wasser eine Steigerung der Chlorkonzentration in der Flüssigkeit herbeiführt, ist das Verfahren der Entchlorung beendet. Man treibt die Entchlorung nur so weit, als es für die Qualität des zu erzeugenden Produktes notwendig ist. Das so erzeugte Carbonat ist in der Regel basisch. Es kann direkt als Farbe verwendet werden. Man kann es aber als Ausgangsmaterial für die Herstellung anderer Bleiverbindungen benutzen, wie beispielsweise zur Herstellung von Glätte, Mennige, Bleiazetat u. dgl.

Es ist ein Verfahren bekannt, wonach man unreine, Bleioxyd enthaltende Produkte mit siedender, konzentrierter Chlormagnesiumlösung auslaugt, hierauf durch Abkühlen ein Salzgemisch auskristallisieren läßt, letzteres von der Mutterlauge trennt und nach Kalkzusatz mit Kohlensäure bis zur Abscheidung von basischem Bleicarbonat behandelt. Man kann hierbei das aus der siedenden Erdalkalichloridlösung durch Abkühlung erhaltene Erdalkalibleidoppelchlorid in Wasser suspendieren und nach Zugabe von Kalk mit Kohlensäure behandeln. Bei diesen bekannten Verfahren wird mit heißen Erdalkalichloridlösungen ausgelaugt und heiß filtriert. Eine Reinigung der heißen Lösungen von Fremdmetallen ist bei diesen bekannten Verfahren nicht möglich, weil die Lösung heiß bleiben muß und eine Entfernung der Fremdmetalle aus der heißen Lösung praktisch nicht durchführbar ist. Die schließlich erhaltene Bleiverbindung ist nicht reines Bleichlorid, sondern ein Doppelsalz mit den beim Auskristallisieren mitgerissenen Verunreinigungen. Wenngleich das erhaltene basische Bleicarbonat zwar gute Deckkraft besitzt, so ist doch die Farbe schlecht, weil selbst geringe Verunreinigungen die Farbe schädlich beeinflussen. Das Material ist aus dem gleichen Grunde für die Herstellung von Mennige o. dgl. zur Glasfabrikation ungeeignet.

Wenn auch nach dem vorliegenden Verfahren die Reinigung der Lösungen nach an sich bekannten Methoden erfolgt, so ist die Anwendbarkeit derselben auf die konzentrierten Chloridlösungen, die man anwendet, überraschend. Es war nicht vorauszusehen wegen der Komplexbildung, daß bei der Neutralisation mit Calciumcarbonat, welche den ersten Abschnitt der Reinigung bei oder nach Oxydation von Eisen und Mangan bildet, wirklich die basischen Eisensalze ausfallen und nicht etwa gelöst bleiben und erst bei der Kalkfällung mit dem Blei ausfallen, wodurch eine Reinigung des Bleiproduktes verhindert würde. Auch die Zementation der noch gelösten Metalle durch Bleischwamm war nicht vorauszusehen, weil der Zementation der elektropositiven Metalle durch elektronegative die Neigung zur Komplexbildung in der Lösung entgegenwirkt. Die Tatsache, daß man nach dem vorliegenden Verfahren wirklich brauchbare Bleipräparate erhält, ist namentlich bei der geringen Menge der zulässigen Verunreinigungen überraschend. Im Gegensatz zu den bekannten Verfahren kann man das vorliegende Verfahren bei Temperaturen durchführen, in denen die Lauge isotherm gehalten wird, so daß kein Bleichlorid auskristallisiert. Nimmt man die Auslaugung in der Wärme vor, so darf die Konzentration nicht so gewählt sein, daß bei einem etwaigen Abkühlen Bleiverbindungen in beachtlicher Menge abgeschieden werden. Bei dem bisher bekannten Verfahren ist es unbedingt notwendig, eine kristallisierte Doppelverbindung aus der zunächst heißen, erhaltenen Lösung durch Abkühlung auszuscheiden, was große Schwierigkeiten hat, da namentlich bei Chlorcalciumlaugen ein großer Teil des Bleis in Lösung bleibt. Die heiße Filtration, die bei den bekannten Verfahren notwendig ist, ist schwierig auszuführen, zumal die Filter von den heißen Lösungen stark angegriffen werden.

Das vorliegende Verfahren unterscheidet sich von den bekannten grundsätzlich darin, daß man in allerdings an sich bekannter Weise die Bleiverbindungen mit Chloridlösungen auslaugt, aber dann nicht eine Abkühlung vornimmt, sondern durch Herstellung der alkalischen Reaktion Bleioxychlorid ausfällt und dieses dann mit Kohlensäure oder Salzen in Bleicarbonat überführt, wobei nach der bekannten Auslaugung der Bleiverbindungen mit Chloridlösungen eine Entfernung der Fremdmetalle in an sich bekannter Weise auch stattfinden kann.

Beispiele

I. 200 kg Bleischlich, enthaltend 100 kg Blei in oxydischer Form, werden unter Erwärmen in 2,5 cbm Chlorcalciumlauge mit etwa 530 g $CaCl_2$ im Liter und unter Zugabe von Salzsäure, bis Kongopapier gerade dauernd gebläut wird, gelöst. Hierzu werden 100 kg Säure verbraucht. Die Lauge, die etwa 0,1 % Eisen enthält, wird bei 50° mit 1 kg Caliumchlorid und mit einem Überschuß von Calciumcarbonat versetzt und filtriert. Das Filtrat wird dann in der Wärme eine Stunde mit Kornblei verrührt, dann vom Metallschwamm abgezogen und mit 26 kg guten Kalks in Form von Kalkmilch gefällt. Es fällt ein reines Bleioxychlorid aus, das abfiltriert wird. Das Filtrat enthält noch 0,4 % Blei und wird von neuem als Löselauge benutzt. Das Oxychlorid, das feucht 50 % Blei und 6 % Chlor enthält, wird nach vorherigem Auswaschen mit Wasser in 1 cbm Wasser aufgenommen und in die Aufschwemmung nun Kohlensäure eingeleitet, bis der Chlorgehalt der Lösung nicht mehr steigt. Man trennt dann den Niederschlag von der Lösung, nimmt ihn abermals in 1 cbm Wasser auf und leitet von neuem Kohlensäure ein, bis der Chlorgehalt des Filtrates etwa 0,5 % erreicht hat. Darauf wird Kalk zugesetzt und geprüft, ob bei weiterem Einleiten von Kohlensäure der Chlorgehalt des Filtrates noch steigt. Ist dies nicht mehr der Fall, so ist die Entchlorung beendet, und das Bleicarbonat kann abfiltriert werden.

II. Man löst 200 kg Bleikammerschlamm mit 50 % Blei und 20 % Schwefelsäure in 5 cbm gesättigter Chlornatriumlösung, die man zur Fällung der Schwefelsäure mit 50 kg Chlorcalcium versetzt hat. Man reinigt dann wie unter I, filtriert und fällt mit 35 kg Ätznatron. Es wird filtriert und gewaschen, das Filtrat wird zur Lösung neuen Rohmaterials verwendet, und das Bleioxychlorid wie oben weiter verarbeitet.

III. 200 kg oxydischen Bleischlich mit 50 % Blei und 2 % Zink laugt man kalt mit 2 cbm 3prozentiger Salzsäure aus, um das Zink herauszulösen. Dann wird, wie in Beispiel I, in starker Calciumchloridlösung gelöst und die Lauge wie dort gereinigt. Bei 20° wird, unter langsamem Zusatz mit guter Kalkmilch von 26 kg CaO, bei guter Rührung gefällt. Das Oxychlorid, 200 kg, mit 50 % Blei und 4,5 % Chlor, wird abfiltriert und etwas gewaschen. Dann suspendiert man es in 10 cbm Wasser, damit die Konzentration der Trübe an Chlor unter 0,5 % bleibt, wodurch man sich eine Dekantation erspart. Dann fügt man 7,1 kg CaO in Form von Kalkmilch hinzu. Man verrührt gründlich eine halbe Stunde und leitet dann unter dauerndem Rühren Kohlensäure ein, solange noch eine Zunahme des Chlorgehaltes in der Lösung stattfindet. Dieser Punkt ist bei hochprozentiger Kohlensäure und entsprechender Rohrweite in einer halben Stunde erreicht. Das Bleioxychlorid hat sich hierbei ganz oder teilweise mit Kohlensäure gesättigt und hat sein Chlor an die Lauge abgegeben, von der es durch Filtration getrennt wird.

Patentansprüche:

1. Verfahren zur Darstellung von technisch reinem Bleicarbonat, dadurch gekennzeichnet, daß man bleihaltige Rohstoffe in der Kälte oder in der Wärme mit Chloridlaugen auslaugt und unter möglichster Vermeidung thermischer Kristallisation das Blei aus den Lösungen durch Zusatz alkalischer Stoffe in Form von Bleioxychlorid ausfällt, daß man das gefällte Bleioxychlorid von der Fällungslauge trennt und die Einleitung von Kohlensäure zu dem gefällten Bleioxychlorid bei Gegenwart solcher Wassermengen vornimmt, daß praktisch eine völlige Entchlorung des Bleiniederschlages erreicht wird.

2. Ausführungsform des Verfahrens nach Anspruch 1, dadurch gekennzeichnet, daß bei Gegenwart zu geringer Wassermengen nach teilweise durch zu hohen Chlorgehalt der Lösung zum Stillstand gebrachter Carbonatbildung der Niederschlag von der Flüssigkeit getrennt und erneut, unter Zugabe von Wasser, Kohlensäure eingeleitet wird.

Nr. 483757. (C. 36412.) Kl. 12n, 7.

Dr. Alexander Nathansohn in Berlin-Wilmersdorf,
Otavi Minen- und Eisenbahngesellschaft, Aron Hirsch & Sohn in Berlin,
Metall- und Farbwerke Akt.-Ges. in Oker, Harz,
Zinkhütte Hamburg in Hamburg-Billbrook
und Compagnie Métallurgique Franco-Belge de Montagne in Brüssel.

Verfahren zur Reinigung bleihaltiger Chloridlauge.

Zusatz zum Patent 475284.

Vom 21. März 1925. — Erteilt am 19. Sept. 1929. — Ausgegeben am 5. Okt. 1929. — Erloschen: 1930.

Im Hauptpatent 475 284 ist ein Verfahren beschrieben, nach welchem man Bleicarbonat dadurch herstellt, daß man beliebige bleihaltige Rohstoffe mit Hilfe von Chloridlösungen auslaugt, die so erhaltenen Laugen reinigt, mit alkalisch reagierenden Stoffen, beispielsweise mit Ätzkalk, fällt und aus dem gefällten Bleioxychlorid durch Einleiten von Kohlensäure das gewünschte Bleicarbonat herstellt.

Sehr wesentlich für die Durchführung des Verfahrens ist die Tatsache, daß man die aus unreinen bleihaltigen Rohstoffen durch Behandeln mit Chloridlösung gewonnenen Laugen weitgehend reinigen kann. Denn gerade bei Bleipräparaten spielt die Reinheit auch der technischen Produkte eine außerordentlich große Rolle. Im Hauptpatent ist ein Verfahren beschrieben, nach dem man die Reinigung derart durchführt, daß man die Laugen nötigenfalls oxydiert, beispielsweise mit Chlor oder Chlorat, die oxydierte Lauge mit Calciumcarbonat behandelt, wobei das Eisen als Oxyd ausfällt, und schließlich die Lauge mit Metall, beispielsweise Blei, vorzugsweise in feinverteiltem Zustande, behandelt. Dadurch wird erstens der Überschuß des angewendeten Oxydationsmittels reduziert und zweitens werden elektropositive Substanzen, wie Edelmetalle, Wismuth, Arsen usw. bis auf die letzten Spuren entfernt.

Das vorliegende Verfahren bezweckt, die obenbeschriebene Reinigung mit noch größerer Schnelligkeit und Genauigkeit durchzuführen.

Der vorliegende Feinreinigungsprozeß wird vorteilhaft nicht mit der aus der Behandlung durch Chloride erhaltenen Trübe, also in Gegenwart des Ungelösten, vorgenommen, sondern am besten im Filtrat. Dabei verfährt man für den Aufschluß nach dem Hauptpatent, indem man ihn mit einem Überschuß an Säure durchführt und diesen vor der Filtration durch Calciumcarbonat abstumpft. Dabei fällt die Hauptmasse des Eisens und gleichzeitig des Arsens, Antimons, Wismuths usw. aus, so daß bei der endgültigen Reinigung nach dem vorliegenden Verfahren nur verhältnismäßig kleine Mengen der genannten Stoffe zu entfernen sind. Es hat sich nun gezeigt, daß man beide Teile des Reinigungsprozesses, in derem ersten das Eisen oxydiert und durch Neutralisation abgeschieden wird, während im zweiten Reduktion erfolgt, mit Vorteil in einer etwas abgeänderten Form durchführen kann.

Die Ausfällung des Eisens nach der beschriebenen Methode erfolgt zwar vollständig, aber die Ausfällung bedarf einer längeren Zeit. Man kann aber in aller Kürze das gesamte Eisen nötigenfalls nach erfolgter Oxydation entfernen, indem man, statt mit kohlensaurem Kalk, mit einer lackmusalkalischen Substanz, wie beispielsweise Ätzkalk, ausfällt, wobei man aber nur so viel davon verwendet, daß nur ein geringer Bruchteil des in der Lösung enthaltenen Bleis mitgefällt wird. Man fällt so viel Blei mit dem Eisen, daß die verbleibende Bleilösung genügend von Eisen frei wird. Ob die Lösung frei von Eisen ist, bestimmt man durch die bekannten qualitativen Reaktionen, z. B. die Rhodanreaktion. Man verfährt derartig, daß man einen kleinen Betrag des Bleis mitfällt, prüft, ob die Lösung eisenfrei ist, und, wenn dies nicht der Fall ist, durch größeren Zusatz von Calciumhydroxyd mehr Blei fällt. Eine obere Grenze der Bleifällung ist für das Verfahren nicht gegeben. Wenn man erheblichere Mengen Blei fällt, so bekommt man mehr Blei im Niederschlage und kann diesen als bleihaltigen Rohstoff nach dem Verfahren des Hauptpatentes wieder verarbeiten. Beispielsweise behandelt man eine Lauge, die 5% Blei und etwa 0,02% Eisen gelöst enthält, derart, daß man nur so viel Kalk zusetzt, daß etwa 1% des gelösten Bleis durch den Kalk gefällt werden könnte. Dann fällt zunächst das Eisen mit einer ganz kleinen Menge von Blei ohne Verzug quantitativ aus, derart, daß man in der Lauge bei richtiger Bemessung des lackmusalkalischen Stoffes mit Rhodanamonlösung o. dgl. kein Eisen mehr nachweisen kann.

Man kann filtrieren und reinigt das Filtrat, oder bei Unterlassung der Filtration die vorher erhaltene Trübe, von elektropositiven Stoffen, wie Edelmetall, Wismuth usw., nicht, wie im Hauptpatent angegeben, durch Metallpulver, sondern dadurch, daß man ein lösliches Sulfid, beispielsweise Natriumsulfid, zusetzt, und zwar wiederum in dem Maße, daß durch diesen Zusatz nur ein geringer Bruchteil, beispielsweise 0,5%, des Bleis ausgefällt wird. Da die Verunreinigungen schneller ausfallen als das Bleisulfid, so ist man, sobald Bleisulfid fällt, und beim Umrühren der Masse bestehen bleibt, sicher, daß eine vollständige Fällung der Verunreinigungen eingetreten ist.

Es ist nicht notwendig, die ganze Menge freien Chlors, die gewöhnlich infolge der vorausgegangenen Oxydation des Eisens vorhanden ist, durch das lösliche Sulfid zu reduzieren, vielmehr kann ein kleiner Überschuß an Chlor neben den ausgefallenen Sulfiden bestehen. Man kann nach jeder der beiden Stufen des Reinigungsprozesses die Lösung von dem Niederschlag trennen, man kann aber auch beide Prozesse hintereinander durchführen und erst nach Durchführung der zweiten Reinigung mit Sulfid die Trennung vornehmen. Der zurückbleibende Schlamm enthält eine gewisse Menge Blei nebst den anderen ausgefällten Substanzen und kann seinerseits als Rohstoff für die Gewinnung von Bleicarbonat nach dem Hauptpatente dienen.

Patentansprüche:

1. Verfahren zur Herstellung von Bleicarbonat nach Patent 475 284, dadurch gekennzeichnet, daß man die Bleichloridlösung von Eisen, Arsen und Antimon befreit, indem man nötigenfalls nach erfolgter Oxydation eine derartige Menge anorganischer, gegen Lackmus alkalisch reagierender Substanzen zusetzt, daß nur ein Bruchteil des Bleis, beispielsweise 1%, ausgefällt wird, worauf man die Lösung von dem erzeugten Niederschlag trennt, die bleihaltige Chloridlösung von Edelmetallsalzen, Wismuthsalzen und anderen elektropositiven bzw. oxydierenden Substanzen befreit, indem man sie mit einer derartigen Menge eines löslichen Sulfides behandelt, daß nur ein geringer Bruchteil, beispielsweise 0,5%, des in der Lösung enthaltenen Bleis ausfällt und schließlich die Lösung von dem erzeugten Niederschlag trennt.

2. Verfahren nach Anspruch 1, dadurch gekennzeichnet, daß man die beiden Reinigungsprozesse nacheinander in derselben Trübe vornimmt und erst nach Durchführung der zweiten Reinigungsstufe die Lösung von dem entstandenen Niederschlag trennt.

Nr. 483 877. (C. 36 123.) Kl. 12 n, 7.

The Chemical and Metallurgical Corporation Limited und Stanley Cochran Smith in London.

Herstellung von chlorfreiem Bleicarbonat durch Behandlung von Bleichlorid mit Kohlensäure in Gegenwart von Alkalien bzw. zur Gewinnung von Blei aus Erzen, Aufbereitungsprodukten, Rückständen o. dgl.

Vom 30. Jan. 1925. — Erteilt am 19. Sept. 1929. — Ausgegeben am 9. Okt. 1929. — Erloschen: 1932.

Großbritannische Priorität vom 30. Jan. 1924 beansprucht.

Bei manchen Verfahren ist es zweckmäßig, das Blei in Form von Bleichlorid zu gewinnen oder abzuscheiden; dieses Produkt bietet jedoch nur beschränkte Verwendungsmöglichkeit und kann wegen seiner Flüchtigkeit nicht leicht zu metallischem Blei ohne Metallverlust geschmolzen werden. Ferner war es bisher nicht möglich, Bleichlorid derart zu behandeln, daß nicht nur metallisches Blei oder eine technisch brauchbare Bleiverbindung in wirtschaftlichem Maße erhalten, sondern auch gleichzeitig das gesamte in dem Bleichlorid vorhandene Chlor in einer für die Verwendung bei der Verarbeitung von weiteren Mengen Erz, Rückständen o. dgl. geeigneten Form wiedergewonnen wird.

Die vorliegende Erfindung hat ein Verfahren zum Gegenstand, nach welchem Bleichlorid oder basisches Bleichlorid in einfacher Weise in das besser verwertbare, praktisch chloridfreie Bleicarbonat übergeführt werden kann.

Die Erfindung betrifft ferner ein Verfahren zur Behandlung von Bleierzen, Aufbereitungsprodukten oder Rückständen zu dem Zweck, das in diesen enthaltene Blei in Chlorid überzuführen und dann in Form von Carbonat zu gewinnen, wobei das Chlor des Bleichlorids in für seine Wiederverwendung geeigneter Form zurückgewonnen wird.

Es wurde gefunden, daß, wenn Bleichlorid (dieser Ausdruck soll Bleichlorid und basische Bleichloride einschließen) in geeigneter Form in feiner Verteilung mit Kohlensäure in der nachstehend beschriebenen Weise behandelt wird, es in reines oder praktisch reines Bleicarbonat umgewandelt werden kann, wobei das Chlor als Ammoniumchlorid in Lösung geht.

Es sind schon Versuche gemacht worden, Bleichlorid in Bleicarbonat überzuführen, indem man es unter Umrühren mit einer Ammoniumcarbonatlösung behandelt hat. Es hat sich jedoch gezeigt, daß das so erhaltene Produkt stets mit Bleichlorid verunreinigt war.

Für den Zweck der vorliegenden Erfindung soll das Bleichlorid sich in fein verteiltem Zustande befinden, der zweckmäßig durch Vermahlen des kristallinischen Salzes oder durch Fällung des Chlorids, z. B. durch Zugabe einer heißen konzentrierten Lösung desselben in Salzsole zu einem großen Überschuß kalten Wassers herbeigeführt wird. Man kann aber auch ein geeignetes Bleichlorid - Doppelsalz durch Wasser zersetzen, und wenn das mit dem Bleichlorid verbundene Salz ohne hindernden Einfluß auf das Verfahren ist, kann das Doppelsalz (z. B. Ammonium-Bleichlorid) unmittelbar verwendet werden, in welchem Falle das Bleichlorid sich in situ bildet.

Kristallinisches Bleichlorid, wie es in üblicher Weise auf nassem Wege gewonnen wird, läßt sich auch verwenden, vorausgesetzt, daß in wirksamer Weise mechanisch umgerührt wird. Je feiner die Zerteilung des Chlorids ist, um so rascher vollzieht sich die Umsetzung und um so weniger heftig braucht man zu rühren; mechanisches Rühren ist jedoch in allen Fällen von Vorteil.

Zur besseren Ausnutzung der Reagenzien und im besonderen zur Vermeidung unnötiger Verluste an NH_3 (Ammoniak) kann das Verfahren nach dem an sich bekannten Gegenstromprinzip ausgeführt werden, indem das frische Bleichlorid zunächst mit einer Flüssigkeit vorbehandelt wird, die bereits zur Kohlendioxydbehandlung von teilweise in Carbonat umgesetztem Bleichlorid gedient hat und daher relativ wenig freies Ammoniak enthält und erst dann in einer frischen Lösung mit hohem Ammoniakgehalt mit Kohlendioxyd zu Ende behandelt wird.

Die praktisch bleifreie Lösung kann entweder in ihrer Gesamtheit zur Wiedergewinnung des Ammoniaks behandelt oder teilweise in dem Verfahrensgang belassen werden. In letzterem Falle wird die zurückbehaltene Lösung durch Zusatz von Wasser und Ammoniak auf das ursprüngliche Volumen und den ursprünglichen Ammoniakgehalt gebracht und zur Verarbeitung einer neuen Bleichloridmenge verwendet. Auf diese Weise wird eine zu hohe Konzentration des freien Ammoniaks und die damit verbundenen Verluste durch Verdampfung vermieden.

Man verfährt gemäß vorliegender Erfindung wie folgt:

Beispiel 1

Bleichlorid wird in einer Ammoniaklösung verteilt und ein Gasstrom, der Kohlendioxyd enthält, durch das Gemisch bei geeigneter Temperatur durchgeleitet, wobei das Gemisch in zweckentsprechender Weise in Bewegung gehalten wird. Das Verhältnis von Bleichlorid zur Flüssigkeit soll derart sein, daß die Verteilung mechanisch durchgeführt werden kann, und die angewandte Ammoniakmenge muß größer sein als die des chemischen Äquivalents, bezogen auf das Bleichlorid. Im Verlaufe des Verfahrens wird so viel Ammoniak zugefügt, als dem Verlust durch mit dem Gasstrom mitgerissene Mengen entspricht.

Das Durchleiten von Gasen, die Kohlendioxyd enthalten, wird so lange fortgesetzt, bis keine merkliche Absorption mehr eintritt. Die bei der Reaktion auftretende Wärme kann durch Kühlung beseitigt werden. Der Partialdruck des Kohlendioxyds in den angewandten Gasen soll so hoch wie möglich sein und kann eine Atmosphäre überschreiten.

Die vorhandenen festen Bestandteile werden sodann durch Filtration oder auf andere Weise von der Flüssigkeit getrennt und mit Wasser gewaschen. Die Flüssigkeit wird in zwei Teile von bekanntem Gewicht geteilt, von denen der eine (im nachfolgenden als Stammflüssigkeit bezeichnet) für die Behandlung einer weiteren Beschickung von Bleichlorid verwendet wird, während der andere (die Restflüssigkeit) zur Rückgewinnung der Bestandteile in bekannter Weise abgetrennt wird. Zu der Stammflüssigkeit wird hinzugefügt: 1. eine Wassermenge, die der in der Restflüssigkeit enthaltenen gleich ist, 2. eine Ammoniakmenge, die gleich oder etwas im Überschuß gegenüber der in der Restflüssigkeit (als gebundenes und freies Ammoniak) enthalten ist, und 3. eine Menge Bleichlorid, die der Ammoniumchloridmenge in der Restflüssigkeit äquivalent oder etwas geringer als diese ist, wobei 278 Teile Bleichlorid 107 Teilen Ammoniumchlorid entsprechen.

Durch dieses Gemisch wird nun unter denselben Bedingungen wie vorher Kohlensäuregas geleitet; das gebildete Bleicarbonat wird von der Flüssigkeit getrennt, die letztere wird wieder in eine Stamm- und eine Restflüssigkeit geteilt, und in dieser Weise kann man das Verfahren beliebig oft wiederholen.

Das Verfahren ist nicht auf die oben beschriebene Reihenfolge in der Zuführung der Reagenzien beschränkt, wenn das Bleichlorid nicht gewöhnliches, kristallinisches Chlorid ist, sondern in aktiver Form durch Fällung gewonnen wurde, wie im vorhergehenden beschrieben. So kann man z. B. das Kohlendioxyd ganz oder zum Teil von dem Ammoniak absorbieren lassen, bevor das Bleichlorid zugefügt wird.

Das Verhältnis des Gewichts der Stammflüssigkeit zu dem der Restflüssigkeit kann so bemessen sein, daß das Gewicht der Stammflüssigkeit sich dem Wert Null nähert, also so gering ist, daß man es praktisch vernachlässigen kann, d. h. die Gesamtheit der Flüssigkeiten wird nach der Abscheidung der festen Bestandteile auf Wiedergewinnung des Ammoniaks verarbeitet, in welchem Falle die nachfolgende Zufügung von Bleichlorid in geeigneter Form zu einer Flüssigkeit erfolgt, die zu Beginn frei von Ammoniumchlorid ist.

Aus der vorhergehenden Beschreibung ergibt sich, daß es nicht erforderlich ist, Angaben über Temperatur, Druck, Konzentration oder Mengenverhältnisse zu machen, da diese sich aus dem Gang des Verfahrens von selbst ergeben.

Es möge jedoch im folgenden ein Beispiel gegeben werden, aus dem die Bedingungen ersichtlich sind, unter welchen man ein praktisch reines Bleicarbonat erhalten kann, wenn die Aminoniaklösung eine Stärke von 14 % besitzt.

Beispiel 2

400 Gewichtsteile Bleichlorid, die, wie oben beschrieben, durch Fällung aus Salzlösung erhalten sind, werden in 1000 Gewichtsteilen Wasser zerteilt, das 140 Gewichtsteile Ammoniak (NH_3) enthält. Durch das Gemisch wird Kohlendioxyd durchgeleitet, wobei die festen Bestandteile durch mechanisches Rühren, z. B. mit einem Gabbettmischer, in Suspension gehalten werden. Die Temperatur wird bei etwa 30° C gehalten, und sobald keine merkliche Kohlensäureaufnahme mehr stattfindet, wird der Vorgang abgebrochen. Die festen Bestandteile werden von der Flüssigkeit getrennt und stellen nach dem Waschen mit wenig Wasser praktisch reines Bleicarbonat dar.

Bei Temperaturen über 30° C verläuft zwar die Kohlensäureaufnahme günstiger, aber die Verluste an Ammoniak in den entweichenden Gasen sind größer. Man kann jedoch auch während des ersten Teils der Behandlung mit Kohlensäure, d. h. solange die Ammoniakkonzentration noch hoch ist, die Temperatur niedrighalten (zweckmäßig bei 30° C) und sie im weiteren Verlauf des Prozesses steigern (zweckmäßig auf 40 bis 50° C oder noch höher), wenn infolge der chemischen Vorgänge die Dampfspannung des Ammoniaks zurückgegangen ist.

Wenn man so verfährt, kann man in dem obigen Beispiel weit mehr als 400 Teile Bleichlorid in praktisch reines Carbonat überführen.

Die Behandlung des Bleichlorids mit Kohlensäure kann nach dem Gegenstromprinzip erfolgen, d. h. das frische Bleichlorid befindet sich zu Beginn der Behandlung mit Kohlensäure in einer Flüssigkeit, welche bereits zur Kohlensäurebehandlung von teilweise in Bleicarbonat umgewandeltem Bleichlorid gedient hat und den geringsten Gehalt an freiem Ammoniak besitzt, während die teilweise oder beinahe vollständig in Carbonat übergeführten festen Bestandteile vor Verlassen des Arbeitsganges in Gegenwart von Kohlensäure der Einwirkung der Flüssigkeit mit dem höchsten Gehalt an freiem Ammoniak unterworfen werden.

Die beschriebene Arbeitsweise ermöglicht es, verhältnismäßig konzentrierte Ammoniumchloridlösungen zu erhalten, die bei einem Bleiextraktionsverfahren Verwendung finden können, aus denen aber auch das Ammoniak in wirtschaftlicher Weise durch die Anwendung von Kalk oder anderen alkalischen Mitteln bei geringem Brennstoffaufwand wiedergewonnen werden kann. Diese Lösungen können so weit eingeengt werden, daß beim Abkühlen Ammoniumchlorid auskristallisiert. Die Flüssigkeit, von der das feste Ammoniumchlorid getrennt worden ist, kann hierauf zur Aufnahme einer weiteren Menge suspendierten Bleichlorids benutzt und in einem neuen Reaktionskreislauf mit Kohlensäure behandelt werden. Es ist ersichtlich, daß diese Arbeitsweise die Möglichkeit der Wiedergewinnung von Ammoniumchlorid bietet, und zwar unter Ausschluß der Notwendigkeit der Konzentration durch Verdampfen von Ammoniumchloridlösungen.

Ferner kann nach der Behandlung des Ammoniumchlorids mit Kalk eine konzentrierte Calciumchloridlösung erhalten werden, die im wesentlichen alles Chlor enthält, das ursprünglich an das Bleichlorid gebunden war.

Es sind Verfahren zur Behandlung von bleihaltigen Erzen, Aufbereitungsprodukten oder metallurgischen Rückständen bekannt, bei denen das Blei in Form von Bleichlorid erhalten wird. Gemäß der vorliegenden Erfindung wird ebenso Bleichlorid erhalten und sodann in der beschriebenen Weise in Bleicarbonat verwandelt, wobei das Chlor des Bleichlorids in Form von Ammoniumchlorid, Calciumchlorid o. dgl. wiedergewonnen wird, welche ihrerseits gegebenenfalls zur Gewinnung weiterer Mengen von Bleichlorid Verwendung finden können.

Beispiel 3

Bei manchen metallurgischen Verfahren werden Zinksulfiderze, die Bleiverbindungen enthalten, geröstet, um das Zink zum Zwecke seiner Extraktion in einer Schwefelsäurelösung löslich zu machen, wobei ein Rückstand verbleibt, der Blei- und auch Silbersulfat enthält, sofern Silber in dem Ausgangserz vorhanden war. Dieser Rückstand wird nach dem vorliegenden Verfahren mit einer heißen Chloridlösung behandelt, die einen geringen

Gehalt an Säure haben kann, um die Blei- und Silberverbindungen in Lösung zu bringen, die Flüssigkeit wird von den festen Teilen getrennt und das in der Flüssigkeit etwa vorhandene Silber in bekannter Weise entfernt. Beim Abkühlen scheidet die Lösung Bleichlorid ab, das durch Filtration oder in anderer bekannter Weise entfernt wird. Das Bleichlorid wird hierauf in der bereits beschriebenen Weise behandelt. Die heiße Ammoniumchloridlösung, die man erhält, oder die heiße Calciumchloridlösung, die aus ihr durch Behandlung mit Kalk zum Zwecke der Wiedergewinnung des Ammoniaks gewonnen wird, kann als heiße Chloridlösung zum Auflösen weiterer Mengen von Blei und Silber benutzt werden.

Beispiel 4

Im Falle der bekannten Behandlung von sulfidischen Bleizinkerzen, Aufbereitungsprodukten u. dgl., die darin besteht, daß das Erz mit einer Säure in Gegenwart eines Chlorids behandelt wird, um das Blei in Lösung zu bringen, worauf die heiße Lösung vom Zinksulfid getrennt wird, kann die Erfindung in der Weise zur Anwendung gelangen, daß die heiße Chloridlösung in eine große Menge kalten Wassers gegossen wird, wobei das Bleichlorid in sehr fein zerteilter Form erhalten wird, oder daß das Bleichlorid in fein zerteilter Form aus der heißen Lösung niedergeschlagen wird, beispielsweise durch schnelles Abkühlen und Rühren.

Das Bleichlorid wird hierauf in der bereits beschriebenen Weise behandelt, und die übrigbleibende Flüssigkeit, die Ammoniumchlorid enthält, wird mit Kalk erhitzt, um das Ammoniak auszutreiben, das gesammelt und wiederbenutzt werden kann, während die dabei entstehende Calciumchloridlösung zur Extraktion neuer Erzmengen benutzt wird.

Beispiel 5

Das neue Verfahren ist auch bei solchen Bleigewinnungsverfahren anwendbar bei welchen ein sulfidisches Bleierz mit Zinkchlorid oder chlorzinkhaltigen Schmelzen erhitzt wird, wobei Bleichlorid und Zinksulfat entstehen.

Nach dem vorliegenden Verfahren wird das Bleichlorid aus der Schmelze in bekannter Weise abgetrennt; nachdem es, wie vorher beschrieben, in Bleicarbonat umgewandelt ist, wird das Ammoniumchlorid wiedergewonnen und kann mit Hilfe bekannter Reaktionen zur Gewinnung von Ammoniak und Zinkchlorid verwendet werden.

Beispiel 6

Bei der Anwendung des vorliegenden Verfahrens zur Behandlung von sulfidischen Bleierzen, Aufbereitungsprodukten, Rückständen usw. wird zunächst das Erz einer sulfatisierenden Röstung unterworfen; dann wird das Blei mit einer heißen neutralen oder schwach sauren Salzsole extrahiert, die Lösung zwecks Abscheidung des Bleisalzes abgekühlt und dieses Salz, welches im wesentlichen aus Bleichlorid besteht, in der oben beschriebenen Weise behandelt, so daß neben Bleicarbonat eine Chloridlösung entsteht, die für die Verwendung in einer weiteren Reaktionsreihe geeignet ist. In ähnlicher Weise kann man Bleisulfat oder Stoffe, die Bleisulfat enthalten, mit heißer Salzlösung extrahieren, und das durch Abkühlen der Lösung erhaltene Bleisalz kann, wie beschrieben, behandelt werden.

Beispiel 7

Das vorliegende Verfahren kann auch zur Umwandlung von metallischem Blei, das aus metallurgischen Rückständen stammt, in Bleicarbonat Anwendung finden, wobei zunächst das Blei durch saure Salzlösung, Salzsäure. Eisenchlorid o. dgl. unter Bildung von Bleichlorid in Lösung gebracht und hierauf das Bleichlorid, wie oben geschildert, behandelt wird. In dieser Weise kann reines Bleicarbonat und aus diesem Bleioxyd aus unreinem Blei, wie Hart- oder Werkblei, silberhaltigem Werkblei usw. und ebenso aus Bleikrätze hergestellt werden.

Patentansprüche:

1. Herstellung von chlorfreiem Bleicarbonat durch Behandlung von Bleichlorid mit Kohlensäure in Gegenwart von Alkalien bzw. zur Gewinnung von Blei aus Erzen, Aufbereitungsprodukten, Rückständen o. dgl., dadurch gekennzeichnet, daß das Chlorid in möglichst fein verteilter Form in Ammoniaklösung suspendiert und unter Bewegen der Suspension zweckmäßig unter Temperatursteigerung Kohlendioxyd bis zur Sättigung eingeleitet wird.

2. Ausführungsform des Verfahrens nach Anspruch 1, dadurch gekennzeichnet, daß, wenn man ein aktives Bleichlorid, d. h. nicht gewöhnliches, kristallinisches Chlorid, der Behandlung unterwirft, vor dem Einbringen des Bleichlorids Kohlensäure in die Ammoniaklösung eingeleitet wird.

3. Ausführungsform des Verfahrens nach Anspruch 1 und 2, gekennzeichnet durch die Anwendung des an sich bekannten Gegenstromprinzips bei der Reaktion zwischen Bleichlorid und Kohlensäure.

Nr. 502 677. (C. 39 701.) Kl. 12n, 7.

THE CHEMICAL AND METALLURGICAL CORPORATION LIMIDED UND STANLEY COCHRAN SMITH IN LONDON.

Verfahren zur Herstellung von chlorfreiem Bleicarbonat.

Vom 24. April 1927. — Erteilt am 3. Juli 1930. — Ausgegeben am 14. Juli 1930. — Erloschen: 1931.

Goßrbritannische Priorität vom 2. Juli 1926 beansprucht.

In dem Patent 483 877 ist ein Verfahren zur Überführung von Bleichlorid in Bleicarbonat und dessen Anwendung zur Gewinnung von Blei aus Erzen, Rückständen u. dgl. beschrieben. Dieses Verfahren besteht darin, daß Bleichlorid, das nach bekannten Extraktionsverfahren aus Erzen, Aufbereitungsprodukten, Rückständen u. dgl. gewonnen ist, in einer Ammoniaklösung suspendiert wird, in die Kohlendioxyd eingeleitet wird; das Bleichlorid wird hierdurch in Bleicarbonat übergeführt.

Es wurde nun gefunden, daß bei diesem Verfahren ein Bleicarbonat mit geringstem Gehalt an Bleichlorid erhalten werden kann, wenn das Verfahren so geleitet wird, daß das Kohlendioxyd mit möglichster Annäherung in gleichem Maße in Bleicarbonat übergeht, wie es in die Suspension eingeleitet wird.

Dieser Zweck der Erfindung wird erreicht, indem das Kohlendioxyd in die Suspension mit einer Geschwindigkeit eingeleitet wird, die nicht merklich größer ist als die Absorptionsgeschwindigkeit des Kohlendioxyds durch die vorhandenen Bleiverbindungen, d. h. daß die Anwesenheit von freiem Kohlendioxyd in der Flüssigkeit nach Möglichkeit vermieden wird.

Beispielsweise werden 275 kg Ammoniaklösung von 20,8%, 129 kg Wasser und 453 kg Bleichlorid bei gewöhnlicher Temperatur 1/2 Stunde im Druckgefäß gerührt. Hierauf wird Kohlendioxyd mit der höchsten Geschwindigkeit eingeleitet, bei der die Kohlendioxydkonzentration der Flüssigkeit nicht über 0,3% steigt; diese Konzentration wird während des Einleitens von Zeit zu Zeit an entnommenen Proben festgestellt. Die Temperatur der Flüssigkeit steigt auf etwa 80°, der Druck im Gefäß auf etwa 2,35 Atm.; diese beiden Zahlen sind Höchstwerte. Nach vierstündiger Kohlendioxydbehandlung unter den vorstehenden Bedingungen zeigt die Analyse einer Probe vollkommene Umwandlung. Der Rückstand wird hierauf durch Filtration von der Flüssigkeit getrennt und das Bleicarbonat mit Wasser gewaschen; es enthält weniger als 0,1% Chlorid.

PATENTANSPRUCH:

Verfahren zur Herstellung von chlorfreiem Bleicarbonat durch Einleiten von Kohlendioxyd in eine Suspension von Bleichlorid in einer wässerigen Ammoniaklösung bis zur vollständigen Umwandlung des Chlorids in Carbonat nach dem durch Patent 483 877 geschützten Verfahren, dadurch gekennzeichnet, daß durch Regulierung der Geschwindigkeit des eingeleiteten Kohlendioxyds die Konzentration des Kohlendioxyds in der Lösung 0,3% nicht überschreitet.

Nr. 495 786. (S. 69 557.) Kl. 12n, 7. STANLEY COCHRAN SMITH IN LONDON.

Verfahren zur Überführung von Bleisulfat in Bleicarbonat.

Vom 8. April 1925. — Erteilt am 27. März 1930. — Ausgegeben am 10. April 1930. — Erloschen: 1931.

Großbritannische Priorität vom 5. Mai 1924 beansprucht.

Bei manchen Verfahren empfiehlt es sich, Blei in Form von Bleisulfat zu gewinnen oder zu entfernen; dieses Produkt findet aber nur beschränkte Anwendung und läßt sich nicht so leicht zwecks Gewinnung von metallischem Blei schmelzen, wie dies bei Bleicarbonat der Fall ist.

Die Erfindung bezweckt ein einfaches Verfahren zur Überführung von Bleisulfat in das nützlichere Bleicarbonat, und zwar in ein Produkt, das nur Spuren von Sulfat enthält.

Die Erfindung bezweckt weiterhin ein Verfahren zur Behandlung von Bleierzen, Aufbereitungsprodukten oder Rückständen, bei welchem das Blei in Sulfat übergeführt und dann in Form von Carbonat gewonnen wird.

In dem Patent 420 638 ist ein Verfahren beschrieben, Bleisulfat dadurch in Bleicarbonat zu verwandeln, daß in eine Suspension von Bleisulfat in wässerigem Ammoniak Kohlendioxyd unter Rühren eingeleitet wird. Wesentlich bei diesem Verfahren ist, daß das Ammoniak dem Kohlendioxyd gegenüber im Überschuß ist. Bei der Ausführung dieses Verfahrens wird reine Ammoniaklösung von weniger als 12% Ammoniakgehalt verwendet; die Gesamtmenge des Ammoniaks beträgt fast das Doppelte der zur Umsetzung des Bleisulfats notwendigen; die Ausbeute an Ammoniumsulfat ist 95 % der Theorie, und das erhaltene Bleicarbonat enthält noch unverändertes Bleisulfat.

Es wurde nun gefunden, daß die Reaktion zwischen Bleisulfat, Ammoniak und Kohlendioxyd so geleitet werden kann, daß ein praktisch reines Bleicarbonat mit weniger als 0,1 % unverändertem Sulfat erhalten wird, wenn die Behandlung des Bleisulfats mit Ammoniak und Kohlendioxyd in einem Autoklaven unter Druck vorgenommen wird.

Die besten Ergebnisse werden erhalten, wenn die Konzentration des Ammoniaks in der Lösung 14 % oder darüber beträgt; in diesem Falle bedarf es nur eines kleinen Überschusses von Ammoniak, um ein praktisch reines Carbonat zu erhalten. Wird eine weniger konzentrierte Ammoniaklösung angewandt, so ist ein etwas größerer Überschuß von Ammoniak notwendig, der mit fallender Ammoniakkonzentration immer mehr wächst.

Das für die Zwecke der Erfindung geeignete Bleisulfat soll sich in fein verteiltem Zustand befinden und soll zweckmäßig amorph und frisch gefällt sein. Je feiner der Verteilungszustand des Sulfats ist, um so rascher geht die Umwandlung vor sich, und um so geringer ist die Notwendigkeit, stark zu rühren. Indessen ist mechanisches Umrühren unter allen Umständen vorteilhaft.

Ein sulfatfreies Erzeugnis wird leichter erhalten, wenn die Reaktionstemperatur die der Umgebung übersteigt; eine Temperatur von 50 bis 70° ist sehr vorteilhaft. Die folgenden Beispiele dienen zur Erläuterung der Erfindung.

Beispiel 1

119 kg gefälltes Bleisulfat werden mit 100 l einer Lösung gemischt, die 14 Gewichtsprozente Ammoniak enthält; die Mischung wird 3 Stunden lang bei einer Temperatur von 70 C in einem geschlossenen Druckgefäß bei einem Anfangsdruck von etwa 1,4 Atm. in Bewegung gehalten, wodurch ein Teil des Ammoniaks als Ammoniumsulfat unter Bildung von Bleihydroxyd gebunden wird. Die Suspension wird darauf mit einem Strom von Kohlensäure oder Gasen, die Kohlensäure enthalten, unter Umrühren behandelt. Sobald der erforderliche Grad der Carbonisierung erreicht ist, wird die Kohlensäurezufuhr unterbrochen, und die festen Bestandteile werden von der Flüssigkeit getrennt und erforderlichenfalls mit wenig Wasser gewaschen.

Wenn man in dieser Weise verfährt, d. h. zuerst ein Produkt herstellt, welches einen großen Gehalt an Bleihydroxyd aufweist und dadurch einen großen Teil des Ammoniaks als Ammoniumsulfat bindet, so kann man für die Carbonisierung ein verdünnteres Kohlensäuregas verwenden, als dies sonst wünschenswert wäre, da infolge der geringeren Konzentration des freien Ammoniaks weniger Ammoniak durch die dem Kohlendioxyd beigemengten unwirksamen Gase mitgerissen wird, die von Zeit zu Zeit oder fortlaufend aus dem Autoklaven abgelassen werden müssen.

Beispiel 2

100 l Ammoniakflüssigkeit, die 140 g Ammoniak im Liter enthalten, werden mit 119 kg Bleisulfat 5 Stunden lang in einem Druckgefäß bei einem Anfangsdruck von etwa 1,4 Atm. in Bewegung gehalten, während ein Strom von Kohlensäure eingeleitet wird. Die Temperatur läßt man bis 70° C steigen. Die festen Bestandteile werden von der Flüssigkeit getrennt und mit etwas Wasser gewaschen; sie stellen ein praktisch reines Bleicarbonat dar, das nur noch Spuren von Bleisulfat enthält.

Es ist zu bemerken, das in den Beispielen 1 und 2 das Ammoniak nur in geringem Überschuß gegenüber der theoretisch erforderlichen Menge benutzt wird; dies ergibt sich daraus, daß die Konzentration des Ammoniaks etwa 14 % beträgt. Wenn die Konzentration eine geringere ist, so ist ein größerer Überschuß erforderlich.

Nach dem beschriebenen Verfahren können verhältnismäßig konzentrierte Lösungen von Ammoniumsulfat erhalten werden, aus welchen dann Ammoniak in wirtschaftlicher Weise wiedergewonnen werden kann, und zwar mit Hilfe von Kalk oder anderen Alkalien bei geringem Brennstoffverbrauch. Diese Lösungen können so konzentriert werden, daß beim Abkühlen Ammoniumsulfat auskristallisiert. Die Flüssigkeit, von der das feste Ammoniumsulfat getrennt ist, kann dann als Träger für eine weitere Menge Bleisulfat bei der Suspension und Carbonisierung in einem anderen Verfahrenskreislauf dienen. Es ist ersichtlich, daß das Verfahren die Wiedergewinnung von Ammoniumsulfat ermöglicht, und zwar in einer Weise, die keine Konzentration durch Verdampfung von Ammoniumsulfatlösungen erfordert.

Das Verfahren kann mit Vorteil Verwendung finden in Verbindung mit der Behandlung von Erzen, Aufbereitungsprodukten, Rückständen, Abfällen usw., die Blei oder Bleiverbindungen enthalten. Das Blei kann nach bekannten Verfahren als Bleisulfat oder Bleichlorid extrahiert werden. Wenn es sich um die letztere Form handelt, so kann durch Behandlung mit Zinksulfat nach dem in der britischen Patentschrift 239 559 beschriebenen Verfahren oder in sonst geeigneter Weise das Bleichlorid in Bleisulfat übergeführt werden, welches dann nach dem vorstehend beschriebenen Verfahren in Bleicarbonat übergeführt wird.

Die Mutterlaugen können zuerst mit Dampf und dann mit Dampf und Kalk behandelt werden, um das Ammoniak wiederzugewinnen. Anstatt das Ammoniumsulfat mit Kalk zu zersetzen, kann man es auch als solches gewinnen. Das Bleicarbonat kann erhitzt werden, um daraus Bleioxyd und Kohlensäure zu erhalten; die letztere wird in einem neuen Verfahrenskreislauf wieder benutzt.

Patentansprüche:

1. Verfahren zur Herstellung von Bleicarbonat durch Einleiten von Kohlendioxyd in eine Suspension von fein verteiltem Bleisulfat in wässerigem Ammoniak unter Rühren, dadurch gekennzeichnet, daß die Behandlung in einem Autoklaven unter Druck ausgeführt wird, zum Zwecke, ein Produkt von sehr hohem Reinheitsgrad zu erhalten, das höchstens Spuren von Bleisulfat enthält.

2. Verfahren nach Anspruch 1, dadurch gekennzeichnet, daß die Konzentration des Ammoniaks in der Lösung 14 % oder darüber beträgt.

3. Verfahren nach Ansprüchen 1 und 2, gekennzeichnet durch Anwendung erhöhter Temperatur, vorzugsweise 50 bis 70° C.

4. Verfahren nach den vorhergehenden Ansprüchen, dadurch gekennzeichnet, daß mit dem Einleiten des Kohlendioxyds erst nach Umsetzung eines Teiles des Ammoniaks in Ammoniumsulfat begonnen wird.

Nr. 509 262. (S. 79 345.) Kl. 12 n, 7. Stanley Cochran Smith in London.

Verfahren zur Herstellung von sulfatfreiem Bleicarbonat aus Bleisulfat.

Vom 24. April 1927. — Erteilt am 25. Sept. 1930. — Ausgegeben am 6. Okt. 1930. — Erloschen: 1931.

Großbritannische Priorität vom 29. Juni 1926 beansprucht.

In dem Patent 495 786 ist ein Verfahren beschrieben, wonach Bleisulfat in Ammoniaklösung suspendiert und in die Suspension Kohlendioxyd eingeleitet wird; hierbei wird das Bleisulfat in Bleicarbonat umgewandelt.

Es wurde nun gefunden, daß zur Erhaltung eines Bleicarbonats mit dem geringstmöglichen Gehalt an Bleisulfat das Verfahren so geleitet werden muß, daß das Kohlendioxyd nach Möglichkeit im gleichen Maße, wie es in die Suspension gelangt, in Bleicarbonat übergeht.

Dieser Erfindungszweck wird erreicht, indem das Kohlendioxyd mit einer Geschwindigkeit in die Suspension eingeleitet wird, die nicht wesentlich größer ist als die Absorptionsgeschwindigkeit des Kohlendioxyds durch die vorhandenen Bleiverbindungen, d. h. mit einer solchen Geschwindigkeit, daß ein Vorhandensein von freiem Kohlendioxyd in der Flüssigkeit nach Möglichkeit vermieden wird.

Beispielsweise werden 252 kg 21%iger Ammoniaklösung, 113 kg Wasser und 453 kg Bleisulfat bei gewöhnlicher Temperatur eine halbe Stunde im Druckgefäß gerührt. Hierauf wird Kohlendioxyd mit der höchstmöglichen Geschwindigkeit eingeleitet, bei der die Kohlendioxydkonzentration der Flüssigkeit nicht über 0,3 % steigt, was durch Entnahme von Proben von Zeit zu Zeit festgestellt wird. Die Temperatur der Flüssigkeit steigt auf etwa 80°, der Druck auf etwa 2,35 Atm., wobei diese beiden Zahlen Höchstwerte darstellen. Nach vierstündigem Einleiten von Kohlendioxyd unter den beschriebenen Bedingungen zeigt die Analyse einer Probe, daß die Umwandlung vollständig ist. Der Niederschlag wird hierauf durch Filtrieren von der Flüssigkeit getrennt und das Bleicarbonat mit Wasser gewaschen; es enthält weniger als 0,1 % Sulfat.

Patentanspruch:

Verfahren zur Herstellung von sulfatfreiem Bleicarbonat durch Einleiten von Kohlendioxyd in eine Suspension von Bleisulfat in einer wässerigen Ammoniaklösung bis zur vollständigen Umwandlung des Sulfats in Carbonat nach dem durch Patent 495 786 geschützten Verfahren, dadurch gekennzeichnet, daß durch Regulierung der Geschwindigkeit des eingeleiteten Kohlendioxyds die Konzentration des Kohlendioxyds in der Lösung 0,3 % nicht überschreitet.

Nr. 475475. (D. 51229.) Kl. 12n, 7. René Daloze in Uccle, Brüssel.

Verfahren zur Herstellung von Bleicarbonat aus unreinem Bleisulfat.

Vom 11. Sept. 1926. — Erteilt am 11. April 1929. — Ausgegeben am 25. April 1929. — Erloschen: 1934.

Französische Priorität vom 3. Juli 1926 beansprucht.

Die Erfindung betrifft die Überführung von unreinem Bleisulfat in reines Bleicarbonat durch Lösen des vorher gewaschenen Bleisulfats in einem großen Überschuß von Erdalkaliacetat und Fällen des Bleies aus dem dreibasischen Acetat durch Kohlensäure, nachdem die Bleiacetatlösung mit einer Base gleicher Art wie die in dem zu Anfang verwendeten Erdalkaliacetat enthaltene basisch gemacht worden ist.

Es ist bereits bekannt, daß Alkaliacetate Bleisulftat lösen, jedoch verläuft diese Reaktion außer bei Ammoniumacetat nicht quantitativ. Außerdem sind die erhaltenen Alkalisulfate löslich und können daher nicht durch einfaches Filtrieren von der Bleiacetatlösung getrennt werden.

Gemäß der Erfindung wird als Lösungsmittel eine Lösung von Erdalkaliacetat angewandt, die bei der Einwirkung auf das Bleisulfat ein unlösliches Sulfat ergibt. Dabei wird dem Bleisulfat ein großer Überschuß von Erdalkaliacetat zugesetzt, wodurch die Reaktion bei gewöhnlichem Druck auch nach dem Abkühlen der vorhandenen Stoffe quantitativ und irreversibel verläuft. Überdies hat es sich durch Versuche gezeigt, daß bei gleichzeitiger Gegenwart von Erdalkaliacetat im Überschuß durch die Kohlensäurebehandlung aus der basischen Bleiacetatlösung ein dichteres und leichter filtrierbares Bleicarbonat erhalten wird.

Nach einer Ausführungsform der Erfindung verwendet man ein Lösungsgemisch von 3 Äquivalenten Calciumacetat auf 1 Äquivalent Bleiacetat. Dieses Gemisch läßt man auf das rohe Bleisulfat — beispielsweise zuvor neutralisierten Bleikammerschlamm — einwirken im Verhältnis von 2 Äquivalenten Bleisulfat auf 3 Äquivalente in Lösung befindlichen Calciumacetat. Die doppelte Umsetzung verläuft nach folgender Gleichung:

$$(C_2H_3O_2)_2Pb + 3\,(C_2H_3O_2)_2Ca + 2\,PbSO_4 = 2CaSO_4 + (C_2H_3O_2)_2Ca + 3(C_2H_3O_2)_2Pb$$

Der unlösliche Niederschlag, der das bei der Reaktion entstandene Calciumsulfat enthält, wird in bekannter Weise von der das Bleiacetat enthaltenden Lösung getrennt; der Überschuß (in dem Beispiel 1 Äquivalent) von Calciumacetat verhütet die Umkehrung der Reaktion. Die Lösung wird dann mit Kalkmilch im Verhältnis von 2 Äquivalenten CaO oder $Ca(OH)_2$ auf 3 Äquivalente gelösten Bleiacetats behandelt. Man erzielt so die Ausfällung von 2 Äquivalenten Blei, d. h. zwei Drittel des in der Lösung enthaltenen Bleies, als Bleihydroxyd, das sich nach Maßgabe seiner Bildung augenblicklich wieder zu dreibasischem Bleiacetat löst, indem es sich mit dem dritten Drittel des Bleies verbindet, das als neutrales Acetat in der Lösung verblieben ist. Die Reaktion entspricht folgender Gleichung:

$$(C_2H_3O_2)_2Ca + 3(C_2H_3O_2)_2Pb + 2Ca(OH)_2 = (C_2H_3O_2)_2Pb \cdot 2Pb(OH)_2 + 3(C_2H_3O_2)_2Ca$$

Zur Abscheidung von Verunreinigungen oder unlöslichen Bestandteilen wird filtriert und hierauf die klare Lösung mit einem Kohlensäurestrom behandelt, um die letzte Reaktion zu erzielen:

$$(C_2H_3O_2)_2Pb \cdot 2Pb(OH)_2 + 3(C_2H_3O_2)_2Ca + 2CO_2 = 2H_2O + 2PbCo_3\,^{*)} + (C_2H_3O_2)_2Pb + 3(C_2H_3O_2)_2Ca$$

Das Bleicarbonat wird durch Filtrieren abgetrennt, worauf die Lösung zum Auflösen neuen rohen Bleisulfats verwendet werden kann.

Wenn das verwendete rohe Bleisulfat Eisen als Verunreinigung enthält, kann dieses durch die Calciumacetatlösung bzw. das Lösungsgemisch aus Blei- und Calciumacetat nach Gleichung 1 mitgelöst werden. Das Eisen wird dann durch das Erdalkalihydroxyd (Kalk) gemäß Gleichung 2 als unlösliches dreibasisches Eisenacetat ausgefällt und bei der Filtration von der Lösung getrennt.

Patentanspruch:

Verfahren zur Herstellung von Bleicarbonat aus unreinem Bleisulfat durch Zersetzung mittels eines Erdalkalisalzes unter Einleiten von Kohlensäure, dadurch gekennzeichnet, daß in Gegenwart von Erdalkaliacetat in solchem Überschuß gearbeitet wird daß die Reaktion quantitativ und nicht reversibel verläuft.

*) Druckfehlerberichtigung: $PbCO_3$.

Nr. 531673. (J. 32071.) Kl. 12n, 1. Dr. Leopold Jungfer in Bochum.

Herstellung schwerlöslicher basischer Metallverbindungen auf elektrolytischem Wege.

Vom 30. Aug. 1927. — Erteilt am 6. Aug. 1931. — Ausgegeben am 13. Aug. 1931. — Erloschen: 1935.

Die Herstellung schwerlöslicher basischer Metallverbindungen mit Hilfe der Elektrolyse ist bekannt. Zu diesem Zweck wird das Metall, dessen schwerlösliche basische Verbindung man herstellen will, anodisch gelöst und durch die im Elektrolyten vorhandenen Fällungsionen niedergeschlagen. Letztere werden zum Teil während der Elektrolyse gebildet und zum Teil von außen zugeführt. Beispielsweise geschieht diese Zuführung bei der Bildung von basischen Metallcarbonaten durch Einleiten von Kohlensäure in den Elektrolyten. Der Elektrolyt besteht aus einer wäßrigen Lösung fällender und lösender Salze.

Alle derartigen bisher bekannten Verfahren haben den Nachteil, daß die mit ihnen unter Einhaltung normaler Stromdichten erzeugten Produkte nicht als einheitliche chemische Verbindungen ausfallen und selbst bei Anwendung niedrigster Stromdichten das gefällte Endprodukt nicht einheitlich ist. Bei der Verwendung höherer Stromdichten als der normalen treten außer diesem Übelstande noch weitere Nebenreaktionen ein, die wie die Bildung schwerlöslicher Sperrschichten an der Anode den Stromverbrauch erhöhen oder die wie die Bildung von Metallnebeln an der Anode ein rationelles Arbeiten unmöglich machen. Ferner weisen die nach den bisherigen Verfahren hergestellten Produkte schlechte physikalische Eigenschaften auf, die durch die hohe Aktivität der bei der Fällung beteiligten Ionen bedingt sind und die eine technische Verwendung der so hergestellten basischen Metallverbindungen erschweren.

Alle obigen Nachteile werden nach der vorliegenden Erfindung dadurch beseitigt, daß dem Elektrolyten katalytisch wirkende organische Stoffe, beispielsweise Äthylenglykol, zugesetzt werden, die imstande sind, die Affinität der einzelnen Ionen zueinander zu regeln und mit einem oder mehreren Ionen, die während der Elektrolyse vorhanden sind, im Elektrolyten lösliche Zwischenverbindungen zu bilden. Diese so gebildeten Zwischenprodukte, die gegenüber ihren eigenen Ionen stabil sind, werden durch die betreffenden anderen (Fällungs-) Ionen zersetzt, und zwar derart, daß die schwerlöslichen basischen Metallverbindungen in reiner Form ausgefällt werden und eine Rückbildung der organischen Katalysatoren eintritt. Konzentrationsschwankungen eines Ions oder mehrerer Ionen, wie sie während einer technischen Elektrolyse eintreten, üben keinen Einfluß auf die chemische Zusammensetzung der schwerlöslichen basischen Metallverbindung aus, da das Ionengleichgewicht durch die organischen Zwischenverbindungen aufrechterhalten bleibt. Es ergibt sich weiter der Vorteil, daß bei höheren Stromdichten gearbeitet werden kann, wobei die zugesetzten organischen Katalysatoren sowohl die Bildung von Sperrschichten wie auch das Abreißen von Anodenmaterial und die Bildung von Metallnebeln wirksam verhindern. Durch die Menge der zugesetzten organischen Stoffe wird ferner die Dispersität der schwerlöslichen basischen Metallverbindungen mitbestimmt und verändert, und es werden Niederschläge erzielt, die auch in ihrer Struktur für den technischen Verwendungszweck brauchbarer und angepaßt sind. Für die chemische Fällung von Bleiweiß sowie von Zinksulfid und Lithopon aus den entsprechenden Metallsalzlösungen sind gemäß Patent 76236, Kl. 22, und Patent 178983, Kl. 22f, Verfahren bekannt geworden, die durch Zusatz von Glycerin bzw. Zuckerarten einen möglichst hohen Dispersitätsgrad der niederzuschlagenden Stoffe erzielen wollen. Demgegenüber wird der Gegenstand vorliegender Erfindung dahin klargestellt, daß es sich hier um die elektrolytische Herstellung basischer Metallverbindungen handelt, die in chemisch reiner Form erhalten werden sollen.

Außer Äthylenglykol können als Katalysatoren noch beispielsweise Verwendung finden: Trichlorphenol, Saccharose, p-Nitroanilin, n-Butylalkohol, Acetamid, Glycerin und Gemische hiervon.

Soll beispielsweise nach dem beschriebenen Verfahren Bleiweiß (basisches Bleicarbonat) hergestellt werden, so elektrolysiert man in einem Elektrolyseur, der als Kathoden und Anoden Weichbleiplatten von 2 cm Dicke enthält und die sich im Abstande von 3 cm voneinander befinden. Die arbeitende Fläche der Bleianoden, die aus Weichblei, Marke Tadanac, mit 99,99 % Pb bestehen, ist 9,4 qdcm groß; der Strom beträgt 47 Amp., die Stromdichte 5 Amp./qdcm. Der Elektrolyt besteht aus 8 l einer 2%igen wäßrigen Lösung eines Salzgemisches, das zu 90 % aus Natriumchlorat und zu 10 % aus Natriumcarbonat besteht. Diesem Grundelektrolyten werden 1,2 % Äthylenglykol zugesetzt. Bei der Dauerelektrolyse muß nach Maßgabe des Verbrauchs Kohlensäure und Wasser zugeführt werden. Es wird ein Bleiweiß mit 86,2% PbO rein weißer Farbe und ohne freies $Pb(OH)_2$ erhalten. Benutzt man unter obigen Bedingungen den Grundelektrolyten ohne Äthylenzusatz, so wird ein graues, durch Bleistücke und Bleinebel verunreinigtes Gemisch von $PbCO_3$ und $Pb(OH)_2$ wechselnder Zusammensetzung erhalten.

Soll beispielsweise nach obigem Verfahren Cadmiumhydroxyd hergestellt werden, so wird obige Einrichtung unter sinngemäßer Abänderung benutzt. Anoden und Kathoden bestehen aus destilliertem Cadmium mit 99,7 % Cd, Marke Marquart. Der Elektrolyt besteht aus reiner, bei Zimmertemperatur gesättigter Natriumchloridlösung, die ihrerseits mit n-Butylalkohol gesättigt wird. Die Stromdichte beträgt 4 Amp./qdcm. Es entfällt ein reines, gut auswaschbares, chlorfreies Cadmiumhydroxyd, das rein weiß ist und sich direkt oder als Ausgangsmaterial für andere Cd-Verbindungen in der Praxis verwenden läßt. Ohne Katalysatorzusatz wird ein graues, chlorhaltiges Produkt erhalten, dem keine Verwendbarkeit zukommt. Bei längerer Elektrolyse ist Wasser nach Maßgabe des Verbrauchs zu ersetzen.

Die in obigen Beispielen erläuterte katalytische Wirkung organischer Zusatzstoffe kann nicht in Parallele gesetzt werden zu den bekannten Arbeiten, elektrolytische Vorgänge durch Zusatz von Methyl- und Äthylalkohol zu beeinflussen (Le Blanc, Lehrb. der Elektrochemie, 8. Aufl. S. 314 und S. 348). Eine Steigerung der Polarisationsspannung wird durch die nach vorliegender Erfindung gemachten organischen Zusätze nicht hervorgerufen, und eine solche würde für den technischen Effekt und die Energieausbeute auch sehr schädlich sein. Es handelt sich hier ferner um anodische Vorgänge, nicht um die Beeinflussung von kathodischen Reduktionspotentialen durch organische Depolarisatoren.

Patentanspruch:

Herstellung schwerlöslicher basischer Metallverbindungen auf elektrolytischem Wege, dadurch gekennzeichnet, daß dem Elektrolyten organische Katalysatoren, beispielsweise Äthylenglykol, zugesetzt werden, die mit dem anodisch gelösten Metall im Elektrolyten lösliche Zwischenverbindungen bilden können, die ihrerseits unter dem Einfluß des Fällungsions unter Rückbildung der organischen Zusatzstoffe zerfallen und die angestrebte schwerlösliche basische Metallverbindung ergeben.

D. R. P. 76236, B. I, 3700; 178983, B. I, 3700.

Nr. 490561. (W. 77224.) Kl. 12n, 8. Dr. Alexander Wacker Gesellschaft für elektrochemische Industrie G. m. b. H. in München.

Erfinder: Dr. Felix Kaufler und Dr. Franz Xaver Schwaebel in München.

Verfahren zur Darstellung von Mercurosalzen.

Vom 27. Sept. 1927. — Erteilt am 9. Jan. 1930. — Ausgegeben am 30. Jan. 1930. — Erloschen: 1935.

Die Überführung von Quecksilber in Mercurosulfat durch Behandeln mit Sauerstoff bei Gegenwart von Säure bereitet erhebliche Schwierigkeiten deshalb, weil dieser Prozeß eine für praktische Erfordernisse viel zu lange Zeit beansprucht. Das Patent 376795 verwendet zur Beschleunigung des Vorganges für den speziellen Fall der Sulfaterzeugung Stickstoff-Sauerstoff-Verbindungen als Überträger, deren Anwesenheit im Produkt aber oft unerwünscht ist, beispielsweise dann, wenn das Quecksilbersalz ohne besondere Reinigung zu katalytischen Zwecken für organisch-chemische Reaktionen, z. B. Aldehyddarstellung aus Acetylen, wieder verwendet werden soll.

Wir haben gefunden, daß Quecksilber durch Sauerstoff rasch und weitgehend in Mercurosulfat übergeführt werden kann, wenn das Metall gleichzeitig mit einer Schwefelsäurelösung behandelt wird, welche große Mengen der Sulfate des Eisens enthält. Wesentlich für die Durchführung des Verfahrens ist eine gute Durchmischung von Gas, Flüssigkeit und Metall. Der Prozeß kann durch Anwendung von Druck erheblich beschleunigt werden.

Es war bekannt, daß Ferrosulfatlösung durch Sauerstoff in Ferrisulfat bzw. Ferrochlorid in Ferrichlorid übergeführt werden kann, und daß Ferrisulfat das Quecksilber zu oxydieren vermag. Wenn man aber versucht, Ferrosulfat mit Sauerstoff zu oxydieren, so stellt man fest, daß, sofern nicht hoher Druck und hohe Temperatur angewandt wird, die Sauerstoffaufnahme bereits frühzeitig erlahmt; verwendet man eine derartige, teilweise oxydierte Ferrisalzlösung zur Oxydation von Quecksilber, so findet die Überführung in Mercurosulfat nur in einem praktisch ganz unzulänglichen Ausmaß statt. Behandelt man dagegen nach vorliegender Erfindung die Mischung von Quecksilber, Ferrosulfat und Säure mit Sauerstoff, so erlahmt die Sauerstoffaufnahme erst dann, wenn das Quecksilber zum größten Teil in das Salz übergeführt worden ist.

Unter Anwendung von Eisenchlorür und

Salzsäure kann man in entsprechender Weise das Quecksilber durch Behandeln mit Sauerstoff in Quecksilberchlorür überführen.

Beispiel 1

400 ccm einer Lösung, die 20 % Ferrosulfat und 30 % freie Schwefelsäure enthält, werden bei Gegenwart von 50 g Quecksilber unter Einleiten von Sauerstoff bei etwa 95° stark gerührt. Nach etwa 30 Stunden ist das Quecksilber in Mercurosulfat übergeführt.

Beispiel 2

200 ccm Lösung wie in Beispiel 1 werden in Gegenwart von 50 g Quecksilber bei 72° unter Einwirkung von Sauerstoff kräftig geschüttelt. Es werden stündlich 70 ccm Sauerstoff aufgenommen, und diese Oxydationsgeschwindigkeit hält nahezu unvermindert an, bis alles Quecksilber in Mercurosulfat übergeführt ist.

Beispiel 3

Zu 1000 ccm der erwähnten Eisenlösung werden 65 g Quecksilber zugesetzt und bei etwa 70° stark mit Luft oder Sauerstoff geblasen (etwa 700 l pro Stunde im Kreislauf). In etwa 20 Stunden sind 85 % des Quecksilbers in Mercurosulfat verwandelt.

Beispiel 4

Statt des Quecksilbers der Beispiele 1 bis 3 wird Quecksilberschlamm verwendet, wie er bei der Herstellung von Acetaldehyd aus Acetylen anfällt, wo Quecksilbersalze als Katalysatoren verwendet werden. Hierbei kann die Quecksilbersalzsuspension unmittelbar wieder als Katalysator für die Acetaldehyderzeugung verwendet werden.

Patentanspruch:

Verfahren zur Darstellung von Mercurosalzen durch Umsetzung von metallischem Quecksilber mit sauren Eisensalzlösungen, dadurch gekennzeichnet, daß das Reaktionsgemisch mit Sauerstoff oder sauerstoffhaltigen Gasen in der Hitze, gegebenenfalls unter Druck, behandelt wird.

D. R. P. 376795, B. II, 1877.

Nr. 544387. (I. 17. 30.) Kl. 12n, 8.

I. G. Farbenindustrie Akt.-Ges. in Frankfurt a. M.

Erfinder: Dr. Albert Auerhahn und Dr. Otto Eisenhut in Heidelberg.

Herstellung von Mercurisulfatlösung auf elektrolytischem Wege.

Vom 26. März 1930. — Erteilt am 28. Jan. 1932. — Ausgegeben am 17. Febr. 1932. — Erloschen: 1932.

Die Überführung von Quecksilber in Mercurisulfat durch anodische Auflösung von Quecksilber in verdünnter Schwefelsäure konnte bisher noch nicht in befriedigender Weise ausgeführt werden. Es bilden sich bei diesem Vorgang stets erhebliche Mengen Mercurosulfat oder Quecksilberschlamm. Infolgedessen ist eine günstige Stromausbeute nicht zu erzielen.

Es wurde nun gefunden, daß man Mercurisulfatlösung in einwandfreier Weise ohne Bildung von Mercurosulfat und Quecksilberschlamm herstellen kann, wenn man die anodische Auflösung von Quecksilber in gleichmäßig bewegter Schwefelsäure vornimmt und hierbei die Schwefelsäure an der Quecksilberanode mit solcher Geschwindigkeit vorbeiströmen läßt, daß die Quecksilberanode dauernd ein glattes, metallähnliches Aussehen behält. Dies gelingt z. B. leicht bei Einhaltung der Temperaturgrenzen von 20 bis 70° und der Stromdichte von 20 bis 60 Ampere/dm² durch mäßig starkes Rühren. Die Bewegung der Säure kann auch durch Umpumpen oder auf andere beliebige Weise geschehen, wobei starke Erschütterungen der Quecksilberoberfläche vermieden werden sollen. Die Schwefelsäure läßt man zweckmäßig mit einer gleichmäßigen Geschwindigkeit an der Anode vorbeiströmen, wodurch die gebildeten Mercuriionen rasch aus dem Bereich der Anode entfernt werden. Bei Einhaltung der vorerwähnten Bedingungen zeigt die Quecksilberanode stets eine glatte, von einer dünnen, messinggelben Haut überzogene Oberfläche, und es wird weder Mercurosulfat noch metallisches Quecksilber ausgeschieden.

Es ist bereits bekannt, bei der Herstellung von Quecksilberoxyd durch elektrolytische Oxydation von Quecksilber unter Verwendung eines alkalischen Elektrolyten letzteren in dauernder Bewegung zu halten.

Abgesehen davon, daß es sich dabei um eine ganz andere Reaktion als bei vorliegendem Verfahren handelt, findet bei dem bekannten Verfahren auch ein gleichmäßiges Vorbeibewegen des Elektrolyten an der Quecksilberanode nicht statt, sondern das gebildete Quecksilberoxyd, das sich während der Oxydation auf der Anode ansammelt, wird dort durch ungleichmäßige Bewegung der Flüssigkeit von Zeit zu Zeit abgespült. Man läßt dort also nicht den Elektrolyten dauernd so vorbeiströmen, daß die Quecksilberanode stets ein glattes, metallisches Aussehen behält.

Beispiel

In einer elektrolytischen Zelle mit Diaphragma (poröse Tonzelle) werden 5,6 l 15%ige Schwefelsäure auf einer Temperatur zwischen 40 und 50° (im Mittel 45°) gehalten. Auf dem Boden befindet sich eine Quecksilberanode mit einer Oberfläche von 4,9 cm^2, über der ein nach unten wirkender Rührer angeordnet ist. Nach Anlegen einer Spannung von 6 V an die Elektroden wird die Geschwindigkeit der an der Quecksilberanode vorbeiströmenden Schwefelsäure durch Regulieren des Rührers so eingestellt, daß ein Grauwerden der Quecksilberoberfläche durch Abscheidung von Mercurosulfat und eine Bildung von Quecksilberschlamm vermieden wird. Die Quecksilberoberfläche bleibt so gleichmäßig glatt und mit einer dünnen gelblichen Haut überzogen. Die Anodenstromdichte beträgt dann 51 Ampere/qdm. Die unter diesen Bedingungen beobachteten, als Mercurisulfat gelösten Quecksilbermengen sind bis zur Grenze der Löslichkeit nahezu proportional der Zeit. Die Stromausbeute schwankt zwischen 93,2 und 96,8 %.

PATENTANSPRUCH:

Verfahren zur elektrolytischen Herstellung von Mercurisulfatlösung, dadurch gekennzeichnet, daß man die Auflösung in gleichmäßig bewegter Schwefelsäure vornimmt und hierbei die an der Quecksilberanode vorbeiströmende Säuremenge derart einstellt, daß die Anode dauernd ein glattes, metallartiges Aussehen behält.

Nr. 519 320. (L. 72 542.) Kl. 12 n, 8.

Dr. Carl Ernst Julius Lohmann in Rio de Janeiro.

Verfahren zur Herstellung sulfobasischer Quecksilberverbindungen.

Vom 7. Aug. 1928. — Erteilt am 5. Febr. 1931. — Ausgegeben am 26. Febr. 1931. — Erloschen: 1934.

Zu den besten und üblichen Heilmitteln als subkutane Injektion bei der Behandlung gegen Lues gehören kolloide Lösungen von Quecksilbersulfid (HgS), die unter verschiedenen Benennungen in den Verkehr kommen. Diese Lösungen wirken, selbst in konzentrierter Form, völlig schmerzlos, werden gut ertragen und absorbiert, aber sie haben den Nachteil, insbesondere bei unrichtiger Injektion oder zu oberflächlicher Anwendung, blaue Flecke in der Haut zu verursachen, welche erst nach Jahren verschwinden.

Solche wie eine Tätowierung aussehenden Flecke können dadurch vermieden werden, daß für die Injektion statt Quecksilbersulfid die sulfobasischen Verbindungen von Quecksilber in hochdisperser Verteilung angewandt werden, weil diese Verbindungen ohne die erwähnten Nachteile alle guten Eigenschaften des Quecksilbersulfids besitzen. Insbesondere kommt die Verbindung $2\,HgS \cdot HgJ_2$ in Betracht, weil diese alle für die Behandlung der Lues zweckmäßigen Elemente (Hg, S, J) enthält.

Es ist bekannt, daß man solche Doppelsalze mit Quecksilbersulfid (sulfobasische Verbindungen) durch Einleiten von Schwefelwasserstoff H_2S in eine wässerige Lösung eines Quecksilbersalzes, z. B. Sublimat ($HgCl_2$), erhält, so daß bei genügender Aufnahme von H_2S das erwünschte Produkt $2\,HgS \cdot HgCl_2$ als weißes Präzipitat erhalten wird. Es darf aber hierbei Schwefelwasserstoff nur in solcher Menge eingeleitet werden, daß das sich bildende HgS immer noch die zur Bildung der sulfobasischen Verbindung erforderliche Menge des Hg-Halogenids oder ähnlichen Hg-Salzes antrifft. Diese Arbeit ist aber praktisch schwer durchführbar wegen der Dosierung des Schwefelwasserstoffes. Weiter erhält man z. B. auch mit einer warmen Lösung von $HgBr_2$ die Verbindung $2\,HgS \cdot HgBr_2$.

Einmal gebildetes HgS, in Wasser suspendiert, bildet beim Kochen mit $HgCl_2$ oder $HgBr_2$ ebenfalls die erwähnten Doppelsalze, obwohl sehr langsam. Wenn man HgJ_2 in Pulverform nimmt, dann bekommt man nur sehr schwierig das gelbe Doppelsalz $2\,HgS \cdot HgJ_2$. Meistens wird deshalb diese Verbindung durch Einleiten von H_2S in eine Lösung von HgJ_2 in mehr oder weniger verdünnter Jodwasserstoffsäure hergestellt.

Auf diese Weise erhält man die erwähnten (sulfobasischen) Verbindungen mehr oder weniger grobkörnig, während für die Injektion eine möglichst hochdisperse Verteilung erwünscht ist.

Vorliegende Erfindung unterscheidet sich vom Bekannten dadurch, daß das Quecksilbersulfid in hochdisperser Form angewandt wird. Bei Anwendung eines löslichen Quecksilbersulfids werden beide Teile, wie aus folgendem Beispiel zu ersehen, vereinigt.

Beispiel 1
($HgCl_2 + HgS$)

9,03 g $HgCl_2$ werden in etwa 400 ccm Wasser gelöst, das etwa 20 g arabisches Gummi enthält, und zu dieser Lösung wird langsam und unter stetigem Umrühren oder Umschwenken eine Lösung von 8 g Na-Sulfid ($Na_2S + 9\,aq$) in etwa 400 ccm Wasser, das ebenfalls etwa 20 g Gummi enthält, hinzugefügt. Dieser kolloiden HgS-Lösung wird sodann die nötige Menge $HgCl_2$ (theoretisch 4,512 g) zugefügt, und man läßt kalt stehen, bis die schwarze Farbe reinweiß geworden ist. Danach wird durch feine Gaze filtriert und das Volumen mit Wasser auf 1 l gebracht, damit das fertige Präparat möglichst genau 10 mg gebundenes Hg in jedem Kubikzentimeter enthält.

Wegen der Lichtempfindlichkeit sollen die Präparate nicht dem direkten Sonnenlicht ausgesetzt werden.

Gemäß vorliegender Erfindung wird eine kolloidale Quecksilbersulfidlösung benutzt, die selbst mit im Wasser nichtlöslichen Quecksilbersalzen, wie HgJ_2 und auch $Hg(CNS)_2$, äußerst leicht reagiert, und zwar unter Bildung des Doppelsalzes in kolloidal verteiltem Zustande. Wenn man eine kolloidale HgS-Lösung in der Kälte stehenläßt, nachdem sie mit der benötigten Menge Quecksilbersalz, evtl. in Pulverform, versetzt ist, dann findet die Reaktion innerhalb weniger Stunden statt, wenn es sich um ein lösliches Quecksilbersalz handelt. Ist das Quecksilbersalz unlöslich, so muß in der Kälte mehrere Tage lang geschüttelt werden, in der Kochhitze aber verläuft die Reaktion immer vollständig in wenigen Stunden.

Beispiel 2
($HgJ_2 + HgS$)

9,03 g $HgCl_2$ werden in etwa 400 ccm Wasser gelöst, das etwa 20 g arabisches Gummi enthält, und zu dieser Lösung wird langsam und unter stetigem Umrühren oder Umschwenken eine Lösung von 8 g Na-Sulfid ($Na_2S + 9\,aq$) in etwa 400 ccm Wasser, das ebenfalls etwa 20 g Gummi enthält, hinzugefügt. Die kolloide HgS-Lösung wird dann mit der nötigen Menge (theoretisch 7,55 g, praktisch etwas mehr) von HgJ_2 versetzt und gekocht, bis die schwarze Farbe durch Grün in schön Eigelb übergegangen ist, was etwa 2 bis 3 Stunden dauern kann. Nach dem Erkalten läßt man noch eine Nacht stehen, damit der kleine Überschuß des HgJ_2 sich zu Boden setzt, und dann wird durch feine Gaze abgegossen und das Volumen mit Wasser auf 1 l gebracht, damit das fertige Präparat möglichst genau 10 mg gebundenes Hg in jedem Kubikzentimeter enthält.

Ein weiterer Weg zur Erreichung des Zieles besteht darin, daß man z. B. eine Sublimatlösung, nachdem eine gewisse Menge arabisches Gummi als Stabilisator hinzugefügt und die Lösung bis zum Sieden erhitzt ist, tropfenweise mit einer Mischung von Natriumsulfid- und Natriumjodidlösung versetzt. Nach der Formel

$$3\,HgCl_2 + 2\,Na_2S\,(9\,aq) + 2\,NaJ\,(2\,aq) = 2\,HgSHgJ_2 + 6\,NaCl + aq$$

bekommt man das erwähnte Doppelsalz hochdispers verteilt in der Flüssigkeit, die außer dem arabischen Gummi auch das gebildete Kochsalz (NaCl) in Lösung enthält.

Beispiel 3
($HgCl_2 + NaJ$)

13,54 g $HgCl_2$ werden in etwa 750 ccm Wasser gelöst, das schon etwa 40 g arabisches Gummi enthält (am besten wird das $HgCl_2$ in einem Teil und das Gummi in einem anderen Teil des Wassers gelöst und dann gemischt). Die Lösung wird auf dem Wasserbad erhitzt und heiß gehalten. Zu der heißen Lösung wird dann ganz langsam eine Lösung von 8 g Na-Sulfid (kristallisiert) und 6,18 g Jodnatrium ($NaJ_2 \cdot 2\,aq$) in etwa 250 ccm Wasser getropft, wobei man jedesmal mit dem neuen Zufügen wartet, bis sich das gebildete kolloide HgS mit dem auch gebildeten HgJ_2 zur gelben sulfobasischen Verbindung vereinigt hat. Man erhält 1 l des Präparates mit 10 mg gebundenem Hg in jedem Kubikzentimeter.

Beispiel 4
(Hg-Acetat + NaBr)

Zur Herstellung von 1 l eines Präparates, das in jedem Kubikzentimeter 20 mg Hg enthält, in der Form der sulfobasischen Verbindung des HgS mit dem Quecksilberbromid ($HgBr_2$) wird wie folgt verfahren: 31,75 g Quecksilberacetat (und etwa 40 g Gummi) werden in 750 ccm heißem Wasser gelöst, die Lösung auf dem Wasserbad weiter heiß gehalten und dann langsam eine Lösung von 16 g kristallisiertem Na-Sulfid und 9,25 kristallisiertem Na-Bromid ($NaBr\,2\,aq$) in 250 ccm Wasser zugefügt, wobei man jedesmal mit dem neuen Zufügen wartet, bis sich das gebildete kolloide HgS mit dem auch gebildeten $HgBr_2$ vereinigt hat. Man erhält 1 l des Präparates von gelbweißer Farbe mit 20 mg gebundenem Hg in jedem Kubikzentimeter.

In derselben Weise kann man auch die anderen Doppelsalze von HgS und nicht oder nur schwierig lösliche Quecksilbersalze erhalten, die unmittelbar, d. h. nach der erforderlichen Filtrierung und Sterilisierung, zur Injektion geeignet sind. Solche Präparate und beispielsweise insbesondere die, welche die sulfobasische Verbindung $HgJ_2 \cdot 2\,HgS$ enthalten, stellen sich aber bei der Injektion als nicht schmerzlos heraus, was man der Anwesenheit der geringen Menge des bei der Herstellung gebildeten Kochsalzes, wodurch eine kleine Menge Quecksilberjodid gelöst wird, zuschreiben zu können vermeint. Man könnte dem durch Versetzen der Flüssigkeit mit Alkohol und Verteilen des entstandenen Präzipitates in destilliertem Wasser abhelfen. Diese Behandlung ist aber schwierig, und man erhält ein Produkt, das weniger fein verteilt ist.

Die kolloide HgS-Lösung kann in bekannter Weise schnell und leicht durch Mischen, z. B. einer $HgCl_2$-Lösung, welche arabisches Gummi oder einen anderen Stabilisator enthält, mit einer Sulfidlösung, z. B. Na_2S, erhalten werden. Die kolloide Lösung enthält dann stets das gebildete Kochsalz oder ein anderes lösliches Alkalisalz. Kochsalz verursacht keine Beschwerden, wenn die kolloide Quecksilbersulfidlösung an sich für die Injektion benutzt wird. Soll dieselbe aber für die Herstellung des verlangten Doppelsalzes benutzt werden, dann soll alles Kochsalz entfernt sein.

Man kann das erwünschte Doppelsalz mit Quecksilbersulfid als ein ganz von Kochsalz oder von einem anderen Elektrolyt freies Präparat bekommen, wenn man die auf die angegebene Weise hergestellte kolloide HgS-Lösung mit Alkohol präzipitiert. Das kolloide HgS (zusammen mit dem auch präzipitierten Stabilisator) wird ausgepreßt, mit Alkohol gewaschen und darauf in destilliertem Wasser aufgelöst, und diese von Kochsalz oder sonstigem Elektrolyt freie kolloide HgS-Lösung wird mit Quecksilbersalz, z. B. HgJ_2, in Pulverform gekocht, zur Darstellung eines kolloiden Präparates mit $2\,HgS \cdot HgJ_2$ in hochdisperser Verteilung.

Beispiel 5

($HgS + HgCl_2$)

Es wird erst wieder die kolloide HgS-Lösung wie üblich dargestellt, z. B. durch Versetzen einer Lösung von 9,03 g $HgCl_2$ und etwa 20 g arabisches Gummi in etwa 400 ccm Wasser, mit einer Lösung von 8 g kristallisiertem Na-Sulfid und etwa 20 g Gummi in 400 ccm Wasser. Die kolloide Lösung des HgS wird dann mit etwa 800 ccm Alkohol vermischt, um das kolloide HgS (mit Gummi) niederzuschlagen. Nachdem das Präzipitat sich abgesetzt hat, wird die alkoholische Flüssigkeit durch feine Gaze abgegossen, das Präzipitat mit Alkohol gewaschen, auf die Gaze gebracht und ausgepreßt, wobei noch mit Alkohol nachgewaschen wird. Das HgS (und Gummi) wird dann möglichst quantitativ in etwa 1 l warmen Wassers gelöst, die kolloide Lösung zum Sieden erhitzt und mit der nötigen Menge $HgCl_2$ (theoretisch 4,51 g, praktisch etwas weniger wegen kleiner Verluste an HgS) versetzt und weitergekocht, bis die schwarze Farbe über Grau reinweiß geworden ist. Nach Erkalten wird das Präparat durch feine Gaze filtriert und sein Volumen auf 1 l gebracht, damit es 10 mg gebundenes Hg in jedem Kubikzentimeter enthält.

Beispiel 6

($HgS + HgJ_2$)

Zur Herstellung von 1 l eines Präparates des Sulfojodids mit 20 mg gebundenem Hg in jedem Kubikzentimeter wird erst wieder die elektrolytfreie kolloide HgS-Lösung hergestellt. Es werden z. B. 21,2 g Hg-Acetat und etwa 20 g Gummi in 400 ccm Wasser gelöst und zu dieser Lösung langsam eine Lösung von 16 g kristallisiertem Na-Sulfid und etwa 20 g Gummi in 400 ccm Wasser gefügt. Die kolloide HgS-Lösung wird mit 800 ccm Alkohol versetzt, das abgeschiedene HgS (mit Gummi) getrennt, mit Alkohol gewaschen und ausgepreßt und dann wieder in 1 l warmen Wassers gelöst. Die jetzt elektrolytfreie kolloide Lösung wird zum Sieden erhitzt und gekocht, bis der Alkohol verdampft ist. Dann wird die nötige Menge (theoretisch 15,15 g) rotes Quecksilberjodid in Pulverform zugesetzt und gekocht, bis die schwarze Farbe durch Grün in schön Eigelb übergegangen ist. Die Flüssigkeit bleibt eine Nacht stehen, damit sich ein kleiner Überschuß des HgJ_2 zu Boden gesetzt hat, dann durch feine Gaze abgegossen und sein Volumen mit Wasser auf 1 l gebracht.

Patentansprüche:

1. Verfahren zur Herstellung sulfobasischer Quecksilberverbindungen (Doppelsalze der Quecksilberhalogenide oder ähnlicher Hg-Salze mit Quecksilbersulfid der allgemeinen Formel Hg-Salz, wie $HgHal_2\ 2\,HgS$) durch Vereinigung von Halogeniden oder ähnlichen Hg-Salzen mit Quecksilbersulfid in wässeriger Lösung, dadurch gekennzeichnet, daß zwecks Gewinnung der sulfobasischen Verbindung in hochdisperser Form das Quecksilbersulfid in kolloider Lösung angewandt wird.

2. Ausführungsform des Verfahrens nach Anspruch 1, dadurch gekennzeichnet, daß bei Anwendung unlöslicher Quecksilberhalogenide oder ähnlicher Hg-Salze die Vereinigung mit dem kolloiden Quecksilbersulfid so durchgeführt wird, daß das Gemisch kalt geschüttelt oder während einiger Stunden auf Siedetemperatur erhitzt wird.

3. Ausführungsform des Verfahrens nach Anspruch 1, dadurch gekennzeichnet, daß das kolloide Quecksilbersulfid im Reaktionsgemisch erzeugt wird, indem man die Lösung eines Hg-Halogenides oder ähnlichen Hg-Salzes in Gegenwart eines Stabilisators, z. B. Gummi, mit einer gemischten Lösung von z. B. Natriumsulfid und Natriumjodid behandelt.

4. Ausführungsform des Verfahrens nach Ansprüchen 1 und 2, dadurch gekennzeichnet, daß zwecks Gewinnung elektrolytfreier sulfobasischer Verbindungen Quecksilbersulfid zur Anwendung kommt, welches in an sich bekannter Weise durch Fällung einer Quecksilbersalzlösung mit einer Sulfidlösung in Gegenwart eines Stabilisators, Fällung mit Alkohol als Präzipitat und Peptisation des Präzipitates in destilliertem Wasser erhalten wird.

Nr. 475533. (F. 59070.) Kl. 12n, 8.

I. G. Farbenindustrie Akt.-Ges. in Frankfurt a. M.

Erfinder: Dr. Oskar Neubert, Dr. Karl Schranz und Dr. Georg Wesenberg in Elberfeld.

Verfahren zur Herstellung von kolloidal löslichen Quecksilberrhodanverbindungen.

Vom 9. Juni 1925. — Erteilt am 11. April 1929. — Ausgegeben am 27. April 1929. — Erloschen 1931.

Es wurde gefunden, daß man kolloidal lösliche Quecksilberrhodanverbindungen dadurch gewinnen kann, daß man Lösungen von Quecksilbersalzen in Gegenwart eines Schutzkolloids mit Lösungen von Rhodaniden versetzt. Natürlich kann man auch das Rhodanid mit dem Schutzkolloid in Lösung bringen und nun die Lösung der Quecksilbersalze zugeben. Die Entfernung der Kristalloide geschieht durch Dialyse, an die sich die Trocknung in geeigneter Weise anschließt. Die so gewonnenen Produkte lassen sich pulvern und lösen sich leicht in Wasser in kolloider Form.

Während das gewöhnliche Quecksilberrhodanid infolge seiner praktischen Unlöslichkeit keine therapeutische Verwendung finden kann, besitzen die neuen kolloidalen Quecksilberrhodanverbindungen eine hohe keimtötende Wirkung, die sich mit großer Tiefenwirkung paart. Die Löslichkeit der Produkte in Wasser gestattet ihre Anwendung in hochprozentigen Lösungen. Auch zur Herstellung von Salben und anderen Anwendungsformen eignet sie sich vorzüglich.

Beispiel. 40 Gewichtsteile Albumose werden in 360 Gewichtsteilen Wasser gelöst, dazu werden 220 Gewichtsteile $\frac{n}{1}$ Natronlauge gegeben. Der filtrierten Lösung werden 120 Gewichtsteile einer 20prozentigen Kaliumrhodanidlösung zugefügt und dann langsam unter Schütteln bis zur Lösung des jeweils entstehenden Niederschlages 192 Gewichtsteile einer mit Hilfe der nötigen Menge Essigsäure hergestellten 20prozentigen Quecksilberacetatlösung.

Die kolloidale Lösung wird einer ausreichenden Dialyse unterworfen und dann durch vorsichtige Vakuumdestillation zur Trockne gebracht. Die zurückbleibende graubraune spröde Masse läßt sich leicht pulvern und löst sich klar kolloid in Wasser.

Patentanspruch:

Verfahren zur Herstellung von kolloidal löslichen Quecksilberrhodanverbindungen, dadurch gekennzeichnet, daß man Lösungen von Quecksilbersalzen in Gegenwart eines Schutzkolloids mit Lösungen von Rhodaniden zusammenbringt.

Nr. 554232. (D. 19. 30.) Kl. 12n, 9. A. Dupré G. m. b. H. in Köln-Höhenberg.

Einrichtung zur ununterbrochenen, gleichförmigen Erzeugung von Zinnoxyd.

Vom 30. März 1930. — Erteilt am 16. Juni 1932. — Ausgegeben am 8. Juli 1932. — Erloschen: . . .

Zinnoxyd wird bisher fast allgemein in Öfen hergestellt, bei denen das Entfernen des Oxyds von der Oberfläche des Bades von geschmolzenem Zinn durch einen Arbeiter von Hand erfolgt. Der Arbeiter zieht dabei durch eine über der Oxydierwanne in dem Ofen befindliche Öffnung mittels eines Kratzers das Oxyd aus dem Ofen heraus. Bei diesem Verfahren ist zur dauernden Beobachtung und Bedienung des Ofens mindestens ein Arbeiter notwendig, von dessen Übung und Aufmerksamkeit der Erfolg abhängig ist. Die Beschaffenheit und die Reinheit des gewonnenen Oxyds sind naturgemäß bei dieser Handgewinnung sehr unregelmäßig. Ein weiterer Nachteil dieses Verfahrens liegt in dem recht erheblichen Staubverlust durch die dauernd offene Austragöffnung, insbesondere beim Ausbringen des Oxyds und durch den Abzug der Abgase.

Es wurde in der Literatur bereits vorgeschlagen, das Oxyd in einem geschlossenen Ofen zu erzeugen und von der Oberfläche des Bades fortzublasen in einen Nebenraum, in dem dann durch Trennung des Oxyds vom Luftstrom das Oxyd gewonnen wird. Man hat auch bereits vorgeschlagen, in das hocherhitzte Zinnbad nach Abstellung der Heizung Sauerstoff einzublasen, die sich dann bildenden Dämpfe abzuleiten und in einem Nebenraum durch Kondensation dieser Dämpfe das Zinnoxyd zu gewinnen. Diese Vorschläge zeigen jedoch keine ohne weiteres ausführbare praktische Lösung der Aufgabe, die Entfernung des Oxyds von Hand aus dem Zinnbad zu vermeiden.

Diese Lösung ist Gegenstand der Erfindung. Bei der Einrichtung nach der Erfindung erfolgt die Gewinnung des Zinnoxyds nicht auf eine von dem Handverfahren grundsätzlich abweichende, praktisch nur mit großen Schwierigkeiten ausführbare Weise, sondern die Einrichtung beruht nur auf dem Gedanken, unter Beibehaltung des der Handgewinnung zugrunde liegenden Prinzips die Handarbeit durch selbsttätig arbeitende Einrichtungen zu ersetzen.

Erfindungsgemäß sind in einem geschlossenen Ofen dicht über der ständig auf gleicher Höhe gehaltenen Zinnoberfläche Einrichtungen zur fortlaufenden Entfernung des entstandenen Oxyds aus der Oxydierwanne angeordnet. Die Oberfläche des Zinnbades in der Oxydierwanne wird selbsttätig dauernd auf gleicher Höhe gehalten, so daß die Einrichtungen zum Abnehmen des Oxyds von der Oberfläche stets den gleichen Abstand von der Oberfläche behalten und daher stets in gleicher Weise wirken. Dadurch wird die ununterbrochene, gleichförmige Gewinnung von Zinnoxyd stets gleichmäßiger Beschaffenheit ermöglicht.

Die über der Zinnoberfläche angebrachten Einrichtungen können nun den sich auf der Zinnoberfläche ansetzenden Oxydierstaub entweder mechanisch von der Oberfläche abstreichen, wie dies auch bei dem Handverfahren geschah, oder aber pneumatisch von der Oberfläche absaugen.

In der Zeichnung sind mehrere Ausführungsbeispiele der Einrichtung nach der Erfindung schematisch dargestellt.

Fig. 1 zeigt im Längsschnitt eine Einrichtung mit mechanischer Entfernung des Zinnoxyds durch sich drehende Abstreicherarme und mit Gasbeheizung. Fig. 2 ist ein Querschnitt nach der Linie *A-B* der Fig. 1. Fig. 3 ist ein Schnitt nach der Linie *C-D* der Fig. 2.

Die Fig. 4 und 5 zeigen im Quer- und Längsschnitt eine etwas abgeänderte, im übrigen jedoch auf dem gleichen Prinzip beruhende Ausführungsform.

In Fig. 6 ist eine Ausführung mit teils mechanischer und teils pneumatischer Entfernung des Zinnoxyds dargestellt.

Fig. 7 zeigt schematisch eine andere Ausführungsform mit elektrischer Beheizung und pneumatischer Entfernung des Zinnoxyds.

In Fig. 8 ist eine Ausführung mit mechanischer Entfernung des Zinnoxyds durch eine fortlaufende Abstreicherkette veranschaulicht.

Bei der Ausführungsform nach Fig. 1 bis 3 ist in dem zylindrischen Ofen 1 die feuerfeste Oxydierwanne 2 eingehängt. Das in dieser Wanne befindliche Zinn wird durch die Gasbrenner 3, durch welche gleichzeitig die Oxydationsluft eingeführt wird. auf Oxydationstemperatur erhitzt. Den Brennern wird durch

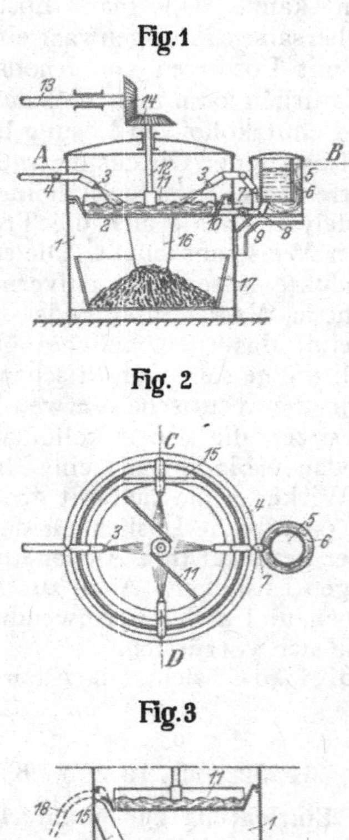

die Ringleitung 4 Gas zugeführt. Außen ist an dem Ofen ein Vorratsgefäß 5 angebracht, welches in dem Hohlraum 6 seines Doppelmantels durch den Gasbrenner 7 heizbar und durch die Leitung 8 mit der Wanne 2 verbunden ist. In dieser Leitung befindet sich das Absperrorgan 9, welches so eingestellt wird, daß der Zinnzufluß zur Wanne dem Zinnverbrauch entspricht. Zur selbsttätigen Einstellung des Regelorganes 9 ist in der Wanne ein elektrischer Kontakt 10 vorgesehen, welcher bei steigender Oberfläche im schließenden, bei sinkender Oberfläche im öffnenden Sinne auf das Organ 9 einwirkt. Über der Zinnoberfläche drehen sich in der Wanne die Abstreicher 11, welche an der Welle 12 sitzen, die von außen durch die Welle 13 über den Kegeltrieb 14 langsam gedreht wird. Die Abstreicher 11 sind so an der Welle angebracht, daß sie das entstandene Zinnoxyd auf der Zinnoberfläche zum Rande der Wanne hin streichen. An einer oder mehreren Stellen 15 ist der Rand der Wanne niedrig gehalten und abgeflacht. An diesen Stellen wird das Zinnoxyd von den Abstreichern über den schrägen Wannenrand gedrückt, so daß es herunterfällt und durch die Rinne 16 in den Sammelbehälter 17 im unteren Teil des Ofens gelangt. An den Stellen 15 könnte das gesammelte Zinnoxyd auch pneumatisch abgesaugt werden. Eine derartige Saugleitung ist bei 18 angedeutet.

Bei der Ausführungsform nach Fig. 4 und 5 ist durch Zwischenwände 19 aus der Wanne 2 ein nach unten offenes Stück 20 herausgeschnitten. Die Abstreicher 11 bestehen aus einem oberen, an der Welle befestigten Teil 21 und einem unteren, mit dem Teil 21 gelenkig und federnd verbundenen Teil 22. Bei der Drehung der Abstreicher streichen die unteren Teile 22 über die Zinnoberfläche und nehmen dabei das Zinnoxyd mit. Wenn die Abstreicher die Zwischenwände 19 erreichen, schieben sie das Zinnoxyd die abgeschrägte Oberkante der Wand hinauf, so daß es durch

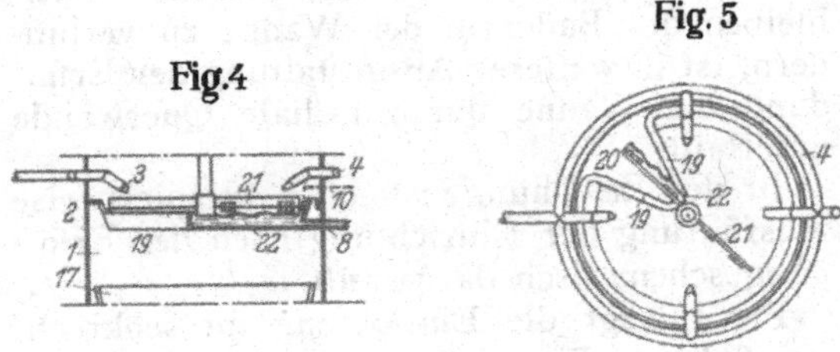
Fig. 4 Fig. 5

die Öffnung 20 nach unten in den Sammelbehälter 17 fällt. Infolge der federnden gelenkigen Verbindung der Teile 21 und 22 können die Abstreicher über die Zwischenwände 19 hinweggehen.

Bei der Ausführungsform nach Fig. 6 wird das Zinnoxyd durch die Abstreicher und ihre Welle hindurch abgesaugt. Die Abstreicher 11 sind deshalb hohl ausgebildet und unten mit Sauglöchern 23 versehen.

Bei der Ausführung nach Fig. 7 sind bewegte Teile nicht vorhanden. Die Erhitzung des Zinns in der Wanne 2 erfolgt elektrisch durch die Stromspulen 24. Durch die Leitung 25 wird in dem vollkommen geschlossenen Ofen Druckluft eingedrückt, die teilweise zur Oxydation verbraucht wird und teilweise wieder ausgelassen wird, wobei sie als Träger des entstandenen Zinnoxyds dient. Das Ablassen der Druckluft mit dem Zinnoxyd erfolgt durch Saugrohre 26, die sich zu einem gemeinsamen Rohr 27 vereinigen, welches zum Sammelbehälter 17 führt, wo das Zinnoxyd von der Luft getrennt wird. Durch Regelung des Luftaustritts ist es bei dieser Ausführungsform möglich, in dem Ofen einen Überdruck zu erhalten, der die Oxydation begünstigt.

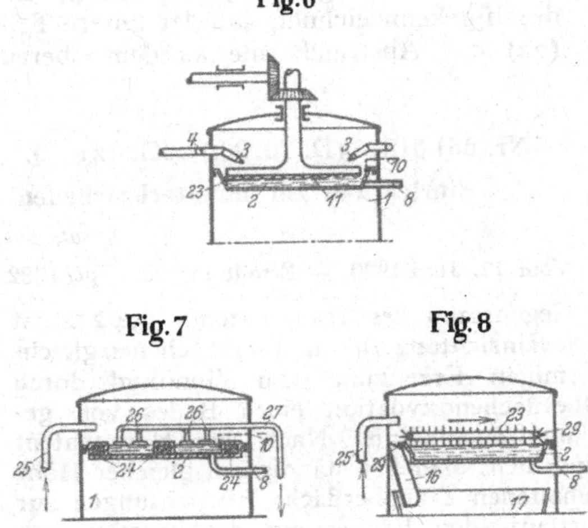
Fig. 6 Fig. 7 Fig. 8

Bei der Ausführungsform nach Fig. 8 ist der Ofen im Querschnitt rechteckig. Das Abstreichen des Zinnoxyds von der Oberfläche erfolgt durch ein endloses, mit Abstreichern besetztes Band 28, welches über Wellen 29 geführt wird, von denen eine von außen angetrieben wird.

Die Erfindung ist auf die dargestellten Ausführungsformen nicht beschränkt. Insbesondere könnten alle Einzelheiten der Beheizung, der Luftzuführung, des mechanischen Antriebes usw. in an sich bekannter Weise auch anders ausgeführt sein. Ebenso wie für den Zufluß des Zinns zur Oxydierwanne könnte auch für die Regelung der Temperatur und der Luftzufuhr in an sich bekannter Weise eine elektrische Kontrolle vorgesehen sein.

Patentansprüche:

1. Einrichtung zur ununterbrochenen, gleichförmigen Erzeugung von Zinnoxyd durch Oberflächenoxydation eines Bades

von geschmolzenem Zinn, dadurch gekennzeichnet, daß dicht über der ständig auf gleicher Höhe gehaltenen Zinnoberfläche Einrichtungen zur fortlaufenden Entfernung des entstandenen Oxyds aus der Oxydierwanne angeordnet sind.

2. Einrichtung nach Anspruch 1, dadurch gekennzeichnet, daß die Organe zur Regelung des Zuflusses von flüssigem Zinn zur Oxydierwanne durch elektrische Kontakte (10) gesteuert werden.

3. Einrichtung nach Anspruch 1, dadurch gekennzeichnet, daß bei Anwendung einer runden Oxydierwanne (2) konzentrisch über der Wanne eine senkrechte Welle (13) mit über die Badoberfläche hinstreichenden Abstreicherarmen (11) angeordnet ist.

4. Einrichtung nach Anspruch 3, dadurch gekennzeichnet, daß der untere Teil (22) der Abstreicharme an dem oberen Teil (21) gelenkig und federnd befestigt ist und das Zinnoxyd über radiale Zwischenwände (19) der Wanne in zwischen diesen Wänden angeordnete Öffnungen (20) schiebt.

5. Einrichtung nach Anspruch 1, dadurch gekennzeichnet, daß bei Anordnung einer rechteckigen Wanne über dem Zinnbad ein mit Abstreichern besetztes endloses Band vorgesehen ist.

6. Einrichtung nach Anspruch 1, gekennzeichnet durch mehrere mit einer gemeinsamen Vakuumleitung (27) verbundene Saugleitungen (26) mit über der Zinnoberfläche verbreiterten Mündungen.

7. Einrichtung nach Anspruch 1, gekennzeichnet durch über der Zinnoberfläche bewegte rohrförmige, mit Saugöffnungen (23) versehene Abstreicherarme, welche das Oxyd abstreichen und gleichzeitig absaugen.

Nr. 561518. (D. 29. 30.) Kl. 12n, 9. A. Dupré G. m. b. H. in Köln-Höhenberg.

Einrichtung zur ununterbrochenen gleichförmigen Erzeugung von Zinnoxyd.

Zusatz zum Patent 554232.

Vom 17. Juni 1930. — Erteilt am 29. Sept. 1932. — Ausgegeben am 15. Okt. 1932. — Erloschen: . . . .

Gegenstand des Hauptpatents 554 232 ist eine Einrichtung zur ununterbrochenen gleichförmigen Erzeugung von Zinnoxyd durch Oberflächenoxydation eines Bades von geschmolzenem Zinn. Nach dem Hauptpatent sind dicht über der ständig auf gleicher Höhe gehaltenen Zinnoberfläche Einrichtungen zur fortlaufenden Entfernung des entstandenen Oxyds aus der Oxydierwanne angeordnet.

Bei der Einrichtung nach dem Hauptpatent ist die Oxydierwanne mit dem Zinnbad ortsfest angeordnet. Das Zinnbad wird dabei auf seiner ganzen Fläche beheizt, so daß die über der Oberfläche des Zinnbades angeordneten Einrichtungen zur Entfernung des Oxyds dauernd einer hohen Temperatur ausgesetzt sind. In Anbetracht der zur Erzeugung von Zinnoxyd notwendigen sehr hohen Temperatur können dadurch erhebliche materialtechnische Schwierigkeiten entstehen.

Die Erfindung vermeidet diese Schwierigkeiten dadurch, daß die Oxydierwanne mit dem Zinnbad nicht ortsfest, sondern drehbar angeordnet ist und sich unter den Einrichtungen zur Entfernung des entstandenen Oxyds hinwegdreht. Infolgedessen brauchen diese Einrichtungen nicht über der ganzen Oberfläche des Zinnbades vorgesehen zu sein, sondern es genügt die Anordnung über einen kleinen Teil der Oberfläche, da alle Teile der Oberfläche sich unter diesen Einrichtungen hinwegdrehen. Dadurch wird es möglich, die Einrichtungen zur Erhitzung des Zinnbades von den Einrichtungen zur Entfernung des Oxyds räumlich zu trennen, wodurch die bei der Einrichtung nach dem Hauptpatent sich ergebenden materialtechnischen Schwierigkeiten vermieden werden.

Bei der Drehung der Oxydierwanne wird in einer ersten Zone das Zinn hocherhitzt; in einer zweiten Zone erfolgt dann eine Nachoxydation ohne weitere Erhitzung, also unter Abkühlung des Zinnbades. Erst in einer dritten Zone wird das entstandene Oxyd von der Oberfläche des Zinnbades entfernt.

Um eine relative Bewegung des Zinnbades zu der sich drehenden Wanne und das Stehenbleiben des Bades in der Wanne zu verhindern, ist in weiterer Ausgestaltung der Erfindung die Wanne durch radiale Querwände unterteilt.

In der Zeichnung ist eine beispielsweise Ausführung der Einrichtung nach der Erfindung schematisch dargestellt.

Fig. 1 zeigt die Einrichtung im senkrechten Schnitt, Fig. 2 im waagerechten Schnitt nach der Linie *A-A* der Fig. 1.

In dem ringförmig gemauerten Ofen *a* befindet sich die ringförmige Oxydierwanne *b*, die durch radiale Querwände *c* unterteilt ist. Die Wanne *b* läuft mit Rollen *d* auf einer im Ofen angebrachten Kreisschiene *e*. Der Antrieb der Wanne erfolgt mittels eines Zahnkranzes *f* und eines Ritzels *g* über einen Kegelrädertrieb *h* durch die Welle *i*.

Die Drehrichtung der Wanne ist durch den

Pfeil *k* angedeutet. Der Ofen ist in drei Zonen eingeteilt, in die Heizzone I, in welcher das Zinnbad durch Gasbrenner *l* hocherhitzt wird, die Nachoxydierzone II, in welcher keine Beheizung mehr stattfindet, und die Zone III, in welcher das Zinnoxyd von der Oberfläche des Zinnbades abgenommen wird.

Fig. 1

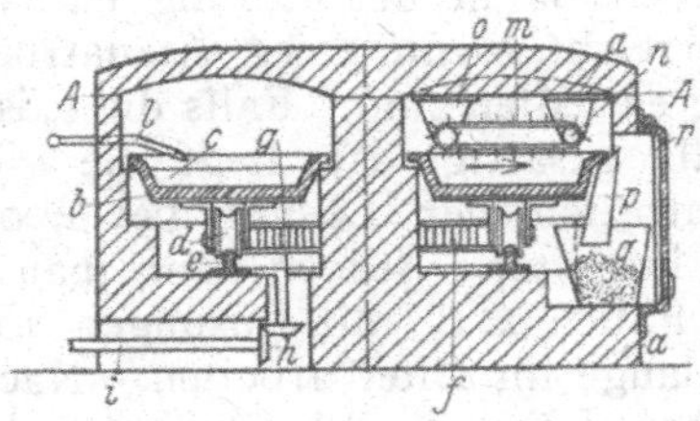

Fig. 2

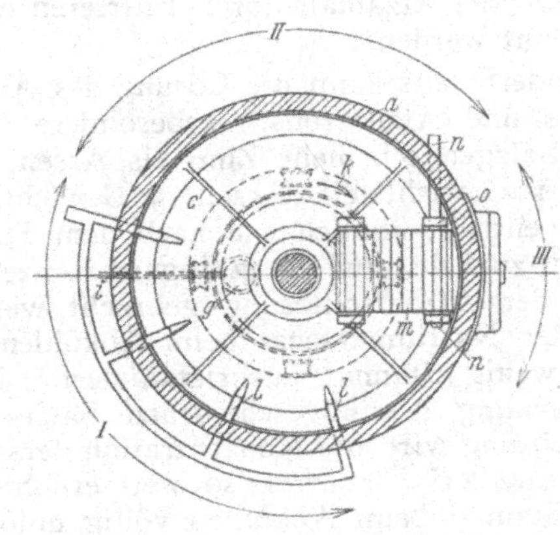

In dem dargestellten Ausführungsbeispiel erfolgt das Abstreichen des Oxyds durch ein endloses, mit Abstreichern besetztes Band *m*, welches über Wellen *n* geführt ist, von denen die eine angetrieben wird. Die Wellen *n* sind in Lagerböcken *o* an der Decke des Ofens gelagert. Das Abstreicherband *m* streicht das Oxyd von der Oberfläche über den äußeren Rand der Wanne ab. Das Oxyd fällt durch die Rinne *p* in den Sammelbehälter *q*. Die gemauerte Ofenwand ist an dieser Stelle durch eine Klapptür *r* unterbrochen, um den Behälter *q* einsetzen und herausnehmen zu können.

Für die Erfindung bedeutungslose Einzelteile sind in der Zeichnung fortgelassen, so beispielsweise die Einrichtung zur Konstanthaltung der Höhe des Zinnbades, die aus dem Hauptpatent zu entnehmen ist. Die dargestellte Vorrichtung zum Abstreichen des Oxyds könnte auch durch eine andere der im Hauptpatent angegebenen Vorrichtungen ersetzt werden; das gleiche gilt von der Einrichtung zur Beheizung des Zinnbades.

Die die Wanne unterteilenden Querrippen können natürlich nur so hoch hinaufreichen, daß sie nicht an die Abstreichvorrichtung anstoßen. Die oberste Schicht des Zinnbades ist also nicht unterbrochen. In Fällen, wo diese Unterteilung nicht ausreichend erscheint, können die Zwischenwände auch höher durchgeführt werden. Dann muß jedoch die Abstreichvorrichtung senkrecht verschiebbar sein, so daß sie durch die Querrippe angehoben wird und nach dem Vorbeigehen der Querrippe wieder heruntersinkt. Eine derartige Einrichtung ist ohne weiteres denkbar.

PATENTANSPRÜCHE:

1. Einrichtung zur ununterbrochenen gleichförmigen Erzeugung von Zinnoxyd durch Oberflächenoxydation eines Bades von geschmolzenem Zinn mit dicht über der Zinnoberfläche angeordneten Einrichtungen zur fortlaufenden Entfernung des entstandenen Oxyds aus der Oxydierwanne nach Patent 554 232, dadurch gekennzeichnet, daß die Oxydierwanne (*b*) ringförmig ausgebildet und in dem Ofen (*a*) drehbar gelagert ist und sich unter den nur über einem Teil der Oberfläche angeordneten Einrichtungen zur Entfernung des Oxyos hinwegdreht.

2. Einrichtung nach Anspruch 1, dadurch gekennzeichnet, daß die Vorrichtungen zur Erhitzung des Zinnbades von den Einrichtungen zur Entfernung des Oxyds räumlich durch eine Zone getrennt sind, in welcher eine Nachoxydation des in der ersten Zone hocherhitzten Zinns ohne weitere Erhitzung stattfindet.

3. Einrichtung nach Anspruch 1 und 2, dadurch gekennzeichnet, daß die Wanne (*b*) durch Querwände (*c*) unterteilt ist.

Nr. 532069. (H. 102825.) Kl. 12n, 9. HENRY HARRIS IN LONDON.

Aufarbeitung von Salzgemischen, welche arsensaure und zinnsaure Alkalisalze, Alkalihydroxyd und gegebenenfalls Salze, wie Kochsalz, enthalten.

Zusatz zum Patent 431849.

Vom 23. Juli 1925. — Erteilt am 6. Aug. 1931. — Ausgegeben am 22. Aug. 1931. — Erloschen: . . . .

Großbritannische Priorität vom 8. Aug., 18. Sept., 20. Sept. 1924 und 8. Juni 1925 beansprucht.

Das Hauptpatent 431 849 betrifft die Aufarbeitung und Trennung von Salzgemischen, die arsen-, zinn- und antimonsaure Alkalisalze oder einen Teil dieser Salze und freies

Alkalioxyd bzw. Alkalihydroxyd enthalten und in denen auch noch Salze, wie Kochsalz, anwesend sein können. Aus der heißen wäßrigen Lösung der Salzgemische werden nach dem Hauptpatent die unlöslichen Antimonverbindungen, z. B. antimonsaures Natron, zusammen mit Metallteilchen und anderen unlöslichen Stoffen, die etwa in dem Salzgemisch vorhanden waren, abgetrennt. Darauf erfolgt die Trennung des in Lösung gegangenen arsen- und zinnsauren Alkalis vom gleichfalls gelösten Alkalihydroxyd und gegebenenfalls Kochsalz durch Abkühlen der heißen Lösung. Arsensaures Alkali ist nämlich in kalter Alkalilauge praktisch unlöslich. Ähnlich verhält sich zinnsaures Alkali, wenn dafür gesorgt wird, daß genügend Arsen (z. B. 3 Gewichtsteile Arsen auf 1 Gewichtsteil Zinn) in der Lösung vorhanden ist. Diese Trennung des Arsens und Zinns von dem Alkalihydroxyd und gegebenenfalls Kochsalz gelingt am besten, wenn die Konzentration der Lösung so gewählt wird, daß das spezifische Gewicht der Mutterlauge nach dem Auskristallisieren des arsensauren und zinnsauren Salzes ungefähr 1,35 beträgt. Die Trennung des Zinns vom Arsen in den durch Abkühlung gewonnenen und von der Lösung getrennten Kristallgemischen erfolgt darauf z. B. durch Lösen im heißen Wasser und Fällen des Zinns mit geeigneten Calciumverbindungen, z. B. mit Calciumcarbonat.

Die Erfindung betrifft eine Abänderung der Trennung der arsensauren und zinnsauren Salze von der gegebenenfalls kochsalzhaltigen Alkalihydroxydlösung, durch die es möglich wird, die arsen- und zinnsauren Salze mindestens zum Teil schon getrennt voneinander aus der Alkalilauge zu gewinnen. Sie ist insbesondere anwendbar, wenn nur wenig Arsen, z. B. weniger Arsen als Zinn, in der aufzuarbeitenden Schmelze vorhanden ist und es auch nicht möglich ist, die Konzentration der Arsensalze in der Lösung der Schmelze durch im Laufe des Verfahrens gewonnene arsensaure Salze genügend zu erhöhen.

Es hat sich nämlich gezeigt, daß das zinnsaure Salz, z. B. zinnsaures Natron, in der Hitze sehr schwer und in der Kälte praktisch unlöslich ist in Lösungen, die eine wesentlich höhere Konzentration an Alkalihydroxyd als die nach dem Hauptpatent vorgeschriebene haben und daß das arsensaure Salz, z. B. arsensaures Natron, in Natronlauge dieser hohen Konzentration gut löslich ist, obwohl es praktisch unlöslich ist in kalter Natronlauge von geringerer Konzentration, in der wiederum zinnsaures Natron ziemlich gut löslich ist.

Die Trennung von zinnsaurem Natron von Ätzalkali gemäß der Erfindung kann z. B. in der Weise erfolgen, daß die Lösung des Salzgemisches, das Ätzalkali, Natriumstannat und Natriumarsenat enthält, auf eine so hohe Konzentration der Natronlauge gebracht wird, daß das Natriumstannat beim Abkühlen der Lösung praktisch quantitativ ausfällt, während das Arsensalz in Lösung bleibt. Die günstigste Konzentration ist in Fällen, wo kein Kochsalz in der Lösung enthalten ist, dann erreicht, wenn 508 g Ätznatron in der Lösung enthalten sind. Falls die Lösung mit Kochsalz gesättigt ist, liegt die günstigste Konzentration der Lösung bei 400 g Ätznatron im Liter. Jedoch kann man auch in beiden Fällen z. B. mit Lösungen von 500 g Natronlauge im Liter arbeiten. Nach Trennung von Lösung und Stannatniederschlag kann das Arsensalz aus der Lösung durch Verdünnen ausgefällt und der Arsenatniederschlag vom Ätzalkali durch Filtrieren o. dgl. getrennt werden.

Andererseits kann die Lösung des Arsens, Zinns und Ätznatrons, insbesondere wenn das Salzgemisch mehr Zinn als Arsen, z. B. auf 1 Gewichtsteil Arsen 5 Gewichtsteile Zinn enthält, ähnlich wie nach dem Hauptpatent zunächst auf die geringere Konzentration der Ätznatronlösung gebracht werden, bei der Natriumarsenat beim Abkühlen mit nur wenig Stannat auskristallisiert. Nach Entfernung des abgeschiedenen Salzes aus der Lösung wird die Konzentration derselben in bezug auf Ätznatron so weit erhöht, bis das Stannat beim Abkühlen völlig unlöslich ist und sich abscheidet. Die geeignetste Konzentration für die Abscheidung des Arsens liegt in diesem Falle bei 280 g Ätznatron und 124 g Kochsalz im Liter der Lösung.

Die Trennung läßt sich gemäß der Erfindung auch noch in der Weise abändern, daß die Lösung zunächst so hoch konzentriert wird, daß das Stannat schon aus der heißen Lösung zum größten Teil ausfällt. Nach Entfernen der Stannatkristalle wird die Lösung abgekühlt und so weit verdünnt, daß das Arsenat und der Rest des Stannats zusammen auskristallisieren. Anstatt die heiße Lösung nach der Abscheidung des Stannats zu verdünnen und dann abzukühlen, kann natürlich auch zuerst abgekühlt werden, wobei der Rest des Stannats gegebenenfalls mit etwas Arsenat auskristallisiert. Der Rest des Arsens wird dann durch Verdünnung dieser Lösung gefällt.

Nach der Trennung des Kristallgemisches von der Mutterlauge wird das Kristallgemisch, soweit es noch gleichzeitig As und Sn enthält, wieder gelöst und diese Lösung zwecks Trennung des Arsens vom Zinn weiter behandelt, was z. B. nach den im Hauptpatent angegebenen Verfahren erfolgen kann. Das heißt die Trennung kann in bekannter Weise z. B. durch Fällung des Zinns durch Zusatz von Salpetersäure oder Schwefelsäure oder mittels geeigneter Calciumverbindungen erfolgen. Praktisch arsenfreie Zinniederschläge lassen sich z. B. durch Verwendung von Calciumcarbonat als Fällungsmittel erzielen. Zu einem gleich guten Niederschlag gelangt man indessen auch, wenn andere Calciumverbindungen, z. B. Ätzkalk, zusammen mit Kohlensäure zur Zinnfällung verwendet werden, da bei Gegenwart von Kohlensäure in neutralen sowohl als auch in alkalischen Arsenat-Stannatlösungen kein unlösliches Calciumarsenat entsteht. Auch Carbonate wie Natriumcarbonat verhindern das Mitfallen von Arsen, wenn sie vor dem Zusatz des Ätzkalks der zu behandelnden Lösung zugesetzt werden.

Das neue Verfahren zur Trennung der arsen- und zinnsauren Alkalisalze von der Alkalihydroxydlösung, die auch noch Salze, wie Kochsalz, enthalten kann, durch Auskristallisieren der Arsen- und Zinnverbindungen bei geeigneter Konzentration der Mutterlauge kann in Kombination mit dem Verfahren nach dem Hauptpatent auch vor Abscheidung der Antimonverbindungen angewandt werden, und zwar ist diese Ausführungsform des Verfahrens insbesondere dann vorteilhaft, wenn neben antimonsaurem Natrium und geringen Mengen Natriumarsenat so viel Natriumstannat in dem zu behandelnden Salzgemisch vorhanden ist, daß sich das Natriumstannat nur noch teilweise beim Behandeln des Salzgemisches mit den für das Verfahren geeigneten Wassermengen löst. Hier wird gemäß der Erfindung in der Weise verfahren, daß die Lösung des ursprünglichen Salzgemisches bis auf die oben erwähnte Natronlauge- und gegebenenfalls Kochsalzkonzentration gebracht wird, bei der das Natriumstannat auch ohne Anwesenheit von größeren Mengen Arsenat praktisch in der Kälte unlöslich ist. Die Lösung wird dann abgekühlt, wobei sich die Antimonate, Arsenate und Stannate zusammen abscheiden, so daß sie in bekannter Weise von der Ätzalkalilösung getrennt werden können.

Man kann hierbei auch in der Weise vorgehen, daß aus der heißen Lösung von entsprechend hoher Konzentration das unlösliche Antimon- und Zinnsalz abgetrennt wird. Es bleibt dann in der Lösung das Arsenat, falls solches vorhanden, und verhältnismäßig kleine Mengen von zinnsauren Salzen, die dann durch Verdünnen und Abkühlen der Lösung zusammen mit dem Arsenat abgeschieden und von der Lösung getrennt werden können. Hat man bei dieser Ausführungsform des Verfahrens heiße Lösungen von etwas geringerer Alkalikonzentration, so bleibt natürlich entsprechend mehr Zinn in der Lösung. Es ist dann aber unnötig, die Lösung noch zu verdünnen, da ja beim Abkühlen aus der Lösung Arsen und Zinn zusammen praktisch quantitativ auskristallisieren.

Die Trennung des Natriumantimonats vom Stannat kann zweckmäßig dadurch vorgenommen werden, daß die Salzgemische mit Wasser, das auch noch Ätzalkali enthalten kann, behandelt werden. Hierbei löst sich das Stannat, während das Antimonat unlöslich zurückbleibt. Die Gegenwart von Kochsalz begünstigt in allen Fällen die Vollständigkeit der Abscheidung des Antimonats, da sie die Unlöslichkeit des Natriumantimonats noch erhöht.

Die Erfindung ist in gleicher Weise wie das Verfahren nach dem Hauptpatent zur Aufarbeitung solcher Salzschmelzen besonders geeignet, die bei der oxydierenden Behandlung von Metallen oder Metallegierungen mit Alkalihydroxyd mit oder ohne zusätzliche Oxydationsmittel z. B. der Raffination von unreinem Blei oder Bleilegierungen entstehen, besonders wenn die Raffination so ausgeführt wird, daß nur das Arsen, Zinn und Antimon oder ein Teil dieser Metalle nicht aber Blei u. dgl. in die Salzschmelze übergeht. In diesem Fall arbeitet das Verfahren gemäß der Erfindung wegen der getrennten Gewinnung der aus dem Metall oder der Legierung oxydierten Bestandteile und deren Überführung in gut verwertbare Verbindungen besonders wirtschaftlich. Natürlich ist die Erfindung auch mit Vorteil anwendbar für die Aufarbeitung von Salzgemischen ähnlicher Zusammensetzung, die nach beliebigen anderen Verfahren gewonnen wurden.

Welche Ausführungsform des neuen Verfahrens zur Trennung des Alkalihydroxyds, gegebenenfalls in Mischung von Salzen, wie Kochsalz, von Alkaliantimonat, -arsenat und -stannat und dieser Salze voneinander auch gewählt werden mag, so wird es doch in allen Fällen nötig, Flüssigkeiten abzukühlen, die schon von vornherein feste Stoffe enthalten können und die im Verlauf der Abkühlung infolge von Abscheidung von Kristallen o. dgl. mehr oder weniger teigigen oder pastenartigen Zustand annehmen. Aus diesem Grunde gestaltet sich die notwendige Abkühlung der Lösungen bei dem Verfahren gemäß der Erfindung ziemlich schwierig. Es hat sich nun gezeigt, daß diese Schwierigkeiten sich durch Benutzung einer besonderen Kühlvorrichtung leicht beheben lassen. Diese besteht im wesentlichen aus einer Anzahl wassergekühlter Rinnen oder Röhren, durch die das zu kühlende Material mittels rotierender Schnecken o. dgl. bewegt wird. Die Zahl der Rinnen oder Röhren, durch die das zu kühlende Material geschickt wird, hängt von der Menge und Zusammensetzung des Materials und der Fördergeschwindigkeit ab. Die Querschnitte der Rinnen oder Röhren werden so klein wie möglich gehalten, damit ein möglichst großer Teil des Materials mit den Wandungen der Kühlvorrichtung in Berührung kommt. Zweckmäßig werden mehrere Rinnen oder Röhren untereinander angeordnet, so daß das Material diese von oben nach unten durchlaufen kann, während das Kühlwasser durch die Kühlwassermäntel entweder im Gleichstrom oder Gegenstrom mit dem Material geführt wird. Infolge der kleinen Querschnitte der Kühlvorrichtung wird der Verbrauch an Kühlwasser ziemlich gering. Es ist natürlich auch möglich, jede Röhre besonders mit Kühlwasser zu speisen.

An Hand der Zeichnung soll die Wirkungsweise dieser Kühleinrichtung bei dem Verfahren gemäß der Erfindung beschrieben werden. Natürlich kann die Kühlvorrichtung mit demselben Vorteil auch bei dem Verfahren gemäß dem Hauptpatent verwendet werden.

Die Kühleinrichtung 1 besteht aus der oben offenen wassergekühlten Rinne 2 und den darunterliegenden ebenfalls wassergekühlten Röhren 3 und 4. In 2, 3 und 4 sind die Schnecken 5, 6 und 7 angeordnet, die durch bekannte Antriebsvorrichtungen in Drehung versetzt werden können. Die gekühlte Masse gelangt aus der Kühlvorrichtung in einen Vorratsbehälter 8, aus dem sie intermittierend einer Zentrifuge 9 zugeführt werden kann. In der Zentrifuge wird der feste Rückstand von der Mutterlauge getrennt. Die Mutterlauge fließt durch die Leitung 10 in einen Vorratsbehälter 11. Aus diesem wird sie z. B. mittels Pumpe 12 kontinuierlich einem Wärmeaustauscher 13 und dann einer weiteren Erhitzungseinrichtung 14 zugeführt. Aus dem Behälter 14 gelangt die Mutterlauge durch das Überlaufrohr 15 in den Kessel 16, der mit einer Haube 17 versehen ist. Diese führt die im Kessel entwickelten Dämpfe durch Leitung 18 in den Wärmeaustauscher 13. Die Abgase der Feuerung des Kessels gehen durch den Zug 19 zur Laugenerhitzungsvorrichtung 14. Von dieser führt eine Leitung 20 zum Behälter 11. Die Leitung 20 dient als Überlauf für den Behälter 14 und verhindert durch Ableiten von Flüssigkeit nach dem Vorratsbehälter 11, daß die Flüssigkeit in dem Behälter 14 über eine bestimmte Höhe hinaus ansteigt.

Die zu kühlende Flüssigkeit, die, wie oben angegeben, auch feste Stoffe enthalten kann, kann zunächst zwei in der Zeichnung nicht angegebenen Behältern zugeführt werden. Diese Behälter können schon mit Kühlvorrichtungen ausgestattet sein, die eine gewisse Vorkühlung der Flüssigkeit ermöglichen.

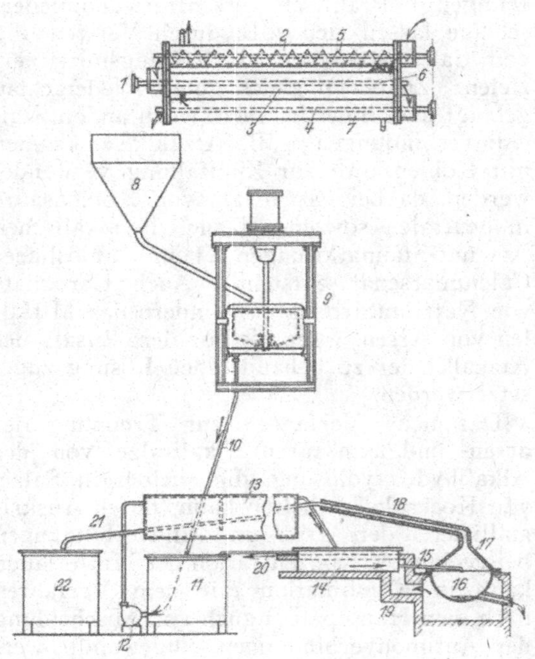

Während der eine Behälter gefüllt wird, fließt die gegebenenfalls vorgekühlte Flüssigkeit aus dem anderen Behälter in die Rinne 2 der Kühlvorrichtung, der zur Beobachtung des Kühlvorganges oben offen ist. Die Rinne 2 und die darunterliegenden Röhren 3 und 4 sind mit Wasserkühlung ausgestattet. Natürlich können eine Reihe von Kühlvorrichtungen nebeneinander angeordnet sein, die dann in gleicher Weise aus denselben oder aus mehreren weiteren Vorratsbehältern gespeist werden. Durch die rotierenden Schnecken wird das zu behandelnde Material durch die Rinne 2 geführt, fällt dann in die Röhre 3, durchwandert diese in gleicher Weise, um schließlich in die unterste Röhre 4 und nach Durchgang durch diese in abgekühltem Zustande in den Vorratsbehälter 8 zu gelangen. Die durch die Kühlung ausgeschiedenen Salze und gegebenenfalls die übrigen festen Stoffe, die in der zu kühlenden Flüssigkeit schon enthalten waren, werden in der Zentrifuge 9 von der Flüssigkeit getrennt. Für diese Trennung können natürlich auch Filterpressen o. dgl. vorgesehen werden.

Die festen Stoffe, die in der Zentrifuge 9 verbleiben, können aus dieser durch Behandlung mit Wasser entfernt und je nach ihren Gehalten an antimonsaurem, arsensaurem oder zinnsaurem Alkali einer der im vorstehenden beschriebenen Trennungsmethoden unterworfen werden, für welche Zwecke natürlich die Kühlvorrichtung gleichfalls Anwendung finden kann.

Die aus der Zentrifuge abfließende Lauge, die außer Natriumhydroxyd Kochsalz und unter Umständen geringe Mengen von Nitraten oder Nitriten enthält, ist im wesentlichen frei von Antimon, Arsen und Zinn. Diese Lösung gelangt durch die Leitung 10 in einen Vorratsbehälter 11, der so groß bemessen ist, daß er die Lauge von mehreren Chargen der Zentrifuge aufnehmen kann, so daß trotz der intermittierenden Arbeit der Zentrifuge die Lauge diesem Vorratsbehälter kontinuierlich, z. B. mit Hilfe der Pumpe 12, entnommen werden kann, die sie der Eindampfanlage zuführt. Die Eindampfanlage besteht aus dem Wärmeaustauscher 13, der mit den Dämpfen beheizt wird, die in dem Eindampfkessel 16 entwickelt und aus diesem mittels Haube 17 und isolierter Leitung 18 dem Heizsystem des Wärmeaustauschers zugeführt werden. Hier kondensieren sie und es wird das Kondensat z. B. mittels Leitung 21 nach dem Behälter 22 abgezogen. In dem Wärmeaustauscher 13 wird die Lauge vorgewärmt. Zwecks weiterer Erwärmung gelangt sie in die Vorrichtung 14, in der sie zweckmäßig bis nahe an ihren Siedepunkt erhitzt wird. Für diese weitere Erwärmung wird vorteilhaft die Abhitze der Feuerung für den Kessel 16 verwertet. Die erhitzte Lauge gelangt von 14 durch den Überlauf 15 in kontinuierlichem Strahl in den Kessel 16, der geschmolzenes Blei enthält, das zur Vermeidung von unerwünschten chemischen Einwirkungen der Flüssigkeit auf das Metall nicht wesentlich über seinen Schmelzpunkt erhitzt ist. Hier verdampft das Wasser der Lauge und es bleiben die in der Lauge enthaltenen Salze in fester Form auf der Oberfläche des geschmolzenen Bleis zurück. Die im Kessel 16 entwickelten Dämpfe und die Abhitze der Kesselfeuerung kann, wie oben beschrieben, zur Vorwärmung der Lauge benutzt werden. Es ist natürlich nicht unbedingt erforderlich, daß die Lauge in der Vorrichtung 13 und 14 gerade bis zu ihrem Siedepunkt erhitzt wird, sondern es genügen auch niedrigere Erhitzungstemperaturen. Indessen hat sich folgendes Verfahren zum Eindampfen der Lösung als besonders vorteilhaft erwiesen: Die Lösung wird dem Kessel 16 bis nahe zu ihrem Siedepunkt erhitzt zugeführt, und zwar wird die Zulaufgeschwindigkeit der Lösung in den Kessel entsprechend der Temperatur des Metalls und gegebenenfalls der des darüber befindlichen entwässerten Materials geregelt, so daß die Verdampfung des in der Lösung enthaltenen Wassers praktisch momentan vor sich geht und in dem Kessel 16 über dem geschmolzenen Metall stets nur entwässertes Material vorhanden ist. Dieses kann in Zwischenräumen aus dem Kessel entfernt und erneut für die Raffination von Blei verwandt werden.

Bei der Bleiraffination mittels Alkalihydroxyd, das gegebenenfalls in Mischung von Salzen, wie Kochsalz, benutzt wird, sowie der nachfolgenden Aufarbeitung der hierbei entstehenden Salzschmelzen nach dem Verfahren gemäß der Erfindung sind Verluste an Reagenzien unvermeidlich. Werden die im Kessel 16 gewonnenen Salze erneut zur Bleiraffination verwandt, so können die eingetretenen Verluste an Alkalihydroxyd und gegebenenfalls Kochsalz auch dadurch ersetzt werden, daß der in den Kessel 16 einströmenden Lauge entsprechende Mengen Natriumcarbonat oder Natriumsulfat entweder kontinuierlich oder von Zeit zu Zeit zugesetzt werden. Das Alkalicarbonat oder -sulfat kann natürlich auch dem geschmolzenen Reagens zugesetzt werden, bevor oder während dieses wieder zur Raffination einer neuen Bleimenge benutzt wird. Es findet nämlich in Berührung mit dem geschmolzenen Metall eine Zersetzung dieser Salze schon bei den verhältnismäßig niedrigen Temperaturen statt, die für die Bleiraffination nach dem Harris-Verfahren angewendet werden. Handelt es sich z. B. um die Entzinkung von Blei, so geht die Zersetzung von Natriumcarbonat wahrscheinlich nach folgender Gleichung vor sich:

$$PbO + PbZn + Na_2CO_3 = Na_2O + ZnO + CO_2 + Pb.$$

Es nimmt wahrscheinlich das in geringen Mengen während der Raffination sich bildende Bleioxyd an der Zersetzung tätigen Anteil, indem es selbst wieder zu metallischem Blei umgewandelt wird. Wird Natriumsulfat statt Soda zugesetzt, so geht die Zersetzung in ähnlicher Weise vor sich. Erfolgt der ergänzende Zusatz von Natriumcarbonat oder -sulfat während des Eindampfens der Lösung der wiedergewonnenen Reagenzien, so bleiben diese Salze unverändert im Reagens, bis dieses wieder für die Raffination der nächsten Charge verwendet wird. Ein unzersetzter Anteil von Alkalicarbonat bzw. -sulfat wirkt ähnlich wie Kochsalz auf die Viskosität der Schmelze ein, so daß durch den Zusatz von diesen Salzen bis zu einem gewissen Grade auch Kochsalzverluste ausgeglichen werden können.

PATENTANSPRÜCHE:

1. Verfahren zur Aufarbeitung von Salzgemischen, welche arsensaure und

zinnsaure Alkalisalze, Alkalihydroxyd und gegebenenfalls Salze, wie Kochsalz, enthalten, durch Auflösen im heißen Wasser und fraktionierte Kristallisation, nach Patent 431 849, dadurch gekennzeichnet, daß zunächst eine solch hohe Konzentration an freiem Alkalihydroxyd eingehalten wird (etwa 500 g NaOH im Liter), daß im wesentlichen nur Alkalistannat ausgeschieden wird, worauf durch Änderung der Konzentration, beispielsweise durch Verdünnen, das Alkaliarsenat in der Kälte gegebenenfalls zusammen mit kleinen Mengen Alkalistannat zum Auskristallisieren gebracht wird.

2. Ausführungsform des Verfahrens nach Anspruch 1, dadurch gekennzeichnet, daß das Auskristallisieren und Abtrennen der Hauptmenge des Stannats aus der heißen Lösung erfolgt, worauf durch Abkühlen der Lösung der Rest des Stannats zusammen mit etwas Arsenat ausgefällt und von der Lösung getrennt und schließlich der Rest des Arsenats durch Verdünnen abgeschieden wird.

3. Verfahren nach Anspruch 1 und 2, dadurch gekennzeichnet, daß insbesondere bei sehr geringem Alkaliarsenatgehalt (z. B. wenn das Salzgemisch auf 1 Gewichtsteil As 5 Gewichtsteile Sn enthält) zuerst das Alkaliarsenat und darauf das Alkalistannat aus der Lösung abgeschieden wird.

4. Verfahren nach Anspruch 1 bis 3, dadurch gekennzeichnet, daß das Abscheiden des Alkalistannats aus kochsalzfreier Lösung mit etwa 500 g Alkalihydroxyd im Liter oder aus mit Kochsalz gesättigter Lösung von ungefähr 400 g Alkalihydroxyd im Liter oder aus Lösungen mit entsprechend dazwischenliegenden Alkalihydroxyd- und Kochsalzkonzentrationen erfolgt.

5. Verfahren zum Kühlen der Lösungen oder Mischungen von Lösungen und festen Stoffen, die nach Ansprüchen 1 bis 4 behandelt werden, dadurch gekennzeichnet, daß mehrere hintereinandergeschaltete wassergekühlte Rinnen oder Rohre (2, 3, 4) verwendet werden, durch die das zu kühlende Material zweckmäßig im Gegenstrom zum Kühlwasser mittels rotierender Förderschnecken (5, 6, 7) oder ähnlicher Fördereinrichtungen bewegt wird.

Nr. 538 286. (C. 40 347.) Kl. 12 n, 10.

RICARDO SANZ CARRERAS IN SAN CLEMENTE DE LLOBREGAT, BARCELONA, SPANIEN.

Herstellung von Wismuthydroxyd auf elektrolytischem Wege.

Vom 31. Aug. 1927. — Erteilt am 29. Okt. 1931. — Ausgegeben am 12. Nov. 1931. — Erloschen: . . . .

Die Erfindung betrifft ein Verfahren zur Herstellung von Wismuthydroxyd auf elektrolytischem Wege unter Verwendung von metallischem Wismut als Anode und von Kohle oder indifferentem Metall als Kathode. Gemäß der Erfindung wird dabei als Elektrolyt eine schwache (2- bis 4%ige), mit Kohlensäure gesättigte Lösung von Natriumchlorat verwendet. Es handelt sich hier also um ein Verfahren, welches dem bekannten Verfahren der Darstellung von Metallverbindungen aus den Metallen auf elektrolytischem Wege analog ist. Es war aber nicht ohne weiteres vorauszusehen, daß es möglich sein würde, dieses Verfahren auf die Herstellung von Wismuthydroxyd anzuwenden, weil zu befürchten war, daß die Elektrolyse wegen des Alkalischwerdens des Elektrolyten schnell zum Stillstand kommen würde. Um dies zu vermeiden, erfolgt gemäß der Erfindung hier die Sättigung des Elektrolyten mit Kohlensäure, wodurch die Neutralisierung desselben erreicht wird.

Als Kathode können bei dem Verfahren außer Kohle Metalle, wie Zink, Eisen, Aluminium u. dgl., verwendet werden, die unter den Bedingungen des Verfahrens unangegriffen bleiben.

Die sich bei Anwendung des Verfahrens abspielenden chemischen Vorgänge sind folgende:

Das Natriumchlorat ist in der wässerigen Lösung dissoziiert nach der Gleichung:

$$NaClO_3 \rightleftarrows Na^{\oplus} + ClO_3^{\ominus} .$$

Unter der Wirkung des elektrischen Stromes entlädt sich das Kation $Na^{\oplus}$ an der Kathode und reagiert mit dem Wasser nach der Gleichung:

$$Na + H_2O = H_2 + NaOH .$$

An der Kathode findet also Wasserstoffentwicklung und Bildung von Natriumhydroxyd statt.

An der Anode greift das Anion, nachdem es seine elektrische Ladung verloren hat, das Wismut, aus dem die Anode besteht, nach der Gleichung an:

$$Bi + 3ClO_3 = Bi\,(ClO_3)_3.$$

Zur Bildung von 1 Mol Wismutchlorat sind also $3\,ClO_3$ erforderlich; gleichzeitig mit diesen müssen sich also 3 Mole Natriumhydroxyd an der Kathode gebildet haben.

Das Wismutchlorat löst sich sofort nach der Bildung auf und wird wie alle andern neutralen Salze dieses Metalls durch das Wasser hydrolisiert, indem es mehr oder weniger basische Chlorate, je nach der Wassermenge, der Temperatur u. dgl., bildet. Eines dieser Chlorate bildet sich nach der Gleichung:

$$Bi(ClO_3)_3 + 2H_2O = ClO_3Bi\!\begin{smallmatrix}\diagup OH\\ \diagdown OH\end{smallmatrix} + 2HClO_3.$$

Die so frei gewordene Chlorsäure wird durch einen Teil des Natriumhydroxydes neutralisiert nach der Gleichung:

$$2HClO_3 + 2NaOH = 2H_2O + 2NaClO_3.$$

So wird ein Teil des Natriumchlorats regeneriert. Der andere Teil wird durch die Wirkung des verbliebenen Moleküls Natriumhydroxd auf das basische Wismutchlorat nach folgender Gleichung regeneriert:

$$ClO_3Bi\!\begin{smallmatrix}\diagup OH\\ \diagdown OH\end{smallmatrix} + NaOH = NaClO_3 + Bi(OH)_3. \qquad (1)$$

So erhält man also das gewünschte Wismuthydroxyd und die Regenerierung der Gesamtmenge des angewandten Natriumchlorats und erhält so einen Kreisprozeß, bei welchem nur die Ausgangsmaterialien metallisches Wismut und Wasser verbraucht werden, während das Natriumchlorat dauernd regeneriert wird.

Die Menge des in einer Zeiteinheit erzeugten Natriumhydroxyds ist konstant, weil sie von der Intensität des elektrischen Stroms abhängt und, wenn man annimmt, daß diese konstant ist, muß es auch die Menge des gebildeten Natriumhydroxydes sein.

Die oben mit (1) bezeichnete Reaktion erfolgt bei Zimmertemperatur langsam, derart, daß die Menge des in Chlorat zurückverwandelten Natriumhydroxydes kleiner ist als diejenige, welche durch die Entladung der Kationen $Na^{\oplus}$ gebildet wird. Deswegen nimmt die Flüssigkeit allmählich einen immer stärker basischen Charakter an, dessen Stärke abhängig ist von der Dauer der Elektrolyse. Wird der Elektrolyt sehr basisch, wobei zu berücksichtigen ist, daß das nach der Gleichung (1) erzeugte Wismuthydroxyd etwas in den Lösungen von Kalium- oder Natriumhydroxyd löslich ist, so erfolgt eine Reduktion des gelösten Wismuthydroxyds zu Metall in der Nähe der Kathode unter der Einwirkung des dort entwickelten Wasserstoffs nach der Gleichung:

$$2Bi(OH)_3 + 3H_2 = 6H_2O + 2Bi.$$

Das so gebildete metallische Wismut würde sich auf der Kathode in Form von schwarzem Pulver absetzen, und es würde ein entsprechender Verlust an Wismuthydroxyd entstehen, der um so größer wäre, je größer der Alkalitätsgrad der Flüssigkeit geworden wäre.

Zur Beseitigung dieses Übelstandes dient die gemäß der Erfindung vorzunehmende Abschwächung der Alkalität bzw. die Maßnahme, die Alkalität des Elektrolyten so niedrig wie möglich zu halten. Dies geschieht dadurch, daß man ihn mit Kohlensäure neutralisiert. Es bildet sich dann Natriumcarbonat, das auf das basische Wismutchlorat nach folgender Gleichung wirkt:

$$2\,Bi(OH)_2ClO_3 + Na_2CO_3 = 2\,NaClO_3 + CO_3\!\begin{smallmatrix}\diagup Bi(OH)_2\\ \diagdown Bi(OH)_2\end{smallmatrix}.$$

Da die Menge der zugesetzten Kohlensäure nur sehr klein ist, so reicht sie bei weitem nicht aus, um etwa das ganze Wismuthydroxyd in Carbonat überzuführen. Vielmehr erhält man nach dem Verfahren gemäß der Erfindung ein Wismuthydroxyd, das nur durch kleine Mengen Wismutcarbonat verunreinigt ist. Diese Verunreinigung ist aber praktisch bedeutungslos.

Die Ausführung des neuen Verfahrens kann beispielsweise folgendermaßen erfolgen:

In einer elektrolytischen Wanne von etwa 500 l Fassungsraum ordnet man eine Anode aus Wismut von einer Größe von 30 × 30 cm und eine Kathode aus Eisen von gleicher Größe an, die sich in einem Abstand von 5 cm befinden. Als Elektrolyt wird eine 3 %ige wässerige Lösung von Natriumchlorat verwendet. Die Stromspannung beträgt 3 Volt und die Stromdichte 0,60 Ampère pro Quadratzentimeter Oberfläche. Die Temperatur ist 40°. In den Elektrolyten wird Kohlensäuregas bis zur Sättigung eingeleitet. Aus dem erhaltenen Produkt kann das Carbonat durch Waschung entfernt werden.

Die maximale Alkalität des Elektrolyten soll 2 g Ätzalkali pro Liter Flüssigkeit nicht überschreiten. Zur Vermeidung der Bildung von metallischem Wismut an der Kathode empfiehlt es sich also, etwa 0,65 g Kohlendioxyd pro Liter zuzusetzen.

Ein erneuter Zusatz von Kohlensäuregas zur Vermeidung des Ansteigens der Alkalität des Elektrolyten kann entweder unmittelbar durch Einleiten von Kohlensäure in die Wanne oder auch außerhalb derselben erfolgen und kann demgemäß ständig oder zeitweise vorgenommen werden zum Zwecke, den Kohlensäuregehalt des Elektrolyten auf dem ursprünglichen Grad zu erhalten.

Die Analyse des erhaltenen Produkts ergibt nach der Trocknung einen Gehalt von 79,30 % Wismuthydroxyd und 18 % Wismutcarbonat.

Patentansprüche:

1. Verfahren zur Herstellung von Wismuthydroxyd auf elektrolytischem Wege unter Verwendung von metallischem Wismut als Anode und von Kohle oder indifferenten Metallen als Kathode, dadurch gekennzeichnet, daß als Elektrolyt eine schwache (2- bis 4%ige), mit Kohlensäure gesättigte Lösung von Natriumchlorat verwendet wird.

2. Verfahren nach Anspruch 1, dadurch gekennzeichnet, daß der Elektrolyt durch ständige oder zeitweise Zugabe von Kohlensäure auf dem ursprünglichen Gehalt an Kohlensäure gehalten wird.

Nr. 567116. (L. 78282.) Kl. 12n 10. Dr. Francesco Leti in Rom.

Herstellung eines Reagenzes für den Nachweis von Zucker im Harn.

Vom 29. April 1931. — Erteilt am 15. Dez. 1932. — Ausgegeben am 28. Dez. 1932. — Erloschen: ....
Italienische Priorität vom 1. Mai 1930 beansprucht.

Vorliegende Erfindung betrifft ein Verfahren zur Herstellung eines Reagenzes für den Nachweis von Zucker im Harn.

Es sind bereits Reagenzien (Fehling, Trommer, Nyländer) bekannt, vermittels deren man den Zucker im Harn nachweisen kann. Es ist auch bekannt, zu diesem Zweck das Wismutnitrat zu benutzen, das beim Zusammenbringen mit zuckerhaltigem Harn infolge der Reduktion durch den Zucker eine sinnlich wahrnehmbare Schwarzfärbung durch das metallische Wismut ergibt. Alle die bekannten Reagenzien werden in flüssiger Form angewendet. Zur Durchführung der Reaktion benötigt man eine bestimmte, nicht zu geringe Menge des zu untersuchenden Harns und eine Wärmequelle, da die Reaktion erst nach längerem Kochen eintritt. Außerdem zeigen diese bekannten Reagenzien den Nachteil, daß die Reaktion auch bei Abwesenheit von Zucker in Gegenwart anderer Substanzen, wie z. B. Harnsäure, Creatinin usw., eintreten kann.

Die vorliegende Erfindung ist bestimmt, diese Nachteile zu vermeiden und gleichzeitig die Durchführung der Untersuchung wesentlich zu erleichtern. Zu diesem Zweck wird das Reagens gemäß der Erfindung durch Zusammenschmelzen eines Gemisches von Natriumhydroxyd und Wismutnitrat in bestimmten Mengenverhältnissen hergestellt, indem in das geschmolzene Natriumhydroxyd das Wismutnitrat, gegebenenfalls unter Umrühren oder Schütteln, eingebracht wird und dann die Schmelze nach dem Erstarren für die Verwendung in Pulver- oder Pastillenform gebracht wird. Dieses so hergestellte Reagens zeigt nur bei Gegenwart von Zucker im Harn die typische Schwarzfärbung. Außerdem braucht das in fester Form zur Anwendung gelangende Reagens mit dem Harn zusammen nicht erhitzt zu werden, da die Reaktion beim Zusammenbringen mit dem Harn augenblicklich eintritt. Schließlich genügen im Gegensatz zu den bisher bekannten Mitteln nur 1 bis 2 Tropfen Harn für die Untersuchung, um einwandfrei das Vorhandensein von Zucker feststellen zu können.

Nach einer Ausführungsform der Erfindung wird eine bestimmte Menge Natriumhydroxyd in einem nicht oxydierenden Tiegel (am besten aus Silber) geschmolzen, worauf in die Schmelze eine bestimmte Menge von Wismutnitrat geschüttet wird. Als Mengenverhältnisse wählt man ungefähr 100 g Natriumhydroxyd auf 40 g Wismutnitrat. Sofort nach Zugabe des Nitrates zur Hydroxydschmelze bildet sich eine einheitliche flüssige Masse von intensiv eigelber Farbe, ähnlich der Farbe des Safrans. Diese Masse erstarrt bei Zimmertemperatur rasch und wird dann in Pastillenform von beliebigem Gewicht und Volumen, ähnlich wie Ätznatron, gebracht. Wird ein Diabetikerharn in der Wärme oder in der Kälte mit einer Pastille dieses Produktes im Gewicht von etwa 200 mg zusammengebracht, so schwärzt er sich augenblicklich durch Bildung von metallischem Wismut, während bei Abwesenheit von Zucker diese Schwärzung nicht eintritt und der Urin seine Farbe beibehält.

Nach einer anderen Ausführungsform der Erfindung wird beim Einbringen des Wismutnitrats in das geschmolzene Natriumhydroxyd die Schmelze gerührt oder geschüttelt, um die beiden Substanzen innigst miteinander zu vermengen. Die geschmolzene Masse nimmt eine milchige Färbung an. Die Temperatur des geschmolzenen Hydroxyds darf nicht zu hoch sein, am besten nicht höher als die Schmelztemperatur, da sonst die Masse eine rötliche, eigelbe oder auch braune Färbung annehmen würde infolge Bildung verschiedener Wismutoxyde, was die Beobachtung bei der Untersuchung auf Zucker erschweren würde.

Ist die Masse flüssig und milchig, wird der Inhalt des Schmelztiegels auf eine kalte Fläche, z. B. eine Kachel, die natürlich trocken sein muß, gegossen. Die Masse wird dann fast augenblicklich fest und kann gleich, z. B. vermittels eines Messers, von der Kachel entfernt und in einem Porzellanmörser pulverisiert werden.

Die Pulverisierung muß rasch vor sich gehen, da die Substanz sehr hygroskopisch ist.

Dieses weiße Pulver, das wegen seiner hygroskopischen Eigenschaften verschlossen aufbewahrt werden muß, ist thermogen, sehr empfindlich und reagiert auch in sehr verdünnten Glukoselösungen (1 %) unter charakteristischer Schwarzfärbung.

Der Nachweis des Zuckers im Harn kann mit dem so hergestellten Mittel auf zwei Arten durchgeführt werden, chemisch und mikrochemisch.

Zum chemischen Nachweis fügt man in ein Reagensglas ein wenig des Reagenzes (300 bis 400 mg) und setzt dann eine geringe Menge des zu prüfenden Harns (1 oder 2 cm^3) zu, wobei man dafür Sorge trägt, daß das Reagensglas nicht bewegt wird, damit die Reaktionswärme, welche möglichst ausgenutzt werden muß, nicht verlorengeht; denn Wärmeverluste vermindern die Empfindlichkeit der Reaktion. Nach $^1/_2$ bis 1 Minute schwärzt sich das Pulver, falls der Harn zuckerhaltig ist, bei Abwesenheit von Zucker aber bleibt es weiß.

Die Beobachtung muß sofort gemacht werden, da nach einiger Zeit (einigen Stunden) andere, im Harn enthaltene reduzierende Substanzen eine leichte Schwärzung herbeiführen könnten, was zu Täuschungen Anlaß geben könnte.

Zum mikrochemischen Nachweis gibt man eine kleine Menge (300 bis 400 mg des pulverförmigen Reagenzes auf ein Uhrglas und befeuchtet mit einem Tropfen Harn. Bei Anwesenheit von Glukose tritt die Schwärzung sofort ein.

Dieser so einfache Zuckernachweis gelingt augenblicklich und kann besonders für Ärzte von großem Nutzen sein, da sie die Untersuchung auch am Krankenbett vornehmen können.

Patentansprüche:

1. Verfahren zur Herstellung eines Reagenzes für den Nachweis von Zucker im Harn, dadurch gekennzeichnet, daß ein Gemisch von Natriumhydroxyd und Wismutnitrat zusammengeschmolzen wird, indem in das geschmolzene Natriumhydroxyd das Wismutnitrat zweckmäßig unter Umrühren oder Schütteln eingebracht wird und daß die Schmelze nach dem Erstarren für die Verwendung in Pulver- oder Pastillenform gebracht wird.

2. Verfahren nach Anspruch 1, dadurch gekennzeichnet, daß auf 100 Gewichtsteile Natriumhydroxyd 5 Gewichtsteile Wismutnitrat kommen.

Nr. 480287. (D. 50328.) Kl. 40a, 46.

Metallwerk Plansee G. m. b. H. in Reutte, Tirol.

Herstellung von Molybdän- oder Wolframsäure.

Vom 27. April 1926. — Erteilt am 11. Juli 1929. — Ausgegeben am 2. Aug. 1929. — Erloschen: . . . .

Die Erfindung betrifft ein Verfahren und eine zu seiner Ausführung geeignete Einrichtung zur Herstellung von Molybdänsäure (MoO_3) und Wolframsäure (WO_3) größter Reinheit unmittelbar aus dem Erz.

Molybdänhaltige Erze sind bekanntlich der Molybdänglanz (MoS_2) und Gelbbleierz ($PbMoO_4$), Wolframerze sind bekanntlich der Scheelit ($CaWO_4$) und Wolframit ($FeWO_4$). Die Aufarbeitung dieser Mineralien geschieht meistens in der Weise, daß die mechanisch möglichst weitgehend gereinigten und konzentrierten Erze allein oder unter Verwendung geeigneter Zusätze einem Glühprozeß unterworfen werden zu dem Zwecke, daß Wolfram bzw. Molybdän der Erze in wasserlösliches Ammonium- oder Alkaliwolframat bzw. Molybdat überzuführen, aus welchem dann nach entsprechender Reinigung durch Zersetzung mit Mineralsäuren die gewünschte Wolfram- bzw. Molybdänsäure gewonnen wird.

So wird z. B. Molybdänsäure aus Molybdänglanz auf die Art gewonnen, daß nach erfolgter Reinigung und Konzentration der Erze das Molybdänsulfit derselben durch Rösten im Molybdäntrioxyd übergeführt und letzteres mit Ammoniak aus der gerösteten Masse herausgelöst wird. Aus der ammoniakalischen Lösung wird die Molybdänsäure dann entweder durch Ausfällen mit Mineralsäuren und nachheriges Glühen gewonnen oder durch Zersetzen des aus- und umkristallisierten Ammoniummolybdates durch einen direkten Glühprozeß. Gelbbleierz wird nach Konzentration durch Schmelzen mit Alkalicarbonaten, Schwefel und Kohle in Molybdänsulfid übergeführt, das letztere wiederum geröstet und weiterbehandelt, wie für den Molybdänglanz auseinandergesetzt wurde.

Bei der Herstellung von Wolframsäure, z. B. aus Wolframit, folgt einem Aufschlußprozeß durch Glühen mit Soda, ein Auslaugen mit Wasser, hierauf Reinigen der gewonnenen Natriumwolframatlösung, Ausfallen des Wolframsäurehydrates aus der heißen Lösung mit Salpetersäure und Überführung des letzteren durch Glühen in WO_3.

Gleichgültig, ob die Gewinnung der Molybdän- oder Wolframsäure auf einem der beschriebenen oder einem anderen bekannten chemischen Wege erfolgt, findet letzten Endes die Herstellung der Molybdänsäure bzw. Wolframsäure immer aus Alkali- oder Ammoniummolybdaten bzw. Wolframaten statt, in die das Molybdän bzw. Wolfram des Erzes zunächst übergeführt werden müßte, da sich diese Verbindungen leicht umkristallisieren lassen und daher die größte Sicherheit gewähren, zu möglichst reinen Produkten zu gelangen. Trotzdem sind die erhaltenen Säuren nie absolut rein, auch wenn sie handelsüblich als chemisch rein in den Verkehr gebracht werden. Außer Ammoniak oder Alkali ist in ihnen mindestens noch Eisen und andere Verunreinigungen in geringen Mengen oder Spuren vorhanden.

Es ist nun Tatsache, daß selbst die geringsten Verunreinigungen oder Spuren von solchen bei gewissen Verwendungszwecken der Molybdän- und Wolframsäure namentlich bei ihrer Weiterverarbeitung zu Drähten und Blechen für die Glühlampen-, Röntgenröhren- und Elektronenröhrenindustrie störend wirken, selbst dann, wenn sie nur in Hundertsteln von Prozenten in der Säure enthalten sind. Darüber hinaus sind alle heute praktisch durchgeführten Gewinnungsverfahren verhältnismäßig sehr teuer. So betragen beispielsweise die Kosten der Gewinnung von Molybdänsäure (MoO_3) je nach dem angewandten Verfahren etwa 60 bis 80 % des Preises des MoO_3 im konzentrierten Erz.

Man hat daher schon lange versucht, diese Säuren auf einfachem Wege direkt aus dem Erz zu gewinnen. Solche Vorschläge sind insbesondere zur Gewinnung von Molybdänsäure bekanntgeworden.

Bereits W ö h l e r beschreibt im Jahre 1856 in den »Analen der Chemie und Pharmacie« ein Verfahren, um aus dem natürlichen Schwefelmolybdän die Molybdänsäure zu gewinnen, dahingehend, daß man den Molybdänglanz in ganzen Stükken in einem Glasrohr, durch das ein Strom atmosphärischer Luft geleitet wird, so lange erhitzt, bis der letzte Rest von Schwefelmolybdän oxydiert ist und hierbei in glänzenden reinen Kristallen sublimiert. So einfach dieses von W ö h l e r natürlich nur für Laboratoriumsgebrauch vorgeschlagene Verfahren erscheint, so ist es doch nicht gelungen, auf diesem Wege tatsächlich reine Molybdänsäure zu erhalten, obwohl W ö h l e r s Anregung die bedeutendsten Chemiker der Folgezeit beschäftigt hat. So weist D e b r a y im Jahre 1868 darauf hin, daß es von größtem Vorteil für die Bestimmung des Atomgewichtes von Molybdän wäre, wenn es gelänge, W ö h l e r s Anregung für die Herstellung absolut reiner Molybdänsäure nutzbar zu machen. Er findet aber bei der Wiederholung der Wöhlerschen Versuche, daß die sublimierende Säure bei ihrer Kondensationstemperatur Glas angreift und somit immer Kieselsäure enthält. D e b r a y verwendet deshalb an Stelle des von W ö h l e r benutzten Glasrohres ein Platinrohr, erhält jedoch derart eine Molybdänsäure, die so wenig dicht und somit so voluminös ist, daß D e b r a y sie wiederum in Ammoniak auflösen muß, um sie zu verdichten. Hierdurch wird aber wiederum eine Verunreinigung in das Produkt hineingetragen, das nur auf mühevollem Wege im kleinsten Maßstabe im Laboratorium gereinigt werden kann, so daß das Debraysche Verfahren für die technische Herstellung der Molybdänsäure in Großbetrieben unbrauchbar ist. So erklärt es sich, daß M o i s s o n noch im Jahre 1905 sagt, daß das nach W ö h l e r gewonnene Molybdänanhydrid unrein ist.

Hier sei eingeschaltet, daß unter Wolfram und Molybdänsäure hier, wie handelsüblich, WO_3 und MoO_3 verstanden werden, während die theoretische Chemie diese »Verbindungen« als »Säureanhydride« bezeichnet.

Auf den Vorschlag von W ö h l e r zur Gewinnung von Molybdänsäure baut schließlich das amerikanische Patent 1 118 150 aus dem Jahre 1914 auf, das vorschlägt, Molybdänglanz zu zerkleinern und auf Temperaturen über 790° C in einer Atmosphäre zu erhitzen, welche Sauerstoff in Überschuß enthält; die sublimierte Molybdänsäure wird in Filtersäcken aufgefangen. Um aber Molybdänsäure derart sublimieren zu können, darf bei diesem Verfahren eine Temperatur von 800° C nicht überschritten werden, aus Gründen, auf die später hier zurückgekommen werden wird. In Anbetracht der außerordentlichen Wichtigkeit der Gewinnung von Molybdänsäure in reinstem Zustand für die früher angegebenen Industriezweige ist auch dieses Verfahren beobachtet und untersucht worden.

Es hat sich aber, wie Ullmann in seiner »Enzyclopädie der technischen Chemie«, Band 8, S. 186 sagt, herausgestellt, daß die Durchführung dieses Verfahrens apparativ sehr schwer ausführbar ist, darüber hinaus aber die erhaltene Molybdänsäure denselben Nachteil hat, wie bereits von Debray festgestellt wurde, nämlich viel zu voluminös und daher für die Herstellung von Glühfäden unbrauchbar zu sein, weil das durch Reduktion aus der Säure hergestellte Metallpulver viel zu wenig dicht ist. Aber auch mit der Reinheit der auf diesem, zuletzt vorgeschlagenen Wege gewonnenen Molybdänsäure ist es nicht so gut bestellt, wie angenommen wird. Zunächst ist in der angeführten Patentschrift selbst gesagt, daß das gewonnene Molybdäntrioxyd zwar sehr rein ist, jedoch durch gleichartige Resublimation durch Wiederholung des Verfahrens weiter gereinigt werden könne.

Den Anstrengungen der Erfinder ist es nun gelungen, die Ursachen festzustellen, warum der Wöhlersche, 70 Jahre zurückliegende Vorschlag trotz wiederholter Aufnahme von berufenster Seite zu keinem Ergebnis geführt hat und ein Verfahren auszuarbeiten, das mit Sicherheit reinste Molybdänsäure auch im Großbetriebe zu gewinnen gestattet.

Wöhler und seine Nachfolger leiten durchweg einen Luftstrom, zum Teil mit Sauerstoffüberschuß, über das fein verteilte Erz während des Abröstens. Hierbei ist es unvermeidlich, daß feine und feinste Teilchen des zum Teil abgerösteten, zum Teil unabgerösteten Glanzes selbst mit der sublimierten Molybdänsäure mitgerissen und in den Kondensationsraum o. dgl. getragen werden, in der sich diese Verunreinigungen zusammen mit der Säure absetzen. Dieser Vorgang wird in den Fällen, wo mit Sauerstoff gearbeitet wird, noch dadurch begünstigt, daß der zugeführte Sauerstoff die Verbrennung des Molybdänglanzes explosionsartig herbeiführt, wodurch feinste Teilchen abgerissen und vom Luftstrom auf ganz weite Strecken mitgetragen werden können. Berücksichtigt man, das 0,01 % Eisenoxyd, d. h. 10 g Eisenoxyd auf 100 kg Säure genügen, um die Säure für gewisse industrielle Verwendungszwecke, insbesondere aber die früher angeführten, ungeeignet zu machen, so kann man leicht erkennen, daß durch den beschriebenen Vorgang Verunreinigungen der Säure eintreten können, die weit oberhalb der zulässigen Grenze liegen. Des weiteren entsteht bei der Durchführung des Röstprozesses schweflige Säure und Schwefelsäure gleichzeitig mit der Sublimation; diese Säuren werden von der feinen, kondensierenden Molybdänsäure absorbiert und bei Berührung mit Metallteilen der Anlage, Ventilatoren, Röhrenleitungen usw. zur Ursache für das Eintreten von Fremdkörpern in die Säure.

Eine weitere Ursache für diese Verunreinigungen ist die bereits von Debray aufgedeckte, nämlich die Verunreinigungen der sublimierten Molybdänsäure durch die Materialien der Ofen- und Filterkammer. Die Erfindung beseitigt die Nachteile der beschriebenen Verfahren und läßt die unmittelbare Herstellung von Molybdänsäure aus dem Erz im größten Maßstabe fabrikatorisch zu. Sie ist mindestens so einfach wie das Verfahren nach der amerikanischen Patentschrift und ergibt reinste Wolfram- und Molybdänsäure mit geringsten Kosten. Die erhaltene Säure ist hinreichend dicht, so daß sie zur Herstellung von Fäden für elektrische Glühlampen, Röntgenröhren, Elektronenröhren usw. ohne weiteres verarbeitbar ist, und besitzt eine Reinheit, wie sie niemals im Großbetriebe und auch kaum im kleinen Laboratorium erreichbar ist. Die erhaltene Molybdänsäure z. B. ist in Ammoniak vollkommen wasserklar löslich, besitzt keinerlei Verunreinigungen durch schweflige oder Schwefelsäure und ist somit tatsächlich absolut rein.

Die Erfindung besteht darin, daß vorzugsweise konzentriertes Erz geschmolzen und während des Schmelzflusses auf eine Temperatur erhitzt wird, bei der die Molybdän- oder Wolframsäure ausdampft, die anschließend durch Kondensation gewonnen wird, und zwar wird nur solches Erz geschmolzen, das bei der Verdampfungstemperatur der Molybdän- oder Wolframsäure außer diesen Dämpfen keine anderen, insbesondere die Säure verunreinigende Dämpfe entläßt. Ist das Erz also beispielsweise schwefelhaltig, so wird es vor dem Schmelzen und Ausdampfen der Säure durch Abrösten oder in einer Verfahrensvorstufe, die im späteren beschrieben werden soll, von seinem Schwefelgehalt vollkommen befreit. Hierdurch unterscheidet sich die Erfindung auch von einem anderen bekannten Verfahren zur Gewinnung von Molybdänsäure, bei dem schwefelhaltiger Molybdänglanz nach Zusatz von Oxydationsmitteln sofort auf hohe Schmelz- und die Verdampfungstemperatur der Molybdänsäure gebracht wird, hierbei auch Schwefeldämpfe und -gase in die Kondensationskammer gelangen und erst in der letzteren voneinander getrennt werden sollen. Abgesehen davon, daß die Ableitung der Schwefeldämpfe und -gase eine Betriebsstörung bedingt und diese die Apparatur und Filter angreifen, ist die Trennung von Molybdänsäure- und Schwefeldämpfen praktisch kaum möglich, Verunreinigungen der Molybdänsäure sind daher nicht zu vermeiden. Erstmalig durch die Erfindung wird lediglich Molybdänsäure aus den Erzen ausgedampft und anschließend kondensiert, und Verunreinigungen, welche bei der Verdampfungstemperatur der Molybdänsäure (oder bei niedrigeren Temperaturen) herausdampfen könnten, werden vorher aus dem Erz entfernt.

Da bei dem neuen Verfahren bzw. der zu seiner Durchführung getroffenen Anordnung die verdampfte Molybdän- oder Wolframsäure im gleichen Augenblick, in dem sie in Dampfform übergegangen ist, die Verdampfungszone verläßt, gelangt sie mit keinen heißen Ofenwänden in Berührung, wie dies etwa bei dem amerikanischen Verfahren unvermeidlich ist, bei dem die Säure längs der heißen Ofenrohre entlangstreicht und sich mit Stoffen aus dem Rohrmaterial verunreinigen kann. Schweflige Säure oder Schwefelsäure gelangt nicht in den Kondensationsraum und infolgedessen kann auch nicht durch diese das Ofen-, Röhren- und Filtermaterial irgendwie angegriffen werden, was sonst ebenso zu Zerstörungen dieser Apparateteile als auch zu den dargestellten Verunreinigungen der erhaltenen Molybdän- und Wolframsäure führen könnte. In dem Schmelzfuß werden ferner aber alle weiteren, im Erz enthaltenen Verunreinigungen naturnotwendig zurückgehalten; das beschriebene Mitreißen solcher Verunreinigungen, nämlich kleinster Teile des fein verteilten Erzes, ist vollkommen ausgeschlossen. Die durch Verdampfen aus dem Schmelzfluß gewonnene Säure kondensiert sich aus einer Dampfphase wesentlich höherer Dichte, als sie jemals durch Sublimation erzeugt werden könnte, und die kondensierte Säure erhält daher ein völlig anderes Korn als die sublimierte Säure. Sauerstoff wird überhaupt nicht angewendet, also auch nicht im Überschuß, und es wird hierdurch nicht nur eine Kostenersparnis erzielt, sondern auch das gute Ergebnis des Verfahrens gemäß der Erfindung gewährleistet, da Sauerstoff als schädlich anzusehen ist.

Gegenüber allen bekannten Verfahren dieser Art bringt die Erfindung den weiteren Vorteil, daß man auch Abfälle der Stab- und Drahtfabrikation sowie alle anderen molybdän- oder wolframhaltigen Produkte dem zu verarbeitenden Erz beimengen kann; sie werden in die geschmolzene Masse in gleichem Maße eingeworfen, als sie in dieser unter den besonderen Verhältnissen, unter denen sich diese befindet, löslich sind.

Dies vorausgeschickt, sei nunmehr eine Ausführungsform des Verfahrens gemäß der Erfindung in Anwendung auf die Herstellung von Molybdäntrioxyd beschrieben.

Es wird von abgeröstetem Glanz bzw. solchen Molybdänprodukten ausgegangen, die eine solche Menge Molybdäntrioxydes enthalten, daß diese beim Erhitzen auf Temperaturen auf etwa 1000° C vollkommen in Schmelzfluß übergehen. Diese Behandlung dieser Produkte möge nun anhand des schematischen Ausführungsbeispiels der Zeichnung erläutert sein, die einen Schnitt mit teilweiser Ansicht durch eine zur Durchführung des Verfahrens geeignete Einrichtung darstellt.

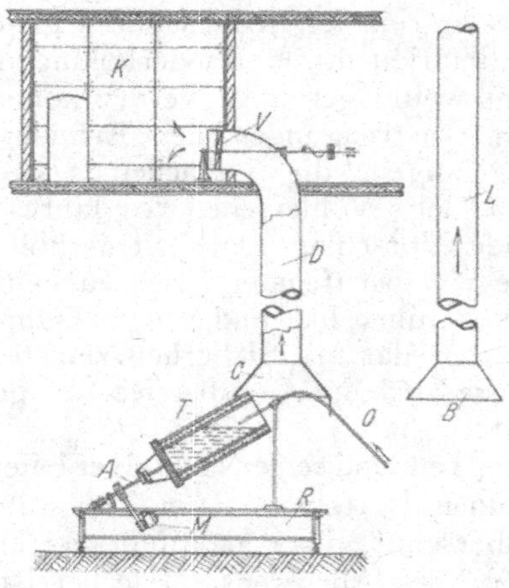

Die abgerösteten Molybdänprodukte werden also in einen zylindrischen Quarztiegel *T* eingetragen, jedenfalls aber in einen Tiegel, der aus einem für die Schmelze undurchlässigen, nichtmetallischen Stoff besteht; die Molybdänprodukte werden in diesem Tiegel auf Temperaturen von 1000° C und darüber erhitzt, beispielsweise durch eine nichtgezeichnete, außen um den Tiegel gewickelte, von elektrischem Strom durchflossene Metallfolie. Während dieser Erhitzung wird der Tiegel in ständige, langsame Drehung versetzt. Er ist auf einer schrägen Achse *A* gelagert, die vorzugsweise mit der Horizontalen einen Winkel von 45° einschließt und von einem Elektromotor o. dgl. angetrieben wird. Es hat sich herausgestellt, daß das Verfahren um so günstiger abläuft, je spitzer der Winkel der Achse *A* mit der Horizontalen ist. Er ist dadurch begrenzt, daß natürlich die im Tiegel befindliche Masse nicht ausfließen darf. Durch diese Schrägstellung des Tiegels wird erreicht, daß der Spiegel des Schmelzgutes eine große (elliptische) Oberfläche entwikkelt; durch die Drehung wird erreicht, daß die zähflüssige Schmelze von den Tiegelwänden mitgenommen und gleichsam umgerührt wird, so daß immer neue Teile der Schmelze an die Außenluft gelangen. Hierdurch wird erreicht, daß für die Verdampfung die denkbar größte Oberfläche zur Verfügung steht.

Der Tiegel mit seinem Antrieb ist auf einem fahrbaren Rahmen *R* gelagert, der in dieser Stufe des Verfahrens nicht in der dargestellten Lage, sondern vielmehr nach rechts verschoben ist, so weit, daß die Öffnung des Tiegels *T* unter bzw. im Trichter *B* liegt, von dem eine Leitung z. B. ins Freie führt. In dieser Stufe des Verfahrens verdampft noch keine Molybdänsäure, jedenfalls aber in geringsten und darum absolut vernachlässigbaren Mengen.

Bei richtig bemessenem Tiegel werden in etwa $^1/_2$- bis 2stündiger Behandlung sämtliche im Erz vorhandene, bei der vorhergehenden Behandlung (Abröstung) nicht restlos entfernte und unterhalb der Verdampfungstemperatur von Molybdän flüchtige Verunreinigungen ausgetrieben oder oxydiert werden.

Nunmehr wird der Rahmen *R* mit dem Tiegel unter die Haube *C* nach links geschoben, in die dargestellte Lage. Durch das Rohr *O* wird ein kräftiger Luftstrom über die Oberfläche der Schmelzmasse geblasen.

Dieser Luftstrom bewirkt, daß augenblicklich eine außerordentlich starke Verdampfung der Molybdänsäure einsetzt.

Durch den Luftstrom, der noch durch einen saugenden Ventilator *V* am oberen Ende des Abzugsrohres *D* unterstützt werden kann, wird die dampfförmige Molybdänsäure mit großer Geschwindigkeit in die Kammer *K* getragen, in der sie infolge Verminderung der Zuggeschwindigkeit aus dem Dampfzustande kondensiert; wegen des großen Zuges im Rohre *D* könnte dort eine Kondensation in irgendwie nennenswertem und beachtlichem Zustand nicht stattfinden.

In der Kammer *K* fällt die erkaltete Säure wie Schnee auf den Boden, ohne mit irgendwelchen Fremdkörpern in Berührung gekommen zu sein. Die Säure, die sich unmittelbar am Boden und an den Wänden der Kammer ablagert, besitzt selbstverständlich so geringe Menge, daß eine etwaige Verunreinigung in diesen Grenzschichten gegenüber den absolut reinen, darüber gelagerten Schichten nicht in Betracht kommt und, selbst wenn diese Grenzschichten beim Abtransport mitgenommen werden sollten, eine merkliche Verunreinigung der Säure nicht mehr bewirken kann. Im übrigen sind auch solche Verunreinigungen gar nicht zu befürchten, da eine chemische Reaktion zwischen der kalten Säure und den Kammerwänden unmöglich ist und Beimengungen von Schwefelsäure fehlen. Bloße mechanische Verunreinigungen lassen sich aber am besten dadurch vermeiden, daß man die Kammer mit Glasplatten auslegt oder mit Wasser ausgießt.

Die in der Kammer *K* angesammelte Säure besitzt sonach die jahrzehntelang angestrebte absolute größte Reinheit. Darüber hinaus besitzt sie ein Korn und eine Verteilung, die sie für die Herstellung von Metallpulver zur Fabrikation von Drähten, auch allerfeinsten Durchmessers und besonders duktilen Blechen hervorragend geeignet macht. Obwohl sie ganz locker liegt, besitzt sie trotzdem genügende Dichte, um das erwähnte Metallpulver bester Qualität zu liefern. In Sonderfällen genügt es, sie zwischen Achat- oder Stahlwalzen, die gegeneinander einen Druck von etwa 70 kg ausüben, hindurchzuführen, wobei ein Litergewicht erreicht wird, das nicht geringer ist als dasjenige der bisher ausschließlich auf nassem Wege erzeugten Säure. Trotzdem ist aber das Korn der gemäß der Erfindung gewonnenen Säure bedeutend kleiner als dasjenige der auf nassem Wege erzeugten, was zusammen mit der hohen Reinheit der Säure von größtem Vorteil für die Weiterverarbeitung von Drähten und Blechen ist.

Ein weiterer Vorteil des erhaltenen feinen Kornes besteht darin, daß bei der Reduktion der Säure zu reinem Metall die Angriffsflächen für den Wasserstoff gegenüber einem gröberen Korn bedeutend vergrößert werden, wodurch der Wasserstoff einerseits besser ausgenutzt und andererseits mit wesentlich kleineren Strömungsgeschwindigkeiten durch die aufgeschichtete Säure hindurchgeführt werden kann. Somit wird durch die Säure gemäß der Erfindung bei ihrer Weiterverarbeitung auch eine erhebliche Wasserstoffersparnis erzielt. Der Erfinder hat demgemäß im Betrieb festgestellt, daß bei einem Durchmesser des Reduzierrohres von 56 mm und kontinuierlicher Hindurchbewegung der in Schiffchen geladenen Säure durch dasselbe nach dem Gegenstromprinzip eine Strömungsgeschwindigkeit von 1 m je Minute des Wasserstoffes erforderlich ist, um das feine Korn des Metalls zu erzielen, das zu seiner Weiterverarbeitung in feinste Drähte erforderlich ist, wenn eine nach der vorliegenden Erfindung behandelte Molybdänsäure verwendet wird; bei Verwendung der besten, bisher im Handel erhältlichen Molybdänsäure mußte jedoch zur Verarbeitung der gleichen Säuremengen und unter sonst gleichen Bedingungen eine Strömungsgeschwindigkeit des Wasserstoffes von 5,8 m je Minute angewendet werden zur Erzielung eines zur Weiterverarbeitung zu feinsten Drähten usw brauchbaren Kornes. Dabei ist aber die Feinheit des Kornes im letzteren Fall erheblich geringer als bei Verarbeitung der gemäß der Erfindung hergestellten Säure mit einem Bruchteil der bisher erforderlichen Wasserstoffmengen.

Das derart gemäß der Erfindung auf billigem Wege erlangte feinste, reine metallische Pulver kann nun aber weit besser gesintert werden als das bisher erzielte feinkörnige Metallpulver, das aber trotzdem gröber ist als dasjenige, das aus einer gemäß der Erfindung hergestellten Säure reduziert werden kann. Je feinkörniger das verwendete Metallpulver ist, um so geringer ist nämlich die erforderliche Energie, um aus einem aus dem Pulver gepreßten Stab einen gesinterten Stab zu erhalten. Gleicher Preßdruck und gleiches Gewicht der Preßstäbe unterstellt, ist die für das Sintern erforderliche elektrische Spannung und Stromstärke erheblich geringer, je feinkörniger der gepreßte Stab ist. Wenn man beispielsweise zum Sintern der bisher gebräuchlichen Preßstäbe 55 Kilowattstunden elektrischer Energie benötigte, so kann man dieselbe Sinterung bei Verarbeitung einer Säure gemäß der Erfindung mit nur 22 Kilowattstunden elektrischer Energie durchführen; die erhaltenen gesinterten Stäbe besitzen dann gleiches Kleingefüge. Darüber hinaus kann man beim Sintern absolut reiner Säure bis knapp an den Schmelzpunkt herangehen, während bei Säuren, die nur wenige Hundertstel Prozent Verunreinigungen enthalten, eine solch hohe Temperaturbehandlung beim Sintern ausgeschlossen ist, da sonst Schmelzstellen im Innern des Stabes entstehen können. Je höher die Sintertemperatur aber ist, desto rascher ist der Sinterprozeß beendet und um so größer ist die Leistung und somit Ausnutzung einer vorhandenen Sinteranlage. Im Betriebe des Erfinders konnte derart eine Steigerung der Leistungsfähigkeit um etwa 66 % erzielt werden.

Das Verfahren gemäß der Erfindung kann ohne Schwierigkeit im kleinsten und größten Maßstabe durchgeführt werden, bedarf keinerlei geschulten Personals und kann mit 20 % der Arbeitskräfte durchgeführt werden, die bisher zu dem gleichen Zweck in einem durchschnittlichen Betriebe beschäftigt werden mußten. Die Größe der erforderlichen Arbeitsräume wird gegenüber den bisherigen Betrieben bis auf 10 % vermindert.

Insbesondere kann das Verfahren gemäß der Erfindung gleich an der Erzgrube ausgeführt werden. Würde man das Erz von der Grube nach weiter entfernten Verarbeitungsstätten befördern, so würden die Kosten des Transportes der Gewichtsanteile an taubem Gestein gleich denjenigen sein, die zur Verarbeitung des abgerösteten Glanzes zur Säure an der Grube selbst aufgewendet werden müßten. Man könnte dann die fertige, absolut reine Molybdänsäure zu gleichen oder unwesentlich höheren Preisen auf den Markt bringen, als bisher für das Erz allein an einem von der Grube weiter entfernten Ort bezahlt werden muß.

Weitere Vorteile des Verfahrens gemäß der Erfindung, besonders gegenüber demjenigen der erwähnten amerikanischen Patentschrift, bestehen, abgesehen von der wesentlich höheren Reinheit und größeren Dichte, darin, daß schon die Herstellungsanlage weit einfacher, leichter zu bedienen und unvergleichlich billiger ist. Darüber hinaus können höhere Temperaturen von 1000 bis 1100° C und mehr bei Behandlung von Molybdänverbindungen angewendet werden gegenüber den dort brauchbaren Temperaturen. Wie bereits früher erwähnt, kann nämlich das Verfahren nach der amerikanischen Patentschrift höchstens bei 800° C ausgeführt werden, da es sonst zu nahe dem Einsetzen des Schmelzes gelangt und aus der dort angewandten, schräg stehenden und notwendig an der tiefsten Stelle offenen Retorte ausfließen würde. Dies erkennt bereits die amerikanische Patentschrift, die sogar das Zusammenbacken des Materials durch einen Sand- und Kalkzusatz verhindert, um so mehr, als davon entfernt ist, einen Schmelzfluß benutzen zu können, geschweige an diesen zu denken. Schließlich wird überhaupt kein Sauerstoffzusatz bei der Erfindung verwendet, es werden daher die Kosten des Sauerstoffes in Flaschen oder, wo diese nicht erhältlich sind, die Errichtung einer besonderen Anlage zur Erzeugung von Sauerstoff von vornherein erspart.

Das beschriebene Ausführungsbeispiel ist nun ohne weiteres auch zur Herstellung von Wolframsäure WO_3 anwendbar. Natürlich ist dann eine entsprechend höhere Schmelztemperatur einzustellen und daher an Stelle eines Quarztiegels ein solcher beispielsweise aus Zirkonoxyd zu verwenden.

Grundsätzlich kann man die Erfindung sinngemäß auf die Herstellung aller flüchtigen Oxyde anwenden, die vor ihrer Verflüchtigung schmelzen.

Schließlich sei noch bemerkt, daß selbstverständlich auch ein kontinuierliches Verfahren durchführbar ist, wenn man nämlich den Rahmen *R* beispielsweise drehbar und auf ihm zwei Tiegel *T* anordnet, derart, daß der eine Tiegel unter dem Abzug *B*, *L* sich befindet und das Erz in ihm erschmolzen wird, während sich der andere Tiegel unter der Haube *C* befindet und aus ihm die Molybdän- oder Wolframsäure verdampft wird. Sollten die Zeiten für diese beiden Vorgänge nicht gleich groß eingerichtet werden können, so kann man durch Anordnung einer entsprechend größeren Zahl von Tiegeln beispielsweise auf einem Drehtisch und entsprechende Vermehrung der einen oder anderen Art von Abzügen das kontinuierliche Verfahren verwirklichen. Es wird dann entweder in mehreren Tiegeln das Erz gleichzeitig erschmolzen oder aber aus mehreren Tiegeln lie Säure gleichzeitig verdampft. Um eine Ortsbewegung der Behälter (Tiegel) zu vermeiden und um ferner zwei verschiedene Abzüge teilweise zu ersparen, kann man auch den Tiegel oder Behälter ortsfest anordnen unter einem einzigen Abzug, der an entsprechender Stelle gegabelt ist und einerseits zur Kondensationskammer, andererseits ins Freie oder an sonst geeignetem anderen Ort ausmündet, und an der Gabelstelle Vorrichtungen, z. B. Klappen, anordnen, welche während der Erhitzung bzw. Einschmelzung der Erze die entstehenden Dämpfe ins Freie, während des Ausdampfes Molybdän- oder Wolframsäure jedoch diese Dämpfe in die Kondensationskammer überleiten. Die vollständige Trennung der Abzüge ist aber für die absolute Reinheit der erhaltenen Säuren entschieden vorzuziehen.

Patentansprüche:

1. Verfahren zur Herstellung von Molybdän- oder Wolframsäure unmittelbar aus dem Erz durch Schmelzen des letzteren, Ausdampfen und darauffolgendes Kondensieren der Säure, dadurch gekennzeichnet, daß vollständig entschwefeltes und vorzugsweise konzentriertes Erz geschmolzen und während des Schmelzflusses so hoch erhitzt wird, daß lediglich reine Molybdän- oder Wolframsäure verdampft und darauffolgend kondensiert wird.

2. Verfahren nach Anspruch 1, dadurch gekennzeichnet, daß die Verdampfung der Molybdän- oder Wolframsäure während des Schmelzflusses dadurch beschleunigt wird, daß dem Schmelzbad eine möglichst große Oberfläche gegeben wird.

3. Verfahren nach Anspruch 1 oder 2, dadurch gekennzeichnet, daß man den Schmelzfluß während des Verdampfens der Molybdän- oder Wolframsäure in Bewegung erhält.

4. Verfahren nach Anspruch 1, 2 oder 3, dadurch gekennzeichnet, daß man die Dämpfe der Molybdän- oder Wolframsäure durch einen Luftstrom von dem Schmelzfluß forttreibt oder bzw. und absaugt.

5. Verfahren nach Anspruch 1, 2, 3 oder 4, dadurch gekennzeichnet, daß man die entwickelten Molybdän- oder Wolframsäuredämpfe im Augenblick der Verdampfung ohne Berührung mit irgendwelchen warmen Teilen abführt und in einer kalten Kondensationskammer sich niederschlagen läßt.

6. Verfahren nach Anspruch 1 oder folgende, dadurch gekennzeichnet, daß man die kondensierte Molybdän- oder Wolframsäure nötigenfalls durch Walzen verdichtet.

7. Ausführungsform des Verfahrens nach den Ansprüchen 1 bis 5, dadurch gekennzeichnet, daß man die Einschmelzung der Erze an anderer Stelle als die Verdampfung der Molybdän- oder Wolframsäure durchführt, insbesondere derart, daß die Einschmelzung der Erze für die etwa entweichenden, wenig oder gar keine Molybdän- oder Wolframsäure enthaltenden Dämpfe unter einem gesonderten Abzug und die Verdampfung der Molybdän- oder Wolframsäure unter einem anderen, in eine kalte Ablagerungskammer ausmündenden Abzug erfolgt.

8. Einrichtung zur Ausübung eines Verfahrens nach Anspruch 1 oder folgende, gekennzeichnet durch einen oder mehrere vorzugsweise schräg angeordnete Behälter, insbesondere Schmelztiegel, in denen die Erze erschmolzen werden, und Abzugsvorrichtungen, welche während der Einschmelzung der Erze beispielsweise ins Freie, während der Verdampfung der Molybdän- oder Wolframsäure jedoch in eine Kondensationskammer ausmünden.

9. Einrichtung nach Anspruch 8, gekennzeichnet durch zwei gesonderte Abzugsvorrichtungen, deren eine beispielsweise ins Freie und deren andere in eine Kondensationskammer einmündet, und einen oder mehrere Behälter, die ortsbeweglich angeordnet sind und in je einer zugeordneten Stellung sich unter einem der beiden Abzüge befinden.

10. Einrichtung nach Anspruch 8 oder 9, dadurch gekennzeichnet, daß die vorzugsweise schräg angeordneten Behälter um eine schräge Achse mit einstellbarer Geschwindigkeit drehbar sind.

Nr. 521 570. (M. 97 700.) Kl. 40a, 46. METALLWERK PLANSEE G. M. B. H. IN REUTTE, TIROL.

Herstellung reiner Wolframsäure.

Zusatz zum Patent 480 287.

Vom 1. Jan. 1927. — Erteilt am 12. März 1931. — Ausgegeben am 24. März 1931. — Erloschen: . . . .

Die Erfindung betrifft ein Verfahren zur Herstellung reiner Wolframsäure unmittelbar aus dem Erz oder aus Abfällen der Wolframdraht- und -blechfabrikation oder aus unreinem Wolfram oder ebensolcher Wolframsäure oder schließlich aus solcher Wolframsäure, die in anderen Produkten enthalten ist.

Die Erfindung stellt sich zur Aufgabe, auch aus solchem Ausgangsmaterial, das stets Verunreinigungen irgendwelcher Art enthält, eine reine Wolframsäure feinsten Kornes herzustellen, in der auch nicht störende Spuren der im Ausgangsmaterial enthaltenen Verunreinigungen feststellbar sind.

Die Erfindung bedient sich hierzu des Verfahrens nach dem Hauptpatent 480 287 und unterwirft das Ausgangsmaterial zunächst einer Hitzebehandlung bei Temperaturen, bei denen alle flüchtigen Bestandteile, ausgenommen jedoch Verbindungen des Wolframs selbst, entweichen, worauf erst ein Ausdampfen der reinen Wolframsäure bei entsprechend erhöhter Temperatur und unter Sauerstoff- bzw. Luftzutritt durchgeführt wird.

Nach dem Hauptpatent wird aber dieses Ausdampfen der Wolframsäure (WO_3) aus der Schmelze vorgeschlagen; dies hat sich für die Herstellung von Molybdänsäure als das beste und billigste Verfahren erwiesen. Für die Wolframsäureherstellung ist es aber immerhin etwas kostspielig, da die Anwendung von Temperaturen von 1500° C und darüber erforderlich wird, welche das Material der Tiegel, in denen die Erze geschmolzen werden, stark in Anspruch nehmen und eine häufige Erneuerung der wegen ihrer hohen Feuerbeständigkeit verhältnismäßig teuren Tiegel erforderlich machen. Verteuernd wirkt auch der Umstand, daß die Verdampfung des Wolframtrioxyds aus der Schmelze nur mit verhältnismäßig geringer Geschwindigkeit durchgeführt werden kann. Diese Verdampfung kann nämlich nur in dem Maße vor sich gehen, als das geschmolzene Kalk- bzw. Eisen- bzw. Manganwolframat (je nachdem man Scheelit, Wolframit oder Hübnerit als Ausgangserz verwendet) in seine Bestandteile zerfällt. Bei der Temperatur, bei welcher die Erze schmelzen (etwa 1500° C) und die man mit Rücksicht auf das Tiegelmaterial nicht allzusehr überschreiten darf, ist das Gleichgewicht

$$MeWO_4 \rightleftarrows MeO + WO_3$$

sehr weit nach links verschoben. Es ist also im Gleichgewichtszustand WO_3 immer nur in kleinen Prozentsätzen vorhanden und wird bei Störung des Gleichgewichts durch Abtransport von WO_3 nur allmählich und in kleinen Prozentsätzen durch weiteren Zerfall des Erzes nachgeliefert.

Obwohl dieses Verfahren zur Herstellung von Wolframsäure immer noch billiger ist als die sonst bekannten und wegen der sonst unerreichten Reinheit und Feinheit der Säure diesen in weitestem Abstand überlegen ist, wird durch die Erfindung dennoch eine weitere Verbilligung unter Beibehaltung der erreichten Vorteile erreicht. Da nach der der Erfindung zugrunde liegenden Erkenntnis einzig die erforderlichen hohen Temperaturen im dargelegten Sinn verteuernd wirkten, wurde die Möglichkeit und die Bedingungen untersucht, um diese Temperaturen herabzusetzen und somit den für die Reinheit und Feinheit der Säure ausschlaggebenden und darum grundsätzlich beizubehaltenden Weg über die Gasphase zu verbilligen.

Die erste Schwierigkeit bestand darin, daß man bei Erniedrigung dieser Temperaturen unter den Schmelzpunkt des Wolframerzes bzw. -säure gelangen muß und keine klare Kenntnis des Verhaltens des Wolframs hierbei bestand. Während es nämlich für Molybdäntrioxyd bekannt war, daß es bei Atmosphärendruck sublimiert, ohne zu schmelzen, und Wöhler bereits im Jahre 1856 diese Tatsache zur Herstellung von Molybdäntrioxyd aus dem Erze, Debray im Jahre 1868 zur Reinigung von Molybdäntrioxyd zwecks Bestimmung des Atomgewichts von Molybdän verwerteten, war in der Literatur über die Sublimation von WO_3 recht wenig bekannt.

Bernouli beobachtet zwar schon 1860 das Entstehen von großen Kristallen durch Sublimation bei starkem Glühen von WO_3 und erwähnt diese Beobachtung in seiner Arbeit in Poggendorfs Annalen, Band III, S. 576. Nach Read (J. Chem. Soc., Band 65, Seite 313, 1894) soll sich hingegen Wolframtrioxyd, das nach anderem bei Hellrotglut, also Temperaturen von 950° ab, eine merkliche Flüssigkeit aufweist, noch bei 1750° C nicht verändern. Weitere Angaben als die erwähnten, aus denen irgendwelche Schlüsse auf die Möglichkeit, WO_3 durch Sublimation zu gewinnen, hätten gezogen werden können, waren weder in der wissenschaftlichen noch in der Patentliteratur zu finden.

Die Untersuchung, wie sich Wolframsäure beim Glühen unter dem eigenen Schmelzpunkt, jedoch geeignet über demjenigen der Molybdänsäure verhält, ergab, daß schon bei 1100° Wolframtrioxyd bei Atmosphärendruck zu sublimieren bzw. destillieren beginnt, während sein Schmelzpunkt erst bei 1400° C liegt. Dementsprechend besteht die Erfindung darin, Wolframtrioxyd durch Destillation unterhalb seines Schmelzpunktes bzw. der Erze (etwa 1500° C), also bei praktisch bequem erreichbaren und ohne Schwierigkeit anwendbaren Temperaturen, zu gewinnen.

Das Verfahren sei an Hand eines Ausführungsbeispiels näher erläutert. Die Zeichnung zeigt mehr schematisch und in teilweisem lotrechten Schnitt eine hierzu geeignete Apparatur.

Wolframerze werden zuerst der reduzierenden Einwirkung von Kohlenstoff oder Wasserstoff unterworfen und dann in einem zylindrischen Tiegel, der auf der Zeichnung mit *T* bezeichnet ist, erhitzt, während ein in seiner Geschwindigkeit regulierbarer Luftstrom aus dem Zuleitungsrohr *O* über die Oberfläche der Erze im Tiegel hinwegstreicht.

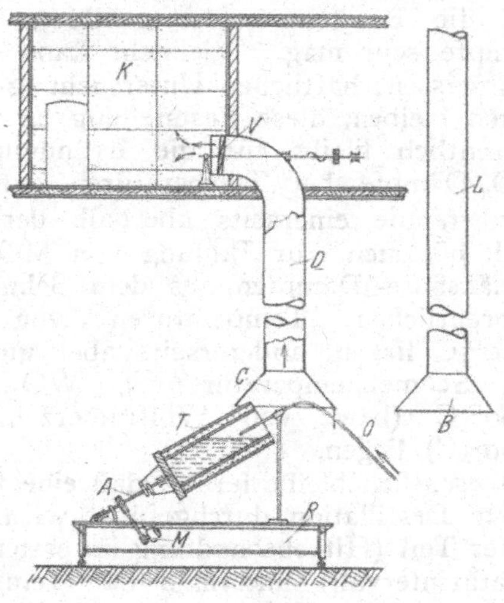

Während der Erhitzung, die durch eine nicht gezeichnete, außen um den Tiegel gewickelte oder in seiner Wand geeignet gelagerte, von elektrischem Strom durchflossene Metallfolie bewirkt wird, wird der Tiegel in ständiger langsamer Drehung gehalten. Er ist auf einer schrägen Achse *A* befestigt, die mit der Horizontalen einen Winkel von etwa 45° einschließt und von einem Elektromotor o. dgl. *M* mit einstellbarer Geschwindigkeit gedreht wird. Durch die Schrägstellung des Tiegels wird erreicht, daß eine möglichst große Oberfläche des glühenden Erzes der Einwirkung des Luftstromes ausgesetzt wird, durch die Drehung, daß immer neue Partien des Erzes mit der Luft in Berührung kommen. Der Tiegel mit seinem Antrieb ist auf einem fahrbaren Rahmen *R* gelagert, wodurch ermöglicht wird, daß der Tiegel mit seiner Öffnung einmal unter die Haube *B*, das andere Mal unter die Haube *C* gebracht werden kann.

Nach dem Beschicken des heißen Tiegels mit dem reduzierten Erz wird er zunächst unter die Haube *B* gebracht und hier bei einer Temperatur von etwa 1050° C in Drehung gehalten, unter gleichzeitigem Überleiten von Luft über seinen Inhalt. Bei dieser Temperatur destillieren aus dem Erz alle bis zu 1050° C flüchtigen Bestandteile heraus und entweichen durch die Haube *B* und das Abführungsrohr *L* z. B. ins Freie, und zwar sowohl diejenigen, welche an sich flüchtig sind, wie auch diejenigen. aus denen erst durch Verbindung mit Sauerstoff flüchtige Verbindungen entstehen, wie z. B. das Molybdän. Wolfram destilliert bei dieser Temperatur jedoch noch nicht heraus, jedenfalls nur in einer zu vernachlässigenden Menge. Sobald die Entwicklung von Dämpfen aufgehört hat, wird der fahrbare Ofen unter die Haube *C* verschoben und die Temperatur auf etwa 1200 bis 1300° C erhöht. Bei diesen Temperaturen setzt unverzüglich die Oxydation der im Erz durch die Reduktion entstandenen Wolframmetalle in größtem Ausmaße ein, unter Bildung von Wolframtrioxyd in Dampfform, welches durch den Luftstrom, der durch einen saugenden Ventilator *V* am oberen Ende des Abzugsrohres *D* unterstützt werden kann, mit großer Geschwindigkeit durch die Haube *C* und das Abzugsrohr *D* in die Kammer *K* getragen wird, in der es sich infolge Verminderung der Zuggeschwindigkeit aus dem Dampfzustande kondensiert. Der Abtransport des entstehenden WO_3 im Augenblicke seines Entstehens beschleunigt die Reaktion, die zu einer Bildung führt, in ganz eminentem Maße. In der Kammer *K* fällt die erkaltete Säure auf den Boden, ohne mit irgendwelchen warmen Fremdkörpern in Berührung gekommen zu sein.

Nun sind die Verunreinigungen des Erzes nur bei Temperaturen flüchtig, die unterhalb derjenigen liegen, bei der die Bildung und Verdampfung des Wolframtrioxyds stattfindet und sich der Tiegel daher unter der Haube *B* befindet, während andererseits bei den Temperaturen, bei welchen Wolframtrioxyd in praktisch verwertbarem Maße herausdestilliert, keine der in Wolframerzen möglichen Verunreinigungen flüchtig sind. Infolgedessen ist das durch den Luftstrom nach der Kammer *K* gebrachte Produkt chemisch reines WO_3, das bei der beschriebenen Führung des Arbeitsvorganges auch durch keine Fremdkörper verunreinigt werden kann. Es besitzt praktisch dieselbe Reinheit wie ein Wolframtrioxyd, das durch Verdampfen aus der Schmelze gewonnen ist, und die jedenfalls außerordentlich größer ist als diejenige, die nach bisher technisch ausgeübten und eingangs beschriebenen Verfahren erreichbar war. Sein Gestehungspreis ist jedoch wesentlich niedriger mit Rücksicht auf die niedrigen Arbeitstemperaturen des neuen Verfahrens und die größere Leistungsfähigkeit der Anlage.

Die in der Kammer *K* abgesetzte Wolframsäure besitzt außer größter Reinheit auch ein Korn und eine Verteilung, die zur Herstellung von Metallpulver zur Fabrikation von Drähten auch allerfeinsten Durchmessers und besonders duktiler Bleche hervorragend geeignet ist. Obwohl sie ganz locker liegt, besitzt sie regelmäßig genügende Dichte. In Sonderfällen kann sie zwischen Achat- oder Stahlwalzen hindurchgeführt werden, die gegeneinander einen Druck von etwa 70 kg ausüben, zwecks weiterer Verdichtung.

Bei ihrer Reduktion zu reinem Metall bietet sie dem Wasserstoff wegen ihres feinen Korns erheblich größere Angriffsflächen als die bisher erreichbare Säure, wodurch der Wasserstoff besser ausgenutzt und kleinere Strömungsgeschwindigkeiten angewendet werden können.

Zur Sinterung des derart auf billigstem Wege erhaltenen feinkörnigen Metallpulvers sind ferner geringere elektrische Stromleistungen erforderlich, darüber hinaus kann man beim Sintern bis knapp an den Schmelzpunkt des Wolframs herangehen. Infolgedessen läuft der Sinterprozeß rascher ab, und die Leistung und Ausnutzung der Anlage wird erhöht.

Auch ist es möglich, das Verfahren gemäß der Erfindung nicht absatzweise, sondern vielmehr kontinuierlich durchzuführen, wenn man an Stelle eines Tiegels *T* deren zwei oder mehrere anwendet in der Weise, daß sich einer unter der Haube *B* befindet, während ein anderer unter der Haube *C* steht. Die Tiegel können zu diesem Zweck beispielsweise auf einem Drehtisch angeordnet sein. Man kann eine Ortsbewegung der Tiegel im übrigen dadurch vermeiden, daß man über dem feststehenden Tiegel einen einzigen Abzug anordnet und an entsprechender Stelle gabelt. Durch Umschaltung an der Gabelstelle können die entwickelten Dämpfe entweder ins Freie oder aber in die Kondensationskammer geleitet werden. Die vollständige Trennung der Abzüge ist aber für die absolute Reinheit der erhaltenen Säure entschieden vorzuziehen.

An Stelle der reduzierten Erze können für die Durchführung des Verfahrens auch Abfälle der Wolframdraht- und -blechfabrikation, ebenso das technische Wolfram verwendet werden, wie es zur Herstellung von Wolframstählen verwendet wird. Auch technische Wolframsäure und andere wolframsäurehaltigen Produkte können in derselben Apparatur und unter wenigstens teilweiser Anwendung des beschriebenen Verfahrens in chemisch reine Wolframsäure von geradezu idealer Reinheit übergeführt werden. Selbstverständlich hat bei der Verwendung von wolframsäurehaltigen Materialien als Ausgangspunkt der zugeführte Luftstrom die Wirkung, die Dampfbildung zu beschleunigen und die herausdestillierte Säure abzutransportieren, dagegen nicht auch die Funktion, aus dem Wolframmetall das Wolframtrioxyd zu erzeugen.

Es kann dahingestellt bleiben, ob bei der beschriebenen Destillation der Wolframsäure eine Sublimation im eigentlichen physikalischen Sinne stattfindet oder welcher anderen Art die Entstehung der gebildeten WO_3-Dämpfe sein mag. Vielmehr kann es der rein wissenschaftlichen Untersuchung vorbehalten bleiben, diese Feststellung zu treffen. Wesentlich bleibt für die Erfindung, daß WO_3-Dämpfe bei Temperaturen entwickelt werden, die einerseits oberhalb der praktisch höchsten, zur Bildung von MO_3-(Molybdänsäure-)Dämpfen aus dem Schmelzfluß erforderlichen Temperaturen von etwa 1000° C liegen, andererseits aber unterhalb der Schmelztemperatur von WO_3, etwa 1400° C (bzw. von Wolframerzen, etwa 1500° C) liegen.

Wesentlich bleibt ferner, daß eine fraktionierte Destillation durchgeführt wird, deren erster Teil (Hitzebehandlung im ersten Temperaturintervall) unterhalb der Temperatur bleibt, bei der WO_3-Dämpfe in erheblicher Menge entwickelt werden, also unterhalb von 1000 bis 1100° C, während jene Fraktion, innerhalb deren WO_3-Dämpfe ausgetrieben werden (Hitzebehandlung im zweiten Temperaturintervall), im Temperaturintervall von 1000 bis 1100° C bis etwa 1500° C durchgeführt wird. Es wird im besonderen für die erste Fraktion (Austreiben schädlicher flüchtiger Verunreinigungen einschließlich gegebenenfalls der Molybdänsäure) eine Temperaturbehandlung von etwa 1050° C und für die zweite Fraktion (Austreiben der WO_3-

Dämpfe) eine Temperaturbehandlung von 1200 bis 1300° C bevorzugt.

PATENTANSPRÜCHE:

1. Verfahren zur Herstellung reiner Wolframsäure unmittelbar aus dem Erz oder aus Abfällen der Wolframdraht- und -blechfabrikation oder aus unreinem Wolfram oder Wolframsäure oder in anderen Produkten enthaltenen Wolframsäure durch Erhitzen des Ausgangsmaterials auf Temperaturen, bei denen alle flüchtigen Bestandteile, ausgenommen Verbindungen des Wolframs, entweichen, und Ausdampfen der reinen Wolframsäure bei erhöhter Temperatur unter Sauerstoff- bzw. Luftzutritt nach Patent 480 287, dadurch gekennzeichnet, daß man die Ausdampfung des Wolframtrioxyds bei Temperaturen, die unterhalb des Schmelzpunktes dieses Stoffes liegen, vornimmt.

2. Verfahren nach Anspruch 1, dadurch gekennzeichnet, daß die Hitzebehandlung im ersten Temperaturintervall bei etwa 1000 bis 1100° C, vorzugsweise aber 1050° C, und im zweiten Temperaturintervall bei Temperaturen unter 1400 bis 1500° C, vorzugsweise aber zwischen 1200 bis 1300° C, erfolgt.

3. Ausführungsform des Verfahrens nach Anspruch 1 oder 2, dadurch gekennzeichnet, daß man die Hitzebehandlung im ersten Temperaturintervall an anderer Stelle als diejenige im zweiten Temperaturintervall durchführt, insbesondere derart, daß die Erhitzung im ersten Temperaturintervall unter einem gesonderten Abzug und die Erhitzung im zweiten Temperaturintervall unter einem anderen, in eine kalte Ablagerungskammer ausmündenden Abzug erfolgt.

Nr. 566948. (M. 100560.) Kl. 12n, 10.

METALLWERK PLANSEE G. M. B. H. UND DR.-ING. PAUL SCHWARZKOPF IN REUTTE, TIROL.

Herstellung von reinem Wolfram- oder Molybdäntrioxyd.

Zusatz zum Patent 480287. — Früheres Zusatzpatent 521570.

Vom 21. Juli 1927. — Erteilt am 8. Dez. 1932. — Ausgegeben am 24. Dez. 1932. — Erloschen: . . . .

Die Erfindung betrifft ein Verfahren zur Herstellung von chemisch reinem Wolfram- oder Molybdäntrioxyd durch Behandlung der diese Ausgangsstoffe enthaltenden Erze bzw. Rückstände in der Hitze mit Sauerstoff oder sauerstoffhaltigen Gasen nach Patent 480 287. Die Erfindung kennzeichnet sich dadurch, daß man den Wolfram bzw. Molybdän enthaltenden Ausgangsstoffen poröses kohlenstoffhaltiges Material (Holzkohle, Koks) beimengt. In einer vorzugsweisen Ausführungsform des neuen Verfahrens erfolgen die Zuschläge von kohlenstoffhaltigem Material in solcher Menge, daß durch die infolge Luftzufuhr entstehende Verbrennungswärme der für den Prozeß erforderliche Wärmebedarf gedeckt wird.

Es sind nun bereits Verfahren bekannt geworden, in welchen den zu verarbeitenden Erzen Brennstoffe zugeschlagen werden. Jedoch wurden in einem dieser Verfahren die Trioxyde, wie z. B. WO_3, auf dem Umwege über Wolframchlorid gewonnen, so daß ein besonderer Verfahrensschritt erforderlich war, um dieses Wolframchlorid anschließend durch geeignete Mittel ganz oder teilweise in Wolframsäure umzuwandeln. Offenbar stellt das aber eine beträchtliche Verteuerung des Herstellungsverfahrens dar.

Ein anderes bekanntes Verfahren dieser Art richtet sich auf die Gewinnung von verflüchtbaren Metallen, zu denen man aber Molybdän und Wolfram schlechthin nicht rechnen kann. In diesem Verfahren wird im übrigen nicht oxydiert, sondern im Gegenteil reduziert. Das reduzierende Agens wird nicht zur gleichen Zeit in den Ofen eingesetzt wie das zu reduzierende Material selbst, sondern lediglich in die Reaktionszone des Ofens. Hierdurch soll eine wirtschaftliche Entgasung der zugesetzten Kohle erreicht werden können. Offenbar muß also bei der Einführung der reduzierenden Mittel in die Reaktionszone des Ofens eine Erhitzung des Gutes bereits stattgefunden haben. Auch verwendet dieses Verfahren Luft oder ein anderes Gas lediglich als Träger der reduzierenden Substanzen, während erfindungsgemäß die Luft oder der Sauerstoff unerläßlich ist für die Durchführung des Verfahrens. Würde man demnach die Verfahrensweise der Erfindung zweistufig durchführen und in einer Stufe lediglich die Vorwärmung und in der anderen die Reduktion bewirken, so würde damit alles andere als das Austreiben eines Molybdän- oder Wolframtrioxyds erreicht werden. Die Lehre der Erfindung war daher aus diesem Verfahren nicht zu entnehmen.

Bei den sonstigen bekannten Verfahren zur Herstellung von Wolfram- und Molybdäntrioxyd, bei welchen diese Oxyde aus festen bzw. geschmolzenen Gemengen oder Verbindungen durch Sublimation bzw. Verdampfung und darauffolgende Kondensation gewonnen werden, und ferner den Verfahren, bei denen der gleiche Weg über die Gasphase, ausgehend von Ausgangsstoffen, die metallisches Wolfram bzw. Molybdän enthalten, beschritten wird, indem man diese Ausgangsmaterialien bei hohen Temperaturen der Einwirkung von Sauerstoff aussetzt, bereitet nach Feststellung der Erfinder die restlose Überführung des im Ausgangsmaterial vorhandenen Wolframs bzw. Molybdäns in gasförmiges Trioxyd in all den Fällen Schwierigkeiten, in welchen eine Anhäufung von Eisenoxyd, Manganoxyd und ähnlichen Oxyden sowie Kieselsäure und Silicaten im Sublimations- bzw. Destillationsrückstand möglich ist.

Diese Verbindungen erschweren chemisch oder mechanisch die Verflüchtigung vorhandener oder entstehender Trioxyde, so daß in dem Maße, in welchem ihr Prozentgehalt im Rückstand zunimmt, immer höhere Temperaturen angewandt werden müssen, um die Erzeugung gasförmiger Trioxyde mit einer technisch brauchbaren Geschwindigkeit durchzuführen.

Daß tatsächlich die erwähnten Oxyde und Silicate Ursache der Verlangsamung der Verdampfungsgeschwindigkeit bei gegebener Temperatur sind, beweisen folgende Versuche.

1. Chemisch reines, in geschmolzenem Zustand befindliches MoO_3 kann, wenn für raschen Abtransport des gebildeten Dampfes durch Überleitung von Luft über die Flüssigkeitsoberfläche gesorgt wird, bei 800° C mit bedeutender Geschwindigkeit restlos in Dampfform übergeführt werden.

Trägt man aber in die verdampfende Schmelze nur 10% ihres Gewichtes an Eisenoxyd ein, so hört die Verdampfung augenblicklich auf und ist selbst bei 1200° C nicht restlos durchgeführt.

2. Verbrennt man chemisch reines pulverförmiges Wolframmetall in einem Sauerstoffstrome oder einem Sauerstoff-Luft-Gemische, dann ist bei etwa 1200° C eine restlose Überführung des Metalls in dampfförmiges WO_3 möglich. Bei Wolframpulver, das nur 0,2% SiO_2 und 2% Fe_2O_3 enthält, verbleibt bei dieser Temperatur bei sonst gleichen Bedingungen ein Rückstand, der kein dampfförmiges WO_3 mehr abgibt, obwohl er noch 40% des ursprünglich vorhandenen Wolframs enthält. Selbst bei einer um 300 bis 400° C höheren Temperatur ist die Gewinnung des Wolframs aus diesem Rückstand durch Verdampfung als WO_3 und nachherige Kondensation nur zu einem kleinen Teile möglich.

Da fast alle Rohstoffe für die eingangs erwähnten Verfahren Eisen in metallischer oder oxydischer Form und Kieselsäure enthalten und mit Rücksicht auf das Material der Tiegel oder sonstiger Behälter, in welchen diese Verfahren ausgeführt werden, die angewandten Temperaturen nur in bescheidenen Grenzen gesteigert werden können, mußte man bisher bei diesen Verfahren mit relativ schlechten Ausbeuten vorliebnehmen, d. h. Anteile des Wolframs bzw. Molybdäns in Rückständen zurücklassen, die auf dem billigen, eleganten, reinste Fertigprodukte liefernden Wege über die Gasphase nicht mehr verarbeitbar waren.

Das Verfahren gemäß der Erfindung vermeidet die Rückstände, d. h. liefert eine nahezu hundertprozentige Ausbeute und hat dabei noch den Vorteil, wesentlich billiger zu sein als die an und für sich gegenüber den chemischen Verfahren unvergleichlich billigeren bisherigen Destillations- bzw. Sublimationsverfahren.

Bei dem Verfahren gemäß der Erfindung mischt man den zu verarbeitenden, Wolfram bzw. Molybdän enthaltenden Rohstoffen poröses kohlenstoffhaltiges Material, insbesondere Koks zu (auch andere ähnlich abgeschwelte poröse Kohlensorten sind brauchbar) und setzt die so erhaltenen Gemische der Einwirkung von Sauerstoff-Luft-Gemischen aus, nachdem der Koks an irgendeiner Stelle zur Entzündung gebracht worden ist.

Das Verfahren nach dem Hauptpatent 480 287 verzichtet nun auf den Zuschlag von Kohle überhaupt. Es kennzeichnet sich vielmehr dadurch, daß vollständig entschwefeltes und vorzugsweise konzentriertes Erz geschmolzen und während des Schmelzflusses so hoch erhitzt wird, daß lediglich reine Molybdän- oder Wolframsäure verdampft und darauffolgend kondensiert wird. Der erforderliche Wärmebedarf muß aber wie bei den anderen bekannten Verfahren auch bei diesem von außen her, z. B. mit Hilfe elektrischen Stromes, gedeckt werden.

Hierin ist die weitere Fortentwicklung des Verfahrens des Hauptpatents zu erblicken. Nach Beobachtung der Erfinder hat nämlich der zugemischte Koks eine doppelte Wirkung. Erstens liefert er durch teilweise Verbrennung die zur Durchführung des Verfahrens erforderliche Wärme — entweder allein oder bei Verarbeitung von Rohstoffen, die das Wolfram bzw. Molybdän in metallischer Form enthalten, zusammen mit diesen bei ihrer Oxydation beträchtlichen Wärmemengen liefernden Metallen —, so daß bei richtiger Dosierung eine Beheizung der Tiegel oder sonstiger Behälter von außen nicht notwendig ist, und zweitens wirkt er absorbierend auf die sich durch Verdampfung des Wolframs bzw. Molybdäns im Rückstand anhäufenden, bei der Temperatur, bei der die Verfahren durchgeführt werden, flüssig gewordenen, die Verdampfung störenden Metalloxyde und Silicate, indem er mit ihnen eine Schlacke bildet, wodurch eine vollständige Überführung des Wolframs bzw. Molybdäns in gasförmige Trioxyde bei Temperaturen möglich wird, bei denen ohne Zusatz von Koks nur erste Anteile des Wolframs bzw. Molybdäns hätten verdampft werden können.

Die zuzusetzenden Kohlenmengen müssen selbstverständlich je nach Zusammensetzung der Ausgangsmaterialien variiert werden.

Die Erzielung höherer Ausbeuten und die Möglichkeit der Verarbeitung auch solcher Materialien, die nach den bisher bekannten Sublimations- und Destillationsverfahren nicht verarbeitet werden konnten, ist jedoch wie erwähnt, nur einer der Vorteile des neuen Verfahrens. Der zweite liegt im möglichen Wegfall jeder Außenheizung.

Nicht nur, daß dadurch die zur Durchführung des Verfahrens erforderliche Apparatur einfacher wird und die in innigster Mischung mit dem Reaktionsgut verbrennende Kohle in den meisten Fällen eine billigere Energiequelle sein wird als Leuchtgas oder elektrischer Strom, liegt ein Hauptvorteil, wie man sofort erkennt, in der geringeren Beanspruchung des Gefäßmaterials und in der Möglichkeit, billigere Materialien für die Gefäße zu verwenden.

Bei den neuen Verfahren spielt der Tiegel nur die Rolle eines Reaktionsgefäßes, das, durch Einbetten gegen äußere Einflüsse geschützt, kälter gehalten werden kann als die Reaktionsmasse selbst, während er bei den bisherigen Verfahren auch als Heizgefäß diente und somit der zerstörenden Einwirkung der Flammengase bzw. elektrolytischen Prozesse und der unvermeidlichen Temperaturunterschiede längs seiner Oberfläche ausgesetzt war und außerdem wegen der Wärmeabfuhr durch die verdampfenden Trioxyde und die fast in allen Fällen zur Verwendung gelangenden Luft- bzw. Sauerstoffströme auf höhere Temperaturen erhitzt werden mußte, als sie zur Durchführung des Verfahrens erforderlich waren.

Im übrigen kann das neue Verfahren in derselben Apparatur durchgeführt werden, wie sie von den Erfindern des neuen Verfahrens im Hauptpatent 480 287 und dessen erstem Zusatzpatent 521 570 beschrieben wurde; nur kann die zur Beheizung der Tiegel dort benutzte Heizfolie mit allen Einrichtungen zur Zuleitung des Stromes wegfallen.

Die Temperaturregulierung erfolgt hier durch Variation der Geschwindigkeit des über die Oberfläche des Tiegelinhaltes geleiteten Gasstromes und Veränderung seiner Zusammensetzung, indem man dem Luftstrom mehr oder weniger Sauerstoff zumischt. Dadurch ist in gleicher Weise wie bei den älteren Verfahren der gleichen Erfinder auch bei diesem Verfahren die Trennung des Wolframs vom Molybdän bei Ausgangsstoffen möglich, welche diese beiden Schwermetalle enthalten, ebenso wie die Trennung von allen anderen leichter und schwerer flüchtigen Bestandteilen des Ausgangsgutes vor sich geht.

Die Qualität der erzeugten Trioxyde nach Kondensation unterscheidet sich durch nichts von derjenigen der Produkte, die nach den älteren Verfahren gewonnen werden.

Selbstverständlich ist es auch möglich, die älteren Verfahren mit dem neuen zu kombinieren in der Weise, daß man zunächst nach dem alten Verfahren arbeitet und die bei diesen verbleibenden Rückstände nach dem neuen Verfahren aufarbeitet.

Die Ausgangsstoffe des Verfahrens können sowohl Erze, vorzugsweise nach Abröstung, als auch Metallabfälle (oder Gemische von diesen) darstellen.

Die zugesetzten kohlenstoffhaltigen Stoffe werden vorzugsweise körnig oder pulverförmig beigemengt.

Es seien hier noch einige zahlenmäßige Ausführungsbeispiele beschrieben.

Zur Verarbeitung von molybdänhaltigen Abfällen aus der Fabrikation von Radioverstärker- und Senderöhren, insbesondere von Stanzabfällen von Anodenblechen, fertigen Anoden sowie Gittern aus Ausfallröhren usw., geht man wie folgt vor.

Abfälle dieser Art enthalten etwa 90% Molybdän und 10% Verunreinigungen, wie Nickel, Eisen, Glas usw. Die Abfälle werden in einer Vorrichtung, wie sie z. B. im Patent 480 287 der gleichen Erfinder beschrieben ist, verarbeitet. Der Schamottetiegel dieser Vorrichtung besitzt jedoch keinerlei Einrichtung zur Beheizung von außen. Zunächst wird eine dünne Koksschicht aus erbsengroßen Stücken eingetragen und in einem Strom von Luft-Sauerstoff zur Entzündung gebracht. Sobald innerhalb des Tiegels eine Temperatur von etwa 800° C überschritten ist, was bereits nach wenigen Minuten der Fall ist, werden die etwas zerkleinerten Abfälle eingetragen, und zwar etwa doppelt so viele Abfälle als Koks. Das in den Abfällen vorhandene Molybdän verbrennt bei nahezu theoretischer Ausbeute zu Molybdäntrioxyd, das abdestilliert und in einer Kondensationsanlage aufgefangen wird, während die in den Abfällen enthaltenen Verunreinigungen im Tiegel zurückbleiben. Aus etwa 2 kg Abfällen kann etwa 2,25 kg reines Molybdäntrioxyd erhalten werden. Die im Tiegel herrschende Temperatur steigt auf etwa 1100 bis 1200° C an und hält sich auf dieser Höhe durch Regelung des Luft-Sauerstoff-Stromes.

Bei der Verarbeitung von Wolframabfällen verfährt man grundsätzlich ähnlich, nur daß man die Temperatur bis auf etwa 1400° C steigert; die Ausbeute an Wolframtrioxyd ist gleichfalls nahezu gleich der theoretischen.

PATENTANSPRÜCHE:

1. Verfahren zur Herstellung von reinem Wolfram- oder Molybdäntrioxyd durch Behandlung der diese Ausgangsstoffe enthaltenden Erze bzw. Rückstände in der Hitze mit Sauerstoff oder sauerstoffhaltigen Gasen nach Patent 480 287, dadurch gekennzeichnet, daß man den Wolfram bzw. Molybdän enthaltenden Ausgangsstoffen poröses kohlenstoffhaltiges Material (Holzkohle, Koks) beimengt.

2. Verfahren nach Anspruch 1, dadurch gekennzeichnet, daß die Zuschläge von kohlenstoffhaltigem Material in solcher Menge erfolgen, daß durch die infolge Luftzufuhr entstehende Verbrennungswärme der für den Prozeß erforderliche Wärmebedarf gedeckt wird.

Nr. 539174. (I. 28555.) Kl. 12n, 10.

I. G. FARBENINDUSTRIE AKT.-GES. IN FRANKFURT A. M.

Erfinder: Dr. Paul Rabe, Dr. Berthold Wenk in Leverkusen a. Rh. und Dr. Erich Hartmann in Wiesdorf a. Rh.

Herstellung von Phosphorwolframmolybdänverbindungen.

Vom 15. Juli 1926. — Erteilt am 12. Nov. 1931. — Ausgegeben am 23. Nov. 1931. — Erloschen: ....

Das Patent 445 151 betrifft ein Verfahren zur Trennung der beiden Komplexsäuren

$3\,H_2O \cdot P_2O_5\,24\,(WO_3 + MoO_3)$ und
$3\,H_2O \cdot P_2O_5\,18\,(WO_3 + MoO_3)$.

Es wurde nun gefunden, daß man diese beiden Verbindungen durch Reduktionsmittel bis zu tiefdunkelblauer Farbe reduzieren und beispielsweise durch Salzsäure in Form von schwarzen Kristallen abscheiden kann, wodurch man zu anderen Verbindungen der Phosphorwolframmolybdänsäure gelangt. Die so erhältlichen Kristalle sind sehr leicht wasserlöslich und zeigen noch die charakteristischen Unterscheidungen der beiden nicht reduzierten Substanzen. So gibt z. B. das Reduktionsprodukt aus der Säure $3\,H_2O \cdot P_2O_5\,24\,(WO_3 + MoO_3)$ noch ebenso wie die nicht reduzierte Substanz ein wasserunlösliches Ammoniumsalz, während das Reduktionsprodukt aus der Säure

$$3\,H_2O \cdot P_2O_5\,18\,(WO_3 + MoO_3)$$

ebenso wie die nicht reduzierte Säure ein wasserlösliches Ammoniumsalz gibt. Die Reduktionsprodukte sind vollständig luftbeständig und lassen sich in wäßriger Lösung erst durch Oxydationsmittel (beispielsweise Permanganat, Wasserstoffsuperoxyd oder ähnliche Substanzen) wieder in das ursprüngliche nicht reduzierte Salz überführen. Zur Reduktion können die bekannten Reduktionsmittel, wie schweflige Säure, Bisulfit, Hydrosulfit, niedere Oxydationsstufen des Molybdäns, Traubenzucker und andere Verbindungen, benutzt werden.

Beispiel 1

100 Gewichtsteile Natronsalz der Komplexsäure $3\,H_2O \cdot P_2O_5\,24\,(WO_3 + MoO_3)$ werden in 300 Gewichtsteilen Wasser gelöst und nach dem Abkühlen mit 20 Gewichtsteilen Natriumbisulfitlösung von 30° Bé versetzt, dann allmählich zum Sieden erhitzt und einige Zeit kochen gelassen. Nach dem Abkühlen leitet man in das Reduktionsgemisch Salzsäuregas ein, wodurch sich die oben beschriebene Verbindung in schönen schwarzen Kristallen abscheidet. Die Kristalle lösen sich in Wasser mit stumpfer, blauvioletter Farbe sehr leicht auf.

Beispiel 2

100 Gewichtsteile Ammoniumsalz der Komplexsäure $3\,H_2O \cdot P_2O_5\,18\,(WO_3 + MoO_3)$ werden in 150 Gewichtsteilen Wasser gelöst und nach dem Abkühlen mit schwefliger Säure gesättigt, dann allmählich zum Sieden erhitzt und einige Zeit kochen gelassen. Es wird eingedampft, wodurch sich die oben beschriebene Verbindung in schönen schwarzen Kristallen abscheidet. Die Kristalle lösen sich in Wasser mit stumpfer, blauvioletter Farbe sehr leicht auf.

Die neuen Reduktionsprodukte sind vorzüglich zur Herstellung von lichtechten Lacken aus basischen Farbstoffen oder aus sauren Farbstoffen, die neben Sulfogruppen freie oder substituierte Amidogruppen enthalten, geeignet. So erhält man z. B. durch

Fällen von Rhodamin B (Schultz, Farbstofftabellen, 6. Aufl. [1923], Nr. 573) mit dem im Beispiel angegebenen Reduktionsprodukt einen klaren, roten, sehr lichtechten Lack.

PATENTANSPRUCH:

Herstellung von Phosphorwolframmolybdänverbindungen, dadurch gekennzeichnet, daß die Alkali- oder Ammonsalze der komplexen Säuren

$$3\,H_2O \cdot P_2O_5\,24\,(WO_3 + MoO_3) \text{ und}$$
$$3\,H_2O \cdot P_2O_5\,18\,(WO_3 + MoO_3)$$

in wäßriger Lösung reduziert und die entstandenen Produkte ausgesalzt werden.

D. R. P. 445151, B. III, 1378.

Nr. 498154. (I. 28786.) Kl. 22f, 12.

I. G. FARBENINDUSTRIE AKT.-GES. IN FRANKFURT A. M.

Erfinder: Dr. Heinrich Roth und Dr. Bodo Zschimmer in Ludwigshafen a. Rh.

Verfahren zur Herstellung von gefärbten Komplexverbindungen, insbesondere von Pigmentfarbstoffen.

Vom 13. Aug. 1926. — Erteilt am 1. Mai 1930. — Ausgegeben am 19. Mai 1930. — Erloschen: . . . .

Es ist bekannt, daß man Farblacke von vorzüglichen Eigenschaften erhält, wenn man basische Teerfarbstoffe, die auch saure Gruppen enthalten können, mit komplexen Säuren, wie Phosphorwolframsäure, Phosphormolybdänsäure, Phosphorwolframmolybdänsäure, Silicomolybdänsäure u. dgl., oder deren Salzen behandelt. Man kann derartige Farblacke auch dadurch erzeugen, daß man auf die genannten Farbstoffe statt der fertigen komplexen Säuren die zur Bildung der komplexen Säuren befähigten Stoffe gleichzeitig oder nacheinander einwirken läßt.

Es wurde nun gefunden, daß man wertvolle, lebhaft gefärbte komplexe Verbindungen erhält, wenn man auf ein- oder mehrkernige, eine oder mehrere primäre, sekundäre oder tertiäre Aminogruppen enthaltende, ungefärbte oder gefärbte aromatische Verbindungen, die keine basischen Farbstoffe sind, komplexe Säuren, wie Phosphorwolframsäure, Phosphormolybdänsäure, Phosphorwolframmolybdänsäure, Silicomolybdänsäure, oder deren Salze oder zur Bildung komplexer Säuren befähigte Stoffe gleichzeitig oder nacheinander einwirken läßt. Die so erhältlichen gefärbten Verbindungen besitzen vielfach eine hervorragende Lichtechtheit und lassen sich vorteilhaft als Pigmentfarbstoffe oder zur Erzeugung echter Färbungen verwenden.

Die Einwirkung der komplexen Säuren oder der zur Bildung der komplexen Säuren befähigten Stoffe auf die aminogruppenhaltigen Verbindungen erfolgt zweckmäßig in Lösung. Man kann bei gewöhnlichem Druck arbeiten, doch ist es manchmal von Vorteil, die komplexen gefärbten Verbindungen bei oder nach der Herstellung einer Behandlung unter Druck, zweckmäßig bei erhöhter Temperatur, zu unterwerfen. Unterwirft man die erhaltene komplexe Verbindung einer Nachbehandlung unter Druck, so wirkt oftmals ein Zusatz von Salzen günstig. Besonders günstig ist ein Zusatz von zur Komplexbildung befähigten Salzen, die von gleicher oder auch anderer Art wie die bereits in der komplexen Verbindung enthaltenen Komplexbildner sein können. Bei Anwendung von zur Bildung komplexer Wolframverbindungen befähigten Stoffen arbeitet man zweckmäßig in Gegenwart von Säuren, die einen erheblichen Dissoziationsgrad, der etwa größer ist als der der Weinsäure, besitzen. Die Darstellung der neuen Verbindungen kann auch in Gegenwart der in der Farblackindustrie üblichen Substrate, wie Schwerspat, Blancfix usw., vorgenommen werden; ferner können zwecks Abscheidung in feiner Verteilung Zusätze von dispergierend wirkenden Mitteln, wie Türkischrotöle, Seifen, Saponine, chlorsaure Salze, Leim, Tragant, geeignete Celluloseäther oder -ester usw., und Gemische solcher Substanzen Verwendung finden.

Erfolgt die Einwirkung der komplexen Verbindungen auf die aromatischen Amine in Gegenwart von Säuren, so entstehen oftmals zunächst nicht oder nur schwach gefärbte Verbindungen. Diese Verbindungen lassen sich leicht in lebhaft gefärbte Produkte dadurch überführen, daß man das Reaktionsgemisch erwärmt oder die freie Säure neutralisiert oder beide Mittel zugleich anwendet.

Beispiel 1

25,4 Teile 4 · 4'-Tetramethyldiaminodiphenylmethan werden in 100 Teilen konzentrierter Salzsäure gelöst und unter Rühren langsam bei 20 bis 25° C zu einer Lösung von 200 Teilen phosphorwolframmolybdänsaurem Natrium in 3000 Teilen Wasser gegeben.

Beim Neutralisieren mit Sodalösung wird der zunächst entstandene, nur schwach gefärbte Niederschlag tiefblau.

Beispiel 2

27 Teile 4.4'-Tetramethyldiaminobenzhydrol werden mit 50 bis 55 Teilen konzentrierter Salzsäure in 2000 Teilen Wasser gelöst. Darauf wird eine Lösung von 200 Teilen phosphorwolframmolybdänsaurem Natrium in 2000 Teilen Wasser bei 20 bis 25° C langsam in die ersterwähnte Lösung eingerührt; zum Verdünnen gibt man noch 1000 Teile Wasser hinzu. Beim Neutralisieren mit Alkali wird dei Niederschlag tiefblauviolett.

Beispiel 3

Eine Lösung von 26,8 Teilen 4·4'-Tetramethyldiaminobenzophenon in 500 Teilen 20%iger Schwefelsäure wird in 3000 Teile Wasser eingegossen, worauf man unter Rühren eine Lösung von 200 Teilen Natriumsalz der Phosphorwolframmolybdänsäure in 1000 Teilen Wasser langsam zugibt. Die zum Lösen des Tetramethyldiaminobenzophenons angewandte Schwefelsäure wird durch die äquivalente Menge Natronlauge neutralisiert; nach Zugeben von 2000 Teilen Wasser wird auf 65 bis 70° C erwärmt und bei dieser Temperatur so lange allmählich 10%ige Sodalösung zugefügt, bis keine Zunahme der Farbintensität des orangebraunen Niederschlages mehr zu beobachten ist.

Beispiel 4

12 Teile p-Aminobenzaldehyd werden unter Zusatz von 25 Teilen konzentrierter Salzsäure in 2000 Teilen heißem Wasser gelöst. Durch Einrühren in eine Lösung von 180 Teilen phosphorwolframmolybdänsaurem Natrium entsteht ein rotorange gefärbter Niederschlag, dessen Farbton sich beim Neutralisieren der Säure mit Natrium- oder Bariumcarbonat in Orange ändert.

Beispiel 5

Eine 80° C warme Lösung von 10 Teilen dibenzylanilinsulfosaurem Natrium in 250 Teilen Wasser wird mit einer ebenfalls auf 80° C erwärmten Lösung von 75 Teilen phosphorwolframmolybdänsaurem Natrium in 500 Teilen Wasser unter Rühren zusammengegeben. Es entsteht ein intensiv roter Niederschlag.

PATENTANSPRUCH:

Verfahren zur Herstellung von gefärbten Komplexverbindungen, insbesondere von Pigmentfarbstoffen, dadurch gekennzeichnet, daß primäre, sekundäre oder tertiäre Aminogruppen enthaltende, ungefärbte oder gefärbte aromatische Verbindungen, die keine basischen Farbstoffe sind, mit komplexen Säuren oder deren Salzen oder mit zur Bildung komplexer Säuren befähigten Stoffen gleichzeitig oder nacheinander behandelt werden.

Nr. 504017. (I. 31529.) Kl. 22f, 12.

I. G. FARBENINDUSTRIE AKT.-GES. IN FRANKFURT A. M.

Erfinder: Dr. Bodo Zschimmer und Dr. Heinrich Roth in Ludwigshafen a. Rh.

Verfahren zur Herstellung von gefärbten Komplexverbindungen, insbesondere von Pigmentfarbstoffen.

Zusatz zum Patent 498154.

Vom 28. Juni 1927. — Erteilt am 17. Juli 1930. — Ausgegeben am 30. Juli 1930. — Erloschen: ....

In dem Hauptpatent 498154 ist ein Verfahren beschrieben, bei dem primäre, sekundäre oder tertiäre Aminogruppen enthaltende, ungefärbte oder gefärbte aromatische Verbindungen, die keine basischen Farbstoffe sind, mit komplexen Säuren oder deren Salzen oder mit zur Bildung komplexer Säuren befähigten Stoffen gleichzeitig oder nacheinander behandelt werden. Diese gefärbten Verbindungen zeichnen sich durch Lebhaftigkeit der Farbe und vielfach durch eine hervorragende Lichtbeständigkeit aus.

Es wurde nun demgegenüber gefunden, daß man hinsichtlich der Farbstärke zu besseren Erzeugnissen bei sonst gleichen Eigenschaften gelangen kann, wenn man bei der Herstellung der vorerwähnten Verbindungen von Mischungen der aromatischen Aminoverbindungen mit basischen oder solchen Farbstoffen, die neben basischen Gruppen noch saure Gruppen enthalten, ausgeht.

Man kann die gefärbten Verbindungen auch in Gegenwart eines in der Farblackindustrie üblichen Substrats erzeugen, auch kann man unter Zusatz von dispergierend wirkenden Mitteln, wie Salzen von alkylierten Naphthalinsulfosäuren, cholsaurem Natrium, Türkischrotölen usw., sowie bei erhöhter Temperatur unter gewöhnlichem oder erhöhtem Druck arbeiten.

Beispiel 1

6,75 Gewichtsteile 4,4'-Tetramethyldiaminobenzhydrol werden mit 11 Volumteilen konzentrierter Salzsäure von 20° Bé in 1000 Volumteilen Wasser gelöst. Zu dieser Lösung gibt man die Lösung von 12 Gewichtsteilen Viktoriablau R (vgl. G. Schultz, Farbstofftabellen, 6. Aufl., Band I, S. 186, Nr. 558), 1 : 100 gelöst, und läßt anschließend 42,5 Gewichtsteile phosphorwolframmolybdänsaures Natrium, 1 : 20 gelöst, unter Rühren einlaufen. Hierauf läßt man den Ansatz etwa $^1/_2$ Stunde stehen und stumpft darauf die Säure mit 7 Gewichtsteilen calcinierter Soda, 1 : 10 gelöst, ab. Das gebildete gefärbte Pigment wird in der üblichen Weise durch mehrmaliges Auffüllen mit Wasser, Absitzenlassen und Abziehen, gewaschen und fertiggestellt. Es ist ein tiefblau gefärbter Pigmentfarbstoff, der vorzugsweise in der Farblackindustrie Verwendung finden kann.

Man kann bei der Darstellung des gefärbten Pigments auch so vorgehen, daß man zuerst das Amin auf das komplexe Salz einwirken läßt, hierauf den basischen Farbstoff zufügt und durch Sodalösung die Ausscheidung des Pigments bewerkstelligt.

Beispiel 2

Man löst, wie in Beispiel 1 angegeben, 6,75 Gewichtsteile 4, 4'-Tetramethyldiaminobenzhydrol in 1000 Volumteilen Wasser, fügt 4 Gewichtsteile Lichtgrün SF gelblich (Schultz, Farbstofftabellen, 6. Auflage, Nr. 505), 1 : 100 in Wasser gelöst, zu und läßt anschließend die Lösung von 42,5 Gewichtsteilen phosphorwolframsaurem Natrium, 1 : 20 gelöst, hinzufließen. Nach etwa einstündigem Rühren stumpft man den Ansatz mit 7 Gewichtsteilen calcinierter Soda, 1 : 10 gelöst, ab und vervollständigt die Fällung durch Zugabe von 4 Gewichtsteilen kristallisiertem Chlorbarium, 1 : 10 gelöst.

Das grünlichblau gefärbte Pigment wird, wie in Beispiel 1 beschrieben, aufgearbeitet.

Beispiel 3

12 Teile p-Aminobenzaldehyd werden unter Zusatz von 20 Teilen konzentrierter Salzsäure in 2000 Teilen Wasser heiß gelöst und nach Filtrieren mit einer Lösung von 0,5 Teilen Viktoriablau R (Schultz, Farbstofftabellen, 6. Aufl., Nr. 558) in 300 Teilen Wasser versetzt. In diese Mischung wird eine Lösung von 180 Teilen phosphorwolframmolybdänsaurem Natrium in 900 Teilen Wasser eingerührt, wobei ein braunroter Niederschlag ausfällt. Nach halbstündigem Rühren neutralisiert man die Säure mit Sodalösung 1 : 10. Das erhaltene Pigment nimmt dabei einen olivgrünen Farbton an und wird, wie in Beispiel 1 beschrieben, aufgearbeitet.

PATENTANSPRUCH:

Weiterbildung des Verfahrens des Hauptpatents 498 154 zur Herstellung von gefärbten Komplexverbindungen, insbesondere von Pigmentfarbstoffen, dadurch gekennzeichnet, daß man bei der Herstellung der gefärbten Verbindungen Mischungen der aromatischen Aminoverbindungen, die keine basischen Farbstoffe sind, mit basischen oder solchen Farbstoffen, die neben basischen Gruppen auch noch saure Gruppen enthalten, als Ausgangsmaterial benutzt.

Nr. 454 861. (C. 37 548.) Kl. 12n, 1.

CHEMISCHE FABRIK VON HEYDEN AKT.-GES. IN RADEBEUL B. DRESDEN.

Erfinder: Dr. Kurt Buchheim in Radebeul.

Verfahren zur Regenerierung von bei der Darstellung von Metallcarbonylen unbrauchbar gewordenen Metallmassen.

Vom 5. Dez. 1925. — Erteilt am 29. Dez. 1927. — Ausgegeben am 18. Jan. 1928. — **Erloschen: . . . .**

Die Umsetzung von Kohlenoxyd mit Metallen zu Metallcarbonylen läßt sich, wie bekannt, nicht bis zur völligen Ausnutzung der eingesetzten Metalle durchführen. Sie wird, nachdem etwa $^1/_2$ bis $^3/_4$ der Metallmassen verbraucht ist, infolge auf ihrer Oberfläche abgeschiedener Nebenprodukte sehr träge und hört schließlich vollständig auf. Eine Reduktion dieser Metallrückstände mittels Wasserstoffs bei höherer Temperatur bringt nur vorübergehenden geringen Erfolg.

Wir haben nun gefunden, daß derartige Metallmassen ihre volle Aktivität wieder erlangen, wenn man sie bei höherer Temperatur z. B. durch Überleiten von Luft oder sauerstoffhaltigen Gasen oxydiert, wodurch die die Carbonylbildung hemmenden kohligen Ablagerungen auf dem Metall zu gasförmigen Produkten verbrennen. Durch Reduktion mit Wasserstoff oder wasserstoffhaltigen Gasen werden daraus wieder für die Carbonylbildung vorzüglich geeignete Metallmassen gewonnen.

Hat man beispielsweise aus 3 kg Eisenpulver 6 bis 7 kg Eisencarbonyl bei 180° und 60 bis 90 Atm. fabriziert, so ist das

Eisen derartig reaktionsträge geworden, daß eine Weiterführung des Prozesses nicht mehr möglich ist. Derartige Massen liefern unter gleichen Versuchsbedingungen nur noch $^1/_4$ bis $^1/_3$ der Ausbeute an Eisencarbonyl, die man sonst aus reinem Eisen erhält. Äußerlich unterscheidet sich ein derartiges Eisen von reinem Eisenpulver durch seine dunkelbraune Oberfläche.

Versucht man dieses mit strömendem Wasserstoff bei Temperaturen oberhalb 250° zu regenerieren, so erzielt man nur eine vorübergehende Belebung des Eisens, ohne daß es gelingt, das gesamte Eisen vollständig für die Carbonyldarstellung nutzbar zu machen.

Zur Regenerierung nach vorliegender Erfindung werden 500 Gewichtsteile der verbrauchten Massen zweckmäßig in derselben Apparatur für die Eisencarbonyldarstellung durch Überleiten von Luft oder auch außerhalb derselben in flacher Schicht mit Luft behandelt. Die Zündung wird durch örtliches Erhitzen eingeleitet, sie erfolgt bisweilen auch von selbst. Die Masse glüht nun gleichmäßig durch. Die Oxydation kann durch Umschaufeln oder Rühren beschleunigt werden und ist dann in sehr kurzer Zeit beendet. Aus 500 Gewichtsteilen unbrauchbarer Masse erhält man 590 bis 600 Gewichtsteile Metalloxyd, aus diesem durch Reduktion 490 bis 495 Gewichtsteile regeneriertes Eisen. Das Eisenpulver hat hierbei, was für den Carbonylprozeß von großer Bedeutung ist, seine große Oberfläche behalten und kann wie ungebrauchtes Eisen eingesetzt werden. Ein Materialverlust tritt durch diese Regenerierung nicht ein. Das gesamte Eisen kann so restlos, was wesentlich ist, in Carbonyl umgesetzt werden.

PATENTANSPRUCH:

Verfahren zur Regenerierung von bei der Darstellung von Metallcarbonylen unbrauchbar gewordenen Metallmassen, dadurch gekennzeichnet, daß man diese zur Entfernung der auf dem Metall abgeschiedenen Ablagerungen einer Behandlung mit oxydierenden Gasen unterwirft, worauf dann mit Wasserstoff reduziert wird.

Nr. 490415. (I. 31084.) Kl. 12n, 1.

I. G. FARBENINDUSTRIE AKT.-GES. IN FRANKFURT A. M.

Erfinder: Dr.-Ing. Leo Schlecht und Dr.-Ing. Emil Keunecke in Ludwigshafen a. Rh.

Verfahren zur Herstellung von Metallcarbonylen.

Vom 5. Mai 1927. — Erteilt am 9. Jan. 1930. — Ausgegeben am 27. Jan. 1930. — Erloschen: . . . .

Bei der technischen Darstellung von Metallcarbonylen lassen sich Stoffe, die in dichter Form vorliegen und daher nur eine kleine Oberfläche besitzen, zur Umsetzung mit Kohlenoxyd nur schlecht verwenden, da das in ihnen enthaltene carbonylbildende Metall durch die übliche reduzierende Vorbehandlung nicht in eine gegen Kohlenoxyd genügend reaktionsfähige Form gebracht werden kann. So erhält man z. B. nur sehr geringe Ausbeute an Carbonyl bei Verwendung kompakter Materialien, wie Schrott, Abfälle von Legierungen, Drehspäne oder metallurgischer Zwischen- und Abfallprodukte. Durch mechanische Zerkleinerung des Ausgangsmaterials läßt sich zwar seine Reaktionsfähigkeit gegen Kohlenoxyd etwas erhöhen, jedoch bereitet die Zerkleinerung Schwierigkeiten. Soll eine brauchbare Wirkung erzielt werden, so ist eine weitgehende Zerkleinerung erforderlich, wodurch aber das Material feinpulverig wird und daher in einfachen Hochdruckapparaten infolge leicht eintretender Verstopfungen nicht mehr mit gutem Erfolg verarbeitet werden kann.

Es hat sich nun gezeigt, daß man für die Darstellung von Metallcarbonylen geeignete Ausgangsmaterialien, insbesondere kompakter Beschaffenheit, in eine gegen Kohlenoxyd sehr reaktionsfähige Form überführen kann, wenn man diese Stoffe zunächst oxydierend und dann reduzierend vorbehandelt und gegebenenfalls diese Behandlung wiederholt. Auf diese Weise erhält man ein Material, dessen stückige Form noch erhalten ist, das jedoch sehr porös ist und daher eine sehr große Oberfläche besitzt. Die Oxydation läßt sich in beliebiger Weise, z. B. durch Erhitzen mit Sauerstoff, Luft, Wasserdampf, Kohlendioxyd usw., erreichen. Die Reduktion kann gegebenenfalls unter Druck ausgeführt werden. Durch geeignete Wahl der Bedingungen, z. B. niedrige Temperatur oder durch Bewegung des Reaktionsgutes usw., ist dafür Sorge zu tragen, daß eine Sinterung des Materials nicht eintritt.

Beispiel 1

Hammerschlag in blätterförmigen Stücken von etwa 1 cm Kantenlänge wurde bei 700° mit einem Gemisch von Luft und Wasserdampf behandelt. Das zum größten Teil aus Ferroferrioxyd bestehende Material wird hierdurch in Ferrioxyd übergeführt, wodurch eine Auflockerung erzielt wird, ohne daß die stückige Beschaffenheit des Materials verlorengeht. Bei der Behandlung des bei 500° im Wasserstoffstrom reduzierten Materials mit Kohlenoxyd bei 200° und unter einem Druck von 200 Atm. wurden 98,5% des Eisens als Carbonyl erhalten, während aus der gleichen Probe Hammerschlag, die vorher noch auf eine 200mal kleinere Korngröße zermahlen war, nach einer Reduktion mit Wasserstoff bei 500°, ohne vorhergehende Oxydation, bei der Kohlenoxydbehandlung unter den gleichen Bedingungen nur 68,0% der theoretischen Eisenmenge als Carbonyl erhalten wurden.

Beispiel 2

Eisenschrott in Form von Spänen wurde im Drehofen in einem Strom von Luft und Wasserdampf bis zur vollständigen Überführung in Eisenoxyd (Fe_2O_3) auf 600° erhitzt. Die Form der Späne blieb größtenteils erhalten. Hierauf wurde das Material mit Wasserstoff zunächst bei 450° und dann noch kurze Zeit bei 500° reduziert. Durch eine vierstündige Kohlenoxydbehandlung bei 200° und 200 Atm. ließen sich 94,3% des Eisens in Carbonyl überführen, während die nicht oxydierten, in gleicher Weise mit Wasserstoff vorreduzierten Späne unter den gleichen Bedingungen bei der Kohlenoxydbehandlung nur 2,6% des Eisens als Carbonyl lieferten.

PATENTANSPRUCH:

Verfahren zur Darstellung von Metallcarbonylen durch Behandeln von carbonylbildende Metalle enthaltenden Stoffen, insbesondere kompakter Beschaffenheit, mit Kohlenoxyd, dadurch gekennzeichnet, daß man das zur Carbonylgewinnung dienende Material zunächst oxydierend, darauf reduzierend vorbehandelt und gegebenenfalls diese Behandlungen wiederholt.

Nr. 498977. (I. 34475.) Kl. 12n, 1.

I. G. Farbenindustrie Akt.-Ges. in Frankfurt a. M.

Erfinder: Dr.-Ing. Leo Schlecht und Dr.-Ing. Emil Keunecke in Ludwigshafen a. Rh.

Verfahren zur Herstellung von Metallcarbonylen.

Vom 24. Mai 1928. — Erteilt am 8. Mai 1930. — Ausgegeben am 27. Mai 1930. — Erloschen: ....

Zur Herstellung von Metallcarbonylen hat man bisher die mit Kohlenoxyd in Reaktion zu bringenden Metalle bei möglichst tiefen Temperaturen aus ihren Verbindungen, z. B. durch Reduktion ihrer Oxyde bei 300° bis 500°, gewonnen.

Die Reduktion bei tiefen Temperaturen bietet jedoch bei der technischen Durchführung gegenüber der Reduktion bei höheren Temperaturen, z. B. bei 900°, erhebliche Schwierigkeiten, da sie nur sehr langsam verläuft und große Mengen gasförmiger Reduktionsmittel erfordert. Stellt man dagegen die Metalle durch die einfachere und wirtschaftlichere Reduktion bei höherer Temperatur her, so verlieren sie meist ihre Reaktionsfähigkeit gegenüber Kohlenoxyd, und man erhält nur geringe Ausbeuten an Carbonyl.

Es wurde nun gefunden, daß man auch bei hoher Reduktionstemperatur, also bei großer Reduktionsgeschwindigkeit, Metalle erhält, die vorzüglich mit Kohlenoxyd reagieren, wenn man die auf die carbonylbildenden Metalle zu verarbeitenden Ausgangsmaterialien mit solchen Stoffen innig vermischt, die bei der nachfolgenden Behandlung, insbesondere Reduktion, ein Zusammensintern des Metalls verhindern. Als derartige Zusätze eignen sich beispielsweise besonders gut die meisten Verbindungen der Alkalien, Erdalkalien und der Erdmetalle. Auch Kohlenstoff oder leicht verkohlende organische Substanzen lassen sich zu diesem Zweck verwenden. Eine innige Mischung des zu verarbeitenden Materials mit dem Zusatz erreicht man leicht z. B. durch Tränken des Ausgangsmaterials mit einer Lösung oder Aufschlämmung des Zusatzstoffes in einer Flüssigkeit. Oft genügen schon geringe Mengen von derartig zugesetzten Stoffen zur Erzielung einer hervorragenden Wirkung.

Das Verfahren ist von besonderem Vorteil für die Herstellung von Carbonylen solcher Metalle, die erst bei verhältnismäßig hohen Temperaturen reduzierbar sind, z. B. für die Herstellung von Molybdäncarbonyl. Insbesondere tritt die günstige Wirkung eines Zusatzes der beschriebenen Beschaffenheit in Erscheinung, wenn man die Carbonylherstellung bei verhältnismäßig niedrigem Kohlenoxyddruck, z. B. 20 Atm., ausführt.

Beispiel 1

Bei Verwendung eines mit einer 10prozentigen Magnesiumsulfatlösung getränkten Kiesabbrands, der bei 800° mit Wasserstoff reduziert wurde, wurden bei der Behandlung mit Kohlenoxyd bei 200° und 200 Atm. in 6 Stunden 94,1% des in ihm enthaltenen Eisens zu Carbonyl umgesetzt. Der Kiesabbrand enthielt 4,1% Magnesiumsulfat. Ohne Vorbehandlung des Kiesabbrands mit Magnesiumsulfatlösung wird unter sonst gleichen Bedingungen weniger als die Hälfte in Carbonyl übergeführt.

Beispiel 2

Kiesabbrand wird zur Reduktion des Eisenoxydes mit Holzkohle gemischt, 5 Stunden auf 1000° erhitzt. Die Menge der zugesetzten Kohle wird so bemessen, daß nach erfolgter Reduktion des Eisenoxydes das Material noch 2,8 % überschüssigen Kohlenstoff enthält. Durch eine 6stündige Kohlenoxydbehandlung bei 180 Atm. und 175° wurden 93 % der theoretischen Eisenmenge als Carbonyl erhalten. Wird die Reduktion des Kiesabbrandes ohne Verwendung von Zusätzen mit Kohlenoxyd als Reduktionsmittel ausgeführt, so werden bei einer 6stündigen Kohlenoxydbehandlung bei 180 Atm. und 175° nur 36 % des Eisens als Carbonyl erhalten.

Beispiel 3

100 Teile technische Molybdänsäure wurden nach Zusatz von 10 Teilen Aluminiumsulfat bei 800° mit Wasserstoff reduziert. Bei der Behandlung des Gemisches mit Kohlenoxyd unter 200 Atm. Druck bei 200 bis 225° C wurde 1 Teil Molybdäncarbonyl erhalten. Wurde die Reduktion der Molybdänsäure ohne Zusatz von Aluminiumsulfat durchgeführt, so konnte bei der anschließenden, sonst unter gleichen Bedingungen vorgenommenen Kohlenoxydbehandlung Molybdäncarbonyl nur in Spuren erhalten werden.

PATENTANSPRUCH:

Verfahren zur Herstellung von Metallcarbonylen, dadurch gekennzeichnet, daß man das auf das carbonylbildende Metall zu verarbeitende Ausgangsmaterial mit solchen Stoffen innig vermischt, die bei der nachfolgenden Behandlung ein Zusammensintern des Metalls verhindern.

Nr. 515 464. (I. 35 296.) Kl. 12 n, 1.

I. G. FARBENINDUSTRIE AKT.-GES. IN FRANKFURT A. M.

Erfinder: Dr.-Ing. Leo Schlecht und Dr.-Ing. Emil Keunecke in Ludwigshafen a. Rh.

Verfahren zur Herstellung von Metallcarbonylen.

Vom 19. Aug. 1928. — Erteilt am 18. Dez. 1930. — Ausgegeben am 9. Jan. 1931. — Erloschen: . . . .

Vor der Gewinnung von Metallcarbonylen durch Einwirkung von Kohlenoxyd auf Metalle hat man seither das die carbonylbil denden Metalle enthaltende Material zur Erzielung sehr reaktionsfähiger Metalle bei möglichst wenig hohen Temperaturen, z. B. 350 bis 500°, reduzierend behandelt.

Die Reduktion bei derartigen Temperaturen besitzt jedoch infolge der kleinen Reduktionsgeschwindigkeit für die technische Durchführung des Verfahrens erhebliche Nachteile, insbesondere dadurch, daß wegen des geringen Durchsatzes, d. h. schlechter Raumzeitausbeute, eine sehr umfangreiche Reduktionsanlage erforderlich ist.

Es wurde nun gefunden, daß man die Reduktion auch bei Temperaturen über 500°, z. B. bei 900°, ohne Beeinträchtigung der Carbonylausbeute durchführen kann, wenn dabei die Arbeitsbedingungen, z. B. Strömungsgeschwindigkeit und Druck der reduzierenden Gase, derart gewählt werden, daß die Reduktion so schnell erfolgt, und das reduzierend behandelte Reaktionsgut unmittelbar nach beendigter Reduktion so rasch abgekühlt wird, daß keine wesentliche Sinterung eintritt.

Bei der technischen Durchführung des Verfahrens kann dies z. B. dadurch erreicht werden, daß das während der Reduktion einen Drehofen durchlaufende Material mit einer derartigen Geschwindigkeit bewegt wird, daß es unmittelbar nach der rasch durchgeführten Reduktion in einen Kühlbehälter fällt, in dem es z. B. durch die ankommenden kalten Reduktionsgase schnell abgekühlt wird.

Als Reduktionsmittel lassen sich Wasserstoff, Kohlenoxyd, Kohlenwasserstoffe, fester Kohlenstoff u. dgl. bzw. deren Gemische, gegebenenfalls auch mit anderen Stoffen, verwenden. Im Falle der Anwendung von kohlenstoffhaltigen Reduktionsmitteln ist jedoch dafür Sorge zu tragen, daß nicht nur eine Sinterung, sondern auch eine Kohlung des Metalls bzw. eine Metallcarbidbildung vermieden wird. Arbeitet man z. B. mit Kohlenoxyd, so wählt man eine Temperatur über etwa 800°, da man z. B. bei 700° unter Verwendung von Kohlenoxyd stark gekohlte Metalle erhält, die für die Carbonylherstellung ungeeignet sind. Man kann jedoch auch durch andere Maßnahmen, z. B durch Zumischen von Wasserstoff zum Kohlenoxyd, ein weniger gekohltes Material erhalten. Verwendet man ferner z. B. methanhaltige Reduktionsgase, so wählt man, falls der Methangehalt sehr hoch ist, zur Vermeidung der Kohlung eine nur wenig über 500° liegende Reduktionstemperatur und zur Verkürzung der Reduktionsdauer und damit zur Verhinderung des Sinterns eine erhöhte Strömungsgeschwindigkeit.

Außerdem ist es zweckmäßig, auch in der Anheiz- und Abkühlungsperiode neben den Maßnahmen zur Vermeidung des Sinterns kohlend wirkende Einflüsse auszuschalten. Man kühlt deshalb z. B. ein mit Kohlenoxyd bei 900° reduziertes Material in nicht kohlender inerter oder reduzierender Atmosphäre ab, z. B. in kohlenoxydarmer bzw. -freier, vorteilhaft wasserstoffhaltiger Atmosphäre, gegebenenfalls auch in reinem Wasserstoff, in indifferenten Gasen oder im Vakuum.

Es ist zwar bereits ein Verfahren zur Reduktion von Eisenverbindungen bekannt, bei dem diese bei Temperaturen oberhalb 500° in Form feiner nicht zusammenhängender Teilchen mit dem reduzierenden Gas in Berührung gebracht werden. Aber hierbei handelt es sich überhaupt nicht um die Reduktion von Stoffen, die der Carbonylbildung unterworfen werden sollen, sondern lediglich um die Herstellung von Katalysatoren. Ferner bleibt dort eine Maßnahme, die für das vorliegende Verfahren sehr wesentlich ist, außer Acht, nämlich die rasche Abkühlung des Reaktionsgutes unmittelbar nach beendigter Reduktion.

Beispiel 1

Kiesabbrand wird bei 950° mit strömendem Wasserstoff unter Anwendung großer Strömungsgeschwindigkeit (etwa 2 cbm pro Kilogramm Kiesabbrand und Stunde) während 40 Minuten reduziert und darauf sofort in einem von außen gekühlten Raum, durch den ein starker Wasserstoffstrom geleitet wird, innerhalb von etwa 15 Minuten auf 200° abgekühlt. Durch Behandeln des so erhaltenen Eisenschwammes mit Kohlenoxyd bei 200° unter einem Druck von 200 at werden in 3 Stunden 98,5 % des Eisens zu Carbonyl umgesetzt, während ein ebenfalls bei 950°, aber mit Wasserstoff von geringerer Strömungsgeschwindigkeit (etwa 800 l pro Kilogramm und Stunde) in 90 Minuten reduzierter und langsam im Verlaufe von 3 Stunden abgekühlter Kiesabbrand unter denselben Bedingungen nur 64 % der theoretischen Carbonylmenge liefert.

Beispiel 2

Ein Monelerz mit 54,4 % Eisen und 4,9 % Nickel wird bei 950° mit Kohlenoxyd, dem zwecks Vermeidung der Zersetzung von Kohlenoxyd einige Prozente Kohlendioxyd beigemengt wurden, sehr schnell reduziert und nach erfolgter Reduktion rasch (in etwa 15 Minuten) in Stickstoffatmosphäre auf 200° abgekühlt. Durch Behandeln mit Kohlenoxyd unter 200 at Druck lassen sich 97 % des Nickels und 93 % des im Material enthaltenen Eisens als Carbonyl verflüchtigen, während ein unter denselben Bedingungen reduziertes, dagegen nicht in Stickstoff-, sondern Kohlenoxydatmosphäre ebenso rasch abgekühltes Material nur 53 % des Nickels und 72 % des Eisens als Carbonyl liefert. Führt man die Reduktion des Monelerzes mit Kohlenoxyd bei 500° aus, so erhält man unter sonst gleichen Bedingungen sogar nur 26 % des Nickels und 31 % des Eisens in Form von Nickel- bzw. Eisencarbonyl.

Patentansprüche:

1. Verfahren zur Herstellung von Metallcarbonylen durch Reduktion von carbonylbildende Metalle enthaltenden Verbindungen und darauffolgende Behandlung mit Kohlenoxyd, dadurch gekennzeichnet, daß man die Reduktion der Metallverbindungen bei Temperaturen oberhalb 500° vornimmt, wobei man das Reaktionsgut unmittelbar nach beendigter Reduktion rasch abkühlt.

2. Weiterbildung des Verfahrens nach Anspruch 1, dadurch gekennzeichnet, daß im Falle der Verwendung von kohlenstoffhaltigen Reduktionsmitteln unter solchen Bedingungen, insbesondere der Temperatur, Gaszusammensetzung und Strömungsgeschwindigkeit, gearbeitet wird, daß nicht nur eine Sinterung, sondern auch eine Kohlung des carbonylbildenden Metalls bzw. eine Metallcarbidbildung vermieden wird.

3. Verfahren nach Anspruch 2, dadurch gekennzeichnet, daß man die Abkühlung und unter Umständen auch das Anheizen in nichtkohlender, vorteilhaft wasserstoffhaltiger Atmosphäre oder in reinem Wasserstoff vornimmt.

F. P. 679542.

Nr. 517831. (I. 37360.) Kl. 12n, 1. I. G. Farbenindustrie Akt.-Ges. in Frankfurt a. M.

Erfinder: Dr.-Ing. Leo Schlecht, Dr.-Ing. Walter Schubardt und Dr.-Ing. Emil Keunecke in Ludwigshafen a. Rh.

Verfahren zur Herstellung von Metallcarbonylen.

Vom 7. März 1929. — Erteilt am 22. Jan. 1931. — Ausgegeben am 7. Febr. 1931. — Erloschen: . . .

Bei der Herstellung von Metallcarbonylen aus Metallen und Kohlenoxyd hat man seither die der Behandlung mit Kohlenoxyd vorausgehende Reduktion des Ausgangsmaterials, das die carbonylbildenden Metalle meist in Form von Oxyden enthält, mit gasförmigen Reduktionsmitteln vorgenommen, da deren reduzierende Wirkung bei niederen Temperaturen bedeutend größer ist als die von z. B. festen Reduktionsmitteln, was insofern von Bedeutung ist, als bei höheren Reduktionstemperaturen die Gefahr besteht, daß eine die nachfolgende Carbonylbildung beeinträchtigende Sinterung des Metalls eintritt.

Es wurde nun gefunden, daß man auch mit nicht gasförmigen Reduktionsmitteln bei den dabei erforderlichen verhältnismäßig hohen Temperaturen, die unter Umständen sogar nur wenig unter dem Schmelzpunkt des betreffenden Metalls liegen können, ein gut carbonylbildendes Material erhält, wenn man solche festen oder flüssigen Reduktionsmittel verwendet, die aschereich sind, wie beispielsweise Braunkohle, Grude, Halbkoks, aschereiche Steinkohle, Ölschiefer, asphalt- und pechartige Rückstände der Öl- und Teerindustrie, Abfallteer oder -öl der Kohlehydrierung o. dgl. Vorteilhaft ist es hierbei, das zu reduzierende Ausgangsmaterial in feiner Verteilung mit dem ebenfalls fein verteilten aschereichen Reduktionsmittel, gegebenenfalls unter Zusatz von aschearmen Reduktionsmitteln, innig zu mischen und dann das Gemisch als solches im Drehrohrofen oder in brikettierter Form im Schachtofen zu erhitzen, wobei man gleichzeitig auch noch reduzierende Gase einführen kann.

Besonders geeignete Reduktionsmittel der genannten Art sind z. B. solche Brennstoffe, deren Asche wenig schlackenbildende Stoffe enthält und hauptsächlich aus Stoffen wie Kalk, Gips, Tonerde, Magnesia u. dgl. besteht, die das Sintern des bei der Reduktion entstehenden fein verteilten Metalls verhindern.

Beispiel

Feinkörniger Kiesabbrand mit einem Eisengehalt von 55% wird mit Grude, deren Aschegehalt 20% beträgt, im Verhältnis 1 : 1 gemischt und das Gemisch durch einen auf 900° vorgeheizten Drehrohrofen geschickt. Der Ofen wird nur anfangs mit Zusatzfeuerung betrieben; später genügt es, zur Aufrechterhaltung der notwendigen Temperatur Luft in den Ofen einzuführen, um so einen Teil der Grude zu verbrennen. Das gut reduzierte Material verläßt mit dem Überschuß an Grude den Ofen. Das aus dem Drehrohrofen kommende Material durchläuft ein von außen gekühltes Rohr. Nach der Abkühlung erfolgt die Trennung von reduziertem Material einerseits und Grude, Asche und Gangart andererseits mittels Magnetscheider. Das Gemisch von Grude, Asche und Gangart kann zwecks Rückgewinnung der Grude einer besonderen Aufbereitung unterworfen werden.

Über 80% des in dem reduzierten Material enthaltenen Eisens werden bei der Behandlung des letzteren mit Kohlenoxyd unter Druck in kurzer Zeit zu Eisencarbonyl umgesetzt.

Patentanspruch:

Verfahren zur Herstellung von Metallcarbonylen durch Reduktion carbonylbildende Metalle enthaltender Stoffe und Behandlung der Reduktionsprodukte mit Kohlenoxyd, dadurch gekennzeichnet, daß man aschereiche feste oder flüssige Reduktionsmittel anwendet.

F. P. 691100.

Nr. 520852. (I. 34524.) Kl. 12n, 1.

I. G. Farbenindustrie Akt.-Ges. in Frankfurt a. M.

Erfinder: Dr.-Ing. Leo Schlecht und Dr.-Ing. Emil Keunecke in Ludwigshafen a. Rh.

Verfahren zur Nutzbarmachung carbonylbildende Metalle enthaltender Stoffe für die Herstellung von Metallcarbonylen.

Vom 30. Mai 1928. — Erteilt am 26. Febr. 1931. — Ausgegeben am 14. März 1931. — Erloschen: . . . .

Bei der Herstellung von Metallcarbonylen durch Einwirkung von Kohlenoxyd auf carbonylbildende Metalle enthaltende Stoffe, wie Erze, metallurgische Zwischen- und Abfallprodukte, hat sich gezeigt, daß nach einer geeigneten, z. B. oxydierenden und reduzierenden Vorbehandlung, manche dieser Stoffe sich gut zur Umsetzung mit Kohlenoxyd eignen, andere der genannten Stoffe dagegen, trotz sorgfältiger Vorbereitung des Materials, sich nicht oder nur sehr unvollkommen mit Kohlenoxyd zur Umsetzung bringen lassen, so daß sie für die Carbonylgewinnung bisher nicht in Betracht kamen.

Es wurde nun gefunden, daß die Ursache dieser geringen Reaktionsfähigkeit oft auf einen Gehalt an leicht schmelzenden oder schlackenbildenden Stoffen zurückzuführen ist. Derartige Stoffe sind z. B. Zink, Cadmium, Zinn, Wismuth, Blei und sonstige Stoffe mit niedrigem Schmelzpunkt, ferner schlackenbildende Stoffe, wie Kieselsäure in Verbindung mit Alkalien, Blei usw. Alle diese Stoffe wirken auch dann schädlich, wenn sie in einer Verbindung vorliegen, aus der sie bei der Vorbereitung des Materials für die Carbonylbildung oder bei der Kohlenoxydbehandlung selbst in die leicht schmelzende bzw. schlackenbildende Form übergeführt werden.

Derartige Materialien können nun gemäß vorliegender Erfindung für die Carbonylgewinnung nutzbar gemacht werden, wenn man aus ihnen diese störend wirkenden Bestandteile vor der Behandlung mit Kohlenoxyd entfernt oder unschädlich macht. Zu diesem Zweck werden diese Stoffe z. B. durch Verflüchtigung entfernt oder in unschädliche Verbindungen übergeführt. Liegt z. B. ein Material vor, das neben Eisen in irgendeiner Form metallisches Zink enthält, so oxydiert man zunächst und reduziert dann unter derartigen Bedingungen, daß wohl das Eisenoxyd, jedoch nicht das Zinkoxyd in Metall übergeführt wird. Manche der leicht schmelzenden Stoffe, z. B. Blei, lassen sich auch dadurch unschädlich machen, daß man sie längere Zeit erhitzt, bis sie ihre feine Verteilung auf der Oberfläche der ganzen Masse aufgeben und sich an einzelnen Stellen, z. B. in Form von Kügelchen, ansammeln.

Beispiel

Bleistein mit einem Gehalt von 59,0 % Fe, 6,02 % Pb, 18,6 % S wurde in einem Luftstrom erhitzt, bis der Schwefel vollständig abgeröstet war. Das Material wurde dann zur Erhaltung der Reaktionsfähigkeit des Eisens gegen Kohlenoxyd mit eine Lösung von Magnesiumsulfat getränkt und mit Wasserstoff bei 700° reduzierend behandelt. Alsdann wurde in reduzierender Atmosphäre weiter auf 450° gehalten, so daß sich das zuvor auf der ganzen Oberfläche des Eisens fein verteilte Blei in geschmolzener Form in Kugeln an mehreren Stellen der Masse ansammelte. Nunmehr folgte die Kohlenoxydbehandlung bei 200 Atm. und 200°, wobei nahezu das gesamte Eisen als Carbonyl erhalten wurde.

Patentanspruch:

Verfahren zur Nutzbarmachung carbonylbildende Metalle enthaltender Stoffe für die Herstellung von Metallcarbonylen, dadurch gekennzeichnet, daß leicht schmelzende oder schlackenbildende Bestandteile entfernt oder unschädlich gemacht werden.

F. P. 674458.

Nr. 553 820. (I. 43. 30.) Kl. 12n, 1.

I. G. Farbenindustrie Akt.-Ges. in Frankfurt a. M.

Erfinder: Dr.-Ing. Leo Schlecht und Dr. Max Naumann in Ludwigshafen a. Rh.

Herstellung von Metallcarbonylen.

Vom 31. Aug. 1930. — Erteilt am 16. Juni 1932. — Ausgegeben am 30. Juni 1932. — Erloschen: 1932.

Es wurde gefunden, daß sich in vielen Fällen die Herstellung von Metallcarbonylen durch Einwirkung von Kohlenoxyd oder solsolches enthaltenden Gasen auf reduzierte carbonylbildende Materialien besonders vorteilhaft gestaltet, wenn man die Reduktion der Ausgangsmaterialien, z. B. der Erze, in an sich bekannter Weise mit kohlenstoffhaltigen festen oder flüssigen Mitteln, gegebenenfalls unter Zugabe von Gasen, wie Kohlendioxyd, Luft, Sauerstoff, Stickstoff o. dgl., vornimmt und das bei der Reduktion entstehende Kohlenoxyd für die Carbonylbildung verwendet.

Diese Arbeitsweise bringt verschiedene Vorteile mit sich. Zunächst gestattet sie, die bei der Herstellung der Metallcarbonyle und ihrer Zersetzung zu Metall und Kohlenoxyd eintretenden Kohlenoxydverluste, die insbesondere auf die Umwandlung des Kohlenoxyds in Kohlendioxyd zurückzuführen sind, zu dekken und eine besondere Anlage zur Erzeugung von Kohlenoxyd zu ersparen, während andererseits die Reduktionsabgase, die bestenfalls zur Wärmeerzeugung durch Verbrennung noch ausgenutzt werden könnten, einem technisch wichtigen Verwendungszweck zugeführt werden. Arbeitet man bei der Reduktion unter Druck, so besteht ein weiterer Vorteil darin, daß das der unter Druck verlaufenden Carbonylbildung zuzuführende Kohlenoxyd sogleich im komprimierten Zustande vorliegt und daß man zumindest einen Teil der Kompressionskosten ersparen kann.

Die bei der Reduktion entstehenden kohlenoxydhaltigen Gase können in vielen Fällen ohne besondere Reinigung zur Carbonylherstellung verwendet werden. Ist jedoch der Gehalt an Fremdgasen oder sonstigen Verunreinigungen zu hoch, so kann man ihn durch Zusatz größerer oder kleinerer Mengen reinen Kohlenoxyds unter die schädliche Grenze herabdrücken. Unter Umständen empfiehlt es sich, das Rohgas zunächst einer Vorbereitung, insbesondere Reinigung, Fraktionierung oder Regeneration durch Überleiten über glühende Kohlen, zu unterziehen.

Die Reduktion wird zweckmäßig unter jenem Druck vorgenommen, unter dem die Carbonylbildung stattfinden soll. Die entstehenden Gase werden dann, gegebenenfalls nach einer Vorbehandlung, z. B. durch Reinigung von schädlichen Stoffen (wie unerwünschten Schwefelverbindungen, überschüssiger Kohlensäure oder Schwelgasen), Kühlung,

Waschung, ohne wesentliche Entspannung in den Carbonylbildungsofen eingeleitet, erforderlichenfalls zusammen mit Kohlenoxyd oder kohlenoxydhaltigen Gasen anderer Herkunft. Soweit eine Abkühlung der der Carbonylbildung zuzuführenden Gase von einer hohen Reduktionstemperatur zu einer niedrigeren Carbonylbildungstemperatur durch den Temperaturbereich starken Kohlenoxydzerfalls hindurch erfolgt, sind durch geeignete Vorkehrungen, z. B. durch Zusatz von Stoffen, wie Schwefelverbindungen, die dem Kohlenoxydzerfall entgegenwirken, Kohlenoxydverluste zu vermeiden.

Die zur Reduktion notwendige Wärme kann durch Heizgase, durch besondere, am Reaktionsgefäß innen oder außen angebrachte Heizvorrichtungen, durch Verbrennung eines Teils des Reduktionsmittels mit Luft oder Sauerstoff oder auch durch gleichzeitige Anwendung mehrerer dieser Maßnahmen erzeugt werden.

Beispiel 1

Eisenhydroxydschlamm wird mit überschüssiger Braunkohle vermahlen und die krümelige Masse durch einen Drehrohrofen geschickt, in den Luft in solcher Menge eingeleitet wird, daß sich eine Temperatur von 800° einstellt. Die entweichenden Gase werden abgekühlt, wobei außer Wasser insbesondere organische Stoffe (Schwelteer) kondensiert werden. Das nunmehr hauptsächlich aus Stickstoff, Kohlenoxyd und Kohlendioxyd bestehende Gemisch wird komprimiert und durch Wasser geleitet, worauf das Kohlenoxyd mittels Kupferchlorürlösung ausgewaschen wird. Das aus der Lösung wieder frei gemachte Kohlenoxyd wird zusammen mit dem bei der Zersetzung des in einem früheren Arbeitsgang hergestellten Eisencarbonyls entbundenen Kohlenoxyd zur Umsetzung der reduzierten Eisenmasse benutzt; es reicht aus, um die Verluste an Kohlenoxyd bei dem Kreislauf Carbonylbildung $\longrightarrow$ Carbonylzersetzung $\longrightarrow$ Carbonylbildung zu decken.

Beispiel 2

Kiesabbrand wird mit Grude im Retortenofen unter Luftabschluß auf 850° erhitzt. Das entweichende, 40 bis 70 % Kohlenoxyd neben Kohlendioxyd und etwas Wasserstoff und Methan enthaltende Gas wird in komprimiertem Zustand mit Wasser gewaschen und ohne Entspannung der Carbonylbildung zugeführt.

Beispiel 3

Norwegisches Eisenerz wird im Retortenofen mit überschüssiger Braunkohle bei 1000° reduziert. Das entweichende Gas wird nach Kühlung in den Gasometer eingeführt, aus dem die Kompressoren für das zur Carbonylbildung dienende Kohlenoxyd gespeist werden und in den auch das von der Carbonylzersetzung herrührende Kohlenoxyd geleitet wird.

Beispiel 4

Eine 5 % Nickeloxyd und 90 % Kupferoxyd enthaltende Masse wird im Gemisch mit Kohle unter 20 at Druck kontinuierlich durch einen mittels Innenheizung auf 850° gehaltenen Ofen geführt. Das entweichende Gas wird in einen zweiten Ofen geleitet, wo man es bei 150° und 20 at Druck auf das reduzierte Gut einwirken läßt, um dessen Nickelgehalt als Carbonyl zu gewinnen.

PATENTANSPRUCH:

Verfahren zur Herstellung von Metallcarbonylen durch Reduktion carbonylbildender Materialien und Einwirkung von Kohlenoxyd oder solches enthaltenden Gasen auf das reduzierte Gut, dadurch gekennzeichnet, daß man die Reduktion in an sich bekannter Weise mit kohlenstoffhaltigen festen oder flüssigen Reduktionsmitteln vornimmt und das bei der Reduktion gebildete Kohlenoxyd für die Carbonylbildung verwendet.

F. P. 715206.

Nr. 460328. (B. 114218.) Kl. 12n, 2.

I. G. Farbenindustrie Akt.-Ges. in Frankfurt a. M.

Erfinder: Dr. Martin Müller-Cunradi in Ludwigshafen a. Rh.

Verfahren zur Herstellung von flüssigem Eisencarbonyl.

Vom 24. Mai 1924. — Erteilt am 3. Mai 1928. — Ausgegeben am 24. Mai 1928. — Erloschen: . . . .

Gegenstand vorliegender Erfindung ist die Herstellung von Eisencarbonyl in technischem Maßstabe. Es hat sich nämlich gezeigt, daß man für die Gewinnung von Eisencarbonyl mit Vorteil kohlenoxydreiche Gasgemische, die gleichzeitig Wasserstoff in beträchtlichem Maße enthalten, wie z. B. technisches Wassergas oder ein Kohlenoxyd-Wasserstoffgemisch, wie es für die synthetische Gewinnung von Methanol geeignet ist, verwenden kann.

Man geht dabei zweckmäßig von metallischem Eisen aus, welches durch Reduktion von Eisenoxyden erhalten worden ist, und leitet das Gasgemisch darüber unter einem Druck von etwa 100 Atm. und bei einer Temperatur von 100 bis 200° Damit der Bildungsprozeß des Eisencarbonyls nicht vorzeitig zum Stillstand kommt, wird die Strömungsgeschwindigkeit des Gasgemisches zweckmäßig so groß gewählt, daß das entstehende Eisencarbonyl vollständig oder nahezu vollständig vom Gasstrom mitgeführt wird. Das Verfahren bietet gegenüber der Verwendung von Kohlenoxyd allein den Vorteil, daß das Ausgangsgas einfacher und billiger zu beschaffen ist. Man kann auch die der Carbonylbildung vorausgehende Reduktion des Eisenoxyds vorteilhaft mit dem gleichen Gas vornehmen, welches zur Carbonylbildung dient. Selbst Generatorgas kann, sofern sein Wasserstoffgehalt nicht unter 5 % beträgt, außer zur Darstellung von Eisencarbonyl auch für die vorausgehende Reduktion der Eisenoxyde verwendet werden. Im übrigen ist die Höhe des Kohlenoxydgehaltes der Gase maßgebend für die Arbeitsbedingungen insofern, als bei niedrigeren Kohlenoxydgehalten bei höheren Drucken als bei hohen Kohlenoxydgehalten zu arbeiten ist.

Es ist zwar bekannt, daß Wassergas oft geringe Mengen Eisencarbonyl enthält; doch konnte aus diesem Vorkommen nicht der Schluß gezogen werden, daß für die technische Darstellung der Verbindung Gasgemische, die Kohlenoxyd und Wasserstoff enthalten, unter bestimmten Bedingungen verwendbar sind und wie vorstehend ausgeführt, reinem Kohlenoxyd gegenüber in mehrfacher Hinsicht Vorteile bieten. Tatsächlich ist auch bei den bisherigen Versuchen zur Herstellung von Eisencarbonyl immer mit reinem Kohlenoxyd gearbeitet worden.

Beispielsweise wird gefälltes und getrocknetes Eisenhydroxyd in einem druckfesten Rohr durch Überleiten von Wassergas, welches etwa 40 % Kohlenoxyd und 50 % Wasserstoff enthält, bei etwa 400 bis 500° zu metallischem Eisen reduziert, wobei gegebenenfalls durch Anwendung des Gases unter Druck die Reduktionstemperatur noch niedriger gewählt werden kann. Nachdem das Oxyd vollständig oder nahezu vollständig reduziert ist, setzt man das Überleiten bei einer Temperatur von 100 bis 200° und einem Druck von etwa 200 Atm. fort, wobei eine lebhafte Bildung von Eisencarbonyl einsetzt. Das von dem Gasstrom mitgeführte Carbonyl wird ohne Entspannung des Gases in einem gekühlten Abstreifer in flüssiger Form abgeschieden. Das Restgas kann noch einige Male über die Eisenmasse geleitet werden, und schließlich, wenn sein Kohlenoxydgehalt zu weit, z. B. unter 10 %, gesunken ist, in anderer Weise verwertet, z. B. in einer Feuerung verbrannt werden.

Patentanspruch:

Verfahren zur Herstellung von flüssigem Eisencarbonyl durch Einwirkung von Kohlenoxyd auf metallisches, durch Reduktion von Eisenoxyden erhaltenes Eisen, dadurch gekennzeichnet, daß man über dieses unter hohem Druck und bei Temperaturen von etwa 100 bis 200° kohlenoxydreiche Gasgemische leitet, die gleichzeitig Wasserstoff enthalten.

Nr. 499296. (B. 116555.) Kl. 12n, 2.

I. G. Farbenindustrie Akt.-Ges. in Frankfurt a. M.

Erfinder: Dr. Alwin Mittasch, Dr. Martin Müller-Cunradi und Dr. Albert Proß in Ludwigshafen a. Rh.

Verfahren zur Herstellung von Eisencarbonyl aus Eisenschwamm.

Vom 16. Nov. 1924. — Erteilt am 15. Mai 1930. — Ausgegeben am 7. Juni 1930. — Erloschen: 1932.

Es wurde gefunden, daß man Eisencarbonyl in technisch sehr befriedigender Weise aus Eisenschwamm des Handels durch Einwirkung von Kohlenoxyd oder kohlenoxydreichen Gasen unter Druck und bei Temperaturen zwischen 100 bis 250° herstellen kann, wenn man dafür sorgt, daß vor und bei der Einfüllung eine oberflächliche Oxydation des stückigen Materials vermieden wird, oder daß man, wenn eine solche bereits in gewissem Grade stattgefunden hat, eine Vorbehandlung mit reduzierenden Gasen vornimmt. Es ist alsdann nicht nötig, während der Reaktion, wie dies anderweitig vorgeschlagen wurde, ein Reiben oder Brechen des Schwammes vorzunehmen, was sehr umständlich ist. Das vorliegende Verfahren hat zur Folge, daß auch ohnedies anhaltend eine lebhafte Carbonylbildung stattfindet, die erst dann wesentlich nachzulassen beginnt, wenn der größte Teil des Schwammes verzehrt ist. Man kann alsdann, falls man nicht bei geringerer Bildungsgeschwindigkeit weiter arbeiten will, die Füllung erneuern. Besonders zweckmäßig ist es, den Eisenschwamm in nicht zu lockerem, sondern vorzugsweise in gepreßtem Zustande zu verwenden, wobei überraschenderweise trotz des geringen Porenvolumes der Masse die Reaktion rasch vonstatten geht. Man kann die Arbeitsweise gemäß Patent 447 130 anwenden; doch kann man hier, wie sich gezeigt hat, sofern höhere Arbeitsdrucke verwendet werden, auch auf höhere Konzentrationen an Eisencarbonyl, ja sogar unmittelbar auf flüssiges Eisencarbonyl hinarbeiten. Im allgemeinen ist es vorteilhaft, solchen Eisenschwamm zu verwenden, der nicht zu viel Verunreinigungen enthält; doch können andererseits gewisse Beimengungen auch nützlich sein, indem sie entweder den Vorgang katalytisch beschleunigen oder den Zusammenhalt der stückigen Massen auch während der Reaktion begünstigen. Eine vorherige Oxydation der Massen wird beispielsweise dadurch vermieden, daß man die Zerkleinerung in einer indifferenten oder reduzierenden Atmosphäre, z. B. in Stickstoff oder Kohlensäure, vornimmt. Auch kann man der Carbonylbildung eine Vorbehandlung vorausschicken, etwa in der Weise, daß man im Reaktionsgefäß das Material bei erhöhter Temperatur einige Zeit mit ruhendem oder nur langsam strömendem komprimiertem Wasserstoff oder unter gewissen Vorsichtsmaßregeln bezüglich der Temperatur auch mit kohlenoxydhaltigen Gasen oder Kohlenoxyd selbst behandelt.

Beispiel:

Schwedischer Eisenschwamm von der scheinbaren Dichte 2,45 wird in einer Walzenmühle in einer indifferenten Atmosphäre, z. B. in Kohlensäure, auf etwa Walnußgröße zerkleinert. Dann wird das Material unter möglichster Vermeidung einer längeren Berührung mit Luft in einen Hochdruckofen eingeführt. Der Ofen wird auf etwa 180° geheizt und Kohlenoxyd unter einem Druck von ungefähr 200 Atm. durchgeleitet in der Weise, daß das Gas oben in den senkrecht stehenden Ofen eingeführt wird, während am unteren Teil das mit Eisencarbonyl beladene Gas, gegebenenfalls zusammen mit flüssigem Eisencarbonyl, austritt. Die Abscheidung des dampfförmigen Eisencarbonyls erfolgt in bekannter Weise, z. B. durch Abkühlung unter Druck. Unter Umständen ist es zweckmäßig, der Einwirkung des Kohlenoxyds eine kurze Behandlung mit Wasserstoff, gereinigtem Wassergas o. dgl., z. B. bei 200 bis 300°, und unter Druck vorangehen zu lassen.

Statt des obigen lockeren Eisenschwamms kann man auch solchen Eisenschwamm, der durch stärkeres Pressen auf höhere Dichten gebracht ist, z. B. 4 bis 5, gebrauchen.

Patentansprüche:

1. Verfahren zur Herstellung von Eisencarbonyl aus Eisenschwamm, dadurch gekennzeichnet, daß man bei der Vorbereitung der Masse für die Carbonylbildung jede Oxydation ausschließt, oder daß man vor dem Gebrauch eine Vorbehandlung mit reduzierenden Gasen vornimmt, worauf die Masse mit Kohlenoxyd oder kohlenoxydhaltigen Gasen unter erhöhtem Druck und bei Temperaturen von 100 bis 250° behandelt wird.

2. Besondere Ausführungsform des Verfahrens nach Anspruch 1, dadurch gekennzeichnet, daß man Eisenschwamm von einer höheren scheinbaren Dichte als 1,5 vorzugsweise gepreßten Eisenschwamm verwendet.

Belg. P. 354027; E. P. 298714.

S. a. Co-Carbonyl.

Nr. 518387. (B. 117132.) Kl. 12n, 2.

I. G. Farbenindustrie Akt.-Ges. in Frankfurt a. M.

Erfinder: Dr. Alwin Mittasch in Ludwigshafen a. Rh. und Dr. Carl Müller in Mannheim.

Verfahren zur Herstellung von Eisencarbonyl.

Zusatz zum Patent 499296.

Vom 16. Dez. 1924. — Erteilt am 29. Jan. 1931. — Ausgegeben am 16. Febr. 1931. — Erloschen: 1932.

In dem Hauptpatent 499 296 ist ein Verfahren zur Herstellung von Eisencarbonyl aus Eisenschwamm beschrieben, das dadurch gekennzeichnet ist, daß man bei der Vorbereitung der Masse für die Carbonylbildung jede Oxydation ausschließt oder vor dem Gebrauch eine Vorbehandlung mit reduzierenden Gasen vornimmt, worauf die Masse mit Kohlenoxyd oder kohlenoxydhaltigen Gasen unter erhöhtem Druck und bei Temperaturen von 100 bis 250° behandelt wird.

Es hat sich nun gezeigt, daß dieses Verfahren und die ihm zugrunde liegende Erkenntnis, daß die Fähigkeit von Eisen zur Carbonylbildung durch spurenhafte Oxydation der Oberfläche außerordentlich beeinträchtigt wird und daß darum dieser Übelstand vermieden oder beseitigt werden muß, einer allgemeinen Anwendung fähig ist. Man hat also auch bei der Eisencarbonylbildung aus Eisen beliebiger anderer Beschaffenheit entweder dafür zu sorgen, daß bei der Vorbereitung der Masse keine Oxydation stattfindet, oder man hat vor der Verwendung des Metalls für die Carbonylbildung eine wenn auch nur kurze Vorbehandlung mit reduzierenden Gasen vorzunehmen. Das letztere gilt vorzugsweise für die Herstellung von Eisencarbonyl aus nichtschwammigem Eisen, also z. B. aus käuflichem gepulvertem Eisen oder Eisenspänen u. dgl., da diese Massen regelmäßig mit einer dünnen, störenden Oxydhaut bedeckt sind; die erstgenannte Arbeitsweise gilt vorzugsweise bei der Verwendung oxydischer Eisenmassen, wie Hämatit, Magnetit, Spateisenstein usw., als ursprüngliches Ausgangsmaterial, wobei diese nach vorausgegangener Reduktion in einem besonderen Reduktionsofen in den zur Carbonylbildung dienenden Druckofen überführt werden müssen; bei dieser Überführung muß gemäß vorliegender Erfindung durch Verwendung einer reduzierenden oder indifferenten Atmosphäre oder auch durch Anwendung von Vakuum dafür gesorgt werden, daß keine Oberflächenoxydation des reduzierenden Materials stattfindet.

Wenn eine besondere Reduktion schwach oxydierten Eisens vorgenommen wird, hat es sich allgemein als vorteilhaft erwiesen, diese bei möglichst niedriger Temperatur, zweckmäßig unter hohem Wasserstoffdruck, vorzunehmen. Bei unreinem Material, z. B. Eisenspänen, empfiehlt es sich vielfach, diese Massen vorher von den anhängenden Verunreinigungen, wie Öl u. dgl., zu befreien.

Man hat zwar bereits die reduzierende Vorbehandlung des carbonylbildenden Materials und die Carbonylbildung selbst hintereinander in einem und demselben Gefäß vorgenommen; hieraus war aber nicht die allgemeine Regel zu entnehmen, bei der Vorbereitung der Masse für die in einem besonderen Gefäß stattfindende Carbonylbildung jede Oxydation zielbewußt auszuschließen.

Beispiel 1

Reines käufliches, durch Reduktion von Eisenoxyd erhaltenes Eisenpulver, welches beim Überleiten eines Kohlenoxydstromes von 150 Atm. Druck bei 200° in sechs Stunden zu etwa 20 % in Eisencarbonyl verwandelt wird, wobei die Bildungsgeschwindigkeit des Carbonyls am Anfang noch verhältnismäßig groß, nach fünf Stunden aber auf etwa ein Zehntel des Höchstwertes gesunken ist, wird zunächst einer mehrstündigen Vorbehandlung mit trockenem Wasserstoff von etwa 130 Atm. Druck bei 200° unterworfen. Hierauf wird die Masse unter Ausschluß von Sauerstoff in den Ofen, in dem die Carbonylbildung stattfindet, übergeführt und dann Kohlenoxyd unter den oben genannten Bedingungen darübergeleitet. Nach sechs Stunden sind 90 % des Eisens, häufig noch mehr, in Carbonyl übergegangen.

Beispiel 2

Zerkleinerter natürlicher Spateisenstein wird in einem Drehrohrofen bei 800° im Wasserstoffstrom behandelt. Aus dem Ofen fällt das körnige oder pulverige Material, ohne mit Luft in Berührung zu kommen, in einen taschenförmigen Bunker, aus welchem die Luft ebenfalls durch Stickstoff oder ein anderes indifferentes Gas ferngehalten wird, und kann von da nach Bedarf entnommen und unter Ausschluß von Sauerstoff den für die Carbonylbildung dienenden Hochdrucköfen zugeführt werden. Es wird dort durch einen Kohlenoxydstrom, z. B. von 150 Atm., bei 200° in drei Stunden zu etwa 65 % in Eisencarbonyl übergeführt.

Patentanspruch:

Abänderung des Verfahrens des Hauptpatents 499 296, dadurch gekennzeichnet, daß man statt Eisenschwamm hier andere metallische Eisenmassen verwendet, die nicht in dem Gefäß reduziert worden sind, in dem die Carbonylbildung stattfindet.

Nr. 524 963. (B. 118 981.) Kl. 12 n, 2.

I. G. Farbenindustrie Akt.-Ges. in Frankfurt a. M.

Erfinder: Dr. Alwin Mittasch in Ludwigshafen a. Rh. und Dr. Carl Müller in Mannheim.

Verfahren zur Herstellung von Eisencarbonyl.

Zusatz zum Patent 499 296.

Vom 31. März 1925. — Erteilt am 30. April 1931. — Ausgegeben am 16. Mai 1931. — Erloschen 1932.

In dem Hauptpatent 499 296 und dem Zusatzpatent 518 387 ist ein Verfahren zur Herstellung von Eisencarbonyl aus Eisenschwamm und anderen metallischen Eisenmassen beschrieben, bei welchem eine lebhafte Carbonylbildung unter nahezu vollständiger Aufzehrung des Eisens dadurch bewirkt wird, daß man bei der Vorbereitung der Masse für die Carbonylbildung jede Oxydation ausschließt oder vor dem Gebrauch eine Vorbehandlung mit reduzierenden Gasen vornimmt, worauf die Masse mit Kohlenoxyd oder kohlenoxydhaltigen Gasen unter erhöhtem Druck und bei Temperaturen von 100 bis 250° behandelt wird.

Es hat sich nun gezeigt, daß es bei diesem

Verfahren nicht durchaus notwendig ist, das Kohlenoxyd oder kohlenoxydhaltige Gas unter hohem Druck einwirken zu lassen, sondern daß man auch unter gewöhnlichem oder schwach erhöhtem Druck befriedigende Ausbeuten an Eisencarbonyl erhalten kann. Verwendet man z. B. kompakte, aber doch poröse eisenhaltige Materialien, wie sie z. B. in dem Patent 428 042 beschrieben sind, so gelingt es, diese durch entsprechende Vorbereitung gemäß dem Hauptpatent 499 296 so reaktionsfähig zu machen, daß beim Überleiten eines Kohlenoxydstromes von Atmosphärendruck, und zwar schon bei etwa 60° C, fortlaufend lebhaft Carbonyl gebildet wird. Um eine Abscheidung des Reaktionsproduktes auf dem Eisen, die den Fortgang der Reaktion hindern würde, zu vermeiden, ist es zweckmäßig, das Gas nicht zu langsam über das Eisen zu leiten, vielmehr gemäß dem Verfahren des Patents 447 130 mit solcher Geschwindigkeit, daß das gebildete Eisencarbonyl ganz oder größtenteils von den Gasen mitgeführt wird. Die Temperatur im Reaktionsraum ist dem Arbeitsdruck entsprechend zu regeln und mit Rücksicht auf die Lage des Gleichgewichtes der Reaktion

$$Fe + 5\,CO \rightleftharpoons Fe(CO)_5$$

bei niedrigem Druck im allgemeinen tiefer zu wählen als bei hohem.

Es hat sich weiter gezeigt, daß es sowohl beim Arbeiten unter gewöhnlichem oder mäßig erhöhtem wie auch unter hohem Druck besondere Vorteile bietet, wenn man den Sauerstoff nicht nur vor der Verwendung des Metalls für die Carbonylbildung von diesem fernhält oder beseitigt, sondern auch während des Überleitens der Gase über das Metall oxydierend wirkende Einflüsse völlig ausschaltet. So sank z. B. beim Behandeln von reduziertem Kiesabbrand mit Kohlenoxyd bei 60° C unter gewöhnlichem Druck der Eisencarbonylgehalt des Abgases, welcher beim Arbeiten mit reinem Kohlenoxyd tagelang auf gleicher Höhe geblieben war, bei Verwendung von Kohlenoxyd mit 0,8 % Sauerstoff innerhalb 12 Stunden bereits auf den dreißigsten Teil, und nach weiteren 4 Stunden wurde praktisch überhaupt kein Eisencarbonyl mehr gebildet. Um deshalb dauernd gute Ausbeuten an Carbonyl unter sehr weitgehender bis praktisch vollständiger Aufzehrung der Eisenmasse zu erhalten, ist es in allen Fällen einerseits notwendig, in den Gasen enthaltene oxydierend wirkende Stoffe, wie Spuren Sauerstoff, Kohlensäure usw., durch Überleiten über reduziertes Kupfer und Natronkalk oder mittels alkalischer Hydrosulfitlösung oder auf anderem Wege soweit wie möglich zu entfernen, andererseits die Arbeitsbedingungen so zu wählen, daß keine allmähliche Oxydation der Eisenmasse durch Nebenreaktionen eintreten kann. Vor allem darf die Temperatur nicht so hoch sein, daß während der Carbonylbildung ein erheblicher Teil des Kohlenoxyds in Kohlensäure und Kohlenstoff zerfällt und erstere das Eisen anoxydiert und für die Reaktion mit Kohlenoxyd passiv macht. Die Temperaturgrenze, die nicht überschritten werden darf, läßt sich nicht genau angeben, da sie von den übrigen Reaktionsbedingungen, wie z. B. der Beschaffenheit des Eisens, dem Druck, der Strömungsgeschwindigkeit des Gases usw., abhängt. Im allgemeinen liegt sie bei etwa 250° C.

Es ist zwar bereits bekannt, Eisencarbonyl durch Überleiten von Kohlenoxyd unter gewöhnlichem Druck und bei ungefähr 100° über eisenhaltiges Material herzustellen; hierbei ist jedoch eine reibende und brechende Einwirkung besonderer Vorrichtungen wesentlich, da auf diese Weise immer neue Oberflächen des carbonylbildenden Materials geschaffen und die immer wieder auftretende Passivität beseitigt werden soll. Abgesehen davon, daß dieses Verfahren sehr umständlich durchzuführen ist, hört die Carbonylbildung, ohne daß das Eisen vollständig umgesetzt ist, alsbald auf, da von einem gewissen Grad der Zerkleinerung an die weitere Schaffung neuer Oberflächen nur noch sehr langsam vor sich geht. Demgegenüber wird es durch die vorliegende Erfindung möglich, ohne Anwendung komplizierter Vorrichtungen, deren Wirkung überhaupt sehr zweifelhaft ist, die Carbonylbildung zu einem mit guten Ausbeuten technisch durchführbaren Prozeß zu gestalten.

Patentansprüche:

1. Abänderung des Verfahrens des Hauptpatents 499 296 und des Zusatzpatents 518 387, dadurch gekennzeichnet, daß man bei gewöhnlichem oder schwach erhöhtem Druck und gegebenenfalls bei Temperaturen unterhalb 100° arbeitet.

2. Besondere Ausführung des Verfahrens des Hauptpatents 499 296 und des Zusatzpatents 518 387 sowie des Verfahrens gemäß Anspruch 1, dadurch gekennzeichnet, daß auch während der Einwirkung des Kohlenoxyds oder der kohlenoxydreichen Gase auf das Eisen oxydierend wirkende Einflüsse ausgeschaltet werden.

Nr. 485886. (B. 118982.) Kl. 12n, 2.

I. G. FARBENINDUSTRIE AKT.-GES. IN FRANKFURT A. M.

Erfinder: Dr. Alwin Mittasch, Dr. Carl Müller in Mannheim und Dr.-Ing. Leo Schlecht in Ludwigshafen a. Rh.

Verfahren zur Herstellung von Eisencarbonyl.

Zusatz zum Patent 447130.

Vom 31. März 1925. — Erteilt am 24. Okt. 1929. — Ausgegeben am 11. Nov. 1929. — Erloschen: . . . .

In dem Patent 447 130 ist ein Verfahren zur Herstellung von Eisencarbonyl durch Überleiten von Kohlenoxyd unter hohem Druck und bei einer Temperatur von etwa 100 bis 200° über metallisches Eisen beschrieben, bei welchem durch hohe Strömungsgeschwindigkeit des Gases die Abscheidung flüssigen Carbonyls auf dem Eisen, welche den Fortgang der Reaktion hindert, vermieden und so fortlaufend Carbonyl erzeugt wird. Hierdurch ist es möglich geworden, Eisencarbonyl in ununterbrochenem Arbeitsgang technisch herzustellen.

Es hat sich nun überraschenderweise gezeigt, daß bei Einhaltung der ganannten Strömungsgeschwindigkeit, d. h. beim Überleiten in der Weise, daß es zu einer beträchtlichen Abscheidung des Reaktionsproduktes auf dem Eisen nicht kommt, auch beim Arbeiten unter gewöhnlichem oder schwach erhöhtem Druck ein Reaktionsgas von bei gleich bleibenden Bedingungen praktisch gleichmäßigem und so erheblichem Carbonylgehalt (von etwa 4 bis 6 Vol. %) erhalten wird, daß sich das Eisencarbonyl durch bekannte Mittel, wie Kühlung oder Absorption, gewinnen läßt.

Man verwendet dabei mit Vorteil hochreaktionsfähige Eisenmassen, wie sie z. B. aus Eisenschwamm oder anderen metallischen Eisenmassen dadurch erhalten werden können, daß man bei der Vorbereitung der Masse für die Carbonylbildung jede Oxydation ausschließt, oder daß man vor dem Gebrauch der Masse eine Vorbehandlung mit reduzierenden Gasen vornimmt.

Nach Abtrennung des Eisencarbonyls kann man wie bei dem Verfahren der Hauptanmeldung das Restgas im Kreislauf von neuem über das Eisen leiten. Die Temperatur im Reaktionsraum ist mit Rücksicht auf die Lage des Gleichgewichtes der Reaktion $Fe + 5\,CO \rightleftarrows Fe(CO)_5$ beim Arbeiten unter niedrigem Druck im allgemeinen tiefer zu wählen als bei hohem Druck. Man erhält unter Atmosphärendruck z. B. schon bei 15° Eisencarbonyl, jedoch ist bei dieser niedrigen Temperatur die Bildungsgeschwindigkeit sehr gering. Letztere wird durch Temperaturerhöhung wesentlich beschleunigt, und man erhält bei Atmosphärendruck, z. B. bei 60° C, gute Ausbeuten. Die Temperatur ist aber nach oben begrenzt dadurch, daß die Dissoziation des Eisencarbonyls in Eisen und Kohlenoxyd desto stärker in Erscheinung tritt, je höher die Temperatur ist. Bei gewöhnlichem Druck macht sich diese Dissoziation bereits oberhalb 60° störend bemerkbar, weshalb die Carbonylausbeute dann schon wieder abnimmt. Steigert man jedoch den Druck, so wird dadurch die Dissoziation zurückgedrängt, und man kann mit der Temperatur noch höher gehen. An Stelle von Kohlenoxyd kann auch ein kohlenoxydreiches Gasgemisch verwendet werden; es läßt sich z. B. technisches, von Kohlensäure befreites Wassergas mit einem durchschnittlichem Gehalt von 40 % Kohlenoxyd verwenden. Zweckmäßig ist es, bei solchen an Kohlenoxyd ärmeren Gasen unter schwach erhöhtem Druck zu arbeiten, da der Partialdruck des Kohlenoxyds für die Carbonylbildung ausschlaggebend ist. Ferner kann man, wie bei dem Verfahren der Hauptanmeldung, die Bildungsgeschwindigkeit des Eisencarbonyls durch Beimischung bestimmter Stoffe zum Eisen bzw. zum Kohlenoxyd erhöhen. Man kann z. B. dem Kohlenoxyd geringe Mengen von Ammoniak, Wasserstoff, Methanoldampf oder Formaldehyd zusetzen. Sauerstoff, Kohlensäure und andere Stoffe, die auf das Eisen oxydierend wirken können, sind dagegen möglichst aus dem Gas auszuschließen, da sie oft, selbst wenn nur in Spuren vorhanden, die Oberfläche des Eisens für den weiteren Angriff des Kohlenoxyds passiv machen.

PATENTANSPRUCH:

Abänderung des Verfahrens nach Patent 447 130, dadurch gekennzeichnet, daß man das Kohlenoxyd oder kohlenoxydreiche Gas unter gewöhnlichem oder schwach erhöhtem Druck und gegebenenfalls bei Temperaturen, die zwischen 15 und 100° liegen, mit derart großer Strömungsgeschwindigkeit über das Eisen leitet, daß das gebildete Carbonyl ganz oder größtenteils von den Gasen mitgeführt wird.

D. R. P. 447130, B. III, 941; s. a. A. P. 1783744; E. P. 250132; F. P. 592438, Zusatzpatent 31687.

Nr. 518781. (I. 34863.) Kl. 12n, 1.

I. G. Farbenindustrie Akt.-Ges. in Frankfurt a. M.

Erfinder: Dr. Alwin Mittasch in Mannheim und Dr.-Ing. Leo Schlecht in Ludwigshafen a. Rh.

Verfahren zur Herstellung von Metallcarbonylen.

Vom 6. Juli 1928. — Erteilt am 5. Febr. 1931. — Ausgegeben am 19. Febr. 1931. — Erloschen: ....

Es wurde gefunden, daß sich die Herstellung von Metallcarbonylen durch Einwirkung von Kohlenoxyd auf carbonylbildende Metalle oder diese enthaltendes Material auch in Gegenwart von Flüssigkeiten oder Schmelzen durchführen läßt.

Diese Arbeitsweise besitzt den Vorteil, daß sich dadurch die Carbonylherstellung in einfacher Weise, insbesondere unter Druck, in ununterbrochenem Betriebe durchführen läßt. Man führt das Reaktionsgut in Form einer Paste oder in einer Flüssigkeit oder Schmelze suspendiert vorteilhaft kontinuierlich in die Apparatur ein, behandelt es dort zweckmäßig im Gegenstrom mit Kohlenoxyd und entfernt den nicht mit Kohlenoxyd umgesetzten Rückstand aus dem Reaktionsraum vorteilhaft in der gleichen kontinuierlichen Weise.

Es hat sich hierbei gezeigt, daß man vorteilhaft solche Flüssigkeiten oder Schmelzen verwendet, die neben geringem Dampfdruck ein großes Lösungsvermögen für Kohlenoxyd besitzen, insbesondere wenn man unter erhöhtem Kohlenoxyddruck arbeitet, wodurch die Löslichkeit des Kohlenoxyds noch erhöht wird. Auf diese Weise läßt sich neben einer erheblichen Ersparnis an sonst erforderlicher Handarbeit der zur Verfügung stehende Raum, was die Raumzeitausbeute anbetrifft, sehr gut ausnutzen.

Das Vermischen des carbonylbildenden Materials mit einer Flüssigkeit oder Schmelze ist besonders vorteilhaft bei der Verarbeitung von pulverförmigen und feinkörnigen Stoffen, da aus diesen im Großbetrieb in trocknem Zustand infolge ihrer feinen Verteilung nur schwierig Carbonyl gewonnen werden kann.

Beispiel 1

5 Teile reduzierter feinkörniger Kiesabbrand werden mit 3 Teilen Paraffinöl zu einer Paste angerieben und bei 200° und 200 at Druck etwa 3 Stunden lang in inniger Berührung mit stark strömendem Kohlenoxyd behandelt. Hierbei werden 80% des Eisens als Carbonyl verflüchtigt, das sich von der geringen Menge des mitgeführten Paraffinöls leicht durch fraktionierte Kondensation bzw. Destillation trennen läßt.

Beispiel 2

Reduzierter Kiesabbrand, der sich vollständig unter flüssigem Eisencarbonyl befindet, wird in einem Autoklaven bei 180° mit nicht strömendem Kohlenoxyd unter 180 at Druck behandelt. Der Autoklav wird dabei geschüttelt und der Kohlenoxyddruck von 180 at beständig aufrechterhalten. Nach 2 Stunden sind annähernd 80% des im Kiesabbrand enthaltenen Eisens zu Carbonyl umgesetzt, das durch einen Überlauf in flüssiger Form aus dem Reaktionsgefäß entnommen werden kann. Wird der Autoklav nicht geschüttelt, so wird unter sonst gleichen Arbeitsbedingungen in derselben Zeit wesentlich weniger Eisen in Carbonyl übergeführt.

Man kann, anstatt zu schütteln, auch an sich bekannte Rühr- oder Bewegungsvorrichtungen im Innern des Ofens anbringen. Derartige Vorrichtungen können z. B. durch die Gase, die in den Reaktionsraum zur Ergänzung des bei der Reaktion verbrauchten Kohlenoxyds eintreten, angetrieben werden, gegebenenfalls auch durch geeignete Entspannung des überschüssig angewandten Kohlenoxyds oder der Gase, die in dem bei der Reaktion neugebildeten und abzulassenden Carbonyl gelöst sind. Die Bewegung der betreffenden Vorrichtung, z. B. eines Rührers, kann aber auch ganz oder teilweise auf andere Weise von außen erfolgen. Unter Umständen kann man auch dadurch, daß man Teile des Reaktionsraumes auf verschiedener Temperatur hält, Strömungen und Bewegungen der darin enthaltenen Flüssigkeit hervorrufen. Eine weitere Möglichkeit besteht in einer Rührung durch elektromagnetische Einwirkung.

Beispiel 3

1 Teil feinkörniger, reduzierter Kiesabbrand wird mit 1 Teil Eisencarbonyl zu einem Schlamm angerührt, von unten in einen vertikal angeordneten Hochdruckbehälter kontinuierlich eingepreßt und dort bei 200° unter 200 at Druck mit einem Kohlenoxydstrom, der am Boden des Behälters eingeleitet wird, in Berührung gebracht. Der verbleibende Rückstand wird ebenfalls als Schlamm im oberen Teil des Ofens abgezogen und kontinuierlich entspannt.

Die Raumzeitausbeuten sind hierbei etwa doppelt so hoch wie bei dem diskontinuierlichen Arbeiten unter sonst gleichen Bedingungen, abgesehen davon, daß die für Leeren und Füllen des Ofens notwendige Arbeitspause in Wegfall kommt.

Beispiel 4

Ein um seine Längsachse rotierender Hochdruckofen wird mit stückigem Eisenschwamm gefüllt und bei einer Temperatur von 200° mit einer Kohlenoxydbatterie von 200 at Druck in Verbindung gesetzt. Das sich im Verlauf der Kohlenoxydeinwirkung in größerer Menge ansammelnde Carbonyl wird von Zeit zu Zeit abgelassen. Die Umsetzung des Eisens zu Eisencarbonyl erfolgt ebenso rasch wie beim Arbeiten mit über das Material strömendem Kohlenoxyd.

PATENTANSPRÜCHE:

1. Verfahren zur Herstellung von Metallcarbonylen, dadurch gekennzeichnet, daß die carbonylbildenden Metalle oder die diese enthaltenden Materialien in Gegenwart von Flüssigkeiten oder Schmelzen mit Kohlenoxyd, zweckmäßig unter inniger Berührung, behandelt werden.

2. Ausführungsform des Verfahrens nach Anspruch 1, dadurch gekennzeichnet, daß man das zur Carbonylbildung dienende Ausgangsmaterial mit der Flüssigkeit oder Schmelze kontinuierlich in die Apparatur einführt, in der sie mit Kohlenoxyd, zweckmäßig im Gegenstrom und unter Druck, behandelt wird, und den nicht mit Kohlenoxyd umgesetzten Rückstand ebenfalls in kontinuierlicher Weise aus dem Reaktionsraum entfernt.

E. P. 323332.

Nr. 520221. (I. 35913.) Kl. 12n, 1.

I. G. FARBENINDUSTRIE AKT.-GES. IN FRANKFURT A. M.

Erfinder: Dr. Wilhelm Gaus in Heidelberg und Dr.-Ing. Leo Schlecht in Ludwigshafen a. Rh.

Verfahren zur Herstellung von Metallcarbonylen.

Zusatz zum Patent 518781.

Vom 25. Okt. 1928. — Erteilt am 19. Febr. 1931. — Ausgegeben am 16. März 1931. - Erloschen: . . . .

In dem Hauptpatent 518781 ist ein Verfahren zur Herstellung von Metallcarbonylen beschrieben, wobei man die carbonylbildenden Metalle oder die diese enthaltenden Materialien in Gegenwart mit Flüssigkeiten oder Schmelzen mit gasförmigem Kohlenoxyd behandelt.

Bei der weiteren Ausbildung dieses Verfahrens wurde gefunden, daß man zur Beschleunigung der Carbonylbildung vorteilhaft Flüssigkeiten oder Schmelzen verwendet, in denen, bevor sie in den Reaktionsraum gelangen, Kohlenoxyd, vorteilhaft unter Druck, gelöst wurde. Auf das besondere Einleiten von gasförmigem Kohlenoxyd in den Reaktionsraum kann man dabei gegebenenfalls ganz verzichten.

Als Lösungsmittel für das Kohlenoxyd eignen sich z. B. Benzine, Öle, insbesondere hochsiedende Kohlenwasserstoffe, oder die Carbonyle selbst, z. B. Eisenpantacarbonyl, Nickelcarbonyl oder geschmolzenes Kobalttetracarbonyl.

Sowohl durch Steigerung des Druckes, unter dem das Kohlenoxyd in der Flüssigkeit oder Schmelze gelöst wird, als auch durch Erhöhung der Strömungsgeschwindigkeit, mit der die Kohlenoxydlösung über das carbonylbildende Material geleitet wird, und gegebenenfalls durch Steigerung der Temperatur läßt sich die Raumzeitausbeute an Carbonyl wesentlich erhöhen.

Das Verfahren läßt sich vorteilhaft kontinuierlich und im Kreislauf durchführen. Man kann beispielsweise Eisencarbonyl, das bei gewöhnlicher Temperatur mit Kohlenoxyd, z. B. unter dem bei der Reaktion herrschenden Druck, gesättigt wurde, zusammen mit dem in diesem Falle im Eisencarbonyl suspendierten, eisenhaltigen Material oder getrennt von diesem kontinuierlich in den Reaktionsraum einführen und von dort aus, nachdem das gelöste Kohlenoxyd mit dem Eisen in Reaktion getreten ist, die an Kohlenoxyd verarmte Lösung in Form einer Paste mit dem Rückstand abziehen. Nach der Abtrennung des letzteren, die zweckmäßig ebenfalls fortlaufend geschieht, kann das Carbonyl ganz oder teilweise, z. B. durch Behandeln mit gasförmigem Kohlenoxyd oder solches enthaltenden Gasen, wieder mit Kohlenoxyd gesättigt und in den Reaktionsraum zurückgeführt werden. Beim Arbeiten unter Druck kann dieser ganze Kreisprozeß ohne Druckentspannung ausgeführt werden, so daß jeweils nur für die Ergänzung des verbrauchten Kohlenoxyds Kompressionsarbeit zu leisten ist.

Unter Umständen, z. B. zum Aufwirbeln des Metallpulvers in der Flüssigkeit im Reaktionsraum, kann es auch vorteilhaft sein, neben der mit Kohlenoxyd vorher gesättigten Flüssigkeit oder Schmelze gleichzeitig noch gasförmiges Kohlenoxyd oder solches enthaltende Gase in den Reaktionsraum einzuführen.

Beispiel 1

Über pulverförmigen, reduzierten Kiesabbrand läßt man bei 175° unter einem Druck von 200 at flüssiges Eisencarbonyl strömen, das zuvor mit Kohlenoxyd bei gewöhnlicher Temperatur unter einem Druck von 200 at gesättigt wurde. In $2^1/_2$ Stunden werden bei einer Strömungsgeschwindigkeit des mit Kohlenoxyd gesättigten Carbonyls von 190 l/Std. und pro Kilogramm Eisen 87% des Eisens zu Carbonyl umgesetzt.

Beispiel 2

Mit Kohlenoxyd unter einem Druck von 200 at gesättigtes Benzin wird unter dem gleichen Druck bei 175° über reduzierten Kiesabbrand geführt. Der Eisencarbonylgehalt des abfließenden Benzins beträgt 1,7 Gewichtsprozent. Durch Veränderung der Strömungsgeschwindigkeit des Benzins, gegebenenfalls durch wiederholtes Überleiten vorteilhaft im Kreislauf, mit oder ohne Zuhilfenahme von strömendem Kohlenoxyd oder solches enthaltenden Gasen, kann man dem Benzin einen beliebigen Prozentgehalt an Carbonyl einverleiben. Auf diese Weise lassen sich Lösungen von Metallcarbonylen, die gegebenenfalls unmittelbar als solche Verwendung finden können, in solchen organischen Lösungsmitteln herstellen, die ein Lösungsvermögen gegenüber Kohlenoxyd aufweisen.

PATENTANSPRUCH:

Verfahren zur Herstellung von Metallcarbonylen gemäß dem Hauptpatent 518781, dadurch gekennzeichnet, daß man die carbonylbildenden Materialien mit Flüssigkeiten oder Schmelzen behandelt, in denen, bevor sie in den Reaktionsraum gelangen, Kohlenoxyd gelöst wurde, gegebenenfalls ohne dabei gasförmiges Kohlenoxyd besonders in den Reaktionsraum einzuführen.

E. P. 323332.

Nr. 520220. (I. 35256.) Kl. 12n, 1.

I. G. FARBENINDUSTRIE AKT.-GES. IN FRANKFURT A. M.

Erfinder: Dr.-Ing. Emil Keunecke in Ludwigshafen a. Rh.

Verfahren zur Herstellung von Metallcarbonylen.

Vom 15. Aug. 1928. — Erteilt am 19. Febr. 1931. — Ausgegeben am 9. März 1931. — Erloschen: 1934.

Es ist ein Verfahren zur Herstellung von Metallcarbonylen vorgeschlagen worden, nach dem carbonylbildende Metalle oder solche enthaltende Materialien in Gegenwart von Flüssigkeiten oder Schmelzen mit Kohlenoxyd behandelt werden. Hierbei ist man, wenn man nicht eine Verringerung der Bildungsgeschwindigkeit des Carbonyls u. U. in Kauf nehmen will, auf Flüssigkeiten oder Schmelzen angewiesen, die eine große Löslichkeit für Kohlenoxyd aufweisen. Man arbeitet außerdem zweckmäßig unter möglichst hohen Drucken, da hierdurch die Löslichkeit des Kohlenoxyds in dem betreffenden Stoff erhöht wird.

Es hat sich nun gezeigt, daß man insbesondere mit Stoffen, in denen Kohlenoxyd weniger gut löslich ist, und vor allem unabhängiger von hohen Kohlenoxyddrucken arbeiten kann, wenn man das Gemisch des carbonylbildenden Materials mit der Flüssigkeit bzw. Schmelzen unter derartigen Bedingungen mit Kohlenoxyd behandelt, daß die zugemischte Flüssigkeit oder Schmelze während der Reaktion nur oder fast nur in dampfförmiger Phase vorliegt. Auf diese Weise wird eine die Bildung des Carbonyls etwa hemmende Flüssigkeitsschicht auf der Oberfläche des Metalls verhindert.

Zweckmäßig wählt man Flüssigkeiten und Schmelzen mit hohem Dampfdruck, z. B. leichtflüchtige Kohlenwasserstoffe, wie z. B Xylol u. dgl. Besonders vorteilhaft jedoch verwendet man als Mittel zum Anpasten des Ausgangsmaterials die Carbonyle derjenigen Metalle, die als Carbonyl gewonnen werden sollen, z. B. flüssiges Nickel- oder Eisencarbonyl oder geschmolzenes Kobaltcarbonyl, gegebenenfalls auch deren Mischungen. Man verhindert so die Verunreinigung der Reaktionsprodukte und erspart deren Trennung von fremden Zusatzstoffen. Zweckmäßig sorgt man durch entsprechende Einstellung der Temperatur oder der Strömungsgeschwindigkeit der Gase dafür, daß im Reaktionsraum der Partialdruck des betreffenden Zusatzstoffes, insbesondere bei Verwendung von Carbonylen, seinen Dampfdruck bei der betreffenden Arbeitstemperatur höchstens gerade erreicht.

Man kann die Verflüchtigung des Zusatzmittels im Reaktionsraum selbst vor sich gehen lassen oder auch in einem anderen, dem Reaktionsraume vorgeschalteten Teile der Apparatur, der z. B. auf einer Temperatur gehalten wird. die höher als die des Reaktionsraumes ist; hierbei führt man dann zweckmäßig das Kohlenoxyd oder kohlenoxydhaltige Gas dem Reaktionsgut entgegen. Bewegt man Reaktionsgut im Gleichstrom mit dem Reaktionsgas durch den Reaktionsraum, so wählt man die Temperatur des Vorraumes so hoch, daß das Zusatzmittel bereits dort ganz oder teilweise verdampft, wobei es gegebenenfalls durch eine in die Apparatur z. B. seitlich eingebaute Kühlvorrichtung kondensiert und getrennt abgeführt werden kann. Der Dampf des Zusatzmittels kann aber auch von den abziehenden Gasen mitgenommen und dann ganz oder teilweise auf dem nach der Reaktion noch vorhandenen Rückstande kondensiert werden. Dieser wird dadurch wieder in eine Paste oder Suspension verwandelt und kann in dieser Form leicht aus der Apparatur entfernt werden. Der Reaktionsrückstand läßt sich jedoch auch durch Einpressen von flüssigen, flüchtigen oder nichtflüchtigen Stoffen an geeigneter Stelle des Ofens wieder in der gewünschten Weise anpasten.

Das Verfahren ist besonders wichtig für die Herstellung von Metallcarbonylen in kontinuierlichem Betrieb; man hat hierbei gegenüber dem Arbeiten mit trockenen Ausgangsstoffen den Vorteil, daß die Apparatur für die Carbonylgewinnung bedeutend einfacher und betriebssicherer wird, da die zugesetzten Flüssigkeiten und Schmelzen als Gleit- und Abdichtungsmittel, insbesondere bei der Ein- und Austragung der festen Stoffe, wirken, ohne daß durch Flüssigkeitsschichten, die den Zutritt des Kohlenoxyds u. U. zum Metall erschweren, eine Verringerung der Raumzeitausbeute an Carbonyl eintritt.

Beispiel

Reduzierter Kiesabbrand wird z. B. in der Kugelmühle zu feinem Pulver vermahlen. 1 Gewichtsteil dieses Pulvers wird mit 1 Gewichtsteil Eisencarbonyl angepastet und in einen Druckofen eingepreßt. Dort wird die Paste auf 200° erwärmt und unter 200 at mit Kohlenoxyd mit einer derartigen Strömungsgeschwindigkeit behandelt, daß in dem abziehenden Gas der Carbonylpartialdruck den Dampfdruck des Eisencarbonyls bei 200° (etwa 8 at) nicht erreicht. Auf diese Weise werden in 3 Stunden 87 % des Eisens zu Carbonyl umgesetzt. Der abgekühlte Rückstand wird durch Einpressen von flüssigem Eisencarbonyl wieder angepastet und aus dem Ofen in Form einer Paste herausgepreßt. Das Eisencarbonyl wird vom Rückstand durch Filtration, evtl. unter Pressung, abgetrennt oder z. B. durch Verdampfung entfernt.

Patentansprüche:

1. Verfahren zur Herstellung von Metallcarbonylen durch Einwirkung von Kohlenoxyd unter Druck auf carbonylbildende Metalle oder solche enthaltendes Material in Gegenwart von Flüssigkeiten oder Schmelzen, dadurch gekennzeichnet, daß das Material zunächst mit Flüssigkeiten oder Schmelzen vermischt und dann unter derartigen Bedingungen mit Kohlenoxyd zwecks Carbonylbildung behandelt wird, daß die zugemischten Flüssigkeiten oder Schmelzen während der Reaktion nur oder fast nur in dampfförmiger Phase vorliegen.

2. Anwendung des Verfahrens gemäß Anspruch 1 zur kontinuierlichen Gewinnung von Metallcarbonylen, indem man das Gemisch des Ausgangsmaterials mit Flüssigkeiten oder Schmelzen kontinuierlich in den Reaktionsraum einpreßt und zweckmäßig den Reaktionsrückstand wieder mit einer Flüssigkeit, gegebenenfalls mit einem Teil des kondensierten Zusatzstoffes, vermischt und kontinuierlich aus dem Reaktionsraum austrägt.

3. Verfahren nach Anspruch 1 und 2, dadurch gekennzeichnet, daß man als Flüssigkeit oder Schmelze die Carbonyle derjenigen Metalle verwendet, die im Ausgangsmaterial zu Carbonyl umgesetzt werden sollen.

F. P. 677548, Zusatzpatent 37284.

Nr. 535437. (I. 35543.) Kl. 12n, 1.

I. G. Farbenindustrie Akt.-Ges. in Frankfurt a. M.

Erfinder: Dr.-Ing. Leo Schlecht und Dr.-Ing. Emil Keunecke in Ludwigshafen a. Rh.

Verfahren zur Herstellung von Metallcarbonylen.

Vom 18. Sept. 1928. — Erteilt am 24. Sept. 1931. — Ausgegeben am 10. Okt. 1931. — Erloschen: . . . .

Bei der technischen Herstellung von Metallcarbonylen hat man bisher, wenn das zu verarbeitende Material die carbonylbildenden Metalle in Form von Verbindungen, z. B. als Oxyde, enthielt, dieses zunächst reduzierend vorbehandelt und die dadurch in elementarer Form gewonnenen Metalle in einem gesonderten Arbeitsgang durch Einwirkung von Kohlenoxyd oder kohlenoxydhaltigen Gasen unter geeigneten Bedingungen in Carbonyle übergeführt.

Es wurde nun gefunden, daß man reduzierbare Metallverbindungen, insbesondere Oxyde, auch direkt ohne gesonderte vorhergehende Reduktion in einem einzigen Arbeitsgang in technisch einfacher Weise und mit guter Ausbeute durch Behandeln mit Kohlenoxyd oder kohlenoxydhaltigen Gasen bei erhöhter Temperatur, zweckmäßig unter Druck, in die Carbonyle überführen kann. Man arbeitet hierbei zweckmäßig bei Temperaturen, bei denen das Kohlenoxyd bzw. die kohlenoxydhaltigen Gase schon mit genügender Geschwindigkeit reduzierend auf die Metallverbindungen einwirken, jedoch darf die Temperatur nicht so hoch sein, daß der Zerfall von Kohlenoxyd störend in Erscheinung tritt. Durch Anwendung des Kohlenoxyds unter Druck läßt sich die zulässige Temperatur wegen der günstigeren Lage des Gleichgewichts steigern, und es ist zweckmäßig, den Druck und die Arbeitstemperatur so hoch zu wählen, daß möglichst beträchtliche Mengen Carbonyl entstehen. Um die Temperatur möglichst tief halten zu können, kann man dem die Carbonyle bildenden Material unter Umständen andere, die Reduktion erleichternde Stoffe, wie z. B. Kupfer, zusetzen. Ebenso kann es von Vorteil sein, den Zerfall des Kohlenoxyds durch Zusätze, z. B. durch Zumischen von Schwefelverbindungen, wie z. B. Schwefelkohlenstoff, zum Gas oder von Sulfiden, z. B. Alkali- oder Erdalkalisulfiden, zu dem umzusetzenden Gut, weitgehend zurückzudrängen.

Für das Verfahren kommen im allgemeinen Temperaturen von 200 bis 450° und Drücke von 20 at an aufwärts in Frage.

Beispiel 1

Nickeloxyd wird bei 250° 6 Stunden mit strömendem Kohlenoxyd von 350 at Druck behandelt. In dieser Zeit werden 93% des Nickels in Form von flüssigem Nickelcarbonyl erhalten.

Beispiel 2

Feinverteiltes Eisenoxyd wird bei 225° 6 Stunden mit strömendem Kohlenoxyd unter 200 at Druck behandelt. Hierbei werden etwa 70% des Eisens in Carbonyl verwandelt. Durch Steigerung des Druckes und der Temperatur kann die Ausbeute noch erheblich verbessert werden. Bei Anwendung von wenig aktiven Oxyden oder Abfällen, wie z. B. Kiesabbrand, sind zweckmäßig Temperaturen über 250° und Drücke von 300 at aufwärts anzuwenden.

Beispiel 3

Nickelsulfid wird mit strömendem Kohlenoxyd unter 200 at Druck bei 200° behandelt. In 2 Stunden werden 90% des Nickels als Carbonyl erhalten. Das gebildete Kohlenoxydsulfid kann als solches gewonnen werden oder zerstört werden, wobei Kohlenoxyd regeneriert wird. Die verwendeten Reinigungsmassen können auf elementaren Schwefel verarbeitet werden. Man kann sie jedoch auch auf Schwefelwasserstoff verarbeiten und diesen zur Fällung von Metallen aus den bei der Erzlaugerei anfallenden Lösungen verwenden. Die hierbei erhaltenen Sulfide werden dann zweckmäßig der Carbonylgewinnung zugeführt. Bei 200° und 200 at Kohlenoxyddruck wird dabei fast ausschließlich das Nickelsulfid in Carbonyl übergeführt. Die Sulfide der anderen carbonylbildenden Metalle reagieren unter diesen Bedingungen nur sehr wenig mit Kohlenoxyd. Zu ihrer Gewinnung sind höhere Drücke oder bzw. und höhere Temperaturen notwendig. Man erreicht also auf diese Weise nicht nur eine Trennung der carbonylbildenden Metalle von den nicht carbonylbildenden, sondern auch eine Trennung der carbonylbildenden voneinander (insbesondere des Nickels von Eisen und Kobalt). Da der Schwefelwasserstoff bei dieser Arbeitsweise leicht regeneriert und wieder zur Fällung verwendet werden kann, eignet sich das Verfahren zur Aufarbeitung großer Laugemengen, insbesondere auch solcher, deren Aufarbeitung wegen geringen Metallgehaltes seither wenig wirtschaftlich war.

Beispiel 4

Nickelcarbonat wird bei 250° mit strömendem Kohlenoxyd unter einem Druck von 200 at behandelt. Hierbei werden in etwa 2 Stunden 95% in Carbonyl umgesetzt.

Eisencarbonat reagiert erst gut bei höheren Temperaturen und Drücken. Es kann also auch bei Verwendung der Carbonate eine Trennung der carbonylbildenden Metalle herbeigeführt werden.

Beispiel 5

Nickelchlorid im Gemisch mit Kalk wird bei 300° mit Kohlenoxyd von 300 at Druck behandelt. In 3 Stunden werden gegen 80% des Nickels in Carbonyl übergeführt. Da bei der Reaktion eine erhebliche Wärmemenge entsteht, ist oft ein plötzliches, weit über den gewünschten Bereich hinausgehendes Steigen der Temperatur des Reaktionsofens nicht zu vermeiden. Durch Zusatz von Nickelsulfid oder Alkalisulfid kann vermieden werden, daß in solchen Fällen die Reaktion durch den Eintritt von Kohlenoxydzerfall gestört wird.

Bei Zusatz von Ätzkali wurde dieselbe Ausbeute schon bei einem Druck von 200 at erreicht.

Eisenchlorür reagiert unter diesen Bedingungen auch schon sehr lebhaft.

Arbeitet man ohne Zusatz von Kalk oder Ätzkali, so werden Carbonyle nur in Spuren erhalten.

PATENTANSPRUCH:

Verfahren zur Herstellung von Metallcarbonylen aus reduzierbaren Metallverbindungen, insbesondere Oxyden, dadurch gekennzeichnet, daß diese ohne gesonderte reduzierende Vorbehandlung, vorteilhaft im Gemisch mit die Reduktion erleichternden Stoffen, wie Kupfer, direkt mit Kohlenoxyd oder kohlenoxydhaltigen Gasen bei erhöhter, aber unter der Zerfalltemperatur des Kohlenoxyds liegender Temperatur, zweckmäßig unter Druck, behandelt werden.

Nr. 562179. (I. 40967.) Kl. 12n, 1.

I. G. FARBENINDUSTRIE AKT.-GES. IN FRANKFURT A. M.

Erfinder: Dr. Max Naumann und Dr.-Ing. Leo Schlecht in Ludwigshafen a. Rh.

Verfahren zur Herstellung von Metallcarbonylen.

Vom 14. März 1931. — Erteilt am 6. Okt. 1932. — Ausgegeben am 22. Okt. 1932. — Erloschen: . . .

Bei der Herstellung von Metallcarbonylen durch Einwirkung von Kohlenoxyd auf carbonylbildendes Material in kontinuierlichem Betrieb wurde seither insbesondere entweder so gearbeitet, daß das Ausgangsmaterial, mit Flüssigkeiten oder Schmelzen angepastet, kontinuierlich durch den Reaktionsofen hindurchgepumpt wurde, oder in der Weise, daß das Reaktionsgut in körniger oder pulverisierter Form durch eine Schleuse eingeführt und dann in dünnen Schichten, gegebenenfalls über Teller, Roste, Transportbänder oder Bleche, durch den Reaktionsraum geführt wurde, worauf der Rückstand wiederum durch eine Schleuse entnommen wurde.

Es wurde nun gefunden, daß man bei der Herstellung von Metallcarbonylen besondere Vorteile erzielt, wenn man unter Vermeidung größerer als durch die Gestalt und Korngröße des festen Arbeitsgutes bedingter Hohlräume den Reaktionsraum ständig mit dem festen Arbeitsgut nahezu gefüllt hält. Bei der Carbonylbildung schiebt sich das Material in dem Maße, in dem das Metall verbraucht wird, zusammen, und dabei wird der von ihm im Ofen beanspruchte Raum geringer; bei der gewählten Arbeitsweise wird jedoch der freiwerdende Raum sofort wieder durch frisch eintretendes Material ausgefüllt. Der Durchsatz an Reaktionsgut und damit die Carbonylausbeute ist unter Einhaltung gleicher Verweilzeiten des Materials im Ofen bei der neuen Arbeitsweise bedeutend größer als bei den bisherigen Verfahren. Entgegen der naheliegenden Befürchtung findet ein Zusammensintern oder Kleben des Materials, wodurch das Verfahren undurchführbar würde, nicht statt.

Das folgende Beispiel und die beiliegende Zeichnung veranschaulichen eine Ausführungsform des vorliegenden Verfahrens.

Durch den Ofen *h*, der ganz mit kleinstükkigem, carbonylbildendem Material gefüllt ist, strömt von unten nach oben Kohlenoxyd unter einem Druck von 200 at. Durch eine am unteren Ende angebrachte Schleuse s_2 wird

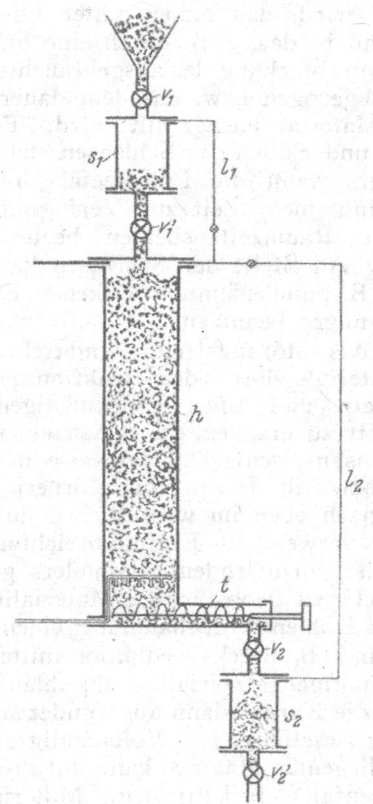

fortlaufend in kurzen Zeitabständen ausgebrauchtes Material entnommen. Dies geschieht in der Weise, daß zunächst durch die Leitung l_2 die Schleuse s_2 unter den im Ofen herrschenden Druck gesetzt, hierauf das Ventil v_2 geöffnet und die Transportschnecke *t* in Betrieb gebracht wird. Ist die Schleuse s_2 gefüllt, so wird die Schnecke t stillgelegt, das Ventil v_2 geschlossen und der Druck in s_2 entspannt, worauf durch das Ventil v'_2 die Schleuse s_2 entleert wird. Für das entnommene und das durch die Reaktion verbrauchte Material wird ebenfalls fortlaufend mittels der Schleuse s_1, der Ventile v_1 und v'_1 sowie der Leitungen l_1 und l_2 in ähnlicher Weise Frischgut oben in dem Ofen nachgefüllt. Die Höhe der Füllung des Ofens wird mittels eines Standanzeigers überwacht. Man kann das Material auch in den unteren Teil des Ofens einführen und den Rückstand aus dem oberen Teil entnehmen.

Die Zeitweiligkeit, die sich bei der eben beschriebenen Arbeitsweise dadurch ergibt, daß die Schleusen entspannt und geleert bzw. gefüllt werden müssen und während dieser Zeit keine Materialzufuhr bzw. -abfuhr stattfindet, kann dadurch aufgehoben werden, daß zwei abwechselnd arbeitende Schleusen vorgesehen werden, oder dadurch, daß zwischen Ofen und Schleuse noch ein Puffergefäß geschaltet wird, das immer unter Ofendruck steht und in das, z. B. durch eine Schnecke, ohne Unterbrechung der ausgebrauchte Rückstand abgezogen bzw. aus dem dauernd frisches Material nachgefüllt wird. Für das Leeren und Füllen der Schleusen steht dann, besonders wenn die Puffergefäße nicht zu klein sind, mehr Zeit zur Verfügung, ohne daß die Raumzeitausbeuten beeinträchtigt werden. An Stelle der Schleusen kann man auch z. B. pumpenähnlich wirkende Einpreßvorrichtungen benutzen.

Um das störungsfreie Hindurchrutschen des Materials durch das Reaktionsgefäß zu erleichtern und einen gleichmäßigen Gasdurchtritt zu erzielen, ist es vorteilhaft, das Reaktionsgut wenigstens teilweise in grober Form bzw. in Form von Körnern, deren Größe nach oben im wesentlichen durch die jeweils verwendete Einfüllvorrichtung begrenzt ist, anzuwenden. Besonders geeignet sind nicht zu grobstückige Materialien, die vor der Kohlenoxydbehandlung einen Drehrohrofen, z. B. zwecks Reduktion mittels kohlenstoffhaltiger Materialien, durchlaufen haben, da die Körner dann abgerundet sind und das Gut rieselfähig ist. Vollständig als Pulver vorliegendes Material kann mit gröberem, gegebenenfalls brikettiertem Material gemischt oder abwechselnd mit diesem in den Ofen gegeben werden. Gegebenenfalls können auch auflockernde und den Gasdurchtritt erleichternde Zusatzstoffe, wie Ringe oder Röhrchen aus Ton, Aluminium, Kupfer u. dgl., dem Pulver zugemischt oder in abwechselnder Schichtfolge mit Pulver dem Ofen zugeführt werden.

Die Form des Reaktionsraumes kann weitgehend variiert werden. Beim Arbeiten unter verhältnismäßig niedrigen Drücken sind auch weite Behälter mit geringer Säulenhöhe, z. B. einer solchen von 1 m, geeignet. Statt konisch nach unten oder hinten (im Sinne der Bewegung des Reaktionsgutes) sich verjüngender Reaktionsgefäße können auch zur Erleichterung des Fließens des Reaktionsgutes nach unten bzw. hinten sich erweiternde Behälter verwendet werden. Der Querschnitt der Behälter kann Kreisform oder auch andere, etwa für die Wärmeabstrahlung günstige Formen, z. B. eine rechteckige Form, aufweisen; jedoch soll die Innenfläche der Wandung so ausgebildet sein, daß die Vorwärtsbewegung des Reaktionsgutes nicht behindert wird.

Beim Arbeiten in senkrecht stehenden Behältern von großer Länge, also mit großen Säulenhöhen, kann es zweckmäßig sein, die Materialsäule ein oder mehrere Male durch den Druck abfangende Vorrichtungen zu unterteilen, um allzu große Drücke auf das am tiefsten liegende Material zu vermeiden. Dies kann durch Einbau eines Querbleches geschehen, das einen z. B. zentral angeordneten, gegebenenfalls trichterförmigen Durchlaß aufweist, durch den das Material, wenn notwendig, von Rührarmen bewegt, hindurchfällt. Sind mehrere derartige Stützbleche o. dgl. vorhanden, so ist es zweckmäßig, die Antriebsvorrichtungen, die zur Bewegung des Gutes dienen, mit verschiedener Wirksamkeit zu betreiben, damit Stauungen oder Unterbrechungen innerhalb der Säule vermieden werden und ein gleichmäßiger Durchsatz erzielt wird. Dies wird entweder dadurch erreicht, daß die einzelnen Vorrichtungen mit verschiedenen Geschwindigkeiten angetrieben werden, oder z. B. dadurch, daß bei gleicher Geschwindigkeit und Antrieb durch eine einzige Welle die einzelnen Vorrichtungen durch Unterschiede in der Bauart, z. B. in der Größe oder Form der Rührarme, verschiedene, durch den Versuch festzustellende Fördermengen bewältigen. Ist das Material gut rieselfähig, so kann u. U. auf mechanische Vorrichtungen ganz verzichtet werden, und es genügt, perforierte Blechböden einzubauen, um den übermäßigen, unerwünschten Druck der hohen Materialsäule abzufangen.

Statt oder in Verbindung mit einer Unterteilung des Reaktionsraumes kann der Bodendruck auch durch eine bestimmte Anordnung des Reaktionsgefäßes vermindert werden, z. B. durch Neigung desselben. Bei sehr starker Neigung oder bei horizontaler Richtung des Materialstromes ist dafür Sorge zu tragen, daß das Material fortlaufend zusammengeschoben wird. beispielsweise durch Zuführung des frischen Gutes unter Überdruck, damit der Reaktionsraum soweit wie möglich gefüllt bleibt. Bei langgestreckten Reaktionsräumen, die horizontal gelagert sind, kann es sich als notwendig erweisen, das Zusammenschieben des Materials und damit die Füllung des Raumes nicht allein durch das Eintragen von frischem Gut zu bewirken, sondern mehrere Füll-, Preß- oder Fördervorrichtungen, z. B. Förderschnecken, in Abständen im Reaktionsraum zu verteilen. Die Fortbewegung des Gutes bei stark geneigten oder horizontal liegenden Reaktionsbehältern und die Erhaltung der Füllung läßt sich auch dadurch bewirken oder unterstützen, daß man den Reaktionsbehälter selbst oder, insbesondere beim Arbeiten unter Druck, einen oder mehrere Einsätze, z. B. nicht zu starkwandige Rohre, die mit dem festen Reaktionsgut gefüllt gehalten werden, gegebenenfalls verschieden rasch, in Rotation versetzt.

Die Abführung der Reaktionswärme erfolgt z. B. in an sich bekannter Weise durch Innenkühlung mit Kühlrohren, Kühlschlangen o. dgl. oder durch Außenkühlung mit Kühlrippen, Kühlmänteln o. dgl. oder durch in den Reaktionsraum eingeführte Gase, zweckmäßig durch das Reaktionsgas selbst.

Der Eintritt und/oder Austritt des Kohlenoxyds bzw. der kohlenoxydhaltigen Gase, die im Gleich- oder Gegenstrom zum Material geführt werden, erfolgt zweckmäßig an mehreren Stellen des Reaktionsbehälters. Das Gas wird vorzugsweise im Kreislauf geführt.

PATENTANSPRÜCHE:

1. Verfahren zur Herstellung von Metallcarbonylen durch Einwirkung von Kohlenoxyd oder solches enthaltenden Gasen auf carbonylbildendes Material, dadurch gekennzeichnet, daß man unter Vermeidung größerer als durch die Gestalt und Korngröße des festen Arbeitsgutes bedingter Hohlräume den Reaktionsraum ständig mit dem festen Arbeitsgut nahezu gefüllt hält.

2. Verfahren nach Anspruch 1, dadurch gekennzeichnet, daß das Ausgangsmaterial ganz oder teilweise in grobkörniger Form angewandt oder bzw. und mit stükkigen Zusatzstoffen versetzt wird.

Nr. 547 024. (I. 21. 30.) Kl. 12 n, 1.

I. G. FARBENINDUSTRIE AKT.-GES. IN FRANKFURT A. M.

Erfinder: Dr.-Ing. Leo Schlecht und Dr. Max Naumann in Ludwigshafen a. Rh.

Herstellung von Metallcarbonylen.

Vom 8. April 1930. — Erteilt am 3. März 1932. — Ausgegeben am 29. März 1932. — Erloschen: . . . .

Es wurde gefunden, daß bei der Herstellung von Metallcarbonylen durch Einwirkung von Kohlenoxyd oder solches enthaltenden Gasen auf carbonylbildende Metalle enthaltendes Material in technischem Maßstabe besonders gute Raumzeitausbeuten erzielt werden, wenn man das Reaktionsgas oder die das Reaktionsgas gelöst enthaltende Flüssigkeit, z. B. Metallcarbonyl, oder beide nicht an einer einzigen Stelle, sondern an mehreren Stellen in das Reaktionsgefäß eintreten und bzw. oder aus diesem austreten läßt. Durch diese Maßnahme wird eine individuelle Behandlung verschieden weit abgebauter Teile des Ausgangsmaterials innerhalb eines gegebenen Reaktionsraumes ermöglicht.

Die Zuleitungs- oder bzw. und Ableitungsvorrichtungen für das Gas werden zweckmäßig im Innern des Reaktionsgefäßes nicht nur über dessen Länge, sondern auch über dessen Querschnitt verteilt und sind am besten so eingerichtet, daß sie unabhängig voneinander mit verschieden großen Gasmengen beschickt werden können. Ihre Zahl und spezielle Ausbildung kann an verschiedenen Stellen des Reaktionsgefäßes verschieden sein; sie richtet sich außer nach der Größe und Form des Reaktionsgefäßes nach der Beschaffenheit, insbesondere der Reaktionsfähigkeit des Ausgangsmaterials und den jeweils angewandten Arbeitsbedingungen, z. B. danach, ob das Ausgangsmaterial in trockenem Zustand oder in Gegenwart von Flüssigkeiten mit Kohlenoxyd behandelt wird. Am einfachsten ist die Anwendung eines einzigen, als Längsachse durch den Ofen geführten Rohres, das mit Düsen versehen ist, deren Größe je nach den in den einzelnen Ofenzonen anzuwendenden Gasmengen gewählt ist. Um auch im Falle der Gaszufuhr von der Achse her die einzelnen Abschnitte des Reaktionsbehälters unabhängig voneinander mit regulierbaren, verschieden großen Gasmengen beliefern zu können, kann man mehrere, unabhängig voneinander mit Gas zu beschickende Rohre konzentrisch ineinander in der Längsachse des Ofens anbringen und die Verteilung des Gases über den Querschnitt des Ofens durch eine Vorrichtung nach Art eines Ringbrenners oder durch Düsen bewirken.

Man kann auch mehrere Zuleitungsöffnungen, zweckmäßig gleichzeitig auch Ableitungsöffnungen in der Wandung des Ofens über deren ganze Fläche in Abständen verteilen; an diese Öffnungen schließen sich dann gegebenenfalls wiederum Verteiler oder Düsen im Innern des Ofens an.

Durch die beiliegende Zeichnung ist schematisch eine für die Ausführung des Verfahrens

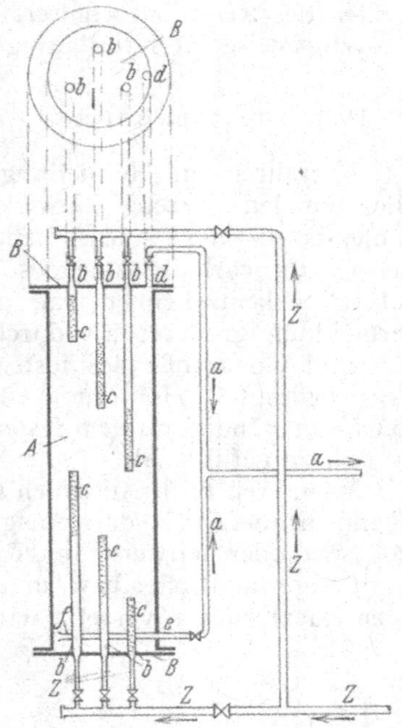

geeignete Vorrichtung dargestellt. Ein Reaktionsbehälter *A* von kreisförmigem Querschnitt hat zwei Deckel *B*, die mit je drei Bohrungen *b* versehen sind, an die sich Rohre *c* im Innern des Ofens anschließen. Die Rohre *c* dienen der Gaszufuhr, sind einzeln durch Ventile abschließbar und werden durch die Leitungen Z von der Umlauf- und Frischgaspumpe gemeinsam gespeist. Sie tauchen verschieden tief in den Reaktionsbehälter ein und sind an jenen Stellen, an denen Gas austreten soll, mit einer größeren Zahl von Düsen versehen. Die Ableitung der Gase erfolgt durch die Öffnungen *d* und *e* bzw. den Stutzen *f*, an die sich das Ableitungsrohr *a* anschließt. Diese Vorrichtung, die insbesondere auch den Vorteil hat, daß sich die ankommenden, gewöhnlich kühleren Gase, insbesondere in den längeren Rohren *c* erwärmen, bevor sie in den Reaktionsraum eintreten, eignet sich sowohl für das Arbeiten in Gegenwart von Flüssigkeiten, z. B. in kontinuierlichem Betrieb, als auch für das Arbeiten mit trokkenem Kohlenoxyd und stückigem Reaktionsgut. Im ersteren Falle fällt die Ableitung bei *e* weg und keines der Rohre *c* sollte jemals ganz strömungslos sein, damit eine Verstopfung der Düsen vermieden wird.

PATENTANSPRÜCHE:

1. Verfahren zur Herstellung von Metallcarbonylen durch Einwirkung von Kohlenoxyd oder solches enthaltenden Gasen auf carbonylbildende Materialien, dadurch gekennzeichnet, daß man das Reaktionsgas oder die das Reaktionsgas enthaltende Flüssigkeit, gegebenenfalls beide, an mehreren Stellen in das Reaktionsgefäß eintreten und bzw. oder aus diesem austreten läßt.

2. Verfahren nach Anspruch 1, dadurch gekennzeichnet, daß die einzelnen Einbzw. Abführungsorgane mit selbständigen Absperr- bzw. Regulierungsvorrichtungen versehen sind, um sie mit verschiedenen Gasmengen beschicken zu können.

Nr. 532 534. (I. 37 451.) Kl. 12 n, 1.

I. G. FARBENINDUSTRIE AKT.-GES. IN FRANKFURT A. M.

Erfinder: Dr. Wilhelm Gaus in Heidelberg, Dr.-Ing. Leo Schlecht und Dr. Max Naumann in Ludwigshafen a. Rh.

Herstellung von Metallcarbonylen.

Vom 17. März 1929. — Erteilt am 20. Aug. 1931. — Ausgegeben am 29. Aug. 1931. — Erloschen: . . . .

Es wurde gefunden, daß man Metallcarbonyl oder Gemische von Metallcarbonylen durch Einwirkung von Kohlenoxyd auf carbonylbildendes Material in besonders guten Ausbeuten erhält, wenn man Kohlenoxyd oder solches enthaltende Gase durch mehrere hintereinandergeschaltete, mit carbonylbildendem Material beschickte Öfen führt, ohne hinter jedem einzelnen Ofen eine vollständige Abtrennung des Carbonyls von den Reaktionsgasen vorzunehmen. Man leitet das Frischgas zweckmäßig zuerst in jenen Ofen, in dem sich das am weitesten umgesetzte Material befindet. Überraschenderweise erzielt man bei dieser Arbeitsweise sehr hohe Raumzeitausbeuten, trotzdem die Reaktionsgase jeweils mit einem Carbonylgehalt in den nächsten Ofen eintreten.

Vorteilhaft ordnet man die hintereinandergeschalteten Öfen so an, daß ohne Unterbrechung des Prozesses jener Ofen, in dem das an carbonylbildendem Metall bereits verarmte Material vollends mit Frischgas bis zur praktischen Beendigung der Carbonylbildung behandelt wurde, aus der Batterie ausgeschaltet und dafür ein mit frischem Material gefüllter Ofen eingeschaltet wird, in den nunmehr das Abgas des letzten Ofens eingeleitet wird.

Man arbeitet beispielsweise folgendermaßen:

Vier Öfen I, II, III und IV sind hintereinandergeschaltet angeordnet. Das Kohlenoxyd wird in Ofen I, in dem sich das am weitesten mit Kohlenoxyd umgesetzte Material befindet, eingeführt und von dort durch die folgenden Öfen II, III und IV geleitet. Nach Ofen IV, der frisches Material enthält, wird das gebildete Carbonyl nach Kühlung abgelassen, das hierbei noch verbleibende Kohlenoxyd wird zusammen mit frischem Kohlenoxyd in den Ofen I wieder eingeführt. Ist die Carbonylbildung in Ofen I beendigt, so wird dieser Ofen ausgeschaltet und das Frischgas in Ofen II eingeleitet. Durch Ofen I wird, nachdem er mit frischem Material gefüllt ist, nunmehr das aus Ofen IV kommende Gas geleitet.

Die Geschwindigkeit des Kohlenoxydstromes, dem man zwischen den einzelnen Öfen noch Frischgas zuführen kann, kann man auch der Carbonylbildungsgeschwindigkeit in den einzelnen Öfen so anpassen, daß im letzten Ofen praktisch kein Kohlenoxyd mehr übrigbleibt und dadurch eine Umlaufpumpe ganz entbehrt werden kann.

Nach dem vorliegenden Verfahren wird eine kontinuierliche Durchführung der Carbonylherstellung ermöglicht unter Vermeidung der beträchtlichen apparativen Schwierigkeiten, die auftreten, wenn man auf andere Weise kontinuierlich arbeiten will, z. B. dadurch, daß man das carbonylbildende feste Material z. B. durch Pumpen kontinuierlich in den Umsetzungsbehälter einführt.

Durch die Vermeidung der Abtrennung des gebildeten Carbonyls aus dem Reaktionsgas hinter jedem einzelnen Ofen werden Kühlvorrichtungen erspart, und man erhält das Carbonyl in erheblich weniger durch Kohlenoxyd und sonstige Abgase verdünntem Zustand als bei der früheren Arbeitsweise. Ob und wieviel Carbonyl zwischen den einzelnen Öfen entfernt wird, richtet sich nach den besonderen Arbeitsbedingungen. Insbesondere beim Arbeiten in Gegenwart besonders zugesetzter Flüssigkeiten oder Schmelzen ist es vorteilhaft, nur nach dem letzten Ofen eine Abtrennung vorzunehmen. Jedoch auch hier kann ein unerwünschter Überschuß an Carbonyl zwischen den einzelnen Öfen oder Ofengruppen entnommen werden. Zu diesem Zwecke genügen in vielen Fällen Abstreifer ohne besondere Kühlung. Bei größeren Aggregaten kann es unter Umständen zweckmäßig sein, zwischen einzelnen Öfen eine vollständige Abtrennung des Carbonyls durch Kühlung auf gewöhnliche oder tiefere Temperaturen vorzunehmen. In jedem Falle soll jedoch bei dem vorliegenden Verfahren erst dann eine vollständige Abtrennung des Carbonyls durch eine solche Abkühlung vorgenommen werden, wenn das Reaktionsgas mindestens zwei Öfen des Aggregats durchströmt hat.

PATENTANSPRÜCHE:

1. Verfahren zur Herstellung von Metallcarbonyl durch Einwirkung von Kohlenoxyd auf carbonylbildendes Metall, dadurch gekennzeichnet, daß man das Kohlenoxyd oder solches enthaltende Gase durch mehrere hintereinandergeschaltete, mit carbonylbildendem Material beschickte Öfen führt, ohne hinter jedem einzelnen Ofen eine vollständige Abtrennung des Carbonyls von den Reaktionsgasen vorzunehmen.

2. Verfahren nach Anspruch 1, dadurch gekennzeichnet, daß man die Abtrennung des gebildeten Carbonyls von den Reaktionsgasen nur nach dem letzten Ofen des Aggregats vornimmt.

Nr. 550 257. (I. 18. 30.) Kl. 12n, 1.

I. G. FARBENINDUSTRIE AKT.-GES. IN FRANKFURT A. M.

Erfinder: Dr. Wilhelm Gaus in Heidelberg, Dr.-Ing. Leo Schlecht und Dr. Max Naumann in Ludwigshafen a. Rh.

Herstellung von Metallcarbonylen.

Zusatz zum Patent 532534.

Vom 28. März 1930. — Erteilt am 21. April 1932. — Ausgegeben am 14. Mai 1932. — Erloschen: . . . .

Das Patent 532 534 betrifft ein Verfahren zur Herstellung von Metallcarbonylen durch Einwirkung von Kohlenoxyd auf carbonylbildendes Material, bei dem man das Kohlenoxyd oder solches enthaltende Gase durch mehrere hintereinandergeschaltete, mit carbonylbildendem Material beschickte Reaktionsgefäße führt.

Bei der weiteren Ausbildung dieses Verfahrens wurde nun gefunden, daß die Bildung der Metallcarbonyle mit großem Vorteil in der Weise durchgeführt wird, daß man an

Stelle des Kohlenoxyds das carbonylbildende Material oder beide Reaktionskomponenten gleichzeitig, ganz oder teilweise, durch eine Reihe von wenigstens zwei Reaktionsgefäßen hindurchführt. Das carbonylbildende Material kann dabei in fester, pastenförmiger oder suspendierter Form angewendet werden. Die vorliegende Arbeitsweise hat den Vorteil, daß in der Raum- und Zeiteinheit eine höhere Carbonylausbeute erzielt wird und daß die Trennung der erschöpften Rückstände von frischem carbonylbildendem Material leichter vonstatten geht als bei den bekannten Verfahren.

Beim Arbeiten in mehreren Gefäßen gemäß der vorliegenden Erfindung lassen sich die verschieden weit abgebauten Materialien leichter voneinander getrennt halten als bei früheren Arbeitsweisen; man hat in den einzelnen Reaktionsbehältern an allen Stellen Material mit vergleichsweise sehr ähnlicher Vorbehandlung vor sich, das einer einheitlichen Behandlung, wie Kühlung, Heizung. Einwirkung von Gas usw , gut zugänglich ist. Die genannten vorteilhaften Wirkungen wären durch eine bei diskontinuierlichen Arbeitsweisen übliche innige Durchmischung durch Rühren o. dgl. unter Anwendung eines einzigen Reaktionsgefäßes nicht erreichbar; insbesondere würde beim Arbeiten unter Druck die Anwendung von Rühr- und Bewegungsvorrichtungen auch zu erheblichen betrieblichen Nachteilen führen.

Man kann z. B. zwei oder mehrere senkrecht angeordnete Reaktionsgefäße in der Weise miteinander verbinden, daß der feste oder mehr oder weniger pastenförmige Inhalt des einen Gefäßes ganz oder teilweise mit der gewünschten Geschwindigkeit dem anderen Gefäß zugeführt werden kann. Beispielsweise kann das Material vom Boden des einen Gefäßes in den oberen Teil des anderen Gefäßes oder von dem oberen Teil des einen Gefäßes in den oberen Teil des nächsten Gefäßes überführt werden. Zu diesem Zweck können die Reaktionsgefäße in gleicher Höhe angeordnet und miteinander durch weite Rohre von geeignetem Durchmesser verbunden sein. Um jedoch die Überführung des Materials von dem einen in das andere Gefäß zu erleichtern, ist es in manchen Fällen zweckmäßig, die einzelnen Gefäße in verschiedenen Höhen anzuordnen, z. B. derart, daß sich das eine Gefäß oberhalb des anderen befindet. Es lassen sich auch die erwähnten Anordnungsmöglichkeiten miteinander verbinden, indem man z. B. ein System von übereinander angeordneten Gefäßen mit einem oder mehreren Systemen von in gleicher Höhe befindlichen Gefäßen verknüpft. Eines oder mehrere oder alle Gefäße können auch horizontal oder geneigt angeordnet sein. Das Material kann durch alle Gefäße in der gleichen Richtung geführt werden, oder die Strömungsrichtung kann wechseln, etwa derart, daß das Material durch das eine Gefäß von unten nach oben und durch das andere Gefäß von oben nach unten geleitet wird. Durch mechanische Vorrichtungen, wie Schnecken, Elevatoren, Pumpen o. dgl., kann die Überführung des Materials gefördert werden. Diese Vorrichtungen können entweder in den Gefäßen selbst oder in den Verbindungsrohren oder sowohl in den Rohren als auch in den Gefäßen vorgesehen sein. Indessen genügt oft der für die Einführung des Materials in das erste Gefäß erforderliche Druck, um es auch durch die übrigen Gefäße hindurchzudrücken.

Das Kohlenoxyd oder die kohlenoxydhaltigen Gase oder die Flüssigkeiten, die als Lösungsmittel für das Reaktionsgas dienen, oder beide Medien werden entweder an jedem der einzelnen Gefäße getrennt zu- bzw. abgeleitet, oder aber das Gas wird gemäß dem Verfahren des Hauptpatents durch mehrere hintereinandergeschaltete Gefäße, sei es in der gleichen oder in der entgegengesetzten Richtung wie das carbonylbildende Material, geführt. Selbstverständlich ist es auch möglich, die Gase in dem einen Gefäß in derselben Richtung wie das carbonylbildende Material und in dem anderen Gefäß im Gegenstrom zu diesem zu führen.

Gewünschtenfalls können die Flüssigkeiten, z. B. das gebildete flüssige Carbonyl oder indifferente Lösungsmittel, oder auch die Reaktionsgase bzw. Frischgase zwischen zwei Reaktionsgefäßen zu- bzw. abgeleitet werden.

Eine Ausführungsform des vorliegenden Verfahrens wird durch die beiliegende Zeichnung (Fig. 1) veranschaulicht. Bei dieser Vorrichtung sind drei Reaktionsgefäße 1, 2 und 3 vorgesehen, die miteinander durch weite Rohre *c* und *d* verbunden sind. Eine Suspension von carbonylbildendem Material wird kontinuierlich dem Gefäß 1 durch das Rohr *e* mittels der Pumpe *f* zugeführt. Die Suspension füllt das Gefäß 1 und nimmt von dort ihren Weg durch das Rohr *c* in den unteren Teil des Gefäßes 2 und in ähnlicher Weise von dort in das Gefäß 3. Am oberen Teil des Gefäßes 3 werden die etwa vorhandenen Rückstände und ebenso der Anteil des gebildeten Carbonyls, der nicht durch den Gasstrom weggeleitet worden ist, durch das Rohr *g* abgezogen. Das Gas wird den Gefäßen 1 und 3 mit Hilfe des Rohres *a* zugeführt, und das aus dem Gefäß 1 entweichende Gas wird mit Hilfe des Rohres *h* in den unteren Teil des Gefäßes 3 eingeführt. Die aus den Gefäßen 2 und 3 kommenden Gase werden in dem Rohr *b* gesammelt, und das Carbonyl wird z. B. durch Kühlung aus diesen Gasen gewonnen. Etwa überschüssiges Kohlenoxyd kann mittels einer Umlaufpumpe wieder in das Rohr *a* zurückgeführt werden. Ein Teil des Gases

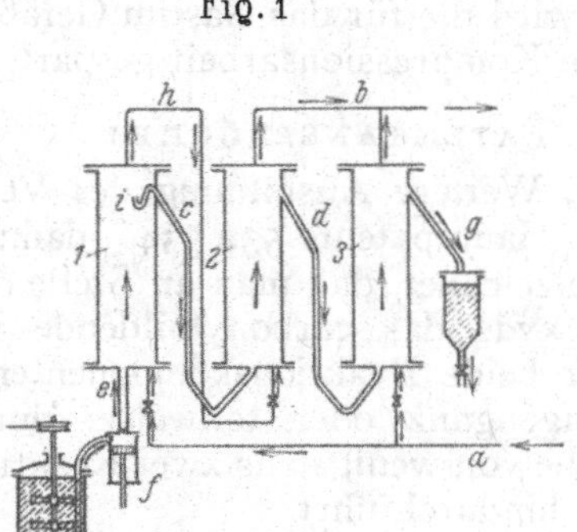

strömt durch die Rohre *c* und *d* von dem einen Gefäß in das nächste. Ist dieser Übertritt des Gases durch die Rohre *c* und *d* nicht erwünscht, so können diese an ihren oberen Enden mit Siphonvorrichtungen (vgl. *i*) versehen werden. Das flüssige oder pastenförmige Material dient dann als Abschluß, so daß keine Gase durch *c* bzw. *d* hindurchtreten können.

Die durch die Fig. 1 dargestellte Anordnung läßt sich in mannigfaltiger Weise verändern. Beispielsweise kann das Gefäß 3 in geringerer Höhe als das Gefäß 2 und das letztere wieder in geringerer Höhe als das Gefäß 1 angeordnet sein. Hierdurch wird eine schnellere Überführung des Reaktionsgutes von dem einen in das andere Gefäß bewirkt. Gewünschtenfalls kann das aus dem Gefäß 1 kommende Gas einer Kühlung unterworfen und hierdurch mehr oder weniger weitgehend vom Carbonyl befreit werden, bevor es in das Gefäß 2 geleitet wird. Falls erforderlich, werden die Leitungen und Verbindungsrohre gegen Wärmeverluste isoliert, was insbesondere bei dem letzten Reaktionsgefäß vorteilhaft ist, wo die Einwirkung des Kohlenoxyds auf das an carbonylbildendem Metall schon verhältnismäßig arme Material nicht mehr besonders lebhaft erfolgt. An den ersten Gefäßen kann man oft nicht nur auf eine Isolation der Rohre verzichten, sondern es kann sogar eine Kühlung erwünscht sein, da hier die Reaktion besonders schnell und lebhaft vonstatten geht. Um die Strömung des mehr oder weniger pastenförmigen Materials zu fördern und ein Absetzen der suspendierten oder angepasteten Anteile zu verhindern, kann es zweckmäßig sein, an geeigneten Stellen der Rohre *c* und *d* Gase einzuleiten und diese Rohre vertikal oder geneigt anzuordnen. Natürlich brauchen die den unteren Teil des einen Gefäßes mit dem oberen Teil des anderen Gefäßes verbindenden Rohre nicht außerhalb der Gefäße vorgesehen zu sein, wie dies in der Zeichnung dargestellt ist, sondern sie können sich teilweise innerhalb eines Gefäßes befinden. Die Strömungsgeschwindigkeit der Gase in den einzelnen Reaktionsgefäßen wird vorteilhaft in vielen Fällen so gewählt, daß das suspendierte Material zufolge der rührenden und quirlenden Wirkung der Gase nach Maßgabe des spez. Gewichtes seiner Bestandteile getrennt und so die Scheidung des bereits mehr oder weniger erschöpften Materials von frischen Anteilen erleichtert wird. Zu diesem Zweck ist es häufig von Vorteil, nur die oberen Teile der Gefäße durch weite Rohre miteinander zu verbinden. Hierbei fließt der Inhalt des einen Gefäßes in das nächste Gefäß nach Maßgabe der Menge des in das erste oder vorhergehende Gefäß eingeführten Materials.

Eine weitere Ausführungsform des vorliegenden Verfahrens wird durch Fig. 2 erläutert. Drei Reaktionsgefäße 1, 2 und 3 sind übereinander angeordnet und durch Kam-

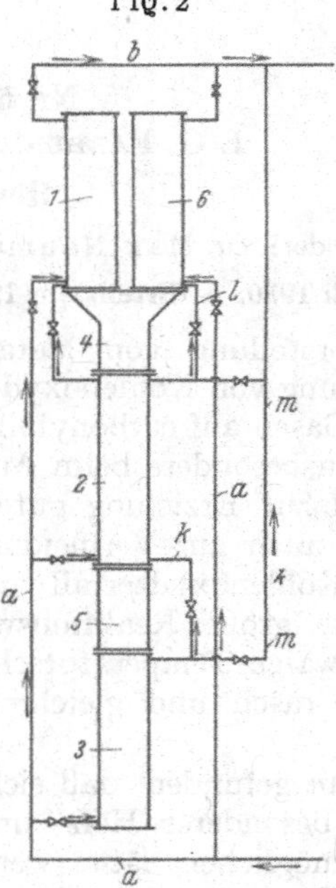

mern 4 und 5 voneinander getrennt. Die Ventile oder anderen Verschlußvorrichtungen am unteren und oberen Teil der Kammern sind in der Zeichnung nicht dargestellt. Jedes der Gefäße 1, 2 und 3 ist mit festem carbonylbildendem Material gefüllt. Das Gas wird in den unteren Teil der Gefäße durch die Rohre *a* eingeleitet, und das den Reaktionsraum 3 verlassende Gas wird in den unteren Teil des Gefäßes 2 durch das Rohr *k* und in ähnlicher Weise das aus dem Gefäß 2 kommende Gas durch das Rohr 1 in den unteren Teil des Gefäßes 1 geleitet. Außerdem kann ein Teil des die Gefäße 2 und 3 verlassenden Gases getrennt durch die Rohre *m* abgeführt werden. Mit Hilfe der Kammern 4 und 5 läßt sich das feste Material aus dem oberen Gefäß 1 abwärts durch das Gefäß 2 in das Gefäß 3 überführen. Nach Übertritt des Inhalts des Gefäßes 1 in das Gefäß 2 wird der Druck im Gefäß 1 aufgehoben und dieses mit frischem Material versehen, worauf es wieder in den Gasstrom eingeschaltet wird. Bei dieser Arbeitsweise ist es zweckmäßig, ein weiteres Gefäß 6 mit frischem Material zu füllen, während das Gefäß 1 im Betrieb ist, und es an Stelle des letzteren einzuschalten, wenn dieses erschöpft ist, da man in dieser Weise die Gefäße 2 und 3 kontinuierlich arbeiten lassen kann. Falls feste, nicht in Carbonyl überführbare Rückstände im Kessel 3 verbleiben, können diese durch geeignete Ventile entfernt werden oder, falls sie in Pulverform vorliegen, zunächst mittels geeigneter Flüssigkeiten in eine Paste übergeführt werden, die dann leicht aus dem Reaktionsgefäß abgezogen werden kann. Eine andere Möglichkeit besteht darin, das Gefäß 3 von Zeit zu Zeit auszuschalten und frisch zu füllen, worauf es wieder mit den anderen Teilen der Vorrichtung verbunden wird. Zweckmäßig wird das Gefäß 1, nachdem die festen Teile daraus entfernt sind, vor der Aufhebung des Druckes mit flüssigem Carbonyl gefüllt; auf diese Weise wird die für das Gas im Gefäß 1 erforderliche Kompressionsarbeit gespart.

Patentansprüche:

1. Weitere Ausbildung des Verfahrens des Hauptpatents 532 534, dadurch gekennzeichnet, daß man an Stelle des Kohlenoxyds das carbonylbildende Material oder beide Reaktionskomponenten gleichzeitig, ganz oder teilweise, durch eine Reihe von wenigstens zwei Reaktionsgefäßen hindurchführt.

2. Verfahren nach Anspruch 1, dadurch gekennzeichnet, daß das Reaktionsgut zweckmäßig in Form einer Aufschlämmung kontinuierlich in das erste Reaktionsgefäß eingeführt und aus dem letzten Reaktionsgefäß abgezogen wird.

E. P. 334976.

Nr. 551945. (I. 32. 30.) Kl. 12n, 1.

I. G. Farbenindustrie Akt.-Ges. in Frankfurt a. M.

Herstellung von Metallcarbonylen.

Erfinder: Dr. Max Naumann und Dr.-Ing. Leo Schlecht in Ludwigshafen a. Rh.

Vom 4. Juli 1930. — Erteilt am 19. Mai 1932. — Ausgegeben am 8. Juni 1932. — Erloschen: . . . .

Bei der Herstellung von Metallcarbonylen durch Einwirkung von Kohlenoxyd oder solches enthaltenden Gasen auf carbonylbildende Materialien ist es, insbesondere beim Arbeiten unter Druck, sowohl zur Erzielung guter Raumzeitausbeuten als auch zur Vermeidung von Störungen durch Kohlenoxydzerfall von besonderer Bedeutung, die große Reaktionswärme abzuführen und etwaige Temperaturschwankungen, auch örtliche, rasch und gleichmäßig zu beseitigen.

Es wurde nun gefunden, daß sich dies ohne die Nachteile besonderer Heiz- und Kühlvorrichtungen ermöglichen läßt, wenn man die Regelung der Temperatur durch Gase, die von solcher Art sein sollen, daß sie weder die Ausgangsstoffe noch die entstehenden Stoffe nachteilig beeinflussen, zweckmäßig durch das Reaktionsgas selbst, bewirkt. Die diesem Zwecke dienenden Gase lassen sich ohne Schwierigkeiten mit solcher Temperatur und in solcher Menge in den Reaktionsraum einführen, daß die erwünschte Temperaturänderung in der erforderlichen Zeit stattfindet. Ist z. B. die Temperatur im Reaktionsraum zu hoch, so führt man entsprechende Mengen kalter Gase durch den Ofen und nach erneuter Kühlung oder erforderlichenfalls Heizung, zweckmäßig ohne Druckentspannung, im Kreislauf in den Ofen zurück. Zur Beseitigung einer unerwünschten Temperatursenkung wird in entsprechender Weise vorgeheiztes Gas angewendet. Da die Bildung von Metallcarbonylen durch Einwirkung von Kohlenoxyd auf metallhaltige Materialien eine gegenüber Temperaturschwankungen, insbesondere -senkungen, empfindliche Reaktion ist, so war es nicht vorauszusehen, daß sich im technischen Betrieb die Reaktionstemperatur in der angegebenen Weise sicher regeln läßt, da man insbesondere befürchten mußte, daß die zugeführten kalten Gase die Reaktion zunächst örtlich und dann allmählich innerhalb des ganzen Reaktionsraumes zum Stillstand bringen würden.

Der Unterschied zwischen der Temperatur des Gases und der Temperatur des Reaktionsraumes kann leicht den Erfordernissen angepaßt werden. Zwecks Vermeidung großer Strömungsgeschwindigkeiten im Reaktionsraum wählt man vorteilhaft diesen Unterschied verhältnismäßig groß; jedoch ist man einerseits durch den Eintritt von Kohlenoxydzerfall bei allzu hoher Temperatur des eingeführten Gases und andererseits durch die Gefahr begrenzt, daß das eingeführte kältere Gas die Reaktion zunächst an der Eintrittsstelle, dann immer weiter fortschreitend zum Stillstand bringt.

Eine besonders gleichmäßige Kühl- bzw. Heizeinrichtung wird erzielt, wenn man die Gase nicht an einer einzigen Stelle in den Ofen eintreten, sondern an mehreren Stellen ein- und bzw. oder austreten läßt, wie dies im Patent 547 024 angegeben, jedoch im Hinblick auf eine zielbewußte Temperaturbeeinflussung nicht vorgesehen ist. Durch diese Maßnahme läßt sich die Gefahr, den Ofeninhalt örtlich zu kalt oder zu heiß zu blasen, weitgehend vermeiden, so daß man in diesem Falle die Reaktionsgase z. B. sogar tiefgekühlt anwenden kann. Um eine möglichst rasche Aufheizung des Ofeninhaltes zu bewirken und um zu hohe, den Zerfall des Kohlenoxyds begünstigende Temperaturen zu vermeiden, ist im Falle der Heizung mittels Gasen deren Zuführung an mehreren Stellen des Ofens geboten. Man hat zwar bereits vorgeschlagen, bei der Herstellung von Eisencarbonyl die Heizung ganz oder teilweise durch Vorwärmen der einzuführenden frischen Gase erfolgen zu lassen; indessen war hierbei die Zuführung des erhitzten Frischgases an mehreren Stellen des Ofens nicht vorgesehen. Durch diese Maßnahme wird eine technisch sichere und schnelle Aufheizung bzw. Temperaturregelung gewährleistet.

Ein besonderer Vorteil der vorliegenden Erfindung besteht darin, daß die Vorrichtungen, die zur Aufnahme der abzuführenden und zur Abgabe der zuzuführenden Wärme dienen, räumlich mehr oder weniger getrennt von der zur Carbonylbildung dienenden Vorrichtung angeordnet werden können und nicht, wie bei anderen Arbeitsweisen, bei denen Kühlvorrichtungen an oder im Ofen angebracht sind, an diesen gebunden sind. Hierdurch können insbesondere die Vorrichtungen, die der sich anschließenden Wärmeabgabe der den Ofen verlassenden Gase dienen, eine zur Wärmeabführung möglichst geeignete Ausbildung erhalten, wodurch die Verwertung der Wärme, z. B. die Erzeugung von Hochdruckdampf unter Anwendung des Gegenstromprinzips, sehr erleichtert wird.

Besonders vorteilhaft ist es, die abgeführte Wärme bei jenen Vorgängen der Carbonylherstellung und -verarbeitung selbst nutzbar zu machen, die Wärme verbrauchen, insbesondere bei der Vorbereitung der carbonylbildenden Stoffe, z. B. zur Vorwärmung des Reduktionsgutes und gegebenenfalls der bei der Reduktion angewandten Gase, bei der thermischen Zersetzung der Metallcarbonyle zur Vorwärmung der Heizgase und Verdampfung der Carbonyle sowie bei der Weiterverarbeitung der hierbei erhaltenen Metalle. Eine besonders vorteilhafte Verwertung der Abwärme besteht in solchen Fällen, in denen unmittelbar heiße Gase als solche verwendet werden, z. B. heißes Kohlenoxyd bei der Zersetzung der Carbonyle im Hohlraum eingeleitet werden soll, darin, daß man die heißen Gase aus dem Behälter, wo die Carbonylbildung erfolgt, abzieht und sie unmittelbar dem betreffenden Zweck zuführt.

Unter Umständen kann es zweckmäßig sein, die Temperaturregulierung nicht vollständig durch Gas zu bewirken, sondern z. B. Heiz- und Kühlschlangen mit heranzuziehen. Man kann beispielsweise die grobe Temperaturregulierung durch derartige Vorrichtungen bewirken, während die Feineinstellung der Temperatur dann durch die Reaktionsgase erfolgt. Die Heiz- und Kühlvorrichtungen werden dabei zweckmäßig so eingerichtet, daß einzelne Zonen des Reaktionsbehälters unabhängig voneinander beeinflußt werden können, z. B. durch Anordnung mehrerer getrennter Rohrsysteme, Kühlkammern usw.

Die Kühlung und Heizung der Gase kann auf dem üblichen Wege erfolgen. Bei gleichzeitigem Betrieb mehrerer Öfen ist es vorteilhaft, die heißen Gase des einen Ofens durch die kalten eines anderen zu kühlen, wobei also der Wärmebedarf des einen Ofens vom anderen gedeckt wird. Falls beide Öfen unter gleichem Druck arbeiten, können in solchen Fällen die Wände des Wärmeaustauschers sehr dünn gewählt werden; auch kann man die Öfen in solchen Fällen hintereinanderschalten und die heißen Gase des einen Ofens in den nächsten Ofen leiten.

Ist es notwendig, z. B. in Fällen, in denen eine sofortige starke Kühlung erforderlich ist, mit anderen Gasen als den Reaktionsgasen zu kühlen, beispielsweise mit inerten Gasen, die das Reaktionsgas verdrängen und daher die Reaktion zum Stillstand zu bringen vermögen, so verwendet man vorteilhaft solche, die leicht zu entfernen sind oder die mit dem Reaktionsgas zusammen ein für andere Zwecke brauchbares Gemisch liefern.

Patentansprüche:

1. Verfahren zur Herstellung von Metallcarbonylen durch Einwirkung von Kohlenoxyd oder solches enthaltenden Gasen auf carbonylbildende Materialien, dadurch gekennzeichnet, daß die Abführung überschüssiger Wärme durch in den Reaktionsbehälter eingeführte Gase, zweckmäßig durch das Reaktionsgas selbst, erfolgt.

2. Verfahren nach Anspruch 1, dadurch gekennzeichnet, daß man das Gas an mehre-

ren Stellen des Reaktionsbehälters ein- und bzw. oder austreten läßt.

3. Weitere Ausbildung des Verfahrens nach Anspruch 1, dadurch gekennzeichnet, daß die Zuführung der Wärme durch in den Reaktionsbehälter eingeführte Gase, zweckmäßig durch das Reaktionsgas selbst, in der Weise erfolgt, daß die Gase an mehreren Stellen des Reaktionsbehälters ein- und gegebenenfalls austreten.

Nr. 553911. (I. 31. 30.) Kl. 12n, 1.

I. G. Farbenindustrie Akt.-Ges. in Frankfurt a. M.

Erfinder: Dr.-Ing. Leo Schlecht und Dr. Max Naumann in Ludwigshafen a. Rh.

Herstellung von Metallcarbonylen.

Vom 4. Juli 1930. — Erteilt am 16. Juni 1932. — Ausgegeben am 2. Juli 1932. — Erloschen: ....

Es wurde gefunden, daß man bei der Herstellung von Metallcarbonylen durch Einwirkung von Kohlenoxyd oder solches enthaltenden Gasen auf carbonylbildende Materialien die Regelung der Temperatur im Reaktionsbehälter mit besonderem Vorteil durch Flüssigkeiten bewirkt, die mit dem Reaktionsgut in Berührung gelangen. Zweckmäßig verwendet man hierzu die entsprechenden flüssigen Metallcarbonyle. Viele andere Flüssigkeiten oder Schmelzen sind jedoch ebenfalls geeignet, z. B. organische Stoffe, wie Öle, Paraffin und andere Kohlenwasserstoffe; vorzugsweise eignen sich Flüssigkeiten mit hoher spezifischer Wärme, z. B. Wasser. Die Flüssigkeiten sollen solcher Art sein, daß sie, sei es auf die Ausgangsstoffe oder sei es auf die entstehenden Stoffe, nicht nachteilig wirken. Die Raum-Zeit-Ausbeuten leiden bei dieser Arbeitsweise überraschenderweise nicht, vielmehr werden sie durch die rasche und gleichmäßig Regelung der Temperatur sogar ganz erheblich verbessert. Dies ist insofern eigenartig, als die Einwirkung des Kohlenoxyds auf carbonylbildende Materialien eine gegenüber Temperaturschwankungen empfindliche Reaktion ist und daher an sich zu erwarten war, daß die in das Reaktionsgefäß eingeführten kalten Flüssigkeiten durch allzu große Wärmeabfuhr die Reaktion zum Stillstand bringen.

Ist die Temperatur im Reaktionsraum zu hoch, so wendet man die Flüssigkeiten mehr oder weniger abgekühlt an; ist sie zu niedrig, so führt man die Flüssigkeiten in heißerem Zustand in den Reaktionsraum ein. Vorteilhaft arbeitet man so, daß die erwähnten kalten oder erhitzten Flüssigkeiten, gegebenenfalls mit verschiedener Temperatur, an verschiedenen Stellen des Reaktionsbehälters verteilt werden, um die Kühl- oder Heizwirkung auf bestimmte Ofenzonen nach Bedarf zu beschränken.

Die Einbringung der Flüssigkeiten geschieht beispielsweise durch eine Pumpe. Die Flüssigkeiten können vor Eintritt in den Reaktionsbehälter mit Kohlenoxyd, vorteilhaft unter dem im Reaktionsbehälter herrschenden Druck, mehr oder weniger gesättigt werden, was sich vor allem bei Anwendung von flüssigen oder geschmolzenen Carbonylen zur Vermeidung von Zersetzungen empfiehlt.

Die eingebrachten, zur Kühlung dienenden Flüssigkeiten können mehr oder weniger vollständig in den Dampfzustand übergeführt werden; in diesem Falle tritt außer der Wärmeabfuhr durch Erwärmung der Flüssigkeit auf die Ofentemperatur auch noch eine solche infolge der notwendigen Verdampfungswärme ein. Die Dämpfe kondensiert man zweckmäßig wieder an anderer Stelle und führt sie, soweit notwendig, in den Ofen zurück. Das folgende Beispiel veranschaulicht die Anwendung verdampfbarer Flüssigkeiten.

Durch einen vertikal angeordneten, mit einer Aufschlämmung von Eisen in Eisencarbonyl angefüllten Hochdruckofen strömt von unten nach oben Kohlenoxyd unter Druck. An dem Ofen ist ein Rückflußkühler angebracht, in dem der von dem entweichenden Gasstrom mitgenommene Carbonyldampf je nach der Kühltemperatur mehr oder weniger vollständig verflüssigt wird und aus dem das verflüssigte Carbonyl in den Ofen abgekühlt zurückfließt. Durch eine Anzahl Tauchrohre, die gegebenenfalls durch Ventile abschließbar sind, kann man den Rücklauf verschiedenen Stellen im Ofen zuführen. Jedoch ist es nicht notwendig, die gesamte im Rückflußkühler verflüssigte Carbonylmenge zu Kühlzwecken in den Ofen zurückgelangen zu lassen. In diesem Falle kann die Kühltemperatur dauernd konstant gehalten werden, da die Menge des Rücklaufes durch die anderweitig abgeleitete Menge begrenzt wird. Die Menge der zwecks Kühlwirkung an einer bestimmten Stelle des Ofens zu verdampfenden Flüssigkeit und damit die Intensität der Kühlung kann vor allem durch die Gasmenge geregelt werden, die man dieser Stelle zuführt, da das Gas sich mit dem Dampf sättigen muß. Es ist daher von besonderem Vorteil, nicht nur die Ein- und Austrittsstellen der Flüssigkeit, sondern auch die des Gases gemäß Patent 547 024 möglichst vielfach im Ofen zu verteilen. Unter Umständen kann die Verdampfung so rasch bewirkt werden, daß die eintretenden Flüssigkeiten sofort in den gas- bzw dampfförmigen Zustand übergehen und die Flüssigkeit als solche höchstens ganz kurze Zeit im Ofen vorhanden ist.

Statt eines Rückflußkühlers kann jede andere Art von Kühlern zur Kondensation der im Ofen verdampfenden Flüssigkeiten verwendet werden. Falls das Einfließen des kondensierten Carbonyls oder der anderen angewandten Flüssigkeiten in den Ofen nicht ohne weiteres, z. B. zufolge einer Höhendifferenz, erfolgt, kann es auch durch Pumpen bewirkt werden. In jedem Falle ist es vorteilhaft, wenn die zur Kühlung oder auch Erwärmung dienende Flüssigkeit innerhalb des Reaktionssystems verbleibt, da sie dann immer mit Reaktionsgas gesättigt ist und nicht erneut auf den Reaktionsdruck gebracht werden muß.

An Stelle oder außer verdampfbaren Flüssigkeiten können auch schwerflüchtige Flüssigkeiten angewandt werden, oder man beschränkt sich darauf, einen Teil der verdampfbaren Flüssigkeiten zu verdampfen. Die Flüsigkeiten, z. B. Öle, Carbonyle im verflüssigten Zustand usw., oder die gemäß Patent 518 781 aus den betreffenden Flüssigkeiten und feinkörnigen, carbonylbildenden Materialien bestehenden Pasten werden zweckmäßig im Kreislauf ohne Druckentspannung einerseits durch den mit Reaktionsgut beschickten Ofen, andererseits durch entsprechend wirksame Wärmeaustauscher geführt. Mit Hilfe von Verteilungsvorrichtungen für die Einleitung und bzw. oder Ableitung kann man beliebig viel Flüssigkeit an jenen Stellen des Ofens eintreten lassen, die einer besonders intensiven Kühl- oder Heizwirkung bedürfen. Der Kreislauf kann in manchen Fällen ohne besondere Antriebsvorrichtungen dadurch bewirkt werden, daß die Flüssigkeit sich im Ofen erwärmt und darin hochsteigt, nach dem Kühler übertritt und bei der Abkühlung durch Zunahme des spezifischen Gewichts in diesem herabsinkt, um darauf wieder in den Ofen einzutreten. Beim Heizungsvorgang erfolgt dieser Kreislauf im entgegengesetzten Sinne.

Die von den Flüssigkeiten aus dem Reaktionsraum abgeführte Wärme wird zweckmäßig in geeigneter Weise in entsprechenden Vorrichtungen aufgenommen und nutzbar gemacht, z. B. zur Erzeugung von Hochdruckdampf. Ein besonderer Vorteil des vorliegenden Verfahrens besteht in der Möglichkeit, die zur Aufnahme der ab- oder zuzuführenden Wärme bestimmten Apparaturen unabhängig, d. h. mehr oder weniger räumlich getrennt von der zur Carbonylbildung dienenden Apparatur, möglichst günstig gestalten zu können. Zur Erleichterung des Wärmeüberganges in den Kühl- und Heizvorrichtungen kann man das äußere Kühl- oder Heizmedium unter dem Druck anwenden, der in der Vorrichtung selbst herrscht, so daß nur dünne Trennungswände erforderlich sind. Arbeitet man z. B. unter 200 Atm. Druck, so preßt man auch das Kühlwasser unter 200 Atm. oder unter einem wenig abweichenden Druck in die Kühlanlage.

Die durch die Flüssigkeiten abgeführte Wärme kann den verschiedensten Zwecken zugeführt werden. Besonders vorteilhaft ist es, sie bei jenen Vorgängen der Carbonylherstellung und -verarbeitung selbst nutzbar zu machen, die Wärme verbrauchen, insbesondere bei der Vorbereitung der carbonylbildenden Stoffe, z. B. zur Vorwärmung des Reduktionsgutes und gegebenenfalls der bei der Reduktion angewandten Gase, bei der thermischen Zersetzung der Metallcarbonyle zur Vorwärmung der Heizgase und Verdampfung der Carbonyle sowie bei der Weiterverarbeitung der hierbei erhaltenen Metalle. Man kann z. B. so verfahren, daß man die heißen Flüssigkeiten aus dem Reaktionsraum abzieht und sie als solche den genannten wärmeverbrauchenden Vorgängen zuführt. Beispielsweise leitet man das flüssige Carbonyl heiß, gegebenenfalls überhitzt auf die Verdampfer der Zersetzungsvorrichtung, so daß sie dort nicht mehr aufgeheizt werden müssen.

Neben der Kühlung und Heizung nach der vorliegenden Erfindung können in besonderen Fällen auch besondere Kühl- und Heizvorrichtungen, wie Schlangen, Rohre, Mäntel, Rippen usw., erwünscht sein. Das vorliegende Verfahren kann auch mit jenem verknüpft werden, bei dem die Regelung der Temperatur durch Gase bewirkt wird (vgl. Patent 551 945). Unter Umständen ist es vorteilhaft, die zu verwendenden Flüssigkeiten aus anderen der Carbonylbildung dienenden Öfen oder Ofensystemen zu entnehmen. So kann man z. B. zwecks Aufheizung des carbonylbildenden Materials in der Weise verfahren, daß man aus einem anderen in Betrieb befindlichen Ofen heiße Flüssigkeiten auf das kalte carbonylbildende Material leitet, das sich dabei aufheizt, worauf die Flüssigkeiten, nunmehr abgekühlt, wieder in den anderen Ofen zurückgeleitet werden können, um weitere Wärmemengen abzuführen.

In ähnlicher Weise kann man auch mehrere aus verschiedenen Öfen stammende Flüssigkeiten miteinander in Wärmeaustausch bringen.

Man hat zwar bereits vorgeschlagen, die Carbonylbildung in Gegenwart von Flüssigkeiten oder Schmelzen durchzuführen; bei diesem Verfahren hat man aber die letzteren für die Temperaturregelung nicht herangezogen.

Beispiel 1

Der Hochdruckofen *a* (vgl. Fig. 1) ist mit einer Aufschlämmung von Eisen in Eisencarbonyl gefüllt und wird von Kohlenoxyd unter einem Druck von 200 at durchströmt, das durch die mit Regulierventilen versehenen Rohre *b* im Ofen verteilt wird, diesen durch die Leitung *c* verläßt und dann in den Kühler *d* eintritt. Das in diesem Kühler kondensierte flüssige Carbonyl wird in dem Maße, wie die Höhe der Ofentemperatur es erfordert, durch die mit Ventilen versehenen Rohre *e* in den Ofen abgelassen.

Fig. 1

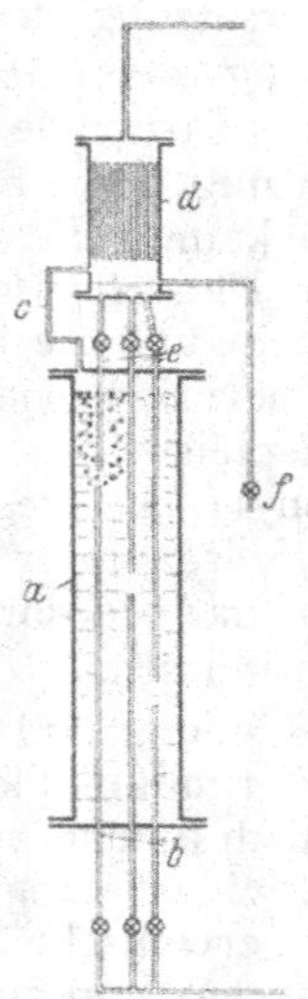

Überschüssiges Carbonyl wird durch das Ventil *f* aus der Vorrichtung entnommen. Man bemißt den Kohlenoxydstrom so, daß das zugeführte flüssige Carbonyl stets wieder in hinreichendem Maße verdampft wird, um eine schädliche Verdünnung des breiförmigen Ofeninhalts zu vermeiden.

Beispiel 2

Der Ofen *g* (vgl. Fig. 2) ist mit stückigem, porösem Nickelmaterial und Nickelcarbonyl angefüllt und wird von Kohlenoxyd unter einem Druck von 200 at durchströmt, das durch die Leitung *h* in den Ofen eintritt und durch die Leitung *i* diesen verläßt.

Fig. 2

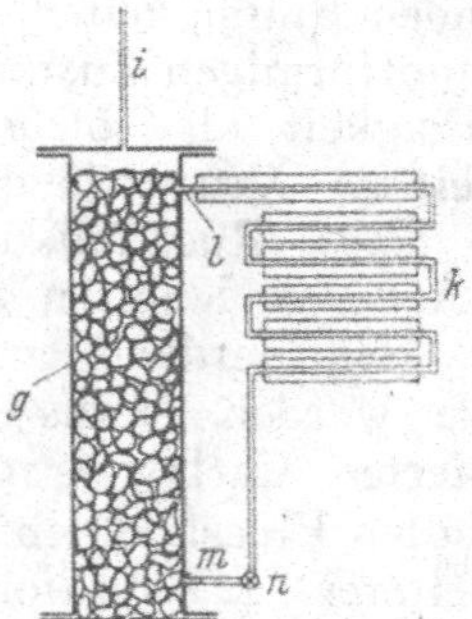

Durch den seitlich angebrachten Kühler *k*, in den bei *l* heißes Carbonyl aus dem Ofen einfließt, sinkt dieses herab, da es bei der Abkühlung schwerer wird, und fließt bei *m* abgekühlt in den Ofen zurück. Die Geschwindigkeit des Stromes kann durch das Ventil *n* auf der für die Kühlwirkung erforderlichen Höhe gehalten werden. Sinkt die Temperatur im Ofen zu stark, so wird der Kühler statt mit Kühlflüssigkeit mit Heizgas beschickt, wobei sich der Carbonylstrom umkehrt.

PATENTANSPRÜCHE:

1. Verfahren zur Herstellung von Metallcarbonylen durch Einwirkung von Kohlenoxyd oder solches enthaltenden Gasen auf carbonylbildende Materialien, dadurch gekennzeichnet, daß man die Regelung der Temperatur durch Flüssigkeiten bewirkt, die mit dem Reaktionsgut in Berührung gelangen.

2. Verfahren nach Anspruch 1, dadurch gekennzeichnet, daß man Flüssigkeiten mit hoher spezifischer Wärme anwendet.

3. Verfahren nach Anspruch 1, dadurch gekennzeichnet, daß man zum Zwecke der Kühlung Flüssigkeiten anwendet, die unter den Arbeitsbedingungen ganz oder teilweise verdampfen.

4. Verfahren nach Anspruch 1 und 2, dadurch gekennzeichnet, daß man die Flüssigkeiten an mehreren Stellen des Reaktionsbehälters ein- und bzw. oder austreten läßt.

Nr. 531479. (I. 10. 30.) Kl. 12n, 1.

I. G. Farbenindustrie Akt.-Ges. in Frankfurt a. M.

Erfinder: Dr. Max Naumann in Ludwigshafen a. Rh.

Verfahren zur Herstellung von Metallcarbonylen.

Vom 13. Febr. 1930. — Erteilt am 30. Juli 1931. — Ausgegeben am 10. Aug. 1931. — Erloschen: . . . .

Bei der Herstellung von Metallcarbonylen durch Einwirkung von Kohlenoxyd unter Druck auf carbonylbildende Materialien wurde beobachtet, daß aus den aus der Druckapparatur in flüssiger Form abgezogenen Carbonylen bei der Entspannung auf Atmosphärendruck erhebliche Mengen Kohlenoxyd oder kohlenoxydhaltige Gase in Freiheit gesetzt werden, die, falls sie wieder zu Druckreaktionen verwendet werden sollen, erneut komprimiert werden müssen.

Es wurde nun gefunden, daß man wesentlich vorteilhafter arbeitet, wenn man die flüssigen Metallcarbonyle mit den in ihnen gelösten Gasen nicht unmittelbar auf Atmosphärendruck, sondern in verschiedenen Druckstufen entspannt. Diese Arbeitsweise gestattet, die in den einzelnen Druckstufen frei werdenden Gasmengen unter Druck für solche Reaktionen zu verwenden, für die sie den gewünschten Druck besitzen, z. B. für die Carbonylherstellung bei niedrigeren Drucken, für die Rußgewinnung durch thermischen Kohlenoxydzerfall unter Druck in Gegenwart von Metallcarbonylen oder auch anderen, Kohlenoxyd verbrauchenden Reaktionen, wozu man, wenn notwendig, das noch vorhandene Metallcarbonyl zuvor mehr oder weniger weitgehend nach bekannten Methoden entfernen kann.

Man kann auch den Druck der teilweise entspannten Gase wieder steigern; man arbeitet z. B. so, daß man die einzelnen Entspannungsstufen mit den entsprechenden Stufen einer Kompressorenanlage in Verbindung bringt, wodurch die frei gewordenen Gasmengen, gegebenenfalls mit Frischgas zusammen, wieder höher komprimiert werden.

Bei diesem Verfahren hat man u. a. den Vorteil, daß die Kompressionsarbeit der gelösten Gase weitgehend erhalten bleibt.

Beispiel

Eisencarbonyl, das durch Einwirkung von Kohlenoxyd auf Eisen unter 200 Atm. Druck hergestellt wurde, wird mit den darin gelösten Gasen aus der Druckapparatur zunächst in einen Behälter auf 100 Atm. Druck entspannt. Auf diese Weise wird die Hälfte des in dem Carbonyl gelösten Kohlenoxyds frei; sie wird unter diesem Druck abgezogen und in eine Batterie geleitet, aus der andere Öfen für die Eisencarbonylherstellung bei 100 Atm. gespeist werden. Von der 100-Atm.-Stufe aus gelangt das mit Kohlenoxyd gesättigte Carbonyl in die 50- und 20-Atm.-Stufen. Das in diesen Stufen frei werdende Kohlenoxyd wird mit Frischgas zusammen wieder höher komprimiert. Die bei Entspannung auf Atmosphärendruck hierauf noch frei werdenden Gasmengen sind dann in den meisten Fällen gering, so daß sie ohne Berücksichtigung ihres Carbonylgehaltes in den Frischgasbehälter geleitet werden können.

Patentansprüche:

1. Verfahren zur Herstellung von Metallcarbonylen durch Einwirkung von Kohlenoxyd unter Druck auf carbonylbildende Materialien, dadurch gekennzeichnet, daß die aus der Druckapparatur in flüssiger Form abgezogenen Metallcarbonyle und die in ihnen gelösten Gase in Stufen entspannt werden.

2. Ausführung des Verfahrens nach Anspruch 1, dadurch gekennzeichnet, daß die in den einzelnen Stufen entwickelten Gasmengen ohne Entspannung, gegebenenfalls nach weiterer Kompression, wieder Druckreaktionen zugeführt werden.

F. P. 710792.

Nr. 545711. (I. 71. 30.) Kl. 12n, 1.

I. G. Farbenindustrie Akt.-Ges. in Frankfurt a. M.

Erfinder: Dr. Carl Krauch in Heidelberg-Schlierbach.

Verfahren zur Ein- oder Ausschleusung der festen metallhaltigen Ausgangsstoffe bzw. deren Rückstände in bzw. aus Druckgefäßen bei der Herstellung von Metallcarbonylen.

Vom 5. Febr. 1930. — Erteilt am 18. Febr. 1932. — Ausgegeben am 4. März 1932. — Erloschen 1932.

Bei der Herstellung von Metallcarbonylen, wobei feste, metallhaltige Stoffe der Einwirkung von Kohlenoxyd oder kohlenoxydhaltigen Gasen unter Druck unterworfen werden, bedient man sich, insbesondere bei kontinuierlichem Betrieb, zur Einbringung des metallhaltigen Ausgangsmaterials bzw. zur Ausbringung der Rückstände zweckmäßig der Ein- bzw. Ausschleusung.

Bei der Einschleusung der festen, metallhaltigen Stoffe in einen unter beispielsweise 200 at stehenden Hochdruckofen kann man folgendermaßen verfahren: Ein am oberen Ende des Ofens befindliches Einschleusgefäß, das nach außen (oben) und nach dem Innern des Hochdruckofens (unten) durch je ein Ventil abgeschlossen werden kann, wird bei nach außen geöffnetem Ventil mit dem Ausgangsmaterial gefüllt. Hierauf wird das Gefäß unter einen Gasdruck von 200 at gesetzt, sodann wird bei geschlossenem oberen Ventil das untere Verbindungsventil zum Hochdruckofen geöffnet, so daß das Material in den Ofen abströmen kann. Bevor nun eine neue Füllung erfolgt, muß das in dem Schleusgefäß befindliche Gas nach Schließung des Verbindungsventils mit dem Ofen entspannt werden. Diese Entspannung bedeutet einen großen Verlust an Kompressionsarbeit.

Man hat zwar schon versucht, durch einen Verdrängerkolben das Gas in ein Vorratsgefäß oder direkt in den Hochdruckofen zu drücken. Dieses Verfahren bietet jedoch technische Schwierigkeiten. Es ist ferner bekannt, den Verdrängerkolben durch eine Flüssigkeit zu ersetzen. Man pumpt irgendeine für den Zweck passende Flüssigkeit in den Schleusbehälter und preßt auf diese Weise das unter Druck stehende Gas in einen Vorratsbehälter oder in den Hochdruckofen.

Bei der Herstellung von Metallcarbonylen hat es sich nun als besonders vorteilhaft erwiesen, zur Verdrängung des verwendeten komprimierten Gases aus den Schleusbehältern die beim Arbeitsprozeß gebildeten flüssigen, noch unter Druck stehenden Metallcarbonyle selbst als Verdrängungsflüssigkeit zu verwenden, indem man sie auf dem Wege über die Schleusbehälter entspannt. Auf diese Weise kommt die bei Benutzung einer beliebigen anderen Flüssigkeit notwendige Pumparbeit in Fortfall. Allenfalls ist eine ganz geringe Pumparbeit lediglich für die Förderung der unter Druck stehenden flüssigen Produkte in die ebenfalls unter Druck stehenden Schleusenbehälter zu leisten.

Bei der Ausschleusung der festen Rückstände aus einem an den Hochdruckofen angeschlossenen Ausschleusbehälter kann man folgendermaßen verfahren: Nachdem der Behälter mit Rückständen zum größten Teil gefüllt ist, wird das restliche Druckgas aus ihm durch Einleiten von flüssigen Produkten verdrängt und dann nach Absperrung des Schleusbehälters von dem Hochdruckofen der Inhalt des Schleusbehälters nach außen abgeführt, wobei zweckmäßig unmittelbar eine Abtrennung des Rückstandes von den Produkten durch Filtration o. dgl. angeschlossen wird.

Beispiel

Bei der Herstellung von Eisencarbonyl aus reduziertem, etwa 70% metallisches Eisen enthaltenden Kiesabbrand wird z. B. 1 cbm Kiesabbrand, der etwa 1,6 t wiegt, eingeschleust. Unter Hinterlassung eines Rückstandes von etwa 0,4 cbm werden 2,7 cbm flüssiges Eisencarbonyl gebildet, von dem nur etwa die Hälfte zur Verdrängung des komprimierten Gases im Ein- und Ausschleusgefäß benötigt wird.

In der beiliegenden Zeichnung ist das Verfahren schematisch für die Einschleusung von eisenhaltigem Material bei der Gewinnung von Eisencarbonyl erläutert: *A* stellt einen unter gewöhnlichem Druck stehenden Vorratsbehälter für das eisenhaltige Material dar. Aus

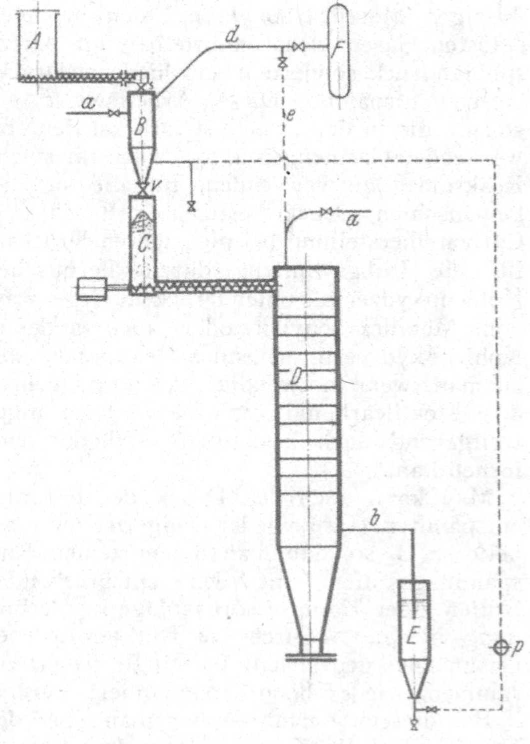

diesem wird das Material in den Einschleusbehälter *B* gebracht. Dieser steht zunächst unter gewöhnlichem Druck und ist durch das Ventil *v* gegen den dauernd unter Druck stehenden Vorratsbehälter *C* abgeschlossen. Ist der Einschleusbehälter *B* mit Material gefüllt, so wird das obere Ventil *s* geschlossen und der Behälter durch die Leitung *a* unter den Betriebsdruck gesetzt, worauf das Verbindungsventil *v* zum Behälter *C* geöffnet werden kann. Es herrscht dann in den Behältern *B* und *C* der gleiche Druck wie im Reaktionsofen *D*. Ist das zu behandelnde Material von B nach C abgelaufen, so wird das Verbindungsventil v wieder geschlossen und das im Behälter B befindliche hochgespannte Gas in folgender Weise nutzbar verwendet. Ein Teil des im Behälter E, der unter Betriebsdruck steht, sich sammelnden, flüssigen Eisencarbonyls wird durch die Pumpe p in den Behälter B gepumpt. Da in diesem Augenblick in beiden Behältern etwa gleiche Drucke herrschen, so ist nur die statische Druckhöhe zwischen den Gefäßen E und B, der Differenzdruck innerhalb der Apparatur sowie die Reibungsarbeit zu überwinden. Wenn der Behälter E über dem Behälter B angeordnet wird, ist auch diese geringe Pumparbeit überflüssig. Das Gas im Behälter B wird nunmehr durch die Leitung d entweder in einen Vorratsbehälter F oder durch die Leitung e direkt in den Ofen D verdrängt. Ist das Gas völlig oder nahezu völlig verdrängt, so wird die Leitung d geschlossen und das im Behälter B befindliche Eisencarbonyl entspannt.

Patentanspruch:

Verfahren zur Ein- oder Ausschleusung der festen metallhaltigen Ausgangsstoffe bzw. deren Rückstände in bzw. aus Druckgefäßen bei der Herstellung von Metallcarbonylen, dadurch gekennzeichnet, daß man zur Verdrängung des verwendeten komprimierten Gases aus den Schleusbehältern die gebildeten flüss gen. noch unter Druck stehenden Metallcarbonyle verwendet.

Nr. 505 211. (I. 28 785.) Kl. 12n, 4.

I. G. Farbenindustrie Akt.-Ges. in Frankfurt a. M.

Erfinder: Dr. Carl Müller in Mannheim und Dr.-Ing. Emil Keunecke in Ludwigshafen a. Rh.

Verfahren zur Herstellung von Kobaltcarbonyl.

Zusatz zum Patent 448 036.

Vom 13. Aug. 1926. — Erteilt am 31. Juli 1930. — Ausgegeben am 15. Aug. 1930. — Erloschen: . . . .

In der Patentschrift 448 036 ist ein Verfahren zur Gewinnung von Eisencarbonyl durch Einwirkung von Kohlenoxyd oder eines kohlenoxydreichen Gases auf Eisen unter hohem Druck und bei erhöhten Temperaturen beschrieben, wobei man zur Vermeidung einer Rückzersetzung des gebildeten Eisencarbonyls das carbonylhaltige Gas vor der Entspannung abkühlt, zweckmäßig bis zur Kondensation der Hauptmenge des Carbonyls.

Es wurde nun gefunden, daß man dieses Verfahren in vorteilhafter Weise auch bei der Herstellung von Kobaltcarbonyl verwenden kann. Man scheidet hier das durch Einwirkung von Kohlenoxyd auf metallisches Kobalt unter Druck und bei erhöhter Temperatur erhaltene Carbonyl aus den Reaktionsgasen ebenfalls durch Abkühlung vor der Entspannung ab. Man arbeitet zweckmäßig derart, daß die Apparatur, in der die Abkühlung stattfindet, also die vom Reaktionsofen zum Abscheider führenden Rohrleitungen und den Abscheider überall oder mindestens jedoch an jenen Stellen, in denen Verstopfungen möglich sind, höchstens auf etwa 50° oder darüber abkühlt. Führt man nämlich die Abscheidung so durch, daß man das carbonylhaltige Gas zunächst entspannt und dann erst abkühlt, so tritt Zersetzung des gebildeten Tetracarbonyls teils zu Metall, teils zu Tricarbonyl ein. Auch die Abkühlung vor der Entspannung, etwa auf Zimmertemperatur oder wenig darüber, liefert bei der Herstellung des Kobaltcarbonyls kein befriedigendes Ergebnis, da das Carbonyl, das bekanntlich bei Zimmertemperatur schon fest ist, sich in diesem Falle teilweise schon auf dem Wege aus dem Reaktionsofen zur Kühlanlage in den Rohrleitungen, Ventilen usw. in fester Form absetzt und diese verstopft. Die geringen Carbonylmengen, die entsprechend der bei der Abscheidungstemperatur von etwa 50° noch vorhandenen kleinen Dampftension im Abgas verbleiben, können durch geeignete Lösungs- oder Adsorptionsmittel entfernt oder in einer tiefer gekühlten Apparatur abgeschieden werden, deren enge, sich leicht mit festem Carbonyl verstopfende Teile jedoch auf Temperaturen von 50° oder darüber gehalten werden müssen.

Man kann z. B. so verfahren, daß man das Reaktionsgas in einer auf 50° gehaltenen Rohrleitung in einen ebenfalls auf etwa 50° erwärmten Abstreifbehälter leitet, in dem sich die Hauptmenge des Carbonyls in flüssigem Zustand ansammelt, und aus dem es flüssig von Zeit zu Zeit ohne Unterbrechung des Betriebes abgelassen werden kann. Das den Rest des Carbonyls enthaltende Abgas kann man, zweckmäßig ebenfalls unter Druck, in erwärmten Leitungen zu Vorrichtungen leiten, die ein Lösungs- oder Adsorptionsmittel enthalten, oder in einen geräumigen Abstreifer führen, der ein auf 50° erwärmtes Einführungsrohr enthält und dessen Wandungen nur unten und seitlich auf niedrigere Temperatur, z. B. 0°, gekühlt sind.

Die Erwärmung der in Frage kommenden

Teile der Apparatur geschieht zweckmäßig durch die heißen Reaktionsgase selbst.

Das beschriebene Verfahren ist auch dann von besonderem Vorteil, wenn man das zur Herstellung des Carbonyls verwendete Kohlenoxyd, ohne es zu entspannen, im Kreislauf wieder verwenden will.

Beispiel

Metallisches Kobalt, das durch Reduktion des Oxyds mit Wasserstoff bei 300 bis 350° gewonnen war, wird mit strömendem Kohlenoxyd von 200 at Druck bei 150° C behandelt. Das den Hochdruckofen verlassende Gasgemisch wird, ohne Entspannung des Druckes, in einen auf 55° C gehaltenen Abstreifer geleitet, wo sich 93,5 % des in ihm enthaltenen Kobalttetracarbonyls in flüssiger Form abscheiden und von Zeit zu Zeit ohne Unterbrechung des Betriebes als Flüssigkeit abgezogen werden. Das im Gas noch verbleibende Kobaltcarbonyl wird bis auf Spuren in einer auf 0° gekühlten Vorlage zurückgehalten. Das auf diese Weise vom Carbonyl befreite Kohlenoxyd führt man in den Reaktionsofen zurück.

Patentansprüche:

1. Verfahren zur Herstellung von Kobaltcarbonyl, dadurch gekennzeichnet, daß man das durch Einwirkung von Kohlenoxyd auf metallisches Kobalt unter Druck und bei erhöhter Temperatur erhaltene Kobaltcarbonyl gemäß Patent 448 036 durch Abkühlung der Reaktionsgase vor der Entspannung abscheidet.

2. Ausführungsform des Verfahrens nach Anspruch 1, dadurch gekennzeichnet, daß die zur Abscheidung verwendete Apparatur ganz oder an den der Verstopfung ausgesetzten Stellen auf etwa 50° oder darüber gekühlt wird.

3. Weiterführung des Verfahrens gemäß Anspruch 1, dadurch gekennzeichnet, daß man das nicht zur Abscheidung gebrachte Kobaltcarbonyl durch geeignete Lösungs- oder Adsorptionsmittel entfernt oder in einer tiefer gekühlten Apparatur abscheidet, deren enge, sich leicht mit festem Carbonyl verstopfende Teile jedoch auf Temperaturen von 50° oder darüber gehalten werden.

4. Abänderung des Verfahrens nach Patentanspruch 1 bis 3, dadurch gekennzeichnet, daß man das zur Herstellung des Carbonyls verwendete Kohlenoxyd, ohne es zu entspannen, im Kreislauf wieder verwendet.

D. R. P. 448036, B. III, 944. S. a. Belg. P. 354027, E. P. 298714.

Nr. 531402. (I. 7. 30.) Kl. 12 n, 10.

I. G. Farbenindustrie Akt.-Ges. in Frankfurt a. M.

Erfinder: Dr. Max Naumann in Ludwigshafen a. Rh.

Verfahren zur Herstellung von Molybdäncarbonyl.

Vom 21. Jan. 1930. — Erteilt am 30. Juli 1931. — Ausgegeben am 10. Aug. 1931. — Erloschen: ....

Durch Einwirkung von Kohlenoxyd unter Druck bei erhöhter Temperatur auf Molybdän oder solches enthaltende Materialien ist es seither nicht möglich gewesen, größere Mengen Molybdäncarbonyl in wirtschaftlicher Weise herzustellen.

Wie sich nun gezeigt hat, sind die schlechten Ausbeuten darauf zurückzuführen, daß man das Kohlenoxyd auf das Molybdänmetall bei zu niedrigen Temperaturen, nämlich unterhalb 200°, einwirken ließ. Überraschenderweise wurde nämlich gefunden, daß beim Arbeiten oberhalb 200° die Ausbeuten nicht, wie wegen der mit steigender Temperatur zunehmenden Dissoaziation des gebildeten Carbonyls und des zunehmenden Zerfalls des Kohlenoxyds zu erwarten war, schlechter, sondern, z. B. von 225° ab, bedeutend höher werden. So konnten beispielsweise aus metallischem Molybdän, das, mit Kohlenoxyd unter 200 Atm. Druck behandelt, bei 200° überhaupt kein Molybdäncarbonyl lieferte, bei 225 bis 300° erhebliche Mengen von Carbonyl erhalten werden. Im übrigen richten sich die gemäß der vorliegenden Erfindung oberhalb 200° liegenden Temperaturen u. a. insbesondere nach der Beschaffenheit bzw. mehr oder weniger leichten Angreifbarkeit des Ausgangsmaterials.

Es kann von Vorteil sein, dem Kohlenoxydgas oder dem festen Ausgangsmaterial Stoffe zuzumischen, die einem Zerfall des Kohlenoxyds entgegenwirken, z. B. Schwefelverbindungen.

Geeignete Schwefelverbindungen, die dem Gas zugemischt werden können, sind z. B. Schwefelwasserstoff, Schwefeldioxyd, Kohlenoxysulfid, Schwefelkohlenstoff, Merkaptane oder andere organische Schwefelverbindungen; dem festen Ausgangsmaterial können vor oder nach seiner Reduktion Metallsulfate oder -sulfide, wie Kupfersulfat, Eisensulfat, Natriumsulfid u. a., oder elementarer Schwefel zugegeben werden.

Die Abtrennung des gebildeten Molybdäncarbonyls von dem überschüssigen, zweckmäßig in den Prozeß zurückkehrenden Kohlenoxyd kann z. B. entweder durch Kühlung in einfachen Abstreifern, wobei enge Teile der Vorrichtung vorteilhaft auf so hoher Temperatur gehalten werden, daß das Molybdäncarbonyl dampfförmig oder geschmolzen bleibt und sich nicht in fester Form absetzen kann, oder durch Auswaschen, z. B. mit Benzol oder Äther, erfolgen, wobei die Waschflüssigkeiten zweckmäßig im Gegenstrom und unter Druck durch die Wäscher geleitet werden. In diesem Falle läßt sich das Reaktionsprodukt in einfacher Weise, nämlich in Form seiner Lösung, durch ein einfaches Ventil aus der Apparatur kontinuierlich austragen. Enthält das zur Carbonylbildung dienende Material neben Molybdän noch andere carbonylbildende Metalle, so kann das entstandene, an sich feste Molybdäncarbonyl mit den anderen flüssigen Carbonylen zusammen ausgekühlt und in ihnen gelöst ausgetragen werden. Die Reinigung des erhaltenen Molybdäncarbonyls kann, wenn notwendig, durch Sublimation, zweckmäßig im Kohlenoxydstrom, oder durch Umkristallisieren, z. B. aus Benzol, erfolgen, wobei, insbesondere wenn Eisencarbonyl zugegen ist, auf den Ausschluß von Licht zu achten ist, da sich sonst Zersetzungsprodukte und festes Eisennonacarbonyl mit abscheiden.

Das vorliegende Verfahren eignet sich zur Gewinnung von reinem Molybdän aus seinen Erzen oder anderen molybdänhaltigen Materialien. Durch thermische Zersetzung kann aus dem Molybdäncarbonyl das Metall je nach den dabei angewandten Bedingungen in Form von kompaktem Metall, Pulver oder Schwamm gewonnen werden. Hierbei ist dafür Sorge zu tragen, daß durch geeignete Wahl der Temperatur u. dgl. eine Oxydation oder Kohlung, soweit gewünscht, hintangehalten wird.

Beispiel

Molybdänsäure wird bei 800° zusammen mit so viel Kupfernitrat reduziert, daß das reduzierte Gut 10 % Kupfer enthält. Die Masse wird darauf mit Kohlenoxyd unter einem Druck von 200 Atm. bei 275 bis 300° behandelt. Hierbei werden im Verlauf von 8 Stunden 15 % des angewandten Molybdäns umgesetzt. Läßt man das Kohlenoxyd unter sonst gleichen Bedingungen bei 200° einwirken, so werden nur 2 % des angewandten Molybdäns umgesetzt.

PATENTANSPRUCH:

Verfahren zur Herstellung von Molybdäncarbonyl durch Einwirkung von Kohlenoxyd unter Druck auf Molybdän oder solches enthaltende Materialien, dadurch gekennzeichnet, daß man die Einwirkung des Kohlenoxyds bei Temperaturen oberhalb 200°, zweckmäßig oberhalb etwa 225°, vornimmt.

S. a. F. P. 708 260 mit Ca- oder Fe-haltigen Stoffen; 708 379 mit S-haltigen Stoffen.

Nr. 547 025. (I. 40 394.) Kl. 12n, 10.

I. G. Farbenindustrie Akt.-Ges. in Frankfurt a. M.

Erfinder: Dr. Max Naumann in Ludwigshafen a. Rh.

Herstellung von Wolframcarbonyl.

Zusatz zum Patent 531 402.

Vom 13. Jan. 1931. — Erteilt am 3. März 1932. — Ausgegeben am 18. März 1932. — Erloschen: . . . .

Das Hauptpatent betrifft ein Verfahren zur Herstellung von Molybdäncarbonyl durch Einwirkung von Kohlenoxyd unter Druck auf Molybdän oder solches enthaltende Materialien, gemäß dem diese Einwirkung bei Temperaturen oberhalb 200°, zweckmäßig oberhalb etwa 225°, vorgenommen wird.

Es wurde nun gefunden, daß auch bei der Herstellung von Wolframcarbonyl mit großem Vorteil Temperaturen oberhalb 200° angewendet werden; man erhält dann erheblich bessere Ausbeuten als bei Temperaturen unterhalb 200°. Bei einem Druck von 200 at z. B. arbeitet man zweckmäßig bei Temperaturen von 220 bis 300°; bei höheren Drucken können noch höhere Temperaturen angewendet werden, jedoch ist dann wegen der Gefahr des Kohlenoxydzerfalls dafür Sorge zu tragen, daß örtliche Überhitzungen vermieden werden. Unter Umständen ist es zweckmäßig, dem Kohlenoxydgas oder dem festen carbonylbildenden Material Stoffe zuzusetzen, die den Kohlenoxydzerfall verhindern, wie Schwefelverbindungen oder Arsenverbindungen.

Das erhaltene Wolframcarbonyl kann durch Sublimation, zweckmäßig im Kohlenoxydstrom, gereinigt werden, wobei oxydierende Einflüsse zwecks Vermeidung von Verlusten auszuschließen sind. Durch thermische Zersetzung des

Carbonyls läßt sich sehr reines, metallisches Wolfram erhalten, und zwar je nach den Zersetzungsbedingungen in fein verteilter oder zusammenhängender Form, z. B. als Überzug oder in massivem Zustand.

Der Kohlenstoff- bzw. Sauerstoffgehalt des metallischen Wolframs kann nach Bedarf durch Mischen eines Wolframpulvers, das im Verhältnis zum Kohlenstoff überschüssigen Sauerstoff, mit geeigneter Menge eines solchen, das überschüssigen Kohlenstoff enthält, und durch anschließendes Erhitzen unter Austreibung von Kohlenoxyden geregelt werden; u. U. kann das Metall auf diese Weise vollständig von Kohlenstoff und Sauerstoff befreit werden. Das Pulver kann zusammen mit anderen Metallpulvern durch Sintern zu kompaktem Metall bzw. zu Legierungen verarbeitet werden, oder es dient z. B. als Einsatz zum Erschmelzen hochwertiger Legierungen.

Beispiel

Wolframsäure mit einem Kupfergehalt von etwa 20 % (in Form von Kupfernitrat) wird mit Wasserstoff bei 800° reduziert und hierauf mit Kohlenoxyd unter 200 at Druck 8 Stunden lang behandelt. Bei 240° wird hierbei etwa 20mal soviel Wolframcarbonyl erhalten wie bei 200°.

Patentanspruch:

Herstellung von Wolframcarbonyl durch Einwirkung von Kohlenoxyd auf Wolfram oder solches enthaltende Materialien unter Druck, dadurch gekennzeichnet, daß man diese Behandlung wie bei der Herstellung von Molybdäncarbonyl nach Patent 531 402 bei Temperaturen oberhalb 200°, zweckmäßig oberhalb 225° C, vornimmt.

S. a. F. P. 708260.

Nr. 561 513. (I. 60. 30.) Kl. 12n, 2. Dr. Walter Hieber in Heidelberg.

Herstellung von Eisentetracarbonyl aus Eisenpentacarbonyl.

Vom 21. Nov. 1930. — Erteilt am 29. Sept. 1932. — Ausgegeben am 14. Okt. 1932. — Erloschen: . . . .

Festes Eisentetracarbonyl bildet sich bei der Einwirkung von Alkalien, zweckmäßig in alkoholischer Lösung, auf flüssiges Eisenpentacarbonyl. Hierbei entsteht nach längerem Erhitzen der Reaktionsmischung zunächst Alkalicarbonat, das abfiltriert werden kann, worauf sich nach Zugabe von Säure unter lebhafter Gasentwicklung Eisentetracarbonyl abscheidet. Die technische Herstellung von Eisentetracarbonyl auf diesem Wege hat jedoch große Nachteile. Die Reaktion des Eisenpentacarbonyls mit der Alkalilauge geht sehr langsam vor sich, beispielsweise in 4 bis 6 Stunden. Es ist eine verhältnismäßig hohe Temperatur erforderlich, und die Ausbeuten sind höchst unbefriedigend und schwankend.

Es wurde nun gefunden, daß man Eisentetracarbonyl in einfacher Weise und in nahezu theoretischer Ausbeute gewinnen kann, wenn man basische Stoffe in Gegenwart oxydierender Mittel auf Eisenpentacarbonyl einwirken läßt. Auf die Verwendung von Alkohol als Lösungsmittel kann hierbei unter Umständen ganz verzichtet werden.

Neben hohen Ausbeuten hat das Verfahren noch die Vorteile einer sehr verkürzten Reaktionszeit und niedriger Reaktionstemperatur. Beispielsweise erzielt man praktisch quantitative Ausbeuten innerhalb $^1/_2$ Stunde bei mäßig erhöhter Temperatur.

Als oxydierende Mittel eignen sich z. B. feste, gegebenenfalls in Flüssigkeiten suspendierte Stoffe, wie Braunstein oder Bleidioxyd, Ferrihydroxyd und andere, insbesondere in frisch hergestelltem und fein verteiltem Zustande, oder Lösungen, beispielsweise wäßrige Lösungen von Kaliumpermanganat, Kaliumbichromat, Kaliumpersulfat usw. Die Oxydationsmittel, vorzugsweise kräftig wirkende, wie Wasserstoffsuperoxyd oder Kaliumpermanganat, d. h. solche, die auf das gebildete Tetracarbonyl zerstörend wirken, sind zweckmäßig nur in einer solchen Menge anzuwenden, die zur Oxydation eines Moleküls Kohlenoxyd im Eisenpentacarbonyl zu Kohlendioxyd notwendig ist. Etwa im Überschuß vorhandene Oxydationsmittel können, bevor das Tetracarbonyl abfiltriert wird, zerstört oder in Lösung gebracht werden.

Als basische Stoffe können z. B. Ätzalkalien, Ätzkalk, Baryt, Ammoniak o. dgl. dienen. Ein reichlicher Überschuß ist im allgemeinen zu vermeiden; man verwendet zweckmäßig nur etwa solche Mengen der basischen Stoffe, die zur Bindung des entstehenden Kohlendioxyds notwendig sind. Auf 1 Mol Pentacarbonyl werden z. B. nicht mehr als 3 Mol Alkalihydroxyd angewendet.

Im allgemeinen ist es für das erstrebte Ergebnis belanglos, in welcher Reihenfolge die Reaktionskomponenten miteinander vermischt werden. Es ist jedoch zu vermeiden, daß der basische Stoff längere Zeit unter scharfen Bedingungen auf das Pentacarbonyl einwirkt, bevor das Oxydationsmittel zugesetzt wird.

Beispiel 1

26 Teile Eisenpentacarbonyl werden mit einer wäßrigen Aufschlämmung von 17 Teilen Braunstein und einer wäßrigen Lösung

von 11 Teilen Ätznatron vermischt. Die Mischung wird auf 30 bis 40° erwärmt und gerührt. Nach $^1/_2$ Stunde ist alles Pentacarbonyl in Tetracarbonyl verwandelt, das sich in fester Form ausscheidet. Darauf wird durch Zusatz von schwefelsaurer Ferrosulfatlösung angesäuert, wodurch der überschüssige Braunstein als Mangansulfat gelöst wird. Durch Filtrieren der Flüssigkeit erhält man etwa 90 % des angewandten Pentacarbonyls als Tetracarbonyl.

Beispiel 2

20 Teile Eisenpentacarbonyl werden mit 50 Teilen Methanol und einer Lösung von 15 Teilen Ätznatron in 30 Teilen Wasser vermischt. Nach der völligen Auflösung des Pentacarbonyls, die innerhalb weniger Minuten stattfindet, wird die gut durchgemischte Flüssigkeit mit frisch dargestellter, wäßriger Suspension von 10 bis 12 Teilen Braunstein versetzt. Es beginnt sofort die Abscheidung des festen Tetracarbonyls. Nach Auflösung des überschüssigen Braunsteins durch reichlichen Zusatz von Natriumbisulfitlösung und Schwefelsäure wird das Tetracarbonyl abfiltriert. Die Ausbeute beträgt etwa 90 %.

Beispiel 3

Das gemäß Beispiel 2 aus 20 Teilen Eisenpentacarbonyl, Methanol und Ätznatron erhaltene Gemisch wird statt mit Braunstein allmählich mit einer wäßrigen Lösung von 6 bis 7 Teilen Kaliumpermanganat versetzt. Ein etwaiger geringer Überschuß des Oxydationsmittels, das am Ende der Reaktion als Braunstein vorliegt, wird, wie im Beispiel 1 und 2 angegeben, durch schwefelsaure Ferrosulfatlösung oder durch Bisulfit gelöst. Durch Filtrieren erhält man etwa 60 % des angewandten Pentacarbonyls als Tetracarbonyl. Wird das Permanganat bei Eiskälte zugesetzt, so erhöht sich die Ausbeute an Tetracarbonyl auf 70 %.

Beispiel 4

Das wie in den vorhergehenden Fällen aus 20 Teilen Pentacarbonyl und Ätznatron erhaltene Gemisch versetzt man langsam mit einer wäßrigen Lösung von 30 Teilen Kaliumpersulfat, die zur Neutralisation des während der Reaktion gebildeten Bisulfats 5 Teile Ätznatron enthält. Es beginnt sofort die Abscheidung des Tetracarbonyls, dessen Menge sich beim Ansäuern der inzwischen rot gewordenen Reaktionsflüssigkeit mit verdünnter Schwefelsäure noch vermehrt. Durch Filtrieren der Flüssigkeit erhält man 60 bis 70 % des angewandten Pentacarbonyls als Tetracarbonyl.

Beispiel 5

Das nach den vorhergehenden Beispielen erhaltene alkalische Gemisch wird allmählich mit 120 bis 150 Teilen 3%igem Wasserstoffsuperoxyd versetzt, dem vorher 4 bis 6 Teile Harnstofflösung zur Stabilisierung beigegeben wurden. Allzu starke Erwärmung ist durch gleichzeitiges Kühlen mit Eis zu vermeiden. Nach Ansäuern des tiefroten Reaktionsgemisches mit etwa 50%iger Schwefelsäure scheidet sich das Tetracarbonyl ab. Durch Filtration erhält man das Produkt in einer Ausbeute von etwa 70 bis 80 %.

PATENTANSPRÜCHE:

1. Verfahren zur Herstellung von Eisentetracarbonyl aus Eisenpentacarbonyl, dadurch gekennzeichnet, daß man auf das letztere basische Stoffe in Gegenwart oxydierender Mittel einwirken läßt, so daß in dem Pentacarbonyl 1 Mol Kohlenoxyd zu Kohlendioxyd oxydiert wird.

2. Verfahren nach Anspruch 1, dadurch gekennzeichnet, daß man die Oxydationsmittel, vorzugsweise kräftig wirkende, nur etwa in einer solchen Menge anwendet, die zur Oxydation von 1 Mol Kohlenoxyd im Eisenpentacarbonyl zu Kohlendioxyd notwendig ist.

3. Verfahren nach Anspruch 1 und 2, dadurch gekennzeichnet, daß man die basischen Stoffe nur etwa in einer solchen Menge anwendet, die zur Bindung des entstehenden Kohlendioxyds notwendig ist.

Nr. 512223. (I. 34082.) Kl. 12n, 2.

I. G. FARBENINDUSTRIE AKT.-GES. IN FRANKFURT A. M.

Erfinder: Dr. Robert Zell in Oppau.

Verfahren zur Darstellung halogenhaltiger Derivate von Eisencarbonylen.

Vom 8. April 1928. — Erteilt am 30. Okt. 1930. — Ausgegeben am 8. Nov. 1930. — Erloschen: 1931.

Es ist bekannt, daß man Metallcarbonyle durch Einwirkung von Halogen in Metallhalogensalze und Kohlenoxyd zerlegen kann. Diese Reaktion ist bislang nur zum Zwecke der Entfernung von Metallcarbonylen und zu ihrer quantitativen Bestimmung benutzt worden.

Es wurde nun gefunden, daß man bei geeigneter Führung des Prozesses wertvolle halogenhaltige Derivate der Eisencarbonyle gewinnen kann, die sich durch hervorragende Reaktionsfähigkeit auszeichnen. Zur Darstellung solcher Derivate ist es erforderlich, die Einwirkung der Reaktionsteilnehmer aufeinander unter möglichstem Ausschluß von Wasser vorzunehmen. An Stelle der Halogene kann man auch die halogenähnlichen Stoffe Cyan und Rhodan verwenden. Wenn die Einwirkung des Halogens, wie z. B. bei Chlor, sehr stürmisch verläuft, arbeitet man zweckmäßig unter Bedingungen, die den Reaktionsverlauf mäßigen, also unter Kühlung oder bzw. und in Verdünnung mit indifferenten Stoffen. Die häufig träger verlaufende Umsetzung der Eisencarbonyle mit Jod oder auch mit dem halogenähnlichen Rhodan kann durch Erwärmen beschleunigt werden.

Man erhält bei Einhaltung geeigneter Reaktionsbedingungen schön kristallisierte Verbindungen von Eisen, Halogen und Kohlenoxyd, die einer vielseitigen Verwendung fähig sind. Sie sind bei Ausschluß von Feuchtigkeit im allgemeinen lange Zeit beständig und gegen Hitze widerstandsfähiger als das Eisencarbonyl selbst. Auf Zusatz von Wasser gehen sie unter Entwicklung von reinem Kohlenoxyd in Lösung; ebenso entbindet Zugabe von Wasser zu ihrer Lösung in organischen Lösungsmitteln stürmisch Kohlenoxyd, besonders wenn das Wasser mit dem verwendeten Lösungsmittel mischbar ist. Man kann also mittels der neuen Verbindungen reines Kohlenoxyd mit beliebiger Geschwindigkeit und in beliebigen Mengen entwickeln. Sie können daher z. B. mit Vorteil als Schädlingsbekämpfungsmittel verwendet werden, indem sie eine rasche Durchgasung kleiner, geschlossener Räume mit Kohlenoxyd ermöglichen. Auch als Ausgangsmaterial für die Darstellung komplexer Eisenverbindungen können sie dienen.

Beispiel 1

Man vermischt eine Lösung von 20 Teilen, bezogen auf das Gewicht, Eisenpentacarbonyl in 400 Teilen Pentan mit einer Lösung von 20 Teilen Brom in 400 Teilen Pentan. Unter gleichzeitiger Gasentwicklung kristallisiert eine rotbraune Substanz aus von der Bruttoformel $Fe(CO)_4 \cdot Br_2$, wie sich aus der Zusammensetzung 48,6 % Br, 17,2 % Fe, 34,8 % CO ergibt. Die Ausbeute beträgt 34 bis 35 Teile; man erhält also pro Mol. angewandten Eisenpentacarbonyls ein Mol. der Verbindung $Fe(CO)_4 \cdot Br_2$.

Die Substanz ist in vielen organischen Lösungsmitteln, z. B. in Äther, Eisessig, Alkohol usw., löslich. Beim Lagern unter Feuchtigkeitsausschluß verändert sie sich nicht. Übergießt man sie mit Wasser, so wird stürmisch Kohlenoxyd entwickelt, und Ferrobromid geht in Lösung. Ein Kilogramm der Substanz vermag bei Zugabe von Wasser etwa 300 l reines Kohlenoxyd zu entwickeln.

Übergießt man Eisentetracarbonylbromid mit Pyridin, so wird heftig Kohlenoxyd entbunden; als Reaktionsmasse hinterbleibt eine kanariengelbe, kristallisierte Substanz von der Zusammensetzung $[Fe(Pyridin)_4]\ Br_2$.

Beispiel 2

10 Teile Eisenpentacarbonyl werden in 300 Teilen Benzin gelöst und mit 10 Teilen feingepulvertem Jod in Anteilen versetzt. Nach öfterem Umschütteln werden weitere 300 Teile Benzin zugegeben und die Reaktionsflüssigkeit filtriert. Das Filtrat hinterläßt beim Verdampfen des Benzins metallisch glänzende schwarze Kristalle der Verbindung $Fe(CO)_4 \cdot J_2$ (Fe = 13,0 %; Jod = 59,8 %; CO = 26,5 %). Die Substanz zeichnet sich durch ihre Löslichkeit in vielen organischen Lösungsmitteln aus; kaltes Wasser verändert die Substanz nur langsam, während mit heißem Wasser unter kräftiger Kohlenoxydentwicklung Eisenjodid gebildet wird.

Beispiel 3

Versetzt man eine Pentanlösung von Eisenpentacarbonyl mit einer Lösung von elementarem Rhodan, so kristallisiert unter Gasentwicklung eine braunschwarze Substanz aus, deren Zusammensetzung der Formel $Fe(CO)_4 \cdot (CNS)_2$ entspricht; sie läßt sich mit Wasser unter Kohlenoxydentwicklung in Lösung bringen.

Beispiel 4

Getrocknetes Eisennonacarbonyl ($Fe_2(CO)_9$) wird mit trockenem Pentan überschichtet und unter Schütteln so lange mit einer Lösung von Brom in Petroläther versetzt, bis die Gasentwicklung beendet ist. Nach einigem weiteren Stehen und Schütteln der Reaktionsmischung wird vom Niederschlag abfiltriert. Der Niederschlag erweist sich als Eisentetracarbonylbromid von der Zusammensetzung $Fe(CO)_4 \cdot Br_2$ mit den im Beispiel 1 beschriebenen Eigenschaften.

Patentanspruch:

Verfahren zur Darstellung von halogenhaltigen Derivaten der Eisencarbonyle, dadurch gekennzeichnet, daß man unter Ausschluß von Wasser Halogene oder die halogenähnlichen Stoffe Cyan und Rhodan auf Eisencarbonyle einwirken läßt.

Nr. 566448. (I. 42168.) Kl. 12n, 4.

I. G. Farbenindustrie Akt.-Ges. in Frankfurt a. M.

Erfinder: Dr.-Ing. Leo Schlecht, Dr.-Ing. Günther Hamprecht und Dr.-Ing. Fritz Spoun in Ludwigshafen a. Rh.

Herstellung von Kobaltnitrosocarbonyl.

Vom 26. Juli 1931. — Erteilt am 1. Dez. 1932. — Ausgegeben am 19. Dez. 1932. — Erloschen: . . . .

Es wurde gefunden, daß man das bisher lediglich durch Einwirkung von Stickoxyd auf das fertige Kobaltcarbonyl erhaltene Kobaltnitrosocarbonyl in einfacher Weise gewinnt, wenn man ähnlich wie bei der bekannten Herstellung von Kobaltcarbonyl aus Kohlenoxyd und Kobalt Kohlenoxyd oder solches enthaltende Gase in Gegenwart von Stickoxyden, vorzugsweise von Stickstoffmonoxyd, oder in Gegenwart von Stickoxyde abgebenden Stoffen, z. B. Nitraten oder flüssigen Lösungen von Stickoxyden, auf Kobalt oder solches enthaltende Materialien einwirken läßt. Die Reaktion verläuft sehr leicht, sogar schon bei Zimmertemperatur und bei gewöhnlichem Druck. Unter Umständen ist es zweckmäßig, bei vermindertem oder erhöhtem Druck zu arbeiten. Die Anwendung hoher Drucke empfiehlt sich beispielsweise, wenn zur Erhöhung der Reaktionsfähigkeit des kobalthaltigen Ausgangsmaterials hohe Temperaturen, z. B. etwa 250°, erforderlich sind.

Die Bildung des Kobaltnitrosocarbonyls tritt bereits ein, wenn nur geringe Mengen Stickoxyde dem Kohlenoxyd zugesetzt sind. Das Mischungsverhältnis zwischen den Stickoxyden und dem Kohlenoxyd kann in verhältnismäßig weiten Grenzen variiert werden; jedoch ist besonders beim Arbeiten unter erhöhtem Druck auf die Explosionsgrenzen der Gemische Rücksicht zu nehmen.

Man kann die Stickoxyde bzw. Stickoxyde abgebenden Stoffe dem Kohlenoxyd bereits vor dem Eintritt in den Reaktionsraum beimischen oder erst in dem letzteren zufügen.

Statt Kohlenoxyd sind insbesondere industrielle Gase, wie Wassergas, anwendbar, nachdem sie erforderlichenfalls von unerwünschten Fremdstoffen befreit sind. Der in derartigen Gasen enthaltene Wasserstoff ist geeignet, eine Passivierung des kobalthaltigen Ausgangsstoffes zurückzudrängen.

Das kobalthaltige Ausgangsmaterial, z. B. Kobaltmetall selbst oder Kobaltverbindungen, gegebenenfalls im Gemisch mit anderen Stoffen, wird vorzugsweise in fein verteilter aktiver Form angewendet. Von besonderer technischer Bedeutung ist die Verwendung von Erzen, Zwischen- und Abfallprodukten, wie Krätzen, Schlämmen, Schlacken usw. Der Bildung des Nitrosocarbonyls kann eine Vorbereitung des Reaktionsgutes, wie Abröstung, Aufschluß, Umwandlung in Oxyd, Auflockerung usw., vorausgehen. Auch können Stoffe zugesetzt werden, die die Bildung des Nitrosocarbonyls erleichtern, wie Kupfer. Besonders bei der Einwirkung des Kohlenoxyd-Stickoxyd-Gemisches unter gewöhnlichem Druck ist es zweckmäßig, den kobalthaltigen Ausgangsstoff in metallischer Form anzuwenden bzw. vorher einer reduzierenden Behandlung zu unterwerfen. Diese kann mit gasförmigen Reduktionsmitteln, wie Wasserstoff oder Kohlenoxyd oder diese Stoffe enthaltenden Gasgemischen, z. B. Wassergas, Generatorgas o. dgl., oder auch mit festen oder flüssigen kohlenstoffhaltigen Substanzen, wie Kohle, Koks, Grude usw. oder Ölen, ölhaltigen Abfallstoffen, wie Hydrierabschlamm usw., durchgeführt werden.

Kommt die Bildung des Kobaltnitrosocarbonyls zum Stillstand, ehe das Kobalt weitgehend aufgebraucht ist, so erweist sich im allgemeinen eine Reduktion, gegebenenfalls nach vorheriger Oxydation, als sehr förderlich für die weitere Umsetzung.

Die Reaktion ist auch für die Aufarbeitung von Materialien, z. B. von Nickel, geeignet, die nur geringe Mengen Kobalt enthalten. Es lassen sich ohne Schwierigkeiten solche Arbeitsbedingungen einhalten, daß die Bildung anderer flüchtiger Metallverbindungen, insbesondere Carbonyle, unterbleibt, so daß man von Fremdmetallen praktisch freies Nitrosocarbonyl erhält. Man kann jedoch auch solche Bedingungen einhalten, daß das Kobaltnitrosocarbonyl im Gemisch mit anderen Metallverbindungen erhalten wird; das Gemisch kann dann fraktioniert, z. B. im Kohlenoxydstrom destilliert werden.

Das nach dem vorliegenden Verfahren erhaltene Kobaltnitrosocarbonyl kann in sehr vorteilhafter Weise auf andere Kobaltverbindungen oder auf Kobalt selbst verarbeitet werden. Zu diesem Zwecke wird es entweder unter Bildung von Kobaltoxyd mit Luft oder Sauerstoff verbrannt, oder es wird thermisch zersetzt, vorzugsweise in einem erhitzten Hohlraum, gegebenenfalls in Gegenwart von Gasen, insbesondere reduzierenden Gasen, wie Wasserstoff, oder die Umsetzung erfolgt durch chemische Mittel, wie Säuren oder Laugen unter Bildung von Kobaltsalzen o. dgl. Gewünschtenfalls wird das durch thermische Zersetzung oder Verbrennung erhaltene Produkt einer weiteren Verarbeitung, z. B. einer Reduktion, unterzogen.

Die Bedeutung des neuen Verfahrens liegt

vor allem darin, daß es auf wirtschaftlichem Wege die Verarbeitung wohlfeiler kobalthaltiger Rohstoffe auf hochwertige reine Produkte ermöglicht.

Beispiel 1

Ein durch Zusatz von Kalk zu einer Kobaltsulfatlösung erhaltener Niederschlag wird bei 350° mit Wasserstoff reduziert und dann bei einer Temperatur von 60 bis 70° mit einem Gemisch von Kohlenoxyd mit etwa 5% Stickoxyd behandelt. Es wird Kobaltnitrosocarbonyl als rote Flüssigkeit in reichlicher Ausbeute erhalten.

Die Flüssigkeit wird in einem erhitzten Hohlraum verdampft, so daß sich das Kobaltnitrosocarbonyl zersetzt; das dabei frei werdende Gas wird bei der Bildung weiterer Mengen Nitrosocarbonyl verwendet.

Beispiel 2

Kobaltnitratlösung wird mit Kalk zur Trockne eingedampft und die erhaltene calciumnitrathaltige Masse unter 200 at Druck bei 240° mit strömendem Kohlenoxyd behandelt. Das entstandene Kobaltnitrosocarbonyl wird von dem Kohlenoxydstrom aus dem Ofen fortgeführt. Es wird durch Auskühlen flüssig für sich gewonnen.

PATENTANSPRÜCHE:

1. Verfahren zur Gewinnung von Kobaltnitrosocarbonyl, um gegebenenfalls daraus metallisches Kobalt oder andere Kobaltverbindungen zu gewinnen, dadurch gekennzeichnet, daß man Kohlenoxyd oder solches enthaltende Gase in Gegenwart von Stickoxyden, vorzugsweise von Stickstoffmonoxyd, oder Stickoxyde abgebenden Stoffen auf Kobalt oder solches enthaltende Materialien, zweckmäßig bei erhöhter Temperatur und gegebenenfalls unter erhöhtem Druck, einwirken läßt und gewünschtenfalls das erhaltene Kobaltnitrosocarbonyl auf metallisches Kobalt oder andere Kobaltverbindungen verarbeitet.

2. Verfahren nach Anspruch 1, dadurch gekennzeichnet, daß man als Ausgangsmaterial kobalthaltige Rohstoffe, wie Erze, Abfall- oder Zwischenprodukte verwendet.

Nr. 491 855. (C. 37 431.) Kl. 12 n, 2.

CHEMISCHE FABRIK VON HEYDEN AKT.-GES. IN RADEBEUL, DRESDEN.
Erfinder: Dr.-Ing. Kurt Buchheim in Radebeul b. Dresden.

Verfahren zur Reinigung von Eisencarbonyl.

Vom 10. Nov. 1925. — Erteilt am 30. Jan. 1930. — Ausgegeben am 19. Febr. 1930. — Erloschen: 1934.

Wir haben gefunden, daß sich technisches Eisenkarbonyl oder seine Lösungen in einfacher Weise gefahrlos von Verunreinigungen dadurch befreien lassen, daß man dieselben mit einheitlichen oder gemischten Dämpfen oder Gasen solcher Stoffe destilliert, deren Siedepunkte so niedrig liegen, daß eine Zersetzung noch nicht eintritt. Als solche Stoffe kommen beispielsweise Körper mit Siedepunkten unterhalb 100° C in Frage, wie Benzol, Leichtbenzin, Alkohol, Ketone und ähnliche. Man erhält so Lösungen von reinem Karbonyl in dem betreffenden Medium. Verwendet man Stoffe, die oberhalb 100° C sieden, so drückt man zweckmäßig den Siedepunkt durch Anwendung von Vakuum unter 100° herunter, oder man bläst derartige Lösungen mit Wasserdampf bei gewöhnlichem Druck ab. Vorzüglich eignet sich auch, besonders für Eisenkarbonyl als solches, Wasser für sich allein als Destillationsmedium. Bei relativ hoch siedenden Flüssigkeiten läßt man zweckmäßig das Karbonyl bzw. seine Lösungen nur in dem Maße in das Destillationsgefäß laufen, als es durch den Strom des mitdestillierenden Stoffes fortgeführt wird.

Das Verfahren vermeidet die bei Destillationen von Eisenkarbonyl durch örtliche Überhitzung mögliche Explosionsgefahr.

PATENTANSPRUCH:

Verfahren zur Reinigung von technischem Eisenkarbonyl oder seinen Lösungen, dadurch gekennzeichnet, daß man die Destillation unter erhöhtem oder vermindertem Druck bei Gegenwart einer oder mehrerer bei normaler Temperatur flüssiger Stoffe vornimmt, deren Siedepunkt so niedrig liegt, daß eine Zersetzung des Eisenkarbonyls noch nicht eintritt.

Nr. 523 601. (I. 35 173.) Kl. 12 n, 1.

I. G. Farbenindustrie Akt.-Ges. in Frankfurt a. M.

Erfinder: Dr. Robert Zell in Oppau und Dr. Christian Steigerwald in Ludwigshafen a. Rh.

Verfahren zur Erhöhung der Haltbarkeit von Lösungen von Metallcarbonylen in Kohlenwasserstoffen

Vom 7. Aug. 1928. — Erteilt am 9. April 1931. — Ausgegeben am 25. April 1931. — Erloschen: 1933.

Es ist bekannt, daß Metallcarbonyle oder metallcarbonylhaltige Lösungen beim Lagern unter dem Einfluß von Licht und Luft Zersetzungen unter Ausscheidung fester Produkte erleiden, was für bestimmte Verwendungszwecke von großem Nachteil ist. Man hat bereits vorgeschlagen, ätherische Lösungen von Eisencarbonyl durch Zusatz geringer Mengen von Isatin oder Alizarin zu stabilisieren. Diese Zusätze eignen sich wohl zur Stabilisierung ätherischer Lösungen, doch versagen sie bei Lösungen in Kohlenwasserstoffen, z. B. in Benzin.

Es hat sich nun überraschenderweise gezeigt, daß man die Haltbarkeit der Lösungen von Metallcarbonylen in Kohlenwasserstoffen, die ausgedehnte Verwendung als nichtklopfende Motorbrennstoffe finden, wesentlich erhöhen kann, wenn man ihnen Aldehyde oder Ketone oder organische Verbindungen saurer Natur, mit Ausnahme der Naphthensäuren, gegebenenfalls Gemische der genannten Stoffe zusetzt. Als Zusatzstoffe kommen z. B. in Betracht Stearin-, Palmitin- und Ölsäure, Säuregemische, die durch Oxydation von Paraffin erhalten werden, Butyraldehyd, Valeraldehyd, Benzaldehyd, Acetylaceton, Acetessigester usw. Die Zusatzstoffe sind schon in einer Konzentration von etwa 1‰ ausgezeichnet wirksam. Bei derartig kleinen Zusatzmengen ist, falls es sich um Verbindungen saurer Natur handelt, die Acidität dieser so gering, daß sie keinerlei korrodierende oder sonstige nachteilige Wirkungen ausüben; daher können nach dem vorliegenden Verfahren behandelte Carbonyllösungen unbedenklich zum Betrieb von Kraftmaschinen Verwendung finden.

Beispiel 1

Läßt man eine 5%ige Lösung von Eisenpentacarbonyl in Pentan im Tageslicht stehen, so beginnt schon nach sehr kurzer Zeit die Ausscheidung eines braunen Niederschlages, dessen Menge sich im Verlauf weniger Stunden stark vermehrt. Verwendet man dagegen eine Carbonyllösung, die 1‰ Stearinsäure enthält, so wird die Haltbarkeit auf das 50fache erhöht. Wird der Cabonyllösung statt der Stearinsäure 1‰ Valeraldehyd zugesetzt, so steigt die Haltbarkeit auf das 30fache, bei Zusatz von 1‰ Acetylenaceton auf das 40fache gegenüber der Lösung ohne Zusatz.

Beispiel 2

In 5 Flaschen von je $^1/_2$ l Inhalt werden je 500 ccm. einer 5%igen Lösung von Eisenpentacarbonyl in Pentan gefüllt. Flasche 1 erhält keinen Zusatz, Flasche 2 erhält einen Zusatz von 0,5 g Ölsäure, Flasche 3 einen solchen von 0,5 g Butyraldehyd, Flasche 4 0,5 g Alizarin und schließlich Flasche 5 0,5 g Isatin. Die Flaschen bleiben im Tageslicht stehen. Bereits nach $^1/_2$ Stunde haben sich in den Flaschen 1, 4 und 5 Niederschläge von braunen Zersetzungsprodukten des Eisenpentacarbonyls ausgeschieden; die den Flaschen 4 und 5 zugesetzten Stoffe (Alizarin und Isatin) sitzen ungelöst am Boden der Flaschen. In der Flasche 3 bildet sich erst nach drei, in der Flasche 2 erst nach fünf Tagen ein merklicher Niederschlag.

Patentanspruch:

Verfahren zur Erhöhung der Haltbarkeit von Lösungen von Metallcarbonylen in Kohlenwasserstoffen durch Zusätze organischer, in Kohlenwasserstoffen löslicher Verbindungen, dadurch gekennzeichnet, daß als Zusätze Aldehyde oder Ketone oder organische Verbindungen saurer Natur, mit Ausnahme der Naphthensäuren, gegebenenfalls Gemische der genannten Stoffe, verwendet werden.

Nr. 475 269. (B. 114 504.) Kl. 12 e, 3.

I. G. Farbenindustrie Akt.-Ges. in Frankfurt a. M.

Erfinder: Dr. Josef Jannek in Ludwigshafen a. Rh.

Verfahren zum Entfernen von Eisencarbonyl aus Gasen.

Vom 17. Juni 1924. — Erteilt am 11. April 1929. — Ausgegeben am 22. April 1929. — Erloschen: 1932.

Es wurde gefunden, daß man Eisencarbonyl aus solches enthaltenden Gasen dadurch entfernen kann, daß man diese mit solchen Gasen, die mit Eisencarbonyl reagieren, wie

Sauerstoff, Chlor, Chlorwasserstoff, Phosgen usw., für sich oder in Verdünnung mit anderen Gasen über ein poröses aktives Material, wie aktive Kohle oder adsorptionsfähige Kieselsäure u. dgl., leitet. Das Eisencarbonyl wird hierbei in Eisenoxyd oder in eine andere Eisenverbindung übergeführt, die sich auf dem porösen Material abscheidet.

Man kann auch in der Weise verfahren, daß man abwechselnd das Eisencarbonyl enthaltende Gas und das mit Eisencarbonyl reagierende Gas über das aktive Material leitet. In diesem Falle wird das Eisencarbonyl zunächst adsorbiert und dann durch das nachfolgende Gas in Eisenoxyd oder eine andere Eisenverbindung übergeführt. Das erschöpfte Material kann durch Waschen mit Chemikalien, wie verdünnte Säuren, oder gegebenenfalls mit Wasser allein und Trocknen in einfacher Weise regeneriert werden.

Es ist bekannt, daß man den in Gasen enthaltenen Schwefelwasserstoff durch Oxydation mit Luft an aktiver Kohle entfernen kann. Ferner ist bekannt, daß man Kohlenoxysulfid aus Gasen durch Oxydation mit Luft an aktiver Kohle in Gegenwart von Alkali beseitigen kann. Bei Anwendung dieser beiden Verfahren würde, wenn genügend Sauerstoff in dem vom Schwefel zu reinigenden Gas enthalten ist bzw ihm beigemischt wird, auch ein etwaiger Gehalt an Eisencarbonyl zurückgehalten werden. Es wird daher die Entfernung von Eisencarbonyl aus Schwefel enthaltenden Gasen für den Fall, daß Sauerstoff zwecks Entfernung des Schwefels zusammen mit den Gasen über poröses aktives Material geleitet wird, hier ausgenommen.

Die Entfernung des Eisencarbonyls aus Gasen ist für manche, insbesondere katalytische Zwecke, unter anderem auch bei der Verwendung der Gase für Glühstrumpfbeleuchtung, sehr erwünscht. Sie gelingt nach dem vorliegenden Verfahren vollständig.

Beispiel 1

Durch eine Schicht aktiver Kohle wird entschwefeltes Eisencarbonyl enthaltendes Gas, das z. B. durch die Einwirkung von Kohlenoxyd auf die Rohrleitungen Eisencarbonyl enthält, zusammen mit einer geringen, aber zur Oxydation des Eisencarbonyls mindestens ausreichenden Menge Luft geleitet. Die katalytische Oxydation des Eisencarbonyls setzt unter Erwärmung der Kohleschicht an der Gaseintrittsstelle sofort ein. Wenn die Reaktionszone das Ende der Kohleschicht erreicht hat und diese somit erschöpft ist, wird die mit Eisenoxyd beladene Kohle durch Behandlung mit Säure, Waschen und Trocknen regeneriert.

Beispiel 2

Eisencarbonyl enthaltendes, nicht entschwefeltes Gas wird durch eine Schicht aktiver Kohle geleitet, in der das Eisencarbonyl durch Adsorption festgehalten wird. Nach beendeter Sättigung wird ein Luftstrom durch die Kohle geleitet, wodurch das adsorbierte Eisencarbonyl zu Eisenoxyd oxydiert wird. Die wechselweise Adsorption und Oxydation des Eisencarbonyls kann mehrmals wiederholt werden, bis die Kohle keine genügende Adsorptionswirkung mehr zeigt; hierauf wird die Regenerierung mit Säure vorgenommen. Es kann zweckmäßig sein, vor oder nach dem Auswaschen mit Säure das aktive Material mit Wasserdampf zu behandeln.

Beispiel 3

Durch eine Schicht aktiver Kohle wird Eisencarbonyl enthaltendes Gas zusammen mit einer geringen Menge Chlorwasserstoff geleitet. Das Chlorwasserstoffgas wirkt in Berührung mit der aktiven Kohle auf das Eisencarbonyl unter Bildung von Eisenchlorid ein, das nach beendeter Sättigung der Kohle mit Wasser ausgezogen wird. Nach dem Trocknen ist die Kohle wieder gebrauchsfähig.

Patentansprüche:

1. Verfahren zum Entfernen von Eisencarbonyl aus Gasen, dadurch gekennzeichnet, daß man diese mit Gasen, die mit Eisencarbonyl reagieren, wie Sauerstoff, Chlor, Chlorwasserstoff, Phosgen usw., für sich oder in Verdünnung mit anderen Gasen über poröses aktives Material leitet, wobei im Falle der Verwendung von Sauerstoff nur schwefelfreie Gase diesem Verfahren unterworfen werden sollen.

2. Abänderung des Verfahrens gemäß Anspruch 1, dadurch gekennzeichnet, daß man das eisencarbonylhaltige Gas und das mit Eisencarbonyl reagierende Gas abwechselnd über das aktive Material leitet.

Nr. 499652. (B. 120369.) Kl. 12e, 3.

I. G. FARBENINDUSTRIE AKT.-GES. IN FRANKFURT A. M.

Erfinder: Dr. Friedrich Grassner in Mannheim.

Verfahren zum Befreien von insbesondere kohlenoxydhaltigen Gasen, mit Ausnahme von Methylalkohol, von flüchtigen Eisenverbindungen.

Vom 16. Juni 1925. — Erteilt am 22. Mai 1930. — Ausgegeben am 10. Juni 1930. — Erloschen: 1932.

Kohlenoxydhaltige Gase finden vielfach Verwendung für katalytische Zwecke, z. B. für die synthetische Darstellung von Cyanwasserstoff aus Kohlenoxyd und Ammoniak oder des Methanols aus Kohlenoxyd und Wasserstoff. Diese Gase enthalten meist flüchtige Metallverbindungen, insbesondere Eisenverbindungen in Form des Eisenpentacarbonyls, welche sich im Kontaktraum zersetzen, den Katalysator mit Metall überziehen und dadurch verderben.

Wenn es auch bekannt ist, daß Eisencarbonyl bei erhöhter Temperatur in Eisen, Eisenoxyde und Kohlenoxyd zerfällt, gelingt es doch nicht, selbst beim Durchleiten schwach eisencarbonylhaltiger Gase durch bis auf 700° C erhitzte Röhren, eine vollständige Zersetzung und Herausnahme des Eisens aus dem Gas zu bewirken.

Es hat sich nun gezeigt, daß man solche Gase völlig von flüchtigen Eisenverbindungen befreien kann, wenn man sie bei erhöhter Temperatur, z. B. bei 250 bis 300° C, über poröse Stoffe anorganischer Natur, wie gebrannten Kalk, Bariumoxyd, Strontiumoxyd, Aluminiumoxyd, Magnesit, Bimsstein, Tonscherben, Diatomitmasse oder Gele, wie aktive Kieselsäure, leitet. Das Eisencarbonyl zersetzt sich dabei vollständig in Eisen bzw. Eisenoxyde und Kohlenoxyd bzw. Kohlendioxyd. Die Behandlung von Methylalkoholdampf nach dem vorliegenden Verfahren wird hier ausgenommen.

Beispiel 1

Ein Kohlenoxyd-Wasserstoff-Gemisch mit 0,200 g Eisenpentacarbonyl im Kubikmeter wurde durch ein mit gekörntem gebranntem Kalk gefülltes und auf 250° geheiztes Porzellanrohr geleitet. Das austretende Gas war vollkommen eisenfrei.

Beispiel 2

Wasserstoffgas mit 3,16 g Eisenpentacarbonyl im Kubikmeter verliert beim Überleiten über gekörnten Bimsstein bei 250° C das gesamte Eisen; in dem so gereinigten Gas ist kein Eisen mehr nachweisbar.

Beispiel 3

Eisencarbonylhaltiges Stickstoff-Wasserstoff-Methan-Gemisch (mit 1,054 g Eisenpentacarbonyl im Kubikmeter) gibt sein gesamtes Eisen beim Überleiten über gekörnten Diatomit bei 250° C an diese Masse ab.

Man hat bereits vorgeschlagen (britische Patentschrift 110235), Ofengase dadurch zu entstauben, daß man sie durch Filtermaterial, das nicht unbedingt porös sein muß, leitet. Dabei wird das Filtermaterial durch die heißen Ofengase in vielen Fällen bis auf 500 bis 600° erhitzt. Die Gase haben also bei ihrem Eintritt in die Kammer eine so hohe Temperatur, daß sie überhaupt kein Eisencarbonyl enthalten können; denn dieses bildet sich unter gewöhnlichem Druck nicht bei Temperaturen über 100°. Liegt dagegen die Temperatur der Ofengase unterhalb dieser Grenze, so ist wohl die Anwesenheit von Eisencarbonyl möglich; aber das Filtermaterial wird dann nicht mehr so hoch erhitzt, daß an ihm eine katalytische Zersetzung des Eisencarbonyls möglich wäre. Das bekannte Verfahren hat also mit dem hier beanspruchten nichts gemein.

PATENTANSPRUCH:

Verfahren zum Befreien von insbesondere kohlenoxydhaltigen Gasen, mit Ausnahme von Methylalkohol, von flüchtigen Eisenverbindungen, darin bestehend, daß man die Gase bei erhöhter Temperatur über gebrannten Kalk, Bariumoxyd, Strontiumoxyd, Aluminiumoxyd, Magnesiumoxyd, Magnesit, Bimsstein, Tonscherben, Diatomitmasse oder Gele, wie aktive Kieselsäure, leitet.

Nr. 485639. (B. 117130.) Kl. 12n, 2.

I. G. Farbenindustrie Akt.-Ges. in Frankfurt a. M.

Erfinder: Dr. Alwin Mittasch in Ludwigshafen a. Rh., Dr. Carl Müller in Mannheim und Dr. Eduard Linckh in Ludwigshafen a. Rh.

Verfahren zur Herstellung von Eisen durch thermische Zersetzung von Eisencarbonyl.

Vom 16. Dez. 1924. — Erteilt am 17. Okt. 1929. — Ausgegeben am 14. Aug. 1930. — Erloschen: . . . .

Zur Herstellung von festem Eisen aus Eisenschwamm hat man schon vorgeschlagen, den Eisenschwamm mit Kohlenoxyd zu behandeln und das hierbei erhaltene, mit Kohlenoxyd verdünnte Eisencarbonyl durch Erhitzen an einer kompakten Unterlage, z. B. an dem erhitzten Eisenkern eines Induktionsofens, in Kohlenoxyd und zusammenhängendes festes Eisen zu zersetzen. Dieses Verfahren gestattet jedoch kein kontinuierliches Arbeiten, da man die abgeschiedene Eisenschicht, wenn sie eine gewisse Dicke erreicht hat, von der Unterlage gewaltsam abnehmen muß. Außerdem erhält man auf diese Weise nur schwierig ein Eisenstück, das homogene Zusammensetzung aufweist; dieses ist vielmehr meist durch schichtenweis abgelagerten Kohlenstoff und Eisencarbid verunreinigt.

Es wurde nun gefunden, daß man aus Eisencarbonyl in kontinuierlichem Betrieb Eisen von gleichmäßiger Beschaffenheit gewinnen kann, wenn man Eisencarbonyldämpfe in verdünntem Zustande mit mäßiger Geschwindigkeit über erhitzte kleine Metallkörper, z. B. Eisendrehspäne, oder durch erhitzte indifferente Flüssigkeiten, z. B. hochsiedende Öle oder Quecksilber, oder Schmelzen von z. B. Anthracen, Phenanthren, hochmolekularen Paraffinkohlenwasserstoffen leitet, und zwar zweckmäßig bei Temperaturen zwischen 100 und 400°. Jedoch auch oberhalb 1000° erzielt man ein gutes Produkt, wobei man die Zersetzung des Carbonyls besonders vorteilhaft an geschmolzenem Eisen vornimmt. Die Verdünnung kann durch Verminderung des Druckes oder vorzugsweise durch indifferente oder reduzierende Gase erfolgen. Auf diese Weise gelingt es, die Zersetzung des Eisencarbonyls so zu leiten, daß das abgeschiedene Eisen völlig oder nahezu kohlenstofffrei ist, und daß das zur Bildung von Eisencarbonyl verwendete Kohlenoxyd keine wesentliche Zersetzung erleidet, sondern praktisch vollständig zurückgewonnen wird. Das Verfahren gibt die Möglichkeit, aus unreinem Eisen bzw. aus minderwertigen Eisenerzen auf dem Wege über das Eisencarbonyl reines Eisen zu gewinnen.

Praktisch verfährt man bei der Ausführung des Verfahrens zweckmäßig so, daß man das durch Überleiten von Kohlenoxyd oder kohlenoxydhaltigen Gasen über Eisenmassen gebildete und für die Eisengewinnung bestimmte Eisencarbonyl nicht erst in flüssiger Form abscheidet, sondern im Gasgemisch selbst, gegebenenfalls nach weiterer Verdünnung, der Zersetzung an kleinen Metallkörpern oder in Flüssigkeiten oder Schmelzen unterwirft. Im einzelnen kann bei der Ausübung des Verfahrens sehr verschieden gearbeitet werden, je nach der Beschaffenheit, in der das Eisen erhalten werden soll; man kann durch Regelung der Arbeitsbedingungen das Eisen in beliebiger Form, also beispielsweise in feinster Pulverform bis zu zusammenhängenden Stücken, auch Formstücken, darstellen.

Beispiel

Über auf 250 bis 300° erhitzte Eisendrehspäne wird ein Eisencarbonyldampf-Stickstoff-Gemisch, welches 40 % Carbonyldampf enthält, geleitet. Die Strömungsgeschwindigkeit des Gases wird so eingestellt, daß kein Carbonyl unzersetzt entweicht. Es scheidet sich Eisen von hoher Reinheit in feinverteilter Form ab.

Als Kontaktmasse für die Zersetzung des Carbonyls kann man mit Vorteil auch Eisen verwenden, welches selbst auf diesem Wege erhalten worden ist.

Patentansprüche:

1. Verfahren zur Herstellung von Eisen durch thermische Zersetzung von Eisencarbonyl in dampfförmigem und verdünntem Zustand, dadurch gekennzeichnet, daß man die Eisencarbonyl enthaltenden Gase bzw. Dämpfe über erhitzte kleine Metallkörper oder durch erhitzte Flüssigkeiten oder Schmelzen leitet.

2. Ausführungsform des Verfahrens nach Anspruch 1, dadurch gekennzeichnet, daß man die bei der Herstellung des Eisencarbonyls erhaltenen Gasgemische unmittelbar über oder durch die erhitzten Stoffe leitet.

S. a. F. P. 691557, an nicht metallischen Körpern, wie Quarz, keramische Massen, Korund u. s. w.

Nr. 493 874. (I. 28 470.) Kl. 12 n, 2.

I. G. Farbenindustrie Akt.-Ges. in Frankfurt a. M.

Erfinder: Dr. Alwin Mittasch, Dr. Carl Müller in Mannheim und Dr. Eduard Linckh in Ludwigshafen a. Rh.

Verfahren zur Herstellung von Eisen durch thermische Zersetzung von Eisencarbonyl.

Zusatz zum Patent 485 639.

Vom 6. Juli 1926. — Erteilt am 27. Febr. 1930. — Ausgegeben am 14. Aug. 1930. — Erloschen: . . . .

In dem Hauptpatent 485639 ist ein Verfahren zur Herstellung von reinem Eisen aus Eisencarbonyl durch thermische Zersetzung beschrieben, wobei man dieses dampfförmig und in verdünntem Zustand, d. h. in Gegenwart indifferenter oder reduzierender Gase oder unter vermindertem Druck, über erhitzte kleine Metallkörper oder durch erhitzte Flüssigkeiten oder Schmelzen leitet.

Es wurde nun gefunden, daß es beim Arbeiten mit erhitzten Flüssigkeiten und Schmelzen nicht unbedingt erforderlich ist, das Eisencarbonyl in verdünntem Zustand anzuwenden, sondern daß es sogar unter Umständen zweckmäßiger sein kann, es unverdünnt, flüssig oder dampfförmig, mit der heißen Flüssigkeit oder Schmelze in Berührung zu bringen. Wird z. B. die Zersetzung in der Weise vorgenommen, daß man Carbonyl in eine Eisenschmelze drückt, so ist dies günstiger, als ein den Carbonyldampf verdünnendes Gas zu verwenden, da dieses beim Durchgang durch die Schmelze bedeutende Wärmemengen fortführt.

Man kann die Zersetzung des Eisencarbonyls z. B. so ausführen, daß man das flüssige oder dampfförmige Carbonyl durch die erhitzte Flüssigkeit oder Schmelze bei gewöhnlichem oder unter erhöhtem Druck hindurchleitet oder daß man es dampfförmig nur mit der Oberfläche der zweckmäßig bewegten Flüssigkeit oder Schmelze in Berührung bringt oder in flüssigem Zustand auf die Flüssigkeit zerstäubt oder auftropfen läßt.

Im allgemeinen arbeitet man bei Temperaturen zwischen 100 und 400° oder über 1000°, um eine Abscheidung größerer Mengen Kohlenstoffs infolge Kohlenoxydzerfalls zu vermeiden. Will man jedoch ein Eisen mit einem bestimmten größeren Kohlenstoff- bzw. Carbidgehalt gewinnen, so führt man die Zersetzung bei Temperaturen zwischen 400 und 1000° aus.

Als für die Zersetzung geeignete Stoffe haben sich z. B. hoch siedende organische Flüssigkeiten, wie Paraffine u. dgl., erwiesen. Auch niedriger siedende Stoffe lassen sich verwenden, wenn man im geschlossenen Gefäß unter Druck arbeitet. Ferner läßt sich die Zersetzung auch mit Hilfe von Schmelzen von Salzen oder Metallen durchführen, wobei das entstehende Eisen sich je nach der Art der Schmelze in Form eines feinen Pulvers, wie im Falle der Verwendung von erhitzten Flüssigkeiten, abscheidet oder sich in der Schmelze löst, wie z. B. bei der Zersetzung in geschmolzenem Eisen, bei der man unmittelbar kompaktes reinstes Metall gewinnt.

Beispiel:

In auf 270° erhitztes farbloses Paraffinöl läßt man langsam flüssiges Eisencarbonyl eintropfen. Das entstehende Eisen bleibt als feines Pulver im Paraffin suspendiert. Durch Abschleudern läßt sich die Hauptmenge des Paraffins entfernen, und durch Nachwaschen mit Äther gewinnt man ein reines, sehr fein verteiltes Eisenpulver von einheitlicher Teilchengröße.

Patentanspruch:

Abänderung des durch Patent 485639 geschützten Verfahrens zur Herstellung von Eisen durch thermische Zersetzung von Eisencarbonyl, dadurch gekennzeichnet, daß man Eisencarbonyl in unverdünntem Zustand, flüssig oder dampfförmig, mit erhitzten Flüssigkeiten oder Schmelzen in Berührung bringt.

Nr. 500692. (B. 119968.) Kl. 12n, 2.

I. G. Farbenindustrie Akt.-Ges. in Frankfurt a. M.

Erfinder: Dr. Alwin Mittasch, Dr.-Ing. Walter Schubardt in Ludwigshafen a. Rh. und Dr. Carl Müller in Mannheim.

Verfahren zur Herstellung von reinem Eisen.

Zusatz zum Patent 485639.

Vom 24. Mai 1925. — Erteilt am 5. Juni 1930. — Ausgegeben am 5. Sept. 1930. — Erloschen: ....

In dem Patent 485639 ist ein Verfahren zur Herstellung von reinem Eisen durch Leiten von Eisencarbonyldämpfen in verdünntem Zustand über erhitzte feste Körper oder durch erhitzte Flüssigkeiten oder Schmelzen beschrieben.

Es wurde nun gefunden, daß man zu reinem Eisen von ausgezeichneten Eigenschaften auch gelangen kann, wenn man das Eisencarbonyl in einen erhitzten Hohlraum derart einführt, daß es sich in der Hauptsache im freien Raum und nur in untergeordnetem Maße an der Wandung zersetzt. Zu diesem Zweck läßt man das Carbonyl dampfförmig oder flüssig in der Weise in den Hohlraum eintreten, daß es eine längere Strecke im Gasraum durchlaufen muß, bevor es wesentlich mit der Wandung in Berührung kommen kann. Größe und Form des Hohlraumes werden vorteilhaft so gewählt, daß die Oberfläche der Wandung im Verhältnis zum Rauminhalt möglichst klein ist, wie z. B. bei einem weiten Rohr oder einem kugelförmig gestalteten Apparat.

Man kann das Carbonyl beispielsweise mittels einer Düse oder eines Verdampfers von oben in ein vertikales, von außen auf geeignete Temperatur, z. B. 260°, geheiztes Rohr von 60 cm lichter Weite und 350 cm Länge einführen, wobei der Streukegel der Düse bzw. des Verdampfers zweckmäßig so eingestellt wird, daß die einzelnen Flüssigkeits- bzw. Dampfteilchen nicht nach den Wandungen hin, sondern in Richtung der Rohrachse beschleunigt werden. Bei einem Durchsatz von z. B. 8,5 kg Eisencarbonyl in einer Stunde zerfällt dieses in Kohlenoxyd und Eisenpulver von äußerst feiner Verteilung, das durch den von oben nach unten gerichteten Gasstrom mitgeführt wird und am unteren Ende oder außerhalb des Ofens durch mechanische Mittel oder auf magnetischem oder elektrischem Wege abgeschieden werden kann.

Die Temperatur des Zersetzungsraumes wählt man wie bei dem Verfahren des Hauptpatents zweckmäßig zwischen 100 und 400°. Es ist einerseits darauf zu achten, daß sie hoch genug ist, daß sich das Carbonyl beim Durchgang durch den Ofen rasch und vollständig zersetzt, da es sonst nicht nur das Eisen verunreinigen, sondern dieses u. U. nachträglich beim Zutritt von Luft zur Entzündung bringen würde. Andererseits darf die Temperatur hier 400° nicht wesentlich übersteigen, da bei höheren Temperaturen das Kohlenoxyd anfängt, das Eisen gemäß

$$Fe + CO = FeO + C$$

zu oxydieren und sich zudem selbst in Kohlenstoff und Kohlensäure zu zersetzen:

$$2\,CO = C + CO_2.$$

Da die beiden letzteren Reaktionen eine beträchtliche Wärmetönung besitzen, während für die Dissoziation des Eisencarbonyldampfes in Eisen und Kohlenoxyd Wärme verbraucht wird, macht sich ein unerwünschter Reaktionsverlauf, der zu einer Verunreinigung des Eisens durch Eisenoxyd und Kohlenstoff führen kann, alsbald durch Steigerung der Temperatur im Ofen bemerkbar. Die günstigste Arbeitstemperatur ist von der Konzentration des Carbonyldampfes, der Gasgeschwindigkeit, Größe und Form des Ofens abhängig. Als besonders vorteilhaft hat sich im allgemeinen das Gebiet von 250 bis 300° C erwiesen.

Da jedoch die beiden obenerwähnten Nebenreaktionen bei sehr hohen Temperaturen mehr und mehr zurücktreten, das Kohlenoxyd neben dem metallischen Eisen also immer beständiger wird, kann man andererseits die Zersetzung des Carbonyls auch bei sehr hohen Temperaturen, etwa oberhalb 900°, vornehmen. Es muß jedoch vermieden werden, daß das Eisen bei der Abkühlung bis auf etwa 400° längere Zeit mit Kohlenoxyd in Berührung kommt, da es sonst nachträglich durch Kohlenstoff verunreinigt wird.

Sowohl bei der Anwendung in flüssiger wie in Dampfform kann dem Carbonyl indifferentes oder reduzierendes Gas beigemischt sein. Man kann ferner die Zersetzung auch unter vermindertem Druck vor sich gehen lassen. Durch Einführung geringer Mengen von gas- oder dampfförmigen Stoffen, welche die Bildung und damit auch die Zersetzung des Carbonyls katalytisch beschleunigen, wie z. B. gasförmiges Ammoniak, läßt sich die Zersetzungstemperatur herabdrücken bzw. die Leistung eines Ofenraumes bestimmter Größe erhöhen. Man kann auch von der katalytischen Wirkung (Keimwirkung) nicht nur von frisch entstandenem, sondern auch von besonders eingeführtem und im Gasraum schwebendem, fein verteiltem Eisen oder anderen fein verteilten festen Stoffen auf die Spaltung des Carbonyls Gebrauch machen.

Man erhält nach dem beschriebenen Verfahren im allgemeinen ein außerordentlich lockeres, schwammiges Produkt von hellgrauer Farbe, das infolge seiner Reinheit und ungewöhnlich großen Oberflächenentwicklung zu verschiedenen technischen Zwecken mit Vorteil verwendet werden kann. Es enthält weder Schwefel, Phosphor, Silicium, Arsen noch Kupfer, Mangan und andere Metalle, selbst nicht in Spuren. Als einzige Verunreinigung kommen höchstens geringe Mengen elementaren oder gebundenen Kohlenstoffs und, wenn bei der Herstellung Sauerstoff nicht vollständig ausgeschlossen war, Spuren von Eisenoxydul in Betracht, die nötigenfalls durch mechanische oder chemische Mittel entfernt werden können. Häufig wird schon durch Erhitzen des Eisens auf hohe Temperatur, gegebenenfalls bis zum Schmelzen, unter Bildung von Kohlenoxyd eine praktisch vollständige Beseitigung dieser Verunreinigungen erzielt.

Für bestimmte Zwecke läßt sich das entstandene fein verteilte Eisen besonders vorteilhaft in der Weise gewinnen, daß man es in einer indifferenten Flüssigkeit oder Schmelze auffängt, in der es suspendiert wird. Beispielsweise legt man geschmolzenes Paraffin vor, das große Mengen Eisen aufzunehmen vermag. Man kann auch die Hauptmenge des Eisens in beliebiger Weise und nur einen Teil derart gewinnen.

Patentansprüche:

1. Abänderung des Verfahrens gemäß Patent 485 639, dadurch gekennzeichnet, daß man Eisencarbonyl in verdünntem oder unverdünntem Zustand hier in einen erhitzten Hohlraum derart einführt, daß es sich in der Hauptsache im freien Raum und nur in geringem Maße an den Wandungen des Hohlraumes zersetzt.

2. Ausführungsform des Verfahrens gemäß Anspruch 1, dadurch gekennzeichnet, daß man die Zersetzung bei Temperaturen vor sich gehen läßt (unterhalb etwa 400° oder oberhalb etwa 900° C), bei denen eine Einwirkung des entstehenden Kohlenoxyds auf das Eisen oder eine Zersetzung des Kohlenoxyds in Kohlenstoff und Kohlensäure praktisch nicht stattfindet.

3. Ausführungsform des Verfahrens gemäß Anspruch 1 und 2, dadurch gekennzeichnet, daß man die Zersetzung in Gegenwart von gas- oder dampfförmigen oder fein verteilten festen Stoffen vor sich gehen läßt, welche den Zerfall des Carbonyls in Eisen und Kohlenoxyd beschleunigen.

Nr. 511 564. (I. 28 494.) Kl. 12n, 1.

I. G. Farbenindustrie Akt.-Ges. in Frankfurt a. M.

Erfinder: Dr. Carl Müller in Mannheim und Dr. Walter Schubardt in Ludwigshafen a. Rh.

Anwendung des Verfahrens des Hauptpatentes 500 692 auf andere Metallcarbonyle als Eisencarbonyl oder auf beliebige Carbonylgemische

Zusatz zum Zusatzpatent 500 692. — Hauptpatent 485 639.

Vom 7. Juli 1926. — Erteilt am 16. Okt. 1930. — Ausgegeben am 31. Okt. 1930. — Erloschen: . . . .

Das Patent 500 692 betrifft ein Verfahren zur Herstellung von reinem Eisen von ausgezeichneten Eigenschaften durch thermische Zersetzung von Eisencarbonyl, wobei man dieses in einen erhitzten Hohlraum derart einführt, daß es eine längere Strecke im Gasraum durchlaufen muß, ehe es mit der Wandung in Berührung kommt, so daß es sich in der Hauptsache im freien Raum zersetzt.

Es hat sich nun gezeigt, daß man dieses Verfahren auch auf andere Metallcarbonyle als Eisencarbonyl oder Gemische solcher gegebenenfalls mit Eisencarbonyl anwenden und auf diese Weise die betreffenden Metalle in feinster Verteilung und reinster Beschaffenheit ähnlich wie das Eisen erhalten kann.

Das Metallcarbonyl bzw. Carbonylgemisch wird am zweckmäßigsten dampfförmig, unverdünnt oder mit indifferenten Gasen oder Dämpfen vermischt in den Ofenhohlraum eingeführt. Ist das Carbonyl fest, wie z. B. das Kobaltcarbonyl, und besitzt es nur geringen Dampfdruck, so kann man auch so arbeiten, daß man es unter Kohlenoxyddruck schmilzt und in den erhitzten Raum hinein zerstäubt. Oder man löst das Carbonyl bzw. das Gemisch in einem geeigneten Lösungsmittel, z. B. Benzin, und spritzt diese Lösung in den Zersetzungsraum ein. Hierbei fällt das durch Zersetzung des Carbonyls im freien Raum gewonnene Metallpulver zu Boden, während das Lösungsmittel dampfförmig mit dem Kohlenoxyd entweicht und durch Kühlung oder andere Maßnahmen zurückgewonnen werden kann. Als Lösungsmittel für die festen Carbonyle können auch flüssige Carbonyle dienen.

Die Zersetzung des Carbonyls bzw. Carbonylgemisches kann bei gewöhnlichem, vermindertem oder erhöhtem Druck ausgeführt werden; die hierfür günstigste Temperatur ist abhängig von der Art der betreffenden Carbonyle, des etwa beigemischten Gases und dem angewandten Druck; z. B. liefert Kobaltcarbonyldampf, der mit Kohlenoxyd verdünnt und in einen auf 150° erhitzten Hohlraum geleitet wird, praktisch reines Kobalt von außerordentlich feiner Verteilung. Im allgemeinen erhält man bei niedrigeren Temperaturen ein schweres, sehr feines Metallpulver, bei höheren Temperaturen dagegen leichte, schwammige Metallflocken, die besonders für katalytische Zwecke sehr geeignet sind. Außer Kobaltcarbonyl kommen beispielsweise Nickelcarbonyl, Molybdäncarbonyl usw. in Betracht.

PATENTANSPRUCH:

Anwendung des durch Patent 500 692 geschützten Verfahrens auf andere Metallcarbonyle als Eisencarbonyl oder auf beliebige Carbonylgemische.

Nr. 546 353. (I. 37 384.) Kl. 12 n, 1.

I. G. FARBENINDUSTRIE AKT.-GES. IN FRANKFURT A. M.

Erfinder: Dr.-Ing. Leo Schlecht und Dr.-Ing. Walter Schubardt in Ludwigshafen a. Rh.

Herstellung von feinverteilten Metallen durch Zersetzung von Metallcarbonylen im erhitzten Hohlraum.

Zusatz zum Patent 500692 (zugehöriges Hauptpatent 485639). — Früheres Zusatzpatent 511564.

Vom 8. März 1929. — Erteilt am 25. Febr. 1932. — Ausgegeben am 15. März 1932. — Erloschen: ....

Nach den Patenten 500 692 und 511 564 werden Metalle aus Metallcarbonylen in der Weise erhalten, daß man die letzteren in verdünntem oder unverdünntem Zustand derart in einen erhitzten Hohlraum einführt, daß sie sich in der Hauptsache im freien Raum zersetzen. Hierbei hat man eine Berührung der Metallcarbonyle mit der heißen Ofenwand möglichst vermieden, um zu verhindern, daß sich das Metall in Form von kompakten Massen an der Ofenwand abscheidet.

Im Falle der Erhitzung des Hohlraumes von außen durch die Wandungen hindurch kann man bei gegebener Ofenlänge über eine bestimmte Ofenweite nicht hinausgehen, ohne daß die Ofenwand überhitzt wird, wodurch starke Kohlenstoffabscheidung durch Kohlenoxydzerfall eintritt. Außerdem ist es auch nicht möglich, über einen bestimmten Durchsatz an Carbonyl hinauszugehen, wenn man nicht Gefahr laufen will, ein infolge der notwendigen stärkeren Heizung durch Kohlenstoff stark verunreinigtes Metallpulver zu erhalten.

Es wurde nun gefunden, daß sich die Raumzeitausbeute bei der Carbonylzersetzung wesentlich steigern läßt und daß sich Öfen von wesentlich größeren Ausmaßen als seither ohne die genannten Nachteile verwenden lassen, wenn man die in dem Zersetzungsraum befindlichen Stoffe einer Durchwirbelung unterwirft. Es war nicht vorauszusehen, daß sich durch einfache Durchwirbelung des Ofeninhaltes der Durchsatz bedeutend erhöhen läßt, ohne daß sich das Metall an der Ofenwandung festsetzt, sondern praktisch ausschließlich in fein verteilter Form entsteht.

Die Durchwirbelung kann mit einer in den Zersetzungsraum eingebauten besonderen Vorrichtung, z. B. mit einem Rührer, durchgeführt werden, den man vorteilhaft von innen kühlt, um auf ihm eine Abscheidung des Metalls zu vermeiden. Man erreicht aber auch schon durch geeignete Einführung eines gegebenenfalls erhitzten Gas- oder Dampfstromes oder z. B. durch tangentiale Einführung des Carbonyls in den Zersetzungsraum eine Durchmischung der der erhitzten Wand benachbarten heißen Gas bzw. Dampfschichten mit den in der Mitte des Raumes befindlichen kälteren Schichten, wodurch der Wärmeausgleich beschleunigt und eine rascher Wärmeabfuhr von der erhitzten Wand ins Ofeninnere ermöglicht wird.

Es ist bereits vorgeschlagen worden, die Zersetzung von Metallcarbonylen in der Weise durchzuführen, daß man verhältnismäßig kalten Carbonyldampf in einem von außen gekühlten Gefäß mit einem Strom heißen, inerten Gases vermischt. Im Gegensatz hierzu wird bei dem vorliegenden Verfahren die Zersetzung nicht in einem gekühlten, sondern erhitzten Hohlraum vorgenommen. Die Maßnahme, zur Vermeidung starker Kohlenstoffabscheidung die im Zersetzungsraum befindlichen Stoffe einer Durchwirbelung zu unterwerfen, ist bei dem bekannten Verfahren nicht vorgesehen.

Patentanspruch:

Weitere Ausbildung des Verfahrens nach den Patenten 500 692 und 511 564 zur Herstellung von fein verteilten Metallen durch Zersetzung von Metallcarbonylen im erhitzten Hohlraum, dadurch gekennzeichnet, daß man die in dem Zersetzungsraum befindlichen Stoffe einer Durchwirbelung unterwirft.

F. P. 691 243.

Nr. 547 023. (I. 37 338.) Kl. 12 n, 1.

I. G. Farbenindustrie Akt.-Ges. in Frankfurt a. M.

Erfinder: Dr.-Ing. Leo Schlecht in Ludwigshafen a. Rh. und Dr.-Ing. Walter Schubardt in Mannheim.

Herstellung von feinverteilten Metallen durch thermische Zersetzung von Metallcarbonylen im Hohlraum.

Vom 6. März 1929. — Erteilt am 3. März 1932. — Ausgegeben am 29. März 1932. — Erloschen: ....

Es wurde bereits vorgeschlagen, feinverteilte Metalle dadurch herzustellen, daß man Metallcarbonyle in dampfförmigem bzw. feinverteiltem flüssigem Zustand in einem erhitzten Hohlraum zersetzt. Hierbei wurde die für die Zersetzung erforderliche Wärme entweder von außen durch die Wand des Zersetzungsofens oder unmittelbar durch Einführung heißer inerter Gase, z. B. erhitzten Stickstoffs oder Kohlenoxyds, zugeführt. Bei der Wärmezufuhr von außen darf eine bestimmte Wandtemperatur nicht überschritten werden, da sonst starker Kohlenoxydzerfall und damit eine beträchtliche Verunreinigung des Metallpulvers durch abgeschiedenen Kohlenstoff eintreten kann. Bei der Wärmezufuhr mittels heißer Gase wird das Metallcarbonyl sehr stark verdünnt, da beträchtliche Mengen an Gasen infolge deren geringer spezifischer Wärme erforderlich sind, so daß die Abscheidung des bei der Zersetzung entstandenen Metallpulvers aus der großen Menge der Gase umständlich wird. In beiden Fällen läßt sich deshalb in einem Ofen von gegebener Größe nur eine bestimmte Menge Carbonyl in der Zeiteinheit zersetzen.

Es hat sich nun gezeigt, daß man ohne diese Nachteile die Leistung eines Zersetzungsofens steigern kann, wenn man die für die Zersetzung erforderliche Wärmemenge von außen durch die Wandung des Zersetzungsofens und gleichzeitig mittels einer im Innern des Ofens wirksamen Wärmequelle zuführt. Diese Arbeitsweise ermöglicht es ohne weiteres, einerseits ein Überhitzen der Ofenwand, andererseits eine zu starke Verdünnung des Carbonyls mit inerten Gasen zu vermeiden und trotzdem die in der Zeiteinheit erhaltene Ausbeute an Metallpulver pro Volumeneinheit des Zersetzungsraumes zu erhöhen.

Als geeignete Vorrichtungen für die Wärmezufuhr von außen kommen beispielsweise elektrische Widerstandsheizungen oder auch ein den Zersetzungsraum umgebender Hohlmantel, der mit Heizgasen durchspült wird, in Betracht.

Als Wärmequelle im Innern können eingeführte heiße Gase, z. B. Kohlenoxyd, Kohlendioxyd, Stickstoff, Wasserstoff oder Wassergas, die zweckmäßig mittels einer Pumpe im Kreislauf geführt werden, dienen. Beispielsweise kann man so arbeiten, daß man einen Teil des bei der Zersetzung des Carbonyls freigewordenen Kohlenoxyds, nachdem man es auf eine hinreichend hohe Temperatur erhitzt hat, in den Zersetzungsofen zurückführt. Man kann auch andere erhitzte Stoffe, z. B. Flüssigkeiten oder feste Stoffe in feinzerteiltem Zustand, in den Zersetzungsraum einführen, wobei Stoffe mit möglichst großer spezifischer Wärme am geeignetsten sind. Beispielsweise zerstäubt man heißes Mineralöl mittels Düsen und mit Hilfe eines heißen Stickstoff- oder Kohlenoxydstroms in den Zersetzungsraum hinein. Ferner kann man durch die Einführung einer für die vollständige Oxydation des zu zersetzenden bzw. der bei der Zersetzung entstandenen Stoffe ungenügenden Menge Luft oder besser Sauerstoff an geeigneter Stelle des Ofens eine umgekehrte Flamme als Wärmequelle benutzen. Auch die bei der Zersetzung entstehenden Metallteilchen selbst lassen sich in manchen Fällen für die Wärmezufuhr von innen verwenden, indem man sie z. B. durch elektrische Induktion erhitzt oder mit einem heißen Gasstrom in den Ofen hineinbläst.

Die Einführung des dampfförmigen oder zerstäubten Carbonyls geschieht in den meisten Fällen vorteilhaft in der Mitte des oberen Endes des Zersetzungsraumes, dem man zweckmäßig die Form eines senkrecht stehenden Zylinders gibt.

An Hand der beiliegenden Zeichnung sei das Verfahren weiter erläutert: Aus dem Vorratsgefäß *A* fließt ein gleichmäßiger Strom Eisencarbonyl in das beheizte Gefäß *B*, in dem das Carbonyl verdampft wird. Die Carbonyldämpfe strömen durch ein Verbindungsrohr von oben her in den Zersetzungsofen *H*, der mittels einer elektrischen Außenheizung *J* auf einer Innentemperatur von 250 bis 300° gehalten wird, so daß das Carbonyl in Kohlenoxyd und feinverteiltes, in

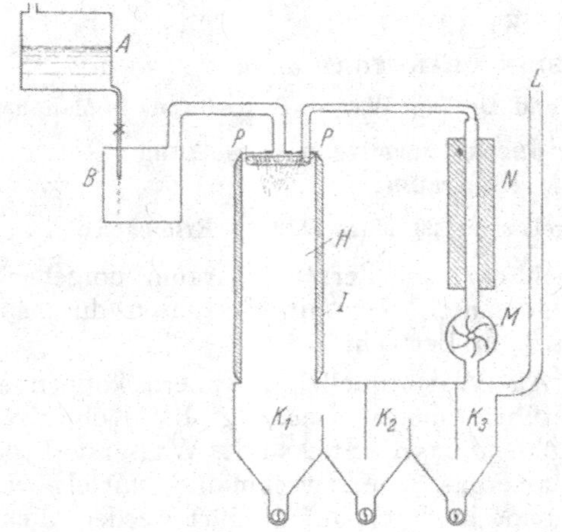

die Trichter K_1, K_2 und K_3 fallendes Eisen zersetzt wird. Ist in dieser Weise die Zersetzung in Gang gebracht, so wird mittels der Umlaufpumpe *M* ein Teil des durch die Zersetzung freigewordenen Kohlenoxyds auf dem Wege durch den von außen elektrisch geheizten Ofen *N* erhitzt und dann durch das gut isolierte Verbindungsrohr *O* in den Zersetzungsofen zurückgeführt. Um eine gleichmäßige Einführung des heißen Kohlenoxydstromes in den Ofen zu ermöglichen, ist im oberen Ende des Zersetzungsofens an das Verbindungsrohr *O* ein mit zahlreichen gleichmäßig verteilten Löchern versehenes Ringrohr *P* angeschlossen. Um den Zerfall des Kohlenoxyds in Kohlenstoff und Kohlensäure möglichst hintanzuhalten, ist es zweckmäßig, die Innenwandungen des Ofens *N* und der Einführungsrohre *O* und *P* mit Kupfer, Mangankupfer, Chrom o. dgl. zu überziehen. Das überschüssige Kohlenoxyd wird durch das Rohr *L* abgeführt. Die Menge des umgepumpten Kohlenoxyds wird mittels der Umlaufpumpe und seine Temperatur mittels des Ofens *N* geregelt.

Man kann die Pumpe *M* auch so schnell laufen lassen, daß ein Teil des feinen Eisenpulvers mit umgepumpt und erhitzt wird. Mit Hilfe dieser Vorrichtung gelingt es leicht, in der Zeiteinheit eine mehrfach größere Eisencarbonylmenge zu zersetzen, als dies sonst in einem gleich großen Zersetzungsofen möglich ist.

Durch die verhältnismäßig hohe Gasströmung in der Apparatur tritt eine gewisse Windsichtung des entstandenen Eisenpulvers ein, insofern als sich die Teilchen entsprechend ihrer Größe und Schwere auf die Auffangtrichter K_1, K_2 und K_3 verteilen.

PATENTANSPRUCH:

Verfahren zur Herstellung von feinverteilten Metallen durch thermische Zersetzung von Metallcarbonylen im Hohlraum, dadurch gekennzeichnet, daß die für die Zersetzung erforderliche Wärmemenge von außen durch die Wandung des Zersetzungsofens und gleichzeitig mittels einer im Innern des Ofens wirksamen Wärmequelle zugeführt wird.

E. P. 336007.

Nr. 563125. (I. 25. 30.) Kl. 12n, 1.

I. G. FARBENINDUSTRIE AKT.-GES. IN FRANKFURT A. M.

Erfinder: Dr.-Ing. Leo Schlecht in Ludwigshafen a. Rh., Dr.-Ing. Walter Schubardt in Mannheim und Dr. Walther Haag in Ludwigshafen a. Rh.

Verfahren zur Gewinnung von Metallen aus Metallcarbonylen.

Vom 10. Mai 1930. — Erteilt am 13. Okt. 1932. — Ausgegeben am 2. Nov. 1932. — Erloschen: . . . .

Bei der Herstellung von feinverteilten Metallen durch thermische Zersetzung von Metallcarbonylen in einem erhitzten Hohlraum, beispielsweise in einem Ofen von zylindrischer Gestalt, hat sich gezeigt, daß man im Falle der Beheizung des Hohlraumes von außen durch die Wandungen hindurch bei gegebener Ofenlänge und -weite nur eine beschränkte Menge Metallcarbonyl in der Zeiteinheit durchsetzen kann. Will man mehr Carbonyl in der Zeiteinheit zersetzen, so ist durch den hierfür erforderlichen Mehraufwand an Wärme eine sehr starke Erhitzung der Ofenwandungen unvermeidlich, wobei der Nachteil auftritt, daß an den überhitzten Ofenteilen Kohlenstoffabscheidung und Kohlensäurebildung durch Kohlenoxydzerfall eintritt. Verwendet man zwecks Steigerung des Durchsatzes einen möglichst langen bzw. hohen Zersetzungsraum, so liegt ein Nachteil in der zu langen Verweilzeit und der dadurch bedingten Kohlung des entstandenen Metallpulvers in der erhitzten Kohlenoxydatmosphäre. Die Anwendung sehr weiter Öfen scheitert an der unzureichenden Wärmeabstrahlung nach dem Ofeninnern und der damit verbundenen ungenügenden Zersetzung des Metallcarbonyls.

Es wurde nun gefunden, daß sich verhältnismäßig große Carbonylmengen in der Zeiteinheit zersetzen lassen, ohne daß man eine bestimmte Ofendimension überschreiten muß, wenn man die Zersetzung in solchen Öfen vornimmt, die im Verhältnis zu ihrem Volumen große wärmeabgebende Flächen aufweisen. Solche Öfen gestatten, sehr große Wärmemengen in der Zeiteinheit innerhalb eines engen Temperaturbereiches in den Zersetzungsraum zu bringen, wodurch das Einhalten des für die Zersetzung des betreffenden Metallcarbonyls günstigen Temperaturbereiches wesentlich erleichtert wird.

größte Wärmeverbrauch stattfindet, das ist bei Zuführung des Carbonyls in einen aufrecht angeordneten Ofen von oben her der obere Teil des Zersetzungsraumes. Zweckmäßig gestaltet man beispielsweise einen senkrechten Zersetzungsofen so, daß er sich von der Mitte ab nach dem oberen Ende zu konisch erweitert und daß die Innenwandung in diesem erweiterten Teil mit Rippen *R* versehen ist (vgl. Fig. 3, 4 und 5).

Anstatt einen einzigen Zersetzungsraum zu verwenden, in den wärmeabgebende Flächen eingebaut sind, kann man sich auch eines solchen bedienen, der durch Einbau von zweckmäßig beheizten und gegebenenfalls mit besonderen wärmeabgebenden Flächen versehenen Wänden in mehrere Einheiten zerlegt ist, wobei vorteilhaft ein gemeinsamer

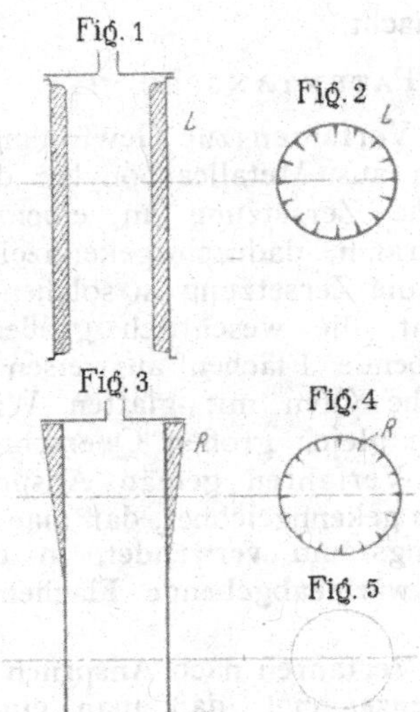

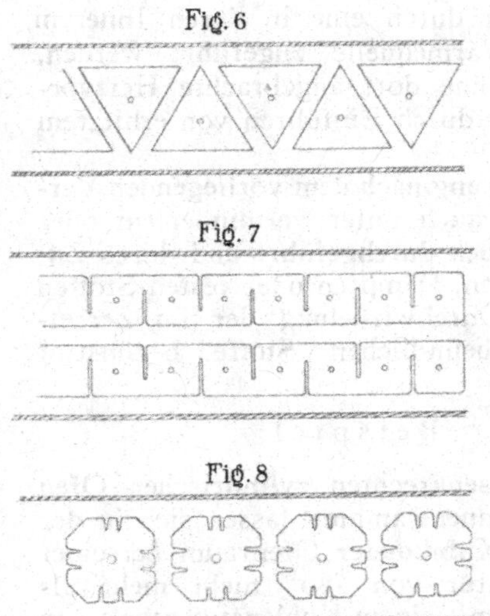

Erfindungsgemäß kann man beispielsweise die Oberfläche der wärmeabgebenden Teile des Zersetzungsraumes dadurch vergrößern, daß man sie mit wellenförmigen oder anderen Erhöhungen, wie Spitzen, Rippen, Riefen o. dgl., versieht (vgl. Fig. 1, 2, 3, 4, 7 und 8). Die Erhöhungen sollen zweckmäßig nicht allzuweit in das Ofeninnere ragen, und die Vorrichtungen sollen im allgemeinen so angeordnet sein, daß ein Ablagern bzw. Festsetzen von Metallpulver vermieden wird.

Man kann hierbei Öfen von rundem, elliptischem, vieleckigem oder anderem Querschnitt*) verwenden. Oftmals genügt es, nur denjenigen Teil des Ofens mit Erhöhungen, wie Rippen o. dgl., zu versehen, in dem der

Heizraum verwendet wird. Diese Einheiten werden zweckmäßig senkrecht aufgestellt, weil dann das entstandene Metallpulver vermöge seiner eigenen Schwere durch den freien Zersetzungsraum herunterfällt und ein Festbacken an den heißen Wandungen vermieden wird. Die Zuführung des Metallcarbonyls in die einzelnen Einheiten kann hierbei in flüssigem oder dampfförmigem Zustand von oben her erfolgen, und zwar zweckmäßig von einem gemeinsamen Behälter bzw. Verdampfer aus. Bei Einführung von flüssigem Carbonyl kann man auch in den oberen Teil einer jeden Einheit einen besonderen Verdampfer einbauen. Das durch die Zersetzung entstandene Metallpulver wird zweckmäßig ebenfalls in einem gemeinsamen Behälter gesammelt, aus dem es dann dauernd oder zeitweise, z. B. durch eine Transportschnecke, entfernt wird. Dieser Sammelbehälter, der

*) Druckfehlerberichtigung: Hinter dem Wort Querschnitt ist einzufügen: „und rechteckigem oder anderem Längsschnitt".

mit einer gemeinsamen Ableitung für das Kohlenoxyd verbunden ist, ist zweckmäßig so eingerichtet, daß das darin enthaltene Metallpulver gekühlt werden kann, um eine Rückbildung zu Carbonyl bzw. eine Kohlung oder Oxydation durch Kohlenoxydzerfall zu vermeiden und ein Ausbringen des Pulvers ohne Gefahr der Oxydation bzw. Verbrennung an der Luft zu ermöglichen.

Der Querschnitt der einzelnen Zersetzungsräume kann zylindrisch sein, vorteilhaft ist er jedoch vieleckig, da hierdurch eine bessere Ausnutzung des gemeinsamen Heizraumes ermöglicht wird. Die Heizung kann z. B. elektrisch oder durch Heizgase erfolgen; die letzteren führt man zweckmäßig an den Stellen des größten Wärmeverbrauches in den Zersetzungsräumen dem Heizraum zu. Ein Teil der für die Zersetzung notwendigen Wärme kann den einzelnen Zersetzungsräumen auch durch eine in deren Innerem wirksame Wärmequelle zugeführt werden, z. B. durch eine dort angebrachte Heizvorrichtung oder durch Einführen von erhitztem Kohlenoxyd.

Die Zersetzung nach dem vorliegenden Verfahren kann auch unter vermindertem oder erhöhtem Druck durchgeführt und durch Zusatz von Gasen, Dämpfen oder festen Stoffen und durch Durchwirbelung der im Zersetzungsraum befindlichen Stoffe begünstigt werden.

Beispiel

In einem senkrechten zylindrischen Ofen mit glatter Innenwandung lassen sich in der Stunde pro Kubikmeter Ofenraum bei einer Innentemperatur von 280° nicht mehr als 5,7 kg Eisen mit einem Kohlenstoffgehalt von 1,2% durch Zersetzen von Eisencarbonyl gewinnen, ohne daß ein Teil des Carbonyls unzersetzt durch den Ofen hindurchgeht oder ein Eisenpulver mit noch höherem Kohlenstoffgehalt entsteht. Durch Anbringen von zahlreichen Längsrippen *L*, die auf die Innenwandung des Ofens gleichmäßig verteilt sind (vgl. Fig. 1, Längsschnitt, und Fig. 2, Querschnitt), läßt sich der Durchsatz in demselben Ofen bei gleichbleibender Innentemperatur auf das Vierfache steigern, wobei man ein feinverteiltes Eisenpulver erhält, das infolge der durch die größere Durchsatzgeschwindigkeit verringerten Verweilzeit im heißen Ofenraum nur 0,9% Kohlenstoff enthält.

An Stelle dieses Ofens kann man sich beispielsweise auch solcher bedienen, wie sie durch die in Fig. 6, 7 und 8 dargestellten Querschnitte erläutert sind. Die dort dargestellten Zersetzungsöfen, die eine große innere Oberfläche aufweisen, sind in einem gemeinsamen Heizraum untergebracht. Zur Beheizung dieser Öfen von außen dienen heiße Gase, die durch die Kanäle bzw. Zwischenräume zwischen den einzelnen Öfen hindurchstreichen. Die Zuführungsstellen für das Carbonyl sind durch kleine Kreise kenntlich gemacht.

Patentansprüche:

1. Verfahren zur Gewinnung von Metallen aus Metallcarbonylen durch thermische Zersetzung in einem erhitzten Hohlraum, dadurch gekennzeichnet, daß man die Zersetzung in solchen Öfen vornimmt, die wesentlich größere wärmeabgebende Flächen aufweisen als zylindrische Öfen mit glatten Wänden und einem gleich großen Querschnitt.

2. Verfahren gemäß Anspruch 1, dadurch gekennzeichnet, daß man einen Zersetzungsraum verwendet, in den besondere wärmeabgebende Flächen eingebaut sind.

3. Verfahren nach Anspruch 1, dadurch gekennzeichnet, daß man einen Zersetzungsraum verwendet, der durch Einbau von zweckmäßig beheizten Wänden, die gegebenenfalls mit besonderen wärmeabgebenden Flächen versehen sind, in mehrere Einheiten zerlegt ist, wobei vorteilhaft ein gemeinsamer Heizraum verwendet wird.

E. P. 363146.

Nr. 542783. (G. 74673.) Kl. 12n, 1. General Electric Company Limited in London.

Herstellung von Metallpulver durch thermische Zersetzung von Metallcarbonylen.

Vom 28. Okt. 1928. — Erteilt am 7. Jan. 1932. — Ausgegeben am 28. Jan. 1932. — Erloschen: 1934.

Herstellung von Metallpulver durch thermische Zersetzung von Metallcarbonylen. Die Erfindung betrifft die Herstellung von Metallpulver, beispielsweise reinem Eisen- oder Nickelpulver, aus flüchtigen Metallcarbonylen, die bei Hitze zersetzt werden können.

Es ist schon vorgeschlagen worden, beispielsweise reines Eisen durch Zersetzung von Eisencarbonyl durch Hitze zu erzeugen. Soll Eisen in Pulverform abgeschieden werden, dann ist besonders darauf zu achten, daß zwischen dem Carbonyldampf und den erhitzten Oberflächen, auf welchen sich eine zusammenhängende Schicht Eisen bilden würde, keine Berührung stattfindet. Es ist weiterhin bekannt, daß, um diese Berührung zu vermeiden, dem Reaktionsgefäß entsprechende Gestalt gegeben wurde und der Eintritt des Dampfes in das Reaktionsgefäß so geleitet wurde, daß praktisch die Umsetzung schon vollkommen war, bevor die Wände von dem Strahl erreicht wurden. Beispielsweise sollten die Gefäße die Form einer Röhre erhalten und der Carbonyldampf in Richtung der Röhrenachse eingeführt werden.

Gegenstand der Erfindung ist ein bedeutend einfacheres Mittel, diesen Kontakt zwischen Carbonyldampf und den erhitzten festen Oberflächen des Reaktionsgefäßes zu verhindern.

Nach der Erfindung wird die Herstellung von Metallpulver durch thermische Zersetzung von Metallcarbonylen dadurch verbessert, daß die Zersetzung mittels heißer inerter Gase in einem Hohlraum erfolgt, dessen Wände, gegebenenfalls durch Kühlung, auf einer unterhalb der Zersetzungtemperatur der Metallcarbonyle liegenden Temperatur gehalten werden.

Durch dieses Verfahren wird die Zersetzung des Carbonyls an den Wänden des Reaktionsgefäßes in wirksamer Weise verhindert. Dabei kann das Zersetzungsgefäß bedeutend kürzer genommen werden.

Die Zeichnung enthält beispielsweise eine Einrichtung, die zur Ausführung des Verfahrens geeignet ist.

Abb. 1 zeigt einen senkrechten Schnitt der Einrichtung. In Abb. 2 ist eine Draufsicht auf denjenigen Teil dieser Einrichtung enthalten, welcher die Vermengung der zugeführten Gase bewirkt.

Die Einrichtung besteht aus der Reaktionskammer 1, die mit dem Sammelgefäß 2 in Verbindung steht. Ein die Reaktionskammer umgebender Wassermantel 3 dient zur Kühlung derselben. Die Erzeugung beispielsweise von Eisenpulver kann in der folgenden Weise erfolgen. Ein Gemisch von Eisencarbonyldampf und Stickstoff oder Kohlenoxyd, erzeugt beim Durchströmen eines Stickstoffstrahles durch zum Sieden gebrachtes Eisencarbonyl, wird durch die Düse des inneren Rohres 4 in die Reaktionskammer 1 eingeführt. Gleichzeitig strömt durch das Rohr 6 ein zweiter Gasstrom, bestehend aus einem erhitzten inerten Gas, wie Stickstoff oder Kohlenoxyd, und entweicht in heißem Zustand aus den im Ringrohr 8 vorgesehenen Öffnungen 7. Die zwei Gasstrahlen vermischen sich miteinander. Die Temperatur des erhitzten inerten Gases ist dabei so bemessen, daß das Carbonyl zersetzt wird. Das Eisenpulver scheidet sich aus und lagert sich im Sammelgefäß 2 ab. Das restliche Gas entweicht durch das Ausgangsrohr 9, vor dessen Mündung zweckmäßigerweise ein Filter 10 angeordnet ist. Es ist vorteilhaft, den unteren Teil des Sammelgefäßes 2 als Trichter auszubilden, in dem sich das Eisenpulver ansammeln kann. In dem Sammelgefäß 2 können zur Erhöhung der Wirkung Zwischenwände 11 o. dgl. vorgesehen sein. Die Temperatur soll unterhalb derjenigen Grenze gehalten werden, bei welcher das ausgeschiedene Eisen bereits die Neigung hat, das Kohlenoxyd zu zersetzen.

Abb. 1

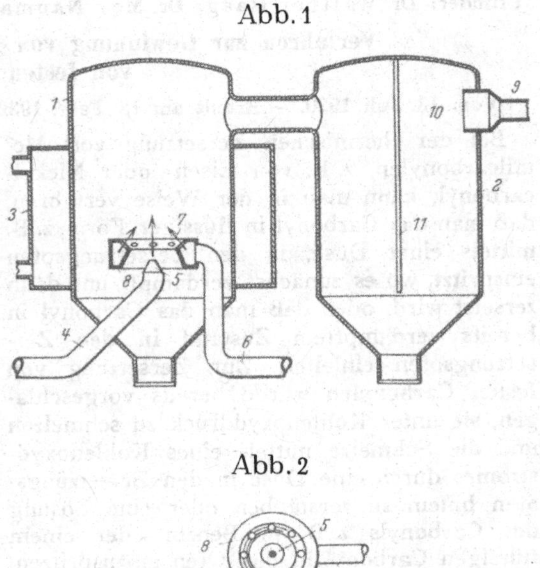

Abb. 2

Eine den praktischen Verhältnissen genügende Temperaturverteilung erhält man, wenn die Kühlkammer 3 der Abb. 1 auf Zimmertemperatur, der Carbonylgasstrahl bei 5 auf etwa 70° C, der durch die Röhre 6 fließende chemisch neutrale Dampfstrahl (z. B. Stickstoff) auf etwa 260° C gehalten wird, während die Wände 1 und mehr noch die Wände 2 so kühl wie möglich gehalten werden. Der Gasdruck in den Röhren 4 und 6 braucht nur wenig über 1 Atmosphäre betragen, um die Gase in den Behälter zu treiben. Die Zersetzungstemperatur des Carbonyls liegt bei etwa 250 bis 260° C.

Patentansprüche:

1. Verfahren zur Herstellung von Metallpulver durch thermische Zersetzung von Metallcarbonylen, dadurch gekennzeichnet, daß die Zersetzung mittels heißer inerter Gase in einem Hohlraum erfolgt, dessen Wände, gegebenenfalls durch Kühlung, auf einer unterhalb der Zersetzungstemperatur der Metallcarbonyle liegenden Temperatur gehalten werden.

2. Einrichtung zur Ausübung des Verfahrens nach Anspruch 1, dadurch gekennzeichnet, daß ein mit einer Kühlvorrichtung

versehenes Gefäß, das als Reaktionsraum dient, ein Zuführrohr für die Carbonyldämpfe und ein Zuführrohr für das erhitzte inerte Gas besitzt, deren Austrittsöffnungen benachbart und konzentrisch zueinander angeordnet sind (Abb. 2).

Auslandspatente bei D. R. R. 545710.

Nr. 545710. (I. 36. 30.) Kl. 12n, 1.

I. G. Farbenindustrie Akt.-Ges. in Frankfurt a. M.

Erfinder: Dr. Walther Haag, Dr. Max Naumann und Dr.-Ing. Leo Schlecht in Ludwigshafen a. Rh.

Verfahren zur Gewinnung von Metallen durch thermische Zersetzung von festen Metallcarbonylen.

Vom 13. Juli 1930. — Erteilt am 18. Febr. 1932. — Ausgegeben am 4. März 1932. — Erloschen: . . . .

Bei der thermischen Zersetzung von Metallcarbonylen, z. B. von Eisen- oder Nickelcarbonyl, kann man in der Weise verfahren, daß man das Carbonyl in flüssiger Form, z. B. mittels einer Düse, in den Zersetzungsofen einspritzt, wo es zunächst verdampft und dann zersetzt wird, oder daß man das Carbonyl in bereits verdampftem Zustand in den Zersetzungsofen einleitet. Zur Zersetzung von festen Carbonylen wurde bereits vorgeschlagen, sie unter Kohlenoxyddruck zu schmelzen und die Schmelze mittels eines Kohlenoxydstromes durch eine Düse in den Zersetzungsofen hinein zu zerstäuben oder eine Lösung des Carbonyls z. B. in Benzin oder einem flüssigen Carbonyl in den Ofen einzuspritzen. Diese Arbeitsweisen haben jedoch verschiedene Nachteile, insbesondere den, daß sich die Düse leicht unter Bildung kompakter Metallabscheidungen verstopft, was zu unliebsamen Betriebsunterbrechungen und Verlusten an Carbonyl führt.

Es wurde nun gefunden, daß sich feste Carbonyle zu Metallen, insbesondere solchen von sehr hohem Zerteilungsgrad, vorteilhaft in der Weise zersetzen lassen, daß man die Carbonyle in zerkleinertem festem Zustande durch einen erhitzten Raum fallen läßt. Man führt beispielsweise das feingepulverte Carbonyl mittels einer Förderschnecke in gleichmäßigem Strom zentral von oben in einen senkrechten Zersetzungsofen ein, der die zur Zersetzung erforderliche Temperatur besitzt. Die Carbonylteilchen werden während ihres Falles durch den Ofen zu Kohlenoxyd und feinem Metallpulver zersetzt. Das letztere kann am unteren Ende des Ofens in einer geeigneten Auffangvorrichtung gesammelt und aus dieser kontinuierlich oder zeitweise entfernt werden. Statt einer Förderschnecke läßt sich auch zur Einführung des Carbonyls ein Schüttelsieb oder eine ähnliche Einrichtung verwenden.

Die Vorrichtung zur Zerkleinerung des Carbonyls, z. B. eine Mühle, kann so angeordnet werden, daß das feingemahlene Gut in den Zersetzungsofen fällt, und zwar unmittelbar nach Verlassen der Mühle, oder nachdem es ein Sieb zwecks Zurückhaltung gröberer Teile und zwecks gleichmäßiger Enführung in den Ofen durchlaufen hat. Um eine Oxydation des Carbonyls bzw. des daraus entstandenen Metalls zu vermeiden, verdrängt man die Luft aus der Apparatur durch einen indifferenten Gasstrom, z. B. Kohlenoxyd oder Stickstoff.

Nach dem vorliegenden Verfahren lassen sich insbesondere schwerflüchtige Carbonyle, wie Kobalttetra- und -tricarbonyl sowie Molybdän- und Wolframcarbonyl leicht zersetzen.

Leichter flüchtige Carbonyle, wie Chromcarbonyl, lassen sich in einen zur Zersetzung geeigneten feinpulverigen Zustand durch Sublimieren überführen. Das Einführen des Materials mittels einer Förderschnecke kann man hierbei dadurch umgehen, daß man das Carbonyl unmittelbar in den Zersetzungsofen hineinsublimiert und das feste Sublimat dann durch den Ofen fallen läßt.

Man kann die Zersetzung auch in Gegenwart reaktionsfördernder Gase, z. B. Ammoniak, vornehmen oder auch mehrere Carbonyle gleichzeitig, u. a. ein festes zusammen mit einem flüssigen Carbonyl, z. B. mit Eisen- oder Nickelcarbonyl, zersetzen. Man erhält dann für bestimmte Zwecke, z. B. zur Weiterverarbeitung auf Legierungen, geeignete Metallgemische.

Beispiel 1

In einen senkrechten Zersetzungsofen, dessen Inneres auf einer Temperatur von 350 bis 400° gehalten wird, führt man mittels einer Förderschnecke von oben her in regelmäßigem Strome feingepulvertes Molybdäncarbonyl ein. Das Carbonyl fällt durch den Ofen hindurch und wird dabei zu Kohlenoxyd und Molybdänmetall zersetzt, das in einem am unteren Ende des Ofens angebrachten Sammelgefäß aufgefangen und dauernd oder zeitweise, z. B mittels einer Förderschnecke, ausgetragen wird. Während der Zersetzung leitet man durch den Ofen von unten nach oben einen Kohlenoxydstrom, um die Fallzeit des Carbonyls zu vergrößern. Man erhält bei entsprechend geregelter Carbonylzuführung pro Kubikmeter Ofenraum stündlich 15 bis 20 kg äußerst fein zerteiltes Molybdänpulver von großer Reinheit.

Beispiel 2

In ein 1 m langes, senkrecht stehendes Eisenrohr von 20 cm lichter Weite, das von außen auf eine Innentemperatur von 250 bis 270° geheizt wird, führt man zentral von oben her mittels einer Förderschnecke stündlich 3 bis 4 kg gepulvertes Eisentetracarbonyl ein. Beim Hindurchfallen durch den Ofen wird das Carbonyl in Kohlenoxyd und feinverteiltes Eisen gespalten. Das Eisen fällt in ein am unteren Ende des Rohres angebrachtes Auffanggefäß, aus dem es mittels einer Förderschnecke ausgetragen wird. Das Kohlenoxyd verläßt durch ein seitlich an dem Auffanggefäß angebrachtes Rohr die Vorrichtung.

PATENTANSPRUCH:

Verfahren zur Gewinnung von Metallen durch thermische Zersetzung von festen Metallcarbonylen, dadurch gekennzeichnet, daß man zwecks Gewinnung der Metalle in feinverteiltem Zustand die Carbonyle in zerkleinertem, insbesondere feinpulverigem festem Zustand durch einen auf die Zersetzungstemperatur erhitzten Raum fallen läßt.

F. P. 717568.

S. a. E. P. 363146, 364781, Apparate zur Zersetzung der Carbonyle.

Nr. 493778. (B. 120272.) Kl. 12n, 2.

I. G. FARBENINDUSTRIE AKT.-GES. IN FRANKFURT A. M.

Erfinder: Dr. Alwin Mittasch, Dr.-Ing. Walter Schubardt in Ludwigshafen a. Rh. und Dr. Carl Müller in Mannheim.

Verfahren zur Herstellung von reinem Eisen.

Vom 11. Juni 1925. — Erteilt am 27. Febr. 1930. — Ausgegeben am 12. März 1930. — Erloschen: ....

Es hat sich gezeigt, daß man, von beliebigem unreinem, eisenhaltigem Material ausgehend, auf dem Wege über Eisencarbonyl auch dann leicht zu reinem Eisen gelangen kann, wenn das aus dem Eisencarbonyldampf durch Zersetzung gewonnene pulverförmige oder schwammförmige Eisen kohlenstoff- und sauerstoffhaltig ist. Man braucht nur dieses Eisen, zweckmäßig, nachdem es zusammengepreßt wurde, unter Luftabschluß einzuschmelzen und erhält dann ohne weiteres ein Eisen von sehr hoher Reinheit. Um das Eisen völlig blasenfrei zu erhalten, kann man die Schmelzung im Vakuum vornehmen und zum Schlusse das geschmolzene Metall kurze Zeit gewöhnlichem oder erhöhtem Druck eines indifferenten Gases, zweckmäßig Stickstoff oder Argon, aussetzen.

Das Schmelzen kann vorteilhaft in der Weise unmittelbar an die Erzeugung des pulver- oder schwammförmigen Eisens angeschlossen werden, daß man unterhalb des für die Zersetzung des Eisencarbonyls verwendeten Reaktionsraumes ein Schmelzbad von Eisen anordnet, in welches das entstehende, feinverteilte Eisen hineinfällt.

Wenn es sich nicht darum handelt, das Eisen in geschmolzener Form zu erhalten, kann es auch genügen, wenn man es, zweckmäßig gepreßt, lediglich zum Sintern erhitzt; auch in diesem Falle findet bei genügend langer Hitzeeinwirkung die zur Beseitigung von Kohlenstoff und Sauerstoff im Eisen führende Reaktion statt.

Beispiel

Durch Zersetzung von Eisencarbonyldampf in der Hitze ohne besondere Vorsichtsmaßregeln wurde ein Eisenschwamm von etwa 3 % Kohlenstoffgehalt und etwa 4 % Sauerstoffgehalt erhalten. Beim Einschmelzen im Tiegel ergab sich hieraus ein Eisen von 99,9 % Reinheit mit einem Kohlenstoffgehalt von 0,03 % und weniger.

PATENTANSPRUCH:

Verfahren zur Herstellung von reinem Eisen, dadurch gekennzeichnet, daß durch Zersetzung von Eisencarbonyl erhaltenes, Kohlenstoff und Sauerstoff enthaltendes Eisen unter Luftabschluß eingeschmolzen oder nur bis zum Sintern erhitzt wird.

Nr. 513362. (I. 33196.) Kl. 12n, 2.

I. G. Farbenindustrie Akt.-Ges. in Frankfurt a. M.

Erfinder: Dr.-Ing. Walter Schubardt und Dr.-Ing. Leo Schlecht in Ludwigshafen a. Rh.

Verfahren zur Herstellung von reinem Eisen.

Zusatz zum Patent 493778.

Vom 14. Jan. 1928. — Erteilt am 13. Nov. 1930. — Ausgegeben am 26. Nov. 1930. — Erloschen: ....

In dem Patent 493778 ist ein Verfahren zur Herstellung von reinem Eisen beschrieben, bei dem durch Zersetzung von Eisencarbonyl erhaltenes, Kohlenstoff und Sauerstoff enthaltendes Eisen unter Luftabschluß eingeschmolzen oder nur bis zum Sintern erhitzt wird. Durch geeignete Wahl der Zersetzungsbedingungen des Carbonyls läßt sich hierbei ein Eisen erhalten, das Kohlenstoff und Sauerstoff in solchen Mengen enthält, daß beim Sintern oder Einschmelzen ohne weiteres ein reines Eisen entsteht, während Kohlenstoff und Sauerstoff in Form von gasförmigen Verbindungen verflüchtigt werden. Es kommt nun mitunter vor, daß die Zersetzungsbedingungen des Carbonyls nicht immer derart eingehalten werden, oder daß man z. B. im Hinblick auf die Ökonomie des Prozesses nicht solche Bedingungen wählt, daß das Verhältnis von Kohlenstoff zu Sauerstoff gerade so groß ist, wie es zu ihrer vollständigen Umsetzung zu flüchtigen Kohlenstoff-Sauerstoff-Verbindungen sein muß. So erhält man beispielsweise bei einer zu hohen Zersetzungstemperatur oder einer zu langen Verweilzeit des Eisens im heißen Reaktionsraum ein Eisen mit einem im Verhältnis zum Sauerstoffgehalt zu hohen Kohlenstoffgehalt. Andererseits ist es auch möglich, daß z. B. durch Undichtigkeit der Zersetzungsapparatur oder durch nachträgliche Oxydation des Eisens an der Luft beim Austragen aus dem Zersetzungsofen der Sauerstoffgehalt gegenüber dem Kohlenstoffgehalt zu hoch wird.

Bei einem derartigen Eisen gelingt es natürlich nicht, den verunreinigenden Kohlenstoff oder Sauerstoff durch einfaches Sintern oder Einschmelzen vollständig zu entfernen, sondern es ist zu diesem Zweck ein Zusatz eines oxydierenden bzw. reduzierenden Stoffes erforderlich. Hierbei läßt sich jedoch, wenn man die üblichen Frischungs- bzw. Reduktionsmittel verwendet, eine Verunreinigung des Eisens z. B. durch Schwefel oder Phosphor nicht vermeiden.

Es hat sich nun gezeigt, daß sich der Zusatz fremder Raffinationsmittel, die derartige Verunreinigungen mit sich bringen, umgehen läßt, wenn man ein zuviel Kohlenstoff enthaltendes Eisen mit einem zuviel Sauerstoff enthaltenden, ebenfalls aus Carbonyl hergestellten Eisen in solchem Mengenverhältnis vermischt, daß das zur Bildung gasförmiger Kohlenstoff-Sauerstoff-Verbindungen erforderliche Verhältnis zwischen Kohlenstoff und Sauerstoff erreicht wird. Hierdurch wird jede Verunreinigung des Sinter- bzw. Schmelzprodukts durch Schwefel usw. vermieden.

An Stelle des einen Überschuß an Sauerstoff enthaltenden Eisens kann man auch das durch Verbrennen von Eisencarbonyl gewonnene Eisenoxyd zur Reinigung des aus Carbonyl hergestellten, zuviel Kohlenstoff enthaltenden Eisens verwenden.

Beispiel

100 kg eines aus Eisencarbonyl gewonnenen Eisens mit 1,03 % Kohlenstoff und 2,05 % Sauerstoff werden mit 37,8 kg eines ebenfalls aus Carbonyl hergestellten Eisens mit 1,9 % Kohlenstoff und 0,76 % Sauerstoff unter Luftabschluß eingeschmolzen. Man erhält ein Eisen, das praktisch frei von irgendwelchen Verunreinigungen ist.

Patentansprüche:

1. Verfahren zur Herstellung von reinem Eisen gemäß Patent 493778, dadurch gekennzeichnet, daß man aus Eisencarbonyl gewonnenes Eisen, das gegenüber Sauerstoff überschüssigen Kohlenstoff enthält, zusammen mit ebenfalls aus Carbonyl hergestelltem Eisen, das gegenüber Kohlenstoff überschüssigen Sauerstoff enthält, sintert oder einschmilzt in derartigem Mengenverhältnis, daß der Kohlenstoff und Sauerstoff unter Bildung flüchtiger Verbindungen vollständig aus dem Eisen entfernt wird.

2. Abänderung des Verfahrens nach Anspruch 1, dadurch gekennzeichnet, daß man an Stelle des aus Carbonyl hergestellten Eisens mit mehr Sauerstoff als Kohlenstoff Eisenoxyd verwendet, das ebenfalls aus Eisencarbonyl gewonnen wurde.

E. P. 318499.

Nr. 528463. (I. 32159.) Kl. 12n, 1.

I. G. Farbenindustrie Akt.-Ges. in Frankfurt a. M.

Erfinder: Dr. Wilhelm Meiser, Dr. Walter Schubardt in Ludwigshafen a. Rh. und Dr. Oskar Kramer in Oppau.

Verfahren zur Gewinnung eines Eisenpulvers von großer Reinheit.

Vom 11. Sept. 1927. — Erteilt am 18. Juni 1931. — Ausgegeben am 27. Juni 1931. — Erloschen: 1933.

Für die Herstellung von Eisenkernen elektromagnetischer Apparate, z. B. Transformatoren, Pupinspulen u. dgl., verwendet man vorteilhaft ein Eisenpulver, das in einer reduzierenden Atmosphäre thermisch behandelt wurde und sehr kleine und kugelförmige Teilchen besitzt. Bei dieser thermischen Behandlung werden in dem Eisen enthaltene geringe Mengen von Kohlenstoff und Sauerstoff entfernt; es tritt aber zugleich eine Sinterung ein, die ein nochmaliges Mahlen erfordert, um die ursprüngliche, für den erwähnten Zweck nötige Kleinheit und kugelige Form der Teilchen wieder zu erreichen. Bei der Ausführung dieses Verfahrens, besonders in größerem Maßstabe, hat sich aber ergeben, daß es nicht immer gelingt, das gesamte Material durch Mahlen wieder in die feine Form zurückzuführen; besonders wenn auf höhere Temperaturen, z. B. 500 bis 600°, erhitzt wurde, bleiben nach der Mahlung erhebliche Siebrückstände, z. B. 30 % und mehr, zurück, die für den fraglichen Zweck nicht unmittelbar verwendbar sind. Gerade das bei hohen Temperaturen gewonnene Material zeigt aber die besten elektromagnetischen Eigenschaften.

Es wurde nun gefunden, daß sich diese Schwierigkeit überwinden und die Sinterung in mäßigen Grenzen halten läßt, wenn man als Ausgangsmaterial das durch thermische Behandlung von Eisencarbonyl gewonnene Eisenpulver benutzt und in zwei Stufen arbeitet, indem man das Pulver zuerst bei Temperaturen bis etwa 500° mit Wasserstoff oder ähnlich wirkenden Gasen, z. B. Ammoniak, behandelt und alsdann, gegebenenfalls ohne Abkühlung, auf Temperaturen über 500° mit oder ohne Anwendung von Wasserstoff oder inerten Gasen erhitzt.

Die Verwendung von Eisenpulver, das aus Eisencarbonyl gewonnen worden ist, bietet den Vorteil, daß es durch Einhalten bestimmter Arbeitsbedingungen leicht in stets gleichbleibender Beschaffenheit und in großer Reinheit erzeugt werden kann.

Ferner hat sich gezeigt, daß Carbonyleisenpulver aus sehr kleinen kugelförmigen Teilchen besteht, was den weiteren Vorteil bringt, daß es bei der Erhitzung im Wasserstoffstrom auf hohe Temperaturen infolge der geringen gegenseitigen Berührung der Teilchen nur in kleinem Umfang zusammensintert, so daß bei nachfolgendem Zerkleinern ohne Schwierigkeit die ursprüngliche Form der Teilchen erhalten bleibt. Ein solches Material ist aber z. B. zur Herstellung von Eisenkernen für Pupinspulen besonders gut geeignet.

Durch die Behandlung in der ersten Stufe wird das Eisenpulver wenigstens teilweise entkohlt und desoxydiert, während in der zweiten Stufe bei höherer Temperatur das Produkt die wertvollen elektromagnetischen Eigenschaften erhält. Es hat sich nämlich gezeigt, daß sich die Entfernung des Kohlenstoffs und des Sauerstoffs aus dem Eisen schon bei Temperaturen unter 500° mit hinreichender Geschwindigkeit ausführen läßt, ohne daß wesentliche Sinterung eintritt. Das auf diese Weise hinreichend weit entkohlte und desoxydierte Eisen sintert nun beim weiteren Erhitzen auf höhere Temperaturen nicht mehr stark, so daß seine Zerkleinerung keine Schwierigkeiten macht.

Beispiel

Durch thermische Zersetzung von Eisencarbonyl hergestelltes Eisenpulver mit einem Gehalt von 1,6 % Kohlenstoff wird in einem geeigneten Ofen in dünner Schicht ausgebreitet und bei Temperaturen unter 500° mit strömendem, zweckmäßig vorgewärmtem Wasserstoff so lange behandelt, bis die Untersuchung des entweichenden Gases ergibt, daß die Bildung von Methan und Wasser, also die Entkohlung bzw. Desoxydierung, im wesentlichen beendet ist. Das im Wasserstoff abgekühlte Material enthält noch etwa 0,02 bis 0,15 % Kohlenstoff und läßt sich leicht in der Mühle so weit zerkleinern, daß auf einem Sieb von 49000 Maschen pro Quadratzentimeter kein nennenswerter Rückstand bleibt; dieses Pulver, das, isoliert und in Kernform gepreßt, eine Permeabilität von etwa 17 besitzt, wird nun nochmals in den Ofen eingesetzt und in einem Strom von Wasserstoff Stickstoff oder einem anderen Gas, das das Eisen bei höheren Temperaturen chemisch nicht verändert, mehrere Stunden lang auf 500 bis 600° erhitzt. Nach dem Erkalten, z. B. im Stickstoffstrom, läßt sich die Masse wieder leicht und ohne nennenswerten Siebrückstand vermahlen, zeigt aber, isoliert und in Kernform gepreßt, jetzt eine Permeabilität von 25 bis 30 und ist infolge ihrer anderen elektromagnetischen Eigenschaften, z. B. Hysteresisverlust usw., für die Herstellung von Pupinspulenkernen besonders geeignet.

Es ist nicht nötig, wie vorstehend angegeben, nach der Entkohlung das Material erkalten zu lassen, aus dem Ofen herauszunehmen, zu mahlen und wieder einzusetzen. Man kann vielmehr, sobald die Entkohlung durch Erhitzen in dem reduzierenden Gas unterhalb 500° hinreichend weit fortgeschritten ist, die Temperatur auf 500 bis 600° steigern und, wie oben beschrieben, hierbei so lange halten, bis die gewünschten elektromagnetischen Eigenschaften erreicht sind. Die Strömungsgeschwindigkeit des reduzierenden Gases wählt man vorteilhaft sehr groß, da hierdurch die Behandlungszeit wesentlich abgekürzt werden kann. Nach dem Erkalten im Stickstoffstrom erweist sich das Produkt auch hier nur schwach gesintert und kann durch Mahlen, z. B. in der Kugelmühle, leicht in die ursprüngliche feinkugelige Form gebracht werden, ohne beim Sieben einen wesentlichen Rückstand zu hinterlassen.

Es ist auch nicht unbedingt erforderlich, den Entkohlungsprozeß unterhalb 500° so weit zu treiben, wie oben angegeben, nämlich bis 0,02 bis 0,15 % Kohlenstoff, besonders wenn man nachher die Steigerung über 500° nur langsam vornimmt; man kann von der ersten zur zweiten Stufe auch schon übergehen, wenn das Eisen noch größere Mengen als die erwähnten an Kohlenstoff enthält, jedoch muß die Entkohlung bis mindestens 0,5 % Kohlenstoff durchgeführt werden.

Man kann das nach dem vorliegenden Verfahren erhaltene Eisenpulver auch für andere Zwecke als zur Herstellung von Eisenkernen verwenden. Beispielsweise ist es auch vorzüglich geeignet zur Herstellung von Transformatorenblechen, in der Radioindustrie, für Kohärer, Thermoelemente usw.

Patentanspruch:

Verfahren zur Gewinnung eines Eisenpulvers von großer Reinheit, das zur Herstellung von Eisenkernen für Pupinspulen, Transformatoren und ähnlichen Apparaten der elektrischen Industrie sehr gut geeignet ist, dadurch gekennzeichnet, daß man Eisenpulver von geringer Teilchengröße, das durch thermische Zersetzung von Eisencarbonyl gewonnen wurde, zuerst bei Temperaturen bis etwa 500° mit Wasserstoff oder ähnlich wirkenden Gasen behandelt und alsdann, gegebenenfalls ohne Abkühlung, auf Temperaturen über 500°, jedoch unterhalb des Schmelzpunktes, erhitzt.

Nr. 544283. (I. 34905.) Kl. 12n, 1.

I. G. Farbenindustrie Akt.-Ges. in Frankfurt a. M.

Erfinder: Dr. Walter Schubardt in Ludwigshafen a. Rh.

Herstellung von Metallpulvern durch thermische Zersetzung von Metallcarbonylen.

Vom 12. Juli 1928. — Erteilt am 28. Jan. 1932. — Ausgegeben am 16. Febr. 1932. — Erloschen: . . .

Bei der Herstellung von Metallpulvern durch Zersetzung von Metallcarbonylverbindungen erhält man je nach den Zersetzungsbedingungen Produkte, die sich durch ihre Dichte und meist auch durch die Größe ihrer Sekundärteilchen, d. h. der aus kleinsten Metallteilchen gebildete Aggregate, ganz wesentlich unterscheiden. So läßt sich beispielsweise ein Metallpulver herstellen mit einem Gewicht von 4 500 bis 5 000 g pro Liter oder auch ein watteartiges Produkt mit einem Gewicht von 100 g pro Liter, das man besonders dann erhält, wenn man in kleinen Zersetzungsöfen mit großem Durchsatz arbeitet.

Für manche Verwendungszwecke, insbesondere für die Weiterverarbeitung des Metallpulvers zu möglichst dichten, wenig porösen Formstücken, ist ein Metallpulver mit kleinem Schüttgewicht weniger geeignet als ein schweres Pulver mit gleichmäßigen, kleinen Einzelteilchen.

Es wurde nun gefunden, daß sich auf einfache Weise ohne großen Arbeitsaufwand aus Carbonyl gewonnenes schwamm- oder pulverförmiges Metall mit niedrigem Schüttgewicht, daß gegebenenfalls auch in irgendeiner Weise nachbehandelt, z. B. entkohlt, sein kann, in ein schweres Pulver von gleichmäßiger Korngröße überführen läßt, wenn man es einer mechanischen Zerkleinerung, vorzugsweise einer Mahlung, unterwirft. Die Zerkleinerung wird vorteilhaft in einer Excelsior- oder Kugelmühle, zweckmäßig in inerter oder reduzierender Atmosphäre, vorgenommen.

Hierbei findet kein Zusammenballen oder Verfestigen der einzelnen Teilchen zu größeren Körnern oder Blättchen statt, wie es z. B. beim Mahlen von aus Oxyden hergestelltem Metallschwamm eintritt. Falls das Zerkleinern einer ungeeigneten Metallmasse, z B. der bei der Eisencarbonylzersetzung häufig unerwünscht anfallenden Eisenflocken, direkt an die Carbonylzersetzungsapparatur angeschlossen wird, hat man den weiteren Vorteil, daß das voluminöse und mitunter sehr pyrophore Produkt, das sich nur schwierig kontinuierlich aus der Apparatur entfernen läßt, unter Ausschluß von Luft in ein nicht mehr pyrophores, schweres Pulver übergeführt wird, das fortlaufend, z. B. durch eine Transportschnecke, aus der Apparatur ausgetragen werden kann.

Die bekannte Tatsache, daß es gelingt, das spezifische Gewicht von Bleiweiß dadurch zu erhöhen, daß man es einem bedeutenden Druck zwischen gegeneinandergepreßten Walzen aussetzt, oder der Vorschlag, das spezifische Gewicht von pulverförmigem Schüttgut, wie Soda, durch Überführung in Preßkörper und nachträgliche Zerkleinerung derselben zu erhöhen, ließ keine Rückschlüsse auf die Durchführbarkeit des vorliegenden Verfahrens zu, denn bei diesem werden keine außergewöhnlich hohen Drucke angewandt, sondern die Erhöhung des Schüttgewichts erfolgt bereits durch eine Zerkleinerung in einer üblichen Kugelmühle o. dgl. Die Wirkung dieses Verfahrens war auch deshalb nicht selbstverständlich, weil bei einem Eisenschwamm von anderer Herkunft eine derartige Behandlung ein Zusammenschmieden der einzelnen Teilchen zur Folge hat, so daß man aus diesen anderen Materialien nicht annähernd so gleichmäßige und feine Pulver mit derart hohen Schüttgewichten erhält wie aus lockeren Carbonylmetallen. Durch die Möglichkeit, in dieser einfachen Weise lockeren Carbonylmetallen ein hohes Schüttgewicht erteilen zu können, entfällt die Notwendigkeit, bei der Zersetzung der Metallcarbonyle Bedingungen einzuhalten, unter denen unmittelbar Metallpulver von hohem Schüttgewicht entstehen und die Bildung von Metallschwamm vermieden wird.

Beispiel

Durch Zersetzung von Eisencarbonyl bei 320° wurde eine Eisenwatte gewonnen mit einem Gewicht von 100 g pro Liter. Durch ein kurzes Mahlen in einer Kugelmühle in Stickstoffatmosphäre wurde aus diesem Produkt ein gleichmäßiges, äußerst feines Pulver mit einem Gewicht von 4 300 g pro Liter und einheitlicher Teilchengröße gewonnen.

Patentanspruch:

Herstellung von Metallpulvern durch thermische Zersetzung von Metallcarbonylen, dadurch gekennzeichnet, daß bei dieser Zersetzung in Form von Schwamm oder Pulver von niedrigem Schüttgewicht anfallendes Metall zwecks Erhöhung des Schüttgewichtes einer mechanischen Zerkleinerung, zweckmäßig in inerter oder reduzierender Atmosphäre, unterworfen wird.

A. P. 1857879.

Nr. 555169. (V. 25015.) Kl. 12n, 1.

Vereinigte Stahlwerke Akt.-Ges. in Düsseldorf.

Erfinder: Dr. Leopold Brandt in Dortmund-Hörde.

Herstellung von Eisen in Form von Flittern durch thermische Zersetzung von Eisencarbonyl.

Vom 9. März 1929. — Erteilt am 30. Juni 1932. — Ausgegeben am 19. Juli 1932. — Erloschen: . . . .

Die Abscheidung des Eisens bei der thermischen Zersetzung von Eisencarbonyl wurde technisch zuerst an einem frei aufgehängten, durch Induktion erhitzten eisernen Zylinder oder einer Stahlplatte vorgenommen; statt des Eisens sollte als Material auch Porzellan und andere Stoffe verwendet werden können, jedoch geht aus der ganzen Darstellung mangels anderer Aussagen hervor, daß diese Stoffe in derselben Form, also als größere zusammenhängende Stücke, nicht als eine Vielheit von kleinen Körpern gedacht sind. Die Mängel der Abscheidung des Eisens als zusammenhängende Masse an Zylindern aus Eisen oder den anderen erwähnten Stoffen wurden in einer Patentschrift dargelegt, welche ihrerseits kleine metallische Körper, wie Eisenspäne, vorschlägt und das abgeschiedene Eisen in Form eines feinen Pulvers erhält, dessen Trennung durch Sieben erfolgt. Als Material für diese kleinen Körper kommt wegen der sonst unvermeidlichen Verunreinigung des abgeschiedenen Eisens kaum ein anderes Metall als Eisen in Frage.

Es wurde nun gefunden, daß mit Vorteil kleine nichtmetallische Körper für den gedachten Zweck Verwendung finden können, welche gegenüber einheitlichen größeren nichtmetallischen Körpern dieselben Vorteile aufweisen wie die kleinen Metallkörper gegenüber dem großen Eisenzylinder. Die Form der Körper ist für die Erfindung nicht ausschlaggebend; obwohl eine Kugel oder kugelähnliche Form noch besondere Vorteile bietet, können auch beliebige andere Formen, wie sphäroidische, Zylinder- (Stäbchen-), Linsenform usw. Anwendung finden. Die Erfindung ist auch nicht an ein bestimmtes Material gebunden; die Körper können beispielsweise aus Quarz, Quarzglas, Porzellan, natürlichem oder künstlichem Korund, Glas usw. bestehen. Die über die

Zersetzungstemperatur des Eisencarbonyls (180 bis 200°) erhitzten Körper überziehen sich beim Überleiten von zweckmäßig durch indifferentes Gas verdünnten Carbonyldämpfen unter Luftabschluß mit einer Eisenschicht, welche mit zunehmender Stärke rauh und schuppig wird und dann leicht abblättert. Dieser Vorgang kann schon während der Abscheidung oder zweckmäßig nach dem unter Luftabschluß erfolgten Erkalten der Körper durch leichte mechanische Bearbeitung, wie Reiben, Rütteln oder Schütteln, unterstützt werden. Das Eisen löst sich in Form feiner Flitter oder Lamellen, welche als Bruchstücke der die Körper umhüllenden Eisenschalen erkennbar sind, ab. Die Zersetzung kann auch in der Weise erfolgen, daß man die vorher erhitzten Kugeln einen von den Carbonyldämpfen durchströmten Zersetzungsraum passiern läßt, welcher mit einer von den reichlich entwickelten Zersetzungsgasen durchströmten Vorkammer und einem ebensolchen nachgeordneten langen Kühlkanal verbunden ist. Das Einfüllen der heißen Kugeln kann durch zwei oder mehr Füllzylinder erfolgen, welche abwechselnd in die Vorkammer entleert werden, nachdem sie von den Zersetzungsgasen durchströmt werden.

Die Vorteile dieser Arbeitsweise gegenüber den metallischen Körpern beruhen auf der weitaus größeren Mannigfaltigkeit der Trennungsmöglichkeiten, welche durch das sehr verschiedene spezifische Gewicht dieser Körper gegenüber dem des abgeschiedenen Eisens sowie durch ihre magnetische Indifferenz gegeben ist. Es können daher magnetische Trennungsmethoden sowie solche, welche auf Fliehkraft oder Windsichtung beruhen, für diesen Zweck Anwendung finden. Unterstützt werden kann z. B. die Fliehkrafttrennung noch dadurch, daß man für die kleinen Körper die Kugelform wählt. Die der Anmeldung beigefügte Zeichnung soll diesen Fall, der jedoch nur eine der verschiedenen Möglichkeiten darstellt, beispielsweise erläutern.

A ist eine mittels der Welle *B*, der Riemenscheibe *C* und des Treibriemens *D* in Rotation versetzbare Scheibe mit stumpfkegelförmiger, nach innen geneigter Oberfläche, welcher die mit Carbonyleisen überzogenen Kugeln zugeleitet werden. *E* ist ein an der Welle *F* befestigter und mit dieser hochziehbarer Stempel, durch welchen behufs Lösung der Eisenschicht ein gelinder Reibungsdruck auf die Kugeln ausgeübt werden kann. Dies kann durch langsame Rotation des Stempels bei ruhender Schale oder umgekehrt geschehen, auch können beide in entgegengesetztem Sinne langsam rotieren. Nach Ablösung des Eisens wird bei hochgezogenem Stempel die Schale in schnellere Rotation versetzt, wodurch bei geeigneter Geschwindigkeit die leichter beweglichen Kugeln über den Rand rollen und in das Gefäß *G* mit geneigtem Boden und Ablaufrinne *H* fallen, während das Eisen zurückbleibt. Die feinen

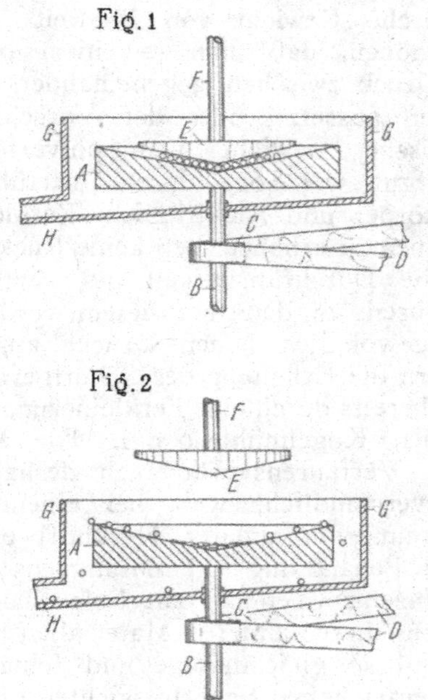

Eisenlamellen können auf beliebige mechanische Weise oder auch durch Magnete entfernt werden, z. B. kann der Stempel *E* ein Elektromagnet sein oder in seinem Inneren einen solchen enthalten, der nach der Entfernung der Quarzkugeln in Tätigkeit tritt. Andererseits kann aber auch durch Steigerung der Rotationsgeschwindigkeit das Eisen ebenfalls über den Rand geschleudert werden, und zwar entweder in das Gefäß *G* oder bei geeigneter Bemessung der Höhenverhältnisse über den Rand von *G* hinaus.

Die erhaltenen Eisenflitter können beispielsweise zur Darstellung reiner Eisenpräparate Verwendung finden, wobei sie den Vorteil bieten, sich nicht so stürmisch zu lösen wie ein staubförmiges Produkt. Andererseits können sie aber auch im Vakuum oder in indifferenter Atmosphäre zu beliebiger Verwendung eingeschmolzen oder gefrittet werden.

Ausführungsbeispiel

Als Zersetzungsgefäß diente ein glasiertes Porzellanrohr von 90 cm Länge und 28 mm l. W., welches in einem 62 cm langem Heraeusofen lag und beiderseits mit durchbohrten Gummistopfen verschlossen war. Durch den einen

Stopfen führte ein 7 mm weites Einleitungsrohr aus Quarzglas, welches 17,5 cm in das Porzellanrohr hineinragte und etwa 2 cm vor seinem inneren Ende zur Zurückhaltung der Kugeln eine angeschmolzene Quarzscheibe von etwa 26 mm ⌀ trug. Das Porzellanrohr war von dieser Stelle an bis auf die gleiche Entfernung vom anderen Ende mit erbsengroßen Glaskugeln gefüllt, welche auf der anderen Seite durch zwei mit einem Quarzstabe verbundene Quarzscheiben in ihrer Lage gehalten wurden. Es wurden nun 200,15 g mit Chlorcalcium getrockneten und filtrierten Eisencarbonyls, welches etwa 10% Kohlenwasserstoffe enthielt, die aber die Zersetzungsreaktion nicht stören, in einem Erlenmeyer-Kölbchen durch Einsetzen des letzteren in eine Äther-Kohlensäure-Mischung zum Erstarren gebracht. Alsdann wurde über das Carbonyl hinweg mittels zweier durch einen aufgesetzen Gummistopfen führenden Glasröhren ein Wasserstoffstrom geleitet, welcher aus dem Kölbchen durch das zweite Glasrohr in das schon erwähnte, durch Vakuumschlauch damit verbundene Quarzrohr und durch dieses in das mit Kugeln gefüllte Porzellanrohr gelangte, so daß der ganze Apparat ohne wesentliche Verdampfung von Carbonyl mit Wasserstoff gefüllt werden konnte. An die andere Seite des Porzellanrohres waren zwei leere U-förmige Hahnrohre und nach diesen drei U-Rohre mit konzentrierter Schwefelsäure angeschlossen. Nach Füllung des Apparates wurde der Ofen auf 250 bis 300° C erhitzt. Diese Temperatur wurde außerhalb des Porzellanrohres in dem Zwischenraum zwischen diesem und dem Ofenrohr etwa in der Mitte des Ofens durch Platin-Rhodium-Pyrometer gemessen. Nunmehr wurde das Carbonylkölbchen aus der Kältemischung herausgenommen, die erwähnten beiden leeren U-Rohre aber in die Kältemischung eingebettet. Das Kölbchen wurde erst vorsichtig im Wasserbade erwärmt; nach dem Schmelzen des Carbonyls wurde das Einleitungsrohr so weit gesenkt. daß es in das Carbonyl eintauchend fast bis zum Boden reichte, dann das Wasserbad bis zum Sieden erhitzt und der Wasserstoffstrom sehr kräftig eingestellt. Letzterer wurde von einer Stahlflasche geliefert und passierte nach der üblichen Reinigung zwei mit Platin-Asbest gefüllte, zur Rotglut erhitzte Glasrohre zur Entfernung von Sauerstoffresten und eine Waschflasche mit konzentrierter Schwefelsäure. Mit dem sehr kräftigen Wasserstoffstrom gelang es so, das gesamte Carbonyl in etwa 2 Stunden in den Ofen zu treiben. Die Reaktion verriet sich durch die eintretende sehr starke Kohlenoxydentwicklung. Während des Prozesses wurde das Rohr, welches anfangs symmetrisch lag, zur Vermeidung von Verstopfung wiederholt etwas nach der Einströmungsseite zu verschoben. In den gekühlten Röhrchen kondensierten sich nur die im Ausgangsmaterial enthalten gewesenen Kohlenwasserstoffe als farblose Flüssigkeit, welche in einer Schale angezündet mit rußender Flamme, etwa wie Benzin, verbrannte ohne das charakteristische Funkensprühen von Carbonylmischungen und ohne die geringste Eisenoxydabscheidung; der geringe kohlige Rückstand verbrannte beim Glühen restlos. Ferner schied sich aus diesen Kohlenwasserstoffen auch nach tagelangem Belichten kein festes Eisencarbonyl ab, was sich bei Carbonyllösungen schon nach Minuten bemerkbar macht. Die vorgelegte Schwefelsäure, welche schon durch kleine Carbonylmengen intensiv grün gefärbt wird, hatte sich nur im ersten Röhrchen während der Füllung des Apparates vor dem Versuch vorübergehend ganz leicht grün gefärbt. Die Zersetzung ist demnach quantitativ. Wie sich nach dem völligen Erkalten beim Öffnen zeigte, war sie trotz der Verschiebung des Rohres auf ziemlich kurzer Strecke von etwa 10 bis 12 cm erfolgt, woraus ersichtlich ist, daß das Carbonyl bei entsprechend weiteren Rohren die Wandung nicht erreicht haben würde. Die schwach beschlagenen Kugeln hatten einen schönen glänzenden Eisenüberzug. Bei starkem Beschlag war dieser wulstig oder schuppig und zum Abblättern geneigt. Nahe der Eintrittsstelle waren Rohrwandung und Kugeln durch silberglänzende Flitter vollständig verkittet, doch ließen sich die Kugeln mit einem Glasstabe herausstoßen und durch leichte mechanische Behandlung trennen. Es wurde so 51,55 g Eisen abgelöst, dessen Kohlenstoffgehalt zu 1,98% bestimmt wurde. Auf chemischem Wege wurden noch 1,97 g Eisen gefunden, zusammen demnach 53,52 oder nach Abzug des Kohlenstoffs 52,5 g Eisen. Ferner war im Verflüchtigungskölbchen eine leichte Zersetzung eingetreten, welche sich durch einen dunklen Rückstand und einen dunklen spiegelnden Überzug der Wandung zu erkennen gab. Hierin wurden 0,1211 g Eisen festgestellt, welche 0,42 g Carbonyl entsprechen, so daß die im Ofen zersetzte Menge $200{,}15 - 0{,}42 = 199{,}73$ g betrug. Die Schwefelsäure enthielt nur Spuren, welche während der Füllung des Apparates übergegangen waren.

Patentansprüche:

1. Verfahren zur Herstellung von Eisen durch thermische Zersetzung von

Eisencarbonyl an erhitzten kleinen Körpern, dadurch gekennzeichnet, daß zwecks Gewinnung des Eisens in Form von Flittern die Zersetzung an kleinen nichtmetallischen Körpern, wie Quarz, Quarzglas, natürlichem oder künstlichem Korund, Glas, Porzellan u. dgl., geschieht, worauf nach bei Luftabschluß erfolgter Abkühlung der auf den Körpern entstandene Eisenniederschlag von den Körpern mechanisch abgelöst und mit geeigneten, auf der Verschiedenheit zwischen metallischen und nichtmetallischen Körpern beruhenden Methoden, z. B. auf magnetischem Wege, räumlich getrennt wird.

2. Ausführungsform des Verfahrens nach Anspruch 1, dadurch gekennzeichnet, daß man die erhitzten Körper durch einen von Carbonyldämpfen erfüllten Raum hindurchleitet.

Nr. 532409. (I. 34576.) Kl. 18b, 20.

I. G. Farbenindustrie Akt.-Ges. in Frankfurt a. M.

Erfinder: Dr. Wilhelm Gaus in Heidelberg und Dr.-Ing. Leo Schlecht in Ludwigshafen a. Rh.

Verfahren zur Herstellung von Eisenlegierungen.

Vom 1. Juni 1928. — Erteilt am 13. Aug. 1931. — Ausgegeben am 27. Aug. 1931. — Erloschen: ....

Bei der Herstellung von Eisenlegierungen aus Eisenpulver und den gewünschten, fein verteilten Legierungskomponenten durch Wärmebehandlung ohne Schmelzen, bereitet es vielfach große Schwierigkeiten, die letzteren in die für eine homogene Legierung notwendige fein verteilte Form zu überführen. So ist es im allgemeinen sehr umständlich und zeitraubend, z.B. Chrom, Mangan, Vanadium, Molybdän, Wolfram, Kobalt, Nickel usw. in Form eines feinen Pulvers herzustellen.

Es wurde nun gefunden, daß man ohne diese Schwierigkeiten homogene Eisenlegierungen aus pulverförmigen Ausgangsmaterialien erhält, wenn man ein Gemisch von aus Eisencarbonyl gewonnenem Eisenpulver und bzw. oder Eisenoxydpulver mit den anderen Legierungsbestandteilen, die ganz oder teilweise in Form von Oxyden oder anderen reduzierbaren Verbindungen vorliegen, unter reduzierenden Bedingungen einer Wärmebehandlung unterwirft. Überraschenderweise eignen sich für diese Arbeitsweise auch an sich sehr schwer reduzierbare Oxyde, wie Chromoxyd, Manganoxyd, Siliciumoxyd, da sich gezeigt hat, daß sich diese in Gegenwart des fein verteilten, aus Carbonyl gewonnenen Eisens wesentlich leichter reduzieren lassen.

Das letztere enthält im allgemeinen Kohlenstoff, der die Reduktion der zugemischten Oxyde infolge seiner gleichmäßigen Verteilung noch weiterhin erleichtert. Man kann auch das zur Herstellung der Legierungen erforderliche Eisenpulver ganz oder teilweise durch pulverförmiges Eisenoxyd ersetzen, das ebenfalls aus Eisencarbonyl hergestellt ist.

An Stelle der Oxyde eignen sich ferner auch solche Verbindungen, z. B. Nitrate, die bei der folgenden reduzierenden Behandlung, z. B. durch Erhitzen mit Kohlenstoff oder in Wasserstoff- oder Kohlenoxydatmosphäre, in das Element übergeführt werden.

Die Wärmebehandlung erfolgt zweckmäßig bei etwa 1000°, wobei man vorteilhaft vorher, gleichzeitig oder nachträglich noch eine Druckbehandlung vornimmt.

Es ist zwar schon bekannt, als Ausgangsstoff elektrolytisch hergestelltes Eisenpulver oder oxydische Materialien anderer Herkunft gemäß vorliegendem Verfahren zu verarbeiten. Die Verwendung des aus Eisencarbonyl erhaltenen, außerordentlich reinen Eisens bzw. Eisenoxydpulvers bringt jedoch sehr große Vorteile mit sich. Die Verdichtungs-, d. h. Sinterungsfähigkeit von Carbonyleisen bzw. von aus solchem Eisen erhaltenem Eisenoxyd beim Erhitzen ist bei weitem größer als die aller anderen Eisensorten, so daß es möglich ist, auf dem angegebenen Wege selbst in Gegenwart oxydischer Massen, die die Sinterung sehr ungünstig beeinflussen, zu Sinterstücken mit einer Festigkeit zu gelangen, die bei Anwendung von anderem Material, z. B. von elektrolytisch hergestelltem Eisenpulver, nicht zu erreichen ist.

Beispiel 1

15 Teile von aus Eisencarbonyl hergestelltem feinem Eisenpulver werden mit 1,5 Teilen Chromoxydpulver innig vermischt und in einem Strom von möglichst sauerstoff- und wasserdampffreiem Wasserstoff auf 950° erhitzt. Das hierbei erhaltene, zunächst noch poröse Sinterstück läßt sich durch Hämmern oder Walzen zu einem kompakten Material mit einem Gehalt von 6,3% Cr und 93,7% Fe verarbeiten.

Beispiel 2

5 Teile fein verteiltes, aus Eisencarbonyl hergestelltes Eisenpulver werden mit einem

Teil Wolframsäure in der Kugelmühle gemischt und im Wasserstoffstrom auf 825° erhitzt. Man erhält ein Sinterstück mit einem Wolframgehalt von 12,2 %, das sich wie in Beispiel 1 weiterverarbeiten läßt.

Beispiel 3

712 Teile Eisenpulver mit einem Gehalt von 1,23 % Kohlenstoff und 1,60 % Sauerstoff, hergestellt durch thermische Zersetzung von Eisencarbonyl, werden mit 75 Teilen fein verteilter Wolframsäure und 20 Teilen fein verteiltem Kohlenstoff in einer Kugelmühle zermahlen und dadurch innig gemischt. Die Mischung wird in eine Form aus hitzebeständigem Metallblech, deren Wandungen mit einem dünnen Magnesiaspritzüberzug versehen wurden, eingefüllt. Die gefüllte Form wird in einem Flammofen vier Stunden auf 1000 erhitzt, wobei die Wolframsäure durch den Kohlenstoffgehalt der Mischung reduziert wird. Der Sinterblock wird zu Rundstangen ausgeschmiedet. Es wird auf diese Weise ein Wolframstahl mit 8 % Wolfram und 1,2 % Kohlenstoff erhalten.

Patentanspruch:

Verfahren zur Herstellung von Eisenlegierungen aus Mischungen pulverförmiger Ausgangsmaterialien, die ganz oder teilweise in Form von Oxyden oder anderen reduzierbaren Verbindungen vorliegen, durch eine Wärmebehandlung unter reduzierenden Bedingungen, ohne zu schmelzen, wobei man zweckmäßig vorher, gleichzeitig oder nachträglich eine Druckbehandlung vornimmt, dadurch gekennzeichnet, daß aus Eisencarbonyl hergestelltes, fein verteiltes Eisen und/oder Eisenoxyd verwendet wird.

Nr. 474416. (B. 117504.) Kl. 12n, 1.

I. G. Farbenindustrie Akt.-Ges. in Frankfurt a. M.

Erfinder: Dr. Alwin Mittasch, Dr. Richard Lucas in Mannheim und Dr. Robert Grießbach in Ludwigshafen.

Verfahren zur Herstellung fein verteilter eisenoxydhaltiger Gemische.

Zusatz zum Patent 422269.

Vom 9. Jan. 1925. — Erteilt am 21. März 1929. — Ausgegeben am 2. April 1929. — Erloschen: ....

In dem Hauptpatent 422269 ist ein Verfahren zur Herstellung eines fein verteilten Eisenoxyds beschrieben, das darin besteht, daß man Eisencarbonyl allein oder zusammen mit anderen brennbaren Stoffen oder in Verdünnung mit indifferenten Gasen verbrennt.

Es hat sich nun gezeigt, daß dieses Verfahren auch mit Vorteil zur Herstellung von fein verteilten eisenoxydhaltigen Oxydgemischen verwendet werden kann, wenn man das Eisencarbonyl zusammen mit anderen, feste Stoffe bildenden, vorzugsweise flüchtigen Verbindungen oder Elementen verbrennt. So kann man beispielsweise dem Eisencarbonyl andere Carbonylverbindungen, metallorganische Verbindungen oder wasserfreie Halogenverbindungen, wie Chromylchlorid, Siliciumtetrachlorid u. a., zusetzen und durch Verbrennen zusammen mit dem Eisencarbonyl in Oxyde überführen, nötigenfalls unter Zuhilfenahme brennbarer Stoffe oder in Gegenwart indifferenter Gase oder Dämpfe. Die Verbrennung selbst kann gegebenenfalls auf katalytischem Wege, z. B. mittels Platin vollzogen werden.

Die erhaltenen Oxydgemische zeichnen sich gegenüber den nach den bisher üblichen Verfahren hergestellten Gemischen durch äußerst feine Verteilung und innige Vermischung aus und sind zur Verwendung als Mineralfarbe, Katalysatoren u. a. geeignet.

Man kann auch, wie sich weiterhin gezeigt hat, das Verfahren des Hauptpatentes sowie das vorgenannte in Gegenwart nicht flüchtiger und nicht oxydierbarer Verbindungen ausführen.

Beispiel 1

Von zwei parallel in einen Wassergasstrom geschalteten Gefäßen wird das eine mit Eisencarbonyl, das andere z. B. mit Siliciumtetrachlorid beschickt. Die beiden so beladenen Gasströme werden hierauf gemischt und an der Luft verbrannt. Hierbei entsteht ein fleischfarbiges, hochdisperses Pulver, das beispielsweise als Farbstoff dienen kann. Durch Veränderung der durch die beiden Gefäße geführten relativen Gasmengen oder durch mehr oder weniger starke Erwärmung usw. hat man es in der Hand, Pulver mit verschiedenen Farbtönen zu erhalten. Bisweilen kann auch ein Nachglühen des Pulvers von Vorteil sein.

Beispiel 2

In eine Gebläseflamme wird mit Hilfe von Druckluft ein Gemisch von 3 Teilen Eisencarbonyl und 1 Teil Nickelcarbonyl eingeblasen. Das erhaltene fein verteilte Gemisch von Nickeloxyd und Eisenoxyd wird in Staubkammern, zweckmäßig mit Hilfe hochgespannter Elektrizität, niedergeschlagen und gesammelt.

Beispiel 3

In den reduzierenden Teil einer Gebläseflamme, welcher gleichzeitig mit dem verwendeten Leuchtgas Eisencarbonyldampf zugeführt wird, wird z. B. mit Hilfe von Druckluft Wismutoxydpulver eingeblasen. In einer über der Flamme angebrachten Glocke schlägt sich sehr rasch das gebildete Oxydgemisch in Form eines feinen Pulvers nieder. Durch Änderung der zugeführten Eisencarbonylmenge hat man es in der Hand, Oxydpulver mit wechselndem Verhältnis von Eisen und Wismut herzustellen. Die gewonnenen Gemische eignen sich u. a. zur Verarbeitung auf Kontaktmassen.

Beispiel 4

In eine Gebläseflamme, in welcher Eisencarbonyl verbrannt wird, wird fein verteiltes Aluminiumoxyd eingeblasen. Das entstehende Eisenoxyd schlägt sich dann zum Teil auf dem Aluminiumoxyd nieder, und es wird ein fein verteiltes Gemenge von Aluminiumoxyd und Eisenoxyd erhalten, in welchem das Aluminiumoxyd zum Teil die Rolle eines Trägers spielt.

Patentansprüche:

1. Ausführungsform des Verfahrens gemäß Hauptpatent 422 269, dadurch gekennzeichnet, daß zwecks Gewinnung fein verteilter eisenoxydhaltiger Gemische das Eisencarbonyl zusammen mit anderen, feste Stoffe bildenden, vorzugsweise flüchtigen Verbindungen oder Elementen verbrannt wird, nötigenfalls unter Zuhilfenahme brennbarer Stoffe oder indifferenter Gase oder Dämpfe.

2. Ausführungsform des Verfahrens gemäß Hauptpatent 422 269 und Anspruch 1, dadurch gekennzeichnet, daß die Verbrennung des Eisencarbonyls in Gegenwart nicht flüchtiger und nicht oxydierbarer Verbindungen vorgenommen wird.

D. R. P. 422269, B. III, 945.

Nr. 555307. (E. 39214.) Kl. 12n, 1.

Dr. Alfred Heinrich Erdenbrecher in Greifenberg, Pomm.

Herstellung von Metallsolen bzw. -gelen.

Vom 7. Mai 1929. — Erteilt am 7. Juli 1932. — Ausgegeben am 22. Juli 1932. — Erloschen: . . . .

Es ist bekannt, zur Herstellung von Metallsolen die Reduktion von Metallsalzen vorzunehmen in Gegenwart von Schutzkolloiden, z. B. Eiweißstoffen, Kohlehydraten, Alkylcellulosen. Ferner ist es bekannt, Reduktionsmittel anzuwenden, die gleichzeitig als Schutzkolloide dienen (Gelatose, Dimethylparaphenylendiamin).

Das Neue der vorliegenden Erfindung liegt darin, daß man von stickstofffreien Stoffen ausgeht, die einer Umwandlung unterworfen werden und deren verwendete Umwandlungsprodukte gleichzeitig als Reduktionsmittel und Schutzkolloid wirken. Das Verfahren beruht darin, daß man die durch hydrothermale Zersetzung von Zuckern in Gegenwart von Alkalien erhaltenen Produkte saurer Natur oder deren durch Oxydation daraus entstandenen Produkte saurer Natur in Alkalien löst und nun auf diese Lösungen lösliche Metallsalze einwirken läßt. Es können dabei die verschiedensten Metallsalze verwendet werden, mit Ausnahme der Salze der Alkalien und alkalischen Erden. Die durch die Einwirkung entstehenden Metalle sind entweder in Wasser allein oder auf Zusatz von Alkalien kolloidal löslich.

Die Herstellung der hydrothermalen Zersetzungsprodukte von Zuckern geht in folgender Weise vor sich:

500 g Raffinade werden mit 30 g Kaliumcarbonat oder einer äquivalenten Menge Kaliumhydroxyd und 40 bis 50 ccm Wasser zu einem steifen Brei angerührt und bei Luftabschluß langsam in einem Autoklaven auf 190° erhitzt. Die Masse zersetzt sich unter Gasentwicklung. Das Erhitzen wird fortgesetzt, bis eine starke Steigerung des Druckes stattfindet. Es wird dann das Erhitzen abgebrochen. Der ganze Erhitzungsvorgang bis zum Beginn der Zersetzung nimmt bei den angegebenen Mengen ungefähr 60 bis 65 Minuten in Anspruch. Die Zersetzung geht schlagartig in 1 bis 8 Minuten vor sich. Nach dem Erkalten und nach Ablassen des Druckes wird die noch plastische, aber durch die Kohlensäureentwicklung porös gewordene Masse herausgenommen, die nach dem Erkalten spröde sich leicht pulvern läßt. Ausbeute: getrocknet 320 g = 64 % Rohprodukt. Mit der 20fachen Menge mit Salzsäure angesäuerten kalten Wassers gewaschen, verbleiben 72 % des Rohproduktes oder etwa 46,1 % der angewandten

Raffinade als Ausbeute. Dieses Zersetzungsprodukt ist an sich für die Herstellung der Metallsole in Kalilaugelösung verwendbar. Es ist nur teilweise in Alkohol und Alkalien löslich. Dieser Körper kann nun einer Oxydation unterworfen werden, um ein Produkt zu erhalten, das zu einem erheblich größeren Teil in Alkohol löslich ist, und zwar wird die Masse unter gelindem Erwärmen, beispielsweise bei 50°, vorsichtig mit der 2½- bis 3fachen Menge Salpetersäure vom spezifischen Gewicht 1,14 oxydiert, bis ein hellbrauner Bodenkörper erreicht ist, der keine dunklen Partikelchen nichtoxydierter Substanz mehr aufweist. Der Bodenkörper wird mit kaltem Wasser gewaschen, zwischen Filtrierpapier abgepreßt und über Chlorcalcium getrocknet; er ist vollkommen in Methylalkohol und Äthylalkohol löslich. Ein Trocknen bei höherer Temperatur ist zu vermeiden, da dadurch seine Löslichkeit in Alkohol verlorengeht. Ausbeute etwa 30 % der angewandten Raffinade.

Dieser hellbraune Körper gibt in 3- bis 5%iger Alkalilauge gelöst, filtriert und zur Trockne verdampft, ein sprödes zerreibliches Material, das vollkommen mit brauner Farbe in Wasser löslich ist und je nach Darstellungsbedingungen bis zu 30 % an Alkalien aufweist und neutral ist. Diese in Wasser löslichen Produkte dienen als Ausgangsprodukt für die Herstellung der Kolloide durch Einwirken auf die Metallsalze; es ist dabei nicht erforderlich, erst die Produkte zu isolieren, sondern man kann unmittelbar ausgehen von den Lösungen der Oxydationsprodukte der hydrothermalen Zersetzung in Alkalilauge (KOH oder NaOH).

Nachstehend einige Ausführungsformen des Verfahrens:

1. Darstellung von kolloidal gelöstem Silber

Man löst in einer Lösung von 6 g KOH und 200 ccm Wasser 16 g des Oxydationsproduktes und fällt bei einer Temperatur von 60° C mit Silbernitrat, solange eine Fällung eintritt. Nach dem Filtrieren des voluminösen Niederschlags wäscht man ihn mit destilliertem Wasser so lange aus, bis infolge Entfernens der Elektrolyte der Niederschlag selbst beginnt kolloidal in Lösung zu gehen, was man an der dunklen Färbung des anfänglich hellen Filtrats sehen kann. Nachdem dann durch Aufstreichen des Niederschlags auf Tonteller oder dicke Schichten von Filtrierpapier die Hauptmenge der Flüssigkeit entfernt ist, wird der Niederschlag bei Zimmertemperatur über Chlorcalcium getrocknet. Dieser in Wasser nur schwer lösliche Stoff ist überraschenderweise nach Zusatz von Kalilauge leicht löslich. Die Menge KOH hängt ab von der Menge der mitausgefallenen oxydierten Zersetzungsprodukte des Zuckers, die saurer Natur sind. Man gibt so viel KOH zu, bis die Lösung schwach alkalisch reagiert. In den meisten Fällen genügen auf je 1 g Substanz 0,75 ccm einer 20 %igen Kalilauge auf 20 ccm verdünnt. Nach Abscheidung des unlöslichen Silbers durch Filtration verbleibt eine kolloidale Lösung von Silber, die, auf dem Wasserbade zur Trockne verdampft, ein leicht zerreibliches metallisch glänzendes Produkt von etwa 35 % Silber gibt, das sich leicht in Wasser löst. Diese Lösung gibt keine Reaktion mit HC_1 und flockt durch Ammoniumnitrat aus.

Die Farbe der Lösung ist in der Durchsicht dunkelbraun, in der Aufsicht schmutzigschwarzbraun opaleszierend.

Produkte von höherem Silbergehalt kann man dadurch erhalten, daß man das Verhältnis der Laugenmenge und der Silbernitratmenge zum Oxydationsprodukt vergrößert. So kann man 5 g festes KOH und 2,2 g Oxydationsprodukt in 125 ccm Wasser lösen und durch 12,5 g Silbernitrat, gelöst in 50 ccm Wasser, fällen. Dabei kann man die gut gewaschene Silberfällung sogleich naß verarbeiten. Der Niederschlag der oben angegebenen Reaktionsmassen wird in 200 ccm H_2O suspendiert und durch Hinzufügen von 6 ccm 10%iger Kalilauge in Lösung gebracht und in flacher Schale zur Trockne verdampft. Es entsteht bei guter Ausbeute ein etwa 80%iges kolloidales Silber von bläulichem Metallglanz. Es dient zur Desinfektion und zur Bekämpfung der Gonorrhöe. Gegen Temperaturen bis zu 130° ist es unempfindlich.

2. Darstellung von kolloidalem Kupfer

Mit Kupfersulfat als Ausgangssubstanz wird es nach Anweisung für die Herstellung von kolloidalem Silber entsprechend hergestellt.

Die Farbe der wäßrigen Lösung ist in der Durchsicht schmutzigbraun, in der Aufsicht schmutzigbraun opaleszierend.

3. Darstellung von kolloidalem Quecksilber

In die auf 60° erhitzte gesättigte Lösung eines Merkurosalzes (Merkurisalz ist nicht verwendbar) läßt man unter Erhitzen auf dem Wasserbade eine auf 60° erhitzte Lösung der Kaliumverbindung des Oxydationsproduktes zufließen, bis keine weitere Fällung mehr erfolgt. Man filtriert den voluminösen

Niederschlag ab, wäscht ihn aus und trocknet ihn über Chlorcalcium. Sollte der Niederschlag schon beim Erhitzen kolloidal in Lösung gehen, so wird er durch Zugabe von Ammonnitrat wieder abgeschieden. Auf diese Weise kann durch Lösen in Wasser und Ausfällen mit Ammoniumnitrat eine Reinigung erfolgen. Zur Herstellung kolloider Quecksilberlösungen benutzt man am besten den Niederschlag feucht. Man suspendiert ihn in Wasser und versetzt die Suspension mit kleinen Mengen Alkalihydroxyd. Es tritt sofort kolloidale Lösung ein. Die Farbe der Lösung ist im durchfallenden Licht schmutzigbraun, im auffallenden Licht braungrau opaleszierend.

4. Herstellung von kolloidalem Gold

Auf kochendem Wasserbade versetzt man 15 ccm einer 1%igen Chlorgoldlösung tropfenweise mit einer 1%igen Lösung des Kalisalzes des Oxydationsproduktes, bis die anfänglich blaurote Lösung nach braunrot umschlägt (als Kennzeichen für überschüssige Kaliumverbindung) und bringt die braunrote Lösung durch Alkohol und Äther zum Ausflocken. Der sich in Flocken absetzende Niederschlag wird abfiltriert, gewaschen, in Wasser suspendiert und durch geringe Mengen Alkali in Lösung gebracht. Es resultiert eine stabile hochrote Lösung von kolloidalem Gold, die auch undialysiert haltbar ist.

5. Die Herstellung von kolloidal gelöstem Platin geschieht entsprechend der Anweisung der Herstellung von kolloidalem Gold

Die Farbe der Lösung ist im auffallenden Licht braunschwarz, im durchfallenden Licht dunkelrotbraun.

6. Herstellung von kolloidalem Wismut

Man löst Wismutsubnitrat in einer eben ausreichenden Menge Salpetersäure von spezifischem Gewicht 1,14 auf und verdünnt mit Wasser, bis sich eine leichte Trübung zeigt, die man durch einige Tropfen HNO_3 zum Verschwinden bringt. Diese Lösung läßt man unter fortwährendem Umschwenken in eine heiße Lösung der Kaliumverbindung des Oxydationsproduktes zutropfen, der man zur Neutralisation der zur Lösung verbrauchten Salpetersäure eine äquivalente Menge Kalilauge hinzugefügt hat. Nützlich ist es, mit einem geringen Überschuß der Kaliumverbindung zu arbeiten (was sich durch Tipfelanalyse feststellen läßt: bei Überschuß der Kaliumverbindung zur Wismutlösung tritt Braunfärbung ein) und am Schlusse die noch in Lösung befindliche überschüssige braune Säure durch Zugabe verdünnter Salpetersäure zur Fällung zu bringen. Man filtriert und wäscht gut aus und bringt den in Wasser suspendierten Niederschlag durch eine gerade ausreichende Menge wäßrige Kalilauge in Lösung, bis er schwach alkalisch reagiert. Durch Filtrieren trennt man von dem etwa auftretenden weißen Niederschlag, der bei nicht quantitativer Fällung von noch in Lösung befindlichem Wismut herrührt. Man verdampft in flacher Porzellanschale unter fortwährendem Rühren zur Trockne, man erhält braunschwarze Lamellen, die sich in Wasser kolloidal lösen; die Farbe der Lösung ist im auffallenden Licht braunschwarz, im durchfallenden Licht dunkelbraun.

7. In entsprechender Weise kann man so kolloidales Quecksilber herstellen, indem als Ausgangssalz Merkuronitrat verwendet wird

8. Herstellung von kolloidalem Antimon

Sie geschieht entsprechend der Anweisung der Herstellung von kolloidalem Wismut. Man geht vom Antimontrichlorid aus, das man in Salzsäure löst und dann weiter nach voriger Vorschrift behandelt. — Braunschwarze Lamellen. — Farbe der wäßrigen Lösung im auffallenden Licht braunschwarz, im durchfallenden Licht dunkelrotbraun.

9. Darstellung von kolloidalen Lösungen von Nickel, Kobalt und Eisen

Ausgangsmaterialien sind: Kobaltnitrat, Nickelnitrat oder Ferrosulfat und eine Kaliumverbindung des Oxydationsproduktes mit etwa 20% K. Man trägt in eine 5%ige wäßrige Lösung der Kaliumverbindung eine 3%ige wäßrige Lösung der betreffenden Metallsalze ein und erhitzt 10 Minuten lang auf dem Wasserbade unter öfterem Umschwenken und wäscht den abfiltrierten Niederschlag mit destilliertem Wasser gut aus. Hierauf bringt man durch eben ausreichende Mengen Kalilauge den gut gewaschenen Niederschlag in Lösung.

Die Farbe der Lösungen ist bei Nickel und Kobalt bei auffallendem Licht schwarzbraun, bei durchfallendem Licht rotbraun, bei Eisen bei auffallendem Licht braun, bei durchfallendem Licht braunrot.

Es ist möglich, daß bei Verwendung von Kobalt-, Nickel- und Eisensalzen die erhaltenen kolloidalen Lösungen nicht nur die Metalle, sondern auch andere Metallverbindungen, wie die Hydroxyde, enthalten. Jedenfalls handelt es sich um kolloidale Lösungen, die mit Ammoniumnitrat ausgeflockt werden können. Eine ähnliche Reaktion zeigen andere Metalle. Zinksalz und Aluminiumsalz geben ebenfalls die Reaktion, doch lassen sich hier die erhaltenen Lösungen durch Ammoniumnitrat nicht ausflocken.

PATENTANSPRUCH:

Verfahren zur Herstellung von Metallsolen bzw. -gelen mit Ausnahme der Alkali- und Erdalkalimetalle durch Reduktion von Metallsalzen, z. B. Silbernitrat, Kupfersulfat, Merkuronitrat oder -sulfat, Goldchlorid, Platinchlorid, Wismutsubnitrat, Antimontrichlorid, Kobaltnitrat, Nickelnitrat, Ferrosulfat mit gleichzeitig als Schutzmittel wirkenden Reduktionsmitteln, dadurch gekennzeichnet, daß man als Reduktionsmittel die durch hydrothermale Zersetzung von Zuckern in Gegenwart von Alkalien erhaltenen Produkte oder deren Oxydationsprodukte in Form ihrer Alkalisalze anwendet und die erhaltenen Niederschläge mit Wasser nötigenfalls unter Zusatz von Alkalilauge zur Herstellung von Solen löst.

Nr. 529625. (B. 132607.) Kl. 12n, 1. SOPHIE BERKMAN IN BERLIN-LICHTERFELDE.

Verfahren zur Darstellung von schutzkolloid- und elektrolytfreien, hochkonzentrierten und beständigen Metallsolen.

Vom 26. Juli 1927. — Erteilt am 2. Juli 1931. — Ausgegeben am 31. Juli 1931. — Erloschen: 1933.

Die gebräuchlichen Verfahren zur Darstellung von Metallsolen gestatten nicht zur selben Zeit schutzkolloid- und elektrolytfreie, feinteilige, hochkonzentrierte und beständige Sole zu gewinnen. Hochkonzentriert und beständig sind sonst nur geschützte Metallsole; ihr beträchtlicher Gehalt an Fremdstoffen erschwert aber häufig ihre Verwendung (z. B. bei der Herstellung von Metallspiegeln, beim therapeutischen Gebrauch). Die ungeschützten Sole sind andererseits sehr verdünnt und unbeständig. Die nach dem vorliegenden Verfahren erhaltenen Metallsole sind dagegen zugleich stofflich rein, hoch (dauernd) beständig und hochkonzentriert. Das Verfahren besteht darin, daß man bei der Herstellung der Metallsole durch Reduktion als Reduktionsmittel oder als Schutzmittel sogenannte lyophile Kolloidelektrolyte verwendet. Diese Stoffe, zu denen auch Seifen gehören, stellen eine Klasse von Kolloiden dar, die von den übrigen scharf zu trennen ist. Die lyophilen Kolloidelektrolyte bilden in wässeriger Lösung eine sehr stabile kolloiddisperse Phase, die mit einem molekular gelösten, elektrolytisch dissoziierten Anteil im Gleichgewicht steht. Dieses Gleichgewicht kann durch verschiedene Faktoren verschoben werden. Temperaturerhöhung vermehrt den molekularen Anteil, steigende Konzentration verschiebt das Gleichgewicht zugunsten der kolloiddispersen Phase. Versetzt man eine Lösung, in der ein Metallsol sich bildet, mit einer konzentrierten Lösung eines lyophilen Kolloidelektrolyten, so dient der kolloidgelöste Anteil als Schutzkolloid, das entstandene Metallsol bleibt feinteilig und ändert seine Dispersität auch bei höherer Konzentration des Metalls nicht. Dialysiert man nun das entstandene Sol, so diffundiert der molekular- und ionengelöste Anteil des lyophilen Kolloidelektrolyten weg, worauf — da sich das Gleichgewicht wieder einzustellen sucht — neue Mengen von seinem kolloidgelösten Anteil molekulardispers in Lösung gehen und wegdiffundieren; es gelingt also, den Stoff, der im Augenblick der Bildung des Sols als Schutzkolloid diente, durch Dialyse zu entfernen; die Stabilität der fertigen Sole ist dann durch die hohe elektrische Aufladung der Kolloidteilchen des Sols bedingt und nicht durch die Gegenwart eines Schutzkolloids.

Hierin liegt der grundlegende Unterschied gegenüber den Solen, die mit Derivaten von Eiweiß oder Kohlehydraten (vgl. z. B. Patentschrift 388 369, Kl. 12g) bzw. mit Salzen acylierter Diamine (vgl. Patentschrift 430 090, Kl. 12g) und anderen Substanzen geschützt sind; die Eigenschaften dieser Sole sind durch das in ihnen vorliegende Schutzkolloid wesentlich mitbedingt.

Das Verfahren kann so ausgeführt werden, daß man die lyophilen Kolloidelektrolyte, welche gleichzeitig reduzierend wirken, auch als Reduktionsmittel benutzt oder daneben ein anderes Reduktionsmittel anwendet. Auf ein besonderes Reduktionsmittel kann man z. B. bei Benutzung der Quecksilbersulfosalicylsäure oder deren Salze und bei Phenylhydrazinsulfosäure verzichten, was bei Quecksilbersulfosalicylsäure, besonders bei Gold und Palladium, bei Phenylhydrazinsulfosäure bei Gold und Silber vorteilhaft ist.

Aus den erhaltenen Metallsolen wird der Elektrolyt durch Dialyse entfernt. Die schon ursprünglich viel konzentrierteren Metallsole, als sie sich nach den üblichen Verfahren gewinnen lassen, lassen sich weitgehend, z. B. durch Autoultrafiltration, Kataphorese (bei modifizierter Elektrodialyse), wie auch durch Wegbringen des Wassers beim Absaugen im Vakuum usw., konzentrieren. Es gelingt, nach dem Verfahren orangerote amikronische, wie auch rote, violette, blaue submikronische, hochkonzentrierte stabile Goldsole von $2,19^{-3}$ g/ccm an reinem Gold und höher zu erhalten. Der Gesamtgoldgehalt (kolloid und echt gelöstes Gold) beträgt z. B. (nach dem Haberschen mikrodokimastischen Verfahren bestimmt) 3,066 g Au im Liter, wovon 3,054 g Au im kolloiden Zustand vorliegen. Auch andere Metallsole sind hochkonzentriert, ohne nachweisbare Spuren von Elektrolytverunreinigung, sehr stabil durch die hohe elektrische Aufladung zu erhalten.

Beispiel 1

2,5 bis 2,7 ccm 0,5%ige $AuCl_4H \cdot 4H_2O$-Lösung (oder die ähnliche Konzentration von Palladiumchlorid) werden zu je 10 ccm 0,25 bis 0,5% Quecksilbersulfosalicylsäure-Lösung zugegeben und bis zum Kochen erhitzt und abgekühlt. Die Lösungen werden mit gewöhnlichem destilliertem Wasser bereitet. Das Goldsol (wie auch andere Metallsole) wird in dünnwandigen Kollodiumsäckchen (Ätherkollodium 4%) dialysiert. Das ausdialysierte Wasser wird eingedampft und aufgearbeitet, um die zurückgebliebenen unreduzierten Goldsalzmengen wiederzugewinnen. Das Autoultrafiltrieren geschieht, indem man ein Kollodiumsäckchen mit dem Metallsol in ein leeres Becherglas bringt. Bei der Elektrodialyse hängt man das Säckchen mit dem betreffenden Sol in ein breites Becherglas und bringt zu beiden Seiten des Säckchens zwei Platinelektroden an. Mit Hilfe einer Hebervorrichtung wird destilliertes Wasser im Becherglas erneuert. Nach ein paar Stunden sinkt das Metallsol durch Kataphorese zu Boden, und es entsteht eine scharfe Trennungslinie zwischen dem Sol und dem Wasser im Säckchen. Unter Verwendung einer feinen Pipette läßt sich (z. B. mit einer Wasserstrahlpumpe) die über dem Sol stehende Wasserschicht absaugen.

Beispiel 2

0,25 ccm 1%ige $H_2PtCl_6 \cdot 6H_2O$- oder $PtCl_4 \cdot 8H_2O$-Lösung werden zu je 10 ccm Quecksilbersulfosalicylsäurelösung, die 0,05 bis 0,1 g Hydrochinon enthält, zugegeben und auf 50 bis 60° erwärmt. Es entsteht konzentriertes braunes Platinsol. Durch die im Beispiel 1 erwähnte Behandlung kommt man zu hochkonzentrierten, elektrolytfreien, stabilen Platinsolen.

Beispiel 3

1 bis 1,5 ccm 0,5%ige $AuCl_4H \cdot 4H_2O$-Lösung werden mit 5 bis 10 ccm destilliertem Wasser verdünnt und unter Erwärmen 1,5 bis 2 ccm 0,25%iger Phenylhydrazinsulfosäurelösung zugegeben.

Beispiel 4

Zu 5 ccm kolloider Seifenlösung (Natriumoleat) werden 1 bis 2 ccm 2%ige Formaldehydlösung und etwa 1 ccm 0,5%ige $AuCl_4H \cdot 4H_2O$-Lösung zugegeben. Zu 10 ccm Kaliumoleatlösung werden 0,1 ccm 0,5%ige $AuCl_4H \cdot 4H_2O$-Lösung zugegeben.

Die erhaltenen hochkonzentrierten, feinteiligen Edelmetallsole können für alle Zwecke, bei denen Sole benutzt werden, dienen. Besonders sind sie für folgende Zwecke geeignet: 1. Durch Eintrocknen des hochkonzentrierten Goldsols (in allen Farben) oder Platinsols auf sauberem Glas, glasiertem Porzellan u. dgl. entsteht ein schön gleichmäßiger, feinteiliger (in der Durchsicht aquamarinblauer) Goldspiegel, ohne daß ein Polieren notwendig wäre. 2. Man gewinnt feine Goldüberzüge auf Metallblech (Ag, Pt) einfach durch Eintrocknenlassen von konzentrierten Goldsolen auf der Oberfläche. Dadurch, daß man auf die eingetrocknete Schicht eine neue Menge Sol bringt, wieder eintrocknen läßt und so fort, kann man dickere Schichten erhalten. 3. Medizinisch kann das Goldsol z. B. zur Untersuchung mit liquor cerebrospinalis verwendet werden. 4. Zur Herstellung von Lüsterfarben für keramische Zwecke. 5. Platin- und Palladiumhydrosole eignen sich als Katalysatoren (insbesondere zur Aktivierung des Wasserstoffs) usw.

Patentanspruch:

Verfahren zur Darstellung von schutzkolloid- und elektrolytfreien, hochkonzentrierten und beständigen Metallsolen und zur Gewinnung der Metallkolloide in fester Form aus diesen kolloiden Lösungen, dadurch gekennzeichnet, daß man die Reduktion mit Hilfe bzw. in Gegenwart von sogenannten lyophilen Kolloidelektrolyten vornimmt und dann das Schutzkolloid und die Elektrolyte durch eine Dialyse völlig entfernt, worauf ein Eintrocknen stattfinden kann.

D. R. P. 388369, B. III, 1387, 430090, B. III, 1387.

Nr. 456188. (L. 60840.) Kl. 12n, 1.

DR. DR.-ING. h. c. RICHARD LORENZ IN FRANKFURT A. M. UND DR. HEINRICH HEINZ IN FLÖRSHEIM A. M.

Verfahren zur Herstellung von kolloidalen Metallsalzen.

Vom 30. Juli 1924. — Erteilt am 2. Febr. 1928. — Ausgegeben am 17. Febr. 1928. — Erloschen: 1928.

Es ist bekannt, daß man zur Herstellung kolloider Silbersalze zu einer kolloiden Silberhydroxydlösung Salze, die die gewünschte Säure enthalten, zugibt. So erhält man z. B. kolloides Silberchlorid, indem man einfach zu einer kolloiden Silberhydroxydlösung eine Chlornatriumlösung zugibt. Eine Verallgemeinerung dieses Verfahrens auf Metallsalze ist nicht ohne weiteres möglich, ohne daß Ausflockung des gewünschten Kolloides eintritt.

Es hat sich aber gezeigt, daß es gelingt, kolloide Lösungen von unlöslichen Metallsalzen herzustellen, wenn man von solchen Komponenten der zu erzeugenden Salze ausgeht, die sich bereits im kolloiden Zustande befinden, und hierbei in der Weise verfährt, daß man das kristalloide oder kolloide Reagens von anderen kolloiden Komponenten nur in dem Tempo adsorbieren läßt, wie die Reaktion verläuft. Das Reagens darf also nur in dem Maße zugegeben werden, wie die Reaktion vor sich geht. Dies bewirkt, daß die Konzentration an noch nicht adsorbiertem Kristalloid oder Kolloid während des ganzen Verlaufes der Umsetzung so niedrig als möglich gehalten wird. Auf diese Weise wird ein kolloides Reaktionsprodukt ohne jede Ausfällung erhalten; andernfalls kann das unlösliche Salz leicht ausflocken. Gießt man z. B. 50 ccm einer 2,4prozentigen H_3AsO_4-Lösung mit 90 ccm einer kolloiden CuO-Lösung von 1 Prozent Cu-Gehalt in einem Schuß zusammen, so flockt das Kolloid sofort aus. Gibt man dagegen die Arsensäurelösung zu der kolloiden Kupferoxydlösung nach und nach innerhalb 5 Minuten hinzu, so bildet sich eine rötlich-gelbe kolloide Lösung.

Auf die oben angegebene Weise gelingt es, kolloide Metallsalze herzustellen, die sich allgemein für chemische und technische Zwecke eignen und insbesondere wegen ihrer Reinheit zum Teil sehr gut für therapeutische Zwecke und wegen ihrer Haftfähigkeit besonders gut als Pflanzenschutzmittel und Desinfektionsmittel verwendbar sind, um so mehr, als sich durch deren Eindampfen zur Trockne vollkommen reversible feste Kolloide herstellen lassen.

1. Beispiel.

Zu 100 ccm kolloider Kupferhydroxydlösung von 0,97 Prozent Gehalt an $Cu(OH)_2$, z. B. hergestellt nach der Paalschen Lysalbinsäuremethode werden 100 ccm einer wäßrigen Arseniksäurelösung von 2 Prozent Gehalt an As_2O_3 nach und nach in geeignetem Tempo, für diesen Fall innerhalb etwa 30 Sekunden, zugesetzt, wobei das Ende der Reaktion sich durch einen Farbenumschlag, in diesem Falle von violett nach grün, kundgibt. Das entstehende Produkt ist eine kolloide Kupferarsenitlösung von ganz ausgezeichneter Stabilität und einem Gehalte von 1,39 Prozent an $CuAs_2O_4$.

2. Beispiel.

In 100 ccm kolloides Bleihydroxydsol von 0,4 Prozent Gehalt an $Pb(OH)_2$ wird ein Strom von Schwefelwasserstoffgas in dem Tempo eingeleitet, daß keine Ausflockung stattfindet, so z. B. 50 ccm H_2S-Gas (gemessen bei 760 mm Druck und 20° C) in der Minute. Das Ende der Reaktion kann in diesem Falle an einem bleibenden Schwefelwasserstoffgeruch der Lösung erkannt werden. Das Erzeugnis ist braungefärbtes kolloides Bleisulfid von sehr guter Beschaffenheit und einem Gehalte von 0,42 Prozent PbS.

3. Beispiel.

Zu 100 ccm kolloidem Calciumhydroxyd von 0,11 Prozent Gehalt an $Ca(OH)_2$ werden 5 ccm einer wäßrigen Ortho-Arsensäurelösung von 3 Prozent Gehalt an $As_2O_4H_3$ in dem durch die Adsorptionsgeschwindigkeit sich ergebenden Tempo, in diesem Falle etwa 60 Tropfen in der Minute, zugesetzt, wobei eine kolloide Lösung von Calciumarseniat gewonnen wird, die sich durch eine hervorragende und auffallend starke Opalescenz auszeichnet und einen Gehalt von 0,4 Prozent $Ca_3As_2O_8$ besitzt.

4. Beispiel.

In 50 ccm einer kolloiden As_2S_3-Lösung von 0,25 Prozent Gehalt an As_2S_3 gibt man nach und nach innerhalb etwa 1 Minute 25 ccm einer kolloiden Lösung von CuO mit einem Gehalt von 6,16 Prozent Cu. Es entsteht eine rote klare kolloide Lösung der entsprechenden Kupfer-Schwefel-Arsen-Verbindung.

5. Beispiel.

Zu einem Gemisch von 50 ccm kolloider CuO-Lösung mit 0,5 Prozent Cu-Gehalt und 50 ccm einer kolloiden Eisenhydroxydlösung von 1,5 Prozent Fe-Gehalt läßt man innerhalb 3 Minuten 350 ccm einer 1prozentigen As_2O_3-

Lösung zulaufen. Es entsteht eine kolloide Lösung von Eisen-Kupfer-Arsenit.

Es ist bereits bekannt, bei der Herstellung kolloidaler Lösungen auf chemischem Wege die Konzentration der kristalloiden Ausgangslösungen so zu wählen, daß während der ganzen Dauer der Reaktionen, die die Kolloidbildung hervorrufen, die Bildung eines Niederschlages verhütet wird.

Im Gegensatze hierzu handelt es sich bei dem vorstehenden Verfahren zunächst darum, daß nicht von kristalloiden, sondern kolloiden Lösungen ausgegangen wird, wobei die Konzentration an Kolloidteilchen an sich unwesentlich ist. Wesentlich ist vielmehr nur das Tempo des Einwirkenlassens eines Reagenses auf das Kolloid.

PATENTANSPRUCH:

Verfahren zur Herstellung von kolloiden Metallsalzen, dadurch gekennzeichnet, daß man eine oder mehrere der zur Herstellung des kolloiden Metallsalzes erforderlichen Komponenten bereits in kolloidem Zustande verwendet und die andere kristalloide oder kolloide Komponente (oder Komponenten) nur in dem Maße zusetzt, wie die Umsetzung in das herzustellende kolloide Metallsalz in den kolloiden Teilchen der ersten Komponente vor sich geht, worauf die erhaltenen Lösungen beispielsweise durch Eindampfen zur Trockne in feste, reversible Kolloide übergeführt werden können.

Nr. 485 051. (I. 30 102.) Kl. 12 g, 1.

I. G. FARBENINDUSTRIE AKT.-GES. IN FRANKFURT A. M.

Erfinder: Dr. Otto Schliephake und Dr. Otto K. Heusler in Mannheim.

Verfahren zur Gewinnung von leicht filtrierbaren und auswaschbaren kolloiden Niederschlägen.

Vom 25. Jan. 1927. — Erteilt am 10. Okt. 1929. — Ausgegeben am 25. Okt. 1929. — Erloschen: 1931.

Bei der Erzeugung mancher Niederschläge, wie z. B. Tonerdehydrat, Zinkoxydhydrat u. dgl., aus ihren Salzlösungen erhält man äußerst voluminöse Fällungen, die sich nur schwer filtrieren und auswaschen lassen.

Es wurde nun gefunden, daß man bei solchen Verfahren, die kolloide Niederschläge ergeben, durch den Zusatz von in Wasser wenig löslichen Teerölen oder deren Destillations- bzw. Umwandlungsprodukten in Mengen bis zu etwa 5 % des zu erhaltenden Niederschlags überraschenderweise eine bedeutende Oberflächenverkleinerung der ausgefällten Substanz erzielen kann, wodurch eine schnelle und in einfachen Apparaten durchführbare Filtration sowie ein leichtes und sehr vollkommenes Auswaschen gewährleistet wird.

Als Zusätze kommen z. B. Braun- und Steinkohlenteeröle, Tetrahydronaphthalin usw. in Betracht. Von diesen Substanzen genügen kleine Mengen, im allgemeinen schon einige Zehntel Prozent, bezogen auf den zu erhaltenden Niederschlag, die der zu fällenden Lösung oder der Lösung oder Aufschlämmung des Fällungsmittels zugefügt werden.

Beispiel 1

In einem Rührgefäß wird eine Lauge, die auf 500 kg Wasser 100 kg Aluminiumnitrat und 220 kg Calciumnitrat enthält, in der Siedehitze nach Zusatz von 1 kg Teeröl mit Kalkmilch gefällt und der Niederschlag alsdann auf einer Nutsche abgesaugt und ausgewaschen. Die Zeit für Filtration und Auswaschen beträgt 3,5 Stunden, während beim Arbeiten ohne Zusatz hierzu 10 Stunden benötigt werden. Der gewonnene Tonerdehydratniederschlag enthält mit Teerölzusatz noch 0,56 % N, ohne denselben 2,95 % N.

Beispiel 2

In der in Beispiel 1 angegebenen Apparatur wird eine 10prozentige Eisenchloridlauge nach einem Zusatz von 2 % Tetrahydronaphthalin, bezogen auf die Menge des zu erhaltenden Eisenhydroxyds, mit Kalkmilch heiß gefällt, der Niederschlag abgenutscht und ausgewaschen. Man braucht für Filtrieren und Auswaschen $1^3/_4$ Stunden, ohne Zusatz dagegen 24 Stunden.

PATENTANSPRUCH:

Verfahren zur Gewinnung von leicht filtrierbaren und auswaschbaren kolloiden Niederschlägen, dadurch gekennzeichnet, daß man der zu fällenden Salzlösung bzw. der Lösung oder Aufschlämmung des Fällungsmittels in Wasser wenig lösliche Teeröle oder deren Destillations- bzw. Umwandlungsprodukte in Mengen bis zu etwa 5 % des zu erhaltenden Niederschlags zumischt.

Nr. 478994. (L. 60787.) Kl. 12n, 1.

Dr. Richard Lorenz in Frankfurt a. M. und Dr. Heinrich Heinz in Flörsheim a. M.

Verfahren zur Darstellung kolloidlöslicher Metallhydroxyde.

Vom 23. Juli 1924. — Erteilt am 20. Juni 1929. — Ausgegeben am 8. Juli 1929. — Erloschen: 1929.

Bei den üblichen Methoden zur Herstellung kolloider Metallhydroxyde, beispielsweise durch elektrische Zerstäubung, Heißdialyse oder Peptisation (kolloides Inlösungbringen) der gefällten Hydroxyde mit Säuren oder Alkalilaugen, gelangt man erfahrungsgemäß nur zu verdünnten, unbeständigen und sehr elektrolytempfindlichen Solen dieser Stoffklasse. So hergestellte kolloide Lösungen von höherer Konzentration flocken nämlich, wie Untersuchungen ergeben haben, entweder sofort oder nach einiger Zeit aus.

Es hat sich nun aber gezeigt, daß es gelingt, konzentrierte kolloide Lösungen von Metallhydroxyden von großer Beständigkeit und Unempfindlichkeit gegen Elektrolyte direkt herzustellen, wenn man Metallsalze, die mit gewöhnlichen, also nicht gespaltenen Eiweißstoffen, wie Gelatine, Leim, Casein usw., unlösliche Verbindungen bilden, mit diesen Stoffen zusammenbringt, die dann als Schutzkolloide dienen und die Umsetzung der Verbindung in das Hydroxyd durch ätzendes oder kohlensaures Alkali in alkalischer Lösung, d. h. also bei Gegenwart eines Überschusses des reagierenden Alkalis, bewirkt.

Dieses kann praktisch dadurch erreicht werden, daß man entweder eine alkalische Lösung des Schutzkolloides mit dem Metallsalz, aus dem das Hydroxyd dargestellt werden soll, unter Vermeidung eines Überschusses an Metallsalz ausfällt und den entstandenen Niederschlag mit kohlensaurem oder ätzendem Alkali kolloidal in Lösung bringt (peptisiert) oder aber, indem man beide Operationen gleichzeitig durchführt, indem man die Metallsalzlösung und die Alkalilauge gleichzeitig in die alkalische Lösung des Schutzkolloides einlaufen läßt. Hierbei ist zu beachten, daß es für die Beständigkeit des unmittelbar erzeugten Sols von Bedeutung ist, wenn das Äquivalentverhältnis zwischen Metallsalz und Alkali 1:10 nicht überschreitet. Derartig hergestellte Hydroxydsole zeichnen sich auch in konzentriertem Zustande durch eine große Beständigkeit und Unempfindlichkeit gegen die Flockungswirkung von Elektrolyten aus. Sie lassen sich durch Eindampfen ohne besondere Vorsichtsmaßregeln konzentrieren und auf diesem Wege bis zur Trockne bringen. Der Eindampfrückstand löst sich dann in jedem Verhältnis spielend leicht wieder in Wasser unter Neubildung der ursprünglichen kolloiden Lösung auf. Diese Kolloide eignen sich wegen ihrer Reinheit zwar ebenfalls sehr gut für therapeutische Zwecke, sind aber wegen ihrer geringen Herstellungskosten auch sehr geeignet, in ganz großem Maßstabe für andere technische Zwecke Verwendung zu finden; so können sie z. B. wegen ihrer überraschend großen Haftfestigkeit auf Pflanzenteilen und anderen Unterlagen besonders gut als Pflanzenschutzmittel und Desinfektionsmittel dienen.

Das Verfahren erweist sich von besonderer Wichtigkeit und Anwendungsfähigkeit auf dem Gebiete der Darstellung von kolloiden wäßrigen Lösungen von Kupferhydroxyd.

1. Beispiel

100 ccm einer 10prozentigen Lösung von Casein in Natronlauge werden mit 35 ccm einer Kupfersulfatlösung von 5% Gehalt an $CuSO_4 \cdot 5\,H_2O$ ausgefällt. Der Niederschlag wird abfiltriert, ausgewaschen und mit 25 ccm einer 10prozentigen Natronlauge kolloid in Lösung gebracht (peptisiert).

An Stelle der Kupfersulfatlösung können z. B. auch 24 ccm einer 5prozentigen Silbernitratlösung oder 26 ccm einer 5prozentigen Bleinitratlösung oder auch 19 ccm einer 5prozentigen Lösung von Chlorzink verwendet werden.

2. Beispiel

In 100 ccm einer 10prozentigen Lösung von Casein in Natronlauge läßt man unter Rühren 100 ccm einer Kupfersulfatlösung, enthaltend 10% $CuSO_4 \cdot 5\,H_2O$, und 70 ccm einer 20prozentigen Natronlauge einlaufen. Die entstehende kolloide Lösung besitzt einen Gehalt von 1,4% $Cu(OH)_2$.

An Stelle der Kupfersulfatlösung können zum Beispiel auch Lösungen verwendet werden, die äquivalente Mengen Chlorcalcium, Ferrosulfat oder Nickelsulfat enthalten.

Es ist bekannt, daß man zur Herstellung kolloider Metallhydroxyde die Spaltprodukte von Eiweiß als Schutzkolloid verwendet. (Vgl. Svedberg »Herstellung kolloider Lösungen«, 1922, S. 327, Abs. 2.) Eine großtechnische Verwertung haben derartig hergestellte Lösungen nicht gefunden, da bekanntlich die Herstellung derartiger Spaltprodukte, wie z. B. Lysalbinsäure, Protalbuminsäure, schwierig und kostspielig ist. Außerdem haftet so hergestellten kolloiden Metallhydroxyden der Nachteil an, daß man sie nur unter bestimmten Vorsichtsmaßregeln (z. B. im Vakuum) zur Trockne eindampfen kann.

Patentansprüche:

1. Verfahren zur Darstellung kolloidlöslicher Metallhydroxyde, dadurch gekennzeichnet, daß man geeignete, als Schutzkolloid wirkende Eiweißstoffe, wie Leim, Gelatine, Casein u. dgl., aus den alkalischen Lösungen mit Metallsalzlösungen ausfällt, den Niederschlag mit ätzendem oder kohlensaurem Alkali kolloid in Lösung bringt (peptisiert) und eindampft.

2. Verfahren nach Anspruch 1, dadurch gekennzeichnet, daß man in die alkalische Lösung des Schutzkolloides Metallsalzlösungen und ätzendes oder kohlensaures Alkali in einem Äquivalentverhältnis von Metallsalz zu Alkali, das 1:10 nicht überschreitet, gleichzeitig einlaufen läßt und die erhaltene kolloide Lösung eindampft.

Herstellung von Mineralfarben.

Literatur:

Ullmann, *Enzyklopädie der technischen Chemie*, II. Aufl., Malerfarben von A. Eibner. Graphische Farben von R. Rübencamp. — G. Zerr und R. Rübencamp, *Handbuch der Farbenfabrikation*, Berlin 1930. — Wagner und Hoffmann, Vergleichende Untersuchungen über Substrat- und Verschnitt-farben, VDI-Verlag 1931. — A. Storey, Erdfarben und ihre verschiedenen Eigenschaften. *Chem. Age* **26,** 70. *Journ. Oil Colour Chemist' Assoc.* **15,** 33 (1932). — A. Foulon, Eisen-, Chrom-, und Bleipigmente, *Farbe und Lack* **1932,** 520, 549.

Bleifarben: A. van Lerberghe, Das Bleiweiß, *Ind. chim. Belge* [2] **2,** 339 (1931). — J. F. Sacher, Zur Elektrolytischen Herstellung von Bleiweiß, *Chem. Ztg.* **54,** 494 (1930) **55,** 189 (1931). — Über eine neue Entstehungsweise von basischem Bleicarbonat, *Z. angew. Chem.* **44,** 549 (1931). — A. I. Kogan, Gewinnung von Bleiweiß mit hoher Deckkraft, *Farben Ztg.* **36,** 826 (1931). *Journ. chem. Ind.* (russ.) **7,** 1365 (1930). — Anonym, Bleiweiß und Hygiene, *Brit. ind. Finishing* **2,** 98 (1931). — H. Wolff und R. Singer, Mennige-Frage, *Farben Ztg.* **33,** 1909 (1928). — C. P. van Hoek, Bleimennige-Probleme, *Farben Ztg.* **33,** 981 (1928). — K. Würth, Normen für nichtabsetzende Mennige, *Farben Ztg.* **33,** 1787 (1928). — A. V. Blom, Zur Mennigefrage, *Farben Ztg.* **36,** 1045 (1931). — Anonym, Rote Bleifarbe, *Chem. News* **142** 247 (1931). — Anonym, Chromgelb aus metallischem Blei, *Farben Chemiker* **3,** 55 (1932). — G. Draeger, Über die Verbesserung der anstrichtechnischen Eigenschaften bei Chromgelben, *Farbe und Lack* **1932,** 173, 185, 199. — R. C. Ernst und A. J. Snyder, Bleichromate, *Ind. engin. Chem.* **24,** 227 (1932). — R. Lange, Deckfähigkeit und Trockenvermögen von Blei- und Mischchromaten, *Farbe und Lack* **1932,** 221. — Werther, Nachdunkeln von Chromgelb, *Farbe und Lack* **1932,** 233.

Zinkweiß: E. Klumpp und H. Meier, Das Zinkweißproblem, *Farben Ztg.* **36,** 2120 (1931). — R. G. Daniels, Zinkweiß, *Oil Colour Trades Journ.* **73,** 179. — F. O. Case, Das bei der Anaconda modernisierte französische Verfahren zur Zinkoxydherstellung bei East Chicago, *Engin. Mining. Journ.* **198,** 326.

Lithopone: Anonym, Fünfzig Jahre Lithopone, *Farben Chemiker* **2,** 457 (1931). *Lithopone-Kontor,* „Welche Weißfarbe soll es sein?" (1931). — H. Hebberling, Fortschritte in der Lithoponeindustrie, *Chem. Techn. Rdsch.* **45,** 681 (1930). — Steinau, „Lithopone-Sulfopone", *Chem. Ztg.* **52,** 785 (1928). — Anonym, Über Eigenschaften der Lithopone, *Farbe und Lack* **1931,** 80.

Titanweiß: H. J. Braun, Fabrikation von Titanweiß, *Metallbörse* **21,** 507 (1931). — B. K. Brown, Titanfarbenproduktion im großen auf Grund eines alten Laboratoriumsverfahrens, *Chem. metallurg. Engin.* **35,** 427 (1928). — C. Lovati, Die Industrie des Titanoxyds, *Industria Chimica* **6,** 1119 (1931). — P. Bourgois, Die weißen Titanfarben, *Ind. chim. Belge* [2] **2,** 3 (1931). — W. Woodhall. Die Herstellung von Titanpigmenten, *Oil Colour Trades Journ.* **79,** 1609 (1931). — M. Doniger, Titanox-C in Farben, *Paint, Oil chem. Rev.* **91,** Nr. 15, 12 (1931). — O. Prager, Titanweiß, *Seifensieder Ztg.* **25,** 79 (1928).

Eisenfarben: H. Wagner, Zur Kenntnis der Terra di Siena, *Ztrbl. Mineral. Geol. Pal. Abt. A.* **1932,** 247. — Anonym, Verwendung von Nebenprodukten der Aluminium- und Schwefelsäurefabrikation zur Gewinnung von Farbpigmenten, *Peintures-Pigments-Vernis* **8,** 1427 (1931). — F. C. Berling, Eisenoxydpigmente, *Canadian Chem. Metallurgy* **15,** 16 (1931).

Verschiedene bunte Farben: J. H. Meyer, Aluminium-Druckfarben, *Amer. Ink. Maker* **9,** Nr. 7, 21, 37 (1931). — E. C. Hill, Chromgrünfarben, *Journ. Amer. ceramic Soc.* **15,** 378 (1932). — W. Ludwig, Erfahrungen bei der Zinkgelbherstellung, *Farbe und Lack* **1931,** 338, 348. — J. J. Fox, Zinkgelb (Zinkchromat), *Oil Colour Trades Journ.* **73,** 501 (1928). — F. W. Weber, Cadmiumgelbs und Cadmiumrots, *Drugs Oils Paints* **46,** 237 (1930). — J. Milbauer, Über Antimongelb, *Chem. Ztg.* **55,** 222 (1931). — W. Ludwig, Das Bremerblau ($Cu(OH)_2$) und seine Imitationen, *Farbe und Lack* **1932,** 485. — W. Kurikow, Berlinerblau, *Journ. chem. Ind. (russ.)* **7,** 2149 (1930). — K. Luschewski und H. Möller, Neue Beiträge zur Strukturforschung des Ultramarins, *Ber. D. chem. Ges.* **65,** 250 (1932). *Naturwiss.* **19,** 771 (1931). — F. M. Jaeger, Über die natürlichen und künstlichen Ultramarine, *Bull. Soc. Franc. Minéral* **53,** 183 (1930). — P. P. Budnikow, Einfluß der Glühtemperatur von Kaolin auf die Farbe von Ultramarin, *Chem. Journ. Ser. B. Journ. angew. Chem. (russ.)* **4,** 438 (1931). — E. Gruner, Die Darstellung von Ultramarin und ultramarinähnlichen Körpern aus wasserhaltigen Alkali-Aluminiumsilicaten durch Einwirkung von Sulfidlösungen, *Fortschritte der Min. Kryst. Petrographie* **16,** 73 (1931). — J. Hoffmann, Über das Verhalten der Ultramarine gegen Natriumjodazid, *Z. anorg. Chem.* **201,** 175 (1931).

Leuchtfarben: L. Vanino und S. Rothschild, Über die Verwendung von Leuchtfarben, *Chem. Ztg.* **55**, 477 (1931). — A. Wakenhut. Herstellung, Eigenschaften und Verwendung der modernen Leuchtfarben, *Farben-Chemiker* **2**, 454 (1931). — B. Rohde, Die technische Herstellung phosphorescierender Substanzen, *Chem. Ztg.* **54**, 369 (1930). — A. A. Guntz, Phosphoreszierende Stoffe. Gegenwärtiger Stand von Theorie und Praxis, *Chim. et Ind.* **27**, Sond. Nr. 3 bis. 458 (1932). — M. Curie und J. Saddy, Sulfidphosphore: Auslöschwirkung der Metalle der Eisengruppe, *Compt. rend.* **194**, 2040 (1932). — R. Coustal, Über die Phosphorescenz des Zinksulfides, *Journ. Chim. phys.* **28**, 345 (1931). — J. Einig, Eine neue Methode zur Darstellung von leuchtendem Zinksulfid, *Chem. Ztg.* **55**, 31, (1931). — Die Darstellung von leuchtendem Zinksulfid, *Chem. Ztg.* **56**, 185 (1932). — F. Prevet, Die Krystallstruktur von phosphoreszierendem Zinksulfid, *Journ. Chim. phys.* **28**, 470 (1931). — L. Vanino und F. Schmid, Rotleuchtende Erdalkaliphosphore, *Journ. prakt. Chem. N. F.* **121**, 374 (1929).

Ruß: H. Hadert. Moderne Rußherstellung, *Chem. Ztg.* **56**, 349, W. Esch, ebend. **56**, 453, 644 (1932). — W. Esch, Rationalisierte Gasrußgewinnung in Nordamerika, *Farben-Chemiker* **1930**, 55. — W. B. Wiegand, Bemerkungen über die Gasrußflamme, *Ind. engin. Chem.* **23**, 178 (1931). — C. H. Butcher, Eigenschaften und industrielle Anwendung von Gasruß, Lampenruß und Beinschwarz, *Chem. Trade Journ.* **87**, 399, 454, 501 (1930). — G. Reid, Entwicklung in der Ruß-Industrie, *Refiner and Natural. Gasoline Manufacturer* **10**, Nr. 3, 148. Nr. 4, 117 (1931). — W. B. Plummer und T. P. Keller, Gewinnung von Gassruß aus Propan, *Ind. engin. Chem.* **22**, 1209 (1930). — Wa. Ostwald, Ruß, *Feuerungstechnik* **20**, 129 (1932). — E. P. W. Kearsley, Das Prüfen von Gasruß, *Farben-Chemiker* **3**, 343 (1932).

Außerordentlich umfangreich ist in der Berichtszeit das Schrifttum über die Mineralfarben. Der Fortschritt in der Erkenntnis der physikalischen Eigenschaften die das Deck- und Färbevermögen der Pigmente bestimmen, die bessere Einsicht über die Bedingungen, von denen die Wetterbeständigkeit der Ölfarbanstriche abhängen, die Notwendigkeit das Beste mit Bindemitteln zu erzielen, die nach den alten bewährten Anschauungen nicht immer als erstklassig angesprochen werden können, die Anpassung an die Erfordernisse, die neue Bindemittel wie die Nitrolacke stellen, die gestiegenen Ansprüche an die Weiße der farblosen Pigmente, an die Leuchtkraft der bunten und nicht zuletzt der unerbittliche technische Fortschritt und Konkurrenzkampf, der neu entfacht wurde, so z. B. durch die Entwicklung die das Titanweiß genommen hat, oder durch die hygienische Forderung das Bleiweiß mit seinen zum Teil hervorragenden Eigenschaften zu ersetzen, sind alle zusammen die Triebfedern gewesen, die diese Fülle neuer Patente gezeitigt haben.

Die wissenschaftliche Bearbeitung der hierhergehörigen recht zahlreichen und verwickelten Probleme ist außergewöhnlich rege gewesen. Während und unmittelbar nach der Kriegszeit waren hierin naturgemäß die Vereinigten Staaten führend. Die Bedeutung der zu lösenden Aufgaben ist aber sehr bald allgemein erkannt worden und man hat überall versucht das Versäumte nachzuholen.

I. Weiße Farben. Bleifarben. Die Verwendung des Bleiweißes geht immer mehr zurück, obwohl es als Pigment für Ölanstrichfarben unbestritten einige wertvolle Eigenschaften besitzt, in denen es sich von den anderen weißen Pigmenten unterscheidet. Die Ablehnung des Bleiweißes ist nur wegen seiner Giftigkeit gerechtfertigt. Es ist daher auffallend, das immer noch Patente genommen werden über Verfahren zur Herstellung weißer Bleifarben[1]). In der Berichtszeit sind besonders im Ausland Verfahren zur elektrolytischen Herstellung von Bleiweiß[2]) und verschiedene Verfahren zur Gewinnung von basischen Bleisulfaten[3]) bearbeitet worden.

---

[1]) E. P. 311986, Metallbank und Metallurgische Ges., Bleiweiß aus $PbCl_2$ mit Alkali und Soda.

Russ. P. 4582, D. J. Lissowski und A. A. Ssinzow. Apparat zur Herstellung von Fällungsbleiweiß.

A. P. 1551536, A. G. Campbell, Bleiweiß aus sulfidischem Erz durch Behandeln mit Cl_2 bei 400—500°, Lösen in Alkalichloridlösung und Fällen mit Alkali und CO_2.

[2]) Aust. P. 29006/1930, J. und J. P. Byrne, W. M. und B. A. Billings, in einer $KHCO_3$-Lösung.

A. P. 1845713, Anaconda Lead Products Co., mit einem Bicarbonat- Na-Acetat-Elektrolyten.

E. P. 314987, R. J. Frost, mit Pb-Elektroden und Na-Bicarbonat als Elektrolyten, Stromrichtung wird intermittierend geändert. (Anm. 3 siehe nächste Seite).

Zinkfarben. Die Beschäftigung mit dem **Zinkweiß** ist ganz außerordentlich groß gewesen. Das dürfte auf mehrere Gründe zurückzuführen sein Einmal begünstigt der Rückgang an Bleiweiß den Absatz von Zinkweiß insbesondere deshalb, weil man erkannt hat, daß Ölanstrichfarben eine gewisse Menge eines basischen Pigmentes bedürfen, um die beste Wetterbeständigkeit zu erreichen. Diesen basischen Anteilen der Pigmente fällt die Aufgabe zu, die hochmolekularen sauren Oxydationsprodukte der Öle abzusättigen, denn die freien Säuren haben die verderbliche Eigenschaft die Hydrolyse des Linoxynfilmes zu beschleunigen. Deshalb haben alle Titanweißpigmente einen gewissen Gehalt an Zinkoxyd. Weiterhin besitzt das Zinkoxyd und die aus ihm im Film entstehenden Zinksalze organischer Säuren die Fähigkeit auf Pilze, die den Anstrich sehr stark zerstören können, giftig zu wirken.

Die Lithopone kann im Außenanstrich das Zinkweiß nicht ersetzen, da das Zinksulfid nicht die erforderlichen basischen Eigenschaften besitzt und da es unter dem Einfluß von Licht und Nässe zu Zinksulfat oxydiert wird, welches die Haltbarkeit der Ölanstriche beeinträchtigt.

Dann haben die neueren Erkenntnisse über die Korngröße der Pigmente und über ihren Einfluß auf die Anstrichfarben und z. B. auf die Eigenschaften des Gummis, wenn sie als Füllmittel angewandt werden, das Bestreben gezeitigt, möglichst feinverteilte Pigmente von gleichmäßiger Korngröße zu erzielen. Auch sind die Anforderungen in Bezug auf Helligkeit und Weiße der Pigmente nicht unbeträchtlich gestiegen.

Von den Patenten zur Herstellung von Zinkoxyd sind als erste, die Verfahren zur Verbrennung von metallischem Zink zu Zinkoxyd in der Übersicht angeführt worden. Abgesehen von den verschiedenen Ausgangsstoffen, die verarbeitet werden, Erze, Metall, Legierungen, die den grundsätzlich anzuwendenden Prozeß bestimmen, wird besonders in den ausländischen Patenten eine Vielzahl von Abwandlungen des Hauptverfahrens unter Schutz gestellt, so z. B. für die Herstellung des Zinkoxyds durch Verbrennen des Metalls oder seiner Legierungen [1]). Hervorzuheben unter diesen wäre der Versuch die Verbrennungswärme tunlichst für die Verdampfung des Zinks auszunutzen [2]). Die anderen Einzelheiten müssen in den Patenten selbst nachgesehen werden.

---

[3]) A. P. 1874358, National Lead Co., Bleisulfatpigment aus Pb und S umgesetzt um 200°, Produkt wird verflüchtigt und oxydiert.

F. P. 701661, Empun Toryo Kabushiki Kaisha, aus suspendiertem PbO mit SO_2 und Luft in der Wärme.

A. P. 1555520, Eagle-Picher Lead Co., sulfidisches Erz wird erhitzt und die Dämpfe mit denen, die man bei der Einwirkung von versprühtem Pb auf heiße SO_2 Gase erhält vereinigt.

[1]) F. P. 660471, A. Folliet und N. Sainderichen, Verbrennen von geschmolzenem Zn durch Überleiten von Luft.

F. P. 709649, Zinkhütte Neu-Erlaa, Oxydation der Zinkdämpfe mit Luft unter Unterdruck.

F. P. 709648, Zinkhütte Neu-Erlaa, parallel geschaltete Apparategruppen.

A. P. 1842287, H. Reinhard, aus Zn-Dämpfen gegen die eine reduzierende Flamme brennt.

A. P. 1670169, New Jersey Zink Co., Oxydation von Zinkdampf gewonnen durch reduzierendes Erhitzen Zn-haltiger Stoffe.

E. P. 362297, V. Szidon, aus Zinkrückständen durch oxydierende Destillation.

F. P. 725751, L. Leibosis, aus Rückständen durch Waschen, Trocknen, Reduzieren und Destillieren.

F. P. 724273, E. Feuer und P. Kemp, aus Zn-Dämpfen, die erst O_2-frei durch geschmolzenes Zink geleitet werden.

A. P. 1781702, F. E. Pierce, Zinkerze im Flammofen geschmolzen.

A. P. 1838359, 1877122, aus $ZnSO_4$ durch Reduktion mit C, das rohe ZnO wird dann zu Zn reduziert, destilliert und der Dampf oxydiert.

A. P. 1838359, F. A. Brinker, durch verstäuben einer Zinksalzlösung in reduzierender Atm. und oxydieren des gebildeten Zn.

A. P. 1851130, Federated Metals Corp., aus unreinen $ZnCl_2$haltigen Abfällen durch Erhitzen im Luftstrom von 100—750°.

F. P. 697766, Manufact. de Prod. Chim. de Jouyen-Josas, aus Zn-Acetat.

[2]) Ung. P. 88995, C. R. Beringer, kontinuierliche Herstellung aus Metall und Legierungen durch Verbrennung in mehreren hintereinander geschalteten Bädern unter Ausnutzung der Verbrennungswärme.

F. P. 693947, Comp. Franc. de Transformation Métallurgique, Ausnutzung der Verbrennungswärme für die Zn-Destillation.

Der zweite Weg geht über einen Naßprozeß: der Fällung des Hydroxydes oder eines neutralen oder basischen Carbonates des Zinks. Man kommt zu einem sehr feinverteilten Zinkoxyd, wenn man das Trocknen und Glühen unter besonders milden Bedingungen durchführt. (D. R. P. 481284)[1]).

Auch die Herstellung des **Zinksulfides**[2]) kann durch einen direkten thermischen Prozeß durchgeführt werden, so z. B. durch Abdestillieren von ZnS aus den Erzen oder anderen geeigneten Rohstoffen; sie kann aber ebenfalls auf nassem Wege erfolgen. Die besonderen Bedingungen, die einzuhalten sind um zu einem phosphoresierendem Zinksulfid zu gelangen, sind in Patenten und in Arbeiten beschrieben, die im Unterabschnitt „Leuchtfarben" zusammengestellt worden sind.

Bei der **Lithopone**[3]) stand in der Berichtszeit immer noch im Vordergrund des Interesses die Frage, die Lithopone lichtechter zu machen. Die Verfahren gehen wie schon früher zwei Wege, einmal wird versucht durch gewisse Zusätze die Lichtempfindlichkeit herunterzusetzen[4]), oder durch die Innehaltung bestimmter physikalischer und chemischer Bedingungen beim Herstellungsprozeß der Lithopone[5]).

---

[1]) E. P. 354794, F. P. 695523, I. G. Farbenindustrie, Zn-Oxydhydratpigmente durch Fällen von $ZnCl_2$-Lösung mit Alkali- oder Erdalkali-hydroxyden.

E. P. 337792, I. G. Farbenindustrie, feinverteiltes ZnO aus $ZnCO_3$ das bei niederen Konzentrationen gefällt wurde.

F. P. 603259, P. J. B. A. Broutin, Zinkweiß aus Zn-Asche gelöst in NH_3 und durch Heißhydrolyse gefällt.

E. P. 287186, S. C. Smith, Zinksalzlösungen werden mit NH_3 und CO_2 gefällt und der Niederschlag durch Erhitzen auf ZnO verarbeitet.

Schwz. P. 152603, E. P. 347849, I. G. Farbenindustrie, Gewinnung von reinem ZnO aus Zinkhydrosulfitlösungen.

F. P. 690708, I. G. Farbenindustrie, hochwertiges ZnO oder $Zn(OH)_2$, die nicht über 500° getrocknet wurden.

[2]) A. P. 1758741, Earl C. Gaskill, aus roher Zinkblende durch Erhitzen und Vernebeln.

A. P. 1849453, Earl C. Gaskill, aus ZnO und S bei 700° unter Luftausschluß.

E. P. 347799, F. P. 691826, St. Joseph Lead Co., kristallines ZnS durch Verdampfen von rohem Sulfid.

A. P. 1838857, Lafayette M. Hughes, Schwefelzinkerze werden in wäßriger Suspension mit Cl_2 behandelt und die Zn-Lösung auf ZnS verarbeitet.

F. P. 694290, Comp. des Mines, Forges et Aciéries de Vitkovice und A. Andziol, aus Zinksalzlösungen fällt man erst Verunreinigungen mit H_2S-haltigen Koksofengasen, dann das ZnS mit H_2S aus FeS.

A. P. 1835482, New Jersey Zinc Co., von gleichmäßiger Körnung durch kontinuierliches Zuführen von BaS und $ZnCl_2$-Lösung zu einer konstant gehaltenen ZnS-Suspension.

[3]) A. P. 1817183, New Jersey Zinc Co., $ZnSO_4$-Lösung von 40—50 Bé wird mit BaS bei 75—80° gefällt.

A. P. 1780559, Grasselli Chemical Co., der ZnS Gehalt der Lithopone wird vermindert durch wiederholte Zwischenbehandlung des Produktes mit Säure.

A. P. 1822911, Krebs Pigment & Color Corp., „Superlithopone" aus $ZnSO_4$ — mit Bariumsulfhydrat-lösung und ZnO.

A. P. 1856671, Krebs Pigment & Color Corp., mit hohem Gehalt an ZnS durch Fällen von $ZnSO_4$-Lösung mit $Ba(SH)_2$ und Neutralisieren mit Soda.

Russ. P. 13782, G. M. Nemirowski und K. M. Goldberg, Man fällt $ZnSO_4$ mit H_2S in Gegenwart von Kreide (Sulfopon).

[4]) F. P. 659210, Soc. ind. des Produits Barytiques, Lithopone wird mit einer unlöslichen Co-Verb. stabilisiert.

A. P. 1826153, Krebs Pigment & Color Corp., Lichtbeständige Lithopone durch Zusatz vor der Calcinierung von kleinen Mengen V-, W-, Cr-, oder U-Verbindungen.

A. P. 1818190, Grasselli Chemical Co., man fällt auf calcinierter Lithopone ein basisches Zn-Salz aus.

A. P. 1832355, Krebs Pigment & Color Corp., Rohlithopone wird mit basischem Mg-Carbonat gemischt und geglüht.

E. P. 370121, Union Chim. Belge, Lichtechtes Produkt durch Behandlung des calcinierten Produktes mit H_3PO_4.

[5]) A P. 1759116, New Jersey Zinc. Co., Beeinflussung ihrer Eigenschaften durch besondere Fällungsverhältnisse. (Fortsetzung siehe nächste Seite).

Titanweiß. In der Berichtszeit ist eine wahre Flut von Patenten zur Herstellung des Titanweißes und der aus ihm hergestellten Pigmenten in die Welt gesetzt worden. Von den ausländischen kann nur eine Auswahl angeführt werden, wobei zu berücksichtigen ist, daß die den D. R. P. entsprechenden bei diesen vermerkt wurden. In der Übersicht ist versucht worden, die Patente nach dem Gang des Verfahrens zu ordnen. Das wichtigste Verfahren ist und bleibt der Aufschluß des Ilmenites mit Schwefelsäure. Die neu vorgeschlagenen Varianten des technisch hauptsächlich in seiner einfachsten Form durchgeführten Aufschlusses haben keine größere Bedeutung[1]). Beim Lösen des Aufschlusses ist der Schlamm abzutrennen, das gelöste Eisen zu Forrosulfat zu reduzieren und dieses gegebenenfalls durch Kristallisation abzuscheiden[2]). Die größere Zahl der D. R. P. über die Hydrolyse läßt erkennen, daß dieser Teil des Prozesses um ein einwandfreies Produkt zu erhalten, mit gewissen Schwierigkeiten behaftet ist. Die ganz verschiedenartigen Vorschläge für den Fällungsprozeß, Arbeitsweise (D. R. P. 496257), Zusatz schon gefällten Titandioxydes (D. R. P. 540863, 542334), Regelung der Konzentration an dreiwertigem Titan (D. R. P. 549407), besondere Zusätze (D. R. P. 495738, 554769, 542007, 542541) sprechen dafür, daß einmal die Beschleunigung der Hydrolyse[3]) in gewissen Fällen erwünscht ist, andererseits aber die Weiße des TiO_2 verbessert werden soll.

Das TiO_2 wird aber nicht nur in reiner Form, sondern auch auf Trägersubstanzen abgeschieden[4]), ein Verfahren, das in Amerika zuerst ausgebildet worden ist. Die Erfinder versprachen sich die Erzielung eines höheren Deckvermögens, bezogen auf das gleiche Gewicht an TiO_2. Daß der Glühprozeß einen besonderen Einfluß auf die Güte des Produktes hat, ist bekannt[5]).

A. P. 1826131, 1826132, Krebs Pigment & Color Corp., Aufschlämmung der calcinierten Lithopone wird mit Wasserglaslösung versetzt und fraktioniert absitzen lassen.

A. P. 1722174, Grasselli Chemical Co., Lithopone dispergieren durch Zusatz von Seife.

A. P. 1822933, Krebs Pigment & Color Corp., Lithoponeschlamm wird auf p_H 8,8 neutralisiert um Apparaturkorrosionen zu vermeiden.

Russ. P. 23505, I. A. Rossel und S. G. Frankfurt, Schwerspat wird zur Lithoponeherstellung unter Zusatz von Alkalisulfaten zu Sulfid reduziert.

[1]) A. P. 1695270, Titanium Pigment Co., mit H_2SO_4 und Alkalisulfaten.

F. P. 676281, Soc. Minière „La Barytine", mit H_2SO_4 in Gegenwart eines Fluorids.

[2]) A. P. 1707248, Commercial Pigments Corp., Aufschluß von Titaneisenerzen mit H_2SO_4, Auskristallisieren von $FeSO_4 \cdot 7\,H_2O$ bei 5° und Hydrolysieren.

[3]) F. P. 726177, Titan Co., Hydrolyse säurearmer Ti-Lösungen unter Zusatz kleiner Mengen säurebindender Stoffe.

E. P. 310949, J. Blumenfeld, Titanhydroxyd durch Hydrolyse bei 70—80° von abgestumpften Lösungen.

A. P. 1795467, Commercial Pigments Corp., Hydrolyse einer 100° heißen konzentrierten Ti-sulfatlösung durch Einfließenlassen in heißes Wasser.

A. P. 1851487, Krebs Pigment and Color Corp., Hydrolyse von Titansulfatlösung unter Zusatz von kolloidem TiO_2.

A. P. 1795361, O. T. Coffelt, Fällen von reduzierten Ti-sulfatlösungen mit Ammoniumsalzen.

E. P. 290684, P. Spence & Sons und S. F. W. Crundall, aus bas. Titanphosphaten mittels Alkalien.

[4]) Aust. P. 511/1931, E. P. 346116, I. G. Farbenindustrie, Ausfällen von TiO_2 aus Sulfatlösungen durch Ausfällen von schwerlöslichen Sulfaten mittels z. B. Erdalkalicarbonaten.

A. P. 1876088, National Metal and Chemical Bank, TiO_2-Pigment man setzt zu einer $Ti(SO_4)_2$-Lösung $BaCl_2$ bei 35—40°.

E. P. 299835, F. G. C. Stephens, L. J. Anderson und W. A. Cash, Umsetzen von Titansulfatlösungen mit $BaCl_2$ und hydrolysieren.

F. P. 721646, Titanium Pigment Co., Hydrolyse saurer Lösungen in Gegenwart von $CaSO_4$ und Titanoxydhydrate.

A. P. 1748429, F. P. 672175, National Metal and Chemical Bank, Hydrolyse von Ti-Salzen in Gegenwart von SiO_2-kolloiden.

[5]) F. P. 722035, Titanium Pigment Co., Calcinieren von TiO_2 in Gegenwart kleiner Mengen Na_2SO_4.

E. P. 360436, J. Blumenfeld, Neutralisieren von TiO_2 das aus H_2SO_4-Lösung gefällt wurde, Abfiltrieren und ohne Waschung glühen.

Die anderen Darstellungsverfahren haben eine untergeordnete Bedeutung. Da wären zunächst einmal die Versuche zu nennen um auch den Rutil sauer aufzuschließen[1]). Dann die Verfahren um die Titaneisenerze reduzierend zu brennen[2]), um aus dem Eisenoxyden der Erze Metall zu bekommen, das sich dann zum größten Teil, sei es elektromagnetisch oder durch verdünnte Säuren leicht entfernen läßt; dann sind zu erwähnen die alkalischen Aufschlußverfahren, die besonders auch beim Rutil anwendbar sind[3]), und endlich die Verfahren die über das Titannitrid[4]) gehen oder über das Titantetrachlorid[5]). Die Darstellung des letzteren ist im Abschnitt „Titanverbindungen" besprochen worden, wo auch die allgemeineren Verfahren zum Aufschluß und zur Darstellung von Titanverbindungen nachzusehen sind.

Das TiO_2 wird als Pigment nicht in reinem Zustande verwendet, es sei denn für ganz spezielle Zwecke so zum Weißfärben von Gummiwaren oder für Nitrolacke. Sein hauptsächlichstes Anwendungsgebiet sind aber die weißen Ölanstrichfarben. Es wäre eine Verschwendung an Deckvermögen, wollte man es rein anwenden. Man verdünnt es daher mit $BaSO_4$, weniger zweckmäßig ist das Strecken mit $CaSO_4$. Außerdem erhält es den Zusatz eines basischen Pigmentes (s. Seite 3259)[6]), von welchen dem Zinkoxyd der unbedingte Vorzug zu geben ist. Aus diesen Gründen werden auch die Erdalkalititanate[7])

---

1) A. P. 1695341, R. H. Monk, Aufschluß von gereinigtem Rutil mit H_2SO_4 und Alkalisulfate.

2) A. P. 1845342, Vanadium Corp. of America, Verflüchtigen von Fe aus TiO_2-haltigen Stoffen mit chlorierenden Gasen ohne Reduktionsmittel bei hohen Temperaturen.

F. P. 698516, A. Folliet und N. Sainderichin, Titanweiß aus Erzen durch Rösten,

A. P. 1699173, C. R. Whittemore, Erz wird reduzierend zu Fe geröstet, magnetische Trennung, dann Aufarbeitung mit Säuren.

F. P. 684889, E. Urbain, Aufschluß von Ilmenit mit Phosphorit und C zu Ca-Titanat und Ferrophosphor.

3) F. P. 663068, M. Jacmart, L. Pellereau und G. Le Bris, Aufschluß durch Schmelzen mit Soda und CaF_2 und Lösen mit H_2SO_4.

F. P. 690348, L. Pellereau, M. Jacmart und G. Le Bris, Ilmenit wird mit Soda und C im Drehrohr aufgeschlossen, die Masse abgeschreckt, alkalisch ausgelaugt, das Fe mit verd. Säure gelöst dann mit konz. H_2SO_4 aufgeschlossen und hydrolysiert.

A. P. 1728296, Maryland Pigments Corp., aus SiO_2-haltigen Erzen erst Aufschluß mit Säuren, dann mit Alkalien.

A. P. 1793501, S. J. Lubowsky, E. P. 351841, F. P. 702642, Metal & Thermit Corp., Aufschluß von Rutil mit MgO Lösen mit Säure, Abscheiden von Bittersalz und Hydrolyse von TiO_2.

E. P. 339608, Imperial Chemical Industries, aus Ilmenit durch Elektrolyse in alkalischer Suspension bei 90—120° unter einem Druck von 20 atm. H_2, das Fe wird metallisch abgeschieden.

4) Russ. P. 16659, I. E. Schihutzki, Aufschluß von Ilmenit mit $BaSO_4$, $CaCl_2$ und Kohle im N_2-Strom durch Schmelzen, Auslaugen und Behandeln mit verdünnten Säuren.

A. P. 1853829, Titania Corp., Lösen von Titannitrid mit Säuren.

A. P. 1828710, Titania Corp., Einwirkung von H_2SO_4 und Alkalinitraten auf TiN_2 in Gegenwart von Phosphationen.

5) F. P. 710732, M. A. Minot, aus $TiCl_4$ in der Hitze mit Gasen die aus H_2S und CO_2 bestehen.

E. P. 358492, F. P. 671106, J. Blumenfeld, TiO_2 aus $TiCl_4$ mit H_2O-Dampf bei 300—400°.

6) Can. P. 294792, Titanium Ltd., TiO_2 Pigment mit $BaSO_4$ hergestellt aus einer Lösung von Bariumphosphat in H_3PO_4 durch Fällen mittels SO_4-Ionen.

A. P. 1836275, Krebs Pigment & Color Corp., Ti-Pigment aus TiO_2-Suspension durch Umsetzen mit BaS und $ZnSO_4$.

A. P. 1864504, Krebs Pigment and Color Corp., Pigment aus TiO_2 mit 75—95% $ZnCO_3$

F. P. 732219, Titanium Pigment Co., TiO_2 Pigment mit ZnO und basischem Bleicarbonat.

A. P. 1778975, Sherwin-Williams Co., TiO_2-ZnO-Pb-Pigmente.

F. P. 709953, Titanium Pigment Co., Man fällt ZnS auf suspendiertes TiO_2 mit H_2S aus.

7) Austr. P. 13909/1928, W. J. Davis, Erdalkalititanate aus Titanoxydhydrat mit Erdalkalicarbonat und einem Chlorid.

F. P. 613492, P. A. Zuber und M. Billy, Erdalkalititanate Darstellung aus TiO_2, den Erdalkalicarbonaten in Gegenwart der Chloride um 1100°.

A. P. 1760513, E. P. 345668, F. P. 655399, R. Hill Monk und L. Firing, Erdalkalititanate aus $Ti(OH)_4$ durch Glühen mit Erdalkalicarbonaten in Gegenwart der Chloride.

als Pigmente empfohlen. Zum Schluß kommen allerhand Verfahren, so zum Nachbehandeln und Reinigen des TiO_2 und die Darstellung anderer Titanverbindungen und Pigmente[1]).

In den, dieser fünfjährigen Berichtszeit folgenden Jahren sind noch recht viele Patente über das Titanoxyd erschienen. Es soll deren Besprechung abgewartet werden, um einen geschlossenen Überblick über die ganzen in den Patenten sich offenbarenden Probleme der Herstellung von Titanweiß zu geben.

Bariumsulfat. Der natürliche Schwerspat muß, um sich für die meisten Verwendungsgebiete als weißes Pigment zu eignen, nicht nur einer sehr sorgfältigen Mahlung und Sichtung unterworfen werden, sondern auch eine chemische Vorreinigung durchmachen[2]). Von den verschiedenen in der Übersicht zu findenden Vorschlägen ist chemisch interessant das Verfahren von T. Lichtenberger und L. Kaiser, die den Schwerspat in geschmolzenen Salzen lösen, die Schmelze durch verschiedene Verfahren reinigen und scheiden, um dann durch Granulieren der Schmelzen und Auslaugen mit Wasser ein reines $BaSO_4$ zu gewinnen.

Die anderen Weißpigmente haben keine allgemeinere Bedeutung, die Antimonoxyde dienen, wie bekannt, als Trübungsmittel in der Emaillindustrie. Es sind weiter noch einige ausländische Patente angeführt, die Verfahren zum Reinigen von $CaCO_3$ und $CaSO_4$ zu Pigmentzwecken beschreiben[3]).

---

1) A. P. 1 846 188, Krebs Pigment and Color Corp., Reinigen von TiO_2 mittels Salze der Chlorsauerstoffsäuren und HCl.

E. P. 354 799, Soc. de Produits Chim. des Terres Rares, ölsparendes TiO_2 durch Mahlen in mörserähnlichen Vorrichtungen.

A. P. 1 797 760, Commercial Pigments Corp., Peptisieren von gefälltem TiO_2 mittels NH_3-Lösungen.

F. P. 690 349, L. Pellereau und G. Le Bris, Titanmennige, Ilmenit wird mit Soda calciniert und mit Säure und H_2O ausgelaugt.

A. P. 1 832 666, Krebs Pigment & Color Corp., Ti-haltige Pigmente durch Neutralisieren und Verarbeiten der Schlammrückstände der Aufarbeitung von Ti-Erzen mit H_2SO_4.

E. P. 290 683, P. Spence & Sons und S. F. W. Crundall, Titanphosphat aus Titansulfatlösungen mit H_3PO_4.

E. P. 378 906, Peter Spence & Sons Ltd. und S. F. W. Crundall, Basische Titanoxalate.

2) A. P. 1 633 347, W. J. O'Brien, Reinigen von Baryt durch Lösen in rauchender Schwefelsäure und Wiederausfällen.

E. P. 345 186, Metallgesellschaft, Reinigen von Baryt; erst oxydierendes Brennen auf über 1000° und dann behandeln mit HCl.

E. P. 376 080, Metallgesellschaft und M. Schiechel, Entfärben von Schwerspat durch oxydierendes Erhitzen um 1100—1200° unter Zusatz von Stoffen wie Na_2SO_4, KNO_3, ZnO.

A. P. 1 783 778, C. P. de Lore, Reinigung von Baryt mit H_2SO_4 und SO_2 oder anderen Reduktionsmitteln.

F. P. 660 966, P. Goubin, Reinigung von $BaSO_4$ mit HCl um 80°.

F. P. 29 154, Zus. zu F. P. 572 937, A. L. A. Teillard, Reinigen von Baryt mit NaCl und H_2SO_4

Russ. P. 11 232, W. S. Sirokomski, Entfärben von Schwerspat mit HCl und NaCl und Nachbehandeln mit H_3PO_4.

Russ. P. 15 081, W. A. Skworzow, Reinigen von Schwerspat mit NH_3 und HCl-Lösungen zur Entfernung des As. Anwendung des $BaSO_4$ für medizinische Röntgenuntersuchungen.

A. P. 1 722 244, H. V. Farr, Raffination von $BaSO_4$ durch Erhitzen mit einem komplexsalzbildenden Erdalkalisalz.

F. P. 716 704, I. G. Farbenindustrie, Ausziehen von $FeCl_3$ aus Schwerspat mittels wasserfreier Aldehyde, Äther, Ketone.

A. P. 1 662 633, 1 662 634, New Jersey Zink Co., mit Wasserglas gemahlener Schwerspat wird unter Zusatz von Flotierungsmittel konzentriert.

3) A. P. 1 783 417, Swann Research Inc., weißes, wasserfreies $CaSO_4$ durch Erhitzen auf 600° mit Ca-Phosphat.

F. P. 663 475, Soc. Lambert Frères et Cie., Veredlen von Gips mittels Wasserdampf.

F. P. 684 797, J. Vedel, Veredeln von $CaCO_3$ durch Behandeln mit einer Al-Acetatlösung.

A. P. 1 872 891, Pure Calcium Products Co., gefälltes $CaCO_3$ wird in einer Kugelmühle behandelt bis das Ölabsorptionsvermögen auf die Hälfte gesunken ist.

A. P. 1 862 176, Pure Calcium Products Co., Beseitigung von $Ca(OH)_2$ und Na_2CO_3 aus gefällter Schlämmkreide durch Nachbehandeln mit einer $CaCl_2$-Lösung.

II. Bunte Farben. Über die Verfahren zur Herstellung von **Mennige** ist nichts, was allgemeineres Interesse beanspruchen könnte, zu sagen. Für die Herstellung der reinen **Eisenoxydfarben**[1]) ist immer noch das Ferrosulfat, das in der Industrie verschiedentlich abfällt, der wichtigste Rohstoff. Neben den Eisenbeizlaugen fällt Eisenvitriol in großen Mengen neuerdings bei der Titanweißfabrikation ab. Die D.R.P. der Berichtszeit beschäftigen sich mit der Herstellung von Eisenoxydpigmenten aus verschiedenartigen Ausgangsstoffen.

Es fällt eine Gruppe von fünf Patenten (D.R.P. 499171 u. ff.) auf, die die Überführung von niederen Eisenoxyden insbesondere Fe_3O_4 in Eisenoxydpigmente durch verschiedenartig durchgeführte Oxydationen zum Gegenstand haben. Zur Verbesserung der Pigmenteigenschaften des Eisenoxydes wendet das D.R.P. 501109 das Erhitzen mit Borsäurelösungen an, während das D.R.P. 541768 ein eisenglimmer-artiges Fe_2O_3 durch Erhitzen unter Druck mit Natronlauge erzielt.

Weitere Patente betreffen die Herstellung von gelben, oder ockerartigen Mischpigmenten, insbesondere bei den ausländischen Patenten sind mehrere zu finden, die Verfahren beschreiben, um aus allerhand eisenhaltigen Rohstoffen gelbbraune bis braune Pigmente zu gewinnen[2]).

Zur Herstellung von **Chromoxydgrün** geht man von den Chromaten aus und reduziert diese. In einer Reihe von Patenten der I. G. Farbenindustrie wird die Reduktion mittels verschiedener organischer Stoffe unter Druck durchgeführt. Interessant ist der Vorschlag, die Reduktion mit CO durchzuführen, und gleichzeitig aus dem freiwerdenden Alkali mit dem überschüssigen CO als Nebenprodukt Formiat zu gewinnen.

Über **sulfidische Farben** liegen nur zwei D.R.P. vor, das eine über Antimonsulfid (D.R.P. 492686), das andere über Mischkristalle von Cadmiumsulfid oder -Sulfid-Selenid mit den entsprechenden Manganverbindungen.

Mischkristallfarben. Von der I. G. Farbenindustrie sind einige Patente angemeldet worden, deren gemeinsames Kennzeichen das ist, daß sie verschiedenartige Mischkristalle als Pigmente vorschlagen. Ein Interesse beanspruchen jene Vorschläge, nach denen die Beständigkeit an sich zersetzlicher Verbindungen, wie die Permanganate, durch die Mischkristallbildung so erhöht wird, daß sie als Pigmente tauglich werden. Ob es sich in allen Fällen um echte Mischkristalle handelt und ob sie in allen Fällen die gehegten Erwartungen erfüllen werden ist zweifelhaft. Die grundlegende Erfindung stammt von H. Grimm.

---

[1]) Russ. P. 10967, 10988, L. B. Levin und B. L. Schneersohn, Herreshoff-artiger Ofen mit Zuführung von Druckluft durch gelochte Rohre zur Herstellung von Mennige.

[2]) F. P. 655258, M. A. Minot, Rösten feiner Pyritabbrände oder elektromagnetisch aus Hochofenstaub extrahiertes F_2O_3 mit H_2SO_4.

E. P. 300233, O. S. Neill, aus Eisensalzen mit heißer Luft durchwirbelt.

E. P. 290421, T. Storer und C. J. A. Taylor, Eisenoxyd aus Ferrosalzlösungen erhitzt unter Druck mit einem Oxydationsmittel und Kalk.

E. P. 287705, J. Wagner, Eisenhydroxyd aus Eisenspäne in einer Elektrolyte enthaltenden Lösung mittels Luft.

[3]) E. P. 299199, A. J. Evans, Fällung eisenhaltiger Ablaugen mit Erdalkalicarbonaten in Gegenwart von Schutzkolloiden.

A. P. 1840326, I. G. Farbenindustrie, gelbes Pigment aus $FeSO_4$ und $AlCl_3$ mit Sodalösung.

A. P. 1837709, J. C. Heckman, Fe-Pigmente aus Fe-Schlämmen durch Calcinieren mit H_2SO_4 und NaCl.

E. P. 379756, E. I. du Pont de Nemours & Co., Eisenoxydpigmente aus Schlamm der Reduktion von Nitroverbb.

Holl. P. 26784, Schwz. P. 151683, Victoria Vegyészeti Müvek R. T., Pigment aus Bauxit durch Behandeln mit Salzsäure und Rösten.

E. P. 296598, F. Rivers, stark eisenhaltiger Ton wird geglüht.

A. P. 1726852, The Ault & Wiborg Co., Eisenoxyduloxydpigmente aus Ferrisalzlösungen gefällt unter Zusatz von Ferrosalzlösungen.

A. P. 1689951, E. M. Lofland, Ferrohydroxyd aus feuchten Eisenstücken und Luft.

„Titanmennige" s. Anm.[1]) S. 3263.

Unter **„verschiedenen Farben"**[1]) ist auch das Ultramarin[2]) und das Berlinerblau zu finden. Beim Ultramarin liegen einige Patente insbesondere auch ausländische vor, die besondere Silicate als Ausgangsstoffe vorschlagen.

Über die **phosphorescierenden Leuchtfarben** liegt ein D.R.P. zur Herstellung eines phosphorescierenden Zinksulfides, (D.R.P. 544118) vor. Wichtiger sind die von Einig beschriebenen Verfahren (s. Literatur), die er bei der Auergesellschaft ausgearbeitet hat. Das andere D.R.P. über die Herstellung leuchtender Salben und die ausländischen Patente[3]) enthalten kaum etwas, das eine Erläuterung bedürfen würde.

Was unter **Allgemeine Verfahren**[4]) zusammengetragen ist, bildet ein buntes Gemisch von allerhand Verfahren, die sich im Einzelnen nicht erwähnen lassen und in vielen Fällen kaum erwähnenswert sind. Ein kurzes Durchsehen der Übersicht dürfte genügen um zu erkennen, ob dazwischen etwas enthalten ist, für das ein Interesse vorliegt.

III. Ruß und Schwärze. Die ungeheure Bedeutung, die der feinverteilte Ruß aus den amerikanischen Gasen der Petroleumquellen in der Gummiindustrie erlangt hat, macht es verständlich, daß nicht nur dieser Verfahrenskomplex eine eingehende Behandlung, besonders ausgiebig in ausländischen Patenten, gefunden hat, sondern daß man auch bestrebt war von anderen Rohstoffen ausgehend zu Produkten mit ähnlichen Eigenschaften zu gelangen, um sich von den Naturgasen unabhängig zu machen.

So sind zunächst in der Übersicht, um mit den einfacheren Verbindungen anzufangen, die D.R.P. zusammengestellt, die Ruß aus **Kohlenoxyd** durch katalytische Spaltung herzustellen lehren. Als neue Katalysatoren werden von der I. G. Farbenindustrie die Metallcarbonyle vorgeschlagen. (D.R.P. 542804).

Es folgen die Verfahren zur Spaltung des **Acetylens.** Es handelt sich um Patente, die Vorrichtungen und Einzelheiten an solchen schützen. Von allgemeinen Gesichtspunkten interessanter sind die darauffolgenden Patente über die thermische Spaltung von **Kohlenwasserstoffen.** Hier erkennt man die wichtige Rolle, welche die Katalysatoren spielen. Wieder begegnet uns die Anwendung der Metallcarbonyle (D.R.P. 549348), dann die Metallen, die aus den Carbonylen gewonnen werden[5]).

---

[1]) Russ. P. 12416, W. W. Tschernow, Chromfarben hergestellt in Abwesenheit von akt. Licht

Russ. P. 23504, I. N. Sapgir und N. S. Rassudowa, Chromgelb aus einer Paste von PbO mit Ätzalkalilösung und Chromate.

A. P. 1751295, U. S. Chemical Prod. Co., basisches Bleichromat aus $PbSO_4$ mit Alkalidichromat und Alkalihydrat bei 70°.

Russ. P. 3845, W. A. Alexandrow, gelbe und blaue Farben aus Cu- oder Fe-Vitriole durch Mischen mit Kalk.

F. P. 690726, Soc. An. Prod. Chim. d'Estrée-Blanche, blaue bis violette Pigmente aus Lithopone mit Berlinerblau, Co-Phosphat u. a.

F. P. 731127, 731280, I. G. Farbenindustrie, Pigmente durch Glühen farbloser Grundstoffe mit stark färbenden Oxyden.

[2]) Russ. P. 13835, W. N. Iwanow, Ultramarin aus Syenit.

Russ. P. 5542 und 24057, B. K. Klimow, Ultramarin mittels bituminöser Schiefer.

Oest. P. 124709, A. Winterling, Brennen von Ultramarin, durch gelochte Eisenrohre wird Luft an die O_2-armen Stellen geleitet.

Russ. P. 11262, P. A. Brison, Auslaugen von S und Silicaten aus Ultramarin mittels 2—3 %igen Ätzalkalien.

[3]) Russ. P. 23507, A. E. Ribinski, Phosphore, Metalle werden in kolloidaler Form zugesetzt.

A. P. 1632766, H. v. Uffel, CaS-Leuchtfarbe mit Tl.

Russ. P. 24058, A. E. Ribinski, Phosphore hergestellt unter Anwendung kolloidaler Goldlösungen.

Russ. P. 11212, M. G. Bogoslowski und P. W. Ssawizkaja, Leuchtmassen durch Glühen von Zn-Staub mit S, Borax oder Alkali- oder Erdalkalichloriden.

Russ. P. 5012, M. G. Bogoslowski, A. A. Mamurowski und P. W. Ssawizkaja, fluorescierendes Zinksilicat.

Russ. P. 5013, fluorescierende Calciumwolframate.

[4]) E. P. 297076, N. P. 45850, I. G. Farbenindustrie, Dispergieren von Pigmenten durch Mahlen mit Sulfosäuren arom. Verbb.

[5]) F. P. 727961, G. Yan, C aus CO durch Spaltung von an suspendierten Ni-Katalysatoren. s. auch Anm. [1]) S. 3266.

Zur Herstellung von Ruß und Schwärze durch ein teilweises Verbrennen[1]) eignet sich eine große Anzahl verschiedenartigster organischer Stoffe. Die Zahl der diesbezüglichen Vorschläge wird immer größer. Hervorgehoben sei die Anwendung chlorierter Kohlenwasserstoffe[3]) oder die Spaltung von Kohlenwasserstoffen in Gegenwart von Chlor. Andere Patente befassen sich mit Sonderausführungen von Apparaten zur Verbrennung der Rohstoffe oder von Vorrichtung zur Kühlung der Flammen und zum Abtrennen des Rußes.

Von den in der Mehrzahl ausländischen Patenten unter „Verschiedenes"[4]) ist auf jene aufmerksam zu machen, die sich mit der Reinigung und Verbesserung des rohen Rußes

---

[1]) I. G. Farbenindustrie.

F. P. 700 252, Zersetzung an Katalysatoren um 350—380°.

Can. P. 296 178, E. P. 325 207, 327 548, 357 749, F. P. 684 597 aus CO über Katalysatoren unter Druck bei 25—800°.

E. P. 324 959, 327 374, Schwz. P. 140 698 an Katalysatoren der Fe-Gruppe.

F. P. 704 425, Katalysatoren werden in den Gasen suspendiert.

A. P. 1 868 919, E. P. 327 374, Gewinnung unter Druck.

E. P. 340 239, Zersetzung von C-Verbb. In rotierendem Behälter mit durchlochten Wandungen, Anwendung von Katalysatoren.

F. P. 704 424, Zersetzungsapparate aus nicht katalysierenden, glattwandigen Metallen, Legierungen oder Email.

A. P. 1 813 514, Oestr. P. 118 615, thermische Zersetzung von KW-Stoffen mit Katalysatoren CoO + ZnO, und MoO_3 im elektrischen Felde in Gegenw. von Wasserdampf.

Oest. P. 118 615, Spaltung von KW-Stoffen im elektrischen Felde mit katalysierenden Elektroden z. B. aus Ni.

E. P. 371 917, F. P. 371 916, Ruß und Acetylen aus KW-Stoffen im elektrischen Lichtbogen, Absetzkammer für Ruß.

F. P. 721 877, dsgl., Abkühlen des Gasgemisches in zwei Stufen zur Abscheidung des Rußes.

A. P. 1 872 297, Electroblacks Inc., aus Ölen durch Einwirkung elektrischer Entladungen zwischen teilweise in Öl tauchende rotierende Elektroden.

E. P. 357 749, I. G. Farbenindustrie, Ruß aus Diacetylen und seinen Substitutionsprodukten durch partielle Verbrennung.

F. P. 723 836, Ataliers Généraux de Construction S. A., Ruß aus Wassergas mit Wasserdampf über CaC_2 um 250°.

A. P. 1 857 469, Thermatomic Carbon Co., durch thermische Spaltung von KW-Stoffen verdünnt mit Verbrennungsgasen.

A. P. 1 844 327, 1 872 519, Standard Oil Co. of California, unvollständige Verbrennung von KW-Stoffen durch Regelung der O_2-Zufuhr an verschiedenen Stellen im Zersetzungsapparat.

[2]) A. P. 1 798 614, Monroe-Louisiana Carbon Co., Verbrennung von KW-Stoffen, Vorrichtung.

E. P. 357 133, Burmah Oil Co., S. T. Minchin und R. E. Downer, Rußende Flamme gegen rotierende Kühlwalze, die gegen Brenner elektrische Potentialdifferenz hat.

A. P. 1 811 854, Columbian Carbon Co., KW-Stoffe zusammen mit H_2 verbrannt an Kühlflächen.

A. P. 1 820 657, Magnolia Petroleum Co., Verbrennung von KW-Stoffen unter Druck.

F. P. 694 744, Soc. d'Etudes et Réalisation „Ereal", KW-Stoffe mit großer Geschwindigkeit durch glühende Kohleschicht.

A. P. 1 633 071, L. J. Dales, aus den kondensierbaren Anteilen der Naturgase.

A. P. 1 810 918, Columbian Carbon Co., KW-Stoffe vor der Verbrennung an kalten Flächen, auf Zersetzungstemp. erhitzt und expandiert um eine Kühlung zu erreichen.

A. P. 1 807 321, Ault & Wiborg Co., Spaltung von KW-Stoffölen in einem Flammenmantel.

E. P. 340 482, Thomas Carbon Black Co., A. P. 1 815 851, E. Kroch, aus Crack-Gasen durch partielle Verbrennung.

A. P. 1 804 249, R. B. Day, aus C-haltigen Stoffen in Verbrennunsgasen.

A. P. 1 811 889, Columbian Carbon Co., rußende Flamme wird ultraviolett bestrahlt.

[3]) E. P. 343 676, Imperial Chemical Industries und J. P. Baxter, Verbrennen von KW-Stoffen zusammen mit einem chloriertem KW-Stoff.

[4]) A. P. 1 801 436, Columbian Carbon Co., verbranntes Naturgas wird mit versprühtem Wasser behandelt.

A. P. 1 707 775, Thermatomic Carbon Co., Niederschlagen durch Regen einer Kühlflüssigkeit.

Can P. 285 031, Thermatomic Carbon Co., Zersetzungsöfen zur Herstellung von Ruß mit Vorrichtung zum Trennen des Rußes von den Gasen.

A. P. 1 643 736, C. A. Barbour jr., Waschen der Abgase mit Ölen zwecks Zurückhalten von Rußresten.

A. P. 1 809 290, W. B. Wiegand, getrenntes Sammeln der Rußpartien beim „Kanalprozeß"

befassen[1]). Meist wird ein Ausglühen unter dem Schutz inererter oder nicht oxydierender Gase angewandt.

Wenn wir zum Schluß dieser Einleitung ganz kurz einen Rückblick auf die überaus große Zahl der Patente und Verfahren werfen, die von den farblosen (weißen) Pigmenten uns über die vielen bunten bis zu dem schwarzen Ruß geführt haben, so können wir nicht umhin als mit Befriedigung festzustellen, wie wissenschaftlich gewonnene Erkenntnisse oder nur das genauere Erkennen von notwendigen Eigenschaften das wissenschaftliche Denken und Handeln vieler Erfinder fruchtbringend beeinflussend dem technischen Leben neue Wege weist und neue Impulse gibt, wie dies hier auf einem so mannigfaltigem Gebiete, nach den verschiedensten Richtungen hin geschehen ist.

Übersicht der Patentliteratur.

Herstellung von Mineralfarben.*)

I. Weiße Farben.

1. Bleifarben. (S. 3273.)

D. R. P.	Patentnehmer	Charakterisierung des Patentinhaltes
543298	National Lead Co.	Kammerbleiweiß, Blei rutscht kontinuierlich in röhrenförmigen, schiefen Kammern herunter
521383	Comp. Metallurg. de Mazarron	Fällungsbleiweiß aus $PbCl_2$-Lösung mit NaOH u. Na_2CO_3 oder CO_2
463938	Holzverkohlungs-Industrie	Fällungsbleiweiß aus Bleizuckerlösung über ein basisches Carbonat, dem durch Kochen CO_2 entzogen wird
558672	Shin Negishi	Feinpulvrige Bleisulfate aus zerstäubten Oxyden (Gemischen) und SO_2 in hocherhitzten Räumen
558673	I. G. Farben	Mischkristalle aus $PbSO_4$, $PbMoO_4$, $PbWO_4$

2. Zinkfarben.

a. Zinkweiß.

α. Verbrennen von Zink. (S. 3284.)

D. R. P.	Patentnehmer	Charakterisierung des Patentinhaltes
467588	Lackwerke Japonika	Verbrennen von feinstem Zn-Pulver
530731	Comp. Française Transform. Metallurgique	Ofen mit stehenden Retorten
557499	Smelting Metallurg. u. Metallwerke	Zn geschmolzen in Drehmuffel
499536	J. M. H. Cornillat	Aus Zn im bewegten Masut-Schmelzofen
547824	Metallgesellschaft	Nach dem Wälzverfahren mit Koksklein oder Holzkohle und keinen Teer gebenden Bindemitteln
374768	New Jersey Zink Co.	Brikettierte Rohstoffe
545242	New Jersey Zink Co.	Einblasen des Zinkdampfes durch Düsen in die oxydierende Atmosphäre

*) Zur Ergänzung sind die Übersichtstabellen der entsprechenden Verbindungen der Metalle und Metalloide einzusehen.

---

[1]) A. P. 1807884, W. B. Wiegand, Veredeln durch Calcinieren in nichtoxydierender Atmosphäre.

A. P. 1692745, W. W. Kemp, Reinigen von Schwärze und Kohle durch Behandeln mit heißer Luft und Brenngas.

E. P. 343108, Imperial Chemical Industries und J. P. Baxter, HCl-haltiger Ruß wird bei 150—900° in heißem Gas gereinigt.

A. P. 1818770, Naugatuck Chemical Co., gut benetzbarer und gut dispergierender Ruß durch Kochen mit einer Alkalisulfitlösung.

A. P. 1856302, A. D. Little Inc., Beinschwarz aus Knochen durch fraktioniertes Erhitzen.

D. R. P.	Patentnehmer	Charakterisierung des Patentinhaltes
499572	New Jersey Zink Co.	Abschrecken der Zinkflamme durch Druckluftstrahlen
533570		Aus Zn-C-haltigen Gemischen; ZnO-Trägergase bis zur Abscheidung des ZnO nicht unter 125^0
	β. Über Fällungsprozesse. (S. 3304.)	
481284	Sachtleben A.-G.	Voluminöses ZnO: Fällungsbedingungen für $ZnCO_3$ oder $Zn(OH)_2$, Einleiten von CO_2, Glühen bei 300—400^0
530469		desgl. Fällen bei beliebiger Temperatur und Konzentration
527167	I. G. Farben	Aus basischem $ZnCO_3$ gefällt aus verd. Lösungen
563832	Chem. Fabrik Kalk u. H. Oehme	Umwandeln von schwerem ZnO oder Verbb in wäßriger Suspension mit $NaHCO_3$ oder CO_2 in Carbonat um, das geglüht wird
555310		Aus basischem Zinkammonsulfat über bas. Zinkcarbonat
	γ. Verschiedenes. (S. 3310.)	
481731	Chem. Fabrik Kalk u. H. Oehme	Zinkoxydhydrat, Nachbehandlung mit verdünnten Alkalien
486973	W. Job	Nachbehandeln um gelbes PbO oder CdO in Carbonate überzuführen
	b. Zinksulfid. (S. 3312.)	
500626	Comp. Gén. Prod. chim. de Louvres	Durch Reduktion von $ZnSO_4$ mit H_2S in Öfen um 400^0
	c. Lithopone. (S 3313.)	
462372	E. Maaß u. R. Kempf	Lichtechtmachen, Nachbehandeln des Fällproduktes mit Thionaten und Ammonsalzen u. darauffolgend mit basischen Sulfiden
457616	New Jersey Zink Co.	Anpassung der Glühtemp. an Elektrolytgehalt der Fällauge
418258	Farbenf. F. Bayer & Co.	Glühen im Drehrohr mit staubfreien Verbrennungsgasen aus Vorheizkammer
552250	Silesia Ver. chem. Fabriken	Abgeschreckte Lithopone wird in schnellaufendem Rührwerk behandelt und gesiebt.
483520	Sachtleben A.-G.	Trocknen im Drehrohr im Gleichstrom
526812		Trockendrehtrommel; indirekte Heizung im Gleichstrom: Trockengase im Gegenstrom
528656		Trockendrehtrommel; indirekte Heizung im Gleichstrom: Trockengase teils im Gleich- teils im Gegenstrom

3. Titanweiß.

a. Aus Aufschlüssen mit Schwefelsäure. (S. 3323.)

D. R. P.	Patentnehmer	Charakterisierung des Patentinhaltes
478136	Nat. Metal and Chemical Bank	Aufschluß: Feuchte Erze mit Oleum ohne Wärmezufuhr in Gegenwart von Reduktionsmittel, FeS
541486	Titan Co.	mit $40^0/_0$iger H_2SO_4 in Gegenwart von Ti^{III} erzeugt mittels Cu, SO_2 u. s. w.;
490600	I. G. Farben	Herauslösen der Eisenoxyde aus den Erzen
525908	Lautawerk	TiO_2-haltiger Schlämme durch Rösten und Aufschluß mit H_2SO_4
508110	I. G. Farben	Lösen unter Zusatz von Alkali- oder Ammoniumsalzen und Abscheiden der Doppelsulfate
492685	Titan Co.	Lösen und Reduktion mit Fe unter 60^0 mit Lösungen von 90—130 g TiO_2 im Liter

D. R. P.	Patentnehmer	Charakterisierung des Patentinhaltes
496257	Titan Co.	Hydrolyse: Kontinuierl. Zulaufenlassen d. Aufschlußlösung
540863	Aussiger Verein	Hydrolyse: Zusatz von Titandioxydhydraten
542334	Degea	Hydrolyse: Zusatz von TiO_2 zur Druckhydrolyse
549407	Degea	Hydrolyse in Gegenwart von Spuren Ti^{III}
495738	I. G. Farben	Hydrolyse in Gegenwart von HF
554769	Degea	Hydrolyse in Gegenwart von Ammonsalzen
542007	Titanium Pigment Co.	Hydrolyse in Gegenwart von organischen Säuren (Oxalsäure)
542541	Titanium Pigment Co.	Hydrolyse in Gegenwart von desgl. und Phosphorsäure
533326	K. Leuchs	Fällen von TiO_2 mit MgO, Lösen in Aufschlußlösung und Hydrolysieren
542281	Titan Co.	Niederschlagen auf Träger: etwa 40—60% TiO_2
553649	I. G. Farben	Niederschlagen auf Träger: Abstimmung von Säuregehalt und Fälltemp.
516314	Titanium Pigment Co.	Niederschlagen auf Träger: Träger nadelförmiges $CaSO_4$

b. Aus anderen Aufschlußverfahren. (S. 3350.)

D. R. P.	Patentnehmer	Charakterisierung des Patentinhaltes
560051	C. A. Klein u. R. S. Brown	Rutil mit $BaCO_3$ reduzierend geschmolzen, Fe magnetisch entfernt, mit H_2SO_4 gelöst und in Gegenwart org. Stoffe hydrolysiert
478740	Metallgesellschaft	Aus Schlämmen alkalischer Aufschlüsse mittels SO_2
507151	I. G. Farben	Aufschluß mittels Salzsäure unter Einleiten von HCl
551448	Aussiger Verein	Aus $TiCl_4$ durch Wasserdampf um 300—400°
533836	Aussiger Verein	Aus $TiCl_4$ verteilt auf löslichen Salzen mit Wasserdampf um 400°, Nacherhitzen auf 800° Herauslösen der Salze

c. Nachbehandlung. (S. 3356.)

D. R. P.	Patentnehmer	Charakterisierung des Patentinhaltes
552776	I. G. Farben	Waschen mit Wasser, Nachbehandeln mit Säuren, Wiederwaschen mit Wasser
560979	Aussiger Verein	Naßmahlen des alkalisch gemachten Breies
526607	J. Blumenfeld	Peptisieren des ausgewaschenen TiO_2
516748	J. Blumenfeld	Zusatz von Peroxyden vor dem Glühen
533236	Aussiger Verein	Mischungen mit ThO_2, ZrO_2, TiO_2 und Glühen gegebn. unter Zusatz wasserlöslicher Verdünnungsmittel
523015	Degea	Glühen mit Alkali und Herauslösen des Chromats

d. Verschiedenes. (S. 3363.)

D. R. P.	Patentnehmer	Charakterisierung des Patentinhaltes
493815	I. G. Farben	Pigmente aus TiO_2-haltigen Tonen, geschlämmt geglüht, enteisnet

4. Verschiedenes.

a. Reinigen und Bleichen von Schwerspat. (S. 3364.)

D. R. P.	Patentnehmer	Charakterisierung des Patentinhaltes
512546	Baryt Ges.	Kalkhaltiger wird gebrannt, ausgelaugt mit Salzsäure nachbehandelt
537392	Sachtleben A.-G.	Erst mit HCl, dann mit Perborat- oder Na_2O_2 Lösungen behandelt
559322	Sachtleben A.-G.	Glühen (reduzierend) auf 1300—1350° Abschrecken, mechanisches Abtrennen der Schwermetallsulfide und mit H_2SO_4 Nachbehandeln
554371	Kali-Chemie	Glühen mit basischen Alkali- oder Erdalkaliverbb; Nachbehandeln mit Säuren

D. R. P.	Patentnehmer	Charakterisierung des Patentinhaltes
545 718	Gewerkschaft Gevenich	Schmelzen mit Na_2SO_4 und CaO unter Vermeidung einer Oxydation der Schwermetallsulfide, Scheiden der Schmelze, Auslaugen mit Wasser zur Gewinnung von Blanc fixe
485 007	T. Lichtenberger u. L. Kaiser	Lösen in geschmolzenen Alkali oder Erdalkalisalzen, Scheiden der Schmelze, und Behandeln mit CaO, Wasserdampf und Luft; geklärte Schmelze Granulieren in Wasser und Auslagen (auch für $CaSO_4$)
491 350	T. Lichtenberger u. L. Kaiser	desgl. Zusatz von Carbonaten und Nitraten, Ersatz der Luft durch andere oxydierende Gase

b. Verschiedenes. (S. 3372.)

D. R. P.	Patentnehmer	Charakterisierung des Patentinhaltes
567 348	Sachtleben A.-G.	Rekristallisieren von $BaSO_4$ mit wenig Schmelzmittel um 700°

c. Andere Weißpigmente. (S. 3374.)

D. R. P.	Patentnehmer	Charakterisierung des Patentinhaltes
529 556	H. Krause	Mischpigment $CaSO_4+Mg(OH)_2$ aus $MgSO_4$ u. $Ca(OH)_2$
486 192	Norddeutsche Affinerie	Bleichen von Na-antimoniat-Schmelzen mit Na_2O_2
503 047	P. Rohland	Herstellen von Satin-Glanz-Weiß (aus $Ca(OH)_2$ und $Al_2(SO_4)_3$) in schnellaufenden Mühlen

II. Bunte Farben.

a. Mennige. (S. 3377.)

D. R. P.	Patentnehmer	Charakterisierung des Patentinhaltes
501 450	Chem. Fabrik H. Erzinger	Aus hochbasischem, feinverteiltem Bleicarbonat hergestellt aus PbO in wässriger Suspension mittels organischer Säuren u. CO_2
501 406	Th. Goldschmidt A.-G.	Pigmente aus Mennige u. Bleichromat
483 758	Maschinenbau Humboldt	Vorrichtungen zur Herstellung: Rührwerk unter Druck
536 078	E. Hayward	Vorrichtungen zur Herstellung: Rührwerk unter Druck

b. Eisenoxydfarben. (S. 3382.)

D. R. P.	Patentnehmer	Charakterisierung des Patentinhaltes
501 109	I. G. Farben	Erhitzen von Eisenoxydhydraten mit Borsäurelösung um 200°
499 171	I. G. Farben	Oxydation von Fe_3O_4: naß mit O_2 unter Druck um 200°
500 454	I. G. Farben	Oxydation von Fe_3O_4: desgl. in Gegenwart von Fe-Salzen
515 563	I. G. Farben	Oxydation von $Fe(OH)_2$-Niederschlägen mit O_2 unter Druck über 100°
478 119	G. Egestorff's Salzwerke	Fällen von Ferro-Ferri-Hydroxyd mit Alkalien, Einblasen von Luft und Behandeln mit Fe-Salzlösungen, Waschen und Glühen
492 945	I. G. Farben	Fe_3O_4 mit Unterschuß an H_2SO_4 behandelt, Glühen des basischen Sulfates
507 348	Gebr. Gutbrod G. m. b. H.	FeS-haltige Rohstoffe werden mit warmer H_2SO_4 behandelt und calciniert
565 178	H. A. Bahr	Eisenerze durch CO-Spaltung zu Fe-Ruß, Abtrennen vom Ruß und Glühen zur Gewinnung von Eisenoxydpigmenten
538 670	F. Klein	Rost mit HCl oder $FeCl_3$-Lösung unter Druck erhitzt
540 198	I. G. Farben	Gelbe Eisenhydroxyde; Ferro-Hydroxyd oder-Carbonat mit $AlCl_3$-, $FeCl_3$- $SnCl_4$-Lösungen oxydiert über 40°
531 207	I. G. Farben	Metallchloriddämpfe hydrolisiert in der Hitze mit Wasserdampf ($FeCl_3$, $FeCl_3+TiCl_4$)

D. R. P.	Patentnehmer	Charakterisierung des Patentinhaltes
541768	I. G. Farben	Eisenglimmerartiges Fe_2O_3 durch Erhitzen unter Druck von $Fe(OH)_3$ mit Natronlauge
495739	Silesia Ver. chem. Fabriken	Ferrosalz + Erdalkalicarbonat + Luft unter Zusatz von Naturocker
484969	Kali-Chemie	Bauxit auf 350—450° erhitzt
541613	H. Hackl	Ockerartiges Pigment aus HCl-Bleicherde-Ablaugen mit Ton gekocht
543139	H. Hackl	desgl. bei 40—50° mit Ton der mit Alkalien geglüht wurde
506626	L. Dörner	Rückstand aus Ton gelöst mit Ferri- Salzlösungen S. 2824

c. Chromoxydgrün. (S. 3399.)

D. R. P.	Patentnehmer	Charakterisierung des Patentinhaltes
507937	I. G. Farben	Aus Chromatlösungen mit org. Reduktionsmitteln unter Druck
558139	I. G. Farben	$K_2Cr_2O_7$ mit verschiedenen Kohlehydraten, je nach gewünschter Tönung, reduziert
521965	I. G. Farben	Reduktion von Chromaten mit CO unter Druck, Gewinnung von Formiat s. S. 2979
529988	I. G. Farben	desgl. mit CO-H_2-Gasgemischen
553244	I. G. Farben	Aus Chromatlaugen mit S, Alkali und Alkalisulfid und Glühen des Niederschlages
507936	Guano-Werke A.-G.	Glühen von alkalihaltigem Cr_2O_3, Auslaugen des Chromats und reduzierendes Glühen

d. Sulfide. (S. 3403.)

D. R. P.	Patentnehmer	Charakterisierung des Patentinhaltes
492686	I. G. Farben	Orangerotes Antimonsulfid durch Einlaufenlassen von Sulfantimoniat- in SO_2-Lösungen
548150	I. G. Farben	Mischkristalle von CdS oder Cd(SSe) mit MnS bzw. MnSe

e. Mischkrystallfarben. (S. 3406.)

D. R. P.	Patentnehmer	Charakterisierung des Patentinhaltes
549664	I. G. Farben	Rote, $BaSO_4 + KMnO_4$ aus $BaCO_3, KMnO_4$ u. H_2SO_4
550646	I. G. Farben	Violette, obige geschönt
558492	I. G. Farben	Ba(S,Se,Fe)O_4 ; Ba(S,Mn)O_4 ; (Ba,Sr) (S,Cr,Mn)O_4
565179	I. G. Farben	Grüne; Co-chromit mit Mg,Zn,Ni-chromit auch Al_2O_3-haltig

s. a. D.R.P. 558673 unter I.1; D.R.P. 548150 unter II.d.

f. Verschiedene Farben. (S. 3410.)

D. R. P.	Patentnehmer	Charakterisierung des Patentinhaltes
507834	R. Bloch u. C. Rosetti	Leuchtendgrünes basisches Cu-phosphat bei 640—650° geglüht
488251	B. Klimoff	Ultramarin aus Ölschiefer
488673	Ver. Wahrung wirtsch. Interessen Rhein. Bimsindustrie	Ultramarin aus Bims und Trass
524620	Stickstoffwerke G. m. b. H.	Berlinerblau aus K-Na-Ferrocyanid

g. Leuchtfarben. (S. 3414.)

D. R. P.	Patentnehmer	Charakterisierung des Patentinhaltes
544118	Allg. Elektrizitäts Ges.	Einbringen der Metalle durch Elektrolyse
487315	E. Tiede	Phosphore enthaltende nichthydrophyle Salben

5. Allgemeine Verfahren. (S. 3416.)

D. R. P.	Patentnehmer	Charakterisierung des Patentinhaltes
486974	F. Rahtjen u. M. Ragg	Pigmente (Schiffsbodenfarben) mit durch Zerstäuben aufgebrachtem Blei
466463	I. G. Farben	Metalle aus Carbonylen mit Anlauffarben

D. R. P.	Patentnehmer	Charakterisierung des Patentinhaltes
504598	A. Chwala	Peptisatoren, Meta- und Pyro-Phosphate u. Arsenate
554174	I. G. Farben	Feinverteilte Pigmente durch Fällung in zähen Celluloselösungen ($BaSO_4$, PbS, $PbCrO_4$, CdS, Berliner-Blau
551353	I. G. Farben	Pigmente u. Farblacke hergestellt in Gegenwart von polymerisierten Alkylenoxyden.
472975	K. Lindner	SiO_2 aus Silicofluoriden Substrat für organische Farben
481894	K. Lindner	SiO_2 aus Silicofluoriden Substrat für Mineralfarben
502229	Heyden A.-G.	Keramische Farben: Metalle Au, Ag, MnO_2 in kolloidem SiO_2, Glühen
549666	Heyden A.-G.	Keramische Farben: desgl. nach Auswaschen der Elektrolyte glühen auf über 1000°
549665	Heyden A.-G.	Keramische Farben: mit kolloider Zinnsäure
555714	Kolloidchemie Studienges. u. Mitarbeiter	Schlick mit Farbstoffen und unlösliche Silicate bildende Metallverbb.
548525	I. G. Farben	Indifferente und seifenbildende Pigmente gemischt zu dichtester Packung Pb_3O_4 ; $BaSO_4+ZnO$
486967	R. Krause	Schüttelbewegte Glühmuffel

III. Ruß und Schwärzen.

1. Herstellungsverfahren.

a. Aus Kohlenoxyd. (S. 3435.)

D. R. P.	Patentnehmer	Charakterisierung des Patentinhaltes
542804	I. G. Farben	Katalysatoren. Metallcarbonyle, Zusatz von Wasserdampf
565053	T. W. Pfirrmann u. G. Groß	Kontinuierlich an mit Katalysatoren belegten Blechen und Abstreichen des Rußes, gasförmige Katalysatoren: Carbonyle

s. auch Abschnitt „Kohlenstoff" S. 2064.

b. Spalten von Acetylen und von KW-Stoffen. (S. 3437.)

D. R. P.	Patentnehmer	Charakterisierung des Patentinhaltes
555584	Chr. Hostmann — Steinberg'sche Farbenfabriken	Rohrförmiger Spaltraum
555909	Chr. Hostmann — Steinberg'sche Farbenfabriken	Ausblasen der Spaltzylinder mit durch den Rußsammler gegangenen Abgasen
541331	R. Schüchner	Spaltkammer
465932	J. Machtolf	Verschlußventil
474042	J. Machtolf	Zündkopf
563472	I. G. Farben	Von Methan durch elektrische Entladungen, Vorrichtung gewährleistet turbulenzfreies Strömen der Gase
540864	I. G. Farben	Thermische Spaltung an Katalysatoren: Metalle aus Carbonylen
551534	I. G. Farben	Thermische Spaltung an Katalysatoren: Metalle oder Oxyde gewonnen durch Zersetzen von Verbb. (Nitrate)
552623	I. G. Farben	Thermische Spaltung an Katalysatoren: von ungesättigten KW-Stoffen
565556	I. G. Farben	Thermische Spaltung an Katalysatoren: desgl. mit Co-Katalysatoren
549348	I. G. Farben	Thermische Spaltung in Gegenwart von Metallcarbonylen

s. auch Abschnitt „Kohlenstoff" S. 2064.

c. Durch Verbrennung (S. 3456.)

D. R. P.	Patentnehmer	Charakterisierung des Patentinhaltes
474568	H. F. Wellhäuser	Kühlflächen: innen gekühlte Hohlscheiben
554002	Aussiger Verein	Kühlflächen: Laufende Bänder
525857	H. Rodenkirchen	Federnde Rußabstreifer an Walzen
554930	Chemische Fabrik Kalk u. H. Oehme	Krakgase nach Entfernung der ungesättigten KW-Stoffe

D. R. P.	Patentnehmer		Charakterisierung des Patentinhaltes
552466	Imperial Chemical Ind.		KW-Stoffe und Cl_2, Flamme brennt in Luft. Nebengewinnung von HCl
558877	Comp. Lorraine de Charbon		Naphtalin u. KW-Stoffe aus Tieftemperatur-Verkokung
535093	P. Junck	Anthracen-Rückstände	Vorverflüssigen, Verwendung der Abgashitze zur Vorwärmung der Dämpfe
547968	P. Junck	Anthracen-Rückstände	Überhitzen der Dämpfe vor ihrer Verbrennung
524363	Eberhard Hoesch & Söhne		Schmelzen der zu verbrennenden Stoffe in Frederkingapparaten
493673	Aussiger Verein		Heiße brennbare Gase durch Teer geleitet zur Erzeugung des verrußbaren Dampfgemisches; Rückstand Pech
525757	Aussiger Verein		desgl. nur Teil des Gases geht durch den Teer
546368	„Gostorg" in Moskau		Torf, Asphalt u. Naphtharückstände

d. Verschiedenes (S. 3471.)

D. R. P.	Patentnehmer	Charakterisierung des Patentinhaltes
538783	D. Gardner	Verkohlen von Holz um 300°, Auskochen des Kolloid gemahlenen C mit Alkali, dann mit Säure und Ausglühen ohne Oxydation um 1300°
566709	I. G. Farben	Verbessern von Ruß aus katalytischer Spaltung durch Behandeln mit heißen oxydierenden Gasen
499073	Chem. Fabrik Halle-Ammendorf	Schönen von Ruß mittels Berliner-Blau erzeugt in dem mit Eisensalzen getränkten Ruß mit cyanhaltigen Gasen (Leuchtgas)

Nr. 543298. (N. 31025.) Kl. 22f, 1. NATIONAL LEAD COMPANY IN NEW YORK.

Verfahren und Vorrichtung zur Herstellung von Bleiweiß.

Vom 13. Okt. 1929. — Erteilt am 14. Jan. 1932. — Ausgegeben am 3. Febr. 1932. — Erloschen: 1933.

Die Erfindung bezieht sich auf ein Verfahren zur Herstellung von Bleiweiß durch Einwirkung von ätzenden Gasen auf Blei. Gemäß dem sogenannten holländischen Verfahren werden Bleistücke in Plattenform in irdene Töpfe eingebracht, die Essigsäure enthalten. Die gefüllten Töpfe werden dann in mehreren Schichten übereinander angeordnet, wobei zwischen je zwei Schichten Bretter gelegt werden. Das Ganze wird mit feuchter, verbrauchter Gerberlohe bedeckt und wird in diesem Zustand ungefähr neunzig Tage stehen gelassen. Bei der Gärung der Gerberlohe entwickeln sich Kohlensäure, Wärme und Dämpfe, und die Folge ist eine Zersetzung der Bleistücke unter Bildung von Bleiweiß.

Gemäß dem sogenannten deutschen Verfahren wird das Blei in Stangenform in geschlossene Kammern aus Holz oder Mauerwerk eingebracht und der Wirkung von Kohlensäure, Feuchtigkeit und Essigsäure ausgesetzt. Die Kohlensäure wird aus den Verbrennungsprodukten eines Koksofens gewonnen. Diese Verbrennungsprodukte dienen ferner zur Erwärmung eines die Feuchtigkeit in Dampfform liefernden Kessels. Ferner dienen die Verbrennungsprodukte auch dazu, um Essigsäure in einer Pfanne zu verdampfen. Durch die gebildeten Ätzgase wird das Blei in neutrales Bleikarbonat übergeführt.

Bei beiden genannten Verfahren besteht durch manuelle Behandlung des Bleies sowie des zersetzenden Produktes die Gefahr der Bleivergiftung. Auch die Erzeugung von Säuredünsten bei diesen Verfahren wirken gesundheitsschädlich. Weiterhin erfordert die Ausführung des holländischen Verfahrens sehr große Räumlichkeiten und sehr viel Zeit. Auch gestaltet sich das Verfahren durch Verwendung der Töpfe, Holzbretter, Zubehörteile usw. infolge schneller Abnutzung sehr kostspielig.

Bei dem deutschen Verfahren bereitet die Beschickung und Entleerung der Kammer vielfach Schwierigkeiten und ist auch gesundheitsschädlich. Ferner sind die Kosten der Anlage erheblich, so daß auch hier große Kosten entstehen. Allerdings ist die Zeit zur Umsetzung des Bleies gegenüber dem holländischen Verfahren wesentlich verkürzt.

Während bei dem holländischen und deutschen Verfahren ein Farbstoff von größerer Deckkraft als durch andere Verfahren erzeugtes Bleiweiß hergestellt wird, so wird doch dieser Vorteil nur durch die obengenannten Nachteile erreicht. Die beiden genannten Verfahren arbeiten übrigens unterbrochen und nicht ununterbrochen.

Gegenstand vorliegender Erfindung ist nun ein Verfahren und eine Vorrichtung zur Ausführung desselben, bei welchem das Blei unter Einwirkung der Ätzgase zersetzt wird, wobei alle Vorteile der beiden genannten Verfahren beibehalten, die Nachteile jedoch beseitigt werden. Das neue Verfahren kann ferner ununterbrochen arbeiten. Das Blei wird langsam erfindungsgemäß zersetzt, und das Verfahren bietet ferner den Arbeitern Schutz gegen die gesundheitsschädlichen Gase.

In der Zeichnung sind Ausführungsbeispiele der Vorrichtung zur Ausführung des Verfahrens der Erfindung dargestellt.

Abb. 1 zeigt größtenteils schematisch eine Seitenansicht einer Vorrichtung.

Abb. 2 ist ein Schnitt nach Linie 2-2 der Abb. 1.

Abb. 3 ist eine Seitenansicht der vorgezogenen Ausführungsform der zu behandelnden Bleikörper.

Abb. 4 zeigt größtenteils schematisch in Seitenansicht eine andere Ausführungsform der Vorrichtung, und

Abb. 5 ist ein Schnitt nach Linie 5-5 der Abb. 4.

Die Bleistücke werden in einer schrägen rohrförmigen Kammer eingebracht, in der sie sich abwärts bewegen, wobei sie der Einwirkung der ätzenden Gase ausgesetzt werden. Die Kammer ist von genügender Länge, um eine allmähliche Abwärtsbewegung der Bleistücke zu gewährleisten, so daß die gewünschte langsame Zersetzung innerhalb einer gewissen Zeitspanne erreicht wird. Die Bleistücke zersetzen sich gewöhnlich im Verhältnis von 1% des ganzen Gewichts pro Tag. Nach ungefähr 45 Tagen sind sie bis zu 50% zersetzt. Sofern es erforderlich ist, kann man die Stücke erneuern. Die Zersetzung ist ununterbrochen, und zwar wird das Metall dem oberen Ende der Kammer zugeführt, während das zersetzte Produkt allmählich dem unteren Ende der Kammer entnommen wird.

Durch Abwärtsbewegen der Metallstücke in der Kammer werden sie allmählich unter Verringerung ihres spezifischen Gewichts zersetzt. Das spezifische Gewicht der Bleistücke vergrößert sich allmählich von dem unteren Ende bis zu dem oberen Ende der Kammer, wobei die verschiedenen Stellen der Kammer, je höher man nach oben geht, stärker belastet werden. Diese Belastung steigt mit der Höhe der Kammer und desgleichen mit der Zunahme des spezifischen Gewichtes. Da die Bleistücke infolge der fortschreitenden Zersetzung allmählich schwächer und brüchiger werden, so sind die unteren Bleistücke schwächer als die oberen. Wenn man das Material im Innern der Kammer der Belastung der über ihm liegenden Materialteile aussetzen würde, würden die untenliegenden Bleistücke sehr leicht zerbrochen werden und die Kammer verstopfen, so daß dadurch eine Verzögerung während der Zersetzung und die Verhinderung der Abwärtsbewegung der Bleistücke erfolgen würde.

Eine Überlastung der unteren Bleistücke und der unteren Kammerteile wird vermieden, indem man die übereinander angeordneten Teile der Kammer von dem Gewicht des jeweils über ihr liegenden Kammerteiles entlastet. Dieses wird dadurch erreicht, daß die Kammer in einem Winkel von 30 bis 40° zur Horizontalen angeordnet ist, so daß das Gewicht der Bleistücke teilweise von dem Boden der Kammer aufgenommen wird. Die Bleistücke können von bekannter Konstruktion sein. Sie werden jedoch vorzugsweise so geformt, daß sie in der Kammer entlangrollen können. Man macht sie daher kugelförmig. Die Bleistücke können hohl ausgeführt und mit Schlitzen versehen sein, um eine bessere Einwirkung der ätzenden Gase sowohl von außen wie auch im Innern zu erzielen. Durch schräge Anordnung der Kammer, wobei der Winkel etwas größer als der Reibungswinkel der Bleikugel ist, rollen die Kugeln abwärts. Diese schräge Anordnung der Kammer wird so gewählt, daß die Kugeln allmählich von dem oberen Ende nach dem unteren Ende der Kammer sich bewegen.

Die ätzenden Gase werden an einer beliebigen Stelle in die Kammer eingeführt, z. B. in der Nähe des unteren Endes. Die ätzenden Gase werden in bekannter Weise beispielsweise mittels eines Koksofens, eines Dampfkessels und einer Pfanne, in welcher sich Essigsäure befindet, erzeugt. Diese Pfanne wird von den Verbrennungsprodukten des Koksofens erwärmt, bevor dieselben in die Kammer eintreten. In dieser Weise wird die erforderliche Kohlensäure, Dampf und Essigsäuredämpfe in die Kammer hineingeleitet, um auf die Bleikugeln zur Wirkung zu kommen. Die Zuführung der Gase und Dämpfe läßt sich genau regeln.

In der Zeichnung sind Ausführungsbeispiele der Vorrichtung zur Ausführung des Verfahrens dargestellt, wobei die Ausübung des Verfahrens nicht auf die beispielsweise dargestellte Vorrichtung beschränkt ist. Die Vorrichtung kann auch noch verschiedene andere Formen haben, ohne das Wesen der Erfindung zu ändern.

Gemäß der Abb. 1 und 2 sind an einem Gerüst 1 einige Rohrstücke 2, 3 angeordnet. Diese Rohrstücke können aus Holz, Beton oder irgendeinem anderen Material hergestellt sein. Sie können in großer Anzahl zickzackförmig übereinander angeordnet sein, um einen genügend langen Weg zu bilden, um die Bleistücke zu zersetzen. Der oberste Rohrteil ist mit einem Trichter 4 versehen, in dem die Bleistücke eingeführt werden. Dieser Trichter ist mit einem Deckel 5 versehen. Das unterste Rohrstück ist mit einem

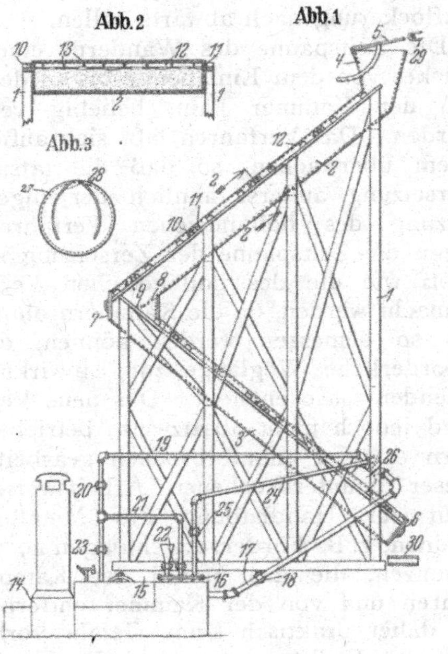

geeigneten Verschluß 6 versehen, um aus dem untersten Ende der Kammer die zersetzten Bleistücke nach Öffnung zu entfernen. An der Stelle, wo zwei übereinander angeordnete Rohrstücke zusammenstoßen, ist ein entfernbarer Deckel 7 als Zutritt zu dem Innern der Kammer angeordnet. An dieser Stelle kann der Boden der Rohrstücke, wie bei 8 und 9 gezeigt ist, verlängert sein. Entlang den Rohrstücken sind Beobachtungsöffnungen 10 angeordnet. Diese Beobachtungsöffnungen 10 sind mit entfernbaren Deckeln 11 versehen. Ferner besitzen die Rohrstücke Querleisten 12, die Durchlochungen 13 haben, um die Gase und Dämpfe ungehindert hindurchziehen zu lassen.

In der Abb. 1 ist ein Koksofen 14 dargestellt, der die notwendige Kohlensäure liefert. Die Feuchtigkeit wird in Dampfform durch einen Kessel 15 erzeugt, während die Essigsäuredämpfe in der Pfanne 16 entwickelt werden. Die Verbrennungsprodukte des Koksofens 14 werden unter den Kessel 15 und die Pfanne 16 geführt, um dieselben zu erwärmen. Hierauf werden die Verbrennungsprodukte in eine Rohrleitung 17 hineingeführt, die mit einer Drosselklappe oder einem Ventil 18 versehen ist. Der Dampf wird durch eine von einem Ventil 20 überwachte Rohrleitung 19 in die Kammer eingeführt. Eine Dampfzweigleitung 21, in welcher ein Ventil 22 angeordnet ist, führt zu der Pfanne 16. In der Dampfleitung ist ein Ventil 23 angeordnet. Die Essigsäuredämpfe werden in eine Leitung 24 geleitet, die mit einem Ventil 25 versehen ist. Die Leitungen 17, 19 und 24 münden in das untere Ende der Kammer, und zwar unter Vermittlung eines gemeinsamen Domes 26.

Wie aus der Abb. 3 hervorgeht, haben die Bleistücke 27 eine kugelartige Form, und zwar ist diese Kugel hohl. Die Kugelwandung ist mit Schlitzen 28 versehen. Die Kugeln werden aus dünnem Bleiblech hergestellt, das entsprechend zurechtgeschnitten und geschlitzt und dann auf Kugelform abgebogen wird. Das Bleistück ist hohl und geschlitzt und besitzt eine sehr große Oberfläche, um mit den ätzenden Gasen in Berührung zu kommen, die sogar in dieselbe eintreten. Das Bleistück kann in der Kammer entlangrollen. Die Kugel hat ungefähr einen Durchmesser von 5 cm oder kann auch weniger haben.

In der Abb. 1 sind die einzelnen Rohr- oder Kammerteile zickzackförmig übereinander angeordnet, und die Bleikugeln rollen von einer Abteilung in die andere, wobei sie sich vollständig umdrehen. Hierdurch werden die Bleistücke von allen Seiten den ätzenden Gasen ausgesetzt werden.

Die Abb. 4 und 5 zeigen eine andere Ausführungsform der Vorrichtung der Erfindung. Die Kammer besteht anstatt aus zickzackförmig übereinander angeordneten Rohrteilen aus einem schraubenlinienförmig gewundenen Rohr, so daß die Bleistücke sich in einem schraubenlinienförmigen Pfad nach abwärts bewegen. Diese Kammer ist mit 102 bezeichnet und wird von einem Gerüst 101 unterstützt. In anderer Hinsicht ist die Kammer genau so ausgeführt wie die Kammer der Abb. 1 und 2, und daher ist eine Beschreibung aller Einzelheiten nicht besonders notwendig. Damit man jedoch die Teile der beiden Vorrichtungen voneinander unterscheiden kann, sind diejenigen Teile der Abb. 4 und 5, die mit gleichartigen Teilen der Abb. 1 und 2 übereinstimmen, durch Hinzufügung einer Ziffer zu dem Bezugszeichen gekennzeichnet. Die Kammer bildet also einen langen Pfad. Es ist selbstverständlich, daß die Anzahl der Rohrteile sowie die Länge derselben für die erforderliche Weglänge gewählt werden, um die Bleistücke bei der Wanderung vom Einlaßende bis zum Auslaßende der Kammer zu zersetzen. Die einzelnen Böden der Kammerabteilungen sind in einem solchen Winkel zur Waagerechten angeordnet, daß der Winkel etwas größer als der normale Reibungswinkel der Bleistücke in der Ruhe ist. Hierdurch können die Bleistücke infolge ihres Eigengewichtes den Pfad entlangrollen. In dieser Weise wird auch

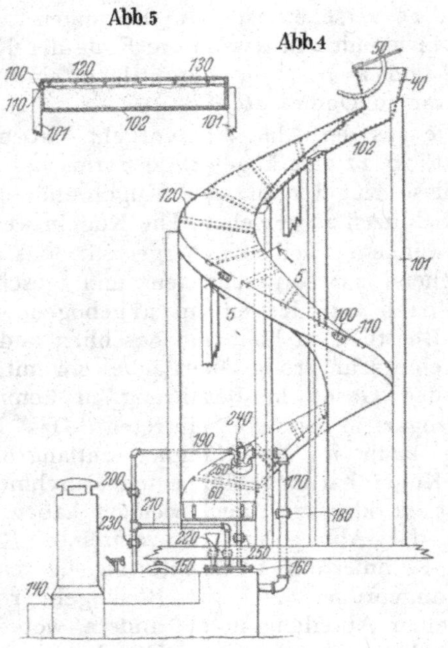

gleichzeitig das Gewicht der Bleistücke zum größten Teil auf den Boden der Kammer übertragen. Es kann daher nicht vorkommen, daß die unteren Bleistücke durch das Gewicht der oberen Bleistücke zerdrückt werden, was bei einer senkrecht angeordneten Kammer eintreten würde.

Zur Ausführung des Verfahrens wird die Kammer mit den Metallstücken von unten bis oben gefüllt, und die Gase und Dämpfe werden dann in die Kammer eingeführt. Die Metallstücke werden nach kurzen Zeiträumen aus dem unteren Teil der Kammer nach Öffnen des Verschlusses 6 entfernt. Gleichzeitig werden bei der Entnahme der Metallstücke frische Metallstücke in das obere Ende der Kammer eingefüllt. Diese Arbeitsweise wird jeden Tag wiederholt, bis schließlich die Metallstücke das untere Ende der Kammer in genügend zersetztem Zustand verlassen. Die Kammer befindet sich nun in einem Zustand, wo sich die zersetzten Metallstücke an dem Auslaßende und die frischen Metallstücke an dem Einlaßende befinden. Nun kann die Vorrichtung ununterbrochen betrieben werden. Das Metall wird in kurzen Zwischenräumen oben zugeführt, während die zersetzten Metallstücke aus dem unteren Ende der Kammer entfernt werden. Dieses geschieht Tag für Tag in ununterbrochener Weise. Während dieser Arbeitsweise kann der Zustand der Metallstücke durch die Beobachtungsöffnungen 10 überwacht werden. Man kann durch Öffnung des Verschlusses 7 teilweise zersetzte Metallstücke herausnehmen und untersuchen. Ferner läßt sich durch die Beobachtungsöffnungen sofort das Festsetzen von Bleistücken feststellen, so daß diese durch Auflockerung nach abwärts rollen.

Die Zeitspanne des Wanderns eines Bleistückes von dem Einlaßende bis zu dem Auslaß der Kammer kann beliebig verändert werden. Das Verfahren läßt sich äußerst bequem überwachen, so daß die tatsächliche Zersetzung äußerst ähnlich derjenigen Zersetzung des holländischen Verfahrens ist. Denn die Zeitspanne der Zersetzung kann so groß wie die des holländischen Verfahrens gemacht werden, da die Kammern ohne weiteres so bemessen werden können, daß die erforderliche Weglänge zur Einwirkung der ätzenden Gase entsteht. Das neue Verfahren wird jedoch nicht absatzweise betrieben, sondern es wird ununterbrochen gearbeitet. Bei dieser ununterbrochenen Arbeitsweise kann man zur Handhabung des Metalles Maschinen, z. B. Fördervorrichtungen 29 und 30, benutzen, die das Metall der Kammer zuführen und von der Kammer entfernen. Es ist daher praktisch keine Gefahr vorhanden, daß das Bedienungspersonal der Vorrichtung der Bleivergiftung ausgesetzt ist.

Die chemische Wirkung ist bedeutend vollkommener und steht unter besserer Kontrolle. Beim Abwärtsrollen der Bleikugeln kommen die Ätzgase stets mit anderen Oberflächen dieser in Berührung. Jedes Bleistück, und zwar jeder Teil, wird der ätzenden Wirkung der Gase mit Sicherheit ausgesetzt. Ferner wandern die Gase in entgegengesetzter Richtung zu der Bewegung der Bleistücke, so daß die frischen Gase stets auf die schon teilweise zersetzten Bleistücke einwirken und erst dann mit den frischen Metallstücken bzw. weniger zersetzten Metallstücken in Berührung kommen. Man kann eine schnelle Zersetzung innerhalb einer kurzen Zeitspanne bei Anwendung von sehr geringen Gasmengen stattfinden lassen.

Den Winkel, welchen die Kammer mit der Waagerechten bildet, braucht nicht an allen Stellen gleich groß zu sein, sondern dieser

Winkel kann größer gemacht werden, je weiter man von dem Einlaßende zu dem Auslaßende gelangt. Der Reibungswinkel der Ruhe der Bleistücke vergrößert sich tatsächlich, je mehr die Bleistücke sich zersetzen. Diese Vergrößerung des Winkels kann leicht dadurch erreicht werden, indem man den Boden der Kammer gemäß den Abb. 1 und 4 entsprechend einer allmählich nach abwärts fallenden Kurve ausbildet. Je weiter man von dem Einlaßende zu dem Auslaßende kommt, oder wenn die Kammer aus einzelnen Rohrstücken zusammengesetzt ist (Abb. 1), kann man jedes weiter nach unten liegende Rohrstück ein klein wenig steiler anordnen. Der Winkel, welcher sich zwischen dem Boden der Kammer und der Waagerechten befindet, kann jedoch auch gleich dem Winkel der ruhenden Reibung des vollständig zersetzten Bleistückes gemacht werden. Er kann auch ein klein wenig größer sein, denn hierdurch wird ein sicheres Abwärtsrollen der Bleistücke von dem Einlaßende bis zu dem Auslaßende der Kammer gewährleistet.

Die Erfindung beschreibt daher ein Verfahren und eine Vorrichtung, welche alle Vorteile des holländischen Verfahrens aufweisen, während jedoch die Nachteile des holländischen Verfahrens beseitigt sind. Das zersetzte Produkt ist dem bei dem holländischen Verfahren hergestellten Produkt vollkommen gleichwertig, und der erzeugte Farbstoff hat die gewünschte große Deckkraft, wodurch sich das Bleiweiß, welches gemäß dem holländischen Verfahren hergestellt ist, auszeichnet.

An sich ist es auch bekannt, zur Herstellung von Bleiweiß in einer Kammer abwärts sich bewegendes Blei ätzenden Gasen auszusetzen. Hierbei wird das Blei in sehr feinem verteiltem Zustand der Einwirkung der Gase ausgesetzt, um eine Reaktionsbeschleunigung herbeizuführen. Dagegen wird bei dem vorliegenden Verfahren erfindungsgemäß das Blei in groben Stücken ohne bedingte Regelmäßigkeit verwendet. Bei dem bekannten Verfahren wird das Metall in fein verteilter Form über Platten zum Reaktionsraum befördert, während gemäß der Erfindung die Bleistücke unter ihrem Eigengewicht auf einer schrägen Ebene rollen, wobei sie im Gegenstrom der Einwirkung der Ätzgase ausgesetzt werden.

Patentansprüche:

1. Verfahren zur Herstellung von Bleiweiß, in welchem Blei der Einwirkung von ätzenden Gasen in Kammern ausgesetzt wird, dadurch gekennzeichnet, daß die Bleistücke in gröberer Form und in mehr oder weniger unregelmäßiger Gestalt sich auf einer rohrförmigen Kammer mit schrägem Boden unter ihrem eigenen Gewicht abwärts bewegen, wobei sie der Einwirkung der entgegenströmenden ätzenden Gase ausgesetzt werden.

2. Verfahren nach Anspruch 1, dadurch gekennzeichnet, daß die zu behandelnden Bleistücke dem oberen Ende der Kammer zugeführt und die behandelten Bleistücke dem unteren Ende der Kammer entnommen werden.

3. Verfahren nach Anspruch 1 und 2, dadurch gekennzeichnet, daß die zu behandelnden Bleistücke rund und hohl sind.

4. Vorrichtung zur Ausführung des Verfahrens nach Anspruch 1, dadurch gekennzeichnet, daß die rohrförmige Kammer so schräg angeordnet ist, daß die schiefe Ebene z. B. in einem Winkel von 30 bis 40° das Hauptgewicht der Bleistücke aufnimmt.

5. Vorrichtung nach Anspruch 4, dadurch gekennzeichnet, daß die rohrförmige Kammer aus mehreren zickzackförmig aneinandergereihten, schräg nach aufwärts gerichteten Rohrstücken (2, 3) besteht.

6. Vorrichtung nach Anspruch 4 und 5, dadurch gekennzeichnet, daß die rohrförmige Kammer aus einem schraubenlinienförmig gewundenen, nach aufwärts gerichteten Rohr besteht.

A. P. 1732490.

Nr. 521383. (C. 35254.) Kl. 22f, 1.

Compania Metalurgica de Mazarron in Puerto de Mazarron, Spanien.

Erfinder: Dipl.-Ing. Georg Sitz in Eberswalde.

Verfahren zur Herstellung von Bleiweiß.

Vom 13. Aug. 1924. — Erteilt am 5. März 1931. — Ausgegeben am 20. März 1931. — Erloschen: 1931.

Es ist eine Reihe von Verfahren zur Herstellung von Bleiweiß bekannt, die als Ausgangsmaterial Bleichloridverbindungen benutzen. Für diese Verfahren ist einerseits der Vorteil geltend gemacht worden, daß sich Bleichloridverbindungen sehr leicht aus minderwertigen, z. B. oxydischen bleihaltigen Stoffen gewinnen lassen, und daß anderseits die Überführung der Bleichloridverbindungen in Bleicarbonat oder basisches Bleicarbonat mit Reagenzien wie Natriumcarbonat, Hydroxyden der Alkalien oder Erdalkalien, Kohlensäure o. dgl. sich wesentlich bequemer gestaltet als z. B. das seit langem geübte Kammerverfahren. Indessen ist es bisher nicht gelungen, bei Verwendung von Bleichloridverbindungen als Ausgangsmaterial ein auch tatsächlich chlorfreies Bleiweiß herzustellen. So mußte z. B. den Vorschlägen, oxydische Bleimaterialien mit Magnesiumchlorid in Bleichloridverbindungen überzuführen, der Erfolg versagt bleiben, da bei der nachträglichen Ausfällung der Bleichloridverbindungen durch Verdünnen sich auch Magnesiumoxychlorid bildet, das wegen seiner Schwerlöslichkeit nicht mehr aus den Bleisalzen entfernt werden kann, insbesondere wenn man die Überführung der Bleichloridverbindungen in basisches Bleicarbonat durch Einleiten von Kohlensäure mit oder ohne Zusatz von gelöschtem Kalk vornimmt. Aber auch die Überführung von Bleichloridverbindungen mit Natriumcarbonat oder Ätznatron und Kohlensäure in Bleiweiß gelingt nach den bisherigen Verfahren nicht einwandfrei. Kocht man z. B. Bleichlorid in bekannter Weise mit Natriumcarbonat, so bildet sich nicht basisches Bleiweiß, sondern neutrales Bleicarbonat. Dieses muß durch besondere Behandlung mit Natronlauge in basisches Bleicarbonat übergeführt werden. Zudem tritt bei der Behandlung des Bleichlorids oder von anderen Bleisalzen in der Siedehitze mit Soda eine Nebenreaktion in Erscheinung, nach der sich geringe Mengen Bleioxyd bilden, die das Endprodukt gelblich färben.

Auch der Vorschlag, ein auf besondere Weise hergestelltes Bleioxyd mit Kochsalzlösung zu behandeln, um die auf diese Weise erzeugte Aufschlämmung von basischem Bleichlorid in alkalischer Lösung durch Einleitung von Kohlensäure in basisches Bleicarbonat überzuführen, hat zu keinem günstigen Ergebnis geführt, da gegen Ende der Reaktion wieder die Bedingungen vorherrschen, die für die Bildung von Bleichlorid günstig sind, und demgemäß das Endprodukt chlorhaltig ausfällt. Dem weiteren Vorschlag, ein chlorhaltiges Bleicarbonat zu erzeugen, mußte von vornherein der Erfolg versagt bleiben, da chlorhaltiges Bleiweiß als Anstrichfarbe nicht verwendbar ist.

Es wurde nun gefunden, daß auch durch Behandlung von Bleichloridverbindungen mit Natriumcarbonat oder Natriumhydroxyd und Soda ein chlorfreies Bleiweiß sich erzielen läßt, wenn sowohl während dieser umkehrbaren Reaktion als auch am Ende derselben die Bedingungen eingehalten werden, die den vollständigen Verlauf derselben in dem gewünschten Sinne begünstigen. Diese liegen vor, wenn eine wäßrige Aufschlämmung von Bleichlorid oder Bleichloridverbindungen mit Sodalösung behandelt wird, derart, daß der Zusatz der Sodalösung allmählich und unter beständiger inniger Mischung mit der Aufschlämmung erfolgt. Dabei muß der Zusatz der Sodalösung so geregelt werden, daß die Lösung erst dauernd alkalisch reagiert, nachdem alles Bleichlorid in basisches Carbonat übergeführt ist. Statt Sodalösung kann als Reagenz auch eine Lösung von Natriumhydroxyd verwendet werden, vorausgesetzt, daß gleichzeitig Kohlensäure in die Aufschlämmung eingeleitet wird.

Gemäß der Erfindung werden z. B. die Bleichloridverbindungen etwa mit der vierfachen Gewichtsmenge Wasser aufgeschlämmt. Gibt man jetzt zu der Aufschlämmung Sodalösung allmählich unter beständigem Rühren zu, so reagiert bei der Umsetzung zunächst das im Wasser gelöste Bleichlorid mit der Sodalösung in der Weise, daß basisches Bleicarbonat ausgeschieden wird. Es geht dann neues Bleichlorid in Lösung, das durch weiteren Sodazusatz wieder gefällt wird. Diese Vorgänge wiederholen sich, bis alles Blei in Form von basischem Bleicarbonat vorliegt. Wird der Sodazusatz in dieser Weise geregelt, so ist das erzeugte basische Bleicarbonat chlorfrei.

Den Vorgängen bei der Umsetzung entsprechen die folgenden chemischen Gleichungen:

1. $3\,PbCl_2 + 2\,Na_2CO_3 = PbO\,PbCl_2 + PbCO_3 + 4\,NaCl + CO_2$
2. $PbO\,PbCl_2 + Na_2Co_3 + H_2O = Pb(OH)_2 \cdot PbCO_3 + 2\,NaCl$
3. $PbCl_2 + Na_2CO_3 = PbCO_3 + 2\,NaCl.$

Durch Regelung der Temperatur und der Verdünnung hat man es in gewissen Grenzen in der Hand, ein mehr oder weniger basisches Produkt zu erzeugen. Die Regelung der Temperatur und der Konzentration des Fällungsmittels bei der Umwandlung in basisches Bleikarbonat wirkt in der Richtung, daß bei starker Verdünnung und niederer Temperatur ein basischeres Produkt erreicht wird als unter den gegenteiligen Bedingungen.

Ersetzt man einen Teil der Soda durch kaustische Soda, so ist es auf diese Weise möglich, die Basizität des Produktes in beliebigen Grenzen zu steigern. In diesem Falle tritt zu den oben angegebenen chemischen Vorgängen noch die durch die folgende Gleichung dargestellte Reaktion hinzu:

4. $3\,PbCl_2 + 4\,NaOH = PbO\,PbCl_2 + Pb(OH)_2 + 4\,NaCl + H_2O.$

Sobald das Wasser dauernd alkalisch reagiert, ist die Umwandlung beendet. Man läßt absetzen und hebert das klare, bleifreie Wasser ab. Das Bleiweiß wird abgepreßt, mit Frischwasser gewaschen, getrocknet und zerstäubt. In dem Waschwasser können dann neue Chloride suspendiert werden.

Da das Verfahren gemäß der Erfindung Bleichloridverbindungen als Ausgangsstoffe benutzt, so sind die Kosten für das Erzeugnis entsprechend niedriger, als wenn, wie beim Kammerverfahren, Blei oder bei anderen Verfahren besonders hergestellte reine Bleioxyde verwendet werden. Denn Bleichloridverbindungen lassen sich aus billigen und unreinen Hüttenprodukten wie Flugstaub von Metallschachtöfen, den Kondensationsprodukten, die bei der verflüchtigenden chlorierenden Röstung von bleihaltigen Erzen oder bei dem sogenannten Wälzverfahren anfallen, nach zahlreichen bekannten Verfahren herstellen. Allerdings ist es nicht empfehlenswert, jedes beliebige Bleichlorid zu verwenden. Denn ist dieses mit färbenden Metallsalzen verunreinigt, die bei der Behandlung mit Soda schwer lösliche Verbindungen bilden, oder enthält es erhebliche Mengen von Erdalkaliverbindungen, so wird das basische Bleicarbonat infolge dieser Verunreinigungen, die es zum Teil aufnimmt, minderwertig. Die richtige Auswahl des Herstellungsverfahrens der Bleichloridverbindungen ist daher von erheblichem Einfluß auf das Verfahren gemäß der Erfindung und auf das nach diesem gewonnene Erzeugnis. Am zweckmäßigsten ist es, die Bleichloridverbindungen durch Behandeln der unreinen bleihaltigen Produkte mit heißer Alkalichloridlösung und nachfolgendes Auskristallisieren in an sich bekannter Weise zu gewinnen. Denn es hat sich herausgestellt, daß bei Verwendung von Alkaliverbindungen sowohl die Lösefähigkeit für Blei erhöht als auch ein reineres und leichter auszuwaschendes Produkt erzielt wird als bei anderen bekannten Verfahren, selbst wenn als Ausgangsmaterial so stark verunreinigte Stoffe wie bleihaltige Flugstäube von Blei-, Kupfer- u. dgl. Schachtöfen verwendet werden.

Dieses Alkalichloridlöseverfahren ermöglicht auch ein sehr gutes Bleiausbringen aus den unreinsten Rohstoffen, insbesondere dann, wenn diese schon von vornherein einen gewissen Chlorgehalt haben. Es hat sich nämlich gezeigt, daß bei der Verwendung chlorhaltiger Rohmaterialien ohne Schwierigkeiten Ausbeuten von 90 % des im Laugegut enthaltenen Bleis und mehr erzielt werden, während durch Laugung chlorfreier, bleioxydhaltiger Stoffe mit Alkalichloridlösungen bei weitem nicht dasselbe gute Bleiausbringen erreichbar ist. Die Lösevorgänge hierbei lassen sich durch folgende chemische Gleichungen erklären:

5. $PbCl_2 + 2\,NaCl = PbCl_2 \cdot 2\,NaCl$
(in der Hitze lösliches Doppelsalz)

6. $PbO + 4\,NaCl + H_2O$
$= PbCl_2 \cdot 2\,NaCl + 2\,NaOH$

7. $PbO + 2\,NaOH = Pb(ONa)_2 + H_2O$

8. $PbSO_4 + 4\,NaCl$
$= PbCl_2 \cdot 2\,NaCl + Na_2SO_4$.

Aus der vom Rückstand abfiltrierten heißen Bleialkalichloridlösung wird das Blei in Form von Bleichloridverbindungen in bekannter Weise durch Abkühlung ausgefällt. Diese Fällung wird durch Verdünnen mit Wasser unterstützt. Die heiße, konzentrierte Lauge vermag 60 bis 80 g Blei pro Liter zu lösen, während nach dem Verdünnen und Abkühlen nur etwa 10 bis 20 g Blei pro Liter in Lösung bleiben. Das Gemisch der gefällten Bleisalze wird gut abgenutscht.

Die entbleite Lauge wird durch Verdampfen oder Zugabe von Salz gesättigt und wieder zum Lösen von neuem Flugstaub verwandt. Um eine Ausreicherung von schädlichen Verunreinigungen in der Lauge zu verhüten, genügt es, einen Teil derselben (10 bis 20 %) abzusetzen. Das Blei aus dieser abgesetzten Lauge läßt sich leicht auf verschiedene Weise gewinnen, z. B. durch die bekannten Fällungen mit gelöschtem Kalk oder mit Natriumbichromat unter Gewinnung von Chromgelb.

Der Rückstand von der Alkalichloridlaugerei kann entsprechend seinem Gehalt an anderen Metallen weiterverwertet werden.

Ausführungsbeispiel

Man behandelt 100 kg eines chlorhaltigen Bleihüttenflugstaubes mit einem Gehalt von 65 % Pb, von denen etwa 45 Einheiten an Cl' gebunden sind, während der Rest hauptsächlich als Oxyd und Sulfat vorliegt, mit 1000 l kaltgesättigter NaCl-Lösung, die sich bei dem Verfahren im Kreislauf befindet und daher schon etwa 10 g Pb pro Liter gelöst enthält. Die Lösung des Bleies findet unter Erwärmen der Kochsalzlösung bis auf 100° C und unter beständigem Rühren statt. Die Lauge wird heiß filtriert und das Filtrat auf etwa 20° C abgekühlt. Außerdem wird das Filtrat durch Zusatz von Wasser, von dem ein Teil zum heißen Auswaschen des Filterrückstandes benutzt wurde, auf etwa 1200 l verdünnt. Die nach der Abkühlung ausgefallenen Bleichloride werden abgenutscht und von dem Filtrat 100 l abgesetzt. Der Rest des Filtrates wird auf 1000 l eingedampft und nach Zusatz von etwa 30 kg Kochsalz wieder zu einer neuen Behandlung benutzt. Er enthält etwa 10 g Pb pro Liter gelöst. Die abgenutschten Chloride, deren Gewicht im feuchten Zustande etwa 120 kg mit etwa 50 % Pb beträgt, werden zweckmäßig fein gemahlen und mit 500 l Wasser aufgeschlämmt. Will man nun ein Bleiweiß erzeugen, das etwa 79 % Pb und 12 % CO_2 enthält, so setzt man zu der Aufschlämmung allmählich unter beständigem, kräftigem Rühren eine Sodalösung hinzu, die im Liter 85 g calc. Soda und 15 g Ätznatron enthält. Die Temperatur bei der Umwandlung beträgt 20° C, die Dauer derselben 20 Stunden. Man regelt nun den Zusatz der Sodalösung so, daß in den ersten 5 Stunden etwa 150 l, in weiteren 5 Stunden 100 l, in weiteren 5 Stunden 75 l und schließlich 25 l zufließen. Vor Zusatz der letzten 100 l Sodalösung dekantiert man einmal mit frischem Wasser. Nach Verbrauch von 350 l des erwähnten Sodagemisches ist die Umwandlung beendet, und erst dann darf die Aufschlämmung alkalisch reagieren. Man nutscht das Bleiweiß ab und wäscht es mit Wasser gut aus. Es wird bei maximal 100° C getrocknet. Die Waschwässer gehen in einen neuen Umwandlungsprozeß zurück. Die bereits erwähnten 100 l abgesetzte Löselaugen werden durch Zusatz von gelöschtem Kalk bis zur alkalischen Reaktion entbleit.

PATENTANSPRÜCHE:

1. Verfahren zur Herstellung von Bleiweiß aus Bleichlorid bzw. Bleichloridverbindungen unter Benutzung von Soda bzw. kaustischer Soda und Kohlensäure als Fällungsmittel, dadurch gekennzeichnet, daß eine wäßrige Aufschlämmung von Bleichlorid bzw. Bleichloridverbindungen durch allmählichen Zusatz von Sodalösung, die auch noch kaustische Soda enthalten kann, unter beständiger, inniger Mischung miteinander in basisches Bleicarbonat umgewandelt wird, wobei der Zusatz der Sodalosung entsprechend dem Fortschritt der Umsetzung derart zu regeln ist, daß die Lösung erst dann dauernd alkalisch reagiert, nachdem alles Bleichlorid als basisches Carbonat vorliegt.

2. Verfahren nach Anspruch 1, dadurch gekennzeichnet, daß die Umwandlung der im Wasser aufgeschlämmten Bleichloridverbindungen in basisches Bleicarbonat durch allmählichen Zusatz von kaustischer Soda unter gleichzeitigem Einleiten von Kohlensäure erfolgt.

3. Verfahren nach Anspruch 1 und 2, dadurch gekennzeichnet, daß solche Bleichloridverbindungen in basisches Bleicarbonat übergeführt werden, die frei von färbenden Metallsalzen sind und nur geringe Mengen Erdalkaliverbindungen enthalten, insbesondere solche Bleichloridverbindungen, die in bekannter Weise aus zweckmäßig chloridhaltigen Flugstäuben von Blei- und Kupferschachtöfen oder aus Erzeugnissen der chlorierenden, verflüchtigenden Röstung durch Behandeln mit Alkalichloridlösungen gewonnen worden sind.

Die Angabe S. 3278, Zeile 15: Magnesiumoxychlorid sei schwerlöslich, ist insofern nicht zutreffend, als es mit Wasser zu Mg $(OH)_2$ und einer starken $MgCl_2$-Lösung hydrolysiert wird.

Nr. 463938. (H. 95790.) Kl. 22f, 1.

HOLZVERKOHLUNGS-INDUSTRIE ACT.-GES. IN KONSTANZ I. B.

Herstellung von Bleiweiß.

Vom 20. Jan. 1924. — Erteilt am 19. Juli 1928. — Ausgegeben am 4. Aug. 1928. — Erloschen: 1930.

Die verschiedenen Versuche, Kammerbleiweiß durch auf dem Wege der Fällung hergestelltes Bleiweiß vollwertig zu ersetzen, haben bis jetzt zu einem Erfolg nicht geführt. Es hat sich gezeigt, daß die auf nassem Wege hergestellten Farbstoffe in Deckkraft und Farbenton sowie in der Anreibbarkeit mit Öl in nassem Zustand dem Kammerbleiweiß nicht entsprechen.

Unter anderem ist vorgeschlagen worden, Bleizuckerlösung, welche die zur Herstellung von basischem Bleicarbonat theoretisch notwendige Menge von Bleioxyd enthält, mit Sodalösung zu fällen. Auf diesem Wege erhält man zwar ein in seiner Zusammensetzung dem Kammerbleiweiß $(Pb(OH)_2 \cdot 2\,PbCO_3)$ entsprechendes Erzeugnis von guter Deckkraft, das aber einen bläulichen Farbenton besitzt, welcher es für viele Zwecke unverwendbar macht.

Nach einem anderen Vorschlag wird mit Bleiglätte gesättigte Bleizuckerlösung mit einem Gemisch von calcinierter Soda und Bicarbonat in der Siedehitze gefällt. Man gelangt hierdurch zu einem Erzeugnis, dessen Kohlensäuregehalt mit dem von Kammerbleiweiß praktisch übereinstimmt, welches aber in seinen Eigenschaften dem Kammerbleiweiß ebenfalls nicht gleichkommt. Beim Anreiben mit Rebschwarz erhält man z. B. ein Erzeugnis von hellgrauem Farbenton mit einem Stich ins Bläuliche. Außerdem bleibt das Erzeugnis mit Bezug auf Anreibbarkeit mit Öl und Deckkraft hinter dem Kammerbleiweiß zurück.

Nach vorliegender Erfindung werden die Nachteile der bekannten Verfahren dadurch behoben, daß man zunächst ein basisches Bleicarbonat herstellt, dessen Gehalt an Kohlensäure höher ist als der des Kammerbleiweißes, was z. B. derart geschehen kann, daß eine Bleizuckerlösung, welche weniger als die zur Herstellung der Verbindung $Pb(OH)_2 \cdot 2\,PbCO_3$ erforderliche Menge von Bleioxyd enthält, vorteilhaft in der Kälte mit Hilfe eines passenden kohlensauren Salzes, z. B. von Alkalicarbonat oder Erdalkalicarbonat, gefällt wird. Man verfährt z. B. derart, daß in einer Bleizuckerlösung Bleioxyd in solcher Menge gelöst wird, daß auf 1 Mol. Bleizucker $^1/_4$ Mol. PbO kommt. Durch Fällung mittels Sodalösung erhält man ein basisches Bleicarbonat, welches nach dem Trocknen 13,6 % Kohlensäure enthält. Das auf diesem Wege erhaltene Erzeugnis entspricht zwar in der Deckkraft und im Farbenton dem Kammerbleiweiß, läßt aber hinsichtlich der Verreibbarkeit mit Öl noch zu wünschen übrig.

Dieser Nachteil kann, wie weiter gefunden wurde, dadurch behoben werden, daß man den Kohlensäuregehalt des Erzeugnisses vermindert, und zwar zweckmäßig so weit, daß das Enderzeugnis in seiner Zusammensetzung dem Kammerbleiweiß etwa entspricht. Dies Ziel wird z. B. dadurch erreicht, daß man die Fällung längere Zeit kocht. Hierbei hat sich gezeigt, daß eine Trennung des durch Fällung unmittelbar entstandenen basischen Bleicarbonats von der gleichzeitig entstandenen Natriumacetatlauge nicht erforderlich ist. Man kann vielmehr die gesamte Masse, so wie sie anfällt, bei gewöhnlichem oder erhöhtem Druck kochen. Im allgemeinen hat es sich als vorteilhaft erwiesen, das Kochen im geschlossenen, mit Rückflußkühler ausgestatteten Gefäß unter Rühren durchzuführen. Schließlich wurde noch gefunden, daß die Flüssigkeiten zweckmäßig so eingestellt werden, daß etwa 5- bis 10prozentige Natriumacetatlauge entsteht. Das Kochen wird so lange fortgesetzt, bis der Farbstoff einen Kohlensäuregehalt von etwa 11,4 % besitzt. Hierauf wird das Bleiweiß z. B. durch Zentrifugieren oder mit Hilfe von Filterpressen o. dgl. von der Natriumacetatlauge getrennt und in gleicher Weise wie Kammerbleiweiß mit Öl verrieben. Die völlig bleifreie Mutterlauge kann durch Eindampfen angereichert werden.

Der so gewonnene Farbstoff entspricht in allen Eigenschaften dem Kammerbleiweiß; er besitzt ausgezeichnete Deckkraft und ist sehr gut mit Öl anreibbar. Beim Verreiben mit Rebschwarz wird ein reiner grauer Farbenton erzielt.

PATENTANSPRÜCHE:

1. Herstellung von Bleiweiß, dadurch gekennzeichnet, daß auf nassem Wege basisches Bleicarbonat von einem Kohlensäuregehalt hergestellt wird, der höher ist als der Kohlensäuregehalt des Kammerbleiweißes, worauf dem Erzeugnis wieder so viel Kohlensäure entzogen wird, daß das Enderzeugnis in seiner Zusammensetzung etwa dem Kammerbleiweiß entspricht.

2. Verfahren nach Anspruch 1, dadurch gekennzeichnet, daß Bleizuckerlösung, welche weniger als die zur Herstellung der Verbindung $Pb(OH)_2 \cdot 2\,PbCO_3$ erforderliche Menge von Bleioxyd enthält, mit kohlensauren Salzen gefällt und die Masse zweckmäßig in einem mit Rührwerk und Rückflußkühler versehenen Gefäß gekocht wird.

Nr. 558 672. (N. 60. 30.) Kl. 22f, 2. SHIN NEGISHI IN AMAGASAKI, JAPAN.

Verfahren zur Herstellung feinpulveriger Bleisulfate.

Vom 17. Sept. 1930. — Erteilt am 25. Aug. 1932. — Ausgegeben am 13. Sept. 1932. — Erloschen: . . .
Japanische Priorität vom 21. Sept. 1929 beansprucht.

Gegenstand der Erfindung ist ein Verfahren zur Herstellung feinpulveriger Bleisulfate aus Bleisuboxyd, gegebenenfalls im Gemisch mit Bleioxyd oder Mennige oder beiden, durch Einwirkung schwefligsaurer Gase auf diese Ausgangsstoffe. Die erhaltenen Bleisulfate zeichnen sich dadurch aus, daß sie sehr leicht und locker sind, hohe Reaktionsfähigkeit aufweisen und die Herstellung besonders hochwertiger Produkte, z. B. Farben von großer Deckkraft, ermöglichen.

Zur Herstellung von Bleisulfat nach der

Erfindung geht man im wesentlichen derart vor, daß man ein feines Pulver von Bleisuboxyd bzw. Bleisuboxyd im Gemisch mit Bleiglätte und/oder Mennige in feinster Verteilung zugleich mit Luft in einen hocherhitzten Raum einbläst und hierzu schwefligsaure Gase bringt.

Die Herstellung von Bleisulfat derart, daß das Ausgangsmaterial in feiner Verteilung in eine erhitzte Ofenkammer und dort in einem Gemisch von oxydierenden Gasen und Schwefeldioxyd zur Reaktion gebracht wird, ist an sich, und zwar für die Herstellung von Pigmenten, bekannt. Es ist beispielsweise vorgeschlagen worden, staubförmiges, geschmolzenes, metallisches Blei, oder nach einem anderen Vorschlage, fein verteiltes Bleioxyd als Ausgangsmaterial zur genannten Behandlung zu unterwerfen.

Es hat sich jedoch gezeigt, daß die Eigenschaften von Bleisulfat in ganz erheblichem Umfange abhängig sind von den verwendeten Ausgangsmaterialien und daß insbesondere das verwendete Ausgangsmaterial von erheblichem Einfluß auf das Schüttgewicht des Endproduktes ist.

Es wurde beispielsweise gefunden, daß bei Verwendung von staubförmig vermahlenem metallischem Blei Endprodukte mit einem Schüttgewicht von 1,2 g/cm³ erhalten werden, während bei Verwendung von Bleisuboxydpulver das Schüttgewicht des erhaltenen Bleisulfates nur etwa 0,4 g/cm³ beträgt. Das unter Verwendung von Bleisuboxyd erhaltene Material erweist sich auch Bleioxydprodukten gegenüber als erheblich überlegen und übertrifft die hinsichtlich des Schüttgewichtes noch am nahesten kommenden Mennigeprodukte bedeutsam durch seine hohe Reaktionsfähigkeit, wodurch es mit Vorteil für die verschiedensten Anwendungszwecke geeignet ist.

Das äußerst feine, leichte und lockere Pulver von aus Bleisuboxyd bzw. unter Verwendung von Bleisuboxyd hergestelltem Bleisulfat eignet sich beispielsweise durch die neben der hohen Reaktionsfähigkeit auffallende reine weiße Farbe zur Verwendung als Farbpigment. Die Deckkraft damit hergestellter Farben übertrifft dabei die von Farben, deren Pigment unter Verwendung von fein verteiltem Blei als Ausgangsmaterial hergestellte Bleisulfate sind, ganz bedeutsam.

Infolge ihres außerordentlich geringen Schüttgewichtes eignen sich die nach dem Verfahren gemäß Erfindung erhaltenen Produkte auch vorzüglich für die Herstellung von Sammlerplatten für Akkumulatoren, da abhängig von dem geringen Schüttgewicht äußerst poröse, aktive Massen erhalten werden und damit bei großer Lebensdauer eine wesentliche Vergrößerung der Kapazität erreicht wird.

Die Herstellung der Bleisulfate nach der Erfindung soll an Hand der beiliegenden Zeichnung in einem Ausführungsbeispiel näher beschrieben werden.

Zur Umwandlung des Bleisuboxydes bzw. der Bleisuboxyd enthaltenden Ausgangsmaterialien in Bleisulfat, hauptsächlich in basisches Bleisulfat, wird zunächst der Ofenraum des Reaktionsofens *a* mit Hilfe der Brenner *b* und *b'* auf eine Temperatur von

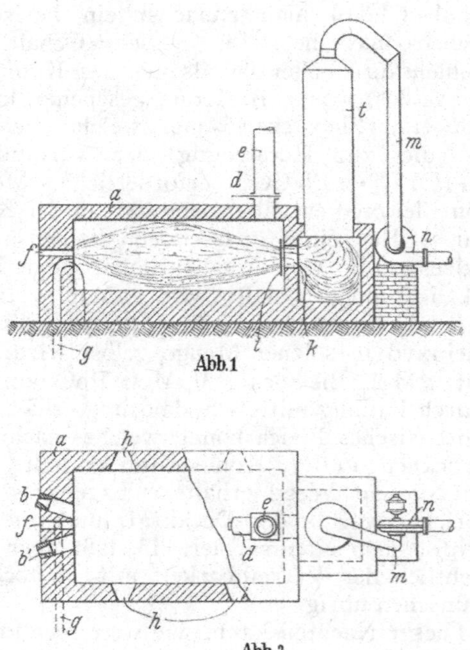

Abb. 1

Abb. 2

etwa 700° C gebracht. Hierbei wird anfangs die Abzugsklappe *d* geöffnet gehalten, so daß die Verbrennungsgase der Brenner durch die Leitung *e* entweichen können. Sobald der gesamte Ofenraum die erforderliche Temperatur angenommen hat, wird durch die Leitung *f* Bleisuboxyd oder ein solches enthaltendes Ausgangsmaterial, mit Luft vermischt, eingeblasen. Die Leitung *f* ist so zu den Brennern *b* und *b'* angeordnet, daß deren Flammen sie selbst und das eingeführte Gut bei seinem Austritt aus der Leitung umspülen, so daß die bleihaltigen Ausgangsstoffe bereits in Rauchform in den Ofenraum eindringen und sich in dem hocherhitzten Luftraum der Kammer leicht verteilen. Gleichzeitig wird von *g* aus schwefligsaures Gas in den Ofen eingeblasen und tritt mit dem rauchförmigen Gemisch aus Luft und bleihaltigen Ausgangsstoffen in Reaktion. Hierdurch entsteht basisches Bleisulfat, welches den Ofen durch die Durchtrittsöffnung *k* verläßt und mit dem

Luftstrom durch einen Kühlraum *l* und schließlich mit Hilfe des Ventilators *n* durch die Leitung *m* dem Sammelbehälter zugeführt wird. Durch die Entleerungsöffnungen *h* kann auch im Ofenraum abgelagertes Fertigprodukt entleert werden.

Bei Verwendung von 100 kg Bleisuboxyd und 45 l Schweröl als Brennstoff für die Erhitzung sowie 15 kg Schwefel, der bei Temperaturen von etwa 700° C zugegeben wird, erhält man beispielsweise 110 kg basischen Bleisulfats mit 70 % $PbSO_4$.

Zur Herstellung basischen Bleisulfates mit höherem, etwa 80 % betragendem $PbSO_4$-Gehalt empfiehlt es sich, Bleisuboxyd, mit Mennige vermischt, zu verwenden, welche durch Zufuhr von Sauerstoff den Reaktionsvorgang erleichtert.

Bei der Durchführung des Verfahrens kann man auch so vorgehen, daß man zunächst das bleihaltige Ausgangsmaterial im Zustande feinster Verteilung in einem Luftstrom suspendiert, einer Vorerhitzung unterwirft und im erhitzten Zustande dem Reaktionsraum zuführt.

Es hat sich gezeigt, daß man hierdurch einen besonders glatten und schnellen Reaktionsverlauf erzielen kann.

Durch entsprechende Einstellung von Temperatur und Menge des zugeführten Schwefeldioxydes kann man schließlich das erhaltene Reaktionsprodukt auf jedes beliebige Verhältnis von Bleisulfat und Bleioxyd einstellen und damit die Endprodukte weitgehend den beabsichtigten Verwendungszwecken anpassen.

Patentansprüche:

1. Verfahren zur Herstellung feinpulveriger Bleisulfate durch Einwirkung schwefligsaurer Gase in Gegenwart oxydierender Gase auf Bleioxyde im Zustande feinster Verteilung in hocherhitzten Räumen, dadurch gekennzeichnet, daß als Ausgangsmaterial Bleisuboxyd oder Gemische von Bleisuboxyd mit Bleioxyd oder Mennige oder beiden verwendet werden.

2. Verfahren nach Anspruch 1, dadurch gekennzeichnet, daß bleisuboxydhaltige Ausgangsmaterialien im Zustande feinster Verteilung in einem Luftstrom suspendiert, einer Vorerhitzung unterworfen und in erhitztem Zustande dem Reaktionsraum zugeführt wird.

S. a. E. P. 358644 und 358645.

Nr. 558673. (I. 41327.) Kl. 22f, 10.

I. G. Farbenindustrie Akt.-Ges in Frankfurt a. M.
Erfinder: Dr. Max Günther, Dr. Ekbert Lederle in Ludwigshafen a. Rh. und Dr. Hans Georg Grimm in Heidelberg.

Weiße Mineralfarben.

Vom 22. April 1931. — Erteilt am 25. Aug. 1932. — Ausgegeben am 9. Sept. 1932. — Erloschen: . . . .

Gegenstand vorliegender Erfindung sind weiße Mineralfarben, bestehend aus Mischkristallen von Bleisulfat, Bleimolybdat und bzw. oder Bleiwolframat, in denen auch ein Teil des Bleis durch Barium oder Strontium oder beide und ein Teil der Anionen durch Selenation isomorph ersetzt sein kann.

Die Herstellung der Mischkristalle erfolgt durch Umsetzung der Lösungen bzw. Suspensionen von Blei- und gegebenenfalls Barium- und Strontiumsalzen mit Lösungen bzw. Suspensionen von Sulfaten, Molybdaten und bzw. oder Wolframaten, gegebenenfalls auch Selenaten.

Die nach vorliegendem Verfahren hergestellten Produkte sind von reinweißer Farbe; sie besitzen hohe Deckkraft und große Farbstärke, gebrauchen die übliche Ölmenge und sind gut verstreichbar. Ein besonderer Vorteil gegenüber Bleiweiß besteht in ihrer geringen Löslichkeit in Wasser und wäßrigen Lösungen, wodurch die Giftwirkung des Bleis stark vermindert und das Auftragen durch Verspritzen ermöglicht wird.

Beispiel 1

Weißpigment aus Mischkristallen der Zusammensetzung: $Pb(S_{0,9}Mo_{0,1})O_4$:

Eine Lösung von 34 Teilen Bleinitrat in 1000 Teilen Wasser wird mit einer Lösung von 16 Teilen Kaliumsulfat und 2 Teilen Ammoniummolybdat in 1000 Teilen Wasser vermischt. Es scheidet sich hierbei ein Niederschlag aus, der abfiltriert wird. Er stellt nach dem Trocknen und Vermahlen einen reinweißen Farbkörper von hoher Deckkraft und großer Farbstärke dar.

Beispiel 2

Weißpigment aus Mischkristallen der Zusammensetzung: $Pb(S_{0,6}Mo_{0,4})O$:

Eine auf 50° erhitzte Lösung von 19,3 Teilen Natriumsulfat und 7,1 Teilen Ammoniummolybdat in 1000 Teilen Wasser wird nach vorheriger Neutralisation mit Natronlauge allmählich zu einer 50° heißen Lösung von 38 Teilen Bleiacetat in 700 Teilen Wasser unter kräftigem Durchrühren gegossen. Es fällt ein reinweißer Niederschlag aus, der nach dem Abfiltrieren, Auswaschen und Trocknen eine weiße Anstrichfarbe von hoher Deckkraft und guter Farbstärke liefert.

Beispiel 3

Weißpigment aus Mischkristallen der Zusammensetzung: $Pb(S_{0,8}Mo_{0.15}W_{0.05})O_4$:

Man fällt eine Lösung von 33,2 Teilen Bleinitrat in 900 Teilen Wasser mit einer Lösung von 25,8 Teilen Natriumsulfat, 2,7 Teilen Ammoniummolybdat und 1,3 Teilen Ammoniumwolframat in 1200 Teilen Wasser im Verlaufe 1 Stunde unter ständigem Rühren. Der hierbei gebildete Niederschlag stellt nach dem Auswaschen, Trocknen und Vermahlen eine reinweiße Anstrichfarbe von der doppelten Deckkraft und der 1,3fachen Farbstärke des Kammerbleiweißes dar.

Beispiel 4

Weißpigment aus Mischkristallen der Zusammensetzung: $Pb_{0,9}Ba_{0.1}(S_{0,9}Mo_{0.1})O_4$:

Durch Vermischen einer Lösung von 15,7 Teilen Kaliumsulfat und 1,8 Teilen Ammoniummolybdat in 1000 Teilen Wasser mit einer Lösung von 30 Teilen Bleinitrat und 2,6 Teilen Bariumnitrat in 800 Teilen Wasser erhält man einen reinweißen Niederschlag, der nach dem Auswaschen, Trocknen und Vermahlen gute farbtechnische Eigenschaften aufweist und sich vor allem durch geringe Löslichkeit auszeichnet.

Beispiel 5

Weißpigment aus Mischkristallen der Zusammensetzung: $Pb(S_{0,75}Mo_{0,25})O_4$:

44,6 Teile Bleiglätte werden in einer Lösung von 17,6 Teilen Kochsalz in 100 Teilen Wasser, zweckmäßig unter Erwärmen, verrührt. Nach Neutralisation der entstandenen Natronlauge mit Salzsäure wird der Farbkörper durch allmähliches Eintragen einer Lösung von 8,9 Teilen Ammoniummolybdat in 160 Teilen 2-normaler Schwefelsäure gefällt. Nach öfterem Dekantieren wird filtriert, mehrmals mit Wasser nachgewaschen und getrocknet. Das reinweiße Pigment zeichnet sich besonders durch hohe Deckkraft aus.

Beispiel 6

Weißer Farbkörper aus Mischkristallen: $Pb_{0,8}Ba_{0,2}(S_{0,9}Mo_{0,1})O_4$:

In einer Lösung von 1,8 Teilen Ammoniummolybdat auf 200 Teile Wasser werden 24,2 Teile Bleisulfat und 4,7 Teile Bariumsulfat suspendiert, worauf das Ganze unter ständigem Rühren so lange auf 40° gehalten wird, bis der Molybdatgehalt in der Lösung nicht mehr abnimmt. Die entstandenen Mischkristalle werden abfiltriert, ausgewaschen und getrocknet. Sie sind von einem sehr reinen Weiß, haben gute farbtechnische Eigenschaften und sind im Vergleich mit Bleiweiß sehr wenig giftig.

Beispiel 7

Weißpigment aus Mischkristallen der Zusammensetzung: $Pb(S_{0,95}Mo_{0,03}W_{0,02})O_4$:

Ein Gemisch aus 28 Teilen Bleisulfat, 1 Teil Bleimolybdat und 0,9 Teilen Bleiwolframat wird mit Wasser zu einem Brei verrührt und während 4 Stunden unter ständigem Durchrühren auf 60° gehalten. Nach dem Erkalten wird das Wasser abgepreßt. Die entstandenen Mischkristalle stellen nach dem Trocknen ein weißes Pigment von der doppelten Deckkraft des reinen Bleisulfats dar.

PATENTANSPRÜCHE:

1. Weiße Mineralfarben, bestehend aus Mischkristallen von Bleisulfat, Bleimolybdat und bzw. oder Bleiwolframat.

2. Weiße Mineralfarben gemäß Anspruch 1, dadurch gekennzeichnet, daß ein Teil des Bleis durch Barium oder Strontium ersetzt ist.

3. Weiße Mineralfarben nach Anspruch 1 und 2, dadurch gekennzeichnet, daß ein Teil der Anionen durch Selenation ersetzt ist.

4. Verfahren zur Herstellung weißer Mineralfarben nach Anspruch 1 bis 3, dadurch gekennzeichnet, daß man die Mischkristalle aus den wäßrigen Lösungen bzw. Suspensionen der Komponenten erzeugt und trocknet.

Nr. 467588. (L. 66255.) Kl. 12n, 6.

LACKWERKE JAPONIKA G. M. B. H. IN KÖLN-BRAUNSFELD

Verfahren zur Herstellung von Zinkoxyd.

Vom 11. Juli 1926. — Erteilt am 11. Okt. 1928. — Ausgegeben am 4. Juli 1929. — Erloschen: 1933

Zinkoxyd entsteht aus dem Metall durch Verbrennung, und es wird heute technisch in der Weise hergestellt, daß das geschmolzene Metall in Muffeln einem Luftstrom ausgesetzt wird. Der Nachteil des Verfahrens beruht in der notwendigen großen Ofenanlage und dem sehr erheblichen Verschleiß an Muffeln. Es hat sich nun gezeigt, daß man in ganz kleinen Anlagen in sehr wirtschaftlicher Weise Zinkoxyd herstellen kann, und zwar mit einem Prozentsatz, der eine außergewöhnlich hohe Ausbeute an bestem Zinkweiß gibt, indem man das vorher fein gepulverte Zink mit Sauerstoff oder Luft als Flamme verbrennt, in ähnlicher Weise, wie es etwa in einer Kohlenstaubfeuerung der Fall ist. Ist die Entzündung einmal eingeleitet, so brennt die Zinkflamme weiter, und es genügt, das entstandene Zinkoxyd in Kammern aufzufangen. Zweckmäßig, wenn auch nicht notwendigerweise, wird die Verbrennungsluft vorher erhitzt, wobei man sie gegebenenfalls noch durch Sauerstoff anreichert oder ganz durch Sauerstoff ersetzt.

Es ist bereits vorgeschlagen worden, einen mit Metallstaub beladenen Luftstrom aus dem Innenrohr eines doppelwandigen Brenners austreten zu lassen, während gleichzeitig für die Dauer des ganzen Verfahrens aus der ringförmigen Mündung des Mantelrohrs ein brennbares Gas entströmt, welches den metallbeladenen Luftstrom mit einer Flammenhülle umgibt. Beim Durchtritt durch diese Flammenhülle wird das Metall genügend hoch erhitzt, um mit dem vorhandenen Luftsauerstoff das gewünschte Oxyd zu bilden. Demgegenüber wird nach vorliegendem Verfahren auf eine derartige ständige Hilfsheizung verzichtet, vielmehr die für die Erhitzung der Metallteilchen notwendige Wärme dem Oxydationsvorgange selbst entnommen. Die hohe Verbrennungswärme des Zinkmetalls, sein außerordentlich niedriger Siedepunkt und die Leichtflüchtigkeit seines Oxydes ermöglichen die Leitung der Verbrennung in Form einer sich selbst unterhaltenden Flamme, etwa nach Art einer Bunsenflamme.

Patentanspruch:

Verfahren zur Herstellung von Zinkoxyd durch Entzündung eines mit fein gepulvertem Zink beladenen Luftstromes, dadurch gekennzeichnet, daß die Verbrennung in Form einer reinen Zinkflamme, unter Verzicht auf eine ständige Hilfsheizung, vorgenommen wird.

Nr. 530731. (C. 24. 30.) Kl. 12n, 6.

Compagnie Française de Transformation Metallurgique in Paris.

Verfahren und Ofen zur Herstellung von Zinkoxyd aus metallischem Zink.

Vom 6. Mai 1930. — Erteilt am 16. Juli 1931. — Ausgegeben am 31. Juli 1931. — Erloschen: 1933.

Französische Priorität vom 15. April 1930 beansprucht.

Gegenstand der Erfindung ist ein Verfahren zur Herstellung von Zinkoxyd aus metallischem Zink oder metallisches Zink enthaltenden Materialien unter Ausnutzung der bei der Verbrennung entstehenden Strahlungswärme.

Es ist nun bereits bekannt, die bei der Verbrennung von Zinkdämpfen entstehende Verbrennungswärme dadurch auszunutzen, daß man die mit Luft vermischten Verbrennungsgase über hintereinander angeordnete Metallbäder hinwegstreichen läßt, wobei die Verbrennungswärme dem Metallbad zugeführt wird, über welchem die Verbrennung der Zinkdämpfe stattfindet. Ein solches Verfahren erfordert langgestreckte Öfen und läßt eine restlose Ausnutzung der Verbrennungswärme deshalb nicht zu, weil sich das Bad bald mit einer Oxydschicht bedeckt, die die Einstrahlung der Wärme sehr vermindert. Außerdem ermöglicht dieses Verfahren kein rasches Arbeiten und ergibt auch kein gleichmäßiges Zinkoxyd.

Das vorliegende Verfahren vermeidet diese Nachteile dadurch, daß die Ausgangsstoffe in einer oder mehreren vorzugsweise stehenden, durch die Strahlungswärme mitbeheizten Retorten in kleinen Mengen auf eine die Retorten nur teilweise anfüllende beheizte stückige Unterlage aufgebracht, dort verdampft und die Zinkdämpfe bei Austritt aus den Retorten verbrannt werden.

Durch das Aufbringen des Ausgangsmaterials in kleineren Mengen auf die bis auf etwa 1400° C erhitzte stückige Unterlage wird diese Menge sofort verflüssigt und auf der Unterlage verteilt, so daß eine rasche Verdampfung des Zinks eintritt, wobei die anderen geschmolzenen Bestandteile durch die Unterlage nach unten sickern. Um diese rasche Verarbeitung des Materials auf der als Hitzespeicher wirkenden Unterlage zu sichern, überwiegt daher zweckmäßig die Menge der Unterlage stets die Menge des aufgebrachten Materials. Die Unterlage selbst besteht vorteilhaft aus reduzierenden Stoffen, z. B. Kohle, Koks oder irgendeiner anderen festen Substanz, welche Kohlenstoff ohne flüchtige Beimengungen enthält, um damit die Destillation des Zinks in vollkommen reduzierender Atmosphäre vorzunehmen und damit die Bildung von Aschen und unreinen Oxyden zu verhindern.

Man erhält dadurch bei der Verbrennung

der Zinkdämpfe ein reines und gleichmäßiges Zinkoxyd.

Da nach dem vorliegenden Verfahren der obere Teil der Retorte mit Zinkdämpfen angefüllt ist und diese erst beim Austritt aus der Retorte mit kurzer, sehr heißer Flamme und sehr starker Hitzestrahlung verbrennen, so kann diese Strahlung durch die gut wärmeleitenden Zinkdämpfe hindurch ungehindert auf die in der Retorte befindliche Unterlage einwirken und diese wirksam beheizen. Um die Unterlage dauernd auf der Betriebstemperatur von etwa 1400° C zu erhalten, ist noch eine Hilfsheizung vorgesehen, die zugleich dazu dient, beim Beginn des Prozesses die Unterlagen auf diese Temperatur zu bringen.

Die Vorzüge des neuen Verfahrens bestehen außer in den bereits angeführten in der großen Ersparnis an Brennstoff. Die Überführung von mehr als drei Viertel des Zinks in Dampfform sind auf die Ausnutzung der Verbrennungswärme des Zinks zurückzuführen. Auch erhält man ein äußerst reines Produkt ständig gleichartiger Güte, weil das in der Verbrennungszone entstehende Zinkoxyd in fester Gestalt (als Kruste) in die Retorten zurückfällt, durch die Unterlage reduziert und das Zink aufs neue verdampft wird. Die Reinheit des erhaltenen Produktes ist daher besonders von der Verwendung einer reduzierenden und porösen Unterlage abhängig.

Als Ausgangsmaterial verwendet man metallisches Zink enthaltende Substanzen, z. B. metallisches Zink, Zinkstein, Bodensatz von Raffinierungs- oder galvanischen Bädern, oder Zinkschrot u. dgl. Das Material wird vorzugsweise in festem Zustand ohne vorherige Schmelzung benutzt und in regelmäßigen Zeiträumen in Stücken, deren Größe eine sehr unregelmäßige sein kann, aufgegeben.

Auf der Zeichnung ist eine beispielsweise Ausführungsform eines Ofens zur Ausführung des vorliegenden Verfahrens veranschaulicht. Es zeigt

Abb. 1 den Ofen im senkrechten Schnitt nach Linie *E-F* der Abb. 2,

Abb. 2 einen Schnitt nach Linie *A-B* der Abb. 1,

Abb. 3 einen Schnitt nach Linie *C-D* der Abb. 1.

Der aus feuerfesten Baustoffen hergestellte Ofen 2 hat drei übereinander angeordnete Kammern und eine Anzahl vorzugsweise stehender Retorten 1 aus feuerfestem Stoff, die beiderseits offen sind und die unterste Kammer 4 mit der obersten Kammer 4^b verbinden. Die unterste Kammer 4 und der untere Teil der Retorten 1 ist mit einem stückigen Material, beispielsweise Koks, gefüllt. In der Decke 6 der oberen Kammer 4^b sind über den Retorten Aufgabevorrichtungen 7 angeordnet, durch die das zu verarbeitende Material dauernd in die Retorten 1 von oben her eingebracht werden kann. Außerdem sind in dieser Kammer in Höhe des Mundes der Retorten Öffnungen 8 angeordnet, durch welche die zur Verbrennung der aus der Retorte austretenden Zinkdämpfe erforderliche Luft zugeführt wird. An die Kammer 4^b ist durch eine Leitung 9 ein Abscheider 10 für das gebildete Zinkoxyd angeschlossen.

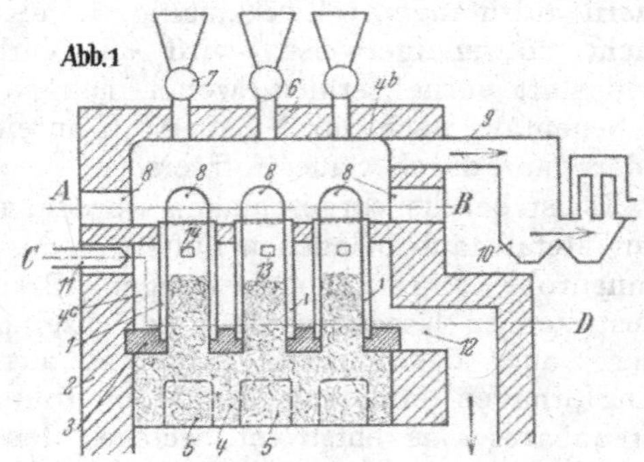

Die von den Retorten 1 durchsetzte mittlere Kammer 4^c dient als Heizkammer, die beispielsweise von einem Brenner 11 beheizt wird. Die Verbrennungsgase umspülen die Retorten 1 und werden dann durch den Kanal 12 abgeführt.

Bei Beginn des Prozesses werden zunächst durch Anstellung des Brenners 11 die in den Retorten befindlichen Unterlagen auf eine Temperatur von etwa 1400° C erhitzt. Nunmehr kann durch die Aufgabevorrichtung 7 ständig das zu verarbeitende Material in die Retorten eingebracht werden. Beim Auftreffen auf die glühende Unterlage schmilzt es rasch, wobei das verdampfende Zink nach oben abzieht und die geschmolzenen Beimengungen durch die stückige Unterlage nach unten in die Kammer 4 sickern, um später aus dieser durch Öffnungen 5 entfernt zu werden.

Die Zinkdämpfe, welche Kohlenoxyd enthalten, verbrennen beim Austritt aus der Retorte in Höhe der Öffnungen 8 mit einer kurzen, sehr heißen Flamme. Da die Zinkdämpfe in dem oberen Teil der Retorten ein hohes Leitvermögen für Wärmestrahlen besitzen, so werden die Unterlagen in den Retorten durch die Strahlung intensiv beheizt, so daß die Hilfsheizung 11 wesentlich herabgesetzt werden kann, um die Betriebstemperatur von 1400° C aufrechtzuerhalten. Schaulöcher 14 in den Retorten gestatten die Überwachung des Betriebs. Das bei der Verbrennung gewonnene Zinkoxyd wird durch den Kanal 9 einem Abscheider 10 zugeführt.

Die Bauart und die Bedienung eines derartigen Ofens gestaltet sich sehr einfach und ergibt infolge des möglichen Dauerbetriebs hohe Leistungen.

Patentansprüche:

1. Verfahren zur Erzeugung von Zinkoxyd aus metallischem Zink oder metallisches Zink enthaltenden Materialien unter Ausnutzung der bei der Verbrennung entstehenden Strahlungswärme, dadurch gekennzeichnet, daß die genannten Ausgangsstoffe in einer oder mehreren vorzugsweise stehenden, durch die Strahlungswärme mitbeheizten Retorten in kleinen Mengen auf eine die Retorten nur teilweise anfüllende beheizte stückige Unterlage aufgebracht, dort verdampft und die Zinkdämpfe bei Austritt aus den Retorten verbrannt werden.

2. Verfahren nach Anspruch 1, dadurch gekennzeichnet, daß die Menge der Unterlage die des aufgebrachten Materials stets überwiegt.

3. Verfahren nach Anspruch 1 und 2, dadurch gekennzeichnet, daß die Unterlage aus reduzierenden Stoffen, z. B. Kohle, besteht.

4. Ofen zur Ausführung des Verfahrens nach Anspruch 1, bestehend aus beiderseits offenen Retorten (1), die eine beheizbare Kammer (4^c) durchsetzen und unten in eine das Auflagematerial enthaltende Kammer (4) und oben in eine Verbrennungskammer (4^a) einmünden, welch letztere in Höhe der Retortenöffnungen (14) Luftzutrittskanäle (8) hat.

Im Orig. 3 Abb.

Nr. 557499. (S. 91889.) Kl. 12n, 6.

„Smelting" Metallurgische- und Metallwerke A.-G. in Pesterzsébet, Ungarn.

Verfahren zur Herstellung von Zinkoxyd.

Vom 26. Mai 1929. — Erteilt am 4. Aug. 1932. — Ausgegeben am 24. Aug. 1932. — Erloschen: . . . .

Ungarische Priorität vom 29. Mai 1928 beansprucht.

Gemäß einem früheren Verfahren des Erfinders, das z. B. aus der österreichischen Patentschrift 105794 bekannt geworden ist, wird zur Herstellung von Zinkweiß aus metallischem Zink, aus zinkhaltigen Metallen oder Metallegierungen in der Weise vorgegangen, daß über einer aus diesen metallischen Stoffen in einem Kanal geschlossenen Querschnittes ohne Beimengung von Brennstoff durch äußere Wärmezufuhr hergestellten Schmelze ein oxydierender Gasstrom hinweggeleitet und dadurch die hierbei infolge Verbrennung der Zinkdämpfe in der Ofenatmosphäre entstehende Reaktionswärme auf die Schmelze als Strahlwärme von oben zur Einwirkung gebracht wird.

Das obenerwähnte bekannte Verfahren bietet den Vorteil, daß selbst zinkarme Zinklegierungen zu einer Zinkfarbe von tadelloser Weißheit und Deckkraft verarbeitet werden können, da infolge der Abwesenheit einer mittels Außenwärme bewirkten Bodenbeheizung vermieden werden kann, daß das Zinkbad unter Blasenbildung in heftiges Kochen gerät und dadurch die im Bade etwa enthaltenen Verunreinigungen in die Zinkdämpfe mit herausgerissen werden; dabei kann infolge Nutzbarmachung der Reaktionswärme auch eine große Brennstoffersparnis erzielt werden.

Die Erfindung bezweckt die Herstellung von Zinkweiß gemäß dem eingangs erwähnten bekannten Verfahren in einer Weise, die unter Beibehaltung sämtlicher Vorteile dieses älteren Verfahrens des Erfinders zu weiterer Ersparnis an Brennstoff führt und gleichzeitig in einfacher Weise ermöglicht, die Qualität der herzustellenden Zinkfarbe jener Ware entsprechend, die man jeweils herzustellen wünscht, regeln zu können.

Dies wird gemäß der vorliegenden Erfindung dadurch erreicht, daß bei dem eingangs erwähnten bekannten Verfahren die Aufrechterhaltung des Dauerprozesses, d. h. die Erhitzung der ebenfalls ohne Beimengung von Brennstoff in die Schmelze nachgespeisten Metallstücke auf Schmelztemperatur und deren Überführung aus dem flüssigen in den dampfförmigen Zustand dadurch erfolgt, daß der die metallische Schmelze enthaltende Kanal während der Verbrennung der Zinkdämpfe, fortlaufend oder absatzweise gedreht und dadurch die in der Ofenatmosphäre erzeugte Reaktionswärme auf die metallische Schmelze auch nach Art einer Bodenbeheizung zur Einwirkung gebracht wird. Auf diese Weise kann bei richtiger Einstellung der Umlaufzahl erreicht werden, daß die in der Ofenatmosphäre erzeugte Reaktionswärme sogar fähig ist, den durch Einführung von Außenwärme einmal in Gang gesetzten Verfahrensprozeß ohne weitere Einführung von Brennstoff selbst dauernd aufrechtzuerhalten, wobei also die Brennstoffzufuhr gewissermaßen aus den zeitweise nachgespeisten zu verdampfenden Zinkblöcken selbst und für sich allein besteht. Die Regelung der Verdampfungsgeschwindigkeit und der Qualität des hergestellten Zinkweißes kann dabei in einfachster Weise durch Änderung der Umlaufzahl der die metallische Schmelze enthaltenden Drehtrommel erfolgen. Ein weiterer Vorteil besteht dabei darin, daß auf kleinerem Raume und mit kleineren Anlagekosten als bisher eine Anlage größerer Leistungsfähigkeit erhalten wird, bei der auch die Instandhaltungskosten verringert sind, da die Chamotteausfütterung der Trommel dadurch, daß sie beim Drehen unter die Schmelze gelangt, infolge Abgabe eines Teiles ihrer eigenen Wärme an die Schmelze bzw. an die nachgespeisten Metallblöcke unter die Einwirkung eines fortlaufend auf ihre ganze Umfläche sich erstreckenden Kühlungsprozesses gelangt, wodurch die Lebensdauer des Ofens erhöht wird.

Bemerkt soll werden, daß die Verwendung von Drehöfen in einer Reihe von Industrien, darunter auch in der Zinkhüttenindustrie, bekannt ist. Die in letzterer mit Drehöfen ausgeführten Verfahren, durch die als Verkaufsprodukt das als Ausgangsmaterial für die Weiterarbeitung auf metallisches Zink oder Farboxyde dienende Hüttenoxyd gewonnen wird, weisen das gemeinsame Merkmal auf, daß der Prozeß nur aufrechterhalten werden kann, falls das Rohgut an dem einen Ende des Ofens in Form eines Gemisches mit Brennstoff (Kohle, Koks) eintritt und den Ofen in Achsenrichtung durchwandert, um, nachdem es dabei das Zink durch Verflüchtigung aus dem festen Aggregatszustand in Form von Zinkdämpfen abgegeben hat, am anderen Ende des Ofens in chemisch geänderter Form als nutzbares Produkt oder Abfall wieder auszutreten. Demgegenüber ist im Sinne der Erfindung zunächst neu, daß die in der Ofenatmosphäre einer Drehtrommel erzeugte Reaktionswärme der Ofenbeschickung allseitig lediglich zur Herbeiführung des Schmelzflusses und Überführung der Schmelze in die Dampfform zugeführt wird. Dabei stellt beim erfindungsgemäßen Verfahren die Ofenbeschickung ein auf der ganzen Länge einheitliches Metallbad dar, das in Achsenrichtung der Trommel keine Bewegung vollführen soll, und der Dauerprozeß kann auch dann fortlaufend aufrechterhalten werden, wenn die äußere Wärmezufuhr völlig abgestellt wird, während die bekannten Hüttenprozesse abbrechen, wenn die äußere Brennstoff- (Kohlen-, Koks-) Zufuhr aufhört, und zwar selbst in dem Falle, wenn man die Zinkdämpfe in der Drehtrommel selbst zur Verbrennung bringen und den Prozeß sonst auf eine Art Selbstbrennung einstellen würde.

Es ist wohl auch ein Verfahren zur Herstellung von Zinkweiß bekannt, bei dem das Metall in einem schwenkbaren Masutofen unter ständiger Bewegung des Schmelzbades niedergeschmolzen wird, hierauf die aus dem Bade entwickelten Zinkdämpfe in einem besonderen Schornsteinraum zu grauem Pulver oxydiert werden und dasselbe dann in einem weiteren, mit Koks beheizten Röstofen in Zinkweiß umgewandelt wird. Bei diesem bekannten Verfahren fehlt die Ausnützung der Reaktionswärme, die dem erfindungsgemäßen Verfahren, wie bereits erwähnt, die höchste Wirtschaftlichkeit sichert, und außerdem ist es bei diesem bekannten Verfahren nicht wie beim erfindungsgemäßen Verfahren möglich, die Qualität des hergestellten Produktes je nach dem gewollten Zweck zu regeln; dadurch ferner, daß die Oxydation im Raume des Drehofens selbst vor sich geht und nachträgliche Röstungen entbehrlich sind, werden auch die Bau- und Instandhaltungskosten der zur Ausführung des neuen Verfahrens erforderlichen Anlage ganz erheblich verringert.

Auf der Zeichnung ist ein Ausführungsbeispiel einer zur Verwirklichung des Verfahrens geeigneten Einrichtung dargestellt. Abb. 1 ist die Einrichtung im Längsschnitt, während Abb. 2 den Querschnitt gemäß Linie 2-2 der Abb. 1 darstellt.

Auf der Zeichnung bezeichnet *c* eine Vorrichtung, welche die zum Ingangsetzen des Verfahrens notwendige Außenwärme liefert, *a* ist ein einen reverberierenden Ofen darstellender Kanal, und *g* ist ein Kanal, durch den die verbrannten Zinkdämpfe abgeführt werden.

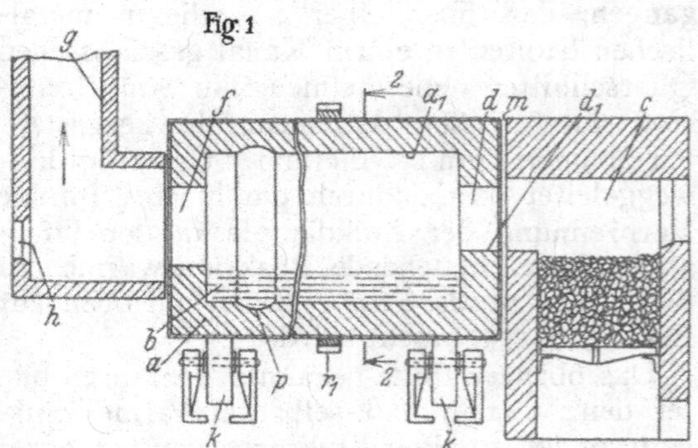

Als Beispiel der Vorrichtung, die die Außenwärme zum Ingangsetzen des Verfahrens liefert, ist eine Rostfeuerung dargestellt, an Stelle derselben kann aber eine beliebige andere Feuerung, z. B. eine Öl-, eine Gasfeuerung usw. oder eine elektrische Heizvorrichtung, zur Anwendung gelangen.

Der Kanal a ist als rotierende Trommel ausgebildet, die auf Rollen k abgestützt ist und z. B. mittels Zahnräder r_1, r_2 und eines Schneckenbetriebes r_3 von einem regelbaren und reversierbaren Elektromotor r_4 gedreht werden kann. Das zu schmelzende Zink wird in den Kanal a in beliebiger Weise, z. B. durch eine schließbare Öffnung h, eingebracht.

Beim Ingangsetzen des Verfahrens wird mittels der Heizvorrichtung c das in den Kanal a vorher eingebrachte Zink oder die zinkhaltige Legierung geschmolzen. Die Zinkdämpfe, die aus dem sich auf diese Weise ergebenden Zinkbade hochsteigen, gelangen

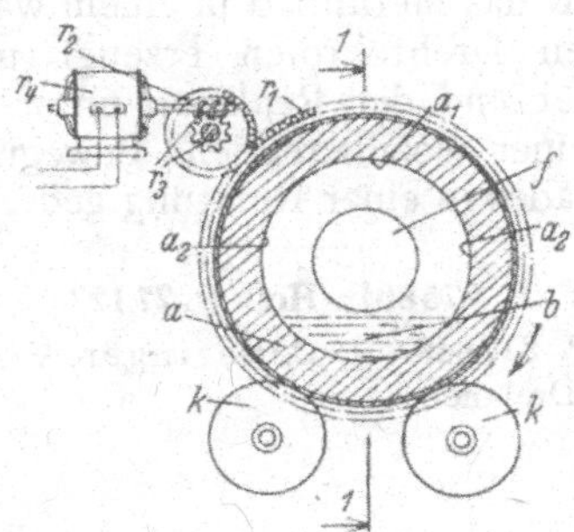

mit der durch die Öffnung d in den Kanal a einströmenden Luft zur Verbrennung und strömen hierauf durch die Öffnung f in den Kanal g und von hier zwecks Verdichtung zu Zinkweiß in eine auf der Zeichnung nicht dargestellte Sammelvorrichtung usw. Die Öffnung d liegt mit ihrer unteren Fläche d_1 stets höher als die Badoberfläche, so daß die Luft in einer gewissen Höhe über der Badoberfläche hinwegstreicht.

Hat der Verbrennungsvorgang der Zinkdämpfe eingesetzt, so kann die Heizung c je nach der angewendeten Umlaufzahl der Trommel ganz oder zum größten Teil abgestellt werden, da die infolge Verbrennung der Zinkdämpfe erhaltene Reaktionswärme sichert, daß die in das Metallbad b nachgespeisten Metallblöcke in flüssigen Zustand gebracht und die Zinkdämpfe durch Oberflächennachverdampfung kontinuierlich ersetzt werden.

Die zur Verbrennung der Zinkdämpfe notwendige Luft kann durch den Spalt m oder durch zu diesem Zwecke an der Heizvorrichtung separat vorgesehene Einführungsöffnungen einströmen, zur Verbrennung der Zinkdämpfe kann jedoch in bekannter Weise auch ein Strom von CO_2 dienen, das zweckmäßig von der Feuerung c selbst geliefert wird.

Während der Verbrennung der Zinkdämpfe wird die Trommel a ständig oder intermittierend gedreht. Dadurch gelangen die durch die Reaktionswände erhitzte Wölbung a_1 bzw. die Seitenwände a_2 unter das Metallbad, so daß der Boden des Metallbades von der Reaktionswärme auf der erwünschten hohen Temperatur gehalten wird, und es wird hierdurch jener Wärmeverlust, der sich sonst am Boden infolge Abwesenheit einer Bodenbeheizung mittels Außenwärme ergeben würde, beseitigt.

Das Verfahren kann auch in der Weise ausgeführt werden, daß die Trommel a während der Verbrennung der Zinkdämpfe nicht kontinuierlich, sondern intermittierend nur dann gedreht wird, wenn es sich als zweckmäßig erweist, die sich in den Trommelteilen a_1, a_2 aufspeichernde Wärme unter das Metallbad b zu bringen.

Die Drehung der Trommel macht auch die Regelung der Qualität des herzustellenden Zinkweißes in einfacher Weise möglich, zu welchem Zwecke die Trommel a mit einem Antrieb versehen wird, der mit beliebigen Organen zur Änderung der Umlaufzahl ausgerüstet ist. Durch Erhöhung der Drehgeschwindigkeit der Trommel a wird nämlich auch die Verdampfungsgeschwindigkeit des Zinkes erhöht, während die Verminderung der Drehgeschwindigkeit die Verdampfungsgeschwindigkeit verringert. Aus der erhöhten Verdampfungsgeschwindigkeit resultiert, daß von den im Zinkbade evtl. enthaltenen Verunreinigungen ein verhältnismäßig größerer Anteil durch die sich entfernenden Zinkdämpfe mit herausgerissen wird, so daß in dem Falle, wenn es sich um die Herstellung von billigerer Ware handelt, die Umlaufzahl der Trommel a entsprechend erhöht wird, wobei dann infolge der erhöhten Wärmeausnützung und infolge Verringerung der Fabrikationszeitdauer die Herstellungskosten verringert werden. Aus ähnlichen Gründen kann ein verhältnismäßig stark verunreinigtes Rohmaterial mit kleinerer und ein verhältnismäßig reineres Material mit größerer Umlaufzahl der Trommel verarbeitet werden, wenn in beiden Fällen eine Ware von gleicher Qualität hergestellt werden soll.

Die im Zinkbade evtl. vorhandenen Verunreinigungen, hauptsächlich Blei, setzen sich im übrigen im Zinkbade allmählich ab, und zum Sammeln dieser Verunreinigungen wird an einem Teile der Trommel a zweckmäßig eine Vertiefung p angewendet, aus welcher das an Verunreinigungen schon zu sehr angereicherte Material von Zeit zu Zeit, z. B. durch Ausschöpfen durch die Öffnung h hindurch oder über eine auf der Zeichnung nicht dargestellte, am Boden der Vertiefung p ausgebildete verschließbare Öffnung, abgezapft werden kann.

Der Kanal des reverberierenden Ofens besteht bei der dargestellten Ausführungsform aus einer um eine waagerechte Achse drehbaren zylindrischen Drehtrommel, er könnte aber auch aus mehreren derartigen Drehtrommeln bestehen, die zur Bildung eines Kanales hintereinandergeschaltet werden.

Zur Aufrechterhaltung des oxydierenden Gasstromes bzw. der Strömung der verbrannten Zinkdämpfe kann eine auf der Zeichnung nicht dargestellte Saugvorrichtung dienen.

PATENTANSPRÜCHE:

1. Verfahren zur Herstellung von Zinkoxyd aus Zink oder solches enthaltenden Legierungen durch Verbrennen des Zinkdampfes mittels eines über ein langgestrecktes Bad geschmolzenen Zinks hinweggeführten oxydierenden Gasstromes, dadurch gekennzeichnet, daß das Metall in einem waagerechtliegenden Drehrohrofen erzeugt wird.

2. Verfahren nach Anspruch 1, dadurch gekennzeichnet, daß die Verdampfungsgeschwindigkeit des Zinks durch die Drehgeschwindigkeit des Drehrohres geregelt wird.

3. Verfahren nach Anspruch 1 und 2, dadurch gekennzeichnet, daß mehrere Drehrohre hintereinandergeschaltet werden.

Teilweise nichtig erklärt durch Entscheidung des Reichspatentamtes vom 8. Februar 1935.

NEUER PATENTANSPRUCH:

Verfahren zur Herstellung von Zinkweiß aus Zink oder solches enthaltenden Legierungen durch Verbrennung des Zinkdampfes mittels eines über ein langgestrecktes Bad geschmolzenen Zinks hinweggeführten oxydierenden Gasstromes, dadurch gekennzeichnet, daß das Metallbad in einem waagrecht liegenden Drehrohrofen erzeugt und der Ofen während der Reaktion unter Vermeidung einer oszillierenden Bewegung des Metallbades in einer Richtung gedreht wird.

F. P. 675861; Holl. P. 27127.

S. a. E. P. 312648, R. C. Beringer, Verbrennen von Zn im Drehofen.

Nr. 499536. (C. 38563.) Kl. 22f, 4. JOSEPH MARCEL HENRI CORNILLAT IN PARIS.

Verfahren und Vorrichtung zur Herstellung von Zinkweiß.

Vom 4. Aug. 1926. — Erteilt am 15. Mai 1930. — Ausgegeben am 7. Juni 1930. — Erloschen: ....

Französische Priorität vom 15. Juli 1926 beansprucht.

Es ist bekannt, Zinkoxyd durch Verbrennen von metallischem Zink und Auffangen des Erzeugnisses in Filterkammern herzustellen. Bisher hat man jedoch das Niederschmelzen des metallischen Zinkes in der Weise vorgenommen, daß man das Schmelzgut in eine Retorte einführte, die von außen durch eine geeignete Feuerung erhitzt wird. Im Gegensatz hierzu erfolgt bei dem Verfahren gemäß der vorliegenden Erfindung das Niederschmelzen des metallischen Zinks durch eine unmittelbar über das in einem mit feuerfesten Wandungen versehenen Schmelzofen angeordnete Schmelzgut hinwegstreichende Masutflamme. Hierdurch wird eine erheblich bessere Wärmeausnutzung erzielt, und es wird ferner auch der Vorteil erreicht, daß zur Zuführung der Verbrennungsluft zu dem Masutbrenner und zum Abführen der Zinkdämpfe derselbe Luftstrom verwendet werden kann, wodurch sich die Anlage in der Herstellung und im Betriebe erheblich verbilligt.

Zur Durchführung des Verfahrens wird zweckmäßig ein schwenkbarer Schmelzofen verwendet, wodurch man den weiteren Vorteil erhält, daß infolge der ständigen Umrührung des Schmelzbades durch Schwenken des Schmelzofens die Bildung einer die Oxydation verhindernden Schlackendecke vermieden wird, ohne daß Wärmeverluste eintreten, wie es bei dem bisher üblichen Zerstören der Schlackendecke von außen her durch Stangen o. dgl. der Fall ist.

In der beiliegenden Zeichnung ist eine beispielsweise Vorrichtung zur Durchführung des Verfahrens dargestellt, und zwar zeigt:

Abb. 1 eine Aufsicht auf die Einrichtung und

Abb. 2 eine Ansicht derselben teilweise im Schnitt.

In einen zur Erzielung einer Temperatur von 1200° C während etwa 45 Minuten geheizten Masutofen *A* mit beispielsweise C-förmig ausgebreiteter Flamme wird eine Zinkplatte (Reinmetall, Galvanisationsrückstand, Galvanisationsasche oder ähnliche zinkhaltige Stoffe) eingesetzt, die einige Minuten später vollständig verschmolzen wird.

Durch einen mit Hilfe eines Elektromotors angetriebenen Zentrifugalventilator *B* werden die aus dem Metallbad entwickelten Zinkdämpfe, deren Entwicklung gegebenenfalls durch eine mechanische gleichmäßige Schwingung des Ofens gefördert wird, nach einem aus Mauersteinen bestehenden Schornstein *C* geführt, in dem die Oxydation vor sich geht. Über diesem Schornstein ist ein Blechrohr *D* von geeignetem Querschnitt angebracht. Die Reinigung erfolgt durch eine in dem Mauerwerk des Schornsteines *C* vorgesehene Beobachtungsöffnung.

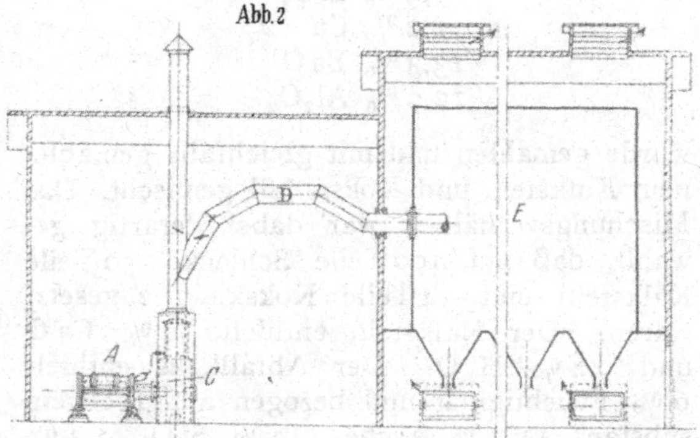

Das Blechrohr mündet in eine Kondensierkammer *E*, die an den Seiten und oben mit feiner Leinwand oder sonstigem Stoff, welcher die kalte Luft durchtreten läßt, völlig bekleidet ist. Zwischen der Leinwandkammer und den Gebäudemauern wird ein Abstand von ungefähr einem Meter freigelassen. An den oberen Teil der Kammer schließt sich unmittelbar das Dach an, welches durch Ventilationsaufsätze reichlich gelüftet wird.

Der untere Teil der Kondensierkammer wird durch Rahmen gebildet, welche mit Leinwand überzogen und in der Mitte beispielsweise taschenartig erweitert sind, wodurch ein leichtes Sammeln des Zinkweißes ermöglicht wird.

Das aus der Kammer gewonnene Zinkweiß ist durch Rauchgase verunreinigt und hat eine grauweiße Farbe. Dasselbe wird unmittelbar in einen mit Koks geheizten Röstofen *F* gebracht. Nach dem Rösten ist das Produkt weiß und enthält keine Spur von Verunreinigung mehr.

Patentansprüche:

1. Verfahren zur Herstellung von Zinkweiß aus metallischem Zink, dadurch gekennzeichnet, daß das Metall durch unmittelbar darüber hinwegstreichendes, entzündetes Masut in einem Schmelzofen niedergeschmolzen und das Schmelzbad ständig in Bewegung gehalten wird.

2. Vorrichtung zur Ausführung des Verfahrens nach Anspruch 1, gekennzeichnet durch die Anordnung eines schwenkbaren Masutofens in Verbindung mit einer an sich bekannten Kondensiervorrichtung, in der die aus dem Metallbad entwickelten Dämpfe oxydiert und kondensiert werden.

Im Orig. 2 Abb.

Nr. 547 824. (M. 104 705.) Kl. 22 f, 10. Metallgesellschaft A. G. in Frankfurt a. M.

Verfahren zur Herstellung von als Farboxyd verwendbaren Metalloxyden.

Vom 8. Mai 1928. — Erteilt am 17. März 1932. — Ausgegeben am 30. März 1932. — Erloschen: 1933.

Durch das sogenannte Wälzverfahren werden unter anderen Zinkerze gemischt mit Kohle in einem auf Reduktionstemperatur erhitzten Drehrohrofen kontinuierlich aufgegeben und die entwickelten Zinkdämpfe und Reduktionsgase durch im Gegenstrom zur Erzbewegung zugeführte Luft unmittelbar über der Beschickung verbrannt. Das erzielte Produkt ist im wesentlichen Zinkoxyd, dem jedoch meist Erz und Kohlenstaub, gegebenenfalls teerige Bestandteile aus dem Brennstoff beigemischt sind. Dieses Oxyd ist nicht unmittelbar als Farboxyd verwendbar, da die genannten Unreinigkeiten, zu denen auch noch Zinkstaub treten kann, ihm einen unansehnlichen Farbton geben.

Die Erfindung stellt sich nun die Aufgabe, unter Ausnutzung der wirtschaftlichen und metallurgischen Vorteile des Wälzprozesses unmittelbar Farboxyd aus dem Erz zu erzeugen. Die Lösung besteht gemäß der Erfindung darin, daß man das Erz mit dem nötigen kohlenstoffhaltigen Material, und zwar mit einem von Teerdämpfen befreiten Brennstoff, z. B. Koks oder Carbiden, gegebenenfalls unter feiner Zerkleinerung, mischt und dann mit einem Bindemittel in an sich bekannter Weise brikettiert, das bei der Zersetzung durch die hohe Ofentemperatur keine verunreinigenden Dämpfe oder Rußteile abscheidet. Zweckmäßig wird nur so viel Reduktionsmittel zubrikettiert, als gerade zur vollständigen Reduktion und Austreibung des Metalls notwendig ist.

Die Verwendung von Koksklein und feinkörniger Holzkohle und anderen feinkörnigen verkohlten Brennstoffen, die aber auch Halbkoks sein können, als billiges Reduktionsmaterial für Metalloxyde, darunter Zinkoxyd, zwecks Gewinnung der entsprechenden Metalle ist bekannt. Die Brikettierung bei hüttenmännischen Verfahren ist gleichfalls eine bekannte Maßnahme. Hierbei hat man bei der Herstellung von Metalloxyden, wie z. B. Zinkoxyd, bereits auch teerfreie Substanzen, wie Koks, als Reduktionsstoff und konzentrierte Sulfitablauge zum Brikettieren benutzt und besonders reine und helle Produkte erzielt, wobei bei diesem Prozeß die Lage der Materialteilchen in der Brennstoffschicht zueinander während des Prozesses unverändert bleibt. Im Gegensatz dazu ist beim Wälzverfahren durch die Drehbewegung des Ofens eine ständige Durchmischung und Veränderung der Teilchen zueinander gegeben. Trotz dieser die Flugstaubbildung begünsti genden Verhältnisse gelingt es, als Farboxyd geeignete Pigmente unmittelbar aus dem Erz herzustellen.

Als Bindemittel können z. B. eingedickte Sulfitcellulose, Kalk, Gips, Ton, Zement oder andere abbindende Mischungen oder Stoffe dienen. Den Briketten wird eine passende Gestalt, z. B. Eierform, gegeben, um möglichst wenig staubende Schichten zu erzeugen. Zur Erhitzung wird, falls die durch Verbrennung der Reduktionsgase und Metalldämpfe entstehende Wärme nicht ausreicht, eine reine Flamme, das sind insbesondere Gasflammen, verwendet, die keinerlei Rußteile absetzt. Auf diese Weise gelingt es, selbstverständlich bei Verwendung genügend reiner Erze, ein Farboxyd von guter Beschaffenheit unmittelbar aus dem Erz zu erzeugen. Enthält das Erz neben Zink noch bleiige Bestandteile, so bildet sich eine Bleizinkmischfarbe. Auch andere Metalloxydfarben, wie z. B. die des Antimons, Zinns, Cadmiums, können auf diese Weise erzeugt werden.

Zur Erläuterung des Vorgesagten sind im folgenden die Analysen eines gewöhnlichen Wälzoxyds und eines Wälzfarboxyds gegenübergestellt. Aus dem Beispiel geht eindeutig hervor, daß das Wälzfarboxyd weniger Flugstaub und weniger Kohlenstoff enthält, sich daher zur Verwendung als Farbe wesentlich besser eignet.

	Gewöhnliche Wälzoxyde	Wälzfarboxyde
Zn	60,48	60,00
Pb	9,7	13,30
As	0,16	0,35
Sb	Spur	0,25
Sn	Spur	0,70
NiCu	—	—
FeO	1,57	0,3
CaO	1,47	—
MgO	1,11	—
SiO_2	2,1	0,2
Cd	0,60	—
Al_2O_3	0,84	0,15
Kohlenstoff	3,70	0,113

Die Herstellung der Oxyde erfolgte dabei nach folgendem Verfahren:

Eine zinkhaltige Bleischachtofenschlacke mit

13,7 % Zink
2,1 % Pb
38,9 % FeO
0,4 % CaO
7,9 % SiO_2
1,2 % Cu
13,3 % BaO
12,7 % Al_2O_3

wurde gemahlen und mit gleichfalls gemahlenem Kalkstein und Koksabfall gemischt. Das Mischungsverhältnis war dabei derartig gewählt, daß auf 100 Teile Schlacke 50 Teile Kalkstein und 34 Teile Koksklein zugesetzt waren. Der Kalkstein enthielt 52 % CaO und 0,2 % H_2O. Der Abfallkoks enthielt 6 % Feuchtigkeit und bezogen auf Trockensubstanz 11,0 % Asche, 7,6 % SiO_2, 2,3 % Schwefel. Einem Drehrohrofen von 16 m Länge wurden, nachdem er aufgeheizt war, stündlich 675 kg der Mischung aufgegeben. Die Temperatur im Ofen betrug, nachdem ein Gleichgewichtszustand erreicht war, 1100 bis 1150°. Eine besondere Heizung des Drehrohrofens fand nicht statt. Die Regelung der Temperatur und des Ofengangs erfolgte vielmehr lediglich durch Regelung des Zuges. Die Aufgabe erfolgte einmal im unbrikettierten und das andere Mal in brikettiertem Zustande. Die Austräge enthielten zwischen 0,5 bis 1 % Zink, was einer Verflüchtigungsziffer von etwa durchschnittlich 95 % des vorgelaufenen Zinks entspricht. Die Oxyde wurden getrennt aufgefangen, je nachdem es sich um brikettiertes oder nichtbrikettiertes Material handelte. Die Oxyde wurden analysiert, wobei sich obige Zusammensetzung ergab.

Um die letzten Reste von Metallstaub und etwa doch noch mitgerissene Kohlenstoffteilchen oder Ruß zu beseitigen, kann man in der bei der Zinkweißfabrikation an sich bekannten Weise mit verhältnismäßig hoher Abgastemperatur (über 500° C) arbeiten, wobei für einen gewissen Luftüberschuß in den Abgasen gesorgt wird, um die brennbaren Bestandteile, wie Zinkstaub, Kohlenstoff usw., zu verbrennen; man kann natürlich auch eine Hilfsflamme von genügender Reinheit verwenden.

Patentanspruch:

Verfahren zur Herstellung von als Farboxyd verwendbaren Metalloxyden, insbesondere Zinkoxyd, durch das Wälzverfahren, dadurch gekennzeichnet, daß die Beschickung mit von Teerbestandteilen befreitem Reduktionsstoff und einem bei der Zersetzungstemperatur keine teerigen oder sonstigen verunreinigenden Bestandteile abscheidenden Bindemittel in an sich bekannter Weise brikettiert aufgegeben und, gegebenenfalls mit einer reinen Flamme, z. B. Gasflamme, unterstützend, erhitzt wird.

Nr. 374768. (N. 18650.) Kl. 40a, 41. THE NEW JERSEY ZINC COMPANY IN NEW YORK.

Verfahren zur Gewinnung von Metalloxyden und anderen Verbindungen vergasbarer Metalle.

Vom 14. März 1920. — Ausgegeben am 1. Mai 1923. — Erloschen: . . . .

Amerikanische Priorität vom 22. Juli 1919 beansprucht.

PATENTANSPRÜCHE:

1. Verfahren zur Gewinnung von Metalloxyden und anderer Verbindungen im Wetherillprozeß vergasbarer Metalle, die durch eine geeignete Verbrennungszone hindurchgeführt werden, wobei sie gleichzeitig Unterwind erhalten, dadurch gekennzeichnet, daß eine Arbeitscharge in Brikettform auf eine brennende Lage von Brennmaterial, das sich vorteilhaft in Brikettform befindet, aufgelegt wird.

2. Verfahren nach Anspruch 1, dadurch gekennzeichnet, daß die Arbeitscharge das metallhaltige Material und kein Reduktionsmittel aufweist.

3. Verfahren nach Anspruch 1 bis 3, dadurch gekennzeichnet, daß der größte Teil (75 bis 85 Prozent) des gesamten kohlenstoffhaltigen Materials der ganzen Charge in die Bettkohlenbrikette eingebracht wird.

Im Orig. 7 Abb.

Vorliegende Erfindung bezieht sich auf die Gewinnung von Metalloxyden sowie von anderen Verbindungen vermittels des Wetherillprozesses in einem ununterbrochenen Verfahren.

Mit dem hier gebrauchten Ausdruck „Wetherillprozeß" sind die Ofenvorgänge des Verfahrens zur Gewinnung von Metalloxyden oder anderer Verbindung vergasbarer Metalle gemeint, bei welchem eine Charge von metallhaltigem Material, gemischt mit einem Reduktionsmittel und auf ein entzündetes Bett von Brennstoff aufgelegt, unter dem Einfluß eines die Verbrennung fördernden Unterwindes oder Saugzuges auf eine genügend hohe Temperatur gebracht wird, um die metallhaltigen Materialien zu reduzieren, und bei welchem ferner das reduzierte Metall vergast wird, ohne daß die Charge in einen für den Gebläsedruck- oder Saugstrom undurchlässigen Zustand gerät, wobei die ganze Charge auf einem Ofenherd oder Rost aufgelegt ist.

In der Praxis ist der für den Wetherillprozeß dienende Ofen als eine Anlage ausgeführt worden, welche mehrere Herdeinheiten enthält. Es ist allgemein üblich, den Ofen mit vier bis sechs Herdeinheiten zu bauen, von welchen jede eine Breite von $1\,^1/_4$ m und eine Länge von ungefähr 3 m erhält. Diese Herdeinheiten können alle nebeneinander, oder die Hälfte von ihnen nebeneinander und die beiden Gruppen mit ihren Rückseiten zueinander angeordnet werden. Die Absicht dieser Anordnung besteht darin, eine gewisse Reihenfolge der Vorgänge für die Behandlung der Charge zu erhalten, so daß diese in einer ihrem Inhalt entsprechenden Weise ununterbrochen bearbeitet wird. Der Betrieb der ganzen Anlage geht mithin mehr oder weniger ununterbrochen vor sich, während die Betriebsführung jeder Herdeinheiten für sich als eine unterbrochene angesehen werden muß.

Es wurde gefunden, daß hervorragende Resultate erreicht werden, wenn der Wetherillprozeß als ununterbrochener Vorgang durch Hindurchbewegen einer entzündeten Arbeitscharge durch eine geeignete Verbrennungszone ausgeführt wird, wobei auf dem sich bewegenden Ofenherd entweder der Bettbrennstoff oder die Arbeitscharge, oder beide, in Form von Briketten aufgelegt werden. Vorliegende Erfindung sieht eine durch eine geeignete Verbrennungszone hindurchbewegte Arbeitscharge vor, welche in Form von Briketten eine Mischung von metallhaltigem Material mit einem Reduktionsmittel aufweist und auf eine entzündete Lage von Bettbrennstoff gleichfalls vorzugsweise in Brikettform, aufgelegt und gleichzeitig dem Einfluß eines die Verbrennung fördernden Gases unterworfen wird.

Bei dieser Methode wird die Arbeitscharge in Form von Briketten aus einer Mischung von metallhaltigen Materialien, wie z. B. zink- oder bleihaltiges Material, mit einem geeigneten Reduktionsmittel hergestellt, auf der gut entzündeten Lage von Bettbrennstoff vorteilhaft, gleichfalls in Brikettform ausgebreitet und auf einem durchbrochenen Ofenherd durch eine Verbrennungszone oder -kammer hindurchbefördert. Die Brennstoffbrikette können hierbei einen solchen Gehalt an metallhaltigem Material aufweisen, als mit ihrer normalen Funktion vereinbar ist. Die Brennstoffbrikette können durch Pressen von fein zerteilter Kohle zusammen mit einem geeigneten Bindestoff, wie z. B. konzentrierte Sulfitablauge der Sulfitzellstoffindustrie, hergestellt werden. Zahlreiche Formen und Grade von kohlenstoffhaltigem Material sind für diesen Zweck verfügbar. So z. B. Anthrazitkohle unter Nr. 3 „Buckwheat"-Größe, wie Nr. 4 „Buckwheat", „Schlamm" - Kohle, „Schmutz" - Kohle, „Staub"-Kohle usw., wie auch Koksklein können für die Herstellung für Brennstoffbrikette in Betracht kommen. Diese Brikette sind von solcher Größe und Form, um den Widerstand gegen den Durchgang des Gebläsestromes zu verringern, nichtsdestoweniger eine solche Unterlage für die darübergelegte Arbeitscharge zu bilden, um dem die Verbrennung fördernden Gebläsestrom einen freien Durchgang durch die Charge und hierbei eine gleichmäßige Verteilung zu sichern. Zu diesem Zwecke sollen die Brennstoff- als auch die Arbeitschargenbrikette von hauptsächlich gleicher Größe und vorzugsweise von solcher Form sein, daß sie leicht übereinanderrollen und sich überstürzen. Es werden mithin abgerundete Formen hierfür in Betracht kommen.

Obwohl die Arbeitscharge, bestehend aus einer Mischung von metallhaltigem Material mit einem geeigneten Reduktionsmittel, in ungepreßter Form auf die entzündete Lage von Bettbrennstoff aufgelegt werden kann, so wird doch vorgezogen, die Arbeitschargen aus Gründen vieler hierbei erzielten Vorteile in Brikettform zu bringen. Selbstredend können das metallhaltige Material für sich, oder das Reduktionsmittel für sich, oder beide getrennt gepreßt werden. Es wird jedoch vorgezogen, eine Mischung aus dem metallhaltigen Material zusammen mit dem Reduktionsmittel zu Brikette zu pressen.

Die Bettbrennstoff- und die Arbeitschargenbrikette können in irgendeiner geeigneten Weise hergestellt werden. Besonders geeignet ist ein Verfahren, das in einem Mischen des Materials mit einem geeigneten Bindestoff, wie konzentrierte Sulfitablauge von 30° Baumé, besteht, Pressen dieser Mischung zu Brikette geeigneter Größe sowie Formen und Trocknen oder Backen derselben bei einer Temperatur von ungefähr 200° C, um ihnen den erforderlichen Widerstand gegen das Abbröckeln und Zerbrechen bei der rauhen Behandlung des Aufschichtens, Beförderns zum Ofen und Einwerfens in denselben von Hand oder in anderer Weise zu geben. Im Falle von Briketten aus metallhaltigem Material ist es auch wünschenswert, ihnen einen solchen Widerstand gegen das Abbröckeln und Zerbrechen zu geben, daß sie im wesentlichen ihr Form während des ganzen Ofenvorganges beibehalten, wodurch sie in der Hauptsache in ihrer ursprünglichen physischen Form aus dem Ofen entfernt werden können.

In der beiliegenden Zeichnung ist ein Ausführungsbeispiel der Erfindung veranschaulicht.

Abb. 1 zeigt den verbesserten Ofen in einem Längsschnitt und

Abb. 2 in einer Seitenansicht.

Abb. 3 ist eine Draufsicht auf den Ofen.

Abb. 4, 5 und 6 zeigen Querschnitte gemäß Linien 4-4 bzw. 5-5 und 6-6 der Abb. 1.

Abb. 7 veranschaulicht in einem Querschnitt den wassergekühlten Ausgleicher für die gepreßte Arbeitscharge, und

Abb. 8 zeigt in Einzelheit einen Teil des durchbrochenen Ofenherdes.

Wie aus der Zeichnung zu entnehmen ist, besitzt der Ofen einen beweglichen oder Wanderherd 10 in der Form eines geschlossenen Bandes.

Der Wanderrost bewegt sich mit einer äußerst geringen Geschwindigkeit, ungefähr $^1/_2$ bis 2 m pro Stunde. Sie wird bestimmt durch die Größe der Hauptkammer und den Charakter sowie die Menge des metallhaltigen Materials und schließlich noch durch einige andere Momente, welche dem Fachmann ohne weiteres bekannt sind. Bei der Herstellung von Zinkoxyd gemäß der Erfindung eignet sich eine Temperatur von ungefähr 1 100 bis 1250° C besonders gut für die Rauchentwicklungs- oder Oxydationskammer, falls die bekannten Franklin-Furnace-Zinkoxyderze verarbeitet werden; bei dieser Temperatur kann unter normalen Verhältnissen die in Brikettform vorhandene Arbeitscharge in zufriedenstellender Weise bearbeitet, d. h. ihres Zinkgehaltes in ungefähr 2 $^1/_2$ bis 3 $^1/_2$ Stunden beraubt werden, wenn in einem Ofen gearbeitet wird, welcher eine Oxydationskammer 79 von einer Länge von ungefähr 5,5 m besitzt, und wenn die Geschwindigkeit des Rostes ungefähr 2 m pro Stunde beträgt.

Vorteilhaft wird der größte Teil des Gesamtbrennstoffes der Charge in den Bettbrennstoff in Form von Briketten anstatt wie bisher in die Arbeitscharge eingebracht. Wenn ein beträchtlicher Teil des kohlenstoffhaltigen oder anderen Verbrennungsmaterials der Gesamtcharge der Arbeitscharge entzogen und in Form von Briketten in den Bettbrennstoff eingebracht wird, so besteht der Chargenrückstand aus einer wenig verschlackten Asche, die aus der Verbrennung der Bettbrennstoffbrikette herrührt, und abgearbeitetem metallhaltigem Material. Wird das metallhaltige Material in Brikettform auf die brennenden Bettbrennstoffbriketts aufgelegt, so weisen die abgearbeiteten Erzbrikette beim Entfernen in der Hauptsache ihre ursprüngliche physische Form auf, so daß sie leicht von der verschlackten Asche der Brennstoffbrikette abgesondert werden können. Ferner ist in Anbetracht der Tatsache, daß die Arbeitschargenbrikette nur einen verhältnismäßig geringen Teil des gesamten kohlenstoffhaltigen Materials der Charge enthalten, die entstehende Menge Asche in den abgearbeiteten metallhaltigen oder Erzbriketten verhältnismäßig sehr gering, so daß die letzteren vorteilhafterweise weiteren Schmelzprozessen behufs Gewinnung darin noch verbliebener Metallwerte unterworfen werden können, wie noch später genauer beschrieben wird. In Hinsicht auf die genannten Vorteile wird bei der Durchführung gemäß der Erfindung der größte Teil des gesamten Brennstoffes der Gesamtcharge in die Brennstoffbrikette eingetragen. Hervorragend gute Resultate sind durch Einverleibung von ungefähr 75 bis 80 Prozent des gesamten kohlenstoffhaltigen oder Brennstoffmaterials der Gesamtcharge in den Bettbrennstoffbrikette erzielt worden. Die Regelungsvorrichtungen 53 und 56 werden dementsprechend eingestellt.

Sehr gute Resultate wurden hierbei dadurch erzielt, daß in der Entzündungskammer 31 die Minimaltemperatur für gleichmäßige Entzündung aufrechterhalten wurde, d. i. ungefähr 800 bis 900° C; in der Erzverbrennungskammer 34 eine solche, bei welcher eine schwache Zinkflamme sichtbar wurde, z. B. 1000 bis 1050° C, und in der Oxydationskammer 79 eine solche von 1100 bis 1250° C, da bei dieser Temperatur die Reduktion lebhaft vor sich geht und bei den gewöhnlichen Arbeitsmischungen nur eine unbedeutende Schmelzung der brikettierten Arbeitscharge stattfindet, so daß kein Zink in die Schlacke gelangen kann.

Das durch diese Methode gewonnene Zink ist entschieden dem aus Chargen von demselben Erz in den bisher bekannten Ofensystemen hergestellten überlegen. Es ist besonders frei von Grobkorn sowie färbenden Verunreinigungen und ist auch sehr hell. Die Gewinnung an Zink aus der Arbeitscharge ist beträchtlich hoch, und es ist bei der Durchführung der Methode gemäß der Erfindung mit Hilfe von Schlackenanalysen festgestellt worden, daß es möglich ist, mehr als 90 Prozent des Zinkgehaltes auszuscheiden.

Hierbei sind keine Rührvorrichtungen erforderlich, noch ist es notwendig, die Charge während des Ofenbetriebes zu bearbeiten. Die einzig erforderliche Arbeit besteht in der Zuführung der Brikette zum Ofen und in der Entfernung der Schlacke sowie der abgearbeiteten Brikette, welche man in eine entsprechende Vorrichtung oder Wagen abgleiten läßt. Außerdem werden die Nachteile der Blaslöcher und des Anhaftens der Charge an den Seitenwänden des Ofens vermieden, und schließlich auch jeder Verlust an Unterwind an diesen Seitenwänden. Die Brikette werden gleichmäßig zugeführt, und die Verbrennung beider Brikettarten geht gleichmäßig vor sich. Die Schlacke, bestehend aus einer verhältnismäßig dünnen Schicht von Kohlenasche und ausgebrannten Briketten, läßt sich leicht entfernen und verlangt keine besondere Bedienung zu ihrer Entfernung.

Wenn gemäß der Methode nach vorliegender Erfindung das metallhaltige Material der Arbeitscharge in Form von Briketten auf den Ofenherd aufgebracht wird, so weisen die abgearbeiteten Erzbrikette zum größten Teil ihre ursprüngliche Form mit nur unbedeutender Verschmelzung auf. Selbstredend wird nicht zu vermeiden sein, daß einige der Brikette bei den betreffenden Behandlungen zerbrochen oder zertrümmert werden, doch, wie gesagt, behält der größte Teil von ihnen ihre ursprüngliche physische Form. Nach dem Ofenvorgang sind diese Brikette bemerkenswert hart und in physischer Hinsicht beinahe koksähnlich, so daß sie leicht von der verschlackten Kohlenasche der Bettkohlenbrikette abgesondert werden können.

Eine genaue und gleichmäßige Regelung der Temperatur innerhalb des ganzen Ofens und daher auch während der Betriebsführung des Ofens in bezug auf eine Charge ist bei der Methode gemäß der Erfindung gesichert. Auch kann die Temperatur einer jeden Kammer oder Zone des Ofens für sich durch entsprechendes Einstellen der Gleitschieber 73 der verschiedenen Lufträume geregelt werden und die gewünschten Temperaturen leicht beibehalten werden. Diese Gleichmässigkeit in den Temperaturverhältnissen ist von praktisch gleichförmigen Arbeitsbedingungen innerhalb des Ofens begleitet, wodurch ein gleichförmiges Produkt von verbesserter Qualität wie auch eine vergrößerte Leistungsfähigkeit erzielt wird. Auf diese Weise wurde bei der Durchführung der neuen Methode gemäß der Erfindung eine Ausbeute von mehr als 90 Prozent des vergasbaren Metalls der Charge erzielt, wie durch die Schlackanalyse festgestellt werden konnte. Der Betrieb des Ofens geht selbsttätig vor sich und erfordert nur gelegentliche Beaufsichtigung, wobei eine große Ersparnis an Arbeit gegenüber der Bedienung der bisher üblichen Bauarten von Oxydöfen zu verzeichnen ist. Die Verbrennung des Bettbrennstoffes ist in der Hauptsache vollständig, so daß der verfügbare kalorische Wärmegehalt praktisch ganz ausgenutzt werden kann, wobei auch noch im Vergleich zu den gewöhnlich erforderlichen Mengen bei den bekannten Oxydöfen eine außerordentliche Ersparnis an Brennstoff zu verzeichnen ist.

Die abgearbeiteten Brikette sind bei dieser bevorzugten Durchführungsmethode nur wenig durch Asche und dgl. verunreinigt, so daß sie sich aus diesem Grunde sowie aus dem der Beibehaltung ihrer physischen Form besonders gut für weitere Schmelzverfahren eignen.

Nr. 545242. (N. 21137.) Kl. 12n, 6. THE NEW JERSEY ZINC COMPANY IN NEW YORK.

Verfahren und Vorrichtung zur Darstellung von Zinkoxyd.

Vom 27. Mai 1922. — Erteilt am 11. Febr. 1932. — Ausgegeben am 26. Febr. 1932. — Erloschen: 1934.

Amerikanische Priorität vom 27. Mai 1921 beansprucht.

Man hat bereits Zinkoxyd in der Weise hergestellt, daß man Zink in einer Muffel auf höhere Temperaturen erhitzte und den austretenden Zinkdampf in einem durch Ventilator angesogenen Luftstrom abkühlte (vgl. Musfratt, Theoret., prakt. und analyt. Chemie, 2. Aufl., 5. Bd., S. 1426 und 1427).

Gegenstand der Erfindung ist ein Verfahren und eine Vorrichtung zur Darstellung von Zinkoxyd besonders hohen Feinheitsgrades.

Um ein solches Zinkoxyd darzustellen, wird es im Augenblick seiner Entstehung so rasch und so stark abgekühlt, daß das Wachsen der bei der Oxydation des Zinks entstehenden Teilchen behindert ist. Diese Abkühlung wird gemäß der Erfindung dadurch erzielt, daß man metallisches Zink verflüchtigt und den durch Überhitzung, zweckmäßig auf über 2000°, unter Druck gesetzten Zinkdampf durch eine Düsenöffnung in Form eines Strahls in eine oxydierende Atmosphäre, zweckmäßig in bewegte Luft, einbläst, deren Wärmeaufnahmefähigkeit genügt, um die Wärme des verbrennenden Zinkdampfs und seiner Verbrennungsprodukte schnellstens aufzunehmen und abzuführen. Die Wärmeableitung geschieht dabei so rasch, daß der Zinkdampf mit einer spratzenden und knallenden Flamme verbrennt.

Zum Abtreiben des Zinks wird mit besonders gutem Erfolge elektrische Energie verwendet. Eine solche Anlage ist als Beispiel auf der Zeichnung in senkrechtem Schnitt schematisch dargestellt.

Der Graphittiegel 10 faßt eine erhebliche Menge metallischen Zinks 11. Sein Verschluß besteht aus einem ebenen Deckel 12 und einem gewölbten Deckel 13, zwischen denen ein schlechter Wärmeleiter 14 angeordnet ist. Die Deckel 12 und 13 und die Schicht 14 sind so fest in dem Tiegel gelagert, daß sie den innerhalb des Tiegels auftretenden Druck leicht aushalten. Durch die Abdeckung 12, 13, 14 führt die Düse 15, deren Öffnung so bemessen ist, daß der Zinkdampf mit der gewünschten Geschwindigkeit in die Verbrennungszone austritt. Die Düse 15 bildet die eine Elektrode zur Erhitzung und Ableitung des Zinkdampfs. Durch ein Beschickungsrohr 16 kann geschmolzenes Zink eingetragen werden. Dieses Rohr reicht in das Zinkbad hinein und bildet die andere Elektrode. Die Stromquelle 17 kann Gleich- oder Wechselstrom liefern, die Stromstärke wird durch einen Widerstand 18 geregelt. Der Tiegel 10 steht in einem Ofen 19 mit Kohlenfeuerung. Ein Vorschmelztiegel 20,

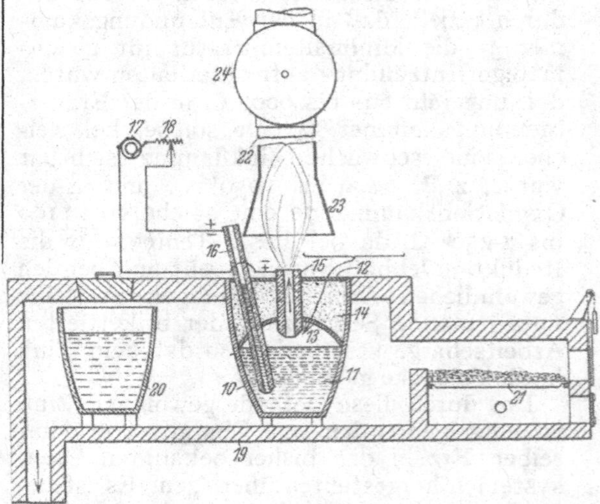

der im Wege der Abgase hinter dem Tiegel 10 angeordnet ist, dient zum Niederschmelzen des Zinks, das dann durch das Beschickungsrohr 16 in den Tiegel 10 eingebracht wird. Es wird in dem Schmelztiegel 20 zweckmäßig auf Siedetemperatur erhitzt und die hierfür erforderliche Wärme den Abgasen der Feuerung entnommen, während die Entwicklung und Erhitzung des Zinkdampfs im Tiegel 10 durch den elektrischen Strom bewirkt werden.

Über dem Tiegel 10 ist ein Abzugsrohr 22 angeordnet, dessen unteres Ende 23 erweitert ist und etwa 30 cm oberhalb der Düsenöffnung endigt. Ein Gebläse 24 saugt in an sich bekannter Weise große Luftmengen durch das Rohr 22. An dieses ist ein Sammelraum für das gebildete Zinkoxyd angeschlossen. Das siedende Zink wird dem Tiegel 10 durch das Beschickungsrohr 16 zugeführt, der Raum zwischen dem Zinkbad und der Decke 13 füllt sich mit Zinkdampf und dieser wird durch den zwischen der Elektrode 15 und dem Zinkbad übergehenden Strom hoch, z. B. über 2000°, erhitzt.

Beim Austritt aus der Düse 15 beginnt der heiße Zinkdampf sich mit dem Sauerstoff der Luft zu verbinden, wobei die Verbrennungstemperatur und die Temperatur des sich bildenden Zinkoxyds so hoch ansteigen, daß aller Wahrscheinlichkeit nach ein erheblicher Teil des Zinkoxyds bei seiner Bildung in Gasform auftritt, dessen Verdichtung zu festem Zinkoxyd aber dank der geschilderten Anordnung nahezu unmittelbar erfolgt. Diese plötzliche Verdichtung von Gasen, begleitet von einem Einwärtsströmen von Luft, auf das wieder eine neue Expansion und Verdichtung in dem Maße folgt, wie neuer Zinkdampf einströmt, bewirkt vermutlich die Entstehung der spratzenden und knallenden Flamme, die für das neue Verfahren charakteristisch ist. Durch Regelung der Kühlluftmenge kann man die Teilchengröße beeinflussen.

Das nach dem neuen Verfahren erhaltene Zinkoxyd ist von solcher Feinheit, daß das Mittel der zwei größten Durchmesser der einzelnen Teilchen unter 0,25 Mikron liegt, gemessen nach der von Henry Green im »Journal of the Franklin Institute«, 1921, angegebenen Methode.

Die Wirkung, die die Verminderung der Teilchengröße von Zinkoxyd selbst nur um $^1/_{10}$ Mikron ausübt, läßt sich daraus ermessen, daß 1 g Zinkoxyd bei einer durchschnittlichen Teilchengröße von 0,7 Mikron 0,96 Billionen Teilchen, dagegen bei einer Teilchengröße von 0,6 Mikron 1,84 Billionen Teilchen enthält. Sobald man unter 0,3 Mikron für die durchschnittliche Teilchengröße hinuntergeht, wird die Wirkung einer kleinen Verringerung des Durchmessers des einzelnen Teilchens außerordentlich groß. So enthält 1 g Zinkoxyd mit Teilchen von 0,3 Mikron im Durchmesser ungefähr 12 Billionen Teilchen; eine weitere Verminderung des Durchmessers um $^1/_{10}$ Mikron erhöht die Zahl der Teilchen schon auf 41 Billionen. Die nachstehende Tabelle veranschaulicht die Bedeutung der Erfindung in dieser Beziehung:

Teilchendurchmesser in Mikron	Anzahl der Teilchen per Gramm in Billionen
0,7	0,96
0,6	1,54
0,5	2,64
0,4	5,17
0,3	12,24
0,2	41,40
0,1	331,20

Das gemäß der Erfindung erhaltene Zinkoxyd erhöht die Reibfestigkeit von Gummi, dem es zugesetzt ist, in außerordentlichem Maße. Wenngleich die Mehrwirkung in bezug auf die Erhöhung der Reibfestigkeit bei Gummi wohl in erster Linie der feineren Verteilung bzw. der Verringerung der Teilchengröße zuzuschreiben ist, so stehen die chemischen und physikalischen Eigenschaften von Zink in seiner Wirkung auf Gummi offenbar in einer so engen Wechselwirkung, daß die Verminderung der Teilchengröße an sich vielleicht nicht die einzige Ursache der Mehrwirkung ist. Die Bedeutung der Erfindung ist im übrigen nicht in ihrer Anwendung auf Gummi beschränkt.

Patentansprüche:

1. Verfahren zum Herstellen von Zinkoxyd hohen Feinheitsgrades durch Einführen von Zinkdampf in eine bewegte oxydierende Atmosphäre, dadurch gekennzeichnet, daß der auf etwa 2000° C und höher überhitzte Zinkdampf mit hoher Geschwindigkeit in Form eines Strahles durch eine Düse in die oxydierende Atmosphäre eingeblasen wird.

2. Vorrichtung zur Ausführung des Verfahrens nach Anspruch 1, gekennzeichnet durch ein Zinkdestillationsgefäß mit einer Strahldüse für den Austritt des Zinkdampfs und ein darüber angeordnetes Abzugsrohr mit einer Einrichtung zur Erzielung starken Luftzuges.

3. Vorrichtung nach Anspruch 2, dadurch gekennzeichnet, daß das Destillationsgefäß mit Elektroden ausgerüstet ist, von denen die eine gleichzeitig als Austrittsdüse dient.

Nr. 499 572. (N. 22 158.) Kl. 12 n, 6. The New Jersey Zinc Company in New York.

Verfahren zur Herstellung von Zinkweiß.

Vom 26. Mai 1923. — Erteilt am 22. Mai 1930. — Ausgegeben am 11. Juni 1930. — Erloschen: . . . .

Amerikanische Priorität vom 27. Mai 1922 beansprucht.

Gegenstand der Erfindung ist ein Verfahren und eine Einrichtung zur Herstellung von Zinkweiß sowie das mit ihrer Hilfe erhaltene neue Produkt.

Es wurde festgestellt, daß man ein Zinkoxyd von ultramikroskopischer Feinheit und infolgedessen erheblich verbesserten Eigenschaften erhalten kann, wenn man gegen die sich beim Verbrennen von Zink in kalter Luft bildende Flamme einen oder mehrere Druckluftstrahlen derart richtet, daß das Zinkoxyd im Augenblick seiner Bildung abgeschreckt wird. Man kann das Verfahren vorteilhaft in einem großen, freien Raum vornehmen; befinden sich in der Nähe der Flamme Gegenstände, die Wärme reflektieren könnten, so muß man diese Gegenstände so kühl halten, daß sie, statt die Verbrennungswärme zu reflektieren, sie wenn möglich, absorbieren. Umfang und Geschwindigkeit des Druckluftstrahles werden zweckmäßig so gewählt, daß die Abkühlung der Zinkoxydteilchen auf weniger als 350° C in einem kleinen Bruchteil einer Sekunde nach ihrer Bildung, z. B. in 1/50 Sekunde oder weniger, erfolgt und die scheinbar weißglühende Oxydationszone in Wirklichkeit so klein und kühl ist, daß man die bloße Hand gefahrlos durch sie hindurchführen kann. Der Zinkdampfstrahl kann durch andere Gase, z. B. Kohlenoxyd, Stickstoff, Wasserstoff usw., verdünnt sein, die sich bei der Erzeugung des Zinkdampfes je nach dem angewendeten Verfahren ergeben.

Die Anwendung von Druckluftstrahlen zur Ableitung der Wärme aus der Zinkflamme bringt gegenüber der bekannten Bewegung der Verbrennungsluft durch Ventilatoren, die das sich bildende Zinkoxyd in die Absatzkammer hinüberdrücken, eine neue technische Wirkung dank dem Umstand hervor, daß Druckluftstrahlen so zur Zinkflamme ausgerichtet werden können, daß die gesamte unter Druck stehende Luft die Flamme durchdringt und das in ihr entstehende Zinkoxyd abschreckt. Mit Saugluft ist dies nicht möglich, da man einen die Verbrennungskammer durchziehenden Luftstrom nicht von seinem durch den Ventilator vorgeschriebenen Wege ableiten kann; dort wird also ein großer Teil der Luft ungenutzt an der Flamme vorbeigehen.

Zinkweiß hat man früher nach Wetherill durch Reduktion von Zinkerz mit Kohle und sofortiges Verbrennen des erhaltenen Zinkmetalls oder durch Destillation von Zinkmetall aus Muffeln hergestellt. Bei diesen Verfahren hat man bisher nicht berücksichtigt, daß der Charakter der Zinkflamme selbst irgendeinen Einfluß auf die physikalische Eigenschaft des Oxyds haben könnte; man hat auch nicht versucht, diese physikalischen Eigenschaften durch eine Regelung der Flamme, insbesondere durch eine Steigerung ihrer Intensität oder durch Begrenzung ihrer Ausdehnung, zu beeinflussen. Das bei den bisher angewendeten Verfahren erhaltene Zinkweiß hat zwar äußerlich die Eigenschaften eines unfühlbaren Pulvers, in Wirklichkeit liegt aber die Größe seiner Teilchen im Bereich gewöhnlicher mikrophotographischer Messung, die bei dem Produkt gemäß der vorliegenden Erfindung versagt.

Die Zeichnungen veranschaulichen beispielsweise Einrichtungen zur Ausführung des neuen Verfahrens.

Bei der Einrichtung nach Abb. 1 ist das Schmelzgefäß 10 durch eine Scheidewand 14 in zwei Kammern 12 und 13 geteilt. Die

Abb. 1

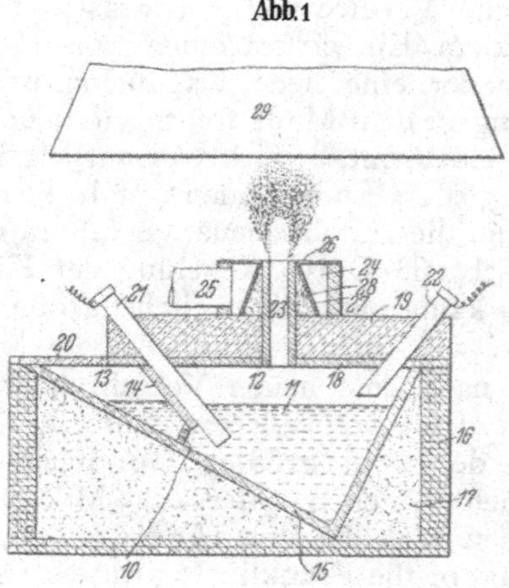

Scheidewand endigt unten in einigem Abstand von der Gefäßwandung; zwischen diesen beiden Wandungen ist ein durchlöcherter Einsatz 15 eingeordnet. Der Zwischenraum zwischen dem Mauerwerk 16 des Ofens und den Schrägwänden des Schmelzgefäßes ist mit wärmeisolierendem Stoff 17 ausgefüllt. Die Kammer 12 des Schmelzgefäßes ist ständig durch eine Platte 18 abgedeckt, die eine dicke Lage von Wärmeisoliermaterial 19 trägt; die Kammer 13 ist durch einen Deckel 20 abgeschlossen.

Längs der Scheidewand 14 ragt eine Elektrode 21 unter die Oberfläche des Zinkbades in der Kammer 12, eine zweite Elektrode 22 endigt kurz über dem Zinkspiegel. Durch die Platte 18 ragt die Zinkdampfdüse 23 hindurch. Über der Isolierschicht 19 ist rings um die Düse 23 herum eine Ringkammer 24 geschaffen, der durch ein Rohr 25 Preßluft zugeführt wird, die durch eine Ringöffnung im oberen Teil der Kammer 24 rund um die Düse herum austritt. Die Wand der Kammer 24 kann aus feuerfesten Ziegeln, die Decke aus Eisen bestehen. Ein Kegel 27 aus Eisenblech umhüllt das die Düse umgebende Isoliermaterial 28.

Das Schmelzgefäß 12 wird so weit mit Zink beschickt, daß das Zinkbad es etwa bis zu der dargestellten Höhe füllt; auf dieser Höhe wird der Spiegel der Zinkschmelze dauernd gehalten. Der Stromübergang zwischen der Elektrode 22 und der Zinkoberfläche erzeugt eine Wärme, die genügt, um das Zink geschmolzen zu halten und so viel Zinkdampf zu entwickeln, daß ein starker Zinkdampfstrahl dauernd aus der Düse 23 austritt. Die Stromwärme genügt auch zum Niederschmelzen des festen Zinks, das nach Abnahme des Deckels 20 in das Bad eingetragen wird.

Der Raum zwischen dem Zinkspiegel in der Kammer 12 und der Decke 18 füllt sich mit Zinkmetalldampf, der dann in einem stetigen Strahl durch die Düse 23 austritt. Bei diesem Austritt aus der Düse kommt der Zinkdampf mit der die Düse umgebenden Luft in Berührung und würde hierbei, wenn nicht besondere Vorkehrungen getroffen wären, mit der bekannten natürlichen Zinkflamme abbrennen. Die Ringdüse 26 führt nun aber einen Luftstrahl von ringförmigem Querschnitt nach innen gegen den austretenden Zinkdampfstrahl, der eine große Einengung und Verkleinerung der Zinkflamme bewirkt und die Zinkoxydteilchen sofort aus der Hochtemperaturzone, in der die beschränkte Verbrennung vor sich geht, hinaus in die kalte, diese Zone umgebende Luft führt, so daß die Teilchen sofort abgeschreckt werden. Sie werden in den sich nach unten erweiternden Abzug 29 mittels eines Sauggebläses hineingesogen und durch die Abzugskanäle in die Sackkammer o. dgl befördert, in der das Zinkoxyd sich dann ablagert.

Die Einengung und Verkleinerung der Zinkflamme durch den Druckluftstrahl wird durch einen Vergleich der in Abb. 1 dargestellten Zinkflamme mit der in Abb. 7 dargestellten veranschaulicht; der Unterschied läßt sich zeichnerisch schwer wiedergeben, ist aber tatsächlich sehr erheblich.

Eine Flamme in der in Abb. 7 gezeichneten Art entsteht, wenn man den gemäß Abb. 1 austretenden Luftstrahl abstellt. Sobald er wieder angestellt wird, wird die Flamme auf einen kleinen Raum zusammengedrängt, so daß sie unter Umständen auf ein Fünftel ihrer Höhe zusammenschrumpft. Die in der Flamme entstehenden Zinkoxydteilchen steigen nun nicht mehr langsam auf und werden nicht mehr längere Zeit auf hoher Temperatur erhalten, sondern sofort aus der Zone intensiver Verbrennung herausgeschafft und gleichzeitig abgeschreckt. Die Abkühlung der Flamme ist so groß, daß man die Hand ruhig durch ihren oberen Teil hindurchführen kann.

Bei der Einrichtung nach Abb. 2 besteht der Zinkbehälter aus einem Futter 46 aus feuerbeständigem Stoff, das von Stahlplatten 47 umgeben ist, die auf mehreren Lagen feuerbeständiger Ziegel 48 ruhen, die wieder auf einer Beton- oder Zementunterlage 49 liegen. Die Seitenwände sind von Stahlplatten 50 umgeben; der Raum zwischen den stehenden Stahlwänden 47 und 50 ist mit Isoliermasse 51 ausgefüllt. In die Kammer 45 ragt ein Einfüllrohr 52 aus feuerfestem Stoff

Abb. 2

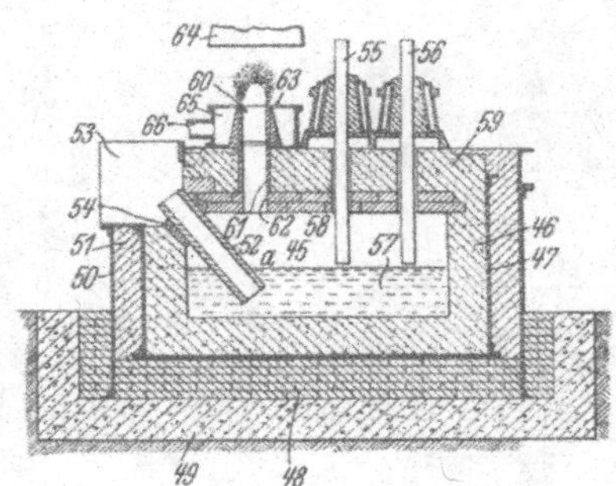

hinein, das zur Beschickung der Kammer mit festem oder geschmolzenem Zink dient. Sein oberes Ende mündet in einen Fülltrichter 55 und kann mit einem Deckel versehen sein. Von oben ragen ferner in die Kammer 45 zwei einstellbare Elektroden 55 und 56, deren untere Enden kurz oberhalb des Zinkspiegels 57 liegen. Die Kammer 45 ist mit Graphitplatten 58 abgedeckt, über denen eine dicke Lage eines feuerbeständigen Stoffes 59 angebracht ist. Über einer Öffnung 62 in der Decke 58 der Schmelzkammer steht ein Carborundum-Rohr und über diesem eine Carborundum-Düse 60. Um letztere herum ist eine Ringkammer 65 angeordnet, der durch ein Rohr 66 Preßluft zugeführt wird, die wieder als Ringstrahl durch eine Ringöffnung 63 um die Düse herum austritt. Die Öffnung 63 ist etwas größer als die Düsenöffnung.

Der Betrieb dieser Einrichtung ist im wesentlichen der gleiche wie bei der Einrichtung nach Abb. 1.

An Stelle eines ringförmigen Luftstrahles gemäß Abb. 1 und 2 kann man auch Luftstrahlen anderer Art verwenden. Einrichtungen, die mit solchen Strahlen arbeiten, sind z. B. in Abb. 3 bis 6 dargestellt.

Bei der Einrichtung nach Abb. 3 sind seitlich der Zinkflamme zwei gegeneinander gerichtete Luftdüsen 33 angeordnet, die durch ein Rohr 32 mit Preßluft gespeist werden.

Sie bewirken ein Abflachen oder Einengen der Zinkflamme in einer Richtung und ein Verbreitern in der anderen Richtung.

Bei der Einrichtung nach Abb. 4 wird Luft durch ein Rohr 34 zu Luftdüsen 35 geführt, die etwas oberhalb der Öffnung 23 der Zinkdüse gegen die Flamme gerichtet sind.

Bei der Einrichtung nach Abb. 5 tritt Preßluft durch ein Ringrohr 36 in eine Reihe von Düsen 37, von denen hier nur drei dargestellt

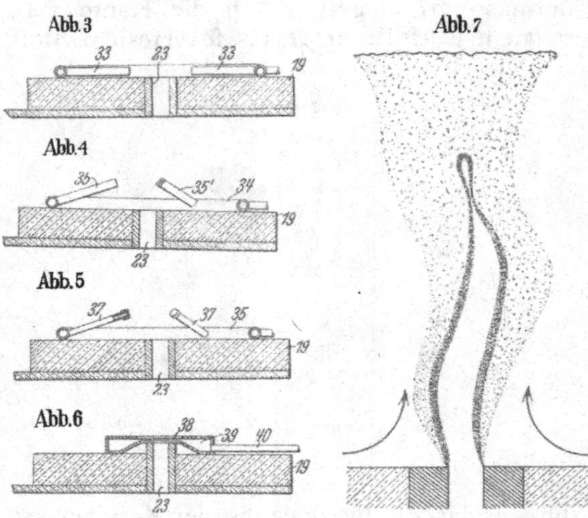

sind, die in gleichem Abstand und in verschiedener Höhe gegen den Zinkdampfstrahl gerichtet sind, der aus der Düse 23 austritt. Bei der praktischen Anwendung dieser Vorrichtung kann eine weit größere Zahl von um die Flamme herum verteilten Luftdüsen verwendet werden.

Bei der Einrichtung gemäß Abb. 6 ist wieder eine ringförmige Luftdüse 38, ähnlich der in Abb. 1 dargestellten, vorhanden. Die Luft wird der Ringkammer 39 durch ein Rohr 40 zugeführt.

Das auf diese Weise erzielte Zinkweiß ist durch eine außerordentlich geringe Größe der einzelnen Teilchen gekennzeichnet und unterscheidet sich hierdurch von allen bekannten Zinkweißarten, gleichgültig, nach welchem Verfahren sie hergestellt sind. Während die feinsten nach dem Wetherillverfahren hergestellten Zinkweißsorten eine mittlere Teilchengröße von etwa 0,38 bis 0,52 Mikron, die besten, durch Destillation erhaltenen, eine solche von 0,36 bis 0,44 Mikron aufweisen, besitzen die Teilchen des nach dem neuen Verfahren hergestellten Zinkweißproduktes (als Mittel der zwei größten Durchmesser jedes Teilchens bestimmte) eine Teilchengröße zwischen 0,15 und 0,08 Mikron. Die Bedeutung dieser Größenverminderung wird erkennbar, wenn man die annähernde Teilchenzahl auf 1 Gramm des Produktes in Betracht zieht. Von einem Zinkoxyd mit einer mittleren Teilchengröße von 0,5 Mikron enthält 1 Gramm ungefähr 2,64 Billionen Teilchen. Dagegen kommen auf 1 Gramm eines Produktes, dessen Teilchen eine mittlere Größe von 0,4 Mikron haben, schon etwa 5,17 Billionen. Bei einer Teilchengröße von 0,15 Mikron enthält 1 Gramm 95,22 Billionen; bei 0,1 Mikron 331 Billionen.

Die Durchmesser der Teilchen wurden nach einem Verfahren bestimmt, das zuerst von Henry Green im Journal of the Franklin Institute vom November 1921 beschrieben wurde. Da die Zinkweißteilchen gemäß der Erfindung ultramikroskopische Größe besitzen, mußte bei der Durchführung des mikrophotographischen Meßverfahrens ultraviolettes Licht mit Quarzlinsen verwendet werden.

Dank seiner geringen Teilchengröße bzw. der außerordentlich erhöhten Teilchenzahl in der Gewichtseinheit bietet das Produkt besondere Vorteile für verschiedene Zwecke. Besonderen Wert besitzt es für die Herstellung von Gummi, dessen Reibfestigkeit und Lagerbeständigkeit es in außerordentlichem Maße erhöht. Auch wirkt es beschleunigend auf die Vulkanisierung.

Wird die Herstellung so geleistet, wie oben beschrieben, so ist das Zinkweiß im wesentlichen frei von Verunreinigungen (Chloriden, Sulfaten usw.). Es kann angenommen werden, daß wenigstens zum Teil die besseren Eigenschaften des neuen Produktes dem Fehlen dieser Verunreinigungen zuzuschreiben sind.

Die Wirkungen des neuen Zinkweiß auf Kautschuk lassen sich wie folgt zusammenfassen: Eine noch nicht vulkanisierte Masse, die das neue Produkt enthält, ergibt in Benzol keine Reaktion, die Vulkanisierung wird beschleunigt, organische Beschleuniger werden in erhöhtem Maße angeregt. und die physikalischen Eigenschaften des Kautschuks (Reibfestigkeit, Zerreißfestigkeit, in gewissem Grade auch Dehnung und die Lagerbeständigkeit) werden erheblich verbessert.

Abgesehen von der geringen Teilchengröße rührt die Fähigkeit, die Vulkanisierung zu beschleunigen, wenigstens zum Teil, wohl auch von dem verhältnismäßig geringen Säuregrad des neuen Produktes her, der, in SO_3 ausgedrückt, etwa 0,02 bis 0,04 % beträgt.

Patentansprüche:

1. Verfahren zum Herstellen eines äußerst feinen Zinkweiß durch Verbrennen von Zinkdampf mit kalter Luft, da-

durch gekennzeichnet, daß man einen oder mehrere Druckluftstrahlen so gegen die Zinkflamme richtet, daß das Zinkoxyd im Augenblick seiner Bildung abgeschreckt wird.

2. Verfahren nach Anspruch 1, dadurch gekennzeichnet, daß ein Druckluftstrahl verwendet wird, der die Zinkflamme umhüllt.

3. Verfahren nach Anspruch 1, gekennzeichnet durch die Verwendung eines Druckluftstrahls von solcher Temperatur und Stärke, daß die sich bildenden Zinkoxydteilchen in einem kleinen Bruchteil einer Sekunde (1/50) nach ihrer Bildung auf eine unter 350° liegende Temperatur abgekühlt werden, so daß die Teilchen im Mittel ihrer größten Durchmesser kleiner als 0,15 Mikron sind.

4. Zinkdestillationsgefäß zur Ausführung des Verfahrens nach Anspruch 1 bis 3, gekennzeichnet durch eine Strahldüse, durch die Druckluft gegen den aus dem Gefäß austretenden Zinkdampfstrahl geleitet wird.

5. Gefäß nach Anspruch 4, dadurch gekennzeichnet, daß die Druckluftdüse die Zinkdampfdüse umgibt, so daß der Druckluftstrahl den Zinkdampfstrahl umhüllt.

Nr. 533570. (N. 26994.) Kl. 12n, 6. The New Jersey Zinc Company in New York.

Verfahren zur Erzeugung von Zinkoxyd.

Vom 27. Febr. 1927. — Erteilt am 3. Sept. 1931. — Ausgegeben am 16. Sept. 1931. — Erloschen: 1933.

Amerikanische Priorität vom 27. März 1926 beansprucht.

Gegenstand der Erfindung ist ein Verfahren zur Erzeugung von Zinkoxyd, insbesondere als Kautschukzusatz.

Das Patent 499572 beschreibt ein Verfahren zur Erzeugung von Zinkoxyd, bei dem ein Strom kalten oxydierenden Gases (Luft) gegen den aus dem Ofen austretenden Zinkmetalldampf geführt wird. Es wurde nun festgestellt, daß die physikalischen Eigenschaften des nach diesem Verfahren entstehenden Zinkoxydes bis zu einem gewissen Grade von der Art und Weise abhängen, wie der Zinkdampf erzeugt wird. Entsteht er durch Verflüchtigung reinen, metallischen Zinks, so ist auch das gebildete Zinkoxyd im wesentlichen frei von Verunreinigungen (Chloriden, Sulfaten usw.). Stammt der Zinkdampf aber aus einem Gemisch von zink- und kohlehaltigem Material, so enthält das gebildete Zinkoxyd fast stets Verunreinigungen, die trotz ihrer äußerst geringen Menge doch eine ausgesprochen schlechte Wirkung auf das Zinkoxyd ausüben, wenn es etwa Kautschuk beigemengt wird. Es kann angenommen werden, daß sich auf der Oberfläche der Zinkoxydteilchen kleine Mengen von Schwefelsauerstoffverbindungen verdichten, wenn der Zinkdampf aus einem Gemisch von zink- und kohlehaltigem Stoff erzeugt wird, und daß diese Verbindungen zu einem großen Teil die Schuld an der verschlechternden Wirkung tragen.

Es wurde nun gefunden, daß die Verdichtung solcher Schwefelsauerstoffverbindungen auf der Oberfläche der Zinkoxydteilchen wesentlich verhindert wird, wenn die Abscheidung der Zinkoxydteilchen aus den Gasen, in denen sie suspendiert sind, bei über 125° liegenden Temperaturen erfolgt. Werden die die Zinkoxydteilchen schwebend mit sich führenden Gase durch eine Zinkoxydsammelvorrichtung hindurchgeleitet, die auf mindestens 125° erhalten wird, so gehen die Schwefelsauerstoffverbindungen, hauptsächlich schweflige Säure und Schwefeltrioxyd, mit den Abgasen durch und auf der Oberfläche der Zinkoxydteilchen findet so gut wie gar keine Verdichtung solcher Verbindungen statt. Die Erfindung besteht also in erster Linie in der Erzeugung von Zinkoxyd aus einem Gemisch zink- und kohlehaltiger Stoffe unter Abscheidung der Zinkoxydteilchen aus den Gasen, in denen sie schweben, bei einer Temperatur von mindestens 125°.

Für die Zwecke der Erzeugung von Zinkoxyd, das besonders zur Verstärkung von Kautschuk geeignet ist, wird gemäß der Erfindung über dem Gemisch zink- und kohlehaltiger Stoffe, das auf einem Siebrost lagert, durch den die Verbrennungsluft aufsteigt, eine nicht oxydierende Atmosphäre geschaffen. Die den Zinkdampf mit sich führenden gasförmigen Produkte werden in eine oxydierende Atmosphäre solcher Art geleitet, daß die Zinkoxydteilchen sofort auf 700°, zweckmäßig noch darunter, abgekühlt werden. Gleichzeitig wird das plötzliche Abkühlen oder Abschrecken der Zinkoxydteilchen so geleitet, daß die Gase, in denen diese Teilchen schweben, nicht unter 125° abgekühlt werden, bis sie den Zinkoxydsammler wieder verlassen haben. Das Gemisch von Gasen und Zinkoxyd wird also bei einer Temperatur zwischen 125° und 700°

durch den Sammler hindurchgeführt und die Gase verlassen diesen bei einer nicht unter 125° liegenden Temperatur.

Zweckmäßig wird das Gemisch von zink- und kohlehaltigen Stoffen in Form von Briketts auf einem Wanderrost verbrannt, wie dies in der Patentschrift 374 768 näher beschrieben ist. Die Zusammensetzung der brikettierten Beschickung und die Ofenleitung werden so geregelt, daß über der Beschickung eine nicht oxydierende Atmosphäre vorhanden ist. Die entstehenden Gase, die den Zinkmetalldampf mit sich führen und eine Temperatur von 1000 bis 1200° besitzen, werden durch Auslässe in der Ofendecke in eine oxydierende Atmosphäre geleitet, in der sie der Wirkung eines kalten, oxydierenden Gases ausgesetzt werden, das die Flammentemperatur herabsetzt und die entstehenden Zinkoxydteilchen sofort auf eine unter 700°, zweckmäßig nicht über 500°, liegende Temperatur abkühlt. Die Gase mit den darin schwebenden Zinkoxydteilchen gelangen dann mit einer Temperatur über 125° in den Zinkoxydsammler, der zweckmäßig von Asbestsäcken gebildet und gleichfalls auf einer mindestens 125° liegenden Temperatur erhalten wird.

Die Zeichnung veranschaulicht eine Anlage zur Ausführung des neuen Verfahrens in beispielsweiser Darstellung. Abb. 1 ist ein Aufriß, zum Teil in senkrechtem Schnitt, Abb. 2 ein Grundriß; Abb. 3 veranschaulicht eine Einzelheit im größeren Maßstab.

Im Eintrittsende des Wanderrostofens 10 ist der Fülltrichter 11 für die Brennstoffbriketts angeordnet. Ein einstellbarer Schichtregler 12 ist an der Ofendecke in bestimmtem

Abb. 1

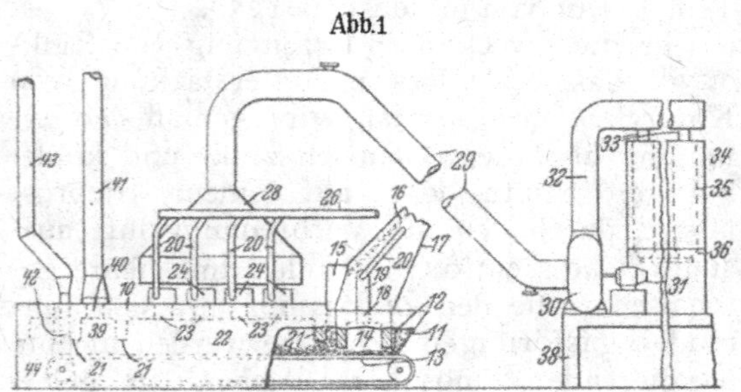

Abstand über dem Rost 13 aufgehängt. Die Vorkammer 14 für die Entzündung der Brennstoffbriketts weist einen Fülltrichter 15 auf, der aus einer Gleitrinne 16, die von Eisenblech 17 umhüllt ist, mit Brennstofferzbriketts beschickt wird.

Von einer Öffnung 18 in der Decke der Vorkammer 14 geht ein Rohr 19 mit Zweigrohren 20 aus. die unter der Gleitrinne 16 münden. Neben dem Fülltrichter 15 ist an der Ofendecke ein zweiter Schichtregler 21 über dem Wanderrost 13 aufgehängt. Die Hauptkammer 22 erstreckt sich durch den größeren Teil der Ofenlänge und weist in ihrer Decke Auslässe 23 auf, von denen jeder mit einer Gaskammer 24 mit kegelförmiger Düse 25 ausgestattet ist. Die Gaskammern oder Windkästen 24 werden durch Rohre 26

Abb. 2

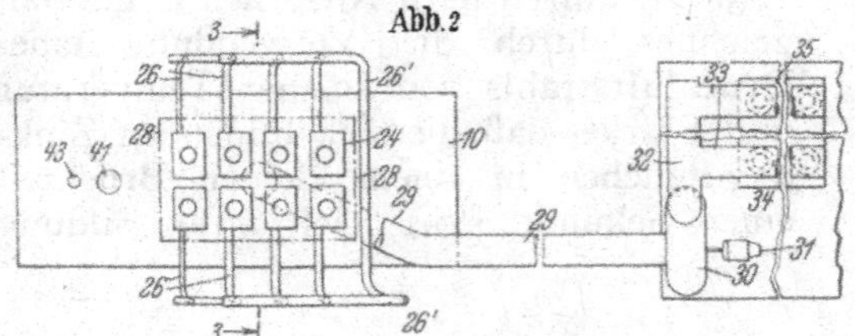

mit Luft gespeist und weisen rings um die Düsen 25 Luftschlitze 27 auf. Die Windrohre 26 sind an das Hauptrohr 26′ angeschlossen.

Über den Windkästen 24 ist eine Abzugshaube 28 aufgehängt, die durch ein Rohr 29 mit dem Sauggebläse 30 verbunden ist, das von einem Motor 31 angetrieben wird und durch ein Verbindungsrohr 32 zu den Verteilerrohren 33 führt, die in dem Zinkoxydsammler oder Sackraum 34 münden, dessen

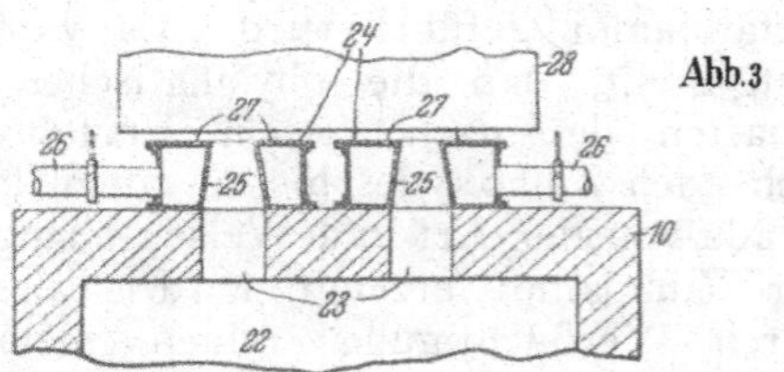

Abb. 3

Wände und Decke mit Asbestplatten o. dgl. isoliert sind. In dem Sackraum hängen Filtersäcke 35, zweckmäßig aus Asbest, die mit ihren oberen Enden an die Verteilerrohre 33, unten an den Sammeltrichter 36 angeschlossen sind. In der Decke des Sackraumes sind Auslässe für die Abgase bzw. die Luft vorgesehen.

Hinter der Hauptkammer 22 des Ofens liegt eine kurze Kammer 39, die durch einen Auslaß 40 und ein Rohr 41 zu einem nicht dargestellten Sackraum oder Sammler führt. Eine noch kleinere Kammer 42 nahe dem Abwurfende des Wanderrostes 13 steht durch einen Schornstein 43 mit der freien Luft in Verbindung. Am Ende des Ofens ist ein Aschenfall 44 vorgesehen.

Durch den Fülltrichter 11 werden Brennstoffbriketts auf dem Wanderrost 13 abgelegt, der z. B. mittels der in der Patentschrift 374 768 beschriebenen Vorrichtungen in Bewegung gehalten wird. Während die Brennstoffbriketts mit dem Rost nach dem anderen Ende des Ofens wandern, wird ihre Schicht von einem geregelten Verbrennungsluftstrom durchzogen, der durch den Rost nach oben tritt. Der Schichtregler 12 sorgt für eine bestimmte Schichthöhe, die Brennstoffbriketts werden rasch hocherhitzt und entzünden sich beim Durchgang durch die Vorkammer 14. Gleichzeitig gelangen von der Gleitrinne 16 Brennstofferzbriketts in den Trichter 15 und lagern sich auf den brennenden Brennstoffbriketts. Sie werden der Rinne 16 direkt von der (nicht dargestellten) Brikettpresse durch eine erwärmte Kammer 17 hindurch zugeführt. Die Erwärmung erfolgt durch den Austritt geregelter Mengen heißer Verbrennungsgase aus der Vorkammer 14 durch die Rohre 19 und 20 in den Raum unterhalb der Gleitrinne.

Die Brennstofferzbrikette werden durch den Schichtregler 21 in bestimmter Höhe auf den brennenden Brennstoffbriketts ausgebreitet. Nahezu sofort beginnt die Reduktion der Zinkverbindungen zu Zinkmetall, das sofort in Zinkdampf verwandelt wird. Der Hauptteil der Reduktion und Zinkdampfbildung erfolgt während des Durchgangs des Wanderrosts durch die Hauptkammer 22 des Ofens. Der Zug der Verbrennungsluft durch den Rost hindurch ist so geregelt, daß über der Ofenbeschickung stets eine nicht oxydierende Atmosphäre aufrechterhalten bleibt.

Während des Durchgangs der Beschickung von Brennstoffbriketten und Brennstofferzbriketten durch die Hauptkammer 22 strömen die gasförmigen Reaktionsprodukte mit dem Zinkmetalldampf durch die Auslässe 23 und die Düsen 25 der Windkästen 24, aus deren Umfangsschlitzen 27 ein Strom kalter Luft gegen den Strom der aus den Düsen austretenden Gase und Dämpfe gerichtet ist. Die Verbrennungsluft wird den Windkästen unter Druck zugeführt.

Der aus den Düsen 25 austretende Zinkmetalldampf verbrennt sofort zu Zinkoxyd, und durch Zufuhr einer geregelten Menge kalter Luft wird die Flammentemperatur erniedrigt und die entstehenden Zinkoxydteilchen sofort auf eine nicht über 700°, zweckmäßig nicht über 500°, liegende Temperatur abgekühlt. Die Erniedrigung der Flammentemperatur und die sofortige Abkühlung verhindert ein Zusammenballen der äußerst kleinen Zinkoxydteilchen.

Die Temperatur, auf die die entstehenden Zinkoxydteilchen augenblicklich heruntergekühlt werden müssen, hängt bis zu einem gewissen Grad von der Konzentration des Zinkdampfes in den aus dem Ofen austretenden Gasen ab.

Die feinen Zinkoxydteilchen, die in den Verbrennungsgasen schweben, werden von dem Sauggebläse 30 in den Abzug 28 und durch die Rohre 29 in den Sackraum 34 gesogen, der auf einer nicht unter 125° liegenden Temperatur erhalten wird. Sie sammeln sich in den Säcken 34, während die Trägergase durch die Säcke hindurchtreten und aus dem Sackraum entweichen. Das Zinkoxyd sammelt sich dann in den Trichtern 36, zu welchem Zweck die Säcke 35 geschüttelt werden können, und wird aus den Trichtern in geeigneter Weise entfernt. Lagert es in ihnen längere Zeit, so werden sie mit dem darin lagernden Zinkoxyd zweckmäßig auf mindestens 125° erhalten.

Die Abscheidung der Zinkoxydteilchen von den Trägergasen bei einer mindestens 125° betragenden Temperatur verringert die Gefahr der Verdichtung von Schwefelsauerstoffverbindungen auf der Oberfläche der Teilchen. Durch Aufrechterhaltung einer Temperatur von 125° im Sackraum wird eine solche Verdichtung nicht gänzlich verhindert. Bei dieser Mindesttemperatur erfolgt noch eine gewisse Verdichtung von Schwefelsauerstoffverbindungen, aber sie können sich während des verhältnismäßig kurzen Aufenthalts des Zinkoxyds im Sammelraum nicht in solcher Menge darauf verdichten, die eine schädliche Wirkung ausübte. Wird das Zinkoxyd in Absetzkammern aufgefangen und bleibt es den Schwefelsauerstoffgasen des Ofens länger ausgesetzt als im Sackraum, so kann eine höhere Temperatur als 125° erforderlich werden, um eine schädliche Verdichtung von Schwefelsauerstoffverbindungen auf dem Zinkoxyd zu verhindern.

Die Regelung der Verbrennungsluft, durch die oberhalb der Beschickung eine nichtoxydierende Atmosphäre geschaffen wird, erfolgt durch Einstellung der Schieber in den Luftkanälen unterhalb des Ofens, ferner durch Regelung des Zuges, des Sauggebläses 30, durch Aufrechterhaltung der Abdichtung zwischen Beschickung und Ofenwand und durch Verhinderung des Lufteintritts in den Ofen oberhalb der Beschickung. Die Oxydation des Zinks auf dem Rost wird durch entsprechende Bemessung der Höhe der Brennstoffbrikettschicht geregelt.

Die Abkühlung der Flamme auf etwa 700° erfolgt mittels eines Luftstroms, der den über das Ofengewölbe aufsteigenden Zinkdampfstrom trifft. Die Abkühlung der Gase bis auf etwa 125° erfolgt beim Durchgang der Zinkoxydteilchen durch die Sammelkammern und die in diese eingesogene kalte Luft.

Die Brennstofferzbriketts können z. B. folgende Zusammensetzung haben: Anthrazitkohle 20 %, Bindemittel 1,5 %, Erz mit 23 %, Zink 78,5 %.

In dem Wanderrostofen wird entsprechend der vorschreitenden Verarbeitung der Briketts ein Zinkoxyd von geringerer Güte erhalten. Ist die Beschickung auf dem Wanderrost über die Hauptkammer 22 hinausgelangt, so verringert sich der Kohlenstoffgehalt so weit, daß eine vollständig sauerstofffreie Atmosphäre über der Beschickung nur schwer aufrechterhalten werden kann. Deshalb ist die Kammer 39 vorgesehen, in der die Beschickung während des letzten Teils der Operation entfernt wird. Die in der Kammer 39 entstehenden gasförmigen Produkte ziehen durch den Auslaß 40 in das Rohr 41 und von da zu einem geeigneten Sammler, in dem das Zinkoxyd von den Gasen getrennt wird.

Der Rückstand der Beschickung wird am Ende des Wanderrosts in den Trichter 44 gestürzt.

Natürlich ist die Erfindung nicht auf die Anwendung bei Wanderrostöfen und bei brikettierten Beschickungen beschränkt.

PATENTANSPRÜCHE:

1. Verfahren zur Erzeugung von Zinkoxyd durch reduzierende Erhitzung eines Gemischs von zink- und kohlenstoffhaltigen Stoffen unter Verflüchtigung des metallischen Zinks und Oxydation des Zinkdampfs, dadurch gekennzeichnet, daß die Trägergase, in denen das Zinkoxyd schwebend zur Sammelstelle geführt wird, auf mindestens 125° erhalten werden und das Zinkoxyd dort von den Gasen bei mindestens der gleichen Temperatur getrennt wird.

2. Verfahren nach Anspruch 1, dadurch gekennzeichnet, daß die Zinkoxydteilchen gleich nach ihrer Bildung auf eine nicht über 700° liegende Temperatur heruntergekühlt werden.

3. Verfahren nach Anspruch 1 und 2, dadurch gekennzeichnet, daß der Zinkmetalldampf durch einen oxydierenden Gasstrom von solcher Temperatur und Menge verbrannt wird, daß sowohl die Flammentemperatur erniedrigt als auch die entstehenden Zinkoxydteilchen sofort auf eine nicht über 700° liegende Temperatur abgekühlt werden.

4. Verfahren nach Anspruch 1 bis 3, dadurch gekennzeichnet, daß über der Beschickung eine nichtoxydierende Atmosphäre aufrechterhalten wird, durch die der Zinkdampf hindurchtreten muß, bevor er verbrennt.

5. Verfahren nach Anspruch 1 bis 4, dadurch gekennzeichnet, daß die zweckmäßig brikettierte Beschickung auf einem Stand- oder Wanderrost angeordnet ist, durch den Verbrennungsluft zur Beschikkung tritt.

Nr. 481 284. (S. 78 091.) Kl. 12n, 6.

„SACHTLEBEN“ AKT.-GES. FÜR BERGBAU UND CHEMISCHE INDUSTRIE UND DR. MAX HERDER IN HOMBERG, NIEDERRHEIN.

Verfahren zur Herstellung von voluminösem Zinkoxyd aus zinkhaltigen Laugen.

Vom 27. Jan. 1927. — Erteilt am 25. Juli 1929. — Ausgegeben am 17. Aug. 1929. — Erloschen: 1934.

Es ist bekannt, daß aus Laugen, die Zink als Chlorid enthalten, das Zink durch Kalkmilch oder andere Oxyde oder Hydroxyde der Erdalkalien oder Alkalien gefällt werden kann. Es entstehen hierbei je nach Konzentration und Temperatur Körper von verschiedener Zusammensetzung, die zur Hauptsache aus Zinkhydroxyd bestehen, aber immer mehr oder minder durch basische Zinksalze verunreinigt sind und sich sehr schwer filtern und auswaschen lassen. Ferner ist bereits ein Weg gezeigt worden, hüttenfähige Erzeugnisse, die zur Hauptsache aus Zinkhydroxyd bzw. Zinkcarbonat bestehen, zu erhalten, indem in das gefällte und aufgeschlämmte Zinkhydroxyd kohlensäurehaltige Gase eingeleitet werden. Das neue Zinkcarbonat oder aus einem Gemisch von solchem mit Zinkhydroxyd bestehende Erzeugnis wird dann in dem üblichen metallurgischen Ofen verhüttet.

Das Verfahren gemäß der Erfindung bezweckt nun nicht die Gewinnung eines Erzeugnisses, das zur weiteren Verhüttung brauchbar ist und daher große Dichtigkeit aufweisen muß, sondern es soll im Gegenteil als Endprodukt ein Zinkoxyd erhalten werden, welches äußerst voluminös und locker und daher chemisch und physikalisch sehr aktiv ist. Erfindungsgemäß hat es sich nämlich gezeigt, daß bei Einhaltung gewisser Konzentrationen und Temperaturen, sowohl bei der Umsetzung der Zinkchloridlösung mit Kalkmilch oder anderen Oxyden oder Hydroxyden der Erdalkalien und Alkalien als auch bei der Behandlung des erhaltenen Niederschlages mit Kohlensäure oder kohlensäurehaltigen Gasen, nach dem Auswaschen durch Glühen bei 300 bis 400° ein fast 100prozentiges Zinkoxyd erhalten wird, welches äußerst voluminös und locker ist. Wenn man die Verdünnung und die Temperaturen bei der Umsetzung und der Kohlensäurebehandlung auf einem die Aufteilung der zu behandelnden Stoffe möglichst begünstigenden Wert hält, ergibt sich beim nachherigen Glühen ein Zinkoxyd, das bei chemischen und physikalischen Vorgängen eine ganz bedeutend energische Wirkung ausübt als z. B. hüttenmännisch gewonnenes Zinkoxyd oder auch gefälltes nicht unter gleichen Bedingungen hergestelltes Zinkoxyd. Zur Fällung kann auch ein Carbonat oder Bicarbonat der Alkalien oder Erdalkalien, z. B. Sodalösung, in entsprechender Verdünnung genommen werden, wobei man dann bis zur vollständigen Überführung des noch vorhandenen Carbonats in ein hochvoluminöses Oxyd glüht.

Die Ausführung des neuen Verfahrens kann im einzelnen beispielsweise wie folgt vor sich gehen: Aus Zinklaugen, wie sie z. B. bei der chlorierenden Röstung von Meggener Abbränden erhalten werden und die in der Hauptsache Zinkchlorid und Zinksulfat enthalten, wird zunächst mit Chlorcalciumlaugen, die beim Prozeß selbst als Abfallaugen erhalten werden können, das Sulfat als schwefelsaurer Kalk nach der Reaktionsgleichung:

$$ZnSO_4 + CaCl_2 = ZnCl_2 + CaSO_4$$

abgeschieden. Die so erhaltene Zinklauge wird, falls sie noch nicht die nötige Verdünnung aufweist, auf etwa 15° Bé, entsprechend ungefähr 40 bis 50 g Zink im Liter, gebracht und auf etwa 40 bis 50° C gehalten. Zu dieser Lauge läßt man nun eine Kalkmilch, die höchstens 5° Bé, d. h. rund 46 g CaO im Liter, aufweist, oder eine entsprechend verdünnte Sodalösung unter Einhaltung einer Temperatur von ebenfalls etwa 40 bis 50° C langsam unter ständigem Umrühren zufließen. Dabei werden zweckmäßig etwa 10% Zinküberschuß gegenüber der stöchiometrisch berechneten Menge angewandt, so daß Phenolphtalein auf keinen Fall mehr gerötet wird.

Der auf diese Weise erhaltene Niederschlag wird nun durch Dekantieren mit kaltem Wasser mehrmals ausgewaschen, bis alles Chlorcalcium oder Chlornatrium, das sich bei der Umsetzung bildet, ausgewaschen ist. Der Niederschlag wird dann wieder mit Wasser angerührt, die aufgeschlämmte Masse auf 70 bis 80° erhitzt und in geeigneten Gefäßen mit Kohlensäure oder mit kohlensäurehaltigen Gasen behandelt, bis der Niederschlag nach dem Auswaschen nur noch schwache Chlorreaktion zeigt. Dann wird die Masse abgefiltert und genügend ausgewaschen und getrocknet. Das so gewonnene Carbonat stellt eine äußerst voluminöse leichte Masse dar, die nach Glühen bei 300 bis 400° vollständig in ein Zinkoxyd übergeht, das durch das Entweichen der Kohlensäure noch lockerer und voluminöser wird und ein Schüttgewicht von nur etwa 0,15 zeigt, also mehrfach lockerer und voluminöser als die besten Zinkoxydsorten oder sublimierten Zinkweiße ist.

Ein weiterer wertvoller Vorteil dieses voluminösen Produktes besteht darin, daß es chemisch und physikalisch äußerst aktiv ist. Beispielsweise wirkt es bei der Vulkanisation von Kautschuk allein schon als Beschleuniger, in verstärktem Maße aber noch bei Gegenwart eines organischen Beschleunigers, so daß der Vulkanisationsprozeß in viel kürzerer Zeit verläuft. Gleichzeitig werden durch ein erfindungsgemäß hergestelltes Zinkoxyd auch die Eigenschaften des Kautschuks, besonders in bezug auf Festigkeit und Verschleiß, gegenüber der Verwendung von gewöhnlichem Zinkoxyd wesentlich verbessert. Auch bei Benutzung für pharmazeutische und kosmetische Zwecke ist das neue Zinkoxyd weit wirksamer, da es infolge seiner voluminösen Eigenschaft viel leichter von den Geweben aufgenommen wird.

Patentanspruch:

Verfahren zur Herstellung von voluminösem Zinkoxyd aus zinkhaltigen Laugen durch Umsetzung mit einem Carbonat oder Bicarbonat oder einem Oxyd oder Hydroxyd der Erdalkalien oder Alkalien und darauffolgendes Behandeln des erhaltenen Niederschlages mit Kohlensäure oder kohlensäurehaltigen Gasen, dadurch gekennzeichnet, daß zu einer Zinklauge von etwa 15° Bé, die im Überschuß, vorzugsweise von etwa 10%, angewendet wird, eine Kalkmilch von höchstens 5° Bé oder eine entsprechend verdünnte Sodalösung bei Einhaltung einer Temperatur von etwa 40 bis 50° C, vorzugsweise unter ständigem Umrühren, zugegeben und der erhaltene Niederschlag nach Auswaschen des Chlorcalciums oder Chlornatriums und Aufschlämmen mit Wasser auf etwa 70 bis 80° C erhitzt und mit Kohlensäure oder kohlensäurehaltigen Gasen behandelt wird, worauf die abgefilterte, gewaschene und getrocknete Masse bei 300 bis 400° C geglüht wird.

Nr. 530469. (S. 82712.) Kl. 12n, 6.

„Sachtleben“ Akt.-Ges. für Bergbau und chemische Industrie in Köln a. Rh.

Erfinder: Dr. Max Herder in Homberg, Niederrhein.

Verfahren zur Herstellung von voluminösem Zinkoxyd.

Vom 20. Nov. 1927. — Erteilt am 16. Juli 1931. — Ausgegeben am 29. Juli 1931. — Erloschen: . . . .

Den Gegenstand des Patentes 481 284 bildet ein Verfahren zur Herstellung von voluminösem Zinkoxyd aus zinkhaltigen Laugen durch Umsetzen mit einem Carbonat oder Bicarbonat oder einem Oxyd oder Hydroxyd der Erdalkalien oder Alkalien und darauffolgendes Behandeln des erhaltenen Niederschlages mit Kohlensäure oder kohlensäurehaltigen Gasen, und das kennzeichnende Merkmal dieses Verfahrens besteht darin, daß zu einer Zinklauge von etwa 15° Bé, die im Überschuß von vorzugsweise etwa 10 % angewendet wird, eine Kalkmilch von höchstens 5° Bé oder eine entsprechend verdünnte Sodalösung bei Einhaltung einer Temperatur von etwa 40 bis 50° C, vorzugsweise unter ständigem Umrühren, zugegeben und der erhaltene Niederschlag nach Auswaschen des Chlorcalciums oder Chlornatriums und Aufschlämmen mit Wasser auf etwa 10° bis 80° C erhitzt und mit Kohlensäure oder kohlensäurehaltigen Gasen behandelt wird, worauf die abgefilterte und gewaschene sowie getrocknete Masse bei 300° bis 400° C geglüht wird.

Es hat sich nun bei der praktischen Durchführung dieses Verfahrens herausgestellt, daß die Herstellung des voluminösen Zinkoxydes nicht an die in Patent 481 284 angegebenen engen Konzentrations- und Temperaturgrenzen gebunden ist, sondern daß man auch Zinklaugen und Kalkmilch anderer Konzentration oder Verdünnung bei niedriger oder auch bei bis zur Kochgrenze erhöhter Temperatur zusammengeben kann. Man kann beispielsweise ebensogut mit einer Zinklauge von 10 g Zink im Liter und mit einer Kalkmilch von 5° Bé als auch mit einer Zinklauge von 115 g Zink im Liter und mit einer Kalkmilch von 30° Bé arbeiten, und zwar mit Fällungen bei Temperaturen zwischen 15° und 100° C. Für den praktischen Betrieb brauchen die Bedingungen nur so gewählt zu werden, daß durch die Verwendung von zu hohen Laugenkonzentrationen keine breiartigen Massen, welche nicht mehr gerührt werden können, entstehen. Je nach den angewandten Konzentrationen treten dabei in gewissen Grenzen Unterschiede in der spezifischen Schwere des Endproduktes auf.

Auch bei der Einwirkung der Kohlensäure auf das von der Fällungslauge filtrierte Zinkoxychlorid können die Reaktionsbedingungen verändert werden. Man kann die Kohlensäure oder die kohlensäurehaltigen Gase bei Zimmertemperatur einleiten, wobei die Reaktion sehr langsam vorwärts schreitet. Wesentlich schneller verläuft die Reaktion bei 40° bis 50° C; ausgezeichnete Ergebnisse erhält man aber auch, wenn man die Temperatur auf 80° C und darüber steigert und die Kohlensäure gegebenenfalls unter erhöhtem Druck einwirken läßt.

Ganz allgemein kennzeichnet sich die Arbeitsweise nach der Erfindung als eine Weiterbildung des durch das Patent 481 284 geschützten Verfahrens zur Herstellung von voluminösem Zinkoxyd, bei der an Stelle der zur Bildung des Zinkniederschlages benutzten Lösungen in der Art der dort angegebenen Konzentrationen Lösungen beliebiger Konzentration zur Anwendung kommen und die Fällung bei beliebiger Temperatur vorgenommen wird. Dabei wird erfindungsgemäß in der Weise vorgegangen, daß man vor der Kohlensäurebehandlung die bei der Fällung der Zinklauge entstandenen Alkali- oder Erdalkalilaugen durch Filtrieren oder Dekantieren und nachfolgendes Auswaschen oder durch sonst geeignete Maßnahmen vollständig oder nahezu vollständig entfernt, wodurch vor allem das spätere Herauswaschen der Chlorverbindungen erleichtert wird.

Die Möglichkeit, nach der Erfindung höhere Konzentrationen anwenden zu können, bietet den Vorteil, daß mit gleicher Apparatur mehr erzeugt wird und gleichzeitig die Herstellungsverluste sich erheblich verringern, was die Wirtschaftlichkeit des Verfahrens erhöht. Andererseits ist dadurch, daß mit verschiedenen Temperaturen und Konzentrationen gearbeitet werden kann, eine bequeme Anpassung der Arbeitsweise an die jeweiligen Betriebsbedingungen gegeben, und stets wird dabei ein Produkt von großem Volumen und hoher Aktivität gewonnen.

Patentanspruch:

Weiterbildung des durch Patent 481 284 geschützten Verfahrens zur Herstellung von voluminösem Zinkoxyd, dadurch gekennzeichnet, daß an Stelle der zur Bildung des Zinkniederschlages benutzten Lösungen in der Art der dort angegebenen Konzentrationen Lösungen beliebiger Konzentration zur Anwendung kommen und die Fällung bei beliebiger Temperatur vorgenommen wird.

Nr. 527167. (I. 38144.) Kl. 12n, 6.

I. G. Farbenindustrie Akt.-Ges. in Frankfurt a. M.

Erfinder: Dr. Rudolf Barfuss-Knochendöppel in Uerdingen.

Verfahren zur Herstellung von gleichmäßig fein verteiltem reinem Zinkoxyd.

Vom 23. Mai 1929. — Erteilt am 28. Mai 1931. — Ausgegeben am 15. Juni 1931. — Erloschen: 1934.

Es ist bekannt, fein verteiltes Zinkoxyd durch Fällen von Zinksalzlösungen mit Lösungen von Alkalicarbonaten und Calcinieren des entstehenden basischen Zinkcarbonats bei Temperaturen von etwa 350° herzustellen. Ein solches Zinkoxyd enthält jedoch sowohl wechselnde Mengen an Verunreinigungen durch Säurereste wie auch besonders gröbere Bestandteile, d. h. Teilchen, deren Größe ein Mehrfaches der Durchschnittsteilchengröße beträgt. Bei Benutzung dieses Zinkoxyds für besondere technische Anwendungszwecke erreicht man weit geringere Effekte als mit Hilfe eines hochfeinen und gleichmäßig verteilten Oxyds, wenn nicht der angestrebte Erfolg sogar ganz ausbleibt. Erfindungsgemäß gelingt es nun, ein Zinkoxyd von einheitlicher hochfeiner Verteilung, das für besondere technische Zwecke gut geeignet ist, in folgender Weise herzustellen.

Man führt die Fällung des basischen Zinkcarbonats so aus, daß man eine Zinksalzlösung von geringerer Konzentration als 1,5 n zu höchstens 1,5 normaler Carbonatlösung, z. B. Sodalösung, zweckmäßig in der Wärme zufließen läßt, wobei am Ende der Fällung die Zinksalzlösung in geringem Überschuß vorhanden sein muß. Es ist wesentlich, daß die Konzentration der Fällungsflüssigkeiten 1,5 n nicht übersteigt, und je verdünnter die Lösung ist, um so reiner und gleichmäßiger fällt das Zinkcarbonat aus. Bei Fällung aus 1,5 normalen Lösungen enthält das aus dem basischen Carbonat hergestellte Zinkoxyd noch mehr als 0,2 Prozent Chlor, bei Anwendung von 0,8 n Zinklauge und Fällmittel jedoch weniger als 0,05 Prozent Chlor. Außerdem sinkt der bei Fällung aus 1,5 n Lösung noch merkliche Gehalt an gröberen Partikeln mit der Verdünnung ab.

Um das aus so gefälltem Zinkcarbonat hergestellte Zinkoxyd praktisch von gröberen Teilchen zu befreien, verfährt man zweckmäßig so, daß man das basische Zinkcarbonat nach dem Auswaschen nicht unmittelbar calciniert, sondern zunächst trocknet, dann mahlt, feinst sichtet und in dieser Form bei Temperaturen unterhalb Glühtemperatur calciniert. Das so gewonnene Zinkoxyd ist von hoher Reinheit und sehr gleichmäßigem Verteilungsgrad.

Beispiel

Eine Lösung von 3,88 kg Natriumcarbonat in 100 l Wasser wird bei 60 bis 70° unter Rühren mit 100 l 5prozentiger Zinkchloridlösung versetzt. Die über dem Niederschlag stehende Flüssigkeit enthält danach noch Zinkionen. Der Niederschlag wird dekantiert, filtriert, heiß gewaschen und bei 100° getrocknet, dann gemahlen, durch 18000-Maschensiebe gegeben und bei 350° calciniert. Das so hergestellte Zinkoxyd enthält 0,02 Prozent Chlor und weniger als 0,5 Prozent gröbere Teilchen.

Patentanspruch:

Verfahren zur Herstellung von Zinkoxyd durch Fällen von Zinkcarbonat aus Zinksalzlösungen und Calcinieren des Carbonats unterhalb der Glühtemperatur, dadurch gekennzeichnet, daß zwecks Gewinnung des Zinkoxyds in Form feiner, gleichmäßiger Verteilung eine höchstens 1,5 n Carbonatlösung mit einer höchstens 1,5 n Zinksalzlösung in geringem Überschuß versetzt und der gewaschene und getrocknete Niederschlag von basischem Zinkcarbonat vor dem Calcinieren einer Mahlung und Feinsichtung unterworfen wird.

Nr. 563832. (O. 18446.) Kl. 12n. 6.

Chemische Fabrik Kalk G. m. b. H. und Dr. Hermann Oehme in Köln-Kalk.

Herstellung von voluminösem Zinkoxyd aus Zinkoxydverbindungen.

Vom 27. Aug. 1929. — Erteilt am 27. Okt. 1932. — Ausgegeben am 10. Nov. 1932. — Erloschen: . . .

Bei der Fabrikation von Zinkweiß durch Oxydation von Zinkdämpfen fallen neben den handelsüblichen feinteiligen und weißen Zinkoxyden auch gewisse Mengen von grobkörnigen, schweren, mit anderen Metallen verunreinigte Zinkoxyde an, welche sich teilweise in harten Krusten und Klumpen absetzen. Diese Produkte bestehen zwar auch aus verhältnismäßig hochprozentigem Zinkoxyd, dasselbe ist aber wegen seiner grobkörnigen dichten Beschaffenheit und wegen seiner Farbe ein minderwertiges Abfallprodukt.

Ebenso erhält man durch Fällung von Zinklauge mit überschüssigen Alkalien sehr dichte und schwere Zinkoxyhydrate, welche weder als Farbstoffe noch als Füllstoffe z. B. in der Kautschukindustrie irgendwelchen Wert besitzen.

Es zeigte sich nun, daß man sowohl diese schweren, auf pyrogenem Wege gewonnenen Abfalloxyde als auch die durch Fällung gewonnenen Zinkoxyhydrate, die beim Calcinieren ebenfalls dichte und schwere Zinkoxyde ergeben, ganz allgemein also Zinkoxyde, deren Feinheitsgrad und Oberflächenbeschaffenheit dieselben weder zu Farfstoffen noch zu Füllstoffen in der Kautschukindustrie geeignet macht, in solche Produkte umwandeln kann, die infolge ihrer spezifischen Leichtigkeit und ihrer großen Oberflächenentwicklung und der dadurch bedingten Aktivität in ausgezeichneter Weise als Füllstoffe in der Kautschukindustrie geeignet sind. Diese Umwandlung von minderwertigen Abfallprodukten in hochwertige Produkte wird dadurch erreicht, daß man dieselben in wäßriger Suspension mit Kohlensäure oder ihren Alkalisalzen, vorzugsweise unter mäßigem Erwärmen, behandelt. Die Zinkoxyde oder Oxyhydrate verbinden sich mit der Kohlensäure, wobei das Molekularvolumen wesentlich aufgeweitet wird. Entfernt man durch mäßiges Erhitzen die Kohlensäure, so erhält man sehr poröse, spezifisch leichte Zinkoxyde von sehr großer Oberflächenaktivität. Die praktische Durchführung des Verfahrens wird vorteilhaft mit Alkalicarbonat oder besonders Alkalibicarbonat ausgeführt. Man kann zwar auch gasförmige Kohlensäure anwenden, jedoch geht die Umsetzung von Kohlensäure, welche sich bei Anwendung von Alkalicarbonat oder Bicarbonat bereits in wäßriger Lösung befindet, viel leichter und viel schneller vor sich.

Beispiel 1

600 g eines spezifisch schweren Abfallzinkoxyds aus der Zinkweißfabrikation, welches 94 % Zinkoxyd enthält und ein Schüttgewicht von 15,4 besitzt, werden mit einer Lösung von 420 g Natriumbicarbonat in 5 580 g Wasser unter kräftigem mehrstündigem Rühren auf 90° erhitzt. Das durch Erhitzen des Niederschlages erhaltene Zinkoxyd hat nur noch ein Schüttgewicht von 4,1 und besitzt hohe Oberflächenaktivität bei der Gummivulkanisation.

Die abfiltrierte Lauge besteht zum größten Teil aus einer Sodalösung, weil die Reaktion nach folgender Formel vor sich geht:

$$ZnO + 2\,NaHCO_3 = ZnO \cdot CO_2 + Na_2CO_3 + H_2O.$$

Die Sodalösung wird mit Feuergasen carbonisiert und dadurch von neuem in eine Bicarbonatlösung umgewandelt, so daß man mit derselben Natriumbicarbonatlösung beliebige Mengen von schwerem Zinkoxyd in leichtes Zinkoxyd umwandeln kann.

Beispiel 2

900 g eines feuchten basischen Zinkammoniumsulfates $5\,Zn(OH)_2(NH_4)_2SO_4$, welches durch Auslaugen eines zinkoxydhaltigen Produktes mit Ammoniumsulfat gewonnen wurde, werden in wäßriger Suspension mit 85 g NaOH und Erhitzen auf etwa 100° verrührt, bis das Ammoniak annähernd vollständig verschwunden ist. Man erhält so ein sehr dichtes, sandiges Zinkhydroxyd, welches sowohl an sich als auch nach dem Glühen infolge seiner Grobkörnigkeit wenig Wert besitzt. Verrührt man dieses Produkt längere Zeit bei 60 bis 80° mit 600 bis 840 g $NaHCO_3$ in wäßriger Suspension, so erhält man ein ganz leichtes Zinkhydrocarbonat, das durch mäßiges Erhitzen in sehr aktives Zinkoxyd umgewandelt wird.

Es ist bereits bekannt, durch Einwirkung von Kohlensäure auf durch Fällung von Chlorzinklauge mit Ätzkalk gewonnenes Zinkoxychlorid ein chlorfreies, hüttenfähiges, d. h. spezifisch schweres Zinkoxyd zu erzeugen. Aus dieser Angabe konnte man nicht entnehmen, daß man chlorfreie, spezifisch schwere, auf pyrogenem Wege oder durch Fällung gewonnene Zinkoxyde durch Behandlung mit Kohlensäure oder ihren Salzen in spezifisch leichte Produkte umwandeln kann. Es ist zwar auch schon die Herstellung von oberflächenaktiven Zinkhydrocarbonaten und den daraus hergestellten Zinkoxyden durch Einwirkung von Alkalibicarbonat auf gefälltes Zinkoxychlorid beschrieben worden, jedoch wurden bei diesem Verfahren bereits bei der Fällung des Zinkoxychlorids die Bedingungen so gewählt, daß ein voluminöses Zinkoxychlorid entstand. Deshalb konnte man auch aus diesen Angaben nicht entnehmen, daß schwere Zinkoxyde durch Kohlensäure- oder Bicarbonatbehandlung in leichte Zinkoxyde übergehen.

Patentanspruch:

Verfahren zur Herstellung von voluminösem, oberflächenaktivem Zinkoxyd aus Zinkoxydverbindungen, dadurch gekennzeichnet, daß man spezifisch schwere und dichte, auf pyrogenem Wege oder durch Fällung gewonnene Zinkoxyde oder Zinkoxyhydrate in wäßriger Suspension mit Kohlensäure oder ihren Salzen, vorzugsweise Bicarbonat, behandelt und danach bei mäßiger Temperatur die Kohlensäure wieder austreibt.

Nr. 555 310. (C. 43 932.) Kl. 12n, 6.

CHEMISCHE FABRIK KALK G. M. B. H. UND DR. HERMANN OEHME IN KÖLN-KALK.

Herstellung von voluminösem Zinkoxyd.

Vom 3. Nov. 1929. — Erteilt am 7. Juli 1932. — Ausgegeben am 22. Juli 1932. — Erloschen: 1935.

Französische Priorität vom 9. Nov. 1928 beansprucht.

Die Erfindung betrifft die Herstellung von voluminösem Zinkoxyd durch Umsetzung von festen basischen Zinksalzen mit Alkalien oder Alkalicarbonat oder Alkalibicarbonat, indem man in bekannter Weise zinkhaltige Materialien mit Ammonsulfatlaugen auslaugt, wobei festes basisches Zinkammonsulfat entsteht und dieses Zinkdoppelsalz in bei gewöhnlicher Temperatur gesättigter Glaubersalzlösung suspendiert. Man fügt alsdann die dem im Zinkammonsulfat enthaltenen Ammonsulfat annähernd äquivalente Menge Ätznatron, Natriumcarbonat oder Natriumbicarbonat hinzu und bewirkt durch Erhitzen auf etwa 80 bis 90° C und kräftiges Umrühren in dem Reaktionsgemisch die Umsetzung des gebundenen Ammonsulfats mit dem Alkali oder Alkalicarbonat in Zinkhydroxyd bzw. basisches Zinkcarbonat und Natriumsulfat, filtriert den erhaltenen Niederschlag in der Hitze von der Natriumsulfatlösung ab und wandelt den Niederschlag in bekannter Weise in Zinkoxyd um. Die aus der Natriumsulfatlösung durch Abkühlen neu gebildete Menge festes Natriumsulfat wird abgetrennt und die kalt gesättigte Glaubersalzlösung von neuem als Verteilungsmittel für die oben beschriebene Umsetzung verwendet.

Man hat bereits vorgeschlagen, aus basischem Zinksulfat, welches durch Erhitzen von zinkoxydhaltigen Gemischen mit Ammonsulfat und nachfolgendes Austreiben des anhaftenden Ammonsulfats in der Hitze hergestellt wurde, durch Behandlung mit Alkali oder Soda Zinkhydroxyd oder basisches Zinkcarbonat herzustellen, welches durch Erhitzen auf verhältnismäßig niedrige Temperatur, z. B. 350° C, ein Zinkoxyd ergeben soll, das wegen seiner reinen weißen Farbe angeblich eine besonders hochwertige Farbe für Anstrichzwecke und die Celluloid- oder Kunststoffabrikation darstellen soll.

Die Nachprüfung der Angaben zeigte alsbald die Unrichtigkeit derselben. Das aus basischem Zinksulfat durch Behandlung mit Soda und Erhitzen auf 350° C erhaltene Zinkoxyd ist einesteils durchaus nicht rein weiß, sondern hat, wie alle auf fällungschemischem Wege gewonnenen Zinkoxyde, einen deutlichen Stich ins Gelbliche. Anderenteils aber zeigt dieses Produkt nur eine so geringe Deckkraft, daß es als Farbstoff nicht in Frage kommen kann. Durch starkes Glühen läßt sich die Deckkraft des Stoffes erhöhen, jedoch erhält das Erzeugnis dadurch eine ausgeprägt gelbliche Farbe, die den Wert sehr vermindert.

Man hat auch schon auf andere Weise basisches Zinksulfat für die Herstellung von voluminösem Zinkoxyd verwendet. Zu diesem Zwecke wird die basische Zinkverbindung mit einem löslichen Alkali digeriert, und der entstandene Niederschlag wird nach Abtrennung von der Lösung bei einer niedrigen Temperatur zur Erzeugung von Zinkoxyd geglüht.

Es zeigte sich nun, daß man zu sehr brauchbaren Zinkoxyderzeugnissen für die Gummivulkanisation kommt (z. B. basischem Zinkcarbonat oder Zinkhydroxyd oder Zinkoxydhydrat oder Zinkoxyd), wenn man an Stelle des oben beschriebenen ammonsalzfreien basischen Zinksalzes komplexe Zinkammonsalze, z. B. Zinkammonsulfat, welches durch Auslaugen von zinkoxydhaltigen Gemischen mit ammoniakalischen Zinksalzlösungen und Eindampfen dieser Laugen entsteht, mit Alkalien, z. B. mit Natronlauge, Natriumcarbonat oder Natriumbicarbonat behandelt, wie eingangs beschrieben. Man erhält dann entweder Zinkhydroxyd oder basisches Zinkcarbonat. Dieses Produkt kann man bereits unmittelbar als Füllstoff oder Aktivator für die Vulkanisationsbeschleuniger in der Gummiindustrie verwenden. Man kann dieses Produkt aber auch durch Erhitzen in Zinkoxyd oder Zinkoxydhydrat mit geringem Wassergehalt umwandeln. Diese Erzeugnisse sind sehr feinteilig und wirken als Aktivatoren der organischen Vulkanisationsbeschleuniger bei der Vulkanisation stark beschleunigend und festigkeitserhöhend auf den Kautschuk. Dagegen sind diese Produkte zum Unterschied von den oben beschriebenen angeblichen Farbstoffen keine Farbstoffe, sondern sie sind gerade deswegen zur Erzielung transparenter oder auch buntgefärbter Gummiwaren besonders brauchbar.

Durch Anwendung von Alkalien oder Carbonaten oder Bicarbonaten hat man es innerhalb weiter Grenzen in der Hand, Erzeugnisse mit verschiedenen Eigenschaften herzustellen. Z. B. erhält man durch Einwirken von Natronlauge auf Zinkammonsulfat ein rein weißes, aber spezifisch schweres Zinkhydroxyd, welches man unmittelbar als Füllstoff verwenden kann. Man kann aber aus diesem Produkt auch durch Erhitzen im Vakuum auf 160 bis 180° weitgehend wasserfreies Zinkoxydhydrat herstellen. Wünscht man dagegen ein sehr feinteiliges, voluminöses und spezifisch leichtes Produkt zu erhalten, so behandelt man das komplexe Zinkammonsulfat mit Natriumbicarbonat in wäßriger Lösung oder Suspension. Bereits bei 40 bis 50° verdickt sich bei der Einwirkung von Natriumbicarbonat auf Zinkammonsulfat das Reaktionsgemisch, und die Umsetzung ist nach kurzer Zeit und mäßiger weiterer Erhöhung der Temperatur beendet, wobei das Reaktionsgemisch wieder eine leicht rührbare, dünne Masse wird, so daß die Reaktionsprodukte, nämlich basisches Zinkcarbonat und Natriumsulfat, leicht getrennt werden können. Das basische Zinkcarbonat kann als solches verwendet oder durch Erhitzen über 300° in Zinkoxyd umgewandelt werden.

Sehr vorteilhaft wurde gefunden, die Reaktion zwischen dem basischen Zinksulfat und Natronlauge oder Natriumcarbonat resp. Natriumbicarbonat in einer bei Zimmertemperatur gesättigten Glaubersalzlösung sich vollziehen zu lassen, weil dann nach Filtration von Zinkoxyd und Abkühlen der Lauge das neu entstandene Natriumsulfat als Glaubersalz auskristallisiert, wodurch die Unkosten für das aufgewandte Alkali entweder ganz oder teilweise gedeckt werden. Außerdem wirkt aber günstig auf die Beschaffenheit der entstehenden $Zn(OH)_2$-Teilchen, daß durch Anwesenheit großer Mengen von Natriumionen die alkalische Hydrolyse der Natriumalkalien verringert wird.

Beispiel

1260 g eines basischen Zinkammonsulfats von der Zusammensetzung $5(ZnOH)_2 \cdot (NH_4)_2SO_4$ werden in 3 l einer bei Zimmertemperatur gesättigten Natriumsulfatlösung suspendiert und 355 g Natriumbicarbonat hinzugefügt. Das Reaktionsgemisch wird unter gutem Umrühren allmählich auf 80 bis 90° C erhitzt, bis das bei der Reaktion in Freiheit gesetzte Ammoniak entwichen ist. Danach wird das basische Zinkcarbonat in einer heißgehaltenen Nutsche abfiltriert und die Natriumsulfatlösung abgekühlt. Dabei scheiden sich 610 g Glaubersalz aus, welche abgeschleudert werden. Die Mutterlauge wird von neuem zur Umsetzung von basischem Zinkammonsulfat verwendet. Das basische Zinkcarbonat wird bei einer möglichst niedrigen Temperatur von 350 bis 400° C von dem größten Teil der gebundenen Kohlensäure befreit. Man erhält ein äußerst feinteiliges voluminöses Produkt, welches bei der Gummivulkanisation hervorragende Eigenschaften entwickelt.

Patentanspruch:

Verfahren zur Herstellung von voluminösem Zinkoxyd durch Umsetzung von festen basischen Zinksalzen mit Alkalien oder Alkalicarbonat oder -bicarbonat, dadurch gekennzeichnet, daß man ein beispielsweise durch Auslaugen von zinkhaltigen Materialien mit Ammonsulfatlaugen gewonnenes festes basisches Zinkammonsulfat in kalter oder bei gewöhnlicher Temperatur gesättigter Glaubersalzlösung suspendiert, die dem im Zinkammonsulfat enthaltenen Ammonsulfat annähernd äquivalente Menge Ätznatron, Natriumcarbonat oder Natriumbicarbonat hinzufügt, in dem Reaktionsgemisch durch Erhitzen auf etwa 80 bis 90° und kräftiges Umrühren die Umsetzung des gebundenen Ammonsulfats mit dem Alkali oder Alkalicarbonat in Zinkhydroxyd bzw. basisches Zinkcarbonat und Natriumsulfat herbeiführt, den erhaltenen Niederschlag in der Hitze von der Natriumsulfatlösung abtrennt und in üblicher Weise in Zinkoxyd umwandelt, während aus der Natriumsulfatlösung durch Abkühlung die neu gebildete Menge Natriumsulfat ausgeschieden wird, wonach die kalt gesättigte Glaubersalzlösung von neuem als Verteilungsmittel für die oben beschriebene Umsetzung verwendet wird.

F. P. 678 614.

Nr. 481 731. (C. 36 865.) Kl. 12n, 6.

Chemische Fabrik Kalk G. m. b. H. in Köln und Dr. Hermann Oehme in Köln-Kalk.

Verfahren zur Fällung von für die Gummiindustrie geeignetem Zinkoxydhydrat.

Vom 25. Juni 1925. — Erteilt am 8. Aug. 1929. — Ausgegeben am 3. Okt. 1929. — Erloschen: 1934.

Über die technische Ausfällung von Zinklaugen mittels Basen finden sich in der Enzyklopädie von Muspratt, 4. Auflage, Band 9, ausführliche Angaben. Als Ausgangsmaterial dienen Chlorzink oder Zinksulfatlaugen, aus denen mit Kalkmilch oder Magnesia bei Kochtemperatur das Zink gefällt wird. Die ausgefällten basischen Zinksalze, welche zum Teil fälschlich als reines Zinkhydroxyd beschrieben werden, sollen durch Glühen in Zinkoxyd übergeführt werden. Nun ist es aber schwierig, aus sulfathaltigen Zinksalzen durch Glühen säurefreies

Zinkoxyd zu erhalten, andererseits treten beim Glühen von chlorhaltigen Zinksalzen Verluste durch Verdampfen von Chlorzink ein. Infolgedessen ist vorgeschlagen worden, die säurehaltigen Zinkhydrate durch Kochen mit Basen im Autoklaven unter Druck oder auch durch mehrmaliges Kochen mit überschüssigem Ätzkalk bei gewöhnlichem Druck zu entfernen, wobei aber immer kalkhaltiges Zinkoxydhydrat entsteht.

Alle diese Methoden sind für die Herstellung eines für die Gummiindustrie brauchbaren Zinkoxydhydrats nicht geeignet. Es wurde nämlich gefunden, daß Zinkoxydhydrat im Vergleich mit pyrogenem Zinkoxyd dem Gummi erhöhte Festigkeitseigenschaften verleiht und die Vulkanisationszeit abzukürzen gestattet. Diese Eigenschaften besitzt aber versuchsweise Zinkoxydhydrat von sehr geringer Teilchengröße und möglichst geringem spezifischen Gewicht.

Zur Herstellung eines solchen Zinkoxydhydrats muß man besondere Arbeitsbedingungen einhalten. Diese Bedingungen bestehen darin, daß man die Fällung der Zinklaugen mit Alkalien oder löslichen Erdalkalien bei niedriger Temperatur, z. B. bei Zimmertemperatur, oder aber nur bei mäßig erhöhten Temperaturen, welche unterhalb des Siedepunktes des Wassers liegen, vornimmt. Man muß aber auch die Entfernung der in dem ausgefällten basischen Zinkoxydhydrat enthaltenen Säurereste oder die Zersetzung basischer Zinkkomplexsalze mittels Alkalihydroxyden oder löslichen Erdalkalihydroxyden bei den oben beschriebenen niedrigen Temperaturen vornehmen. Weiter ist es auch empfehlenswert, die Basen in geringer Konzentration anzuwenden, derart, daß man die Alkalitätskonzentration bei allen Umsetzungen so wählt, daß sie die Äquivalenz bis zu 15 Prozent NaOH nicht überschreitet.

Wie oben erwähnt, entsteht bei der Ausfällung von Zinkchloridlaugen mit Kalkmilch stets chlorhaltiges Zinkoxydhydrat Beim wiederholten Kochen mit Kalkmilch verschwindet zwar das Chlor, aber das Zinkoxydhydrat ist stets kalkhaltig, was bei der Verhüttung nicht schadet, wohl aber für die Gummiindustrie nicht geeignet ist. Hieraus mußte man schließen, daß die Entchlorung von Zinkoxychlorid schwierig verläuft. Es war deshalb überraschend, daß auch bei niedrigen Temperaturen, selbst bei Zimmertemperatur, aus Zinkoxychlorid oder anderen basischen Zinksalzen durch Behandlung mit verdünnten Alkalilaugen oder verdünnten löslichen Erdalkalilaugen, wie Bariumhydroxyd, Zinkoxydhydrat mit weniger als 0,1 Prozent Chlor hergestellt werden kann.

Um beispielsweise aus einer technischen Chlorzinklauge ein für die Gummiindustrie geeignetes Zinkoxydhydrat herzustellen, verrührt man die Zinklauge nach genügender Reinigung von Fremdmetallen mit der entsprechenden Menge Kalkmilch bei Zimmertemperatur. Dabei wird das Zink als Gemisch von Zinkoxydhydrat und Oxychlorid mit etwa 2 bis 10 Prozent Chlor in der Trockensubstanz ausgeschieden. Dieses Produkt wird nochmals mit einer der gebundenen Chlormenge entsprechenden Alkalimenge, gegebenenfalls unter Verwendung eines Überschusses, bei gewöhnlicher Temperatur verrührt, wobei reines Zinkoxydhydrat mit 0,1 Prozent oder weniger Chlor entsteht. Das gewonnene Erzeugnis ist außerordentlich fein und leistet in der Gummiindustrie vorzügliche Dienste. Ähnlich gute Produkte erhält man, wenn man Zinkkomplexsalze, beispielsweise Zinkammoniumchlorid, bei niedriger Temperatur mit alkalisch reagierenden Laugen verrührt. Das Verfahren ist aber nicht ausschließlich an Zimmertemperatur gebunden, sondern man kann zur Zeitersparnis auch bei mäßig erhöhter Temperatur arbeiten. Die zulässige Temperatur muß durch Versuche gefunden werden. Wenn man auch bei der Ausfällung der Zinklaugen manchmal bis nahe an die Siedepunkte herangehen kann, so ist bei der Entfernung der gebundenen Säure mit Alkalilaugen eine Temperatur von 70° meistens schon schädlich, weil körnige und schwere Produkte entstehen. Besonders leichte Produkte werden erzielt, wenn man bei der Entfernung der chemisch gebundenen Säurereste die Laugenkonzentration nicht über 15 Prozent NaOH äquivalent wählt und die Lauge zu den Zinksalzen fügt.

Je nach den Ausgangsmaterialien und den Arbeitsbedingungen erhält man Zinkoxydhydrate von wechselnder Zusammensetzung. Es gibt Zinkoxydhydrate, welche auf 1 ZnO weniger als 0,1 H_2O enthalten, und solche, welche auf 1 ZnO mehr als 1 H_2O enthalten. Aus Produkten mit hohem Wassergehalt lassen sich durch Trocknen im Vakuum bei möglichst niedriger Temperatur sehr brauchbare Zinkoxydhydratsorten herstellen. Die Produkte mit wechselndem Wassergehalt haben für die Gummiindustrie für verschiedene Zwecke besondere Vorzüge.

Patentanspruch:

Verfahren zur Fällung von für die Gummiindustrie geeignetem Zinkoxydhydrat durch Umsetzung von Zinksalzen mittels Alkalihydroxyden oder Erdalkalihydroxyden und Entfernung des im ausfallenden Zinkoxydhydrat chemisch gebundenen Säurerestes durch Behandlung mit kaustischen Alkalien oder löslichen Erdalkalihydroxyden, dadurch gekennzeichnet, daß die Entfernung des Säurerestes bei einer unter 70° C gelegenen Temperatur und unter Verwendung von Lösungen erfolgt, deren Alkalikonzentrationen höchstens mit einer 15prozentigen Natriumhydroxydlösung äquivalent sind.

Nr. 486973. (J. 30572.) Kl. 22f, 4. WOLFGANG JOB IN BERLIN-DAHLEM.

Verfahren zum Beseitigen von gelblichen oder anderen Farbtönungen weißer oxydischer Zinkfarben.

Vom 5. März 1927. — Erteilt am 14. Nov. 1929. — Ausgegeben am 28. Nov. 1929. — Erloschen: . . . .

Es ist eine bekannte Erscheinung, daß weiße Farben, die aus Zinkbleierzen usw. durch Verflüchtigung und Oxydation ihres Gehaltes an Zink und Blei gewonnen werden, einen Stich nach Gelb, der zeitweise auch in das Rötliche oder Grünliche übergeht, zeigen. Die Herstellung wird im allgemeinen so geleitet, daß das Zink als Zinkoxyd und das Blei möglichst als weißes basisches Bleisulfat in der Farbe vorhanden ist. Neben letzterem wird sich immer etwas gelbes Bleioxyd bilden. Hierzu kommt noch, daß die Farboxyde in vielen Fällen braunes Cadmiumoxyd enthalten. Diese beiden in geringen Mengen auftretenden Verbindungen verursachen in der Hauptsache den erwähnten Stich der Farbe nach Gelb, der ihren Wert herabmindert. Durch Überführung derselben in weiße basische oder neutrale Carbonate gelingt es, den Farbton wesentlich zu verbessern. Eine gleichzeitige Umwandlung eines Teils des Zinkoxyds in Zinkcarbonat bewirkt eine Gewichtszunahme der rein weißen Bestandteile der Farbe. Hierdurch ist die Möglichkeit gegeben, auch auf andere Ursachen (z. B. Eisengehalt der Farboxyde) zurückzuführende gelbliche Färbungen mehr oder minder zu verdecken. Die Bildung dieser Carbonate kann ausgeführt werden, entweder durch direkte Einwirkung von Kohlendioxyd auf die nassen oder trockenen Farboxyde oder durch Umsetzung derselben mit kohlensauren Salzen, wobei in beiden Fällen Temperatur und Druck nach Bedürfnis geregelt werden.

Bekannt ist die Verbrennung von Zinkdämpfen in einer an Kohlendioxyd reichen Atmosphäre, um trotz Anwesenheit von Blei ein rein weißes Zinkoxyd zu erhalten. Das vorliegende Verfahren unterscheidet sich aber von dem genannten dadurch, daß die Einwirkung des Kohlendioxyds sich nur auf die bereits erzeugte Zinkfarbe bezieht.

Den gleichen Effekt kann man auch erzielen dadurch, daß man die Metalldämpfe in Gegenwart von freiem Schwefeltrioxyd verbrennt oder das gewonnene gelbliche Oxyd mit Schwefelsäureanhydrid behandelt. Abgesehen davon, daß Schwefeltrioxyd eine Reihe von Eigenschaften aufweist, die seine Verwendung für den gegebenen Zweck recht unangenehm macht, hat das geschilderte Verfahren den Nachteil, daß hierbei auch Zinksulfat gebildet wird, das, wenn es etwa 0,7% vom Gewichte der Farbe überschreitet, die letztere minderwertig macht. Alle diese Nachteile treten bei der Verwendung von Kohlensäure nicht auf. Bei dem der Erfindung zugrunde liegenden Verfahren wird man, falls mit erhöhter Temperatur gearbeitet wird, vermeiden müssen, die dem Drucke entsprechende Dissoziationstemperatur der Carbonate zu überschreiten.

PATENTANSPRUCH:

Verfahren zur Beseitigung von gelblichen oder anderen Farbtönungen weißer oxydischer Zinkfarben, dadurch gekennzeichnet, daß die fertigen Zinkfarben mit Kohlendioxyd oder kohlensauren Salzen behandelt werden, bis die störenden Farbtöne verschwunden sind.

Nr. 500626. (C. 34151.) Kl 22f, 5.

COMPAGNIE GÉNÉRALE DES PRODUITS CHIMIQES DE LOUVRES IN LOUVRES, FRANKREICH.

Verfahren zur Herstellung eines weißen Farbstoffes.

Vom 9. Nov. 1923. — Erteilt am 5. Juni 1930. — Ausgegeben am 2. Juli 1930. — Erloschen: 1932.

Französische Priorität vom 11. Jan. 1923 beansprucht.

Die Erfindung besteht darin, eine feste, schwefelhaltige Sauerstoffverbindung des Zinks, z. B. Zinksulfat oder Zinksulfit, in einem geschlossenen Ofen in einem Strom von Schwefelwasserstoffgas zu erhitzen.

Wird unvollkommen getrocknetes Zinksulfat in einem geschlossenen Ofen erhitzt, so gibt dieses Salz Schwefeldioxyd und Schwefelsäure, die mit Schwefelwasserstoff in folgender Weise reagieren:

$$SO_2 + 2\,H_2S = 3\,S + 2\,H_2O \quad (1)$$

und $SO_4H_2 + H_2S = S + SO_2 + 2\,H_2O$ (2)

Der verwendete Schwefelwasserstoff braucht nicht getrocknet zu werden. Der entstandene Schwefel wird teils zur Herstellung von Schwefelwasserstoff verwendet, der weiterhin im Verfahren gemäß der Erfindung benutzt wird, teils verwandelt er die rückständige Zinkverbindung in Schwefelzink.

Die Verteilung des Schwefels in freiem bzw. gebundenem Zustande kann durch die folgenden, der Praxis entsprechenden Reaktionen (3 und 4) veranschaulicht werden, von denen die erste dem Fall eines Überschusses an Schwefelwasserstoff entspricht:

$$2\,ZnSO_4 + 4\,H_2S = 2\,ZnS + 2\,SO_2 + 4\,H_2O + 2\,S \quad (3)$$

und

$$3\,ZnSO_4 + 4\,H_2S = 3\,ZnS + 4\,SO_2 + 4\,H_2O \quad (4)$$

Die Umsetzung vollzieht sich im geschlossenen Ofen bei einer Temperatur zwischen 250° C und heller Rotglut.

Wird die Reaktion (3) bei einem Überschuß an Schwefelwasserstoff ausgeführt, so erscheint freier Schwefel am Ausgange des Ofens.

Die Umwandlung der ursprünglichen Zinkverbindung in Schwefelzink ist vollständig, ohne daß ein Umrühren erforderlich ist.

Je nach den Arbeitsbedingungen kann man nur Schwefelzink erzeugen oder als Nebenerzeugnis Schwefel oder Schwefeldioxyd (bei Verwendung von Zinksulfat) erzeugen. Dieses Schwefeldioxyd ist nicht mit Luft gemischt; es kann verflüssigt und so, wie es ist, gebraucht werden, oder es kann nach der Verdünnung mit Luft auf Schwefelsäure verarbeitet werden.

Ausführungsbeispiel

Zinksulfat wird bei etwa 250° C getrocknet; es wird dann in einen Muffelofen von mehreren Metern Länge gebracht und bei etwa 400° C in einem Strom von Schwefelwasserstoff erhitzt. Die Geschwindigkeit des Schwefelwasserstoffes wird so reguliert, daß am Ausgang des Ofens weder Schwefeldampf noch abtropfender Schwefel auftritt. Wenn man den Geruch von H_2S am Ausgang des Ofens nach einer Betriebsdauer von einigen Stunden spürt und wenn der Geruch des Gases SO_2 verschwunden ist, weiß man, daß die Reaktion beendet ist. Man hält dann den Strom von H_2S an und schließt die Muffel. Dann erhöht man die Temperatur des Ofens auf etwa 900° C, um ein Schwefelzink von großer Dichte zu erhalten. Nach zweistündiger Erhitzung wirft man das Erzeugnis in kaltes Wasser. Das Schwefelzink wird dann gemahlen, mit Wasser gesiebt und schließlich getrocknet.

Der nach dem neuen Verfahren hergestellte weiße Farbstoff kann je nach der Temperatur amorph, halbkristallisiert oder vollkommen kristallisiert erhalten werden.

Patentansprüche:

1. Herstellung eines weißen Farbstoffes, dadurch gekennzeichnet, daß man auf erhitzte, feste, schwefelhaltige Sauerstoffverbindungen des Zinks, z. B. Zinksulfat oder Zinksulfit, reinen Schwefelwasserstoff einwirken läßt.

2. Ausführungsform des Verfahrens nach Anspruch 1, dadurch gekennzeichnet, daß man zur Herstellung des Schwefelwasserstoffes dem Verfahren selbst entstammenden Schwefel verwendet.

Nr. 462 372. (K. 90 732.) Kl. 22f. 5.

Dr. Emil Maass in Berlin-Halensee und Dr. Richard Kempf in Berlin-Dahlem.

Herstellung lichtechten Lithopons bzw. Zinksulfids.

Vom 26. Aug. 1924. — Erteilt am 21. Juni 1928. — Ausgegeben am 10. Juli 1928. — Erloschen: 1933.

Es ist bekannt, Lithopon mit einem gewissen Gehalt an Bariumsulfid herzustellen und die erhaltene Rohfarbe vor dem Glühen so weit auszuwaschen, daß das Endprodukt gegen Phenolphthalein noch alkalisch reagiert. Es war auch bekannt, Schwefelzink in der Weise herzustellen, daß ein inniges Gemisch von wasserfreiem Zinksulfat oder Zinksulfid und frisch gefälltem oder getrocknetem Zinkpolysulfid, gegebenenfalls bei Gegenwart eines Alkalisulfats geröstet wurde. Bei Benutzung des aus Zinksulfat und Bariumpolysulfid entstehenden Gemenges von Bariumsulfat und Zinkpolysulfid liefert dieses Verfahren Lithopon. Man hat ferner schon Lithopon unter Zusatz von Titandioxyd hergestellt, wobei man das Titandioxyd auch in der Lithopone bei oder nach ihrer Bildung erzeugen konnte. Man versuchte ferner Lithopone dadurch lichtecht zu machen, daß man bei dem Zusammengießen der Zinklauge und Bariumsulfidlauge in die Lösung einen Strom von Schwefeldioxyd einleitete oder die fertige Farbe mit Schwefeldioxyd behandelte. Schließlich war es auch bekannt, Zinkpolysulfid mit Alkalipolysulfid in der Weise auszufällen, daß stets ein Überschuß von Zinksalz vorhanden ist bzw. Lithopon durch Fällen von Zinksulfat mit Bariumpolysulfid in Gegenwart eines anderen löslichen Zinksalzes herzustellen. Diese Verfahren sind zum Teil umständlich und kostspielig, und vor allem haben sie alle den Nachteil, daß bei ihrer Ausführung nicht mit Sicherheit ein lichtechtes Erzeugnis erhalten wird.

Es wurde gefunden, daß man ein lichtechtes Zinksulfid bzw. Lithopon in technisch und wirtschaftlich einwandfreier Weise herstellen kann, wenn man in folgender Weise vorgeht.

Man versetzt zunächst den in üblicher Weise hergestellten ungeglühten Farbstoff mit einer geringen Menge eines löslichen Thiosulfats, Polythionats, Sulfits, Hydrosulfits o. dgl. und einer geringen Menge eines Ammoniumsalzes oder mit einer der genannten beiden Stoffarten. Hiernach wird dann die Rohfarbe gleichfalls vor dem Glühen mit schwefelhaltigen Substanzen versetzt, die unter Abspaltung von Schwefelionen leicht dissozieren oder Schwefel in lockerer Bindung enthalten, wie z. B. mit Metallsulfiden, -hydrosulfiden, -oxysulfiden, -polysulfiden o. dgl. Man kann diese Behandlung mit schwefelhaltigen Substanzen bei gewöhnlicher oder erhöhter Temperatur entweder mit dem trockenen oder dem nassen Farbstoff ausführen, wobei dann der Farbstoff so weit ausgewaschen wird, daß weder er selbst noch das Waschwasser gegen Phenolphthalein alkalisch reagiert. Schließlich wird die Masse in der üblichen Weise getrocknet, geglüht und abgeschreckt.

Das lösliche Thiosulfat, Polythionat, Sulfit, Hydrosulfit o. dgl. bzw. das lösliche Ammoniumsalz setzt man entweder direkt zu dem fertigen Rohfarbstoff in nassem oder trockenem Zustande zu oder aber gleich zu einer der Fällungsflüssigkeiten, der Bariumsulfidlauge oder der Zinklösung vor der Fällung. In letzterem Falle nimmt dann das entstehende Pigment infolge der Absorption genügende Mengen der Zusätze auf, oder es reagiert mit ihnen chemisch, sei es vor oder bei dem Glühprozesse. Zwecks Zumischung der schwefelhaltigen Stoffe kann man beispielsweise den fertigen Farbstoff vor dem Glühen mit der technischen Bariumsulfidlösung, wie sie zur Fabrikation von Lithopon dient, in solchen Mengen anrühren, daß auf 100 g Farbstoff etwa 8 g Bariumsulfid entfallen. Dann läßt man die Mischung eintrocknen und wäscht sie so gründlich aus, daß weder das Lithopon noch das Waschwasser gegen Phenolphthalein alkalisch reagieren. Man kann auch bei der Herstellung von Lithopon bzw. Zinksulfid die technische Zinklösung zweckmäßig unter kräftigem Rühren in dünnem Strahl zu bis zum Schluß überschüssiger Sulfidlösung fließen lassen. Man kann auch so vorgehen, daß man umgekehrt die überschüssige Sulfidlösung zur Zinklösung fließen läßt. Es ist zweckmäßig, die Fällungsflüssigkeiten nicht allzu rasch miteinander zu mischen und sie bei dem Zusammengehen kräftig zu rühren.

Beispiel 1.

Zur Darstellung lichtechter Lithopone wird zunächst die technische Bariumsulfidlauge mit Phenolphthalein als Indikator gegen die technische Zinklösung eingestellt. 10 ccm der Lauge entsprechen 2,6 ccm der Zinklösung. 200 ccm der Lauge werden nun mit einer Lösung von 3 g Natriumthiosulfat in 100 ccm Wasser versetzt und zu dem Gemisch 49,9 ccm der Zinklösung = 96% der berechneten Menge zutropfen gelassen. Der Niederschlag wird abgesaugt, bis zur Neutralität ausgewaschen, bei 110° getrocknet, hierauf bei 620° $^1/_2$ Stunde im Stickstoffstrom geglüht, in Wasser abgeschreckt, abfiltriert und bei 110° getrocknet. Das so erhaltene Produkt erweist sich bei der Bestrahlung unter einer Quarz-Quecksilberlampe als vollkommen lichtecht.

Beispiel 2.

Zur Darstellung lichtechten Zinksulfids werden 15 g Bariumsulfid und 1 g Natriumthiosulfat in 135 ccm Wasser und 20 g Zinkchlorid in 180 ccm Wasser gelöst. 10 ccm der Lauge entsprechen beim Titrieren mit Phenolphthalein als Indikator 8,1 ccm der Zinklösung. 100 ccm der Bariumsulfidlösung werden nun mit 80 ccm der Zinklösung (= etwa 99% der Theorie) versetzt. Der Niederschlag wurde aus dem am Schluß nur noch schwach alkalisch reagierenden Gemisch abfiltriert, vollständig ausgewaschen, bei 110° getrocknet und bei 700° im Stickstoffstrom geglüht. Das Produkt erweist sich nach dem Abschrecken und Trocknen als vollkommen lichtecht.

Beispiel 3.

25 g einer in üblicher Weise hergestellten, stark lichtempfindlichen ungeglühten Rohlithopone werden in einer Lösung von 5 g Ammoniumsulfat in 300 ccm Wasser aufgeschlemmt. Das Gemisch wird unter häufigem Schütteln einige Zeit stehengelassen, dann abfiltriert und der Rückstand ein wenig gewaschen. Nun wird der noch feuchte Niederschlag mit einer Lösung von 10 g Bariumsulfid in 100 ccm Wasser übergossen, das Gemisch unter öfterem Umschütteln etwa 12 Stunden stehengelassen, abgesaugt und vollständig ausgewaschen. Nach dem Glühen und Abschrecken in der üblichen Weise erweist sich das Produkt bei der Bestrahlung mit der Quarzlampe als vollkommen lichtecht.

Beispiel 4.

Man verfährt zur Darstellung von Lithopone in allen Einzelheiten in derselben Weise, wie im Beispiel 1 angegeben, nur mit dem Unterschiede, daß an Stelle von Natriumsulfat ein Zusatz von Natriumsulfit in gleicher Weise verwendet wird. Das so erhaltene Produkt erweist sich nach dem Glühen und Abschrecken in der üblichen Weise als vollkommen lichtecht.

PATENTANSPRÜCHE:

1. Herstellung lichtechten Lithopons bzw. Zinksulfids, dadurch gekennzeichnet, daß die in üblicher Weise hergestellte ungeglühte Rohfarbe zunächst mit einer geringen Menge eines löslichen Thiosulfats, Polythionats, Sulfits, Hydrosulfits o. dgl. und einer geringen Menge eines Ammoniumsalzes oder mit einer der genannten beiden Stoffarten und hierauf mit schwefelhaltigen basischen Stoffen, die unter Abspaltung von Schwefelionen leicht dissozieren oder Schwefel in lockerer Bindung enthalten, wie z. B. mit Metallsulfiden, -hydrosulfiden, -oxysulfiden, -polysulfiden o. dgl., bei gewöhnlicher oder erhöhter Temperatur entweder trocken oder naß behandelt und dann so weit ausgewaschen werden, daß weder der Farbkörper noch das Waschwasser gegen Phenolphthalein alkalisch reagiert, worauf die Masse in der üblichen Weise getrocknet, unter Luftabschluß geglüht und abgeschreckt wird.

2. Verfahren nach Anspruch 1, dadurch gekennzeichnet, daß das lösliche Thiosulfat, Polythionat, Sulfit, Hydrosulfit o. dgl. und das Ammoniumsalz bzw. eine dieser genannten beiden Stoffarten schon vor der Fällung der Pigmente einer der beiden Fällungsflüssigkeiten zugefügt wird.

3. Verfahren nach Anspruch 1 und 2, dadurch gekennzeichnet, daß die schwefelhaltigen Stoffe, die unter Abspaltung von Schwefelionen leicht dissozieren oder Schwefel in lockerer Bindung enthalten, auf die Farbkörper in statu nascendi, d. h. während ihrer Auffällung oder unmittelbar danach, zur Einwirkung gebracht werden.

Nr. 457 616. (N. 20 316.) Kl. 22 f, 5. NEW JERSEY ZINC COMPANY IN NEW YORK, V. ST. A.

Herstellung von Lithopon.

Vom 3. Sept. 1921. — Erteilt am 1. März 1928. — Ausgegeben am 20. März 1928. — Erloschen: 1932.

Amerikanische Priorität vom 2. Okt. 1919 beansprucht.

Lithopon wird bekanntlich erhalten durch Mischen von Lösungen von Bariumsulfid und Zinksulfat und Glühen und Abschrecken des gebildeten Niederschlages.

Es ist üblich, Lithopon aus Lösungen zu fällen, welche außer den genannten Stoffen einen Elektrolyten, gewöhnlich ein lösliches Chlorid, vorzugsweise Natriumchlorid, enthalten.

Es ist zwar bekannt, daß Lithopon, das aus Lösungen ausgefällt wird, die frei von Chlor sind, sehr widerstandsfähig gegen Sonnenlicht ist; es ist aber auch bekannt, daß Ölfarben, welche mit solchem Lithopon hergestellt werden, beim Stehen gerinnen und dadurch an Deckkraft verlieren.

Es wurde nun gefunden, daß Erzeugnisse, welche lichtecht und auch als Ölfarben ausreichend deckkräftig sind, entstehen, wenn die Lösungen, mittels derer der Lithoponniederschlag erhalten wird, gewisse Mengen von Elektrolyten enthalten und die Temperatur, bei welcher das Rohlithopon geglüht wird, diesem Elektrolytgehalt angepaßt wird. Die nachfolgenden Kurventafeln zeigen die Beziehungen zwischen dem Gehalt von Zinksulfatlösungen an Chlornatrium bzw. Natriumsulfat und den (oberhalb 650° liegenden) Glühtemperaturen, welche nicht überschritten werden dürfen, um Lithopon zu erhalten, welches lichtechte und genügend deckkräftige Ölfarben liefert. Für praktische Zwecke kommt vorzugsweise der Teil des Kurvenfeldes in Betracht, der sich links von der den Schnittpunkten der Kurven entsprechenden Ordinate. unterhalb des unteren Kurvenastes und oberhalb der der Temperatur von etwa 650° entsprechenden Abszisse befindet.

Ein für Malereizwecke geeignetes Lithopon wird danach erhalten, wenn der Gehalt der Fällflüssigkeiten an Chlornatrium geringer ist,

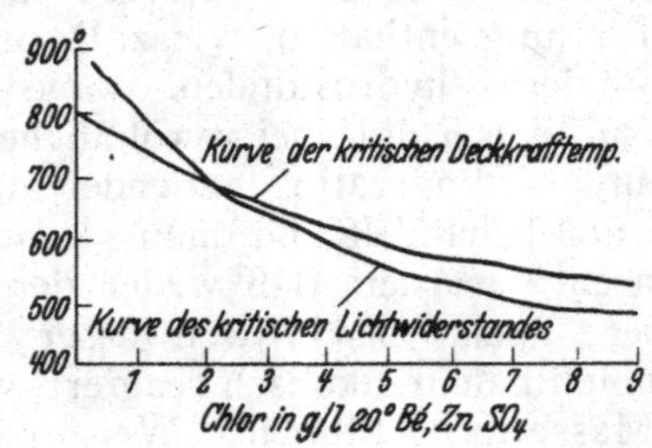

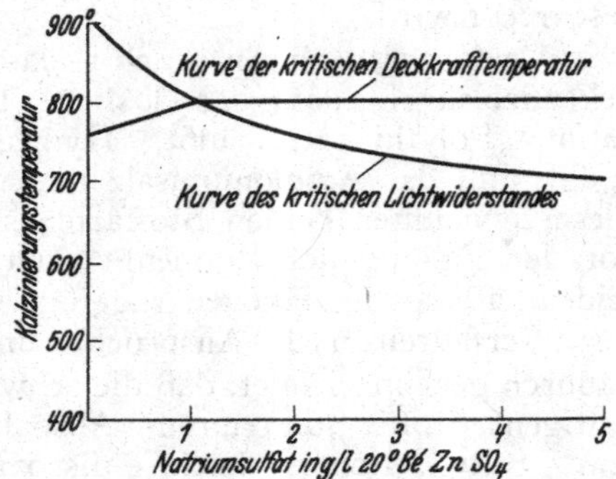

als einer Menge von 2 g Chlor auf den Liter einer Zinksulfatlösung von 20° Bé entspricht, und das Rohlithopon auf nicht mehr als 800° erhitzt wird. Zu beachten ist, daß der Elektrolytgehalt eine Mindestgrenze von etwa 0,1 g auf 1 l Zinksulfatlösung von 20° Bé nicht unterschreiten darf.

Verwendbar sind im allgemeinen Fällungslösungen, welche etwa 0,1 bis 2 g Chlornatrium oder Natriumsulfat je Liter Zinksulfatlösung von 20° Bé enthalten.

Das Glühen des Rohlithopons erfolgt zweckmäßig in senkrechten Muffeln, die der Farbstoff in der Richtung von oben nach unten durchwandert, wobei, wie bekannt, Luft- oder andere oxydierende Gase abgeschlossen werden, da oxydierende Einflüsse während der Erhitzung die Bildung von Zinkoxyd bedingen, dessen Anwesenheit leicht durch Prüfung mit Essigsäuren festgestellt werden kann.

Das Lithopon gemäß der Erfindung besitzt einen leicht bläulichen Ton, der sehr günstig für weiße Farbstoffe ist. Es ist leuchtend und glatt und enthält keine Flecke. Seine Deckkraft ist sehr gut.

An Stelle der obenerwähnten Salze oder neben ihnen können die Fällungsflüssigkeiten auch Elektrolyte anderen chemischen Charakters enthalten, z. B. Schwefelsäure. Im allgemeinen liegt der zulässige Gehalt an Schwefelsäure zwischen 0,3 bis 0,5 Prozent der vereinigten Fällflüssigkeiten an 60grädiger Säure. Die dem Schwefelsäuregehalt entsprechende Glühtemperatur, welche nicht überschritten werden darf, ist von Fall zu Fall zu ermitteln.

Patentansprüche:

1. Herstellung von lichtechtem und deckkräftigem Lithopon aus Lösungen, welche neben Zinksulfat und Bariumsulfid Elektrolyte enthalten, dadurch gekennzeichnet, daß erstens der Gehalt der Fällflüssigkeit an Elektrolyt und die zwischen 650 und 800° liegende Glühtemperatur des Rohlithopons einander so angepaßt sind, daß die letztere niedriger ist als diejenige Temperatur, bei der das so gewonnene Lithopon seine Lichtechtheit in einem für die Verwendung in Farben zulässigen Maße verliert, und zweitens der so erhaltene Niederschlag vorzugsweise in senkrechten Muffeln geglüht wird.

2. Ausführungsform nach Anspruch 1, dadurch gekennzeichnet, daß die Menge des als Elektrolyt dienenden Chlorides in den Fällflüssigkeiten den Betrag von 2 g Chlor je Liter gebrauchter Zinksulfatlösung von 20° Bé nicht überschreitet.

Nr. 418258. (F. 44209.) Kl. 22f, 5.

Farbenfabriken vorm. Friedr. Bayer & Co. in Leverkusen b. Köln a. Rh.

Verfahren zum Glühen der Lithopone.

Vom 14. Febr. 1919. — Erteilt am 20. Aug. 1925. — Ausgegeben am 20. Nov. 1928. — Erloschen: 1927.

Bei der Herstellung von Lithopon wird das getrocknete sogenannte Rohlithopon geglüht, d. h. auf eine bestimmte Temperatur, etwa Dunkelrotglut, erhitzt, und dann in Wasser abgeschreckt. Dieses Glühen wurde bisher in Muffelöfen vorgenommen. Hierbei konnte aber der Empfindlichkeit der Masse gegen die am Schlusse erreichte Temperatur nicht genügend Rechnung getragen werden. Bei unzweckmäßiger Endtemperatur leidet z. B. die Deckkraft des Produktes sehr. Die in solchen Öfen erzielte Hitze schwankt natürlich erheblich. Ein Unterschied von etwa 20 bis 50° bewirkt schon einen großen Einfluß auf die Eigenschaften des Produkts als Farbe.

Es wurde nun gefunden, daß dieser Nachteil dadurch behoben werden kann, daß man die Erhitzung auf eine Weise vornimmt, die eine bestimmte Endtemperatur zu erreichen gestattet. Dadurch werden die günstigsten Eigenschaften der Lithopone, wie die höchstmögliche Deckkraft usw., erreicht.

Der bisher für dieses Erhitzen dienende Muffelofen entsprach diesem Zweck in keiner Weise. Selbst ein häufiges Umkrücken hindert nicht, daß Partien, die auf dem Boden oder an den Wänden und in den Ecken liegen, andere Temperaturen erhalten als solche an der Oberfläche und in der Mitte. Eine zweckentsprechende Erhitzungsart, bei der die Masse und das Heizgas mechanisch gegeneinanderbewegt und dadurch bestimmte gleichmäßige Endtemperaturen erreicht werden, kann, wie gefunden wurde, in einem Ofen mit besonders konstruierter Innenbeheizung erzielt werden. Um diese Innenbeheizung, bei der als Hauptbedingungen gleichmäßige Hitze, möglichst sauerstofffreie Verbrennungsgase und Staubfreiheit erreicht werden müssen, zu ermöglichen, wird z. B. vor dem Ofen eine mit Steingittern ausgesetzte Vorheizkammer angebracht, in der die nötige Menge Generator- oder Wassergas mit der gerade ausreichenden Luftmenge verbrannt wird. Die nicht viel über die Temperatur des Gutes erhitzten Verbrennungsgase treten mit etwas Überdruck in ein ausgemauertes, schrägliegendes Drehrohr und gewährleisten gleichmäßigste Erhitzung der im Gegenstrom rieselnden Rohmasse, die dann durch ein in Wasserverschluß tauchendes Rohr in das Abschreckwasser fällt. Ein so konstruierter Ofen bietet noch den besonderen technischen Vorteil, die Rohfarbe nicht getrocknet, sondern feucht, wie sie aus den Pressen kommt, in den Ofen einführen zu können

PATENTANSPRUCH:

Verfahren zum Glühen von Lithopon, dadurch gekennzeichnet, daß man diesem innerhalb eines Drehrohrofens praktisch staub- und sauerstofffreie Verbrennungsgase entgegenleitet, welche in einer mit dem Drehrohrofen verbundenen Vorheizkammer nur wenig über die erforderliche Glühtemperatur erhitzt worden sind.

Nr. 552 250. (S. 92 491.) Kl. 22 f, 5.

SILESIA, VEREIN CHEMISCHER FABRIKEN IN IDA- UND MARIENHÜTTE B. SAARAU, KR. SCHWEIDNITZ.

Erfinder: Dr. Peter Schlösser und Dr. Georg Alaschewski in Saarau, Schles.

Verfahren zur Herstellung von Lithopone.

Vom 29. Juni 1929. — Erteilt am 26. Mai 1932. — Ausgegeben am 11. Juni 1932. — Erloschen: 1934.

Bei der Herstellung von Lithopone wird zunächst die gereinigte Zinksulfatlösung mit einer Lösung von Schwefelbarium gefällt. Der aus Schwefelzink und Bariumsulfat bestehende Niederschlag wird in geeigneter Weise von der Mutterlauge filtriert und getrocknet. Das Trockengut wird alsdann geglüht und in Wasser abgeschreckt.

Bisher hielt man es für unerläßlich, die abgeschreckte Masse einer sehr sorgfältigen Naßmahlung auf größte Feinheit zu unterziehen. Diese Maßnahme verteuert naturgemäß durch die aufgewandte Kraft das Herstellungsverfahren. Man glaubte bisher, daß es unmöglich wäre, eine Lithopone von einer Feinheit, die den höchsten Anforderungen genügt, ohne die Naßmahlung zu erzielen.

Überraschenderweise wurde aber gefunden, daß man auf die kostspielige Naßmahlung verzichten kann, wenn man wie folgt verfährt: Man fördert die abgeschreckte Lithopone aus dem Abschrecktrog in ein schnellaufendes Rührwerk, wo es mit etwa der 10- bis 15-fachen Menge Wasser verrührt wird. Dabei zerfällt die geglühte Lithopone in feinste Partikelchen. Die Aufschwemmung führt man dann über ein oder mehrere feine Siebe, wo die feinsten Teilchen hindurchgehen und die Grieße zurückgehalten werden. Diese Grieße kann man in das obenerwähnte Rührwerk zurückbringen, wo sie bei längerer Behandlung weiter zerfallen. Noch besser ist es aber, wenn man sie in den Abschrecktrog zurückführt, von wo sie mit dem neu abgeschreckten Material in das obenerwähnte Rührwerk gebracht werden. Die durch die Siebe durchlaufenden, sehr feinen Bestandteile kann man nun in bekannter Weise in Waschbottichen auswaschen und weiterverarbeiten.

Im einzelnen ist die Ausführung des Verfahrens aus der beiliegenden Abbildung ersichtlich.

Der Abschrecktrog 1 ist ein liegendes, halbzylindrisches Gefäß, in welchem ein Rührwerk mit horizontaler Welle umläuft. Hier wird kontinuierlich die geglühte Lithopone unter dauerndem Rühren und fortwährendem Zulaufen von frischem Wasser abgeschreckt. Es entsteht dabei ein dünnflüssiger Brei, welcher durch ein seitliches Rohr zur Pumpe 2 abläuft. Diese Pumpe schafft den dünnen Brei zum Rührwerk 3. Die Menge von Wasser und geglühter Lithopone wird aufeinander so abgestimmt, daß auf einen Teil Lithopone etwa 10 bis 15 Teile Wasser kommen. Das Rührwerk 3 ist mit einem kräftigen, schnelllaufenden Rührer ausgestattet. In dem Rührwerk wird die Lithopone mit Wasser ge-

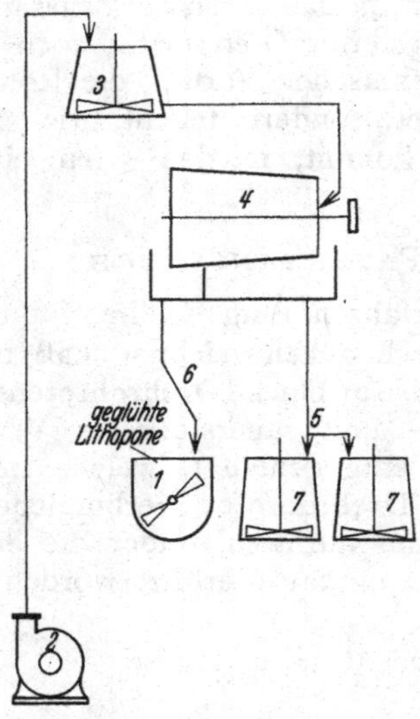

waschen, und diese Behandlung genügt überraschenderweise, um eine hervorragende Feinheit der Lithopone auch ohne die umständliche und kostspielige Naßmahlung zu erzeugen.

Etwa in der Mitte der Seitenwand des Rührwerks 3 ist ein Ablauf vorhanden, welcher die feine Milch fortführt. Zulauf und Ablauf beim Rührwerk 3 sind so eingerichtet, daß die Flüssigkeitshöhe in diesem stets gleichbleibt.

Es läßt sich nicht vermeiden, daß geringe Mengen Grieße mit der ablaufenden Milch mitgehen. Daher sind hinter dem Rührwerk 3 ein oder mehrere rotierende Siebe 4 mit feinster Bespannung angeordnet, welche die Grieße zurückhalten. Dieselben werden kontinuierlich ausgetragen und kehren durch die Leitung 5 zum Abschrecktrog 1 zurück. Die fein abgesiebten Bestandteile, welche etwa 95 % derjenigen Lithoponmenge ausmachen, welche beim Abschrecktrog frisch aufgegeben worden sind, treten durch die Siebe hindurch und laufen durch die Leitung 5 nach dem Waschbottich 7.

Die weitere Verarbeitung auf das Trockenpulver wird in bekannter Weise durchgeführt. Trotzdem der ganze Prozeß ohne Naßmahlung ausgeführt wird, erhält man nach diesem Verfahren eine Lithopone, welche auf einem Prüfsieb von 10000 Maschen pro Quadratzentimeter nur 0,07 bis 0,1 % Rückstand liefert.

Die Lithopone, die man nach diesem Verfahren erhält, ist also von einer Feinheit, welche einer Lithopone, die nach dem üblichen Naßmahlverfahren hergestellt wird, in keiner Weise nachsteht. Die Naßmahlung ist aber mit einem außerordentlich hohen Kraftverbrauch verbunden, ebenso sind an Naßmühlen Verschleiß und Reparaturen hoch.

Es ist bereits vorgeschlagen worden, geglühte Rohlithopone nach dem Abschrecken durch Wasser durch eine geeignete Vorrichtung in feine und weniger feine Bestandteile zu zerlegen.

Nach diesem Vorschlag werden zwei Produkte erzeugt, ein feines und ein grobes, und das grobe muß in einer Rohrmühle gemahlen werden. Hier werden also lediglich die feinen Teilchen von den groben getrennt, worauf die letzteren durch Mahlen zerkleinert werden. Das Arbeitsprinzip dieses Verfahrens ist also von dem der Erfindung grundverschieden. Es ist ferner vorgeschlagen worden, die abgeschreckte Lithopone in Waschbottiche zu pumpen, wo sie in bekannter Weise ausgewaschen wird. Nach einer anschließenden Zerstäubungstrocknung ist der Herstellungsprozeß der Lithopone abgeschlossen. Eine handelsfähige Ware kann nach diesem Vorschlag nicht gewonnen werden, da dieses bekannte Verfahren keine Gewähr bietet, daß die Feinheit der erzeugten Ware ausreichend ist. Es genügt aber, daß wenig gröbere Teilchen, welche im Farbenhandel Spitzen genannt werden, in die fertige Lithopone hineingehen, um deren Handelswert in Frage zu stellen. Im Gegensatz zu diesen bekannten Vorschlägen wird ein Vermahlen nach dem vorliegenden Verfahren nicht vorgenommen, und man erhält trotzdem in einfachster Weise in hoher Ausbeute ein Produkt, das den im Handel gestellten Anforderungen in jeder Hinsicht entspricht.

Patentanspruch:

Verfahren zur Herstellung von Lithopone durch Behandlung der geglühten Rohlithopone nach dem Abschrecken mit Wasser, dadurch gekennzeichnet, daß man diese in einem schnellaufenden Rührwerk behandelt, die entstandene Suspension über ein oder mehrere Siebe führt und die von den Sieben zurückgehaltenen Grieße einer weiteren Behandlung durch Rühren mit Wasser unterzieht.

Nr. 483520. (G. 64955.) Kl. 22f, 5.

„Sachtleben" Akt.-Ges. für Bergbau und chemische Industrie in Homberg, Niederrhein.

Erfinder: Dr. Hermann Pützer in Homberg, Niederrhein.

Trocknung von Rohlithopon.

Vom 31. Juli 1925. — Erteilt am 19. Sept. 1929. — Ausgegeben am 3. Okt. 1929. — Erloschen: . . . .

Die Herstellung von Lithopon erfolgt derartig, daß zunächst Lösungen von Zinksulfat mit Schwefelbarium gefällt werden, worauf man die erhaltenen Niederschläge trocknet und dann in einem weiteren Verfahren glüht. Die Trocknung, die vor der Glühung vorzunehmen ist, geschieht bei einer wesentlich niedrigeren Temperatur als das Glühen und wird dementsprechend in einem von dem Glühen getrennten Verfahren vorgenommen. Bisher geschieht die Trocknung derartig, daß man die aus den Filterpressen, Nutschen usw. kommenden feuchten Niederschläge auf geeigneten Tragflächen in eine Trockeneinrichtung bringt und sie dort in Ruhe beläßt, während die heißen trocknenden Gase an der ruhenden Masse vorbeistreichen. Wenn das Lithopon genügend trocken ist, wird es gröblich zerkleinert und nunmehr einem Glühprozeß bei höherer Temperatur ausgesetzt.

Man hat auch vorgeschlagen, das Glühen von Lithopon im Drehrohrofen vorzunehmen, wobei lediglich Reste von chemisch gebundenem Hydratwasser entfernt werden, dagegen die Entfernung der im Rohlithopon vorhandenen großen Mengen mechanisch gebundenen Wassers nicht in Frage kommt.

Man hat ferner auch das Gemisch von gefälltem Lithopon mit der Mutterlauge ohne vorheriges Abpressen in Drehrohröfen behandelt, ohne daß die Innenbeheizung und die Verwendung sauerstofffreier Gase erwähnt werden. Außerdem werden bei diesem Verfahren Überzüge von Aluminium als notwendig gefordert.

Das vorliegende Verfahren zum Trocknen von Rohlithopon, d. h. abgepreßtem Lithopon, besteht darin, daß man dieses Rohlithopon in Drehrohröfen nach dem Gleichstromprinzip der Einwirkung trocknender und sauerstofffreier Gase aussetzt, wobei die Beheizung von innen erfolgt. Man kann die Heizgase, welche Abgase sein können, in dem heißen Zustande, in dem sie entfallen, nachdem sie von festen sowie oxydierenden Bestandteilen gereinigt sind, in die Drehrohröfen einleiten. Man kann aber auch andere fremde Gase, die nicht auf Lithopon chemisch umsetzend einwirken, verwenden.

Die Vorteile des Verfahrens bestehen darin, daß im Vergleich zu den bisherigen Trocknungsweisen die Möglichkeit vorliegt, eiserne Trommeln mit eisernem Einbau zu benutzen, ohne befürchten zu müssen, das Trockengut durch Eisen zu verunreinigen, weil die Bildung von eisenzerstörenden schwefelhaltigen Gasen infolge Abwesenheit von Sauerstoff ausgeschlossen ist. Das Verfahren ist stetig und deshalb billiger als die bisher angewandten, mit Unterbrechungen arbeitenden Trokkenverfahren. Außerdem wird die Rohfarbe infolge der ständigen Bewegung während des Trockenvorganges ohne weiteres in der Korngröße gewonnen, welche für einen vorteilhaften Glühprozeß notwendig ist. Es gelingt ferner, die zur Trocknung empfehlenswerte Temperatur genau innezuhalten. Man kommt mit geringen Mengen von Trockengasen aus und kann den Luftsauerstoff vollständig ausschließen, wodurch die Zersetzung von Lithopon auf ein Minimum heruntergedrückt wird.

Das sich an den Trockenprozeß anschließende Glühverfahren kann in beliebiger Weise stattfinden: entweder in Muffeln oder gleichfalls in Drehrohröfen.

Beispiel

Lithoponrohfarbebrei wurde mittels Filterpresse abgepreßt. Der Preßkuchen enthielt noch 50% Feuchtigkeit.

Die Masse wurde der Trocknung in einem eisernen Drehrohrofen mit eisernem Einbau unterworfen. Die Beheizung desselben erfolgte von innen mittels Leuchtgasbrenner. Es wurde nach dem Prinzip des Gleichstroms getrocknet. Gas und feuchte Rohfarbe wurden in den Kopf des Drehofens eingeführt und bewegten sich in parallelem Gange zum Auslauf des Ofens. Es ließ sich jede gewünschte Temperatur im Innern des Drehofens mit Sicherheit einstellen und während des ganzen Trockenprozesses einhalten. Im vorliegenden Falle wurde dafür gesorgt, daß die Trocknungstemperaturen um 100° C herumlagen und die des auslaufenden getrockneten Gutes niemals über 120° stieg. Gleichzeitig wurde dafür Sorge getragen, daß das Gas nur mit der für seine Verbrennung notwendigen Luft gemischt zur Verbrennung gelangte, so daß die Verbrennungsgase praktisch frei von Luftüberschuß waren. Das aus dem Ende der Trommel herausfallende Trockengut war feinkörnig und entsprach ohne weiteres der Korngröße, wie sie für den folgenden Glühprozeß als die beste befunden wurde.

Patentanspruch:

Trocknung von Rohlithpon vor der getrennt auszuführenden Glühung, dadurch gekennzeichnet, daß das Trocknen des abgepreßten Rohlithopons in Drehrohröfen unter Bewegung des zu trocknenden Gutes nach dem Prinzip des Gleichstroms unter Innenbeheizung durch sauerstofffreies Gas erfolgt.

Nr. 526812. (S. 88068.) Kl. 22f, 5.

„Sachtleben" Akt.-Ges. für Bergbau und chemische Industrie in Homberg, Niederrhein.

Erfinder: Johann Küppers in Homberg, Niederrhein.

Vorrichtung zum Trocknen von Lithopon.

Vom 26. Okt. 1928. — Erteilt am 21. Mai 1931. — Ausgegeben am 11. Juni 1931. — Erloschen: ....

Die vorliegende Erfindung betrifft eine Vorrichtung zum Trocknen von Lithopon.

Es ist bekannt, Lithopon in einer in langsamer Rotation befindlichen Trockentrommel, einem sogenannten Drehrohrofen, zu trocknen, dessen Einfüllende zweckmäßig etwas höher liegt als der Teil des Ofens, wo das getrocknete Gut entnommen wird. Das Trockengut bewegt sich infolge der Umdrehung und der leicht geneigten Lage des Ofens langsam durch diesen hindurch und fällt am unteren Ende in entsprechend vorbereitete Abfüllgefäße.

Bekannt ist es bei der Trocknung feuchten Gutes auch, das die Trommel durchlaufende Material in doppelter Weise zu beheizen, und zwar mittelbar von außen im Gleichstrom mit dem Trockengut und gleichzeitig im Gegenstrom unmittelbar im Innern der Trommel durch ein geeignetes warmes Gas.

Die Erfindung sieht eine Verbesserung der bekannten Vorrichtungen dadurch vor, daß der Trockenraum in seinem Vorderteil aus einer Trommel besteht, deren hinteres Ende aber in eine Anzahl von Heizrohren aufgeteilt ist. Hierdurch wird die bisher stets eintretende starke Staubbildung im Trockenofen auf ein Mindestmaß herabgesetzt. In den bisher üblichen Trockentrommeln von großem Querschnitt trat ferner das sogenannte Rieseln des schon vorgetrockneten Gutes auf. Dieses wird durch die angegebene Neuerung nahezu völlig vermieden. Hierdurch wird erst die unmittelbare Beheizung des Trockengutes durch heiße Gase im Gegenstrom möglich, ohne daß ein allzu starker Verlust an staubförmigem Trockengut zu befürchten wäre.

Zur Erleichterung des Einfüllens und Verteilens des Trockengutes wird ferner erfindungsgemäß das Einfüllende der Trommel konisch gestaltet. Diese konische Form des vorderen Trommelendes besitzt aber noch weitere erhebliche Vorteile. Wird nämlich die der unmittelbaren Beheizung des Trockengutes dienende Luft oder das inerte Gas dem feuchten, am konischen Einfüllende der Trommel befindlichen Trockengut entgegengeleitet, so schlägt sich hier bereits der größte Teil des etwa mitgerissenen Trockenstaubes nieder; gleichzeitig wird dieses feuchte Trockengut vorgetrocknet. Für eine derartige Entstaubung eignet sich die kegelförmige Gestalt des Trommeleinfüllendes besonders gut. Hierdurch wird eine kostspielige und komplizierte Entstaubungsanlage für die unmittelbar wirkenden Heizgase entbehrlich.

Ein weiterer Vorteil der konischen Ausgestaltung des Vorderteils besteht darin, daß ein Anbacken bzw. eine Krustenbildung des eingeführten Feuchtgutes an der Trommelwand verhindert wird. Der mit den unmittelbar wirkenden Trocknungsgasen auf dem Feuchtgut niedergeschlagene Staub wirkt nämlich gleichsam als Puder und verhindert auf diese Weise ein Festhaften des Feuchtgutes an der Wand.

Die letzten Reste des in den Trockengasen enthaltenen Staubes können schließlich durch Wasserbehandlung der Heizgase wiedergewonnen werden.

In dem konischen Vorderteil befinden sich spiralige Züge, die das feuchte Gut unter dem Einfluß der Umdrehung der Trommel weiterleiten.

Der Rohrkranz, in den die Heiztrommel etwa von der Mitte der Ofenlänge ab übergeht, ist ebenso wie die Heiztrommel selbst von einem an der Umdrehung teilnehmenden Heizmantel umgeben. Zwischen diesem und der Trommel bzw. den einzelnen Rohren des hinteren Teils werden die unmittelbar wirkenden Heizgase im Gleichstrom mit dem Trockengut geführt. Die Einzelrohre des Rohrkranzes ruhen auf Stützblechen, die so angeordnet sind, daß die Heizgase die Rohre spiralig umspülen können.

Für die mittelbare Heizung des Drehrohrofens im Gleichstrom werden heiße Gase verwandt. Die Wärme der zur mittelbaren Heizung des Ofens dienenden Gase kann vorteilhaft in bekannter Weise in einem Wärmeaustauscher zur Aufwärmung der unmittelbar wirkenden Trocknungsgase nutzbar gemacht werden.

Auf der Zeichnung ist als Beispiel eine Ausführungsform der Trockenvorrichtung nach der Erfindung dargestellt.

Abb. 1 zeigt den Ofen im Längsschnitt,
Abb. 2 einen Schnitt in Richtung *A-B*,
Abb. 3 einen solchen in Richtung *C-D*.

Das zu trocknende Material wird durch bekannte Einrichtungen, beispielsweise die Transportschnecke 1, in dem konischen Teil 2 der Trommel 4 eingeführt, welche aus besonderem nicht rostenden Material, wie beispielsweise Eisen-Chrom-Nickel-Stahl oder anderen geeigneten Materialien, besteht. Der konische Teil 2 besitzt Spiralzüge 5, die das Trockengut in den zylinderischen Teil der Trommel 4 führen. in dem konischen Teil 2 der Trommel 4 an das nasse Material wieder abgegeben. Das Gas gelangt durch das Ausgangsrohr 19, in welchem eine Berieselungsdüse 20 eingebaut ist, in einen Schneckentrog 21, welcher zur Hälfte mit Wasser gefüllt ist. Die hierin befindliche Schnecke 22 ist bespannt mit feinem Drahtnetz, an welchem sich die letzten Staubreste des Abgases niederschlagen. Das Gas wird

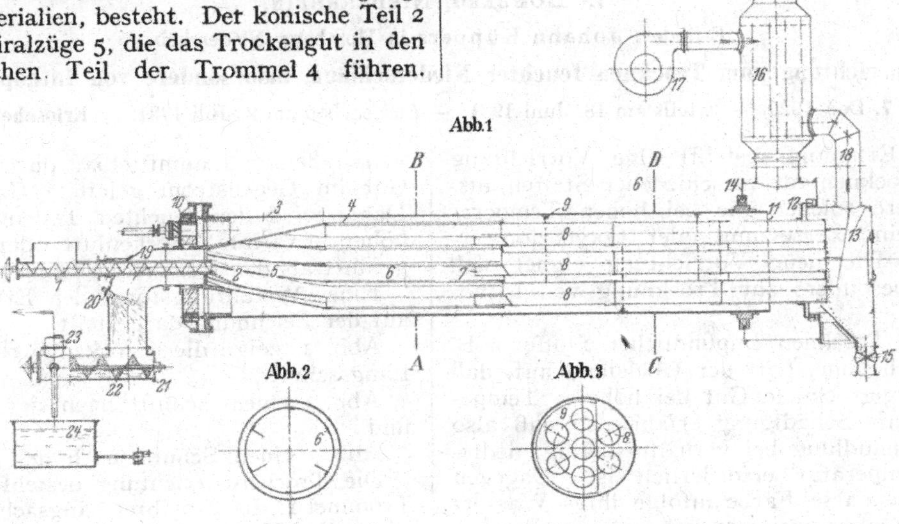

Hier wird das vorgetrocknete Gut durch Schaufeln 6 zerkleinert und durch löffelartig ausgebildete Vorsprünge 7 den Rohren 8 zugeführt. Diese Rohre sind muffenartig zusammengeschoben und werden durch Stützbleche 9 gehalten. Die Rohrenden sind mit einem Blechmantel 11 umgeben. Auf diesem ist die Abdichtung 12 des Materialauslaufes 13 gegen den Heizgasaustritt 14 befestigt.

Das getrocknete Material fällt aus den Rohren 8 in die Kammer 13, welche mittels bekannter Einrichtungen 15 gegen die Außenluft abgeschlossen ist.

Die der mittelbaren Heizung dienenden Gase treten durch den Feuerkopf 10 in den die Trommel 4 und die Rohre 8 umgebenden Mantel 3 ein. Diesen verlassen sie durch die Kammer 14 noch heiß, werden durch einen Lufterhitzer 16 geleitet und nach dem Fuchs abgezogen. Die zur unmittelbaren Beheizung im Gegenstrom benötigte Luft oder ein anderes Gas werden von dem Ventilator 17 angesaugt, durch den Vorwärmer 16 gedrückt und hier erhitzt. Die heiße Luft gelangt dann durch die Leitung 18 in die Materialkammer 13 und verteilt sich hier in die Rohre 8. In diesen wird der entstehende Wasserdampf und Staub von den Gasen mitgenommen und der Staub zum größten Teil

durch den Austritt 23 abgezogen. Die am Drahtsieb abgeschiedenen Staubteile werden im Wasser abgewaschen und fließen in ein Sammelbecken 24, von wo sie zu einer Kläranlage geleitet werden.

Die beschriebene Vorrichtung eignet sich zum Trocknen der sogenannten Reinfarbe in der Lithoponfabrikation (das ist die geglühte, in Wasser abgeschreckte und abgepreßte Farbe). Gegenüber den für diesen Zweck bisher bekannten Vorrichtungen bietet sie außer den oben angegebenen Vorzügen den Vorteil, daß die Trocknung der Farbe ganz wesentlich beschleunigt wird.

Patentansprüche:

1. Vorrichtung zum Trocknen von Lithopon, bestehend in einer mittelbar durch außen herumgeführte Heizgase im Gleichstrom und unmittelbar durch im Innern im Gegenstrom laufende warme Gase beheizten Drehtrommel, dadurch gekennzeichnet, daß der Vorderteil der Trommel konischen Längsschnitt besitzt und im Querschnitt nicht unterteilt ist, während der übrige Teil in eine Anzahl Rohre von kleinerem Querschnitt aufgeteilt ist, zwischen denen die Heizgase hindurchstreichen.

2. Vorrichtung nach Anspruch 1, dadurch gekennzeichnet, daß das konische Vorderteil spiralige Züge zum Führen des zu trocknenden Gutes besitzt.

3. Vorrichtung nach Anspruch 1, gekennzeichnet durch eine Anordnung der Stützbleche der einzelnen Rohre derart, daß die Heizgase in Schraubenlinien um die Rohre geführt werden.

F. P. 694642.

Vgl. D. R. P. 528656.

Nr. 528656. (S. 95425.) Kl. 82a, 19.

„SACHTLEBEN" AKT.-GES. FÜR BERGBAU UND CHEMISCHE INDUSTRIE IN HOMBERG, NIEDERRHEIN.

Erfinder: Johann Küppers in Homberg, Niederrhein.

Vorrichtung zum Trocknen feuchter Niederschläge, insbesondere von Lithopone.

Vom 7. Dez. 1929. — Erteilt am 18. Juni 1931. — Ausgegeben am 2. Juli 1931. — Erloschen: . . . .

Die Erfindung betrifft eine Vorrichtung zum Trocknen von verschiedenen Stoffen, insbesondere solcher, die bei hohen Temperaturen eine Zersetzung oder Oxydation erleiden. Die neue Vorrichtung eignet sich daher besonders zur Trocknung von Lithopone.

Beim Trocknen empfindlicher Stoffe, z. B. von Lithopone, tritt der Übelstand auf, daß das vorgetrocknete Gut bei höherer Temperatur eine Schädigung erfährt, so daß also eine Behandlung bei verhältnismäßig niedriger Temperatur erforderlich ist. Dagegen kann die nasse Farbe infolge ihres Wassergehaltes ohne weiteres hohen Temperaturen ausgesetzt werden, ohne daß eine Verschlechterung der Beschaffenheit zu befürchten ist.

Es ist an sich bekannt, die Trocknung empfindlicher, beispielsweise explosiver Stoffe, zweistufig vorzunehmen, indem dem feuchteren Gut wärmere Trockengase zugeführt werden als dem bereits vorgetrockneten. Die zur Durchführung eines solchen Trockenverfahrens bisher vorgeschlagenen Vorrichtungen entsprechen aber noch nicht den bei der Trocknung sehr empfindlicher Stoffe gestellten Anforderungen. Insbesondere gestatten sie keine mittelbare Gleichstrombeheizung der Trockenräume bei gleichzeitiger unmittelbarer Einwirkung von heißer Trockenluft Gegenstrom des Gutes.

In der Trockentrommel gemäß der Erfindung wird das Gut gleichzeitig mittelbar durch Führung der Heizgase im Gleichstrom von außen und unmittelbar durch über das Gut im Gegenstrom geleitete Gase erhitzt. Dabei wird den feuchten Teilen des Gutes höher erwärmte Trockenluft oder Gase zugeführt als den trockneren Teilen.

Eine Ausführungsform der Erfindung ist auf der Zeichnung dargestellt.

Abb. 1 zeigt die Trockenvorrichtung im Längsschnitt,

Abb. 2 einen Schnitt nach der Linie *A-B* und

Abb. 3 einen Schnitt nach der Linie *C-D*.

Die Trockenvorrichtung besteht aus einer Trommel 1, die um ihre Längsachse gedreht wird. Zur Vermeidung der bei den bekannten Vorrichtungen auftretenden Erscheinung des sogenannten Rieselns des schon vorgetrockneten Gutes und zur Verhütung der starken

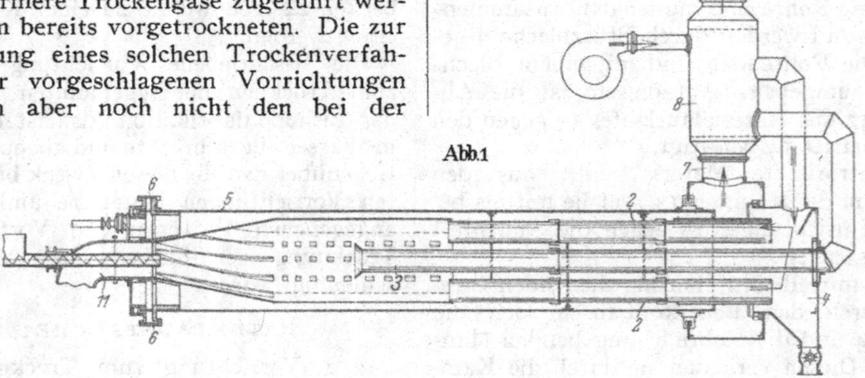

Staubbildung läuft der hintere Teil der Vortrockentrommel in einen Kranz von Einzelrohren 2 aus, durch die das zu trocknende Gut und im Gegenstrom dazu das Trockengas hindurchgeführt wird. Der Einlaufteil der Trommel 1 ist konisch ausgestaltet, damit der von den Trockengasen mitgerissene Staub auf dem eintretenden feuchten Gut niedergeschlagen wird. Die Trommel 1 bildet eine zylindrische

Kammer, die an der inneren Mantelwandung Spiralleisten 4 besitzt, durch die das Gut während der Drehung des Ofens weitergefördert und dem Rohrkranz 2 des hinteren Teiles zugeführt wird. Die Trommel ist nach der Austrittsstelle zu leicht geneigt.

Die Rohre 2 dienen zur Zuführung der weniger warmen Trockengase, während ein mittleres Einzelrohr 3 bis in den vorderen Teil der Trommel 1 hineinragt und zur Zuleitung der heißeren Gase dient. Naturgemäß ist dieses Rohr frei vom Trockengut; der Eintritt von Trockengut kann durch geeignete, in den Abbildungen nicht dargestellte Schutzkappen verhindert werden.

Die Trommel 1 und die Rohre 2 sind von einem mitumlaufenden Mantel 5 umgeben. Zwischen diesem und der Trommel 1 bzw. den Rohren 2 strömen Heizgase im Gleichstrom mit dem Trockengut. Diese Gase stammen aus einer Feuerung und treten bei 6 in den Mantel 5 ein. Sie umspülen die Trommel 1 und die Rohre 2, wobei die Stützbleche der letzteren eine spiralige Führung der Gase bewirken können, und verlassen den Mantel bei 7, um in den Wärmeaustauscher 8 einzutreten. Hier wird die in ihnen noch enthaltene Wärme auf die einzuführenden unmittelbar wirkenden Trockengase übertragen.

Das zu trocknende Gut wird durch bekannte Einrichtungen, beispielsweise eine Förderschnecke 9, in den konischen Teil der Trommel 1 eingeführt und wandert infolge einer leichten Neigung der Trommel unter Mitwirkung der Spiralleisten 4 und durch den Einfluß der Drehung langsam vorwärts. Es gelangt in feuchtem Zustande mit den durch das Rohr 3 hindurchgehenden Gasen von beispielsweise etwa 600° in Berührung und gibt an diese einen Teil seines Wassergehaltes ab. Die zur weiteren Trocknung des Gutes dienenden, durch die Rohre des hinten Teiles geführten Gase besitzen eine bedeutend niedrigere Temperatur, beispielsweise 100 bis 150°.

Das getrocknete Gut fällt in eine Kammer 10, die mittels bekannter Einrichtungen von der Außenluft abgeschlossen ist.

Die bei 11 abziehenden Trockengase können durch Waschen von mitgeführtem Staub befreit werden.

Patentanspruch:

Vorrichtung zum Trocknen von feuchten Niederschlägen, insbesondere von Lithopone, durch unmittelbare Einwirkung von Warmluft im Gegenstrom und mittelbare Beheizung des Trockners im Gleichstrom, gekennzeichnet durch eine von einem Heizmantel umgebene, als Vortrockner dienende Drehtrommel, die am Guteintrittsende konisch ausgebildet ist und am anderen Ende in einen Rohrkranz übergeht, durch dessen Rohre die Warmluft im Gegenstrom zur Fördereinrichtung des Trockengutes hindurchströmt, während gleichzeitig dem feuchten Gut im vorderen Teil der Trommel durch ein mittleres, in die Vortrockenkammer hineinragendes Rohr Heißluft von höherer Temperatur zugeführt wird.

Im Orig. 3 Abb.

Vgl. auch D. R. P. 526812.

Nr. 478136. (N. 25921.) Kl. 22f, 7.

National Metal and Chemical Bank Limited in London.

Behandlung von titanhaltigen Erzen und Verbindungen.

Vom 18. Mai 1926. — Erteilt am 6. Juni 1929. — Ausgegeben am 18. Juni 1929. — **Erloschen:** . . . .

Großbritannische Priorität vom 22. Jan. 1926 beansprucht.

Die Erfindung betrifft die Behandlung von titanhaltigen Erzen oder Verbindungen zur Herstellung von Titanoxyd und sonstigen Stoffen für die Farbenindustrie und andere Zwecke. Hauptsächlich wird Billigkeit und bequeme und gute Regelbarkeit angestrebt.

Bisher ist es zur Herstellung von Titanoxyd aus titanhaltigem Erz üblich, Ilmenit (FeO, TiO_2) mit oder ohne vorherige Konzentration des Gehaltes an TiO_2 zu mahlen und mit gewöhnlicher Schwefelsäure zu zersetzen. Um die Reaktion in Gang zu bringen und zu unterstützen, muß Wärme aufgewendet werden, und die Reaktion ist, auch wenn sie vollständig in Gang gebracht wird, schwer zu regeln. Ist die Reaktion beendet, so wird das resultierende Sulfat von Titan und Eisen weiterbehandelt, um hydratisiertes Titanoxyd auszufällen, und letzteres wird dann vom zurückbleibenden Eisensulfat durch Filtration getrennt.

Erfindungsgemäß wird der Zwang zur Aufwendung von Wärme für die Reaktion dadurch vermieden, daß man das Titanerz bzw. die Titanverbindung in geeignetem physikalischem Zustande mit Oleum behandelt.

Oleum kann als eine Lösung von Schwefeltrioxyd in Schwefelsäure betrachtet werden. Bei Ausführung der Erfindung wird z. B. ein gußeisernes Reaktionsgefäß benutzt. Die Säure wird allmählich auf eine Masse fein gepulverten Ilmenites aufgegeben, der nötigenfalls befeuchtet ist. Statt dessen kann man den befeuchteten gemahlenen Ilmenit auf das Oleum schütten, doch ist das erstere Verfahren vorzuziehen, da die Reaktion dann besser beherrschbar ist.

Die Reaktion verlangt nicht eine Wärmezufuhr, da die Wärme, welche durch die Einwirkung des Oleums auf die im Ilmenitpulver enthaltene oder hinzugefügte Feuchtigkeit erzeugt wird, ausreicht, um die Reaktion in Lauf zu setzen, die dann exotherm isch verläuft.

Das Oleum wird allmählich in den feuchten fein zerteilten Ilmenit in solchem Verhältnis zugeführt, daß die Temperatur allmählich ansteigt, bis die Reaktion schließlich beendet ist. Während des Zusetzens wird die Masse stetig oder absatzweise gerührt und dadurch die Reaktion gleichmäßig durchgeführt. Der Oleumzusatz zum Ilmenit entspricht wesentlich der chemischen Reaktionsgleichung, doch könnte ein Überschuß an Ilmenit oder Oleum verwendet werden, ohne die Regelmäßigkeit der Reaktion zu stören. Die resultierenden Sulfate von Titan und Eisen werden dann als solche verwendet oder beliebig auf ein wesentlich reines Titansalz oder Oxyd weiterverarbeitet. Wünscht man z. B. das Oxyd, so wird das Doppelsulfat genügend verdünnt, um die Hauptmasse des Titans als hydratisiertes Oxyd auszufällen, das dann in der üblichen Art filtrierbar ist. Natürlich kann man andere Titanverbindungen aus dem Sulfat oder dem Oxyd herstellen.

Patentansprüche:

1. Behandlung von titanhaltigen Erzen oder Verbindungen, dadurch gekennzeichnet, daß sie in geeignetem physikalischem Zustande, nämlich in feuchtem oder befeuchtetem und fein zerteiltem Zustande mit Oleum — zum Unterschied von der Erhitzung mit gewöhnlicher starker Schwefelsäure — behandelt werden, derart, daß die Zufuhr von Wärme vermieden wird und eine leichte Regelung der Reaktion durch Regelung des Zumischungsverhältnisses erzielt wird.

2. Behandlung nach Anspruch 1, dadurch gekennzeichnet, daß das Oleum allmählich dem feuchten oder befeuchteten Arbeitsgut zugesetzt wird und dieses während des Oleumzusatzes stetig oder absatzweise gerührt wird.

Nr. 541486. (T. 33527.) Kl. 22f, 7. Titan Co. A/S. in Fredrikstad, Norwegen.

Erfinder: Dr. Pedor Farup in Oslo.

Verfahren zum Aufschließen von Titanerzen.

Vom 24. Mai 1927. — Erteilt am 17. Dez. 1931. — Ausgegeben am 18. Jan. 1932. — Erloschen: . . . .
Norwegische Priorität vom 3. Aug. 1926 beansprucht.

Um titanhaltige Stoffe in Lösung oder leicht lösliche Form zu bringen, verwendet man gewöhnlich Säuren, insbesondere Mineralsäuren wie Schwefelsäure oder Salzsäure. Die titanhaltigen Stoffe werden in der Regel fein gepulvert und mit ziemlich konzentrierten Säuren unter Erwärmen behandelt. Für die Wirtschaftlichkeit des Verfahrens ist es von großer Bedeutung, ein Verfahren zu benutzen, das ohne große Ansprüche in bezug auf die Feinheit des Materials und die Stärke der angewandten Säure die angewandten titanhaltigen Stoffe, wie z. B. Ilmenit, Rutil, Titanit usw., rasch und möglichst vollständig auflöst.

Es hat sich nun gezeigt, daß derartige Auflösungsverfahren bedeutend rascher und vorteilhafter verlaufen, als bisher bekannt war, wenn gewisse Zusätze zu den reagierenden Stoffen benutzt werden. Dies gilt sowohl für die reinen Auflösungsverfahren wie für die Verfahren, bei denen man das Titanmaterial in lösliche Form zu bringen sucht, z. B. durch Überführen in mehr oder weniger feste Sulfate. Die genannten Zusätze zeigen auch den Vorteil, daß man gröberes Titanmaterial und weniger konzentrierte Säuren zur Behandlung benutzen kann und trotzdem ein rasch und befriedigend verlaufendes Verfahren erhält. Die auf die Reaktion zwischen Säuren und den titanhaltigen Stoffen fördernd wirkenden Zusätze können von sehr verschiedener Art sein. So hat es sich gezeigt, daß natürlich vorkommende Stoffe, z. B. Magnetkies, die gewünschte Wirkung haben. Durch Zusatz von Magnetkies zu Ilmenit, das in etwa 75%ige Schwefelsäure gelöst wurde, gelang es, die Reaktionszeit auf ungefähr die Hälfte herabzusetzen im Vergleich mit der Reaktionszeit ohne diesen Zusatz, und gleichzeitig wurde das in der Lösung anwesende dreiwertige Eisen zu zweiwertigem reduziert. Alle in der Natur vorkommenden Magnetkiese haben jedoch nicht eine solche Wirkung in gleich hohem Maße; es hat sich aber gezeigt, daß die Zusätze die gewünschte Wirkung durch Erhitzen erhalten können. So liefert auf eine Temperatur von etwa 700° C erhitzter Magnetkies oder gewöhnlicher Schwefelkies in den meisten Fällen die besten Ergebnisse. Auch in verschiedener Weise dargestelltes Schwefeleisen kann mit guter Wirkung benutzt werden.

Diese Stoffe können dann bei der Behandlung des Titanmaterials entweder als Zusatz zu diesem oder zur Säure benutzt werden; sie können auch während des Auflösungsprozesses selbst eingeführt werden.

Dieselbe ausgezeichnete Wirkung auf den Auflösungsprozess ist ferner mit einer Reihe anderer Stoffe erreicht worden. So sind Stoffe angewandt worden, die durch Glühen von Schwefelkies mit Ilmenit hergestellt waren. Bei diesem Glühen gibt der Schwefelkies einen Teil seines Schwefels ab, der auf den Ilmenit reduzierend wirkt, während gleichzeitig ein anderer Teil des Schwefels von den gebildeten Reduktionsprodukten gebunden wird. Ähnlich gute Ergebnisse werden mit Stoffen erreicht, die durch Glühen von Schwefelkies mit metallischem Eisen hergestellt waren. Anstatt von metallischem Eisen kann man auch eine oxydische Eisenverbindung, z. B. gewöhnliches Eisenerz, anwenden. Überhaupt hat es sich als möglich gezeigt, eine Reihe von Produkten anzuwenden, die durch Erhitzen von zwei oder mehreren der folgenden Verbindungen hergestellt sind: Schwefelkies, Magnetkies, Schwefel, Titanverbindungen, Eisen und Eisenverbindungen. Als Eisenverbindung kann auch Eisensulfat benutzt werden, das aus den dargestellten Titaneisenlösungen auskristallisiert ist. Die benutzten Temperaturen liegen zwischen etwa 400 und 1000° C. So kann man bei der Darstellung von Verbindungen zwischen Eisen und Schwefel sehr niedrige Temperaturen benutzen, während in den Fällen, wo Reduktionen beabsichtigt sind, höhere Temperaturen erforderlich sind. Gewöhnlich sind Temperaturen von 700 bis 800° C sehr geeignet.

Als Zusätze können auch eine Reihe anderer natürlich oder künstlich dargestellter reduzierend wirkender Schwefelverbindungen angewandt werden, die ein oder mehrere Metalle enthalten und wechselnden Schwefelgehalt aufweisen, z. B. Alkali-, Erdalkali- oder Schwermetallsulfide.

Gewöhnlich wird man Schwefeleisenverbindungen wählen. Man ist aber keineswegs daran gebunden. So kann es vorteilhaft sein, ganz oder teilweise andere Metallsulfide zu benutzen, gegebenenfalls zusammen mit Eisen. Als Beispiel derartiger Metallsulfide seien angeführt die Sulfide des Zinks, Aluminiums, Antimons, Siliciums, Titans, Magnesiums, der Alkali- und Erdalkalimetalle. Wenn durch Erhitzen oder Glühen hergestellte Schwefelverbindungen verwendet werden, kann es in gewissen Fällen vorteilhaft sein, diese einer schnellen Abkühlung zu unterwerfen, z. B. durch Einstürzen in Wasser oder in anderer Weise.

Nach der Erfindung kann das gewünschte Ergebnis auch dadurch erreicht werden, daß Schwefel in das zu behandelnde Titanmaterial eingeführt wird oder durch Zusatz eines Titanmaterials, in welches Schwefel eingeführt ist. Die Schwefelung von Titanmaterialien kann beispielsweise durch Erhitzen des Materials auf einige hundert Grade (z. B. 700 bis 800° C) stattfinden unter Einwirkung von Schwefeldampf oder einer schwefelabspaltenden Gasmischung. Bei dieser Behandlung kann sich etwa folgende Reaktion abspielen:

$$2\,FeTiO_3 + 3\,S = 2\,FeS + 2\,TiO_2 + SO_2.$$

Möglicherweise wird auch die Titansäure unter Reduktion in Titansulfide übergeführt.

Man kann auch während des Auflösungsprozesses Schwefelwasserstoff zuführen.

Anwesenheit von Schwefel oder Schwefelverbindungen während des Auflösungsprozesses führt auch den Vorteil mit, daß Metalle, die schwerlösliche Schwefelverbindungen bilden, ausgefällt werden. Diese und überhaupt alle nach der Behandlung zurückbleibenden ungelösten Verbindungen können natürlich in bekannter Weise weiterbehandelt werden zur Gewinnung und Trennung der einzelnen Bestandteile.

Es kann in vielen Fällen von Bedeutung sein, die gewünschte Beschleunigung des Auflösungsprozesses zu erreichen, gegebenenfalls unter gleichzeitiger Reduktion der resultierenden Lösung, ohne der Lösung fremde Stoffe zuzuführen oder jedenfalls ohne wesentliche Vermehrung des Gehalts der erhaltenen Lösungen an anderen Stoffen als Titanverbindungen.

Man kann z. B. dies dadurch erreichen, daß in einer titansulfathaltigen Lösung durch Reduktion mit metallischem Eisen oder in anderer Weise eine genügende Menge von dreiwertigem Titansulfat erzeugt wird. Diese Lösung wird dann als Reduktionsmittel während des Aufschließungs- oder Auflösungsprozesses benutzt. Man kann auch das für das Verfahren benutzte Titanerz als

Rohmaterial (z. B. Ilmenit) in genügender Menge durch Glühen mit Kohle so weitgehend reduzieren, daß das Titangehalt ganz oder teilweise in die dreiwertigen Verbindungen übergeführt wird und dieses Produkt als Reduktonsmittel benutzen.

Ausführungsbeispiel

1000 kg Ilmenit, das etwa 44% TiO_2 und 36% Fe enthält, werden mit etwa 2000 kg etwa 75%iger Schwefelsäure gemischt und nach Zusatz von etwa 70 kg Eisensulfid auf eine Temperatur von 160° C erhitzt. Das Sulfit*) kann auch während des Erhitzens zugesetzt werden.

Unter Rühren der Charge wird hierbei eine schnell verlaufende Auflösung des Eisens wie des Titans des Rohmaterials stattfinden.

Im Laufe des Prozesses sinkt die Temperatur auf etwa 125° C, weil der Siedepunkt der Lösung während des Vorganges sich allmählich erniedrigt. Gleichzeitig werden die dreiwertigen Eisenverbindungen praktisch vollständig zu zweiwertigen reduziert. Durch Zufügung von Verdünnungsmitteln während des Prozesses oder nach dessen Beendigung wird eine Lösung mit der beabsichtigten Titankonzentration erhalten. Man erhält hierbei eine Lösung mit etwa 100 g Titansäure (TiO_2) und etwa 95 g Eisen (Fe). Von letzterem liegt praktisch die ganze Menge in zweiwertiger Form vor. Diese Lösung kann hierauf in bekannter Weise hydrolytisch gespalten werden, wobei die Titansäure ausgefällt wird, das Eisen aber in Lösung bleibt.

Als Verdünnungsmittel können z. B. Lösungen, die während der Titanfabrikation abfallen, verwendet werden, z. B. Lösungen, die durch Auswaschen des nach der Auflösung zurückbleibenden ungelösten Rückstandes erhalten werden. Das im Beispiel beschriebene Verfahren liefert in etwa zwei Stunden dieselbe Ausbeute wie bei sechsstündiger Reaktionsdauer ohne Zusatz von Verdünnungsmitteln.

Die Ausbeute hängt von dem Verhältnis zwischen den verwendeten Mengen Ilmenit und Schwefelsäure sowie von der Korngröße des Ilmenits ab. Sie schwankt gewöhnlich zwischen 80 und 95%, je nachdem man die obenerwähnten Bedingungen wählt, und beträgt oft noch mehr als 95%.

An Stelle von Eisensulfid kann beispielsweise eine Lösung von Titan- und Eisensulfat verwendet werden, die durch Behandlung mit metallischem Eisen so weitgehend reduziert ist, daß sie eine genügende Menge von dem dreiwertigen Titansulfat enthält.

Die titanhaltige Lösung wird von suspendierten Stoffen befreit, gegebenenfalls auch von solchen in kolloidaler Form. Sie wird in bekannter Weise zur Darstellung von Titanverbindungen und zur hydrolytischen Ausfällung von Titansäuren weiterverarbeitet, entweder allein oder mit anderen Stoffen zusammen.

Man hat bereits vorgeschlagen, Titanerze vor ihrer Behandlung mit Schwefelsäure zu reduzieren. Diese bekannten Verfahren beziehen sich aber auf Schmelzverfahren, bei denen eine Schmelzreduktion im Ofen vor sich geht.

Weiterhin ist es auch bekannt, bei der Reduktion im trockenen Zustande Reduktionsmittel zu verwenden sowie auch das Reaktionsprodukt in einem Strom von schwefliger Säure zu erhitzen. Bei allen diesen Verfahren handelt es sich um thermische Prozesse.

Schließlich ist es auch bekannt, bei der Auslösung von Eisen aus Titanerzen mit verdünnter Schwefelsäure Reduktionsmittel zuzusetzen. Es wird hierbei unter Bedingungen gearbeitet, bei denen keine Auflösung von Titanverbindungen stattfindet.

Im Gegensatz zu den obengenannten Verfahren handelt es sich im vorliegenden Falle um ein Verfahren zum Aufschließen und Auflösen von Titanverbindungen auf nassem Wege, wobei die bei der Reaktion gegenwärtigen Reduktionsmittel die Überführung von unlöslichen Titanverbindungen in lösliche bzw. in Titanlösungen beschleunigt und erleichtert.

Patentansprüche:

1. Verfahren zum Aufschließen von Titanerzen mit Säuren, dadurch gekennzeichnet, daß die Titanverbindungen zusammen mit Eisen in Gegenwart von Reduktionsmitteln, wobei der Zusatz vor oder während der Reaktion stattfindet, aufgeschlossen bzw. aufgelöst werden.

2. Verfahren nach Anspruch 1, dadurch gekennzeichnet, daß als Zusatz reduzierend wirkende Schwefel- bzw. Metallverbindungen, schwefelhaltige Metallverbindungen oder Mischungen derartiger Stoffe benutzt werden.

3. Verfahren nach Anspruch 1, dadurch gekennzeichnet, daß sulfidhaltige Titanverbindungen als Zusatz verwendet werden.

4. Verfahren nach den Ansprüchen 2 und 3, dadurch gekennzeichnet, daß die

*) Druckfehlerberichtigung: Sulfid.

als Zusatz benutzten Stoffe vorher einer Erhitzung, gegebenenfalls mit nachfolgender Abkühlung durch Abschrecken in Wasser, unterworfen werden.

5. Verfahren nach Anspruch 1, dadurch gekennzeichnet, daß als Zusatz Schwefelwasserstoff während des Auflösungsprozesses zugeführt wird.

Nr. 490 600. (I. 27 676.) Kl. 22f, 7.

I. G. Farbenindustrie Akt.-Ges. in Frankfurt a. M.

Erfinder: Dr. Johannes Brode und Dr. Georg Käb in Ludwigshafen a. Rh.

Verfahren zum Aufschließen von Titanerzen mit verdünnter Schwefelsäure.

Vom 12. März 1926. — Erteilt am 9. Jan. 1930. — Ausgegeben am 3. Febr. 1930. — Erloschen: . . . .

Man kann aus Titanerzen mit verdünnter Schwefelsäure das Eisen herauslösen. Diese Reaktion verläuft aber äußerst träge. Selbst bei Temperaturen, die über dem Siedepunkt der Schwefelsäure bei Atmosphärendruck liegen, also beim Arbeiten unter Druck, erfolgt der Angriff so langsam, daß es technisch nicht möglich ist, auf diese Weise das Eisen aus dem Titanerz weitgehend zu entfernen.

Es wurde nun gefunden, daß der Angriff des Erzes erheblich rascher erfolgt, wenn man der Schwefelsäure reduzierend wirkende Substanzen zusetzt. Als besonders vorteilhaft hat sich der Zusatz einer Titan-(III-)Verbindung, z. B. von Titan-(III-)Sulfat, erwiesen. Zweckmäßig arbeitet man bei erhöhter Temperatur und verwendet eine der im Erz vorhandenen Ferriverbindung entsprechende Menge des Reduktionsmittels. Die Konzentration der Schwefelsäure kann in weiten Grenzen, z. B. zwischen 5 und 40 % oder mehr, verändert werden, ohne daß das Ergebnis wesentlich beeinflußt wird.

Da es im allgemeinen Schwierigkeiten bietet, die Reinigung des Titanerzes so weit zu treiben, daß praktisch alles Eisen herausgelöst und ein direkt als weißes Pigment verwendbares Titandioxyd gewonnen wird, ist es erforderlich, das gewonnene eisenarme Titandioxyd in bekannter Weise mit konzentrierter Schwefelsäure aufzuschließen und aus der so erhaltenen eisenhaltigen Titansulfatlösung durch Hydrolyse reines Titandioxyd zu gewinnen. Die Hydrolyse wird zweckmäßig in der Weise durchgeführt, daß man eine nicht zu verdünnte, z. B. 40%ige Schwefelsäure erhält, die alsdann zum Enteisenen neuen Erzes benutzt wird.

Führt man die Reinigung des Titanerzes unter Zusatz einer Titan-(III-)Verbindung aus, so kann diese für sich, z. B. durch kathodische Reduktion einer Titan-(IV-)Salzlösung, hergestellt und dann der Schwefelsäure zugesetzt werden. Zweckmäßig ist es aber, einen Teil des Titanerzes zu reduzieren, z. B. durch Erhitzen mit Kohle oder reduzierenden Gasen, und dieses einer titan-(IV-)salzhaltigen Schwefelsäure zuzusetzen; es bildet sich dann unter Herauslösen des reduzierten Eisens von selbst die zum Reinigen von eisenhaltigem Titanerz erforderliche titan-(III-)salzhaltige Lösung.

Das hier beschriebene Verfahren hat den Vorteil, daß dabei eine verhältnismäßig geringe Menge Schwefelsäure verbraucht wird und daß bei der Verarbeitung der gewonnenen eisenarmen Titanerze verhältnismäßig eisenarme Titansulfatlösungen erhalten werden, durch deren Hydrolyse man leicht zu praktisch eisenfreiem Titandioxyd gelangen hann.

Beispiel 1

Bei Verwendung von so viel Titan-(III-)Salz als Reduktionsmittel, wie zur Überführung des im Titanerz vorhandenen dreiwertigen Eisens in die Ferrostufe nötig ist, und beim Arbeiten mit einer 20%igen Schwefelsäure im Schüttelautoklaven bei 180°, wird der Eisengehalt eines fein gepulverten, etwa 42 % TiO_2 enthaltenden Ilmenits innerhalb 5 Stunden von 40 %, auch im ungünstigen Falle, auf höchstens 3 bis 4 % Fe verringert, während bei einem entsprechenden Versuch ohne Zusatz eines Reduktionsmittels der Eisengehalt nur auf etwa 18 % sinkt. Ein stark ferrihaltiger indischer Ilmenit verhält sich nicht anders als ein stark ferrohaltiger norwegischer Ilmenit.

Beispiel 2

Man schüttelt einen fein gepulverten Ilmenit, der ungefähr 55 % TiO_2 und 33 % Fe enthält, mit einer 40%igen Schwefelsäure und so viel metallischem Kupfer, als die Reaktion $2\,Fe^{\cdot\cdot\cdot} + Cu = 2\,Fe^{\cdot\cdot} + Cu^{\cdot\cdot}$ für die vorhandene Menge an dreiwertigem Eisen erfordert, bei 180° während 6 Stunden. Nach dem Abschlämmen von der Gangart wird eine Titansäure erhalten, die noch ungefähr 0,5 % Fe enthält, während bei Abwesenheit eines Reduktionsmittels der Eisengehalt ungefähr 20 % beträgt.

Beispiel 3

Man schüttelt bei 170 bis 180° fein gepulverten Ilmenit mit 40%iger Schwefelsäure und gasförmigem Schwefeldioxyd von einem Druck, der etwas höher als der Wasserdampfdruck der Schwefelsäure ist. Innerhalb 6 Stunden sinkt der Eisengehalt von beispielsweise 33 % auf 7 bis 9 % Fe, während ohne Zusatz von Reduktionsmitteln der Eisengehalt des Konzentrates 20 bis 25 % beträgt.

Beispiel 4

Verfährt man wie in Beispiel 3 und setzt außerdem dem Reaktionsgemisch einen Katalysator in geringer Menge zu, der die Reaktion $2Fe^{\cdot\cdot\cdot} + SO_2 + 2H_2O = 2Fe^{\cdot\cdot} + SO_4'' + 4H^{\cdot}$ beschleunigt, z. B. ungefähr 1 % des Ilmenitgewichtes an Tierkohle oder 1,5 % bis 3 % Kupferpulver (auch Kupfer als Salz) oder 0,2 % Kupferjodür, so gelingt es, binnen 6 Stunden die Enteisenung des Ilmenit bis auf ungefähr 1 % Fe zu erreichen, während ohne Zusatz von Reduktionsmitteln der Eisengehalt des Konzentrates 20 bis 25 % beträgt.

Patentansprüche:

1. Verfahren zum Aufschließen von Titanerzen mit verdünnter Schwefelsäure, dadurch gekennzeichnet, daß man die Behandlung unter Zusatz reduzierend wirkender Substanzen, vorteilhaft Titan-(III-)Verbindungen, ausführt, zweckmäßig bei höheren Temperaturen.

2. Ausführungsform des Verfahrens nach Anspruch 1, dadurch gekennzeichnet, daß die bei der Hydrolyse konzentrierter Titan-(IV-)Sulfatlösungen erhaltene verdünnte Schwefelsäure zum Aufschluß benutzt wird.

3. Ausführungsform des Verfahrens nach Anspruch 1 und 2, dadurch gekennzeichnet daß als reduzierend wirkendes Mittel eine Titan-(IV-)Verbindungen enthaltende Schwefelsäure mit Zusatz reduzierend wirkender Substanzen, vorzugsweise reduziertem Titanerz, verwendet wird.

Nr. 525908. (V. 23297.) Kl. 22f, 7.

Vereinigte Aluminiumwerke Akt.-Ges. in Lautawerk, Lausitz.

Erfinder: Dr.-Ing. Hans Ginsberg in Lautawerk, Lausitz.

Verfahren zur Herstellung von Titanoxyd aus Titan und Eisen führenden Materialien.

Vom 15. Dez. 1927. — Erteilt am 7. Mai 1931. — Ausgegeben am 30. Mai 1931. — Erloschen: 1932.

Will man titanhaltige Eisenoxydhydraterden oder Eisenschlämme usw., wie sie in der Industrie anfallen, auf Titanoxyd verarbeiten, so stößt man auf beträchtliche Schwierigkeiten; denn die meisten Verfahren der Titangewinnung aus Titanerzen lassen sich auf ein derartiges Ausgangsprodukt, das neben viel Eisen meist nur 5 bis 10% Titanoxyd enthält, nicht anwenden.

Bei dem hohen Eisengehalt der genannten Produkte erreicht man bestenfalls eine unvollkommene Trennung zwischen Eisen und Titan. Der Umweg über ein eisenhaltiges Titanoxyd als Zwischenprodukt — ein Verfahren also, das gewissermaßen ein Anreicherungsverfahren an Titan darstellt — macht diese an sich schon umständlichen Verfahren noch unwirtschaftlicher; außerdem ist es bei der Verarbeitung dieser titanarmen Ausgangsmaterialien aus wirtschaftlichen Gründen erforderlich, daß nicht nur das Titanoxyd gewonnen wird, sondern daß sich auch die anfallenden Nebenprodukte vorteilhaft verwerten lassen.

Eisenoxydhydraterden bzw. -schlämme lassen sich wohl leicht und weitgehend mit Säuren aufschließen. Man wird aber stets finden, daß vorwiegend Eisen, Kalk und Tonerde in Lösung gehen, während die Titanverbindungen zu einem Teil in der Lösung, zum anderen Teil unaufgeschlossen im Rückstand vorliegen. Bei dem geringen Titangehalt bedeutet das große Verluste; außerdem lassen sich die sauren, eisenreichen Aufschlußlaugen nur umständlich verarbeiten. Calciniert man das Ausgangsprodukt und reduziert thermisch die Eisenverbindungen zu metallischem Eisen, so läßt sich letzteres mit Säuren in Lösung bringen, ohne daß sich Titan in größeren Mengen auflöst. Das Titan im Rückstand liegt dann aber in schwer aufschließbarer Form vor. Schließt man energisch auf, so geht auch ein Teil des unreduzierten Eisens, das sich unter diesen Bedingungen stets im Rückstand befindet, mit in Lösung und verunreinigt die später durch Hydrolyse ausfallende Titansäure.

Alle diese Schwierigkeiten lassen sich gemäß der vorliegenden Erfindung dadurch umgehen, daß das an sich für Titaneisenerze bekannte Verfahren der reduzierenden Röstung unter Luftabschluß bei Temperaturen bis zu 900° C, Auslaugen des Erzeugnisses mittels verdünnter Säuren zwecks Entfernung des in ihm enthaltenen Eisens, Aufschluß der im Rückstand befindlichen Titansäure mittels Schwefelsäure, gegebenenfalls in Gegenwart von Bisulfat, und anschließender Hydrolyse der so erhaltenen Titansulfatlösung zur Verarbeitung industrieller Abfallprodukte von verhältnismäßig hohem Eisen- und geringem Titangehalt, z. B. Eisenschlämmen, Verwendung findet. Ein Zerkleinern des Reduktionsgutes und Aufwand von Energie in Form von Wärme ist nicht erforderlich. Das Überraschende aber ist, daß alles Eisen restlos in Lösung geht, während Titan in dieser Lösung kaum, evtl. nur in Spuren nachweisbar ist. Das gesamte Titan bleibt im Rückstand und befindet sich infolge der niedrigen Reduktionstemperatur in leicht aufschließbarer Form vor. Das als reine, weiße Titansäure gefällte Titanprodukt ist für Anstrichfarbenherstellung direkt verwendbar. Die schwefelsaure Titanlösung enthält nur ganz geringe Mengen Eisen (weniger als 0,05 g im Liter), die auf die Titanfällung keinen Einfluß mehr haben. Die Trennung zwischen Eisen und Titanverbindungen läßt sich also nach diesem Verfahren auf einfachem Wege praktisch quantitativ durchführen.

Die salzsaure Eisenlösung wird auf Eisenchlorid oder auch auf reines Eisenoxyd unter Wiedergewinnung von Salzsäure, die in den Betrieb zurückgeht, verarbeitet; nach dem schwefelsauren Titanaufschluß verbleibt als Rückstand nur noch Kieselsäure mit ein wenig Kalk und Tonerde.

Es hat sich gezeigt, daß man das Eisen dem Reduktionsgut auch mit verdünnter Schwefelsäure entziehen kann. Will man also die Eisenlauge nicht über Eisenchlorid und Eisensulfat auf Eisenoxyd unter Gewinnung von Salzsäure verarbeiten, so läßt sich nach der Schwefelsäurebehandlung auch direkt Ferrosulfat gewinnen, das bekanntlich in der Industrie vielfach Verwendung findet.

Die Konzentration der anzuwendenden Säuren hängt von dem Verlauf des Reduktionsprozesses ab. Sehr gute Ausbeuten wurden unter Einhaltung der angegebenen Bedingungen bei Anwendung von Salzsäure mit dem spez. Gewicht 1,065 oder Schwefelsäure mit dem spez. Gewicht 1,250 bis 1,320 erzielt. Hierbei wurde Eisen bis unter 0,30 % in Lösung gebracht und eine Ausbeute von über 90 % Titanoxyd erreicht.

Ausführungsbeispiel

Ein Eisenschlamm, bei 100° C getrocknet, setzt sich wie folgt zusammen:

45 bis 50 % Fe_2O_3,
7 % TiO_2,
13 % CaO,
10 % Al_2O_3,
5 % SiO_2,
15 % Glühverlust.

Das gut lufttrockene Material wird mit Kohle im entsprechenden Verhältnis innig gemischt und die Mischung im Vakuum oder Kohlensäurestrom langsam ansteigend auf 850° C erhitzt und etwa eine Stunde auf Dunkelrotglut gehalten. Die Oberfläche des Materials schützt man im Ofen am besten durch eine Schicht Kohlenstaub.

Das grauschwarz gefärbte Reaktionsgut wird mit Salzsäure vom spez. Gewicht 1,065 versetzt und die Eisenverbindungen unter Erwärmen vollständig in Lösung gebracht. Der abfiltrierte, gut ausgewaschene Rückstand enthält unter 0,3 % des gesamten Eisens. Der Rückstand wird darauf mit Schwefelsäure getränkt und zwei bis drei Stunden auf 150 bis 200° C gehalten, zum Schluß noch kurz bis zum Entweichen von Schwefelsäuredämpfen erhitzt. Beim Erkalten wird der entstandene Kuchen mit Wasser behandelt. Er zerfällt dabei, und die löslichen Bestandteile lassen sich infolgedessen gut auslaugen. Das Filtrat enthält Titansulfat und ist praktisch eisenfrei. Beim Erwärmen der verdünnten Titanlauge tritt bei 60 bis 70° C Hydrolyse ein, und es fällt reine Titansäure aus. Man kann sie als solche gewinnen oder auch direkt auf Bariumsulfat fällen und auf Titanweiß verarbeiten. Aus dem Eisensulfat werden die Eisenverbindungen gewonnen.

Dieses Verfahren bietet demnach die Vorteile, daß

1. jede Vorbehandlung des grob gemahlenen, lufttrockenen Ausgangsmaterials fortfällt,
2. das Reduktionsgut bei der Reduktion nicht sintert oder ganz zusammenschmilzt, wie das beispielsweise bei der Durchführung der Reduktion bei höheren Temperaturen der Fall ist. Das Material behält seine ursprüngliche Struktur bei und läßt sich ohne weiteres mit Säuren leicht auslaugen,
3. bei der Behandlung des Reduktionsgutes mit verdünnter Säure praktisch das gesamte Eisen in Lösung geht, die übrigen Bestandteile ungelöst zurückbleiben,
4. die Tintanverbindungen sich vollständig im Rückstand befinden und in leicht aufschließbarer Form vorliegen, so daß der Aufschluß mit Bisulfat unter Zugabe von Schwefelsäure oder auch mit Schwefelsäure allein bei niedrigerer Temperatur durchführbar ist,
5. sich auch die Eisensalzlösung unter Gewinnung wertvoller Nebenprodukte restlos aufarbeiten läßt.

Patentansprüche:

1. Verfahren zur Herstellung von Titandioxyd aus Titan und Eisen führenden Materialien durch reduzierende Röstung unter Luftabschluß bei Temperaturen bis zu 900° C, Auslaugen des Er-

zeugnisses mittels verdünnter Säuren zwecks Entfernung des in ihm enthaltenen Eisens, Aufschluß der im Rückstand befindlichen Titansäure mittels Schwefelsäure, gegebenenfalls in Gegenwart von Bisulfat und anschließender Hydrolyse der so erhaltenen Titansulfatlösung, dadurch gekennzeichnet, daß industrielle Abfallprodukte von verhältnismäßig hohem Eisen- und geringem Titangehalt, z. B. Eisenschlämme, Verwendung finden.

2. Verfahren nach Anspruch 1, dadurch gekennzeichnet, daß die reduzierende Röstung in an sich bekannter Weise unter Luftabschluß vorgenommen wird.

3. Verfahren nach Anspruch 1, dadurch gekennzeichnet, daß die reduzierende Röstung im Vakuum vorgenommen wird.

4. Verfahren nach Anspruch 1, dadurch gekennzeichnet, daß die reduzierende Röstung in einem indifferenten Gasstrom, z. B. Kohlensäure, vorgenommen wird.

Nr. 508110. (I. 31101.) Kl. 22f, 7.

I. G. Farbenindustrie Akt.-Ges in Frankfurt a. M.

Erfinder: Dr. Heinrich Plaut in Köln-Deutz.

Verfahren zum Lösen von Titanerzen.

Vom 7. Mai 1927. — Erteilt am 11. Sept. 1930. — Ausgegeben am 24. Sept. 1930. — Erloschen 1933.

Als das in den meisten Fällen zweckmäßigste Verfahren, um Titanerze aufzuschließen, hat sich das Behandeln dieser Erze mit Schwefelsäure erwiesen. Trotz mancher Vorteile muß man hierbei aber in Kauf nehmen, daß ein recht erheblicher Bruchteil des Titans beim Lösen des aufgeschlossenen Gutes im Rückstand bleibt. Diese mangelhafte Löslichkeit der Aufschlüsse ist darauf zurückzuführen, daß Titansulfatlösungen sich leicht, besonders beim Erwärmen, zersetzen. Man kann das aufgeschlossene Gut völlig in Lösung bringen, wenn man das Titan in der Lösung nicht als leicht zersetzliches Titansulfat, das dazu neigt, Titansäure abzuscheiden, sondern als Titanalkalidoppelsulfat vorliegen hat, das auch in der Wärme verhältnismäßig beständig ist. Man kann infolgedessen solche Lösungen unbedenklich erwärmen.

Um solche Doppelsalzlösungen zu erhalten, ist vorgeschlagen worden, das Titanerz, besonders Ilmenit, mit Alkalibisulfat zu erhitzen. Dieses Verfahren hat sich aber wegen des Preises der aufzuwendenden Alkalibisulfate und wegen der zum vollständigen Aufschluß nötigen Temperaturen nicht einbürgern können.

Es hat sich nun gezeigt, daß man mit Schwefelsäure aufgeschlossene Erze praktisch vollständig in Lösung bringen kann, wenn man das Titanalkalisalz erst beim Lösen erzeugt. Setzt man dem Lösungswasser eine dem Titan entsprechende Menge eines Alkalisalzes zu, so setzt es sich mit der überschüssigen Schwefelsäure und mit dem Titan des Aufschlusses zu dem Doppelsalz um und führt mit großer Geschwindigkeit eine völlige Lösung des aufgeschlossenen Erzes herbei. Dies gelingt überraschenderweise auch bei solchen Aufschlüssen, die bei niedrigen Temperaturen durchgeführt sind und die in Wasser allein nur sehr unvollkommen in Lösung gehen.

Es kann unter Umständen zweckmäßig sein, statt einer beliebigen Alkaliverbindung das entsprechende Sulfat zu benutzen. Es macht aber keinen Unterschied, ob man Aufschluß, festes Salz und Wasser zusammenbringt oder ob man das Alkalisalz vorher in Wasser gelöst hat.

Der Grad der Löslichkeit ist natürlich von dem Alkali im Doppelsalz abhängig. Während das Natriumsalz so löslich ist, daß es nur unter besonderen Vorsichtsmaßregeln zur Kristallisation gebracht werden kann, sind die Salze mit steigendem Atomgewicht des Alkalis immer schwerer löslich. Das Ammoniumsalz steht mit seiner Löslichkeit zwischen dem Kalium- und Natriumsalz.

Benutzt man Ammoniumsulfat oder ein schwerer lösliches Alkalisulfat, gelingt es leicht, Titan als gut wiederlösliches Salz aus der Lösung auskristallisieren zu lassen. Zweckmäßig nimmt man die Alkalisulfatlösung dabei so stark, daß man beim Lösen des Aufschlusses eine heiß gesättigte Lösung erhält, in der sich gerade eben alles Titan des Aufschlusses gelöst hat. Man filtriert heiß von der unlöslichen Gangart ab und läßt das Filtrat abkühlen. Bei Verwendung von Kaliumsulfat scheiden sich dabei z. B. $^2/_3$ bis $^3/_4$ des Kaliums und Titans ab, und es bedarf nur der Verdampfung einer geringen Menge von Wasser, um den größten Teil des Restes zur Kristallisation zu bringen.

Diese Salze enthalten das Eisen nicht chemisch gebunden, sondern in der anhaftenden Mutterlauge. Man hat hier also eine äußerst bequeme Methode, um das Titan weitgehend von Eisen, mit dem es im Erz zusammen vorkommt, zu trennen. Zur Gewinnung vollständig eisenfreier Salze kann man das Doppelsalz in verdünnter Schwefelsäure umkristallisieren, oder man kann es mit gesättigter Lösung des entsprechenden Alkalisulfats, in der es praktisch unlöslich ist, durch Dekantieren eisenfrei waschen.

Es lassen sich also außerordentlich einfach Titanverbindungen gewinnen, die weitgehend oder vollkommen eisenfrei sind und die sich zur Weiterverarbeitung zu anderen technischen Zwecken wegen ihrer leichten Löslichkeit in Schwefelsäure besonders gut eignen, beispielsweise zur Gewinnung reinster, weißer Titansäure.

Man kann die beschriebenen Verbindungen, sowohl die eisenfreien als auch die schwach eisenhaltigen, in verdünnter Schwefelsäure lösen und aus ihnen in bekannter Weise durch Hydrolyse völlig eisenfreie Titansäure abscheiden. Man kann auch das Doppelsalz in Wasser suspendieren und unter Kochen bei Atmosphärendruck oder im Autoklaven bei höherem Druck durch Zersetzung die Titansäure niederschlagen.

Man erhält auf diese Weise eine außerordentlich reine Titansäure, die nach dem Glühen auf entsprechende Temperaturen ein Titandioxyd von hervorragenden Eigenschaften ergibt; ein Produkt, das sich durch große Reinheit, blendend weiße Farbe und besonders gute Deckfähigkeit auszeichnet.

Nach der Zersetzung des Doppelsalzes erhält man eine schwefelsaure Alkalisulfatlösung. Diese kann man ohne weiteres zur Lösung eines neuen Aufschlusses verwenden. Da bei dem beschriebenen Verfahren nur wenig Alkalisulfat verlorengeht, kann die Hauptmenge in dauerndem Kreislauf vom Aufschluß über das Doppelsalz zur Titansäureabscheidung und zurück zum Lösen von neuem Aufschluß wandern.

Beispiel

Von einem Material, das durch Behandeln von Ilmenit mit Schwefelsäure in an sich bekannter Weise erhalten wurde und das etwa 17 % Titandioxyd enthält, werden 1000 Gewichtsteile mit 400 Gewichtsteilen Kaliumsulfat von 92 % und 2500 Gewichtsteilen Wasser schnell auf 95° C erwärmt. Diese heiß gesättigte Lösung wird rasch vom Rückstand durch ein Heißwasserfilter abfiltriert. Der mit wenig verdünnter Schwefelsäure ausgewaschene Rückstand enthält dann nur noch 3 bis 5 % des Titans. Beim Abkühlen auf 0 bis 5° C scheidet sich aus der Lösung das Titankaliumdoppelsalz in einer Menge ab, die 65 bis 75 % des gelösten Titans enthält. Das Salz wird durch scharfes Nutschen von der Mutterlauge weitgehend getrennt. Durch Eindampfen kann aus der Mutterlauge noch weiteres Doppelsalz bis zu 90 % Gesamtausbeute an Titandioxyd gewonnen werden. Das Salz enthält nach dem Nutschen mit der noch anhaftenden Mutterlauge, auf das Titandioxyd berechnet, etwa 1 % oder weniger Eisen. Dieser Eisenrest kann durch Auswaschen mit gesättigter, kalter Kaliumsulfatlösung oder durch Umkristallisieren aus verdünnter Schwefelsäure entfernt werden. Je nach der beabsichtigten Verwendung wird das Salz getrocknet oder auf reines Titandioxyd weiterverarbeitet. Die hierbei anfallende schwefelsaure Kaliumsulfatlösung wird zum Lösen von neuem Aufschluß verwandt.

Patentansprüche:

1. Verfahren zum Lösen von Titanerzen, die in an sich bekannter Weise aufgeschlossen sind, dadurch gekennzeichnet, daß die aufgeschlossenen Titanerze beim Lösen mit Alkali- oder Ammoniumsalzen behandelt werden.

2. Verfahren nach Anspruch 1, dadurch gekennzeichnet, daß man Alkali- oder Ammoniumsulfat verwendet.

3. Verfahren nach Ansprüchen 1 und 2, dadurch gekennzeichnet, daß man solche Sulfate benutzt, die mit Titansulfat ein in der Kälte schwer lösliches Doppelsalz bilden.

4. Verfahren nach Ansprüchen 1 bis 3, dadurch gekennzeichnet, daß man beim Lösen in der Wärme solche Konzentrationen anwendet, daß eben alles Titan gelöst ist, und daß nach Trennen der heißen Lösung von der unangegriffenen Gangart aus der Lösung der größte Teil des Titans und des Alkali- oder Ammoniumsulfats als Doppelsalz auskristallisiert.

5. Verfahren zum Reinigen der nach Ansprüchen 1 bis 4 gewonnenen Salze, dadurch gekennzeichnet, daß sie durch Auswaschen oder Dekantieren mit kalt gesättigter Lösung des entsprechenden Alkalisulfats völlig von anhaftenden Verunreinigungen befreit werden.

6. Verfahren zur Gewinnung reinster Titansäure, dadurch gekennzeichnet, daß man das nach Ansprüchen 1 bis 4 oder Ansprüchen 1 bis 5 gewonnene Salz in Lösung oder Suspension hydrolysiert.

7. Verfahren nach Ansprüchen 1 bis 6, dadurch gekennzeichnet, daß man die nach Anspruch 6 erhaltene Lösung, die Schwefelsäure und das entsprechende Alkalisulfat enthält, zum Lösen eines neuen Aufschlusses verwendet.

Nr. 492685. (T. 33510.) Kl. 22f, 7.

TITAN CO. A/S IN FREDRIKSTAD, NORWEGEN

Erfinder: Dr. P. Farup in Oslo.

Verfahren zur Reduktion von Lösungen, die Titan, Eisen und gegebenenfalls andere Verbindungen enthalten.

Vom 21. Mai 1927. — Erteilt am 13. Febr. 1930. — Ausgegeben am 28. Febr. 1930. — Erloschen: ....

Norwegische Priorität vom 28. Okt. 1926 beansprucht.

Bei den meisten Verfahren, die für die Darstellung von Titansäure oder deren Verbindungen in Vorschlag gebracht worden sind, entsteht in einer Zwischenstufe der Verfahren eine Lösung, die neben Titan auch Eisen und Salze anderer Metalle enthält. Je nach der Durchführung des Auflösungsprozesses wird die Lösung Sulfate, Chloride, freie Säuren usw. oder Mischungen dieser Stoffe enthalten. Das Verhältnis zwischen den basischen und sauren Komponenten kann innerhalb ziemlich weiter Grenzen wechseln. So können Lösungen von Salzen vorliegen, die basisch, neutral oder sauer sind, es können auch freie Säuren in bedeutenden Mengen anwesend sein. Auch die Konzentration der Lösung kann innerhalb weiter Grenzen variieren; man kann mit Lösungen arbeiten, deren Gehalt an Titanverbindungen von weniger als 50 g bis über 250 g als TiO_2 im Liter berechnet beträgt.

Beim Erhitzen dieser Lösungen werden durch hydrolytische Spaltung Titansäure oder ihre basischen Säureverbindungen in sehr reiner Form ausgefällt, und in den Lösungen bleiben die übrigen Salze sowie freie Säure nach der Spaltung der früher gelösten Titansalze zurück.

Da die in der Praxis vorliegenden Lösungen immer in gewissem Grade dreiwertige Eisenverbindungen enthalten, ist es vorteilhaft, diese durch elektrolytische oder gewöhnliche chemische Reduktion in die zweiwertige Form überzuführen. Dies geschieht, um zu verhindern, daß dreiwertige Eisenverbindungen mit Titansäure zusammen gefällt werden und diese verunreinigen.

Um eine Rückoxydation des zweiwertigen Eisens vor, während oder nach der hydrolytischen Fällung zu verhindern, hält man es ferner für notwendig, bei der Reduktion nicht nur den gesamten Eisengehalt in zweiwertige Form überzuführen, sondern die Reduktion so weit zu führen, daß in der Lösung kleine Mengen dreiwertiger Titanverbindungen vorliegen, oft nur Bruchteile eines Grammes dreiwertiger Titanverbindungen pro Liter.

Zur Durchführung der chemischen Reduktion werden in der Regel Metalle angewandt, und zwar besonders metallisches Eisen oder Eisenlegierungen. Das metallische Eisen kann zur Durchführung des ganzen Prozesses oder auch nur eines Teiles desselben Anwendung finden.

Bei diesem Verfahren können indessen gewisse Nachteile entstehen, weil man durch die Zufuhr von Eisen nach der Reduktion Lösungen erhält mit einem höheren Eisengehalt und niedrigeren Gehalt an freier Säure bzw. Säure an Titan gebunden als vor der Reduktion was unter gewissen Verhältnissen für die Qualität des Niederschlages ungünstig sein kann.

Die Erfindung betrifft die Reduktion von Lösungen, die durch Behandlung titanhaltiger Stoffe, z.B. Ilmenit, mit Säuren, insbesondere Schwefelsäure, erhalten werden, und zwar bezieht sie sich auf die Ermittlung der vorteilhaftesten Bedingungen, unter welchen die Einwirkung von metallischem Eisen oder Eisenlegierungen auf die titanhaltigen Lösungen stattfinden kann. Die Erfinderin hat unter anderem den Nutzeffekt und die Geschwindigkeit (Zeitverbrauch) des Reduktionsprozesses bestimmt als Funktion der Konzentration, des Säuregrades, der Temperatur, des Reduktionsgrades, der Art der Eisenmaterialien, der Menge und der Oberflächenverhältnisse der Lösung. Diese Untersuchungen sind sowohl für die Reduktion von dreiwertigem zu zweiwertigem Eisen als für die Reduktion von vierwertigem zu dreiwertigem Titan durchgeführt worden.

Es hat sich gezeigt, daß der Nutzeffekt und Zeitverbrauch des Reduktionsprozesses in sehr hohem Grade sowohl von der Konzentration der Lösung als von ihrer Temperatur abhängig ist, und daß es möglich ist, innerhalb bestimmter Konzentrations- und Temperaturgebiete sehr günstige Arbeitsbedingungen zu erreichen. Durch Wahl einer Konzentration, entsprechend etwa 90 bis 130 g TiO_2 im Liter, neben anderen von den benutzten Rohstoffen gelösten Verbindungen und Temperaturen unter 60° C erreicht man bei einem sonst richtig durchgeführten Prozeß einen Nutzeffekt von über 90 %. Gleichzeitig verläuft das Verfahren sehr schnell.

Wesentlich für das Verfahren ist, daß die beiden genannten Bedingungen, nämlich sowohl die Konzentrations- als auch die Temperaturbedingungen, zueinander in einem bestimmten Verhältnis stehen, weil der Effekt nur bei gleichzeitiger Einhaltung dieser Bedingungen erzielt werden kann. Demgemäß besteht das Verfahren darin, daß die Reduktion in Lösungen ausgeführt wird, deren Gehalt an Titanverbindungen etwa 90 bis 130 g TiO_2 im Liter entspricht, und bei Temperaturen, die im wesentlichen unter 60° C liegen.

Da die Reduktion exotherm ist, so wird sie, obwohl dies an sich nicht unbedingt notwendig ist, derart geleitet, daß die Temperatur um einige Grade während der Reaktion steigt.

Es kann dann zweckmäßig sein, während der Schlußreduktion eine Temperatursteigerung bis über die hier genannten 60° C stattfinden zu lassen. Hierdurch wird man auch in gewissem Grade die Geschwindigkeit des Prozesses beschleunigen, ohne den totalen Nutzeffekt wesentlich herabzusetzen.

Für die Durchführung des Prozesses gelten die allgemein bekannten Regeln für die Durchführung heterogener Reaktionen. So muß man für eine ausreichende Bewegung zwischen der festen und der flüssigen Phase Sorge tragen und ferner dafür, daß keine lokalen Überreduktionen eintreten, die zu einem wesentlich höheren Gehalt an dreiwertigen Titanverbindungen führen, als er in der fertigreduzierten Lösung vorhanden sein soll. Die Reaktion kann sowohl kontinuierlich als diskontinuierlich ausgeführt werden.

Gewöhnlich wird es am zweckmäßigsten sein, einen Überschuß an Eisenmaterialien zu benutzen und den Prozeß beim erwünschten Reduktionsgrad zu unterbrechen. In gewissen Fällen wird es aber vorteilhafter sein, der Lösung eine berechnete Menge Reduktionsmittel, je nach der erwünschten Reduktionswirkung, zuzuführen. Dieses Verfahren ist vorteilhaft, wenn als Reduktionsmittel ein Eisenmaterial mit großer Oberfläche im Verhältnis zu seinem Gewicht angewandt wird, z. B. Schwammeisen oder andere feinverteilte Stoffe, die durch Reduktion von Ilmenit oder ähnlichen Körpern hergestellt werden.

PATENTANSPRÜCHE:

1. Verfahren zur Reduktion von titan- und eisenhaltigen Lösungen mit Stoffen, die hauptsächlich aus metallischem Eisen bestehen, oder mit Eisenlegierungen, dadurch gekennzeichnet, daß die Reduktion in Lösungen ausgeführt wird, deren Gehalt an Titanverbindungen etwa 90 bis 130 g TiO_2 im Liter entspricht, und bei Temperaturen, die im wesentlichen unter 60° C liegen.

2. Verfahren nach Anspruch 1, dadurch gekennzeichnet, daß man während der Schlußreduktion eine Temperatursteigerung bis über 60° C stattfinden läßt.

F. P. 629797.

Nr. 496257. (T. 33159.) Kl. 22f, 7. TITAN CO. A/S IN FREDRIKSTAD, NORWEGEN.

Verfahren zur Darstellung von Titanverbindungen.

Vom 6. März 1927. — Erteilt am 3. April 1930. — Ausgegeben am 23. April 1930. — Erloschen: . . . .
Norwegische Priorität vom 12. Mai 1926 beansprucht.

Es sind bereits Verfahren zur Darstellung von Titanverbindungen bekannt, bei denen die Trennung der Titanverbindungen von Eisen und anderen Verbindungen durch Erhitzen titanhaltiger Lösungen stattfindet. Hierbei tritt eine hydrolytische Spaltung ein, so daß unlösliche Titanverbindungen ausgefällt werden.

Beim Erhitzen der Lösungen in bekannter Weise findet man in der Regel, daß zunächst eine kolloidale Fällung eintritt, die allmählich dichter wird, um später in gewöhnliche Niederschläge überzugehen. Die Zusammensetzung, die Reinheit und die physikalischen Eigenschaften dieser Niederschläge sind zum großen Teil von den Bedingungen abhängig, unter welchen die hydrolytische Spaltung stattfindet. So haben die Zusammensetzung der angewandten Lösung, Temperaturverhältnisse, Kochzeit und andere Faktoren entscheidenden Einfluß auf den Charakter des Niederschlags.

Gleichzeitig mit der Fällung der Titansäure findet eine teilweise weitgehende Änderung der Zusammensetzung und Eigenschaften der Lösung statt. Dies gilt nicht allein in bezug auf den Gehalt an gelösten Titanverbindungen, sondern auch in bezug auf den Gehalt der Lösung an Säure, der natürlich steigt, je nachdem die Ausfällung der Titanverbindungen stattfindet.

Bei analytischen Verfahren und bei allen Verfahren, bei welchen verdünnte Lösungen angewandt werden, hat die Spaltung der Titanlösung keine besondere Bedeutung, da die stattgefundenen Änderungen der Zusammensetzung der Lösung nicht von besonders hervortretender Wirkung sind.

Ganz anders liegen die Verhältnisse bei den Fällungsprozessen, bei welchen konzentrierte

Lösungen angewandt werden. Als Beispiel einer solchen Lösung sei eine eisenhaltige Titansulfatlösung angenommen, die durch Behandlung von Ilmenit mit Schwefelsäure hergestellt ist und etwa 50 bis über 300 g TiO_2 im Liter (an Schwefelsäure gebunden) neben anderen Verbindungen enthält, hierunter gegebenenfalls freie Schwefelsäure in wechselnden Mengen.

Die Zusammensetzung und Konzentration der Lösung, die hydrolytisch gespalten werden soll, wird in weitem Maße von den Titanmaterialien abhängen, die in den vorhergehenden Prozessen angewandt wurden, und ebenfalls von den Operationen, die angewandt worden sind. So wird sie davon abhängen, mit welchen Mitteln und in welchem Grade die Lösung z. B. Reduktionsprozessen, Auskristallisation von Eisensulfat usw. unterworfen ist. Die Auskristallisation von z. B. Eisensulfat wird in hohem Grade den Charakter der Lösung ändern, nicht nur dadurch, daß eine Herabsetzung des Eisengehalts stattfindet, sondern auch dadurch, daß gleichzeitig mit der Kristallisation von Eisensulfat eine Entfernung von als Kristallwasser gebundenem Wasser stattfindet.

Werden solche Lösungen im ganzen durch Erhitzen einer hydrolytischen Spaltung unterworfen, so wird der Charakter der Lösung in weitem Maße während des Verlaufs der Fällung geändert. Hieraus folgt, daß die Bildung des Niederschlags unter stark wechselnden Verhältnissen stattfindet. Es liegt aber die Möglichkeit vor, daß ein früh ausgefällter Niederschlag umgewandelt werden kann, je nachdem der Charakter der Lösung geändert wird, und daß das Endresultat ein Niederschlag ist mit denselben Eigenschaften wie derjenige, der während der letzten Periode der Hydrolyse gefällt wurde.

Es sind von der Erfinderin eine Reihe systematischer Untersuchungen vorgenommen worden, um festzustellen, in welchem Maße und mit welcher Leichtigkeit es möglich ist, sekundäre Änderungen der Eigenschaften eines Niederschlags hervorzubringen durch Änderung der Zusammensetzung der Lösung, in welcher der Niederschlag vorliegt.

Solche Änderungen können in gewissen Beziehungen durchgeführt werden. Beispielsweise läßt sich ein Niederschlag durch Kochen mit Schwefelsäure ändern. Es kann direkter oder indirekter Dampf oder beides angewandt werden.

Die Untersuchungen haben ergeben, daß es vorteilhaft ist, ein Verfahren zu benutzen, bei welchem man die genannten großen Änderungen der Zusammensetzung der Lösung während des Fällungsprozesses vermeidet. Der Prozeß muß mit anderen Worten derart geleitet werden, daß die Bildung des Niederschlags in größerem Maße als bisher bekannt in einer Lösung mit konstanten Eigenschaften stattfindet.

Das vorliegende Verfahren entspricht diesen Forderungen und sichert bei richtiger Wahl der Ausführungsform einen Niederschlag von gleichmäßiger und erwünschter Qualität.

Zur näheren Erläuterung des Verfahrens sei ein einfaches Ausführungsbeispiel angeführt. Aus einem Sammelbehälter wird die titanhaltige Lösung (Frischlauge) einem erhitzten Gefäß zugeführt, in welchem sich Lauge unter Fällung oder schon gefällte Lauge (Fällungslauge) befindet. Die Frischlauge wird in einer solchen Menge zugeführt, daß unter den angewandten Bedingungen eine Fällung stattfindet, die einigermaßen der zugeführten Laugenmenge entspricht. Diese Operation kann auch in der Weise geleitet werden, daß die Zufuhr von Frischlauge diskontinuierlich geschieht.

Nachdem die Hydrolyse ganz oder teilweise stattgefunden hat, kann die Fällungslauge einer Weiterbehandlung, z. B. einer Erhitzung unter einem anderen Druck unterworfen werden, und dies kann in demselben Gefäß oder in einem oder mehreren nachfolgenden Gefäßen stattfinden.

Im Fällungsgefäß ist es ratsam, Temperaturen aufrechtzuerhalten, die nicht unter der Temperaturgrenze liegen, innerhalb welcher die hydrolytische Spaltung der Titanverbindungen sich vorteilhaft durchführen läßt. Übrigens können die Bedingungen innerhalb weiter Grenzen variieren, die von der Konzentration und Zusammensetzung der Lösung, Dauer der erwünschten Spaltung und den zu erzielenden Eigenschaften der gefällten Produkte abhängig sind. Die Spaltung kann von Temperaturen wesentlich unterhalb der Siedepunkte der Lösungen bei Atmosphärendruck bis zu Siedepunkten bei sehr hohen Drucken stattfinden.

Die erwünschten Temperaturen können durch verschiedene Formen der Wärmezufuhr erreicht werden, und zwar sowohl auf elektrischem wie auf gewöhnlichem Wege und auch durch gesättigten oder überhitzten Dampf.

Da eine Reihe hydrolytischer Fällungen in konzentrierten Lösungen nicht schnellverlaufende Prozesse sind, werden die genannten Arbeitsmethoden ein Produkt geben, dessen wesentlicher Teil in einer titanarmen und sauren Lösung gebildet ist, mit praktisch gesprochen konstanten Eigenschaften. Es kann auch zweckmäßig sein, die gefällte Lösung unter wechselnden Bedingungen weiterzubehandeln. In demselben oder in darauffolgenden Gefäßen, in denen sowohl ein höherer als ein niedrigerer Druck angewandt werden kann.

Während der Fällung hält man die Lösung vorteilhaft in Bewegung wegen der Verteilung der nicht gefällten Lösung in der Fällungsflüssigkeit. Diese Bewegung kann durch ein Rührwerk oder durch rotierende Gefäße erreicht werden, ferner auch mittels Injektoren zur Einführung von Dampf, Lauge oder einer Mischung von beiden. Während der Einführung kann der Frischlauge ein Teil gefällter, eventuell auch verdünnter Flüssigkeit zugemischt werden. Man erreicht dadurch, daß das Fällungsprodukt vom ersten Teil der Hydrolyse in einer Lösung von annähernd derselben Zusammensetzung wie die Fällungslauge gebildet wird. Diese Vorsichtsmaßregel kann selbstverständlich auch in den Fällen benutzt werden, wo man nicht das Injektorprinzip benutzt.

Ausführungsbeispiel

Eine Lösung, die etwa 150 g Titansäure, 140 g Eisen und 500 g SO_3'' im Liter enthält, wird unter Umrühren in ein Fällungsgefäß zum Einfließen gebracht, in dem sich die gleiche Lösung befindet, die auf Fällungstemperatur bereits erhitzt und daher schon ganz oder teilweise hydrolytisch gespalten ist, z. B. bis zu 90%, d. h. 90% des gesamten Titans ist ausgefällt. Wenn die Zusatzmenge der eingeführten Lösung so geregelt wird, daß durch die Hydrolyse derselben bei ihrem Eintritt in das Fällungsgefäß ständig etwa 90% des gesamten zu jeder Zeit im Gefäß vorhandenen Titans gefällt ist, so findet die Hydrolyse bei praktisch konstanten Verhältnissen statt, indem bei praktisch demselben Gehalt von freier (ursprünglich vorhandener freier und freigemachter) Säure gearbeitet wird. Die Zuführungsgeschwindigkeit der nicht hydrolysierten Lösung muß sich nach dem Volumen des Gefäßes richten. Um eine noch vollständigere Hydrolyse zu erzielen, kann man das Verfahren in weiteren Gefäßen wiederholen, in denen verschiedene Druck- und Temperaturverhältnisse herrschen.

Patentansprüche:

1. Verfahren zur Ausfällung von Titansäure durch Hydrolyse, dadurch gekennzeichnet, daß man zwecks progressiver Ausfällung der Titansäure einen Teil der titansäurehaltigen Lauge durch Erhitzen ganz oder teilweise hydrolytisch spaltet und diesem erhitzten Teil Frischlauge kontinuierlich oder diskontinuierlich mit solcher Geschwindigkeit und in nur so großen Mengen zusetzt, daß sich die Zusammensetzung der bereits gespaltenen Lauge durch die entsprechenden Spaltprodukte der hinzugesetzten Frischlauge nicht wesentlich ändert.

2. Verfahren nach Anspruch 1, dadurch gekennzeichnet, daß die Zufuhr von titanhaltigen Lösungen in einer solchen Weise und unter solcher Wärmezufuhr geschieht, daß die erforderliche Temperatur aufrechterhalten wird.

3. Verfahren nach den Ansprüchen 1 und 2, dadurch gekennzeichnet, daß die gefällte Lösung oder diejenige, die gerade gefällt wird, in demselben Gefäß oder nach Überführung in ein oder mehrere nachfolgende Gefäße einer Weiterbehandlung unterworfen wird.

4. Verfahren nach den Ansprüchen 1 bis 3, dadurch gekennzeichnet, daß die Weiterbehandlung unter Zufuhr von nicht hydrolysierter Lösung geschieht und auch nachdem diese Zufuhr unterbrochen ist.

5. Verfahren nach den Ansprüchen 1 bis 4, dadurch gekennzeichnet, daß die Fällung ganz oder nur teilweise bei Atmosphärendruck oder in bekannter Weise auch bei höheren Drucken und bei entsprechend höheren Temperaturen ausgeführt wird.

6. Verfahren nach den Ansprüchen 1 bis 5, dadurch gekennzeichnet, daß die nicht hydrolysierte Lösung vor oder während ihrer Zufuhr vorerhitzt wird, eventuell über die Temperatur, bei welcher die hydrolytische Spaltung eintritt.

7. Verfahren nach den Ansprüchen 1 bis 6, dadurch gekennzeichnet, daß der nicht hydrolysierten Lösung vor oder während ihrer Zufuhr zum Fällungsgefäß ein Teil der unter Fällung befindlichen Lösung zugemischt wird.

8. Verfahren nach den Ansprüchen 1 bis 7, dadurch gekennzeichnet, daß die Zufuhr der nicht hydrolysierten Lösung derart geschieht, daß eine schnelle Bewegung und Mischung beim Eintreten der Lösung in das Fällungssystem stattfindet.

9. Verfahren nach Anspruch 8, dadurch gekennzeichnet, daß die Mischung durch Einführung von warmer Flüssigkeit, Dampf oder Gas erfolgt.

10. Verfahren nach den Ansprüchen 1 bis 9, dadurch gekennzeichnet, daß die hydrolytische Fällung bei Anwesenheit fremder Niederschläge stattfindet.

11. Verfahren nach den Ansprüchen 1 bis 10, dadurch gekennzeichnet, daß eine oder mehrere der genannten Ausführungsformen miteinander kombiniert werden.

Nr. 540863. (V. 23867.) Kl. 22f, 7. Verein für chemische und metallurgische Produktion in Aussig a. E., Tschechoslowakische Republik.

Abscheidung von Titandioxydhydrat aus hydrolysierbaren Lösungen von Titansalzen.

Vom 8. Mai 1928. — Erteilt am 10. Dez. 1931. — Ausgegeben am 4. Jan. 1932. — Erloschen: ....

Die Abscheidung von Titandioxydhydrat erfolgt im allgemeinen aus schwefelsauren oder salzsauren Lösungen des Titans durch Hydrolyse bei erhöhter Temperatur mit oder ohne Druck. Hierbei ist es auch bekannt, vor der Hydrolyse eine nicht vollständig hydrolysierte Titansalzlösung zuzusetzen. Bei der technischen Durchführung dieser Verfahren haben sich gewisse Schwierigkeiten ergeben, die insbesondere darin bestehen, daß die Druckhydrolyse einerseits verhältnismäßig grobkörnige Hydrolysate liefert und eine komplizierte Apparatur für ihre Durchführung erfordert, während anderseits die Hydrolyse bei Kochtemperatur oder darunter von der genauen Einhaltung bestimmter Bedingungen (Konzentration, Temperatur, Zeitverlauf usw.) abhängig ist, wenn anders die Fällungen nicht unvollständig oder ungleichmäßig erfolgen sollen. Allgemein beobachtet man, daß zur Auslösung der ersten Fällung eine gewisse Induktionsperiode erforderlich ist; daraus geht hervor, daß der eigentlichen Fällung ein im scheinbar homogenen Medium verlaufender Vorprozeß vorausgeht, in welchem vermutlich eine Bildung amikroskopischer Keime statthat, die ihrerseits als Zentren für die Anlagerung weiterer hydrolysierter Teilchen dienen.

An sich wäre es naheliegend, zu versuchen, die Hydrolyse und ihren Verlauf dadurch günstig zu beeinflussen, daß man die Lösung mit einem geringen Quantum aushydrolysierten Produktes von vornherein versetzt, entsprechend den in anderen Fällen üblichen Impfungsmethoden. Es zeigt sich jedoch, daß die auf gewöhnliche Art, z. B. durch Druckhydrolyse, abgeschiedenen Titandioxydhydrate nicht imstande sind, eine solche Keimwirkung auszuüben.

Es wurde indessen gefunden, daß Hydrolysate bestimmter Beschaffenheit imstande sind, die angestrebte Keimwirkung auszuüben, so daß hierdurch das Mittel an Hand gegeben ist, die Hydrolyse durch Zusätze geringfügiger Mengen solcher Keime bei Temperaturen unterhalb des Siedepunktes rasch und glatt in gesetzmäßiger, reproduzierbarer Weise zum Ablauf zu bringen.

Bei näherer Untersuchung der für die Durchführung des Verfahrens geeigneten Keime zeigte es sich, daß ihre Wirksamkeit im Zusammenhang steht mit ihrer Fähigkeit, durch Dispersionsmittel ganz oder teilweise in eine anscheinend homogene Lösung überzugehen. Insbesonders haben sich nur jene Keime als wirksam erwiesen, welche, in die zu hydrolysierende Lösung bei gewöhnlicher Temperatur eingebracht, schon bei mäßigem Erwärmen glatt und rasch in eine anscheinend homogene Lösung übergehen. Tritt die Bildung der anscheinend homogenen Lösung nur verhältnismäßig schwierig und langsam auf, so entspricht dem auch eine geringere Wirksamkeit der hydrolysierenden Kraft der Keime. Dies ist auch der Grund für die Unwirksamkeit des durch die üblichen Hydrolyseverfahren abgeschiedenen Titandioxydhydrats, das nicht mehr fähig ist, unter diesen Bedingungen in Lösung zu gehen.

Zur Herstellung hochwirksamer Keime hat es sich erforderlich erwiesen, ihre primäre Ausfällung unter verhältnismäßig engen Bedingungen der Temperatur, der Acidität der Lösung und des zeitlichen Verlaufes der Darstellung vorzunehmen, wobei die drei erwähnten Bedingungen in einem gegenseitigen Abhängigkeitsverhältnis stehen.

Aus den Untersuchungen scheint hervorzugehen, daß die Wirksamkeit der Keime an einen bestimmten Reifungsgrad gebunden ist, dessen Erreichen durch Temperaturerhöhung und hohe Acidität beschleunigt, dessen Überschreitung aber durch die gleichen Faktoren gefördert wird. Daraus geht hervor, daß zur Schaffung definitiver Reifungsbedingungen konstante Bedingungen der Acidität und Temperatur unter Berücksichtigung der gegenseitigen Verhältnisse geschaffen werden müssen und daß anderseits die Zeitdauer der Keimbildung in jedem Falle nicht über die für die Erreichung des Reifungsgrades notwendige Zeit hinausgehen darf.

In der Praxis hat sich ergeben, daß die Keimreifung im schwach sauren Aciditätsgebiet und bei Temperaturen unter und beim Siedepunkt der in Betracht kommenden Lösungen mit endlicher Geschwindigkeit verläuft und daß bei rascher Abschreckung der so gewonnenen Lösungen der günstige Zustand der Keime erhalten bleibt. Je langsamer unter großtechnischen Verhältnissen die Abschreckung erfolgt, desto enger und genauer muß das Gebiet der Acidität eingehalten werden, sofern nicht noch nachträglich während der Abkühlung eine Alterung der Keime eintreten soll. Sind die Keime unter diesen günstigsten Bedingungen erst einmal bei gewöhnlicher Temperatur erhalten geblieben, so lassen sie sich erfahrungsgemäß wochenlang in unveränderter Keimkraft aufbewahren.

Die Darstellung der Keime möge in nachstehendem Beispiel erläutert werden:

Als Ausgangsmaterial für die Keimflüssigkeit wird im allgemeinen ein Teil der zu hydrolysierenden Titansalzlösung dienen, deren Acidität durch alkalische Mittel, wie Natronlauge, Kalilauge, Ammoniak usw. auf den erwünschten Aciditätsgrad abgestumpft wird. Dieses Abstumpfen kann entweder durch Zugabe des Abstumpfungsmittels zur Titansalzlösung oder besser durch Zusatz der Titansalzlösung zu der abgemessenen Menge des Abstumpfungsmittels erfolgen. Letzterer Weg ist der zweckmäßigere, weil mit Sicherheit vermieden wird, daß das Gebiet höherer Keimbildungsgeschwindigkeit, das ist das Gebiet höherer Acidität, vor Erreichung des gewünschten Aciditätsgrades durchlaufen wird. Man kann beispielsweise einen kleinen Anteil der zu hydrolysierenden Titansalzlösung mit einer gemessenen Menge verdünnter Natronlauge (ungefähr $\frac{n}{1}$ NaOH) auf die angegebene Weise bis zu einem Aciditätsgrad von $p_H = 4$ bis $p_H = 4{,}5$ abstumpfen, wobei die Einstellung dieser Acidität durch Anwendung von Indikatoren, wie Methylorange oder Bromphenolblau usw., geschieht. Ist die gewünschte Einstellung erfolgt, so erwärmt man die Flüssigkeit zweckmäßig unter Rühren auf etwa 74 bis 80° und hält sie bei dieser Temperatur etwa 15 bis 30 Minuten. Nach dieser Behandlung ist die erhaltene Keimflüssigkeit imstande, die gewünschte Wirkung bei der Hydrolyse auszuüben, derart, daß etwa 1 % der Keime in bezug auf die abzuscheidende Menge des Titandioxydhydrats genügt, um in 2 bis 3 Stunden eine mehr als 95%ige Abscheidung des in der Lösung vorhandenen vierwertigen Titans hervorzurufen. Würde die Keimflüssigkeit bei der hohen Temperatur von 80° noch längere Zeit gehalten werden, so tritt eine Überreifung und Inaktivierung der Keime ein. Die Wirksamkeit der Keime kann dagegen in vollem Umfange erhalten bleiben, wenn die Temperatur rasch auf unter 60° erniedrigt wird, was beispielsweise durch Luftkühlung oder durch Verdünnen mit kaltem Wasser erfolgen kann. Eine so behandelte Keimflüssigkeit kann wochenlang unverändert bei gewöhnlicher Temperatur aufbewahrt werden, ohne an Wirksamkeit zu verlieren.

Man kann auch bei höheren Aciditätsgraden, beispielsweise bei einem Aciditätsgrad von $p_H = 3$, arbeiten, wenn man für rasche Abkühlung der in der Wärme gebildeten Keime sorgt und auch die Erhitzungszeit selbst entsprechend abkürzt. Umgekehrt kann die Keimdarstellung bei niedrigeren Aciditätsgraden, beispielsweise bei einer Acidität von $p_H = 4{,}5$ bis $p_H = 6$, erfolgen, wenn die Keimbildungstemperatur erhöht und die Erhitzungszeit verlängert wird.

Die Wirksamkeit der Keimflüssigkeit kann in allen Fällen daran geprüft werden, daß im Kleinansatz der Verlauf der Hydrolyse nach Einsaat der hergestellten Keime analytisch erfolgt oder aber die Dispergierfähigkeit der eingesäten Keimsuspension geprüft wird.

PATENTANSPRUCH:

Hydrolyse von Titansalzlösungen, dadurch gekennzeichnet, daß vorher eine die Hydrolyse begünstigende Suspension von Titandioxydhydrat zugesetzt wird, die selbst aus Titansalzlösungen durch Einstellung auf einen Aciditätsgrad von $p_H = 2$ bis $p_H = 7$, zweckmäßig von $p_H = 4$ bis $p_H = 4{,}5$, darauffolgende Hydrolyse durch mäßiges, zeitlich begrenztes Erwärmen und gegebenenfalls anschließende rasche Abkühlung gewonnen wurde.

S. a. F. P. 691458 der I. G. Farbenindustrie.

Nr. 542334. (D. 51742.) Kl. 22f, 7.

Deutsche Gasglühlicht-Auer-Gesellschaft m. b. H. in Berlin.

Verfahren zur hydrolytischen Spaltung von sauren Titansulfatlösungen.

Vom 23. Nov. 1926. — Erteilt am 31. Dez. 1931. — Ausgegeben am 22. Jan. 1932. — Erloschen: 1935.

Bei der hydrolytischen Spaltung von sauren Titansulfatlösungen bei höheren Temperaturen unter Druck kann die Ausscheidung der Titansäure aus den Lösungen durch den Zusatz einer gewissen Titansäuremenge, die man bei einem vorangegangenen Arbeitsgang gewonnen hat, beschleunigt werden. Die Anwesenheit von Titansäure hat auch noch den Vorteil, daß das Produkt bei den verschiedenen einzelnen Druckspaltungen gleichmäßiger ausfällt, gut kristallin ist und daher besser und leichter zu wertvollen Titanpigmenten verarbeitet werden kann.

Man hat bereits vorgeschlagen, die hydrolytische Spaltung schwefelsaurer Titanlösungen bei Gegenwart fein gemahlener fertiger Titansäure durchzuführen, um die Poren des letzteren mit dem beim Erhitzen der Mischung ausfallenden Titandioxyd zu verschließen. Von diesem bekannten Verfahren unterscheidet sich die einen ganz anderen Zweck verfolgende vorliegende Erfindung zunächst durch die Verwendung einer gefällten und nicht weiterbehandelten Titansäure und ferner durch das Mengenverhältnis zwischen der zugesetzten und der auszufällenden Titansäure insofern, als bei dem vorliegenden Verfahren die zugesetzte Titansäuremenge ganz erheblich geringer ist als bei dem obenerwähnten Verfahren.

Man verfährt am zweckmäßigsten so, daß man einen kleinen Teil des Autoklaveninhaltes einer vorhergehenden Spaltung in dem Autoklaven zurückläßt. ihn mit neuer Titanlösung fällt und die neue Spaltung mit diesem Gemisch durchführt. Es genügt, etwa 1 bis 10% des Autoklaveninhaltes zurückzulassen, um den günstigeren Verlauf der Spaltung zu erzielen.

PATENTANSPRUCH:

Verfahren zur hydrolytischen Spaltung von sauren Titansulfatlösungen bei höheren Temperaturen unter Druck, dadurch gekennzeichnet, daß man den Lösungen vor der Spaltung höchstens 10% ausgefällter und nicht weiterbehandelter Titansäure zusetzt.

Nr. 549407. (D. 48592.) Kl. 22f, 7.

DEUTSCHE GASGLÜHLICHT-AUER-GESELLSCHAFT M. B. H. IN BERLIN.

Herstellung einer weißen Titansäure.

Vom 21. Aug. 1925. — Erteilt am 14. April 1932. — Ausgegeben am 27. April 1932. — Erloschen: 1935.

Für die Beschaffenheit des Titandioxyds, welches bei einer hydrolytischen Spaltung saurer Titansalzlösungen, insbesondere Sulfatlösungen, bei höheren Temperaturen unter Druck gewonnen wird, ist eine Reihe von Arbeitsbedingungen von maßgebendem Einfluß, so die Konzentration der Lösung, die Menge und Art der vorhandenen Eisenverbindungen, der Gehalt an freier Säure, die Spaltungstemperatur usw. Erfindungsgemäß hat sich aber doch herausgestellt, daß von wesentlichem Einfluß auf die Farbe des entstehenden Titandioxyds die Menge an dreiwertigem Titan ist, welche sich in den zu spaltenden Lösungen befindet.

Es ist bekannt, daß bei der hydrolytischen Spaltung von Titansalzlösungen dreiwertiges Eisen nicht in der Lösung zugegen sein soll, da Eisenoxyd von der entstehenden Titansäure mitgerissen wird und dieses die weiße Farbe des Titandioxyds beeinträchtigt. Man muß daher durch geeignete Reduktionsmittel das dreiwertige Eisen zu zweiwertigem reduzieren. Unter anderen Reduktionsmitteln kann auch das dreiwertige Titan hierfür benutzt werden.

Überraschenderweise hat sich nun herausgestellt, daß bei der hydrolytischen Spaltung von sauren Titansulfatlösungen unter Druck jeder Überschuß an dreiwertigem Titan in der Lösung, der nach der hydrolytischen Spaltung in der Mutterlauge zurückbleibt, die Eigenschaften der abgeschiedenen Titansäure in farbtechnischer Hinsicht beeinträchtigt. Man erhält erfindungsgemäß die besten Produkte. wenn in der zu spaltenden Lösung gerade so viel dreiwertiges Titan enthalten ist, daß nach der hydrolytischen Spaltung in der Mutterlauge durch die schärfsten Analysenmethoden dreiwertiges Titan gerade eben noch nachweisbar ist, am besten aber, wenn es eben quantitativ verbraucht worden ist.

Diese Erscheinung wird dadurch erklärt daß gefunden worden ist, daß dreiwertiges Titan in der Lage ist, Sauerstoff auf zweiwertiges Eisen zu übertragen. Man muß daher jeden größeren Überschuß an dreiwertigem Titan in den hydrolytisch unter Druck zu spaltenden Lösungen vermeiden. Eine geeignete Lösung, die bei etwa 175 bis 185° gespalten werden kann, enthält etwa 10% TiO_2 als Titansulfat, 4 bis 8% FeO als Ferrosulfat, etwa 10% freie Schwefelsäure und darf höchstens eben noch nachweisbare Spuren an dreiwertigem Titan enthalten. Es ist besonders darauf aufmerksam zu machen, daß die Reduktion mit dreiwertigem Titan sorgfältig durchgeführt werden muß. Ein Gehalt an dreiwertigem Eisen darf in der Lösung auf keinen Fall zurückbleiben.

PATENTANSPRUCH:

Verfahren zur Herstellung einer weißen Titansäure durch hydrolytische Druckspaltung eines sauren Titanaufschlusses unter Anwendung dreiwertiger Titanverbindungen als Reduktionsmittel für die in der Aufschlußlösung enthaltenen Ferriverbindungen, dadurch gekennzeichnet, daß die dreiwertigen Titanverbindungen in einer dem Gehalt der Ferriverbindungen äquivalenten Menge, unter Vermeidung eines Überschusses, der eben noch nachweisbaren Spuren an dreiwertiger Titanverbindung in der Lösung übersteigt.

Nr. 495738. (I. 32113.) Kl. 22f, 7.

I. G. FARBENINDUSTRIE AKT.-GES. IN FRANKFURT A. M.

Erfinder: Dr. Moritz Schnetka in Leverkusen.

Verfahren zur hydrolytischen Ausfällung weißer Titansäure.

Vom 7. Sept. 1927. — Erteilt am 27. März 1930. — Ausgegeben am 10. April 1930. — Erloschen: 1934.

Die Hauptschwierigkeit bei der Darstellung von weißer Titansäure besteht darin, bei der Hydrolyse eine rein weiße Fällung zu erhalten, die auch durch Glühen nicht verfärbt wird.

Es hat sich nun gezeigt, daß man glühbeständig weiße Fällungsprodukte erhält, wenn man nach dem üblichen Schwefelsäureaufschluß des Erzes die Hydrolyse bei Gegenwart von Flußsäure oder von löslichen Fluoriden vornimmt. Abgesehen von der günstigen Einwirkung auf die Beständigkeit des Farbtons, wird auch die hydrolytische Ausfällung der Titansäure erheblich erleichtert, so daß die Dauer bzw. Temperatur der Hydrolyse herabgesetzt wird. Schließlich ist die Titansäure, die durch Sieden bei gewöhnlichem Druck in Gegenwart von Fluoriden ausgefällt wird, besser filtrierbar als eine aus fluoridfreier Lösung unter sonst gleichen Bedingungen gewonnene. Erstere hat eine mehr körnige, letztere eine schleimige Beschaffenheit.

Beispiel. 600 kg eines in Wasser gelösten (durch Einwirkung von Schwefelsäure auf Ilmenit erhaltenen) Ilmenitaufschlusses mit einem Gehalt von 8,6% TiO_2, 3,7% FeO und 22% Gesamtschwefelsäure werden mit 13 kg einer 45prozentigen Flußsäure versetzt und zum Sieden (unter gewöhnlichem Druck) erhitzt. Um die Konzentration an freier Schwefelsäure, deren Menge durch die Hydrolyse zunimmt, nicht zu hoch werden zu lassen, gibt man während der Hydrolyse 200 kg Wasser allmählich zu. Nach 6stündigem Sieden haben sich 45,8 kg = 89% der Titansäure abgeschieden. Sie ist leicht filtrierbar und bleibt auch nach dem Glühen bei 900° rein weiß.

PATENTANSPRUCH:

Verfahren zur hydrolytischen Ausfällung weißer Titansäure aus normalem Schwefelsäureaufschluß, gekennzeichnet durch die Gegenwart von Flußsäure oder von löslichen Fluoriden.

Nr. 554769. (G. 51246.) Kl. 22f, 7.

DEUTSCHE GASGLÜHLICHT-AUER-GESELLSCHAFT M. B H. IN BERLIN.

Verfahren zur Herstellung von Titansäure.

Vom 23. Juni 1920. — Erteilt am 23. Juni 1932. — Ausgegeben am 13 Juli 1932. — Erloschen: 1932.

Bei der Herstellung von Titansäure durch Behandlung von eisenhaltigen Titanerzen mit Schwefelsäure bietet die Entfernung der anderen in den Ausgangsmaterialien enthaltenen Elemente, namentlich des Eisens, große Schwierigkeiten. Die meisten Verfahren zur Abtrennung des Eisens beruhen auf seiner Überführung in den zweiwertigen Zustand, in dem es bei der Hydrolyse von Titansulfatlösungen nicht ausfällt. Die Abtrennung des Eisens ist aber auf diese Weise nicht vollkommen

Es hat sich nun ergeben, daß diese Nachteile vermieden werden können, wenn man der schwefelsauren Aufschlußlösung des Minerals solche mineralsauren Salze, wie Ammonsalze, zusetzt, die mit den Ferrosalzen Doppelsalze zu bilden vermögen, wobei die Menge des Zusatzes so bemessen wird, daß sie zur vollständigen doppelten Umsetzung bzw. Doppelsalzbildung mit den vorhandenen Ferroverbindungen nicht ausreicht. Mit Rücksicht auf den üblichen Verwendungszweck der Titansäure dürfen natürlich nur solche mineralsauren Salze verwendet werden, welche ungefärbte Doppelsalze bilden. In Betracht kommen also beispielsweise Ammoniumsulfat, Ammonchlorid, Magnesiumchlorid und Calciumchlorid. Der Zusatz der mineralsauren Salze kann vor, während oder nach der Hydrolyse erfolgen.

Es ist bereits vorgeschlagen worden, schwefelsaure Titanlösungen durch solche Chloride, welche bei der Umsetzung mit der Schwefelsäure der Lösung unlösliche Sulfate ergeben, in chlorwasserstoffsaure Lösungen überzuführen, da diese sich leichter hydrolysieren lassen als schwefelsaure Lösungen. Dazu ist jedoch der Zusatz einer den gesamten vorhandenen Sulfatresten äquivalenten Menge von Chloriden erforderlich, während nach der vorliegenden Erfindung die Menge des Zusatzes nur der Menge der Verunreinigungen entspricht und dementsprechend gering ist.

Es ist ferner bekannt, Titaneisenerze in einer Stickstoffatmosphäre zu reduzieren, das entstandene metallische Eisen durch verdünnte Säuren zu entfernen und die gebildeten Titanstickstoffverbindungen mit Schwefelsäure zu einer Lösung von Titansulfat-Ammonsulfat aufzuschließen. Da diese Aufschlußlösung jedoch nur ganz kleine Mengen von Eisen enthält, so ist das Ammonsulfat in ganz erheblichem Überschuß in bezug auf den Eisengehalt vorhanden.

Die Vorteile der vorliegenden Erfindung bestehen insbesondere darin, daß man einerseits nur sehr geringe Mengen mineralsaurer Salze verwendet im Gegensatz zu dem obenerwähnten Verfahren und daß man andererseits in fast quantitativer Ausbeute eine ganz reine Titansäure mit außerordentlich geringem Eisengehalt erhält, während bei der hydrolytischen Spaltung von schwefelsauren Titanlösungen ohne Zusatz der in Frage kommenden Mineralsalze beim Arbeiten unter sonst gleichen Bedingungen eine Titansäure mit so geringem Eisengehalt nicht gewonnen werden kann. Ein weiterer Vorzug des Salzzusatzes besteht in der günstigen Einwirkung auf die Filtrierfähigkeit der bei der Hydrolyse entstehenden Produkte.

Besonders zweckmäßig arbeitet man mit konzentrierten Lösungen, die zwischen 5 und 20 % Titansäure enthalten. Auch kann man so arbeiten, daß man zunächst einen Teil des Eisens usw. aus den konzentrierten Lösungen ausscheidet und die eisenärmeren Lösungen dann nach der Reduktion der Eisenverbindungen der Hydrolyse unterwirft. Die Eisenoxydsalze werden vor oder während der Hydrolyse in Ferrosalze übergeführt.

Ausführungsbeispiel

100 kg Ilmenit werden mit 170 kg 73prozentiger Schwefelsäure aufgeschlossen. Die erhaltenen Sulfate werden in Wasser gelöst, wobei man eine Lösung erhält, die nach der Reduktion mittels metallischen Eisens, Dekantieren und Klären pro 100 kg die folgende Zusammensetzung besitzt:

33,5 kg H_2SO_4 (Gesamtmenge)
10,6 - TiO_2
8,1 - FeO.

Diese Lösung wird zur Entfernung von Eisensulfat abgekühlt und dann in bekannter Weise hydrolysiert. In 100 kg der erhaltenen Suspension sind

28 kg H_2SO_4 (Gesamtmenge),
11,5 - TiO_2 (Niederschlag),
0,6 - TiO_2 (in Lösung),
2,05 - FeO

enthalten. Zu 100 kg dieser Suspension werden 3,5 kg Ammonsulfat, in 7 kg Wasser gelöst, zugesetzt, der Niederschlag abfiltriert und mit Wasser so lange gewaschen, bis die Waschwässer weniger als 0,01 g Eisen pro Liter aufweisen.

Der so erhaltene Titansäurekuchen enthält 35 % TiO_2 und weniger als 0,0015 % FeO.

PATENTANSPRUCH:

Verfahren zur Herstellung von Titansäure durch Hydrolyse von schwefelsauren Aufschlußlösungen von eisenhaltigen Titanerzen, dadurch gekennzeichnet, daß diesen Lösungen mineralsaure Salze, wie Ammonsalze, welche mit den Ferroverbindungen Doppelsalze zu bilden vermögen, in solcher Menge zugesetzt werden, daß sie zur vollständigen doppelten Umsetzung bzw. Doppelsalzbildung mit den vorhandenen Ferroverbindungen nicht ausreicht.

Nr. 542007. (T. 36560.) Kl. 22f, 7.

TITANIUM PIGMENT COMPANY, INC. IN ST. LOUIS, V. ST. A.

Verfahren zur Herstellung von Titanverbindungen.

Vom 16. März 1929. — Erteilt am 24. Dez. 1931. — Ausgegeben am 20. Jan. 1932. — Erloschen: 1934.

Amerikanische Priorität vom 27. März 1928 beansprucht.

Die Erfindung betrifft ein Verfahren zur Herstellung von Titanverbindungen. Sie bezieht sich insbesondere auf die Herstellung eines reinen Titanoxydpigments unter Ausschaltung aller unerwünschten Verunreinigungen, besonders Eisenverbindungen, das besonders weiß ist und im Vergleich zu anderen gebräuchlichen Pigmenten ein erhöhtes Deckvermögen besitzt. Das neue Produkt ist auch durch besondere Feinheit und Weichheit gekennzeichnet, wodurch es für die Darstellung von Anstrichfarben und für andere Zwecke besonders geeignet ist.

Man nimmt an, daß das Deckvermögen der Titanpigmente unter anderem vom Dispersionsgrad der einzelnen Teilchen abhängig ist. Komplexe Pigmente, d. h. solche, die aus einem Träger, wie z. B. Bariumsulfat, mit darauf befestigten Titanverbindungen bestehen, weisen ein wesentlich erhöhtes Deckvermögen auf, anscheinend zum Teil wegen des Dispersionsvermögens des unlöslichen Trägers und der Verhinderung der Bildung von Aggregaten der ausgefällten Titanteilchen in unerwünschtem Grade.

Die Erfindung beruht auf der Beobachtung,

daß beim Mischen einer Titanlösung mit der warmen verdünnten Lösung einer organischen Säure oder der Verbindung einer organischen Säure oder aber durch Zusatz einer entsprechenden organischen Verbindung zu einer Titanlösung und Einbringen der Lösung in warmes Wasser Titanverbindungen ausgefällt werden, die sich für die Herstellung von Titanpigmenten ganz besonders gut eignen.

Diese organischen Verbindungen üben anscheinend bei der hydrolytischen Fällung der Titansäure eine dispergierende Wirkung auf diese aus. Die einzelnen gefällten Titansäurepartikel haben eine solche Struktur, Größe und sind dermaßen dispergiert, daß nach dem Calcinieren ein viel höheres Deckvermögen erreicht wird, als man es bisher erzielt hat. Dieses bisher unerreichte Deckvermögen des Pigments wird anscheinend sowohl durch die Anwesenheit der organischen Verbindungen während der Hydrolyse verursacht, als auch durch die besondere Art und Weise der Ausführung der Hydrolyse.

Es ist zwar bereits bekannt, Titansäure durch Kochen einer salzsauren Lösung, der vorher Essigsäure oder eine andere organische Säure zugesetzt worden ist, zu fällen. Dieses Verfahren unterscheidet sich von dem vorliegenden dadurch, daß bei ihm ein Kochen der mineralsauren, organische Säure enthaltenden Titanlösungen vorgenommen wird. Im vorliegenden Falle handelt es sich aber nicht um ein Kochen der organische Säure enthaltenden Titanlösung, sondern um ein Mischen der Titanlösung mit einer warmen verdünnten Lösung einer organischen Säure. Die Fällung tritt ein, sobald die Mischung stattfindet.

Vergleichsversuche zwischen dem bekannten und dem vorliegenden Verfahren haben ergeben, daß nach dem bekannten Verfahren keine Titansäure erhalten werden kann, die als brauchbares weißes Titanpigment Verwendung finden kann. Außerdem ist das bekannte Verfahren technisch mit derartigen Schwierigkeiten verbunden, daß es sich zur fabrikmäßigen Herstellung von Titansäure nicht eignet.

Zur praktischen Durchführung des Verfahrens der Erfindung werden zu einer warmen verdünnten Lösung einer organischen Säure, wie z. B. Gerbsäure, Weinsäure, Zitronensäure, Oxalsäure, Gallussäure, oder aber zu der Lösung von Verbindungen organischer Säuren, beispielsweise Tartrate, wie Natriumtartrat, Kaliumtartrat oder Kaliumnatriumtartrat, Oxalate, wie Kaliumoxalat oder Natriumoxalat, und Zitrate, z. B. Ammoniumzitrat, eine mineralsaure Titanlösung langsam zugegeben. Salze der betreffenden organischen Säuren mit anderen Metallen als die erwähnten sind ebenfalls verwendbar.

Man kann auch die organische Säure oder Säureverbindung zur mineralsauren Titanlösung zugeben und die Lösung dann langsam in warmes Wasser geben.

Man braucht nur verhältnismäßig kleine Mengen dieser organischen Verbindungen, viel weniger, als für eine doppelte Umsetzung mit der ganzen Titanmenge erforderlich ist. Die Zusammensetzung des Endproduktes kann mit den Änderungen in den Darstellungsverhältnissen etwas wechseln.

Eine typische Analyse ist die folgende: Titandioxyd (TiO_2) 98,75 %, Schwefelsäureanhydrid (SO_3) 0,12 %, Phosphorsäureanhydrid (P_2O_5) 0,60 %, Glühverlust 0,43 %.

Nachstehend ist das Verfahren an zwei Ausführungsbeispielen erläutert. Die Arbeitsweise kann indessen innerhalb weiter Grenzen abgeändert werden.

Einige Titanerze, wie Rutil, können unmittelbar verwendet werden. Es hat sich aber gezeigt, daß gleichmäßigere Ergebnisse erhalten werden, wenn das Titandioxyd des Handels benutzt wird, das nur kleine Mengen von Verunreinigungen enthält.

Das Titanmaterial wird in einer Mineralsäure, wie Schwefelsäure, in Lösung gebracht und das gesamte Eisen zu Ferroeisen reduziert. Diese Reduktion kann nach bekanntem Verfahren ausgeführt werden, wie z. B. durch Einführung von metallischem Zink. Um sicher zu sein, daß kein Ferrieisen während der Fällung gebildet wird, reduziert man zweckmäßig die Lösung so weit, daß sie Spuren von dreiwertigem Titan enthält, unter Umständen noch mehr.

Beispiel 1

1 350 kg schwefelsaure Titanlösung, enthaltend 7 % Titandioxyd, werden im Laufe von 1 Stunde in 5 700 l 0,3%ige Oxalsäurelösung von etwa 90° C gegossen. Die Temperatur wird unter beständigem Umrühren ziemlich konstant aufrechterhalten. Wenn die Lösungen gründlich gemischt sind, ist etwa 95 % des Titans als basisches Sulfat in außerordentlich feiner Verteilung ausgefällt, jedoch in solcher Form, daß es sich leicht absetzt und filtriert und gewaschen werden kann. Nach dem Filtrieren oder einer anderen Trennung von der Mutterlauge und Auswaschen wird das ausgefällte Produkt bei 700 bis 1000° C calciniert bis zur Erreichung der erwarteten Farbeigenschaften.

Beispiel 2

Zu 1 350 kg schwefelsaurer Lösung, enthaltend 7 % Titandioxyd, werden 14,7 kg Oxalsäure zugegeben. 5 700 l Wasser werden auf 90° C erhitzt; die Oxalsäure enthaltende Titanlösung wird dann im Laufe 1 Stunde dem Wasser zugegeben. Die Temperatur wird unter beständigem Umrühren ziemlich konstant aufrechterhalten. Man verfährt dann weiter wie nach Beispiel 1. Das Produkt weist die gleichen Eigenschaften auf.

Das Produkt ist ein weiches, glattes, gleichmäßiges Pulver von großer Feinheit; die Farbe des Produktes ist weißer, als man es bisher nach anderen bekannten Verfahren erreicht hat.

Die besondere Feinheit des Produktes kann man unter dem Mikroskop beobachten und die Teilchengröße durch Ausmessen und Zählen feststellen. Es ist in dieser Weise z. B. festgestellt worden, daß etwa 75 Gewichtsprozente des Produktes eine Teilchengröße aufweisen, die kleiner als 0,89 Mikronen mittleren Durchmessers ist, während eine Reihe anderer untersuchter Titandioxvdpigmente 1,47 bis 10,00 Mikronen zeigen.

Patentansprüche:

1. Verfahren zur Fällung von Titanverbindungen durch Hydrolyse aus mineralsaurer, beispielsweise schwefelsaurer Titanlösung, dadurch gekennzeichnet, daß die Titanlösung bei erhöhter Temperatur, beispielsweise etwa 90° C, mit der Lösung einer organischen Säure oder Verbindungen einer organischen Säure gemischt wird.

2. Verfahren nach Anspruch 1, gekennzeichnet durch die Verwendung von Oxalsäure.

3. Verfahren nach Anspruch 1 und 2, dadurch gekennzeichnet, daß die organische Verbindung in fester Form oder in Lösung der mineralsauren Titanlösung zugesetzt und die Mischung dann in heißes Wasser gegossen wird.

4. Verfahren wie in den Ansprüchen 1 bis 3, dadurch gekennzeichnet, daß der Niederschlag nach Abtrennung der Lösung und Waschen in an sich bekannter Weise calciniert wird.

5. Verfahren nach den Ansprüchen 1 bis 4, dadurch gekennzeichnet, daß Titan in Form von basischem Sulfat ausgefällt wird.

Nr. 542541. (T. 36561.) Kl. 22f, 7.

Titanium Pigment Company, Inc. in St. Louis, V. St. A.

Verfahren zur Herstellung von Titanverbindungen.

Vom 16. März 1929. — Erteilt am 7. Jan. 1932. — Ausgegeben am 26. Jan. 1932. — Erloschen: ....

Amerikanische Priorität vom 27. März 1928 beansprucht.

Die Erfindung betrifft ein Verfahren zur Herstellung von Titanverbindungen durch Hydrolyse aus mineralsaurer, beispielsweise schwefelsaurer Lösung. Insbesondere bezieht sie sich auf die Darstellung eines reinen Titanoxydpigmentes, das keinerlei unerwünschte Verunreinigungen, insbesondere Eisenverbindungen, enthält, infolgedessen besonders weiß ist und im Vergleich zu anderen gebräuchlichen Pigmenten ein erhöhtes Deckvermögen besitzt. Das neue Pigment ist infolge seiner besonderen Feinheit und Weichheit für die Darstellung von Anstrichfarben und für andere Zwecke besonders geeignet.

Man nimmt an, daß das Deckvermögen der Titanpigmente unter anderem vom Dispersionsgrad der einzelnen Teilchen abhängig ist. Komplexe Pigmente, das heißt solche, die aus einem Träger, wie z. B. Bariumsulfat, mit darauf befestigten Titanverbindungen bestehen, weisen ein wesentlich höheres Deckvermögen auf, anscheinend zum Teil wegen des Dispersionsvermögens des Grundstoffes und der Verhinderung der Bildung von Aggregaten der ausgefällten Titanteilchen in unerwünschtem Grade.

Es hat sich nun gezeigt, daß man durch Anwendung einer Mischung einer organischen Säure oder Säureverbindung mit Phosphorsäure oder einer Phosphorsäureverbindung bei der hydrolytischen Fällung von Titan aus seinen Lösungen ein Titanoxyd von großem Deckvermögen und ausgezeichneter Farbe erhalten kann. Ferner hat sich gezeigt, daß man derartige Niederschläge von gewünschter Beschaffenheit sogar aus Lösungen erhalten kann, die den größten Teil der in Titanerzen gewöhnlich vorhandenen Verunreinigungen enthalten.

Das Verfahren zur Darstellung dieses reinen Titanoxyds besteht demgemäß darin, daß man eine mineralsaure Titanlösung langsam zu einer heißen verdünnten Lösung einer Mischung von organischer Säure oder Säureverbindung und Phosphorsäure oder einer Phosphorsäureverbindung fließen läßt. Man kann auch die letztgenannten Stoffe der Titanlösung zusetzen und die Mischung alsdann in heißes Wasser gießen.

In jedem Falle wird der erhaltene Niederschlag filtriert und gewaschen oder in anderer Weise von der Mutterlauge getrennt und dann in an sich bekannter Weise bei einer Temperatur von 700 bis 1000° C calciniert, bis man die erwarteten Farbeigenschaften erreicht. Das so erhaltene Titanoxyd ist von gleichmäßiger Feinheit und hat eine vorzügliche Farbe und Deckvermögen. Die einzelnen Teilchen sind im Endprodukt dem Titanoxydpigment gleichmäßig verteilt. Die Eigenschaften des Endproduktes können kleine Änderungen erleiden durch Abänderung der Darstellungsbedingungen. Eine typische Analyse ist die folgende:

TiO_2	98,13%,
Fe_2O_3	Spur,
P_2O_5	1,30%,
SO_3	0,22%.

Man kann Titanoxyd mit großem Deckvermögen und ausgezeichneter Farbe durch gleichzeitige Anwendung von Oxalsäure und Phosphorsäure darstellen. Diese sind indessen nicht die einzigen Stoffe, die gute Ergebnisse liefern, sie sind nur als Beispiele genannt. Andere organische Säuren, wie Gerbsäure, Zitronensäure und Weinsäure sowie ihre Verbindungen, können mit Phosphorsäure und Phosphorsäureverbindungen zusammen unter Erzielung des gleichen Ergebnisses benutzt werden.

Ausführungsbeispiele

Das am leichtesten erhältliche Titanerz ist Ilmenit oder Titaneisenstein mit einem höchsten Gehalt von 52,7% TiO_2 und 47,3% FeO entsprechend der Formel TiO_2 — FeO. Ilmenit enthält gewöhnlich kleine Mengen anderer Oxyde, wie Aluminiumoxyd, Zirkonoxyd, Siliciumoxyd usw. Ein solches Erz wird durch irgendein bekanntes Verfahren in Lösung gebracht, z. B. durch Erhitzen mit konzentrischer Schwefelsäure und nachfolgende Behandlung mit Wasser.

Es ist ratsam, alles vorhandene Eisen vor der Fällung des Titans zu der zweiwertigen Form zu reduzieren. Diese Reduktion kann nach irgendeinem bekannten Verfahren ausgeführt werden, z. B. durch Einführen von metallischem Eisen oder Zink. Um sicher zu sein, daß kein Ferrieisen während der Fällung gebildet wird, führt man die Reduktion der Lösung zweckmäßig so weit, daß sie Spuren von dreiwertigem Titan enthält, unter Umständen noch mehr.

I

Man verwendet 1670 kg einer, wie oben erwähnt, hergestellten Titanlösung und löst 14,7 kg Oxalsäure und 1,09 kg Phosphorsäure in 8500 l Wasser, dessen Temperatur auf etwa 98° C gebracht wird. Die Titanlösung wird dann langsam im Laufe einer Stunde in die Oxalsäure-Phosphorsäurelösung gegossen. Es wird umgerührt und die Temperatur dabei nahezu konstant aufrechterhalten. Wenn die Lösungen gründlich gemischt sind, sind ungefähr 95% des Titans ausgefällt, hauptsächlich als basisches Sulfat, in außerordentlich feiner Verteilung aber in einer solchen Form, daß es leicht abgesetzt wird, leicht filtriert und gewaschen werden kann. Ein Teil der Phosphorsäure verbindet sich mit dem Titan und ist im Niederschlag nachweisbar. Nach dem Filtrieren oder einer sonstigen Trennung von der Mutterlauge wird der Niederschlag bei 700 bis 1000° C calciniert bis zur Erreichung der erwarteten Farbeigenschaften.

II

14,7 kg Oxalsäure und 1,09 kg Phosphorsäure werden in 1670 kg der obigen Titanlösung gelöst. 8500 l Wasser werden auf etwa 98° C erhitzt. Die Phosphorsäure und Oxalsäure enthaltende Lösung wird dann langsam im Laufe einer Stunde in das Wasser gegossen. Es wird umgerührt und die Temperatur annähernd konstant erhalten.

Das erhaltene Produkt hat die gleichen Eigenschaften wie das nach Beispiel 1. Es wird ebenso wie dieses weiterbehandelt.

Es ist zwar bereits bekannt, daß die Titansäure in Gegenwart von Phosphorsäure gefällt werden kann. Ebenso ist auch die Fällung von Titansäure durch Kochen einer salzsauren Lösung bei Gegenwart von Essigsäure oder anderer organischer Säuren bekannt. Im vorliegenden Falle handelt es sich aber nicht um eine Fällung von Titan mit Phosphorsäure oder organischen Säuren, sondern um eine hydrolytische Spaltung von Titansalzen, bei Gegenwart kleiner Mengen Phosphorsäure oder Phosphaten und organischen Säuren oder Verbindungen derselben. Die Titansäure wird hier beim Eintreten der Titanlösung in die verdünnte wäßrige Lösung sofort gefällt. Infolgedessen unterscheidet sich das vorliegende Verfahren auch von einem anderen bekannten Verfahren, nach welchem die Fällung in der Weise ausgeführt wird, daß eine Titanlösung mit Wasser oder einer wäßrigen Lösung überschüttet wird, wobei die Entfernung des Wassers bzw. der Lösung derart geschieht, daß die beiden Flüssigkeiten sich nur allmählich mischen können. Hier kann eine Abscheidung von Titansäure erst erfolgen, wenn eine völlige Mischung der Flüssigkeiten eingetreten ist.

Gegenüber dem bekannten Verfahren besteht der besondere technische Effekt des vorliegenden Verfahrens in der Erzielung sehr reiner Titanoxydpigmente, die von allen unerwünschten Verunreinigungen, insbesondere von Eisenverbindungen, vollkommen frei und daher besonders weiß sind und ein erhöhtes Deckvermögen besitzen.

In dem Patent 542 007 ist vorgeschlagen worden, bei der Fällung von Titanverbindungen durch Hydrolyse aus mineralsaurer Titanlösung diese bei erhöhter Temperatur, beispielsweise etwa 90° C, mit einer Lösung einer organischen Säure oder Verbindungen einer organischen Säure zu mischen. Von diesem Verfahren unterscheidet sich das vorliegende durch die gleichzeitige Verwendung von Phosphorsäure oder Phosphorsäureverbindungen.

Patentansprüche:

1. Verfahren zur Fällung von Titanverbindungen durch Hydrolyse aus mineralsaurer, beispielsweise schwefelsaurer Titanlösung, dadurch gekennzeichnet, daß die Lösung mit einer Lösung von Phosphorsäure oder Phosphorsäureverbindungen und organischer Säure oder Verbindungen organischer Säuren bei erhöhter Temperatur, beispielsweise 98° C, gemischt wird.

2. Verfahren wie im Anspruch 1, dadurch gekennzeichnet, daß als organische Säure Oxalsäure mit einem Zusatz von Phosphorsäure benutzt wird.

3. Verfahren nach Anspruch 1 und 2, dadurch gekennzeichnet, daß Phosphorsäure oder eine Phosphorsäureverbindung und organische Säure oder eine organische Säureverbindung, z. B. Oxalsäure oder ihre Verbindungen, in der mineralsauren, beispielsweise schwefelsauren Titanlösung gelöst und die Lösung dann in heißes Wasser eingeführt wird.

4. Verfahren wie in den Ansprüchen 1 bis 3, dadurch gekennzeichnet, daß der Niederschlag nach Abtrennung der Lösung und Waschen in an sich bekannter Weise calciniert wird.

5. Verfahren nach den Ansprüchen 1 bis 4, dadurch gekennzeichnet, daß Titan als basisches Sulfat, gebundenen Phosphor oder Verbindungen desselben enthaltend, ausgefällt wird.

Nr. 533326. (L. 64576.) Kl. 22f, 7. Dr. Karl Leuchs in Berlin-Zehlendorf.

Verfahren zur Darstellung reiner Titansäure.

Vom 28. Nov. 1925. — Erteilt am 27. Aug. 1931. — Ausgegeben am 11. Sept. 1931. — Erloschen: 1935.

Wenn man Titanerze mit H_2SO_4 oder $NaHSO_4$ aufschließt, so erhält man Lösungen, die nur beim Erhitzen unter Druck oder bei Atmosphärendruck nach weitgehender Verdünnung einigermaßen ausgiebige Fällungen von TiO_2 geben. Besonders im letzteren Falle wird aber immer viel Eisen mitgerissen.

Die Erfindung besteht darin, daß man zunächst Lösungen des Titans, beispielsweise die genannten Aufschlußlösungen, durch Basen, beispielsweise Magnesiamilch, fällt. Man erhält dadurch α-Titanhydroxyd. Dieses löst sich leicht in Schwefelsäure oder in den vorher genannten Aufschlußlösungen. Solche Lösungen enthalten dann nicht mehr das Sulfat, welches der vierwertigen Form des Titans entspricht. Sie lassen sich schon bei Wasserbadtemperatur fast vollständig hydrolysieren. Da sie sehr konzentriert gehalten werden können, genügt die bei der Hydrolyse frei werdende Schwefelsäure, um ein Mitfallen des Eisens zu verhindern.

Ein bekanntes Verfahren strebt den gleichen Erfolg dadurch an, daß es überschüssiges Erz mit zum vollständigen Aufschluß ungenügenden Mengen Schwefelsäure behandelt. Abgesehen davon, daß es unbequem ist, immer einen unaufgeschlossenen Erzrest zu behalten, liefert das Verfahren auch keine konstanten Verhältnisse zwischen Titansäure und Schwefelsäure und gestattet auch nicht, das Verhältnis, wie es im Titanylsulfat vorliegt, zu erreichen. Beides ist nach dem vorliegenden Verfahren ohne weiteres möglich.

Bei der Durchführung des Verfahrens ist es nun nicht nötig, aus der ganzen Aufschlußlösung das Titan als Hydroxyd zu fällen, es genügt vielmehr, dieses nur aus einem Teil der Aufschlußlösung zu fällen. Durch Lösung dieser Fällung in dem restlichen Aufschluß läßt sich dann jedes gewünschte Verhältnis zwischen Titan und Schwefelsäure mit vollkommener Sicherheit erreichen.

Einen Teil der Schwefelsäure kann man auch durch andere Säuren, beispielsweise Salzsäure, ersetzen.

Beispiel

Man schließt 100 kg Ilmenit mit der berechneten Menge H_2SO_4 auf und löst zu etwa 400 l. Vorhandenes Fe III reduziert man, wie an sich bekannt ist, zu Fe II. Es ist selbstverständlich, daß man gegebenenfalls einen Teil des Eisensulfats auskristallisieren lassen kann. Hieraus fällt man einen Teil, etwa 200 l, mit so viel irgendeiner Base — am einfachsten Magnesiamilch —, daß dadurch alle Schwefelsäure mit Ausnahme der als $FeSO_4$ vorhandenen neutralisiert wird. Den erhaltenen Niederschlag preßt man in einer Filterpresse ab und löst ihn in den restlichen 200 l. Die Lösung scheidet bei Wasserbadtemperatur etwa 90% der Titansäure ab. Geringe Mengen H_2SO_4, welche der Niederschlag stets enthält, können auf bekannte Weise entfernt werden.

Patentanspruch:

Verfahren zur Darstellung von Titansäure durch Auflösen von Titanhydroxyd in Schwefelsäure, dadurch gekennzeichnet, daß man aus Lösungen des Titans, z. B. Aufschlußlösungen, durch eine Base, beispielsweise Magnesiamilch, gefälltes α-Titanhydroxyd in Schwefelsäure oder in Aufschlußlösungen von Titanerzen löst und die saure Lösung durch Erhitzen hydrolysiert.

Nr. 542281. (T. 37921.) Kl. 22f, 7. Titan Co. A/S in Fredrikstad, Norwegen.

Verfahren zur Herstellung von Titanpigmenten.

Vom 27. Nov. 1929 — Erteilt am 31. Dez. 1931. — Ausgegeben am 22. Jan. 1932. — Erloschen: ....

Norwegische Priorität vom 12. Dez. 1929 beansprucht.

Die Erfindung betrifft zusammengesetzte Titanpigmente (sogenannte Kompositionspigmente), die im wesentlichen aus Titanverbindungen und Bariumsulfat bestehen.

Es ist bereits bekannt, Kompositionspigmente durch Erhitzen der Bestandteile in Gegenwart eines bindend wirkenden Stoffes herzustellen, und zwar durch Erhitzen von Titanoxyd und Bariumsulfat in Gegenwart von Wasser, wobei das Verhältnis von Bariumsulfat zu Titandioxyd 1 : 1 sein kann.

Die Erfindung betrifft nun ein Verfahren zur Herstellung von Kompositionspigmenten, deren Komponenten durch eine Fällung zusammengebracht werden, und zwar hat sich dabei gezeigt, daß Pigmente, die ein bestimmtes Verhältnis zwischen den Mengen an Titanverbindungen (als TiO_2 berechnet) und Bariumsulfat aufweisen, nämlich etwa 40 bis 60% TiO_2 und 60 bis 40% $BaSO_4$ enthalten, ganz überraschende Eigenschaften zeigen. Es lassen sich beispielsweise derartige Pigmente mit nur etwa 50% TiO_2 herstellen, die praktisch das gleiche Farbvermögen und dieselbe Deckkraft aufweisen wie Pigmente, die im wesentlichen aus reinem Titanoxyd bestehen. Durch diese Arbeitsweise wird ein sehr erheblicher technischer Vorteil erreicht. Man erzielt nämlich Pigmente, die, wie vergleichende Versuche ergeben haben, etwa das doppelte Farbvermögen haben, als sie nach den oben angegebenen Verfahren, bestehend in Erhitzen von Bariumsulfat und Titanoxyd in Gegenwart von Wasser, erzielbar sind.

Die genaue Zusammensetzung dieser Pigmente ist von dem bei der Herstellung der Titansäure und des Bariumsulfats verwendeten Verfahren abhängig. So hat sich gezeigt, daß Pigmente dieser Art mit 45 bis 55% TiO_2 die obengenannten hervorragenden farbtechnischen Eigenschaften in ausgeprägtem Grade besitzen.

Die Herstellung dieser Pigmente kann in bekannter Weise geschehen, z. B. dadurch, daß man Bariumsulfat in einer Titansulfat enthaltenden Lösung suspendiert und darauf die Titansäure durch Erhitzen fällt. Die Titansäure und das Bariumsulfat können auch gleichzeitig gefällt oder das Bariumsulfat kann auf vorher gefällter Titansäure ausgefällt werden.

Die Zusammensetzung der verwendeten titanhaltigen Lösung kann wechseln, und zwar sowohl in bezug auf Konzentration als auch in bezug auf den Gehalt der einzelnen Bestandteile; beispielsweise kann man mit einem Gehalt von Schwefelsäure arbeiten, der größer oder kleiner als die den Basen der Lösung äquivalente Menge ist (in letzterem Fall kann z. B. das Titan als basisches Salz zugegen sein). Auch kann man eine den Basen äquivalente Schwefelsäuremenge verwenden.

Die Fällung kann bei atmosphärischem Druck oder bei höherem Druck vorgenommen werden. Die Lösung wird erhitzt, bis der Niederschlag die gewünschten Eigenschaften besitzt.

Während der Darstellung dieser Pigmente können auch in an sich bekannter Weise Stoffe wie Chloride, Fluoride, Phosphate oder die diesen Verbindungen entsprechenden Säuren oder auch organische Stoffe zugesetzt werden.

Ausführungsbeispiel

In einer Titaneisensulfatlösung mit einem spezifischen Gewicht von etwa 1,5 und mit 6 bis 12% TiO_2 sowie einigen Prozenten freier Schwefelsäure (außer der an die Basen der Lösung gebundene Schwefelsäure) wird

Bariumsulfatteig suspendiert, und zwar in einer Menge, die so berechnet ist, daß ein Niederschlag mit 50% TiO_2 und 50% $BaSO_4$ erhalten wird. Die Suspension wird bis zur praktisch vollständigen Ausfällung des in der Lösung enthaltenen Titans erhitzt. Man befreit den Niederschlag durch Waschen möglichst von Säuren, Eisen und anderen Verunreinigungen und glüht darauf bis zur Erreichung der gewünschten Eigenschaften. Selbstverständlich können die Einzelheiten des Verfahrens je nach den Erfordernissen geändert werden.

Nach diesem Verfahren wurden Kompositionspigmente mit folgendem Färbvermögen hergestellt:

25% TiO_2	75% $BaSO_4$	Färbvermögen 3,8
40% -	60% -	- 6,0
50% -	50% -	- 7,0
60% -	40% -	- 6,0

Vor und während der Calcination dieser Produkte können in bekannter Weise Neutralisationsmittel sowie Sinterungsmittel, wie z. B. Alkaliverbindungen, zugesetzt werden. Der an und für sich bekannte Zusatz von Phosphorsäure oder Phosphaten bei der Herstellung von Titanpigmenten hat sich auch in diesem Fall als vorteilhaft erwiesen.

Der Glühprozeß wird vorzugsweise derart geleitet, daß Änderungen in der Struktur der Titanverbindungen eintreten. Hierdurch wird eine weitere Verbesserung der farbtechnischen Eigenschaften erreicht, insbesondere in bezug auf Färbvermögen und Haltbarkeit. Das Glühen wird am besten in der Weise vorgenommen, daß eine merkliche Steigerung des Lichtbrechungsvermögens stattfindet unter gleichzeitiger Bildung von möglichst vielen reflektierenden Flächen in den einzelnen Teilchen. Wenn in dieser Weise hergestellte Titanpigmente einer optischen Untersuchung unterworfen werden, so zeigt sich, daß die Titanverbindungen ganz oder teilweise in cryptokristallinischer oder mikrokristallinischer Form vorliegen. Im ersteren Fall enthält das Pigment Primärteilchen, deren Kristallinität bei mikroskopischen Untersuchungen nur indirekt festgestellt werden kann. Zur Erzielung dieses Effektes wird die an sich bekannte Erhitzung bei der Calcination von Titanverbindungen auf Temperaturen zwischen 700 und 1000° C vorgenommen.

Patentansprüche:

1. Verfahren zur Herstellung von Titanpigmenten mit hohem Farbvermögen durch Ausfällen von unlöslichen Titanverbindungen auf Bariumsulfat oder gleichzeitig mit Bariumsulfat und nachfolgendem Auswaschen und Erhitzen des Niederschlags, dadurch gekennzeichnet, daß man die Titanverbindungen und das Bariumsulfat in solchen Mengenverhältnissen verwendet oder entstehen läßt, daß ein Niederschlag mit 40 bis 60% TiO_2 erhalten wird.

2. Verfahren nach Anspruch 1, dadurch gekennzeichnet, daß dem Niederschlag während oder nach dem Auswaschen an sich bekannte Neutralisations- oder Sinterungsmittel oder beide zugesetzt werden.

3. Verfahren nach den Ansprüchen 1 und 2, dadurch gekennzeichnet, daß den Titanverbindungen während der Herstellung an sich bekannte Phosphorverbindungen zugesetzt werden.

4. Verfahren nach den Ansprüchen 1 bis 3, dadurch gekennzeichnet, daß der Niederschlag einem an sich bekannten Erhitzen auf höhere Temperaturen ausgesetzt wird.

E. P. 346801; F. P. 686553.

Nr. 553649. (I. 37895.) Kl 22f, 7.

I. G. Farbenindustrie Akt.-Ges. in Frankfurt a. M.

Erfinder: Dr. Paul Weise und Dr. Friedrich Raspe in Leverkusen.

Verfahren zur Herstellung von Titankompositionspigmenten.

Vom 2. Mai 1929. — Erteilt a- 9. Juni 1932. — Ausgegeben am 29. Juni 1932. — Erloschen: . . . .

Es ist ein Verfahren zur Herstellung eisenfreier, weißer und gut deckender Titansäure bekannt, das darin besteht, daß man der Hydrolyse solche Titansalzlösungen bei einer Temperatur von 160 bis 180° C unterwirft, die ein spezifisches Gewicht von 1,35 bis 1,55 und einen Gesamtsäuregehalt von 25 bis 40 % haben. Versucht man jedoch unter diesen Bedingungen sogenannte Titankompositionspigmente herzustellen, so zeigt es sich, daß es auf diesem Wege unmöglich ist, brauchbare Kompositionspigmente zu erhalten, da die in Frage kommenden Faktoren hierbei grundlegend verschieden sind.

Es wurde gefunden, daß das Färbe- und Deckvermögen von Titankompositionspigmenten, also z. B. von Titandioxyd auf $BaSO_4$, $CaSO_4$ usw., die aus solchen Titansulfatlösungen gefällt wurden, die noch freie Säure enthalten, wesentlich abhängig ist von der Fälltemperatur, dem Gehalt an Säure und dem spez. Gewicht der Titansulfatlösungen, und zwar ist das Färbe- und Deckvermögen um so höher, je niedriger zwei der angeführten Faktoren sind. Falls also mit einer Fälltemperatur unter dem Siedepunkt gefällt wird, muß entweder das spez. Gewicht der Lauge oder der Gehalt an freier Säure und an Titan gebundener Säure hochgehalten werden. Bei sehr niedrigen Fälltemperaturen ist die Fällzeit zu lang für die praktische Durchführung des Verfahrens; anderseits ist es wünschenswert, das spez. Gewicht der Laugen im Hinblick auf den Titangehalt nicht zu niedrig zu halten.

Es wurde die bemerkenswerte Beobachtung gemacht, daß es nur nötig ist, so lange auf niedrige Temperaturen zu erhitzen, bis eine gewisse Menge Titanhydrat, die von der jeweiligen Art des Produkts abhängig ist, ausgefällt ist und daß dann, ohne daß das Färbe- und Deckvermögen leidet, die Fällung bei höheren Temperaturen, zum Schluß sogar über den Siedepunkt hinaus beendet werden kann.

Aus obigem ergibt sich, daß bei der Herstellung von Titankompositionspigmenten dann hohes Färbevermögen erhalten wird, wenn man die Herstellung bei niedrigen Temperaturen und niedrigen Konzentrationen vornimmt, während im Gegensatz hierzu bei der eingangs erwähnten Herstellung von Titandioxyd die Anwendung von Druck und hohen Konzentrationen wesentlich für den gleichen Erfolg ist.

Beispiel 1

Titanerz wird mit Schwefelsäure unter den bekannten Bedingungen aufgeschlossen und die erhaltene Titansulfatlauge so weit abgekühlt, bis der größte Teil des Eisens auskristallisiert ist. Die erhaltene Titansulfatlauge mit 23 % freier und an Titan gebundener Säure und einem spez. Gewicht von 1,36 wird mit so viel $BaSO_4$ oder $CaSO_4$, SiO_2, $Al_2O_3 \cdot SiO_2$ usw. versetzt, daß nach der Hydrolyse ein Produkt mit dem gewünschten Titangehalt erhalten wird. Daraufhin wird das Titan bei 98° C auf den Träger ausgefällt, die Paste gewaschen und schließlich einem Glühprozeß unterworfen.

Beispiel 2

Die vom Aufschluß des Titanerzes mit Schwefelsäure erhaltene Titansulfatlauge wird mit so viel verdünnter Schwefelsäure versetzt, bis die Lauge ein spez. Gewicht von 1,45 mit 18 % freier und an Titan gebundener Säure besitzt. Diese Lauge wird mit der gewünschten Menge $BaSO_4$ versetzt und so lange auf 90° C erwärmt, bis 70 bis 80 % ausgefallen sind und dann bei 115° C unter Druck die Hydrolyse beendet.

Patentansprüche:

1. Verfahren zur Herstellung von Titankompositionspigmenten beliebiger Zusammensetzung von hohem Färbevermögen durch Fällung aus Lösungen von Titansalzen, die freie Säure enthalten, und Trägerstoffen, wie $BaSO_4$, $CaSO_4$ usw., dadurch gekennzeichnet, daß, falls das spez. Gewicht der Lösungen unter 1,40 beträgt, entweder die Fälltemperatur unterhalb des Siedepunktes der Lösung und die Summe der freien und an Titan gebundenen Säure über 20 % gehalten wird, wenn das spez. Gewicht der Lösung dagegen höher als 1,40 ist, mit einer Säure unter 20 % und einer Fälltemperatur unter 100° gearbeitet wird.

2. Verfahren nach Anspruch 1, dadurch gekennzeichnet, daß das Titanhydrat auf den Träger bei Temperaturen unterhalb des Siedepunktes ausgefällt wird.

3. Verfahren nach Anspruch 1 und 2, dadurch gekennzeichnet, daß zunächst bei Temperaturen unterhalb des Siedepunktes ausgefällt wird und dann, nach Erreichung der gewünschten Ausbeute, die Temperatur sofort oder in mehreren Stufen bis zum Siedepunkt gesteigert wird.

4. Verfahren nach Anspruch 1 bis 3, dadurch gekennzeichnet, daß in der letzten Stufe die Temperatur über den Siedepunkt hinaus gesteigert wird.

Öst. P. 126124.

Nr. 516314. (T. 32599.) Kl. 22f, 7. Titanium Pigment Company Inc. in New York.

Verfahren zur Herstellung von komplexen Titanpigmenten.

Vom 11. Nov. 1926. — Erteilt am 31. Dez. 1930. — Ausgegeben am 21. Jan 1931. — Erloschen: . . . .

Die Erfindung betrifft ein Verfahren zur Herstellung von neuartigen komplexen Titanpigmenten.

Es ist bereits bekannt, weiße Titanfarbstoffe dadurch herzustellen, daß Titanlösungen bei Gegenwart schwer löslicher, weißer Sulfate durch Kochen ausgefällt, gefiltert und die Filterrückstände geglüht werden.

Nach der Erfindung wird ein zusammengesetztes Titanpigment aus Titandioxyd und

Calciumsulfat mit außerordentlich hohem Deckvermögen dadurch hergestellt, daß ein besonders geeignetes Calciumsulfat für sich dargestellt und das dann einer Titansalzlösung zugesetzt wird, aus welcher Titanverbindungen ausgefällt werden sollen. Es hat sich nämlich gezeigt, daß man unter besonderen Bedingungen dem Calciumsulfat Eigenschaften erteilen kann, die es als Träger für ausgefällte Titanteilchen besonders geeignet machen.

Um Calciumsulfat mit den gewünschten Eigenschaften darzustellen, kann man in verschiedener Weise vorgehen. Man kann z. B. Schwefelsäure auf Kalk oder Calciumcarbonat bei Anwesenheit von Wasser einwirken lassen. Oder man kann als Ausgangsmaterial natürliches Calciumsulfat (Gips), künstliches Calciumsulfat oder als Nebenprodukt verschiedener Industrien entstehendes Calciumsulfat anwenden, dann dieses Calciumsulfat erhitzen, bis die ursprüngliche Struktur zerstört ist, es hierauf pulverisieren und mit Wasser behandeln, wodurch hydratisches Calciumsulfat gebildet wird.

In der Natur kommt Calciumsulfat in der Regel in kristallinischer Form vor und am häufigsten in hydratisierter Form als $CaSO_4 \cdot 2\,H_2O$. Die Kristalle haben indessen eine solche Größe und Form, daß sie sich sogar nach sorgfältigem Feinpulverisieren nicht für die hier erwähnten zusammengesetzten Pigmente eignen. Dasselbe gilt für das künstliche Calciumsulfat, das als Nebenprodukt bei vielen Industrien entsteht. Durch Erhitzen von natürlichem Gips oder künstlichem Calciumsulfat bis zur Zerstörung der ursprünglichen Struktur, Pulverisieren des Produktes und Behandeln mit Wasser ist es indessen möglich, ein Calciumsulfat mit den gewünschten Eigenschaften darzustellen.

Für gewisse Calciumsulfate ist es auch vorteilhaft, sie nach dem Erhitzen mit verdünnten Mineralsäuren, z. B. Schwefelsäure, zu behandeln, um Verunreinigungen aufzulösen und dadurch ein Produkt mit besserer Farbe zu erhalten.

Bei Anwendung des Verfahrens, das auf dem Umsatz von Kalk oder Calciumcarbonat mit Schwefelsäure beruht, braucht die Schwefelsäure nicht rein zu sein. So kann man z. B. eine Lösung anwenden, die Eisensulfat neben freier Schwefelsäure enthält, wie z. B. die Mutterlauge von der nachfolgenden hydrolytischen Fällung von Titanverbindungen. Dadurch können natürlich bedeutende Ersparnisse und eine besonders wirtschaftliche Arbeitsweise erreicht werden. Man kann ferner sowohl der Säure Calciummaterial zusetzen als auch umgekehrt verfahren. Gemäß dem ersteren Verfahren fällt man Calciumsulfat in einer verdünnten Säurelösung, nach dem letzteren in alkalischer Lösung, wenn Kalk angewandt wird. Dieses letztere Verfahren wird vorgezogen, wenn die Ausgangsstoffe verhältnismäßig rein sind. Werden aber Stoffe mit Beimischungen, die auf das Calciumsulfat einen schädlichen Einfluß ausüben können, angewandt, z. B. die obengenannte saure Eisensulfatlösung von der Titanfällung, so ist es vorzuziehen, das Calciummaterial der Säure zuzusetzen, und es ist dann auch ratsam, einen Überschuß über die theoretisch berechnete Säuremenge anzuwenden.

Folgende Beispiele der Verfahren zur Darstellung von Calciumsulfat erläutern diese Stufe des Verfahrens.

Beispiel 1

37,5 kg Kalk (CaO), gewöhnliche Handelsware, werden mit 250 l Wasser gelöscht und die Masse bis auf eine Konzentration von 10% verdünnt. 67,5 kg Schwefelsäure (66° Bé), mit 250 l Wasser verdünnt, wurden langsam dem Kalk im Laufe einer Stunde unter stetigem Umrühren zugesetzt, wobei die Temperatur auf 46° C stieg. Nach dem Zusatz der Schwefelsäure wurde das Umrühren noch eine Stunde fortgesetzt, um einen vollständigen Umsatz zu erreichen. Die Charge wurde dann filtriert, um eine dickere Calciumsulfatmasse zu erhalten.

Beispiel 2

Zu der sauren Mutterlauge von der Titanfällung (diese Stufe wird später beschrieben), die freie Schwefelsäure und Ferrosulfat enthält, wurde Calciumcarbonat in Form eines dünnen Breies zugesetzt. Während des Mischens wurde die Temperatur bei 25° C gehalten; der Umsatz fand unter stetigem Umrühren statt, das nach dem Zusetzen eine Stunde lang fortgesetzt wurde, um eine vollständige Reaktion sicherzustellen. Die Charge wurde dann filtriert, um eine dickere Calciumsulfatmasse zu erhalten.

Beispiel 3

110 kg natürlicher Gips wurden bis auf eine Feinheit entsprechend 14000 Maschen pro cm^2 gepulvert und dann auf eine Temperatur von 110 bis 120° C während etwa 3 Stunden erhitzt. Das Material, das nach dem Erhitzen etwa 93 kg wog, wurde 200 l kaltem Wasser unter stetigem Umrühren zugesetzt. Das Rühren wurde $1^1/_2$ Stunden nach dem Zusetzen fortgesetzt, um eine vollständige Rückbildung von $CaSO_4 \cdot 2\,H_2O$ zu

erreichen, bevor die Masse der Titansulfatlösung zugegeben wurde.

Bei allen Modifikationen, die bei der Darstellung von Calciumsulfat nach dem vorliegenden Verfahren möglich sind, ist es von wesentlicher Bedeutung, daß die Calciumsulfatteilchen fein verteilt werden und eine große Oberfläche besitzen; dadurch wird nämlich eine bessere Adsorption der Titanteilchen, die später ausgefällt werden, ermöglicht. Bei mikroskopischer Untersuchung soll das dargestellte Calciumsulfat nadelförmige Kristalle darstellen, deren Länge den übrigen Abmessungen gegenüber besonders hervortritt; dadurch unterscheidet sich das Produkt deutlich von dem nach anderen Verfahren dargestellten, verhältnismäßig grobkörnigen Calciumsulfat. Dieses zeigt nämlich bei mikroskopischer Untersuchung im wesentlichen Kristalle in Form von rhombischen Platten, ähnlich dem natürlichen Gips.

Das außerordentlich hohe Deckvermögen neben anderen vorteilhaften Eigenschaften dieses neuen Pigmentmaterials beruht auf der besonderen Struktur des Calciumsulfates mit einer großen Oberfläche zur Adsorption der Titanverbindungen.

Es ist auch charakteristisch für diese Form von Calciumsulfat, daß es sich leicht von Eisen und anderen Verunreinigungen, die von der Fällung herrühren, durch Waschen befreien läßt; man erreicht so ein weißeres Pigment mit weniger Verunreinigungen, als es bisher möglich gewesen ist.

Das neue komplexe Titanpigmentmaterial wird dadurch dargestellt, daß man zunächst Calciumsulfat in der gewünschten Form darstellt und dann das Calciumsulfat einer Titansalzlösung zusetzt, die Charge zur hydrolytischen Ausfällung der Titanverbindungen zum Sieden erhitzt, den komplexen Niederschlag auswäscht, zum Beispiel durch Filtrieren, und ihn dann trocknet oder glüht, gegebenenfalls mit entsprechenden Zusätzen. So kann der Niederschlag nach dem Filtrieren neutralisiert werden, z. B. mit Erdalkalicarbonat. Außerdem können Stoffe zugesetzt werden, die während des Glühens stabilisierend oder katalytisch wirken, wie z. B. Phosphorverbindungen. Der Zusatz derartiger Stoffe kann in jeder geeigneten Stufe vor dem Glühen erfolgen, beispielsweise können die Stoffe den Rohstoffen zugesetzt werden oder auch bei der Fällung. In der Regel erfolgt jedoch der Zusatz der Stoffe unmittelbar vor dem Calcinieren. Gewöhnlich verwendet man Phosphorsäure oder Phosphate, und zwar sowohl normale als auch saure Phosphate (Mono- und Diphosphate). Der Glühprozeß kann so geregelt werden, daß die Titanverbindungen im fertigen Produkt ganz oder teilweise in kristallinischer oder in kryptokristallinischer Form vorliegen. Faktoren, wie Konzentration und Säuregrad der Titanlösung, die Bedingungen während des Fällens, Trocknens oder Glühens können innerhalb weiter Grenzen variiert werden je nach den erwünschten Ergebnissen.

Die Erfindung ist deshalb auch nicht auf die Bedingungen beschränkt, die im nachfolgenden Beispiel angegeben sind, das nur zur Erläuterung einiger Arbeitsbedingungen bei der Darstellung eines Durchschnittsproduktes dienen soll.

Es kann eine Titansulfatlösung angewandt werden, die in beliebiger Weise dargestellt ist, z. B. durch Behandlung von Ilmenit mit Schwefelsäure und nachfolgende Auflösung in Wasser; anwesendes dreiwertiges Eisen wird in zweiwertige Form übergeführt, z. B. durch elektrolytische Reduktion oder durch Behandlung mit Metallen, vorzugsweise metallischem Eisen. Aus einer solchen Lösung und Calciumsulfatteig von der gewünschten Qualität wurde folgende Charge hergestellt:

Titansulfatlösung .... 550 kg,
Calciumsulfatteig .... 280 -
= 110 kg $CaSO_4 \cdot 2\,H_2O$.

Die Charge wurde unter stetigem Umrühren zum Sieden erhitzt, bis eine Probe bei der Analyse zeigte, daß etwa 95 % des Titans ausgefällt waren. Die erforderliche Kochzeit war etwa 5 Stunden. Die Charge wurde dann mit einem gleichen Volumen Wasser verdünnt und zum Absetzen gebracht, worauf die obere klare Flüssigkeit abdekantiert wurde. Diese Flüssigkeit, die den wesentlichen Teil der während der Fällung der Titanverbindungen freigemachten Schwefelsäure enthält, ist zum Fällen von Calciumsulfat brauchbar, wie im Beispiel 2 angegeben. Nach dem Ablassen der sauren Flüssigkeit wurde die Charge filtriert, gewaschen und dann bei etwa 900° C drei Stunden lang geglüht. Die Ausbeute war etwa 100 kg Pigment, dessen Analyse folgende Zusammensetzung zeigte:

Titanoxyd (TiO_2) .... 29,4 %,
Calciumsulfat ($CaSO_4$)
(durch Differenz) .... 70,6 %,
Spezifiisches Gewicht des
Pigments .... 3,22.

Die im Beispiel angewandten Materialmengen ergaben also ein Pigment mit etwa 30 % TiO_2. Das neue Pigment ist indessen nicht auf diese besondere Zusammensetzung beschränkt. Die Stoffe können so bemessen werden, daß Pigmente mit einem beliebigen Inhalt von Titanoxyd erhalten werden.

Das dargestellte komplexe Titanpigment ist durch eine außerordentlich große chemische Reinheit und hervorragende physikalische Eigenschaften gekennzeichnet. Es ist ein sehr weiches, feines, weißes Pulver, das bei mikroskopischer Untersuchung bei hoher Vergrößerung die charakteristische nadelförmige Struktur aufweist, von der oben bereits die Rede war. Obwohl das Titanoxyd in großen Mengen anwesend ist, so ist es nicht leicht wahrzunehmen, da es scheinbar mit dem Calciumsulfat zusammengewachsen ist, ohne dessen charakteristische Struktur zu zerstören.

Nach dem Glühen weist das Pigment derartige physikalische Eigenschaften auf, daß es als Pigment oder für andere Zwecke verwendet werden kann, ohne den gewöhnlichen Zerkleinerungsprozeß durchzumachen.

Patentansprüche:

1. Verfahren zur Herstellung von komplexen Titanpigmenten durch Hydrolyse von Titansalzlösungen in Gegenwart anorganischer Trägersubstanzen, dadurch gekennzeichnet, daß als Träger nadelförmige, kristallinische Calciumsulfatteilchen dienen.

2. Verfahren nach Anspruch 1, dadurch gekennzeichnet, daß Calciumsulfat von nadelförmiger kristallinischer Struktur in eine Titansalzlösung eingeführt, die Titanverbindungen durch Hydrolyse in an sich bekannter Weise aus der Lösung ausgefällt und der Niederschlag in an sich bekannter Weise weiterverarbeitet wird.

3. Verfahren nach Anspruch 1 und 2, dadurch gekennzeichnet, daß eine vorher dargestellte Suspension fein verteilter Teilchen aus hydratisiertem Calciumsulfat angewandt wird.

4. Verfahren nach Anspruch 1 bis 3, dadurch gekennzeichnet, daß eine konzentrierte Suspension aus Calciumsulfat angewandt wird.

5. Verfahren nach Anspruch 1 bis 4, dadurch gekennzeichnet, daß das Calciumsulfat durch Behandlung einer Calciumverbindung mit Schwefelsäure und Wasser dargestellt wird.

6. Verfahren nach Anspruch 1 bis 4, dadurch gekennzeichnet, daß das angewandte Calciumsulfat durch Erhitzen eines Calciumsulfates, dessen ursprüngliche Struktur zerstört worden ist, und Behandeln der Masse mit Wasser zur Darstellung eines hydratisierten Calciumsulfates gewonnen ist.

7. Verfahren nach Anspruch 6, dadurch gekennzeichnet, daß als Ausgangsmaterial Gips angewandt wird.

8. Verfahren nach Anspruch 1 bis 7, dadurch gekennzeichnet, daß die Titanverbindungen des gefällten Produktes durch Erhitzen in an sich bekannter Weise zu kryptokristallinische oder kristallinische Form übergeführt werden.

9. Verfahren nach Anspruch 1 bis 8, dadurch gekennzeichnet, daß während der Herstellung des zusammengesetzten Titanpigmentes Phosphorverbindungen zugesetzt werden.

F. P. 624946, s. a. F. P. 704585.

Nr. 560051. (K. 95282.) Kl. 22f, 7.

Carl Adolphe Klein in Brimsdown, England und Robert Skirving Brown in London.

Verfahren zum Herstellen eines Titanfarbstoffes.

Vom 7. Aug. 1925. — Erteilt am 15. Sept. 1932. — Ausgegeben am 28. Sept. 1932. — Erloschen: 1934.

Großbritannische Priorität vom 25. Aug. 1924 beansprucht.

Die Erfindung betrifft ein Verfahren zum Herstellen eines Titanfarbstoffes unter Anwendung einer Bariumverbindung, besonders von Bariumkarbonat oder Bariumsulfat. Bei der Herstellung von Titanfarbstoffen ist es bereits bekannt (Amer. Patentschrift 1 396 924), mit der Bariumverbindung ein Titanerz, wie Rutil oder Ilmenit, zu vermischen und durch Schmelzung der Mischung in Gegenwart eines reduzierenden Stoffes außer anderem eine Schlacke zu bilden, die aus Barium- und Titanoxyden besteht. Während aber bei dem bekannten Verfahren zwei Schlacken, von denen die eine, die eisen- und silikathaltige, abtrennbar ist, gebildet werden, worauf jene titan- und bariumhaltige als sulfidisch erhaltene Schlacke mittels Chlorwasserstoffsäure aufgelöst wird, soll bei dem vorliegenden Verfahren die sulfidische Schlacke umgangen werden. Bei der Anwendung von Bariumsulfat wird dafür gesorgt, daß aus der zunächst erhaltenen Schmelze die Schwefelsäure entfernt wird. Ohne diese Vorbereitung ist gemäß der Erfindung Bariumkarbonat zu verwenden, wodurch unter Ermöglichung einer weniger umständlichen Arbeitsweise ein reineres Produkt erhalten wird.

Das neue Verfahren wird in folgender Weise ausgeführt. Nachdem die Schlacke durch Schmelzen der Bariumverbindung, z. B. von Bariumoxyd, mit Titanerz in Gegenwart eines reduzierenden Stoffes gebildet ist, wird die Schlacke gemahlen, das darin enthaltene metallische Eisen durch Magnete entfernt, sodann Schwefelsäure zugesetzt und die Mischung erhitzt, so daß sich Barium- und Titansulfate bilden. Die Mischung der Sulfate wird nach Anrühren mit Wasser in Gegenwart von organischen Stoffen neuerlich gekocht, wodurch die Titanverbindungen in Gegenwart von Bariumsulfat ausgefällt werden, worauf die Masse gewaschen, getrocknet und geglüht wird.

Bei Anwendung von Bariumkarbonat als Ausgangsmaterial wird dieses mit Titanerz, wie Rutil oder Ilmenit, mit oder ohne Flußmittel, z. B. Flußspat, und mit einem reduzierenden Mittel gemischt und geschmolzen. Man erhält eine Schlacke, die Barium- und Titanoxyde zusammen mit metallischem Eisen enthält, das in geeigneter Weise, z. B. mittels Magnete, entfernt wird. Kommt Bariumsulfat zur Verwendung, so wird das Bariumsulfat zuerst mit dem Ilmenit oder Rutil erhitzt. Unter Entweichen von Schwefelsäuredämpfen wird eine Mischung von Bariumoxyd, Titanoxyd und Eisenoxyd erhalten, die man mit Kohle schmilzt. Die entstehende Schlacke enthält Barium- und Titanoxyde zusammen mit metallischem Eisen, das auf beliebige Weise abgesondert werden kann.

Die Schwefelsäuredämpfe, die bei der Erhitzung von Ilmenit oder Rutil mit Bariumsulfat entstehen, können zur Herstellung von Schwefelsäure für die weitere Durchführung des Verfahrens benutzt werden.

Die auf die angegebene Weise gebildete Schlacke aus Barium- und Titanoxyden wird, wie schon oben erwähnt, gemahlen und mit Magneten behandelt, um soviel als möglich von dem metallischen Eisen zu entfernen, worauf die Schlacke mit Schwefelsäure bis zur Bildung einer Paste gemischt wird, die man erhitzt, so daß eine innige Mischung von Bariumsulfat und Titansulfat entsteht. Nach Anrühren dieser Mischung mit Wasser wird sie in siedendes Wasser in Gegenwart von organischen Stoffen, wie Aldehyd, Zucker, Stärke o. dgl., gebracht. Hierdurch wird das Entstehen eines Niederschlages von chemisch gebundenem Eisen und von Spuren freien metallischen Eisens und damit eine Färbung des Endproduktes verhindert.

Man erhält so eine Fällung von Titanoxyd auf Bariumsulfat. Das erhaltene Produkt wird gewaschen, getrocknet und bei hoher Temperatur von ungefähr 900° C in Gegenwart von Luft im Ofen erhitzt, um noch etwa vorhandene Kohle zu verbrennen, die die Farbe des Erzeugnisses stören und zu gleicher Zeit die physikalischen Eigenschaften des Produktes verändern würde. Es entsteht so ein weißer Farbstoff, der nach Zerquetschen und Zermahlen der zusammenhaftenden Teile zu einem beliebigen Zweck verwendet werden kann.

Wie bereits gesagt, ist es vorzuziehen, Bariumkarbonat als Bariumverbindung zu benutzen; es kann aber auch Bariumoxyd oder ein Bariumsalz verwendet werden, das bei der Erhitzung in Bariumoxyd übergeht.

PATENTANSPRÜCHE:

1. Verfahren zum Herstellen eines Titanfarbstoffes durch Schmelzen eines Gemisches von Titanerz (Rutil oder Ilmenit) mit einer Bariumverbindung, z. B. von Bariumkarbonat, in Gegenwart eines reduzierenden Stoffes mit oder ohne Flußmittel, dadurch gekennzeichnet, daß die durch das Schmelzen erhaltene Schlacke gemahlen, die Spuren von metallischem Eisen durch Magnete entfernt, sodann Schwefelsäure zugesetzt und die Mischung erhitzt wird, worauf die entstandene Mischung von Barium- und Titansulfaten nach Anrühren mit Wasser in Gegenwart von organischen Stoffen gekocht wird und man den entstandenen Niederschlag wäscht, trocknet und glüht.

2. Ausführungsform des Verfahrens nach Anspruch 1, dadurch gekennzeichnet, daß zur Herstellung der Schlacke Bariumsulfat verwendet wird, wobei die nach dem Erhitzen von Bariumsulfat und Titanerz erhaltene Masse nach Zusatz von Kohle zur Schlacke verschmolzen wird.

E. P. 243081.

Nr. 478740. (M. 103044.) Kl. 22f, 7. METALLGESELLSCHAFT A. G. IN FRANKFURT A. M.

Erfinder: Dr. Erich Stahl in Frankfurt a. M.

Verfahren zur Gewinnung von Titanverbindungen, insbesondere Titansäure.

Vom 17. Jan. 1928. — Erteilt am 13. Juni 1929. — Ausgegeben am 1. Juli 1929. — Erloschen: 1932.

Gegenstand der Erfindung ist ein Verfahren zur Gewinnung von Titanverbindungen, insbesondere Titansäure aus titanhaltigen Stoffgemischen, Rückständen u. dgl., z. B. aus Rückständen vom alkalischen Aufschließen von titanhaltigen Mineralien u. dgl.

Behandelt man derartige Rückstände, z. B. den sogenannten Rotschlamm, der bei der Verarbeitung von Bauxit auf Tonerde für die Aluminiumfabrikation beim Lösen des mit Soda aufgeschlossenen Bauxits in Wasser erhalten wird und der neben Ferrihydroxyd, Tonerde und Kieselsäure etwa 5 bis 10 % Titansäure enthält, in bekannter Weise mit Schwefelsäure oder Salzsäure, z. B. derart, daß man ihn in Schwefelsäure löst, das gelöste Eisen z. B. durch schweflige Säure reduziert, aus der Lösung durch Hydrolyse, z. B. durch Erhitzen der verdünnten Lösung, die Titansäure abschneidet und diese sodann zwecks Reinigung durch Lösen in starker Schwefelsäure, Verdünnen dieser Lösung und Erhitzen umfällt, so stößt man auf die Schwierigkeit, daß man aus den zwecks Umfällung der Titansäure hergestellten stark schwefelsauren Lösungen die Titansäure durch Hydrolyse nur dann quantitativ oder wenigstens in befriedigender Ausbeute erhält, wenn man diese Lösungen entweder sehr stark verdünnt oder die darin enthaltene Säure durch irgendein Neutralisierungsmittel abstumpft. Außerdem bietet das beschriebene Verfahren den Nachteil, daß die Silikate zersetzt werden und Kieselsäure in gelatinöser Form ausfällt, wodurch die Filtration erschwert, wenn nicht unmöglich gemacht wird.

Die Erfinderin hat gefunden, daß man diese beiden Nachteile gleichzeitig dadurch vermeiden kann, daß man statt Schwefelsäure oder Salzsäure zum Inlösungbringen der Titansäure schweflige Säure verwendet. Die Beobachtung, daß es möglich ist, aus Rückständen der genannten Art die Titansäure vermittels schwefliger Säure, und zwar bei gewöhnlicher Temperatur in Lösung zu bringen, mußte angesichts der Schwäche dieser Säure überraschend erscheinen. Bei der Behandlung des Rotschlamms mit schwefliger Säure erhält man eine Lösung, in welcher das vorhandene Eisen in Form von Ferrosulfat und Ferrosulfit enthalten ist. Nach der Erfindung setzt man nun zu dieser rohen Lösung die schwefelsäurehaltigen, noch Titansäure enthaltenden Mutterlaugen von der Umfällung der Titansäure hinzu. Hierbei wird durch die in der Mutterlauge enthaltene Schwefelsäure eine entsprechende Menge von Ferrosulfit zersetzt unter Bildung von schwefliger Säure und Ferrosulfat, so daß auf diese Weise nicht nur die in der Mutterlauge vorhandene freie Schwefelsäure in verwertbarer Form aus der Lösung entfernt und damit die bis dahin von ihr in Lösung gehaltene Titansäure zur Ausfällung freigegeben, sondern auch das in der rohen Lösung vorhandene Ferrosulfit beseitigt wird, welches beim Kochen der Lösung mit der Titansäure, wie oben gesagt, ausfallen und diese verunreinigen würde. Dies bietet den außerordentlichen Vorteil, daß man bei der Abscheidung der zwecks Umfällung mit starker Schwefelsäure in Lösung gebrachten rohen Titansäure diese Lösungen nur mäßig zu verdünnen braucht, weil man ja die dabei gelöst zurückbleibenden Mengen von Titansäure mit der Mutterlauge der nächsten rohen Lösungspartie wieder zuführt, wo dann eine vollkommene Abscheidung auch dieser Reste von Titansäure erzielt wird infolge der Bindung der Schwefelsäure, welche sie bis dahin in Lösung hielt.

Ein weiterer Vorteil des Verfahrens liegt darin, daß sich das Arbeiten mit schwefliger Säure weitaus billiger gestaltet wie bei Anwendung von Schwefel- oder Salzsäure, weil man die schweflige Säure in Form von außerordentlich billigen Röstgasen zur Anwendung bringen kann. Die in der beschriebenen Weise erhaltenen rohen Lösungen werden gekocht, wobei die Hauptmenge der Titansäure mit etwas Eisen verunreinigt ausgeschieden wird, die dann durch Umfällen aus stark schwefelsaurer Lösung in der beschriebenen Weise unter Zurückführung der Mutterlaugen in den Lösungsprozeß gereinigt werden kann.

Die Durchführung des Verfahrens kann bei gewöhnlicher, aber auch bei erhöhter Temperatur und unter gewöhnlichem wie auch unter erhöhtem Druck erfolgen.

Beispiel:

In eine Suspension von 1 kg Rotschlamm mit 6 % Titansäure in 5 l Wasser werden bei gewöhnlichem oder erhöhtem Druck schwefelhaltige Röstgase eingeleitet. Es gehen ungefähr 90 bis 95 % des im Schlamm enthaltenen Eisens unter der Titansäure in Lösung. Die Lösung wird mit so viel schwefelsäurehaltiger Mutterlauge von der hydrolytischen Umfällung von Titansäure versetzt, als zur Zerstörung des gebildeten Ferrosulfits nötig ist, alsdann auf das doppelte Volumen verdünnt und durch Kochen die Titansäure ausgefällt. Es wird filtriert, die gewonnene Titansäure mit starker Schwefelsäure in Lösung gebracht, diese Lösung bis auf einen Gehalt von etwa 10 g Schwefelsäure im Liter verdünnt und sodann gekocht. Durch Filtration der entstandenen Fällung erhält man die Titansäure in eisenfreier Form und eine Mutterlauge mit etwa noch 1 bis 2 g Titansäure im Liter, die als Zusatz zu einer nächsten Rohlösung vor der Fällung verwendet wird.

Patentansprüche:

1. Verfahren zur Gewinnung von Titanverbindungen, insbesondere Titansäure aus titanhaltigen Stoffgemischen und Rückständen aller Art, z. B. Schlämmen vom alkalischen Aufschluß von titanhaltigen Mi-

neralien, insbesondere sogenannten Rotschlamm, wie er beim Lösen des mit Soda aufgeschlossenen Bauxits in Wasser erhalten wird, dadurch gekennzeichnet, daß schweflige Säure bzw. schweflige Säure enthaltende Gase zur Überführung der in den betreffenden Stoffen, z. B. in Form von Titanaten enthaltenen Titansäure in Lösung verwendet wird.

2. Verfahren nach Anspruch 1, dadurch gekennzeichnet, daß die schweflige Säure in Form von Röstgasen oder solche enthaltenden Gasgemischen verwendet wird.

3. Verfahren nach Anspruch 1 und 2, dadurch gekennzeichnet, daß die durch Behandlung der titanhaltigen Stoffgemische mit schwefliger Säure gewonnenen Lösungen mit schwefelsauren, Titansäure enthaltenden Lösungen behandelt werden, welche z. B. gewonnen sind als Mutterlaugen beim Umfällen von aus früheren Operationen gewonnener roher Titansäure durch Lösen in Schwefelsäure, Verdünnen und Erhitzen dieser Lösung zu dem Zweck, durch Umsetzung der in diesen Mutterlaugen enthaltenen Schwefelsäure mit den in der Rohlauge enthaltenen Sulfiten, insbesondere Ferrosulfit, die freie Schwefelsäure der Mutterlaugen unter Beseitigung der bei der späteren Ausfällung der Titansäure störenden Sulfite zu binden und damit gleichzeitig die in den zugefügten Mutterlaugen noch enthaltene Titansäure zur Ausfüllung freizumachen.

Nr. 507151. (I. 27010.) Kl. 22f, 7.

I. G. Farbenindustrie Akt.-Ges in Frankfurt a. M.

Erfinder: Dr. Johannes Brode und Dr. Carl Wurster in Ludwigshafen a. Rh.

Verfahren zum Aufschließen von Titanerzen.

Vom 17. Dez. 1925. — Erteilt am 28. Aug. 1930. — Ausgegeben am 13. Sept. 1930. — **Erloschen: 1933.**

Es ist bekannt, Titanerze, z. B. Ilmenit, durch Behandlung mit konzentrierter Salzsäure aufzuschließen. Hierbei macht sich jedoch der Nachteil geltend, daß der Aufschluß nur sehr unvollständig verläuft und das zurückbleibende Titandioxydhydrat durch erhebliche Mengen Eisen verunreinigt ist. Um diese Schwierigkeiten zu beseitigen, hat man bereits vorgeschlagen, den Aufschluß unter Verwendung frischer Salzsäuremengen einige Male zu wiederholen. Diese wiederholte Operation ist jedoch sehr umständlich und zeitraubend, außerdem bleibt viel Titandioxyd gelöst. Es ist auch bekannt, Titanerze in einem Arbeitsgange mit Salzsäure unter Verhinderung des Entweichens der Säure aufzuschließen. Hierbei arbeitet man in solchen Apparaten, daß das Entweichen von Chlorwasserstoff während der Behandlung des Erzes mit der Salzsäure ausgeschlossen ist. Auch diese Maßnahme führt nicht zum Ziele, da auch hier der Aufschluß insbesondere der letzten Erzteile nur sehr langsam und unvollständig erfolgt.

Es wurde nun gefunden, daß man in einfacher Weise ohne großen Zeitaufwand ein verhältnismäßig reines Titandioxydhydrat erhält, wenn man das Erz in der Hitze mit konzentrierten Chlorwasserstofflösungen behandelt und den verbrauchten Chlorwasserstoff während des Aufschlusses ersetzt, indem man gasförmigen Chlorwasserstoff, der auch noch beschränkte Mengen Wasser enthalten kann, in die Aufschlußlösung einleitet. Es gelingt auf diese Weise sehr leicht, Verunreinigungen basischer Natur, wie Magnesium-, Aluminium- und Calciumoxyd, sowie fast das gesamte Eisen in Lösung zu bringen, während Titan hierbei nur in Spuren gelöst wird. Die Hauptmenge des Titans bleibt als Titandioxydhydrat zusammen mit den meist geringen Mengen unlöslicher Gangart und sehr geringen Mengen Eisen zurück und kann von der Lösung leicht, z. B. durch Filtrieren in der Hitze, getrennt werden.

Die abfiltrierte Lösung enthält im allgemeinen so viel Eisen, daß dieses beim Erkalten als salzsaures Eisen in großen Mengen auskristallisiert. Nach dem Abtrennen des ausgeschiedenen Eisensalzes wird zweckmäßig die stark salzsaure Mutterlauge für einen neuen Aufschluß wiederbenutzt, wobei der verbrauchte Chlorwasserstoff ebenfalls in der angegebenen Weise ersetzt wird. Durch die wiederholte Verwendung der Mutterlauge ist es möglich, den gesamten Chlorwasserstoff zum Aufschluß auszunutzen und alles Eisen als festes Ferrochloridhydrat zu gewinnen. Zweckmäßig wird aus diesem der Chlorwasserstoff, z. B. durch Erhitzen mit dem Kristallwasser oder unter Zugabe von wenig Wasser, in an sich bekannter Weise zurückgewonnen und in die zum Aufschluß dienende Lösungen eingeleitet.

Überraschenderweise erfolgt der Aufschluß mit den Mutterlaugen schneller als mit reiner Chlorwasserstoffsäure unter gleichen Bedingungen. Dies beruht darauf, daß die Mutterlauge katalytisch wirkende Substanzen, z. B. Titantetrachlorid, enthält. Es ist daher vorteilhaft, besonders wenn der Aufschluß anstatt mit Mutterlauge mit reiner Chlorwasserstoffsäure vorgenommen wird, solche oder andere katalytisch wirkende Substanzen in geringen Mengen der Aufschlußlösung zuzusetzen.

Beispiel 1

50 kg feingepulverter Ilmenit werden mit 200 l 30 prozentiger Chlorwasserstoffsäure in der Hitze gut gerührt, während ständig oder periodisch gasförmiger Chlorwasserstoff eingeleitet wird. Nach 2 Stunden ist der Eisengehalt der Titanverbindung von 33 % Fe auf 4 bis 5 % und nach 3 Stunden auf weniger als 1 % zurückgegangen. Der feste Rückstand wird alsdann heiß abfiltriert; aus der Lösung kristallisieren beim Erkalten größere Mengen Ferrochloridhydrat aus.

Beispiel 2

Zu der nach Beispiel 1 erhaltenen, vom abgeschiedenen Ferrochloridhydrat getrennten Mutterlauge werden von neuem 50 kg Ilmenit zugegeben, worauf man unter Rühren und Einleiten von Chlorwasserstoffgas erhitzt. Bereits nach 2 Stunden beträgt der Eisengehalt der Titanverbindung weniger als 1 %. Beim Erkalten der abfiltrierten Lösung scheidet sich ungefähr ebenso viel Eisen als Ferrochloridhydrat ab, als beim Aufschließen des Ilmenites neuerdings in Lösung gegangen war. Durch Verlängerung der Behandlungsdauer ist es möglich, den Eisengehalt auf 0,5 % und weniger zu vermindern. Enthält das Erz merkliche Mengen dreiwertiges Eisen, so befindet sich in den Mutterlaugen selbstverständlich auch Ferrichlorid; dieses wird vor dem Kristallisieren entweder reduziert, oder man benutzt die Mutterlauge so lange, bis der Gehalt an Ferrichlorid so hoch angestiegen ist, daß beim Kaltwerden neben Ferro- auch Ferrichlorid sich abscheidet.

Das erhaltene Titandioxydhydrat zeigt bereits nach dem einfachen Trocknen eine sehr hohe Deckkraft und kann daher ohne weitere Behandlung sehr gut, z. B. als Pigment, verwandt werden. Besonders gut ist es in Mischung mit anderen Pigmenten beliebiger Farbe brauchbar. Zur Entfernung der Gangart und der letzten Spuren Eisen können die erhaltenen Titanverbindungen in bekannter Weise umgelöst werden.

Patentansprüche:

1. Verfahren zum Aufschließen von Titanerzen mit konzentrierter Salzsäure in der Wärme, gegebenenfalls unter Zusatz katalytisch wirkender Stoffe, dadurch gekennzeichnet, daß der während des Aufschlusses verbrauchte Chlorwasserstoff durch Zugabe von gasförmigem, wasserarmem oder -freiem Chlorwasserstoff ständig oder periodisch ersetzt wird.

2. Weitere Ausbildung des Verfahrens gemäß Anspruch 1, dadurch gekennzeichnet, daß die erhaltenen Mutterlaugen nach dem Abscheiden des Eisensalzes von neuem für den Aufschluß benutzt werden.

3. Verfahren gemäß Anspruch 1 und 2, dadurch gekennzeichnet, daß aus den erhaltenen salzsauren Eisenverbindungen in an sich bekannter Weise Chlorwasserstoff zurückgewonnen und in die zum Aufschluß dienenden Lösungen geleitet wird.

Nr. 551448. (V. 78. 30.) Kl. 22f, 7. Verein für chemische und metallurgische Produktion in Aussig a. E., Tschechoslowakische Republik.

Verfahren zur Darstellung von Titandioxyd aus Titantetrachlorid.

Vom 8. Juli 1930. — Erteilt am 12. Mai 1932. — Ausgegeben am 1. Juni 1932. — Erloschen: 1934.

Es ist an sich bekannt, verdampftes Titantetrachlorid mit Wasserdampf in Glühhitze in Titandioxyd überzuführen. Die praktische Ausführung dieses Verfahrens ist indessen schwierig, weil die für den Bau größerer Apparate in Frage kommenden Materialien dem Angriff der Salzsäuregase in Glühhitze nur schwer widerstehen. Es wurde gefunden, daß man überraschenderweise auch zu sehr fein verteilten gleichmäßigen Produkten gelangen kann, wenn man das dampfförmige Titantetrachlorid und den Wasserdampf in einen auf eine Spalttemperatur unter 500° C erhitzten Reaktionsraum getrennt einführt. Vorteilhaft arbeitet man in der Weise, daß man den Wasserdampf vor der Einwirkung auf das Titantetrachlorid auf die Spalttemperatur in an sich bekannter Weise vorerhitzt; die Temperatur der Reaktionskammer wird außerdem durch direkte oder indirekte Heizung möglichst genau geregelt. Zur Unterstützung kann man auch das Titantetrachlorid, wie bekannt, ohne Gefahr vorzeitiger Spaltung vorerhitzen. Beispielsweise erhält man schon bei einer Zersetzungstemperatur von 300° C praktisch vollständig chlorfreie Spaltprodukte in fast quantitativer Ausbeute, die durch nachträgliches Erhitzen und Mahlen noch verbessert werden können. Die Deckkraft und Färbekraft des Titandioxyds werden durch eine geringe Erhöhung dieser Spalttemperatur so erheblich gesteigert, daß die nachträgliche Calcination im allgemeinen unterbleiben kann. So zeigen Pigmente, welche bei 380 bis 400° C abgeschieden werden, bereits eine Deck- und Färbekraft, wie sie die aus Titansulfatlösungen hydrolisierten und bei etwa 900° C geglühten Produkte ungefähr aufweisen.

Ausführungsbeispiel

In zwei Sättigungsgefäßen vom System der üblichen Waschflaschen, von denen das eine mit Titantetrachlorid beschickt und auf 120° C temperiert ist, das andere mit Wasser beschickt und auf etwa 80° C temperiert ist, werden durch Durchleiten von Luft zwei Gasströme erzeugt, die aus Luft und Titantetrachlorid bzw. Luft und Wasserdampf im Volumverhältnis von rund 1:1 bestehen. Beide Gasströme werden auf 400° C vorgeheizt und dann getrennt in das Reaktionsgefäß eingeführt. Dieses wird durch ein stehendes, von außen auf 400° C geheiztes Rohr aus salzsäurefestem Material gebildet. Die beiden Gasströme werden so dosiert, daß auf 1 l Reaktionsraum pro Minute 1 l Wasserdampf-Luft-Gemisch (= 0,5 l Wasserdampf) und 0,1 l Titantetrachlorid-Luft-Gemisch (= 0,05 l $TiCl_4$-Dampf) entfallen. Die Dämpfe durchstreichen das Reaktionsgefäß in der Richtung von oben nach unten, reagieren dabei unter Bildung von Titandioxyd und Chlorwasserstoff und gelangen dann in die unterhalb des Reaktionsgefäßes angebrachte Staubkammer. Die Staubkammer ist auf 200 bis 400° C angeheizt, um eine Kondensation bzw. Adsorption von Salzsäure an dem sich dort absetzenden Titandioxyd zu verhindern. Die aus der Staubkammer austretenden Salzsäuredämpfe werden in üblicher Weise kondensiert.

Das neue Verfahren besitzt gegenüber der bekannten Arbeitsweise in Glühhitze den Vorzug, daß eine zerstörende Wirkung der sauren Reaktionsgase auf die Apparate-Materialien stark herabgesetzt wird. Man kann an Stelle teurer Quarzapparaturen Vorrichtungen aus billigen keramischen Materialien benutzen, die überdies keine besondere Feuerfestigkeit besitzen müssen. Ein weiterer Vorzug besteht darin, daß die Apparatur verhältnismäßig klein gehalten werden kann, da das Volumen der in Reaktion tretenden Gase bei diesen niedrigen Temperaturen erheblich geringer ist als bei Glühtemperaturen. Schließlich fallen auch die erheblichen Ersparnisse am Wärmeaufwand ins Gewicht.

Patentanspruch:

Verfahren zur Darstellung von Titandioxyd aus Titantetrachlorid durch Spaltung mit Wasserdampf in der Hitze unter getrennter Einführung des Titantetrachlorids und Wasserdampfes in den auf Spalttemperatur erhitzten Reaktionsraum, dadurch gekennzeichnet, daß Spalttemperaturen von 300 bis 400° C angewendet werden.

S. a. F. P. 671106 von J. Blumenfeld.

Nr. 533836. (V. 23673.) Kl. 22f, 7. Verein für chemische und metallurgische Produktion in Aussig a. E., Tschechoslowakische Republik.

Verfahren zur Herstellung fein verteilten Titandioxyds aus Titantetrahalogeniden.

Vom 16. März 1928. — Erteilt am 3. Sept. 1931. — Ausgegeben am 19. Sept. 1931. — Erloschen: 1933.

Für die Verwendung von Titandioxyd als Farbstoff und Emailtrübungsmittel ist eine gleichmäßige feine Verteilung der Teilchen erwünscht. Die Darstellung dieses Oxyds erfolgt indessen nach den im allgemeinen gebräuchlichen Verfahren unter Bedingungen, welche eine Vergröberung der Teilchen bewirken. Dies gilt insbesondere für die in fast allen Fällen angewendete Calcination des auf beliebige Weise abgeschiedenen Titanoxyds.

Gemäß der nachstehend beschriebenen Erfindung vermeidet man diesen Übelstand, indem man, von Halogeniden, beispielsweise von dem leicht zugänglichen Chlorid des Titans ausgehend, dieses in löslichen Salzen verteilt, die unter den Bedingungen des Verfahrens keine unerwünschten Veränderungen hervorrufen, und die entstandene Masse mit Wasserdampf bei steigender Temperatur behandelt. Als geeignet zur Durchführung des Verfahrens haben sich beispielsweise die Sulfate und Chloride der Alkalien usw. erwiesen. Nach Einwirkung des Wasserdampfes, welcher die Spaltung des Titanchlorids bewirkt, erhitzt man das entstandene, in den löslichen Salzen eingebettete, fein verteilte Titandioxyd zweckmäßig auf hohe Temperatur, beispielsweise auf 800 bis 1000°, und befreit hierauf das geglühte Oxyd durch Lösen von den Salzen, in welchen es verteilt war.

Das auf diese Weise erhaltene Titandioxyd weist an und für sich bereits eine sehr feine Beschaffenheit auf. Es kann durch geeignete Mahlung noch verbessert werden.

Ausführungsbeispiel

Zu 200 kg oder etwas mehr fein gemahlenem Kaliumsulfat läßt man 100 kg Titantetrachlorid langsam zulaufen. Das Titantetrachlorid wird vom Kaliumsulfat aufgesogen, und es entsteht eine weiche, formbare Masse. Die Masse wird, während sie nach und nach auf 300 bis 400° erwärmt wird, mit Dampf behandelt. Nach vollständiger Spaltung des Titantetrachlorids, die nach etwa einer Stunde eingetreten ist, wird die Dampfzuleitung unterbrochen und die Masse auf 900 bis 950° erhitzt. Die Calcination ist nach etwa 15 bis 30 Minuten beendet. Nach Abkühlung der Masse wird Wasser hinzugefügt und langsam gerührt, bis das Kaliumsulfat in Lösung gegangen ist. Die Lösung wird schließlich von dem zurückbleibenden Titandioxyd getrennt und dieses gewaschen und getrocknet.

Nach bekannten Verfahren wird Titandioxyd für sich oder im Gemisch mit Bariumsulfat usw. dadurch hergestellt, daß man Titantetrahalogenid in Dampfform bei hohen Temperaturen auf Metallsulfate einwirken läßt. Im Gegensatz hierzu werden die Titanhalogenverbindungen nach dem vorliegenden Verfahren mit Wasserdampf gespalten. Diese an sich bekannte Spaltung der Titanhalogenverbindungen mit Wasserdampf wird der Erfindung gemäß in einem Einbettungsmittel vorgenommen, das an der Reaktion selbst nicht teilnimmt und das aus löslichen Salzen besteht, die sich von dem gebildeten Titandioxyd durch einfaches Lösen abtrennen lassen. Soweit Sulfate als Einbettungsmittel verwendet werden, kommt ihnen nach dem vorliegenden Verfahren also nicht die Funktion einer Reaktionskomponente zu, sondern nur die eines Verdünnungsmittels zur Aufrechterhaltung der feinen Verteilung des gebildeten Titandioxyds.

Patentanspruch:

Herstellung fein verteilten Titandioxyds aus Titantetrahalogeniden mittels Wasserdampfes und festen löslichen Salzen, dadurch gekennzeichnet, daß man Titantetrahalogenide in Alkalichloriden oder Alkalisulfaten verteilt, die Masse bei steigender Temperatur bis 400° C behandelt, dann nach Unterbrechung der Wasserdampfzufuhr bei Temperaturen über 800° C erhitzt und schließlich in an sich bekannter Weise das geglühte Titandioxyd durch Lösen von den Salzen befreit.

Nr. 552776. (I. 37287.) Kl. 22f, 7.

I. G. Farbenindustrie Akt.-Ges. in Frankfurt a. M.
Erfinder: Dr. Paul Weise in Wiesdorf a. Rh.

Verfahren zur Herstellung eisenfreier Titanpigmente.

Vom 3. März 1929. — Erteilt am 2. Juni 1932. — Ausgegeben am 28. Juni 1932. — Erloschen: . . . .

Bei der Herstellung von Titanpigmenten ist es schwierig, reinweiße Produkte zu erzielen. Es sind Verfahren vorgeschlagen, das Titaneisenerz mit Alkalien oder Sulfiden aufzuschließen und folgend einer Säurebehandlung zu unterwerfen. Da aber hierbei der Aufschluß nicht vollständig ist, bleiben färbende Verbindungen zurück, die sich in der Säure nicht auflösen.

Aber auch beim Aufschluß des Titaneisenerzes mittels Säuren und Ausfällung des Titans durch Hydrolyse, wobei es möglich ist, Verunreinigungen durch Erz- oder Gangartreste zu beseitigen, enthält der Niederschlag doch noch so viel Eisen, daß schwach gefärbte Pigmente erhalten werden. Diese Pigmente sind aber minderwertig, da der Fortschritt der Technik auf dem Gebiete der Weißfarben so groß ist, daß ein fast absolut reiner Weißton auf dem Markte verlangt wird.

Es wurde nun gefunden, daß praktisch eisenfreie Pigmente erhalten werden können, wenn dem Waschprozeß eine Behandlung mit Schwefelsäure bei erhöhter Temperatur nachfolgt. Diese Tatsache ist insofern überraschend, als die Ausfällung in Gegenwart freier Säure erfolgt.

100 g Pigment enthalten beispielsweise: fünfmal mit kaltem Wasser gewaschen 50 mg Fe_2O_3, viermal mit kaltem Wasser gewaschen und einmal mit 1%iger kalter Schwefelsäurelösung 20 mg Fe_2O_3, viermal mit kaltem Wasser und anschließend einmal mit 1%iger Schwefelsäure von 50° C ausgewaschen 0,5 mg Fe_2O_3.

Außerdem wurde festgestellt, daß bei weiterer Erhöhung der Temperatur der Schwefelsäure nur noch geringe Mengen Eisen in Lösung gehen. Es genügt also, dem bis dahin üblichen Waschprozeß mit kaltem Wasser eine kurze Behandlung mit verdünnter Schwefelsäure bei Temperaturen von etwa 50 bis 60° C anzuschließen, um praktisch alles Eisen zu entfernen und reinweiße Titanpigmente zu erhalten.

Das Verfahren beschränkt sich nicht allein auf reines Titanhydroxyd, sondern auch auf

Titankompositionspigmente; also solche, bei denen $BaSO_4$, $CaSO_4$ usw. als Füllstoffe der Fällung vorgelegt werden. An Stelle von Schwefelsäure können auch andere Säuren Verwendung finden, evtl. unter Zusatz reduzierend wirkender Substanzen. Die wirksamste Konzentration der Säuren schwankt zwischen 0,5 bis 5%, je nach der Art des Pigments; jedoch können in besonderen Fällen auch stärkere Säuren angewendet werden. Unter Umständen ist es nötig, die Säurebehandlung noch ein oder mehrere Male zu wiederholen.

Beispiel

Titaneisenerz wird, wie üblich, mit Schwefelsäure aufgeschlossen, die Lösung geklärt und zwecks Ausfällung des Titanhydroxydes nach bekannten Verfahren erhitzt. Der Niederschlag wird mehrmals so weit mit kaltem Wasser gewaschen, bis das Filtrat nur noch geringe Mengen Eisen aufweist. Dann wird er mit einer 1%igen Schwefelsäure im Verhältnis: 1 Teil Pigment zu 1 1/2 Teil verdünnter Säure angeteigt, die Mischung 1 Stunde lang auf 50° C erwärmt, abfiltriert, nochmals kurz mit kaltem Wasser gewaschen und, wie üblich, weiterverarbeitet. Das erhaltene Pigment besteht aus fast reinem Titandioxyd mit einem Eisengehalt von 0,001 bis 0,0005% Fe_2O_3.

Patentanspruch:

Verfahren zur Herstellung von eisenfreiem Titandioxyd bzw. eisenfreien Titanpigmenten mittels Fällung aus sauren Lösungen, dadurch gekennzeichnet, daß der Niederschlag von Titanhydroxyd bzw. Titanhydroxyd auf Fällstoffen, wie $BaSO_4$, $CaSO_4$ usw., wie üblich, mit kaltem Wasser gewaschen, einer an sich bekannten Behandlung mit verdünnter Mineralsäure bei erhöhter Temperatur unterworfen wird und hierauf nach Waschen mit kaltem Wasser in üblicher Weise weiterverarbeitet wird.

E. P. 346116; F. P. 690764.

Nr. 560979. (V. 26687.) Kl. 22f, 7. Verein für chemische und metallurgisce Produktion in Aussig a. E., Tschechoslowakische Republik

Verfahren zur Naßmahlung von geglühtem Titandioxyd.

Vom 18. April 1931. — Erteilt am 22. Sept. 1932. — Ausgegeben am 8. Okt. 1932. — Erloschen: . . . .

Die meisten Anwendungszwecke des Titandioxyds, insbesondere seine Verwendung als Farbstoff und als Füllmittel für Gummi, erfordern eine sehr gleichmäßige feine Verteilung des durch Glühen zu Titandioxyd umgewandelten Titandioxydhydrats. Unterwirft man das Glühprodukt der üblichen Naß- und Trockenmahlung, so bedarf es langer Mahldauer und komplizierter Sichteinrichtungen, um den gewünschten Effekt zu erzielen.

Es wurde gefunden, daß man Titandioxyd höchster Feinheit und Gleichmäßigkeit unter wesentlicher Beschleunigung der Naßmahlung erhält, wenn man diese Mahlung in Gegenwart von Basen, insbesondere in Anwesenheit von Hydroxyden der Alkalien und des Ammoniums, vornimmt. Verdünnt man solche Mahlschlämme nach verhältnismäßig kurzer Mahldauer mit Wasser, so setzen sich die gröberen Anteile des Mahlgutes ab, während die feinen Teilchen in Suspension gehalten werden. Nach beendigtem Absetzen der gröberen Anteile wird dekantiert und das feine Material durch Koagulation, beispielsweise durch Zusatz von Schwefelsäure u. dgl., abgeschieden. Die gröberen Teile gehen zur Mahlung zurück, während der feine Anteil nach Waschung und Trocknung noch einer Desintegration unterzogen werden kann.

Es ist bereits vorgeschlagen worden, Titandioxyd von färbenden Verunreinigungen, insbesondere von Chromverbindungen dadurch zu befreien, daß man es mit Alkali oder Erdkali auf Glühtemperatur erhitzt und die gebildeten wasser- oder säurelöslichen Chromate nach Mahlung des Glühproduktes durch Auswaschen beseitigt. Bei diesem bekannten Verfahren muß zweckmäßig jeder erhebliche Überschuß an Alkali vermieden werden, der beim Glühen Anlaß zur Bildung von unerwünschten Alkalititanat geben müßte. Das Verfahren unterscheidet sich überdies von dem vorliegenden Verfahren grundsätzlich dadurch, daß Maßnahmen zur Trennung des Mahlgutes nach der Korngröße nicht vorgesehen sind, sondern daß etwa vorhandenes freies Alkali zusammen mit den entstandenen löslichen Chromaten durch Auswaschen des gesamten Mahlgutes entfernt wird.

Zur Ausführung des Verfahrens verrührt man beispielsweise 800 kg geglühtes Titandioxyd in 1500 bis 2000 l Wasser und setzt 3 l einer Ätzkalilösung mit 750 g KOH/l hinzu. Nach einer Mahlung von 6 bis 8 Stunden in Kugelmühlen oder anderen Naßmahleinrichtungen wird der Mahlschlamm in ein Absetzgefäß von etwa 4 m^3 Inhalt entleert und unter ständigem Rühren mit Wasser auf etwa 200 g/l TiO_2 verdünnt. Zu dieser Suspension setzt man noch etwa 1 l der KOH-Lösung von 750 g/l hinzu, um eine günstige Alkalität der Lösung einzustellen. Nach Abstellen der Rührung beginnen sich die gröberen Teilchen mit einer Absetzgeschwindigkeit abzusetzen, die etwa 15 bis 20 cm/Stunde beträgt. Unter diesen Verhältnissen kann man nach etwa 7 bis 8 Stunden vom Niederschlag dekantieren, der zur Mahlung zurückgeführt wird. Die Menge des gröberen Anteils beträgt etwa 20 % des Ausgangsmaterials.

Die Suspension des feinen Mahlgutes wird in einem Fällungsbottich mit einer Menge verdünnter Schwefelsäure versetzt, die genügt, um das vorhandene Alkali zu neutralisieren. Es scheiden sich dann die feinen suspendierten Teilchen als Niederschlag ab, der nach seiner Abtrennung gewaschen, getrocknet und in üblicher Weise desintegriert wird.

Das Mahlprodukt stellt ein sehr feines Pulver von großer Gleichmäßigkeit dar, das gegenüber den auf übliche Weise gemahlenen Produkten verbesserte Pigmenteigenschaften besitzt. Es eignet sich infolge seiner Feinheit in erhöhtem Maße für die Verwendung in der Gummi- und Linoleumindustrie, wo die Anwesenheit gröberer Teilchen Störungen hervorruft, und liefert Öl- und Lackanstriche höchster Glätte und Gleichmäßigkeit. Von wesentlicher Bedeutung ist schließlich, daß sein Färbevermögen ein höheres ist.

Man kann das gleiche Ergebnis in kontinuierlicher Arbeit erzielen, wenn man beispielsweise einer kontinuierlich arbeitenden Kugelmühle ständig eine Paste zuführt, die aus 1000 kg TiO_2, 1000 l Wasser und 2 bis 3 l einer Ätzkalilösung mit 750 g KOH/l besteht. Das Mahlgut fällt aus der Mühle in ein Gefäß, in welchem die Paste mit Wasser bis auf eine Konzentration von 200 g TiO_2/l verdünnt und ihr noch etwa 2 l Ätzkalilösung für je 1000 kg TiO_2 zugesetzt werden. Die Suspension wird dann in kontinuierliche Absetzgefäße geleitet und ihre Durchtrittsgeschwindigkeit auf etwa 3 l in der Minute pro m^2 Absetzfläche geregelt. Die mit einer Konzentration von 160 bis 170 g TiO_2/l austretende Suspension wird dann wie früher weiterbehandelt, während der gröbere Anteil, der in den Absetzapparaten ausgeschieden wurde, zur Mahlung zurückgeht.

Das Titandioxyd, welches der beschriebenen Behandlung unterworfen wird, soll möglichst elektrolytfrei sein. Indessen stört auch die Anwesenheit geringer Mengen Alkalisalze die Durchführung nicht. Es kann also auch eine Titansäure, die in Gegenwart von geringen Mengen Alkalibisulfat, beispielsweise nach Zusatz von 1,5 % $KHSO_4$, bei 900° C calciniert wurde, in gleicher Weise oder unter geringer Abänderung der Alkalimengen behandelt werden.

Auf den Erfolg des Verfahrens ist ferner das Maß der Verdünnung und die Menge des Alkalizusatzes von Einfluß. Die günstigsten Bedingungen, die jeweils einzuhalten sind, lassen sich jedoch durch einige Vorversuche leicht ermitteln. Im allgemeinen hat sich auch gezeigt, daß gute Ergebnisse erzielt werden, wenn man den Alkalizusatz, im Einklang mit den vorstehend angegebenen Beispielen, so bemißt, daß die Absetzlösung eine Alkalität zwischen p_H 10 und 12 besitzt. An Stelle von Hydroxyden der Alkalimetalle und des Ammoniums können, wenn auch mit geringerem Erfolg, andere Basen, beispielsweise Carbonate usw., benutzt werden.

Auch die Koagulation der dekantierten feinen Suspension kann auf andere Weise hervorgerufen werden, als angegeben wurde, beispielsweise durch Einführung unlöslicher Sulfate, wie $BaSO^4$, in die Suspension oder elektroosmotisch oder nach einer der anderen üblichen Methoden zur Koagulation von Suspensionen.

Anstatt die Base bereits bei der Mahlung zuzusetzen, kann man auch so verfahren, daß man die Naßmahlung, wie bisher üblich, ohne Zusätze vornimmt und erst den Mahlschlamm bei der Verdünnung mit Alkali versetzt. Diese Arbeitsweise besitzt jedoch gegenüber der ersten den Nachteil, daß die Mahldauer länger zu bemessen ist als bei Anwesenheit von Basen, wie Alkalihydroxyden.

Patentansprüche:

1. Verfahren zur Naßmahlung von geglühtem Titandioxyd, dadurch gekennzeichnet, daß die wässerige Aufschlämmung des Titandioxyds in Gegenwart von Basen, wie Alkalihydroxyd oder Ammoniumhydroxyd, in den für die Naßmahlung üblichen Einrichtungen gemahlen und der Mahlschlamm mit Wasser, gegebenenfalls unter Zusatz weiterer Mengen der Basen verdünnt wird, worauf man die Suspension des feinen Anteils von dem sich absetzenden groben Niederschlag dekantiert und schließlich mit koagulierend wirkenden, an sich bekannten Mitteln behandelt.

2. Verfahren nach Anspruch 1, dadurch gekennzeichnet, daß ein der nassen Mahlung ohne Zusatz von Basen unterzogenes Mahlgut nach Verdünnung mit Basen versetzt wird.

3. Verfahren nach Anspruch 1 und 2, dadurch gekennzeichnet, daß die Menge des Basenzusatzes so bemessen wird, daß der p_H-Wert der Suspension des Mahlgutes etwa 10 bis 12 beträgt.

Nr. 526607. (B. 112279.) Kl. 22f, 7. JOSEPH BLUMENFELD IN LONDON.

Verfahren zur Herstellung von Titansäurelösungen und Titanfarbstoffen.

Vom 12. Jan. 1924. — Erteilt am 21. Mai 1931. — Ausgegeben am 8. Juni 1931. — Erloschen: ....

Die bisherigen Verfahren zur Herstellung von Titanfarbstoffen beruhen auf der Abscheidung von Titandioxydhydrat aus Titansalzlösungen durch Ausfällung mit alkalischen Mitteln oder durch hydrolytische Spaltung mit nachfolgender Calcination des Niederschlags für sich oder im Gemisch mit geeigneten Verdünnungsmitteln, wie Bariumsulfat, Kieselsäure u. dgl., bzw. auch unter nachträglicher Vermischung der Calcinationsprodukte mit anderen Farbstoffen.

Die Nachprüfung der verschiedenen Verfahren hat ergeben, daß die Bedingungen der Abscheidung des Titandioxydhydrats aus seinen Lösungen die physikalischen Eigenschaften der daraus hergestellten Farbstoffe maßgebend beeinflussen. Je nach der Konzentration der angewandten Lösung, der Temperatur und den sonstigen Bedingungen der Abscheidung erhält man Titansäurepräparate, die sich voneinander durch verschiedene Größe der Teilchen unter dem Mikroskop, durch verschiedenes Schüttgewicht usw. unterscheiden. Parallel diesen physikalischen Unterschieden zeigen die daraus hergestellten Farbstoffe verschiedenes Verhalten, das sich in ihrer Deckkraft, der Mischbarkeit mit Ölen, der Beständigkeit gegen Licht und andere Einflüsse, der mechanischen Widerstandsfähigkeit der daraus hergestellten Anstriche, der Haftfähigkeit usw. äußert. Daraus muß geschlossen werden, daß der Verteilungszustand der Farbstoffbestandteile von grundlegender Bedeutung für die Güte eines Titanfarbstoffes ist.

Weiter scheint es, daß Titanfarbstoffe, welche Teilchen verschiedener Größe, und zwar Teilchen kleinster Größe neben größeren Teilchen enthalten, die für den Verbrauch erwünschten Eigenschaften in hohem Maße aufweisen. Die bekannten Verfahren zur Herstellung von Titanfarbstoffen weisen indessen den Übelstand auf, daß sie einen derartigen Verteilungszustand und die Begrenzung dieses Zustandes nicht gewährleisten. Die technische Herstellung äußerst fein verteilter Titansäureabscheidungen nach diesen Verfahren scheiterte unter anderem auch daran, daß die Filtration und Auswaschung solcher Niederschläge technisch unüberwindliche Schwierigkeiten bereitet.

Es wurde gefunden, daß solche Titanfarbstoffe den gekennzeichneten Anforderungen entsprechen, die unter Verwendung von Titansäure hergestellt wurden, die ganz oder teilweise aus kolloiden oder im wesentlichen kolloiden Lösungen von Titandioxydhydrat abgeschieden worden ist.

Zur Herstellung der Farbstoffe kann so verfahren werden, daß Titandioxydhydrat, das aus Titansulfat oder Titanylsulfat enthaltenden Lösungen durch Hydrolyse abgeschieden wurde, neutralisiert und praktisch elektrolytfrei gewaschen und hierauf mit einem geeigneten Peptisierungsmittel in solchen Mengen behandelt wird, daß entweder das gesamte Titandioxydhydrat oder nur ein Teil desselben in kolloide Lösung übergeht. Aus der so erhaltenen Lösung bzw. Suspension kann die Titansäure entweder unter Zusetzung von geeigneten Trägerstoffen oder Verdünnungsmitteln, wie Bariumsulfat, Titansäure, oder auch als solche abgeschieden und in bekannter Weise weiter behandelt werden.

Als Peptisierungsmittel kommen sowohl Säuren als Basen sowie auch hydrolytisch spaltbare Salze in Betracht. Die Peptisation kann erfolgen vor, während oder nach dem gegebenenfalls erfolgenden Zusatz von Trägerstoffen oder Verdünnungsmitteln. Auf die angegebene Weise ist es möglich, durch Bemessung des Peptisationsmittels bzw. durch die Zumischung von Trägerstoffen oder Verdünnungsmitteln die Eigenschaften der Farbstoffe im jeweils erforderlichen Maße zu verbessern.

Die zur Farbstoffherstellung verwendeten peptisierten Hydroxyde des Titans haben im allgemeinen folgende Eigenschaften:

1. Verdünnt mit Wasser vor dem Trocknen, gehen sie ganz oder teilweise in eine kolloidale Lösung über, welche alle die Eigenschaften aufweist, die derartigen Lösungen zukommen. So sind sie beispielsweise unfiltrierbar, opaleszierend, geben das gewöhnliche ultramikroskopische Bild und sind mit Hilfe von Elektrolyten, insbesondere mit polyvalenten Säuren, koagulierbar.

2. Getrocknet oder entwässert zerfallen sie nicht in Pulver, sondern bilden harte, oft scharfkantige Klumpen, welche durch mechanische Mittel naturgemäß in Pulver übergeführt werden können. Sie unterscheiden sich dadurch von nicht peptisierten Produkten, welche beim Trocknen oder Glühen leicht zu einem Pulver zerfallen.

3. Dieses Pulver ergibt in Mischungen mit Leinöl eine Paste, welche ultramikroskopische Teilchen enthält. Infolge Gegenwart dieser Teilchen hat die Paste im reflektierten Lichte

je nach der Größe der Teilchen eine bläuliche oder andere Farbe wegen der Zerstreuung des Lichtes durch die suspendierten Teilchen. In einer dünnen Schicht getrocknet, gibt die Paste einen sehr fest anhaftenden Film.

Ausführungsbeispiele

1. 1 kg TiO_2, durch Hydrolyse gefällt und filtriert, wird mit so viel Ammoniak behandelt, daß die in dem Niederschlag enthaltene Schwefelsäure neutralisiert wird. Das gebildete Ammonsulfat wird durch Auswaschen entfernt und 20 g Salzsäure zur Paste zugefügt. Die Masse wird vollkommen flüssig infolge Eintrittes der Peptisation. Die Konzentration der Salzsäure sowie die Dauer ihrer Einwirkung richtet sich nach der Angreifbarkeit des Titansäurehydrates, die mit den Fällbedingungen wechselt, aber praktisch leicht feststellbar ist. Die peptisierte Masse wird getrocknet und auf bekannte Weise für sich allein oder in Gemeinschaft mit anderen Stoffen zum Farbstoff verarbeitet.

2. 1 kg Titanhydroxyd wird mit Chlorbarium in einer der noch anhaftenden Schwefelsäuremenge eben äquivalenten Menge behandelt. Salzsäure wird in Freiheit gesetzt. Sobald die Schwefelsäure in unlösliche Form übergeführt ist, beginnt die Peptisation. Der Dispersionsgrad kann durch teilweisen Ersatz des Bariumchlorids durch Barium- oder Calciumcarbonat, -Sulfid oder -Silikat oder ein ähnliches Mittel geregelt werden, einerseits dadurch, daß die Schwefelsäure neutralisiert, andererseits die Menge der in Freiheit gesetzten, als Peptisationsmittel wirkenden Säure nach Erfordernis eingestellt wird. Die entwässerte Masse ist nicht reines Titanpigment, sondern ein zusammengesetztes Pigment.

3. Die dem aus schwefelsauren Lösungen abgeschiedenen Titandioxydhydrat anhaftende Schwefelsäure wird mit Natriumcarbonat neutralisiert und das gebildete Natriumsulfat mit Wasser ausgewaschen. Das Titanhydroxyd wird dann bis zu dem gewünschten Grade durch den Zusatz von Titanchlorid oder Siliciumtetrachlorid peptisiert. Das Ganze wird getrocknet und entwässert. Der erhaltene Dispersionsgrad hängt von der Menge des verwendeten Zusatzes ab.

4. Zu einem Titanfarbstoff, den man verbessern will, werden 10 bis 20 % Titanhydroxyd zugesetzt, das, wie oben angegeben, bereits peptisiert ist. Der Zusatz bewirkt eine sehr erhebliche Besserung des Originalfarbstoffes.

Das vorstehend beschriebene Verfahren führt zu Farbstoffen, welche die für den Gebrauch erwünschten Eigenschaften in hohem Maße aufweisen.

Patentansprüche:

1. Verfahren zur Herstellung von konzentrierten kolloiden Titansäurelösungen bzw. Suspensionen, dadurch gekennzeichnet, daß Titandioxydhydrat, das aus Titansulfat oder Titanylsulfat enthaltenden Lösungen durch Hydrolyse abgeschieden, hierauf neutralisiert und praktisch elektrolytfrei gewaschen wurde, mit kleinen Mengen von die Peptisierung bewirkenden Säuren, Alkalien oder Salzen behandelt wird.

2. Verfahren nach Anspruch 1, dadurch gekennzeichnet, daß die Peptisierung des Titandioxydhydrats während oder nach dem Zusatz von Trägerstoffen oder Verdünnungsmitteln für Titanfarbstoffe erfolgt.

3. Verfahren zur Herstellung von Titanfarbstoffen, dadurch gekennzeichnet, daß Titansäure, die ganz oder teilweise aus den nach Anspruch 1 und 2 hergestellten kolloiden oder im wesentlichen kolloiden Lösungen des Titandioxydhydrats abgeschieden worden ist, für sich oder in Mischung mit Trägerstoffen oder Verdünnungsmitteln auf bekannte Weise verarbeitet wird.

Nr. 516748. (B. 125096.) Kl. 22f, 7. Josef Blumenfeld in London.

Verfahren zur Herstellung von titansäurehaltigen Farbstoffen.

Vom 22. April 1926. — Erteilt am 8. Jan. 1931. — Ausgegeben am 27. Jan. 1931. — Erloschen: 1932.

Großbritannische Priorität vom 22. April 1925 beansprucht.

Gewisse Nachteile von Anstrichen mit Farben, die unter Verwendung reiner Titansäure hergestellt wurden, scheinen davon herzurühren, daß die gewöhnliche Titansäure, wie man sie nach den üblichen Herstellungsverfahren im allgemeinen erhält, auf das in der Farbe enthaltene Leinöl nicht oder nicht günstig einwirkt. Man hat daher versucht, solchen Titanfarbstoffen andere weiße Farbstoffe zuzumischen, welche diesen der Titansäure anhaftenden Nachteil beheben; von solchen Zusätzen hat sich bisher Zinkoxyd am besten bewährt, doch müssen verhältnismäßig große Anteile davon der Titansäure zugemischt werden, um die gewünschte Wirkung hervorzurufen. Wenn aber der erwähnte

Nachteil der Titansäure durch solche Kompositionsfarben auch größtenteils beseitigt werden kann, so werden andere wichtige pigmentäre Eigenschaften der Titansäure, insbesondere die Deckkraft, durch die große Menge Zinkoxyd, deren Zusatz erforderlich ist, beeinträchtigt.

Die vorliegende Erfindung betrifft Titanfarben und deren Herstellung, welche die erwähnten Nachteile reiner Titansäure nicht aufweisen und gegenüber den bisherigen Titanoxyd-Zinkoxyd-Kompositionsfarbstoffen den Vorteil besitzen, daß der Zusatz an Zinkoxyd ganz oder zum großen Teile entfallen kann und dadurch die hervorragenden pigmentären Eigenschaften der Titansäure besser zur Wirkung gelangen können.

Es hat sich gezeigt, daß dies dann erzielt wird, wenn die titansäurehaltigen Farben einen Gehalt an Peroxyden oder Persalzen der Erdalkalimetalle oder des Zinks aufweisen.

Zur Ausführung der Erfindung wird beispielsweise entwässerte Titansäure mit einer verhältnismäßig kleinen Menge Bariumsuperoxyd (etwa 5 bis 10%) gemischt. Man kann solchen Mischungen weitere Zusätze zweckmäßig von solchen Stoffen einverleiben, die alkalisch wirken, wie Zinkoxyd bzw. -hydroxyd oder -carbonat oder Hydroxyde bzw. Carbonate des Bariums, des Magnesiums, des Aluminiums usw., und imstande sind, auf die im Öl der Farben enthaltene Säure neutralisierend zu wirken.

Man kann beispielsweise so verfahren, daß man dem Gemisch von Titansäure mit Bariumsuperoxyd vor oder während des Verreibens mit Öl, oder mit dem Öl zusammen, gefälltes Zinkhydroxyd bzw. -carbonat oder andere geeignete Metalloxyde oder -carbonate einverleibt. Weiter kann auch auf trockenem Wege hergestelltes Zinkoxyd u. dgl. verwendet werden, doch ist es im allgemeinen vorteilhafter, Zinkhydroxyd durch Fällung herzustellen.

Ein besonderer Vorzug der gemäß der Erfindung unter Zusatz von Metallperoxyden bzw. Persalzen hergestellten Farben besteht in ihrer erhöhten Widerstandsfähigkeit gegen atmosphärische Einflüsse. Anstriche mit solchen Farben zeigen die gefürchtete Eigenschaft des Abkreidens in weit geringerem Maße als die bisher gebräuchlichen Titanfarben.

Patentanspruch:

Verfahren zur Herstellung von titansäurehaltigen Farbstoffen, dadurch gekennzeichnet, daß der mehr oder weniger entwässerten Titansäure Peroxyde oder Persalze der Erdalkalimetalle oder des Zinks und in an sich bekannter Weise gegebenenfalls weitere, zweckmäßig alkalisch wirkende Stoffe, z. B. Metalloxyde, -hydroxyde oder -carbonate, zugemischt werden.

E. P. 256302.

Nr. 533236. (V. 19400.) Kl. 22f, 7. Verein für chemische und metallurgische Produktion in Aussig a. E., Tschechoslowakische Republik.

Verfahren zur Herstellung von Titanpigmenten.

Vom 12. Aug. 1924. — Erteilt am 27. Aug. 1931. — Ausgegeben am 10. Sept. 1931. — Erloschen: 1934.

Die hervorragenden pigmentären Eigenschaften der Titansäure sind bekannt. Die daraus hergestellten Pigmente sind bezüglich ihrer Deckkraft und Widerstandsfähigkeit gegenüber chemischen Einflüssen den besten anderen weißen Pigmenten gleichzustellen oder sogar überlegen. Indessen weisen die bisherigen Titanpigmente den schwerwiegenden Übelstand relativ geringer Haltbarkeit im Außenanstrich auf. Solche Anstriche zeigen nach verhältnismäßig kurzer Zeit die unerwünschte Erscheinung des Abkreidens, so daß sie Bleiweißanstriche, welche größere Haltbarkeit aufweisen, bisher nicht vollwertig ersetzen konnten. Untersuchungen der letzten Jahre haben bewiesen, daß die Haltbarkeit der Anstriche mit der Ölaufnahme der Titansäure im Zusammenhang steht, welche für die Titanpigmente zur Verwendung gelangte, und zwar daß die Haltbarkeit der Anstriche um so höher ist, je geringer die Ölaufnahme der Titansäure ist.

Es wurde nun gefunden, daß man zu Titanpigmenten geringer Ölaufnahme und hoher Haltbarkeit, die im Außenanstrich den erwähnten Übelstand nicht aufweisen, gelangen kann, wenn man auf beliebige Weise abgeschiedene Titansäure mit Zusätzen solcher Stoffe erhitzt, welche eine Sinterung hervorrufen.

Als derartige Zusätze kommen vorzugsweise in Betracht Kolloidstoffe, insbesondere kolloide Oxyde und Oxydhydrate, wie die Oxyde oder Oxydhydrate der Edelerden, des Thoriums, des Zirkons, des Titans usw., kolloide Tonerde usw., die beim gemeinsamen Erhitzen mit Titandioxydhydrat auf Temperaturen von über 800° eine wesentliche Verbesserung der pigmentären Eigenschaften des Titandioxyds bewirken.

Mit Rücksicht auf die für das Sinterungsprodukt erforderlichen pigmentären Eigenschaften wird man als Sinterungsmittel solche wählen, die entweder selbst pigmentären Charakter aufweisen oder wenigstens die pigmentären Eigenschaften der Titansäure nicht erheblich ungünstig beeinflussen.

Das vorstehend beschriebene Verfahren unterscheidet sich grundlegend von den bekannten Verfahren, nach welchen Mischungen von Titansäure mit sogenannten Füll- oder Streckstoffen, wie Barium-, Calciumsulfat, Calciumcarbonat u. dgl., auf beliebigem Wege hergestellt und durch Calcinieren dieser Mischungen Pigmentfarbstoffe erzeugt werden. Diese bekannten Verfahren bezwecken, aus den eigentlichen Pigmenten, der Titansäure und dem Streckmittel (wie z. B. Bariumsulfat) ein möglichst gut deckendes Kompositionspigment darzustellen. Nach dem Calcinieren dieser Mischungen, die größtenteils aus Streckmittelteilchen bestehen, die mit Titansäure überzogen sind, besitzt die vorhandene Titansäure im wesentlichen dieselbe Porosität, wie wenn sie allein calciniert worden wäre. Das inerte Streckmittel schafft lediglich eine größere äußere Oberfläche, ohne die Porosität in der Titansäure im wesentlichen zu beeinflussen. Dies äußert sich insbesondere in der Ölaufnahme der so gewonnenen Produkte. Nach der vorliegenden Erfindung wird dagegen die Titansäure durch geeignete Zusätze gesintert und ihre Porosität dadurch vermindert, so daß nach dem Mahlen des calcinierten Gutes ein Produkt von geringer Ölaufnahme entsteht.

Auch von dem bekannten Verfahren, Titandioxyd auf schwammigem, sinterungsfähigem Bariumsulfat hydrolytisch niederzuschlagen und die erhaltene Mischung zu glühen, unterscheidet sich die Erfindung schon dadurch, daß sie die Verbesserung bereits gefällter Titansäure betrifft.

Beispiele

1. Titansäurehydrat, das durch Hydrolyse aus Titansulfatlösung gefällt ist, wird mit 50 % mit Salzsäure peptisierter Titansäure versetzt und die Masse nach guter Vermengung zwecks Koagulierung der kolloiden Titansäure mit verdünntem Ammoniak behandelt. Nach $^1/_4$- bis $^1/_2$stündiger Calcination bei etwa 950° und entsprechender Feinmahlung erhält man ein Titanpigment, das 35 % Leinölaufnahme aufweist, während das gefällte Titansäurehydrat, für sich calciniert, eine Leinölaufnahme von 60 % zeigt. Dementsprechend ist auch die Haltbarkeit des letzteren im Anstrich eine viel geringere.

2. 10 Gewichtsteile Titanoxyd als feuchtes Hydrat mit etwa 50 % Wassergehalt werden mit 7 Gewichtsteilen kolloider Thorlösung, welche 300 g Thoroxyd im Liter hat, vermischt. Aus dem Gemisch wird das Wasser verdampft und bei Rotglut calciniert, das Glühprodukt in Wasser abgeschreckt und naß gemahlen.

Das geglühte Produkt wird im allgemeinen zwecks Erzielung genügender Feinheit in bekannter Weise trocken oder naß gemahlen. Zur Vermeidung nachträglicher Mahlung ist es häufig vorteilhaft, die Behandlung der Titansäure unter Verteilung derselben in einem porösen, indifferenten Verdünnungsmittel vorzunehmen, welches nach der Calcination auf einfache Weise, z. B. durch Lösen von der gesinterten Titansäure, getrennt werden kann.

So kann man beispielsweise Titansäure, die mit einem geringen Zusatz von kolloidem Thoriumhydroxyd versetzt wurde, in eine größere Menge Natriumsulfat verteilen und das Gemisch auf etwa 800° erhitzen. Nach beendigter Calcination wird das Natriumsulfat von der fein verteilten und gesinterten Titansäure durch Behandeln mit Wasser getrennt.

Das nach dem vorstehend beschriebenen Verfahren gewonnene Produkt bildet sowohl als solches als auch im Gemisch mit den üblichen Verdünnungsmitteln, wie Bariumsulfat, Zinkoxyd usw., ein geeignetes Ausgangsmaterial für Farben, die auch im Außenanstrich hohe Haltbarkeit aufweisen.

Patentansprüche:

1. Verfahren zur Herstellung von Titanpigmenten durch Erhitzen von gefällter Titansäure mit Zusatzstoffen, dadurch gekennzeichnet, daß die Erhitzung unter Zusatz kolloider Oxyde und Oxydhydrate, insbesondere der Oxyde und Oxydhydrate der seltenen Erden, des Thoriums, des Titans und des Zirkons, erfolgt.

2. Verfahren nach Anspruch 1, dadurch gekennzeichnet, daß zwecks Erhaltung der feinen Verteilung des gefällten Titandioxydhydrates die Erhitzung der Titansäure mit dem Sinterungsmittel verteilt in einem porösen, indifferenten Verdünnungsmittel vorgenommen wird, das nach der Calcination auf einfache Weise, beispielsweise durch Lösen von dem Sinterungsprodukt, getrennt wird.

Tschech. P. 28520 mit kolloidalem Th $(OH)_4$.

Nr. 523015. (D. 55466.) Kl. 22f, 7.

DEUTSCHE GASGLÜHLICHT-AUER-GESELLSCHAFT M. B. H. IN BERLIN.

Verfahren zur Reinigung von unreinem, insbesondere chromhaltigem Titandioxyd.

Vom 15. April 1928. — Erteilt am 26. März 1931. — Ausgegeben am 18. April 1931. — Erloschen: 1934.

Bei der hydrolytischen Spaltung von Titanlösungen zwecks Ausfällung des Titandioxyds reißt dieses anwesende Verunreinigungen aus den Lösungen mit. Diese Verunreinigungen sind für die Titansäure schädlich, sobald sie die reine, weiße Farbe des Titandioxyds beeinträchtigen. Während es verhältnismäßig leicht ist, Bedingungen einzuhalten, um das Titandioxyd möglichst frei von Eisenoxyden zu fällen, hat das Titandioxyd gegenüber anderen, in kleinen Mengen vorhandenen farbigen Oxyden ein solches Aufnahmevermögen, und andererseits verursachen diese farbigen Oxyde eine so starke Färbung des Titandioxyds, daß man bei Anwesenheit dieser farbigen Oxyde nur unansehnliches Titandioxyd erhält. Neben Vanadin, Kupfer, Mangan ist das Chrom dasjenige Oxyd, das die Färbung des Titandioxyds am meisten beeinträchtigt.

Um solches chromhaltiges Titandioxyd zu reinigen, verfährt man so, daß man das Titandioxyd mit einer kleinen Menge an Ätzalkali, Alkalicarbonat o. dgl. versetzt oder aber ein noch Säure enthaltendes Titandioxyd mit einem Überschuß an Ätzalkali, Alkalicarbonat, Magnesiumoxyd, Bariumoxyd usw. mischt und die evtl. zuvor getrocknete Mischung glüht.

Man kann den dabei verlaufenden Oxydationsprozeß des Chromoxyds zu Chromat durch Zusatz von Oxydationsmitteln beschleunigen. Das geglühte Produkt wird gemahlen und gewaschen, um es vom Alkali und Alkalichromat und evtl. anderen löslichen Salzen zu befreien. Die letzten noch am Titandioxyd evtl. anhaftenden Reste an Alkali können nachträglich durch Zusätze von Säuren oder anderen neutralisierenden Salzen, wie z. B. Aluminiumsulfat, Zinksulfat, neutralisiert und unschädlich gemacht werden. Zum Schluß wird das so gereinigte Titandioxyd getrocknet und evtl. mit anderen weißen Pigmenten gemischt.

PATENTANSPRUCH:

Verfahren zur Reinigung von unreinem, insbesondere chromhaltigem Titandioxyd, dadurch gekennzeichnet, daß man das Titandioxyd zur Überführung der in ihm enthaltenen Chromverbindungen in lösliche Alkalichromate mit einem kleinen Überschuß an Alkali versetzt, evtl. trocknet, einem Glühprozeß unterwirft und das Glühprodukt auswäscht.

F. P. 673074.

A. P. 1845633, Krebs Pigment and Color Corp.

Nr. 493815. (I. 27138.) Kl. 22f, 7.

I. G. FARBENINDUSTRIE AKT.-GES. IN FRANKFURT A. M.

Erfinder: Dr. Johannes Brode in Ludwigshafen a. Rh. und Dr. Karl Klein in Mannheim.

Verfahren zur Herstellung von titanhaltigen Pigmenten.

Vom 3. Jan. 1926. — Erteilt am 27. Febr. 1930. — Ausgegeben am 12. März 1930. — Erloschen: 1931.

Es wurde gefunden, daß man aus Tonen, welche einen merklichen Titangehalt haben, sehr leicht Produkte erhalten kann, die sich zur Verwendung als Pigmente gut eignen, wenn man den erforderlichenfalls durch Abschlämmen von der Gangart befreiten Tonen das in ihnen enthaltene Wasser ganz oder zum Teil entzieht. Schon durch Trocknen bei etwa 100° C erhält man Produkte von guter Deckfähigkeit; durch höheres Erhitzen und nahezu vollständiges Entwässern wird die Deckkraft noch erheblich verbessert.

Die in der Natur vorkommenden titanhaltigen Tone sind meist durch einen Gehalt an organischen Substanzen und Eisen grau bis bräunlich gefärbt. Durch Glühen kann daraus die organische Substanz entfernt werden, und durch Behandlung mit Säuren vor oder nach dem Glühen läßt sich das Eisen herauslösen. Bei der Behandlung mit Säuren geht auch der größte Teil des in den Tonen vorhandenen Aluminiumoxydes mit in Lösung, so daß den Ausgangsstoffen gegenüber ein Produkt mit höherem Titangehalt erhalten wird. Dieses kann, z. B. durch Glühen bei hoher Temperatur oder Erhitzen in sauren Gasen bei mäßig hoher Temperatur, in ein besonders deckfähiges Produkt übergeführt werden, das sich sehr gut als weißes Pigment verwenden läßt. Das aufgelöste Aluminiumoxyd kann als Aluminiumsalz gewonnen werden, oder es kann aus der Lösung durch Zusatz einer Base, z. B. Ammoniak, Aluminiumhydroxyd und das der Säure entsprechende Ammonsalz gewonnen werden.

Die gewonnenen titanhaltigen Produkte

sind auch nach Zusatz organischer oder anorganischer Farbstoffe sehr gut als gefärbte Pigmente verwendbar. Durch Mischung mit anderen Pigmenten, z. B. reiner Titansäure oder ähnlichen, kann die Deckfähigkeit weitgehend beeinflußt werden.

PATENTANSPRÜCHE:

1. Verfahren zur Herstellung von titanhaltigen Pigmenten, dadurch gekennzeichnet, daß man titanhaltige Tone evtl. nach Abschlämmen der Gangart ganz oder zum Teil von dem in ihnen enthaltenen Wasser durch Erwärmen befreit und gegebenenfalls die in den Tonen oder den Pigmenten vorhandenen organischen Substanzen oder Eisenverbindungen durch Glühen und Einwirkung von Säuren entfernt.

2. Weiterbildung des Verfahrens nach Anspruch 1, dadurch gekennzeichnet, daß man die erhaltenen Pigmente mit Farbstoffen oder farbigen oder weißen Pigmenten vermischt.

Nr. 512546. (E. 31922.) Kl. 22f, 6. BARYT GESELLSCHAFT M. B. H. IN HAMBURG.

Verfahren zur Aufarbeitung von rohem Schwerspat.

Vom 23. Jan. 1925. — Erteilt am 30. Okt. 1930. — Ausgegeben am 13. Nov. 1930. — Erloschen: . . .

Es bestehen in Deutschland große Vorkommen von Schwerspat, der als solcher technisch nicht verwendbar ist, da er einerseits in hohem Maße mit kohlensaurem Kalk verwachsen ist, andererseits durch Eisen, Mangan und andere färbende Bestandteile sowie gegebenenfalls durch geringe Mengen Calciumsilikat verunreinigt sein kann. Es ist nun sehr wichtig, ein dem Handelswerte des Schwerspats entsprechend billiges Verfahren zu finden, durch das dieser stark durch Calciumcarbonat verunreinigte Schwerspat aufbereitet wird. Es liegt nahe, den Spat durch Behandeln mit konzentrierten Säuren, wie Schwefelsäure oder Salzsäure, aufzuschließen bzw. zu bleichen. Indessen ist bei dem hohen Gehalt an Calciumcarbonat ein derartiges Verfahren angesichts des Handelswertes des Schwerspats viel zu kostspielig und führt nicht einmal zu einem Produkt, das dem gefällten Blanc fix an die Seite gestellt werden könnte.

Es wurde nun gefunden, daß die Aufbereitung ganz billig und gut durchzuführen ist, wenn der Spat in dem Zustande, wie er vom Lager gebrochen ist, nach den üblichen Verfahren der Kalkbrennerei gebrannt wird, wobei der Schwerspat unverändert bleibt, das Calciumcarbonat dagegen in Calciumoxyd übergeführt wird. Wird ein derartiger Spat naß abgelöscht und der mehr oder minder flüssige Brei unter Verdünnung mit Wasser sedimentiert und dekantiert, so gewinnt man den Schwerspat in nahezu reinem Zustande, während eine hellbraun gefärbte Suspension, die den gesamten Kalk und die Eisen- und Manganbestandteile enthält, abläuft. Der Schwerspat kann nun noch nötigenfalls zur Entfernung der letzten Spuren färbender Bestandteile bzw. etwa vorhandener geringer Mengen an Silikaten mit ganz geringen Mengen Säuren, vorzugsweise roher Salzsäure, behandelt werden und stellt sich dann als tadellos gebleichte Qualität dar. Die hierfür aufzuwendenden Säuremengen sind so gering, daß sie wirtschaftlich nicht in Frage kommen. Die abgelaufene gefärbte Kalksuspension hat sich als gut haftender und gut erhärtender Anstrich erwiesen. Ebenso ist dieses Material als Rohmaterial in der Zementfabrikation geeignet.

Es darf noch weiter darauf hingewiesen werden, daß durch dieses Verfahren die Kosten für die Zerkleinerung des Spats außerordentlich verringert werden. Schon durch das Brennen und dann noch durch das Ablöschen des gebrannten, mit Calciumcarbonat durchwachsenen Schwerspats wird das Gefüge des Minerals derartig gelockert, daß das vorher harte Material nach dem Brennen und Ablöschen weich ist und zum großen Teil von selbst zu Schwerspatblättchen zerfällt, so daß die Mahlarbeit außerordentlich erleichtert und verringert ist.

PATENTANSPRÜCHE:

1. Verfahren zur Gewinnung von Schwerspat aus vorwiegend mit Calciumcarbonat verwachsenen Schwerspatsorten, dadurch gekennzeichnet, daß das Rohgut gebrannt, abgelöscht und aus der wäßrigen Suspension der Schwerspat als solcher gewonnen wird, während der Kalk in Form einer evtl. gefärbten Kalkmilch abfließt.

2. Bei dem Verfahren nach Anspruch 1 die Nachbehandlung des vom Kalk getrennten Schwerspats mit geringen Mengen Säure, insbesondere Salzsäure.

Nr. 537392. (W. 78429.) Kl. 22f, 6. „Sachtleben" Akt.-Ges. für Bergbau und chemische Industrie in Homberg, Niederrhein.

Verfahren zur Herstellung eines weißen transparentreinen Schwerspates.

Vom 10. Febr. 1928. — Erteilt am 15. Okt. 1931. — Ausgegeben am 2. Nov. 1931. — Erloschen: 1935.

In der Farbenindustrie herrscht Mangel an einem weißen transparentreinen Schwerspat. Dieser kommt in der Natur sehr selten vor, da man in den meisten Fundstellen das Mineral mit Metalloxyden mehr oder weniger stark verunreinigt findet. Man hat sich bisher dadurch geholfen, daß man die Metalloxyde mit Hilfe von Säuren verschiedener Art, z. B. Schwefelsäure oder Salzsäure, in wasserlösliche Salze umwandelte und diese durch Waschen entfernte. Auch hat man schon eine Reinigung und Bleichung von Schwerspat durch Mischung des gemahlenen Schwerspates mit Mangandioxyd und Erhitzung des Gemisches mit Salzsäure vorgeschlagen. Ebenso ist es nicht mehr neu, zur Herstellung von weißem Schwerspat in der Weise zu verfahren, daß man den Schwerspat zuerst mit Flußmitteln mischt und glüht und dann eine Behandlung mit Schwefelsäure und Salpetersäure vornimmt. Ferner ist es bekannt, Schwerspat zu Reinigungszwecken mit Braunstein und Salzsäure zu behandeln. Alle diese Verfahren ergeben aber einen Schwerspat, der für einen großen Teil der Farbenindustrie nicht verwendungsfähig ist, weil er die erforderliche transparente Reinheit nicht besitzt, wie sie von der Farbenindustrie, sofern sie Qualitätsware herstellt, unbedingt verlangt wird.

Die Erfindung hilft diesem Mangel dadurch ab, daß sie nach dem üblichen Reinigen des Rohspates mit Hilfe von Säuren, z. B. Salzsäure, den Schwerspat einer Bleichung mit Natriumperoxyd oder Natriumperborat unterwirft. Es hat sich gezeigt, daß durch diese auf die Rohspatreinigung folgende Bleichung mit sauerstoffabgebenden Mitteln ein weißes transparentreines Produkt erzielt wird, das in der Farbenindustrie auch bei der Herstellung von Qualitätsware vorteilhaft verwendbar ist.

Beispiele

1. 500 kg Schwerspat werden einer Reinigung mit Salzsäure unterworfen, welche die meisten färbenden und verunreinigenden Metalloxyde löst. Nachdem diese Verunreinigungen mit Wasser ausgewaschen sind, wird der Schwerspat mit 50 g Natriumperborat, das in 60 l Wasser aufgelöst ist, langsam bis zu etwa 98° C 30 Minuten lang erhitzt. Hierbei verschwindet der rötliche Ton des Spates, und man erhält ein rein weißes Produkt. Man läßt absitzen und wäscht aus.

2. 500 kg Schwerspat werden nach der Reinigung mit Salzsäure und dem Auswaschen der gelösten Verunreinigungen mit 50 g Natriumperoxyd unter Zusatz von Wasser während 30 Minuten gekocht. Man läßt absitzen und wäscht aus. Es ergibt sich ein Produkt von transparentweißer Reinheit.

Patentanspruch:

Verfahren zur Herstellung eines weißen transparentreinen Schwerspates durch Bleichen nach der an sich bekannten Reinigung des Rohspates z. B. mit Salzsäure, dadurch gekennzeichnet, daß die Bleichung mit Natriumperborat oder Natriumperoxyd vorgenommen wird.

Nr. 559322. (S. 86734.) Kl. 22f, 6. „Sachtleben" Akt.-Ges. für Bergbau und chemische Industrie in Homberg, Niederrhein.

Erfinder: Johannes Müller und Dr. Manfred Müller in Homberg, Niederrhein.

Verfahren zur Reinigung von natürlichem Schwerspat.

Vom 31. Juli 1928. — Erteilt am 1. Sept. 1932. — Ausgegeben am 19. Sept. 1932. — Erloschen: . . . .

Gegenstand der Erfindung ist ein Verfahren, natürlichen unreinen Spat auf einfache Weise vollkommen zu reinigen.

Es ist bekannt, daß die färbenden Verunreinigungen bei vielen Spatsorten vorzugsweise aus Aluminium-, Eisen- und Manganoxyden sowie Peroxyden oder auch aus Salzen dieser Metalle bestehen. Daneben gibt es Spate, welche neben Eisenoxyd auch noch Bitumen als Verunreinigung enthalten. Um die metallischen Beimengungen bitumenfreier Spate zu entfernen, erhitzte man bisher entweder den gemahlenen Spat mit Mineralsäuren, wobei die erwähnten Metalloxyde praktisch in Lösung gingen und durch Auswaschen entfernt wurden, oder man mischte ihn mit Natriumbisulfat, röstete das Gemisch unterhalb der Sinterungstemperatur und laugte es aus. Bekannt ist auch ein Verfahren (brit. Patentschrift 288 498), den Schwerspat oxydierend zu glühen, abzuschrecken und die gebildeten Metalloxyde durch Säuren herauszulösen. Bei bitumenhaltigen Spaten versagen indessen derartige Verfahren.

Bekannt ist, daß als Verunreinigung des natürlichen Schwerspats auch Schwermetallsulfide vorkommen; diese setzen sich jedoch beim Glühen des Spats in Oxyde um, für die das oben Gesagte gilt. Es wurde nun ein Verfahren gefunden, welches sowohl für bitumenhaltigen als auch für bitumenfreien Spat verwendbar ist. Das neue Verfahren hat den Vorzug, daß der bitumenhaltige Spat nicht feinst gemahlen zu werden braucht, sondern in mehr oder weniger großen Stücken bei einer Temperatur von 1 300 bis 1 350° C reduzierend geglüht wird, wobei man gegebenenfalls auch noch weitere reduzierende Maßnahmen treffen kann. Im allgemeinen genügt es, wenn das reduzierende Glühen kurze Zeit erfolgt. Hierbei bilden sich sowohl durch das von Natur aus beigemengte Bitumen als auch durch den Überschuß an Reduktionsgasen kleine Mengen Bariumsulfid. Es wurde nun die überraschende Beobachtung gemacht, daß diese geringen Schwefelbariummengen beim Abschrecken des glühenden Spates in Wasser sofort die erwähnten Metalloxyde, hauptsächlich die färbenden Bestandteile, wie Eisenoxyd, Manganoxyd usw., in Metallsulfide umwandeln. Gleichzeitig wird der Spat durch diese Behandlung weitgehend aufgelockert, so daß die sich bildende, ganz verdünnte Schwefelbariumlauge durch die Spatstücke hindurchzieht und augenblicklich die Metalloxyde umsetzt.

Es zeigt sich ferner, daß die so gebildeten Sulfide durch einen einfachen Schlämmprozeß zum größten Teil entfernt werden können. Um aber auch noch deren Rest zu beseitigen, wird der Spat zweckmäßig in nassem Zustande fein gemahlen und alsdann mit einer geringen Menge Mineralsäure, beispielsweise Schwefelsäure, versetzt, die die Metallsulfide zersetzt. Eine Nachreinigung durch längeres Kochen mit Mineralsäure ist nicht mehr nötig, da sich die Metallsulfide augenblicklich zersetzen und nur ausgewaschen zu werden brauchen. Hierauf wird der reinweiße Spat getrocknet.

Ein besonderer Vorteil des Verfahrens liegt u. a. darin, daß bei der vorgeschriebenen Behandlung gleichzeitig der in den meisten Spaten vorhandene Quarz derart verändert wird, daß er bei dem anschließenden Wasch- und Säureprozeß völlig in Lösung geht, so daß aus den normalen Spaten ein völlig reines $BaSO_4$ entsteht.

Nach dem vorliegenden Verfahren kann man auch bitumenfreien Spat auf einfache Weise bleichen. Man bringt ihn hierzu auf eine geeignete Körnung, mischt ihn innig mit 0,5 bis 1 % bitumenhaltigem oder überhaupt kohlenstoffhaltigem Material, vorzugsweise mit Kohlen, glüht ihn hierauf ebenfalls kurze Zeit bei 1 300 bis 1 350° C und behandelt ihn wie oben angegeben weiter. Es ist dabei nicht erforderlich, den Kohlenstoffzusatz bis auf die mittlere Höhe der natürlichen Bitumenverunreinigungen des Spates zu bringen.

Man kann den geglühten Spat auch in verdünnten sulfidhaltigen Lösungen abschrecken, um die Bildung von Schwermetallsulfiden zu vervollständigen. Die weitere Aufarbeitung und auch die Wirkungsweise ist hierbei die gleiche.

Als bekannt hat die vollständige Umwandlung von Schwerspat in Bariumsulfid durch reduzierendes Glühen zu gelten. Diese Umwandlung dient aber nicht der Reinigung des Spates, sondern seiner Verarbeitung auf lösliche Bariumsalze, und hat mit vorliegender Erfindung nichts zu tun.

Beispiele

1. Als Ausgangsstoff wird bitumenhaltiger Stückspat von 94 bis 96 % $BaSO_4$ mit 2 bis 0,8 % Fe_2O_3 und Al_2O_3 als Metallverunreinigung, 2 bis 0,6 % SiO_2 und einem Bitumengehalt von 2 bis 2,4 % C verwandt.

10 kg dieses Spates werden für 1/2 bis 1 Stunde bei 1 300 bis 1 350° C geglüht und hierauf in Wasser abgeschreckt, wobei durch Abschlämmen die vom Spat abgelösten Metallsulfide entfernt werden. Die Menge des beim Glühen gebildeten Bariumsulfids beträgt 0,3 bis 1 %.

Nach dem Naßvermahlen werden die restlichen Sulfide durch Zugabe von 30 bis 50 ccm konzentrierter Schwefelsäure, spezifisches Gewicht 1,84, zersetzt, wobei der Spat augenblicklich weiß wird; nach dem Auswaschen wird er wieder getrocknet.

2. 10 kg staubfein vermahlener bitumenfreier natürlicher Rohspat werden mit 50 bis 80 g fein gemahlener Kohle innigst gemischt und 1/2 bis 1 Stunde bei 1 300 bis 1 350° C geglüht, wobei sich etwa 0,3 bis 1 % BaS bildet; hierauf wird die Masse abgeschreckt, naß feinst gemahlen und mit 30 bis 50 ccm konzentrierter Schwefelsäure, spezifisches Gewicht 1,84, die Metallsulfide zerstört, worauf der reinweiße Spat nach dem Waschen getrocknet wird.

Patentansprüche:

1. Verfahren zur Reinigung von natürlichem Schwerspat, dadurch gekennzeichnet, daß man Stückspat bei 1 300 bis 1 350° C in Gegenwart solcher Mengen kohlenstoffhaltigen Materials reduzierend glüht, wie zur Umwandlung eines geringen Anteils des Bariumsulfats in Bariumsulfid ausreichen, ihn hierauf abschreckt

und von den durch Umsetzung mit dem Bariumsulfid entstandenen Metallsulfiden befreit.

2. Verfahren nach Anspruch 1, dadurch gekennzeichnet, daß die Menge des beim Glühen gebildeten Bariumsulfides etwa 0,3 bis 1 % beträgt.

3. Ausführungsform des Verfahrens nach Anspruch 1, dadurch gekennzeichnet, daß man den Spat, insoweit er wenig oder kein Bitumen enthält, zunächst in gekörntem oder gemahlenem Zustande mit geringen Mengen (beispielsweise bis zu 1 %) eines kohlenstoffhaltigen Materials vermischt, ihn sodann bei 1 300 bis 1 350° C reduzierend glüht, ihn hierauf abschreckt und von den entstandenen Metallsulfiden befreit.

4. Ausführungsform des Verfahrens nach Anspruch 1 bis 3, dadurch gekennzeichnet, daß der geglühte Spat in verdünnten sulfidhaltigen Lösungen abgeschreckt wird.

5. Verfahren nach Anspruch 1 bis 4, dadurch gekennzeichnet, daß man die beim Abschrecken entstehenden Sulfide zum größten Teil durch einen Schlämmprozeß entfernt und hierauf den in nassem Zustand fein gemahlenen Spat mit einer geringen Menge Mineralsäure versetzt.

F. P. 672833.

Nr. 554371. (R. 70663.) Kl. 22f, 6. KALI-CHEMIE AKT.-GES. IN BERLIN.

Erfinder: Dr. Friedrich Rüsberg in Berlin-Niederschöneweide und Dr. Paul Schmid in Berlin-Baumschulenweg.

Verfahren zur Reinigung und Bleichung von Schwerspat.

Vom 22. März 1927. — Erteilt am 23. Juni 1932. — Ausgegeben am 7. Juli 1932. — Erloschen: . . . .

Man hat bereits vorgeschlagen, von Natur nicht weißen Schwerspat, z. B. Reduzierspat, durch Behandlung mit Säuren, gegebenenfalls nach vorhergehender Calcinierung, zu reinigen. Dieses Verfahren führt aber nicht zu einem zufriedenstellenden Erfolg, da die den Spat in der Hauptsache verunreinigenden Eisenoxyde in Säuren sehr schwer löslich sind.

Es ist ferner vorgeschlagen worden, eine flüssige Schmelze von Alkalichloriden oder Sulfaten mit möglichst niedrigem Schmelzpunkt herzustellen und darin den Schwerspat zur homogenen Verschmelzung zu bringen. Durch dieses Verfahren soll der Schwerspat nach dem Auslaugen der Schmelze mit Wasser in einem fein verteilten Zustande gewonnen werden, und er wird dann zwecks Entfärbung mit Säure behandelt.

Nach einem anderen Verfahren soll die Reinigung eines gefärbten Schwerspats dadurch erzielt werden, daß man den Spat ohne Verwendung besonderer Zusätze glüht, den geglühten Spat mit Wasser abschreckt und dann mit Säure behandelt.

Schließlich ist noch ein Verfahren vorgeschlagen worden, bei dem stark mit Calciumcarbonat verwachsene Schwerspatsorten in der Weise aufbereitet werden, daß man sie brennt, das Brenngut löscht und den entstandenen Ätzkalk mit Wasser auswäscht. Das Ziel dieser Arbeitsweise ist die Entfernung des Calciumcarbonats, um bei der nachfolgenden Reinigung des so vorbehandelten Schwerspats nur verhältnismäßig geringe Mengen von Säure verwenden zu müssen.

Es wurde nun gefunden, daß man ausgezeichnete Ergebnisse erzielt, wenn man den Spat vor der Behandlung mit Säuren einem Calcinierungsprozeß mit solchen Stoffen unterwirft, welche mit den in ihnen enthaltenen Eisenoxyden Verbindungen eingehen, die in Säuren leichter löslich sind als die Eisenoxyde. Als solche Stoffe kommen in Frage alle oxydischen oder solche beim Erhitzen ganz oder teilweise liefernden Verbindungen der Alkalien und Erdalkalien, also z. B. Oxyde, Carbonate, Hydroxyde derselben, ferner die Chloride der Erdalkalien, wie z. B. Calciumchlorid und Magnesiumchlorid. Recht brauchbare Resultate werden auch erhalten, wenn man Mischungen der Erdalkalichloride mit den anderen genannten oxydischen Verbindungen anwendet.

Ausführungsbeispiele

1. 100 Teile eines in der Natur vorkommenden grauen Schwerspats, der 1,12 % Fe enthielt, wurden fein gemahlen und mit 5 Teilen calcinierter Soda innig gemischt. Diese Mischung wurde bei etwa 850° C calciniert und das Calcinationsprodukt in 50 Teile einer 15 %igen Salzsäure eingetragen. Es wurde auf etwa 70 bis 80° C erhitzt, bis alle Verunreinigungen in Lösung gegangen waren. Nach dem Abfiltrieren und Auswaschen enthielt der jetzt rein weiße Spat nur noch Spuren von Eisen (0,0005 % Fe).

2. 100 Teile desselben Schwerspats wurden in fein gemahlenem Zustande mit 5 Teilen kohlensaurem Kalk gemischt. Diese Mischung wurde mit 15 Teilen einer 36 %igen Chlorcalciumlösung angeteigt und in einem Drehrohrofen bei etwa 850° C calciniert. Das Calcinationsprodukt wurde wie oben mit Salzsäure behandelt. Der anfallende rein weiße Schwerspat enthielt 0,0006 % Fe.

3. 100 Teile desselben Schwerspats wurden in fein gemahlenem Zustande mit 20 Teilen einer gesättigten Chlormagnesiumlösung angeteigt und im Drehrohrofen bei etwa 850° C calciniert. Das Calcinationsprodukt wurde wie oben mit Salzsäure behandelt. Es wurde ein rein weißer Spat mit 0,0005 % Fe erhalten.

PATENTANSPRÜCHE:

1. Verfahren zur Reinigung und Bleichung von Schwerspat durch Calcination und nachfolgendes Behandeln mit Säuren, dadurch gekennzeichnet, daß dem Spat vor dem Calcinieren Stoffe zugesetzt werden, die entweder selbst Oxyde der Alkalien oder Erdalkalien sind oder beim Erhitzen ganz oder teilweise in solche übergehen.

2. Verfahren nach Anspruch 1, gekennzeichnet durch die Verwendung von Mischungen der Erdalkalichloride oder des Magnesiumchlorids mit den oxydischen Verbindungen der Alkalien oder Erdalkalien.

Nr. 545718. (G. 15. 30.) Kl. 22f, 6. GEWERKSCHAFT GEVENICH IN BRESLAU.

Verfahren zur Gewinnung von Blanc fixe aus schwerspathaltigen Erzen.

Vom 15. April 1930. — Erteilt am 18. Febr. 1932. — Ausgegeben am 4. März 1932. — Erloschen: . . . .

Schwerspat kommt in der Natur nur selten rein vor, meistens in Verbindung mit Erzen, deren Gangmineral er bildet.

Aus Schwerspat, der nur eine geringe Menge Verunreinigungen, bestehend aus Aluminiumoxyd, Eisenoxyd und Manganoxyd, enthält, kann man nach einem in einem französischen Patent beschriebenen Verfahren die Verunreinigungen in der Weise entfernen, daß man den Schwerspat mit Kohle auf 1300 bis 1350° erhitzt, wobei sich Bariumsulfid bildet, welches die Eisen- und Manganoxyde in Sulfide überführt. Diese Sulfide werden alsdann größtenteils mit Wasser ausgelaugt und der verbleibende Rest mit Schwefelsäure zersetzt, wobei ein völlig weißes Bariumsulfat (Blanc fixe) entsteht.

Blanc fixe aus schwerspathaltigen Mineralvorkommen zu gewinnen, ist auch das Ziel des vorliegenden Verfahrens, nach dem aber Erze zur Verarbeitung gelangen sollen, welche neben Schwerspat die Sulfide des Bleis, Zinks und Kupfers enthalten. Aus diesen Erzen wird das Blanc fixe mit Hilfe der Schmelze eines Salzes, z. B. Natriumsulfat, gewonnen.

Man hat bereits vorgeschlagen, barytische Erze zuerst mit einem Salz, z. B. Natriumchlorid, zu mischen und dann das Gemisch in einem Tiegel bis zum Schmelzen des Salzes zu erhitzen, wobei der Schwerspat in Form äußerst feiner Teilchen von dem geschmolzenen Salz aufgenommen, d. h. in Suspension gehalten werden soll, während das von ihm befreite Erz im Tiegel zu Boden sinkt und nach Ablassen der Schmelze ausgetragen wird.

Über die Verwendung des angeblich in Suspension befindlichen Schwerspates ist in der Patentschrift, welche dieses Verfahren beschreibt, nichts gesagt. Versuche haben aber ergeben, daß bei der Herstellung der Schmelze Verfärbungen eintreten, so daß ein rein weißes Blanc fixe aus der Schmelze nicht gewonnen werden kann.

Nach vorliegender Erfindung gelingt es, dieses Ziel in der Weise zu erreichen, daß bei der Behandlung der schwerspathaltigen sulfidischen Blei-, Zink- und Kupfererze mit Salzschmelzen jede Oxydation vermieden und die Behandlung möglichst schnell und mit geeigneten Salzen durchgeführt wird. Als geeignetes Salz hat sich in erster Linie Natriumsulfat erwiesen. Auch Kaliumsulfat ist brauchbar, hat aber einen höheren Preis.

Eine zur Verfärbung führende Oxydation kann am einfachsten dadurch verhindert werden, daß das die Erze aufnehmende Schmelzbad mit reduzierender (schwarzer) Flamme erhitzt wird. Die Zeitdauer der Erhitzung der Erze und damit die Gefahr der Oxydation läßt sich dadurch verringern, daß die Erze erst in die Schmelze eingetragen werden, wenn die Schmelze schon hoch erhitzt ist. Würde man die Schmelzsalze gemeinsam mit den Erzen bis zum Eintritt der Schmelze erhitzen, so würde sich dadurch die Gefahr der Oxydation beträchtlich vergrößern.

Ein weiteres Mittel, die Verfärbung der Schmelze zu vermeiden und eine quantitative Trennung zwischen Erz und Schmelze zu erzielen, besteht darin, daß man die Erze ausschließlich in Form grober Stücke einträgt, also nach dem Brechen den feinkörnigen Staub absiebt. Dieser Staub nämlich sinkt nicht schnell genug in der Schmelze unter und kommt deshalb leicht an der Salzoberfläche zum Brennen. Entstehen aber einmal durch die Oxydation die Oxyde des Eisens, Bleis, Kupfers usw., so sind die Verfärbungen der Schmelze unvermeidbar.

Der Erzstaub und die feinen Körner werden nach vorliegendem Verfahren, bevor sie in das Salz eingetragen werden, brikettiert, und zwar wird als Bindemittel beim Brikettieren zweckmäßig das Schmelzsalz benutzt.

Man kann die Trennung des Schwerspats von den schwefelhaltigen Erzen in der Weise vornehmen, daß man in die heiße Schmelze ein oben offenes Gefäß eintaucht, in dem sich grobkörniges Erz bzw. aus feinkörnigem Erz hergestellte Brikettstücke befinden. Nach einiger Zeit, nämlich nachdem das Bariumsulfat von der Schmelze gelöst ist — es handelt sich um eine richtige Lösung, nicht um eine Suspendierung, wie der Erfinder des eingangs erwähnten Verfahrens annimmt —, wird das Gefäß herausgehoben, die Schmelze abgegossen und mit einer neuen Charge das Tauchen wiederholt, bis die Schmelze mit Bariumsulfat gesättigt ist.

Man kann aus der in bekannter Weise geklärten Schmelze das Schmelzsalz mit dem darin gelösten Bariumsulfat abgießen und das Schmelzsalz nach Abkühlen mit Wasser behandeln, wobei das Salz in Lösung geht und das Bariumsulfat sich unlöslich abscheidet. Man kann aber auch die Schmelze ganz langsam abkühlen lassen. Es gelangt dann die Hauptmenge des Schwerspats in einer zusammenhängenden Schicht über dem Erz zur Auskristallisation.

Bei einem anderen älteren Verfahren, welches die Ausscheidung von Bariumsulfat aus sulfidischen Erzen mit Hilfe einer Salzschmelze betrifft, ist auch nicht erkannt, daß bei der Schmelze alle oxydierenden Einflüsse vermieden werden müssen und es sich empfiehlt, die Schmelzung mit möglichster Beschleunigung durchzuführen.

Deshalb hat man nach dem dort beschriebenen Verfahren nicht direkt reines Bariumsulfat erhalten, hat vielmehr, um ein farbloses Blanc fixe zu gewinnen, das Produkt aus der Schmelze mit Chlorwasser behandeln müssen. Infolge der Oxydation und der zu lange währenden Schmelzung gehen bei diesem Verfahren Teile des Erzes in die Sulfatschmelze wie eine sich bildende Silikatschlacke über, und im Erzkonzentrat entstehen grobe Mischkristalle, deren Bildung durch die sonst unerwünschten Zusätze von Arsen und Antimon verhindert werden muß.

Im Gegensatz dazu treten nach vorliegendem Verfahren keine Erzverluste durch Übergang von Schwermetall in die Sulfatschmelze oder durch Bildung einer Schlacke ein, und es zerfällt das Erzkonzentrat bei Behandlung mit Wasser in ein sehr feines Pulver, das sich leicht durch Flotation aufbereiten und in seine Bestandteile scheiden läßt.

Beispiel 1

60 Teile Natriumsulfat werden in einem Tiegelofen eingeschmolzen und auf etwa 1000° C erhitzt. In das Salzbad werden 90 bis 100 Teile grob zerkleinertes, von dem Grus und Staub befreites Blei-Zink-Schwerspat-Erz, bestehend aus 40% Schwerspat und 60% Metallsulfiden, nach und nach innerhalb 10 Minuten bei reduzierender Flamme unter Umrühren eingebracht. Darauf werden dem Salzbad etwa 10 Teile Ätzkalk zugesetzt. Im Verlauf weiterer 10 Minuten findet eine vollkommene Scheidung des Erzes von der Schmelze statt, so daß die Schmelze abgegossen werden kann. In der Schmelze noch vorhandene reduzierende Substanzen, wie Ruß oder Natriumsulfid, können danach nötigenfalls durch Erhitzen in oxydierender Flamme oder Einblasen von Luft oxydiert werden. Alsdann wird das Schmelzsalz durch Behandeln mit Wasser von dem sich als rein weißes Pulver ausscheidenden Schwerspat (Blanc fixe) getrennt.

Beispiel 2

100 Teile Natriumsulfat werden in einem Flammofen eingeschmolzen und auf etwa 1000° C erhitzt; darauf werden bei reduzierender Flamme 10 bis 20 Teile des im Beispiel 1 erwähnten grob zerkleinerten Erzes bzw. von Erzstaub, der mit Hilfe von Natriumsulfat brikettiert ist, in einer oben offenen Schale so tief in das Salzbad eingetaucht, daß die Schmelze den ganzen Erzinhalt bedeckt. Nach 10 bis 20 Minuten, während welchen Zeitraumes dem Erz 3 bis 5 Teile Ätzkalk zugesetzt worden sind, ist der Schwerspat herausgelöst. Die Schale wird hochgezogen und das verbleibende Erz nach außen entleert. Das Tauchen und Lösen wird mit dem neuen Erz so oft wiederholt, bis das Salzbad mit Bariumsulfat nahezu gesättigt ist. Sodann wird die Schmelze wie in Beispiel 1 auf Blanc fixe behandelt.

Die Erze stellen nach Befreiung vom Schwerspat ein hochprozentiges Konzentrat dar, das bei Behandlung mit Wasser leicht von der Gangart befreit werden kann.

Patentansprüche:

1. Verfahren zur Gewinnung von Blanc fixe aus schwerspathaltigen Erzen mit Hilfe einer Salzschmelze, dadurch gekennzeichnet, daß die Rohstoffe, insbesondere sulfidische Blei-, Zink- und Kupfererze, unter Vermeidung jeder Oxydation und möglichst schnell mit einer Schmelze geeigneter Salze behandelt und in bekannter Weise weiterverarbeitet werden.

2. Verfahren nach Anspruch 1, dadurch gekennzeichnet, daß die Schmelzung in reduzierender Flamme vorgenommen wird.

3. Verfahren nach Anspruch 1 und 2, dadurch gekennzeichnet, daß die Erze in die schon hoch erhitzte Schmelze eingetragen werden.

4. Verfahren nach Anspruch 1 bis 3,

dadurch gekennzeichnet, daß die Erze nur in grobstückiger Form nach Beseitigung der feinen Körner und des Staubes eingetragen werden.

5. Verfahren nach Anspruch 1 und 4, dadurch gekennzeichnet, daß aus den zerkleinerten Erzen, besonders dem feinkörnigen Erz und Erzstaub, Stücke, am besten von Brikettform, hergestellt werden, zweckmäßig unter Benutzung des Schmelzsalzes zur Verbindung der Einzelteile.

6. Verfahren nach Anspruch 1 bis 3, dadurch gekennzeichnet, daß die grobkörnigen oder zu kleinen Brikettstücken geformten Rohstoffe in einem oben offenen Gefäß so lange in das Schmelzbad unter die Oxydationszone getaucht werden, bis der Schwerspat herausgelöst ist.

Nr. 485007. (L. 65556.) Kl. 22f, 6.

Theodor Lichtenberger und Ludwig Kaiser in Heilbronn a. N.

Verfahren zur Herstellung von reinem weißen und fein verteiltem Barium- oder Calciumsulfat.

Vom 4. April 1926. — Erteilt am 10. Okt. 1929. — Ausgegeben am 25. Okt. 1929. — Erloschen: . . . .

Gegenstand der vorliegenden Erfindung ist ein Verfahren zur Herstellung von reinem weißen und fein verteilten Barium- oder Calciumsulfat, wobei der Rohstoff durch Auflösen in geschmolzenen Alkalisalzen oder Erdalkalisalzen für sich oder in Mischungen miteinander und untereinander von den in der Schmelze unlöslichen Bestandteilen durch Absitzenlassen getrennt wird. Das Wesen der Erfindung besteht darin, daß die so vorgereinigte Schmelze weiterhin durch Einblasen von Luft oder Wasserdampf oder einem Gemisch von Luft und Wasserdampf unter Beigabe von sauren oder basischen Zuschlägen, soweit diese auf Bariumsulfat und Calciumsulfat keine zersetzende Wirkung ausüben, von den gelösten Verunreinigungen befreit wird, worauf aus der abermals geklärten Schmelze durch Erstarrenlassen oder Granulation in Wasser und Herauslösen der Alkalioder Erdalkalisalze das gereinigte Bariumbzw, Calciumsulfat gewonnen wird.

Man hat zwar bereits vorgeschlagen, Bariumsulfat durch Schmelzen mit geeigneten Alkalimetallsalzen zu reinigen und das Alkalisalz hierauf mit Wasser auszulaugen. Bei diesem Verfahren enthält aber das Bariumsulfat trotz sorgfältiger Klärung der Schmelze noch größere Mengen von Eisen und kohlenstoffhaltigen Verunreinigungen, so daß es eine graue Farbe besitzt.

Man hat ferner vorgeschlagen, fein gemahlenen Schwerspat mit Natriumchlorid, Alkalicarbonaten und Alkalinitraten zu mischen, die Mischung dann zu schmelzen und die Schmelze in Wasser zu schütten. Die Alkalicarbonate und Alkalinitrate sollen die Verunreinigungen des Schwerspats zum Schmelzen bringen. Bei diesem Verfahren erhält man trotz sorgfältiger Klärung der Schmelze, je nach Art und Menge der Verunreinigungen, eine grün bis blau gefärbte Schmelze. Das durch Wasser ausgefüllte Bariumsulfat zeigt eine grünlich-bläuliche Farbe, die sich durch Auswaschen nicht entfernen läßt. Außerdem enthält es wechselnde Mengen von Bariumcarbonat, die noch durch Behandlung mit Schwefelsäure in Bariumsulfat übergeführt werden müssen.

Der Vorteil des neuen Verfahrens besteht darin, daß man ein reineres, weißeres, auch in chemischer Hinsicht hochwertigeres Produkt erhält als durch die bekannten Verfahren. Dies ist dadurch zu erklären, daß die Schmelze durch das Einblasen von Luft oder Wasserdampf aufgelockert, d. h. voluminöser gemacht wird, so daß die spezifisch schwereren Verunreinigungen sich vollständig ausscheiden, sich zusammenballen und zu Boden sinken. Die Zuschläge werden derart gewählt, daß sie die Verunreinigungen nicht zum Schmelzen bringen, sondern sich mit ihnen in festem Zustand niederschlagen, daß sie ferner auf den Schwerspat keine zersetzende Wirkung ausüben. Es kann daher unbedenklich auch ein Überschuß von Zuschlägen angewendet werden, da er sich mit den Verunreinigungen absetzt und bei der nachfolgenden Charge wieder in Wirkung tritt.

Gegenüber den bekannten Verfahren erweist sich das neue Verfahren wegen der Erzielung eines reineren Produktes, der Verwendung von ungemahlenem Schwerspat und sehr billiger Zuschläge, endlich wegen der Ersparnis einer Nachbehandlung des Bariumsulfats mit Schwefelsäure als wesentlich wirtschaftlicher.

Das Verfahren kann beispielsweise wie folgt durchgeführt werden:

Man schmilzt ein Gemenge von 15 Teilen Schwerspat und 20 Teilen Steinsalz ein, weil erstens der Schmelzpunkt dieses Gemenges nicht über dem des reinen Chlornatriums liegt und zweitens aus dieser Schmelze sich beim schnellen Erstarren keine größeren Bariumsulfatkristalle ausscheiden. Beide Rohstoffe gelangen zweckmäßig grob zerkleinert zur Anwendung, wodurch nicht nur die zuweilen erheblichen Mahlkosten, sondern auch die lästige Staubplage vermieden werden. Sobald eine dünnflüssige Schmelze entstanden ist, läßt man absitzen und zieht das Überstehende in einen zweiten Herdraum ab, in dem die Schmelze dann unter geringem Zuschlag von Calciumoxyd mit Luft oder Wasserdampf oder einem Gemisch von Luft und Wasserdampf geblasen werden kann.

Hier wird die Schmelze von den oxydierbaren und den durch Calciumoxyd und Wasserdampf zersetzbaren Verunreinigungen befreit, indem diese entweder verbrennen oder durch die Einwirkung des basischen Zuschlages mit oder ohne Hilfe von Luft und Wasserdampf in Verbindungen übergehen, die in der Schmelze unlöslich sind. Läßt man diese sich absetzen, so enthält die überstehende klare Schmelze keine nennenswerten Verunreinigungen mehr. Sie wird nun in Wasser granuliert oder in anderer Weise rasch abgekühlt und weiter mit Wasser behandelt.

Es hinterbleibt als wasserunlöslicher Rückstand der Schmelze ein reines, weißes und fein verteiltes Bariumsulfat, das dem aus Bariumchloridlösungen durch Schwefelsäure ausgefällten Blanc fixe in keiner Weise nachsteht. Ein etwa vorhandener geringer Calciumsulfatgehalt der Schmelze geht mit dem Chlornatrium in Lösung. Es gelingt also, ein hochwertiges Produkt unmittelbar aus den Rohstoffen zu erzeugen, ohne zunächst Schwefelbarium und Bariumchlorid herstellen zu müssen.

An Stelle von Alkalichloriden können auch andere Alkalisalze oder auch Erdalkalisalze für sich oder in Mischungen miteinander und untereinander verwendet werden. Bedingung ist aber, daß diese Salze oder Salzgemische ohne Zersetzung schmelzbar sind und in geschmolzenem Zustand auf Barium- und Calciumsulfat keine zersetzende Wirkung ausüben.

Patentansprüche:

1. Verfahren zur Herstellung von reinem weißen und fein verteilten Barium- oder Calciumsulfat, wobei der Rohstoff durch Auflösen in geschmolzenen Alkalisalzen oder Erdalkalisalzen für sich oder in Mischungen miteinander und untereinander von den in der Schmelze unlöslichen Bestandteilen durch Absitzenlassen getrennt wird, dadurch gekennzeichnet, daß die so vorgereinigte Schmelze weiterhin durch Einblasen von Luft oder Wasserdampf oder einem Gemisch von Luft und Wasserdampf unter Beigabe von sauren oder basischen Zuschlägen, soweit diese auf Bariumsulfat und Calciumsulfat keine zersetzende Wirkung ausüben, von den gelösten Verunreinigungen befreit wird, worauf aus der abermals geklärten Schmelze durch Erstarrenlassen oder Granulation in Wasser und Herauslösen der Alkali- oder Erdalkalisalze das gereinigte Barium- bzw. Calciumsulfat gewonnen wird.

2. Verfahren nach Anspruch 1, dadurch gekennzeichnet, daß Alkalisalze oder auch Erdalkalisalze für sich oder in Mischungen miteinander und untereinander verwendet werden, soweit diese Salze oder Salzgemische ohne Zersetzung schmelzbar sind und in geschmolzenem Zustande auf Barium- und Calciumsulfat keine zersetzende Wirkung ausüben.

Nr. 491 350. (L. 67 447.) Kl. 22f, 6.

Theodor Lichtenberger und Ludwig Kaiser in Heilbronn a. N.

Verfahren zur Herstellung von reinem, weißem und fein verteiltem Barium- oder Calciumsulfat.

Zusatz zum Patent 485 007.

Vom 11. Dez. 1926. — Erteilt am 23. Jan. 1930. — Ausgegeben am 8. Febr. 1930. — Erloschen: . . . . .

Gegenstand der vorliegenden Erfindung ist eine weitere Ausbildung des Verfahrens zur Herstellung von reinem, weißem und fein verteiltem Barium- oder Calciumsulfat nach Patent 485 007.

Es hat sich nämlich ergeben, daß an Stelle von Luft auch andere Sauerstoff enthaltende oder für sich oder in Mischung mit Wasserdampf oxydierend wirkende Gase oder Gasgemische, welche bei der Sauerstoffabgabe in Verbindungen übergehen, welche in der Schmelze auf Bariumsulfat nicht einwirken, zur Oxydation der Alkalichlorid-Bariumsulfat- bzw. Calciumsulfatschmelze verwendet werden können.

Weiterhin hat sich gezeigt, daß an Stelle basischer Zuschläge bei gewöhnlicher Temperatur neutrale Verbindungen zur Anwendung kommen können, die, beispielsweise wie Barium- oder Calciumcarbonat oder die Nitrate der Erdalkalien, bei höherer Temperatur unter Zersetzung in basische Verbindungen, wie Erdalkalioxyde, übergehen, die in der Schmelze auf Bariumsulfat nicht einwirken.

Die Vorreinigung der Alkalichlorid-, Barium- bzw. Calciumsulfatschmelze durch Klärenlassen und die Weiterbehandlung der Schmelze durch Einwirkung von oxydierenden Agenzien mit oder ohne Zugabe von basischen oder sauren Zuschlägen braucht nicht immer getrennt vor sich zu gehen. Besonders bei reineren Ausgangsmaterialien können beide Arbeiten gemeinsam in einem Herdraum ausgeführt werden.

Das Verfahren kann auch so durchgeführt werden, daß beide Rohstoffe gemeinsam oder wenigstens das schmelzbare Salz auf einem Tafelgewölbe eingeschmolzen werden. Die unschmelzbaren Verunreinigungen bleiben dann auf dem Tafelgewölbe liegen und können in gewissen Zeitabschnitten entfernt werden, während die so vorgereinigte Schmelze in den eigentlichen wannenförmigen Herdraum abläuft, in dem sie dann in einem Arbeitsgang durch oxydierende Agenzien unter Zugabe von sauren oder basischen Zuschlägen und Klärenlassen weitergereinigt wird. Enthält der zur Verwendung kommende Schwerspat nicht allzuviel Gangart, so genügt es, Steinsalz allein auf dem Tafelgewölbe einzuschmelzen und den vorteilhaft vorgewärmten Schwerspat in das in dem Herdraum sich ansammelnde geschmolzene Salz einzutragen.

Patentansprüche:

1. Abänderung des Verfahrens zur Herstellung von reinem, weißem und fein verteiltem Barium- oder Calciumsulfat nach Patent 485 007, dadurch gekennzeichnet, daß an Stelle von Luft andere Sauerstoff enthaltende oder für sich oder in Gemisch mit Wasserdampf oxydierend wirkende Gase oder Gasgemische zur Reinigung der Schmelze verwendet werden, die bei der Sauerstoffabgabe in Verbindungen übergehen, die in der Schmelze auf Bariumsulfat nicht einwirken.

2. Abänderung des Verfahrens nach Anspruch 1, dadurch gekennzeichnet, daß an Stelle basischer Zuschläge bei gewöhnlicher Temperatur neutrale, bei Temperatursteigerung aber unter Bildung von basischen Oxyden zersetzbare Verbindungen, wie die Carbonate oder die Nitrate der Erdalkalien, zur Anwendung gelangen.

3. Abänderung des Verfahrens nach Anspruch 1 und 2, dadurch gekennzeichnet, daß Klärenlassen und Weiterbehandlung der Schmelze nicht voneinander getrennt, sondern in einem Arbeitsgang ausgeführt werden.

4. Abänderung des Verfahrens nach Anspruch 1 und 2, dadurch gekennzeichnet, daß der Schwerspat bzw. Anhydrit gemeinsam mit den schmelzbaren Alkali- bzw. Erdalkalisalzen auf einem Tafelgewölbe eingeschmolzen wird, auf dem sich die nichtschmelzenden Verunreinigungen absetzen, während die Schmelze in einen darunterliegenden Herdraum abläuft und dort weitergereinigt wird.

5. Abänderung des Verfahrens nach Anspruch 1 und 2, dadurch gekennzeichnet, daß nur die schmelzbaren Alkali- bzw. Erdalkalisalze auf einem Tafelgewölbe eingeschmolzen und so von der Hauptmenge der Gangart befreit werden, der Schwerspat bzw. Anhydrit aber vorteilhaft in vorgewärmtem Zustand unmittelbar in das sich in dem darunterliegenden Herde ansammelnde geschmolzene Alkali- bzw. Erdalkalisalz eingetragen wird.

Nr. 567 348. (S. 17. 30.) Kl. 22f, 6. „Sachtleben" Akt.-Ges. für Bergbau und chemische Industrie in Homberg, Niederrhein.

Erfinder: Dr. Manfred Müller in Homberg, Niederrhein.

Verfahren zur Herstellung von Bariumsulfat von bestimmter Korngröße.

Vom 29. April 1930. — Erteilt am 15. Dez. 1932. — Ausgegeben am 31. Dez. 1932. — Erloschen: . . . .

Die Erfindung betrifft die Herstellung von Bariumsulfat, dessen Korngröße willkürlich bestimmbar ist und von der Größenordnung des feinsten bis zu derjenigen eines dem grobkristallinen gemahlenen natürlichen Schwerspat gleichen Kornes gewählt werden kann.

Für manche Zwecke, wie in der Industrie der Pigmentfarben, wird ein gröberes Korn verlangt, als man es bei dem nach bekannten Verfahren gefällten Bariumsulfat, dem sogenannten Barytweiß oder Blancfixe, erhält. Es sind zwar Verfahren bekannt geworden, das Korn bei der Fällung zu vergrößern, z. B. für die im Handel sogenannte matte Ware, jedoch ist dieses Material für viele Zwecke noch zu feinkörnig. Beispielsweise kann es in der Industrie der Pigmentfarben nicht an Stelle des natürlichen gemahlenen Schwerspates verwendet werden.

Gegenstand der vorliegenden Erfindung ist es, das auf bekannte Weise aus Bariumsalzen gefällte Barytweiß in seiner Struktur so zu verändern, daß es in einen grobkristallinen Körper übergeht und damit auch die physikalischen Eigenschaften eines solchen annimmt. Das geschieht erfindungsgemäß durch Glühen des gefällten Bariumsulfates in Gegenwart eines Schmelzmittels.

Es ist bekannt, daß Bariumsulfat aus seiner Lösung in geschmolzenem Bariumchlorid oder Natriumsulfat in der Form von sehr großen Kristallen gewonnen und daher auf diese Weise umkristallisiert werden kann. Dieses Verfahren hat aber für die Praxis keine Bedeutung, da es umständlich und teuer ist und auch keine Regelung der Korngröße gestattet. Es wurde ferner bereits vorgeschlagen, die farbtechnischen Eigenschaften von gefälltem Bariumsulfat dadurch zu verbessern, daß der Niederschlag ohne weiteren Zusatz geglüht und abgeschreckt wird. Hierdurch sollte die Oberfläche der Kristalle durch die Bildung von Rissen weniger lichtbrechend gemacht und daher die Deckkraft erhöht, nicht aber die Korngröße beeinflußt werden.

Es wurde nun gefunden, daß auf beliebige Weise hergestelltes Blancfixe in ein grobkristallines Produkt umgewandelt werden kann, wenn man dem feinkörnigen Präparat einen geringen Gehalt an Schmelzmittel in Form von Verbindungen der Alkalien und Erdalkalien, wie deren Oxyde, Hydroxyde, Carbonate, Chloride, Sulfide, Sulfate u. a., einverleibt und dann das getrocknete Blancfixe bei Temperaturen von 300° C bis 1000° C und mehr glüht, je nachdem man die Struktur des Blancfixe feiner oder gröber kristallin erhalten will. Die Menge des Schmelzmittels soll so gering sein, daß sie zur Lösung des Bariumsulfates nicht ausreicht. Es genügt bereits ein Gehalt von etwa 0,1 % des Schmelzmittels; es können jedoch davon auch größere Mengen zur Anwendung kommen. Man kann auch vorteilhaft die wasserlöslichen Reaktionsprodukte, die bei der Ausfällung des Blancfixe entstehen, als Schmelzmittel benutzen, indem man diese Salze nur unvollkommen auswäscht und dann den Niederschlag glüht. Hierbei verbleiben bis etwa 3 % der Salze im Niederschlag. Je höher die angewandte Glühtemperatur ist, desto gröber kristallin wird das Glühprodukt. Während die Teilchengröße des gewöhnlichen Blancfixe im Durchschnitt 0,001 mm beträgt, gelangt man bei diesem Verfahren zu Kristallen von der Größenordnung von etwa 0,04 mm.

Die Glühdauer beträgt ungefähr 1 bis 2 Stunden; je höher die Glühtemperatur ist, um so kürzer ist die Zeit zu bemessen. Als Maß ist anzunehmen, daß das Glühen fortzusetzen ist, bis das Material gesintert ist.

Man kann das geglühte Produkt erkalten lassen und dann mahlen; vorteilhaft kann man es in Wasser abschrecken. Hierbei zerfallen die glühenden harten Stücke größtenteils sogleich zu Pulver, das nach dem Auswaschen weiterverarbeitet wird.

Das so behandelte Bariumsulfat wird in bekannter Weise gemahlen und getrocknet.

Nach diesem Verfahren ist es auch möglich, ein sehr feinkörniges Blancfixe, das z. B. den Ansprüchen der Papierindustrie nicht genügt und oft einen lästigen Abfallstoff darstellt, für andere Industrien, beispielsweise die Industrie der Pigmentfarben, an Stelle des Verschnittspates zu verwerten.

Ausführungsbeispiele

1. 1000 l Schwefelbariumlauge mit 135 g BaS im Liter werden mit Glaubersalzlösung mit 200 g Na_2SO_4 im Liter bei 50° C so lange unter Umrühren versetzt, bis alles Schwefelbarium gefällt ist und sich in der Lösung ein geringer Überschuß an Glaubersalz befindet. Man gibt zu der Fällung noch 20 kg Kochsalz und trennt, nachdem das Kochsalz in Lösung gegangen ist, den Niederschlag von der Natriumsulfid und Natriumchlorid enthaltenden Lauge. Ohne das erhaltene Bariumsulfat weiter auszuwaschen, trocknet und glüht man bei einer Temperatur von 650° C.

2. 1000 l Chlorbariumlauge mit 220 g $BaCl_2$ im Liter werden mit 1000 l einer Glaubersalzlösung mit 150 g Na_2SO_4 im Liter bei 50° C gefällt, wobei man 246 kg Bariumsulfat erhält. Man trennt den Niederschlag von der chlornatriumhaltigen Lauge und, ohne weiter auszuwaschen, trocknet und glüht man bei 700° C 2 Stunden lang.

Man kann das unter 1 und 2 erhaltene noch glühende Bariumsulfat in Wasser abschrecken, was ein sofortiges Herauslösen des Schmelzmittels bewirkt und hierdurch die in bekannter Weise erfolgende Mahlung erleichtert.

Man kann selbstverständlich aus jeder beliebigen wasserlöslichen Bariumverbindung mit Schwefelsäure oder einem wasserlöslichen Sulfat das Bariumsulfat ausfällen und es dann, wie beschrieben, weiterbehandeln.

Patentansprüche:

1. Verfahren zur Herstellung von Bariumsulfat bestimmter Korngröße, dadurch gekennzeichnet, daß man das in bekannter Weise gefällte Bariumsulfat mit geringen, zur Lösung des Bariumsulfats nicht ausreichenden Mengen eines Schmelzmittels versetzt und bei Temperaturen von

300 bis 1000° C und höher glüht, je nach dem gewünschten Feinheitsgrad der Kristalle.

2. Verfahren nach Anspruch 1, gekennzeichnet durch die Verwendung von Verbindungen der Alkalien und Erdalkalien als Schmelzmittel.

3. Verfahren nach Anspruch 1 und 2, dadurch gekennzeichnet, daß man die bei der Fällung des Blancfixe entstehenden wasserlöslichen Salze als Schmelzmittel verwendet.

4. Verfahren nach Anspruch 1 bis 3, dadurch gekennzeichnet, daß man das geglühte Bariumsulfat in an sich bekannter Weise in Wasser abschreckt.

F. P. 715740.

Nr. 529556. (K. 114315.) Kl. 22f, 6. Dr. Hugo Krause in Aschaffenburg.

Verfahren zur Herstellung eines weißen Pigments.

Vom 14. April 1929. — Erteilt am 2. Juli 1931. — Ausgegeben am 15. Juli 1931. — Erloschen: . . . .

Vorliegende Erfindung betrifft die Herstellung eines billigen weißen Pigments, das sich besonders zur Herstellung von Papierstreichfarben eignet. Dieses wird durch Umsetzung von Magnesiumsulfat mit Kalkhydrat nach der Gleichung

$$Mg\,SO_4 + Ca\,(OH)_2 + 2\,H_2O = Ca\,SO_4 \cdot 2\,aq + Mg\,(OH)_2$$

gewonnen. Hiernach ist schon durch Fällung einer Lösung von Magnesiumsulfat mittels Kalkmilch oder Kalkhydrat ein billiges Weiß als Füllstoff für Papier und zum Grundieren von Tapeten hergestellt worden. Jedoch die grobkristallinische Struktur dieses so gefällten Gipses machte aber eine Verwendung für Streichfarben unmöglich. Ebenso untauglich für diesen Zweck ist ein gefälltes Weiß als Füllstoff für die Papierfabrikation, das durch Fällung einer Lösung von Magnesiumsulfat mit der entsprechenden Menge von Kalkmilch erhalten wird, wobei in das entstandene Gemisch Kohlensäure eingeleitet und das gebildete Magnesiumbikarbonat in die neutrale Verbindung übergeführt wird. Auch dieses Produkt ist verhältnismäßig grobkristallinisch.

Die vorliegende Erfindung besteht nun in einer besonderen Ausführungsform der obenerwähnten an sich bekannten Reaktion, wodurch ein so fein zerteiltes Umsetzungsprodukt erzielt wird, daß es bei seiner Verwendung für Streichfarben die nötige hohe Deckkraft ergibt und bei der Satinage der gestrichenen Papiere gute Glätte und Glanz liefert.

Das Verfahren besteht darin, daß man eine sehr konzentrierte, am billigsten durch Auskochen von Kieserit mit Wasser gewonnene Magnesiumsulfatlösung oder ein Gemisch einer Lösung fein zerteilten festen Magnesiumsulfats mit Kalkbrei, also nicht mit einer wässerigen dünnen Kalkmilch, durch gründliches Mischen in verhältnismäßig kurzer Zeit zur Umsetzung bringt, so daß sofort eine steife Paste des Umsetzungsprodukts entsteht. In dieser Weise hergestellt, zeigt der Gips ein von der gewöhnlichen, schon bei etwa 100facher oder noch schwächerer Vergrößerung deutlich sichtbaren langen Nadelform ganz abweichendes Aussehen. Erst bei mindestens 600facher Vergrößerung sind seine Kriställchen einigermaßen erkennbar teils als eckige, dem in der Papierstreicherei viel gebrauchten Blanc fixe nach Form und Größe ähnliche Körnchen, teils als in die Größenordnung dieser Körnchen fallende ganz kurze Stäbchen. Nur ganz vereinzelt kommen etwas längere Stäbchen vor.

Die konzentrierte Salzlösung läßt man unter lebhaftem Rühren zu dem Kalkbrei fließen und nicht umgekehrt, da sonst die Umsetzung viel träger erfolgt und das Produkt stark grießelig wird. Wirken die Komponenten in annähernd stöchiometrischen Verhältnissen, vorteilhaft bei ganz geringem Überschuß an Magnesiumsulfat, aufeinander, so ist das Reaktionsprodukt grießelfrei und kann es ohne weiteres zu Streichfarben verarbeitet werden. Ein Verdünnen mit Wasser, Sieben, Abpressen und Auswaschen erübrigt sich also.

Die Umsetzungstemperatur beeinflußt die Eigenschaften des Pigments praktisch kaum, so lange sie 30° C nicht übersteigt. Bei höherer Temperatur wird das Pigment gröber und daher weniger deckend. Mikroskopisch läßt sich feststellen, daß bei tiefen Temperaturen der Gips fast völlig aus den schon erwähnten, dem Blanx fixe ähnlichen Körnchen besteht, während bei etwas höherer Temperatur mehr und mehr kurze Stäbchen hinzukommen.

Beispiel

Zu einem aus gutem, weißem Ätzkalk hergestellten dicken Kalkbrei, der auf 22,8 kg CaO insgesamt einschließlich des Hydratwassers etwa 36 kg Wasser enthält und auf etwa 10° C abgekühlt ist, läßt man unter ständigem gutem Rühren des Kalkbreies eine etwa 25° C warme Lösung von 100 kg kristallisiertem Magnesiumsulfat, $MgSO_4 \cdot 7\,aq$, in 80 l Wasser, die bei der angegebenen Temperatur also annähernd gesättigt ist, zufließen, und zwar so rasch, wie dem Rührwerk die sofortige Mischung mit dem Brei möglich ist. Etwa Dreiviertel der Salzlösung sollen in etwa 5 Minuten oder noch kürzerer Zeit zugeflossen sein, darauf hält man das Rührwerk an, stößt die dicke Masse von den Mühlenwandungen und Rührflügeln erst einmal ab und läßt dann in weiteren 2 bis 3 Minuten unter erneutem gutem Rühren den Rest der Salzlösung zufließen. Hierauf wird noch etwa 5 Minuten alng weitergerührt, um die Umsetzung zu vervollständigen.

Läßt man die Salzlösung langsam zu dem Kalkbrei fließen, so ist die Deckkraft des entstehenden Pigments geringer.

PATENTANSPRUCH:

Verfahren zur Herstellung eines weißen Pigments für Leim-, insbesondere Papierstreichfarben durch Umsetzung einer Magnesiumsulfatlösung mit Kalkhydrat, dadurch gekennzeichnet, daß man eine bei gewöhnlicher Temperatur annähernd gesättigte Magnesiumsulfatlösung, gegebenenfalls in Gegenwart von fein verteiltem festem Magnesiumsulfat, unter lebhaftem Rühren und in verhältnismäßig kurzer Zeit einem Brei von gelöschtem Kalk zugibt.

Nr. 486192. (N. 28382.) Kl. 22f, 10. NORDDEUTSCHE AFFINERIE IN HAMBURG.

Verfahren zum Bleichen und Reinigen von Salzschmelzen.

Vom 31. Jan. 1928. — Erteilt am 31. Okt. 1929. — Ausgegeben am 13. Nov. 1929. — Erloschen: 1930.

Es ist bekannt, weiße Metallfarben im Schmelzfluß mit Salzen, z. B. Alkalisalzen, herzustellen. Solche Metallfarben werden beispielsweise für Emailzwecke benutzt, z. B. Natriumantimoniat. Dieses Natriumantimoniat läßt sich aus leicht schmelzbaren Legierungen von Antimon und Blei durch Verschmelzen mit Ätznatron und Zugabe von Salpeter herstellen. Die Ausgangsmaterialien enthalten zuweilen Verunreinigungen, welche das Natriumantimoniat schwarz färben. Besonders unangenehm sind hierbei Spuren von Selen und Tellur. Diese beiden Elemente üben schon in Mengen von hundertstel Prozenten eine höchst intensiv färbende Wirkung auf die Salzschmelze aus. Die Schmelze selbst und das daraus gewonnene Natriumantimoniat sind schwarz und als Trübungsmittel für Emaillierungszwecke nicht zu verwerten. Das Schwarzwerden des Natriumantimoniats bzw. seiner Salzschmelze kann nun durch Zugabe überschüssigen Salpeters nicht verhindert werden.

Es wurde aber überraschenderweise festgestellt, daß schon sehr kleine Mengen von Natriumsuperoxyd genügen, um die Schwarzfärbung aufzuheben. Das Natriumsuperoxyd ist ein verhältnismäßig kostspieliges Reaktionsmittel, und es war nicht vorauszusehen, ob die Wirkung des Natriumsuperoxyds so intensiv ist, daß schon wenige Zehntel Prozent Natriumsuperoxyd genügen, um aus tiefschwarzen Salzschmelzen reinweiße Salzschmelzen und ein Natriumantimoniat zu erhalten, das für die Zwecke der Emailleindustrie brauchbar ist.

Die chemische Wirkung besteht darin, daß das dunkelfärbende metallisch ausgeschiedene Selen bzw. Tellur durch das Natriumsuperoxyd in ungefärbte Alkalisalze übergeführt wird. Diese Alkalisalze sind löslich und werden bei der Aufarbeitung der Salzschmelze entfernt.

Das Verfahren kommt auch für das Bleichen von anderen Salzschmelzen in Frage, beispielsweise Emailleschmelzen.

PATENTANSPRUCH:

Verfahren zum Reinigen und Bleichen von Salzschmelzen, die zur Herstellung weißer Metallfarbe, beispielsweise Natriumantimoniat, dienen, gekennzeichnet dadurch, daß den Salzschmelzen kleine Mengen von Natriumsuperoxyd zugesetzt werden.

Nr. 503047. (R. 72555.) Kl. 22f, 10. PAUL ROHLAND IN DREIWERDEN, SA.

Verfahren zur Herstellung von Satinglanzweiß, Kalk-Tonerdelacken und anderen Kalziumaluminate enthaltenden Streichfarben in einer Mühle.

Vom 18. Okt. 1927. — Erteilt am 3. Juli 1930. — Ausgegeben am 5. Aug. 1930. — Erloschen: 1933.

Es ist bekannt, Satinweiß in der Weise herzustellen, daß die Reaktionskomponenten zunächst in einen Bottich zusammengegossen werden, wobei sie einen Teig bilden, der dann gerührt wird, um die Komponenten zu mischen. Die entstandene dicke, sahnige Masse wird danach in eine langsam laufende Kugelmühle gefüllt und vermahlen, mit Wasser aus der Mühle gespült und nach Absetzen nochmals längere Zeit gemahlen.

Dieses bekannte Verfahren ist sehr umständlich und zeitraubend, da es nur in räumlich und zeitlich voneinander getrennten Abschnitten durchführbar ist. Diese Zerlegung erfordert zahlreiche Arbeitskräfte und Transportmittel. Ein weiterer Nachteil des bekannten Verfahrens liegt in der langen Dauer der einzelnen Arbeitsgänge, die überdies genau überwacht werden müssen.

Durch die Erfindung soll das bekannte Verfahren verbessert werden, indem die Arbeitszeit verkürzt und der Arbeitsgang sowie die zur Durchführung des Verfahrens erforderliche Vorrichtung vereinfacht werden. Dieses ist erfindungsgemäß dadurch erreicht, daß die Bildung der Streichfarben aus der Reaktionsmischung in schnellaufenden Mühlen, z. B. Mühlen nach Patent 488 354 und 502 484, oder sogenannten Kolloidmühlen in ununterbrochenem Durchfluß erfolgt.

Ein weiteres Kennzeichen der Erfindung liegt darin, daß der Reaktionsmischung fein gemahlene Zusätze vor Einleitung der Reaktion zugegeben werden. Infolgedessen lagert sich das Reaktionsprodukt auf der Oberfläche der feinen zugesetzten Teilchen ab, wodurch die Ergiebigkeit des Enderzeugnisses erhöht und eine bessere Beschaffenheit erzielt wird.

B e i s p i e l 1. Eine Menge von 80 kg Ätzkalk wird in einer genügenden Wassermenge aufgeschlämmt und im Kreislauf der Mühle zugeführt. Vor dem Eintritt in die Mühle wird der Kalkmilch eine Lösung von 125 kg schwefelsaurer Tonerde entsprechender Reinheit gleichmäßig zugesetzt. Nach beendeter Mischung verläßt fertiges Glanzweiß die Mühle, das zunächst in einer Rührbütte noch etwas verdünnt und dann entwässert wird. Die Ausbeute beträgt etwa 172 kg in trocken gedecktem Zustande.

Bei Ausübung des Verfahrens verwendet man genau arbeitende, nach chemischer Kontrolle einstellbare Zusatzregler. Das Verfahren kann mit ihrer Hilfe auf einen einzigen Durchgang durch die Mühle beschränkt werden. Die Aluminiumsulfatlösung läßt man dann in entsprechender Menge verteilt zulaufen. Die Abwässer können wieder von neuem benutzt und so der Kreislauf geschlossen werden.

B e i s p i e l 2. 51,5 kg Ätzkalk werden in Wasser aufgeschlämmt. Gleichzeitig wird getrennt davon eine Lösung mit einer Menge von 80,5 kg Aluminiumsulfat hergestellt, wobei das letzte 18prozentig ist. Vor der Mischung und vor dem Eintritt der Kalklösung in die Mühle werden einer der beiden genannten Lösungen, also entweder der Kalkmilch- oder der Sulfatlösung, 30 kg handelsübliches Blancfix und 75 kg handelsübliches Kaolin (Chinaclay) sowie außerdem Leimmittel, Lösemittel, Farben und sogenannte Schönungszusätze zugegeben. Diese Zusätze können bereits zu einer gewünschten Feinheit vorgemahlen sein. Die endgültige Feinheit der Farbmischung wird jedoch erst in der Mühle erzielt. Auch bei diesem Beispiel können die Abwässer wieder benutzt und so der Kreislauf des Verfahrens geschlossen werden.

B e i s p i e l 3. Gebrannter Kalk von entsprechender Reinheit wird im Verhältnis 1 : 3 eingesumpft, so daß 100 kg Kalk etwa 350 l Sumpf ergeben. Schwefelsaure Tonerde von 13 bis 14% wird bis zu 36° Bé gelöst, entsprechend etwa 84 kg in 100 l Lösung. In einer etwa 40 cbm großen Rührbütte werden 20 cbm Wasser in Bewegung gesetzt, 2 300 l Kalksumpf eingetragen, nach Lösung etwa 2 000 l der schwefelsauren Tonerdelösung möglichst verteilt zugegeben und dann auf 40 cbm mit Wasser aufgefüllt. Nach kurzer Rührzeit (etwa 20 Minuten) wird durch eine Fördereinrichtung (z. B. Zentrifugalpumpe) die Mischung durch eine schnellaufende Kolloidmühle geleitet. Die aus der Mühle im laufenden Strom austretende, infolge der Reaktion eingedickte Masse geht direkt zur Entwässerung und ergibt etwa 4 000 kg etwa 38prozentiges trockenes Glanzweiß. In der Mischbütte können gleichzeitig auch noch andere Zusätze, wie Farben, Erde usw., beigegeben werden, die dann ebenfalls mit durch die Mühle gehen.

Patentansprüche:

1. Verfahren zur Herstellung von Satinglanzweiß, Kalk-Tonerdelacken und anderen Kalziumaluminate enthaltenden Streichfarben in einer Mühle, dadurch gekennzeichnet, daß ihre Bildung aus der Reaktionsmischung in schnellaufenden Mühlen, z. B. Mühlen nach Patent 488 354 und 502 484, oder sogenannten Kolloidmühlen in ununterbrochenem Durchfluß erfolgt.

2. Verfahren nach Anspruch 1, dadurch gekennzeichnet, daß der Reaktionsmischung fein gemahlene Zusätze vor Einleitung der Reaktion zugegeben werden.

Nr. 501 450. (C. 40 999.) Kl. 22 f, 3.

CHEMISCHE FABRIK H. ERZINGER A. G. IN SCHÖNENWERD, SCHWEIZ.

Verfahren zur Herstellung von Mennige.

Vom 29. Jan. 1928. — Erteilt am 12. Juni 1930. — Ausgegeben am 2. Juli 1930. — Erloschen: ....

Gegenstand der Erfindung ist ein Verfahren zur Herstellung von Mennige, und zwar von Mennige in der Art der Dispers-Mennige, die bekanntlich wesentlich wertvollere Eigenschaften als Kristall- und Orange-Mennige besitzt.

Das Verfahren der Erfindung besteht darin, daß man Bleiglätte von Handelsqualität unter Zusatz einer kleinen Menge einer organischen Säure, die imstande ist, wasserlösliche, basische Bleisalze zu liefern, wie z. B. Essigsäure, in viel Wasser aufschlämmt und vorsichtig mit Kohlensäure behandelt. Hierbei wird der Säurezusatz so begrenzt, daß er nur einen verhältnismäßig geringen Prozentsatz des Reaktionsgemisches ausmacht und nicht annähernd zur Lösung der gesamten Bleiglättemenge ausreicht. Es entsteht dabei zuerst, nachdem die Kohlensäurezufuhr eine gewisse Zeit lang stattgefunden hat, als Zwischenstufe der Karbonisierung zu Fällungsbleiweiß ein in Wasser und Öl sehr leicht suspendierbares, stark basisches Bleikarbonat. Dieses Produkt ist als Bleiweiß völlig ungeeignet, da es schlecht deckt, zu viel Öl aufnimmt, die Anstriche sich oft verfärben und nicht so wetterfest sind wie die aus deutschem Kammerbleiweiß hergestellten.

Es ist nun aber gefunden worden, daß man zu einer besonders wertvollen (dispersen) Mennige gelangt, wenn man dieses vorübergehend entstehende, stark basische Bleikarbonat unter Abbruch der weiteren Kohlensäurebehandlung isoliert und nach dem Trocknen unter oxydierenden Bedingungen erhitzt. Zweckmäßig wird gemäß der Erfindung die Kohlensäurebehandlung dann unterbrochen, wenn das am höchsten basische Bleikarbonat von leichtester Beschaffenheit sich gebildet hat. Man kann den geeigneten Zeitpunkt des Abbrechens der Kohlensäureeinleitung sowohl durch Analyse feststellen als auch dadurch, daß die von der Kohlensäure aufgewirbelte suspendierte Masse augenscheinlich das Maximum an Leichtigkeit erreicht hat. Wenn man dieses stark basische Bleikarbonat im Mennige-Ofen unter gewissen Bedingungen auf Mennige brennt, erhält man eine äußerst fein verteilte disperse Mennige, die in der Praxis vorzügliche Eigenschaften aufweist.

Das Produkt gemäß dem Verfahren besitzt gegenüber der bekannten Kristallmennige und der bekannten Orangemennige als rostschützende Malerfarbe eine wesentlich größere Ausgiebigkeit und Deckkraft. Ein besonderer Vorteil der Mennige nach der Erfindung ist, daß man diese Mennige in Form von fertiger Anstrichfarbe längere Zeit aufbewahren kann, ohne daß sie eindickt, was weder mit Kristallmennige noch mit Orangemennige möglich ist. So kann man mit Hilfe des Produkts der Erfindung streichfertige Anstrichfarben fabrikatorisch herstellen und in den Handel bringen, weil auch bei einem leichten Absetzen der Mennige die Farbe durch bloßes Umrühren wieder in gebrauchsfertigen Zustand zurückversetzt wird.

Gemäß einer besonderen Ausführungsform des Verfahrens wird an Stelle der Essigsäure bei der Herstellung dieses stark basischen Bleikarbonats Ameisensäure oder Gemische unreiner Aminosäuren, wie sie aus Horn und Leimabfällen, Blut usw. auf bekannte Weise hergestellt werden können, benutzt. In ersterem Falle wird der Vorteil einer besonders raschen Bildung des stark basischen Bleikarbonats erreicht, so daß an Zeit, Kraft und Kohlensäure gespart wird. Zudem ist Ameisensäure im Handel oft billiger zu haben als äquimolekulare Mengen Essigsäure. Im zweiten Falle wird bei Verwendung von Aminosäuren durch Verarbeitung billiger Abfallproteine eine Verbilligung in den Säurekosten erzielt.

Es ist zweckmäßig, bei der Umwandlung dieses stark basischen Bleikarbonats zu Mennige beim Brennen mit möglichst niedrigen Temperaturen zu arbeiten, die zweckmäßig unterhalb der üblichen Temperaturen, die beim Brennen der Kristallmennige üblich sind, liegen. Außerdem wird zweckmäßig so verfahren, daß die Schichthöhe beim Arbeiten im Ofen mit Rührwerk nicht zu hoch wird, um zu vermeiden, daß das besonders lockere Produkt zerrieben und dadurch dichter und schwerer wird, wodurch ein Teil seiner günstigen Eigenschaften verlorengeht.

Vorteilhaft ist ferner zur Erhaltung bester Eigenschaften der Dispersmennige das mechanische Umschaufeln oder Umharken so zu gestalten, daß die Masse so wenig wie möglich in sich und durch die Schaufeln zerrieben wird.

Beispiel

In einem Rührwerk werden in ca. 4000 l Wasser 500 kg handelsübliche Pulverbleiglätte unter Zusatz von 15 kg konzentrierter Ameisensäure durch Rühren in

Suspension gehalten. Kohlensäure wird nun so lange durchgeleitet, bis das obengenannte, spezifisch leichteste Zwischenprodukt entstanden ist, was geraume Zeit vor der Umwandlung dieses basischen Karbonats in ein der Bleiweißanalyse von Fällungs- und Kammerbleiweiß analoges, weniger basisches Produkt der Fall ist. Das entstandene Zwischenprodukt wird filtriert, getrocknet und unter Einhaltung möglichst niedriger Temperatur und Vorsicht beim Bewegen gebrannt.

Die so erhaltene Mennige zeigt nun auffallenderweise als Pulver ein spezifisches Gewicht von nur 2,2 bis 2,8 (bestimmt nach der Auffüllprobe im Meßzylinder durch Klopfen, bis das Pulver nicht mehr zusammengeht). Durch Änderung der Kohlensäurekonzentration, ferner durch Brennen bei verschiedenen Temperaturen und mehr oder weniger kräftiges Zerreiben der Mennige im Brennofen hat man es in der Hand, das spezifische Gewicht in gewissen Grenzen zu regeln.

PATENTANSPRÜCHE:

1. Verfahren zur Herstellung von Mennige von der Art der dispersen Mennige, dadurch gekennzeichnet, daß Bleiglätte üblicher Art unter Zusatz kleiner Mengen einer organischen Säure, die imstande ist, wasserlösliche, basische Bleisalze zu liefern, in Gegenwart von reichlich Wasser mit Kohlensäure so lange behandelt wird, bis ein stark basisches Bleikarbonat von sehr geringem spezifischen Gewicht entsteht, worauf man dieses Zwischenprodukt von der Flüssigkeit abscheidet, trocknet und zu Mennige oxydiert.

2. Ausführungsform des Verfahrens nach Anspruch 1, dadurch gekenzeichnet, daß Ameisensäure oder Aminosäuren bei der Herstellung dieses stark basischen Bleikarbonats benutzt werden.

3. Ausführungsform des Verfahrens nach Anspruch 1 und 2, dadurch gekennzeichnet, daß das Brennen des Bleikarbonats bei möglichst niedriger Temperatur, zweckmäßig unterhalb der bei der Herstellung von Kristallmennige üblichen Temperatur, erfolgt.

4. Ausführungsform des Verfahrens nach Anspruch 1 bis 3, dadurch gekennzeichnet, daß das Gut beim Brennen auf Mennige möglichst wenig durch die Rühreinrichtung zerrieben wird.

E. P. 340082.

Nr. 501406. (G. 74568.) Kl. 22f, 3. TH. GOLDSCHMIDT A.-G. IN ESSEN, RUHR.

Verfahren zur Herstellung einer Bleichromat und Bleioxyde enthaltenden Masse.

Vom 13. Okt. 1928. — Erteilt am 12. Juni 1930. — Ausgegeben am 5. Juli 1930. — Erloschen: 1932.

Es ist bekannt, daß nicht nur Mennige, sondern auch basisches Bleichromat eine ganz besonders gute Rostschutzwirkung besitzt. Bleichromat hat überhaupt als Farbkörper ausgezeichnete Eigenschaften und wird insbesondere in Amerika als Eisenschutz- und Wetterfarbe weitestgehend verwendet.

Es hat sich nun gezeigt, daß ein Farbkörper, der aus einem Gemenge von Bleioxyden und Bleichromat besteht, eine ausgezeichnete Vereinigung der Eigenschaften von Mennige und Bleichromat darstellt, und zwar trifft das insbesonders zu in bezug auf die Eigenschaften des Rost- und Wetterschutzes.

Das Gemenge von Bleioxyden und Bleichromat kann entweder auf mechanischem Wege durch Zusammenmischen der Komponenten oder auch auf chemischem Wege hergestellt werden. In jedem Falle wird eine Masse gewonnen, die sich nicht nur als Farbkörper gut eignet, sondern auch für andere Zwecke in Frage kommt, für die man sonst Mennige verwendet, z. B. als Dichtungsmittel für Kabeltränkzwecke usw.

Chemisch läßt sich die Bleichromat und Bleioxyde enthaltende Masse auf verschiedene Weise herstellen. Die eine besteht darin, daß man Bleioxyd (PbO) unvollständig in Mennige (Pb_3O_4) überführt, und dann das noch nicht übergeführte PbO in einer wäßrigen Suspension mit einem Chromatsalz ganz oder teilweise zu Bleichromat umsetzt.

Bei der anderen wird Bleioxyd (PbO) mit einer wäßrigen Auflösung von Chromatsalz zu basischem Bleichromat umgesetzt und dieses dann einem Glühprozeß unterworfen, so daß das Bleioxyd des Chromates ganz oder teilweise in Bleisuperoxyd (PbO_2) bzw. Bleimennige (Pb_3O_4) übergeführt wird.

Diese letztere Arbeitsweise kann man auch in der Weise ausführen, daß man von basischem Bleichromat beliebiger Herkunft ausgeht, das man auch wiederum glüht, und dadurch das Bleioxyd des Chromates ebenfalls wieder ganz oder teilweise in PbO_2 bzw. Pb_3O_4 überführt.

Das Produkt, das nach diesen beiden letzten Arbeitsweisen gewonnen ist, bei denen man also basisches Bleichromat einem Glühprozeß unterwirft, zeichnet sich besonders durch einen warmen, tief rotbraunen Farbton von vorzüglicher Lichtechtheit aus.

Beispiel 1: 100 kg Bleiglätte werden einem Mennigeglühprozeß unterworfen, bis ein Bleisuperoxydgehalt von etwa 10 Prozent erreicht ist. Das Material wird dann in einer wäßrigen Auflösung von etwa 15 kg eines löslichen Chromates bis zur vollständigen Umsetzung mit dem noch freien Bleioxyd gut durchgerührt, filtriert, gewaschen und getrocknet.

Beispiel 2: 100 kg Bleioxyd werden mit einer wäßrigen Auflösung von 17,5 kg K_2CrO_4 oder der entsprechenden Menge eines anderen löslichen Chromates bis zur vollständigen Umsetzung gut durchgerührt. In topochemischer Umsetzung bildet sich auf diese Weise ein basisches Bleichromat, das ungefähr der Formel $4\,PbO \cdot PbCrO_4$ entspricht. Nach dem Absaugen, Waschen und Trocknen wird das Material einem Glühprozeß unterworfen. Der Orangefarbton des basischen Bleichromates geht hierbei je nach Art des geführten Glühprozesses in einen hellbraunen bis tief rotbraunen Farbton über, der ausgezeichnet lichtecht ist. Farbton und chemische Zusammensetzung sind weitgehend zu variieren, je nach der zur Fällung des basischen Bleichromates gewählten Menge eines löslichen Chromates und je nach der für den Glühprozeß gewählten Temperatur und Zeitdauer.

Patentanspruch:

Verfahren zur Herstellung einer Bleichromat und Bleioxyde enthaltenden Masse, dadurch gekennzeichnet, daß man Bleioxyd (PbO) unvollständig in Mennige (Pb_3O_4) überführt und dann das noch nicht übergeführte PbO in einer wäßrigen Suspension mit einem Chromatsalz ganz oder teilweise zu Bleichromat umsetzt oder daß man Bleioxyd (PbO) mit einer wäßrigen Auflösung eines Chromatsalzes zu basischem Bleichromat umsetzt bzw. basisches Bleichromat beliebiger Herkunft verwendet und dieses einem Glühprozeß unterwirft, so daß das Bleioxyd des Chromates teilweise in Bleisuperoxyd (PbO_2) bzw. Bleimennige (Pb_3O_4) übergeführt wird.

Nr. 483758. (M. 94732.) Kl. 12n, 7. Maschinenbau-Anstalt Humboldt in Köln-Kalk.

Vorrichtung zur Herstellung von feinkörnigen Blei-Oxyden, z. B. Glätte und Mennige, in mit Rührwerk versehenen Oxydationskesseln, in denen geschmolzenes Blei zerstäubt wird.

Vom 30. Mai 1926. — Erteilt am 19. Sept. 1929. — Ausgegeben am 5. Okt. 1929. — **Erloschen: 1932.**

Bei den bisher bekannten Einrichtungen zur Zerstäubung von Metallen, insbesondere zwecks Herstellung fein verteilter Metall-Oxyde, z. B. von Blei-Oxyden, wird das flüssige Metall durch ein Rührwerk aufgewirbelt und zerstäubt, wobei gegebenenfalls unter gleichzeitigem Einblasen von Luft oder Dampf, das fein verteilte Metall oxydiert wird.

Nach diesem Verfahren wird z. B. heute in der Bleifarben-Industrie das Blei-Oxyd hergestellt. Die entstehenden Oxyde werden mittels Saugwirkung abgezogen und dann in bekannter Weise aufgefangen.

Es hat sich nun gezeigt, daß bei diesen Vorgängen infolge verschiedener Einflüsse, die sowohl von der Ungleichmäßigkeit der Bedienung als auch von der Ungleichmäßigkeit der geringen, nicht kontrollierbaren Temperaturschwankungen und der Schwierigkeit der Überwachung des geschlossenen Kessels abhängen, eine unregelmäßige Bildung von Blei-Oxyden stattfindet, die durch die gleichmäßig bleibende Saugwirkung nicht rechtzeitig entfernt werden können. Die Folge davon ist, daß vor allem auch die Qualität der erzeugten Produkte leidet, weil nicht mehr der nötige Oxydationsraum für die einzelnen Metallteile zur Verfügung steht.

Ein weiterer Übelstand tritt dann noch dadurch auf, daß die Steigerung des Kraftbedarfs groß wird und manchmal sich sogar so weit steigert, daß die verfügbare Kraft zum Drehen

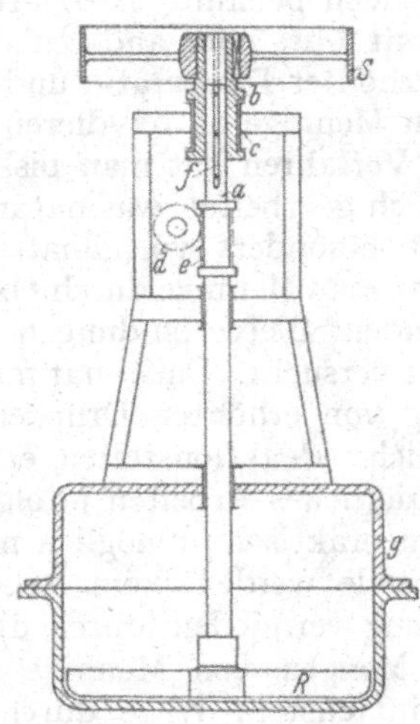

des Rührwerkes nicht mehr genügt oder gar die Apparatur zu Bruch geht.

Diese und ähnliche Störungen werden nun gemäß der Erfindung dadurch behoben, daß der Rührflügel, ohne daß der Betrieb unterbrochen werden muß, in solchen Fällen in seiner Höhe verstellt werden kann, so daß das Rührwerk stets eine gleichbleibende Menge von feinen Metall- bzw. feinen Oxydteilchen in Wirbelbewegung bringt und dadurch eine gleichmäßige Erzeugung bei gleichmäßiger Saugwirkung erzielt wird.

Der Antrieb des Rührflügels *R* geschieht durch Scheibe *S*. Die Rührwelle *a* wird unmittelbar oder mittelbar mit Hilfe einer Stellvorrichtung, z. B. einer Schnecke mit Schnekkenrad *d* und *e*, gehoben bzw. gesenkt.

Die Verschiebung erfolgt auf der Gleitfeder *f* innerhalb der in Lager *c* festgelagerten Hohlwelle *b*. Mit Hilfe dieser Anordnung kann daher der Rührflügel *R* innerhalb der Pfanne *g* in verschiedenen Höhenlagen rotieren.

PATENTANSPRUCH:

Vorrichtung zur Herstellung von feinkörnigen Blei-Oxyden, z. B. Glätte und Mennige, in mit Rührwerk versehenen Oxydationskesseln, in denen geschmolzenes Blei zerstäubt wird, dadurch gekennzeichnet, daß der Rührflügel sowohl bei stillstehendem als auch im Betrieb befindlichem Rührwerk in seiner Höhenlage verstellt werden kann.

Nr. 536078. (H. 115376.) Kl. 12n, 7.

ERIC HAYWARD IN WENDOVER LODGE, WELWYN, HERTFORDSHIRE, ENGLAND.

Verfahren und Vorrichtung zur kontinuierlichen Herstellung von Mennige.

Vom 23. Febr. 1928. — Erteilt am 1. Okt. 1931. — Ausgegeben am 19. Okt. 1931. — Erloschen: 1932.

Großbritannische Priorität vom 22. Febr. 1927 beansprucht.

Die Erfindung betrifft ein Verfahren zur Herstellung von Mennige durch Oxydation von Blei oder zu Mennige oxydierbaren Bleiverbindungen, wie Bleiglätte mit Luft und bzw. oder anderen oxydierenden Gasen, wie Sauerstoff u. dgl., bei erhöhten, vorzugsweise bis zu 450° C reichenden Temperaturen und bei erhöhten, vorzugsweise über 12 Atmosphären liegenden Drucken, und besteht darin, daß die Oxydation des Ausgangsmaterials in einem Reaktionsraum vorgenommen wird, der mit druckfester Eintritts- und Austrittsschleuse versehen ist und vom zu oxydierenden Gut im Gegenstrom zu den oxydierenden Gasen kontinuierlich durchlaufen wird.

Es ist an sich bekannt, Bleiglätte durch Behandlung mit Luft oder anderen oxydierenden Gasen bei erhöhter Temperatur und bei erhöhten Drucken zu Mennige zu oxydieren. Bei diesen bekannten Verfahren hat man bisher stets diskontinuierlich gearbeitet, was naturgemäß technisch nicht besonders vorteilhaft ist. Kontinuierlich hat man Mennige durch Oxydation von entsprechenden Bleiverbindungen auch schon herzustellen versucht. Dabei hat man aber ohne Anwendung von erhöhten Drucken gearbeitet, was erhebliche Reaktionszeiten erforderte, die ein kontinuierliches Arbeiten infolge der Größe der Anlagen praktisch unmöglich machen. Alle diese Nachteile werden beim Arbeiten gemäß der Erfindung vermieden, durch die es gelingt, erhebliche Mengen von Mennige in kürzester Zeit auf einfachstem Wege durch kontinuierliches Arbeiten herzustellen.

In der Zeichnung ist ein Ausführungsbeispiel einer zur Durchführung der Erfindung geeigneten Vorrichtung in zwei Abbildungen dargestellt. Es zeigen

Abb. 1 einen Achsschnitt durch die Vorrichtung und

Abb. 2 einen Schnitt nach der Linie II-II der Abb. 1.

Auf Trägern oder Pfeilern 1 sind Behälter 2 angeordnet, deren Zweck später erklärt wird. Diese Behälter 2 tragen feste Flansche oder zylindrische Vorsprünge 3, die innen mit Gewinde versehen sind und zur Aufnahme und Befestigung eines röhrenförmigen Behälters 4 dienen, der die eigentliche Reaktionskammer der Vorrichtung bildet. Flansche 5 und 6 dieses Behälters 4 dienen zur Anbringung von konzentrischen, röhrenförmigen Organen 7 und 8, von denen das erste bis auf die Öffnungen zur Aufnahme der Rohrleitungen 9 geschlossen ist. Das äußere Gehäuse 8 ist oben bei 10 offen, wie aus Abb. 2 hervorgeht, und unten mit Öffnungen versehen, durch die Brennerröhren 11 hindurchgehen, die gleichzeitig in diesen Öffnungen sitzen. Am Gehäuse 8 sind zweckmäßig auch Zapfen 12 befestigt, an denen wiederum die Enden des Rohres 7 befestigt werden.

Zentral in den Behältern 2 befinden sich zur Aufnahme von Packungen bestimmte Räume 13, die mit entsprechenden Stopfen 14 Stopfbüchsen an den Enden der Welle 15 bilden, die durch die Kammer 4 hindurchgeht und in den Flanschen 3 sowie im Innern der Behälter 2 gelagert ist. Diese Welle 15 trägt eine Förderschnecke 16 oder ist selbst als Förderschnecke ausgebildet. Die Welle wird durch ein Zahnrad 17 mittels Schneckenrades 18, das in beliebiger Weise angetrieben wird, in Drehung versetzt. Mit den Behältern 2 sind Rohrleitungen 19 verbunden, durch die Wasser oder eine andere Kühlflüssigkeit zugeführt wird, um die Lager und Packungen der Welle 15 trotz der in der Kammer 4 während der Reaktion entwickelten hohen Temperaturen kühl zu halten.

In die Kammer 4 führen Rohrleitungen 20 zur Zufuhr und Abfuhr von Luft und bzw. oder anderen Gasen unter Druck, die von Kompressoren herkommen. Die Luft oder das Gas oder das Luftgasgemisch kann entweder am gleichen Ende der Reaktionskammer 4 zugeführt werden, wo das feste Ausgangsmaterial, z. B. Bleiglätte, zugeführt wird, oder am entgegengesetzten Ende, damit die Luft oder das Gas oder das Luftgasgemisch im Gegenstrom zum festen Rohstoff durch die Reaktionskammer hindurchgeht. Der feste Rohstoff wird selbsttätig in gepulverter oder körniger Form von einem Trichter 21 aus durch ein Ventil 22 von geeigneter Konstruktion in eine Zwischenkammer geführt, die mit einer kleinen Förderschnecke 23 ausgerüstet ist. Diese Zwischenkammer sitzt am Ende eines Rohrstückes 24, das mit der Reaktionskammer 4 in Verbindung steht. In diesem Rohrstück ist ein weiteres Ventil 25 angeordnet. Das Ventfl 22, das von Hand betätigt wird, kann auch gemeinsam mit dem Ventil 25 zwangsläufig in der gleichen Weise betätigt werden wie die Ventile 31, deren Zweck später beschrieben wird. Die Welle 26, die die Schnecke 23 antreibt, geht durch eine Stopfbüchse 27 hindurch und ist am anderen Ende in einem Lager 28 gelagert, das an der rechten Kammer 2 befestigt ist. Die Welle 26 wird durch einen Kettenantrieb 29 von der Welle 15 aus angetrieben.

Das der Reaktionskammer 4 während der Reaktion beständig zugeführte feste Rohmaterial, z. B. die Bleiglätte, wird durch die Schnecke 16 kontinuierlich durch die Kammer 4 hindurchbewegt. Durch das Rohrstück 30, das mit der Kammer am Austrittsende verbunden ist, wird das fertige Reaktionsprodukt, z. B. Mennige, abgezogen. Im Rohrstück 30 ist ein Paar zwangsläufig geregelter Ventile 31 angeordnet. Die Betätigung dieser Ventile erfolgt durch Exzenter oder Nocken 32, die durch die Welle 33 angetrieben werden. Zwischen den beiden Ventilen 31 bildet das Rohrstück 30 eine zur Entladung dienende Zwischenkammer. Die Welle 33 wird beständig durch Kammradantrieb 34 von der Welle 35 aus angetrieben. Diese Welle 35 ist in einem Hängebock 36 gelagert, der an der rechten Kammer 2 befestigt ist. Der Antrieb der Welle 35 erfolgt mittels Kettenradantriebs 37 von der Welle 15 her. Die Ventile 22 und 25 und die Ventile 31 werden in solcher Weise betätigt, daß zu gleicher Zeit nie zwei Ventile offen sind. Infolgedessen kann die Luft oder das Gas oder das Luftgasgemisch nicht direkt durch die Kammer 4 hindurchgehen und entweichen. Eine kleine Menge des Reak-

Abb. 1 Abb. 2

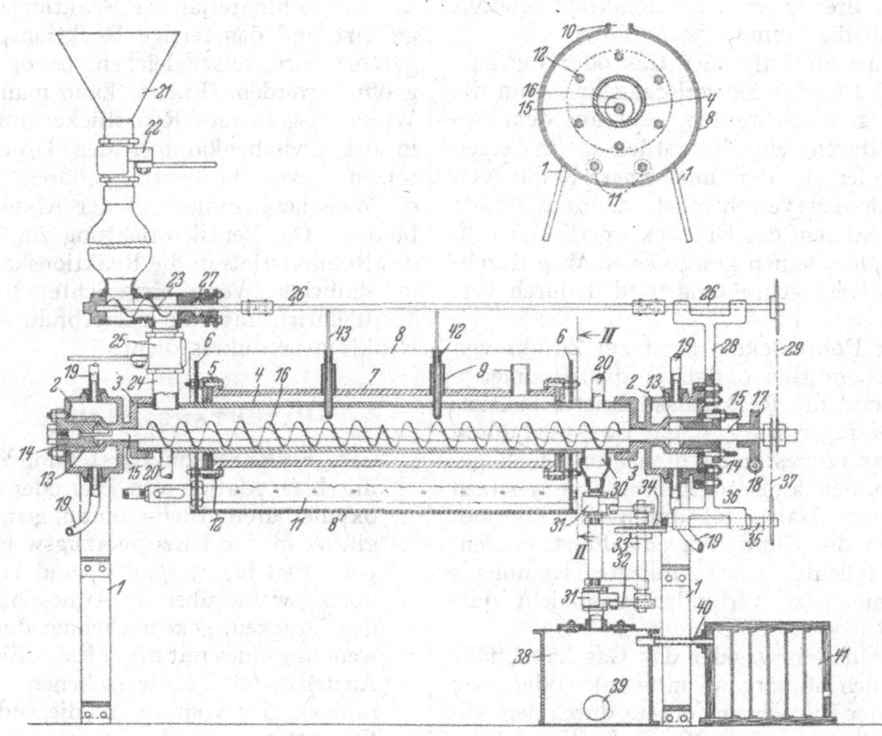

tionsproduktes und ebenso eine kleine Menge Luft oder Gas bzw. Luftgasgemisch wird durch das obere Ventil 31 hindurch beim jedesmaligen Öffnen des Ventils in die Zwischenkammer hineingebracht. Nach Durchlauf durch die Reaktionskammer 4 wird das Reaktionsprodukt aus der Zwischenkammer zwischen den beiden Ventilen 31 in den Behälter 38 dann hineingefördert, wenn das untere Ventil 31 geöffnet und das obere Ventil 31 geschlossen ist. Aus diesem Behälter 38 wird das Reaktionsprodukt dann durch die Öffnung 39 entfernt.

Die Menge an Luft oder Gas oder Luftgasgemisch, die beständig verlorengeht, wenn die Ventile 31 geöffnet werden, geht aus dem Behälter 38 durch ein Rohrstück 40 in einen Schalldämpfer 41, der mit einer Reihe von Zwischenwänden versehen ist, damit die Luft beim Entspannen des Druckes vor Eintritt in die Atmosphäre einen gewundenen Weg durchläuft. Die Geräuschbildung wird dadurch verringert.

Eins der Rohrstücke 9 dient zur Zufuhr von geschmolzenem Blei o. dgl. in die Kammer 7. Dadurch wird die Reaktionskammer 4 beheizt. Der Wärmeträger, wie z. B. das Blei, wird durch die Brenner 11 beständig flüssig und heiß gehalten. In den anderen Rohrstücken 9 sitzen röhrenförmige Halter 42, durch die Thermometer 43 in die Kammer 4 eingeführt werden. Ebenso empfiehlt es sich, mit der Kammer 4 ein Manometer zu verbinden, das nicht dargestellt ist.

Die Luft und bzw. oder das Gas kann, falls es erforderlich ist, vorgewärmt werden oder beim Verlassen der Einrichtung erneut durch den Apparat mit einer frischen Menge Luft und bzw. oder Gas hindurchgeführt werden. Ebenso können die flüchtigen Substanzen, die die Einrichtung verlassen, durch einen Wärmerekuperator gehen.

In der Zeichnung ist das Rohrstück 20 der Klarheit halber unter dem Rohrstück 24 angeordnet. In der Praxis wird man dieses Rohr auch an einer anderen geeigneten Stelle anordnen, wo ein Verlust an Material vermieden wird. Das Rohr 7 kann in Fortfall kommen, und der Reaktionsraum 4 kann direkt beheizt werden.

Um zu vermeiden, daß die Einlaß- und Auslaßventile betätigt werden, solange sie noch unter hohem Druck stehen, empfiehlt sich die Anordnung von mit selbsttätig geregelten Ventilen ausgerüsteten Rohrstücken, die die Reaktionskammer und die Zwischenkammer miteinander verbinden. Diese Einrichtung wird deshalb getroffen, um in den betreffenden Kammern durch die das Rohmaterial der Reaktionskammer zugeführt und das fertige Reaktionsprodukt abgeführt wird, auszugleichen, bevor die Ventile geöffnet werden. Ebenso kann man in gleicher Weise ausgerüstete Rohrstücke anwenden, um in der Zwischenkammer den Druck herabzusetzen, bevor die Ventile geöffnet werden, die die Zwischenkammer mit der Atmosphäre verbinden. Die Ventileinrichtung zur Einführung des Rohmaterials in die Reaktionskammer kann in ähnlicher Weise eingerichtet sein wie die Ventileinrichtung, die zur Abfuhr des fertigen Reaktionsproduktes dient.

Patentansprüche:

1. Verfahren zur Herstellung von Mennige durch Oxydation von Blei oder zu Mennige oxydierbaren Bleiverbindungen, wie Bleiglätte, in der Hitze, vorzugsweise bei Temperaturen bis zu 450° C, und bei erhöhten, vorzugsweise über 12 Atmosphären liegenden Drucken, gekennzeichnet durch die Anwendung eines mit druckfester Eintritts- und Austrittsschleuse versehenen Reaktionsraumes, der vom zu oxydierenden Gut im Gegenstrom zu den oxydierenden Gasen kontinuierlich durchlaufen wird.

2. Vorrichtung zur Ausübung des Verfahrens nach Anspruch 1, gekennzeichnet durch eine mit Aus- und Eintrittsschleusen ausgerüstete druckfeste Reaktionskammer mit einer Förderschnecke, von der aus die beiden Ventile jeder Schleuse zwangsläufig derart gesteuert werden, daß immer nur ein Ventil jeder Schleuse offen sein kann.

Nr. 501 109. (I. 32 807.) Kl. 22 f, 7.

I. G. Farbenindustrie Akt.-Ges. in Frankfurt a. M.

Erfinder: Dr. Albert Obladen in Uerdingen.

Verfahren zur Herstellung von gelben bis roten Eisenfarben.

Vom 30. Nov. 1927. — Erteilt am 12. Juni 1930. — Ausgegeben am 27. Juni 1930. — Erloschen: 1931.

Die Herstellung von Eisenoxyd durch Erhitzen von Eisenhydroxyd in Gegenwart von Wasser auf Temperaturen über 170° C ist bekannt; man erhält bei dieser Arbeitsweise, vor allem bei höheren Temperaturen, dunkle Produkte von geringer Farbstärke und weniger erwünschten Farbtönen. Weiterhin hat man vorgeschlagen, die Farbe von Eisenoxydpigmenten dadurch zu verbessern, daß man Eisensalze bzw. natürliche oder künstliche Eisenoxyde in Gegenwart von Borsäure oder Borax glüht.

Es hat sich nun gezeigt, daß man gelbe bis rote Eisenoxyde herstellen kann, wenn man in Wasser verteiltes, aus Ferrisalzen gewonnenes Eisenhydroxyd in Gegenwart von Borsäure oder deren Salzen unter erhöhtem Druck auf Temperaturen über 100° C erhitzt. Die so hergestellten Pigmente zeichnen sich durch leuchtenden Farbton und infolge ihrer besonders feinen Verteilung durch starke Deckkraft aus.

Beispiel 1

17 Gewichtsteile Eisenoxydhydratpaste von etwa 70 Prozent Gehalt an Eisenhydroxyd werden in einem druckfesten Gefäß mit zwei Gewichtsteilen Borsäure und 15 Teilen Wasser 7 Stunden auf 220° C erhitzt. Das erhaltene Produkt wird gewaschen und getrocknet und stellt ein brillantes, gelbstichiges Rot von hoher Farb- und Deckkraft dar.

Beispiel 2

17 Gewichtsteile Eisenoxydhydratpaste, wie in Beispiel 1, werden mit 3 Gewichtsteilen Borax und 15 Gewichtsteilen Wasser in einem druckfesten Gefäß 7 Stunden auf 220° C erhitzt und wie in Beispiel 1 aufgearbeitet. Das erhaltene Eisenoxyd ist ein leuchtendes Gelbrot von hoher Farb- und Deckkraft.

PATENTANSPRUCH:

Verfahren zur Herstellung von gelben bis roten Eisenfarben, dadurch gekennzeichnet, daß Eisenoxydhydrate in Gegenwart wäßriger Lösungen von Borsäure oder deren Salzen unter erhöhtem Druck auf Temperaturen über 100° C erhitzt werden.

Nr. 499171. (I. 34796.) Kl. 22f, 7.

I. G. FARBENINDUSTRIE AKT.-GES IN FRANKFURT A. M.

Erfinder: Dr. Bernhard Wurzschmitt in Mannheim.

Verfahren zur Oxydation von Eisenoxyduloxyd.

Vom 28. Juni 1928. — Erteilt am 15. Mai 1930. — Ausgegeben am 3. Juni 1930. — **Erloschen: 1932.**

Es wurde gefunden, daß man Eisenoxyduloxyde beliebiger Zusammensetzung in Gegenwart von Wasser oder wäßrigen Salzlösungen mit Hilfe von gasförmigem Sauerstoff oder sauerstoffhaltigen Gasen, wie Luft, unter erhöhtem Druck und erhöhter Temperatur zu farbstarken Eisenoxyden oxydieren kann.

Dieses Oxydationsverfahren läßt das Gefüge der als Ausgangsmaterial dienenden Eisenoxyduloxyde unverändert, so daß sich deren Eigenschaften zum Teil im Fertigprodukt wiederfinden. So erhält man z. B. von magnetischen Eisenoxyduloxyden ausgehend stark ferromagnetische Eisenoxyde.

Je nach den Bedingungen und dem Grad der Oxydation gewinnt man Eisenoxydpigmente, deren Tönung zwischen Gelbbraun, Braunrot und Rot liegt.

Die Temperatur, bei der die Oxydation erfolgt, liegt zweckmäßig oberhalb 100° C; als besonders vorteilhaft haben sich Temperaturen von 130° C bis 250° C erwiesen.

Zweckmäßig hält man den Druck bei der Oxydation durch Kompression des Sauerstoffs oder des diesen enthaltenden Gases einige Atmosphären über dem durch den Dampfdruck der Flüssigkeit bei der Versuchstemperatur gegebenen Druck. Die gewonnenen Produkte können gegebenenfalls noch einem Glühprozeß bei Temperaturen über 500° C unterworfen werden, wodurch je nach der angewandten Temperatur leuchtend gelbrote bis blaurote Eisenoxydpigmente erhalten werden.

Beispiel 1

2 kg eines Eisenoxyduloxydes mit einem Gehalt von 23,7 % FeO werden in 5 Liter Wasser suspendiert, unter Rühren auf 220° C erhitzt und 1/2 Stunde Sauerstoff unter einem Überdruck von etwa 5 Atmosphären eingepreßt (Gesamtdruck: 30 Atmosphären). Nach Entspannen und Abkühlen wird vom Wasser getrennt und getrocknet. Das Reaktionsprodukt ist ein gelbbraunes, farbstarkes Eisenoxyd von 67,6 % Eisengehalt, das nur noch Spuren Eisenoxydul enthält.

Beispiel 2

Arbeitet man bei einer Temperatur von 190° C und läßt den Sauerstoff 1 Stunde einwirken (Druck 18 Atmosphären), so erhält man ein rotbraunes, farbstarkes Eisenoxyd von 68,2 % Eisengehalt, das noch 7 % Eisenoxydul enthält.

Beispiel 3

Arbeitet man nach Beispiel 2, läßt aber den Sauerstoff 3 Stunden einwirken, so erhält man ein rotes, farbstarkes Eisenoxyd mit einem Gehalt von 67 % Eisen, das noch 2,7 % Eisenoxydul enthält.

Patentanspruch:

Verfahren zur Oxydation von Eisenoxyduloxyd, dadurch gekennzeichnet, daß man Eisenoxyduloxyde beliebiger Zusammensetzung in wäßriger Suspension mit Sauerstoff oder solchen enthaltenden Gasen unter Druck bei höherer Temperatur behandelt.

Nr. 500454. (I. 36495.) Kl. 22f, 7.

I. G. Farbenindustrie Akt.-Ges. in Frankfurt a. M.

Erfinder: Dr. Bernhard Wurzschmitt in Mannheim und Dr. Annemarie Beuther in Krefeld.

Verfahren zur Oxydation von Eisenoxyduloxyd.

Zusatz zum Patent 499171.

Vom 18. Dez. 1928. — Erteilt am 28. Mai 1930. — Ausgegeben am 20. Juni 1930. — Erloschen: 1932.

In weiterer Ausgestaltung des im Patent 499171 geschützten Erfindungsgedankens wurde gefunden, daß man zu besonders farbstarken, hell- bis dunkelroten Eisenoxyden gelangt, wenn man die Oxydation des Eisenoxyduloxydes in Gegenwart von Ferro- oder Ferrisalzlösungen unter im übrigen gleichen Bedingungen, wie im Hauptpatent beschrieben, vornimmt. Die gewonnenen Pigmente können auch hier gegebenenfalls einem Glühprozeß bei Temperaturen über 500° C unterworfen werden, wobei man je nach der angewandten Temperatur verschiedene Abstufungen des Farbtons erhält.

Beispiel 1

43 kg fein verteiltes Eisenoxyduloxyd mit 23,7 Prozent FeO werden unter Zugabe von 28 kg $FeSO_4 \cdot 7$ aq. in 250 l Wasser aufgeschlämmt, im Autoklaven auf 190 bis 200° C unter kräftigem Rühren erhitzt und während 5 Stunden mit Sauerstoff unter einem Überdruck von 10 Atmosphären (Gesamtdruck: 26 Atmosphären) behandelt. Das von der sauren Lösung abgetrennte Eisenoxyd wird gewaschen, getrocknet und stellt ein hellrotes Pigment von außerordentlicher Feinheit und guter Deckkraft dar.

Beispiel 2

43 kg fein verteiltes Eisenoxyduloxyd werden mit 45 l Eisen(3)-chloridlösung, die im Liter 500 g $FeCl_3$ enthält, und 250 l Wasser vermischt und im Autoklaven unter gutem Rühren auf 225 bis 230° C erhitzt. Durch das Reaktionsgemisch leitet man etwa 4 Stunden lang Sauerstoff unter einem Überdruck von 5 Atmosphären; der Gesamtdruck beträgt etwa 30 Atmosphären. Man erhält auf diese Weise nach dem Aufarbeiten wie in Beispiel 1 ein blaustichiges, rotes Pigment.

Patentanspruch:

Weitere Ausbildung des Verfahrens gemäß Patent 499171, dadurch gekennzeichnet, daß man die Oxydation des Eisenoxyduloxyds unter erhöhtem Druck in Gegenwart wäßriger Lösungen von Eisen(2)- oder Eisen(3)-salzen vornimmt.

Nr. 515563. (I. 36319.) Kl. 22f, 7.

I. G. Farbenindustrie Akt.-Ges. in Frankfurt a. M.

Erfinder: Dr. Bernhard Wurzschmitt in Mannheim und Dr. Annemarie Beuther in Krefeld.

Verfahren zur Herstellung von Eisenoxydpigmenten.

Vom 5. Dez. 1928. — Erteilt am 18. Dez. 1930. — Ausgegeben am 7. Jan. 1931. — Erloschen: 1931.

In weiterer Ausbildung des Verfahrens des Patents 499171 wurde gefunden, daß man Ferrohydroxyd bzw. Ferrocarbonat enthaltende Niederschläge, wie man sie in bekannter Weise aus Ferrosalzlösungen durch Fällen mit geeigneten Fällmitteln, wie z. B. Natronlauge, Soda, Kalkmlich usw., erhalten kann, in Gegenwart von Wasser oder wäßrigen Salzlösungen mittels gasförmigen Sauerstoffs oder sauerstoffhaltigen Gasen, wie Luft, unter erhöhtem Druck und Temperaturen über 100° C ebenfalls zu farbstarken Eisen-(3-)Oxyden oxydieren kann. Durch Erhitzen auf z. B. zwischen 100° und 250° C liegende Temperaturen gewinnt man so gelbrote, braunrote bis blaurote Eisenoxydpigmente von hoher Deckkraft, außerordentlicher Lebhaftigkeit des Farbtons und großer Farbkraft. Die so gewonnenen Pigmente besitzen eine außerordentlich feine Struktur und besondere Weichheit und können verhältnismäßig hohen Temperaturen, z. B. 900° C, ausgesetzt werden, ohne wesentlich zu sintern.

Höhere Temperaturen sowie größere Konzentration der Reaktionsflüssigkeit bewirken eine Verschiebung des Farbtons nach Blaurot, während bei niedrigeren Temperaturen mehr gelbrote Pigmente erhalten werden.

Als besonders vorteilhaft hat es sich erwiesen, bei der Fällung des Ferrocarbonats oder -hydroxyds den Neutralpunkt nicht zu überschreiten, d. h. einen kleinen Unterschuß des Fällungsmittels zu verwenden. Eine Abtrennung von der bei der Fällung entstehenden Salzlösung ist dabei nicht unbedingt erforderlich.

Die nach dem neuen Verfahren gewonnenen Pigmente können nach dem Trocknen vermahlen oder unvermahlen unmittelbar als Farbstoff verwendet werden; in manchen Fällen empfiehlt es sich, sie zu verglühen.

Beispiel 1

In eine Lösung von 1400 kg kristallisiertem $FeSO_4 \cdot 7aq$ in 3 cbm Wasser, die sich in einem Rührautoklaven befindet, gibt man 1 cbm Natronlauge von 30° Bé Gehalt. Man erhitzt den Autoklaven während etwa 3 bis 4 Stunden auf 190 bis 200° C und preßt bei starkem Rühren Sauerstoff unter einem Überdruck von 10 Atm. ein. Nach beendeter Oxydation wird der Autoklav entspannt und das Eisenoxyd von der Salzlösung getrennt, getrocknet und gegebenenfalls gemahlen. Das Pigment ist von hellroter Farbe.

Beispiel 2

In eine Lösung von 1400 kg kristallisiertem $FeSO_4 \cdot 7aq$ in 4 cbm Wasser gibt man 3,18 cbm Sodalösung, die im Liter 150 g Na_2CO_3 enthält. Das Gemisch wird im Autoklaven unter gutem Rühren und Durchleiten von Sauerstoff bis 10 Atm. Überdruck 5 bis 6 Stunden auf 210 bis 225° C erhitzt und im übrigen wie in Beispiel 1 behandelt. Das Produkt zeigt im Ölaufstrich einen leuchtend roten Farbton und kann gegebenenfalls noch bei Temperaturen bis zu 1000° C verglüht werden, wobei der Farbton nach Violett umschlägt.

Beispiel 3

Zu einer Lösung von 1400 kg kristallisiertem $FeSO_4 \cdot 7aq$ in 4 cbm Wasser gibt man 1,33 cbm Natronlauge, die im Liter 300 g NaOH enthält, erhitzt das Gemisch im Rührautoklaven während etwa 3 bis 4 Stunden auf 170 bis 190° C, preßt Sauerstoff unter einem Überdruck von 15 Atm. ein und arbeitet wie in Beispiel 1 auf.

Das so erhaltene Produkt ist ein braunstichiges Rot.

PATENTANSPRUCH:

Verfahren zur Herstellung von Eisenoxydpigmenten durch Oxydation Ferrohydroxyd enthaltender Niederschläge mittels Sauerstoff oder sauerstoffhaltiger Gase in Gegenwart von Wasser oder wäßrigen Salzlösungen, dadurch gekennzeichnet, daß man die Oxydation unter erhöhtem Druck bei Temperaturen über 100° C durchführt.

Nr. 478119. (M. 73389.) Kl. 22f, 7. AKTIEN-GESELLSCHAFT GEORG EGESTORFF'S SALZWERKE U. CHEMISCHE FABRIKEN IN HANNOVER-LINDEN.

Erfinder: Dr. Robert Müller in Hannover-Linden.

Verfahren zur Herstellung roter Eisenfarben.

Vom 16. April 1921. — Erteilt am 6. Juni 1929. — Ausgegeben am 25. Juni 1929. — Erloschen: ....

Die Erfindung betrifft ein Verfahren zur Herstellung roter Eisenfarben aus Eisensalzlösungen und besteht darin, daß konzentrierte Ferro- oder Ferrisalzlösungen mit Hydroxyden oder Carbonaten der Alkalien oder Erdalkalien versetzt, das ausgefällte Ferro- oder Ferrihydroxyd mit Ferro- oder Ferrisalzlösung, gegebenenfalls unter Einblasen von Luft, wenn Ferrohydroxyd vorliegt, nachbehandelt und das erhaltene Ferrihydroxyd von der zur Nachbehandlung verwendeten Ferro- oder Ferrisalzlösung abgetrennt, gewaschen und geglüht wird. Wesentlich ist die Anwendung von konzentrierten Eisensalzlösungen und die Nachbehandlung des ausgefällten Eisenhydroxydes mit Eisensalzlösung, denn nur in diesem Falle erhält man hochwertige gelb- oder violettrote Eisenfarben, die eine höhere Farbkraft besitzen als die nach bekannten Verfahren aus verdünnten Eisensalzlösungen oder ohne Nachbehandlung des Eisenhydroxydes mit Eisensalz hergestellten braunstichigen Erzeugnisse, die im allgemeinen als minderwertig gelten.

Es ist auch bereits vorgeschlagen worden, konzentrierte Eisensalzlösungen zur Herstellung von roten Eisenfarben auf basische Eisenverbindungen zu verarbeiten. So hat man z. B. bereits den Vorschlag gemacht, eine konzentrierte Ferrosulfatlösung durch Einblasen von Luft oder Luft und Wasserdampf unter allmählichem Zusatz von Basen zu oxydieren, wobei basisches Ferrisulfat ausfällt. Auf diesem basischen Salz wird ein Niederschlag von Eisenhydroxydhydroxydul erzeugt und die von der Lösung getrennte Masse geglüht. Das auf diese Weise, aber ohne Nachbehandlung erhaltene Erzeugnis besitzt aber einen braunroten Farbton; auch beim Glühen des zunächst erhaltenen basischen Salzes wird ein braunrotes Erzeugnis erhalten.

Die Herstellung der neuen Eisenfarbe kann

in verschiedener Weise erfolgen. Einmal kann man die als Ausgangsmaterial verwendete konzentrierte Eisensalzlösung mit einer Base vollständig ausfällen und dann die zur Nachbehandlung erforderliche Eisensalzlösung zusetzen. Man kann aber auch so verfahren, daß man durch Reglung des Basenzusatzes nur einen Teil des Eisenhydroxydes ausfällt und die im Reaktionsgemisch noch vorhandene Eisensalzlösung zur Nachbehandlung verwendet. Ebenso kann man bei vollständiger Ausfällung des Eisenhydroxydes die zur Nachbehandlung erforderliche Eisensalzlösung in der Weise erzeugen, daß man einen Teil des ausgefällten Eisenhydroxydes durch Zusatz von Säuren in Lösung bringt und auf diese Weise in Eisensalzlösung, die zur Nachbehandlung dient, umwandelt. In allen Fällen erhält man, gleichgültig ob Ferro- oder Ferrisalzlösung verwendet wird — bei Verwendung von Ferrosalzlösung als Ausgangsmaterial muß das ausgefällte Ferrohydroxyd durch Einblasen von Luft oder anderen Sauerstoff enthaltenden Gasen in Ferrihydroxyd umgewandelt werden —, hochwertige gelbrote oder violettrote Eisenfarben, wenn konzentrierte Eisensalzlösungen als Ausgangsmaterial verwendet werden und das ausgefällte Eisenhydroxyd mit Eisensalzlösung nachbehandelt wird. Auch die Art der Base hat auf die Beschaffenheit des Enderzeugnisses keinen wesentlichen Einfluß; allerdings muß die besondere Eigenart der verwendeten Base bei der Durchführung des Verfahrens berücksichtigt werden. Setzt man z. B. einer Ferrosalzlösung Kalkmilch zu, so bildet sich sofort Ferrohydroxyd, das durch irgendein Oxydationsmittel, z. B. Luft, nachträglich in Ferrihydroxyd umgewandelt werden muß. Anders verläuft jedoch die Reaktion bei Verwendung von Kreide und Ferrosalzlösung; in diesem Falle ist zu berücksichtigen, daß Kreide nur Eisenoxydsalzlösungen fällt. Man muß deshalb die verwendete Ferrosalzlösung z. B. durch Einblasen von Luft oxydieren. In dem Maße wie das Ferrosalz zu Ferrisalz oxydiert wird, fällt Kreide das Ferrisalz als Ferrihydroxyd aus.

Bei der Nachbehandlung ist es gleichgültig, ob Ferrosalzlösung oder Ferrisalzlösung oder ein Gemisch von Ferrosalzlösung und Ferrisalzlösung verwendet wird.

Beispiel

Eisenchlorürlösung mit z. B. 45 g Fe im Liter wird auf einmal mit Kalkmilch im Überschuß versetzt, der rasch sich bildende Niederschlag von der eisenfreien Mutterlauge getrennt und so viel weitere Eisenchlorürlösung zugegeben, daß nicht nur der überschüssige Kalk vollkommen verbraucht wird, sondern im Liter der Flüssigkeit noch etwa 5 g Fe vorhanden sind. Es wird nun bis zur völligen Umwandlung des Niederschlages in Eisenhydroxyd entweder Luft durchgeleitet, oder die Fällung bleibt bis zur völligen Oxydation an der Luft stehen. Der Niederschlag wird dann abfiltriert, mit viel Wasser ausgewaschen, getrocknet und geglüht. Erfolgt das Glühen bei höherer Temperatur, so erhält man violette Eisenfarben, während durch Glühen bei niedriger Temperatur gelbrote Eisenfarben entstehen. Zur gegebenenfalls erwünschten Beschleunigung der Oxydation aus zweiwertigem Eisen kann man bekannterweise Katalysatoren, z. B. lösliche Kupfersalze, zusetzen.

Patentanspruch:

Verfahren zur Herstellung roter Eisenfarben aus durch Ausfällen aus konzentrierten Ferro- oder Ferrisalzlösungen mit Hydroxyden oder Carbonaten der Alkalien oder Erdalkalien gewonnenem Ferro- oder Ferrihydroxyd, dadurch gekennzeichnet, daß man das Hydroxyd gegebenenfalls unter Einblasen von Luft mit einer Ferro- oder Ferrisalzlösung nachbehandelt, das erhaltene Ferrihydroxyd von der Salzlösung trennt und es hierauf wäscht und glüht.

Nr. 492945. (C. 36337.) Kl. 22f, 7.

I. G. Farbenindustrie Akt.-Ges. in Frankfurt a M.

Erfinder: Dr. Beatus Portmann in Uerdingen a. Rh.

Verfahren zur Herstellung einer roten Eisenoxydfarbe.

Vom 7. März 1925. — Erteilt am 13. Febr. 1930. — Ausgegeben am 1. März 1930. — Erloschen: 1930.

Es ist bisher nicht gelungen, Eisenoxyduloxyd zu einem als Farbe brauchbaren Eisenoxyd zu oxydieren. Setzt man es z. B. einer Erhitzung in sauerstoffhaltiger Atmosphäre aus, so bekommt man farbschwache braune bis violette Produkte; ein Rot aber ist unter keinen Umständen zu gewinnen.

Überraschenderweise wurde gefunden, daß das erstrebte Ziel erreicht wird, wenn man das Oxyduloxyd vor dem Glühen mit ungefähr so viel Schwefelsäure behandelt, als seinem Oxydulgehalt entspricht. Man erhält so unter Aufwendung nur eines Bruchteiles der zur Absättigung des gesamten Eisens benötigten

Säuremenge ein basisches Sulfat, welches beim Glühen je nach der gewünschten Temperatur in ein gelb- bis violettstichiges Rot von leuchtender Farbe und hoher Ausgiebigkeit übergeht. Beim Glühen können in bekannter Weise Zusätze von Kochsalz, Kupfersulfat u. a. m. gemacht werden.

Die bisher bekannten Verfahren zur Herstellung von Eisenoxydfarben gehen großenteils von Rohstoffen aus, die das Eisen von vornherein fast vollständig in dreiwertiger Form enthalten. Die Verarbeitung solcher Rohstoffe auf Eisenoxydfarben ist ein andersartiges technisches Problem als das des vorliegenden Verfahrens. Soweit sie von Eisenoxyden niederer Oxydationsstufe ausgehen, verwenden sie zur Überführung des Eisens in Farbstoffe eine dem Gesamtgehalt an Eisen mindestens äquivalente Menge Schwefelsäure, während nach dem vorliegenden Verfahren vollkommen gleichwertige Farbstoffe bei Verwendung einer lediglich dem Eisenoxydulgehalt entsprechenden Menge Schwefelsäure erhalten werden. Es liegt auf der Hand, daß die Ersparung eines großen Teiles der Schwefelsäure insofern einen wesentlichen Fortschritt bedeutet, als sie die Möglichkeit erschließt, auf einem wirtschaftlicheren Wege als bisher, vom Eisenoxydul ausgehend, zu wertvollen roten Eisenoxydfarben zu gelangen.

Beispiel 1

100 Gewichtsteile Eisenoxyduloxyd werden mit 75 Gewichtsteilen Schwefelsäure von 65% vermischt, die Mischung getrocknet und bei 750° geglüht.

Beispiel 2

100 Gewichtsteile Eisenoxyduloxyd werden mit 80 Gewichtsteilen Schwefelsäure, ebenfalls in Form einer etwas verdünnten Säure, unter Hinzufügung von einem Teil Kupfersulfat vermischt, getrocknet und bei 650° geglüht.

PATENTANSPRUCH:

Verfahren zur Herstellung einer roten Eisenoxydfarbe, darin bestehend, daß man Eisenoxyduloxyd oder Eisenoxyduloxyd enthaltende Mischungen mit einer zur Bindung des gesamten Eisens nicht genügenden Menge Schwefelsäure behandelt und das erhaltene basische Sulfat glüht.

Nr. 507348. (G. 70609.) Kl. 22f, 7.

GEBRÜDER GUTBROD G. M. B. H. CHEMISCHE FABRIK IN FRANKFURT A. M.

Verfahren zur Herstellung sulfatfreier, hochroter Eisenoxydfarben aus eisensulfidhaltigen Rohstoffen.

Vom 28. Juni 1927. — Erteilt am 4. Sept. 1930. — Ausgegeben am 20. Sept. 1930. — Erloschen: 1934

Die bekannten Verfahren der Eisenrotgewinnung lassen eisensulfidhaltige Abfälle, natürliche Sulfide, Kiese usw. an der Luft langsam oxydieren und rösten die erhaltenen Eisensulfate ab. Die so gewonnenen Erzeugnisse fallen stets ungleichmäßig, d. h. wenig einheitlich in der Farbe an; teilweise verwitterte Stoffe geben schlechten Farbton. Vollständige Verwitterung erfordert lange Zeit, und die dabei erhaltenen Calcinationsprodukte sind nicht sulfatfrei. Nicht unerheblich sind die Auslaugungsverluste, auch die Gefahr der Wasserinfiltration ist sehr naheliegend.

Auch die vorhergehende Abröstung eisensulfidhaltiger Rohstoffe und nachfolgende Behandlung des Röstproduktes mit Schwefelsäure ist nicht neu. Dieser Vorgang ist jedoch umständlich und gibt kein von Sulfat freies Endprodukt. Angewandt wird ferner die Vorschrift zur Herstellung sulfatfreien Oxyds durch rein mechanische Mischung von Eisensulfat mit Schwefelblumen, Schwefelpulver oder Eisenkies mit nachheriger Calcination.

Dieser Vorgang hat sich in seinem Erfolg als zu wenig sicher, also nicht in jedem Falle verläßlich erwiesen.

Die Erfindung betrifft ein Verfahren, nach welchem eisensulfidhaltige Rohstoffe in sulfatfreies, feuriges, hochglänzendes Eisenoxydrot für alle einschlägigen Verwendungszwecke übergeführt werden können und gleichzeitig der Schwefelgehalt der Massen restlos als Schwefelsäure gewonnen werden kann. Das Wesen des neuen Verfahrens liegt darin, daß man die trockenen, eisensulfidhaltigen Materialien (Abfallprodukte chemischer Behandlungsweisen, Gaswaschmassen usw.) in fein gemahlenem Zustande mit warmer, konzentrierter Schwefelsäure mischt, wobei das Eisensulfid unter Abscheidung des darin enthaltenen Schwefels in elementarer Form in Sulfat verwandelt wird und das erhaltene Eisensulfat-Schwefel-Reaktionsprodukt der Calcination im Muffelofen zuführt.

Der Effekt des Verfahrens besteht somit darin, daß durch den Vorgang der Mischung der fein gemahlenen, eisensulfidhaltigen Rohstoffe mit warmer, konzentrierter Schwefelsäure der Reduktionsschwefel in feinst verteilter, homogener, molekularer Form in der Reaktionsmasse ausgeschieden wird und demzufolge höchste Reduktionswirkung beim Calcinieren äußern muß. Gleichzeitig wird dadurch die völlige Umsetzung des Gesamtschwefelgehalts zu schwefliger Säure erreicht und sulfatfreies Oxyd erzielt. Dieser Reaktionsverlauf ist durch Schwefelüberschuß zwangsläufig gesichert, da bei dem Vorgang überschüssiger Schwefel vorhanden ist. Die restlose Ausgasung des Schwefelgehaltes und die Weiterverarbeitung auf konzentrierte Schwefelsäure, die teilweise erneut in den Reaktionsvorgang eingreift, sind ein weiterer nicht zu unterschätzender Vorteil.

Man hat zwar bereits vorgeschlagen, zwecks Herstellung schwefliger Säure und Metallsulfaten aus Schwefelkiesabbränden und ähnlichen Erzröstrückständen die Abbrände mit Schwefelsäure zu versetzen und dann die zum Trocknen gebrachte Masse bei höherer Temperatur zu glühen. Von diesem Verfahren unterscheidet sich das vorliegende dadurch, daß mit warmer Schwefelsäure gearbeitet wird. Durch die Anwendung warmer Schwefelsäure wird der Schwefel in feinst verteilter, homogener, molekularer Form in der Reaktionsmasse ausgeschieden. Er übt infolgedessen eine starke Reduktion beim Calcinieren aus. Mit kälter Schwefelsäure tritt ein derartiger Effekt nicht ein.

Das Verfahren bedeutet einen großen Fortschritt auf dem Gebiete der Rotfarbenerzeugung, insofern als es völlige Sulfatisierung, welche für die Erzeugung hochroter, feuriger Produkte unerläßlich ist, und Schwefelabscheidung zur Ermöglichung der Entstehung sulfatfreien Oxydes in einer Operation vereinigt, auch dadurch, daß es die nachfolgende, restlose Ausgasung und weitere Ausnutzung der schwefligsauren Abgase auf konzentrierte Schwefelsäure für neue Ansätze in einfachem Fabrikationsverlauf ermöglicht.

Die nachstehenden Umsetzungsgleichungen geben den quantitativen Verlauf des Vorganges:

1. Mischvorgang mit warmer, konzentrierter Schwefelsäure:

$$12\,FeS + 16\,H_2SO_4 = 12\,FeSO_4 + 16\,H_2O + 16\,S.$$

2. Calcination bei Zutritt von Röstluft (Sauerstoff):

$$12\,FeSO_4 + 16\,S + 13\,O_2 = 6\,Fe_2O_3 + 28\,SO_2.$$

Die aus der Calcinationsmuffel abziehenden, schwefligsauren Gase werden in zwei angeschlossenen Reaktionstürmen in Schwefelsäure übergeführt, welche — soweit erforderlich — in den Prozeß zurückgeführt werden kann.

An Hand einer zur Durchführung des Verfahrens geeigneten Anlage soll die Eigenart derselben näher erläutert werden.

Trockener, eisensulfidhaltiger Rohstoff wird in einer Mühle A fein gemahlen und in einem heizbaren, gedeckten, mit Abrohr D nach dem Calcinierofen B versehenen Mischwerk E aus Gußeisen mit auf 60° C bis 80° C erwärmter, konzentrierter Schwefelsäure innigst gemischt.

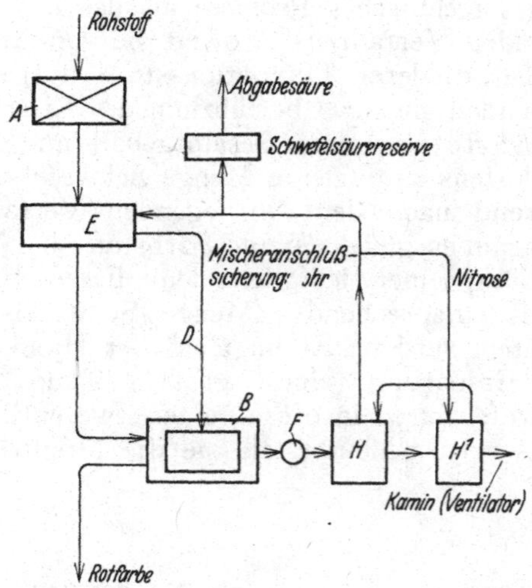

Die erhaltene (eisensulfat-schwefelhaltige) Reaktionsmasse gibt man in einem mit geeigneter Luftregulierung versehenen, auf etwa 1000° C arbeitenden Calciniermuffelofen B mit Außenfeuerung auf, in welchem schweflige Säure ausgetrieben wird. Die schweflige Säure wird in einem hinter einer Staubkammer F angeschlossenen Reaktionsturm H, welcher mit Wasser-, Salpetersäure- oder Nitroseberieselung arbeitet, in konzentrierte Schwefelsäure umgesetzt. In einem zweiten Turm H^1 erfolgt das Abfangen der Stickoxydgase durch konzentrierte Schwefelsäure (Nitrose-Turm).

Die sulfatfrei im Ofen erhaltene Oxydmasse, also der Calcinationsrückstand, wird ausgebracht, naß gemahlen, geschlämmt, getrocknet, gegebenenfalls nachcalciniert, wieder fein gemahlen und gesiebt.

Das Fertigprodukt stellt ein feuriges, hochrotes, von Sulfat freies Eisenoxyd, also beste Rotfarbe dar, welche als Anstrichfarbe, insbesondere für Schiffsanstrich, als Mennigeersatz, ferner — im Gegensatz zu den stark sulfathaltigen Marken des Handels — für Zementmischungen, vorzüglich zur Imitation von Rotsandstein, sowie für alle anderen einschlägigen Verwendungszwecke in der Email-,

Glas- und keramischen Industrie Anwendung finden kann.

PATENTANSPRUCH:

Verfahren zur Herstellung sulfatfreier, hochroter Eisenoxydfarben durch Behandeln von eisensulfidhaltigen Rohstoffen mit konzentrierter Schwefelsäure unter nachfolgendem Calcinieren, dadurch gekennzeichnet, daß die Schwefelsäure in erwärmtem Zustande zur Anwendung kommt.

Nr. 565178. (R. 94. 30.) Kl. 22f, 7. DR. HERBERT ADOLPH BAHR IN NORDHAUSEN.

Erfinder: Dr. Max Bräutigam in Völklingen, Saar.

Verfahren zur Herstellung von fein verteiltem Eisenoxyd.

Vom 1. Jan. 1931. — Erteilt am 10. Nov. 1932. — Ausgegeben am 26. Nov. 1932. — Erloschen: . . . .

Soweit Eisenrot nicht durch Brennen natürlich vorkommender, fein verteilter oxydischer oder hydroxydischer Erze gewonnen wird, stellt man heute die Eisenrotfarben wohl meist aus Kiesabbränden durch Vermahlen und Schlemmen her. Derartige Eisenrote haben den Nachteil, daß sie infolge ihres Schwefelgehaltes auf die angestrichenen Metalle infolge Schwefelsäurebildung leicht korrodierend wirken und daher für Metallanstrich nicht Verwendung finden. Das nachstehend geschilderte Verfahren hat nun den Vorzug, äußerst fein verteilte Eisenrote zu liefern, ohne daß dazu ein Mahlprozeß nötig wäre; ferner sind die nach diesem Verfahren hergestellten Eisenrotfarben so gut wie schwefelfrei und wirken daher auf die angestrichenen Metalle in keiner Weise korrodierend.

Nach der vorliegenden Erfindung erreicht man die äußerst feine Verteilung des Eisenoxydes dadurch, daß man zunächst die bekannte Kohlenoxydspaltung $2\,CO \rightleftarrows C + CO_2$ bei etwa 450 bis 500° C sich an geeigneten Eisenerzen oder auch Blechen vollziehen läßt. Die Kohlenoxydspaltung erzeugt eine lebhafte Rußabscheidung an dem angewandten Kontakt. Es liegt in dem Wesen dieser Reaktion begründet, daß z. B. das Eisenerz dabei zerbröckelt, zerfällt und schließlich zu einem staubförmigen, durch und durch homogenen, mit Eisen in feinster Verteilung durchsetzten Ruß führt. Eine solche feinste Verteilung von Ruß und Eisen ist schon bei 50 % Ruß und weniger vorhanden. Das Eisen ist in der Rußmasse nicht mehr als Oxyd vorhanden, sondern in der Hauptsache wohl als Carbid. Auch der an Blech hergestellte Ruß ist durch und durch mit Eisen durchsetzt, das von dem Kohlenstoff aus der Eisenoberfläche losgearbeitet wird.

Da die Kohlenoxydspaltung auch an sich nicht aktive Begleiter des Eisens in denselben fein verteilten Zustand bringt wie den Eisenkontakt selbst, so kann man durch Beimischung geeigneter Stoffe zum Eisenerz schließlich zu Eisenoxyden gelangen, die bestimmte Farbtöne haben; als Beispiel sei die Zumischung von etwa 5 % NaCl zum Erz genannt, wodurch man ein violettstichiges Eisenoxyd erhält.

Die zweite Stufe des Verfahrens besteht darin, daß man über den im ersten Teil des Verfahrens hergestellten Ruß entweder bei der Herstellungstemperatur von 450 bis 500° C oder aber bei tieferen oder auch höheren Temperaturen Luft oder Sauerstoff oder mit Sauerstoff angereicherte Luft leitet und den äußerst fein verteilten Kohlenstoff des oft pyrophoren Produktes vorsichtig und langsam vollkommen oder teilweise verbrennt. Hierbei aber reagiert der Luftsauerstoff nicht nur mit dem Ruß, sondern auch mit dem Eisen bzw. Eisencarbid oder sonstigen Eisenverbindungen und erzeugt ein äußerst fein verteiltes Eisenoxyd.

Die erste Stufe des Verfahrens kann hiernach ähnlich ausgeführt werden wie bei den Verfahren zur Herstellung von Ruß als Enderzeugnis unter Verwendung der Reaktion $2\,CO \rightleftarrows C + CO_2$, wo schon praktisch schwefelfreie Gase und als Katalysator schwefelfreies Eisenoxyd verwendet werden; nur wird jetzt die Menge des Eisenoxyds nicht möglichst gering gehalten, sondern dem hier gewünschten Erzeugnis entsprechend hoch. Weiter setzt man dieses Verfahren zweckmäßig nur so weit fort, bis das Erzeugnis etwa 50 % Ruß und 50 % Eisenverbindungen enthält. In der zweiten Stufe wird dann einfach statt des Gases, z. B. des Gichtgases, Druckluft durch die noch 450 bis 500° C heiße Masse geleitet, welche bei dieser Temperatur den Ruß verbrennt und die Eisenverbindungen zu Eisenoxyd oxydiert. Diese Luft strömt zuerst sehr langsam zu, um Überhitzungen durch die Verbrennungswärme des Rußes zu vermeiden; man kann zu diesem Zweck sogar zuerst mehr oder weniger indifferente Gase, wie Rauchgas, beimengen. Auch kann hierbei die äußere Beheizung zeitweise ganz abgestellt werden, da die Verbrennungswärme des Rußes selbst zur Aufrechterhaltung der Temperatur völlig ausreichend ist. Da die Temperatur und Dauer des Vorganges auch einen Einfluß auf das Aussehen des Eisenoxyds haben, ist, je nach dem gewünschten Erzeugnis, die Verbrennung leicht regelbar. Wenn gegen Ende des Vorgangs die Temperatur sinkt, kann eine äußere Zufuhr von Wärme eintreten und eine Beschleunigung der Luftzufuhr. Die Gesamtdauer des Abbrennens ist auf etwa 1 bis 2 Tage einzustellen. Zurück bleibt also dieses äußerst fein verteilte und als Farbe vorzüglich geeignete Eisenoxyd. Der Farbton desselben kann durch die Verbrennungstemperatur weitgehend beeinflußt werden. Je niedriger die Verbrennungstemperatur gehalten wird, um so heller ist der Farbton des Oxydes. Läßt man nicht sämtlichen Ruß abbrennen, so erhält man Farben, die beim Anrühren völlig homogene, aber siena- bis umbrabraun gefärbte Oxyde liefern. Zweckmäßig wird das so hergestellte Oxyd pneumatisch aufbereitet.

Will man durch Beimischung von Ruß dunklere Farbtöne erhalten, so ist zweckmäßig, doch zuerst den ganzen Ruß abzubrennen und nachher die notwendige Menge Ruß beizumischen. Das so hergestellte Eisenrot ist nicht nur durch seine äußerst feine Verteilung als Malerfarbe geeignet, sondern auch besonders wegen seiner völligen Schwefelfreiheit. Schwefel ist in diesem Produkt deswegen nicht zugegen, da die Gegenwart von Schwefel die Kohlenoxydspaltung, die ja für die Herstellung der feinen Verteilung unerläßlich ist, als Kontaktgift inhibieren würde.

Das so hergestellte Eisenoxyd ist seiner Reinheit und äußerst feinen Verteilung wegen auch für andere Zwecke sehr geeignet, so z. B. als Polierrot, als Katalysator, als Schmiermittel und als Farbmasse für Kautsckuk.

Die Ausführungsform des Verfahrens besteht in folgendem:

Ein aus etwa 15 Etagen bestehender Rußofen wird mit einem möglichst reinen Eisenerz beschickt. Besonders geeignet ist das unter dem Namen »Krivoj-Rog-Erz« im Handel bekannte Erz, welches im allgemeinen 90 bis 95 % Fe_2O_3 enthält, während der Rest im wesentlichen Ton, SiO_2 und Kalk ist. Der geringe Prozentsatz der Gangart in diesem Erz hat die Bedeutung, daß die Gangart den Farbton nicht verunreinigt.

Nach 3 Tagen wurde das Gichtgas abgestellt und nunmehr zum Abbrennen des gebildeten Rußes vorsichtig Luft eingeleitet. Die Temperatur des Ofens wurde während des Abbrennens auf 450 bis 500° C gehalten. Nachdem die Abgasanalyse ergeben hatte, daß aller Ruß verbrannt war, wurde der Ofen geöffnet und die Rohfarbe ausgeräumt und im Windsichter aufbereitet. Erhalten wurden 76 kg = 42 % sehr fein verteiltes hochprozentiges Eisenoxyd.

Der anfallende Grieß wird, mit Erz gemischt, zur Beschickung eines neuen Ofens verwandt; man kann ihn jedoch in einer Mühle fein mahlen, da er durch den Kohlenoxydspaltungsprozeß ziemlich weich geworden ist. Man erhält ein etwas geringeres Eisenrot.

Patentansprüche:

1. Herstellung von im besonderen als Farbe brauchbarem, fein verteiltem Eisenoxyd, gekennzeichnet durch die Verwendung des für Herstellung eines eisenhaltigen Rußes bekannten Vorgangs der CO-Spaltung und nachherige vollkommene oder teilweise Ausbrennung des Rußes aus dem Erzeugnis.

2. Verfahren nach Anspruch 1, dadurch gekennzeichnet, daß grob zerkleinerte Eisenoxyde, im besonderen Eisenerz oder Eisenbleche, in der ersten Stufe des Verfahrens mit Herstellung von Ruß verwendet werden als Rohstoff für das fein verteilte Eisenoxyd und als Katalysator für den Vorgang überhaupt.

3. Verfahren nach Anspruch 2, dadurch gekennzeichnet, daß die Rußbildung bei der Bildung von etwa 50 % Ruß abgebrochen wird.

4. Verfahren nach Anspruch 1, dadurch gekennzeichnet, daß durch den noch heißen Apparat zur Rußbildung ein sauerstoffhaltiges Gas durchgeblasen wird.

Nr. 538670. (K. 41. 30.) Kl. 22f, 7. Dr.-Ing. Friedrich Klein in Lörrach i. B.

Verfahren zur Herstellung einer roten Eisenoxydfarbe.

Vom 12. Juli 1930. — Erteilt am 5. Nov. 1931. — Ausgegeben am 16. Nov. 1931. — Erloschen: . . . .

Die Erfindung bezieht sich auf die Herstellung einer roten Eisenoxydfarbe, welche sich durch hohe Farbkräftigkeit und Farbreinheit besonders auszeichnet.

Nach den bisher bekannten Verfahren war es weder möglich, aus gefällten Eisenhydroxyden der chemischen Zusammensetzung $Fe(OH)_3$ noch aus Eisenrost, welcher als wasserärmeres Hydrat eine Zusammensetzung wie etwa 78 bis 85 % $Fe_2O_3 \cdot 0{,}5$ bis 4 % FeO und 14,5 bis 18 % H_2O besitzt, selbst bei Anwendung einer Glühbehandlung bis zu 18 Stunden ein brauchbares rotes Eisenoxyd zu erhalten, da die Glühprodukte eine unscheinbare braune oder violette Farbe von außerordentlich geringer Farbkraft aufweisen. Man hat auch bereits versucht, gefällte Eisenhydroxyde durch Kochen unter Druck in Wasser sowohl in Ferrisalz- oder anderen Lösungen in ein rotes Eisenoxyd überzuführen. Aber selbst bei Anwendung von Druckhöhen bis zu 20 Atm. hat man auf diese Weise nur farbenschwache Produkte erzielt. Auch durch Glühen einer Mischung von Ferrihydroxyd mit Ferrichlorid werden keine befriedigenden Resultate erzielt.

Es ist z. B. auch vorgeschlagen worden, zur Herstellung von Rotfarben von schwarzem Eisenoxyduloxyd auszugehen und dabei für die Umsetzung außer Druck auch noch die Mitwirkung sauerstoffhaltiger Gase, insbesondere gasförmigen Sauerstoffes, heranzuziehen, doch abgesehen davon, daß man nach derartigen Verfahren allenfalls zu farbschwachen Produkten gelangt, bedeutet die Erfordernis der Arbeit unter Mitwirkung dieser Gase eine bedeutsame unwirtschaftliche Belastung.

Bezüglich der obenerwähnten Verfahren, nach denen Eisenhydroxyde gegebenenfalls unter Anwendung von Druckhöhen bis über 20 Atm. in rotes Eisenoxyd übergeführt werden sollen, sei noch im einzelnen bemerkt, daß man hierbei von einem Eisenhydrat ausgeht, welches aus Eisensalzen gewonnen wird und in Wasser unter Abwesenheit oder Anwesenheit von alkalischen Hydraten verteilt ist und dieses einer relativ kurzen Behandlung bei Temperaturen, die bei etwa 100 und 150° C liegen, unterwirft. Es zeigt sich jedoch, daß bei Fällen von Lösungen der angegebenen Art mit Soda zunächst Eisenhydrate überhaupt nicht erhalten werden können, sondern lediglich ein hochkonzentriertes Eisenoxychlorid erzielt wird, welches durch Erhitzung nach jenen bekannten Vorschriften im Autoklaven nur braune Eisenhydroxyde sich ausscheiden läßt, jedoch die Bildung von roten Eisenoxyden ausschließt.

Nach jenen bekannten Vorschriften soll vor allem unter niederen Drucken und höheren Temperaturen gearbeitet werden, um auszuschließen, daß etwa die bei starken Drucken mögliche Bildung von Hydraten von der Zusammensetzung eines Limonites o. dgl. unterbleibt. Wie bereits erwähnt, werden, wie allerdings jene Vorschriften von vornherein auch nur in Aussicht stellen, lediglich dunkle Violettöne erzielt.

Es wurde nun gefunden, daß man bei Vermeidung eines bisher erforderlich angesehenen Glühprozesses oder der hinsichtlich des Ausgangsmaterials beachteten Erfordernisse ein äußerst farbkräftiges Eisenoxyd von sehr reinem rotem Farbton gewinnen kann, wenn man einem Erhitzen nach Durchfeuchtung mit verdünnten Ferrisalzlösungen unter Druck Eisenrost oder wasserarme Hydroxyde von der Zusammensetzung des gewöhnlichen Rostes natürlicher oder künstlicher Herkunft unterwirft. Auf Grund seiner chemischen Konstitution als ein wasserärmeres Hydrat mit Spuren von Eisenoxydul scheint dem gewöhnlichen Eisenrost infolge seiner Entstehung eine besondere Aktivität zuzukommen.

In Ausübung des Verfahrens gemäß Erfindung wendet man vorteilhaft geringe Mengen einer zweckmäßig verdünnten Ferrisalzlösung an und arbeitet in geschlossenen Gefäßen unter Druck, vorzugsweise einem solchen von etwa 3 bis 6 Atm.

An Stelle einer Ferrisalzlösung können auch chemische Agentien Verwendung finden, welche eine verdünnte Ferrisalzlösung beim Zusammentreffen mit den Ausgangsmaterialien zu liefern vermögen, wie beispielsweise Salzsäure, Schwefelsäure u. dgl. in entsprechender Verdünnung. Als Erhitzungstemperaturen kommen dabei solche von etwa 130 bis 150° C und mehr entsprechend einer bis etwa 6 Atm. vorgesehenen Drucksteigerung in Frage. Die Wasserabspaltung und damit die Überführung des Hydrates erfolgt bereits bei diesen verhältnismäßig niedrigen Temperaturen des im wässerigen Zustand vorliegenden Reaktionsgemisches.

Die auf diese Weise erzielten Eisenoxyde zeichnen sich durch außerordentliche Farbkraft und leuchtende rote Farbtöne von großer Reinheit aus und übertreffen die nach bekannten Verfahren hergestellten Oxyde weiterhin auch erheblich an Kornfeinheit, da beispielsweise die im Glühprozeß erzeugten sog. englischen Rots infolge des Einflusses der hohen Temperaturen nur grobkörnig erhalten werden können.

Bei Durchführung des Verfahrens nach der Erfindung hat es sich unter Umständen als sehr vorteilhaft erwiesen, zum Zweck feiner Farbtonstufungen, z. B. zur Erzielung einer roten, blaustichigen Tönung, bei dem beschriebenen Naßverfahren das Reaktionsgemisch bei Anwendung nur sehr verdünnter Ferrisalzlösungen nur kurze Zeit zu erhitzen. Es wurde gefunden, daß durch geeignete Regelung dieser Bedingungen die gewünschte Tönung weitgehend beeinflußt werden kann und daß die Farbkraft in keiner Weise dadurch beeinflußt wird.

Die zusätzliche Ferrisalzlösung nimmt bei der beschriebenen Reaktion, abgesehen von der Eliminierung der im Eisenrost bzw. den verwendeten wasserarmen Eisenhydroxyden enthaltenen Spuren Eisenoxydul, nicht an der chemischen Reaktion teil, sondern spielt dabei nur die Rolle einer Kontaktsubstanz.

Beispiele

1. 100 kg Eisenrost werden mit 15 l einer 10 %igen Ferrichloridlösung zu einem steifen, kittartigen Brei vermischt und in geschlossenen Gefäßen 2 bis 5 Stunden auf 3 bis 6 Atm. erhitzt.

2. 100 kg Eisenrost werden mit 20 l einer verdünnten, etwa 20 %igen Salzsäure zu einem Brei vermischt und in geschlossenen Gefäßen 1 bis 2 Stunden auf 3 bis 4 Atm. erhitzt.

Während man in Ausübung der Erfindung entsprechend vorstehenden Beispielen zwecks Umwandlung des Eisenrostes bzw. der Eisenhydroxyde von der Zusammensetzung des gewöhnlichen Rostes in ein reines rotes Eisenoxyd ein steifes, kittartiges Gemisch der Behandlung unterwirft, kann man auch an Stelle dessen ein wesentlich verdünnteres Reaktionsgemisch verwenden, wenn man in Gegenwart geeigneter Mengen von Schwefel, und zwar bis etwa 25 %, berechnet auf den Eisenoxydgehalt, arbeitet.

Es hat sich gezeigt, daß man dabei gegebenenfalls sogar noch hochwertige Endprodukte erhalten kann. Für die Durchführung dieser Verfahrensweise kann man entweder elementaren Schwefel verwenden oder von schwefelhaltigen Ausgangsmaterialien ausgehen, z. B. indem man in geeigneter Weise bei der Entstehung der wasserarmen Eisenhydroxyde gleichzeitig Schwefel aus entsprechenden Schwefelverbindungen, auch z. B. Eisenschwefelverbindungen, chemisch entstehen läßt oder mit in das entstehende wasserarme Eisenhydroxyd mit hineinfällt. Der Schwefel nimmt bei dieser Arbeitsweise in keiner Weise an der chemischen Umwandlungsreaktion der Eisenverbindungen teil und wird auch selbst chemisch nicht verändert, sondern bleibt restlos im Reaktionsgemisch erhalten. Seine Entfernung aus dem Produkt kann in bekannter Weise, z. B. durch Extraktion, bewirkt werden.

Die oben beschriebene Arbeitsweise in Gegenwart von Schwefel bietet insbesondere den Vorteil, wegen der stärkeren Verdünnung des Reaktionsgemisches und der damit vereinfachten Rührarbeit die Apparaturen weitgehend einfacher zu halten und damit das gesamte Verfahren wirtschaftlicher zu gestalten.

Für die beschriebene Ausführungsart des Verfahrens nach der Erfindung sei noch das nachstehende Beispiel erwähnt.

100 kg Eisenrost werden mit 100 l einer 3 %igen Ferrichloridlösung angeschlemmt und mit 30 kg fein verteiltem Schwefel vermischt. Das erhaltene dünnflüssige Gemisch wird in geschlossenen Gefäßen während 2 bis 5 Stunden unter 3 bis 6 Atm. Druck erhitzt.

Patentansprüche:

1. Verfahren zur Herstellung einer roten Eisenoxydfarbe durch Erhitzen von Eisenverbindungen nach Durchfeuchtung mit verdünnten Ferrisalzlösungen, die gegebenenfalls im Reaktionsgemisch gebildet werden, unter Druck, dadurch gekennzeichnet, daß als Eisenverbindungen Eisenrost oder wasserarme Eisenhydroxyde von der Zusammensetzung des gewöhnlichen Rostes natürlicher oder künstlicher Herkunft verwendet werden.

2. Verfahren nach Anspruch 1, gekennzeichnet durch den Zusatz von Schwefel.

Nr. 540198. (I. 31571.) Kl. 22f, 7.

I. G. Farbenindustrie Akt.-Ges. in Frankfurt a. M.

Erfinder: Dr. Karl Ott in Leverkusen a. Rh. und Dr. Heribert Schüßler in Köln.

Verfahren zur Herstellung von gelbem Eisenhydroxyd.

Vom 2. Juli 1927. — Erteilt am 26. Nov. 1931. — Ausgegeben am 8. Dez. 1931. — Erloschen: 1934.

Die Oxydation von Niederschlägen, die man aus Ferrosalzlösungen durch Basen erhält und die das Eisen in Form von Ferrohydroxyd oder -carbonat enthalten, führt, wenn man sie ohne weitere Vorsichtsmaßregeln ausführt, in der Kälte zu bräunlichgelbem Eisenhydroxyd, in der Wärme jedoch zu dunklen bis schwarzen, das Eisen in der Hauptsache als Eisenoxyduloxyd enthaltenden Produkten. Unter besonderen Konzentrationsbedingungen hat man auch gelbes Eisenhydroxyd in der Weise erhalten, daß Ferrosalzlösungen bei niedriger Temperatur ausgefällt und bis zur Erreichung eines bestimmten Verhältnisses von zwei- und dreiwertigen Eisen oxydiert werden, worauf man die Oxydation bei höherer Temperatur zu Ende führte.

Überraschenderweise wurde festgestellt, daß auch die Oxydation bei erhöhter Temperatur, selbst über 100° C, ein gelbes Hydroxyd, und zwar ein solches von hervorragender Reinheit des Farbtones und hoher Farbkraft, liefert, wenn man die Oxydation in Gegenwart von mehr als 10%, bezogen auf die festen Salze, eines drei- oder vierwertigen Metallsalzes bzw. des daraus durch Basen entstehenden fein verteilten Hydroxyds bei Temperaturen über 40° C ausführt. In erster Linie kommen die dreiwertigen Salze des Eisens selbst in Betracht; aber auch die anderen Salze drei- oder vierwertiger Metalle, z. B. Aluminium- oder Zinnsalze, sind mit Vorteil anwendbar. Man kann die Oxydation mittels eines kräftigen Luftstromes bewirken, kann aber auch so arbeiten, daß man den Niederschlag von Ferrohydroxyd oder -carbonat mit der äquivalenten Menge der Lösung eines Ferrisalzes in der Wärme umsetzt, wobei es dahingestellt bleibt, ob lediglich eine Oxydation des ursprünglichen Niederschlages oder eine Umsetzung mit dem in Lösung befindlichen Ferrisalz oder beides nebeneinander vor sich geht, da das Endergebnis in allen Fällen das gleiche ist.

Es ist auch bei der Herstellung gelber Eisenfarben bekannt, die Oxydation des Ferrohydroxyds oder Ferrocarbonats in Gegenwart eines dreiwertigen Metallsalzes durchzuführen. Diese bekannten Verfahren unterscheiden sich von dem Verfahren dieser Erfindung dadurch, daß entweder die Oxydation bei Temperaturen unter 40° C durchgeführt wird, oder aber bei höheren Temperaturen, dann jedoch gleichzeitig mit der Fällung des Ferrohydroxyds bzw. Ferrocarbonats, wohingegen nach dem Verfahren dieser Erfindung die Oxydation erst in einer zweiten Stufe nach vollendeter Fällung des Hydroxyds oder Carbonats vorgenommen wird. Diese bekannten Verfahren haben den Nachteil, daß sie entweder zu Endprodukten führen, die von Fall zu Fall eine verschiedene Nuance zeigen, oder aber, daß sie lasierende Produkte liefern. Das Verfahren der vorliegenden Erfindung ist gegenüber diesen Verfahren dadurch ausgezeichnet, daß es mit erheblich größerer Sicherheit ein farbkräftiges Erzeugnis von gleichmäßiger Beschaffenheit und gleichmäßigem Farbton liefert.

Die in bekannter Weise durch Auffällen von Ferrihydroxyd auf gelbes basisches Ferrisulfat erhaltenen Eisenpigmente sind entsprechend ihrer besonderen Darstellungsweise chemisch wie physikalisch mit den fast aus reinem Eisenhydroxyd bestehenden Pigmenten dieser Erfindung nicht zu vergleichen.

Beispiele

1. In 30 l einer 50%igen Eisenchloridlösung läßt man bei 80 bis 90° C eine Aufschlämmung von Ferrocarbonat, welches aus 55,6 kg kristallisiertem Ferrosulfat und 20 kg wasserfreier Soda hergestellt und vom Natriumsulfat befreit ist, unter gleichzeitiger Einleitung eines Luftstromes zulaufen. Die zunächst dunkle Färbung wird nach einiger Zeit gelb. Alsdann gibt man unter erneutem Zusatz von 15 l Eisenchloridlösung die gleiche Menge Ferrocarbonat hinzu. Nach weiterem zwei- bis dreimaligem Zusatz derselben Mengen von Eisenchlorid und Ferrocarbonat oxydiert man noch 1 bis 2 Stunden, filtriert, wäscht gut aus und trocknet bei 120 bis 150° C.

2. Durch Zusatz von 15 kg Aluminiumchlorid zu der in Beispiel 1 genannten Eisenchloridlösung erhält man bei sonst gleicher Arbeitsweise ein heller gefärbtes Gelb.

3. 200 kg Ferrosulfat werden mit der berechneten Menge Soda bei gewöhnlicher Temperatur gefällt, der Niederschlag ausgewaschen, filtriert und in 800 l Wasser aufgeschlämmt. Die Suspension läßt man in 2,33 l Eisenchloridlösung von 50% bei 80 bis 90° langsam portionsweise einlaufen, so daß die Farbe stets hellgelb bleibt. Wenn nach mehreren Stunden die Fällung beendet ist, wäscht man gut aus, filtriert und trocknet bei 120 bis 150° C.

4. Man löst 14 kg Ferrosulfat in 100 l Wasser bei etwa 85° und steigert die Temperatur auf 95° C. Dann gibt man 5 l 20%ige Sodalösung zu und versetzt anschließend mit 3 l Eisenchloridlösung (49,8%ig). Nach viertelstündigem Rühren gibt man erneut 1,5 l Eisenchloridlösung zu und fällt unter dauerndem Einblasen von Luft langsam im Verlauf von 8 bis 10 Stunden mit der berechneten Menge Soda. Nach Auswaschen und Trocknen erhält man ein besonders brillantes Eisengelb.

5. Zu einer Lösung von 14 kg Ferrosulfat in 100 l Wasser gibt man bei etwa 85° C 0,5 kg Zinntetrachlorid und fällt bei 90 bis 100° C ähnlich wie in Beispiel 4 unter dauerndem Zuleiten von Luft nach und nach mit der berechneten Menge Soda. Der Niederschlag wird nach beendeter Fällung und Oxydation gewaschen und getrocknet. Das Eisenhydroxyd ist im Ton etwas heller als das im Beispiel 4 erhaltene.

Patentansprüche:

1. Verfahren zur Herstellung von gelbem Eisenhydroxyd durch Oxydation von Ferrohydroxyd oder -carbonat enthaltenden Niederschlägen in Gegenwart von drei- oder vierwertigen Metallverbindungen, dadurch gekennzeichnet, daß mehr als 10% eines drei- oder vierwertigen Metallsalzes als Lösung bzw. der entsprechenden Menge einer Suspension des aus

einem solchen Salze durch Basen entstehenden Hydroxyds zugesetzt und bei Temperaturen über 40° C einer Oxydation unterworfen werden.

2. Ausführungsform des Verfahrens nach Anspruch 1, darin bestehend, daß die Oxydation in Gegenwart der Lösung eines Ferrisalzes oder einer Suspension von Ferrihydroxyd ausgeführt wird.

3. Ausführungsform des Verfahrens nach Anspruch 1 und 2, darin bestehend, daß man Ferrihydroxyd oder -carbonat enthaltende Niederschläge mit Lösungen eines Ferrisalzes in der Wärme umsetzt.

Nr. 531 207. (B. 122 033.) Kl. 22f, 10.

I. G. FARBENINDUSTRIE AKT.-GES. IN FRANKFURT A. M.

Erfinder: Dr. Johannes Brode in Ludwigshafen a. Rh. und Dr. Karl Klein in Mannheim.

Anorganische Farbstoffpigmente.

Vom 3. Okt. 1925. Erteilt am 23. Juli 1931. — Ausgegeben am 6. Aug. 1931. — Erloschen: . . . .

Es wurde gefunden, daß die aus Metallchloriden in Dampfform mit Wasserdampf, zweckmäßig überhitztem Wasserdampf, in bekannter Weise erhältlichen Zersetzungsprodukte Pigmente von vorzüglichen Eigenschaften, insbesondere auch hoher Deckkraft, sind. Beispielsweise sind die aus Eisen- oder Titanchlorid in Dampfform durch Behandlung mit Wasserdampf erhältlichen Produkte von rotem Eisenoxyd oder weißem Titandioxyd gut deckende Pigmente; auch die aus Mischungen von Dämpfen verschiedener Chloride erhältlichen gemischten Zersetzungsprodukte lassen sich mit Vorteil als Pigmente verwenden.

Bei der Herstellung der Pigmente wird zweckmäßig, um an der Stelle, an der der Metallchlorid- und Wasserdampf zusammentreffen, eine Verstopfung der Apparatur durch abgeschiedenes Oxyd zu verhindern, dem Chloriddampf, dem Wasserdampf oder beiden ein inertes Gas, z. B. Luft, zugemischt. Das erhaltene staubförmige Oxyd wird in bekannter Weise, z. B. in größeren Kammern, Staubfiltern, elektrischen Kondensationsapparaten usw., bei höherer Temperatur trocken niedergeschlagen, oder es wird ganz oder teilweise zusammen mit dem Wasserdampf und der entstandenen Salzsäure kondensiert und durch Filtration und Trocknung gewonnen.

Durch Änderung der Arbeitsbedingungen, z. B. Mischungsverhältnisse, Temperatur, Zugabe inerter Gase usw., ist es möglich, Deckkraft, Feinheitsgrad und Farbnuance abzuändern. Um Pigmente von hoher Deckkraft zu erhalten, ist es besonders zweckmäßig, die Arbeitsbedingungen so zu wählen, daß die Pigmente in Teilchen von äußerst kleinen Ausmaßen entstehen. Die als Nebenprodukt gewonnene Salzsäure kann beliebige Verwendung finden, zweckmäßig wird sie dazu benutzt, um die zur Pigmentherstellung erforderlichen Rohstoffe aufzuschließen oder zu reinigen. Beispielsweise kann man mit ihr Titaneisenerz behandeln und es dadurch weitgehend von Eisen oder anderen unerwünschten Bestandteilen, wie Magnesiumverbindungen, befreien.

Beispiel 1

21 kg gepulverter oder stückiger Ilmenit, enthaltend 56,5 % TiO_2 und 34,6 % Fe_2O_3, werden bei 700° der Einwirkung eines Gemisches von Chlor und Kohlenoxyd (je 5 cbm pro Std.) ausgesetzt, worauf man die hierbei sich verflüchtigenden Chloride des Eisens und Titans durch überhitzten Wasserdampf in einer auf 430° erhitzten Kammer als Oxyde niederschlägt. Nach sechsstündiger Betriebsdauer werden 17,9 kg eines rotbraunen Pigments erhalten, das gute Deckkraft besitzt.

Beispiel 2

78,7 kg wasserfreies Eisenchlorid werden aus einer Retorte bei 300° verflüchtigt und in einer auf 430° gehaltenen Kammer mit überhitztem Wasserdampf in Gegenwart von Luft zersetzt. Es werden so 13 kg eines carminroten, neutral reagierenden Pigments mit 95 % Fe_2O_3 gewonnen.

Die erwähnten Produkte besitzen zufolge ihrer äußerst feinen Verteilung eine bedeutend höhere Deckkraft als die auf andere Weise hergestellten Pigmente. Das Pigment nach Beispiel 2 besitzt z. B. eine etwa doppelt so große Deckkraft und somit auch eine etwa doppelt so große Ausgiebigkeit wie ein nach dem britischen Patent 9225/1889 durch Eindampfen einer Eisenchloridlösung und anschließende Zersetzung des gebildeten basischen Eisenchlorids gewonnenes Eisenoxydpigment, während das Pigment nach Beispiel 1 sogar die zehnfache Deckkraft des Pigments nach dem britischen Patent aufweist.

PATENTANSPRUCH:

Verwendung der bei der Einwirkung von Wasserdampf auf Metallchloride in Dampfform erhältlichen Produkte als anorganische Pigmente.

Nr. 541768. (I. 36209.) Kl. 12n, 2.

I. G. Farbenindustrie Akt.-Ges. in Frankfurt a. M.

Erfinder: Dr. Bernhard Wurzschmitt in Mannheim und Dr. Annemarie Beuther in Krefeld.

Herstellung von kristallisiertem Eisenoxyd.

Vom 23. Nov. 1928. — Erteilt am 24. Dez. 1931. — Ausgegeben am 15. Jan. 1932. — Erloschen: 1933.

Durch Dehydratation von Ferrihydroxyd in Gegenwart wäßriger Salzlösungen bei Temperaturen über 170° entstehen amorphe, als Pigmentfarbe geeignete Eisenoxyde.

Es wurde nun gefunden, daß man kristallisiertes Eisenoxyd erhält, wenn man amorphes, aus Eisen (3)-Salzlösungen gefälltes Ferrihydroxyd in Gegenwart großer Mengen konzentrierter Alkalilauge von einem mindestens 1,210 betragenden spezifischen Gewicht durch Erhitzen auf Temperaturen über 100°, vorteilhaft unter erhöhtem Druck, dehydratisiert. Die Menge Alkali, die zugegen ist, muß hierbei so bemessen werden, daß auf 1 Mol $Fe(OH)_3$ mindestens 2 Mole NaOH kommen. Weiter wurde gefunden, daß man ebenfalls kristallisiertes Eisenoxyd erhält, wenn man statt Ferrihydroxyd und Natronlauge festes Natriumferrit etwa der Formel $Na_2O \cdot Fe_2O_3$ in wäßriger Suspension zweckmäßig unter weiterem Alkalizusatz erhitzt. Es ist nicht nötig, das Ferrihydroxyd zu isolieren: man kann es vielmehr auch in der wäßrigen Alkalilauge durch Zugabe von Eisensalz bzw. Eisensalzlösung erzeugen. Ebenso kann man von Ferrohydroxyd bzw. Ferrosalz ausgehen und die zur Oxydation nötige Menge eines Oxydationsmittels, wie Alkalichlorat, zugeben.

Es ist bereits gelungen, durch Einwirkung von zweifach normaler, d. h. etwa 11,2%iger Kalilauge auf Ferrihydroxyd im Autoklaven bei 150° ein Halbhydrat eines Eisenoxyds von der Formel $FeO \cdot OH$, dem nach dem Röntgendiagramm die Kristallgitterstruktur des Goethits zukommt, herzustellen. Über die Menge der dabei angewendeten Kalilauge im Verhältnis zu der umgewandelten Menge Eisenhydroxyd ist indessen nichts bekannt geworden. Demgegenüber wird nach dem Verfahren dieser Erfindung Ferrihydroxyd mit konzentrierter Alkalilauge, nämlich mit solcher von einem mindestens 1,210 betragenden spezifischen Gewicht (das entspricht bei Anwendung von Kalilauge einer mindestens 22%igen Lauge) oberhalb 100° im Verhältnis von 2 oder mehr Mol Ätzkali auf 1 Mol Ferrihydroxyd behandelt und dabei ein Eisenoxyd erhalten, das dem natürlich vorkommenden Eisenglimmer sehr ähnlich ist.

Beispiel 1

Man fällt 10 l einer Lösung, die 324 g $FeCl_3$ im Liter enthält, mit einer Lösung von 2,4 kg NaOH in 10 l Wasser, trennt von der Mutterlauge ab, trägt das ausgewaschene Ferrihydroxyd in eine Lösung von 4,8 kg NaOH in 8,9 l Wasser ein und erhitzt das Gemisch etwa 10 Stunden im eisernen Autoklaven unter Rühren auf 200° Nach dem Erkalten wird von der Natronlauge abgetrennt, die zu weiteren Ansätzen verwendet werden kann, und das Eisenoxyd mit Wasser alkalifrei gewaschen und getrocknet. Es behält selbst bei Erhitzen auf Temperaturen von etwa 750° die Kristallstruktur bei und bildet sowohl in ungeglühtem wie in geglühtem Zustand ein gutes Schleif- und Poliermittel. Man erhält je nach den Fällungsbedingungen bzw. der Alkalikonzentration und der Dauer des Erhitzens kleinere bzw. größere stark metallglänzende Kristalle von Eisenoxyd, die dem natürlich vorkommenden Eisenglimmer sehr ähnlich sind.

Beispiel 2

Man erhitzt ein Gemisch von 88,1 kg Eisenoxyd mit 77,3 kg calcinierter Soda 1 Stunde auf 850 bis 900°. 100 kg des gebildeten Natriumferrits trägt man in eine Lösung von 252 kg KOH in 558 kg Wasser ein, erhitzt im Autoklaven 10 Stunden auf 18c° und arbeitet wie in Beispiel 1 auf.

Beispiel 3

In eine Mischung von 180 kg NaOH und 150 kg Wasser gibt man eine Lösung von 80 kg $FeCl_3$ in 125 kg Wasser, erhitzt im Autoklaven 10 Stunden auf 220° und arbeitet wie in den vorigen Beispielen auf.

Patentanspruch:

Verfahren zur Herstellung kristallisierten, natürlichem Eisenglimmer sehr ähnlichen Eisenoxyds, dadurch gekennzeichnet, daß man Ferrihydroxyd oder bei Einwirkung von Alkalihydroxyd Ferrihydroxyd liefernde Eisenverbindungen mit Alkalilauge von einem mindestens 1,210 betragenden spezifischen Gewicht im Verhältnis von 2 oder mehr Mol Alkalihydroxyd auf 1 Mol $Fe(OH)_3$ bei Temperaturen oberhalb 100° C, vorzugsweise unter Druck, erhitzt.

Nr. 495739. (S. 82083.) Kl. 22f, 7.

„SILESIA" VEREIN CHEMISCHER FABRIKEN IN IDA- UND MARIENHÜTTE B. SAARAU.

Erfinder: Dr. Georg Alaschewski in Saarau und Dr. Arthur Keller in Ida- und Marienhütte b. Saarau.

Verfahren zur Herstellung von wetterbeständigen künstlichen Eisenoxydfarben,

Vom 12. Okt. 1927. — Erteilt am 27. März 1930. — Ausgegeben am 10. April 1930. — Erloschen: 1932.

Künstliche Eisenoxydfarben sind im Handel unter verschiedenen Namen verbreitet. In der Regel verfährt man bei deren Herstellung so, daß man Ferrosulfat oder -chloridlösungen unter Zusatz eines Alkali- oder Erdalkalicarbonats durch Behandlung mit Luft oder mit Luft und Dampf vollständig oxydiert, den Niederschlag abfiltriert, auswäscht und trocknet. Diese Farben übertreffen die natürlich vorkommenden Ocker durch ihren lebhaften und feurigen Farbton, sie haben jedoch den Nachteil, daß sie wenig wetterfest sind. Nach einiger Zeit beginnen die Anstriche namentlich dort, wo sie als Außenanstriche verwendet werden, abzukreiden. Die Farbe blättert ab, und der Untergrund kommt zum Vorschein.

Es wurde überraschenderweise gefunden, daß man farbkräftige, künstliche Eisenoxydfarben bei gleichzeitiger guter Wetterbeständigkeit herstellen kann, wenn man ein Erdalkalicarbonat, z. B. kohlensauren Kalk, in fein gemahlenem oder geschlämmtem Zustand in die Lösung eines geeigneten Ferrosalzes, z. B. Eisenchlorür, in passendem Verhältnis einführt und in diese Mischung gemahlenen oder geschlämmten Naturocker mit einträgt und dann unter gleichzeitigem Rühren Luft durch das Gemisch bläst bzw. so stark rührt, daß die Masse mit der Luft in ständige, kräftige Berührung kommt. Nach Verlauf von einigen (z. B. 6 bis 10) Stunden ist das zweiwertige Eisen oxydiert und auf dem Naturocker als feuriges, leuchtendes Pigment niedergeschlagen. Man muß die Mengen an kohlensaurem Kalk und Eisenchlorür so dosieren, daß nach beendigter Oxydation möglichst wenig kohlensaurer Kalk in der fertigen Farbe vorhanden ist, da auch dieser Umstand für die Wetterfestigkeit der Farben wichtig ist. Man würde aber nicht zu den gleichen wetterbeständigen Farben gelangen, wenn man die durch Fällen hergestellten künstlichen Eisenoxydfarben mit den Naturockern auf trockenem oder nassem Wege mischen würde. Die Fällung der Eisenoxydfarben auf den Ocker ist für die Erzielung der Wetterbeständigkeit von wesentlicher Bedeutung.

Beispiel

In einem geräumigen Rührwerk werden 100 kg Schlämmkreide mit 3,5 cbm Wasser eingerührt und 130 kg Eisenchlorür in Form einer etwa 20° Bé starken Lösung zugegeben. Anschließend werden 75 kg eines geeigneten gewindsichtigten Naturockers hinzugegeben. Dann wird Preßluft so stark angestellt, daß der Schlamm gleichmäßig brodelt. Nach etwa 8 Stunden ist die Oxydation und die Fällung der Eisenoxydfarbe so weit vorgeschritten, daß nur noch geringe Mengen von zweiwertigem Eisen in Lösung sind. Die Preßluft wird nun abgestellt, der Niederschlag abfiltriert und ausgewaschen und getrocknet. Man kann auch so vorgehen, daß man mit einem sehr schnell laufenden Rührwerk arbeitet, welches die Flüssigkeit und Luft ständig in lebhafte Berührung bringt. Man erhält 175 kg einer Farbe, welche neben großer Deckkraft und feurigem Aussehen eine gute Wetterbeständigkeit aufweist. Die Farbe enthält 0,74% $CaCO_3$. Bei der Einleitung der Preßluft wird das Eisenchlorür unter Bildung von Ferrichlorid und Eisenhydroxyd oxydiert, und das gebildete Ferrichlorid reagiert mit der Schlämmkreide unter Bildung von Ferrihydroxyd bzw. Chlorcalcium weiter. Das Ferrihydroxyd schlägt sich auf dem zugesetzten Ocker oder sonstigen natürlichen Eisenfarben nieder und gibt so wetterbeständige Farben von hervorragender Schönheit.

Je nach der Farbe und Beschaffenheit des verwendeten Naturockers kann man die Nuance der Farbe weit variieren. Auch kann man statt Naturocker andere natürliche Eisenfarben, wie gebr. Ocker, Englischrot oder mehrere Ocker von verschiedener Art, verwenden.

PATENTANSPRÜCHE:

1. Verfahren zur Herstellung von wetterbeständigen, künstlichen Eisenoxydfarben durch Einwirkung von Ferrosalzen auf Erdalkalicarbonat unter Einblasen von Luft, dadurch gekennzeichnet, daß man diese Einwirkung unter Zusatz eines Naturockers oder einer anderen natürlichen Eisenfarbe vor sich gehen läßt.

2. Verfahren nach Anspruch 1, dadurch gekennzeichnet, daß das Mischungsverhältnis so gewählt wird, daß die fertige Farbe möglichst wenig Erdalkalicarbonat enthält.

Nr. 484 969. (R. 61 128.) Kl. 22 f, 10. KALI-CHEMIE AKT.-GES. IN BERLIN.

Erfinder: Dr. Hermann Fritzweiler in Stolberg, Dr. B. C. Stuer in Berlin und Dr. Walter Grob in Stolberg.

Herstellung eines zu Anstrichfarben und Lacken besonders geeigneten Farbstoffs.

Vom 14. Mai 1924. — Erteilt am 10. Okt. 1929. — Ausgegeben am 25. Okt. 1929. — Erloschen: 1933.

Natürlich vorkommende Eisenhydroxyde und solche enthaltende Stoffe werden bereits seit langer Zeit als Farbstoffe verwandt. Um ihnen eine größere Dichte und dadurch bedingte Deckkraft zu verleihen, werden sie vor der Verwendung stark geglüht, wodurch gleichzeitig eine Veränderung des Farbtones erzielt wird.

Eingehende Beobachtungen haben nun gezeigt, daß man unter besonderen Bedingungen beim Erhitzen von Bauxit diesem besondere Eigenschaften verleihen kann. Wenn man ihn nur bei gelinder Temperatur entwässert, zweckmäßig unter vermindertem Druck, wozu ein Erhitzen auf 250 bis 300° genügt, so erhält man eine Masse, welche besondere Eigenschaften als Farbstoff besitzt. Durch das Vermeiden des Sinterns hat der Bauxit die gleiche kolloidale Struktur behalten, wie er sie vor dem Erhitzen besaß. Wie er durch eine solche Behandlung eine große Oberfläche behält und befähigt wird, Gase und Dämpfe in großer Menge zu absorbieren, ist er auch geeignet, Flüssigkeiten aufzunehmen. Beim Anrühren mit Leinöl verteilt sich der so entwässerte Bauxit feinstens darin, gibt mit dem Leinöl gewissermaßen eine kolloidale Aufschlämmung, aus der er sich auch nach längerem Stehen nicht absetzt, und fördert im hohen Maße die Geschwindigkeit des Trocknens, so daß bei gelinder Temperatur entwässerter Bauxit mit ungekochtem Leinöl angerührt, in viel kürzerer Zeit einen trockenen Anstrich gibt, als dies mit nicht erhitzten Erdfarben, wie gelber Ocker, oder mit, wie bisher üblich, bei hoher Temperatur geglühten mineralischen Farbstoffen, wie Englischrot, erzielt wird. So wurden z. B. Vergleichsversuche über die Trockengeschwindigkeit von Bauxit-Leinölanstrichen angestellt unter Verwendung von jeweils gleichen Mengen Bauxit und rohem Leinöl und dabei die Tatsache festgestellt, daß nach einer bestimmten Anzahl von Stunden ein Leinölanstrich mit lufttrockenem Bauxit noch feucht, ein solcher mit Bauxit, der bei etwa 620° geglüht worden war, noch klebrig, hingegen ein solcher mit Bauxit, der bei etwa 300° erhitzt worden war, bereits vollkommen trocken war. Auch bei Zusatz von etwas Sikkativ zeigte es sich, daß mit einem Bauxit-Leinölanstrich bei Verwendung von Bauxit, der bei etwa 300° erhitzt worden war, die größte Geschwindigkeit des Trocknens erzielt werden konnte. Durch geeignete Wahl der Bedingungen beim Erhitzen des Bauxits kann man den Farbton beeinflussen, so durch Erhitzen unter Luftabschluß oder unter Luftzutritt oder durch Erhitzen in Gegenwart reduzierender Gase.

In besonderem Maße wird der Farbton bei der Entwässerung dadurch beeinflußt, daß der Bauxit bereits Stoffe enthält, die bei höherer Temperatur reduzierend wirken. Auch können vor dem Erhitzen solche Stoffe beigemengt werden, die wie Kohle, Braunkohle u. dgl. beim Erhitzen reduzierend wirken.

In jedem Falle ist auch dann das Erhitzen auf solche Temperaturen zu beschränken, daß die kolloidalen Eigenschaften des Bauxits nicht verlorengehen. Es ist daher ein starkes Glühen, wie Erhitzen über 600°, zu vermeiden.

Wie zur Verwendung als Farbstoff läßt sich der bei gelinder Temperatur entwässerte Bauxit auch als Träger für andere Stoffe verwenden, bzw. es können ihm Pflanzen- oder Teerfarbstoffe einverleibt werden und so ein Stoff von anderen Farbtönen erzeugt werden, unter Beibehaltung der besonderen trocknenden Eigenschaften des Bauxits.

PATENTANSPRÜCHE:

1. Verfahren zur Herstellung eines zu Anstrichfarben und Lacken besonders geeigneten Pigmentfarbstoffes durch Erhitzen von Bauxit, dadurch gekennzeichnet, daß die Erhitzung bei Temperaturen zwischen 250 bis 450° C erfolgt.

2. Verfahren nach Anspruch 1, dadurch gekennzeichnet, daß die Erhitzung in Gegenwart von oxydierenden oder reduzierenden Stoffen oder Gasen durchgeführt wird.

Nr. 541 613. (H. 118 490.) Kl. 22 f, 7. HEINRICH HACKL IN HEUFELD, OBERBAYERN.

Verfahren zur Herstellung eines eisenhaltigen, ockerartigen Farbkörpers aus den chloridischen Ablaugen der Bleicherdeerzeugung.

Vom 7. Okt. 1928. — Erteilt am 17. Dez. 1931. — Ausgegeben am 14. Jan. 1932. — Erloschen: . . . .

Die Verwertung der chloridischen Ablaugen der Bleicherdeerzeugung scheiterte bisher daran, daß die unmittelbare thermische Zersetzung der darin enthaltenen Chloride des

Eisens und Aluminiums zum ausgesprochenen Zwecke der Salzsäuregewinnung keine Wirtschaftlichkeit bieten kann, weil die Eindampfkosten der verhältnismäßig schwachen Laugen erheblich sind, während der Wert der gewinnbaren Salzsäure nur ein geringer ist.

Überdies ist der so erhaltene Rückstand von Eisenoxyd und Tonerde nach dem Calcinieren und Auswaschen viel zu unrein, um mehr als ein niedrigwertiges Ausgangsmaterial für die Tonerdegewinnung zu ergeben. Der Eisenoxydgehalt dieser Laugen im Verhältnis zur Tonerde schwankt, ist aber fast niemals kleiner als 0,5 : 1, häufig jedoch viel höher.

Alle bisher bekannten Verfahren der Eisenabscheidung aus diesen Laugen konnten nicht zum Ziele, d. h. der Gewinnung einer verhältnismäßig reinen Tonerde neben der gleichzeitigen Gewinnung von Salzsäure, führen aus folgenden Gründen:

1. Kalk und Magnesia, als Basen angewendet, gestatten keine genügende Abscheidung des Eisens, ohne selbst Tonerde in beträchtlicher Menge aus der Lauge gleichzeitig niederzuschlagen. Die hiernach erhaltenen Niederschläge sind infolgedessen ohne technischen Wert.

2. Diese Niederschläge sind so voluminös, daß die Lauge nur zu einem Teile daraus zu gewinnen ist und auch zum Auswaschen zuviel Waschwasser erfordert, was die Eindampfkosten wesentlich erhöht.

3. Aus solchen Laugen in ihrer natürlichen Konzentration kann mit Blutlaugensalz zwar eine quantitative Eisenabscheidung erfolgen, aber bei der Menge des Eisens ist die Masse des Niederschlages so groß, daß die unter 2 angeführten Schwierigkeiten auftreten.

Es ist bekannt, daß Mutterlaugen von der Gewinnung von kristallisiertem Aluminiumchlorid von ihrem so angereicherten Eisengehalt dadurch weitgehend befreit werden können, daß sie mit bei 500 bis 800° C geglühtem Ton oder Kaolin in der Wärme behandelt werden, wobei sich deren Tonerdegehalt gegen den Eisenoxydgehalt der Lauge austauscht. Von dieser Reaktion kann besonders vorteilhaft Gebrauch gemacht werden bei der Reinigung der eisenreicheren und schwächeren Laugen, wie sie primär als Abfalllaugen bei der Bleicherdeerzeugung anfallen.

Wesentlich für das vorliegende Verfahren ist, daß der so erhaltene Niederschlag die Merkmale eines Farbkörpers hat. Er ist ockergelb, hat sowohl in Öl als auch in Wasser Farb- und Deckkraft und schlägt im Öl nicht um. Er ist überdies sehr gut filtrier- und auswaschbar.

Man erhält in Ausübung des Verfahrens nicht nur eine sehr viel reinere, sondern auch an Tonerde angereicherte Lauge; infolgedessen ist sowohl die Menge des Tonerderückstandes als auch seine Reinheit beim folgenden Calcinieren des Eindampfrückstandes wesentlich gehoben. Wie weit jeweils die Abscheidung des Eisens hierbei geht, ist vornehmlich eine Frage der Konzentration der Lauge. Die Eisenabscheidung kann noch dadurch vervollständigt werden, daß der restliche Eisengehalt der Lauge, welcher nach einer solchen Vorbehandlung z. B. von 2 Volumprozent Eisenoxyd als Chlorid auf 0,2 bis 0,1 % und darunter gesunken ist, durch Blutlaugensalz ausgeschieden wird. Es wird nach dem vorliegenden Verfahren somit nicht nur Tonerde aus Ton mobilisiert, sondern die dem Eisen entsprechende Menge Salzsäure liegt nun gleichzeitig in der thermisch gewinnbaren Form des Aluminiumchlorides vor.

Die Vorteile des Verfahrens nochmals zusammengefaßt sind daher:

1. Die Gewinnung des Eisens in Form eines verwertbaren Farbkörpers, welcher gut auswaschbar ist.

2. Die Auflösung von Tonerde aus Kaolin oder Ton ohne besondere Anwendung von Säure in einem Zuge des Verfahrens.

3. Die Erhöhung der Reinheit des Calcinierrückstandes durch Verminderung des Eisengehaltes bzw. die Erzielung einer verhältnismäßig reinen Tonerde in größerer Menge, als sie dem Gehalt der Lauge entspricht.

Beispiel

1 cbm Lauge von folgender Zusammensetzung: 14,65 % HCl, 2,70 % Al_2O_3, 1,51 % Fe_2O_3, 0,18 % FeO, 0,72 % CaO, 0,24 % MgO, 0,35 % H_2SO_4, 0,02 % SiO_2, Ka_2O, Na_2O wird mit 60 kg Kaolin von Zettlitz, welcher, wie vorgeschrieben, geglüht, vorteilhaft naß gemahlen, geschlämmt und getrocknet wurde, unter Rühren versetzt und etwa 5 Stunden annähernd bei Siedehitze gehalten. Hierauf wird die Wärmezufuhr unterbrochen, und man läßt die Lauge alsdann unter Bewegung abkühlen. Der Zusatz des Kaolins erfolgt entweder im ganzen oder besser partienweise. Die Lauge weist nach dem Erkalten und, nachdem der geringe Eisenoxydulgehalt vor oder während der Kochung oxydiert wurde einen Eisengehalt von etwa 0,15 % Fe und einen Tonerdegehalt von etwa 5 % auf. Der Niederschlag läßt sich sehr gut von der Lauge trennen und auswaschen. Nach dem Trocknen stellt er einen ockergelben Farbkörper in Gestalt eines feinen und lockeren Pulvers dar.

Patentanspruch:

Verfahren zur Herstellung eines eisenhaltigen, ockerartigen Farbkörpers aus den chloridischen Ablaugen der Bleicherdeerzeugung unter gleichzeitiger Vermehrung des Tonerdegehaltes der Lauge, dadurch gekennzeichnet, daß basenaustauschender Kaolin oder Ton in der Siedehitze in bekannter Weise auf die Lauge zur Einwirkung gelangt.

Nr. 543 139. (H. 123 292.) Kl. 22f, 7. Heinrich Hackl in Heufeld, Oberbayern.

Herstellung eines ockerartigen Farbkörpers aus Bleicherdelaugen.

Zusatz zum Patent 541613.

Vom 12. Sept. 1929. — Erteilt am 14. Jan. 1932. — Ausgegeben am 1. Febr. 1932. — Erloschen: . . . . .

In dem Patent 541 613 ist ein Verfahren beschrieben, um aus Bleicherdelaugen das Eisen in verwertbarer und gut filtrierbarer Form unter gleichzeitiger Vermehrung des Tonerdegehaltes der Lauge abzuscheiden. Dies wird dort erreicht durch Behandlung der Lauge mit Ton oder Kaolin in gebranntem Zustande bei Siedehitze oder nahe dem Siedepunkte.

Es wurde gefunden, daß alle dort angegebenen Vorteile schneller erreicht werden, wenn an Stelle von Ton oder Kaolin, die mit oder ohne Brennstoffzusatz zwischen 500 und 800° C geglüht worden waren, solcher Ton oder Kaolin angewendet wird, der mit oder ohne Brennstoffzusatz, aber mit Zusatz von Salzen der Alkalien oder alkalischen Erden, deren Säure in der Hitze vom Ton ausgetrieben wird, gebrannt wurde. Der Eintritt von Alkali oder Erdalkali in das Tonerdesilikatmolekül bedingt diese beschleunigte Wirkung der Zersetzung. Während die Behandlung der Lauge nach Patent 541 613 eine Temperatur nahe dem Siedepunkte erheischt und durch mehrere Stunden fortgesetzt werden muß, genügt bei Anwendung eines so in der basenaustauschenden Wirkung gesteigerten Materials bereits eine Temperatur von 40 bis 50° C und kurze Rührdauer.

Wird beispielsweise Kaolin mit Salz geglüht, so entweicht hierbei Salzsäure, die ihrer Menge nach genau dem Eintritt von Fällungsnatrium neben Tonerde in die Lauge entspricht, so daß mit Hinzuziehung dieser Salzsäure die absolute Anreicherung der Lauge an Tonerde genau soweit getrieben werden kann wie bei Anwendung von gebranntem Ton oder Kaolin für sich.

Es ist bereits bekannt, durch einen solchen Zusatz zu den Schmelzen von Ton oder Kaolin eine höhere Austauschfähigkeit herbeizuführen. Es war jedoch nicht vorauszusehen, daß bei der Behandlung der Bleicherdelaugen mit solchen Schmelzen das Eisen dabei als ein ockerartiger Farbkörper sich ausscheidet. Auch ließ sich nicht voraussehen, daß neben dem Alkali auch die Tonerde in gleicher Weise in die Lauge eintritt.

Patentanspruch:

Weiterausbildung des Verfahrens zur Herstellung eines ockerartigen Farbkörpers aus Bleicherdelaugen mit basenaustauschendem Kaolin oder Ton nach Patent 541 613, dadurch gekennzeichnet, daß bei niedrigen Temperaturen, etwa 40 bis 50° C, gearbeitet wird.

Nr. 507 937. (I. 28 063.) Kl. 22f, 7.

I. G. Farbenindustrie Akt.-Ges. in Frankfurt a. M.

Erfinder: Rudolf Caspari in Uerdingen.

Verfahren zur Herstellung eines als grüne Farbe verwendbaren Chromoxyds.

Vom 8. Mai 1926. — Erteilt am 11. Sept. 1930. — Ausgegeben am 22. Sept. 1930. — Erloschen: 1934.

Das als Farbe oder zur Herstellung von reinem Chrommetall verwendete Chromoxyd, an das hohe Reinheitsansprüche gestellt werden, wird aus den reinen, festen Chromaten bzw. Bichromaten hergestellt, indem man diese im Gemisch mit Reduktionsmitteln, wie Schwefel oder Holzkohle, erhitzt und die erkaltete Schmelze vom entstandenen Alkalisulfat oder -carbonat durch Auswaschen trennt.

Dagegen hat man bisher durch Reduktion von Chromaten auf nassem Wege mit anderen Mitteln, wie z. B. durch Kochen mit Schwefel oder Alkalisulfiden, nur ein unreines, als Farbe wenig geeignetes Chromoxyd erhalten können.

Es wurde gefunden, daß sich Lösungen chromsaurer Salze durch Behandeln mit organischen Reduktionsmitteln, wie Sägemehl, Melasse oder auch Braunkohlenstaub, Zellpech usw., bei Temperaturen über 100° C am besten unter Druck zu einem Chromoxydhydrat reduzieren lassen, das nach dem Auswaschen und Trocknen bei 100° C 70 bis 75 Prozent Chromoxyd enthält, von sattgrüner Farbe ist und beim Glühen ein reingrünes, von schädlichen Verunreinigungen freies Chromoxyd ergibt.

Beispiel 1

1000 l einer Natriumchromatlosung mit einem Gehalt von etwa 230 kg Chromtrioxyd werden mit 140 bis 180 kg Sägemehl oder einem gleichwertigen anderen organischen Reduktionsmittel 7 Stunden unter Rühren auf 160° C (5 Atm. Druck) erhitzt. Das entstandene Chromoxydhydrat wird abfiltriert, mit Wasser ausgewaschen, getrocknet und durch Glühen in Chromoxyd übergeführt.

Bei höherem Druck und entsprechend höherer Temperatur ist der Prozeß schon in kürzerer Zeit beendet, während er bei 110 bis 120° C ohne Druck 24 Stunden oder mehr in Anspruch nimmt.

Beispiel 2

1000 l einer Natriumchromatlösung mit einem Gehalt von etwa 388 kg Chromtrioxyd werden mit 386 kg Melasse unter Rühren 5 bis 6 Stunden auf 135 bis 140° C (2 Atm. Überdruck) erhitzt. Das entstandene Chromoxydhydrat wird abfiltriert, mit Wasser gewaschen, getrocknet und durch Glühen bei 850 bis 1000° C in ein farbstarkes, gelbstichiges Chromoxyd übergeführt.

Glüht man das in vorstehender Weise gewonnene Chromoxydhydrat unter Zusatz von etwa 20 Prozent Natriumsulfat, so erhält man ein blaustichiges Chromoxyd.

Patentanspruch:

Verfahren zur Herstellung eines als grüne Farbe verwendbaren Chromoxyds, darin bestehend, daß man Chromatlösungen so lange mit organischen Reduktionsmitteln bei Temperaturen über 110° C, vorzugsweise unter Druck, behandelt, bis eine vollständige Reduktion zu einem Oxydhydrat erfolgt ist und dieses nach Filtrieren und Auswaschen durch Glühen in reingrünes Chromoxyd überführt.

Nr. 558139. (I. 40029.) Kl. 22f, 7.

I. G. Farbenindustrie Akt.-Ges in Frankfurt a. M.

Verfahren zur Herstellung von fein verteiltem Chromoxydgrün durch Reduktion von Kaliumbichromat mit Hilfe von Kohlehydraten.

Vom 4. Dez. 1929. — Erteilt am 18. Aug. 1932. — Ausgegeben am 5. Sept. 1932. — **Erloschen:** ....

Für die pyrochemische Herstellung von Chromoxydgrün, bei welcher Bichromat mit Reduktionsmitteln vermischt und vorzugsweise nach Initialzündung zum Durchreagieren gebracht wird, sind schon eine Reihe verschiedener Reduktionsmittel vorgeschlagen worden, wie Schwefel, Holzkohle usw. Diese Mittel geben aber ein unansehnliches, graugrünes, im Handel unbeliebtes Chromoxydpulver.

Ein weiterer Vorschlag, als Reduktionsmittel Kartoffelstärke zu verwenden und dabei ein Reaktionsgemisch von einem Teil Stärke mit vier Teilen Bichromat in einem Tiegel auf Rotglut zu erhitzen, führt zwar zu einem besseren Endprodukt, ist aber bezüglich der Durchführungsweise der Reaktion unbefriedigend, da nur das selbsttätige Durchreagieren der Mischung eine Gewähr für die Gleichmäßigkeit des Enderzeugnisses bietet.

Es wurde gefunden, daß man statt Kartoffelstärke auch andere Kohlehydrate anwenden und daß man auch hierbei die Reaktionsmischung auf Ermöglichung des selbsttätigen Durchreagierens einstellen kann; ferner wurde festgestellt, daß man das dabei erhältliche Chromgrün bezüglich des Farbtones durch die Wahl des Kohlehydrates beeinflussen kann. Es hat sich nämlich gezeigt, daß die Farbtöne des erzeugten Chromgrüns unter sonst gleichbleibenden Verhältnissen um so heller ausfallen, je niedriger der Polymerisationsgrad des Kohlehydrates ist. Ferner können auch innerhalb der Grenzen der Mischungsverhältnisse, in denen selbsttätiges Durchreagieren erreichbar ist, gewünschte Zwischentöne erreicht werden durch passende Abstufung des Mischungsverhältnisses von Kohlehydrat und Bichromat. In allen Fällen sieht man zweckmäßig vor, die Kohlehydrate möglichst wasserfrei zu verwenden, um mit einer gegebenen Menge derselben eine möglichst große Bichromatmenge reduzieren zu können, und das Kaliumbichromat als feines Pulver mit dem Kohlehydrat zu vermischen.

Beispielsweise wird durch Abbrand von Mischungen aus 36 kg Kartoffelstärke und 225 kg Bichromat ein Chromoxyd von einer Farbe erhalten, die in der Technik als mandelgrün bezeichnet wird, aus 36 kg Dextrin und 225 kg des gleichen Bichromats ein Chromoxyd von etwas hellerer Farbe (estragongrün), während bei gleichartiger Verwendung von Zucker eine weitere Aufhellung (erbsengrün) auftritt. Bestimmte Mischungen des Reduktionsmittels, z. B. von Kartoffelstärke mit Dextrin, führen zu den zu erwartenden Zwischentönen.

Die auf diese Weise hergestellten Chromoxydgrüne zeichnen sich durch ihre außerordentlich feine Verteilung aus. Die Schüttgewichte liegen im Vergleich zu den mit Schwefel als Reduktionsmittel erhaltenen Chromoxyden durchschnittlich um 30 % niedriger. Dementsprechend ist auch die Ausgiebigkeit höher. Bei vergleichenden Ausreibungen wurde sie um 20 % höher gefunden als bei den nach dem bekannten Verfahren mit Schwefel hergestellten Chromgrünen. Endlich ist das so hergestellte Produkt völlig schwefelfrei, ein Vorteil, der für manche Zwecke besonders erwünscht ist.

PATENTANSPRÜCHE:

1. Verfahren zur Herstellung von fein verteiltem Chromoxydgrün durch Reduktion von Kaliumbichromat mit Hilfe von Kohlehydraten, dadurch gekennzeichnet, daß in Gemischen von Kohlehydraten und Kaliumbichromat, deren Mischungsverhältnis auf selbsttätiges Durchreagieren der durch Initialzündung zur Reaktion gebrachten Mischung eingestellt ist, zum Zwecke der Erzielung verschiedener Tönungen für die Umsetzung ein Kohlehydrat von um so niedrigerem Polymerisationsgrad gewählt wird, je heller die Tönung des Chromoxydgrüns ausfallen soll.

2. Verfahren nach Anspruch 1, dadurch gekennzeichnet, daß die Abstufung der Farbtönungen durch Verwendung von Mischungen von Kohlehydraten verschiedenen Polymerisationsgrades erfolgt.

Nr. 529 988. (I. 34 024.) Kl. 22f, 7.

I. G. FARBENINDUSTRIE AKT.-GES. IN FRANKFURT A. M.

Erfinder: Dr. Ludwig Teichmann und Dr. Hans Tiedge in Leverkusen.

Verfahren zur Herstellung von Chromoxydhydratgrün.

Zusatz zum Patent 521965.

Vom 1. April 1928. — Erteilt am 9. Juli 1931. — Ausgegeben am 20. Juli 1931. — Erloschen:

Es ist bekannt, Formiate herzustellen durch Einleiten von Kohlenoxyd unter Druck in geeignete Lösungen alkalischer Reaktion, insbesondere Natronlauge, Soda u. dgl.; statt Kohlenoxyd können auch Abgase der Holzdestillation hierfür verwendet werden. Man hat ferner bereits in der Weise gearbeitet, daß man wäßrige Lösungen der Chromsäure und Kaliumchromat unter einem Druck von 200 Atm. mit Wasserstoff bei höherer Temperatur reduzierte.

In dem Hauptpatent ist ein Verfahren zur Herstellung von Alkaliformiaten unter gleichzeitiger Gewinnung von Chromoxydhydratgrün beschrieben, das darin besteht, daß Chromatlösungen bei höherem als atmosphärischem Druck und bei Temperaturen von 150 bis 350° C mit Kohlenoxyd reduziert werden.

Es wurde nun weiter gefunden, daß an Stelle von reinem Kohlenoxyd auch kohlenoxydreiche Gase, insbesondere Gemische von Kohlenoxyd und Wasserstoff, Verwendung finden können, wobei trotzdem das Kohlenoxyd in diesen Gemischen einen geringeren Partialdruck besitzt als in reinem Kohlenoxydgas, bemerkenswerterweise keine höheren Totaldrucke notwendig sind als bei Verwendung von reinem Kohlenoxyd. Zweckmäßig ist es, die Reaktion in Gefäßen aus Blei oder Nickel usw. auszuführen.

Beispiel 1

Eine Chromlauge, die 200 g Na_2CrO_4 im Liter enthält, wird 2 Stunden im Rührautoklaven bei einer Temperatur von 250° gehalten, während ein Gemisch von gleichen Teilen Kohlenoxyd und Wasserstoff unter einem Totaldruck von 40 bis 50 Atm. hindurchgeleitet wird. Nach dem Abkühlen wird von dem abgeschiedenen Chromoxydhydratgrün abfiltriert. Das Filtrat ist eine praktisch chromfreie Lösung von Natriumformiat; im Filtrat sind keinesfalls mehr 0,01 g Na_2CrO_4/l enthalten.

Beispiel 2

Eine Chromlauge (Monolauge), die 200 g Na_2CrO_4 im Liter enthält, wird etwa 3 Stunden im Rührautoklaven bei einer Temperatur von 250° gehalten und Ferngas unter hohem Druck, z. B. 50 bis 100 atü Totaldruck, hindurchgeleitet. Das Ferngas hat eine Zusammensetzung von z. B. 60% H_2, 23,7% CH_4, 7 bis 8% N_2, 6 bis 7% CO, 1,8% CO_2, 1,5% $C_n H_{2n}$, 0,2 bis 0,4% O_2. Das Chromat wird praktisch vollständig in Cr_2O_3, das Alkali quantitativ in Formiat übergeführt.

PATENTANSPRUCH:

Verfahren zur Herstellung von Chromoxydhydratgrün durch Reduktion von Chromatlösungen mit Gasen bei erhöhter Temperatur und erhöhtem Druck, dadurch gekennzeichnet, daß zwecks gleichzeitiger Herstellung von Alkaliformiaten in Abänderung des Verfahrens nach Patent 521 965 die Reduktion mit Gasgemischen vorgenommen wird, die Kohlenoxyd und Wasserstoff enthalten.

Nr. 553244. (I. 35085.) Kl. 22f, 7.

I. G. Farbenindustrie Akt.-Ges. in Frankfurt a. M.

Erfinder: Rudolf Caspari in Uerdingen a. Rh.

Verfahren zur Herstellung von als Farbpigment verwendbarem Chromoxyd.

Vom 29. Juli 1928. — Erteilt am 9. Juni 1932. — Ausgegeben am 23. Juni 1932. — Erloschen: ....

Es hat sich gezeigt, daß als Farbpigment geeignete Chromoxyde dadurch gewonnen werden können, daß man Alkalichromat in wässeriger Lösung mittels Schwefel in Gegenwart von Alkalihydroxyd und unter Zusatz von Alkalisulfid zu Chromoxydhydrat reduziert und dieses dann durch Glühen in Chromoxyd überführt. Dabei ist es nicht erforderlich, daß der gesamte Schwefel von vornherein in gelöstem Zustand vorliegt. Es genügt, daß der rohen Chromatlauge der Chromatfabrikation, welche frei von allen färbenden Beimengungen, wie z. B. Eisen, ist, so viel eines schwefellösenden Stoffes, z. B. Natriumhydroxyd, Natriumcarbonat, Natriumsulfid oder Polysulfid, zugegeben wird, daß die Reduktion in Gang kommt und das in der Lauge vorhandene freie Alkali zusammen mit dem sich bildenden Alkalisulfid ausreichend ist, um allmählich im Verlauf der Reduktion den Schwefel in Lösung zu bringen. Die Reduktion des Alkalichromats mit Schwefel in Gegenwart von Alkalihydroxyd unter Zusatz von Alkalisulfid bietet gegenüber den bekannten Verfahren zur Reduktion von Chromatlaugen unter alleiniger Verwendung von Schwefel den Vorteil, daß die zur Reduktion des Chromats erforderliche Zeit bedeutend abgekürzt wird. Der bei der Reduktion des Alkalichromats mittels Schwefel in Gegenwart von Alkalihydroxyd unter Zusatz von Alkalisulfid anfallende Niederschlag von Chromoxydhydrat ist gut filtrierbar und unterscheidet sich dadurch vorteilhaft von dem bei der bekannten Reduktion von Natriumchromat unter alleiniger Verwendung von Natriumsulfid erhaltenen, sehr voluminösen Chromoxydhydrat, das außerordentlich schwer durch Filtrieren von der Mutterlauge abtrennbar ist.

Die Chromoxydhydrate, die man nach dieser Erfindung erhält, liefern beim Glühen, je nach der Reduktionstemperatur, verschieden getönte Chromoxyde. Chromoxydhydrate, die bei Temperaturen bis etwa 110° gewonnen sind, geben beim Glühen gelbstichige Chromoxyde, während bei höherer Temperatur hergestellte Chromoxydhydrate Oxyde von blauerem Farbton liefern.

Die bei der Reduktion anfallenden schwefelhaltigen Restlaugen können einerseits zum Teil in den Prozeß zurückgeführt werden, um das zur Lösung des Schwefels erforderliche Natriumsulfid zu liefern. Andererseits kann man aus dem in ihnen enthaltenen Natriumthiosulfat durch Zersetzung mit Schwefelsäure einen großen Teil des Schwefels unter gleichzeitiger Herstellung von Natriumsulfat wiedergewinnen, so daß für einen neuen Ansatz nur ein Teil des Schwefels ergänzt zu werden braucht.

Beispiel 1

In 2,63 cbm rohe Natriumchromatlauge, enthaltend 1 000 kg Natriumchromat und 57 kg freies Natriumhydroxyd, werden langsam 60 kg Natriumsulfid und 330 kg fein gepulverter Schwefel zugegeben. Die Reduktion beginnt sofort unter Wärmeentwicklung und ist nach 2 bis 4 Stunden vollendet. Die Temperatur wird so geregelt, daß sie 106° C nicht übersteigt. Das Chromoxydhydrat wird abfiltriert, gewaschen, getrocknet, bei 870° geglüht und ergibt nach nochmaligem Waschen und Trocknen ein stark gelbstichiges Grün von frischem Farbton und großer Farbkraft.

Beispiel 2

In 2,63 cbm rohe Natriumchromatlauge gleicher Zusammensetzung wie im vorigen Beispiel wird unter Kochen ein Teil der nach Filtrieren des Chromoxydhydrates verbleibenden Restlauge aus Beispiel 1 zugegeben, in der 330 kg Schwefel aufgelöst bzw. suspendiert sind. Die Reduktionstemperatur wird auf 116° C gehalten. Die Weiterbehandlung des entstandenen Chromoxydhydrates wie in Beispiel 1 ergibt ein blaustichiges Chromoxyd von lebhaftem Farbton und großer Farbkraft.

Patentansprüche:

1. Verfahren zur Herstellung von als Farbpigment verwendbarem Chromoxyd, dadurch gekennzeichnet, daß Alkalichromat in wässeriger Lösung mittels Schwefel in Gegenwart von Alkalihydroxyd und unter Zusatz von Alkalisulfid zu Chromhydroxyd reduziert und dieses dann in bekannter Weise durch Glühen in Chromoxyd übergeführt wird.

2. Verfahren nach Anspruch 1, dadurch gekennzeichnet, daß ein Teil des Schwefels in gelöster Form zur Anwendung gelangt, während der restliche, zur Reduktion notwendige Schwefel erst bei fortschreitender Reduktion in Lösung geht.

F. P. 679275.

Nr. 507936. (G. 76063.) Kl. 22f, 7. GUANO-WERKE AKT.-GES. (VORMALS OHLENDORFF'SCHE UND MERCK'SCHE WERKE) IN HAMBURG.

Erfinder: Dr. Walter Hene in Lübeck.

Verfahren zur Herstellung von als Farbpigment verwertbarem Chromoxyd.

Vom 4. April 1929. — Erteilt am 11. Sept. 1930. — Ausgegeben am 22. Sept. 1930. — Erloschen: ....

Die Herstellung eines lichtbeständigen Chromoxydes, das in der Technik bei hohen Anforderungen umfangreiche Verwendung findet, erfolgte bisher aus den kostspieligen und wertvolle Endprodukte darstellenden Chromaten, z. B. Kaliumbichromat. Es sind bereits zahlreiche Versuche gemacht worden, um aus dem billiger erhältlichen Chromhydroxyd zu einem hochwertigen Produkt zu gelangen, allerdings ohne den gewünschten Erfolg, vgl. z. B. Ullmann, Enzyklopädie der technischen Chemie, 1916, Band 3, S. 536 oben.

Neue, eingehende Versuche haben zu der überraschenden Tatsache geführt, daß es auch gelingt, aus Chromhydroxydpaste ein dem bisher in der Technik verwendeten Chromgrün vollkommen gleichwertiges Chromoxyd herzustellen, wenn man folgendermaßen verfährt:

Die in bekannter Weise erhältlichen Chromhydroxydpasten, welche sich auch nach langem Auswaschen nicht von den absorbierten Alkalisalzen befreien lassen, werden zunächst in an sich bekannter Weise in oxydierender Atmosphäre, gegebenenfalls unter Beifügung von katalytisch wirkenden oder Sauerstoff abgebenden Stoffen, z. B. in Sauerstoff oder Luft geglüht, so daß die vorhandenen Alkalisalze in Chromate übergehen.

Das nach diesem ersten Glühen erhaltene bräunlichschwarze Mischprodukt aus Alkalichromaten, Chromichromaten und Chromoxyd wird durch Waschen oder Auslaugen von dem Alkalisalz befreit. Die ausgelaugte Masse wird jetzt einem zweiten Glühprozeß in an sich bekannter Weise in reduzierender Atmosphäre unterworfen, wobei auch das Chromichromat in grünes Chromoxyd übergeht. Die reduzierende Sphäre kann durch reduzierende Gase, vorteilhaft aber dadurch erzeugt werden, daß das Produkt in einem geschlossenen Raum mit Kohle oder kohlehaltigen Substanzen abgedeckt wird. Durch entsprechende Zwischenlage kann man eine Vermischnng der Reaktionsteilnehmer verhindern. Selbstverständlich kann man auch so verfahren, daß man die alkalisalzhaltige Chromhydroxydpaste selbst als Decke benutzt.

Beispiel

500 Gewichtsteile einer vorher an der Luft geglühten etwa 40- bis 50 %igen Chromhydroxydpaste werden nach dem Auslaugen und Trocknen in einen Tiegel gefüllt, mit etwa 30 Gewichtsteilen Holzkohlepulver bedeckt und in bedecktem Tiegel bei Temperaturen zwischen 500 und 700° C reduzierend geglüht. Nach dem Glühen findet sich unter der leicht abnehmbaren Kohleschicht ein feinpulveriges Chromgrün mit 97 bis 98 % Cr_2O_3-Gehalt.

PATENTANSPRUCH:

Verfahren zur Herstellung von als Farbpigment verwertbarem Chromoxyd aus schwach alkalihaltigem Chromhydroxyd, dadurch gekennzeichnet. daß das Chromhydroxyd in an sich bekannter Weise zunächst in oxydierender Atmosphäre geglüht, das gebildete Alkalichromat anschließend ausgelaugt und der aus Chromoxyd bestehende Rückstand sodann in an sich bekannter Weise in reduzierender Atmosphäre nochmals geglüht wird.

Nr. 492686. (I. 27807.) Kl. 22f, 10.

I. G. FARBENINDUSTRIE AKT.-GES. IN FRANKFURT A. M.

Erfinder: Dr. Christian Hansen in Wiesdorf.

Verfahren zur Herstellung von orangerotem Schwefelantimon.

Vom 2. April 1926. — Erteilt am 13. Febr. 1930. — Ausgegeben am 26. Febr. 1930. — Erloschen: 1930.

Versucht man, Sulfantimoniate durch Einleiten von schwefliger Säure zu zerlegen, so erhält man kein orangerotes Antimonsulfid. also keinen Goldschwefel, sondern bräunlich gefärbte Produkte.

Es wurde nun gefunden, daß unter Verwendung von schwefliger Säure orangerotes Schwefelantimon (Goldschwefel) von ausgezeichneten Eigenschaften erhalten wird, wenn Sulfantimoniate in gelöster oder fester Form auf Lösungen von solchen Verbindungen zur Einwirkung gelangen, die schweflige Säure in locker gebundener Form enthalten.

Solche Verbindungen erhält man z. B., wenn man schweflige Säure in reiner oder verdünnter Form bei gewöhnlicher oder mäßig erhöhter Temperatur auf Lösungen von Thiosulfaten einwirken läßt. Es bildet sich hierbei eine gelbe Lösung, die sehr wahrscheinlich eine Additionsverbindung von 1 Mol. SO_2 an 1 Mol. $Na_2S_2O_3$ enthält, und die allmählich unter geringer Schwefelabscheidung in Polythionate übergeht. Man kann dabei z. B. so verfahren, daß man unter dauerndem Einleiten von schwefliger Säure oder solche enthaltenden Gasen in eine Thiosulfatlösung eine Sulfantimoniatlösung unter guter Rührung hinzufließen läßt oder Sulfantimoniate in fester Form einträgt, dergestalt, daß zum Zwecke der Erzielung eines klaren Farbtons der entstehenden orangeroten Fällung von Schwefelantimon dauernd saure Reaktion der Fällungsflüssigkeit bestehen bleibt. Das Thiosulfat dient hierbei als Träger der schwefligen Säure. Letztere bildet mit dem in dem Sulfatantimoniat vorhandenen Leichtmetallsulfid in der Hauptsache Thiosulfat, während das ursprünglich eingesetzte Thiosulfat unverändert bleibt. Dasselbe entsteht auch aus dem unter der Einwirkung der schwefligen Säure in geringer Menge aus dem Thiosulfat gebildeten Polythionat.

Das Verfahren kann auch so ausgeführt werden, daß ohne vorherige Vorlage einer Thiosulfatlösung zunächst eine gewisse Menge schwefliger Säure in Wasser eingeleitet und hierzu unter dauerndem weiteren Einleiten von schwefliger Säure das Sulfantimoniat hinzugefügt wird. Es bildet sich hierbei außer Schwefelantimon alsbald Thiosulfat, und der weitere Verlauf der Umsetzung geht dann in entsprechender Weise wie oben vor sich.

Man kann natürlich auch so verfahren, daß in vorgelegte Thiosulfatlösung ohne Zugabe von Sulfantimoniat schweflige Säure eingeleitet und das Sulfantimoniat dann bis zum Verbrauch der aufgelösten schwefligen Säure zugegeben wird, wobei diese Operationen im weiteren Verlauf des Prozesses abwechselnd wiederholt werden.

Eine weitere Ausführungsmöglichkeit des Verfahrens besteht in der Verwendung von Bisulfitlösungen, die ebenfalls locker gebundene schweflige Säure in geeigneter Form enthalten. Hierbei wird in ähnlicher Weise derart verfahren, daß zu einer gut gerührten Bisulfitlösung, in die dauernd schweflige Säure oder solche enthaltende Gase eingeleitet werden, Sulfantimoniate in Lösung oder in fester Form unter gutem Rühren zugefügt werden, wobei ebenfalls auf dauernd saure Reaktion in der Fällungsflüssigkeit zu achten ist. Das in dem Sulfantimoniat enthaltene Sulfid geht dabei ebenfalls in der Hauptsache in Thiosulfat über. Setzt man hierbei nach Verbrauch des vorgelegten Bisulfits den Prozeß fort, dann geht, da sich aus dem Sulfantimoniat unter der Einwirkung der schwefligen Säure Thiosulfat gebildet hat, das Verfahren mit vorgelegtem Bisulfit nach und nach in das zuerst beschriebene über, das mit vorgelegtem Thiosulfat arbeitet.

Da sich unter der Einwirkung der schwefligen Säure aus den Sulfantimoniaten also in letzter Linie immer wieder Thiosulfat bildet, kann das einmal begonnene Verfahren unbegrenzt fortgeführt und daher kontinuierlich ausgeübt werden, indem man entweder dauernd oder in Abständen von dem Reaktionsgemisch aus dem Fällungsgefäß entnimmt.

Beispiel

In 450 ccm H_2O wird bis zur Übersättigung SO_2-Gas eingeleitet und darauf in langsamem Strahl eine Lösung von Natrium- bzw. Calciumsulfantimoniat von 10 bis 20° Bé einlaufen gelassen. Sämtliches in Lösung befindliche Antimon fällt als hellorangegelbes Sb_2S_5 (Goldschwefel) aus.

Patentanspruch:

Verfahren zur Herstellung von orangerotem Schwefelantimon (Goldschwefel) aus Sulfantimoniaten und schwefliger Säure, dadurch gekennzeichnet, daß Sulfantimoniate auf solche Lösungen zur Einwirkung gelangen, die schweflige Säure in locker gebundener Form enthalten, derart, daß man schweflige Säure eine Zeitlang in Wasser oder Lösungen von Bisulfiten bzw. Thiosulfat einleitet und darauf unter dauerndem, d. h. kontinuierlichem Weitereinleiten von schwefliger Säure das Sulfantimoniat einfließen läßt.

Nr. 548150. (I. 42. 30.) Kl. 22f, 10.

I. G. Farbenindustrie Akt-Ges. in Frankfurt a. M.

Erfinder: Dr. Ekbert Lederle in Ludwigshafen a. Rh.

Verfahren zur Herstellung von Cadmiumfarben.

Vom 17. Juli 1930. — Erteilt am 24. März 1932. — Ausgegeben am 14. April 1932. — Erloschen: 1932.

Es ist bekannt, Cadmiumfarben in der Weise herzustellen, daß man Cadmiumsalzlösungen mit einem Gemisch einer Sulfid- und Selenidlösung der Alkali- oder Erdalkaliverbindungen fällt und die erhaltenen Sulfid- bzw. Selenidniederschläge einem Glüh- und

Abschreckprozeß unterwirft. Diese Farben haben jedoch den Nachteil, daß sie sich aus Pasten infolge ihres hohen spezifischen Gewichts leicht absetzen; ferner steht ihr hoher Preis größerer Anwendung entgegen.

Es wurde nun gefunden, daß man mit Vorteil in diesen Farben einen Teil des Cadmiums durch Mangan ersetzt. Man erhält dann Mischkristalle, in denen die Bestandteile, wie z. B. Cadmiumselenid und Manganselenid, nicht in stöchiometrischen, sondern in beliebigen Verhältnissen vorzuliegen brauchen. Der teilweise Ersatz von Cadmium durch Mangan bedingt den Vorteil, daß die Farben spezifisch leichter werden nach Maßgabe ihres Gehaltes an Mangansulfid, das ein spezifisches Gewicht von etwa 3,8 gegenüber 4,7 von Cadmiumsulfid besitzt. Neben dem Vorteil geringeren spezifischen Gewichts haben die neuen Farben auch noch den Vorzug eines wesentlich niedrigeren Preises, zumal es sich in überraschender Weise gezeigt hat, daß die Mischkristalle eine ähnliche oder eine gleiche Farbe besitzen wie die bisher bekannten Cadmiumfarben mit entsprechendem Verhältnis von Schwefel zu Selen. Der feurige Glanz, der bei Cadmiumsulfid und Cadmiumselenid so sehr geschätzt wird, erfährt außerdem noch eine wesentliche Erhöhung.

Die Herstellung des Produkts erfolgt durch Vereinigung von Cadmiumsulfid und bzw. oder Cadmiumselenid mit Mangansulfid und bzw. oder Manganselenid zu Mischkristallen und anschließendes Glühen und Abschrecken. Die Vereinigung geschieht zweckmäßig durch gemeinsame Fällung der Komponenten, indem man z. B. eine Cadmium und zweiwertiges Mangan enthaltende Lösung oder eine wäßrige Aufschlämmung schwerlöslicher Verbindungen dieser Elemente mit Schwefelwasserstoff oder Sulfiden der Alkalien oder Erdalkalien oder Ammoniumsulfid, die gegebenenfalls noch Selenide enthalten, versetzt. Zur Erzielung möglichst leuchtender Farben von gutem Verteilungsgrad unterwirft man die aus der Fällung erhaltenen Rohprodukte in an sich bekannter Weise einem Glüh- und Abschreckprozeß. Man kann auch mechanische Mischungen der Komponenten dem Glüh- und Abschreckprozeß unterwerfen, wobei man ebenfalls Produkte von gutem Verteilungsgrad erhält.

Die Farbe des Produkts läßt sich weitgehend variieren, indem man wechselnde Verhältnisse von Cadmium zu Mangan und Schwefel zu Selen wählt. Mit steigendem Gehalt an Selen wird der Farbton von Gelb über Orange bis nach Dunkelblaurot verschoben.

Beispiel 1

522 g Cadmiumsulfat und 150 g Manganosulfat werden in etwa 3 l Wasser gelöst und mit einer Lösung von 572 g Natriumsulfid in 1 l Wasser versetzt. Man erhält einen Niederschlag von der Zusammensetzung $(Cd_{3/4}\ Mn_{1/4})$ S. Nach gründlichem Auswaschen, Filtrieren und Trocknen glüht man das Produkt bei etwa 400 bis 600° C und erhält nach dem Abschrecken in Wasser ein leuchtendes, farbkräftiges Gelb von sehr feiner Verteilung. Zum Vergleich wurde ein manganfreies Cadmiumgelb, wie es z. B. aus der Patentschrift 337 992 bekannt ist, hergestellt, indem die oben angegebene Manganosulfatmenge durch 174 g Cadmiumsulfat ersetzt, aber sonst in gleicher Weise, wie oben beschrieben, gearbeitet wurde. Gegenüber diesem Produkt hat das mit einem Zusatz von Mangansulfid hergestellte Gelb den Vorteil geringeren spezifischen Gewichts, größerer Farbstärke und niedrigeren Gestehungspreises.

Beispiel 2

Man erhält ein Cadmiumrot von der Zusammensetzung $(Cd_{0,8}\ Mn_{0,2})\ (S_{0,7}\ Se_{0,3})$, wenn man eine Lösung von 547 g Cadmiumsulfat und 120 g Manganosulfat mit einer Lösung von 440 g Natriumsulfid und 60 g Selen in 1 l Wasser versetzt und das ausgefällte rot braune Rohprodukt bei etwa 400 bis 600° C glüht und nach Erzielung des gewünschten Farbtones in Wasser abschreckt. Einem zum Vergleich unter Zusatz der angegebenen Manganosulfatmenge durch 138 g Cadmiumsulfat, jedoch unter Einhaltung der sonstigen oben angegebenen Bedingungen hergestellten bekannten Cadmiumrot ist das obige manganhaltige Cadmiumrot infolge seiner größeren Farbstärke und der Verbilligung der Gestehungskosten überlegen.

Patentanspruch:

Verfahren zur Herstellung von Cadmiumfarben, dadurch gekennzeichnet, daß Cadmiumsulfid und bzw. oder Cadmiumselenid mit Mangansulfid und bzw. oder Manganselenid, zweckmäßig durch Umsetzung von Verbindungen des Cadmiums und des zweiwertigen Mangans mit Lösungen von Sulfiden und bzw. oder Seleniden, zu Mischkristallen vereinigt und die erhaltenen Produkte einem an sich bekannten Glüh- und Abschreckprozeß unterworfen werden.

D. R. P. 337 992, B. II, 1976.

Nr. 549664. (I. 76. 30.) Kl. 22f, 10.

I. G. Farbenindustrie Akt.-Ges. in Frankfurt a. M.

Erfinder: Dr. Hans Georg Grimm in Heidelberg und Dr. Ekbert Lederle in Ludwigshafen a. Rh.

Verfahren zur Herstellung von roten Mineralfarben.

Vom 30. Okt. 1930. — Erteilt am 14. April 1932. — Ausgegeben am 29. April 1932. — Erloschen: 1932.

Es ist bekannt, daß Verbindungen vom Typus MXO_4, wobei M = Ba, Sr oder Pb und X = S, Se, Cr, Mn^{VI}, Mo usw. zu setzen ist, mit Alkalipermanganaten bei Ausfällung aus gemeinsamer Lösung zu Mischkristallen vereinigt werden können; besonders die Mischkristalle, deren wesentlicher Bestandteil Bariumsulfat ist, besitzen als Mineralfarben Interesse. Bei der bisher üblichen Ausfällung des Bariumsulfats mit löslichen schwefelsauren Salzen tritt der Nachteil auf, daß sich in der Permanganatlösung die dem Anion des angewandten Bariumsalzes entsprechenden Salze, z. B. Natriumnitrat, Magnesiumchlorid usw., bilden, wodurch der mehrmaligen Verwendung der Permanganatlauge eine Grenze gesetzt ist. Durch diesen Umstand wird die Herstellung dieser Mischkristallfarben sehr verteuert, ferner werden auch ihre farbtechnischen Eigenschaften dadurch ungünstig beeinflußt, daß sie bei der Ausfällung die in der Lösung befindlichen Fremdsalze mitreißen und zum Teil so fest einschließen, daß sie auch durch starkes Auswaschen von ihnen nur unvollständig befreit werden können.

Es wurde nun gefunden, daß man die Fällung in der Permanganatlösung unbeschränkt oft wiederholen kann, ohne daß sich irgendwelche störende Fremdsalze bilden, wenn man eine Lösung von Bariumnitrat in Alkalipermanganatlösung mit Schwefelsäure fällt und die freigesetzte Salpetersäure zur Umsetzung mit Bariumcarbonat verwendet. Dadurch bildet sich abermals Bariumnitrat, das zu neuer Fällung zur Verfügung steht. Zweckmäßig ersetzt man das durch die Bildung der Mischkristalle verbrauchte Permanganat durch Zugabe der berechneten Menge einer konzentrierten Permanganatlösung oder festen Permanganats. Das Verfahren ist nicht auf die Herstellung von ausschließlich aus Bariumsulfat und Alkalipermanganat bestehenden Farben beschränkt, sondern es können neben Schwefelsäure noch Säuren vom Typus H_2XO_4 zur Fällung verwendet werden, wobei X ein sechswertiges Atom, wie Se, Cr, Mo usw., bedeutet.

Beispiel 1

Man trägt in eine Lösung von 26,55 kg Salpetersäure, 30,0 kg Natriumpermanganat und 8,34 kg Kaliumpermanganat in 1000 l Wasser 116,4 kg Bariumcarbonat allmählich unter Rühren ein und fällt alsdann mit 79,3 kg Schwefelsäure von 42° Bé den Mischkristallfarbstoff aus. Nach Zugabe von 0,86 kg Kaliumpermanganat und 0,77 kg Natriumpermanganat ist die Lösung wieder 0,2 molar an $NaMnO_4$ und 0,05 molar an $KMnO_4$. In der durch die Schwefelsäure freigesetzten Salpetersäure kann man ohne vorheriges Abfiltrieren des Niederschlages weitere 116,4 kg Bariumcarbonat lösen und unter Aufrechterhaltung der Permanganatkonzentration die zweite Fällung mit Schwefelsäure vornehmen. Dieses Verfahren läßt sich beliebig oft wiederholen, ohne daß die Verwendbarkeit der Permanganatlösung beschränkt wird. Der ausgefällte farbige Niederschlag wird in bekannter Weise durch Filtration, Auswaschen mit Wasser und Trocknen bei etwa 100° C aufgearbeitet.

Beispiel 2

Man trägt in eine Lösung von 26,55 kg Salpetersäure und 30,0 kg Natriumpermanganat in 1000 l Wasser 116,4 kg Bariumcarbonat allmählich unter Rühren ein und fällt alsdann mit einer Mischung von 63,5 kg Schwefelsäure von 42° Bé und 17,1 kg Selensäure in etwa 15 l Wasser den Mischkristallfarbstoff aus. Die Weiterverarbeitung erfolgt analog der in Beispiel 1 beschriebenen Weise.

Man erhält einen leuchtenden roten Niederschlag, bestehend aus Mischkristallen von $Ba(S_{0,8}Se_{0,2})O_4$ mit Kalium- und Natriumpermanganat.

Patentansprüche:

1. Verfahren zur Herstellung von roten, aus Mischkristallen von Bariumsulfat und Alkalipermanganat bestehenden Mineralfarben, dadurch gekennzeichnet, daß man eine Lösung von Bariumnitrat in Alkalipermanganatlösung mit Schwefelsäure fällt und die freigesetzte Salpetersäure mit Bariumcarbonat umsetzt, worauf die Fällung mit Schwefelsäure von neuem durchgeführt wird usw., gegebenenfalls unter Ersatz des bei der Mischkristallbildung verbrauchten Permanganats und der Niederschlag in bekannter Weise weiterverarbeitet.

2. Verfahren gemäß Anspruch 1, dadurch gekennzeichnet, daß neben Schwefelsäure noch Säuren vom Typus H_2XO_4 zur Fällung verwendet werden, wobei X ein sechswertiges Atom, wie Se, Cr, Mo usw., bedeutet.

Nr. 550646. (I. 83. 30.) Kl. 22f, 10.

I. G. Farbenindustrie Akt.-Ges. in Frankfurt a. M.

Erfinder: Ekbert Lederle in Ludwigshafen a. Rh. und Dr. August Runte in Uerdingen, Niederrhein.

Violette Pigmentfarben.

Vom 27. Nov. 1930. — Erteilt am 28. April 1932. — Ausgegeben am 14. Mai 1932. — Erloschen: 1932.

Es wurde gefunden, daß man kalk- und zementechte violette Pigmentfarben, die den bisher im Handel befindlichen, wie Ultramarin-, Mangan- und Kobaltviolett, in den farbtechnischen Eigenschaften überlegen sind, dadurch erhalten kann, daß man den bekannten roten Mineralfarben aus Mischkristallen von Bariumsulfat und Alkalipermanganat anorganische Blaupigmente, z. B. Ultramarinblau oder Thénardsblau (Kobaltaluminat) oder Coelinblau (Kobaltstannet), oder als Pigmente verwendbare organische blaue Farbstoffe, z. B. Indanthrenblau (vgl. Schultz, Farbstofftabellen, 837), Fanalblau (s. Colour Index [1924] Nr. 672) oder Brilliantindigo (s. Farbstofftabellen 1c Nr. 885), trocken oder als Paste zumischt. Die Menge des zuzumischenden Blaus richtet sich nach der gewünschten Farbnuance. Da zur Erzeugung eines schönen violetten Farbtones nur geringe Mengen von Blau benötigt werden, können auf diese Weise außerordentlich billige violette Farben erzeugt werden, die völlig licht- und kalkecht sind. Infolge der feinen Verteilung der Farbteilchen besitzen die beschriebenen Mischfarben große Farbstärke und gute Deckkraft, so daß sie sehr gut noch mit Füllstoffen, wie Titanweiß, Schwerspat u. a., verschnitten werden können. Die Herstellung der Farben erfolgt unter Verwendung der üblichen Mischvorrichtungen.

Beispiel 1.

Man mischt 900 Teile einer roten Mischkristallfarbe aus Bariumsulfat und etwa 5 % Kaliumpermanganat mit 100 Teilen eines hellen Ultramarinblaus, wodurch man eine rotviolette Mineralfarbe von guter Farbstärke und Deckkraft erhält.

Beispiel 2.

850 Teile eines Mischkristallrots aus Bariumsulfat mit etwa 2 % Kalium- und Natriumpermanganat werden mit 150 Teilen eines dunkelblauen Ultramarins innig vermischt, wodurch man ein farbstarkes blaustichiges Violett erhält.

Beispiel 3.

Man mischt 900 Gewichtsteile einer Mischkristallfarbe aus Bariumsulfat und etwa 2 % Kalium- und Natriumpermanganat mit 100 Gewichtsteilen einer innigen Mischung aus 95 Teilen Schwerspat und 5 Teilen Indanthrenblaupulver RS (vgl. Schultz, Farbstofftabellen, 838). Mit 3 Gewichtsteilen der so hergestellten Farbe auf 97 Gewichtsteile Zement erhält man einen schön violett gefärbten Putz von ausgezeichneter Echtheit.

Beispiel 4.

Man mischt 950 Gewichtsteile einer roten Mineralfarbe aus Bariumsulfat und 2 % Kalium- und Natriumpermanganat mit 50 Gewichtsteilen einer 10%igen Paste des gemäß Beispiel 1 des Patents 517194 hergestellten Farbstoffs und färbt Zement mit 3 Gewichtsprozent der so hergestellten Farbe. Man erhält ebenfalls eine vorzüglich echte violette Färbung.

Beispiel 5.

900 Gewichtsteile Mischkristallrot aus Bariumsulfat mit etwa 4 % Natriumpermanganat werden mit 100 Gewichtsteilen einer aus gleichen Teilen bestehenden Mischung von Fanalbremerblau B neu (vgl. Colour Index [1924] 712) und Ultramarinblau gut vermischt. Man erhält ein leuchtendes Violett, das sich vortrefflich für Kalkanstriche und zum Färben von Zementputz eignet.

Patentanspruch:

Violette Pigmentfarben, enthaltend ein Gemisch von an sich bekannten Mischkristallen aus Bariumsulfat und Alkalipermanganat mit anorganischen und bzw. oder organischen Blaupigmenten.

Nr. 558492. (I. 38536.) Kl. 22f, 10.

I. G. Farbenindustrie Akt.-Ges. in Frankfurt a. M.

Erfinder: Dr. Hans Georg Grimm in Heidelberg und Dr. Ekbert Lederle in Ludwigshafen a. Rh.

Verfahren zur Herstellung von Mischkristallfarbstoffen.

Vom 29. Juni 1929. — Erteilt am 25. Aug. 1932. — Erloschen: . . . .

Es ist bekannt, daß man dadurch anorganische Farbstoffe herstellen kann, daß man zwei oder mehrere Stoffe von gleichem chemischem Bautypus, gleichem Kristallgittertypus und ähnlichem Gitterabstand in an sich bekannter Weise zu Misch- oder Schichtkristallen vereinigt. Man kann so einen instabilen Farbstoff mit einem stabilen Stoff zu farbigen stabilen Mischkristallen vereinigen. Die Eigenschaften der so erzeugten Pigmente sind im wesentlichen bedingt durch die der Komponenten; trotz schöner Farbtöne leiden diese Mischkristallfarben jedoch daran, daß ihnen die hauptsächlichen technisch erforderlichen Farbeigenschaften, wie Leuchtkraft, Deckfähigkeit, Färbevermögen und günstiger Verteilungsgrad, in nur geringem Maße eigen sind.

Es wurde nun gefunden, daß diese Nachteile vermieden werden können, wenn man bei der Herstellung von Mischkristallfarbstoffen aus mehr als zwei Stoffen nach dem erwähnten Verfahren mindestens eine Komponente verwendet, deren Brechungsindex über 1,63 liegt. Hierdurch werden Mischkristalle erhalten, deren Eigenschaften hinsichtlich Färbevermögen und Verteilungsgrad gegenüber den bisher bekannten Mineralfarben aus Mischkristallfarbstoffen erheblich verbessert sind. Solche Komponenten sind z. B. im Falle der Herstellung eines violetten Mischkristallfarbstoffes aus Bariumsulfat und Bariummanganat Bariumchromat oder Bariumselenat. Bei der Herstellung eines rotvioletten Mischkristallfarbstoffes aus Bariumsulfat und Kaliumpermanganat baut man in die Mischkristalle zweckmäßig gleichzeitig Natriumpermanganat ein, wodurch Glanz und Deckkraft in überraschend hohem Maße verbessert werden. Mischkristalle aus Strontiumverbindungen lassen sich wesentlich verbessern durch einen Zusatz der entsprechenden Bariumverbindungen. Auch Stoffe von großer Kristallisationsgeschwindigkeit können als weiterer Zusatz mit Vorteil verwendet werden, da sie zu Mischkristallen von besonders hoher Färbekraft führen. Dabei kann so vorgegangen werden, daß man die Menge der Zusatzstoffe gering hält und dadurch den Farbton der anderen Komponente bzw. Komponenten nicht oder wenig verändert. Andererseits läßt sich durch Anwendung größerer Mengen der Zusatzstoffe außer einer Verbesserung der farbtechnischen Eigenschaften auch eine gelegentlich sogar erhebliche Veränderung des Farbtones erzielen.

Die Herstellung der Mischkristallfarben erfolgt in an sich bekannter Weise, zweckmäßig durch gemeinsame Fällung der Komponenten aus ihrer Lösung. Es bilden sich so völlig einheitliche Produkte, wie sich leicht mikroskopisch und röntgenographisch feststellen läßt. Durch mechanisches Mischen der entsprechenden Stoffe gelingt es nicht, die gleichen Effekte hervorzurufen, wie sie durch die Mischkristallbildung erzielt werden, da solche Mischungen sich leicht in Bindemitteln entmischen und außerdem oft zu unansehnlichen Farbtönen führen.

Das Verfahren wird durch die folgenden Beispiele erläutert:

Beispiel 1

Farbstoff aus Mischkristallen der Zusammensetzung $Ba(S_{0,8}, Cr_{0,1}, Mn_{0,1})O_4$.

Zu einer Lösung von 261,5 g Bariumnitrat in 4 l Wasser wird die Lösung von 34,2 g Natriumchromat, 140 g Kaliumsulfat und 16,5 g Natriummanganat in 2 l Wasser gegeben. Der Niederschlag wird abgesaugt, gewaschen und bei 100° C getrocknet.

Man erhält einen violetten Farbstoff, dessen Deckkraft infolge des Zusatzes von Chromat etwa doppelt so groß ist wie die der binären Mischkristalle aus $BaSO_4 + BaMnO_4$.

Beispiel 2

Farbstoff aus Mischkristallen der Zusammensetzung $Ba(S_{1/3}, Cr_{1/3}, Mn_{1/3})O_4$.

Eine Lösung von 132 g Bariumnitrat in 2,5 l Wasser wird mit einer Lösung von 68,5 g Natriumchromat, 35 g Kaliumsulfat und 28 g Natriummanganat in 2 l Wasser vereinigt. Der Niederschlag wird abfiltriert, ausgewaschen und bei 100° C getrocknet.

Der höhere Chromzusatz gegenüber Beispiel 1 bewirkt neben der wesentlichen Erhöhung der Deckkraft eine Veränderung des Farbtones, man erhält einen stahlblauen Farbstoff, der sich in Bindemitteln nicht entmischt und dessen Farbnuance, Deckvermögen und Leuchtkraft durch rein mechanisches Vermischen binärer Mischkristalle nicht zu erzeugen ist.

Beispiel 3

Farbstoff aus Mischkristallen der Zusammensetzung $(Ba_{0,1}, Sr_{0,9})(Cr_{0,9}, Mn_{0,1})O_4$.

Man löst in 4 l Wasser 191 g Strontiumnitrat und 26 g Bariumnitrat. Dazu gibt man eine Lösung von 308 g Natriumchromat und 16,5 g Natriummanganat in 2 l Wasser.

Der Niederschlag wird filtriert, gewaschen und bei 100° C getrocknet. Man erhält einen dunkelgrünen Farbstoff, dessen Korngröße durch den Zusatz von Bariumnitrat zur Strontiumnitratlösung infolge der Erhöhung der Kristallisationsgeschwindigkeit bedeutend kleiner ist und der dadurch leichter verarbeitbar ist und größere Ausgiebigkeit besitzt, als dies bei den binären Mischkristallen, die nur aus $SrCrO_4$ und $SrMnO_4$ bestehen, der Fall ist.

Beispiel 4

Farbstoff aus Mischkristallen der Zusammensetzung

$$(Ba_{0,875}, K_{0,125}) (S_{0,665}, Cr_{0,165}, \overset{VII}{Mn}_{0,125}, \overset{VI}{Mn}_{0,045}) O_4 .$$

In 1 l einer 0,175-normalen Kaliumpermanganatlösung werden 28 g Bariumnitrat gelöst. Diese Lösung gibt man dann zu einer solchen von 14 g Kaliumsulfat, 7 g Natriumchromat und 0,98 g Kaliummanganat in ebenfalls 1 l der 0,175-normalen Kaliumpermanganatlösung.

Der Niederschlag wird abgesaugt, mit wenig Wasser und dann mit Aceton ausgewaschen und getrocknet. Man erhält einen dunkelrotvioletten Farbstoff von sehr schönem Glanz und guter Deckkraft, der gegenüber binären Mischkristallen aus $BaSO_4 + KMnO_4$ Farbvertiefung und bessere Deckkraft aufweist.

Beispiel 5

Zur Herstellung eines Pigments aus Mischkristallen der Zusammensetzung

$$93{,}7\,\%\ BaSO_4 + 6{,}3\,\%\ (K_{0,5}Na_{0,5})\overset{VII}{Mn}O_4$$

löst man 104,6 g Bariumnitrat, 31,6 g Kaliumpermanganat und 392 g Natriumpermanganat in 4 l Wasser und vereinigt diese Lösung mit einer Lösung von 107,4 g Glaubersalz, 11,6 g Kaliumsulfat, 31,6 g Kaliumpermanganat und 392 g Natriumpermanganat in ebenfalls 4 l Wasser. Vom Niederschlag wird die darüberstehende Permanganatlösung dekantiert; der Niederschlag wird einmal mit Wasser, dann mit etwas Aceton verrührt, abfiltriert und an der Luft getrocknet.

Die Verwendung sowohl von $NaMnO_4$ als auch $KMNO_4$ zur Mischkristallbildung mit $BaSO_4$ beeinflußt die Eigenschaften des Farbstoffs außerordentlich günstig. Die Mischkristalle aus $BaSO_4$ und nur einem Alkalipermanganat sind als Pigmente nur schlecht verwertbar, da ihnen die Ausgiebigkeit und vor allem die Leuchtkraft des oben beschriebenen Farbstoffs fehlen.

Beispiel 6

Zur Herstellung eines rotbraunen Pigments aus Mischkristallen der Zusammensetzung

$$Ba(S_{0,7}Se_{0,1}Fe_{0,2})O_4$$

löst man 244,5 g Bariumchlorid in 2 l Wasser und fällt das Pigment mit einer Lösung von 225,7 g Glaubersalz, 34,6 g Natriumselenat in 2 l einer 0,1 Mol Natriumferrat enthaltenden Lösung. Der Niederschlag wird filtriert, ausgewaschen und getrocknet. Die Einführung des Selenats, das höhere Lichtbrechung besitzt als das Sulfat, bewirkt eine außerordentliche Vertiefung der Farbe und eine Erhöhung der Leuchtkraft des Pigments.

PATENTANSPRUCH:

Verfahren zur Herstellung von Mischkristallfarbstoffen durch an sich bekannte Vereinigung von mehr als zwei Stoffen von gleichem chemischem Bautypus, gleichem Kristallgittertypus und ähnlichem Gitterabstand zu Misch- oder Schichtkristallen, dadurch gekennzeichnet, daß mindestens eine Komponente verwendet wird, deren Brechungsindex über 1,63 liegt.

F. P. 714447, 717569.

Nr. 565179. (I. 80. 30.) Kl. 22f, 10.

I. G. Farbenindustrie Akt.-Ges. in Frankfurt a. M.

Erfinder: Dr. Hans Wolff in Ludwigshafen a. Rh.

Grüne Mineralfarben.

Vom 7. Nov. 1930. — Erteilt am 10. Nov. 1932. — Ausgegeben am 26. Nov. 1932. — Erloschen: . . . .

Es wurde gefunden, daß man leuchtend grüne Mineralfarben von großer Alkali-, Säure und Lichtechtheit erhält, wenn man Mischkristalle von Kobaltchromit ($CoCr_2O_4$) mit Chromiten anderer zweiwertiger Metalle, insbesondere des Magnesiums, Zinks oder Nickels, oder bzw. und mit Magnesiumorthotitanat (Mg_2TiO_4) erzeugt. Magnesiumorthotitanat ($TiMg_2O_4$) ist hinsichtlich seiner isomorphen Mischbarkeit den Chromiten zweiwertiger Metalle ($M^{II}Cr_2O_4$) gleichzusetzen. Beide besitzen den gleichen chemischen Bautypus, sie gehören ferner nach verschiedenen röntgenographischen Untersuchungen dem gleichen Kristallgittertypus an und besitzen auch sehr ähnliche Gitterabstände. Durch die isomorphe Beimischung eines oder mehrerer der genannten Verbindungen zum Kobaltchromit kann der Aufwand an den teureren Kobaltverbindungen weitgehend vermindert werden, ohne daß die vorzüglichen farbtechnischen Eigenschaften des Kobaltchromits eine merkliche Einbuße erleiden. Die isomorphe Beimischung von Magnesiumtitanat zu Kobaltchromit oder den damit hergestellten Mischkristallen bewirkt, daß die etwas bläuliche Farbe des Kobaltchromits nach einem reinen Grün verschoben wird.

Ein Teil des Chroms kann in den erwähnten Mischkristallen durch Aluminium ersetzt werden, wobei die Farbe mehr nach Blau verschoben wird.

Die Darstellung der Farbpigmente erfolgt am besten so, daß man die Komponenten der Mischkristalle gemeinsam erzeugt, wobei die Mischkristallbildung ohne weiteres eintritt. So kann man z. B. die Oxyde, Hydroxyde, Carbonate oder sonstige beim Glühen in Oxyde übergehende Verbindungen der betreffenden Metalle miteinander erhitzen. Als Ausgangsmaterial können auch solche Verbindungen benutzt werden, die beim Erhitzen in Gegenwart von Wasser in Oxyde übergehen, z. B. Titanchlorid.

Beispiel 1

Mischkristallfarbstoff aus $CoCr_2O_4 + MgCr_2O_4$ im Molverhältnis 1 : 3.

Eine wäßrige Lösung von 14 Teilen Kobaltsulfat und 18 Teilen Magnesiumsulfat (wasserfrei berechnet) wird mit 73 Teilen käuflichem alkalihaltigem Chromhydroxyd angerührt. Man dampft zur Trockne ein und glüht einige Zeit bei Rotglut. Aus der leicht zusammengebackenen Masse entfernt man durch Auslaugen mit Wasser das gebildete Alkalisulfat. Man erhält ein leuchtend blaugrünes Pulver, das einen vorzüglichen säure-, alkali-, und lichtechten Pigmentfarbstoff darstellt.

Beispiel 2

Mischkristallfarbstoff aus $(Co, Ni)(Cr, Al)_2O_4$ im Molverhältniß $Co : Ni = 1 : 1$, $Cr : Al = 4 : 1$.

Man erhitzt eine innige Mischung von 28 Teilen Kobaltsulfat, 28 Teilen Nickelsulfat, 128 Teilen Chromnitrat und 27 Teilen Aluminiumsulfat langsam auf Rotgluttemperatur und hält die Masse auf dieser Temperatur während einiger Stunden. Man erhält ein grünes Pulver, das ebenso säure-, alkali- und lichtecht ist wie der nach Beispiel 1 hergestellte Farbstoff.

Beispiel 3

Mischkristallfarbstoff aus $(Co, Mg) Cr_2O_4 + Mg_2TiO_4$ im Molverhältnis

$MCr_2O_4 : Mg_2TiO_4 = 4 : 1$, $Co : Mg = 1 : 3$, also

$CoCr_2O_4 : MgCr_2O_4 : Mg_2TiO_4 = 1 : 3 : 1$.

Man löst 61 Teile Chromoxyd in der erforderlichen Menge Schwefelsäure und fügt 28 Teile Kobaltsulfat, 60 Teile Magnesiumsulfat (wasserfrei) und 8 Teile Titandioxyd zu. Die Masse wird dann eingedampft, gemahlen und einige Stunden auf Rotglut gebracht. Es entsteht ein sehr feinkörniges, leuchtend grünes Pulver von ähnlichen Pigmenteigenschaften wie die nach Beispiel 1 und 2 erhaltenen Produkte.

PATENTANSPRÜCHE:

1. Grüne Mineralfarben, bestehend aus Mischkristallen von Kobaltchromit mit einem oder mehreren Chromiten anderer zweiwertiger Metalle oder bzw. und den genannten Chromiten isomorphen Magnesiumorthotitanats.

2. Mineralfarben nach Anspruch 1, dadurch gekennzeichnet, daß ein Teil des Chroms durch Aluminium ersetzt ist.

Nr. 507 834. (B. 141 207.) Kl. 22f, 10.

DR. RUDOLF BLOCH UND DR. CARLO ROSETTI IN KARLSRUHE.

Verfahren zur Darstellung eines lichtechten, hitzebeständigen, grünen anorganischen Pigments.

Vom 1. Jan. 1929. — Erteilt am 4. Sept. 1930. — Ausgegeben am 20. Sept. 1930. — Erloschen: 1932.

Es besteht ein empfindlicher Mangel an lichtechten, hitzebeständigen, grünen Pigmenten.

Es ist zwar bereits bekannt, basisches Kupferphosphat von der Zusammensetzung $4 CuOP_2O_5 \cdot aq$ unter Abschluß von reduzierenden Gasen auf Rotglut zu erhitzen, wobei leicht auch braune oder graue Pigmente erhalten werden können.

Es wurde nun gefunden, daß basisches Kupferphosphat $4 CuOP_2O_5 \cdot aq$ beim Glühen unter Einhaltung eines bestimmten und begrenzten Temperaturintervalles von 640 bis 650° C ein vollständig lichtechtes, hitzebeständiges, grünes Pigment von reinstem und leuchtendem Farbton ergibt.

Ein großer Vorteil ist die Variationsmöglichkeit des Farbtons. Beim Glühen entsteht nämlich zuerst ein olivgrünes Pigment, welches, weitererhitzt, in einem engen Temperaturintervall von etwa 10° C ein leuchtend grünes Pigment ergibt. Wird dieses Intervall überschritten, so geht es in ein matteres Grün über. Charakteristisch ist, daß aus $4\,CuO\,P_2O_5 \cdot aq$ beim Glühen stumpfgrüne Nuancen entstehen, sofern nicht eine Temperatur von 640 bis 650° C innegehalten wird, bei der das Pigment leuchtend grün wird. Der Übergang von einer Nuance zur andern geht also nicht, wie man annehmen könnte, vom Olivgrün zu einem immer leuchtenderen Grün, sondern das Pigment erreicht ganz scharf nach der olivgrünen Stufe die am reinsten grüne und am meisten leuchtende Nuance, um dann, weitererhitzt, wieder in eine stumpfere überzugehen.

Beispiel. Das basische Kupferphosphat $4\,CuO\,P_2O_5 \cdot aq$ wird gemahlen und dann in einem geeigneten Ofen unter Einhaltung der Temperatur von 640 bis 650° C geglüht, wobei ein leuchtend grünes Pigment entsteht.

Patentansprüche:

1. Verfahren zur Darstellung eines lichtechten, leuchtend grünen Pigmentes, dadurch gekennzeichnet, daß basisches Kupferphosphat der Zusammensetzung $4\,CuO\,P_2O_5 \cdot aq$ unter Einhaltung einer Temperatur von 640 bis 650° C bis zur Erreichung des leuchtenden Farbtones geglüht wird.

2. Verfahren gemäß Patentanspruch 1, dadurch gekennzeichnet, daß man den Glühprozeß unterbricht, bevor der Übergang zwischen Oliv- und Leuchtendgrün stattfindet, wodurch man ein olivgrünes Pigment erhält.

3. Verfahren gemäß Patentanspruch 1, dadurch gekennzeichnet, daß man den Glühprozeß weitertreibt, als zur Erreichung der leuchtendgrünen Nuance notwendig ist, wodurch man ein matteres, dafür aber gelbstichigeres Grün erhält.

Nr. 488251. (K. 95250.) Kl. 22f, 8. Boris Klimoff in Leningrad.

Herstellung von Ultramarin.

Vom 5. Aug. 1925. — Erteilt am 12. Dez. 1929. — Ausgegeben am 4. Jan. 1930. — Erloschen: 1933.

Bei der Herstellung von Ultramarin ist es bekannt, die erforderliche Kohle durch harzartige Körper oder auch Kohle und Kieselerde durch kieselsäurehaltigen Kohlenstoff, z. B Reishülsen, teilweise oder vollständig zu ersetzen.

Es wurde gefunden, daß sich für den gleichen Zweck besonders bituminöser Ölschiefer eignet.

Die physikalischen Eigenschaften des Schiefers gestatten eine bequemere Mischung der Bestandteile, da der Schiefer zusammen mit anderen Stoffen zermahlen werden kann, was bei Anwesenheit von Goudron nicht möglich ist.

Bei der Verwendung von Ölschiefer ist der Verbrauch an Schwefel und Soda geringer als sonst üblich. Die Oxydierung des Schwefels wird vollständig verhindert.

Mittlere Analyse des Ölschiefers:

Wasser	6,77 %
flüchtige Bestandteile	44,72 %
Asche	47,83 %

Analyse der Asche:

SiO_2	56,94 %
Al_2O_3	21,66 %
Fe_2O_3	2,69 %
CaO	bis 15,36 %
MgO	» 2,70 %

Vergleich der neuen Methode mit der alten:

	Altes Verfahren:	Neues Verfahren
Kaolin	100 Teile	100 Teile
Soda	100 -	95 -
Infusorienerde	20 -	—
Schwefel	115 -	100 -
Goudron	15 -	—
Ölschiefer	—	34 bis 45 -

Beide Verfahren ergeben 60% des Rohstoffquantums als Ultramarin. Die Temperaturen sind während des ersten Stadiums (Bildung von Natriumsulfid) 150 bis 360°, während des zweiten Stadiums (Einfluß des entstehenden Polysulfides auf Kaolin und SiO_2 und Beginn der Bildung von Ultramarin) 500°, während des dritten Stadiums (endgültige Oxydierung des Ultramarins) 800°. Nach den alten Verfahren war eine Temperatur von 850° notwendig.

Patentansprüche:

1. Herstellung von Ultramarin, dadurch gekennzeichnet, daß als Rohstoff bituminöser Ölschiefer verwendet wird.

2. Verfahren nach Anspruch 1, dadurch

gekennzeichnet, daß eine Mischung aus Kaolin, Soda, Schwefel und Schiefer oder aus Kaolin, Glaubersalz, Kohle, Schiefer, die nach vorheriger Zermahlung in Tiegel- oder Muffelöfen bei 550 bis 800° C gebrannt werden, verwendet wird.

Nr. 488 673. (V. 21 082.) Kl. 22f, 8.

Verein zur Wahrung wirtschaftlicher Interessen der Rheinischen Bimsindustrie e. V. Abteilung Materialprüfungs- und Versuchsanstalt in Neuwied a. Rh.

Erfinder: Wilhelm Serkin in Neuwied a. Rh.

Verfahren zur Herstellung von Ultramarin.

Vom 11. März 1926. — Erteilt am 12. Dez. 1929. — Ausgegeben am 3. Jan. 1930. — Erloschen: 1932.

Während man bisher Ultramarin in der Weise herstellte, daß man als Ausgangsstoffe Ton oder Kaolin und manchmal auch Kieselsäure (z. B. Quarz u. dgl.) benutzte, diese Stoffe mit entsprechenden Beimengungen, insbesondere Schwefel und Soda, fein vermahlte und mit Reduktionsmitteln in geeigneten Öfen brannte, wird gemäß vorliegender Erfindung der Ton oder Kaolin bzw. die Kieselsäure ganz oder teilweise durch rheinischen Bims oder Traß bzw. durch Mischungen dieser Mineralien ersetzt. Für die Zwecke vorliegender Erfindung kommen alle Modifikationen des rheinischen Bims, also beispielsweise Bimsstein, Bimstuff, Bimssand, Bimskies, Bimsmehl sowie der Traß in Betracht.

Gemäß einer Ausführungsform der vorliegenden Erfindung verfährt man in der Weise, daß der Ausgangsstoff (Bims oder Traß oder Mischungen davon) mit oder ohne Tonzusatz, mit Soda, Schwefel, Glaubersalz, Natriumhydroxyd sowie mit Reduktionsmitteln, beispielsweise Pech, Harz, Holzkohle, gemischt, fein vermahlen und in geeigneten Öfen gebrannt wird.

Es ist selbstverständlich, daß man als Reduktionsmittel auch alle anderen für den vorliegenden Zweck geeigneten Stoffe, wie z. B. Kolophonium, Asphalt, Öle, verwenden kann. Ebenso kann unter Umständen auch Schwefel und Natriumhydroxyd durch Schwefelnatrium ersetzt werden. Auch kann natürlich die gleichzeitige Verwendung von Schwefel und Schwefelnatrium in Betracht kommen. Mit anderen Worten, die vorliegende Erfindung kann bei allen bisher bekannten Verfahren zur Herstellung von Ultramarin Anwendung finden, mit der Maßgabe, daß Kaolin oder Ton durch Bims, Traß oder seine Mischungen ersetzt wird.

Aus der nachstehenden Gegenüberstellung der für das bekannte und für das vorliegende Verfahren erforderlichen Rohmaterialien geht die Überlegenheit des vorliegenden Verfahrens hervor.

Bekanntes Verfahren

50 kg	China-Clay
41 -	Soda calzin
4 -	Glaubersalz
48 -	Schwefel
8 -	Harz
151 kg	Rohmischung
1 -	Rohmischung

Vorliegendes Verfahren

60 kg	Traß oder Bims
30 -	Soda calzin
4 -	Glaubersalz
48 -	Schwefel
8 -	Harz
150 kg	Rohmischung
1 -	Rohmischung

Die Ultramarinrohmischung ist durch Mahlen möglichst innig zu mischen und auf eine möglichst feine Körnung zu bringen. Die so hergerichtete Rohmischung wird dann lose in Schamottetiegel eingefüllt und der Deckel mit Ton luftdicht abgeschlossen. Der Brand hat in Öfen mit stark reduzierendem Feuer zu erfolgen. Das Anheizen muß äußerst vorsichtig geschehen und das Feuer langsam geführt werden. Nach 2 Stunden beträgt die Temperatur etwa 200°, nach 4 Stunden etwa 500°. Bei 500° beginnt die Ultramarinreaktion; das Feuer ist möglichst gepreßt zu halten, bis eine Temperatur von etwa 700° erreicht ist. Jetzt beginnt die Blaubildung vor sich zu gehen, und danach sinkt die Temperatur infolge Aufhörens des exothermen Prozesses auf etwa 500°, was während 3 bis 4 Stunden bei vollständig geschlossenem Ofen vor sich geht. Das Feuer ist während dieser Zeit sehr vorsichtig zu führen. Dann feuere man ab und lasse bei vollständig geschlossenem Ofen erkalten. Das Rohblau wird zerkleinert, in Wasserbädern vom Natriumsulfat gereinigt, fein gemahlen, nochmals durch heißes Wasser gereinigt, getrocknet und, wenn notwendig, gemahlen.

Die Tonerde und die Kieselsäure des Trasses bzw. des Bimses enthalten ihren Alkalianteil bereits chemisch gebunden, was einer geringeren Menge an zuzuführender Bildungswärme und somit einer Brennstoffersparnis praktisch gleichkommt.

Hervorzuheben ist weiter die Tatsache, daß gegenüber 41 kg Soda nach dem bimsfreien Rezept nur 30 kg Soda verwendet werden müssen, wenn man Bims in den Satz einführt. Daß das Bimsrezept 10 kg mehr in der Rohmischung beträgt, ist nicht von Belang, weil

1. der Bims im Preise naturgemäß sich niedriger stellt als die Soda,

2. durch den Umstand, daß im Bims die Verbindung zwischen Tonerde, Kieselsäure und Alkalien bereits vollzogen ist, d. h. daß Alkalien, Kieselsäure und Tonerde nicht mehr nebeneinander vorkommen, wie es in dem bekannten Rezept der Fall ist, somit die Masse beim Brennen nicht in dem Maße schwindet wie Mischungen aus Soda und Silikaten, was naturgemäß einer Erhöhung der Ausbeute gleichkommt.

Durch die Verwendung von Bims oder Traß werden Ersparnisse von etwa 10 bis 20 kg Soda oder Alkalien auf je 100 kg Material erzielt, und die Reaktionstemperatur wird schneller erreicht, so daß eine erhebliche Verbilligung der Ultramarinfabrikation gewährleistet ist. Auch wird durch die vorliegende Erfindung dem Bims und Traß ein vollkommen neues Anwendungsgebiet erschlossen.

PATENTANSPRÜCHE:

1. Verfahren zur Herstellung von Ultramarin, dadurch gekennzeichnet, daß der bei den bekannten Verfahren verwendete Ton bzw. Kaolin und die manchmal verwendete Kieselsäure (z. B. Quarz u. dgl.) ganz oder teilweise durch rheinischen Bims oder Traß bzw. durch Mischungen dieser Materialien ersetzt wird.

2. Ausführungsform des Verfahrens nach Anspruch 1, dadurch gekennzeichnet, daß der gegebenenfalls einen Zusatz von Ton oder Kaolin enthaltende Bims oder Traß bzw. seine Mischungen mit Schwefel, Soda, Glaubersalz, Natriumhydroxyd und Reduktionsmitteln gemischt, fein vermahlen und in an sich bekannter Weise gebrannt werden.

Nr. 524620. (St. 41295.) Kl. 22f, 7. STICKSTOFFWERKE G. M. B. H. IN BERLIN.

Erfinder: Dr. Paul Mangold in Berlin-Charlottenburg und Dr. Alexander von Wilm in Berlin.

Verfahren zur Darstellung von Blaufarben (Berlinerblau, Pariserblau, Stahlblau usw.) aus Salzen der Ferrocyanwasserstoffsäure.

Vom 21. Juli 1926. — Erteilt am 23. April 1931. — Ausgegeben am 20. Mai 1931. — Erloschen: 1933.

Bekanntlich stellt man die sogenannten Blaufarben, wie Berlinerblau, Pariserblau, Stahlblau, Miloriblau usw., entweder durch Fällen einer Ferrocyankaliumsalzlösung mit Ferrisalzen direkt oder durch Fällen mit Ferrosalzen und nachträglicher oder gleichzeitiger Oxydation des Niederschlages her. Während also die Fällungsmethoden variiert werden können, hat sich ein Ersatz des Kaliumferrocyanids durch das Natriumferrocyanid mit Rücksicht auf die Qualität und den Farbton der so erzeugten Farbsalze in den meisten Fällen als gewerblich untunlich erwiesen.

Auch die Einführung des Kaliums durch doppelte Umsetzung von Natriumferrocyanid mit Kaliumchlorid vor oder während der Ausfällung hat sich nicht durchführen können.

Es wurde nun die überraschende Feststellung gemacht, daß man zu Blaufarben hochwertiger Qualität bestimmter Farbnuancen kommt, wenn man an Stelle des Kaliumferrocyanids die Natriumkaliumdoppel- oder Mischsalze der Ferrocyanwasserstoffsäure in bestimmten Verhältnissen als Ausgangsmaterial benutzt und diese in an sich bekannter Weise dem Ausfällungsprozeß unterzieht. Man kann so Blaufarben in bestimmten abgestuften Farbtönen herstellen, die sich in Leucht- und Deckkraft in keiner Weise von den aus reinen Kaliumsalzen erzeugten Farben unterscheiden; diese Farben haben außerdem den Vorteil, daß bei ihrer Herstellung an der teuren Pottasche gespart wird und der absolute Verlust an Kalium beim Auswaschen ungefähr auf die Hälfte reduziert wird.

Beispiel

Eine Lösung bzw. Mischung von 165 kg des bekannten Kaliumcalciumferrocyanids (auf 100prozentig gerechnet) in 88 kg Wasser wird mit einer Lösung von 55,7 kg Soda in 500 kg Wasser $^1/_2$ Stunde bei 80° gerührt und vom ausgeschiedenen Calciumcarbonat abfiltriert. Die 520 kg betragende Lösung wird nach entsprechender Verdampfung auf Zimmertemperatur abgekühlt und ergibt ein Kaliumnatriumferrocyaniddoppel- oder Mischsalz, das in bekannter Weise auf Blaufarbensalz weiterverarbeitet wird und Farbprodukte mit ausgezeichneten Eigenschaften ergibt.

Patentanspruch:

Verfahren zur Darstellung von Blaufarben (Berlinerblau, Pariserblau, Stahlblau usw.) aus Salzen der Ferrocyanwasserstoffsäure, dadurch gekennzeichnet, daß zur Erzielung bestimmter Farbtöne die Kaliumnatriumdoppel- oder Mischsalze der Ferrocyanwasserstoffsäure benutzt werden.

Nr. 544118. (A. 60627.) Kl. 22f, 15.

Allgemeine Elektricitäts-Gesellschaft in Berlin.

Erfinder: Dr. Emil Rupp in Glienicke.

Verfahren zur Herstellung von phosphoreszierenden Stoffen.

Vom 6. Febr. 1931. — Erteilt am 28. Jan. 1932. — Ausgegeben am 15. Febr. 1932. — Erloschen: . . . . .

Phosphoreszierende Stoffe, welche bei Bestrahlung mit Licht- oder Kathodenstrahlen usw. mitleuchten und nach der Bestrahlung nachleuchten, bestehen aus einem Grundmaterial, wie Zinksulfid, Zinksulfat, Calciumsulfid, Kochsalz, und einem Schwermetallzusatz, wie Kupfer, Mangan, Wismuth. Nach den bisherigen Herstellungsverfahren wird entweder das Grundmaterial mit 0,01 bis 1% Schwermetallzusatz geschmolzen oder unter Zugabe eines Flußmittels gesintert.

Das neue Verfahren ist dadurch gekennzeichnet, daß das Schwermetall durch Elektrolyse mit dem Grundmaterial vereinigt wird. Dazu wird das Grundmaterial zwischen Elektroden gegeben, die aus demjenigen Metall bestehen, das man in das Grundmaterial hineinbringen will. Da das Grundmaterial im allgemeinen elektrisch schlecht leitet, wird es so hoch erhitzt, bis ein merklicher Strom hindurchfließt. Als Stromquelle kann Gleichstrom oder Wechselstrom verwendet werden. Um ein möglichst günstiges Leuchten zu erhalten, muß die abgeschiedene Metallmenge ein von Stoff zu Stoff verschiedenes Optimum je nach der Art der Grundmasse und des Zusatzes erreicht haben. Wie bei der Elektrolyse ist hierfür das Produkt von Stromstärke mal Zeit maßgebend.

Beispiel 1

Herstellung eines phosphoreszierenden Stoffes aus NaCl und Mangan. Zwischen Manganelektroden wird ein Steinsalzkristall eingespannt. Das Ganze wird in einem Ofen auf 450° C erhitzt, während ein Strom von 5 bis 10 mA etwa 1/2 Stunde lang durch den Steinsalzkristall fließt. Der erkaltete Kristall leuchten danach bei Bestrahlung intensiv gelb.

Bei Verwendung von NaCl und Silberelektroden entsteht bei gleicher Arbeitsweise bei Bestrahlung mit Al-Funken und Elektronen eine blau phosphoreszierende Masse.

Beispiel 2

Herstellung eines phosphoreszierenden Körpers aus Zinksulfid mit Kupfer. Künstliches Zinksulfidpulver wird gepreßt und zwischen Kupferelektroden bei 600° C etwa 1/2 Stunde lang bei 10 bis 20 mA elektrolysiert. Das Pulver leuchtet danach grün.

Beispiel 3

Herstellung eines phosphoreszierenden Körpers aus Zinksilikat mit Mangan bei Wechselstromelektrolyse. Käufliches Zinksilikatpulver wird gepreßt und zwischen Manganelektroden bei 600 bis 800° C etwa 1/2 Stunde lang bei 20 bis 50 mA elektrolysiert. Das Pulver leuchtet dann gelbgrün.

Man kann auch verschiedene Metalle nacheinander in der Weise einführen, daß die Behandlung zwischen Elektroden des einen Metalls begonnen und zwischen Elektroden aus dem anderen Metall fortgesetzt wird. Man kann ferner, insbesondere mit Wechselstrom, die Elektrolyse zwischen zwei verschiedenen Elektroden vornehmen.

Gegenüber den bekannten Verfahren hat das vorliegende folgende Vorteile: ein Schmelzen oder Sintern des Grundmaterials ist nicht erforderlich; deshalb sind durchweg niedrigere Temperaturen anwendbar als bei anderen Verfahren.

Bei den hohen Temperaturen der anderen Verfahren reagiert manches Grundmaterial mit Stoffen der Umgebung, sei es mit dem Tiegelbehälter, sei es mit eingeschlossener Luft. Beispielsweise ist Zinksulfid sehr empfindlich gegen den Luftsauerstoff. Bei den tieferen Temperaturen, deren Anwendung das neue Verfahren gestattet, lassen sich solche Reaktionen einfacher ausschließen als bisher.

Patentansprüche:

1. Verfahren zur Herstellung von phosphoreszierenden Stoffen durch Zusatz von Metallen, dadurch gekennzeichnet, daß die Metallzusätze durch Elektrolyse bei erhöhter Temperatur hineingebracht werden.
2. Verfahren nach Anspruch 1, dadurch gekennzeichnet, daß das Grundmaterial zwischen Elektroden aus denjenigen Me-

tallen elektrolysiert wird, deren Phosphoreszenzwirkung im Grundmaterial hervorgerufen werden soll.

3. Verfahren nach Anspruch 1 und 2, dadurch gekennzeichnet, daß Wechselstrom zur Elektrolyse verwendet wird.

Nr. 487 315. (T. 30 104.) Kl. 30h, 13. Dr. Erich Tiede in Berlin.

Verfahren zur Herstellung haltbarer leuchtender Salben, Pasten u. dgl.

Vom 20. März 1925. — Erteilt am 21. Nov. 1929. — Ausgegeben am 5. Dez. 1929. — Erloschen: . . . .

Vorliegende Erfindung betrifft ein Verfahren zur Herstellung haltbarer leuchtender Salben, Pasten, Puder, Emulsionen u. dgl., indem geeigneten Salbengrundlagen bestimmte lumineszierende Stoffe beigemengt werden.

Der neue technisch wichtige Fortschritt des angemeldeten Verfahrens besteht besonders darin, daß die zersetzlichen phosphoreszierenden Präparate durch Einverleiben der Stoffe in nichthydrophile Salbengrundlagen sehr wirksam geschützt werden. Auch werden therapeutisch wichtige neuartige Lichteffekte erzielt.

Zur Anwendung kommen in erster Linie die sogenannten Borsäurephosphore und die lumineszenzfähigen Sulfide der zweiten Gruppe des periodischen Systems.

Die Borsäurephosphore werden nach bekannten Verfahren (vgl. Patent 407 944) dadurch gewonnen, daß Spuren bestimmter organischer Verbindungen in teilweise entwässerte Borsäure eingelagert werden.

In den Sulfidphosphoren sind sehr geringe Beimengungen eines oder auch mehrerer Schwermetalle Träger der Phosphoreszenz. Zur Herstellung dieser Präparate werden die von P. Lenard und E. Tiede angegebenen Verfahren benutzt.

Die neuen, haltbaren und leuchtenden Salben werden durch Zusammenreiben der Grundlagen mit den Phosphoren gewonnen, wobei die wasserempfindlichen Borsäurephosphore bei Anwendung nichthydrophiler Salbengrundlagen (z. B. Vaseline) unbegrenzt haltbar gemacht werden. In analoger Weise sind nach dem neuen Verfahren die unter Schwefelwasserstoffentwicklung zersetzlichen Sulfidphosphore durch die Salben wirksam geschützt.

Die Anwendung der neuen Salben auf den menschlichen Körper erfolgt so, daß z. B. erkrankte, einer Lichtbehandlung zugängliche Hautstellen mit einem mehr oder weniger dicken Salbenbelag versehen werden und dann mit Licht gewünschter Wellenlänge bestrahlt werden. Hierbei werden die Salben den eingelagerten Phosphoren entsprechend zu Lichtquellen, wobei man es durch passende Auswahl der Phosphore der Stokesschen Regel entsprechend in der Hand hat, alle möglichen Wellengebiete vom ultraroten über das gesamte sichtbare Spektrum bis zum ultravioletten Teil zur physiologischen Wirkung zu bringen Hervorzuheben ist in diesem Zusammenhang, daß z. B. Vaseline in sekundärer Weise durch violettes Phosphoreszenzlicht eines geeigneten eingelagerten Phosphors zum Eigenfluoreszieren angeregt wird, so daß durch das neue Verfahren unerwartete sekundäre Leuchteffekte erzeugt werden können, die wiederum der medizinischen Anwendung förderlich sind. Ganz allgemein bedingt die Anwendung der neuen Salben auf den menschlichen Körper eine wesentliche, sehr anpassungsfähige Erweiterung der Lichttherapie, die als durchaus neuartig bezeichnet werden muß.

Als Schutzsalbe gegen den Sonnenbrand der natürlichen und künstlichen Höhensonne haben die neuen Salben wichtige Bedeutung. Die Schutzwirkung wird dadurch erreicht, daß passend ausgewählte Phosphore die für die gefürchtete Erythembildung verantwortlichen Strahlen um 310 $\mu\mu$ absorbieren, wodurch ja die Lumineszenzfähigkeit der Präparate bedingt wird.

Bei den leuchtenden Sulfidsalben kommt gegebenenfalls auch noch die spezifische Schwefelwirkung zur therapeutischen Wirkung des Fluoreszenzlichtes hinzu, wobei ebenfalls neue Effekte ermöglicht werden können.

Zur Kennzeichnung des Verfahrens sind im folgenden noch die Bereitungsweisen der eingereichten Proben angeführt:

1. Blau leuchtende Borsalbe, geeignet als Erythem-Schutzsalbe. 100 g Fett werden mit 50 g Borsäure-Terephthalsäure-Phosphor verrieben.

2. Grün leuchtende Borsalbe (gut auch durch Tageslicht erregbar). 100 g Vaseline werden mit 10 g Borsäure-α-oxynaphthoesäure-Phosphor verrieben.

3. Gelb leuchtende Schwefelzink-Cadmium-Salbe (sehr lange nachleuchtend, auch durch Tageslicht erregt). 100 g Vaseline werden mit 30 g Zink-Cadmium-(Cu)-Phosphor innig gemischt.

4. Dunkelgrün leuchtende Schwefelzinksalbe von langer Dauer. 100 g Vaseline werden mit 30 g Zink-(Cu)-Sulfid-Phosphor verrieben.

5. Hellblau leuchtende Salbe von großer In-

tensität. Auch Schwefelwirkung. 100 g Vaseline werden mit 30 g Strontium-Calcium (Bi)-Sulfid-Phosphor verrieben.

6. Grünblau leuchtende flüssige Emulsionssalbe. 50 g Vaseline + 50 g Paraffin, flüssig, werden mit 50 g Borsäure-Uranin-Phosphor verrieben.

Um Mißverständnissen vorzubeugen, sei noch betont, daß die neuen Salben nicht das Element »Phosphor« enthalten, und daß die wirkenden organischen Stoffe in den Borphosphoren ebenso wie die wirkenden Metalle in den Sulfidphosphoren nur in verschwindenden Spuren (1:10 000 im Mittel) enthalten sind, und daher jede schädigende Wirkung dieser Stoffe ausgeschlossen ist.

PATENTANSPRUCH:

Verfahren zur Herstellung haltbarer leuchtender Salben, Pasten u. dgl., dadurch gekennzeichnet, daß man zersetzliche phosphoreszenzfähige Substanzen, besonders Borsäure- und Sulfdphosphore, nichthydrophilen Salbengrundlagen einverleibt.

Nr. 486 974. (R. 69 132.) Kl. 22f, 10.

FRANK RAHTJEN IN HAMBURG UND DR. MANFRED RAGG IN WENTORF, HOLSTEIN.

Herstellung von Metallpulver, insbesondere Blei, enthaltenden Pigmenten.

Vom 29. Okt. 1926. — Erteilt am 14. Nov. 1929. — Ausgegeben am 28. Nov. 1929. — Erloschen: ....

Die Verwendung von fein verteilten Metallen, wie z. B. Zink, Aluminium oder Blei, als Zusatz zu Rostschutzfarben ist bekannt. Ausgenommen dann, wenn die Herstellung solcher Metallpulver durch Kondensation von Metalldämpfen erfolgt, wie beispielsweise bei Zink, stößt sie insbesondere auf Schwierigkeiten, wenn die Metalle zähe sind, wie Blei oder gewisse Amalgame.

Es ist zwar ein Verfahren zur Herstellung von Bleipigment bekannt, welches darin besteht, Bleistücke in rotierenden Trommeln mit Stahlkugeln oder ähnlichen Zerkleinerungskörpern bei Temperaturen unter 200°C und Überblasen von Luft durch rein mechanisches Abreiben in ein Gemisch von Bleistaub und niederen Oxyden des Bleis zu verwandeln. Dieses Verfahren hat aber den Nachteil, daß es langsam vor sich geht, einen großen Kraftbedarf erfordert, und daß das dabei entstehende Produkt derart reaktionsfähig ist, daß es sich an der Luft von selbst entzündet, eine Eigenschaft, die z. B. der Verwendung als Pigment im Wege steht.

Ferner ist ein Verfahren zur Herstellung von Metallpulvern bekannt, derart, daß geschmolzene Metalle mit fein gepulverten anorganischen Stoffen innig verrührt werden, bis die Temperatur der Mischung unter den Erstarrungspunkt des Metalls gesunken ist, worauf dann die Entfernung des Zumischkörpers durch Schlämmen oder Lösen erfolgt. Solche Metallpulver sollen insbesondere für Löt- und Metallisierungszwecke, in der Pyrotechnik sowie auch zu Anstrichen Verwendung finden.

Was nun diese Verwendung als Anstriche betrifft, so müssen Metallpigmente, die zu Rostschutzanstrichen dienen sollen, Eigenschaften besitzen, welche die nach dem zuletzt geschilderten Verfahren hergestellten Pulver nicht aufzuweisen vermögen. Man verlangt von einem Rostschutzpigment einerseits größte Oberfläche, andererseits aber nicht zu hohen Dispersitätsgrad, letzteres nicht, weil Pigmente in zu feiner Verteilung dem Farbfilm keine Festigkeit verleihen. Die große Oberfläche aber ist erwünscht, weil dabei

1. ein äußerst inniger Kontakt zwischen dem Farbenbindemittel und dem Pigment entsteht, wodurch die den Zusammenhang des Farbfilms bedingenden Adhäsionskräfte zur vollen Wirkung gelangen können, wodurch ferner etwaige chemische Reaktionen beschleunigt, die Quellbarkeit verringert, eine große Gleichmäßigkeit des Films erreicht und seine Haltbarkeit gewährleistet wird, und

2. Pigmente mit großer Oberfläche nicht dem Absetzen unterliegen, welches einerseits in der lagernden Farbe zur Bildung von harten Sedimenten, andererseits aber auch zum Entmischen im frischen Anstrich führt, so daß an der Anstrichoberfläche eine zu ölreiche Schicht und in der Tiefe eine zu pigmentreiche Schicht entsteht, die Zusammensetzung also nicht an allen Stellen des Querschnittes die gleiche ist.

Die seither verwendeten Metallpulver genügen den beiden Anforderungen nicht. Man kann ihnen vielmehr nur durch ein Pigment gerecht werden, das von ausgesprochen schwammartiger Struktur ist, wobei also die Hohlräume eines unmetallischen Mikroschwammskelettes vom Metall ausgefüllt sind, dessen innere Oberfläche dadurch natürlich sehr bedeutend vergrößert wird.

Das Skelettmaterial bewirkt überdies noch,

daß im ganzen Querschnitt des Farbfilms eine möglichst vollkommene Packung erreicht wird, somit schädliche Zwischenräume, die mit quellbarem Bindemittel ausgefüllt sind, auf ein Minimum reduziert werden. Durch einfaches Mischen von Metallen mit irgendwelchen hitzebeständigen, inerten Körpern ist die Herstellung von Pigmenten mit den geschilderten Eigenschaften nicht möglich. So wird z. B. beim Mischen von geschmolzenem Kupfer mit Quarz einfach durch die reibende Wirkung der Körper wohl eine Zerkleinerung des Metalls erzielt werden können, nicht aber eine Schwammbildung.

Hierzu ist in erster Linie die richtige Auswahl der Zusatzkörper erforderlich, die ja später einen wesentlichen Bestandteil des Pigmentes bilden; besonders geeignet sind z. B. als Zusätze Metalloxyde, Asbestpulver, Bleiweiß o. dgl. Die Zusatzkörper müssen sich zu Schwammskeletten eignen, aber auch sonst solche maltechnisch wertvollen Eigenschaften aufweisen, die jene des Metalls ergänzen. Es ist aber auch nötig, um eine möglichst weitgehende Schwammbildung zu erreichen, das Metall nicht als zusammenhängende, geschmolzene Masse, sondern in Form von feinsten Kügelchen zerstäubt mit dem Zusatzkörper zusammenzubringen, dessen Temperatur natürlich höher liegen muß als der Erstarrungspunkt des Metalls. Auf diese Weise gelingt es, durch einen einzigen Arbeitsgang zu schwammartigen Pigmenten von solcher Feinheit zu gelangen, daß sie ohne weiteres zu Anstrichzwecken verwendet werden können.

Das Zerstäuben kann auf beliebige Weise erfolgen. Die Zerstäubungsvorrichtung wird gegen einen in Bewegung befindlichen Strom der Zusatzkörper gerichtet. Im Gegensatz zu anderen Verfahren muß hier ein Abkühlen unter den Schmelzpunkt des Metalls möglichst lange hinausgeschoben werden, um den Metallteilchen Gelegenheit zu geben, in die Poren des Zumischpulvers einzudringen. Die Gefahr eines Zusammenlaufens oder Zusammenschweißens der Metallteilchen, wie sie etwa bei langem Rühren von geschmolzenen Metallen mit Pulvern oder beim Zerstäuben ohne Zumischpulver unfehlbar eintreten würde, besteht hier nicht. Es ist daher möglich, Pigmente von jener Feinheit herzustellen, wie sie für Anstrichzwecke erforderlich ist, und zwar in fortlaufendem Arbeitsgang, da die Zumischkörper, auf die das Metall aufgespritzt wird, sich in Bewegung befinden und diese Bewegung ohne weiteres eine fortschreitende sein kann.

Die Vorteile des geschilderten Verfahrens kommen sehr deutlich in den physikalischen Eigenschaften der hergestellten Stoffe zum Ausdruck. So zeigt z. B. ein Pigment aus 80 % Pb und 20 % ZnO ein Schüttgewicht von 180 g per 100 ccm, wogegen feiner Bleistaub ein Schüttgewicht von 600 g per 100 ccm hat, also um 330 % schwerer ist. Während sich Bleistaub in Anstrichfarben in kürzester Zeit zu Boden setzt, und zwar auch dann, wenn er auf kaltem Wege mit einem Zumischpulver gemengt ist, bleiben auf die beschriebene Art hergestellte Pigmente gleicher chemischer Zusammensetzung unbegrenzt lange in Schwebe, ein Beweis für den Einfluß der durch das Verfahren erreichten Schwammstruktur. Auch beträgt die Deckfähigkeit und Ausgiebigkeit das Mehrfache jener der reinen Metallfarben. Es ist eben nicht gleichgültig, ob ein Pigment einfach durch Zertrümmern grober Teilchen hergestellt ist oder durch Aufsaugen in einem Schwamm. Die weiteren Vorteile der eigentümlichen Mikrostruktur der geschilderten Pigmente und ihr günstiger Einfluß auf den Rostschutz und die Dauerhaftigkeit der Anstriche wurden schon eingangs angeführt.

Dazu kommt nun noch gegenüber allen anderen Methoden der Herstellung von Pigmenten, die Bleimetall oder vollwertige Bleiverbindungen (zu welchen $PbSO_4$ nicht gezählt werden kann) enthalten, der wirtschaftlich sehr große Vorteil, daß es nach dem beschriebenen Verfahren möglich ist, in ebenso vielen Minuten, als man z. B. zur Herstellung von Bleiweiß Wochen oder Monate braucht, in einem einfachen und billigen Vorgang mit einem einzigen kleinen Apparat fortlaufend und sofort aus dem Metall zu hochwertigen Bleipigmenten zu gelangen.

Zur Durchführung des Verfahrens wird beispielsweise geschmolzenes Blei mittels einer geeigneten Vorrichtung zerstäubt und dann bei einer Temperatur, die etwas über dem Erstarrungspunkt liegt, mit 10 % bewegtem Asbestpulver oder Zinkoxyd zusammengebracht. Werden die Bestandteile dem Apparat im entsprechenden Verhältnis zugeführt, so läßt sich der Arbeitsgang fortlaufend gestalten. Statt der genannten Zumischpulver kann auch irgendein anderes poröses, maltechnisch geeignetes Substrat, gegebenenfalls auch ein solches, das auf das zerstäubte Metall oberflächlich einzuwirken vermag, wie Kreide, statt des Bleimetalls auch eine Bleilegierung, wie Bleicalcium, Hartblei u. dgl., verwendet werden.

Das Verfahren kann bei Luftabschluß, also in neutraler oder reduzierender Atmosphäre, durchgeführt werden oder in lose geschlossenen Apparaten, also bei vermindertem Luftzutritt. In letzterem Falle wird beim Zerstäuben von oxydierbaren Metallen eine oberflächliche Oxydation eintreten, das entstehende Pigment wird also aus Metall, Oxyden und Zumischpulver bestehen. Da für gewisse Zwecke, z. B. bei Blei in Rostschutzfarben, ein geringer Gehalt an Oxyden nicht unerwünscht ist, kann man durch entsprechende Regelung des Luftzutrittes sofort auf Gemische hinarbeiten, die einen gewissen Gehalt an solchen Oxyden enthalten.

Das Verfahren eignet sich zwar vornehmlich zur Herstellung von Bleipigmenten, jedoch lassen sich auf die beschriebene Weise z. B. auch Metallgifte für Schiffsbodenfarben herstellen, wenn geschmolzenes Kupferamalgam zerstäubt und in geeigneten Substraten aufgesaugt wird.

PATENTANSPRUCH:

Herstellung von Metallpulver, insbesondere Blei, enthaltenden Pigmenten für Anstrichfarben und Schiffsbodenfarben, dadurch gekennzeichnet, daß Metalle oder Legierungen auf als Zusätze zu den Farben geeignete, pulverförmige und etwas über den Erstarrungspunkt der Metalle oder Legierungen erhitzte, zweckmäßig in Bewegung befindliche Stoffe durch in geschmolzenem Zustand erfolgendes Zerstäuben, gegebenenfalls bei vermindertem Luftzutritt oder bei Luftabschluß, aufgebracht werden.

Nr. 466463. (I. 28323.) Kl. 22f, 10.

I. G. Farbenindustrie Akt.-Ges. in Frankfurt a. M.

Erfinder: Dr. Walter Schubardt in Ludwigshafen a. Rh. und Dr. Marta Grote in Heidelberg.

Herstellung von Farbkörpern aus flüchtigen Metallverbindungen.

Vom 16. Juni 1926. — Erteilt am 20. Sept. 1928. — Ausgegeben am 19. Nov. 1928. — Erloschen: 1931.

Es ist bekannt, daß Eisen sowie verschiedene andere Metalle, z. B. Nickel, Kobalt usw., beim Erhitzen an der Luft sich mit einer dünnen Oxydschicht bedecken und dabei Anlauffarben zeigen, die je nach der Dicke der Oxydschicht an der Oberfläche des Metalles verschieden sind. Man hat diese Erscheinung schon dazu benutzt, um Bronzefarben aus feingemahlenen Metallpulvern zu erzeugen, wobei aber die Gewinnung des erforderlichen feinen Pulvers vielfach Schwierigkeit bereitete oder umständlich war.

Es wurde nun gefunden, daß man in einfacher Weise gefärbte Metallpulver, die sich in vorzüglicher Weise als Deckfarben verwenden lassen, erhält, wenn man die aus flüchtigen Metallverbindungen, insbesondere aus Metallcarbonylen erhaltenen feinen, oberflächenreichen Pulver einer oberflächlichen Oxydation bei erhöhter Temperatur, z. B. durch Erhitzen in Luft, unterwirft. Die Art der erzeugten Farbe hängt von der gewählten Temperatur sowie der Erhitzungsdauer ab; dabei liefert eine niedere Temperatur mit längerem Erhitzen im allgemeinen das gleiche Erzeugnis wie kurzes Erhitzen bei höherer Temperatur.

In einer Versuchsreihe wurde z. B. bei Erhitzung von durch Zersetzung von Eisencarbonyl erhaltenem Eisenpulver unter sonst gleichen Umständen bis auf 200° ein Pulver von gelber Farbe, auf 210° ein Pulver von brauner Farbe, auf 220° ein Pulver von purpurner Farbe, auf 235° ein Pulver von blauer Farbe und auf 245° ein Pulver von hellblauer Farbe erhalten.

Bei längerem Erhitzen kann die Farbskala auch schon bei tieferer Temperatur, z. B. 170°, beginnen. Es ist vorteilhaft, das Eisenpulver beim Erhitzen durch Rühren in Bewegung zu halten, um das Zusammenbacken bei den höheren Temperaturen zu verhindern. Wenn man sehr verdünnten Sauerstoff für die Bildung der Oxydschicht nimmt — es genügen z. B. die Spuren, die im technischen Stickstoff in der Regel enthalten sind —, so kann man auch ohne Rühren das Pulver einwandfrei, d. h. ohne Zusammenbacken, oxydieren. Unter Umständen kann es vorteilhaft sein, das Eisenpulver vor dem Erhitzen mit sauerstoffhaltigen Verbindungen, wie Wasser oder einer Lösung eines sauerstoffreichen Salzes, zu behandeln, wodurch die Intensität der Farben gewinnt.

Statt Eisenpulver kann man auch Pulver anderer Metalle, die durch Zersetzen ihrer flüchtigen Verbindungen erhalten wurden und welche die Erscheinung der Anlauffarben zeigen, wie Nickel, Kobalt usw., verwenden und auf diese Weise die verschiedenartigsten Farben und Farbtöne erzeugen.

Die Zersetzung der flüchtigen Metallverbindungen, insbesondere der Metallcarbonyle zu feinstem Pulver, kann beispielsweise in einem auf Zerfalltemperatur aufgeheizten Hohlraum geschehen. Eine geringe Menge Kohlenstoff, welche in dem Pulver von der Herstellung her enthalten ist oder ihm, z. B.

durch Zugabe von etwas Öl, beim Erhitzen zugeführt wird, wirkt u. U. günstig auf die Leuchtkraft der Farbkörper, ebenso die Beimischung geringer Mengen Metallcarbonyldampf zu dem zur Oxydation verwendeten Gas. Man kann die Farbkörper aus den Carbonylen, z. B. aus Eisencarbonyl, auch unmittelbar herstellen, wenn man bei der thermischen Zersetzung des Carbonyldampfes geringe Mengen Sauerstoff zuführt.

Die Herstellung der Farbkörper kann z. B. im Drehrohrofen erfolgen. Die Luftzufuhr und Temperatur werden entsprechend der gewünschten Farbe reguliert.

Patentansprüche:

1. Herstellung von Farbkörpern aus Metallpulvern, dadurch gekennzeichnet, daß man Metallpulver, die durch Zersetzung flüchtiger Metallverbindungen, insbesondere von Metallcarbonylen, hergestellt sind, einer oberflächlichen Oxydation bei erhöhten Temperaturen unterwirft, wobei man die gewünschte Farbe durch passende Wahl der Temperatur und Behandlungsdauer hervorruft.

2. Ausführungsform des Verfahrens gemäß Anspruch 1, dadurch gekennzeichnet, daß man die Metallpulver einer Vorbehandlung mit sauerstoffhaltigen Verbindungen unterwirft.

3. Ausführungsform des Verfahrens gemäß Anspruch 1 und 2, dadurch gekennzeichnet, daß man dem zur Oxydation dienenden Gas geringe Mengen Metallcarbonyldampf beimischt.

4. Ausführungsform des Verfahrens gemäß Anspruch 1, dadurch gekennzeichnet, daß man zur unmittelbaren Gewinnung der gewünschten Farbkörper die thermische Zersetzung der flüchtigen Metallverbindungen in Gegenwart beschränkter Mengen Sauerstoff oder eines oxydierend wirkenden Gases ausführt.

Nr. 504598. (C. 41507.) Kl. 22f, 10. Dr. August Chwala in Wien.

Verfahren zur mechanischen Dispergierung von in Wasser schwerlöslichen oder unlöslichen Verbindungen.

Vom 22. Mai 1928. — Erteilt am 24. Juli 1930. — Ausgegeben am 6. Aug. 1930. — Erloschen: 1932.

Den Gegenstand des Patents 478 190 bildet ein Verfahren zur mechanischen Dispergierung von Erdalkali- und Schwermetallsalzen der Phosphorsäuren und Arsensäuren, allenfalls in Gegenwart von Schutzkolloiden, welches im Wesen darin besteht, daß als Peptisatoren Alkalisalze der Arsensäuren oder Phosphorsäuren verwendet werden, die aus den Orthosäuren durch Wasserabspaltung entstehen oder so entstanden gedacht werden können, d. h. im Verhältnis zu diesen Orthosäuren wasserärmer sind. Von diesen Verbindungen kommen insbesondere in Betracht: die Alkalimetaphosphate, und zwar vorzugsweise die Alkalisalze der polymeren (komplexen) Verbindungen, wie Tri-, Tetra-, Hexametaphosphate, z. B. Kaliumnatriummetahexaphosphat, weiter die Alkalipyrophosphate, wie Natriumpyrophosphat, die Alkalimetaarseniate und -pyroarseniate, wie z. B. Natriumpyroarseniat; ferner auch die Alkalisalze der entsprechenden Thiosäuren (Sulfosäuren), also die Salze jener Meta- und Pyrosäuren, in welchen der Sauerstoff ganz oder teilweise durch Schwefel ersetzt ist, z. B. Natriumpyrosulfoarseniat.

Es wurde nun gefunden, daß die Verbindungen dieser Gruppen nicht nur auf Erdalkali- und Schwermetallsalze der Phosphorsäuren und Arsensäuren bei ihrer mechanischen Dispergierung peptisierend wirken, sondern auch vorzügliche Peptisatoren für andere in Wasser schwerlösliche oder unlösliche Verbindungen darstellen. (Die Kolloidisierung anorganischer Stoffe mit Hilfe von Peptisatoren ist bekannt.)

So hat es sich in Ausführung des vorliegenden Verfahrens gezeigt, daß Calciumcarbonat ($CaCO_3$), Bariumsulfat ($BaSO_4$) und Bariumcarbonat ($BaCO_3$), Bleicarbonat ($PbCO_3$), Calciumsulfat ($CaSO_4$), Zinksulfid (ZnS) (bzw. Lithopone) und Zinkcarbonat ($ZnCO_3$) bei Anwendung der für diesen Zweck neuen Peptisatoren durch mechanische Dispergierung in den kolloiden Zustand übergeführt werden können, und zwar mit der Möglichkeit, hochkonzentrierte Produkte zu erhalten. Das ist um so überraschender, als einige der genannten Stoffe, wie z. B. Bariumsulfat, bisher im technischen Maßstab überhaupt nicht peptisiert werden konnten, während andere Stoffe, wie Zinksulfid, zwar auf mechanischem Wege kolloidisiert werden konnten, dabei aber nur Sole geringer Konzentration lieferten.

Dem Verfahren kommt eine sehr allgemeine Anwendbarkeit zu. So gelingt es, mit seiner Hilfe z. B. auch Ocker (Eisenoxyde), Bolus (wasserhaltiges Tonerdeeisenoxydsilikat), Kaolin, Talkum (wasserhaltiges Magnesiumsilikat) und Satinweiß (Gemisch von $CaSO_4$

und $Al_2(OH)_6$), ferner Titanweiß (Titanoxyde bzw. Titanhydrate), Rebenschwarz (Frankfurter Schwarz), Schwefel, Graphit, Mennige (Pb_3O_4) zu peptisieren. Die Peptisation vollzieht sich in allen Fällen leicht und rasch. Allenfalls kann die mechanische Dispergierung mit den erfindungsgemäß zu verwendenden Peptisatoren in Gegenwart von Schutzkolloiden vorgenommen werden. Die mechanische Bearbeitung kann sowohl in Gegenwart eines Dispersionsmittels (wie Wasser) als auch in trockenem Zustande vor sich gehen. Zur Dispergierung können die gebräuchlichen mechanischen Hilfsmittel, insbesondere Schlagmühlen, Kolloidmühlen o. dgl., dienen. Es ist aber durchaus nicht notwendig, solche besonders wirksamen mechanischen Vorrichtungen zu verwenden. Vielmehr genügt schon die innige Mischung des zu kolloidisierenden Gutes mit dem Peptisator mit Hilfe eines einfachen Rührwerkes o. dgl. Auch das Mahlen von Mischungen des betreffenden Gutes mit den angegebenen Peptisatoren in gewöhnlichen Mühlen ergibt kolloidlösliche Produkte.

Ausführungsbeispiele

1. 10 g Titanweiß werden trocken mit 0,5 g Natriumpyrophosphat gemischt, allenfalls zwecks feinerer Verteilung zusammen durch ein Sieb geschlagen und in Wasser suspendiert. Trägt man 10 g dieses Gemisches in 1000 cm^3 Wasser ein, so entsteht eine dauerhafte, milchartige Flüssigkeit, eine echte kolloide Trübe im Sinne Zsigmondys. Hingegen sinkt unbehandeltes Titanweiß in Wasser sofort zu Boden.

2. 10 g gefälltes, nasses Calciumcarbonat werden mit einer Lösung von 0,5 g Natriumpyrophosphat in 12 cm^3 Wasser verrieben und dann in 1500 cm^3 Wasser aufgeschwemmt. Auch in diesem Falle ist das nicht peptisierte Produkt ohne jede Schwebefähigkeit, das peptisierte hingegen ausgezeichnet suspensionsfähig.

3. 10 g Lithopone werden trocken mit 0,3 g Natriumpyrophosphat verrieben und gesiebt und in 500 cm^3 Wasser gebracht. Das peptisierte Produkt verteilt sich in Wasser in voller Homogenität mit weißer Farbe, wogegen das nichtkolloidisierte Lithopone in Wasser sofort zu Boden sinkt.

4. 10 g Lithopone werden mit einer Lösung von 1 g Kaliumnatriummetahexaphosphat verrieben und in Wasser aufgeschwemmt. Es wird eine ähnliche Wirkung wie bei Beispiel 3 festgestellt.

5. 10 g Ocker werden trocken mit 0,4 g Natriumpyrophosphat gemischt, gemahlen und gesiebt. Der so behandelte Ocker bleibt dauernd in wässeriger Suspension, unbehandelter geht sofort zu Boden.

6. 10 g Zinkweiß werden trocken oder naß mit 0,3 g Natriumpyrophosphat oder Kaliumnatriumhexametaphosphat behandelt.

7. 10 g Blanc Fixe oder fein gemahlener Schwerspat, zwei Substanzen, die bisher noch nicht peptisiert werden konnten, lassen sich durch trockenes oder nasses Verreiben mit 0,2 bis 1 g Natriumpyrophosphat oder 0,2 bis 1 g Natriumpyrosulfarseniat zu haltbaren, milchigen Suspensionen verarbeiten.

8. 10 g Rebenschwarz mit 0,5 bis 1 g Natriumpyrophosphat trocken verrieben und gemahlen hält sich im Wasser, fast ohne sich abzusetzen, wogegen gewöhnliches Rebenschwarz sofort zu Boden geht.

9. 10 g Kaolin trocken mit 0,5 g Natriumpyrophosphat verrieben gibt mit H_2O eine einwandfreie kolloide Lösung.

10. 10 g Satinweiß trocken mit 0,2 g Natriumpyrophosphat gemahlen geht in den kolloiden Zustand über, sobald dieses Gemisch in Wasser gebracht wird.

11. 10 g Analin (eine natürliche Gipssorte), trocken oder naß, mit 0,5 g Natriumpyrophosphat gemahlen geht in den kolloiden Zustand über.

12. 10 g Siena, natur oder gebrannt, insbesondere aber die erstere Qualität sind mit variablen Mengen von Natriumpyrophosphat gut peptisierbar.

13. 10 g Mennige, eine Verbindung, die schon wegen ihres hohen spezifischen Gewichts bisher überaus schwer zu peptisieren war, man mußte zu diesem Zweck z. B. in der Kolloidmühle viele Stunden mit Schutzkolloiden und einer Reihe von Dispergatoren schlagen, läßt sich mit etwa 2 bis 10 % Natriumpyrophosphat in wenigen Sekunden, durch bloßes inniges trockenes Mischen oder kurzes nasses Verreiben — ohne jedwede Spezialapparatur — in den kolloiden Zustand überführen. Diese Aufschwemmungen stellen haltbare, schöne, rote Brühen dar, wogegen die nichtpeptisierte Mennige in Wasser bekanntlich augenblicklich zu Boden sinkt.

14. 10 g Schwefel werden mit 0,2 g Sulfitablauge und 0,3 g Natriumpyrophosphat innig verrieben. Es ergibt sich mit Wasser eine sehr haltbare kolloide Lösung.

Patentanspruch:

Verfahren zur mechanischen Dispergierung von in Wasser schwerlöslichen oder unlöslichen Verbindungen, ausgenommen von Erdalkali- und Schwermetallsalzen der Phosphor- und Arsensäuren, dadurch gekennzeichnet, daß als Peptisatoren Alkalisalze der Arsensäuren oder Phosphorsäuren verwendet werden, die aus den Orthosäuren durch Wasserabspaltung entstehen oder so entstanden gedacht werden können, d. h. im Verhältnis zu diesen Orthosäuren wasserärmer sind.

D. R. P. 478190, S. 1792.

Nr. 554174. (I. 36976.) Kl. 22f, 10.

I. G. Farbenindustrie Akt.-Ges. in Frankfurt a. M.

Erfinder: Dr. Adolf Weihe in Eilenburg.

Verfahren zur Herstellung von Pigmenten hohen Dispersitätsgrades.

Vom 8. Febr. 1929. — Erteilt am 16. Juni 1932. — Ausgegeben am 6. Juli 1932. — Erloschen: . . . .

Für die Herstellung von Decklacken verwendet man gewöhnlich anorganische oder organische Pigmente, welche den verschiedensten Körperklassen angehören. Die weitaus meisten dieser Pigmente entstehen durch chemische Reaktionen in wäßriger Lösung. Aus den wasserlöslichen Komponenten bilden sie sich als unlöslicher Niederschlag. Zur Weiterverarbeitung auf hochwertige Decklacke genügt es nicht, die trockenen, mehr oder weniger weit von Nebenprodukten befreiten Farben mit Lacken zu vermischen; mit Rücksicht auf ihre Deckkraft sowie auf den Glanz und die mechanischen Eigenschaften der fertigen Lackschicht werden sie vielmehr mit Hilfe der verschiedenartigsten mechanischen Vorrichtungen mit Lackbestandteilen, meist pflanzlichen Ölen, Weichmachungsmitteln oder Lösungsmitteln, innig gemischt. Für alle diese Verfahren ist, besonders wenn kolloide Dispergierung angestrebt wird, ein hoher Kraftverbrauch charakteristisch.

Nach dem vorliegenden Verfahren gelingt es nun, die nachträgliche Dispergierung des fertigen Pigmentes völlig zu vermeiden, da es schon bei seiner Bildung aus den löslichen Komponenten in hochdisperser Form entsteht und in dieser Form in den Lack übergeht.

Das Wesentliche des Verfahrens ist die Verlegung des das Pigment bildenden Reaktionsvorgangs in ein kolloides Medium. Es ist zwar bekannt, Pigmente in Gegenwart von Schutzkolloiden herzustellen; die hier angewandten Schutzkolloide haben aber keine filmbildenden Eigenschaften und müssen zur Verarbeitung der so hergestellten Pigmente auf Celluloseesterlacke entfernt werden. Es ist auch bekannt, daß man die Pigmentbildung in Gegenwart von Kolloiden vornimmt, welche filmbildende Eigenschaften haben. Die Ausführung dieses Verfahrens setzt aber voraus, daß nach erfolgter Pigmentbildung der Celluloseester aus seiner Lösung in Aceton durch Wasser gefällt wird, um die Nebenprodukte der Farbstoffbildung zu entfernen. Es sind ferner einige Verfahren bekannt geworden, bei denen die Fällung der Pigmente auf die Faser der Cellulosederivate erfolgt. In einer französischen Patentschrift über diesen Gegenstand spielt die entgegengesetzte elektrische Ladung der Cellulosederivate und der Pigmente eine Rolle.

Gegenüber diesen bekannten Verfahren stellt das vorliegende Verfahren einen wesentlichen Fortschritt dar:

1. weil es das bei der Bildung der Pigmente anwesende Schutzkolloid als integrierenden Bestandteil in den Lack übernimmt,

2. weil es auf die Anwendung von organischen Lösungsmitteln bei der Pigmentbildung verzichtet und somit die bei der Umfällung unvermeidlichen Lösungsmittelverluste umgeht,

3. weil es die Bildungsreaktion der Pigmente nicht in Gegenwart von festen Cellulosederivaten, sondern in einem kolloiden Medium vor sich gehen läßt, wodurch ein hoher Dispersitätsgrad erzielt wird.

Nach der Erfindung verwendet man die Eigenschaft wäßriger Lösungen gewisser Cellulosederivate, beim Erhitzen zu koagulieren, um die Nebenprodukte der Farbstoffbildung zu entfernen. Besonders eignen sich für dieses Verfahren die wasserlöslichen Celluloseäther, wie Methylcellulose mit 2 Mol OCH_3 und 1,5 Mol OCH_3 für die C_6-Einheit, die bis zur Distufe verätherten Oxyäthyl-Methyl-Cellulosen, ferner die Oxyäthylcellulosen mit etwa 0,5 Mol Oxyäthoxyl für die C_6-Einheit, die Äthylcellulosen bestimmten niedrigen Äthylierungsgrades (24 % Äthoxyl). Methylcelluloselösungen erstarren je nach dem Methylierungsgrad und der Herstellungsart bei verschiedener Temperatur. Bei Dimethylcelluloselösungen liegt der Erstarrungspunkt gewöhnlich zwischen 50 und 80° C. Man läßt z. B. die Farbstoffbildung in wäßriger Methylcelluloselösung bei Zimmertemperatur vor sich gehen, erhitzt dann über den Erstarrungspunkt hinaus und erhält ein Gel, das nach dem Zerkleinern mit heißem oder kochendem Wasser ausgewaschen werden kann. Man kann die Koagulation auch so leiten, daß man das Reaktionsgemisch während des Erhitzens rührt. Auf diese Weise erhält man gelatinöse Flocken, welche den Celluloseäther und das

Pigment enthalten, während der größte Teil der Nebenprodukte der Farbstoffbildung sich in dem Wasser befindet. Die Flocken können mit heißem oder kochendem Wasser noch weiter gewaschen werden. Die erstarrte Masse verflüssigt sich beim Abkühlen wieder und kann in dieser Form technische Verwendung finden.

Eine besondere Ausführungsform unseres Verfahrens ist durch die Eigenschaft mancher Äthylcellulosen, sich in Eiswasser zu lösen, bei Zimmertemperatur aber wasserunlöslich zu sein, gegeben. Man löst solche Äthylcellulosen in Eiswasser und läßt in der oben geschilderten Weise die Pigmentbildung in der erhaltenen zähflüssigen Lösung vor sich gehen. Dann erwärmt man die Lösung bis zur Koagulation, wobei die wasserlöslichen, bei der Pigmentbildung entstehenden Nebenprodukte im Wasser verbleiben. Die erhaltenen gefärbten Äthylcelluloseflocken werden getrocknet und in üblicher Weise durch Auflösung in den bekannten Lösungsmitteln — in erster Linie Gemische von Alkoholen und Kohlenwasserstoffen — zu farbigen Lacken verarbeitet.

Sehr geeignet für das vorliegende Verfahren sind solche Cellulosederivate, welche sich als wäßrige Pasten mit nichtwäßrigen Lösungen anderer Cellulosederivate mischen oder sich in getrocknetem Zustande mit organischen Lösungsmitteln und gegebenenfalls anderen üblichen Zusätzen zu Lacken verarbeiten lassen.

Die Herstellung der Pigmente kann erfolgen z. B. durch doppelte Umsetzung geeigneter Metallsalzlösungen, durch Kuppeln von Diazoverbindungen mit geeigneten Komponenten, durch Oxydation pigmentbildender Basen oder von Leukoverbindungen.

Beispiel 1

Eine Lösung von 10 g Ferriammoniumsulfat in 100 ccm Wasser wird mit 75 g einer 5%igen wäßrigen Methylcelluloselösung verrührt und weiter unter ständigem Rühren gemischt mit einer Lösung von 5,5 g Ferrocyankalium in 60 ccm Wasser. Die intensiv blau gefärbte Lösung wird durch Erhitzen im Wasserbad koaguliert und das Koagulum mit kochendem Wasser bis zur Salzfreiheit gewaschen.

Beispiel 2

In einer Lösung von 125 g Cadmiumsulfat krist. ($3\,CdSO_4 + 8\,H_2O$) in 1600 g Wasser werden 90 g trockene Methylcellulose aufgelöst. Die Lösung wird mit 250 ccm Ammonsulfhydratlösung 9%ig unter dauerndem Rühren vermischt und 10 Minuten gerührt. Koagulation und Waschen wie Beispiel 1.

Beispiel 3

a) Eine kalt gesättigte Lösung von 34,2 g Natriumchromat krist. (ca. 100 g Wasser) wird mit 100 g einer 4%igen Methylcelluloselösung in Wasser gemischt.

b) Eine kalt gesättigte Lösung von 33,1 g Bleinitrat (erfordert etwa 80 g Wasser) wird mit 100 g einer 40%igen Methylcelluloselösung in Wasser gemischt.

Lösung a und b werden unter lebhaftem Rühren zusammengegeben. Es bildet sich Bleichromat, welches infolge der Zähigkeit der Lösung in fein verteilter Form entsteht. Durch Erhitzen der Reaktionsflüssigkeit bewirkt man eine Koagulation der Methylcellulose, welche das Bleichromat einschließt. Die entstehenden Flocken können durch heißes Wasser ohne Farbstoff- und Methylcelluloseverlust salzfrei gewaschen werden.

Beispiel 4

75 g Oxyäthylmethylcellulose werden in einer Lösung von 331 g Bleinitrat in 1500 ccm Wasser unter fortgesetztem Rühren in etwa 30 Minuten gelöst. Das hochdisperse schwarze Bleisulfid wird in dieser viskosen Lösung durch successive Zugaben von gleichen Teilen einer filtrierten Lösung von 204 g BaS (83%ig) in 1 l Wasser gewonnen. Man koaguliert nach weiterem 15 Minuten Rühren durch Erwärmen auf etwa 70° und wäscht mit 70 bis 80° heißem Wasser salzfrei.

Beispiel 5

In einer eisgekühlten Lösung von 220 g Bariumchlorid in 1 l Wasser werden 50 g Äthylcellulose mit 24% — OC_2H_5 zu einer viskosen Lösung gelöst. Nach erfolgtem Durchlösen fällt man Blanc fixe durch allmähliches Zufügen einer ebenfalls eisgekühlten 12%igen Ammonsulfatlösung. Die Koagulation erfolgt bereits beim Erwärmen auf 20 bis 25°. Das Auswaschen der löslichen Nebenprodukte wird mit Wasser von gleicher oder höherer Temperatur vorgenommen.

Die salzfrei gewaschenen Gallerten verflüssigen sich beim Abkühlen und können als Aquarellfarben, Druckfarben usw. von besonderer Leuchtkraft verwendet werden. Sie können auch durch Vermischen mit Weichmachungsmitteln, Harzen, Celluloseester- und Celluloseätherlösungen zu Lacken verschiedenster Art verarbeitet werden.

Die Erfindung ist nicht an die in den Beispielen benutzten wasserlöslichen Äther der Cellulose gebunden. Außer ihnen können auch die übrigen wasserlöslichen Cellulosealkyläther, Celluloseoxyalkyläther und Cellulosealkyloxyalkyläther mit Vorteil Verwendung finden. Die gefärbten Flocken stellen weiche Massen dar, welche sich in Alkohol und anderen organischen Lösungsmitteln mit kräftiger Farbe auflösen. Der entstehende Lack, welcher durch Zusatz von Harzen, Weichmachungsmitteln und auch anderen Celluloseverbindungen weitgehend in seinen Eigenschaften abgeändert werden kann, hinterläßt beim Eintrocknen elastische, gut deckende Lackschichten.

PATENTANSPRUCH:

Verfahren zur Herstellung von Pigmenten hohen Dispersitätsgrades, dadurch gekennzeichnet, daß die Bildung der Pigmente in einer zähflüssigen wäßrigen Lösung eines wasserlöslichen Cellulosederivates erfolgt, die durch Erwärmen koaguliert und gegebenenfalls gewaschen wird.

E. P. 354696.

Nr. 551353. (I. 56. 30.) Kl. 22f, 10.

I. G. FARBENINDUSTRIE AKT.-GES. IN FRANKFURT A. M.

Erfinder: Dr.-Ing. Leo Kollek und Dr.-Ing. Franz Pohl in Ludwigshafen a. Rh.

Verfahren zur Herstellung von Pigmentfarben und Farblacken.

Vom 17. Juli 1930. — Erteilt am 12. Mai 1932. — Ausgegeben am 30. Mai 1932. — Erloschen: ....

Es wurde gefunden, daß man organische Pigmentfarben und Farblacke mit besonderem Vorteil in Gegenwart von Polymerisationsprodukten von Alkylenoxyden, insbesondere von Äthylenoxyd, in deren Molekül 5 oder mehr Moleküle Alkylenoxyd vereinigt sind, erzeugt. Die in der angegebenen Weise hergestellten Pigmentfarben und Farblacke zeichnen sich durch hohe Farbstärken, meist auch durch besondere Klarheit der Nuance vor den in üblicher Weise hergestellten Pigmentfarben usw. aus; auch ist die Lichtechtheit der so erzeugten Pigmentfarben, Farblacke usw. im allgemeinen besonders gut. Auch bei der Verarbeitung von pulverigen oder abgeschwächten Pigmentfarben, Mischungen, Bronzen usw., welche sich bekanntlich in vielen Fällen mit Wasser schlecht netzen lassen, bringt die Verwendung dieser Polymerisationsprodukte Vorteile mit sich, da sie eine erhöhte Netzwirkung unter Vermeidung des unliebsamen Schäumens vermitteln.

Die verwendeten, in bekannter Weise durch Polymerisation von Alkylenoxyden vom Typus des Äthylenoxydes mit Hilfe von polymerisierend wirkenden Stoffen, z. B. Ätzalkalien, Alkalimetallen, organischen Basen, Metallhalogeniden usw., erhältlichen Polymerisationsprodukte sind zum Teil ölige, zum Teil wachsartige Substanzen, die vielfach in Wasser und vielen organischen Lösungsmitteln, beispielsweise Alkoholen, Estern, Ketonen, Glykoläthern oder chlorierten Kohlenwasserstoffen, gut löslich sind.

Man kann die erwähnten Polymerisationsprodukte in fester, zweckmäßig in gelöster Form bei der Pigment- bzw. Farblackherstellung verwenden. Bei der Verlackung setzt man sie zweckmäßig gemeinsam mit dem Farbstoff zu, doch kann man sie auch vor- oder nachher zusetzen. Bisweilen ist es von Vorteil, in Gegenwart der üblichen Emulgiermittel, wie Türkischrotöl, Sulfosäuren, Harzseifen, zu arbeiten.

Man hat bereits vorgeschlagen, 1·4-Dioxan als Netz- und Lösungsmittel und als Mittel zur Förderung des Durchfärbens dichter Stoffe zu verwenden. Da sich diese durch Einwirkung von Schwefelsäure auf Glykol darstellbare, einheitlich zusammengesetzte Verbindung prinzipiell von den nach dem vorliegenden Verfahren anzuwenden Polymerisationsprodukten von Alkylenoxyden unterscheidet, ließ dieser Vorschlag keineswegs die oben geschilderte günstige Wirkung der genannten Polymerisationsprodukte bei der Herstellung und Verwendung von Pigmentfarben, Farblacken u. dgl. vorhersehen.

Beispiel 1

100 Teile Grünerde werden mit Wasser und 1 Teil eines Polymerisationsproduktes von Äthylenoxyd vom Schmelzpunkt 54°, 1 : 10 in Wasser gelöst, angeteigt, worauf man 2,5 Teile eines basischen Farbstoffes, z. B. Neufuchsin (vgl. G. Schultz, Farbstofftabellen, 1923, Bd. 1, Nr. 513), gelöst in 250 Teilen Wasser, zufügt. Man erhält einen Farblack, der sich vor dem entsprechenden, aber ohne Verwendung des erwähnten Polymerisationsproduktes hergestellten Grünerdelack durch größere Klarheit und Lebhaftigkeit in der Nuance sowie verbesserte Lichtechtheit auszeichnet.

Beispiel 2

Man vermischt unter Rühren in der nachstehend angegebenen Reihenfolge 20 Teile Schwerspat, 10 Teile Aluminiumsulfat, 1 : 10 in Wasser gelöst, 5 Teile calcinierte Soda, 1:10 in Wasser gelöst, 12,5 Teile Chlorbarium, 1 : 10 in Wasser gelöst, und 5 Teile Hansagrün GS Pulver (Colour-Index 1924, unter Hansagrün G, S. 354), setzt 0,5 Teile eines Polymerisationsproduktes von Äthylenoxyd vom Schmelzpunkt 50°, 1 : 10 in Wasser gelöst, zu und fällt mit 6 Teilen Chlorbarium und 0,5 Teilen Aluminiumsulfat, 1 : 10 in Wasser gelöst. Man erhält einen Farblack, welcher im Aufstrich, im Vergleich zu Farblacken, welche ohne Verwendung solcher Polymerisationsprodukte hergestellt wurden, eine reinere und brillantere Nuance zeigt: die Lichtechtheit wird nicht ungünstig beeinflußt.

Beispiel 3

Man gibt 10 Teile Aluminiumsulfat (mit 18 % Al_2O_3), 1 : 10 in Wasser gelöst, 5 Teile calcinierte Soda, 1 : 10 in Wasser gelöst, und 50 Teile Wasser bei 50° C zusammen, kocht 1 Stunde lang, läßt dann auf 50° C abkühlen, setzt 3,9 Teile Dinatriumphosphat, 1 : 10 in Wasser gelöst, und 3 Teile calciniertes Chlorcalcium, 1 : 10 in Wasser gelöst, bei 50° C zu, fügt 18 Teile Alizarinrot 20 %ig (vgl. G. Schultz, Farbstofftabellen, 1923, Bd. 1, Nr. 778), das mit 1,44 Teilen eines Polymerisationsproduktes von Äthylenoxyd vom Schmelzpunkt 48°, 1 : 10 in Wasser gelöst, innig vermischt und mit 3,9 Teilen Türkischrotöl versetzt wurde, hinzu und rührt 1 Stunde lang. Man läßt längere Zeit stehen, setzt dann 550 Teile Wasser zu, erhitzt innerhalb 6 Stunden langsam zum Kochen und hält 3 Stunden lang bei dieser Temperatur. Zum Schluß fügt man zum kochenden Ansatz noch 0,4 Teile Aluminiumsulfat, 1 : 10 in Wasser gelöst, 0,1 Teil calcinierte Soda, 1 : 10 in Wasser gelöst, und 20 Teile Schwerspat zu und kocht einige Zeit. Man erhält einen Farblack, welcher im Vergleich zu Farblacken, welche ohne Verwendung von solchen Polymerisationsprodukten entwickelt wurden, um 15 bis 30 % farbstärker ist.

In ähnlicher Weise verfährt man bei Ersatz des Polymerisationsproduktes aus Äthylenoxyd durch ein Polymerisationsprodukt aus Propylenoxyd.

Beispiel 4

13,8 Teile p-Nitranilin werden mit 10 Teilen Wasser und 7,5 Teilen Natriumnitrit zu einem Brei angeteigt und mit 50 Teilen Wasser vermischt. Man verdünnt mit weiteren 250 Teilen kaltem Wasser und läßt 40 Teile Salzsäure von 20° Bé einlaufen. Die entstandene Diazolösung läßt man hierauf unter gutem Rühren langsam in eine Lösung fließen, die aus 15 Teilen β-Naphthol, gelöst in 50 Teilen Wasser, 13 Teilen Natronlauge von 40° Bé und 10 Teilen calcinierte Soda, verdünnt mit 100 Teilen Wasser, hergestellt wurde und ferner etwa 3,4 Teile eines Polymerisationsproduktes der Alkylenoxyde, z. B. des Äthylenoxydes, vom Schmelzpunkt 57°, gelöst in Wasser, enthält. Nach beendeter Kuppelung arbeitet man in der üblichen Weise auf. Zwecks Herstellung von verschnittenen Farblacken können z. B. 400 Teile Schwerspat zugesetzt werden. Man kann bei der Herstellung des Pigmentes auch in Gegenwart eines der üblichen Emulgiermittel, z. B. Türkischrotöl, Sulfosäuren, Harzseifen usw., arbeiten, wobei man etwa 3 Teile verwendet. Das erhaltene Pigment ist sehr farbstark, die abgeschwächten Nuancen zeigen eine verbesserte Lichtechtheit.

Beispiel 5

50 Teile Schwerspat, 100 Teile eines 40 %igen Teiges von Tonerdehydrat und 10 Teile eines 25 %igen Teiges von Autolrot RLP (vgl. G. Schultz, Farbstofftabellen, 1923, Bd. 1, Nr. 106) werden verrührt, man setzt darauf eine konzentrierte wässerige Lösung von 0,25 bis 1,25 Teilen eines Polymerisationsproduktes von Äthylenoxyd vom Schmelzpunkt 54° zu und vermischt innig. Man erhält ein für den Tapetendruck geeignetes Pigment, das Aufstriche von bemerkenswerter Deckkraft und Schönheit des Farbtons liefert.

Beispiel 6

20 Teile Schwerspat, 10 Teile Aluminiumsulfat, 1 : 10 in Wasser gelöst, 5 Teile calcinierte Soda, 1 : 10 in Wasser gelöst, und 12 Teile Chlorbarium, 1 : 10 in Wasser gelöst, werden zusammengegeben. Man wäscht den Niederschlag dreimal mit Wasser aus und gibt nacheinander 4,5 Teile Fanalblau LR extra, 1 : 100 in Wasser gelöst, 0,45 bis 1,8 Teile eines Äthylenoxydpolymerisationsproduktes vom Schmelzpunkt 52°, 1 : 10 in Wasser gelöst, 7 Teile Chlorbarium, 1:10 in Wasser gelöst, und 0,75 Teile Aluminiumsulfat, 1 : 10 in Wasser gelöst, zu. Die Farbpaste wird in der üblichen Weise gewaschen und aufgearbeitet. Man erhält einen Farblack, welcher im Vergleich zu einem Farblack, der ohne das erwähnte Polymerisationsprodukt hergestellt ist, etwa 15 % farbstärker ist; außerdem wird die Brillanz gleichzeitig erhöht und die Lichtechtheit verbessert.

Beispiel 7

100 Teile einer Permanentrotmarke in Pulver (Schultz, Farbstofftabellen, 1923, Bd. 1, S. 56) werden mit 1 bis 5 Teilen des Polymerisationsproduktes des Äthylenoxydes vom Schmelzpunkt 54° innig gemischt und mit Wasser angeteigt. Man kann auch

das Polymerisationsprodukt in Lösung zufügen, z. B. in Form einer 10%igen wässerigen Lösung, wobei das Wasser durch organische Lösungsmittel, z. B. ganz oder teilweise durch Alkohol, ersetzt werden kann. Durch diese Zusätze wird im Vergleich mit solchen Anteigungen, welche ohne Zugabe von Polymerisationsprodukten hergestellt werden, eine erhöhte Netzwirkung erzielt, wodurch die weitere technische Aufarbeitung wesentlich erleichtert wird.

Beispiel 8

100 Teile Schwerspat, 4 Teile Helioechtrot RL Pulver (Schultz, Farbstofftabellen, 1923, Bd. 1, Nr. 73), 5 Teile des Polymerisationsproduktes aus Äthylenoxyd vom Schmelzpunkt 57° werden mit 100 Teilen Wasser zu einem Brei angerührt. Durch die Zugabe dieses Polymerisationsproduktes wird im Vergleich zu einer polyäthylenoxydfreien Mischung eine etwa viermal schnellere Netzbarkeit erreicht. Auch in Fällen, wo mit Mischungen gearbeitet wird, welche mit Mineralöl usw. geschönt sind, ist durch diese Zusätze eine leichtere und innigere Netzung zu erreichen. Selbstverständlich können an Stelle von Schwerspat auch andere Substrate, wie Schwerspat-Lenzin-Gemische bzw. Gips-Schlämmkreide-Gemische usw., zur Anwendung kommen.

Beispiel 9

100 Teile gebeizte oder ungebeizte Bronze werden mit 5 bis 10 Teilen des Polymerisationsproduktes des Äthylenoxydes vom Schmelzpunkt 48° versetzt und mit 200 Teilen Wasser angerührt, oder es werden 100 Teile Bronze, 66 Teile Fanalviolett B in Teig 15%ig (Phosphor-Wolfram-Molybdän-Verbindung des Methylviolett) (Schultz, Farbstofftabellen, 1923, Bd. 1, Nr. 515) und 200 bis 300 Teile Wasser innig vermischt. Auch hier ist eine erhöhte Netzwirkung, verbunden mit einer guten Verteilung des Farbstoffes, festzustellen.

Beispiel 10

12 Teile Schwerspat werden mit 100 Teilen einer 4%igen wässerigen Tonerdehydratpaste angeteigt, hierauf mit 15 Teile Bleiacetat, 1 : 10 in Wasser gelöst, und 2 bis 3 Teilen des Polymerisationsproduktes des Äthylenoxydes vom Schmelzpunkt etwa 54°, 1 : 5 in Wasser gelöst, versetzt und mit 6,2 Teilen Natriumbichromat, 1 : 10 in Wasser gelöst, gefällt, worauf man in der üblichen Weise wäscht und trocknet. Das erhaltene Pigment besitzt eine grünstichiger gelbe Nuance als ein in der gleichen Weise, aber in Abwesenheit des genannten Polymerisationsproduktes hergestelltes Pigment.

Patentanspruch:

Verfahren zur Herstellung von Pigmentfarben und Farblacken, dadurch gekennzeichnet, daß man in Gegenwart von Polymerisationsprodukten von Alkylenoxyden, in deren Molekül 5 oder mehr Moleküle Alkylenoxyd vereinigt sind, arbeitet.

Nr. 472975. (C. 37623.) Kl. 22f, 10. Dr. Kurt Lindner in Oranienburg.

Herstellung hochvoluminöser, feinkörniger Körperfarben.

Vom 22. Dez. 1925. — Erteilt am 21. Febr. 1929. — Ausgegeben am 8. März 1929. — Erloschen: 1930.

Es ist bekannt, Körperfarben durch Niederschlagen löslicher Anilinfarben auf geeignete anorganische Substrate darzustellen. Letztere bestehen in der Regel aus Tonerdehydrat, Ton, China Clay, Bariumsulfat, Calciumsulfat, Calciumcarbonat, Bleisulfat, Zinkoxyd oder ähnlichen anorganischen Verbindungen. Auch kieselsäurehaltige Mineralien sowie natürlich vorkommende wie künstlich z. B. aus Wasserglas hergestellte Kieselsäuren, insbesondere Kieselgure, Neuburger Kieselkreide und ähnliche hat man für diesen Zweck vorgeschlagen. Doch ergeben die letztgenannten Substrate häufig wenig befriedigende Mischfärbungen und haben daher nur ein sehr beschränktes Anwendungsgebiet gefunden. All diese Farben sind entsprechend der Struktur der verwendeten Substrate dichte, ziemlich schwere Pulver, deren Gewichtseinheit nur ein kleines Volumen einnimmt. Für viele Verwendungszwecke ist die wenig voluminöse Beschaffenheit der bekannten Körperfarben ein Nachteil, da eine verhältnismäßig große Gewichtsmenge dieser Produkte zur Erzielung einer befriedigenden Decke erforderlich ist. Auch sind derartige Farbpulver hart und beispielsweise als Puder für kosmetische Zwecke nicht zu gebrauchen, da sie die Haut angreifen.

Es hat sich nun gezeigt, daß die durch bestimmte chemische Umsetzungen leicht zu erhaltende reine, hochvoluminöse Kieselsäure ein ausgezeichnetes Substrat für Teerfarbstoffe aller Art, Pflanzenfarbstoffe und Tierfarbstoffe darstellt und diese unter Beibehaltung ihrer wertvollen Eigenschaften adsorbiert. Die so erhaltenen Körperfarben unterscheiden sich von den bekannten, insbesondere auch kieselsäurehaltigen Farben durch hochvoluminöse Beschaffenheit, die sich zahlenmäßig in sehr niedrigen Schüttgewichten zwischen 0,15 bis 0,20 ausdrückt. Da das Deckungsvermögen eines Pigmentes von seinem Volumen und nicht von seinem Gewicht abhängt, ist mit der Leichtigkeit der beschriebenen Körperfarben eine sehr große Ausgiebigkeit verknüpft.

Die zur Herstellung der Farben erforderlichen hochvoluminösen Kieselsäurepulver mit Schüttgewichten von 0,12 bis 0,18 lassen sich in an sich bekannter Weise durch die Zersetzung von Siliciumtetrafluorid mit Wasser oder löslicher Silikofluoride mit wäßrigen Alkalien erhalten. Eine geeignete hochvoluminöse Kieselsäure fällt in sehr großen Mengen bei der Superphosphatfabrikation als Abfall an und stellt daher eine große, denkbar wohlfeile und bisher nicht ausgenutzte Rohstoffquelle dar. Derartige Kieselsäure hat ein ausgesprochen starkes Adsorptionsvermögen für lösliche Farbstoffe obenerwähnter Art, mit welchen sie leicht sehr feste Adsorptionsverbindungen eingeht, ohne dabei ihre voluminöse Beschaffenheit zu verlieren. Der Farbstoff lagert sich offensichtlich nicht in die Poren des Substrates ein, sondern wird lediglich an der Kieselsäureoberfläche fixiert. Die so gewonnenen Farbpuder sind drei- bis viermal so voluminös als die bekannten Farben, die durch Farbstoffadsorption an Kieselsäure aus Wasserglas, Siliciumtetrachlorid oder an Neuburger Kreide gewonnen werden und stehen diesen an Farbintensität nicht oder nur wenig nach. Ihre Ausgiebigkeit ist demnach bedeutend größer.

Besonders ausgeprägt ist das Adsorptionsvermögen der hochvoluminösen Kieselsäure naturgemäß für basische Farben, welche bereits ohne jedes Fällungsmittel sehr intensiv und lebhaft auf das Substrat aufziehen und mit diesem äußerst stabile Körperfarben bilden. Auch saure und substantive Farbstoffe sowie Beizenfarben werden stark von der hochvoluminösen Kieselsäure adsorbiert.

Zur Erhöhung der Intensität und zur Verbesserung der Echtheitseigenschaften kann die Ausfällung und Fixierung der Farbstoffe in bekannter Weise, z. B. durch die Umsetzung von Bariumsalzen mit Schwefelsäure, von Tannin mit Brechweinstein, von löslichen Alkalisilikaten mit organischen oder anorganischen Säuren usw. bewirkt werden. Die Menge der Fixierungsmittel ist jedoch möglichst niedrigzuhalten, da durch die Ausfällung größerer Mengen nicht voluminöser Verbindungen die hochvoluminöse Beschaffenheit der Körperfarbe zurückgeht.

Die Herstellung der Körperfarben wird, wie üblich, entweder durch Vereinigung der wäßrigen Kieselsäuresuspension mit den Farbstofflösungen mit oder ohne Anwesenheit von Fällungsmitteln oder durch trocknes oder feuchtes Vermahlen der genannten Komponenten vorgenommen. Die feuchte Farbe wird dann getrocknet und gemahlen.

Die hochvoluminöse Kieselsäure als Substrat enthaltenden Körperfarben zeichnen sich neben der erwähnten Ausgiebigkeit durch ein feines, weiches Korn, eine gute Deckkraft und ein beträchtliches Haftvermögen aus. Sie können in angeteigter Form, z. B. als Wasserfarben, sowie in trockner Form als Puder Verwendung finden. Für die künstlerische und gewerbliche Malerei, das graphische Gewerbe, stellen sie ein wohlfeiles Material dar, in der kosmetischen Industrie können sie als Grundlagen für Pasten und Cremes sowie als Puder zur Anwendung kommen.

An Stelle von hochvoluminöser Kieselsäure als Substrat allein können auch Gemische dieser mit an sich bekannten Substraten Verwendung finden, in denen jedoch die hochvoluminöse Kieselsäure vorteilhaft vorherrschend bleibt.

Patentansprüche:

1. Verfahren zur Herstellung hochvoluminöser, feinkörniger Körperfarben, dadurch gekennzeichnet, daß als Substrat für Teerfarbstoffe, Tierfarben oder Pflanzenfarben die durch Zersetzung von Siliciumtetrafluorid oder löslichen Silikofluoriden gewonnene hochvoluminöse Kieselsäure dient.

2. Ausführungsform des Verfahrens nach Anspruch 1, dadurch gekennzeichnet, daß die Adsorption der genannten Farbstoffe an die hochvoluminöse Kieselsäure in Gegenwart kleiner Mengen bekannter Fixierungsmittel vor sich geht.

3. Ausführungsform des Verfahrens nach Anspruch 1 und 2, dadurch gekennzeichnet, daß als Substrat für die Farbstoffe ein Gemisch von hochvoluminöser Kieselsäure mit einem oder mehreren der bekannten Substratsubstanzen verwendet wird.

Nr. 481894. (C. 37676.) Kl. 22f, 10.

Dr. Kurt Lindner in Oranienburg.

Verfahren zur Herstellung hochvoluminöser feinkörniger Mineralfarben.

Zusatz zum Patent 472975.

Vom 8. Jan 1926. — Erteilt am 15. Aug. 1929. — Ausgegeben am 3. Sept. 1929. — Erloschen: 1930.

Es ist bekannt, bei der Fabrikation der künstlichen Mineralfarben anorganische Substrate zu verwenden. Hierdurch werden besonders Nuancierungen des Farbtones erzielt. Die Substrate werden entweder direkt dem Fällungsbade der Mineralfarbe zugesetzt oder gleichzeitig mit derselben erzeugt. Als bekannte Substrate nennen wir Aluminiumhydroxyd, Zinkhydroxyd, Zinkcarbonat, Gips, Schwerspat, Kaolin, Ton, Kieselkreide, Kieselgur und ähnliche. Die letztgenannten, natürlich vorkommenden Substrate geben wegen ihrer Eigenfarbe häufig wenig befriedigende Mischfärbungen. Die künstlich hergestellten und auch die meisten natürlichen Substrate stellen außerdem ziemlich schwere Pulver dar, deren Gewichtseinheit nur ein kleines Volumen einnimmt.

Es wurde nun gefunden, daß die in dem Hauptpatent 472975 beschriebene reine hochvoluminöse Kieselsäure, welche durch Zersetzung von Siliciumtetrafluorid mit Wasser oder löslicher Silikofluoride mit wäßrigen Alkalien erhalten wird, nicht nur für organische Farbstoffe, sondern auch für unlösliche Mineralfarben ein ausgezeichnetes Substrat darstellt.

Die hochvoluminöse Kieselsäure fixiert infolge ihres feinen Korns und ihres großen Adsorptionsvermögens die entstehende Mineralfarbe fast momentan zu völlig homogenen, voluminösen Pasten. Wegen ihres geringen Schüttgewichtes von 0,12 bis 0,18 g pro Kubikzentimeter verteilt sie sich gut in der Reaktionslösung und zeigt keineswegs die bei de. meisten Substraten beobachtete, durch die spezifische Schwere derselben bedingte Neigung, sich auf dem Boden des Ansatzbottiches abzusetzen und so ungleichmäßige Gemische von Substrat mit der Mineralfarbe zu bilden. Durch die Verwendung der hochvoluminösen Kieselsäure als Substrat wird die Auswaschbarkeit vieler Mineralfarben weitgehend verbessert. Besonders Farben, die leicht in schleimigem und sehr schwer auswaschbarem Zustande ausfallen, wie z. B. Berlinerblau u. ä., werden durch Zwischenlagerung von Kieselsäurepartikelchen in eine wesentlich leichter auswaschbare Form übergeführt. Das lästige Zusammenbacken und Aussalzen als Folgeerscheinungen eines schlechten Auswaschens werden so mit Sicher heit vermieden. Ebenso wie das Auswaschen wird das Trocknen besonders der sonst schleimig ausfallenden Mineralfarben verbessert.

Mineralfarben, welche hochvoluminöse Kieselsäure als Substrat enthalten, zeichnen sich durch feines Korn und große Weichheit aus. Eine besondere Eigenschaft ist das geringe Schüttgewicht derartiger Farben und mithin ihre bedeutende Ausgiebigkeit. Es lassen sich bei Anwendung einer genügenden Menge hochvoluminöser Kieselsäure als Substrat leicht Farben herstellen, von denen ein Liter stark zusammengerüttelt 200 bis 250 g wiegt. Selbst eine spezifisch so schwere Farbe wie Bleichromat, dessen Schüttgewicht häufig über 5 g pro Kubikzentimeter liegt, läßt sich durch den Zusatz von 2 Gewichtsteilen hochvoluminöser Kieselsäure auf 1 Gewichtsteil Bleichromat in ein spezifisch leichtes Chromgelb mit einem Schüttgewicht von 0,28 g pro Kubikzentimeter verwandeln, ohne einen nennenswerten Rückgang der Farbnuance aufzuweisen.

Die Herstellung der Mineralfarben mit hochvoluminöser Kieselsäure als Substrat wird in der üblichen Weise durch Aufschlämmen der Kieselsäure in der einen Salzlösung und Ausfällen der Farbe auf das Substrat durch die zweite Salzlösung in Gegenwart einer genügenden Wassermenge bewirkt. Auch durch trocknes oder feuchtes Vermahlen hochvoluminöser Kieselsäure mit geeigneten künstlichen Mineralfarben oder natürlichen Erdfarben lassen sich für viele Zwecke durchaus brauchbare Farbkörper herstellen.

An Stelle von hochvoluminöser Kieselsäure als Substrat allein können auch Gemische dieser mit an sich bekannten Substraten Verwendung finden, in denen jedoch die hochvoluminöse Kieselsäure vorteilhaft vorherrschend bleibt.

Die auf vorstehende Weise hergestellten hochvoluminösen und feinkörnigen Mineralfarben haben also die gleichen charakteristischen Merkmale wie die im Hauptpatent beschriebenen Körperfarben. Sie finden ganz entsprechend auch für die dort genannten Zwecke Verwendung.

Patentansprüche:

1. Verfahren zur Herstellung hochvoluminöser, feinkörniger Körperfarben gemäß Patent 472975, dadurch gekennzeichnet, daß die durch Zersetzung von Siliciumtetrafluorid oder löslichen Silikofluoriden gewonnene hochvoluminöse Kieselsäure als Substrat nicht für Teerfarbstoffe, Tierfarben oder Pflanzenfarbe, sondern für Mineralfarben dient.

2. Verfahren nach Anspruch 1, dadurch gekennzeichnet, daß als Substrat für die Mineralfarben ein Gemisch der hochvoluminösen Kieselsäure mit einer oder mehreren der bekannten Substratsubstanzen verwendet wird.

Nr. 502229. (C. 36981.) Kl. 22f, 10.

CHEMISCHE FABRIK VON HEYDEN AKT.-GES. IN RADEBEUL. DRESDEN.
Erfinder: Dr. Rudolf Zellmann in Radebeul.

Herstellung keramischer Farben.

Vom 21. Juli 1925. — Erteilt am 26. Juni 1930. — Ausgegeben am 29. April 1932. — Erloschen: 1934.

Die Verwendung kolloider Metalle zur Herstellung keramischer Farben ist bereits seit langer Zeit bekannt. Eine kolloides Metall enthaltende Farbe ist der Cassiussche Goldpurpur. Er wird bekanntlich in der Weise hergestellt, daß man Goldchloridlösungen mit Zinnchlorürlösungen reduziert. Die sich bildende Adsorptionsverbindung von kolloidem Gold mit Zinnsäure setzt sich nach einiger Zeit als dunkelviolettrotes Pulver ab.

Zsigmondy hat diesen Purpur auch durch Vermischen von kolloider Goldlösung mit kolloider Zinnsäurelösung und Fällung der Adsorptionsverbindung mit verdünnten Säuren herstellen können.

Es wurde nun gefunden, daß man zu wertvollen keramischen Farben mit zum Teil ganz neuen Eigenschaften gelangt, wenn man kolloide Metalle oder Metallverbindungen in kolloide Kieselsäurelösung derart einführt, daß nach Verdampfen des Wassers und Verglühen etwa vorhandener organischer Schutzkolloide feste kolloide Lösungen der Farbkolloide in Kieselsäuregel erhalten werden. Die Herstellung der festen kolloiden Lösung kann z. B. in der Weise erfolgen, daß durch Eiweißstoffe geschützte kolloide Goldlösung mit kolloider Kieselsäurelösung vermischt und die Mischung bei mäßiger Wärme eingedunstet wird. Der Rückstand stellt harte, glasartige Gelstücke dar, die in dünner Schicht klar rubinrot erscheinen. Der im Gel noch vorhandene Eiweißstoff läßt sich überraschenderweise durch Glühen entfernen, ohne daß der Dispersitätsgrad des Goldes beeinträchtigt wird. Das zunächst grobe Pulver wird dann zu einem sehr feinen Pulver gemahlen.

Ist die Konzentration des Farbkolloids in der Kieselsäurelösung nur gering oder die Schutzwirkung der Kieselsäurelösung gegenüber dem Farbkolloid ausreichend, so kann man letzteres direkt in der Kieselsäurelösung entstehen lassen und auf den Zusatz organischer Schutzkolloide verzichten. So läßt sich z. B. eine feste kolloide Lösung von Chlorsilber in Kieselsäuregel herstellen, indem man verdünnte Silbernitratlösung unter Rühren zu einer mit der entsprechenden Menge Salzsäure versetzten Kieselsäurelösung fügt und die Lösung bei mäßiger Wärme trocknet. Es entsteht kolloides, Chlorsilber enthaltendes Kieselsäuregel.

Da die Einführung der Farbkolloide in Lösung erfolgt, ist eine vollkommen homogene Mischung verschiedener Farbkolloide möglich.

Nach Zeitschrift für Chemie und Industrie der Kolloide 10 (1912, S. 265) erhält man Gold verschiedenen, u. a. kolloiden Dispersitätsgrades in Kieselsäuregallerte, wenn man in Goldchlorid enthaltende Kieselsäuregallerte Lösungen von Reduktionsmitteln eindiffundieren läßt. Abgesehen davon, daß homogene Lösungen von kolloidem Gold auf diese Weise nicht herzustellen sind, wird hier auch nicht der für das vorliegende Verfahren charakteristische Endzustand der festen kolloiden Lösung in trockenem Kieselsäuregel erreicht.

Der grundsätzliche Unterschied der nach vorliegendem Verfahren hergestellten Farben gegenüber den Cassiuspurpuren liegt darin, daß erstere nicht wie letztere als Adsorptionsverbindung ausgefällt werden, sondern durch Verdampfen des Wassers als farbglasartige Gelstücke, d. h. feste kolloide Lösungen des färbenden Kolloids in Kieselsäuregel, erhalten werden. Erst dieser grundsätzliche Unterschied der Verfahren ermöglicht die Verwendung der höher schmelzenden Kieselsäure an Stelle der niedriger schmelzenden, für die Purpure verwendeten Zinnsäure als Farbträger, da aus Kieselsäurelösungen Adsorptionsverbindungen nicht herstellbar sind.

Die nach dem vorliegenden Verfahren hergestellten Farben haben gegenüber den Purpuren den wesentlichen Vorteil größerer Temperaturbeständigkeit, so daß sie zum Teil als Unterglasurfarben verwendet werden können, während die Purpure oberhalb 900° C ihre Farbe völlig verändern.

Besonders überraschend ist es, daß diese Farben zum Teil noch oberhalb des Schmelzpunkts des Farbkolloids beständig sind. So ist z. B. eine feste, kolloide Lösung von Gold in Kieselsäure bei der für Hartporzellan nötigen Temperatur von etwa 1450° C, d. h. nicht weniger als 400° C oberhalb des Schmelzpunkts des Goldes, ohne Änderung der roten Farbe beständig. Da es bisher nur wenige brauchbare Unterglasurfarben gibt, füllen die nach vorliegendem Verfahren hergestellten Farben eine große Lücke feinkeramischer Technik aus. So ist das Gold-Kieselsäure-Farbglas die erste rote Unterglasurfarbe.

Als Farbkolloide kommen neben den Edelmetallen insbesondere Metalloxyde in Frage, wobei letztere je nach der Temperatur und Brandführung (oxydierendes, reduzierendes Feuer) verschiedene Färbungen haben können.

Beispiel 1

1 l 2,5%iger reiner kolloider Kieselsäurelösung wird mit 50 ccm einer 1%igen, durch Eiweißstoffe geschützten, kolloiden Goldlösung vermischt und die Mischung auf einer Porzellanplatte bei 60 bis 70° C getrocknet. Die entstandenen Gellamellen sind tief dunkelrot, in dünner Schicht blutrot gefärbt. Die Gelstücke werden gepulvert und bei einer bis Glühhitze ansteigenden Temperatur von den Eiweißkörpern und anderen verbrennbaren Stoffen befreit. Das Pulver wird dann durch Naßmahlung auf den nötigen Feinheitsgrad eingestellt.

Beispiel 2

1 l 2,5%iger reiner kolloider Kieselsäurelösung wird mit 50 ccm einer 3%igen Collargollösung (kolloides Silber mit etwa 70% Ag) versetzt und die Mischung wie nach Beispiel 1 weiterverarbeitet. Die fertige Farbe ist gelborangefarben.

Beispiel 3

1 l 2,5%iger reiner kolloider Kieselsäurelösung wird mit 50 ccm einer 5%igen kolloiden (2,5% MnO_2 enthaltenden) Mangansuperoxydlösung versetzt und wie nach Beispiel 1 und 2 weiterverarbeitet. Die Farbe des fertigen Produkts ist hellbraun.

PATENTANSPRUCH:

Herstellung keramischer Farben, dadurch gekennzeichnet, daß in kolloide Kieselsäure Metalle oder Metallverbindungen in kolloider Form eingeführt und die erhaltenen Mischungen getrocknet und geglüht werden.

Nr. 549 666. (C. 38 238.) Kl. 22 f, 10.

CHEMISCHE FABRIK VON HEYDEN AKT.-GES. IN RADEBEUL, DRESDEN.

Erfinder: Dr. Rudolf Zellmann in Radebeul, Dresden.

Herstellung keramischer Farben.

Zusatz zum Patent 502 229.

Vom 15. Mai 1926. — Erteilt am 14. April 1932. — Ausgegeben am 29. April 1932. — Erloschen: 1934.

Im Hauptpatent 502 229 ist ein Verfahren zur Herstellung keramischer Farben aus Metallen bzw. Metallverbindungen beschrieben, das durch die Verwendung von Kieselsäure als Schutzkolloid für das kolloide Metall gekennzeichnet ist. Die dabei erhaltenen festen kolloiden Lösungen werden einer bis Glühhitze ansteigenden Temperatur unterworfen.

Es wurde nun gefunden, daß man zu noch beständigeren und von der Zusammensetzung der Glasur völlig unabhängigen keramischen Farben gelangen kann, wenn man der Entfernung vorhandener Elektrolyte vor dem eigentlichen Fertigglühen größte Sorgfalt widmet und das Fertigglühen zweckmäßig bei Wärmegraden, die beträchtlich höher liegen, als sie zur Zerstörung der aus den Schutzkolloiden herrührenden organischen Stoffe erforderlich sind, vornimmt. Durch das Erhitzen auf derart hohe Temperaturen werden die entstehenden Unterglasurfarben unangreifbar; ein Sintern wird bei Abwesenheit von Elektrolyten mit Sicherheit vermieden.

Beispiel

2 l 2%iger reiner kolloider Kieselsäurelösung werden mit 100 ccm 1,25%iger kolloider Goldlösung vermischt und eingedunstet. Die Gel-Lamellen werden zur Vernichtung des Schutzkolloides der Goldlösung schwach geglüht, von etwa noch vorhandenen Elektrolyten durch gründliches Waschen in Wasser befreit, auf etwa 1 200 bis 1 500° C erhitzt und dann naß gemahlen. Die vor oder nach der Mahlung erfolgende Erhitzung auf über 1 000° C bewirkt, daß die Farbe von der verschiedenartigen Zusammensetzung der Glasur unabhängig ist. Das Verfahren gestattet also, die gewollte Wirkung mit besonders großer Sicherheit zu erreichen.

PATENTANSPRUCH:

Herstellung keramischer Farben aus Metallen bzw. Metallverbindungen unter Verwendung von kolloider Kieselsäure als Schutzkolloid gemäß Patent 502 229, dadurch gekennzeichnet, daß man die erhaltenen Farben nach Entfernung vorhandener Elektrolyte auf Temperaturen oberhalb 1 000° C erhitzt.

Nr. 549665. (C. 37546.) Kl. 22f, 10.

CHEMISCHE FABRIK VON HEYDEN AKT.-GES. IN RADEBEUL. DRESDEN.

Erfinder: Dr. Rudolf Zellmann in Radebeul, Dresden.

Herstellung keramischer Farben.

Zusatz zum Patent 502229.

Vom 5. Dez. 1925. — Erteilt am 14. April 1932. — Ausgegeben am 29. April 1932. — Erloschen: 1934.

Das Verfahren des Hauptpatents betrifft die Herstellung keramischer Farben durch Einführung kolloider Kieselsäure in Metalle bzw. Metallverbindungen in kolloider Form, Trocknung der erhaltenen Mischungen und Glühen des Trockenrückstandes.

Es wurde nun gefunden, daß man für bestimmte Zwecke mit Vorteil auch kolloide Zinnsäurelösung verwenden kann. Die bekannten Goldpurpure, insbesondere der sogenannte Cassiussche, deren Herstellung im Hauptpatent kurz beschrieben ist, sind pulverige Adsorptionsverbindungen. Als Ausgangsstoffe kommen nur ungeschützte Metallkolloidlösungen in Frage, deren Metallgehalt sehr beschränkt ist. Auch durch Mischen von kolloiden Metallösungen mit kolloider Zinnsäurelösung und Fällung der Adsorptionsverbindung mit verdünnten Säuren ist der Cassiussche Goldpurpur schon dargestellt worden. Demgegenüber werden nach vorliegendem Verfahren durch Eindampfen und Trocknen glasartige, feste kolloide Lösungen von z. B. Gold in Zinnsäure erhalten. Durch Anwendung geschützter Kolloidlösungen ist es also möglich, auch mit verhältnismäßig hoher Konzentration zu arbeiten. Die Entfernung der Schutzkolloide geschieht durch Glühen. Eine Änderung des Verteilungsgrades des kolloid gelösten Metalles ist dabei nicht zu befürchten.

Die Vorteile der Erfindung sind in der beschriebenen, beliebig zu wählenden Konzentration der kolloiden Lösungen, in der größeren Haltbarkeit der gewonnenen Farben und schließlich in der Möglichkeit zu erblicken, nicht nur mit kolloidem Gold, sondern mit jedem beliebigen Kolloid — Metalle und Metallverbindungen —, die mit kolloider Zinnsäure mischbar oder in kolloider Zinnsäure herstellbar sind, keramische Farben zu gewinnen. Dazu kommt, daß zwecks Herstellung beliebiger Nuancen durch gleichzeitige Herstellung mehrerer Farbkolloide in ein und derselben Zinnsäurelösung die denkbar gleichmäßigste Mischung der einzelnen Komponenten erzielt werden kann. Während die nach dem Hauptpatent hergestellten Farben aber insbesondere als Unterglasurfarben geeignet sind, finden die mit Zinksäurelösung bereiteten als Muffelfarben Verwendung.

Beispiel 1

1 l 2%iger Zinnsäurelösung wird mit 50 ccm einer 15%igen kolloiden Goldlösung versetzt. Zu dieser Lösung fügt man etwa 0,1 g Chlornatrium und unter Rühren 0,2 g Silbernitrat, in 25 ccm Wasser gelöst. Die Verarbeitung dieser kolloides Gold und kolloides Chlorsilber enthaltenden Lösung erfolgt wie nach den in dem Hauptpatent angegebenen Beispielen.

Das Präparat ist in fertigem Zustand karminrot gefärbt.

Beispiel 2

1 l 2%iger kolloider Zinnsäurelösung wird mit 50 ccm 0,2%iger elektrokolloider Platinlösung versetzt und wie beschrieben weiterbehandelt.

Das fein gepulverte Präparat ist tiefgrau gefärbt.

PATENTANSPRUCH:

Abänderung des Verfahrens zur Herstellung keramischer Farben aus Metallen oder Metallverbindungen in kolloider Form gemäß Patent 502229, dadurch gekennzeichnet, daß an Stelle der kolloiden Kieselsäure kolloide Zinnsäure verwendet wird.

Nr. 555714. (K. 103461.) Kl. 22f, 10.

„KOLLOIDCHEMIE" STUDIENGESELLSCHAFT M. B. H. IN HAMBURG,
JOH. BENEDICT CARPZOW IN BÖRNSEN B. HAMBURG-BERGEDORF,
MARTIN MARCH, ROBERT LENZMANN IN HAMBURG UND HERMAN SANDERS IN LONDON.

Verfahren zur Herstellung von Körperfarben.

Vom 22. März 1927. — Erteilt am 7. Juli 1932. — Ausgegeben am 30. Juli 1932. — Erloschen: ....

Die Verwendung von Schlick oder ähnlichen Schlämmen als Adsorptionsmittel für Farbstoffe zwecks Herstellung von Körperfarben ist bereits bekannt. Hierbei hat man den Schlick o. dgl. entweder in naturfeuchtem Zustande bei gewöhnlicher Temperatur mit Farbstoffen allein vermischt oder bei Verwendung von Beizenfarbstoffen auch noch mit bekannten Fällmitteln für diese in der Siedehitze versetzt bzw. Mischungen dieser Art zur Vollendung der Lackbildung alsbald zum Sieden erhitzt. Bei allen diesen bekannten Verfahren wirkt der verwendete Schlamm nur als adsorbierend wirkendes Substrat für den verwendeten Farbstoff oder Farblack. Die so erhältlichen Produkte weisen aber nur geringe Farbintensität und Leuchtkraft auf. Bei Verwendung größerer Farbstoffmengen halten sie einen Teil derselben nicht genügend fest an den Schlick gebunden und besitzen im Gebrauch eine ungenügende Wasserfestigkeit, so daß ein Ausbluten der Farben zu beobachten ist.

Diese Mängel werden jedoch erfindungsgemäß dadurch vermieden, daß man die Reaktion zwischen frischem Schlick und Farbstoffen bei Gegenwart von solchen Metallen oder Verbindungen solcher Metalle vor sich gehen läßt, welche unlösliche Silikate zu bilden vermögen. Metallverbindungen dieser Art sind beispielsweise Verbindungen von Metallen mit mehreren Oxydationsstufen, wie die des Eisens, Chroms, Mangans, Kupfers, Vanadiums, Titans, Molybdäns. Auch sind Verbindungen des Zinks, Bariums, Strontiums, Calciums, Magnesiums und Aluminiums hierfür geeignet. Diese Stoffe können entweder den Farbstoffen oder dem aufgeschlämmten Schlick oder der frischen Mischung dieser zugesetzt werden. Hierbei ist es vorteilhaft, unter Ausschluß von Sauerstoff, z. B. durch Verdrängen der Luft durch inerte Gase, zu arbeiten. Diese Körperfarben besitzen hervorragende technische Eigenschaften, wie große Wasserfestigkeit, Brillanz und Deckkraft, und zeichnen sich durch gutes Haftvermögen aus.

Der Erfindung liegt die Erkenntnis zugrunde, daß die im frischen, d. h. naturfeuchten Salz- oder Süßwasserschlick enthaltenen Kolloidstoffe von mikroskopischer Feinheit im wesentlichen aus ungesättigten Siliciumverbindungen bestehen. Letztere sind fähig, sich mit zahlreichen Metallen und Metallverbindungen unter Bildung der entsprechenden Silikate zu verbinden. Im Statu nascendi vermögen die Silikate weiterhin die Farbstoffe fester zu binden, als die bereits fertiggebildeten und als Adsorptionsmittel für Farbstoffe schon vielfach verwendeten fein verteilten oder kolloidalen Silikate, wie z. B. Ton, Chinaclay u. dgl.

Da die im naturfeuchten Schlick enthaltenen Kolloidstoffe die eigentlichen Träger der Reaktion sind, so bearbeitet man den rohen Schlick in der Weise, daß man die Kolloidstoffe durch Ausschlämmen oder Zentrifugieren von den nicht aktiven und amorphen Bestandteilen, wie z. B. Sand, trennt und besonders sammelt.

Das neue Verfahren bietet somit mannigfache Ausführungsmöglichkeiten, von denen nachstehend einige Beispiele angeführt werden.

1. 160 g naturfeuchter Schlick werden aufgeschlämmt, mit 20 g Chromoxyd und einer Lösung von 20 g Calciumchlorid innig vermischt und hierauf einige Tage stehengelassen. Alsdann wird die Masse mit Wasser ausgewaschen und in der Filterpresse vom größten Teil des Wassers befreit. Die erhaltene Paste kann entweder als solche mit wäßrigen Bindemitteln, wie Leim, Kasein oder Wasserglas, vermischt und als Anstrichmittel verwendet oder auch zuerst getrocknet, gepulvert, windgesichtet werden und alsdann mit Ölen und Harzlacken zur Herstellung von Ölanstrichen dienen.

2. 200 g naturfeuchter Schlick und 20 g Titandioxyd werden mit Wasser aufgeschlämmt, vermischt und längere Zeit bis zur Homogenität verrührt, alsdann einige Zeit ruhen gelassen. Das Ausreifen der Reaktion zeigt sich dadurch an, daß das überstehende Wasser sich an der Luft durch Oxydation der Eisenverbindungen des Schlicks allmählich verfärbt. Die so gewonnene Komplexverbindung ergibt als Körperfarbe mit oxydierenden Ölen wesentlich härtere Filme, als Titandioxyd bzw. Titanweiß für sich allein zu geben vermögen. Diese Körperfarbe liefert, mit Wasserglaslösungen angerührt, gute Deckanstriche, die sehr witterungsbeständig sind. Man kann den neuen Komplexstoff Schlick-Titanat mit den meisten organischen und anorganischen Farbstoffen echt adsorptiv färben, so daß man zu nicht blutenden Körperfarben kommt. An Stelle des Titanoxyds kann man auch entsprechende Mengen von Titansulfat verwenden.

3. 100 g Bariumsulfid werden mit 1000 g feuchtem Schlick verrieben und der Brei alsdann mit einer Auflösung von 144 g kristallisiertem Zinksulfat in 200 g Wasser und schließlich mit einem organischen Farbstoff, z. B. mit 10 g Malachitgrün, versetzt. Es resultiert dann eine Körperfarbe, welche in Pastenform in Verbindung mit Kaseinlösungen, Pflanzenleimen, Wasserglaskompositionen gut deckende, sehr widerstandsfähige Anstriche liefert. Die trockene Pulverform, mit Ölen oder Harzlacklösungen vermischt, liefert sehr widerstandsfähige, harte Filme.

4. 200 g naturfeuchter Schlick werden mit einer Aufschlämmung von 200 g handelsüblichem Zinkoxyd vermischt, bis zur Homogenität verrührt und einige Zeit stehengelassen, bis das überstehende Wasser sich an der Luft allmählich verfärbt. Das Fertig-

produkt liefert nach dem Trocknen in Verbindung mit den bekannten Ölen, Harz- oder Celluloselacken wesentlich härtere, widerstandsfähigere Farbanstriche als die Ausgangsstoffe für sich. Dieser neue Komplexstoff läßt sich in der Schlammform, also vor dem Trockenprozeß, mit vielen organischen und anorganischen Farbstoffen echt anfärben, wobei man gleichfalls zu nicht blutenden Körperfarben gelangt.

5. 200 g naturfeuchter Schlick werden mit 50 g Talkum vermischt und bis zur Homogenität verrührt, alsdann etwa 24 Stunden ruhen gelassen, dann ein organischer oder anorganischer Farbstoff, z. B. 1 g Fuchsin, in wäßriger Lösung auf die obige Masse hinzugefügt. Nach 24stündiger Lagerung wird die fertige Masse ausgewaschen, zentrifugiert, getrocknet und gepulvert. Die gepulverte Masse wird dann zweckmäßig auf dem Wasserbade einige Stunden unter Luftzutritt erwärmt zur Vollentwicklung der Farbtontiefe.

6. 500 g Schlick werden mit einer Lösung von 50 g Chlorcalcium in 100 g Wasser gelöst vermischt. Nach dem Eintritt neutraler Reaktion wird eine Lösung von 40 g Kaliumbichromat in 200 g Wasser hinzugefügt. Nach gründlicher Durchmischung wird ein Lösung von 67 g essigsaurem Blei hinzugemischt. Damit der Schlick durch Reduktion die Bleichromatbildung nicht stört und dann das Chromat wieder in Lösung tritt, werden vorher in den Schlick 30 g Bleiglätte in feinster Verreibung eingebracht.

Nach 24stündigem Stehen an der Luft resultiert eine leuchtend gelbe Körperfarbe. Diese kann sowohl in Pasten- als auch Trockenpulverform als wetterfeste Anstrichfarbe Anwendung finden.

7. 200 g Schlick werden mit 40 g Bleimetallstaub innig vermischt. Nach Beendigung der Gasentwicklung, d. h. nach einigen Tagen, wird der Schlamm z. B. mit 24 g Malachitgrün verrührt, wobei der Farbstoff gebunden wird. An Stelle von Bleimetallstaub können auch andere Metallstäube und an Stelle von Malachitgrün auch andere organische oder anorganische Farbstoffe in Mengen von $^1/_2$ bis 5 % analoge Verwendung finden. Es entstehen Körperfarben mit sehr guten Eigenschaften, die entweder in Pastenform oder nach erfolgtem Trocknen als Pulver entsprechende Verwendung finden können.

Patentansprüche:

1. Verfahren zur Herstellung von Körperfarben unter Verwendung von Schlick aus Salz- oder Süßwasser, dadurch gekennzeichnet, daß man derartigen Schlick oder die daraus durch Abschlämmen o. dgl. abgeschiedenen Kolloidstoffe im naturfeuchten bzw. noch reaktionsfähigen Zustande bei Gegenwart von solchen Metallen oder Metallverbindungen, die mit den Siliciumverbindungen des Schlicks unlösliche Silikate zu bilden vermögen, mit organischen oder anorganischen Farbstoffen in innige Berührung bringt und gegebenenfalls trocknet.

2. Verfahren nach Anspruch 1, dadurch gekennzeichnet, daß man hierbei unter Ausschluß von Sauerstoff arbeitet.

Dän. P. 39928.

Nr. 548525. (I. 32042.) Kl. 22f, 10.

I. G. Farbenindustrie Akt.-Ges. in Frankfurt a. M.

Erfinder: Dr. Walter Droste und Dr. Max Werner in Leverkusen-Wiesdorf.

Verfahren zur Herstellung hochwertiger trockener Farbkörper (Pigmente).

Vom 27. Aug. 1927. — Erteilt am 24. März 1932. — Ausgegeben am 16. April 1932. — Erloschen: 1934.

Es ist bekannt, daß trockene Farbkörper (Pigmente) mit trocknenden Ölen dann gute Anstrichfarben ergeben, sofern sie oder wenigstens einzelne ihrer Bestandteile mit trocknenden Ölen unter Bildung ziemlich undurchlässiger und wenig quellender Seifen reagieren. Diese Seifenbildung geht dann besonders schnell vor sich, wenn diese Farbkörper in besonders feiner Verteilung vorliegen. Außerdem ist noch weiter bekannt, daß die größte Undurchlässigkeit von Farbfilmen dann erzielt wird, wenn der unveränderte, d. h. nicht zur Seife umgesetzte Farbkörper in dichtester Packung vorliegt.

Der Vorteil der durch die feine Verteilung bedingten schnellen Seifenbildung kann sich aber praktisch nicht auswirken, da gerade infolge der feinen Verteilung des Farbkörpers die zur Herstellung einer streichfähigen Farbe erforderliche Ölmenge derart erhöht werden muß, daß nicht mehr genügend Ölanteile mit dem Farbkörper zu Seifen von den genannten Eigenschaften übergeführt werden können. Der in diesem Falle entstehende Ölfilm bleibt deshalb ziemlich hoch quellbar und durchlässig. Auch können andere Eigenschaften, z. B. Deckfähigkeit und Ausgiebigkeit, durch solch feine Verteilung unter Umständen stark leiden.

Es wurde nun gefunden, daß sich die genannten Nachteile vermeiden lassen, wenn man Teile von gröberen und feineren, besonders reaktionsfähigen, d. h. seifenbildenden Farbkörpern in solchen Mengen miteinander vermischt, daß die dichteste Packung der Farbkörper entsteht. Praktisch wird die dichteste Packung dadurch ermittelt, daß man das größte Schüttgewicht feststellt. Hierdurch wird erreicht, daß die zum Streichfähigmachen erforderliche Ölmenge nicht größer wird, als zu ihrer möglichst vollständigen Umwandlung in Metallseifen erforderlich ist.

Dabei ist es nicht nötig, daß die Gesamtheit der Farbkörper mit dem Öl in Reaktion tritt, vielmehr ist es sogar wünschenswert, daß zur Erhaltung der dichtesten Packung der größere Teil der Farbkörper, sei es infolge ihrer Größe, sei es infolge ihrer chemischen Eigenschaften, unverändert bleibt. In besonderen Fällen, falls nämlich die schnelle Bildung eines undurchlässigen Films erwünscht ist, oder der indifferente Farbkörper bereits eine solche Korngrößenverteilung hat, daß er der dichtesten Packung an sich schon nahe kommt, kann man den Zusatz des schnell reagierenden, fein verteilten Farbkörpers höher wählen, so daß die Grenze der dichtesten Packung nicht ganz erreicht wird. Auch in anderen Fällen, wenn z. B. der unvermischte gröbere Farbkörper aus irgendwelchen Gründen (günstige Oberflächenbeschaffenheit u. a. m.) schon an sich sehr reaktionsfähig ist, so daß er sich mit wesentlichen Anteilen des Öles schnell umsetzt, kann man etwas unter der Grenze der dichtesten Packung bleiben.

Beispiel 1

Eine Bleimennige Nr. 1 mit einer Teilchengröße von etwa 4 — 30 μ und einem Litergewicht von 3410 g benötigt zur Herstellung einer streichfähigen Anstrichfarbe etwa 18 % Leinölfirnis. Eine andere Bleimennige Nr. 2 mit einer Teilchengröße unter 1 μ und einem Litergewicht von 1330 g hat einen Ölverbrauch von etwa 30 %. Mischt man Mennige Nr. 1 mit Mennige Nr. 2, so daß man die dichteste Packung (maximales Schüttgewicht) bei einem Litergewicht von 3610 g erhält, d. s. 97 Gewichtsteile Mennige Nr. 1, 3 Gewichtsteile Mennige Nr. 2, im folgenden Nr. 3 genannt, so steigt der Ölverbrauch nicht wesentlich über 18 %. Wenn die Prüfung auf Quellbarkeit zwei Tage nach dem Trocknen der Anstriche vorgenommen wird, erweist sich die Quellbarkeit der Anstriche aus Mennige Nr. 1 etwa gleich der Quellbarkeit der Anstriche aus Mennige Nr. 3 und beträgt etwa 33 %. Nimmt man aber die Untersuchung nach 2 Monate langem Altern der Anstriche, d. h. nach weiterem Fortschreiten der Seifenbildung vor, so sinkt die Quellbarkeit bei der Mennige Nr. 1 um 23 %, dagegen die der Mischung Nr. 3 um 26 %, trotzdem die Zusammensetzung der Mennige Nr. 1 an sich schon dicht an der günstigsten Packung liegt. Die zur Verbesserung verwendete hochdisperse Mennige Nr. 2 quillt dagegen kurz nach dem Trocknen um 36 %; bei weiterer Alterung sinkt die Quellbarkeit aber nur um 3,7 %. Bewitterungsversuche zeigten, daß bei Anstrichen mit hochdisperser Mennige Nr. 2 sehr schnell Unterrostung und Rostdurchschlag auftritt, während in der gleichen Zeit die an sich schon gröbere Mennige Nr. 1 nur einzelne Rostpunkte zeigt, die verbesserte Mennige Nr. 3 dagegen noch keinen Rost aufweist.

Beispiel 2

Schwerspat von einer Teilchengröße von 1 — 40 μ und einem Litergewicht von 2,55 kg benötigt zum Streichfähigmachen etwa 30 % Leinölfirnis; Zinkweiß von einer Teilchengröße unter etwa 1 μ und einem Litergewicht von 0,53 kg benötigt zum Streichfähigmachen etwa 45 % Leinölfirnis. Mischt man die beiden Farbkörper, so daß dichteste Packung entsteht, d. h. 3 Teile Zinkweiß mit 97 Teilen Schwerspat ergeben ein Litergewicht von 2,65 kg, so benötigt man zur Streichfähigmachung ebenfalls nur 30 % Leinölfirnis. Man kann in diesem Falle, da der verwandte Schwerspat bereits eine Zusammensetzung nahe der dichtesten Packung aufweist, mit dem feineren Zusatz, dem Zinkweiß, höher gehen, ein Zusatz von 10 Teilen Zinkweiß würden zwar ein Litergewicht von 2,45 kg ergeben, also unter der dichtesten Packung liegen, der Ölverbrauch würde aber derselbe bleiben, etwa 30 %. An Stelle von Schwerspat kann man auch Farbkörper nehmen, in denen dieser als Substrat vorliegt, z. B. Helioechtgelb.

Nach dem vorliegenden Verfahren können Trockenfarben hergestellt werden aus folgenden Ausgangsstoffen:

Indifferente Farbkörper: z. B. Lithopone, Titanweiß, Chromoxydgrün, Guignetsgrün, Chromgelb, Schwerspat und schwerspathaltige Farben, z. B. Helioechtrot usw.

Seifenbildende Farbkörper: z. B. Zinkweiß, Bleiweiß, Bleioxyd, Bleimennige, basisches Bleichromat, basisches Bleisulfat.

Patentanspruch:

Verfahren zur Herstellung hochwertiger trockener Farbkörper (Pigmente), dadurch gekennzeichnet, daß schnell seifenbildende Farbkörper mit anderen Farbkörpern in annähernd dichtester Packung gemischt werden.

Nr. 486967. (K. 103708.) Kl. 12g, 1. RUDOLF KRAUSE IN KAMENZ, SA.

Verfahren zum kontinuierlichen Glühen von pulverförmigen Materialien.

Vom 6. April 1927. — Erteilt am 14. Nov. 1929. — Ausgegeben am 29. Nov. 1929. — Erloschen: 1933.

Viele pulverförmige Materialien, Chemikalien und Farben werden einem Glühprozeß unterworfen, welcher den Zweck hat, Verunreinigungen durch Verbrennung oder Verdampfung zu entfernen oder um Kohlensäure oder schwefelige Säure auszutreiben und um namentlich Farben ein leuchtendes lebhafteres Aussehen zu verleihen. oder um ihre Deckkraft zu erhöhen.

Bei anderen Chemikalien handelt es sich um chemische Reaktionen, die bei Glühtemperatur eintreten, wie z. B. das Rösten des Ultramaringrüns zur Überführung in die blaue Modifikation oder die Oxydation beim Glühen von Massicot zur Umwandlung in Mennige.

Damit beim Glühen die Substanzen und Farben nicht durch die Flammengase verunreinigt werden, geschieht es in Muffeln aus Schamotte oder Gußeisen, welche von außen durch direkte Feuerung oder durch Gas, durch Öl oder elektrisch geheizt werden.

Die Materialien müssen verhältnismäßig lange in den Muffeln liegen, weil es eine gewisse Zeit dauert, bis die in der Mitte liegenden Teilchen auf Glühtemperatur gelangen, wobei dann die der Wand näher liegenden Teilchen schon überhitzt sind, so daß ein ungleichmäßiges Durchglühen der Substanzen erfolgt. Um dieses zu vermeiden, hat man rotierende Zylinderöfen oder Zylinder mit drehbaren Flügelwellen vorgeschlagen, bei welchen Flügel den inneren Mantel der Rohre bestreichen, damit die Substanzen sich nicht an den Wänden des Zylinders festbrennen können; doch wird hierdurch niemals das Festbrennen der Substanzen vollkommen vermieden, da zwischen dem Mantel und dem Flügel immer ein Zwischenraum bleibt.

Nach der vorliegenden Erfindung werden diese Nachteile behoben, und es wird ein schnelles, gleichmäßiges Durchglühen des Materials, ohne ein Festbrennen an der Rohrwand befürchten zu müssen, dadurch ermöglicht, daß die von außen auf Glühtemperatur erhitzte, bewegte Muffel oder ein bewegtes Rohr eine Schüttelbewegung in der Längsrichtung derart erhält, daß das in die Muffel oder das Rohr eingefügte Gut eine Wurfbewegung (s. eingezeichneten Pfeil in Abb. 1) erhält und selbsttätig von dem einen nach dem anderen Ende hindurchgeführt wird.

Auf der Zeichnung ist ein Ofen zur Ausführung des Verfahrens dargestellt, und zwar zeigt

Abb. 1 einen Längsschnitt durch den Ofen und Abb. 2 einen senkrechten Querschnitt.

Wie aus der Zeichnung ersichtlich, ist A eine bewegte Muffel bzw. ein bewegtes Rohr, B der Ofen, durch welchen die Muffel oder das Rohr frei beweglich hindurchgeführt wird; C sind die Brenner zum Heizen des

Abb. 1

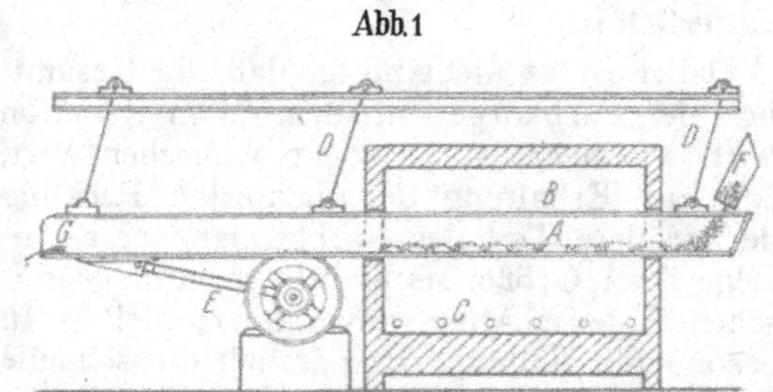

Abb. 2

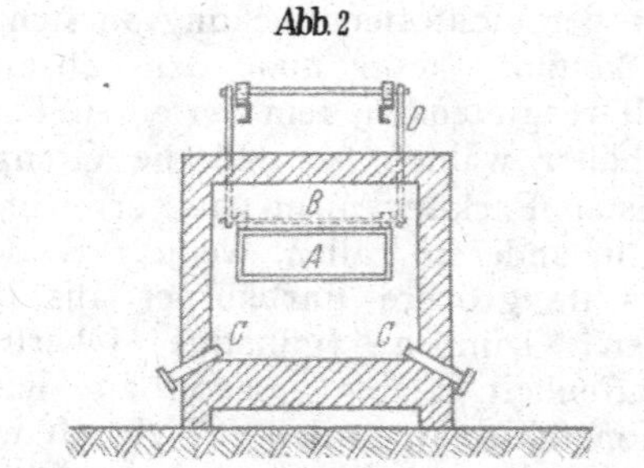

Ofens. D ist die Aufhängung der beweglichen Muffel bzw. des Rohres; dieselbe geschieht zweckmäßig durch pendelnde Flachfedern oder in anderer zweckmäßiger Weise. E ist der Antriebsmechanismus zur Hervorbringung der Schüttelbewegung. Bei F findet der Einlauf des Materials in die Muffel bzw. in das Rohr statt. Die der Muffel bzw. dem Rohr durch den Antriebsmechanismus erteilte Schüttelbewegung bewirkt auf die einzelnen Teilchen des eingeführten Gutes kleine Wurfbewegungen und verursacht ein selbsttätiges, gleichmäßiges Wandern des Materials in gleichmäßig niedriger Schüttelhöhe durch die Muffel nach der Austragöffnung G.

Bei dem Wandern der einzelnen Teilchen durch die Glühzone des Rohres glühen die Teilchen sehr schnell durch, ohne daß sie sich infolge der fortwährenden Wurfbewegungen an der Rohrwand festlegen und festbrennen können, wodurch das Material selbst bei hoher Glühtemperatur locker und feinpulverig bleibt.

Hervorzuheben ist noch, daß die durch das Schüttelrohr streichende Luft, welche zur Oxydation bei vielen Chemikalien erforderlich ist, genau reguliert werden kann und daß evtl. auftretende schwefligsaure Gase bequem abgeführt werden können.

Durch Verlängerung des Schüttelrohres außerhalb des Glühofens läßt sich eine Abkühlung des Materials sehr leicht erreichen. Das Schüttelrohr selbst kann aus einer bei Glühtemperatur widerstandsfähigen Eisenlegierung oder aus anderem zweckentsprechenden Material hergestellt werden.

Die Heizung des Schüttelrohres geschieht vorteilhaft, indem man das Rohr durch einen Ofen gehen läßt, der durch direkte Feuerung oder durch Gas oder Öl geheizt wird. Auch kann das Schüttelrohr als elektrisch geheizter Muffelofen ausgeführt werden.

PATENTANSPRUCH:

Verfahren zum kontinuierlichen Glühen von pulverförmigen Materialien, Chemikalien, Farben o. dgl. in einer von außen auf Glühtemperatur erhitzten, bewegten Muffel oder einem bewegten Rohr, dadurch gekennzeichnet, daß diese Muffel oder das Rohr eine Schüttelbewegung in der Längsrichtung derart erhält, daß das in der Muffel oder dem Rohr eingeführte Gut eine Wurfbewegung erhält und selbsttätig von dem einen Ende nach dem anderen Ende hindurchgeführt wird.

Nr. 542804. (I. 34862.) Kl. 22f, 14.

I. G. FARBENINDUSTRIE AKT.-GES. IN FRANKFURT A. M.

Erfinder: Dr. Wilhelm Meiser in Ludwigshafen a. Rh. und Dr. Oskar Kramer in Oppau a. Rh.

Verfahren zur Herstellung von Kohlenstoff.

Zusatz zum Patent 481736.

Vom 6. Juli 1928. — Erteilt am 7. Jan. 1932. — Ausgegeben am 3. Febr. 1932. — Erloschen: 1934.

In dem Hauptpatent ist ein Verfahren zur Herstellung von Kohlenstoff aus Kohlenoxyd oder kohlenoxydhaltigen Gasen beschrieben, bei dem das Gas in Gegenwart geringer Mengen von Carbonylen oder organischen Verbindungen von Kohlenoxyd zersetzenden Metallen, z. B. Eisencarbonyldampf, auf höhere Temperatur erhitzt wird. Als besonders vorteilhafte Arbeitsweise ist dabei angegeben, die Einführung des Gas-Carbonyl-Gemisches in das Reaktionsgefäß unter Druck vorzunehmen.

Es wurde nun gefunden, daß man auch ohne Anwendung von Druck zu guten Resultaten gelangt, wenn man in Gegenwart geringer Mengen Wasserdampfes arbeitet; doch bietet diese Maßnahme auch beim Arbeiten unter Druck insofern Vorteile, da bei Anwendung des erhöhten Druckes der Durchsatz an Kohlenoxyd gesteigert wird.

Ein bekanntes Verfahren zur Herstellung von Eisen durch Zersetzung von Eisencarbonyl, bei dem man dem letzteren indifferente oder reduzierende Gase zumischt, bot keine Anhaltspunkte für die Wirkung des Wasserdampfzusatzes bei der ganz anders gearteten Herstellung von Kohlenstoff durch Zersetzung von Kohlenoxyd in Gegenwart geringer Mengen von Carbonylen.

Der nach dem vorliegenden Verfahren erhaltene Kohlenstoff ist zufolge seiner feinen Verteilung z. B. für die Herstellung von Farbmassen für graphische Zwecke oder in der Kautschukindustrie als Füllstoff bei der Vulkanisation von natürlichem oder künstlichem Kautschuk sehr geeignet.

Beispiel 1

Kohlenoxyd mit einem Gehalt von 0,178 Volumenprozent Eisencarbonyl und 0,8 Volumenprozent Wasserdampf wird unter gewöhnlichem Druck durch ein auf etwa 500° C erhitztes Rohr geleitet. Es tritt dabei ein Zerfall von etwa 60% des angewandten Kohlenoxyds in Kohlenstoff und Kohlensäure ein; der Kohlensäuregehalt im Abgas beträgt 43%.

Beispiel 2

100 Gewichtsteile Kohlenoxyd werden zusammen mit 1,7 Gewichtsteilen dampfförmigem Eisencarbonyl und 1 Gewichtsteil Wasserdampf unter einem Druck von 100 at bei 400° C durch ein senkrecht stehendes Rohr geleitet. Das Kohlenoxyd zersetzt sich lebhaft und in guter Ausbeute zu Kohlenstoff und Kohlendioxyd.

PATENTANSPRUCH:

Verfahren zur Herstellung von Kohlenstoff aus Kohlenoxyd oder kohlenoxydhaltigen Gasen durch thermische Zersetzung unter Druck in Gegenwart von Carbonylen nach Patent 481736, dahin abgeändert, daß man in Gegenwart geringer Mengen Wasserdampfes, gegebenenfalls bei gewöhnlichem Druck, arbeitet.

D. R. P. 481736, S. 2075.

Nr. 565053. (G. 64997.) Kl. 22f, 14. Dr.-Ing. Theodor Wilhelm Pfirrmann in Mannheim-Waldhof und Dr. Georg Gros in Oppenau.

Verfahren zur fortlaufenden Herstellung von Gasruß durch katalytische Zerlegung von Kohlenoxyd.

Vom 5. Aug. 1925. — Erteilt am 10. Nov. 1932. — Ausgegeben am 25. Nov. 1932. — Erloschen: . . . .

Die Herstellung von Ruß geschieht heute noch ausschließlich durch thermische Zersetzung von Kohlenwasserstoffen. Es hat nicht an Versuchen gefehlt, das leicht zugängliche Kohlenoxyd zur Rußbildung heranzuziehen, welches bei Temperaturen oberhalb 400° in Kohlensäure und amorphen Kohlenstoff zerlegt werden kann, der dem besten Gasruß ebenbürtig ist. Die in Frage kommende Reaktion $2\,CO = CO_2 + C$ ist der Gegenstand eingehenden Studiums gewesen; der Einfluß von Temperatur, Druck und Katalysatoren ist genau bekannt und öfters beschrieben. Trotzdem ist ein wirtschaftlicher Weg zur fortdauernden Rußgewinnung aus Kohlenoxyd bis jetzt nicht gefunden worden.

Die Schwierigkeiten ergeben sich aus der bei technischen Gasreaktionen noch nicht aufgetretenen Eigenart, daß am Kontakt ein fester Stoff erzeugt wird, der im Augenblick des Entstehens die Katalysatoroberfläche bedeckt und die nachfolgenden Gasteilchen an der weiteren Reaktion hindert. Der gebildete Ruß sitzt ziemlich fest auf der Katalysatoroberfläche und bewirkt, daß schon nach mehreren Stunden die Kohlenoxydumsetzung von etwa 80 bis 90 % unter 10 % zurückgeht. Die im Reaktionsraum herrschende Geschwindigkeit, die je nach der Umsatzgeschwindigkeit eingestellt werden muß, ist nicht imstande, den auf dem Katalysator festsitzenden Ruß zu entfernen.

Durch nachstehend beschriebene neue Maßnahmen ist es gelungen, die Schwierigkeiten zu beseitigen und aus Kohlenoxyd fortlaufend mit hoher Ausbeute Gasruß zu erzeugen.

Es werden nicht, wie üblich, poröse Träger mit Katalysator beladen und dann in dicker Schicht mit dem Gas in Berührung gebracht, sondern der Katalysator, aus einem oder mehreren Metallen der Eisengruppe bestehend, wird entweder auf entsprechend geformten Flächen, z. B. Blechen aus Eisen oder Eisenlegierungen, aufgebracht, oder es werden aus dem Katalysator selbst durch Pressen oder Walzen entsprechende Formen hergestellt. Die Reaktion geht an diesen Flächen vor sich und wird dadurch fortlaufend gestaltet, daß eine mechanische Reinigungsvorrichtung die Katalysatoroberfläche durch Entfernung des jeweils gebildeten Rußes immer wirksam erhält.

Ausführungsbeispiel

In einem zylindrischen Reaktionsgefäß sind eine Reihe von Blechscheiben, welche z. B. aus einem Fe-Ni-Co-Gemisch oder einer Legierung bestehen können, so hintereinander eingebaut, daß das kohlenoxydhaltige Gas an beiden Seiten der Blechscheiben vorbeiströmen muß. Auf einer in der Mitte umlaufenden Welle sitzt eine Reihe von Drahtbürsten oder Abstreifblechen, ebenfalls aus katalytisch wirksamem Metall bestehend; diese schaben den auf beiden Seiten der Blechscheiben sich festsetzenden Ruß fortlaufend ab; derselbe sammelt sich in einer am Boden des Reaktionszylinders befindlichen Rinne und wird durch Schnecke und Schleusenverschluß fortlaufend aus dem Reaktionsraum entfernt. Zur Vergrößerung der Oberfläche können die Bleche auch mit Löchern, Schlitzen oder Rillen versehen sein, in welche die Einzeldrähte der umlaufenden Drahtbürsten eingreifen können, beim Weiterrotieren sich gegenseitig verschieben, anspannen und aneinanderreiben, so daß auch der auf den Drähten sitzende Ruß abgestreift wird. Selbstverständlich können auch die Blechscheiben umlaufen und die Abstreifer feststehen. Durch die Reibung von Metall an Metall wird jederzeit für die Erneuerung der wirksamen Oberfläche gesorgt.

An Stelle der Abstreifer können bei umlaufenden Blechscheiben auch eine Reihe feiner Düsen angebracht werden, aus denen Reaktionsgas mit hoher Geschwindigkeit in spitzem Winkel auf die Scheiben bläst und den festsitzenden Ruß entfernt.

Eine weitere vollständig neuartige Form des Verfahrens besteht darin, dem Kohlenoxyd gas- oder dampfförmige Metallverbindungen fortlaufend zuzumischen, z. B. Carbonyle oder flüchtige organische Metallverbindungen, welche selbst meist katalytisch unwirksam erst kurz vor oder bei Erreichung der Reaktionstemperatur unter Bildung von äußerst fein verteiltem, hochaktivem Metallstaub zerfallen, an dem die Rußbildung vor sich geht. Die hierfür benötigte Metallmenge ist gering, so daß für viele Zwecke eine Entfernung aus dem Ruß nicht nötig ist; es kann aber auch eine Scheidung von Ruß und Katalysator in bekannter Weise vorgenommen werden.

Die gleichmäßige Verteilung des gasförmigen Katalysators im Kohlenoxyd geschieht dadurch, daß ein Teil des Kohlenoxyds abgezweigt und mit der den Katalysator liefernden Verbindung beladen wird, worauf beide Gasteilströme wieder zusammengeführt werden. Verwendet man als Katalysator liefernde gasförmige Verbindungen Carbonyle, so wird deren Herstellung im Verfahren selbst durchgeführt.

PATENTANSPRÜCHE:

1. Verfahren zur fortlaufenden Herstellung von Gasruß durch katalytische Zerlegung von Kohlenoxyd, dadurch gekennzeichnet, daß diese durchgeführt wird an ganz oder nur oberflächlich aus katalytisch wirksamem Metall bestehenden Blechscheiben, von denen der sich bildende Ruß entfernt wird durch dagegenbewegte, ebenfalls aus katalytisch wirksamem Metall bestehende Abstreifbleche oder Drahtbürsten oder auch durch eine Reihe von feinen Düsen, denen Reaktionsgas mit hoher Geschwindigkeit entströmt.

2. Verfahren nach Anspruch 1, dadurch gekennzeichnet, daß neben festen Katalysatorflächen gas- oder dampfförmige Katalysatoren angewendet werden, die zwecks Dosierung einem abgezweigten Teilgasstrom zugemischt werden, welcher nach der Beladung wieder mit dem Hauptgasstrom vereinigt wird.

3. Verfahren nach Anspruch 1 und 2, dadurch gekennzeichnet, daß als gasförmige Katalysatoren Carbonyle verwendet werden, welche fortlaufend mittels eines abgezweigten Kohlenoxydteilstromes bei der Bildungstemperatur der Carbonyle gegebenenfalls unter Druck aus den entsprechenden Metallen oder Metallgemischen hergestellt werden.

Nr. 555584. (M. 92484.) Kl. 22f, 14.

CHR. HOSTMANN-STEINBERG'SCHE FARBENFABRIKEN G. M. B. H. IN CELLE, HANN.

Erfinder: Josef Machtolf in Celle, Hann.

Vorrichtung zum Spalten von Acetylen.

Vom 12. Dez. 1925. — Erteilt am 7. Juli 1932. — Ausgegeben am 23. Juli 1932. — Erloschen: . . .

Es ist bekannt, Acetylengas dadurch zu spalten, daß man es in einen Zylinder leitet, dort auf einen Druck von mindestens zwei Atmosphären bringt und durch einen elektrischen Funken entzündet, so daß die spaltende Explosion eintritt. Durch diese Explosion wird ein verhältnismäßig hoher Druck erzeugt, dem der Spaltzylinder standhalten muß. Wenn der Druck an sich auch nur etwa 20 Atmosphären beträgt, so ist doch zu berücksichtigen, daß die Explosion gerade des Acetylengases mit außerordentlicher Schnelligkeit vor sich geht und der Spaltzylinder in einem kaum denkbar kleinen Bruchteil einer Sekunde dem Explosionsdrucke ausgesetzt ist, d. h. einer wechselnden Beanspruchung. Da es erforderlich ist, um praktisch brauchbar genügende Mengen Gas zu spalten, einerseits das Gas an sich unter einen Druck von etwa 10 Atmosphären zu setzen, bevor es gespalten wird, und andererseits den Spaltzylinder möglichst groß zu bemessen, so vervielfachen sich die Gefahrmomente.

Gemäß der Erfindung werden die Gefahrmomente auf ein möglichst geringes Maß beschränkt, und zwar dadurch, daß der Spaltzylinder als langes Rohr ausgebildet, d. h. sein Durchmesser verhältnismäßig klein wird. Dadurch ist es möglich, den Spaltzylinder geradezu beliebig lang zu bemessen, ohne die Gefahrmomente zu vergrößern. Es ist dabei zweckmäßig, den Spaltzylinder anstatt bisher senkrecht, nunmehr waagerecht zu lagern, damit auch bei großer Länge des Rohres seine Armaturen in bequem erreichbarer Höhe liegen. Das lange Rohr läßt sich unschwer starkwandig und gleichmäßig gut walzen oder aus dem Vollen bohren; auch kann man es gegebenenfalls aus mehreren kurzen Rohren zusammensetzen. Der verhältnismäßig kleine Durchmesser (im Gegensatze zu den bisher kesselförmigen Spaltzylindern) des Spaltrohres erträgt einen auch plötzlich einsetzenden großen Überdruck; vor allem aber kann der Druck in dem langen Rohre gewissermaßen elastisch wirken, indem er sich auf die große Länge verteilt, weil die Explosion, wenn sie auch in noch so kurzer Zeit eintritt, sich doch erst entwickeln muß, d. h. am vorderen Rohrende beginnt und dort bereits eine gewisse Abkühlung der Moleküle eingetreten ist, bis die Explosion am anderen Ende voll entwickelt ist. Besonders günstig liegen die Verhältnisse bei der Verwendung eines solchen Spaltrohres hinsichtlich der Erhitzung und Abkühlung des Spaltzylinders. Das lange Rohr hat eine verhältnismäßig große Berührungsfläche mit der Außenluft; es kühlt sich also von selbst schon leicht ab und kann durch Umspülung mit Wasser oder Öl unschwer auf normaler Temperatur gehalten werden. Die Abkühlung nach dem Spaltvorgang kann also recht schnell erreicht werden, so daß nach ziemlich kurzer Zeit die nächste Spaltung in demselben Rohre erfolgen kann. Der durch den Spaltvorgang erzeugte Ruß kann aus dem langen dünnen Rohre schneller und restloser entfernt werden als aus einem umfangreichen kurzen Kessel, z. B. durch Ausblasen. also ohne mechanische Mittel. Und schließlich ist der Ruß selbst, der in dem langen Rohre in gewissermaßen elastischer Explosion gewonnen wird, in seinen Molekülen weicher, d. h. im ganzen weicher. Die Explosionstemperatur bleibt nämlich im langen Rohre tiefer; und gerade die hohen Explosionstemperaturen machen den Ruß körniger und härter. Die Explosionstemperatur hat eben nicht mehr lange genug Bestand, um die Rußmoleküle hartzubrennen. Zudem verändert die hohe Temperatur die Farbe, und die verhältnismäßig tiefe Temperatur im langen Rohre ergibt die gewünschte tiefschwarze anstatt bräunliche Farbe des Rußes.

Die Zeichnung zeigt ein Ausführungsbeispiel des Erfindungsgegenstandes, und zwar

Fig. 1 ein waagerecht gelagertes Spaltrohr in Seitenansicht,

Fig. 2 ein aus zwei durch einen U-Bogen verbundenen Rohren bestehendes Spaltrohr in Draufsicht.

Das lange Rohr 1 ist auf dem Fundament 2 z. B. mittels der Rohrschelle 3 gelagert und kann darin durch Anziehen der Verschraubung 4 fest eingespannt werden. Dagegen liegt das freie Rohrende leicht verschiebbar in der Gabel 6 des zweckmäßig auch in einem Fundament befestigten Ständers 5. Auf diese Weise kann sich das Rohr bei plötzlicher Erwärmung beliebig ausdehnen.

Die Rohre 7 und 8 (Fig. 2) sind durch einen U-Bogen miteinander verbunden; man kann in dieser Weise beliebig viele Rohre zusammen zu einem einheitlich arbeitenden Spaltrohre vereinigen und braucht für diesen verhältnismäßig großen und äußerst elastisch arbeitenden Spaltapparat nur wenig Arbeitsraum.

Patentansprüche:

1. Vorrichtung zum Spalten von Acetylen unter Benutzung eines im wesentlichen zylindrischen Spaltraums, dadurch gekennzeichnet, daß als Spaltgefäß ein langes, im wesentlichen in waagerechter Richtung, wenn auch geneigt angeordnetes Rohr benutzt wird.
2. Vorrichtung nach Anspruch 1, dadurch gekennzeichnet, daß mehrere Rohre durch U-Bogen o. dgl. zu einem langen Spaltrohr vereinigt sind.
3. Vorrichtung nach Anspruch 1 oder 2, dadurch gekennzeichnet, daß das Spaltrohr mit seinem einen Ende fest verankert und mit dem anderen lose gelagert oder mit beiden Enden lose gelagert ist, so daß es sich bei Erwärmung ausdehnen kann.

Im Orig. 2 Abb.

Siehe auch A. P. 1746003, F. P. 658327 von J. Machtolf.

Nr. 555909. (M. 92483.) Kl. 22f, 14.

Chr. Hostmann-Steinberg'sche Farbenfabriken G. m. b. H. in Celle, Hann.

Erfinder: Josef Machtolf in Celle, Hann.

Ausblasen von Spaltzylindern.

Vom 12. Dez. 1925. — Erteilt am 14. Juli 1932. — Ausgegeben am 30. Juli 1932. — Erloschen: . . . .

Bei dem Verfahren zum Spalten von Acetylengasen o. dgl. in Spaltzylindern besteht die Schwierigkeit, aus dem Spaltzylinder allen durch die Spaltung entstandenen Ruß zu entfernen. Etwa im Spaltzylinder verbleibender Ruß würde für die folgende Spaltung eine große Explosionsgefahr bedeuten. Die Schwierigkeit liegt darin, daß man den Spaltzylinder nicht einfach öffnen und mechanisch reinigen darf, weil unter keinen Umständen Luft in den Spaltzylinder eintreten darf, die ebenfalls größte Explosionsgefahr herbeiführen und den Wasserstoff verunreinigen würde.

Man hat bereits versucht, Wasserstoff durch den Spaltraum hindurchzublasen, um den Ruß zu entfernen, und man hat die Wirkung des Wasserstoffs dadurch gesteigert, daß man dem eingeleiteten Wasserstoffstrom eine Wirbelbewegung erteilt hat. Aber auch auf diesem Wege erreicht man in vielen Fällen nicht eine schnelle und vor allem gründliche Entfernung des Rußes.

Gemäß der Erfindung wird das durch die Spaltung entstehende Gemisch aus Wasserstoff und Ruß durch den Rußsammler getrieben und der immer noch Ruß enthaltende Wasserstoff mittels Exhaustors o. dgl. von neuem dem Spaltraum zugeführt und in gleicher Richtung durch den Rußsammler abgeleitet. Auf diese Weise wird der Spaltzylinder nicht nur mit reinem Wasserstoff, sondern zunächst mit dem Gemisch aus Ruß und Wasserstoff durchblasen, d. h. vor allem mechanisch gereinigt, ohne Zuhilfenahme von dem Ruß das Ablagern ermöglichenden mechanischen Mitteln.

Es ist zweckmäßig, der Entnahmemündung des Rußsammlers einen Rohrstutzen vorzulagern, der zwischen der Mündung und dem Rußsammler einen Pfropfen aus Ruß enthält, der auch während der Rußentnahme das Eindringen von Luft in die Rußleitung oder das Ausströmen von Wasserstoff aus der Rußleitung verhindert.

Die Zeichnung zeigt ein Ausführungsbeispiel des Erfindungsgegenstandes, und zwar Fig. 1 eine schematische Darstellung einer Acetylenspaltanlage in Seitenansicht und Fig. 2 die Acetylenspaltanlage im Grundriß.

Fig. 1

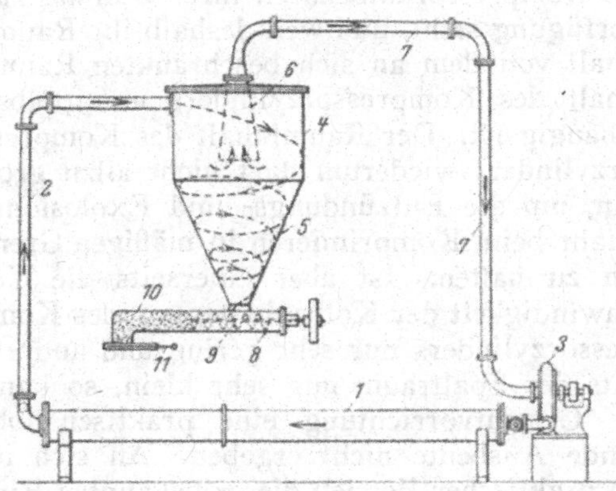

Fig. 2

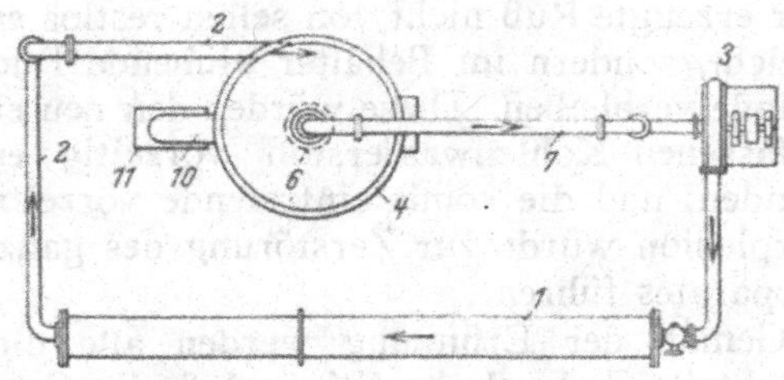

An das Spaltrohr 1 ist das Rohr 2 angeschlossen, durch das mittels des Exhaustors 3 dem Rußsammler 4 der bei der Spaltung entstehende Ruß zugeführt wird. Infolge der etwa tangentialen Lage der Einmündung des Rohres 2 in den Rußsammler 4 (Fig. 2) erhält der einströmende Ruß eine schraubenförmige Bewegung, so daß er sich an der Wand des anschließenden Trichters ablagern kann. Der nicht abgelagerte Teil geht durch den in den Sammler 4 hineinhängenden Trichter 6 durch die Leitung 7 und den Exhaustor 3 wieder durch den Spaltzylinder. Dort treibt er den noch darin haftenden Ruß heraus. Das Ganze bildet also eine Ringleitung, die ohne Zuhilfenahme fremder Gase oder Mittel so lange im Umlauf gehalten wird, bis aller Ruß aus dem Spaltzylinder entfernt und der umlaufende Strom nur noch reiner Wasserstoff ist.

An den Trichter 5 schließt sich die Trommel 8 an, durch welche der gesammelte Ruß entnommen wird. Die Schnecke 9 drückt den Ruß in das vorgelagerte Rohr 10 hinein, aus dem er nach Öffnen des Schiebers 11 herausfällt. Dabei wird durch den Rußpfropfen im Rohre 10 ein Eintritt von Luft in die Ringleitung verhindert.

In manchen Fällen wird es zweckmäßig sein, dem Wasserstoffrußstrom einen Drall zu erteilen. Es kann dies durch Einbauen von schräg gestellten oder schneckenförmigen Leitflächen geschehen, die zweckmäßig in der Nähe des Einströmungsendes des Spaltrohres angeordnet sind.

PATENTANSPRÜCHE:

1. Ausblasen von Spaltzylindern, dadurch gekennzeichnet, daß das durch die Spaltung entstehende Gemisch aus Wasserstoff und Ruß unter Bedingungen durch den Rußsammler getrieben wird, daß zunächst nur ein Teil des Rußes abgeschieden wird, und daß der noch Ruß enthaltende Wasserstoff mittels Exhaustors o. dgl. im Kreislauf von neuem durch den Spaltzylinder und in gleicher Richtung durch den Rußsammler geleitet und das bis zur praktisch vollständigen Entleerung des Spaltzylinders von Ruß fortgesetzt wird.

2. Verfahren nach Anspruch 1, dadurch gekennzeichnet, daß der Entnahmemündung des Rußsammlers ein Rohrstutzen (10) vorgelagert ist, der zwischen der Mündung und dem Rußsammler einen Pfropfen aus Ruß enthält.

Öst. P. 125181.
A. P. 1746003; F.P. 658327, von J. Machtolf.

Nr. 541331. (B. 133036.) Kl. 22f, 14. RUDOLF SCHÜCHNER IN BERLIN-FRIEDENAU.

Vorrichtung zur pyrogenen Zersetzung von Kohlenwasserstoffen.

Vom 21. Aug. 1927. — Erteilt am 17. Dez. 1931. — Ausgegeben am 11. Jan. 1932. — Erloschen: . . . .

PATENTANSPRÜCHE:

1. Vorrichtung zur pyrogenen Zersetzung von Kohlenwasserstoffen zwecks Herstellung von Ruß und Wasserstoff oder zum Kracken von Kohlenwasserstoffölen, in welcher die Zersetzung durch Entzündung der komprimierten oder erwärmten Kohlenwasserstoffdämpfe in einer Spaltkammer bewirkt wird, wobei Zündvorrichtung und Ausblaseventile mechanisch gesteuert werden, dadurch ge-

kennzeichnet, daß die Spaltkammer an eine Zuführungsleitung (4) angeschlossen ist, welche die zu behandelnden Stoffe bereits unter Druck enthält, und daß in dieser Zuführungsleitung für die Stoffe zur Spaltkammer ein mechanisch gesteuertes Ventil (6) angebracht ist.

2. Vorrichtung nach Anspruch 1, dadurch gekennzeichnet, daß außer dem mechanisch gesteuerten Einblaseventil (6) für die zu behandelnden Stoffe noch ein zweites mechanisch gesteuertes Einblaseventil für den einzulassenden Wasserstoff (15) o. dgl. vorgesehen ist, das sich nach erfolgter Zündung öffnet.

3. Vorrichtung nach den Ansprüchen 1 und 2, dadurch gekennzeichnet, daß das Ausblaseventil (25) als ein z. B. durch eine Feder (31) beeinflußtes Sicherheitsventil ausgebildet ist.

4. Vorrichtung nach den Ansprüchen 1 und 3, dadurch gekennzeichnet, daß die Nocken der Welle (10) derart eingestellt sind, daß das Ventil (25) nach der durch den Explosionsüberdruck selbsttätig erfolgten vorübergehenden Entlüftung mechanisch abgehoben und erst darauf das Ventil (15) für den Wasserstoffeinlaß betätigt wird.

5. Vorrichtung nach den Ansprüchen 1 bis 4, dadurch gekennzeichnet, daß dem Wasserstoffeinlaß (14) die Zündkerze, das Zündrohr o. dgl. (34) vorgelagert ist.

6. Vorrichtung nach den Ansprüchen 1 bis 5, dadurch gekennzeichnet, daß der Ventilkegel (25) sich zwischen den Ableitungsrohren (29) und dem Sitz bewegt.

Die Erfindung betrifft eine Vorrichtung zur pyrogenen Zersetzung von Kohlenwasserstoffen zwecks Herstellung von Ruß und Wasserstoff oder zum Kracken von Kohlenwasserstoffölen, in welcher die Zersetzung durch Entzündung der komprimierten oder erwärmten Kohlenwasserstoffdämpfe in einer Spaltkammer bewirkt wird, wobei Zündvorrichtung und Ausblaseventile mechanisch gesteuert werden. Bei den bekannten Einrichtungen dieser Art erfolgt die Dissoziation der Gase in einem Kompressor, in dem durch Hinundherbewegung des Kompressorkolbens das unter gewöhnlichem Druck stehende, zu zerlegende Gas angesogen, unter Druck gesetzt und in die einen Teil des Kompressorzylinders bildenden, d. h. unmittelbar angeschlossenen Spaltkammern hineingedrückt wird. Dieses Ansaugen und Komprimieren einer jeden zu einem Spaltvorgang benötigten Gasmenge einzeln für sich hat den Nachteil, daß mit nur großen Zeitabständen die Spaltvorgänge aufeinanderfolgen können. Hinzu kommt, daß sich die Gluthitze der Spaltkammer unmittelbar auf den Kompressorzylinder überträgt, weil die Spaltkammer unmittelbar am Zylinder angebracht ist. Außerdem darf die Spaltkammer nur ganz besonders klein bemessen werden, weil nur ein Arbeitsgang des Kompressorkolbens zu ihrer Füllung zur Verfügung steht, und weil deshalb ihr Rauminhalt von dem an sich beschränkten Rauminhalt des Kompressorzylinders unmittelbar abhängig ist. Der Rauminhalt des Kompressorzylinders wiederum darf nicht allzu groß sein, um die Entzündungs- und Explosionsgefahr beim Komprimieren in mäßigen Grenzen zu halten. Ist aber einerseits die Geschwindigkeit der Kolbenbewegung des Kompressorzylinders nur sehr gering und andrerseits der Spaltraum nur sehr klein, so kann die Gesamtvorrichtung eine praktisch lohnende Ausbeute nicht ergeben. An sich ist ein praktischer Betrieb dieser bekannten Einrichtung deshalb schon unmöglich, weil der Kolben im Ruß festbrennen würde, und weil der erzeugte Ruß nicht von selbst restlos entweicht, sondern im Behälter glühende Rückstände verbleiben. Diese würden den neu eingelassenen Kohlenwasserstoff vorzeitig entzünden, und die somit eintretende vorzeitige Explosion würde zur Zerstörung des ganzen Apparates führen.

Gemäß der Erfindung werden alle diese Nachteile dadurch beseitigt, daß die Spaltkammer nicht unmittelbar oder überhaupt an einen Kompressor angeschlossen wird, sondern an eine Zuführungsleitung, welche die zu behandelnden Stoffe bereits unter Druck enthält, und daß in der Zuführungsleitung für die Stoffe zur Spaltkammer ein mechanisch gesteuertes Ventil angebracht ist. Dadurch ist es möglich, lediglich durch periodisch-mechanisches Öffnen des Einlaßventils in denkbar kurzer Zeit den Spaltraum mit fertig komprimiertem Gas zu füllen, und der Spaltraum kann beliebige Abmessungen haben. Damit die Spalterzeugnisse jedoch denkbar schnell und restlos entfernt werden, ist außer dem mechanisch gesteuerten Gaseinblaseventil ein zweites mechanisch gesteuertes Einblaseventil vorgesehen, das nach erfolgter Zündung unmittelbar nach Öffnen des Ausblaseventils geöffnet wird und Wasserstoff o. dgl. in die Spaltkammer einbläst. Der Wasserstoff bläst dann nicht nur den Ruß aus, sondern füllt auch die Spaltkammer mit Wasserstoff, so daß diese Wasserstoffüllung eine vorzeitige Entzündung des frisch eintretenden Kohlenwasserstoffgases verhindert, zumal der Wasserstoff gleichzeitig kühlend wirkt. Das

Ausblaseventil kann ferner wie ein durch Überdruck selbsttätig abblasendes, z. B. durch eine Feder beeinflußtes Sicherheitsventil ausgebildet sein, so daß es schon in dem Augenblick der Explosion geradezu blitzartig schnell einen Teil des Rußes abbläst, und somit die bisher so schädliche Überhitzung des Spaltbehälters vermieden wird. Im übrigen kann auch die den Ventilkegel andrückende Feder des Ausblaseventils regelbar eingerichtet sein. Wird darauf das Ausblaseventil nach der durch den Explosionsüberdruck selbsttätig erfolgten vorübergehenden Entlüftung mechanisch abgehoben und erst darauf das Ventil für den Wasserstoffeinlaß betätigt, so tritt die wirklich denkbar schnellste Entleerung der Spaltkammer ein.

Damit sich die Zündungsvorrichtung, z. B. die Zündkerze, das Zündrohr o.dgl. nach jeder Explosion vom Ruß säubert, wird sie zweckmäßig dem Wasserstoffeinlaß vorgelagert. Ebenso läßt man den Ventilkegel für den Rußauslaß sich nur zwischen seinem Sitz und den Ableitungsrohren bewegen, damit der ausblasende Wasserstoff auch diesen Ventilkegel vom Ruß reinigt, indem er den Kegel umspült.

Die Zeichnung zeigt ein Ausführungsbeispiel des Erfindungsgegenstandes, und zwar eine mit mechanisch gesteuerten Zuleitungs- und Ableitungsventilen versehene Spaltvorrichtung im Schnitt.

Die z. B. durch einen kleinen Elektromotor angetriebene Welle 10 stellt nach der Zeichnung ihre Nocken so ein, daß alle Ventile geschlossen sind. Beim Weiterlaufen der Welle 10 öffnet sich zunächst das Ventil 6 und läßt Kohlenwasserstoff o. dgl. in den Zylinderraum 1 eintreten. Nachdem der Zylinder gefüllt ist, schließt sich das Ventil, und es erfolgt z. B. vom Nocken 19 aus die Zündung des Zylinderinhalts. Darauf öffnet sich das Ventil 25, so daß der durch die Explosion entstandene Wasserstoff und Ruß durch die Rohre 29 austreten kann. Der Nocken 20 hält das Ventil 25 weiter geöffnet, und außerdem öffnet sich noch das Ventil 15, so daß der

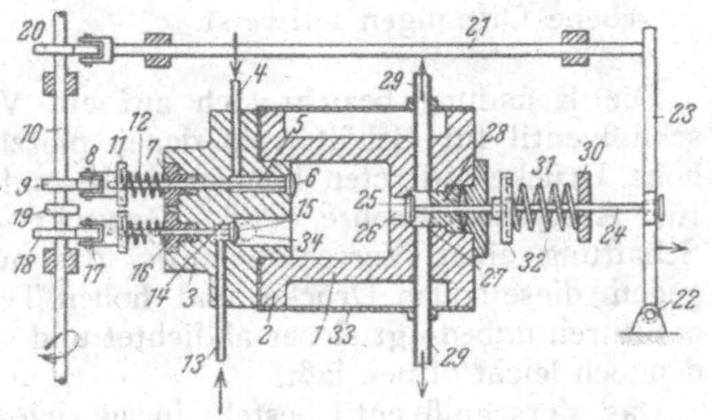

unter Druck stehende Wasserstoff in den Zylinder 1 einblasen und dessen Inhalt in die Rohre 29 hinausdrängen kann. Hierauf schließen sich beide Ventile 25 und 15 wieder, und die Vorgänge wiederholen sich. Je nach Ausbildung der einzelnen Teile der Spaltvorrichtung kann die Wiederholung der Vorgänge unter Umständen außerordentlich schnell erfolgen. Je nach Bemessung der Feder 31 kann schon der Explosionsüberdruck das Ventil 25 öffnen, so daß der Zylinder 1 weder einen zu hohen Druck noch eine zu hohe Temperatur auszuhalten hat. Die Zündkerze, das Zündrohr o. dgl. 34 ist dem Wasserstoffeinlaß 14 vorgelagert, so daß der in den Zylinder einströmende Wasserstoff die Kerze umspült und von etwa anhaftendem Ruß reinigt. Ebenso wird der Ventilteller 25 stets nur wenig angehoben und derart reichlich von dem ausblasenden Wasserstoff umspült, daß er beim Wiederaufsitzen rein ist und wirklich dichten kann.

Nr. 465932. (M. 93565.) Kl. 22f, 14. JOSEF MACHTOLF IN CELLE, HANNOVER.

Verschlußventil.

Vom 5. März 1926. — Erteilt am 13. Sept. 1928. — Ausgegeben am 28. Sept. 1928. — Erloschen: . . . . .

PATENTANSPRÜCHE:

1. Verschlußventil für Behälter mit plötzlich auftretenden hohen Drücken, insbesondere für Acetylenspaltrohre, aus zwei gegeneinander bewegbaren Teilen mit einer zwischen ihnen angeordneten zusammendrückbaren Dichtungsscheibe, dadurch gekennzeichnet, daß der eine Ventilteil (11) einen mit auswärts gerichteter Wand versehenen Teller trägt und durch seine Ventilspindel beim Schließen des Ventils mittels einer Spannvorrichtung in die zylindrische Bohrung des Deckflansches hineingezogen wird, wobei der zweite Ventilteil mit seiner Kegelfläche auf einen entsprechenden Sitz der erwähnten Bohrung fest aufgepreßt gehalten wird.

2. Ausführungsform des Verschlußventils nach Anspruch 1, dadurch gekennzeichnet, daß auf der Ventilspindel (11′) eine Muffe (8) frei drehbar sitzt, an der mittels eines Mitnehmers (9) ein Schieber (11) befestigt ist, welcher die in dem an das Spaltrohr angeschlossenen Stutzen

(3) vorgesehenen Ein- und Auslaßöffnungen (3^a bzw. 3^b) abschließt oder freilegt.

3. Ausführungsform des Verschlußventils nach Anspruch 1, dadurch gekennzeichnet, daß der an dem Ventilkopf (11) befestigte Teller (14) auf seiner einwärts gebogenen Wand mit Ablenkflächen versehene Öffnungen aufweist.

Die Erfindung bezieht sich auf ein Verschlußventil für Behälter, in denen plötzlich hohe Drücke auftreten können, insbesondere für Acetylenspaltrohre, und bezweckt die Schaffung eines Verschlußventils, das auch gegen diese hohen Drücke und hohen Temperaturen unbedingt sicher abdichtet und sich dennoch leicht öffnen läßt.

Das Verschlußventil besteht in an sich bekannter Weise aus zwei gegeneinander bewegbaren Teilen, zwischen denen eine zusammendrückbare Dichtungsscheibe angeordnet ist. Die bisher bekannten Verschlußventile dieser Art waren in der Hauptsache zum Absperren von Flüssigkeiten bestimmt, dienten also nicht dazu, plötzlich auftretende Druckstöße von einigen hundert Atmosphären und Temperaturen bis zu 3000° C auszuhalten, die bei Explosionen in einem Spaltrohr entstehen und während einiger Sekunden anhalten. Die bekannten Ventilverschlüsse verwendeten daher auch in der Regel zu ihrer Abdichtung Stopfbüchsen, durch welche die an dem Ventil angreifenden Spindeln oder Stangen hindurchgeführt wurden, oder es wurde eine Leder- oder Gummimanschette vorgesehen, in die mittels einer Feder das Ventil in seine Verschlußstellung gedrückt wurde. Aus diesem Grunde sind diese bisher bekannten Verschlußventile für das gemäß der Erfindung zur Anwendung gelangende Verwendungsgebiet vollkommen unbrauchbar, weil die dort verwendete Abdichtungsmanschette o. dgl. beim Auftreten einer Explosion sofort verbrennen und der Verschluß herausgeschleudert werden würde.

Bei dem Verschlußventil der Erfindung trägt der eine der beiden gegeneinander bewegbaren Teile des Ventils einen mit auswärts gerichteter Wand versehenen Teller und wird durch seine Ventilspindel beim Schließen des Ventils mittels einer geeigneten Spannvorrichtung in die zylindrische Bohrung eines Deckflansches hineingezogen, während der andere Ventilteil mit seiner Kegelfläche auf einen entsprechenden Sitz dieser Bohrung fest aufgepreßt wird. Durch die erwähnte Spannvorrichtung wird somit beim Schließen des Ventils die zwischen den beiden Ventilteilen vorhandene Packung fest an die zylindrische Bohrung des Deckflansches angedrückt, und bei einer im Spaltrohr auftretenden Explosion wird diese Packung infolge der Verschiebbarkeit des einen Ventilteils mit Bezug auf den anderen noch fester an die erwähnte Wand angepreßt, so daß mit absoluter Sicherheit ein zuverlässiger und sicherer Abschluß hergestellt wird.

Bei einer vorzugsweise zur Anwendung gelangenden Ausführungsform eines für Acetylenspaltrohre bestimmten Ventils ist an der Innenseite des Verschlußkopfes ein mit einer einwärts gerichteten Wand versehener Teller befestigt, der mit Ablenkflächen versehene Öffnungen aufweist. Hierdurch wird erreicht, daß beispielsweise dem zur Reinigung des Behälters eingeführten Gas gewissermaßen ein Drall erteilt wird, durch den das Abreißen der an der Spaltrohrwand sitzenden Rußteilchen erleichtert und begünstigt wird.

Wenn in dem Spaltrohr 1 eine explosionsartige Spaltung des Acetylens in Ruß und Wasserstoff stattgefunden hat, wird nach Verlauf einiger Minuten die Mutter 5 etwas zurückgedreht, um den in die Verschlußspindel eingesetzten Keil 7 zu entlasten. Nachdem dieser Keil herausgehoben worden ist, wird die Verschlußspindel 11′ zurückgeschoben, so daß die zylindrische Bohrung des Deckflansches 2 freigelegt wird. Der im Spaltrohr vorhandene Überdruck des Wasserstoffgases wird zweckmäßig vorher durch ein besonderes und in der Zeichnung nicht dargestelltes Ventil in einen Druckbehälter abgelassen, bis im letzteren ein geeigneter Überdruck von beispielsweise 8 Atm. vorhanden ist. Der noch im Spaltrohr 1 verbleibende Druck wird darauf vollständig abgelassen, und vorzugsweise wird dieser Rest des Wasserstoffgases in den Rußsammler abgelassen, in welchem sich mitgerissene Rußteilchen absetzen können; von hier gelangt das Wasserstoffgas entweder in eine Gasglocke oder in die Außenluft.

Nachdem beide Verschlüsse geöffnet sind, wird bei 3^a vorzugsweise aus dem erwähnten Druckbehälter Wasserstoffgas an dem vorderen Verschluß in den Stutzen 3 möglichst stoßweise eingelassen, so daß der Ruß mit großer Gewalt von der Innenwand des Spaltrohres abgerissen und aus dem Spaltrohr herausbefördert wird. Infolge der Schrägstellung der nach innen gerichteten Wand des Blechtellers 14 zusammen mit den an dessen Öffnungen vorgesehenen Ablenkungsflächen wird dem Wasserstoffgas und dem Gas-Ruß-Gemisch eine drehende Bewegung erteilt, wodurch die gründliche Reinigung des Spaltrohres begünstigt wird. Nachdem der Ruß in der beschriebenen Weise von der Innenwand des Spaltrohres vollkommen losgerissen und die Hauptmenge in den Sammler befördert worden ist, wird durch Ausschwingung des Hebels 8^a der Schieber 10 von der aus der Zeichnung ersichtlichen Lage in seine obere Stellung geführt, so daß er die Auslaßöffnung 3^b freilegt und den Einlaß 3^a abschließt. Hierdurch wird die an einen Exhaustor o. dgl. angeschlossene Ringleitung hergestellt, die nunmehr einige Minuten in Benutzung genommen wird, so daß der Ruß vollkommen aus dem Spaltrohr entfernt und letzteres von innen aus wirksam gekühlt wird.

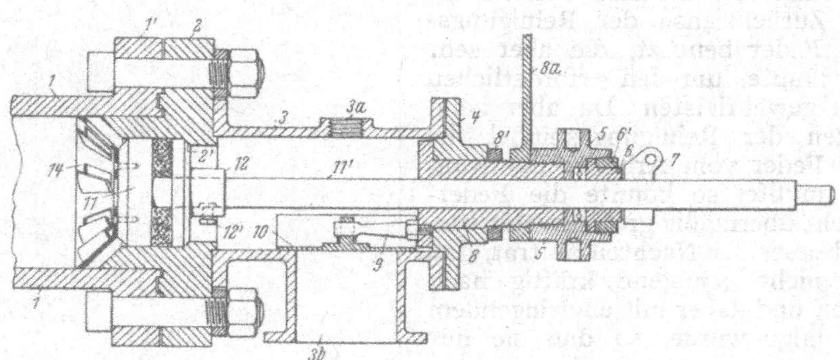

Nunmehr wird die Verschlußspindel 11 vorgezogen, so daß der Kopf 11 mit dem Verschlußteil 12 und der dazwischenliegenden Gummischeibe 13 in die zylindrische Bohrung des Deckflansches 2 eingeführt werden. Darauf wird der Keil 7 in die Verschlußspindel 11' wieder eingesetzt und die Mutter 5 festgezogen, wodurch der Druckring 6 gegen den Keil 7 gedrückt wird. Durch den hierbei auf die Verschlußspindel 11' ausgeübten Zug wird, da der Verschlußteil 12 auf der Kegelfläche 2 des Deckflansches aufruht, die Scheibe 13 etwas seitlich auseinandergepreßt, so daß eine vollständige Abdichtung selbst gegen sehr hohe Drücke bewirkt wird. Da der Kopf 11 und der Verschlußteil 12 genau in die zylindrische Bohrung des Deckflansches 2 passen, wird an dieser zylindrischen Bohrung infolge der Einführung des Verschlusses kein Ruß hängenbleiben.

Nr. 474042. (M. 93564.) Kl. 22f, 14. Josef Machtolf in Celle, Hannover.

Zündkopf, insbesondere für Acetylenspaltrohre.

Vom 5. März 1926. — Erteilt am 14. März 1929. — Ausgegeben am 25. März 1929. — Erloschen: . . . .

Patentansprüche:

1. Zündkopf, insbesondere für Acetylenspaltrohre, mit einer gegenüber der Zündkerze angeordneten und zu deren Reinigung dienenden bewegbaren Spindel, dadurch gekennzeichnet, daß die Stirnfläche der den Zündstift umgebenden Isolierbüchse eine oder mehrere radiale Rillen trägt, die mit Ruß gefüllt werden, und daß an dem Kopf der Reinigungsspindel ein Daumen sitzt, der in Berührung mit der Stirnfläche der Isolierbüchse gebracht werden kann.

2. Zündkopf nach Anspruch 1, dadurch gekennzeichnet, daß die bewegbare Reinigungsspindel (7) in der zurückgezogenen Lage durch ein Handrad (11) festgestellt wird.

Die Erfindung bezieht sich auf einen Zündkopf, insbesondere für Acetylenspaltrohre, der in bekannter Weise mit einer gegenüber der Zündkerze angeordneten und zu deren Reinigung dienenden bewegbaren Spindel versehen ist.

Um das häufige Auswechseln der Zündkerze zu vermeiden und deren Reinigen einfacher und zuverlässiger zu gestalten, ist gemäß der Erfindung die Einrichtung so getroffen, daß die Stirnfläche der Zündkerze und der letztere umgebenden Isolierbüchse mit Rillen versehen sind, die mit Ruß gefüllt werden, und daß an dem Kopf der Reinigungsspindel nicht, wie bisher, ein Fräser, sondern ein einfacher Abstreifer in Gestalt eines Daumens oder dgl. sitzt. Hierdurch wird erreicht, daß bei einfach auszuführender Reinigung der Zündkerze deren Lebensdauer beträchtlich verlängert und die Zündungen stets mit Sicherheit erreicht werden.

Durch die Anbringung der Rillen auf der Stirnseite der Isolierbüchse wird der weitere Vorteil erzielt, daß man bereits mit einem Strom von ungefähr 60 Volt zünden kann, während mit der bisher bekannten Einrichtung stets ein kleiner Lichtbogen von ungefähr 220 Volt erzeugt werden mußte. Infolge der zur Verwendung gelangenden niederen Stromspannung wird die Isolierbüchse erheblich geschont.

Bei der erwähnten bekannten Vorrichtung wurde zum Zurückziehen der Reinigungsspindel eine Feder benutzt, die aber sehr kräftig sein mußte, um den erforderlichen Abschluß zu gewährleisten. Da aber beim Zurückdrücken der Reinigungsspindel die Kraft dieser Feder vom Arbeiter überwunden werden mußte, so konnte die Federspannung nicht übermäßig groß gewählt werden, wodurch aber der Nachteil auftrat, daß die Spindel nicht genügend kräftig nach außen gezogen und daher mit eindringendem Ruß verunreinigt wurde, so daß sie nur schwer zu bewegen war.

Um diesen Nachteil zu vermeiden, ist erfindungsgemäß die Feder fortgelassen, und die sichere Feststellung der Reinigungsspindel in der zurückgezogenen Lage erfolgt durch ein Handrad.

Beim Arbeiten werden die in der Stirnfläche der Zündkerze vorhandenen Rillen mit Ruß gefüllt, um den Strom von dem Zündstift über die Isolierbüchsen zu leiten. Dabei kommt der Ruß zum Glühen, und es springen auch teilweise kleine Funken über, wodurch die erforderliche Zersetzung im Spaltrohr eingeleitet wird. Nachdem man das Spaltrohr von dem durch die Spaltung gewonnenen Ruß entleert hat, wird beispielsweise durch das Acetyleneinlaßventil Gas eingeführt, wodurch in den meisten Fällen der überschüssige Ruß von der Zündkerze weggerissen wird, so daß die nächste Zündung wieder eintreten kann. Wenn aber auf der Isolierbüchse zuviel Ruß zurückbleiben sollte und die zur Zündung erforderliche Funkenbildung hierdurch unterbrochen wird, wird nach Zurückschrauben des Handrades 11 die Spindel 7 in den Zündkopf hineingestoßen und die Handkurbel 10 gedreht, so daß durch den am Kopf 9 der Spindel sitzenden Daumen 8 der Ruß von der Isolierbüchse abgestreift wird.

Nach erfolgter Reinigung der Zündkerze wird die Spindel 7 wieder zurückgezogen und durch Festschrauben des Handrades 11 festgestellt, wobei die konische Sitzfläche 12 des Spindelkopfes 9 durch den Zug des Handrades wirksam abgedichtet wird.

Abb. 1

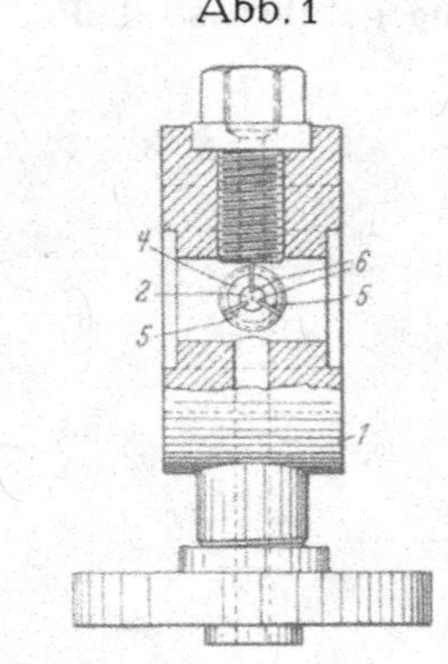

Abb. 2

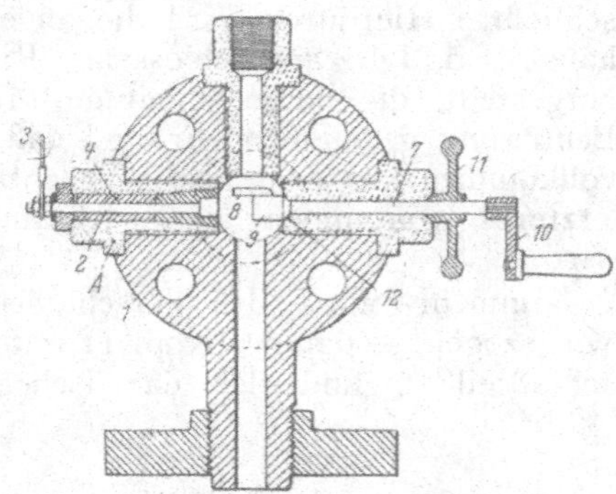

Um bei einer Reinigung der Isolierkerze und der hierzu notwendigen Einwärtsbewegung der Spindel 7 den im Spaltrohr vorhandenen Druck nicht überwinden zu müssen, wird zweckmäßig die Kerze vor einer Füllung des Spaltrohres gereinigt. Gegebenenfalls kann an dem Zündkopf noch eine Reservezündung, beispielsweise in Gestalt eines Zündhütchens oder dgl., angeordnet sein, welches gasdicht abgeschlossen und der im Innern des Zündkopfes herrschenden Hitze entzogen ist. Bei Versagen der elektrischen Zündung kann dann die Reservezündung in Benutzung genommen werden.

Nr. 563472. (I. 39168.) Kl. 12h, 4.

I. G. Farbenindustrie Akt.-Ges. in Frankfurt a. M.

Erfinder: Dr. Robert Stadler und Dr. Otto Eisenhut in Heidelberg.

Verfahren zur Durchführung chemischer Reaktionen mit Hilfe elektrischer Entladungen.

Vom 31. Aug. 1929. — Erteilt am 20. Okt. 1932. — Ausgegeben am 5. Nov. 1932. — Erloschen: . . . .

Die vorliegende Erfindung betrifft die Durchführung chemischer Reaktionen zwischen Gasen, Dämpfen, Nebeln von festen oder flüssigen Stoffen usw. mit Hilfe elektrischer Entladungen, z. B. Lichtbögenglimmentladungen usw., wobei, insbesondere beim

Arbeiten mit großen Einheiten, die Bewegung der den elektrischen Entladungen ausgesetzten Stoffe durch besondere Ausgestaltung der Apparatteile von den sonst immer vorhandenen turbulenten Nebenströmungen weitgehend befreit wird, so daß eine praktisch reine Parallelströmung entsteht. Dies wird dadurch erreicht, daß man die zu behandelnden Stoffe unmittelbar vor ihrem Eintritt in den Bereich der Entladung durch Räume von solcher Form und solchen Ausmaßen leitet, daß die turbulenten Nebenströmungen praktisch vernichtet werden.

Man war bisher stets bestrebt, den Weg der Gase usw. von ihrem Eintritt in die Entladungsvorrichtung, z. B. den Lichtbogenofen, bis zum Eintritt in die elektrische Entladung selbst möglichst kurz zu machen. Hierbei sind aber sämtliche Strömungen der Gase usw. stets von turbulenten Nebenströmungen überlagert, die zu mannigfachen Störungen während der Reaktion Veranlassung geben. Z. B. entstehen bei der Verarbeitung von kohlenwasserstoffhaltigen Gasen nachteilige Drucksteigerungen, welche nicht erwünschte weitere Umsetzungen der entstandenen Reaktionsprodukte, insbesondere unter Rußbildung, zur Folge haben.

Die Vermeidung turbulenter Nebenströmungen wird gemäß der vorliegenden Erfindung dadurch erreicht, daß man die zu behandelnden Stoffe vor der Behandlung durch einen oder mehrere der Entladung unmittelbar vorgeschaltete, mit dem Entladungsraum koaxiale Räume leitet, die von je zwei Flächen mit einer knicklosen geometrischen Erzeugenden, die zur Achse der Entladung senkrecht oder im Sinne der Gasbewegung im Lichtbogen geneigt sind, begrenzt werden, deren jede mehr als das Zehnfache des Querschnittes des zylindrischen oder schwach konischen Entladungsraumes beträgt.

Der zur Beseitigung der Turbulenz gemäß vorliegender Erfindung dem Bereich der Entladung vorgeschaltete Raum bzw. Räume kann von mannigfacher Gestalt sein; einige Ausführungsbeispiele sind in Abb. 1, 2, 3 und 4 dargestellt. In allen Abbildungen bedeutet *L* den eigentlichen Entladungsraum, *E* und *E'* die Elektroden, *R* den zur Beseitigung der Turbulenz vorgeschalteten Raum, *F* dessen Wände. In Abb. 1 ist eine Vorrichtung dargestellt, wobei der der Entladung unmittelbar vorgeschaltete Raum *R* von mindestens einer senkrecht zur Entladungsachse stehenden Fläche *F* von mehr als dem vierfachen, zweckmäßig mehr als dem zehnfachen Flächeninhalt des Querschnitts des schwach konischen oder (wie in der Abbildung) zylindrischen Entladungsraumes begrenzt wird.

In den Abb. 2 und 3 besitzt der vorgeschaltete Raum eine konische oder geschweifte, mit dem Entladungsraum koaxiale Form.

Wie aus Abb. 4 ersichtlich ist, lassen sich auch mehrere derartige Vorrichtungen längs des Entladungsraumes anbringen; hierbei ist durch richtige strömungstechnische Gestaltung der Zutrittsöffnungen, Düsen o. dgl. dafür zu sorgen, daß bei der Vereinigung der Gasströme nicht etwa neue Turbulenzerscheinungen auftreten.

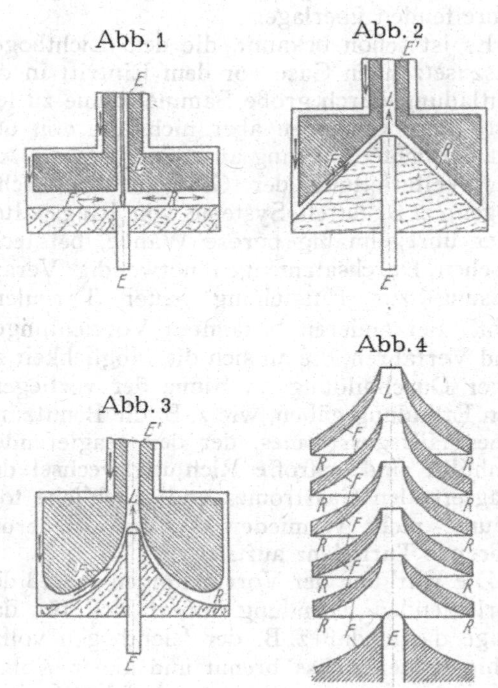

Besonders bei den Vorrichtungen gemäß Abb. 1 und 2 nähern sich die einzelnen Teilchen des Gases der Entladungszone nicht radial, sondern in einer Spiralenbewegung, wie es an analogen Fällen vielfach bekannt ist (z. B. Leerlaufen eines großen Flüssigkeitsbehälters durch eine mit Rohranschluß versehene Bodenöffnung). Es ist leicht einzusehen, daß durch diese Spiralenbewegung erstens der Richtungswechsel, den die Teilchen beim Eintritt in die Entladungszone erfahren, bis zur Unmerklichkeit gemildert wird und daß zweitens keinerlei Zusammenprall verschiedener Teilströmungen möglich ist.

Diese regelmäßige, spiralige bzw. innerhalb der Entladungszone schraubenartige Bewegung der Gase mit einem durch die Ofenabmessungen jeweils scharf definierten Krümmungsradius darf nicht mit den gemäß der Erfindung zu vermeidenden turbulenten Nebenströmungen verwechselt werden. Letztere nämlich sind ganz unregelmäßig, und wenn man die Bahn eines bestimmten Teilchens herausgreift, von stets wechselndem, meist aber kleinem Krümmungsradius im Vergleich zu den Ofenabmessungen; insbesondere kann oft die Richtung dieses kleinen Krümmungsradius gerade entgegengesetzt der des Ofenradius sein. Falls sie nicht ausdrücklich vermieden ist, ist diese wirr durcheinandergehende Turbulenz der regelmäßigen, spiraligen oder schraubigen Hauptströmung als Feinstruktur überlagert, so etwa, wie beim Fließen eines trüben Mediums sich die Brownsche Bewegung der regelmäßig fortschreitenden überlagert.

Es ist schon bekannt, die dem Lichtbogen auszusetzenden Gase vor dem Eintritt in die Entladung durch große Sammelräume zu leiten; diese vermögen aber nicht die von uns beanspruchte Wirkung auszuüben, da die Art der Weiterleitung der Gase in den Lichtbogen, z. B. durch Systeme von Ringspalten oder unregelmäßig poröse Wände, bei technischen Durchsatzmengen notwendig Veranlassung zur Entstehung neuer Turbulenz gibt. Bei anderen bekannten Vorrichtungen und Verfahren, die an sich die Möglichkeit zu einer Durchbildung im Sinne der vorliegenden Erfindung gäben, wie z. B. die Benutzung eines Hilfsgasstromes, der den reagierenden umhüllt, sind schroffe Richtungswechsel des reagierenden Gasstromes und erhebliche tote Räume nicht vermieden, so daß wiederum störende Turbulenz auftritt.

Die Wirkung der Vorrichtungen gemäß der vorliegenden Erfindung äußert sich für das Auge darin, daß z. B. der Lichtbogen völlig ruhig in der Achse brennt und die in Abb. 1 beispielsweise gezeichnete regelmäßige Gestalt annimmt, während er bei Lichtbogenöfen bekannter Art unruhig aus der Achse herausschwingt und seine Umgrenzung unregelmäßig und zerflattert ist.

Überraschenderweise lassen sich durch derartige, rein strömungstechnische Maßnahmen aber technisch äußerst wertvolle Wirkungen erzielen. Einerseits läßt sich die Energieaufnahme der Entladung günstiger gestalten, und andererseits lassen sich die chemischen Vorgänge dadurch beeinflussen.

Beim Arbeiten mit Vorrichtungen gemäß vorliegender Erfindung steigt die aufgenommene elektrische Energie, wobei sich die Spannung erhöht, bei gleichzeitigem Sinken der Stromstärke. Es ist dabei gleichgültig, mit welcher Stromart man arbeitet; die Erscheinung tritt sowohl bei stehendem Gleichstrom, pulsierendem oder zerhacktem Gleichstrom oder gleichgerichtetem Wechselstrom als auch bei Wechselstrom der verschiedensten Frequenzen und Kurvenformen auf. Speist man die Entladung, z. B. den Lichtbogen, mit Wechselstrom, gegebenenfalls unter Gleichrichtung, so verbessert sich außerdem der Leistungsfaktor.

Weiter sinkt der Energieverbrauch je Kilogramm entstandenen Reaktionsproduktes merklich.

Auch bei der Verwendung von Vorwärmung der zu behandelnden Stoffe verschlechtern turbulente Bewegungen den Vorwärmeeffekt, so daß dieser bei etwa 500° C Vorwärmetemperatur nur etwa 5 % beträgt. Im vorliegenden Falle läßt sich aber bei derselben Vorwärmetemperatur ein Effekt von 10 % und mehr erzielen, wodurch der Energieaufwand für das herzustellende Produkt, z. B. Acetylen aus Methan im Lichtbogen, merklich verringert wird.

Ferner wird z. B. bei der genannten Reaktion ein vorher vorhandener Zerfall von Kohlenwasserstoffen in Ruß und Wasserstoff verhindert.

Endlich wird die Bildung von nicht gewünschten Reaktionsprodukten zugunsten von erwünschteren zurückgedrängt. So wird beispielsweise mit einem gewöhnlichen Lichtbogenofen bei der Herstellung von Acetylen aus Methan ein Gas mit 7,5 % ungesättigten Kohlenwasserstoffen erhalten. Der Acetylengehalt beträgt 5,8 %. Bei Anwendung vorliegender Erfindung steigt unter sonst gleichen Verhältnissen der Acetylengehalt auf 6,8 %. Die Acetylenausbeute ist also erheblich größer, nämlich um 17,3 %.

PATENTANSPRUCH:

Verfahren zur Durchführung chemischer Reaktionen zwischen Gasen, Dämpfen, Nebeln von festen und flüssigen Stoffen usw. mit Hilfe elektrischer Entladungen, insbesondere im elektrischen Lichtbogen, dadurch gekennzeichnet, daß man die zu behandelnden Stoffe zwecks Vernichtung turbulenter Nebenströmungen vor der Behandlung durch einen oder mehrere der Entladung unmittelbar vorgeschaltete, mit dem Entladungsraum koaxiale Räume leitet, die von je zwei Flächen mit einer knicklosen geometrischen Erzeugenden, die zur Achse der Entladung senkrecht oder im Sinne der Gasbewegung im Lichtbogen geneigt sind, begrenzt werden, deren jede mehr als das Zehnfache des Querschnitts des zylindrischen oder schwach konischen Entladungsraumes beträgt.

E. P. 354735; F. P. 690869.

Nr. 540864. (I. 38252.) Kl. 22f, 14.

I. G. Farbenindustrie Akt.-Ges. in Frankfurt a. M.

Erfinder: Dr. Walther Haag in Ludwigshafen a. Rh.

Verfahren zur Herstellung von Ruß durch Zersetzung von Kohlenstoffverbindungen.

Vom 4. Juni 1929. — Erteilt am 10. Dez. 1931. — Ausgegeben am 28. Dez. 1931. — Erloschen: 1932.

Bei der bekannten Herstellung von Ruß durch Zersetzung von Kohlenstoffverbindungen, wie Kohlenoxyd, Kohlenwasserstoffen oder Gemischen dieser Stoffe, bei erhöhter Temperatur in Gegenwart von Katalysatoren besteht die Schwierigkeit, daß die Wirksamkeit der bisher angewandten Katalysatoren bald nachläßt.

Es wurde nun gefunden, daß sich das Verfahren ohne diesen Nachteil in vorteilhafter Weise durchführen läßt, wenn man Katalysatoren verwendet, die durch Zersetzung von Carbonylverbindungen gewonnene Metalle, insbesondere solche der Eisengruppe, und außerdem andere, vorzugsweise katalytisch wirkende Stoffe enthalten. Die Katalysatoren können z. B. vorteilhaft derart hergestellt werden, daß man die erwähnten fein verteilten Metalle nach Zusatz von Alkali- oder Erdalkalihydroxyd oder -carbonat anpastet, in geeignete Formen bringt, gegebenenfalls preßt und sodann in reduzierender Atmosphäre leicht sintert. Man kann auch so verfahren, daß man die ohne Zusatzstoffe gesinterten Massen nachträglich mit Zusatzstoffen versieht, z. B. mit Lösungen von Alkali- oder Erdalkaliverbindungen tränkt.

Die so hergestellten Katalysatoren zeichnen sich nicht nur durch sehr gute mechanische Eigenschaften, sondern auch durch hohe Wirksamkeit und Dauerhaftigkeit beim Gebrauch aus; sie eignen sich besonders zur Herstellung eines Rußes, der sich als Füllstoff in der Kautschukindustrie in ausgezeichneter Weise verwenden läßt.

Die vorteilhaften Eigenschaften dieser bestimmten Mischkatalysatoren für den vorliegenden Zweck waren auf Grund eines in der Literatur angedeuteten Vorschlags, Carbonyleisen als solches für die katalytische Beschleunigung der Bildung von Kohlenstoff und Kohlendioxyd aus Kohlenoxyd zu verwenden, nicht ohne weiteres selbstverständlich. Auch aus einem anderen bekannten Verfahren, gemäß dem man für die Ammoniaksynthese oder die Synthese von Kohlenwasserstoffen, Alkoholen o. dgl. aus Kohlenoxyd-Wasserstoff-Gemischen mit aktivierend wirkenden Zusätzen versehene Metalle der Eisengruppe, und zwar auch aus Carbonyl gewonnene, als Katalysatoren verwendet, waren keine Rückschlüsse auf das vorliegende Verfahren bzw. dessen vorteilhafte Wirkung zu ziehen, denn die genannten Syntheseverfahren sind von der thermischen Spaltung von Kohlenstoffverbindungen unter Rußbildung grundsätzlich verschieden.

Beispiel 1

Ein Gemisch aus 100 Teilen durch thermische Zersetzung von Nickelcarbonyl gewonnenen Nickelpulvers, 20 Teilen einer 50%igen Pottaschelösung und Wasser wird durch Pressen unter Anwendung von 10 at Druck in die Form von Walzen gebracht. Diese werden getrocknet und 1 Stunde lang im Wasserstoffstrom bei 800° erhitzt, wobei sie zu festen feinporigen Stücken zusammensintern, ohne ihre äußere Form zu verlieren. Mit dieser Kontaktmasse läßt sich Kohlenoxyd bei 400 bis 430° schon bei einmaligem Durchleiten des Gases durch die Masse in einer Ausbeute von 92 % zu einem wertvollen Ruß und Kohlensäure zersetzen.

Beispiel 2

500 Teile durch Zersetzung von Eisencarbonyl gewonnenen Eisenpulvers werden mit 300 Teilen feuchten Nickelhydroxyds und Wasser in einer Mischmaschine zu einer Paste verarbeitet, aus der Kugeln von 1 bis 2 cm Durchmesser geformt werden. Diese werden nach dem Trocknen 2 Stunden lang bei 800° im Wasserstoffstrom erhitzt. Verwendet man diese Kontaktmasse für die Zersetzung von Äthylen in einer auf 450° erhitzten Drehtrommel, deren Wandung zwecks ständiger Abführung des Rußes mit Öffnungen versehen ist, so werden 96 % des angewandten Äthylens zu Ruß und Wasserstoff zersetzt.

Beispiel 3

Durch einen um seine Längsachse rotierenden, waagerecht angeordneten Zylinder von 3 l Inhalt, in dem sich 5 g aus Kobaltcarbonyl gewonnenes Kobaltpulver, das durch Benetzen mit einer 2%igen Pottaschelösung und nachfolgendes Trocknen aktiviert wurde, befinden und der auf einer Temperatur von 450° gehalten wird, werden 1500 l Kohlenoxyd im Verlaufe von 25 Stunden durchgeleitet. Man erhält dann 300 g Ruß, aus dem das beigemischte Kobaltpulver durch Verrühren mit verdünnter Salpetersäure entfernt werden kann.

PATENTANSPRÜCHE:

1. Verfahren zur Herstellung von Ruß durch Zersetzung von Kohlenstoffverbindungen bei erhöhter Temperatur in Gegenwart von Katalysatoren, dadurch gekennzeichnet, daß man Katalysatoren verwendet, die durch Zersetzung von Carbonylverbindungen gewonnene Metalle, insbesondere solche der Eisengruppe, und außerdem katalytisch oder aktivierend wirkende Verbindungen der Alkali- oder Erdalkalimetalle enthalten.

2. Verfahren nach Anspruch 1, dadurch gekennzeichnet, daß als Katalysatoren Formstücke verwendet werden, die durch Sintern von aus Carbonylverbindungen gewonnenen fein verteilten Metallen hergestellt wurden und die katalytisch oder aktivierend wirkende Verbindungen der Alkali- oder Erdalkalimetalle enthalten.

Nr. 551534. (I. 38827.) Kl. 22f, 14.

I. G. FARBENINDUSTRIE AKT.-GES. IN FRANKFURT A. M.

Erfinder: Dr. Otto Grosskinsky in Ludwigshafen a. Rh.

Verfahren zur Darstellung von Ruß.

Vom 28. Juli 1929. — Erteilt am 12. Mai 1932. — Ausgegeben am 1. Juni 1932. — Erloschen: ....

Es ist schon mehrfach versucht worden, Kohlenoxyd oder Kohlenwasserstoffe, insbesondere Olefine, durch katalytische Behandlung in für technische Zwecke brauchbaren Ruß überzuführen. Als Katalysatoren sind vor allem Eisen, daneben auch Nickel und Kobalt verwendet worden. Man hat zur Herstellung von Ruß auch schon gemischte Katalysatoren vorgeschlagen. Diese wurden durch Fällen der betreffenden Metallsalze mit Alkali hergestellt.

Es wurde nun gefunden, daß man die Herstellung von Ruß aus Kohlenoxyd oder Kohlenwasserstoffen mit Vorteil durchführen kann, wenn man zur Spannung solche Metalle oder Metalloxyde der Eisengruppe enthaltende Katalysatoren verwendet, die durch Zersetzung, z. B. durch Erhitzen, von nicht temperaturbeständigen Salzen oder anderen festen Verbindungen oder solche enthaltenden Gemischen erhalten worden sind. Man kann zersetzliche Salze oder andere Verbindungen der Metalle der Eisengruppe unmittelbar verwenden oder solche durch Umsetzung beliebiger Verbindungen dieser Metalle mit geeigneten anderen Salzen oder Verbindungen erzeugen. Man verwendet z. B. Nitrate, Nitrite, Chlorate, Perchlorate, Cyanide von Eisen, Nickel oder Kobalt, oder Verbindungen dieser Metalle im Gemisch mit Nitraten, Nitriten, Chloraten u. dgl. von Alkalien, Erdalkalien, Magnesium, Zink, Cadmium, Thorium, Zirkon, Chrom usw. Auch Cyanate, Percarbonate, Peroxyde, komplexe Cyanide u. dgl. kann man mit Vorteil verwenden. Metallcarbonyle sollen hier ausgenommen sein. Auch temperaturbeständige Salze, wie Silikate, Phosphate, Wolframate, Borate usw., können gleichzeitig neben den obengenannten, nicht temperaturbeständigen Salzen in den Katalysatoren zugegen sein. Anstatt nicht temperaturbeständige Salze zur Herstellung von Katalysatoren zu benutzen, kann man auch zu Metall- bzw. Metallhydroxydgemischen die den nicht temperaturbeständigen Salzen zugrunde liegenden freien Säuren zugeben und diese Gemische z. B. erhitzen. Die Mengen der nicht temperaturbeständigen Salze in den Gemischen brauchen meist nur klein zu sein, doch können auch größere Mengen der Nitrate, Nitrite usw. oder auch nur temperaturbeständige Salze oder Salzgemische zur Herstellung der Katalysatoren verwendet werden.

Bei der Herstellung der Katalysatoren verfährt man etwa in der Weise, daß man z. B. ein Gemisch von Nickelhydroxyd und Zinkhydroxyd, welches mit Alkali aus einer Lösung der Salze der genannten Metalle, z. B. bei Zimmertemperatur, ausgefällt worden ist, auswäscht, in die Hydroxydpaste geringe Mengen Natriumnitrit, in Wasser gelöst, einrührt, dann die Masse formt, preßt und trocknet und nach dem Erhitzen an der Luft reduziert. Man erhält einen Katalysator, der schon bei Temperaturen erheblich unter 400° C in ausgezeichneter Ausbeute Ruß aus Äthylen liefert, während ein ohne Zusatz von Natriumnitrit in sonst gleicher Weise erhaltener Katalysator bei 400° C kaum anspricht. Auch Gemische von Nitraten mit Carbonaten oder von Nitraten mit komplexen Cyaniden usw. in beliebiger Kombination können zur Herstellung der Gemische, aus denen der Katalysator hergestellt wird, dienen. Der Katalysator kann auch auf Trägern niedergeschlagen werden oder als Pulver ohne Formen und Pressen Verwendung finden. Die Reduktion des durch Erhitzen entstandenen Gemisches erfolgt am besten vor dem Einleiten des zu zersetzenden kohlenstoffhaltigen Materials. Doch kann man die Spaltung auch mit dem nicht reduzierten Katalysator vornehmen, der dann erst während der Rußabscheidung reduziert wird.

Zur Spaltung kommen im allgemeinen Kohlenoxyd und Kohlenwasserstoffe oder solche enthaltende Gase in Frage, wie sie bei chemischen Prozessen anfallen oder auch in der Natur vorkommen. Die gesättigten Kohlenwasserstoffe, Methan, Äthan, Propan usw., Benzol und Homologe brauchen zur Spaltung meist höhere Temperaturen als die Olefine, Diolefine oder Acetylene, von denen ja z. T. bekannt ist, daß sie sich schon bei relativ niederen Temperaturen, wenn auch bisher in technisch ungenügender Weise, spalten lassen. Oft gelingt die Spaltung der in Frage stehenden Kohlenstoffverbindungen leichter in Gegenwart anderer Gase, wie Kohlensäure, Wasserdampf usw. Hierbei erfolgt die Rußabscheidung z. B. aus Methan und CO_2 nach der Gleichung

$$CH_4 + CO_2 \longrightarrow 2\,C + 2\,H_2O.$$

Aber nicht nur in diesem speziellen Fall ist der Zusatz von anderen Gasen bedeutungsvoll, sondern ganz allgemein ist es von Wichtigkeit, andere Gase dem zu zersetzenden Gas zuzusetzen. Als Zusatzgase sind Wasserdampf, Kohlensäure, Stickstoff, Wasserstoff, geringe Mengen Sauerstoff usw. brauchbar. Die zuzusetzenden anderen Gase können sowohl in molekularen als auch in beliebigen anderen Verhältnissen zugegen sein.

Man kann auch unter Anwendung von Unterdruck oder erhöhtem Druck arbeiten. Die Anwendung von Drucken über einer Atmosphäre gestattet im allgemeinen, die Zeitraumausbeute bei dem Verfahren wesentlich zu erhöhen, wenngleich hierbei die Ableitung der Reaktionswärme, die bei der Spaltung ganz beträchtlich ist, besondere Aufmerksamkeit erfordert. Die Begrenzung der Drucke nach oben ist im wesentlichen davon abhängig, in welcher Weise die Reaktionswärme abgeführt wird.

Im allgemeinen werden die kohlenstoffhaltigen Gase bei Temperaturen von etwa 200 bis 500° C zersetzt, doch erhält man unter Umständen auch bei Temperaturen darunter und darüber Ruß, der für besondere Zwecke brauchbar ist. Ausgezeichneten Ruß bei guter Zeitraumausbeute erhält man vor allen Dingen aus Olefinen, Diolefinen oder Acetylenen bei Temperaturen von etwa 300 bis 400° C. Der Wasserstoff, der neben dem Ruß erhalten wird, ist meistens mit mehr oder minder großen Mengen Methan bzw. Äthan verunreinigt, welch letzteres um so leichter entsteht, je tiefer die Reaktionstemperatur ist.

Die Rußherstellung kann sowohl diskontinuierlich als auch in kontinuierlicher Arbeitsweise durchgeführt werden.

Der nach dem vorliegenden Verfahren hergestellte Ruß nimmt beim Einwalzen in Kautschuk einen so hohen Zerteilungsgrad an, daß die einzelnen Teilchen mikroskopisch nicht mehr auflösbar sind. Zufolge dieser Eigenschaft ist der Ruß als Füllstoff in der Kautschukindustrie ausgezeichnet geeignet. Derart wertvolle Ruße sind unter Anwendung der früher vorgeschlagenen, eingangs erwähnten Katalysatoren nicht herstellbar.

Beispiel 1

Eine Lösung eines Gemisches der Nitrate von Kobalt, Zink und Barium im Verhältnis 50 Gewichtsteile Co : 50 Gewichtsteilen Zn : 1 Gewichtsteil Ba in Wasser wird mit einem Überschuß von Soda, Kaliumcarbonat oder Ammoncarbonat bei Zimmertemperatur versetzt, worauf der entstandene Niederschlag abfiltriert und gut ausgewaschen wird. Die Fällung kann auch durch überschüssiges freies Alkali bewirkt werden. Mit der erhaltenen Paste werden 0,2 Teile (berechnet auf 100 Teile Trockengehalt der Paste) Kaliumnitrit, in Wasser gelöst, gut verrührt. Die Mischung wird nun geformt, gepreßt, getrocknet und in ein Rohr von etwa 3 cm lichter Weite eingefüllt. Man erhitzt im Luftstrom auf etwa 320° C, verdrängt dann die Luft mit Stickstoff und reduziert bei 330° C 24 Stunden lang mit Wasserstoff. Über den frisch reduzierten Katalysator leitet man bei 350 bis 400° C Äthylen in der Weise, daß auf etwa 10 g Katalysator, enthaltend rund 50 % Co, in 3 Stunden etwa 75 l Äthylen kommen. Man erhält Ruß in einer Ausbeute bis zu 85 % der Theorie und daneben Wasserstoff, dem noch kleine Mengen Methan beigemischt sind. Der Ruß läßt sich gut zur Vulkanisation von Naturkautschuk oder von Polymerisationsprodukten von Butadienkohlenwasserstoffen verwenden.

Mit demselben Katalysator erhält man auch aus Kohlenoxyd Ruß und Kohlensäure in theoretischer Ausbeute bei etwa 400° C unter Einhaltung etwa der gleichen Reaktionsbedingungen. Entsprechend verfährt man bei Verwendung anderer Kohlenwasserstoffe oder Gasgemische.

Beispiel 2

Eine Lösung eines Gemisches der Nitrate von Nickel, Kobalt, Zink im Verhältnis 5 Gewichtsteile Ni : 92 Gewichtsteilen Co : 3 Gewichtsteilen Zn in Wasser wird mit Ammoncarbonat versetzt. Es entsteht ein Niederschlag, der die entsprechenden Carbonate enthält. Man wäscht gut aus und rührt auf 100 Teile Trockengehalt der Paste 0,5 Teile Kaliumkobaltcyanid ein. Die Mischung wird, wie im Beispiel 1 beschrieben, weiterbehandelt. Über den frisch reduzierten Katalysator leitet man ein Gemisch von 1 Volumenteil Allylen mit 1 Volumenteil Wasserdampf bei 350° C und erhält unter ähnlichen Bedingungen wie in Beispiel 1 nach Entfernung der Metallteile aus dem Ruß und Windsichtung einen tiefschwarzen, aktiven Kohlenstoff, der sowohl in färberischer wie auch kautschuktechnischer Hinsicht den üblichen Anforderungen entspricht. Eine weitere Aktivierung des Rußes kann durch Einwirkung von Wasserdampf in Gegenwart geringer Mengen Luft oder Kohlendioxyd bei 600° bis 700° C erreicht werden.

Ebenso verfährt man bei der Spaltung von Propylen, Butylen, Butadien usw.

Beispiel 3

Ein Gemisch der Nitrate von Kobalt, Zink und Barium im Verhältnis von 50 Teilen Kobalt : 50 Teilen Zink : 1 Teil Barium, wird in Wasser gelöst und bei Zimmertemperatur mit Ammoniumbicorbonat versetzt. Der erhaltene Niederschlag wird gewaschen, getrocknet und dann bei 325° bis 350° C 24 Stunden mit Wasserstoff behandelt. Über 8 g der so reduzierten Kontaktmasse leitet man in einem Porzellanrohr bei 375° C 25 l Äthylen pro Stunde. Nach 3 Stunden wird der Versuch unterbrochen und der im Rohr abgeschiedene Ruß mit verdünnter Salpetersäure behandelt, bis die im Ruß enthaltenen Teile der Kontaktmasse gelöst sind. Das Ruß wird dann gewaschen, getrocknet und der Windsichtung unterworfen. Man erhält so einen Ruß, der, mit einem Butadienpolymerisationsprodukt vulkanisiert, ein Vulkanisat mit einer maximalen Belastung von 123 kg/cm² und einer maximalen Dehnung von 576 % ergibt.

Verfährt man in derselben Weise, nur mit dem Unterschied, daß bei der Herstellung der Kontaktmasse der mit Ammonbicarbonat erzeugte Niederschlag mit 1,5 Teilen Kaliumnitrat in wäßriger Lösung verrührt wird, so erhält man einen Ruß, der mit dem gleichen Butadienpolymerisationsprodukt unter den gleichen Bedingungen Vulkanisate mit einer maximalen Belastung von 206 kg/cm² und einer maximalen Dehnung von 780 % liefert.

PATENTANSPRUCH:

Verfahren zur Darstellung von Ruß durch Spaltung von Kohlenoxyd oder Kohlenwasserstoffen oder deren Gemischen in Gegenwart von Katalysatoren, dadurch gekennzeichnet, daß man zur Spaltung solche Metalle oder Metalloxyde der Eisengruppe enthaltende Katalysatoren verwendet, die durch Zersetzung von nicht temperaturbeständigen festen Verbindungen oder solche enthaltenden Gemischen mit Ausnahme der Metallcarbonyle erhalten wurden.

E. P. 346680.

Nr. 552623. (I. 33102.) Kl. 22f, 14.

I. G. Farbenindustrie Akt.-Ges. in Frankfurt a. M.

Erfinder: Dr. Otto Schmidt und Dr. Otto Grosskinsky in Ludwigshafen a. Rh.

Verfahren zur Darstellung von Ruß.

Vom 1. Jan. 1928. — Erteilt am 26. Mai 1932. — Ausgegeben am 17. Juni 1932. — Erloschen: . . . .

Die Darstellung von Ruß wird bisher ausschließlich durch unvollständige Verbrennung von Kohlenwasserstoffen bewirkt. Diese Methode hat sehr große Nachteile, da immer ein erheblicher Teil des Ausgangsmaterials bei dieser Gelegenheit verbrannt wird und ein anderer Teil des Kohlenstoffs infolge der hohen Wärmetönung bei der Verbrennung eine Graphitierung erleidet, wodurch u. U. ein beträchtlicher Teil des Russes zur Verwendung für feinere Zwecke, z. B. als Farben, für die Kautschukindustrie usw., unbrauchbar wird.

Es wurde nun gefunden, daß man diese Nachteile vermeiden kann und sehr hochwertigen Ruß erhält, wenn man eine oder mehrere Doppelbindungen enthaltende ungesättigte Kohlenwasserstoffe, wie Olefine, Diolefine usw., in der Wärme mit dehydrierend wirkenden Katalysatoren unter vermindertem gewöhnlichem oder erhöhtem Druck, gegebenenfalls unter an sich bekanntem Zusatz von Gasen oder Dämpfen, wie Wasserstoff, Stickstoff, Kohlenoxyd, Kohlensäure, Wasserdampf, Methan, Äthan, Propan usw., behandelt, wobei man im Falle der Verwendung von Metallen der Eisengruppe ohne aktivierende oder sonstige Zusätze und bei gewöhnlichem Druck die Kohlenwasserstoffe in verdünntem Zustand anwendet. Als zu-

zusetzende Gase kommen auch Sauerstoff und Luft in Betracht, doch darf deren Menge nicht so groß sein, daß der Katalysator durch völlige Oxydation seine dehydrierende Wirkung verliert. Dies erreicht man z. B. in einfacher Weise, wenn man dafür Sorge trägt, daß in den Abgasen freier Wasserstoff enthalten ist. Die zu verwendenden Katalysatoren, wie die katalytisch wirkenden Metalle der Eisengruppe, Kupfer u. dgl., die z. B. durch Reduktion der entsprechenden Metallverbindungen, wie der Oxyde, mit Wasserstoff bei mäßigen Temperaturen erhalten werden, werden vorteilhaft zusammen mit Zusatzstoffen, insbesondere solchen mit aktivierenden Eigenschaften, angewandt. Als Zusatzstoffe sind z. B. die Oxyde, Hydroxyde, Carbonate usw. des Zinks, Cadmiums, Chroms, Kupfers, Vanadins, Mangans, Molybdäns, Wolframs, Urans, Thors, Aluminiums sowie der Erdalkali- und Alkalimetalle, ferner Salze, wie Silikate, Chromate, Vanadate usw., z. B. solche der erwähnten katalytisch wirksamen Metalle, verwendbar. Die Katalysatoren können entweder für sich oder zusammen mit Trägern, vorteilhaft in geformtem Zustand, verwendet werden.

Als ungesättigte Kohlenwasserstoffe kommen insbesondere Äthylen und seine Homologen, wie Butylen und Propylen, in Betracht, doch können auch Diolefine, z. B. Butadien und Homologe, verwendet werden. Solche Olefine enthaltende Gasgemische, wie Ölgas, werden z. B. erhalten durch Verkracken geeigneter Materialien; ferner sind Schwelgase aus Braun- oder Steinkohle oder bei der Gewinnung von Wasserstoff aus Kokereigasen als Nebenprodukt gewonnene Gemische, gegebenenfalls nach ihrer Anreicherung an Olefinen und nach Entfernung des etwa vorhandenen, für andere Zwecke bestimmten Butadiens, als Ausgangsstoffe geeignet.

Es ist häufig zweckmäßig, dafür zu sorgen, daß der bei der Zersetzung entstehende Ruß möglichst schnell aus dem Reaktionsraum entfernt wird. Dies gelingt am einfachsten auf mechanischem Wege; auch kann man die Entfernung dadurch bewirken, daß man in der Reaktionszone eine hohe Gasgeschwindigkeit aufrechterhält. Man kann jedoch auch ohne diese Maßregeln brauchbaren Ruß erzeugen. In manchen Fällen ist es zweckmäßig, den erhaltenen Ruß z. B. durch Behandeln mit verdünnten Säuren von mechanisch anhaftendem Katalysator in üblicher Weise zu befreien. Gegenüber den auf unvollständiger Verbrennung von Kohlenwasserstoffen beruhenden Verfahren zur Herstellung von Ruß weist die vorstehend beschriebene Arbeitsweise u. a. den wesentlichen Vorteil auf, daß sie bedeutend größere Ausbeuten liefert.

Man hat zwar bereits unverdünntes Äthylen über reduziertes Nickel, Kobalt oder Eisen bei gewöhnlichem Druck oberhalb 300° geleitet, und hierbei ist das Metall unter Kohlenstoffabscheidung zu einer voluminösen Masse angeschwollen. Eine Verwendung dieses Produktes, das eine Mischung von Metall und Kohlenstoff darstellt, ist aber nicht vorgeschlagen worden. Als Ruß für technische Zwecke ist das Produkt nicht zu verwenden. Die vorliegend beanspruchten Methoden zur Herstellung von Ruß dagegen liefern brauchbaren, zum Teil sehr hochwertigen Ruß, wie er bisher nur durch unvollkommene Verbrennung erhalten werden konnte. Eine Ausführungsform besteht darin, daß man das Äthylen bei Gegenwart von Kontaktstoffen unter Druck zersetzt, was gegenüber dem Arbeiten unter gewöhnlichem Druck den Vorteil hat, daß man mit wesentlich höherer Zeitraumausbeute arbeiten kann. Da die Reaktion exotherm ist, findet beim Arbeiten unter Druck der Ablauf der Reaktion unter Umständen mit explosionsartiger Geschwindigkeit statt, was zur Folge hat, daß man mit verhältnismäßig sehr geringen Mengen von Kontaktstoffen, die außerdem in diesem Falle nicht besonders aktiv zu sein brauchen, arbeiten kann und daß in der Regel der Katalysator in dem Ruß nur in ganz minimalen Mengen vorhanden ist und auch wegen seiner groben Beschaffenheit leicht abgetrennt werden kann. Das Verfahren kann bei An- oder Abwesenheit von anderen Gasen oder Dämpfen, insbesondere solchen, die Kohlenstoff enthalten, ausgeführt werden.

Bei Verwendung von Mischkatalysatoren kann man bei jedem Druck und jeder Verdünnung arbeiten und erhält den wertvollsten Ruß. Es gelingt, durch geeignet ausgewählte Katalysatoren, z. B. Mischungen von Eisen-Zink-Barium, Nickel-Eisen-Molybdän u. a., einen sehr hochwertigen, den besten amerikanischen Gasrußsorten in seinen Eigenschaften gleichwertigen Ruß zu erhalten. Dies ist ein großer technischer Fortschritt.

Arbeitet man mit Verdünnungsmitteln, so kann man beliebige Katalysatoren und beliebige Drucke anwenden, und man hat den Vorteil, daß die Innehaltung des Temperaturoptimums erleichtert wird; wenn man als Verdünnungsmittel kohlenstoffhaltige Gase oder Dämpfe verwendet, beteiligen sich diese häufig an der Reaktion, und die Rußausbeute wird auf diesem Wege erhöht. So gelingt es z. B., bei der Verdünnung von Äthylen mit Methan einen mehr oder weniger großen Teil des Methans bei relativ sehr niederen

Temperaturen (ca. 400° C) in wertvollen Ruß zu verwandeln, obschon die Zersetzungstemperatur des unverdünnten Methans weit oberhalb 1000° C liegt und der Ruß, der durch thermische Zersetzung von Methan erhalten wird, im allgemeinen sehr minderwertig ist.

Man hat schon festgestellt, daß die Spaltung gesättigter Kohlenwasserstoffe unter Bildung von Ruß durch die Metalle der Eisengruppe begünstigt wird. Ungesättigte Kohlenwasserstoffe von der Art, wie sie bei dem vorliegenden Verfahren verwendet werden, nämlich solche, die Doppelbindungen enthalten, sind jedoch früher für die technische Rußherstellung unter Verwendung von Katalysatoren nicht herangezogen worden. Die bisherigen Erfahrungen ließen für die Verarbeitung der speziellen Ausgangsstoffe hinsichtlich der Wirksamkeit der Katalysatoren und hinsichtlich der Beschaffenheit des bei der Spaltung entstehenden Kohlenstoffs keine Rückschlüsse zu. Es war nicht vorauszusehen, daß man nach der vorliegenden Arbeitsweise einen Ruß gewinnen würde, der bekannten Rußsorten, insbesondere bei seiner Verwendung als Füllstoff in der Kautschukindustrie, nicht nachsteht bzw. diese teilweise sogar übertrifft.

Beispiel 1

Bei einer Temperatur von 400° C wird über einen Katalysator, bestehend aus Kieselgur, auf dem Nickel in feiner Verteilung niedergeschlagen ist, bei einem Druck von 60 at Äthylen geleitet. Nach einiger Zeit unterbricht man den Prozeß und entfernt aus dem Reaktionsraum den in sehr großen Mengen abgeschiedenen Ruß, der gute Eigenschaften besitzt.

Da der Zerfall des Äthylens unter Entwicklung erheblicher Wärmemengen erfolgt, geht die einmal eingeleitete Reaktion von selbst weiter. Man hat hierbei für geeignete Wärmeabfuhr zu sorgen. Die Rußbildung läßt sich auch bei tieferen Temperaturen als 400° C erzielen.

Analog verfährt man bei Verwendung anderer Katalysatoren und anderer Kohlenwasserstoffe der eingangs gekennzeichneten Art.

Beispiel 2

Bei einer Temperatur von 100 bis 200° C wird ein auf 90 at komprimiertes Gemisch von 2 Volumteilen Äthylen und 1 Volumteil Wasserstoff mit einem Katalysator zusammengebracht, der aus fein verteiltem, auf Kieselgur aufgebrachtem Nickel besteht. Unter sehr lebhafter Erwärmung und Drucksteigerung zerfällt das Äthylen in Methan und Kohlenstoff, welch letzterer in Form eines sehr wertvollen, praktisch nickelfreien Russes erhalten wird. Die Menge des ursprünglich angewandten Wasserstoffes erleidet praktisch keine Veränderung, und Äthan ist in den Reaktionsgasen so gut wie nicht enthalten. Auch hier hat man durch Kühlung dafür zu sorgen, daß die Temperatursteigerung nicht zu groß ist.

Der so erhaltene Ruß zeigt bei der Bestimmung der Dispersität Zahlen, die denen vieler amerikanischer Rußsorten überlegen sind.

Beispiel 3

Man füllt in ein Kontaktrohr eine Schicht von Nickelkügelchen von einigen hundertstel Millimeter Durchmesser, wie sie z. B. durch Einspritzen mit einer Spritzpistole in Wasser erhalten werden können, verdrängt die Luft aus dem Rohr mit Stickstoff und heizt den Nickelkontakt auf 500° C. Leitet man nun Äthylen unter einem Druck von etwa $^1/_{10}$ at durch das Rohr, so erhält man einen feinen schwarzen Ruß, der sich leicht von den Nickelkügelchen abtrennen läßt. Das Äthylen wird vollkommen umgesetzt in einen wertvollen Ruß, wenig Methan und Wasserstoff.

Beispiel 4

In ein 3 cm weites, horizontal gelagertes Kontaktrohr aus Nickelblech wird eine Schicht von Körnern aus gepreßtem Nickeloxyd eingefüllt, so daß die Schichthöhe kleiner als die Hälfte des Rohrdurchmessers ist. Nachdem der Katalysator im Stickstoffstrom auf 400° C erhitzt worden ist, leitet man durch das Rohr ein Gemisch von 1 Volumteil Äthylen und 1 Volumteil Kohlensäure mit einer linearen Geschwindigkeit von etwa 5 cm/Sek.$^{-1}$. Man erhält so eine nahezu quantitative Umsetzung des Äthylens in Ruß und Wasserstoff, dem geringe Mengen Methan beigemischt sind. Der Ruß ist praktisch frei von Nickeloxyd und hat nach dem Windsichten ein Schüttgewicht von 9 bis 10 g/100 cm^3.

PATENTANSPRUCH:

Verfahren zur Darstellung von Ruß durch thermische Zersetzung von Kohlenwasserstoffen in Gegenwart von Katalysatoren, dadurch gekennzeichnet, daß man eine oder mehrere Doppelbindungen enthaltende ungesättigte Kohlenwasserstoffe in der Wärme mit dehydrierend wirkenden Katalysatoren unter beliebigem Druck, gegebenenfalls unter Zusatz von Gasen oder Dämpfen, behandelt, wobei man im Falle der Verwendung von Metallen der Eisengruppe ohne aktivierende oder sonstige Zusätze und bei gewöhnlichem Druck die Kohlenwasserstoffe in verdünntem Zustand anwendet.

S. a. E. P. 346680, Nebengewinnung von gesättigten KW-Stoffen.

Nr. 565556. (I. 36084.) Kl. 22f, 14.

I. G. Farbenindustrie Akt.-Ges. in Frankfurt a. M.

Erfinder: Dr. Otto Schmidt und Dr. Otto Grosskinsky in Ludwigshafen a. Rh.

Verfahren zur Darstellung von Ruß.

Zusatz zum Patent 552623.

Vom 10. Nov. 1928. — Erteilt am 17. Nov. 1932. — Ausgegeben am 2. Dez. 1932. — Erloschen: . . . .

Das Hauptpatent 552623 betrifft ein Verfahren zur Darstellung von Ruß durch thermische Zersetzung von Kohlenwasserstoffen in Gegenwart von Katalysatoren, bei dem man eine oder mehrere Doppelbindungen enthaltende ungesättigte Kohlenwasserstoffe in der Wärme mit dehydrierend wirkenden Katalysatoren unter beliebigem Druck, gegebenenfalls unter Zusatz von Gasen oder Dämpfen, behandelt, wobei man im Falle der Verwendung von Metallen der Eisengruppe ohne aktivierende oder sonstige Zusätze und bei gewöhnlichem Druck die Kohlenwasserstoffe in verdünntem Zustand anwendet.

Es wurde nun gefunden, daß man bei diesem Verfahren besonders gute Ergebnisse erzielt, wenn man Kobalt enthaltende Katalysatoren verwendet. Der auf diese Weise erhaltene Ruß ist durch eine besonders geringe Teilchengröße ausgezeichnet. Infolgedessen zeigt er eine sehr große Farbtiefe und ist auch für die Vulkanisation von Natur- und insbesondere Kunstkautschuk gut geeignet.

Der nach dem vorliegenden Verfahren erhaltene Ruß steht dem durch unvollständige Verbrennung von Kohlenwasserstoffen erhaltenen Ruß in seinen Eigenschaften sehr nahe und unterscheidet sich dadurch ganz bedeutend von allen Rußsorten, die bisher durch thermische Zersetzung gewonnen worden sind. Bisher konnte man auf letztere Weise nur Rußsorten erhalten, die, mit Kautschuk verarbeitet, bei der Vulkanisation einen Kautschuk von verhältnismäßig geringer Belastungsfähigkeit ergaben. Gegenüber den auf der unvollständigen Verbrennung beruhenden Verfahren weist die vorliegende Arbeitsweise u. a. den Vorteil auf, daß sie bedeutend größere Ausbeuten liefert.

Die gemäß der vorliegenden Erfindung anzuwendenden kobalthaltigen Katalysatoren können z. B. durch Reduktion von Kobaltverbindungen mit Wasserstoff bei mäßigen Temperaturen erhalten werden. Als aktivierende Zusatzstoffe seien z. B. die Oxyde, Hydroxyde des Zinks, Cadmiums, Kupfers, Chroms, Vanadins, Molybdäns, Urans, Aluminiums sowie der Erdalkali- und Alkalimetalle genannt. Die Katalysatoren können in bekannter Weise für sich oder auf Trägern sowie in geformtem Zustand verwendet werden.

Beispiel 1

Ein Gemisch von 99 Teilen Kobaltoxyd und 1 Teil Zinkoxyd (durch Fällen der Nitrate erhalten) wird in Formen gepreßt und bei 330° C reduziert. Über die erhaltene Kontaktmasse leitet man in nicht zu raschem Strome bei 400° C ein Gemisch von 50 Volumteilen Äthylen und 50 Volumteilen Methan. Man erhält eine fast quantitative Umsetzung des Äthylens in Kohlenstoff; außerdem tritt auch eine teilweise Zersetzung des Methans unter Kohlenstoffabscheidung ein. Der abgeschiedene Kohlenstoff stellt nach dem Windsichten einen schwarzen Ruß dar, dessen Kristallite eine Teilchengröße unterhalb 100 Angström haben.

Beispiel 2

Durch ein Quarzrohr, in dem sich ein durch Pressen von 50 Teilen Kobaltoxyd, 50 Teilen Zinkoxyd und 1 Teil Bariumoxyd hergestellter Katalysator befindet, der in dem Quarzrohr selbst mit Wasserstoff bei 330° C reduziert wurde, leitet man bei 350 bis 400° C Allylen, das mit Wasserdampf und Kohlensäure verdünnt ist. Man erhält in guter Ausbeute einen tiefschwarzen, besonders für die Herstellung von Farbmassen ausgezeichnet geeigneten Ruß.

An Stelle des Allylens können auch andere ungesättigte Kohlenwasserstoffe, wie Butadien und seine Homologen, angewandt werden.

Beispiel 3

In einem horizontal gelagerten Nickelrohr von etwa 15 cm lichter Weite befinden sich, auf einer drehbaren Achse montiert, mehrere mit Körnern aus gepreßtem Kobaltoxyd lose gefüllte Behälter mit durchlöcherter Wandung. Die Apparatur wird nach Füllung mit Stickstoff unter Drehung der Achse auf 400° C erhitzt, worauf man ein Gemisch aus 1 Volumteil Äthylen und 3 Volumteilen Stickstoff durch das Rohr leitet. Der an den Kontaktbehältern sich absetzende Ruß wird kontinuierlich mittels Schneiden oder Bürsten abgestreift und fällt durch eine Öffnung in der Rohrwandung in ein untergestelltes Gefäß. Man erhält eine ausgezeichnete Ausbeute an praktisch kobaltfreiem Ruß.

Beispiel 4

24,65 Gewichtsteile Kobaltnitrat, 22,73 Teile Zinknitrat und 0,19 Teile Bariumnitrat (Co : Zn : Ba = 50 : 50 : 1) werden in 120 Teilen Wasser gelöst. Diese Lösung wird bei gewöhnlicher Temperatur in eine zur Fällung der genannten Metalle als Carbonate ausreichende Menge einer 2 n-Alkalicarbonatlösung eingesprüht. Die gefällten Carbonate werden sorgfältig ausgewaschen, getrocknet, auf höchstens 400° C erhitzt, gemahlen, angeteigt, geformt und nochmals auf nicht über 400° C erhitzt. Das so erhaltene Gemisch der Oxyde wird im Wasserstoffstrom bei 320 bis 350° C reduziert. Über die erhaltene Kontaktmasse leitet man bei 400° C pro Gramm Kontaktmasse stündlich 2,5 l Propylen. Man erhält etwa 70 % des im Propylen vorhandenen Kohlenstoffs als Ruß, der nach der Aufarbeitung in seiner Güte dem aus Äthylen erhaltenen Ruß nicht nachsteht.

Beispiel 5

Leitet man über die im Beispiel 4 angewandte Kontaktmasse bei 350 bis 400° C ein Gemisch aus 1 Volumteil Äthylen und 1 Volumteil Kohlendioxyd, so erhält man in guter Ausbeute einen tiefschwarzen Ruß, der als Füllstoff dem Natur- und Kunstkautschuk ausgezeichnete Eigenschaften verleiht. Die Kohlensäure wirkt in diesem Falle nicht nur als Verdünnungsmittel, sondern wird dabei reduziert zu Kohlenoxyd und Kohlenstoff. Anstatt Kohlensäure kann man dem Äthylen auch Kohlenoxyd zufügen. Den Gemischen aus Kohlenoxyden und Olefinen können auch noch beliebige andere Gase, wie Methan, Äthan, Stickstoff usw., zugesetzt sein.

Beispiel 6

Ein aus 50 Volumteilen Äthylen, 40 Volumteilen Stickstoff und 10 Volumteilen Luft bestehendes Gasgemisch wird über die im Beispiel 4 angegebene Kontaktmasse mit einer Geschwindigkeit von 5 l pro Stunde und Gramm Kontaktmasse bei 380° C geleitet. Man erhält über 70 % des im Äthylen enthaltenen Kohlenstoffs als tiefschwarzen Ruß.

Patentanspruch:

Verfahren zur Herstellung von Ruß durch thermische Zersetzung von eine oder mehrere Doppelbindungen enthaltenden ungesättigten Kohlenwasserstoffen in Gegenwart von Kontaktkörpern bei beliebigem Druck gemäß Hauptpatent 552 623, dadurch gekennzeichnet, daß Kobalt enthaltende Katalysatoren verwendet werden.

Nr. 549 348. (I. 47. 30.) **Kl. 22 f, 14.**

I. G. Farbenindustrie Akt.-Ges. in Frankfurt a. M.

Erfinder: Dr. Walther Haag, Dr.-Ing. Leo Schlecht und Dr. Walter Schubardt in Ludwigshafen a. Rh.

Verfahren zur Herstellung von Ruß.

Vom 15. Juli 1930. — Erteilt am 14. April 1932. — Ausgegeben am 26. April 1932. — Erloschen: . . . .

Wie bereits festgestellt worden ist, verläuft die Zersetzung von Kohlenoxyd zu Kohlensäure und Kohlenstoff bei höherer Temperatur besonders gut, wenn man sie in Gegenwart von Metallcarbonylen, insbesondere solchen der Eisengruppe, vornimmt.

Es wurde nun gefunden, daß man einen noch besseren Ruß von sehr hohem Zerteilungsgrad erhält, wenn man an Stelle von Kohlenoxyd Kohlenwasserstoffe, insbesondere Olefine, Diolefine, Acetylene u. dgl., oder solche enthaltende Gase oder Dämpfe in Gegenwart von Metallcarbonylen, insbesondere solche der Eisengruppe, thermisch zersetzt. Unter sonst gleichen Bedingungen erhält man bei Verwendung von Kohlenwasserstoffen die mehrfache, z. B. die doppelte bis vierfache der bei Anwendung von Kohlenoxyd erhaltenen Menge Ruß. Außerdem ist der nach dem vorliegenden Verfahren hergestellte Ruß zufolge seiner besonderen Eigenschaften, insbesondere seines äußerst hohen Zerteilungsgrades, bei der Verwendung in der Kautschukindustrie und der Herstellung von Farbmassen dem Kohlenoxydruß überlegen.

Es genügt in den meisten Fällen bereits der Zusatz einer geringen Menge eines Carbonyls, um die Zersetzung der Kohlenwasserstoffe zu Wasserstoff und fein zerteiltem Kohlenstoff bei einer bestimmten Temperatur außerordentlich zu beschleunigen. Man kann dabei so verfahren, daß man dem zu zersetzenden Gas, bevor es in den Zersetzungsofen geleitet wird, eine geringe Menge, meistens genügen 0,1 bis 1,0 Volumenprozent, Carbonyldampf beimischt oder daß man das Carbonyl, für sich oder mit einem anderen Gase vermischt, in Dampfform, als Flüssigkeit oder in fein verteilter, fester Form in den Ofen einführt. Eisen- oder Nickelcarbonyl kann man z. B. in Dampfform einblasen oder in flüssiger Form mittels einer Düse einspritzen, Kobalt- oder Molybdäncarbonyl als feines Pulver, z. B. mittels eines Siebes oder einer Förderschnecke, in den Ofen einführen. Oft ist es vorteilhaft, ein Gemisch verschiedener Carbonyle anzuwenden, z. B. eine Lösung von Kobalt- in Nickelcarbonyl. Die festen Carbonyle lassen sich auch in Lösungsmitteln, wie Alkoholen, Benzin, Benzol o. dgl., anwenden; solche können auch zusammen mit flüssigen Carbonylen Anwendung finden.

Die Temperatur, bei der die Zersetzung zu Kohlenstoff und Wasserstoff am günstigsten verläuft, ist für jeden Kohlenwasserstoff bzw. für jedes Gasgemisch verschieden. Im allgemeinen liegt sie bei Anwendung von Olefinen ungefähr zwischen 350 und 500° C, während sie für gesättigte Kohlenwasserstoffe höher liegt.

Die Herstellung von Ruß nach dem vorliegenden Verfahren läßt sich in an sich bekannter Weise unter erhöhtem oder vermindertem Druck und gegebenenfalls unter Zusatz von indifferenten oder reaktionsfördernden Gasen oder Dämpfen, z. B. Stickstoff, Wasserstoff oder Wasserdampf, vornehmen.

Die bekannte thermische Zersetzung von Kohlenwasserstoffen in Gegenwart von Katalysatoren, z. B. Oxyden des Eisens, hat die Nachteile, daß sich in dieser Weise nicht ohne besondere Maßregeln kontinuierlich arbeiten läßt und daß die Wirksamkeit des Katalysators durch ständige Zufuhr frischer Kontaktmasse aufrechterhalten werden muß, um eine genügende Zersetzung der Kohlenwasserstoffe zu erzielen. Die Folge davon ist, daß man einen Ruß erhält, dem verhältnismäßig große Mengen der Kontaktmasse beigemengt sind. Bei dem vorliegenden Verfahren hingegen läßt sich leicht kontinuierlich arbeiten; insbesondere im Falle der Zufuhr der Metallcarbonyle in dampfförmigem, flüssigem oder gelöstem Zustand wird eine leichte Regelung der zugeführten Menge und eine äußerst feine Verteilung der Kontaktmasse in den zur Zersetzung gelangenden Kohlenwasserstoffen ermöglicht. Die Carbonyle verdampfen allmählich, wenn sie nicht schon dampfförmig zugeführt werden, beim Eintritt in den Zersetzungsofen und zerfallen dann unter Bildung eines äußerst feinen und sehr aktiven Metallnebels. Da bereits durch Zusatz sehr geringer Mengen von Carbonylen eine starke Zersetzung der Kohlenwasserstoffe erreicht wird, so erhält man einen nur schwach metallhaltigen Ruß, der sich meistens ohne weitere Reinigung verwenden läßt.

Beispiel 1

Durch einen Ofen, den man durch Außenheizung auf einer Temperatur von 400 bis 420° C hält, wird ein aus 99,5 Teilen Äthylen und 0,5 Teilen Nickelcarbonyl bestehendes Gasgemisch geschickt. Man erhält Ruß in einer Ausbeute von 70 bis 80 % der Theorie. Das Abgas besteht in der Hauptsache aus Wasserstoff, dem noch etwas unzersetztes Äthylen sowie Methan und Äthan beigemischt sind. Der Ruß kann vorteilhaft als Füllstoff für natürlichen oder künstlichen Kautschuk oder ähnliche Produkte verwendet werden.

Beispiel 2

Durch ein senkrecht stehendes, von außen auf 600 bis 650° C beheiztes Kupferrohr leitet man ein Gasgemisch aus 99,8 Teilen Äthan und 0,2 Teilen Eisencarbonyl. Der Kohlenwasserstoff wird zu 80 bis 85 % in fein verteilten Kohlenstoff und Wasserstoff gespalten. Der Kohlenstoff wird in einem am unteren Ende des Rohrs angebrachten Gefäß aufgefangen, aus dem er zeitweise oder kontinuierlich, z. B. mittels einer Förderschnecke, ausgetragen wird. Die Abgase verlassen durch einen an dem Rohr angebrachten Stutzen die Vorrichtung.

Patentanspruch:

Verfahren zur Herstellung von Ruß durch thermische Zersetzung von Kohlenstoffverbindungen in Gegenwart von Metallcarbonylen, insbesondere der Eisengruppe, dadurch gekennzeichnet, daß Kohlenwasserstoffe, insbesondere Olefine, Diolefine, Acetylene u. dgl., als Ausgangsstoffe verwendet werden.

F. P. 720192.

Nr. 474568. (W. 77485.) Kl. 22f, 14. Herm. Friedrich Wellhäuser in Kahl a. M.

Kühlfläche für Rußherstellung.

Vom 23. Okt. 1927. — Erteilt am 21. März 1929. — Ausgegeben am 5. April 1929. — Erloschen: . . . .

Die bekannten zylindrischen Kühlflächen für die Rußabscheidung aus Kohlenwasserstoffflammen haben den Nachteil, daß zur Erreichung einer möglichst großen Berührungsoberfläche zwischen Kühlfläche und Flamme die Kühlfläche einen sehr großen Durchmesser haben muß im Verhältnis zum Flammendurchmesser und daß die Flamme eine sehr große Verlängerung in der Strömungsrichtung erfährt. Diese Verlängerung hat wieder den Nachteil, daß ein großer Teil des aus der Zersetzung entstandenen Kohlenstoffs durch Umsetzung mit CO_2 und H_2O unnötig verbrennt.

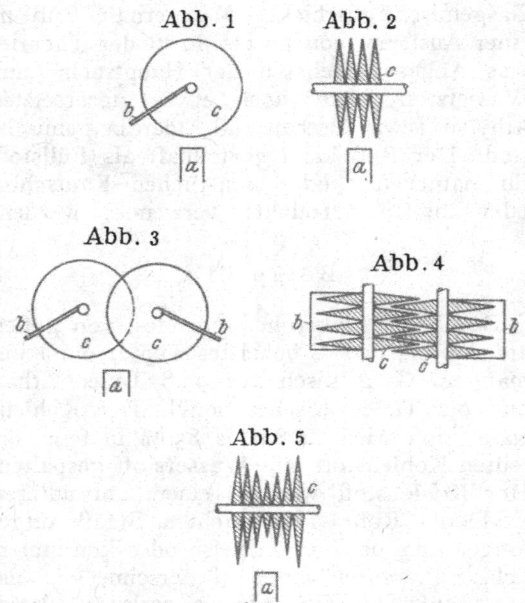

Es ist bekannt, daß man die Wirkung einer Kühlfläche allgemein durch Aufsetzen von Kühlrippen und dadurch vergrößerte Oberfläche steigern kann. Verwendet man indessen solche scheiben- oder tellerförmigen Kühlflächen für Rußapparate, so kommt man bei gleicher Brennergröße nicht nur mit einem kleineren Durchmesser der Kühlfläche gegenüber einer glatten Trommel aus, sondern man erhält vor allem eine bessere Ausbeute und Qualität an Ruß. Da die Unterteilung der Flamme durch die Scheiben eine intensivere, schnellere Kühlung bewirkt, so wird eine Nachverbrennung des Kohlenstoffs vermieden.

Abb. 1 und 2 zeigen eine solche Anordnung als Ausführungsbeispiel,

Abb. 3 und 4 die Ausführung mit zwei solchen Kühlmänteln. Hierbei stellen *a* die Brenner, *b* die Schaber und *c* die Kühlflächen dar. Die Kühlflächen können eben sein, besser noch ist aber eine konische, linsenartige Form. Ebenso können die Kühlflächen hohl sein und von Kühlmitteln durchflossen werden.

Abb. 5 zeigt eine Ausführungsform, die berücksichtigt, daß die Zersetzungszone der Flamme in der Mitte höher liegt als am Rande, so daß eine möglichst schnelle Entfernung des Russes aus der Flamme stattfindet. Es ist durch diese Anordnung sogar möglich, verschiedene Rußqualitäten aus einer Flamme zu gewinnen.

Patentansprüche:

1. Kühlfläche für Rußherstellung, dadurch gekennzeichnet, daß die Kühlfläche aus dicht beieinander auf einer Achse angeordneten, die Flamme mehrfach unterteilenden ebenen oder konischen, massiven oder hohlen, von Kühlmitteln durchflossenen Scheiben besteht.

2. Kühlfläche nach Anspruch 1, dadurch gekennzeichnet, daß der Durchmesser der Scheiben verschieden ist, entsprechend der Form der Zersetzungszone in der Flamme.

3. Kühlfläche nach Anspruch 1 und 2, dadurch gekennzeichnet, daß die Scheiben auf zwei parallelen gegeneinander rotierenden Achsen versetzt ineinandergreifend angeordnet sind.

Nr. 545002. (V. 21434.) Kl. 22f, 14. Verein für chemische und metallurgische Produktion in Aussig a. E., Tschechoslowakische Republik.

Vorrichtung zur Herstellung von Gas- und Lampenruß.

Vom 11. Juli 1926. — Erteilt am 11. Febr. 1932. — Ausgegeben am 25. Febr. 1932. — Erloschen: . . . .

Die Erzeugung von Gas- und Lampenruß geschieht durch unvollkommene Verbrennung von Öldämpfen, rußliefernden Gasen u. dgl. in Flammen, die gegen gekühlte Flächen schlagen. Die bis heute bekannten Apparate benutzen zur Abscheidung des Rußes rotierende Walzen oder abgedrehte Platten (Teller). Die Erzeugung von Gasruß auf diesem

Wege ist aber umständlich und teuer, weil die Leistungsfähigkeit dieser Apparate außerordentlich klein ist. Nach H. Köhler, »Die Fabrikation des Rußes und der Schwärze«, 1912, Seite 106, Absatz 2, liefert beispielsweise ein Apparat mit einer rotierenden Platte von 80 cm ⌀ in 24 Stunden nur 700 bis 1 500 g Gasruß. Zu einer Produktion von etwa 100 kg pro Tag ist demnach eine Einrichtung von 120 Tellerapparaten notwendig. Die nötige Fabrikationsfläche ist selbst für eine kleine Produktion außerordentlich groß, und es ist, wenn selbst die Platten wie in dem Apparat von Dreyer übereinandergebaut werden, die Errichtung eines entsprechend hohen Gebäudes erforderlich. Die Walzenapparate sowohl als auch die Tellerapparate sind, zumal sie mit Kühlflüssigkeit betrieben werden, schwer und besitzen ein großes Eisengewicht, das mehr als das Hundertfache des pro Tag mit dem Apparat herzustellenden Rußes beträgt. Der große Platzbedarf sowie das hohe Gewicht der ganzen Apparatur verteuern unverhältnismäßig die Herstellung von Gasruß vor allem in Europa, wo die zur Verfügung stehenden Ausgangsprodukte zur Rußerzeugung kostspieliger sind als in den Erdölquellen besitzenden Ländern.

Man hat bereits vorgeschlagen, nasse, endlose, poröse Riemen zu verwenden, die durch rußende Flammen hindurchgeführt werden. Bei diesen Einrichtungen sind die rußenden Flammen auf Wasserflächen gerichtet, so daß der Ruß auf dem Wasser niedergeschlagen wird.

Auch sind bereits Apparate bekannt, bei denen die zu berußenden, in Bewegung befindlichen Flächen aus einzelnen Platten bestehen, die auf einem endlosen Träger angeordnet sind. Diesen Apparaten gegenüber zeichnet sich die beanspruchte Vorrichtung durch Einfachheit und größere Betriebssicherheit aus, insbesondere da ein Absetzen von Ruß an unerwünschten Stellen der Vorrichtung ausgeschlossen erscheint und somit die Bildung von Brandherden vermieden wird.

Gemäß der Erfindung wird die Darstellung von Gas- und Lampenruß an laufenden Metallbändern vorgenommen, die sich durch eine Reihe hintereinander angeordneter Flammen bewegen, wobei der Ruß an bestimmten Stellen der Apparatur mechanisch abgenommen wird. Gegenüber den bisherigen Einrichtungen zur Abscheidung von Ruß gestattet diese eine weitgehende Vereinfachung und Verbilligung der Erzeugung. Eine beispielsweise Ausführungsform der Vorrichtung zeigt die beiliegende Zeichnung.

Über Walzen bzw. Scheiben *A*, die am Fuß und Kopf des Apparates angeordnet sind, laufen dicht nebeneinander vier endlose Metallbänder *B*. Unter den Metallbändern sind jeweils Brenner *C* angebracht, aus welchen die brennbaren Dämpfe oder Gase bei beschränktem Luftzutritt unter Rußbildung verbrennen. Die Brenner sind sowohl unter dem

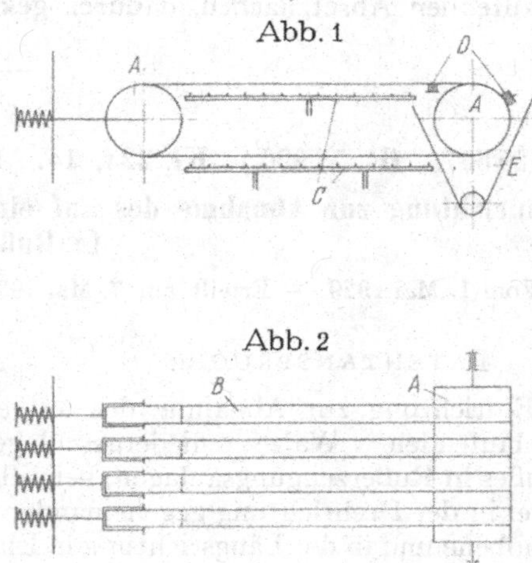

hinlaufenden als auch unter dem zurücklaufenden Teile des Metallbandes angeordnet, so daß der Apparat mit zwei Etagen von Brennerreihen versehen ist. Die Bänder durchlaufen mit gewisser regulierbarer Geschwindigkeit die Flammen und berußen sich auf beiden Seiten. An dem einen Ende des Apparates wird durch Schaber, Bürsten o. dgl. *D* der auf den Bändern befindliche Ruß abgenommen, fällt in den Trichter *E* und kann dort von einer Schnecke wegbefördert werden.

Da die verwendeten Metallbänder sehr leicht sind und wenig Platz beanspruchen, kann eine größere Anzahl zu einer Einheit vereinigt werden, die auf kleinem Raum eine verhältnismäßig große Menge Ruß liefert. Überraschenderweise hat sich nämlich gezeigt, daß eine besondere Kühlung der Metallbänder nicht notwendig ist, wenn man die Bänder entsprechend dem verwendeten rußliefernden Gas in einer den Bedingungen angepaßten Geschwindigkeit laufen läßt. Es hat sich weiter gezeigt, daß die Abscheidung des Rußes ohne Schwierigkeit erfolgt und der Ruß keine Qualitätsverschlechterung erfährt, wenn das Metallband durch eine große Anzahl rußender, hintereinanderstehender Flammen durchgeführt wird, so daß sich also der Ruß der folgenden Flamme jeweils auf dem Ruß der vorhergehenden abscheidet. Dadurch kann die Einrichtung für die Abnahme des Rußes von der Niederschlagsfläche im Gegensatz zu den bisher gebräuchlichen Walzen- und Tellerapparaten so klein gemacht werden, daß wesentlich an Platz und Material gespart wird.

Die verwendeten Metallbänder können in beliebig anderer Weise nebeneinander oder übereinander angeordnet werden

PATENTANSPRUCH:

Vorrichtung zur Herstellung von Gas- und Lampenruß unter Verwendung von laufenden Absetzflächen, dadurch gekennzeichnet, daß als Abscheidungsflächen eine Mehrzahl nebeneinander angeordneter Metallbänder benutzt wird, deren jedes durch eine Reihe hintereinander angeordneter Flammen läuft, wobei Einrichtungen getroffen sind, die den Ruß an einem Ende der Apparatur von den berußten Metallbändern abnehmen.

Nr. 525857. (R. 77996.) Kl. 22f, 14. HEINRICH RODENKIRCHEN IN RODENKIRCHEN A. RH.

Einrichtung zur Abnahme des auf einer umlaufenden Walze niedergeschlagenen Rußes in Rußerzeugungsanlagen.

Vom 1. Mai 1929. — Erteilt am 7. Mai 1931. — Ausgegeben am 29. Mai 1931. — Erloschen: 1933.

PATENTANSPRUCH:

Einrichtung zur Abnahme des auf einer umlaufenden Walze niedergeschlagenen Rußes in Rußerzeugungsanlagen, bei welcher zwei in der Drehrichtung gegeneinander verschobene und in der Längsrichtung in Einzelabstreicher unterteilte Abstreichersysteme verwendet werden, wobei die Einzelabstreicher des einen Systems diejenigen des anderen Systems überdecken, dadurch gekennzeichnet, daß der in einer Blattfeder bestehende Einzelabstreicher (*a*, *b*, *a'*) mit seiner Schmalseite annähernd tangential auf der umlaufenden Walze (*w*) aufliegt, und zwar in an sich bekannter Weise in derart lockerer Lagerung, daß er seine Neigung quer zur Drehrichtung an unebenen Stellen der Walze selbsttätig ändern kann.

Die Erfindung bezieht sich auf eine Rußerzeugungsanlage, bei welcher der Ruß in bekannter Weise auf einer unter bestimmtem Wärmegrad gehaltene umlaufende Metallwalze niedergeschlagen und sodann mittels federnden Abstreichers von der Metallfläche entfernt wird.

Rußerzeugungsanlagen dieser Art haben gegenüber den meist noch in Benutzung befindlichen Rußerzeugungskammern den großen Vorteil geringen Raumbedarfes, sind aber nach den bisherigen Ausführungsvorschlägen noch mit einem erheblichen Mangel behaftet, der darin besteht, daß der Abstreicher nicht genügend gleichmäßig auf der Oberfläche des den Ruß ansetzenden Metallkörpers anliegt. Dieser Übelstand wird dadurch besonders groß, daß die Oberfläche des Metallkörpers sich unter dem Einfluß der Temperaturschwankungen, besonders der Flammenhitze, leicht verzieht sowie Beulen und sonstige durch zufällige innere Metallspannungen hervorgerufene Unebenheiten bekommt, selbst wenn die Walze bei der Herstellung aufs genaueste abgedreht wird. Diese Unebenheiten sind aber auf die Beschaffenheit des Erzeugnisses von großem, beeinträchtigendem Einfluß. Hat sich nämlich eine Stelle gebildet, an welcher der Abstreicher nicht mehr ganz aufliegt, so wird natürlich auch

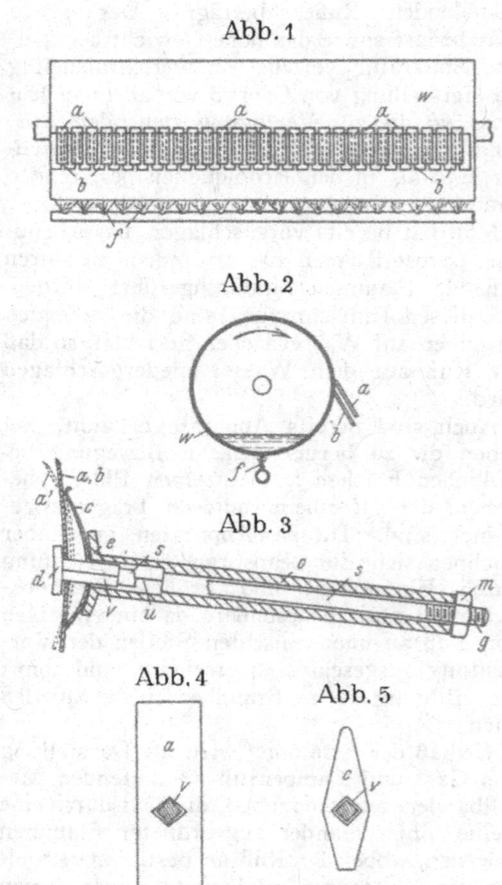

an dieser Stelle der Ruß nicht vollkommen abgestrichen, sondern es bleibt eine wenn auch dünne Rußschicht auf dem Metallkörper haften. Sobald dieselbe nun wiederholt die Flamme passiert, tritt eine Verkrustung des Rußrestes ein. Die Ränder dieser verkrusteten Stelle bröckeln dann unter dem Einfluß des bei jeder

Umdrehung über sie hinwegstreifenden Abstreichers ab und geraten als grobe Körner unter das Erzeugnis, ja es werden sogar größere Stücke abgeblättert. Infolgedessen muß der so gewonnene Ruß in einem besonderen Arbeitsvorgang gesiebt werden, um die erwähnten Verunreinigungen auszuscheiden, wobei natürlich immer noch Reste der Unreinigkeiten zurückbleiben, die den Wert des Erzeugnisses beeinträchtigen.

Nach der Erfindung wird nun die Abstreichereinrichtung in eine große Anzahl von Blattfederabstreichern unterteilt, die im übrigen den erwähnten bekannten Anordnungen entsprechen, sich jedoch von diesen dadurch wesentlich unterscheiden, daß die einzelnen Blattfedern mit ihrer Schmalseite auf der Walze liegen. Außerdem sind sie in an sich bekannter Weise locker gelagert, so daß sie ihre Neigung quer zur Drehrichtung der Walze selbsttätig ändern können. Auf diese Weise wird ein Gebilde geschaffen, welches sich mit praktisch vollkommener Genauigkeit auch kleinen, praktisch noch in Betracht kommenden Unebenheiten der Walze raupenartig anschmiegt.

Auf der Zeichnung ist ein Ausführungsbeispiel dargestellt, und zwar zeigen die Abb. 1 und 2 eine schematische Darstellung des ganzen Apparates, während die Abb. 3 bis 5 einen Einzelabstreicher bzw. Einzelteile desselben zeigen. Es bedeutet *w* die in der Pfeilrichtung umlaufende Walze, *f* die den Ruß liefernde Flammenreihe. Die Abstreichereinrichtung besteht aus zwei Reihen von mit der Schmalseite aufliegenden Blattfedern *a* bzw. *b*, die in dem bereits erwähnten Sinne quer zur Drehrichtung gegeneinander verschoben sind.

Die vierkantigen Durchbrechungen der Bleche *a* bzw. *b* sind nach der Seitenrichtung hin (vgl. Abb. 4) so reichlich bemessen, daß der Abstreicher auf dem Vierkant *v* eine seitlich kippende Bewegung ausführen kann. Dieser Umstand im Verein mit einer etwas konvexen Ausbildung der Auflagefläche des Ansatzes *d* und im Verein mit den schmal zulaufenden Enden des Bleches *c* (Abb. 5), welches ebenfalls etwas locker auf dem Vierkant *v* aufsitzt, bewirkt, daß der Einzelabstreicher beim Passieren einer etwas seitlich geneigten Stelle der Walze sich auch dieser Ungleichmäßigkeit selbsttätig anschmiegen kann.

Das umständliche und, wie oben gesagt, sowieso zwecklose Abdrehen der Walze wird überflüssig. Denn das erfindungsgemäße Abstreichersystem schmiegt sich allen Ungleichmäßigkeiten in genannter Hinsicht mit großer Nachgiebigkeit an. Endlich ist es noch von erheblichem Vorteil, daß der mit der erfindungsgemäßen Einrichtung ausgestattete Rußerzeugungsapparat bedeutend länger bemessen werden kann als ein solcher mit einem starren oder auch elastischen Bandabstreicher, der auch bei kürzerer Bauart nur wenig hochwertigen Ruß liefert.

Nr. 554930. (O. 16922.) Kl. 22f, 14. CHEMISCHE FABRIK KALK G. m. b. H. IN KÖLN UND DR. HERMANN OEHME IN KÖLN-KALK.

Verfahren zum Herstellen von Gasruß.

Vom 11. Nov. 1927. — Erteilt am 30. Juni 1932. — Ausgegeben am 15. Juli 1932. — Erloschen: 1934.

Es ist bekannt, daß der hauptsächlich in Amerika aus Naturgas, welches zum größten Teil aus Methan besteht, gewonnene Ruß eigenartige Eigenschaften bezüglich Schwärze, Kleinteiligkeit und Struktur besitzt, welche diesen Ruß besonders zur Verwendung in der Kautschukindustrie geeignet machen.

Für Druckfarben und Anstrichzwecke stellt man Gasruß auch aus Acetylen und Ölgas und ähnlichen, ungesättigte, gasförmige Kohlenwasserstoffe enthaltenden Gasen her. Diese Ruße haben zwar nicht die besonderen Eigenschaften der Methanruße, sind aber trotzdem für andere Zwecke brauchbar, und ihre Fabrikation wird vor allem auch wegen der guten Rußausbeuten aus diesen Gasen betrieben.

Bisher wurde aber nicht erkannt, daß die in den Krackgasen neben gesättigten Kohlenwasserstoffen, wie Methan und seine Homologen, enthaltenen ungesättigten Kohlenwasserstoffe, welche zwar die Rußausbeuten erhöhen, die eigentliche Ursache dafür sind, daß aus diesen Gasen keine dem Methanruß gleichwertigen Rußsorten herzustellen sind.

Acetylen und einfach oder mehrfach ungesättigte Verbindungen, die in den Krackgasen vorhanden sind, werden bei der hohen Zersetzungstemperatur, die zur indirekten Zersetzung der Kohlenwasserstoffe in Ruß und Wasserstoff notwendig ist und die auch bei der unvollständigen Verbrennung der Gase trotz der etwa angewandten Abkühlungsmaßregeln eintritt, zu hochmolekularen, schwer flüchtigen und schwer verbrennbaren Verbindungen polymerisiert. Der Ruß wird dadurch mit den Kondensations- und Verkokungsprodukten dieser durch thermische Wirkung entstandenen Produkte imprägniert, so daß der fertige Ruß mehr einem Ölruß wie einem Methanruß gleicht.

Es wurde nun gefunden, daß man auch aus Kohlendestillations- und Krackgasen einen dem Methanruß ebenbürtigen Ruß erzeugen kann, wenn man sie nach Entfernung der leicht kondensierbaren Kohlenwasserstoffe von den ungesättigten gasförmigen Kohlenwasserstoffen auf physikalischem oder chemischem Wege möglichst weitgehend befreit. Es zeigte sich, daß das zurückbleibende Gemisch, welches hauptsächlich aus Methan und gesättigten Kohlenwasserstoffen, wie Äthan und seinen Homologen, besteht, ein dem amerikanischen Gasruß gleichwertiges Produkt ergibt. Besonders geeignet ist z. B. das bei der modernen Zerlegung der Kokereigase nach Gewinnung des Wasserstoffes zurückbleibende Gemisch von gasförmigen gesättigten und ungesättigten Kohlenwasserstoffen. Dieses Gasgemisch kann sowohl auf chemischem wie auf physikalischem Wege in gesättigte und ungesättigte Kohlenwasserstoffe zerlegt werden. Von besonders wirtschaftlicher Bedeutung ist es, die ungesättigten Kohlenwasserstoffe zunächst auf chemischem Wege, z. B. in Chlorhydrine, Glykole und deren Derivate, umzuwandeln und die gesättigten Kohlenwasserstoffe danach zur Rußfabrikation zu verwenden.

Die Zerlegung von Kokereigasen ist z. B. in der österreichischen Patentschrift 83 145 beschrieben. Dort wird auch angegeben, daß man die von Wasserstoff befreiten gasförmigen Kohlenwasserstoffe der Kohledestillationsgase entweder im Gemisch für Leucht-, Heiz- und Schweißzwecke verwenden soll oder auch in voneinander getrennter reiner Form anderen Zwecken dienlich machen kann. Aus diesen Angaben konnte man aber nicht die besondere Lehre entnehmen, daß die Anwesenheit von ungesättigten Kohlenwasserstoffen im Methan oder seinen gesättigten, gasförmigen Homologen bei der Verrußung die Ursache der Qualitätsveränderung gegenüber den Rußen ist, die bei Anwesenheit der ungesättigten Kohlenwasserstoffe hergestellt werden.

Patentanspruch:

Verfahren zum Herstellen von Gasruß aus Gemischen von gasförmigen gesättigten und ungesättigten Kohlenwasserstoffen, z. B. den beim Kracken oder bei der Kokerei anfallenden Gasgemischen, dadurch gekennzeichnet, daß aus dem Gasgemisch vor der Umwandlung der gesättigten Kohlenwasserstoffe in Ruß die ungesättigten gasförmigen Kohlenwasserstoffe in bekannter Weise entfernt werden.

Nr. 552466. (I. 38310.) Kl. 22f, 14. Imperial Chemical Industries Limited in London.

Verfahren zur Herstellung von Ruß und Chlorwasserstoff.

Vom 9. Juni 1929. — Erteilt am 26. Mai 1932. — Ausgegeben am 14. Juni 1932. — Erloschen: 1934.

Großbritannische Priorität vom 9. und 29. Juni 1928 beansprucht.

Die Erfindung will gleichzeitig Kohlenstoff (Ruß) und Chlorwasserstoff herstellen, und zwar aus kohlenwasserstoffhaltigen Gasen oder Dämpfen, wie z. B. Kohledestillationsgasen, Naturgasen, Krackgasen, verdampften Kohlenwasserstoffen u. dgl., und aus Chlorgas. Die beiden Gase sollen in einer Flamme vereinigt werden, die in der freien Luft brennt.

Man hat bereits vorgeschlagen, Ruß durch eine Reaktion zwischen Chlor und kohlenwasserstoffhaltigen Gasen herzustellen. Das geschah in der Weise, daß man Chlor in einer Atmosphäre von Kohlenwasserstoffen in einem geschlossenen Raume derart verbrannte, daß der Zutritt von Luft zum ganzen Raume möglichst ausgeschlossen war. Außer dem gewünschten Ruß werden sich hierbei Kohlenwasserstoffchloride gebildet haben, die unerwünscht waren und zu Verlust gingen.

Andererseits hat man schon Ruß durch thermische Zersetzung von Kohlenwasserstoffen hergestellt. Hierbei verbrannte man in einer inneren Flamme Kohlenwasserstoffe unvollkommen, indem man die innere Flamme durch eine weit von ihr abgerückte äußere Ringflamme aus Kohlenwasserstoffen, die an der Luft verbrannten, umgab. Durch die äußere Ringflamme schloß man also die innere Flamme möglichst vom Luftzutritt ab, um innen die unvollkommene Verbrennung zu begünstigen.

Das zuletzt genannte ältere Verfahren beruht auf der Reaktion $CH_4 \longrightarrow C + 2\,H_2$. Demgegenüber schlägt die Erfindung ein neues Verfahren zur Ausführung der Reaktion $CH_4 + 2\,Cl_2 \longrightarrow C + 4\,HCl$ vor, um zwei nutzbare Erzeugnisse unter technisch und wirtschaftlich günstigen Bedingungen herzustellen.

Die Ausführung der Reaktion zwischen Chlor und Kohlenwasserstoff nach dem zuerst erwähnten älteren Verfahren war nicht nur schwierig und ungünstig, sondern auch gefährlich. In dem geschlossenen Raume sind die Brenner nicht zugänglich, weshalb sehr leicht Verstopfungen an ihnen eintreten, die auch die Gefahr von Explosionen herbeiführen. Wenn nach einer Betriebspause bei Wiederingangsetzung der Vorrichtung Verstopfungen vorliegen, ist mit Explosionen sicher zu rechnen. Ein weiterer sehr erheblicher Mangel dieses älteren Verfahrens besteht darin, daß das gewünschte Erzeugnis — der Ruß — durch chlorierte Kohlenwasserstoffe verunreinigt ist.

Demgegenüber will die Erfindung die Verbrennung des Chlor-Kohlenwasserstoff-Gemisches nicht in einem geschlossenen Raume, sondern an der freien Luft vornehmen. Zwecks Rußbildung soll dabei nur von außen her Luft an die Flamme herantreten können, so daß im Flammeninneren eine unvollkommenere Verbrennung stattfindet. Das Prinzip, welches man bei der bloßen thermischen Zersetzung von Kohlenwasserstoffen schon vorgeschlagen hat, soll also auf die Reaktion zwischen Chlor und Kohlenwasserstoffen angewendet werden.

Die Erfindung erzielt sehr beachtliche Vorteile. Da die Flamme in der freien Luft brennt, ist sie jederzeit leicht und bequem zugänglich. Eine Verstopfung der Brenner durch Ruß ist nicht zu befürchten, und die Gefahr von Explosionen besteht nicht. Außerdem ist der gewonnene Ruß praktisch von Verunreinigungen frei. Er ist dem amerikanischen Gasschwarz an Reinheit und allgemeinen Eigenschaften sehr ähnlich und stellt einen äußerst wertvollen Stoff für Druckfarben usw. dar. Das neue Verfahren ist weit ergiebiger als die bekannten Arbeitsweisen, denn es liefert im Durchschnitt etwa 65 % der theoretischen Ausbeute, berechnet auf die Gesamtmenge des benutzten Methans.

Bei der Ausführung des neuen Verfahrens kann man so vorgehen, daß man das Chlor durch ein inneres Brennerrohr und das Kohlenwasserstoff enthaltende Gas durch einen Ringspalt austreten läßt, der das innere Brennerrohr umgibt. Statt dessen kann man aber auch besonders vorteilhaft das Chlor und das kohlenwasserstoffhaltige Gas vorher mischen und das fertige Gemisch durch ein einziges Brennerrohr austreten lassen. Ein geeignetes Verhältnis ist beispielsweise 2 Volumenteile Chlor zu 3 Volumenteilen kohlenwasserstoffhaltigen Gases.

Von praktischer Wichtigkeit ist es, die Gase oder das Gemisch mit genügender Geschwindigkeit austreten zu lassen, um ein Zurückschlagen der Flamme zu verhindern. Ein Gasgemisch der angegebenen Zusammensetzung soll z. B. in einer stündlichen Menge von etwa 150 l durch ein Brennerrohr von 4 mm Durchmesser ausströmen. Die Gastemperatur ist gewöhnlich die Außenlufttemperatur. Man kann aber auch mit einer gewissen erhöhten Temperatur arbeiten.

Ein Ausführungsbeispiel einer Vorrichtung zur Ausübung des neuen Verfahrens und der daran anschließenden Arbeitsgänge ist auf der Zeichnung dargestellt.

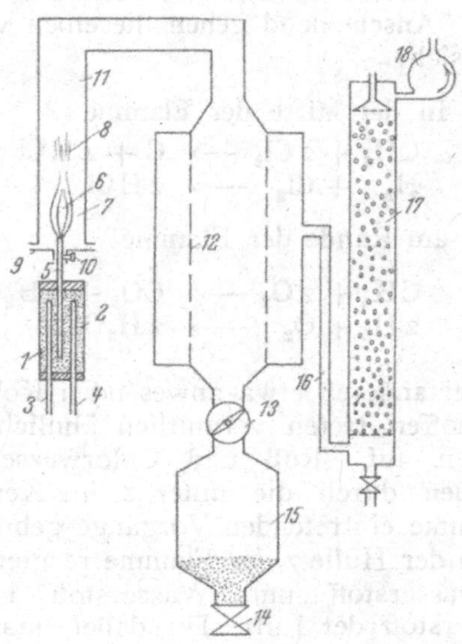

Eine Mischkammer 1, die eine geeignete Füllung 2, etwa aus Stücken von gebranntem Ton, Steingut o. dgl., enthält, empfängt durch Rohre 3 und 4 das Chlorgas und das kohlenwasserstoffhaltige Gas. Die Gase mischen sich in der Kammer 1, treten durch das Brennerrohr 5 aus und werden an der Mündung desselben entzündet. Die Flamme ist in ihrer Außenschicht der Luft ausgesetzt, sie besteht aus einem inneren Kern 6 und einem äußeren Mantel 7. Der Kohlenstoff steigt in den Verbrennungsprodukten als Rauch auf, der bei 8 angedeutet ist.

Die Außenluft kann bei 9 zur Flamme treten. Ferner kann das Brennerrohr 5 mittels einer Stellschraube 10 in der Mitte des Durchgangsstutzens im Boden des Zylinders oder der Haube 11 so zentriert sein, daß auch durch den das Rohr umgebenden Ringraum noch Luft zur Brennermündung hinaufströmt.

Die Haube 11 sammelt den Ruß und die Gase und führt sie in das Filter 12 über. Unter dem Filter befindet sich eine durch Ventile 13 und 14 o. dgl. oben und unten abgeschlossene Kammer 15, in welcher der Ruß gesammelt wird. Der in der Schwebe befindliche Ruß kann durch Absetzen, elektrostatische Abscheidung usw. oder Kombinationen von Hilfseinflüssen abgetrennt werden.

Der Chlorwasserstoff tritt aus dem Filter 12 durch das Rohr 16 in den Berieselungskondensator 17 über. Hier wird der Chlorwasserstoff durch Wasser niedergeschlagen und in dem Wasser gelöst. Die Lösung fließt am unteren Ende des Berieselungskondensators ab. Die übrigen Gase, wie Kohlendioxyd usw., werden bei 18 abgeführt.

Die in der Flamme 6, 7 vor sich gehenden Reaktionen sind wahrscheinlich sehr verwikkelt. Anscheinend gehen dieselben wie folgt vor sich:

1. In der Mitte der Flamme

$$CH_4 + 2\,Cl_2 \longrightarrow C + 4\,HCl$$
$$H_2 + Cl_2 \longrightarrow 2\,HCl,$$

2. am Rande der Flamme

$$CH_4 + 2\,O_2 \longrightarrow CO_2 + 2\,H_2O$$
$$2\,H_2 + O_2 \longrightarrow 2\,H_2O.$$

Bei anderen etwa anwesenden Kohlenwasserstoffen treten vermutlich ähnliche Reaktionen auf. Ruß und Chlorwasserstoffgas werden durch die unter 1 im Kern 6 der Flamme eintretenden Vorgänge gebildet.

In der Hülle 7 der Flamme reagieren Kohlenwasserstoff und Wasserstoff mit dem Sauerstoff der Luft. Die dabei entstehenden Verbrennungsgase wirken als Schutzhülle zur Verhinderung des Zutrittes von Sauerstoff zum Flammenkern 6. Die Verbrennung ist in der Hülle 7 mehr oder weniger vollständig. Obgleich dadurch ein Verlust an Methan durch Bildung von Kohlendioxyd entsteht, ist die Ausbeute an Ruß erheblich größer als bei der bloßen thermischen Zersetzung von Kohlenwasserstoffen in Abwesenheit von Chlor.

Der gesamte Verbrennungsvorgang liefert Ruß, Chlorwasserstoffsäure, Wasser und Kohlendioxyd.

Beispiel 1

270 l Kohlengas, die 27,2% Methan und 41,7% Wasserstoff enthalten, wurden in einem der Beschreibung entsprechenden Brenner mit 210 l Chlor verbrannt. Es wurden 20 g Ruß zusammen mit 420 l gasförmiger Chlorwasserstoffsäure gewonnen.

Nach 3stündiger Erhitzung bei 100° in Luft hatte der Ruß nur folgende Nebenbestandteile:

Asche	0,07%,
Feuchtigkeit	nichts,
Säure	nichts,
auszugsfähige Stoffe	0,8%.

Der mutmaßliche Verlauf der Reaktionen war bei der Verbrennung des Chlor-Kohlenwasserstoff-Gemisches etwa folgender:

a) $CH_4 + 2\,Cl_2 \longrightarrow C + 4\,HCl$
37,3 l, 74,6 l, 20 g, 149,2 l,

b) $CH_4 + 2\,O_2 \longrightarrow CO_2 + 2\,H_2O$
36,1 l, 72,2 l, 36,1 l, 72,2 l,

c) $H_2 + Cl_2 \longrightarrow 2\,HCl$
135 l, 135 l, 270 l,

d) $2\,H_2 + O_2 \longrightarrow 2\,H_2O$
18,5 l, 9,2 l, 18,5 l.

Die Gesamtsalzsäure (etwa 420 l) wird aus 149,2 l von der Reaktion a und 270 l von der Reaktion c gebildet.

Beispiel 2

300 l Kohlengas von der Zusammensetzung

Methan	25,2%,
Wasserstoff	45,6%,
Stickstoff	14,6%,
Kohlenoxyd	8,6%,
Äthylen	2,6%,
Kohlendioxyd	2%,
Sauerstoff	1,4%

wurden mit 280 l Chlor in der oben beschriebenen Vorrichtung gemischt und aus der offenen Düse an der freien Luft verbrannt. Aus den Verbrennungsprodukten wurden 26 g Ruß abgetrennt. Der gebildete Chlorwasserstoff wurde in Wasser absorbiert und ergab 2,36 kg 36%iger Salzsäure.

Nach 3stündigem Erhitzen bei einer Temperatur von 100 bis 110° C in der Luft hatte der Ruß nur folgende Nebenbestandteile:

Asche	0,06%,
Feuchtigkeit	nichts,
extraktionsfähige Stoffe	1,4%,
Säure als Salzsäure	0,05%.

Beispiel 3

210 l Naturgas, bestehend aus 92% Methan und 8% Wasserstoff, wurden mit 370 l Chlor gemischt, und das Gemisch wurde, wie in Beispiel 1 angegeben, verbrannt. 65 g Ruß und 4 kg 28%iger Salzsäure wurden erhalten.

PATENTANSPRÜCHE:

1. Verfahren zur vereinigten Erzeugung von Ruß und Chlorwasserstoff durch eine zwischen kohlenwasserstoffhaltigen Gasen und Chlor veranlaßte Reaktion, dadurch gekennzeichnet, daß man die Reaktion in einer offenen, der Luft ausgesetzten Flamme vornimmt.

2. Verfahren nach Anspruch 1, dadurch

gekennzeichnet, daß die Gase durch einen aus ineinandergesteckten konzentrischen Rohren, durch welche die Gase getrennt hindurchtreten, bestehenden Brenner der Flamme zugeführt werden, wo die Mischung der Gase erfolgt.

E. P. 325207.

Nr. 558877. (C. 43712.) Kl. 22f, 14.

Compagnie Lorraine de Charbons pour l'Electricité in Paris.

Verfahren zur Herstellung von Ruß.

Vom 15. Sept. 1929. — Erteilt am 1. Sept. 1932. — Ausgegeben am 12. Sept. 1932. — Erloschen: . . . .

Französische Priorität vom 19. Sept. 1928 beansprucht.

Zur Bildung von Ruß verwendet man vielfach ein auf der Zersetzung von Naphthalin beruhendes Verfahren. Ferner ist es bekannt, Kohlenruß durch eine Verbrennung von gasförmigen Kohlenwasserstoffen herzustellen. Auch die Zersetzung eines Gemisches von Naphthalin mit durch Verkohlung von Brennstoffen bei hoher Temperatur erhaltenen Gasen hat man für die Rußerzeugung schon vorgeschlagen.

Erfindungsgemäß werden nun zur Gewinnung von Ruß Gase, die sich aus einer bei niederer Temperatur durchgeführten und an sich bekannten Verkohlung von Brennstoffen ergeben, im Gemisch mit Naphthalin zur unvollständigen Verbrennung gebracht. Auf diese Weise wird die bei der Zersetzung von Naphthalin frei werdende Wärme vorteilhaft ausgenutzt und ein Ruß von günstigen Eigenschaften bei hohem Wirkungsgrad des Verfahrens erreicht. Vor dem aus Naphthalin allein erhältlichen Ruß zeichnet sich der erfindungsgemäß erzielte Ruß durch eine größere Feinheit, eine weniger graue Farbe und eine geringe Neigung zur Flockenbildung aus.

Für die Zumischung zum Naphthalin kommen insbesondere die aus der Niedrigtemperaturverkohlung von Steinkohle oder anderen festen mineralischen Brennstoffen sich ergebenden kohlenstoffreichen Gase in Betracht, deren Gehalt an gasförmigen Produkten selbst bei gewöhnlicher Temperatur sehr hoch bleibt. Darunter finden sich nicht nur die ersten Verbindungen der Methanreihe, sondern auch der Äthylengruppe. Die im Gemisch mit Naphthalin zur Verbrennung gelangenden Rohgase enthalten Methan, Äthan, Propan, Butan, Äthylen, Propylen, die isomerischen Butylene und Amylene mit etwas Acetylen und veränderlichen Mengen von CO CO_2, Wasserdampf, Schwefelwasserstoff und kondensierbaren Kohlenstoffverbindungen. Diese Gemische, deren Zusammensetzung im einzelnen sowohl von der als Ausgangsmaterial benutzten Kohle als auch von dem angewendeten Verkohlungsverfahren und dem Verlauf der Verkohlung abhängt, sind vor allem zur Gewinnung von Kohlenstoffruß und insbesondere von Gasruß nach dem Verfahren der Erfindung geeignet.

Bei der Brennstoffverkohlung unter niederer Temperatur werden je nach der Natur des behandelten Brennstoffes Temperaturen von etwa 400 bis 600° C angewendet. Die aus dieser Verkohlung stammenden, bei gewöhnlicher Temperatur nicht kondensierbaren Gase werden mit dem Naphthalin vorzugsweise unter einem dem Atmosphärendruck gleichen Druck innig vermischt, was durch Einspritzen der Gase in die Naphthalinflamme eines gewöhnlichen Brenners oder durch Einblasen der Gase in kochendes flüssiges Naphthalin geschehen kann. Zur Rußerzeugung wird die Flamme des das Gemisch verbrennenden Brenners beispielsweise durch einen über diesem angeordneten, dauernd bewegten und gekühlten Metallkörper in der Form einer Drehscheibe oder eines Drehzylinders oder einer hin und her gehenden Platte beeinflußt und der Ruß von diesem Körper mittels Schabern oder Bürsten abgenommen. Bei der Zersetzung des Gemisches wird eine Temperatur von etwa 1500 bis 1900° C angewendet, und im übrigen kann der für die benutzten Verkohlungsgase die vorteilhafteste Art von Ruß liefernde Gang der Verbrennung leicht durch Ausproben ermittelt werden.

An Stelle von Steinkohle können auch Braunkohle, Torf und andere mineralische oder vegetabilische Brennstoffe oder Gemische davon als Ausgangsmaterial für die durch Brennstoffverkohlung bei niederer Temperatur zu gewinnenden Gase dienen. Von der Zusammensetzung der daraus erzeugten Gase und dem Gemischverhältnis zwischen diesen Gasen und Naphthalin hängen die Eigenschaften des erfindungsgemäß erzielten Rußes ab. Insbesondere wird der Ruß um so feiner und schwärzer, je größer die Menge der verwendeten Gase ist. Beispielsweise ergibt sich, wenn man von einem durch Verkohlung von Steinkohle bei niederer Temperatur erzielten Gas 200 cbm mit je einer Tonne verdampften Naphthalins mischt, ein feiner Ruß von dunkler Färbung, während bei Gemischen mit nur 50 cbm des gleichen Gases auf die Tonne verdampften Naphthalins ein Ruß von grauer Färbung entsteht, der sich von dem mit Naphthalin allein erhältlichen Ruß nicht wesentlich unterscheidet. Maßgebend für die Rußbildung ist natürlich auch die Geschwindigkeit der Flammenabkühlung und die Innigkeit der Mischung von Gas und Naphthalin. Die Ausbeute an Ruß ändert sich mit der Menge der dem Naphthalin zugemischten Verkohlungsgase und ist um so höher, je größer die verwendete Naphthalinmenge ist, indem z. B. ein Gemisch von einem Teil Naphthalindampf mit zwei Teilen von aus der Niedrigtemperatur von Steinkohle erhaltenem Gas eine Rußmenge im Betrage von 36 % des Gewichts des verbrannten Naphthalins liefert, während sich beim umgekehrten Mischungsverhältnis von Gas und Naphthalindampf eine Rußausbeute von 58 % des Naphthalingewichts ergibt.

Für das Verfahren nach der Erfindung können auch Gemische von durch Verkohlung von Steinkohle oder anderen Brennstoffen bei niedriger Temperatur erhaltenen Gasen mit Kohlenwasserstoffen oder kohlenstoffhaltigen Gasen oder Dämpfen Verwendung finden.

Beispiel

1 Tonne Naphthalin wird zur Verdampfung gebracht und in einem geeigneten Brenner verbrannt. In die Brennerflamme werden auf die angegebene Naphthalinmenge nach und nach 150 cbm eines Gases eingespritzt, das durch Verkohlung von Steinkohle bei 500° C erhalten ist. In der Flamme des dieses Gemisch verbrennenden Brenners wird ein ständig gekühlter Metallkörper hin und her bewegt, an dem sich der Ruß absetzt. Der vom gekühlten Metallkörper durch Schaber abgenommene Ruß ist fein und von dunkelgrauer Färbung. Die Ausbeute an Ruß beträgt 40 bis 48 % des Gewichts des verbrannten Naphthalins.

Um 150 cbm des bei den Beispielen verwendeten Gases mit 7000 Wärmeeinheiten zu erzeugen, sind 1,75 Tonnen Steinkohle aus dem Saargebiet erforderlich.

PATENTANSPRÜCHE:

1. Herstellung von Ruß durch unvollständige Verbrennung eines Gemisches von Naphthalin mit gasförmigen Kohlenwasserstoffen, dadurch gekennzeichnet, daß man für das Gemisch mit Naphthalin Gase verwendet, die aus einer bei niederer Temperatur durchgeführten und an sich bekannten Verkohlung von Brennstoffen sich ergeben.

2. Verfahren nach Anspruch 1, gekennzeichnet durch die Verwendung von Gemischen von durch Verkohlung von Steinkohle oder anderen Brennstoffen bei niederer Temperatur erhaltenen Gasen mit Kohlenwasserstoffen oder kohlenstoffhaltigen Gasen oder Dämpfen.

F. P. 677 315.

Nr. 535093. (J. 37694.) Kl. 22f, 14. PETER JUNCK IN OFFENBACH A. M.

Verfahren und Vorrichtung zur Herstellung von Ruß aus Anthracen-Rückständen.

Vom 14. April 1929. — Erteilt am 17. Sept. 1931. — Ausgegeben am 5. Okt. 1931. — Erloschen: 1934.

PATENTANSPRÜCHE:

1. Verfahren zur Herstellung von Ruß durch unvollständige Verbrennung von Anthracen-Rückständen, welche erst vergast und deren Gase dann noch besonders stark erhitzt worden sind, unter Verwendung der Hitze der Abgase, dadurch gekennzeichnet, daß die Rohstoffe vorher in einem Behälter verflüssigt und hierauf in einem zweiten Behälter vergast und überhitzt werden.

2. Vorrichtung zur Ausübung des Verfahrens gemäß Anspruch 1, dadurch gekennzeichnet, daß die Vergasungs- und Überhitzungskammer oberhalb des Brenners im Verbrennungsraum und darüber die Verflüssigungskammer gegebenenfalls nur teilweise im Verbrennungsraum angeordnet sind.

Auf der beiliegenden Zeichnung ist eine Vorrichtung, welche zur praktischen Durchführung dieses Verfahrens dient, beispielsweise in einem senkrechten Längsschnitt schematisch veranschaulicht.

Die Heizkammer *a* hat einen kaminartigen Aufsatz *b*, der zur Ableitung der Heizgase durch das Rohr *q* dient. In der Feuerkammer *a* ist zunächst eine Art Korb oder Behälter *t* angeordnet, der zum Anheizen der ganzen Vorrichtung durch die Tür *u* mit Heizmaterial beschickt wird. In dem Heizraum *a* liegt ferner die Muffel *g*, welche jetzt gleichzeitig zur Vergasung und auch zur Überhitzung des gebildeten Anthracengases dient. Außerhalb des Aufsatzes *b* ist ein besonderer Behälter *e* angeordnet, welcher den Aufsatz *b* in einer solchen Weise umfaßt, daß durch die strahlende oder durch Berührung unmittelbar übertretende Wärme die in den Behälter *e* eingebrachten Anthracen-Rückstände zur Verflüssigung kommen. Die so gebildete Flüssigkeit wird in durch einen Hahn v zu regelnder Weise der Muffel g zugeführt,

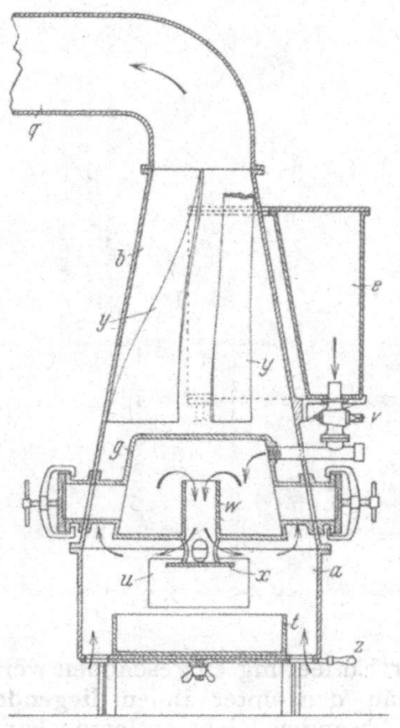

worin die Vergasung und unmittelbar auch die Überhitzung des Gases stattfindet. Das so überhitzte und getrocknete Gas tritt durch den Rohrstutzen w nach unten durch die Muffel oder Vergasungskammer g, wird hier durch einen Verteiler x nach allen Seiten ausgebreitet und entzündet. Sobald dieser Vorgang im Lauf ist, ist die besondere Beheizung nicht mehr erforderlich, denn die bei der Verbrennung der stark überhitzten Gase trotz ungenügender Luftzufuhr frei werdende Wärme genügt, um die ganze Vorrichtung ausreichend zu beheizen. Eventuell kann man in den Aufsatz b noch besondere, vorteilhaft spiralig angeordnete Führungsbleche y einsetzen, die nicht nur eine gute Wärmeausnutzung ermöglichen, sondern auch den entstandenen Ruß einer nochmaligen Wärmebehandlung unterziehen, was zur Erzielung bester Qualitäten zweckmäßig ist. Durch den Hahn v einerseits und durch Regelung der Luftzufuhr mittels eines Drehschiebers z anderseits kann man den ganzen Arbeitsvorgang und insbesondere auch den Verlauf der Verbrennung ganz genau regeln.

Durch das Rohr q gehen dann sowohl die Verbrennungsgase als auch der erzeugte Ruß unmittelbar zu den Sammelkammern, wo der Ruß in üblicher Weise abgeschieden wird.

Nr. 547 968. (J. 29 795.) Kl. 22 f, 14. Peter Junck in Offenbach a. M.

Verfahren zur Herstellung von Ruß aus Anthracenrückständen.

Vom 9. Dez. 1925. — Erteilt am 17. März 1932. — Ausgegeben am 1. April 1932. — Erloschen: 1935.

Es ist bekannt, daß Anthracenrückstände ein vorzügliches Rohmaterial für die Rußherstellung sind. Die Herstellung von Ruß aus derartigen kohlenstoffhaltigen Stoffen geschah entweder nun in der Weise, daß diese unmittelbar unter ungenügender Luftzufuhr verbrannt oder verflüssigt und dann unter Anwendung von Dochten verbrannt wurden. Auch hat man schon geeignete Stoffe zunächst vergast und alsdann zur Verbrennung gebracht. Gemäß der vorliegenden Erfindung wird nun Ruß aus Anthracenrückständen in der Weise erzeugt, daß diese in einem Gasgenerator in bekannter Weise vergast werden, dann aber das erzeugte Gas unmittelbar nach seiner Erzeugung in einem eisernen Rohrsystem, welches besonders beheizt ist, hochgradig erhitzt wird und darauf in bekannter Weise unter ungenügender Luftzuführung zur Verbrennung kommt. Durch die Überhitzung wird erfindungsgemäß erreicht, daß ein Ruß entsteht, welcher von größter Feinheit und frei von Feuchtigkeit ist, einen höheren Gehalt an Kohlenstoff, dagegen geringeren Gehalt an sonstigen, für den Wert des Rußes nicht günstigen Bestandteilen besitzt.

Auf der beiliegenden Zeichnung ist eine Einrichtung schematisch veranschaulicht, in welcher die Rußerzeugung nach dem neuen Verfahren erfolgt.

Man erkennt auf der Zeichnung zunächst den Gasgenerator. Dieser besteht aus einem Ofen a, der oben als Kessel b ausgebildet ist. Dieser Kessel b wird von den Zügen c durchzogen, durch welche die Heizgase hindurchstreichen, um durch das Sammelrohr in den Schornstein zu gelangen. Der Kessel b wird von oben her durch die verschließbare Einwurföffnung e mit den zur Vergasung zu bringenden Anthracenrückständen beschickt. Durch die Feuerung F wird der Kessel stark überhitzt, wodurch die Beschickung zur Vergasung kommt. Das entstehende Gas strömt in das Rohr f, welches in den Feuerungsraum F hineinführt und hier zunächst eine Rohrschlange g bildet, um dann weiter aus dem Ofen herauszuführen. Das Gas wird auf diese Weise gezwungen, die fast bis zur Rotglut erhitzte Schlange *g* zu passieren und wird dadurch stark überhitzt. Es wird hierdurch von jeder Spur von Feuchtigkeit befreit und erhält Eigenschaften, die für die vorliegenden Zwecke besonders wertvoll sind. vorrichtung *r* angebracht, durch welche der auf ihnen niederschlagende Ruß immer wieder abgestreift wird. Um die Sammelräume *p* leicht entleeren zu können, werden vorteilhaft in ihnen Schieber *s* vorgesehen, welche bei der Entleerung eingeschoben werden, worauf man den unter ihnen liegenden Raum durch Absaugen leicht entleeren kann.

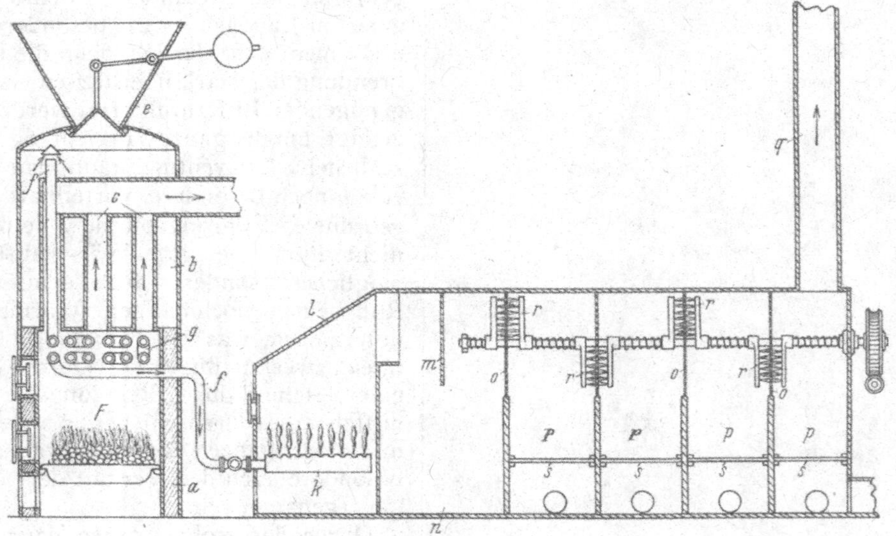

Durch das Rohr *f* strömt das Gas dann unmittelbar zu den Brennern *k* des Rußsammlers *l*. Hier wird es unter geringer Luftzufuhr zur Verbrennung gebracht, und es entsteht ein äußerst feiner, vollkommen trockener, hochwertiger Ruß, der zunächst gegen das Prellblech *m* strömt und durch Wirbelbildung in der großen Sammelkammer *n* seine gröberen Bestandteile absetzt. Das übrige strömt der Reihe nach durch die Siebe *o* in die Absetzräume *p*, in welchen der ganze Ruß den verschiedenen Feinheitsgraden entsprechend vollständig zur Ausscheidung kommt. Die Abgase entweichen durch den Schornstein *q*. Auf den Sieben *o* ist eine rotierende Bürst-

PATENTANSPRUCH:

Verfahren zur Herstellung von Ruß aus Anthracenrückständen durch Vergasen und Verbrennen unter ungenügender Luftzuführung, dadurch gekennzeichnet, daß das in einem Vergaser (*b*) erzeugte Gas unmittelbar nach seiner Erzeugung und unmittelbar vor seiner in einem Rußsammler (*l*) erfolgenden Verbrennung in einer besonderen Rohrschlange (*g*) o. dgl. hochgradig überhitzt wird.

Nr. 524363. (H. 124584.) Kl. 22f, 14. EBERHARD HOESCH & SÖHNE IN DÜREN, RHLD.

Vorrichtung zur Verflüssigung von in Rußöfen zu verbrennenden Rohprodukten.

Vom 12. Dez. 1929. – Erteilt am 16. April 1931. — Ausgegeben am 15. Mai 1931. -- Erloschen: 1932.

Gegenstand der Erfindung ist eine Vorrichtung zur Verflüssigung des Beschickungsgutes von Rußöfen, von Anthracen, Naphthalin u. dgl., insbesondere durch Heißdampf und zur selbsttätigen flüssigen Beschickung der Pfannen. In vielen Rußfabriken erfolgt die Ofenbeschickung von Hand, wobei jedoch große Unterschiede in der Qualität des Produktes sowie Produktionsausfall infolge des sehr häufigen Zutritts von falscher Luft auftritt. Es sind auch bereits Öfen bekannt, bei denen durch die Strahlhitze vom Ofen her eine Verflüssigung des Beschickungsgutes vor der Beschickung herbeigeführt wird. Jedoch haben diese Anlagen den Nachteil, daß die Wirkung erst nach einer gewissen Zeit eintritt, und daß vor allem der Ofen jedesmal bei Inbetriebnahme anfangs eine Zeitlang von Hand beschickt werden muß.

Ebenfalls sind bereits Vorrichtungen zur Herstellung von Ruß bekannt, bei denen das zu verrußende Material in einem von der Strahlhitze des Rußofens isoliert angeordneten Raum durch Erhitzen verflüssigt wird.

Ferner ist es auch nicht mehr neu, zwischen dem Vorratsbehälter und der Verbrennungsschale einen als Siphon wirkenden Zwischenbehälter anzubringen. Endlich ist es bekannt, die Verschmelzung der unter normalen Verhältnissen festen Kohlenwasserstoffe in einem Wasser- oder Dampfbad vorzunehmen.

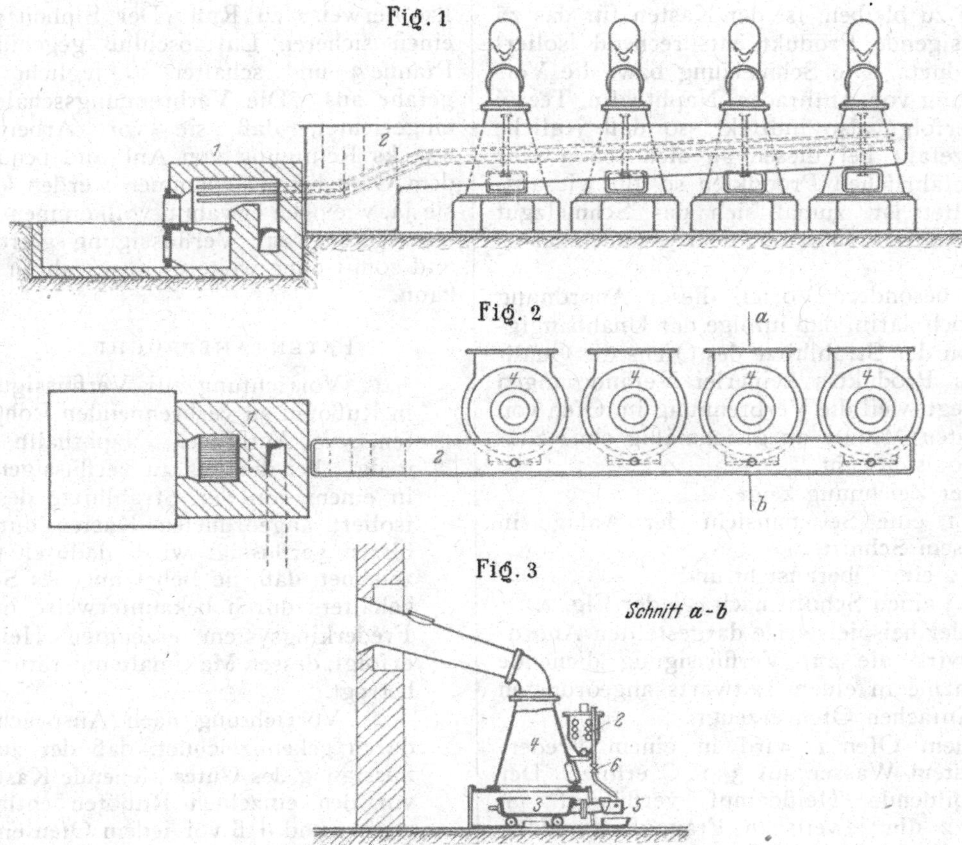

Demgegenüber besteht der Erfindungsgedanke darin, die Verflüssigung durch hocherhitztes Wasser in geschlossenem Rohrsystem durchzuführen, wobei die Maximaltemperatur im Rohrsystem etwa 350° C beträgt. Diese Anordnung ermöglicht es auch, durch Ausschalten eines oder mehrerer Rohre die Temperatur im Schmelzkasten genau zu regulieren und den jeweiligen Erfordernissen anzupassen.

Die bekannten Einrichtungen besitzen sämtlich Öfen, bei denen der Schmelztopf durch Brenner beheizt wird. Dies kommt für die Erfindung nicht in Frage.

Die Anordnung zur Verflüssigung der Kohlenwasserstoffe mittels eingeführter Dampfwasserrohre, welche geschlossen sind, ist nur wichtig, weil man es mittels dieser Rohre in der Hand hat, eine ganz bestimmte Kalorienzahl in der Zeiteinheit in die Stundenmenge Kohlenwasserstoff hineinzugeben. Hierdurch wird erreicht, daß das Produkt nicht über einen gewollten höchsten Temperaturgrad erhitzt wird und daß es somit ausgeschlossen ist, daß das kontinuierlich zu- und abfließende Produkt über den Siedepunkt überhitzt und dann sublimiert wird. Nach der Erfindung ist es also möglich, einen bestimmten Temperaturgrad, der unter dem Siedepunkt liegt, zu erzielen, was mit einem Wasserbad nicht erreichbar ist, zumal dies nur eine Erhitzung bis etwa 100° C ermöglicht.

Zur Verflüssigung des Beschickungsgutes kann natürlich jedes beliebige Heizmittel verwendet werden. Vorteilhaft ist jedoch im vorliegenden Falle insbesondere die Verwendung von Heißdampf oder hocherhitztem Dampf und hier wieder insbesondere die Verwendung von nach dem Frederkingsystem auf bis zu 350° C erhitztem Wasser. Dies ist besonders deshalb wichtig, weil dafür Sorge getragen werden muß, daß keine zu hohen Temperaturen entstehen, da durch solche leicht eine Sublimation und damit Wertverluste herbeigeführt werden.

Da das Heizmittel, in diesem Falle Heißdampf oder hocherhitztes Wasser, eine Höchsttemperatur von 350° C aufweist, ist es klar, daß man die zu verflüssigenden Stoffe niemals auf eine höhere Temperatur, wohl aber auf geringere Grade beheizen kann, wobei man durch entsprechende Feuerhaltung in der Lage ist, jede gewollte Temperatur einzuhalten.

Um von der Strahlwärme des Ofens unabhängig zu bleiben, ist der Kasten für das zu verflüssigende Produkt entsprechend isoliert angeordnet. Die Schmelzung bzw. die Verflüssigung von Anthracen, Naphthalin, Teeröl usw. erfolgt also indirekt, so daß jegliche Brandgefahr bei diesen an sich schon sehr feuergefährlichen Produkten so gut wie ausgeschaltet ist, zumal sich das Schmelzgut unter Luftabschluß in dem Schmelzkasten befindet.

Der besondere Vorteil dieser Anordnung liegt noch darin, daß infolge der Unabhängigkeit von der Strahlhitze des Ofens die Qualität des Produktes keinerlei Veränderungen unterliegt, weil die Verbrennung im Ofen von der ersten Minute an gleichmäßig ohne Störung vor sich geht.

In der Zeichnung zeigt

Fig. 1 eine Seitenansicht der Anlage in teilweisem Schnitt,

Fig. 2 eine Oberansicht und

Fig. 3 einen Schnitt nach *a-b* der Fig. 2.

Bei der beispielsweise dargestellten Anordnung wird die zur Verflüssigung dienende Heizwärme in einem seitwärts angeordneten ganz einfachen Ofen erzeugt.

In dem Ofen 1 wird in einem Frederkingsystem Wasser auf 350° C erhitzt. Der sich bildende Heißdampf verflüssigt im Kasten 2 die jeweils in Frage kommenden Materialien. Dieser Kasten erstreckt sich vor den einzelnen Öfen vorbei. Aus dem Kasten geht das Material durch eine geeignete mittels Absperrschieber 6 zu bedienende Vorrichtung in einen Siphonbehälter 5. Dabei fließt das Gut durch eine Leitung, die nicht in Verbindung mit dem Siphon 5 steht, frei sichtbar in den Siphon. Dieser Siphon reguliert die Spiegelhöhe im Verbrennungsteller 3, so daß ein Überlaufen und die damit verbundenen Gefahren im Betrieb ausgeschaltet sind. Das flüssige Gut verbrennt mit reduzierter Flamme in dem Ofen 4 bekannterweise zu Ruß. Der Siphon gewährt einen sicheren Luftabschluß gegenüber der Pfanne 3 und schaltet so jegliche Brandgefahr aus. Die Verbrennungsschale ist so eingerichtet, daß sie vor Arbeitsbeginn zwecks Reinigung von Anbrand bequem aus dem Ofen herausgenommen werden kann, da sie ja, wie oben erwähnt, vollkommen von der Vorrichtung zur Verflüssigung getrennt ist und somit ohne weiteres ausgefahren werden kann.

Patentansprüche:

1. Vorrichtung zur Verflüssigung von in Rußöfen zu verbrennenden Rohprodukten, wie Anthracen, Naphthalin, Teeröl u. dgl., bei der das zu verflüssigende Gut in einem von der Strahlhitze des Ofens isoliert angeordneten Kasten durch Erhitzen verflüssigt wird, dadurch gekennzeichnet, daß die Beheizung des Schmelzbehälters durch bekannterweise in einem Frederkingsystem erzeugten Heißdampf erfolgt, dessen Maximaltemperatur 350° C beträgt.

2. Vorrichtung nach Anspruch 1, dadurch gekennzeichnet, daß der zur Verflüssigung des Gutes dienende Kasten sich vor den einzelnen Rußöfen entlang erstreckt und daß vor jedem Ofen eine Entnahmevorrichtung angeordnet ist, die das flüssige Gut dem jeder Verbrennungsschale vorgelagerten Siphon im freien Strahl zuführt.

Nr. 493673. (V. 19293.) Kl. 22f, 14. Verein für chemische und metallurgische Produktion in Aussig a. E., Tschechoslowakische Republik.

Verfahren zur Verarbeitung von Teer u. dgl.

Vom 28. Juni 1924. — Erteilt am 27. Febr. 1930. — Ausgegeben am 12. März 1930. — Erloschen: 1932.

Gegenstand der Erfindung ist ein Verfahren zur Verarbeitung von Teer, das gegenüber den bekannten Methoden den großen Vorteil aufweist, daß in einem Arbeitsgange sowohl ein Pech sehr guter Beschaffenheit als auch ein sehr guter Ruß erzielt wird.

Es sind bereits Verfahren zur Darstellung von Ruß aus Teer oder anderen kohlenstoffhaltigen Substanzen bekannt, wonach durch den erhitzten Teer Verbrennungsluft getrieben wird, um ein direkt verrußbares Gemisch zu erhalten. Bei diesen bekannten Verfahren muß komprimierte Luft angewandt werden, damit im Augenblick des Luftdurchganges durch die heißen Teermassen eine intensive Durchmischung mit den Destillationsdämpfen eintritt. Bei dieser bekannten Methode ist es nicht möglich, in einem einheitlichen Arbeitsgange ein tadelloses Pech und einen guten Ruß zu erhalten. Die Erzielung eines tadellosen Peches ist dadurch ausgeschlossen, daß die Luft besonders im komprimierten Zustande auf alle ungesättigten, im Teer enthaltenen Verbindungen kräftig einwirkt, so daß unerwünschte Zersetzungserscheinungen eintreten und das schließlich erhaltene Pech so stark verunreinigt ist, daß es auch bescheidenen Ansprüchen nicht genügen würde.

Auch hat der unter Anwendung von Luft erzielte Ruß keine gute Beschaffenheit.

Es wurde nun gefunden, daß Teer und ähnliche Ausgangsstoffe dadurch in wirtschaftlicher Weise verarbeitet werden können, daß sie auf geeignete Temperatur erhitzt und ein Strom eines brennbaren Gases durch sie hindurchgeleitet wird. Als brennbares Gas wird zweckmäßig Generatorgas, Wassergas o. dgl. benutzt. Es entsteht auf diese Weise ein verrußbares Gasdampfgemisch, das nach bekannten Verfahren durch unvollständige Verbrennung in Ruß übergeführt wird. Man kann dabei durch geeignete Wahl der für die Trennung angewandten Gase nach Beschaffenheit und Menge im Verhältnis zu der Menge der verdampften flüchtigen Anteile des Ausgangsmaterials die Beschaffenheit des zu erzielenden Rußes in weiten Grenzen beeinflussen.

Das Verfahren kann kontinuierlich durchgeführt werden, indem in das Erhitzungsgefäß für den Teer ständig so viel Rohteer nachgefüllt wird, als zum Ersatz des abfließenden Peches und des Öldampfes nötig ist. Dadurch wird auch ständig im wesentlichen die gleiche Temperatur aufrechterhalten, so daß auch der Aufwand an Heizmaterial innerhalb mäßiger Grenzen bleibt.

Zur Ausführung des Verfahrens kann vorteilhaft eine für solche Zwecke bekannte Einrichtung benutzt werden, die die ständige Zuführung des zu verarbeitenden Ausgangsstoffes, wie Pech u. dgl., und die ständige Abführung des abgetrennten siedenden Anteils gestattet, so daß, wie erwähnt, eine kontinuierliche Arbeitsweise entsteht.

Ausführungsbeispiel

Durch eine kontinuierlich arbeitende Teerblase, in welcher Urteer beständig zufließt und Urteerpech beständig abläuft, wird bei einer Temperatur von etwa 250° ein kontinuierlicher Strom von Generatorgas geleitet. Durch das sauerstofffreie Destillationsgas werden die gegen Oxydation empfindlichen Kresole und ungesättigten Verbindungen nicht oxydiert und polymerisiert und gehen infolgedessen dampfförmig in das Generatorgas über. Da zur Erzielung guter Rußqualitäten nur eine Beladung des Gasstromes von etwa 8 bis 10 Volumprozent an Teerdämpfen nötig ist, so kann infolge des dadurch bedingten niederen Partialdruckes bei verhältnismäßig niedriger Temperatur und damit sehr schonend destilliert werden. Man erhält dadurch ein Pech mit wenig kohligen Zersetzungsprodukten und damit ein solches von wertvollerer Beschaffenheit.

Patentansprüche:

1. Verfahren zur Verarbeitung von Teer u. dgl., dadurch gekennzeichnet, daß durch den auf geeigneter Temperatur erhitzten Teer ein Strom eines brennbaren Gases, z. B. Generatorgas, Wassergas u. dgl., hindurchgeleitet wird zum Zwecke, ein verrußbares Gasdampfgemisch und ein sehr reines Pech zu erzeugen.

2. Verfahren nach Anspruch 1, dadurch gekennzeichnet, daß in das Erhitzungsgefäß für den Teer ständig so viel Rohteer nachfließt, als zum Ersatze des abfließenden Peches und Öldampfes nötig ist und dadurch im wesentlichen ständig die gleiche Temperatur aufrechterhalten wird.

Nr. 525757. (V. 9. 30.) Kl. 22f, 14. Verein für chemische und metallurgische Produktion in Aussig, Tschechoslowakische Republik.

Herstellung eines verrußbaren Teerdampfgemisches und eines reinen Peches.

Zusatz zum Patent 493673.

Vom 4. März 1930. — Erteilt am 7. Mai 1931. — Ausgegeben am 28. Mai 1931. — Erloschen: 1932.
Tschechoslowakische Priorität vom 10. Jan. 1930 beansprucht.

Im Patent 493 673 ist ein Verfahren zur Verarbeitung von Teer angegeben, bei welchem durch den auf geeignete Temperatur erhitzten Teer ein Strom eines brennbaren Gases, z. B. Generatorgas, Wassergas u. dgl., hindurchgeleitet wird zum Zwecke, ein verrußbares Gasdampfgemisch und ein sehr reines Pech zu erzeugen.

Bei der Durchführung dieses Verfahrens hat es sich ergeben, daß in vielen Fällen die Beladung des durch den Teer streichenden, brennbaren Gases mit flüchtigen Teerbestandteilen zunächst zu hoch wird, um einen Ruß bester Beschaffenheit zu ergeben. Wie in dem Hauptpatent gezeigt ist, wird bei einer Beladung des Gases mit 8 bis 10 Vol.-Prozent an Teerdämpfen Ruß bester Beschaffenheit erzeugt.

Es wurde nun gefunden, daß der Übelstand der zu hohen Beladung des Hilfsgases vermieden werden kann, wenn nur ein richtig bemessener Teil des Hilfsgases durch den zur Verarbeitung kommenden Teer hindurchgeleitet wird, während ein anderer Teil des Hilfsgases zweckmäßig unmittelbar nach der Beladung des ersten Teiles ihm zugeführt und dadurch die Verdünnung auf die gewünschte Konzentration erzielt wird, ohne daß störende Abscheidungen von Kondensaten eintreten.

Im Verfolg dieser Arbeitsweise wurde weiter gefunden, daß das mit gewissen Schwierigkeiten verbundene Hindurchleiten der Gase durch den erhitzten Teer vollständig vermieden werden kann, wenn der Teer während der Destillation durch mechanische Mittel in ständiger Bewegung erhalten und das die Zersetzung verhindernde Hilfsgas über die Oberfläche des bewegten Teeres derart geführt wird, daß es eben die für die jeweilige Rußbeschaffenheit erforderliche Menge an flüchtigen Teerbestandteilen aufnimmt. Falls verschiedene Rußqualitäten hergestellt werden sollen, können Teile des Gases oder das gesamte mit Teerdämpfen beladene Gas durch Zuleiten frischer Gasmengen auf die gewünschte Konzentration eingestellt werden.

Zur Ausführung des Verfahrens hat sich insbesondere nachstehende Arbeitsweise bewährt: In einem exzentrisch gelagerten, schwingbaren Destillationskörper mit regelbarer Wärmezufuhr, wie z. B. nach Patent 327 281, fließt Urteer kontinuierlich zu und wird bei seinem Durchgang durch die Vorrichtung unter ständiger Bewegung auf eine Temperatur von 250° erhitzt. In die an sich geschlossene Vorrichtung läßt man, beispielsweise im Gleichstrom, Generatorgas eintreten, das während des Durchtrittes über die Teeroberfläche streicht und sich während seines Durchganges durch die Vorrichtung mit Teerdämpfen belädt. Die Menge des Gasstromes wird dem gewünschten Beladungsgrad angepaßt. Auf der dem Teereintritt entgegengesetzten Seite der Destillationsvorrichtung fließt ständig sehr reines Pech ab.

PATENTANSPRUCH:

Herstellung eines verrußbaren Teerdampfgemisches und eines reinen Peches nach Patent 493 673, dadurch gekennzeichnet, daß das gesamte Hilfsgas oder nur ein Teil desselben über die Oberfläche des bewegten Teeres geleitet wird.

Nr. 546 368. (St. 43 748.) Kl. 22f, 10.

STAATLICHE EIN- UND AUSFUHR-HANDELSSTELLE „GOSTORG" IN MOSKAU.

Verfahren zur Herstellung eines schwarzen Farbstoffes.

Vom 26. Jan. 1928. — Erteilt am 25. Febr. 1932. — Ausgegeben am 15. März 1932. — Erloschen: 1934.

Die vorliegende Erfindung hat die Herstellung eines schwarzen Farbstoffes aus Torf zum Gegenstand. Man hat schon zwecks Herstellung von Entfärbungskohle Torf verschwelt. Zur Herstellung von Farben ist aber das so gewonnene Produkt wegen seiner geringen Deckkraft wenig geeignet.

Man hat nun gefunden, daß ein schwarzer Farbstoff von großer Deckkraft erhalten werden kann, wenn man den zerkleinerten lufttrockenen Torf vor der Verschwelung mit Asphalt, Naphtharückständen, Teer oder Pech mischt und dann diese Mischung destilliert, den Rückstand mahlt und so weiter behandelt, wie es für die Fabrikation von Schwärze bekannt ist.

Man hat bereits Torf mit Teersubstanzen gemischt, um Brikette zu gewinnen, ist aber noch nicht darauf gekommen, das nicht brikettierte Gemisch dieser Substanzen zu verschwelen und auf Farbstoff zu verarbeiten.

Der schwarze Farbstoff nach vorliegender Erfindung kann noch in seiner Leichtigkeit erhöht und in seiner Deckkraft verbessert werden, wenn nicht gewöhnlicher Rohtorf als Ausgangsmaterial benutzt wird, sondern ein Torf, der einer an sich bekannten Vorbehandlung mit Alkalisalzen und Aluminiumsalzen unterworfen worden ist.

Man hatte bisher noch nicht erkannt, daß eine Vorbehandlung des Rohtorfes mit Kochsalz die Qualität des aus ihm herzustellenden Farbstoffes günstig beeinflußt.

Das Verfahren nach vorliegender Erfindung wird z. B. in folgender Weise ausgeführt:

Man nimmt 81,5 kg Kochsalz, löst es in Wasser — es kann Sumpfwasser sein — in solchem Verhältnis, daß auf 1 kg Salz 3,75 l Wasser kommen, und fügt 8,15 kg Aluminiumsalz, z. B. Alaun, hinzu (man kann Alaunerde verwenden). Diese Lösung wird mit 1 630 kg Rohtorf gemischt.

Die Lösungen des Kalialauns und des Kochsalzes werden in einem Faß, einer Kufe oder einem anderen Gefäß gemengt und gründlich mit der Torfmasse gemischt. Die Qualität des Endproduktes ist um so besser, je gründlicher der Torf mit den genannten Lösungen vermischt wird. Nach der Durcharbeitung des Torfes mit den wäßrigen Lösungen der Aluminium- und Natriumsalze wird das Produkt an der freien Luft getrocknet, bis es die gewünschte Menge Feuchtigkeit enthält. Das Wenden, Packen in 55-Stück-Säulen, Formen, Haufen und Stapeln erfolgt in gleicher Weise wie bei der gewöhnlichen Torftrocknung; doch empfiehlt es sich, den Torf beizeiten zu stechen, da die Torfsalzmischung weit hygroskopischer ist als der gewöhnliche Torf.

Nachdem die Lufttrocknung erfolgt ist, wird der Torf durch eine Zerkleinerungsmaschine, z. B. einen Reißwolf, geschickt, in dem er in kleine Stücke zerrissen wird, und dann zu Walzen geführt, durch die er mit Asphalt, Naphtharückständen, Teer oder Pech gemischt wird, wobei 5 bis 10 % solcher bituminösen Substanzen beigegeben werden. Die Masse wird dann in Retorten gebracht, in denen sie ohne Luftzutritt auf eine geeignete Temperatur erhitzt wird.

Der Endpunkt der Destillation wird am Aufhören des Entweichens flüchtiger Produkte erkannt.

Der aus den Retorten erhaltene Rückstand wird mit Wasser gekühlt und in einer Trommelmühle gemahlen. Die gemahlene flüssige Masse wird in Gefäße gebracht und mit einer Mineralsäure, z. B. Chlorwasserstoffsäure, unter gründlicher Kochung durch Dampfeinleiten während eines Zeitraumes von 2 bis 4 Stunden behandelt. Die Dauer des Einleitens ist von der Qualität, welche gewünscht wird, abhängig zu machen. Der während der Dampfeinleitung gebildete Schaum wird entfernt.

Nachdem der Niederschlag sich gesetzt hat, wird das Wasser mittels eines Siphons abgeführt. Alsdann kann mit Hilfe eines Hahnes am Boden der schwarze, zum Gebrauch in Farb- und Silikatfabriken geeignete Farbstoff abgezogen werden. Die Masse wird in andere Gefäße gebracht, wo sie von Säuren und anderen Beimischungen befreit wird.

Nach Reinigung wird die Masse in Filterpressen abgepreßt oder direkt im Vakuum bzw. anderen Trockenvorrichtungen getrocknet. Nach der Trocknung wird sie zu der gewünschten Feinheit zerrieben und ist dann fertig zur Verpackung. Für besondere Verwendungszwecke wird das Produkt noch in Trommelmühlen behandelt, wobei es eine besondere Weichheit und Leichtigkeit erhält.

Mit aus dem Produkte hergestellten Druckfarben gewonnene Drucke bleichten bei längerer scharfer Beleuchtung nicht aus, ja zeigten sogar eine Vertiefung des schwarzen Farbtones. Die einzelnen Rußpartikel haben nur eine Größe von 0,6 Mikron und übertreffen die sonst bekannten Rußprodukte aus Cellulose, Kohle und Teer bedeutend an Deckkraft und Schwärze. Übrigens übertreffen sie andere bekannte Produkte auch durch ihr Absorptionsvermögen für Öle. Offenbar wird durch die Vorbehandlung und die Zufügung der bituminosen Substanz eine unerwünschte Graphitisierung bei der Verschwelung verhindert und ein besonders hoher Dispersitätsgrad der Kohle erreicht.

Patentansprüche:

1. Verfahren zur Herstellung eines schwarzen Farbstoffes aus den an sich von der Brikettherstellung bekannten Gemischen von Torf mit organischen Bindemitteln, dadurch gekennzeichnet, daß nicht brikettierte Gemische von Torf mit Asphalt, Naphtharückständen und anderen Teersubstanzen gebrannt, gemahlen und in der für die Behandlung von fertiggebrannten Schwärzen bekannten Weise weiter auf Farbstoff verarbeitet werden.

2. Verfahren nach Anspruch 1, dadurch gekennzeichnet, daß der für die Gemische nach Anspruch 1 verwandte Torf vorher einer an sich bekannten Behandlung mit Alkalisalzen und Aluminiumsalzen zugleich unterworfen wird.

Russ. P. 15251.

Nr. 538783. (G. 71491.) Kl. 22f. 14. Daniel Gardner in Rueil, Frankreich.

Herstellung von Kohlenstoff von hoher Reinheit.

Vom 13. Okt. 1927. — Erteilt am 5. Nov. 1931. — Ausgegeben am 16. Nov. 1931. — **Erloschen: 1934.**

Französische Priorität vom 30. April 1927 beansprucht.

Gegenstand der Erfindung ist die Herstel lung von Kohlenstoff von hoher Reinheit.

Um chemisch reinen Kohlenstoff zu gewinnen, ist es bereits vorgeschlagen, eine möglichst aschenfreie Kohle (z. B. Zuckerkohle, Ruß) der Reihe nach mit Salzsäure, Kalilauge und Wasser bis zur Erschöpfung auszukochen und den Rückstand im Chlorstrom zum Glühen zu erhitzen.

Desgleichen hat man zur Herstellung von Ruß aus bituminöser Rohkohle, letztere in Schlagmühlen o. dgl., zunächst mit Wasser ausgelaugt, die weitere Zerkleinerung unter Zusatz einer stark verdünnten Ätznatron- oder Alkalilösung vorgenommen, dann das erzielte Produkt mit einer 10- bis 30%igen Alkalilösung angerührt und in einer Schlagkreuzmühle oder ähnlichen Vorrichtung der

Einwirkung schnellen Schlagens unterworfen. Der hierbei erzielte Kohlenstoff wird dann, falls erforderlich, zur Beseitigung etwa noch verbliebener Verunreinigungen mit Schwefelsäure behandelt; die Säure wird mit Wasser ausgewaschen und das Wasser durch Verdampfen entfernt.

Diese bekannten Verfahren haben aber nicht zu einem befriedigenden Ergebnis geführt, und zwar weder in bezug auf die Reinheit noch auf die Ausbeute. Man hatte nicht erkannt, daß das zu behandelnde Material einer besonderen Vorbereitung bedarf, daß ferner eine bestimmte Reihenfolge der Behandlungsstufen eingehalten und auch die Behandlung selbst in besonderer Weise durchgeführt werden muß. Das Verfahren gemäß der Erfindung spielt sich in folgender Weise ab: Der zu behandelnde Kohlenstoff wird durch Verkohlung von Holz bei einer nicht über 300° C steigenden Temperatur gewonnen. Man benutzt hierzu harzfreies oder hartes Holz. Doch läßt sich auch Fichtenholz verwenden. Dieser Kohlenstoff wird durch Vermahlen in einer Kolloidmühle in den Zustand unfühlbarer Feinheit gebracht (Korngröße etwa 1 Mikron) und in diesem Zustand in an sich bekannter Weise in einer alkalischen Lösung gekocht. Darauf folgt die Behandlung mit einer konzentrierten Mineralsäure und schließlich das Trocknen des Produktes bei einer allmählich bis zu 1300° C steigenden Temperatur.

Das sich hierbei ergebende Produkt ist ein Kohlenstoff von hoher Reinheit (99,6 bis 99,8 %), der sich für therapeutische Zwecke zum innerlichen Gebrauch, dann aber auch zur Herstellung von Farben, Lacken, Tuschen, tiefschwarzen Automobilreifen u. dgl. verwenden läßt.

Die Innehaltung einer niedrigen Verkohlungstemperatur ermöglicht die restlose Entfernung aller Verunreinigungen. Bei höherer Verkohlungstemperatur besteht die Gefahr, daß die Aschensalze zum Teil zum Schmelzen kommen und einsintern, so daß dann ihre Entfernung unmöglich wird. Es hat sich gezeigt, daß ein bei einer Temperatur von 600° C verkohltes Produkt nach der Behandlung gemäß dem vorbeschriebenen Verfahren nur einen Kohlenstoffgehalt von 91 bis 92 % aufwies, während bei Innehaltung einer Verkohlungstemperatur von nicht über 300° C der Kohlenstoffgehalt auf 99,6 bis 99,8 % stieg.

Weiter ist von wesentlicher Bedeutung, daß der so erhaltene Kohlenstoff in den Zustand unfühlbarer Feinheit gebracht wird, weil dadurch die folgende chemische Einwirkung wesentlich erleichtert und gefördert wird. Die bekannten Kolloidmühlen zerkleinern das Material so weit, daß es durch ein Sieb mit 350 Maschen auf den Zoll oder noch feinere Siebe passiert.

Bei der jetzt folgenden chemischen Behandlung ist es wichtig, daß das Material zunächst mit der Alkalilösung gekocht wird, weil, wie festgestellt wurde, das unfühlbar feine Kohlepulver bei Berührung mit Salpetersäure leicht entflammt.

Die Behandlung mit einer alkalischen Lösung kann durch Kochen mit einer sauren Salzlösung, wie Natrium- oder Kaliumbisulfatlösung, ersetzt werden; das empfiehlt sich, wenn z. B. die behandelte Holzkohle einen verhältnismäßig hohen Prozentsatz an Silicium und Titan aufweist, dagegen wenig Calcium enthält.

Selbstverständlich wird das Material sowohl nach der Behandlung mit der Alkalilösung wie auch mit der Mineralsäure zweckmäßig wiederholt gewaschen und gefiltert, wobei darauf zu achten ist, daß das benutzte Wasser möglichst rein sein muß. Die schließlich folgende Hitzebehandlung, bei der gleichzeitig die gesamte Feuchtigkeit ausgetrieben wird, erfolgt unter Verhinderung der Oxydation, also z. B. in neutralem oder reduzierendem Gas, z. B. gut getrocknetem Leuchtgas, Stickstoff oder auch im Vakuum langsam und vorsichtig. Das Material wird erst auf 150° C erhitzt, wobei das enthaltene Wasser zum größten Teil verschwindet. Darauf wird die Temperatur allmählich gesteigert. Bei 600° C sind die letzten Spuren der Feuchtigkeit entfernt. Es wird dann weiter langsam bis auf 1000° C und, falls notwendig, bis auf 1300° C erhitzt. Bei Überschreiten dieser Temperatur verwandelt sich die Kohle in Graphit und kann dann nur für einige Farben verwendet werden.

Der so erzielte reine Kohlenstoff ist hochgradig hygroskopisch; es empfiehlt sich deshalb, ihn durch Terpentin, Tetrachloräthan o. dgl. gegen die Aufnahme von Feuchtigkeit zu schützen. Hierbei erhält der reine Kohlenstoff seine satte, samtschwarze Tönung.

Beispiel 1

Buchenholz wird bei 300° C verkohlt; die Kohle wird in einer Kolloidmühle gemahlen und das Material von einer Feinheit von ungefähr 1 Mikron ausgesiebt. Die Kohle enthält ungefähr 75 % ihres Gewichtes an Kohlenstoff.

10 kg dieses feinen Pulvers werden etwa 30 Minuten in 10 l einer 6-n-Natriumhydroxydlösung gekocht und dann abfiltriert. Das Material wird dann mehrmals in heißem, möglichst ganz reinem Wasser gewaschen und

gefiltert. Durch diese Behandlung ist bereits ein Teil der Unreinigkeiten entfernt worden. Nunmehr wird das Material mit 10 l Salpetersäure von etwa 30° Bé so lange gekocht, bis die Entwicklung von Salpeterdämpfen aufhört, worauf es, wie vorhin wiederholt, abfiltriert und gewaschen wird. Der so gewonnene Kohlenstoff ist im wesentlichen frei von Verunreinigungen und wird nunmehr behandelt, um die Feuchtigkeit und die etwa noch vorhandenen organischen Verunreinigungen auszutreiben. Dies wird durch allmähliches Erwärmen des Kohlenstoffes auf hohe Temperatur in einer neutralen oder reduzierenden Atmosphäre oder im Vakuum erreicht. Die Temperatur wird zuerst langsam auf 150° C gebracht und dann allmählich auf 1000° C und schließlich 1300° C gesteigert. Um zu verhüten, daß der so erhaltene Kohlenstoff beim Erkalten Feuchtigkeit aufnimmt, gibt man das gewonnene Produkt in heißem Zustande in Terpentin.

Die Ausbeute beträgt ungefähr 7 kg Kohlenstoff von hoher Reinheit (99,6 bis 99,8 %).

Beispiel 2

Fichten- oder Kiefernholz wird in der gleichen Weise wie vorhin bei unter 300° C verkohlt und die Kohle gemahlen. 10 kg dieses feinen Pulvers werden mit 10 l konzentrierter Natriumbisulfatlösung 40 Minuten lang gekocht, abfiltriert und dann mit heißem, möglichst reinem Wasser mehrmals ausgewaschen. Nach Abfiltrieren des Wassers wird das Kohlepulver mit 10 l Salpetersäure von etwa 36° Bé behandelt, die gegebenenfalls mit einer anderen geeigneten Säure gemischt werden kann. Hierauf wird das Material wie unter 1 behandelt. Die Ausbeute beträgt etwa 6 kg Kohlenstoff von hoher Reinheit.

PATENTANSPRÜCHE:

1. Herstellung von Kohlenstoff hoher Reinheit durch Behandlung kohlenstoffhaltigen Materials mit Alkali und Säuren und Glühen in oxydationsfreier Atmosphäre, dadurch gekennzeichnet, daß der durch Verkohlung von harzfreiem oder hartem Holz bei nicht über 300° C steigender Temperatur gewonnene Kohlenstoff in sehr fein verteiltem Zustand in an sich bekannter Weise in einer alkalischen Lösung gekocht und darauf mit einer konzentrierten Mineralsäure von etwa 36° Bé behandelt wird, worauf das Produkt bei einer Temperatur von 1000 bis 1300° C unter Verhinderung der Oxydation getrocknet wird.

2. Verfahren nach Anspruch 1, dadurch gekennzeichnet, daß an Stelle der Behandlung mit einer alkalischen Lösung ein Kochen mit einem sauren Salz, wie Natrium- oder Kaliumbisulfat, erfolgt.

Nr. 566709. (I. 36344.) Kl. 22f, 14.

I. G. FARBENINDUSTRIE AKT.-GES. IN FRANKFURT A. M.

Erfinder: Dr. Otto Grosskinsky in Ludwigshafen a. Rh.

Verfahren zur Verbesserung der Eigenschaften von Ruß.

Vom 4. Dez. 1928. — Erteilt am 8. Dez. 1932. — Ausgegeben am 20. Dez. 1932. — Erloschen: 1938.

Es wurde gefunden, daß man die Eigenschaften des durch katalytische Zersetzung von kohlenstoffhaltigen Verbindungen, insbesondere gemäß den Patenten 552623 und 565556, erhaltenen Rußes wesentlich verbessern kann, wenn man ihn in Gegenwart von Gasen, die mit dem Ruß unter Bildung gasförmiger Stoffe in Reaktion zu treten vermögen, z. B. mit Wasserdampf, Kohlensäure, Luft, Sauerstoff, Chlor, Stickoxyden usw., gegebenenfalls in Mischung mit anderen Gasen, wie Kohlenoxyd, Wasserstoff, Stickstoff, Methan, Äthan usw., bei beliebigem Druck und erhöhter Temperatur derart behandelt, daß ein Teil des Rußes in gasförmige Produkte übergeführt wird. Man arbeitet etwa in der Weise, daß der zu behandelnde Ruß mit dem mit ihm in Reaktion tretenden Gas während einiger Zeit erhitzt wird. Die Temperatur und Erhitzungszeit hängt von dem jeweils angewandten Gase ab. So kann man z. B. bei Verwendung von Wasserdampf bei 600° C arbeiten und 1 bis 2 Stunden lang und mehr erhitzen, je nach der gewünschten Qualität. Es ist durch Arbeiten außerhalb der Explosionsgrenzen dafür zu sorgen, daß die Bildung explosiver Mischungen vermieden wird. Durch den Angriff der Gase wird der verbleibende Teil des Ausgangsmaterials in seiner Struktur so verändert, daß er für viele Zwecke, z. B. für die Verwendung zur Herstellung von Kautschukmischungen, wesentlich besser geeignet wird. Man kann die Behandlung sowohl bei erhöhtem oder normalem als auch bei vermindertem Druck ausführen.

Das Verfahren kann entweder in ununterbrochenem Betriebe oder periodisch durchgeführt werden. Besonders einfach gestaltet sich das Verfahren, wenn z. B. der Ruß im Hinblick auf seine Verwendung windgesichtet werden muß. In diesem Falle verbindet man die Sichtung mit der oben beschriebenen Behandlung, indem man als Sichtungsmittel das für die letzterwähnte Behandlung erforderliche Gas benutzt.

Man hat zwar schon vorgeschlagen, Holz, Torf, Braunkohle, Lignit, Holzkohle, Torfkohle oder ähnliche poröse Stoffe zwecks Herstellung aktiver Kohle mit Wasserdampf in der Wärme zu behandeln, indessen handelt es sich dort darum, die adsorbierenden Eigenschaften durch eine Veredelung der inneren Oberfläche der Ausgangsstoffe zu verbessern. Da bei der technischen Verwendung von Ruß, insbesondere als Füllstoff in der Kautschukindustrie und als Farbstoff, die innere aktive Oberfläche keine Rolle spielen dürfte, sondern mehr die Teilchengröße des Rußes und seine Aufteilungsfähigkeit in anderen Medien maßgebend für seine Eignung sind, so ließ das bekannte Verfahren keine Rückschlüsse auf das vorliegende Verfahren und dessen Wirkung zu. Das gleiche gilt für ein anderes bekanntes Verfahren, nach dem durch thermische Zersetzung ohne unvollständige Verbrennung aus Kohlenstoffverbindungen erhaltener Kohlenstoff in der Hitze der Einwirkung von Luft oder Wasserdampf unterworfen wird, um ihn von Kohlenwasserstoffen, Ölen, teerartigen Bestandteilen und anderen Fremdstoffen, die zwischen oder auf den einzelnen Kohleteilchen vorhanden sind, zu befreien. Von derartigen Verunreinigungen ist der durch katalytische Zersetzung kohlenstoffhaltiger Verbindungen, insbesondere gasförmiger ungesättigter Kohlenwasserstoffe, erhaltene Ruß frei. Es war daher zunächst nicht anzunehmen, daß eine Behandlung dieses Rußes mit Gasen, die mit dem Ruß unter Bildung gasförmiger Stoffe in Reaktion zu treten vermögen, eine Verbesserung seiner Eigenschaften bewirken würde, da ja die Fremdstoffe, welche die Eigenschaften der gemäß dem bekannten Vorschlag zu verarbeitenden Ruße beeinträchtigen, in diesem Falle überhaupt nicht ihren schädlichen Einfluß ausüben können.

Beispiel 1

Ein gemäß Patent 565 556 durch Spaltung mit einem Kobaltkatalysator bei 400° C erhaltener windgesichteter Ruß wird mit Wasserdampf bei 600 bis 700° C in Gegenwart geringer Mengen Luft behandelt. Nach etwa 1 Stunde unterbricht man die Wasserdampfzufuhr und läßt erkalten. Man erhält einen Ruß, der wesentlich bessere Eigenschaften, z. B. hinsichtlich der Farbtiefe, Verwendung in Kautschukmischungen usw., aufweist als ein unbehandeltes Material.

Beispiel 2

Man füllt einen Ruß, der in Gegenwart eines Nickelkatalysators bei 400° C im elektrischen Feld erhalten wurde, in ein hitzebeständiges Rohr und erhitzt unter Durchleiten eines Stickstoffstromes auf 700° C. Man leitet dann über den Ruß so lange Wasserdampf in Mischung mit Kohlendioxyd, bis etwa 10% des Rußes in Kohlenoxyde verwandelt sind. Der tiefschwarze Ruß hat durch diese Behandlung wesentlich an Farbtiefe gewonnen.

Beispiel 3

Man behandelt einen durch katalytische Zersetzung von Äthylen erhaltenen Ruß bei 350° C 2 Stunden lang mit stickstoffdioxydhaltigen Gasen und verdrängt darauf das Stickstoffdioxyd durch Stickstoff. Der so behandelte Ruß bewirkt als Füllstoff für Vulkanisate aus Polymerisationsprodukten von Butadienkohlenwasserstoffen eine höhere Dehnungsfähigkeit des Vulkanisates als ein nicht behandelter, in der gleichen Weise hergestellter Ruß.

PATENTANSPRUCH:

Verfahren zur Verbesserung von Ruß durch Einwirkung von Gasen oder Gasgemischen bei erhöhter Temperatur auf Ruß, die mit diesem unter Bildung gasförmiger Stoffe in Reaktion zu treten vermögen, dadurch gekennzeichnet, daß solcher Ruß verwendet wird, der durch katalytische Zersetzung kohlenstoffhaltiger Verbindungen, insbesondere gemäß den Patenten 552 623 und 565 556, hergestellt ist.

D. R. P. 552623, S. 3450; 565556, S. 3453.

Nr. 499073. (C. 42827.) Kl. 22f, 14.

CHEMISCHE FABRIK HALLE-AMMENDORF GEBR. HARTMANN IN AMMENDORF B. HALLE.

Verfahren zum Schönen von Ruß.

Vom 22. März 1929. — Erteilt am 15. Mai 1930. — Ausgegeben am 2. Juni 1930. — Erloschen: 1934.

Die schlechteren Rußsorten (Ölruß) besitzen ausnahmslos keinen reinschwarzen Ton, sondern sind mit einem mehr oder weniger starken braunen Stich behaftet. Um derartige Rußsorten zu verbessern, wird ihnen bei der Verarbeitung zu Druckfarben gewöhnlich ein blauer Farbstoff auf der Reibmaschine zugesetzt, um den braunen Ton durch dieses »Schönen« oder »Bläuen« zu überdecken und die fertige Farbe tiefer und satter erscheinen zu lassen.

Die vorliegende Erfindung bezweckt nun, diesen blauen Farbstoff unmittelbar auf den Ruß durch chemische Umsetzung niederzuschlagen, den Ruß also noch vor seiner Verarbeitung umzufärben. Zu diesem Zweck wird er mit Lösungen von Ferrichlorid und Ferrosulfat getränkt und so angefeuchtet statt der gewöhnlichen Gasreinigungsmasse in die dafür vorgesehenen Behälter der Gasanstalten eingebracht. Die im Steinkohlengas enthaltenen giftigen Cyanverbindungen setzen sich in bekannter Weise mit Ferrosulfat zu Ferrocyankalium um, aus dem sich wiederum durch das Ferrichlorid das bekannte Miloriblau (Berlinerblau) bildet.

Die Konzentration der Eisenlösungen bzw. die Mengen von Ferri- und Ferrosalz ergeben sich aus den bekannten stöchiometrischen Verhältnissen bzw. aus der Zeitdauer, in der diese Masse ihre Absorptionsfähigkeit behalten soll. Auf diese Weise kann ein schädlicher Überschuß der Reaktionsprodukte vermieden werden.

Ist die Aufnahmefähigkeit für Cyanwasserstoff nahezu erschöpft, so genügt es, diesen nunmehr geschönten Ruß entweder einige Zeit der Luft auszusetzen oder ihn in temperierte Trockenkammern zu bringen, in denen gute Luftzirkulation herrscht. Das von der Gasreinigungsmasse gleichfalls zurückgehaltene Ammoniak sowie andere übelriechende, leicht flüchtige Verbindungen werden dadurch ausgetrieben. Es fällt ein mehr oder weniger blaugefärbter, trockener und fast geruchloser Ruß an, der ohne weiteres zur Verwendung als Druckfarbe brauchbar ist.

Beispiel

In einem Bottich, einer Knetmaschine oder einer ähnlichen Vorrichtung werden 10 kg Ruß mit 10 bis 20 kg einer etwa 15prozentigen Lösung, die Ferrosulfat und Ferrichlorid enthält, getränkt. Es empfiehlt sich, die Eisensalzlösung vorher mit konzentrierter Schwefelsäure anzusäuern. Nachdem der Ruß gut durchfeuchtet worden ist, wird er lose auf etagenförmig angeordnete Siebplatten aufgeschüttet und in die Reiniger der Gasanstalten gebracht. Man kann auch den durchgefeuchteten Ruß in gut durchlässige Säcke einnähen und diese in den Reinigern stapeln.

Sobald die vorhandenen Eisensalze durch das im Leuchtgas enthaltene Cyan erschöpft sind, werden die Kammern entleert Der anfallende Ruß ist je nach den obwaltenden Betriebsverhältnissen entweder bereits genügend trocken, um sofort zur Herstellung von Druckfarben verwendet werden zu können, oder noch etwas feucht, so daß er einer leichten Trocknung unterworfen werden muß.

An Stelle von Leuchtgas können auch andere cyanhaltige Gase, so z. B. Generatorgase, Röstgase, Mineralabbrände oder bei der Destillation von stickstoffhaltigen Stoffen entstehende Gase, verwendet werden.

Das Verfahren hat den Vorteil, daß der sich bildende blaue Farbstoff in molekularer Verteilung in die Poren des Rußes eindringt und auf diese Weise ein Schönen des zumeist braunstichigen Rußes erreicht wird, wie es nach bisher bekannten Verfahren nicht in so einfacher und vollkommener Weise erreicht werden konnte.

Ein weiterer Vorteil dieses Verfahrens besteht darin, daß man den Ruß fast trocken erhält, da das durch die Masse strömende warme Gas das Wasser verdrängt, so daß nach beendeter Reaktion die Masse fast trocken anfällt.

Man hat zwar bereits Ruß mit Wasser in Füllbottichen aufgeschlämmt und in der Aufschlämmung das Miloriblau durch Fällung aus Eisensalzen in üblicher Weise erzeugt. Der so gefärbte Ruß mußte sodann abgepreßt und getrocknet werden. Gegenüber diesem bekannten Verfahren hat das vorliegende den Vorteil, daß es wesentlich billiger und einfacher arbeitet und eine innigere Durchsetzung des Rußes mit dem blauen Farbstoff erreichen läßt.

Patentanspruch:

Verfahren zum Schönen von Ruß mittels Berlinerblau, dadurch gekennzeichnet, daß man die Bildung des Berlinerblaus in den Poren des mit Lösungen von Eisenoxydul- und Eisenoxydsalzen getränkten Rußes durch Behandlung mit cyanhaltigen Gasen, insbesondere Leuchtgas, bewirkt.

Metalle.

Literatur:

Ullmann, *Enzyklopädie der technischen Chemie*, II. Aufl. s. Die Metalle: Lithium, Natrium, Kalium, Rubidium, Caesium, Beryllium, Magnesium, Calcium, Strontium, Barium, Seltene Erden, Zirkonium, Hafnium, Niob, Tantal, Vanadin, Molybdän, Wolfram und Uran. — K. Arndt, Technische Elektrochemie, Stuttgart 1929. — E. Girard, Die Leichtmetalle und ihre Legierungen, *Rev. Chim. ind.* **40,** 325 (1931). — Earle E. Schumacher und W. C. Ellis, Die Reduktion von Kupfer durch metallische Reduktionsmittel, Calcium, Zink, Beryllium, Barium, Strontium und Lithium, *Trans. electrochem. Soc.* **61,** (1932). *Metal Ind.* **40,** 517 (1932).

Alkalimetalle: R. Thilenius, Das Elektrochemische Verhalten der Alkalimetalle, *Z. Elektrochem.* **37,** 740 (1931). — R. Mordaunt, Lithium. Seine Gewinnung und Verwendung in Deutschland, *Metal Ind.* **40,** 537 (1932). — P. Villard, Über die Reduktion von Natriumhydroxyd, *Compt. rend.* **193,** 681 (1931). — G. Tammann und A. Ssworykin, Reduktion der Alkalicarbonate durch Kohle und die Einwirkung der Alkalimetalle auf Kohle, *Z. anorg. Chem.* **168,** 218 (1927). — A. Goldach, Reduktion mit Bleinatrium, *Helv. chim. Acta* **14,** 1436 (1931).

Beryllium: K. Illig, Beryllium, *Z. angew. Chem.* **40,** 1160 (1927). — K. Illig und M. Hosenfeld, Herstellung von Beryllium auf thermischem Wege, *Wissenschaftl. Veröffentl. Siemens-Konzern* **8,** 26 (1929). — H. Borchers, Untersuchungen über Beryllium, *Metall-Wirtschaft* **10,** 863 (1931). — J. Becker, Das Beryllium in der Technik, *Metall* **1931,** 58. — G. Anger, Das neue Wundermetall Beryllium, *Ztrbl. Zuckerind.* **40,** 328 (1932). — P. Martell, Beryllium, ein neuer Werkstoff, *Metallwaren-Ind. Galvano-Techn.* **28,** 542 (1930). — L. Guillet und M. Ballay, Das Beryllium und der Flugzeugbau, *Rev. Métallurgique* **28,** 525 (1931). — G. Masing und W. Pocher, Technische Eigenschaften der Be-haltigen Cu-Ni-Legierungen, *Wiss. Veröffentl. Siemens-Konzern* **11,** 93 (1932). — J. Kent-Smith, Kupfer-Beryllium-Bronzen, *Techn. Publ. Amer. Inst. Mining metallurg. Engineers* **1932,** Nr. 465. — R. H. Harrington, Das Eisen-Berylliumsystem, *Metals & Alloys* **3,** 49 (1932).

Magnesium: F. Ravier, Die Magnesiumindustrie in Frankreich, *Chim. et Ind.* **26,** 1263, **27,** 31 (1932). — J. A. Gann, Magnesium, ein Überblick über die Technologie seiner Darstellung, *Mining and Metallurgy* **13,** 179 (1932). — A. Dumas, Das Magnesium, *Journ. Four electr. et Ind. electrochim.* **40,** 354 (1931). — I. G. Schtscherbakow, Wahl der Elektrolysiermethode bei der Darstellung von metallischem Magnesium, *Technik des Urals* **7,** Nr. 5/6, 12 (1931). — R. Weiner, Direkte Darstellung von Magnesium-Aluminiumlegierungen durch Schmelzflußelektolyse, *Z. Elektrochem.* **38,** 232 (1932).

A. Tiby, Metallisches Magnesium aus Dolomit und aus Magnesit, *Industria chimica* **6,** 1380 (1931). — H. E. Bakken, Sehr reines Magnesium mittels Sublimation, *Chem. metallurg. Engin.* **36,** 345 (1929). — J. Hérenguel und G. Chaudron, Darstellung von reinem Magnesium durch Sublimation, *Compt. rend.* **193,** 771 (1931). *Chim. et Ind.* **27,** Sond. Nr. 3 bis 348 (1932).

Erdalkalimetalle: E. Rinck, Über eine allotrope Umwandlung des Bariums im festen Zustand, *Compt. rend.* **193,** 1328 (1931). — Freitag, Metallisches Barium und seine Verwendung, *Chem. Techn. Rdsch.* **46,** 275 (1931). — P. R. Gennaté, Die Wirkung von Kohlensäure auf Barium bei gewöhnlicher Temperatur, *Bull. Soc. chim.* [4] **51,** 1029 (1932). — H. C. Hodge, Darstellung und einige physikalische Eigenschaften von Strontium-Cadmiumlegierungen, *Metals & Alloys* **2,** 355 (1931).

Seltene Erden, Zirkon, Hafnium: L. F. Audriehrt, E. E. Jukkolá, R. E. Meints und B. S. Hopkins, Elektrolytische Darstellung von Amalgamen seltener Erden, *Journ. Amer. chem. Soc.* **53,** 1805 (1931). — G. Canneri, Legierungen von Lanthan und Aluminium, *Metallurgia Italiana* **24,** 99 (1932). — R. Vogel und W. Tomm, Das Zustandsschaubild Eisen-Zirkon, *Arch. Eisenhüttenwesen* **5,** 387 (1932).

Rhenium, Tantal, Platin: Freitag, Rhenium ein neues, technisch zugängliches Metallisches Element, *Chem. Techn. Rdsch.* **45,** 906 (1930). — J. G. F. Druce, Die Thermitreaktion mit Rhenium-Dioxyd, *Chem. News* **144,** 247 (1932). — W. G. Burgers, A. Claassen und J. Zernike, Über die chemische Natur der Oxydschichten, welche sich bei anodischer Polarisation auf den Metallen Aluminium, Zirkon, Titan und Tantal bilden, *Z. Physik* **74,** 593 (1932). — A. Güntherschulze und H. Betz, Neue Untersuchungen über die elektrolytische Ventilwirkung. I. Die Oxydschicht des Tantals, *Z. Physik* **68,** 145 (1931). **73,** 580, 586, (1932). — A. Sieverts und H. Brüning, Über die Fällung von Platinmohr, Die Aufnahme von Wasserstoff durch Platinmohr, *Z. anorg. Chem.* **201,** 113, 122 (1931).

Dieser Abschnitt der den Abschluß der Patentsammlung der „Fortschritte" bildet, ist wegen seiner Uneinheitlichkeit und Unvollständigkeit nicht sehr befriedigend. Es fehlt die klare und richtige Grenzziehung dafür, was außerhalb des Rahmens der vorliegenden Patentsammlung liegend anzusehen ist und was dagegen Aufnahme finden soll. Alles zu bringen ist bei der Mehrzahl der hier zu behandelnden Metalle unmöglich, teils gehen die Patente zu sehr ins rein metallurgische Gebiet, wie beim Magnesium mit der überaus großen Zahl der Legierungen, in denen es ein wesentlicher Bestandteil ist, oder es spielen in den Patenten die Hauptrolle rein metallurgische Verfahren zur Vergütung und Veredlung, oder ganz speziellen Verarbeitungsarten wie z. B. beim Wolfram seine Benutzung zur Herstellung der Drähte für die elektrischen Glühlampen, oder endlich, beispielsweise der Fall des Vanadins, ist die wichtigste Anwendung der Metalle, die der Herstellung von Edelstählen.

So muß man sich, um nicht zu sehr aus dem gezogenen Rahmen zu geraten, auf eine für manchen Benutzer sicher zu knappe und etwas willkürliche Auswahl beschränken.

Bei den **Alkalimetallen** ist etwas bemerkenswert Neues nicht zu verzeichnen. Nur das D. R. P. 549625 der Siemens & Halske A.-G. deutet eine neue Verwendung der seltenen Alkalimetalle Rubidium und Caesium als Zusatzstoffe bei Gasentladungsleuchten an. Die Verwendung der Metalle insbesondere des Natrium zur Darstellung von Natriumoxyd, Natriumperoxyd und Natriumamid ist in früheren Abschnitten zu finden. (S. 2569, 455, 1575).

Von den Verfahren, die in den ausländischen Patenten beschrieben sind[1]), verlohnt es sich wegen des rein chemischen Interesses, das es beanspruchen darf, auf das Patent von M. A. Bendetzki (Russ. P. 15015) hinzuweisen, nach dem es möglich ist die Alkalimetalle durch Elektrolyse von Lösungen der Doppelbromide mit Aluminiumbromid in Nitrobenzol zu gewinnen. Auch beim Beryllium findet man ein Verfahren (A. P. 1867755, J. J. Pelc) zur Darstellung des Metalls aus organischen Verbindungen, allerdings auf rein chemischem Wege.

Bevor in der Übersicht zu den übrigen Metallen übergegangen wird, sind diesmal einige Patente allgemeineren Inhaltes zusammengefaßt worden, die sich mit der Herstellung von Leichtmetallen durch **Schmelzelektrolyse der Chloride**[2]) und mit der Reinigung der Metalle befassen. Die maßgebende Darstellungsmethode für alle Leichtmetalle, (Beryllium, Magnesium, die Erdalkalimetalle) ist die Schmelzelektrolyse. Die rein chemischen Darstellungsmethoden spielen in der Technik kaum eine Rolle.

Die angeführten Patente befassen sich teils mit einer zweckmäßigen Anordnung der Schmelzen, um eine Abdeckung des geschmolzenen, leicht oxydierbaren Metalles zu erreichen (D. R. P. 460803) teils mit Maßnahmen zum Sammeln der Produkte der Elektrolyse, mit dem Einbau von Diaphragmen, und der Ausbildung geeigneter Elektroden.

---

[1]) A. P. 1797131, E. P. 323718, 323766, N. V. Philips' Gloeilampenfabriken, Alkali oder Erdalkalimetalle aus Salzen mittels Hf, Zr oder Ti in der Hitze.

F. P. 694587, J. Y. Conte, Na, K, aus den Hydroxyden oder Carbonaten mittels Kohle im Vakuum.

A. P. 1872891, Baker Perkins Co., K-Na-Legierungen durch Einwirkung von Na auf geschmolzenes KOH.

Russ. P. 15015, M. A. Bendetzki, durch Elektrolyse der in Nitrobenzol gelösten Doppelbromide mit $AlBr_3$.

F. P. 722554, H. Osborg, Li-haltige Legierungen.

Belg. P. 360239, P. G. Ehrhardt, Verbessern der Eigenschaften der Metalle der Platingruppe durch einen Zusatz an Li.

F. P. 721131, Comp. Franc. Exploit. des Procédés Thomson-Houston, Cs-haltige Legierungen unempfindlich gegen Luft zu machen, Anwendung derselben für Photozellen.

[2]) A. P. 1826773, Dow Chemical Co., Elektrolyse von Alkali- oder Erdalkalichlorid-Schmelzen unter Zusatz von Al_2O_3.

A. P. 1818173, 1818174, I. G. Farbenindustrie, Scheidewand aus Keramischen Platten.

A. P. 1863385, Dow Chemical Co., Elektrolysierofen.

F. P. 692491, Ges. für chem. Ind. Basel, Eisenkathode mit Eisenglocke.

Das **Umschmelzen** und damit das **Reinigen** des gewonnenen Metalles ist für seine Eigenschaften, seiner Beständigkeit gegen Atmosphärilien und Wasser von ausschlaggebender Bedeutung. Hier ist nur ein allgemeineres Patent zu finden (D. R. P. 479481). Weitere speziellere findet man sowohl beim Beryllium wie auch beim Magnesium.

Das **Beryllium** hat wegen seiner Eigenschaft Metalle und Legierungen, insbesondere Kupferlegierungen, zu vergüten ein merkliches technisches Interesse. Die neuen Vorschläge zu seiner Herstellung sind Varianten der Schmelzelektrolyse der Doppelfluoride (D. R. P. 480128), oder der Reduktion mittels geeigneter stark elektropositiver Metalle (D. R. P. 480128)[1]).

Die übrigen Patente betreffen Legierungen des Berylliums. Auf diese sei nur hingewiesen. Sie sind nur Beispiele aus der Fülle des in- und ausländischen Schrifttums aufzufassen. Der notwendige Anteil an Beryllium in den Legierungen ist verhältnismäßig klein, dieser Umstand ermöglicht es, das immerhin kostbare Metall technisch zu verwenden.

Die außerordentlich rasche Entwicklung des Flugzeugbaues hat das Interesse und den Bedarf an Leichtmetallen gewaltig erhöht. Ihre Schwäche in chemischer Beziehung und ihre Unbeständigkeit gegen die Atmosphärilien konnte wesentlich gemildert werden, teils dadurch, daß man gelernt hat, welche Verunreinigungen die Ausbildung von haltbaren Passivschichten verhindern, andererseits aber dadurch, daß man Legierungen gefunden hat, die in Bezug auf Haltbarkeit und Festigkeitseigenschaften einen wesentlichen Fortschritt bedeuten.

So hat auch das **Magnesium** in steigenden Mengen als Konstruktionsmetall Verwendung gefunden, während es vor weniger mehr als 2 Jahrzehnten noch vorwiegend als das Metall der Feuerwerkerei bekannt war.

Die Herstellung des Magnesiummetalls durch Schmelzelektrolyse des Chlorids[2]) ist das wichtigste der technisch ausgeübten Verfahren. Dem Schmelzbad werden andere

---

[1]) A. P. 1710840, Beryllium Corp. of America, Aufschluß von Erzen mit Ca-haltigen Flußmittel und Behandlung mit H_2SO_4.

A. P. 1861656, Beryllium Development Corp., Schmelzelektrolyse einer $BeCl_2$ -NaCl Schmelze in die Dämpfe von $BeCl_2$ eingeleitet werden, gewonnen aus BeO, C und dem Cl_2 der Elektrolyse.

E. P. 271454, Russ. P. 11186, Siemens & Halske A.-G., Be-Cu-Legierung.

A. P. 1868293, Beryllium Development Corp., Be-Al-Legierung mit wenig Mn und Mo.

A. P. 1867755, J. J. Pelc, Be-Metall aus organischen Be-Verbindungen.

[2]) E. P. 369536, F. P. 725380, I. G. Farbenindustrie, von Chloridschmelzen, die nur 5—15% $MgCl_2$ enthalten.

Schwz. P. 133519, Aluminium-Industrie A.-G., Zusatz von solchen Alkali- oder Erdalkalichloriden die eine dichtere Abscheidung fördern.

Schwz. P. 134995, Aluminium-Industrie A.-G., Zufuhr von Stoffen die eine dichte Abscheidung fördern.

F. P. 696218, A. C. Jessup, von nicht ganz entwässerten Gemische von $MgCl_2$ mit KCl.

F. P. 693387, Magnesium Production Co., von $MgCl_2$ -KCl-Schmelzen.

A. P. 1749210, Dow Chemical Co., Imkreislaufhalten des Chlors über HCl das auf Dolomit zur Einwirkung kommt.

A. P. 1863221, Dow Chemical Co., die Schmelze wird durch Zusatz von $MgCl_2$ und basischem Chlorid ergänzt.

Vorrichtungen:

F. P. 709476, Soc. d'Electrochimie, d'Electromèt. et des Aciéries Electriques d'Ugine.

E. P. 339833, Dow Chemical Co.

F. P. 687733, I. G. Farbenindustrie.

Reinigen:

E. P. 346271, Dow Chemical Co., von Mg oder dessen Legierungen in einer Schmelze von NaCl und $MgCl_2$.

E. P. 375743, F. P. 727348, British Maxium Ltd., in einer Schmelze von $MgCl_2$ mit MgF_2 und 2—20% W.

F. P. 687274, I. G. Farbenindustrie, von Mg und Mg-reichen Legierungen mittels feingepulvertem Si oder Mn und dgl.

A. P. 1793023, F. P. 639256, I. G. Farbenindustrie, Mg-Legierungen mit Si, Al, Cu, Zn, Ca.

Chloride vorzugsweise Kaliumchlorid zugesetzt. Ursprünglich nahm man direkt entwässerten reinen Carnallit, der leichter wasserfrei zu erhalten ist, als das wasserfreie Magnesiumchlorid ausgehend vom krystallisierten oder geschmolzenem Hexahydrat. Der große Umfang, den die Mg-Herstellung genommen hat, zwingt das bei der Elektrolyse anfallende Chlor zu verwerten; so sind, wie schon beim Magnesiumchlorid dargelegt worden ist (S. 2725), Verfahren ausgebildet worden, um aus Magnesiumoxyd, Kohle und Chlor direkt das wasserfreie Chlorid zu gewinnen. So kann das Chlor im Kreislauf gehalten werden.

Widerspruchsvoll sind die Anforderungen, die man nach den verschiedenen ausländischen Patenten auf die Reinheit des angewandten Magnesiumchlorides legt. Bekannt ist, daß man gewöhnlich einen zu großen Gehalt an freiem Oxyd und an Feuchtigkeit im Chlorid verabscheut. Einigermaßen auffallend ist es daher, daß im A. P. 1863221, der Dow Chemical Co. der Zusatz von basischem Chlorid geschützt wird, und weiterhin im F. P. 696218 von A. C. Jessup ausdrücklich die Anwendung von nicht ganz wasserfreien Gemischen empfohlen wird. Unabhängig davon sind natürlich die Verfahren, die das letzte Trocknen des Magnesiumchlorides durch die Abwärme der Elektrolysieröfen in diesen selbst vollziehen, zum Teil unter Zuhilfenahme der abziehenden heißen Gase.

Die thermische Reduktion des Magnesiumoxydes insbesondere mittelst Kohlenstoff, ist von den Radentheiner Magnesitwerken[1]), wie dies aus Auslandspatenten hervorgeht, aufgenommen worden. Ein wichtiger Schritt des Verfahrens ist der, daß der freiwerdende Mg-Dampf möglichst schnell den Gasen durch Kondensation entzogen wird, um sekundäre Umsetzungen, so z. B. ein Reagieren mit CO, unter Rückumwandlung in MgO und C, zu verhindern. Das Verfahren ist außerordentlich interessant, seine weitere Entwicklung wird man in den nächsten Jahren mit Aufmerksamkeit zu verfolgen haben.

Über die Verfahren zur Herstellung der drei **Erdalkalimetalle** und ihrer Anwendungen in der chemischen Technik ist diesmal Neues kaum zu berichten[2]).

Auch die Verwendung der neuen aufgefundenen Elemente Hafnium und Rhenium in elementarem Zustand findet sich in den angeführten D. R. P. nur auf ganz spezielle

---

[1]) Oest. P. 128354, Oester.-Amerikanische Magnesit A.-G., Mg aus MgO mittels Al und CaO.

E. P. 362835, F. P. 719287, Oester.-Amerikanische Magnesit A.-G., durch thermische Reduktion mit Kohle und rasches Abschrecken.

Schwz. P. 146912, L. Friederich, Mg aus MgO mittels Al oder Si-reiches Ferrosilicium.

[2]) Oest. P. 128790, Metallgesellschaft, durch Schmelzelektrolyse der Halogenide mit Kathoden aus geschmolzenem Blei.

Aust. P. 28370/1930, Allgemeine Elektrizitäts-Ges., Reinigung von Ba-Metall durch Destillation im Hochvakuum.

A. P. 1834049, Kemet Laboratories Co., Reinigen durch Umschmelzen in einer Ar-Atmosphäre und Abgießen von den Oxydhäuten.

Holl. P. 27285, Bell Telephone Mfg. Co., Ba-Metall für Glühkathoden in Entladungsröhren.

E. P. 367792, Int. General Electric Co., und Allg. Elektrizitäts-Ges., Einführen von metallischem Ba in Elektronenröhren.

Seltene Erden usw.:

Can. P. 289258, Canadian Westinghouse Co., Seltene Metalle aus den Doppelhalogeniden in Alkalihalogenidschmelzen mittels Al oder analogen Metallen.

A. P. 1835025, 1835026, Westinghouse Lamp Co., durch Elektrolyse der Doppelfluoride in Alkalihalogenidschmelzen mit Mo oder W-Kathoden.

A. P. 1728941, Westinghouse Lamp Co., aus den Oxyden mittels Ca und $CaCl_2$ und einem Alkalimetall.

Oest. P. 124707, N. V. Philips Gloeilampenfabrieken, Verschweißen schwer schmelzbarer Metalle mit Zr.

A. P. 1845145, W. W. Varney, Legierungen aus Zr, U und Mn.

E. P. 361842, F. P. 707260, N. V. Philips Gloeilampenfabrieken, Spinndüsen aus Zr.

A. P. 1855176, P. A. E. Armstrong, Einführung von hochschmelzenden Metallen, Cr, V, Zr, Ti, Ta, U, in Eisen und Legierungen im Schmelzfluß als Fluoride mit Si oder Al.

A. P. 1787672, Westinghouse Lamp Co., Schützen von Metalle Th, U, Zr, Ce, Ti usw. durch anodische Behandlung in HNO_3-haltigem Eisessig.

Zwecke der Fabrikation elektrischer Lampen beschränkt. Eine technische Anwendung haben sie hier aber auch nicht gefunden[1]).

Ebensowenig können auch die Patente über das metallische Niob, Tantal, Molybdän, Wolfram usw.[2]) ein größeres Interesse beanspruchen. Hier wäre doch nochmals auf die technisch bemerkenswerten Leistungen der Hartmetalle[3]) hinzuweisen, von Legierungen die als wesentlichen Bestandteil eines der außerordentlich harten Carbide der Metalle der vierten bis sechsten Gruppe des periodischen Systems, hauptsächlich des Wolframcarbides enthalten. Das wichtigste hierüber ist bereits bei den Carbiden gesagt worden (S. 2335). Hier sind einige später gefundene ausländische Patente noch nachgetragen worden.

Übersicht der Patentliteratur.

I. Alkalimetalle. (S. 3482.)

D. R. P.	Patentnehmer	Charakterisierung des Patentinhaltes
500 331	I. G. Farben	K aus KF mittels Mg
461 694	A. Wacker G. m. b. H.	Schmelzelektrolyse von NaCl aus Chloralkalielektrolyse
556 103	Krebs & Co.	Zelle mit geheizter Kathode für NaOH-Elektrolyse
517 256	Degussa	Gesonderter Schmelz- über Elektrolysierraum, Diaphragma und Sammelhauben
484 081	Degussa	Formkörper aus Mischungen von Metallen und Alkalisalzen
516 111	O. Prieß	Reduktion von Metallverbindung mittelst Na
491 626	L. Hackpill und E. Rinck	Flüssige K-Na-Legierung durch Einwirkung von Na auf K-halogenidschmelzen
518 395	Metallgesellschaft	Bleilagermetall mit Li, Na, Ca, Al
549 625	Siemens-Schuckertwerke	Elektrisches Entladungsgefäß mit Zusatz von Rb oder Cs zur Hg-Elektrode zur Erhöhung der Elektronenemission

---

[1]) E. P. 364 502, General Electric Co., Ung. P. 102 776, A. P. 1 829 756, Siemens & Halske A.-G., s. d. D. R. P. 537 936, mit Re überzogene Metalldrähte.

[2]) A. P. 1 814 720, Westinghouse Lamp Co., V aus V_2O_5 mittels Ca und $CaCl_2$ in einer Bombe.

F. P. 708 595, I. G. Farbenindustrie, Aufschluß von W-Erzen mittels C und Cl_2 bei 850—950°.

A. P. 1 738 669, Westinghouse Lamp Co., Seltene Metalle Th, U, usw. aus Oxyden durch Reduktion mit Ca-Mg-Legierungen in Gegenwart von Erdalkalihalogeniden.

A. P. 1 728 940, 1 728 942, Westinghouse Lamp Co., U-Zn-Legierungen durch Reduktion der Uranoxyde durch Ca in Gegenwart von $CaCl_2$ und $ZnCl_2$.

Can. P. 293 332, Canadian Westinghouse Co., Verdichten hochschmelzender Metalle s. a. Can. P. 288 825.

A. P. 1 842 254, Westinghouse Lamp Co., Uran-Metall durch Schmelz-Elektrolyse in der Doppelhalogenide in Alkalifluoriden.

Can. P. 283 400, Canadian Westinghouse Co., Uran-Metall aus UO_2 mit Mg und $CaCl_2$ in einer Bombe in H_2-Atmosphäre.

[3]) F. P. 718 697, F. Krupp A.-G., W-Carbid mit C, CO, Ni und Carbide des V, Nb, Ta.

E. P. 364 718, British Thomson-Houston Co., WC mit Metallen der Eisengruppe geformt.

Russ. P. 22 267, W. D. Romanow und W. J. Riskin, Hartmetallmassen durch Ausfällen des zuzusetzenden Metalles aus Lösung durch Reduktion.

A. P. 1 842 103, Eisler Electric Corp., aus Carbiden von W, Mo, U, Ti, Be, Cr mit Bornitrid.

Russ. P. 21 443, W. J. Riskin, Aufbringen auf Schneidewerkzeugen.

D. R. P.	Patentnehmer	Charakterisierung des Patentinhaltes

II. Allgemeine Verfahren.

1. Herstellung von Leichtmetallen. (S. 3492.)

D. R. P.	Patentnehmer	Charakterisierung des Patentinhaltes
460803	A. C. Jessup	Schmelzelektrolyse, Schmelze mit höherer Dichte als geschmolzenes Metall, über Metall unter der Haube Salzschmelze von geringerer Dichte
456806	Aluminiumindustrie A.-G.	Elektrothermisch: Schmelzbad mit Reduktions- und Verdampfungsraum für das Metall
466551	Aluminiumindustrie A.-G.	Elektrothermisch: Desgleichen Si im Schmelzbad
494956	Cie. Prod. Chim. Froges et Camargue	Vorrichtungen zur Schmelzelektrolyse: Aufsteigende Kontaktkathode
524086	P. L. Hulin	Vorrichtungen zur Schmelzelektrolyse: Kathoden mit Kühlringen
514125	I. G. Farben	Vorrichtungen zur Schmelzelektrolyse: Wolfram-Anoden
484289	I. G. Farben	Vorrichtungen zur Schmelzelektrolyse: Schüttelelektroden aus körnig. Material

2. Reinigung der Leichtmetalle. (S. 3506.)

D. R. P.	Patentnehmer	Charakterisierung des Patentinhaltes
479481	I. G. Farben	Mit einem geschmolzenem Gemisch von $CaCl_2$ und CaF_2

III. Beryllium. (S. 3507.)

D. R. P.	Patentnehmer	Charakterisierung des Patentinhaltes
480128	W. Kroll	Be-Metall aus Be-Alkali-Doppelfluoride durch Reduktion mit Li, Mg, oder Erdalkalimetall über 1000°
467247	Siemens & Halske	Be oder Legierungen aus Be-haltigen Fluoridschmelzen durch Elektrolyse.
465525	Siemens & Halske	Umschmelzen in Erdalkalihalogenid-Schmelze.
484394	Siemens & Halske	Be- oder Be-Vorlegierungen als Desoxydationsmittel für Metalle oder Legierungen.
491358	Siemens & Halske	Cu-Be-Legierung mit Mg, Al, Ni, P.
492327	Heraeus Vakuumschmelze und W. Rohn	Be, Cu-, Be, Ni-Legierungen für Bimetalle mit Ni, Fe-Legierungen
539762	Ver. Deutsche Metallwerke	Vergüten von Cu-Be-Legierungen durch Abschrecken und Tempern
543667	Ver. Deutsche Metallwerke	Vergüten von Cu-Be-Legierungen durch langsames Kühlen
458590	W. Kroll	Fe-Be-Legierung mit Si, Al, oder beide und höchstens 0,2% C.

IV. Magnesium. (S. 3516.)

D. R. P.	Patentnehmer	Charakterisierung des Patentinhaltes
523061	Hirsch Kupfer	Mg aus MgO durch Reduktion mit Metallen um 1600° Wiedergew. der Metalle durch Reduktion mit H_2.
485290	I. G. Farben	Schmelzflußelektrolyse, Trennwände aus keramischen Stoffen.
540947	I. G. Farben	Schmelzbäder zur Wärmebehandlung von Mg und Mg-Legierungen enthaltend Alkali-pyrosulfate
403802	Griesheim Elektron	Mg-Cu-Cd-Legierung
491438	O. v. Rosthorn	$MgCl_2$-Reinigungsschmelze mit Verdickungsmittel

V. Erdalkalimetalle. (S. 3521.)

D. R. P.	Patentnehmer	Charakterisierung des Patentinhaltes
458493	W. Kroll	Anode Legierung gewonnen aus CaC_2 m. Schwermetall (Pb)
494212	I. G. Farben	Absorption von Stickstoff durch besonders geeignetes Calcium S. 1575, 1576
554006	I. G. Farben	

VI. Seltene Erden, Zirkon, Hafnium. (S. 3522.)

D. R. P.	Patentnehmer	Charakterisierung des Patentinhaltes
476099	Philips' Gloeilampenfabriken	Zr oder Hf aus den Jodiden durch thermische Dissoziation
505964	Kemet Laboratories Co.	Th-haltige W-Legierungen durch Formen von Th-hydrid mit den Metallen und Erhitzen in H_2-Atmosphäre.
540617	C. H. F. Müller A.-G.	Erhaltung des Vakuums in Entladungsgefäßen mittels Zr.

D. R. P.	Patentnehmer	Charakterisierung des Patentinhaltes

VII. Rhenium.

529 865	Siemens & Halske A.-G.	Glühkörper für elektrische Lampen aus Rhenium-Metall
537 936	Patent Treuhand Ges. für elektr. Glühlampen	Mit Rhenium überzogene schwer schmelzbare Metalldrähte

VIII. Tantal, Niob.

553 818	Stickstoffwerke G. m. b. H.	Ta-Nb-Legierung die gegen HNO_3 und Stickoxyde beständig ist S. 1013

IX. Molybdän, Wolfram. (S. 3528.)

514 365	H. Hartmann	Elektrolytisch aus phosphathaltigen Alkalisalzschmelzen in denen die Oxyde gelöst sind
518 499	Siemens & Halske	Schmelzen schwerschmelzbarer Metalle mit Hochfrequenzströmen unter Kühlen der niedriger schmelzenden
464 978	Westinghouse Lamp Co.	Regelung des Krystallwachstums durch Zumischen von Alkali- oder Erdalkalihalogeniden dem zu sinternden Metallpulvern

---

Nr. 500 331. (I. 31 860.) Kl. 40 a, 47.

I. G. Farbenindustrie Akt.-Ges. in Frankfurt a. M.

Erfinder: Dr. Werner Busch in Köln-Deutz und Dr. Erich Noack in Wiesdorf.

Gewinnung von Kalium aus Kaliumflorid.

Vom 6. Aug. 1927. — Erteilt am 28. Mai 1930. — Ausgegeben am 20. Juni 1930. — Erloschen: ....

Es ist bekannt, Kalium aus Kaliumfluorid zu gewinnen. Zu diesem Zweck wird das Kaliumfluorid mit Aluminium erhitzt:

$$6\,KF + Al = 3\,KF \cdot AlF_3 + 3\,K.$$

Nach diesem Verfahren setzen sich also höchstens 50 % des Kaliumfluorids um, außerdem erfordert die Durchführung die Anwendung recht hoher, über dem Schmelzpunkt des Kaliumfluorids liegender Temperaturen.

Es wurde nun gefunden, daß sich Kalium aus Fluorkalium mit Hilfe von Magnesium gewinnen läßt. Dieses Verfahren bietet ganz erhebliche technische Vorteile, da die Reaktion schon bei etwa 500° beginnt und sich bei eben beginnender Rotglut glatt und mit guter Ausbeute zu Ende führen läßt. Zweckmäßig arbeitet man in einer indifferenten Atmosphäre oder noch besser bei vermindertem Druck; als Gefäßmaterial ist Eisen geeignet. Das auf diese Weise gewonnene Kalium ist sehr rein. Der Reaktionsrückstand kann in bekannter Weise auf reines Magnesiumfluorid oder auf Flußsäure und Magnesiumsalze aufgearbeitet werden.

Beispiel

Ein Gemisch von 90 g scharf getrocknetem Kaliumfluorid und 18 g Magnesiumgrieß wird in einer eisernen Retorte bei 11 mm Druck auf 500 bis 700° erhitzt. Von 540° an destilliert das Kalium über und wird in Form von Kugeln in der mit Parrafinöl beschickten Vorlage aufgefangen. Die Ausbeute an Kalium beträgt 48 g, es enthält nur kaum nachweisbare Spuren von Magnesium.

Patentanspruch:

Verfahren zur Gewinnung von Kalium aus seinen Verbindungen durch Umsetzung mit Magnesium, dadurch gekennzeichnet, daß Kaliumfluorid als Ausgangsmaterial benutzt wird.

Nr. 461694. (W. 69655.) Kl. 40c, 6. Dr. Alexander Wacker Gesellschaft für elektrochemische Industrie G. m. b. H. in München.

Verfahren zur Darstellung von Alkalimetall durch schmelzflüssige Elektrolyse von Alkalimetallchlorid.

Vom 18. Juni 1925. — Erteilt am 7. Juni 1928. — Ausgegeben am 26. Juni 1928. — Erloschen: ....

Um durch schmelzflüssige Elektrolyse im Dauerbetrieb in wirtschaftlicher Weise Alkalimetall aus Alkalimetallchlorid, insbesondere Natrium aus Chlornatrium, zu erzeugen, ist die Anwendung eines Chlorids von sehr hohem Reinheitsgrade Voraussetzung. Die Reindarstellung eines Salzes von dem erforderlichen hohen Reinheitsgrade ist aber umständlich und kostspielig.

Wir haben gefunden, daß Alkalimetallchlorid, wie es bei der Elektrolyse wäßriger Chloralkalien beim Eindampfen der Lauge ausfällt, ein hervorragend geeignetes Ausgangsmaterial für die schmelzflüssige Elektrolyse darstellt. Das Salz ist nämlich nur mit Spuren Alkalihydrat verunreinigt, welche leicht durch gründliches Auswaschen mit Wasser- oder Salzlösung oder auch durch Neutralisation mit einer entsprechend geringen Menge Salzsäure zu entfernen sind. Das Salz ist im übrigen völlig rein, weil die für die Chloralkalielektrolyse verwandte Sole bereits vor ihrer Einführung in die Zellen stets einem Reinigungsprozeß unterworfen wird und die Elektrolyse selbst noch Verunreinigung wie Eisen- und Aluminiumhydrat zur Ausfällung bringt. Die Erzeugung eines gleichwertigen Salzes für die Schmelzflußelektrolyse würde einen gleich wirksamen Reinigungsprozeß erforderlich machen, der nach der Erfindung erspart wird. Insbesondere wird die kostspielige Eindampfung der Salzlösung erspart.

Mit so gewonnenem Chlorid, das in beliebiger Menge erhältlich ist, läßt sich die schmelzflüssige Elektrolyse von Alkalimetallchlorid wochen-, ja monatelang ununterbrochen durchführen, sofern natürlich für Fernhaltung von Verunreinigung anderer Herkunft Sorge getragen wird.

Patentanspruch:

Verfahren zur Durchführung der schmelzflüssigen Elektrolyse von Alkalichlorid zwecks Darstellung von Alkalimetall, insbesondere Verfahren zur Darstellung von Natrium aus Chlornatrium, dadurch gekennzeichnet, daß Alkalimetallchlorid, insbesondere Chlornatrium, verwendet wird, welches beim Eindampfen der durch Elektrolyse wäßriger Chloralkalilösungen gebildeten Lauge ausfällt, wobei die in dem Salz etwa noch enthaltenen Reste von Alkalihydrat zweckmäßig durch Waschen mit Wasser, Salzlösung oder durch Neutralisieren mit Salzsäure entfernt werden.

Nr. 556103. (K. 120368.) Kl. 40c, 4. Krebs & Co. G. m. b. H. in Berlin.

Zelle für Schmelzflußelektrolysen.

Vom 10. Mai 1931. — Erteilt am 14. Juli 1932. — Ausgegeben am 2. Aug. 1932. — Erloschen: ....

Die für die Elektrolyse von geschmolzenem Ätznatron zur Verwendung kommenden Zellen, die sich im Prinzip an die Kastnersche Konstruktion anlehnen, bei denen also zwischen Anode und Kathode ein Diafragma angeordnet ist, haben den Nachteil, daß bei unvorhergesehenen Betriebsunterbrechungen die Schmelze zwischen Anode und Kathode erstarrt. Die Folge davon ist, daß alle Zellen abmontiert und durch Auflösen des Ätznatrons entleert werden müssen; denn ohne diese Maßnahme ist es bei erneuter Inbetriebsetzung ohne Gefahr der Explosion der Zellen nicht möglich, durch bloße Stromzufuhr das erstarrte Ätznatron wieder flüssig zu machen.

Man hat versucht, diesem Mißstand dadurch abzuhelfen, daß man den Elektrolysenkasten schon von vornherein in einen Feuerarm setzte und von unten schnell aufheizte, falls eine längere Unterbrechung des Betriebs zu erwarten war. Gelegentlich hat man um die Zellenkästen herum auch elektrische Widerstände zur elektrischen Heizung gelegt, welche den gleichen Zweck verfolgen sollten.

Schließlich ist es auch bekannt, zur Verhinderung der Zerstörung der Zelle durch die Heizgase den Zelleninhalt von innen mit Hilfe von Heizröhren zu erwärmen, die sich im unteren Teil der Zelle befinden und mit Hilfe von Stoffbüchsen an der Zellenwand befestigt und abgedichtet sind.

Alle diese Maßnahmen haben den Nachteil, daß die Beheizung notwendigerweise an der Stelle erfolgt, an welcher schmutziges Ätznatron während des Betriebs auskristallisiert. Die Auskristallisation des Ätznatrons während der Elektrolyse, eben gerade an dieser Stelle, war erwünscht, weil sie eine längere Lebensdauer des Diafragmas und gute Stromausbeuten bedingte.

Die Zufuhr der Wärme von außen an die Zellwandungen hat also den Nachteil, daß bei Unterbrechungen der Elektrolyse der innere Teil der Schmelze nur unter Verflüssigung der äußeren verunreinigten Ätznatronschicht flüssig erhalten werden kann und daß die dabei auftretenden Strömungen innerhalb der flüssigen Schmelze eine Vermischung des stark verunreinigten Alkalis mit dem verhältnismäßig reinen Ätznatron verursachen, so daß man vor erneuter Inbetriebsetzung das Absitzen der Verunreinigungen der Schmelze abwarten muß, was unter Umständen mehrere Stunden dauert. Schließlich besteht außerdem noch die Gefahr, daß das Drahtnetzdiafragma nach Wiederinbetriebsetzung sich ganz oder teilweise verstopft oder durchlöchert wird.

Gegenüber den bisher bekannten Vorrichtungen besitzt der Gegenstand der Erfindung den Vorteil, daß die Zufuhr der Wärme nur da erfolgt, wo der flüssige Zustand der Schmelze für eine gute Durchführung der Elektrolyse erforderlich ist.

Fig. 2

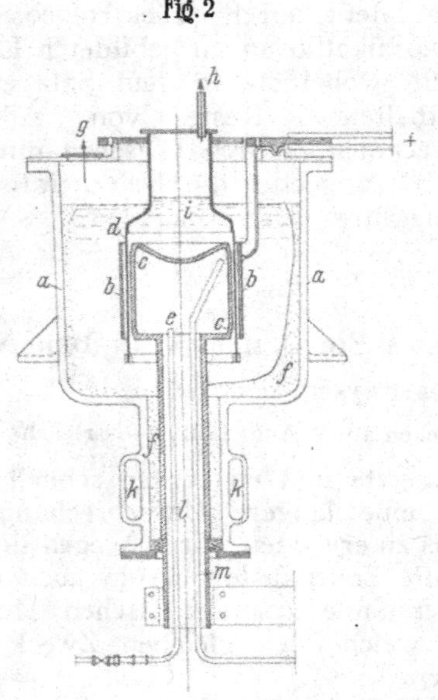

Zu diesem Zweck wird z. B. die Kathode als Heizkörper ausgebildet. In der Zeichnung ist in Fig. 1 eine Zelle mit einer Kathode mit elektrischer Innenheizung und in Fig. 2 eine solche für Gasbeheizung abgebildet; *a* ist der Schmelztopf, *b* die Anode, *c* die hohl gestaltete Kathode, in deren Kopfende eine elektrische Widerstandsheizung *e* (Fig. 1) oder eine Gasheizung (Bunsenbrenner) *e* (Fig. 2) eingebaut ist. Der Kathodenkopf sitzt auf einem hohlen Schaft, durch den die Stromleitungen bzw. die Heizrohre *l* und *m* (Fig. 2) geführt sind. Rings um den unteren Schaft ist eine Kühlvorrichtung *k*, die den Zweck hat, bei Wärmezufuhr durch die Kathode das mit Verunreinigungen durchsetzte Ätznatron in erstarrtem Zustand zu erhalten. *f* bezeichnet das in kristallinischer Form befindliche Alkali, *d* ist das Diafragma, *g* die Ableitung für Sauerstoff, *h* die für Wasserstoff, und *i* ist das Sammelbecken für Natrium.

Für die Gasheizung wird zweckmäßig, um ein Verrußen der inneren Kathodenflächen und Verstopfungen der Leitung zu vermeiden, der Wasserstoff aus der Elektrolyse verwendet.

Bei einer unerwarteten Unterbrechung des Betriebs wird die Kathode geheizt und das Alkali im Schmelzfluß erhalten. Außerdem hat die neue Vorrichtung noch den Vorteil, daß auch während der Elektrolyse die Temperatur des Bades auf einer bestimmten Höhe gehalten werden kann. Dies ist besonders dann von Bedeutung, wenn die Zelle zeitweise unterbelastet ist und man nicht mit der ursprünglich vorgesehenen Stromdichte elektrolysiert. Es tritt zwar auch hier mit der Zeit ein Wärmeausgleich ein, doch ist für einen günstigen Verlauf der Elektrolyse die Regulierung der Temperatur mit Hilfe der Heizvorrichtung von Vorteil.

PATENTANSPRÜCHE:

1. Zelle für Schmelzflußelektrolysen, insbesondere für Ätznatron und Ätzkali, gekennzeichnet durch eine mit einer Heizvorrichtung versehenen Kathode.

2. Zelle nach Anspruch 1, gekennzeichnet durch eine im Kopf und Schaft hohl ausgebildete Kathode (*c*), in deren Kopf ein elektrischer Heizkörper (*e*, Fig. 1) oder eine Gasheizung (*e*, Fig. 2) eingebaut ist und durch deren hohlen Schaft die Stromleitungen oder die Heizrohre (*m* und *l*, Fig. 2) geführt sind.

Im Orig. 2 Fig.

Nr. 517256. (D. 45517.) Kl. 40c, 6.

DEUTSCHE GOLD- UND SILBER-SCHEIDEANSTALT, VORMALS ROESSLER IN FRANKFURT A. M.

Verfahren und Vorrichtung zur Gewinnung von Alkalimetallen und Halogenen durch Schmelzflußelektrolyse.

Vom 15. Mai 1924. — Erteilt am 15. Jan. 1931. — Ausgegeben am 11. Febr. 1931. — Erloschen: . . . .

Es liegen bereits zahlreiche Vorschläge vor, welche die Gewinnung von Metallen, z. B. Natrium und Halogenen, z. B. Chlor, aus geschmolzenen Halogenverbindungen, z. B. Kochsalz, zum Gegenstand haben. Eine technisch und wirtschaftlich befriedigende Lösung hat dieses Problem indessen bis jetzt nicht gefunden (vgl. hierzu z. B. die schweizerische Chemikerzeitung 1917, I. Jahrgang Nr. 10, S. 145 ff.).

Nach vorliegender Erfindung gelingt es, Halogenverbindungen, wie Kochsalz, in glatt verlaufendem, störungsfreiem Dauerbetrieb mit ausgezeichneten Energieausbeuten unter Erzielung sehr reiner Elektrolysenprodukte zu verarbeiten.

Der Grundgedanke der Erfindung besteht darin, daß der Oberteil der Zelle als Einfüll-, Schmelz- und Vorratsraum für das Ausgangsmaterial, z. B. Kochsalz, ausgebildet ist und die Schmelze aus diesem Raum unter Vermeidung der Berührung mit den beiden Elektrolysenprodukten in die unterhalb des Einfüllraumes vorgesehene Elektrolysierzone geführt wird.

Ein weiterer Erfindungsgedanke besteht darin, daß oberhalb der Elektroden in die Schmelze eintauchende Sammelorgane für die Elektrolysenprodukte vorgesehen sind, welche vorteilhaft hydraulisch abgeschlossen sind, so daß die Elektrolysenprodukte unter Vermeidung der Berührung mit der Zellwandung abgeführt werden können.

Weiterhin hat es sich als vorteilhaft erwiesen, eine Elektrode, und zwar zweckmäßig die Kathode, z. B. ringförmig um die andere vorzusehen, wobei die oberhalb der Anode befindliche Sammelhaube für das Halogen z. B. trichterförmig und die zweckmäßig tief in die Schmelze eingetauchte Sammelhaube für das Alkalimetall z. B. ringförmig ausgebildet sein kann.

Die beigefügte Zeichnung veranschaulicht beispielsweise eine Vorrichtung zur Gewinnung von Natrium und Chlor aus Kochsalz.

a ist die elektrolytische Zelle;

b ist der im Oberteil der Zelle vorgesehene Einfüll-, Schmelz- und Vorratsraum für das Kochsalz, welcher zweckmäßig so ausgebildet ist, daß er sich möglichst über den Gesamtquerschnitt der Zelle erstreckt und eine große, vorteilhaft völlig freie Oberfläche besitzt;

c ist die zentral angeordnete Anode;

d ist die die Anode ringförmig umgebende Kathode;

e ist die oberhalb der Anode vorgesehene, in die Schmelze eintauchende, zweckmäßig trichterförmig ausgebildete Sammelhaube für das Chlor;

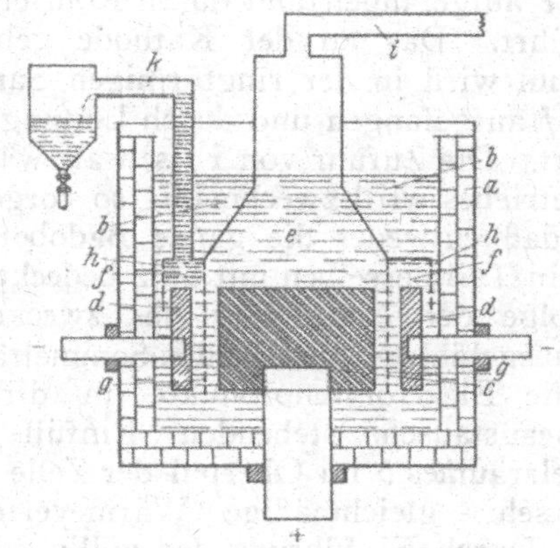

f ist die ringförmig ausgebildete, zweckmäßig tief in die Schmelze eingetauchte Sammelhaube für das Natrium;

g ist das den Anodenraum vom Kathodenraum trennende, zweckmäßig an der Sammelhaube *e* aufgehängte Diaphragma;

h ist der ringförmige Raum zwischen der Wand der Zelle und dem Kathodensammelraum *f*;

i ist das an die Sammelhaube *e* angeschlossene Ableitungsrohr für das ausgeschiedene Chlor.

Bei dem Ausführungsbeispiel ist der Einfüllraum *b* von innen durch die Sammelhaube für das Halogen *e* und von unten durch die Sammelhaube für das Alkalimetall *f* begrenzt, wodurch guter Wärmeaustausch gewährleistet ist, während er von außen z. B. durch die Zellwandung begrenzt sein kann. Nach dieser Ausführungsform der Erfindung sind mithin die Sammelorgane für die anodischen und kathodischen Produkte mit dem den Stromwirkungen nicht unterworfenen Schmelzraum für die Halogen-Metall-Verbindungen als Wärmeaustauschvorrichtung zusammenwirkend ausgebildet. Das Verfahren ist selbstverständlich nicht an die vorstehend beschriebenen Ausführungsformen gebunden.

Bei Betrieb der Vorrichtung wird das Kochsalz in den oben offenen Schmelzraum *b* eingetragen und unter Verzicht auf Außenheizung auf dem Wege nach der tiefgelegenen Elektrolysierzone durch Wärmeaustausch mit den in den Sammelhauben *e* und *f* befindlichen Schmelzen und Elektrolysenprodukten eingeschmolzen, wobei die Schmelze beendet sein muß, bevor das Salz in den Bereich der Stromlinien gelangt. Hierbei wird das Kochsalz völlig entwässert und entgast. Die Salzschmelze tritt durch den zwischen der Zellwandung und dem Kathodensammelraum *f* vorgesehenen Ringraum *h* in die Elektrolysierzone ein. Das an der Anode gebildete Chlor wird in der trichterförmigen Sammelhaube *e* aufgefangen und durch Rohrleitung *i* abgeführt. Das an der Kathode gebildete Natrium wird in der ringförmigen Sammelhaube *f* aufgefangen und durch Leitung *k* abgeführt. Die Zufuhr von Frischsalz während des Betriebes wird zweckmäßig so vorgenommen, daß entweder die ganze Badoberfläche oder ein Teil derselben mit Salz bedeckt.

Infolge der Anordnung des zweckmäßig groß ausgebildeten, mit beiden Sammelräumen für die Elektrolysenprodukte in direktem Wärmeaustausch stehenden Einfüll- und Schmelzraumes *b* im Oberteil der Zelle findet eine sehr gleichmäßige Wärmeverteilung statt. Durch Einführung der völlig entwässerten und entgasten Kochsalzschmelze in die Elektrolysierzone unter Vermeidung der Berührung mit den Elektrolysenprodukten werden diese vor Verunreinigungen geschützt. Die völlige Entwässerung der Schmelze vor Eintritt derselben in den Bereich der Stromlinien bietet den großen Vorteil, daß einerseits wasserfreie Elektrolysenprodukte, insbesondere trockenes Chlor, erhalten wird, während andererseits Betriebsstörungen, wie z. B. vorzeitige Zerstörungen der Diaphragmen und die damit verbundenen Verunreinigungen der Schmelze bzw. der Elektrolysenprodukte, vermieden werden. Das erhaltene Chlor ist hoch konzentriert und dabei trocken, was den Vorteil bietet, daß es durch eiserne ungeschützte Leitungen von geringem Querschnitt der Verwendungsstelle zugeführt werden kann.

Das Auffangen der beiden Elektrolysenprodukte durch in die Schmelze eintauchende Sammelhauben bietet den Vorteil, daß dieselben sowohl unter Vermeidung der Berührung mit frischer Schmelze als auch unter Vermeidung der Berührung mit der Zellwandung abgeführt werden können. Hierdurch wird sowohl das Eintreten von aus der Frischschmelze herrührenden Verunreinigungen, insbesondere von Wasser, als auch das Eintreten von von der Zellwandung herrührenden Verunreinigungen in die Elektrolysierzone vermieden, während andererseits die Zellwandung gegen den Angriff der Elektrolysenprodukte geschützt ist.

Weitere, zum Teil auf Zusammenwirken des im Oberteil der Zelle befindlichen Schmelzraumes und der in die Schmelze eingetauchten Sammelhauben für die Elektrolysenprodukte bedingte Vorteile bestehen darin, daß die Oberfläche des Schmelzraumes völlig frei bleiben kann, daß also die bei anderen Zellen üblichen aufgedichteten Verschlußdeckel in Wegfall kommen. Die freie Oberfläche der Zelle bietet Vorteile mit Bezug auf Wärmeabstrahlung, welche mit Vorteil zur Trocknung des aufgebrachten Kochsalzes nutzbar gemacht wird, sowie mit Bezug auf Einfachheit der Bedienung sowie schließlich noch mit Bezug auf Einfachheit der Montierung und Demontierung der Apparatur.

Ein für den praktischen Betrieb sehr wesentlicher Vorzug besteht auch darin, daß ein Einfrieren der in den Sammelhauben befindlichen Schmelze mit Sicherheit vermieden werden kann.

Die zentrale Anordnung der Anode in Vereinigung mit den oberhalb der Elektroden vorgesehenen, in die Schmelze eintauchenden Sammelhauben für die Elektrolysenprodukte bietet den Vorteil, daß einerseits mit hoher anodischer Stromdichte gearbeitet wird, was, wie gefunden wurde, besonders günstig ist, während andererseits die Elektrolysenprodukte, insbesondere das Chlor, in sehr einfacher, störungsfreier Weise abgeführt werden können. Infolge der zentralen Anordnung der von der Schmelze des Einfüllraumes allseits umgebenen Chlorsammelhaube und infolge der bereits erwähnten Tatsache, daß ein Erstarren der in dem Chlorsammelraum befindlichen Schmelze nicht stattfindet, ist eine glatte Abführung des Chlors unter Vermeidung von Geruchsbelästigungen möglich. Ein Erstarren der Schmelze, wie es bei anderen bekannten Konstruktionen möglich ist, würde den schweren Nachteil bieten, daß die Chlorabfuhr gehemmt wird und infolgedessen die Sammelhaube geöffnet und die erstarrte Schmelze durch Stemmen unter starker Geruchsbelästigung und der Gefahr der Schädigung der Apparatur beseitigt werden müßte.

In kurzer Zusammenfassung liefert das vorliegende Verfahren bisher nicht gekannte hohe Ausbeuten an Alkalimetall und Chlor unter Erzielung von Elektrolysenprodukten sehr hoher Reinheitsgrade, insbesondere von bisher bei der Kochsalzelektrolyse nicht erhältlichen, hochkonzentrierten, wasserfreien, die Eisenteile der Apparatur und die Ableitungsrohre nicht angreifenden hochwertigen Chlors. Dabei verläuft der Prozeß glatt und störungsfrei mit außerordentlicher Betriebssicherheit; unerwünschtes Heißlaufen oder Kaltlaufen der Apparate, Betriebsstörungen verursachende Verkrustungen, vorzeitiger Zerfall der Diaphragmen u. dgl. Nachteile treten bei vorliegendem Verfahren nicht in Erscheinung, die Bedienung und Wartung ist mithin eine äußerst einfache und der Arbeitsaufwand infolgedessen ein sehr geringer. Belästigungen durch Hitzeausstrahlung oder Geruchsbelästigungen finden nicht statt. In baulicher Hinsicht bietet die Apparatur den Vorzug außerordentlich einfacher Montierung und Demontierung sowie leichter Zugänglichkeit.

Es ist bereits ein Laboratoriumsapparat zur Durchführung der Kochsalzelektrolyse bekannt, welcher aus einem eisernen Tiegel besteht, der durch zwei nicht ganz bis zum Boden reichende Querwände in einen Kathodenraum, einen danebenliegenden Anodenraum und einen neben letzteren liegenden Einfüllraum für das Alkalichlorid getrennt ist, und bei welchem die Elektroden von oben in die durch einen Deckel abgedichteten Elektrodenräume eingeführt sind. Dieser Apparat, welcher das Natrium in Dampfform liefern soll und Außenheizung erfordert, ist für eine betriebsmäßige Durchführung der Kochsalzelektrolyse nicht geeignet. Durch Anordnung des hier seitlich vorgesehenen Einfüllraumes können die Vorteile des nach vorliegender Erfindung oberhalb der Elektrolysierzone vorgesehenen Einschmelzraumes mit Bezug auf Wärmeverteilung völlige Entwässerung des Salzes u. dgl. nicht erreicht werden.

Weiterhin ist ein Laboratoriumsapparat bekannt, bei welchem in eine Zelle drei Rohre von oben eingeführt sind, von welchen eines die Anode und ein zweites die Kathode enthält, während das dritte zwischen den Elektrodenrohren vorgesehene Rohr ein Einfüllorgan für das Kochsalz darstellt. Bei dieser Anordnung gelangt das Kochsalz ohne vorherige Entwässerung unmittelbar in die Elektrolysierzone und in Berührung mit den Elektrolysenprodukten. Auch dieser Apparat, welcher ebenso wie der erstbeschriebene das Natrium in Dampfform liefern und mit Außenheizung betrieben werden soll, ist, wie die zugehörige Beschreibung zeigt, praktisch unbrauchbar.

Weiterhin ist eine Vorrichtung bekannt, bei welcher über der zentral angeordneten Kathode eine in die Schmelze eintauchende Sammelhaube für das Alkalimetall vorgesehen ist. Hierbei strömt das Chlor in Berührung mit der Zellwandung einerseits und der Außenwandung des Natriumsammelraumes andererseits der frischen Schmelze entgegen, wobei es Verunreinigungen, insbesondere Feuchtigkeit, aufnimmt, hierdurch entwertet wird und die Zellwandung angreift. Der Oberteil der Zelle muß bei dieser Anordnung abgedichtet sein; für die Einfüllung des Kochsalzes ist ein besonderes, gasdicht abschließendes Organ vorgesehen, welche Anordnung unbedingt zu störenden Verkrustungen und den damit verbundenen Übelständen Veranlassung gibt.

Schließlich ist auch noch eine Vorrichtung bekannt, bei welcher die Anoden zentral angeordnet sind und von einer ringförmigen Kathode umgeben ist. Bei dieser Vorrichtung, welche ebenfalls mit Außenheizung betrieben werden soll, ist ein in die Schmelze eintauchender Sammelraum für die Kathodenprodukte nicht vorgesehen. Das Alkalimetall gelangt daher in Berührung mit der von außen geheizten Zellwandung, wodurch vorzeitige Zerstörung derselben und Verunreinigung der Schmelze und des Alkalimetalls bedingt ist. Außerdem bedingt auch diese Anordnung einen aufgedichteten Deckel. Die Zuführung des Frischsalzes erfolgt entweder in den Anodenraum direkt oder durch einen sehr engen Ringraum. In beiden Fällen gelangt das Frischsalz unmittelbar in den Bereich der Stromlinien. Bei Einführung durch den engen Ringraum besteht die Gefahr häufiger Betriebsstörungen durch Verkrustungen.

Patentansprüche:

1. Verfahren zur Gewinnung von Alkalimetallen und Halogenen durch Elektrolyse schmelzflüssiger Halogen-Alkali-Verbindungen, dadurch gekennzeichnet, daß der Oberteil der Zelle als Schmelzraum ausgebildet ist, in welche die Halogen-Alkali-Verbindungen eingeschmolzen werden und die Schmelze unter Vermeidung der Berührung mit den beiden Elektrolysenprodukten in die unterhalb des Schmelzraumes vorgesehene Elektrolysierzone geführt wird, wobei der Schmelzvorgang beendet sein muß, bevor das Salz in den Bereich der Stromlinien gelangt.

2. Vorrichtung zur Gewinnung von Alkalimetallen und Halogenen nach Anspruch 1, dadurch gekennzeichnet, daß oberhalb der durch ein Diaphragma getrennten beiden Elektroden in die Schmelze eingetauche Sammelhauben vorgesehen sind, in welchen die Elektrolysenprodukte nach ihrer Entionisierung außer Berührung mit den Elektroden aufgefangen werden.

3. Vorrichtung nach Ansprüchen 1 und 2, gekennzeichnet durch zentrale Anordnung der Anode, welche von der zweckmäßig ringförmig ausgebildeten Kathode umgeben ist.

4. Vorrichtung nach Ansprüchen 1 bis 3, dadurch gekennzeichnet, daß der Einschmelzraum für die Halogen-Metall-Verbindungen ringförmig ausgebildet ist, derart, daß er von innen durch die Wandung des zentral angeordneten Sammelraumes für die Anodenprodukte und von unten durch die Wandung des zweckmäßig tief in die Schmelze eingetauchten Sammelraumes für die Kathodenprodukte begrenzt ist, während er von außen z. B. durch die Zellwandung begrenzt sein kann.

5. Vorrichtung nach Ansprüchen 1 bis 4, dadurch gekennzeichnet, daß der Einschmelzraum für die Halogen-Metall-Verbindung mit beiden Sammelräumen für die Elektrolysenprodukte in Wärmeaustausch steht, z. B. dadurch, daß die den Einschmelzraum begrenzenden Wandungen der beiden Sammelräume aus wärmeleitendem Material ausgebildet sind.

6. Vorrichtung nach Ansprüchen 1 bis 5, dadurch gekennzeichnet, daß die Oberfläche des Einschmelzraumes unbedeckt ist.

7. Vorrichtung nach Ansprüchen 1 bis 6, dadurch gekennzeichnet, daß die Oberfläche des Einschmelzraumes sich über den Gesamtquerschnitt der Zelle erstreckt, gemessen an dem Querschnitt des Unterteils der Zelle.

Nr. 484 081. (D. 54 377.) Kl. 12g, 1.

Deutsche Gold- und Silber-Scheideanstalt vormals Roessler in Frankfurt a. M.

Erfinder: Dr. Harry Kloepfer in Frankfurt a. M.

Verfahren zur Herstellung alkalimetallhaltiger Formkörper.

Vom 22. Nov. 1927. — Erteilt am 26. Sept. 1929. — Ausgegeben am 9. Okt. 1929. — Erloschen: . . . .

Es ist allgemein bekannt, daß die Alkalimetalle, z. B. metallisches Natrium, infolge ihrer großen Reaktionsfähigkeit, Unbeständigkeit, Unhandlichkeit usw. für viele Verwendungszwecke schlecht geeignet sind.

Es ist auch schon vorgeschlagen worden, die mit der Anwendung der Alkalimetalle als solcher verbundenen Unbequemlichkeiten dadurch zu vermindern, daß man diese Metalle bei etwa 100° in geschmolzenem Zustand in poröse Stoffe einsaugt, z. B. derart, daß man das Metall in fester Form auf einen porösen, z. B. aus Schamotte geformten Körper auflegt und das Ganze auf 100° erhitzt, so daß das Metall zum Schmelzen kommt und in die Poren des Schamottekörpers eingesogen wird. Dieses bekannte Verfahren hat u. a. den Nachteil, daß es mit Rücksicht auf die erhöhte Temperatur und die erhöhte Luftempfindlichkeit der geschmolzenen Alkalimetalle unter Luftabschluß durchgeführt werden muß.

Nach der Erfindung gelingt es, die Alkalimetalle in einfachster Weise in eine kompakte, aber dabei doch poröse, handliche und für viele Verwendungsgebiete das Reinmetall übertreffende Form dadurch zu bringen, daß man ein inniges Gemisch von feinverteiltem festem Alkalimetall mit geeigneten Verdünnungs- bzw. Verteilungskörpern, wie z. B. pulverisiertem Kochsalz, in kompakte Form überführt. Es hat sich gezeigt, daß derartige Gemische, wie solche z. B. durch Vermahlen von Natrium und Kochsalz o. dgl. erhalten werden können, durch einfache Anwendung von Druck in feste, zusammenhängende Formkörper, wie z. B. Tabletten, Briketts u. dgl., übergeführt werden können. Auch die Brikettierung selbst kann dabei bereits bei gewöhnlicher Temperatur vorgenommen werden.

Als Verteilungsmaterialien kommen dem Alkalimetall gegenüber inerte Stoffe, wie z. B. Kochsalz, Soda, Natriumhydrid u. dgl., in Betracht. Die Wahl des Verdünnungsmittels ist zweckmäßig dem Verwendungszweck der herzustellenden Alkalimetallformkörper anzupassen, z. B. derart, daß für Gasreinigungszwecke solche Verteilungsmittel gewählt werden, welche bei den zur Verwendung kommenden Temperaturen keine oder nur unschädliche Bestandteile an das zu behandelnde Gas abgeben.

Die Mengenverhältnisse von Alkalimetall einerseits und Verteilungsmaterial anderseits richten sich nach der Art und Beschaffenheit der Verteilungsmittel, nach der Zweckbestimmung der Formkörper usw. Bei Anwendungszwecken, bei welchen die Formkörper höheren Temperaturen ausgesetzt sind, wird man die Menge des denselben einzuverleibenden Alkalimetalls z. B. so bemessen, daß ein Abtropfen des Metalls aus dem Formkörper nicht stattfindet. Es hat sich z. B. gezeigt, daß Formkörper, welche in 85 Gewichtsteilen Kochsalz 15 Teile feinverteiltes Natriummetall enthalten, Temperaturen von z. B.

450° unterworfen werden konnten, ohne daß störendes Abtropfen des an sich leichtflüssigen Metalls stattfand.

Die erfindungsgemäß herzustellenden Formkörper bieten gegenüber der Anwendung unverdünnten, festen Alkalimetalls sehr erhebliche Vorteile. Abgesehen von der leicht dosierbaren handlichen Form, welche es z. B. gestattet, Formkörper von gewünschter Gestaltung als Füllmaterial für Türme o. dgl., z. B. zu Zwecken der Gasbehandlung, zu verwenden, besitzen die Formkörper den großen Vorzug, daß sie das Alkalimetall in feinverteiltem und infolgedessen sehr reaktionsfähigem Zustand enthalten, wobei infolge der Porosität der Körper auch die im Innern derselben befindlichen Metallteilchen in Reaktion gebracht werden können. Während z. B. bei Verwendung von Alkalimetall in kompakter Form sich vielfach Verkrustungen an der Oberfläche bilden, welche dann das eingeschlossene Metall von der weiteren Wirkung ausschließen, wodurch Verluste an wertvollem Metall und schwierige Rückstandsbeseitigung bedingt sind, ermöglichen die Formkörper nach vorliegender Erfindung eine praktisch vollständige Ausnutzung des gesamten darin befindlichen Metalls.

Ein wichtiger, nicht voraussehbarer Vorteil besteht darin, daß die Formkörper, und zwar auch solche, welche durch Zusammenpressen der Ausgangsgemische bei gewöhnlicher Temperatur hergestellt sind, auch bei Einwirkung höherer Temperaturen noch erheblichen Zusammenhalt und beträchtliche Festigkeit besitzen. Da man außerdem, wie bereits erwähnt, durch entsprechende Dosierung der Ausgangsstoffe ein Austropfen des Metalls verhindern kann, so sind die Formkörper infolge dieser vorteilhaften Eigenschaften u. a. für bei höheren Temperaturen sich abspielende Prozesse, z. B. Gas- oder Dampfreinigungsprozesse, besonders geeignet.

Die erfindungsgemäß hergestellten Formkörper eignen sich ganz allgemein für alle Verwendungszwecke, für die metallisches Alkali in feinverteilter oder auch kompakter Form Verwendung finden kann. Als besonders vorteilhaft haben sich die Formkörper z. B. erwiesen für das Reinigen von Gasen oder Dämpfen von Beimengungen, wie z. B. Kohlenoxyd, Schwefelwasserstoff, Wasserdampf, Thiophen o. dgl., bei gewöhnlicher oder erhöhter Temperatur z. B. zur Reinigung des Wasserstoffes für katalytische Zwecke, ferner zur Trocknung von Flüssigkeiten, wie Äther u. dgl., ferner auch für chemische Umsetzungen der verschiedensten Art. So hat sich z. B. gezeigt, daß das in Brikettform o. dgl. gebrachte Natrium sich mit Wasser ruhig und ohne Explosionserscheinungen unter Entwicklung von Wasserstoff umsetzt, wodurch eine leichte und gefahrlose Wasserstofferzeugung ermöglicht ist.

Patentansprüche:

1. Verfahren zur Herstellung alkalimetallhaltiger Formkörper, dadurch gekennzeichnet, daß Alkalimetall mit Trägerstoffen, wie z. B. Kochsalz, Soda u. dgl., z. B. durch Vermahlen innig gemischt und die Mischung in die gewünschten Formkörper übergeführt wird.

2. Verfahren nach Anspruch 1, dadurch gekennzeichnet, daß die Menge des Alkalimetalls so bemessen wird, daß auch bei höheren Temperaturen ein Ausfließen des Metalls aus dem Formkörper nicht stattfindet.

Nr. 516111. (P. 57164.) Kl. 40a, 11. Dr. Otto Priess in Berlin.

Reduktion von Metallverbindungen unter Verwendung von Alkalimetallen als Reduktionsmittel.

Vom 19. Febr. 1928. — Erteilt am 24. Dez. 1930. — Ausgegeben am 28. Nov. 1931. — Erloschen: . . . .

Es ist bekannt, daß eine innige Mischung geeigneter Mengen von Aluminiumpulver und Oxyden edlerer Metalle unter großer Wärmeentwicklung reagiert, wobei die edleren Metalle reduziert werden (Aluminothermie). Einen erheblich höheren Reduktionseffekt erzielt man, wenn anstatt des Aluminiumpulvers ein unedleres Metall, z. B. ein Alkalimetall, in fein zerteilter Form angewandt wird.

Dies stößt indessen insofern auf Schwierigkeiten, als die Alkalimetalle bei gewöhnlicher Temperatur sehr weich sind, weshalb deren Darstellung in feinst zerteilter Form durch Pulverisieren bei gewöhnlicher Temperatur nicht möglich ist. Auch ist zu bedenken, daß sich bei gewöhnlicher Temperatur die staubfeinen Alkalimetalle an dem nie ganz auszuschließenden Sauerstoff sicherlich oxydieren werden.

Es hat sich gezeigt, daß bei Anwendung einer geeigneten tiefen Temperatur und bei Verwendung einer geeigneten Vorrichtung sowie unter Beobachtung einer neutralen Atmosphäre sich die Alkalimetalle in feinst zerteiltem Zustande gewinnen lassen; auch läßt sich unter den gleichen vorgenannten Bedingungen ein staubfeines, inniges Gemenge von Alkalimetallpulver und der zu reduzierenden Metallverbindung gewinnen.

Das so gewonnene innige Gemisch kann dann auf geeignete Weise zur Reaktion gebracht werden.

Durch die Anwendung einer geeigneten tiefen Temperatur wird nicht nur erreicht, daß die Alkalimetalle in einen spröden Zustand gebracht werden, welcher deren feine Pulverisierung gestattet, ohne daß Verschmieren eintritt, sondern zugleich wird dadurch vermieden, daß die Alkalimetallteilchen, welche bei der tiefen Temperatur nur wenig reaktionsfähig sind, mit dem nie ganz fernzuhaltenden Luftsauerstoff reagieren.

Es hat sich gezeigt, daß auf diese Weise die betreffenden Metalle sowohl in reinem Zustande gewonnen werden können als auch bei Verwendung geeigneter Mischungen der zu reduzierenden Metallverbindungen Legierungen erhalten werden können.

So ist es z. B. möglich, Berylliummetall (natriumfrei) in reiner Form zu gewinnen, eine Darstellungsmethode, welche für die Technik von Bedeutung sein dürfte.

PATENTANSPRÜCHE:

1. Verfahren zur Reduktion von Metallverbindungen unter Verwendung von Alkalimetallen als Reduktionsmittel, dadurch gekennzeichnet, daß man das Alkalimetall bei niedriger Temperatur (unter — 90° C) in fein verteilten Zustand bringt und mit der gleichfalls fein verteilten Metallverbindung bei niedriger Temperatur (unter — 90° C) unter einem Schutzgas zu einem feinkörnigen, homogenen Gemenge mischt, welches auf geeignete Weise zur Reaktion gebracht wird.

2. Verfahren nach Anspruch 1, dadurch gekennzeichnet, daß die Gewinnung des staubfeinen Gemenges durch mechanische Bearbeitung der Reaktionskomponenten in neutraler Atmosphäre bei niedriger Temperatur erfolgt.

3. Verfahren nach Anspruch 1 und 2, dadurch gekennzeichnet, daß zur Gewinnung von Legierungen Mischungen verschiedener Metallverbindungen der Reduktion mit fein verteiltem Alkalimetall unterworfen werden.

4. Ausführungsform des Verfahrens nach Anspruch 1 bis 3, dadurch gekennzeichnet, daß das zuzuführende Schutzgas durch das abgeführte, verbrauchte Schutzgas nach dem Gegenstromprinzip vorgekühlt wird.

Nr. 491626. (H. 117121.) Kl. 40b, 20.

LOUIS HACKSPILL UND EMILE RINCK IN STRASSBURG, FRANKREICH.

Herstellung flüssiger Kalium-Natrium-Legierungen.

Vom 27. Juni 1928. — Erteilt am 30. Jan. 1930. — Ausgegeben am 14. Febr. 1930. — Erloschen: ....

Französische Priorität vom 8. Aug. 1927 beansprucht.

Kalium-Natrium-Legierungen, welche hauptsächlich in der Oxylittfabrikation oder in gewissen organischen Hydrogenisationen Verwendung finden, werden augenblicklich durch Reaktion von metallischem Natrium mit geschmolzenem Ätzkali erhalten.

Bei diesem Verfahren ist es jedoch praktisch unmöglich, das Ätzkali, welches, mit Ätznatron gemischt, in der Schmelze zurückbleibt, wiederzugewinnen, um es von neuem in den Prozeß einzuführen.

Die Herstellung der Legierung stellt sich dadurch ziemlich kostspielig. Das nachstehend beschriebene neue Verfahren erlaubt hingegen, die nicht verwendete Gesamtmenge der teuren Kaliumverbindung mit Leichtigkeit wiederzugewinnen. Es dient hauptsächlich zur Herstellung von (mittelwertigen) Legierungen, die bis 40% Kalium enthalten.

Diese werden durch Einwirkung von Natrium auf geschmolzenes Chlorkalium nach der folgenden Gleichgewichtsreaktion erhalten:

$$KCl + Na \rightleftarrows NaCl + K = 8{,}8 \text{ cal.}$$

Zahlreiche methodische Versuche haben erwiesen:

1. daß es sich um ein wirkliches Gleichgewicht handelt, welches bei der Schmelztemperatur von NaCl (800°) in wenigen Minuten erreicht ist,

2. daß die Herstellung sich in mustergültiger Weise in guß- oder schmiedeeisernen Autoklaven, welche mit einem eisernen Rührwerk versehen sind, durchführen läßt. Die Temperatur von Deckel und Rührwerk kann beliebig niedrig gehalten werden.

3. Das Chlorkalium kann durch Fluor-, Brom- oder Jodkalium oder durch binäre bzw. ternäre Gemische dieser Salze ersetzt werden, z. B.:

a) Beim Erhitzen von 100 g Natriummetall mit 200 g Chlorkalium auf 900° C erhält man eine Legierung, die 28% K enthält. Die zurückbleibende Salzschmelze enthält 75% KCl.

b) Mit 80 g Na und 300 g KCl enthält die Legierung 40% K und der Rückstand 83% KCl.

Da die K-Na-Legierung sich nicht mit der

Salzschmelze vermischt, so vollzieht sich die Trennung der beiden Phasen im flüssigen Zustande durch Dichtedifferenz, sobald mit dem Rühren aufgehört wird.

Nach erfolgter Trennung kann eine Anreicherung in Kalium oder reines Kalium durch fraktionierte Destillation erhalten werden.

Beim Destillieren von 100 g Legierung mit 27 % Kalium im Vakuum mit einer kurzen Fraktionierkolonne aus Eisen erhält man in der Vorlage etwa 30 g einer Legierung mit 85 % Kalium.

Die Wiedergewinnung des nicht verwendeten Chlorkaliums im Salzrückstand geschieht durch Auflösen im heißen Wasser nach der Methode, die in den oberelsässischen Kaliminen zur Anwendung gelangt.

PATENTANSPRÜCHE:

1. Verfahren zur Herstellung von flüssigen Kalium-Natrium-Legierungen durch Umsetzung metallischen Natriums im Überschuß mit geschmolzenen Kaliumsalzen, dadurch gekennzeichnet, daß man das metallische Natrium auf eine oder ein Gemisch von Verbindungen des Kaliums mit Halogenen (d. i. Chlor, Brom, Jod, Fluor) einwirken läßt und die so erhaltene Legierung durch Abgießen ausscheidet.

2. Verfahren zur Anreicherung der nach Anspruch 1 erhaltenen Legierung an Kalium, dadurch gekennzeichnet, daß man die Legierung durch an sich bekannte fraktionierte Destillation weiterbehandelt.

Nr. 518395. (M. 99845.) Kl. 40b, 11. METALLGESELLSHAFT A. G. IN FRANKFURT a. M.

Alkali- und erdalkalihaltiges Bleilagermetall.

Vom 19. Mai 1927. — Erteilt am 29. Jan. 1931. — Ausgegeben am 14. Febr. 1931. — Erloschen: . . . .

Es ist vorgeschlagen worden, Bleilagermetalle mit sehr geringem Lithiumgehalt und geringen Gehalten an andern Alkalimetallen und an Erdalkalimetallen, die bei beiden Metallarten unter 0,5 % liegen, herzustellen, da sich gezeigt hat, daß höhere Gehalte an diesen Metallen trotz günstiger Härtewirkungen auf die Luftbeständigkeit der Metalle ungünstig einwirken. In der österreichischen Patentschrift 106 208 ist außerdem angegeben, daß auch noch gute Lagerlegierungen zu erhalten sind, wenn Natrium oder Kalium oder beide und die Erdalkalimetalle, z. B. Kalzium, gleichzeitig in der Legierung noch etwas erhöht werden, ohne jedoch 1 % bei jedem dieser Metalle zu überschreiten. Aus dieser Patentschrift und den darin angeführten Legierungsbeispielen ergibt sich also, daß Alkalimetalle und Erdalkalimetalle in ungefähr gleichen Mengen in den Legierungen enthalten sein sollen. Demgegenüber beruht die vorliegende Erfindung auf der Erkenntnis, daß, wenn das Verhältnis von Alkalimetall zu Erdalkalimetall zugunsten des letzteren etwas verschoben wird und dabei ganz bestimmte, genaue Gehalte für die einzelnen Bestandteile innegehalten werden, eine in ihren Eigenschaften ganz unerwartet gesteigerte Legierung erhalten wird. Demgemäß darf der Kalziumgehalt zwischen 0,65 und 0,73 % schwanken, während der Natriumgehalt es nur zwischen 0,58 und 0,66 % darf; der Lithiumgehalt liegt zwischen 0,03 und 0,05 %. Außerdem kommt noch ein Aluminiumgehalt von weniger als 0,2 % hinzu, während der Rest Blei ist.

Wie eingehende Untersuchungen im Laboratorium und jahrelange Beobachtungen im Eisenbahnbetriebe ergaben, spielt das Kalzium innerhalb des Grundmetalls bei der Verwendung der Legierungen als Lagermetall eine ausschlaggebende Rolle und darf daher zwecks Erzielung von Höchstwerten einen gewissen Mindestwert nicht unterschreiten. Das Kalzium bildet nämlich, wie bekannt, mit Blei die Verbindung Pb_3Ca, die sich in der Grundmasse als harte Kristalle ausscheidet. Diese Kristalle bilden eine Art Spitzenauflagerung, welche für die Laufeigenschaften von großer Bedeutung ist, da beim Einlaufen infolge der Widerstandsunterschiede der verschiedenen Gefügebestandteile auf der Lauffläche ein mikroskopisch feines Flachrelief entsteht. Innerhalb der einzelnen Inseln dieses Reliefs verteilt sich das Öl netzartig über die ganze Lauffläche, und die Reibung wird bei vollkommener Schmierung auf ein Mindestmaß herabgesetzt. Es ist nun erkannt worden, daß dieses System der Blei-Kalzium-Kristalle, in Flächenprozenten ausgedrückt, ein gewisses Maß nicht unterschreiten darf; die Flächenprozente an Pb_3Ca betragen optimal 11 bis 12 %, was einem Gehalt an Kalzium in Blei von 0,65 bis 0,73 % entspricht. Neben der Verbesserung der Laufeigenschaften wird durch das Netzwerk der zackig ineinandergreifenden Blei-Kalzium-Kristalle auch die Biegefestigkeit der Legierung erhöht. Eine Legierung, wie sie in der österreichischen Patentschrift 106 208 angegeben ist, nämlich, abgesehen von Blei, mit 0,04 % Lithium, 0,6 % Natrium und 0,6 % Kalzium, hat eine Biegelast von 1 350 kg; eine andere Legierung daselbst mit 0,05 % Lithium, 0,3 % Natrium und 0,4 % Kalzium sogar nur 1 200 kg. Demgegenüber hat die Legierung mit den Gehalten im Rahmen der Grenzen gemäß der Erfindung eine Biegelast von 1 500 kg. Die weniger günstigen Zahlen der beiden bekannten Legierungen sind auf die zu geringen Kalziumgehalte zurückzuführen, da bei ihnen zwischen den Kristallen von Pb_3Ca zu große Zwischenräume vorhanden sind, in denen die Grundmasse früher zu Bruche geht, als wenn, wie bei der Legierung gemäß der Erfindung, ein genügend großes Netzwerk von Blei-Kalzium-Kristallen vorhanden ist. Die Verhältnisse liegen hier ähnlich wie bei Beton mit zu wenig bzw. genügend vielen Eiseneinlagen.

Würde man jedoch gemäß der Vorschrift der österreichischen Patentschrift 106 208 Natrium und Kalzium gleichmäßig bis zu der nach vorliegender Erfindung erforderlichen Optimalhöhe des Kalziums erhöhen, dann würde man keinen so günstigen Erfolg erzielen wie bei der Legierung gemäß der Erfindung, da mit einer gleichzeitigen Erhöhung des Natriumgehaltes sehr rasch eine schädliche Sprödigkeit der Legierung eintritt, die ihre Eigenschaften als Lagermetall vermindert. Aus diesem Grund muß der Natriumgehalt gemäß der Erfindung unterhalb gewisser Grenzen bleiben, d. h. er darf den Wert 0,66% nicht überschreiten, während der Kalziumgehalt stets etwas höher liegen muß als der Natriumgehalt.

Die Herstellung der Legierungen muß mit den nötigen Vorsichtsmaßregeln erfolgen. Am besten verfährt man in der Weise, daß man beim Einschmelzen und Zulegieren der Bestandteile und späterhin beim Vergießen der fertigen Metallmischungen das Metallbad gegen Luftzutritt schützt. Außerdem muß eine Überhitzung des Bades vermieden werden.

Eine Legierung mit folgender Zusammensetzung:

Lithium 0,04% mit einer Toleranz von 0,01%
Natrium 0,62% - - - - 0,04%
Kalzium 0,69% - - - - 0,04%
Aluminium weniger als 0,2%,
Blei Rest

hat nachstehende Eigenschaften:

Härte nach einer gewissen Zeitdauer: 34 bis 42 (Brinell)

Warmhärte bei 100°: 25 (Brinell)
- - 150°: 22 -
- - 200°: 14 -

Zerreißfestigkeit 10 kg/mm², Dehnung 1%, Stauchlast 17 bis 20 kg/mm, Stauchbarkeit 25 bis 30%, Biegefestigkeit 23 kg/mm².

Patentanspruch:

Alkali- und erdalkalihaltiges Bleilagermetall mit einem Lithiumgehalt unter 0,05% und einem Gehalt an Natrium und Kalzium unter je 1%, dadurch gekennzeichnet, daß der Lithiumgehalt zwischen 0,03 und 0,05%, der Natriumgehalt zwischen 0,58 und 0,66%, der Kalziumgehalt zwischen 0,65 und 0,73% und ein Aluminiumgehalt unter 0,2% liegt, wobei der Kalziumgehalt stets höher sein muß als der Natriumgehalt.

Nr. 460 803. (J. 28 635.) Kl. 40c, 6. Alfred Claude Jessup in Paris.

Verfahren zur elektrolytischen Herstellung von leichten Metallen, wie Magnesium und Calcium.

Vom 27. Juli 1926. — Erteilt am 16. Mai 1928. — Ausgegeben am 11. Juni 1928. — Erloschen: . . . .
Französische Priorität vom 5. Aug. 1925 beansprucht.

Bei den bis jetzt bekannten elektrolytischen Verfahren zur Herstellung von Magnesium und ähnlichem waren die Elektrolyte aus geschmolzenen Salzen hergestellt, die schwerer sind als das abgeschiedene geschmolzene, die Kathode oder einen Teil der Kathode bildende Metall. Das Magnesium kam somit im Maße seiner Bildung auf die Oberfläche in Form von geschmolzenen, leicht oxydierbaren Teilchen herauf und verbrannte teilweise. Die vorliegende Erfindung gestattet, die Oxydation zu vermeiden. Die Erfindung besteht im wesentlichen darin, daß auf der schwimmenden kathodischen Metallschicht zwischen den diese einschließenden Wänden als Schutzdecke die Schicht eines Salzes unterhalten wird, das leichter als das abgeschiedene flüssige Metall ist. Um das Sammeln des abgeschiedenen Metalls zu erleichtern, können die Wände, zwischen denen das abgeschiedene Metall und die schützende Salzdecke liegt, aus einem solchen leitenden Stoff bestehen oder mit einem solchen leitenden Stoff überzogen sein, der in bezug auf das abgeschiedene Metall benetzbar ist.

Die zur Ausführung des Verfahrens dienenden Vorrichtungen sind in drei Ausführungsbeispielen in der Zeichnung dargestellt.

Für die Herstellung von Magnesium besteht der Elektrolyt vorzugsweise aus Chlormagnesium allein oder im Gemisch mit Alkalichloriden und Erdalkalichloriden und evtl. auch mit Fluoriden, so daß das geschmolzene Bad eine bestimmte größere Dichte als das flüssige Magnesium bei der Arbeitstemperatur besitzt. Man kann z. B. folgende Zusammensetzung verwenden:

$MgCl_2$ 75%,

$BaCl_2$ 20%,

CaF_2 .... 5%.

Die Anode kann durch die Wandungen der Elektrolytkufe gebildet sein oder einen Ring aus Graphit oder amorpher Kohle aufweisen. Die Sohle besteht aus widerstandsfähigem Stoff. Die Kathode wird auf die Oberfläche des Bades aufgesetzt und kann in unterschiedlicher Weise ausgebildet sein, während der aktive Teil der Kathode immer durch die Schicht des flüssigen Magnesiums gebildet wird. Die Kathodeneinrichtung nach Abb. 1 besitzt einen Ring aus leitendem Stoff, wie Metall, oder einen Ring aus Eisenblech, welcher innen mit einem leitenden Stoff überzogen ist; der leitende Stoff soll in bezug auf das abgeschiedene Metall benetzbar sein. Die Außenfläche der Kathode besteht, sei es aus einem inerten Stoff *c*, sei es aus einer durch Kühlschlange festgemachten Chloridschicht, welche als Stütze für eine ununterbrochene Schicht *e* von flüssigem Magnesium dient, das auf der Oberfläche des Bades *g* schwimmt. Diese Metallschicht ist erfindungsgemäß an der oberen Fläche vor jeder Berührung mit Luft durch eine Schicht *f* eines Salzes, das leichter als das abgeschiedene flüssige Metall ist, z. B. des der geschmolzenen Chloride, geschützt. Das Gemisch wird in solchem Verhältnis zusammengesetzt, daß es spezifisch leichter als das flüssige Magnesium ist, und besteht z. B. aus 5 KCl und $MgCl_2$. Das Magnesiummetall sammelt sich unterhalb der früher hinzugefügten Magnesiumschicht, während das Gleichgewicht der Dichte derart ist, daß das Metall nicht aus dem als Kathodenstütze dienenden Ring entweichen kann. Das Magnesium wird durch die obere Schicht *f* der geschmolzenen Chloride hindurch aufgeschöpft.

Ein weiteres Ausführungsbeispiel besteht aus einem kleinen Kasten aus Eisenblech, welcher die Gestalt einer umgekehrten Pfanne besitzt von großem Durchmesser und geringer Höhe und deren Öffnung nach abwärts gerichtet ist und gerade die Oberfläche des Bades berührt. Dieser Blechkasten wird vorher mit flüssigem Magnesium gefüllt, und während der Elektrolyse übersteigt das sich auf der flüssigen Magnesiumschicht *e* absetzende Magnesium den unteren Rand der Pfanne und sammelt sich in dem ringförmigen Raum *h*, der zwischen der Pfanne und dem Außenzylinder *c* vorgesehen ist. Der Außenzylinder besteht entweder aus widerstandsfähigem Stoff allein oder aus einem solchen überdeckt innen mit Blech, sei es aus einem Blech, welches mit durch Kühlschlange verfestigtem Chlorid überlagert ist, sei es einfach aus festem Chlorid.

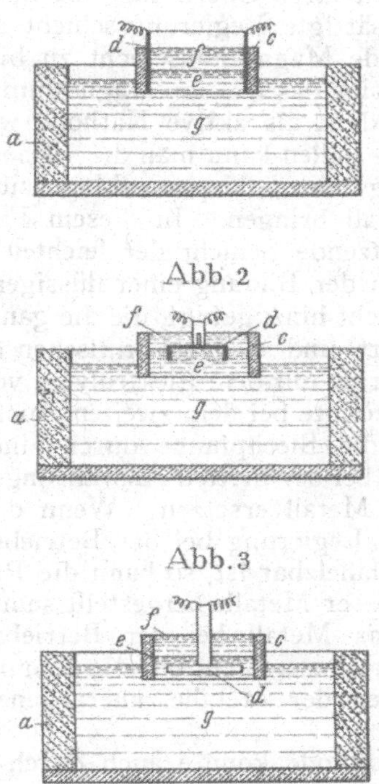

Das sich in dem ringförmigen Raum sammelnde Magnesium kann im Maße seiner Bildung ausgeschöpft werden oder zu einer einzigen Schicht angesammelt und mit einem leichten Gemisch von geschmolzenen Chloriden zur Verhinderung der Oxydation überzogen werden.

Die Vorrichtung kann ferner einen widerstandsfähigen Ring enthalten, welcher mit einem Metall auf seiner Innenfläche überzogen ist oder nicht. Ferner kann ein Blechring benutzt werden, der durch mit Kühlschlange verfestigtes Chlorid eingeschlossen ist. Schließlich kann ein Ring aus festem Chlorid vorgesehen sein, in dessen Innern sich der leitende Teil der Kathode befindet. Die ursprüngliche Kathode kann aus einem Gitter oder einer gelochten, wagerecht liegenden Metallplatte bestehen und die Form einer umgekehrten Pfanne besitzen. Die Pfanne ist aus einem nicht schmelzbaren Metall hergestellt, welches sich mit dem abgeschiedenen Metall ein wenig legiert, wie z. B. Chrom, Molybdän, Wolfram, Mangan, Vanadium, Titan. Silicium und ihren Legierungen. Die Pfanne kann aus einem gar nicht legierbaren Metall bestehen, welches aber mit einem der genannten Metalle oder mit einem schmelzbaren Metall von geringer Legierbarkeit überzogen ist, wie z. B. Antimon, Wismut, Zinn, oder auch mit einer dünnen Schicht eines leicht legierbaren Metalls, wie Kupfer, Zink und Aluminium.

Die Anwendung der genannten Metalle gestattet, an ihrer Oberfläche eine mit Magnesium gesättigte Legierungsschicht oder eine anhaftende Magnesiumschicht zu bilden, auf welcher sich das flüssige Magnesium ablagert, welches dann als aktive Kathode wirkt. In gewissen Fällen kann man die vorherige Hinzufügung einer flüssigen Magnesiumschicht in Fortfall bringen. In diesem Falle wird die schützende Schicht der leichten Chloride erst nach der Bildung einer flüssigen Magnesiumschicht hinzugefügt, die die ganze Fläche überlagert und so das Vermischen der leichten Chloride mit dem Elektrolyten verhindert.

Man könnte bei dem zweiten Ausführungsbeispiel die Blechpfanne durch eine Pfanne aus dem bei der dritten Ausführungsform genannten Metall ersetzen. Wenn dieses Metall oder Legierung bei der Betriebstemperatur unschmelzbar ist, so kann die Pfanne aus einem dieser Metalle hergestellt sein. Ist dagegen das Metall bei der Betriebstemperatur schmelzbar, so besteht die Pfanne aus mit dem einen der Metalle überzogenen Eisenblech.

Die Kathode könnte auch durch beliebige Kombination der Ausführungsformen gebildet sein, wie z. B. aus kombinierten Ringen, Pfannen, Platten, Gittern. Die Vorrichtung und das Verfahren sind auch für sogenannte sekundäre Elektrolyse anwendbar, d. h. Elektrolyse in zwei Arbeitsstufen, bei welcher in einer ersten Kufe die Legierung des betreffenden Metalls hergestellt wird, aus welcher dann in der zweiten Kufe das reine Metall dargestellt wird. Die Zwischenlegierung kann dann die aus Graphit oder amorphe Kohle bestehenden Anoden ersetzen. Die Dichte des Bades ist dann eine zwischenliegende zwischen derjenigen der am Boden des Bades geschmolzenen Legierung und derjenigen des reinen Metalls.

Patentansprüche:

1. Verfahren zur elektrolytischen Herstellung von leichteren Metallen, wie Magnesium und Calcium, aus einem geschmolzenen Elektrolyten, der schwerer ist als das abgeschiedene geschmolzene, die Kathode bildende Metall, dadurch gekennzeichnet, daß auf der schwimmenden kathodischen Metallschicht zwischen den diese einschließenden Wänden als Schutzdecke die Schicht eines Salzes unterhalten wird, das leichter als das abgeschiedene flüssige Metall ist.

2. Vorrichtung zur Ausführung des Verfahrens nach Anspruch 1, dadurch gekennzeichnet, daß die Wände, zwischen denen das abgeschiedene Metall und die schützende Salzdecke liegt, aus einem solchen leitenden Stoff bestehen oder mit einem solchen leitenden Stoff überzogen sind, der in bezug auf das abgeschiedene Metall benetzbar ist.

3. Vorrichtung nach Anspruch 2, dadurch gekennzeichnet, daß der leitende Bekleidungsstoff für die Einschließungswände aus Chrom, Molybdän, Wolfram, Mangan, Vanadium, Titan, Silicium oder aus Legierungen dieser Metalle besteht, sofern diese Metalle oder Legierungen mit dem abgeschiedenen Metall ein wenig legierbar sind.

4. Vorrichtung nach Anspruch 1 und 2, dadurch gekennzeichnet, daß die ursprüngliche Kathode, an welcher sich zuerst das darzustellende Metall abscheidet, eine gelochte, wagerecht liegende Metallplatte ist.

A. P. 1833425.

Nr. 456806. (M. 71572.) Kl. 40c, 16.

Aluminium-Industrie-Akt.-Ges. in Neuhausen, Schweiz.

Verfahren zur elektrothermischen Herstellung von Leichtmetallen.

Vom 13. Sept. 1925. — Erteilt am 16. Febr. 1928. — Ausgegeben am 2. März 1928. — Erloschen: . . . .

Während die Erzeugung von Schwermetallen im elektrischen Ofen auf elektrothermischem Wege keine wesentlichen Schwierigkeiten bereitet, ist es bisher nicht gelungen, die Leichtmetalle auf diesem Wege zu gewinnen, mit Ausnahme des Siliciums. Aber auch hier ist ein Reinheitsgrad von über 95 Prozent sehr schwer zu erreichen. Die übrigen Metalle, Aluminium, Natrium, Calcium, Magnesium, werden durchweg auf elektrochemischem Wege erzeugt.

Das Hindernis besteht nicht etwa darin, daß die Reduktion der Leichtmetalloxyde mit Kohle bei der Temperatur des elektrischen Ofens nicht stattfinden würde. Diese geht vielmehr meistens glatt vor sich, weshalb auch Carbide oder Legierungen der betreffenden Leichtmetalle auf elektrothermischem Wege herstellbar sind. Die reinen Metalle selbst sind aber so flüchtig, daß sie bei der Reduktionstemperatur verdampfen. Beim Silicium liegt der Verdampfungspunkt noch etwas über der Reduktionstemperatur. Beim Aluminium und Magnesium ist schon das Umgekehrte der Fall, und es ist daher ausgeschlossen, in flüssigem Zustande diese Metalle auf elektrothermischem Wege zu gewinnen.

Es ist schon vielfach versucht worden, die Leichtmetalle im elektrischen Ofen in gasförmigem Zustande zu bekommen und zu erzeugen und alsdann zu kondensieren. Der Weg ist jedoch deswegen im allgemeinen nicht gangbar, weil die Reduktion von Metalloxyden mit Kohle ein umkehrbarer Prozeß ist, so daß die abziehenden Dämpfe der Leichtmetalle mit dem Kohlenoxyd unter Abscheidung von Ruß zu den betreffenden Metalloxyden oxydiert werden.

Es wurde nun gefunden, daß die Herstellung von Leichtmetallen durch elektrothermische Reduktion in folgender Weise möglich ist.

Ein elektrischer Ofen sei in zwei Räume eingeteilt, in deren jedem mindestens eine Elektrode eintaucht. Das Schmelzbad ist für beide Räume gemeinschaftlich, in der Mitte also durch einen Steg getrennt, so daß die beiden Räume in bezug auf die flüssige Phase kommunizieren, in bezug auf den Gasraum aber vollständig getrennt sind. Im Raum I findet die Reduktion statt. Das Kohlenoxyd entweicht, das gebildete Metall jedoch tritt in das Bad ein. Zu diesem Zwecke besteht das Bad aus einer Verbindung oder Legierung des betreffenden Leichtmetalles, welche sich leicht bildet und auch leicht wieder zersetzt (bei der in Frage stehenden Temperatur). Beispielsweise für Aluminium bestehe das Bad aus einem Ferro-Aluminium mit 15 Prozent Al. Im Raum II findet die Verdampfung des Leichtmetalles statt. Mithin wandert das Leichtmetall vom Reduktionsraum durch die Flüssigkeit in den Verdampfungsraum. Zur Beförderung dieser Diffusion werden zweckmäßig Temperatur oder Druck bzw. beide Faktoren in den beiden Räumen so eingestellt, daß im Raum I der Druck verhältnismäßig hoch und die Temperatur verhältnismäßig niedrig, im Raum II jedoch das Umgekehrte der Fall ist. Zweckmäßig wird man auch den Trennungssteg zwischen den beiden Räumen, welcher in die Flüssigkeit eintaucht, so ausbilden, daß die Zirkulation im Schmelzbad erleichtert wird.

Dies kann z. B. dadurch geschehen, daß man in den Steg unterhalb des Badspiegels Öffnungen anbringt. Das mit Leichtmetall angereicherte und daher spezifisch leichtere Lösungsmittel wird dann durch diese Öffnungen in den Destillationsraum fließen, während das durch Abdestillieren von Leichtmetall spezifisch schwerer gewordene Lösungsmittel unter dem Steg aus dem Destillationsraum in den Reduktionsraum zurückfließt. Dieser Umlauf wird noch dadurch verstärkt, daß im Reduktionsraum durch Neubildung von Metall der durch den Druck gegebene Spiegel steigt, während im Destillationsraum fortwährend durch Verschwinden von Metall der Spiegel sinkt, so daß er sich durch Überfließen von Metall durch die oberen Öffnungen stets wieder dem Druck entsprechend einstellt.

Die beiliegende Zeichnung stellt einen so eingerichteten Ofen dar. 1 ist die äußere Ofenwand, 2 der Steg zwischen Reduktions- und Destillationsraum, 3 eine obere und 4 die untere Öffnung im Steg. Infolge der verschiedenen spezifischen Gewichte zirkuliert das Bad in der Richtung der Pfeile.

Statt eines Widerstandes- oder Lichtbogenofens wird zweckmäßig für manche Metalle ein Induktionsofen gewählt werden. Dieser kann z. B. die beiden Kammern in Form zweier konzentrischen Ringe erhalten. Bei Verwendung des Induktionsofens kann die Zirkulation im Schmelzbad durch Induktionswirkung hervorgerufen bzw. verstärkt werden, wobei der Ofen die für einen solchen Vorgang zweckmäßige Form erhalten wird. So kann auch die Zirkulation unterstützt werden dadurch, daß die Spule, welche die Induktionswirkung ausübt, bewegt wird.

Es wurde gefunden, daß die Herstellung von Leichtmetallen durch das beschriebene Verfahren in sehr reiner Form möglich ist, dadurch, daß man die Zusammensetzung des Schmelzbades so wählt, daß die Verunreinigungen, welche im Erz und in der Kohle vorhanden sind, vom Bad aufgenommen werden und in diesem verbleiben. Die Konzentration des Bades ist nur in bezug auf das zu gewinnende Metall eine maximale, in bezug auf die Verunreinigungen hingegen wird sie sehr gering gehalten. Zu diesem Zwecke muß eventuell dem Erz dauernd von demjenigen Material zugegeben werden, welches als Lösungsmittel im Schmelzbade wirkt, damit die Konzentration der Verunreinigungen einen gewissen Betrag nicht überschreite. Bei solchen Maßnahmen wird das Bad im Laufe des Prozesses steigen, muß also von Zeit zu Zeit ausgegossen oder abgestochen werden.

PATENTANSPRÜCHE:

1. Verfahren zur elektrothermischen Herstellung von Leichtmetallen, dadurch gekennzeichnet, daß in einem Ofen mit zwei getrennten Räumen und gemeinschaftlichem Schmelzbad, welches ein Lösungsmittel für das betreffende Leichtmetall enthält, im Raum I die Reduktion und Auflösung, im Raum II die Verdampfung des Metalles stattfindet.

2. Verfahren zur elektrothermischen Herstellung von Leichtmetallen nach Anspruch 1, dadurch gekennzeichnet, daß die Wanderung des Leichtmetalles innerhalb des Lösungsmittels vom Reduktionsraum zum Verdampfungsraum dadurch unterstützt wird, daß in ersterem hoher Druck und relativ niedrige Temperatur herrscht, im Verdampfungsraum das Umgekehrte.

3. Verfahren zur elektrothermischen Herstellung von Leichtmetallen nach Anspruch 1, dadurch gekennzeichnet, daß die Erzeugung in einem Induktionsofen stattfindet, in welchem durch geeignete Form des Ofens und eventuell eine Bewegung des Induktionserregers eine Zirkulation im Schmelzbade stattfindet.

4. Verfahren zur elektrothermischen Herstellung von Leichtmetallen nach Anspruch 1, dadurch gekennzeichnet, daß durch mechanische Bewegung des Ofens oder des Schmelzbades die gewünschte Wanderung des Leichtmetalles von der Bildungs- zur Abscheidungsstelle begünstigt wird.

5. Verfahren zur elektrothermischen Herstellung von Leichtmetallen nach Anspruch 1, dadurch gekennzeichnet, daß das Bad stets in bezug auf das zu gewinnende Metall eine maximale Konzentration aufweist, in bezug auf die aufzunehmenden Verunreinigungen jedoch so verdünnt gehalten wird, daß diese nicht mit dem Produkt zusammen verdampfen.

6. Ofen zur Ausführung des Verfahrens nach Anspruch 1, 2 und 5, dadurch gekennzeichnet, daß in dem die beiden Räume trennenden Steg Öffnungen angebracht sind, zu dem Zweck, eine Zirkulation des Bades infolge der Verschiedenheit des spezifischen Gewichts der Leichtmetallösung hervorzurufen.

Im Orig. 1 Abb. S. D. R. P. 466551.

Nr. 466551. (S. 72840.) Kl. 40c, 16.

ALUMINIUM-INDUSTRIE-AKT.-GES. IN NEUHAUSEN, SCHWEIZ.

Verfahren zur elektrothermischen Herstellung von Leichtmetallen.

Zusatz zum Patent 456806.

Vom 6. Jan. 1926. — Erteilt am 20. Sept. 1928. — Ausgegeben am 9. Okt. 1928. — Erloschen: . . . .

Gegenstand des Hauptpatents 456806 ist ein Verfahren zur elektrothermischen Herstellung von Leichtmetallen, nach welchem ein elektrischer Ofen mit einem Reduktions- und einem davon getrennten Destillationsraum benutzt wird, die durch ein gemeinsames Schmelzbad verbunden sind. Das Bad ist ein Lösungsmittel für das zu gewinnende Metall und wird in bezug auf dieses in konzentriertem Zustande gehalten, so daß ein Metall, das im Reduktionsraum aufgenommen wird, im Destillationsraum wieder abgegeben wird. Voraussetzung dabei ist, daß das Lösungsmittel beim Siedepunkt des Leichtmetalls dieses annähernd ebenso leicht wieder abgibt, wie es in Lösung gegangen ist, so daß verhältnismäßig geringe Temperatur- oder Druckunterschiede genügen, um im Reduktionsraum die Aufnahme von Leichtmetall in das Lösungsmittel und im Destillationsraum seine Abgabe aus diesem durch Destillation zu bewirken. Das Leichtmetall geht dabei durch Diffusion vom Reduktions- in den Destillationsraum über, da das Lösungsmittel im Destillationsraum stets ärmer an Leichtmetall als im Reduktionsraum ist.

Tritt nun der Fall ein, daß im Reduktions- oder im Destillationsraum das zu gewinnende Leichtmetall Gelegenheit hat, eine chemische Verbindung einzugehen, deren Dissoziationspunkt höher liegt als der Siedepunkt des Leichtmetalls, so ist natürlich das betreffende Leichtmetall der Gewinnung nach diesem Verfahren entzogen. Es wurde gefunden, daß verschiedene Leichtmetalle mit der Kohle derartige Verbindungen (Carbide) eingehen, und vorliegende Erfindung betrifft Maßregeln und Anordnungen, die Bildung von Carbiden zu vermeiden.

Es ist bekannt, daß das Silicium den Kohlenstoff in Legierungen im allgemeinen verdrängt. Das Silicium ist aber auch geeignet, bei Anwendung der vorliegenden Erfindung die Bildung von Carbiden des Aluminiums, Calciums, Magnesiums usw. gänzlich oder größtenteils zu verhindern, wenn es in beträchtlicher Menge zugegen ist. Beispielsweise diene als lösendes Bad, in welchem Magnesium gewonnen wird, eine Legierung mit 2 Teilen Silicium, 3 Teilen Magnesium und wechselndem Eisengehalt. Es wurde gefunden, daß der hohe Siliciumgehalt eines solchen Bades die Bildung oder Aufnahme von Leichtmetallcarbiden verhindert. Ähnliches gilt für die Gewinnung von Aluminium und Calcium.

Ferner kann durch eine Maßnahme ofentechnischer Natur die Bildung von Carbid weiter dadurch eingeschränkt werden, daß man im Destillationsraum die Verwendung von Kohle ausschließt. Hat man nämlich in der im vorigen Abschnitt erwähnten Weise durch geeignete Wahl einer siliciumhaltigen Legierung als Badsubstanz den Eintritt von Carbid in das Bad vermieden, so kann solches nachher, während das Leichtmetall aus dem Lösungsmittel durch Destillation abgeschieden wird, durch Reaktion mit den Elektrodenkohlen wieder entstehen. Um dies zu verhindern, wird im Destillationsraum Kohle weder als Bau- noch als Elektrodenmaterial verwendet. Es wurde gefunden, daß die mit technischen Mängeln behaftete Oxydelektrode ebenfalls umgangen werden kann, indem man im Destillationsraum auf jede Elektrode verzichtet.

Dadurch wird gleichzeitig eine neue Wirkung erzielt, nämlich die, daß die Abdichtung des Destillationsraumes sehr viel leichter möglich ist, da erfahrungsgemäß die vollständig dichte Einführung von Kohleelektroden in einen allseitig geschlossenen Ofen außerordentlich schwierig ist. Bekanntlich bilden Leichtmetalle mit Luft Oxyde und Nitride, welche bei der Kondensation der Dämpfe feste und flüssige Stoffe bilden. Daher herrscht im Destillations- und Kondensationsraum ein starker Unterdruck, indem diese Räume nur von Metalldämpfen erfüllt sind.

In beiden Fällen, sei es, daß man die Carbidbildung lediglich durch die geeignete Badzusammensetzung verhindert, sei es, daß man die Elektrode im Destillationsraum fortläßt, wird es erwünscht sein, das Bad in bezug auf das zu gewinnende Metall an Silicium stets gesättigt zu halten.

Eine Maßnahme, welche geeignet ist, eine besondere Wirkung zu erzielen, ist die Anwendung von Gleichstrom im Reduktionsraum. Ist das Bad als Kathode und die bewegliche Elektrode als Anode angeschlossen, so kommt zu der reduzierenden Wirkung des Kohlenstoffes in der Mischung noch die elektrolytische Wirkung dazu. Es wird nicht nur eine Übersättigung des Bades in bezug auf das betreffende Leichtmetall eintreten, sondern eine neue technische Wirkung besteht darin, daß die Temperatur des Reduktionsraumes niedriger gehalten werden kann, so daß bei gleicher Temperatur des Destillationsraumes wie bei Wechselstromheizung der Temperaturunterschied zwischen den beiden Kammern größer und der Übergang vom Metall lebhafter wird.

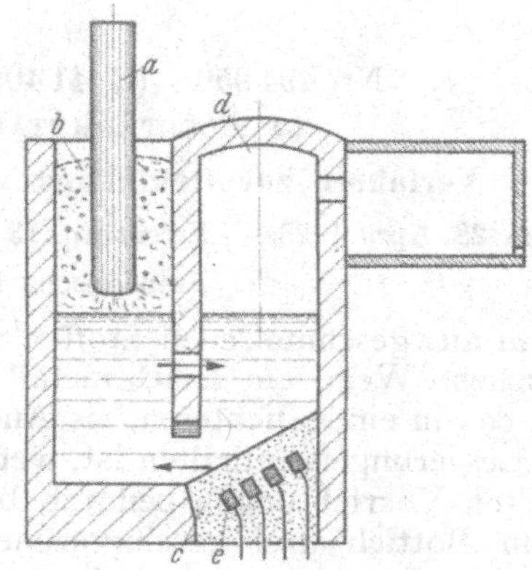

Ferner kann der Ofen in der Weise ausgebildet und betrieben werden, daß der Gleichstrom oder Wechselstrom durch Elektroden *a* dem Reduktionsraum *b* zugeführt wird, während der andere Pol *e* in ein bei höheren Temperaturen leitendes Ofenbaumaterial, wie Magnesit oder Dolomit, gemäß der Zeichnung im Badboden oder den Seitenwänden des Destillationsraumes *d* angeordnet wird. Dabei ist zu beachten, daß bei Verwendung von Magnesit und ähnlichen durch die Alkalimetalle angreifbaren Substanzen als Ofenbaumaterial naturgemäß diese Alkalimetalle von der Darstellung gemäß diesem Verfahren ausgeschlossen sind. Bei richtiger Dimensionierung dieses leitenden Ofenfutters *c* kann dasselbe durch Widerstandsheizung dem Destillationsraum weitere Wärme zuführen, so daß das Metall in diesem sich auf höherer Temperatur als im Reduktionsraum befindet, wodurch die Verdampfung des Leichtmetalls begünstigt wird. Bei Wechselstrom kann der leitende Ofenboden auch an einen Zusatztransformator angeschlossen werden, wodurch in der Ausfütterung und dem überstehenden

Metallbad ein unabhängiger Stromkreis zur Beheizung erzeugt werden kann.

PATENTANSPRÜCHE:

1. Verfahren zur elektrothermischen Herstellung von Leichtmetallen mit Hilfe zweier getrennter, aber durch ein gemeinschaftliches Lösungs- und Schmelzbad verbundener Räume, von denen der eine der Reduktion des Erzes, der andere der Verdampfung des reduzierten und gelösten Leichtmetalls dient, nach Patent 456 806, dadurch gekennzeichnet, daß das gemeinschaftliche Schmelzbad Silicium als erheblichen Bestandteil enthält.

2. Verfahren zur elektrothermischen Herstellung von Leichtmetallen nach Patent 456 806, dadurch gekennzeichnet, daß im Destillationsraum Kohlenstoff weder als Bau- noch als Elektrodenmaterial verwendet wird.

3. Ofen zur Ausführung des Verfahrens nach Anspruch 1 und 2 und den Ansprüchen des Hauptpatents, dadurch gekennzeichnet, daß durch eine leitende feuerfeste Ausmauerung im Destillationsraum Strom zugeführt wird.

4. Ofen nach Anspruch 3, dadurch gekennzeichnet, daß die Stromzuführung im Destillationsraum ausschließlich durch die leitende feuerfeste Ausmauerung desselben erfolgt und keine Elektroden in den Destillationsraum hineinragen.

5. Verfahren nach Anspruch 1 und 2 und nach den Ansprüchen des Hauptpatents, dadurch gekennzeichnet, daß im Reduktionsraum Gleichstrom mit dem Schmelzbad als Kathode verwendet wird.

Nr. 494 956. (C. 41 409.) Kl. 40c, 6. CIE DE PRODUITS CHIMIQUES ET ELECTROMÉTALLURGIQUES ALAIS, FROGES ET CAMARGUE

Verfahren zur Gewinnung von reinen Leichtmetallen durch Schmelzelektrolyse.

Vom 28. April 1928. — Erteilt am 13. März 1930. — Ausgegeben am 31. März 1930. — Erloschen: ....

Französische Priorität vom 21. Dez. 1927 beansprucht.

Um aus geschmolzenen Stoffen auf elektrolytischem Wege ein Leichtmetall zu gewinnen, das in einer dichteren, als Anode dienenden Legierungen enthalten ist, werden die bekannten Vorrichtungen benutzt, bei denen in einem Bottich drei geschmolzene Schichten übereinander angeordnet sind, nämlich erstens die aus der dichten geschmolzenen Legierung gebildete Anode, die am Boden ruht und vom Elektrolyten bedeckt ist, zweitens das geschmolzene elektrolytische Bad, dessen Dichte zwischen denjenigen der Anode und der Kathode lieg, und drittens die Kathode, die aus dem durch die Elektrolyse in Freiheit gesetzten Leichtmetall besteht, das als flüssige Schicht auf dem Bad schwimmt und dieses ganz bedeckt.

Da bei einer solchen Vorrichtung die Kathode und die Anode in flüssigem Zustande sind, kommen sie beide, jede entsprechend ihrer Höhe, mit der Seitenwand des Bottichs in Berührung. Es besteht also die Gefahr eines Kurzschlusses zwischen den beiden Elektroden durch Vermittlung dieser Wand, und derartige Zufälle treten nicht selten ein. Man muß also diese Wand so ausbilden, daß ein unmittelbarer Stromdurchgang durch sie hindurch verhindert wird. Außerdem muß die Wand so beschaffen sein, daß sie durch den Elektrolyten nicht zerstört werden kann.

Diese Bedingungen sind teilweise nicht miteinander verträglich und führen zu Ausführungsschwierigkeiten, die gut bekannt sind und zu deren Überwindung man bereits verschiedene Lösungen vorgeschlagen hat.

Die Erfindung bezweckt die Beseitigung der Schwierigkeiten der praktischen Ausführung der erwähnten bekannten Vorrichtung.

Die Erfindung beruht auf der Ausnutzung des in einer vollkommen anderen Anwendung bekannten Prinzips, die Kathode allmählich über das Bad hinauszuheben und sie das Metall mitnehmen zu lassen, das sich an ihr in dem Maße seiner Bildung ansammelt, so daß es einen an der Kathode anhaftenden erstarrten Stab bildet.

Die Erfindung ist also im wesentlichen dadurch gekennzeichnet, daß mit einer geschmolzenen Anode, die sich frei auf dem Boden des Elektrolysiergefäßes ausbreitet, eine ihr gegenüber und darüber angeordnete Kathode zusammenwirkt, die man verhindert, sich bis zu dem Gefäß auszudehnen und die dadurch außer Berührung mit der Wand und in angemessenem Abstande von ihr gehalten wird, daß man die Kathode ständig hebt und so eine Erstarrung des Leichtmetalls und seine Konzentration in verdichtetem Zustande in Form eines sich ständig verlängernden Stabes hervorruft.

Durch diese Anordnung vermeidet man jeden Kurzschluß und jedes Zusammenbacken durch Berührung zwischen Kathode und Wand sowie auch andere Schwierigkeiten.

Man kann dann die innere Seitenwand des Gefäßes mit einer Auskleidung aus verdichtetem Kohlenstoff versehen, der den einzigen bekannten Belagstoff bildet, der genügend widerstandsfähig in gewissen Bädern aus geschmolzenen Salzen ist, hauptsächlich solchen, die Alkali- oder Erdalkalifluoride enthalten.

Die Erfindung läßt sich sowohl auf die Raffinierung von Leichtmetallen als auf ihre Gewinnung anwenden, wenn sie in Form von Legierungen hergestellt worden sind.

Die praktische Ausführung der Erfindung geschieht mittels einer geeigneten Vorrichtung, deren Anordnung und wesentliche Teile schematisch in einem Ausführungsbeispiel in den Fig. 1 und 2 der Zeichnung dargestellt sind.

Die Einrichtung umfaßt ein Metallgefäß *A* aus Eisen oder Stahl von beliebiger Form, vorzugsweise aber von kreisförmigem Grundriß. Das Innere des Gefäßes ist mit einer Auskleidung *B* versehen, die je nach der Art der elektrolytischen Bäder aus feuerfestem Stoff oder aus verdichtetem Kohlenstoff bestehen kann. Es ist zweckmäßig, zwischen der Auskleidung aus Kohlenstoff und dem Metallgefäß überall eine Isolierschicht einzuschalten. Die Sohle *C*, die eben oder schalenförmig sein kann, besteht aus Kohlenstoff und ist von dem Gefäß isoliert. Sie ist anodisch mit dem elektrolytischen Stromkreis durch einen Leiter *c* verbunden. Die Anodenlegierung bedeckt den Boden und bildet dort eine zusammenhängende Schicht *D*. Der geschmolzene Elektrolyt befindet sich unmittelbar darüber bei *E*.

Die Kathode besteht zunächst aus einem Metallzylinder *F*, der im allgemeinen aus Kupfer oder Bronze oder einer ähnlichen Legierung von guter Leitfähigkeit besteht. Sie hängt an einem Metallstab *f*, *f* gleicher Beschaffenheit, der frei in Führungen *G*, *G* beweglich ist und seinerseits von einer Tragvorrichtung gehalten wird, die eine reichliche senkrechte Bewegung ermöglicht, beispielsweise einer Schraube *a* mit als Schneckenrad ausgebildeter Mutter *b*, die durch eine Schnecke *e* angetrieben werden kann.

Vermöge dieser Aufhängung kann die Anode mit genau geregelter geringer Geschwindigkeit gehoben werden und dabei eine ziemlich ausgedehnte senkrechte Strecke zurücklegen. Umgekehrt kann sie beliebig je nach Bedarf und jedenfalls nach jedem Arbeitsgang gesenkt werden.

Der Strom wird der Kathode durch den Stab *f* zugeführt, entweder durch die Führungen *G*, *G*, die einen Gleitkontakt bilden oder enthalten, oder mittels eines biegsamen Leiters oder in sonstiger Weise.

Die Anodenlegierung *D* besteht aus dem zu gewinnenden Leichtmetall, das mit einem viel weniger elektropositiven Schwermetall verbunden ist, beispielsweise einer Magnesiumbleilegierung zur Gewinnung von Magnesium, einer Aluminiumkupferlegierung zur Gewinnung von Aluminium oder einer Berylliumkupferlegierung zur Gewinnung von Beryllium oder irgendeiner ähnlichen oder verwandten Legierung zur Gewinnung anderer Leichtmetalle.

Fig. 2

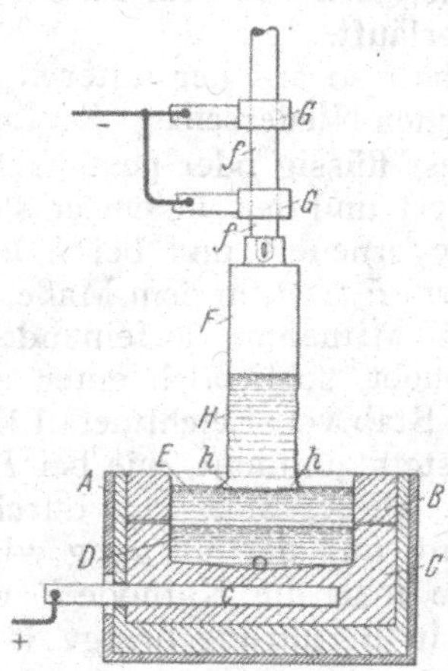

Der Elektrolyt enthält entweder allein oder im Gemisch in erforderlicher Menge mit anderen geeigneten Stoffen eine oder mehrere Halogenverbindungen, wie Choride oder Fluoride, des zu gewinnenden Leichtmetalls. Die geeignete Zusammensetzung für jeden Einzelfall ist entweder bekannt oder leicht zu bestimmen und liegt stets außerhalb des Rahmens der Erfindung, da feststeht, daß die Dichte des Bades groß genug sein muß, um zu verhindern, daß das unterhalb der Kathode niedergeschlagene Leichtmetall sich löst und wieder nach unten geht, und daß sein Schmelzpunkt nicht so hoch liegen darf, daß sich im Kathodenniederschlag Einschlüsse von erstarrtem Bade bilden können, die die Wirkung beeinträchtigen. Dabei muß aber der Schmelzpunkt möglichst gleich demjenigen des entstehenden Leichtmetalls sein oder noch besser darunter liegen.

Die Wirkungsweise der neuen Anordnung ist folgende:

Nachdem man das Bad und die zu behandelnde Anodenlegierung in üblicher Weise geschmolzen hat, senkt man den Zylinder *F*, bis er das Bad berührt, ohne wesentlich einzutauchen. Der Strom wird eingeschaltet, und es bildet sich bald unter dem Kathodenzylinder eine Schicht *h*, *h* aus flüssigem Leichtmetall, die bisweilen rings um den Zylinder heraustritt und an ihm anhaftet, indem sie zu erstarren beginnt.

Von diesem Augenblick an wendet man auf die neue Kombination Anodenlegierung-Bad-zusammengezogene Kathode das bekannte Verfahren der aufsteigenden Kontaktkathode an. Man hebt die Kathode *F* langsam in bekannter Weise mit einer Geschwindigkeit, die unter Beobachtung der beiden entgegengesetzten Bedingungen geregelt wird, daß einerseits die Berührung zwischen dem Bad und der Kathode nicht unterbrochen wird und andererseits letztere sich nicht übermäßig verbreitert oder sich von dem Metall trennt und auseinanderläuft.

Man erhält so auf der unteren Fläche der Kathode einen Niederschlag von Leichtmetall, der zunächst flüssig oder pastenartig ist und dann erstarrt und der, indem er sich in gleicher Weise erneuert und bei *h, h* an Stelle des Zylinders *F* tritt, in dem Maße, wie dieser sich unter Mitnahme aufeinanderfolgender Schichten hebt, schließlich einen zusammenhängenden Stab von Leichtmetall liefert, dessen Höhe stets zunimmt, wie bei *H* in Fig. 2 dargestellt. Dieser Stab wird durch Abschlagen entfernt, und der Vorgang wird wiederholt, indem man die Kathode *F* wieder mit dem Bade in Berührung bringt.

Je nach dem zu gewinnenden Leichtmetall kann das untere Ende des Kupferzylinders *F* mit einem anderen Metall, z. B. Eisen, Nickel, Legierungen u. dgl., überzogen werden, die nicht schmelzen oder das erhaltene Metall verunreinigen können.

Wenn die Anodenlegierung genügend an Leichtemetall erschöpft ist, wird der Rest entfernt und eine neue Beschickung von zu behandelnder Legierung in das Gefäß eingeführt, oder man bringt an Ort und Stelle eine neue Menge Leichtmetall ein, wenn es sich um eine Raffinierung handelt.

Aus dem Vorstehenden ergibt sich, daß der Zweck und die Wirkungsweise der in der beschriebenen Weise angewendeten aufsteigenden Kathode vollständig von dem verschieden sind, was bei dem bekannten alten Verfahren vorliegt.

Bei diesem bekannten Verfahren liegt der Zweck darin, eine sehr hohe Stromdichte zu erzielen, um aus einem schwer elektrolysierbaren Salz ein Metall in festem Zustande in Freiheit setzen zu können.

Nach den bekannten Arbeitsweisen rührt ferner das zu gewinnende Metall aus einer geschmolzenen Verbindung her, die gleichzeitig ein Gas an der Anode entwickelt, was eine feste, seitlich angeordnete Anode erfordert. Daher ist es nicht so sehr die Gefahr des Kurzschlusses, der ja schon durch die Gasentwicklung verhindert wird, als die Gefahr der Wiedervereinigung des abgeschiedenen Metalls mit den Anionen, die in dem bekannten Fall vermieden wird.

Bei dem neuen Gesamtverfahren bildet dagegen die Legierung, aus der das reine Metall gewonnen werden soll, eine flüssige waagerechte Anode, an der keinerlei Gasentwicklung stattfindet. Die Erfindung ermöglicht es, an der Kathode ein gereinigtes oder raffiniertes Metall zu gewinnen, und dieses Ergebnis ist sowohl unerwartet als auch vollkommen neu, da es bisher mit Hilfe einer aufsteigenden Kathode niemals erhalten worden ist.

Gemäß der Erfindung wird die steigende Kathode lediglich angewendet, um die Fläche, auf der der kathodische Niederschlag stattfindet, örtlich zu begrenzen, um sie in genügendem Abstand von der Wandung des Gefäßes zu halten, d. h. also die waagerechte Ausdehnung des Leichtmetallniederschlages zu begrenzen und auf diese Weise eine Berührung des an der Kathode vereinigten Metalls mit der Wandung des Gefäßes zu verhindern.

Bei der vorliegenden Anwendung der aufsteigenden Kathode auf die Gewinnung von Metallen, die wie Magnesium und Aluminium die Verwendung von ziemlich veränderlichen und nicht streng einzuhaltenden Stromdichten von einer mittleren Größe von einem Ampere auf den Quadratzentimeter zulassen, kann man der Kathode einen größeren Durchmesser geben wie bei der bekannten Anordnung für den Fall des Calciums.

Als Hilfsmaßregel für diese Vermehrung des Durchmessers kann man eine Kühlung der Kathode *F* und erforderlichenfalls des Metalls *H* durch irgendein geeignetes Mittel vornehmen, beispielsweise indem man die Kathode durch eine abgekühlte Hülse hindurchgehen läßt, die sie umgibt, ohne ihre Bewegungen zu hindern.

Man kann auch an dem Zylinder *F* luftgekühlte Flügel o. dgl. anbringen.

Eine abgeänderte Ausführungsform, die bei der seitlichen, nicht metallenen Anode der bekannten Arbeitsweise nicht benutzt worden ist, besteht darin, über einem Gefäß eine gewisse Anzahl aufsteigender Kathoden anzuordnen, die in Parallelschaltung auf dasselbe Bad wirken und derselben Anode gegenüberstehen. Ein in dieser Weise mit einer Gruppe von Kathoden versehenes Gefäß hat zweckmäßig einen der Gestalt der Gruppe entsprechenden Querschnitt. Es kann beispielsweise rechteckig oder oval sein. Es kann auf diese Weise erheblich vergrößerte Abmessungen und entsprechende Leistungsfähigkeit haben.

Wollte man dagegen zur Verbesserung der Ausbeute eine mehrteilige Kathode bei der bekannten Vorrichtung anwenden, so würd die bekannte Vorrichtung nicht befriedigend arbeiten können. In diesem Fall erhalten nämlich die einzelnen Kathoden den Strom nicht gleichmäßig auf ihrem ganzen Umfang. Auf der der Anode zugekehrten Seite ist die Stromdichte am größten, das Metall sammelt sich also hauptsächlich an dieser Seite an, und es würde unter Umständen sehr bald Kurzschluß mit der Seitenwand eintreten. Im Falle der Erfindung verteilt sich dagegen der Strom, da die mehrfachen Kathoden oberhalb der flüssigen Anode angeordnet sind, gleichmäßig auf alle Seiten der Kathoden, und diese arbeiten daher ebenso regelmäßig wie eine einzige Kathode.

Die Erfindung umfaßt ferner ein Mittel, um mit Hilfe der aufsteigenden Kathode Metallstäbe von viel regelmäßigerer Form zu erhalten, als dies im allgemeinen bisher möglich war.

Dieses Mittel besteht darin, daß man die Kathode, während sie aufsteigt, sich um ihre Achse drehen läßt, d. h. also, daß man der Kathode eine Drehbewegung um sich selbst außer der aufsteigenden Bewegung mitteilt.

Durch die Vereinigung dieser beiden gleichzeitigen Bewegungen, die der Kathode mitgeteilt werden, erhält man in allen Fällen Niederschläge, die sich mehr der Zylinderform nähern und keine störenden Auswüchse haben, sowie eine allgemeine beständigere und im ganzen bessere Arbeitsweise.

Die Umdrehungsgeschwindigkeit braucht nicht streng in bestimmter Größe gehalten zu werden und kann erheblich wechseln. Es ist zwecklos, sie erheblich über das Maß zu steigern, das sich in jedem Falle bei einem Versuch als ausreichend erweist und das im allgemeinen einigen Umdrehungen in der Minute entspricht.

Die mechanische Vorrichtung, mittels deren diese Drehbewegung zu der senkrechten Bewegung hinzugefügt wird, und die Nebeneinrichtungen, die das Ganze erfordert (Reibungskontakte, Mitnehmer usw.), sind leicht verständlich und brauchen nicht beschrieben zu werden, da sie verschiedene Formen und Anordnungen erhalten können, die außerhalb des Rahmens der Erfindung liegen.

Alle Einzelheiten der baulichen Ausführung und der Arbeitsweise können ohne Abweichung vom Wesen der Erfindung geändert werden.

Im übrigen bietet die Erfindung noch folgenden Vorteil: Bei der aufsteigenden Kathode kann der Fall eintreten, daß die Metallbildung nicht symmetrisch zur senkrechten Achse der Kathode erfolgt sowie daß der Elektrolyt teilweise erstarrt oder Krusten bildet. Aus diesen und ähnlichen Gründen treten in dem bekannten Falle, wenn auch vielleicht keine Kurzschlüsse, so doch mehr oder weniger erhebliche Stromablenkungen ein, die das Funktionieren der Vorrichtung beeinträchtigen und die Ausbeute erheblich vermindern. Bei dem neuen Verfahren fallen diese Möglichkeiten vollkommen weg; denn der Umfang des elektrolytischen Gefäßes kann aus Kohlenstoff bestehen und isoliert sein.

Durch die Kombination der aufsteigenden Kathode und der schmelzflüssigen Anode werden nach alledem wesentliche Vorteile erzielt.

Patentansprüche:

1. Verfahren zur Gewinnung von reinen Leichtmetallen aus Legierungen oder Rohmetallen durch Schmelzelektrolyse eines Elektrolyten, der leichter ist als die anodisch geschaltete geschmolzene Legierung und schwerer als das kathodisch abgeschiedene, ebenfalls geschmolzene raffinierte Metall, gekennzeichnet durch die Verwendung einer aufsteigenden Kontaktkathode.

2. Verfahren nach Anspruch 1, dadurch gekennzeichnet, daß eine Mehrzahl parallel geschalteter Kathoden gegenüber einer einzigen Anode aus geschmolzener Legierung angeordnet ist.

3. Verfahren nach Anspruch 1, dadurch gekennzeichnet, daß die aufsteigende Kathode außer ihrer Aufwärtsbewegung gleichzeitig eine Drehbewegung erhält.

Im Orig. 2 Fig.

Nr. 524086. (H. 115028.) Kl. 40c, 4. Paul Léon Hulin in Grenoble, Frankreich.

Vorrichtung für die Schmelzelektrolyse von Chloriden.

Vom 4. Febr. 1928. — Erteilt am 16. April 1931. — Ausgegeben am 2. Mai 1931. — Erloschen: ....

Französische Priorität vom 3. Febr. 1927 beansprucht.

Gegenstand der Erfindung ist eine Vorrichtung für die Schmelzelektrolyse von Chloriden zwecks Gewinnung von Leichtmetallen, z. B. Magnesium, Calcium, Beryllium usw. Sie bezieht sich auf eine Vorrichtung derjenigen Art, bei der eine Kammer vorgesehen ist, in der sich das Chlor sammelt und als mehrteilige Kathoden dienende Metallstäbe angeordnet sind.

In derartigen Vorrichtungen ist es zur Erzielung einer möglichst hohen Nutzleistung erwünscht, zahlreiche Stäbe in geringen Abständen anzuordnen, so daß der Anode eine Kathodenfläche mit möglichst wenig Lücken gegenübersteht. Dies führt zu der Notwendigkeit, den Durchmesser der Stäbe im Verhältnis zu ihrer Anzahl zu verkleinern, um an der Kathode die notwendige Stromdichte aufrechtzuerhalten. Erfahrungsgemäß oder rechnerisch lassen sich Zahl und Durchmesser der Kathodenstäbe ableiten, die bei gegebenen Bedingungen am günstigsten sind.

Der Anwendung dieser wünschenswerten Anzahl und des erwünschten geringen Durchmessers der Kathodenstäbe steht jedoch die geringe Widerstandsfähigkeit der Stäbe gegenüber der chlorhaltigen Atmosphäre der Kammer entgegen. Die Erfahrung zeigt, daß die hängenden Stäbe an der Oberfläche des Chloridbades und besonders an den herausragenden Teilen angefressen werden. Man hat den Stäben daher keinen genügend kleinen Durchmesser geben können, um eine zu schnelle Zerstörung zu verhindern, vielmehr hat man Stäbe mit größerem Durchmesser benutzen müssen, was aber wiederum die Nutzleistung verschlechtert.

Gemäß der Erfindung wird während der Elektrolyse der obere Teil der Gesamtkathode durch Anwendung von Kühlmitteln abgekühlt, so daß ein starker Temperaturabfall in dem aus dem Bade herausragenden Teil der Stäbe geschaffen und aufrechterhalten wird. Die Kühlung kann so weit getrieben werden, daß sich auf den Stäben eine leichte Kruste von erstarrtem Badmaterial ablagert, die einen Ring um die Stäbe herum bildet.

Hierdurch wird die durch das Chlor bewirkte Schädigung stark herabgesetzt, und zwar sowohl wegen der Temperaturerniedrigung als auch infolge des Schutzes, den die erstarrte Kruste gegen den Angriff des Chlors bietet. Die Kruste bietet zugleich den Vorteil, daß die aus dem Bade abgeschiedenen Leichtmetallkügelchen, z. B. Magnesium, an der Kruste nicht anhaften, so daß sie sich unterhalb dieser Kruste und etwas unterhalb der Oberfläche des Bades von der Kathode lösen. Hierdurch werden diese Metallkügelchen gegen den Angriff des über der Oberfläche des Bades befindlichen Chlors geschützt, so daß die Ausbeute verbessert wird. Dadurch, daß nur der aus dem Bade herausragende Teil der Kathodenstäbe gekühlt wird, wird eine Beeinträchtigung der Bedingungen vermieden, unter denen die Elektrolyse im Bade verläuft.

Als Kühlmittel kommt atmosphärische Luft nicht in Betracht, da die Kammer im wesentlichen mit Chlor gefüllt ist und eine Kühlung etwa über den Deckel der Vorrichtung herausstehender Teile der Kathode oder mit dieser in Verbindung stehender Teile durch die Außenluft nicht genügend wirksam sein würde.

Vorzugsweise erfolgt die Kühlung durch Wasserumlauf, wie er an sich zur Kühlung von Elektroden bekannt ist.

Der Wasserumlauf kann entweder auf den betreffenden Teil jedes Stabes einzeln oder auf den Leiter wirken, der eine Gruppe der Stäbe oder deren Gesamtheit vereinigt Die Wärmeeinheiten, die an den oberen Teil der Stäbe gelangen, werden durch thermische Leitung dem Verbindungsstück der Stäbe zugeführt und von diesem absorbiert. Bei dieser Art der Sammelkühlung der Stäbe durch Vermittlung des leitenden Trägers kann dieser unterhalb des das Entweichen des Chlors verhindernden Deckels und dicht über dem Bade angeordnet werden.

Ausführungsformen von Vorrichtungen gemäß der Erfindung sind in den Zeichnungen dargestellt.

Fig. 1 zeigt schaubildlich eine Kathode gemäß der Erfindung,

Fig. 2 einen Schnitt durch die Gesamtvorrichtung, während

Fig. 3 und 4 abgeänderte Ausführungsformen der Kathode darstellen.

Bei der Ausführungsform nach Fig. 1 sind die Stäbe *D* hängend an einem hohlen, vorzugsweise aus Kupfer bestehenden Ring *E* befestigt, der den Strom zuleitet und auf die

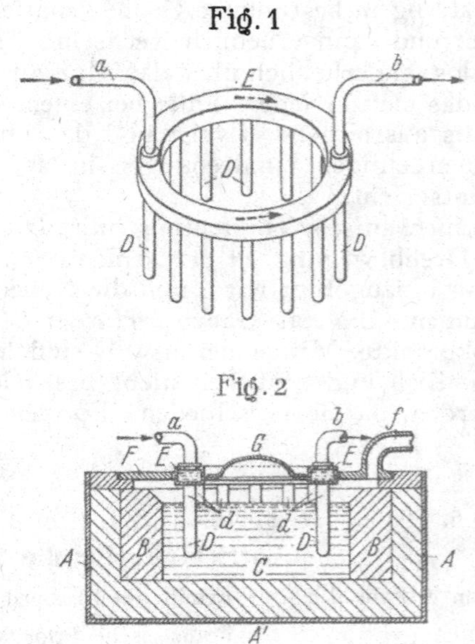

Stäbe verteilt und in dem man durch passend angeordnete Rohröffnungen *a, b* Wasser umlaufen läßt. Dieser Ring, der aus mehreren Teilen bestehen kann, ist über dem elektrolytischen Bade angeordnet, dessen einmal eingestellte Höhe während des Betriebes ziemlich konstant bleibt.

Die Stäbe bilden eine Art von Käfig, in dessen Mitte sich das schwimmende Leichtmetall vereinigt und sammelt.

Fig. 2 stellt im senkrechten Schnitt beispielsweise eine Ausführungsform einer Vorrichtung dar, bei der die neue Kathodenanordnung angebracht ist. Unter den dargestellten Bedingungen wird der herausragende Teil *d* der Stäbe durch Wärmeleitung gekühlt. Die Temperatur dieses Teils *d* ist am niedrigsten beim Ring *E* und steigt, wenn man dem Bade näher liegende Punkte in Betracht zieht, allmählich in dem Maße an, in dem die Entfernung von dem Ring größer wird.

Durch Heben oder Senken des Ringes *E*, durch verschieden hohe Einstellung der Badhöhe oder durch gleichzeitige Anwendung dieser beiden Mittel kann die Größe des herausragenden Teils *d* nach Belieben verändert und dadurch in dem Stab an dessen Eintrittsstelle in das Bad eine Temperatur gesichert werden, die niedriger als die Badtemperatur ist. Die Abkühlung ist genügend stark, wenn sich an dieser Stelle ein Ring von erstarrtem Elektrolytmaterial bildet.

Wenn bei einer Betriebsvorrichtung zwischen dem kühlenden Verbindungsstück *E* und dem Bade ein größerer Temperaturunterschied verlangt wird, als mittels der Wärmeleitfähigkeit des Eisens erreichbar ist, so kann der herausragende Teil *d* aus Kupfer hergestellt werden, wodurch der Temperaturunterschied erheblich vergrößert wird. Der eintauchende Teil besteht vorzugsweise aus Eisen.

Eine andere Ausführungsform des Erfindungsgedankens zeigt Stabkathoden, die aus einer unten geschlossenen, mit einer Kupferseele versehenen Eisenhülle bestehen und mit dieser eine Einheit bilden. Die Kupferseele ist das für die Ableitung der Wärme wesentliche Element, doch kann die Kupferseele nur in einem Teil der Länge, nämlich im oberen Teil des Stabes, vorhanden sein.

Bei einer anderen für die Verwirklichung der Erfindung geeigneten Anordnung ist der Teil *d* der Stäbe *D* röhrenförmig oder mit hohlem Kopf ausgebildet, der mit dem in dem Verbindungsstück *E* befindlichen Kanal in Verbindung steht, wie in Fig. 3 für zwei Stäbe *D* im Schnitt und in Seitenansicht dargestellt ist. Das Kühlwasser, das in *E* umläuft, dringt in das Innere jedes Kopfes *d* ein und wirkt dort unmittelbar.

Ferner kann nach der Erfindung die Stabkathodenvorrichtung mit gekühltem Oberteil so eingerichtet sein, daß die Stellung der Stäbe in dem Bade mittels der Vorrichtung selbst veränderlich einstellbar ist, so daß die elektrolytischen Bedingungen zwischen den Stäben *D* und der wirksamen Anodenfläche ziemlich konstant gehalten werden können. Dies wird dadurch erreicht, daß der Durchmesser der Kathode im Verhältnis der während des Betriebes infolge der Abnutzung eintretenden Vergrößerung des inneren Umfangs der Anode verändert wird.

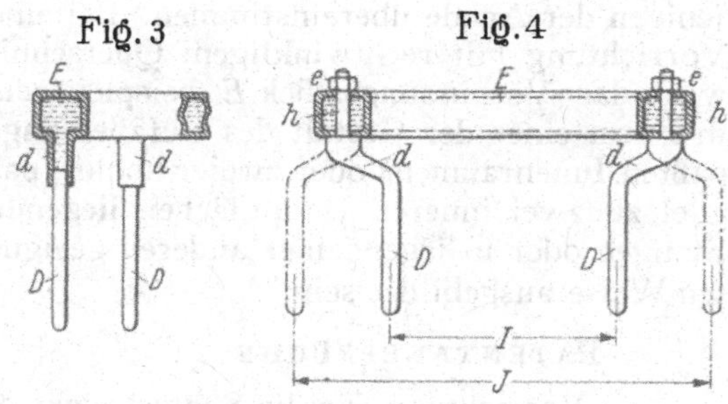

Fig. 4, in der nur zwei gegenüberliegende Stäbe dargestellt sind, zeigt, wie die Stäbe hierfür geformt und befestigt sind. *E* ist der Kühlring, zugleich die schon beschriebene Verbindung für die Stäbe. Der zwischen Bad und Ring befindliche Teil *d* des Stabes ist so gebogen, daß der wirksame Teil *D* sich außerhalb seiner Befestigungsachse *h* befindet. Lockert man die Befestigungsmutter *e*, so kann man diese Achse *h* um sich selbst drehen und dadurch den Stäben *D* beliebig die Abstände *I* und *J* und alle dazwischenliegenden Abstände geben.

Wird eine neue Anode benutzt, so werden die Stäbe nach innen in die in Fig. 4 in vollen Linien angegebene Lage gedreht, während bei einer Anode an der Grenze der Abnutzung die Stäbe zuletzt nach außen in die in der gleichen Figur strichpunktiert angedeuteten Stellungen gedreht werden.

Mittels dieser Vorrichtung ist der von den wirksamen Teilen *D* der Stäbe gebildete Kreis in den durch die Durchmesser *I* und *J* in Fig. 4 gegebenen Grenzen beliebig ausdehnbar oder zusammenziehbar. Man kann infolgedessen trotz der Veränderung des Durchmessers der Anode die geeignete Entfernung zwischen dieser und den Stäben ziemlich genau einhalten.

Infolge der in *E* und *h* in geeigneter Weise durchgeführten Abkühlung werden die gebogenen, vorzugsweise aus Kupfer bestehenden, herausragenden Teile *d*, die, wie schon beschrieben, hohl sein können, unempfindlich gegen den zerstörenden Einfluß der sie umgebenden chlorhaltigen Atmosphäre.

Das Verbindungsstück *E*, in dem das Kühlwasser umläuft, kann beliebige andere Formen, Ausmaße oder Einrichtung besitzen und kann aus verschiedenen Metallen, wie Eisen, Stahl, Gußmetall usw., bestehen. Es kann in mehrere Teile geteilt sein, mit dem Deckel des Apparats eine Einheit bilden oder ein Teil davon sein. Auch kann die Elektrolysiervorrichtung, die hier rund dargestellt wurde, beliebige andere Formen haben, beispielsweise oval, rechteckig oder anders geformt sein. Die Hauptform der Kathode soll mit derjenigen der Anode übereinstimmen. Bei einer Vorrichtung mit rechtwinkligem Querschnitt wird das Verbindungsstück *E* beispielsweise in Form eines der Gestalt des Gefäßes angepaßten Innenrahmens oder zweier hohler, parallel zu zwei inneren Hauptflächen liegender Stangen oder in irgendeiner anderen geeigneten Weise ausgebildet sein.

PATENTANSPRÜCHE:

1. Vorrichtung für die Schmelzelektrolyse von Chloriden, mit einer Kammer, in der sich das Chlor sammelt und als mehrteilige Kathoden dienende Metallstäbe angeordnet sind, dadurch gekennzeichnet, daß der unwirksame Teil der Stäbe durch Anwendung von Kühlmitteln im oberen Teil der Gesamtkathode außerhalb des Elektrolyten und unabhängig von einer elektrolytischen Wirkung abgekühlt wird.

2. Vorrichtung nach Anspruch 1, dadurch gekennzeichnet, daß die Abkühlung der aus dem Bade herausragenden Teile der Stabkathoden durch einen Wasserumlauf im Innern des die Stäbe in einer oder mehreren Gruppen verbindenden und ihnen Strom zuführenden leitenden Trägers oder in Berührung mit diesem außerhalb des Elektrolyten bewirkt wird.

3. Vorrichtung nach Anspruch 1, dadurch gekennzeichnet, daß ihre als hängende Stäbe ausgebildeten Kathoden aus einem aus Kupfer oder einer Kupferlegierung gebildeten vollen oder hohlen, außerhalb des geschmolzenen Chloridbades liegenden Kopf und aus einem eintauchenden wirksamen Teil aus Eisen oder Stahl bestehen und daß die Abkühlung des aus dem Bade herausragenden Teils durch die Elektrolyse nicht merklich beeinflußt wird.

4. Vorrichtung nach Anspruch 1 mit einem System von Stabkathoden, welche an einem gemeinsamen runden oder geradlinigen oder anders geformten Träger hängen, dadurch gekennzeichnet, daß deren herausragende Teile knieförmig gebogen sind und daß die Befestigung an dem Träger drehbar in der Weise erfolgt, daß der Drehpunkt in bezug auf die Achse der eintauchenden Stabteile verschoben angeordnet ist und daß man den Abstand dieser Stäbe von der Anode regulieren kann.

5. Vorrichtung nach Anspruch 1, dadurch gekennzeichnet, daß die verwendete Kathode aus einem Ring besteht, in welchem Wasser zirkuliert und unterhalb dessen teilweise in den Elektrolyten eintauchende Stäbe hängen.

E. P. 284678.

Nr. 514125. (I. 37852.) Kl. 40c, 4.

I. G. FARBENINDUSTRIE AKT.-GES. IN FRANKFURT A. M.

Erfinder: Dr. Johannes Brode, Dr. Carl Wurster und Dr.-Ing. Erich Büttgenbach in Ludwigshafen a. Rh.

Verfahren zur Elektrolyse von Halogensalzschmelzen.

Vom 27. April 1929. — Erteilt am 27. Nov. 1930. — Ausgegeben am 8. Dez. 1930. — Erloschen: . . . .

Für die Elektrolyse von Halogensalzschmelzen ist es erforderlich, ein Anodenmaterial zu verwenden, das von der Schmelze sowie von dem bei der Elektrolyse entstehenden Halogen nicht angegriffen wird. Bisher standen für diese Zwecke der Praxis nur Anoden aus Kohle oder Graphit zur Verfügung. Doch auch diese Materialien besitzen eine nicht genügende Haltbarkeit. Sie werden durch die Schmelze ebenfalls allmählich angegriffen und hierdurch sowie durch die gleichzeitige Entwicklung von Halogen aufgelockert, wodurch sie zerfallen und so den Elektrolyten verunreinigen. Häufig setzt sich dann die in der Schmelze befindliche Kohle im Verlauf der Elektrolyse an der Kathode ab und wird in dem dort abgeschiedenen Metall eingeschlossen, wobei dieses außer dem Nachteil der Schmelzeinschlüsse als brüchige oder poröse Masse gewonnen wird.

Es wurde nun gefunden, daß diese Nachteile beseitigt werden, wenn man Wolfram als Anodenmaterial verwendet und die Elektrolyse bei Temperaturen unter Rotglut durchführt. Ein Angriff auf das Wolframmetall findet bei vorliegendem Verfahren nicht statt und die Nachteile, die sich bei Verwendung von Kohle oder Graphit als Anodenmaterial in der Regel geltend machen, treten hier nicht auf. Auch Störungen der Elektrolyse durch Auftreten des Anodeneffektes machen sich bei dem vorliegenden Verfahren nicht bemerkbar.

Es ist nicht erforderlich, daß die Anode vollständig aus Wolfram besteht, sondern man kann auch solche Anoden benutzen, bei denen der Kern z. B. aus Metall, Graphit, Glas, Porzellan oder einem sonstigen leitenden oder nichtleitenden Material hergestellt und mit einer dichten Schicht von Wolframmetall überzogen ist.

Beispiel

Eine aus 18% Natriumchlorid und 82% Aluminiumchlorid bestehende Schmelze wird bei 200° unter Verwendung einer Wolframanode bei etwa 20 Amp. Stromdichte pro Quadratdezimeter elektrolysiert. Nach 24 Stunden zeigte die Anode weder eine Veränderung des Aussehens noch trat eine Verringerung oder Zunahme ihres anfänglichen Gewichtes ein. Eine aus Kohle bestehende Anode wurde bei gleichen Arbeitsbedingungen vollständig zerstört, außerdem war das an der Kathode abgeschiedene Aluminiummetall kohlehaltig.

PATENTANSPRUCH:

Verfahren zur Elektrolyse von Halogensalzschmelzen, dadurch gekennzeichnet, daß man Wolfram als Anodenmaterial bei Temperaturen unter Rotglut verwendet.

Nr. 484 289. (I. 34 133.) Kl. 40 c, 2.

I. G. FARBENINDUSTRIE AKT.-GES. IN FRANKFURT A. M.

Erfinder: Dr. Paul Weise in Wiesdorf b. Köln a. Rh. und Dr. Erich Reiche in Leverkusen.

Verfahren und Vorrichtung zur Ausführung von Schmelzelektrolysen.

Vom 15. April 1928. — Erteilt am 26. Sept. 1929. — Ausgegeben am 14. Okt. 1929. — Erloschen: ....

Bei der Ausführung von Elektrolysen nichtwäßriger Lösungen im Schmelzbade beteiligt sich oft der Kohlenstoff der Elektrode direkt oder indirekt an der chemischen Umsetzung, so bei der Darstellung von Metallen durch direkte oder indirekte Reduktion der Oxyde, wie beispielsweise bei der Erzeugung von Aluminium und Natrium, oder der Kohlenstoff verbindet sich mit anderen Elementen zu Carbiden. Da die angewandten Elektroden meistens aus kompakten Blöcken bestehen, besitzt der Kohlenstoff jedoch nur eine geringe Oberfläche, so daß die Elektrolyse nur langsam fortschreitet.

Es wurde nun ein neues Verfahren und eine diesbezügliche Vorrichtung gefunden, diese gestatten, diesen Mangel zu beseitigen. Das Verfahren besteht darin, daß als Elektroden aufgeschütteter Kohlenstoff bzw. aufgeschüttetes kohlenstoffhaltiges Material von bestimmter Korngröße zur Anwendung gelangt.

Die Durchführung dieses Verfahrens erfolgt mit Hilfe von Schüttelelektroden aus körnigem Material, das durch Schächte immer wieder ergänzt wird, und das die eigentlichen Stromzuführungselektroden vor dem Angriff schützt. Die Korngröße ist dabei abhängig von der Leitfähigkeit, der Beschaffenheit des Materials (z. B. ob Kohle oder Graphit angewandt wird) und der Größe der Schächte. Im allgemeinen ist es vorteilhaft, ein Gemisch von feinster Körnung bis zu nußgroßen Stücken anzuwenden, doch sind die kleinen Stücke am zweckdienlichsten. Die Schächte, welche sich zur Vermeidung von Verstopfungen zweckmäßig nach unten konisch erweitern, dienen gleichzeitig zur Zuleitung des Stromes. Um zu verhindern, daß sich die Elektroden unten berühren, wird der Boden des Elektrolysiergefäßes zweckmäßig dachförmig ausgebildet.

Die zur Durchführung dieses Verfahrens zweckmäßig zu verwendende Vorrichtung besteht im wesentlichen aus einem Schmelzbadgefäß für die Elektrolyse mit aufgeschütteten Elektroden, die durch unten erweiterte und bis dicht auf das Schmelzbad reichende Schächte geführt und gehalten werden, wobei der Boden des Schmelzbades vorteilhaft derart geformt ist, daß die Schüttkegel der Elektroden sich oder die feste Gegenelektrode nicht berühren können.

Eine Ausführungsform einer solchen Vorrichtung wird in der beiliegenden Zeichnung unter Bild 1 bis 4 veranschaulicht, wobei Bild 2 und 4 jeweils den Grundriß zu den Aufrissen 1 und 3 darstellt.

Die Vorrichtung 1 und 2 besteht im wesentlichen aus einem Elektrolysiergefäß (Schmelzbadgefäß) *a*, das durch die Schächte *b* und die Beschickungsöffnung *c* von oben zugänglich ist. Die Schächte *b* oder auch die zwei Seitenwände des Gefäßes *a* bestehen aus leitendem Material *d*, das die Stromzufuhr zu den Schüttelektroden *e* übermittelt. Die Schächte *b* reichen nur bis dicht auf die Schmelze; sie können, ebenso wie die Gefäßwandungen, mit Kühlleitungen *f* versehen sein. Die dachförmige Ausbildung des Gefäßbodens *g* kann bei breiten Bädern und wenn Flammbildung erwünscht ist, fortgelassen werden.

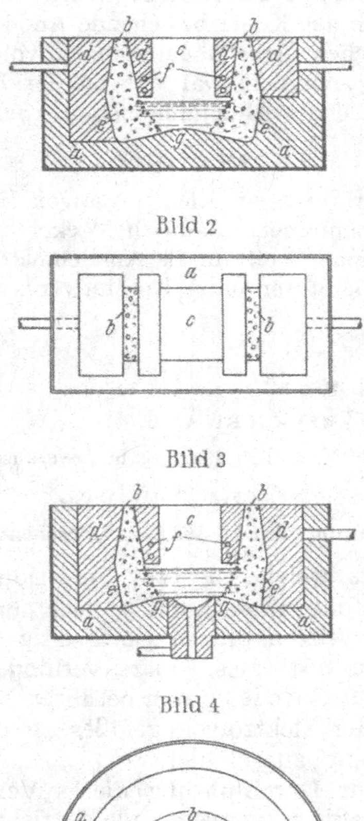

Eine andere Art der Ausführungsform mit einer ringförmigen Schüttelektrode und fester Gegenelektrode zeigen Bild 3 und 4. Diese Anordnung eignet sich z. B. besonders zurDarstellung von metallischemAluminium.

Durch die Art und Anordnung der Schüttelektrode wird eine sehr gleichmäßige Stromverteilung bei großer Oberfläche bewirkt. Entstehendes CO kann so ungehindert entweichen. Die Ergänzung des Elektrodenmaterials erfolgt ohne Betriebsstörung, ebenso fallen alle Form- und Brennkosten der Elektroden fort. Wie schon erwähnt, läßt sich dieses Verfahren auch bei solchen Prozessen anwenden, bei denen nur die Heizwirkung des elektrischen Flammbogens ausgenutzt wird. Hierbei schützt die Schüttmasse die Stromzuführungselektrode vor der Verbrennung.

Patentansprüche:

1. Verfahren zur Ausführung von Schmelzelektrolysen, bei denen der Kohlenstoff der Elektroden sich direkt oder indirekt an der chemischen Umsetzung beteiligt oder starken physikalischen Angriffen ausgesetzt ist, dadurch gekennzeichnet, daß die Elektroden mit ein oder mehreren Elektroden aus aufgeschüttetem, kohlenstoffhaltigem Material bestimmter Korngröße ausgeführt wird.

2. Verfahren nach Anspruch 1, dadurch gekennzeichnet, daß das kohlenstoffhaltige Material durch Schächte, die gleichzeitig zur Stromführung dienen, immer wieder ergänzt wird.

3. Vorrichtung gemäß Anspruch 1 und 2, gekennzeichnet durch aufgeschüttete Elektroden, die durch unten erweiterte und bis dicht auf das Schmelzbad reichende Schäfte geführt und gehalten werden.

4. Vorrichtung nach Anspruch 3, dadurch gekennzeichnet, daß der Boden des Schmelzbades derart geformt ist, daß die Schüttkegel der Elektroden sich oder die feste Gegenelektrode nicht berühren können.

Nr. 479481. (I. 27264.) Kl. 40a, 15.

I. G. Farbenindustrie Akt.-Ges. in Frankfurt a. M.

Erfinder: Adolf Beck in Bitterfeld.

Rückgewinnung und Reinigung von Leichtmetallen.

Zusatz zum Patent 403802.

Vom 16. Jan. 1926. — Erteilt am 27. Juni 1929. — Ausgegeben am 17. Juli 1929. — Erloschen: . . . .

Gemäß dem Verfahren des Patents 403802 soll als Mittel zur Entfernung von Verunreinigungen bei der Rückgewinnung von Metallabfällen eine Schmelze von Chlormagnesium oder Carnallit verwendet werden, welcher als Verdickungsmittel wirkende Stoffe zugesetzt sind. Hierunter sind Stoffe verstanden, die mit dem geschmolzenen Chlormagnesium keine niedriger schmelzenden Eutektika bilden.

In weiterer Ausarbeitung der Erfindung ist zunächst gefunden worden, daß bei der Anwendung von Chlormagnesium, dem als Verdickungsmittel Flußspat zugesetzt ist, oder bei der vorausgehenden Einschmelzung eines Gemisches von Chlormagnesium und Flußspat zwecks Herstellung eines Vorrats an unmittelbar gebrauchsfähigem Reinigungsmittel, eine Umsetzung unter Bildung von Chlorcalcium und Magnesiumfluorid eintritt.

Es ist weiterhin gefunden worden, daß man nun statt Chlormagnesium in Verbindung mit Flußspat als Verdickungsmittel auch Chlorcalcium mit Zuschlägen von Flußspat verwenden kann. Dies beruht darauf, daß auch in diesem Fall Flußspat als Verdickungsmittel wirkt, entweder mittelbar oder unmittelbar, indem bei den in Frage kommenden Temperaturen von oberhalb etwa 650° aus einer Schmelze von flußspatenthaltendem Chlorcalcium bei Gehalten oberhalb etwa 18% Mol-% CaF_2 eine primäre Ausscheidung des Fluorcalciums stattfindet, bis der Eutektikumspunkt von etwa 650° erreicht ist, während bei Gehalten unter 18% CaF_2 primär Chlorcalcium sich ausscheidet und als Verdickungsmittel wirkt. Beispielsweise wird bei 650° bei einem Gehalt von 9% CaF_2 aus 100 Teilen Schmelze eine primäre Ausscheidung von 50 Teilen $CaCl_2$ stattfinden, während 50 Teile eines Eutektikums mit 18% CaF_2 als Schmelze verbleiben. Man hat es so auf Grund des bekannten Schmelzdiagramms der Salzmischung in der Hand, je nach der Temperatur, auf welche das Metall erhitzt werden soll, die geeignete Zusammensetzung, d. h. den geeigneten Verdickungsgrad der Schmelze, zu wählen. Man wird dabei die Anwendung der weniger regelungsfähigen Mischungen in der Nähe der Eutektikumszusammensetzung (18% CaF_2) vermeiden.

Die hier in Anspruch genommene Wirkung des Flußspats unterscheidet sich demnach wesentlich von derjenigen, die bei der sonst üblichen Verwendung von Flußspat als Zuschlag zu leichtflüssigen Salzschmelzen, z. B. Calciumchlorid, sich auswirkt, welche letztere als Einbettung und Decke für die einzuschmelzenden Metalle dienen; hierbei wird durch den Flußspatgehalt der Schmelze der Zweck verfolgt, das Zusammenfließen des Metalles zu einem einheitlichen Regulus zu erleichtern. Im vorliegenden Falle reicht jedoch die Menge der Salzschmelze hierfür nicht aus, da nach den Grundsätzen des Patents 403 802 (bzw. des Hauptpatents 360 818) verfahren wird. Flußspat kommt also hier nicht als Flußmittel, sondern nur als Verdickungsmittel zur Erzielung einer bestimmten Zähigkeit der Schmelze in Anwendung.

Patentanspruch:

Abänderung des Verfahrens nach Patent 403 802, dadurch gekennzeichnet, daß an Stelle von Chlormagnesium in an sich bekannter Weise ein Gemisch von wasserfreiem Chlorcalcium mit Fluorcalcium verwendet wird, dessen Zusammensetzung von dem Eutektikum (18% CaF_2) wesentlich abweicht, so daß die primär ausgeschiedenen Salzkristalle als Verdickungsmittel wirken.

D. R. P. 403802, S. 3518.

Nr. 480 128. (K. 100 911.) Kl. 40a, 48. Dr.-Ing. Wilhelm Kroll in Luxemburg.

Herstellung von metallischem Beryllium durch Umsetzung von Beryllium-Alkalidoppelfluoriden mit einem anderen Metall in geschmolzenem Zustand.

Vom 29. Sept. 1926. — Erteilt am 4. Juli 1929. — Ausgegeben am 30. Juli 1929. — Erloschen: 1934.

Für die Herstellung von metallischem Beryllium sind außer der Schmelzflußelektrolyse unter Anwendung einer Barium-Berylliumfluorid enthaltenen Schmelze auch chemische Verfahren vorgeschlagen worden. Insbesondere ist es bekannt, Beryllium-Doppelfluorid-Kristalle mit Natrium auf Rotglut zu erhitzen und durch Auslaugen des Rückstandes kristallinisches Beryllium sowie mit Eisen und Berylliumoxyd vermischtes Berylliumpulver zu erhalten. Bei diesem bekannten Verfahren besteht der Nachteil, daß infolge des verhältnismäßig niedrigen Siedepunktes des Natriums und wegen der Anwesenheit des Kristallwassers bei dem Schmelzen leicht explosionsartige Erscheinungen auftreten. Ein weiterer Übelstand besteht darin, daß das Endprodukt inhomogen ist.

Man hat außerdem vorgeschlagen, Beryllium-Magnesium-Legierungen mit einem Berylliumgehalt bis zu höchstens 16% durch Umsetzung von Berylliumdoppelfluorid mit Magnesium unter Zusatz von Chloriden herzustellen.

Dieses bekannte Verfahren läßt sich für die Herstellung von metallischem Beryllium praktisch aus dem Grunde nicht anwenden, weil die Entfernung der bei weitem überwiegenden Mengen der Legierung an Magnesium auf große Schwierigkeiten stößt.

Schließlich hat man auch versucht, Beryllium durch Erhitzung seines Oxydes mit den Superoxyden der Erdalkalimetalle oder des Magnesiums herzustellen, was aber im günstigsten Falle nur zu Berylliummetallflittern führt, die erst durch einen anschließenden Schmelzprozeß zu kompaktem Beryllium umgeschmolzen werden müssen. Auch ein zur Herstellung der Erdalkalimetalle und des Magnesiums vorgeschlagenes Verfahren, bei welchem mit wasserhaltigen Oxyden dieser Elemente und mit Silicium gearbeitet wird, läßt sich für die Herstellung von metallischem Beryllium nicht wirtschaftlich anwenden.

Gemäß der Erfindung gelingt es, kompaktes, metallisches Beryllium dadurch herzustellen, daß eine wasserfreie, berylliumhaltige Fluoridschmelze mit einem Erdalkalimetall oder mit Magnesium oder mit Lithium bei oberhalb 1000° C zur Einwirkung gebracht und daß mit einem Überschuß von Berylliumfluorid gearbeitet wird. Dieses Verfahren liefert im allgemeinen bereits vollständig reines metallisches Beryllium in kompakter Form. Sollten geringe Verunreinigungen an dem zur Umsetzung verwendeten anderen Metall noch in dem Endprodukt enthalten sein, so sind diese bei dem neuen Verfahren leicht zu entfernen, z. B. durch nochmaliges Umschmelzen mit dem Doppelfluorid oder durch Erhitzen des Endproduktes auf über 1300° C. Bei dem neuen Verfahren unterscheidet sich das Lithium in seinem Verhalten wesentlich von den anderen Alkalimetallen, weil sein Siedepunkt ebenso wie derjenige der Erdalkalimetalle höher als 1000° C liegt.

Beispiel

150 g MgF_2, BeF_2 wurden in geschmolzenem Zustand mit 20 g Magnesium zur Reaktion gebracht. Die Temperatur stieg über den Schmelzpunkt des Berylliums, so daß kompaktes Berylliummetall gewonnen werden konnte. Dasselbe enthielt jedoch noch etwa 5% Magnesium. Durch abermalige Umsetzung des gewonnenen Berylliummetalls gegen 50 g desselben Salzes, ko nte bei 1300° vollständig reines Berylliummetall erzielt werden. Verwendet man Calcium zur Reduktion, so benutzt man vorzugsweise Calciumfluorid als Verdünnungsmittel für das Berylliumfluorid. Man kann auch an Stelle des Magnesiums oder Calciums Lithiummetall zur Reduktion benutzen, das sich den Erdalkalimetallen ähnlich verhält. Hingegen muß dafür Sorge getragen werden, daß die Schmelze nur wenig Alkalifluorid enthält, da die Reaktion sonst zu heftig wird und Alkalimetall dampfförmig entweicht.

Die Raffination des nach dem beschriebenen Verfahren gewonnenen Berylliummetalls läßt sich in einfacher Weise auch so durchführen, daß man das gewonnene Rohberyllium durch Überhitzung von überschüssigem Erdalkalimetall, Magnesium oder Lithium befreit, das dampfförmig entweicht. Dies ist besonders gut durchzuführen beim Magnesium, das leicht verdampft, sofern man die Temperatur auf 1300° C steigert, wobei reines geschmolzenes Berylliummetall zurückbleibt.

Gegenüber dem bekannten Verfahren besitzt das neue Verfahren den großen Vorteil, daß man unmittelbar in kürzester Zeit und ohne nennenswerte Verluste an Berylliumfluorid bei fast theoretischer Ausbeute zu kompaktem Berylliummetall gelangt.

Patentanspruch:

Verfahren zur Herstellung von metallischem Beryllium durch Umsetzung von Beryllium-Alkali-Doppelfluoriden mit einem anderen Metall in geschmolzenem Zustand, dadurch gekennzeichnet, daß eine wasserfreie, berylliumhaltige Fluoridschmelze mit einem Erdalkalimetall oder mit Magnesium oder mit Lithium bei oberhalb 1000° C zur Einwirkung gebracht und mit einem Überschuß von Berylliumfluorid gearbeitet wird.

Nr. 467 247. (S. 76 602.) Kl. 40 c, 6.

Siemens & Halske Akt.-Ges. in Berlin-Siemensstadt.
Erfinder: Dr. Hellmut Fischer in Berlin-Siemensstadt.

Verfahren zur Herstellung von metallischem Beryllium oder dessen Legierungen.

Vom 8. Okt. 1926. — Erteilt am 4. Okt. 1928. — Ausgegeben am 22. Okt. 1928. — Erloschen: . . . .

Die Erfindung bezieht sich auf ein neues Verfahren zur Herstellung von metallischem Beryllium oder dessen Legierungen mittels Schmelzflußelektrolyse, das sowohl zur Erzeugung von Beryllium oder Berylliumlegierungen in kompakter Form als auch in Form von Überzügen geeignet ist.

Von den bisher bekannten Verfahren zur Darstellung von Berylliummetall hat sich nur das Verfahren von Stock & Goldschmidt (Patent 375824) als technisch brauchbar erwiesen. Bei diesem Verfahren erfolgt die Abscheidung des Berylliums durch Schmelzflußelektrolyse aus einer Schmelze die aus einem Gemisch von Berylliumdoppelfluoriden mit Erdalkalifluoriden gebildet ist. Das bekannte Verfahren bietet insofern gewisse Schwierigkeiten, als einerseits die

Darstellung der benötigten Doppelfluoride umständlich und kostspielig ist und andererseits infolge Verdampfung nicht unerhebliche Verluste während des Betriebes häufig eintreten.

Man war daher bei diesem bekannten Verfahren gezwungen, von Zeit zu Zeit erhebliche Mengen neuer Berylliumverbindungen, beispielsweise Berylliumoxyd, nachzutragen. Eine derartige Schmelze weist außer den bereits genannten Schwierigkeiten noch den Nachteil auf, daß Berylliumoxyd in ihr nur in geringem Maße löslich ist. Außerdem tritt bei der Elektrolyse leicht heftiges Spritzen der Schmelze ein. Schließlich läßt es sich vielfach auch nicht vermeiden, daß die abgeschiedenen Reguli mehr oder weniger große Mengen von Berylliumoxyd enthalten.

Gemäß der Erfindung werden alle diese Nachteile dadurch vermieden, daß das Beryllium als getrennt hergestelltes Berylliumoxyfluorid bzw. basisches Berylliumfluorid oder in beiden Verbindungen in der zu elektrolysierenden Schmelze enthalten ist. Zweckmäßig werden auch die beiden erwähnten Berylliumverbindungen einzeln oder zusammen zur Ergänzung des durch die Elektrolyse zersetzten Berylliumsalzes in die Schmelze nachgetragen. Die Schmelze, die in ähnlicher Weise wie bei dem bekannten Verfahren außerdem eine oder mehrere Erdalkalifluoride und gegebenenfalls Alkalihalogenide enthält, löst im Gegensatz zu dem bekannten Verfahren die verwendeten Berylliumverbindungen in erheblich größerer prozentualer Menge auf. Sie ist leicht und billig herzustellen. Durch den Zusatz von Alkalifluoriden zu der Schmelze wird ihre Viskosität erniedrigt. Es hat sich gezeigt, daß man das durch Verdampfen bei der Elektrolyse entstehende und aufgefangene Sublimationsprodukt, gegebenenfalls gemischt mit frischem Berylliumsalz, wieder in die Schmelze einbringen kann zur Ergänzung des durch die Elektrolyse zersetzten Berylliumsalzes. Das neue Verfahren kann sowohl zur Herstellung von metallischem Beryllium als auch von dessen Legierungen in kompakter Form oder als Überzug angewendet werden. Die Temperatur bei dem neuen Verfahren wird ebenso wie bei dem bekannten Verfahren zweckmäßig oberhalb des Schmelzpunktes des Berylliums (etwa 1285° C) gewählt. Die Verdampfung der Elektrolyten ist trotzdem bei dieser Temperatur verhältnismäßig sehr gering. Ein weiterer wesentlicher Vorteil des neuen Verfahrens besteht darin, daß die verdampfenden Salze, die gemäß weiterer Erfindung fast vollständig aufgefangen werden, ohne weiteres wieder in die Elektrolyse eingebracht werden können. Der einmal zusammengestellte Schmelzflußelektrolyt kann bei hinreichender Nachsättigung mit Berylliumsalzen bzw. Flugstaub beliebig lange im Betrieb bleiben. Das neue Verfahren ermöglicht also ein kontinuierliches Arbeiten beinahe ohne Verdampfungsverluste, da, abgesehen von geringen Verlusten beim Auffangen der verdampfenden Salze, nur eine Ergänzung der vom elektrischen Strom zersetzten Berylliumsalze notwendig ist.

Das neue Verfahren kann zur Darstellung kompakten Berylliummetalls beispielsweise folgendermaßen ausgeführt werden:

In einem geeigneten Tiegel, vorzugsweise aus Graphit, wird unter Zuhilfenahme des elektrischen Lichtbogens ein Gemisch von beispielsweise Bariumfluorid mit Berylliumoxyfluorid eingeschmolzen. Die so entstandene Schmelze, die beispielsweise etwa 7 bis 8 Prozent Beryllium enhalten kann, wird auf eine Temperatur oberhalb des Schmelzpunktes des Berylliums, beispielsweise etwa 1300 bis 1350°, gebracht und bei dieser Temperatur der Elektrolyse unterworfen. Die Kathode kann, um ein Schmelzen oder Verbrennen des abgeschiedenen Berylliums zu vermeiden, mit Wasserkühlung versehen werden. Das Beryllium wird kathodisch in sehr reiner kompakter Form abgeschieden. In geeigneten Zeiträumen wird entsprechend der Verarmung des Bades an Beryllium Berylliumoxyfluorid und evtl. etwas Bariumfluorid, letzteres zur Ergänzung des verdampften Bariumsalzes, nachgetragen. Die verdampfenden Salze werden mittels einer geeigneten Vorrichtung, z. B. Staubkammer oder an Gleichstromhochspannungselektroden, aufgefangen und das Sublimationsprodukt allein oder evtl. gemeinsam mit frischem Berylliumoxyfluorid zum Nachsättigen der feuerflüssigen Schmelze verwendet. Die Elektrolyse kann beliebig lange fortgesetzt werden, es muß nur von Zeit zu Zeit, je nach der Tiegelgröße des Bades, der kathodisch abgeschiedene Berylliumregulus entfernt werden.

Soll das neue Verfahren für die Herstellung von Berylliumlegierungen angewendet werden, so empfiehlt es sich, das zu legierende Metall als flüssige Kathode anzuwenden und im übrigen wie in dem vorstehenden Beispiel zu arbeiten. Zur Erzeugung von Berylliumüberzügen wird als Kathode der zu überziehende Körper in die Schmelze eingebracht und gegebenenfalls gekühlt. Bei der Erzeugung von Berylliumüberzügen ist es u. U. zwechmäßig, eine Zwischenschicht, die aus einem anderen Metall besteht, anzuwenden. Derartige Zwischenschichten können beispielsweise auf galvanischem Wege erzeugt werden und kommen hauptsächlich für solche Metalle bzw. deren Legierungen in Frage, deren Schmelzpunkt erheblich oberhalb desjenigen des Berylliums liegt, beispielsweise Wolfram, Molybdän, Tantal, Vanadin, Niob usw. Als geeignetes Material für die Zwischenschicht kommen insbesondere in Frage Eisen, Kupfer, Nickel, Kobalt u. a. m. Nach Aufbringen der Zwischenschicht auf den zu überziehenden Körper wird dieser als Kathode geschaltet in die neue Schmelze eingebracht und diese bei einer Temperatur von etwa 700 bis 1200° der Schmelzflußelektrolyse unterworfen. Es ist gegebenenfalls auch möglich, Überzüge aus Berylliumlegierungen mit oder ohne Zwischenschicht herzustellen. Dies kann beispielsweise dadurch erreicht werden, daß das Salz eines geeigneten Legierungsmetalls, beispielsweise Aluminium, der neuen Schmelze zugesetzt wird. Als Legierungsmetalle für die Herstellung der Berylliumlegierungen in kompakter Form oder als Überzüge kommen hauptsächlich in Frage: Aluminium, Kupfer, Magnesium, Nickel, Kobalt, Eisen usw.

Patentansprüche:

1. Verfahren zur Herstellung von metallischem Beryllium oder dessen Legierungen in kompakter Form oder als Überzug mittels Elektrolyse einer Erdalkali- und gegebenenfalls Alkali-Fluorverbindungen enthaltenden feuerflüssigen Schmelze, dadurch gekennzeichnet, daß in der zu elektrolysierenden Schmelze getrennt hergestelltes Berylliumoxyfluorid bzw. basisches Berylliumfluorid oder beides enthalten ist.

2. Verfahren nach Anspruch 1, dadurch gekennzeichnet, daß Berylliumoxyfluorid bzw. basisches Berylliumfluorid oder beides zur Ergänzung des durch die Elektrolyse zersetzten Berylliumsalzes in die Schmelze nachgetragen wird.

3. Verfahren nach Anspruch 1, dadurch gekennzeichnet, daß das durch Verdampfung bei der Elektrolyse entstehende und aufgefangene Sublimationsprodukt, gegebenenfalls gemischt mit frischem Berylliumsalz, insbesondere Berylliumoxyfluorid bzw. basisches Berylliumfluorid oder beiden, wieder in die Schmelze eingebracht wird.

A. P. 1790155 der Beryllium Corp. of America.

Nr. 465525. (S. 71826.) Kl. 40a, 48.

Siemens & Halske Akt.-Ges. in Berlin-Siemensstadt.

Erfinder: Dr. Hellmut Fischer, Berlin-Siemensstadt.

Reinigung von metallischem Beryllium.

Vom 10. Okt. 1925. — Erteilt am 30. Aug. 1928. — Ausgegeben am 19. Sept. 1928. — Erloschen: ...

Es ist bekannt, Magnesium durch Umschmelzen zu reinigen. Man hat zu diesem Zweck insbesondere Gemische von Alkalichloriden benutzt. Erdalkalihalogenide galten als ungeeignet. Für eine solche Schmelze wurde im übrigen lediglich gefordert, daß ihr Schmelzpunkt wesentlich oberhalb des Schmelzpunktes des Magnesiums lag. Ähnliche Reinigungsverfahren sind auch für Aluminium bekannt.

Da nun Beryllium in seinen Eigenschaften sowohl mit Magnesium als auch mit Aluminium gewisse Ähnlichkeiten aufweist, so hätte man annehmen können, daß sich die für diese beiden Metalle bekannten Reinigungsverfahren ohne weiteres auch für Beryllium anwenden ließen. Es hat sich indessen gezeigt, daß diese scheinbar naheliegende Annahme nicht zutrifft. Es ist vielmehr zur Erreichung einer einwandfreien Reinigung des Berylliums durch Umschmelzen gemäß der Erfindung erforderlich, daß das zu reinigende Berylliummetall in einer mit ihm reagierenden, vorzugsweise Erdalkalihalogenid enthaltenden Schmelze, deren Oberflächenspannung kleiner und deren Dichte größer ist als die des Berylliums unter ausschließlicher Anwendung von Wärmewirkung umgeschmolzen wird. Im Gegensatz zu dem bekannten Reinigungsverfahren für Magnesium und Aluminium muß also eine zur Reinigung von metallischem Beryllium geeignete Schmelze noch mehrere andere wesentliche Bedingungen erfüllen. Zweckmäßig wird die Schmelze außerdem so gewählt, daß sie bei der Temperatur des schmelzenden Berylliums (um 1300° C) einen möglichst geringen Dampfdruck besitzt. Außerdem ist es günstig, wenn die Schmelze, mindestens bei der vorerwähnten Temperatur, eine geringe Viskosität aufweist. Weiter empfiehlt es sich, die Schmelze so zu wählen, daß ihr Erstarrungspunkt unter dem Erstarrungspunkt des Berylliums liegt.

Als besonders geeignet haben sich für den vorliegenden Zweck solche Schmelzen erwiesen, die aus Gemischen von Halogenverbindungen, insbesondere Chloriden und Fluoriden der Erdalkali, gebildet sind. Gegebenenfalls kann auch ein Zusatz von Alkalihalogenverbindungen benutzt werden. Als Beispiel für eine geeignete Schmelze sei das Gemisch von einem Teil wasserfreiem Calciumchlorid und einem Teil wasserfreiem Calciumfluorid angegeben. Es schmilzt bei etwa 950° C und zeigt die oben angeführten Eigenschaften. Ebenso eignet sich ein gleichartiges Gemisch, welches noch einen Zusatz von Natriumchlorid hat.

Es empfiehlt sich, das zu reinigende Berylliummetall erst dann in die Schmelze einzubringen, wenn diese eine Temperatur von 1 300° C erreicht hat. Ein Umrühren bei dem Eintragen und während des Schmelzprozesses ist oft vorteilhaft. Das umgeschmolzene oder umkristallisierte Berylliummetall kann entweder in der Hitze ausgeschöpft oder nach erfolgter Abkühlung als erstarrter Regulus herausgenommen werden. Der Schmelzprozeß kann unter öfterem teilweisen Erneuern der Schmelze mit beliebigen Mengen Metall unbegrenzt lange fortgesetzt werden.

Die Gegenwart von Silikaten, Boraten, Phosphaten und ähnlichen reduzierbaren Salzen muß in der Schmelze vermieden werden. Im übrigen sind keine besonderen Vorsichtsmaßregeln bei dem Reinigungsprozeß notwendig, sondern es gelingt, die in metallischem Beryllium enthaltenden Verunreinigungen, insbesondere Oxyd und Schlacke, in einwandfreier Weise durch Auflösung in der Schmelze zu entfernen.

Es ist zwar schon bei dem bekannten, von Stock und Goldschmidt angegebenen Verfahren zur Herstellung von metallischem Beryllium beobachtet worden, daß sich bei der Schmelzflußelektrolyse etwa ausscheidendes Berylliumoxyd sogleich wieder in der Schmelze auflöst. Aus dieser Tatsache konnte indessen nicht ohne weiteres die der Erfindung zugrunde liegende Erkenntnis geschlossen sein, daß die Auflösung des Berylliumoxyds und insbesondere auch der anderen Verunreinigungen, beispielsweise Schlacke, ausschließlich durch Wärmewirkung, also ohne Elektrolyse, und außerdem auch dann erfolgt, wenn solche Verunreinigungen beliebig alt sind. Um zu diesem Ergebnis zu gelangen, bedurfte es vielmehr erst sorgfältiger Untersuchungen, die zu dem Ergebnis führten; das nur dann, wenn die oben angeführten Bedingungen für die Zusammensetzung der Schmelze beachtet werden.

PATENTANSPRÜCHE:

1. Verfahren zur Reinigung von metallischem Beryllium, dadurch gekennzeichnet, daß das zu reinigende Berylliummetall in einer solchen, mit ihm nicht reagierenden, vorzugsweise Erdalkalihalogenid enthaltenden Schmelze, deren Oberflächenspannung kleiner und deren Dichte größer ist als die des Berylliums, unter ausschließlicher Anwendung von Wärmewirkung umgeschmolzen wird.

2. Verfahren nach Anspruch 1, dadurch gekennzeichnet, daß eine Schmelze verwendet wird, die bei der Temperatur des schmelzenden Berylliums (um 1 300°) einen möglichst geringen Dampfdruck besitzt.

3. Verfahren nach Anspruch 1 oder 2, dadurch gekennzeichnet, daß eine solche Schmelze benutzt wird, die bei der Temperatur des schmelzenden Berylliums (um 1 300°) eine geringe Viskosität aufweist.

4. Verfahren nach Anspruch 1, 2 oder 3, dadurch gekennzeichnet, daß eine Schmelze verwendet wird mit einem Erstarrungspunkt, der unter dem Erstarrungspunkt des Berylliums liegt.

5. Verfahren nach Anspruch 1 oder den Unteransprüchen, dadurch gekennzeichnet, daß ein Gemisch aus einem Chlorid und einem Fluorid der Erdalkalimetalle, gegebenenfalls unter Zusatz der entsprechenden Salze der Alkalimetalle, als Schmelze verwendet wird.

Nr. 484 394. (S. 79 234.) Kl. 40 a, 15.

SIEMENS & HALSKE AKT.-GES. IN BERLIN-SIEMENSSTADT.

Erfinder: Dr. Georg Masing in Berlin.

Desoxydationsmittel für Metalle oder Metallegierungen, insbesondere von Kupfer.

Vom 12. April 1927. — Erteilt am 3. Okt. 1929. — Ausgegeben am 15. Okt. 1929. — Erloschen: . . . .

Als Desoxydationsmittel für Metalle oder Metallegierungen wurden bisher hauptsächlich Magnesium, Aluminium, Silicium und Phosphor benutzt. Die ersten drei Elemente ergeben im Guß leicht Oberflächenfehler. Die elektrische Leitfähigkeit des Gusses ist bei Anwendung von Magnesium oder Aluminium verhältnismäßig gut, während sie durch Silicium wesentlich verschlechtert wird. Auch Phosphor setzt die Leitfähigkeit des Gusses nicht unerheblich herab.

Gemäß der Erfindung wird als Desoxydationsmittel für Metalle oder Metallegierungen, insbesondere von Kupfer, Beryllium als Metall, vorzugsweise in Mengen unter 0,5%, oder als berylliumhaltige Vorlegierung in entsprechenden Mengen verwendet. Während man aus der Tatsache, daß Beryllium in seinen metallurgischen Eigenschaften sich im allgemeinen ähnlich wie Magnesium, Aluminium, Silicium und Phosphor verhält, zu der Annahme geneigt sein könnte, daß das Beryllium sich auch als Desoxydationsmittel ähnlich wie die genannten Elemente verhalten würde, haben eingehende Versuche das überraschende Ergebnis gezeitigt, daß beim Beryllium keiner der bei den bisherigen Desoxydationsmitteln auftretenden Fehler sich zeigte, so daß dieses Element wider Erwarten für diesen neuen Anwendungszweck ganz erheblich vorteilhafter wirkt als die bisherigen Desoxydationsmittel. Vergleicht man beispielsweise die Wirkung von 0,05% Silicium und 0,03% Beryllium als Desoxydationsmittel für Kupfer, so ergibt sich, daß die Dichte von Sandguß in beiden Fällen ziemlich die gleiche, die elektrische Leitfähigkeit nach der Desoxydation bei Anwendung von Beryllium aber um etwa fünf Einheiten und mehr besser ist als bei Anwendung von Silicium. Ähnlich liegen die Verhältnisse bei dem Vergleich von Beryllium und Phosphor in ihren Wirkungen als Desoxydationsmittel. Während der mit Phosphor desoxydierte Sandkupferguß eine elektrische Leitfähigkeit von in der Regel nur 45 und darunter hat, gelingt es, durch Zusatz von 0,01 bis 0,03% Beryllium eine Leitfähigkeit von etwa 53 zu erzielen. Die Dichte des Gußstückes ist bei Anwendung des neuen Verfahrens vollkommen und der mit Phosphor erzielten überlegen.

Bei der Desoxydation des Nickels ist das Beryllium dem sonst üblichen kombinierten Zusatz von Mangan und Magnesium vorzuziehen. Ein Überschuß von Magnesium verschlechtert die Eigenschaften des Nickels, während dies bei Beryllium nicht der Fall ist, so daß davon bis zu etwa 0,5% zugesetzt werden können. Deshalb ist es z. B. nicht unbedingt notwendig, die Desoxydation des Nickels in zwei Stufen vorzunehmen. Ferner hat das Berylliumoxyd bessere Verschlackungseigenschaften als Magnesium- oder auch Aluminiumoxyd und neigt nicht zu Oxydeinschlüssen im Gußstück.

Das vorstehend über Nickel Gesagte gilt auch für seine Legierungen. Für andere Metalle oder Legierungen kann das neue Verfahren sinngemäß Anwendung finden. In der Regel wird der Zusatz nicht mehr als 0,5% Beryllium betragen. Gewünschtenfalls können bei dem neuen Verfahren außer Beryllium noch weitere geeignete Zusätze, z. B. auch Lithium, angewendet werden. Nötigenfalls kann das Beryllium in Gestalt einer Vorlegierung Verwendung finden, z. B. beim Kupfer oder Nickel. Das neue Verfahren ist auch in solchen Fällen in entsprechender Weise anwendbar, wo die schädlichen Verunreinigungen nicht erst beim Schmelzen hereinkommen, sondern bereits vorher im Material vorhanden gewesen sind, beispielsweise bei schwefelhaltigen Ausgangsstoffen.

Patentanspruch:

Desoxydationsmittel für Metalle oder Metallegierungen, insbesondere von Kupfer, dadurch gekennzeichnet, daß als Desoxydationsmittel Beryllium als Metall, vorzugsweise in Mengen unter 0,5%, oder als berylliumhaltige Vorlegierung in entsprechenden Mengen verwendet wird.

Nr. 491 358. (S. 79 238.) Kl. 40 b, 6.

Siemens & Halske Akt.-Ges. in Berlin-Siemensstadt.

Erfinder: Dr. Georg Masing in Berlin und Dr. Otto Dahl in Berlin.

Kupfer-Beryllium-Legierung.

Vom 14. April 1927. — Erteilt am 23. Jan. 1930. — Ausgegeben am 8. Febr. 1930. — Erloschen: . . . .

Kupfer-Beryllium-Legierungen sind an sich bekannt. Weiter ist ein Verfahren zur Vergütung solcher Legierungen durch eine thermische Behandlung bereits in Vorschlag gebracht worden.

Die Nachteile der bisher bekannten Cu-Be-Legierungen bestehen darin, daß sie zur Erreichung der höchsten technischen Eigenschaften einen größeren Gehalt an dem kostspieligen Beryllium haben müssen, der in der Regel 2% übersteigt, und ihre Vergütung bei höheren Temperaturen verhältnismäßig langsam erfolgt.

Beide Nachteile werden gemäß der Erfindung durch Zusatz von bis zu etwa 1 % Phosphor behoben. Das thermische Vergütungsverfahren von Kupfer-Beryllium wird durch den Phosphorgehalt beschleunigt, und außerdem tritt eine erhebliche Verbesserung der Eigenschaften durch diese thermische Behandlung bereits bei geringerem Berylliumgehalt ein, so daß durch den Phosphorzusatz zugleich eine Ersparnis an wertvollem Berylliummetall ermöglicht wird.

Gegebenenfalls kann der Kupfergehalt der neuen Legierung bis zu 50% ersetzt werden durch ein oder mehrere andere Elemente, insbesondere durch bis zu 3 % Magnesium, bis zu 10 % Aluminium und bis zu 49 % Nickel.

Die thermische Behandlung einer Kupfer-Beryllium-Legierung mit Phosphorgehalt ist beispielsweise wie folgt ausgeführt worden:

Eine Legierung, die etwa 0,25 % Phosphor enthielt und etwa 1,50 % Beryllium, wurde auf etwa 800° C erhitzt und darauf schnell abgekühlt. Ihre Härte betrug nach dem Abkühlen etwa 80 Einheiten. Durch anschließendes einstündiges Erhitzen auf etwa 350° C wurde die Härte auf 210 Einheiten gesteigert. Wurde hingegen eine phosphorfreie Kupfer-Beryllium-Legierung mit gleichem Berylliumgehalt einer entsprechenden thermischen Behandlung unterworfen, so betrug deren Härte nach der schnellen Abkühlung von 800° C etwa 74 kg/mm², und selbst durch siebenstündiges Erhitzen auf 350° stieg in diesem Falle die Härte nur um etwa 20 Einheiten. Aus diesem Beispiel ist die wesentliche Verbesserung der Legierung durch den Phosphorzusatz deutlich ersichtlich.

PATENTANSPRÜCHE:

1. Kupfer-Beryllium-Legierung mit 0,5 bis 4 % Beryllium, bei der der Kupfergehalt bis zu 50 % durch Magnesium (bis zu 3 %), Aluminium (bis zu 10 %) und Nickel (bis zu 49 %) ersetzbar ist, gekennzeichnet durch einen Zusatz von Phosphor bis zu 1 %.

2. Verfahren zum Vergüten einer Legierung nach Anspruch 1, dadurch gekennzeichnet, daß sie von einer höheren Temperatur, beispielsweise etwa 800° C, schnell abgekühlt und darauf nochmals, vorzugsweise für kurze Zeit, auf niedrigere Temperaturen, z. B. etwa 350° C, erhitzt wird.

Nr. 492 327. (H. 120 005.) Kl. 21 c, 69.

HERAEUS-VACUUMSCHMELZE A.-G. UND DR. WILHELM ROHN IN HANAU A. M.

Bimetall.

Vom 24. Jan. 1929. — Erteilt am 6. Febr. 1930. — Ausgegeben am 21. Febr. 1930. — Erloschen: . . . .

In der Technik wird, beispielsweise zur Verwendung in Sicherungsautomaten, Motorschutzschaltern usw., häufig ein Bimetall verlangt, das bei streng reproduzierbaren Ausbiegungen einen geringen spezifischen Widerstand besitzt. Der letzten Anforderung wird durch Bimetalle genügt, deren eine Komponente aus Kupfer besteht, während die andere beispielsweise aus Invar bestehen kann. Ein solches Bimetall besitzt jedoch zwei Nachteile, die beide darin begründet sind, daß das Kupfer mechanisch sehr viel weicher ist als das für die andere Komponente benutzte Metall, beispielsweise Invar. Dieses verschiedene mechanische Verhalten der beiden Komponenten macht sich bereits bei der Herstellung des Bimetalles bemerkbar, indem sich beim Walzen das Kupfer gewissermaßen über die andere Komponente hinwegstreckt. Infolgedessen ist es nur sehr schwer oder überhaupt nicht möglich, ein gewünschtes Stärkenverhältnis der beiden Komponenten genau einzuhalten. Die verschiedene Festigkeit und Elastizität beider Komponenten macht sich weiterhin aber auch bei der Benutzung des Bimetalles bemerkbar. Bei der Durchbiegung des Bimetalles wirkt an der Grenzschicht der beiden Komponenten in dem Material mit der größeren Wärmedehnung ein Druck, in dem Material mit der geringeren Wärmedehnung ein Zug. Wiewohl ohne weiteres einleuchtend ist, treten bei der Erwärmung und Abkühlung des Bimetalles mindestens in der Nähe dieser Grenzschicht überelastische Deformationen auf, die ihrerseits die Ursache dafür sind, daß das Bimetall nach Erwärmung und Abkühlung nicht wieder genau in seine Ausgangsstellung zurückkehrt. Eine sehr genaue Regulierung eines Apparates mittels eines solchen mit Kupfer als einer Komponente hergestellten Bimetalles ist daher nicht erreichbar.

Die Erfindung besteht nun darin, an Stelle des Kupfers als Bimetallkomponente eine vergütbare Beryllium-Kupfer-Legierung zu verwenden. Derartige Legierungen, die nur etwa zwischen 1 und 6 % Beryllium zu enthalten brauchen, besitzen eine nahezu ebenso gute elektrische Leitfähigkeit wie Reinkupfer, so daß also ein Bimetall, das unter Verwendung von Beryllium-Kupfer hergestellt ist, den Anforderungen bezüglich des niedrigen elektrischen Widerstandes ebenso wie mit Kupfer doublierte Bimetalle genügen. Die Festigkeit und Elastizität der Beryllium-Kupfer-Legierungen lassen sich aber, wie an sich bekannt, durch eine Wärmebehandlung so weit steigern, daß sie etwa denen des Invars gleichkommen. Allerdings ist diese Wärmebehandlung erst nach Beendigung des Heißwalzens durchführbar. Infolgedessen bleiben die Schwierigkeiten beim Doublieren bestehen, und es ist auch bei diesen Bimetallen schwierig, ein vorgegebenes Stärkenverhältnis der beiden Komponenten einzuhalten. Dagegen werden aber die überelastischen Deformationen an der Grenzschicht der Komponenten beim Erwärmen und Abkühlen weitgehend vermindert, so daß sich das Bimetall beim Erwärmen und Abkühlen durchaus reproduzierbar biegt und daher eine hohe Arbeitsgenauigkeit gewährleistet.

Im vorstehenden ist lediglich auf Kupfer als Beispiel exemplifiziert. Es läßt sich aber beispielsweise auch die Festigkeit von Nickel durch Zusatz von Beryllium und nachfolgende Vergütung erhöhen, so daß ein Bimetall mit einer Komponente aus einer Beryllium-Nikkel Legierung einem solchen mit einer Reinnickelkomponente vorzuziehen ist. Der spez. Widerstand des Nickels wird durch den Zusatz von Beryllium ebenfalls nicht nennenswert beeinträchtigt. Entsprechendes gilt auch für den Zusatz von Beryllium zu anderen Metallen oder gegebenenfalls Legierungen.

Patentansprüche:

1. Bimetall, dadurch gekennzeichnet, daß eine oder beide Komponenten aus vergütbaren Berylliumlegierungen bestehen.

2. Bimetall nach Anspruch 1, dadurch gekennzeichnet, daß eine Komponente aus einer vergütbaren Beryllium-Kupfer-Legierung besteht.

3. Bimetall nach Anspruch 2, dadurch gekennzeichnet, daß die zweite Komponente aus einer Nickeleisenlegierung, die evtl. noch Molybdän enthalten kann, besteht.

4. Bimetall nach Anspruch 1, dadurch gekennzeichnet, daß eine Komponente aus einer vergütbaren Beryllium-Nickel-Legierung besteht.

5. Bimetall nach Anspruch 4, dadurch gekennzeichnet, daß die zweite Komponente aus einer Nickeleisenlegierung, die evtl. noch Molybdän enthalten kann, besteht.

Nr. 539762. (C. 40475.) Kl. 40d, 1.

Vereinigte Deutsche Metallwerke Akt.-Ges. in Einsal b. Altena.

Vergütung von Kupfer-Beryllium-Legierungen.

Vom 2. Okt. 1927. — Erteilt am 19. Nov. 1931. — Ausgegeben am 2. Dez. 1931. — Erloschen: . . . .

Amerikanische Priorität vom 20. Okt. 1926 beansprucht.

Es ist vorgeschlagen worden, Kupfer-Beryllium-Legierungen mit einem Nickelgehalt bis etwa 10 % von höheren Temperaturen vorzugsweise oberhalb 600° C hinreichend schnell abzukühlen oder abzuschrecken und gegebenenfalls anschließend durch Erhitzen auf niedrigere Temperaturen künstlich zu altern und dadurch zu vergüten.

Demgegenüber ist gefunden worden, daß ein ähnliches Vergütungsverfahren, bestehend im Abschrecken von Temperaturen oberhalb 900° und in künstlichem Altern bei Temperaturen zwischen 350 und 700°, auch bei Legierungen mit Nickelgehalten von 11 bis 40 % und Berylliumgehalten von 0,1 bis 2 % anwendbar ist. Besonders günstige Vergütungsergebnisse werden erzielt, wenn der Nickelgehalt sich zum Berylliumgehalt in der Legierung wie 13 : 1 verhält. Legierungen dieser Art besitzen nach der angegebenen Wärmebehandlung eine Brinellhärte von 110, eine Zugfestigkeit von 63 kg pro qmm und eine Dehnung von 15 % bei 5 cm Meßlänge. Sie zeigen keine wesentliche Verminderung der Härte unter der Einwirkung der Hitze bis zu einer Temperatur von 700° C. Diese Legierungen stellen ein Material dar, welches solche Eigenschaften besitzt, daß man es für alle Zwecke, zu denen jetzt Kupfer verwendet wird, benutzen kann und welches außerdem durch die Wärmebehandlung Härte und Festigkeit erhält, die wesentlich größer sind als bei metallischem Kupfer. Die Legierungen besitzen im vergüteten Zustand auch gute elektrische Leitfähigkeit.

Patentanspruch:

Anwendung des Vergütungsverfahrens von Kupfer-Beryllium-Legierungen, bestehend im Abschrecken von Temperaturen oberhalb 900° und in künstlichem Altern bei Temperaturen zwischen 350 und 700°, auf solche Kupfer-Beryllium-Legierungen, die einen Berylliumgehalt von 0,1 bis 2 % und einen Nickelgehalt von 11 bis 40 % haben, wobei vorzugsweise solche Legierungen verwendet werden, in denen der Nickelgehalt zum Berylliumgehalt im Verhältnis von 13 : 1 steht.

Nr. 543 667. (M. 112 912.) Kl. 40d, 1.

VEREINIGTE DEUTSCHE METALLWERKE AKT.-GES. IN EINSAL B. ALTENA.

Vergütung von Kupfer-Beryllium-Legierungen.

Vom 2. Okt. 1927. — Erteilt am 21. Jan. 1932. — Ausgegeben am 8. Febr. 1932. — Erloschen: ....
Amerikanische Priorität vom 20. Okt. 1926 beansprucht.

Die Erfindung betrifft die Vergütung von Kupfer-Nickel-Beryllium-Legierungen. Der Hauptzweck der Erfindung ist, ein Material darzustellen, welches solche Eigenschaften besitzt, daß man es für alle Zwecke, zu denen jetzt Kupfer verwendet wird, benutzen kann, und welches außerdem noch durch entsprechende Wärmebehandlung Härte und Festigkeit erhält, die wesentlich größer sind als bei metallischem Kupfer.

Es ist nun gefunden worden, daß diese Legierungen die Eigenschaft der Selbsthärtung besitzen, wenn sie in der Luft oder im Ofen von etwa 900° langsam abgekühlt werden. Die Abkühlung kann auch in der Weise erfolgen, daß die Temperatur von 900° C auf etwa 700° C während etwa 1½ Stunden zurückgeht und darauf die Abkühlung an der Luft erfolgt. Besonders günstig erweisen sich solche Legierungen, bei denen das Verhältnis von Nickel zu Beryllium etwa 13 : 1 beträgt. Eine Legierung mit 95,7% Kupfer, 4% Nickel und 0,3% Beryllium erlangt nach der Vergütung eine Härte von 86° Brinell, eine Zugfestigkeit von 50,7 kg pro Quadratmillimeter und eine Dehnung von 25% bei 5 cm Meßlänge.

Auch der elektrische Widerstand der Legierungen wird durch diese Wärmebehandlung erniedrigt.

PATENTANSPRÜCHE:

1. Vergütungsverfahren für Kupfer-Beryllium-Legierungen mit einem Nickelgehalt bis zu 40%, gekennzeichnet durch langsames Abkühlen von höheren Temperaturen.

2. Anwendung des Verfahrens nach Anspruch 1 auf Kupfer-Beryllium-Nickel-Legierungen, bei denen das Verhältnis von Nickelgehalt zum Berylliumgehalt etwa 13 : 1 ist, vorzugsweise auf eine Legierung mit 95,7% Kupfer, 4% Nickel und 0,3% Beryllium.

Nr. 458 590. (K. 99 171.) Kl. 18b, 20. DR.-ING. WILHELM KROLL IN LUXEMBURG.

Eisenberylliumlegierung.

Vom 21. Mai 1926. — Erteilt am 22. März 1928. — Ausgegeben am 27. Juli 1928. — Erloschen: ...

Die binären Legierungen des Eisens mit Beryllium sind bekannt. Über die praktische Verwertbarkeit dieser binären Legierungen und über deren speziellen Eigenschaften ist bisher so gut wie nichts bekannt.

Erfindungsgemäß erteilt das Beryllium dem Eisen ähnliche Eigenschaften wie das Silicium, das es jedoch in seiner Wirksamkeit beträchtlich übertrifft. Die Verbesserungen, die mit Hilfe von Beryllium erzielt werden können, betreffen die mechanischen und magnetischen Eigenschaften.

Es wurde gefunden, daß die Berylliumeisenlegierungen in ihren magnetischen Eigenschaften außerordentlich vom Kohlenstoffgehalt beeinflußt werden, der maximal nur 0,2 Prozent erreichen darf. Der höchste Berylliumgehalt beträgt 5 Prozent, obwohl man praktisch sich mit 1,5 Prozent begnügen kann. Eine Legierung mit 1,5 Prozent Be und 0,07 Prozent C nebst 0,1 Prozent Mn, das zur weiteren Desoxydation zugesetzt wurde, zeigte in Blechen von 0,1 mm Stärke einen Wattverlust von 0,95 Watt je Kilogramm. Bei dieser Zusammensetzung war die Legierung bedeutend besser walzbar als 4,5prozentiger Siliciumstahl. Es wurde weiter gefunden, daß man das Beryllium teilweise durch Silicium oder Aluminium ersetzen kann, so daß man alsdann mit weniger Beryllium auskommt. Ähnliche Eigenschaften wie die vorgenannten konnten bei Legierungen ermittelt werden, die folgende Zusammensetzung hatten:

1. 0,5 % Be, 2,0 % Si
2. 0,5 % Be, 1,0 % Al
3. 0,5 % Be, 1,5 % Si, 0,5 % Al.

Diese Legierungen enthielten weniger als 0,1 Prozent C und waren mit Mangan desoxydiert.

Eisenberylliumlegierungen mit höherem Kohlenstoffgehalt und anderen Legierungsbestandteilen, wie Mangan, Nickel, Wolfram, Chrom u. dgl., sind als Sonderstähle mit höchsten Festigkeitseigenschaften verwendbar. Der Kohlenstoffgehalt dieser Stähle ist ausschlaggebend. Er richtet sich nach den weiteren Legierungsbestandteilen und wird im allgemeinen in den Grenzen zwischen 0,2 und 1,5 Prozent C zweckentsprechend sein. Die Höchstgrenze für den Berylliumgehalt liegt bei etwa 1,5 Prozent. Beispielsweise wurden folgende Festigkeiten mit Berylliumstählen erzielt:

Zusammensetzung				Festigkeit	Dehnung
C	Si	Mn	Be		
0,2	0,1	0,2	0,5	51 kg	35 %.

Ein Stahl ähnlicher Zusammensetzung, was Kohlenstoff, Silicium und Mangan anbetrifft, jedoch mit einem weiteren Zusatz von 12 Prozent Ni, zeigte bei einem Berylliumgehalt von 1,5 Prozent nach thermischer Behandlung 210 kg Festigkeit bei 8 Prozent Dehnung bei etwa 190 kg Streckgrenze.

PATENTANSPRÜCHE:

1. Eisenberylliumlegierung, dadurch gekennzeichnet, daß sie bis zu höchstens 5 Prozent Beryllium und bis höchstens 0,2 Prozent Kohlenstoff enthält.

2. Eisenberylliumlegierung nach Anspruch 1, dadurch gekennzeichnet, daß das Beryllium teilweise durch Silicium oder Aluminium bzw. Silicium und Aluminium ersetzt wird.

3. Eisenberylliumlegierung, dadurch gekennzeichnet, daß der Kohlenstoffgehalt 0,2 bis 1,5 Prozent und der Berylliumgehalt bis zu 1,5 Prozent beträgt neben anderen veredelnden Bestandteilen, wie z. B. Mangan, Nickel, Chrom, Wolfram usw.

Nr. 523061. (H. 123093.) Kl. 40a, 48.

HIRSCH, KUPFER- UND MESSINGWERKE AKT.-GES. IN MESSINGWERK B. EBERSWALDE.

Erfinder: Dr. Cyrano Tama in Berlin.

Gewinnung von Magnesium aus Magnesiumoxyden.

Vom 27. Aug. 1929. — Erteilt am 26. März 1931. — Ausgegeben am 18. April 1931. — Erloschen: . . . .

Den Gegenstand der vorliegenden Erfindung bildet ein Verfahren zur Herstellung von Magnesium aus Magnesiumoxyd. Zur Herstellung von Magnesium werden erfindungsgemäß als Reduktionsmittel hochschmelzende, leicht oxydierbare Metalle, wie Wolfram, Molybdän o. dgl., verwendet. Das während der Reduktion des Magnesiumoxyds gebildete Metalloxyd, z. B. Wolframoxyd, wird zweckmäßig durch Wasserstoffgas oder andere Reduktionsmittel wieder zu Metall reduziert, so daß das Reduktionsverfahren im Kreisprozeß ununterbrochen fortgesetzt werden kann. Für die Durchführung des Verfahrens gemäß der Erfindung eignet sich der Hochfrequenzinduktionsofen besonders, weil die hier zu erhitzenden bzw. zur Reaktion gebrachten Metalle magnetisch sind und infolgedessen durch Ummagnetisierung schnell erhitzt werden.

Es ist bereits vorgeschlagen worden, Magnesiumoxyd durch Eisen zu reduzieren. Dies Verfahren ist jedoch praktisch nicht ausführbar, weil das Eisen bei der Reduktionstemperatur des Magnesiumoxyds bereits geschmolzen ist und in diesem Zustand keine ausreichende Reduktion des Magnesiumoxyds herbeiführen kann. Beim Erfindungsgegenstand bleibt dagegen das Reduktionsmittel bei der Reduktionstemperatur des Magnesiumoxyds fest, so daß eine vollkommene Reduktion des Magnesiumoxyds erzielt wird.

PATENTANSPRÜCHE:

1. Verfahren zur Gewinnung von Magnesium aus Magnesiumoxyden in ununterbrochenem Arbeitsgang, dadurch gekennzeichnet, daß man Magnesiumoxyd mit oxydierbaren Metallen, die einen Schmelzpunkt von über 1600° C besitzen, reduziert und das gebildete Oxyd des zur Reduktion verwendeten Metalls, vorzugsweise durch Behandlung mit reduzierenden Gasen, wieder in das Metall überführt.

2. Verfahren nach Anspruch 1, dadurch gekennzeichnet, daß die Erhitzung der Metalle im Hochfrequenzinduktionsofen erfolgt.

Nr. 485290. (I. 33038.) Kl. 40c, 4.

I. G. Farbenindustrie Akt.-Ges. in Frankfurt a. M.

Erfinder: Dr. Robert Suchy, Dr. Karl Staib und Dr. Wilhelm Moschel in Bitterfeld.

Wände für die Trennung der elektrolytischen Produkte bei der Schmelzflußelektrolyse von Chloriden, insbesondere des Magnesiums.

Vom 24. Dez. 1927. — Erteilt am 17. Okt. 1929. — Ausgegeben am 30. Okt. 1929. — Erloschen: ....

Als Mittel zur Trennung der elektrolytischen Produkte bei der Schmelzflußelektrolyse von Chloriden, insbesondere des Magnesiums, sind bisher Erzeugnisse der Industrie der feuerfesten Stoffe, d. h. Schamotterohre, -platten u. dgl., vorgeschlagen worden. Diese unterliegen jedoch einer mehr oder weniger raschen Zerstörung, und ihre Auswechslung kann den Betrieb bis zur Unwirtschaftlichkeit belasten.

Es hat sich erwiesen, daß die rasche Zerstörung der Schamottewände ein rein elektrolytischer Vorgang ist. Die feuerfesten Erzeugnisse besitzen eine Porosität von etwa 18 bis 30%, können daher sich mit Elektrolyt vollsaugen und nun dem Strom Durchgang bieten, wobei Metall, z. B. Magnesium, abgeschieden wird, welches die Kieselsäure reduziert.

Es ist nun gefunden worden, daß die Haltbarkeit der feuerfesten Trennwände sich wesentlich verbessern läßt, wenn sie durch eine schützende Abdeckung aus keramischen Stoffen mit dichtem Scherben vor Stromdurchgang bewahrt bleiben. Beispielsweise kann also eine Schamotteplatte durch Belegen mit Porzellanplatten gegen den Stromdurchgang geschützt werden.

Will man die Trennwände überhaupt aus keramischem dichtem Material machen, so stößt man auf die Schwierigkeit, daß Platten aus solchem Material nur bis zu einer bestimmten Abmessung haltbar sind, weil bei größeren Platten Spannungen auftreten, die bei der Temperatur der Elektrolyse leicht zu Rissen und Sprüngen Anlaß geben.

Versucht man dagegen, derartige größere, meist frei tragende Trennwände aus rechtwinkligen Einzelelementen aus keramisch dichtem Material durch Zusammenfügen mittels Nut und Feder herzustellen, so ergeben sich Schwierigkeiten. Durch die thermische Ausdehnung des Bades erfährt der ganze Aufbau eine Auflockerung, die zwar nicht unmittelbar zum Zusammensturz führt; aber die sich hierbei bildenden Fugen zwischen den Einzelelementen bieten dem Strom Durchgang, wodurch die Zerstörung des ganzen Aufbaues infolge chemischer Einwirkung eingeleitet wird.

Es ist nun weiterhin gefunden worden, daß man größere Trennwände aus keramisch dichtem Material dadurch herstellen kann, daß man sie aus kleineren, am besten mit Nut und Feder versehenen Platten unter Verwendung eines feuerfesten Materials nach Art eines scheitrechten Gewölbes zusammensetzt. In diesem Falle ist nämlich eine Fugenbildung infolge Lockerung des Aufbaues nicht mehr möglich, da der auf dem Gewölbe lastende Druck, der im wesentlichen vom Eigengewicht der Platten herrührt, die sich bildenden Fugen stets wieder zusammenpreßt, so daß der Strom keinen Durchgang findet. Dies ist aber von ausschlaggebender Bedeutung für die Haltbarkeit der Trennwände, und es war gleichzeitig angesichts der vielen auf diese Weise in der Strombahn liegenden Fugen durchaus nicht vorauszusehen, daß diese an sich bekannte Bauweise auch für diese außergewöhnliche Beanspruchung Verwendung finden könnte.

Patentanspruch:

Wände für die Trennung der elektrolytischen Produkte bei der Schmelzflußelektrolyse von Chloriden, insbesondere des Magnesiums, dadurch gekennzeichnet, daß feuerfeste Platten mit keramischen Stoffen mit dichtem Scherben, beispielsweise Porzellanplatten, belegt sind, oder daß keilförmige Platten aus keramischem Material mit dichtem Scherben in der Bauweise des scheitrechten Bogens zu größeren Platten zusammengesetzt sind.

Nr. 540947. (I. 16.30.) Kl. 40d, 2.

I. G. Farbenindustrie Akt.-Ges. in Frankfurt a. M.

Erfinder: Dr. Josef Martin Michel in Bitterfeld.

Salzschmelzbäder für die Wärmebehandlung von Magnesium und Magnesiumlegierungen.

Vom 7. Mai 1930. — Erteilt am 10. Dez. 1931. — Ausgegeben am 31. Dez. 1931. — Erloschen: ....

Für die Herstellung von Salzschmelzbädern für die Wärmebehandlung von Magnesium und Magnesiumlegierungen bei Temperaturen oberhalb 300° sind keine geeigneten Stoffe bekannt, so daß man bisher für die Wärmebehandlung auf die übliche Glühung im Ofen zurückgreifen mußte.

Es wurde nun gefunden, daß die Pyrosulfate der Alkalien, insonderheit das Kaliumsalz, sich ausgezeichnet für diesen Zweck eignen. Sie sind in dem in Frage kommenden Temperaturgebiet nicht nur außerordentlich dünnflüssig, sondern auch spezifisch so leicht, daß die meisten Magnesiumlegierungen fast ganz darin untertauchen. Weiterhin sind sie bis zu sehr hohen Wärmegraden (Rotglut) beständig und zeigen keinerlei Zersetzungserscheinungen. Hinzu kommt die für die Verwendung ausschlaggebende und überraschende Eigenschaft, daß sie Magnesium und Magnesiumlegierungen praktisch nicht angreifen.

Als vorteilhaft hat sich auch erwiesen, dem Schmelzfluß geringe Mengen von Alkalifluoriden, insonderheit Natrium- oder Lithiumfluorid oder Gemische von beiden, in Höhe von bis zu etwa 0,5 % zuzusetzen.

Die Salzschmelzbäder gemäß Erfindung sind oberhalb 300° für alle technisch in Frage kommenden Glühtemperaturen verwendbar. Denn die Temperatur der beginnenden Erweichung der in der Technik verwendeten Magnesiumlegierungen (etwa 500°) genügt noch nicht, um die Zersetzung der Alkalipyrosulfate in Alkalisulfat und Schwefelsäure in merkbarem Umfang zu bewirken.

Die Pyrosulfatschmelzen greifen sämtliche gangbaren Metalle und Legierungen, welche als Werkstoffe für die Badgefäße in Frage kommen, ganz erheblich an. Eine Ausnahme machen nur Platin bzw. Gold-Platin-Legierungen, während auch Silber und Gold-Silber-Legierungen stark korrodiert werden. Es hat sich deshalb als vorteilhafte Lösung der Gefäßfrage erwiesen, als Werkstoff für diese Gefäße ebenfalls Magnesium oder Magnesiumlegierungen zu verwenden oder mindestens als Auskleidung für die Gefäße, die aus irgendeinem feuerbeständigem Werkstoff bestehen können.

PATENTANSPRÜCHE:

1. Salzschmelzbäder für die Wärmebehandlung von Magnesium und Magnesiumlegierungen bei Temperaturen oberhalb 300° C, dadurch gekennzeichnet, daß die Schmelzen ganz oder zum überwiegenden Teil aus Pyrosulfaten der Alkalimetalle bestehen.

2. Salzschmelzbäder nach Anspruch 1, dadurch gekennzeichnet, daß sie aus technisch reinem Kaliumpyrosulfat bestehen.

3. Salzschmelzbäder nach Anspruch 1 bzw. 2, gekennzeichnet durch einen geringen Gehalt an Fluoriden der Alkalimetalle, insonderheit Natrium- oder Lithiumfluorid oder Gemischen von beiden.

4. Werkstoff für Behälter von Salzschmelzbädern nach Anspruch 1 bis 3, bestehend in Magnesium bzw. Magnesiumlegierungen.

Nr. 403802. (C. 33824.) Kl. 40a, 17.

CHEMISCHE FABRIK GRIESHEIM-ELEKTRON IN FRANKFURT A. M.

Erfinder: Adolf Beck in Schwanheim a. M.

Rückgewinnung und Reinigung von Leichtmetallen.

Zusatz zum Patent 360818.

Vom 21. Juli 1923. — Ausgegeben am 2. Okt. 1924. — Erloschen: . . . .

In der Praxis der Rückgewinnung von Leichtmetallen aus Abfällen von der Metallverarbeitung, der Gießerei und anderer Art nach dem Hauptpatent 360818 hat sich gezeigt, daß die Abschätzung der Verunreinigungen in den Abfällen, die zur Bemessung des der Reinigung beim Umschmelzen dienenden $MgCl_2$-Zusatzes erforderlich ist, bisweilen Schwierigkeiten bietet. Bei dem Bestreben, den $MgCl_2$-Zusatz nicht zu knapp zu bemessen, wird leicht ein Überschuß verwendet. Da das Aufsaugevermögen der entstehenden Schlacke für $MgCl_2$ aber sich als begrenzt erwiesen hat, bleiben dann Reste von $MgCl_2$ in der Metallschmelze und führen zu den bekannten Unzuträglichkeiten.

In weiterer Ausarbeitung der Erfindung gemäß Hauptpatent wurde nun gefunden, daß sich die Nachteile aus der genannten Schwierigkeit auf eine einfache Weise beheben lassen. Zu diesem Zweck wird statt reinen Chlormagnesiums (oder Carnallits) dieses Salz unter Zuschlag von solchen Stoffen verwendet, die mit Chlormagnesium keine Eutektika von niedrigerem Schmelzpunkt bilden und sozusagen als Verdickungsmittel wirken, wie Oxyde (wie z. B. Magnesia), Fluoride des Magnesiums, Calciums, Aluminiums und anderer Metalle.

Die zuzuschlagenden Stoffe können in ziemlich weiten Grenzen einen Anteil des Gemisches bilden, und der Zuschlag zum

Chlormagnesium kann von vornherein oder erst bei fortgeschrittenem Einschmelzen des Metalls erfolgen; beispielsweise kann man auch mit reinem $MgCl_2$ oder einem niedrigeren Prozentsatz an Zuschlag beginnen und späterhin eine Mischung mit höherem Gehalt an Zuschlag zuführen. Zweckmäßig kann man hierzu vorgeschmolzene Mischungen von Chlormagnesium und Zuschlagstoff verwenden.

Im übrigen verfährt man nach den Angaben des Hauptpatentes. Als vorteilhaft hat sich bei dieser Arbeitsweise die Abänderung erwiesen, daß schließlich noch etwas Gemisch auf die Oberfläche des geschmolzenen Metalls aufgebracht wird; überraschenderweise sinkt dieses, trotz höheren spezifischen Gewichts als das Metall, nicht unter und bildet eine mehr oder weniger stark zusammenhängende Kruste, die auch beim Ausgießen des Metalls aus dem Tiegel quantitativ zurückbleibt.

Erfahrungsgemäß gelangen bei Durchführung des vorliegenden Verfahrens auch bei zu stark bemessenem Zusatz von Chlormagnesium keine Reste hiervon mehr in das Metall.

Außer Abfällen lassen sich naturgemäß auch irgendwie verunreinigte Altmetalle oder technisch reine Metalle nach dem Verfahren behandeln und dadurch raffinieren.

Patent-Ansprüche:

1. Verfahren zur Rückgewinnung und Reinigung von Leichtmetallen aus Abfällen oder technisch reinen Metallen nach Hauptpatent 360818, dadurch gekennzeichnet, daß statt reinen Chlormagnesiums oder Carnallits (oder deren Mischungen) nunmehr Mischungen aus diesen Salzen mit solchen Zuschlagstoffen verwendet werden, die als Verdickungsmittel wirken.
2. Verfahren nach Anspruch 1, dadurch gekennzeichnet, daß als Verdickungsmittel Oxyde oder Fluoride verwendet werden.
3. Verfahren nach Anspruch 1 und 2, dadurch gekennzeichnet, daß ein weiterer Zusatz des Salzgemisches auf die Oberfläche der Metallschmelze erfolgt.

S. a. D. R. P. 479481, S. 3506.

Nr. 491438. (R. 67688.) Kl. 40b, 6.

Oscar von Rosthorn in Miesenbach, Nieder-Österreich.

Verfahren zur Herstellung von Kupferlegierungen, bestehend aus Kupfer, Kadmium und Magnesium.

Vom 27. Mai 1926. — Erteilt am 23. Jan. 1930. — Ausgegeben am 10. Febr. 1930. — Erloschen: . . .

Die Erfindung betrifft ein Verfahren zur Herstellung von Legierungen des Kupfers mit Kadmium und Magnesium, die sich besonders für elektrische Freileitungen eignen. Gemäß der Erfindung wird das Verfahren in der Weise ausgeführt, daß das geschmolzene Kupfer durch Zusatz von Kadmium vor Beigabe des Magnesiums so desoxydiert wird, daß aller Sauerstoff der Kupferverbindungen (Kupferoxyd bzw. Oxydul) entfernt wird, während die für die Legierung erforderliche Menge Kadmium erhalten bleibt. Es liegt auch im Sinne der Erfindung, wenn ein Teil des Legierungskadmiums erst nach dem Magnesiumzusatz aufgegeben wird. Diese Arbeitsmethode hat nach Untersuchungen des Erfinders vor anderen Methoden den Vorzug, daß sie eine größere Gewähr für die Erzielung gleichmäßiger Resultate in bezug auf die Zusammensetzung und die elektrischen und mechanischen Eigenschaften der Legierung bietet. Es mag dabei bemerkt werden, daß dieses nur in seiner Gesamtheit die guten Resultate ergebende Verfahren sich freilich im einzelnen an bekannte Methoden der Metallurgie der Legierungen anlehnt. So ist bei der Darstellung von Kupferlegierungen die Desoxydation durch Zufügung von solchen desoxydierenden Metallen bekannt, deren Überschuß über die zur Desoxydation nötige Menge die Eigenschaften der gewünschten Legierung nicht nachteilig beeinflußt. Es ist auch bekannt, Magnesium zu einer Legierungsmasse zuzufügen, welche Kupfer enthält und die bereits durch ein anderes Metall, nämlich Mangan, desoxydiert ist. Auch Kadmium ist schon als Desoxydationsmittel zur Herstellung von Bronzen für Telegraphendrähte benutzt worden, doch ist von andern von der Verwendung des Kadmiums als Desoxydationsmittel abgeraten worden. Im Verfahren der vorliegenden Erfindung hat sich aber Kadmium in Hinblick auf das Endziel gut bewährt. Die Grundsätze des vorliegenden Verfahrens sind sowohl bei der Herstellung von Hauptlegierungen als von vorbereitenden Zwischenlegierungen zu beobachten. Für eine Zwischenlegierung wird man am besten folgende Zusammensetzung wählen: 15,5 Teile Kupfer, 3,25 Teile Magnesium und 5 Teile Kadmium. Diese Legierung wird dadurch hergestellt, daß man das Kupfer erhitzt und, sobald es zu schmelzen beginnt, einen Teil des vorgewärmten Kadmiums vorsichtig, damit es möglichst wenig spritzt, dazugibt. Die ganze Menge des Magnesiums wird — gleichfalls angewärmt — hierauf zur Schmelze beigegeben. Diese Beigabe macht das Metallbad teigig, das nun neuerlich erwärmt werden muß, dann wird der übriggebliebene Teil des Kadmiums beigesetzt. Wenn die ganze Legierung dünnflüssig geworden ist, wird das Metall in dünne Platten gegossen, die sich leicht in kleine Stücke zerschlagen lassen, und damit ist die Vorbereitung für den Gebrauch, wie er in den nachstehenden Zeilen beschrieben wird, fertig.

Will man z. B. einen Bronzeingot aus einer Hauptlegierung herstellen von etwa 27 spez. Widerstand und 70 kg Festigkeit, so werden 80 kg Kupfer eingeschmolzen, bis zur Gußtemperatur, eher mit einer leichten Überhitzung. In dieses Kupferbad werden 200 g von einer desoxydierenden Legierung, die aus 90 Teilen Kupfer und 10 Teilen Kadmium besteht, eingebracht, wodurch der gesamte Sauerstoff aus dem Kupferbad entfernt wird. Zu diesem auf diese Weise hergestellten Kupferbad werden 2 bis 2$^1/_2$ kg von der vorher beschriebenen Zwischenlegierung eingebracht, nachdem sie sorgfältig angewärmt, in Blätter von Elektrolythkupfer eingepackt und an einem etwa $^1/_2$ Zoll starken Kupferdraht befestigt wurde. Mit diesem Draht wird das Paket rasch bis auf den Boden des Tiegels hinabgestoßen. Da nun das Bad schon seines Sauerstoffes beraubt ist, findet das Magnesium nicht mehr den Sauerstoff, um mit der Kieselsäure des Tiegels eine Verbindung einzugehen. Das Magnesium wird dadurch verhindert, sich zu verschlacken und außer der fäuligen Zähflüssigkeit auch noch Metallverluste zu verursachen. Eine so hergestellte Legierung kann auf gewöhnliche Weise in die Form vergossen werden.

Eine zweite Methode, eine Kupferlegierung mit demselben Resultat herzustellen, besteht darin, daß man sich eine Zwischenlegierung von gleichen Teilen Kupfer-Kadmium sowie eine Hilfslegierung von 90 % Kupfer und 10 % Kadmium herstellt und in dünne Platten vergießt und zerschlägt, wie vorher beschrieben.

Auf je 100 kg Kupfer ist ein Kilogramm von der vorerwähnten Zwischenlegierung (50 % Kupfer, 50 % Kadmium) und 400 g Magnesium in Würfeln oder Barren einzuwägen. Wenn das Kupfer geschmolzen ist und 200 g von der Kupferlegierung von 90 % Kupfer und 10 % Kadmium zur Desoxydation beigeschmolzen sind, wird das vorher gewärmte Magnesium vorsichtig beigegeben, und nachdem die Oberfläche des Bades leicht abgeschöpft ist, wird das 1 kg von der Zwischenlegierung, 50 % Kadmium, 50 % Kupfer, wie schon früher erwähnt, in elektrolytischem Kupferblech eingewickelt und auf den Boden des Tiegels gestoßen. Der Inhalt des Tiegels wird nach dem Abschöpfen und Umrühren rasch ausgegossen. Wenn in dieser Weise gearbeitet wird, so müssen von der in Anteil genommenen Menge mindestens 98 % vorhanden sein; ist dies nicht der Fall, so ist es ein Beweis, daß Kadmium und auch Magnesium durch zu langes Erhitzen oder aus anderen Ursachen in Verlust geraten sind. Zur Vorsicht wäre zu bemerken, daß die Formen, in welche die Legierung gegossen wird, vorsichtig angewärmt und mit Lebertranöl sorgfältig angestrichen werden müssen. Die Formen müssen aber nach dem Anstrich vollständig abgetrocknet sein.

Um in der Folge härtere oder weichere Legierungen herzustellen, ist die prozentuelle Beigabe der Zwischenlegierung zu erhöhen oder zu erniedrigen und kann gesagt werden, daß für 80 kg Kupfer dieser Zusatz 2 bis 3 kg beträgt. Die weicheren Legierungen haben selbstverständlich bei geringerer Festigkeit einen kleinen elektrischen Widerstand. Die Bronzeingots müssen, wenn sie verwalzt werden sollen, vorsichtig erhitzt und auf eine Temperatur gebracht werden, die nicht höher sein darf als bei guter Kupferrotglut, etwa 850° C.

Patentanspruch:

Verfahren zur Herstellung von Kupferlegierungen, bestehend aus Kupfer, Kadmium und Magnesium, dadurch gekennzeichnet, daß vor dem Zusetzen des Magnesiums eine gründliche Desoxydation des geschmolzenen Kupfers durch Zusetzen von Kadmium in solcher Menge erzielt wird, daß aller Sauerstoff der Kupferverbindungen (Kupferoxyd bzw. Oxydul) entfernt und überdies die für die Legierung verlangte Menge Kadmium vorhanden bleibt.

Nr. 458493. (K. 97732.) Kl. 40c, 6. Dr.-Ing. Wilhelm Kroll in Luxemburg.

Verfahren zur Gewinnung von metallischem Calcium.

Vom 5. Febr. 1926. — Erteilt am 22. März 1928. — Ausgegeben am 12. April 1928. — Erloschen: . . . .

Die Gewinnung des metallischen Calciums durch Schmelzflußelektrolyse der Calciumhalogenide ist ein in hohem Maße unrationeller Prozeß. Die verwendeten Chloride müssen mit aller Sorgfalt getrocknet werden, was zeitraubend und sehr kostspielig ist. Die Spannung bei der Elektrolyse beträgt meist 10 Volt. Sie steigt aber bei verunreinigtem Elektrolyten auf 20 bis 30 Volt. Dann treten vielfach Störungen durch Anodeneffekt auf. Das Einhalten genauer Temperaturen ist unbedingt erforderlich, um eine glatte Abscheidung zu erzielen. Die Anode (Chlorentwicklung), die meist aus Graphit besteht, verunreinigt das Bad. An der Kathode verbrennt ein Teil des abgeschiedenen Calciums durch lokale Überhitzung, was vielfach zur Kühlung der Kathoden bei großen Bädern zwingt. Als Folge dieser Nachteile benötigt ein Kilo Calcium praktisch im Dauerbetrieb etwa 50 Kilowattstunden zur Abscheidung.

Durch Einwirkung von Blei auf Calciumkarbid gelangt man bekanntlich zu Bleicalciumlegierungen, in denen sich die Einheit Calcium außerordentlich billig stellt, so daß es sich lohnt, von diesen Calciumlegierungen auszugehen, um metallisches Calcium zu gewinnen.

Erfindungsgemäß gelingt die Abscheidung von Calcium leicht, wenn man eine Bleicalciumlegierung als Anode verwendet und das anodisch gelöste Calcium durch einen Zwischenelektrolyten zur Kathode wandern läßt. Als Zwischenleiter benutzt man am besten Calciumchlorid in Mischung mit anderen Halogeniden des Calciums oder der Alkalimetalle. Auch Cyanide haben sich bewährt. So konnte Calcium unter Verwendung eines Zwischenelektrolyten und Bleicalciumanode bei 3,5 Volt Spannung abgeschieden werden. Der Energieaufwand betrug etwa 8 Kilowattstunden per Kilo Calcium. Als Elektrolyt wurde eine Mischung von 70 Prozent Calciumchlorid und 30 Prozent Natriumchlorid verwendet. Es zeigte sich, daß die Kathode aus Eisen sich nicht wesentlich überhitzt, so daß die Abscheidung von Calcium störungsfrei verlief. Der Elektrolyt braucht nicht gewechselt zu werden, da eine Verschmutzung durch Graphit (Karbidbildung), die sonst immer bei der bisher üblichen Elektrolysenmethode beobachtet wurde, nicht in Erscheinung tritt.

Die Gewinnung von Leichtmetallen aus ihren schmelzflüssigen Halogen- oder Cyanverbindungen unter Verwendung von Legierungen der Erdalkalimetalle mit Schwermetallen als Anode ist bekannt. Die nach dem neuen Verfahren erhaltenen Leichtmetalle sind jedoch reiner als die bisher üblichen, unter Verwendung von Legierungsanoden hergestellten. Bisher erfolgte die Herstellung derartiger Mischanoden nämlich auf elektrolytischem Wege. Da hierbei zwecks Herabsetzung des Schmelzpunktes stets ein Gemisch von Salzen Verwendung fand, wurden auch mehrere Leichtmetalle an dem Schwermetall abgeschieden und verbanden sich mit diesem zu einer Legierung; um aus dieser Mischlegierung wieder eine rein binäre Legierung zu machen, sah man sich genötigt, die Legierung mit einer Salzschmelze zu behandeln und durch die hierbei erfolgte Umsetzung das eine verunreinigende Metall aus der Legierung herauszuholen. Nach dem neuen Verfahren tritt eine derartige Verunreinigung des Schwermetalls nicht auf, da das Calciumkarbid hinsichtlich seiner elektrolytischen Verwendungsfähigkeit als völlig rein angesehen werden kann. Wenn etwa auch dieser Stoff nicht im wissenschaftlichen Sinne als chemisch rein anzusprechen ist, so sind seine Verunreinigungen doch nicht solcher metallischen Natur, die eine Verunreinigung der Mischanode verursachen würden. Aus der reinen Anode kann dann auch nur das reine Leichtmetall in die Schmelze übergehen und zur Kathode wandern.

Sinngemäß läßt sich das beschriebene Verfahren auf die übrigen Erdalkalimetalle übertragen. Der technische Vorteil kommt erst dann zur Geltung, wenn die zu gewinnenden Erdalkalimetalle durch Umsetzung eines Grundmetalls mit den Karbiden mit diesem Grundmetall legiert werden können. Auch kann das Grundmetall verschieden sein, beispielsweise aus Zinn oder aus Legierungen bestehen.

Patentanspruch:

Verfahren zur elektrolytischen Gewinnung der Erdalkalimetalle unter Verwendung von Legierungen derselben mit Schwermetallen als Anode, dadurch gekennzeichnet, daß man als solche eine auf bekannte Weise durch Erhitzen der Erdalkalimetallkarbide bzw. Karbidbildungsgemische mit einem Schwermetall, wie Blei, erzeugte Legierung verwendet.

Nr. 476099. (N. 25156.) Kl. 40d, 1.

N. V. PHILIPS' GLOEILAMPENFABRIEKEN IN EINDHOVEN, HOLLAND.

Erfinder: Dr. Jan Hendrik de Boer und Dr. Anton Eduard van Arkel in Eindhoven, Holl.

Niederschlagen von duktilem Hafnium und Zirkonium auf einen glühenden Körper.

Vom 27. Okt. 1925. — Erteilt am 25. April 1929. — Ausgegeben am 11. Mai 1929. — Erloschen: ....
Holländische Priorität vom 21. Juli 1925 beansprucht.

Die Erfindung bezieht sich auf ein Verfahren zum Niederschlagen von duktilem Hafnium und Zirkonium auf einen glühenden Körper.

Gemäß der Erfindung besteht das Verfahren zum Niederschlagen von duktilem Hafnium oder Zirkonium oder von beiden auf einen glühenden Körper darin, daß dieser Körper in einer Jodide der niederzuschlagenden Metalle enthaltenden Atmosphäre erhitzt wird, die von allen die Duktilität des niedergeschlagenen Metalls beeinträchtigenden Verunreinigungen, insbesondere Stickstoff, Sauerstoff und Kohlenstoffverbindungen, praktisch vollkommen befreit ist.

Die Erfinderin hat schon früher gefunden, daß es möglich ist, Hafnium und Zirkonium dadurch auf einen glühenden Körper niederzuschlagen, daß man letzteren in einer Atmosphäre erhitzt, die eines oder mehrere der Jodide der niederzuschlagenden Metalle enthält. Es hat sich aber herausgestellt, daß das in dieser Weise erhaltene Hafnium und Zirkonium zwar praktisch rein genannt werden kann, daß aber das so erhaltene Metall nicht duktil ist. Nur wenn die Jodide von Hafnium oder Zirkonium in äußerst reinem Zustande verwendet werden, erhält man das Hafnium oder Zirkonium in einem duktilen Zustand. Schon sehr geringe Verunreinigungen der obenerwähnten Jodide können die Bildung von duktilem Hafnium oder Zirkonium verhindern; sogar Verunreinigungen, die analytisch nicht mehr nachweisbar sind, können in dieser Hinsicht ungünstige Ergebnisse verursachen. Es ist nicht unmöglich, daß dieser Umstand durch die nachfolgende Überlegung erklärt wird. Wenn man einen Kernkörper in einer Atmosphäre erhitzt, die außer Hafnium- oder Zirkoniumjodid eine kleine Menge von Verunreinigungen, wie Stickstoff, Kohlenstoffverbindungen usw., enthält, so werden nicht metallisches Hafnium oder Zirkonium, sondern Verbindungen von Hafnium oder Zirkonium, wie Nitrid, Karbid usw., auf den Kernkörper niedergeschlagen. Sind nun hingegen die obenerwähnten Verunreinigungen nur in sehr geringer Menge vorhanden, so wird sich zwar Hafnium oder Zirkonium niederschlagen, aber die noch vorhandenen Verunreinigungen werden doch zur Bildung sehr geringer Mengen von Hafnium- oder Zirkoniumverbindungen Veranlassung geben, welche sich zwischen dem metallischen Hafnium oder Zirkonium absetzen werden. So gering auch die Menge dieser Hafnium- oder Zirkoniumverbindungen ist, sogar wenn sie analytisch nicht mehr nachweisbar sein würden, so können sie dennoch einen derartigen Einfluß auf die Eigenschaften des niedergeschlagenen Metalls ausüben, daß letzteres nicht duktil ist.

Es ist klar, daß gasförmige Verunreinigungen oder Zusätze, die in bezug auf das niederzuschlagende Metall chemisch indifferent sind, auf die Eigenschaften dieses Metalls keinen Einfluß ausüben werden.

Erfindungsgemäß kann zur Herstellung der zu verwendenden reinen Jodide als Ausgangsmaterial im Vakuum ausgeglühtes Hafnium oder Zirkonium verwendet werden.

Sehr gute Ergebnisse hat man dadurch erzielt. daß zunächst auf einem Kernkörper ein Niederschlag von Hafnium oder Zirkonium oder von beiden erzeugt wird, der dann als Ausgangsmaterial zur Herstellung von reinen Jodiden dient.

Zweckmäßig wird der Kernkörper auf eine Temperatur erhitzt, die genügend hoch über der Dissoziationstemperatur der Jodide liegt, um das niedergeschlagene Metall in einer Richtung senkrecht zur Oberfläche des Körpers als einen einzigen Kristall anwachsen zu lassen. Für Hafnium findet dieses Anwachsen erst über etwa 1750° C, für Zirkonium über etwa 1600° C statt, im Gegensatz zum multikristallinischen Anwachsen, das sowohl für Hafnium wie für Zirkonium schon bei 1400° C anfängt.

Die Erfindung sei an Hand eines Ausführungsbeispiels näher beschrieben. In der Zeichnung ist eine zum Ausführen des Verfahrens geeignete Vorrichtung in schaubildlicher Ansicht dargestellt.

Die Vorrichtung besteht aus einem Gefäß 1, in dem als Kernkörper ein Draht 2 angeordnet ist, der aus Wolfram bestehen kann und einen nur sehr geringen Durchmesser aufweist. Dieser Wolframdraht ist z. B. durch kleine Schrauben mit luftdicht in das obere Ende des Gefäßes eingeschmolzenen Zuleitungsdrähten 3 und 4 leitend verbunden. Der Wolframdraht kann somit durch einen elektrischen Strom auf die geeignete Temperatur erhitzt werden. An dem Gefäß ist ein Seitenröhrchen 5 angebracht, das an eine Pumpe angeschlossen werden kann, durch die man die im Gefäß 1 vorhandenen Gase entfernen kann. Wird nun in das Gefäß 1 nicht besonders gereinigtes Hafniumjodid oder metallisches Hafnium und Jod eingeführt, welche letzteren Stoffe bei höherer Temperatur gleichfalls Hafniumjodid bilden, und wird nun das Gefäß auf eine solche Temperatur erhitzt, daß das Hafniumjodid einen genügend

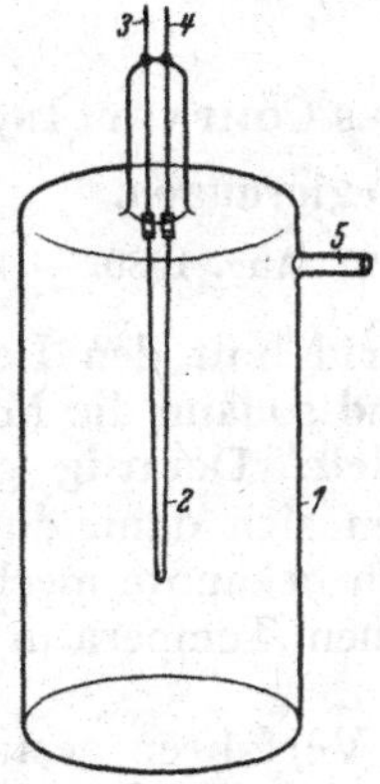

hohen Dampfdruck aufweist, so wird durch den glühenden Wolframdraht der Hafniumjodiddampf zerlegt werden, und es wird sich auf dem Draht metallisches Hafnium absetzen. Zu diesem Zwecke soll man den Wolframdraht auf eine Temperatur von etwa 1450° C erhitzen. Obwohl das so gebildete Hafnium sehr rein sein kann, so rein sogar, daß Verunreinigungen auf analytischem Wege nicht mehr nachgewiesen werden können, so stellte es sich dennoch heraus, daß es die Eigenschaft der Duktilität bei gewöhnlicher Temperatur nicht besaß. Dabei ist unter Duktilität die Eigenschaft zu verstehen, daß das Metall in Drahtform gezogen oder zu Band gewalzt werden kann.

Um nun Hafnium in duktiler Form zu erhalten, wird das auf den obengenannten Kernkörper niedergeschlagene und eventuell von diesem Kernkörper entfernte Metall zusammen mit sehr reinem Jod in eine der in der Abbildung dargestellten gänzlich entsprechende Vorrichtung eingeführt. Als Kernkörper kann wiederum ein Wolframdraht sehr geringen Durchmessers genommen werden, der zweckmäßig auf eine Temperatur über 1750° C erhitzt wird. Wenn nun das Gefäß auf eine Temperatur zwischen 400 und 600° C erhitzt wird, so wird sich Hafniumjodid bilden, und es wird sich auf den Wolframkerndraht Hafnium niederschlagen. Nachdem der so hergestellte Hafniumdraht aus dem Gefäß entfernt ist, kann man ihn selbst bei gewöhnlicher Temperatur mit Hilfe einer Ziehdüse auf einen geringeren Durchmesser ziehen. Es zeigt sich also, daß das so erhaltene Hafnium bei gewöhnlicher Temperatur duktil ist. Wenn man denselben Hafniumdraht mehrere Male dem Verfahren des Anwachsens und des Ziehens unterzieht, so wird der Prozentsatz an Wolfram, der sich infolge des Vorhandenseins des Wolframkerndrahtes ursprünglich im Hafnium befindet, so klein gemacht werden können, wie man nur wünscht.

Zur Herstellung von duktilem Zirkonium kann dasselbe Verfahren angewendet werden, wie oben für Hafnium beschrieben worden ist, mit dem Unterschied, daß der erste Kerndraht auf etwa 1450° C und der zweite Kerndraht zweckmäßig über 1600° C erhitzt wird. Die Höchsttemperatur, auf die der Kerndraht erhitzt werden darf, wird entweder durch die Schmelztemperatur des Kerndrahtes bestimmt, wenn dieser aus demselben Metall besteht wie das niederzuschlagende Metall, oder durch die Schmelztemperatur des Eutektikums von Kerndrahtmetall und niederzuschlagendem Metall, wenn der Kerndraht aus einem anderen als dem niederzuschlagenden Metall besteht.

Zum Herstellen von duktilem Hafnium oder Zirkonium kann man auch von metallischem Hafnium und Zirkonium ausgehen, das auf eine andere als die oben im Ausführungsbeispiel beschriebene Weise gereinigt worden ist. So kann man z. B. das Hafnium oder Zirkonium im Vakuum ausglühen.

Es ist klar, daß man dafür sorgen muß, daß das Gefäß, in dem das duktile Metall hergestellt werden soll, und die in diesem Gefäß vorhandenen Metallteile gleichfalls frei von gasförmigen Verunreinigungen sind, wenigstens daß sie diese während der Herstellung des duktilen Metalls nicht abgeben.

Patentansprüche:

1. Verfahren zum Niederschlagen von duktilem Hafnium oder Zirkonium oder von beiden auf einen glühenden Körper durch Dissoziation, dadurch gekennzeichnet, daß die Erhitzung des Körpers in einer Jodide der niederzuschlagenden Metalle enthaltenden Atmosphäre erfolgt, die von allen die Duktilität des niedergeschlagenen Metalls beeinträchtigenden Verunreinigungen, insbesondere Stickstoff, Sauerstoff und Kohlenstoffverbindungen, vollkommen befreit ist.

2. Verfahren zur Herstellung von reinen Jodiden für das Verfahren nach Anspruch 1, dadurch gekennzeichnet, daß als Ausgangsmaterial im Vakuum ausgeglühtes Hafnium oder Zirkonium genommen wird.

3. Verfahren zur Herstellung von reinen

Jodiden für das Verfahren nach Anspruch 1, dadurch gekennzeichnet, daß zunächst auf einem Kernkörper ein Niederschlag von Hafnium oder Zirkonium oder von beiden erzeugt wird, der dann als Ausgangsmaterial zur Herstellung von reinen Jodiden dient.

4. Ausführungsform des Verfahrens nach Anspruch 1, 2 oder 3, dadurch gekennzeichnet, daß der Körper auf eine Temperatur erhitzt wird, die genügend hoch über der Dissoziationstemperatur der Jodide liegt, um das niedergeschlagene Metall in einer Richtung senkrecht zur Oberfläche des Körpers als einen einzigen Kristall anwachsen zu lassen.

F. P. 604391; Russ. P. 13006.

Nr. 505964. (K. 102228.) Kl. 40b, 15. Kemet Laboratories Company, Inc. in New York.

Verfahren zur Herstellung von Thoriumlegierungen.

Vom 23. Dez. 1926. — Erteilt am 14. Aug. 1930. — Ausgegeben am 27. Aug. 1930. — Erloschen: . . . .

Die Erfindung betrifft ein Verfahren zur Herstellung von Legierungen des Thoriums mit einem oder mehreren Metallen der Wolframgruppe in dehnbarer Form.

Die Erfindung bezweckt vor allem, den Zerfall von gepreßten Stäben aus den genannten Legierungen beim Erhitzen in einer Wasserstoffatmosphäre zu verhindern. Das Zusammenpressen von reinem Wolfram- oder Molybdänpulver unter hohem Druck zwecks Herstellung von massiven Stäben mit nachfolgender Erhitzung in einer Wasserstoffatmosphäre ist an sich bekannt. Dieses Verfahren bereitet jedoch bei der Herstellung von Thoriumlegierungen jener Metalle große Schwierigkeiten, weil die Preßkörper beim weiteren Erhitzen in der Wasserstoffatmosphäre zerfallen, vermutlich wegen der an sich bekannten Bildung und Zersetzung von Thoriumhydrids. Andererseits wurde bereits vorgeschlagen, niedrigprozentige Thoriumlegierungen von Wolfram dadurch herzustellen, daß man ein durch Wasserstoffbehandlung der Oxyde erhaltenes Gemisch von Thoriumhydrid und Wolfram mit einem geeigneten Bindemittel versetzt und die so erhaltene plastische Masse nach dem Spritzverfahren zu Stäben formte. Diese wurden dann in einer Wasserstoffatmosphäre bei hohen Temperaturen erhitzt. Ein solches Verfahren ist jedoch nur bei geringem Prozentgehalt an Thorium (höchstens 5 %) brauchbar und liefert Legierungen, welche oft brüchig sind und einer späteren Duktilisierung Schwierigkeiten bereitet.

Diese Nachteile werden gemäß der Erfindung dadurch vermieden, daß Thoriumhydrid in Mischung mit den anderen Legierungsbestandteilen gebildet und die Mischung unter hohem Druck zu einem Formling zusammengepreßt und dieser dann in einer Wasserstoffatmosphäre auf mindestens die Dissoziationstemperatur des Thoriumhydrides erhitzt wird. Gemäß einer anderen Ausbildungsform dieses Verfahrens wird die Bildung von Thoriumhydrid für sich vorgenommen und dann das Thoriumhydrid mit den Legierungsmetallen vermischt und sodann die Mischung wie oben weiterbehandelt. Derartig gewonnene Legierungen lassen sich dann durch eine nachfolgende an sich bekannte mechanische Bearbeitung bei hohen Temperaturen leicht duktilisieren.

Das neue Verfahren gestattet die Herstellung äußerst duktiler Legierungen des Wolfram oder Molybdän oder der Mischung beider mit Thoriummetall in jedem beliebigen Verhältnis, insbesondere von 5 % Thorium bis über 99 %.

Es ist dabei gefunden worden, daß die binären Wolfram-Thorium-Legierungen, weil sie frei von nennenswerten schädlichen Anteilen an Thoriumoxyd sind, sich dehnen und bearbeiten lassen, wenn auch mit wechselnder Leichtigkeit. Beispielsweise lassen sich Legierungen mit Thorium bis zu 5 % leicht durch Heißschmieden und Heißziehen zu außerordentlich dünnen Drähten bearbeiten, wie sie für Kathodenglühdrähte in kleinen Audionröhren benötigt werden, also etwa mit einem Durchmesser von 0,0015 mm und noch feiner. Bei größeren Gehalten an Thorium wird die Erzeugung derartig dünner Drähte immer schwieriger, während Drähte mit größerem Durchmesser, wie sie beispielsweise in Senderöhren üblich sind, leicht hergestellt werden können. Es wurde auch gefunden, daß die Reihe der binären Molybdän-Thorium-Verbindungen ähnlich dehnbar und bearbeitbar ist und tatsächlich mit sogar größerer Leichtigkeit als die obengenannte Wolfram-Thorium-Reihe. Auch die gesamten Reihen der ternären Legierungen von Wolfram, Molybdän, Thorium lassen sich in ähnlicher Weise ziehen und bearbeiten. Das im nachstehenden beschriebene Verfahren ist mit seinen zahlreichen Abänderungen auf die Gewinnung aller obenerwähnten Legierungen anwendbar, nämlich auf die binären Reihen Wolfram, Thorium und Molybdän, Thorium und die ternären Reihen Wolfram, Molybdän,

Thorium. Im nachstehenden werden, wie üblich, Wolfram und Molybdän als hochschmelzende Metalle der Wolframgruppe bezeichnet.

Thoriumpulver von großer Reinheit, wie es durch Elektrolyse gewonnen wird, stellt ein stahlgraues Pulver dar, welches sehr leicht oxydiert. Wird dieses Pulver in einer reinen Wasserstoffatmosphäre auf 650° C oder darüber hinaus erhitzt, so glüht es unter Hydridbildung stark auf, nimmt an Volumen zu und zeigt eine blauschwarze Farbe. Bei wesentlich höheren Temperaturen, etwa bei 1 100 bis 1 450° C wird dieses Hydrid zersetzt. Es dissoziiert unter Bildung von Metall und Wasserstoff. Die Bildung des Hydrids kann entweder in Gegenwart oder Abwesenheit dieser schwer schmelzenden Metalle erfolgen. Diese beiden Vorgänge sollen durch besondere Beispiele erläutert werden, welche sich auf Legierungen des Thorium mit Wolfram bzw. mit Molybdän beziehen.

Beispiele

1. Thorium-Wolfram-Legierungen

9 g von reinem Thoriumpulver (Hundertmaschensieb oder feiner) werden durch und durch vermischt mit 141 g feinst pulverisiertem Wolfram (in der gleichen Qualität, wie es für Lampendrähte verwendet wird). Die Mischung wird in eine geeignete Matrize eingefüllt und in Form einer Stange von nahezu rechteckigem Querschnitt von 7,6 × 6,3 × 254 mm gepreßt, wobei ein einseitiger Druck von 1 560 oder 2 340 kg/qcm verwendet wird. Die Stange wird auf eine Auflagefläche aus Wolfram oder Molybdän gebracht und im Wasserstoff auf 1 300 bis 1 450° C erhitzt. Wenn eine Temperatur von 1 000 bis 1 100° C erreicht ist, glüht die Stange schwach auf, sie dehnt sich aus und zerfällt mehr oder weniger vollständig. Diese Ausdehnung ist der Bildung von Thoriumhydrid zuzuschreiben.

Wenn die Temperatur weiterhin erhöht wird, so wird das Hydrid zersetzt. Nach dem Erhitzen auf 1 300 bis 1 450° C, etwa während einer halben Stunde, wird die Stange in den wassergekühlten Teil des Ofens gebracht, wo sie rasch abkühlt, immer in Gegenwart von Wasserstoff.

Das mehr oder weniger zerfallende Material wird in einem Achatmörser wiederum feinst pulverisiert. Es wird dann nochmals in Stabform von gleichem Maß gepreßt, jedoch unter Benutzung eines Preßdruckes von 6 250 bis 7 800 kg/qcm. Der Stab wird dann wie vorher in Wasserstoff auf 1 300 bis 1 450° C erhitzt, aber dieses Mal findet kein Zerfall mehr statt. Nach dem Abkühlen zeigt der Stab beträchtliche Härte und kann ohne Gefahr angefaßt werden.

Bei dem nächsten Schritt wird der Stab vermöge seines eigenen Widerstandes in der bei der Herstellung von duktilem Wolfram bekannten Weise erhitzt, und zwar in einem Ofen, wie er ebenfalls bei diesem Verfahren verwendet wird. Der Stab wird hierbei an seinem oberen Ende in einer wassergekühlten Fassung festgehalten und taucht mit seinem unteren Ende in einen Quecksilbersumpf. Der Ofen besitzt einen Wassermantel, während in seinem Innern eine Wasserstoffatmosphäre aufrechterhalten wird.

Folgende Tabelle zeigt den Energieaufwand in den verschiedenen Stadien der Erhitzung bei einem besonderen Versuch:

Zeit	Ampere	Volt
12.26	400	5
27	500	8
28	600	9,5
29	700	11,5
30	800	11,8
31	900	11,8
32	1 000	11,8
33	1 100	12,5
34	1 200	12,3
35	1 300	13,0
36	1 400	13,7
37	1 475	13,9
38	1 550	14,3
39	1 625	14,9
40	1 700	15,4
41	1 750	15,8
42	1 800	15,2
47	1 800	15,9
54	1 800	15,5

Ein so behandelter Stab kann auf 0,762 mm ausgeschmiedet werden, ohne zu brechen.

Die zu Ende der Erhitzung angewandte Energiebelastung ist von Wichtigkeit. Es wird bemerkt, daß nach Erreichung eines gewissen Stadiums beim Erhitzen die Spannung an dem Stab allmählich vermindert werden kann, ohne daß die Stromstärke zurückgeht, die Belastung sucht sich also, mit anderen Worten, bei konstanter Spannung zu erhöhen. In diesem Stadium wird die Spannung vorzugsweise vermindert, um einen Energiezuwachs zu verhindern, und in dem obigen Beispiel wird die Belastung langsam gegen das Ende hin verringert. Die zuletzt angewandte Belastung betrug etwa 27,9 kW. In einem ähnlichen Versuch, wo die Endbelastung 28,8 kW betrug, konnte der Stab nur auf ungefähr 3,17 mm Durchmesser verringert werden und zerbrach, wenn weiteres Ausschmieden versucht wurde, während bei einem Versuch, wo die Endbelastung 29,9 kW betrug, der Stab nicht mehr geschmiedet werden konnte, sondern bei dem ersten Schlag zerbrach. Ein Schmieden war auch unmöglich, wenn die Endbelastung geringer als 25 kW war. Es ist offenbar unmöglich, die genaue Endbelastung vorzuschreiben, welche die besten Resultate ergibt, und zwar für jede Dimension des Stabes und jedes verschiedene Verhältnis von Thorium und Wolfram und jeden besonderen Ofen; aber die geeignete Belastung kann leicht ermittelt werden.

Das Erhitzungsschema einer Legierung mit 10 % Thorium wird nachstehend mitgeteilt:

Zeit	Ampere	Volt
4.50	400	2,6
51	500	6
52	600	11,5
5.01	700	14,5
02	800	14,8
03	900	15,3
04	1 000	15,8
05	1 100	15,9
06	1 200	17
07	1 300	17,5
08	1 400	18,3
09	1 450	18,0
10	1 500	18,3
11	1 550	18,4
12	1 600	18,8
13	1 650	19,3
14	1 700	20
26	1 700	20

Es wird bemerkt, daß es in diesem Falle unnötig war, die Spannung zu Ende des Verfahrens zu vermindern.

Die Gründe für das Ausbleiben eines Zerfalles des Stabes während der zweiten Erhitzung im Wasserstoff sind nicht ganz klar. Der Stab ist dichter, entsprechend dem höheren Druck, wie er beim zweitmaligen Pressen angewendet wird, so daß der Wasserstoff nicht so leicht in den Stab eindringen kann; fernerhin ist es wahrscheinlich, daß das Thorium und Wolfram in diesem Stadium begonnen haben sich zu legieren. Zur Zeit wird vermutet, daß diese Faktoren wenigstens zum Teil dafür verantwortlich sind, daß der Stab nicht mehr zerfällt.

2. Thorium-Molybdän-Legierungen

Reines Thoriummetallpulver wird in einer Atmosphäre von reinem Wasserstoff erhitzt, und zwar vorzugsweise auf ungefähr 800 bis 1 100° C. Das Metall glüht auf und der Wasserstoff wird stark absorbiert, zugleich findet eine beträchtliche Volumvermehrung statt, während die Farbe von stahlgrau in schwarz übergeht. Das so erhaltene Pulver ist sehr brüchig und läßt sich leicht zerkleinern. Es wird gut durchgemischt, etwa durch Zerreiben in einem Mörser oder auf andere Art, mit fein pulverisierten Molybdän von geeigneter Qualität, wie sie für die Herstellung von duktilem Molybdän üblich ist. Die Pulver können in beliebigem Verhältnis gemischt werden, aber für die Zwecke der Herstellung von stark emittierenden Drähten für Audionröhren werden Legierungen bevorzugt, mit 0,5 bis 5 % Thoriummetall. Das gut gemischte Pulver wird in eine geeignete Matrize gefüllt und in Stabform gepreßt unter einem Druck von 6 250 bis 7 800 kg/qcm. Die so erhaltenen Stäbe sind ziemlich zerbrechlich und werden auf Platten aus Wolfram oder Molybdän gelegt, welche in einen Widerstandsofen nach Art der Alundumrohröfen eingesetzt werden, durch welchen Wasserstoff von hoher Reinheit und Trockenheit im Überschuß geleitet wird. Eine geeignete Form des Röhrenofens besteht aus einem äußeren Stahlmantel und einer Quarzpackung, wobei der Wasserstoff nicht nur in die Röhre, sondern ebenfalls in den die Röhre umgebenden Mantel geleitet wird, von wo aus er in die Röhre diffundiert, während der überschüssige Wasserstoff bei seinem Austritt verbrannt wird. Die Stäbe werden auf etwa 1 450° C erhitzt, bei welcher Temperatur der Wasserstoff aus seiner Verbindung oder Vereinigung mit dem Thorium ausgetrieben wird, und das Thoriummetall wird auf diese Art in einen Zustand übergeführt, in welchem es eine Legierung mit dem Molybdän bilden kann und zum mindesten sich damit zu legieren beginnt. Dieses Verfahren erfordert ungefähr 15 Minuten, nach welchen der Stab in die Kühlzone des Ofens geschoben wird, wo er in der Wasserstoffatmosphäre abkühlen kann. Wenn seine Temperatur nahezu Zimmertemperatur erreicht hat, wird er herausgenommen.

Die Stäbe sind nun hinreichend stark, um die folgenden Behandlungen zu ertragen. Sie werden in ein mit Wasserstoff gefülltes Gefäß gebracht, wie es gewöhnlich bei der Herstellung von dehnbarem Wolfram verwendet wird und darin mit Hilfe ihres eigenen Widerstandes auf eine Temperatur dicht unterhalb des Schmelzpunktes erhitzt und sodann in Wasserstoff abgekühlt. Praktisch wird dabei während der Endperiode der Erhitzung ein Strom angewendet, welcher etwa 90 % desjenigen beträgt, wie er zum Schmelzen eines Probestabes der betreffenden Legierung erforderlich ist, was vorher experimentell bestimmt wird. Der durch und durch gesinterte Stab wird dann zu einem Draht von gewünschtem Durchmesser verarbeitet nach den bekannten Verfahren des Heißschmiedens und Heißziehens, die von etwa 1 700° C ausgehen und bei welchen die Temperatur mit abnehmendem Durchmesser des Drahtes verringert wird. Für den besonderen Verwendungszweck des Drahtes als starke Elektronenquelle für Standard - Audionröhren wird derselbe auf etwa 0,0381 mm oder darunter verringert und wie üblich in Vakuumröhren eingebaut.

Diese Molybdän-Thorium-Legierungen bieten gewisse entschiedene Vorteile sowohl bei ihrer Herstellung als auch bei der späteren Verwendung. Sie werden in Drähte von sehr geringem Durchmesser gezogen, und zwar viel leichter als es bei Wolfram-Thorium-Legierungen von üblichem Thoriumgehalt möglich ist. Fernerhin besitzen die Molybdän-Thorium-Legierungen ein ausgesprochen höheres Elektronenemissionsvermögen als die Wolfram-Thorium-Legierungen mit demselben Gehalt an Thorium. Die Gründe hierfür werden noch untersucht. Während es aber nicht erwünscht ist, die Erfindung durch Bezugnahme auf theoretische Betrachtungen zu beschränken, mag festgestellt werden, daß es nunmehr wahrscheinlich ist, daß die beobachtete Überlegenheit der Molybdän-Thorium-Legierungen bezüglich der Elektronenemission, verglichen mit den Wolfram-Thorium-Legierungen, teilweise wenigstens von einer höheren Diffusionsgeschwindigkeit des Thoriums im Molybdän herrührt, wodurch der Bedarf der Drahtoberfläche an Thorium rascher und wirksamer nachgeliefert wird.

Ein charakteristischer Vorteil, der sowohl den Molybdän-Thorium-Legierungen als auch den oben beschriebenen Wolfram-Thorium-Legierungen zukommt und auch bei den obenerwähnten ternären Legierungen auftritt, besteht darin, daß sie nicht die hohen Aktivierungstemperaturen erfordern, welche bei Drähten von der bekannten Wolfram-Thoriumoxyd-Gattung notwendig sind. Diese Eigenschaft ist besonders bemerkenswert im Falle der Molybdän-Thorium- und Molybdän-Wolfram-Thorium-Legierungen. Bei den Wolfram-Thorium-Legierungen kann die Anfangsemission in gewissen Fällen ziemlich niedrig sein, aber in solchem Fall kann sie normalisiert und auf einen einheitlichen und hohen Wert gebracht werden, indem man sie eine Zeitlang bei einer etwas höheren Temperatur als normal betreibt, obgleich diese jedoch viel niedriger ist als die Temperaturen für die sogenannte Aktivierung von Drähten der Wolframoxydgattung.

3. Molybdän-Wolfram-Thorium-Legierungen

Diese werden in Übereinstimmung mit einem der obengenannten Beispiele hergestellt, d. h. also das Thoriumhydrid wird entweder in Gegenwart oder Abwesenheit von den hochschmelzenden Metallen gebildet und sodann bei Gegenwart dieser Metalle dissoziiert. Derartige Legierungen können in jedem Verhältnis hergestellt werden; es werden jedoch gegenwärtig Legierungen mit etwa 5 % Thorium, 20 bis 40 % Molybdän und dem Rest Wolfram vorgezogen. Die Erfindung ist aber nicht auf diese besonderen Mischungsverhältnisse beschränkt. Der wesentliche Vorteil dieser ternären Legierungen besteht darin, daß sie die hohen und gleichmäßigen Emissionseigenschaften der Molybdän-Thorium-Legierungen beibehalten, während sie im Vergleich zu diesen eine höhere Stabilität und Lebensdauer besitzen, vermutlich wegen der Erniedrigung des Dampfdruckes durch die Gegenwart von Wolfram. In diesem Falle wird es wie im Falle der Molybdän-Thorium-Legierungen als wahrscheinlich erachtet, daß die Gegenwart von Molybdän in wesentlichen Mengen in der Legierung die Diffusion des Thoriums erleichtert und dadurch die Elektronenemission der Legierung verbessert.

Der Ausdruck »wesentlich frei von Oxyden«, wie er im vorstehenden benutzt wird, soll besagen, daß die fragliche Legierung Thoriumoxyd nicht in solchen Mengen enthält, welche in irgend merklichem Maße ihre Bearbeitung stören, und ferner daß der Thoriumgehalt in Oxydform nicht jenen in Metallform übertrifft oder mit anderen Worten, daß der überwiegende Anteil des Thoriumgehaltes der Legierung in reduziertem Zustande vorliegt. Dieses Ergebnis wurde bisher bei keiner Thoriumlegierung mit einem hochschmelzenden Metall der Wolframgruppe erreicht.

Patentansprüche:

1. Verfahren zur Herstellung von im wesentlichen oxydfreien Legierungen von einem oder mehreren Metallen der Wolframgruppe mit Thorium durch Zersetzung von Thoriumhydrid in Mischung mit dem zu legierenden hochschmelzenden Metall in einer Wasserstoffatmosphäre, dadurch gekennzeichnet, daß Thoriumhydrid in Mischung mit den anderen Legierungsbestandteilen gebildet und die Mischung unter hohem Druck zu einem Formling zusammengepreßt und dieser dann in einer

Wasserstoffatmosphäre auf mindestens die Dissoziationstemperatur des Thoriumhydrids erhitzt wird.

2. Abänderung des Verfahrens nach Anspruch 1, dadurch gekennzeichnet, daß die Bildung von Thoriumhydrid für sich vorgenommen wird und dann das Thoriumhydrid mit den Legierungsmetallen vermischt und sodann gemäß Anspruch 1 verfahren wird.

3. Verfahren zum Duktilisieren der nach Anspruch 1 oder 2 erhaltenen Legierung, dadurch gekennzeichnet, daß die Duktilisierung durch die bekannte mechanische Bearbeitung bei hohen Temperaturen erfolgt.

Nr. 514365. (H. 118113.) Kl. 40c, 13. Dr.-Ing. Hellmuth Hartmann in Breslau.

Verfahren zur elektrolytischen Gewinnung von Metallen, insbesondere Wolfram.

Vom 11. Sept. 1928. — Erteilt am 4. Dez. 1930. — Ausgegeben am 11. Dez. 1930. — Erloschen: . . . .

Neben dem bisher wohl allein angewandten Verfahren zur Gewinnung von metallischem Wolfram, darin bestehend, daß das Wolframtrioxyd mit Wasserstoff bei etwa 1000° reduziert wird, sind mehrere Verfahren bekannt und auch geschützt worden, nach welchen das Metall auf elektrolytischem Wege abgeschieden werden kann. Das älteste ist das Verfahren von G. Keyes (Amerik. Pat. 1 293 117 vom 4. Februar 1919), demzufolge Wolfram aus einer Lösung von Wolframtrioxyd in geschmolzener Borsäure mit Hilfe des elektrischen Stromes auf einer Metallunterlage niedergeschlagen werden kann. Ähnlich ist das Verfahren von I. L. Andrieux (Franz. Pat. Gr. 14, Kl. 1, 638 345 vom 22. Mai 1928), nach welchem gleichfalls eine Auflösung von Metalloxyden oder Sauerstoffsalzen der Metalle in Borsäure oder Borax unter Zusatz anderer Stoffe, wie Alkali- oder Erdalkalifluoride, Chloride, Phosphate usw., der Elektrolyse im Schmelzfluß unterworfen wird. Neben diesen durch Patente geschützten Verfahren hat I. van Liempt in der Zeitschrift für anorg. u. allg. Chem. 31, S. 249, eine Arbeit veröffentlicht, derzufolge die Gewinnung von metallischem Wolfram dadurch möglich ist, daß eine Schmelze von Alkaliwolframat, gegebenenfalls unter Zusatz von freier Wolframsäure, durch den elektrischen Strom zerlegt wird. Allen diesen bisher bekannten Verfahren haften mehrfache Mängel an.

Erstens besitzen die Borsäure- bzw. Boraxschmelzen einen hohen Schmelzpunkt, so daß Badtemperaturen von 1000° und darüber zur Metallgewinnung erforderlich sind. Auch bei dem von Liempt beschriebenen Verfahren liegt die Temperatur der Schmelze bei 1000 bis 1200°. Diese hohen Temperaturen belasten die Wärmebilanz und damit die Wirtschaftlichkeit. Außerdem unterliegen die Tiegel und Elektroden naturgemäß einem weit größeren Verschleiß, als wenn es möglich wäre, die Badtemperatur durch geeignete Maßnahmen herabzusetzen.

Zweitens ist die Leitfähigkeit derartiger Schmelzen nicht sehr beträchtlich, wodurch ein unnötig hoher Spannungsaufwand erforderlich wird. Bei dem Liemptschen Verfahren findet die Wolframabscheidung überhaupt nicht unmittelbar durch Entladung des Wolframions statt, sondern sie wird durch das bei der Elektrolyse gebildete Natrium bewerkstelligt. Somit erfordert die Elektrolyse eine Spannung, welche mindestens hinreicht, um das Natriumion in der Schmelze zu entladen. Dementsprechend ist Liempt gezwungen, mit einer Badspannung von 12 Volt zu arbeiten.

Das nachstehend beschriebene Verfahren erweist sich den bisherigen gegenüber in jeder Richtung als bedeutend überlegen.

Es ist bekannt, daß die verhältnismäßig leicht schmelzenden Phosphate der Alkalimetalle und auch die freie Phosphorsäure im Schmelzfluß imstande sind, Metalloxyde weitgehend zu lösen. Auch Wolframsäure wird von solchen Schmelzen bis zu hohen Konzentrationen aufgenommen. Diese bei verhältnismäßig niedrigen Temperaturen (etwa 600°) schon hinreichend flüssigen Schmelzen leiten den elektrischen Strom sehr gut und gestatten, mit bereits sehr niedrigen Spannungen das Wolfram abzuscheiden. Gerade diese beiden Punkte, die Möglichkeit der Verwendung niedriger Badtemperaturen und niedriger Spannungen, stellen den bisherigen Verfahren gegenüber einen wesentlichen Fortschritt dar.

Die Ausführung des neuen Verfahrens kann beispielsweise wie folgt vorgenommen werden.

In eine Schmelze von Alkali- (beispielsweise Natriummeta-) Phosphat, welche, um sie dünner flüssig zu machen, mit freier Phosphorsäure oder anderen Phosphaten (z. B. denen der Alkalien oder Erdalkalien) versetzt werden kann, wird Wolframsäure eingetragen, so daß eine klare Auflösung entsteht. Es gelingt nun leicht, mit einer Spannung von etwa 1 Volt und einer Stromdichte von unter 0,1 Amp./qcm mit guter Ausbeute

Wolfram niederzuschlagen. Als Tiegelmaterial bewährt sich am besten eine basische keramische Masse wie etwa Magnesit oder Tonerde. Als Anode wird zweckmäßig Kohle, als Kathode Nickel oder Wolfram verwendet. Die Konzentrationsverminderung an Wolframsäure während der Elektrolyse kann durch Zugabe von Wolframtrioxyd ausgeglichen werden.

Das Verfahren ist nicht allein auf die Gewinnung von Wolfram beschränkt. Es läßt sich durch geeignete Wahl der Schmelzen und der Klemmenspannung bzw. Stromdichte auf die Gewinnung aller Metalle ausdehnen, deren Oxyde in Phosphatschmelzen löslich sind, deren Halogenverbindungen aber wegen ihrer großen Flüchtigkeit bei höheren Temperaturen für die elektrolytische Metallabscheidung im Schmelzfluß nicht in Frage kommen (z. B. Mo, Ta, V, Nb).

Patentanspruch:

Verfahren zur elektrolytischen Gewinnung von Wolfram und ähnlichen Schwermetallen aus Schmelzen von Alkalisalzen, in denen die Oxyde dieser Metalle gelöst sind, dadurch gekennzeichnet, daß die Schmelzen, abgesehen von den Oxyden der zu gewinnenden Metalle, nur noch Phosphate, insbesondere Alkaliphosphate, mit oder ohne Zusatz freier Phosphorsäure enthalten.

Nr. 518499. (S. 76853.) Kl. 31 c, 23.

Siemens & Halske Akt.-Ges. in Berlin-Siemensstadt.

Verfahren zum Schmelzen schwerschmelzbarer Metalle, insbesondere von Tantal, Wolfram, Thorium oder Legierungen dieser Metalle in einem wassergekühlten Behälter.

Vom 2. Nov. 1926. — Erteilt am 29. Jan. 1931. — Ausgegeben am 16. Febr. 1931. — Erloschen: . . . .

Es ist bekannt, wassergekühlte Schmelztiegel, zum Beispiel aus Kupfer, zu verwenden und in diesen Stoffe zu schmelzen, deren Schmelzpunkt nur wenig unter dem Schmelzpunkt des Tiegelmaterials liegt. Man hat auch beobachtet, daß man die in einem Tiegel auf solche Art erschmolzene Masse sogar über die Schmelztemperatur des Tiegels selbst hinaus erhitzen kann.

Nach vorliegender Erfindung wird dieses Verfahren übertragen auf das Schmelzen von Metallen, deren Schmelzpunkt besonders hoch liegt, z. B. Wolframmetall, Tantalmetall und Thoriummetall, die Schmelzpunkte bis zu 3500° haben. Es werden dabei Tiegel verwendet, deren Schmelzpunkt sehr viel niedriger liegen kann, beispielsweise Tiegel aus Kupfer oder Silber. Es hat sich gezeigt, daß es nicht nur möglich ist, in solchen wassergekühlten Tiegeln niedrigen Schmelzpunktes die schwerstschmelzenden Metalle einzuschmelzen, es hat sich vielmehr auch ergeben, daß diese Art des Einschmelzens ganz besondere Vorteile ergibt.

Beim Schmelzen solcher schwerschmelzender Metalle war bisher eine besondere Schwierigkeit die, daß das Schmelzgut sich in einem Behälter befinden muß, der den in Betracht kommenden hohen thermischen oder chemischen Beanspruchungen widerstehen kann, und daß geeignete Stoffe dafür nicht leicht auffindbar sind. Besonders dann treten diese Schwierigkeiten auf, wenn es sich darum handelt, größere Mengen des betreffenden Stoffes zu schmelzen. Bei kleineren Mengen hat man sich dadurch geholfen, daß man das Schmelzgut auf eine Unterlage desselben Materials brachte und die Wärme dem Schmelzgut unmittelbar so zuführte, daß die Temperatur der Unterlage möglichst unterhalb des Schmelzpunktes blieb. Man bekam dann aber meist keine befriedigende Abgrenzung zwischen dem Schmelzkörper und dem ungeschmolzen bleibenden Teil. Wenn größere Mengen des Schmelzgutes auf einmal geschmolzen werden sollen, bildet sich eine breite Zone unvollkommen geschmolzenen Materials, die nachher wieder beseitigt werden muß. Das Verfahren ist kostspielig, und das Erzeugnis ist unter Umständen geringwertig.

Nimmt man dagegen einen Behälter, der während des Schmelzvorganges sehr stark gekühlt wird, so erreicht man zweierlei. Zunächst ist es möglich, durch entsprechende Wärmezufuhr zu dem Schmelzgut und starke Wärmeabfuhr im Behälter den Schmelzvorgang bis dicht an die Behälterwand heranzuführen. Es bildet sich unter der Wirkung der starken Wärmezufuhr einerseits und der starken Kühlung andererseits eine ganz schmale Zone stärksten Temperaturgefälls, und das Schmelzgut kann vollständig und gleichmäßig durchgeschmolzen werden. Zugleich aber wird auch infolge der starken Kühlung des Behälters der Werkstoff dieses Behälters der thermischen und chemischen Einwirkung des Schmelzgutes entzogen. Man ist daher weitgehend unabhängig in der Wahl des Behältermaterials und bekommt reine und gleichmäßige Schmelzkörper.

Die Kühlung muß dabei sehr kräftig sein. Luftkühlung oder die unter manchen Gesichtspunkten erwünschte Ölkühlung ist im allgemeinen nicht ausreichend. Ein völlig befriedigender Erfolg wird aber erzielt, wenn man eine gute Wasserkühlung anwendet. Allerdings sind damit erhebliche Wärmeverluste verknüpft. Diese stehen aber in gar keinem Verhältnis zu den Vorteilen, die man auf der anderen Seite erzielt.

Man bekommt hierbei zwischen dem Tiegel und dem Schmelzgut eine dünne Schicht, in der die Temperatur vom Schmelzpunkt bis auf die Temperatur der gekühlten Behälterwand herabstürzt. Dieser Temperaturabfall kann in praktischen Fällen weit über 1000° betragen. Die Folge kann u. U. die sein, daß eine dünne Schicht des Schmelzgutes ungeschmolzen bleibt. Es hat sich aber gezeigt, daß diese Schicht fast beliebig dünn gehalten werden kann, wenn man die Wärmezufuhr in geeigneter Weise leitet. Am besten ist es, wenn man die Wärme auf elektrischem Wege dem Schmelzgut zuführt. Es ist aber auch möglich, eine Erhitzung nach dem Thermitverfahren mit Erfolg anzuwenden.

Man kann nun aber auch so vorgehen, daß man zwischen dem gekühlten Tiegelmaterial und dem Schmelzgut eine besondere dünne Schicht anbringt, die die Wärme sehr schlecht leitet. Man kann z. B. einen dünnen Überzug eines geeigneten Oxydes anbringen. Die Wirkung kann dabei u. U. die sein, daß das Oxyd zum Teil verdampft und das Leidenfrostsche Phänomen eintritt. Bei manchen Metallen genügt schon die sich von selbst an der Tiegelwand bildende dünne Oxydhaut, um diese Wirkung hervorzurufen. Beispielsweise gilt dies beim Schmelzen von Tantalmetall oder von Tantallegierungen. Selbst wenn das Schmelzen im Vakuum vorgenommen wird, sind immer noch genügende Mengen von Sauerstoff vorhanden, um die Bildung der Oxydhaut zu begünstigen. Während das im Schmelzgut selbst enthaltene Oxyd vollständig verdampft wird, bleibt die dünne Schicht zwischen Tiegel und Schmelzgut während des ganzen Schmelzvorganges erhalten und dient als Wärmeisolator.

Als besonders geeignet für die Herstellung eines Tiegels hat sich Quarzglas erwiesen. Man kann beispielsweise ein doppelwandiges Quarzglasgefäß in dieser Weise verwenden. Der Raum zwischen den beiden Wandungen dient dann zur Durchführung einer Kühlflüssigkeit, z. B. von Wasser. In einem solchen Quarztiegel läßt sich ohne weiteres Tantal oder Wolfram schmelzen. Auch Thorium, das außerordentlich empfindlich gegen fast alle Stoffe ist, mit denen es bei höherer Temperatur in Berührung kommt, läßt sich ohne weiteres darin schmelzen, ohne daß nennenswerte Verunreinigung eintritt.

Es ist ohne weiteres möglich, den Tiegel in einen Raum zu bringen, in dem entweder eine indifferente Atmosphäre, z. B. von Argon o. dgl., oder ein Vakuum aufrechterhalten wird. Die Heizung geschieht in solchen Fällen am besten elektrisch auf induktivem Wege. Man kann beispielsweise den Tiegel mit einer Induktionsspule umgeben. Besonders geeignet ist die Verwendung von induktiver Hochfrequenzheizung.

Statt Quarzglas kann man auch ein Metall als Tiegelmaterial verwenden. Selbst für ein Schmelzgut von höchstem Schmelzpunkt genügt dabei irgendein Metall mit niedrigem Schmelzpunkt. Besonders geeignet sind Kupfer und Silber wegen ihrer hohen Wärmeleitfähigkeit.

Um bei Anwendung elektrischer Heizung, insbesondere bei induktiver Beheizung, das Metall des Tiegels der Einwirkung des elektrischen Feldes zu entziehen und insbesondere die Entstehung zu starker Wirbelströme zu verhüten, ist es dabei zweckmäßig, den Tiegel aus einzelnen Segmenten zusammenzusetzen, die gegeneinander durch eine isolierende Schicht getrennt sind. Zur Isolierung kann z. B. Glimmer verwendet werden. Es gelingt nach diesem Verfahren, auch die schwerstschmelzbaren Metalle ohne die Gefahr der Verunreinigung in beliebig großen Mengen zu schmelzen. Z. B. kann man Tantal, Wolfram oder Thorium in Mengen von vielen Kilogramm in einem kalten Kupfertiegel vollständig zusammenschmelzen. Die Form des Tiegels ist an sich ganz gleichgültig, es genügt u. U. schon eine Wanne oder eine flache Schale.

Patentansprüche:

1. Verfahren zum Schmelzen schwerschmelzbarer Metalle, insbesondere von Tantal, Wolfram, Thorium oder Legierungen dieser Metalle in einem wassergekühlten Behälter, dadurch gekennzeichnet, daß der Schmelzbehälter aus Stoffen von niedrigerem Schmelzpunkt als das Schmelzgut besteht, z. B. aus Quarzglas, Kupfer oder Silber, und die Zuführung der zum Schmelzen erforderlichen Energie sowie die Kühlung des Behälters derart erfolgt, daß ein restloses Einschmelzen des Schmelzgutes ohne Verunreinigung durch das Tiegelmaterial bewirkt wird.

2. Verfahren nach Anspruch 1, dadurch gekennzeichnet, daß die Erhitzung des Schmelzgutes auf elektrischem Wege, zweckmäßig unter Anwendung von Hochfrequenzströmen, erfolgt.

3. Verfahren nach Anspruch 1 und 2, dadurch gekennzeichnet, daß bei Verwendung eines elektrisch leitenden Werkstoffes als Tiegelmaterial der Tiegel aus einer Reihe gegeneinander isolierter, mit Kühlkanälen durchsetzter Metallsegmente besteht.

Nr. 464978. (W. 67871.) Kl. 40d, 3.

WESTINGHOUSE LAMP COMPANY IN BLOOMFIELD, NEW JERSEY, V. ST. A.

Regelung der kristallinischen Struktur schwer schmelzender Metalle.

Vom 9. Dez. 1924. — Erteilt am 23. Aug. 1928. — Ausgegeben am 5. Sept. 1928. — Erloschen: ....

Die Erfindung betrifft ein Verfahren zur Beeinflussung der Kristallstruktur von Wolfram und dergleichen hochschmelzenden Metallen durch Zusatzstoffe.

Gemäß der Erfindung wird als Ausgangsstoff Wolframoxyd oder Wolframpulver verwendet, das vollkommen frei von das Kristallwachstum unterdrückenden oder verzögernden Stoffen, wie Thoriumoxyd, Siliciumoxyd, Aluminiumoxyd oder Magnesiumoxyd ist, und dieser Ausgangsstoff wird mit weniger als 0,75 Gewichtsprozent einer oder mehrerer reiner Verbindungen der Alkali- oder Erdalkalimetalle Barium, Strontion, Calcium, Lithium, Natrium, Kalium, Cäsium, Rubidium gemischt, die ebenfalls frei von den obengenannten Stoffen sind, worauf die Mischung in an sich bekannter Weise unter gleichzeitiger Verflüchtigung der Zusatzstoffe gesintert wird.

Die Erfindung beruht im wesentlichen auf der neuen Erkenntnis, daß man die Elemente, deren Oxyde nicht durch Wasserstoff reduzierbar sind, in solche unterteilen kann, die als Zusatz zu Wolfram oder sonstigen schwer schmelzenden Metallen der Kristallisation entgegenarbeiten, und in solche, die sie fördern, und daß im Gegensatz zu früheren Vorschlägen die dem Kristallwachstum entgegenarbeitenden Stoffe grundsätzlich ferngehalten werden müssen.

Zur Erläuterung der Erfindung sei auf die Zeichnungen Bezug genommen, von denen

Abb. 1 eine Mikrophotographie eines geätzten Längsschnittes eines Wolframfadens bei 200facher Vergrößerung zeigt; der Faden hat etwa 0,175 mm Durchmesser und ist mit Zusatz eines kleinen Teiles einer Lithiumverbindung hergestellt.

Abb. 2 ist ein ähnlicher Längsschnitt eines Fadens, der unter Zusatz einer kleinen Menge einer Strontiumverbindung hergestellt ist.

Abb. 3 ist die Darstellung eines Fadens, dem während des Herstellungsverfahrens eine Cäsiumverbindung beigefügt wurde.

Abb. 4 und 5 sind ähnliche Darstellungen von Fäden, deren Herstellung unter Zufügung einer Kaliumverbindung erfolgte, und

Abb. 6 ist die Darstellung eines Fadens, dessen Herstellung unter Zusatz einer Rubidiumverbindung geschah.

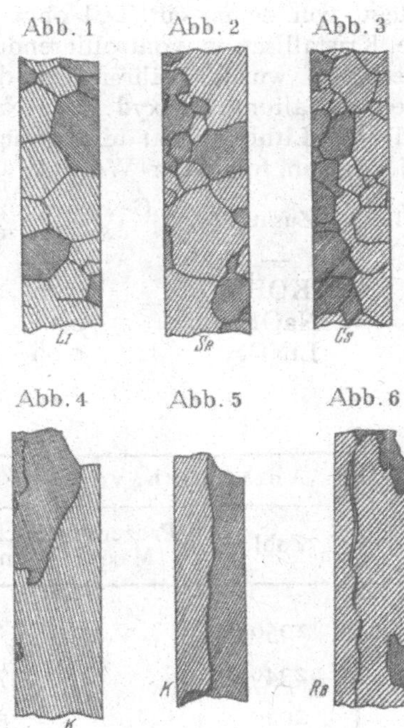

Es ist erkennbar, daß der Zusatz von Lithium zu dem für Herstellung des Fadens aus schwer schmelzendem Metall benutzten Materials die Bildung von großen Kristallen verursacht, die ziemlich regelmäßig in Gestalt und Größe sind, wie Abb. 1 erkennen läßt. Diese Kristalle sind offenbar stark hexagonal; ein Draht dieses kristallinischen Gefüges erscheint besonders geeignet für die größeren Abmessungen von Fäden für elektrische Glühlampen.

Strontium und Cäsium haben die durch Abb. 2 und 3 veranschaulichten Kristallwirkungen; das kristallinische Gefüge ist ziemlich ähnlich dem, das durch die Anwendung von

Lithiumverbindungen erzielt wird. wie aus einem Vergleich mit Abb. 1 feststellbar ist. Kalium dagegen scheint die Entwicklung von langgestreckten, einander übergreifenden Kristallen unregelmäßiger Größe und Gestalt zu befördern (Abb. 4 und 5). Ein solches Gefüge ist am besten geeignet für Fäden kleinerer Abmessung.

Aus Abb. 6 ist ersichtlich, daß Rubidium charakteristische Kristalleinwirkungen ergibt ähnlich denen, wie sie sich aus der Anwendung von Kalium ergaben (vgl. Abb. 6 sowie 4 und 5).

Es wurden die folgenden Versuche angestellt, um die bezüglichen Einwirkungen von Kalium, Natrium und Lithium als Zusatz oder Zuschlag bei der Herstellung von schwer schmelzendem metallischen Fadenmaterial verschiedener Abmessungen zu vergleichen. Es wurden 32 kg gereinigten Wolframtrioxyds (tungstic oxyde) in vier gleiche Teile von je 8 kg zerlegt, von denen ein Teil ohne Zusatz eines die Kristallisation kontrollierenden Materials reduziert wurde, während zu den anderen Teilen Kaliumhydroxyd bzw. Natriumhydroxyd oder Lithiumnitrat hinzugefügt wurden, und zwar in folgender Weise:

Metall	Zusatz	Gewichtsprozent des Zusatzes
1	—	—
2	KOH	0,16
3	NaOH	0,18
4	$LiNO_3$	0,09

Jedes der Gemische wurde auf etwa 500 bis 600° C erhitzt und nach dem gleichen Verfahren reduziert. Das Metall wurde in 220 g schwere rundliche Stücke von etwa 1/4 Zoll bei 16 Zoll Durchmesser gepreßt, dann nach dem gleichen Schema behandelt und nochmals behandelt. Der Behandlungsstrom betrug 1 600 Amp. während 12 Minuten, und der Nachbehandlungsstrom betrug 80 % des Stromes, der berechnet war für das Schmelzen der Stange, deren Durchmesser dann 4 mm betrug.

Das Oxyd wurde so vorbereitet, daß es ursprünglich frei von irgendwelchen Stoffen war, die sein kristallinisches Gefüge würden beeinflußt haben. Infolgedessen war das Gefüge, das sich beim Metall Nr. 1 ergab, das des reinen Wolframmetalls oder wenigstens des Wolframs, das sich aus dem angewendeten Oxyd erzeugen ließ. Indem man dann allen die gleiche Behandlung zuteil werden ließ und die Stücke, denen die Alkalimetallverbindungen zugesetzt waren, mit reinem Wolfram verglich, ergab sich ein Verfahren des Auswertens der Wirkung der verschiedenen die Kristallbildung regelnden Stoffe. Es waren alle Vorkehrungen getroffen, um eine Parallelbehandlung für alle stabförmigen Stücke zu sichern, beispielsweise die Behandlung zu gleicher Zeit und die Verwendung des gleichen Glättewerkzeuges vor der Wiederbehandlung. Die folgende Tafel zeigt die erzielten Ergebnisse bezüglich der Kornbildung.

Kornzählung

Metall	Anfänglich, vor dem Hämmern		Nachbehandelt, nach Hämmerung	
	Zahl	Prozentunterschied zwischen Maximum und Minimum	Zahl	Prozentunterschied zwischen Maximum und Minimum
1	1050	12	400	15
2	2340	27	425	16
3	2040	5	165	56
4	2690	3	59	85

Der Korngrößenunterschied, der durch die Maximalschwankung in der Kornzahl dargestellt wird, die bei drei Versuchen festgestellt wurde und welche in jedem Falle den Durchschnitt ausmacht, liegt in der Reihenfolge der Metalle 2, 1, 3, 4. Es war also der Korngrößenunterschied am stärksten bei der Anwendung von Kalium und am geringsten bei der Anwendung von Lithium.

Nachdem diese Gußblöcke aber auf 4 mm bearbeitet waren, waren die Kornzahl und die prozentuale Kornschwankung der nochmals behandelten oder ausgeglühten Proben umgekehrt. Die Reihenfolge der Kornzahl nimmt ab mit dem Atomgewicht des zugefügten Metalls, indem die Prozentschwankung der Körner von Metall 2 zu Metall 4 wächst anstatt abzunehmen, wie es bei der Anfangsbehandlung der Fall war. Diese Tatsachen bilden einen schlüssigen Beweis, daß die verschiedenen Zusatzstoffe schon in dieser frühen Stufe des Verfahrens charakteristische Wirkung auf das Wolfram ausgeübt haben. Diese Wirkung läßt sich durch das ganze Verfahren verfolgen. Die von einigen dieser ausgeglühten Materialien entwickelten Charakteristiken beim Ausziehen von Draht von 0,175 mm sind in der Zeichnung dargestellt. Wie in Abb. 1 für einen gezogenen Faden wiedergegeben ist, ist das mit Lithium behandelte Material besonders hervorstechend gekennzeichnet in dem Format der Kristalle und ihrer ziemlich regelmäßigen Begrenzung.

Die Erfindung ist nicht auf die genauen, wiedergegebenen Einzelheiten beschränkt, und es kann die Lithiumverbindung durch eine oder mehrere Verbindungen von Metallen, wie Cäsium, Strontium, Calcium und Barium, mit oder ohne sonstige Stoffe, wie Alkalimetallverbindungen, ersetzt werden, um Kristallgefüge zu entwickeln, die ähnlich denen sind, welche durch die Anwendung von Lithium erzeugt werden. Dies ergibt sich durch Vergleich der Abb. 1, 2 und 3.

Es ist festgestellt worden, daß sich gereinigtes Wolframtrioxyd (tungstic oxyde) in seinen Eigenschaften nach Maßgabe der Verfahren ändert, die zu seiner Reinigung angewendet werden. Diese Veränderungen sind den mit diesem Material vertrauten Fachleuten bekannt; es können sich Unterschiede in der Dichte, dem besonderen Format, in der Körnungsgröße und in der chemischen Aktivität zeigen. Im allgemeinen haben Oxyde, die durch die üblichen Verfahren des Fällens eines lösbaren Wolframsalzes in heißen Säuren erzeugt sind, gute Ergebnisse gezeitigt, und das folgende Verfahren zur Oxydreinigung gibt ebenfalls ein Erzeugnis, das die Zwecke der Erfindung befriedigend erfüllt.

68 kg des im Handel befindlichen Wolframtrioxyds können in einem Gemisch von 64 l Ammoniak vom spezifischen Gewicht 0,9 und 160 l destillierten Wassers gelöst werden. Nachdem sich der Rückstand gesetzt hat, wird die Lösung filtriert. Diese Lösung wird in Steingutschüsseln von etwa 1 700 l Aufnahmefähigkeit verteilt. Konzentrierte Salzsäure vom spezifischen Gewicht 1,19 kann langsam durch eine 3-mm-Öffnung zugesetzt werden, um Ammoniumparawolframat zu fällen, das sorgfältig ausgewaschen und getrocknet wird. Das Ammoniak in der Verbindung kann entweder durch Erhitzen auf eine Temperatur nicht über 700° C oder durch Digerieren in Säuren herausgeschafft werden. Es zeigt sich, daß das verbleibende Oxyd durch die beschriebenen Vorgänge genügend gereinigt ist, um Drähte gemäß der Erfindung herzustellen.

Dem gereinigten Wolframtrioxyd kann Lithiumnitrat beigemengt werden in solcher Weise, daß der Inhalt etwa 0,1 Gewichtsprozent von Lithiumoxyd beträgt (etwa 0,05 Gewichtsprozente von Lithium). Dieses Gemisch wird vorzugsweise bei genügend hoher Temperatur getrocknet, um die Stickstoffoxyde auszutreiben. Das getrocknete und gepulverte, Lithiumoxyd enthaltende Wolframoxyd kann dann nach irgendeinem bekannten Verfahren zu gepulvertem Metall reduziert werden. Es können auch andere Verfahren zum Reduzieren des Wolframtrioxyds mit seinem Zusatzmaterial verwendet werden; vorzugsweise wird das folgende Verfahren angewendet:

200 g des gereinigten Wolframoxyds werden in einen flachen Behälter von 76 cm Länge gebracht, der durch Aufbiegen eines 5 cm breiten Streifens aus irgendeinem gewünschten gewöhnlichen Metall, wie Kupfer, Eisen o. dgl., in Rinnenform von halbkreisförmigem Querschnitt und Schließen beider Enden hergestellt ist. Das Material möge gleichmäßig über diesem Behälter ausgebreitet werden, der dann durch eine Röhre von 3 cm Durchmesser hindurchgeführt wird, und zwar mit einer Geschwindigkeit von etwa 76 cm in der Stunde. Durch die Röhre werden etwa 5661 trockenen Wasserstoffgases in der Stunde hindurchgeführt, und zwar im Gegenstrom zur Richtung der Oxydwanderung. Die Röhre besteht aus einem beheizten Stück von 180 cm Länge mit Fortsätzen auf jeder Seite zur Einführung des Oxyds bzw. zur Entfernung des Metalls.

Es sollte eine Temperaturabstufung längs der Röhre hergestellt werden, wobei sich die höchste Temperatur nahe dem Ausgangsende findet, derart, daß die Reduktion des Metalls längs der Röhre allmählich fortschreitet, während der Stoff durch die verschiedenen Stufen weiterschreitet, wie es durch die verschieden gebildeten Oxyde erkennbar wird. Die Temperatur sollte nicht höher sein, als notwendig ist, um das Metall zu reduzieren. Es hat sich oft als zweckmäßig erwiesen, das Verfahren in zwei Schritte zu zerlegen und, statt die Reduktion gleich zuerst bis zur Vollendung durchzuführen, die Temperatur derart zu regeln, daß eine kleine Menge braunen Oxyds noch in dem reduzierten Metall verbleibt. Das Metallpulver, welches ein solches Oxyd enthält, wird dann mit einer gleichen Menge des ursprünglichen Oxyds vermischt und wieder unter identischen Bedingungen reduziert, nur daß die Temperatur genügend gesteigert wird, um eine vollkommene Reduktion zu bewirken.

Das erzeugte Metallpulver kann dann in stabartige Stücke gepreßt, behandelt, bearbeitet und gezogen, d. h. durch das übliche Verfahren in einen zusammenhängenden Drahtkörper umgewandelt werden. Wenn ein solcher Draht in einer indifferenten Umgebung ausgeglüht oder zum Aufleuchten gebracht wird, beispielsweise als Faden einer Glühlampe, so wird er ein Kristallgefüge entwikkein, das charakteristisch für das lithiumbehandelte Material ist. Dieser Draht ist widerstandsfähig sowohl gegen Durchhängen (sagging) wie gegen das Verdrehen.

Es wurden Lampen mit Fäden verschiedener Bauart einschließlich lithiumbehandelten Materials hergestellt, entsprechend den regelmäßigen Prüfverfahren, d. h. es wurde eine zweiteilige Spule auf Leitern ohne Bodenanker angebracht und trug ein Gewicht von 17 g, wodurch die Fäden außerordentlich schweren Bedingungen unterworfen wurden. Lampen dieser Bauart mit Fäden von 0,6 mm Durchmesser brannten bei 31 Amp. in umgekehrter Stellung 10 Stunden lang. Am Ende dieser Zeit wurde der Betrag des Durchhängens und Verdrehens aufgezeichnet mit folgendem Ergebnis:

	Durchhängen	Verdrehung
Lithiumbehandelter Draht	13,6 %	—
Thoriumoxydbehandelter Draht	108 %	30°

Hier zeigt sich noch ein kleiner Betrag von Durchhängen für den lithiumbehandelten Draht; aber dies wurde durch außergewöhnlich schwere Beanspruchungen hervorgerufen, denen der Draht unterworfen wurde, wodurch das Durchhängen im Draht sich vergrößert und übertrieben wird.

Es sei besonders hervorgehoben, daß gemäß der Erfindung das Kristallgefüge eines Fadens durch geeignete Auswahl des Zusatzstoffes von vornherein bestimmt wird. Kalium-, rubidium- und in geringem Ausmaße natriumbehandeltes Metall ergibt einen Stoff, der große Körner zu erzeugen sucht, die sich längs der Achse des Drahtes erstrecken, und diese Stoffe geben jeder eine charakteristische, aber ähnliche Kristallentwicklung, bezüglich deren auf Abb. 4 bis 6 verwiesen sei.

Lithiumbehandelter Stoff dagegen entwikkelt große Körner regelmäßigen Umrisses und ziemlich gleichmäßiger Größe, und dieser Stoff wird, wenn in Fadenform von ausreichend großem Durchmesser gebracht, z. B. größer als etwa 0,25 mm, weder dem Durchhängen noch der Verdrehung auch unter schweren Beanspruchungen unterliegen. Es ist demnach möglich, Wolframdraht oder Draht aus anderen schwer schmelzenden Metallen mit verschiedenen Charakteristiken aus derselben Lieferung gereinigten Oxyds einfach dadurch zu erzeugen, daß entsprechend ausgewählte Materialien beigegeben werden.

Wenn auch das angegebene Beispiel zur Herstellung lithiumbehandelten Drahtes davon ausgeht, daß 0,1 % Lithiumoxyd verwendet werden als die Menge, die nach den Feststellungen am besten arbeitet, so ist doch die Erfindung nicht auf dieses besondere Verhältnis beschränkt; doch sollte für die Erzielung der bestmöglichen Ergebnisse die Menge nicht weniger sein als etwa 0,02 % und nicht größer als etwa $1^1/_2$ Gewichtsprozent, d. h. etwa in den Grenzen 0,01 bis 0,75 Gewichtsprozent von Lithium. Die Erfindung ist weiter nicht auf die Anwendung eines einfachen Zusatzmaterials zur Erzeugung der verlangten Ergebnisse beschränkt, weil sich gezeigt hat, daß Gemische nutzbringend verwendet werden können, und zwar mit einem Stoff, der die Wirkung des anderen modifiziert.

PATENTANSPRÜCHE:

1. Verfahren zur Beeinflussung der Kristallstruktur von Wolfram und dergleichen hochschmelzenden Metallen durch Zusatzstoffe, dadurch gekennzeichnet, daß als Ausgangsstoff Wolframoxyd oder Wolframpulver, das vollkommen frei von das Kristallwachstum unterdrückenden oder verzögernden Stoffen, wie Thoriumoxyd, Siliciumoxyd, Aluminiumoxyd, Magnesiumoxyd, verwendet und mit weniger als 0,75 Gewichtsprozent einer oder mehrerer reiner Verbindungen der Alkali- oder Alkalierdmetalle (Ba, Sr, Ca, Li, Na, K, Cs, Rb), die ebenfalls frei von den obengenannten Stoffen sind, gemischt wird, worauf diese Mischung in an sich bekannter Weise unter gleichzeitiger Verflüchtigung der Zusatzstoffe gesintert wird.

2. Ausführungsform des Verfahrens nach Anspruch 1, dadurch gekennzeichnet, daß 0,1 Gewichtsprozent reines Lithiumoxyd reinem oder gereinigtem Wolframoxyd vor dessen Reduktion zugegeben wird.

3. Verfahren zur Herstellung nicht durchhängender, sich nicht verwindender und keiner Strukturverschiebung ausgesetzter Fäden aus dem nach Anspruch 1 oder 2 erhaltenen Sinterkörper, dadurch gekennzeichnet, daß dieser in an sich bekannter Weise duktilisiert und zu Draht gezogen wird unter Vermeidung einer Verunreinigung mit das Kristallwachstum unterdrückenden oder verzögernden Stoffen.

Veränderungen in der Patentrolle.

225179. Stickstoffwerke G. m. b. H. in Berlin NW 7 (Juli 1926).
226312. I. G. Farbenindustrie A.-G. in Frankfurt a. M. (Jan. 1926).
233856. Elektrochemische Werke in München (März 1930).
415652, 418258, 421135. I. G. Farbenindustrie A.-G. in Frankfurt a. M. (Febr. 1926).
451530. I. G. Farbenindustrie A.-G. in Frankfurt a. M. (Juni 1928).
451532. Vohlit Werke A.-G. in Göttingen (Dez. 1930).
451796. Kali-Chemie A.-G. in Berlin (Okt. 1928).
454320. A. Borsig G. m. b. H. in Berlin-Tegel (Dez. 1929).
455798. Metallgesellschaft A.-G. in Frankfurt a. M. (Dez. 1928).
456341. Metallgesellschaft A.-G. in Frankfurt a. M. (Dez. 1928).
457264. Thyssensche Gas- und Wasserwerke G. m. b. H. in Duisburg-Hamborn (Nov. 1932).
457271. Kali-Chemie A.-G. in Berlin (Okt. 1928).
457367. Metallgesellschaft A.-G. in Frankfurt a. M. (Dez. 1928).
457426. Kali-Chemie A.-G. in Berlin (Okt. 1928).
457762. Siemens-Surgi Cottrell Elektrofilter G. m. b. H. für Forschung und Patentverwertung in Berlin-Siemensstadt (Febr. 1934).
458029. Gräflich Schaffgotschsche Werke G. m. b. H. in Gleiwitz (Aug. 1933).
458434. Merck & Co. in Ju Rahway, New Jersey, V. St. A. (März 1930).
Merck in Darmstadt (Juni 1930).
459347. Metallgesellschaft A.-G. (Dez. 1928).
459403. Verein für Chemische Ind. A.-G. in Frankfurt a. M. (April 1930); Deutsche Gold- und Silber-Scheideanstalt vorm Roessler in Frankfurt a. M. (Febr. 1932); Dr.-Ing. Franz Krczil in Aussig (März 1933); Société de Recherches et d'Exploitations Pétrolifères in Paris (Juli 1933).
460121. Kali-Chemie A.-G. in Berlin (Okt. 1928).
460323. Chemische Werke Schönebeck A.-G. in Schöneck a. d. Elbe (Jan. 1935).
460866. N. W. Maatschap. Exploitatie van de Parker Oitrooien Parke Rust Proof. in Amsterdam (Dez. 1928).
461137. Deutsche Gasglühlicht Auer Ges. m. b. H. in Berlin (Juli 1928).
461884. I. G. Farbenindustrie A.-G. in Frankfurt a. M. (Mai 1930).
461898. Gestrichen: und Dr. H. Nitze.
462147. Permutit A.-G. in Berlin NW 6 (Mai 1932).
462372. I. G. Farbenindustrie A.-G. in Frankfurt a. M. (Okt. 1929).
463719. Permutit A.-G. in Berlin NW 6 (Mai 1932).
463841. Permutit A.-G. in Berlin NW 6 (Mai 1932).
464252. Dr. Hermann Mehner Sohn (Okt. 1929).
464353. Elisabeth Luther, geb. Schulze in Ballenstedt (März 1929).
465497. Air Reduction (Nov. 1932).
465882. Permutit A.-G. in Berlin NW 6 (Mai 1932).
465927. Anna Hackl, geb. Schumann, Ernst Hackl und Dr. Oskar Hackl in Wien (Jan. 1933).
465932. Chr. Hoffmann und Steinbergsche Farbenfabriken G. m. b. H in Celle i. Hannover (Okt. 1929).
466358. Verein für chemische Industrie A.-G. in Frankfurt a. M. (April 1930); Deutsche Gold- und Silber-Scheideanstalt vorm. Roessler in Frankfurt a. M. (Febr. 1932); Dr.-Ing. Franz Krczil in Aussig (März 1933); Société de Recherches et d'Exploitations Pétrolifères in Paris (Juli 1933).
466514. Siemens Plania-Werke A.-G. für Kohlefabrikate (März 1929).
466515. Siemens Plania-Werke A.-G. für Kohlefabrikate (März 1929).
466578. Metallgesellschaft A.-G. (Dez. 1928).
467587. Sulfurit A.-G. in Basel (Nov. 1930); Viktor Laezzle in Stuttgart (Nov. 1933).
467588. Dr. R. S. Hilpert in Berlin W 57 (Aug. 1930).
467790. Siemens Plania-Werke A.-G. für Kohlefabrikate (März 1929).
468212. I. G. Farbenindustrie A.-G. in Frankfurt a. M. (Mai 1930).
468390. G. Polysius A.-G. in Dessau (Mai 1929).
468756. Erfinder: Dr. Otto Friedemann in Hamburg.

469011. Metallgesellschaft A.-G. (Dez. 1928).
471255. I. G. Farbenindustrie A.-G. in Frankfurt a. M. (Aug. 1931).
471267. Deutsche Gold- und Silberscheideanstalt (Febr. 1932).
472345. Rütgers Werke A.-G. in Berlin (März 1929).
472398. Lawaczek G. m. b. H. in Liquidation in Berlin NW 7 (Jan. 1932).
472605. „Sachtleben" A.-G. für Bergbau und chemische Industrie in Köln (Aug. 1930).
473410. Didier-Werke A.-G. in Berlin (Dez. 1932).
474042. Christian Hostmann und Steinbergsche Farbenfabriken G. m. b. H. in Celle (Okt. 1929).
474283. Deutsche Gold- und Silber-Scheideanstalt vorm Roessler in Frankfurt a. M. (Febr. 1932).
474359. Aluminium Limited Toronto in Canada (Dez. 1929).
474568. August Wegelin A.-G. in Köln (Sept. 1931).
477508. Rütgers-Werke A.-G. in Berlin (Juli 1929).
478136. Titanium Pigments Ltd. in Kingsway Luton, England (Dez. 1933).
478140. Dr.-Ing. H. Leithäuser, Pat.-Anw. in Essen (Jan. 1933).
478166. Peroxydwerk-Siesel A.-G. in Berlin (Juni 1929).
478191. Rütgerswerke A.-G. in Berlin (Juli 1929).
478311. Metallgesellschaft A.-G. in Frankfurt a. M. (Jan. 1935).
478843. Patentverwertungs A.-G. „Alpina". S. a. Pour l'Exploitation de Brevets „Alpina"; Patents Exploitation Company „Alpina" Ltd. in Basel (Aug. 1930).
478985. Statt Dr. F. Meyer, Hedwig Bertha Anna Meyer, geb. Faust (Mai 1930).
478988. Kali-Forschungs-Anstalt G. m. b. H. in Berlin (Okt. 1930).
479475. Patentverwertungs A.-G. „Alpina". S. a. Pour l'Exploitation de Brevets „Alpina"; Patents Exploitation Company „Alpina Ltd. in Basel (Dez. 1931).
479767. Patentverwertungs A.-G. „Alpina" (Juli 1930).
479827. Gewerkschaft Wat in Hannover (Aug. 1932).
481284. Gestrichen n. Dr. Max Herder in Homberg, Niederrhein, dafür Köln a. Rh. (Sept. 1930).
482177. Gestrichen Dr. Max Praetorius in Berlin-Treptow (Nov. 1929).
482348. Verein für chemische Industrie A.-G., in Frankfurt a. M. (April 1930); Deutsche Gold- und Silber-Scheide-Anstalt vorm. Roessler in Frankfurt a. M. (Febr. 1932); Dr.-Ing. Franz Krczil in Aussig (März 1933); Société de Recherches et d'Exploitations Pétrolifères in Paris (Juli 1933).
482412. Erdöl- und Kohle-Verwertungs-A.-G. in Berlin W 8 (Febr. 1931).
482725. Kali-Chemie A.-G. (Dez. 1932).
482869. Statt Dr. F. Meyer: Hedwig Bertha Anna Meyer, geb. Faust (Mai 1930).
482880. Statt Dipl.-Ing. Franz Lenze: Thyssensche Gas- und Wasser-Werke G. m. b. H. in Duisburg (Nov. 1932).
483147. Rütgers-Werke A.-G. in Berlin (Okt. 1929).
483758. Humboldt Deutz-Motoren A.-G. in Köln (Febr. 1931).
484241. „Sachtleben" A.-G. für Bergbau und chemische Industrie in Köln a. Rh. (Aug. 1930).
485056. Gräflich Schaffgotschsche Werke G. m. b. H. in Gleiwitz (Aug. 1933).
485184. Durch Entscheidung des Reichspatentamtes vom 14. Febr. 1935 teilweise für nichtig erklärt worden. Im Patentanspruch sind die Worte „bei erhöhter Temperatur" ersetzt worden durch die Worte „bei Temperaturen zwischen 700 und 750".
485639. Löschung aufgehoben (Febr. 1934).
485825. Metallgesellschaft A.-G. in Frankfurt a. M. (Jan. 1935).
486077. Verein für chemische Industrie A.-G. in Frankfurt a. M. (April 1930); Deutsche Gold- und Silber-Scheide-anstalt vorm. Roessler in Frankfurt a. M. (Febr. 1932).
486218. 487012. Deutsche Ton- und Steinzeug-Werke A.-G. in Berlin-Charlottenburg (Febr. 1930).
487378. Gräflich Schaffgotschsche Werke G. m. b. H. in Gleiwitz (Aug. 1933).
487724. Deutsche Ton- und Steinzeug-Werke A.-G. in Berlin-Charlottenburg (Febr. 1930).
488417. Sulfor-Chemie A.-G. in Köln a. Rh. (Dez. 1932).
489452. Statt Beuthen O.-S.: Berlin-Wilmersdorf (Jan. 1934).
489453. Gräflich Schaffgotschsche Werke G. m. b. H. in Gleiwitz (Aug. 1933).
489549. Statt Beuthen O.-S.: Berlin-Wilmersdorf (Febr. 1934).
490078. Statt Mansfeld A.-G. für Bergbau und Hütten-Betrieb: Mansfeldscher Kupferschiefer Bergbau A.-G. (Juni 1933).
490356. Kali-Forschungs-Anstalt G. m. b. H. in Berlin (Okt. 1931).
490357. Mitteldeutsches biolog. Laboratorium Prof. Dr. G. Schwerdtfeger und Apotheker W. Schwerdtfeger in Leipzig W 20 (März 1930).
490559. Merck & Co. in Ju Rahwaa, New Jersey, V. St. A. (März 1930); E. Merck in Darmstadt (Juni 1930).
490566. The Dorr Comp. in New York (Jan. 1931); Dorr Oliver G. m. b. H. in Berlin W 50 (Dez. 1932).
490710. Statt California Cyanide: Aier Reduction (Nov. 1932).
490878. Gesellschaft für Lindes Eismaschinen A.-G. in Höllriegelskreuth (Okt. 1930).
491387. Gewerkschaft Wal in Hannover (Aug. 1932).
491971. Metallgesellschaft A.-G. in Frankfurt a. M. (Jan. 1935).

492661. Kali-Forschungs-Anstalt G. m. b. H. in Berlin (Okt. 1930).
492888. The Dorr Comp. in New York (Jan. 1931); Dorr Oliver G. m. b. H. in Berlin (Dez. 1932).
493452. Emil Baerwald in Berlin W 10 und Dipl.-Ing. Henryk Goldmann in Wilhelmsburg (Juli 1930).
493793. Patentverwertungs A.-G. „Alpina" S. A. usw. (Aug. 1930).
493932. und Dr. Adolf Witte gestrichen (März 1932).
493941. Maschinenfabrik Sürth Zweigniederlassung der Gesellschaft für Lindes Eismaschinen A.-G. in Sürth bei Köln (Mai 1930).
494109. Statt Société Anonyme des Usines Gustav Boël: Fernand Bodson (Aug. 1932).
496214. A. Borsig G. m. b. H. (April 1931); Metallgesellschaft A.-G. in Frankfurt a. M. (Juni 1932).
496831. Zellstoff-Fabrik Waldhof in Mannheim (Mai 1930).
497611. Kali-Forschungs-Anstalt G. m. b. H. in Berlin (Okt. 1932).
498888. Thyssensche Gas- und Wasser-Werke G. m. b. H. in Duisburg (Nov. 1932).
499928. Patentverwertungs A.-G. „Alpina" usw. (Aug. 1930).
500896. Maschinen- und Apparate-Baugesellschaft Martini und Hünecke m. b. H. in Berlin SW 48 (Mai 1931).
501305. Permutit A.-G. in Berlin NW 6 (Juli 1930).
502041. 502228. Patentverwertungs A.-G. „Alpina" usw. (Aug. 1930, März 1931).
502674. Krebs Pigment und Color Corp. in Newark, New Jersey, V. St. A. (Juli 1933).
503898. 504155. Kali-Forschungs-Anstalt G. m. b. H. in Berlin SW 11 (Okt. 1930).
504486. Humboldt Deutz-Motoren A.-G. in Köln (Febr. 1931).
504500. Krebs Pigment und Color Corp. in Newark, New Jersey, V. St. A. (Juli 1933).
505210. Anna Hackl, geb. Schuhmann, Ernst Hackl und Dr. Oskar Hackl in Wien (Jan. 1933).
507348. Metallchemie G. m. b. H. in Frankfurt a. M. (Sept. 1930).
507524. Metallgesellschaft A.-G. in Frankfurt a. M. (Jan. 1935).
509367. Sulforit A.-G. in Basel (Sept. 1930).
510097. Franz Haniel & Cie. G. m. b. H. Zweigniederlassung in Mannheim (Nov. 1932).
514390. I. G. Farbenindustrie A.-G. in Frankfurt a. M. (Nov. 1930).
514391. Vlessing & Co. in Den Haag (März 1931).
514717. G. A. Schütz Maschinenfabrik und Eisengießerei in Wurzen (Jan. 1932).
516851. Gestrichen: Berlin C. T. Thorssel und A. Kristensson (April 1934).
516970. Kali-Forschungs-Anstalt G. m. b. H. in Berlin (März 1934).
517536. 517756. 517757. Vereinigte Korkenindustrie A.-G. in Berlin (Febr. 1932).
517830. Sulfor Chemie A.-G. in Köln (Dez. 1932).
517919. Gestrichen: Berlin, C. T. Thorssel und A. Kristensson (April 1934).
520623. und Emile Campagne in Villeurbanne (April 1931).
522885. Dr. Heinz Krekeler in Mannheim (Dez. 1934).
523015. Krebs Pigment und Color Corp. in Newark, New Jersey, V. St. A. (Juli 1933).
523669. Statt Andrew Kelly Borax Consolidated Ltd. (Nov. 1931).
525923. Statt Peroxydwerk Siesel: Kali Chemie.
526717. Statt Berginspektion Vienenburg in Vienenburg: Zweigniederlassung Salz- und Braunkohlenwerke in Berlin W 9 (Nov. 1932).
528502. Sulfor-Chemie A.-G. in Köln (Dez. 1932).
528503. Sulfor-Chemie A.-G. in Köln (Dez. 1932).
529556. und Saccharin-Fabrik A.-G. vorm. Fahlberg, List & Co. in Magdeburg (Sept. 1931); Zschimmer & Schwarz Chemische Fabrik Döhlau in Greiz-Döhlau, Thür. (Aug. 1934).
530028. Wirtschaftskontrolle G. m. b. H. in Berlin W 35 (Mai 1935).
531405. Statt Jegor Bronn: Ida Bronn, geb. Altmann (Okt. 1932).
531500. Statt Jegor Bronn: Ida Bronn, geb. Altmann (Okt. 1932).
531773. Borax Consolidated Ltd. in London (April 1932).
531945. Oxyammon A.-G. in Zürich (Nov. 1931).
532533. und Magnus Hjelte und Felix Göbl (März 1933).
533938. Erfinder: Dr. Robert Suchy, Bitterfeld.
534211. 534212. Wirtschaftskontrolle G. m. b. H. in Berlin W 35 (Mai 1935).
538550. Chemische Fabrik Budenheim A.-G. in Mainz (Dez. 1931).
538670. Stahl-Chemie G. m. b. H. in Frankfurt a. M. (Dez. 1931).
539642. Statt Moscice per Tarnow: Lwow (März 1932).
539929. Statt Jegor Bronn: Ida Bronn, geb. Altmann (Okt. 1932).
541034. Vanadium G. m. b. H. in Berlin W 8 (Febr. 1932).
541227. H. Mestern & Co. (Okt. 1932).
541613. Anna Hackl, geb. Schuhmann, Ernst Hackl und Dr. Oskar Hackl in Wien (Jan. 1933).

542334. Krebs Pigment und Color Corp. in Newark, New Jersey, V. St. A. (Juli 1933).
543005. Ida Bronn, geb. Altmann, Jegor Bronn gestrichen (Okt. 1932).
543139. A. Hackl, geb. Schumann, Ernst Hackl und Dr. O. Hackl in Wien (Jan. 1933).
545718. Theodor Lichtenberger in Stuttgart (Mai 1933).
546353. Löschung vom 20. Mai 1933 aufgehoben (Jan. 1934).
547351. Preußische Bergwerks- und Hütten-A.-G. Zweigniederlassung Salz- und Braunkohlenwerke in Berlin W 9 (Nov. 1932).
547882. Chemische Fabrik Budenheim A.-G. in Mainz (Okt. 1932).
549407. Krebs Pigment und Color Corp. in Newark, New Jersey, V. St. A. (Juli 1933).
551846. Gräflich Schaffgotschsche Werke G. m. b. H. in Gleiwitz (Aug. 1933).
552055. Ida Bronn, geb. Altmann, Jegor Bronn gelöscht (Okt. 1932).
552056. Thorssel und Kristensson gestrichen (April 1934).
552738. Durch Verzicht auf das Hauptpatent 545071 selbständig geworden (April 1934).
553376. Ringgesellschaft chemischer Untersuchungen m. b. H. in Seelze bei Hannover (Juni 1932); Elektrochemische Fabriken G. m. b. H. in Westeregeln, Bez. Magdeburg (März 1932).
555488. Statt Jegor: Ida Bronn, geb. Altmann, Jegor Bronn gelöscht (Okt. 1932).
555714. Planktokoll Chemische Fabrik G. m. b. H. in Hamburg und Joh. Berd. Carpzow in Börnse bei Hamburg (Juni 1935).
555902. I. G. Farbenindustrie A.-G. in Frankfurt a. M. (Juni 1933).
556881. Wirtschaftskontrolle G. m. b. H. in Berlin W 35 (Mai 1935).
557724. Dr. Guido Hedrich, Budenheim (Dez. 1932).
557949. Deutsche Gold- und Silber-Scheideanstalt vorm. Roessler in Frankfurt a. M. (Mai 1935).
558829. Heinz Krekeler in Mannheim (Dez. 1934).
559144. Schonber in Berlin-Wilmersdorf (Jan. 1934); I. G. Farbenindustrie A.-G. in Frankfurt a. M. (Okt. 1934).
560124. I. G. Farbenindustrie A.-G. in Frankfurt a. M. (Juni 1933).
560910. Statt Paris Ougrée Belgien (Dez. 1933).
561284. I. D. Riedel-E. de Haën A.-G. in Berlin-Britz (Okt. 1932).
561404. Vereinigte Stahlwerke A.-G. in Düsseldorf (Nov. 1932).
561513. Statt Heidelberg: Stuttgart (Okt. 1932).
561622. Elektrochemische Fabriken G. m. b. H. in Westeregeln (Jan. 1933).
562515. Sulfor Chemie A.-G. in Köln (Dez. 1932).
563036. Käte Wurster, geb. Bode in Berlin-Zehlendorf (Jan. 1933); I. G. Farbenindustrie A.-G. in Frankfurt a. M. (Okt. 1934).
563067. Franz Haniel & Cie. G. m. b. H. in Mannheim (Nov. 1932).
563624. Siemens-Lurgi-Cottrell Elektrofilter G. m. b. H. für Forschung und Patentverw. in Berlin-Siemensstadt (Jan. 1935).
565232. Gestrichen Isaac Ephraim Weber und Victor Wallace Slater in Luton, Bedforshire (April 1933).
567363. I. G. Farbenindustrie A.-G. in Frankfurt a. M. (Okt. 1933).

Verzeichnis der Patentnehmer.

Die Anordnung der Namen ist streng alphabetisch durchgeführt; nur die im Titel die Bezeichnung „Chemische Fabrik" führenden Firmen sind nicht nach den offiziellen Firmentiteln, sondern nach den geläufigen Abkürzungen unter dem Stichwort „Chemische Fabrik" zusammengefaßt. Alle Namen mit den Präfixen d', de, l', ten, the[1]) van, von, von der usw. finden sich unter dem Anfangsbuchstaben des folgenden Namens, dagegen sind la, le, Mac, in der alphabetischen Reihenfolge berücksichtigt. Die Umlaute ä, ö, ü sind unter ae, oe, und ue eingeordnet. Orientierende Hinweise sollen das Aufsuchen zusammengesetzter Namen und Firmentitel erleichtern. Der Horizontalstrich ersetzt das zu wiederholende Stichwort. In dem Verzeichnis sind auch, mit Angabe der betreffenden Seitenzahl, die von den Patentnehmern genannten Erfinder angeführt worden. Diese und alle Seitenzahlen sind stets *kursiv* gesetzt. Patentnummern, die *kursiv* gesetzt sind, finden sich nur in den Übersichten verzeichnet.

[1]) Entsprechend der Registrierung des Reichspatentamtes und des „Chemischen Zentralblattes", aber entgegen der in den Bänden I bis III gewählten Anordnung.

Verzeichnis der Patentnummern.

Das vollständige Verzeichnis der Patentnummern der früheren Bände findet sich Bd. III, S. 1486.

Im folgenden Verzeichnis bedeuten kursiv gedruckte Patentnummern, daß sich diese nur in den Übersichten vermerkt finden. Die Jahreszahlen der Löschungen, welche beim Druck nicht mehr berücksichtigt werden konnten, sind *kursiv* gesetzt.

Nr.	Seite	Löschung
230722	862	*22*
234391	2696	
316343	108	*33*
374768	3293	
399454	2846	
403147	2045	
802	3518	
410413	2895	
415652	2043	*30*
	3535	
416706	2051	
416800	2044	
418258	3316	27
	3535	
421135	2043	*30*
	3535	
430882	2923	35
431308	2993	31
431849	2030	
434200	768	28
436149	716	28
438240	2046	*33*
438555	910	30
438780	122	
439885	449	30
442514	619	29
447425	2266	29
447522	310	31
448620	*3036*	
449287	992	31
450393	211	
451114	238	33
316	2037	*30*
344	509	
530	811	31
	3535	
531	403	28
532	3110	
	3535	
655	252	30
656	299	33
796	576	*35*
	3535	
452266	471	33
439	935	28
453127	300	33
275	174	33
378	620	29
407	88	
408	367	33
502	301	30

Nr.	Seite	Löschung
453617	248	31
670	360	33
685	155	
751	458	
971	361	33
454320	746	33
	3535	
353	1353	31
406	250	31
693	865	28
861	3185	
455016	91	
075	782	32
147	301	33
223	2518	32
266	2854	29
472	2860	33
521	2112	29
539	3127	28
628	1270	32
681	874	*30*
734	2606	32
798	2236	31
	3535	
456188	3253	28
341	2336	*30*
	3535	
350	1424	33
406	2385	33
703	2048	*30*
806	3494	
852	1053	32
853	1054	32
921	2358	31
995	798	31
996	1700	34
457059	284	32
164	2113	29
209	282	
221	549	
230	1198	30
264	1199	
	3535	
270	547	
271	329	
	3535	
365	339	30
366	771	32
367	992	
	3535	
426	383	32

Nr.	Seite	Löschung
457426	3535	
563	1345	32
616	3315	32
762	1640	
	3535	
897	392	31
458028	1557	*35*
029	1483	
	3535	
187	22	31
188	1677	32
189	467	32
190	464	32
191	3045	
372	2651	31
434	286	
	3535	
435	2598	34
475	2424	
493	3521	
526	340	32
756	1347	32
757	717	
835	337	*35*
844	445	32
889	497	33
949	2182	33
998	396	29
459075	461	32
187	1065	33
253	365	29
254	1626	32
346	2239	31
347	2241	30
	3535	
348	122	
360	1698	32
403	2149	*35*
	3535	
809	402	32
978	769	*35*
460029	470	32
030	469	32
121	2899	31
	3535	
133	440	33
134	1350	31
252	2134	32
323	1805	
	3535	
328	3192	

Nr.	Seite	Löschung
460418	2733	35
422	41	33
522	985	32
572	2680	29
613	1363	31
697	2083	29
803	3492	
865	773	32
866	1789	
	3535	
902	370	33
461044	33	33
136	362	33
137	3008	30
	3535	
183	501	*35*
184	2132	29
369	964	
542	2524	28
556	3039	32
635	477	31
636	930	32
688	175	32
694	3483	
884	2177	
	3535	
898	3084	
	3535	
959	2051	*31*
462091	287	
092	547	
147	2427	
	3535	
186	632	31
201	233	
202	255	*34*
341	3098	32
350	3088	
351	2605	33
372	3313	33
	3535	
470	764	32
521	1640	33
722	1163	*34*
781	1694	
782	883	
992	2370	32
463071	3316	32
124	1066	33
138	548	
184	1320	

Nr.	Seite	Löschung
463227	2409	33
237	3099	32
238	3135	33
271	3123	32
718	1561	
719	2429	
	3535	
720	1268	30
772	2114	
794	488	32
828	768	33
840	1804	33
841	2430	
	3535	
938	3280	30
947	24	32
464006	638	33
008	434	32
009	2491	34
086	404	*34*
252	1628	33
	3535	
262	877	*31*
288	481	30
351	1651	31
353	473	31
	3535	
822	645	31
834	622	*35*
978	3531	
465120	613	31
497	1431	
	3535	
525	3510	
762	209	
763	473	33
764	596	
765	1801	31
766	2096	29
802	312	31
882	2428	
	3535	
926	868	34
927	878	
	3535	
932	3441	
	3535	
466037	559	
310	2932	*33*
358	2213	*35*

Nr.	Seite	Löschung	Nr.	Seite	Löschung	Nr.	Seite	Löschung	Nr.	Seite	Löschung	Nr.	Seite	Löschung
466037	3535		469470	2390	32	474416	3247		478191	2072	33	480672	880	32
359	36		515	347	31	501	2381			3536		905	1416	
438	1656		552	886	33	568	3456	32	310	2673		906	1040	
439	2389	32	606	2370	32		3536		311	2234		961	1676	32
463	3418	31	653	2388	32	972	1965			3536		481177	1835	
514	3104	32	781	720	31	475029	348	32	312	2403	32	284	3304	34
	3535		839	2324	29	128	1658	30	313	1144	29		3536	
515	3104	32	840	2262		269	3225	32	378	2318		391	3089	31
	3535		910	2953	32	284	3139	30	387	1744	30	437	1873	31
551	3496		470429	104	32	475	3150	34	455	1165	34	660	2813	32
578	804		430	1006	33	533	3157	31	540	1169		696	1322	
	3535		539	419	32	556	1355		725	162	32	731	3310	34
755	2339		844	621	29	882	927	29	740	3351	32	736	2075	34
802	594	31	931	197	32	476074	2590	32	843	1697	34	790	1473	
812	820	31	932	1284	31	099	3522			3536		852	2952	31
467117	1423	31	471042	636	34	145	1051	31	927	150		894	3427	30
184	1321		043	649		218	864		945	2189		482173	2208	32
212	2947		255	2409	33	254	1044		946	1415	32	174	2187	
247	3508			3536		269	124	33	985	37	31	175	2172	33
399	156	34	267	887	32	286	600			3536		176	2383	
464	2392	32		3536		380	1103		986	590	31	177	2375	33
479	1460		332	1197	34	382	679		987	428	32		3536	
587	793		380	651		397	1791	32	988	422	33	189	164	
	3535		776	861	34	398	2440	30		3536		190	1737	33
588	3284	33	925	168	32	495	2090	31	994	3255	29	253	2547	32
	3535		472040	336		516	1569	31	479002	1209	34	344	457	31
637	331	33	189	2315		596	327	30	212	313		345	967	
684	1027	31	190	2499	35	597	412	31	331	109		346	973	
726	157		344	441	29	598	2325	35	346	2675		347	2171	32
727	717	34	345	2070	33	619	2048	34	347	2673		348	2224	
788	1322			3536		662	1355		400	364	33		3536	
789	2988	32	398	159		732	302	30	474	79	33	412	2196	32
790	3105	32		3536		840	47	31	475	867	33		3536	
	3535		420	777	31	844	137			3536		502	949	32
928	2145	29	475	2029	33	855	978	31	481	3506		561	128	
929	2326		605	3084		956	2454	31	490	2258	32	678	1419	32
468136	2734	31		3536		477100	409	31	491	2468		679	1105	34
212	2178		901	2439	30	101	2387	32	668	1001		725	490	34
	3535		913	577		159	2260		680	812	32		3536	
213	300	33	958	2437	30	225	1506		693	1210	34	783	772	32
298	3129	34	975	3425	30	266	774	34	714	1092		869	2676	31
390	2677	30	473410	1631	34	267	842		766	864			3536	
	3535			3536		372	2209	31	767	1627	34	880	1201	
452	189		511	368	33	386	259	34		3536			3536	
506	579	32	601	983		437	1360		768	2886	33	916	1310	32
728	1403	31	770	567		508	2074	32	826	987	34	917	1507	
729	2490		832	2572			3536		827	1709		925	1152	33
756	2452	34	924	266	34	509	1862	31		3536		998	511	30
	3535		925	266		658	1624	33	828	2203	31	483061	2160	
807	1191	31	975	253		898	998	33	832	1937	33	062	2266	31
469003	1206	34	976	262	34	952	2560	32	845	1412		063	2433	
011	778	32	474042	3443	33	954	1874	33	902	2894	33	146	1005	
	3536			3536		974	2417	31	984	121	33	147	2071	32
021	643	32	080	258	34	478018	1674	33	480079	2738			3536	
170	2328		081	2069	32	119	3385		128	3507	34	204	2107	35
277	2115		082	1293	33	136	3323		198	1756	32	286	712	31
328	165		133	2299			3536		214	2674		330	900	30
329	165		220	258	34	140	663		287	3169		390	327	33
330	165		283	889	32		3536		342	2256	33	391	941	30
432	961	32		3536		166	2685	33	430	176	32	392	2511	31
433	2360		359	2088	34		3536		431	885	32	393	2745	
446	101			3536		190	1792	33	513	1642		408	160	33

Nr.	Seite	Löschung
483409	2320	32
464	674	33
514	2700	30
520	3319	
708	2310	33
757	3142	30
758	3379	32
	3536	
875	1035	31
876	2907	33
877	3143	32
998	3059	30
484021	3037	32
055	138	
056	2197	
057	2887	33
081	3488	
195	2050	*30*
234	875	*34*
241	3086	
	3536	
289	3505	
336	1703	
394	3511	
456	1426	33
567	942	
568	1678	31
569	2322	
570	2283	34
571	1517	
572	1512	
573	1513	
761	178	
964	1552	
965	1486	
966	1555	*34*
969	3397	33
992	372	30
485007	3370	
051	3254	31
052	372	
053	482	32
054	1297	
055	1496	
056	1502	*34*
	3536	
068	1675	
070	1837	
121	509	
136	2594	31
137	2548	32
183	1324	
184	1414	
	3536	
196	841	*35*
257	110	
290	3517	
367	2301	31
437	1725	30
488	2736	34
638	3045	
639	3228	33

Nr.	Seite	Löschung
485639	3536	
640	2419	33
655	2284	34
714	488	32
769	2136	31
770	2329	
771	2437	30
824	2210	30
825	2192	
	3536	
886	3197	
951	1348	32
952	162	33
953	1303	34
989	1357	
486075	2205	
076	2195	33
077	2150	32
	3536	
078	2146	*32*
108	2206	31
109	2204	*32*
110	2433	32
176	2524	
192	3375	30
218	2421	
	3536	
283	76	*30*
291	163	*34*
292	1399	
346	1055	32
481	480	32
597	2900	
762	163	*35*
763	164	*35*
764	1488	
765	2682	
829	738	
877	932	*33*
950	2900	
951	2406	32
967	3434	33
973	3312	
974	3416	
487012	2422	
	3536	
026	2217	32
043	2516	30
058	2554	33
114	2731	30
240	313	31
306	1107	
315	3415	
373	2094	*32*
378	1505	*34*
	3536	
379	*3036*	
419	354	33
577	284	32
578	1641	32
579	2416	32
699	2514	31

Nr.	Seite	Löschung
487700	3124	
702	1843	
722	1807	33
723	2082	33
724	2422	
	3356	
848	1716	31
868	235	33
869	1510	
942	763	33
956	1832	
488028	178	
029	2708	31
103	2322	
245	433	32
246	2718	32
247	2169	30
251	3411	33
271	1373	
356	3007	
416	91	32
417	564	
	3536	
418	2128	32
444	191	33
445	1479	33
502	70	
507	3003	
526	2173	33
572	2130	32
600	2838	32
601	3096	
666	326	*32*
667	483	32
668	844	
669	2213	32
673	3412	32
757	1289	
758	1390	33
779	2124	32
929	2086	
930	2987	33
944	2152	32
984	272	*32*
985	852	33
489071	733	
072	2985	32
115	954	34
116	2075	
126	1319	
181	2202	
182	1366	
278	2147	30
451	1411	32
452	1485	
	3536	
453	1476	
	3536	
549	1481	*34*
	3536	
550	3060	

Nr.	Seite	Löschung
489570	1304	32
573	2054	*32*
633	2188	
651	1783	
652	1745	31
723	484	32
724	2163	32
843	1193	33
844	1413	
846	*3036*	
917	384	32
932	19	
933	1808	32
934	2312	33
935	2907	33
989	653	
990	941	30
991	2090	*34*
490010	443	30
015	1919	32
077	15	
078	800	
	3536	
079	2698	31
103	325	33
246	2390	31
247	1447	32
355	1394	
356	2521	34
	3536	
357	2708	35
	3536	
399	2188	
415	3186	
536	414	30
537	2127	31
559	288	
	3536	
560	1187	32
561	3152	35
566	1892	*33*
	3536	
567	2012	33
600	3327	
710	1434	
	3536	
803	1621	30
878	895	
	3536	
952	3058	33
491092	2005	32
323	1937	32
350	3371	
358	3512	
387	1709	
	3536	
388	2405	30
403	2206	32
431	*3036*	
567	1070	
626	3490	
775	280	32

Nr.	Seite	Löschung
491789	27	
855	3224	34
873	819	32
874	1515	
875	1546	
961	945	34
971	2235	
	3536	
492061	1809	32
227	2195	32
228	1195	32
230	106	32
243	1765	
244	2867	
310	1839	
318	2312	
327	3513	
412	351	31
413	1712	32
522	641	33
580	2022	31
661	1964	32
	3537	
678	2097	*34*
684	2978	
685	3332	
686	3403	30
754	3010	31
884	2577	
888	1893	33
	3537	
945	3386	30
959	84	*32*
493000	1045	
100	2185	*35*
116	1452	33
250	316	*31*
267	2721	35
452	577	32
	3537	
477	2314	33
478	2280	31
479	2835	34
564	1704	
565	1046	
673	3468	32
777	1179	32
778	3239	
791	2035	
792	2294	30
793	1112	
	3537	
794	1484	
815	3363	31
873	304	*34*
874	3229	
931	1577	32
932	2747	
	3537	
941	2300	
	3537	
494109	1214	34

Nr.	Seite	Löschung	Nr.	Seite	Löschung	Nr.	Seite	Löschung	Nr.	Seite	Löschung	Nr.	Seite	Löschung
494109	3537		498888	1202		502041	3537		504548	611	31	507524	2194	
212	1575			3537		174	835		598	3419	32		3537	
218	1863		896	3075		175	2927		636	2219	32	635	2493	34
502	2496	31	975	948	32	198	2046		640	681		760	2435	35
504	869	30	976	2714	31	228	1133		777	704	32	791	1447	
688	2410	30	977	3187			3537		812	1738		834	3410	32
689	1734	34	983	1856	33	229	3428	34	825	2446		886	784	
956	3498		499049	436	31	332	2858	35	843	2465	33	887	3061	
495019	943	32	073	3434	34	409	2252	32	922	2374		917	59	
098	2330		171	3383	32	435	1938		505111	2685	31	918	826	34
182	558	31	211	366	34	436	2013	32	208	1436		925	1841	
183	1275	32	296	3193	32	646	2739		209	1048	33	936	3403	32
187	1877	32	318	2443	31	674	836		210	2888		937	3399	34
306	394		417	863	32		3537			3537		994	2233	33
330	1500		434	166	31	675	1295	30	211	3217		508063	792	34
429	93		536	3290		676	2913	33	304	2752	32	064	775	
430	1701	30	572	3297		677	3147	31	316	2758	31	091	485	32
446	292	34	652	3227	32	768	1148	34	317	2825	33	102	1976	
627	1007	34	653	1157		795	2255	32	318	2958		110	3320	33
738	3339	34	658	412	31	883	1443	34	371	1720		167	243	
739	3396	32	659	2351		884	2854		473	3112		168	2285	
786	3147	31	730	1421	33	906	135		517	2834	33	170	2002	
793	1776	32	731	2987	32	907	444	31	631	1446		321	838	33
874	1622		791	2149	31	908	635		776	781	31	394	975	
955	555		819	111		909	909	34	777	1047		460	2935	
956	2140		820	1008	34	503012	145	32	793	788		480	183	33
496143	1155	32	928	1095		026	358	33	891	420	31	481	1679	32
214	2510	31		3537		027	510		892	421	31	573	293	34
	3537		500222	1167		028	1851		964	3524		794	785	
257	3333		234	1458	34	047	3375	33	506041	30	31	509043	86	32
310	172	32	235	2758	35	111	26	32	042	557		044	404	32
322	2089	32	291	2488	32	112	356		043	675	32	131	2789	34
431	1871	33	292	2688	33	118	660	34	127	363	33	132	2937	31
556	1297	32	331	3482		199	578		146	2932	34	133	2951	33
557	3130	32	411	72		200	1015	33	275	2694		150	2918	33
729	2861		454	3384	32	201	1009	31	276	2743		151	3002	35
831	870		582	2282		202	1719		277	1852		260	2552	32
	3537		602	2728	35	496	2692	34	348	386	32	261	2689	32
832	834	31	626	3312	32	701	1181	31	424	2154	32	262	3149	31
905	1833		692	3230		800	441		435	1792		367	790	33
497096	1386	31	813	3091		898	423	33	522	2180			3537	
611	424	33	896	127	33		3537		523	2350	33	405	1017	32
	3537			3537		916	1536		542	1015		514	2999	
624	446	32	981	2199		917	385	31	543	1691	34	515	3000	
625	410	31	501109	3382	31	997	1868		544	2118	32	524	2009	33
626	2469		178	2539	34	998	1870		626	2824	31	582	808	33
805	1553		189	3008		504017	3184		634	398		601	2740	
806	2697	34	197	29	34	155	2535	32	635	2754	32	602	2748	34
931	2459	32	202	2022	31		3537		938	2001		702	498	
498138	1779	30	279	2308		166	2541	34	968	1976		703	829	32
154	3183		304	166		343	1692		507065	2478	33	933	187	
279	395		305	2431		344	2540	34	066	2506		934	1568	32
431	1189	32		3537		345	2906	31	068	1886	31	935	1367	
583	376	33	306	2478	33	347	1695	34	151	3353	33	510064	492	
584	2086		391	2962	33	486	1853	32	204	975		065	2227	
597	411	31	406	3378	32		3537		301	631		090	2226	33
662	1833		450	3377		498	474	35	317	1008		091	388	33
732	1109		721	2928		500	837	34	348	3387	34	092	1068	32
733	1354		859	1838			3537			3537		093	2636	
734	1404	31	502039	1726		501	1444	34	396	682		094	2746	
808	1014	33	040	2175	32	534	1283	31	522	502		097	2002	
809	1681		041	1123	32	535	1406	33	523	871			3537	

Nr.	Seite	Löschung	Nr.	Seite	Löschung	Nr.	Seite	Löschung	Nr.	Seite	Löschung	Nr.	Seite	Löschung
510200	2461	31	514012	1583		516851	3537		519048	1241	33	522702	2995	
331	1236	32	079	214	34	881	2197		122	984		784	2579	34
407	1358		125	3504		970	1760		123	2480	34	785	2966	
418	97		149	3047	33		3537		225	1213	33	884	887	32
419	936	34	171	230		991	74	32	254	1565		885	308	35
420	1582	32	172	486	32	992	2955	34	320	3154	34		3537	
421	2447		173	1686	32	517181	1786	32	420	2730	34	523015	3363	34
487	634	32	246	1754		256	3485		517	1323			3537	
488	598		247	1666	32	316	2151	32	622	2773	33	030	733	
574	3001		318	737	34	337	2323		796	3005		031	2041	34
711	1098		319	426	32	428	2191		891	2690	34	032	1154	33
750	3121		340	273		446	2466		520076	2306	31	061	3516	
511018	2287		365	3528		476	1276	34	150	721	32	188	2540	32
091	1277	34	390	246		495	1288	32	151	2775	35	269	2929	33
100	715			3537		496	1267		152	2916	34	270	2799	
214	1899		391	186		536	2371	32	220	3200	34	435	2543	34
463	387	31		3537			3537		221	3199		585	2392	
517	1359		392	970	33	537	1520	35	381	2164	33	601	3225	33
564	3231	33	393	943	32	755	220		382	1656	34	627	73	
574	3001		394	58	32	756	2372	32	448	463	32	668	2214	31
575	1455		414	2377			3537		458	2678	33	669	2453	
808	305	34	499	1705	33	757	2373	32	510	884	32		3537	
809	2252	33	501	2599	33		3537		623	2051	33	678	683	
898	661	34	502	389	32	758	1290			3537		798	276	34
945	2930		509	1924		759	1453		776	2448		799	1231	
512018	2215	32	570	535		830	542		793	140	32	800	2741	
130	1710	32	571	2983			3537		851	2796	31	801	2971	32
223	3221	31	589	2712	34	831	3189		852	3190		524080	172	32
318	776	33	590	2747		918	1396	33	938	2926	34	086	3501	
319	2253	34	651	1060		919	1041		521031	142	32	099	537	33
402	3002		666	662	34		3537		124	2904	32	100	826	34
484	2098		715	2686	34	920	1018	31	191	2036		184	1662	34
546	3364		717	2275		921	2660	34	336	2319		269	2271	32
563	296	33		3537		964	260		337	2317		328	1143	
564	2798	33	741	169	32	965	830	34	338	1187	32	352	113	
639	994	33	742	2722	33	966	2148	31	339	2811		353	3046	
640	1462		743	2963	32	967	1270		360	939	34	363	3466	32
700	1398		890	1688	34	993	2355	33	361	2265	32	559	2981	31
798	2179		891	2874	34	994	2600	32	383	3277	31	613	2116	33
825	121		954	854	32	518088	1739		430	2615	31	614	2155	32
863	226	32	515033	2919	34	090	2015	33	543	1291		620	3413	33
957	738	32	464	3188		165	1017		570	3176		690	77	
513234	130		563	3384	31	201	938	32	618	860	32	713	1667	34
267	1757	31	681	3016	31	202	377	31	619	2516	34	714	1606	34
290	167	33	850	1417		203	413	35	628	2021	32	721	899	
291	2464		851	2658	35	204	2864	32	648	653		803	2037	
292	1281	33	929	218	35	205	3018	35	843	1579	31	961	318	34
361	2706	33	930	397	33	315	1788	34	869	2592	34	962	1228	
362	3240		516111	3489		386	979	33	964	62		963	3195	32
416	1692	34	249	1137	35	387	3194	32	965	2979		984	2544	35
461	1350	32	278	2820	35	395	3491		985	997	35	985	2939	
462	2699		314	3347		402	495		986	1459	32	986	2996	
513	418	31	366	833		431	655	33	522031	2917	33	525066	1258	
514	2303	32	382	1728		499	3529		167	989		067	2788	35
528	2269		444	953	34	512	1670	32	168	1756		086	2659	34
529	2702		445	1524		513	1733		169	1801		087	2969	
682	95		460	1751		514	2170		253	1339	31	112	2977	32
755	2649			3537		635	779		270	1808	33	157	2961	
764	154		748	3360	32	762	728	33	573	2347	34	185	1440	
815	143	33	764	809		780	2954	34	574	1563		186	2857	
942	2960		843	43		781	3198		676	2647		272	2688	
953	695	33	851	657		890	30	32	679	1940		284	45	

Nr.	Seite	Löschung	Nr.	Seite	Löschung	Nr.	Seite	Löschung	Nr.	Seite	Löschung	Nr.	Seite	Löschung
525307	837	31	527369	971	33	529539	1923	34	531890	2657	32	534983	2604	
308	1740		370	2394		556	3374		945	967		984	2816	
480	752	33	520	878	*33*		3537			3537		535093	3464	
492	1232	32	521	2398	33	602	355	33	946	951	32	045	2087	
540	2331	33	546	583	32	603	1230		947	1702		065	514	32
542	2016	33	547	2210	31	624	2772	34	948	1775	34	066	2931	32
556	51		549	1773		625	3251	33	532068	173	33	067	2875	
557	297	34	614	167	33	698	656	34	069	3161		093	3464	34
558	934	32	615	2055	*34*	790	1854	*34*	123	1116		244	2759	
559	1002		692	338	32	803	1617	33	177	1437		251	2930	32
560	2856		872	2482		804	2184		208	180	33	252	3066	32
561	3136	32	876	115		805	1233	*35*	209	1011	33	355	408	
626	231		956	881	*32*	806	2984		293	1931	*33*	356	1316	
627	824	32	957	1672		*865*	*3482*		377	740	33	357	2662	32
648	2105		958	1238		877	1397		392	3019		437	3201	
649	2934		959	391	32	988	3401		409	3246		448	2761	
743	2986		528011	2603		530027	2407	32	530	567	33	548	1071	31
757	3469	32	013	1894	33	028	2585		533	718	*35*	629	996	
813	1492		014	1920	32		3537			3537		630	3109	
845	1917	34	146	2956	34	046	2483		534	3206		645	735	
857	3458	33	239	2190		291	1422		637	283		646	1612	
908	3328	32	240	1292	33	369	986	32	765	377		647	2288	*35*
923	491	*34*	265	159		469	3306		782	568	32	648	1021	*35*
	3537		266	1633	32	491	1114		859	369	33	649	3040	34
924	3086	32	267	1645	32	564	3042	33	860	1725	32	763	617	
998	1119		358	1457		646	435	32	533107	1056	33	834	2414	34
999	1235	32	461	479	34	648	2637		108	2789	35	846	1655	*34*
526022	3105	32	462	2791	32	730	2395		111	592		847	429	
072	1584	33	463	3241	33	731	3285	33	232	734	32	949	1648	32
079	685		497	155		820	171	33	236	3361	34	950	1730	
196	268		498	21		821	1370		277	134		953	2811	34
258	1225		499	34	33	892	2920		326	3344	35	536046	1966	
388	2545	33	500	563	*35*	531082	3062	33	461	46	*34*	076	1057	
475	545	33	501	580	32	205	2622	32	570	3301	33	077	1050	33
530	1324		502	584		207	3394		598	1847		078	3380	32
602	1800	32		3537		273	1742	33	599	2019		428	699	33
607	3359		503	566		274	1075	33	836	3355	33	445	1620	32
626	2338	*34*		3537		275	2601		857	1889	*35*	545	399	
627	2353	32	504	1658	*34*	303	624	*35*	858	1845	33	546	2397	
628	3118	31	505	2143		400	2703		859	1802		547	2928	
716	1372	31	656	3322		401	2809	34	912	2974	33	548	2929	35
717	2537		677	1069	*32*	402	3218		936	2168	32	549	2993	33
	3537		795	2909		405	1028	*34*	937	1383		649	2679	32
764	980		819	2776	34		3537		938	1623		650	3097	
765	957		864	2714		478	2684			3537		719	604	
766	1806	32	873	504		479	3215		534008	2120	33	793	2908	
767	1388	32	896	1190	32	498	1618	*34*	027	1314		811	2976	33
790	1766	*35*	915	609	32	499	1096	32	117	174	33	888	2648	
791	2463	*34*	968	1368		500	1305		190	400	32	992	1052	32
796	2691	34	986	87	*32*		3537		191	2157		537190	1950	34
812	3320		987	3108	32	578	3004		211	2587		392	3365	35
880	2921	34	529048	60		672	3040	32		3537		433	40	32
884	1848	*34*	110	1260		673	3151	35	212	2588		509	3072	
894	601		134	2476	32	702	1039	33		3537		606	2467	
527033	2692	32	190	2736		703	2211		282	506		607	1024	*35*
034	2885	34	219	2902		705	1857	31	283	592	*34*	608	2671	34
035	2857		220	2263	*35*	773	2450		365	1442		763	821	*34*
142	170	32	317	1646	32		3537		407	1855	32	764	2296	
143	861	32	318	2937	33	798	1782	33	906	55		843	281	
167	3307	34	384	3071		799	2652	33	913	1881		844	572	33
220	687		403	232		887	1717	33	968	2459		845	2650	
297	1211	34	523	98		888	1794		969	2701		853	1771	*35*

Nr.	Seite	Löschung
537894	2793	32
898	1841	
915	1183	34
936	3482	
993	2648	
996	152	34
538012	57	
013	2493	33
080	796	34
081	2286	
082	3013	35
083	3036	33
198	1037	33
284	223	
285	229	
286	3166	
357	1265	34
392	707	33
435	605	32
448	63	
449	1439	
482	629	
546	766	
547	943	
548	1651	
549	1716	32
550	1798	
	3537	
615	2832	
645	3079	
670	3390	
	3537	
760	2573	
783	3471	32
830	3125	
999	1876	
539076	1263	32
095	2311	
096	1131	32
097	2610	
098	2948	
173	2589	32
174	3182	
252	1062	
317	689	33
387	1149	32
552	1935	33
571	823	34
640	722	
641	1705	
642	1299	
	3537	
703	574	
704	2713	
705	2454	35
733	677	34
762	3514	
807	1921	
884	1997	
929	1932	
	3537	

Nr.	Seite	Löschung
539946	2664	34
540000	3043	
068	1660	32
069	2291	33
070	2581	34
077	1761	33
198	3392	34
473	2519	32
531	1798	35
532	2378	
533	2881	
587	1011	
617	3481	
676	1477	
695	1607	
696	2663	34
841	2651	34
863	3336	
864	3447	32
947	3517	
965	1683	
983	3020	
984	3114	33
541034	2053	
	3537	
168	2806	
178	1735	34
227	2268	35
	3537	
302	671	33
313	2575	
331	3439	
361	2840	
395	2345	34
469	2672	33
486	3324	
544	2766	
563	194	
564	831	34
565	1721	33
608	1161	
613	3397	
	3537	
626	1025	35
627	2803	
680	346	34
767	2763	
768	3395	33
821	239	
822	2866	34
542007	3340	33
064	591	32
156	241	
251	2870	34
281	3345	
320	3006	
334	3337	35
	3538	
357	1998	32
399	1934	
400	901	
495	1244	32

Nr.	Seite	Löschung
542541	3342	
588	1895	34
615	1634	32
622	1926	
764	2842	32
782	1653	34
783	3236	34
784	3078	
804	3435	34
846	3072	
934	2377	
957	1899	
543005	148	34
	3538	
107	3101	
120	2014	34
139	3399	
	3538	
211	1397	33
212	2596	
291	1996	32
298	3273	33
338	814	32
351	2842	35
364	220	
530	1897	34
667	3515	
673	289	
674	2176	34
675	2994	32
757	184	32
758	891	32
785	2970	
874	2320	
875	2904	
944	349	34
945	539	34
979	294	32
980	1076	34
981	2638	34
544085	903	
086	2957	32
118	3414	
193	982	32
194	1665	34
195	2039	
262	332	33
283	3242	
386	907	
387	3153	32
520	1732	
521	1685	
618	2952	34
664	1214	
776	3100	33
868	2407	32
958	38	
959	244	
545002	3456	
071	2751	34
093	541	34
162	415	32

Nr.	Seite	Löschung
545163	2042	33
194	2737	
242	3296	34
324	1101	33
368	713	
427	960	
428	1715	35
474	2623	34
498	2639	34
584	1941	32
585	1904	
607	1053	33
627	607	
691	1177	
710	3238	
711	3215	32
718	3368	
	3538	
779	198	32
829	1245	32
830	1441	32
546116	335	35
117	461	
140	246	
205	56	
214	1753	
215	3012	
335	1478	
353	3232	
	3538	
368	3470	34
510	1472	33
560	2198	32
645	1754	
659	1654	34
747	2528	33
805	2224	
825	3069	
547003	489	32
004	1559	
023	3233	
024	3205	
025	3219	
079	2508	
107	2814	34
173	1110	32
266	2281	33
351	2538	
	3538	
422	2963	
516	2222	
557	626	33
639	2201	
694	1402	
695	2882	33
697	1747	32
796	1093	
824	3291	32
882	1758	
	3538	
968	3465	35
548065	2805	

Nr.	Seite	Löschung
548128	806	34
129	1768	33
130	1638	33
150	3404	32
366	493	
367	828	33
432	507	
433	2944	
455	2884	33
525	3432	34
738	1615	33
739	1375	
798	1341	34
962	815	
963	1173	34
986	1777	34
549030	1474	
055	1342	
109	216	33
114	1977	
115	1979	
339	80	32
340	729	35
348	3454	
407	3338	35
	3538	
430	279	35
431	3083	34
532	2076	
539	1907	35
540	1910	35
556	647	
625	3480	
627	673	33
645	274	
646	1787	35
647	2306	
664	3406	32
665	3430	34
666	3429	34
723	2449	
724	2608	34
966	3094	35
550048	1764	
054	2926	34
118	958	34
156	2551	33
256	2625	35
257	3207	
402	2038	32
474	2276	
557	2411	32
570	872	
618	2862	35
619	2819	
646	3407	32
684	799	
758	2777	35
906	66	34
907	264	
908	1117	

Nr.	Seite	Löschung
550909	1351	32
910	1408	34
911	2527	
939	2018	33
992	82	
993	439	
551026	1550	
027	3133	34
072	1078	
073	327	34
074	1376	
165	840	
231	1100	
258	1887	34
337	2484	
353	3423	
358	118	
398	341	34
399	2803	
419	1058	34
437	2006	
448	3354	34
534	3448	32
536	117	
605	2551	33
663	2017	
686	725	33
846	1503	
865	1080	
866	1124	35
928	2526	
943	2412	34
944	2613	
945	3210	
552055	1031	34
	3538	
056	2549	
	3538	
126	1309	
148	533	
149	1663	33
179	676	34
250	3317	34
289	700	34
326	3044	
355	171	32
446	53	
466	3460	34
504	1560	
585	3107	32
623	3450	
738	2752	
	3538	
757	3103	
776	3356	
956	2436	34
982	1120	
553147	265	
233	612	32
234	730	
235	2084	35
236	2425	32

Nr.	Seite	Löschung
553237	2800	34
244	3402	
277	1889	34
376	3538	
379	1785	32
413	2006	
501	319	
607	1936	
631	1963	34
649	3346	
650	670	35
689	267	
783	182	33
814	1723	
817	727	
818	1013	
819	1448	32
820	3191	32
910	743	32
911	3212	
924	1858	33
925	1967	
985	1981	
554006	1576	
142	2553	34
174	3421	
177	595	
232	3157	
293	569	32
365	309	
371	3367	
551	52	
571	2889	
572	3113	
633	3053	32
694	2681	33
695	2980	33
769	3339	32
855	1130	33
856	1134	
930	3459	34
555003	44	
077	1643	35
078	1718	33
087	1983	32
166	1038	34
167	2643	34
168	2630	34
169	3243	
223	1427	
306	1494	
307	3248	34
308	3074	
309	3090	
310	3309	35
383	147	32
472	693	32
488	1308	
	3538	
489	1374	
528	307	

Nr.	Seite	Löschung
555540	1454	
581	1301	
584	3437	
714	3430	
	3538	
807	2485	
815	1749	33
845	666	
902	1312	
	3538	
903	1060	35
909	3438	
929	2631	34
556096	658	
103	3483	
140	2910	
141	3081	
146	1954	
160	1671	
246	325	
321	3117	33
371	1927	
457	1455	
464	1779	33
514	2757	
519	1249	32
707	2092	
730	801	33
779	1972	35
881	1311	
	3538	
882	2912	
925	2861	
926	2933	33
948	2611	
949	2546	
557004	2891	
228	2774	33
229	2946	
337	2400	33
499	3287	
618	2635	34
619	2641	34
620	2645	34
659	195	
660	2597	33
661	2618	
722	359	34
723	751	
724	1604	
	3538	
725	2562	35
796	352	33
797	786	
809	882	
810	832	
830	614	34
886	417	33
904	459	
949	512	
	3538	
989	702	33

Nr.	Seite	Löschung
557990	710	33
558131	324	
132	322	34
133	315	33
139	3400	
150	2709	
151	1072	34
236	2556	
293	321	
294	322	
295	2101	34
430	65	
431	475	
432	581	33
433	969	
434	1609	
435	2456	
465	342	
466	858	35
492	3408	
494	692	
553	406	33
558	714	34
641	2040	33
642	1286	34
643	1530	35
644	1533	
672	3281	
673	3283	
722	1063	34
746	236	33
747	1706	34
748	2078	
749	1364	
750	2633	
751	3048	
829	309	35
	3538	
854	448	34
855	1750	35
856	1463	33
877	3463	
941	959	
942	1465	33
970	1489	
971	1400	33
559050	1842	
073	1883	
144	1571	
	3538	
167	286	
168	343	33
169	344	33
170	1128	33
171	1378	
176	1946	33
252	2715	
314	855	
322	3365	
519	2879	33
759	1203	
832	1537	

Nr.	Seite	Löschung
559836	1985	35
922	68	34
926	1879	33
560004	478	34
040	2010	
051	3350	34
124	498	
	3538	
125	1542	34
460	513	33
461	2695	35
462	2415	33
541	357	
542	2936	33
583	500	
802	1777	34
910	1990	
	3538	
943	1285	
979	3357	
561078	1763	34
079	1711	
202	125	
284	1960	
	3538	
312	2080	34
404	1849	
	3538	
419	2218	
485	2755	33
487	2007	
512	807	33
513	3220	33
	3538	
514	3067	33
515	3056	
516	3077	
517	3095	35
518	3160	
559	691	
622	2616	33
	3538	
623	2626	
624	2628	
712	2707	35
713	2896	
716	1914	34
814	1578	
815	2298	33
816	1362	
981	2877	34
562004	2523	34
005	2558	35
006	2655	
161	1922	
179	3203	
384	1449	33
385	2716	
498	2843	33
499	2924	35
510	83	
515	587	

Nr.	Seite	Löschung	Nr.	Seite	Löschung	Nr.	Seite	Löschung	Nr.	Seite	Löschung	Nr.	Seite	Löschung
562515	3538		563472	3444		564502	1526		565784	1545		566577	1159	
516	17		552	1272		503	1469		879	1033	*34*	659	1971	
517	536	*35*	553	2950		676	3120		896	233		689	1074	*34*
634	1993		624	1649		757	2277		897	1251		690	2833	33
737	562			3538		762	1958		902	1942	*34*	709	3473	33
738	1579		695	1988		990	616		963	2532		762	235	34
818	416		831	2878	34	565053	3436		964	2533		780	438	
819	2828		832	3307		080	2332	*34*	965	3063	34	781	1036	*34*
895	1748	*34*	953	2018		155	1127	*33*	566029	333	33	834	1905	*35*
563036	437		564058	749	*34*	156	2972		030	349		946	857	
	3538		059	2871		178	3389		081	2396		947	976	
063	172	*35*	111	189		179	3409		136	1767		948	3179	
067	2004		112	1126	*33*	232	2719		137	2471	*34*	987	856	
	3538		123	1580			3538		151	904		990	1974	*34*
122	192		124	2420		237	1982		152	3093		567068	2531	34
123	2418		125	2768		387	50		159	2259	*34*	114	2873	
124	1365		133	1901	*35*	388	1793	*34*	223	196		116	3168	
125	3234		222	1859		408	1381		356	753		328	314	33
133	1948	*33*	340	627		409	1391		357	2711	33	329	1141	
184	3092		441	1952	*35*	538	546		359	2593		337	1929	
256	1176	*33*	499	551		539	2922		360	2620		348	3372	
292	1762	*34*	500	1135	*34*	556	3453		423	508		363	1043	
459	1982		501	1528		719	1151	*34*	448	3223			3538	

Berichtigungen und Nachträge.

Bd. III: S. 495 Literatur letzte Zeile: statt Prgmys setze T. Kislauski.
Bd. IV: S. 456 DRP. 566423: statt Anoden setze Kathoden.
S. 922 b) Aus Nitraten: (S. 941).
S. 922 füge hinzu bei b) Aus Nitraten: s. a. Aluminiumnitrat S. 2878.
S. 1337 einfügen nach VI. Cyanamide und Kalkstickstoff: 1. Herstellungsverfahren.
S. 1627 Seitenkopf: statt Phosphorox setze Phosphoroxyden.
S. 2076 füge am Ende des DRP. 481736 hinzu: s. a. DRP. 542804, S. 3435.

DRP.				
522031	S. 2917	Schw. P.	147329, 147330, 147331, 147332
526717	S. 2537	Öst. P.	128332
535953	S. 2811	F. P.	624796
547351	S. 2538	Öst. P.	128332
549540	S. 1910	E. P.	359680
552056	S. 2549	E. P.	300629
553235	S. 2084	F. P.	704833
236	S. 2425	E. P.	312975
237	S. 2800	F. P.	695962
607	S. 1936	E. P.	329883
554571	S. 2889	F. P.	720521
856	S. 1134	F. P.	665084
555167	S. 2643	F. P.	716602
169	S. 3243	F. P.	691557
557619	S. 2641	E. P.	366420
620	S. 2645	F. P.	716602
725	S. 2562	F. P.	711220
558150	S. 2709	F. P.	722354
151	S. 1072	F. P.	718701
236	S. 2556	F. P.	724908
435	S. 2456	A. P	1858413
750	S. 2633	F. P.	721876
855	S. 1750	F. P.	690818
856	S. 1463	F. P.	702754
971	S. 1400	F. P.	708565
559519	S. 2879	F. P.	715271
560040	S. 2010	F. P.	709529
910	S. 1990	E. P.	342931
561312	S. 2080	F. P.	723836
419	S. 2218	F. P.	690992
562161	S. 1922	B. P.	350988
384	S. 1449	A. P.	1751274
385	S. 2716	E. P.	363347
563256	S. 1176	E. P.	329079
564059	S. 2871	E. P.	277697

Printed in the United States
By Bookmasters